《机械加工工艺手册》（第3版）总目录

“十四五” 时期国家重点出版物出版专项规划项目

机械加工工艺手册

第 3 版

第 2 卷　常规加工技术卷

主　　编　王先逵
副 主 编　李　旦　孙凤池　赵宏伟
卷 主 编　孙凤池
卷副主编　赵宏伟
卷 主 审　夏忠发

机 械 工 业 出 版 社

第 3 版手册以机械加工工艺为主线，将数据与方法相结合，汇集了我国多年来在机械加工工艺方面的成就和经验，反映了国内外现代工艺水平及其发展方向。在保持第 2 版手册先进性、系统性、实用性特色的基础上，第 3 版手册全面、系统地介绍了机械加工工艺中的各类技术，信息量大、标准新、内容全面、数据准确、便于查阅等特点更为突出，能够满足当前机械加工工艺师的工作需要，增强我国机电产品在国际市场上的竞争力。

本版手册分 4 卷出版，包含加工工艺基础卷、常规加工技术卷、现代加工技术卷、工艺系统技术卷，共 36 章。本卷包括车削、镗削加工，铣削加工，钻削、扩削、铰削加工，拉削、刨削、插削、锯削加工，磨削加工，齿轮、蜗轮蜗杆、花键加工，螺纹加工，金属材料的冷塑性加工。

本手册可供机械制造全行业的机械加工工艺人员使用，也可供有关专业的工程技术人员和工科院校师生参考。

图书在版编目（CIP）数据

机械加工工艺手册. 第 2 卷，常规加工技术卷/王先逵主编. —3 版.
—北京：机械工业出版社，2022. 11
“十四五”时期国家重点出版物出版专项规划项目
ISBN 978-7-111-71703-4

Ⅰ. ①机…　Ⅱ. ①王…　Ⅲ. ①金属切削-技术手册　Ⅳ. ①TG506-62

中国版本图书馆 CIP 数据核字（2022）第 178944 号

机械工业出版社（北京市百万庄大街 22 号　邮政编码 100037）
策划编辑：李万宇　　　　责任编辑：李万宇　王春雨　戴　琳
责任校对：郑　婕　李　婷　　封面设计：马精明
责任印制：邓　博
盛通（廊坊）出版物印刷有限公司印刷
2023 年 9 月第 3 版第 1 次印刷
184mm×260mm · 99. 5 印张 · 3 插页 · 3364 千字
标准书号：ISBN 978-7-111-71703-4
定价：399. 00 元

电话服务　　　　　　　　　网络服务
客服电话：010-88361066　　机　工　官　网：www. cmpbook. com
010-88379833　　机　工　官　博：weibo. com/cmp1952
010-68326294　　金　书　网：www. golden-book. com
封底无防伪标均为盗版　　机工教育服务网：www. cmpedu. com

赠参加《机械加工工艺手册》编审会议

诸同志

科技存典奥，

传饰特辛勤。

竞求高质量，

重任在诸君。

沈鸿

一九八七年十月廿日於北京

注：这是沈鸿同志为《机械加工工艺手册》第1版写的题辞。

《机械加工工艺手册》　第3版

编辑委员会

《机械加工工艺手册》 第2版

编辑委员会

《机械加工工艺手册》 第1版

编辑委员会

主任兼主编： 孟少农

副　主　任： 沈尧中　李龙天　李家宝　张克吕　李宣春　张颂华

秘　书　长： 唐振声

委　　　员： （按姓氏笔画排序）

马克洪　王肇升　刘华明　牟永言　李学绶　李益民　何富源　宋剑行
张斌如　陈采本　钱惟圭　徐伟民　黄祥旦　蒋毓忠　遇立基　熊万武
薄　宵

参编人员名单

于光海　王异军　王光驹　王先逵　王会新　王志忠　王定坤　王春和　王荣辉　王恩伟
王肇升　王馥民　支少炎　白　锋　江　涛　兰国权　田永金　叶荣生　刘文剑　刘华明
刘庆深　刘运长　刘青方　刘茝芬　刘晋春　刘裕维　牟永义　牟永言　孙旭辉　朱天竺
朱启明　朱颉榕　朱福永　陈介双　陈龙法　陈华初　陈志鼎　陈采本　陈京明　陈振华
陈超常　邸广生　何琼儒　李大镛　李　旦　李龙天　李忠一　李绍忠　李学绶　李　真
李益民　李家宝　李敬杰　李朝霞　麦汇彭　孟伯成　宋秉慈　吴勇发　肖纫绂　肖诗纲
杨裕珊　张仁杰　张志仁　张学仁　张岱华　张明贤　张国雄　张景仕　张　颖　邹永胜
金振华　林焕琨　罗南星　庞　涛　周本铭　周学良　周泽耀　周德生　周鑫森　郭振光
郭德让　胡必忠　胡炳明　胡晖中　柳之歌　骆淑璋　施仁德　赵家齐　高汉东　顾国华
顾宛华　桂定一　倪智最　秦秉常　唐修文　袁丁炎　袁序弟　袁海群　黄承修　黄祥旦
康来明　盘　旭　章　熊　程伦锡　葛鸿翰　蒋锡藩　蒋毓忠　谢文清　遇立基　熊炽昌
樊惠卿　潘庆锐　薄　宵　魏大镛

第3版前言

2015年，我国提出了实施制造强国战略第一个十年的行动纲领——《中国制造2025》。立足国情，立足现实，制造业要特别重视创新性、智能性和精密性，才能实现制造强国的战略目标。这对制造业发展来说是一个战略性要求。

制造业是国家工业化的关键支柱产业，制造技术的进步是其发展的基础。制造一个合格的机械产品，通常分为四个阶段：

1）产品设计。包括功能设计、结构设计等。

2）工艺设计。指产品的工艺过程设计，最终落实为工艺文件。

3）零件的加工工艺过程。保证生产出合格的零件。

4）零件装配成产品。保证产品的整体性能。

可以看出，机械产品制造过程中只有第1阶段属于产品设计范畴，其第2、3、4阶段均为工艺范畴。《机械加工工艺手册》就包括了工艺设计、零件加工和装配的相关内容。

2019年6月，《机械加工工艺手册》的20多位主要作者和机械工业出版社团队齐聚长春，启动本手册第3版的修订和出版工作。

本版手册分为4卷出版，共有36章：

1）第1卷，加工工艺基础卷，共8章。

2）第2卷，常规加工技术卷，共8章。

3）第3卷，现代加工技术卷，共10章。

4）第4卷，工艺系统技术卷，共10章。

与第2版相比，第3版手册具有如下一些特点：

1）更加突出工艺主体。贯彻以工艺为主体的原则，注重新工艺、新技术的研发和应用，去除一些落后、已淘汰的工艺，使本版手册更加精练。

2）更加实用便查。在保持部分原有图、表的基础上，大量引入近年来企业生产中的实用数据。

3）更加注重技术先进性。手册编入了新工艺、新技术，展示了科技的快速发展成果，并注意收集先进技术的应用案例，提高了手册的技术水平。

4）全部采用现行标准。标准化是制造业发展的必经之路，手册及时反映了加工工艺方面的标准更新情况，便于企业应用。

手册第3版的编写得以顺利完成，离不开有关高等院校、科研院所的院士、教授、专家的帮助，在此表示衷心的感谢。由于作者水平有限，书中难免存在一些不足之处，希望广大读者不吝指教。

王先逵

《机械加工工艺手册》第3版编辑委员会主任

第2版前言

《机械加工工艺手册》第1版是我国第一部大型机械加工工艺手册。时光易逝、岁月如梭，在沈鸿院士、孟少农院士的积极倡导和精心主持下，手册自20世纪90年代出版以来，已过了15个年头，广泛用于企业、工厂、科研院所和高等院校等各部门的机械加工工艺工作实践中，得到了业内人士的一致好评，累计印刷5次，3卷本累计销售12万册，发挥了强有力的工艺技术支撑作用。

制造技术是一个永恒的主题，是设想、概念、科学技术物化的基础和手段，是国家经济与国防实力的体现，是国家工业化的支柱产业和关键。工艺技术是制造技术的重要组成部分，工艺技术水平是制约我国制造业企业迅速发展的因素之一，提高工艺技术水平是提高机电产品质量、增强国际市场竞争力的有力措施。目前我国普遍存在着“重设计、轻工艺”的现象，有关部门已经将发展工艺技术和装备制造列为我国打造制造业强国的重要举措之一，提出了“工艺出精品、精品出效益”的论断。工艺技术是重要的，必须重视。

(1) 工艺是制造技术的灵魂、核心和关键

现代制造工艺技术是先进制造技术的重要组成部分，也是其最有活力的部分。产品从设计变为现实是必须通过加工才能完成的，工艺是设计和制造的桥梁，设计的可行性往往会受到工艺的制约，工艺（包括检测）往往会成为“瓶颈”。不是所有设计的产品都能加工出来，也不是所有设计的产品通过加工都能达到预定技术性能要求。

“设计”和“工艺”都是重要的，把“设计”和“工艺”对立起来和割裂开来是不对的，应该用广义制造的概念将其统一起来。人们往往看重产品设计师的作用，而未能正确评价工艺师的作用，这是当前影响制造技术发展的关键之一。

例如，当用金刚石车刀进行超精密切削时，其刃口钝圆半径的大小与切削性能关系十分密切，它影响了极薄切削的切屑厚度，刃口钝圆半径的大小往往可以反映一个国家在超精密切削技术方面的水平，国外加工出的刃口钝圆半径可达2nm。又如，集成电路的水平通常是用集成度和最小线条宽度来表示，现代集成电路在单元芯片上的电子元件数已超过10^5个，线宽可达0.1μm。

(2) 工艺是生产中最活跃的因素

同样的设计可以通过不同的工艺方法来实现，工艺不同，所用的加工设备、工艺装备也就不同，其质量和生产率也会有差别。工艺是生产中最活跃的因素，通常，有了某种工艺方法才有相应的工具和设备出现，反过来，这些工具和设备的发展又提高了该工艺方法的技术性能和水平，扩大了其应用范围。

加工技术的发展往往是从工艺突破的，由于电加工方法的发明，出现了电火花线切割加工、电火花成形加工等方法，发展了一系列的相应设备，形成了一个新兴行业，对模具的发展产生了重大影响。当科学家们发现激光、超声波可以用来加工时，出现了激光打孔、激光焊接、激光干涉测量、超声波打孔、超声波检测等方法，相应地发展了一批加工设备，从而与其他非切削加工手段在一起，形成了特种加工技术，即非传统加工技术。由于工艺技术上的突破和丰富多彩，使得设计人员也扩大了眼界，以前有些不敢设计之处，现在敢于设计了。例如，利用电火花磨削方法可以加工直径为0.1mm的探针；利用电子束、离子束和激光束可以加工直径为 0.1mm 以下的微孔，而纳米加工技术的出现更是扩大了设计的广度和深度。

（3）广义制造论

近年来加工工艺技术有了很大的发展，其中值得提出的是广义制造论，它是 20 世纪制造技术的重要发展，是在机械制造技术的基础上发展起来的。长期以来，由于设计和工艺的分离，制造被定位于加工工艺，这是一种狭义制造的概念。随着社会发展和科技进步，需要综合、融合和复合多种技术去研究和解决问题，特别是集成制造技术的问世，提出了广义制造的概念，也称为“大制造”的概念，它体现了制造概念的扩展，其形成过程主要有以下几方面原因，即制造设计一体化、材料成形机理的扩展、制造技术的综合性、制造模式的发展、产品的全生命周期、丰富的硬软件工具和平台以及制造支撑环境等。

（4）制造工艺已形成系统

现代制造技术已经不是单独的加工方法和工匠的“手艺”，已经发展成为一个系统，在制造工艺理论和技术上有了很大的发展，如在工艺理论方面主要有加工成形机理和技术、精度原理和技术、相似性原理和成组技术、工艺决策原理和技术，以及优化原理和技术等。在制造生产模式上出现了柔性制造系统、集成制造系统、虚拟制造系统、集群制造系统和共生制造系统等。

由于近些年制造工艺技术的发展，工艺内容有了很大的扩展，工艺技术水平有了很大提高；计算机技术、数控技术的发展使制造工艺自动化技术和工艺质量管理工作产生了革命性的变化；同时，与工艺有关的许多标准已进行了修订，并且制定了一些新标准。因此，手册第 1 版已经不能适应时代的要求。为反映国内外现代工艺水平及其发展方向，使相关工程技术人员能够在生产中进行再学习，以便实现工艺现代化，提高工艺技术水平，适应我国工艺发展的新形势、新要求，特组织编写了手册第 2 版，并努力使其成为机械制造全行业在工艺方面的主要参考手册之一。

这次再版，注意保留了手册第 1 版的特点。在此基础上，手册第 2 版汇集了我国多年来工艺工作的成就和经验，体现了国内外工艺发展的最新水平，全面反映现代制造的现状和发展，注重实用性、先进性、系统性。手册第 2 版的内容已超过了机械加工工艺的范畴，但为了尊重手册第 1 版的劳动成果和继承性，仍保留了原《机械加工工艺手册》的名称。

手册第 2 版分 3 卷出版，分别为工艺基础卷、加工技术卷、系统技术卷，共 32 章。虽然是修订，但未拘泥于第 1 版手册的结构和内容。第 1 版手册 26 章，第 2 版手册 32 章，其中全新章节有 12 章，与手册第 1 版相同的章节也重新全面进行了修订。在编写时对作者提出了全面替代第 1 版手册的要求。

在全体作者的共同努力下，手册第 2 版具有如下特色：

（1）工艺主线体系明确

机械加工工艺手册以工艺为主线，从工艺基础、加工技术、系统技术三个层面来编写，使基础、单元技术和系统有机结合，突出了工艺技术的系统性。

（2）实践应用层面突出

采用数据与方法相结合，多用图、表形式来表述，实用便查，突出体现各类技术应用层面的内容，力求能解决实际问题。在编写过程中，有意识地采用了组织高校教师和工厂工程技术人员联合编写的方式，以增强内容上的实用性。

（3）内容新颖先进翔实

重点介绍近年发展的技术成熟、应用面较广的新技术、新工艺和新工艺装备，简要介绍发展中的新技术。充分考虑了近年来工艺技术的发展状况，详述了数控技术、表面技术、劳动安全等当前生产的热点内容；同时，对集成制造、绿色制造、工业工程等先进制造、工艺管理技术提供了足够的实践思路，并根据实际应用情况，力求提供工艺工作需要的最新数据，包括企业新的应用经验数据。

（4）结构全面充实扩展

基本涵盖了工艺各专业的技术内容。在工艺所需的基础技术中，除切削原理和刀具、材料和热处理、加工质量、机床夹具、装配工艺等内容，考虑数控技术的发展已比较成熟，应用也十分广泛，因此将其作为基础技术来处理；又考虑安全技术十分重要且具有普遍性，因此也将其归于基础技术。在加工技术方法方面，除有一般传统加工方法，还有特种加工方法、高速加工方法、精密加工方法和难加工材料加工方法等，特别是增加了金属材料冷塑性加工方法和表面技术，以适应当前制造技术的发展需要。在加工系统方面，内容有了较大的扩展和充实，除成组技术、组合机床及自动线加工系统和柔性制造系统内容，考虑计算机辅助制造技术的发展，增加了计算机辅助制造的支撑技术、集成制造系统和智能制造系统等；考虑近几年来快速成形与快速制造、工业工程和绿色制造的发展，特编写了这部分内容。

（5）作者学识丰富专深

参与编写的人员中，有高等院校、科研院所和企业、工厂的院士、教授、研究员、高级工程师和其他工程技术人员，他们都是工作在第一线的行业专家，具有很高的学术水平和丰富的实践经验，可为读者提供比较准确可用的资料和参考数据，保证了第2版手册的编写质量。

（6）标准符合国家最新

为适应制造业的发展，与国际接轨，我国的国家标准和行业标准在不断修订。手册采用了最新国家标准，并介绍最新行业标准。为了方便读者的使用，在手册的最后编写了常用标准和单位换算。

参与编写工作的包括高等院校、科研院所和企业的院士、教授、高级工程师等行业专家，共计120多人。从对提纲的反复斟酌、讨论，到编写中的反复核实、修改，历经三年时间，每一位作者都付出了很多心力和辛苦的劳动，从而为手册第2版的质量提供了可靠的保证。

手册不仅可供各机械制造企业、工厂、科研院所作为重要的工程技术资料，还可供各高等工科院校作为制造工程参考书，同时可供广大从事机械制造的工程技术人员参考。

衷心感谢各位作者的辛勤耕耘！诚挚感谢中国机械工程学会和生产工程学会的大力支持和帮助，特别是前期的组织筹划工作。在手册的编写过程中得到了刘华明教授、徐鸿本教授等的热情积极帮助。承蒙艾兴院士承担了手册的主审工作。在此一并表示衷心的感谢！

由于作者水平和出版时间等因素所限，手册中会存在不少缺点和错误，会有一些不尽人意之处，希望广大读者不吝指教，提出宝贵意见，以便在今后的工作中不断改进。

王先逵

于北京清华园

第1版前言

机械工业是国民经济的基础工业，工艺工作是机械工业的基础工作。加强工艺管理、提高工艺水平，是机电产品提高质量、降低消耗的根本措施。近年来，我国机械加工工艺技术发展迅速，取得了大量成果。为了总结经验、加速推广，机械工业出版社提出编写一部《机械加工工艺手册》。这一意见受到原国家机械委和机械电子部领导的重视，给予了很大支持。机械工业技术老前辈沈鸿同志建议由孟少农同志主持，组织有关工厂、学校、科研部门及学会参加编写。经过编审人员的共同努力，这部手册终于和读者见面了。

这是一部专业性手册，其编写宗旨是实用性、科学性、先进性相结合，以实用性为主。手册面向机械制造全行业，兼顾大批量生产和中小批量生产。着重介绍国内成熟的实践经验，同时注意反映新技术、新工艺、新材料、新装备，以体现发展方向。在内容上，以提供工艺数据为主，重点介绍加工技术和经验，力求能解决实际问题。

这部手册的内容包括切削原理等工艺基础、机械加工、特种加工、形面加工、组合机床及自动线、数控机床和柔性自动化加工、检测、装配，以及机械加工质量管理、机械加工车间的设计和常用资料等，全书共26章。机械加工部分按工艺类型分章，如车削、铣削、螺纹加工等。有关机床规格及连接尺寸、刀具、辅具、夹具、典型实例等内容均随工艺类型分别列入所属章节，以便查找。机械加工的切削用量也同样分别列入各章，其修正系数大部分经过实际考查，力求接近生产现状。

全书采用国家法定计量单位。国家标准一律采用现行标准。为了节省篇幅，有的标准仅摘录其中常用部分，或进行综合合并。

这部手册的编写工作由孟少农同志生前主持，分别由第二汽车制造厂、第一汽车制造厂、南京汽车制造厂、哈尔滨工业大学和中国机械工程学会生产工程专业学会五个编写组组织编写，中国机械工程学会生产工程专业学会组织审查，机械工业出版社组织领导全部编辑出版工作。参加编写工作的单位还有重庆大学、清华大学、天津大学、西北工业大学、北京理工大学、大连组合机床研究所、北京机床研究所、上海交通大学、上海市机电设计研究院、上海机床厂、上海柴油机厂、机械电子工业部长春第九设计院和湖北汽车工业学院等。参加审稿工作的单位很多，恕不一一列出。对于各编写单位和审稿单位给予的支持和帮助，对于各位编写者和审稿者的辛勤劳动，表示衷心感谢。

编写过程中，很多工厂、院校、科研单位还为手册积极提供资料，给予支持，在此也一并表示感谢。

由于编写时间仓促，难免有前后不统一或重复甚至错误之处，恳请读者给予指正。

《机械加工工艺手册》编委会

目　录

第1章　车削、镗削加工

第2章　铣削加工

第3章 钻削、扩削、铰削加工

第4章 拉削、刨削、插削、锯削加工

第5章　磨削加工

第6章 齿轮、蜗轮蜗杆、花键加工

第7章 螺纹加工

第8章 金属材料的冷塑性加工

第1章
车削、镗削加工

主　编　高志勇（中国第一汽车集团公司）
参　编　袁　博（中国第一汽车集团公司）
李冬妮（中国第一汽车集团公司）
刘井泽（中国第一汽车集团公司）
周宇博（中国第一汽车集团公司）

1.1 车削

车削加工是一种传统的加工方法，同时也是机械零件生产中应用最多的加工方法之一。随着机床、刀具、数字控制系统等现代加工技术的发展，传统车削加工的应用领域已经得到了极大的发展，诸如高硬度材料车削、超精加工、干式和高速车削之类的先进技术应用越来越广泛。尤其是在汽车行业零件制造中，数控车床普遍应用，在同一台机床上，一次装夹可完成外圆、内孔、端面和倒角的加工；选用有动力刀架的车削中心，除完成车削加工外，还可以完成钻削和铣削加工，达到缩短工艺流程、减少装夹次数、提高加工质量、完成复杂型面加工的目的。

1.1.1 车床及其技术参数

1. 卧式车床的型号与技术参数（表 1.1-1）

表 1.1-1 卧式车床的型号与技术参数

型号	最大工件尺寸/mm（直径×长度）	最大加工直径/mm			加工最大长度/mm	加工螺纹范围				刀架行程/mm			主轴转速	
		床身上	刀架上	主轴孔直径		米制/mm	寸制/(牙数/in)	模数/mm	径节螺纹/in^{-1}	小刀架	纵向	横向	级数	范围/(r/min)
C6132A	320×500	320	175	30	500	0.5～9	38～2	0.5～9	—	—	500	200	12	45～1980
CW6136A	360×750	360	200	39	750	0.25～10	80～3	0.25～5	160～7	130	—	200	12	29～1400
CA6140	400×750	400	210	52	750	1～192	24～2	0.25～48	96～1	140	—	320	24	10～1400
CD6140	420×1000	435	245	52	1000	0.25～1/28	56～1	0.25～14	112～2	130	—	230	12	33～1500
C6146A	460×750	460	260	78	750	0.45～20	80～$1\frac{3}{4}$	0.25～10	160～$3\frac{1}{2}$	160	—	285	16	14～1600
CD6150A	500×750	500	290	52	750	0.5～240	80～1/4	0.25～120	160～7/16	150	—	320	22	11～1400
CA6161	610×750	610	370	52	750	1～192	24～2	0.25～48	96～1	140	—	420	24	8～1120
CW6163A	630×1500	630	350	85	1500	1～240	30～2	0.25～60	60～0.5	225	—	440	18	1～800
CW61100B	1000×1500	1000	630	130	1500	1～120	24～1/4	0.5～60	56～1/2	300	—	520	21	3.15～315

（续）

型号	工作精度/mm			表面粗糙度 Ra /μm	电动机功率/kW		重量/t		包装箱尺寸/mm（长×宽×高）	外形尺寸/mm（长×宽×高）	主要生产厂
	圆度	圆柱度	平面度		主电动机	总功率	毛重	净重			
C6132A	0.01	0.03	0.011/ϕ160	2.5	4	4.125	—	1.3	2530×1050×1530	2000×900×1190	济南第一机床有限公司
CW6136A	0.01/300	0.01/300	0.02	1.6	3.5~4	4.925	1.5	1.25	2300×1200×1600	2160×750×1183	湖南长沙金岭机床有限责任公司
CA6140	0.009	0.027/100	0.019/ϕ300	1.6	7.5	7.84	2.83	1.99	2550×1260×1620	2418×1000×1267	沈阳第一机床有限公司
CD6140	0.01	0.04/300	0.025/ϕ300	1.6	5.5	—	1.9~80	1.46	2450×1240×1750	2190×1070×1470	盐城市机床厂有限公司
C6146A	0.015	0.03/300	0.02/ϕ300	1.6	5.5	5.59	1.8	2.4	2300×1260×1700	2175×1080×1300	广州机床有限公司
CD6150A	0.01	0.03/300	0.02/ϕ300	2.5	7.5	7.84	2.388	2.1	2630×1230×1800	2400×1198×1401	大连机床集团有限责任公司
CA6161	0.009	0.027/300	0.014/ϕ300	1.6	7.5	7.84	2.76	2.12	2500×1270×1850	2418×1130×1367	沈阳第一机床有限公司
CW6163A	0.015/300	0.03/300	0.025/ϕ350	2.5	11	11.925	4.8	4.3	4300×1400×1800	3484×1157×1500	湖南长沙金岭机床有限责任公司
CW61100B	0.02	0.067/500	0.033/ϕ500	1.6	22	24	11.1	9.2	4840×2300×2220	4600×2150×1700	沈阳第一机床有限公司

2. 立式车床的型号与技术参数（表 1.1-2）

表 1.1-2　立式车床的型号与技术参数

名称	型号	最大加工尺寸/mm		进给量范围/(mm/min)	工件最大重量/kg	工作台转速		工作台直径/mm	工作精度/mm			电动机			包装箱尺寸/mm(长×宽×高)	外形尺寸/mm(长×宽×高)	主要生产厂
		直径	高度			级数	范围/(r/min)		圆度	圆柱度	平面度	主电动机功率/kW	总功率/kW	台数			
单轴立式车床	C5110A	1000	800	12 级 0.80~86.1	2000	16	8~250	900	0.01	0.01/300	0.02	22	25.5	3	—	2100×2400×3515	齐重数控装备股份有限公司
	C5112A	1250	1000	16 级 0.80~86.1	5000 5000	16	6.2~200	1000	0.01	0.01/300	0.03	22	25.7	4	—	2360×2277×3483	齐重数控装备股份有限公司
	C5116A	1600	1000	0.80~86	5000	16	5~160	—	—	—	—	30	—	—	3320×2860×4400	2660×2660×3790	瓦房店重型机床厂
	C5120C	2000	1600	16 级 0.055~7mm/r	12000	16	2.5~125	1800	0.02	0.01/300	0.03	37	42	3	—	4100×4720×4500	齐重数控装备股份有限公司
双柱立式车床	C5225C	2500	2000	0.25~9	10000	16	2~100	2000	0.02	0.01/300	0.03	55	68.2	5	—	6320×3365×5200	齐重数控装备股份有限公司
	C5250/1	5000	3200	0.07~377	63000	无级	0.34~25.4	4500	0.015	0.01	0.04	55	75	—	6990×5200×7800	6525×4950×7485	武汉重型机床集团有限公司
	C5231A	3150	2000	180.25~90	32000	18	1~50	2830	0.02	0.01/300	0.03	55	68.2	5	—	6160×6966×6155	齐重数控装备股份有限公司

3. 卧式数控车床的型号与技术参数　　见表 1.1-3。

(1) 单主轴、单刀塔卧式数控车床

单主轴、单刀塔卧式数控车床的型号与技术参数

表 1.1-3　单主轴、单刀塔卧式数控车床的型号与技术参数

机床型号		QT100L/300	QT100ML/400	QT250L/500	QT250ML/500	QT450L/3000	QT450ML/3000
加工范围	最大回转直径/mm	ϕ580	ϕ580	ϕ660	ϕ660	ϕ845	ϕ845
	最大车削/铣削直径/mm	ϕ280	ϕ280	ϕ380	ϕ380	ϕ580	ϕ580
	最大车削长度/mm	310	430	510.5	504.5	3123	3123
主轴	主轴转速范围/(r/min)	35~6000	35~6000	35~4000	35~4000	35~2000	35~2000
	主轴鼻端型号	JIS A2-5	JIS A2-5	JIS A2-8	JIS A2-8	JIS A2-15	JIS A2-15
	可装液压卡盘直径/in	6	6	10	10	选配（18,21）	选配（18,21）
	主轴通孔直径/mm	61	61	91	91	166（选配 185）	166（选配 185）
	主轴转矩(N·m,100%/40%)	95.5/162	95.5/162	191/358	191/358	1848	1848
刀塔	刀位数量	12	12	12	12	12	12（选项 16）
	动力刀座数量	—	标配 3/可配 12	—	标配 3/可配 12	—	标配 3/可配 12（选项 16）
	刀塔转位速度(s/位)	0.2	0.2	0.25	0.25	0.26	0.26
	刀柄型式	—	ER32	—	ER32	—	ER40
	外圆车刀刀柄截面尺寸/mm	20×20	20×20	25×25	25×25	32×32	32×32
	镗刀最大直径/mm	ϕ32	ϕ32	ϕ40	ϕ40	ϕ50	ϕ50
	动力刀座转速范围/(r/min)	—	25~4500	—	25~5000	—	25~5000（选配 10000）
	动力刀座转矩(N·m,100%/40%)	—	30/47	—	30/47	—	39.6/95.4
行程	*X* 轴行程/mm	200	190	210	225	320	350
	Z 轴行程/mm	340	515	560	605	3170	3170
	X 轴进给速度/(m/min)	33	33	30	30	30	30
	Z 轴进给速度/(m/min)	36	36	33	33	24	24

（续）

机床型号		QT100L/300	QT100ML/400	QT250L/500	QT250ML/500	QT450L/3000	QT450ML/3000
电动机	主轴电动机功率/kW	15	15	18.5/15（30min/连续）	18.5/15（30min/连续）	37/30（30min/连续）	37/30（30min/连续）
	X 轴电动机功率/kW	1.5	1.5	1.5	1.5	2	2
	Z 轴电动机功率/kW	1	1	2	2	9	9
	动力刀座电动机功率/kW	—	5.5/3.7	—	5.5/3.7	—	7.5/5.5
尾座	尾座行程/mm	350	530	565	565	2950	2950
	尾座套筒行程/mm	350	530	565	565	2950	2950
	套筒内孔锥度（莫氏锥度）	MT4（可换顶尖）	MT4（可换顶尖）	MT5（可换顶尖）	MT5（可换顶尖）	MT5（固定顶尖）	MT5（固定顶尖）
其他	机床占地/mm（长×宽）	1900×1590	2200×1590	2630×1680	2630×1680	7120×2353	7120×2353
	机床重量/kg	3500	3900	4800	5000	15000	15800
	数控系统	SMOOTH C	SMOOTH C	SMOOTH C	SMOOTH C	SMOOTH C	SMOOTH C

（2）双主轴、单刀塔卧式数控车床　双主轴、单刀塔卧式数控车床的型号与技术参数见表 1.1-4。

表 1.1-4　双主轴、单刀塔卧式数控车床的型号与技术参数

机 床 型 号		QTC100MS L 500U	QTC100MSY L 500U	QTC200MS L 500U	QTC200MSY L 500U	QTC300MS L 500U	QTC300MSY L 500U
加工范围	最大回转直径/mm	ϕ695		ϕ695		ϕ695	
	最大加工直径/mm	ϕ340		ϕ340		ϕ340	
	最大加工长度/mm	553		535		504.5	
	双主轴卡爪间距/mm	596		575		539.5	
主轴	主轴转速范围/(r/min)	6000		5000		4000	
	主轴鼻端型号	JIS A2-5		JIS A2-6		JIS A2-8	
	可装液压卡盘直径/in	6		8		10	
	主轴通孔直径/mm	ϕ61		ϕ76		ϕ91	
	主轴转矩/N·m	167		167		358	
副主轴	主轴最大转速/(r/min)	6000		6000		6000	
	主轴鼻端型号	JIS A2-5		JIS A2-5		JIS A2-5	
	可装液压卡盘直径/in	5		6		6	
	主轴通孔直径/mm	ϕ53		ϕ53		ϕ53	
	主轴转矩/N·m	53		53		53	

（续）

机床型号		QTC100MS L	QTC100MSY L	QTC200MS L	QTC200MSY L	QTC300MS L	QTC300MSY L
		500U	500U	500U	500U	500U	500U
刀塔	刀位数量	12		12		12	
	动力刀座数量	标配 3/可配 12		标配 3/可配 12		标配 3/可配 12	
	刀塔转位速度/(s/位)	0.23		0.23		0.23	
	刀柄型式	ER32		ER32		ER32	
	外圆车刀刀柄截面尺寸/mm	25×25		25×25		25×25	
	镗刀最大直径/mm	ϕ40		ϕ40		ϕ40	
	动力刀座最大转速/(r/min)	4500（选配 6000）		4500（选配 6000）		4500（选配 6000）	
	动力刀座转矩/N·m	47		47		47	
行程	X 轴行程/mm	215		215		215	
	Y 轴行程/mm	—	100	—	100	—	100
	Z_1 轴行程/mm	605		605		605	
	Z_3 轴行程/mm	596		575		539.5	
	X 轴进给速度/(m/min)	30		30		30	
	Y 轴进给速度/(m/min)	—	10	—	10	—	10
	Z_1 轴进给速度/(m/min)	30		30		30	
电动机	主轴电动机功率/kW	11/15		11/15		15/18.5	
	副主轴电动机功率/kW	5.5/7.5		5.5/7.5		5.5/7.5	
	动力刀座电动机功率/kW	3.7/5.5		3.7/5.5		3.7/5.5	
其他	机床占地/mm（长×宽）	2600×1690		2700×1690		2700×1690	
	机床重量/kg	4600	4800	4650	4850	4800	5000
	数控系统	MAZATROL Smooth C		MAZATROL Smooth C		MAZATROL Smooth C	

(3) 单主轴、双刀塔卧式数控车床

单主轴、双刀塔卧式数控车床的型号与技术参数见表 1.1-5。

表 1.1-5　单主轴、双刀塔卧式数控车床的型号与技术参数

机床型号		SQR200M		SQR250		SQR250M	
		600U	1000U	600U	1000U	600U	1000U
加工范围	床身最大回转直径/mm	ϕ585		ϕ585		ϕ585	
	最大车削直径/mm	300（上刀塔）/280（下刀塔）		350（上刀塔）/280（下刀塔）		300（上刀塔）/280（下刀塔）	
	最大车削长度/mm	610	1050	576	1016	576	1016
主轴	主轴最大转速/(r/min)	5000		4000		4000	
	主轴鼻端型号	JIS A2-6		JIS A2-8		JIS A2-8	
	可装液压卡盘直径/in	8		10		10	
	主轴通孔直径/mm	ϕ61		ϕ76		ϕ76	
	主轴转矩(N·m,100%/40%)	350/467		350/467		350/467	

（续）

机床型号		SQR200M		SQR250		SQR250M	
		600U	1000U	600U	1000U	600U	1000U
上刀塔	刀位数量	12		12		12	
	动力刀座数量	12		12		12	
	刀塔转位速度/(s/位)	0.21/0.56		0.21/0.56		0.21/0.56	
	外圆车刀刀柄截面尺寸/mm	25×25		25×25		25×25	
	镗刀最大直径/mm	ϕ40		ϕ40		ϕ40	
	动力刀座最大转速/(r/min)	4500		4500		4500	
	动力刀座转矩/N·m	37/25.3		37/25.3		37/25.3	
下刀塔	刀位数量	12		12		12	
	动力刀座数量	12		12		12	
	刀塔转位速度/(s/位)	0.21/0.56		0.21/0.56		0.21/0.56	
	外圆车刀刀柄截面尺寸/mm	25×25		25×25		25×25	
	镗刀最大直径/mm	ϕ40		ϕ40		ϕ40	
	动力刀座最大转速/(r/min)	4500		4500		4500	
	动力刀座转矩/N·m	37/25.3		37/25.3		37/25.3	
行程	X_1 轴行程/mm	190		190		190	
	X_2 轴行程/mm	150		150		150	
	Z_1 轴行程/mm	645	1085	645	1075	645	1085
	Z_2 轴行程/mm	630	925	630	925	630	925
	X_1 轴进给速度/(m/min)	30		30		30	
	X_2 轴进给速度/(m/min)	30		30		30	
	Z_1 轴进给速度/(m/min)	30		30		30	
	Z_2 轴进给速度/(m/min)	20		20		20	
电动机功率	主轴电动机功率/kW	15/22		15/22		15/22	
	副主轴电动机功率/kW	15/22		15/22		15/22	
	X_1 轴电动机功率/kW	3.5		3.5		3.5	
	X_2 轴电动机功率/kW	3.5		3.5		3.5	
	Z_1 轴电动机功率/kW	2		2		2	
	Z_2 轴电动机功率/kW	2		2		2	
	动力刀座电动机功率/kW	2		2		2	
尾座	尾座本体行程/mm	520	905	520	905	520	905
	尾座套筒行程/mm	100		100		100	
	套筒外圆直径/mm	100		100		100	
	套筒内孔锥度（莫氏锥度）	MT4		MT4		MT4	

（续）

机床型号		SQR200M		SQR250		SQR250M	
		600U	1000U	600U	1000U	600U	1000U
其他	机床占地/mm(长×宽)	3312×2040	4202×2040	3369×2040	4252×2040	3369×2040	4252×2040
	机床重量/kg	6730	7680	6650	7600	6750	7700
	NC 系统	MAZATROL SmoothG		MAZATROL SmoothG		MAZATROL SmoothG	

（4）双主轴、双刀塔卧式数控车床

双主轴、双刀塔卧式数控车床的型号与技术参数见表 1.1-6。

表 1.1-6　双主轴、双刀塔卧式数控车床的型号与技术参数

机床型号		HQR100MSY	HQR200MS		HQR200MSY		HQR250MS		HQR250MSY	
			850U	1300U	850U	1300U	850U	1300U	850U	1300U
加工范围	床身最大回转直径/mm	320(上刀塔)/270(下刀塔)	370(上刀塔)/320(下刀塔)		370(上刀塔)/320(下刀塔)		370(上刀塔)/320(下刀塔)		370(上刀塔)/320(下刀塔)	
	最大车削直径/mm	300(上刀塔)/170(下刀塔)	344(上刀塔)/210(下刀塔)		344(上刀塔)/210(下刀塔)		344(上刀塔)/210(下刀塔)		344(上刀塔)/210(下刀塔)	
	最大车削长度/mm	620	860	1325	860	1325	860	1325	860	1325
主轴	主轴最大转速/(r/min)	6000	5000		5000		4000		4000	
	主轴鼻端型号	JIS A2-5	JIS A2-6		JIS A2-6		JIS A2-8		JIS A2-8	
	可装液压卡盘直径/mm	210	210		210		210		210	
	主轴通孔直径/mm	ϕ61	ϕ76		ϕ76		ϕ91		ϕ91	
	主轴转矩（N·m, 100%/25%）	79.5/162	239/467		239/467		341/500		341/500	
副主轴	副主轴最大转速/(r/min)	6000	5000		5000		4000		5000	
	副主轴鼻端型号	JIS A2-5	JIS A2-6		JIS A2-6		JIS A2-8		JIS A2-8	
	可装液压卡盘直径/mm	210	210		210		210		210	
	副主轴通孔直径/mm	ϕ61	ϕ76		ϕ76		ϕ91		ϕ97	
	主轴转矩（N·m, 100%/25%）	79.5/162	239/467		239/467		341/500		239/467	
上刀塔	刀位数量	12	12		12		12		12	
	动力刀座数量	12	12		12		12		12	
	刀塔转位速度/(s/位)	0.21/0.56	0.2/1		0.21/0.56		0.2/1		0.21/0.56	
	刀柄型式	VDI	VDI		VDI		VDI		VDI	
	外圆车刀刀柄截面尺寸/mm	20×20	25×25		25×25		25×25		25×25	
	镗刀最大直径/mm	ϕ32	ϕ40		ϕ40		ϕ40		ϕ40	
	动力刀座最大转速/(r/min)	6000	6000		6000		6000		6000	
	动力刀座转矩（N·m,100%/40%）	35/23.3	35/23.3		35/23.3		35/23.3		35/23.3	

（续）

机床型号		HQR100MSY	HQR200MS		HQR200MSY		HQR250MS		HQR250MSY	
			850U	1300U	850U	1300U	850U	1300U	850U	1300U
下刀塔	刀位数量	12	12		12		12		12	
	动力刀座数量	12	12		12		12		12	
	刀塔转位速度/(s/位)	0.21/0.56	0.2/1		0.21/0.56		0.2/1		0.21/0.56	
	刀柄型式	VDI	VDI		VDI		VDI		VDI	
	外圆车刀刀柄截面尺寸/mm	25×25	25×25		25×25		25×25		25×25	
	镗刀最大直径/mm	ϕ40	ϕ40		ϕ40		ϕ40		ϕ40	
	动力刀座最大转速/(r/min)	6000	6000		6000		6000		6000	
	动力刀座转矩(N·m,100%/40%)	35/23.3	35/23.3		35/23.3		35/23.3		35/23.3	
行程	X_1 轴行程/mm	175	207		207		207		207	
	X_2 轴行程/mm	111	141		141		141		141	
	Y_1 轴行程/mm	100	—		100		—		100	
	Y_2 轴行程/mm	70	—		70		—		70	
	Z_1 轴行程/mm	520	760	1225	760	1225	760	1225	760	1225
	Z_2 轴行程/mm	580	815	1280	815	1280	815	1280	815	1280
	X_1 轴进给速度/(m/min)	30	30		30		30		30	
	X_2 轴进给速度/(m/min)	24	24		24		24		24	
	Y_1 轴进给速度/(m/min)	26	—		26		—		26	
	Y_2 轴进给速度/(m/min)	20	—		20		—		20	
	Z_1 轴进给速度/(m/min)	36	36		36		36		36	
	Z_2 轴进给速度/(m/min)	36	36		36		36		36	
	Z_3 轴进给速度/(m/min)	30	30		30		30		30	
电动机功率	主轴电动机功率/kW	7.5/11	15/22		15/22		22/26		22/26	
	副主轴电动机功率/kW	7.5/11	15/22		15/22		15/22		15/22	
	X_1 轴电动机功率/kW	3.5	3.5		3.5		3.5		3.5	
	X_2 轴电动机功率/kW	3.5	3.5		3.5		3.5		3.5	
	$Y_{1/2}$ 轴电动机功率/kW	2	2		2		2		2	
	Z_1 轴电动机功率/kW	2	2		2		2		2	
	Z_2 轴电动机功率/kW	2	2		2		2		2	
	Z_3 轴电动机功率/kW	2	2		2		2		2	
	动力刀座电动机功率/kW	5.5	5.5		5.5		5.5		5.5	
其他	机床占地/mm(长×宽)	2862×2290	3510×2615	4670×2675	3510×2885	4670×2945	3510×2615	4670×2675	3510×2615	4670×2675
	机床重量/kg	9040	12100	14100	12500	14600	12500	15000	12900	15000
	NC 系统	MAZATROL SmoothG	MAZATROL SmoothG		MAZATROL SmoothG		MAZATROL SmoothG		MAZATROL SmoothG	

4. 立式数控车床的型号与技术参数（表 1.1-7）

表 1.1-7　立式数控车床的型号与技术参数

机床型号		MT400L	MT500L/500SL	MT500ML/500MSL	MT900L/900S	MT900M/900MS	MT1600	MT1600M
加工范围	最大回转直径/mm	ϕ550	ϕ700		ϕ1000		ϕ1650	
	最大加工直径/mm	ϕ400	ϕ500		ϕ920		ϕ1650	
	最大车削高度/mm	440	462		921		900	
	最大载重/kg	400	500		922		5000	
主轴	主轴到刀塔的距离/mm	155~630	165.5~680.5		154~1030	163~1039	1093	1057
	卡盘尺寸/in	10/12/15	12/15/18		15~36		—	
	主轴端接口型号	JIS A2-8	JIS A2-11		JIS A2-15		—	
	主轴转速范围/(r/min)	4000	3000		1250		2~350	
	主轴通孔直径/mm	ϕ88	—		—		—	
	主轴最大转矩/N·m	467	808		3655		10040	
	C 轴最小分度/(°)	—	—	0.0001	—	0.0001	—	0.0001
	主轴电动机功率/kW	26/22	26/22		30/22		45/37	
刀塔	刀位数量	12	12	12	12		12	
	动力刀座数量	—	—	12	—	12	—	12
	车刀刀柄截面尺寸/mm	25×25	25×25		32×170		32×170	
	镗刀杆直径/mm	ϕ40	ϕ50		ϕ50		ϕ50	
	动力刀座最大转速/(r/min)	—	—	4000	—	4000	—	3000
	动力刀座转矩/N·m	—	—	95.4	—	95	—	104
行程	*X* 轴行程/mm	265	345		470		1140	
	Z 轴行程/mm	480	520		876		905	
	X 轴进给速度/(m/min)	30	30		24		24	
	Z 轴进给速度/(m/min)	30	30		24		24	
	C 轴进给速度/(r/min)	30	—	75	—	20	—	20
其他	机床占地/mm(长×宽)	1690×2220	1850×2370		2375 * 3515		4140 * 3222	
	机床重量/kg	7150	9250		14000		24600	25100
	NC 系统	MAZTROL Smooth C	MAZTROL Smooth C		MAZTROL Smooth C		MAZTROL Smooth C	

5. 倒置立式数控车床的型号与技术参数（表 1. 1-8）

表 1. 1-8　倒置立式数控车床的型号与技术参数

机床型号		VL 2/盘类	VL 4/盘类	VL 6/盘类	VL 8/盘类	VT 2/轴类	VT 4/轴类
加工范围	最大回转直径/mm	—	—	—	—	ϕ210	ϕ270
	最大加工直径/mm	ϕ100	ϕ200	ϕ300	ϕ400	ϕ100	ϕ200
	最大车削长度/mm	150	200	250	300	400	630
主轴	主轴到顶尖套筒的距离/mm	—	—	—	—	848	870
	卡盘尺寸/in	6. 5	10	15. 5	19. 5	6	10
	主轴最大转速/(r/min)	6000	4500	3100	2850	6000	4500
	主轴功率（kW,40%/100%）	18. 1/13. 9	25/18	39/28	44/34. 5	17. 9/14. 1	38/29
	主轴转矩（N · m,40%/100%）	77/59	280/202	460/340	775/600	142/90	250/200
左刀塔	刀位数量	—	—	—	—	11	11
	动力刀座数量	—	—	—	—	11	11
	车刀刀柄截面尺寸/mm	—	—	—	—	20×20	20×20
	动力刀座转速范围/(r/min)	—	—	—	—	12000	9600
	动力刀座转矩（N · m,30%/100%）	—	—	—	—	30/16	56/33
右刀塔	刀位数量	12	12	12	12	11	11
	动力刀座数量	12	12	12	12	11	11
	车刀刀柄截面尺寸/mm	20×20	20×20	20×20	20×20	20×20	20×20
	动力刀座最大转速/(r/min)	6000	6000	6000	6000	12000	9600
	动力刀座转矩（N · m,30%/100%）	27/15	27/15	27/15	48/30	30/16	56/33
行程	*X* 轴行程/mm	700	740	880	995	336	395
	Y 轴行程/mm	100	60	60	60	50	50
	Z 轴行程/mm	375	400	480	580	625	810
	X 轴进给速度/(m/min)	60	60	60	60	30	30
	Y 轴进给速度/(m/min)	30	15	15	15	15	15
	Z 轴进给速度/(m/min)	30	30	30	30	30	30

6. 卧式数控车铣复合中心的型号与技术参数（表 1. 1-9）

表 1. 1-9　卧式数控车铣复合中心的型号与技术参数

机床型号		M35	M60	M65	M80	M85
加工范围	最大回转直径/mm	ϕ520	ϕ690	ϕ830	ϕ1000	ϕ1100
	最大车削直径/mm	ϕ520	ϕ690	ϕ830	ϕ1000	ϕ1100
	最大加工长度/mm	2090	1070/2070/3070/4570	1070/2070/3070/4570	1070/2070/3070/4570/6070	1070/2070/3070/4570/6070

（续）

机床型号		M35	M60	M65	M80	M85
主轴	主轴转速/(r/min)	3300	3300/2600	2600	2400/1600	2400/1600
	主轴鼻端型号	A11	A11/A15	A15	A15	A15
	可装液压卡盘直径/mm	ϕ325	ϕ400/ϕ500	ϕ400/ϕ500/ϕ630	ϕ500/ϕ630	ϕ500/ϕ630
	主轴通孔直径/mm	ϕ115	ϕ115/ϕ165	ϕ165/ϕ145	ϕ165	ϕ165
	主轴转矩（N·m,100%/40%）	1100/1600	2500(1830)/3600(2740)	3200(2320)/3600(2740)	3420(2440)/5860(4500)	3420(2440)/5860(4500)
C 轴	最大转速/(r/min)	32	25/20	20	20	20
	最小可编程增量/(°)	0.0001	0.0001	0.0001	0.0001	0.0001
铣削主轴	刀柄型式	HSK-A63	HSK-A100/Capto C8	HSK-A100/C8	HSK-A100/C8	HSK-A100/C8
	最高转速/(r/min)	9000	6000/3200	6000/3200	5000/8000	5000/8000
	铣削轴转矩（N·m,100%/40%）	125/165	315/730	315/730	640(500)/400(310)	640(500)/400(310)
行程	*X* 轴行程/mm	600	720	720	900	1050
	Y 轴行程/mm	250	500	500	650	—
	Z 轴行程/mm	2150	1150/2150/3150/4650	1150/2150/3150/4650	1300/2300/3300/4800/6300	2300/3300/4800/6300
	B 轴摆角范围/(°)	±110	-110~90	-110~90	±110	±110
	X 轴快移速度/(m/min)	30	15	15	30	30
	Y 轴快移速度/(m/min)	15	12.5	12.5	20	20
	Z 轴快移速度/(m/min)	40	20	20	30	30
刀库	盘式刀库刀位数	76	90	90	108	108
	最大刀具直径（有相邻刀具）/mm	ϕ90	ϕ110	ϕ110	ϕ125	ϕ125
	最大刀具直径（无相邻刀具）/mm	ϕ160	ϕ200	ϕ200	ϕ250	ϕ250
	最大刀具长度/mm	600	900	900	900	900
其他	机床占地/mm（长×宽）	8300×4000	11500×4500	11500×4500	13000×5000	13000×5000
	机床重量/kg	20000	25000	35000	38000	38500
	NC 系统	Siemens 840D SL	Siemens 840D SL	Siemens 840D SL	Siemens 840D SL	Siemens 840D SL

1.1.2　车床精度验收

机床精度验收主要包括机床本身几何精度验收、机床工作精度和零件精度验收等。

1. 普通卧式、立式车床几何精度、工作精度验收方法及参考标准

（1）普通卧式车床精度验收

一般按照 GB/T 4020—1997《卧式车床　精度检验》、JB/T 2322.3—2011《卧式车床　第 3 部分：型式与参数》、GB/T 17421.1—1998《机床检验通则　第 1 部分：在无负荷或精加工条件下机床的几何精度》等标准检验，只验收与机床相关的几何精度以及标准验收的工作精度。普通卧式车床精度验收项目见表 1.1-10，工作精度检验项目见表 1.1-11。

表 1.1-10　普通卧式车床精度验收项目　（mm）

序号	简　　图	检验项目	允差			检验工具
			精密级	普通级		
			D_a≤500 和 DC≤1500	D_a≤800	800<D_a≤1600	
G1	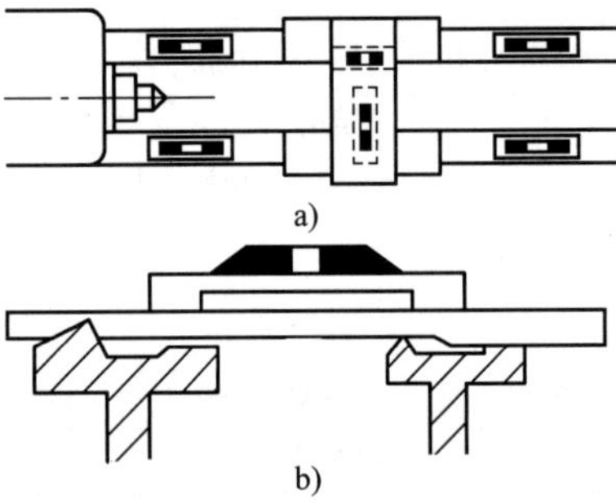 a) b)	A—床身导轨调平 a）纵向：导轨在垂直平面内的直线度	DC≤500 0.01（凸）	DC≤500		精密水平仪、光学仪器或其他方法
				0.01（凸）	0.015（凸）	
			500<DC≤1000 0.015（凸） 局部公差 任意 250 测量长度上为 0.005	500<DC≤1000		
				0.02（凸）	0.03（凸）	
				局部公差 任意 250 测量长度上为		
				0.0075	0.01	
			1000<DC≤1500 0.02（凸） 局部公差 任意 250 测量长度上为 0.005	DC>1000 最大工件长度每增加 1000 允差增加		
				0.01	0.02	
				局部公差 任意 500 测量长度上为		
				0.015	0.02	
		b）横向：导轨应在同一平面内	b）水平仪的变化 0.03/1000	b）水平仪的变化 0.04/1000		精密水平仪
G2	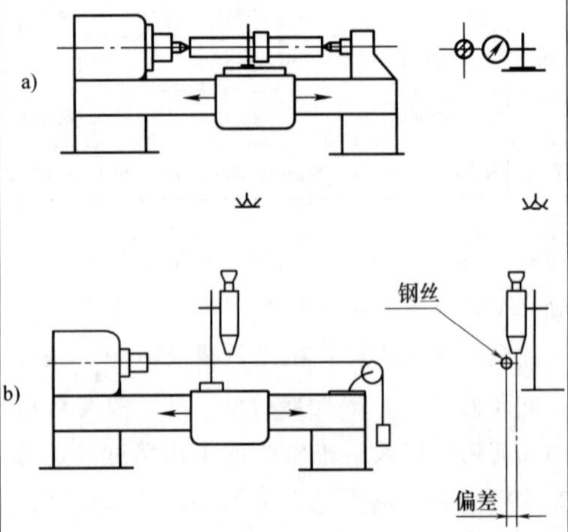 a) b) 钢丝 偏差	B—溜板 溜板移动在水平面内的直线度； 在两顶尖轴线和刀尖所确定的平面内检验	DC≤500 0.01	DC≤500		a）对于 DC≤2000 指示器和两顶尖间的检验棒或平尺 b）不管 DC 为任何值：钢丝和显微镜或光学方法
				0.015	0.02	
			500<DC≤1000 0.015	500<DC≤1000		
				0.02	0.025	
			1000<DC≤1500 0.02	DC>1000 最大工件长度每增加 1000 允差增加 0.005 最大允差		
				0.03	0.06	

（续）

<table>
<tr><th rowspan="3">序号</th><th rowspan="3">简　图</th><th rowspan="3">检验项目</th><th colspan="3">允差</th><th rowspan="3">检验工具</th></tr>
<tr><th>精密级</th><th colspan="2">普通级</th></tr>
<tr><th>$D_a \leq 500$ 和 $DC \leq 1500$</th><th>$D_a \leq 800$</th><th>$800 < D_a \leq 1600$</th></tr>
<tr><td rowspan="6">G3</td><td rowspan="6"> 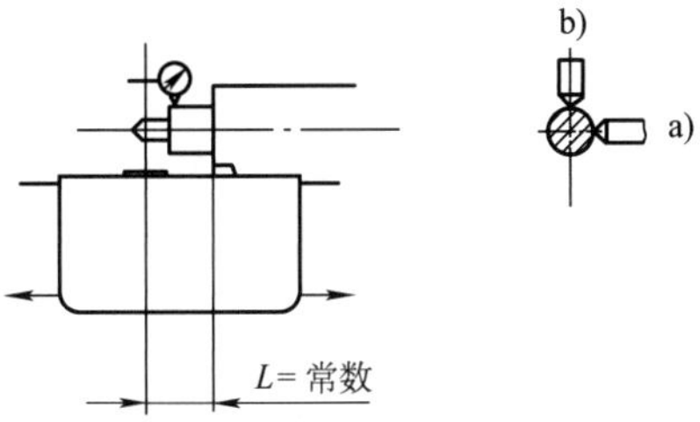</td><td rowspan="6">尾座移动对溜板移动的平行度：
a）在水平面内
b）在垂直平面内</td><td rowspan="6">a）0.02
局部公差
任意 500 测量长度上为 0.01
b）0.03
局部公差
任意 500 测量长度上为 0.02</td><td colspan="2">$DC \leq 1500$</td><td rowspan="6">指示器</td></tr>
<tr><td>a）和
b）0.03</td><td>a）和
b）0.04</td></tr>
<tr><td colspan="2">局部公差
任意 500 测量长度上为 0.02</td></tr>
<tr><td colspan="2">$DC > 1500$</td></tr>
<tr><td colspan="2">a）和 b）0.04</td></tr>
<tr><td colspan="2">局部公差
任意 500 测量长度上为 0.03</td></tr>
<tr><td rowspan="2">G4</td><td rowspan="2"> 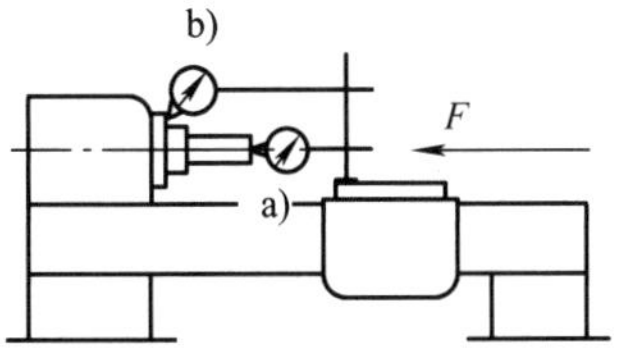</td><td rowspan="2">C—主轴
a）主轴轴向窜动
b）主轴轴肩支承面的跳动</td><td rowspan="2">a）0.005
b）0.01 包括轴向窜动</td><td>a）0.01
b）0.02</td><td>a）0.015
b）0.02</td><td rowspan="2">指示器和专用检具</td></tr>
<tr><td colspan="2">包括轴向窜动</td></tr>
<tr><td>G5</td><td> 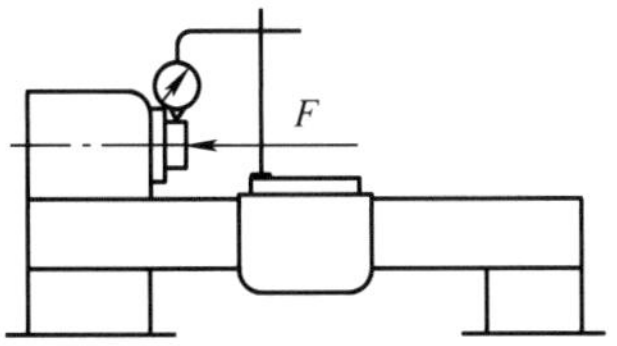</td><td>主轴定心轴颈的径向跳动</td><td>0.007</td><td>0.01</td><td>0.015</td><td>指示器</td></tr>
<tr><td>G6</td><td> 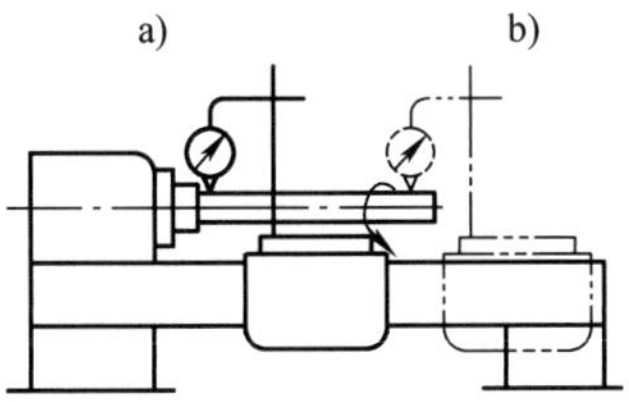</td><td>主轴轴线的径向跳动：
a）靠近主轴端面
b）距主轴端面 $D_a/2$ 或不超过 300</td><td>a）0.005
b）在 300 测量长度上为 0.015，在 200 测量长度上为 0.01，在 100 测量长度上为 0.005</td><td>a）0.01
b）在 300 测量长度上为 0.02</td><td>a）0.015
b）在 500 测量长度上为 0.05</td><td>指示器和检验棒</td></tr>
</table>

（续）

序号	简　图	检验项目	允差			检验工具
			精密级	普通级		
			D_a≤500 和 DC≤1500	D_a≤800	800<D_a≤1600	
G7	b) a)	主轴轴线对溜板纵向移动的平行度，测量长度 $D_a/2$ 或不超过 300mm： a）在水平面内 b）在垂直平面内	a）在 300 测量长度上为 0.01（向前） b）在 300 测量长度上为 0.02（向上）	a）在 300 测量长度上为 0.015（向前） b）在 300 测量长度上为 0.02（向上）	a）在 500 测量长度上为 0.03（向前） b）在 500 测量长度上为 0.04（向上）	指示器和检验棒
G8	F	主轴顶尖的径向跳动	0.01	0.015	0.02	指示器
G9	b) a)	D—尾座 尾座套筒轴线对溜板移动的平行度： a）在水平面内 b）在垂直平面内	a）在 100 测量长度上为 0.01（向前） b）在 100 测量长度上为 0.015（向上）	a）在 100 测量长度上为 0.015（向前） b）在 100 测量长度上为 0.02（向上）	a）在 100 测量长度上为 0.02（向前） b）在 100 测量长度上为 0.03（向上）	指示器
G10	b) a)	尾座套筒锥孔轴线对溜板移动的平行度： 测量长度 $D_a/4$ 或不超过 300： a）在水平面内 b）在垂直平面内	a）在 300 测量长度上为 0.02（向前） b）在 300 测量长度上为 0.02（向上）	a）在 300 测量长度上为 0.03（向前） b）在 300 测量长度上为 0.03（向上）	a）在 500 测量长度上为 0.05（向前） b）在 500 测量长度上为 0.05（向上）	指示器和检验棒

（续）

序号	简　图	检验项目	允差			检验工具
			精密级	普通级		
			$D_a \leqslant 500$ 和 $DC \leqslant 1500$	$D_a \leqslant 800$	$800 < D_a \leqslant 1600$	
G11	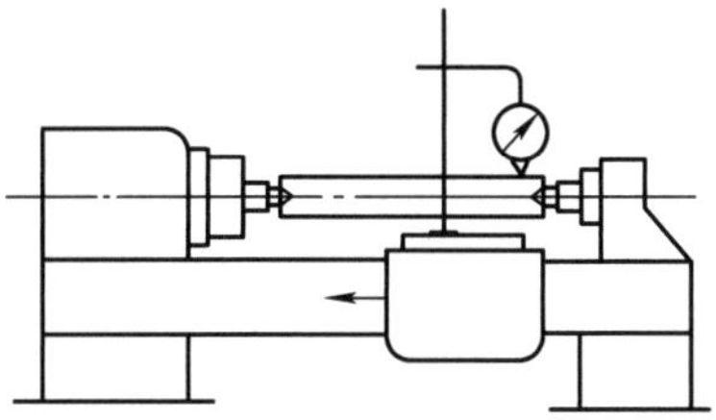	E—顶尖 主轴和尾座两顶尖的等高度	0.02 尾座顶尖高于主轴顶尖	0.04 尾座顶尖高于主轴顶尖	0.06 尾座顶尖高于主轴顶尖	指示器和检验棒
G12	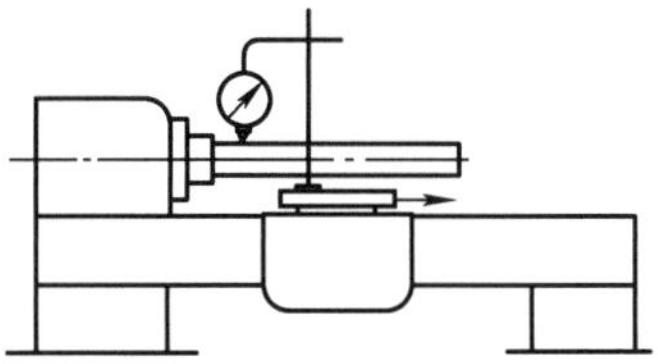	F—小刀架 小刀架纵向移动对主轴轴线的平行度	在 150 测量长度上为 0.015	在 300 测量长度上为 0.04		指示器和检验棒
G13	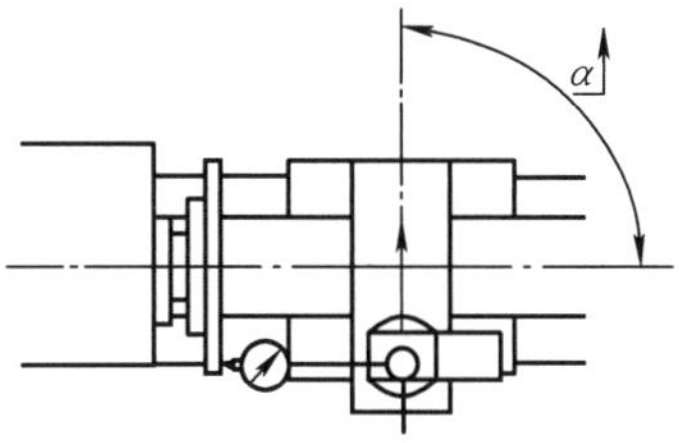	G—横刀架 横刀架横向移动对主轴轴线的垂直度	0.01/300 偏差方向 $\alpha \geqslant 90°$	0.02/300 偏差方向 $\alpha \geqslant 90°$		指示器和平盘或平尺
G14	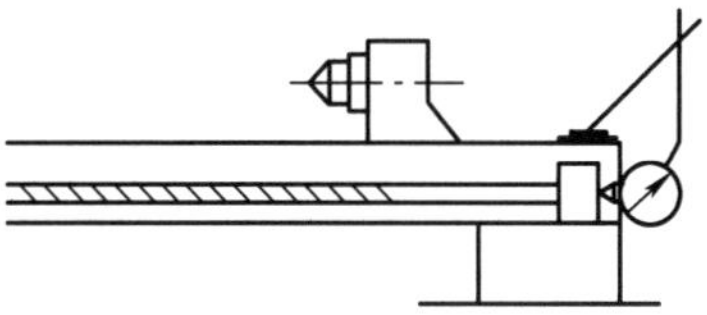	H—丝杠 丝杠的轴向窜动	0.01	0.015	0.02	指示器
G15	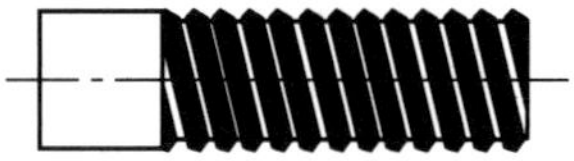	由丝杠所产生的螺距累计误差	a）任意 300 测量长度上为 0.03 b）任意 60 测量长度上为 0.01	a）在 300 测量长度上为 $DC \leqslant 2000$ 0.04 $DC > 2000$ 最大工件长度每增加 1000 允差增加 0.005 最大允差 0.05 b）任意 60 测量长度上为 0.015		电传感器、标准丝杠、长度规和指示器

注：DC 为最大工件长度；D_a 为床身上最大回转直径。

表 1.1-11　普通卧式车床工作精度检验项目　(mm)

序号	简图	检验性质	切削条件	检验项目	允差			检验工具
					精密级	普通级		
					$D_a \leqslant 500$ 和 $DC \leqslant 1500$	$D_a \leqslant 800$	$800 < D_a \leqslant 1600$	
P1	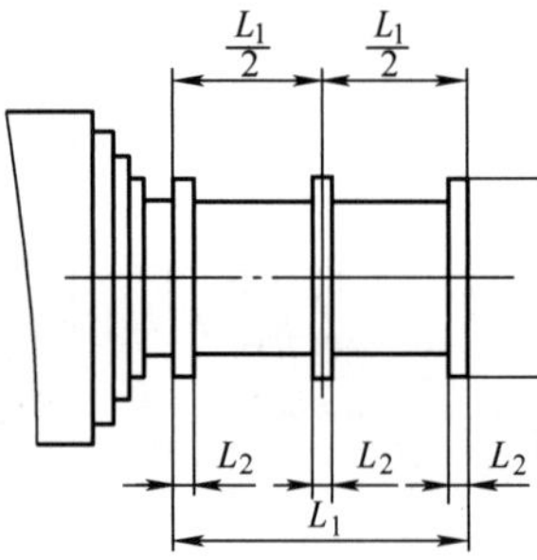	车削夹在卡盘中的圆柱试件（圆柱试件也可插入主轴锥孔中） $D \geqslant D_a/8$ $L_1 = 0.5D_a$ $L_{1\max} = 500$ $L_{2\max} = 20$	用单刃刀具在圆柱体上车削三段直径（如果 $L_1 < 50$ 则车削两段直径）	精车外圆 a）圆度 试件固定端环带处的直径变化，至少取四个读数（见 GB/T 1958） b）在纵截面内直径的一致性 在同一纵向截面内测得的试件各端环带处加工后直径间的变化，应当是大直径靠近主轴端	a）0.007 b）0.02 $L_1 = 300$	a）0.01 b）0.04 $L_1 = 300$	a）0.02 b）0.04	圆度仪或千分尺
					相邻环带间的差值不应超过两端环带之间测量差值的 75%（只有两个环带时除外）			
P2	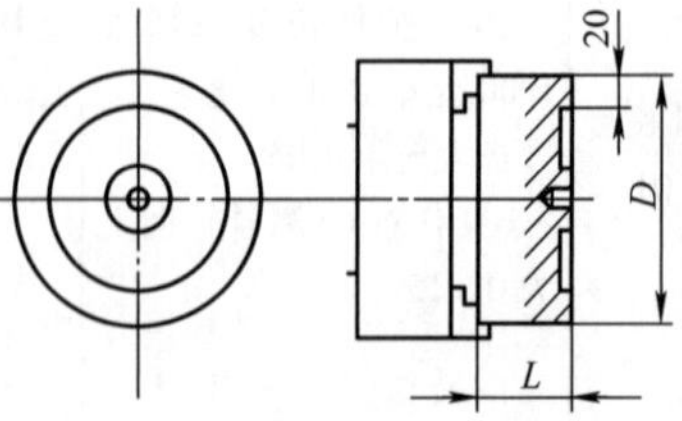	车削夹在卡盘中的圆柱试件 $D \geqslant 0.5D_a$ $L_{\max} = D_a/8$	车削垂直于主轴的平面（仅车两段或三段平面，其中之一为中心平面）	精车端面的平面度只许凹	300 直径上为 0.015	300 直径上为 0.025		平尺和量块或指示器

（续）

<table>
<tr><th rowspan="3">序号</th><th rowspan="3">简　　图</th><th rowspan="3">检验性质</th><th rowspan="3">切削条件</th><th rowspan="3">检验项目</th><th colspan="3">允差</th><th rowspan="3">检验工具</th></tr>
<tr><th>精密级</th><th colspan="2">普通级</th></tr>
<tr><th>D_a≤500 和 DC≤1500</th><th>D_a≤800</th><th>800<D_a≤1600</th></tr>
<tr><td>P3</td><td>L</td><td>圆柱试件的螺纹加工。L=300 车三角形螺纹（GB/T 192）</td><td>从丝杠某一点开始切削螺纹，试件的直径和螺距应尽可能接近丝杠的直径和螺距</td><td>精车 300 长螺纹的螺距累积误差</td><td>a）在 300 测量长度上为 0.03
b）任意 60 测量长度上为 0.01</td><td colspan="2">a）在 300 测量长度上为
DC≤2000
0.04
DC>2000
最大工件长度每增加 1000 允差增加 0.005
最大允差 0.05
b）任意 60 测量长度上为 0.015</td><td>专用检验工具</td></tr>
</table>

（2）普通立式车床精度验收

一般按照 GB/T 23582.1—2009《立式车床检验条件　精度检验　第 1 部分：单柱和双柱立式车床》、GB/T 17421.1—1998《机床检验通则　第 1 部分：在无负荷或精加工条件下机床的几何精度》等标准检验，只验收与机床相关的几何精度以及标准验收的工作精度。普通立式车床精度验收项目见表 1.1-12。

表 1.1-12　普通立式车床精度验收项目　（mm）

精度类型	检验项目	允　差	检验工具	简　图
几何精度	G1 工作台面的平面度	工作台直径在 1000 内为 0.03（平或凹） 直径每增加 1000，允差增加 0.01 局部公差：任意 300 测量长度上为 0.01	平尺、量块、桥板、精密水平仪	a　b　d　c　e a)　b)
	G2 工作台面的端面跳动	工作台直径在 1000 内为 0.01 直径每增加 1000，允差增加 0.01	指示器	

（续）

精度类型	检验项目	允差	检验工具	简图
几何精度	G3 工作台定心孔的径向跳动或工作台外圆面的径向跳动（当工作台无定心孔时）	工作台直径在1000内为0.01 直径每增加1000，允差增加0.01	指示器	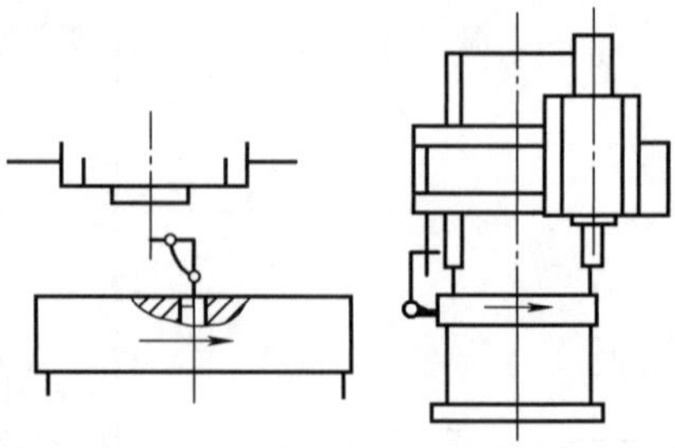
	G4 横梁垂直移动对工作台面的垂直度： a）在垂直于横梁的平面内 b）在平行于横梁的平面内	a）在1000测量长度上为0.04 b）在1000测量长度上为0.025	指示器和检验棒或平尺、角尺和等高块	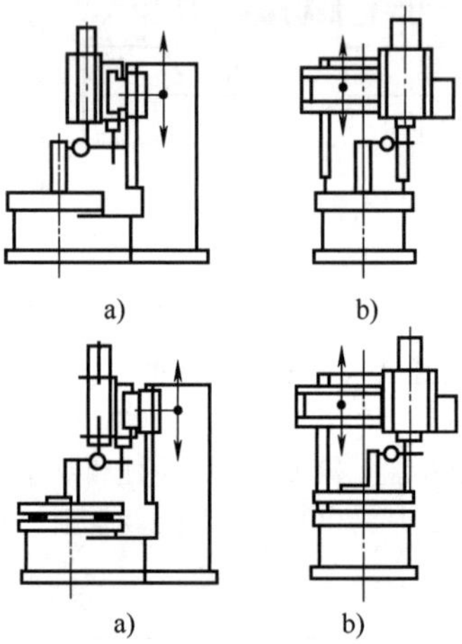 a) b) a) b)
	G5 垂直刀架移动对工作台面的平行度	在1000测量长度上为0.02	平尺、等高块和指示器	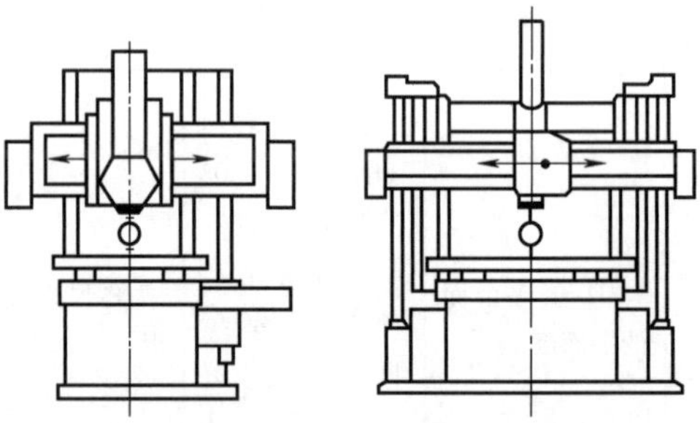
	G6 垂直刀架滑枕移动对工作台回转轴线的平行度： a）在垂直于横梁的平面内 b）在平行于横梁的平面内	a）在1000测量长度上为0.04 b）在1000测量长度上为0.02	指示器和检验棒或平尺、角尺和等高块	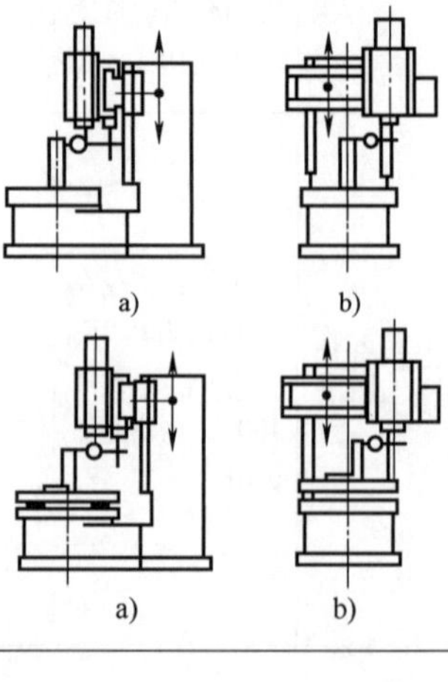 a) b) a) b)

（续）

精度类型	检验项目	允　差	检验工具	简　图
几何精度	G7 工具孔轴线对滑枕移动的平行度： a）在垂直于横梁的平面内 b）在平行于横梁的平面内	a）在 300 测量长度上为 0.03 b）在 300 测量长度上为 0.02	指示器和检验棒	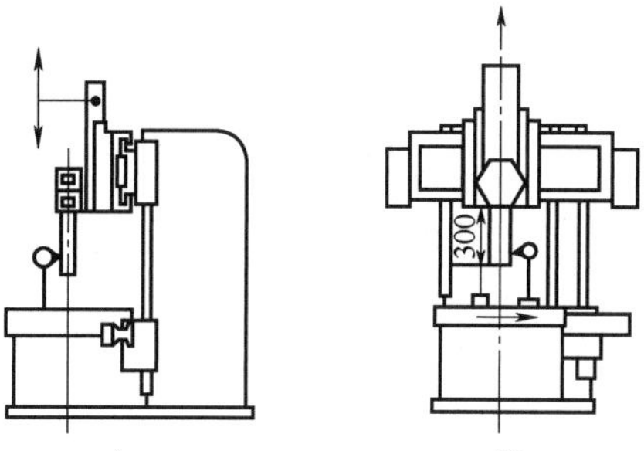 300 a)　b)
	G8 工具孔轴线与工作台旋转轴线的同轴度	ϕ0.025	指示器和检验棒	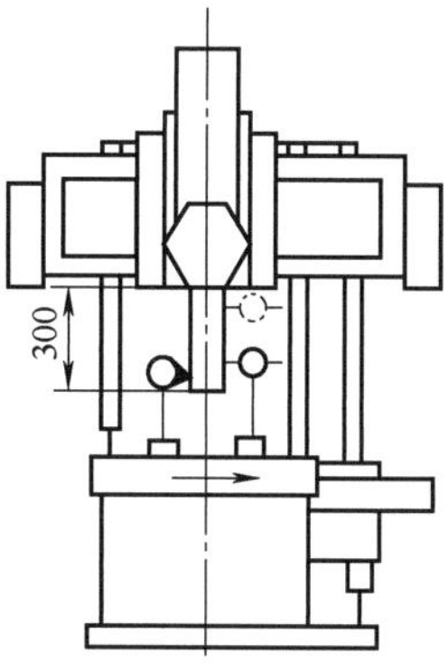 300
	G9 刀杆定心孔轴线与工作台旋转轴线的同轴度	ϕ0.025	指示器	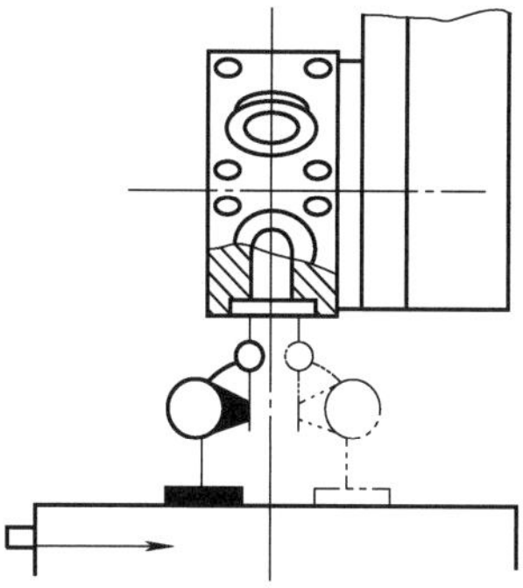
	G10 刀杆安装基面与工作台旋转轴线的垂直度	0.02/300	指示器	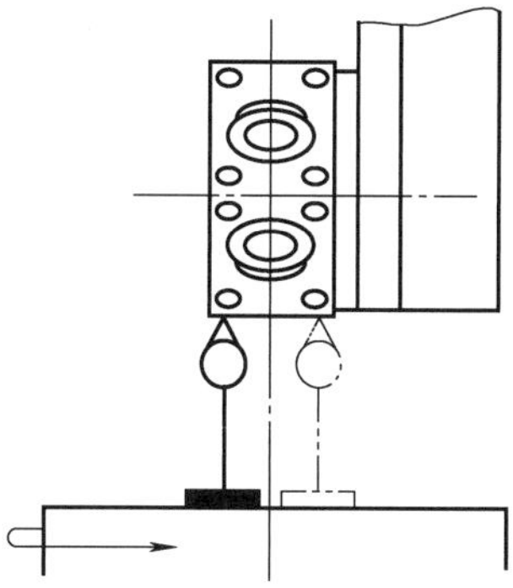

（续）

精度类型	检验项目	允差	检验工具	简图
几何精度	G11 侧刀架移动对工作台旋转轴线的平行度或侧刀架移动对工作台面的垂直度	在 300 测量长度上为 0.01	指示器和检验棒或平尺、角尺和等高块	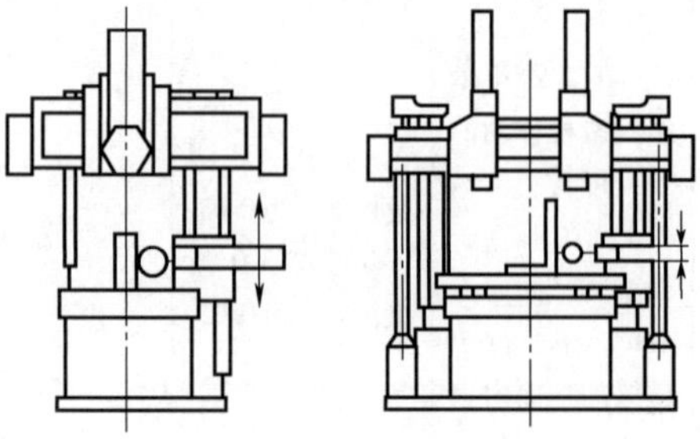
	G12 侧刀架滑枕移动对工作台面的平行度	在 300 测量长度上为 0.02，$\alpha \geqslant 90°$	平尺、等高块和指示器	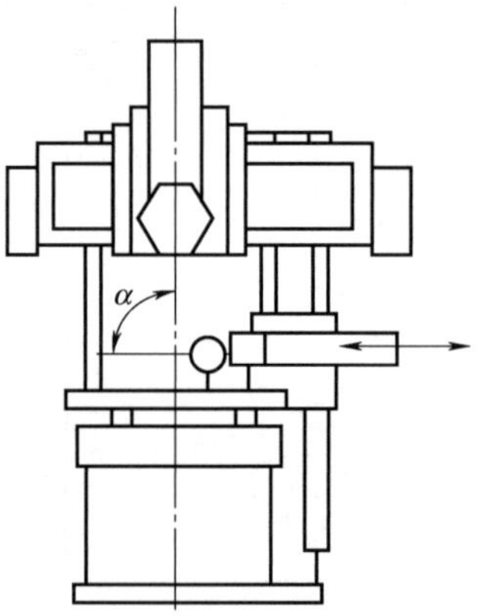 α
工作精度	M1 在圆柱上车削最大长度为 20 的环带表面： a）刀具安装在垂直刀架上车削圆环表面 b）刀具安装在侧刀架上车削圆环表面（仅在滑枕行程内进行）			
	a）圆度	$D_p \leqslant 1000$，0.005 $1000 < D_p \leqslant 3000$，0.010 $D_p > 3000$，0.015 在 300 测量长度上为 0.020	千分尺、精密检验工具	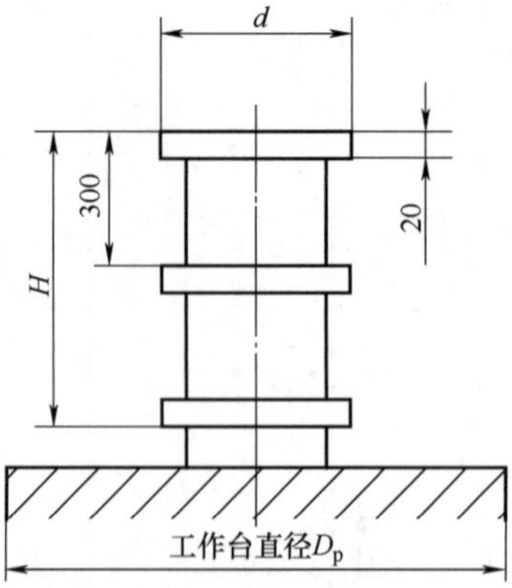 d 300 20 H 工作台直径D_p H=3/4滑枕行程 (H_{max}=1000mm) d=H/2 材料：铸铁
	b）圆度	$D_p \leqslant 1000$，0.005 $1000 < D_p \leqslant 3000$，0.010 $D_p > 3000$，0.015 在 300 测量长度上为 0.020		

（续）

精度类型	检验项目			允差	检验工具	简图
工作精度	M2 用安装在垂直刀架上的刀具在圆盘上车削三个最大宽度为 20 的同心环带表面					
	平面度	$D_p \leqslant 1000$	$D=500$	0.02	平尺和量块或精密指示器	
		$1000<D_p \leqslant 3000$	$D=1000$	0.03		
		$D_p>3000$	$D=1500$	0.04		
	a）各圆柱面直径、各台阶高度与指令值之差			±0.02	千分尺、精密检验工具、正弦规、表面粗糙度样板	试件尺寸: $d \geqslant 150$mm $D \geqslant 300$mm～500mm $R \geqslant 50$mm～100mm $H \leqslant 600$mm $H_1 \geqslant 60$mm $H_2 \geqslant 75$mm 材料：铸铁
	b）表面粗糙度		平面 圆柱面	$Ra1.6\mu m$		
			圆弧面	$Ra3.2\mu m$		

2. 数控车床几何精度、定位精度、工作精度验收方法及参考标准

（1）数控车床精度验收参照标准

1）GB/T 16462.1—2007《数控车床和车削中心检验条件　第 1 部分：卧式机床几何精度检验》。

2）GB/T 16462.2—2017《数控车床和车削中心检验条件　第 2 部分：立式机床几何精度检验》。

3）GB/T 16462.3—2017《数控车床和车削中心检验条件　第 3 部分：倒置立式机床几何精度检验》。

4）GB/T 16462.6—2017《数控车床和车削中心检验条件　第 6 部分：精加工试件精度检验》。

5）JB/T 10889.1—2008《卧式车铣复合加工中心　第 1 部分：精度检验》。

6）GB/T 17421.2—2016《机床检验通则　第 2 部分：数控轴线的定位精度和重复定位精度的确定》。

（2）加工工件精度验收

加工工件精度验收一般包括工件单项精度检验和工艺过程控制稳定性精度检验。

1）单项精度检验：一般根据用户加工件需求进行精度检验。

2）工艺过程控制稳定性精度检验。

对于汽车制造企业选购的加工设备，验收时大多要验收机床的稳定性，即机床能力指数 Cmk 值，或切削过程的稳定性，即过程控制指数 Ppk 值，这是国际上汽车制造行业的统一要求，Cmk 值、Ppk 值越高，机床运行就越稳定。机床 Cmk 值、Ppk 值通常要求大于 1.33，对于要求更高的精度稳定性，Cmk 值、Ppk 值要求大于 1.67。国外机床供应商经常为汽车行业提供交钥匙工程，根据用户提出的不同 Cmk 值、Ppk 值要求，提供不同档次的机床，相应的计算公式为

$$抽检样本尺寸均值：\overline{X}=\frac{X_1+X_2+\cdots+X_n}{n}$$

$$方差：\quad \sigma=\sqrt{\sum_{i=1}^{n}\frac{(X_i-\overline{X})^2}{n-1}}$$

$$\text{Ppk1}=\frac{\text{USL}-\overline{X}}{3\sigma}$$

$$\text{Ppk2}=\frac{\overline{X}-\text{LSL}}{3\sigma}$$

式中，X_1，…，X_n 为零件的实际检测尺寸，样本单元 n 一般取 50 件；USL 和 LSL 为该尺寸加工精度要求的上下极限尺寸；取上述两个 Ppk 值中的较小值用作评价。

（3）卧式数控车床精度验收

1）卧式数控车床精度验收项目见表 1.1-13。

表 1.1-13　卧式数控车床精度验收项目 (mm)

1. 测量单位：

1）线性尺寸、偏差和相应允差单位用 mm。

2）角度尺寸用度（°）表示，而角度误差及相应的允差用比值表示，但是在有些场合，也可以用微弧度（μrad）或角秒（″）来表示，其换算关系为 0.010/1000 = 10μrad ≈ 2″。

2. 床身上最大回转直径 D：$250<D\leqslant500$

3. 公称卡盘直径 d：$125<d\leqslant250$

4. 公称棒料直径 d'：$25<d'\leqslant63$

精度类型	检验项目		允差（普通级）	简　图
几何精度	主轴箱主轴	主轴端部： a）定心轴颈的径向跳动 b）周期性轴向跳动 c）主轴端面跳动	a）0.008 b）0.005 c）0.010	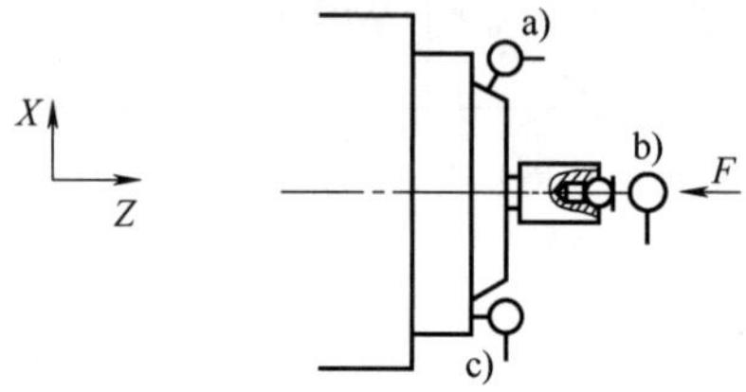
		主轴孔的径向跳动： 1）测头直接触及： a）前锥孔面 b）后定位面	0.008	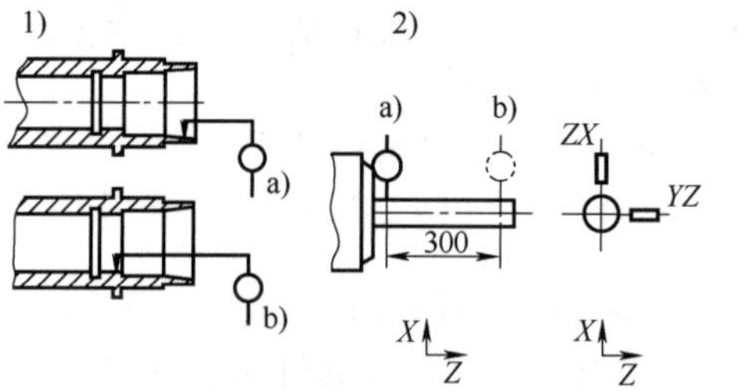
		2）使用检验棒检验： a）靠近主轴端面 b）距主轴端面 300 处	在 300 测量长度上或全行程上（全行程≤300 时）： a）0.015 b）0.020	
	主轴箱主轴与线性运动轴的关系	Z 轴运动（床鞍运动）对主轴轴线的平行度： a）在 ZX 平面内 b）在 YZ 平面内	在 300 测量长度上或全行程上（全行程≤300 时）： a）0.015 b）0.020	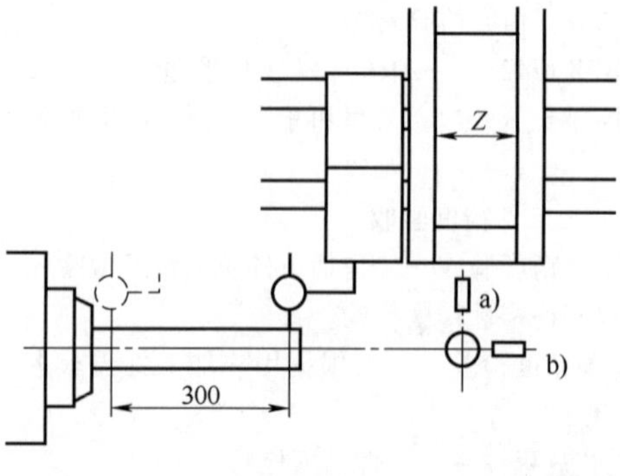

（续）

精度类型		检验项目	允差（普通级）	简　图
几何精度	主轴箱主轴与线性运动轴的关系	主轴（C'轴）轴线对 a）X 轴线在 ZX 平面内运动的垂直度 b）Y 轴线在 YZ 平面内运动的垂直度（当有 Y 轴时）	在 300 测量长度上或全行程上（全行程≤300，$\alpha \geqslant 90°$时）： a）0.015 b）0.020	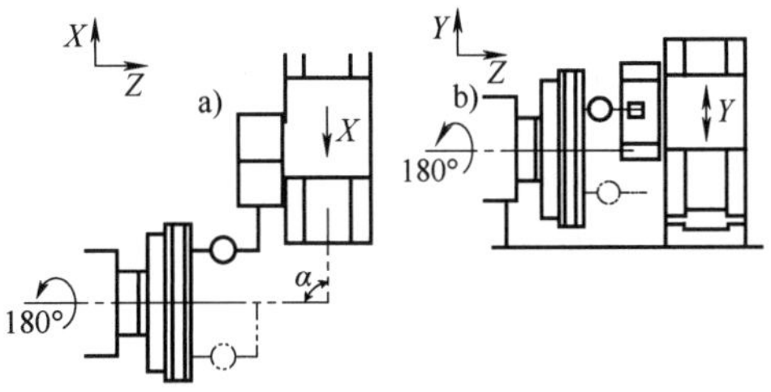
		Y 轴运动（刀架）对 X 轴运动（刀架滑板）的垂直度（本项也适用于 X_1 轴线对 Y_2 轴线的垂直度检验）	在 300 测量长度上或全行程上（全行程 ≤ 300 时）为 0.020	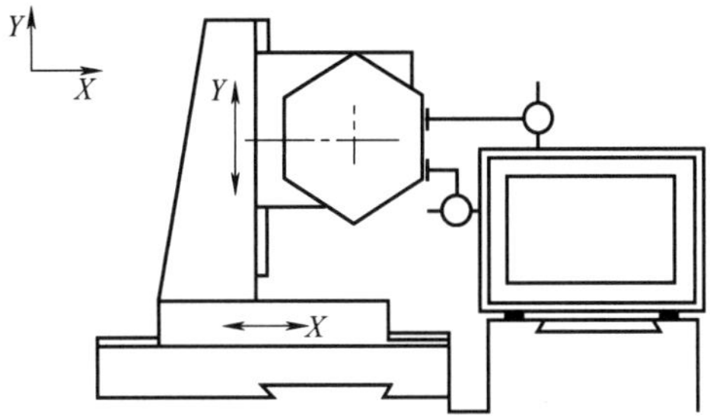
		两主轴箱主轴的同轴度（仅适用于相对布置主轴）： a）在 ZX 平面内 b）在 YZ 平面内	在 100 测量长度内为 0.015	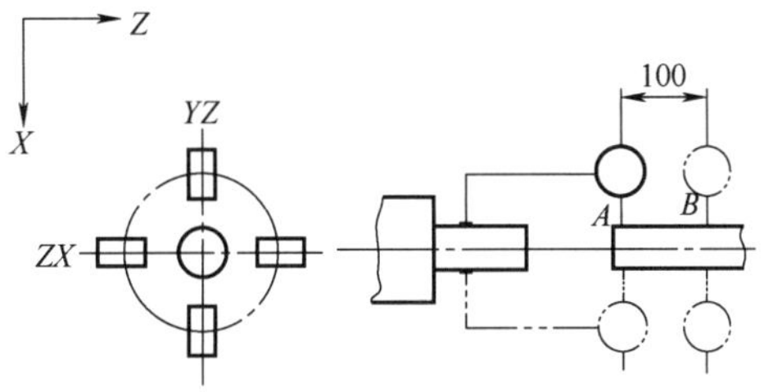
	线性轴运动的角度偏差	Z 轴运动（床鞍运动）的角度偏差： a）在 YZ 平面内（俯仰） b）在 XY 平面内（倾斜） c）在 ZX 平面内（偏摆）	$Z \leqslant 500$，0.04/1000 $500 < Z \leqslant 1000$，0.060/1000 $1000 < Z \leqslant 2000$，0.080/1000	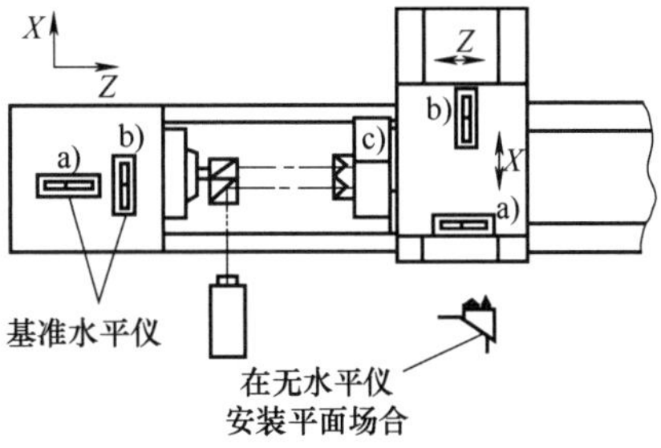 基准水平仪 在无水平仪安装平面场合
		X 轴运动（刀架滑板运动）的角度偏差： a）在 XY 平面内（俯仰） b）在 YZ 平面内（倾斜） c）在 ZX 平面内（偏摆）	$X \leqslant 500$，0.04/1000 $500 < X \leqslant 1000$，0.060/1000 $1000 < X \leqslant 2000$，0.080/1000	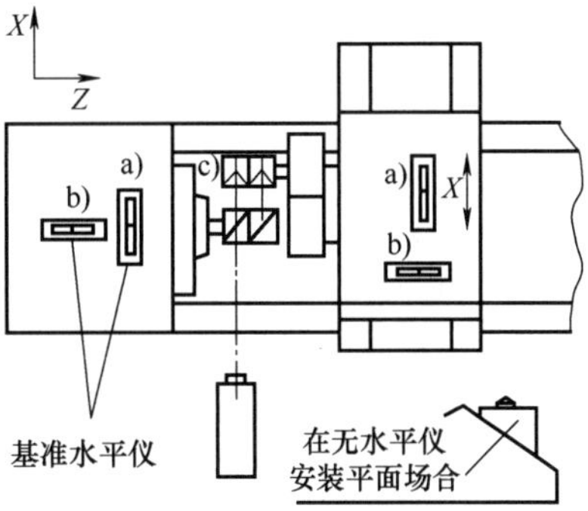 基准水平仪 在无水平仪安装平面场合

（续）

精度类型	检验项目		允差（普通级）	简图
几何精度	线性轴运动的角度偏差	Y 轴运动（刀架运动）的角度偏差： a）在 YZ 平面内（绕 X 轴偏摆） b）在 ZX 平面内（倾斜） c）在 XY 平面内（绕 Z 轴仰俯）	$Y \leqslant 500$，0.040/1000	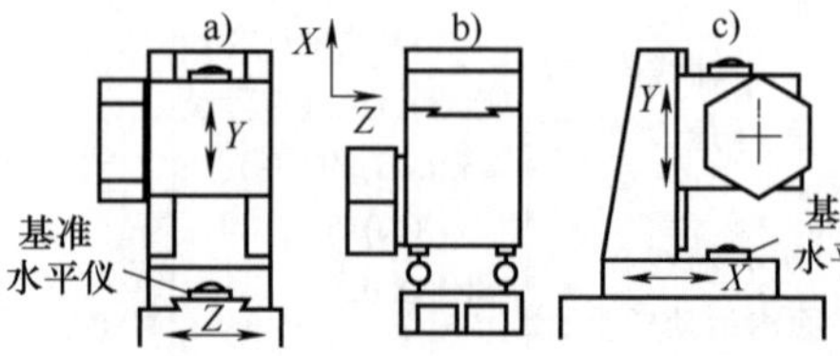
		尾座 R 轴运动对床鞍 Z 轴运动的平行度： a）在 ZX 平面内 b）在 YZ 平面内	$Z \leqslant 1000$ a）0.020 b）0.030 $1000 < Z \leqslant 2000$ a）0.030 b）0.050	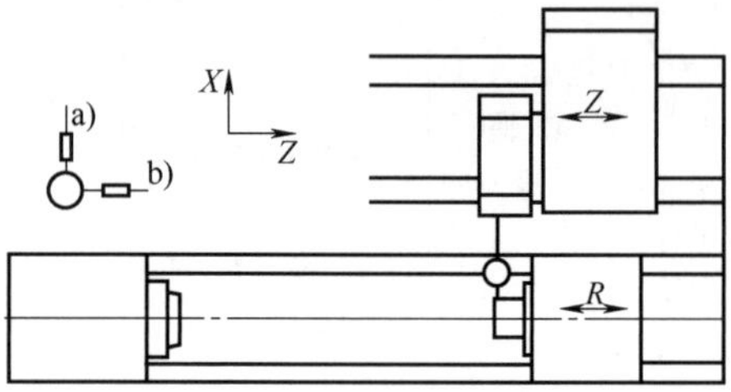
		尾座套筒运动对床鞍 Z 轴运动的平行度： a）在 ZX 平面内 b）在 YZ 平面内	在 L 长度上测量： $L=50$ a）0.010 b）0.015 $L=100$ a）0.015 b）0.020 $L=150$ a）0.020 b）0.025 （尾座套筒伸出端向上）	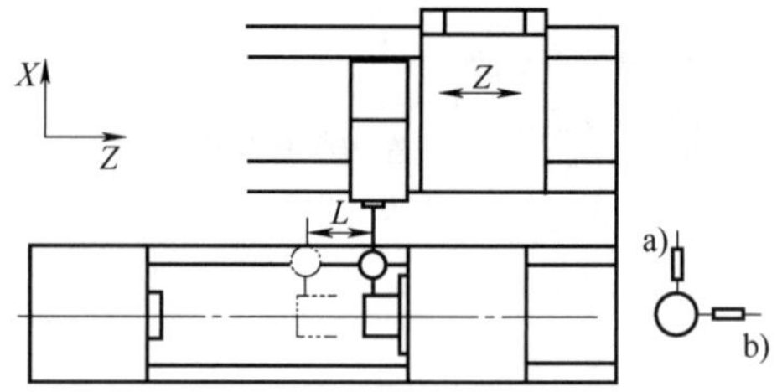
		尾座套筒锥孔轴线对床鞍 Z 轴运动的平行度： a）在 ZX 平面内 b）在 YZ 平面内 （此项检验仅适用于手动移动套筒的尾座）	在 300 测量范围上或全行程上（全行程 ≤ 300 时）为 0.020	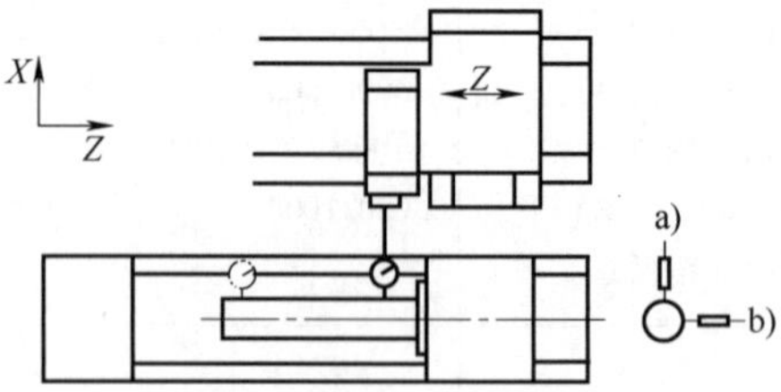
		Z 轴线运动对车削轴线的平行度： a）在 ZX 平面内 b）在 YZ 平面内 注：车削轴线为两顶尖之间的轴线	$DC \leqslant 500$ a）0.010 b）0.020 $500 < DC \leqslant 1000$ a）0.015 b）0.030 对于 Z_2 轴，每项允差增加 0.010	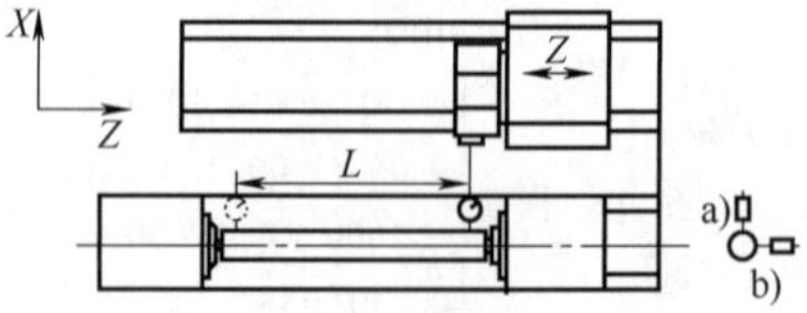 L=75%DC，DC为两顶尖之间的距离。

（续）

精度类型	检验项目		允差（普通级）	简　图
几何精度	刀架和刀具主轴-固定刀具刀架	刀架工具安装基面主轴轴线的垂直度（此项检验适用于工具安装基面与主轴轴线垂直的刀架）	0.02/100（100为测量直径）	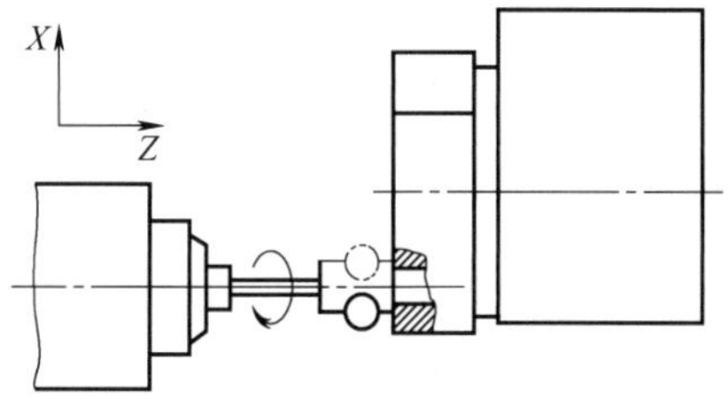
		刀架工具安装孔轴线对 Z 轴运动的平行度： a）在 ZX 平面内 b）在 YZ 平面内 （此项检验适用于工具安装孔轴线与 Z 轴运动轴线平行的刀架）	$L=100$，0.030	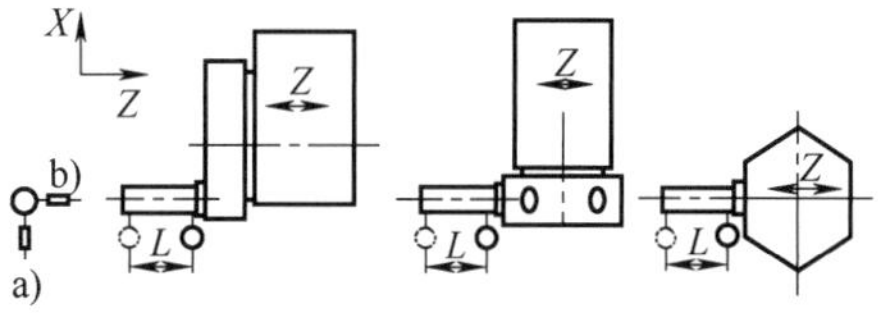
		刀架工具孔轴线对 X（X_2）轴运动的平行度： a）在 ZX 平面内 b）在 XY 平面内 （此项检验适用于工具安装孔轴线与主轴轴线垂直的刀架）	$L=100$，0.030	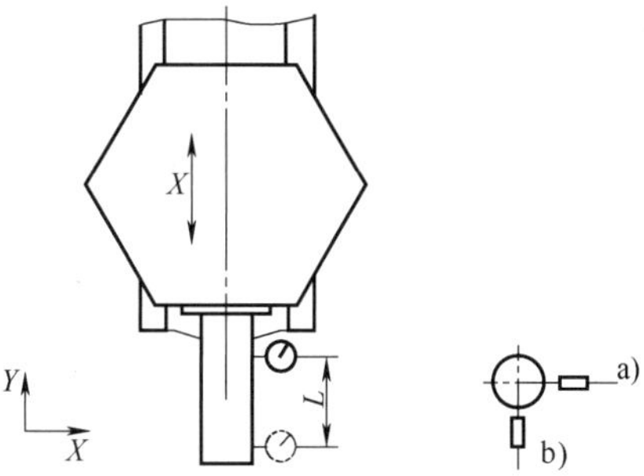
		直排刀架（仅适用于 d 型直排刀架）： 1）横向滑板的基准槽或基准侧面对其 X 轴运动的平行度	1）在 300 测量长度上或全行程上（全行程≤300 时）为 0.030	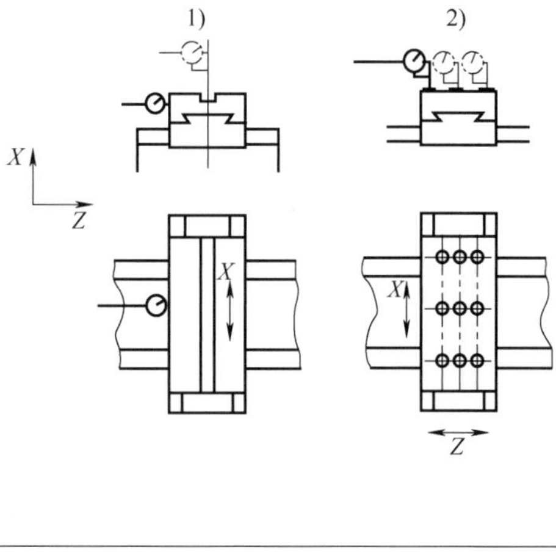
		2）横向滑板的工具安装面对： a）床鞍 Z 轴运动的平行度 b）横滑板 X 轴运动的平行度	2）在 300 测量长度上或全行程上（全行程≤300 时）为 0.025	

（续）

精度类型	检验项目		允差（普通级）	简图
几何精度	刀架和刀具主轴-动力刀具的刀架和刀具主轴	刀具主轴的径向跳动和端面跳动： 1）内锥孔的径向跳动和端面跳动： a）靠近主轴端部 b）距主轴端部100处	a）0.015 b）0.020	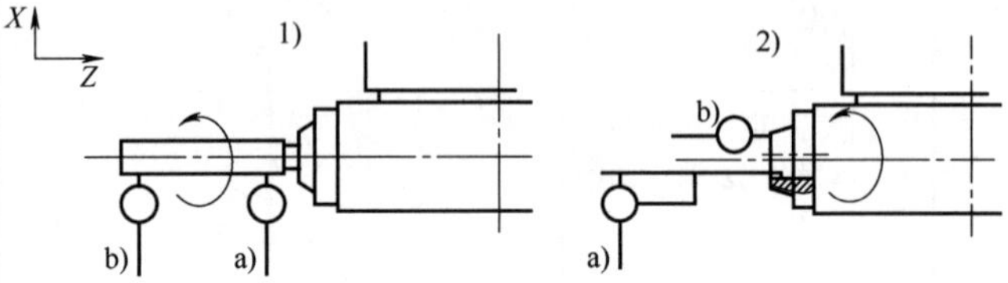
		2）圆柱孔： a）主轴端部的径向跳动 b）主轴端部的端面跳动	0.015	
		刀具主轴轴线对Z轴运动的平行度： a）在ZX平面内 b）在YZ平面内 （此项检验适用于所有动力刀架主轴）	在100测量长度上为0.020	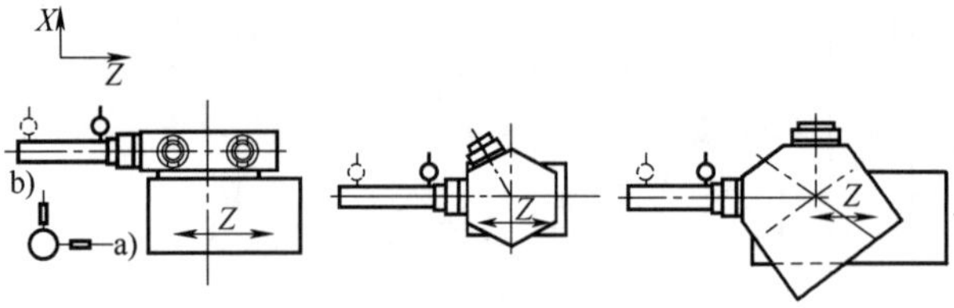 注：Z可以用Z_2、X或X_2代替。
		刀具主轴轴线对X轴运动的平行度： a）在XY平面内 b）在ZX平面内 （此项检验适用于所有动力刀架主轴）	在100测量长度上为0.020	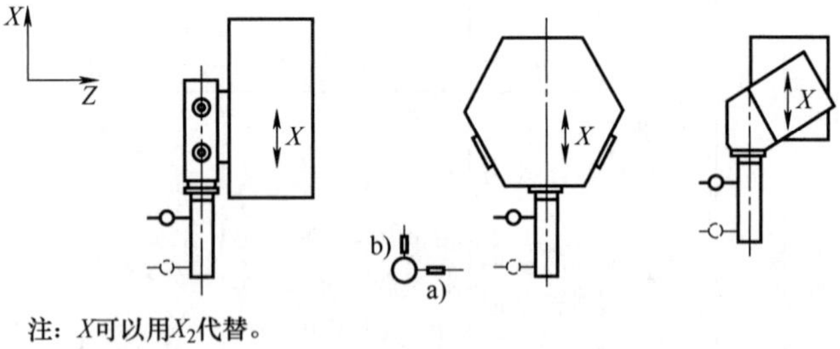 注：X可以用X_2代替。
		工件主轴轴线与刀具主轴轴线在Y方向的位置差： a）两个主轴相互平行 b）两个主轴相互垂直	0.040	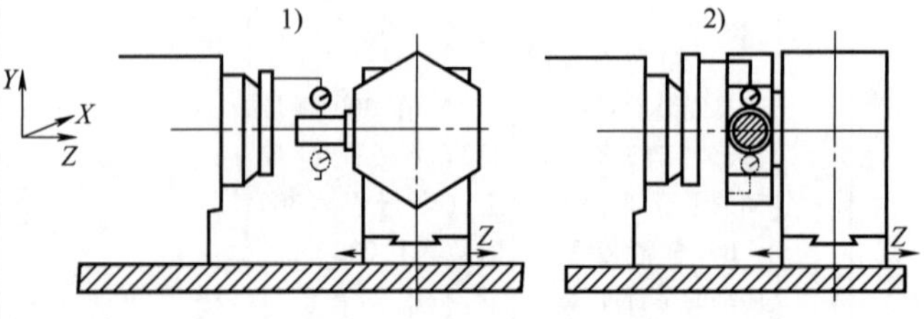

（续）

<table>
<tr><th>精度类型</th><th colspan="2">检验项目</th><th colspan="2">允差（普通级）</th><th>简　图</th></tr>
<tr><td rowspan="3">几何精度</td><td rowspan="2">刀架和刀具主轴-刀架转位的定位精度和重复定位精度</td><td>刀架转位的重复定位精度：
a）在 YZ 平面内
b）在 ZX 平面内</td><td colspan="2">L=100，0.010</td><td>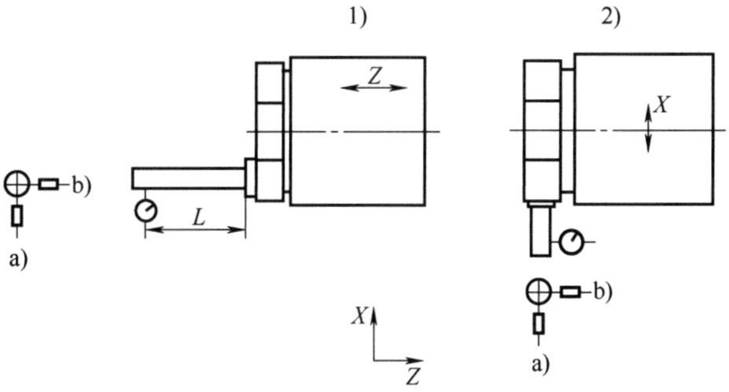
</td></tr>
<tr><td>刀架转位的定位精度</td><td colspan="2">0.040</td><td>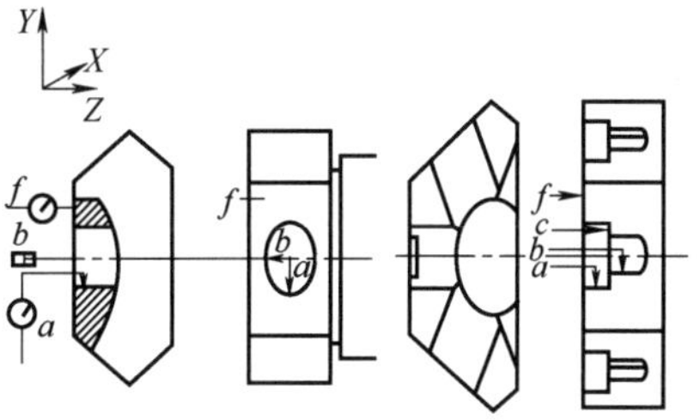
</td></tr>
<tr><td>回转主轴箱或回转刀架</td><td>a）工件主轴轴线（B 轴）的回转平面对 ZX 平面的平行度
b）刀架轴线（B 轴）的回转平面对 ZX 平面的平行度</td><td>在 300 半径的转角内：±30°

0.010</td><td>在 300 半径的转角内：±60°

0.020</td><td>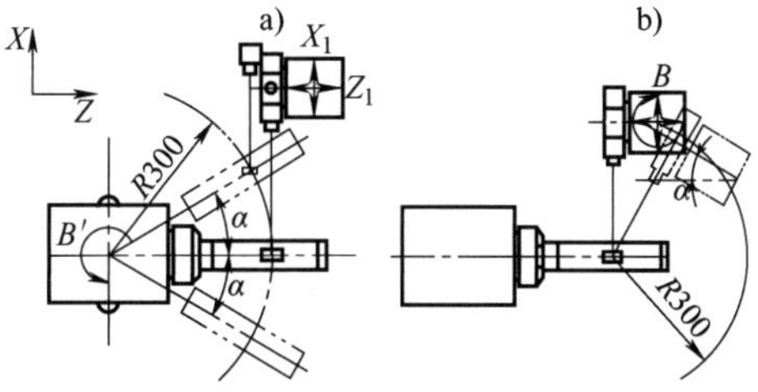
</td></tr>
</table>

（续）

精度类型	检验项目	允差（普通级）	简　图
工作精度	车削圆柱试件： a）圆度 b）加工直径的一致性	a）0.005 b）0.015 （允差仅适用于固定横梁的机床。对于可调整横梁高度的机床，根据横梁上升或下降后的定位和/或调整的方法，允差由供应商和用户协议中规定）	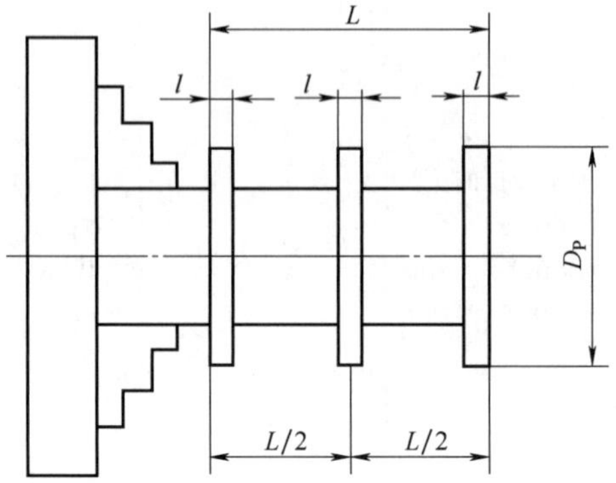 l 值的选取应便于检验工具检验。 卡盘端面到第一个台阶距离应小于 l。 棒料机床：$L=2.5d'$（公称棒料直径），$D_{pmin}=0.3L$。 卡盘机床：$L=0.8d$（公称卡盘直径），或 0.66×最大车削长度（Z 轴行程）中的较小值，$D_{pmin}=0.3L$。
	垂直主轴轴线的端面的平面度	0.015 （允差仅适用于固定横梁的机床。对于可调整横梁高度的机床，根据横梁上升或下降后的定位和/或调整的方法，允差由供应商和用户协议中规定）	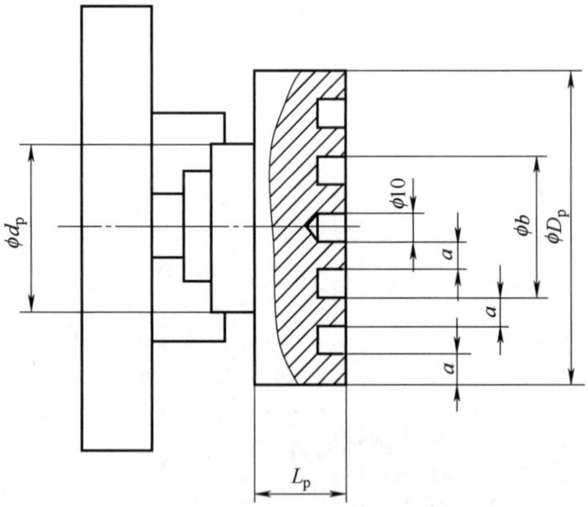 $D_p=0.8$×公称卡盘直径，或 1×公称棒料直径，$D_{pmax}=300$。 $60<D_p\leqslant160$ 时，中间环槽可以忽略；$D_p\leqslant60$ 时，所有环槽可以忽略； $L_p=0.25$×公称卡盘直径，$L_{pmax}=60$。 $d_p=0.5D$，或公称棒料直径，$d_{pmin}=75$（卡盘机床）； $b=D_p/2-a$。 a 值的选取应便于检验工具检验。

（续）

精度类型	检验项目	允差（普通级）		简　　图
		名义半径 R	圆度偏差	
工作精度	试件上 100°圆弧内的圆度偏差检验（按 GB/T 1182 的规定） 本检验适用于 GB/T 16462 中描述的所有数控车床和车削中心，作为验收使用的试件规格应按制造商和用户的协议执行	50	0.025	
		100	0.045	
		150	0.070	

2）不同运动条件下机床加工零件的位置和轮廓性能检验项目见表 1.1-14。

表 1.1-14　不同运动条件下机床加工零件的位置和轮廓性能检验项目

简图	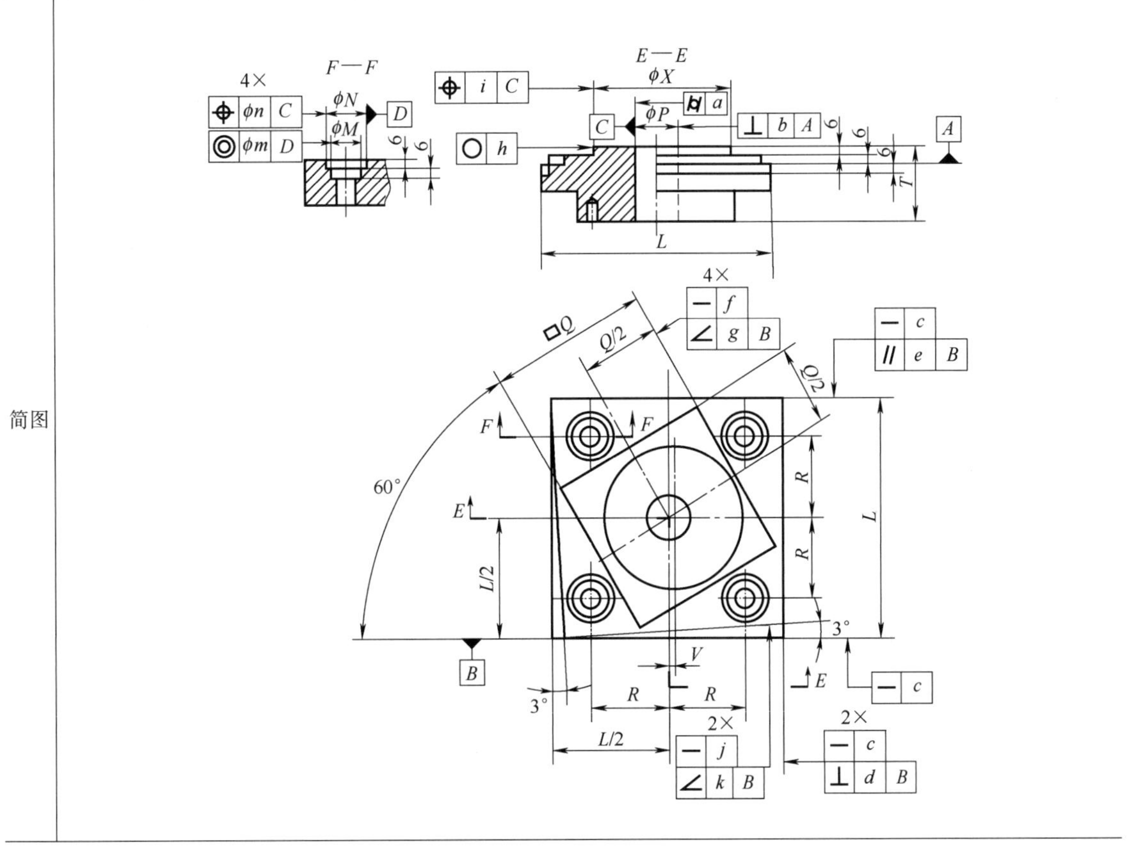

（续）

	尺寸	试件标记		
		GB/T 16462. 6-M3-80	GB/T 16462. 6-M3-160	GB/T 16462. 6-M3-320
零件尺寸	L①	80	160	320
	ϕM②	14	26	43
	ϕN②	16	28	45
	ϕP③	16	30	50
	Q④	54	110	220
	R	27	52	110
	ϕS	55	110	240
	T	50	50	80
	U	20	20	40
	V⑤	2	5	9
	ϕX⑤	50	96	202
	Y	42	90	200
	Z	M6×1 深 10	M8×1. 25 深 12	M12×1. 5 深 20

① 边长为 L 的外正方形。

② 四个镗孔 ϕM 和四个沉孔 ϕN。ϕM 应接近定位轴线的正向；ϕN 应接近定位轴线的负向。这些镗孔的位置在距试件中心 R 处。

③ 通镗孔 ϕP 位于试件的中心。

④ 边长为 Q 的菱形（倾斜 60°角的正方形）位于正方形的上方，菱形尺寸只能用两个线性轴（如 X 轴和 Y 轴）。在这种情况下，直径为 X 的圆高出边长为 L 的外正方形上表面 12mm。

⑤ ϕX 圆高出菱形上表面 6mm。ϕX 圆中心线与在 X 轴方向的 ϕP 镗孔中心线偏离尺寸为 V。

	检验项目		试件标记		
			GB/T 16462. 6-M3-80	GB/T 16462. 6-M3-160	GB/T 16462. 6-M3-320
			公差		
几何精度要求	中心孔 ϕP	圆柱度 a	0. 010	0. 010	0. 015
		孔轴线对基准 A 的垂直度 b	ϕ0. 010	ϕ0. 010	ϕ0. 015
	正方形 L×L	侧面的直线度 c	0. 030	0. 030	0. 045
		相邻面对基准 B 的垂直度 d	0. 040	0. 040	0. 060
		相对面对基准 B 的平行度 e	0. 040	0. 040	0. 060
	菱形 Q×Q	侧面的直线度 f	0. 030	0. 030	0. 045
		60°角侧面对基准 B 的倾斜度 g	0. 040	0. 040	0. 060
	圆 ϕX	圆度 h	0. 030	0. 030	0. 040
		外圆对基准 C 的位置度 i	ϕ0. 040	ϕ0. 040	ϕ0. 050

（续）

<table>
<tr><td rowspan="3" colspan="3">检 验 项 目</td><td colspan="3">试件标记</td></tr>
<tr><td>GB/T 16462. 6-M3-80</td><td>GB/T 16462. 6-M3-160</td><td>GB/T 16462. 6-M3-320</td></tr>
<tr><td colspan="3">公差</td></tr>
<tr><td rowspan="5">几何精度要求</td><td rowspan="2">斜面</td><td>面的直线度 j</td><td>0. 030</td><td>0. 030</td><td>0. 045</td></tr>
<tr><td>斜面对基准 B 的倾斜度 k</td><td>0. 040</td><td>0. 040</td><td>0. 060</td></tr>
<tr><td rowspan="2">镗孔</td><td>内孔 M 对外孔 N 的同轴度 m</td><td>ϕ0. 020</td><td>ϕ0. 020</td><td>ϕ0. 020</td></tr>
<tr><td>孔 N 对基准 C 的位置度 n</td><td>ϕ0. 050</td><td>ϕ0. 050</td><td>ϕ0. 050</td></tr>
<tr><td colspan="5">注：菱形只允许用两个线性轴（如 X 轴和 Y 轴）加工。</td></tr>
<tr><td>零件毛坯</td><td colspan="5">
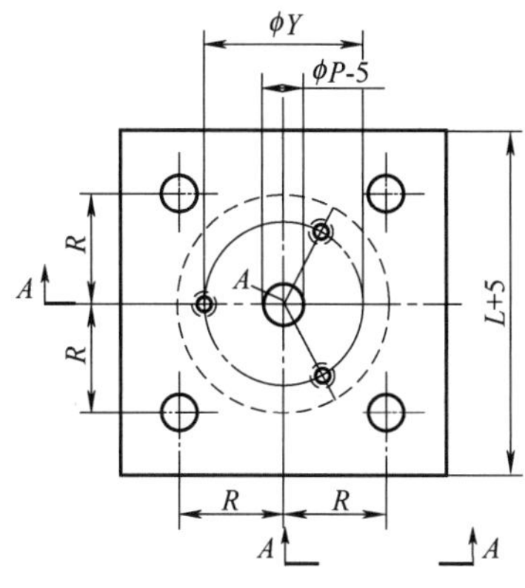

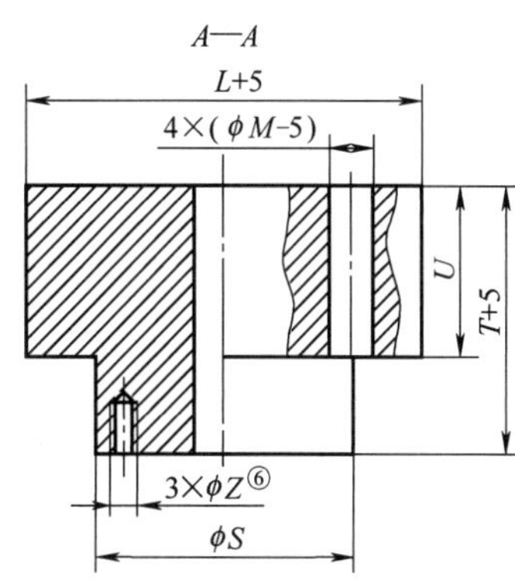

注：1. 对于尺寸 L、M、P、R、S、T、U、Y、Z，见零件尺寸表。
2. 攻螺纹孔 Z 是可选的，对于没有合适卡盘的车削中心，该孔用于试件和过渡盘之间的固定，在这种情况下，试件底面应是平的。
3. ⑥分布在 Y 节径上。
</td></tr>
</table>

（4）立式数控车床精度验收

立式数控车床精度验收项目见表 1. 1-15。

表 1. 1-15　立式数控车床精度验收项目　（mm）

1. 测量单位：

1）线性尺寸、偏差和相应允差单位为 mm

2）角度尺寸用度（°）表示，而角度误差及相应的允差用比值表示，但是在有些场合，也可以用微弧度（μrad）或角秒（″）来表示，其换算关系为 0. 010/1000 = 10 μrad ≈ 2″

2. 公称卡盘直径 d：$500<d\leqslant 1000$；工件夹持主轴/工作台直径 D：$500<D\leqslant 1000$

（续）

精度类型	检验项目		允差（普通级）	简图
几何精度	工件主轴（工作台）	工件主轴端面的平面度	0.030 局部公差，在任意300测量长度上为0.010	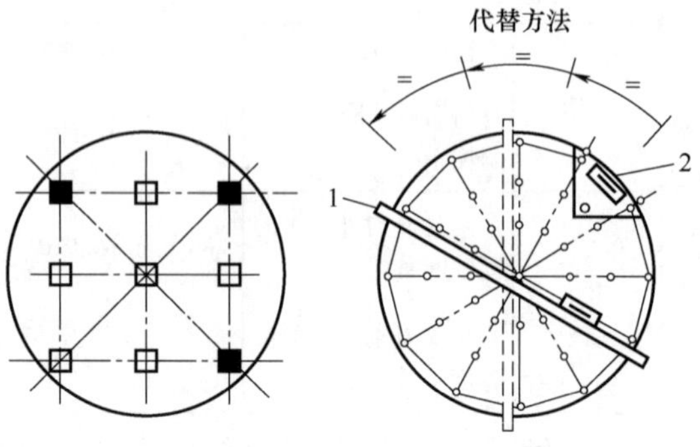 代替方法 1—导向平尺　2—均衡三支承座
		工件主轴（工作台）的端面跳动： a）工作台表面的端面跳动 b）主轴端面的跳动	a）0.020 b）0.015	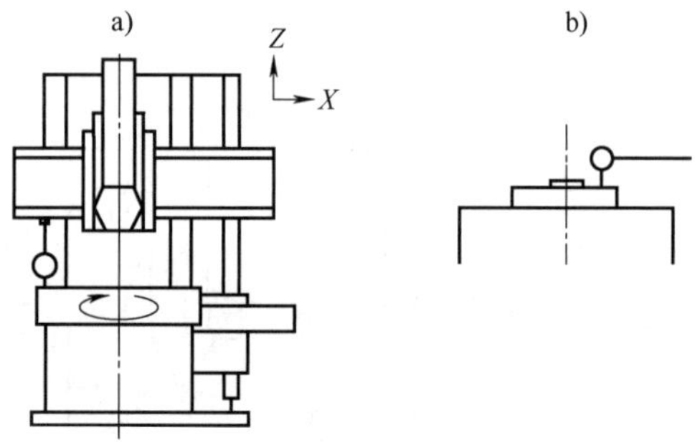 a)　b)
		径向跳动检验： a）工件主轴定心孔 b）工件主轴的外圆柱表面（工作台无定心孔时检验） c）定心轴颈	a）和b）0.020 c）0.015	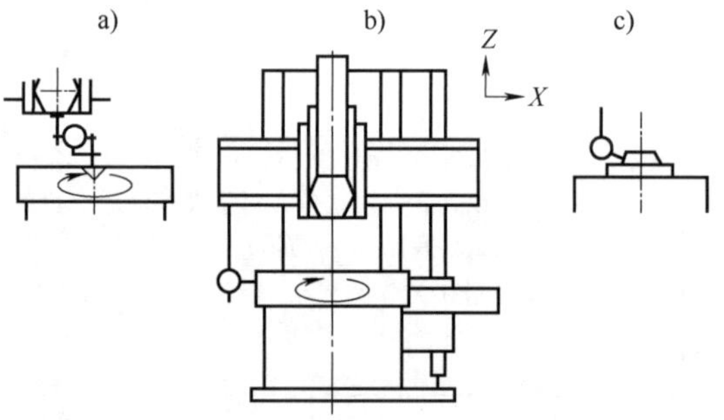 a)　b)　c)
	工件主轴（工作台）和线性运动轴之间的关系	垂直刀架滑枕或刀架滑板（Z轴）运动对工件主轴旋转轴线的平行度： a）在YZ平面内 b）在XZ平面内	a）在300测量长度上为0.015 b）在300测量长度上为0.010	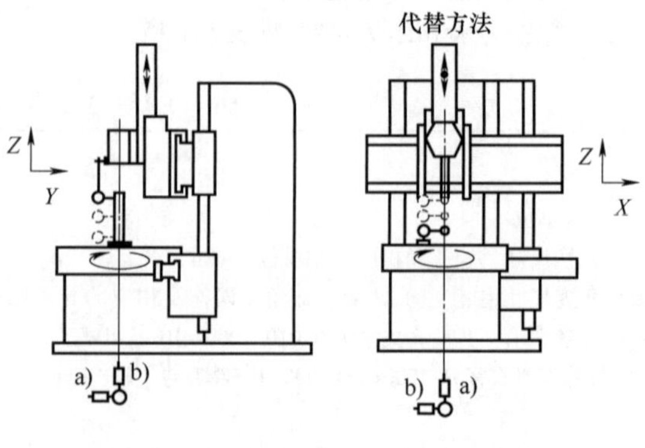 代替方法

（续）

精度类型	检验项目		允差（普通级）	简　　图
几何精度	工件主轴（工作台）和线性运动轴之间的关系	垂直刀架（*X* 轴）运动对工件主轴（工作台）旋转轴线（*C* 轴）的垂直度	在 300 测量长度上或全行程上（全行程≤300 时）为 0.020	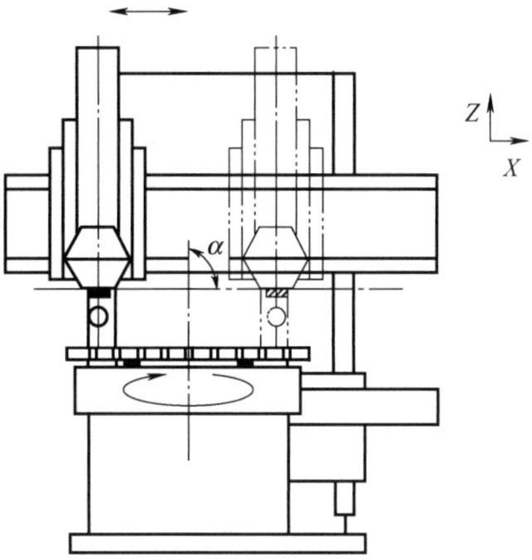
		侧刀架（*Z* 轴）运动对工件主轴旋转轴线（*C* 轴线）的平行度	在 300 测量长度上为 0.020	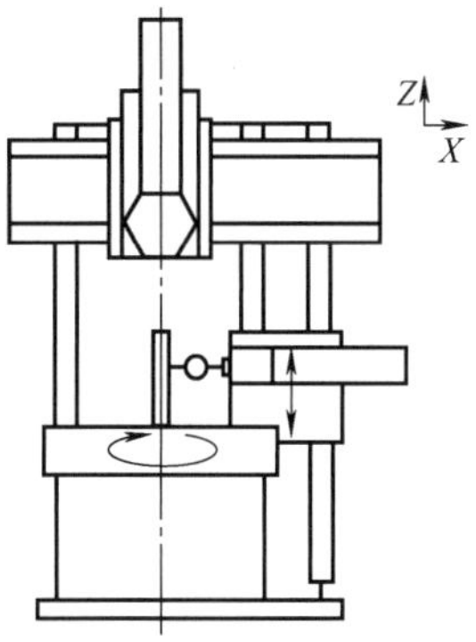
		侧刀架滑枕（*X* 轴）运动对工件主轴（工作台）旋转轴线的垂直度	在 300 测量长度上为 0.020（$\alpha \geq 90°$）	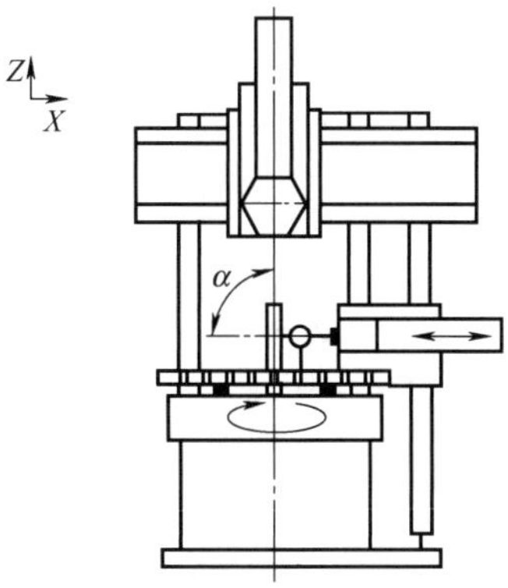

（续）

精度类型		检验项目	允差（普通级）	简　图
几何精度	工件主轴（工作台）和线性运动轴之间的关系	刀具主轴旋转轴线对横梁滑枕运动的平行度： a）在 YZ 平面内 b）在 ZX 平面内	在 300 测量长度上为 0.020	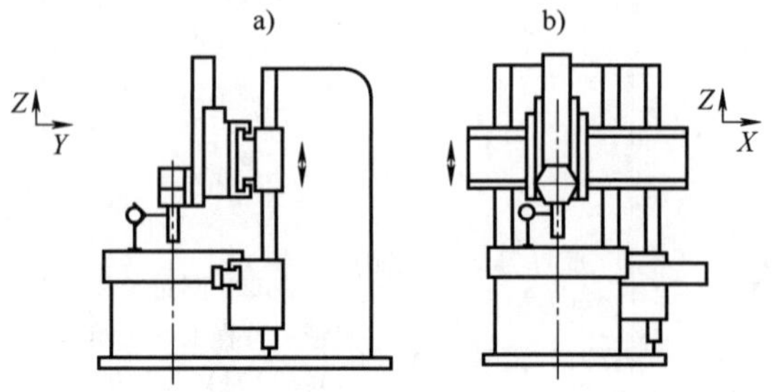 a)　b)
		横梁 Z 轴运动对工件主轴旋转轴线的平行度： a）在 YZ 平面内 b）在 ZX 平面内	在 300 测量长度上为 0.020	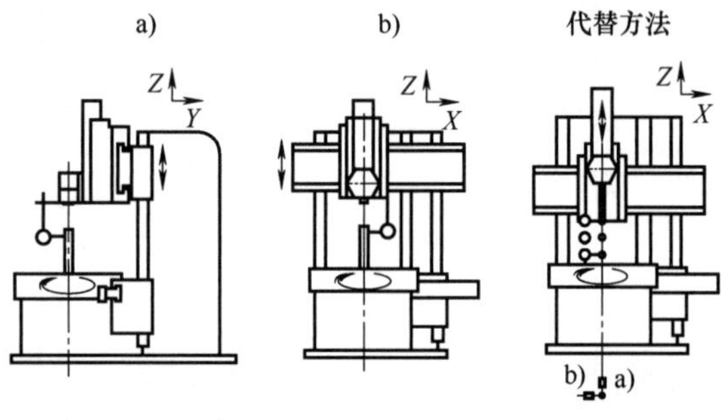 a)　b)　代替方法
	线性轴运动的角度偏差	在 ZX 平面内，横梁沿其 Z 轴运动的角度偏差（EBZ）	在任意 1000 测量长度上为 0.020/1000（20 μrad 或 4″）	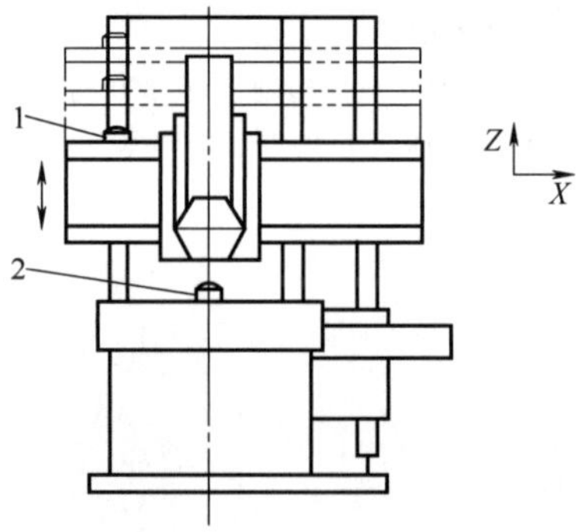 1—测量水平仪　2—基准水平仪
		移动立柱（龙门移动式）或移动主轴箱（龙门固定式）沿 Y 轴运动的角度偏差： a）在 YZ 平面内（EAY：俯仰） b）在 ZX 平面内（EBY：倾斜） c）在 XY 平面内（ECY：偏摆）	在任意 1000 测量长度上为 0.020/1000（20μrad 或 4″）	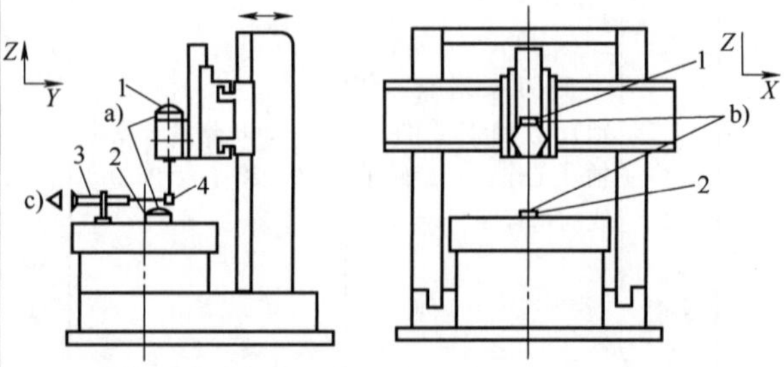 1—测量水平仪　2—基准水平仪　3—自准直仪　4—反射镜

（续）

精度类型	检验项目		允差（普通级）	简图
几何精度	工件主轴（工作台）和线性运动轴之间的关系	垂直刀架在横梁上沿 *X* 轴运动的角度偏差： a）在 *ZX* 平面内（*EBX*：俯仰） b）在 *YZ* 平面内（*EAX*：倾斜） c）在 *XY* 平面内（*ECX*：偏摆）	在任意 1000 测量长度上为 0.020/1000（20μrad 或 4″）	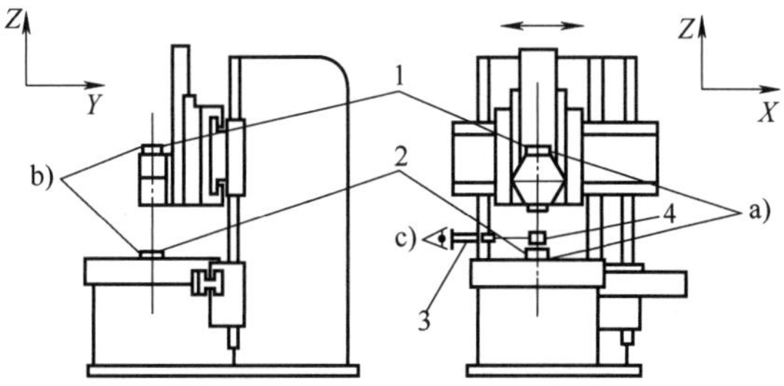 1—测量水平仪　2—基准水平仪　3—自准直仪　4—反射镜
		刀架滑板（滑枕）沿 *Z* 轴运动的角度偏差： a）在 *YZ* 平面内（*EAZ*：绕 *X* 轴倾斜） b）在 *ZX* 平面内（*EBZ*：绕 *Y* 轴倾斜）	在任意 1000 测量长度上为 0.020/1000（20μrad 或 4″）	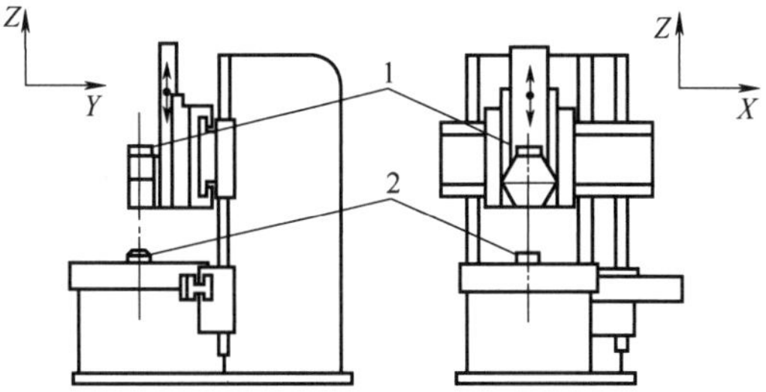 1—测量水平仪　2—基准水平仪
	线性轴运动的直线度	垂直刀架沿 *X* 轴运动的直线度： a）在 *ZX* 垂直平面内（*EZX*） b）在 *XY* 水平面内（*EYX*） 注：b）项检验仪适用于车削中心	在 1000 测量长度上为 0.015 每增加 500 长度允差增加 0.010 局部公差：在任意 500 测量长度上为 0.010	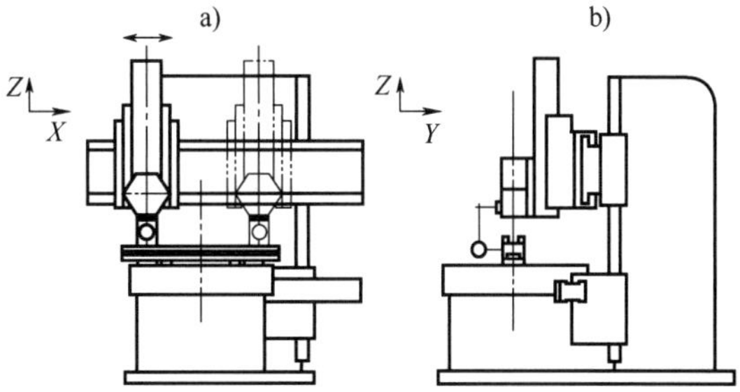
		移动立柱（龙门移动式）或移动工件主轴箱（龙门固定式）沿 *Y* 轴运动的直线度： a）在 *YZ* 垂直平面内（*EZY*） b）在 *XY* 水平面内（*EXY*）	a）在 500 测量长度上为 0.020 b）在 500 测量长度上为 0.040	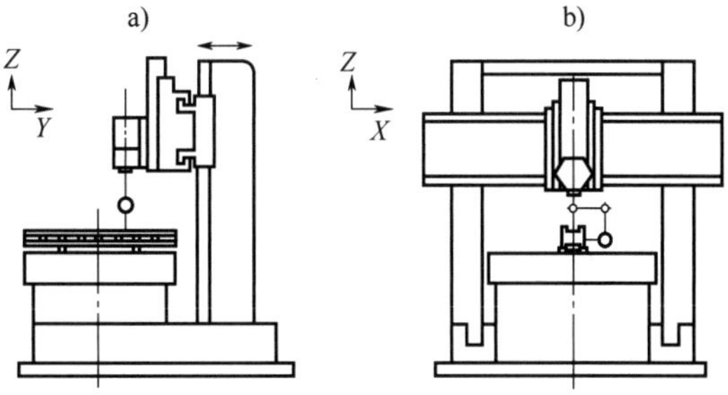

（续）

精度类型	检验项目		允差（普通级）	简图
几何精度	线性轴运动的直线度	横梁沿 Z 轴运动的直线度： a）在 YZ 平面内 b）在 ZX 平面内	在 300 测量长度上为 0.020	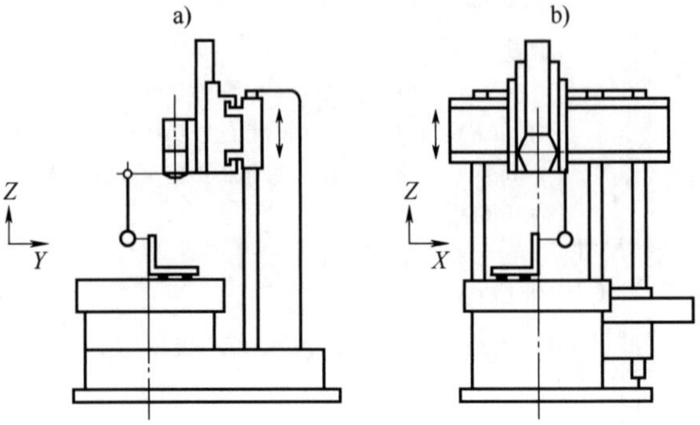 a) b) Z Y Z X
	刀架、工件主轴和刀具主轴-刀架和工件主轴	刀架工具孔轴线对工件主轴轴线的同轴度	0.025	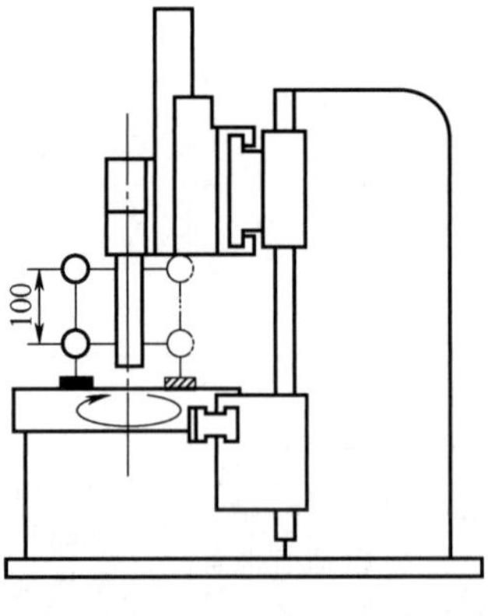 100
		刀架工具安装端面对工件主轴旋转轴线的垂直度 注：本项检验适用于工具安装端面对工件主轴旋转轴线垂直的机床	0.020/100	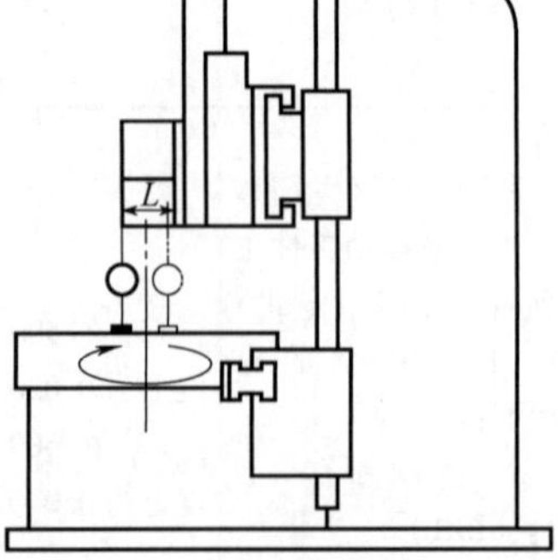 L L 为测量直径

（续）

精度类型	检验项目		允差（普通级）	简　　图
几何精度	刀架、工件主轴和刀具主轴-刀架和刀具主轴	刀具主轴锥孔的径向跳动： a）在刀具主轴端部 b）距刀具主轴端部300处 注：每个工具孔均需检验	D_f≤200： a）0.010 b）0.020 D_f>200： a）0.015 b）0.030 D_f—刀具主轴端部外径	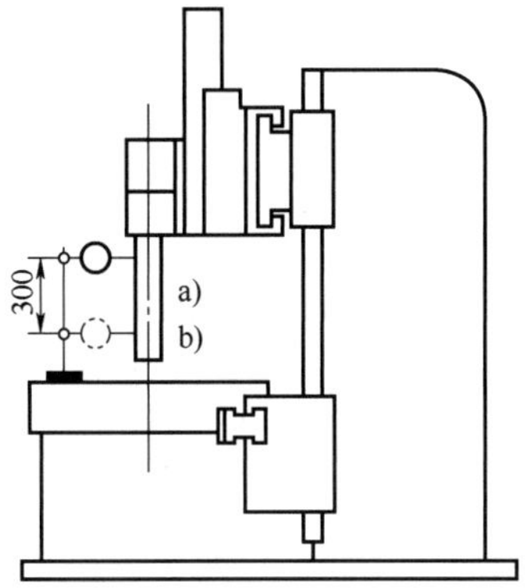 300 a) b)
	刀架、工件主轴和刀具主轴-刀架转位精度	刀架转位的重复定位精度： a）在X轴方向上 b）在Z轴方向上	0.010	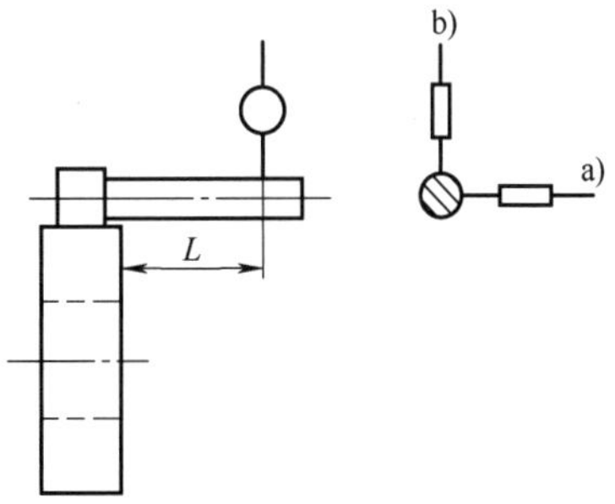 b) a) L L=100
		刀架转位的定位精度	0.040	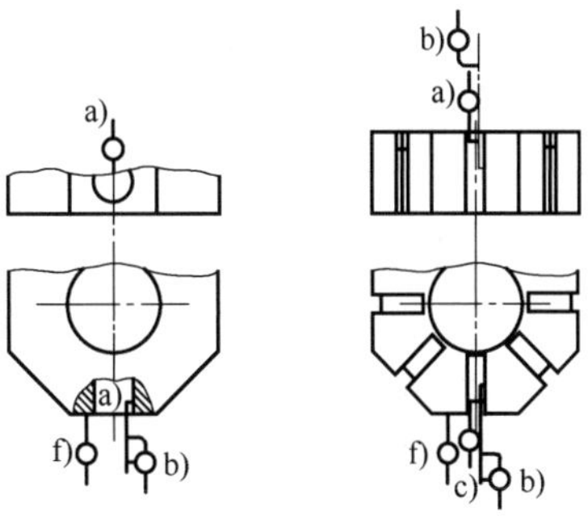 a) f) b) c)

（续）

<table>
<tr><th>精度类型</th><th>检验项目</th><th colspan="2">允差（普通级）</th><th>简　图</th></tr>
<tr><td rowspan="7">工作精度</td><td>车削圆柱试样：
a）圆度
b）加工直径的一致性</td><td colspan="2">a）0.005
b）0.020
（允差仅适用于固定横梁的机床。对于可调整横梁高度的机床，根据横梁上升或下降后的定位和/或调整的方法，允差由供应商和用户协议中规定）</td><td>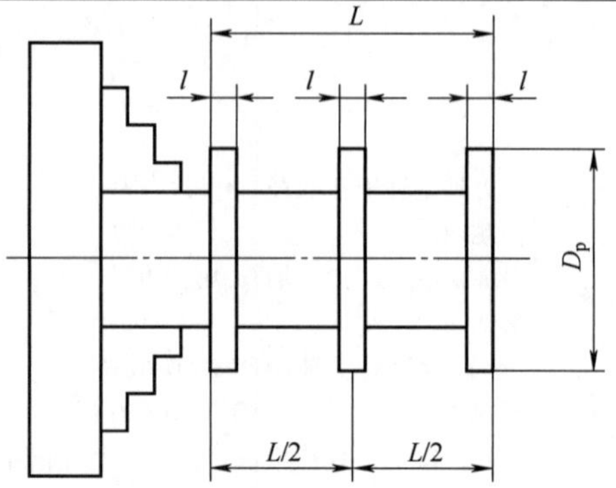

l 值的选取应便于检验工具检验。
卡盘端面到第一个台阶距离应小于 l。
L=0.8d（公称卡盘直径）或 0.66×最大车削长度（Z 轴行程）中的较小值，$L_{max}=1500$，$D_{pmin}=0.3L$，$D_{pmax}=1000$。</td></tr>
<tr><td>垂直主轴轴线的端面的平面度</td><td colspan="2">0.020
（允差仅适用于固定横梁的机床。对于可调整横梁高度的机床，根据横梁上升或下降后的定位和/或调整的方法，允差由供应商和用户协议中规定）</td><td>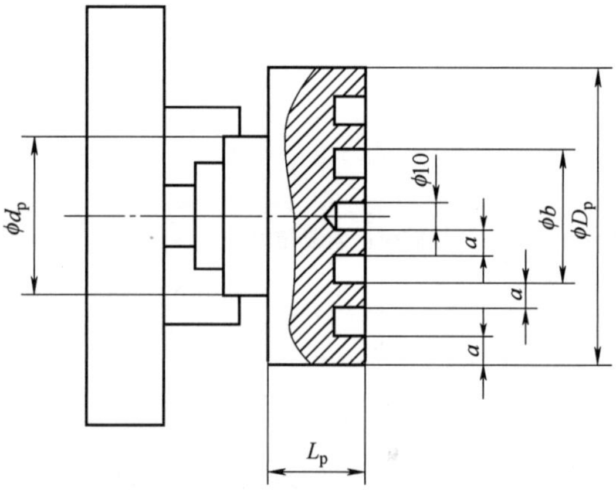

D_p=0.8×公称卡盘直径；
$D_{pmax}=400$；
$d_p=0.5D_p$（防止由于压紧力使试件毛坯变形而设置尺寸）；
L_p=0.25×公称卡盘直径；$L_{pmax}=300$；$b=D_p/2-a$。
a 值的选取应便于检验工具检验。</td></tr>
<tr><td rowspan="4">试件上 100°圆弧内的圆度偏差检验（按 GB/T 1182 的规定）
本检验适用于 GB/T 16462 中描述的所有数控车床和车削中心，作为验收使用的试件规格应按制造商和用户的协议执行</td><td>名义半径 R</td><td>圆度偏差</td><td rowspan="4">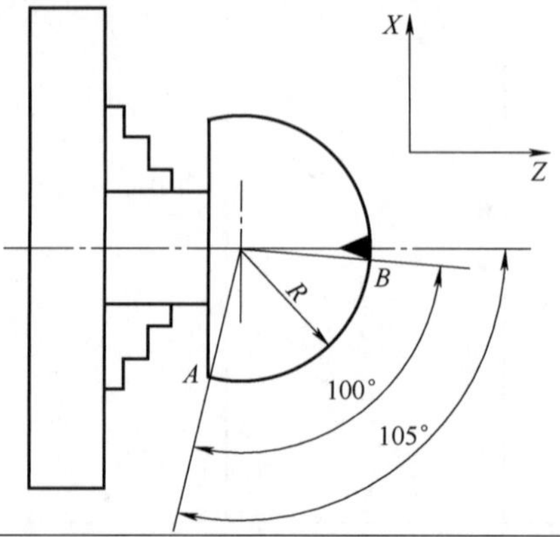
</td></tr>
<tr><td>50</td><td>0.025</td></tr>
<tr><td>100</td><td>0.045</td></tr>
<tr><td>150</td><td>0.070</td></tr>
</table>

（续）

不同运动条件下机床加工零件的位置和轮廓性能检验

（本检验项目适用于带有动力刀具的车削中心。作为验收检验时，被加工试件的尺寸和用于加工的轴线组合应按供应商/制造商和用户之间的协议执行）

简图

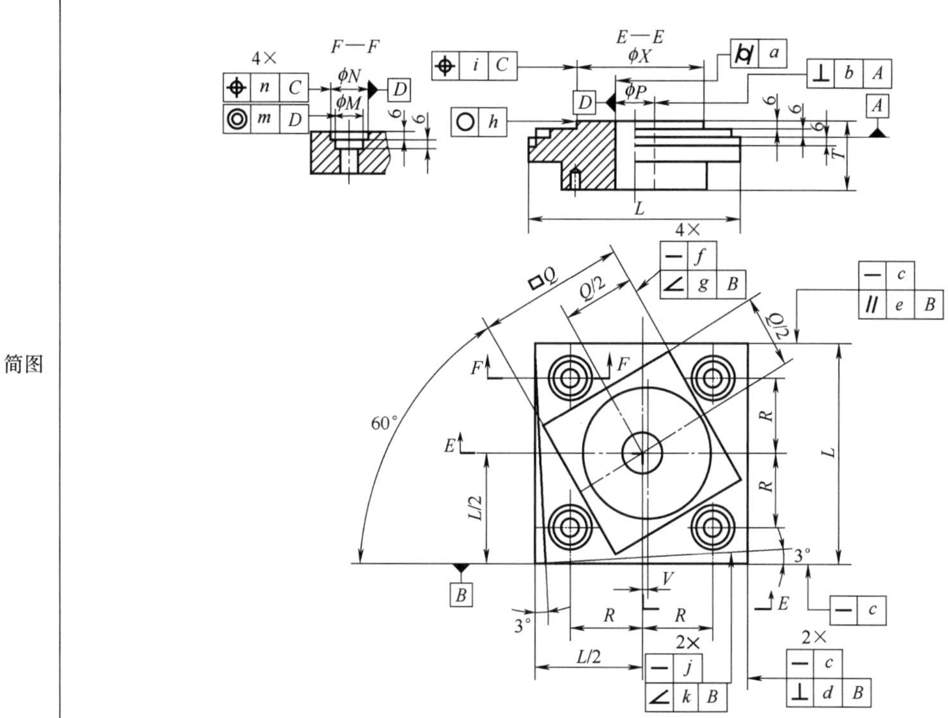

零件尺寸

尺寸	试件标记		
	GB/T 16462.6-M3-80	GB/T 16462.6-M3-160	GB/T 16462.6-M3-320
L①	80	160	320
ϕM②	14	26	43
ϕN②	16	28	45
ϕP③	16	30	50
Q④	54	110	220
R	27	52	110
ϕS	55	110	240
T	50	50	80
U	20	20	40
V⑤	2	5	9
ϕX⑤	50	96	202
Y	42	90	200
Z	M6×1 深 10	M8×1.25 深 12	M12×1.5 深 20

① 边长为 L 的外正方形。

② 四个镗孔 ϕM 和四个沉孔 ϕN。ϕM 应接近定位轴线的正向；ϕN 应接近定位轴线的负向。这些镗孔的位置在距试件中心 R 处。

③ 通镗孔 ϕP 位于试件的中心。

④ 边长为 Q 的菱形（倾斜 60°角的正方形）位于正方形的上方，菱形尺寸只能用两个线性轴（如 X 轴和 Y 轴）。在这种情况下，直径为 X 的圆高出边长为 L 的外正方形上表面 12mm。

⑤ ϕX 圆高出菱形上表面 6mm。ϕX 圆中心线与在 X 轴方向的 ϕP 镗孔中心线偏离尺寸为 V。

（续）

	检验项目		试件标记		
			GB/T 16462.6-M3-80	GB/T 16462.6-M3-160	GB/T 16462.6-M3-320
			公差		
公差要求	中心孔 ϕP	圆柱度 *a*	0.010	0.010	0.015
		孔轴线对基准 *A* 的垂直度 *b*	ϕ0.010	ϕ0.010	ϕ0.015
	正方形 $L\times L$	侧面的直线度 *c*	0.030	0.030	0.045
		相邻面对基准 *B* 的垂直度 *d*	0.040	0.040	0.060
		相对面对基准 *B* 的平行度 *e*	0.040	0.040	0.060
	菱形 $Q\times Q$	侧面的直线度 *f*	0.030	0.030	0.045
		60°角侧面对基准 *B* 的倾斜度 *g*	0.040	0.040	0.060
	圆 ϕX	圆度 *h*	0.030	0.030	0.040
		外圆对基准 *C* 的位置度 *i*	ϕ0.040	ϕ0.040	ϕ0.050
	斜面	面的直线度 *j*	0.030	0.030	0.045
		斜面对基准 *B* 面的倾斜度 *k*	0.040	0.040	0.060
	镗孔	内孔 *M* 对外孔 *N* 的同轴度 *m*	ϕ0.020	ϕ0.020	ϕ0.020
		孔 *N* 对基准 *C* 的位置度 *n*	ϕ0.050	ϕ0.050	ϕ0.050
	注：菱形只允许用两个线性轴（如 *X* 轴和 *Y* 轴）加工。				

零件毛坯

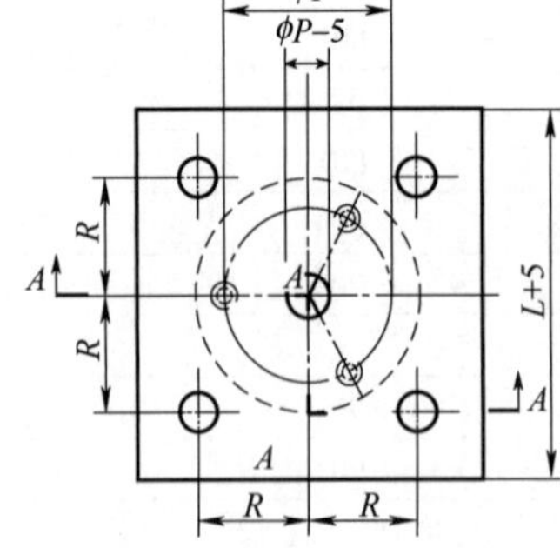

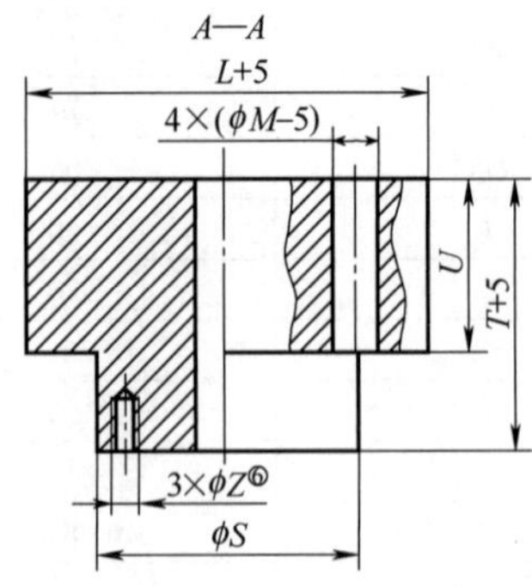

注：1. 对于尺寸 *L*、*M*、*P*、*R*、*S*、*T*、*U*、*Y*、*Z*，见零件尺寸表。

2. 攻螺纹孔 *Z* 是可选的，对于没有合适卡盘的车削中心，该孔用于试件和过渡盘之间的固定，在这种情况下，试件底面应是平的。

3. ⑥分布在 *Y* 节径上。

(5) 倒置立式数控车床精度验收

倒置立式数控车床精度验收项目见表 1.1-16。

表 1.1-16　倒置立式数控车床精度验收项目　(mm)

1. 测量单位：

1）线性尺寸、偏差和相应允差单位为 mm

2）角度尺寸用度（°）表示，而角度误差及相应的允差用比值表示，但是在有些场合，也可以用微弧度（μrad）或角秒（″）来表示，其换算关系为 0.010/1000 = 10 μrad≈2″

2. 公称卡盘直径 d：250<d≤400；最大车削直径 D：315<d≤500

<table>
<tr><th>精度类型</th><th colspan="2">检验项目</th><th>允差（普通级）</th><th>简　图</th></tr>
<tr><td rowspan="3">几何精度</td><td rowspan="2">工件主轴</td><td>主轴端部的检验：
a）定心轴颈的径向跳动
b）端面跳动</td><td>a）0.008
b）0.010</td><td> 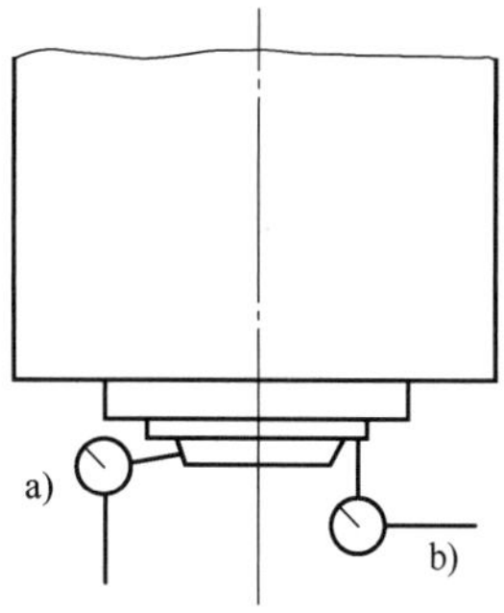a)
b)</td></tr>
<tr><td>主轴锥孔的径向跳动：
a）主轴端部
b）距主轴端部300处</td><td>a）0.015
b）0.020</td><td> 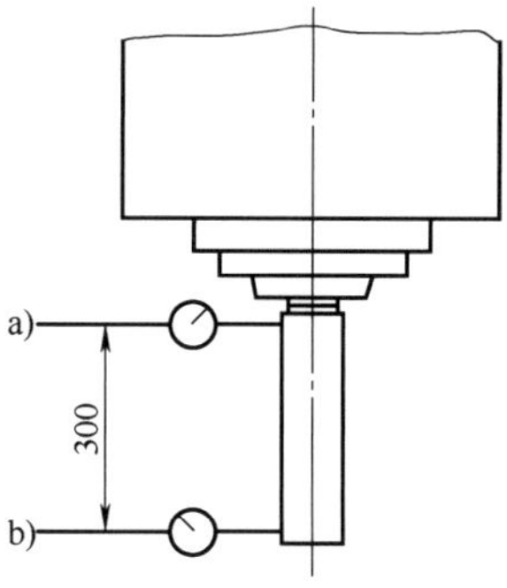a)
300
b)</td></tr>
<tr><td>工件主轴和运动轴线的关系</td><td>工件主轴回转轴线与 Z 轴线运动的平行度：
a）在 ZX 平面内
b）在 YZ 平面内</td><td>在 300 测量长度上或全行程上（全行程≤300 时）为
a）0.015
b）0.020</td><td> 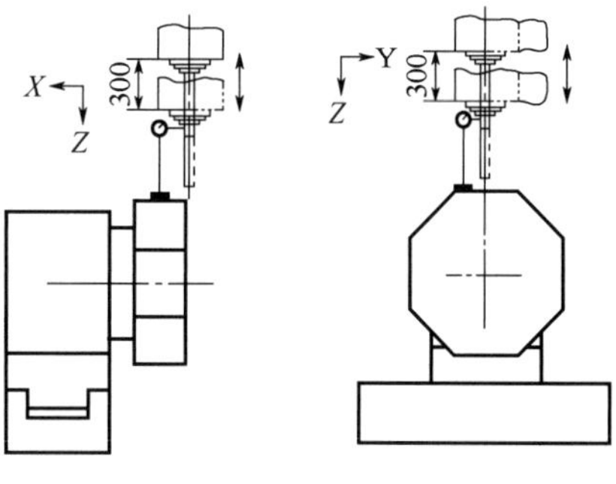X
Z
300
Y
Z
300
a)
b)</td></tr>
</table>

（续）

精度类型	检验项目		允差（普通级）	简　图
几何精度	工件主轴和运动轴线的关系	Z 轴线运动与 X 轴线运动在 ZX 平面内的垂直度	在 300 测量长度上或全行程上（全行程≤300 时）为 0.015	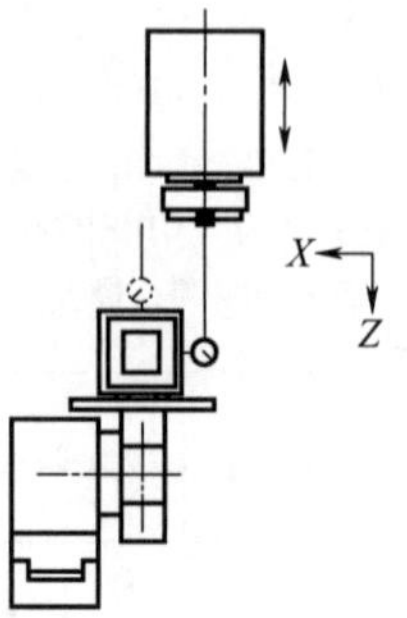
		Z 轴线运动与 Y 轴线运动在 YZ 平面内的垂直度	在 300 测量长度上或全行程上（全行程≤300 时）为 0.020	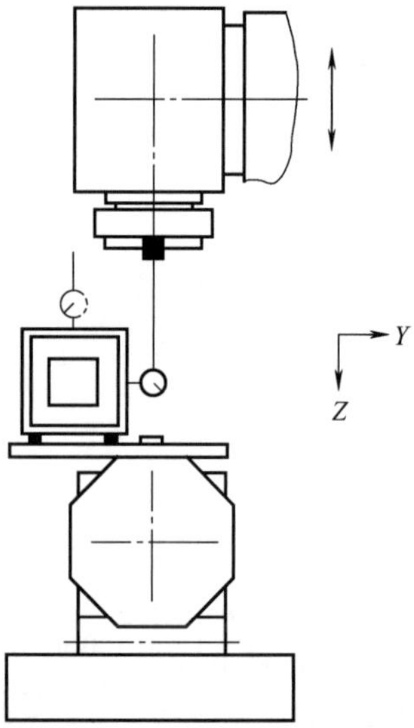
	线性轴线运动的角度偏差	Z 轴线运动的角度偏差： a）在 YZ 平面内（EAZ） b）在 ZX 平面内（EBZ） 注：只在加工区域内检测，不在附加的操作区域检测	在 Z 轴线运动的 500 行程上为 0.04/1000	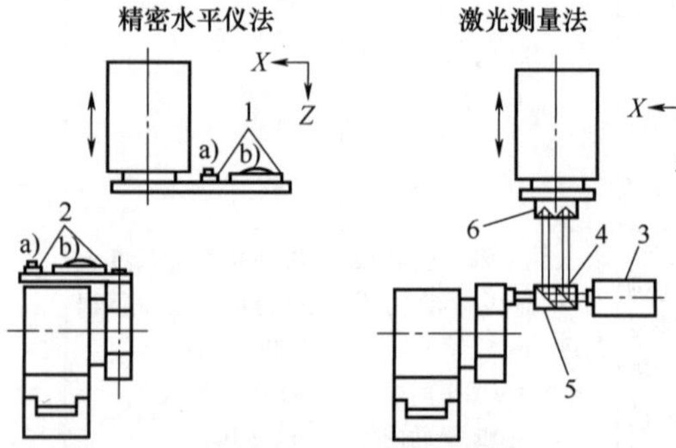 精密水平仪法　激光测量法 1—测量水平仪　2—基准水平仪 3—激光头　4—干涉仪 5—折射镜　6—反射镜

（续）

精度类型	检验项目		允差（普通级）	简　　图
几何精度	线性轴线运动的角度偏差	*X* 轴线运动的角度偏差： a）在 *ZX* 平面内（*EBX*：俯仰） b）在 *YZ* 平面内（*EAX*：倾斜） c）在 *XY* 平面内（*ECX*：偏摆）	在 *X* 轴线运动的 500 行程上为 0.04/1000	1—测量水平仪　2—基准水平仪　3—激光头 4—干涉仪　5—折射镜　6—反射镜
		Y 轴线运动的角度偏差： a）在 *YZ* 平面内（*EAY*：俯仰） b）在 *ZX* 平面内（*EBY*：倾斜） c）在 *XY* 平面内（*ECY*：偏摆）	在 *X* 轴线运动的 500 行程上为 0.10/1000	1—测量水平仪　2—基准水平仪　3—激光头 4—干涉仪　5—折射镜　6—反射镜
		X 轴线运动的直线度： a）在 *ZX* 垂直平面内（*EZX*） b）在 *XY* 平面内（*EYX*）	在 300 测量长度上为 0.02	a）　b）

（续）

精度类型	检验项目		允差（普通级）	简图
几何精度	线性轴线运动的角度偏差	Z 轴线运动的直线度： a）在 XZ 垂直平面内（EXZ） b）在 YZ 平面内（EYZ）	在 300 测量长度上为 0.02	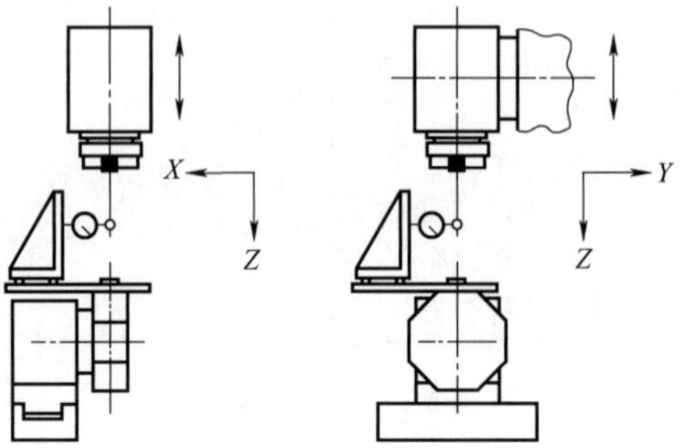 a) b)
		Y 轴线运动的直线度： a）在 YZ 垂直平面内（EZY） b）在 XZ 水平面内（EXY）	在 300 测量长度上为 0.02	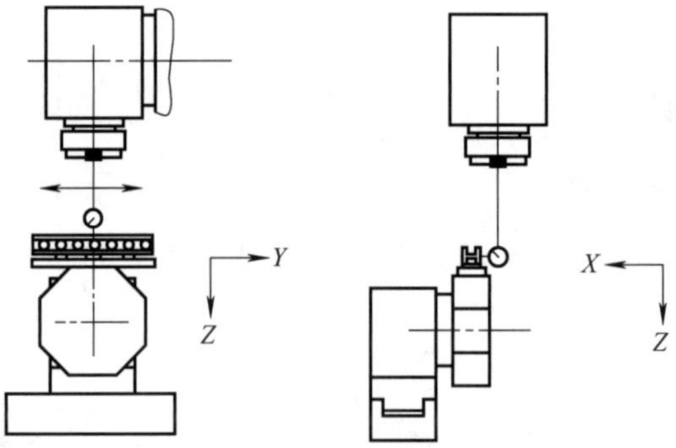 a) b)
	刀架和动力刀具-刀架的刀具安装面	刀架的刀具安装面对工件主轴轴线的垂直度	$L=100$，0.02/100	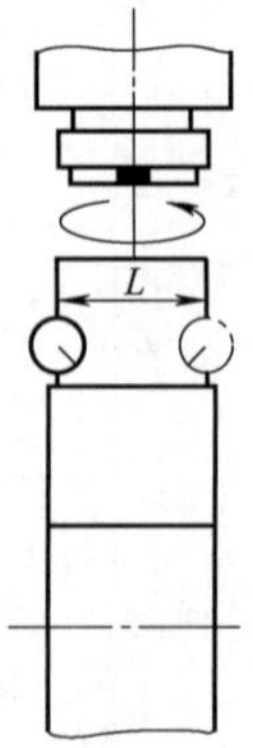 注：L 为测量长度。

（续）

精度类型	检验项目		允差（普通级）	简　图
几何精度	刀架和动力刀具-刀架的刀具安装面	刀架的刀具安装面对 X 轴线运动的垂直度： a）在 ZX 平面内 b）在 XY 平面内 注：适用于与 YZ 平面平行的刀架的刀具安装面	$L=100$，0.02	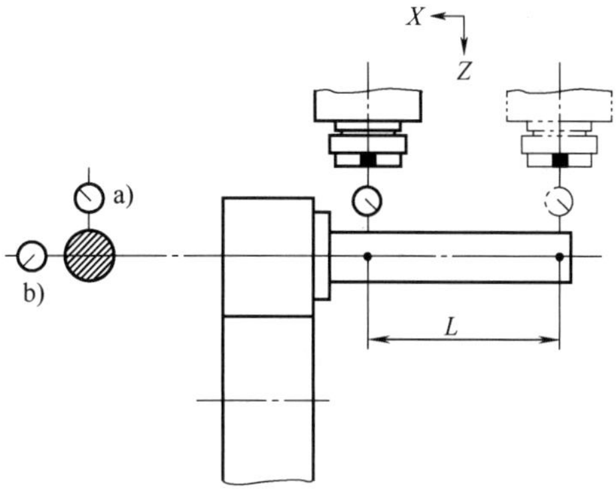 注：L 为测量长度。
	刀架和动力刀具-刀架的刀具安装孔	刀架的刀具安装孔轴线对 Z 轴线运动的平行度： a）在 ZX 平面内 b）在 YZ 平面内 注：适用于与 Z 轴线运动平行的刀架的刀具安装孔	$L=100$，0.02	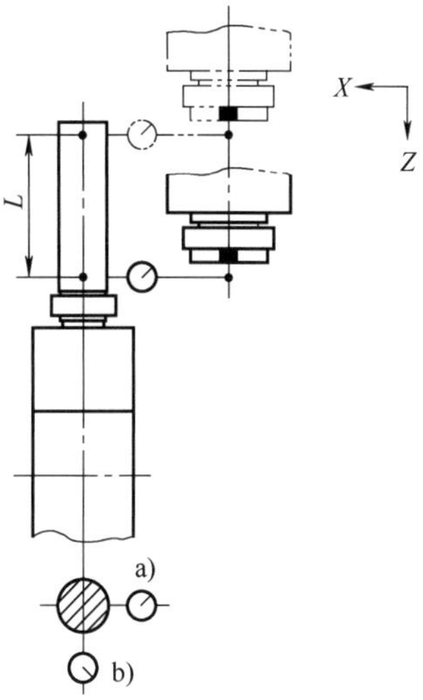 注：L 为测量长度。
		刀架的刀具安装孔轴线对 X 轴线运动的平行度： a）在 ZX 平面内 b）在 XY 平面内 注：适用于与 X 轴线运动平行的刀架的刀具安装孔	$L=100$，0.02	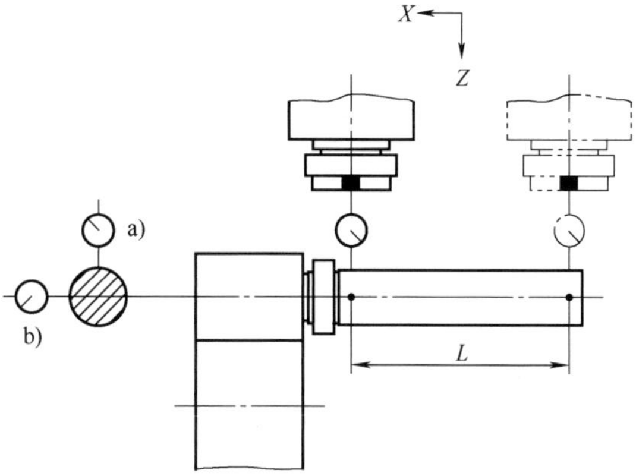 注：L 为测量长度。

（续）

精度类型	检验项目		允差（普通级）	简图
几何精度	刀架和动力刀具-动力刀具的刀架	刀具主轴的径向跳动和端面跳动： 1）内锥孔的径向跳动 a）靠近主轴端部 b）距主轴端部100处	a）0.010 b）0.015	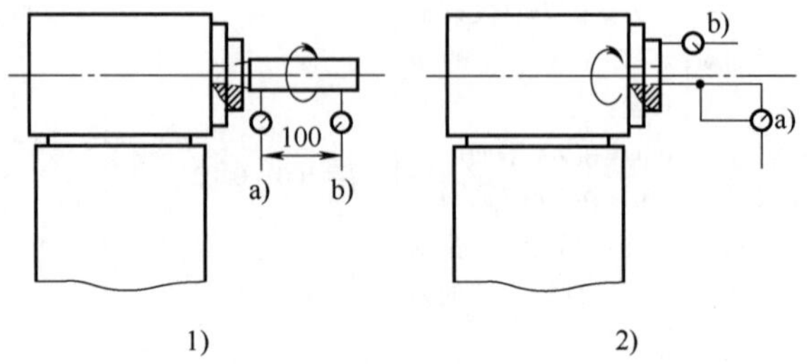 1)　2)
		2）圆柱孔 a）主轴端部的径向跳动 b）主轴的端面跳动	0.010	
		刀具主轴轴线对 Z 轴线运动的平行度： a）在 ZX 平面内 b）在 YZ 平面内 注：适用于与 Z 轴轴线平行的所有旋转刀架主轴	L=100，0.02	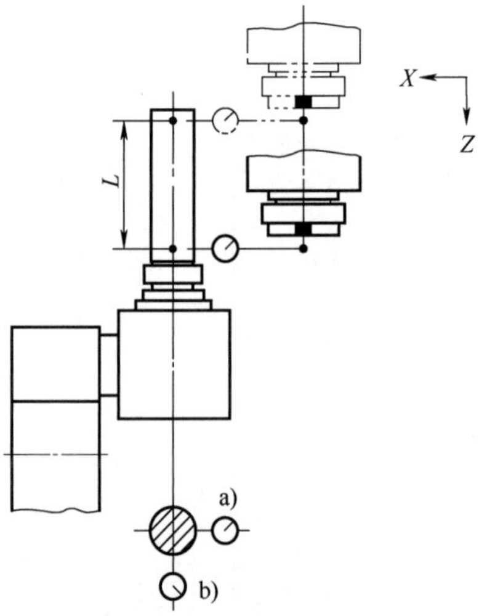 注：L 为测量长度。
	刀架和动力刀具-刀架转位的重复定位精度和定位精度	a）刀架转位的重复定位精度（XY 平面） b）刀架转位的径向重复定位精度（ZX 平面）	L=100，0.010	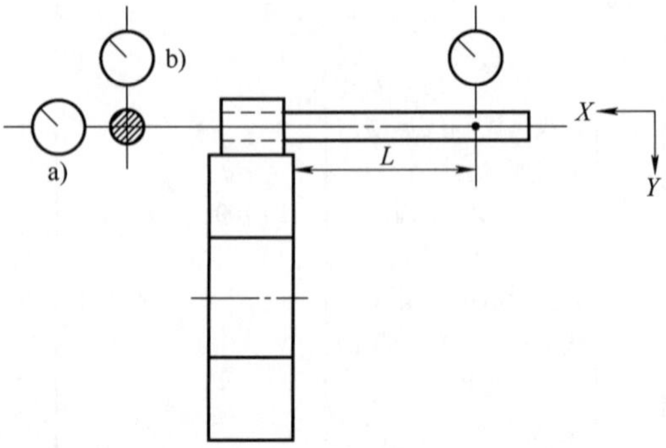 注：L 为测量长度。

（续）

精度类型	检验项目		允差（普通级）		简图
几何精度	刀架和动力刀具-刀架转位的重复定位精度和定位精度	刀架转位的定位精度	0.04		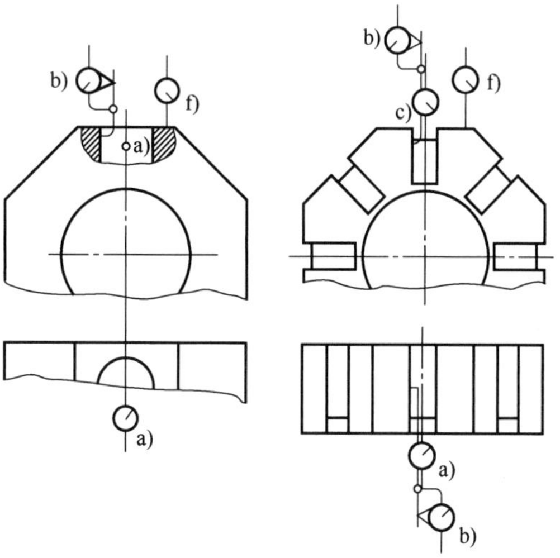
几何精度	刀架和动力刀具-刀架转位的重复定位精度和定位精度	工件主轴箱轴线（B'轴）的回转平面对 ZX 平面的平行度	旋转角±30° 在 300 半径上为 0.01	旋转角±60° 在 300 半径上为 0.02	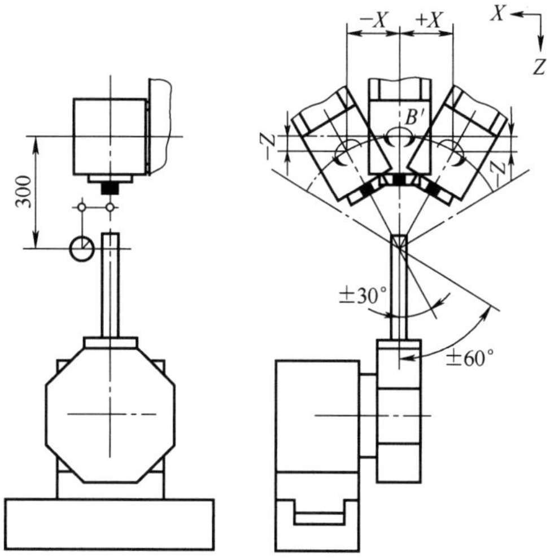

（续）

<table>
<tr><th>精度类型</th><th>检验项目</th><th colspan="2">允差（普通级）</th><th>简　　图</th></tr>
<tr><td rowspan="6">工作精度</td><td>车削圆柱试样：
a）圆度
b）加工直径的一致性</td><td colspan="2">a）0.005
b）0.015
（允差仅适用于固定横梁的机床。对于可调整横梁高度的机床，根据横梁上升或下降后的定位和/或调整的方法，允差由供应商和用户协议中规定）</td><td>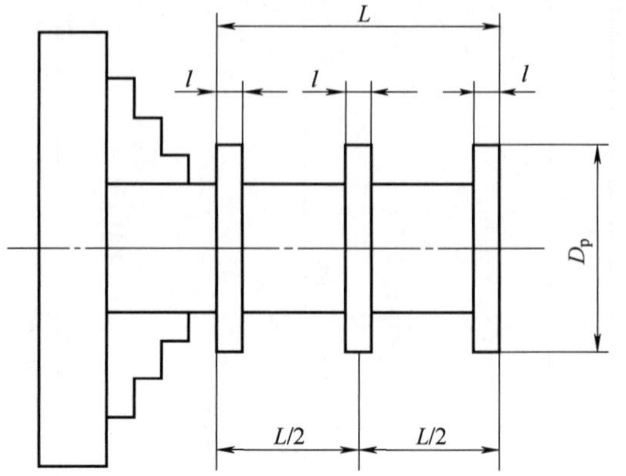
l 值的选取应便于检验工具检验。
卡盘端面到第一个台阶距离应小于 l。
$L=0.8d$（公称卡盘直径）或 0.66×最大车削长度（Z 轴行程）中的较小值，$L_{max}=1500$，$D_{pmin}=0.3L$，$D_{pmax}=1000$。</td></tr>
<tr><td>垂直主轴轴线的端面的平面度</td><td colspan="2">0.015
（允差仅适用于固定横梁的机床。对于可调整横梁高度的机床，根据横梁上升或下降后的定位和/或调整的方法，允差由供应商和用户协议中规定）</td><td>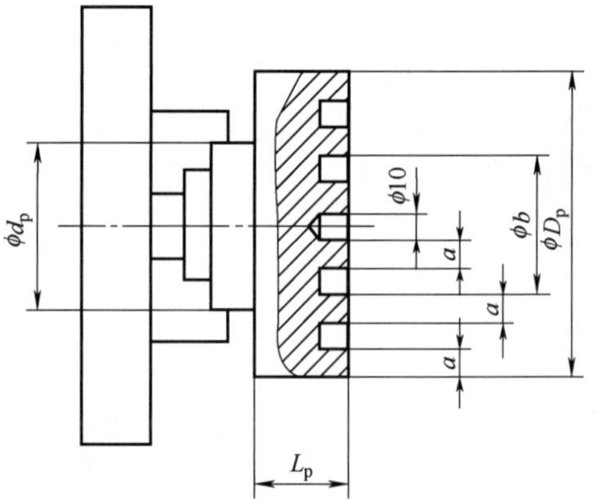
$D_p=0.8$×公称卡盘直径；
$D_{pmax}=300$；
$d_p=0.5D_p$（防止由于压紧力使试件毛坯变形而设置尺寸）；
$L_p=0.25$×公称卡盘直径；$L_{pmax}=60$；$b=D_p/2-a$。
a 值的选取应便于检验工具检验。</td></tr>
<tr><td rowspan="4">试件上 100°圆弧内的圆度偏差检验（按 GB/T 1182 的规定）
本检验适用于 GB/T 16462 中描述的所有数控车床和车削中心，作为验收使用的试件规格应按制造商和用户的协议执行</td><td>名义半径 R</td><td>圆度偏差</td><td rowspan="4">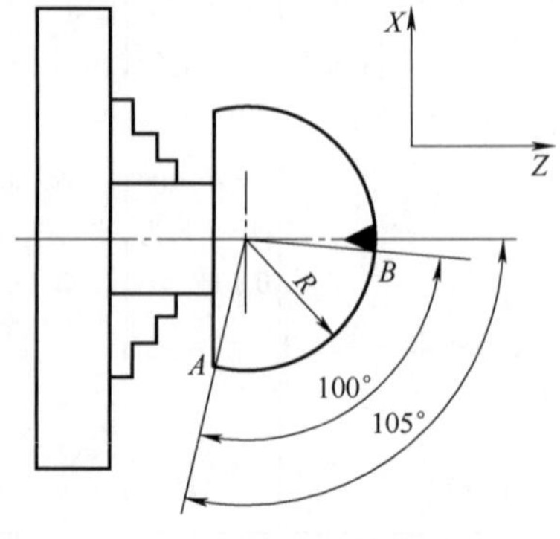</td></tr>
<tr><td>50</td><td>0.025</td></tr>
<tr><td>100</td><td>0.045</td></tr>
<tr><td>150</td><td>0.070</td></tr>
</table>

（续）

不同运动条件下机床加工零件的位置和轮廓性能检验
（本检验项目适用于带有动力刀具的车削中心。作为验收检验时，被加工试件的尺寸和用于加工的轴线组合应按供应商/制造商和用户之间的协议执行）

简图

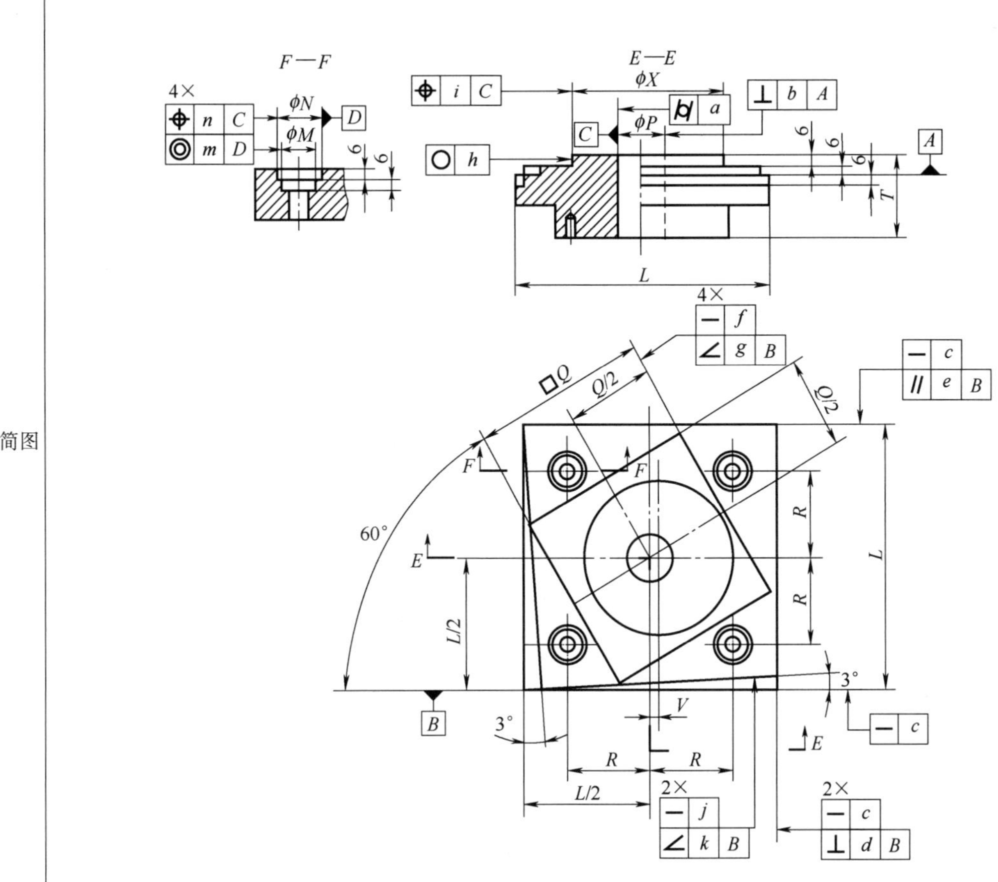

零件尺寸	尺寸	试件标记		
		GB/T 16462. 6-M3-80	GB/T 16462. 6-M3-160	GB/T 16462. 6-M3-320
	L①	80	160	320
	ϕM②	14	26	43
	ϕN②	16	28	45
	ϕP③	16	30	50
	Q④	54	110	220
	R	27	52	110
	ϕS	55	110	240
	T	50	50	80
	U	20	20	40

（续）

	尺寸	试件标记		
		GB/T 16462. 6-M3-80	GB/T 16462. 6-M3-160	GB/T 16462. 6-M3-320
零件尺寸	V⑤	2	5	9
	ϕX⑤	50	96	202
	Y	42	90	200
	Z	M6×1 深 10	M8×1. 25 深 12	M12×1. 5 深 20

① 边长为 L 的外正方形。

② 四个镗孔 ϕM 和四个沉孔 ϕN。ϕM 应接近定位轴线的正向；ϕN 应接近定位轴线的负向。这些镗孔的位置在距试件中心 R 处。

③ 通镗孔 ϕP 位于试件的中心。

④ 边长为 Q 的菱形（倾斜 60°角的正方形）位于正方形的上方，菱形尺寸只能用两个线性轴（如 X 轴和 Y 轴）。在这种情况下，直径为 X 的圆高出边长为 L 的外正方形上表面 12mm。

⑤ ϕX 圆高出菱形上表面 6mm。ϕX 圆中心线与在 X 轴方向的 ϕP 镗孔中心线偏离尺寸为 V。

	检验项目		试件标记		
			GB/T 16462. 6-M3-80	GB/T 16462. 6-M3-160	GB/T 16462. 6-M3-320
			公差		
公差要求	中心孔 ϕP	圆柱度 a	0. 010 工作精度	0. 010	0. 015
		孔轴线对基准 A 的垂直度 b	ϕ0. 010	ϕ0. 010	ϕ0. 015
	正四方形 $L×L$	侧面的直线度 c	0. 030	0. 030	0. 045
		相邻面对基准 B 的垂直度 d	0. 040	0. 040	0. 060
		相对面对基准 B 的平行度 e	0. 040	0. 040	0. 060
	菱形 $Q×Q$	侧面的直线度 f	0. 030	0. 030	0. 045
		60°角侧面对基准 B 的倾斜度 g	0. 040	0. 040	0. 060
	圆 ϕX	圆度 h	0. 030	0. 030	0. 040
		外圆对基准 C 的位置度 i	ϕ0. 040	ϕ0. 040	ϕ0. 050
	斜面	面的直线度 j	0. 030	0. 030	0. 045
		斜面对基准 B 的倾斜度 k	0. 040	0. 040	0. 060
	镗孔	内孔 M 对外孔 N 的同轴度 m	ϕ0. 020	ϕ0. 020	ϕ0. 020
		孔 N 对基准 C 的位置度 n	ϕ0. 050	ϕ0. 050	ϕ0. 050

注：菱形只允许用两个线性轴（如 X 轴和 Y 轴）加工。

（续）

零件毛坯	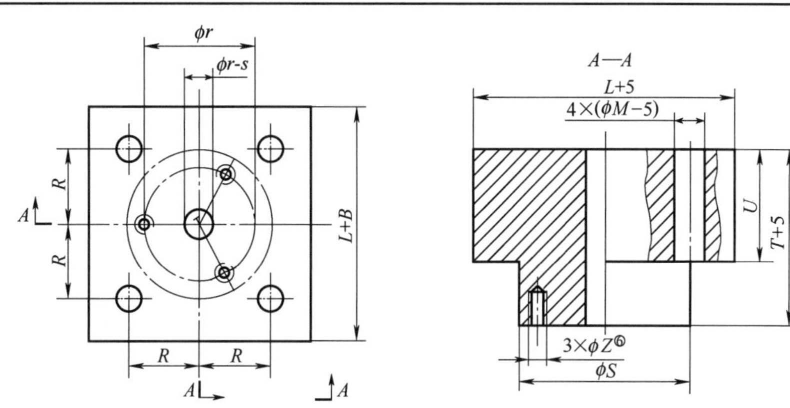 注：1. 对于尺寸 L、M、P、R、S、T、U、Y、Z，见零件尺寸表。 2. 攻螺纹孔 Z 是可选的，对于没有合适卡盘的车削中心，该孔用于试件和过渡盘之间的固定，在这种情况下，试件底面应是平的。 3. ⑥分布在 Y 节径上。

（6）卧式数控车铣复合中心精度验收

卧式数控车铣复合中心精度验收项目见表 1.1-17。

表 1.1-17　卧式数控车铣复合中心精度验收项目　（mm）

1. 测量单位：

1）线性尺寸、偏差和相应允差单位为 mm

2）角度尺寸用度（°）表示，而角度误差及相应的允差用比值表示，但是在有些场合，也可以用微弧度（μrad）或角秒（″）来表示，其换算关系为 0.010/1000 = 10μrad ≈ 2″

2. 床身上最大回转直径 D：250<D≤500

3. 公称卡盘直径 d：125<d≤250

公称棒料直径 d′：25<d′≤63

精度类型		检验项目	允差（普通级）	简　图
几何精度	车主轴	主轴端部： a）定心轴颈的径向跳动 b）周期性轴向跳动 c）主轴端面跳动	a）0.008 b）0.005 c）0.010	
		主轴孔的径向跳动： a）靠近主轴端面 b）距主轴端面 300 处	在 300 测量长度上或全行程上（全行程≤300 时）为 a）0.015 b）0.020	

（续）

精度类型	检验项目		允差（普通级）	简图
几何精度	铣主轴	a）主轴的周期性轴向窜动 b）主轴端面跳动	a）0.050 b）0.010	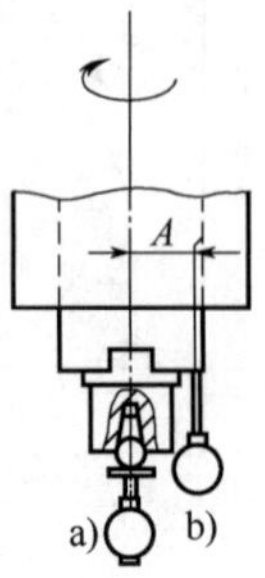
		主轴锥孔的径向跳动： a）靠近主轴端面 b）距主轴端面300处	a）0.006 b）0.015	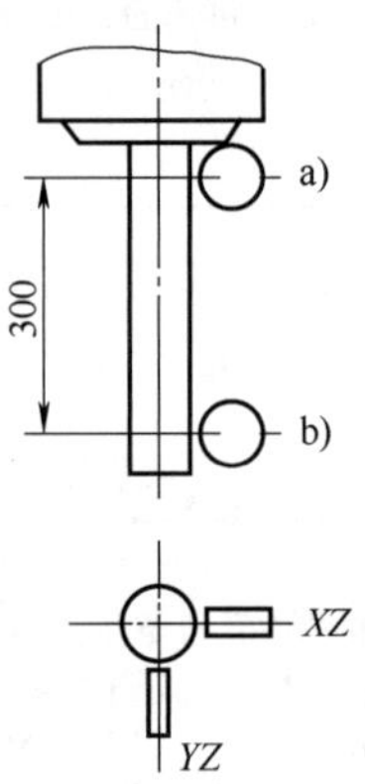
	车主轴轴线与线性运动轴线的关系	*Z*轴运动（床鞍运动）对主轴轴线的平行度： a）在*ZX*平面内 b）在*YZ*平面内	在300测量范围上或全行程上（全行程≤300时）为 a）0.015 b）0.020	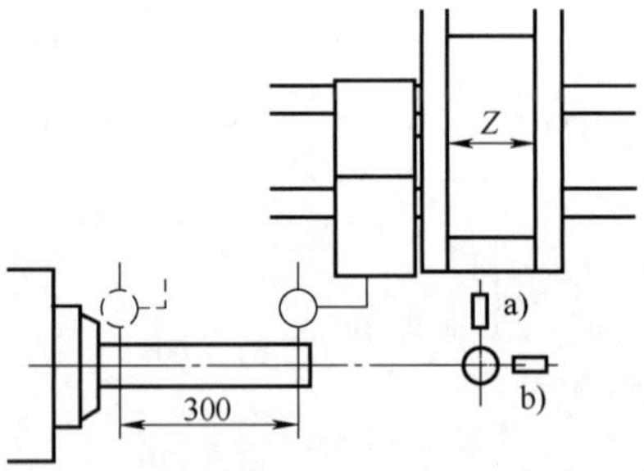
		主轴（*C′*轴）轴线对： a）*X*轴线在*ZX*平面内运动的垂直度 b）*Y*轴线在*YZ*平面内运动的垂直度	在300测量范围上或全行程上（全行程≤300，$\alpha \geqslant 90°$时）为 a）0.015 b）0.020	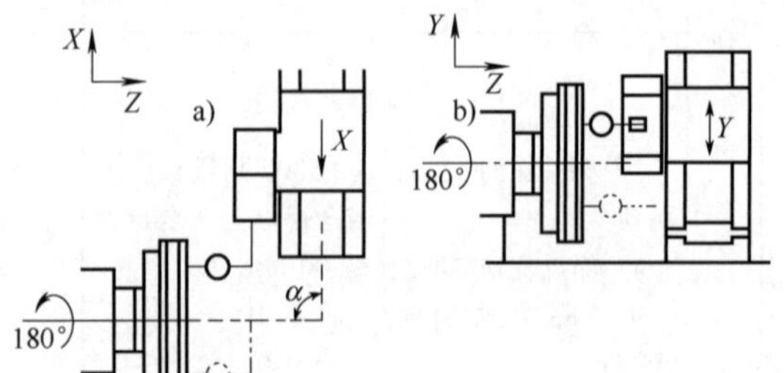

（续）

精度类型	检验项目		允差（普通级）	简　　图
几何精度	线性运动间的垂直度	*Y* 轴运动对 *X* 轴的垂直度	在 300 测量范围上或全行程上（全行程≤300 时）为 0.020	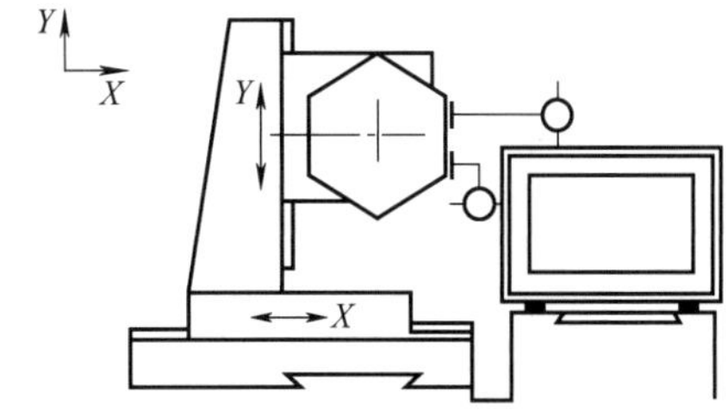
		两主轴箱主轴的同轴度（仅适用于相对布置的主轴）： a）在 *ZX* 平面内 b）在 *YZ* 平面内	在 100 测量范围内为 0.015	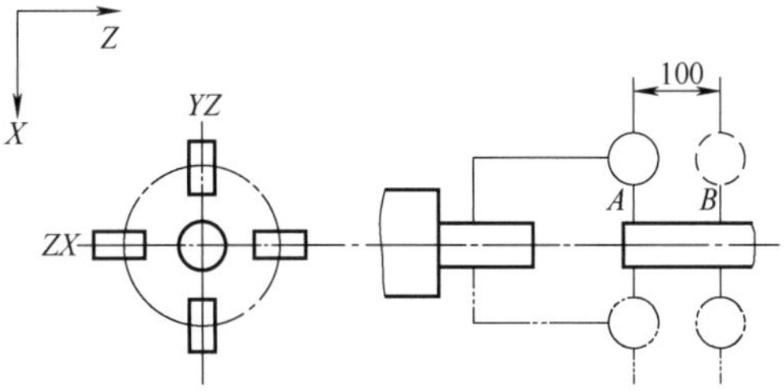
	线性运动的角度偏差	*Z* 轴运动（床鞍运动）的角度偏差： a）在 *YZ* 平面内（俯仰） b）在 *XY* 平面内（倾斜） c）在 *ZX* 平面内（偏摆）	*Z*≤500，0.04/1000 500＜*Z*≤1000，0.060/1000 1000＜*Z*≤2000，0.080/1000	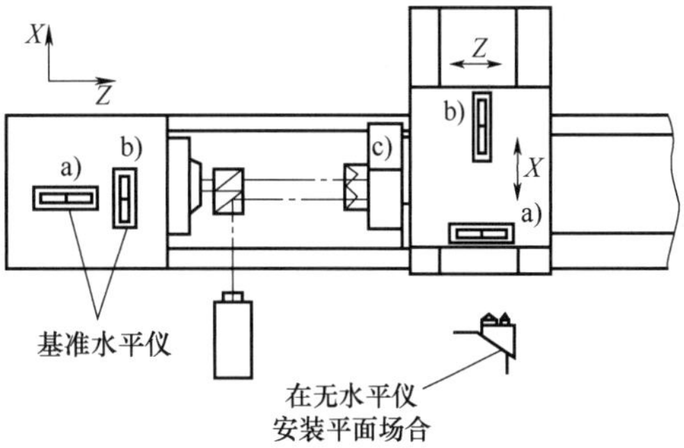
		X 轴运动（滑板运动）的角度偏差： a）在 *XY* 平面内（俯仰） b）在 *YZ* 平面内（倾斜） c）在 *ZX* 平面内（偏摆）	*X*≤500，0.04/1000 500<*X*≤1000，0.060/1000	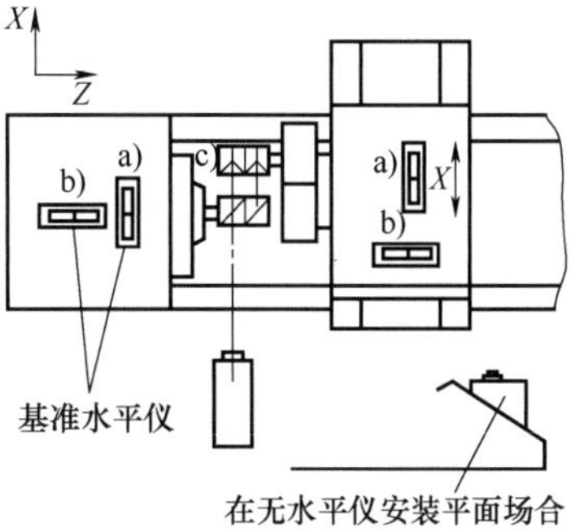

（续）

精度类型	检验项目		允差（普通级）	简图
几何精度	线性运动的角度偏差	*Y* 轴运动的角度偏差： a）在 *YZ* 平面内（绕 *X* 轴偏摆） b）在 *ZX* 平面内（倾斜） c）在 *XY* 平面内（绕 *Z* 轴仰俯）	$Y \leqslant 500$，0.040/1000 $500<Y \leqslant 1000$，0.060/1000	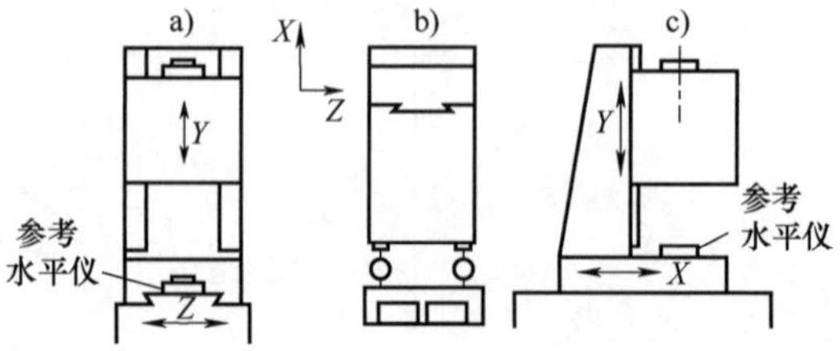
	尾座或副主轴	尾座 *R* 轴或副主轴 C_2 轴运动对床鞍 *Z* 轴运动的平行度： a）在 *ZX* 平面内 b）在 *YZ* 平面内	$Z \leqslant 1000$ a）0.020 b）0.030 $1000<Z \leqslant 2000$ a）0.030 b）0.050	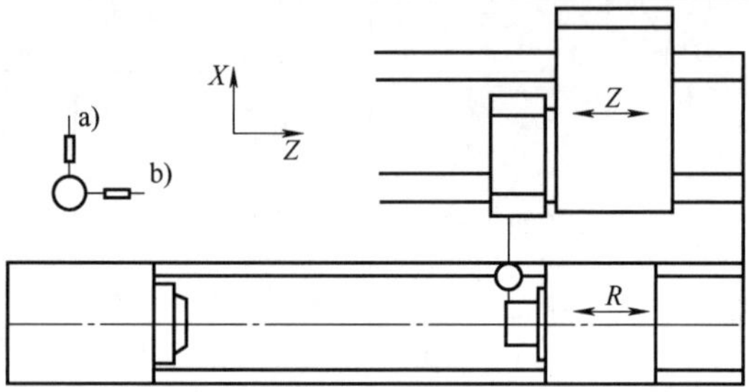
		尾座套筒运动对床鞍 *Z* 轴运动的平行度： a）在 *ZX* 平面内 b）在 *YZ* 平面内	在 *L* 长度上测量： $L=50$ a）0.010 b）0.015 $L=100$ a）0.015 b）0.020 $L=150$ a）0.020 b）0.025 （尾座套筒伸出端向上）	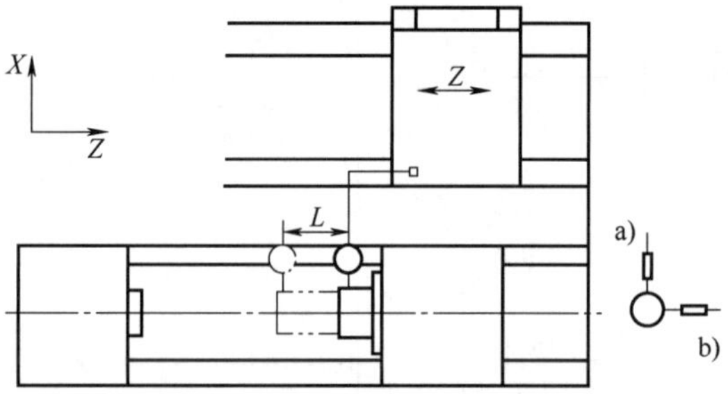
		尾座套筒锥孔轴线对床鞍 *Z* 轴运动的平行度： a）在 *ZX* 平面内 b）在 *YZ* 平面内	在 300 测量范围上或全行程上（全行程≤300 时）为 0.020	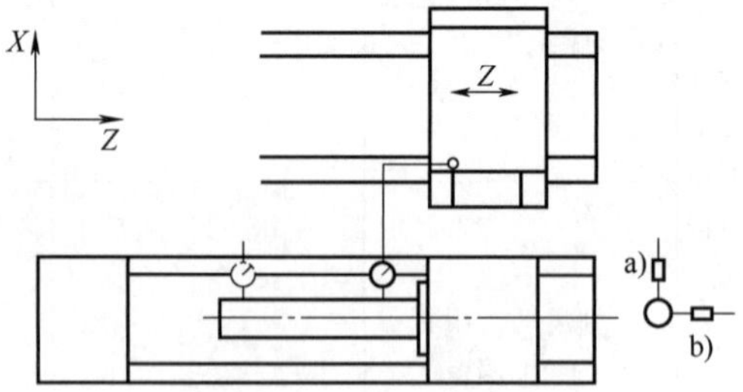
		Z 轴运动对车削轴线的平行度： a）在 *ZX* 平面内 b）在 *YZ* 平面内 注：车削轴线为两顶尖之间的轴线	$DC \leqslant 500$ a）0.010 b）0.020 $500<DC \leqslant 1000$ a）0.015 b）0.030 注：对于 Z_2 轴，每项允差增加 0.010	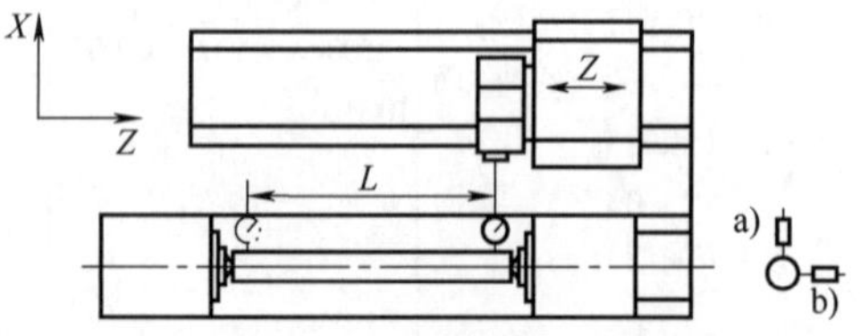 $L=75\%DC$，*DC* 为两顶尖之间的距离。

（续）

精度类型		检验项目	允差（普通级）	简　　图
几何精度	刀架和刀具主轴-固定刀具刀架	刀架工具安装基面对主轴轴线的垂直度 （此项检验适用于工具安装基面与主轴轴线垂直的刀架）	0.02/100 （100 为测量直径）	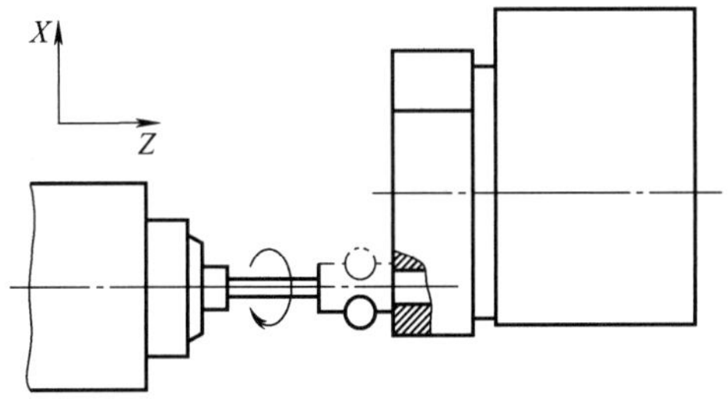
		刀架工具安装孔轴线对 Z 轴运动的平行度： a）在 ZX 平面内 b）在 YZ 平面内 （此项检验适用于工具安装孔轴线与 Z 轴运动轴线平行的刀架）	L=100，0.030	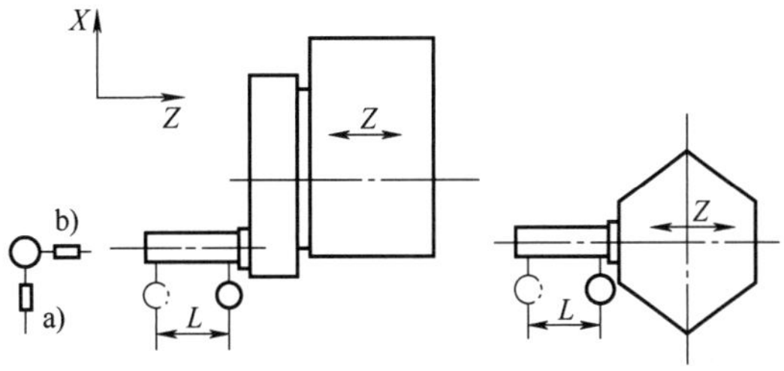
		刀架工具孔轴线对 X（X_2）轴运动的平行度： a）在 ZX 平面内 b）在 XY 平面内 （此项检验适用于工具安装孔轴线与 Z 轴运动轴线垂直的刀架）	L=100，0.030	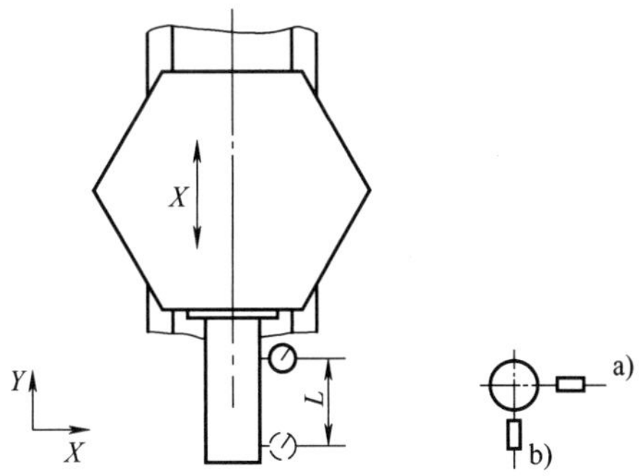
	刀架和刀具主轴-动力刀具的刀架和刀具主轴	刀具主轴的径向跳动和端面跳动： 1）内锥孔的径向跳动： a）靠近主轴端部 b）距主轴端部 100 处	a）0.015 b）0.020	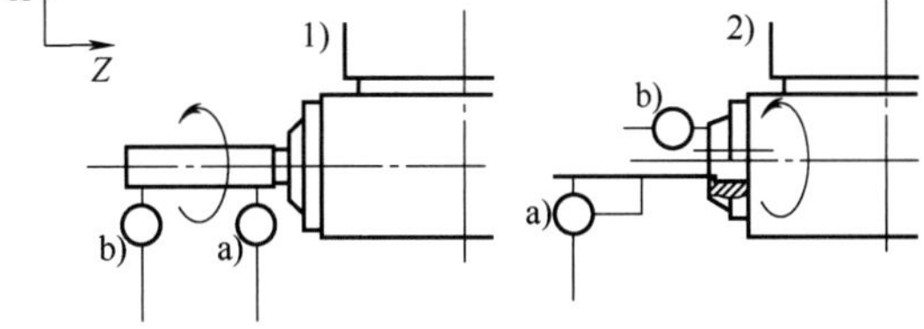
		2）圆柱孔： a）主轴端部的径向跳动 b）主轴端部的端面跳动	0.015	

（续）

精度类型	检验项目		允差（普通级）	简　　图
几何精度	刀架和刀具主轴-动力刀具的刀架和刀具主轴	刀具主轴轴线对 Z 轴轴线的平行度： a）在 ZX 平面内 b）在 YZ 平面内 （适用于所有动力刀架主轴）	在 100 测量长度上为 0.020	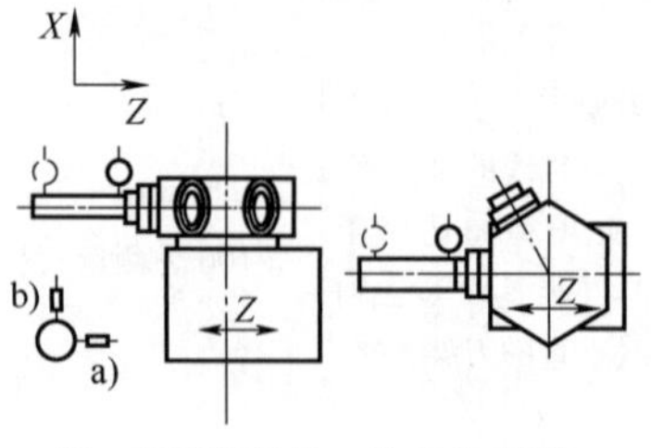 注：Z 可以用 Z_2、X 或 X_2 代替。
		刀具主轴轴线对 X 轴运动的平行度： a）在 XY 平面内 b）在 ZX 平面内	在 100 测量长度上为 0.020	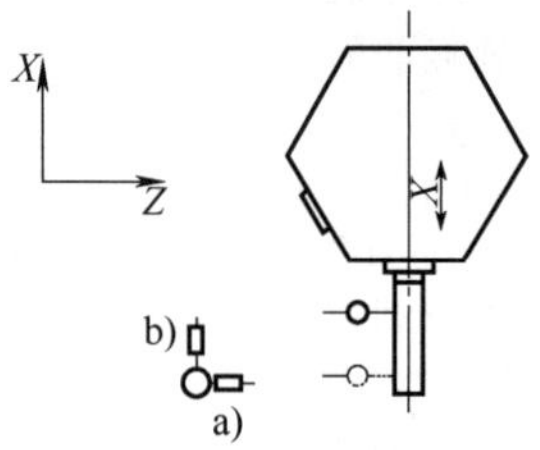 注：X 可以用 X_2 替代。
		工件主轴轴线与刀具主轴轴线在 Y 方向的位置差： 1）两个主轴相互平行时 2）两个主轴相互垂直时	0.040	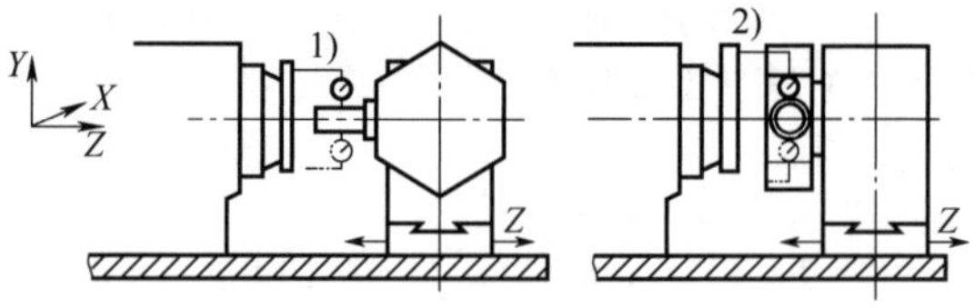
	刀架转位的定位精度与重复定位精度	刀架或刀具主轴转位的重复定位精度： a）在 YZ 平面内 b）在 ZX 平面内	$L=100$，0.010	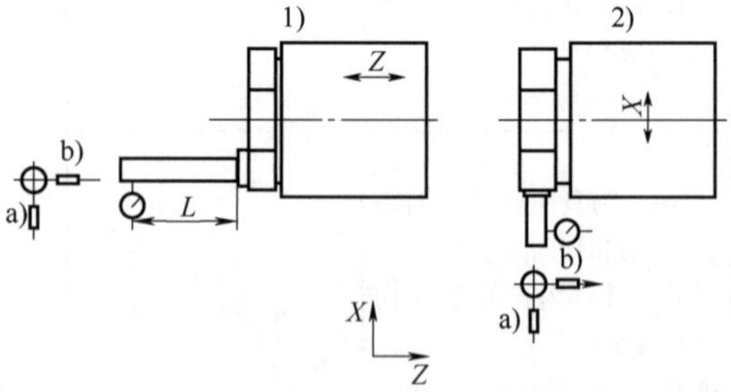
		刀架转位的定位精度	0.040	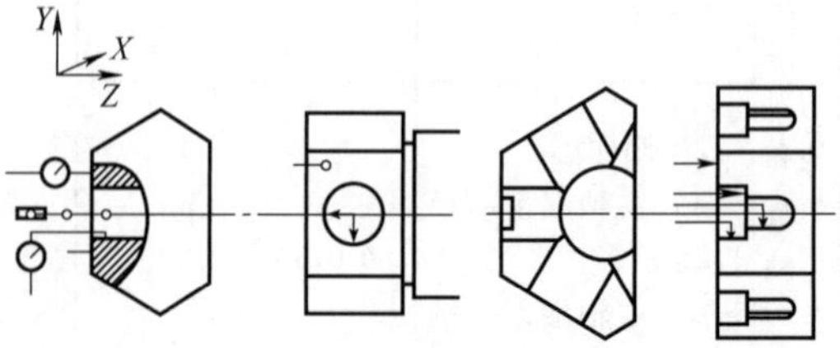

（续）

精度类型	检验项目		允差（普通级）		简　　图
几何精度	回转主轴箱或回转刀架	刀架 B 轴轴线的回转平面对 ZX 平面的平行度	在 300 回转半径内测量转角±30° 0.010	在 300 回转半径内测量转角±60° 0.020	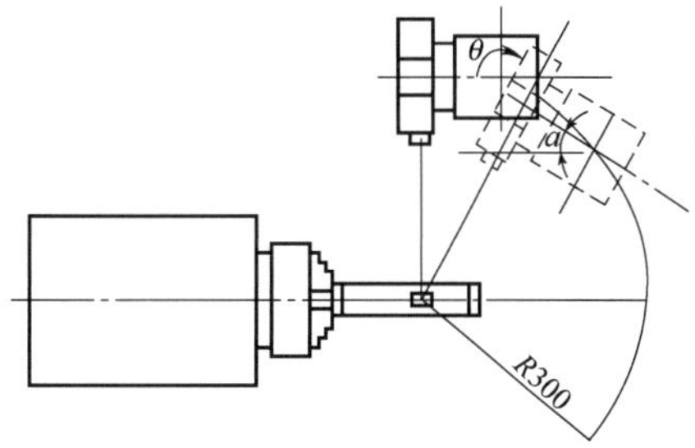 θ　a　R300
工作精度	车削圆柱试样： a）圆度 b）加工直径的一致性		a）0.005 b）0.015		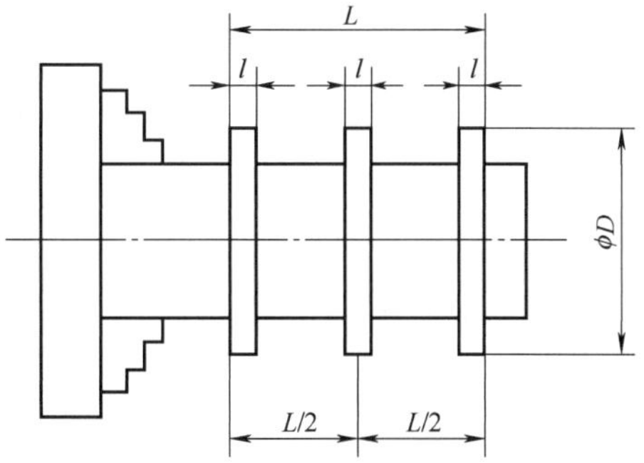 L　l　l　l　φD　L/2　L/2 D_{min}=0.3L 对于切削棒料机床：L=2.5d'（公称棒料直径）； 对于一般机床取下列值中的最小值： L=0.8d（公称卡盘直径）或0.66×最大车削长度； 按测量仪器选择 l 值： l=10~20mm 对于 b）项检验仪对在同一平面的环带上读数，相邻环带间的读数不应超过允差的75%，机床轴坐标应予以记录。
	精车与主轴轴线相垂直平面的平面度		0.015		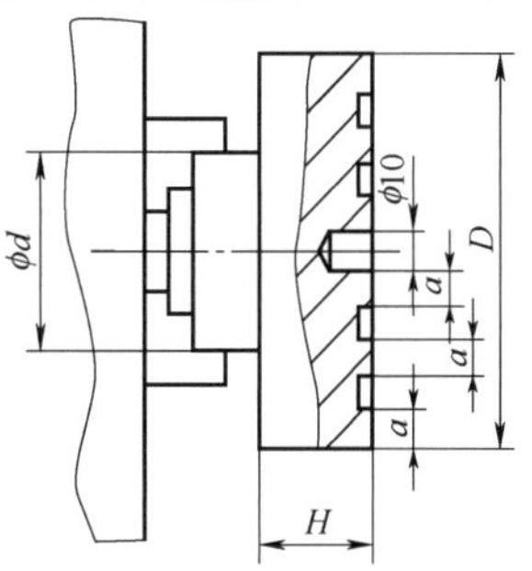 φd　φ10　D　a　a　a　H a=10mm（或由检测仪器决定）； d=0.5D或公称棒料直径； d_{min}=75mm； D=0.8公称卡盘直径，或公称棒料直径； D_{max}=300mm 当 D≤160mm，中间环可取消； 当 D≤60mm，所有的凹槽均可取消； H=0.25公称卡盘直径； H_{max}=60。

（续）

<table>
<tr><th>精度类型</th><th>检验项目</th><th colspan="2">允差（普通级）</th><th>简　图</th></tr>
<tr><td rowspan="4">工作精度</td><td rowspan="4">a）试件上100°圆弧内的轮廓度偏差
b）给定半径的轮廓度偏差</td><td>名义半径
R</td><td>轮廓度偏差</td><td rowspan="4">40
R
φ40
B
A
100°
105°</td></tr>
<tr><td>50</td><td>0.025</td></tr>
<tr><td>100</td><td>0.045</td></tr>
<tr><td>150</td><td>0.070</td></tr>
<tr><td colspan="5">不同运动条件下机床加工零件的位置和轮廓性能检验
（本检验项目适用于带有动力刀具的车削中心。作为验收检验时，被加工试件的尺寸和用于加工的轴线组合应按供应商/制造商和用户之间的协议执行）</td></tr>
<tr><td>简图</td><td colspan="4">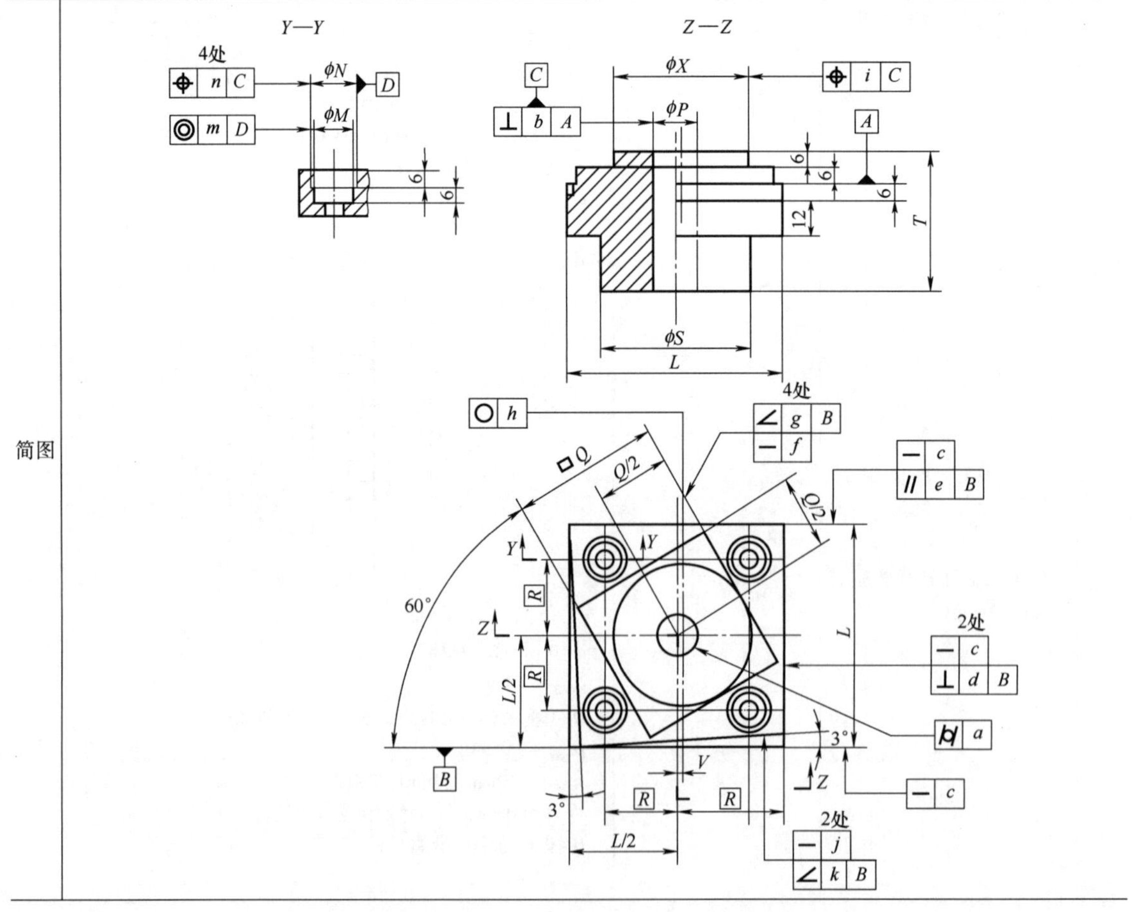</td></tr>
</table>

（续）

	尺寸代码	小试件	中试件	大试件
零件尺寸	*L*	80	160	320
	M	14	28	45
	N	16	26	43
	P	16	30	50
	Q	54	110	220
	R	27	52	100
	S	55	110	240
	T	50	50	80
	V	2	5	9
	X	50	96	202

	代号	检验项目	公差		
			$L=80$	$L=160$	$L=320$
公差要求 工作精度		中心孔 ϕP			
	a	圆柱度	0.010	0.010	0.015
	b	孔轴线对基准 *A* 的垂直度	0.010	0.010	0.015
		正四方形 $L\times L$			
	c	各边的直线度	0.030	0.030	0.045
	d	邻边对基准 *B* 的垂直度	0.030	0.030	0.060
	e	对边对基准 *B* 的平行度	0.030	0.030	0.060
		菱形 $Q\times Q$			
	f	各边的直线度	0.030	0.030	0.045
	g	60°角侧面对基准 *B* 的倾斜度	0.030	0.030	0.060
		圆 ϕX			
	h	圆度	0.030	0.030	0.040
	i	外圆对基准 *C* 的位置度	0.040	0.040	0.050
		斜面			
	j	斜面的直线度	0.030	0.030	0.045
	k	斜面对基准 *B* 的倾斜度	0.030	0.030	0.060
		镗孔			
	m	内孔 *M* 对外孔 *N* 的同轴度	ϕ0.020	ϕ0.020	ϕ0.020
	n	孔 *N* 对基准 *C* 的位置度	ϕ0.050	ϕ0.050	ϕ0.050

1.1.3 车床夹具

1. 车床夹具技术要求

（1）车床夹具特点

车床夹具一般用于加工回转零件，其主要特点是：夹具装在机床主轴上，车削时夹具带动工件做旋转运动，由于主轴转速一般都很高，在设计车床夹具时，要注意解决由于夹具旋转带来的动平衡问题和操作安全问题。车床夹具与机床的连接方式取决于主轴前端的结构型式，夹具的回转精度取决于和机床连接的精度。

（2）车床夹具一般要求

1）夹具与机床主轴、花盘或过渡法兰连接要安全可靠。

2）结构力求简单、紧凑，重量尽可能轻一些。

3）夹具工作时应保持平衡，夹具质心应尽量接近回转轴线，平衡重块的位置应远离回转轴线，并可沿圆周方向调整。

4）为便于安装中找正中心，应将夹具的最大外圆设计成校准回转中心或找正圆的基准。

5）卡盘最大直径不允许超过机床最大回转直径，以免主轴旋转时和机床发生干涉。

6）车床夹具不应在圆周上设有凸出部分，车床夹具一般应设置防护罩，防止发生人身伤害事故。

（3）典型车床夹具技术要求

车床夹具常以工件的内孔或外圆表面作为定位基准，因此，这类夹具所采用定位元件的尺寸及几何公差即构成夹具的主要技术要求，一般包括以下几个方面：

1）与工件配合的圆柱面（即定位表面）与机床连接回转表面的同轴度。

2）工件和夹具心轴为左右两个圆柱面定位时，左右两个定位面的同轴度。

3）夹具圆柱形定位表面与其轴向定位台肩的垂直度。

4）夹具定位表面对夹具在机床上安装定位基准面的垂直度或平行度。

5）定位表面的直线度和平面度。

6）各定位表面间的垂直度或平行度。

对于不同的夹具类型，会有不同的夹具精度要求。表 1.1-18 所列为典型车床夹具的基本技术要求。

表 1.1-18 典型车床夹具的基本技术要求

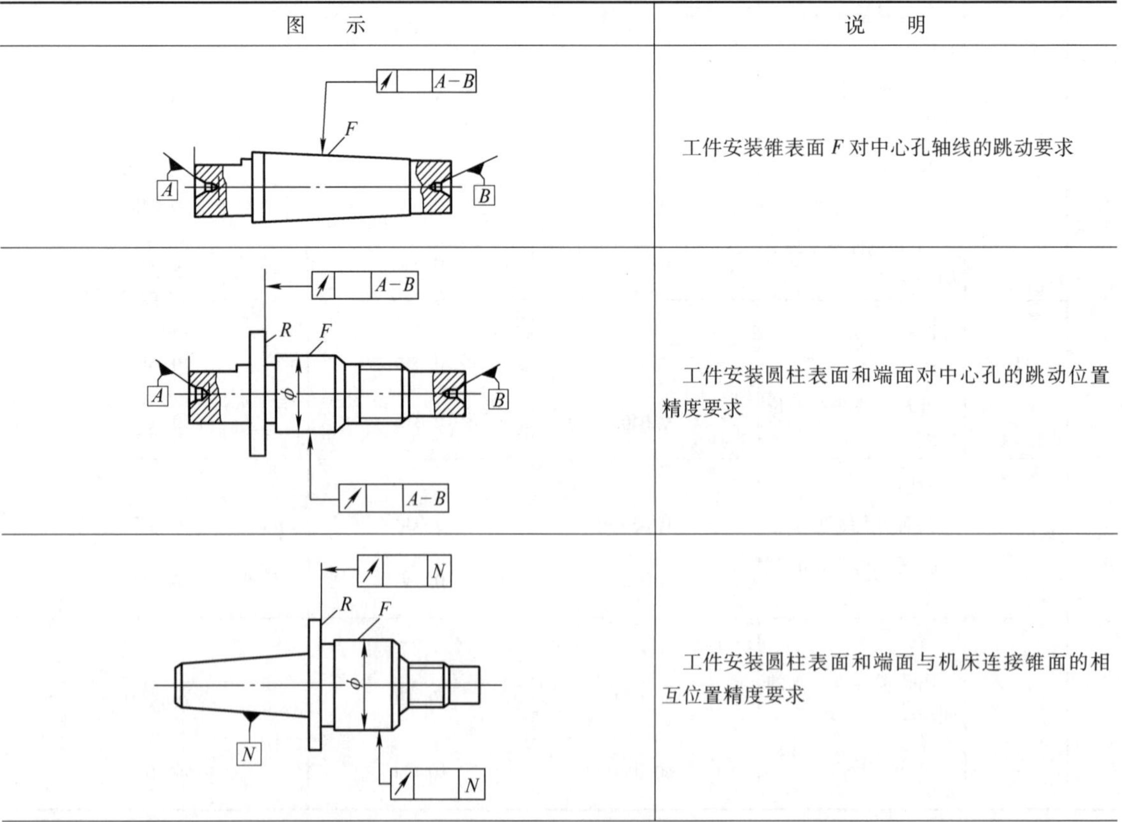

图 示	说 明
	工件安装锥表面 F 对中心孔轴线的跳动要求
	工件安装圆柱表面和端面对中心孔的跳动位置精度要求
	工件安装圆柱表面和端面与机床连接锥面的相互位置精度要求

（续）

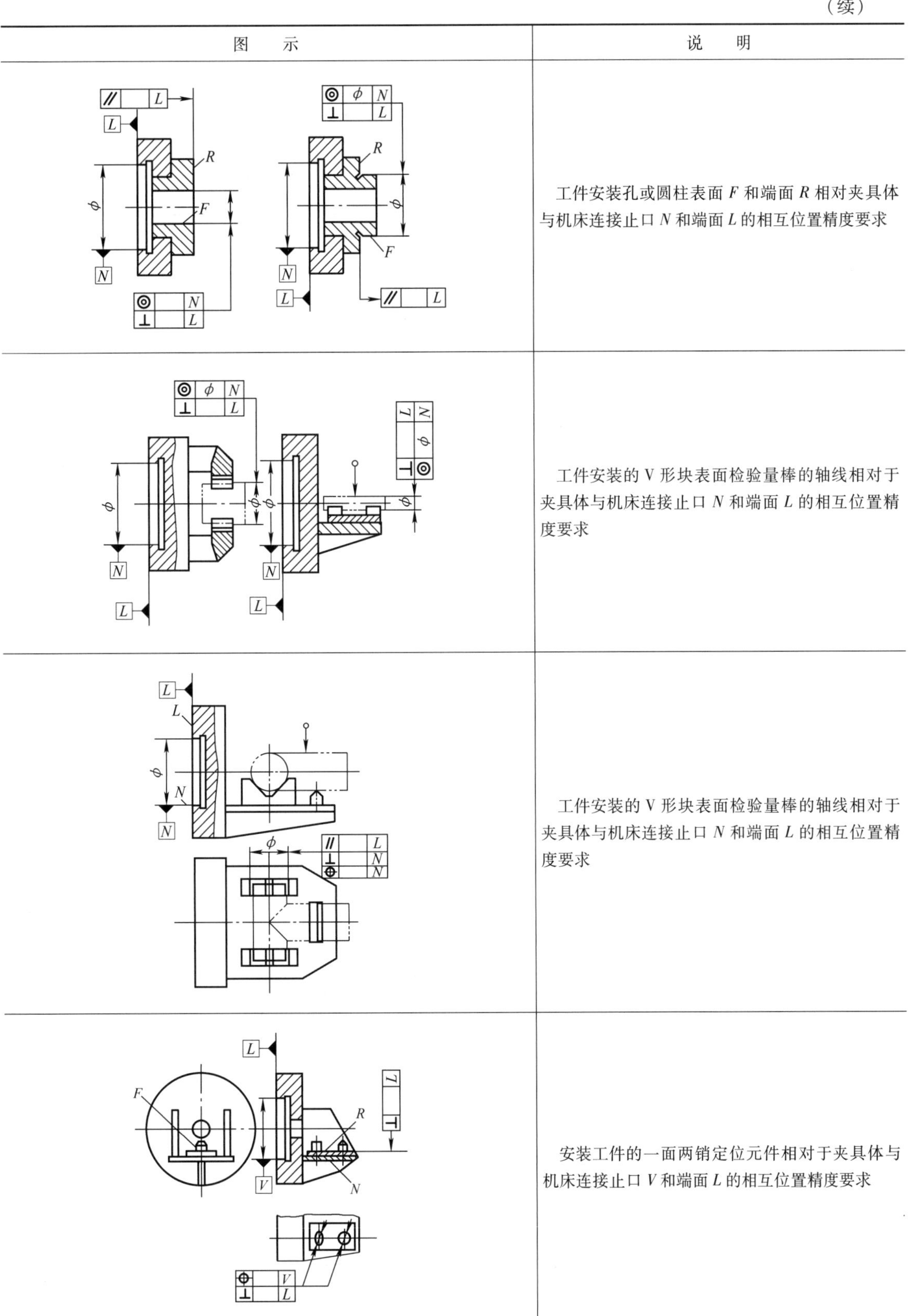

图　示	说　明
	工件安装孔或圆柱表面 F 和端面 R 相对夹具体与机床连接止口 N 和端面 L 的相互位置精度要求
	工件安装的 V 形块表面检验量棒的轴线相对于夹具体与机床连接止口 N 和端面 L 的相互位置精度要求
	工件安装的 V 形块表面检验量棒的轴线相对于夹具体与机床连接止口 N 和端面 L 的相互位置精度要求
	安装工件的一面两销定位元件相对于夹具体与机床连接止口 V 和端面 L 的相互位置精度要求

（续）

图　　示	说　　明
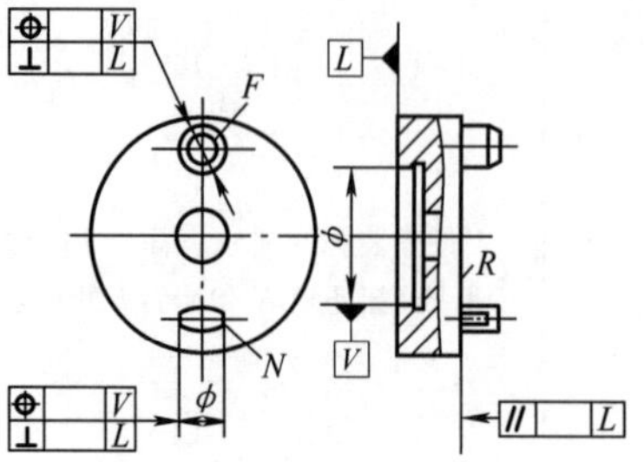	安装工件的一面两销定位元件相对于夹具体与机床连接止口 V 和端面 L 的相互位置精度要求
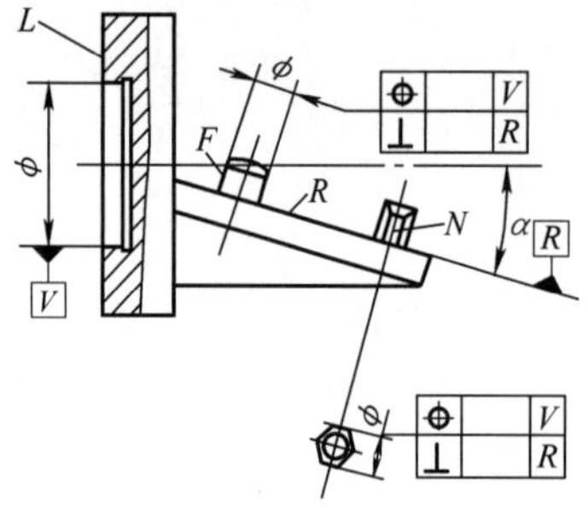	安装工件的一面两销定位元件相对于夹具体与机床连接止口 V 和端面 L 的相互位置精度要求
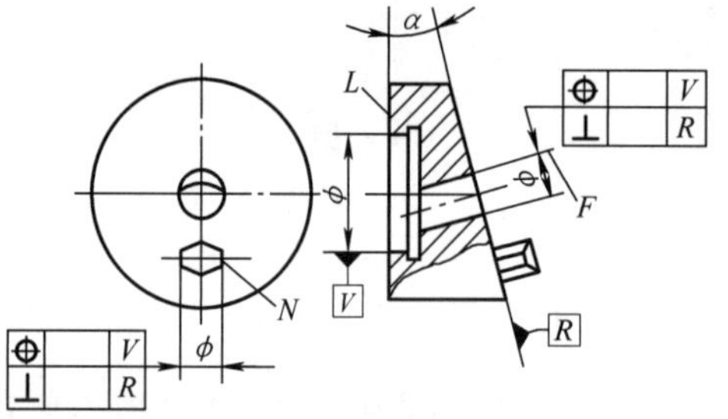	安装工件的一面两销定位元件相对于夹具体与机床连接止口 V 和端面 L 的相互位置精度要求

2. 车床夹具装配基准与连接尺寸

（1）普通卧式车床主轴连接尺寸

普通卧式车床主轴的连接尺寸见表 1.1-19。

表 1.1-19　普通卧式车床主轴连接尺寸　　（mm）

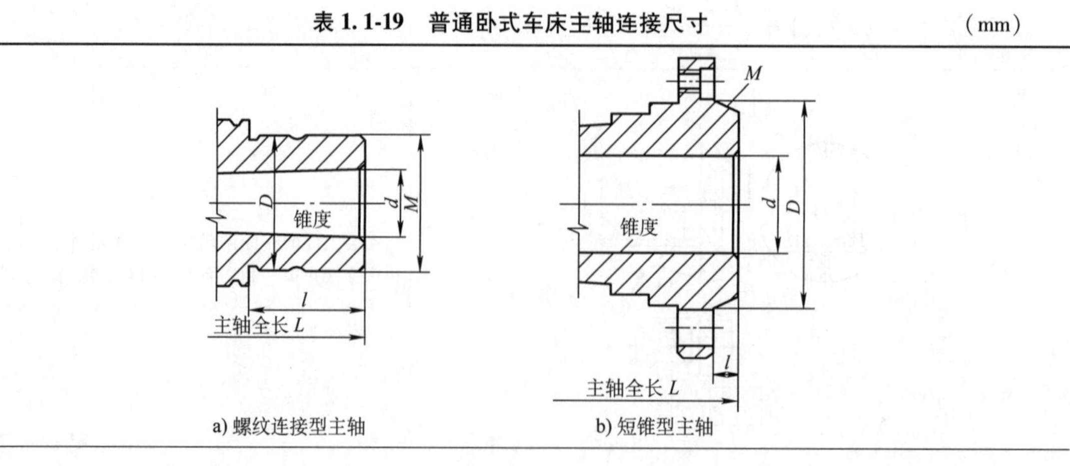

a) 螺纹连接型主轴　　b) 短锥型主轴

（续）

机床型号	规格	D	l	M	d	锥度	L
C618K（图 a）	ϕ360	70	135	M68×4	44.40	莫氏 5 号	578
C620-1（图 a）	ϕ400	90±0.012	75	M90×6	44.401	莫氏 5 号	930
C620-3（图 b）	ϕ400～ϕ500	$106.373^{+0.013}_{0}$	15.5	锥度 1∶4	63.348	莫氏 6 号	646.5
CD6140（图 b）	ϕ400～ϕ500	$106.375^{0.01}_{0}$	14	锥度 1∶4	63.348	莫氏 6 号	817
C6132D（图 b）	ϕ350	106.375	14	锥度 1∶4	63.348	莫氏 6 号	685
C6146（图 b）	ϕ460	139.719	16	锥度 1∶4	90	锥度 1∶20	718
C630-1（图 a）	ϕ615	125±0.014	98	M120×6	80	锥度 1∶20	1085
CW6180（图 b）	ϕ800	198.869	19	锥度 1∶4	100	锥度 1∶20	1120

（2）普通立式车床工作台连接尺寸

普通立式车床工作台的连接尺寸见表 1.1-20。

表 1.1-20 普通立式车床工作台的连接尺寸 （mm）

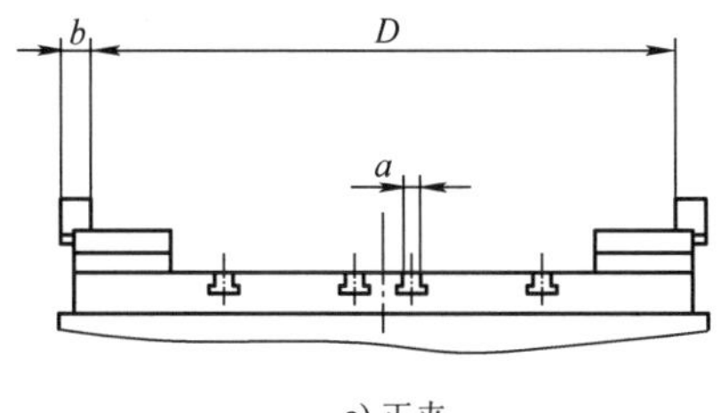

a) 正夹

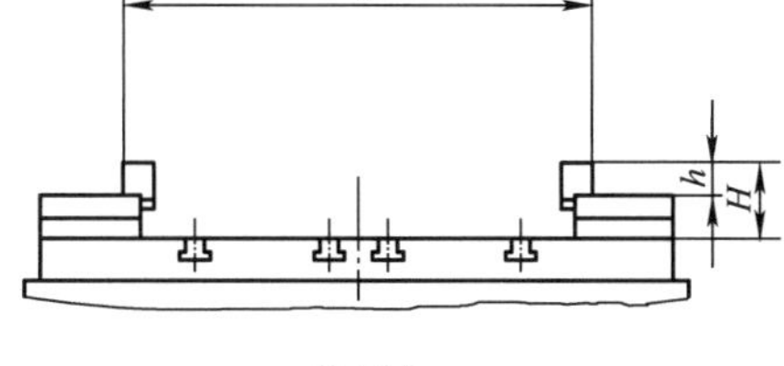

b) 反夹

机床型号	工作台直径	D	d	H	h	b	卡盘移动长度	a
C518A	720	500	630	—	—	65	—	18
C5110A	900	600	730	—	—	65	—	18
C5112A	1010	700	820	158	68	60	240	22
C5116A	1400	950	1100	185	70	75	325	28
C5225	2250	1800	1940	185	75	70	415	28
C5231A	2830	2470	2630	210	85	80	440	36
C5240	3600	2900	3090	290	90	95	655	36
C5235	3080	600～2600	800～3080	225	100	70	240	36
C5250	4500	1000～4250	1350～4500	225	100	105	240	42
C5263	6300	1500～5800	1800～6300	350	150	215	400	48
CQ5280 CQ52100	7100	1500～7100	1800～7100	350	150	215	500	48

（3）卧式数控车床主轴连接尺寸

常用的数控车床主轴头型式尺寸如图 1.1-1 所示。机床厂家根据不同的机床型号会有相应的标准配置，用户根据加工需求也可以提高一个规格，但前提是实际加工范围必须符合机床的能力范围。

夹具生产厂家的标准夹具连接部分一般也符合机

床主轴头的尺寸规格，在订购时只需要提供主轴头代号即可，如 A2-8 主轴头。加工有特殊装夹要求时，可以参考连接尺寸进行专用夹具设计。图 1. 1-1 所示为常用的 A2-8 和 A2-11 主轴头的连接尺寸。

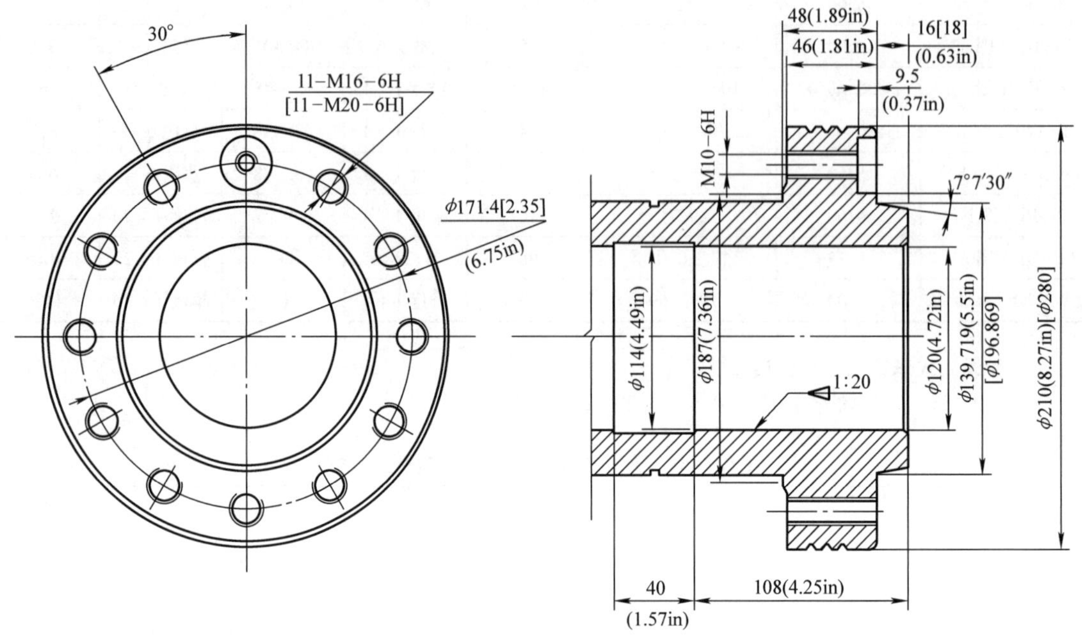

图 1. 1-1　数控车床主轴头的连接尺寸

注：图中为 A2-8 主轴头尺寸，[ ] 内为 A2-11 主轴头尺寸。

3. 车床夹具典型结构

车床夹具的典型结构见表 1. 1-21。

表 1. 1-21　车床夹具典型结构

夹具类型	简　　图	说　　明
顶尖类		带端面齿顶尖，由顶尖定位，端面齿带动零件旋转
	塑料	三尖杆拨动顶尖

（续）

<table>
<tr><th>夹具类型</th><th>简　　图</th><th>说　　明</th></tr>
<tr><td rowspan="4">心轴类</td><td> 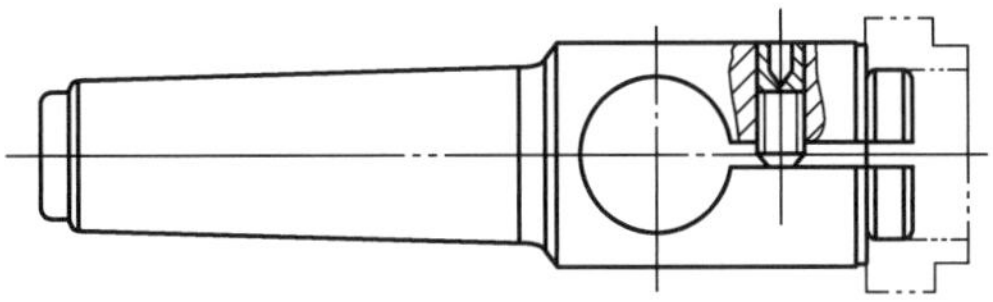</td><td>普通可胀心轴</td></tr>
<tr><td></td><td>用于不通孔工件的可胀心轴</td></tr>
<tr><td> 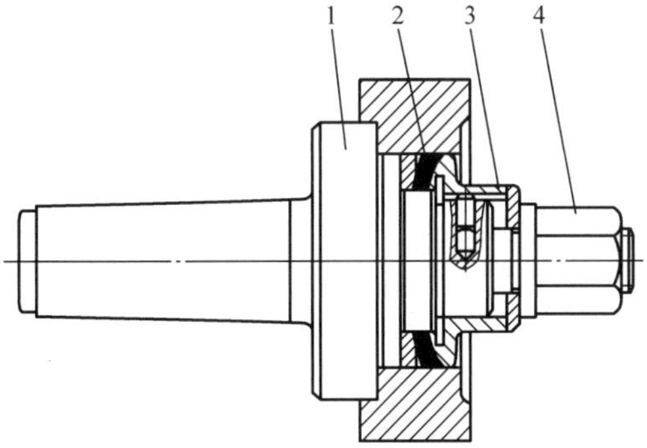1　2　3　4</td><td>弹簧定心夹紧心轴，常用于卧式车床。工件以内孔和端面定位，加工外圆表面和另一端面。夹具的莫氏锥柄装在机床主轴孔内，工件内孔先在心轴 1 上预定位，拧动螺母 4 后，通过压环 3，使碟形弹簧 2 受压变形而外胀，从而将零件定心、夹紧</td></tr>
<tr><td> 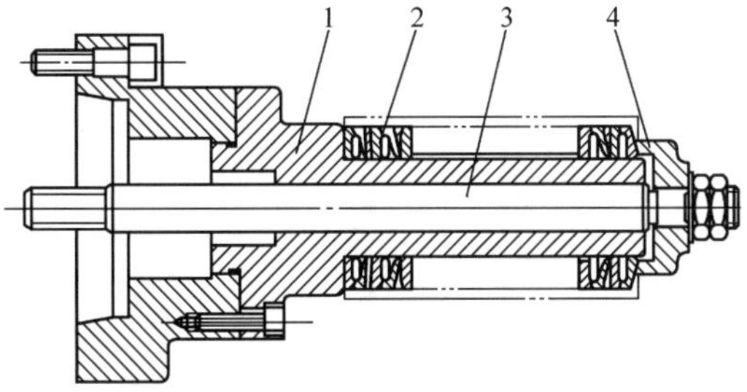1　2　3　4</td><td>车薄壁工件弹性心轴，适用于精车长薄壁工件外圆。工件以内孔及端面定位，动力源通过拉杆 3 带动压板 4，使装在心轴 1 上的弹性盘 2 外胀，将工件定心、夹紧。拉杆 3 右移，弹性盘 2 收缩而松开工件。此结构使薄壁工件夹紧变形小</td></tr>
</table>

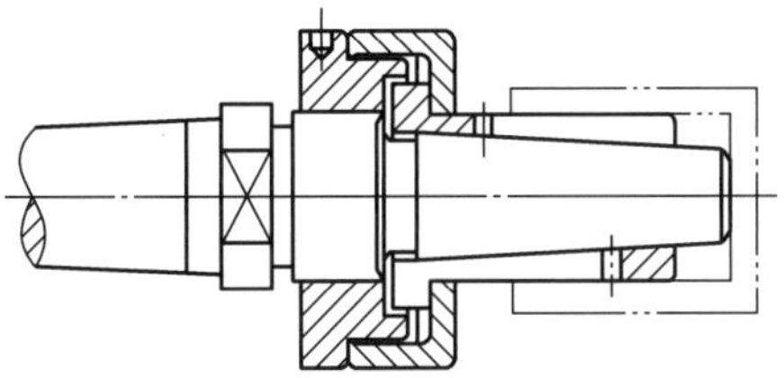

（续）

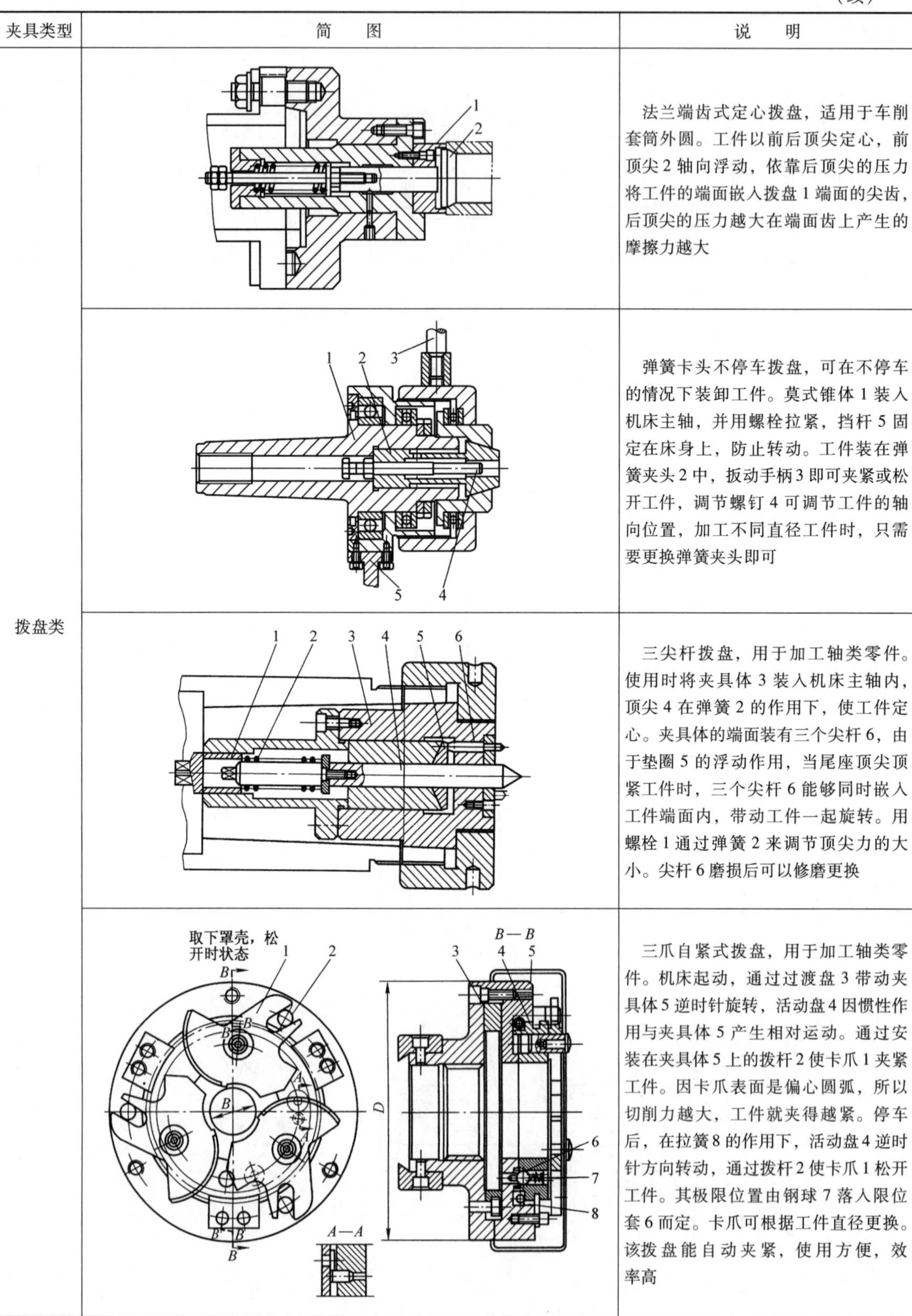

夹具类型	简　　图	说　　明
拨盘类		法兰端齿式定心拨盘，适用于车削套筒外圆。工件以前后顶尖定心，前顶尖2轴向浮动，依靠后顶尖的压力将工件的端面嵌入拨盘1端面的尖齿，后顶尖的压力越大在端面齿上产生的摩擦力越大
		弹簧卡头不停车拨盘，可在不停车的情况下装卸工件。莫式锥体1装入机床主轴，并用螺栓拉紧，挡杆5固定在床身上，防止转动。工件装在弹簧夹头2中，扳动手柄3即可夹紧或松开工件，调节螺钉4可调节工件的轴向位置，加工不同直径工件时，只需要更换弹簧夹头即可
		三尖杆拨盘，用于加工轴类零件。使用时将夹具体3装入机床主轴内，顶尖4在弹簧2的作用下，使工件定心。夹具体的端面装有三个尖杆6，由于垫圈5的浮动作用，当尾座顶尖顶紧工件时，三个尖杆6能够同时嵌入工件端面内，带动工件一起旋转。用螺栓1通过弹簧2来调节顶尖力的大小。尖杆6磨损后可以修磨更换
	取下罩壳，松开时状态　B—B　A—A	三爪自紧式拨盘，用于加工轴类零件。机床起动，通过过渡盘3带动夹具体5逆时针旋转，活动盘4因惯性作用与夹具体5产生相对运动。通过安装在夹具体5上的拨杆2使卡爪1夹紧工件。因卡爪表面是偏心圆弧，所以切削力越大，工件就夹得越紧。停车后，在拉簧8的作用下，活动盘4逆时针方向转动，通过拨杆2使卡爪1松开工件。其极限位置由钢球7落入限位套6而定。卡爪可根据工件直径更换。该拨盘能自动夹紧，使用方便，效率高

（续）

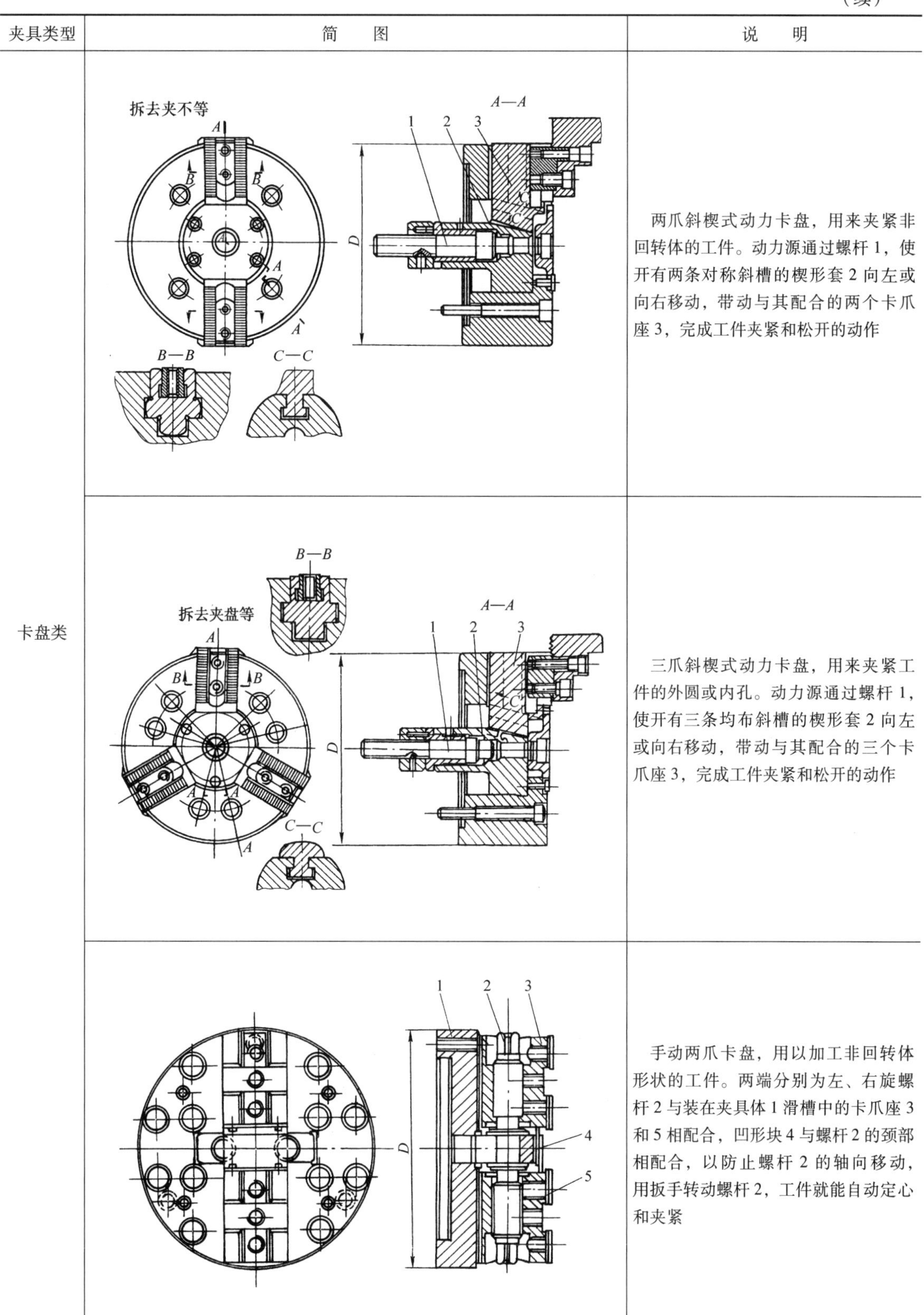

夹具类型	简图	说明
卡盘类	简图	两爪斜楔式动力卡盘，用来夹紧非回转体的工件。动力源通过螺杆1，使开有两条对称斜槽的楔形套2向左或向右移动，带动与其配合的两个卡爪座3，完成工件夹紧和松开的动作
	简图	三爪斜楔式动力卡盘，用来夹紧工件的外圆或内孔。动力源通过螺杆1，使开有三条均布斜槽的楔形套2向左或向右移动，带动与其配合的三个卡爪座3，完成工件夹紧和松开的动作
	简图	手动两爪卡盘，用以加工非回转体形状的工件。两端分别为左、右旋螺杆2与装在夹具体1滑槽中的卡爪座3和5相配合，凹形块4与螺杆2的颈部相配合，以防止螺杆2的轴向移动，用扳手转动螺杆2，工件就能自动定心和夹紧

（续）

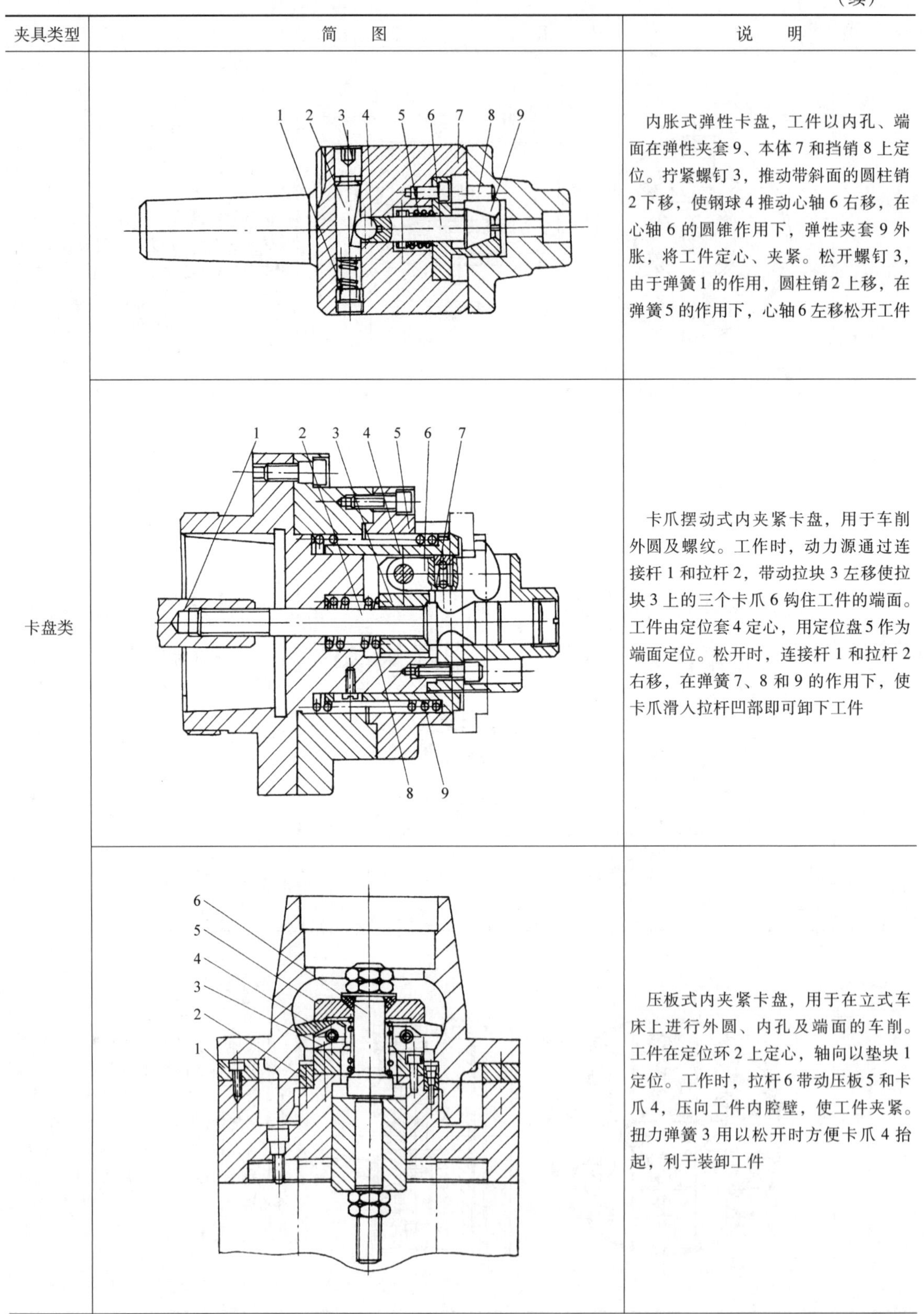

夹具类型	简　　图	说　　明
卡盘类		内胀式弹性卡盘，工件以内孔、端面在弹性夹套9、本体7和挡销8上定位。拧紧螺钉3，推动带斜面的圆柱销2下移，使钢球4推动心轴6右移，在心轴6的圆锥作用下，弹性夹套9外胀，将工件定心、夹紧。松开螺钉3，由于弹簧1的作用，圆柱销2上移，在弹簧5的作用下，心轴6左移松开工件
		卡爪摆动式内夹紧卡盘，用于车削外圆及螺纹。工作时，动力源通过连接杆1和拉杆2，带动拉块3左移使拉块3上的三个卡爪6钩住工件的端面。工件由定位套4定心，用定位盘5作为端面定位。松开时，连接杆1和拉杆2右移，在弹簧7、8和9的作用下，使卡爪滑入拉杆凹部即可卸下工件
		压板式内夹紧卡盘，用于在立式车床上进行外圆、内孔及端面的车削。工件在定位环2上定心，轴向以垫块1定位。工作时，拉杆6带动压板5和卡爪4，压向工件内腔壁，使工件夹紧。扭力弹簧3用以松开时方便卡爪4抬起，利于装卸工件

（续）

夹具类型	简　图	说　明
卡盘类	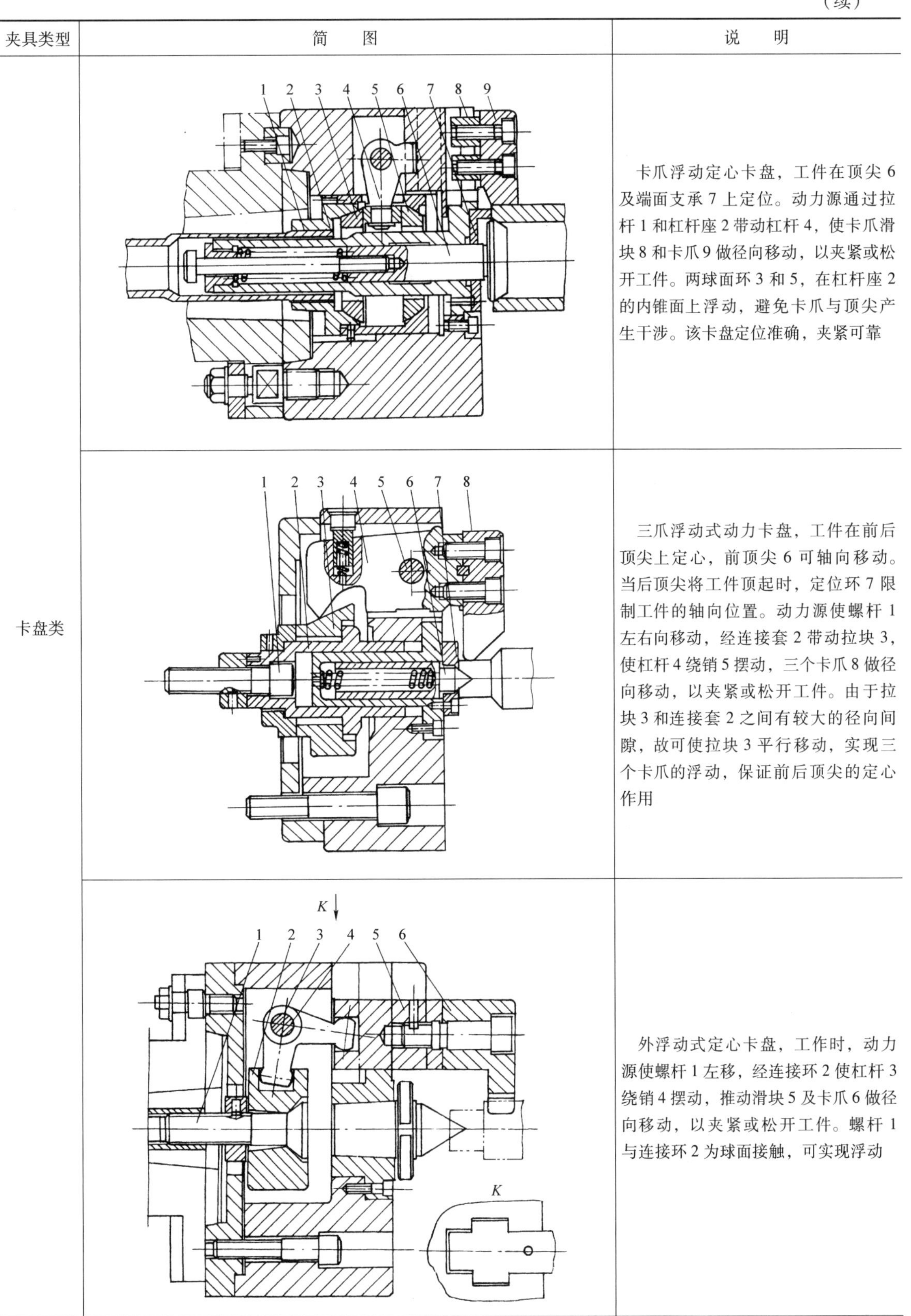	卡爪浮动定心卡盘，工件在顶尖6及端面支承7上定位。动力源通过拉杆1和杠杆座2带动杠杆4，使卡爪滑块8和卡爪9做径向移动，以夹紧或松开工件。两球面环3和5，在杠杆座2的内锥面上浮动，避免卡爪与顶尖产生干涉。该卡盘定位准确，夹紧可靠
		三爪浮动式动力卡盘，工件在前后顶尖上定心，前顶尖6可轴向移动。当后顶尖将工件顶起时，定位环7限制工件的轴向位置。动力源使螺杆1左右向移动，经连接套2带动拉块3，使杠杆4绕销5摆动，三个卡爪8做径向移动，以夹紧或松开工件。由于拉块3和连接套2之间有较大的径向间隙，故可使拉块3平行移动，实现三个卡爪的浮动，保证前后顶尖的定心作用
		外浮动式定心卡盘，工作时，动力源使螺杆1左移，经连接环2使杠杆3绕销4摆动，推动滑块5及卡爪6做径向移动，以夹紧或松开工件。螺杆1与连接环2为球面接触，可实现浮动

（续）

夹具类型	简　图	说　明
卡盘类	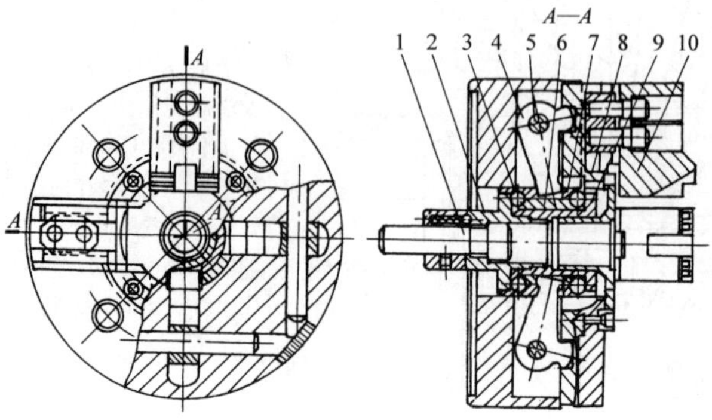	四爪动力卡盘，动力源通过连接杆使螺栓 1 左拉时，连接套 2 带动压套 9 左移，通过钢球 3 推动内套 6 和外套 7，使位于水平、垂直面的两对杠杆 4 各绕轴 5 转动，拨动卡爪座 8、卡爪 10 向心移动，以夹紧工件。由于内外套带有锥度，压力作用在钢球上时，能通过锥面做相对滑动，因而每对卡爪能保证各自的定心，且四个卡爪的夹紧力基本相等，夹紧可靠。卡爪可根据工件的不同尺寸进行更换
	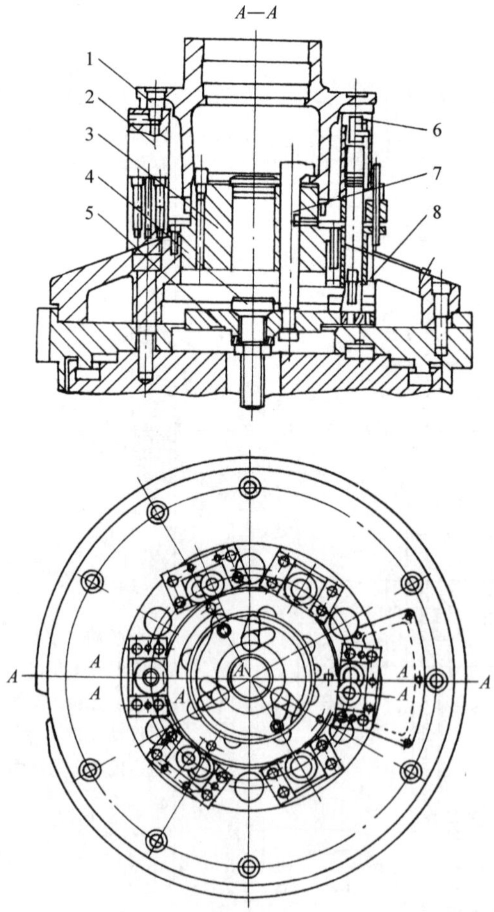	卡爪回转式内夹紧卡盘，用于立式多工位车床车削工件的外圆及内孔。工件以端面、内孔及一个小孔在支承块 2、定心体 3 及菱形销 1 上定位。动力源通过拉杆螺栓 4，带动摆动块 5 下降，使开有螺旋槽的三个钩形压板 7 回转压紧工件。由于拉杆螺栓 4 与摆动块 5 为球面浮动连接，使三个钩形压板 7 能均匀地夹紧工件，摆动块 5 向上，推动钩形压板 7，使其回转松开工件；与此同时摆动块 5 推动拨块 8，使顶杆 6 上升，顶起工件

（续）

夹具类型	简　　图	说　　明
卡盘类	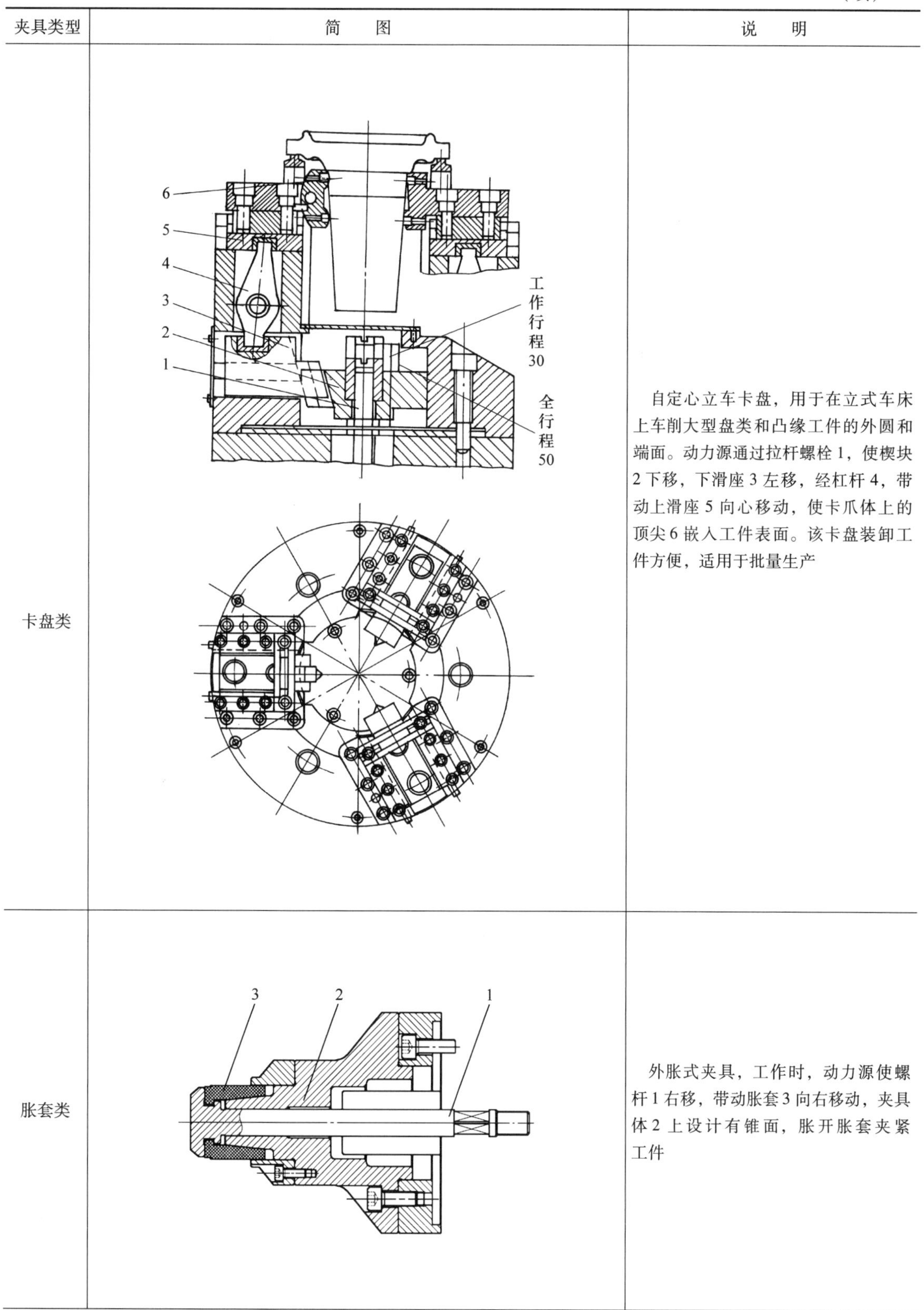 	自定心立车卡盘，用于在立式车床上车削大型盘类和凸缘工件的外圆和端面。动力源通过拉杆螺栓 1，使楔块 2 下移，下滑座 3 左移，经杠杆 4，带动上滑座 5 向心移动，使卡爪体上的顶尖 6 嵌入工件表面。该卡盘装卸工件方便，适用于批量生产
胀套类		外胀式夹具，工作时，动力源使螺杆 1 右移，带动胀套 3 向右移动，夹具体 2 上设计有锥面，胀开胀套夹紧工件

（续）

夹具类型	简　图	说　明
胀套类	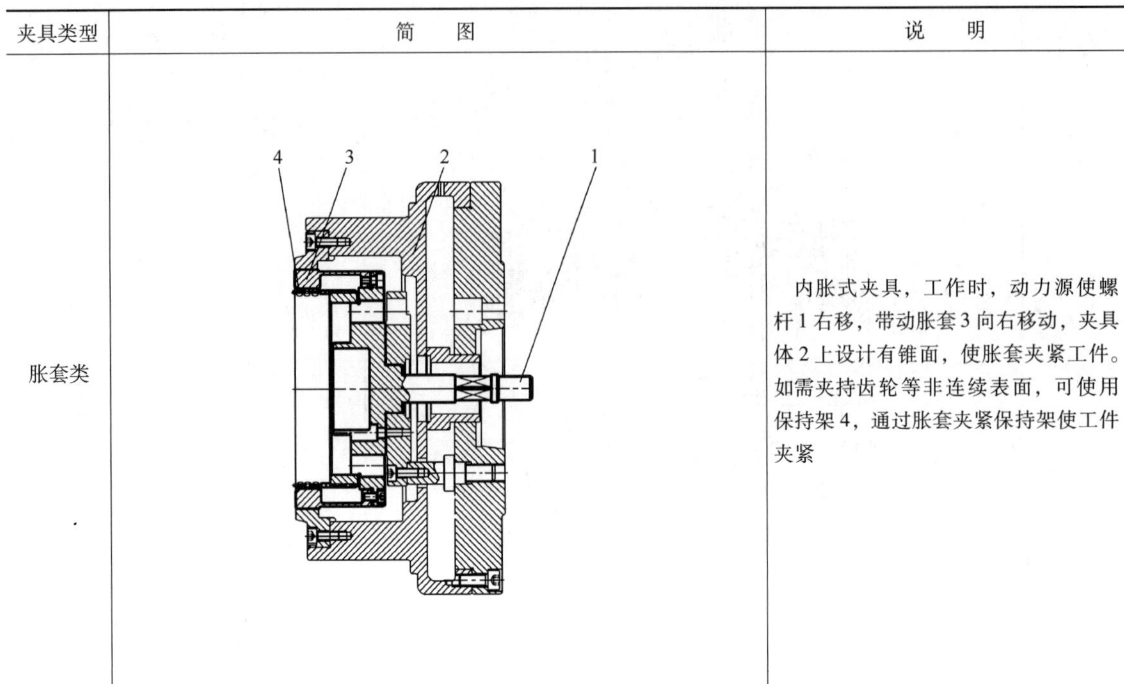	内胀式夹具，工作时，动力源使螺杆1右移，带动胀套3向右移动，夹具体2上设计有锥面，使胀套夹紧工件。如需夹持齿轮等非连续表面，可使用保持架4，通过胀套夹紧保持架使工件夹紧

1.1.4　车刀及其辅具

1. 车刀分类

在金属切削加工中，车刀的应用最为广泛，由于车刀的用途多种多样，其结构形状及几何参数也各有不同，根据不同的分类方法，车刀有多种不同的形式。车刀分类见表1.1-22。

表1.1-22　车刀分类

序号	分类方式	车刀形式
1	机床型号	普通车刀、立车车刀、成形车刀、专用机床车刀
2	加工部位	端面车刀、外圆车刀、内孔车刀、切断或切槽刀、成形车刀、螺纹车刀
3	加工性质	粗车刀、半精车刀、精车刀
4	刀杆截面	矩形车刀、正方形车刀、圆形车刀
5	进给方向	左切车刀、右切车刀
6	刀头构造	直头车刀、偏头车刀、弯头车刀
7	制造方法	整体式车刀、焊接式车刀、机夹车刀、可转位车刀
8	刀刃材料	硬质合金车刀、高速钢车刀、陶瓷车刀、金刚石车刀、立方氮化硼车刀

2. 车刀结构

（1）车刀刀杆截面形状及选用

刀杆材料一般采用45钢，但对某些刀杆，如切断刀、切槽刀，则采用40Cr钢，经热处理硬度达35~45HRC。

刀杆截面形状主要有正方形、矩形和圆形，其图形和尺寸见表1.1-23。刀杆截面尺寸的选取通常与机床中心高、刀夹形状及切削断面尺寸有关。

表 1.1-23　刀杆截面与长度尺寸（参照 GB/T 20327—2006）　（mm）

圆形截面	正方形截面	矩形截面			长度
		两边长的近似比值			
		1.25	1.6	2	
d	$H \times B$	$H \times B$	$H \times B$	$H \times B$	L
6	6×6	6×5	6×4	6×3	—
8	8×8	8×6	8×5	8×4	—
10	10×10	10×8	10×6	10×5	90
12	12×12	12×10	12×8	12×6	100
16	16×16	16×12	16×10	16×8	110
20	20×20	20×16	20×12	20×10	125
25	25×25	25×20	25×16	25×12	140
32	32×32	32×25	32×20	32×16	170
40	40×40	40×32	40×25	40×20	200
50	50×50	50×40	50×32	50×25	240
63	63×63	63×50	63×40	63×32	280

通常，刀杆的截面尺寸和长度可根据机床的中心高选取，见表 1.1-24。

表 1.1-24　按机床中心高选取刀杆截面尺寸和长度　（mm）

机床中心高	150 以下	150	180~200	260	300	350~400	400 以上
刀杆的截面尺寸	12×10 以下	16×12	20×16	25×20	32×25	40×32	50×40
刀杆的长度	100 以下	110	125	140	170	200	250 以上

（2）车刀刀杆悬伸长度

在一般情况下，刀杆悬伸出刀架的长度 l 等于刀杆高 H 的 1~1.5 倍为宜，如图 1.1-2 所示。

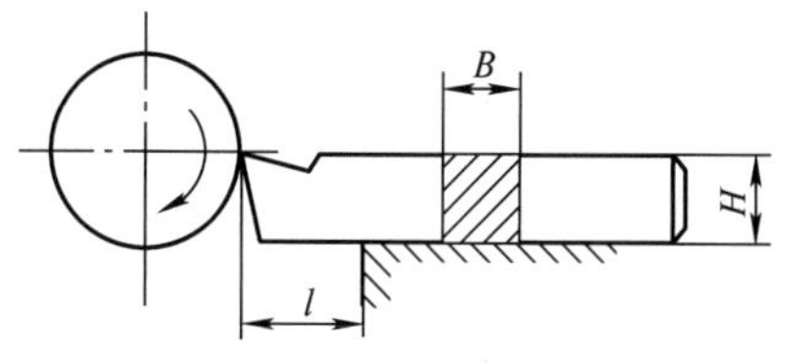

图 1.1-2　刀杆悬伸尺寸

当刀杆悬伸量过长或在重力切削时才需要进行强度验算，其计算公式见表 1.1-25。

表 1.1-25　刀杆强度验算公式

刀杆截面形状	矩形	正方形	圆形
公式	$H^2B=\dfrac{6F_c l}{[\sigma_{bb}]}$	$B=\sqrt[3]{\dfrac{6F_c l}{[\sigma_{bb}]}}$	$d=\sqrt[3]{\dfrac{F_c l}{0.1\ [\sigma_{bb}]}}$

式中　F_c——垂直切削力（N）

$[\sigma_{bb}]$——许用弯曲应力（MPa）

l——悬伸量（mm）

（3）车刀刀片连接方式

车刀切削部分的强度直接影响到车刀性能和寿命。除少数高速钢车刀以外，大部分车刀的切削部分都采用硬质合金、陶瓷、金刚石和立方氮化硼（CBN）等材料。刀体与刀片的连接方式大致分三类，见表 1. 1-26，可根据刀具的实际工作条件进行选择。

表 1. 1-26 车刀刀片连接方式

连接方式	优　　点	缺　　点
焊接	1）具有足够的连接强度和冲击韧性 2）刀具具有较高的高温硬度 3）焊接的镶嵌结构简单，焊接后刀具外观平整、结构紧凑 4）焊接后的刀具尺寸稳定	1）焊接需要一定的专用设备，焊接工艺较为复杂 2）由于焊接应力，易使刀片产生裂纹 3）由于加热温度和时间不准确，容易产生过烧、脱焊、氧化等缺陷 4）刀杆不能重复使用
无机粘结	1）刀片无氧化皮、无裂纹、无热变形及热应力，刀具的使用寿命长 2）黏结剂的材料经济，工艺过程简单，无需专用的设备和工具，成本低 3）陶瓷刀具使用此工艺较多	1）粘结的脆性大，承受冲击的能力差，化学稳定性差，高温强度也较差 2）刀具长期存放后，尺寸有微量的变化
机械夹固	1）能保持刀片的原有性能，避免了裂纹、脱焊等不良现象的产生，提高了刀具的使用寿命 2）可直接选择合理刀片刀尖圆角和断屑槽型，通过刀片槽的加工可获得合理的几何参数，具有较好的切削条件，并保证了断屑 3）刀片可进行更换，刀体可重复使用	1）刀片槽选配较为复杂，装夹结构复杂，加工比较困难 2）受小孔、特殊表面等条件限制 3）刀片槽加工精度不高，影响装夹精度，造成刀片翘起或装夹应力集中，刀片易于破裂

3. 车刀几何参数选用

（1）前刀面形状选用

车刀前刀面的形状与应用范围见表 1. 1-27。

表 1. 1-27 车刀前刀面的形状与应用范围

高速钢车刀				
前刀面形状	平面形	曲面形	平面带倒棱形	曲面带倒棱形
简图	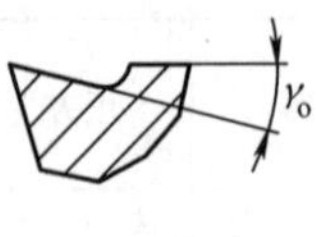 γ_o	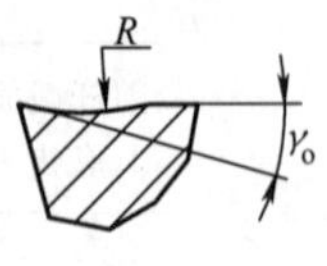 R γ_o	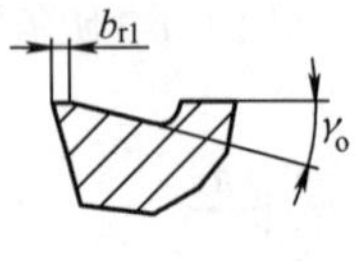 b_{r1} γ_o	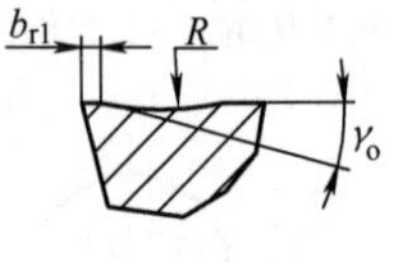 b_{r1} R γ_o
应用范围	1）加工铸铁 2）成形车刀 3）在 $f \leqslant 0.2$mm/r 时，加工钢件	加工铝合金及韧性材料	在 $f \geqslant 0.2$mm/r 时，加工钢件	加工钢件时，需要断屑

（续）

硬质合金车刀				
前刀面形状	平面形	曲面形	平面带倒棱形	曲面带倒棱形
简图				
应用范围	1）当前角为负值、系统刚性足够时加工 $R_m>$800MPa 的材料 2）当前角为正值时，加工脆性材料。在背吃刀量及进给量很小时，精加工 $R_m\leqslant$800MPa 的钢件	铝合金及韧性材料钢件的精加工	1）加工灰铸铁和可锻铸铁 2）加工 $R_m\leqslant$800MPa 的钢件 3）系统刚性不足时，加工 $R_m>$800MPa 的钢件	在 $a_p=1\sim5$mm，$f\geqslant0.3$mm/r 时，加工 $R_m\leqslant$800MPa 的钢件，并保证卷屑

（2）车刀刀具角度选用

车刀前角、后角、主偏角、副偏角和刃倾角的参考值见表 1.1-28～表 1.1-31。

表 1.1-28　车刀前角和后角参考值

高速钢车刀				硬质合金车刀			
工件材料		前角 γ_o /(°)	后角 α_o /(°)	工件材料		前角 γ_o /(°)	后角 α_o /(°)
钢和铸钢	R_m=400～500MPa	20～25	8～12	结构钢、合金钢及铸钢	$R_m\leqslant$800MPa	10～15	6～8
	R_m=500～800MPa	5～10	5～8		R_m=800～1000MPa	5～10	6～8
镍铬钢和铬钢	R_m=700～800MPa	5～15	5～7	高强度钢及表面有夹杂的铸钢 $R_m>$1000MPa		-5～-10	6～8
灰铸铁	160～180HBW	12	6～8				
	220～260HBW	6	6～8	不锈钢		15～30	8～10
可锻铸铁	140～160HBW	15	6～8	耐热钢 R_m=700～1000MPa		10～12	8～10
	170～190HBW	12	6～8	变形锻造高温合金		5～10	10～15
铜、铝、巴氏合金		25～30	8～12	铸造高温合金		0～5	0～15
中硬青铜及黄铜		10	8	钛合金		5～15	10～15
硬青铜		5	6	淬火钢 40HRC 以上		-5～-10	8～10
钨		20	15	高锰钢		-5～5	8～12
铌		20～25	12～15	铬锰钢		-2～-5	8～10
钼合金		30	12～15	灰铸铁、青铜、脆性黄铜		5～15	6～8
镁合金		25～35	10～15	韧性黄铜		15～25	8～12
电木		0	10～12	纯铜		25～35	8～12
纤维纸板		0	14～16	铝合金		20～30	8～12
硬橡皮		-2～0	18～20	纯铁		25～35	8～10
软橡皮		40～75	15～20	纯钨铸锭		5～15	8～12
塑料和有机玻璃		20～25	30	纯钨铸锭及烧结钼棒		15～35	6

表 1.1-29　主偏角参考值

工作条件	主偏角 κ_r/(°)
在系统刚性特别好的条件下，以小的背吃刀量进行精车，加工硬度很高的工件材料	10~30
在系统刚性较好（$l/d<6$）的条件下，加工盘套类工件	30~45
在系统刚性较差（$l/d=6\sim12$）的条件下车削、刨削及镗孔加工	60~75
在毛坯上不留残心的切断加工	80
在系统刚性差（$l/d>12$）的条件下车削阶梯表面、细长轴	90~93

表 1.1-30　副偏角参考值

工作条件	副偏角 κ_r'/(°)
宽刃车刀及具有修光刃的车削、刨削加工	0
切槽及切断加工	1~3
精车、精刨加工	5~10
粗车、粗刨加工	10~15
粗镗加工	15~20
有中间切入的切削加工	30~45

表 1.1-31　刃倾角参考值

工作条件	刃倾角 λ_s/(°)
精车、精镗加工	0~5
$\kappa_r=90°$车刀的车削及镗孔、切断及切槽	0
钢料的粗车及粗镗	0~-5
铸铁的粗车及粗镗	-10
带冲击的不连续车削、刨削	-10~-15
带冲击加工淬硬钢	-30~-45

（3）刀尖圆弧半径选用

增大刀尖圆弧半径，可以提高切削刃的强度；而选择较小的刀尖圆弧半径，则可以减小切削振动。车刀刀尖圆弧半径与最大推荐进给量的关系见表 1.1-32。

表 1.1-32　车刀刀尖圆弧半径相对应的最大推荐进给量

刀尖圆弧半径 r_ε/mm	0.2	0.4	0.8	1.2	1.6	2.4
最大进给量 f/(mm/r)	0.08~0.15	0.25~0.35	0.4~0.7	0.5~1.0	0.7~1.3	1.0~1.8

工件表面粗糙度和进给量的大小直接影响精切车刀刀尖圆弧半径，其相互关系如下式：

$$Rz\approx\frac{f^2}{8r_\varepsilon}\times1000$$

式中　Rz——表面粗糙度轮廓最大高度（μm），见图 1.1-3；

r_ε——刀尖圆弧半径（mm）；

f——进给量（mm/r）。

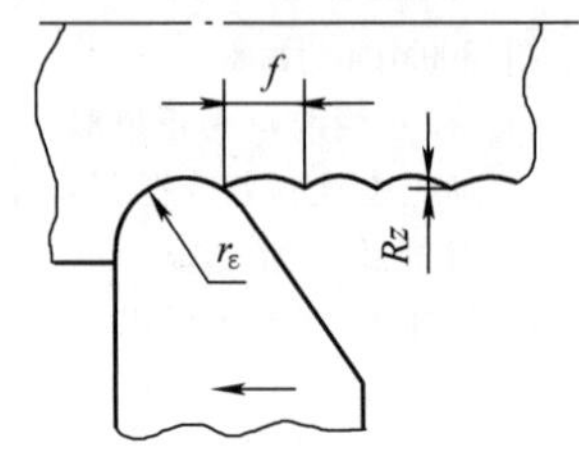

图 1.1-3　轮廓最大高度与刀尖圆弧半径的关系

刀尖圆弧半径可根据表 1.1-33 选用。

表 1.1-33　精切车刀刀尖圆弧半径与 *Ra*、*Rz*、*f* 的对应关系

表面粗糙度		刀尖圆弧半径/mm					
Ra/μm	Rz/μm	0.2	0.4	0.8	1.2	1.6	2.4
		进给量 f/(mm/r)					
0.63	1.6	0.05	0.07	0.10	0.12	0.14	0.17
1.6	4	0.08	0.11	0.15	0.19	0.22	0.26
3.2	10	0.15	0.17	0.24	0.29	0.34	0.42
6.3	16	—	0.22	0.30	0.37	0.43	0.53
8	25	—	0.27	0.38	0.47	0.54	0.66
32	100	—	—	—	—	1.08	1.32

对于圆形刀片的车刀，刀尖圆弧半径即为刀片半径，刀片直径与 Ra、Rz、f 的对应关系见图 1.1-4 和表 1.1-34。

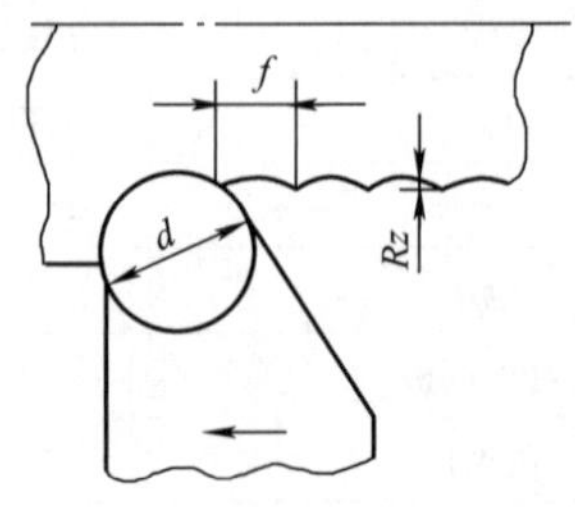

图 1.1-4　圆形刀片车刀进给量与表面粗糙度的关系

表 1.1-34　圆形刀片直径与 *Ra*、*Rz*、*f* 的对应关系

表面粗糙度		圆形刀片直径/mm						
Ra/μm	*Rz*/μm	8	10	12	16	20	25	32
		进给量 *f*/(mm/r)						
0.63	1.6	0.18	0.25	0.28	0.32	0.36	0.40	0.45
1.6	4	0.32	0.40	0.44	0.51	0.57	0.63	0.71
3.2	10	0.45	0.63	0.69	0.80	0.89	1.00	1.13
6.3	16	0.63	0.80	0.88	1.01	1.13	1.26	1.43
8	25	0.71	1.00	1.10	1.26	1.42	1.41	1.79
32	100	1.43	2.00	2.20	2.54	2.94	3.33	3.59

（4）断屑槽型选用

当车削加工产生连绵不断的带状切屑时，不仅容易划伤工件加工表面和损坏切削刃，严重时还会威胁到操作者的安全，因此断屑问题在车削加工中是一个很重要的工艺问题。断屑槽的作用在于使切屑在切削过程中能以螺旋状弯曲折断而排出。断屑槽型及断屑槽对主切削刃的倾斜方式分别见表 1.1-35 和表 1.1-36。

4. 焊接式车刀

所谓焊接式车刀，是指在刀杆上按刀具角度的要求开出刀片槽，用焊料将刀片焊接在刀槽内，并按所选择的几何参数刃磨后使用的车刀。

（1）焊接式车刀类型

焊接式车刀的主要类型见表 1.1-37。

表 1.1-35　断屑槽型

断屑槽型	直线型	直线圆弧型	全圆弧型
简图	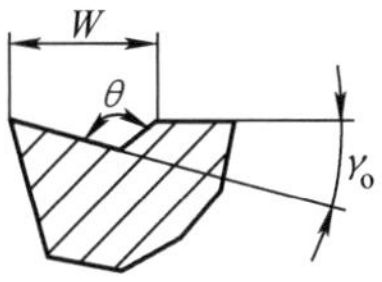 W，θ，γ_o	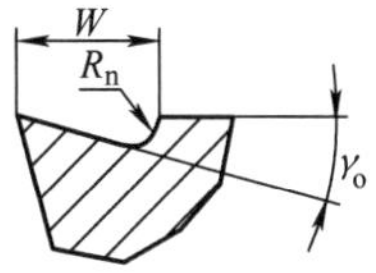 W，R_n，γ_o	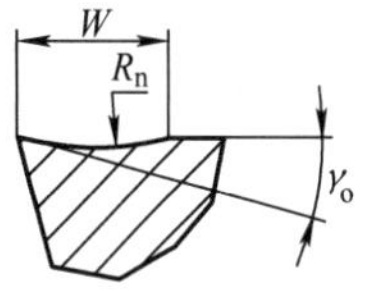 W，R_n，γ_o
应用范围	切削碳素钢、合金钢和工具钢，前角 γ_o 一般在 5°～15°范围内		切削纯铜、不锈钢等高塑性材料，前角 γ_o 一般在 25°～30°范围内

表 1.1-36　断屑槽对主切削刃的倾斜方式

倾斜方式	外斜式	平行式	内斜式
简图	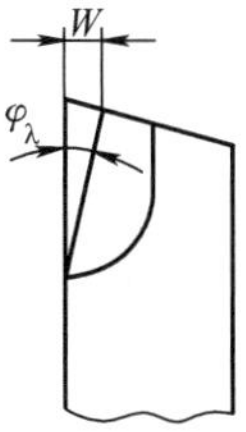 W，φ_λ	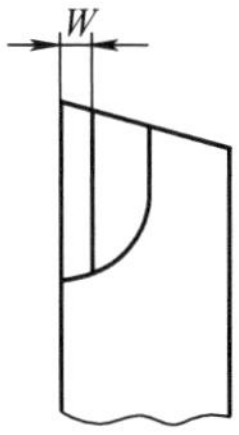 W	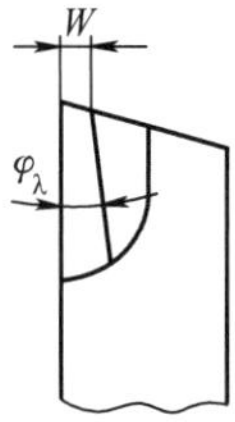 W，φ_λ
应用范围	在采用中等背吃刀量时，断屑效果较好。斜角 φ_λ 可根据工件材料情况进行设计： 中碳钢 $\varphi_\lambda=8°\sim10°$ 合金钢 $\varphi_\lambda=10°\sim15°$ 不锈钢 $\varphi_\lambda=6°\sim8°$	平行式断屑槽 $\varphi_\lambda=0°$，比较适合以大背吃刀量切削中碳钢和低碳钢	一般取斜角 $\varphi_\lambda=8°\sim10°$，适用于背吃刀量变化较大的场合

表 1.1-37 焊接式车刀的主要类型

类型	45°外圆车刀	切槽车刀
简图	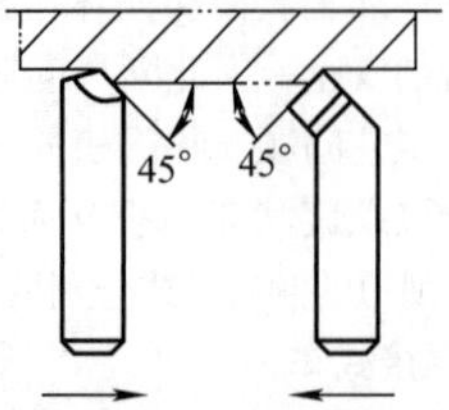 45° 45°	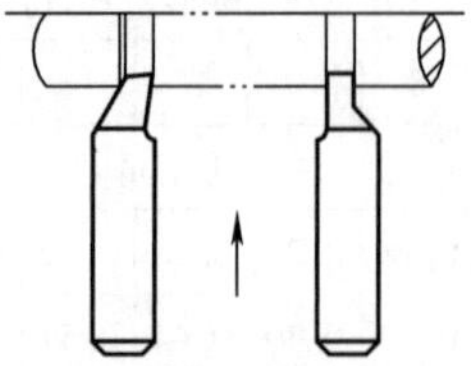
类型	60°外圆车刀	切圆弧及宽槽车刀
简图	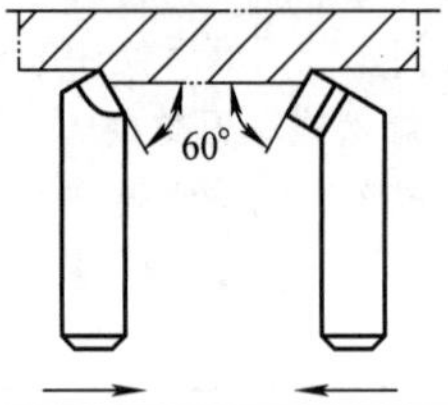 60°	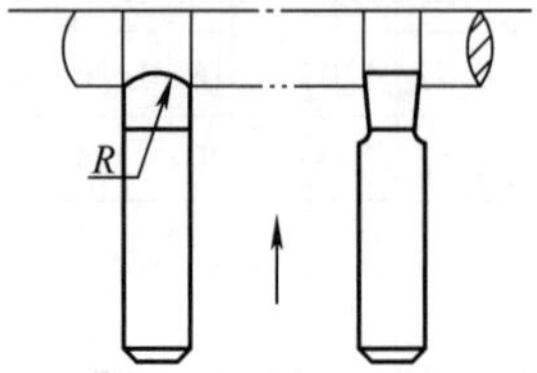 R
类型	90°外圆车刀	切断车刀
简图	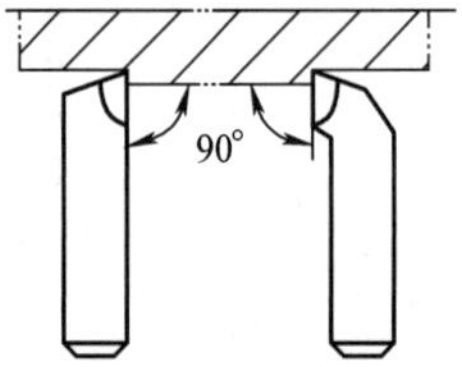 90°	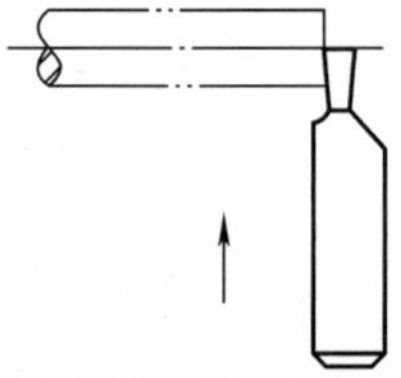
类型	端面车刀	15°倒角车刀
简图	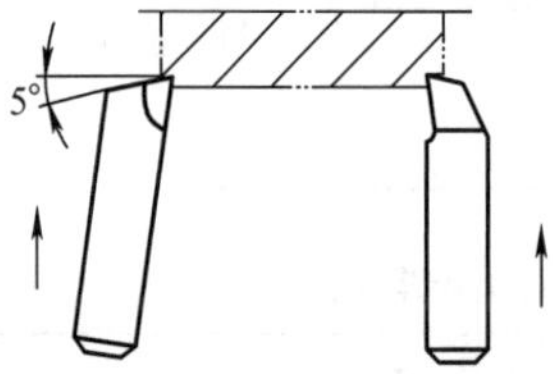 5°	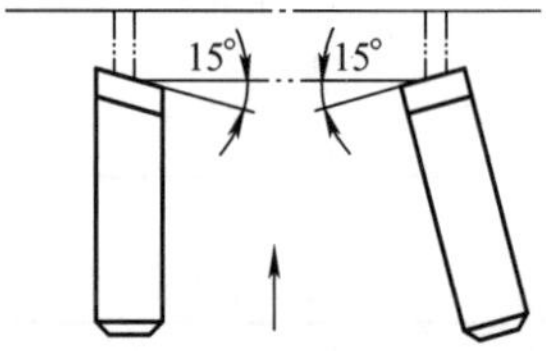 15° 15°
类型	端面车刀	45°倒角车刀
简图	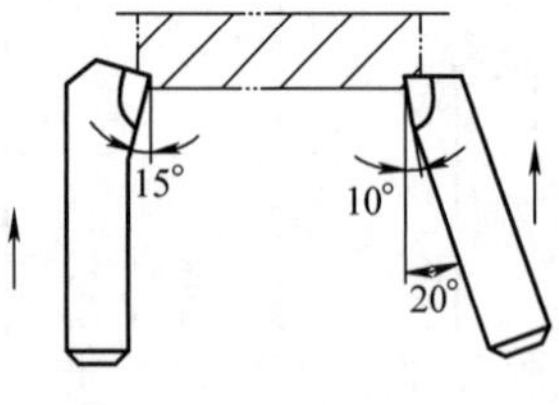 15° 10° 20°	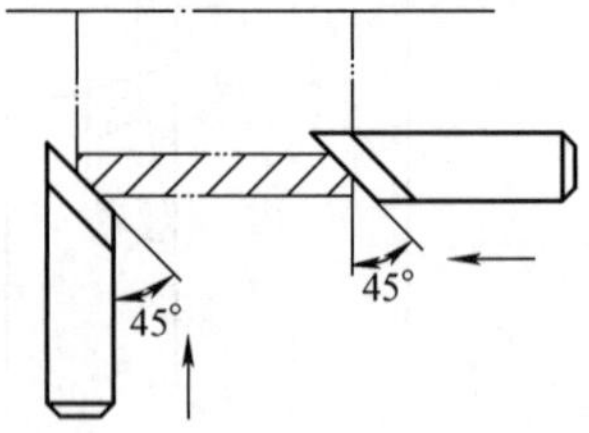 45° 45°

(2) 车刀刃磨

车刀刃磨质量直接影响加工质量和刀具寿命。对于单件和成批生产，一般由刀具使用者在砂轮机上刃磨，虽然简便易行，但刃磨质量不易保证。对于大量生产，一般用专用刃磨机床由刃磨工进行集中刃磨，可保证刃磨质量。

因车刀几何形状相似，只是几何参数不同，故刃磨工艺过程基本相同。使用最广泛的是用砂轮刃磨，砂轮刃磨后再进行研磨。研磨是降低刀具表面粗糙度参数值、提高刀具寿命的有效途径。另外，电解磨削也广泛用于刃磨硬质合金，它能避免刃磨裂纹和提高刃磨效率。

5. 机夹车刀

(1) 可转位车刀夹紧方式及特点

根据机夹可转位车刀的用途不同，刀片的夹紧方式有许多种。国际标准 ISO 5608：2002 和我国的国家标准 GB/T 5343.1—2007 把机夹可转位车刀刀片的夹紧方式规定为四种，并分别用字母 C、M、P、S 代表。对于这四种夹紧方式，各国所采用的具体结构虽有不同，但大同小异。目前普遍使用的夹紧方式及特点见表 1.1-38。

表 1.1-38 可转位车刀夹紧方式及特点

夹紧方式	结构简图	特点	适用场合
顶面夹紧（C 型）		这种结构夹紧力大，稳定可靠。结构简单，制造容易。多用不带孔的刀片	通常为正前角车刀，且大部分刃倾角为 0°。适用于精车，也可用于中、重型及间断车削
顶面和孔夹紧（M 型）		这种结构采用两种组合夹紧方式夹紧刀片，夹紧可靠，制造也较方便	能承受较大的切削负荷及冲击，适用于重负荷车削
孔夹紧（P 型）		这种结构夹紧力大，稳定性好，定位精度高，刀片转位或更换迅速，使用方便，且利于排屑。但结构较复杂，制造困难	这种结构刀片一般后角为 0°，刀具具有正前角和负刃倾角，适合于中、轻型负荷的切削加工
螺钉通孔夹紧（S 型）		这种结构简单、紧凑，零件少，排屑通畅，夹紧可靠，制造容易	刀片有后角，通常前角、刃倾角为 0°，适合中、小型车刀，广泛用于车削铝、铜及塑料等材料

（2）可转位车刀刀片型号表示规则

根据国家标准 GB/T 2076—2021《切削刀具用可转位刀片 型号表示规则》中规定，可转位刀片的型号由一组给定意义的字母和数字按一定顺序排列所组成。各编号位置所表达的特性见表 1.1-39。

1）第 1 位编号表示刀片形状，其代表意义见表 1.1-40。

2）第 2 位编号表示刀片法后角，其代表意义见表 1.1-41。

表 1.1-39 可转位车刀刀片型号各编号位置表达的特性

编号位置	1	2	3	4	5	6	7	8	9
表达特性	刀片形状	刀片法后角	尺寸允许偏差等级	夹固形式及有无断屑槽	刀片长度	刀片厚度	刀尖形状	切削刃截面形状	切削方向

表 1.1-40　刀片形状类别

形状代号	A	B	C	D	E	H	K	L
刀片形状	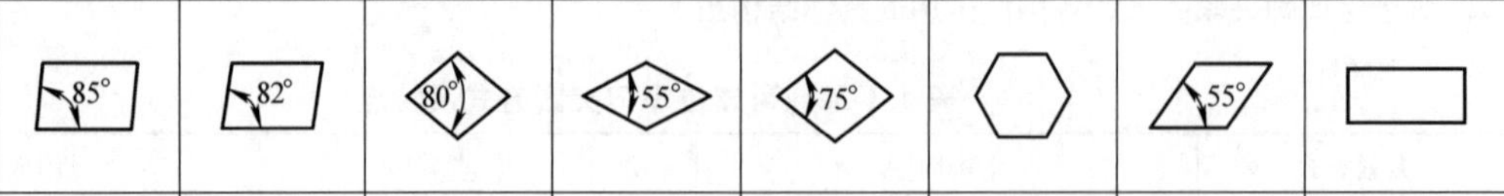							
刀尖角	85°	82°	80°	55°	75°	120°	55°	90°
形状代号	M	O	P	R	S	T	V	W
刀片形状	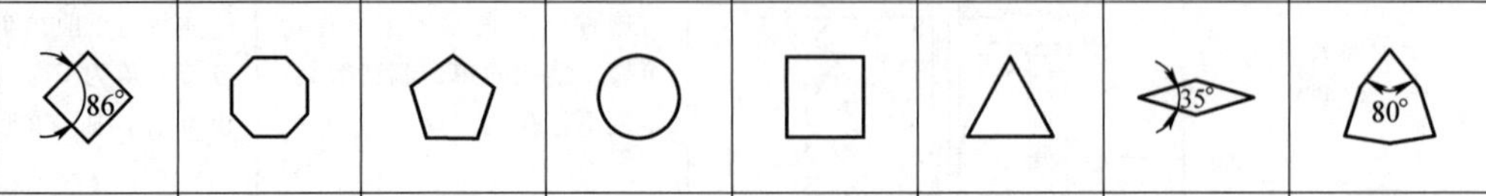							
刀尖角	86°	135°	108°	—	90°	60°	35°	80°

表 1.1-41　刀片法后角

示意图	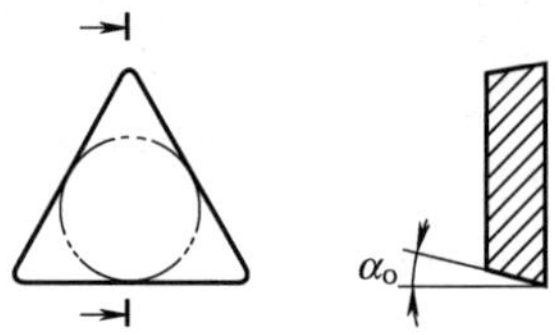									
代号	A	B	C	D	E	F	G	N	P	O
刀片后角	3°	5°	7°	15°	20°	25°	30°	0°	11°	其他需要专门说明的法后角
	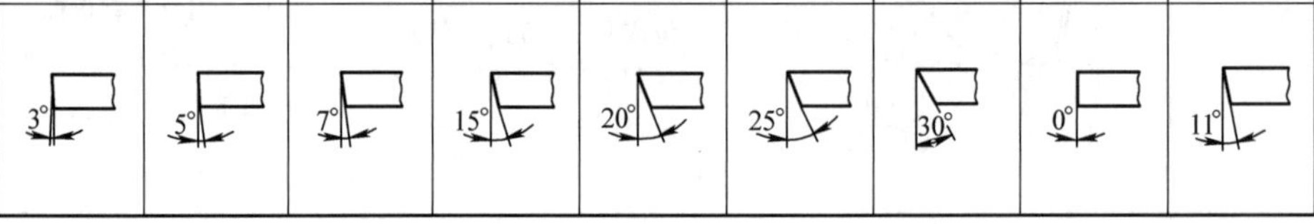									

3）第3位编号表示刀片主要尺寸允许偏差等级，其代表意义见表1.1-42。主要尺寸包括刀片内切圆直径 d、刀片厚度 s、刀尖位置尺寸 m。

表 1.1-42　刀片尺寸允许偏差等级

刀片边为奇数，刀尖为圆角的尺寸图例	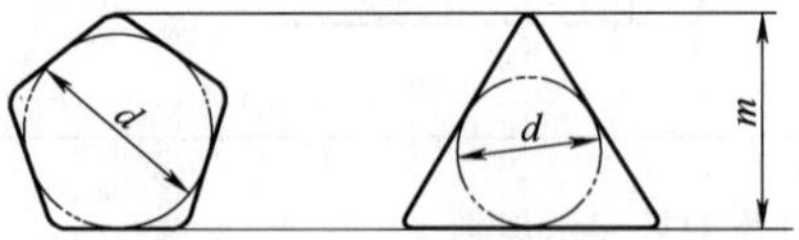
刀片边为偶数，刀尖为圆角的尺寸图例	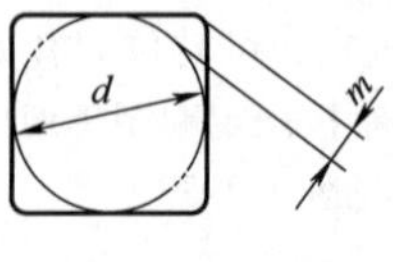
带修光刃刀片的尺寸图例	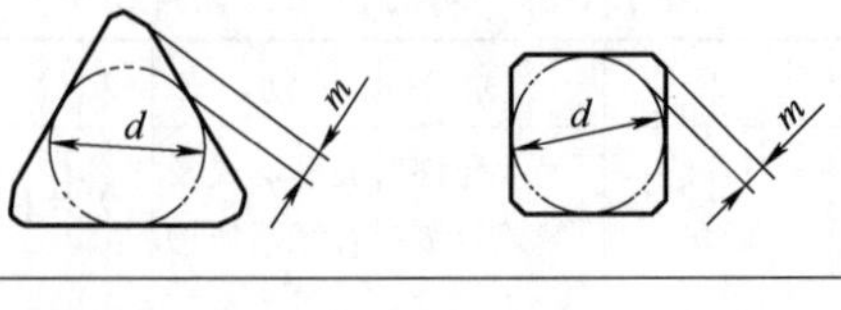

（续）

偏差等级代号	允许偏差/mm		
	m	*s*	*d*
A①	±0.005	±0.025	±0.025
F①	±0.005	±0.025	±0.013
C①	±0.013	±0.025	±0.025
H	±0.013	±0.025	±0.013
E	±0.025	±0.025	±0.025
G	±0.025	±0.013	±0.025
J①	±0.005	±0.025	±0.05～±0.15②
K①	±0.013	±0.025	±0.05～±0.15②
L①	±0.025	±0.025	±0.05～±0.15②
M	±0.08～±0.2②	±0.13	±0.05～±0.15②
N	±0.08～±0.2②	±0.025	±0.05～±0.15②
U	±0.13～±0.38②	±0.13	±0.08～±0.25②

① 通常用于具有修光刃的可转位刀片。

② 允许偏差取决于刀片尺寸的大小（见表 1.1-43、表 1.1-44），每种刀片的尺寸允许偏差应按照其相应的尺寸标准表示。

形状为 H、O、P、S、T、C、E、M、W、F 和 R 的刀片，其 *d* 尺寸的 J、K、L、M、N 和 U 级允许偏差；刀尖角大于或等于 60°的形状为 H、O、P、S、T、C、E、M 和 W 的刀片，其 *m* 尺寸的 M、N 和 U 等级允许偏差见表 1.1-43。

表 1.1-43　J、K、L、M、N 和 U 等级允许偏差

内切圆直径 *d*/mm	*d* 允许偏差/mm		*m* 允许偏差/mm	
	J、K、L、M、N 级	U 级	M、N 级	U 级
4.76	±0.05	±0.08	±0.08	±0.13
5.56				
6①				
6.35				
7.94				
8①				
9.525				
10①				
12①	±0.08	±0.13	±0.13	±0.2
12.7				
15.875	±0.1	±0.18	±0.15	±0.27
16①				
19.05				
20①				

（续）

内切圆直径 d/mm	d 允许偏差/mm		m 允许偏差/mm	
	J、K、L、M、N 级	U 级	M、N 级	U 级
25①	±0.13	±0.25	±0.18	±0.38
25.4				
31.75	±0.15	±0.25	±0.2	±0.38
32①				
刀片形状	H O P S T C、E、M W R②			

① 只适用于圆形刀片。
② R 型刀片只有 d 尺寸允许偏差。

D 型、V 型的菱形刀片，其 m 尺寸、d 尺寸的 M、N 级允许偏差见表 1.1-44。

表 1.1-44　D 型、V 型的菱形刀片 M、N 级允许偏差

内切圆直径 d/mm	d 允许偏差/mm	m 允许偏差/mm	刀片形状
5.56	±0.05	±0.11	D型
6.35			
7.94			
9.525			
12.7	±0.08	±0.15	
15.875	±0.1	±0.18	
19.05			
6.35	±0.05	±0.16	V型
7.94			
9.525			
12.7	±0.08	±0.25	

4）第 4 位编号表示夹固形式及有无断屑槽，其代表意义见表 1.1-45。

表 1.1-45　夹固形式及有无断屑槽

代号	固定方式	断屑槽	示意图
N	无固定孔	无断屑槽	
R		单面有断屑槽	
F		双面有断屑槽	

（续）

代号	固定方式	断屑槽	示意图
A	有圆形固定孔	无断屑槽	
M		单面有断屑槽	
G		双面有断屑槽	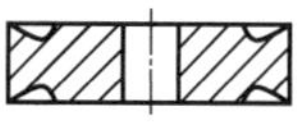
W	单面有 40°～60°固定沉孔	无断屑槽	
T		单面有断屑槽	
Q	双面有 40°～60°固定沉孔	无断屑槽	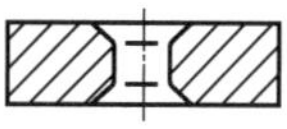
U		双面有断屑槽	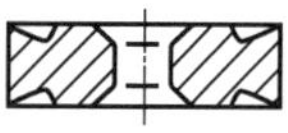
B	单面 70°～90°固定沉孔	无断屑槽	
H		单面断屑槽	
C	双面 70°～90°固定沉孔	无断屑槽	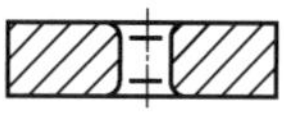
J		双面断屑槽	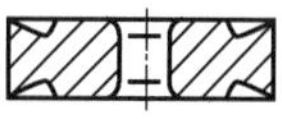
X	其他固定方式和断屑槽形式，须附加说明		

5）第 5 位编号表示刀片长度，常用类型刀片尺　　寸代号见表 1.1-46。

表 1. 1-46　刀片尺寸代号

内切圆直径 *d*		H	O	P	S	T	C	D	E	M	V	W	R
mm	in	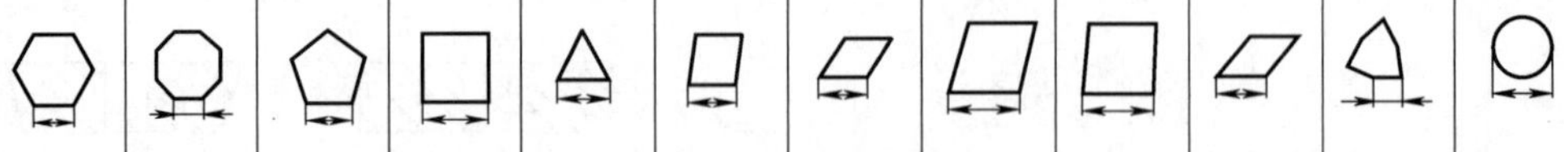											
3. 97	5/32	—	—	—	03	06	—	04	—	—	06	02	—
4. 76	3/16	—	—	—	04	08	04	05	04	04	08	L3	—
5	—	—	—	—	—	—	—	—	—	—	—	—	05
5. 56	7/32	—	—	—	05	09	05	06	05	05	09	03	—
6	—	—	—	—	—	—	—	—	—	—	—	—	06
6. 35	1/4	03	02	04	06	11	06	07	06	06	11	04	—
7. 94	5/16	04	03	05	07	13	08	09	08	07	13	05	—
8	—	—	—	—	—	—	—	—	—	—	—	—	08
9	—	—	—	—	—	—	—	—	—	—	—	—	09
9. 525	3/8	05	04	07	09	16	09	11	09	09	16	06	—
10	—	—	—	—	—	—	—	—	—	—	—	—	10
12	—	—	—	—	—	—	—	—	—	—	—	—	12
12. 7	1/2	07	05	09	12	22	12	15	13	12	22	08	—
15	—	—	—	—	—	—	—	—	—	—	—	—	15
15. 875	5/8	09	06	11	15	27	16	19	16	15	27	10	—
16. 0	—	—	—	—	—	—	—	—	—	—	—	—	16
19	—	—	—	—	—	—	—	—	—	—	—	—	19
19. 05	3/4	11	07	13	19	33	19	23	19	19	33	13	—
20. 0	—	—	—	—	—	—	—	—	—	—	—	—	20
25. 0	—	—	—	—	—	—	—	—	—	—	—	—	25
25. 4	1	14	10	18	25	44	25	31	26	25	44	17	—
31	—	—	—	—	—	—	—	—	—	—	—	—	31
31. 75	5/4	18	13	23	31	54	32	38	32	31	59	21	—
32	—	—	—	—	—	—	—	—	—	—	—	—	32

6）第 6 位编号表示刀片厚度，刀片厚度代号见表 1. 1-47。

刀片厚度（*s*）是指刀尖切削刃与对应的刀片支撑面之间的距离。倒圆或倒棱的切削刃视同尖的切削刃。

表 1. 1-47　刀片厚度代号　　（mm）

尺寸视图	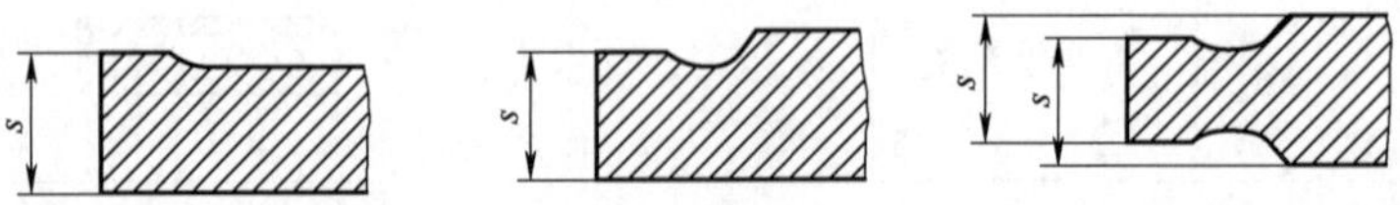																	
代号	00	T0	01	T1	02	T2	03	T3	04	T4	05	T5	06	T6	07	09	T9	11	12
s	0. 79	0. 99	1. 59	1. 98	2. 38	2. 58	3. 18	3. 97	4. 76	4. 96	5. 56	5. 95	6. 35	6. 75	7. 94	9. 52	9. 72	11. 11	12. 70

7）第 7 位编号表示刀尖形状，刀尖形状代号见表 1. 1-48。

表 1. 1-48　刀尖形状代号　（mm）

代号	00	01	02	04	05	08	10	12	15	16	20	24	32	X
刀尖圆弧半径	刀尖角不是圆角	0. 1	0. 2	0. 4	0. 5	0. 8	1. 0	1. 2	1. 5	1. 6	2. 0	2. 4	3. 2	其他

8）第 8 位编号表示切削刃截面形状，切削刃截面形状代号见表 1. 1-49。

表 1. 1-49　切削刃截面形状代号

代号	F	E	T	K	S
图例					

9）第 9 位编号表示刀片切削方向，刀片切削方向代号见表 1. 1-50。

表 1. 1-50　切削方向代号

代号	R	L	N
图例	右切削 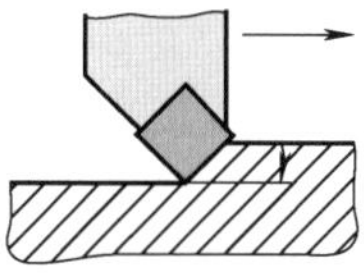	左切削 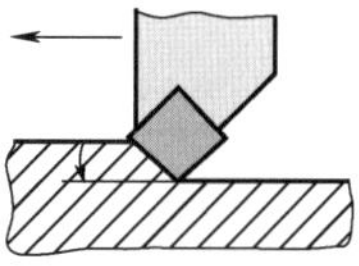	双向切削 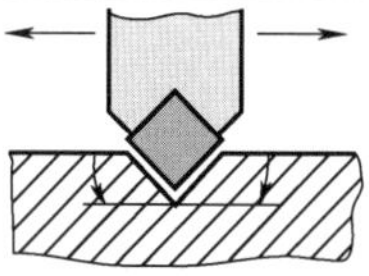

（3）可转位车刀及刀夹型号

根据国家标准 GB/T 5343. 1—2007《可转位车刀及刀夹　第 1 部分：型号表示规则》中规定，车刀或刀夹的型号由代表给定意义的字母和数字按一定顺序排列所组成。各编号位置所表达的特性如下：

编号位置	1	2	3	4	5	6	7	8	9
表达特性	夹紧方式	刀片形状	刀具头部型式	刀片法后角	切削方向	刀具高度	刀具宽度	刀具长度	刀片尺寸

第 1、2、4、5、9 编号表达特性分别参见表 1. 1-38、表 1. 1-40、表 1. 1-41、表 1. 1-50、表 1. 1-46。

1）第 3 位编号表示刀具头部型式，其代表意义见表 1. 1-51。

表 1. 1-51　刀具头部型式

代号	A	B	C	D	E
图例	90°直头侧切 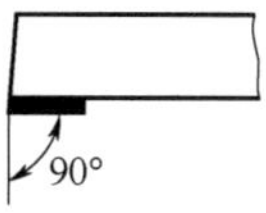 90°	75°直头侧切  75°	90°直头端切 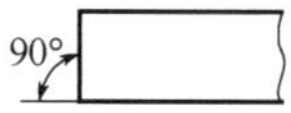 90°	45°直头侧切 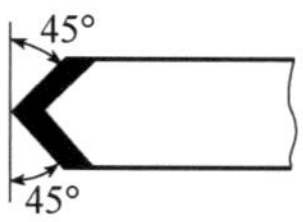 45° 45°	60°直头侧切 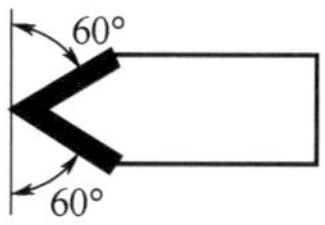 60° 60°
代号	F	G	H	J	K
图例	90°偏头端切  90°	90°偏头侧切 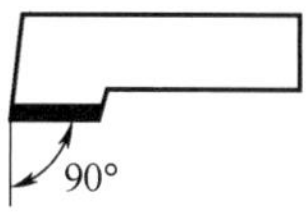 90°	107. 5°偏头侧切 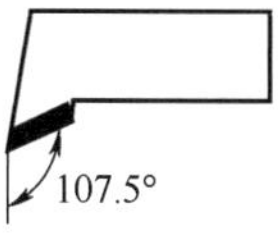 107.5°	93°偏头侧切 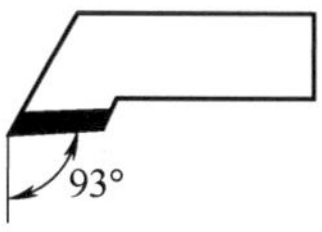 93°	75°偏头端切  75°

（续）

代号	L	M	N	P	R
图例	95°偏头侧切和端切	50°直头侧切	63°直头侧切	117.5°偏头侧切	75°偏头侧切
代号	S	T	U	V	W
图例	45°偏头端切	60°偏头侧切	93°偏头端切	72.5°直头侧切	60°偏头端切
代号	Y				
图例	85°偏头端切				

2）第6位编号表示刀具高度，其代表意义见表1.1-52。

表1.1-52　刀具高度

类　型	图　例
刀尖高度 h_1 等于刀杆高度 h 的矩形柄车刀，用刀杆高度 h 表示，如果高度数值不足两位时，在该数值前加“0”	
刀尖高度 h_1 不等于刀杆高度 h 的刀夹，用刀尖高度 h_1 表示，如果高度数值不足两位时，在该数值前加“0”	

3）第8位编号表示刀具长度，其代表意义见表1.1-53。

表1.1-53　刀具长度　（mm）

代号	A	B	C	D	E	F	G	H	J	K	L	M
长度	32	40	50	60	70	80	90	100	110	125	140	150
代号	N	P	Q	R	S	T	U	V	W	Y	X	
长度	160	170	180	200	250	300	350	400	450	500	特殊长度，待定	

6. 机夹切断车刀

GB/T 10953—2006《机夹切断车刀》规定了机夹切断车刀的型式与尺寸、标记示例、位置公差、材料与硬度、标志和包装等基本要求。A型、B型机夹切断车刀尺寸分别见表1.1-54、表1.1-55。

表 1.1-54　A 型机夹切断车刀的尺寸　(mm)

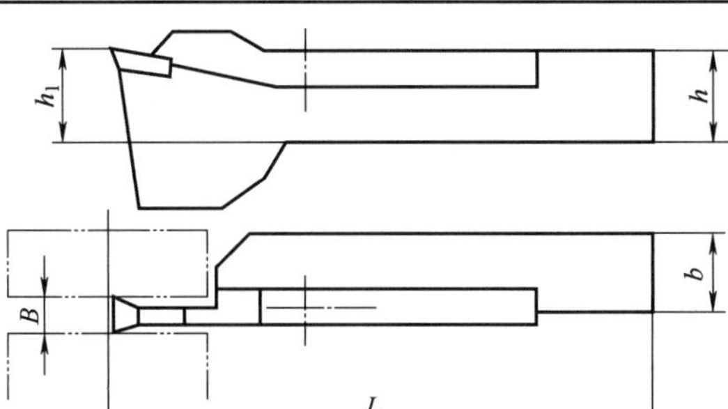

<table>
<tr><th colspan="2">车刀代号</th><th rowspan="2">h_1</th><th colspan="2">h</th><th colspan="2">b</th><th colspan="2">L</th><th rowspan="2">B</th><th rowspan="2">最大加工直径 D_{max}</th></tr>
<tr><th>右切刀</th><th>左切刀</th><th>公称尺寸</th><th>极限偏差</th><th>公称尺寸</th><th>极限偏差</th><th>公称尺寸</th><th>极限偏差</th></tr>
<tr><td>QA2022R-03</td><td>QA2022L-03</td><td rowspan="2">20</td><td rowspan="2">20</td><td rowspan="4">0
−0.33</td><td rowspan="2">22</td><td rowspan="4">0
−0.33</td><td rowspan="2">125</td><td rowspan="4">0
−2.5</td><td>3.2</td><td rowspan="2">40</td></tr>
<tr><td>QA2022R-04</td><td>QA2022L-04</td><td rowspan="2">4.2</td></tr>
<tr><td>QA2525R-04</td><td>QA2525L-04</td><td rowspan="2">25</td><td rowspan="2">25</td><td rowspan="2">25</td><td rowspan="2">150</td><td rowspan="2">60</td></tr>
<tr><td>QA2525R-05</td><td>QA2525L-05</td><td>5.3</td></tr>
<tr><td>QA3232R-05</td><td>QA3232L-05</td><td rowspan="2">32</td><td rowspan="2">32</td><td rowspan="2">0
−0.39</td><td rowspan="2">32</td><td rowspan="2">0
−0.39</td><td rowspan="2">170</td><td rowspan="2">0
−2.9</td><td>5.3</td><td rowspan="2">80</td></tr>
<tr><td>QA3232R-06</td><td>QA3232L-06</td><td>6.5</td></tr>
</table>

表 1.1-55　B 型机夹切断车刀的尺寸　(mm)

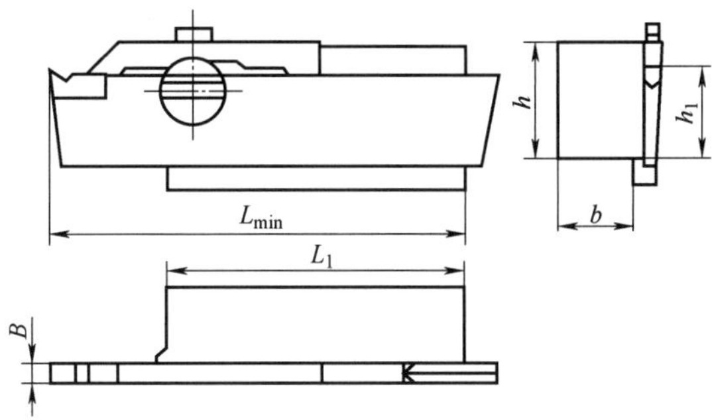

<table>
<tr><th colspan="2">车刀代号</th><th rowspan="2">h_1</th><th colspan="2">h</th><th rowspan="2">b</th><th rowspan="2">L_{min}</th><th rowspan="2">B</th><th rowspan="2">L_1</th><th rowspan="2">最大加工直径 D_{max}</th></tr>
<tr><th>右切刀</th><th>左切刀</th><th>公称尺寸</th><th>极限偏差</th></tr>
<tr><td>QB2020R-04</td><td>QB2020L-04</td><td rowspan="2">20</td><td rowspan="2">25</td><td rowspan="4">0
−0.33</td><td rowspan="2">20</td><td rowspan="2">125</td><td>4.2</td><td rowspan="2">100</td><td rowspan="2">100</td></tr>
<tr><td>QB2020R-05</td><td>QB2020L-05</td><td rowspan="2">5.3</td></tr>
<tr><td>QB2525R-05</td><td>QB2525L-05</td><td rowspan="2">25</td><td rowspan="2">32</td><td rowspan="2">25</td><td rowspan="2">150</td><td rowspan="2">125</td><td rowspan="2">125</td></tr>
<tr><td>QB2525R-06</td><td>QB2525L-06</td><td rowspan="2">6.5</td></tr>
<tr><td>QB3232R-06</td><td>QB3232L-06</td><td rowspan="2">32</td><td rowspan="2">40</td><td rowspan="6">0
−0.39</td><td rowspan="2">32</td><td rowspan="2">170</td><td rowspan="2">140</td><td rowspan="2">150</td></tr>
<tr><td>QB3232R-08</td><td>QB3232L-08</td><td rowspan="2">8.5</td></tr>
<tr><td>QB4040R-08</td><td>QB4040L-08</td><td rowspan="2">40</td><td rowspan="2">50</td><td rowspan="2">40</td><td rowspan="2">200</td><td rowspan="2">160</td><td rowspan="2">175</td></tr>
<tr><td>QB4040R-10</td><td>QB4040L-10</td><td rowspan="2">10.5</td></tr>
<tr><td>QB5050R-10</td><td>QB5050L-10</td><td rowspan="2">50</td><td rowspan="2">63</td><td rowspan="2">50</td><td rowspan="2">250</td><td rowspan="2">200</td><td rowspan="2">200</td></tr>
<tr><td>QB5050R-12</td><td>QB5050L-12</td><td>12.5</td></tr>
</table>

7. 机夹螺纹车刀

可转位螺纹车刀的种类较多，有整体式内、外螺纹车刀和模块式内、外螺纹车刀。整体式螺纹车刀由可转位螺纹刀片和整体刀杆组成；模块式螺纹车刀由可转位螺纹刀片、可速换的模块式刀头及专用刀杆组成。螺纹车刀刀片的夹紧方式常用的有杠杆式、上压式、螺钉式夹紧等。

可转位螺纹刀片品种很多，有条形、菱形和三角形等。为满足各种不同牙型的螺纹加工要求，可转位螺纹刀片做成了各种标准形状和非标准形状的牙型，但每种需求量都较少，所以可转位螺纹刀片都是由生产厂家自行规定编号，详细尺寸参考各厂家刀具样本。

8. 成形车刀

成形车刀用于加工内、外回转体成形表面。其加工精度可达 IT8~IT10，加工表面粗糙度可达 $Ra2.5$~$Ra10\mu m$。目前生产中使用的主要有棱体、圆体与平体三种形式。成形车刀的设计与制造都比普通车刀复杂，成本也高，随着切削速度的提高以及数控设备的广泛应用，成形车刀已基本不采用。

9. 车刀辅具

车刀辅具是车刀与机床的连接工具，针对不同工件与不同的加工机床具有不同形式的车刀辅具，如刀杆、刀柄、刀夹及套筒等。此外，根据需要还有改变机床运动方向或装有微调机构的辅具等，以此扩大机床的加工范围或达到提高工件精度、降低表面粗糙度的目的。

1.1.5 切削用量选择与车削参数计算

1. 切削用量

正确地选择切削用量，对保证零件加工质量、提高生产率和降低加工成本具有十分重要的作用。由图 1.1-5 可见，外圆车削时间 t_m 的计算式如下：

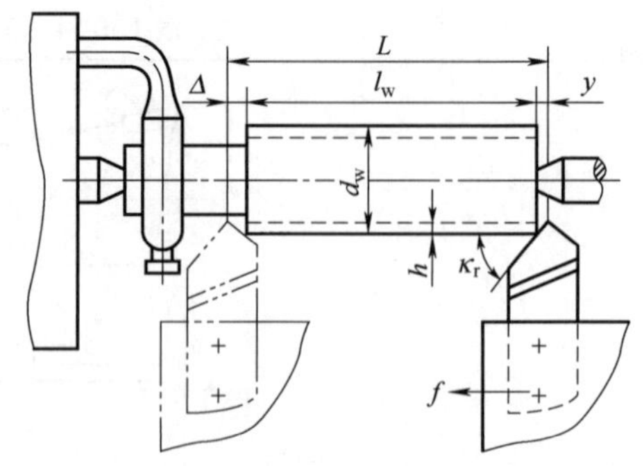

图 1.1-5 外圆车削时间的计算

$$t_m=\frac{L}{nf}\frac{h}{a_p}=\frac{\pi d_w Lh}{1000v_c f a_p}$$

式中 d_w——车削前工件直径（mm）；

L——车刀行程长度（mm）；

h——车削单边加工余量（mm）；

n——工件转速（r/min），$n=\dfrac{1000v_c}{\pi d_w}$；

令 $1000/(\pi d_w Lh)=A_0$，$t_m=\dfrac{1}{A_0 v_c f a_p}$

则生产率 $P=1/t_m=A_0 v_c f a_p$。提高切削速度 v_c、增大进给量 f 和背吃刀量 a_p 都能同等地提高生产率。可见选择车削用量的基本原则是：首先选取一个尽可能大的背吃刀量 a_p；其次根据机床动力与刚性条件或加工表面粗糙度的要求，选择一个比较大的进给量 f；最后在保证刀具寿命的前提下，选取一个适当的切削速度 v_c，以达到 v_c、f、a_p 三者乘积最大。

2. 车削时切削用量的选择

（1）外表面车削常用切削用量

车削时切削用量应按被加工材料的力学性能、加工余量、刀片材料、机床型号及切削过程中系统刚性等情况进行综合选择。针对我国机械加工实际情况的外表面车削常用切削速度推荐值见表 1.1-56。

表 1.1-56 外表面车削常用切削速度推荐值

加工材料	硬度 HBW	切削用量		
		精车	半精车	粗车
		a_p=0.06~0.5mm	a_p=0.5~1mm	a_p=1~5mm
		f=0.03~0.08mm/r	f=0.08~0.15mm/r	f=0.15~0.5mm/r
		切削速度 v_c/(m/min)		
45	200~250	240~300	200~250	90~200
50	225~275	250~290	220~260	70~190
15Mn	207	220~300	170~240	80~160
50Mn	269	200~280	160~220	70~180
35Mn2	207	200~280	170~220	80~160

（续）

加工材料	硬度 HBW	切削用量		
		精车	半精车	粗车
		a_p=0.06~0.5mm	a_p=0.5~1mm	a_p=1~5mm
		f=0.03~0.08mm/r	f=0.08~0.15mm/r	f=0.15~0.5mm/r
		切削速度 v_c/(m/min)		
ZG40Mn2	179~269	240~300	200~260	100~210
20Cr	229	290~360	240~300	90~160
30Cr	241	280~340	230~290	80~150
40Cr	207	230~300	200~240	80~150
38CrMoAl	229	270~380	240~300	50~180
20CrMo	197~241	270~380	240~300	100~210
50Mn18Cr5	210	280~380	240~300	90~180
35CrMo	209~269	250~320	200~270	80~150
40CrMnMo	≤269	270~340	230~290	80~180
40CrNiMo	≤269	280~330	230~290	80~180
35SiMn	217~255	280~370	240~310	90~190
20CrMnTi	217	300~360	240~310	90~180
35CrMoV	212~248	290~380	240~310	90~220
12Cr13	156~241	300~380	240~310	100~210
60CrMnMo	260~302	240~300	190~250	120~210
34CrNi3Mo	187~192	260~300	200~260	100~190
ZG230-450	450MPa(R_m)	250~310	200~270	100~200
ZG270-500	500MPa(R_m)	260~310	200~270	100~200
ZG225-440	440MPa(R_m)	260~300	200~260	100~210
20Cr13	228~235	290~360	240~300	90~220
60Si2Mn	1275MPa(R_m)	300~380	240~310	80~190
ZG40Mn2	269~302（调质）	270~320	200~280	70~180
50Mn	217	280~360	240~290	90~160
15MnMoV	156~228	300~380	240~300	90~210
铜及铜合金		350~600	250~500	180~400
铝及铝合金		600~1000	300~700	300~1000
铸铝合金		400~600	200~450	300~1000
高温合金	GH135	50		
	GH49	30~35		
	K14	30~40		
钛合金 110		a_p=(0.5~3)mm、f=(0.1~0.4)mm/r、v_c=(80~160)m/min		

（2）硬质合金及高速钢车刀粗车外圆和端面的切削用量

用硬质合金及高速钢表面涂层车刀粗车外圆和端面时，可参考表 1.1-57 选择进给量；用硬质合金外圆车刀半精车、精车外圆和端面时，可参考表 1.1-58 选择进给量。

表 1.1-57　硬质合金及高速钢表面涂层车刀粗车外圆和端面的进给量

结构钢、铸铁及铜合金类

加工材料	车刀刀杆尺寸/mm（$B \times H$）	工件直径/mm	背吃刀量 a_p/mm 1~2	>2~3	>3~4	>4~5
			进给量 f/(mm/r)			
碳素结构钢和合金结构钢	20×20 25×25	20	0.15~0.25	—	—	—
		40	0.20~0.35	0.1~0.25	—	—
		60	0.30~0.40	0.28~0.38	0.25~0.36	—
		≥100	0.35~0.5	0.25~0.35	0.2~0.3	0.15~0.25
	32×32	60	0.3~0.9	0.3~0.8	0.3~0.7	—
		100	0.3~0.8	0.3~0.7	0.3~0.6	0.3~0.5
		500	0.3~0.7	0.3~0.7	0.3~0.7	0.3~0.6
铸铁及铜合金	20×20 25×25	40	0.3~1	0.3~0.9	0.3~0.8	—
		60	0.3~1	0.3~0.9	0.3~0.8	—
		100	0.3~1	0.3~0.8	0.3~0.6	0.3~0.5
		600	0.3~1.2	0.3~1	0.3~0.8	0.3~0.6
	32×32	60	0.6~1	0.5~1	0.4~1	—
		100	0.5~1	0.4~1	0.4~1	0.4~0.8
		500	0.5~1.2	0.4~1	0.4~0.9	0.4~0.8

高温合金、钛合金类

加工材料	车刀刀杆尺寸/mm（$B \times H$）	工件直径/mm	背吃刀量 a_p/mm 0.2~1	>1~2	>2~3
			进给量 f/(mm/r)		
铁镍基及镍基高温合金（变形合金及铸造合金），R_m=(900~1300)MPa的奥氏体热强、耐酸镍铬钢、镍铬锰钢及复杂合金钢（Ⅳ类）以及上述Ⅱ类合金钢	20×20 25×25	100	0.1~0.4	0.2~0.4	—
		200	0.1~0.5	0.2~0.5	—
		500	0.1~0.6	0.2~0.6	—
	32×32	100	0.1~0.4	0.2~0.4	—
		200	0.1~0.5	0.2~0.5	0.3~0.4
		500	0.1~0.6	0.2~0.6	0.3~0.5
钛合金（Ⅵ类）	20×20 25×25	100	0.1~0.4	0.2~0.4	0.3~0.5
		200	0.1~0.6	0.2~0.6	0.3~0.6
		500	0.1~0.5	0.2~0.7	0.3~0.6
	32×32	100	0.1~0.5	0.2~0.6	0.3~0.5
		200	0.1~0.5	0.2~0.7	0.3~0.7
		500	0.1~0.5	0.2~0.8	0.3~0.8

注：1. 加工断续表面及有冲击时，表内的进给量应乘以系数 k=0.75~0.85。

2. 加工淬硬钢时，表内进给量应乘以系数 k。当材料硬度为 44~56HRC 时，k=0.8；当材料硬度为 57~62HRC 时，k=0.5。

表 1.1-58　硬质合金外圆车刀半精车、精车外圆和端面的进给量

加工材料	表面粗糙度 $Ra/\mu m$	车削速度范围/（m/min）	刀尖圆弧半径 r/mm			
			0.2	0.4	0.8	1.2
			进给量 f/（mm/r）			
碳钢和合金钢	6.3	—	—	—	—	—
	3.2	250～300	—	0.15～0.25	0.25～0.3	0.28～0.32
	1.6	300～350	0.08～0.1	0.1～0.13	0.17～0.20	—
	0.8	300～380	0.08～0.11	0.1～0.12	0.12～0.16	—
	0.4	350～450	0.06～0.08	0.08～0.1	—	—
奥氏体不锈钢	3.2	240～260	—	0.2～0.28	0.28～0.32	0.3～0.35
	1.6	220～280	0.12～0.15	0.12～0.18	0.15～0.2	—
	0.8	240～280	0.08～0.1	0.1～0.12	0.15～0.18	—
	0.4	260～300	0.06～0.08	0.08～0.1	—	—
马氏体不锈钢	3.2	350～380	—	0.23～0.25	0.27～0.29	0.3～0.32
	1.6	380～410	0.1～0.12	0.13～0.15	0.14～0.16	—
	0.8	370～410	0.08～0.1	0.11～0.15	0.15～0.18	—
	0.4	380～400	0.06～0.08	0.08～0.12	—	—
铸铁	3.2	250～270	—	0.15～0.25	0.25～0.3	0.28～0.32
	1.6	250～300	0.08～0.1	0.1～0.13	0.17～0.20	—
	0.8	270～330	0.08～0.11	0.1～0.12	0.12～0.16	—
铜合金	3.2	270～300	0.18～0.2	0.2～0.22	0.25～0.3	0.32～0.35
	1.6	280～320	0.1～0.12	0.12～0.15	0.15～0.18	—
	0.8	300～350	0.06～0.08	0.08～0.12	0.11～0.13	—
铝合金	3.2	650～750	0.15～0.18	0.2～0.22	0.25～0.28	0.3～0.35
	1.6	680～750	0.1～0.12	0.12～0.15	0.15～0.18	0.16～0.18
	0.8	700～800	0.08～0.1	0.1～0.12	0.12～0.16	—
	0.4	750～850	0.06～0.08	0.08～0.1	0.1～0.12	—

加工耐热合金及钛合金时进给量的修正系数（v>50m/min）

加工材料	修正系数
TC5，TC6，TC2，TC4，TC8，TA6，BT14，Cr20Ni77Ti2Al，Cr20Ni77Ti2AlB，Cr14Ni70WMoTiAl（GH37）	1.0
12Cr13，20Cr13，30Cr13，40Cr13，45Cr14Ni14W2Mo，Cr20Ni78Ti，14Cr23Ni18，12Cr21Ni5Ti	0.9
1Cr12Ni2WMoV，30CrNi2MoVA，25Cr2MoVA，4Cr12Ni8Mn8MoVNb，Cr9Ni62Mo10W5Co5Al5，1Cr18Ni11Si4TiAl，1Cr15Ni35W3TiAl	0.8
1Cr11Ni20Ti3B，Cr12Ni22Ti3MoB	0.7
Cr19Ni9Ti	0.6
1Cr17Ni2，3Cr14NiVBA，18Cr3MoWV	0.5

注：1. r_ε=0.5mm 用于 20mm×20mm 以下刀杆，r_ε=1mm 用于 25mm×25mm 以下刀杆，r_ε=2mm 用于 32mm×32mm 及以上刀杆。

2. 内孔半精车、精车进给量可参考车外圆数值，并取小值。

(3) 硬质合金车刀切断及切槽的切削用量 硬质合金车刀切断及切槽的进给量、切削速度分别见表 1. 1-59 和表 1. 1-60。

表 1. 1-59 硬质合金车刀切断及切槽的进给量

工件直径/mm	切削刃宽度/mm	进给量 f/(mm/r)		
		钢及铸钢		铜合金及铝合金
		R_m<800MPa	R_m≥800MPa	
≤20	1~3	0. 08~0. 12	0. 03~0. 08	0. 12~0. 16
>20~40	3~4	0. 15~0. 22	0. 10~0. 15	0. 20~0. 25
>40~60	4~5	0. 20~0. 30	0. 15~0. 20	0. 25~0. 35
>60~80	5~6	0. 25~0. 30	0. 20~0. 28	0. 30~0. 40
>80~100	6~7	0. 30~0. 40	0. 24~0. 30	0. 35~0. 50
>100~125	7~8	0. 40~0. 48	0. 30~0. 42	0. 45~0. 56
>125~150	8~10	0. 45~0. 50	0. 35~0. 42	0. 50~0. 65

注：1. 当工件装夹刚性差、要求加工表面粗糙度为 $Ra3.2$~$Ra6.3\mu m$ 及手动进给时，表中进给量应乘以系数 0. 7~0. 8。

2. 切断实心材料，当切刀接近工件中心时，表中进给量应减小 40%~50%。

表 1. 1-60 硬质合金车刀切断及切槽的切削速度

加工材料	硬度 HBW	切削刃宽度 r/mm			
		1~3	3~6	6~8	8~10
		进给量 f/(mm/r)			
		0. 03~0. 16	0. 1~0. 4	0. 4~0. 56	0. 56~0. 65
		v_c/(m/min)			
碳钢和合金钢	200~300	65~120	110~230	130~220	75~140
奥氏体不锈钢	180	55~140	45~100	100~200	70~150
马氏体不锈钢	240	65~150	80~160	110~220	85~180
铸铁	160~250	90~170	105~220	110~250	80~200
铜合金	90	130~240	130~240	120~220	130~240
铝合金	75	220~550	240~600	250~620	250~550

(4) 陶瓷刀具、金刚石刀具、CBN 刀具切削速度 陶瓷刀具、金刚石刀具、CBN 刀具切削速度见表 1. 1-61~表 1. 1-63。

表 1. 1-61 陶瓷刀具应用的切削速度

加工材料		硬度 HBW	背吃刀量 a_p/mm		
			0. 03~0. 5	0. 5~1	1~3
			进给量 f/(mm/r)		
			0. 04~0. 08	0. 08~0. 12	0. 15~0. 22
			切削速度 v_c/(m/min)		
碳钢	低碳	125	380~420	350~400	250~380
	中碳	190	320~380	250~320	220~280
	高碳	220	300~370	290~320	210~270

（续）

加工材料		硬度 HBW	背吃刀量 a_p/mm		
			0.03~0.5	0.5~1	1~3
			进给量 f/(mm/r)		
			0.04~0.08	0.08~0.12	0.15~0.22
			切削速度 v_c/(m/min)		
合金钢（调质）	低碳	200	290~350	270~320	180~220
	中碳	275	280~330	250~290	170~220
	高碳	300	220~280	200~240	160~200
灰铸铁	珠光体/铁素体	180	250~300	190~280	160~200
	珠光体（马氏体）	260	250~300	190~280	160~200
球墨铸铁	铁素体	160	500~600	400~500	300~400
	珠光体	250	400~500	300~400	200~300
可锻铸铁	铁素体	130	450~650	400~550	350~450
	珠光体	230	420~550	300~430	220~310
淬硬铸铁	渗碳和回火	55HRC	80~180	—	—

表 1.1-62 金刚石刀具应用的切削速度

加工材料		背吃刀量 a_p/mm			
		0.08~0.5	0.5~1	1~2	2~3
		进给量 f/(mm/r)			
		0.05~0.08	0.08~0.12	0.12~0.2	0.2~0.3
		切削速度 v_c/(m/min)			
有色金属	铝合金（硅含量中、低等）	2000~2500	1500~2200	1000~1500	600~1000
	铝合金（硅含量高）	800~1200	800~1200	800~1000	500~800
	铜合金	700~800	680~720	550~680	500~600
	镁合金				
非金属材料	塑料	1800~2000	1500~1800	1200~1500	800~1200
	玻璃纤维	1800~2000	1200~1800	1000~1500	800~1000
	环氧树脂	800~1200	800~1200	800~1000	600~800

表 1.1-63 CBN 刀具应用的切削速度

加工材料		背吃刀量 a_p/mm			
		0.05~0.1	0.1~0.2	0.2~0.3	0.3~0.5
		进给量 f/(mm/r)			
		0.05~0.2	0.05~0.15	0.05~0.1	0.05~0.08
		切削速度 v_c/(m/min)			
耐热合金	Fe-基体—退火	200~250	200~250	100~200	100~200
	Fe-基体—时效淬硬	200~250	200~250	100~200	100~200
	Ni-或 Co-基体—退火	200~250	200~250	100~200	100~200
	Ni-或 Co-基体—时效淬硬	200~250	200~250	150~200	150~200

（续）

加工材料		背吃刀量 a_p/mm			
		0.05～0.1	0.1～0.2	0.2～0.3	0.3～0.5
		进给量 f/(mm/r)			
		0.05～0.2	0.05～0.15	0.05～0.1	0.05～0.08
		切削速度 v_c/(m/min)			
轴承钢		200～250	200～250	150～200	150～200
淬硬钢	渗碳和回火 55 HRC	250～350	250～350	200～300	150～200
	渗碳和回火 60 HRC	250～350	250～350	200～300	150～200
硬铸件	浇铸	250～350	250～350	200～300	150～200
淬硬铸铁	渗碳和回火	250～350	250～350	200～300	150～200

3. 车削参数的计算与修正

(1) 车削速度的计算及修正

车削速度的计算公式见表 1.1-64，加工钢和铸铁的力学性能改变时，车削速度应进行修正，修正系数见表 1.1-65。

表 1.1-64 车削速度的计算公式

计算公式：$v=\dfrac{C_v}{T^m a_p^{X_v} f^{Y_v}}$

公式中的系数及指数：C_v、X_v、Y_v、m

加工材料	加工形式	刀具材料	进给量/(mm/r)	系数及指数			
				C_v	X_v	Y_v	m
碳素结构钢 $R_m=650$MPa	外圆纵车 ($\kappa_r>0°$)	P10（不用切削液）	$f\leqslant0.30$	291	0.15	0.20	0.20
			$0.30<f\leqslant0.70$	242		0.35	
			$f>0.70$	235		0.45	
		高速钢（用切削液）	$f\leqslant0.25$	67.2	0.25	0.33	0.125
			$f>0.25$	43		0.66	
	外圆纵车 ($\kappa_r=0°$)	P10（不用切削液）	$f\geqslant a_p$	198	0.30	0.15	0.18
			$f<a_p$		0.15	0.30	
	切断及切槽	P10（不用切削液）	—	38	—	0.80	0.20
		高速钢（用切削液）		21		0.66	0.25
	成形车削	高速钢（用切削液）	—	20.3	—	0.50	0.30
耐热钢 141HBW	外圆纵车	K30（不用切削液）	—	110	0.20	0.45	0.15
		高速钢（用切削液）		31		0.55	
淬硬钢 50HRC $R_m=1650$MPa	外圆纵车	P10（不用切削液）	$f\leqslant0.3$	53.5	0.18	0.40	0.10

（续）

加工材料	加工形式	刀具材料	进给量/(mm/r)	系数及指数			
				C_v	X_v	Y_v	m
灰铸铁 190HBW	外圆纵车 （$\kappa_r>0°$）	K20（不用切削液）	$f\leqslant0.40$	189.8	0.15	0.20	0.20
			$f>0.40$	158		0.40	
		高速钢（不用切削液）	$f\leqslant0.25$	24	0.15	0.30	0.10
			$f>0.25$	27.7		0.40	
	外圆纵车 （$\kappa_r=0°$）	K20（用切削液）	$f\geqslant a_p$	208	0.40	0.20	0.28
			$f<a_p$		0.20	0.40	
	切断及切槽	K20（不用切削液）	—	54	—	0.40	0.20
		高速钢（不用切削液）		18			0.15
可锻铸铁 150HBW	外圆纵车	K30（不用切削液）	$f\leqslant0.40$	206	0.15	0.20	0.20
			$f>0.40$	140		0.45	
		高速钢（用切削液）	$f\leqslant0.25$	68.9	0.20	0.25	0.125
			$f>0.25$	48.8		0.50	
	切断及切槽	K20（不用切削液）	—	68.8	—	0.40	0.20
		高速钢（用切削液）		37.6		0.50	0.25
中等硬度非均质铜合金 100~140HBW	外圆纵车	高速钢 （不用切削液）	$f\leqslant0.20$	216	0.12	0.25	0.23
			$f>0.20$	145		0.50	
硬青铜 200~240HBW	外圆纵车	K30 （不用切削液）	$f\leqslant0.40$	734	0.13	0.20	0.20
			$f>0.40$	648	0.20	0.40	
铝硅合金及铸造铝合金 $R_m=100\sim200$MPa，$\leqslant$65HBW	外圆纵车	高速钢 （不用切削液）	$f\leqslant0.20$	388	0.12	0.25	0.28
硬铝 $R_m=300\sim400$MPa，$\leqslant$100HBW			$f>0.20$	262		0.50	

注：1. 用高速钢车刀加工结构钢、不锈钢及铸钢，不用切削液时，车削速度乘以系数 0.8。

2. 用 P30 车刀对钢件切断及切槽，使用切削液时，车削速度乘以系数 1.4。

3. 成形车削深轮廓及复杂轮廓工件时，车削速度乘以系数 0.85。

4. 用高速钢车刀加工热处理钢件时，车削速度应减小：正火，乘以系数 0.95；退火，乘以系数 0.9；调质，乘以系数 0.8。

表 1.1-65　钢和铸铁的强度和硬度改变时车削速度的修正系数 K_{Mv}

加 工 材 料	刀具材料	
	硬质合金	高速钢
	计算公式	
碳素结构钢、合金结构钢和铸钢	$K_{Mv}=\dfrac{650}{R_m}$	$K_{Mv}=C_M\left(\dfrac{650}{R_m}\right)^{n_v}$
灰铸铁	$K_{Mv}=\left(\dfrac{190}{HBW}\right)^{1.25}$	$K_{Mv}=\left(\dfrac{190}{HBW}\right)^{n_v}$
可锻铸铁	$K_{Mv}=\left(\dfrac{150}{HBW}\right)^{1.25}$	$K_{Mv}=\left(\dfrac{150}{HBW}\right)^{n_v}$

（续）

公式中系数 C_M 及指数 n_v				
加工材料	C_M	n_v		
		车削	钻削	铣削
碳钢(碳的质量分数≤0.6%)	1.0	1.75	0.9	0.9
易切钢	1.2	1.75	1.05	—
镍钢	1.0	1.75	0.9	1.0
铬钢	0.8	1.75	0.9	1.45
镍铬钢	0.9	1.50	0.9	1.35
碳钢(碳的质量分数>0.6%)、锰钢及镍铬钨钢	0.8	1.75	0.9	1.0
铬钼钢、镍铬钼钢、铬铝钢、铬钼铝钢及其相近的钢	0.7	1.25	0.9	1.0
铬锰钢、铬硅钢、铬硅锰钢、镍铬锰钢及其相近的钢	0.7	1.50	0.9	1.0
高速钢	0.6	1.25	0.9	1.0
灰铸铁	—	1.70	1.3	0.95
可锻铸铁	—	1.70	1.3	0.85

（2）车削力与车削功率的计算及修正

车削力和车削功率的计算公式见表 1.1-66。加工钢和铸铁的力学性能改变、车刀的几何参数改变时，车削力应进行修正，修正系数见表 1.1-67 和表 1.1-68。

表 1.1-66 车削力和车削功率的计算公式

计算公式	
切削力 F_c/N	$F_c = C_{Fc} a_p^{X_{Fc}} f^{Y_{Fc}} V^{n_{Fc}} K_{Fc}$
背向力 F_p/N	$F_p = C_{Fp} a_p^{X_{Fp}} f^{Y_{Fp}} V^{n_{Fp}} K_{Fp}$
进给力 F_f/N	$F_f = C_{Ff} a_p^{X_{Ff}} f^{Y_{Ff}} V^{n_{Ff}} K_{Ff}$
车削时消耗的功率 P_m/kW	$P_m = \dfrac{F_c V}{6\times10^4}$

公式中的系数和指数														
工件材料	刀具材料	加工形式	切削力 F_c				背向力 F_p				进给力 F_f			
			C_{Fc}	X_{Fc}	Y_{Fc}	n_{Fc}	C_{Fp}	X_{Fp}	Y_{Fp}	n_{Fp}	C_{Ff}	X_{Ff}	Y_{Ff}	n_{Ff}
结构钢及铸钢 $R_m=650$MPa	硬质合金	外圆纵车、横车	2650	1.0	0.75	−0.15	1950	0.90	0.6	−0.3	2880	1.0	0.5	−0.4
		外圆纵车（$\kappa_r=0°$）	3570	0.9	0.9	−0.15	2840	0.60	0.8	−0.3	2050	1.05	0.2	−0.4
		切槽及切断	3600	0.72	0.8	0	1390	0.73	0.67	0	—	—	—	—
	高速钢	外圆纵车、横车	1770	1.0	0.75	0	920	0.9	0.75	0	530	1.2	0.65	0
		切槽及切断	2170	1.0	1.0	0	—	—	—	—	—	—	—	—
		成形车削	1870	1.0	0.75	0	—	—	—	—	—	—	—	—

（续）

工件材料	刀具材料	加工形式	切削力 F_c				背向力 F_p				进给力 F_f			
			C_{Fc}	X_{Fc}	Y_{Fc}	n_{Fc}	C_{Fp}	X_{Fp}	Y_{Fp}	n_{Fp}	C_{Ff}	X_{Ff}	Y_{Ff}	n_{Ff}
耐热钢 141HBW	硬质合金	外圆纵车、横车	2000	1.0	0.75	0	—	—	—	—	—	—	—	—
灰铸铁 190HBW	硬质合金	外圆纵车、横车	900	1.0	0.75	0	530	0.9	0.75	0	450	1.0	0.4	0
		外圆纵车（$\kappa_r=0°$）	1200	1.0	0.85	0	600	0.6	0.5	0	235	1.05	0.2	0
	高速钢	外圆纵车、横车	1120	1.0	0.75	0	1160	0.9	0.75	0	500	1.2	0.65	0
		切槽及切断	1550	1.0	1.0	0	—	—	—	—	—	—	—	—
可锻铸铁 150HBW	硬质合金	外圆纵车、横车	790	1.0	0.75	0	420	0.9	0.75	0	370	1.0	0.4	0
	高速钢	外圆纵车、横车	980	1.0	0.75	0	860	0.9	0.75	0	390	1.2	0.65	0
		切槽及切断	1360	1.0	1.0	0	—	—	—	—	—	—	—	—
中等硬度不均质铜合金 120HBW	高速钢	外圆纵车、横车	540	1.0	0.66	0	—	—	—	—	—	—	—	—
		切槽及切断	735	1.0	1.0	0	—	—	—	—	—	—	—	—
高硬度青铜 200~240HBW	硬质合金	外圆纵车、横车	405	1.0	0.66	0	—	—	—	—	—	—	—	—
铝及铝硅合金	高速钢	外圆纵车、横车	390	1.0	0.75	0	—	—	—	—	—	—	—	—
		切槽及切断	490	1.0	1.0	0	—	—	—	—	—	—	—	—

注：成形车削背吃刀量不大、形状不复杂的轮廓时，车削力减少 10%~15%。

表 1.1-67　钢和铸铁的强度和硬度改变时车削力的修正系数 K_{MF}

加工材料	结构钢和铸钢	灰铸铁	可锻铸铁
修正系数 K_{MF}	$K_{MF}=\left(\dfrac{R_m}{650}\right)^{n_F}$	$K_{MF}=\left(\dfrac{HBW}{190}\right)^{n_F}$	$K_{MF}=\left(\dfrac{HBW}{150}\right)^{n_F}$

公式中的指数 n_F

加工材料		车削力 F_f		车削力 F_p		车削力 F_c		钻孔时的轴向力 F 及转矩 M		铣削时的圆周力 F_c	
		刀具材料									
		硬质合金	高速钢	硬质合金	高速钢	硬质合金	高速钢	硬质合金	高速钢	硬质合金	高速钢
结构钢及铸钢	$R_m \leqslant 600MPa$	0.75	0.35	1.35	2.0	1.0	1.5	0.75		0.3	
	$R_m \leqslant 600MPa$		0.75								
灰铸铁及可锻铸铁		0.4	0.55	1.0	1.3	0.8	1.1	0.6		1.0	0.55

表 1.1-68　加工钢和铸铁刀具参数改变时车削力的修正系数

刀具参数		刀具材料	修正系数			
名称	数值		名称	车削力		
				F_f	F_p	F_c
主偏角 κ_r/(°)	30	硬质合金	$k_{\kappa_r F}$	1.08	1.30	0.78
	45			1.0	1.0	1.0
	60			0.94	0.77	1.11
	75			0.92	0.62	1.13
	90			0.89	0.50	1.17
	30	高速钢		1.08	1.63	0.7
	45			1.0	1.0	1.0
	60			0.98	0.71	1.27
	75			1.03	0.54	1.51
	90			1.08	0.44	1.82
前角 γ_o/(°)	-15	硬质合金	$k_{\gamma_o F}$	1.25	2.0	2.0
	-10			1.2	1.8	1.8
	0			1.1	1.4	1.4
	10			1.0	1.0	1.0
	20			0.9	0.7	0.7
	12~15	高速钢		1.15	1.6	1.7
	20~25			1.0	1.0	1.0
刃倾角 λ_s/(°)	+5	硬质合金	$k_{\lambda_s F}$	1.0	0.75	1.07
	0				1.0	1.0
	-5				1.25	0.85
	-10				1.5	0.75
	-15				1.7	0.65
刀尖圆弧半径 r_ε/mm	0.5	高速钢	$k_{r_\varepsilon F}$	0.87	0.66	1.0
	1.0			0.93	0.82	
	2.0			1.0	1.0	
	3.0			1.04	1.14	
	5.0			1.1	1.33	

1.1.6　典型车削工艺

1. 卧式车床加工

(1) 卧式车床应用范围

卧式车床的应用范围很广，适用于加工回转体表面，可车削各种内外圆柱面、端面、锥面、曲面及各种螺纹和滚花等。若配上附加装置，可车削各种特殊形面、油槽以及绕弹簧等，见表 1.1-69。

(2) 卧式车床加工装夹方法

工件装夹和定位形式，依据工件大小、形状、精度和生产批量而定，正确选用定位基准和装夹方法是保证工件精度和表面质量的关键。卧式车床常用装夹方法见表 1.1-70。

表 1.1-69　卧式车床常用的工艺范围

图例	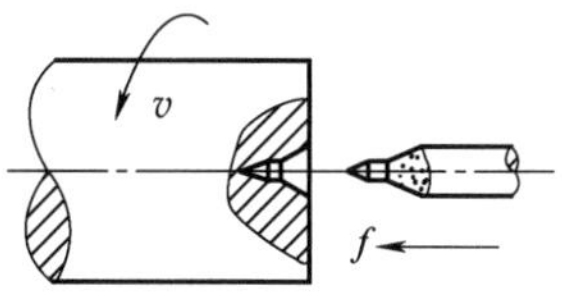	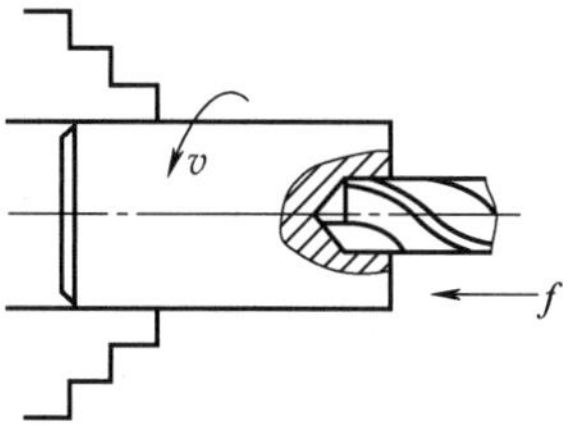	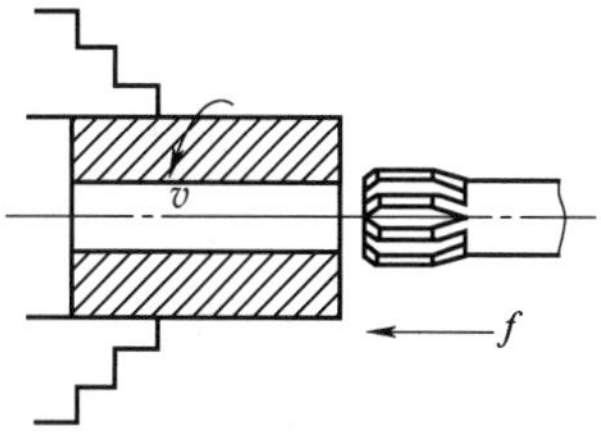
工艺	钻中心孔	钻孔	铰孔
图例	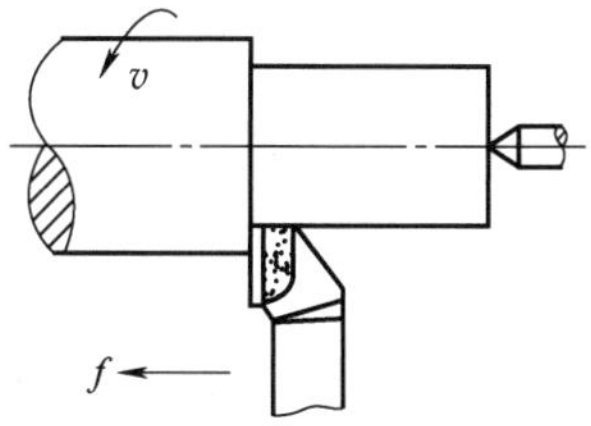	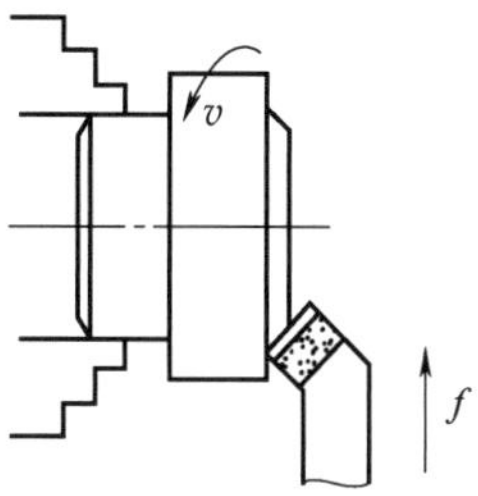	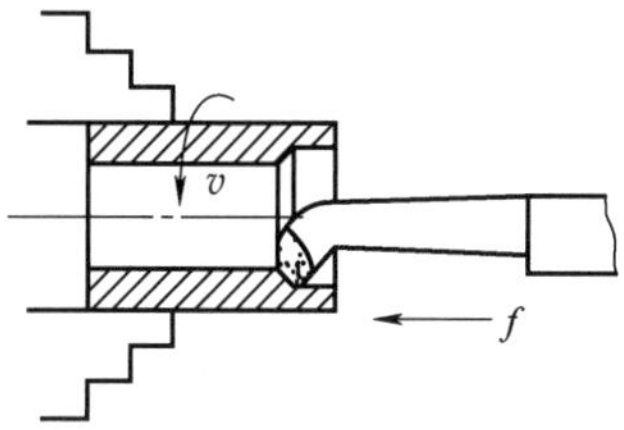
工艺	车外圆	车端面	车内孔
图例	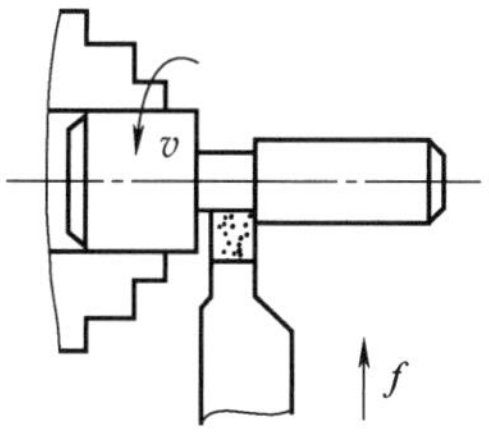	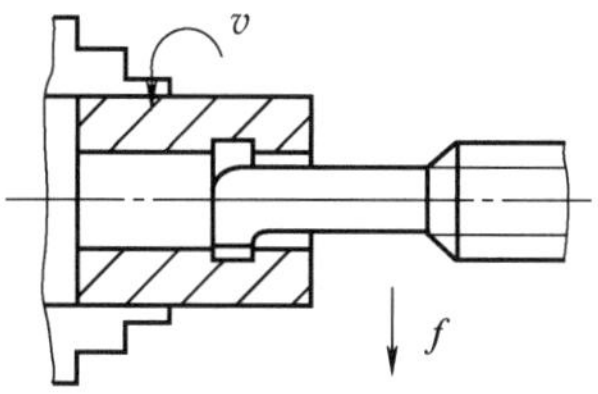	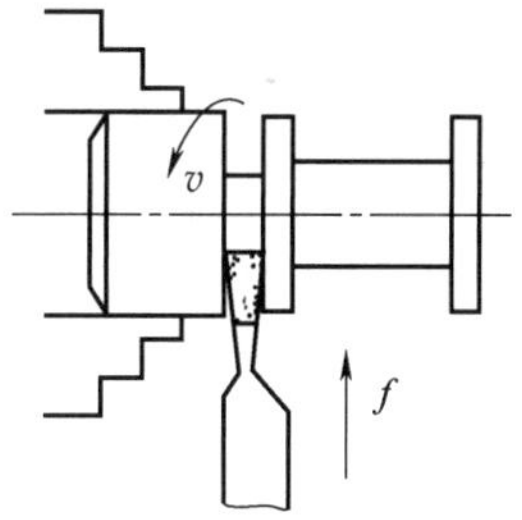
工艺	车外槽	车内槽	切断
图例	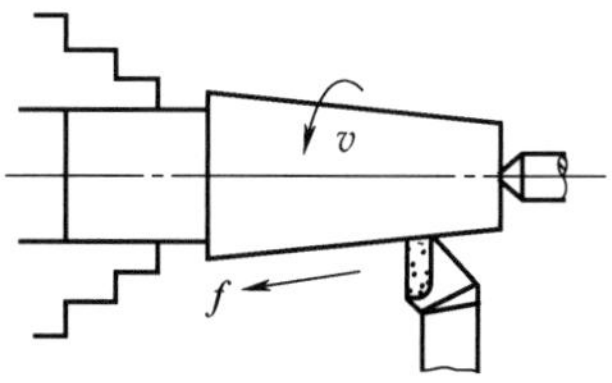	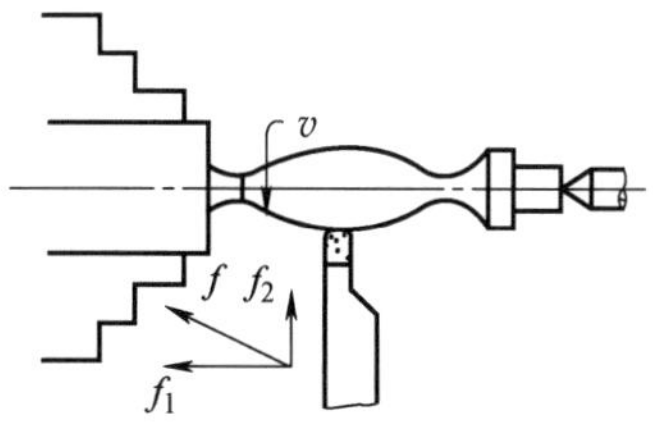	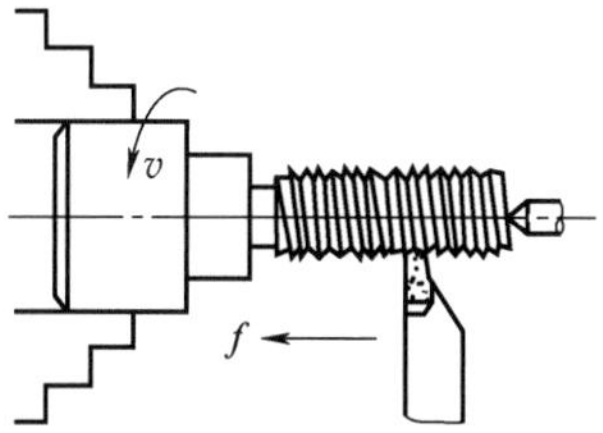
工艺	车锥面	车曲面	车螺纹

（续）

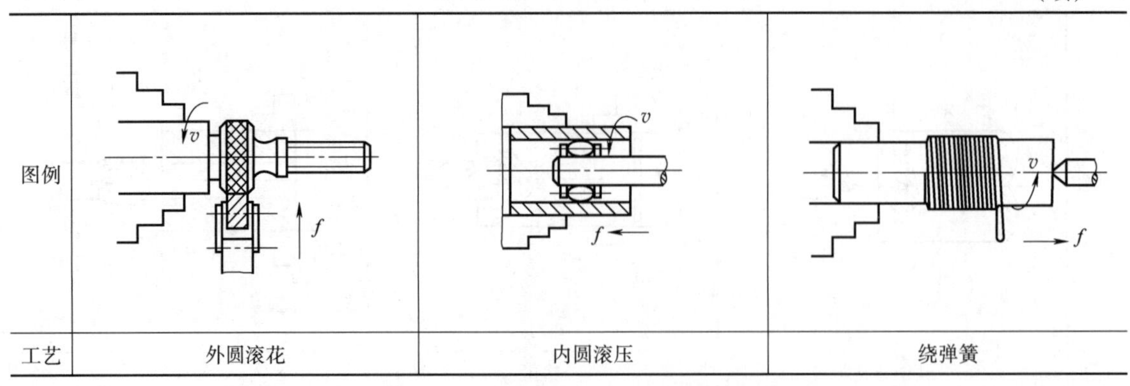

图例			
工艺	外圆滚花	内圆滚压	绕弹簧

表 1.1-70　卧式车床常用装夹方法

方　法	简　图	应　用
自定心卡盘装夹		1）自定心卡盘常见的有机械式和液压式两种 2）机械式卡盘装夹方便、夹持范围大、自定心好，但定心精度不高，不适用于工件同轴度要求高时的二次装夹 3）液压式卡盘装夹迅速、方便，但夹持范围小，尺寸变化大时需要重新调整卡爪位置，多用于数控车进行批量加工 4）卡盘装夹工件，若工件直径 $d \leqslant 30$mm，其悬长 $L \leqslant 5d$；若工件直径 $d>30$mm，其悬长 $L \leqslant 3d$
软爪卡盘装夹	定位圆柱　定位圆环	1）自定心卡盘定心精度不高，加工同轴度高或二次装夹工件时，常使用软爪 2）使用软爪前需要进行车削加工。车削软爪表面时，在软爪内或软爪外尾部夹一适当的定位圆柱或圆盘，在夹紧状态进行车削 3）工件以外圆为定位时，车削后软爪夹持直径应比工件外圆直径略小，建议小 0.1～0.2mm（双边），增加软爪与工件的接触面积
单动卡盘装夹		夹紧力大，卡爪独立移动，可调整工件在车床主轴上的夹持位置；适于装夹大型或不规则表面形状的工件，适用于单件小批量的加工
花盘角铁装夹	花盘　平衡块　工件　角铁　心轴	具有角铁的装夹体，可用于装夹形状复杂和不规则的工件，如加工壳体、支座、接头等零件上的圆柱面、内孔及端面

（续）

方　　法	简　　图	应　　用
卡盘加顶尖装夹	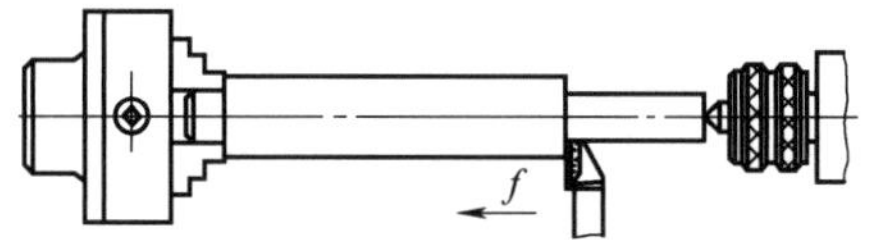 *f*	用于工件质量大或长径比>8 的轴类工件的粗、精车
两顶尖拨盘装夹	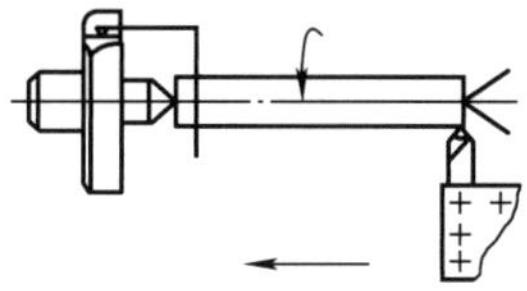 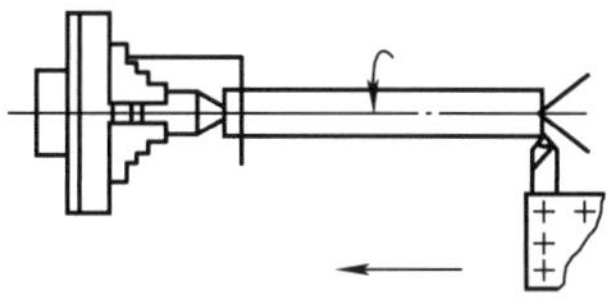	两顶尖定位定心正确可靠、安装方便，用于长径比>8 的轴类工件的粗、精车。前顶尖可插入主轴锥孔内或夹持在卡盘上，后顶尖插入尾座套筒内
内拨动顶尖装夹	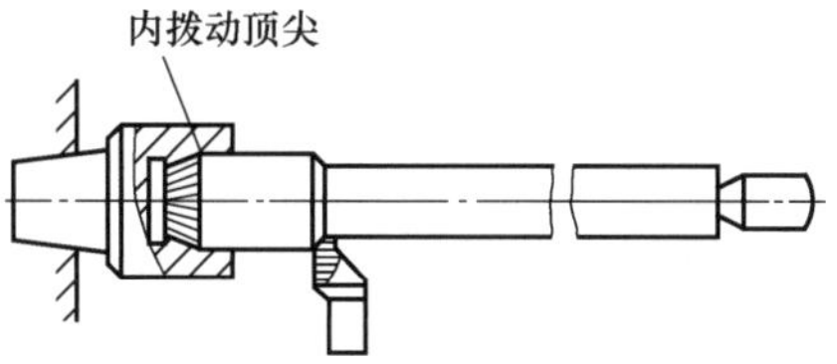 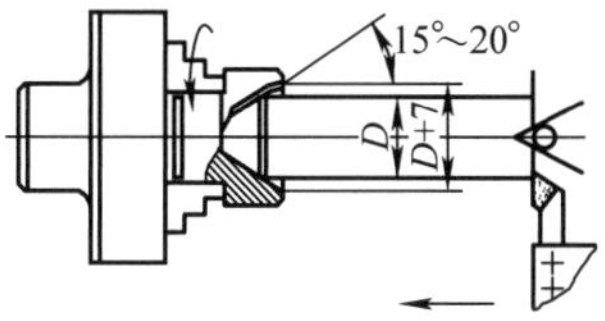 内拨动顶尖 15°～20°　D　D+7	内拨动顶尖的锥面的齿能嵌入工件，拨动工件旋转，用于一端有中心孔且余量较小的轴类工件。圆锥角一般采用 60°
外拨动顶尖装夹	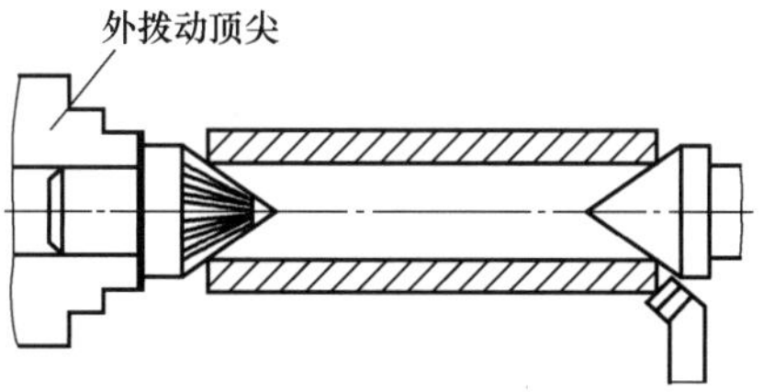 外拨动顶尖	车削两端有孔的轴类零件
端面拨动顶尖装夹	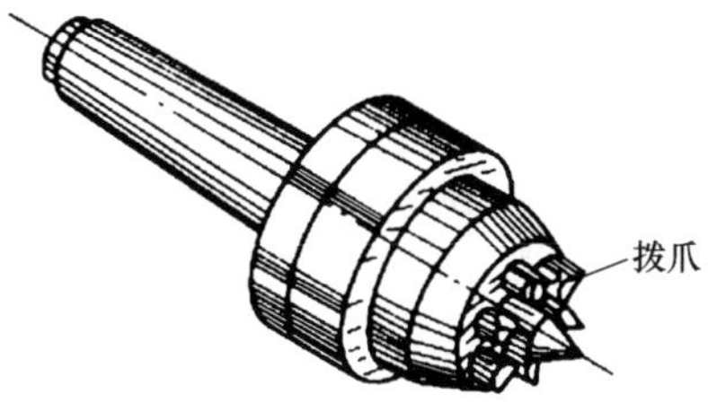 拨爪	前顶尖端面上带有拨爪，当后顶尖顶入右端中心孔带动工件向主轴移动，前顶尖拨爪嵌入工件端面，从而拨动工件旋转，工件仍以中心孔定位。能快速装夹工件，并在一次安装中加工出全部外表面

（续）

方　法	简　图	应　用
光面顶尖装夹	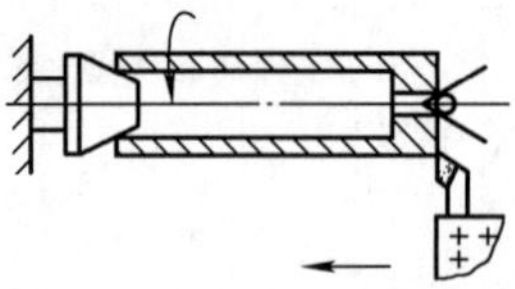 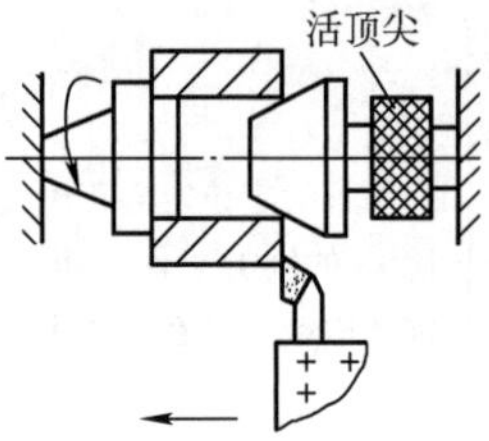 活顶尖	车削余量较小、两端有孔的轴类零件
中心架装夹	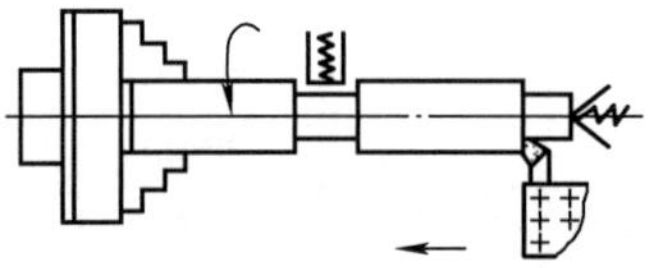	车削长径比较大的阶梯轴类零件
跟刀架装夹	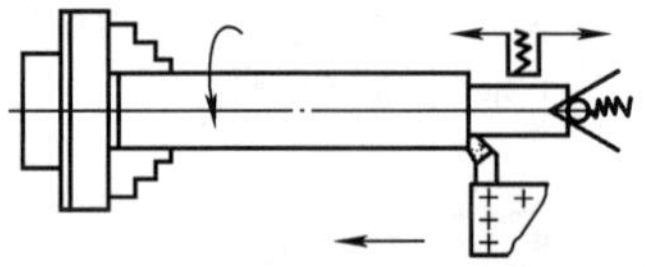	车削长径比较大的工件
尾座卡盘安装	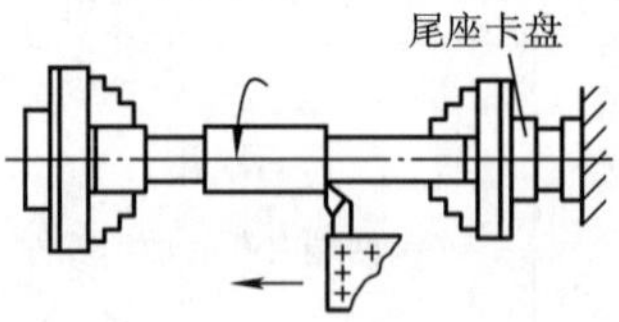 尾座卡盘	除装夹轴类工件外，还可夹持形状各异的顶尖，以适用各种工件的装夹
弹簧夹套装夹	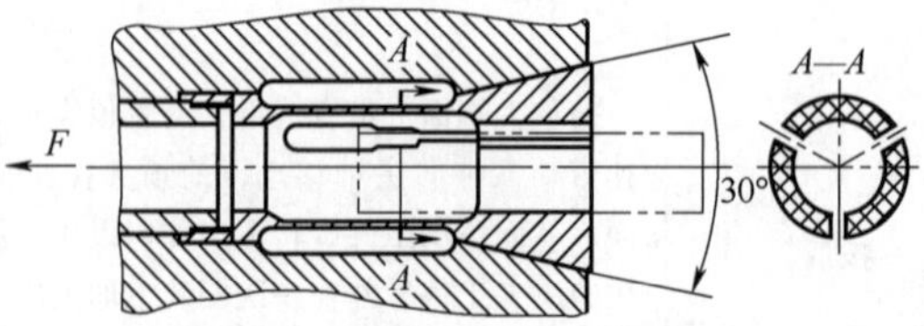 A—A F A A 30°	弹簧夹套定心精度高，装夹工件快捷方便，多用于精加工的内孔、外圆表面定位

(3) 卧式车床加工工艺注意事项

1) 分析零件结构特征及尺寸精度要求，确定零件加工工艺方案及工艺路线；合理划分工序及加工顺序。

2) 合理选择毛坯种类和加工方法，以提高材料利用率和生产率。

3) 选择工序余量，应能消除以前工序的尺寸、形状误差，热处理变形误差和加工表面变质层。

4) 选择工件的装夹方法，应尽可能在一次装夹中加工出多个表面；若生产纲领较大，可考虑进一步拆分、细化工序，降低单序节拍时间，提高通过量。

5) 加工顺序应符合车间机床布局，便于组织生产、运输。

6) 切槽、车螺纹等工作应在半精车之后精车之前进行。

(4) 卧式车床典型零件加工

1) 中心孔加工。

① 中心孔的形式与应用范围。按照国家标准 GB/T 145—2001《中心孔》，目前常见中心孔型式与应用范围见表 1.1-71。

表 1.1-71　常见中心孔型式与应用范围

中心孔型式	应用范围
A 型	不带护锥中心孔，适合于中小型和不需要磨削的工件粗加工
B 型	带有 120°护锥中心孔，用于需要保护 60°锥面，精度要求高且需多次使用中心孔的轴类工件

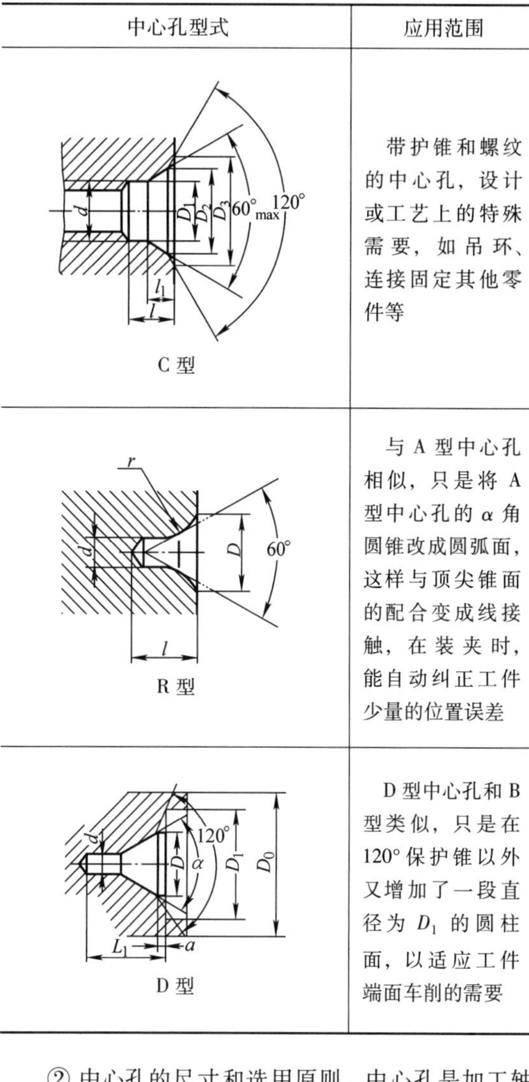

（续）

中心孔型式	应用范围
C 型	带护锥和螺纹的中心孔，设计或工艺上的特殊需要，如吊环、连接固定其他零件等
R 型	与 A 型中心孔相似，只是将 A 型中心孔的 α 角圆锥改成圆弧面，这样与顶尖锥面的配合变成线接触，在装夹时，能自动纠正工件少量的位置误差
D 型	D 型中心孔和 B 型类似，只是在 120°保护锥以外又增加了一段直径为 D_1 的圆柱面，以适应工件端面车削的需要

② 中心孔的尺寸和选用原则。中心孔是加工轴类零件的定位基准和检验基准，轴类零件中心孔按以下原则选择：

a. 按零件轴端直径 D_4 选取，具体见表 1.1-72。

b. 毛坯重量超过表列 D_5 相对应的重量时，应参考表中工件最大重量选。

c. 表中重量是指工件毛坯支承在两顶尖之间的安全重量，有中心架支承时，对 60°和 75°中心孔，其超过重量为安全重量的 10%～20%，对 90°中心孔，其超过重量为安全重量的 30%。

d. 用于粗加工，中心孔锥面表面粗糙度值应小于 $Ra3.2\mu m$；用于精加工，应小于 $Ra1.6\mu m$。

e. 用于中心高 $h \leqslant 1000mm$ 的车床，中心孔锥角 $\alpha = 60°$；用于 $h \geqslant 1250mm$ 的车床，$\alpha = 90°$。

表 1.1-72　中心孔的尺寸及其选用　(mm)

d	A 型		B 型		R 型			C 型				选择中心孔的参考数据		
	D	l_1	D_2	l_1	D	l_{min}	r	d	D_1	D_2	l	原料端部最小直径 D_4	轴状原料最大直径 D_5	工件的最大重量 m/kg
(0.5)	1.06	0.48	—	—	—	—	—	—	—	—	—	2	2~2.5	—
(0.63)	1.32	0.6	—	—	—	—	—	—	—	—	—	2.5	>2.5~3.5	—
(0.8)	1.7	0.78	—	—	—	—	—	—	—	—	—	3.5	>3.5~4	—
1	2.12	0.97	3.15	1.27	2.12	2.3	2.5~3.15	—	—	—	—	4	>4~7	—
(1.25)	2.65	1.21	4	1.6	2.65	2.8	3.15~4	—	—	—	—	5	>7~8	10
1.6	3.35	1.52	5	1.99	3.35	3.5	4~5	—	—	—	—	7	>8~10	15
2	4.25	1.95	6.3	2.54	4.25	4.4	5~6.3	—	—	—	—	8	>10~18	120
2.5	5.3	2.42	8	3.2	5.3	5.5	6.3~8	—	—	—	—	10	>18~30	200
3.15	6.7	3.07	10	4.03	6.7	7	8~10	M3	3.2	5.8	2.6	12	>30~50	500
4	8.5	3.9	12.5	5.05	8.5	8.9	10~12.5	M4	4.3	7.4	3.2	15	>50~80	800
(5)	10.6	4.85	16	6.41	10.6	11.2	12.5~16	M5	5.3	8.8	4	20	>80~120	1000
6.3	13.2	5.98	18	7.36	13.2	14	16~20	M6	6.4	10.5	5	25	>120~180	1500
(8)	17	7.79	22.4	9.36	17	17.9	20~25	M8	8.4	13.2	6	30	>180~220	2000
10	21.2	9.7	28	11.66	21.2	22.5	25~31.5	M10	10.5	16.3	7.5	35	>220~240	2500
—	—	—	—	—	—	—	—	M12	13	19.8	9.5	42	>240~260	3000
—	—	—	—	—	—	—	—	M16	17	25.3	12	50	>260~300	5000
—	—	—	—	—	—	—	—	M20	21	31.3	15	60	>300~360	7000
—	—	—	—	—	—	—	—	M24	25	38	18	70	>360	10000

注：括号内的尺寸尽量不采用。

③ 在车床上加工中心孔的方法。在车床上常用加工中心孔方法见表 1.1-73。金刚石顶尖研磨参数见表 1.1-74。

表 1.1-73　车床上常用加工中心孔方法

使用刀具	加工简图	应　用
中心钻		短轴两端或一端的中心孔

（续）

使用刀具	加 工 简 图	应　　用
中心钻	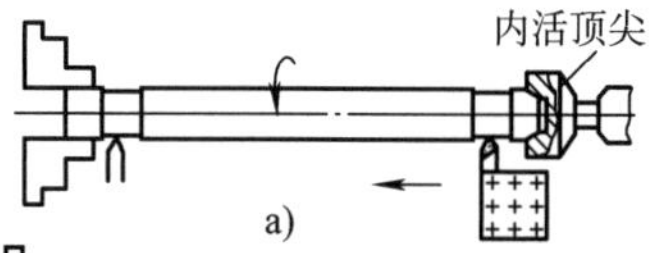 内活顶尖 a) 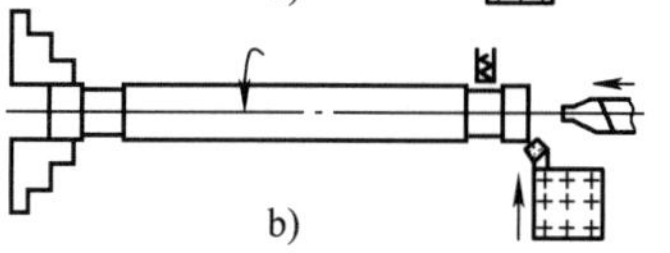 b)	长轴两端或一端的中心孔
	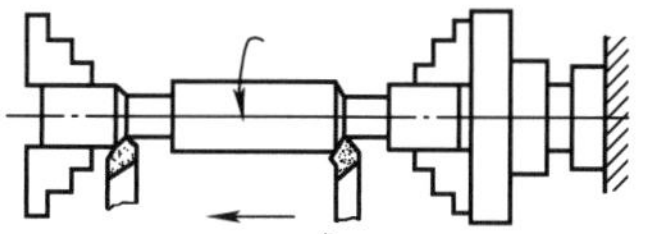 c) 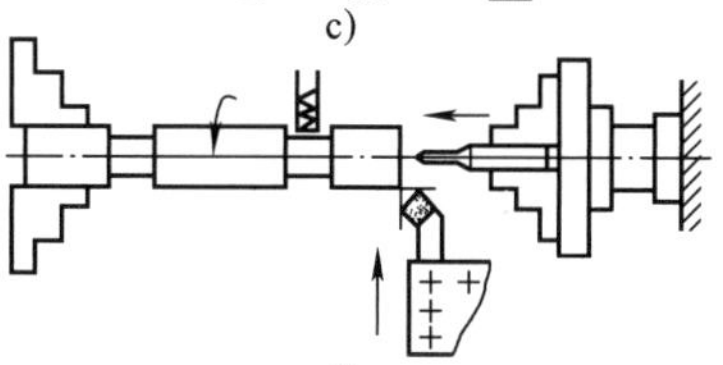 d)	工件大而长的两端或一端的中心孔
钻头，车刀	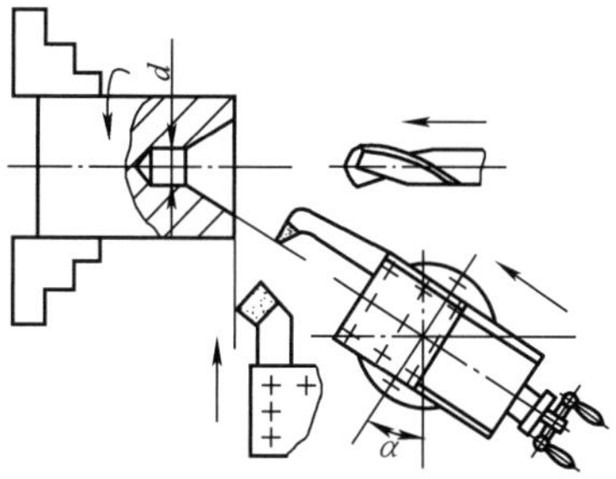 d α	车削中心孔同轴度高，适合加工直径 $d>6$mm 的中心孔
铸铁研磨顶尖	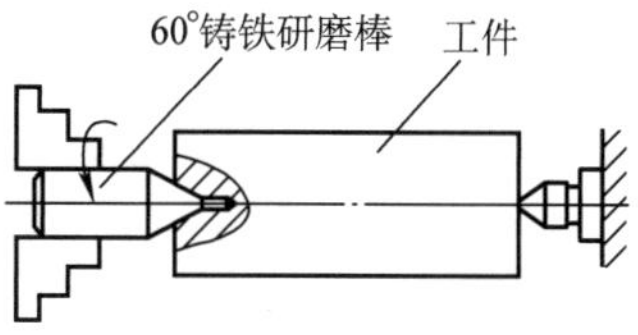 60°铸铁研磨棒　工件	主要用于零件磨削加工前的中心孔精修。可粗、精研和抛光（高精度中心孔）粗研用 100#～120#金刚砂，精研用特殊氧化铝微粉磨料 W10 或 W14；抛光用氧化铬，研磨剂用 75%机械油、25%煤油与研磨粉调制，研磨转速以 200～400r/min 为宜。该方法研磨精度高，适合较长、较重工件的研磨，效率相对较低

（续）

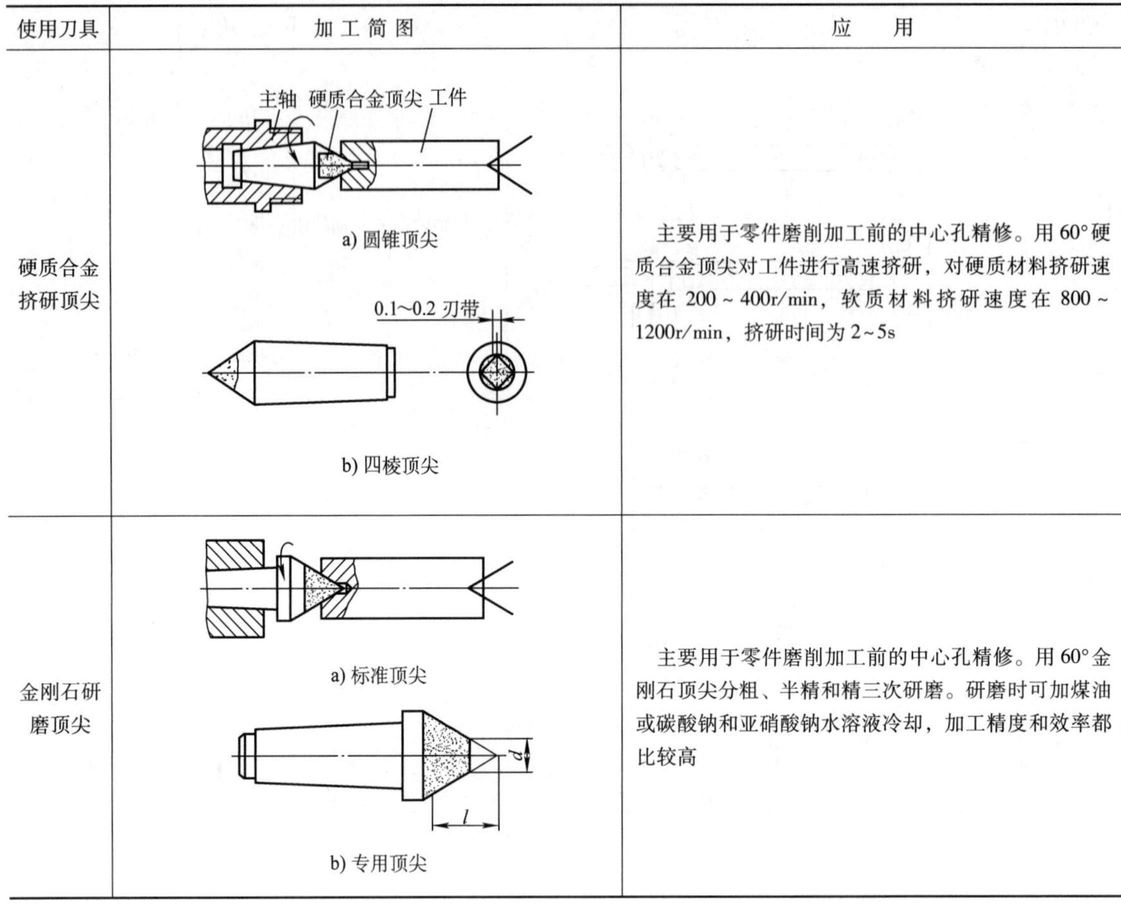

使用刀具	加工简图	应用
硬质合金挤研顶尖	主轴 硬质合金顶尖 工件 a) 圆锥顶尖 0.1~0.2 刃带 b) 四棱顶尖	主要用于零件磨削加工前的中心孔精修。用 60°硬质合金顶尖对工件进行高速挤研，对硬质材料挤研速度在 200~400r/min，软质材料挤研速度在 800~1200r/min，挤研时间为 2~5s
金刚石研磨顶尖	a) 标准顶尖 d l b) 专用顶尖	主要用于零件磨削加工前的中心孔精修。用 60°金刚石顶尖分粗、半精和精三次研磨。研磨时可加煤油或碳酸钠和亚硝酸钠水溶液冷却，加工精度和效率都比较高

表 1.1-74　金刚石顶尖研磨参数

工序	顶尖粒度	研磨余量/mm	表面粗糙度 Ra/μm	转速 n/(r/min)		时间/s	
				工件（顶尖不动）	顶尖（工件不动）	顶尖不动	工件不动
粗研磨	60#~120#	0.08~0.15	0.8~0.4	100~300	150~500	15~5	12~2
半精研磨	100#~180#	0.05~0.1	0.4~0.2				
精研磨	150#~W40	0.02~0.05	<0.2				

2）细长轴加工。

① 细长轴的加工特点。一般工件长度与直径之比大于 20 时称为细长轴，由于细长轴本身的刚性差，在车削加工中会产生下面的问题：

a. 在切削过程中，工件受热会产生弯曲变形，甚至会使工件卡死在顶尖间而无法加工。

b. 工件受切削力作用产生弯曲、振动，影响工件的尺寸、形状精度和表面质量。

c. 工件在高速旋转时，有离心力的作用，会加剧工件的弯曲和变形，因此加工时不宜采用过高的切削速度。

d. 须采用跟刀架、中心架等辅助夹具，操作技能要求高。

e. 由于工件长，每次走刀切削时间长，刀具磨损对工件尺寸的影响大，难以保证加工精度。

② 车削细长轴常见的装夹方法。切削细长轴时，对工件的装夹方法以及刀具、机床、辅助工夹具及切削用量等要合理选择，精心调整，防止细长轴在车削过程中产生振动和变形。表 1.1-75 列出了车削细长轴常见的装夹及其他有效方法。

表 1.1-75　车削细长轴常见的装夹及其他有效方法

使用的夹具附件	简　　图	说　　明
中心架	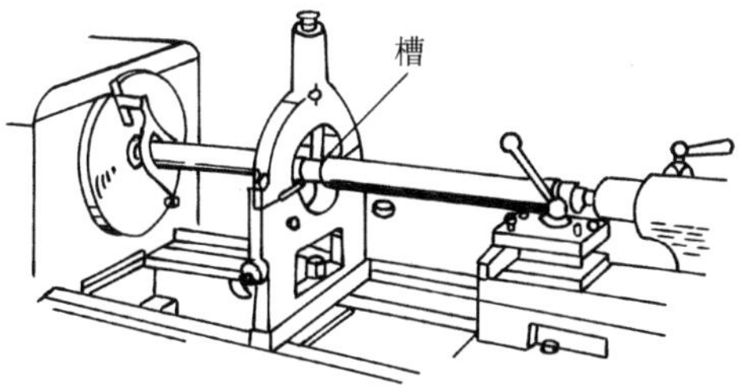 槽	中心架直接支承在工件中间，适合于允许调头接刀的车削。用该支承进行工件分段切削时，可使细长轴的刚度增加好几倍。但在使用中心架之前，必须在工件毛坯中间车一段支承中心架支承爪的支承轴颈，支承轴颈的表面粗糙度值要小，圆柱度公差要小，否则会影响工件的加工精度
	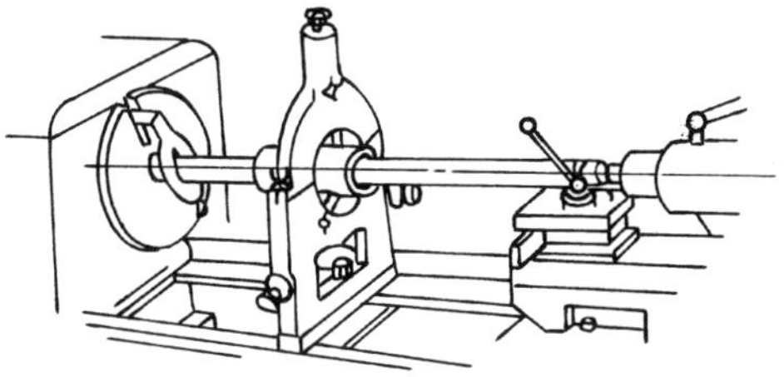	增加过渡套，使支承爪与过渡套的外表面接触，过渡套的两端各装有四个螺钉，用这些螺钉夹住毛坯表面，并调整套筒的轴线与主轴旋转轴线重合，即可切削
跟刀架	 双支承跟刀架	用于不允许有调头接刀车削的工件。双支承跟刀架的支承柱窄，支承面小，刚性差，加工精度低，不适合于高速切削
	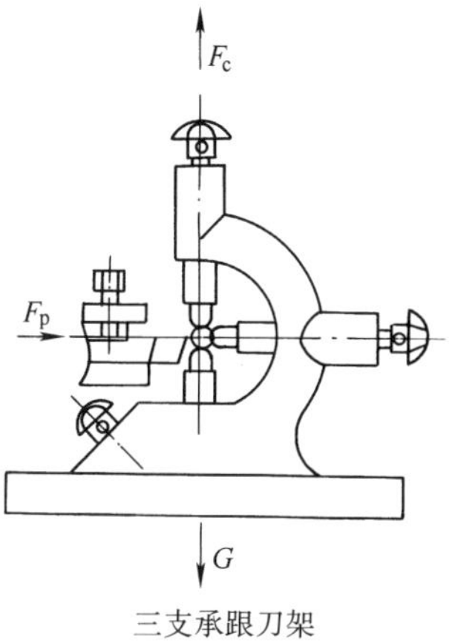 F_c F_p G 三支承跟刀架	三支承跟刀架能减少工件振动和变形，加工精度高，适合于高速切削。它有平衡切削力 F_c，背向力 F_p 和阻止工件自重下垂 G 的三个支承爪（如图示）。各支承爪的触头由可以更换的耐磨铸铁制成，支承爪圆弧可预先经镗削加工制成，也可以在车削时利用工件粗车后的粗糙表面进行磨合。在调整跟刀架各支承压力时，力度要适中，并要供给充分的切削液，才能保证跟刀架支承的稳定和工件的尺寸精度

（续）

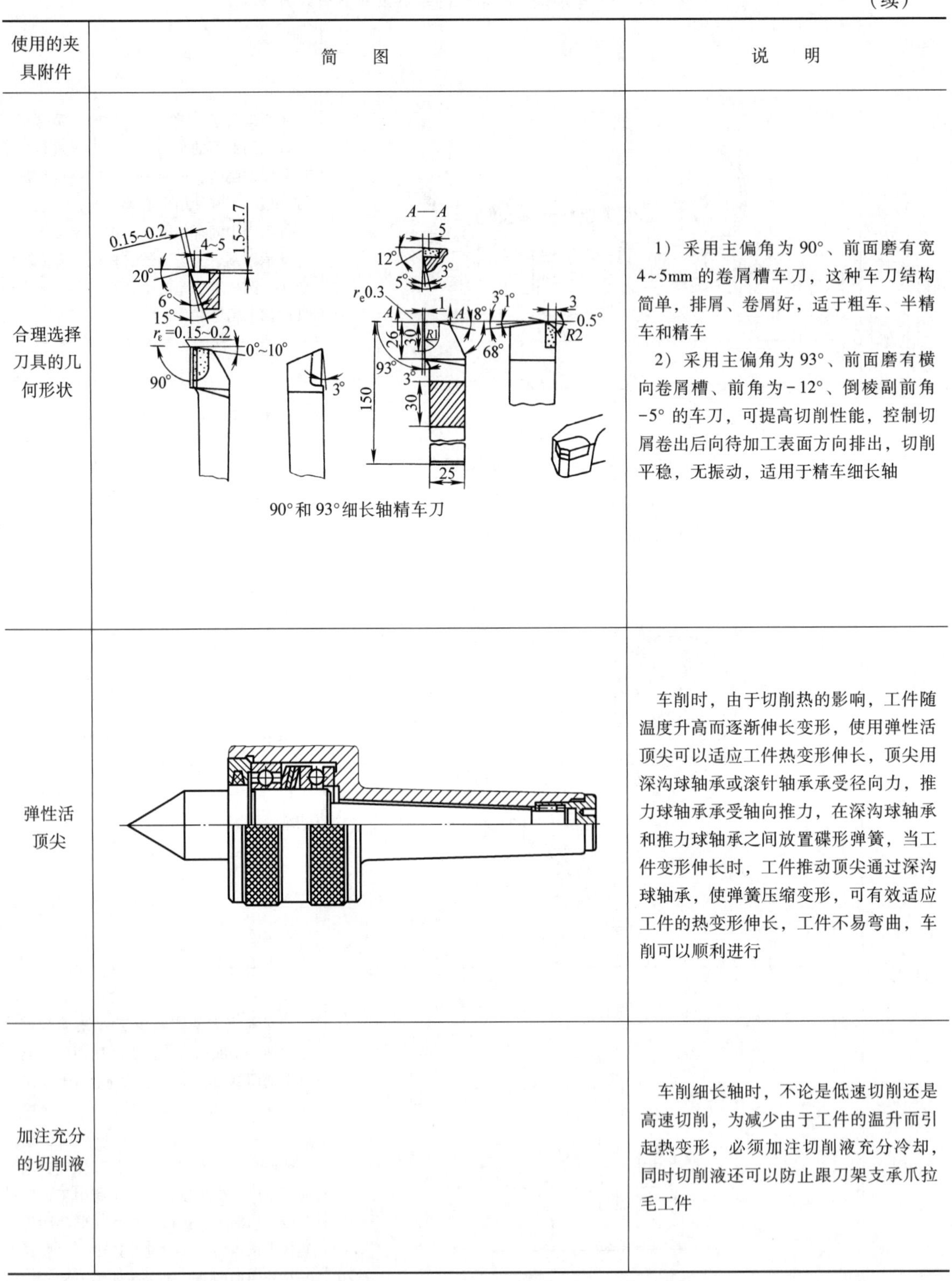

使用的夹具附件	简　　图	说　　明
合理选择刀具的几何形状	90°和93°细长轴精车刀	1）采用主偏角为90°、前面磨有宽4~5mm的卷屑槽车刀，这种车刀结构简单，排屑、卷屑好，适于粗车、半精车和精车 2）采用主偏角为93°、前面磨有横向卷屑槽、前角为-12°、倒棱副前角-5°的车刀，可提高切削性能，控制切屑卷出后向待加工表面方向排出，切削平稳，无振动，适用于精车细长轴
弹性活顶尖		车削时，由于切削热的影响，工件随温度升高而逐渐伸长变形，使用弹性活顶尖可以适应工件热变形伸长，顶尖用深沟球轴承或滚针轴承承受径向力，推力球轴承承受轴向推力，在深沟球轴承和推力球轴承之间放置碟形弹簧，当工件变形伸长时，工件推动顶尖通过深沟球轴承，使弹簧压缩变形，可有效适应工件的热变形伸长，工件不易弯曲，车削可以顺利进行
加注充分的切削液		车削细长轴时，不论是低速切削还是高速切削，为减少由于工件的温升而引起热变形，必须加注切削液充分冷却，同时切削液还可以防止跟刀架支承爪拉毛工件

③ 车削细长轴常用切削用量和能够达到的加工质量见表1.1-76。

④ 车削细长轴常见的工件缺陷和产生原因见表1.1-77。

表 1.1-76　车削细长轴常用的切削用量和能够达到的加工质量

零件规格/mm（$D \times L$）	材料	热处理硬度	工序	背吃刀量 a_p/mm	进给量 f/(mm/r)	车削速度 v/(m/min)	加工质量
$\phi 12 \times 1300$	45 钢及普通合金钢	230~320HBW	粗车	0.5~1	0.4~0.5	18	精度 IT7~IT8，表面粗糙度 $Ra0.8 \sim Ra1.6\mu m$
			精车	0.04~0.06	0.15~0.2	9.5	
$\phi 20 \times 1500$			粗车	1.5~2.5	0.3~0.5	30~50	
			半精车	1~1.5	0.2~0.4	40~60	
			精车	0.2~0.4	0.15~0.25	50~75	
$\phi 35 \times 4100$			粗车	1.5~3	0.3~0.5	40~65	精度 IT7~IT8，圆柱度误差<0.04mm，圆度误差<0.01mm，直线度误差 1000：0.05，表面粗糙度 $Ra0.8 \sim Ra1.6\mu m$
			精车	0.02~0.05	10~20	1~2	
$\phi 32 \times 1000$			粗车	1~3	0.3~0.5	60~80	
			半精车	0.5~1	0.16~0.3	80~120	
			精车	0.2~0.3	0.12~0.16	60~100	
$\phi 38 \times 2450$	—	—	粗车	0.5~2.5	1.15~1.65	100~140	
	—	—	精车				

表 1.1-77　车削细长轴常见的工件缺陷和产生原因

工件缺陷	产生原因及处理办法
弯曲	1）坯料弯曲，应进行校直和热处理 2）工件装夹不良，尾座顶尖和工件顶尖孔顶得过紧 3）刀具几何参数和切削用量选择不当，造成切削力过大，可减小背吃力量，增加进给次数 4）切削时产生切削热，应进行冷却润滑 5）刀尖和跟刀架支承块间距离过大，应不超过 2mm 为宜
竹节形	跟刀架外侧支承块调整过紧，易在工件中段出现周期性直径变化，应调节压力，使支承块与工件保持良好接触，当支承爪在加工过程中磨损以后，也应及时调整接触压力
多边形	1）跟刀架支承块与工件表面接触不良，留有间隙，使工件中心偏离旋转中心，应合理选用跟刀架结构，正确修磨支承块弧面，使其与工件良好接触 2）因装夹、发热等各种因素造成的工件偏摆，导致切深变化。可利用托架，并改善托架与工件的接触状态
锥度	1）尾座顶尖、主轴中心线与床身导轨不平行 2）刀具尺寸磨损。可采用 0°后角车刀，磨出刀尖圆弧半径
表面质量不好	1）车削振动 2）跟刀架支承块材料选用不当，与工件接触和摩擦不良 3）刀具几何参数选择不当，可磨出刀尖圆弧半径，当工件长度与直径比较大时也可采用宽刃低速光车

3）车削内孔。

① 车削内孔的特点。

a. 工艺灵活、适用性较广；可以加工中、小尺寸的孔，更适用于加工大直径的孔；同时可以校正原孔轴线歪斜或位置偏差。

b. 内孔车刀的截面尺寸要小于被加工工件的孔径，刀杆长度要大于孔深，若刀具刚性较差，易产生变形和振动，影响车孔的质量，因此车孔时多采用较小的切削用量，以减少切削力的影响。车孔比扩孔、铰孔的效率低。

c. 内孔车刀分为通孔车刀和不通孔车刀。通孔车刀一般主偏角可取 60°~75°，副偏角在 15°~30°之间。为防止后刀面与孔壁产生摩擦干涉，又不至于使后角过大、降低刀具强度，一般可设计成两个后角，切削刃可选用+5°左右的刃倾角，使切屑流向待加工表面，如图 1. 1-6 所示。

d. 不通孔车刀用来加工不通孔或台阶孔，主偏角大于 90°，一般取 92°～95°，如果要加工底面，应确保刀尖到刀杆外端的距离 a 小于内孔半径 R，否则无法完全切出底面，如图 1. 1-6a 所示，主切削刃一般采用 0°～2°刃倾角，并磨有卷屑槽，使切屑形成螺旋状向尾座方向排出孔外。

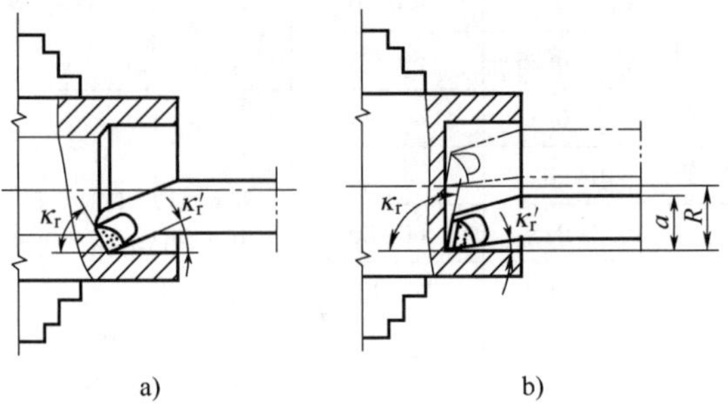

图 1. 1-6　通孔与不通孔车刀的应用

a）通孔车刀（κ_r=60°～75°）

b）不通孔车刀（κ_r=92°～95°）

② 在车床上加工内孔的精度和适用范围见表 1. 1-78。

表 1. 1-78　在车床上加工内孔的精度和适用范围

加工方法	精度等级（IT）	表面粗糙度 Ra/μm	适用范围
钻	11～13	12. 5	未淬硬钢、铸铁以及有色金属实心毛坯（加工孔径 15～20mm）
钻—铰	9～10	1. 6～3. 2	
钻—粗铰—精铰	7～8	0. 8～1. 6	
钻	12～13	12. 5	未淬硬钢、铸铁以及有色金属实心毛坯（加工孔径 15～35mm）
钻—扩	10～11	3. 2～6. 3	
钻—扩—铰	8～10	1. 6～3. 2	
钻—扩—粗铰—精铰	7～9	0. 8～1. 6	
粗镗	11～13	6. 3～12. 5	未淬硬钢、铸铁及有色金属铸孔（或锻孔毛坯）
粗镗—半精镗	9～11	1. 6～3. 2	
粗镗—半精镗—精镗（铰）	8～10	0. 8～1. 6	
粗镗—半精镗—精镗—浮动镗铰	6～7	0. 4～0. 8	
粗镗—半精镗—精镗—浮动镗铰	6～8	0. 1～0. 4	未淬硬钢件的铸孔或锻孔毛坯

4）深孔加工。

① 深孔件加工的特点。

a. 加工零件孔的深度与直径之比 $L/D>5$ 时，称之为深孔加工。

b. 钻头较长，刚性差。钻头容易引偏，加工时易弯曲和振动，难以保证孔的直线度公差与加工精度要求。

c. 排出切屑的通道长且狭窄，切屑不易排出。

d. 孔深，切削液不易进入，散热困难，钻头易磨损。

e. 加工时很难观察孔的加工情况，加工质量不易控制。

② 深孔加工刀具。钻削深孔时，一般采用深孔钻。深孔加工刀具必须具有一定的强度和刚度，因此应采用特殊结构的深孔钻头。在生产中经常采用以下几种钻深孔刀具：

a. 外排屑单刃深孔钻，如图 1. 1-7 所示。这种钻头俗称“枪钻”，适用于钻削 2～20mm 的小直径深孔，长径比可达 80，被加工工件的孔径精度等级为 IT7～IT9，表面粗糙度为 Ra0. 4～Ra1. 6μm。孔的直线度高，并且孔口无毛刺，精度的重复性好，是目前深孔钻削中最常采用的加工刀具。如图 1. 1-7a 所示，切削刃位于钻头中心线的一侧，钻头的圆柱部分有几条圆柱刃带，钻孔时圆柱刃带紧贴孔壁起导向作用，切削液通过钻杆内孔，从钻头后部的进油孔喷射，压入切削区，切屑从钻头凹槽通道向外排出。

可换硬质合金刀片式枪钻的特点是其钻尖部分由一片可换式切削刀片及两片可换式导向块经螺钉锁紧在刀体上组合而成，如图 1. 1-7b 所示。高精度的硬质合金机夹刀片与高精度的定位槽相配合，定位准确，组件少，刚性好，刀具磨损后无须从机床上取下刀体，就能直接更换刀片，避免了昂贵的重磨加工处理费用，并减少了机床待机时间，特别设计的刀片槽形还可以获得最佳的断屑效果。

钻尖部分是枪钻最重要的部分，其几何形状直接影响刀具的切削加工性能和被加工孔的精度。枪钻的常用截面形状如图 1. 1-7c 所示。其中：G 型（通用型），适合加工各种材料，尤其适合加工公差范围较小的孔；C 型（标准型），适合加工难加工材料，如高合金钢等；A 型（专用型），适合在难以正确定位的状况下加工各种材料；D 型（专用型），特别适合加工灰铸铁。

b. 内排屑单刃深孔钻，如图 1. 1-8 所示。这种钻头适用于钻削 25mm 以上直径的深孔，在钻头体上镶有两条硬质合金的导向块，切削刃上磨有断屑槽，使切屑分开并折断，在切削刃上有直通钻杆的排屑孔。切屑被切削液压向排屑孔排出，不会划伤已加工表面。

这种钻头刚性好，切削平稳，可以进行高速钻孔。

c. 车床上加工深孔的辅助工具。在批量生产中多采用深孔钻床或专机来加工深孔，但在单件或小批生产中，可以借助辅助工具在车床上利用深孔刀具完成加工。辅助工具一般包括钻杆、钻杆支承架、冷却系统、中心架或导套等。

钻杆：如图 1.1-9 所示，钻杆的外径比零件内孔直径小 4~8mm，前端的矩形内螺纹和导向圆柱孔 d 与钻头尾部相连，装卸迅速方便。为防止弯曲，使用后应涂防锈油吊挂存放。

钻杆支承架：结构如图 1.1-10 所示，使用时，将支承架安装在车床刀架上，拧动支承架上的紧固螺钉夹紧钻杆，必须使开口衬套的轴线对准机床上主轴轴线，允许误差在 0.02mm 以内。

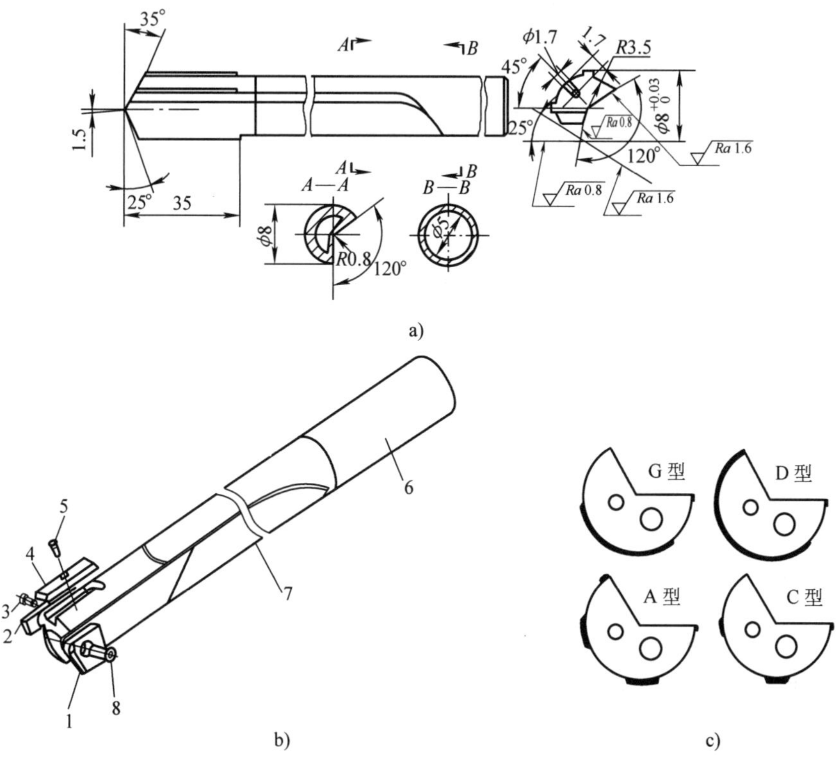

图 1.1-7　外排屑单刃深孔钻

a）单刃枪钻　b）可换硬质合金刀片式枪钻　c）枪钻的常用截面形状

1—刀片　2、4—支承块　3、5、8—螺钉　6—刀柄　7—排屑槽

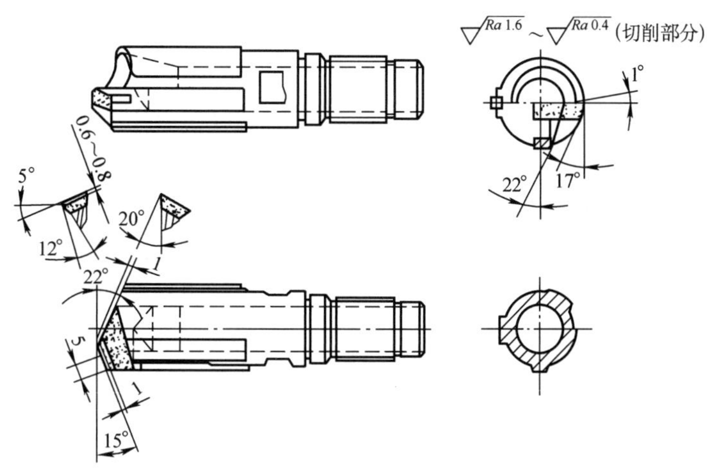

图 1.1-8　内排屑单刃深孔钻

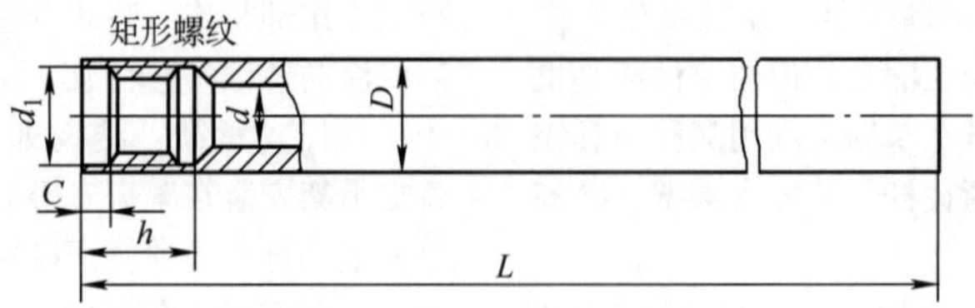

图 1.1-9　钻杆

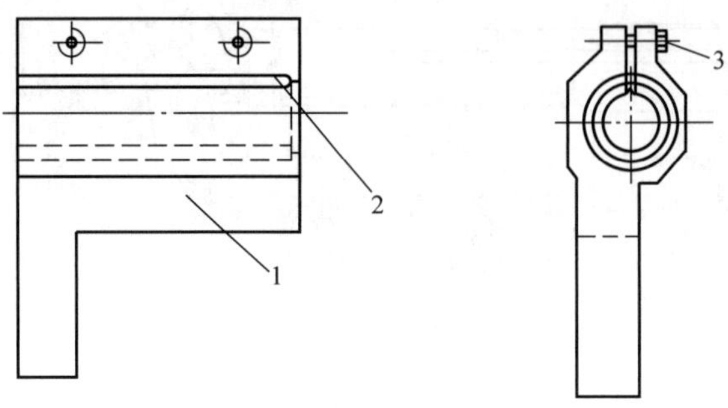

图 1.1-10　钻杆支承架

1—支承架　2—开口衬套　3—紧固螺钉

导向套：为了防止钻头刚进入工件时产生扭动，在工件前端应安装导向套，图 1.1-11 所示为枪钻的导向套，这种导向套不仅可以引导刀具进入工作，而且可使切削液和切屑从 A 处排出。

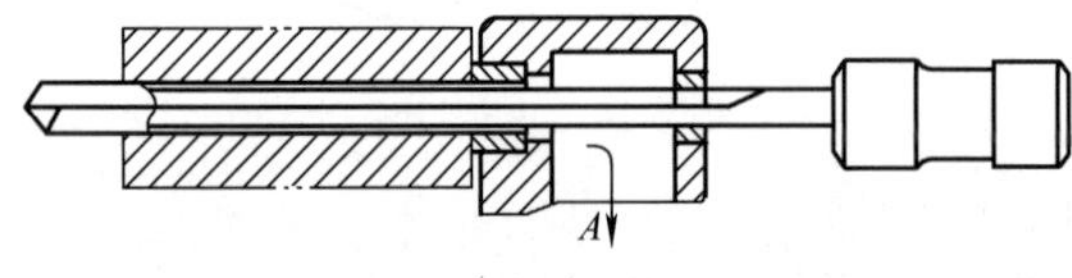

图 1.1-11　导向套

d. 车床上加工深孔的一般方法。在深孔钻削前应准备好钻杆、钻杆支承架、冷却系统、中心架等相应辅助工具。安装时应注意钻杆支承架内孔轴线必须与车床主轴轴线重合。如果需要使用导向套，也应使导向套轴线对准车床主轴轴线。中心架夹持工件或导向套时，应注意使支承爪松紧适当，施力均匀。加工时应注意观察冷却系统的工作情况，一旦发生故障，应先停止进给再停车，然后设法排除故障。

使用枪钻加工深孔时，由于刀杆强度极差，选择切削用量应特别注意，进给量应选得很小，切削速度应选得较高。工作时为防止刀杆扭动，尽量使用导向套。

使用内排屑深孔钻加工深孔时，应注意密封，工件右端应设置封油头，以防止切削液泄漏；还应在工件左端设一弹性密封环，以防止当孔钻穿时切削液喷射出来。

e. 工艺对策。深孔加工的关键技术是刀具角度的选择和冷却排屑。在加工时应采取以下措施来保证加工质量。对加工精度、表面粗糙度要求较高的深孔零件，应划分阶段进行加工，一般加工路线为：钻孔—扩孔（钻）—粗铰—精铰，或钻孔—扩孔（镗）—精镗—精细镗。

合理选择刀具。深孔加工多采用钻头、铰刀等切削工具，刀具在结构上应具有足够的刚度和强度，能够顺利排屑，切削液能及时注入切削区域。

应有导向和辅助支承。为了保证加工质量，克服由于刀杆细长所造成的困难，加工深孔时刀杆应具备导向部分，同时必须采用合理的辅助支承，防止振动和“让刀”。

设置切削液输入装置。在加工时，为了及时将切削液注入切削区域，必须有一套专用设备，将切削液用高压打入，并将切屑及时排出。

5）薄壁零件加工。薄壁零件在加工时产生的最大问题是变形问题，合理制订工艺过程，正确选择装夹方法、刀具和切削用量，可以有效控制薄壁零件加工变形，提高加工质量。

① 合理制订工艺过程。

a. 采用毛坯退火—粗车—退火—精车的加工方

式，尽量去除加工中的残余应力，避免精加工或热处理中应力释放造成工件变形。

b. 一次装夹完成端面、内外圆表面的加工，保证各个相关表面能够获得较高的位置精度。

② 正确选择装夹方法。装夹不当或夹紧力过大都会使工件变形而造成圆度误差，如图 1. 1-12 所示。

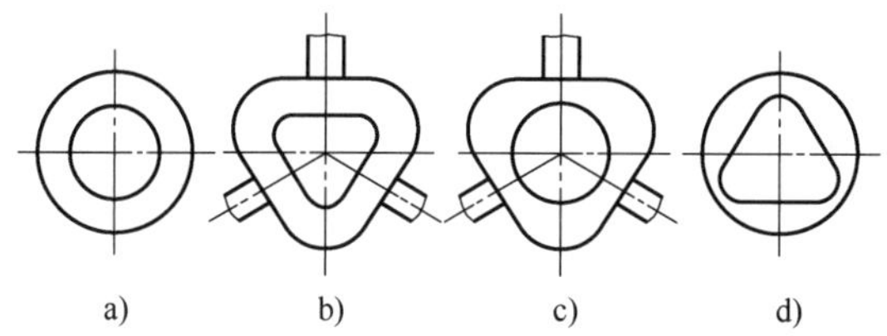

图 1. 1-12　夹紧力过大造成工件变形
a）夹紧前工件形状　b）夹紧后工件形状
c）车削后工件形状　d）松开后工件形状

a. 尽量增加工件的支撑面积和夹持面积。如图 1. 1-13 所示，采用开口套装夹工件，由于开口套与工件的接触面积大，夹紧力能均匀地分布在工件上，所以工件不易产生变形，能达到较高的内外圆同轴度和加工内孔表面的圆度。

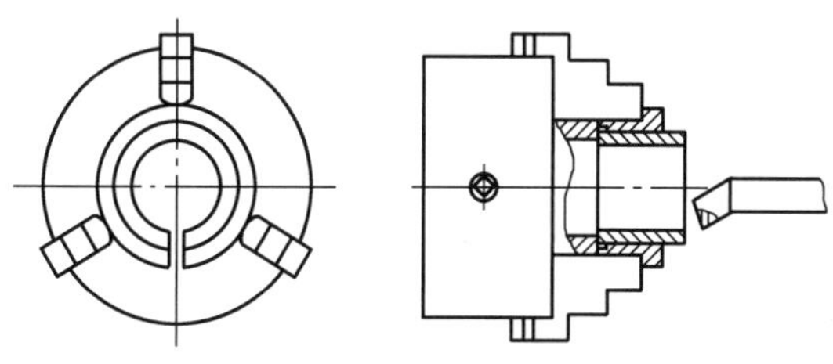

图 1. 1-13　用开口套装夹工件

如图 1. 1-14 所示，采用大卡爪或胀套夹具增大与工件的接触面积，使得夹紧力均匀，减少工件变形。

b. 夹紧力方向避开工件易产生变形的方向。如图 1. 1-15 所示，工件采用径向定位、端面轴向压紧的方式装夹工件，可大大降低薄壁工件加工中的变形。

如图 1. 1-16 所示，工件采用工艺夹头装夹，加工后将工艺夹头切去。

6）偏心零件加工。外圆和外圆或内孔和外圆的轴线不在同一轴线上（偏一距离）的零件称为偏心零件，外圆和外圆偏心的零件称为偏心轴，内孔和外圆偏心的零件称为偏心套，两个轴线之间的垂直距离称为偏心距。

① 车削偏心零件的要点。

a. 适当加平衡块，保持车削平衡。

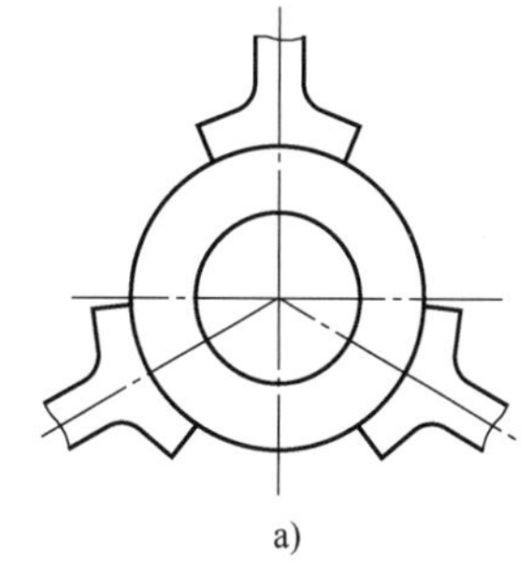

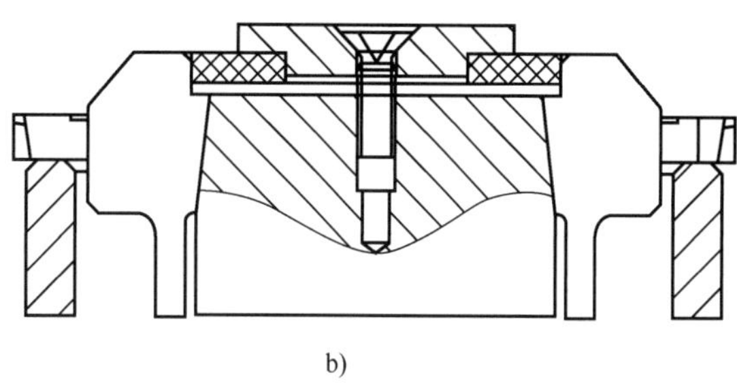

图 1. 1-14　用大卡爪或胀套夹具装夹工件
a）增大与工件接触面积的卡爪装夹　b）胀套装夹

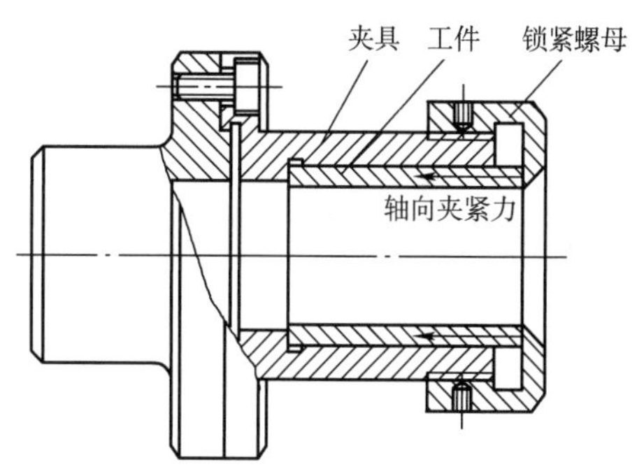

图 1. 1-15　合理夹持力方向示意

b. 夹紧部位应垫软质金属片增加夹紧力。

c. 不完整的圆弧形（扇形块）工件应尽量成对装夹，使之对称平衡，便于测量。

d. 车削用量选用视偏心距大小和平衡重量而定，偏心大、重量重，则车削用量要小；反之，则大。

e. 车削曲轴时，曲轴空档处要有轴向支承，以减少曲轴的变形。

② 偏心零件的车削方法。一般在车床上加工偏心零件，所采取的加工方法基本相同，其原理都是将要加工偏心部分的轴线找正到与机床主轴回转轴线重合即可加工；所不同的是，根据现场条件、加工批量、形状和精度要求等，需要选择不同的装夹方式。常用车削偏心零件的方法见表 1. 1-79。

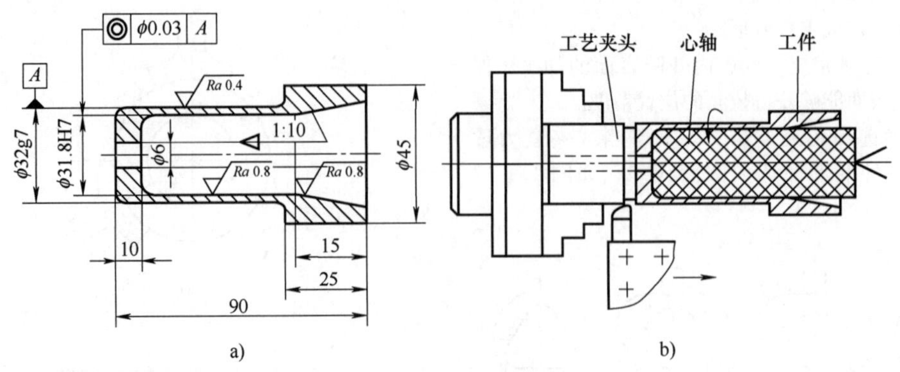

图 1.1-16　采用工艺夹头装夹工件

a）薄壁零件　b）薄壁零件装夹

表 1.1-79　常用车削偏心零件的方法

方法	简　　图	应　　用
单动卡盘装夹	偏心圆中心　偏心圆　工件　e	夹紧力大，适合在单件小批生产中加工长度比较短、加工精度要求不高的中小型零件
在自定心卡盘上增加一垫片后车削偏心零件	自定心卡盘　垫片　工件　x　e　D	车削批量较大、长度较短、偏心距要求不高的工件。 图中 $x=1.5e \pm K$ 式中　K——修正系数，$K=1.5\Delta e$ Δe——实测偏心距误差 +号——用于实测偏心距 $e'<e$ -号——用于实测偏心距 $e'>e$
在两个顶尖之间车削偏心零件	工件　紧固螺钉　套筒　e	一般偏心轴只要两端面上能钻中心孔，有鸡心夹头的装夹位置，都可以采用这种方法加工，偏心中心孔可经划线后在钻床上钻出，偏心要求高的中心孔可在坐标镗床上钻出

（续）

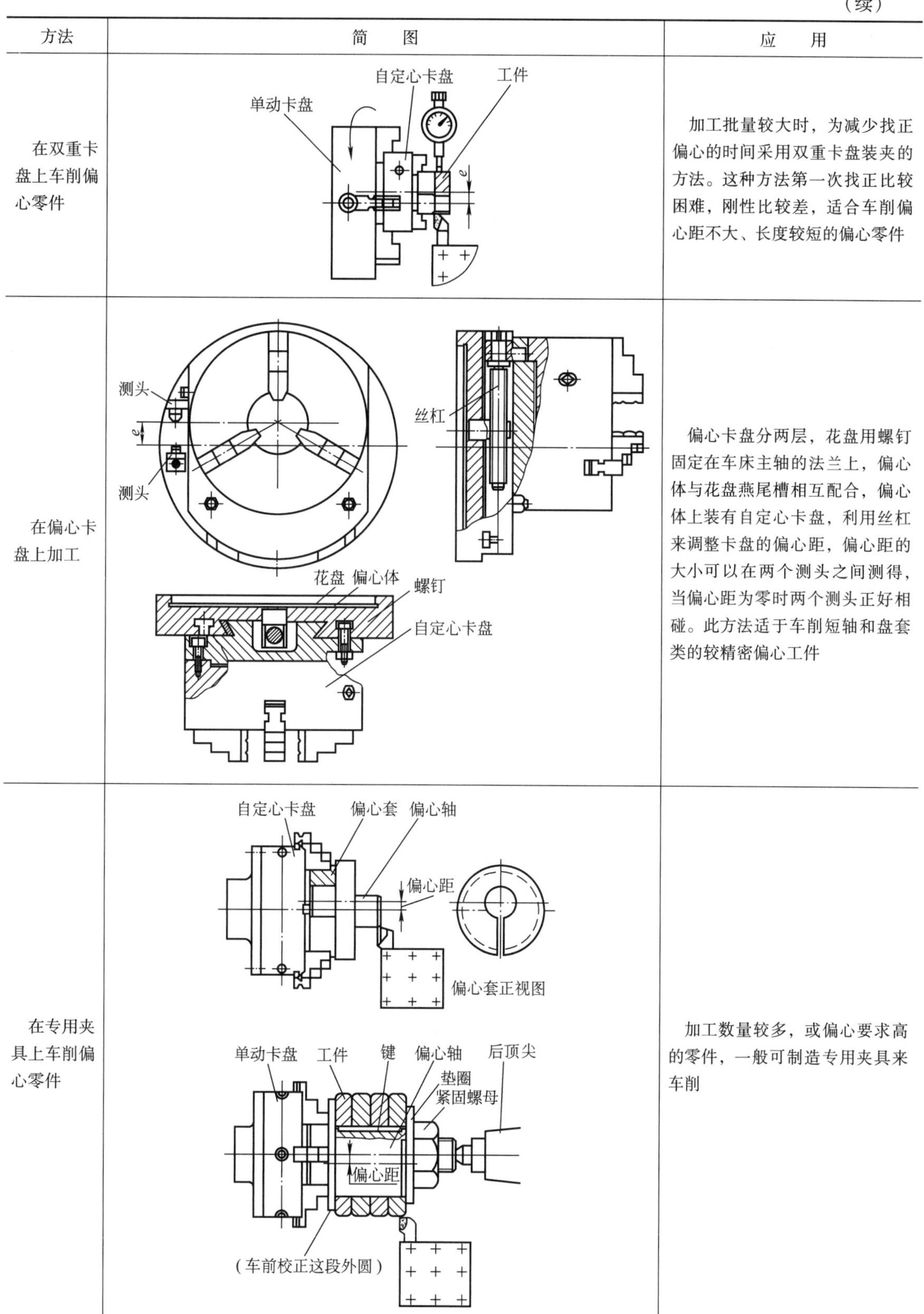

方法	简　　图	应　　用
在双重卡盘上车削偏心零件		加工批量较大时，为减少找正偏心的时间采用双重卡盘装夹的方法。这种方法第一次找正比较困难，刚性比较差，适合车削偏心距不大、长度较短的偏心零件
在偏心卡盘上加工		偏心卡盘分两层，花盘用螺钉固定在车床主轴的法兰上，偏心体与花盘燕尾槽相互配合，偏心体上装有自定心卡盘，利用丝杠来调整卡盘的偏心距，偏心距的大小可以在两个测头之间测得，当偏心距为零时两个测头正好相碰。此方法适于车削短轴和盘套类的较精密偏心工件
在专用夹具上车削偏心零件		加工数量较多，或偏心要求高的零件，一般可制造专用夹具来车削

7）螺纹加工。

① 车削螺纹的进刀方式及应用范围见表 1.1-80。

表 1.1-80　车削螺纹的进刀方式及应用范围

进刀方式	图　示	特　点	应用范围
径向进刀	f_r	所有切削刃同时工作排屑困难，切削力大，易扎刀 切削用量低 刀尖易磨损 操作简单 牙型精度高	高速切削 $P<3$mm 的管螺纹 $P \geqslant 3$mm 管螺纹的精车 $P<16$mm 梯形、矩形、平面、锯齿螺纹的粗、精车 硬质合金车刀高速车削螺纹
斜向进刀	f	单刃切削，排屑顺利，切削力小，不易扎刀 牙型精度差，螺纹表面粗糙度值大 切削用量较高	$P \geqslant 3$mm 螺纹与塑性材料螺纹的粗车
轴向进刀	f_a	单刃切削，排屑顺利，切削力小，不易扎刀 切削用量较高 螺纹表面粗糙度值较小	$P \geqslant 3$mm 管螺纹的精车 $P<16$mm 梯形、矩形、平面、锯齿螺纹的粗、精车 刚性较差的螺纹的粗、精车

② 车削螺纹常见问题及措施见表 1.1-81。

表 1.1-81　车削螺纹常见问题及措施

常见问题	产生原因及措施
打刀、扎刀	1）工件、刀具装夹后刚性差，机床各部件运动间隙大。用跟刀架支承工件，采用轴向进刀切削，减少进刀量；调整车床各部位间隙，特别是主轴和溜板间隙 2）车刀前角过大，径向切削力易将车刀拉向切削面而引起扎刀。适当减小前角，螺纹车刀的前角推荐值见表 1.1-82 3）车刀安装高度不当、进给方式不当、切削角度不当、切削刃和工件接触太长都会导致扎刀、打刀。刀头伸出刀架的长度不应大于 1.5 倍的刀杆高度，采用弹性刀杆补偿弹性变形消除振动。改用斜向进刀或轴向进刀，改变切削角度，减小切削刃工作长度
螺距超差	1）车床调整手柄扳错、交换齿轮挂错或计算错误，应逐项检查纠正错误 2）车床主轴、丝杠轴向窜动太大，或者主轴、丝杠、交换齿轮轴颈径向跳动太大。应按照机床技术要求调整安装、运动精度 3）工件中心孔圆度超差、孔深太浅或与顶尖接触不良，工件有弯曲变形。工件中心孔锥面和顶尖接触面不小于 85%，两端中心孔需要研磨使其同轴；机床顶尖不可与中心孔底部接触，合理安排工艺路线，降低切削用量，适时调整顶尖顶紧压力，防止工件弯曲变形

（续）

常见问题	产生原因及措施
牙型角超差	1）螺纹车刀刃倾角刃磨不准确，车刀安装不正确，车刀磨损严重。车刀刃倾角刃磨、车刀安装准确，提高刀具耐磨性，降低切削用量，充分冷却，强化刀具更换管理 2）工件中心孔质量差、刀具磨损大也会造成螺纹中径几何形状超差。研磨中心孔，保证圆度、接触精度和两端中心孔的同轴度
表面质量超差	车刀前、后角太小，刀具刃口质量差，工件材料可加工性差，都会导致牙型表面粗糙度超差。适当增大前、后角，降低车刀各刃磨面的表面粗糙度值，减小切削刃钝圆半径，刃口不能有毛刺、缺口。螺纹车刀后角推荐值见表 1.1-83

表 1.1-82　螺纹车刀的前角 γ_o

螺纹精车刀	螺纹粗车刀		
	车一般结构钢	车有色金属、软钢	车硬材料、高强度钢
0°~5°	10°~15°	15°~25°	−5°~−10°

表 1.1-83　螺纹车刀的后角 α_o、α_n

螺纹车刀材料	顶刃后角 α_o	侧刃后角 α_n
高速钢	4°~6°	3°~5°
硬质合金	3°~5°	2°~4°

8）特殊型面加工。特殊型面包括球面、双曲面、椭圆面、凸轮轴、多边形等。在数控车床广泛应用的今天，多数复杂曲面加工已经变得比较容易，详见数控车削加工。

（5）卧式车床常见加工质量问题与解决措施

卧式车床常见加工质量问题与解决措施见表 1.1-84。

表 1.1-84　卧式车床常见加工质量问题与解决措施

加工面	质量问题	产生原因和解决措施
外圆和孔	圆柱度超差	1）坯料弯曲，进行校直 2）车床主轴轴线和床身导轨面在水平面内不平行 3）前后顶尖不等高或中心偏移 4）顶尖力不当，调整顶尖力或改用弹性顶尖 5）工件装夹刚性不够，将前后顶尖顶紧改为卡盘、顶尖夹顶，或用跟刀架、托架支承等增加工件刚性 6）刀具在一次进给中磨损或刀杆过细，造成让刀，应降低车削速度，提高刀具耐磨性和增加刀杆刚度 7）由车削应力和车削热产生变形。消除应力，并尽可能提高车削速度和进给量，减小背吃刀量，加强冷却润滑 8）刀尖和跟刀架支承处距离过大，减小距离（一般为 2mm）

（续）

加工面	质量问题	产生原因和解决措施
外圆和孔	圆度超差	1）卡盘法兰与主轴配合螺钉松动或卡盘定位面松动 2）主轴轴承间隙大，主轴轴套外径与箱体孔配合间隙大，或主轴颈圆度超差，应重新调整间隙或修磨主轴颈 3）工件孔壁较薄，装夹变形，采用定心精度高的液压塑料夹具装夹工件
	端面垂直度和平面度超差	大溜板上下导轨不垂直从而引起端面凹凸，修刮大溜板上导轨和调整中溜板镶条间隙；主轴轴向窜动，调整主轴轴承和消除轴肩端面跳动
	重复出现定距波纹	1）进给系统传动齿轮啮合间隙不正常或损坏 2）光杠弯曲，支承光杠的孔和光杠的同轴度超差或光杠与床身导轨不平行，找正校直，调平行 3）大溜板纵向两侧压板与床身导轨间隙过大，将间隙调整适当
	出现规律波纹	1）电动机、带轮及高速旋转零件的平稳性差，摆动大，应消除机件偏重 2）主轴轴承钢球局部损坏，应更换轴承 3）顶尖与锥孔配合不好，尾座紧固不牢
	出现混乱波纹	1）主轴轴向窜动大，或主轴轴承磨损严重，应更换轴承 2）卡盘法兰与主轴配合松动，方刀架底面与刀架溜板接触不良，中小溜板间隙过大。修刮调整
	表面粗糙度值太大	1）刀具刃磨不良，或刀尖高于工件轴线，应重新刃磨刀具，使刀尖位置与工件轴线等高或略低（对于孔应略高于工件轴线） 2）润滑不良，切削液过滤不好或选用不当 3）工件金相组织不好。粗加工后进行改善金相组织的热处理
中心孔	锥面粗糙度值较大	1）进给量太大或不均匀，在中心孔将钻完时，应停止进给，用钻刃修光锥面 2）对于C型中心孔，应先攻螺纹后车锥面
	断钻头	1）尾座轴线与主轴旋转轴线不同轴 2）工件端面不平或有凸台 3）中心架三个支承爪调整不当，工件旋转有摆动 4）冷却润滑不良，排屑不畅
细长轴	产生竹节形	跟刀架支承柱的顶力大，溜板有窜动，应减小支承柱顶力，消除溜板间隙，减小背吃刀量
	多棱面	1）跟刀架支承柱与工件间隙大，接触不均匀，修整支承柱圆弧面，重调间隙 2）顶紧力太大，工件因热伸长在前后顶尖间被顶弯，尾座顶尖与工件间应留适当间隙（一般为0.1~0.2mm）或选用弹性活顶尖

2. 立式车床加工

立式车床主要应用于长径比小于1的盘类、套类和环状中大型零件加工中，可加工内外圆柱面、圆锥面、平面、沟槽、切断及特殊型面。

(1) 立式车床加工表面

立式车床加工表面见表1.1-85。

表1.1-85　立式车床加工表面

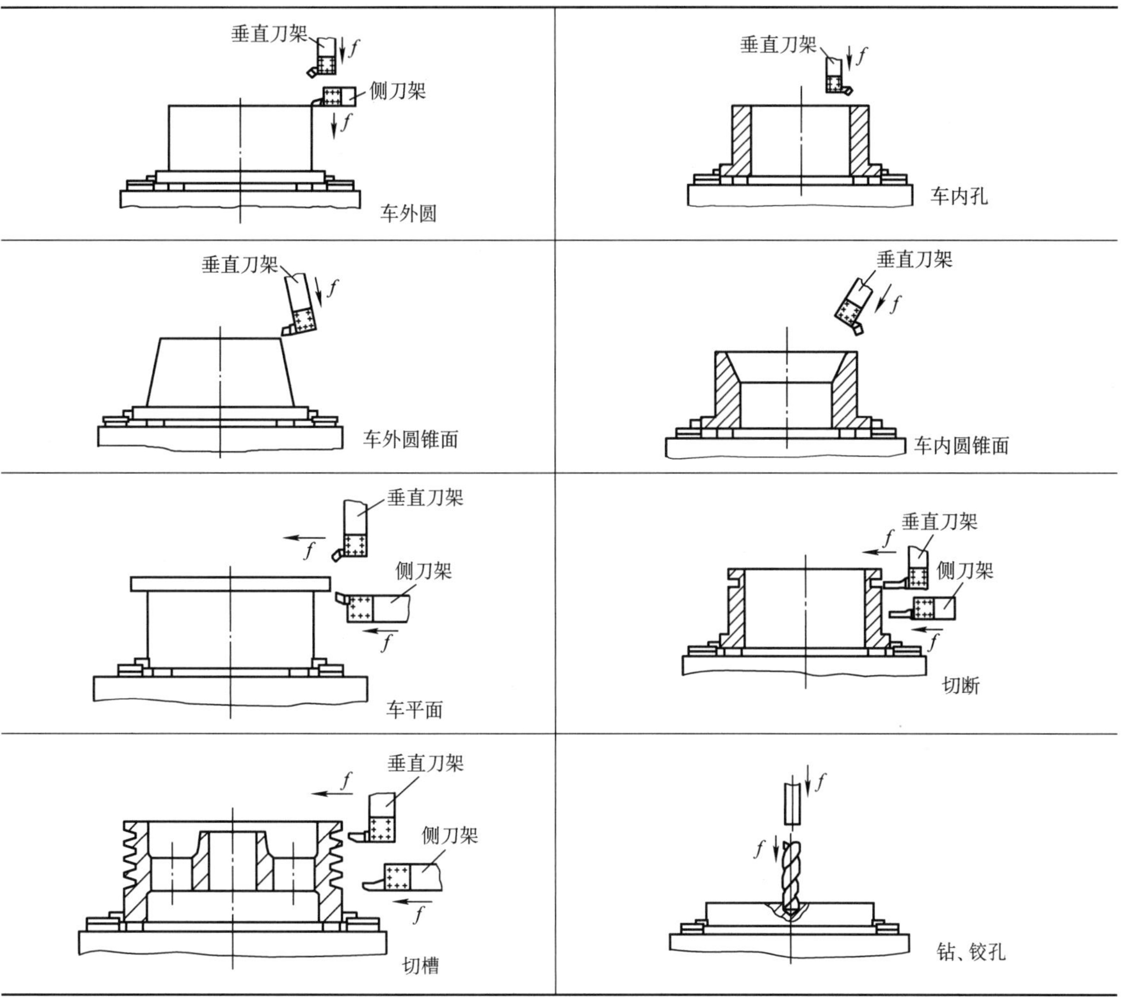

(2) 工件的装夹、定位和测量

1) 立式车床常见装夹方式及大型工件定位方式分别见表1.1-86和表1.1-87。

表1.1-86　立式车床常见装夹方式、适用范围和注意事项

装夹方式	图　示	适用范围	注 意 事 项
卡盘夹紧		刚性较好的工件	夹紧力大，工件易受力变形，大型工件在卡盘卡爪之间要加千斤顶
压板顶紧		加工环状、盘类工件	压板顶紧位置要对称、均匀，安装高度要合适，顶紧力位于同一平面内，对厚度较薄的工件，顶紧力不宜过大，否则会引起变形

（续）

装夹方式	图示	适用范围	注意事项
压板压紧	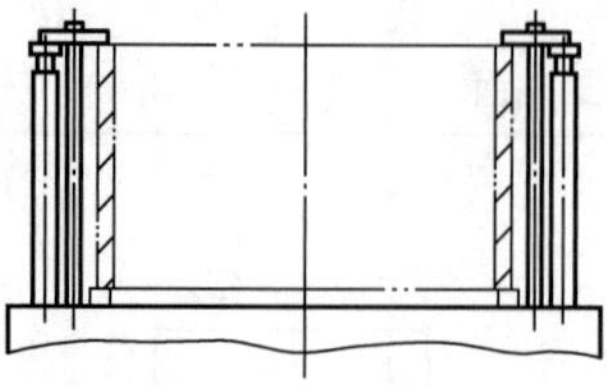	加工套类工件、带台阶工件、不对称工件及块状工件	基准面要精加工，压板布置要均匀、对称，压板压力大小一致，压板支承面要高于工件被压紧面 1mm 左右
压夹联合装夹	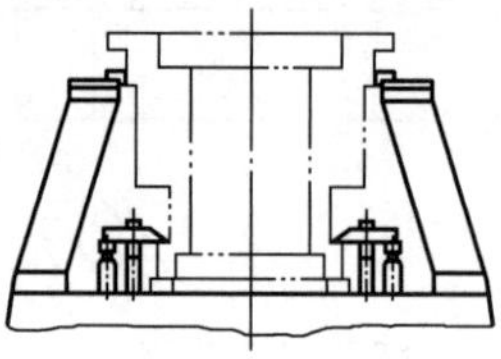	加工支承面小且较高的工件	夹和压要分别对称布置，防止工件倾倒

表 1.1-87　立式车床常见大型工件定位方式

定位方式	图示	使用范围
千斤顶辅助支承	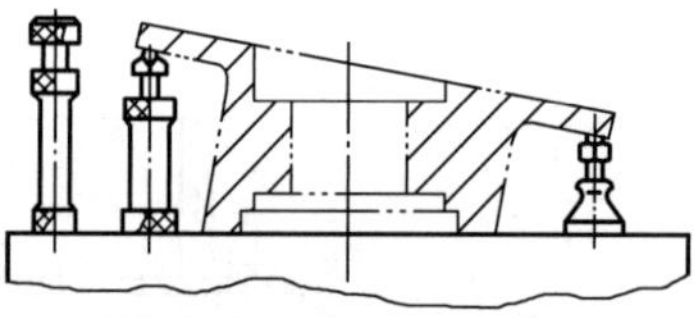	用工件平面和内、外圆作为定位面时，为减少工件基准面与支承面接触，提高工件定位稳定性，用千斤顶支承工件毛基准面
垫铁支承	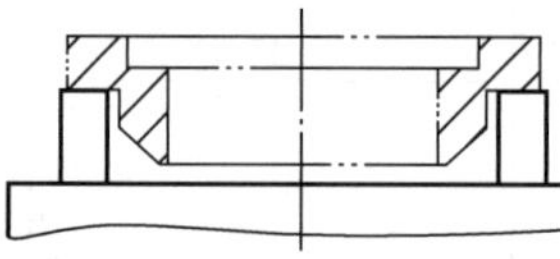	用工件平面、内、外圆作为定位面时，为减少工件基准面与支承面接触，提高工件稳定性，也有用垫铁支承光基准面的情况
可调角铁支承	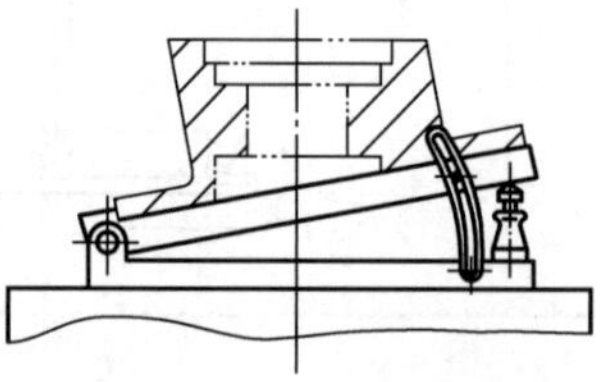	用于工件加工面与定位基准不平行的场合
增加工艺基准，供二次装夹时找正	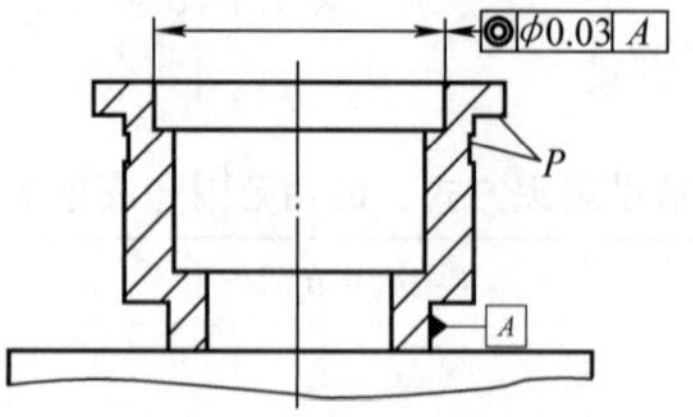 ◎ϕ0.03 A P A	一次装夹不能完成全部表面加工时，为保证工件的位置精度，需要增加工艺基准，如图中 *P* 为增加的工艺基准面，用于工件二次装夹时找正，适合单件生产
专用定位夹具完成二次装夹	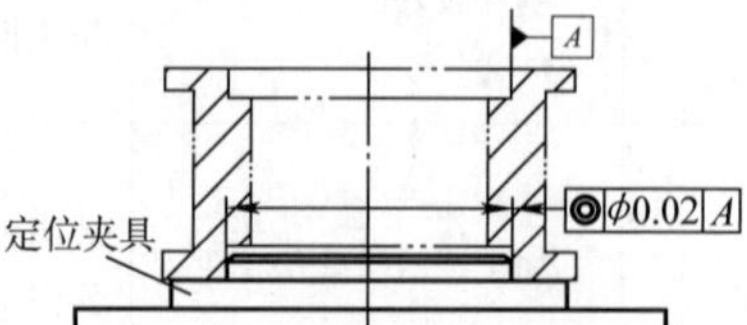 A ◎ϕ0.02 A 定位夹具	适合无法增加工艺基准或小批量生产

2）大型工件测量。

大型工件的常见测量方法见表 1.1-88。

表 1.1-88　大型工件的常见测量方法

测量方法	图　示	说　明
利用辅助测量面测量	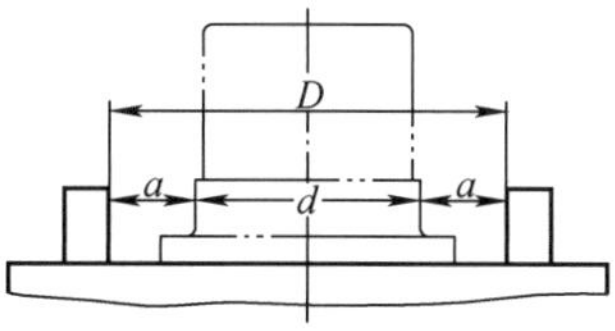 D a d a	加工大直径多台阶工件时，尺寸 d 不好直接测量，可在车床工作台上装夹两个测量块，准确测定尺寸 D，工件加工后，可测得尺寸 a，工件尺寸 $d=D-2a$
	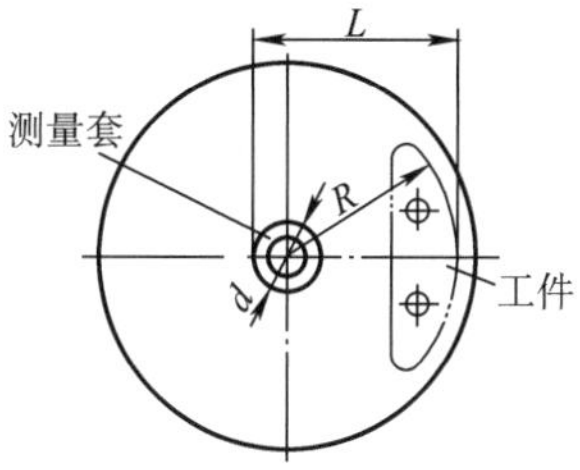 L 测量套 R d 工件	当加工不对称件或块状工件不能直接测得工件加工尺寸时，可利用测量套进行间接测量。在立式车床工作台中心处固定一测量套，可测得尺寸 L，工件尺寸 $R=L-d/2$
利用工件本身表面作为间接测量基准面	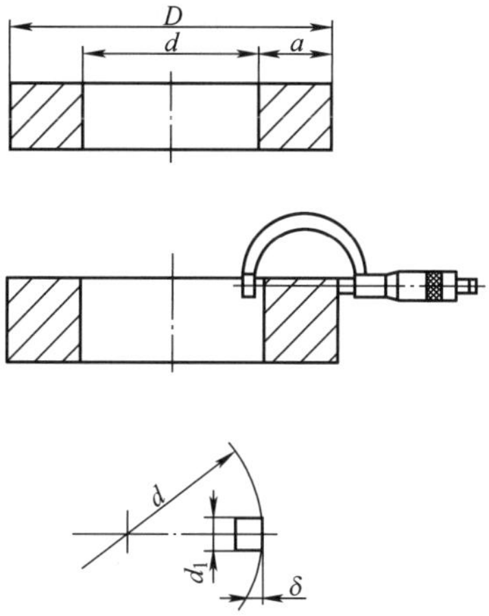 D d a d d_1 δ	可以利用已经加工好的内孔 d 测量壁厚 a，最后确定工件外径尺寸 $D=d+2a$ 利用千分尺测量工件壁厚 a 时，因工件内径是圆弧表面，会产生测量误差： $\delta=\frac{d}{2}-\sqrt{\left(\frac{d}{2}\right)^2-\left(\frac{d_1}{2}\right)^2}\approx\left(\frac{d_1}{2}\right)^2\Big/d$ 式中　d_1——千分尺测量杆直径 壁厚实际尺寸 $a=a_m-\delta$ 式中　a_m——百分表测得的尺寸
利用圆柱测量棒和千分尺进行圆锥体大端直径测量	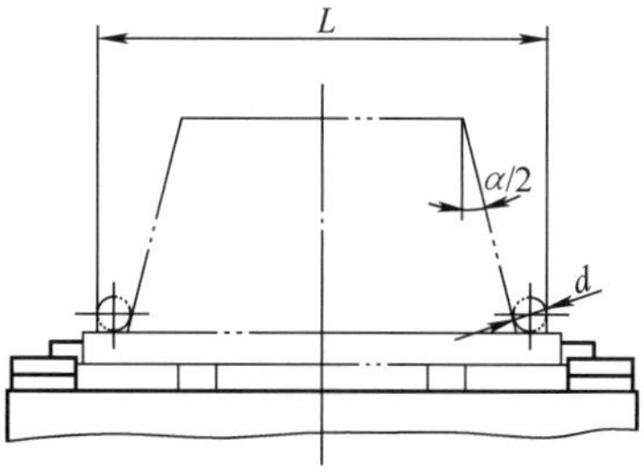 L α/2 d	$L=D+d\left(1+\tan\frac{90°-\alpha/2}{2}\right)$ 式中　L——计算测量尺寸 D——圆锥体大端直径 d——测量棒直径 $\alpha/2$——工件斜角

（3）立式车床典型零件加工

1）薄壁件加工。大型薄壁件的特点是工件尺寸大、壁薄、刚性差，装夹时容易产生变形，切削过程容易产生振动和热变形，加工时主要从以下两个方面控制。

① 装夹。采用适当的装夹方法，减少夹紧变形。粗加工时，可采用十字支承夹紧，如图 1.1-17 所示，适当增加夹紧力。加工筒形薄壁件内、外圆时，可采

用轴向压紧装夹，如图 1. 1-18 所示。若工件较高，加工时会产生振动，可增加辅助支承装夹，如图 1. 1-19 所示。加工大型薄壁铜套时，最好增加工艺夹头装夹，如图 1. 1-20 所示。

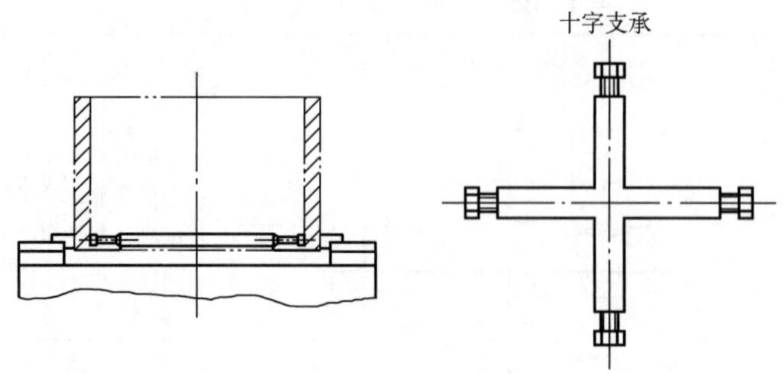

图 1. 1-17　十字支承装夹

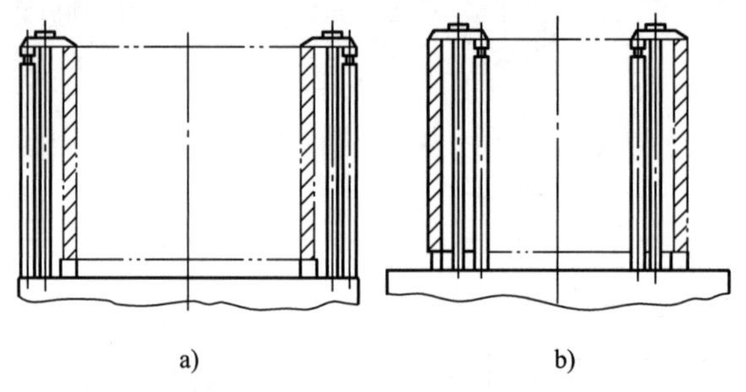

图 1. 1-18　轴向压紧装夹
a）外支承　b）内支承

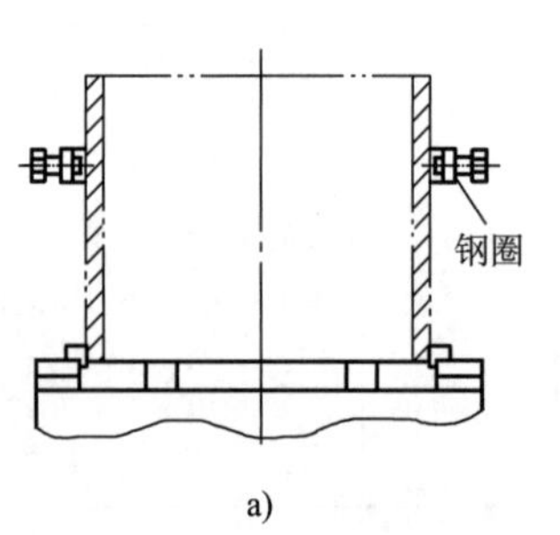

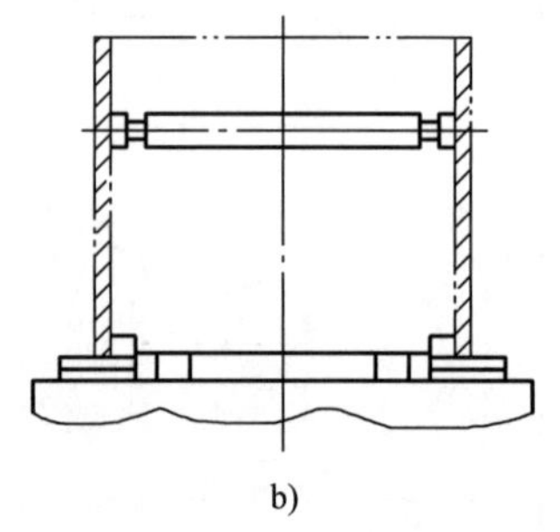

图 1. 1-19　辅助支承装夹
a）外支承　b）内支承

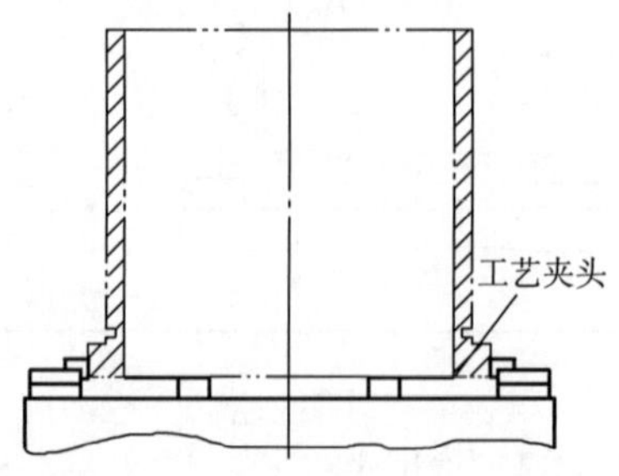

图 1. 1-20　工艺夹头装夹

② 工艺安排。粗、精加工要分序进行，工件在粗加工后，经自然时效，消除粗加工后工件中的残余内应力。薄壁件精车余量见表 1.1-89。

表 1.1-89　薄壁件精车余量　（mm）

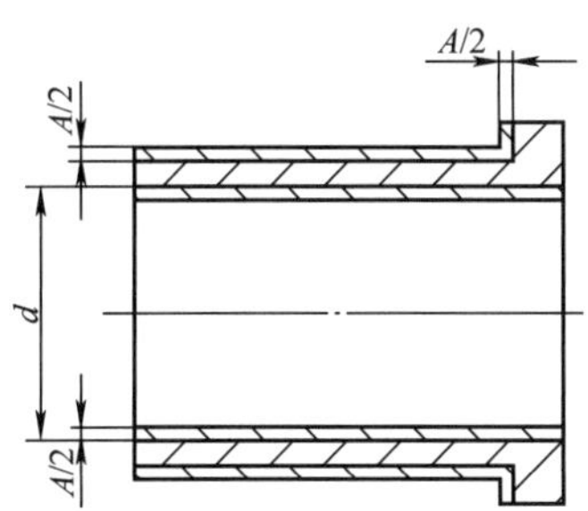

孔径	<400	400~1000	1000~1500	1500~2000
直径余量 A	4	5	6	8

2）薄片圆盘工件的平面加工。薄片圆盘工件装夹方式通常用压板顶紧外圆。顶紧压板最好对称布置，顶紧力应均匀、适当。顶紧力过大，容易使工件翘起而扭曲变形。为了防止加工时产生振动，工件在装夹时要贴紧垫铁或工作台，如图 1.1-21 所示。大直径工件可增加顶紧点与等高垫铁。

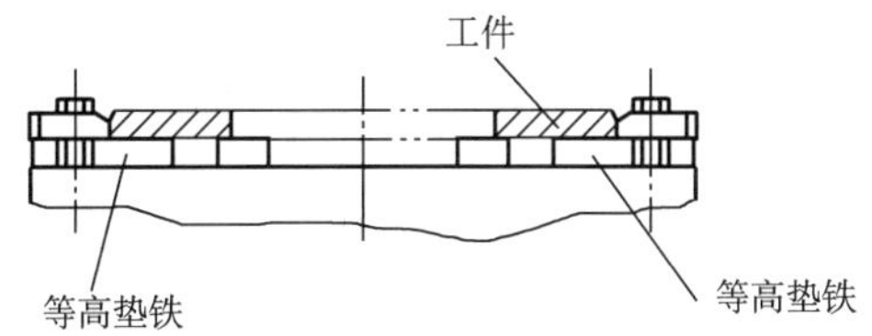

图 1.1-21　薄片圆盘工件装夹

由于工件厚度较小，夹紧力小，车削时应采用较小的切削用量（a_p<0.3mm，f<0.2mm/r，v<50m/min）。为减少加工变形，可反复多次车削工件两端面。也可在精车后每面留 0.3~0.5mm 余量，在立式磨床上用磨削装置加工。

3）锥面加工。在数控立式车床上很容易实现圆锥面的高精度加工，对于没有数控设备的加工车间，也可以利用普通设备，采取一定的加工方式，完成大锥面的单件或小批量加工。常用的加工方法有以下几种：

① 垂直刀架扳角度车削。工件圆锥角小于 30°时，扳转垂直刀架角度，加工比较方便。加工精度高的圆锥面时，可用正弦规和方箱来校正垂直刀架扳转的角度，其校正误差应小于工件角度公差的一半，如图 1.1-22 所示。

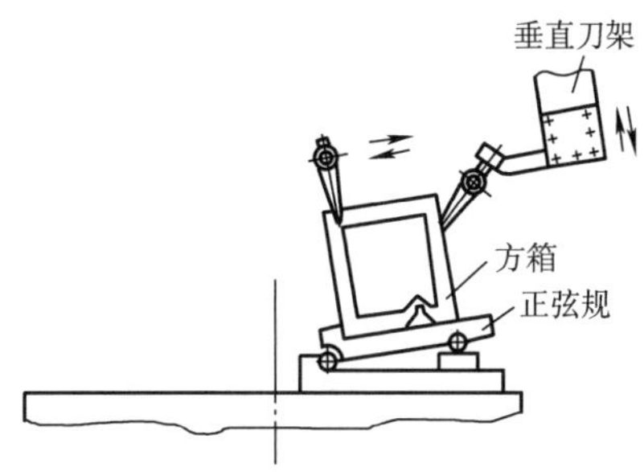

图 1.1-22　校正垂直刀架扳转的角度

② 垂直刀架的水平和垂直同时进给，如图 1.1-23 所示。立式车床可以通过在垂直刀架右侧进给箱上装交换齿轮架，实现水平和垂直的同时进给，构成一个合成的进给运动，其传动比根据圆锥体的锥度确定。当进给箱与水平进给接通后，通过交换齿轮把运动传递给垂直刀架，其传动比如下：

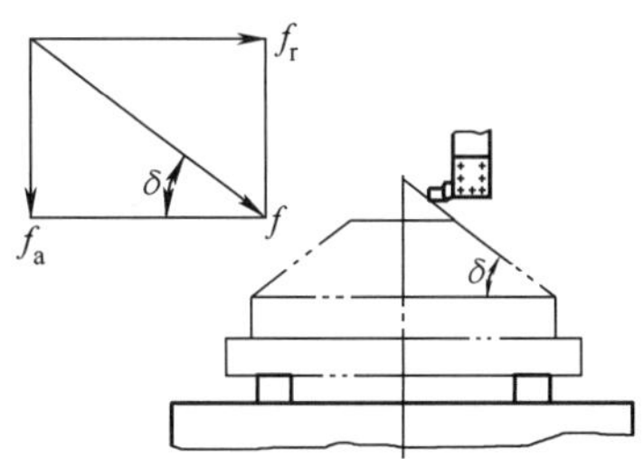

图 1.1-23　垂直刀架不扳角度车削

交换齿轮轮速比：$i=\tan\delta=\dfrac{f_a}{f_r}=\dfrac{z_1z_3}{z_2z_4}$

式中　z_1、z_2、z_3、z_4——交换齿轮的齿数，z_1 和水平进给丝杠相连，z_4 和垂直进给丝杆相连；

δ——工件圆锥体素线与水平面间夹角；

f_a——垂直进给量；

f_r——径向进给量。

如果交换齿轮的齿数有限，也可以附加扳动垂直刀架角度 β，实现任意角度锥体的加工，如图 1.1-24 所示。

刀架所扳角度 β 的计算公式为

$$\cos(\delta+\beta)=\frac{f_r}{f_a}\sin\beta$$

(4) 立式车床常见加工质量问题与解决措施

立式车床常见加工质量问题与解决措施见表 1.1-90。

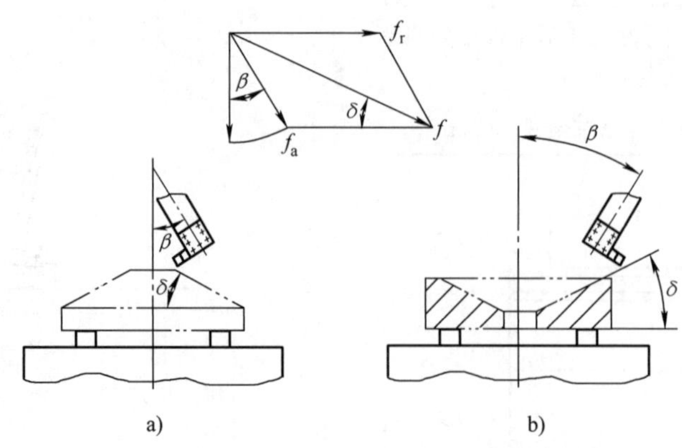

图 1.1-24　垂直刀架扳角度车削加工
a）加工外锥表面　b）加工内锥表面

表 1.1-90　立式车床常见加工质量问题与解决措施

质量问题	产生原因	解决措施
单边残留原毛坯黑皮	工件装夹偏斜	1）工件装夹时要找正 2）复杂工件要先划线后加工
表面有波纹	机床或工件刚性不好	1）重新调整机床 2）增加辅助支承或垫铁 3）提高工件刚性
尺寸超差	1）测量方法不正确，存在测量误差 2）工件冷缩 3）刀具磨损 4）换刀和重磨刀具后对刀产生误差	1）校正量具精度 2）测量时量具放置平稳，测点对正 3）大卡尺尽可能用卡尺中部或后部测量 4）等工件冷却后测量 5）按照正确的换刀频次按时换刀 6）刀具重磨后首件测量调整
产生变形	装夹方法不正确	1）选择合适的装夹方法 2）粗、精加工分工序进行，粗加工后要进行时效处理 3）对于薄片圆盘工件，两平面要反复多次加工
产生锥度或平面中凸	1）滑枕导轨与工作台回转轴线平行度超差 2）刀具磨损	1）重新调整或修复机床导轨 2）精车大平面时，要自工件中心向外进给 3）改善刀具角度或选用耐磨刀具

1.1.7　数控车床加工

1. 数控车床的用途

数控车床能对轴类或盘类等回转体零件自动地完成内外圆柱面、圆锥表面、圆弧面和直、锥螺纹等工序的切削加工，并能进行切槽、钻、扩、铰等工作。

2. 数控车床的分类

按照侧重点不同，数控车床有不同的分类方法。

（1）按数控系统的功能分类

1）经济型数控车床。它一般采用步进电动机驱动形成开环伺服系统，控制系统多采用发那科（FANUC）或西门子（Siemens）系统。此类车床结构简单、价格低廉，但在机床布局、刀盘、尾座结构，机床防护，关键组件质量方面，包括主轴电动机及主轴轴承、丝杠、导轨及其辅助部件等方面都与全功能型数控车床有一定差距。

2）全功能型数控车床（图 1.1-25）。它一般采用闭环或半闭环控制系统。全功能型数控车床采用直流或交流主轴控制单元来驱动主轴，主轴变速按照加工程序指令自动进行，能够无级地大范围变速；主轴箱一般采用热对称结构设计，主轴在受热时轴线不偏移；主轴组件采用精密级组合轴承排列，填充长效润滑脂，并在主轴端进行可靠密封，经精心装配，具有温升小、热变形小、精度高的特点。

全功能型数控车床的进给系统具备高精度、快速响应、低速大转矩特点，一般采用交、直流伺服进给驱动装置，通过滚珠丝杠副带动刀架移动。刀架的快速移动和进给移动为同一条传动路线。滚珠丝杠螺母轴向间隙可通过预紧方法消除，预紧载荷以能有效地减小弹性变形所带来的轴向位移为度，避免过大的预紧力产生的摩擦阻力增加和传动效率降低，使寿命缩短。

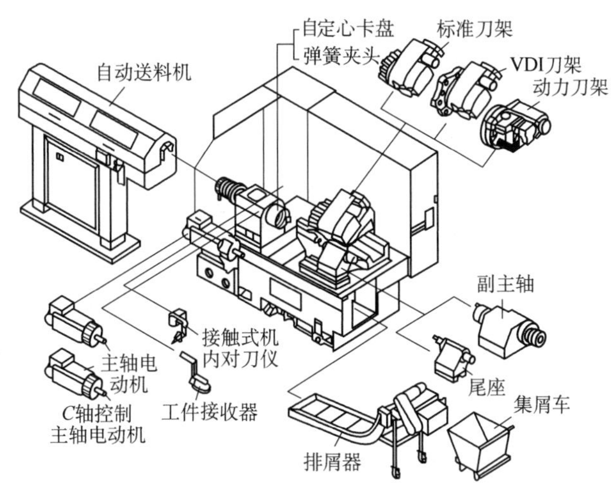

图 1. 1-25　全功能型数控车床示意

3）车削中心。它是以全功能型数控车床为主体，并配置刀库、换刀装置、分度装置、铣削动力头和机械手等，能实现多工序复合加工的机床。在工件一次装夹后，可完成回转类零件的车、铣、钻、铰、攻螺纹等多种加工工序，其功能全面，但价格较高。

（2）按加工工件的类型分类

1）卡盘式数控车床。这类车床不设置尾座，适于车削盘类零件。其夹紧方式多为电动或液压控制，卡盘结构多数具有卡爪。

2）顶尖式数控车床。这类车床设置有普通尾座或数控液压尾座，适合车削较长的轴类零件，也可加工盘类零件。

（3）按主轴的配置形式分类

1）卧式数控车床。其主轴轴线处于水平位置，又可分为水平导轨卧式数控车床和倾斜导轨卧式数控车床。倾斜导轨结构可以使车床具有更大的刚度，并易于排屑。

2）立式数控车床。其主轴轴线处于垂直位置，并有一个直径很大的圆形工作台，供装夹工件用。这类机床主要用于加工径向尺寸大、轴向尺寸较小的大型复杂零件。

具有两根主轴的车床称为双轴式数控车床，此类设备目前国内市场也有一定的需求。

（4）其他分类

按数控系统的控制方式可分为直线控制数控车床、轮廓控制数控车床等；按车床的工艺性能可分为螺纹数控车床、活塞数控车床、曲轴数控车床等；按刀架数可分为单刀架数控车床和双刀架数控车床。

3. 数控车床的选用

目前，国内的数控车床生产厂家很多，所采用的关键零部件和制造技术也各有所长，选购时应注意以下几个方面：

（1）床身和导轨

1）床身。机床的床身是整个机床的基础支承件，是机床的主体，一般用来放置导轨、主轴箱等重要部件。床身的结构对机床的布局有很大的影响。按照床身导轨面与水平面的相对位置，数控车床床身一般有如图 1. 1-26 所示的几种布局形式。

图 1. 1-26a 所示为平床身的布局，它的工艺性好，便于导轨面的加工。平床身配上水平放置的刀架，可提高刀架的运动精度。缺点是平床身下部空间小，排屑困难。从结构尺寸上看，刀架水平放置使滑板横向尺寸较长，从而加大了机床宽度方向的结构尺寸。目前，国内市场的经济型数控车床多采用该布局。

图 1. 1-26b 所示为斜床身的布局，其导轨倾斜的角度分别为 30°、45°、60°和 75°等。当导轨倾斜的角度为 90°时，称为立床身，如图 1. 1-26d 所示。倾斜角度小，排屑不便；倾斜角度大，导轨的导向性及受力情况差。倾斜角度的大小还直接影响机床外形尺寸高度与宽度的比例。目前，国产全功能型数控车床普遍采用的是 45°斜床身。

图 1. 1-26c 所示为平床身斜滑板的布局。这种布局形式一方面具有平床身工艺性好的特点，另一方面机床宽度方向的尺寸较水平配置滑板的要小，且排屑方便。

目前，斜床身的布局形式被国内数控车床普遍采用。这是由于该布局形式排屑容易，高温切屑不会堆积在导轨上，也便于安装自动排屑器；它还具有操作方便、机床占地面积小、外形美观、容易实现封闭式防护等优点。

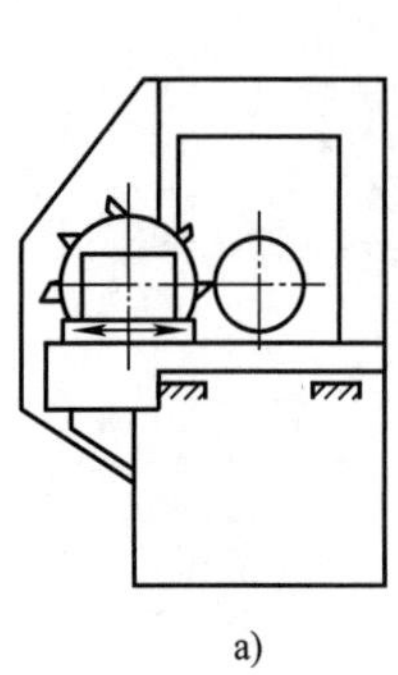
a)
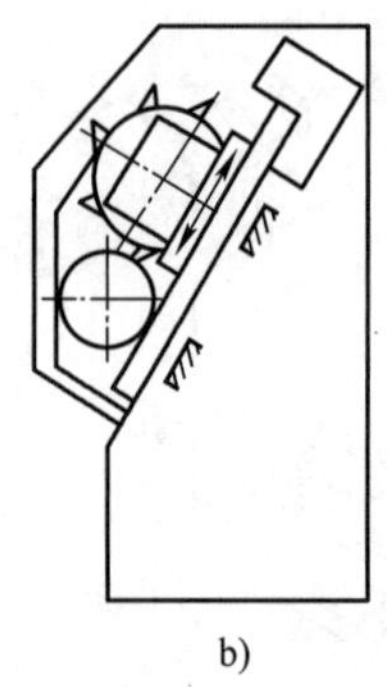
b)
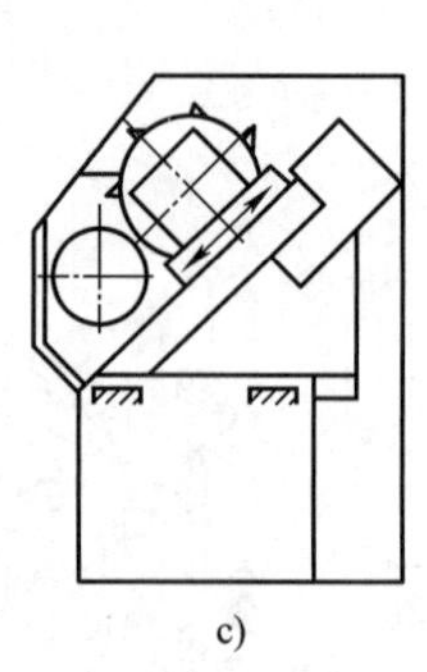
c)
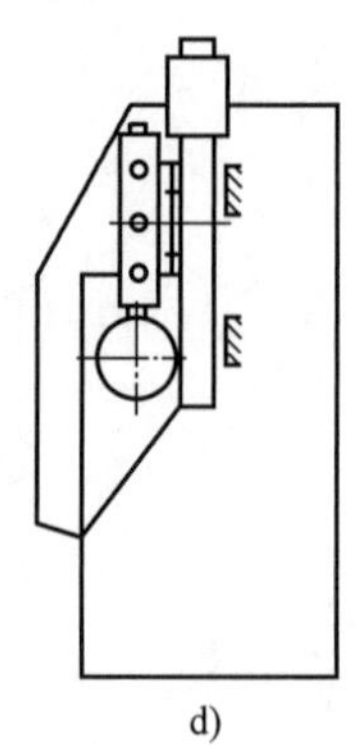
d)

图 1.1-26　数控车床的布局形式

a）平床身　b）斜床身　c）平床身斜滑板　d）立床身

2）导轨。车床的导轨可分为滑动导轨和滚动导轨两种。

滑动导轨具有结构简单、制造方便、接触刚度大等优点。但传统滑动导轨摩擦阻力大、磨损快，动、静摩擦系数差别大，低速时易产生爬行现象。目前，数控车床已不采用传统滑动导轨，而是采用注塑滑动导轨新工艺，支承刚性高，摩擦系数小，寿命长，性能较之贴塑导轨工艺性能有大幅度提高。

导轨刚度的大小、制造是否简单、能否调整、摩擦损耗是否最小，以及能否保持导轨的初始精度，在很大程度上取决于导轨的横截面形状。车床滑动导轨的横截面形状常采用山形截面和矩形截面。山形截面（图 1.1-27a）导轨导向精度高，导轨磨损后靠自重下沉自动补偿；下导轨用凸形有利于排污物，但不易保存油液。矩形截面（图 1.1-27b）导轨制造维修方便，承载能力大，导向精度高，但磨损后不能自动补偿，须用镶条调节，影响导向精度。

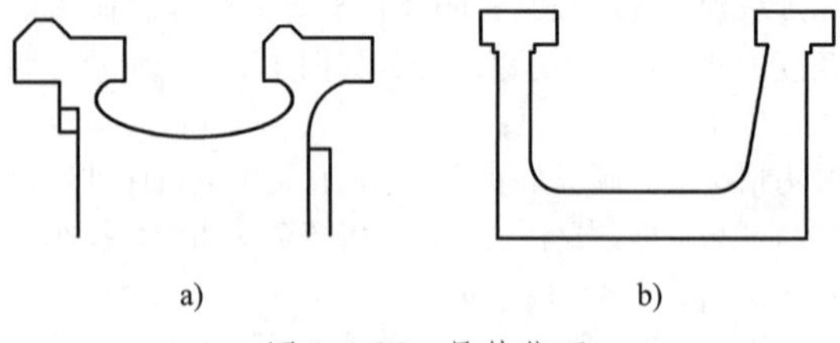

图 1.1-27　导轨截面

a）山形截面　b）矩形截面

直线滚动导轨的优点是摩擦系数小，动、静摩擦系数很接近，不会产生爬行现象，可以使用油脂润滑。相比之下，直线滚动导轨在提高加工精度、提高刀架移动速度、获得较高生产率方面更具有优势，而滑动导轨在提高承载能力方面性能更好。

（2）主轴箱

主轴箱是机床构成装置中最重要的部件之一。它主要由主轴箱体、套筒、主轴、主轴轴承、主轴轴承用调整螺母、位置编码器及传动带等组成。

目前，国内数控车床的主轴大部分都是通过 V 带由 AC 主轴电动机直接驱动，当采用强力型电动机时可使主轴获得高的输出转矩。

轴承的选用和配置结构是影响转速、主轴刚性和运转精度的重要环节，一般是采用圆柱滚子轴承、推力球轴承的结构。

（3）液压卡盘

数控车床为高效率、高精度加工设备，为满足多种零件的高精度加工需要，应选配合适的自动卡盘。目前，数控车床配备最多的是液压卡盘，有专门生产液压卡盘的生产商为设备厂家供货。根据零件加工不同需要可分为自动定心径向夹紧液压卡盘、顶尖定心径向浮动夹紧液压卡盘和端面夹紧液压卡盘等几种；根据轴类零件的通过性又可分为中空和中实两种结构型式。

图 1.1-28 所示为中实自动定心径向夹紧液压卡盘结构，图 1.1-29 所示为卡盘在机床上的连接。卡盘由高强度螺钉固定在主轴前端，卡盘的夹紧、松开动作由回转油缸通过拉杆来驱动，油缸活塞向卡盘方向移动（推），通过卡盘上的楔形机构，卡爪松开工件，反之，卡爪夹紧工件。

根据零件加工需求，可要求机床厂家增加调节液压单元上控制卡盘夹紧力的减压阀，由 NC 程序实现高低压夹紧工件的自动转换。

（4）刀架系统

1）刀架的布局。刀架分为排式刀架和回转刀架两大类。目前，两坐标联动数控车床多采用回转刀架，它在机床上的布局有两种形式。一种是用于加工盘类零件的回转刀架，其回转轴垂直于主轴；另一种是用于加工轴类和盘类零件的回转刀架，其回转轴平行于主轴。

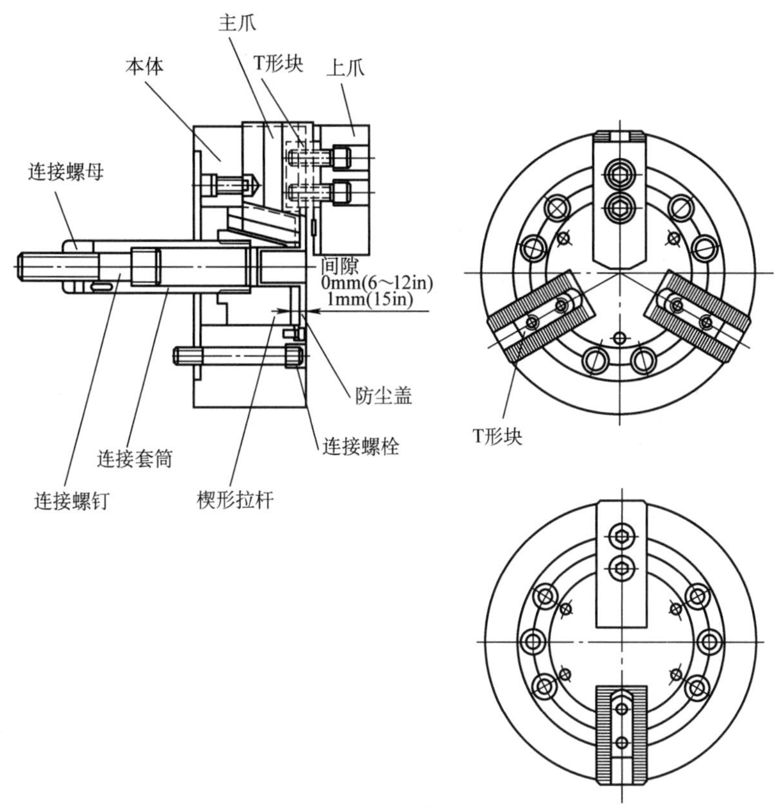

图 1.1-28　中实自动定心径向夹紧液压卡盘结构

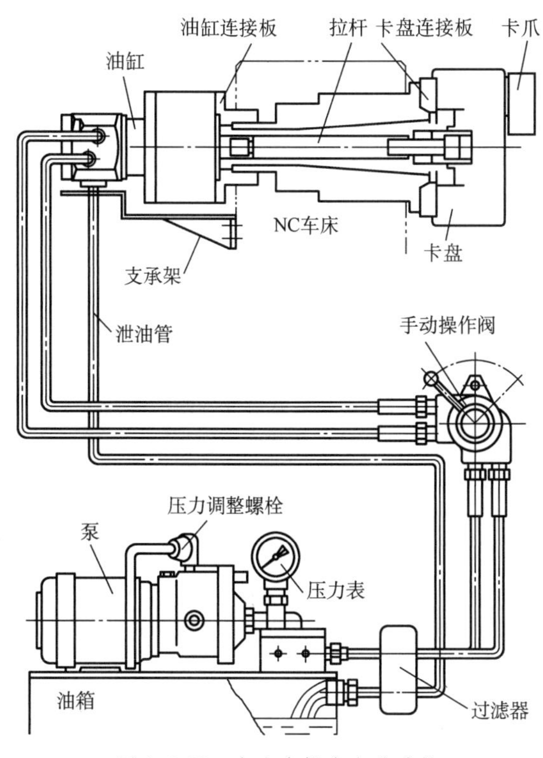

图 1.1-29　卡盘在机床上的连接

四坐标轴控制的数控车床，床身上安装有两个独立的滑板和回转刀架，每个刀架的切削进给量分别控制，两刀架可以同时切削同一工件的不同部位，既扩大了加工范围，又提高了加工效率，适合于加工曲轴等形状复杂且批量较大的零件。

数控车床的刀架是机床的重要组成部分，其结构直接影响机床的切削性能和工作效率。在一定程度上，刀架的结构和性能体现了机床的设计和制造技术水平。随着数控车床的不断发展，刀具结构型式也在不断翻新。

回转刀架上各刀座用于安装或支持各种不同用途的刀具，通过回转头的旋转、分度和定位，实现机床的自动换刀。回转刀架分度准确，定位可靠，重复定位精度高，转位速度快，夹紧性好，可以保证数控车床的高精度和高效率。

2）刀架结构。

① 立式回转刀架。立式回转刀架的回转轴垂直于机床主轴，有四方刀架和六方刀架等外形，多用于经济型数控车床。

② 卧式回转刀架。卧式回转刀架的回转轴与机床主轴平行（图 1.1-30），可在径向与轴向安装刀具。径向安装的刀具多用作外圆柱面及端面加工，轴

向安装的刀具多用作内孔加工。回转刀架的刀位数最多可达到20个，常用的有8、10、12、14刀位四种。刀架回转及松开夹紧的动力可采用全电动、电动回转-液压松开夹紧等不同结构。刀位计数采用光电编码器。由于回转刀架机械结构复杂，使用中故障率相对较高，因此在选用及使用维护中要给予足够的重视。

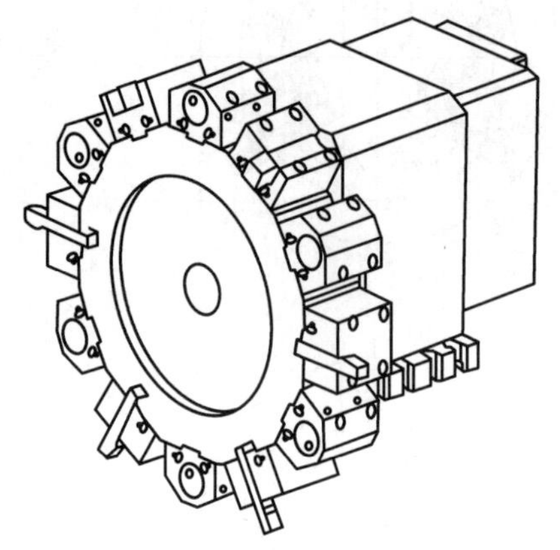

图 1.1-30　卧式回转刀架

刀架是直接完成切削加工的执行部件，选择时要注意刀架在结构上必须具有良好的强度和刚度，以承受粗加工时的切削抗力；换刀时间、结构紧凑和安全可靠等也是刀架结构选择的重要指标。

（5）进给传动系统

数控车床的进给传动系统一般采用进给伺服系统。这是数控车床区别于普通车床的一个重要标志。

数控车床的伺服系统一般由驱动控制单元、驱动元件、机械传动部件、执行元件、检测元件和反馈电路等组成。驱动控制单元和驱动元件组成伺服驱动系统。机械传动部件和执行元件组成机械传动系统。检测元件与反馈电路组成检测系统。

数控车床进给伺服系统中常用的驱动装置是伺服电动机。伺服电动机有直流伺服电动机和交流伺服电动机之分。交流伺服电动机由于具有可靠性高、基本不需要维护和造价低等特点而被广泛采用。

进给伺服系统按其控制方式不同可分为开环系统和闭环系统。闭环系统通常是具有位置反馈的伺服系统。根据位置检测装置所在位置的不同，闭环系统又分为半闭环系统和全闭环系统。半闭环系统具有将位置检测装置装在丝杠端头和装在电动机轴端两种类型。前者把丝杠包括在位置环内，后者则完全置机械传动部件于位置环之外。全闭环系统的位置检测装置安装在工作台上，机械传动部件整个被包括在位置环之内。

开环系统的定位精度比闭环系统低，但它结构简单、工作可靠、造价低廉。由于影响定位精度的机械传动装置的磨损、惯性及间隙的存在，故开环系统的精度低和快速性较差。

全闭环系统控制精度高、快速性能好，但由于机械传动部件在位置环内，所以系统的动态性能不仅取决于驱动装置的结构和参数，还与机械传动部件的刚度、阻尼特性、惯性、间隙和磨损等因素有很大关系，故必须对机电部件的结构参数进行综合考虑才能满足系统的要求。闭环系统中采用的位置检测装置有脉冲编码器、旋转变压器、感应同步器、磁尺、光栅尺和激光干涉仪等。全闭环系统对机床的要求较高，且造价也较昂贵。目前，国内设备标配多采用半闭环系统，只有在用户有特殊高精度加工需求时才采用全闭环系统。

（6）尾座

目前，国内一些设备通常采用的结构是内置式活顶尖结构，其径向力由双列圆柱滚子轴承承受，轴向力由推力球轴承承受。具有精度高、刚性好、发热小的特点，能够满足强力切削的加工要求。

尾座套筒的双向移动由液压驱动，其前进和后退可以手动控制，也可以通过程序中的M代码编程自动控制。

（7）对刀装置

对刀装置一般为可选部件，可由机床厂配置，也可以根据需要由用户单独配置。

刀具安装后或更换刀片后，需要对刀尖位置X、Z方向的偏置进行检测，在自动运转、连续加工中，需要经常对刀具的磨损、破损进行检查，这是保证加工精度稳定的前提，也是实现自动化、省力化必不可少的条件，采用对刀仪后上述问题就迎刃而解了。数控车削加工对刀比较简单，对刀装置应用不广泛，在此不做详细叙述。

4. 数控车削的加工工艺与工装

（1）数控车削加工的主要对象

由于数控车床具有加工精度高、能做直线和圆弧插补，加上数控装置具有某些非圆曲线插补功能以及在加工过程中能自动变速等特点，其工艺范围较普通车床宽得多。针对数控车床的特点，下列几种零件适合数控车削加工。

1）精度要求高的回转体零件。由于数控车床刚性好，制造和对刀精度高，能方便、精确地进行人工补偿和自动补偿，所以能加工尺寸精度要求较高的零件。此外，数控车削的刀具运动是通过高精度插补运算和伺服驱动来实现的，它能加工对素线直线度、圆度、圆柱度等形状精度要求高的零件。对于圆弧以及其他曲线轮廓，加工出的形状与图样上所要求的几何形状的接近程度比用仿形车床要高得多。

2）表面粗糙度要求高的回转体零件。数控车床具有恒线速切削功能，能加工出表面粗糙度值小而均匀的零件。在材质、精车余量和刀具已选定的情况下，表面粗糙度取决于进给量和切削速度。在普通车床上车削锥面和端面时，由于转速恒定不变，致使车削后的表面粗糙度不一致。使用数控车床的恒线速切削功能，就可选用最佳线速度来切削锥面和端面，使车削后的表面粗糙度值既小又一致。

3）轮廓形状特别复杂或难于控制尺寸的回转体零件。由于数控车床具有直线和圆弧插补功能，部分车床数控装置还有某些非圆曲线插补功能，所以可以车削由任意直线和平面曲线组成的形状复杂的回转体零件。难于控制尺寸的零件如具有封闭内成形面的壳体零件。图 1.1-31 所示壳体零件内腔有“口小肚大”的成形面，在普通车床上是无法加工的，而在数控车床上则很容易加工出来。

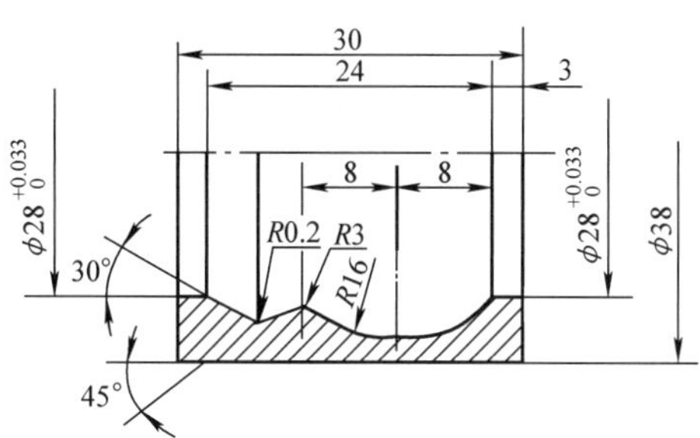

图 1.1-31　成形内腔零件

组成零件轮廓的曲线可以是数学方程式描述的曲线，也可以是列表曲线。对于由直线或圆弧组成的轮廓，可以直接利用机床的直线或圆弧插补功能。对于由非圆曲线组成的轮廓，可以用非圆曲线插补功能；若所选机床没有非圆曲线插补功能，则应先用直线或圆弧去逼近，然后再用直线或圆弧插补功能进行插补。

4）带特殊螺纹的回转体零件。普通车床所能车削的螺纹相当有限，它只能车等导程的直、锥面米、寸制螺纹，而且一台车床只能限定加工若干种导程的螺纹。数控车床不但能车任何等导程的直、锥面螺纹和端面螺纹，而且能车增导程、减导程及要求等导程与变导程之间平滑过渡的螺纹，还可以车高精度的模数螺旋零件（如圆柱、圆弧蜗杆）和端面（盘形）螺旋零件等。

（2）数控车削加工的工艺分析

1）加工工序划分。在数控机床上加工零件，一次装夹应尽可能完成全部工作。与普通机床加工相比，加工工序划分有其自己的特点。常用的工序划分原则有以下两种：

① 保持精度原则。数控加工要求工序尽可能集中，通常粗、精加工在一次装夹下完成，为减少热变形和切削力变形对工件的形状精度、位置精度、尺寸精度和表面粗糙度的影响，应将粗、精加工分阶段进行。对轴类或盘类零件，将所有待加工面先粗加工，留少量余量精加工，以保证加工质量。对轴上有孔、螺纹加工的工件，应先加工外圆表面而后加工孔、螺纹。

② 提高生产率的原则。数控加工中，为减少换刀次数，节省换刀时间，应将需用同一把刀加工的加工部位全部完成后，再换另一把刀来加工其他部位。用同一把刀加工工件的多个部位时，应以最短的路线到达各加工部位，尽量减少空行程时间。

实际生产中，数控加工工序的划分要根据具体零件的结构特点、技术要求等情况综合考虑。

2）加工顺序的安排。

① 先粗后精。按照粗车—半精车—精车的顺序进行，逐步提高加工精度。粗车将在较短的时间内将工件表面上的大部分加工余量（如图 1.1-32 中的双点画线内所示部分）切掉，并为精车留出加工余量。若粗车后所留余量的均匀性满足不了精加工的要求，则要安排半精车，为精车做准备。精车要保证加工精度，按图样车出零件轮廓。

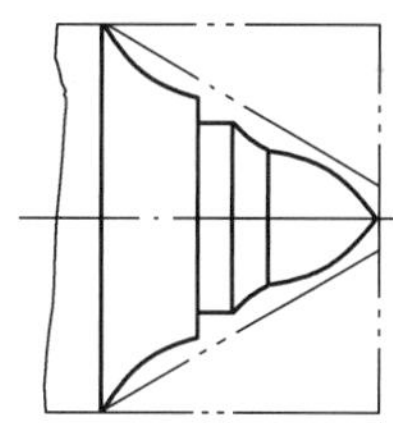

图 1.1-32　先粗后精加工

② 先近后远。在一般情况下，离对刀点近的部位先加工，离对刀点远的部位后加工（参见图 1.1-33），以便缩短刀具移动距离，减少空行程时间。对于车削而言，先近后远还有利于保持毛坯件或半成品的刚性，改善其切削条件。

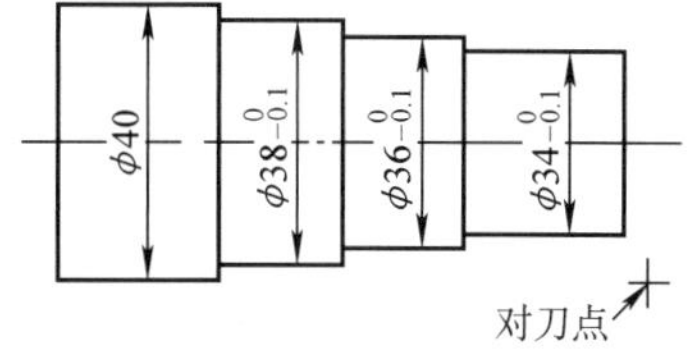

图 1.1-33　先近后远加工

③ 内外交叉。对既有内表面又有外表面加工的零件安排加工顺序时，应先进行内外表面粗加工，再

进行内外表面精加工。切不可将零件上一部分表面（外表面或内表面）加工完毕后，再加工其他表面。

④ 基面先行原则。用作精基准的表面应优先加工出来，因为定位基准的表面越精确，装夹误差就越小。例如轴类零件加工时，总是先加工中心孔，再以中心孔为精基准加工外圆表面和端面。

3）车螺纹时轴向进给行程。车螺纹时，刀具沿螺纹方向的进给应与工件主轴旋转保持严格的速比关系。考虑到刀具从停止状态到达指定的进给速度或从指定的进给速度降至零，驱动系统必有一个过渡过程，沿轴向进给的加工路线长度，除保证加工螺纹长度外，还应增加刀具引入距离 δ_1（2~5mm）和刀具切出距离 δ_2（1~2mm），如图 1.1-34 所示。在车螺纹时，应保证在升速完成后使刀具接触工件，刀具离开工件后再降速。

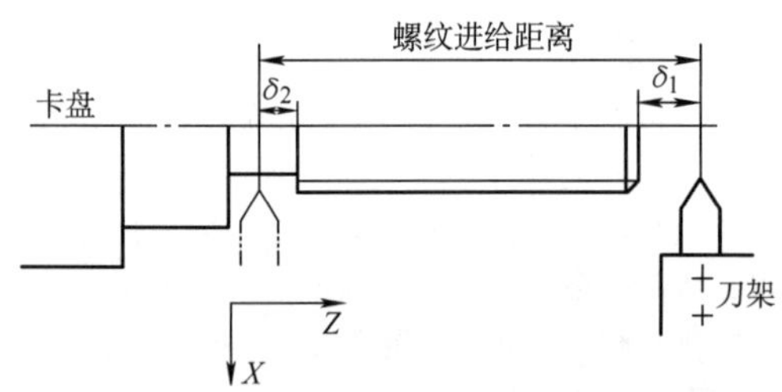

图 1.1-34　车螺纹时的引入和切出距离

（3）夹具的选择、工件装夹方法的确定

1）夹具的选择。数控加工时对夹具有两个要求：一是夹具应具有足够的精度和刚度，二是夹具有可靠的定位基准。选用夹具时，通常考虑以下几点：

① 单件小批生产时，尽量选用可调整夹具、组合夹具及其他通用夹具，避免采用专用夹具，以缩短生产准备时间。

② 成批生产，可考虑采用专用夹具，结构力求简单。

③ 装卸工件要迅速方便，以减少机床的停机时间。

④ 夹具在机床上安装要准确可靠，以保证工件在正确的位置上加工。

2）夹具的类型。数控车床上的夹具主要有两类：一类用于盘类或短轴类零件，工件装夹在可调卡爪的卡盘（三爪、四爪）中，由卡盘传动旋转；另一类用于轴类零件，工件装在主轴顶尖和尾座顶尖间，由主轴上的拨动卡盘传动旋转。

3）零件的安装。数控车床上工件的安装方法与普通车床一样，要合理选择定位基准和夹紧方案，主要注意以下两点：

① 力求设计、工艺与编程计算的基准统一，这样有利于提高编程时数值计算的简便性和精确性。

② 尽量减少装夹次数，尽可能在一次装夹后，加工出全部待加工面。

5. 车削用量的选择

1）粗车时，首先考虑选择尽可能大的背吃刀量 a_p，其次选择一个较大的进给量 f，最后确定合适的切削进度 v。增大背吃刀量 a_p 可使走刀次数减少，增大进给量 f 有利于断屑，因此根据以上原则选择粗车切削用量对于提高生产率，减少刀具消耗，降低加工成本是有利的。

2）精车时，选择较小背吃刀量 a_p 和进给量 f，尽可能提高切削速度 v。

3）在确定车削用量时，应选用机床给定的允许切削用量范围。

6. 对刀点、换刀点的确定

（1）对刀点

在程序执行的开始，必须确定刀具在工件坐标系下开始运动的位置，这一位置即为程序执行时刀具相对于工件运动的起点，称为程序起始点或起刀点。此起始点一般通过对刀来确定，所以该点又称对刀点。

在编制程序时，正确选择对刀点的位置有如下优点：

1）便于数值计算和简化程序编制。

2）易于找正并在加工过程中便于检查。

3）引起的加工误差小。

对刀点可以设置在工件上，也可以设置在夹具上或机床上。为了提高工件的加工精度，对刀点应尽量设置在工件的设计基准或工艺基准上。以外圆或孔定位的工件，可以取外圆或孔的中心与端面的交点作为对刀点。

（2）换刀点

换刀点应设在工件或夹具的外部，以换刀时不碰工件及其他部件为准。

7. 数控车削程序的编制

（1）运动指令中的坐标轴说明

在数控车床中，刀具的运动方向用符号 X、Z 或 U、W 表示。直径方向的位置用 X 或 U 指定，纵向位置用 Z 或 W 指定，各轴的运动方向由“+”“-”号表示，其中 X 和 U 是垂直于工件主轴方向，Z 和 W 是平行于工件主轴方向，除非特殊设计，一般规定刀架远离工件主轴为“+”，反之，靠近为“-”。编程时，正号一般可以省略，但负号不能省略。

指令有绝对指令和增量指令两种。绝对指令用符号 X、Z 表示，它代表每一点运动位置都用相对于坐标原点（X_0, Z_0）的坐标值；增量指令用符号 U、W

表示，U、W 后直接是刀尖移动的距离值，即用 U、W 指令表示要走的距离，把前一点永远看作零点。

在开始编程时，使用绝对指令编程可以减少编程错误。采用绝对指令和增量指令在同一程序中混用的方法，可以减少编程时不必要的尺寸计算。

特别需要注意的是，加工程序用绝对指令编程时，机床每次通电必须先返回参考点。

（2）编程注意事项

编制轴类工件的加工程序时，工件横截面为圆形，因而尺寸有直径指定和半径指定两种方法。目前，一般的数控车床在出厂时厂家一般都设定为直径编程，用户在编制与 *X* 轴相关的各项尺寸时，一定要考虑相应数据量的变化。如果用户想采用半径编程方式，则需要修改内部参数，使系统处于半径编程状态。与直径编程相关的数据量见表 1. 1-91。

表 1. 1-91　与直径编程相关的数据量

X 轴的位置表示	用直径表示
X 轴的指令	用直径表示
用 U 表示的增量指令	用直径表示
坐标系的设定（G50）	*X* 轴的坐标值用直径指定

（3）坐标系的设定

数控车床零件加工程序命令中所用的坐标值都是依据一定的坐标系确定的。数控车床的坐标系通常包括机床坐标系和工件坐标系两种，其定义和使用范围如下：

1）机床原点、参考点和机床坐标系，如图 1. 1-35 所示。

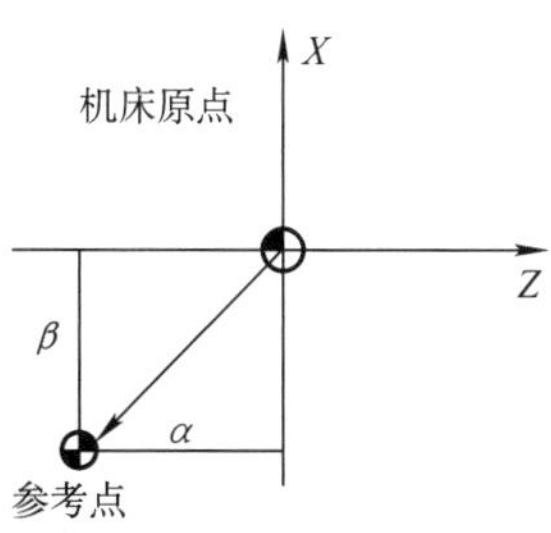

图 1. 1-35　机床坐标系示意

① 机床原点。机床原点为机床上的一个固定点，例如济南一机床 MJ 系列产品就是将原点定义在主轴旋转中心线和主轴头端面的交汇点上。

② 参考点。参考点也是机床上的固定点，其位置由设置在机床 *X* 向、*Z* 向上的机械挡块，通过行程开关来确定。执行返回参考点操作时，装在 *X* 向或 *Z* 向的滑板上的挡块压下对应的开关后，向数控系统发出信号，减速并停止滑板的运动，则完成了返回参考点的操作。济南一机床 MJ 系列产品是将参考点设置在机床的右上角。

③ 机床坐标系。以机床原点为坐标原点，建立纵轴和横轴的坐标系，称为机床坐标系。当机床刀架返回参考点之后，则刀架中心在机床坐标系中的坐标值即为一组确定的数值。机床在给电之后、回参考点之前，不论刀架处在什么位置，此时显示屏上显示的 *X*、*Z* 坐标值均为 0，只有完成回参考点的命令后，屏幕上才显示刀架中心在机床坐标系中的坐标值。

2）工件原点与工件坐标系。

① 工件原点与坐标系定义和使用。用于工件加工的坐标系称为工件坐标系。刀具在以绝对值方式编程移动之前，必须首先设定工件坐标系，编程人员可以根据工件坐标系及其原点，确定刀具运动的坐标值，从而实现正确编程。工件原点是人为设置的，其设定应符合图样的设计要求。在工件坐标系内编程可以简化坐标计算，减少错误，缩短程序长度。实际加工中，操作者在机床上装好工件后要测量工件坐标系原点和机床坐标系原点的距离，并将它输入数控系统中预先设定，这个设定值称为工件坐标系零点偏置。刀具移动时，工件坐标系零点偏置便加到按工件坐标系编写的程序坐标值上。一般来讲，机床坐标系和工件坐标系是不重合的，假如用机床坐标系对工件进行编程，就必须首先求出图样上各项尺寸相对于机床原点的尺寸值，这项工作是很烦琐的。

② 工件坐标系建立方法。

a. 建立工件坐标系。现举例说明采用 G 代码方式建立工件坐标系的方法。在零件编程中，程序原点如图 1. 1-36 所示，设定在零件的右端面中心位置。则工件坐标系的原点位置也将设定在该位置。机床上电返回参考点后，将刀尖移到任意位置，测得该位置相对程序原点的距离，如图示 *X*320. 0mm（直径）、*Z*500. 0mm，执行命令：

G50　X 320. 0　Z 500. 0；

即可建立与编程一致的工件坐标系。

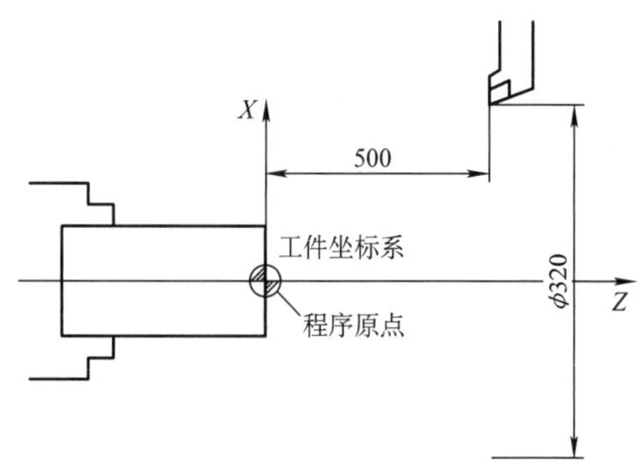

图 1. 1-36　用 G 代码方式建立工件坐标系示意

b. 工件坐标系平移。采用 G50 指令还可以平移、变更工件坐标系，指令格式为

G50　U—　W—;

其中 U—和 W—分别代表坐标原点在 X 轴和 Z 轴上的位移量。

如图 1. 1-37 所示，在加工该零件的右半部分时，可以把原点设在 O 点上，而加工左半部分时，只要执行一条 G50　W 100. 0 指令，就可以把坐标系原点从 O 点移到 O'点。

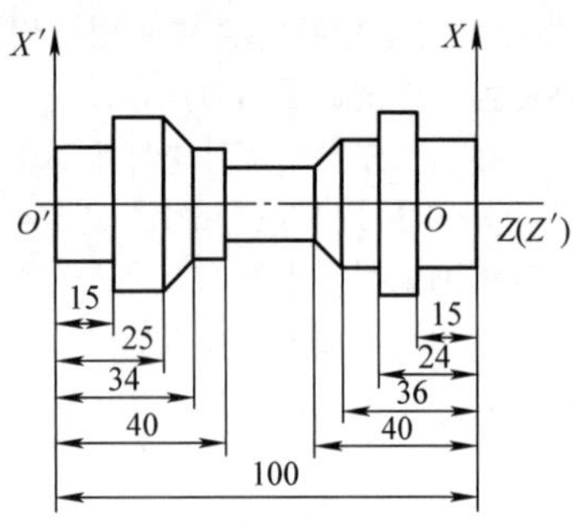

图 1. 1-37　坐标系平移

c. 注意事项。在指定了一个 G50 后，直到下一个 G50 指令执行之前，其一直是有效的。另外，在 G50 程序段中，不允许有其他功能指令，但 S 指令除外。因为 G50 指令还有另一种作用，即在恒线速切削（G96）方式中限制最高转速。

（4）数控车床基本编程指令

不同的数控车床，其编程功能指令基本相同，但也有个别功能指令的定义有所不同，本节主要以 FANUC—0i 系统为例介绍数控车床的基本编程功能指令。

1）快速点定位指令（G00）。该指令使刀架以机床厂设定的最快速度按点位控制方式从刀架当前点快速移动至目标点。该指令没有运动轨迹的要求，也无须规定进给速度。

指令格式为

G00 X(U)__Z(W)__;

其中 X、Z 表示终点的坐标值，U、W 表示从始点到终点的位移量。当某一轴上相对位置不变时，可以省略该轴的坐标值。在一个程序段中，绝对坐标指令和增量坐标指令也可混用，如：G00 X __ W __或 G00 U __ Z __。

使用 G00 指令时，要注意刀具是否与工件和夹具发生干涉，如图 1. 1-38 所示。对不适合联动的场合，每轴可单动。

使用 G00 指令时，机床的进给速度由机床参数指定，G00 指令是模态代码。

2）直线插补指令（G01）。直线插补指令 G01 就是刀具以 F 指令给定的进给速度从当前点以直线或斜线移动至工件坐标系 X、Z 或距刀具现在位置 U、W 点上，即可使刀具沿 X 轴方向或 Z 轴方向做直线运动，也可以两轴联动方式在 X、Z 轴内做任意斜率的直线运动。

指令格式为

G01　X(U)__ Z(W)__ F __;

图 1. 1-39 所示为直线插补实例。

3）圆弧插补指令（G02、G03）。刀具沿圆弧进行插补时称为圆弧插补。

指令格式为

G02(G03) X(U) __ Z(W) __ R __ F __; 或

G02(G03)X(U)__Z(W)__I__　K__F__;

圆弧插补由以下三个要素组成：

① 圆弧顺逆的判断。圆弧插补指令分为顺时针圆弧插补指令（G02）和逆时针圆弧插补指令（G03）。如图 1. 1-40 所示，G02 使刀具在右手坐标系中沿圆弧做顺时针方向移动，G03 使刀具在右手坐标系中沿圆弧做逆时针方向移动。

② 圆弧的终点位置 X（U）和 Z（W）。所谓圆弧的起始点就是开始切削圆弧时的位置，所谓圆弧的终点就是结束切削圆弧的位置。

③ 圆弧的半径尺寸 R 或者以圆弧起点为基准的圆弧中心（圆心）位置（I、K）。R 表示图样上的半径尺寸的位置，I、K 表示圆弧中心相对于圆弧起点的位置，其 X 坐标值用 I 表示，Z 坐标值用 K 表示，为了表示圆弧中心位置的方向还要注上正负号。

如图 1. 1-41 所示，可用以下四种方式分别编出圆弧插补程序段：

a. 绝对值方式，IK 编程：

G02 X46. 0 Z-15. 078 I22. 204 K6. 0 F0. 25;

b. 绝对值方式，R 编程：

G02 X46. 0 Z-15. 078 R23. 0 F0. 25;

c. 增量方式，IK 编程：

G02 U26. 0 W-15. 078 I22. 204 K6. 0 F0. 25;

d. 增量方式，R 编程：

G02 U26. 0 W-15. 078 R23. 0 F0. 25;

4）暂停指令（G04）。该指令使刀具在指令规定的时间内停止移动。

指令格式为

G04 X __; 或 G04 U __或 G04 P __;

其中 X、U、P 均为暂停时间（s）。注意在用地址 P 表示暂停时间时不能用小数点表示法。最大指令时间为 9999. 99s，最小为 16ms。如暂停 2. 5s，可表示为

G04 X2. 5; 或 G04 X2500;

G04 U2. 5; 或 G04 U2500;

G04 P2500;

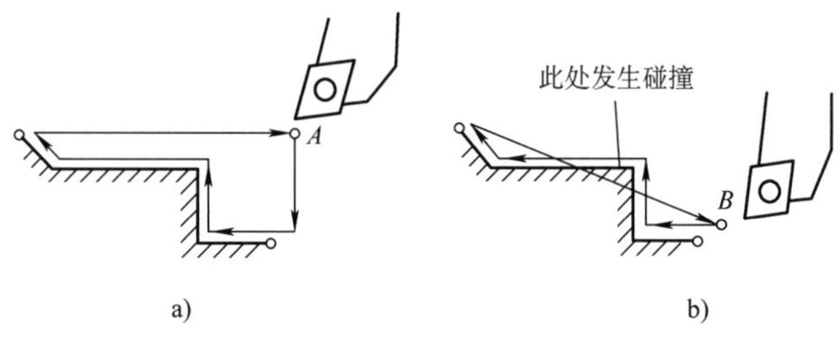

图 1.1-38　刀具与工件干涉现象
a）正确路径　b）干涉路径

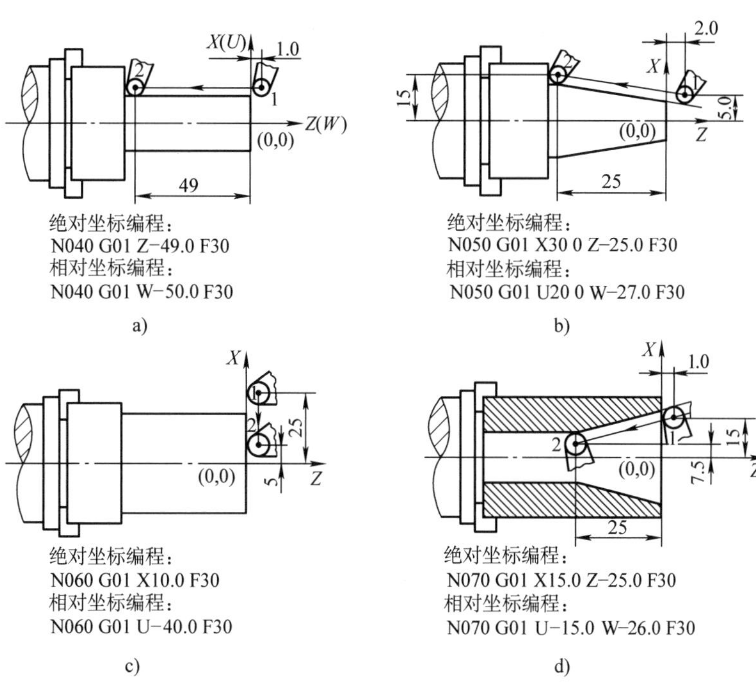

图 1.1-39　直线插补实例
a）柱面加工　b）外锥面加工　c）端面加工　d）内锥孔加工

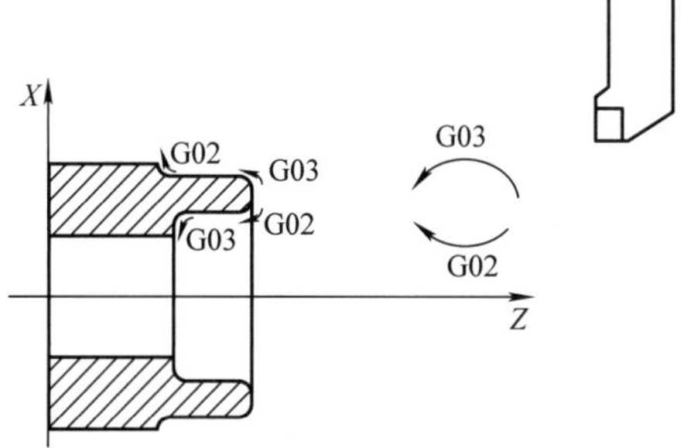

图 1.1-40　圆弧顺逆判断

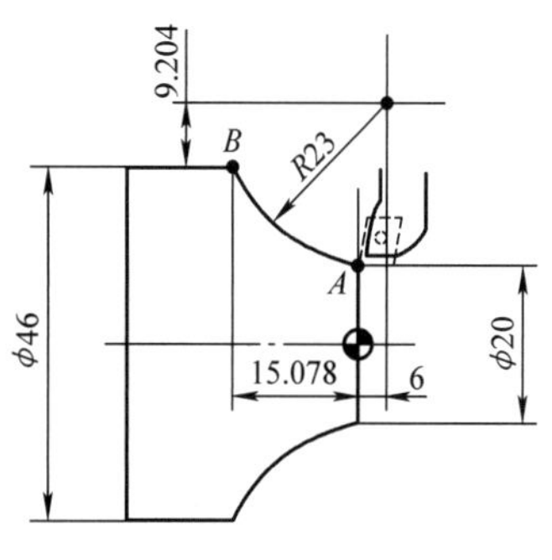

图 1.1-41　圆弧插补

G04 主要用于如下情况：

① 在车削沟槽或钻孔时，为使槽底或孔底得到要求的尺寸精度及光滑的加工表面，在加工到槽底或孔底时，应该暂停一适当时间，使工件回转一周以上。

② 使用 G96（主轴以恒线速度回转）车削工件轮廓后，改成 G97（主轴以恒定转速回转）车削螺纹时，指令暂停一段时间，使主轴转速稳定后再执行车削螺纹，以保证螺距加工精度。

5）切削进给指令（F功能）。用F功能（图1.1-42）可以直接指定刀架的进给量或螺纹的导程。

进给功能F表示刀具中心运动时的进给速度，由地址码F和后面若干位数字构成，这个数字的单位取决于每个系统所采用的进给速度的指定方法。

进给速度是指刀具做插补移动时，其轨迹的切线方向的速度。根据准备功能（G功能）可把F功能分为以下两种。

① 用G98方式。用F表示刀架每分钟的进给量，这通常用于铣床类的进给指令，在车床上比较少用。其指令格式为G98 F__。

② 用G99方式。用F表示主轴每转的进给量，在车床上通常以G99方式使用F功能。其指令格式为G99 F__。

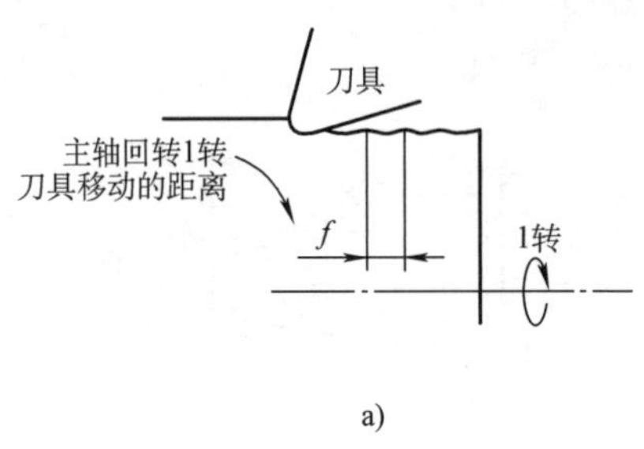

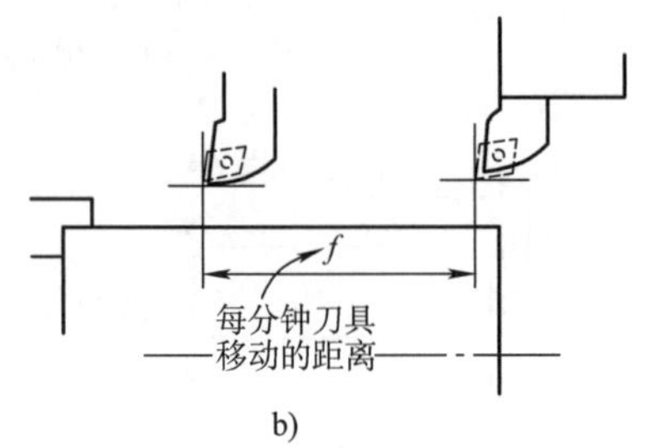

图1.1-42　F功能
a）G99指令　b）G98指令

一般在数控车床上，接通电源时便处于G99状态，所以在程序上不需要特别指定G99。F功能一经指定，只要不变更，就一直有效。所以只有在变更进给时，才指定F功能。

在操作面板上有一刻度盘，在指令进给量0～150%范围内，以每一级10%地调整进给速度。如果把刻度盘调在100%时，便按程序所指定的速度进给。这个刻度盘在试切削时使用，目的是选取最佳的进给速度。

6）参考点返回指令（G27、G28）。参考点返回就是使刀具按指令自动地返回机床的某一固定点。此功能用来在加工过程中检查坐标系的正确与否和建立机床坐标系，以确保精确地控制加工尺寸。

① G27用于加工过程中检查刀架是否准确地返回参考点。指令格式为

G27 X(U)__;　　　　X向参考点检查
G27 Z(W)__;　　　　Z向参考点检查
G27 X(U)__ Z(W)__;　　参考点检查

执行G27指令的前提是机床在给电后必须返回过一次参考点（手动返回或用G28返回）。执行完G27指令以后，如果机床准确地返回参考点，则面板上的参考点返回指示灯亮，否则，机床将报警。

G27指令之后，X、Z表示参考点的坐标值，U、W表示到参考点移动的距离。

② 自动返回参考点（G28）。此指令的功能是通过指令点（中间点）X(U)、Z(W)，使刀架自动返回参考点。指令格式为

G28 X(U)__;　　　　X向参考点检查
G28 Z(W)__;　　　　Z向参考点检查
G28 X(U)__ Z(W)__;　　参考点检查

其中X(U)、Z(W)是指刀架出发点与参考点之间的任一中间点，但此中间点不能超过参考点。

系统在执行G28 X(U)__时，X向滑板以快速向中间点移动，到达中间点后，再以快速向参考点定位，一到参考点，X向参考点指示灯亮，说明参考点已到达。

G28 Z(W)__的执行过程完全相同，只是Z向滑板到参考点时，Z向参考点的指示灯亮。

7）刀尖圆弧半径补偿。目前，数控车床都具备刀尖圆弧半径自动补偿功能。编程时只需要根据工件的实际轮廓尺寸编程即可，不必考虑刀具的刀尖圆弧半径的大小。加工时由数控系统将刀尖圆弧半径加以补偿，便可加工出所要求的工件。

① 刀尖圆弧半径补偿的必要性。任何一把刀具，不论制造或刃磨得如何锋利，在其刀尖部分都存在一个刀尖圆弧（图1.1-43）。编程时，若以假想刀尖位置为切削点，则编程很简单。但任何刀具都存在刀尖圆弧，当车削圆柱的外径、内径或端面时，刀尖圆弧的大小并无影响；但当车削拐角、锥面、圆弧或曲面时，就将影响加工精度。图1.1-44所示为以假想刀尖位置编程时过切削和欠切削现象，若以刀尖圆弧中心编程，可避免过切和欠切现象，但计算刀位点比较麻烦，如果刀尖圆弧半径值发生

变化，还需改动程序。数控系统的刀尖圆弧半径补偿功能正是为解决这个问题所设定的。它允许编程者以假想刀尖位置编程，然后给出刀尖圆弧半径（目前机夹刀片的刀尖圆弧半径尺寸已经标准化），由系统自动计算补偿值，生成刀具路径，完成对工件的内、外表面加工。

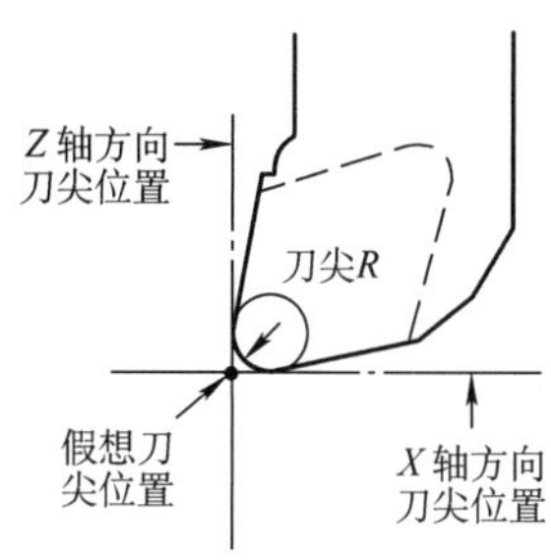

图1.1-43　刀尖圆弧半径补偿

② 刀尖圆弧半径补偿的实施。

G40——取消补偿指令，假想刀尖点在程序轨迹上移动。

G41——刀尖圆弧半径左补偿指令，指站在刀具路径上向切削前进方向看，刀尖在程序轨迹左侧移动。

G42——刀尖圆弧半径右补偿指令，指站在刀具路径上向切削前进方向看，刀尖在程序轨迹右侧移动。

图1.1-45所示为刀尖圆弧半径补偿的建立和取消过程。刀尖圆弧半径补偿的过程分为三步：刀尖圆弧半径补偿的建立，刀尖中心从与编程轨迹重合过渡到与编程轨迹偏离一个偏置量的过程；刀尖圆弧半径补偿进行，执行有G41、G42指令的程序段后，刀尖中心始终与编程轨迹相距一个偏置量；刀尖圆弧半径补偿的取消，刀具离开工件，刀尖中心轨迹要过渡到与编程轨迹重合的过程。

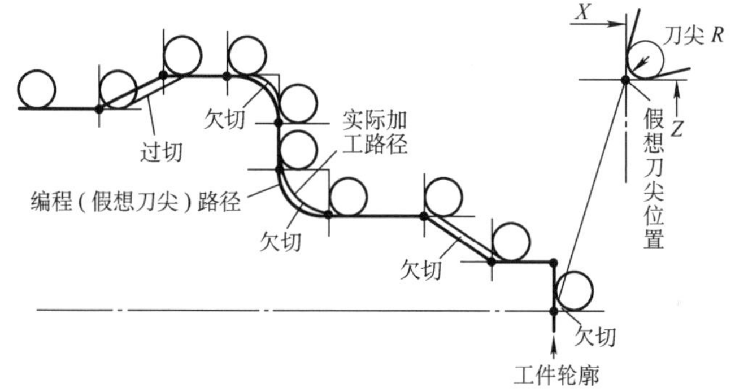

图1.1-44　以假想刀尖位置编程时过切削和欠切削现象

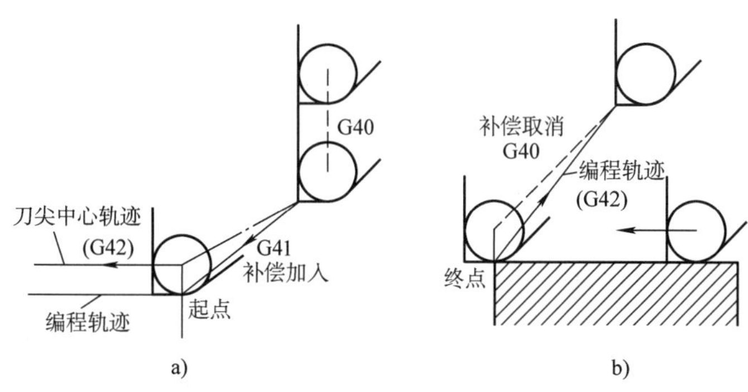

图1.1-45　刀尖圆弧半径补偿实施过程
a）刀尖圆弧半径补偿建立过程　b）刀尖圆弧半径补偿取消过程

③ 编程时注意事项。

a. G41、G42不能重复使用，即在程序中已有G41或G42指令，不能再直接使用G41或G42指令。若想使用，则必须先用G40指令解除原补偿状态后再使用，否则，补偿就不正常了。

b. 工件有锥度、圆弧时，必须在精车锥度或圆弧前一程序段建立半径补偿，一般在切入工件时的程序段建立半径补偿。

c. 必须在刀具补偿参数设定页面的 RADIUS 项处填入该刀具的刀尖圆弧半径值，如图 1.1-46 所示，则 CNC 装置会自动计算应移动的补偿量，作为刀尖圆弧半径补偿的依据。

d. 必须在刀具补偿参数设定页面的 TIP 项（假想刀尖方向）处（图 1.1-46）填入该刀的假想刀尖号（图 1.1-47），作为刀尖圆弧半径补偿的依据。

假想刀尖方向是指假想刀尖点与刀尖圆弧中心点的相对位置关系，如图 1.1-47 所示，用方框将刀尖圆弧部分框起来，给方框的四角标上编号，用 0~9 共 10 个号码来表示，即为假想刀尖号，其中 0 与 9 的假想刀尖点同刀尖圆弧中心点重叠，如图 1.1-48 所示。

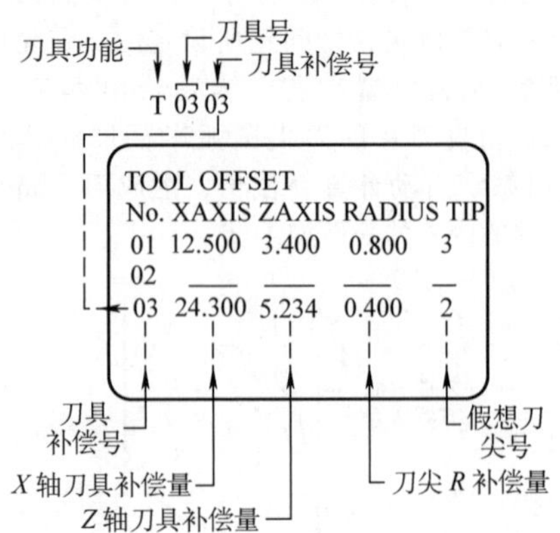

图 1.1-46　刀具补偿参数设定界面

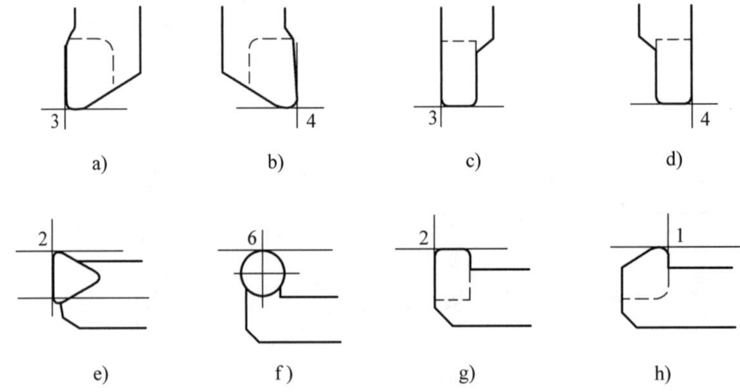

图 1.1-47　常用车刀的假想刀尖号

a）外圆、端面车刀（右偏刀）　b）外圆、端面车刀（左偏刀）　c）切槽刀（右偏刀）　d）切槽刀（左偏刀）　e）内孔车刀　f）内孔车刀　g）内孔、切槽车刀　h）内孔车刀（左偏刀）

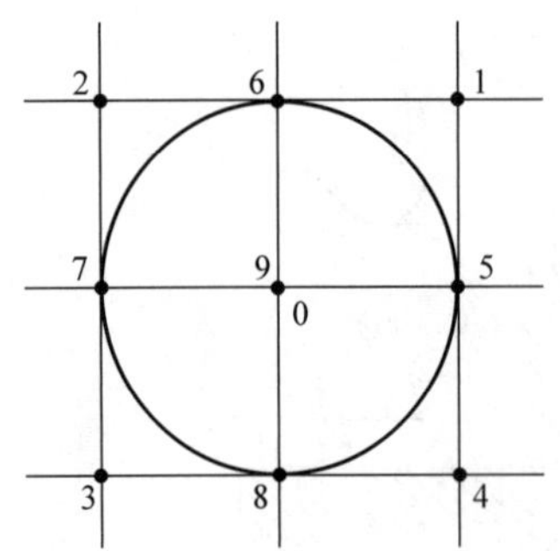

图 1.1-48　假想刀尖号编号规则

e. 指定刀尖圆弧半径补偿 G41 或 G42 后，刀具路径必须是单向递增或单向递减。使用指令 G42 后刀具路径如向 Z 轴负方向切削，就不允许往 Z 轴正方向移动；欲往 Z 轴正方向移动，必须在往 Z 轴正方向移动前用指令 G40 取消刀尖圆弧半径补偿。

f. 建立刀尖圆弧半径补偿后，在 Z 轴的切削移动量必须大于其刀尖圆弧半径值；在 X 轴的切削移动量必须大于 2 倍刀尖圆弧半径值，这是因为 X 轴用直径表示的缘故。

8）固定循环功能。在数控车床上对外圆柱、内圆柱、端面、螺纹等表面进行粗加工时，刀具往往要多次反复地执行相同的动作，直至将工件切削到所要求的尺寸。于是在一个程序中可能会出现很多基本相同的程序段，造成程序冗长。为了简化编程工作，数控系统可以用一个程序段来设置刀具做反复切削，这就是循环功能。固定循环功能包括单一固定循环和复合固定循环功能。

① 单一固定循环指令。

a. 轴向车削循环指令 G90。圆柱面车削循环指令格式为

G90 X(U)__ Z(W)__ F__;

如图 1.1-49 所示，刀具从循环起点开始按矩形循环，最后又回到循环起点。图中 R 表示快速进给，

F 表示按 F 指定的工作进给速度切削进给。X 和 Z 表示圆柱面切削终点坐标值，循环过程为开始 1—2—3—4 结束。

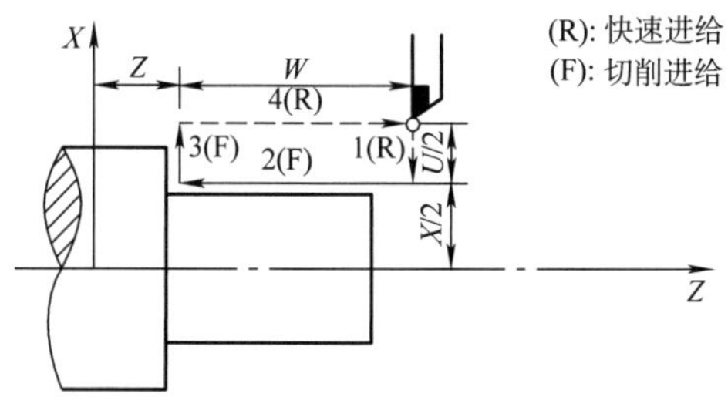

图 1.1-49　圆柱面车削循环刀具轨迹

圆锥面车削循环指令格式为

G90 X(U)__ Z(W)__ R __ F __;

X(U)、Z(W) 含义与圆柱面车削循环指令相同，R 是指圆锥终点至圆锥起点的矢量值，以半径值表示，若圆锥面起点坐标大于终点坐标时，该值为正，反之为负。其刀具轨迹如图 1.1-50 所示。

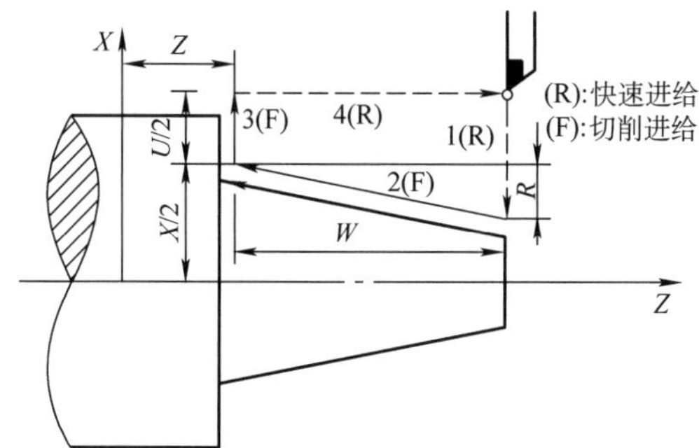

图 1.1-50　圆锥面车削循环刀具轨迹

b. 径向车削循环指令 G94。

直端面车削循环如图 1.1-51 所示，指令格式为

G94 X(U)__ Z(W)__ F __;

各地址代码的含义同 G90，切削循环过程为开始 1—2—3—4 结束。

锥端面车削循环如图 1.1-52 所示，指令格式为

G94 X(U)__ Z(W)__ R __ F __;

切削循环过程为开始 1—2—3—4 结束。

螺纹切削循环指令 G92，指令格式为

G92 X(U)__ Z(W)__ R __ F __;

如图 1.1-53 所示，X、Z 为螺纹切削终点绝对值坐标，U、W 为终点增量坐标，F 为螺纹导程，R 为锥螺纹终点半径和起点半径的差值。R 的正负判断方法与 G90 相同，切削圆柱螺纹时 R 为 0，可以省略。

② 复合固定循环指令 G70~G76。运行这些 G 代

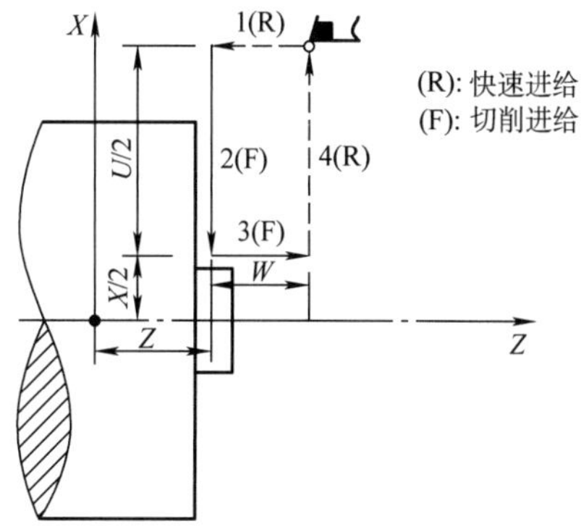

图 1.1-51　直端面车削循环刀具轨迹

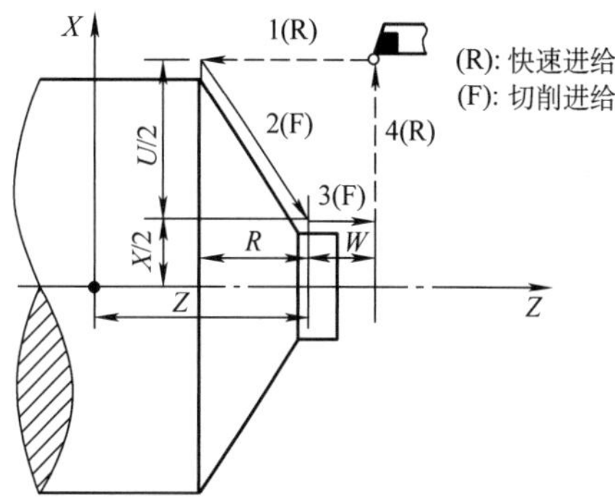

图 1.1-52　锥端面车削循环刀具轨迹

码，只需指定精加工路线和粗加工的背吃刀量，数控系统会自动计算出粗加工的路线和加工次数，大大简化编程过程。

车削加工常用的复合固定循环有：

a. 外圆粗加工循环指令 G71，循环指令格式为

G71 U(Δd) R(e);

G71 P(ns) Q(nf) U(Δu) W(Δw) F(f);

N(ns)…;

…　　在程序号 N(ns) 和 N(nf) 的程序段之间，指定由 $A \to A' \to B$ 的加工路线（见图 1.1-54）。

N(nf)…;

式中　Δd——背吃刀量（半径值），该量没有正负号，刀具的切削方向取决于 AA' 的方向；

e——退刀量；

ns——指定精加工路线的第一个程序段的顺序号；

nf——指定精加工路线的最后一个程序段的顺序号；

Δu——X 方向的精加工余量（直径值）；

Δw——Z 方向的精加工余量。

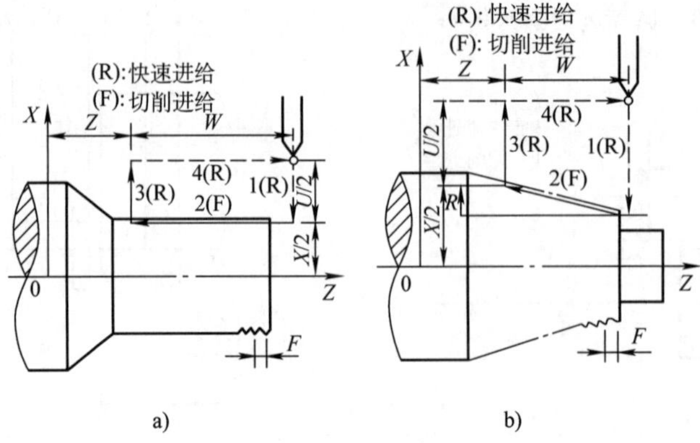

图 1.1-53 螺纹车削循环刀具轨迹
a）直螺纹 b）锥螺纹

如图 1.1-54 所示，刀具起始点为 A，假定在程序中指定了由 $A \to A' \to B$ 的加工路线，只要用上述指令，就可以实现背吃刀量为 Δd，精加工余量为 $\Delta u/2$（X 方向）和 Δw（Z 方向）的粗加工循环。

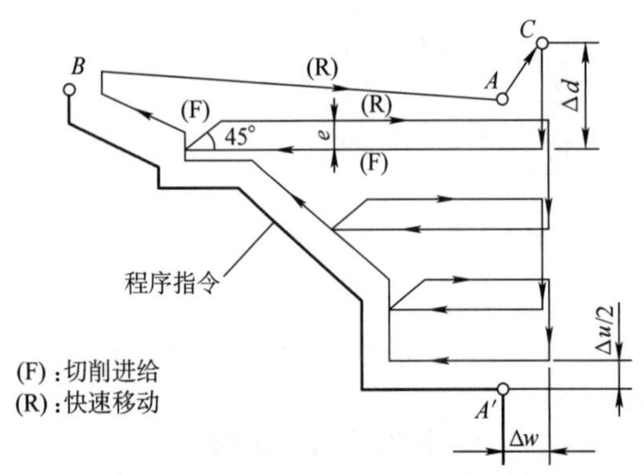

图 1.1-54 外圆粗加工循环的加工轨迹

例如，用多重复合循环指令完成图 1.1-55 所示零件的粗加工，毛坯直径为 95mm，要求直径上留出 0.4mm 的余量，轴向留出 0.2mm 的余量。程序指令如下：

```
N100  G00  X96  Z2.0;
N110  G71  U3  R1;
N120  G71  P130  Q220  U0.4  W0.2  F0.3;
N130  G00  X42;
N140  G01  Z0;
N150  G03  X52  Z-5  R5;
N160  G01  Z-30;
N170  X65;
N180  X68  Z-31.5;
N190  Z-63;
N200  X95  Z-70;
N220  Z-85;
```

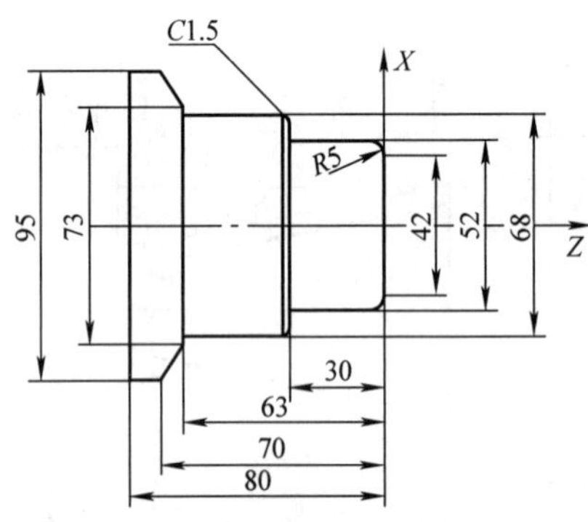

图 1.1-55 用多重复合循环指令完成外圆加工的零件示意图

b. 平端面粗加工循环指令 G72，循环轨迹如图 1.1-56 所示。平端面粗加工循环指令格式为

G72 W(Δd) R(e)；

G72 P(ns) Q(nf) U(Δu) W(Δw) F(f)；

N(ns)…；

…

N(nf)…；

其中 Δd、e、ns、nf、Δu、Δw 的意义和 G71 相同。

9）辅助功能，代码 M。常见的辅助功能代码如下：

① M00 程序停止。执行至该指令时，程序即停止执行，且主轴停止、切削液关闭。欲再继续执行下一程序段，只要按下循环启动（CYCLE start）键即可。

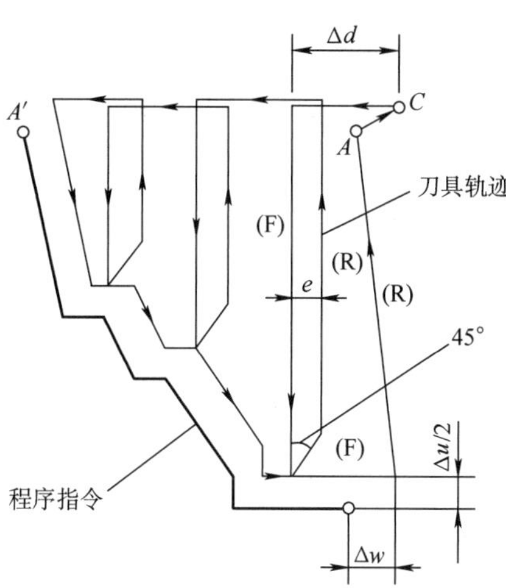

图 1. 1-56　平端面粗加工循环轨迹

② M01 选择停止。M01 指令必须配合执行操作面板上的选择性停止功能键 OPT STOP 使用。若此键“灯亮”时，表示“ON”，则执行至 M01 时，功能与 M00 相同；若此键“灯熄”时，表示“OFF”，则执行至 M01 时，程序不会停止，继续往下执行。

③ M02 程序结束。该指令应置于程序最后，表示程序执行到此结束。该指令会自动将主轴停止（M05）及关闭切削液（M09），但程序执行指针不会自动回到程序的开头。

④ M03 主轴正转。程序执行至 M03，主轴即正方向旋转（由主轴向尾座看，顺时针方向旋转，一般转塔式刀座大多采用刀顶面朝下装置车刀，故应使用 M03 指令）。

⑤ M04 主轴反转。程序执行至 M04，主轴即反方向旋转（由主轴向尾座看，逆时针方向旋转）。

⑥ M05 主轴停止。程序执行至 M05，主轴即瞬间停止，此指令用于下列情况：

a. 程序结束前（一般可以省略，因为 M02、M30 指令皆包含 M05）。

b. 若数控车有主轴高速档（M42）、主轴低速档（M41）指令时，在换档之前必须使用 M05 使主轴停止，以免损坏换档机构。

c. 主轴正、反转之间的转换，也须加入此指令，主轴停止后，再变换转向，以免伺服电动机受损。

⑦ M08 切削液开。程序执行到 M08，即起动切削液泵。

⑧ M09 切削液关。用于程序执行完毕，将切削液泵关闭，停止喷切削液。该指令常可以省略，因为 M02、M30 指令都包含 M09。

⑨ M30 程序结束。该指令用于程序最后，表示程序执行到此结束。该指令会自动将主轴停止及关闭切削液，且程序执行指针会自动回到程序的开头，以方便程序再次被执行，这也是与 M02 指令的不同之处，故程序大多使用 M30。

⑩ M98 子程序调用。当程序执行 M98 指令时，控制器即调用 M98 所指定的子程序执行，该指令格式为

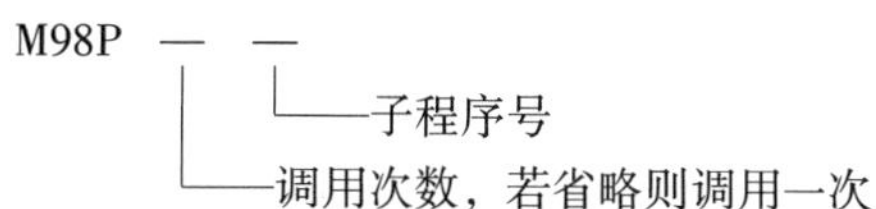

10）子程序调用过程，如图 1. 1-57 所示。

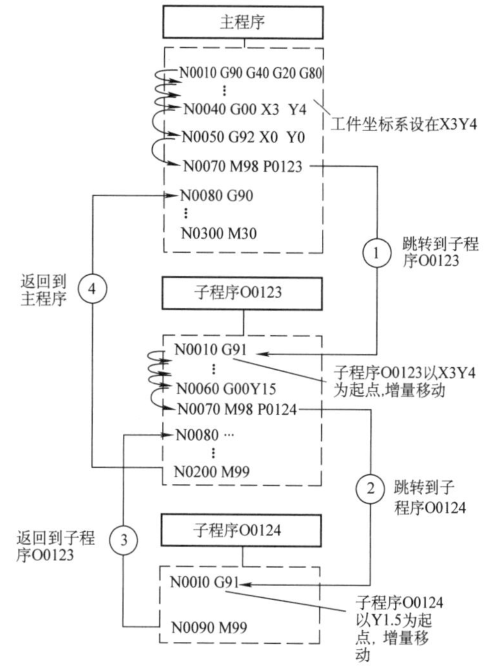

图 1. 1-57　子程序调用过程

11）M99 子程序结束并返回主程序。该指令用于子程序最后程序段，表示子程序结束，且程序执行指针跳回主程序中 M98 后的下一程序段继续执行。

12）子程序的编写格式。子程序的格式与主程序相同，在子程序的开头编制子程序号，结尾用 M99 指令。

13）刀具功能 T 和主轴转速功能 S。

① 选择刀具与刀具偏置。

选择刀具和确定刀参数是数控编程的重要步骤，其编程格式因数控系统不同而异，主要格式有以下几种：

a. 采用T指令编程。该指令由地址功能码T和数字组成。有T××和T××××两种格式，数字的位数由所用数控系统决定，T后面的数字用来指定刀具号和刀具补偿号。例如：T0404表示选择第4号刀、4号偏置量；T0200表示选择第2号刀，刀具偏置取消。

b. 采用T、D指令编程。利用T功能选择刀具，利用D功能选择相应的刀具偏置。

在定义这两个参数时，其编程的顺序为T、D。T和D可以编写在一起，也可以单独编写。例如：T5D18表示选择5号刀，采用刀具偏置表18号的偏置尺寸；D22表示仍用5号刀，采用刀具偏置表22号的偏置尺寸；T3表示选择3号刀，采用与该刀相关的刀具偏置尺寸。

② 主轴转速功能S。该指令由地址码S与其后的若干数字组成，如S320表示主轴转速为320r/min。有些数控机床没有伺服主轴，即采用机械变速装置，编程时可以不编写S功能。数控车床速度特性有以下几种不同的控制方式。

a. 线速度控制（G96）。当数控机床的主轴为伺服主轴时，可以通过指令G96来设定恒线速度控制。系统执行G96指令后，便认为用S指定的数值表示切削速度。例如G96 S150，表示切削速度为150m/min。

b. 主轴转速控制（G97）。G97是取消恒线速度控制指令，使用G97后，S指定的数值表示主轴每分钟的转速。例如G97 S1200，表示主轴转速为1200r/min。

c. 最高转速设定（G50）。G50除有坐标系设定功能外，还有主轴最高转速设定功能。例如G50 S2000，表示把主轴最高转速设定为2000r/min。用恒定速度进行切削加工时，为了防止出现事故，必须限定主轴转速。

8. 数控车床的发展

1）高速、高精密化。高速、高精密是机床发展永恒的目标。随着科学技术突飞猛进的发展，机电产品更新换代速度加快，对零件加工的精度和表面质量的要求也越来越高。为满足这个复杂多变的市场需求，当前机床正向高速切削、干切削和准干切削方向发展，加工精度也在不断地提高。另一方面，电主轴和直线电动机的成功应用，陶瓷滚珠轴承、高精度大导程空心内冷和滚珠螺母强冷的低温高速滚珠丝杠副及带滚珠保持器的直线导轨副等机床功能部件的面市，也为机床向高速、高精密发展创造了条件。数控车床采用电主轴，取消了传动带、带轮和齿轮等环节，大大减小了主传动的转动惯量，提高了主轴动态响应速度和工作精度，彻底解决了主轴高速运转时带和带轮等传动件的振动和噪声问题。采用电主轴结构可使主轴转速达到10000r/min以上。

直线电动机驱动速度高，加减速特性好，有优越的响应特性和跟随精度。用直线电动机做伺服驱动，省去了滚珠丝杠这一中间传动环节，消除了传动间隙（包括反向间隙），运动惯量小，系统刚性好，在高速下能精密定位，从而极大地提高了伺服精度。

直线滚动导轨副，由于其具有各向间隙为零和非常小的滚动摩擦的特点，磨损小，发热可忽略不计，有非常好的热稳定性，提高了直线行程的定位精度和重复定位精度。

通过直线电动机和直线滚动导轨副的应用，机床的快速移动速度可由目前的10~20m/mim提高到60~80m/min，甚至高达120m/min。

2）高可靠性。数控机床的可靠性是数控机床产品质量的一项关键性指标。数控机床能否发挥其高性能、高精度和高效率，并获得良好的效益，关键取决于其可靠性的高低。

3）功能复合化。功能复合化可以扩大机床的使用范围、提高效率，实现一机多能，即一台数控车床既可以实现车削功能，也可以实现铣削功能。国内已经有机床厂家研制生产数控车铣复合中心，该机床同时具有X、Z轴以及C轴和Y轴。通过C轴和Y轴，可以实现平面铣削和偏心孔、槽的加工。该机床还配置有强动力刀架和副主轴。副主轴采用内藏式电主轴结构，通过数控系统可直接实现主轴、副主轴转速同步。该机床一次装夹即可完成工件的全部加工，极大地提高了生产率。

4）智能化、网络化、柔性化和集成化。数控装备将是具有一定智能化的系统。智能化的内容包括在数控系统中的各个方面：为追求加工效率和加工质量方面的智能化，如加工过程的自适应控制，工艺参数自动生成；为提高驱动性能及使用连接方面的智能化，如前馈控制、电动机参数的自适应运算、自动识别负载自动选定模型等；为简化编程、简化操作方面的智能化，如智能化的自动编程、智能化的人机界面等；还有智能诊断、智能监控等方面的内容，以方便系统的诊断及维修等。

网络化数控装备是近年来机床发展的一个热点。数控装备的网络化将极大地满足生产线、制造系统、制造企业对信息集成的需求，也是实现新的制造模式，如敏捷制造、虚拟工厂、全球制造的基础单元。

数控机床向柔性自动化系统发展的趋势是数控机床能方便地与 CAD、CAM、CAPP 及 MTS 等联结，向信息集成方向发展。其重点是以提高系统的可靠性、实用性为前提，以易于联网和集成为目标，注重加强单元技术的开拓和完善。一方面从点（数控单机、加工中心和数控复合加工机床）、线（FMC、FMS、FTL、FML）向面（工段车间独立制造岛、自动化工厂）、体（CIMS、分布式网络集成制造系统）的方向发展，另一方面向注重应用性和经济性方向发展。柔性自动化技术是制造业适应动态市场需求及产品迅速更新的主要手段，是各国制造业发展的主流趋势，是先进制造领域的基础技术。

1.1.8　数控车削加工示例

1. 空心轴轴类零件

(1) 零件结构

图 1.1-58 所示为变速器偶数档输入轴齿坯，该轴为典型空心薄壁轴类零件。零件关键技术要求为外圆柱面、内圆柱面的尺寸精度和几何精度；左侧端面为零件滚齿、插齿工序定位基准，因此也明确要求端面的几何精度；因零件热处理后有磨削工序，因此车削工序的表面粗糙度要求达到 $Ra1.6\mu m$。工件尺寸、形位、表面质量、材料等关键技术要求见表 1.1-92。

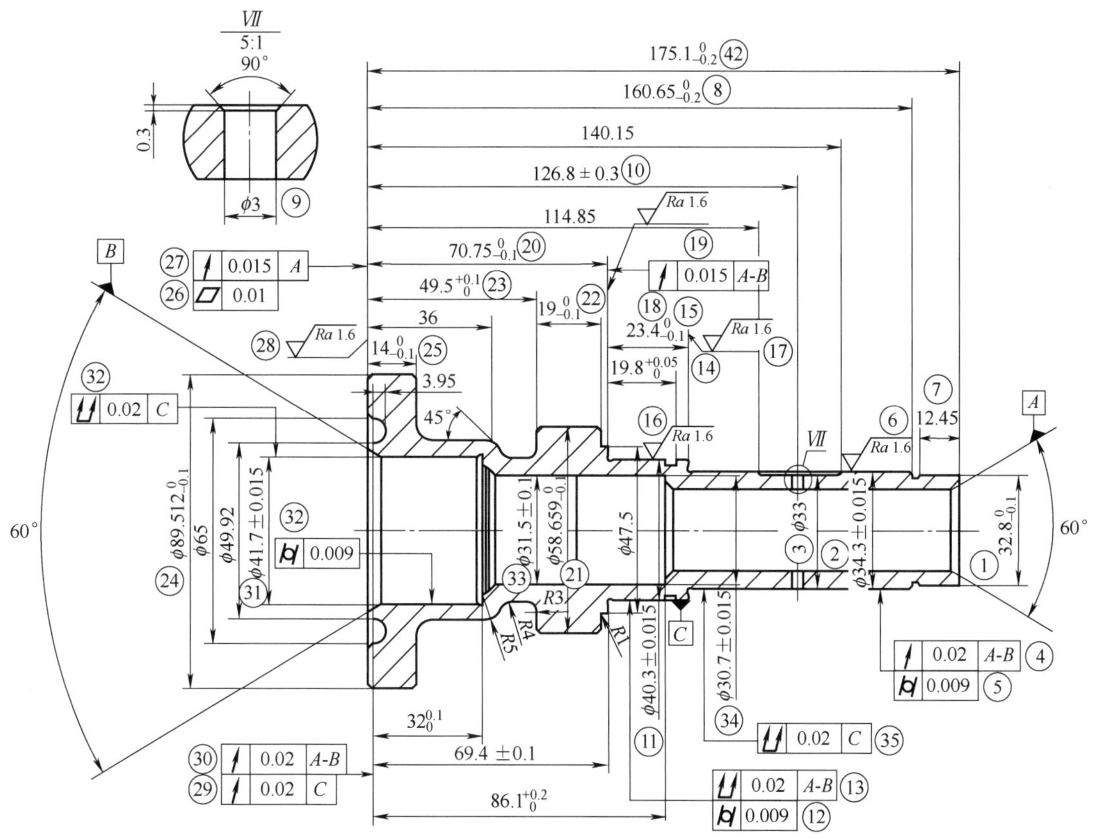

图 1.1-58　变速器偶数档输入轴齿坯

表 1.1-92　变速器偶数档输入轴齿坯关键技术要求　(mm)

序号	部位	气泡序号	精度及技术要求
1	右侧 ϕ34.3、ϕ33、ϕ32.8 外圆柱面	①、②、③	外圆柱面 $\phi32.8_{-0.1}^{0}$、$\phi34.3\pm0.015$、$\phi33$
		④、⑤、⑥	外圆柱面②圆柱度为 0.009、圆跳动为 0.02 外圆柱面②表面粗糙度为 $Ra1.6\mu m$，其他要求 $Ra3.2\mu m$
2	环槽	⑦、⑧	环槽宽度为 2，距离左、右端面分别为 12.45、$160.65_{-0.2}^{0}$
3	径向孔	⑨、⑩	径向孔为 $\phi3\times2$ 的通孔，轴向位置为 126.8 ± 0.3

（续）

序号	部位	气泡序号	精度及技术要求
4	ϕ40.3 外圆柱面及两侧轴台肩端面	⑪	外圆柱面为 $\phi40.3\pm0.015$
		⑫、⑬、⑯	外圆柱面⑪圆柱度为 0.009、全跳动为 0.02 外圆柱面⑪表面粗糙度为 $Ra1.6\mu m$
		⑭、⑮、⑳	环槽距离相邻左端面 $19.8^{+0.05}_{0}$，轴台肩长度为 $23.4^{0}_{-0.1}$ 距离左侧端面 $70.75^{0}_{-0.1}$
		⑰、⑱、⑲	轴台肩端面表面粗糙度为 $Ra1.6\mu m$，轴向圆跳动为 0.015
5	ϕ58.659 外圆柱面	㉑	外圆柱面为 $\phi58.659^{0}_{-0.1}$
		㉒、㉓	外圆柱面长度为 $19^{0}_{-0.1}$，距离左侧端面 $49.5^{+0.1}_{0}$
6	ϕ89.512 外圆柱面	㉔	外圆柱面为 $\phi89.512^{0}_{-0.1}$
		㉕	外圆柱面长度为 $14^{0}_{-0.1}$
		㉖、㉗、㉘	左端面平面度为 0.01，轴向圆跳动为 0.015，端面表面粗糙度为 $Ra1.6\mu m$
7	左侧孔端面	㉙、㉚	相对 *A*—*B* 基准轴向圆跳动为 0.02，相对 *C* 基准轴向圆跳动为 0.02
8	ϕ41.7 内圆柱面	㉛、㉜	内孔直径为 41.7 ± 0.015，圆柱度为 0.009
9	ϕ31.5 内圆柱面	㉝	内孔直径为 31.5 ± 0.1
10	ϕ30.7 内圆柱面	㉞、㉟	内孔直径为 30.7 ± 0.015，全跳动为 0.02
11	材料	20CrMnTiH，硬度为 160～197HBW	

（2）加工工序

1）工件毛坯。工件毛坯采用平锻、粗加工工艺，毛坯为非中空状态，毛坯轴颈径向有 5～8mm 余量，轴向有 5mm 余量，毛坯图样如图 1.1-59 所示。

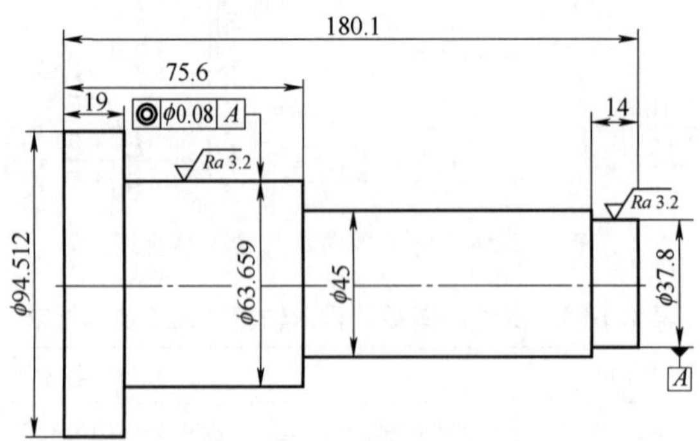

图 1.1-59　变速器偶数档输入轴毛坯

2）工序设计。根据零件图样技术要求和毛坯图形，采用 WFL M35 卧式车铣复合中心机床以最少工序、柔性化加工完成全部车削、钻削路线，并达成图样技术要求，工序设计见表 1.1-93。

表 1.1-93　变速器偶数档输入轴车削工序设计　　（mm）

<table>
<tr><td rowspan="3">工序 1</td><td colspan="2">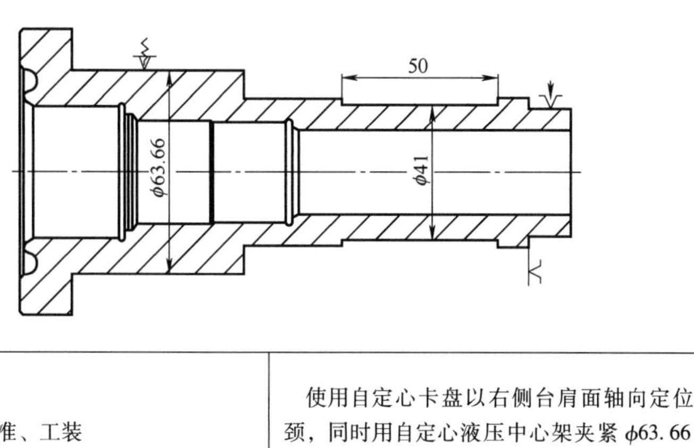</td></tr>
<tr><td>定位基准、工装</td><td>使用自定心卡盘以右侧台肩面轴向定位，夹紧右侧轴颈，同时用自定心液压中心架夹紧 ϕ63.66 轴颈，用于辅助支承工件</td></tr>
<tr><td>加工内容</td><td>1）钻、车削加工内圆柱面、沟槽、左侧端面及外圆柱面
2）车削 ϕ41 轴颈、长度为 50，用于工序 2 中心架夹持部位辅助支承工件</td></tr>
<tr><td>工步划分图</td><td colspan="2"> 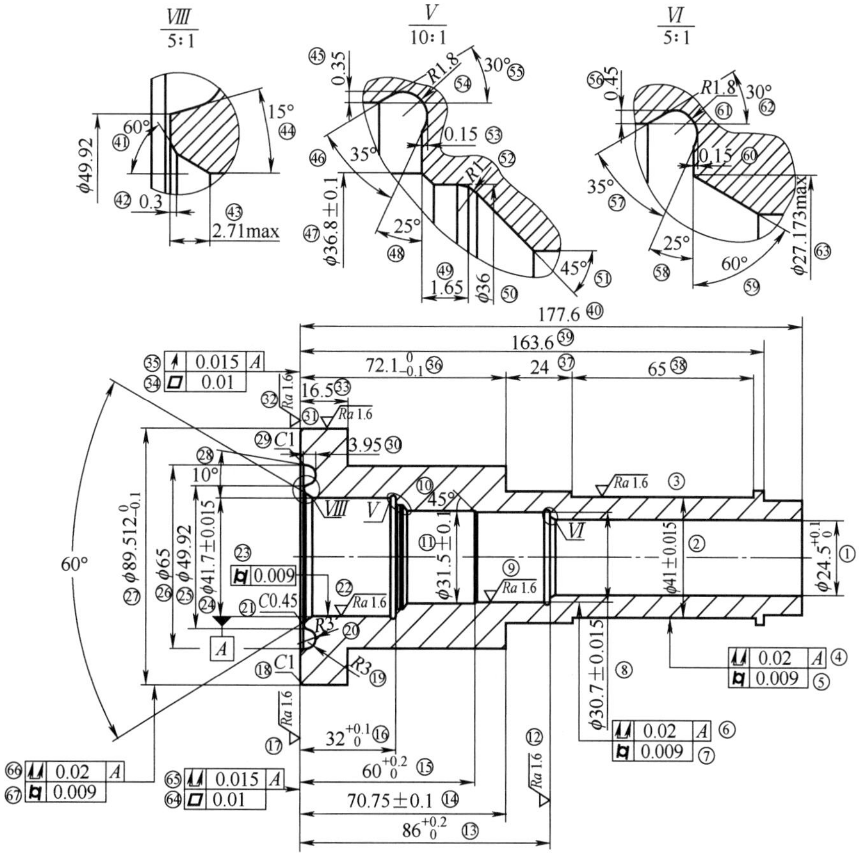</td></tr>
</table>

（续）

工步	车削内容	刀具	切削用量
工步 1	夹持毛坯右侧尾端直径，靠紧端面，中心架支承 ϕ63.66 粗车左侧端面，保证长度尺寸 180、73.1	R0.8 80°外圆半精车刀	$a_p=2$ $f=0.35$mm/r
工步 2	精车左侧端面，保证长度尺寸 179.5，保证轴向圆跳动 0.015、平面度 0.01	R0.4 80°外圆精车刀	$a_p=0.5$ $f=0.15$mm/r
工步 3	钻中心孔	B4 中心钻	$L=10$ $f=0.15$mm/r
工步 4	钻导向孔 ϕ24.5，长度 70	钻头 ϕ24.5	$L=70$，$f=0.25$mm/r
工步 5	钻孔 ϕ24.5	枪钻 ϕ24.5	$L=177.6$ $f=0.05$mm/r
工步 6	扩孔 ϕ30	钻头 ϕ30	$L=86.1$ $f=0.25$mm/r
工步 7	车内孔：保证直径 ϕ31.5、ϕ30.7，长度 60、86.1	R0.8 80°内孔半精车刀	$a_p=1.5$ $f=0.15$mm/r
工步 8	车内孔：保证直径 ϕ41.7，长度 32，以及倒角尺寸	R0.4 80°内孔半精车刀	$a_p=0.25$ $f=0.2$mm/r
工步 9	内孔清根㊻、㊼尺寸	内孔尖刀	$a_p=0.45$ $f=0.05$mm/r
工步 10	端面槽加工	3mm 端面槽刀	$L=4.25$ $f=0.07$mm/r
工步 11	精车外圆 ϕ89.512、ϕ41	R0.8 93°外圆精车刀	$a_p=0.25$ $f=0.15$mm/r
工序 2	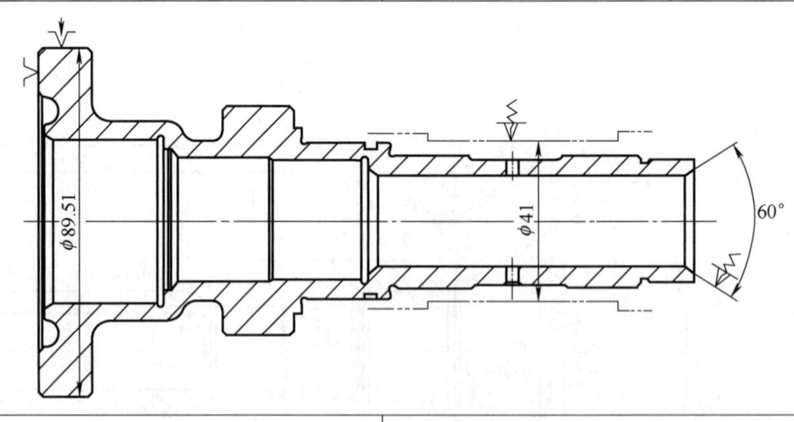		
	定位基准、工装	1）使用自定心卡盘以左侧端面轴向定位，夹紧左侧 ϕ89.51 轴颈，同时用自定心液压中心架夹紧 ϕ41 轴颈，用于辅助支承工件，车削右侧 60°倒角 2）车床尾架顶尖移动顶紧右侧 60°倒角，自定心液压中心架松开	
	加工内容	1）车削右侧 60°倒角 2）车削外轴颈、轴台肩、环槽 3）钻削径向 ϕ3 孔	

（续）

工步划分图

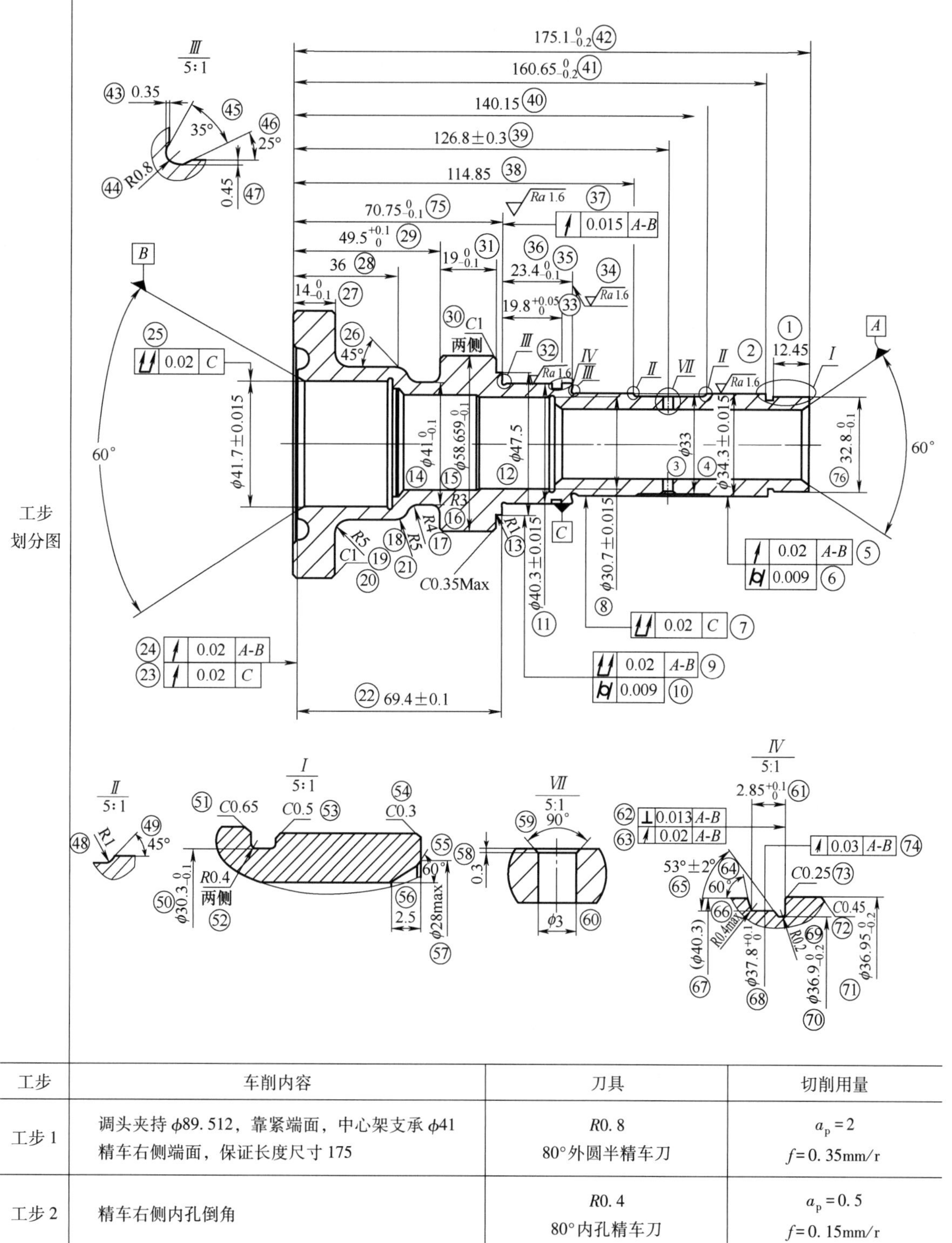

工步	车削内容	刀具	切削用量
工步 1	调头夹持 φ89.512，靠紧端面，中心架支承 φ41 精车右侧端面，保证长度尺寸 175	R0.8 80°外圆半精车刀	$a_p=2$ $f=0.35$mm/r
工步 2	精车右侧内孔倒角	R0.4 80°内孔精车刀	$a_p=0.5$ $f=0.15$mm/r
工步 3	粗车轴颈，保证外圆尺寸，留精车余量，X 方向留余量 0.2，Z 方向留余量 0.1	93°外圆粗车刀	$a_p=2$ $f=0.35$mm/r

（续）

工步	车削内容	刀具	切削用量
工步 4	精车轴颈，保证②~⑦、⑨、⑪~⑬、⑮、⑲、⑳、㉑、㉗、㉚~㊲尺寸要求	93°外圆精车刀	a_p=0.25 f=0.15mm/r
工步 5	精车腹板槽⑭、⑯~⑱尺寸	3mm 外圆槽刀	L=4.25 f=0.1mm/r
工步 6	精车Ⅰ、Ⅳ两处槽	2mm 外圆槽刀 R0.8、93°外圆偏刀	a_p=2.5 f=0.1mm/r
工步 7	钻油孔：Ⅶ两处油孔	ϕ3 钻头	L=10 f=0.1mm/r
工步 8	油孔倒角：Ⅶ两处油孔	倒角刀	L=0.9 f=0.1mm/r

（3）数控编程

① 确定工件坐标系。

a. 1701151-AA6K-01，深孔精加工程序。将工件坐标系的原点设在工件右端面与轴线的交点处（x1=0，z1=0），以此坐标系进行车削加工程序编制。

b. 1701151-AA6K-2，外圆轴精加工程序。将工件坐标系的原点设在工件右端面与轴线的交点处（x1=0，z1=0），以此坐标系进行车削加工程序编制。

将工件坐标系（0，0）转换到（16.5，112.65），作为钻孔坐标系。

② 编写程序。按该机床规定的指令代码和程序段格式，把加工零件的全部工艺过程编写成程序清单。该工件的加工程序见表 1.1-94 和表 1.1-95。

表 1.1-94　变速器偶数档输入轴工序 1 车削程序

程序名称	1701151-AA6K-01	孔精加工程序
程序段号	程序代码	程序说明
N1	m1=56	中心架夹紧
N2	tlch1("101",0,180)	调用 101 号车刀，刀具角度：垂直方向 0°，刀尖旋转 180°
N3	mcturns1	车削功能开
N4	tlprep1("106")	准备 106 号车刀
N5	g96 s1=150 m1=3 lims=1500	恒线速 150m/min，主轴正转，最高转速 1500r/min
N6	g54	调用坐标系
N7	g0 z1=1	起刀点
N8	x1=100 m3=7	起刀点，冷却开
N9	g1 x1=-1 f=0.3	粗车端面
N10	g0 z1=5	
N11	g0 x1=280	
N12	z1=270 m3=9	退刀点，冷却关
N13	m1=5	主轴停
N14	lims=3300	取消最高转速

（续）

程序段号	程序代码	程序说明
N15	tlch1("101",0, 0)	调用 101 号刀具，刀具角度：垂直方向 0°，刀尖旋转 0°
N16	mcturns1	
N17	g96 s1=150 m1=3 lims=1500	
N18	g54	
N19	g0 z1=-73.1	粗车端面
N20	x1=100 m3=7	
N21	g1 x1=45 f=0.3	
N22	g0 x1=300	
N23	z1=270	
N24	m1=5 m3=9	
N25	lims=3300	
N26	tlch1("106",0,180)	调用 106 号刀具，刀具角度：垂直方向 0°，刀尖旋转 180°
N27	mcturns1	
N28	tlprep1("116")	准备 116 号刀具
N29	g96 s1=280 m1=42 m1=3 lims=1800	恒线速 280m/min，正转高速档，最高转速 1800r/min
N30	g54	调用坐标系
N31	g0 z1=-1	
N32	x1=100 m3=7	
N33	g1 x1=89.462 f0.15	精车端面
N34	x1=87.4 z1=0	
N35	g1 x1=-1 f=0.15	
N36	g0 z1=30	
N37	g0 x1=280	
N38	z1=200 m3=9	
N39	m1=5	
N40	lims=3300	
N41	tlch1("116",-90)	调用 116 号刀具，刀具角度：垂直方向 -90°
N42	mcmitus1	S1 轴与 S3 轴同时旋转
N43	tlprep1("131")	
N44	m1=3 s1=1000	S1 轴正转，转速 1000r/min
N45	g95 m3=3 s3=1000	恒线速，S3 轴正转，转速 1000r/min
N46	g54	调用坐标系

（续）

程序段号	程序代码	程序说明
N47	g0 z1 = 10	中心孔加工
N48	x1 = 0 y1 = 0	
N49	g0 z1 = 3 m3 = 8	
N50	g1 z1 = -7 f0. 1	
N51	g0 z1 = 2	
N52	g1 z1 = -9	
N53	g04 f = 2	
N54	g0 z1 = 200	
N55	x1 = 400	
N56	m1 = 5 m3 = 5	S1、S3 轴停止
N57	tlch1("131",-90)	调用 131 号刀具，刀具角度：垂直方向-90°
N58	mcmills1	钻铣功能开
N59	tlprep1("133")	
N60	g54	
N61	g0 z1 = 10	
N62	x1 = 0 y1 = 0 m3 = 7	起刀点，外冷开
N63	g95 m3 = 3 s3 = 800 f0. 25	
N64	drill(0,10,3,70,3,0)	钻导向孔
N65	g0 x1 = 350	
N66	tlch1("133",-90)	调用 133 号刀具，刀具角度：垂直方向-90°
N67	mcmills1	
N68	tlprep1("152")	
N69	g54 g95	
N70	g0 z1 = 10	
N71	x1 = 0 y1 = 0	
N72	drgun(0,40,5,190,700,3,0. 05,60,100,4,1,2,170,0. 05,)	深孔钻削
N73	g0 z1 = 100	
N74	x1 = 450	
N75	m3 = 5	
N76	tlch1("152",-90)	调用 152 号刀具，刀具角度：垂直方向-90°
N77	mcmills1	钻铣功能开
N78	tlprep1("154")	
N79	g54	
N80	g0 z1 = 10	
N81	x1 = 0 y1 = 0 m3 = 7	
N82	g95 m3 = 3 s3 = 700 f0. 25	

（续）

程序段号	程序代码	程序说明
N83	drill(0,10,3,85,3,0)	扩孔
N84	g0 x1=350	
N85	m3=5 m3=9	
N86	m0	
N87	tlch1("154",-90)	调用 154 号刀具，刀具角度：垂直方向-90°
N88	tlcorr(1)	
N89	mcturns1	车功能开
N90	tlprep1("138")	
N91	g54	
N92	g96 s1=150 m1=41 m1=4 lims=400	
N93	g0 z1=5	内孔精加工
N94	x1=24	
N95	g0 x1=27.17	
N96	z1=-79 m3=7	
N97	g1 z1=-87.45 f0.15	
N98	x1=24.5 z1=-89.77	
N99	z1=-79 f2	
N100	x1=29.6	
N101	z1=-87.45 f0.15	
N102	z1=5 f2	
N103	x1=31.5	
N104	z1=-61.4 f0.15	
N105	x1=30.7 z1=-61.8	
N106	z1=-87.45	
N107	x1=28	
N108	g0 z1=20	
N109	x1=500	
N110	m1=5 m3=9	
N111	tlch1("138",-90,180)	调用 138 号刀具，刀具角度：垂直方向-90°，刀尖旋转 180°
N112	tlcorr(1)	
N113	mcturns1	
N114	tlprep1("117")	
N115	g54	
N116	g96 s1=250 m1=42 m1=3 lims=1500	
N117	g0 z1=5	

（续）

程序段号	程序代码	程序说明
N118	x1=31 m3=7	
N119	CYCLE95("ccc:ddd",2.5,0.05,0.3,0,0.25,0.2,0.15,11,,0,0.7,0,2)	内孔粗精车循环
N120	g54	
N121	m3=9 m1=5	
N122	g0 x1=500	
N123	gotof ddd	
N124	ccc:	循环程序头
N125	g0 x1=51.5	循环轮廓加工
N126	g1 z1=-1.35 f0.2	
N127	x1=45.52	
N128	x1=44.48 z1=-1.65	
N129	x1=41.7 z1=-4.07	
N130	x1=41.7 z1=-33.4	
N131	x1=36.8	
N132	x1=36 z1=-33.75	
N133	z1=-35.29	
N134	x1=31.5 z1=-37.25	
N135	x1=29	
N136	ddd:	循环程序尾
N137	m0	暂停
N138	tlch1("117",-90,)	调用117号刀具，刀具角度：垂直方向-90°
N139	mcturns1	
N140	tlprep1("155")	
N141	g96 s1=150 m1=4 lims=400	
N142	g54	
N143	g0 z1=10 m3=7	内孔清根
N144	x1=39	
N145	g1 z1=-32.28 f2	
N146	x1=41.7 f0.07	
N147	x1=42.7 z1=-33.55 f0.04	
N148	x1=41.7 z1=-32.28	
N149	g0 x1=29	
N150	g1 z1=-86.2 f2	
N151	x1=30.7 f0.04	
N152	x1=31.7 z1=-87.65	
N153	x1=30.7 z1=-86.2	

（续）

程序段号	程序代码	程序说明
N154	g0 x1 = 29	
N155	z1 = 115	
N156	x1 = 700	
N157	m1 = 5 m3 = 9	
N158	lims = 3300	
N159	tlch1("155",0)	调用 155 号刀具，刀具角度：垂直方向 0°
N160	mcturns1	
N161	tlprep1("105")	
N162	g95 m1 = 41 m1 = 4 s1 = 600	
N163	g54	
N164	g0 z1 = 3	
N165	x1 = 54.34 m3 = 8	端面槽加工
N166	g1 z1 = -5.3 f0.07	
N167	z1 = 1 f2	
N168	g1 x1 = 49.01	
N169	z1 = -1.35 f0.07	
N170	x1 = 50.16 z1 = -1.79	
N171	x1 = 51.44 z1 = -4.19	
N172	g2 x1 = 54.34 z1 = -5.3 cr = 1.5	
N173	g1 z1 = 1 f2	
N174	x1 = 61	
N175	z1 = 0 f0.07	
N176	x1 = 58.65 z1 = -0.98	
N177	x1 = 57.57 z1 = -4.06	
N178	g3 x1 = 54.61 z1 = -5.3 cr = 1.5	
N179	g0 z1 = 100	
N180	g0 x1 = 280	
N181	z1 = 200 m3 = 9	
N182	m1 = 5	
N183	lims = 3300	
N184	g54	
N185	g0 z4 = 100	尾座顶尖快速定位
N186	m1 = 57	中心架打开
N187	mcz4fon(30,230,0,20)	顶尖顶紧

（续）

程序段号	程序代码	程序说明
N188	tlch1("105",0,180)	调用 105 号刀具，刀具角度：垂直方向 0°，刀尖旋转 180°
N189	tlcorr(1)	
N190	mcturns1	
N191	tlprep1("101")	
N192	g54	
N193	g96 s1=280 m1=42 m1=3 lims=1500	
N194	g0 z1=3	
N195	x1=90 m3=7	外圆精加工
N196	g1 z1=-30 f0.35	
N197	g0 x1=95	
N198	z1=3	
N199	x1=89.462	
N200	g1 z1=-30 f0.15	
N201	g0 z1=-100	
N202	x1=46	
N203	g1 x1=44.5 z1=-101	
N204	z1=-161	
N205	g0 x1=350	
N206	z1=300	
N207	m1=5 m3=9	
N208	mcz4fof(9999)	顶尖松开退回
N209	m30	程序结束

表 1.1-95　变速器偶数档输入轴工序 2 车削程序

程序名称	1701151-AA6K-2	轴精加工程序
程序段号	程序代码	程序说明
N1	m1=56	中心架夹紧
N2	tlch1("157",0,180)	调用 157 号刀，刀具角度：垂直方向 0°，刀尖旋转 180°
N3	mcturns1	
N4	tlprep1("120")	
N5	g96 s1=280 m1=42 m1=3 lims=1400	
N6	g54	
N7	g0 z1=164	精车端面程序
N8	x1=42 m3=7	

（续）

程序段号	程序代码	程序说明
N9	g1 x1=20　f0.2	端面精加工
N10	g0 x1=42	
N11	g0 z1=162	
N12	x1=42 m3=7	
N13	g1 x1=20 f=0.2	
N14	g0 x1=42	
N15	z1=159.5 m3=7	
N16	g1 x1=32.75 f0.15	
N17	x1=32 z1=161	
N18	g1 x1=20 f=0.15	
N19	g0 z1=300	
N20	g0 x1=280	
N21	m3=9	
N22	m1=5	
N23	lims=3300	
N24	tlch1("120",-90,)	调用 120 号刀，刀具角度：垂直方向-90°
N25	tlcorr(1)	
N26	mcturns1	
N27	tlprep1("157")	
N28	g54	
N29	g96 s1=150 m1=42 m1=4 lims=1500	
N30	g0 z1=170	精车内孔倒角
N31	x1=27 m3=7	
N32	g54	
N33	g1 z1=161.1 f0.2	倒角
N34	x1=23 z1=159.37	
N35	g0 z1=162	
N36	x1=26.5	
N37	g1 z1=161.1 f0.1	
N38	x1=24.5 z1=159.37	
N39	g0 z1=300	
N40	x1=800	
N41	m1=5 m3=9	
N42	g54	
N43	g0 z4=200	
N44	m1=57	中心架张开

（续）

程序段号	程序代码	程序说明
N45	mcz4fon(20,430,0,20)	尾座顶尖顶紧
N46	tlch1("105",0,180)	调用105号刀，刀具角度：垂直方向0°，刀尖旋转180°
N47	mcturns1	
N48	g96 s1=280 m1=42 m1=3 lims=1500	
N49	g54	
N50	g0 z1=161.5	
N51	x1=46 m3=7	
N52	CYCLE95("eee:fff",6,0.05,0.4,0,0.35,0.25,0.1,1,,0,2,0,2)	粗车外圆
N53	g54	
N54	m3=9 m1=5	
N55	g0 x1=300	
N56	z1=300	
N57	gotof fff	
N58	eee:	
N59	g0 x1=32.8	循环轮廓加工
N60	g1 z1=148 f0.25	
N61	x1=34.3	
N62	z1=124	
N63	x1=33 z1=122	
N64	z1=102.74	
N65	x1=34.3 z1=100.44	
N66	z1=80.1	
N67	x1=38.5	
N68	x1=39.95 z1=79.5	
N69	z1=74	
N70	g1 x1=40.3	
N71	g1 z1=56.7	
N72	x1=58.5	
N73	g1 z1=34.5 f0.25	
N74	x1=50.95 z1=26.5	
N75	z1=5	
N76	g2 x1=61 z1=0 cr=5	
N77	g1 x1=65	
N78	fff:	

（续）

程序段号	程序代码	程序说明
N79	tlch1("146",0,180)	调用 146 号刀，刀具角度：垂直方向 0°，刀尖旋转 180°
N80	mcturns1	
N81	tlprep1("111")	
N82	g96 s1=280 m1=42 m1=3 lims=1800	
N83	g54	
N84	g0 z1=161.5	精车外圆
N85	g0 x1=32.77 m3=7	
N86	g1 z1=148 f0.15	外圆精加工
N87	x1=34.28	
N88	z1=124	
N89	x1=33 z1=122	
N90	z1=102.74	
N91	x1=34.28 z1=100.44	
N92	z1=80.1	
N93	x1=38.5	
N94	x1=39.9 z1=79.5	
N95	z1=74	
N96	g1 x1=40.3	
N97	g1 z1=56.65	
N98	x1=58.5	
N99	g1 z1=34.5 f0.25	
N100	x1=50.95 z1=26.5	
N101	z1=5	
N102	g2 x1=61 z1=0 cr=5	
N103	g1 x1=65	
N104	g0 x1=280	
N105	z1=300	
N106	m1=5 m3=9	
N107	tlch1("147",0,)	
N108	tlcorr(1)	
N109	mcturns1	
N110	tlprep1("108")	
N111	g54	
N112	g96 s1=180 m1=41 m1=3 lims=800	
N113	g0 z1=26.16	

（续）

程序段号	程序代码	程序说明
N114	x1=60 m3=7 f0.1	
N115	CYCLE93(58.7,26.16,9.34,8.875,0,0,0,0,-1,2.5,3,0.1,0.1,8.875,1,1,1,)	车槽
N116	g54	
N117	g0 z1=25.83	
N118	g1 x1=43.34 f0.08	
N119	g3 x1=41 z1=28.66 cr=4	
N120	g1 x1=51	
N121	z1=23.46	
N122	x1=48.07	
N123	x1=43.34 z1=25.83	
N124	x1=51	
N125	z1=19.93	
N126	g2 x1=48.07 z1=23.46 cr=5	
N127	g0 x1=300	
N128	z1=300	
N129	m3=9 m1=5	
N130	tlch1("108",0,180)	调用 108 号刀，刀具角度：垂直方向 0°，刀尖旋转 180°
N131	tlcorr(1)	
N132	mcturns1	
N133	tlprep1("148")	精车槽
N134	g54	
N135	g96 s1=180 m1=42 m1=3 lims=1000	
N136	g0 z1=146.55	
N137	x1=36 m3=7	
N138	g1 x1=30.25 f0.07	精车槽
N139	x1=32.8	
N140	z1=147.05	
N141	x1=31.8 z1=146.55	
N142	x1=34.25	
N143	z1=146	
N144	x1=33.3 z1=146.55	
N145	g0 x1=42	
N146	z1=74	
N147	g1 x1=37.85	

（续）

程序段号	程序代码	程序说明
N148	x1 = 40	精车槽
N149	z1 = 75	
N150	x1 = 39 z1 = 74. 5	
N151	x1 = 37. 85	
N152	x1 = 40. 3	
N153	z1 = 73. 48	
N154	x1 = 37. 85 z1 = 73. 68	
N155	g0 x1 = 350 m3 = 9	
N156	z1 = 320	
N157	m1 = 5	
N158	tlch1("148",-10,180)	调用 148 号刀，刀具角度：垂直方向 0°，刀尖旋转 180°
N159	tlcorr(1)	
N160	mcturns1	
N161	tlprep1("114")	
N162	g54	
N163	g96 s1 = 180 m1 = 42 m1 = 4 lims = 1300	
N164	g0 z1 = 76. 7	
N165	x1 = 42 m3 = 7	
N166	g1 x1 = 36. 8 f0. 15	
N167	x1 = 42	
N168	g0 x1 = 350	
N169	z1 = 370	
N170	m1 = 5 m3 = 9	
N171	tlch1("166",0)	调用 166 号刀，刀具角度：垂直方向 0°
N172	mcmills1	钻铣功能开
N173	tlprep1("124")	
N174	g95 m3 = 3 s3 = 4000 m3 = 7	S3 轴正转，转速 4000r/min，外冷开
N175	tlztrans(16. 5,112. 65)	转换坐标系
N176	g0 x1 = 0 z1 = 100 c1 = 0	钻孔起始位置
N177	;NCG#DRFCH#drfch. com#DRFCH# * NCG; * RO * ; * HD *	钻孔
N178	;#1#2#1#1#1#1#4#4#1#3#4## * NCG; * RO * ; * HD *	
N179	DRFCH(0,10,5,6,0,3,0. 05,0. 05,0,0. 1,0. 05)	
N180	;#END# * NCG; * RO * ; * HD *	
N181	g0 z1 = 150	退刀
N182	tlztrans()	取消坐标系转换

（续）

程序段号	程序代码	程序说明
N183	tlch1("166",0)	调用 166 号刀，刀具角度：垂直方向 0°
N184	mcmills1	
N185	g95 m3=3 s3=4000 m3=7	
N186	tlztrans(16.5,112.65)	
N187	g0 x1=0 z1=20 c1=180	
N188	;NCG#DRFCH#drfch.com#DRFCH#*NCG;*RO*;*HD*	
N189	;#1#2#1#1#1#1#4#4#1#3#4##*NCG;*RO*;*HD*	
N190	DRFCH(0,10,5,6,0,3,0.05,0.05,0,0.1,0.05)	
N191	;#END#*NCG;*RO*;*HD*	
N192	g0 z1=150	
N193	x1=-280	
N194	tlztrans()	
N195	tlch1("124",0)	调用 124 号刀，刀具角度：垂直方向 0°
N196	mcmills1	
N197	g95 m3=3 s3=3000 m3=8	
N198	tlztrans(16.5,113.2)	
N199	g0 x1=0 z1=100 c1=180	
N200	;NCG#DRFCH#drfch.com#DRFCH#*NCG;*RO*;*HD*	
N201	;#1#2#1#3#1#1#4#4#1#3#4##*NCG;*RO*;*HD*	
N202	DRFCH(0,10,5,1.2,0,3,0.05,0.05,0,0.1,0.05)	
N203	;#END#*NCG;*RO*;*HD*	
N204	g0 z1=150	
N205	tlztrans()	
N206	tlch1("124",0)	调用 124 号刀，刀具角度：垂直方向 0°
N207	mcmills1	
N208	g95 m3=3 s3=3000 m3=8	
N209	tlztrans(16.5,113.2)	
N210	g0 x1=0 z1=100 c1=0	
N211	;NCG#DRFCH#drfch.com#DRFCH#*NCG;*RO*;*HD*	
N212	;#1#2#1#3#1#1#4#4#1#3#4##*NCG;*RO*;*HD*	
N213	DRFCH(0,10,5,1.2,0,3,0.05,0.05,0,0.1,0.05)	
N214	;#END#*NCG;*RO*;*HD*	
N215	g0 z1=150	
N216	x1=-280	
N217	tlztrans()	
N218	mcz4fof(1500)	尾座松开，退回
N219	m30	

2. 盘类零件

（1）零件结构

图 1.1-60 所示为变速器档位齿轮齿坯，为典型盘类回转体零件。零件关键技术要求为内圆柱面、左侧端面的尺寸精度和几何精度。该零件热处理后还有磨削工序，因此在车削工序中表面粗糙度要求达到 $Ra1.6\mu m$。工件尺寸、形位、表面质量、材料等关键技术要求见表 1.1-96。

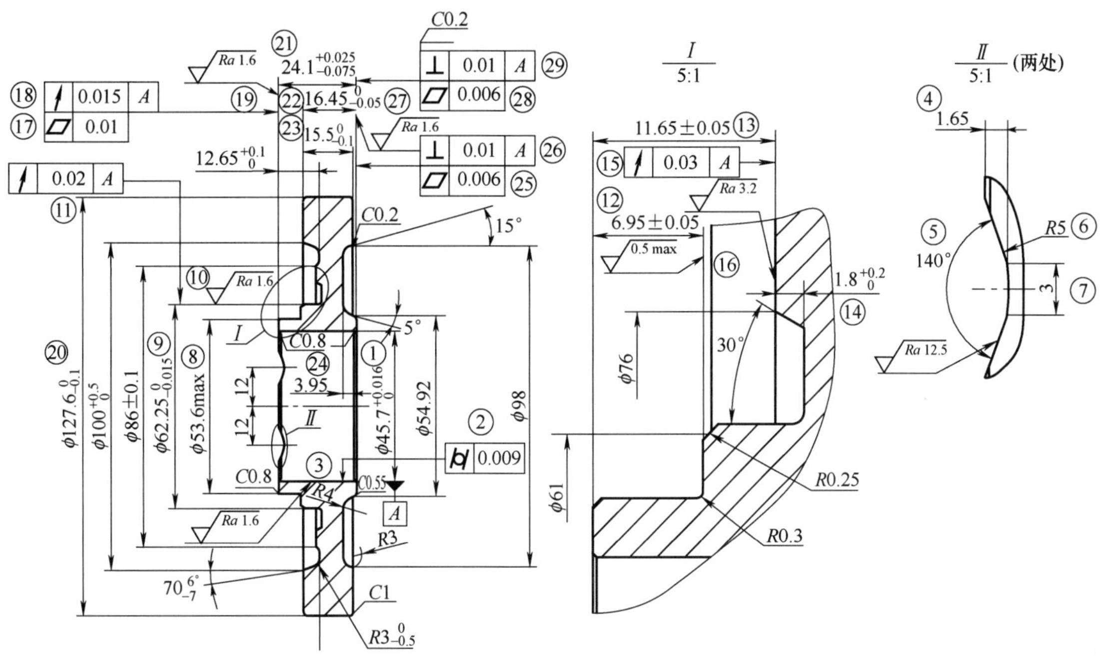

图 1.1-60 变速器档位齿轮齿坯

表 1.1-96 变速器档位齿轮齿坯关键技术要求 （mm）

序号	部位	气泡序号	精度及技术要求
1	内圆柱面	①	内圆柱面 $\phi45.7^{+0.016}_{0}$
		②、③	内圆柱面①圆柱度为 0.009 内圆柱面①表面粗糙度为 $Ra1.6\mu m$
2	左侧端面油槽	④~⑦	左侧端面共有 4 处油槽 每个油槽深度为 1.65，V 形角度为 140°，槽底宽度为 3mm，槽底过渡圆角为 $R5$
3	左侧腹板、端面	⑧~⑪	外圆柱面 $\phi53.6$max、$\phi62.25^{0}_{-0.015}$ 外圆柱面⑨表面粗糙度为 $Ra1.6\mu m$，径向圆跳动为 0.02
		⑫~⑭	轴台长度为 6.95±0.05，11.65±0.05，$1.8^{+0.2}_{0}$
		⑮、⑯	轴台面⑮轴向圆跳动为 0.03，表面粗糙度为 $Ra3.2\mu m$
		⑰~⑲	端面平面度为 0.01，轴向圆跳动为 0.015，表面粗糙度为 $Ra1.6\mu m$
4	$\phi127.6$ 外圆柱面	⑳	外圆柱面 $\phi127.6^{0}_{-0.1}$
5	轴向长度	㉑~㉓	轴向长度为 $24.1^{+0.025}_{-0.075}$，$16.45^{0}_{-0.05}$，$15.5^{0}_{-0.1}$

（续）

序号	部位	气泡序号	精度及技术要求
6	右侧腹板、端面	㉔	右侧腹板深度为 3. 95
		㉕、㉖	端面平面度为 0. 006，垂直度为 0. 01
		㉗~㉙	端面平面度为 0. 006，垂直度为 0. 01，表面粗糙度为 *Ra*1. 6μm
7	材料	20CrMnTiH，硬度为 160~197HBW	

（2）加工工序

1）工件毛坯。工件毛坯采用自由锻、粗加工工艺，轴向、径向均有约 5mm 加工余量。变速器档位齿轮毛坯如图 1. 1-61 所示。

2）工序设计（表 1. 1-97）。根据零件图样技术要求和毛坯图形，采用 CTX beta 800 卧式数控车床以最少工序、柔性化加工完成全部车削、铣削路线，并达成图样技术要求。

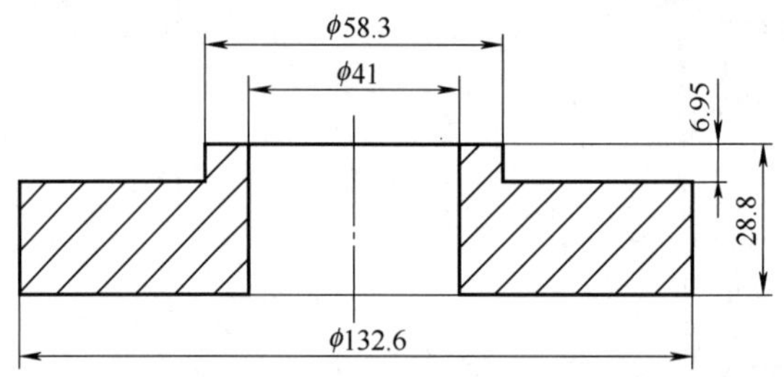

图 1. 1-61　变速器档位齿轮毛坯

表 1. 1-97　变速器档位齿轮毛坯工序设计　　（mm）

工序	项目	内容
工序 1		
	定位基准、工装	使用自定位卡盘以右侧端面轴向定位，夹紧外圆轴颈
	加工内容	1）车削加工内圆柱面、左侧端面、腹板及外圆柱面 2）铣削左侧端面油槽

（续）

工步	车削内容	刀具	切削用量	
工步划分	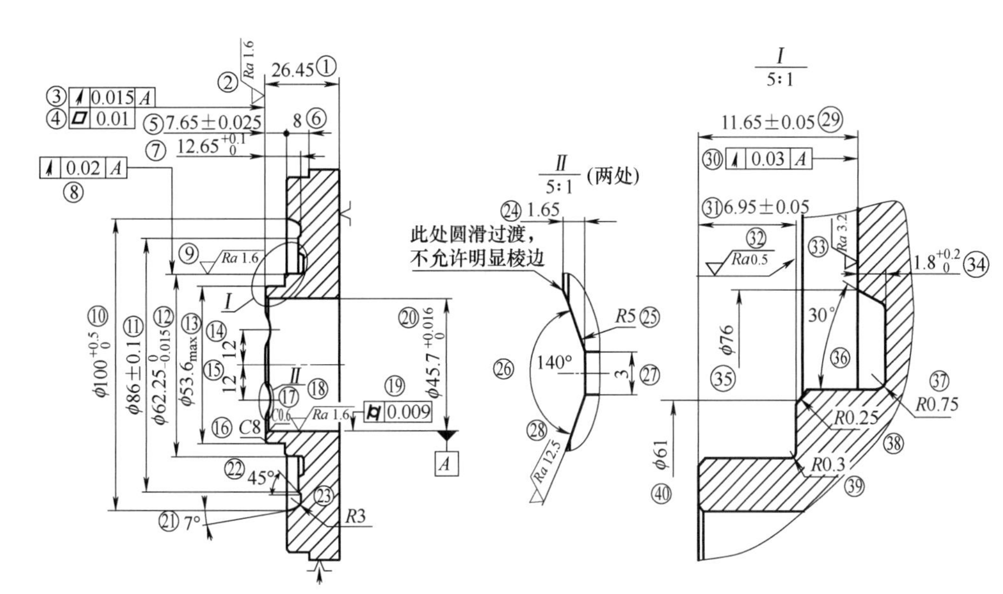			
工步	车削内容	刀具	切削用量	
			f/(mm/r)	a_p/mm
工步 1	精车毛坯端面，控制总长为 26.45	R0.4 外圆精车刀	0.15	0.5
工步 2	粗车 $\phi127.6_{-0.1}^{0}\times8$，$X$ 向留 0.5 余量	R0.8 外圆粗车刀	0.3	1.5
工步 3	粗车 7.65±0.025 端面，Z 向留 0.1 余量	R0.8 外圆粗车刀	0.25	1.5
工步 4	粗车 ϕ53.6max×6.95±0.05 台阶，X 向留 0.5 余量，Z 向留 0.1 余量	R0.8 外圆粗车刀	0.3	1.5
工步 5	粗车 $\phi45.7^{+0.016}_{0}$ 内孔，X 向留 0.5 余量	R0.8 粗镗刀	0.25	1.5
工步 6	精车 $\phi127.6_{-0.1}^{0}\times8$	R0.4 外圆精车刀	0.15	0.5
工步 7	精车 7.65±0.025 端面	R0.4 外圆精车刀	0.15	0.1
工步 8	精车 ϕ53.6max×6.95±0.05 台阶	R0.4 外圆精车刀	0.15	0.5
工步 9	精车 $\phi45.7^{+0.016}_{0}$ 内孔	R0.4 精镗刀	0.15	0.5
工步 10	粗车+精车左侧腹板，控制 $\phi62.25_{-0.015}^{0}$、$\phi86\pm0.1$、$\phi100^{+0.5}_{0}$、11.65±0.05、12.65$^{+0.1}_{0}$	2mm 端面槽刀	粗 0.12 精 0.08	0.1
工步 11	铣削端面油槽，控制深度 1.65	140°成形铣刀	80	1

（续）

工序 2	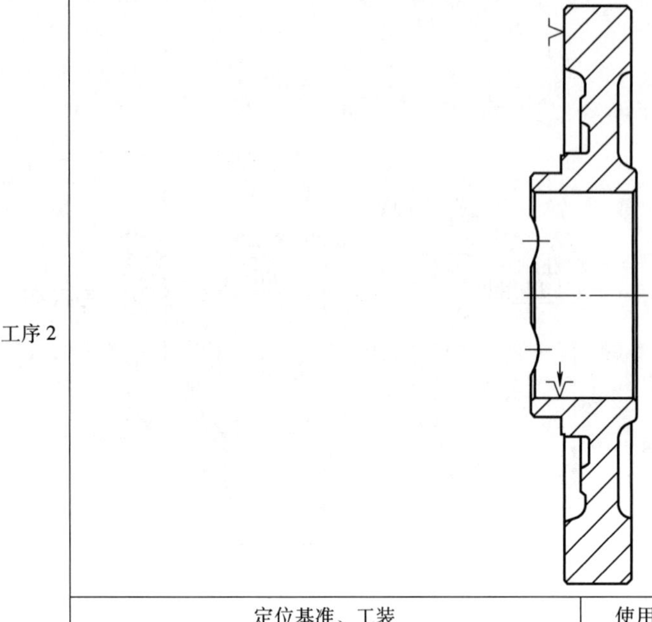	
	定位基准、工装	使用胀套时夹具以左侧端面轴向定位，夹紧内孔
	加工内容	车削右侧端面、腹板、外圆
工步划分	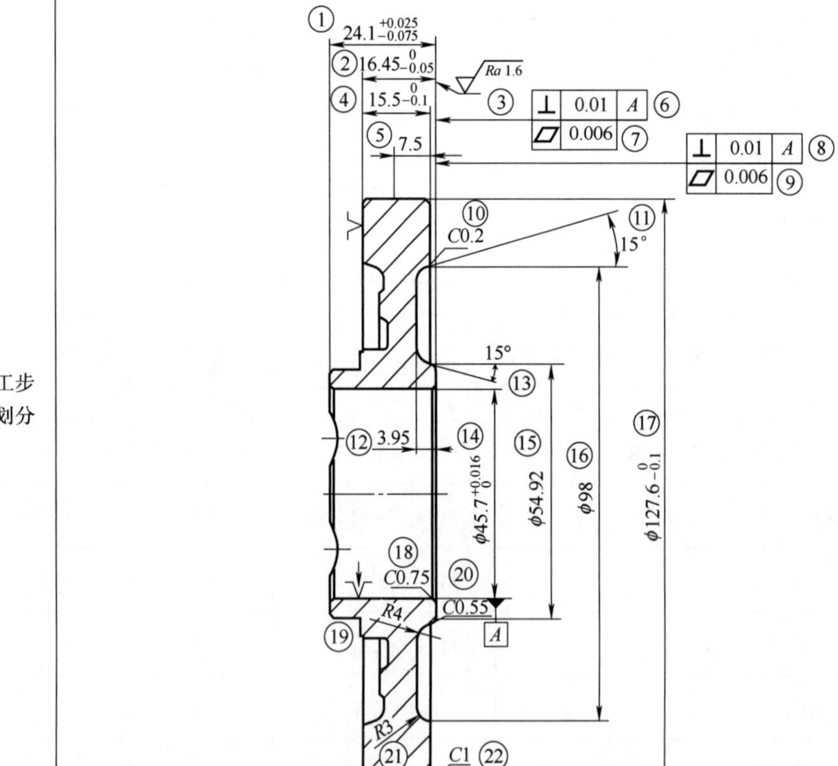	

工步	车削内容	刀具	切削用量	
			f/(mm/r)	a_p/mm
工步 1	粗车右侧端面控制总长 $24.1^{+0.025}_{-0.075}$，Z 向留 0.1 余量	R0.8 外圆精车刀	0.25	1.5

（续）

工步	车削内容	刀具	切削用量	
			f/(mm/r)	a_p/mm
工步 2	粗车 $\phi127.6_{-0.1}^{0}$外圆，X 向留 0.5 余量	R0.8 外圆粗车刀	0.3	1.5
工步 3	粗车 $15.5_{-0.1}^{0}$右侧端面，Z 向留 0.1 余量	R0.8 外圆粗车刀	0.25	1.5
工步 4	精车右侧端面，控制总长 $24.1_{-0.075}^{+0.025}$	R0.4 外圆精车刀	0.15	0.1
工步 5	精车 $\phi127.6_{-0.1}^{0}$外圆	R0.4 外圆精车刀	0.15	0.5
工步 6	精车 $15.5_{-0.1}^{0}$右侧端面，控制宽度 $15.5_{-0.1}^{0}$	R0.4 外圆精车刀	0.15	0.1
工步 7	粗车+精车右侧腹板，控制 ϕ54.92、ϕ98、深度 3.95	3mm 端面槽刀	粗 0.12 精 0.08	0.1
工步 8	车 $\phi45.7_{0}^{+0.016}$ 内孔右侧倒角	R0.4 精镗刀	0.15	0.5

（3）数控编程

1）确定工件坐标系。将工件坐标系的原点设在工件右端面与轴线的交点处，以此坐标系进行加工程序编制。

2）编写程序。按该机床规定的指令代码和程序段格式，把加工的全部工艺过程编写成程序清单。该工件的加工程序见表 1.1-98。

表 1.1-98　变速器档位齿轮车削程序

数控系统	CTX beta 800	
程序名称	JINGCHE1	精车 1 程序
程序段号	程序	程序说明
N01	T1M06	调用 1 号外圆粗车刀
N02	D1	调用刀补
N03	G96 S=150 M=3 LIMS=1600	恒线速 150m/min，正转，最高转速 1600r/min
N04	G54 G0 X150 Z10	起刀点
N05	M1=8	外冷却开
N06	CYCLE951(60,1,40,0,40,0,1,1,0,0,22,0,0,0,1,0.15,1,2,1110000)	粗车外圆、端面
N07	CYCLE951(132.6,0,127.6,-15.65,127.6,-15.65,1,1.5,0.25,0,11,0,0,0,1,0.3,1,2,1110000)	
N08	CYCLE951(127.6,0,98,-7.65,98,-7.65,1,1.5,0,0.1,12,0,0,1,1,0.25,1,2,1110000)	
N09	CYCLE951(98,0,53.6,-6.95,53.6,-6.95,1,1.5,0.25,0.1,12,0.8,0.3,0,1,0.3,1,2,1010000)	
N10	G0 X200 Z200	返回换刀点
N11	T2M06	调用 2 号内孔粗车刀
N12	D1	调用刀补

（续）

程序段号	程序	程序说明
N13	G96 S=150 M=3 LIMS=1600	恒线速 150m/min，正转，最高转速 1600r/min
N14	G54 G0 X40 Z10	起刀点
N15	M1=8	外冷却开
N16	CYCLE951(43,0,45.7,-30,45.7,-30,3,1.5,0,0.25,11,0.6,0,0,1,0.3,1,2,1110000)	粗车内孔
N17	G0 X200 Z200	返回换刀点
N18	T3M06	调用 3 号外圆精车刀
N19	D1	调用刀补
N20	G96 S=250 M=3 LIMS=1600	恒线速 250m/min，正转，最高转速 1600r/min
N21	G54 G0 X150 Z10	起刀点
N22	M1=8	外冷却开
N23	CYCLE951(132.6,0,127.6,-15.65,127.6,-15.65,1,1.5,0.25,0,21,0,0,0,1,0.15,1,2,1110000)	精车外圆、端面
N24	CYCLE951(127.6,0,98,-7.65,98,-7.65,1,1.5,0,0.1,22,0,0,1,1,0.15,1,2,1110000)	
N25	CYCLE951(98,0,53.6,-6.95,53.6,-6.95,1,1.5,0.25,0.1,22,0.8,0.3,0,1,0.15,1,2,1010000)	
N26	G0 X200 Z200	返回换刀点
N27	T4M06	调用 4 号内孔精车刀
N28	D1	调用刀补
N29	G96 S=250 M=3 LIMS=1600	恒线速 250m/min，正转，最高转速 1600r/min
N30	G54 G0 X40 Z10	起刀点
N31	M1=8	外冷却开
N32	CYCLE951(43,0,45.7,-30,45.7,-30,3,1.5,0,0.25,21,0.6,0,0,1,0.15,1,2,1110000)	精车内孔
N33	G0 X200 Z200	返回换刀点
N34	T5M06	调用 5 号端面槽刀
N35	D1	调用刀补
N36	G96 S=250 M=3 LIMS=1600	恒线速 250m/min，正转，最高转速 1600r/min
N37	G54 G0 X40 Z10	起刀点
N38	M1=8	外冷却开

（续）

程序段号	程序	程序说明
N39	E_LAB_A_1:;#SMZ:4	建立腹板槽轮廓并命名为1号轮廓
N40	G18 G90 DIAM90;＊GP＊	
N41	GOZ-6.95 X60.4;＊GP＊	
N42	G1X61 CHR=.3;＊GP＊	
N43	Z-7.65;＊GP＊	
N44	X62.175 CHR=.3;＊GP＊	
N45	Z-7.65;＊GP＊	
N46	X62.175 CHR=.3;＊GP＊	
N47	Z13.55 RND=.75;＊GP＊	
N48	X73.922 RND=.75;＊GP＊	
N49	Z-11.65 X76 RHD=.3;＊GP＊	
N50	X86 RND=.3;＊GP＊	
N51	Z-12.65 X87.678 RND=.8;＊GP＊	
N52	X98.522 RND=2.75;＊GP＊	
N53	Z-7.65 X99.75;＊GP＊	
N54	E_LAB_E_1:	
N55	CYCLE952(“1”,,“”,103132,0.12,,0,1,0.1,0.1,0.1,0.1,0.1,100,3,,,,,2,2,1,30,0,1,,0,22,1100010,1,0,0.08)	调用1号轮廓，粗车+精车端面槽
N56	G0 X200 Z200	返回换刀点
N57	T6M06	调用6号成形铣刀
N58	D1	调用刀补
N59	G95 S=2000 M=3	正转，2000r/min
N60	G54 G0 X70 Z10	起刀点
N61	M1=8	外冷却开
N62	CYCLE899(10,0,1,1.65,63,32,0,0,0,1,0.5,0,0,0.1,0,1004,100,1,101,,1,2)	铣油槽
N63	G0 X200 Z200	返回换刀点
N64	M30	程序停止，返回程序头

程序名称	JINGCHE2	精车2程序
程序段号	程序	程序说明
N01	T1M06	调用1号刀
N02	D1	调用刀补
N03	G96 S=150 M=3 LIMS=1600	恒线速150m/min，正转，最高转速1600r/min
N04	G54 G0 X150 Z10	起刀点
N05	M1=8	外冷却开
N06	CYCLE951(132.6,5,40,0,40,0,1,1,0,0.1,12,0,0,0,1,0.25,0.2,1110000)	粗车外圆+端面
N07	CYCLE951(132.6,0,127.6,-8,127.6,-8,1,1.5,0.25,0,11,1,0,0,1,0.3,1,2,1110000)	
N08	CYCLE951(127.6,0,95,-0.975,95,-0.975,1,1.5,0,0.1,12,0,0,0,1,0.3,1,2,1110000)	
N09	G0 X200 Z200	返回换刀点
N10	T2M06	调用2号外圆精车刀

（续）

程序段号	程序	程序说明
N11	D1	调用刀补
N12	G96 S=250 M=3 LIMS=1600	恒线速 250m/min，正转，最高转速 1600r/min
N13	G54 G0 X150 Z10	起刀点
N14	M1=8	外冷却开
N15	CYCLE951(132.6,5,40,0,40,0,1,1,0,0.1,22,0,0,0,1,0.15,0.2,1110000)	精车外圆+端面
N16	CYCLE951(132.6,0,127.6,-8,127.6,-8,1,1.5,0.25,0,21,1,0,0,1,0.15,1,2,1110000)	
N17	CYCLE951(127.6,0,95,-0.975,95,-0.975,1,1.5,0,0.1,22,0,0,0,1,0.15,1,2,1110000)	
N18	G0 X200 Z200	返回换刀点
N19	T5M06	调用 5 号端面槽刀
N20	D1	调用刀补
N21	G96 S=250 M=3 LIMS=1600	恒线速 250m/min,正转,最高转速 1600r/min
N22	G54 G0 X40 Z10	起刀点
N23	M1=8	外冷却开
N24	E_LAB_A_2：;#SMZ;3	建立右侧腹板槽轮廓并命名为 2 号轮廓
N25	G18 G90 DIAM90；*GP*	
N26	G0 Z0 X53.82；*GP*	
N27	G1X54.92 CHR=.55；*GP*	
N28	G2 Z-3.95 X61.659K=AC(0)I=AC(62.92)；*GP*	
N29	G1 X90； *GP*	
N30	G2Z0 X98 K=AC（.05） I=AC（90.001） CHR=.2； *GP*	
N31	G1 X98.4； *GP*	
N32	E_ LAB_ E_ 2：	
N33	CYCLE952("2",,"",103132,0.12,,0,1,0.1,0.1,0.1,0.1,0.1,0.1,100,3,,,,,2,2,1,30,0,1,,0,22,1100010,1,0,0.08)	调用 2 号轮廓，粗车+精车端面槽
N34	G0 X200 Z200	返回换刀点
N35	M30	程序停止，返回程序头

1.2 镗削

镗削加工是机械加工的主要方法之一，其工作过程是工件装夹在工作台或附件装置上固定不动，刀具主轴做旋转运动，靠移动主轴或工作台做进给运动，从而实现工件的加工。镗床加工的万能性比较强，它可以镗削单孔和孔系，锪铣平面，镗止口和镗车端面。镗床配备了各种附件、专用镗杆和装置后，还可以切槽、车螺纹、镗锥孔及球面等。

应用微调镗刀、定径镗刀和专用夹具或镗模后，孔径精度可达 IT7～IT6，孔距误差≤0.015mm，表面粗糙度 Ra 可达 1.6～0.8μm。

1.2.1　镗床类型及技术参数

1. 卧式镗床的类型和技术参数（表 1.2-1）

表 1.2-1　卧式镗床的类型和技术参数

产品名称	型号	主轴直径/mm	最大镗孔直径/mm	主轴中心线至工作表面距离/mm	工作台荷重/kg	主轴转速		工作台行程/mm		工作精度/mm		表面粗糙度/μm	电动机功率/kW		电动机台数	重量/t		外包装箱尺寸/mm（长×宽×高）	外形尺寸/mm（长×宽×高）	生产厂
						级数	范围/(r/min)	纵向	横向	圆柱度	端面平面度		主电动机	总容量		毛重	净重			
卧式镗床	TA617	70	200	0~700	1600	15	11.2~1400	900	900	0.025	0.02	3.2	4	5.5	2	8.5	—	—	4060×2400×2470	芜湖重型机床厂
	TM618A	85	240	42.5~800	2000	18	20~1000	1120	850	—	—	—	5.5	7.5	—	—	11.5	5600×2600×3000	5280×2350×3000	昆明机床股份有限公司
	TX68	85	240	42.5~800	2000	18	20~1000	1140	850	0.01/300	0.015/300	3.2	5.5/7.5	12.5	2	—	11	5230×2400×2920	5075×2345×2730	河北省保定机床厂
	TSDX619	90	240	30~800	2000	18	20~1000	1140	850	—	—	1.6	5.5	9.7	—	—	11	5370×2430×3050	5070×2230×2700	沈阳机床股份有限公司中捷友谊厂
	TPX619	90	270	0~900	2500	23	8~1000	1000	900	0.02/250	0.02/300	1.6	7.5	12	—	—	10	8410×2290×2700	5360×2600×1670	
	T611C	110	240	5~775	2000	18	12~950	1110	1100	0.02	0.02	1.6	6.5/8	11	2	16.3	12.5	5270×2550×2900	4970×2330×2760	汉川数控机床股份有限公司
	TDX6111	110	—	0~9000	2500	22	8~1000	1000	900	—	—	1.6	6.5/8	—	—	—	11	5610×3030×3580	5310×2530×3180	沈阳机床股份有限公司中捷友谊厂

（续）

产品名称	型号	主轴直径/mm	最大镗孔直径/mm	主轴中心线至工作表面距离/mm	工作台荷重/kg	主轴转速		工作台行程/mm		工作精度/mm		表面粗糙度/μm	电动机功率/kW		电动机台数	重量/t		外包装箱尺寸/mm（长×宽×高）	外形尺寸/mm（长×宽×高）	生产厂
						级数	范围/（r/min）	纵向	横向	圆柱度	端面平面度		主电动机	总容量		毛重	净重			
卧式镗床	T612	125	550	0～1400	4000	23	7.5～1200	1600	1400	0.03/300	0.03/500	3.2	7.5 10	17	3	—	24	7600×4200×3700	6220×3700×1840	河北省保定机床厂
	T6113	130	500	0～1500	5000	23	3.5～700	1600	1400	0.03	0.03	3.2	15	20.6	5	24	—	—	6300×3170×3945	芜湖重型机床厂
	T6113A/1	130	350	—	5000	18	6.6～755	2000	1500	—	—	—	10	—	—	—	22	三箱包装	6000×3100×3400	昆明机床股份有限公司
	TX6113	130	500	0～1500	5000	23	35～700	1600	1400	0.03	0.03	3.2	15	20.6	5	24	—	—	6300×3170×3945	芜湖重型机床厂
双面卧式精密镗床	TT140M	—	200	—	—	—	1420	780	—	—	—	钢：0.8 铸件：1.6	2.2	8	5	4	3.5	1990×860×1260	1840×780×1200	武汉新第二机床有限公司
数显卧式镗床	TX68	85	240	42.5～800	2000	18	20～1000	1140	850	—	—	—	5.5	7.5	—	—	10.5	5600×2440×2800	5075×2345×2730	昆明机床股份有限公司
	TX619A/1	90	250	—	2000	18	9～1000	1520	1040	—	—	—	7.5	—	—	—	12	—	4755×2020×2660	
	TX6113A/1	130	350	—	5000	18	6.6～755	2000	1500	—	—	—	5.5	7.5	—	—	22	三箱包装	6000×3100×3400	

（续）

产品名称	型号	主轴直径/mm	最大镗孔直径/mm	主轴中心线至工作表面距离/mm	工作台荷重/kg	主轴转速		工作台行程/mm		工作精度/mm		表面粗糙度/μm	电动机功率/kW		电动机台数	重量/t		外包装箱尺寸/mm（长×宽×高）	外形尺寸/mm（长×宽×高）	生产厂
						级数	范围/(r/min)	纵向	横向	圆柱度	端面平面度		主电动机	总容量		毛重	净重			
数显卧式镗床	TX611A	110	240	5~775	2000	18	12~950	1160	850	0.02	0.02	1.6	6.5/8	11	2	14	10.5	5290×2290×2880	4970×2100×2760	汉川数控机床股份有限公司
	TX611B	110	240	5~775	2000	18	12~950	1110	850	0.02	0.02	1.6	6.5/8	11	2	14	10.7	5290×2290×2880	4970×2100×2760	
	TX611C	110	240	5~775	2000	18	12~950	1110	1100	0.02	0.02	1.6	6.5/8	11	2	16.3	12.5	5270×2550×2900	4970×2330×2760	
	TPX6113	130	—	0~1400	8000	24	4~800	1600	1500	—	—	1.6	15	—	—	—	24	6995×3647×3442	5950×2410×1520	沈阳机床股份有限公司中捷友谊厂

2. 坐标镗床的类型和技术参数（表1.2-2）

表1.2-2　坐标镗床的类型和技术参数

产品名称	型号	工作台尺寸/mm（宽×长）	最大加工直径		主轴中心线至立柱距离/mm	主轴端面至工作台面距离/mm	工作台荷重/kg	主轴转速		工作台行程/mm		坐标精度/mm	工作精度/mm	表面粗糙度/μm	电动机功率/kW		电动机台数	重量/t		外包装箱尺寸/mm（长×宽×高）	外形尺寸/mm（长×宽×高）	生产厂
			钻孔	镗孔				级数	范围/(r/min)	纵向	横向		圆度		主电动机	总容量		毛重	净重			
单柱坐标镗床	TG4120B	320×600	15	100	345	80~510	200	—	100~2000	400	250	0.002	0.002	1.25	1.1	3	5	—	2.5	1740×1530×2450	1540×1260×2020	宁江机床集团股份有限公司
	TG4120B	450×800	20	200	470	100~680	300	—	50~2000	600	400	0.003	0.003	1.25	2.2	3.6	5	—	4.7	2320×2030×3000	1980×1630×2520	
	T4163C	630×1100	40	250	700	260~740	600	无级	55~2000	1000	600	0.006	—	—	1.1	2.7	—	—	6.8	—	2320×2300×2580	昆明机床股份有限公司

（续）

产品名称	型号	工作台尺寸/mm（宽×长）	最大加工直径		主轴中心线至立柱距离/mm	主轴端面至工作台面距离/mm	工作台荷重/kg	主轴转速		工作台行程/mm		坐标精度/mm	工作精度/mm	表面粗糙度/μm	电动机功率/kW		电动机台数	重量/t		外包装箱尺寸/mm（长×宽×高）	外形尺寸/mm（长×宽×高）	生产厂
			钻孔	镗孔				级数	范围/（r/min）	纵向	横向		圆度		主电动机	总容量		毛重	净重			
立式单柱坐标镗床	T4145	450×800	25	150	—	最小 150	250	无级	40~2000	600	400	0.005	0.005	0.8	2	2.4	—	5	4	2380×2040×2640	1900×1600×2250	上海机床有限公司
卧式坐标镗床	T4680	800×800	40	250	—	580	1200	无级	6~1250	750	570	±0.003	0.005	0.8	11	19.5	6	14	12	4000×2800×3010	3670×2505×2550	宁江机床集团股份有限公司
数显坐标镗床	TGX4132B	320×600	15	100	345	80~510	200	—	100~2000	400	250	0.002	0.003	1.25	2.2	3	5	—	2.5	1740×1530×2450	1540×1260×2020	宁江机床集团股份有限公司
数显坐标镗床	TGX4145B	450×800	20	200	470	120~680	300	—	50~2000	600	400	0.002	0.003	1.25	2.2	3.6	5	—	4.7	2320×2030×3000	1980×1630×2520	宁江机床集团股份有限公司
数显坐标镗床	TX4280	800×1120	40	250	—	100~880	750	18	20~960	1000	700	0.006	0.006	0.8	2.1/2.8	6.35	4	9	8	3700×2660×3005	3061×2405×2585	汉川机床集团有限公司
数显单柱坐标镗床	TX4163C	630×1100	40	250	700	260 740	600	无级	55~2000	1000	600	0.006	—	—	—	2.7	—	—	6.8	—	2320×2300×2580	昆明机床股份有限公司
立式单柱数显坐标镗床	T4145B	450×800	25	150	480	最小 150	250	无级	40~2000	600	400	0.005	0.005	0.8	2	2.4	—	5	4	2380×2040×2640	1900×1600×2250	上海机床有限公司

（续）

产品名称	型号	工作台尺寸/mm（宽×长）	最大加工直径		主轴中心线至立柱距离/mm	主轴端面至工作台面距离/mm	工作台荷重/kg	主轴转速		工作台行程/mm		坐标精度/mm	工作精度/mm	表面粗糙度/μm	电动机功率/kW		电动机台数	重量/t		外包装箱尺寸/mm（长×宽×高）	外形尺寸/mm（长×宽×高）	生产厂
			钻孔	镗孔				级数	范围/（r/min）	纵向	横向		圆度		主电动机	总容量		毛重	净重			
双柱数显坐标镗床	TX4240	400×560	25	150	560	500	350	8	45～1250	500	350	0.005	0.005	1.25	1.1	1.625	—	3	2.5	2140×1900×2250	1820×1600×1900	北京第二机床厂有限公司
	TGX4280	800×1120	40	300	—	最大 820	1000	16	18～1800	1000	—	0.003	—	—	—	3	—	—	10	—	3390×2415×2870	昆明机床股份有限公司
光学坐标镗床	T4240B	400×560	—	150	—	505	350	12	50～1950	500	350	±0.0025	0.005	1.25	1.1	2.3	—	3.8	2.8	1720×2100×2200	1670×1832×1965	北京第二机床厂有限公司
双柱光学坐标镗床	TP4280	800×1120	20	250	1120	890	750	18	20～960	1000	700	0.01	0.005	1.25	2.1	4.7	—	11	10	3580×2620×3500	3070×2573×3044	
数控坐标镗床	TK4145	450×800	20	200	470	120～680	300	—	50～2000	600	400	±0.003	—	1.25	2.8	—	—	—	4.7	2320×2030×3000	1980×1630×2520	宁江机床集团股份有限公司
	TK6345	450×450	—	—	50～500	150～800	480	—	45～4500	450	450	±0.005	—	1.25	2.2	25	5	—	8	—	3000×2650×2530	
数控卧式双柱镗床	TH4680	800×800	—	—	—	—	1500	—	10～2100	主轴 700	800	±0.003	—	—	14	50	7	18	16	—	—	昆明机床股份有限公司
数控单柱坐标镗床	TK4163H	630×1100	50	250	700	200/800	1500	无级	10～2500	1000	600	0.005	—	—	—	19	—	—	10	—	3050×3220×3450	昆明机床股份有限公司

（续）

产品名称	型号	工作台尺寸/mm（宽×长）	最大加工直径		主轴中心线至立柱距离/mm	主轴端面至工作台面距离/mm	工作台荷重/kg	主轴转速		工作台行程/mm		坐标精度/mm	工作精度/mm	表面粗糙度/μm	电动机功率/kW		电动机台数	重量/t		外包装箱尺寸/mm（长×宽×高）	外形尺寸/mm（长×宽×高）	生产厂
			钻孔	镗孔				级数	范围/(r/min)	纵向	横向		圆度		主电动机	总容量		毛重	净重			
数控双柱坐标镗床	TK4240	400×560	—	150	—	500	350	8	45~1250	500	350	±0.0025	铣 0.04 0.005	1.25	1.1	2.625	—	4.5	3	2900×2150×2400	2000×1750×1900	北京第二机床厂有限公司
	TGK42100	1020×1600	50	50	—	最大 1060	2000	18	40~2000	1400	—	±0.0035	—	—	2.2	3	—	—	17	—	4170×3120×3650	昆明机床股份有限公司

3. 精镗床的类型和技术参数（表 1.2-3）

表 1.2-3 精镗床的类型和技术参数

产品名称	型号	最大镗孔直径/mm	工作台面尺寸/mm（宽度×长度）	加工直径/mm	加工深度/mm	工作台纵向/mm	主轴转速			工作精度		表面粗糙度/μm	电动机功率/kW		台数	重量/t		外包装箱尺寸/mm（长×宽×高）	外形尺寸/mm（长×宽×高）	生产厂
							级数	范围/(r/min)	每边主轴数	圆度	圆锥度		主电动机	总容量		毛重	净重			
立式精镗床	T716	165	1200×500	51~165	410	700	6	190~600	—	0.005	0.01/300	—	3	5	2	3	2.5	2350×1900×2900	2000×1610×2422	湖北三友机床有限公司
	T7140A	200	400×500	10~200	400	400	—	50~1420	—	0.005	0.005	1.6~0.8	2.2	—	3	3.5	3	1910×950×1330	1860×860×1280	湖北福欣机床制造有限公司
单面精镗床	T740K-1	150	400×600	—	—	275	—	180~1000	2	不大于 0.005	不大于 0.005	1.6~0.8	1	2	1	2.4	1.9	1650×1100×1450	1550×1000×1400	揭阳市机床厂有限公司
双面精镗床	T7140-1	150	400×600	—	—	400	—	50~1440	4	不大于 0.005	不大于 0.005	1.6~0.8	1.1	2.2	1	3.5	3	2140×1320×1560	2040×1220×1460	揭阳市机床厂有限公司

1.2.2　镗床附件

1. 基本附件

基本附件一般由主机厂制造，通常包括各种刀架、定位心轴、万能镗刀架等，可以辅助机床完成粗精镗、切槽、车端面、车螺纹等加工。常用基本附件见表 1.2-4。

表 1.2-4　常用基本附件

名称	简　图	名称	简　图
万能镗刀架		精进给刀架	
主轴增速器		车螺纹刀架	
镗孔刀架		铣刀座	
定位心轴		中心测定器	

2. 支承类附件

1）角铁，规格见表 1.2-5。

表 1.2-5　角铁规格　（mm）

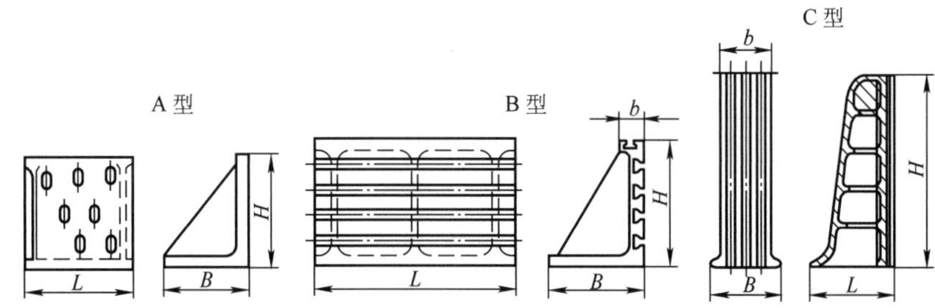

参数	A 型							B 型					C 型		
H	200	300	400	500	600	700	800	600	800	1000	1200	1500	1800	2200	3000
B	150	200	250	300	400	500	600	450	550	700	850	1000	650	800	1000
b								120			150	180	500	600	700
L	200	300	400	500	600	700	800	800	1000	1200	1500	1800	750	900	1200
n								4			6		3		

注：n 为 T 形槽数。

2）垫铁，规格见表 1. 2-6。

表 1. 2-6　垫铁规格　　（mm）

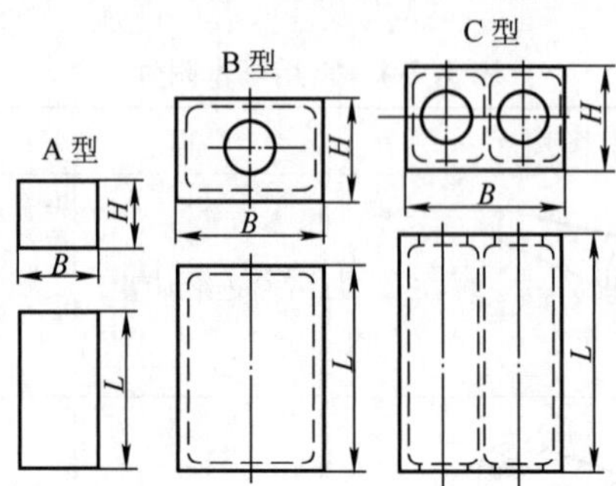

参数	A 型					B 型	C 型	
H	5	10	20	50	90	100	150	250
B	40	50	60	70	150	150	250	300
L	80	100		120		200	350	600
材料	20 钢，渗碳淬火					铸铁		

3）支承梁，常用规格见表 1. 2-7。

表 1. 2-7　常用支承梁规格　　（mm）

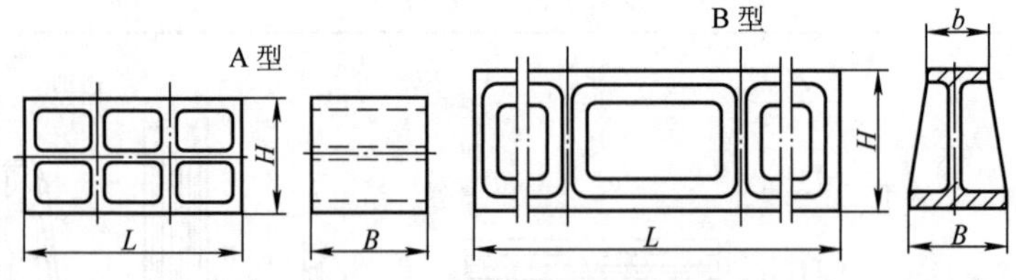

参数	A 型						B 型					
H	175	200	250	300	350	400	300	400	500	600	800	1000
B	200	220	280	350	400	450	225	300	375	450	600	750
b							150	200	250	300	400	500
L	350	400	500	600	800	1000	自定	1000	2000	自定		

4）常用千斤顶规格见表 1. 2-8。

表 1.2-8　常用千斤顶规格　(mm)

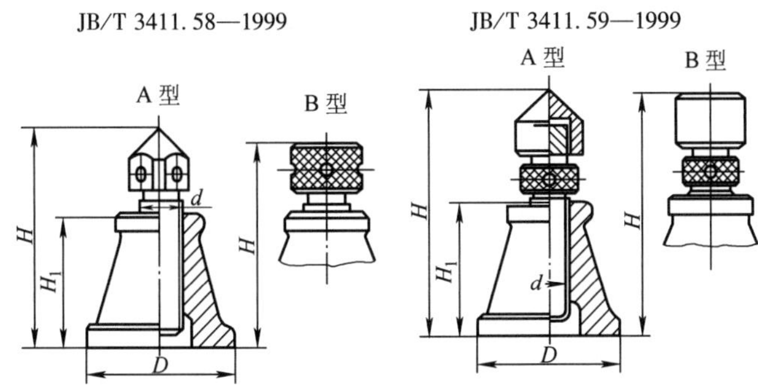

<table>
<tr><th rowspan="3">公称直径
d（螺杆）</th><th colspan="4">JB/T 3411.58—1999</th><th colspan="4">JB/T 3411.59—1999</th><th rowspan="3">D</th><th rowspan="3">H_1</th></tr>
<tr><th colspan="2">A 型</th><th colspan="2">B 型</th><th colspan="2">A 型</th><th colspan="2">B 型</th></tr>
<tr><th>H_{min}</th><th>H_{max}</th><th>H_{min}</th><th>H_{max}</th><th>H_{min}</th><th>H_{max}</th><th>H_{min}</th><th>H_{max}</th></tr>
<tr><td>M12</td><td>67</td><td>80</td><td>58</td><td>75</td><td>72</td><td>90</td><td>68</td><td>85</td><td>45</td><td>40</td></tr>
<tr><td>M16</td><td>76</td><td>95</td><td>65</td><td>85</td><td>85</td><td>105</td><td>80</td><td>100</td><td>50</td><td>45</td></tr>
<tr><td>M20</td><td>87</td><td>110</td><td>76</td><td>100</td><td>98</td><td>120</td><td>94</td><td>115</td><td>60</td><td>50</td></tr>
<tr><td>T26×5</td><td>102</td><td>130</td><td>94</td><td>120</td><td>125</td><td>150</td><td>118</td><td>145</td><td>80</td><td>65</td></tr>
<tr><td>T32×6</td><td>128</td><td>155</td><td>112</td><td>140</td><td>150</td><td>180</td><td>142</td><td>170</td><td>100</td><td>80</td></tr>
<tr><td>T40×6</td><td>158</td><td>185</td><td>138</td><td>165</td><td>182</td><td>230</td><td>172</td><td>220</td><td>120</td><td>100</td></tr>
</table>

3. 回转工作台

回转工作台是镗床的主要配套附件，分水平、万能（可倾）及立卧两用基本类型。水平、万能回转工作台采用蜗杆副机械分度，具有较高的分度精度。万能回转工作台可从水平到垂直位置间任意调整并锁紧。它可以辅助坐标镗床加工精度要求较高的极坐标直孔、径向分布的孔和斜孔、相互垂直的孔及各种角度的平面等。

常见的回转工作台有以下几种。

1）手动回转工作台常见型号规格见表 1.2-9。

表 1.2-9　手动回转工作台常见型号规格

<table>
<tr><th rowspan="2">产品名称</th><th rowspan="2">型号</th><th rowspan="2">原型号</th><th rowspan="2">工作台直径/mm</th><th rowspan="2">工作台中心锥孔（莫氏圆锥号）</th><th rowspan="2">定位键宽度/mm</th><th rowspan="2">台面T形槽宽度/mm</th><th rowspan="2">蜗杆副传动比</th><th rowspan="2">最大高度/mm</th><th rowspan="2">分度值/(″)</th><th colspan="2">重量/t</th><th rowspan="2">外形尺寸/mm
（长×宽×高）</th></tr>
<tr><th>净重</th><th>毛重</th></tr>
<tr><td rowspan="9">手动回转工作台</td><td>T12160</td><td>TS160</td><td>160</td><td>2</td><td>12</td><td>10</td><td>0.10417</td><td>80</td><td>60</td><td>0.014</td><td>0.018</td><td>315×240×85</td></tr>
<tr><td>T12200</td><td>TS200</td><td>200</td><td>3</td><td>14</td><td>12</td><td>0.10417</td><td>100</td><td>60</td><td>0.018</td><td>0.022</td><td>290×270×90</td></tr>
<tr><td>T12250</td><td>TS250</td><td>250</td><td>3</td><td>14</td><td>12</td><td>0.10417</td><td>100</td><td>60</td><td>0.031</td><td>0.036</td><td>430×330×90</td></tr>
<tr><td>T12315</td><td>TS315</td><td>315</td><td>4</td><td>18</td><td>14</td><td>0.125</td><td>125</td><td>60</td><td>0.063</td><td>0.073</td><td>486×406×125</td></tr>
<tr><td>T12400</td><td>TS400</td><td>400</td><td>4</td><td>18</td><td>14</td><td>0.125</td><td>140</td><td>60</td><td>0.1</td><td>0.116</td><td>680×552×270</td></tr>
<tr><td>T12500</td><td>TS500</td><td>500</td><td>5</td><td>22</td><td>18</td><td>0.125</td><td>160</td><td>60</td><td>0.165</td><td>0.185</td><td>595×605×140</td></tr>
<tr><td>T12630</td><td>TS630</td><td>630</td><td>5</td><td>22</td><td>18</td><td>0.125</td><td>160</td><td>60</td><td>0.195</td><td>0.225</td><td>823×750×145</td></tr>
<tr><td>T12800</td><td>TS800</td><td>800</td><td>6</td><td>22</td><td>22</td><td>0.16667</td><td>250</td><td>60</td><td>0.7</td><td>0.79</td><td>1100×820×220</td></tr>
<tr><td>T121000</td><td>TS1000</td><td>1000</td><td>6</td><td>28</td><td>22</td><td>0.125</td><td>250</td><td>60</td><td>1</td><td>1.1</td><td>1250×1140×250</td></tr>
</table>

2）机动回转工作台常见型号规格见表 1. 2-10。

表 1. 2-10　机动回转工作台常见型号规格

型号	工作台直径/mm	工作台中心锥孔（莫氏圆锥号）	定位键宽度/mm	台面T形槽宽度/mm	蜗杆副传动比	最大高度/mm	分度值/(″)	重量/t		外形尺寸/mm（长×宽×高）
								净重	毛重	
T11320	320	4	18	14	0. 125	140	60	0. 097	0. 115	630×480×140
T11400	400	4	18	14	0. 125	140	60	0. 132	0. 152	695×570×140
T2421	500 600	—	—	—	—	—	—	1. 6 2. 1	2. 0 2. 5	700×700×1000 800×800×1000
T2431	700 800	—	—	—	—	—	—	1. 7 2. 2	2. 0 2. 5	1100×1100×1100 1200×1200×1100
T2441	800 900	—	—	—	—	—	—	2. 8 3. 1	3. 1 3. 5	1240×1213×965 1140×1113×965

3）数控可倾回转工作台常用型号规格见表 1. 2-11。

表 1. 2-11　数控可倾回转工作台常用型号规格

型号	工作台直径/mm	工作台中心锥孔（莫氏圆锥号）	定位键宽度/mm	台面T形槽宽度/mm	蜗杆副传动比	最大高度/mm	分度值/(″)
TSK250	250	3	14	12	0. 1041667	205	45
TSK320	320	4	18	18	0. 1041667	255	45

4）精密可倾回转工作台常用型号规格见表 1. 2-12。

表 1. 2-12　精密可倾回转工作台常用型号规格

型号	工作台直径/mm	最大荷重/kg	光学系统放大倍率	回转角度/(°)		分度值/(″)		力矩电动机转矩/N·m	重量/t	外形尺寸/mm（长×宽×高）
				水平	垂直	水平	垂直	主电动机	总容量	
CH-001	480	100	60	±180	±180	4	10	—	—	1608×1000×1340
CH-002	450	100	—	±180	±180	2	2	30	90	1608×1000×1340

5）万能角度工作台常见型号规格见表 1. 2-13。

表 1. 2-13　万能角度工作台常见型号规格

产品名称	型号	工作台尺寸/mm（宽×长）	工作台中心定位孔	定位键宽度/mm	台面 T 形槽宽度/mm	T 形槽间距/mm	T 形槽数（个）	回转角度/(°)			工作台面的平面度（只许中凹）/mm	配套机床型号	重量/t		外形尺寸/mm（长×宽×高）
								水平	纵向	横向			净重	毛重	
万能角度工作台	T72125S	125×180	—	10	10	30	3	360	—	±75	0. 015	—	0. 014	0. 0147	180×125×115
	T72180S	180×250	—	12	12	50	3	360	—	±75	0. 025	—	0. 027	0. 028	250×180×151
	T72250	250×600	—	12	12	80	3	60	±40	±30	0. 04/1000	×8126	0. 06	0. 06	600×280×290
	T72280S	280×400	—	14	14	80	3	360	—	±75	0. 04	—	0. 055	0. 056	400×280×220
	T72320	320×620	30H6	18	14	63	4	360	±30	±30	0. 04/1000	×8125	0. 066	0. 088	620×350×320
	T72320-1	320×620	25H6	—	14	63	4	360	±30	±30	0. 04/1000	×8132A	0. 066	0. 088	620×320×308
	X8132	320×680	30H6	14	14	45	7	360	±30	±30	0. 04/1000	×8132	0. 18	0. 2	810×470×316
	T72400	400×700	30H6	18	14	63	6	360	±30	±30	0. 04/1000	×8140	0. 1	0. 13	700×435×360
	X8140	400×700	30H6	14	14	50	7	360	±30	±30	0. 04/1000	×8140	0. 2	0. 227	875×530×336
	T72125E	180×125	—	—	10	—	3	360	—	±75	0. 015	—	0. 012	—	180×125×130
	T72180E	254×180	—	—	12	—	3	360	—	±75	0. 02	—	0. 035	—	254×180×177
	T72280E	400×280	—	—	14	—	3	360	—	±75	0. 03	—	0. 085	—	400×280×220

6）数控立卧回转工作台，常见型号规格见表 1. 2-14。

表 1. 2-14 数控立卧回转工作台常见型号规格

型号	中心高/mm	工作台面直径/mm	台面定位孔直径/mm	定位键宽度/mm	T 形槽宽度/mm	可等分角度/(°)	供气压力/MPa	分度值/(″)	重复精度/(″)	毛重/t
TK13250	160	250	30	18	12	0. 0001	4～6	30	6	0. 11
TK13315	210	315	40	18	14	0. 0001	4～6	25	4	0. 2
TK13400	260	400	50	18	14	0. 0001	4～6	20	6	0. 35
TK13500	310	500	60	22	18	0. 0001	4～6	20	6	0. 68
TK13630	400	630	70	22	18	0. 0001	4～6	20	6	1. 1
TEMC-CD	320～800	40～1000	—	±0. 08	—	—	—	—	—	—

1. 2. 3 镗刀及其辅具

1. 镗刀分类

镗刀是在车床、镗床、转塔车床以及组合机床上，将预制孔镗到预定尺寸的孔加工刀具。

镗刀按切削刃数量可分为单刃镗刀、双刃镗刀和复合镗刀；按刀具结构可分为整体式、机夹式、组合式、短尾模块式和可调式镗刀；按刀片材料可分为高速钢、硬质合金、立方氮化硼和金刚石镗刀。

1）单刃镗刀。

① 机夹单刃镗刀的型号表示规则。对于机夹单刃镗刀的表示规则，我国目前尚未制定国家标准，国外刀具厂家主要参照国际标准 ISO 5609-1：2012《装可转位刀片的（圆柱柄刀杆）镗刀杆代号》的规定，型号由按顺序排列的一组字母和数字组成，各个位置所表达的特性见表 1. 2-15。

表 1. 2-15 可转位镗刀型号编号规则

编号位置	1	2	3	4	5	6	7	8	9
表达特性	镗杆类型	镗杆直径	镗刀长度	夹紧方式	刀片形状	镗杆主偏角	刀片后角	刀具左右手	刀片边长

编号 1、编号 2 表达的特性种类分别见表 1. 2-16 和表 1. 2-17。

表 1. 2-16 可转位镗刀刀杆型式

代号	A	E	F	S
型式	带内冷却整体式钢制镗杆	硬质合金镗杆	硬质合金防振镗杆	不带内冷却整体式钢制镗杆

表 1. 2-17 可转位镗刀刀杆直径尺寸系列 （mm）

代号	03	04	05	06	08	10	12	16	20	25	32	40	50	60
直径	3	4	5	6	8	10	12	16	20	25	32	40	50	60

② 装夹和调整方式。单刃镗刀的装夹方式和调整方式分别如图 1. 2-1 和图 1. 2-2 所示。

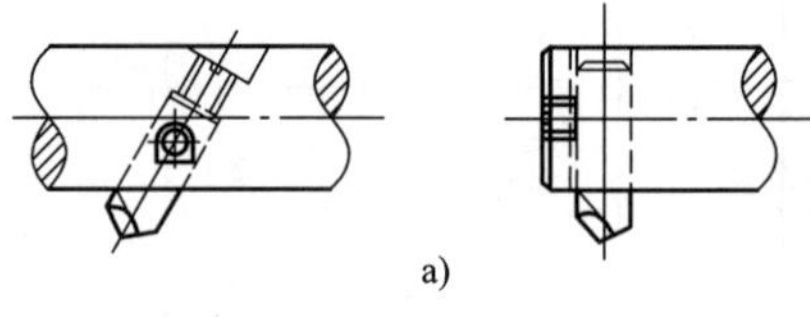

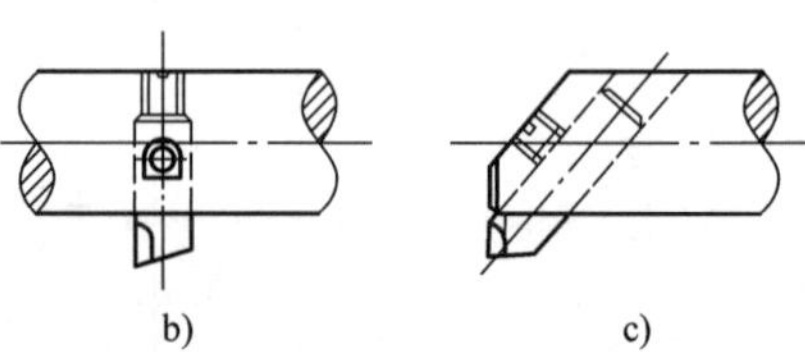

图 1. 2-1 单刃镗刀的装夹方式
a）用于镗通孔 b）用于镗阶梯孔 c）用于镗盲孔

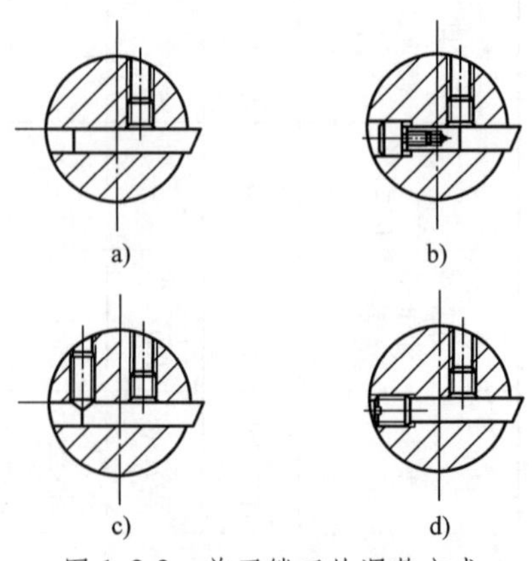

图 1. 2-2 单刃镗刀的调整方式
a）手动调整 b）差动螺钉调整
c）螺钉尾锥调整 d）螺钉顶锥调整

③ 微调镗刀的结构型式和安装形式。微调镗刀用在坐标镗床、自动线和数控机床上。它具有结构简单、制造容易、调节方便和调节精度高（可精确读数到 0.001mm）等优点，适用于孔的半精镗和精镗加工。表 1.2-18 所列为几种典型的微调镗刀的结构型式和特点。

表 1.2-18　微调镗刀的结构型式和特点

结构型式	图　例	特　点
螺钉拉紧式		结构简单、刚性好，但调整不方便
挡圈式		调整方便，可直接应用于不具备对刀装置的普通镗床上
弹簧式		它靠弹簧力的作用来消除螺纹间隙，调节范围大，调节比较方便，但弹簧的预紧力是随调节量而变化的，尺寸调得越大则预紧力越大

微调镗刀在镗刀杆上的安装角度有两种，如图 1.2-3 所示，直角型交角为 90°，适合于镗通孔，倾斜型交角为 53°8′，可用于镗通孔、盲孔及阶梯孔等。

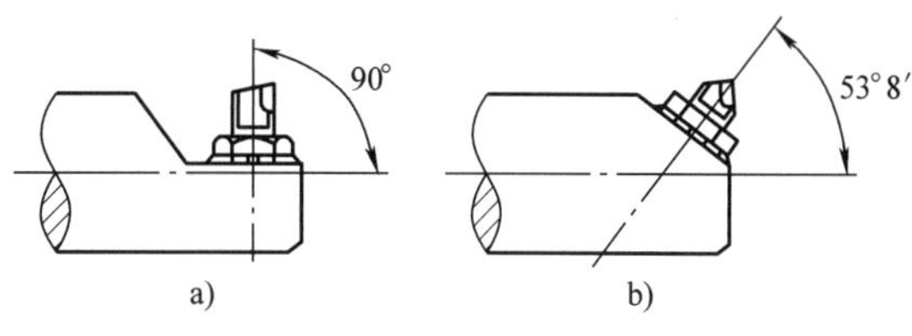

图 1.2-3　微调镗刀的安装形式
a）直角型　b）倾斜型

2）双刃镗刀。双刃镗刀的特点是有一对对称的切削刃同时参与切削，与单刃镗刀相比，每转进给量可提高一倍左右。因此，其生产率较高。

双刃镗刀的结构型式和特点见表 1.2-19。

表 1.2-19　双刃镗刀的结构型式和特点

结构型式	图　例	特　点
整体式		通常整体用高速钢制作或在刀体上焊两块硬质合金刀片。制造时直接磨削到尺寸，不能调节，适用于零件品种多、批量小、生产周期短的场合

（续）

结构型式	图　例	特　点
可调焊接式	D H	使用时常将镗刀直径尺寸调节到零件孔径的下限，镗孔时稍经扩张即可达到孔径的公差中间值
可转位式	D	硬质合金刀片的切削刃磨损后，转位后可继续使用

3）复合镗刀。复合镗刀是根据零件上被加工孔的几何形状和工艺可能性，在同一镗杆的轴向安装两个或两个以上的模块（小刀夹、微调镗刀头），以便在一个工序中同时完成几个不同面的加工，从而获得较高的生产率。它在流水线生产中被广泛应用。

① 装夹和调整方式。如图 1. 2-4 所示，将刀体用紧固螺钉 4 预紧在刀杆上，用调整螺钉 1、5 做径向、轴向位置调整，使切削刃处于所需要的位置后，再拧紧紧固螺钉 4，使刀体牢固地固定在刀杆上。

② 小刀夹的型号表示规则。小刀夹刀座的型号由代表一组给定意义的字母和数字代号按一定顺序排列所组成。各个编号位置所表达的特性见表 1. 2-20。

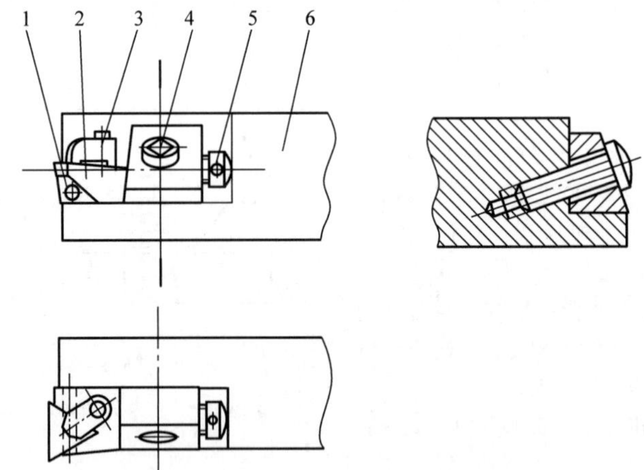

图 1. 2-4　复合镗刀的装夹和调整

1、5—调整螺钉　2—刀片　3—压板　4—紧固螺钉　6—刀杆

表 1. 2-20　小刀夹编号规则

编号位置	1	2	3	4	5	6	7	8	9	10
表达特性	夹紧形式	刀片形状	头部形式	主后角	走刀方向	切削刃高度	刀具类型	设计类型	刀具长度	切削刃长度

2. 刀杆与镗杆

1）刀杆。刀杆一般与镗床主轴刚性连接，卧式镗床和精镗床用刀杆分别见表 1. 2-21～表 1. 2-23。

表 1.2-21　卧式镗床用刀杆

（mm）

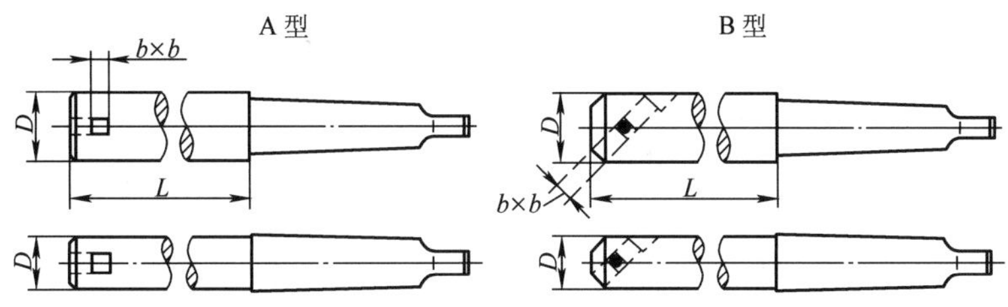

<table>
<tr><th rowspan="2">莫氏锥柄</th><th rowspan="2">D</th><th rowspan="2">L</th><th rowspan="2">b</th><th colspan="2">镗孔直径范围</th></tr>
<tr><th>A 型</th><th>B 型</th></tr>
<tr><td>3、4</td><td>20</td><td>120</td><td>8</td><td>24~52</td><td>24~44</td></tr>
<tr><td>3</td><td rowspan="2">30</td><td>78</td><td rowspan="2">10</td><td rowspan="2">35~70</td><td rowspan="2">35~60</td></tr>
<tr><td>4、5</td><td>165</td></tr>
<tr><td rowspan="2">4</td><td rowspan="3">40</td><td>85</td><td rowspan="3">12</td><td rowspan="3">48~92</td><td rowspan="3">48~80</td></tr>
<tr><td>185</td></tr>
<tr><td>5、6</td><td>200</td></tr>
<tr><td>4</td><td rowspan="4">50</td><td>170</td><td rowspan="4">16</td><td rowspan="4">58~115</td><td rowspan="4">58~98</td></tr>
<tr><td rowspan="2">5</td><td>95</td></tr>
<tr><td>230</td></tr>
<tr><td>6</td><td>240</td></tr>
<tr><td rowspan="2">5</td><td rowspan="3">60</td><td>100</td><td rowspan="6">20</td><td rowspan="3">70~135</td><td rowspan="3">70~118</td></tr>
<tr><td>225</td></tr>
<tr><td>6</td><td>275</td></tr>
<tr><td rowspan="2">5</td><td rowspan="3">75</td><td>115</td><td rowspan="3">85~150</td><td rowspan="3">85~132</td></tr>
<tr><td>215</td></tr>
<tr><td rowspan="3">6</td><td>270</td></tr>
<tr><td rowspan="2">90</td><td>125</td><td rowspan="2">25</td><td rowspan="2">102~190</td><td rowspan="2">102~165</td></tr>
<tr><td>260</td></tr>
</table>

表 1.2-22　镗大孔用刀杆

（mm）

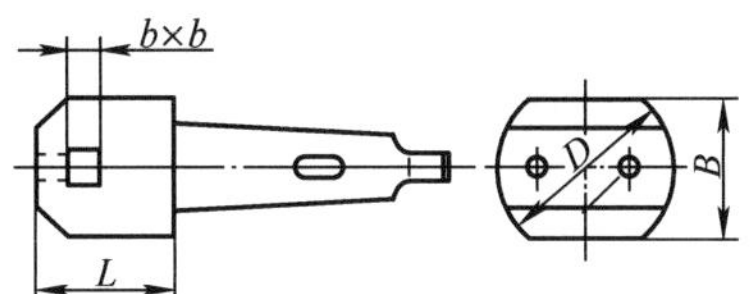

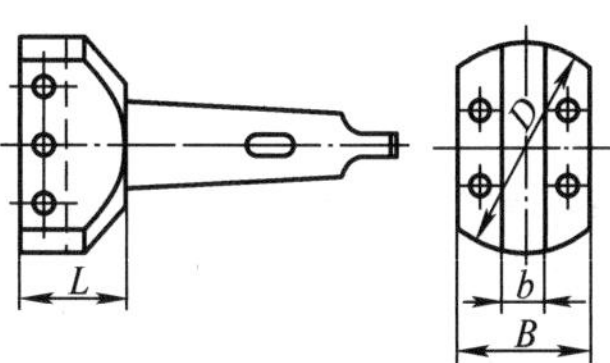

（续）

莫氏锥柄	D	L	B	b	镗孔直径范围
5	75	75	—	20	85～150
	90		—	25	102～190
6	110	80	85		122～210
	130		100		142～230
5	140	60	90		150～240
	220	70			230～320
6	200				210～300
	280	80			290～380

表 1.2-23　精镗床用刀杆　（mm）

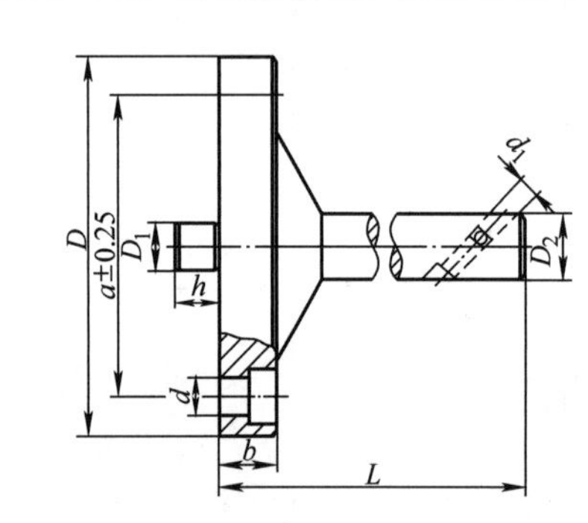

精镗头号	D	a	D_1	h	b	d
1#	120	95	15	14	18	13
2#、3#、TQ6、TQ8	140	110	18	18	20	

2）镗杆。镗杆一般较长，须用导套支承，柄部采用浮动或固定连接。结构型式见表 1.2-24 和表 1.2-25。

表 1.2-24　镗杆导向部分结构型式

简　图	特点和主要用途
	结构简单，镗杆与导套接触面积大，润滑条件差，工作时镗杆与导套易“咬死”，适用于低速回转。工作时注意润滑
	导向部分开有直沟槽和螺旋沟槽，前者制造较简单，均可减少与导套的接触面积，沟槽中能存屑，但仍不能完全避免“咬死”。在直径小于 60mm 的镗杆上用，切削速度不宜大于 20m/min

（续）

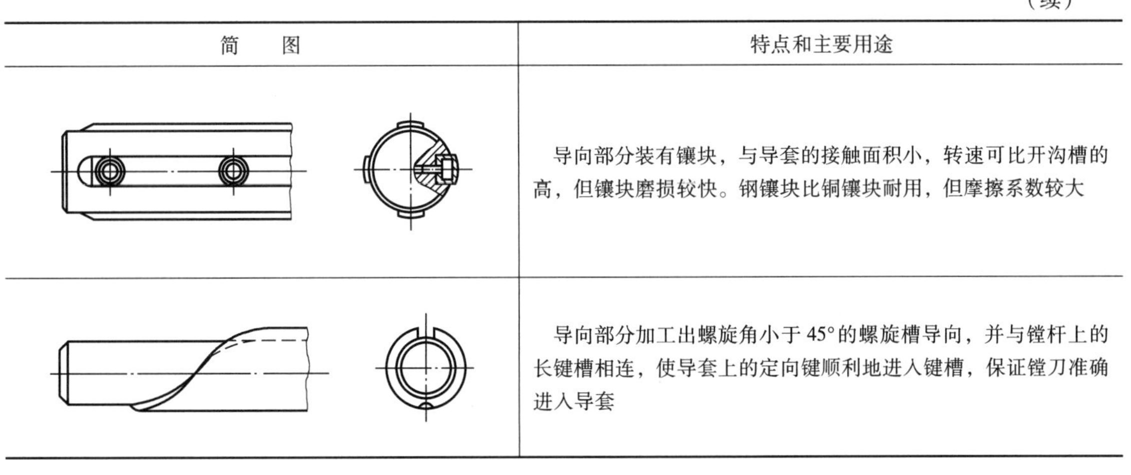

简　　图	特点和主要用途
	导向部分装有镶块，与导套的接触面积小，转速可比开沟槽的高，但镶块磨损较快。钢镶块比铜镶块耐用，但摩擦系数较大
	导向部分加工出螺旋角小于 45°的螺旋槽导向，并与镗杆上的长键槽相连，使导套上的定向键顺利地进入键槽，保证镗刀准确进入导套

表 1.2-25　镗杆柄部连接形式

简　　图	特点和主要用途
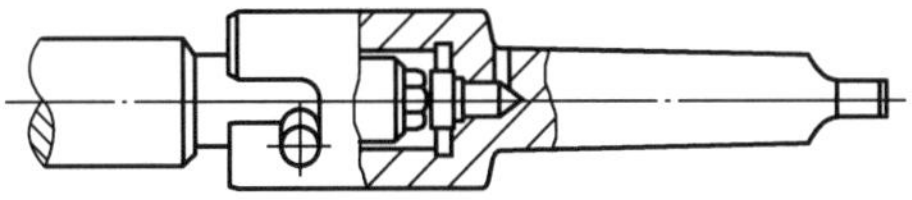	结构简单，装拆方便，常用于批量生产
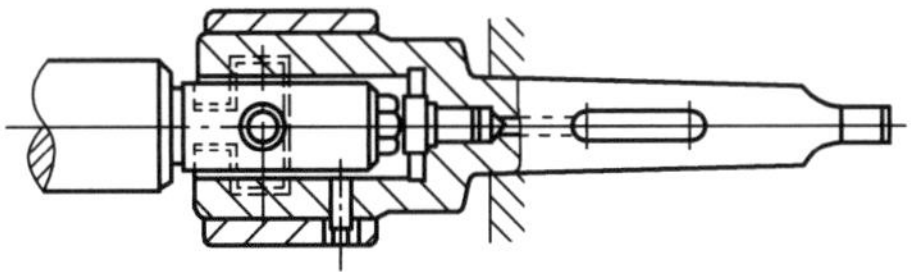	结构与上图基本相似，常用于批量生产
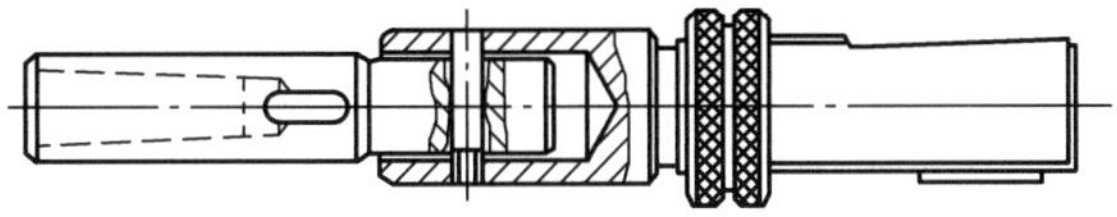	结构简单，浮动效果不如下图，常用于大量生产
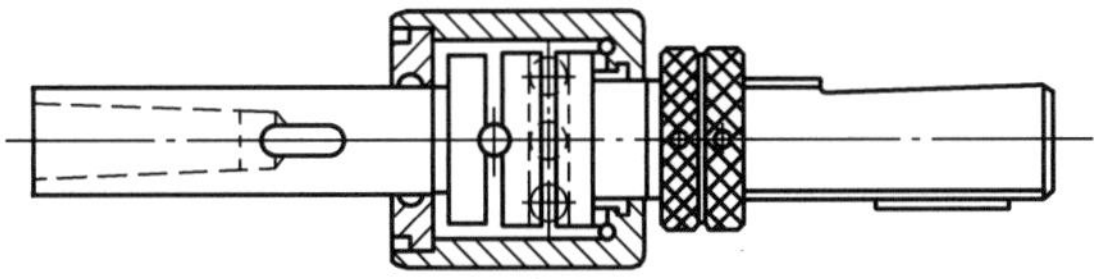	结构较复杂，浮动效果较好，常用于大量生产

1.2.4　镗床夹具

镗床用于单件、小批量生产时，工件的装夹方式比较简单，通常采用角铁、垫板、回转工作台等。成批生产时，往往需要专用夹具。夹具主要对工件起定位和夹紧作用，当它带有镗套时，还可对刀具的进给起引导和定向作用。专用夹具的采用可以保证加工质量、提高加工效率，为缩短生产准备周期也可以采用组合夹具代替。

典型的镗床夹具由定位装置、夹紧装置、导向装置和夹具体等组成。

1. 镗模导向装置的形式和特点

镗床的加工精度主要依靠导向结构及导向件与镗杆的配合尺寸精度来保证，导向结构的作用在于确定刀具对工件的正确位置和防止刀具引偏。常见导向装置的分类和适用范围见表 1.2-26。

表 1.2-26 常见导向装置的分类和适用范围

分类	简 图	适 用 范 围
单面前导向	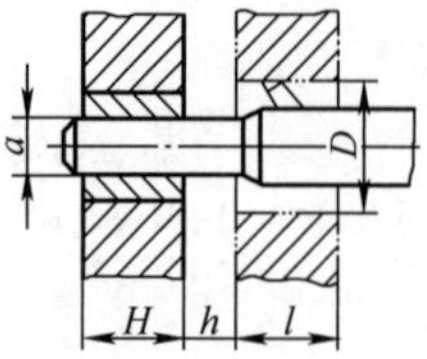	适用于加工 $D>60$mm，$l<D$，换刀方便。加工不同直径的孔时，不用更换镗套。$H=(0.5\sim1)D$
单面后导向	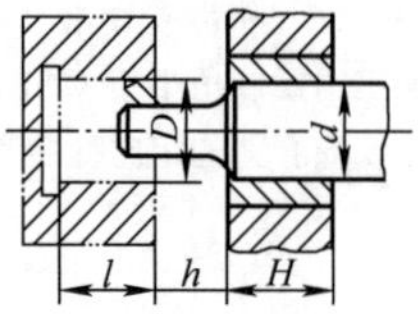	刀杆刚性好，换刀时不用更换镗套（卧镗 $h=60\sim100$mm，立镗 $h=20\sim40$mm），适用于加工 $l<D$，且孔距精度要求高的孔
	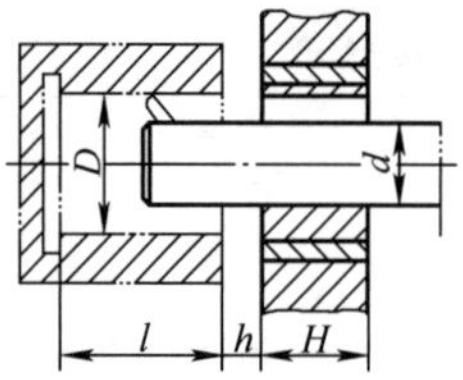	$d<D$，在加工 $l>D$ 的长孔时，镗杆能够进入被加工孔中，镗杆的悬伸量短，有利于缩短镗杆长度（卧镗 $h=60\sim100$mm，立镗 $h=20\sim40$mm）
单面双导向	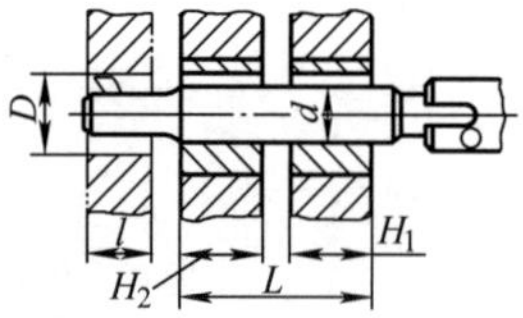	镗杆和机床主轴浮动连接，可减少机床主轴精度对工件精度的影响。更换镗杆和装卸刀具方便，$L=(1.5\sim5)l$，$H_1=H_2=(1\sim1.2)D$
双面单导向	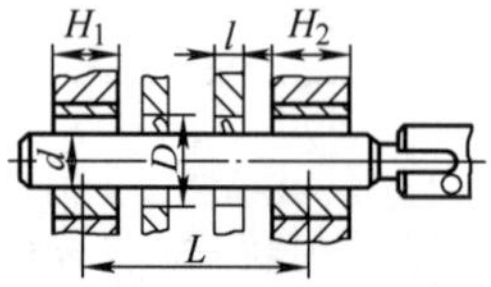	适合于加工 $l>1.5D$，且在同一轴线上有两个以上的孔，能精确保证各孔之间的同轴度，但两导向支架间距 L，应控制在 $10d$ 左右
双面双导向	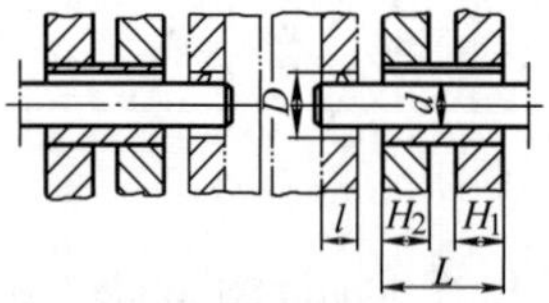	适合于双面镗床，能保证要求从两面镗孔的加工精度，效率高，适于大批量生产
中间导向	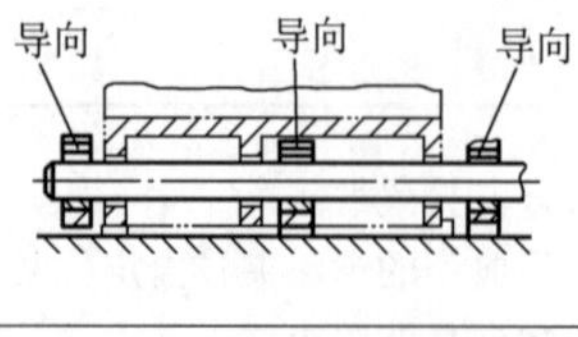 导向 导向 导向	工件在同一轴线上有两个以上的孔，且镗杆支承距 $L>10d$ 时，应考虑增加一个中间导向装置，图示中间导向装置为立置，适用于安装面敞开的工件
	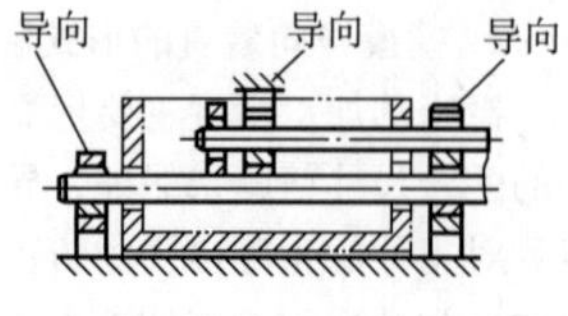 导向 导向 导向	条件基本同上，图示导向装置为悬置，适用于安装面封闭的工件

2. 镗套与衬套

1）镗套的分类和适用范围见表 1.2-27。

表 1.2-27　镗套的分类和适用范围

分类	简　　图	适用范围
固定镗套	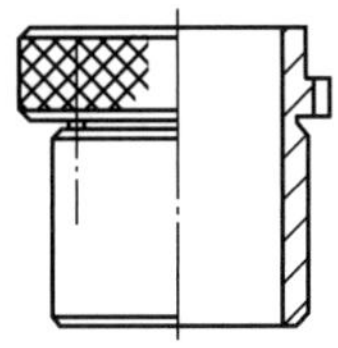	外形尺寸小，结构简单，同轴度好，适用于转速较低的镗孔
自润滑固定镗套	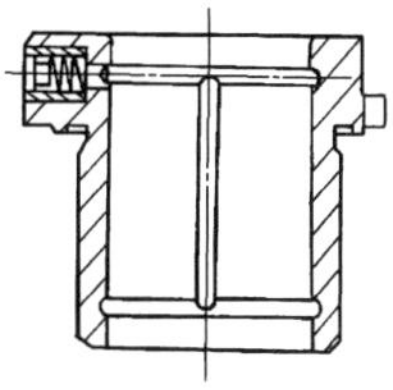	带润滑结构，可减少镗杆和镗套间的磨损
立式滚动镗套	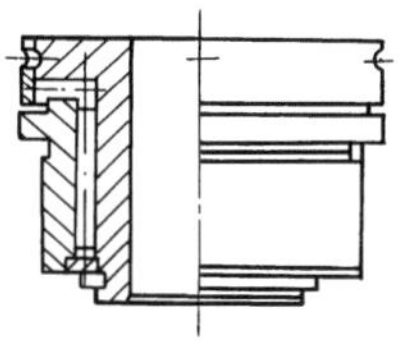	径向尺寸小，刚性好，回转精度略差，除作为回转引导外，还可用作刀具轴向定位
立式滚动下镗套	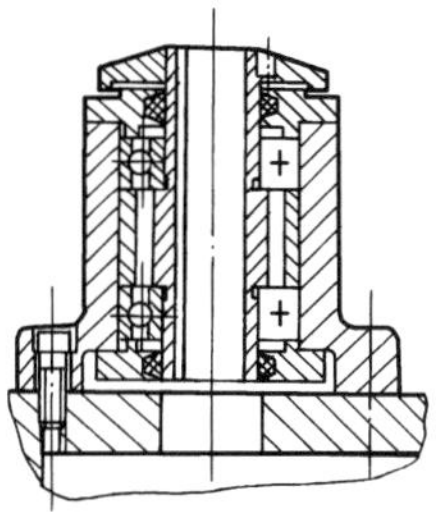	回转精度稍低，但刚性较好，专用于立式机床，因下镗套工作条件差，故在套上加设防护帽
滑动轴承内滚式镗套	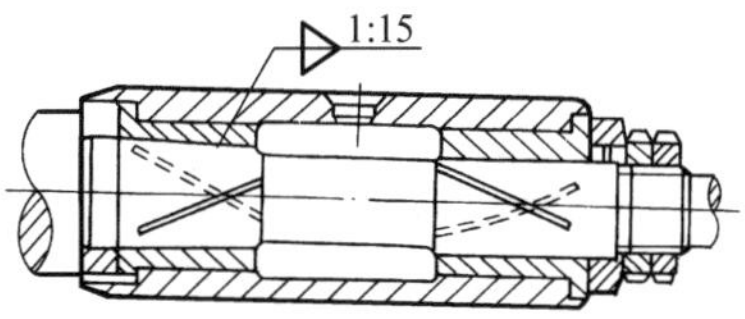 1:15	回转精度高，润滑良好时有较好的抗振性，适用于半精镗和精镗孔
锥轴承内滚式镗套	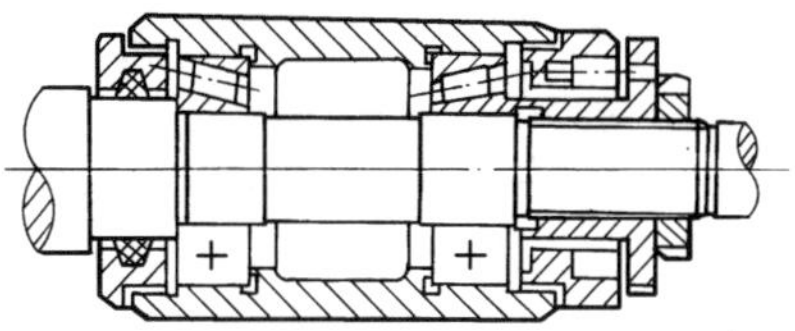	回转精度稍差，但刚性好，适用于切削负荷较重的粗加工和半精加工

（续）

分类	简　　图	适用范围
滑动轴承外滚式镗套	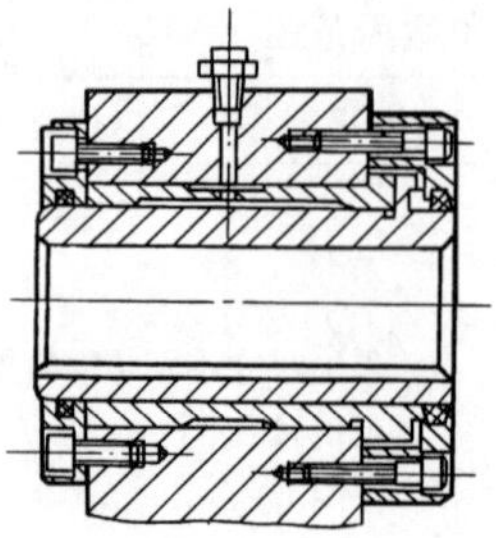	镗套的径向尺寸小，有较好的抗振性，适合加工孔距较小、转速不高的半精加工
滚珠轴承外滚式镗套	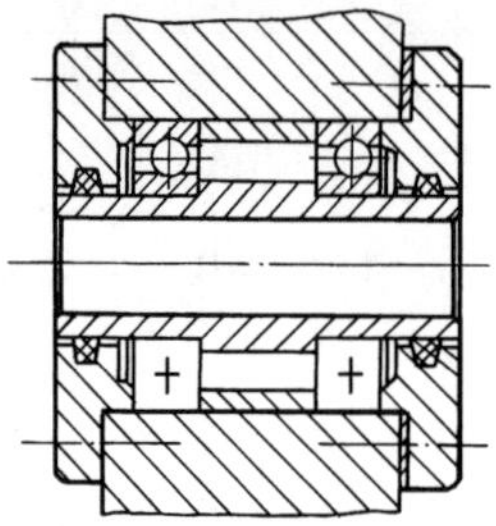	回转精度略低，但刚性较好，适合于转速高的粗加工和半精加工
滚针轴承外滚式镗套	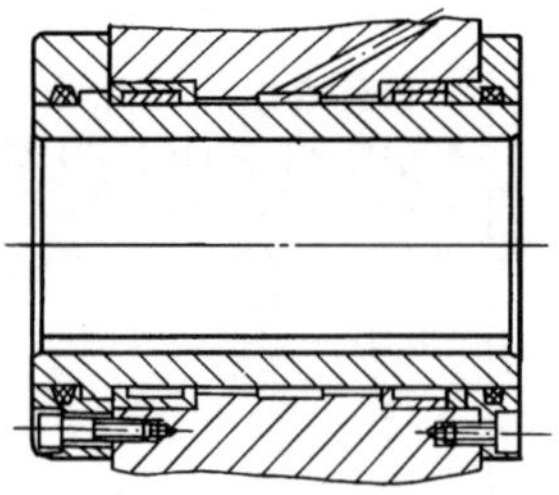	结构紧凑，径向尺寸小，但回转精度、刚性差，仅在孔距受限制时，用于切削力不大的粗加工
带钩头键的外滚式镗套	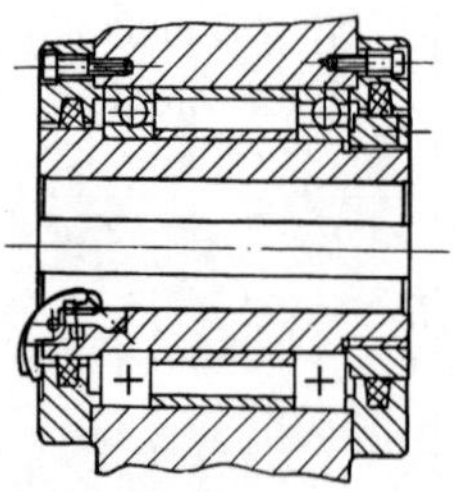	能保证装有镗刀头的镗杆顺利进出镗套，适用于大批量生产

2）回转式镗套的应用。图 1.2-5 所示为在同一根镗杆上采用两种回转式镗套的结构。后导向采用的是内滚式镗套，前导向采用的是外滚式镗套。内滚式镗套是将回转部分与镗杆做成一体，装上轴承，镗杆和轴承内环一起转动，导套 3 与固定衬套 2 只做相对移动；外滚式镗套的导套 5 装上轴承，与轴承内环一起转动，镗杆在导套 5 内做相对移动。

可采用多支承回转式镗套和专用镗杆进行多孔镗削，如图 1.2-6 所示。由于镗孔直径大于镗套内径，回转式镗套均采用外滚式结构，并在导套内孔开有引刀槽。为使镗杆进入导套时，镗刀 5 能顺利地进入引刀槽，必须保证镗刀与引刀槽的相互位置和机床主轴的准确定位。镗杆端部的螺旋导向 1 用来使导套的尖头键 4（也有钩头键）顺利进入键槽 2，以保证镗刀准确进入引刀槽内。

3）导向支架的技术要求与镗套的公差配合。导向支架是镗模的基本部件，由它保证被加工孔系的相互位置公差，它同时也是承受切削力的一个部件，因此导向支架应符合以下技术条件。

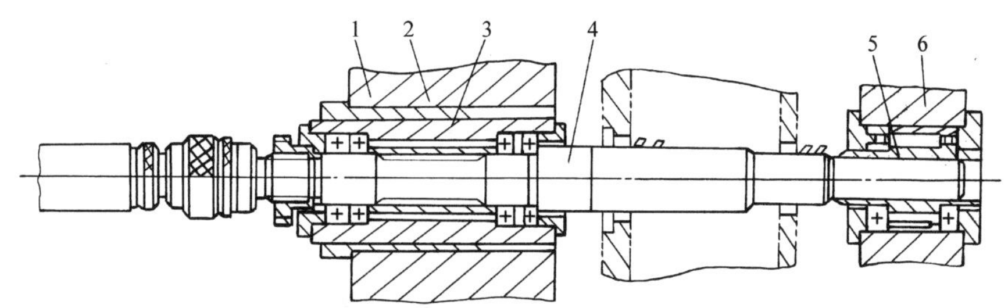

图 1. 2-5　两种回转式镗套的结构

1、6—导向支架　2—固定衬套　3、5—导套　4—镗杆

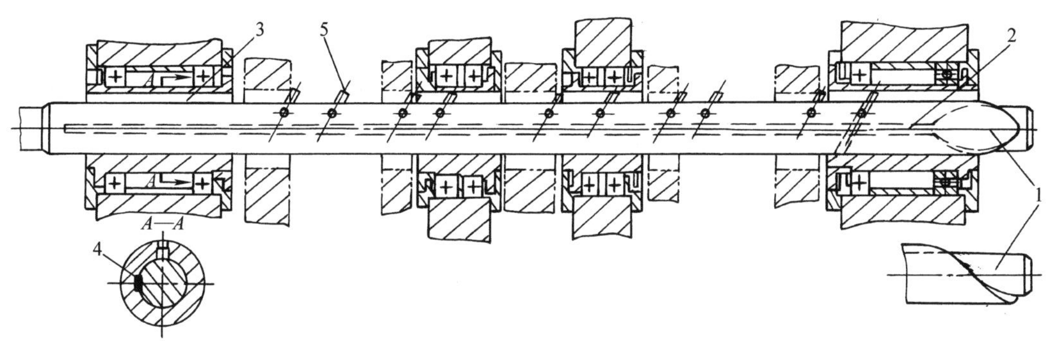

图 1. 2-6　多支承回转式镗套的应用

1—螺旋导向　2—键槽　3—引导槽　4—尖头键　5—镗刀

① 为保证足够的刚度和稳定性，导向支架应具有稳固的安装基础和设置必要的加强筋。对铸件和焊接件都要进行时效处理，以免在使用过程中产生变形而降低精度。

② 导向支架与夹具体的连接，一般用定位销定位，螺钉紧固。

③ 夹紧力不允许作用在导向支架上，以免变形而影响精度。

④ 在导向支架的相应部位，要考虑采用适当的润滑措施。

⑤ 导向支架上各孔间的位置公差，一般取工件上各孔位置公差的 1/3。

⑥ 导向支架所用的固定镗套、衬套等配合公差见表 1. 2-28。

当精镗孔的位置精度要求很高时，镗杆导向部分外径的公差为 h5 的 1/3。导套内孔的公差为 H6 的 1/3，使其配合间隙不大于 0. 01mm。导套内孔的圆度应为镗孔圆度公差的 1/5。镗杆与 1∶15 圆锥铜套配合时，圆锥部分应进行研配。

表 1. 2-28　固定镗套、衬套等配合公差

结构简图	工艺方法		配合公差代号		
			d	D	D_1
d D D_1	钻孔	刀具切削部分引导	F8/h6 、G7/h6	H7/g6 H7/f7	H7/s6 H7/r6 H7/n6
		刀具柄部或接杆引导	H7/f7 、H7/g6		
	铰孔	粗铰	G7/h6 、H7/h6	H7/g6、H7/h6	H7/n6 H7n5
		精铰	G6/h5 、H6/h5	H6/g5、H6/h5	
	镗孔	粗镗	H7/g6、H7/h6	H7/g6、H7/js6	
		精镗	H6/g5、H6/h5	H6/g5、H6/j5	

4）镗套（表 1. 2-29）。

表 1. 2-29　镗套　（mm）

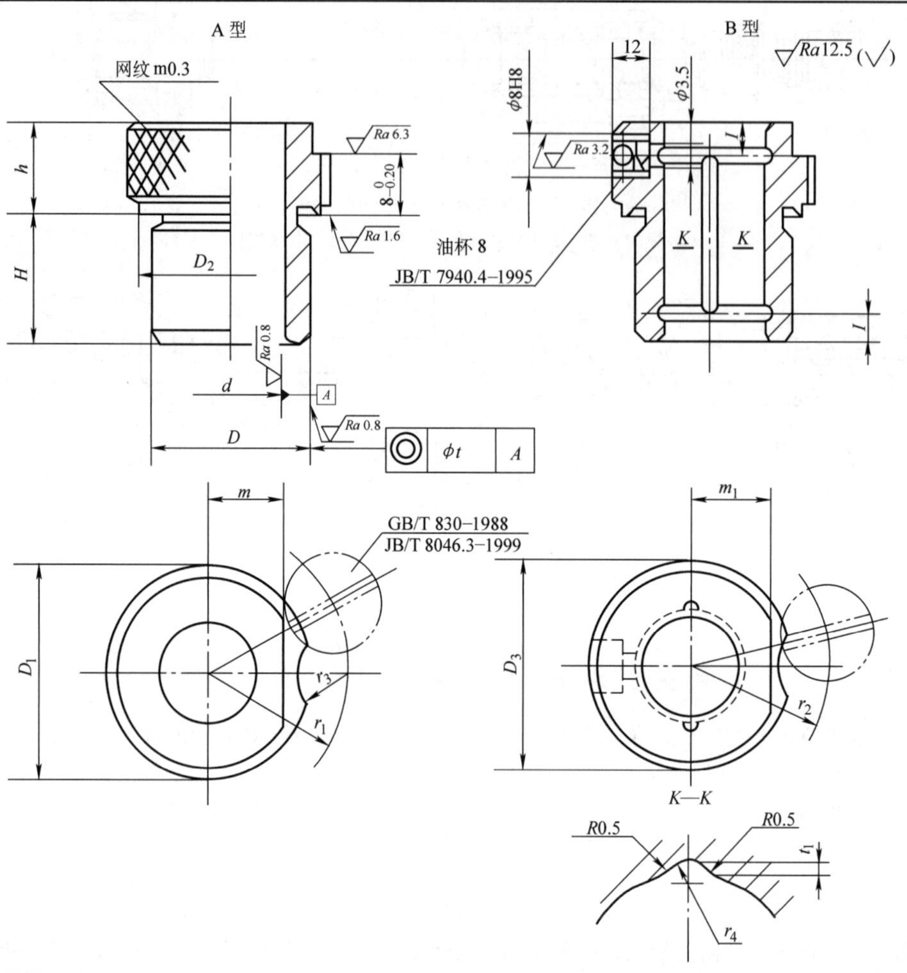

d	公称尺寸	20	22	25	28	32	35	40	45	50	55	60	70	80	90	100	120	160
	极限偏差 H6	+0. 013 0				+0. 016 0					+0. 019 0				+0. 022 0			+0. 025 0
	极限偏差 H7	+0. 021 0				+0. 025 0					+0. 030 0				+0. 035 0			+0. 040 0
D	公称尺寸	25	28	32	35	40	45	50	55	60	65	75	85	100	110	120	145	185
	极限偏差 g5	-0. 007 -0. 016		-0. 009 -0. 020					-0. 010 -0. 023				-0. 012 -0. 027				-0. 014 -0. 032	-0. 015 -0. 035
	极限偏差 g6	-0. 007 -0. 020		-0. 009 -0. 025					-0. 010 -0. 029				-0. 012 -0. 054				-0. 014 -0. 039	-0. 015 -0. 044

d	公称尺寸	20	22	25	28	32	35	40	45	50	55	60	70	80	90	100	120	160
H		20		25		35				45			60		80		100	125
		25		35		45				60			80		100		125	160
		35		45		55		60		80			100		125		160	200
l		—			6			8										
D_1 滚花前		34	38	42	46	52	56	62	70	75	80	90	105	120	130	140	165	220
D_2		32	36	40	44	50	54	60	65	70	75	85	100	115	125	135	160	210

（续）

d	公称尺寸	20	22	25	28	32	35	40	45	50	55	60	70	80	90	100	120	160
D_3 滚花前		—			56	60	65	70	75	80	85	90	105	120	130	140	165	220
h		15						18										
m		13	15	17	18	21	23	26	30	32	35	40	47	54	58	65	75	105
m_1		—			23	25	28	30	33	35	38							
r_1		22.5	24.5	26.5	30	33	35	38	45.5	46	48.5	53.5	61	68.5	75.5	81	93	121
r_2		—			35	37	39.5	42	46	48.5	51							
r_3		9			11				12.5						16			
r_4		—			2								2.5					
t_1					1.5								2					
配用螺钉		M8×8 GB/T 830			M10×8 GB/T 830				M12×8 JB/T 8046.3						M16×8 JB/T 8046.3			

注：1. d 或 D 的公差带，d 与镗杆外径或 D 衬套内径的配合间隙也可由设计确定。

2. 当 d 的公差带为 H7 时，d 孔表面粗糙度为 Ra 0.8μm。

5）镗套用衬套（表 1.2-30）。

表 1.2-30　镗套用衬套　（mm）

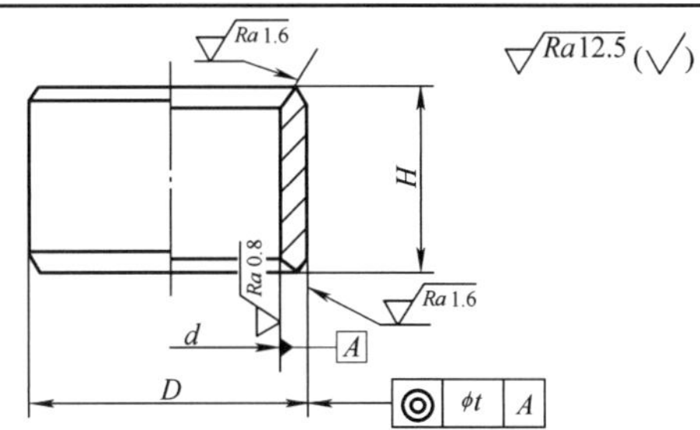

d	公称尺寸	25	28	32	35	40	45	50	55	60	65	75	85	100	110	120	145	185
	极限偏差 H6	+0.013 0		+0.016 0					+0.019 0				+0.022 0				+0.025 0	+0.029 0
	极限偏差 H7	+0.021 0		+0.025 0					+0.030 0				+0.035 0				+0.040 0	+0.046 0
D	公称尺寸	30	34	38	42	48	52	58	65	70	75	85	100	115	125	135	160	210
	极限偏差 n6	+0.028 +0.015	+0.033 +0.017				+0.039 +0.020					+0.045 +0.023			+0.052 +0.027			+0.060 +0.031
H		20		25		35			45				60		80		100	125
		25		35		45			60				80		100		125	160
		35		45		55		60	80				100		125		160	200

注：因 H6 或 H7 为装配后公差带，零件加工尺寸须由工艺决定。

6）镗套螺钉（表 1.2-31）。

表 1.2-31　镗套螺钉　（mm）

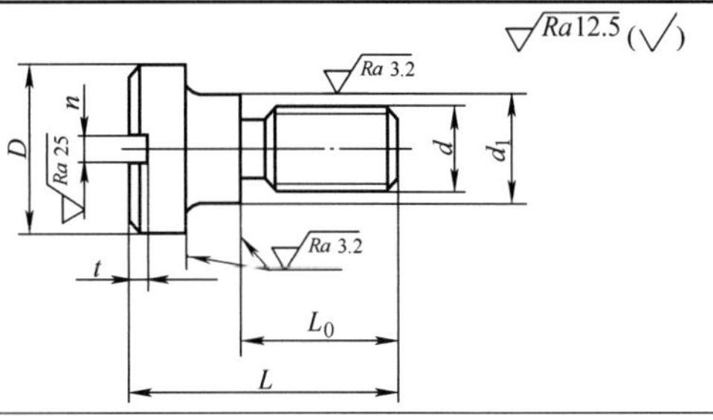

（续）

d	d_1		D	L	L_0	n	t	镗套内径
	公称尺寸	极限偏差 d_{11}						
M12	16	−0.050 −0.160	24	30	15	3	3.5	>45~80
M16	20	−0.065 −0.195	28	37	20	3.5	4	>80~160

7）回转导套（表1.2-32）。

表1.2-32　回转导套　（mm）

d		D		L	H
公称尺寸	极限偏差 H7	公称尺寸	极限偏差 r6		
10	+0.015 0	30	+0.041 +0.028	28	12
12	+0.018 0	35	+0.050 +0.034		
16		40		31.5	15
20	+0.021 0	45		35.5	18
25		50		46	25
32	+0.025 0	58	+0.062 +0.043		
40		65		50	30
50		75		55	35
60	+0.030 0	85	+0.073 +0.051	65	45
75		104	+0.076 +0.054	80	55

技术要求：D对d的径向圆跳动不大于0.015mm；滚针的装配径向间隙不大于0.015mm，轴向间隙为0.2~0.5mm。

3. 镗床夹具典型结构

1）连杆小头孔精镗夹具。图1.2-7所示为连杆小头镗孔夹具，该夹具用于卧式精镗床镗连杆小头孔。使用时先将心轴4插入工件大头孔中并放在V形块5上，工件以小头侧面靠在螺钉1上定位，然后分别拧螺钉2和3将工件夹紧。该夹具可左右安装工件，一侧镗孔时，另一侧装卸工件。

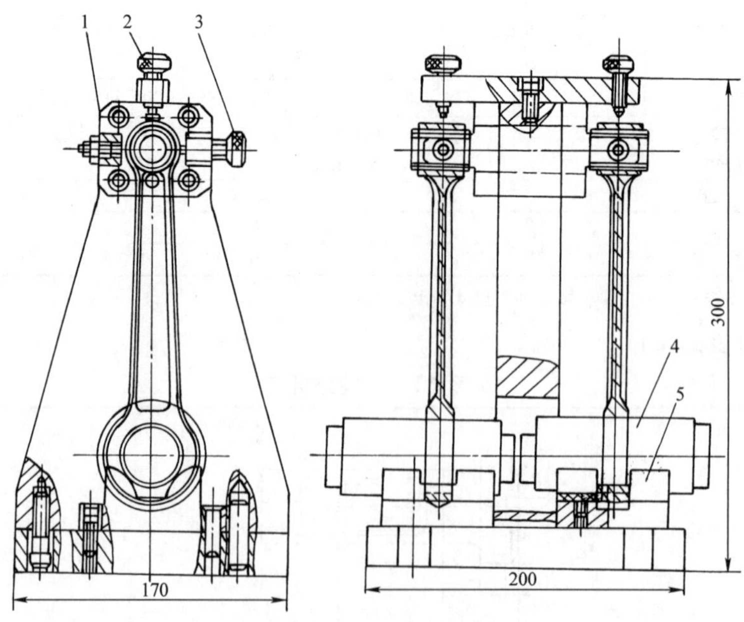

图1.2-7　连杆小头镗孔夹具
1~3—螺钉　4—心轴　5—V形块

2）液压泵壳体镗孔夹具。图 1.2-8 所示为镗削加工液压泵壳体的镗模夹具，用来完成两个相互垂直的孔、面加工。工件在支承板 1、2 和 3 上定位，拧螺钉 6 将工件侧面和挡块 4 贴紧，然后用四个钩形压板 5 逐一拧紧。镗杆两端用镗套支承，镗好一个孔后，将工件旋转 90°，再镗另一个孔。镗刀块的装卸在镗套和工件间的空当进行。该夹具适合于在卧式镗床上进行小批量加工。

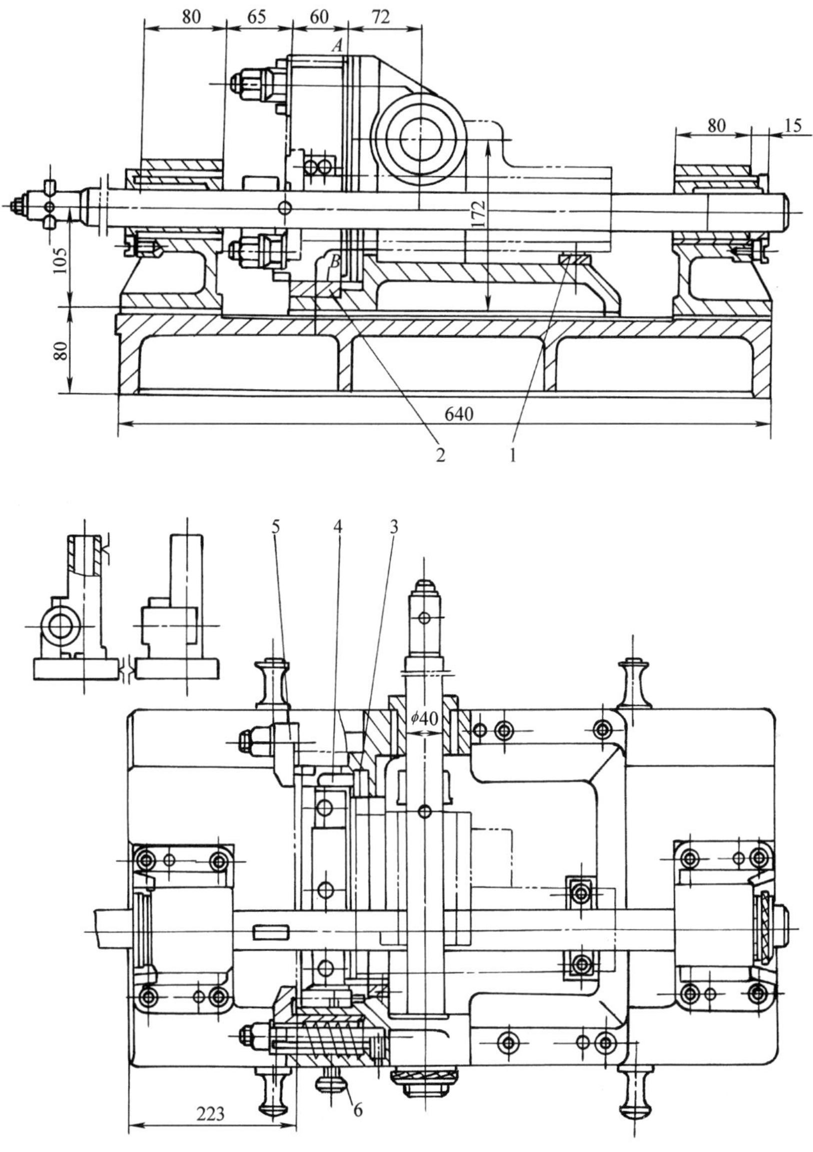

图 1.2-8　用于卧式镗床液压泵壳体镗具
1、2、3—支承板　4—挡块　5—钩形压板　6—螺钉

3）支架体镗孔夹具。图 1.2-9 所示为支架体镗孔夹具，用来镗削工件的两个 ϕ20H7 同轴孔和 ϕ35H7、ϕ40H7 的同轴孔，选用 a、b、c 三个平面为定位基准。夹具上支承板 10（其中一块带侧立面）和一个挡销 9 为定位元件。利用压板 8 压在工件两侧板上，镗套安装在支架 2 和 7 上，支架销钉和螺钉紧固在夹具体上。加工 ϕ35H7、ϕ40H7 的同轴孔时，镗杆支承在镗套 4、5 上，加工 ϕ20H7 孔时，镗杆支承在镗套 3、6 上。

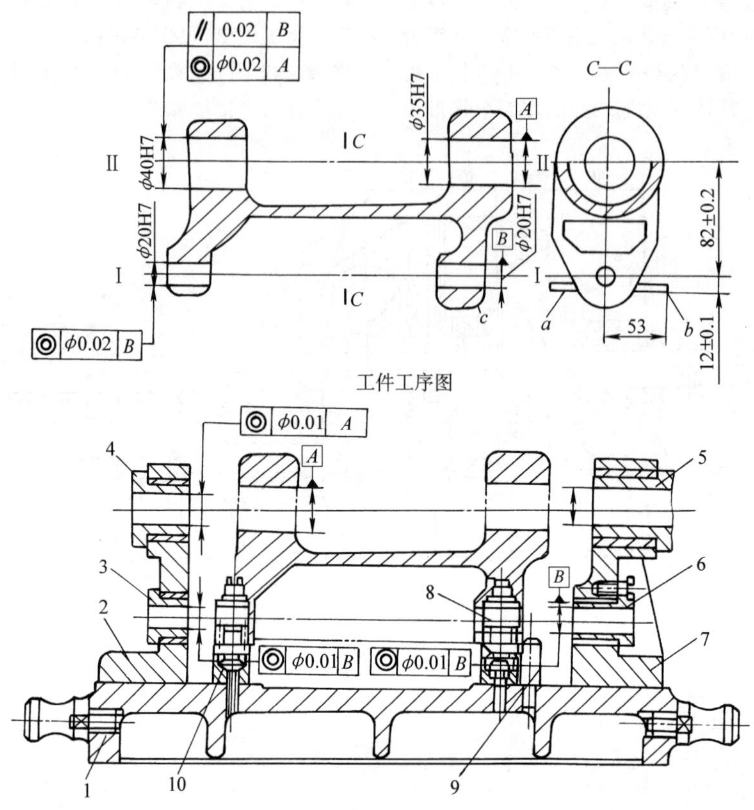

图 1.2-9　支架体镗孔夹具

1—底座　2、7—支架　3~6—镗套　8—压板　9—定位元件　10—支承板

1.2.5　镗削用量

1. 卧式镗床的镗削用量（表 1.2-33）

表 1.2-33　卧式镗床的镗削用量

加工方式	刀具材料	刀具类型	铸铁		钢（包括铸钢）		铜、铝及其合金		a_p/mm（直径上）
			v/(m/min)	f/(mm/r)	v/(m/min)	f/(mm/r)	v/(m/min)	f/(mm/r)	
粗镗	高速钢	刀头	20~35	0.3~1.0	20~40	0.3~1.0	100~150	0.4~1.5	5~8
		镗刀块	25~40	0.3~0.8	—	—	120~150	0.4~1.5	
	硬质合金	刀头	40~80	0.3~1.0	40~60	0.3~1.0	200~250	0.4~1.5	
		镗刀块	35~60	0.3~0.8	—	—	200~250	0.4~1.0	
半精镗	高速钢	刀头	25~40	0.2~0.8	30~50	0.2~0.8	150~200	0.2~1.0	1.5~3
		镗刀块	30~40	0.2~0.6	—	—	150~200	0.2~1.0	
		粗铰刀	15~25	2.0~5.0	10~20	0.5~3.0	30~50	2.0~5.0	0.3~0.8
	硬质合金	刀头	60~100	0.2~0.8	80~120	0.2~0.8	250~300	0.2~0.8	1.5~3
		镗刀块	50~80	0.2~0.6	—	—	250~300	0.2~0.6	
		粗铰刀	30~50	3.0~5.0	—	—	80~120	3.0~5.0	0.3~0.8

（续）

加工方式	刀具材料	刀具类型	铸铁		钢（包括铸钢）		铜、铝及其合金		a_p/mm（直径上）
			v/(m/min)	f/(mm/r)	v/(m/min)	f/(mm/r)	v/(m/min)	f/(mm/r)	
精镗	高速钢	刀头	15~30	0.15~0.5	20~35	0.1~0.6	150~200	0.2~1.0	0.6~1.2
		镗刀块	8~15	1.0~4.0	6.0~12	1.0~4.0	20~30	1.0~4.0	
		粗铰刀	10~20	2.0~5.0	10~20	0.5~3.0	30~50	2.0~5.0	0.1~0.4
	硬质合金	刀头	50~80	0.15~0.5	60~100	0.15~0.5	200~250	0.15~0.5	0.6~1.2
		镗刀块	20~40	1.0~4.0	8.0~20	1.0~40	30~50	1.0~4.0	
		粗铰刀	30~50	2.5~5.0	—	—	50~100	2.0~5.0	0.1~0.4

注：1. 镗杆以镗套支承时，v 取中间值；镗杆悬伸时，v 取小值。

2. 当加工孔径较大时，a_p 取大值；当加工孔径较小且加工精度要求较高时，a_p 取小值。

2. 精镗床的精密镗削用量（表 1.2-34~表 1.2-36）

表 1.2-34　铸铁的精密镗削用量

工件材料	刀具材料	v/(m/min)	f/(mm/r)	a_p/mm	加工表面粗糙度 Ra/μm
HT100	YG3X	80~160	0.04~0.08	0.1~0.3	6.3~3.2
	立方氮化硼	160~200	0.04~0.06	0.05~0.3	3.2
HT150 HT200	YG3X	100~160	0.04~0.08	0.1~0.3	
	立方氮化硼	300~350	0.04~0.06		3.2~1.6
HT200 HT250	YG3X	120~160	0.04~0.08		
	立方氮化硼	500~550	0.04~0.06		1.6
KTH300-06 KTH380-08	YG3X	80~140	0.03~0.06		6.3~3.2
	立方氮化硼	300~350			3.2
KTZ450-05 KTZ600-03	YG3X	120~160			
	立方氮化硼	500~550			3.2~1.6
高强度铸铁	YG3X	120~160	0.04~0.08		
	立方氮化硼	500~550	0.04~0.06		1.6

表 1.2-35　钢的精密镗削用量

工件材料	刀具材料	v/(m/min)	f/(mm/r)	a_p/mm	加工表面粗糙度 Ra/μm
优质碳素结构钢	YT30	100~180	0.04~0.08	0.1~0.3	3.2~1.6
	立方氮化硼	550~600	0.04~0.06		1.6~0.8
合金结构钢	YT30	120~180	0.04~0.08		
	立方氮化硼	450~500	0.04~0.06		0.8
不锈钢、耐热合金	YT30	80~120	0.02~0.04	0.1~0.2	1.6~0.8
	立方氮化硼	200~220			0.8

（续）

工件材料	刀具材料	v/(m/min)	f/(mm/r)	a_p/mm	加工表面粗糙度 Ra/μm
铸钢	YT30	100~160	0.02~0.06	0.1~0.3	3.2~1.6
	立方氮化硼	200~230			1.6
调质结构钢（26~30HRC）	YT30	120~180	0.04~0.08		3.2~0.8
	立方氮化硼	350~400	0.04~0.06		1.6~0.8
淬火结构钢（40~45HRC）	YT30	70~150	0.02~0.05	0.1~0.2	1.6
	立方氮化硼	300~350	0.02~0.04		1.6~0.8

表 1.2-36　铜、铝及其合金的精密镗削用量

工件材料	刀具材料	v/(m/min)	f/(mm/r)	a_p/mm	加工表面粗糙度 Ra/μm
铝合金	YG3X	200~600	0.04~0.08	0.1~0.3	1.6~0.8
	立方氮化硼	300~600	0.02~0.06	0.05~0.3	0.8~0.4
	天然金刚石	300~1000	0.02~0.04	0.05~0.1	0.4~0.2
青铜	YG3X	150~400	0.04~0.08	0.1~0.3	1.6~0.4
	立方氮化硼	300~500	0.02~0.06		0.8~0.4
	天然金刚石	300~500	0.02~0.03	0.05~0.1	0.4~0.2
黄铜	YG3X	150~250	0.03~0.06	0.1~0.2	1.6~0.8
	立方氮化硼	300~350	0.02~0.04		0.4~0.2
	天然金刚石	300~350	0.02~0.03	0.05~0.1	
纯铜	YG3X	150~250	0.03~0.06	0.1~0.15	1.6~0.8
	立方氮化硼	250~300	0.02~0.04		0.8~0.4
	天然金刚石	250~300	0.01~0.03	0.4~0.08	0.4~0.2

3. 坐标镗床的切削用量和加工精度（表 1.2-37~表 1.2-40）

表 1.2-37　坐标镗床的切削用量

加工方式	刀具材料	v/(m/min)					f/(mm/r)	a_p/mm（直径上）
		软钢	中硬钢	铸铁	铝、镁合金	铜合金		
半精镗	高速钢	18~25	15~18	18~22	50~75	30~60	0.1~0.3	0.1~0.8
	硬质合金	50~70	40~50	50~70	150~200	150~200	0.08~0.25	
精镗	高速钢	25~28	18~20	22~25	30~60	30~60	0.02~0.08	0.05~0.2
	硬质合金	70~80	60~65	70~80	150~200	150~200	0.02~0.06	
钻孔	高速钢	20~25	12~18	14~20	60~80	60~80	0.08~0.15	—
扩孔		22~28	15~18	20~24	60~90	60~90	0.1~0.2	2~5
精钻、精铰		6~8	5~7	6~8	8~10	8~10	0.08~0.2	0.05~0.1

注：1. 加工精度高、工件材料硬度高时，切削用量选小值。

2. 刀架不平衡或切屑飞溅大时，切削速度选低值。

表 1.2-38　坐标镗床的加工精度

加工过程	孔距精度/μm	孔径公差	加工表面粗糙度 Ra/μm	适用孔径/mm
钻中心孔—钻—精钻、钻—扩—精钻	1.5~3	H7	3.2~1.6	<6
钻—半精镗—精钻	1.2~2			
钻中心孔—钻—精铰、钻—扩—精铰	1.5~3			<50
钻—半精镗—精铰	1.2~2		1.6~0.8	
钻—半精镗—精镗、粗镗—半精镗—精镗		H7~H6		<250

表 1.2-39　坐标镗床镗削淬火钢的切削用量

加工方式	刀具材料	v/(m/min)	f/(mm/r)	a_p/mm（单边）
粗加工	YT15、YT30 YN10 或立方氮化硼	50~60	0.05~0.07	<0.3
精加工			0.04~0.06	<0.1

注：工件硬度不高于 45HRC。

表 1.2-40　坐标镗床的铣削用量

加工方式	刀具材料	v/(m/min)					f/(mm/r)	a_p/mm（直径上）
		软钢	中硬钢	铸铁	铝、镁合金	铜合金		
半精铣	高速钢	18~20	10~12	16~18	100~150	40~50	0.1~0.2	0.2~0.5
	硬质合金	50~55	30~40	50~60	200~250	—		
精铣	高速钢	20~25	12~15	20~22	150~200	30~40	0.05~0.08	0.05~0.2
	硬质合金	55~60	40~45	60~70	250~300	—		

1.2.6　镗削加工工艺

1. 卧式镗床加工

1）卧式镗床基本工作范围见表 1.2-41。

表 1.2-41　卧式镗床基本工作范围

麻花钻钻孔	整体或套式扩孔
整体或套式铰孔	单面镗孔（不用支承） 用于 $l<5d$

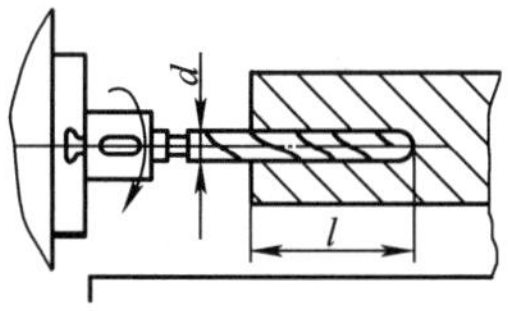

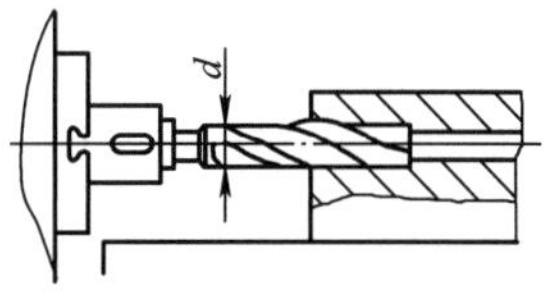

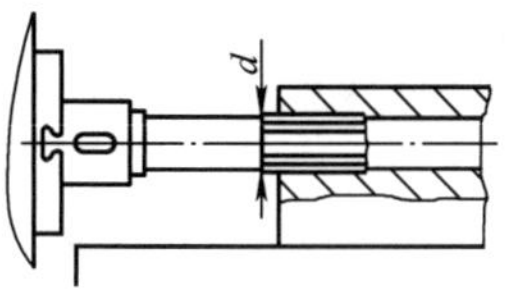

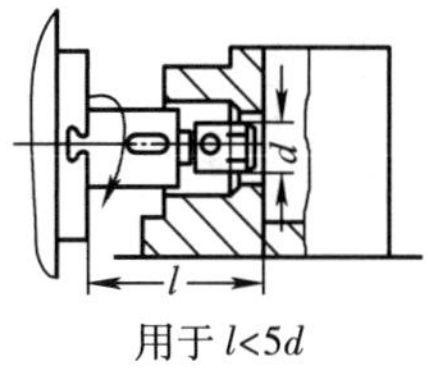

（续）

单面镗孔（在花盘安置支承），用于 $l<5d$ 及 $L>5d$ 的孔 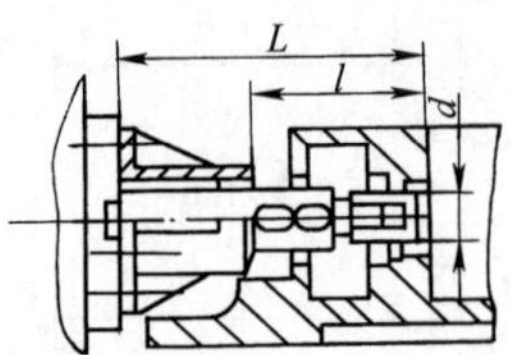 	利用后支承架支承镗杆进行镗孔，用于 $l>5d$ 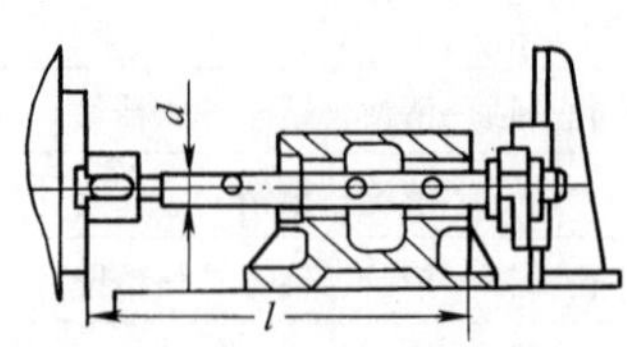
调头镗孔，用于加工 $l<5d$，且须配置回转工作台 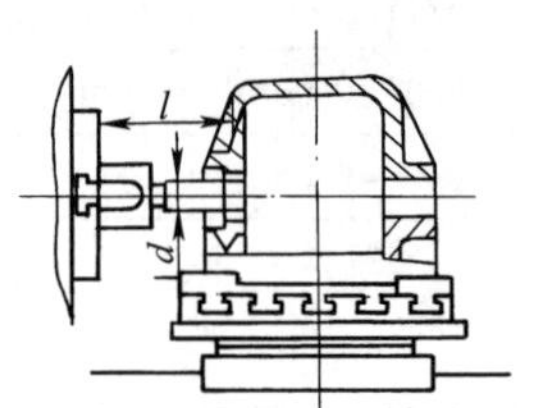 	用坐标法镗孔（孔距用内径千分尺测量） 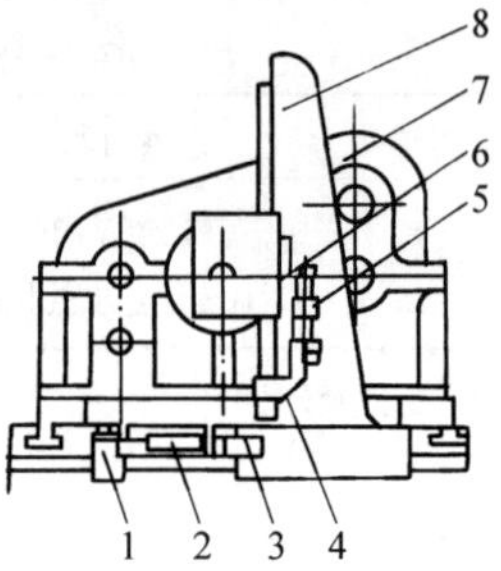 1、4—活动定位块　2、3—固定定位块　5、6—内径千分尺　7—工件　8—镗床立柱
用镗模镗孔 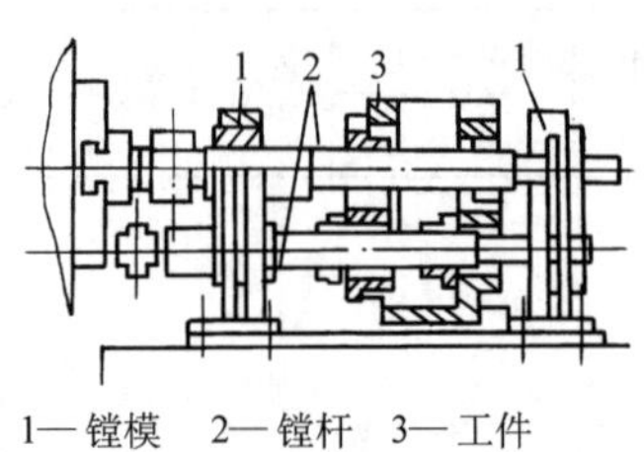 1—镗模　2—镗杆　3—工件	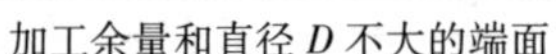 加工余量和直径 D 不大的端面 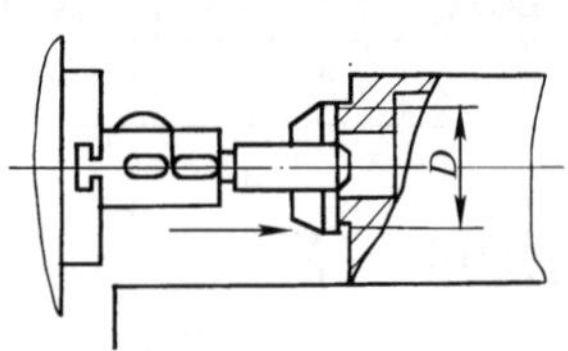
车余量较大的端面 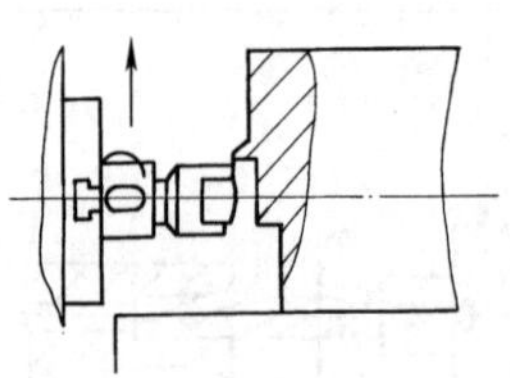	铣余量很大的端面 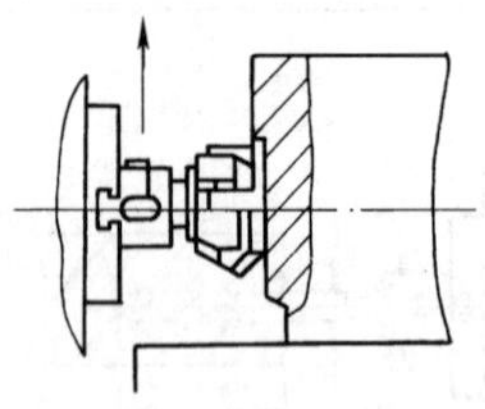
用径向刀架车槽 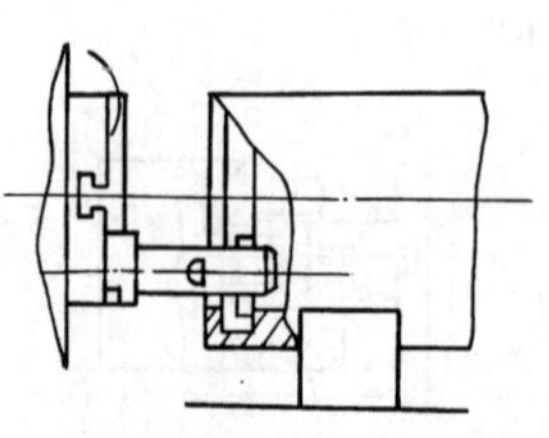	用飞刀架车内圆 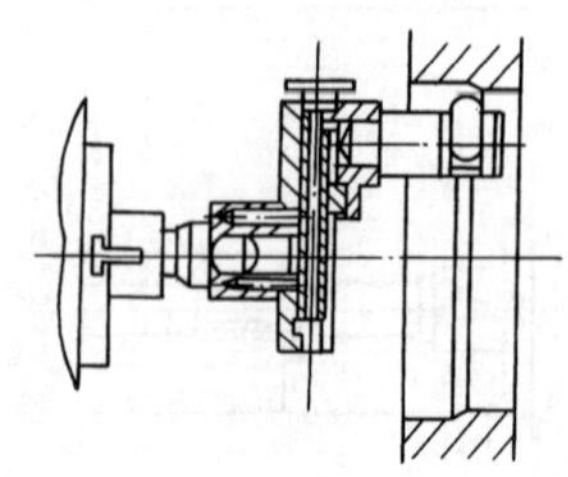

（续）

用飞刀架车端面	车半圆槽
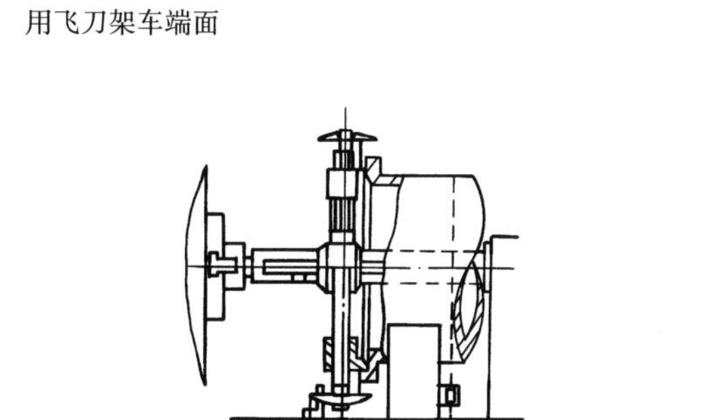	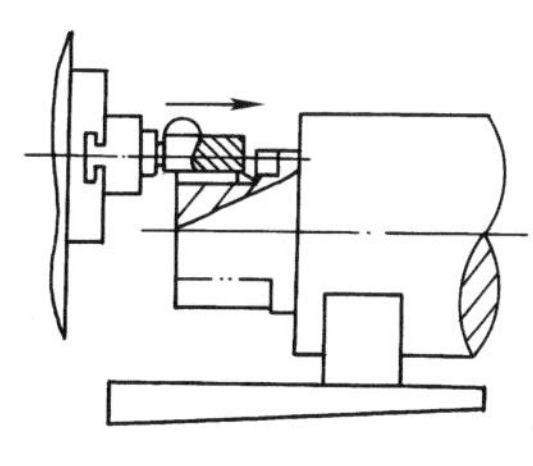

2）卧式镗床上工件的定位方法和定位精度。

①使主轴轴线与所镗孔中心线重合的方法见表1.2-42。

表1.2-42　使主轴轴线和所镗孔中心线重合的方法

定位方式	简　图	定位精度/mm	特点和适用范围
游标卡尺定位	40 35 30 25 20 15 10 / 100 75 50 25 0	±0.08	机床上的游标卡尺，尺身分度值为1mm，游标尺为1/20mm，读数精度为±0.05mm，装有放大镜。适用于一般定位精度
百分表、量块定位	X方向 Y方向	±0.03	用百分表、量块进行测量定位。万能性强，操作难度大，辅助时间长

（续）

定位方式	简　　图	定位精度/mm	特点和适用范围
金属线纹尺和光学读数头定位	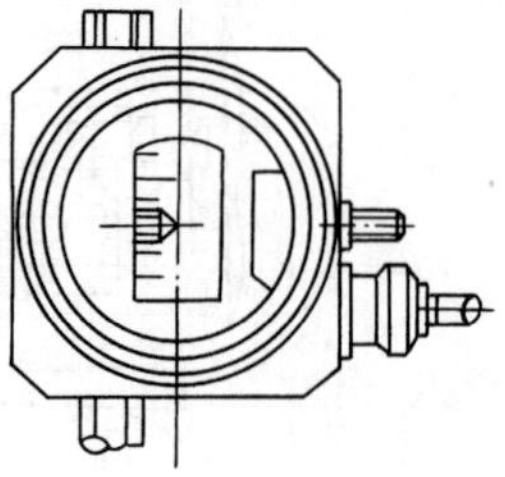	±0.02	金属线纹尺精度稳定可靠，读数精度为 0.01mm，适用于单件和中小批量生产
感应同步器数显定位	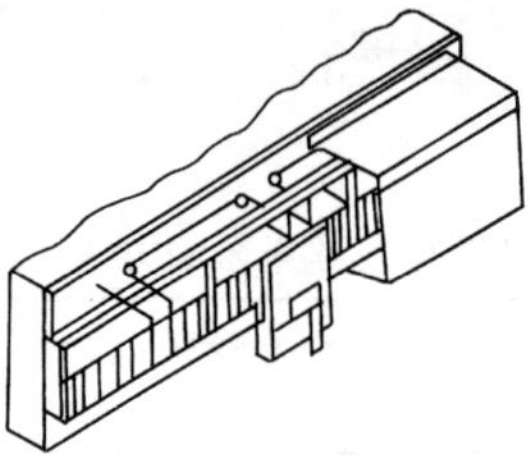	±0.02	感应同步器接长方便，配有数显装置，定位可靠，读数明显，示值为 0.01mm，适用于长距离的测量定位，多用于镗铣床、落地镗床
顶尖找正定位	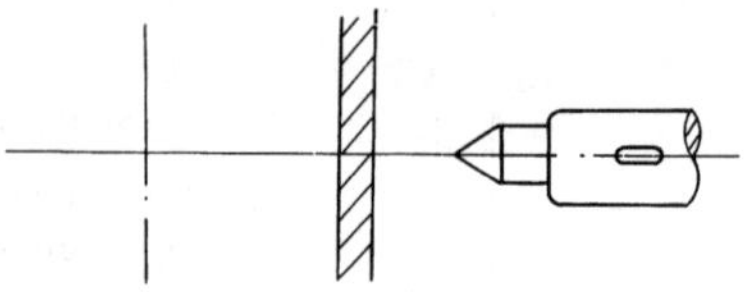	±0.3	先找好工件的水平和垂直位置，然后用安装在主轴孔中的顶尖找孔中心，适用于单件生产
划线找正定位	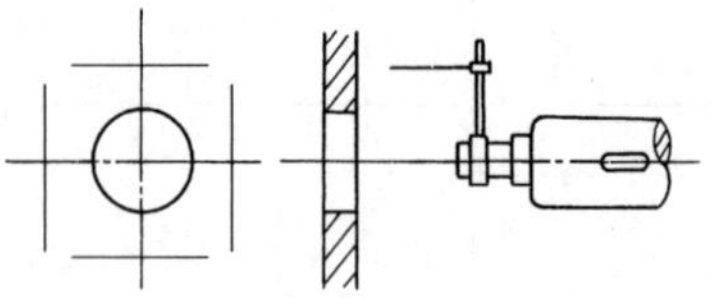	±0.5	在主轴上装一划针，转动主轴，使划针对准工件上两对平行线与中心线的四个交点即可，适用于单件生产
孔距测量定位	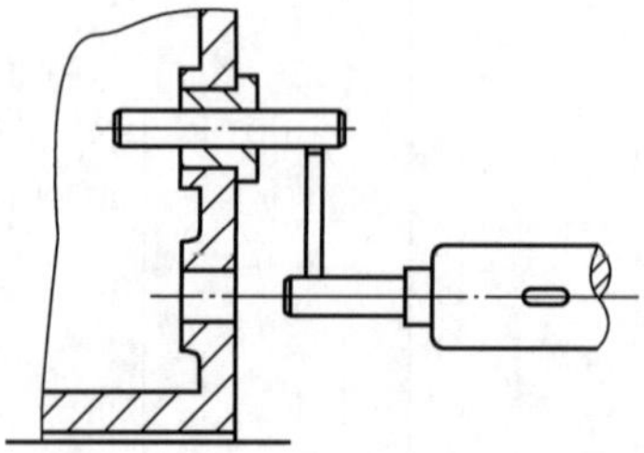	±0.03	用心轴、量具测量定位，镗好一孔后，利用该孔直接测量另一孔的距离，直观准确，适用于单件小批量生产

（续）

定位方式	简　图	定位精度/mm	特点和适用范围
按样板找正定位	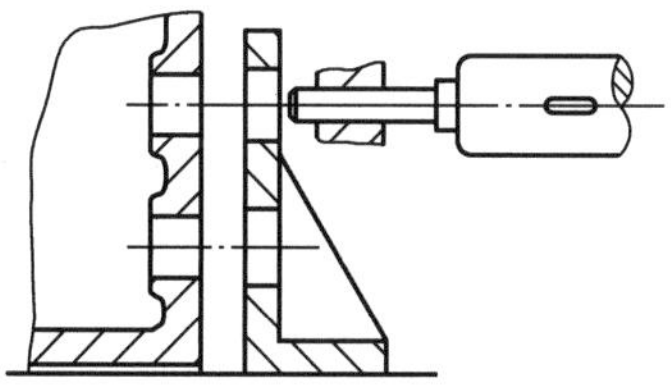	±0.02	利用心轴使主轴中心与样板上的导套孔中心对准，也可用百分表找正，定位可靠，但要求有一定的操作经验，适合于批量生产
夹具定位	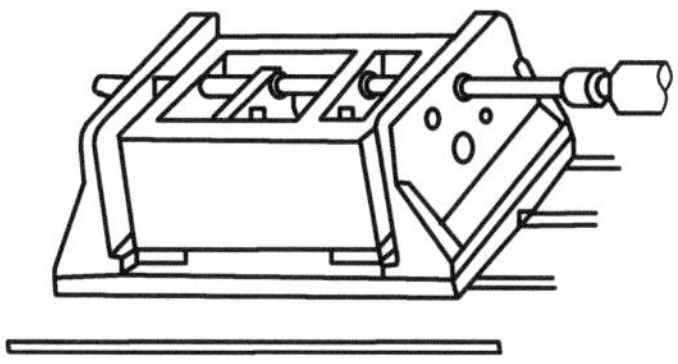	±0.02	工件孔位置精度靠夹具保证，主轴与镗杆一般采用浮动连接，加工前只要将夹具位置安装准确即可，适用于大中批量生产

② 工艺基准面的校正方法。工艺基准面的校正可分为两类：第一类是直接校正方法，即直接对工件预定的工艺面进行测量并校正；第二类是间接校正方法，即通过对镗床上配置的某些附件或专用夹具进行校正来确定。两类工艺基准面的校正方法见表 1.2-43。

表 1.2-43　工艺基准面的校正方法

类别	简　图	校正方法
直接校正方法	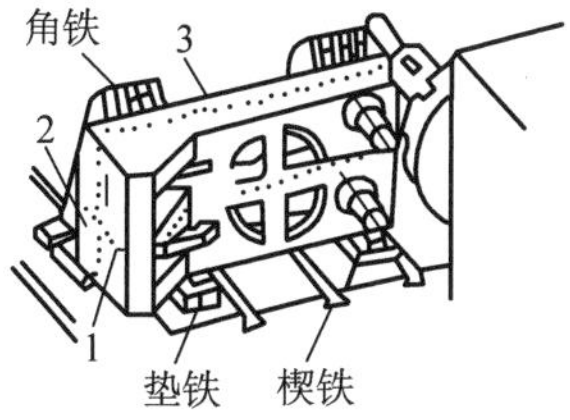 角铁 3 2 1 垫铁 楔铁	工件未经加工，工件在垫铁和角铁上利用楔铁按工件上的划线 1、2、3 进行校正
	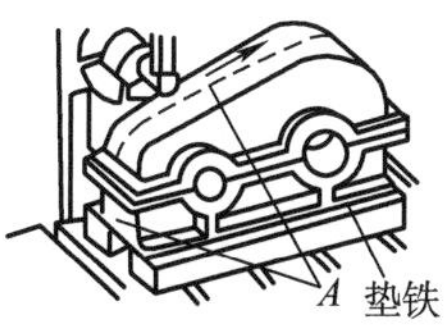 A 垫铁	工件用一个已加工的底平面作为定位面，安装在机床长条垫铁上，按划线 A 进行校正
	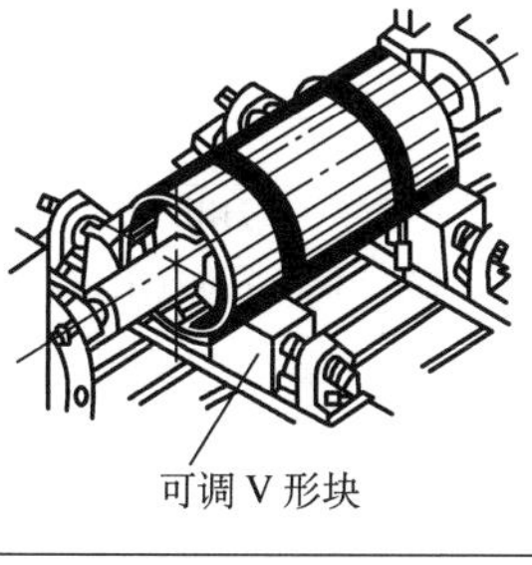 可调 V 形块	工件用两个已加工轴颈表面作为定位基准，安装在两个可调的 V 形块上，再按划线进行校正

（续）

类别	简　图	校 正 方 法
直接校正方法	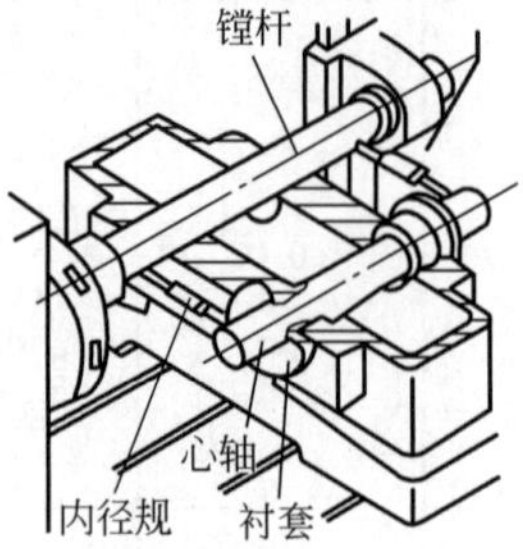 镗杆 心轴 内径规 衬套	工件用已加工孔作为定位基准，穿入心轴，用内径规测量另一孔的位置，校正两孔的间距
	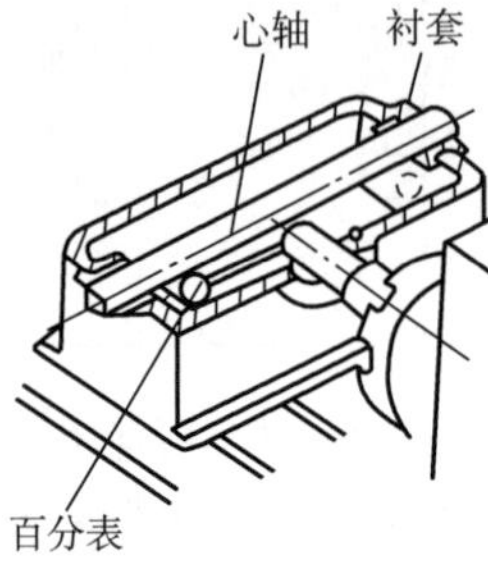 心轴 衬套 百分表	在没有配置精密回转工作台的镗床上加工垂直孔，可以用已加工好的两个孔作为定位基准，穿入心轴，用百分表校正工作位置，以保证主轴线与已加工孔轴线垂直
间接校正方法	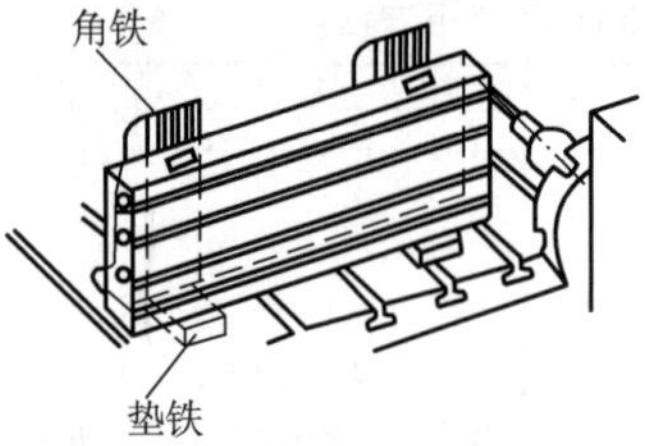 角铁 垫铁	将配置在镗床上的垫铁和角铁预先校正好，然后将工件两个已加工面作为定位基准，安装在垫铁上并靠紧角铁即可
	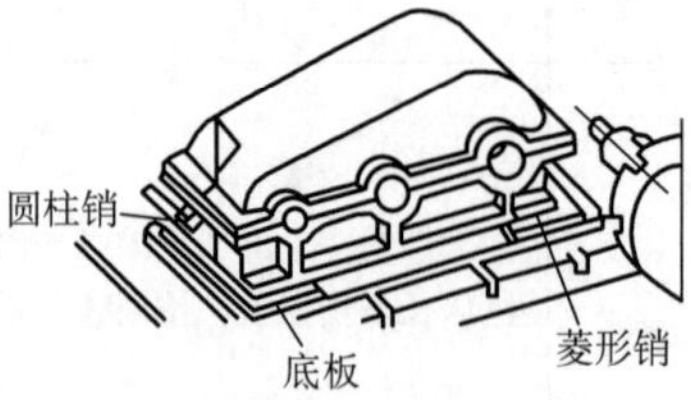 圆柱销 底板 菱形销	将专用一面两销夹具安装在机床上，并预先校正，工件直接安装即可
	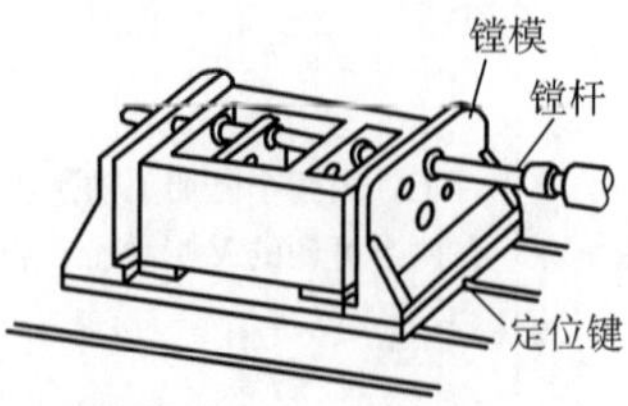 镗模 镗杆 定位键	镗模一般用两个定位键在镗床工作台T形槽中定位，不需要再校正，工件按定位基准装入镗模即可

3）卧式镗床加工中工件的夹紧。正确选择工件的夹紧部位、夹紧力、夹紧机构，对保持工件定位可靠，防止产生夹紧变形，保证工件加工精度有很大影响。卧式镗床加工中的工件夹紧应遵循下列基本要求。

① 夹紧力应垂直于主要定位表面，并尽可能和切削力、工件重力同向。

② 夹紧力应落在支承元件或落在几个支承所形成的支承面上，以保持工件定位稳固。

③ 夹紧力落在工件刚性比较好的部位上，使工件夹紧变形降至最小。

④ 夹紧力应适当可靠，夹紧点应尽可能靠近工件的加工表面，以防止工件表面损伤和工件在加工中产生振动。

⑤ 夹紧机构应操作安全、方便省力，复杂程度与自动化水平及工件的生产批量相适应。

4）卧式镗床加工中的测量。对于复杂零件，为保证各加工表面的形状和位置精度，在现代生产加工时，对于首件调整和中间质量控制往往采用线外三坐标测量技术。

传统测量中，常用的孔径测量量具有游标卡尺、内径规、内径百分表、标准塞规等。卧式镗床常用测量方法见表1.2-44。

表1.2-44 卧式镗床常用测量方法

测量内容	测量方法	示意图	测量精度/mm
孔间距离与平行度	游标卡尺测量	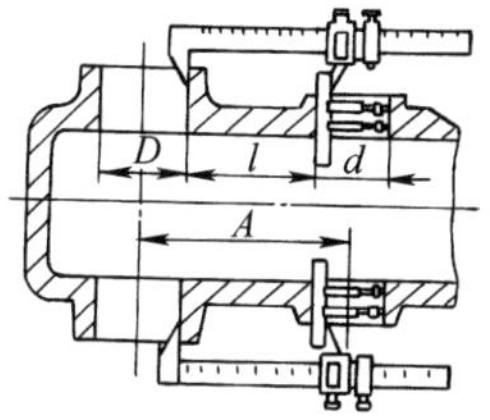	0.08（当两端孔的位置在同一平面上时）
	游标卡尺或内径规测量	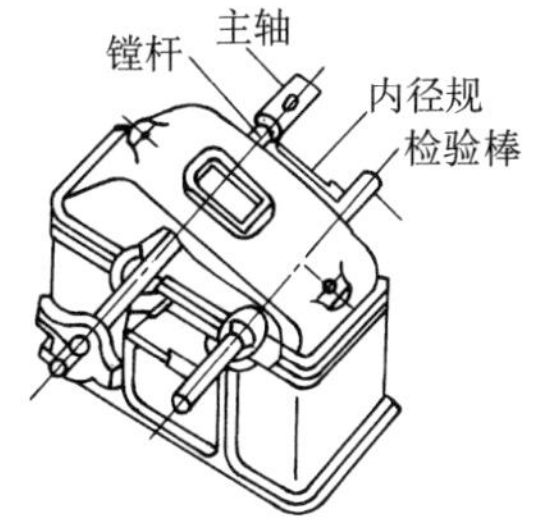	0.06
	千分尺测量	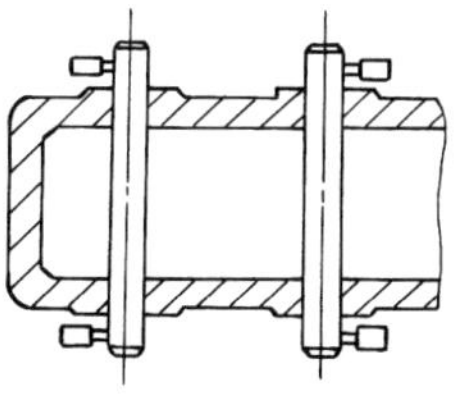	0.04
	定位器及内径规测量	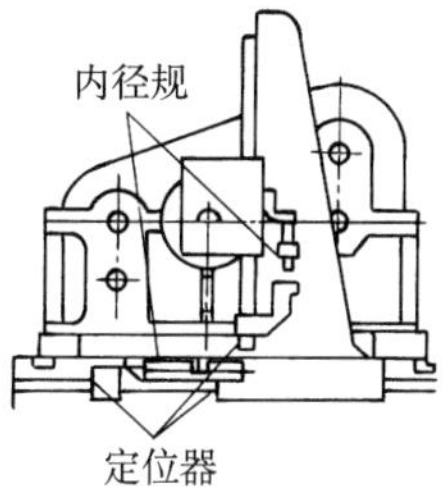	0.04

（续）

测量内容	测量方法	示 意 图	测量精度/mm
基准面与加工孔的平行度	游标高度卡尺或千分表测量	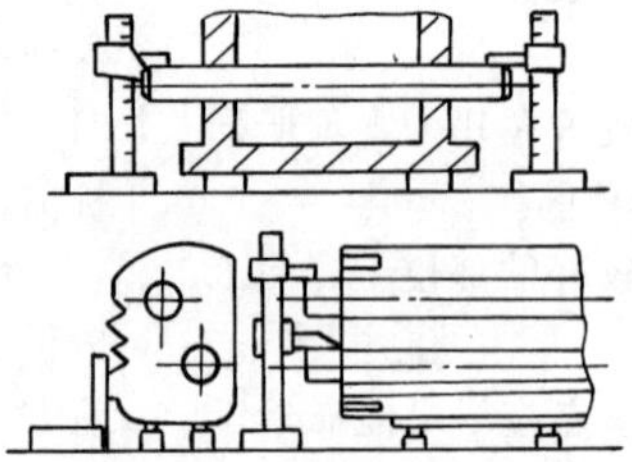	0.06
孔与端面的垂直度	将千分表装在镗杆上测量	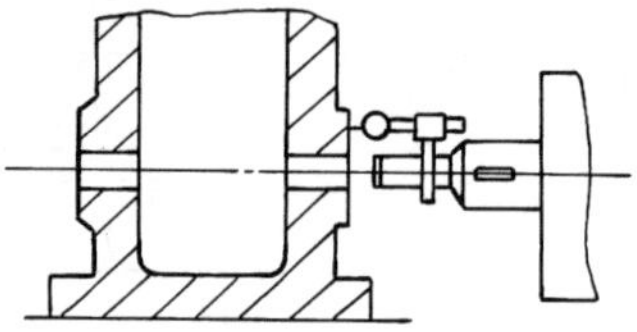	0.04
三孔中心线同一平面度	游标高度卡尺测量	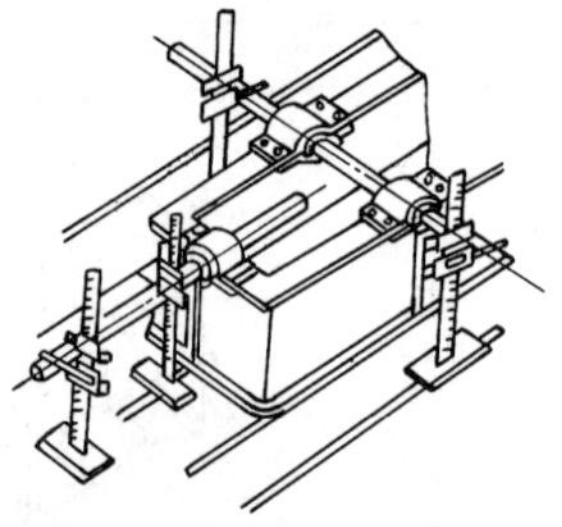	0.06
交叉孔中心线的同一平面度	检验棒与塞尺	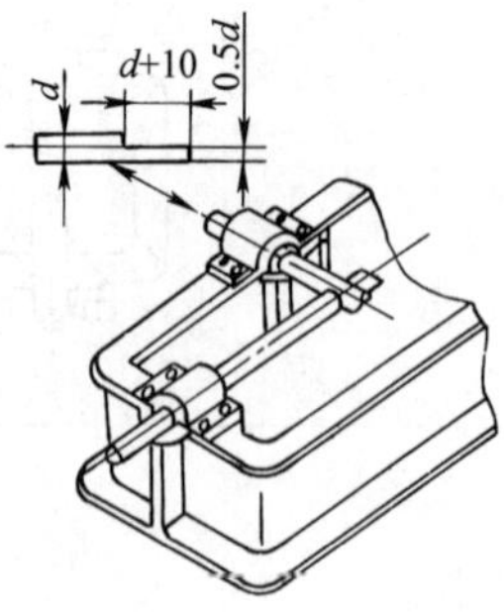 d　d+10　0.5d	0.04

5）卧式镗床镗孔调刀与对刀方法。

① 调刀试切。多用于单刃镗刀，以及单件小批量生产。试切后进行测量，根据测量结果，借助微动调刀装置，微量调整刀头，保证得到需要的加工尺寸。

② 对刀规调整加工。大批量生产中配备相应的对刀规来控制微量进刀，常用的对刀规有以下几种形式：

a. 固定对刀规（图 1.2-10）。

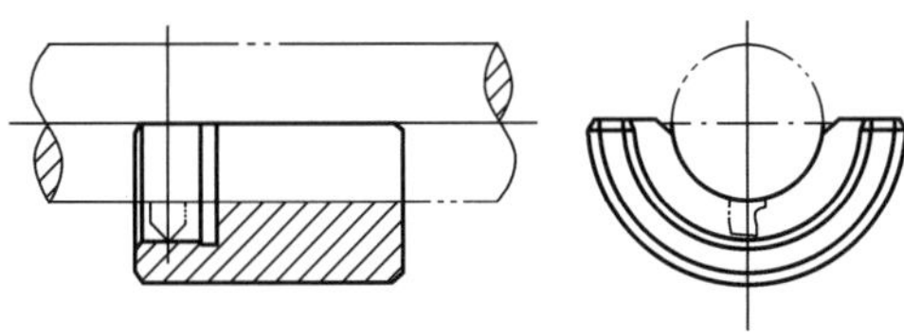

图 1.2-10　固定对刀规

b. 可调对刀规（图 1.2-11）。

c. 在线检测，自动补偿加工方式。测量装置在加工中自动检测镗孔尺寸，数据接收和处理系统通过与设定尺寸进行比较，确定刀具补偿调整量，控制系统发出信号，控制刀具调节系统进行刀具在线补偿，从而能够获得高精度尺寸的孔。该方法目前广泛应用于汽车零件的生产中，如发动机缸孔的镗削加工、连杆大头孔的镗削加工等。

6）卧式镗床镗孔方法及加工精度见表 1.2-45。卧式镗床的加工精度与表面质量见表 1.2-46。

2. 精镗床加工

1）精镗床的加工精度与表面粗糙度（表 1.2-47）。精镗床镗削属于精密镗削，一般用于精密孔加工。镗孔直径范围为 10~200mm，由于精密镗削所用进给量和背吃刀量均很小，切削速度又较高，所以镗孔精度可达 IT6，表面粗糙度可达 $Ra0.6\mu m$，多轴镗孔时孔距误差可控制在±(0.005~0.01)mm。

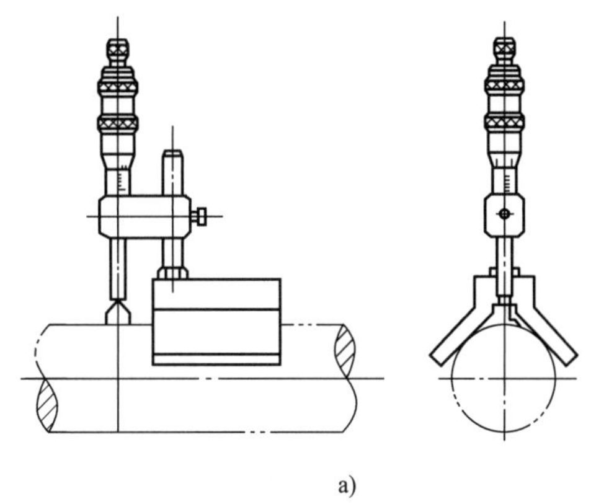

a)

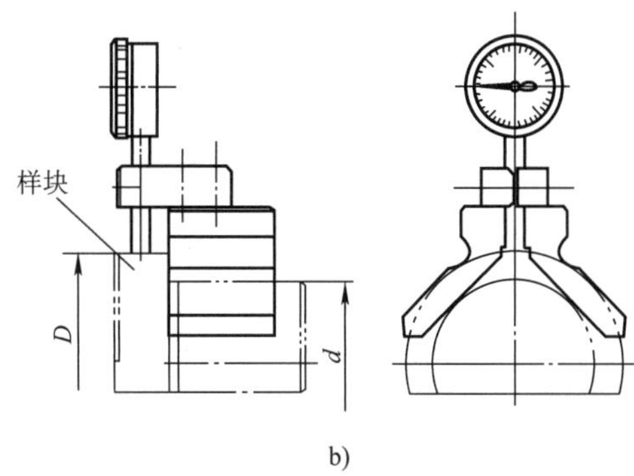

b)

图 1.2-11　可调对刀规

a）螺杆式对刀规　b）千分表对刀规

d—镗杆直径　*D*—镗孔直径

表 1.2-45　卧式镗床镗孔方法及加工精度

方案	特点	加工精度	要点	使用范围
单面镗削	悬臂镗削，对机床精度要求高，万能性强，操作测量方便	IT7	1）采用短镗杆悬臂镗削，要求机床主轴刚性好，精度高 2）当镗杆悬伸长度和镗杆直径比大于8：1时，应设置相应的导向支架进行支承	成批量生产
利用尾架支承镗杆进行镗孔	准备周期短，万能性较强，操作技术要求高，效率较低	IT7~IT8	1）尾架支承套与主轴的同轴度误差应调整到不大于 0.01mm，并以尾架偏高为好 2）刀杆与尾架支承套的配合取 H7/h6，镗高精度孔时可取 H6/h6 或 H7/h5，配合长度为刀杆直径的 1.5~2.5 倍 3）镗短孔多采用主轴进给，孔长大于200mm 的长孔采用工作台进给	单件小批生产

（续）

方案	特点	加工精度	要点	使用范围
采用镗模镗削	定位精度靠镗模保证，尺寸精度靠刀具保证。效率高，加工质量好，操作简单；但镗模准备周期长	IT7	1）夹具上孔距公差取工件上对应孔距公差的1/3~1/5 2）刀杆和夹具导套孔的配合取H7/h7，精加工取H7/h6或H6/h6，配合间隙为0.01~0.02mm 3）镗杆与主轴一般采用浮动连接	大批量生产和加工孔系集中的工件
调头镗削	对机床精度要求高，万能性强	IT7	1）要求在工作台上定好原点坐标或找到工作台的回转中心，测量误差小于0.01mm 2）要测量工作台的回转定位误差，由它引起的工件各孔间位置误差应不大于0.02mm/1000mm	单件中小批量生产
简易调头镗削	利用尾架孔和主轴孔的一致性，在尾架上装定位心轴或定位套，用其对准调头后工件上镗好的孔，操作简单，准备周期短	IT8	工作前应调整尾架孔的心轴或定位套与主轴同轴，误差应小于0.01mm	单件中小批量生产
大型工件调头镗削	在落地镗床或镗铣床上加工，万能性强，操作要求高	IT8	1）利用回转工作台调头镗削 2）利用工件上的定位基面作为调头的测量基准	单件小批量生产

表 1.2-46　卧式镗床的加工精度与表面质量

加工方式	加工精度/mm		表面粗糙度 Ra/μm		
	孔径公差	孔距公差	铸铁	钢（铸钢）	铜铝及其合金
粗镗	H12~H10	±(0.5~1.0)	25~12.5	25	25~12.5
半精镗	H9~H8	±(0.1~0.3)	12.5~6.3	25~12.5	12.5~6.3
精镗	H8~H6	±(0.02~0.05)	3.2~1.6	6.3~1.6	3.2~0.8
铰孔	H9~H7	±(0.02~0.05)	3.2~1.6	3.2~1.6	3.2~0.8

表 1.2-47　精镗床的加工精度与表面粗糙度

工件材料	刀具材料	孔径精度	孔的形状误差/mm	表面粗糙度 Ra/μm
铸铁	硬质合金	IT6	0.004~0.005	3.2~1.6
钢（铸钢）				3.2~0.8
铜、铝及其合金	金刚石		0.002~0.003	1.6~0.2

2）精镗床镗孔的特点。

① 精镗床上的高精度镗头是获得高加工精度的关键，镗头的主轴跳动在0.001mm左右可以获得较高的形状精度。

② 精密镗削的进给量通常为0.02~0.08mm/r，背吃刀量为0.05~0.2mm，切削面积小，切削过程产生的切削力也小，工件加工表面硬化层很浅，一般为0.08~0.1mm。

③ 机床、夹具、刀具等在加工过程所受的力小，工艺系统弹性变形小，加工精度高。

④ 精镗床有较好的防振、隔振措施，电动机、变速机构的振动一般传不到镗头上，刀头、刀杆在高速旋转时产生的动不平衡引起的自振常用减振器减少其影响，加工表面波纹度小。

3）精镗床镗刀几何参数选择与刃磨。

精镗床镗刀几何参数的选择见表1.2-48~表1.2-51。

表1.2-48　精镗床镗刀几何参数的选择

工件参数	加工条件	几何参数							特点
		$\kappa_\gamma/(^\circ)$	$\gamma_o/(^\circ)$	$\lambda_s/(^\circ)$	r_ε/mm	$\kappa'_\gamma/(^\circ)$	$\alpha_o/(^\circ)$	$\alpha'_o/(^\circ)$	
铸铁	加工中等直径和大直径浅孔，镗杆刚性好	45~60	-3~-6	0	0.4~0.6	10~15	6~12	12~15	主偏角不能小于45°，否则会引起振动。刀具寿命长，表面质量好
	镗杆刚性差，镗孔浅	75~90	0~3		0.1~0.2				能减少振动
钢（铸钢）	镗杆刚性和排屑均较好	45~60	-5~-10	连续切削取0°，断续切削取-5°~-15°	0.1~0.3加工20Cr时，可取1	10~20	6~12	10~15	刀尖强度大，刀具寿命长，可以得到较好的加工质量
	镗杆刚性差，排屑尚好	75~90	≥0	—	0.05~0.1	10~20	6~12	10~15	能减少引起镗杆振动的径向力
	排屑条件差	75~90	-5~-10	—	≤0.3	10~20	6~12	10~15	当前刀面沿主、副切削刃磨有0.3~0.8mm宽、10°~15°倒棱时，能很好地卷屑
	加工盲孔	90	3~6	—	0.5	10~20	6~12	10~15	刀具寿命长，能使切屑从镗杆和孔壁的间隙中排出
铜、铝及其合金	系统刚性强	45~60	8~18	—	0.5~1	8~12	6~12	10~15	刀具寿命长，加工表面质量好
	系统刚性差	75~90	8~18	—	0.1~-0.3	8~12	6~12	10~15	

表 1.2-49　精密镗削铸铁的刀具几何参数

工件参数	刀具材料	几何参数（$\kappa_r=45°\sim60°$，$\lambda_n=0°$）						刀具寿命①/km
		κ'_{γ}/(°)	γ_o/(°)	α_o/(°)	α'_o/(°)	r_{ε}/mm	b_{ε}/mm	
HT100	K01	15	−3	12	12	0.5	—	18
	立方氮化硼					0.3		24
HT150、HT200	K01	10	−6	12	12	0.5	0.2~0.4	21
	立方氮化硼					0.3		30
HT200、HT250	K01	10	−6	8	10	0.5		23
	立方氮化硼					0.3		40
KTH300-06 KHT330-08	K01	15	0	12	15	0.5		19
	立方氮化硼					0.3		22
KTZ450-05 KTZ600-03	K01	15	0	12	15	0.5		17
	立方氮化硼					0.3		24
高强度铸铁	K01	10	−6	8	10	0.5		21
	立方氮化硼					0.3		35

① 刀具寿命还取决于切削用量和表面加工质量。

表 1.2-50　精密镗削钢的刀具几何参数

工件参数	刀具材料	几何参数（$\kappa_r=45°\sim60°$）						刀具寿命/km
		κ'_{γ}/(°)	γ_o/(°)	α_o/(°)	α'_o/(°)	λ_s/(°)	r_{ε}/mm	
优质碳素结构钢	P01	10	−5	8	12	0	0.2	12.5
	立方氮化硼	10	−10	10	12	0	0.3	25
合金结构钢	P01	20	−5	8	12	0	0.3	20
	立方氮化硼	10	−10	10	12	5	0.3	20
不锈钢、耐热合金	P01	20	−5	12	15	5	0.1	11
	立方氮化硼	10	−10	10	12	5	0.3	15.5
铸钢	P01	20	−10	12	15	10	10	0.2
	立方氮化硼	10	−10	10	12	5	0.3	12.5
调质结构钢（26~30 HRC）	P01	10	−5	8	12	0	0.2	8
	立方氮化硼	10	−10	10	12	5	0.3	15
淬火结构钢（40~45 HRC）	P01	20	−5	8	12	0	0.1	7
	立方氮化硼	10	−10	10	12	5	0.3	21

表 1.2-51　精密镗削铜、铝及其合金的刀具几何参数

工件参数	刀具材料	几何参数					
		κ_{γ}/(°)	κ'_{γ}/(°)	γ_o/(°)	α_o/(°)	α'_o/(°)	r_{ε}/mm
铜、铝及其合金	K01 立方氮化硼	45~90	8~12	8~18	6~12	10~15	0.1~1.0
	天然金刚石	45~90	0~10	−3~5	6~8	—	0.2~0.8
黄铜、纯铜				0~3	8~12		

4）精镗床加工应注意的问题。

① 刀具安装位置。镗刀在镗杆上的安装位置正确与否直接影响刀具的实际工作角度和加工性能。

当采用有直线修光刃的刀头，如图 1.2-12 所示，如果修光刃和镗孔素线不平行，修光刃某一端很快会磨损，使刀具寿命降低、零件表面加工质量下降。

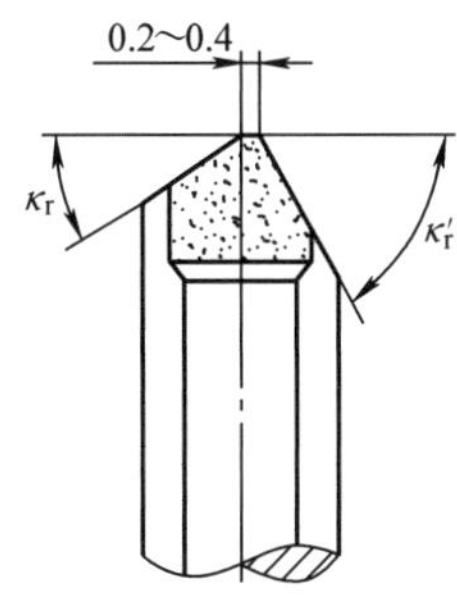

图 1.2-12　带直线修光刃的刀头

对于圆柱单刃镗刀在刀杆上安装固定时，如果顶紧螺钉的螺孔与镗刀孔轴线不垂直，或螺钉端面与圆柱镗刀上的小平面不全面接触，则会使圆柱镗刀绕其自身的轴线转一个角度，使刀具的前后角和主、副偏角发生变化，同样会产生不良的加工后果，如图 1.2-13 所示。

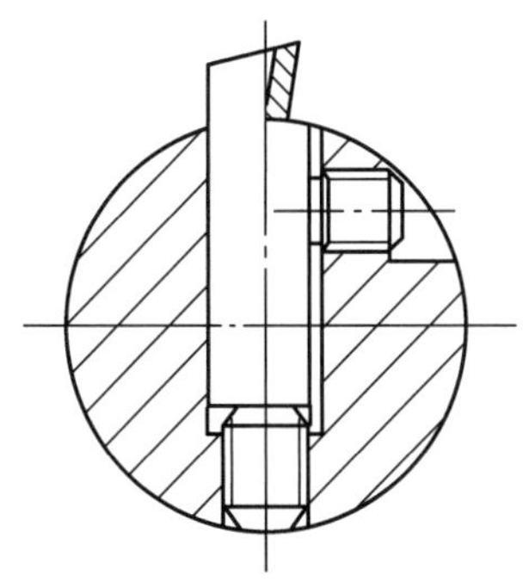

图 1.2-13　圆柱单刃镗刀在刀杆上的固定

对于双刀对置的刀杆，应当使两把刀头上的径向力尽可能抵消，或使粗镗刀上的切削力垂直于精镗刀刀尖和刀杆中心的连线，使因切削力 F 引起的工艺系统弹性变形降至最小，如图 1.2-14 所示。

② 刀杆安装的准确性。刀杆在镗头上安装是否正确也会直接影响精密镗削的加工质量。镗头上的刀杆定位孔是 H6 的高精度孔，它与镗头主轴的回转轴线的同轴度在 ϕ0.001mm 以内。刀杆上的定位轴颈与其配合过松时，会使刀杆定位不准，圆跳动增大。在安装刀杆时，如果结合面 T 中夹入污物，或 T 面上有高点、毛刺等，都会使刀杆轴线歪斜，使镗孔尺寸增大，如图 1.2-15 所示。

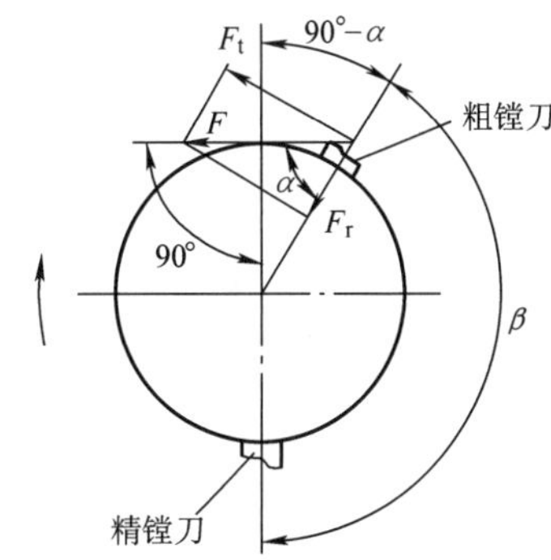

图 1.2-14　双刀对置粗精镗刀的安装

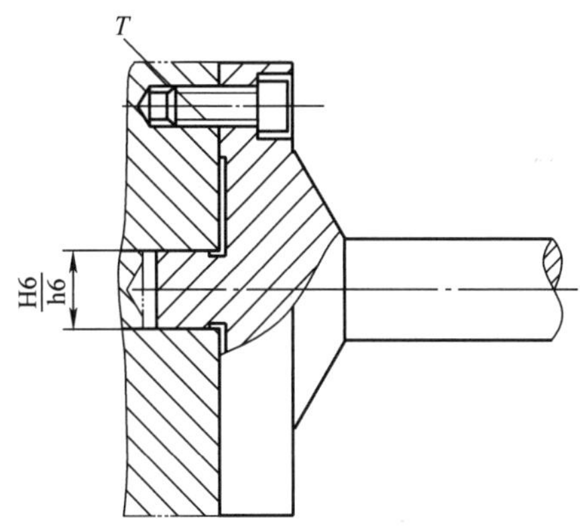

图 1.2-15　刀杆的安装

③ 刀杆回转中心与夹具位置的准确性。它是直接影响工件加工精度的重要因素。在调整夹具相对于刀杆中心位置时，调整误差要小于工件孔位置公差的 1/2。调整时若在夹具中装夹样件，样件的精度一定要高于工件的精度，这样才能保证加工出的工件符合要求。此外，操作者在安装工件时，一定要仔细将留在工件定位面上的切屑、污物清除干净，否则，会使工件尺寸超差。

④ 消除切削过程中的振动。它是顺利进行精密镗削的主要条件之一。引起加工过程中振动的因素很多，有强迫振动，也有自激振动。产生强迫振动的原因主要有附近正在工作的机床通过地基传来的振动，转动的机床零件、夹具和电动机转子的动不平衡引起的振动，加工余量不均或断续切削引起的振动等。自激振动是在加工过程中自行产生的一种振动，加工过程中切削力的变化是产生这种振动的主要原因，它的影响因素主要有工艺系统的刚性、切削用量的大小、刀具角度、刀头的安装角及刀杆的悬伸长度等。在加工过程中，强迫振动比较好消除，当振源一经查明，

就可采取相应措施使之排除。对于加工过程中的自激振动，要彻底排除就比较困难，只能在摸索和试验中使之受到抑制或逐步减小。

3. 坐标镗床加工

坐标镗床是高精度机床，和普通镗床的主要区别在于它具有精确的坐标测量系统。利用其精确的坐标测量系统和精密的传动系统，可以加工具有精确位置要求的高精度孔、孔系及空间坐标孔，也可进行精密工件的测量和高精度的划线、刻线等。

1）加工前准备工作。在坐标镗床加工前需要完成以下几项准备工作：

① 对机床和所有附件进行仔细检查，安装表面不能有任何高点、污物，更不能有弯曲和变形，机床的坐标精度和回转工作台回转精度应处于良好状态。

② 检查前序工序质量，包括安装定位表面精度以及预镗孔的余量是否合理。

③ 做好必要的坐标转换和坐标计算，见表 1.2-52。

表 1.2-52　坐标换算和加工调整

原图样标注尺寸	转换后的坐标尺寸	说　明
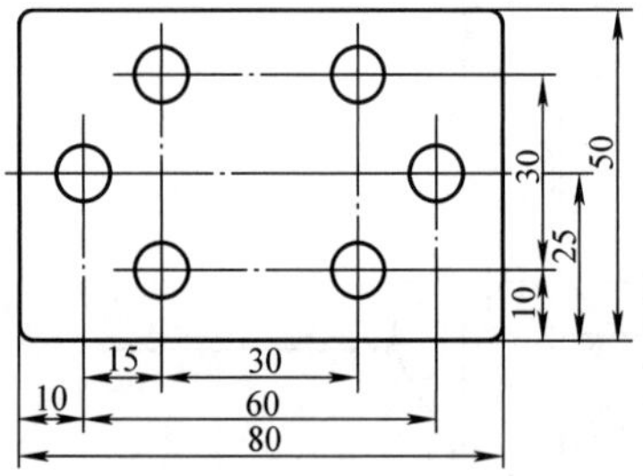	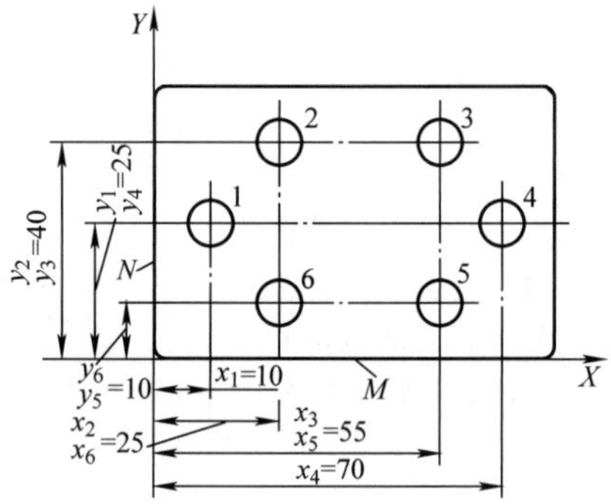	将原图样标注的各孔位置换算成以 M、N 为基准的直角坐标
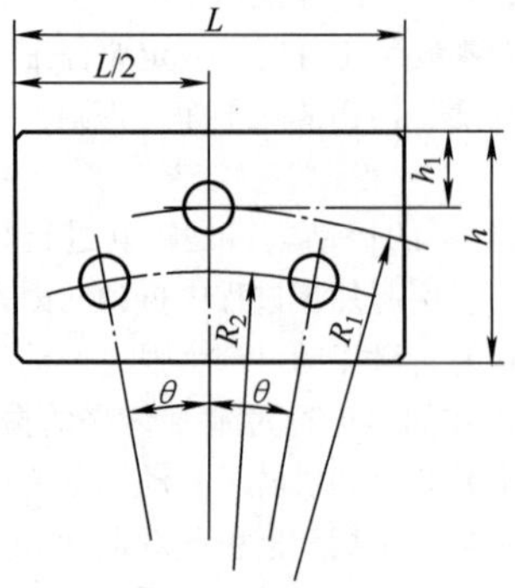	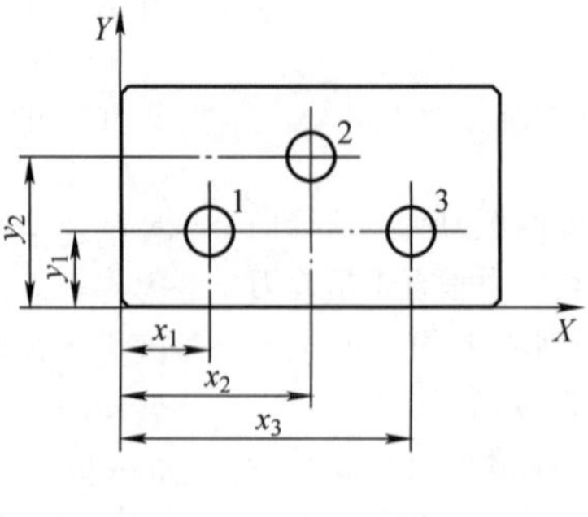	当缺少回转工作台或 R_1 圆弧半径已超出回转工作台面时，将图示尺寸转换成直角坐标： 孔 1： $x_1=L/2-R_2\sin\theta$ $y_1=h-h_1-(R_1-R_2)-R_2(1-\cos\theta)$ 孔 2： $x_2=L/2$ $y_2=h-h_2$ 孔 3： $x_3=L/2+R_2\sin\theta$ $y_3=y_1$

（续）

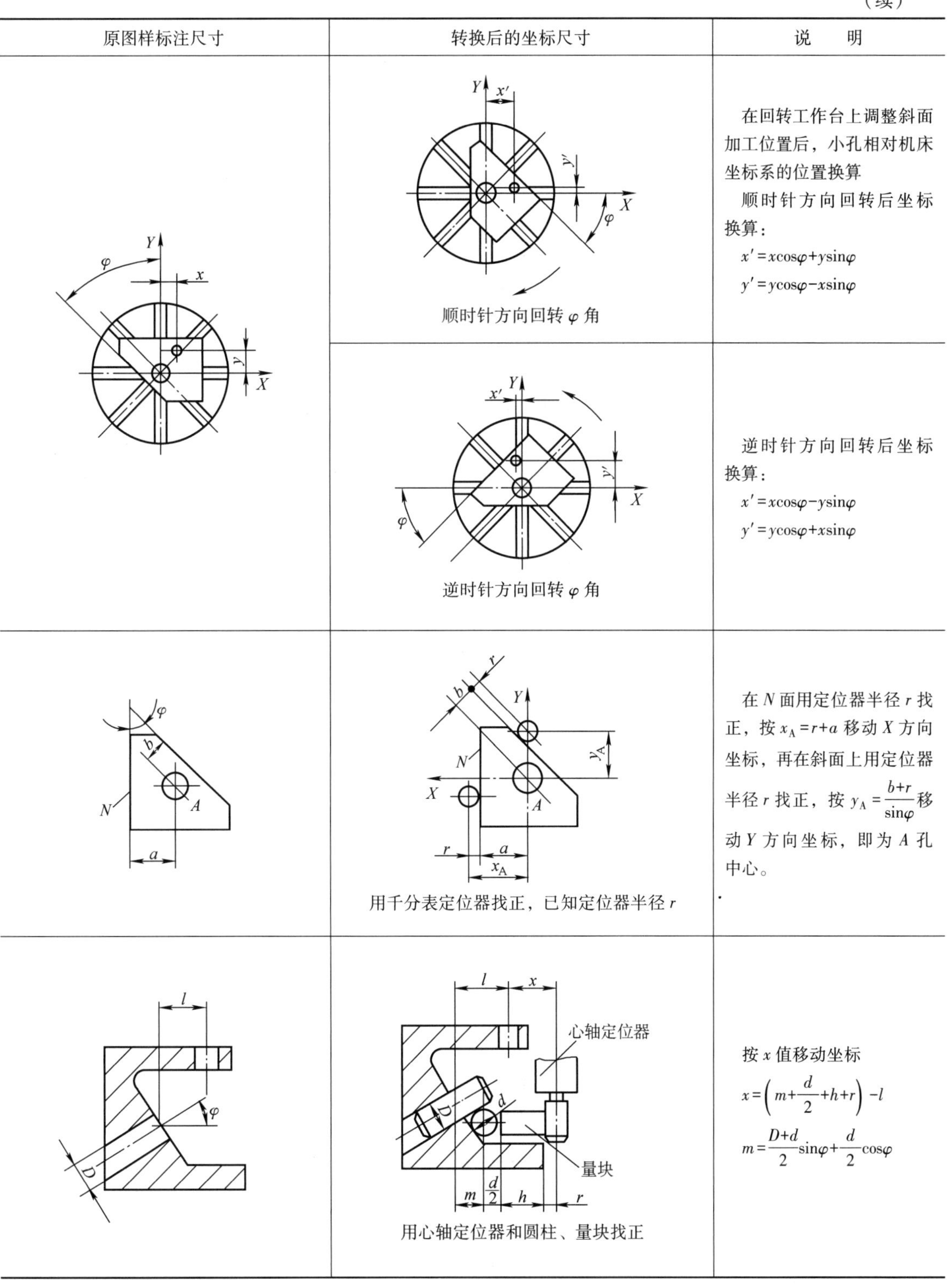

原图样标注尺寸	转换后的坐标尺寸	说　　明
	顺时针方向回转 φ 角	在回转工作台上调整斜面加工位置后，小孔相对机床坐标系的位置换算 顺时针方向回转后坐标换算： $x'=x\cos\varphi+y\sin\varphi$ $y'=y\cos\varphi-x\sin\varphi$
	逆时针方向回转 φ 角	逆时针方向回转后坐标换算： $x'=x\cos\varphi-y\sin\varphi$ $y'=y\cos\varphi+x\sin\varphi$
	用千分表定位器找正，已知定位器半径 r	在 N 面用定位器半径 r 找正，按 $x_A=r+a$ 移动 X 方向坐标，再在斜面上用定位器半径 r 找正，按 $y_A=\dfrac{b+r}{\sin\varphi}$ 移动 Y 方向坐标，即为 A 孔中心。
	用心轴定位器和圆柱、量块找正	按 x 值移动坐标 $x=\left(m+\dfrac{d}{2}+h+r\right)-l$ $m=\dfrac{D+d}{2}\sin\varphi+\dfrac{d}{2}\cos\varphi$

2）坐标镗床的找正与测量。在坐标镗床主轴上安装千分表定位器或其他找正工具进行找正，见表 1.2-53。利用机床坐标测量系统可进行三坐标和角度测量，见表 1.2-54。

表 1.2-53　常用找正工具和找正方法

找正工具	找正部位	简　图	找 正 方 法
千分表定位器	直接找正基面	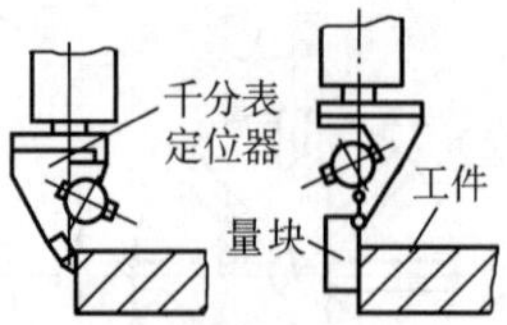	先将千分表直接靠基面读数，然后在基面上靠一个量块，将千分表旋转 180°再读数，调整坐标，使两次读数相同，则机床主轴轴线与基面重合
	用槽规找正基面	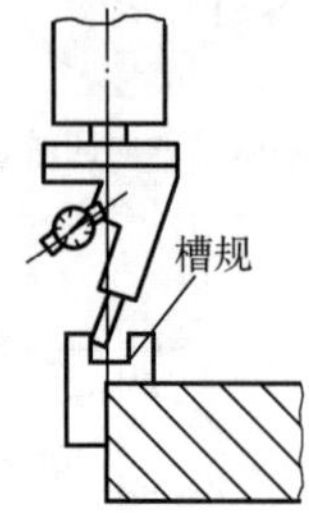	专用槽规上贴紧工件的立面，既为槽的对称平面，找正时只需要将主轴中心线和专用槽规的对称中心重合即可保证机床主轴中心线与工件基面重合 机床主轴中心线和专用槽规的对称中心找正方法同上
	找正孔轴线	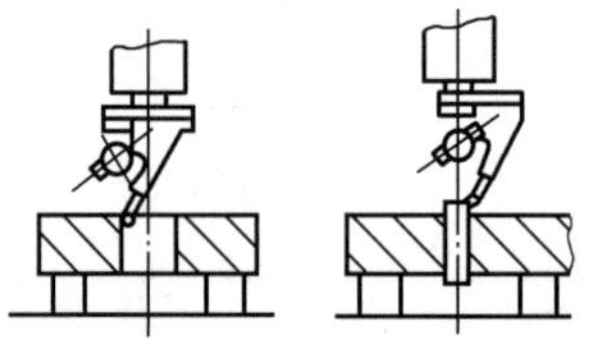	旋转表架并移动坐标，使千分表读数不变
	找正工件对称中心	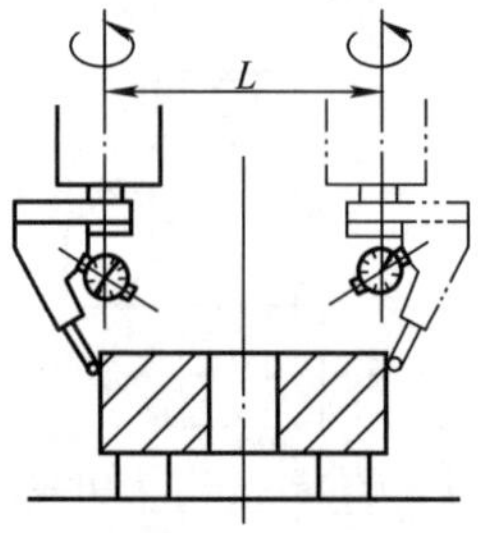	移动坐标，使千分表在工件两侧面读数一致，则坐标移动值 L 的一半即为工件的对称中心位置
光学定位器	找正基准侧面	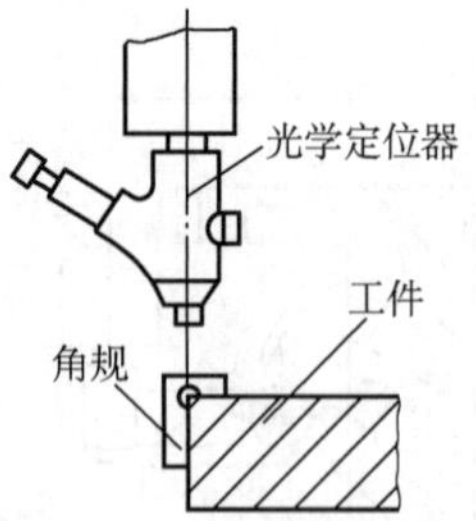	光学放大镜中的十字线与工件基准边、基准线、冲刻点或角规的刻线对准
心轴定位器	找正基准表面	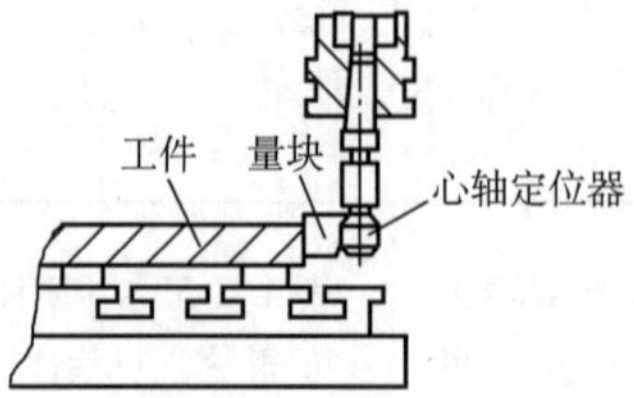	心轴定位器工作部分为标准圆柱面，在定位器和被测表面间垫一量块，主轴轴线与被测表面之间的距离即为定位器圆柱面半径与量块尺寸之和

（续）

找正工具	找正部位	简　图	找正方法
定位顶尖	找正孔轴线	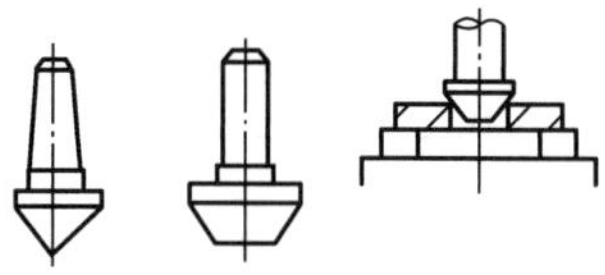	用顶尖锥面找正孔的轴线，可做初步定位，定位精度达 0.05mm

表 1.2-54　坐标测量

测量项目	测量部位	简　图	测量方法与计算
孔距或长度	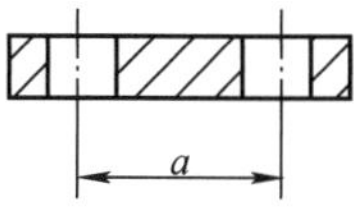	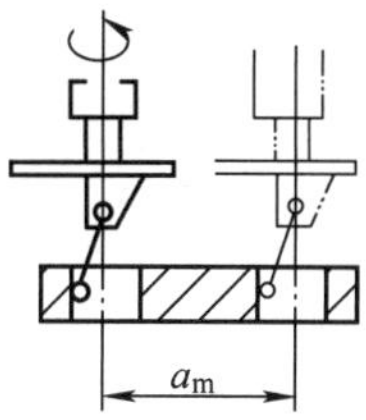	$a=a_m$
	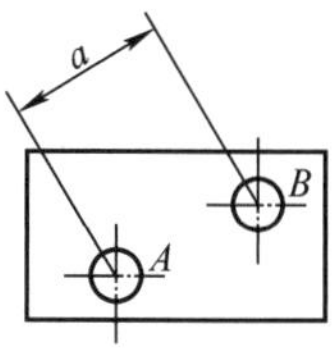	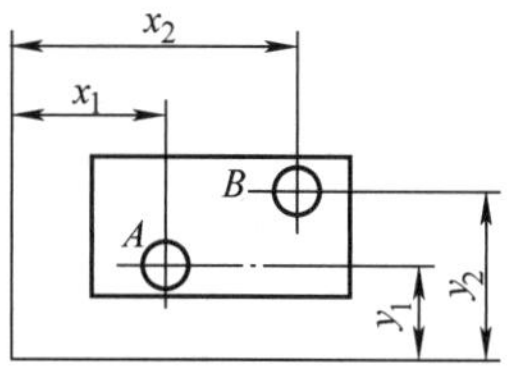	$a=\sqrt{(x_2-x_1)^2+(y_2-y_1)^2}$
孔径 D 和圆弧半径 R	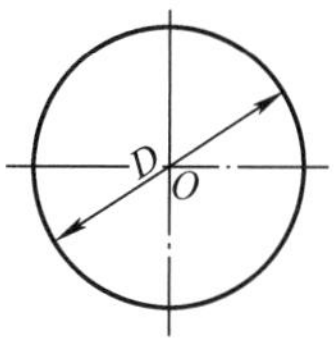	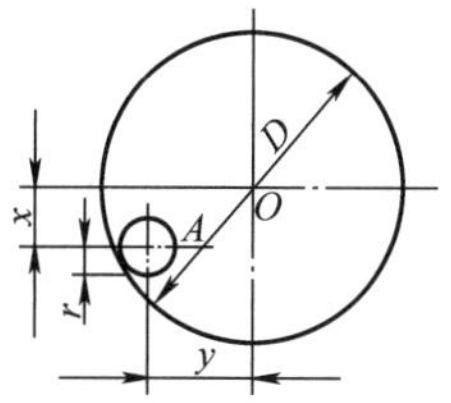	$D=2(\sqrt{x^2+y^2}+r)$ 式中　r——心轴定位器半径
	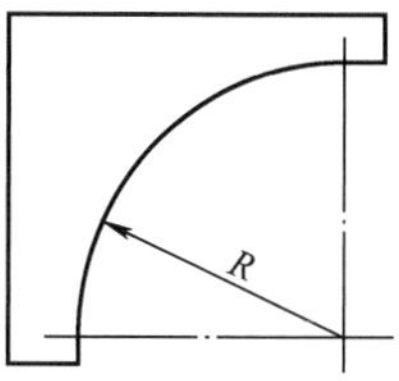	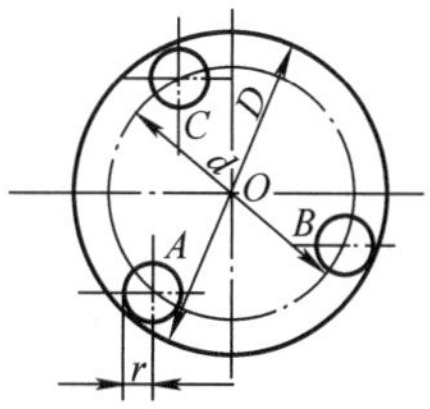	在孔内 A、B、C 三处测量，按照 A、B、C 的坐标，求出 AB、BC、CA 之长，则 $D=2r+d$ $d=\dfrac{AB+BC+CA}{2\delta}$ $\delta=\sqrt{s(s-AB)(s-BC)(s-CA)}$ $s=\dfrac{AB+BC+CA}{2}$
		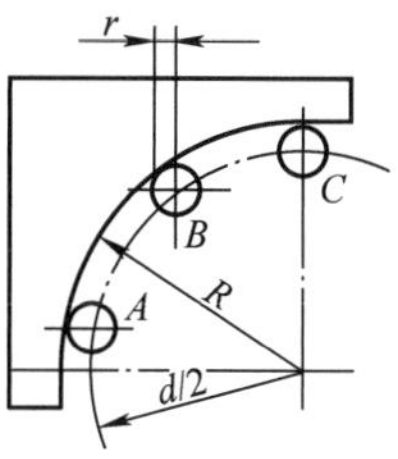	在圆弧 A、B、C 三处测量，按 A、B、C 的坐标，求出 AB、BC、CA 之长，则 $R=r+\dfrac{d}{2}$ r——三角形 ABC 的外接圆直径，计算方法同上

（续）

测量项目	测量部位	简　　图	测量方法与计算
交点距离 a、c	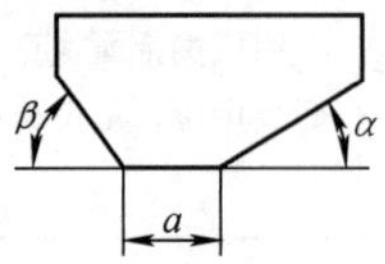	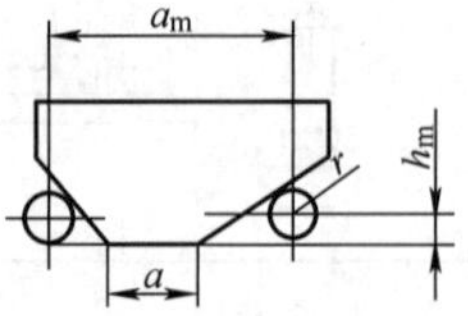	测得 a_m，并使 $h_m=r$ $a=a_m-r\left(\cot\dfrac{\alpha}{2}+\cot\dfrac{\beta}{2}\right)$ a_m——定位器测量距离
	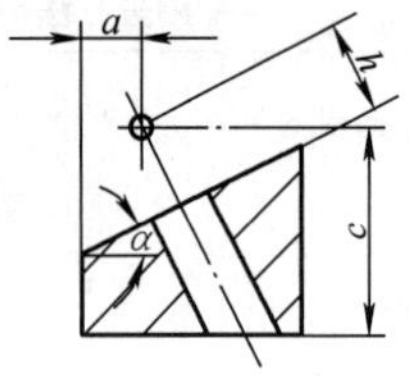	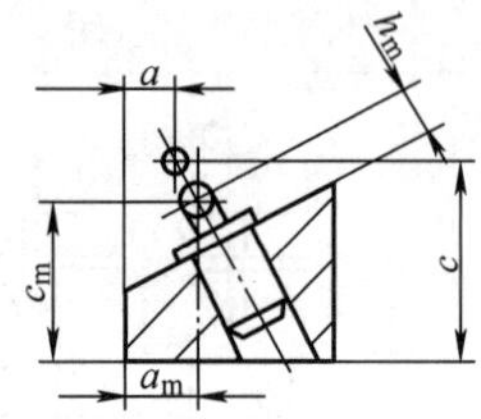	用定位球测得 a_m、c_m $a=a_m-(h-h_m)\sin\alpha$ $c=c_m+(h-h_m)\cos\alpha$ a_m、c_m——定位球测量距离 h_m——定位球到端面的距离
角度测量	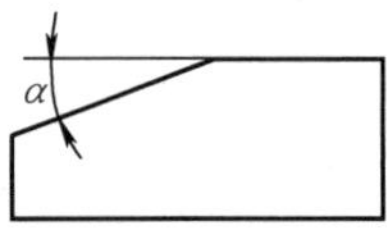	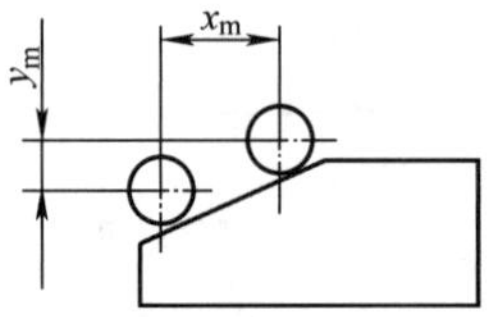	测得 x_m、y_m $\tan\alpha=\dfrac{y_m}{x_m}$
	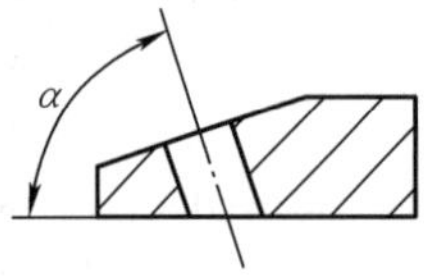	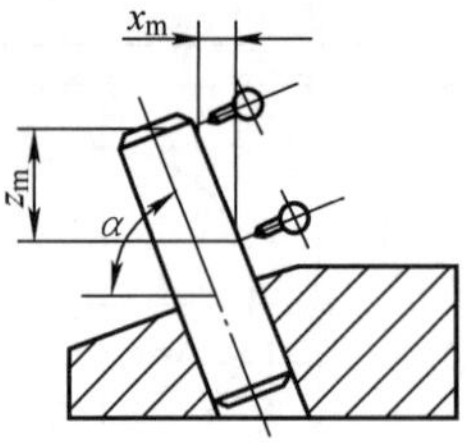	测得 x_m、z_m $\tan\alpha=\dfrac{z_m}{x_m}$

1.2.7 影响镗削加工质量的因素与解决措施

影响镗削加工质量的因素很多，常见的有机床精度、夹辅具精度、镗杆和导套配合间隙、镗杆刚性、刀具角度、切削用量、刀具磨损和刃磨质量、工件的材质和内应力、热变形和受力变形、量具的精度和测量误差，以及操作方法等。

1. 常见影响镗削加工质量的因素与解决措施（表1.2-55～表1.2-59）

表1.2-55　卧式镗床常见加工质量问题及解决措施

质量问题	影响因素	解决措施
尺寸精度超差	镗刀的背吃刀量没掌握好	调整背吃刀量
	切削刃磨损引起尺寸变化	调用合适的镗刀块
	镗刀定位面间有脏物	清理定位表面，重新安装
	用对刀规对刀时产生测量误差	利用样块对照仔细测量
	铰刀直径选择不对	试铰后选择直径合适的铰刀
	切削液选择不对	调换切削液
	镗杆刚性不足，有让刀	改用刚性好的镗杆或减小切削用量
	机床主轴径向跳动过大	调整机床

（续）

质量问题	影响因素	解决措施
表面粗糙度值超差	镗刀刃口磨损	重新刃磨镗刀
	镗刀的刀具角度不当	合理改变镗刀刀具角度
	切削用量选择不当	合理调整切削用量
	刀具磨钝或有损坏	调换刀具
	没有用切削液或选用不当	使用合适的切削液
	镗杆刚性差，有振动	改用刚性好的镗杆或镗杆支承形式
圆柱度超差	用镗杆送进时，镗杆挠曲变形	采用工作台送进，增强镗杆刚性，减小切削用量
	用工作台送进时，床身导轨不平直	维修机床
	刀具磨损	提高刀具寿命，合理选择切削用量
	刀具热变形	使用切削液，降低切削用量，合理选择刀具角度
圆度超差	主轴的回转精度差	维修、调整机床
	工作台送进方向与主轴轴线不平行	维修、调整机床
	镗杆与导套的几何精度与配合间隙不当	使镗杆和导套的几何形状符合技术要求并控制合适的配合间隙
	加工余量不均匀，材质不均匀	适当增加走刀次数，合理安排热处理工序，精加工采用浮动镗削
	夹紧变形	正确选择夹紧力、夹紧方向和着力点
	铸造内应力	进行人工时效，粗加工后停放一段时间
	热变形	粗、精加工分开，注意充分冷却
同轴度超差	镗杆挠曲变形	减小镗杆的悬伸长度，采用工作台送进、调头镗；增加镗杆刚性，采用导套或后立柱支承
	床身导轨不平直	维修机床，修复导轨精度
	床身导轨和工作台的配合间隙不当	恰当调整导轨与工作台的配合间隙，镗同一轴线孔时采用同一送进方向
	加工余量不均匀、不一致，切削用量不均衡	尽量使各孔的加工余量相近；增加镗杆刚性，适当降低切削用量，增加走刀次数
平行度超差	镗杆挠曲变形	增加镗杆刚性，采用工作台送进
	工作台和床身导轨不平行	维修机床

表 1.2-56　机床精度变化对加工质量的影响

影响因素	对加工质量的影响	解决措施
床身导轨的磨损	1）移动工作台使工件做进给运动时，导轨磨损引起被加工孔的圆柱度误差 2）工作台回转精度的下降，使加工同水平面上的相交孔时，各轴线不共面，并与工件底面不平行 3）工作台部件随磨损后的床身下沉，使光杠与孔、齿轮与齿轮间的间隙发生变化，致使工作台运动不平稳，使工件孔的加工质量下降	对工作精度和机床工作情况进行综合分析后，对有关机床部件进行精度复检和维修
工作台部件的误差	1）当工作台两侧导轨不平行或不等高时，移动工作台加工同一水平面的不同孔时会引起各孔中心高不等 2）工作台下滑座的上、下导轨不垂直时，误差反映到工件上，使加工孔与工件的工艺基准（与孔轴线垂直的端面）不垂直	
前立柱的误差	1）前立柱的导轨面在走刀方向铅垂平面不垂直于工作台面时（即从操纵位置看，立柱向左或向右倾斜），机床主轴和工作台面不平行，用主轴进给加工出的孔轴线与工件底面不平行，铣削面与底面不垂直 2）前立柱导轨面在垂直于走刀方向的铅垂平面不垂直于工作台面时（即从操纵位置看，立柱向前或向后倾斜），主轴箱上、下移动所镗各孔的轴线与工件侧基面不等距	
主轴轴线与后支承座孔轴线不同轴	1）用长镗杆同时镗工件上的几个孔时，由于工作台进给方向与镗杆轴线不平行，使镗出的各孔不同轴 2）后支承座在镗孔时，有时因自重而下降，影响工件上各孔的同轴度	

表 1.2-57　刀、辅具问题对加工质量的影响

影响因素	对加工质量的影响	解决措施
刀杆锥柄与主轴锥孔配合不好	使孔产生椭圆	尽量避免使用变径套，锥部配合的密合率应不小于75%
安装浮动镗刀的矩形孔与镗杆轴线不垂直或不平行	使孔径扩大而超差	垂直度、平行度误差应控制在0.01mm/100mm之内，超差后须返修
新浮动镗刀刃口太锋利，当刀尖高于孔中心线时，前角相对减小，后角相对增大，加工时刀具颤动	使工件表面产生直条纹	1）对于小直径尺寸的浮动镗刀，只须降低切削速度、进给量和充分润滑冷却即可 2）用油石修一下浮动刀片，磨出一个-2°~-4°的负后角，宽0.1~0.2mm即可
镗杆和后支承座衬套的配合间隙不合适或衬套内孔、镗杆支承轴颈不圆	镗出的孔出现椭圆	1）衬套与镗杆轴颈的圆度误差应小于0.01mm 2）镗杆锥部与镗杆轴颈的同轴度误差应小于ϕ0.01mm 3）镗杆与衬套配合间隙为0.02~0.04mm 4）安装衬套时，椭圆长轴应在铅垂方向

表 1.2-58　操作不当对加工质量的影响

影响因素	对加工质量的影响	解决措施
镗杆两支承间的距离过大	孔的位置精度差，表面粗糙度值增大	1）两支承间距离与镗杆直径比应小于10∶1；如大于10∶1时，须增加中间支承，否则刀杆刚性不足，不能校正毛坯孔的偏斜 2）减小背吃刀量
镗杆悬伸过长	镗杆进给时，孔成喇叭形，开始大，逐渐变小	1）改主轴进给为工作台进给 2）在刀杆上装两把刀时，应使两刀受力方向相反

（续）

影响因素	对加工质量的影响	解决措施
毛坯孔偏斜太多	毛坯孔偏斜未能纠正，孔不圆或一串孔的同轴度差	半精加工前分次切去余量，最后两刀的背吃刀量在0.15~0.25mm之内
工艺系统刚性差	孔的几何精度超差，表面粗糙度值增大	1）加强刀、夹、辅具刚性 2）机床有关部位应锁紧，调整主轴与轴承的配合间隙在0.01~0.03mm之内
刀具材料选择不当，或刀具角度不对	精度下降，表面粗糙度值增大	1）按不同工件材料选择刀具材料 2）选择合理的刀具角度和刀尖圆弧半径，以增加刀具寿命，减少积屑瘤形成
工步或工序安排不合理	孔变形，达不到工件图样要求	合理安排粗、半精、精加工工序或工步，如粗、精加工在一次安装后进行，可在粗加工后将压工件的压板全部松开，待片刻后，再压紧压板，进行精加工

表1.2-59　影响加工孔距精度的因素和解决措施

影响因素		简图	影响情况	解决措施
机床坐标定位精度		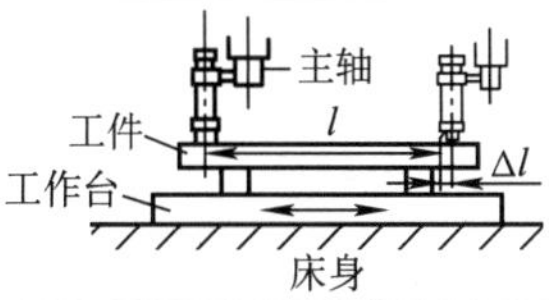 主轴、工件、工作台、床身、l、Δl	直接影响加工孔距精度	注意维护坐标测量检测元件和读数系统的精度，防止磨损、发热及损伤
机床几何精度	坐标移动直线度	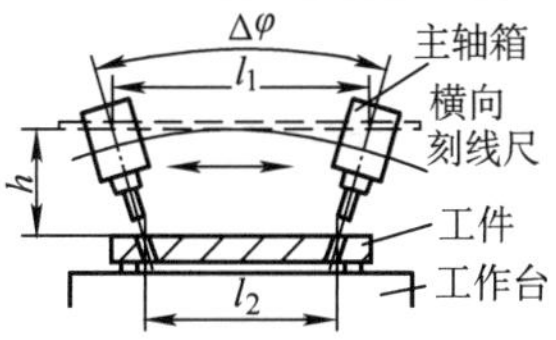 $\Delta\varphi$、l_1、主轴箱、横向刻线尺、h、工件、工作台、l_2	直线度误差$\Delta\varphi$（弧度）引起加工孔距误差 $\Delta l = l_1 - l_2 = h\Delta\varphi$	1）注意导轨的维护，保持清洁和润滑良好 2）工件安装位置尽量接近检验机床坐标定位精度时的基准尺位置（基准尺安放位置在精度标准中有规定） 3）尽量减少坐标移动和主轴套筒移动 4）正确调整机床基准水平
	纵、横坐标移动方向的垂直度	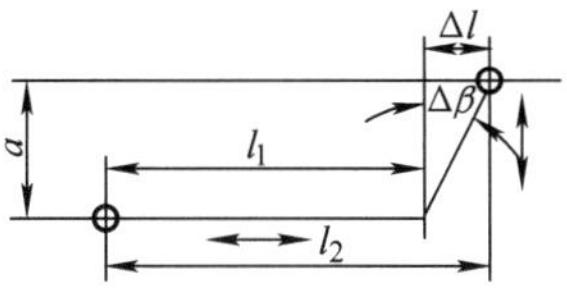 Δl、$\Delta\beta$、a、l_1、l_2	垂直度误差$\Delta\beta$（弧度）引起加工孔距误差 $\Delta l \approx a\Delta\beta$	
	主轴套筒移动方向对工作台面垂直度	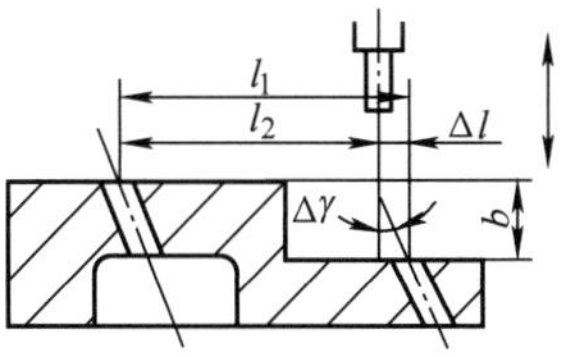 l_1、l_2、Δl、$\Delta\gamma$、b	垂直度误差$\Delta\gamma$（弧度）影响不同平面上的孔距误差$\Delta l \approx b\Delta\gamma$	
机床刚性		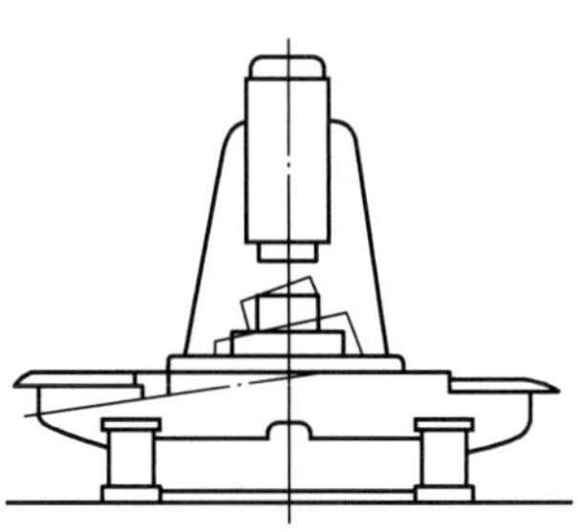	在切削力和工件重力作用下，机床构件系统产生弹性变形，影响机床几何精度和加工精度	1）工件尽量安放在工作台中间 2）加强刀具系统刚性，主轴套筒不宜伸出过长 3）合理选择切削用量

（续）

影响因素		简图	影响情况	解决措施
机床热变形	影响机床几何精度改变	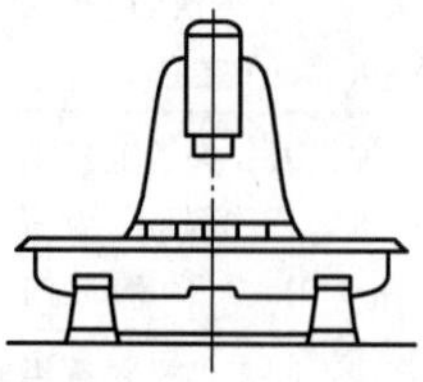	机床各部分产生明显温差，引起机床几何精度改变，从而影响加工孔距精度	1）隔离机床外部热源 2）控制环境温度，温度变化以小于1°为宜 3）控制机床内部热源：对液压系统、传动系统热源采用风扇冷却、循环冷却散热；对照明热源采用短时自动关闭或散热措施 4）加工前先空运转，在热变形稳定的情况下加工 5）合理选用切削用量，避免大量切削热（背吃刀量不能过大） 6）精镗工序应连续进行，避免隔班、隔日，保持机床热变形稳定
	影响主轴轴线产生位移	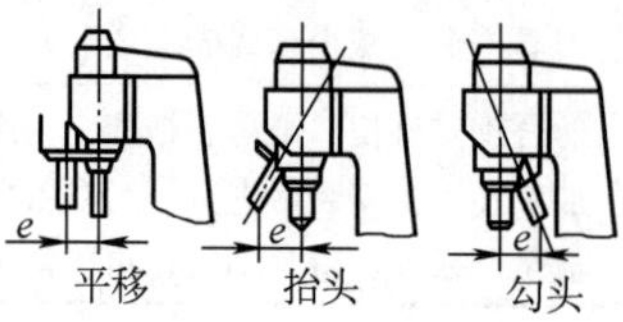 e 平移 e 抬头 e 勾头	主轴部分受热变形产生平移和倾斜，影响加工孔距精度	
	坐标测量基准元件与工件的温差引起的热变形	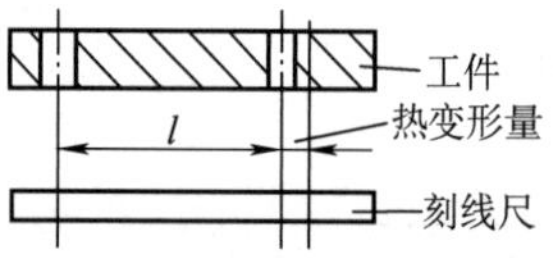 工件 l 热变形量 刻线尺	检测元件与工件的温差引起热变形量不同，引起加工孔距误差 $\Delta l=[a(t-20)-a_0(t_0-20)]l$ 式中 t_0、t——检测元件和工件的温度 a_0、a——检测元件和工件的线膨胀系数 l——孔距	
工件的安装调整		l_2 l_1 Δl	调整、找正精度直接影响加工孔距精度。加工孔距误差为 $\Delta l=l_1-l_2$ 装夹不当引起工件变形，影响孔距精度同上	1）安装基准面准确可靠 2）装夹位置适当，夹紧力不能过大 3）数次安装中应校正同一基准（基准不变原则） 4）工艺基准尽量与设计基准重合 5）减少安装调整次数，一次安装后尽量加工较多的部位
前道工序加工精度低		l_2 l_1	为消除前道工序孔轴线倾斜，需要使孔距自 l_1 改变到 l_2，影响孔距精度	前道工序要保证孔的正确位置，一般误差要小于0.5mm

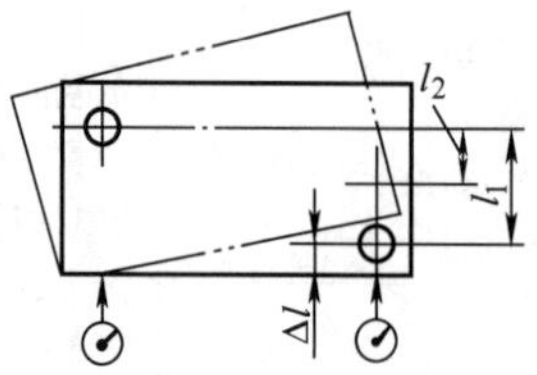

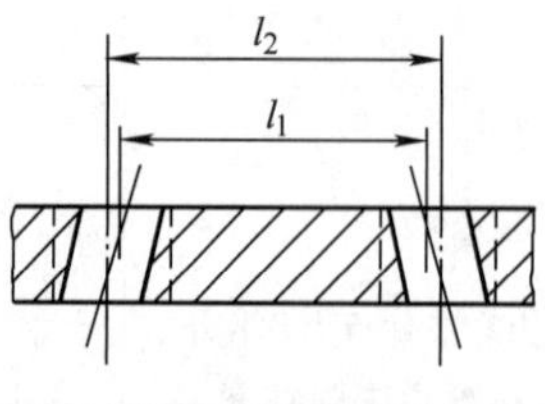

2. 提高镗孔质量的途径和方法

1）提高镗杆刚性，可按下列方法进行：尽可能加大粗镗时刀杆的直径，减小悬伸长度；若刀杆较长时应采用导向装置支承；当长镗杆须两端支承时，应尽可能缩短两支承间的距离；为减少镗杆自重的影响，直径大于80mm的刀杆，应做成空心的。

2）用夹具（镗模）保证相对位置精度，合理地确定镗杆与导套的配合间隙，正确地选择夹紧力、夹紧方向和着力点，尤其在精加工时夹紧力要适当。

3）为防止工件受夹紧力和切削热引起的变形，粗、精镗尽可能分开进行；提高粗加工孔的质量，尽可能使各孔的余量均匀，切削用量基本一致；精加工时，可适当降低切削用量，增加走刀次数。

4）镗削工件孔壁有缺口或交叉孔时，可先将缺口补齐，待加工完后再去掉，使镗孔时受力平衡。

3. 防止和消除振动的措施

1）一般通用措施。

① 提高工艺系统刚性，减少各结合面间不必要的间隙。

② 在选择切削用量时，避免出现宽而薄的切屑断面，正确选择机床主轴转速，避免落入切削稳定性图的非稳定区内。

③ 合理改变刀具几何参数。

④ 使用适当的切削液，以减小刀具磨损和切削力。

⑤ 加工易振动的薄壁零件时，可用橡胶、皮革、毛毡等制成圈紧套在工件的外表面。

⑥ 夹具或刀具上增设附加支承。

2）采用抗振镗刀（图 1.2-16）。其特点是刀尖处在刀杆的轴线上。如果刀尖离刀杆轴线的距离为 h_0，则 h_0 与刀杆振幅 A 的关系如图 1.2-17 所示，可见 $h_0=0$ 时，镗刀的抗振性最好。

3）加大镗杆直径，提高镗杆刚性，镗杆的刚性与其直径的四次方成正比，在精镗床上，镗杆直径与被加工孔的径向间隙可控制在 0.5mm 以内。

4）改变镗杆材质，用弹性模量较大的材料做刀杆。小直径的镗刀和刀杆，用碳化钨硬质合金制作，可显著地提高其刚性。

5）采用消振器，其作用是通过消耗工艺系统的振动能量，使刀杆的振动减弱或受到抑制。

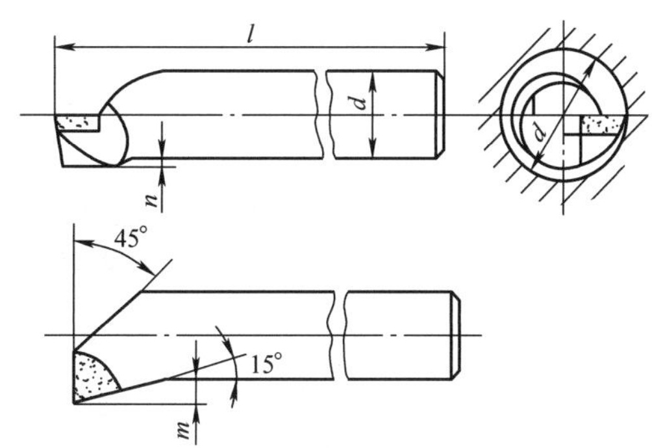

图 1.2-16　抗振镗刀（刀尖与轴线重合）

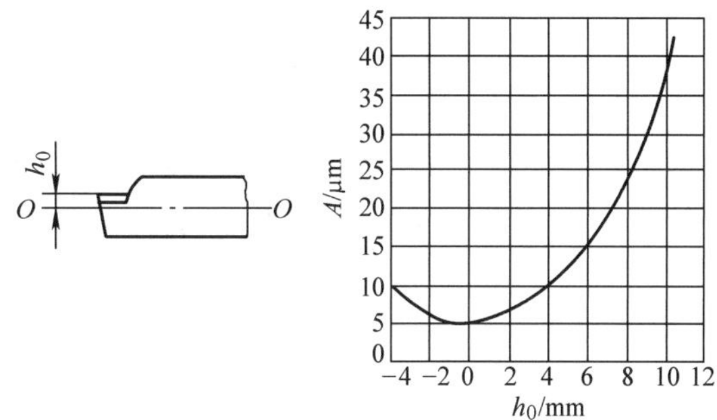

图 1.2-17　振幅与刀尖高度的关系

参考文献

[1]　徐鸿本、曹甜东. 车削工艺手册 [M]. 北京：机械工业出版社，2011.

[2]　杨叔子. 机械加工工艺师手册：金属切削机床及工艺装备基础 [M]. 北京：机械工业出版社，2012.

[3]　邱言龙，刘继富. 车工技师手册 [M]. 2 版. 北京：机械工业出版社，2011.

[4]　汪锐. 数控车床加工工艺及编程 [M]. 合肥：安徽大学出版社，2012.

[5]　吴拓. 现代机床夹具设计 [M]. 2 版. 北京：化学工业出版社，2011.

第2章

铣 削 加 工

主　编　贺秋伟（吉林大学）
副主编　杨　旭（吉林大学）
参　编　陈廉清（宁波工程学院）

2.1 铣床

2.1.1 铣床的型号与技术参数

1. 升降台铣床（表2.1-1和表2.1-2）

2. 工具铣床（表2.1-3）

3. 龙门铣床（表2.1-4）

4. 数控铣床（表2.1-5）

5. 加工中心（表2.1-6）

表2.1-1 卧式升降台铣床

产品名称	型号	工作台面尺寸/mm（宽×长）	主轴中心线至工作台面距离/mm	主轴中心线至垂直导轨距离/mm	工作台行程/mm			主轴转速		工作精度		电动机功率/kW		重量/kg		外形尺寸/mm（长×宽×高）	生产厂
					纵向机/手	横向机/手	垂向机/手	级数	范围/（r/min）	平面度	表面粗糙度/μm	主电动机功率	电动机总功率	毛重	净重		
卧式升降台铣床	X6012	125×500	0~250	110~210	250	100	250	9	120~1830	0.02/150	2.5	1.5	1.65	—	610	835×870×1630	江苏宿迁市金马机床有限公司
	X6025	250×1100	65~405	170~350	630	180	340	12	40~1800	—	—	3	—	—	1460	1530×1418×1480	
	XW6032B	320×1320	0~400	—	800	300	400	12	58~1800	—	—	4	—	—	2200	2070×2020×1850	山东威达重工股份有限公司
	XL6036B	360×1250	0~350	—	1000	320	350	12	60~1800	—	—	4	—	—	2200	2800×1700（占地）	山东鲁南精工机械有限公司
	X6036	360×1600	50~460	235~535	1000/1020	300/280	400/410	18	30~1500	—	—	7.5	—	—	3200	2327×2067×1720	安徽新诺精工股份有限公司
	X6042	425×2000	70~470	—	1250	400	400	29	18~1400	—	—	11	—	—	5050	2770×2530×1950	上海谱港机床有限公司
	X6042A	425×2000	30~480	—	1200/1250	400/410	450/460	20	18~1400	—	—	11	—	—	6000	2614×2497×2043	安徽晶菱机床制造有限公司

（续）

产品名称	型号	工作台面尺寸/mm（宽×长）	主轴中心线至工作台面距离/mm	主轴中心线至垂直导轨距离/mm	工作台行程/mm			主轴转速		工作精度		电动机功率/kW		重量/kg		外形尺寸/mm（长×宽×高）	生产厂
					纵向机/手	横向机/手	垂向机/手	级数	范围/（r/min）	平面度	表面粗糙度/μm	主电动机功率	电动机总功率	毛重	净重		
万能升降台铣床	57-3D	250×900	60~360	205~370	480	165	300	6	31~570	0.02	1.6	1.5	1.6	1600	1100	1400×1330×1478	安徽新诺精工股份有限公司
	XA6132	320×1250	30~350	215~470	680/700	240/255	300/320	18	30~1500	0.02/400	1.6	7.5	约10	—	2850	2294×1770×1665	北京北一机床股份有限公司
	B1-400W	400×1600	30~410	255~570	880/900	300/315	360/380	18	30~1500	0.02/400	1.6	11	—	—	3850	2556×2159×1830	
	XW6132	320×1500	110~480	0~500	980	320	370	—	35~1600	—	—	2.2	—	—	1650	1960×1560×1730	北京北一精机机床有限公司
	XA6140	4020×2000	30~410	255~570	880/900	315/300	360/385	18	30~1500	—	—	11	—	—	3850	2556×2159×1830	
	X A 6132	320×1600	—	30~350	680/700	240/255	300/320	18	30~1500	—	—	7.5	—	—	3200	2294×1770×1665	北京一机机床有限公司
	XD6132A	320×1320	30~430	215~515	780/800	285/300	380/400	18	30~1500	0.02	3.2	7.5	8.69	2730	4000	2327×1760×1730	长春数控机床有限公司
	XW6132	320×1320	30~380	215~515	680/700	230/245	300/320	18	30~1500	—	—	7.5	10	—	2850	2294×1170×1666	南通纵横机床有限公司
	XW6140	400×1700	30~410	255~570	880/900	300/315	360/380	18	30~1500	—	—	11	14	—	3850	2294×1170×1666	
	X6140	400×1700	30~410	255~570	880/900	300/315	360/380	18	30~1500	—	—	11	14	—	3850	2294×1170×1665	南通力科机床制造有限公司
	X6140	400×1700	30~410	—	880/900	300/315	360/380	18	30~1500	—	—	11	14	—	3850	2560×2130×1800	山东威达重工股份有限公司
	XA6142	420×1800	40~500	280~650	1180/1200	350/360	450/470	18	30~1500	—	—	11	14	—	4500	2522×2262×2047	安徽新诺精工股份有限公司

（续）

产品名称	型号	工作台面尺寸/mm（宽×长）	主轴中心线至工作台面距离/mm	主轴中心线至垂直导轨距离/mm	工作台行程/mm 纵向 机/手	横向 机/手	垂向 机/手	主轴转速 级数	范围/（r/min）	工作精度 平面度	表面粗糙度/μm	电动机功率/kW 主电动机功率	电动机总功率	重量/kg 毛重	净重	外形尺寸/mm（长×宽×高）	生产厂
万能回转头铣床	X6232	320×1350	110~490	0~500	600	320	380	18	35~1600	—	—	2.2	—	—	1320	1700×1560×1730	北京一机机床有限公司
	X6232B	320×1320	30~440	—	780/800	280/300	400/410	18	30~1500	—	—	11	—	—	3500	2327×1792×2000	安徽新诺精工股份有限公司
	X6242	420×1800	30~500	—	1180/1200	350/360	450/470	18	30~1500	—	—	11	—	—	5300	2522×2262×2210	
万能摇臂铣床	X6325D	254×1270	0~428	190~685	800	400	405	16	80~5440	—	—	3	—	—	1300	1600×1730×2200	南通纵横机床有限公司
	X6325	254×1270	—	—	760	380	400	16	80~5440	—	—	3	—	—	1400	1600×1680×2100	北京北一精机机床有限公司
	X6332	320×1670	—	—	1080	410	460	16	80~5440	—	—	3	—	—	2000	2010×1780×2350	
	X6332A	320×1500	80~610	200~600	940/800	400	400	—	63~3000	—	—	3.75	—	—	2000	2040×1800×2530	南通机床有限责任公司
	XL6332C	320×1250	150~500	200~550	800	300	350	16	66~4540（立）	—	—	3.7	—	—	1770	1720×1520（占地）	山东鲁南精工机械有限公司
								12	60-1350（卧）								
	MX-8HG	360×1524	660	—	1200	500	500	16	80~5440	—	—	3.7	—	—	2800	—	北京一机机床有限公司
卧式回转头铣床	X6432	—	—	—	—	—	—	12	45~1660（立）	—	—	3	—	—	2100	2020×1710×1994	山东威达重工股份有限公司
								11	40~1300（卧）								
	X6436	360×1320	170~570	230~730	1000	300	—	—	58~1800（立）	—	—	4	—	—	2480	2070×2025×2020	
								—	60~1750（卧）								

表 2.1-2　立式升降台铣床

产品名称	型号	工作台面尺寸/mm（宽×长）	立铣最大回转角度/(°)	主轴端面至工作台面距离/mm	主轴中心线至垂直导轨距离/mm	工作台行程/mm			主轴转速		工作精度		电动机功率/kW		重量/kg		外形尺寸/mm（长×宽×高）	生产厂
						纵向 机/手	横向 机/手	垂向 机/手	级数	范围/(r/min)	平面度	表面粗糙度/μm	主电动机功率	电动机总功率	毛重	净重		
立式升降台铣床	X5012	125×500	±45	0～250	155	250	100	250	9	120～1830	—	—	1.5	—	—	6100	853×870×1633	江苏宿迁市金马机床有限公司
	XQ5025	250×900	±45	40～340	270	480/500	165/190	300	6	73～1184	0.02/300	1.25	2.2	—	—	1180	1280×1260×1534	
	X5030A	300×1100	—	40～440	300	620/630	265/275	390/400	12	40～1500	0.02	3.2	4	4.81	2800	2100	1906×1715×1895	齐齐哈尔二机床(集团)有限责任公司
	XA5032	320×1250	±45	45～415	350	680/700	240/255	350/370	18	30～1500	0.02/400	1.6	7.5	约 10	3600	2800	2295×1770×2094	北京北一精机机床有限公司
	X5032C	320×1320	—	35～435	360	1000	300	—	12	58～1770	—	—	4	—	—	2300	2220×1820×1880	山东威达重工股份有限公司
	XD5032A	320×1320	±45	60～460	350	780/800	285/300	400/420	18	30～1500	0.02	3.2	7.5	8.69	4000	3000	2310×1770×1960	长春数控机床有限公司
	XL5036A	360×1250	±45	80～440	320	600	320	360	12	60～1700	—	—	4	—	—	2200	1700×1680(占地)	山东鲁南精工机械有限公司
	B1-400K	400×1600	±45	30～500	450	880/900	300/315	365/385	18	30～1500	0.02/400	1.6	11	约 15	5750	4250	2556×2159×2298	北京北一机床股份有限公司
	X5040	400×2000	±45	30～500	450	880/900	300/315	365/385	18	30～1500	—	—	11	约 15	5750	4250	2556×2159×2258	南通力科机床制造有限公司
	X5040	400×1700	±45	—	—	1180/1200	350/360	450/470	—	30～1500	—	—	11	约 15	5750	4250	2556×2159×2258	南通纵横机床有限公司
	X5042	420×1800	±45	40～510	450	880/900	300/315	365/385	18	30～1500	—	—	11	约 15	—	4700	2522×2265×2432	安徽新诺精工股份有限公司
	X5042A	425×2000	±45	40～490	450	1200/1250	400/410	450/460	20	18～1400	—	—	11	—	—	6000	2650×2200×2760	安徽晶菱机床制造有限公司

（续）

产品名称	型号	工作台面尺寸/mm（宽×长）	立铣最大回转角度/(°)	主轴端面至工作台面距离/mm	主轴中心线至垂直导轨距离/mm	工作台行程/mm			主轴转速		工作精度		电动机功率/kW		重量/kg		外形尺寸/mm（长×宽×高）	生产厂
						纵向 机/手	横向 机/手	垂向 机/手	级数	范围/(r/min)	平面度	表面粗糙度/μm	主电动机功率	电动机总功率	毛重	净重		
立式升降台铣床	X5042	425×2000	±45	0~500	450	1250	400	400	20	18~1400	—	—	11	约 15	5750	5250	3270×2530×2490	上海谱港机床有限公司

表 2.1-3 工具铣床

产品名称	型号	工作台面尺寸/mm（宽×长）	工作台回转角度/(°)	主轴端面至工作台面距离/mm	主轴中心线至垂直导轨距离/mm	工作台行程/mm			主轴转速		工作精度	电动机功率/kW		重量/kg		外形尺寸/mm（长×宽×高）	生产厂
						纵向 机/手	横向 机/手	垂向 机/手	级数	范围/(r/min)	表面粗糙度/μm	主电动机功率	电动机总功率	毛重	净重		
床身铣床	X7140	400×1400	—	150~650	520	800	400	—	12	18~1800	—	7.5	—	—	3860	2290×1840×2120	山东威达重工股份有限公司
	X715	500×2100	—	—	610	1500	670	670	12	35~1345	—	7.5	—	—	7300	3300×2380×2750	北京一机机床有限公司
万能工具铣床	X8126	280×700	±360	35~385	—	350	200	350	8	卧 110~1230 立 150~1660	—	3	—	1700	1200	1450×1450×1650	昆明国铣机床有限公司
	X8132	320×750	±90	≥40	—	400	300	400	18	40~2000	—	3	—	3000	2200	1810×1220×1710	
	X8140	400×800	±360	≥35	—	500	350	400	18	40~2000	—	3	5	3300	2300	1820×1640×1710	

表 2.1-4 龙门铣床

产品名称	型号	最大加工尺寸/mm（长×宽×高）	工作台最大承重/kg	主轴头数/个	主轴箱回转角度/（°）	主轴转速		工作台进给量		推荐最大刀盘直径/mm	电动机功率/kW		重量/kg		外形尺寸/mm（长×宽×高）	生产厂
						级数	范围/（r/min）	级数	范围/（mm/min）		主电动机功率	电动机总功率	毛重	净重		
龙门铣床	X2008	3000×1150×650	5000	2	—	6	79-454	无级	30～500	160	7.5	—	—	16500	8300×2450×2790	北京北一机机床有限公司
	X2010	4000×1350×850	9000	2		6	79-454	无级	30～500	160	7.5	—	—	22000	10300×2960×2890	
	BXMQ2013	6000×1300×1100	6000	—	±30	6	130-700	无级	40～1800	200	22	41.3	—	25800	12600×3251×3100	青岛英辉凯重型机床有限公司
	BXM2016	8000×1600×1200	9000	—	±30	6	130-700	无级	40～1800	200	45	63	—	42800	16870×3581×3100	
	X2014	4000×1400×1200	6000	—	±35	6	82-505	无级	0～1300	—	7.5	—	—	22000	9000×3850（占地）	山东鲁南精工机械有限公司
	DSM-2012	2200×1300×800	—	—	—	9	67-667	—	50～4500	—	11	30	12000	6000	5900×3050×3000	东莞鑫国丰机械有限公司
	DSM-5024	5200×2400×1800	—	—	—	9	67-667	—	50～4500	—	11	42	56000	25000	13100×4600×4300	
	X2016	8000×2250×1450	24000	3	—	12	40-654	无级	30～300	315	17	—	—	58000	15000×4600×3900	北京北一机机床有限公司
	LMX2012	3200×1600×1200	15000	3	—	6	66-526	—	—	—	7.5	—	—	17500	8000×3300×3200	北京北一精机机床有限公司
	L2016	5500×1600×1600	2000	3	—	12	31.5-630	无级	10～1000	—	22	—	—	75000	13530×6222×5842	
	LMX2016	4000×1600×1300	19000	3	—	12	66-526	—	—	—	7.5	—	—	30000	13000×4000×3600	
	X2016	5000×1600×1600	2000	—	—	12	31.5-630	—	—	—	22/30	—	—	—	—	北京北一机床股份有限公司
	X2020	6000×2000×2000	3000	—	—	12	31.5-630	—	—	—	22/30	—	—	—	—	
数控立式铣床	GM2130	8000×3000×3000	5000	2	—	—	20-3000	无级	5～6000	—	41	220	125000	—	21800×9000×9000	齐齐哈尔二机床（集团）有限责任公司

表 2.1-5　数控铣床

产品名称	型号	工作台行程/mm			矩形工件台尺寸/mm（宽×长）	主轴端面至工作台面距离/mm	主轴锥孔	主轴转速/(r/min)	机床精度/mm		电动机功率/kW		重量/kg		外形尺寸/mm（长×宽×高）	生产厂
		纵向	横向	垂向					定位精度	重复定位	主电动机功率	电动机总功率	毛重	净重		
数控立式铣床	XK5025B	500	260	90	250×1100	70~430	40	200~2500	0.025/300	0.015	4	6.1	—	1800	1500×1470×1800	安徽新诺精工股份有限公司
	XK5028	690	290	350	280×1150	25~375	40	40~1800	±0.011	±0.006	4	—	—	1700	1530×1600×1930	江苏宿迁市金马机床有限公司
	CNC4M	750	380	400	254×1270	0~400	R8/30	65~4500	0.02	0.01	3	—	—	1400	1730×1700×2150	南通纵横机床有限公司
	CNC5MB	750	420	450	305×1370	0~450	40	60~3600	0.02	0.008	5	—	—	2000	1900×1700×2300	
	XKA5032	780	255	320	320×1325	45~415	50	30~1500	0.035	0.025	7.5	—	—	3000	2272×1970×2094	北京北一精机机床有限公司
	XKA5032	700	250	360	320×1325	45~380	7:24	30~1500	—	—	7.5	—	—	2800	2272×1970×2094	南通机床有限责任公司
	XK5032	700	250	320	320×1325	45~405	50	30~1500	0.02	0.015	7.5	—	—	2800	2272×1825×2118	上海港谱机床有限公司
	XKA5040	980	315	335	400×1700	30~500	50	30~1500	0.035	0.025	11	—	—	4250	2556×2600×2400	北京北一精机机床有限公司
	BVK950	1000	500	500	400×1000	100~600	40	50~8000	—	—	5.5	—	—	3800	2900×2100×2250	北京一机机床有限公司
	XK5040	920	330	450	400×1700	50~500	50	30~1500	—	—	11	—	—	4250	2310×2200×2394	山东威达重工股份有限公司
	XK5042A	1200	400	380	425×2000	30~500	50	18~1400	0.025	0.0125	11	—	—	5500	2600×2430×2500	安徽晶菱机床制造有限公司
	JTVM1160	1100	600	600	600×1200	150~750	40	8000	0.01	0.003	7.5/11	—	—	7600	3350×2580×2500	济南福和数控机床有限公司

（续）

产品名称	型号	工作台行程/mm			矩形工件台尺寸/mm（宽×长）	主轴端面至工作台面距离/mm	主轴锥孔	主轴转速/(r/min)	机床精度/mm		电动机功率/kW		重量/kg		外形尺寸/mm（长×宽×高）	生产厂
		纵向	横向	垂向					定位精度	重复定位	主电动机功率	电动机总功率	毛重	净重		
数控卧式铣床	XK6032C	800	300	400	320×1320	30~430	50	30~1200	0.035	0.025	5.5	7.4	—	2800	2500×1760×1950	北京北一机床股份有限公司
	XKA6132	780	255	320	320×1325	30~350	50	30~1500	0.035	0.025	7.5	23	—	2850	2273×1770×1665	南通力科机床制造有限公司
	XKA6132	780	255	320	320×1325	30~350	50	30~1500	0.035	0.025	7.5	23	—	2850	2273×1770×1665	北京北一精机机床有限公司
	XKA6140	900	315	335	400×1700	30~570	50	30~1500	0.035	0.025	11	25	—	3850	2600×2190×2400	
	HC400	600	500	400	400×1000	200~600	40	30~5340	0.025	0.016	5.5	—	—	3200	2400×2200×2100	青海青一数控设备有限公司
	XKA6140	900	315	335	400×1700	30~570	50	30~1500	0.035	0.025	11	25	—	3850	2600×2190×2400	南通机床有限责任公司
	B-400JW	900	315	380	400×1600	—	50	30~1500	—	—	11	—	—	3850	2556×2159×1770	北京一机机床有限公司
	XK6142A	1200	400	380	425×2000	130~510	50	18~1400	0.025	0.0125	11	—	—	5500	2600×2430×2500	安徽晶菱机床制造有限公司
	XK6045	1100	350	375	450×1800	95~465	50	18~1400	0.025/300	0.015	11	—	—	5500	2250×2260×2047	安徽新诺精工股份有限公司
数控床身铣床	XK713	600	320	450	320×1000	90~540	40	30~4000	0.02	0.012	5.5	—	—	3500	2220×1700×2350	青海青一数控设备有限公司
	XK714D	1650	400	500	400×1600	100~600	60	15~3200	0.02	0.01	11	—	—	7200	3000×2240×2700	长春数控机床有限公司
	XKA7150	1500	500	—	400×2000	130~680	50	66~1440	0.04	0.02	8	—	—	5300	3000×2285×2340	山东威达重工股份有限公司
	XK2050	1600	650	720	500×2000	120~740	50	50~1430	—	—	9	—	—	6000	3200×2700×3000	南通力科机床制造有限公司
	XK718	1600	800	800	800×2000	150~950	50	—	0.012	0.008	22	—	—	14000	4820×3360×3500	齐齐哈尔二机床（集团）有限责任公司

表 2.1-6 加工中心

产品名称	型号	工作台行程/mm			矩形工件台尺寸/mm（宽×长）	主轴端面至工作台面距离/mm	主轴锥孔	主轴转速/(r/min)	机床精度/mm		主电动机功率/kW	控制系统	刀库			重量/kg		外形尺寸/mm（长×宽×高）	生产厂
		纵向	横向	垂向					定位精度	重复定位			型式	容量	换刀时间/s	毛重	净重		
立式加工中心	VF68	680	420	500	420×800	100~600	A63	15000	—	—	9/15	FANUC	刀臂式	24	—	—	45000	3900×3200×2700	宁波天瑞精工机械有限公司
	VMC650L	650	500	500	450×750	100~600	40	10~8000	0.01	0.005	5.5/7.5	FANUC、西门子、三菱	圆盘式	24	1.8	—	4000	2300×2200×2600	南通力科机床制造有限公司
	VMC855S	800	500	500	500×1050	110~610	40	8000	0.012	0.006	12/16	FANUC、西门子、三菱	圆盘式	24	1.65	—	5000	2700×2150×2600	北京北一精机机床有限公司
	VMC800	800	500	600	500×1050	110~710	40	50~8000	—	—	11/15	—	斗笠	20	8	—	5000	2270×2200×2715	南京数控机床有限公司
	VMC850	800	500	500	550×1000	150~700	40	8000	0.005/300	0.003	11/15	—	圆盘式	24	8	—	5500	2550×2260×2500	山东威达重工股份有限公司
	J1VMC850	800	580	510	500×1000	210~720	7:24	80~8000	—	—	15/18.5	FANUC	—	24	2	—	6000	2700 ×2200×2800	济南第一机床有限公司
	BV55-100	1100	550	650	610×1300	162~812	40	60~7000	—	—	9/11	FANUC	机械手	24	2	—	9000	3450×3120×3139	北京机电院机床有限公司
	MDV55	1020	550	510	560×1050	—	50	8000	0.008	0.005	11/15	—	—	20	2	—	7500	2880×3390(占地)	通用技术集团大连机床有限责任公司
	VMC1000	1000	600	600	600×1200	150~750	40	8000	0.008	0.005	7.5/11	三菱	机械手	24	2.5	—	6500	2800×3550×2650	宁波海天精工股份有限公司
	VMC900	1000	600	600	600×1300	170~770	40	50~12000	0.01	0.006	11	FANUC、西门子	机械手	24	3.2	—	6700	—	广州机床厂有限公司
	G-VM10L	1000	600	600	600×1300	100~700	40	20~60000	—	—	11/15	FANUC	斗笠	20	—	—	—	—	上海谱港机床有限公司
	VMC1100P	1100	630	610	610×1300	150~760	—	8000	—	—	—	FANUC	—	—	—	—	—	—	沈阳机床股份有限公司

（续）

产品名称	型号	工作台行程/mm			矩形工作台尺寸/mm（宽×长）	主轴端面至工作台面距离/mm	主轴锥孔	主轴转速/(r/min)	机床精度/mm		主电动机功率/kW	控制系统	刀库			重量/kg		外形尺寸/mm（长×宽×高）	生产厂
		纵向	横向	垂向					定位精度	重复定位			型式	容量	换刀时间/s	毛重	净重		
立式加工中心	VMC1250	1270	800	850	765×1524	200~1050	50	60~6000	0.008	0.005	11/15	FANUC	机械手	24	3	—	12500	4200×3157（占地）	北京机电院机床有限公司
	CY-VMC1690	1600	900	680	900×1800	160~840	50	50~8000	0.007/300	0.003	15	—	斗笠	20	—	16500	15500	4494×3644×3254	云南 CY 集团有限公司
	VMC1690	1600	900	600	900×1800	105~705	50	6000	0.005/300	0.003/300	15/18.5	FANUC	—	—	—	—	13000	4494×3644×3254	南通纵横机床有限公司
卧式加工中心	TH6350	560	450	500	500×500	180~700	40	60~6000	0.008	0.004	11/15	—	—	40	—	—	6500	3250×2825（占地）	北京北一机床有限责任公司
	XH766	1000	850	800	630×630	200~1000	50	20~4000	0.01	0.006	15/18.5	—	—	40	7.5	—	—	—	青海青一数控设备有限公司
	HMC63	800	900	750	630×630	200~1000	50	45~6000	0.008	0.004	15/18.5	FANUC、西门子	—	40	—	—	20000	6700×4300×3500	长春数控机床有限公司
	TH6380	1200	900	1100	800×800	160~1260	50	4000	0.022	0.012	15/18.5	—	—	24	—	—	18000	6600×5600×3830	山东鲁南机床有限公司
	RFMH80	1250	1200	1000	800×800	50~1250	50	20~4500	0.01	—	18.5/22	—	链式	32	7.5	—	20000	8500×5400×4200	日发精密机械股份有限公司
	HMC800	1350	1100	1150	800×800	200~1350	50	6000	0.025	0.015	22/26	FANUC	机械手	60	3.5	—	25000	6600×5600×3830	宝鸡机床集团有限公司
	J1HMC-80H	1300	1000	1000	800×800	200~1200	50	6000	0.012	0.008	22/30	FANUC	—	40	6	—	20000	6700×4100×3500	济南第一机床有限公司
	HMC1000	1600	1000	1000	1000×1000	200~1200	50	6000	0.012	0.008	18.5/22	—	—	24	4.5	—	21000	7400×4800×3250	安徽新诺精工股份有限公司
	MCH100	2100	1200	1200	1000×1000	200~1400	50	50~3000	0.015	0.008	18.5/22	—	—	24	—	—	24000	5000×4000×3500	南通纵横机床有限公司
	HMC1200	1600	1200	900	1200×1200	200~1200	50	35~4500	0.005	0.003	18.5/22	—	—	40	—	—	26000	—	山东威达重工股份有限公司

（续）

产品名称	型号	工作台行程/mm			矩形工件台尺寸/mm（宽×长）	主轴端面至工作台面距离/mm	主轴锥孔	主轴转速/（r/min）	机床精度/mm		主电动机功率/kW	控制系统	刀库			重量/kg		外形尺寸/mm（长×宽×高）	生产厂
		纵向	横向	垂向					定位精度	重复定位			型式	容量	换刀时间/s	毛重	净重		
卧式加工中心	MDH125	1700	1400	1240	1250×1250	—	50	6000	0.015	0.007	—	—	—	40	2.5	—	32500	6087×8075（外形）	通用技术集团大连机床有限责任公司
	HHMC1250D	1720	1400	1250	1250×1250	330~1580	50	40~6000	0.015	0.014	37/51	FANUC、西门子	—	40	4	—	34000	9500×5800×4500	汉川数控机床有限公司
	125H	2000	1500	1200	1250×1250	405~1605	50	4500	0.015	0.01	18.5/22	FANUC	机械手	40	—	—	33000	8900×6150×4450	宁波海天精工股份有限公司

产品名称	型号	工作台行程/mm			工作台尺寸/mm（宽×长）	主轴端面至工作台面距离/mm	主轴锥孔	主轴转速/（r/min）	机床精度/mm		主电动机功率/kW	控制系统	刀库			重量/kg		外形尺寸/mm（长×宽×高）	生产厂
		纵向	横向	垂向					定位精度	重复定位			型式	容量	换刀时间/s	毛重	净重		
龙门加工中心	GU5	1500	700	600	630×630	205~805	50	6000	0.012	0.008	15/18.5	三菱	机械手	24	—	—	13000	4400×3350×4100	宁波海天精工股份有限公司
	GMC0916	1800	1000	800	900×1600	100~900	50	4000	0.005	0.003	15/18.5	FANUC、西门子	机械手	24	—	—	13000	6200×3900×4580	山东威达重工股份有限公司
	SP1825	2700	2050	1000	1500×2500	250~1250	50	5000	0.02	0.015	18.5/22	—	机械手	24	3	—	26000	—	安徽新诺精工股份有限公司
	DGM1620	2100	1920	800	1600×2000	—	50	6000	0.022	0.01	—	FANUC	圆盘式	24	5	—	25000	6850×4755（占地）	通用技术集团大连机床有限责任公司
	XHD2316	3200	1700	720	1600×3000	200~920	50	20~8000	—	—	11/15	西门子	—	24	—	—	—	—	青海青一数控设备有限公司
	CY-GMC2230	3000	2200	1250	1800×3000	250~1500	50	6000	—	—	18.5	—	圆盘式	24	—	—	36500	—	云南CY集团有限公司
	BXK1820L	2200	2200	1000	1800×2000	250~1250	50	6000	0.032	0.013	22/26	—	—	40	3.5	—	28000	7200×3700×4800	宝鸡机床集团有限公司

（续）

产品名称	型号	工作台行程/mm			工件台尺寸/mm（宽×长）	主轴端面至工作台面距离/mm	主轴锥孔	主轴转速/(r/min)	机床精度/mm		主电动机功率/kW	控制系统	刀库			重量/kg		外形尺寸/mm（长×宽×高）	生产厂
		纵向	横向	垂向					定位精度	重复定位			型式	容量	换刀时间/s	毛重	净重		
龙门加工中心	HGMC20RA	4200	3200	1000	2000×4000	200~1200	50	20~3000	0.024	0.015	22/26	FANUC	链式	50	—	—	65000	14200×9700×7500	汉川数控机床有限公司
	NXH2425	6400	4130	1250	2500×6000	400~1650	50	20~2000	—	—	37/51	西门子	链式	40	2.9	—	100000	15000×7000×7050	南京数控机床有限公司
	XK2150	16500	6600	1500	5000×16000	5000	60	5~1200	—	—	60	FANUC、西门子	链式	40~120	—	—	60000	39800×13400×10590	济南二机床集团有限公司
	XK2150	—	—	—	5000×18000	5000	60	—	—	—	95	西门子	—	—	—	—	—	—	武汉重型机床集团有限公司

产品名称	型号	工作台行程/mm			工件台尺寸/mm（宽×长）	镗杆直径/mm	主轴端面至工作台面距离/mm	主轴锥孔	主轴转速/(r/min)	机床精度/mm		主电动机功率/kW	控制系统	刀库			重量/kg		外形尺寸/mm（长×宽×高）	生产厂
		纵向	横向	垂向						定位精度	重复定位			型式	容量	换刀时间/s	毛重	净重		
数控落地镗铣床	TK6916	6000	3000	800	2000×4500	160	610~3610	50	6000	0.04	0.025	60	西门子	—	—	—	—	70000	10750×6300×7726	安徽晶菱机床制造有限公司
	FBM3016	3000	800	1600	1600×3000	—	500~1300	50	0~4000	0.04	0.013	30/37	—	—	—	—	—	—	7500×6000×4500	山东威达重工股份有限公司
	RFTK6513	2000	1600	1600	—	130	—	50	1600	0.035	0.01	30/37	FANUC、西门子	—	40	—	—	64000	—	日发精密机械股份有限公司
	HBS6916	—	—	—	—	160	—	50	2~3500	—	—	51	西门子	—	—	—	—	—	—	武汉重型机床集团有限公司
	TK6920	—	—	—	3000×3000	200	—	60	0~800	—	—	71	西门子	—	—	—	—	—	—	济南二机床集团有限公司

（续）

产品名称	型号	行程					工件台尺寸/mm	主轴端面至工作台面距离/mm	主轴锥孔	主轴转速/(r/min)	机床精度/mm		主电动机功率/kW	控制系统	刀库			重量/kg		外形尺寸/mm（长×宽×高）	生产厂
		纵向/mm	横向/mm	垂向/mm	A 轴/(°)	C 轴/(°)					定位精度	重复定位			型式	容量	换刀时间/s	毛重	净重		
五轴联动加工中心	XKR50A	650	650	460	-110~+30	360	ϕ500	150~610	HSK63A	16000	—	—	30	西门子	—	20	—	—	11000	2800×3700×3260	北京机电院机床有限公司
	CMC650U	700	520	475	120	360	ϕ720×540	150~625	40	40~12000	0.008	0.005	7.5	西门子	圆盘式	24	—	—	8500	—	山东威达重工股份有限公司
	RFMV32	460	460	400	-15~115	360	ϕ320	120~520	50	30000	0.01	0.005	15/18	FANUC	机械凸轮式	16	1.8	—	4500	2200×2600×2700	日发精密机械股份有限公司
	XSV2420	4500	3300	950	±110	±200	2000×4000	≥250	63	24000	—	—	91/40	西门子	—	16~60	—	—	6000	12000×6000×6400	济南二机床集团有限公司
	VU400	600	580	530	-42~120	360	ϕ400	100~630	40	8000	0.01	0.008	7.5/11	FANUC	刀臂式	24	—	—	7400	4500×3253×2950	宁波天瑞精工机械有限公司
	FV170	450	270	310	-30~120	360	ϕ170	0~310	30	30000	—	—	—	—	—	—	—	5000	4500	2200×1900×2530	宝鸡机床集团有限公司
车铣复合加工中心	XCH1200	1400	1400	1300	—	360	ϕ1200	-60~1240	50	20~8000	—	—	18.5	西门子	—	40	—	—	—	—	青海青一数控设备有限公司
	MTK20	700	520	475	—	360	ϕ720×540	150~625	40	40~12000	0.008	0.005	18.5/22	西门子	圆盘式	24	—	—	8500	—	宝鸡机床集团有限公司
	MAL-700ATC	550	220(±110)	4050	±105	—	—	—	—	20~2000	—	—	37/46	西门子	链式	40	—	—	—	—	济南第一机床有限公司
	VMT100	1250	1000	1000	-30~180	360	ϕ1000	—	100A	12000	0.012	0.008	20	西门子	链式	40	—	—	—	—	秦川机床工具集团股份公司

2.1.2 铣床主轴端部圆锥与工作台T形槽尺寸（表2.1-7~表2.1-10）

1. 铣床主轴端部圆锥和端面键

铣床主轴端部圆锥和端面键结构尺寸见表2.1-7和表2.1-8。

2. 工作台T形槽尺寸

工作台T形槽及螺栓头部尺寸见表2.1-9~表2.1-10。

表2.1-7 主轴端部圆锥（根据GB/T 3837—2001） （mm）

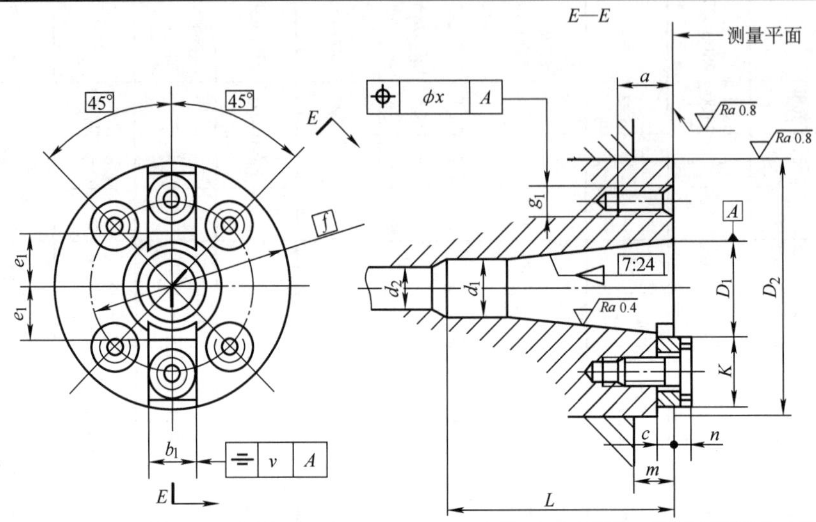

锥度号	30	40	45	50	55	60
D_1	31.75	44.45	57.15	69.85	88.90	107.95
d_1（H12）	17.4	25.3	32.4	39.6	50.4	60.2
$d_{2\min}$	17	17	21	27	27	35
$L_{\min}$	73	100	120	140	178	220
D_2（h5）	69.832	88.882	101.600	128.570	152.400	221.440
$m_{\min}$	12.5	16	18	19	25	38
f	54	66.7	80	101.6	120.6	177.8
g_1	M10	M12	M12	M16	M20	M20
$a_{\min}$	16	20	20	25	30	30
b_1（h5）	15.9	15.9	19	25.4	25.4	25.4
$c_{\min}$	8	8	9.5	12.5	12.5	12.5
$n_{\max}$	8	8	9.5	12.5	12.5	125.
$e_{1\min}$	16.5	23	30	36	48	61
$K_{\max}$	16.5	19.5	19.5	26.5	26.5	45.5

表2.1-8 主轴端面键（根据GB/T 3837—2001） （mm）

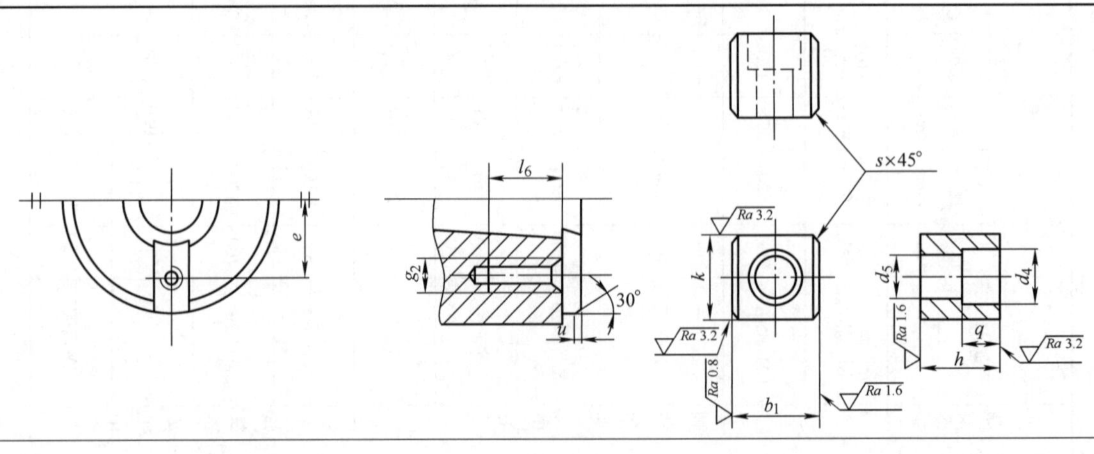

（续）

锥度号	30	40	45	50	55	60
b_1（h5）	15.9	15.9	19	25.4	25.4	25.4
h_{max}	16	16	19	25	25	25
k_{max}	16.5	19.5	19.5	26.5	26.5	45.5
d_5	6.4	6.4	8.4	13	13	13
d_4	11	11	14	20	20	20
q	7	7	9	13	13	13
s_{max}	1.6	1.6	1.6	2	2	2
e±0.2	25	33	40	49.5	61.5	84
g_2	M6	M6	M8	M12	M12	M12
l_6	9	9	12	18	18	18
螺钉 GB/T 70.1—2008	M6×16	M6×16	M8×20	M12×25	M12×25	M12×25
u	2	2	2	3	3	3

表 2.1-9　T 形槽及螺栓头部尺寸（根据 GB/T 158—1996）　（mm）

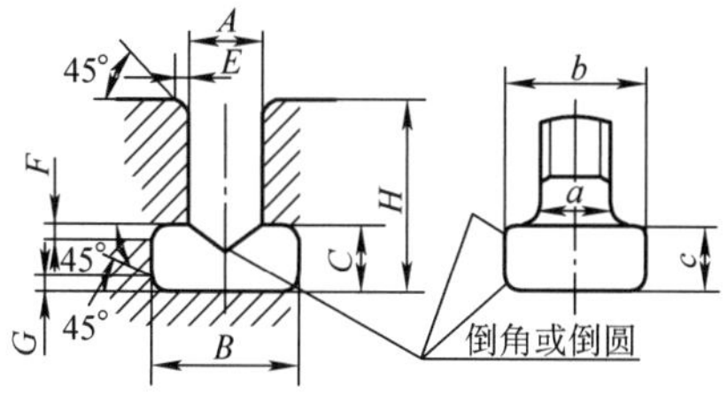

T 形槽												螺栓头部		
A			*B*		*C*		*H*		*E*	*F*	*G*	*a*	*b*	*c*
公称尺寸	极限偏差 基准槽	极限偏差 固定槽	上极限尺寸	下极限尺寸	上极限尺寸	下极限尺寸	上极限尺寸	下极限尺寸	上极限尺寸	下极限尺寸	上极限尺寸	下极限尺寸	上极限尺寸	下极限尺寸
5	+0.018 0	+0.12 0	10	11	3	3.5	8	10	1	0.6	1	4	9	2.5
6			11	12.5	5	6	11	13				5	10	4
8	+0.022 0	+0.15 0	14.5	16	7	8	15	18				6	13	6
10			16	18	7	8	17	21				8	15	6
12	+0.027 0	+0.18 0	19	21	8	9	20	25				10	18	7
14			23	25	9	11	23	28	1.6		1.6	12	22	8
18			30	32	12	11	30	36		1		16	28	10
22	+0.033 0	+0.21 0	37	40	16	18	38	45			2.5	20	34	14
28			46	50	20	22	48	56				24	43	18
36	+0.039 0	+0.25 0	56	60	25	28	61	71	2.5			30	53	23
42			68	72	32	35	74	85		1.6	4	36	64	28
48			80	85	36	40	84	95		2	6	42	75	32
54	+0.046 0	+0.30 0	90	95	40	44	94	106				48	85	36

注：T 形槽宽度 *A* 的极限偏差，按 GB/T 1800.1—2020《产品几何技术规范（GPS）线性尺寸公差 ISO 代号体系　第 1 部分：公差、偏差和配合的基础》。对于基准槽为 H8，对于固定槽为 H12。T 形槽宽度 *A* 的两侧面的表面粗糙度 *Ra*，基准槽为 2.8μm，固定槽为 6.3μm，其余为 12.5μm。

表 2.1-10　T 形槽间距尺寸（根据 GB/T 158—1996）　　（mm）

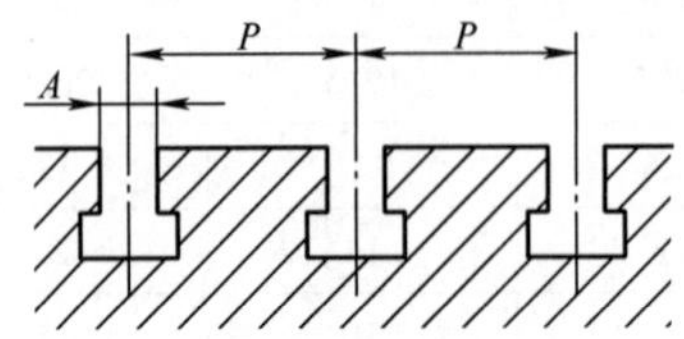

T 形槽宽度 A	T 形槽间距 P	T 形槽宽度 A	T 形槽间距 P	T 形槽宽度 A	T 形槽间距 P	T 形槽宽度 A	T 形槽间距 P
5	20	12	50	22	100	42	200
	25		63		125		250
	32		80		160		320
6	25	14	63	28	125	48	250
	32		80		160		320
	40		100		200		400
8	32	18	80	36	160	54	320
	40		100		200		400
	50		125		250		500
10	40						
	50						
	63						

注：T 形槽直接铸出时，其尺寸偏差自行决定。相对于每个 T 形槽宽度，上表中给出了 3 个间距，制造厂应根据工作台尺寸及使用需要条件选择 T 形槽间距。特殊情况需采用其他尺寸的间距时，则应符合下列原则：

1. 采用数值大于或小于上表中所列 T 形槽间距 P 的尺寸范围时，应从优先数系 R10 系列的数值中选取。
2. 采用数值在上表中所列 T 形槽间距 P 的尺寸范围内，则应从优先数系 R20 系列的数值中选取。

2.1.3　铣床附件

1. 机用虎钳（表 2.1-11 和表 2.1-12）

2. 回转工作台（表 2.1-13 和表 2.1-14）

3. 分度头（表 2.1-15 和表 2.1-16）

4. 万能铣头（表 2.1-17）

5. 立铣头（表 2.1-18）

表 2.1-11 铣床用机用虎钳规格尺寸（根据 JB/T 2329—2011） （mm）

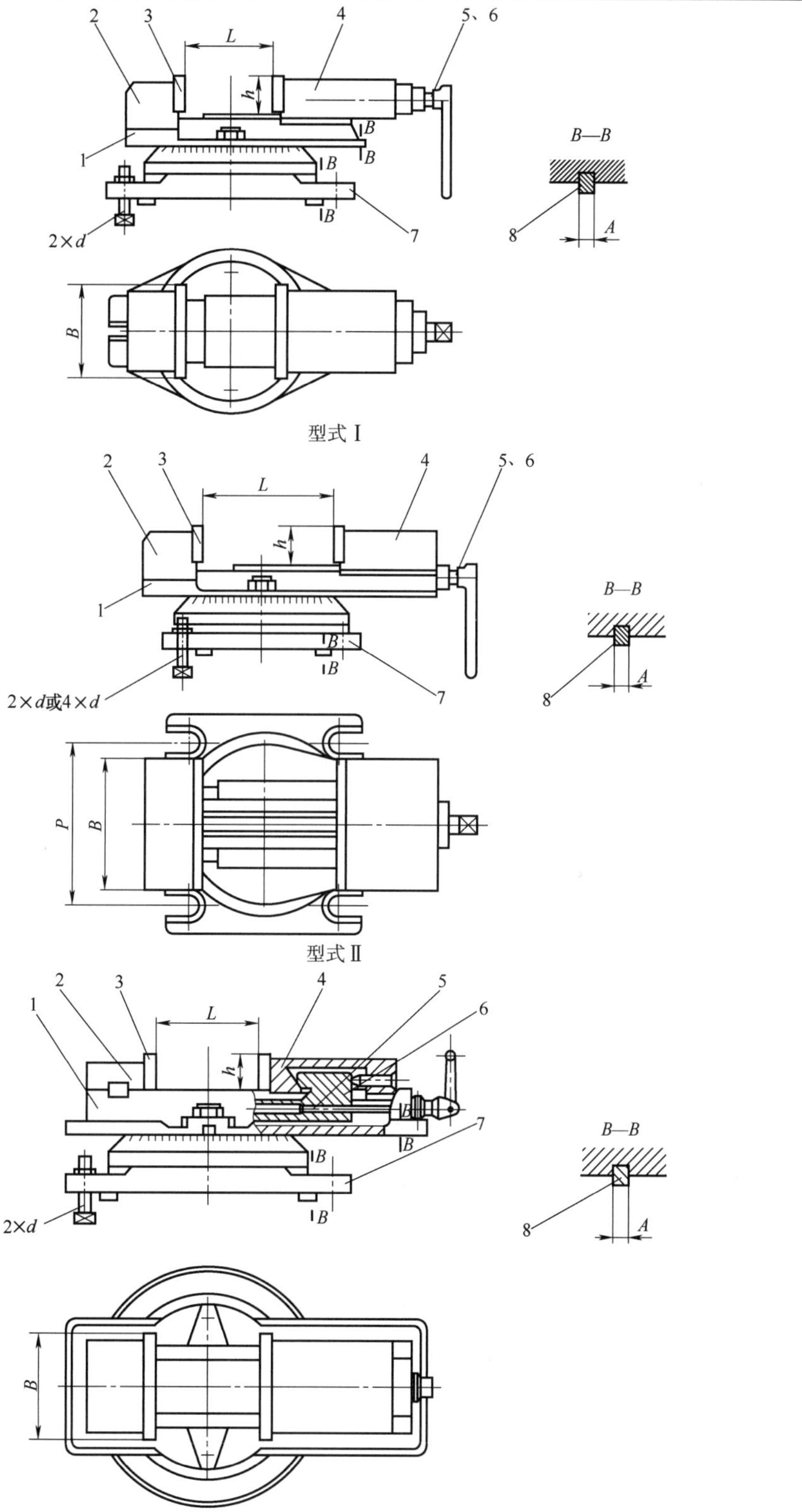

型式Ⅲ

1—钳身 2—固定钳口 3—钳口垫 4—活动钳口 5—螺杆 6—螺母 7—底座 8—定位键

（续）

规　　格		63	80	100	125	160	200	250	315	400
钳口宽度 B	型式Ⅰ	63	80	100	125	160	200	250	—	—
	型式Ⅱ	—	—	—	125	160	200	250	315	400
	型式Ⅲ	—	80	100	125	160	200	250	—	—
钳口高度 $h_{\min}$	型式Ⅰ	20	25	32	40	50	63		—	—
	型式Ⅱ	—	—	—	40	50	63		80	
	型式Ⅲ	—	25	32	38	45	56	75	—	—
钳口最大张开度 $L_{\max}$	型式Ⅰ	50	63	80	100	125	160	200	—	—
	型式Ⅱ	—	—	—	140	180	220	280	360	450
	型式Ⅲ	—	75	100	110	140	190	245	—	—
定位键宽度 A（按 JB/T 8016）	型式Ⅰ	12		14		18		22	—	
	型式Ⅱ	—	—		14		18		22	
	型式Ⅲ	—	12	14		18		22	—	
螺栓直径 d	型式Ⅰ	M10		M12		M16		M20	—	
	型式Ⅱ	—	—		M12		M16		M20	
	型式Ⅲ	—	M10	M12		M16		M20	—	
螺栓间距 P	型式Ⅱ（4×d）	—	—	—	—	160	200	250	320	

表 2.1-12　可倾机用虎钳规格尺寸（根据 JB/T 9936—2011）　　（mm）

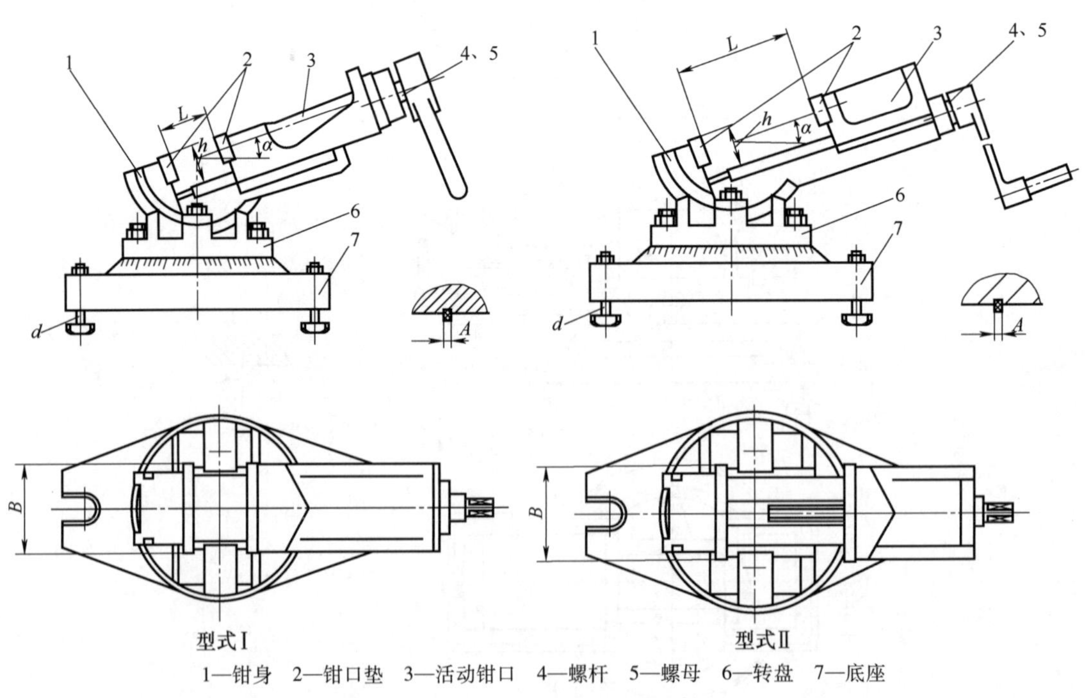

1—钳身　2—钳口垫　3—活动钳口　4—螺杆　5—螺母　6—转盘　7—底座

（续）

规　　格		100	125	160	200
钳口宽度 B		100	125	160	200
钳口高度 h		32	40	50	63
钳口最大张开度 L	型式Ⅰ	80	100	125	160
	型式Ⅱ	—	140	180	220
定位键槽宽度 A		14（12）		18（14）	18
螺栓直径 d		M12（M10）		M16（M12）	M16
倾斜角度范围 α/(°)		0~90			

注：括号内尺寸为与工具铣床配套。

表 2.1-13　回转工作台规格尺寸（根据 JB/T 4370—2011）

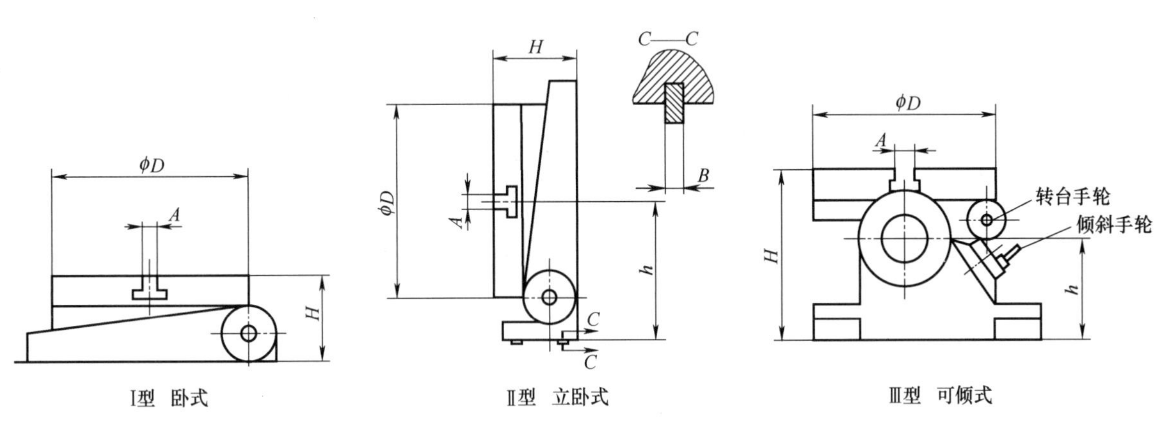

Ⅰ型　卧式　　Ⅱ型　立卧式　　Ⅲ型　可倾式

工作台直径 D/mm		200	250	315	400	500	630	800	1000
H_{max}/mm	Ⅰ型	90	100	120	140	160	180	220	250
	Ⅱ型	100	125	140	170	210	250	300	350
	Ⅲ型	180	210	260	320	380	460	560	700
h_{max}/mm	Ⅱ型	150	185	230	280	345	415	510	610
	Ⅲ型	130	160	200	250	300	360	450	550
中心孔莫氏圆锥（GB/T 1443）		3		4		5		6	
中心孔/mm（直径×深度）		30×6		40×10		50×12		75×14	
A/mm（GB/T 158）		12		14		18		22	
B/mm（JB/T 8016）		14		18		22		22	
转台手轮刻度值/(′)		1							
转台手轮游标分划值/(″)		10							
可倾角度（Ⅲ型）/(°)		0~90							

表 2.1-14　数控回转工作台（根据 JB/T 11173—2011）　　（mm）

<table>
<tr><td colspan="2">工作台直径 D</td><td>160</td><td>200</td><td>250</td><td>315</td><td>400</td><td>500</td><td>630</td><td>800</td><td>1000</td></tr>
<tr><td colspan="2">工作台中心定位孔 d　H6</td><td>20</td><td>25</td><td>30</td><td>40</td><td>40</td><td>50</td><td>60</td><td>60</td><td>75</td></tr>
<tr><td colspan="2">工作台 T 形槽宽度 A
（GB/T 158）</td><td>12</td><td>12</td><td>12</td><td>14</td><td>14</td><td>18</td><td>18</td><td>18</td><td>22</td></tr>
<tr><td colspan="2">定位键宽度 B
（JB/T 8016）</td><td>14</td><td>14</td><td>18</td><td>18</td><td>18</td><td>18</td><td>22</td><td>22</td><td>22</td></tr>
<tr><td rowspan="2">工作台面垂直时中心高度
h_{max}</td><td>Ⅱ型</td><td>135</td><td>150</td><td>180</td><td>210</td><td>260</td><td>310</td><td>400</td><td>480</td><td>580</td></tr>
<tr><td>Ⅲ型</td><td>150</td><td>190</td><td>225</td><td>255</td><td>290</td><td>390</td><td>475</td><td>—</td><td>—</td></tr>
</table>

注：特殊需要可与用户协议商定。

表 2.1-15　机械分度头主要技术规格与参数（根据 GB/T 2554—2008）

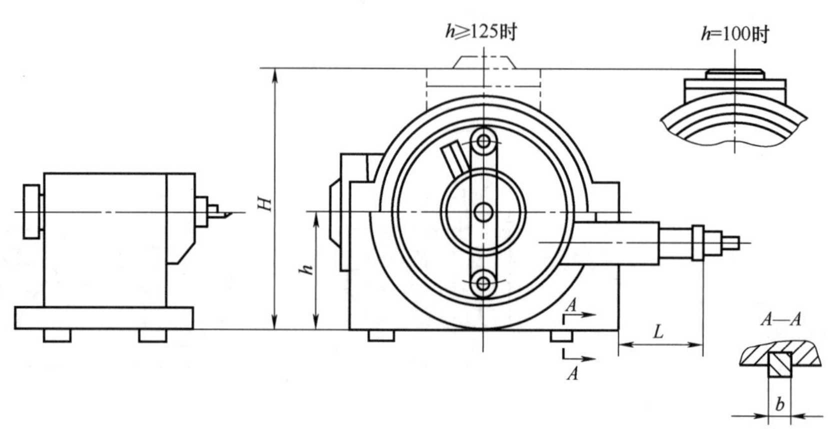

<table>
<tr><td colspan="3">中心高 h/mm</td><td>100</td><td>125</td><td>160</td><td>200</td><td>250</td></tr>
<tr><td rowspan="3">主轴端部</td><td rowspan="2">法兰式</td><td>端部代号
（GB/T 5900.1）</td><td>$A_0$2</td><td colspan="2">$A_2$3</td><td colspan="2">$A_1$5</td></tr>
<tr><td>莫氏锥孔号
（GB/T 1443）</td><td>3</td><td colspan="2">4</td><td colspan="2">5</td></tr>
<tr><td>7 : 24 圆锥</td><td>端部锥度号
（GB/T 3837）</td><td>30</td><td colspan="2">40</td><td colspan="2">50</td></tr>
<tr><td colspan="3">定位键宽 b/mm</td><td>14</td><td colspan="2">18</td><td colspan="2">22</td></tr>
<tr><td colspan="3">主轴直立时，支承面到底面高度 H/mm</td><td>200</td><td>250</td><td>315</td><td>400</td><td>500</td></tr>
<tr><td colspan="3">连接尺寸 L/mm</td><td>93</td><td colspan="2">103</td><td colspan="2">—</td></tr>
<tr><td colspan="3">主轴下倾角度/(°)</td><td colspan="5">≥5</td></tr>
<tr><td colspan="3">主轴上倾角度/(°)</td><td colspan="5">≥95</td></tr>
<tr><td colspan="3">传动比</td><td colspan="5">40 : 1</td></tr>
<tr><td colspan="3">手轮刻度环示值/(′)</td><td colspan="5">1</td></tr>
<tr><td colspan="3">手轮游标分划示值/(″)</td><td colspan="5">10</td></tr>
</table>

表 2.1-16　数控分度头（根据 JB/T 11136—2011）　（mm）

主轴端部
工作台
不带工作台
带工作台

分度头型式

中心高　h	125	160	200
工作台直径　D	160	200	315
主轴端部型式（GB/T 5900.1）	$A_1 5$	$A_1 6$	$A_1 8$

注：可按用户需求协议商定。

表 2.1-17　万能铣头基本参数（根据 JB/T 3996—2011）

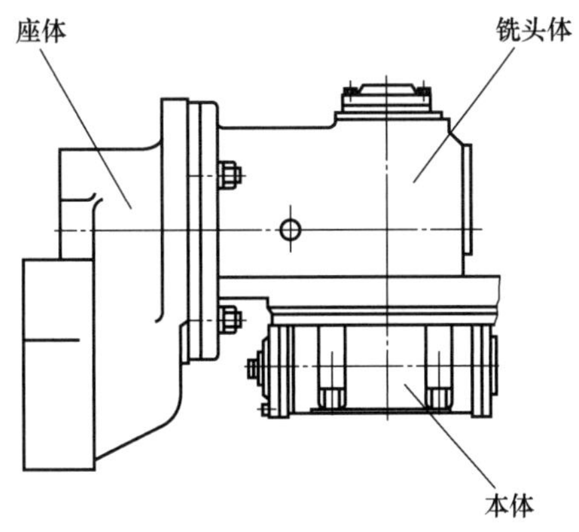

<table>
<tr><td rowspan="3">主轴锥孔</td><td>锥度号</td><td>3</td><td>30</td><td>4</td><td>40</td></tr>
<tr><td>锥度</td><td>莫氏</td><td>7 : 24</td><td>莫氏</td><td>7 : 24</td></tr>
<tr><td>标准编号</td><td>GB/T 1443</td><td>GB/T 3837</td><td>GB/T 1443</td><td>GB/T 3837</td></tr>
<tr><td rowspan="2">配套铣床工作台面宽度/mm</td><td>标准值（JB/T 2800.1）</td><td colspan="2">200
250</td><td>320
400</td><td>320
400
500</td></tr>
<tr><td>非标准值</td><td colspan="2">300</td><td>—</td><td>340
360
425</td></tr>
<tr><td colspan="2">铣头体回转角度/(°)</td><td colspan="4">360</td></tr>
<tr><td colspan="2">本体回转角度/(°)</td><td colspan="4">360</td></tr>
<tr><td colspan="2">传动比（近似值）</td><td colspan="4">1 : 1</td></tr>
</table>

表 2.1-18 立铣头基本参数（根据 JB/T 3996—2011）

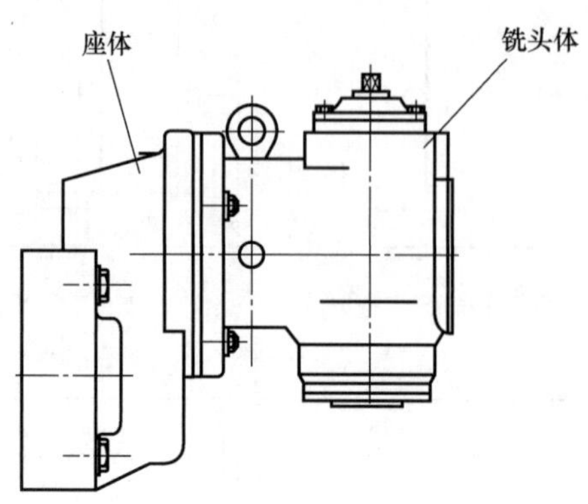

<table>
<tr><td rowspan="3">主轴锥孔</td><td>锥度号</td><td>3</td><td>30</td><td>4</td><td>40</td><td>50</td></tr>
<tr><td>锥度</td><td>莫氏</td><td>7∶24</td><td>莫氏</td><td colspan="2">7∶24</td></tr>
<tr><td>标准编号</td><td>GB/T 1443</td><td>GB/T 3837</td><td>GB/T 1443</td><td colspan="2">GB/T 3837</td></tr>
<tr><td rowspan="2">配套机床工作台面宽度/mm</td><td>标准值（JB/T 2800.1）</td><td colspan="2">—</td><td>200
250</td><td>320
400</td><td>500</td></tr>
<tr><td>非标准值</td><td colspan="2">240</td><td>300</td><td>—</td><td>340
360
425</td></tr>
<tr><td colspan="2">本体回转角度/(°)</td><td colspan="5">360</td></tr>
<tr><td colspan="2">传动比（近似值）</td><td colspan="2">1∶1.5</td><td colspan="3">1∶1</td></tr>
</table>

2.2 铣削夹具

2.2.1 铣床夹具的基本要求

1）为了承受较大的铣削力和断续切削所产生的振动，铣床夹具要有足够的夹紧力、刚度和强度。

① 夹具的夹紧装置尽可能采用扩力机构。

② 夹紧装置的自锁性要好。

③ 着力点和施力方向要恰当，如用夹具的固定支承、虎钳的固定钳口承受铣削力。

④ 工件的加工表面尽量不超出工作台。

⑤ 尽量降低夹具高度，高度 H 与宽度 B 的比例应满足：$H:B \leqslant 1.25$。

⑥ 要有足够的排屑空间。

2）为了保持夹具相对于机床的准确位置，铣床夹具底面应设置定位键。

① 两定位键应尽量布置得远些。

② 小型夹具可只用一个矩形长键。

③ 铣削没有相对位置要求的平面时，一般不需要设置定位键。

3）为便于找正工件与刀具的相对位置，通常均设置对刀块。

2.2.2　铣床夹具的技术条件（表 2.2-1）

表 2.2-1　铣床夹具的技术条件

符号表示	文字表示
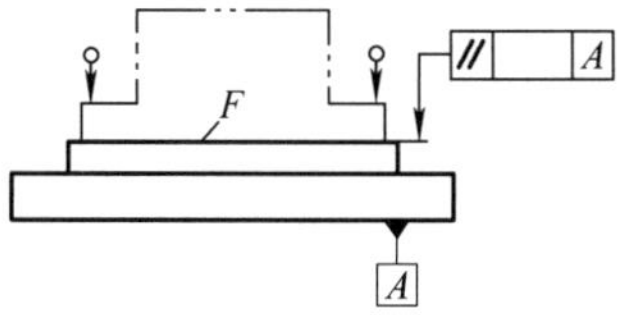	定位面 *F* 对底平面 *A* 的平行度不大于……
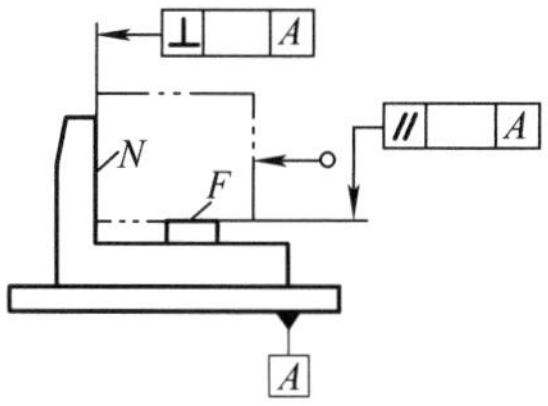	1. 定位面 *F* 对底平面 *A* 的平行度不大于… 2. 侧平面 *N* 对底平面 *A* 的垂直度不大于……
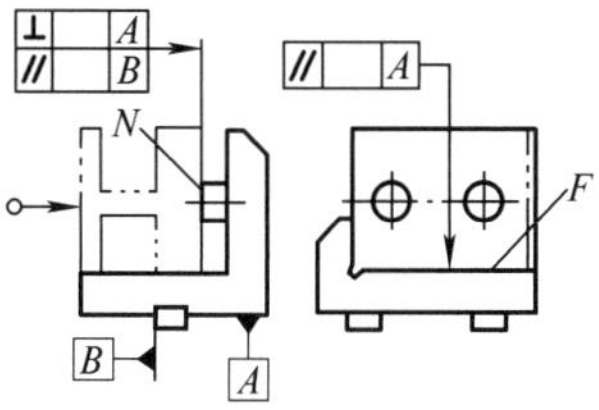	1. 定位面 *F* 对底平面 *A* 的平行度不大于…… 2. 侧平面 *N* 对底平面 *A* 的垂直度不大于… 3. 侧平面 *N* 对两定位键基准面 *B* 的平行度不大于……
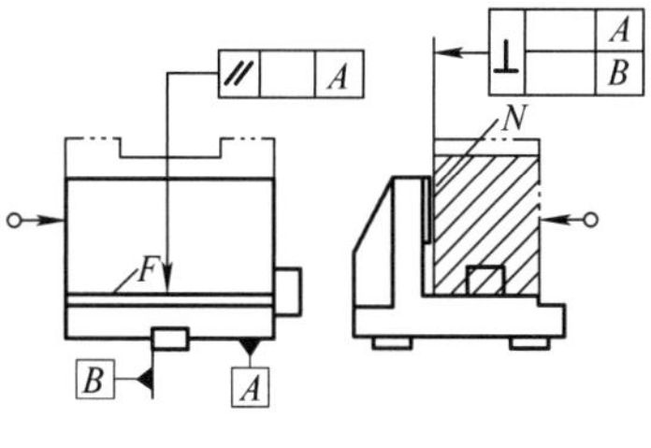	1. 定位面 *F* 对底平面 *A* 的平行度不大于…… 2. 侧平面 *N* 对底平面 *A* 的垂直度不大于…… 3. 侧平面 *N* 对两定位键基准面 *B* 的垂直度不大于……
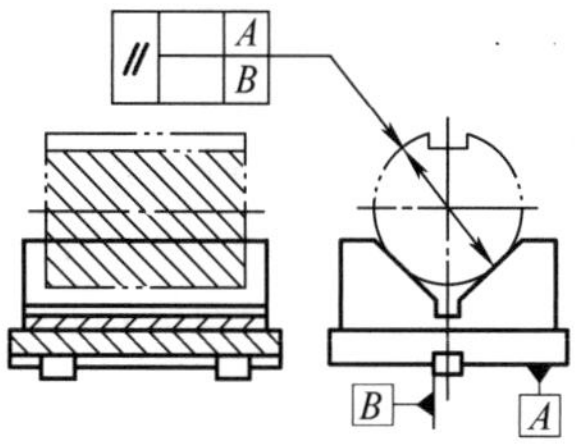	1. V 形轴线对底平面 *A* 的平行度不大于…… 2. V 形轴线对两定位键基准面 *B* 的平行度不大于……

（续）

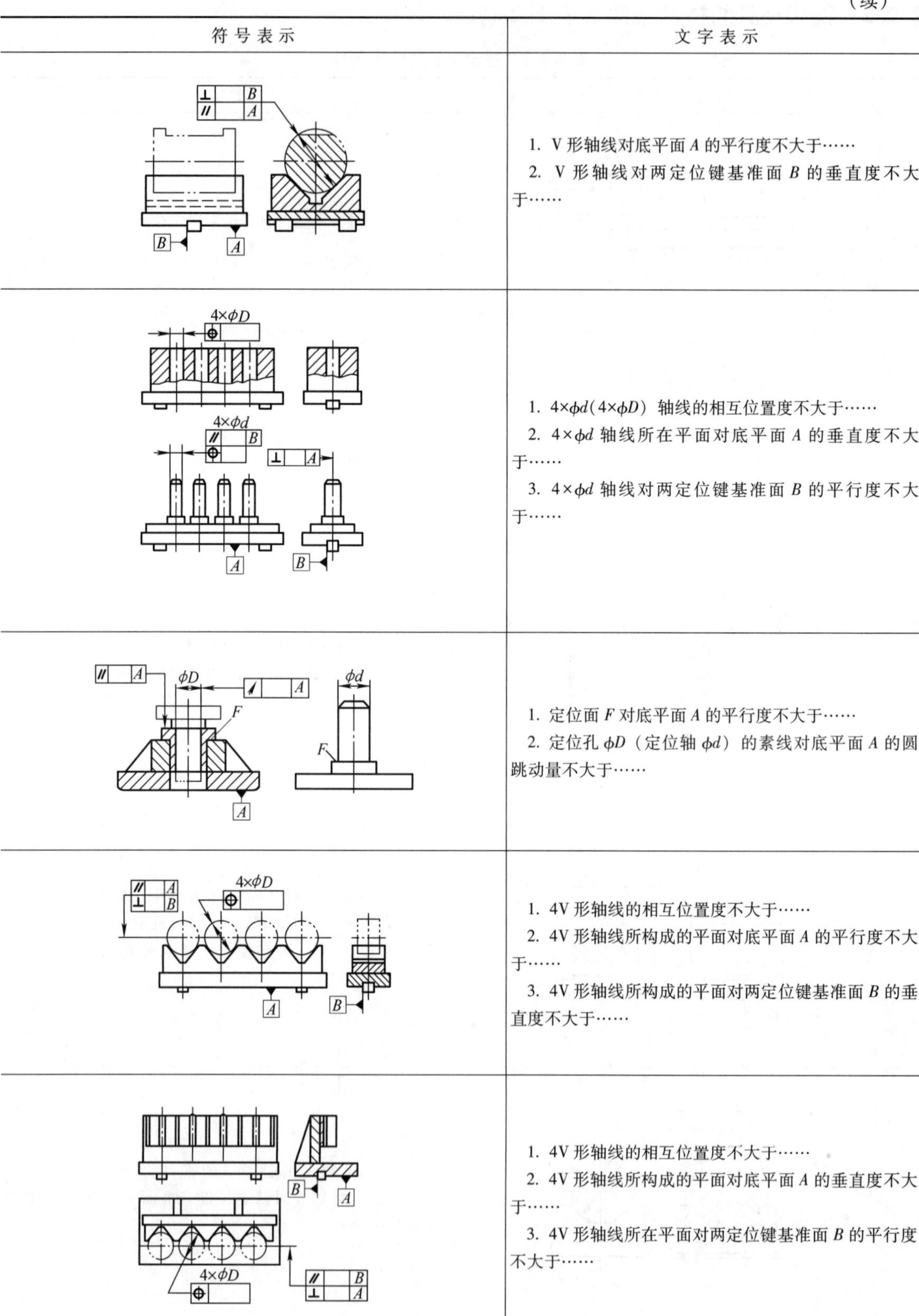

符号表示	文字表示
	1. V 形轴线对底平面 A 的平行度不大于…… 2. V 形轴线对两定位键基准面 B 的垂直度不大于……
	1. 4×ϕd(4×ϕD) 轴线的相互位置度不大于…… 2. 4×ϕd 轴线所在平面对底平面 A 的垂直度不大于…… 3. 4×ϕd 轴线对两定位键基准面 B 的平行度不大于……
	1. 定位面 F 对底平面 A 的平行度不大于…… 2. 定位孔 ϕD（定位轴 ϕd）的素线对底平面 A 的圆跳动量不大于……
	1. 4V 形轴线的相互位置度不大于…… 2. 4V 形轴线所构成的平面对底平面 A 的平行度不大于…… 3. 4V 形轴线所构成的平面对两定位键基准面 B 的垂直度不大于……
	1. 4V 形轴线的相互位置度不大于…… 2. 4V 形轴线所构成的平面对底平面 A 的垂直度不大于…… 3. 4V 形轴线所在平面对两定位键基准面 B 的平行度不大于……

（续）

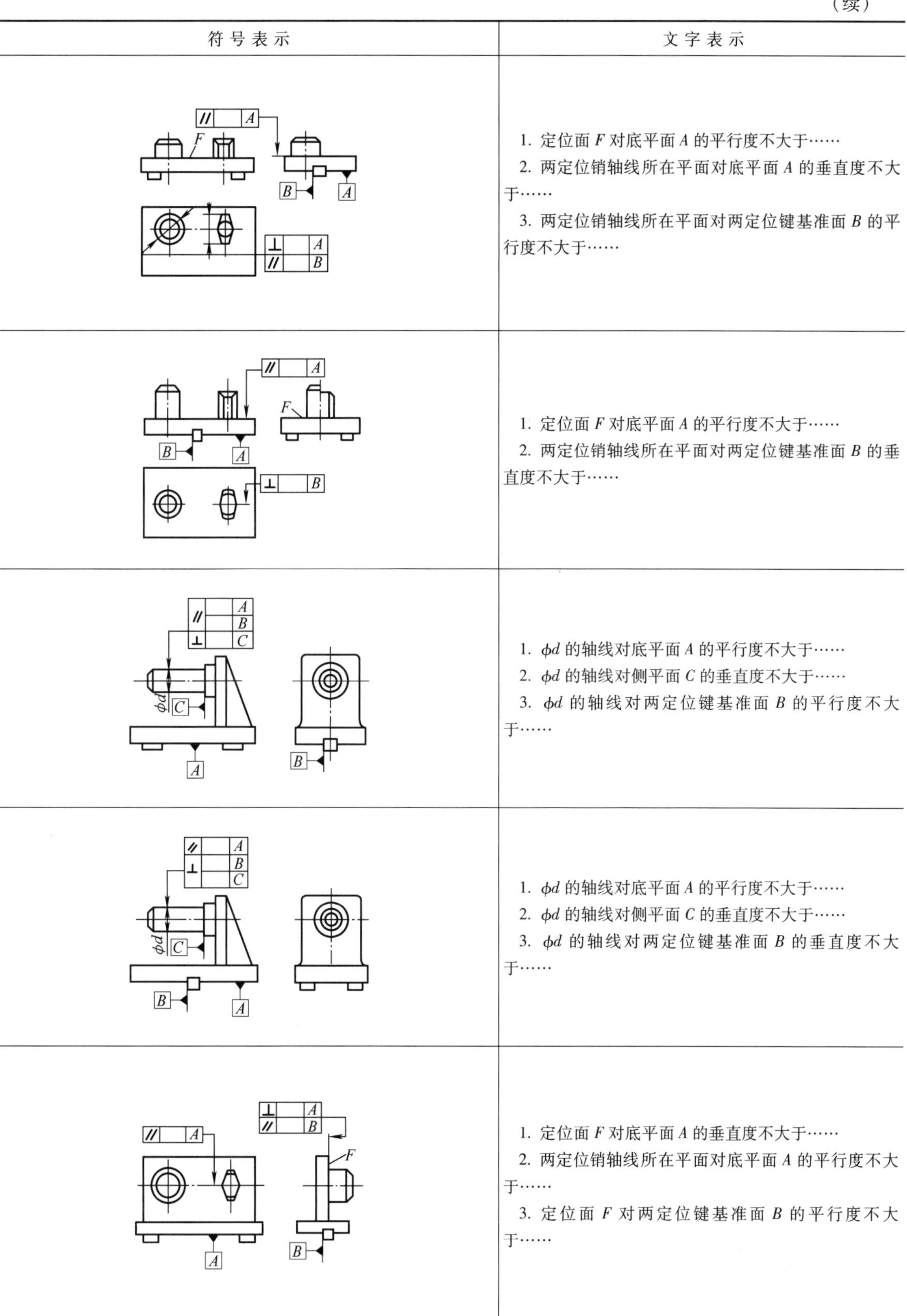

符号表示	文字表示
	1. 定位面 F 对底平面 A 的平行度不大于…… 2. 两定位销轴线所在平面对底平面 A 的垂直度不大于…… 3. 两定位销轴线所在平面对两定位键基准面 B 的平行度不大于……
	1. 定位面 F 对底平面 A 的平行度不大于…… 2. 两定位销轴线所在平面对两定位键基准面 B 的垂直度不大于……
	1. ϕd 的轴线对底平面 A 的平行度不大于…… 2. ϕd 的轴线对侧平面 C 的垂直度不大于…… 3. ϕd 的轴线对两定位键基准面 B 的平行度不大于……
	1. ϕd 的轴线对底平面 A 的平行度不大于…… 2. ϕd 的轴线对侧平面 C 的垂直度不大于…… 3. ϕd 的轴线对两定位键基准面 B 的垂直度不大于……
	1. 定位面 F 对底平面 A 的垂直度不大于…… 2. 两定位销轴线所在平面对底平面 A 的平行度不大于…… 3. 定位面 F 对两定位键基准面 B 的平行度不大于……

（续）

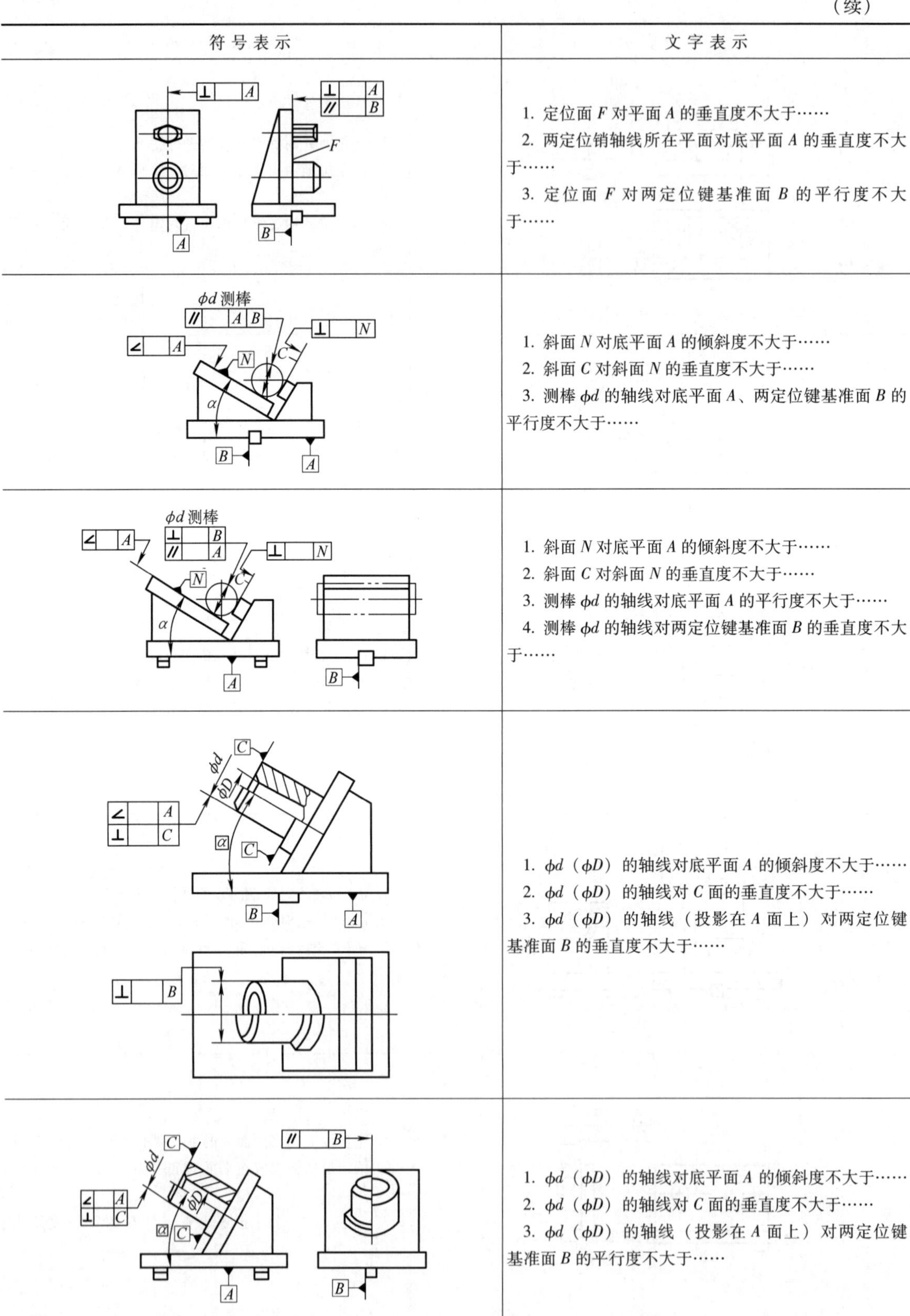

符 号 表 示	文 字 表 示
	1. 定位面 F 对平面 A 的垂直度不大于…… 2. 两定位销轴线所在平面对底平面 A 的垂直度不大于…… 3. 定位面 F 对两定位键基准面 B 的平行度不大于……
	1. 斜面 N 对底平面 A 的倾斜度不大于…… 2. 斜面 C 对斜面 N 的垂直度不大于…… 3. 测棒 ϕd 的轴线对底平面 A、两定位键基准面 B 的平行度不大于……
	1. 斜面 N 对底平面 A 的倾斜度不大于…… 2. 斜面 C 对斜面 N 的垂直度不大于…… 3. 测棒 ϕd 的轴线对底平面 A 的平行度不大于…… 4. 测棒 ϕd 的轴线对两定位键基准面 B 的垂直度不大于……
	1. ϕd（ϕD）的轴线对底平面 A 的倾斜度不大于…… 2. ϕd（ϕD）的轴线对 C 面的垂直度不大于…… 3. ϕd（ϕD）的轴线（投影在 A 面上）对两定位键基准面 B 的垂直度不大于……
	1. ϕd（ϕD）的轴线对底平面 A 的倾斜度不大于…… 2. ϕd（ϕD）的轴线对 C 面的垂直度不大于…… 3. ϕd（ϕD）的轴线（投影在 A 面上）对两定位键基准面 B 的平行度不大于……

2.2.3 通用可调铣床夹具

1. 自定心虎钳（图 2.2-1）

2. 三向台虎钳（图 2.2-2）

3. 卧轴空心分度台（图 2.2-3）

它利用齿轮 3($z=40$)、5($z=48$) 和不同等分的限位盘 2、4、6 可得到 3、4、5、6、8、12 和 16 的等分数。方形滑动套 9 做轴向滑动时使定位销 8 在齿轮和限位盘的中间定位。所需等分数由转盘 10 上的刻线和钢球确定。旋转手柄 7 通过锁环 1 将主轴锁紧。分度台安装自定心卡盘后与顶尖座配合使用，可铣削长轴工件上的等分槽。

4. 气动夹紧立轴分度台（图 2.2-4）

它用于 2、3、4、6 等分工件的铣削。工件的夹紧靠单向薄膜气室，其结构有图 2.2-4a、b 两种。图 2.2-4a 所示为薄膜向上推锥套 6 由弹簧夹头使工件夹紧；图 2.2-4b 所示为薄膜向下由接杆 13 带动拉杆（图中未标示）使工件夹紧。弹簧 5 和 12 可使工件松开。弹簧夹头和拉杆须根据工件配制。

以上两种结构的分度机构完全相同。反转手柄 1，凸轮板 2 的曲线通过滚轮 8 推出定位销 9，分度盘 3 和与其连接的棘轮 4 因挡销 7 的作用而未动。当拨销 11 随凸轮板 2 运动到棘轮 4 的下一个凹槽中时，顺转手柄 1，拨销 11 带动棘轮 4 和分度盘 3 一起旋转，到位后，定位销 9 在弹簧 10 的作用下即自动定位，从而完成一次分度。

5. 多件装夹夹具（图 2.2-5）

该夹具与台虎钳配合使用。八个工件以外圆和端面在 V 形块 2 和支承板 1 上定位，用台虎钳夹紧。由于滚柱 7、顶杆 3 的浮动作用，使工件均匀地夹紧。松开台虎钳，弹簧 4、5 可使顶杆 3 退回，以便卸下工件。

这种利用滚柱（或滚珠）作为传力媒介的夹紧形式，一般适用于铣削力不大的多件小工件铣削。

6. 铣阿基米德平板凸轮用的夹具（见图 2.2-6）

该夹具用于立式铣床。工件以孔和平面在心轴套 3（根据工件不同直径选配）和转盘 5 上定位，并用开口压板和螺母夹紧。转动手轮 1，在蜗轮 6、蜗杆 19 的作用下，工件随转盘 5 旋转。与蜗轮连为一体的齿轮 12（$z=40$），带动双联齿轮 11（$z_{大}=32$，$z_{小}=16$）一起旋转，双联齿轮 11 又带动齿条 15（或 16）做前后横向移动。此时与齿条连接在一起的溜板 7 带动靠模板 14，在拉簧 9 的作用下始终紧贴于滚轮 8，又由于靠模板 14 已经扳成一定角度（见图中双点画线所示），压簧 10 就迫使溜板 20 做左右纵向移动。于是工件一面转动，一面做直线移动，形成阿基米德螺旋轮廓。

松开螺钉 4，转盘可自由旋转对工件进行分度。扳动手柄 18，在偏心套 13 的作用下可使蜗杆 19 与蜗轮 6 脱开，实现转盘快速空转。手柄 17 用于双联齿轮 11 的挂档。

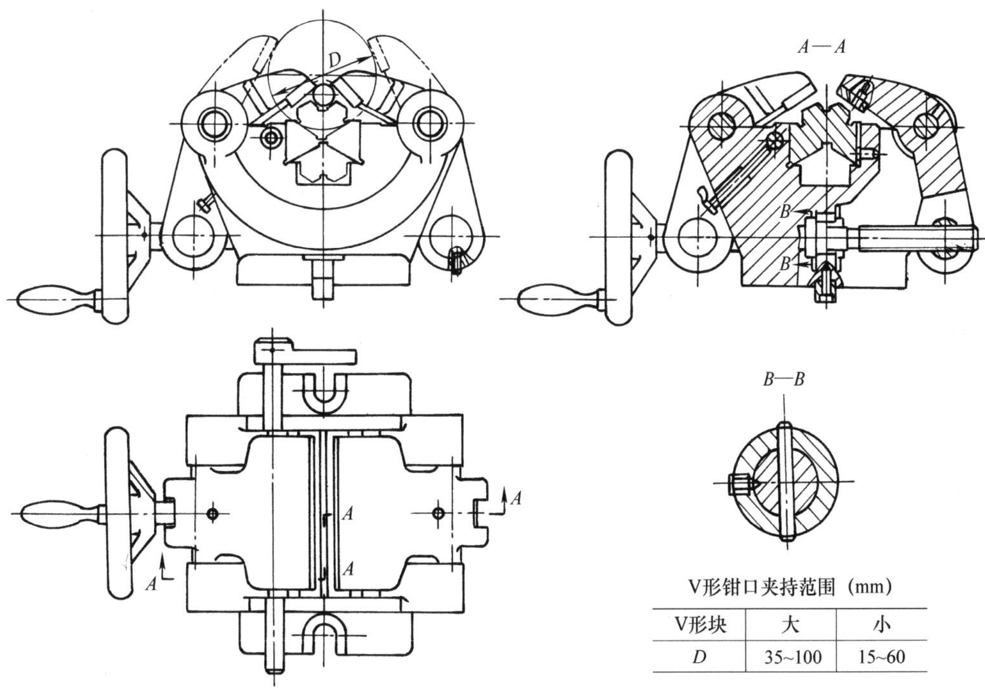

V形钳口夹持范围（mm）

V形块	大	小
D	35~100	15~60

图 2.2-1 自定心虎钳

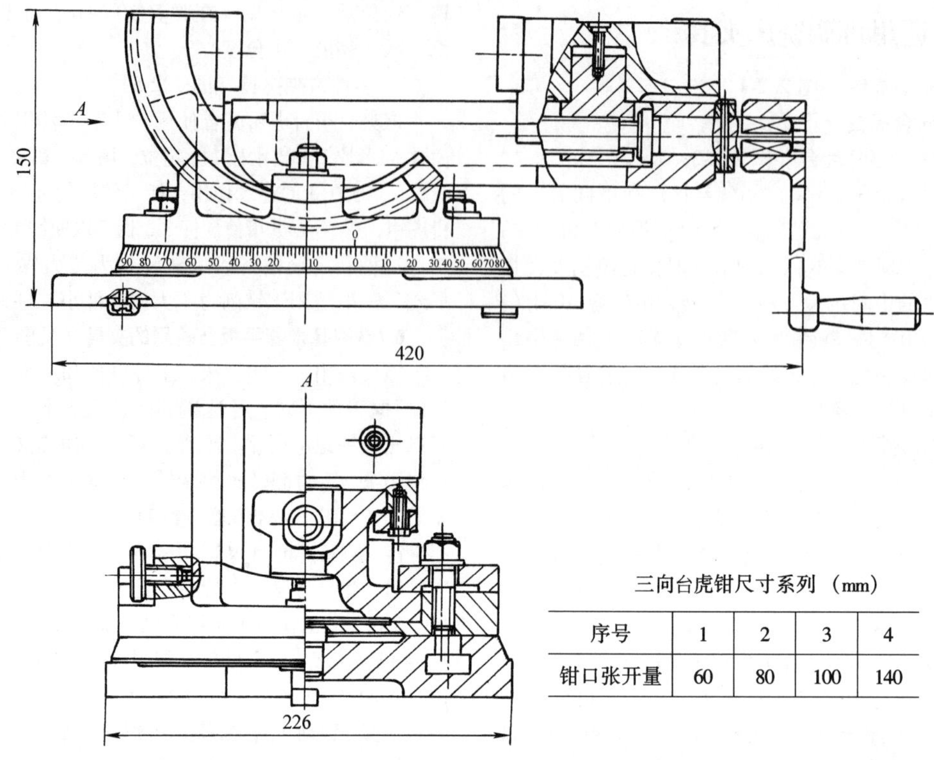

三向台虎钳尺寸系列 (mm)

序号	1	2	3	4
钳口张开量	60	80	100	140

图 2.2-2　三向台虎钳

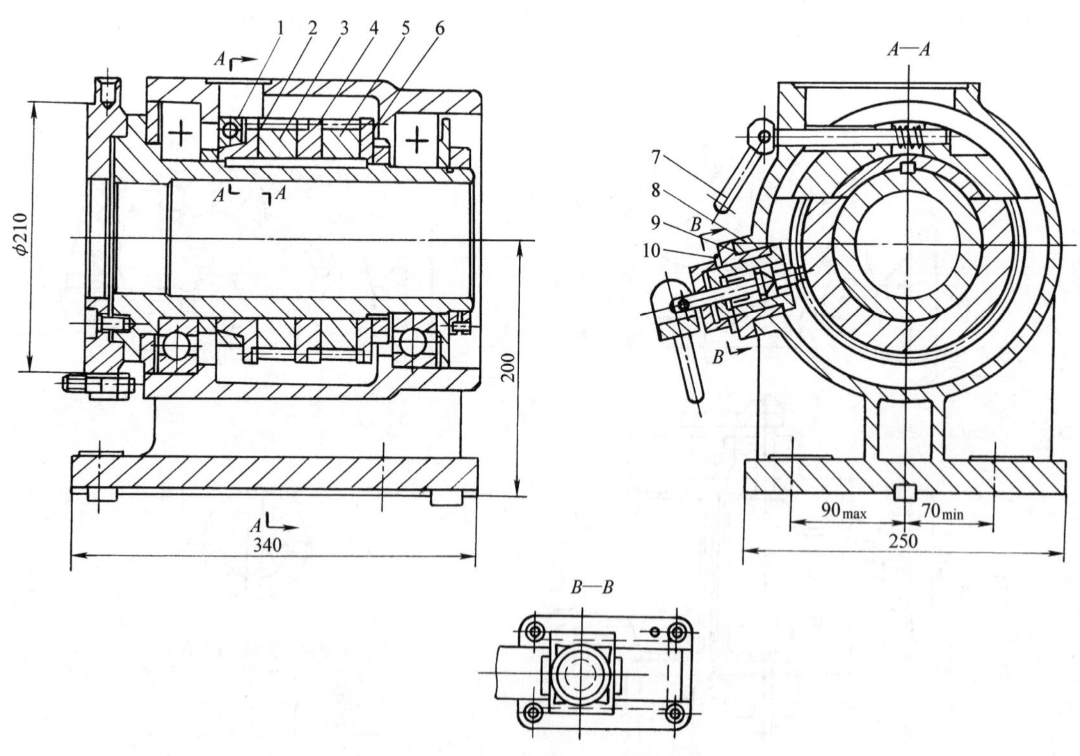

图 2.2-3　卧轴空心分度台

1—锁环　2、4、6—限位盘　3、5—齿轮　7—手柄　8—定位销　9—滑动套　10—转盘

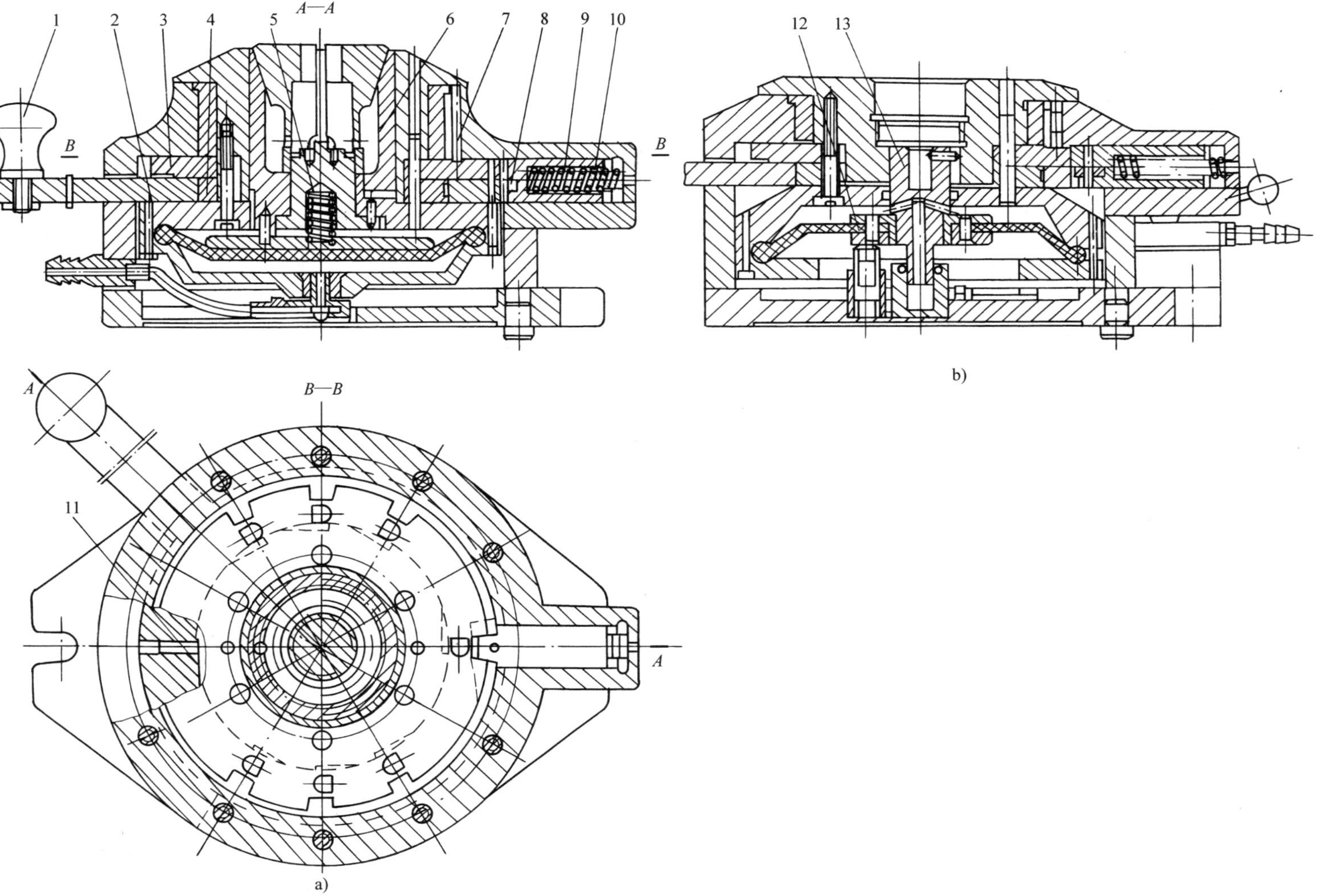

图 2.2-4 气动夹紧立轴分度台

1—手柄 2—凸轮板 3—分度盘 4—棘轮 5、10、12—弹簧 6—锥套 7—挡销 8—滚轮 9—定位销 11—拨销 13—接杆

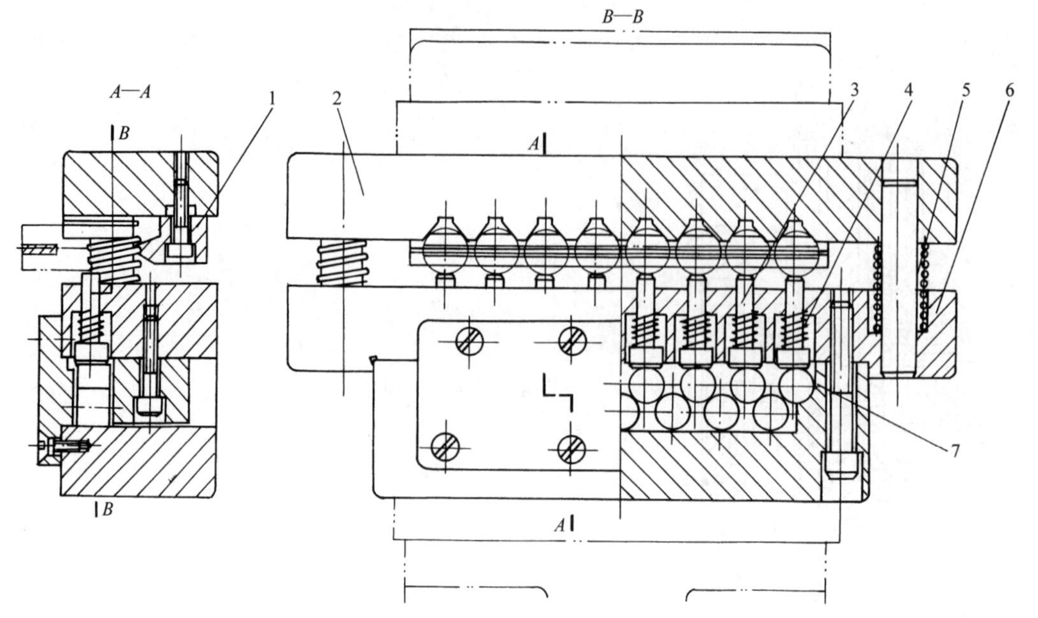

图 2.2-5　多件装夹夹具

1—支承板　2—V 形块　3—顶杆　4、5—弹簧　6—导板　7—滚柱

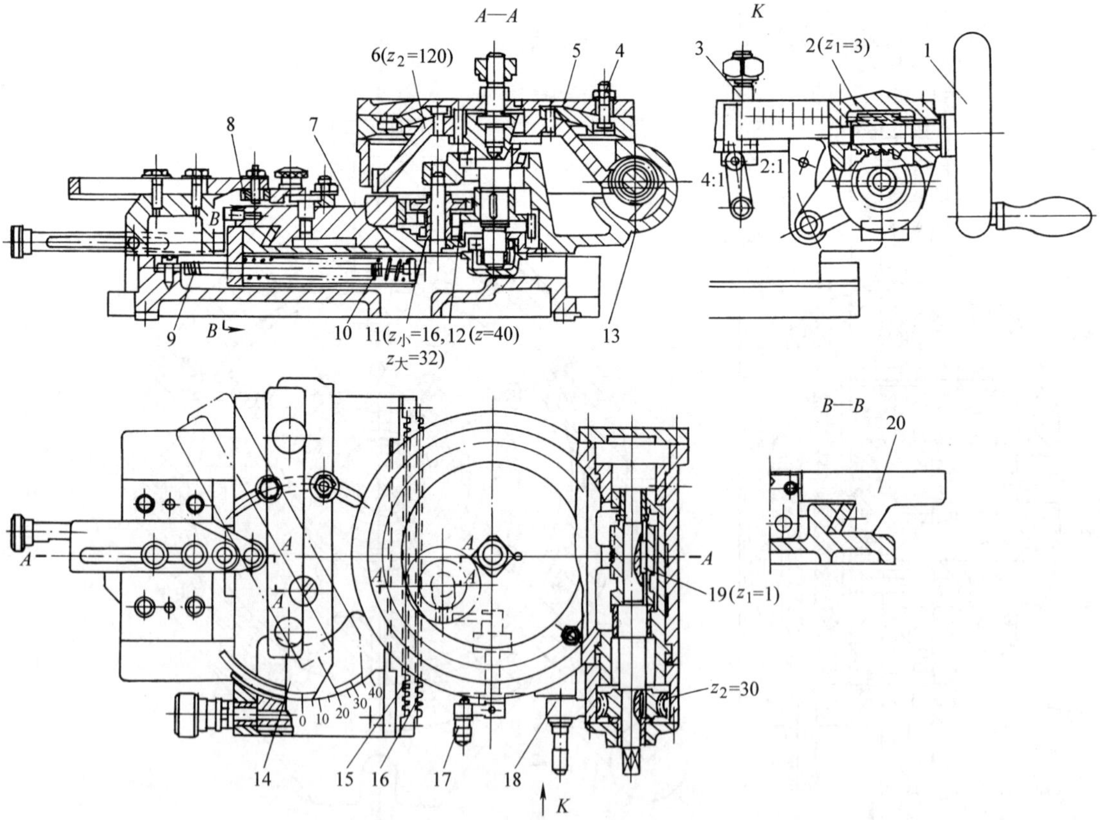

图 2.2-6　铣阿基米德平板凸轮用的夹具

1—手轮　2、19—蜗杆　3—心轴套　4—螺钉　5—转盘　6—蜗轮　7、20—溜板　8—滚轮　9—拉簧　10—压簧　11—双联齿轮　12—齿轮　13—偏心套　14—靠模板　15、16—齿条　17、18—手柄

2.2.4 铣床夹具的典型结构

1. 直线进给铣床夹具

1）铣盖板平面夹具（图2.2-7）。工件用三个固定支承钉5和定位块4定位，用球面螺母7、压板6夹紧。然后推进推杆2，使两个辅助顶杆1紧靠工件的底面，并旋拧手轮3，通过钢球的作用将推杆2锁紧。为了防止工件抬起和更好地夹紧，定位块4和压板6制成15°斜面并切出齿纹。

2）铣瓦盖顶面的夹具（图2.2-8）。两个工件以加工好的底面定位，由活塞杆2上的斜面经滚轮1使拉杆4带动杠杆7上的两个压爪5同时夹紧两个工件。弧形压爪5能绕销6旋转，杠杆7借一对球面垫圈3使两个压爪5均匀地夹紧工件。

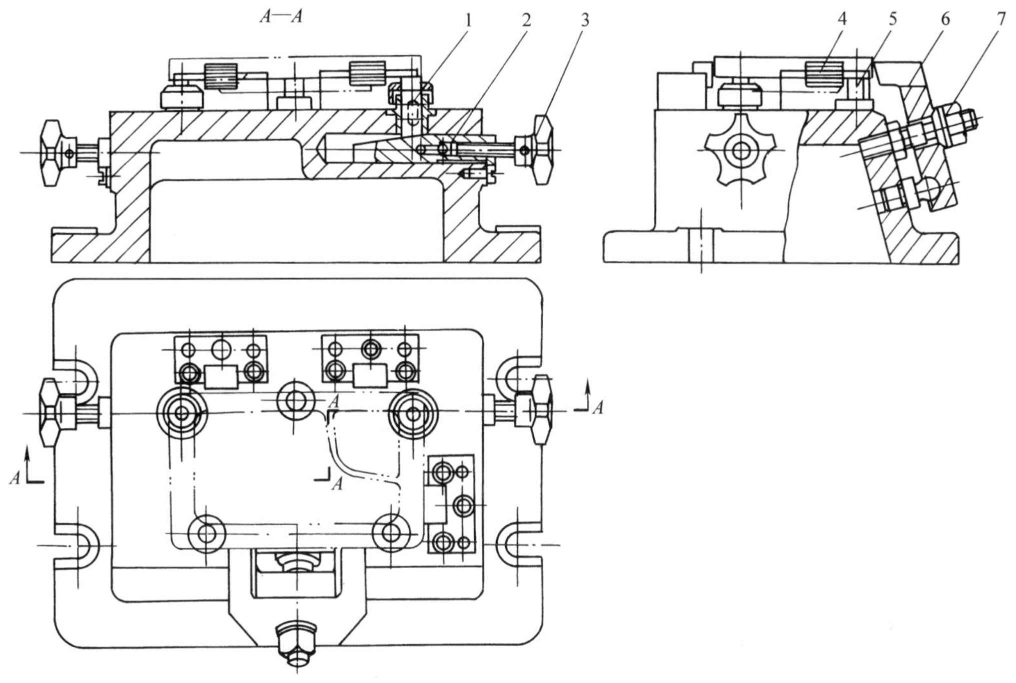

图2.2-7 铣盖板平面的夹具

1—顶杆 2—推杆 3—手轮 4—定位块 5—支承钉 6—压板 7—球面螺母

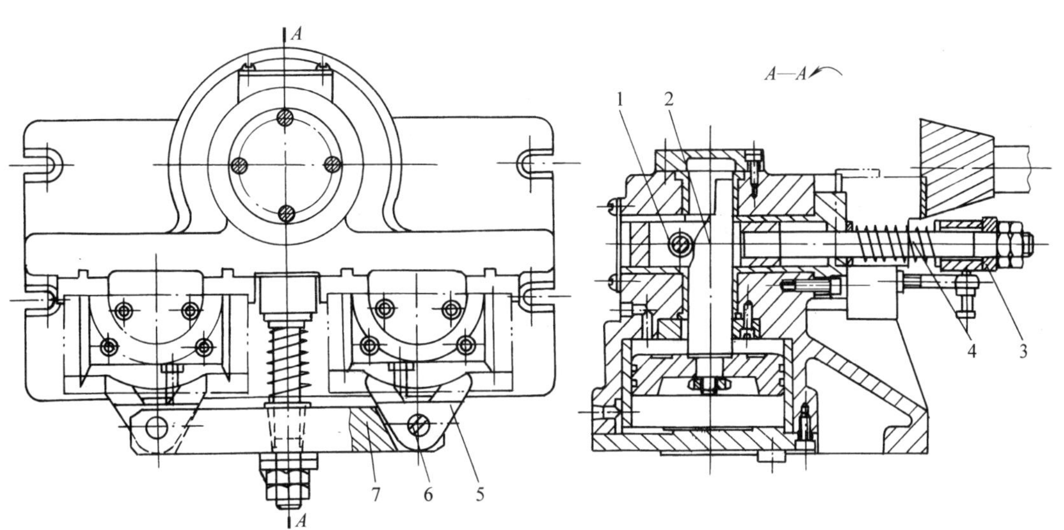

图2.2-8 铣瓦盖顶面的夹具

1—滚轮 2—活塞杆 3—球面垫圈 4—拉杆 5—压爪 6—销 7—杠杆

3）轴套分度槽夹具（图2.2-9）。工件以内孔和端面在弹性套5和圆盘4上定位，旋紧螺栓7，通过锥套6使弹性套5从内孔胀紧工件。分度时先松开螺钉3，将手柄9向左旋转45°，使插销8克服弹簧力脱开分度盘2的槽进入下一个槽中；再将手柄9向右旋转45°，插销1在分度盘2的作用下，克服弹簧力脱开原分度槽，进入转过来的下一个槽中，完成一次分度。拧紧螺钉3即可进行加工。经四次分度即完成工件上八条槽的铣削。

4）铣摇臂圆弧面的夹具（图2.2-10）。八个工件套在带台肩的心轴（两根交替使用）4上，心轴两端用V形块5支承。工件头部托在斜面支承7上，尾部靠在球头支承6的顶端。旋转连续配气阀13，推杆2前端两叉先将工件紧靠在心轴4的台肩上，再用压板3将心轴4夹紧，四个摆动压爪1压紧工件尾部，斜面支承7在活塞杆11、连板10、弹簧9、斜面推杆8的作用下顶紧工件圆弧底部。再旋转连续配气阀13，气动液压增压器14使系统压力上升至一定值，活塞杆12上升，工件全部夹紧后方可开始铣削。

5）铣动叶片背弧的夹具（图2.2-11）。该夹具用于卧式铣床，采用成形铣刀铣削汽轮机的动叶片背弧。工件以出汽边、内弧和一端面在定位板6、垫块7和挡板5上定位。操作螺栓3和手柄9分别通过压板4和8将工件夹紧。螺栓1用于调整夹具的倾斜角度，由螺栓2固定，以适应叶片锥度的要求。件5、6、7可根据不同规格的叶片进行更换，可用于成组加工。

6）精铣气缸体顶平面的夹具（图2.2-12）。该夹具安装的组合铣床的滑台上，精铣发动机气缸体的顶平面，工件以主轴承孔和底面在心轴19和支承杆3上定位。滚轮架11处于最高位置时，承接由输送杆7送进夹具的缸体，活塞杆12右移，带动齿轮轴13使缸体平稳下降至主轴承孔中心低于心轴19的中心约0.5mm时，由于活塞17斜面的作用，使顶杆16将缸体向右推移至主轴承孔，套入心轴19并与推杆10紧贴，保持图示三处约2mm的间隙。接着带有斜面的活塞6左移，使两个支承杆3一起上升（同时用压缩空气吹净支承面），将缸体找平，并以来自增压器5的高压油使抱紧套4将支承杆3抱紧。随之四个辅助支承杆8在活塞9的作用下紧顶缸体底面并抱紧。最后，两侧的四个夹紧杆1通过活塞14、轴齿轮15向缸体上部的两侧靠紧，四个活塞2上升，并借其斜面将夹紧杆1锁紧。此外，整个夹具在丝杠20的传动下开始进给运动。气动检测仪18用于检测两个找平支承杆3。

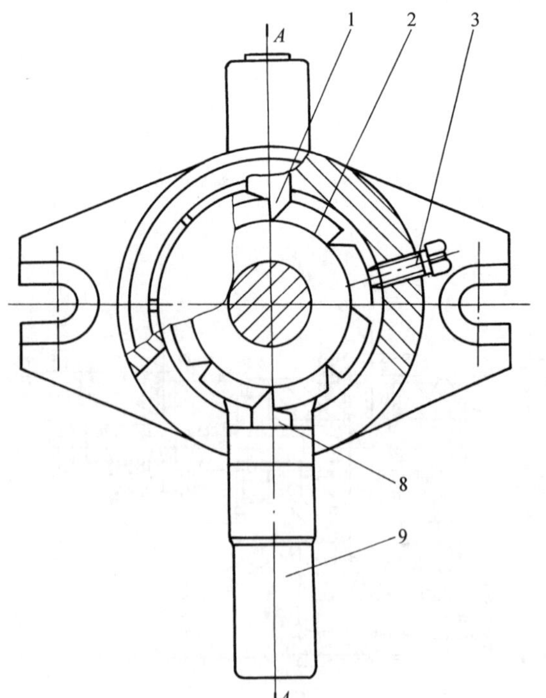

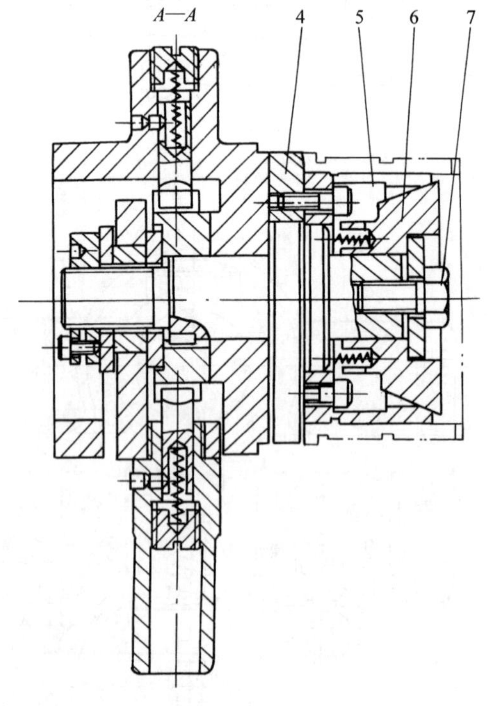

图2.2-9　轴套分度槽夹具

1、8—插销　2—分度盘　3—螺钉　4—圆盘　5—弹性套　6—锥套　7—螺栓　9—手柄

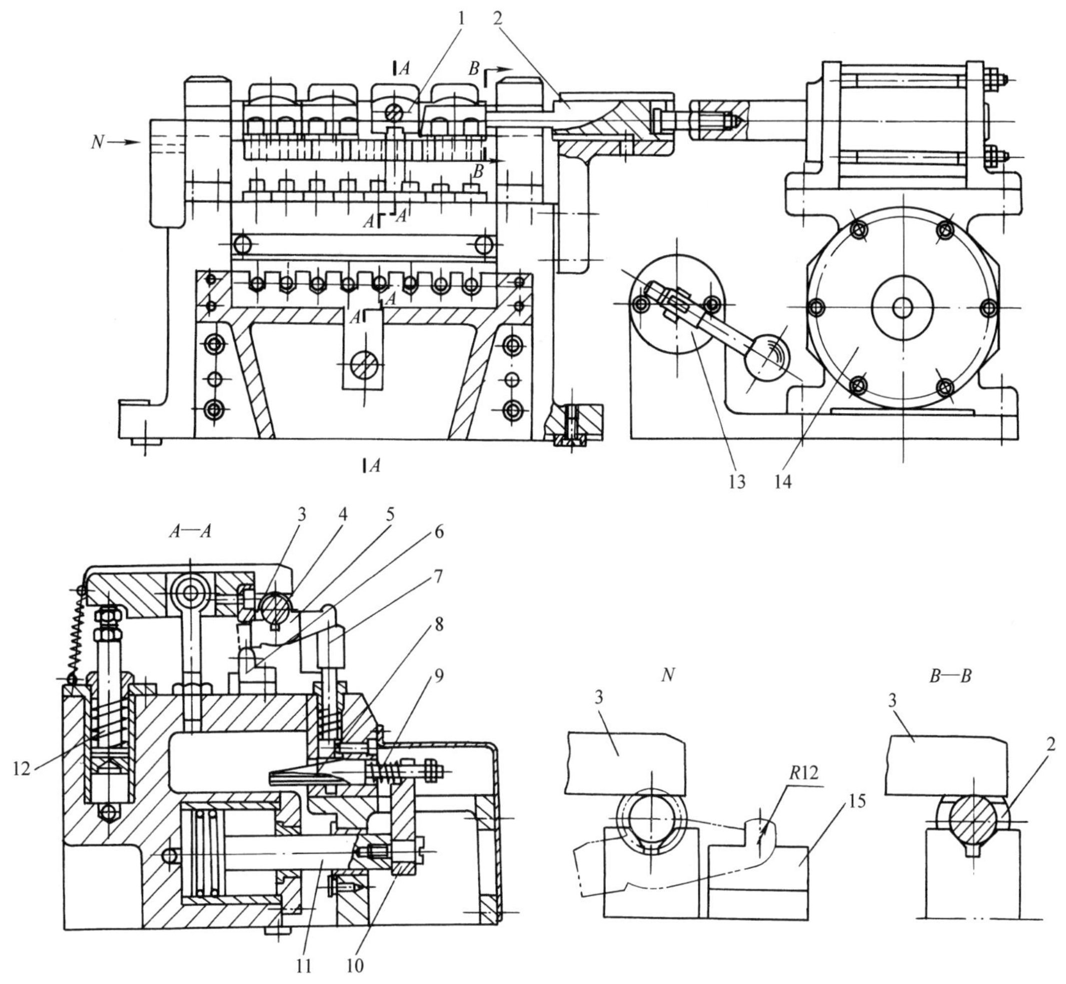

图 2.2-10 铣摇臂圆弧面的夹具

1—压爪 2—推杆 3—压板 4—心轴 5—V形块 6—球头支承 7—斜面支承 8—斜面推杆 9—弹簧 10—连板 11、12—活塞杆 13—连续配气阀 14—增压器 15—对刀块

2. 圆周进给铣床夹具

1）铣叶片内外圆弧夹具（图 2.2-13）。与立轴回转工作台配合在立式铣床上使用，铣削叶轮叶片的内外圆弧型面。叶片圆弧型面的中心 A 与叶轮中心 O 有一个偏距 e，故夹具的分度中心为 O，铣削回转中心 A 则通过圆柱销 8 与回转工作台中心重合。工件以内孔、端面和槽在心轴 3、支座 2 和销 5 上定位。旋转螺母 1，经传动销 6 和开口垫圈 4 将工件夹紧。铣削时，旋转工作台，工件以 A 为圆心旋转。分度时，松开螺母 7 将分度盘 9 连同工件转过一个槽即可。然后拧紧螺母 7，再将分度盘 9 夹紧，顺次铣削。

2）铣进气管连接面的夹具（图 2.2-14）。该夹具用于 X5216 型圆盘铣床上，可安装四套夹具铣削发动机进气管的连接面。工件以两凸台定位于支承块 2 上，中间的垂直面靠在可调支承钉 7 上。固定支承板 3 和压板 6 的孔内注满了润滑脂。当气缸活塞杆的斜面作用于推杆 8 而夹紧工件时，柱塞 4 和 5 便将工件从进气管的六个凸台处相对抱紧，并按工件的外形自行调节其高低。拧紧两端顶杆 1 的手钮，即可进行铣削。支柱 9 用于承受圆周力。

3. 靠模仿形铣床夹具

1）直线形曲线靠模仿形夹具（图 2.2-15）。该夹具用于立式铣床。滚轮架 1 紧固在垂直导轨上，靠模板 3 与溜板 4 相连，在压缩弹簧的作用下，使其与滚轮 2 紧密接触并带动工件做横向移动。工件夹紧于横向滑板 5 上，松开两球头手柄 7，旋转螺杆 6，可使滑板 5 横向进给。当夹具随工作台做纵向移动时，工件 8 即一面随工作台纵向移动一面随溜板 4 做横向移动，按照靠模板的形状加工出直线形曲线轮廓。

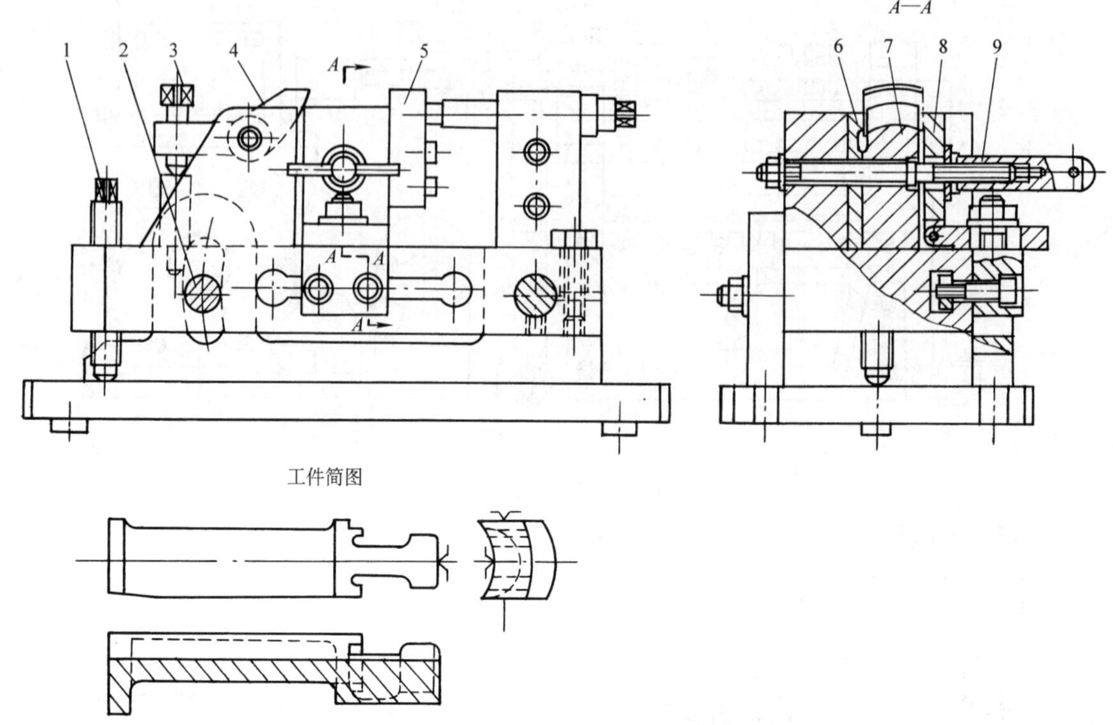

图 2.2-11 铣动叶片背弧的夹具

1、2、3—螺栓 4、8—压板 5—挡板 6—定位板 7—垫块 9—手柄

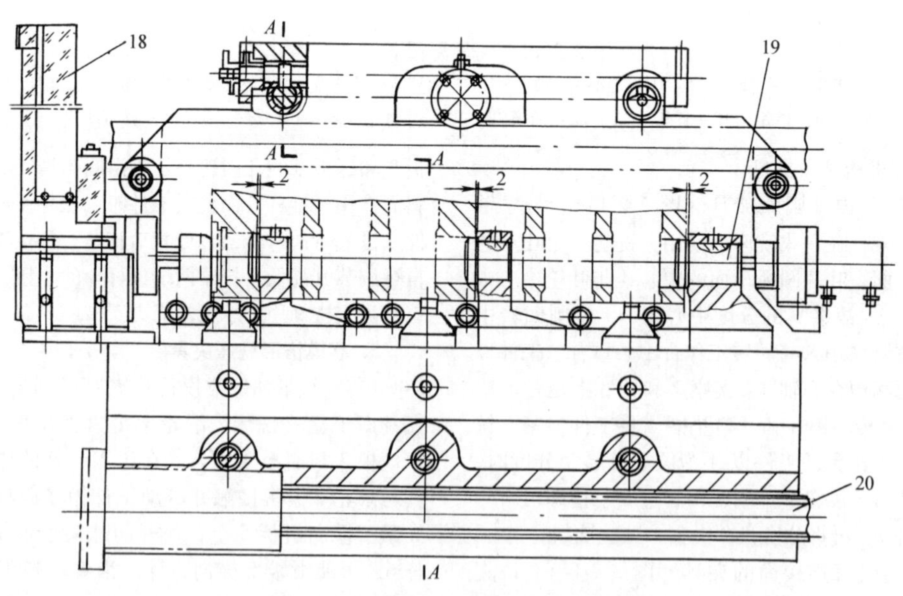

图 2.2-12 精铣气缸体顶平面的夹具

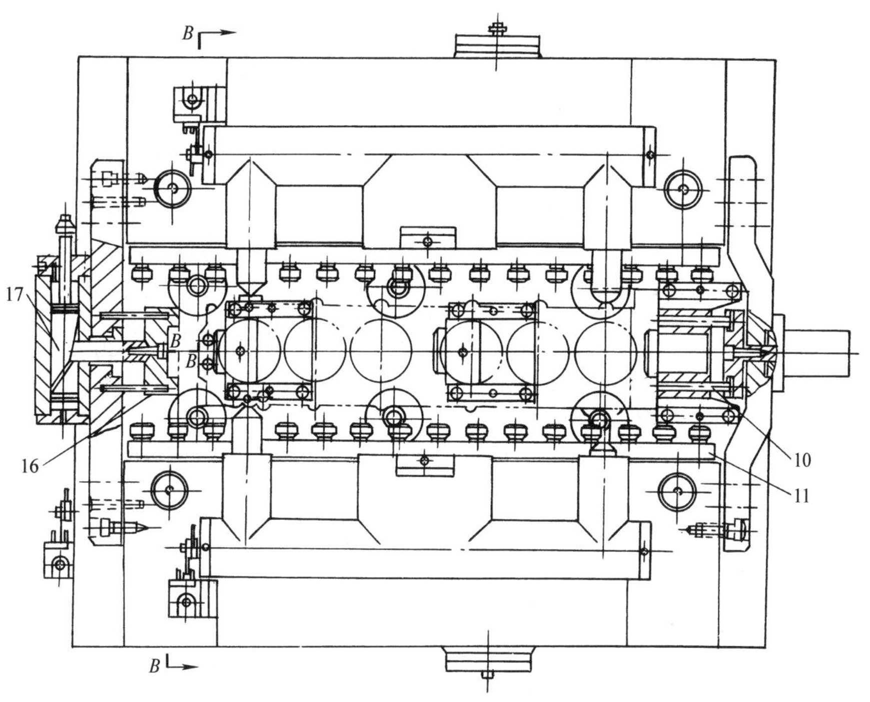

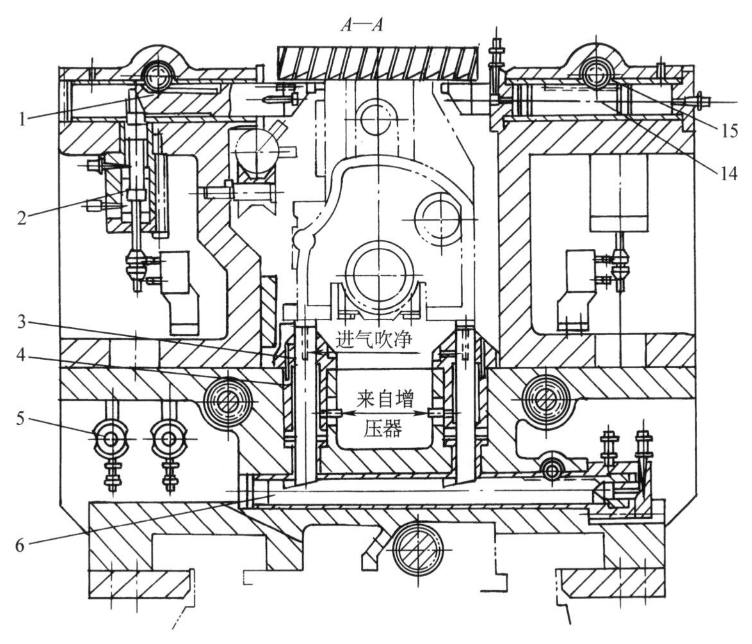

图 2.2-12 精铣气缸体顶平面的夹具（续）

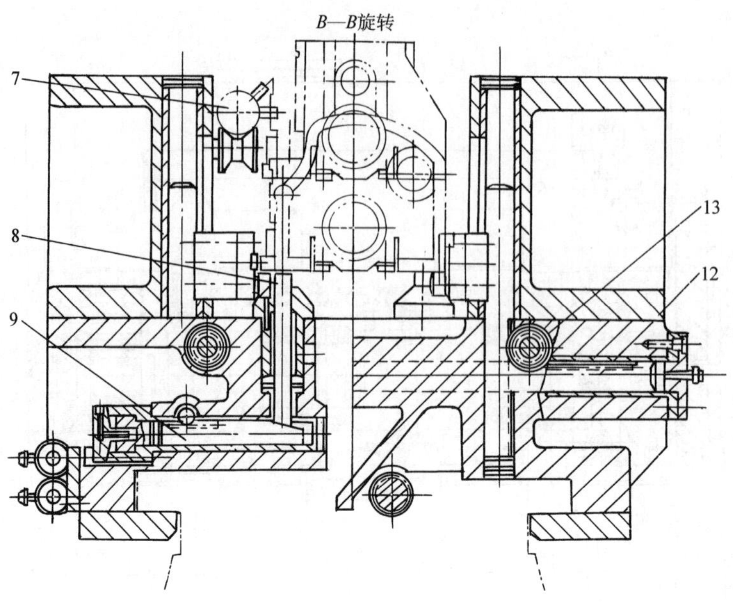

图 2.2-12 精铣气缸体顶平面的夹具（续）

1—夹紧杆 2、6、9、14、17—活塞 3、8—支承杆 4—抱紧套 5—增压器 7—输送杆 10—推杆 11—滚轮架 12—活塞杆 13—齿轮轴 15—轴齿轮 16—顶杆 18—气动检测仪 19—心轴 20—丝杠

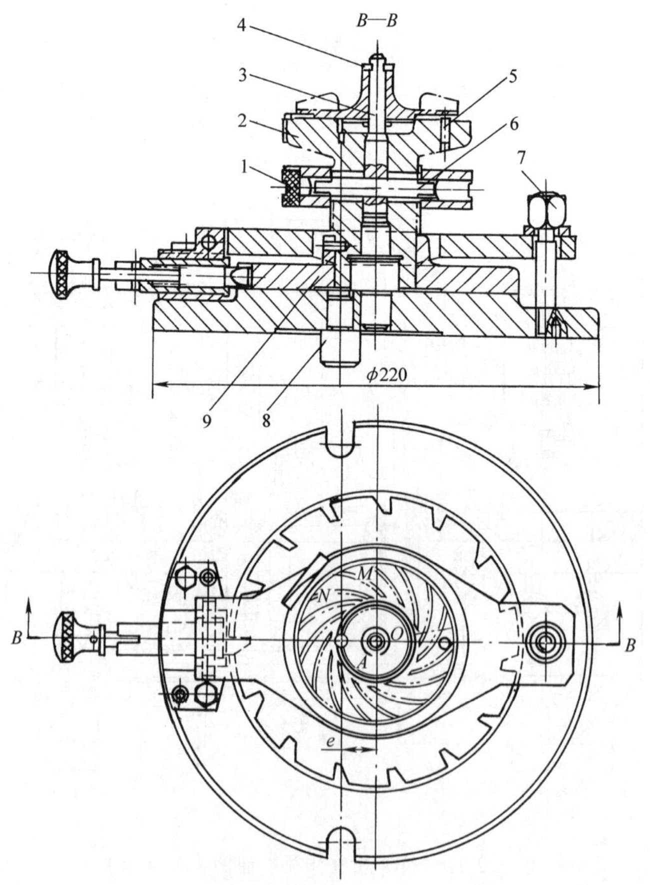

图 2.2-13 铣叶片内外圆弧的夹具

1、7—螺母 2—支座 3—心轴 4—开口垫圈 5—销 6—传动销 8—圆柱销 9—分度盘

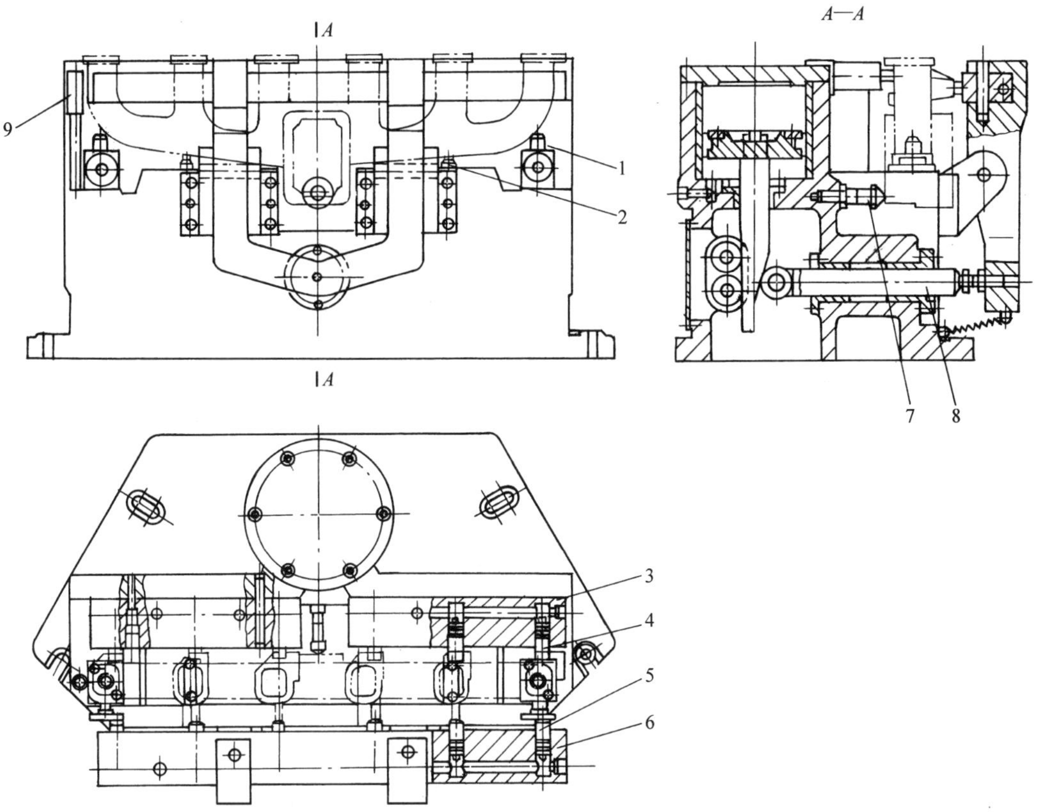

图 2.2-14 铣进气管连接面的夹具

1—顶杆 2—支承块 3—支承板 4、5—柱塞 6—压板 7—支承钉 8—推杆 9—支柱

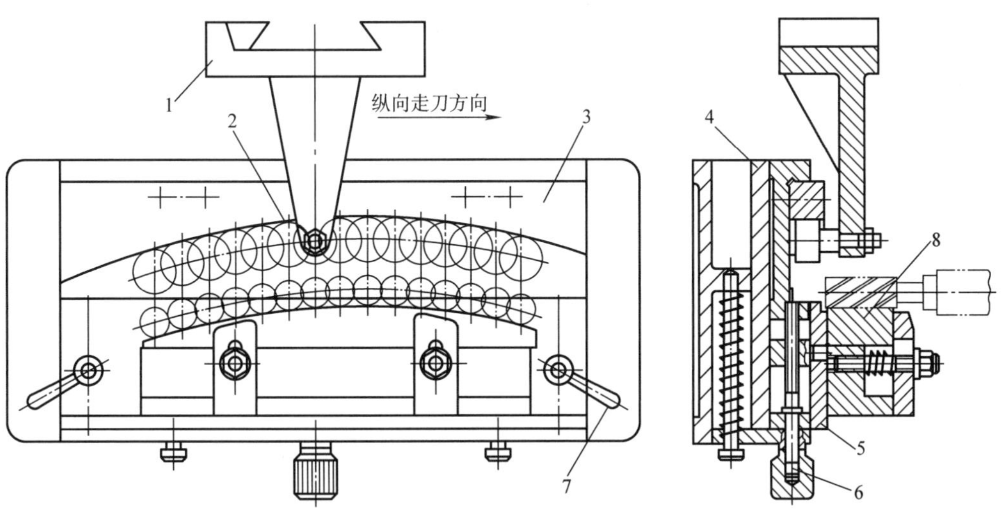

图 2.2-15 直线形曲线靠模仿形夹具

1—滚轮架 2—滚轮 3—靠模板 4—溜板 5—滑板 6—螺杆 7—球头手柄 8—工件

2）铣圆柱凸轮的夹具（图 2.2-16）。该夹具用于立式铣床，也可用于卧式铣床，铣削圆柱面凸轮和圆柱端面凸轮。工件以内孔安装在弹簧夹头 7 上，拧紧螺母 8，通过拉杆 6 使其定位胀紧。旋转蜗杆 4 上的手轮（图中未标示），通过键 5 带动心轴 3 旋转。在滚轮 1 和靠模 2 的作用下，心轴 3 带动工件一面旋转，一面做左右往复运动，铣出曲线轮廓。该夹具更换靠模 2、弹簧夹头 7，可进行不同工件的加工。

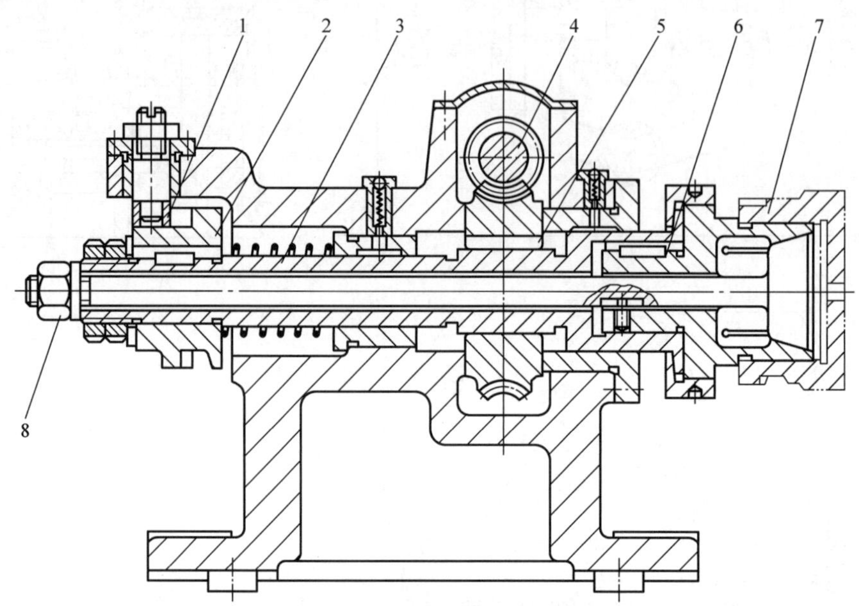

图 2.2-16　铣圆柱凸轮的夹具

1—滚轮　2—靠模　3—心轴　4—蜗杆　5—键　6—拉杆　7—弹簧夹头　8—螺母

2.3　铣刀及其辅具

2.3.1　铣刀类型、几何参数与规格

1. 铣刀的类型与用途

铣刀是刀齿分布在旋转表面上或端面上的多刃刀具，用于铣削平面、台阶面、沟槽、成形表面及切断等。铣刀类型和用途见表 2.3-1。

2. 铣刀的几何参数

铣刀的几何参数主要是指铣刀切削部分的角度，如图 2.3-1 所示。

3. 铣刀的规格（表 2.3-2~表 2.3-13）

表 2.3-1　铣刀类型和用途

铣刀名称		用　途
立铣刀		1. 铣削沟槽（包括螺旋槽）与工件上各种形状的孔 2. 铣削台阶面、凸台平面、侧面与工件上局部下凹小平面 3. 按照靠模形状铣削内外曲线表面 4. 铣削各种平板凸轮与圆柱凸轮
T 形槽铣刀		铣削 T 形槽
键槽铣刀		铣削键槽
半圆键槽铣刀		铣削半圆键槽
燕尾槽铣刀		铣削燕尾槽
槽铣刀		铣削螺钉与其他工件上的槽
锯片铣刀	粗齿	1. 切断（轻合金与有色金属）板料、棒料与各种型材 2. 铣削各种槽
	细齿	1. 切断（钢、铸铁）板料、棒料与各种型材 2. 铣削各种槽

（续）

铣刀名称		用途
三面刃铣刀	直齿	1. 铣削各种槽（优先选用错齿与镶齿） 2. 铣削台阶面 3. 铣削工件的侧面及其凸台平面
	错齿与镶齿	
圆柱形铣刀	粗齿	粗铣及半精铣平面
	细齿	
铲背成形铣刀	凹半圆铣刀	铣削 $R1\sim20$mm 的凸半圆成形面
	凸半圆铣刀	铣削 $R1\sim20$mm 的半圆槽与凹半圆成形面
	圆角铣刀	铣削 $R1\sim20$mm 的圆角与圆弧
角度铣刀	单角铣刀	1. 刀具开齿：铣削各种刀具的外圆齿槽与端面齿槽 2. 铣削各种锯齿形离合器与棘轮的齿形
	对称双角铣刀	1. 铣削各种 V 形槽 2. 铣削尖齿、梯形齿离合器的齿形
	不对称双角铣刀	刀具开齿：铣削各种刀具上的外圆直齿、斜齿与螺旋齿槽
盘形齿轮铣刀		铣削渐开线齿形
镶齿套式面铣刀	高速钢	粗铣与半精铣各种平面（铣削速度 $v\leqslant30$m/min）
	硬质合金	粗铣与精铣钢、铸铁、有色金属工件上的各种平面（优先选用）
模具铣刀		铣削各种模具凹、凸成形面

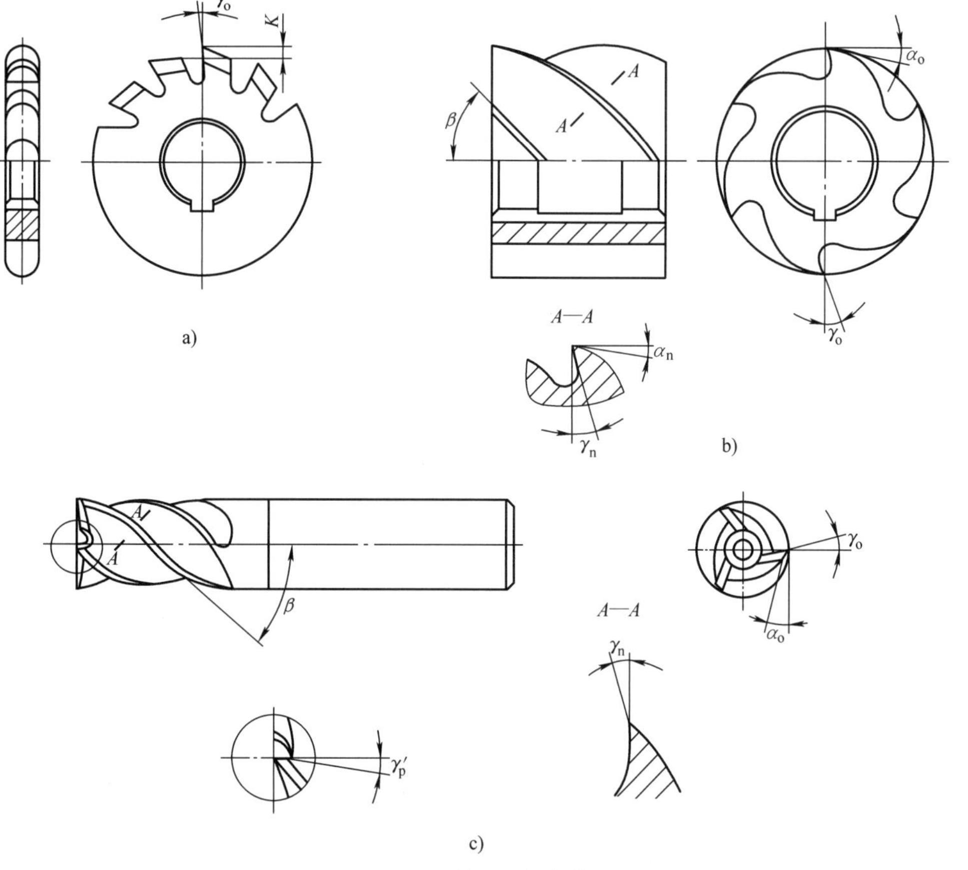

图 2.3-1 铣刀几何参数

a）凸半圆铣刀 b）圆柱形铣刀 c）立铣刀

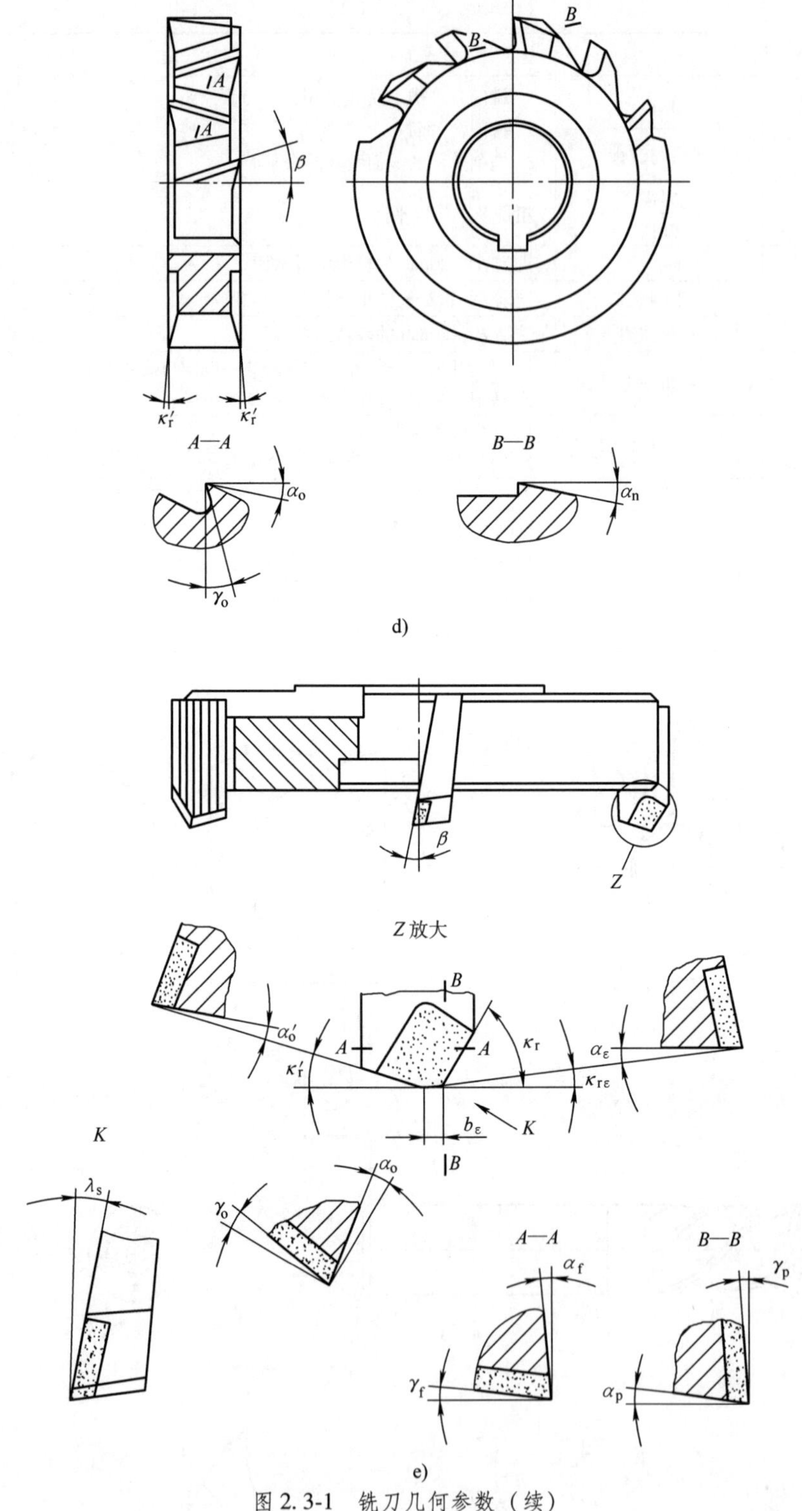

图 2.3-1 铣刀几何参数（续）

d）错齿三面刃铣刀 e）面铣刀

γ_o—前角 γ_p—切深前角 γ_f—进给前角 γ_n—法向前角 γ_p'—副切深前角 α_o—后角 α_o'—副后角 α_p—切深后角 α_f—进给后角 α_n—法向后角 α_ε—过渡刃后角 κ_r—主偏角 κ_r'—副偏角 $\kappa_{r\varepsilon}$—过渡刃偏角 λ_s—刃倾角 β—刀体上刀齿槽斜角 b_ε—过渡刃宽度 K—铲背量

表 2.3-2　立铣刀规格　（mm）

名称与简图	直径 d（js14）		总长 L（js18） 标准系列 Ⅰ型	标准系列 Ⅱ型	长系列 Ⅰ型	长系列 Ⅱ型	刃长 l（js18） 标准系列	长系列	莫氏圆锥号	齿数 粗齿	中齿	细齿
莫氏锥柄立铣刀（根据 GB/T 6117.2—2010）	6	—	83	—	94	—	13	24	1	3	4	—
	—	7	86		100		16	30				
	8	—	89		108		19	38				5
		9										
	10	11	92		115		22	45				
	12	14	96		123		26	53				
			111		138				2			
	16	18	117		148		32	63				6
	20	22	123		160		38	75				
			140		177				3			
	24	28	147		192		45	90				
	25											
	32	36	155		208		53	106		4	6	8
			178	201	231	254			4			
	40	45	188	211	250	273	63	125				
			221	249	283	311			5			
	50	—	200	223	275	298	75	150	4			
			233	261	308	336			5			
	—	56	200	223	275	298			4	6	8	10
			233	261	308	336			5			
	63	71	248	276	338	366	90	180				

名称与简图	直径 d（js14）		总长 L（js18） 标准系列	长系列	刃长 l（js18） 标准系列	长系列	7∶24 圆锥号	齿数 粗齿	中齿	细齿
7∶24 锥柄立铣刀（根据 GB/T 6117.3—2010）	25	28	150	195	45	90	30	3	4	6
	32	36	158	211	53	106		4	6	8
			188	241			40			
			208	261			45			
	40	45	198	260	63	125	40			
			218	280			45			
			240	302			50			
	50	—	210	285	75	150	40			
			230	305			45			
			252	327			50			
	—	56	210	285			40	6	8	10
			230	305			45			
			252	327			50			
	63	71	245	335	90	180	45			
			267	357			50			
	80	—	283	389	106	212				

（续）

名称与简图	主要参数			
	D(js16)	d(H7)	L(k16)	l($^{+1}_{0}$)
套式立铣刀(根据 GB/T 1114—2016) 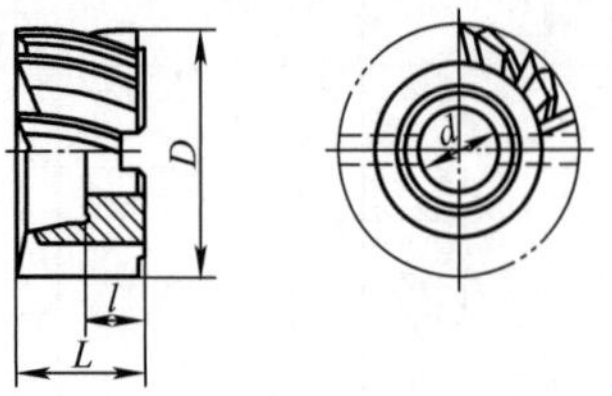	40	16	32	18
	50	22	36	20
	63	27	40	22
	80		45	
	100	32	50	25
	125	40	56	28
	160	50	63	31

名称与简图	d (js14)		d_1	L(js18) 标准系列	L(js18) 长系列	l(js18) 标准系列	l(js18) 长系列	齿数 粗齿	齿数 中齿	齿数 细齿
普通直柄立铣刀(根据 GB/T 6117.1—2010) 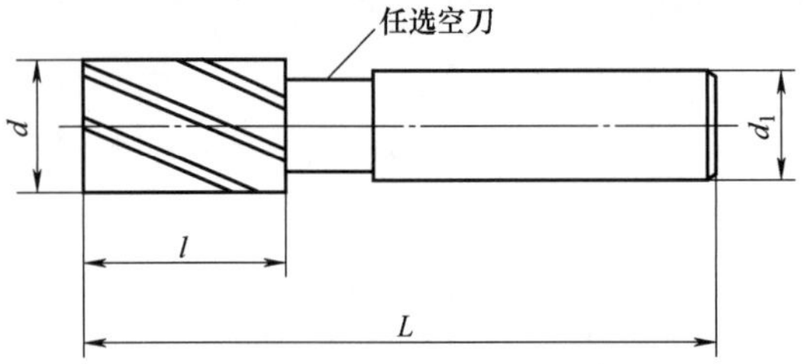 削平直柄立铣刀(根据 GB/T 6117.1—2010) 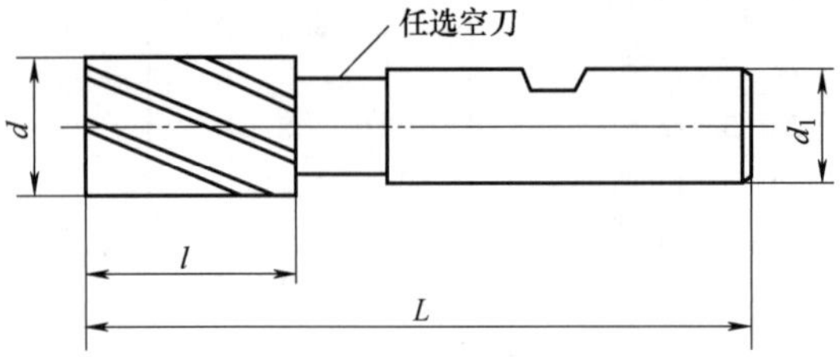 2°斜削平直柄立铣刀(根据 GB/T 6117.1—2010) 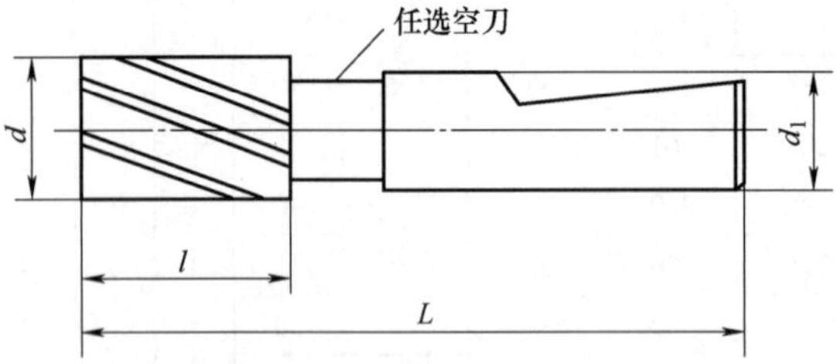 螺纹柄立铣刀(根据 GB/T 6117.1—2010) 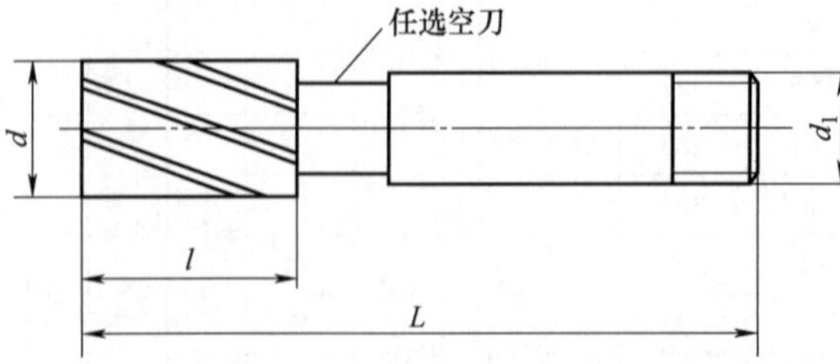 任选空刀	2	—	4	39	42	7	10	3	4	—
	2.5			40	44	8	12			
	3	—								
	—	3.5		42	47	10	15			
	4	—		43	51	11	19			
	—		5	45	53					
	5	—		47	58	13	24			
	6	—	6	57	68					
	—	7	8	60	74	16	30			
	8	—		63	82	19	38			
	—	9	10	69	88					5
	10	—		72	95	22	45			
	—	11	12	79	102					
	12	14		83	110	26	53			
	16	18	16	92	123	32	63	3	4	6
	20	22	20	104	141	38	75			
	24	28	25	121	166	45	90			
	25									
	32	36	32	133	186	53	106	4	6	8
	40	45	40	155	217	63	125			
	50	—	50	177	252	75	150			
	—	56						6	8	10
	63	—	50	192	282	90	180			
	—	71	63	202	292					

表 2.3-3　T 形槽铣刀规格　　　　（mm）

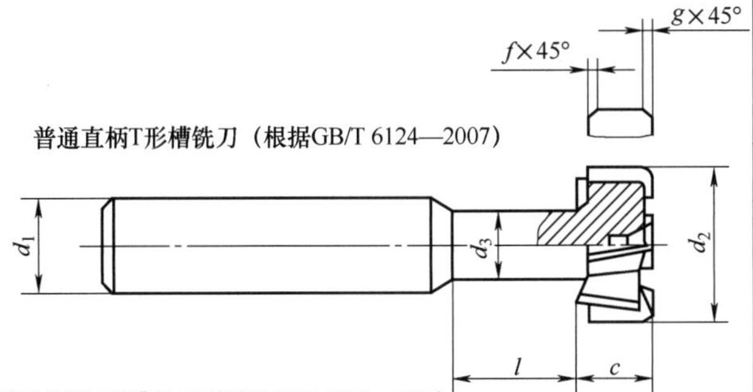

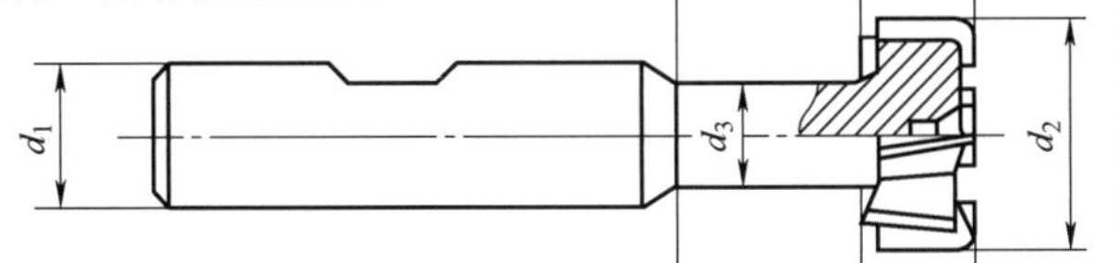

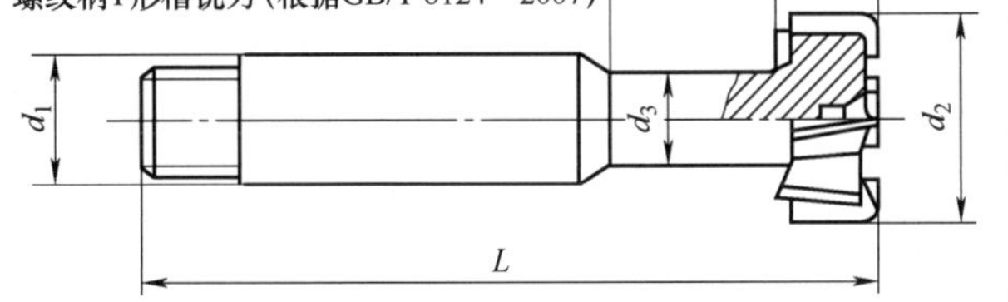

名称与简图	主要参数								
	d_2 h12	c h12	d_3 max	l $^{+1}_{0}$	$d_1$①	L js18	f max	g max	T 形槽宽度
普通直柄T形槽铣刀（根据GB/T 6124—2007） 削平直柄T形槽铣刀（根据GB/T 6124—2007） 螺纹柄T形槽铣刀（根据GB/T 6124—2007）	11	3.5	4	6.5	10	53.5	0.6	1	5
	12.5	6	5	7		57			6
	16	8	7	10		62			8
	18		8	13	12	70			10
	21	9	10	16		74			12
	25	11	12	17	16	82		1.6	14
	32	14	15	22		90	1		18
	40	18	19	27	25	108		2.5	22
	50	22	25	34	32	124			28
	60	28	30	43		139			36

① d_1 的公差（按照 GB/T 6131.1，GB/T 6131.2，GB/T 6131.4）；普通直柄适用 h8；削平直柄适用 h6；螺纹柄适用 h8。

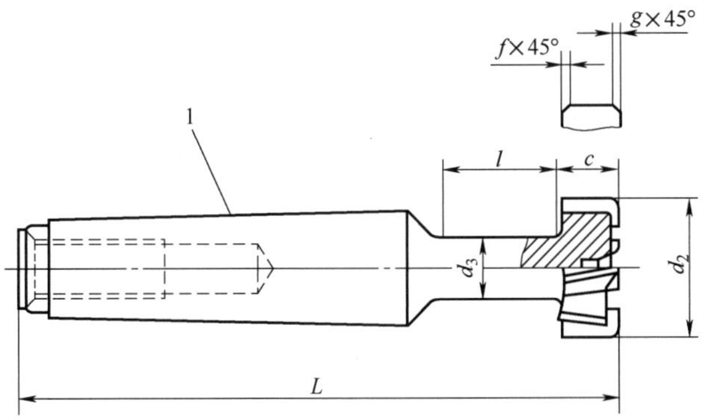

带螺纹孔的莫氏锥柄 T 形槽铣刀（根据 GB/T 6124—2007）	d_2 h12	c h12	d_3 max	l $^{+1}_{0}$	L	f max	g max	莫氏圆锥号	T 形槽宽度
	18	8	8	13	82	0.6	1	1	10
	21	9	10	16	98			2	12
	25	11	12	17	103		1.6		14
	32	14	15	22	111	1		3	18
	40	18	19	27	138		2.5	4	22
	50	22	25	34	173				28
	60	28	30	43	188				36
	72	35	36	50	229	1.6	4	5	42
1—莫氏圆锥。	85	40	42	55	240	2	6		48
注：倒角 f 和 g 可用相同尺寸的圆弧代替。	95	44	44	62	251				54

表 2.3-4 键槽铣刀规格 (mm)

名称与简图	d 公称尺寸	d 极限偏差 e8	d 极限偏差 d8	d_1 公称尺寸	l 短系列	l 标准系列	L 短系列	L 标准系列
直柄键槽铣刀 （包括普通直柄、削平直柄、2°斜削平直柄、螺纹柄四种） （根据 GB/T 1112—2012） 任选空刀 普通直柄键槽铣刀	2	−0.014 −0.018	−0.020 −0.034	3 4	4	7	36	39
	3				5	8	37	40
	4	−0.020 −0.038	−0.030 −0.048	4	7	11	39	43
	5			5	8	13	42	47
	6			6			52	57
	7	−0.025 −0.047	−0.040 −0.062	8	10	16	54	60
	8				11	19	55	63
	10			10	13	22	63	72
	12	−0.032 −0.059	−0.050 −0.077	12	16	26	73	83
	14			12 14				
	16			16	19	32	79	92
	18			16 18				
	20	−0.040 −0.073	−0.065 −0.098	20	22	38	88	104

名称与简图	d 公称尺寸	d 极限偏差 e8	d 极限偏差 d8	l 短系列	l 标准系列	L 短系列 Ⅰ	L 短系列 Ⅱ	L 标准系列 Ⅰ	L 标准系列 Ⅱ	莫氏圆锥号
莫氏锥柄键槽铣刀 （根据 GB/T 1112—2012） 莫氏圆锥 Ⅰ型 莫氏圆锥 Ⅱ型	10	−0.025 −0.047	−0.040 −0.062	13	22	83	—	92	—	1
	12	−0.032 −0.059	−0.050 −0.077	16	26	86		96		
						101		111		2
	14					86		96		1
						101		111		2
	16			19	32	104		117		
	18									
	20	−0.040 −0.073	−0.065 −0.098	22	38	107		123		
						124		140		3
	22					107		123		2
						124		140		3
	24			26	45	128		147		
	25									
	28									

（续）

名称与简图	主要参数									
	d			*l*		*L*				莫氏圆锥号
	公称尺寸	极限偏差		短系列	标准系列	短系列		标准系列		
		e8	d8	公称尺寸		公称尺寸				
						Ⅰ	Ⅱ	Ⅰ	Ⅱ	
莫氏锥柄键槽铣刀 （根据 GB/T 1112—2012） *d* *l* 莫氏圆锥 *L* Ⅰ型 *d* *l* 莫氏圆锥 *L* Ⅱ型	32	−0.050 −0.089	−0.080 −0.119	32	53	134	—	155	—	3
						157	180	178	201	4
	36					134	—	155	—	3
						157	180	178	201	4
	40			38	63	163	186	188	211	
						196	224	221	249	5
	45					163	186	188	211	4
						196	224	221	249	5
	50			45	75	170	193	200	223	4
						203	231	233	261	5
	56	−0.060 −0.106	−0.100 −0.146			170	193	200	223	4
						203	231	233	261	5
	63			53	90	211	239	248	276	

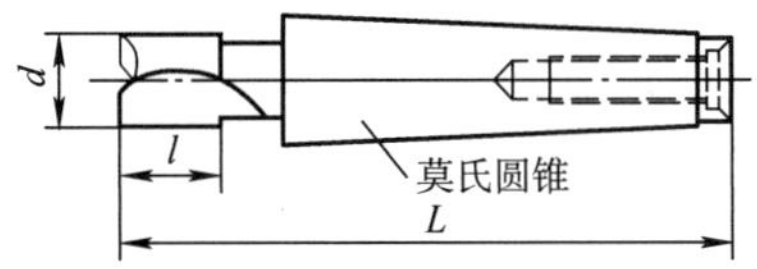

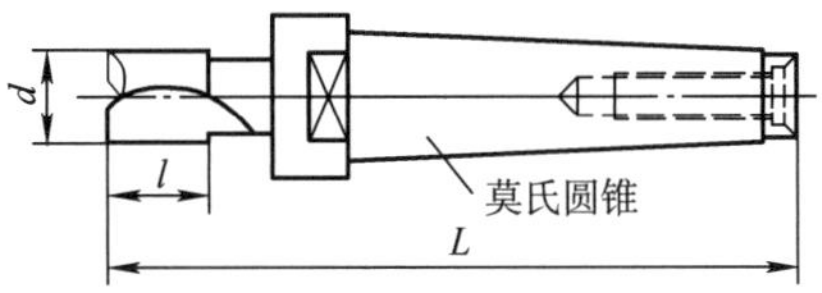

名称与简图	半圆键公称尺寸（按 GB/T 1098—2003）	*d*	*b*	*L*	d_1	铣刀型式	*β*
	宽×直径	公称尺寸（h11）	公称尺寸（e8）	公称尺寸（js18）	公称尺寸		
半圆键槽铣刀 （包括普通直柄、削平直柄、2°斜削平直柄、螺纹柄四种） （根据 GB/T 1127—2007） A型 *d* *b* *L* d_1 B型 *d* *b* *L* d_1 C型 *d* *β* *b* *L* d_1 普通直柄半圆键槽铣刀	1×4	4.5	1	50	6	A	0°
	1.5×7	7.5	1.5				
	2×7		2				
	2×10	10.5					
	2.5×10		2.5				
	3×13	13.5	3	55	10	B	
	3×16	16.5					
	4×16		4				
	5×16		5				
	4×19	19.5	4				
	5×19		5				
	5×22	22.5		60	12		
	6×22		6			C	12°
	6×25	25.5					
	8×28	28.5	8	65			
	10×32	32.5	10				

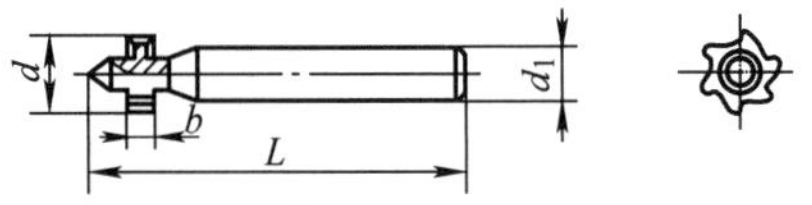

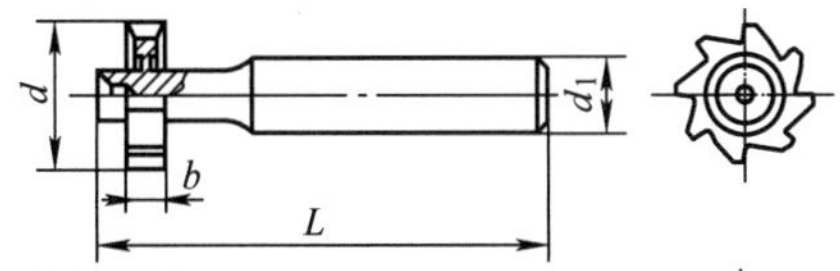

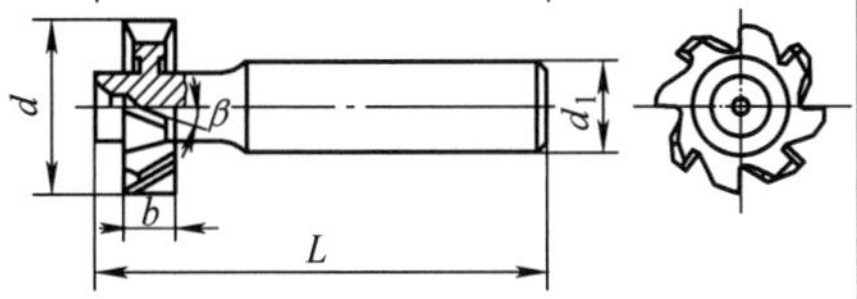

表 2.3-5　燕尾槽铣刀规格　　(mm)

名称与简图	主要参数					
	d_2 (js16)	α ±30′	d_1	l_1	l_2	
直柄反燕尾槽铣刀和直柄燕尾槽铣刀 （根据 GB/T 6338—2004） 燕尾槽铣刀　反燕尾槽铣刀	16	45°	12	4	60	d_1 公差： 普通直槽 h8 削平直柄 h6 螺纹柄 h8
	20			5	63	
	25			6.3	67	
	31.5		16	8	71	
	16	60°	12	6.3	60	
	20			8	63	
	25			10	67	
	31.5		16	12.5	71	

表 2.3-6　尖齿槽铣刀规格　　(mm)

名称与简图	主要参数			
	D(js16)	d(H7)	d_1(最小)	L(k8)
尖齿槽铣刀 （根据 GB/T 1119.1—2002）	50	16	27	4、5、6、8、10
	63	22	34	4、5、6、8、10、12、14
	80	27	41	5、6、8、10、12、14、16、18
	100	32	47	6、8、10、12、14、16、18、20、22、25
	125			8、10、12、14、16、18、20、22、25
	160	40	55	10、12、14、16、18、20、22、25、28、32
	200			12、14、16、18、20、22、25、28、32、36、40

名称与简图	d(js16)	D(H7)	L	齿数	
				粗齿	细齿
螺钉槽铣刀 （根据 GB/T 25674—2010）	40	13	0.25、0.3、0.4、0.5、0.6、0.8、1.0	72	90
	60	16	0.4、0.5、0.6、0.8、1.0、1.2、1.6、2.0、2.5	60	72
	75	22	0.6、0.8、1.0、1.2、1.6、2.0、2.5、3.0、4.0、5.0		

表 2.3-7　锯片铣刀规格　(mm)

名称与简图	主要参数					
	d(js16)	D(H7)	L(js11)	齿数		
				粗齿	中齿	细齿
锯片铣刀 (根据 GB/T 6120—2012)	32	8	0.2、0.25	—	—	100
			0.3、0.4、0.5		40	80
			0.6、0.8、1.0		32	64
			1.2、1.6、2		24	48
			2.5		20	40
	40	10	0.2	—	—	128
			0.3、0.4		48	100
			0.6、0.6、0.8		40	80
			1、1.2、1.6		32	64
			2、2.5、3		24	48
			4		20	40
	50	13	0.3		64	128
			0.4、0.5、0.6		48	100
			0.8、1、1.2	24	40	80
			1.6、2、2.5	20	32	64
			3、4、5	16	24	48
	63	16	0.3、0.4、0.5	—	64	128
			0.8、1	32	48	100
			1.2、1.6、2	24	40	800
			2.5、3、4	20	32	60
			5、6	16	24	48
	80	22	0.8	40	64	128
			1、1.2、1.6	32	48	100
			2、2.5、3	24	40	80
			4、5、6	20	32	64
	100	22	0.6	—	—	160
			0.8、1、1.2	40	64	128
			1.6、2、2.5	32	48	100
			3、4、5	24	40	80
			6	20	32	64
	125	22	1	48	80	160
			1.2、1.6、2	40	64	128
			2.5、3、4	32	48	100
			5、6	24	40	80
	160	32	1.2、1.6	48	80	160

（续）

名称与简图	主要参数					
	d(js16)	D(H7)	L(js11)	齿数		
				粗齿	中齿	细齿
锯片铣刀 （根据 GB/T 6120—2012）	160	32	2、2.5、3	40	64	128
			4、5、6	32	48	100
	200	32	1.6、2、2.5	48	80	160
			3、4、5	40	64	128
			6	32	48	100
	250	32	2	64	100	200
			2.5、3、4	48	80	160
			5、6	40	64	128
	315	40	2.5、3	64	100	200
			4、5、6	48	80	160

表 2.3-8　三面刃铣刀规格　（mm）

名称与简图	主要参数			
	d （js16）	D （H7）	d_1 min	L （K11）
直齿三面刃铣刀和错齿三面刃铣刀的键槽尺寸按 GB/T 6132 的规定。 直齿三面刃铣刀 （根据 GB/T 6119—2012） 错齿三面刃铣刀 （根据 GB/T 6119—2012）	50	16	27	4、5、6、8、10
	63	22	34	4、5、6、8、10、12、14、16
	80	27	41	5、6、8、10、12、14、16、18、20
	100	32	47	6、8、10、12、14、16、18、20、22、25
	125			8、10、12、14、16、18、20、22、25、28
	160	40	55	10、12、14、16、18、20、22、25、28、32
	200			12、14、16、18、20、22、25、28、32、36

表 2.3-9　铲背成形铣刀规格

(mm)

名称与简图	主要参数						
	R①	d (js16)	D (H7)	C	L②		
					GB/T 1124.2 凸半圆铣刀	GB/T 1124.1 凹半圆铣刀	GB/T 6122 圆角铣刀
凸半圆铣刀 (根据 GB/T 1124.1—2007)	1	50	16	0.2	2	6	4
	1.25				2.5		
	1.6			0.25	3.2	8	5
凹半圆铣刀 (根据 GB/T 1124.1—2007)	2				4	9	
	2.5	63	22	0.3	5	10	
	3				6	12	6
	4			0.4	8	16	8
	5			0.5	10	20	10
圆角铣刀 (根据 GB/T 6122—2017)	6	80	27	0.6	12	24	12
	8			0.8	16	32	16
	10	100	32	1.0	20	36	18
	12			1.2	24	40	20
	16	125		1.6	32	50	24
	20			2.0	40	60	28

① R 尺寸的极限偏差，对凸半圆铣刀为 k11，对凹半圆铣刀和圆角铣刀为 N11。

② L 尺寸的极限偏差，对凸半圆铣刀为 $^{+0.30}_{0}$ mm，对凹半圆铣刀和圆角铣刀为 js16。

表 2.3-10　角度铣刀规格

(mm)

名称与简图	主要参数				
	d(js16)	D(H7)	θ	L(js16)	齿数
单角铣刀 (根据 GB/T 6128.1—2007)	40	13	45°、50°、55°、60°	8	18
			65°、70°、75°、80°、85°、90°	10	
	50	16	45°、50°、55°、60°、65°、70°、75°、80°、85°、90°	13	20
	63	22	18°	6	
			22°	7	
			25°	8	
			30°、40°	9	
			45°、50°、55°、60°、65°、70°	16	
			75°、80°、85°、90°	20	
	80		18°	10	22
			22°	12	
			25°	13	
			30°、40°	15	

（续）

名称与简图	主要参数					
	d(js16)	D(H7)	θ		L(js16)	齿数
单角铣刀 （根据 GB/T 6128.1—2007） θ(±20′)	80	27	45°、50°、55°、60°、65°、70°		22	22
			75°、80°、85°、90°		24	
	100	32	18°		12	24
			22°		14	
			25°		16	
			30°、40°		18	
对称双角铣刀 （根据 GB/T 6128.2—2007） θ(±30′)	50	16	45°		8	20
			60°		10	
			90°		14	
	63	22	18°		5	
			22°		6	
			25°		7	
			30°、40°		8	
			45°、50°		10	
			60°		14	
			90°		20	
	80	27	18°		8	22
			22°		10	
			25°		11	
			30°、40°、45°		12	
			60°		18	
			90°		22	
	100	32	18°		10	24
			22°		12	
			25°		13	
			30°、40°		14	
			45°		18	
			60°		25	
			90°		32	
不对称双角铣刀 （根据 GB/T 6128.1—2007）	40	13	55°、60°、65°	δ	6	18
			70°、75°	15°	8	
			80°、85°		10	
			90°	20°		
			100°	25°	13	
	50	16	55°、60°、65°	15°	8	
			70°、75°		10	
			80°、85°		13	
			90°	20°	16	20

（续）

名称与简图	主要参数					
	d(js16)	D(H7)	θ	δ	L(js16)	齿数
不对称双角铣刀 （根据 GB/T 6128.1—2007）	50	16	100°	25°	16	20
	63	22	55°、60°、65°	15°	10	
			70°、75°		13	
			80°、85°		16	
			90°	20°		
			100°	25°		
	80	27	50°、55°	15°	13	22
			60°、65°		16	
			70°、75°、80°		20	
			85°		24	
			90°	20°		
	100	32	50°、55°	15°	20	24
			60°、65°		24	
			70°、75°、80°		30	

表 2.3-11　盘形齿轮铣刀规格　（mm）

GB/T 28247—2012

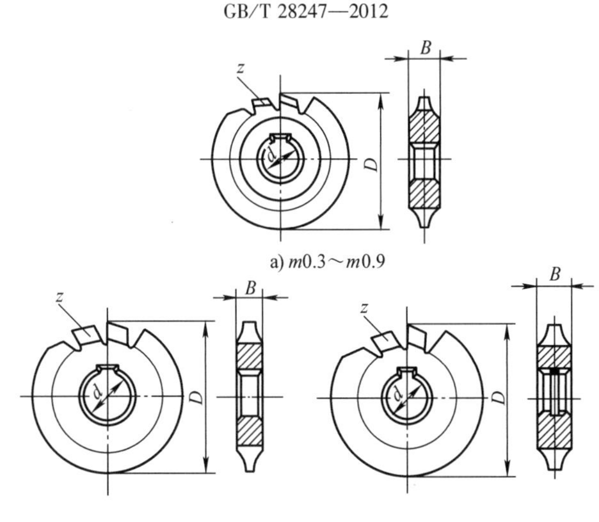

a) $m0.3 \sim m0.9$

b) $m1 \sim m6.5$　　c) $m7 \sim m16$

模数系列		d	D	B															齿数 z	铣切深度
				铣刀号																
1	2			1	$1\frac{1}{2}$	2	$2\frac{1}{2}$	3	$3\frac{1}{2}$	4	$4\frac{1}{2}$	5	$5\frac{1}{2}$	6	$6\frac{1}{2}$	7	$7\frac{1}{2}$	8		
0.30		40	16	4		4		4		4		4		4		4		4	20	0.66
	0.35																			0.77
0.40																				0.88
0.50																			18	1.10

（续）

模数系列		d	D	B															齿数 z	铣切深度
				铣刀号																
1	2			1	$1\frac{1}{2}$	2	$2\frac{1}{2}$	3	$3\frac{1}{2}$	4	$4\frac{1}{2}$	5	$5\frac{1}{2}$	6	$6\frac{1}{2}$	7	$7\frac{1}{2}$	8		
0.60		40	16	4		4		4		4		4		4		4		4	18	1.32
	0.70																		16	1.54
0.80																				1.76
	0.90																			1.98
1.00		50	22																14	2.20
1.25				4.8		4.6		4.4		4.2		4.1		4.0		4.0		4.0		2.75
1.5		55		5.6		5.4		5.2		5.1		4.9		4.7		4.5		4.2		3.30
2.00	1.75	60		6.5		6.3		6.0		5.8		5.6		5.4		5.2		4.9	12	3.85
				7.3		7.1		6.8		6.6		6.3		6.1		5.9		5.5		4.40
	2.25			8.2		7.9		7.6		7.3		7.1		6.8		6.5		6.1		4.95
2.50		65		9.0		8.7		8.4		8.4		7.8		7.5		7.2		6.8		5.50
3.00	2.75	70	27	9.9	—	9.6	—	9.2	—	8.8	—	8.5	—	8.2	—	7.9	—	7.4		6.05
				10.7		10.4		10.0		9.3		9.2		8.9		8.5		8.1		6.60
	3.25	75		11.5		11.2		10.7		10.3		9.9		9.6		9.3		8.8		7.15
	3.50			12.4		12.0		11.5		11.1		10.7		10.3		9.9		9.4		7.70
	3.75	80		13.3		12.8		12.3		11.9		11.4		11.0		10.5		10.0		8.25
4.00	4.50			14.1		13.7		13.1		12.6		12.2		11.7		11.2		10.7		8.80
				15.3		14.9		14.4		13.9		13.6		13.1		12.6		12.0		9.90
5.00		90	32	16.8		16.3		15.8		15.4		14.9		14.5		13.9		13.2	11	11.00
	5.50	95		18.4		17.9		17.3		16.7		16.3		15.8		15.3		14.5		12.10
6.00		100		19.9		19.4		18.8		18.1		17.6		17.1		16.4		15.7		13.20
	6.50	105		21.4		20.8		20.2		19.4		19.0		18.4		17.8		17.0		14.30
	7.00			22.9		22.3		21.6		20.9		20.3		19.7		19.0		18.2		15.40
8.00		110		26.1		25.3		24.4		23.7		23.0		22.3		21.5		20.7		17.60
	9.00	115		29.2	28.7	28.3	28.1	27.6	27.0	26.6	26.1	25.9	25.4	25.1	24.7	24.3	23.9	23.3	10	19.80
10		120		32.2	31.7	31.2	31.0	30.4	29.8	29.3	28.7	28.5	28.0	27.6	27.2	26.7	26.3	25.7		22.00
	11	135	40	35.3	34.8	34.3	34.0	33.3	32.7	32.1	31.5	31.3	30.7	30.3	29.9	29.3	28.9	28.2		24.20
12		145		38.3	37.7	37.2	36.9	36.1	35.5	35.0	34.3	34.0	33.4	33.0	32.4	31.7	31.3	30.6		26.40
	14	160		44.7	44.0	42.4	43.0	42.1	41.3	40.6	39.8	39.5	38.8	38.4	37.7	37.0	36.3	35.5		30.80
16		170		50.7	49.9	49.3	48.7	47.8	46.8	46.1	45.1	44.8	44.0	43.5	42.8	41.9	41.3	40.3		35.20

表 2.3-12　平面铣刀规格　　(mm)

名称与简图	主要参数					
镶齿套式面铣刀 (根据 JB/T 7954—2013)	D (js16)	D_1	d (H7)	L (js16)	L_1	齿数
	80	70	27	36	30	10
	100	90	32	40	34	
	125	115	40			14
	160	150	50	45	37	16
	200	186				20
	250	236				26

名称与简图	主要参数		
圆柱形铣刀 (根据 GB/T 1115—2022)	D (js16)	d (H7)	L (js16)
	50	22	40、63、80
	63	27	50、70
	80	32	63、100
	100	40	70、125

表 2.3-13　模具铣刀规格　　(mm)

直柄圆柱形球头立铣刀

(根据 GB/T 20773—2006)

柄部尺寸与公差按 GB/T 6131.1、GB/T 6131.2 的规定。

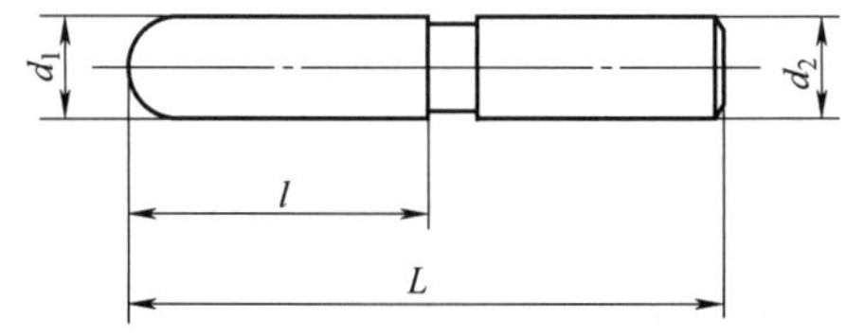

普通直柄圆柱形球头立铣刀

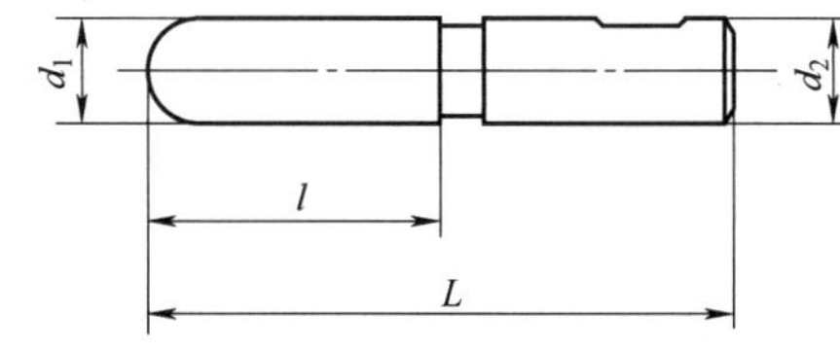

削平直柄圆柱形球头立铣刀

d_1 js12	d_2	l js16		L js16	
		标准型	长型	标准型	长型
4	4	11	19	43	51
5	5	13	24	47	58
6	6			57	68
8	8	19	38	63	82

（续）

<table>
<tr><th rowspan="2">d_1
js12</th><th rowspan="2">d_2</th><th colspan="2">l
js16</th><th colspan="2">L
js16</th></tr>
<tr><th>标准型</th><th>长型</th><th>标准型</th><th>长型</th></tr>
<tr><td>10</td><td>10</td><td>22</td><td>45</td><td>72</td><td>95</td></tr>
<tr><td>12</td><td>12</td><td>26</td><td>53</td><td>83</td><td>110</td></tr>
<tr><td>16</td><td>16</td><td>32</td><td>63</td><td>92</td><td>123</td></tr>
<tr><td>20</td><td>20</td><td>38</td><td>75</td><td>104</td><td>141</td></tr>
<tr><td>25</td><td>25</td><td>45</td><td>90</td><td>121</td><td>166</td></tr>
<tr><td>32</td><td>32</td><td>53</td><td>106</td><td>133</td><td>186</td></tr>
<tr><td>40</td><td>40</td><td>63</td><td>125</td><td>155</td><td>217</td></tr>
<tr><td>50</td><td rowspan="2">50</td><td>75</td><td>150</td><td>177</td><td>252</td></tr>
<tr><td>63</td><td>90</td><td>180</td><td>192</td><td>282</td></tr>
</table>

注：1. d_2 的公差：普通直柄 h8，削平直柄 h6。

2. 削平直柄的柄部直径大于或等于 6mm。

莫氏锥柄圆柱形球头立铣刀

（根据 GB/T 20773—2006）

柄部尺寸与公差按 GB/T 1443、GB/T 4133 的规定。

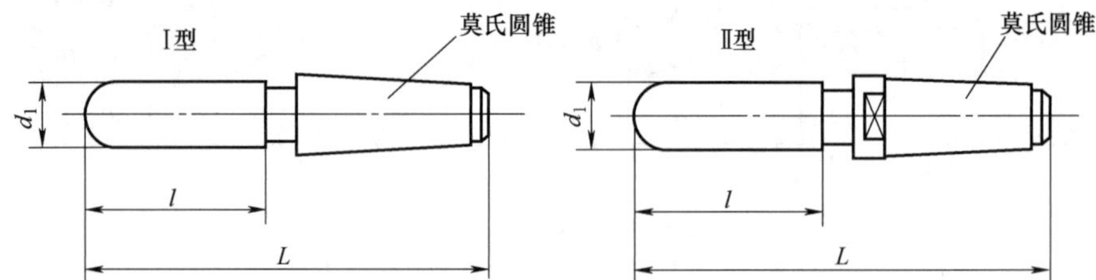

<table>
<tr><th rowspan="3">d_1
js12</th><th colspan="2">l
js16</th><th colspan="4">L
js16</th><th rowspan="3">莫氏圆锥号</th></tr>
<tr><th rowspan="2">标准型</th><th rowspan="2">长型</th><th colspan="2">标准型</th><th colspan="2">长型</th></tr>
<tr><th>Ⅰ</th><th>Ⅱ</th><th>Ⅰ</th><th>Ⅱ</th></tr>
<tr><td>16</td><td>32</td><td>63</td><td>117</td><td>—</td><td>148</td><td>—</td><td rowspan="2">2</td></tr>
<tr><td>20</td><td>38</td><td>75</td><td>123</td><td>—</td><td>160</td><td>—</td></tr>
<tr><td>25</td><td>45</td><td>90</td><td>147</td><td>—</td><td>192</td><td>—</td><td rowspan="2">3</td></tr>
<tr><td rowspan="2">32</td><td rowspan="2">53</td><td rowspan="2">106</td><td>155</td><td>—</td><td>208</td><td>—</td></tr>
<tr><td>178</td><td>201</td><td>231</td><td>254</td><td rowspan="2">4</td></tr>
<tr><td rowspan="2">40</td><td rowspan="2">63</td><td rowspan="2">125</td><td>188</td><td>211</td><td>250</td><td>273</td></tr>
<tr><td>221</td><td>249</td><td>283</td><td>311</td><td>5</td></tr>
<tr><td rowspan="2">50</td><td rowspan="2">75</td><td rowspan="2">150</td><td>200</td><td>223</td><td>275</td><td>298</td><td>4</td></tr>
<tr><td>233</td><td>261</td><td>308</td><td>336</td><td rowspan="2">5</td></tr>
<tr><td>63</td><td>90</td><td>180</td><td>248</td><td>276</td><td>338</td><td>366</td></tr>
</table>

（续）

直柄圆锥形立铣刀、圆锥形球头立铣刀

（根据 GB/T 20773—2006）

柄部尺寸与公差按 GB/T 6131.1、GB/T 6131.2 的规定。

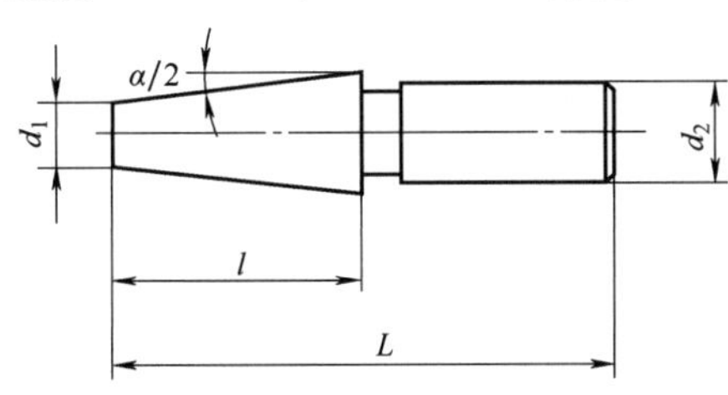

普通直柄圆锥形立铣刀

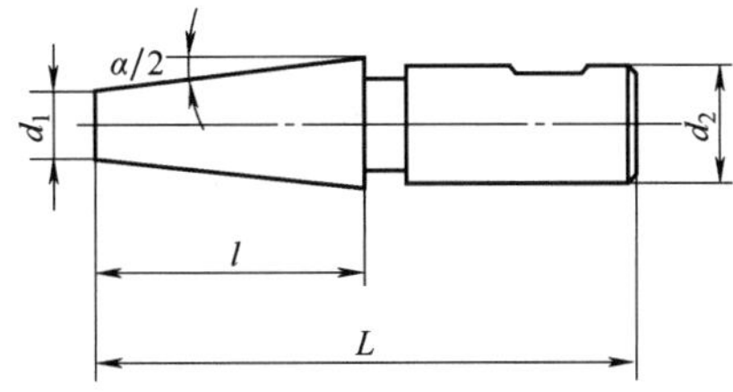

削平直柄圆锥形立铣刀

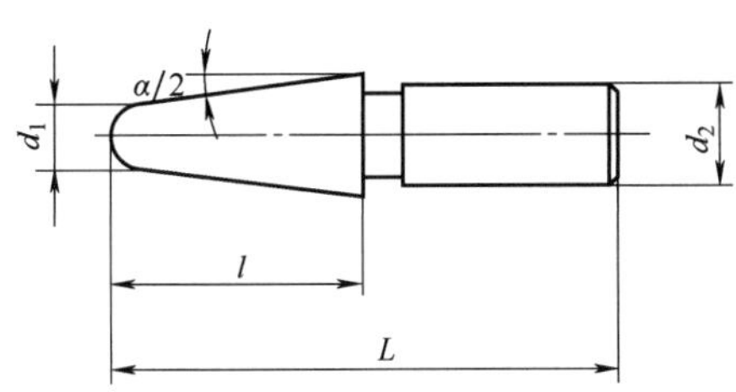

普通直柄圆锥形球头立铣刀

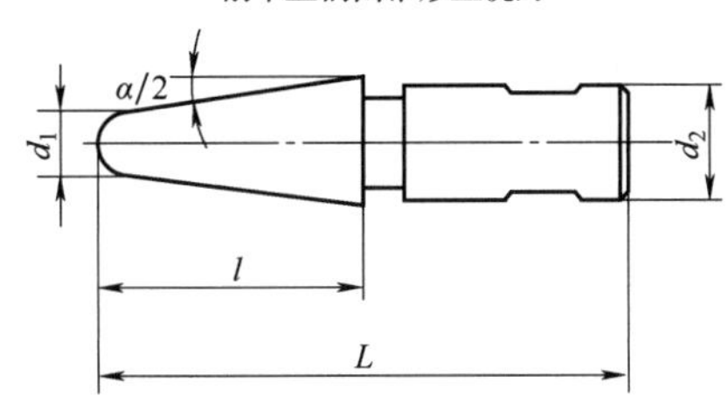

削平直柄圆锥形球头立铣刀

<table>
<tr><th rowspan="2">$\alpha/2$</th><th rowspan="2">d_1
k12</th><th colspan="3">短型</th><th colspan="3">标准型</th><th colspan="3">长型</th></tr>
<tr><th>d_2</th><th>l
js16</th><th>L
js16</th><th>d_2</th><th>l
js16</th><th>L
js16</th><th>d_2</th><th>l
js16</th><th>L
js16</th></tr>
<tr><td rowspan="6">3°
（2°52′）</td><td>6</td><td>（10）</td><td>（40）</td><td>（95）</td><td>10</td><td>63</td><td>115</td><td>—</td><td>—</td><td>—</td></tr>
<tr><td>8</td><td>12</td><td>45</td><td>105</td><td>（16）</td><td>（80）</td><td>（138）</td><td>—</td><td>—</td><td>—</td></tr>
<tr><td>（10）</td><td rowspan="2">16</td><td rowspan="2">50</td><td rowspan="2">109</td><td>16</td><td rowspan="2">80</td><td rowspan="2">140</td><td>—</td><td>—</td><td>—</td></tr>
<tr><td>12</td><td>20</td><td>25</td><td>130</td><td>200</td></tr>
<tr><td>16</td><td>20</td><td>56</td><td>120</td><td rowspan="2">25</td><td>90</td><td>160</td><td>32</td><td>160</td><td>235</td></tr>
<tr><td>20</td><td>25</td><td>63</td><td>135</td><td>100</td><td>170</td><td>—</td><td>—</td><td>—</td></tr>
<tr><td rowspan="8">5°
（5°43′）</td><td>（2.5）</td><td rowspan="2">10</td><td>37.5</td><td>85</td><td>—</td><td>—</td><td>—</td><td>—</td><td>—</td><td>—</td></tr>
<tr><td>4</td><td rowspan="2">40</td><td>90</td><td rowspan="2">16</td><td rowspan="2">63</td><td rowspan="2">125</td><td>20</td><td>90</td><td>150</td></tr>
<tr><td>6</td><td>12</td><td>95</td><td rowspan="2">25</td><td rowspan="2">100</td><td rowspan="2">170</td></tr>
<tr><td>8</td><td>16</td><td rowspan="3">45</td><td>103</td><td>20</td><td rowspan="3">71</td><td>135</td></tr>
<tr><td>（10）</td><td rowspan="2">20</td><td rowspan="2">106</td><td rowspan="2">25</td><td rowspan="2">140</td><td rowspan="3">32</td><td rowspan="3">125</td><td rowspan="3">200</td></tr>
<tr><td>12</td></tr>
<tr><td>16</td><td>25</td><td>50</td><td>120</td><td rowspan="2">32</td><td>80</td><td>155</td></tr>
<tr><td>20</td><td>32</td><td>63</td><td>140</td><td>100</td><td>175</td><td>（32）</td><td>（160）</td><td>（235）</td></tr>
<tr><td rowspan="5">7°
（7°07′）</td><td>4</td><td>—</td><td>—</td><td>—</td><td>16</td><td>50</td><td>109</td><td>—</td><td>—</td><td>—</td></tr>
<tr><td>6</td><td>—</td><td>—</td><td>—</td><td rowspan="2">20</td><td rowspan="2">56</td><td rowspan="2">120</td><td>25</td><td>90</td><td>160</td></tr>
<tr><td>8</td><td>—</td><td>—</td><td>—</td><td rowspan="3">32</td><td>100</td><td>175</td></tr>
<tr><td>（10）</td><td>—</td><td>—</td><td>—</td><td rowspan="2">25</td><td rowspan="2">63</td><td rowspan="2">135</td><td rowspan="2">112</td><td rowspan="2">185</td></tr>
<tr><td>12</td><td>—</td><td>—</td><td>—</td></tr>
</table>

（续）

<table>
<tr><th rowspan="2">$\alpha/2$</th><th rowspan="2">d_1
k12</th><th colspan="3">短型</th><th colspan="3">标准型</th><th colspan="3">长型</th></tr>
<tr><th>d_2</th><th>l
js16</th><th>L
js16</th><th>d_2</th><th>l
js16</th><th>L
js16</th><th>d_2</th><th>l
js16</th><th>L
js16</th></tr>
<tr><td rowspan="6">10°
（9°28′）</td><td>（2.5）</td><td>12</td><td>31.5</td><td>85</td><td>—</td><td>—</td><td>—</td><td>—</td><td>—</td><td>—</td></tr>
<tr><td>4</td><td>16</td><td>36</td><td>93</td><td>20</td><td>56</td><td>120</td><td>32</td><td>90</td><td>165</td></tr>
<tr><td>6</td><td>20</td><td>42</td><td>106</td><td>25</td><td>63</td><td>135</td><td rowspan="2">（32）</td><td>（102）</td><td>（175）</td></tr>
<tr><td>8</td><td>25</td><td>50</td><td>120</td><td>32</td><td>71</td><td>145</td><td>（112）</td><td>（185）</td></tr>
<tr><td>（10）</td><td rowspan="2">32</td><td rowspan="2">63</td><td rowspan="2">135</td><td>—</td><td>—</td><td>—</td><td>—</td><td>—</td><td>—</td></tr>
<tr><td>（12）</td><td>—</td><td>—</td><td>—</td><td>—</td><td>—</td><td>—</td></tr>
</table>

注：1. d_2 的公差：普通直柄 h8，削平直柄 h6。

2. 括号内的尺寸尽量不用。

3. 2°52′、5°43′、7°07′、9°28′是锥度 1∶20、1∶10、1∶8、1∶6 换算而得。

莫氏锥柄圆锥形立铣刀

（根据 GB/T 20773—2006）

柄部尺寸与公差按 GB/T 1443、GB/T 4133 的规定

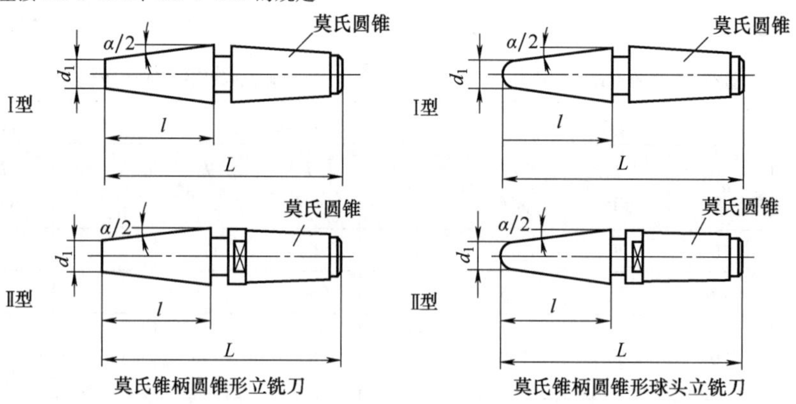

莫氏锥柄圆锥形立铣刀　　莫氏锥柄圆锥形球头立铣刀

<table>
<tr><th rowspan="2">$\alpha/2$</th><th rowspan="2">d_1
k12</th><th rowspan="2">l
js16</th><th colspan="2">L
js16</th><th rowspan="2">莫氏圆锥号</th></tr>
<tr><th>Ⅰ</th><th>Ⅱ</th></tr>
<tr><td rowspan="9">3°
（2°52′）</td><td>16</td><td>90</td><td>192</td><td>—</td><td rowspan="2">3</td></tr>
<tr><td rowspan="2">20</td><td rowspan="2">100</td><td>202</td><td>—</td></tr>
<tr><td>225</td><td>248</td><td>4</td></tr>
<tr><td rowspan="2">25</td><td rowspan="2">112</td><td>214</td><td>—</td><td>3</td></tr>
<tr><td>237</td><td>260</td><td rowspan="2">4</td></tr>
<tr><td rowspan="2">32</td><td rowspan="2">125</td><td>250</td><td>273</td></tr>
<tr><td>283</td><td>311</td><td>5</td></tr>
<tr><td rowspan="2">40</td><td rowspan="2">140</td><td>265</td><td>288</td><td>4</td></tr>
<tr><td>298</td><td>326</td><td>5</td></tr>
<tr><td rowspan="8">5°
（5°43′）</td><td rowspan="2">16</td><td rowspan="2">80</td><td>182</td><td>—</td><td>3</td></tr>
<tr><td>205</td><td>228</td><td>4</td></tr>
<tr><td rowspan="2">20</td><td rowspan="2">100</td><td>202</td><td>—</td><td>3</td></tr>
<tr><td>225</td><td>248</td><td rowspan="2">4</td></tr>
<tr><td rowspan="2">25</td><td rowspan="2">112</td><td>237</td><td>260</td></tr>
<tr><td>270</td><td>298</td><td>5</td></tr>
<tr><td rowspan="2">32</td><td rowspan="2">125</td><td>250</td><td>273</td><td>4</td></tr>
<tr><td>283</td><td>311</td><td>5</td></tr>
</table>

（续）

$\alpha/2$	d_1 k12	l js16	L js16 Ⅰ	 Ⅱ	莫氏圆锥号
7° （7°07′）	16	71	173	—	3
			196	219	4
	20	80	205	228	
			238	266	—
	25	90	215	238	4
			248	276	5
10° （9°28′）	16	80	205	228	4
			238	266	5
	20	90	215	238	4
			248	276	5
	25	100	225	248	4
			258	286	5

注：1. 括号内尺寸尽量不用。

2. 2°52′、5°43′、7°07′、9°28′是锥度 1∶20、1∶10、1∶8、1∶6 换算而得。

2.3.2　硬质合金可转位铣刀与刀片

可转位铣刀是将多边刃的硬质合金刀片直接夹固在铣刀刀体上（图 2.3-2），一个切削刃磨钝后，可直接在机床上通过回转刀片更换切削刃或更换刀片，不必拆卸铣刀，可以节省换刀时间，降低工具费用。

1. 可转位铣刀刀片的夹紧形式

可转位铣刀刀片的夹紧形式较多，常用形式见表 2.3-14。

2. 可转位铣刀的种类与规格

硬质合金可转位铣刀有立铣刀、三面刃铣刀和面铣刀，相应的可转位铣刀规格见表 2.3-15。

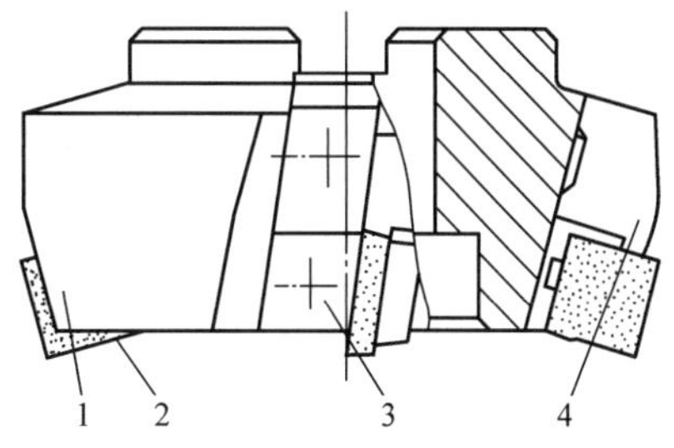

图 2.3-2　可转位铣刀的组成

1—刀体　2—刀片　3—楔块　4—刀垫

3. 可转位铣刀刀片（见表 2.3-16）

表 2.3-14　可转位铣刀刀片的夹紧形式

夹紧方法	结构简图	简要说明	夹紧方法	结构简图	简要说明
上压夹紧式		刀片由压板压紧在刀体槽内，结构简单，制造容易。刀片位置不可调整，尺寸精度差，大多用于立铣刀。压板形式有爪形、桥形或蘑菇头螺钉	螺钉夹紧		锥形沉头螺钉压紧，螺钉的轴线与刀片槽底面的法向有一定的倾角，旋紧螺钉时，其头部锥面将刀片压向刀片槽的底面及定位侧面 结构简单，适用于带孔的刀片

（续）

夹紧方法	结构简图	简要说明	夹紧方法	结构简图	简要说明
螺钉夹紧	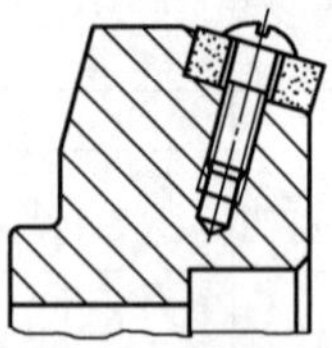	螺钉端面压紧，螺钉头部凸出于刀片之外，适用于带孔刀片	螺钉楔块夹紧	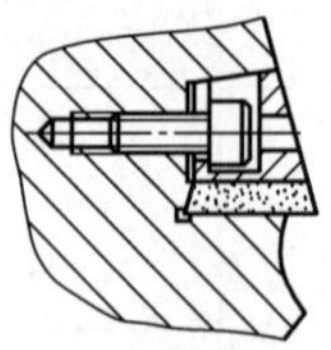	内六角螺钉楔块夹紧，楔块内部有T形槽，并承受切削力，要求夹紧力大 刀片前面定位，精度高，可省去刀垫，结构简单
弹性壁夹紧	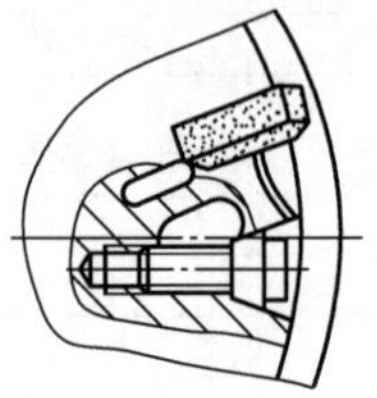	旋紧螺钉时，其头部锥体将刀体的弹性壁压向刀片面，将刀片压紧在刀片槽内 结构简单，便于制造；刚性差，易损坏	拉杆楔块夹紧	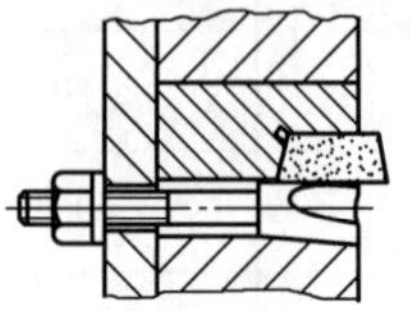	拧紧螺母，拉杆的楔块部位将刀片夹紧在刀体上，夹紧可靠、制造方便、结构紧凑，适用于密齿面铣刀
螺钉楔块夹紧	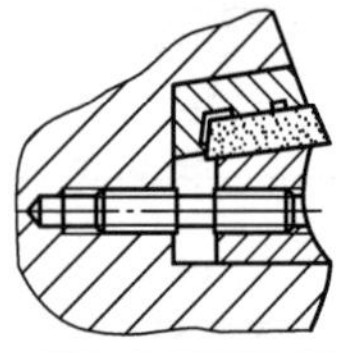	旋转左、右旋双头螺柱，靠楔块夹紧刀片	楔块弹簧夹紧	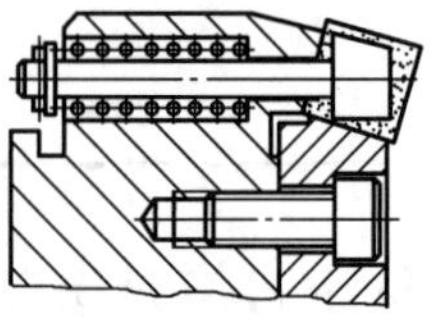	利用拉杆楔块和弹簧夹紧刀片，夹紧力稳定。压缩弹簧即可松开和更换刀片，结构紧凑，适用于密齿面铣刀

表 2.3-15　可转位铣刀规格

（mm）

名称与简图	D(js14)	d_1(h6)	L	参考值 l 最大
削平直柄立铣刀 （根据 GB/T 5340.1—2006） 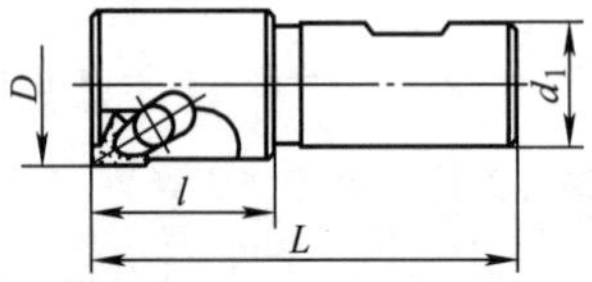	12、14	12	70	20
	16、18	16	75	25
	20	20	82	30
	25	25	96	38
	32	32	100	
	40、50		110	48
莫氏锥柄立铣刀 （根据 GB/T 5340.2—2006） 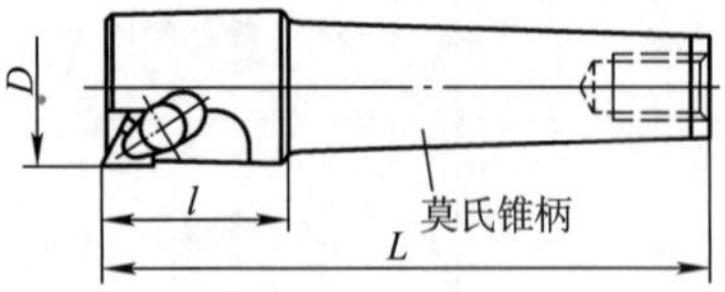	12、14	莫氏锥柄号 2	90	20
	16、18		94	25
	20	莫氏锥柄号 3	116	30
	25、32		124	38
	40、50	莫氏锥柄号 4	157	48
可转位三面刃铣刀 （根据 GB/T 5341.1—2006） 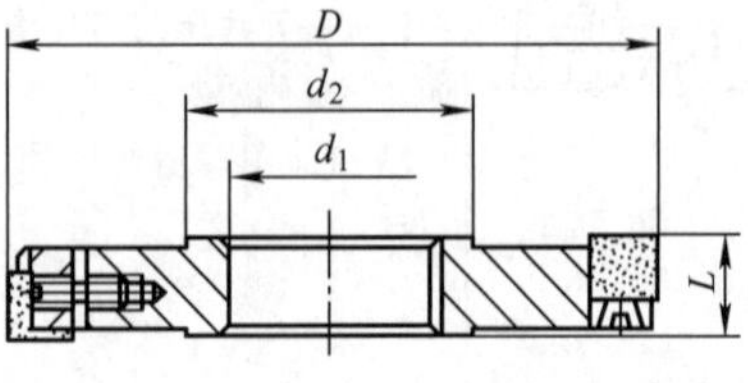	D(js16)	L	d_1(H7)	d_2 最小
	80	10	27	41
	100	10、12	32	47
	125	12、16	40	55
	160	16、20		
	200	20、25	50	69

（续）

名称与简图	D(js14)	L(h16)	莫氏锥柄号	l（参考）
莫氏锥柄面铣刀（根据 GB/T 5342.2—2006）	63	157	4	48
	80			

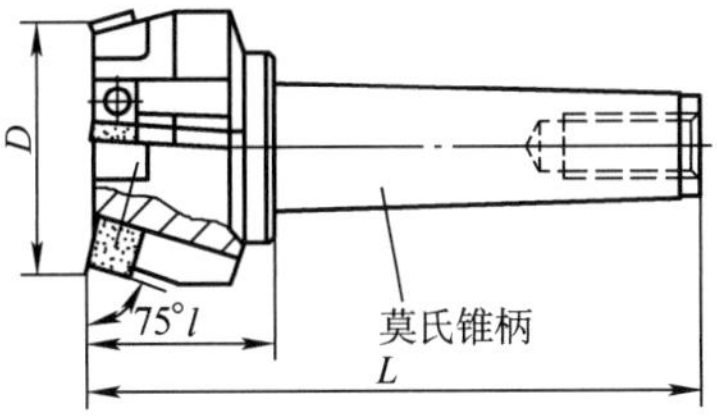

名称与简图	D(js16)	d_1(H7)	d_2	H ±0.37	l_1	l_2 最大	紧固螺钉
套式面铣刀(A型)（根据 GB/T 5342.1—2006）	50	22	11	40	20	33	M10
	63						
	80	27	13.5	50	22	37	M12
	100	32	17.5		25	33	M16

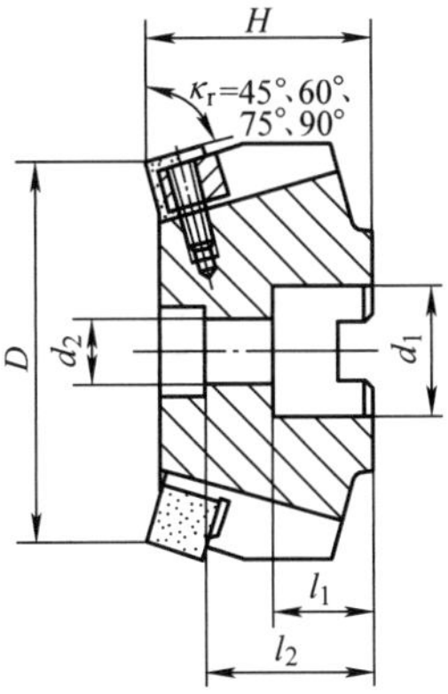

名称与简图	D(js16)	d(H7)	H ±0.37	l		紧固螺钉
				最小	最大	
套式面铣刀(B型)（根据 GB/T 5342.1—2006）	80	27	50	22	30	M12
	100	32		25	32	M16
	125	40	63	28	35	M20

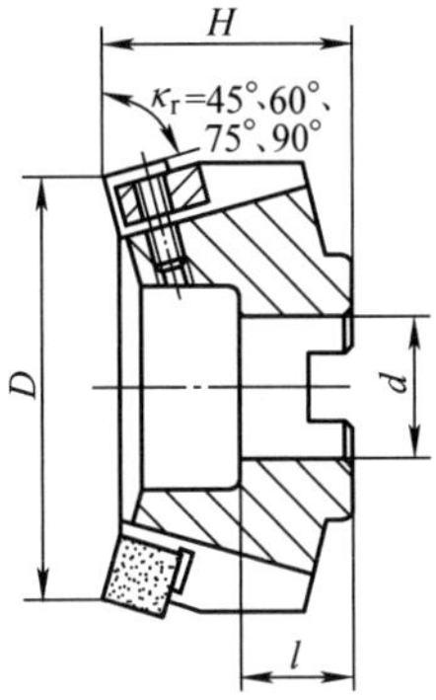

(续)

名称与简图	D(js16)	d(H7)	H	b(H12)	l	定心刀杆	锥度
套式面铣刀(C 型) (根据 GB/T 5342.1—2006) 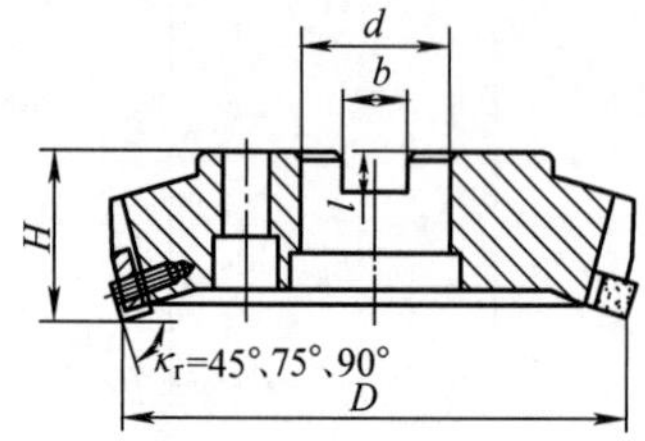 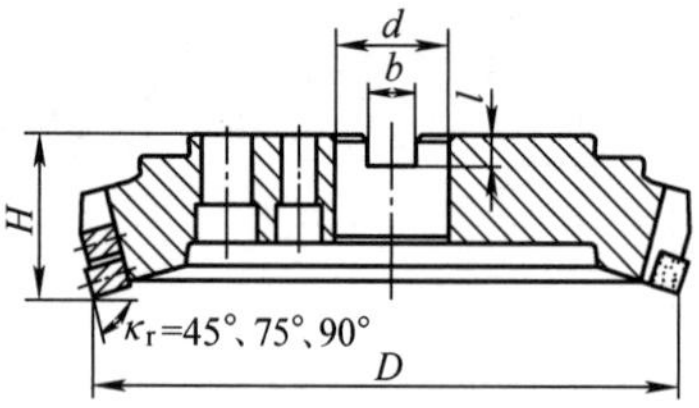	160	40	63	16.4	9	40	7∶24
	200	60		25.7	14	50	7∶24
	250					50	7∶24
	315	60	80	25.7	14	50、60	7∶24
	400						
	500						

表 2.3-16　可转位铣刀刀片(GB/T 2081—2018)　(mm)

图　形	型　号	$d=l$	s	$b'_s\approx$	m	ε_r 度数	ε_r 公差	ϕ 度数	ϕ 公差
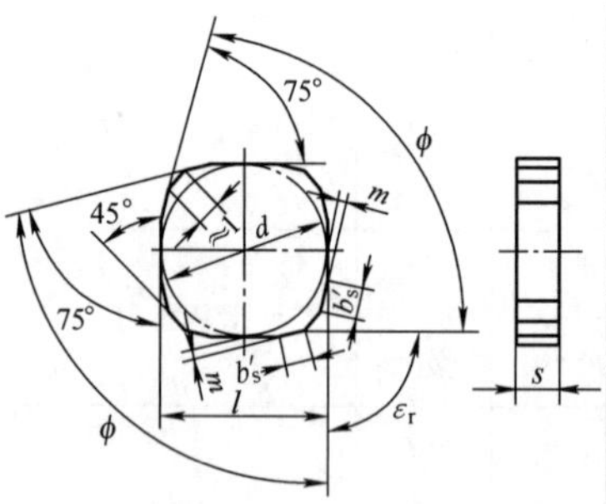	SNAN1204ENN	12.70	4.76	1.4	0.80	90°	±8′	75°	0～+15′
	SNCN1204ENN								
	SNKN1204ENN						±30′		0～+30′
	SNAN1504ENN	15.875	4.76	1.4	1.50	90°	±8′	75°	0～+15′
	SNCN1504ENN								
	SNKN1504ENN						±30′		0～+30′
	SNAN1904ENN	19.05	4.76	2.0	1.30	90°	±8′	75°	0～+15′
	SNCN1904ENN								
	SNKN1904ENN						±30′		0～+30′
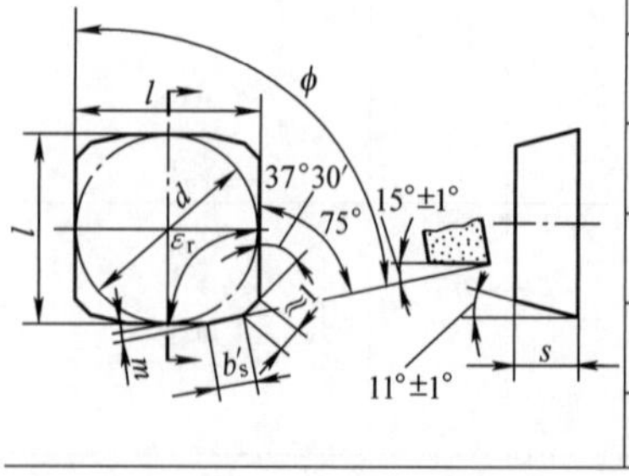	SPAN1203EDR	12.70	3.175	1.4	0.90	90°	±8′	75°	0～+15′
	SPAN1203EDL								
	SPCN1203EDR								
	SPCN1203EDL								
	SPKN1203EDR						±30′		0～+30′
	SPKN1203EDL								

（续）

图形	型号	$d=l$	s	$b_s' \approx$	m	ε_r		ϕ	
						度数	公差	度数	公差
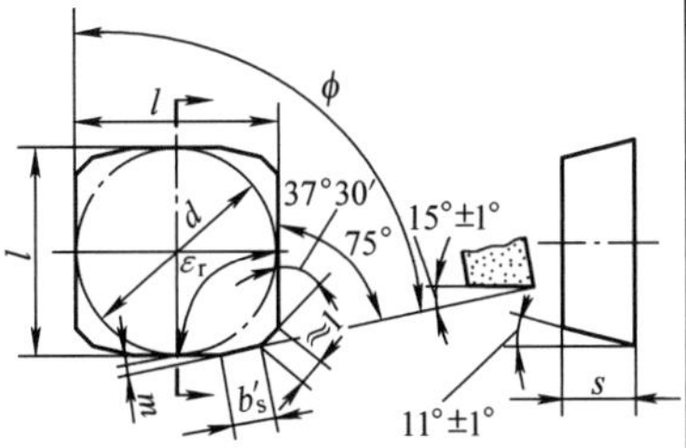	SPAN1504EDR	15.875	4.76	1.4	1.25	90°	±8′	75°	0～+15′
	SPAN1504EDL								
	SPCN1504EDR								
	SPCN1504EDL								
	SPKN1504EDR						±30′		0～+30′
	SPKN1504EDL								
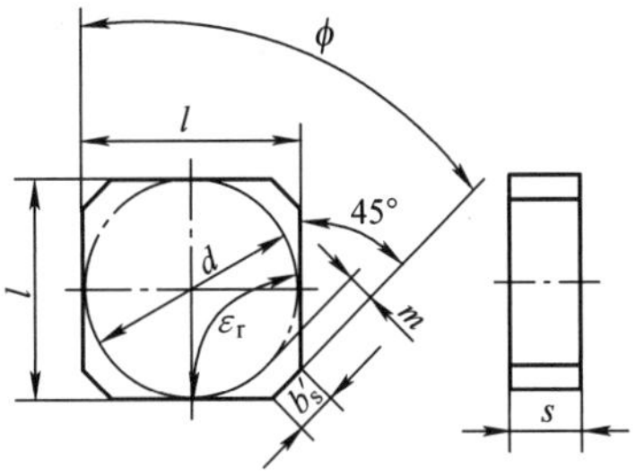	SNAN1204ANN	12.70	4.76	3.0	2.50	90°	±8′	45°	±8′
	SNCN1204ANN								
	SNKN1204ANN						±30′		±15′
	SNAN1504ANN	15.875					±8′		±8′
	SNCN1504ANN								
	SNKN1504ANN						±30′		±5′
	SNAN1904ANN	19.05					±8′		±8′
	SNCN1904ANN								
	SNKN1904ANN						±30′		±15′
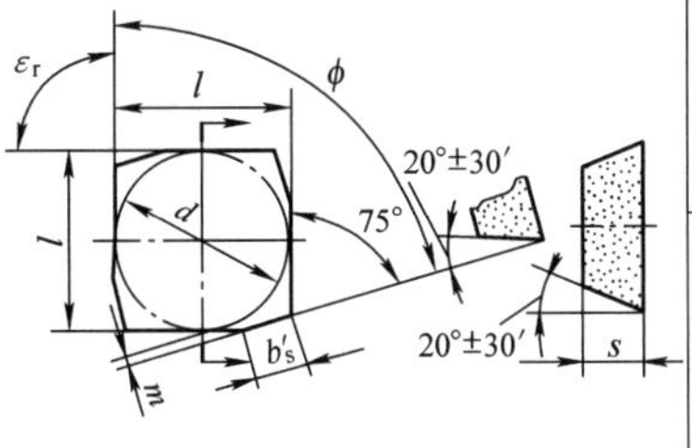	SECN1203EER	12.70	3.175	2.5	0.80	90°	±8′	75°	0～+15′
	SECN1203EEL								

图形	型号	$l \approx$	d	s	b_s'	m	ε_r		ϕ	
							度数	公差	度数	公差
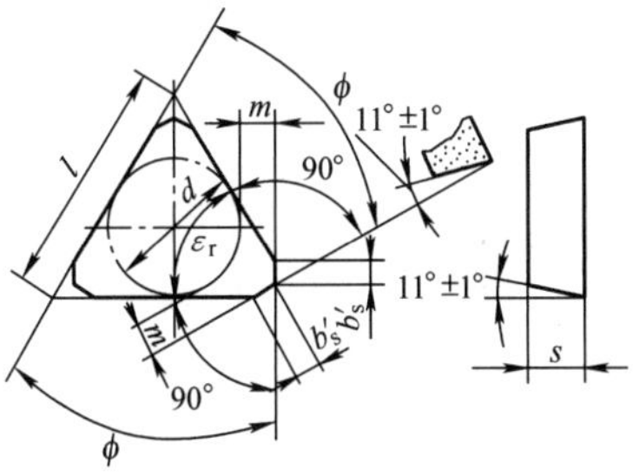	TPAN1103PPN	11.0	6.35	3.175	0.7	1.72	60°	±8′	30°	0～+15′
	TPCN1103PPN									
	TPKN1103PPN							±30′		0～+30′
	TPAN1603PPN	16.5	9.525		1.2	2.45		±8′		0～+15′
	TPCN1603PPN									
	TPKN1603PPN							±30′		0～+30′
	TRAN2204PPN	22.0	12.70	4.76	1.3	3.55	60°	±8′	30°	0～+15′
	TRCN2204PPN									
	TRKN2204PPN							±30′		0～+30′

（续）

图形	型号	$l\approx$	d	s	b_s'	m	ε_r 度数	ε_r 公差	ϕ 度数	ϕ 公差
	TPAN1603PDR	16.5	9.525	3.175	1.3	2.45	60°	±8′	30°	0~+15′
	TPAN1604PDL									
	TPCN1603TPDR									
	TPCN1603PDL									
	TPKN1603PDR							±30′		0~+30′
	TPKN1603PDL									
	TPAN2204PDR	22.0	12.70	4.76	1.4	3.55	60°	±8′	30°	0~+15′
	TPAN2204PDL									
	TPCN2204PDR							±8′	30°	0~+15′
	TPCN2204PDL									
	TPKN2204PDR							±30′		0~+30′
	TPKN2204PDL									
	TECN1603PER	16.5	9.525	3.175	2.0	2.19	60°	±8′	30°	0~+15′
	TECN1603PEL									

2.3.3 其他铣刀

1. 硬质合金可转位密齿铣刀

密齿铣刀一般是指每英寸直径上有两个以上刀齿的面铣刀。由于铣刀的齿数多，在每齿进给量保持不变的情况下，能获得比一般铣刀大的每分钟进给量，生产率较高。可供选用的硬质合金可转位密齿铣刀见表2.3-17。

2. 硬质合金螺旋齿玉米铣刀

1）刀具特点。刀片布置呈玉米状，刀齿错位排列，具有良好的分屑能力，排屑顺利；刀齿槽容屑空间大；适合强力铣削，使用寿命比高速钢铣刀高十几倍。

2）刀具规格与切削角度。硬质合金螺旋齿玉米铣刀规格见表2.3-18。推荐的切削角度如图2.3-3所示。

表2.3-17 硬质合金可转位密齿铣刀规格

（mm）

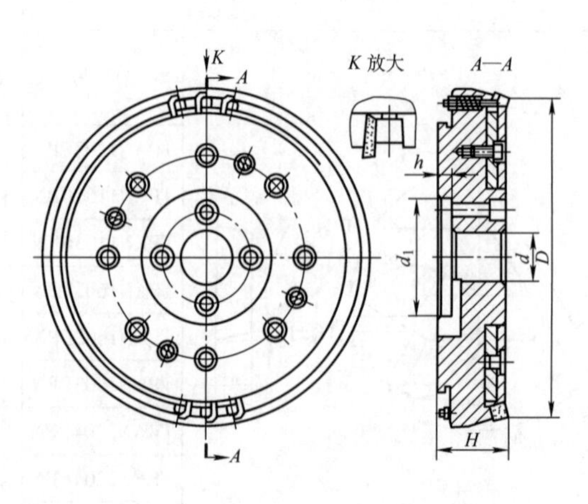

（续）

主要参数	D	125	160	200	250	315	350	400	500
	d	40		60					
	d_1	—		128.57					
	H	63				80			
	h	—		14.5					
	齿数	12	18	24	32	40	45	52	62

表 2.3-18　硬质合金螺旋齿玉米铣刀规格

（mm）

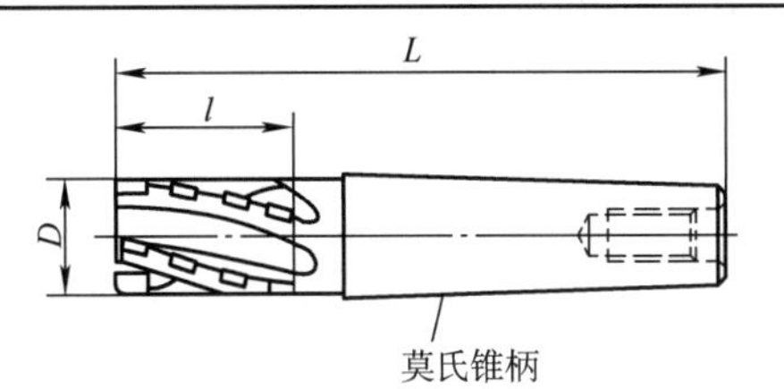

D	L	l	齿数	莫氏锥柄号
32	170	40	4	4
	180	50		
36	170	40		
	180	50		
40	180	50		
	190	63		
45	180	50	6	
	190	63		
50	210	50		
	220	63		5

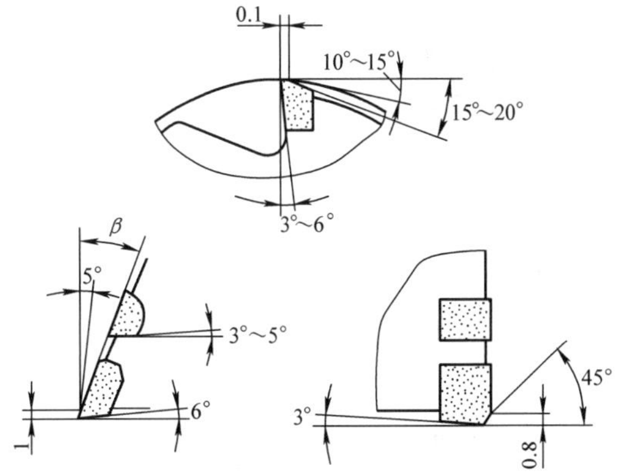

图 2.3-3　螺旋齿玉米铣刀角度

因铣刀的螺旋角由刃磨前刀面得到，故螺旋角不宜过大，以免影响刀尖强度。

3）注意事项。制造铣刀时，刀片的前刀面应高出刀体 1～1.5mm，径向高出刀体 1～1.5mm，以便刃磨。

3. 可转位螺旋立铣刀

可转位螺旋立铣刀适用于龙门铣床与铣镗床上对铸钢、锻钢、合金钢以及铸铁工件的平面、阶梯面、内侧面及沟槽进行粗铣。该铣刀分左旋（$\beta=30°$）和右旋（$\beta=25°$）两种结构。刀片交错排列，刀片下面垫有硬质合金刀垫，切削刃具有零度工作前角和负的刃倾角。刀片用螺钉压紧。刀片材料可用 YS30、YS25 和 YT798。切削用量推荐值：$v_c=60\sim100$m/min，$f_z=0.1\sim0.3$mm/齿。铣刀的主要参数见表 2.3-19。

4. 硬质合金可转位阶梯面铣刀

硬质合金可转位阶梯面铣刀的结构如图 2.3-4 所示。

表 2.3-19　可转位螺旋立铣刀主要参数

简　图	D/mm	L/mm	β	λ_s	7∶24 锥柄号	齿 数	刀片数
	50	45	30°（左旋）	11°（端齿 −8°）	40	3	6
		63			50		9
	63	78				4	16
	80					5	20
		98			60		25
	100	78				6	24
		98			50		30
					60		
	32	39	25°（右旋）	5°	40 50	3	12
	40	49					15
	50	72					
		56		15°（端齿 8°）	50	4	12
	63	76					16
	80	96				6	30
	100	116					36

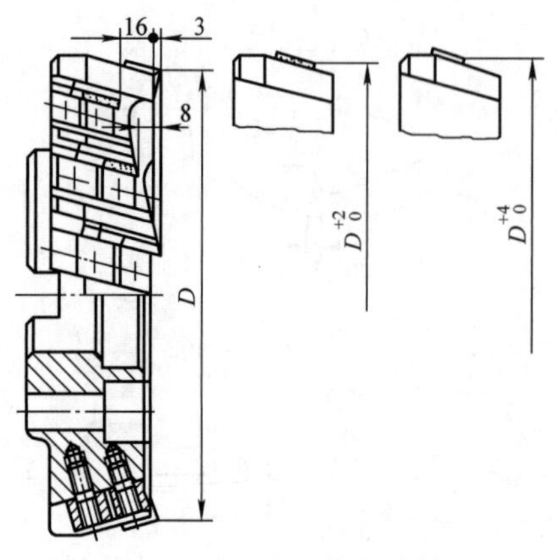

图 2.3-4　硬质合金可转位阶梯面铣刀

1）刀具特点。将刀齿分成不同直径的几组，每组刀齿高出端面距离不等，其直径也不相同。分层切削形式能减小铣削力，改善铣削条件；原来需要几次铣削的余量，可在一次走刀中切除，铣削效率高。

2）刀具主要角度。阶梯面铣刀主要角度见表 2.3-20。

3）应用范围

① 由于铣削力小，它适于在铣削工艺系统刚度较差的场合应用，适于铣削薄壁工件。

② 适于铣削大余量的铸件浇冒口。

硬质合金可转位阶梯面铣刀规格见表 2.3-21。

表 2.3-20　阶梯面铣刀主要角度

铣刀前角类型	进给前角 γ_f	前角 γ_o	后角 α_o	主偏角 κ_r
负前角	-8°	-7°	8°	75°（90°）
普通前角	4°	6°	8°	75°（90°）
大前角	12°	14°	12°	75°（90°）

表 2.3-21　硬质合金可转位阶梯面铣刀规格　（mm）

简　图	D	d	d_1	H	f	a_p	齿数
	100	32	—	50	0.3~3	2.5~23	5
	125	40		63			7
	160						9
	200	60	128.57				12
	250						15
	315			80			18
	350						20
	400						24
	500						30

2.3.4　铣刀直径和角度的选择

1. 铣刀直径的选择

铣刀直径与加工表面大小和位置分布、加工表面至夹紧力作用点的距离、加工表面到铣刀刀杆之间的距离等条件有关。铣刀直径可由背吃刀量 a_p、铣削宽度 a_w 按下式计算决定：

面铣刀　　$d_0=(1.4\sim1.6)a_w$

盘形铣刀　　$d_0>2(a_p+h)+d_1$

式中　d_0——铣刀直径（mm）；

d_1——刀杆垫圈外径（mm）；

h——工件或夹具夹紧件至被加工面之间的距离（mm）。

按上式计算后，尽可能选用较小直径的铣刀；立铣刀因刚性差，可按加工情况尽可能选用较大的直径。铣刀直径也可选取由表 2.3-22 推荐的数值。

2. 铣刀角度的选择

铣刀切削部分的角度，取决于刀具材料、铣刀类型和工件材料。铣刀主要角度见表 2.3-23、表 2.3-24。

表 2.3-22　铣刀直径选择　(mm)

铣刀名称	高速钢圆柱形铣刀			硬质合金面铣刀					
背吃刀量 a_p	≤70	~90	~100	≤4	~5	~6	~6	~8	~10
铣削宽度 a_w	≤5	~8	~10	≤60	~90	~120	~180	~260	~350
铣刀直径 d_0	~80	80~100	100~125	~80	100~125	160~~200	200~250	315~400	400~500

铣刀名称	高速钢圆柱形铣刀				硬质合金面铣刀			
背吃刀量 a_p	≤8	~12	~20	~40	≤5	~10	1~2	~25
铣削宽度 a_w	~20	~25	~35	~50	≤4	≤4	~15	~10
铣刀直径 d_0	~80	80~100	100~160	160~200	~63	63~80	80~100	100~125

注：如 a_p、a_w 不能同时与表中数值统一，而 a_p（圆柱形铣刀）或 a_w（面铣刀）又较大时，主要应根据 a_p（圆柱形铣刀）或 a_w（面铣刀）选择铣刀直径 d_0。

表 2.3-23　高速钢铣刀角度　(°)

（1）前角 γ_o

加工材料		面铣刀圆柱形铣刀盘铣刀立铣刀	切槽铣刀、切断铣刀		成形铣刀、角度铣刀		注
			≤3mm	>3mm	粗铣	精铣	
碳钢及合金钢 R_m/MPa	≤600	20	5	10	15	10	1. 圆柱形铣刀铣削 R_m<600MPa 的钢料，当刀齿螺旋角 β>30°时，取 γ_o=15° 2. 当 γ_o>0°的成形铣刀铣削精密轮廓时，铣刀外形需要修正 3. 用面铣刀铣削耐热钢时，前角取表中较大值；用圆柱形铣刀铣削时，取表中较小值
	600~1000	15				5	
	>1000	10			10		
耐热钢		10~15	—	10~15	5	—	
铸铁 HBW	≤150	15	5	10	15	5	
	>150~220	10			10		
	>220	5					
铜合金		10	5	10	10	5	
铝合金		25	25	25	—	—	
塑料		6~10	8	10	—	—	

（2）后角、偏角及过渡刃长度

铣刀类型		α_o	α'_o	κ_r	κ'_r	$\kappa_{r\varepsilon}$	b_ε/mm	注
面铣刀	细齿	16	8	90	1~2	45	1~2	1. 面铣刀 κ_r 主要按工艺系统刚性选取。系统刚性较好，铣削余量较小时，取 κ_r=30°~45°；中等刚性而余量较大时，取 κ_r=60°~75°；铣削相互垂直表面的面铣刀，取 κ_r=90° 2. 用面铣刀铣削耐热钢时，取 κ_r=30°~60° 3. 刃磨铣刀时，在后刀面上可沿切削刃留一刃带，其宽度不得超过0.1mm，但切槽铣刀和切断铣刀（圆锯）不留刃带
	粗齿	12		30~90		15~45		
圆柱形铣刀	整体细齿	16	8	—	—	—	—	
	粗齿及镶齿	12						
两面刃及三面刃铣刀	整体	20	6	—	1~2	45	1~2	
	镶齿	16						
切槽铣刀		20	—	—	1~2	—	—	
锯片铣刀（铣刀厚度 L>3mm）		20	—	—	0.25~1	45	0.5	
立铣刀		14	18	—	3	45	0.5~1.0	
成形铣刀及角度铣刀	夹齿	16	8	—	—	—	—	
	铲齿	12						
键槽铣刀	铣刀直径 d_0≤16mm	20	8	—	1.5~2	—	—	
	铣刀直径 d_0>16mm	16						

（3）螺旋角

铣刀类型		β	铣刀类型			β
面铣刀	整体	25~40	盘铣刀	两面刃		15
	镶齿	10		三面刃		8~15
圆柱形铣刀	细齿	30~45		错齿三面刃		10~15
	粗齿	40		镶齿三面刃	L>15mm	12~15
	镶齿	20~45			L<15mm	8~10
立铣刀		30~45		组合齿三面刃		15
键槽铣刀		15~25				

表 2.3-24 硬质合金铣刀角度 (°)

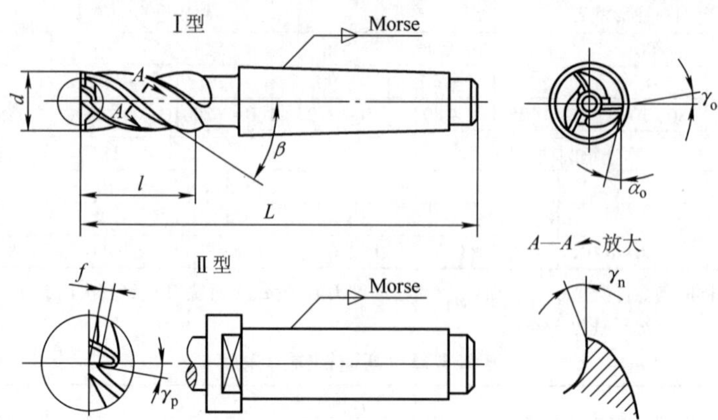

铣刀类型	加工材料		γ_o	α_o $f_z<$ 0.25 mm/齿	α_o $f_z>$ 0.25 mm/齿	α_o'	$\alpha_{o\varepsilon}$	β (λ_s)	κ_r	κ_r'	$\kappa_{r\varepsilon}$	b_ε /mm	注
面铣刀	钢 R_m/MPa	<650	+5	12~16	6~8	8~10	$=\alpha_o$	$\lambda_s=-12\sim-15$	20~75	5	$\kappa_r/2$	1~1.5	1. 半精铣和精铣钢（R_m = 600 ~ 800MPa）时，$\gamma_o=-5°$，$\alpha_o=5°\sim10°$ 2. 在工艺系统刚性较好时，铣削余量小于 3mm 时，取 κ_r = 20° ~ 30°；在中等刚性，余量为 3 ~ 6mm 时，取 $\kappa_r=45°\sim75°$ 3. 面铣刀对称铣削，初始背吃刀量 a_p = 0.05mm 时，取 $\lambda_s=-15°$；非对称铣削（a_p < 0.45mm）时，取 $\lambda_s=-5°$。当以 $\kappa_r=45°$的面铣刀铣削铸铁时，取 $\lambda_s=-20°$；当 κ_r = 60° ~ 75° 时，取 $\lambda_s=-10°$
		650~1000	-5										
		1000~1200	-10										
	耐热钢		+8	10	10	8~10	10	$\lambda_s=0$	20~75	10	γ_ε = 1mm	—	
	灰铸铁（HBW）	<200	+5	12~15	6~8	8~10	$=\alpha_o$	$\lambda_s=-12\sim-15$	20~75	5	$\kappa_r/2$	1~1.5	
		200~250	0										
	可锻铸铁		+7	6~8	6~8	8~10	6~8	$\lambda_s=-12\sim-15$	60	2	$\kappa_r/2$	1~1.5	
圆柱形铣刀	碳钢和合金钢 R_m<750MPa		+5	17		—	—	24~30	—	—	—	—	后刀面上允许沿切削刃有宽度不大于 0.1mm 的刃带
	铸铁<200HBW												
	青铜<140HBW												
	碳钢和合金钢 R_m=750~1100MPa		0	17									
	铸铁>200HBW												
	青铜>140HBW												
	碳钢和合金钢 R_m<750MPa		-5	15									
	耐热钢，钛合金		6~15	15		—	—	20	—	—	—	—	

（续）

铣刀类型	加工材料	γ_o	α_o $f_z<$0.25mm/齿	α_o $f_z>$0.25mm/齿	α_o'	$\alpha_{o\varepsilon}$	β (λ_s)	κ_r	κ_r'	$\kappa_{r\varepsilon}$	b_ε/mm	注
圆盘铣刀	钢 R_m/MPa ≤800	-5	20		4	20	8~15	—	2~5	45	1	
	钢 R_m/MPa >800	-10	20~25			20~25						
	灰铸铁	+5	10~15		4	10~15	8~15	—	2~5	45	1	
	耐热钢，钛合金	10~15	15		—	—	—	—	—	—	—	1. 当工艺系统刚性差及铣削截面大时（$a_p \geqslant d_0$，$a_w \geqslant 0.5d_0$），以及 $v_c<100$m/min 时，$\gamma_o=+5° \sim +8°$ 2. 立铣刀端齿前角取+3°~-3°，铣削软钢时用大值，铣削硬钢时用小值
立铣刀	碳钢和合金钢 $R_m<750$MPa	+5	17		6	17	22~40	—	3~4	45	0.8~1.3	
	铸铁<200HBW											
	青铜<140HBW											
	碳钢和合金钢 $R_m<750 \sim 1100$MPa	0	17		6	17	22~40	—	3~4	45	0.8~1.3	
	铸铁>200HBW											
	青铜>140HBW											
	碳钢和合金钢 $R_m>1100$MPa	-5	15		6	17	22~40	—	3~4	45	0.8~1.3	
	耐热钢，钛合金	10~15	15		—	—	—	—	—	—	—	

2.3.5 铣刀的安装与铣刀辅具

1. 铣刀的安装

铣刀在铣床上的安装连接和紧固形式，取决于铣刀的类型、使用的机床以及工件的铣削部位。常用的连接形式见表 2.3-25。

2. 铣刀辅具

铣刀辅具包括中间套筒、铣刀夹头、铣刀杆等，常用铣刀辅具见表 2.3-26~表 2.3-51。

1）中间套筒（见表 2.3-26~表 2.3-31）。

2）铣夹头（JB/T 6350—2008）（见表 2.3-32~表 2.3-38）。

3）铣刀杆（见表 2.3-39~表 2.3-51）。

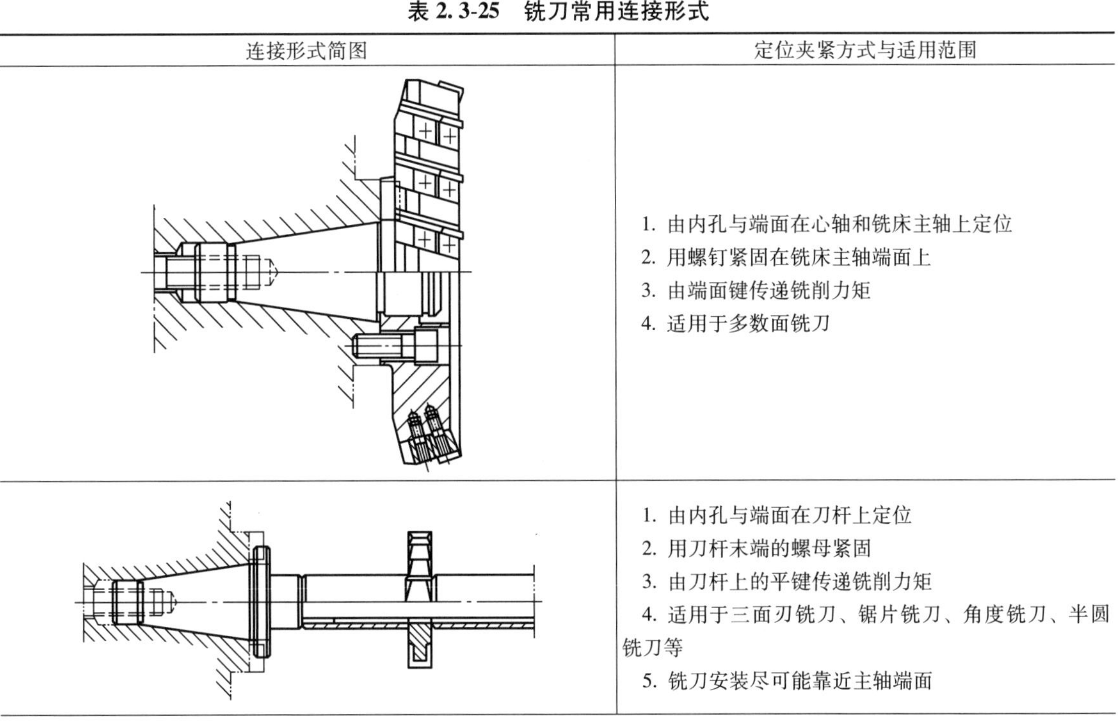

表 2.3-25 铣刀常用连接形式

连接形式简图	定位夹紧方式与适用范围
	1. 由内孔与端面在心轴和铣床主轴上定位 2. 用螺钉紧固在铣床主轴端面上 3. 由端面键传递铣削力矩 4. 适用于多数面铣刀
	1. 由内孔与端面在刀杆上定位 2. 用刀杆末端的螺母紧固 3. 由刀杆上的平键传递铣削力矩 4. 适用于三面刃铣刀、锯片铣刀、角度铣刀、半圆铣刀等 5. 铣刀安装尽可能靠近主轴端面

（续）

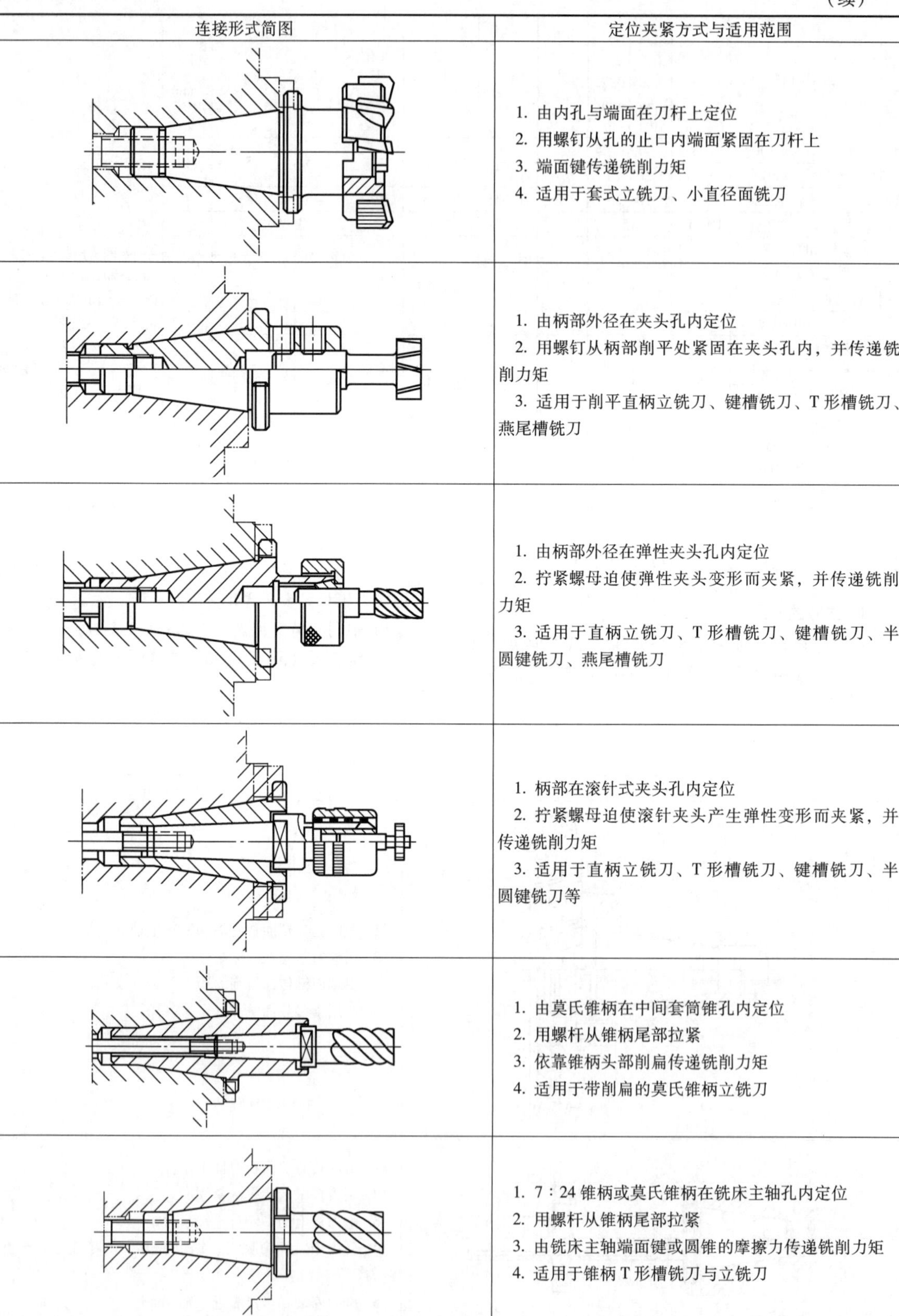

连接形式简图	定位夹紧方式与适用范围
	1. 由内孔与端面在刀杆上定位 2. 用螺钉从孔的止口内端面紧固在刀杆上 3. 端面键传递铣削力矩 4. 适用于套式立铣刀、小直径面铣刀
	1. 由柄部外径在夹头孔内定位 2. 用螺钉从柄部削平处紧固在夹头孔内，并传递铣削力矩 3. 适用于削平直柄立铣刀、键槽铣刀、T形槽铣刀、燕尾槽铣刀
	1. 由柄部外径在弹性夹头孔内定位 2. 拧紧螺母迫使弹性夹头变形而夹紧，并传递铣削力矩 3. 适用于直柄立铣刀、T形槽铣刀、键槽铣刀、半圆键铣刀、燕尾槽铣刀
	1. 柄部在滚针式夹头孔内定位 2. 拧紧螺母迫使滚针夹头产生弹性变形而夹紧，并传递铣削力矩 3. 适用于直柄立铣刀、T形槽铣刀、键槽铣刀、半圆键铣刀等
	1. 由莫氏锥柄在中间套筒锥孔内定位 2. 用螺杆从锥柄尾部拉紧 3. 依靠锥柄头部削扁传递铣削力矩 4. 适用于带削扁的莫氏锥柄立铣刀
	1. 7：24锥柄或莫氏锥柄在铣床主轴孔内定位 2. 用螺杆从锥柄尾部拉紧 3. 由铣床主轴端面键或圆锥的摩擦力传递铣削力矩 4. 适用于锥柄T形槽铣刀与立铣刀

表 2.3-26　7：24 圆锥/莫氏圆锥中间套　（mm）

<table>
<tr><th>名称与简图</th><th>7：24
圆锥号</th><th>莫氏
圆锥号</th><th>D</th><th>d</th><th>L_{max}</th><th>l_{max}
≈</th><th>t</th></tr>
<tr><td rowspan="19">注：螺钉的形状和固定方法仅作为一个示例
标记示例
外锥为 7：24 圆锥 40 号、内锥为莫氏圆锥 2 号的 7：24 圆锥/莫氏圆锥中间套标记为：中间套 40-2　JB/T 3411.101—1999</td><td rowspan="2">30</td><td>1</td><td>25</td><td>M6</td><td rowspan="2">118</td><td rowspan="4">50</td><td rowspan="2">0.012</td></tr>
<tr><td>2</td><td>32</td><td>M10</td></tr>
<tr><td rowspan="4">40</td><td>1</td><td>25</td><td>M6</td><td rowspan="2">143</td><td rowspan="6">0.016</td></tr>
<tr><td>2</td><td>32</td><td>M10</td></tr>
<tr><td>3</td><td>40</td><td>M12</td><td>158</td><td>65</td></tr>
<tr><td>4</td><td>48</td><td>M16</td><td>188</td><td>95</td></tr>
<tr><td rowspan="3">45</td><td>2</td><td>32</td><td>M10</td><td rowspan="2">157</td><td rowspan="2">50</td></tr>
<tr><td>3</td><td>40</td><td>M12</td></tr>
<tr><td>4</td><td>48</td><td>M16</td><td>182</td><td>75</td></tr>
<tr><td rowspan="4">50</td><td>2</td><td>32</td><td>M10</td><td>187</td><td>60</td><td rowspan="10">0.020</td></tr>
<tr><td>3</td><td>40</td><td>M12</td><td>192</td><td>65</td></tr>
<tr><td>4</td><td>48</td><td>M16</td><td>212</td><td>85</td></tr>
<tr><td>5</td><td>63</td><td>M20</td><td>247</td><td>120</td></tr>
<tr><td rowspan="4">55</td><td>3</td><td>40</td><td>M12</td><td rowspan="3">225</td><td rowspan="3">60</td></tr>
<tr><td>4</td><td>48</td><td>M16</td></tr>
<tr><td>4</td><td>48</td><td>M16</td></tr>
<tr><td rowspan="2">5</td><td rowspan="2">63</td><td rowspan="2">M20</td><td>260</td><td>95</td></tr>
<tr><td rowspan="2">60</td><td>292</td><td>85</td></tr>
<tr><td>6</td><td>80</td><td>M24</td><td>327</td><td>120</td></tr>
</table>

注：该标准已废止，无替代标准，这里仅供参考。

表 2.3-27　7：24 圆锥/莫氏圆锥长型中间套　（mm）

<table>
<tr><th>名称与简图</th><th>7：24
圆锥号</th><th>莫氏
圆锥号</th><th>D</th><th>d</th><th>d_1</th><th>L_{max}</th><th>l_{max}
≈</th></tr>
<tr><td rowspan="9">标记示例
外锥为 7：24 圆锥 40 号、内锥为莫氏圆锥 4 号的 7：24 圆锥/莫氏圆锥长型中间套标记为：中间套 40-4 JB/T 3411.102—1999</td><td rowspan="2">40</td><td>3</td><td>40</td><td>M12</td><td rowspan="2">17</td><td>158</td><td>65</td></tr>
<tr><td rowspan="3">4</td><td rowspan="3">48</td><td rowspan="3">M16</td><td>188</td><td>95</td></tr>
<tr><td>45</td><td>21</td><td>182</td><td>75</td></tr>
<tr><td rowspan="2">50</td><td rowspan="2">26</td><td>212</td><td>85</td></tr>
<tr><td>5</td><td>63</td><td>M20</td><td>247</td><td>120</td></tr>
<tr><td rowspan="2">55</td><td>4</td><td>48</td><td>M16</td><td rowspan="2">26</td><td>225</td><td>60</td></tr>
<tr><td rowspan="2">5</td><td rowspan="2">63</td><td rowspan="2">M20</td><td>260</td><td>95</td></tr>
<tr><td rowspan="2">60</td><td rowspan="2">32</td><td>292</td><td>85</td></tr>
<tr><td>6</td><td>80</td><td>M24</td><td>327</td><td>120</td></tr>
</table>

注：该标准已废止，无替代标准，这里仅供参考。

表 2.3-28　7∶24 圆锥/莫氏圆锥短型中间套（JB/T 3411.103—1999）　　（mm）

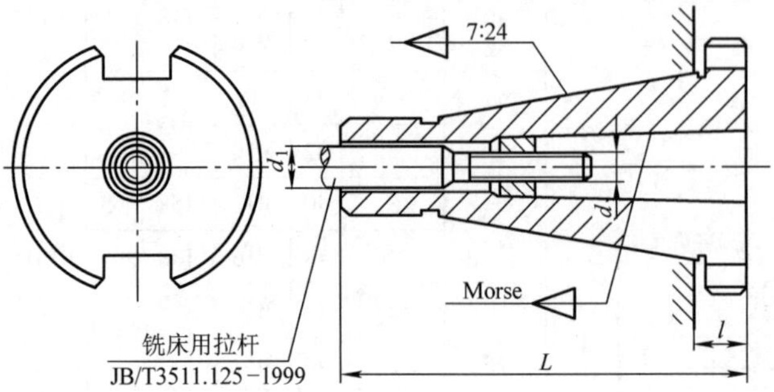

<table>
<tr><th rowspan="2">名称与简图</th><th rowspan="2">7∶24
圆锥号</th><th rowspan="2">莫氏
圆锥号</th><th rowspan="2">d</th><th rowspan="2">d_1</th><th rowspan="2">L_{max}</th><th colspan="2">l</th></tr>
<tr><th>公称
尺寸</th><th>极限
偏差</th></tr>
<tr><td rowspan="8">铣床用拉杆
JB/T3511.125-1999
标记示例
外锥为 7∶24 圆锥 40 号、内锥为莫氏圆锥 2 号的 7∶24 圆锥/莫氏圆锥短型中间套标记为：中间套 40-2 JB/T 3411.103—1999</td><td>40</td><td rowspan="2">2</td><td rowspan="2">M12</td><td>17</td><td>105</td><td>11.6</td><td rowspan="4">±0.1</td></tr>
<tr><td rowspan="2">45</td><td rowspan="2">21</td><td rowspan="2">120</td><td rowspan="2">13.2</td></tr>
<tr><td rowspan="2">3</td><td rowspan="2">M12</td></tr>
<tr><td>50</td><td>26</td><td>142</td><td>15.2</td></tr>
<tr><td>50</td><td rowspan="2">4</td><td rowspan="2">M16</td><td rowspan="3">26</td><td>142</td><td>15.2</td><td rowspan="4">±0.1</td></tr>
<tr><td rowspan="2">55</td><td rowspan="2">182</td><td rowspan="2">17.2</td></tr>
<tr><td rowspan="2">5</td><td rowspan="2">M20</td></tr>
<tr><td>60</td><td>32</td><td>226</td><td>19.2</td></tr>
</table>

注：该标准已废止，无替代标准，这里仅供参考。

表 2.3-29　7∶24 圆锥中间套（JB/T 3411.108—1999）　　（mm）

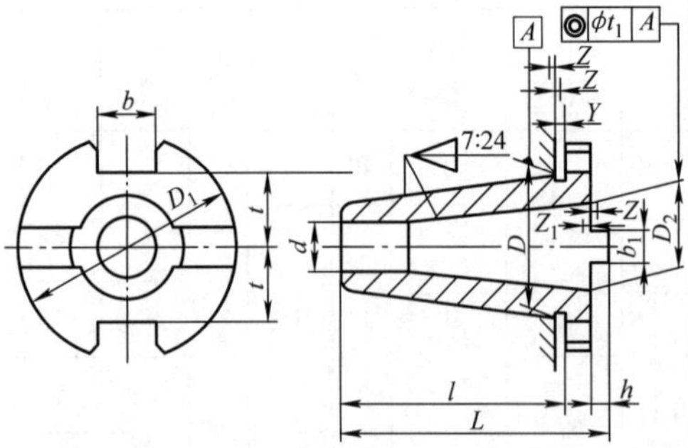

<table>
<tr><th rowspan="3">名称与简图</th><th colspan="2">7∶24
圆锥号</th><th rowspan="3">D</th><th rowspan="3">D_1</th><th rowspan="3">L_{max}</th><th rowspan="3">l_{max}</th><th rowspan="3">Y</th><th rowspan="3">Z</th><th colspan="2">b</th><th rowspan="3">t_{max}</th></tr>
<tr><th rowspan="2">外锥</th><th rowspan="2">内锥</th><th rowspan="2">公称
尺寸</th><th rowspan="2">极限偏
差 H12</th></tr>
<tr></tr>
<tr><td rowspan="13">标记示例
外锥为 50 号、内锥为 40 号的 7∶24 圆锥中间套标记为：中间套 50-40 JB/T 3411.108—1999</td><td rowspan="2">40</td><td rowspan="3">30</td><td rowspan="2">44.45</td><td rowspan="2">63</td><td rowspan="2">85.0</td><td rowspan="2">67</td><td rowspan="2">1.6</td><td rowspan="7">±0.4</td><td rowspan="2">16.1</td><td rowspan="2">+0.180
0</td><td rowspan="2">22.5</td></tr>
<tr></tr>
<tr><td rowspan="2">45</td><td rowspan="2">57.15</td><td rowspan="2">80</td><td rowspan="2">104.0</td><td rowspan="2">86</td><td rowspan="5">3.2</td><td rowspan="2">19.3</td><td rowspan="5">+0.210
0</td><td rowspan="2">29.0</td></tr>
<tr><td>40</td></tr>
<tr><td rowspan="3">50</td><td>30</td><td rowspan="3">69.85</td><td rowspan="3">100</td><td rowspan="2">125.0</td><td rowspan="3">105</td><td rowspan="3">25.7</td><td rowspan="3">35.3</td></tr>
<tr><td>40</td></tr>
<tr><td>50</td><td>126.5</td></tr>
<tr><td rowspan="3">55</td><td>40</td><td rowspan="3">88.90</td><td rowspan="3">130</td><td>152.0</td><td rowspan="3">130</td><td rowspan="6">3.2</td><td rowspan="6">±0.4</td><td rowspan="6">25.7</td><td rowspan="6">+0.210
0</td><td rowspan="3">45.0</td></tr>
<tr><td>45</td><td>153.5</td></tr>
<tr><td>50</td><td>156.5</td></tr>
<tr><td rowspan="3">50</td><td>40</td><td rowspan="3">107.95</td><td rowspan="3">160</td><td>189.0</td><td rowspan="3">165</td><td rowspan="3">60.0</td></tr>
<tr><td>45</td><td>190.5</td></tr>
<tr><td>50</td><td>193.5</td></tr>
</table>

<table>
<tr><th colspan="8">外锥</th></tr>
<tr><th rowspan="2">D_2</th><th colspan="2">d</th><th colspan="2">b_1</th><th rowspan="2">h_{max}</th><th rowspan="2">Z_1</th><th rowspan="2">t_1</th></tr>
<tr><th>公称
尺寸</th><th>极限偏差
H12</th><th>公称
尺寸</th><th>极限偏差
h9</th></tr>
<tr><td>31.75</td><td>17.4</td><td>+0.180
0</td><td rowspan="2">15.9</td><td rowspan="2">0
-0.043</td><td rowspan="2">8.0</td><td rowspan="2">±0.4</td><td rowspan="2">0.016</td></tr>
<tr><td>44.45</td><td>25.3</td><td>+0.210
0</td></tr>
</table>

（续）

名称与简图	D_2	d 公称尺寸	d 极限偏差 H12	b_1 公称尺寸	b_1 极限偏差 h9	h_{max}	Z_1	t_1
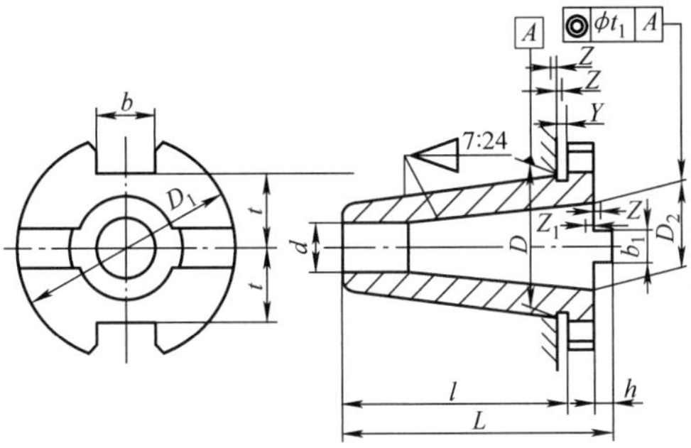 标记示例 外锥为50号、内锥为40号的7：24圆锥中间套标记为：中间套 50-40 JB/T 3411.108—1999	31.75	17.4	+0.180 0	15.9	0 −0.043	8.0	±0.4	0.020
	44.45	25.3	+0.210 0					
	57.15	32.4	+0.250 0	19.0	0 −0.052	9.5		
	44.45	25.3	+0.210 0	15.9	0 −0.043	8.0	±0.4	0.020
	57.15	32.4	+0.250 0	19.0	0 −0.052	9.5		
	69.85	39.6		25.4	0 −0.043	12.5		
	44.45	25.3	+0.210	15.9	0 −0.052	8.0		
	57.15	32.4	+0.250 0	19.0		9.5		
	69.85	39.6		25.4		12.5		

注：1. Z 等于圆锥的大端和通过公称直径 D 的平面之间的最大允许偏差，适用于该平面的两侧面。

2. Z_1 等于在前端面的任何一边，基准平面 D_2 对前端面公称重合位置的最大允许偏差。

表 2.3-30 莫氏圆锥中间套（JB/T 3411.109—1999）（mm）

名称与简图	莫氏圆锥号 外锥	莫氏圆锥号 内锥	D	$D_1\approx$	D_{2max}	L_{max}	L_1	a	l	l_{1max}	S
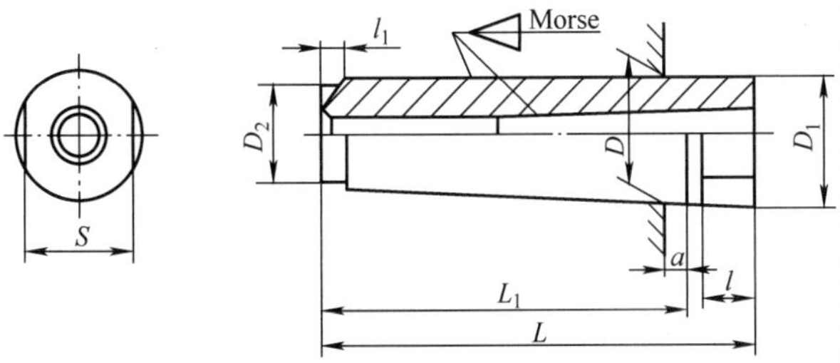 标记示例 外锥为3号、内锥为1号的莫氏圆锥中间套标记为：中间套 3-1 JB/T 3411.109—1999	3	1 2	23.825	24.1	19.0	80	65	5	12	7	21
	4	2 3	31.267	31.6	25.0	90	70	6.5		9	27
	5	2 3 4	44.399	44.7	35.7	110	85			10	36
	6	4 5	63.348	63.8	51.0	130	105	8	15	16	55

表 2.3-31　快换中间套（JB/T 3411.121—1999）　（mm）

<table>
<tr><th rowspan="2">名称与简图</th><th>外锥</th><th>内锥</th></tr>
<tr><th>7∶24 圆锥号</th><th>莫氏圆锥号</th></tr>
<tr><td rowspan="3">Morse
ϕ70　ϕ60　ϕ57.15
7:24 No.45
15.9　11.6±0.1　≈112
标记示例
外锥为 7∶24 圆锥 45 号、内锥为莫氏圆锥 3 号的快换中间套标记为：
中间套 45-3 JB/T 3411.121—1999</td><td rowspan="3">45</td><td>2</td></tr>
<tr><td>3</td></tr>
<tr><td>4</td></tr>
</table>

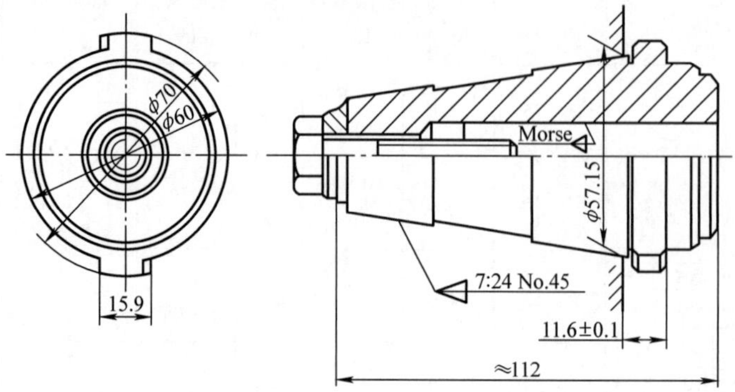

表 2.3-32　铣夹头圆锥柄参数　（mm）

<table>
<tr><th colspan="4">圆锥柄</th><th rowspan="2">简　　图</th><th colspan="2">尺寸</th></tr>
<tr><th>锥度</th><th colspan="2">型号</th><th>标准号</th><th>l_1</th><th>l_2</th></tr>
<tr><td rowspan="10">7∶24</td><td rowspan="4">XT</td><td>30</td><td rowspan="4">GB/T 3837—2001</td><td rowspan="4">l_1　l_2</td><td>68.4</td><td>9.6</td></tr>
<tr><td>40</td><td>93.4</td><td>11.6</td></tr>
<tr><td>45</td><td>106.8</td><td>13.2</td></tr>
<tr><td>50</td><td>126.8</td><td>15.2</td></tr>
<tr><td rowspan="3">JT</td><td>40</td><td rowspan="3">GB/T 10944.1—2013</td><td rowspan="3">l_1　l_2</td><td>68.40</td><td rowspan="3">35</td></tr>
<tr><td>45</td><td>82.70</td></tr>
<tr><td>50</td><td>101.75</td></tr>
<tr><td rowspan="3">KT[①]</td><td>30</td><td rowspan="3">—</td><td rowspan="3">l_1　l_2</td><td>48.4</td><td rowspan="3">—</td></tr>
<tr><td>40</td><td>65.4</td></tr>
<tr><td>45</td><td>82.8</td></tr>
<tr><td rowspan="6">莫氏</td><td rowspan="3">MS</td><td>3</td><td rowspan="3">GB/T 1443—2016</td><td rowspan="3">l_1　l_2</td><td>81</td><td>5</td></tr>
<tr><td>4</td><td>102.5</td><td rowspan="2">6.5</td></tr>
<tr><td>5</td><td>129.5</td></tr>
<tr><td rowspan="3">QMS</td><td>3</td><td rowspan="3">GB/T 4133—1984</td><td rowspan="3">l_1　l_2</td><td>81</td><td>23</td></tr>
<tr><td>4</td><td>102.5</td><td>29.5</td></tr>
<tr><td>5</td><td>129.5</td><td>34.5</td></tr>
</table>

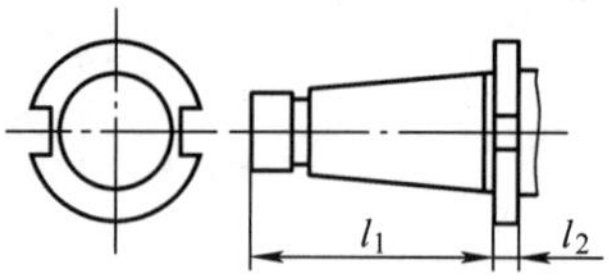

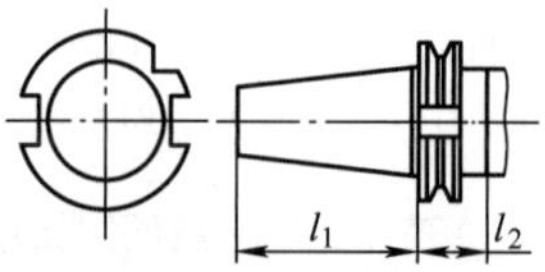

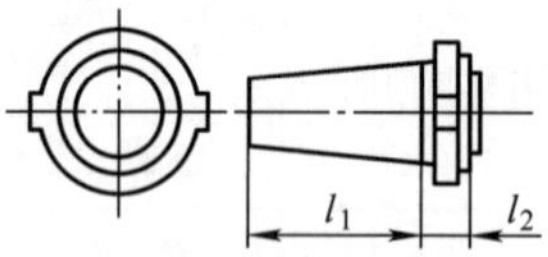

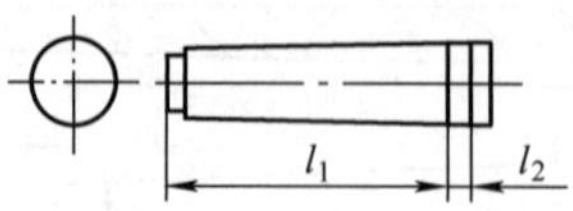

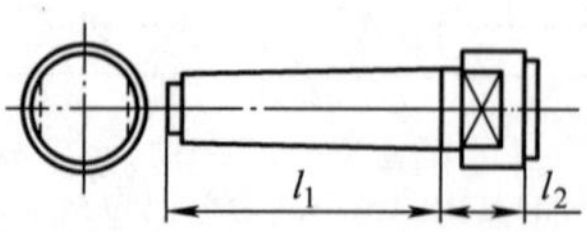

注：XT 表示机床用 7∶24 锥柄；JT 表示自动换刀机床用 7∶24 锥柄；KT 表示快换夹头用 7∶24 锥柄；MS 表示工具柄自锁圆锥莫氏锥柄；QMS 表示强制传动莫氏锥柄。

① KT 型圆锥柄只限于与快换铣夹头主体配套使用。

表 2.3-33 滚针铣夹头参数（GB/T 6350—2008） （mm）

简图	最大夹持孔直径 d	夹持范围	D	l	l_1	l_2	圆锥柄型号					
							7 : 24				莫氏	
	16	4～16	54	56	见表 2.3-32		XT	30	KT	30	MS QMS	3
	25	6～25	70	70			XT JT	40 45 50		40 45		4 5
	32	10～32	90	100				50				5

表 2.3-34 弹性铣夹头参数（GB/T 6350—2008） （mm）

简图	最大夹持孔直径 d	夹持范围	D	l	l_1	l_2	圆锥柄型号					
							7 : 24				莫氏	
	16	4～16	42	50	见表 2.3-32		XT	30	KT	30	MS QMS	3
	32	6～32	70	65			XT JT	40 45		40 50		4
	40	6～40	94	80				50				5

表 2.3-35 削平柄铣刀铣夹头参数（GB/T 6350—2008） （mm）

简图	夹持孔直径 d	D	l	l_1	l_2	圆锥柄型号					
						7 : 24				莫氏	
	6	25	30	见表 2.3-32		XT JT	40 45 50	XT KT	30 40 45	QMS	3 4 5
	8	28									
	10	35									
	12	42									
	16	48	40								
	20	52	50								
	25	65	60				40 45 50		40 45		4 5
	32	72									
	40	90	70				45 50				
	50	100	80								
	63	130	90				50				

表 2.3-36 锥柄铣刀铣夹头参数（GB/T 6350—2008）（mm）

简图	夹持孔圆锥号 d		D	l	l_1	l_2	圆锥柄型号（7∶24）			
	MS	1	25	35	见表 2.3-32		XT JT	40 45 50	XT KT	30 40 45
		2	32	50						
		3	40	70						
		4	50					40 45 50		40 45
		5	63	85				45 50		45

表 2.3-37 短锥柄铣刀铣夹头的参数（mm）

简图	最大夹持孔圆锥号 d		夹持范围	D	l	l_1	l_2	圆锥柄型号 7∶24				圆锥柄型号 莫氏	
	短莫氏圆锥	3	2，3	72	50	50	见表 2.3-32		XT	30	KT	30 40	QMS	3
		4							XT JT	40 45		45		4
			2~4	78	63	63				50				5

表 2.3-38 快换铣夹头参数（GB/T 6350—2008）（mm）

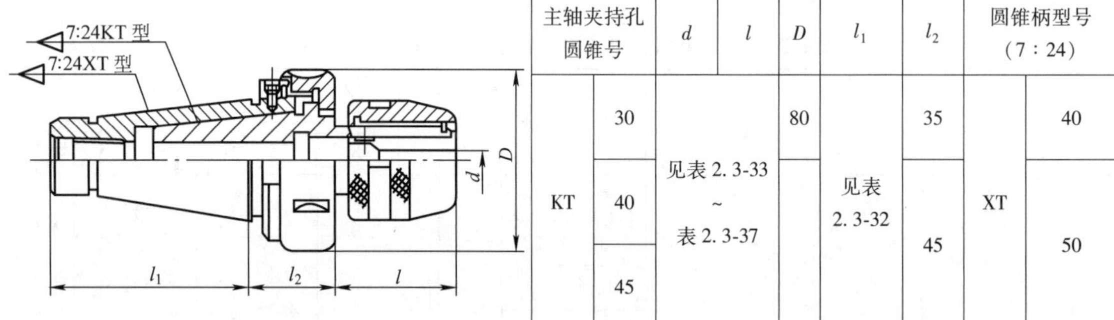

简图	主轴夹持孔圆锥号		d	l	D	l_1	l_2	圆锥柄型号（7∶24）	
	KT	30	见表 2.3-33 ~ 表 2.3-37		80	见表 2.3-32	35	XT	40
		40					45		50
		45							

注：快换铣夹头由主体与各种形式的带 KT 型锥柄的铣夹头配套组成，例如滚针快换铣夹头、弹性快换铣夹头、削平柄铣刀快换铣夹头、短锥柄铣刀快换铣夹头等。

表 2.3-39 7∶24 锥柄带纵键面铣刀杆（JB/T 3411.115—1999）（mm）

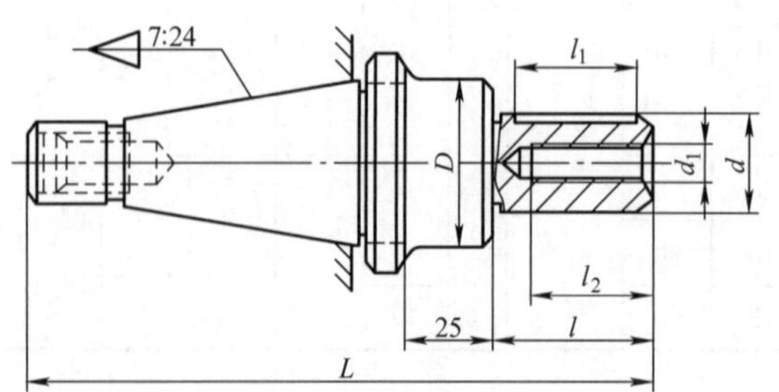

标记示例

7∶24 圆锥 40 号，d=27mm，L=61mm 的 7∶24 锥柄带纵键面铣刀杆标记为：

刀杆 40-27×61 JB/T 3411.115—1999

（续）

7∶24 圆锥号		30		40				45				60		
d	公称尺寸	16	22	16	22	27		16	22	27		22	27	
	极限偏差 h6	0 -0.011	0 -0.013	0 -0.011	0 -0.013			0 -0.011	0 -0.013					
l_{max}		29	37	29	37	21	61	29	37	21	61	37	21	61
D_{min}		28	36	28	36	43		28	36	43		36	36	
d_1		M8	M10	M8	M10	M12		M8	M10	M12		M10	M12	
L		132	140	159	167	151	191	174	182	166	206	204	188	228
l_1		22	32	22	32	14	50	22	32	14	50	32	14	50
l_2			28		28	32			28	32		28	32	

表 2.3-40　莫氏锥柄带纵键面铣刀杆（JB/T 3411.116—1999）　（mm）

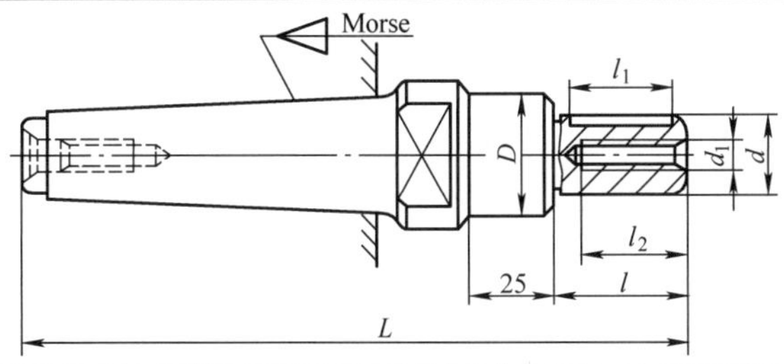

标记示例

莫氏圆锥 4 号，d=22mm，l=37mm 的莫氏锥柄带纵键面铣刀杆标记为：

刀杆 4-22×37 JB/T 3411.116—1999

莫氏圆锥号		3		4				5			
d	公称尺寸	16	22	16	22	27		16	22	27	
	极限偏差 h6	0 -0.011	0 -0.013	0 -0.011	0 -0.013			0 -0.011	0 -0.013		
l_{max}		29	37	29	37	21	61	29	37	21	61
D_{min}		28	36	28	36	43		28	36	43	
d_1		M8	M10	M8	M10	M12		M8	M10	M12	
L		158	166	186	194	178	218	2128	226	210	250
l_1		22	32	22	32	14	50	22	32	16	50
l_2			28		28	32			28	38	

表 2.3-41　7∶24 锥柄带端键面铣刀杆（JB/T 3411.117—1999）　（mm）

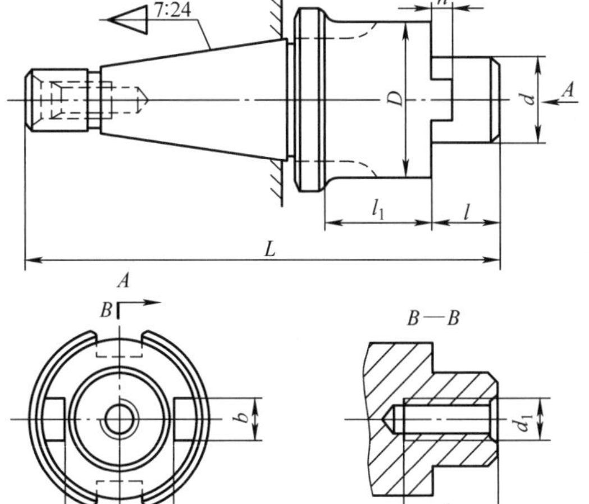

注：端键的具体结构由设计决定。

标记示例

7∶24 圆锥 40 号，d = 32mm 的 7∶24 锥柄带端键面铣刀杆标记为：刀杆 40-32 JB/T 3411.117—1999

（续）

7∶24圆锥号	d		l_{max}	D_{min}	l_1	b		h		b_{1min}	l_2	d_1	L_{max}
	公称尺寸	极限偏差 h6				公称尺寸	极限偏差 h11	公称尺寸	极限偏差 h11				
30	16	0 -0.011	17	32	25	8	0 -0.090	5.0	0 -0.075	17.0	22	M8	120
	22	0 -0.013	19	40		10		5.6		22.5	28	M10	122
	27		21	48		12	0 -0.110	6.3	0 -0.090	28.5	32	M12	124
40	16	0 -0.011	17	32		8	0 -0.090	5.0	0 -0.075	17.0	22	M8	147
	22	0 -0.013	19	40		10		5.6		22.5	28	M10	149
	27		21	48		12	0 -0.110	6.3	0 -0.090	28.5	32	M12	151
	32	0 -0.016	24	58	40	14		7.0		33.5	36	M16	169
	40		27	70		16		8.0		44.5	45	M20	172
45	22	0 -0.013	19	40		10	0 -0.090	5.6	0 -0.075	22.5	28	M10	179
	27		21	48		12	0 -0.110	6.3	0 -0.090	28.5	32	M12	181
	32	0 -0.016	24	58		14		7.0		33.5	36	M16	184
	40		27	70		16		8.0		44.5	45	M20	187
50	27	0 -0.013	21	48		12		6.3		28.5	32	M12	203
	32	0 -0.016	24	58		14		7.0		33.5	36	M16	206
	40		27	70		16		8.0		44.5	45	M20	209
	50		30	90		18		9.0		55.0	50	M24	212

表 2.3-42　莫氏锥柄带端键面铣刀杆（JB/T 3411.118—1999）　（mm）

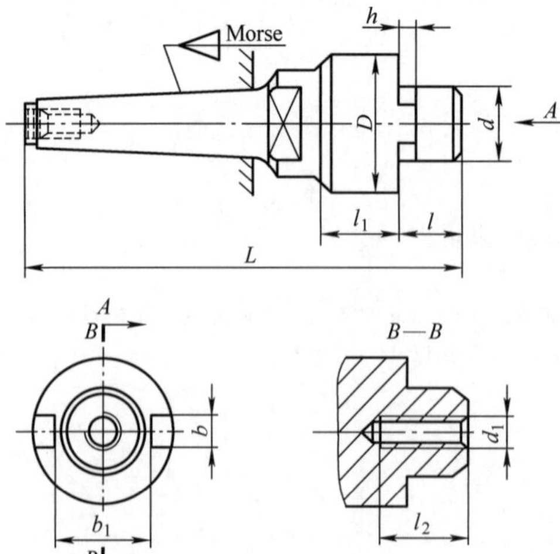

注：端键的具体结构由设计决定。

标记示例

莫氏圆锥 3 号，d=27mm 的莫氏锥柄带端键面铣刀杆标记为：

刀杆 3-27 JB/T 3411.118—1999

（续）

莫氏圆锥号	d 公称尺寸	d 极限偏差 h6	l_{max}	D_{min}	l_1	b 公称尺寸	b 极限偏差 h11	h 公称尺寸	h 极限偏差 h11	b_{1min}	l_2	d_1	L_{max}
3	16	0 −0.011	17	32	25	8	0 −0.090	5.0	0 −0.75	17.0	22	M8	146
	22	0 −0.013	19	40		10		5.6		22.5	28	M10	148
	27		21	48		12	0 −0.110	6.3	0 −0.090	28.5	32	M12	150
4	22	0 −0.013	19	40		10	0 −0.090	5.6	0 −0.75	22.5	28	M10	176
	27		21	48		12	0 −0.110	6.3	0 −0.090	28.5	32	M12	178
	32	0 −0.016	24	58	40	14		7.0		33.5	36	M16	196
	40		27	70		16		8.0		44.5	45	M20	199
5	27	0 −0.013	21	48		12		6.3		28.5	32	M12	225
	32	0 −0.016	24	58		14		7.0		33.5	36	M16	228
	40		27	70		16		8.0		44.5	45	M20	231
	50		30	90		18		8.0		55.0	50	M24	234

表 2.3-43　7∶24 锥柄铣刀杆（JB/T 3411.110—1999）　（mm）

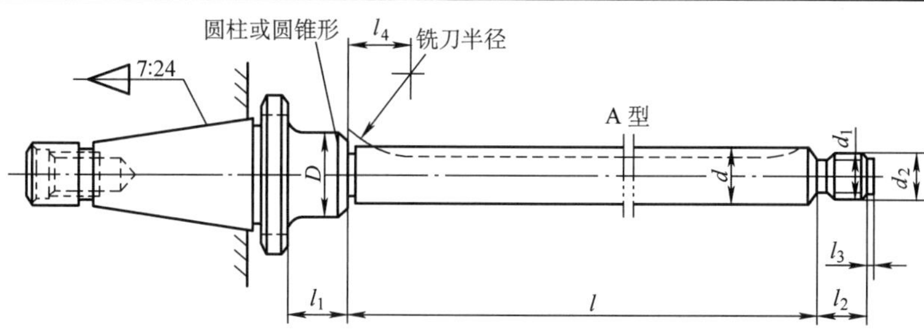

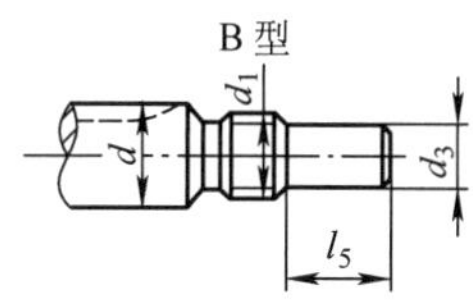

标记示例

7∶24 圆锥为 40 号，d=22mm，l=315mm 的 A 型 7∶24 锥柄铣刀杆标记为：

刀杆 A40-22×315 JB/T 3411.110—1999

7∶24 圆锥号	d 公称尺寸	d 极限偏差 h6	有效长度 l A 型			有效长度 l A 型　B 型			
30	16	0 −0.011	63	100	160	200	250	315	
	22	0 −0.013	63	100	160	200	250	315	400
	27		63	100	160	200	250	315	400

（续）

7 : 24 圆锥号	d 公称尺寸	d 极限偏差 h6	有效长度 l A 型			有效长度 l A 型　B 型							
40	16	0 -0.011	63	100	160	200	250	315	400				
	22	0 -0.013	63	100	160	200	250	315	400	500（450）			
	27		63	100	160	—	250	315	400	500（450）	630（560）		
	32	0 -0.016	63	100	160	—	250	315	400	500（450）	630（560）		
	40		—	100	160	—	—	315	400	500（450）	630（560）		
45	22	0 -0.013	63	100	160	200	250	315	400				
	27		63	100	160	—	250	315	400	500（450）			
	32	0 -0.016	63	100	160	—	—	315	400	500（450）	630（560）		
	40		—	100	160	—	—	—	400	500（450）	630（560）		
50	22	0 -0.013	63	100	160	200	250	315	400	500（450）	630（560）		
	27		63	100	160			315	400	500（450）	630（560）	800（710）	
	32	0 -0.016	63	100	160			315	400	500（450）	630（560）	800（710）	1000（900）
	40			100	160				400	500（450）	630（560）	800（710）	1000（900）
	50								400	500（450）	630（560）	800（710）	1000（900）
	60	0 -0.019							400	500（450）	630（560）	800（710）	1000（900）
60	50	0 -0.016									630（560）	800（710）	1000（900）
	60	0 -0.019									630（560）	800（710）	1000（900）
	80											800（710）	1000（900）
	100	0 -0.022										800（710）	1000（900）

7 : 24 圆锥号	D_{min}	d_1	d_2	d_3 公称尺寸	d_3 极限偏差 g6	l_1	l_2	l_{3min}	l_4	l_5
30	27	M16×1.5	13	13	-0.006 -0.017	20	$1\sim1.25d_1+2$	2	23	20
	34	M20×2	16	16					25	25
	41	M24×2	20	20	-0.007 -0.020				26	32
40	27	M16×1.5	13	13	-0.006 -0.017	25			23	20
	34	M20×2	16	16					25	25
	41	M24×2	20	20	-0.007 -0.020				26	32
	47	M27×2	23	23					27	
	55	M33×2	29	29					28	
45	34	M20×2	16	16	-0.006 -0.017	30			25	25

（续）

7:24圆锥号	D_{min}	d_1	d_2	d_3 公称尺寸	d_3 极限偏差 g6	l_1	l_2	l_{3min}	l_4	l_5
45	41	M24×2	20	20	-0.007 -0.020	30	1～1.25d_1+2	2	26	32
	47	M27×2	23	23					27	
	55	M33×2	29	29					28	
50	34	M20×2	16	16	-0.006 -0.017	30		2	25	25
	41	M24×2	20	20	-0.007 -0.020				26	32
	47	M27×2	23	23					27	
	55	M33×2	29	29					28	
	69	M39×3	34	34	-0.009 -0.025			3	29	56
	84	M45×3	40	40					30	
60	69	M39×3	34	34		40			29	
	84	M45×3	40	40					30	
	109	M56×4	49	—	—			5	31	—
	134	M68×4	61	—	—				33	—

注：括号中的有效长度 l 尽可能不采用。

表 2.3-44 莫氏锥柄铣刀杆（JB/T 3411.111—1999）（mm）

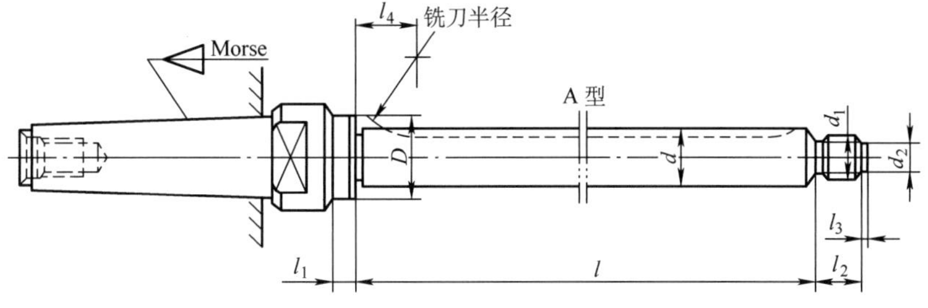

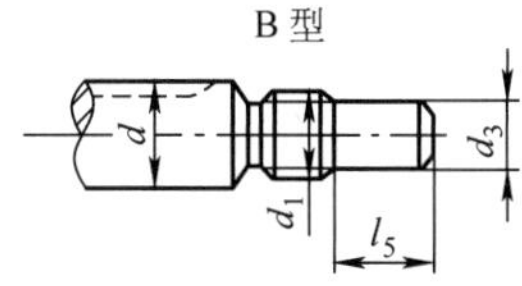

标记示例

莫氏圆锥为4号，d=22mm，l=315mm的B型莫氏锥柄铣刀杆标记为：

刀杆 B4-22×315 JB/T 3411.111—1999

莫氏圆锥号	d 公称尺寸	d 极限偏差 h6	有效长度 l A型			有效长度 l A型 B型							
3	16	0 -0.011	63	—	—	200	250	315					
	22	0 -0.013	63	100	—	200	250	315	400				
	27		63	100	160	200	250	315	400				

（续）

莫氏圆锥号	d 公称尺寸	d 极限偏差 h6	有效长度 l A型			有效长度 l A型 B型							
4	16	0 -0.011	63	—	—	200	250	315	400				
	22	0 -0.013	63	100	—	200	250	315	400	500（450）			
	27		63	100	160	—	250	315	400	500（450）	630（560）		
	32	0 -0.016	63	100	160	—	250	315	400	500（450）	630（560）		
	40		—	100	160	—	—	315	400	500（450）	630（560）		
5	22	0 -0.013	63	100	—	200	250	315	400	500（450）	630（560）		
	27		63	100	160			315	400	500（450）	630（560）	800（710）	
	32	0 -0.016	63	100	160			315	400	500（450）	630（560）	800（710）	1000（900）
	40			100	160				400	500（450）	630（560）	800（710）	1000（900）
	50				160				400	500（450）	630（560）	800（710）	1000（900）
6	50				160						630（560）	800（710）	1000（900）
	60	0 -0.019			160						630（560）	800（710）	1000（900）
	80				160							800（710）	1000（900）
	100	0 -0.022			160							800（710）	1000（900）

莫氏圆锥号	D_{min}	d_1	d_2	d_3 公称尺寸	d_3 极限偏差 g6	l_1	l_2	l_{3min}	l_4	l_5
3	27	M16×1.5	13	13	-0.006 -0.017	10	$(1\sim1.25)d_1+2$	2	27	20
	34	M20×2	16	16						25
	41	M24×2	20	20	-0.007 -0.020					32
4	27	M16×1.5	13	13	-0.006 -0.017					20
	34	M20×2	16	16						25
	41	M24×2	20	20	-0.007 -0.020					32
	47	M27×2	23	23					29	
	55	M33×2	29	—	—	20			30	—
5	34	M20×2	16	16	-0.006 -0.017	10			27	25
	41	M24×2	20	20	-0.007 -0.020					32
	47	M27×2	23	23					29	
	55	M33×2	29	—	—	20			30	—
	69	M39×3	34	—	—			3	31	—
6	69	M39×3	34	—	—					—
	84	M45×3	40	—	—					—
	109	M56×3	49	—	—	30		5	32	—
	134	M68×3	61	—	—					—

注：括号中的有效长度 l 尽可能不采用。

表 2.3-45 调整垫圈（JB/T 3411.112—1999） （mm）

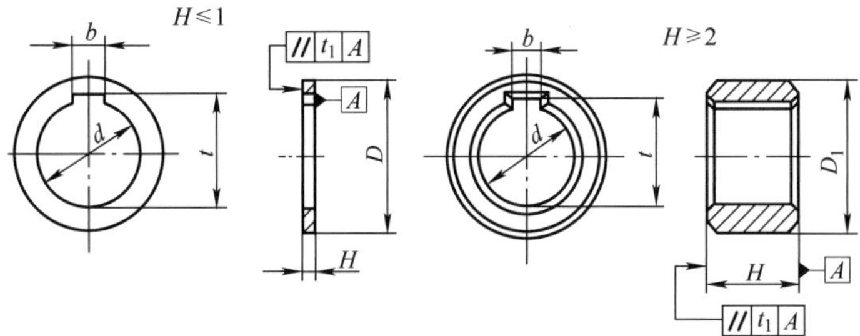

注：对于厚垫圈可以有一个直径等于 d+1mm，长度等于$\frac{H}{2}$的空刀。

标记示例

d=22mm，H=20mm 的调整垫圈标记为：

垫圈 22×20 JB/T 3411.112—1999

<table>
<tr><td rowspan="2">d</td><td>公称尺寸</td><td>16</td><td>22</td><td>27</td><td>32</td><td>40</td><td>50</td><td>60</td><td>80</td><td>100</td></tr>
<tr><td>极限偏差 C11</td><td>+0.205
+0.095</td><td colspan="2">+0.240
+0.110</td><td colspan="2">+0.280
+0.120</td><td>+0.290
+0.130</td><td>+0.330
+0.140</td><td>+0.340
+0.150</td><td>+0.390
+0.170</td></tr>
<tr><td rowspan="2">D</td><td>公称尺寸</td><td>26</td><td>33</td><td>40</td><td>46</td><td>54</td><td>68</td><td>83</td><td>—</td><td>—</td></tr>
<tr><td>极限偏差 h11</td><td>0
−0.130</td><td colspan="3">0
−0.160</td><td colspan="2">0
−0.190</td><td>0
−0.220</td><td>—</td><td>—</td></tr>
<tr><td rowspan="2">D_1</td><td>公称尺寸</td><td>27</td><td>34</td><td>41</td><td>47</td><td>55</td><td>69</td><td>84</td><td>109</td><td>134</td></tr>
<tr><td>极限偏差 h11</td><td>0
−0.130</td><td colspan="3">0
−0.160</td><td colspan="2">0
−0.190</td><td colspan="2">0
−0.220</td><td>0
−0.250</td></tr>
<tr><td rowspan="2">b</td><td>公称尺寸</td><td>4</td><td>6</td><td>7</td><td>8</td><td>10</td><td>12</td><td>14</td><td>18</td><td>25</td></tr>
<tr><td>极限偏差 C11</td><td colspan="2">+0.145
+0.070</td><td colspan="3">+0.170
+0.080</td><td colspan="3">+0.205
+0.095</td><td>+0.240
+0.110</td></tr>
<tr><td rowspan="2">t</td><td>公称尺寸</td><td>17.7</td><td>24.1</td><td>29.8</td><td>34.8</td><td>43.5</td><td>53.5</td><td>64.2</td><td>85.5</td><td>107.0</td></tr>
<tr><td>极限偏差</td><td colspan="2">+0.1
0</td><td colspan="7">+0.2
0</td></tr>
<tr><td colspan="2" rowspan="8">H</td><td colspan="7">（0.03）；（0.04）；0.05；0.1；0.2；0.3；0.6；1</td><td colspan="2" rowspan="2"></td></tr>
<tr><td colspan="7">2；3；6</td></tr>
<tr><td colspan="9">10</td></tr>
<tr><td colspan="7"></td><td colspan="2">（12）（13）（16）</td></tr>
<tr><td colspan="9">20</td></tr>
<tr><td colspan="9">30</td></tr>
<tr><td></td><td colspan="8">60</td></tr>
<tr><td colspan="2"></td><td colspan="7">100</td></tr>
<tr><td colspan="2">t_1</td><td colspan="2">0.004</td><td colspan="4">0.005</td><td colspan="3">0.006</td></tr>
</table>

注：1. 括号内的尺寸尽可能不采用。

2. 厚度 H≥2mm 时，其极限偏差为±0.1mm。

3. 厚度 H≤1mm 时，可采用钢带 65Mn，YB/T 5063—2007 冲压制造。

表 2.3-46　铣刀杆轴套（JB/T 3411.113—1999）　（mm）

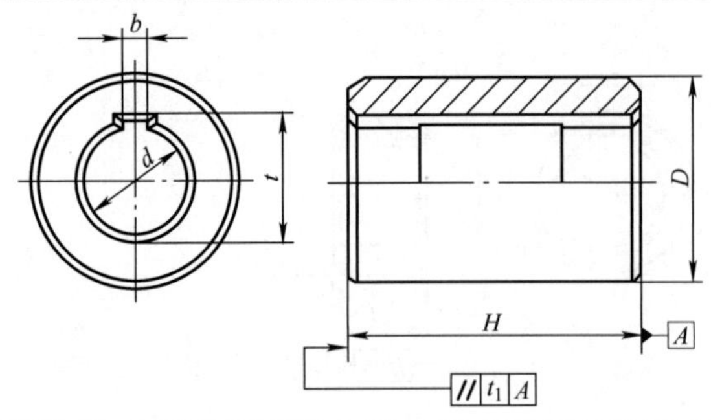

注：如要空刀，其尺寸为：直径等于 d+1mm，长度等于$\frac{H}{2}$。

标记示例

d=22mm，D=42mm 的铣刀杆轴套标记为：

轴套 22×42 JB/T 3411.113—1999

<table>
<tr><th colspan="2">d</th><th colspan="2">b</th><th colspan="2">t</th><th colspan="7">D</th></tr>
<tr><th rowspan="2">公称尺寸</th><th rowspan="2">极限偏差 H7</th><th rowspan="2">公称尺寸</th><th rowspan="2">极限偏差 C11</th><th rowspan="2">公称尺寸</th><th rowspan="2">极限偏差</th><th>42</th><th>48</th><th>56</th><th>70</th><th>85</th><th>110</th><th>140</th></tr>
<tr><th colspan="7">H</th></tr>
<tr><td>16</td><td>+0.018
0</td><td>4</td><td rowspan="2">+0.0145
+0.070</td><td>17.7</td><td rowspan="2">+0.1
0</td><td rowspan="3">60</td><td rowspan="4">70</td><td rowspan="5">80</td><td></td><td rowspan="2"></td><td rowspan="5"></td><td rowspan="8"></td></tr>
<tr><td>22</td><td rowspan="2">+0.021
0</td><td>6</td><td>24.1</td><td rowspan="5">100</td></tr>
<tr><td>27</td><td>7</td><td rowspan="3">+0.170
+0.080</td><td>29.8</td><td rowspan="7">+0.2
0</td><td rowspan="4">120</td></tr>
<tr><td>32</td><td rowspan="3">+0.025
0</td><td>8</td><td>34.8</td><td></td></tr>
<tr><td>40</td><td>10</td><td>43.5</td><td colspan="2"></td></tr>
<tr><td>50</td><td>12</td><td rowspan="3">+0.205
+0.095</td><td>53.5</td><td colspan="3"></td><td rowspan="3">140</td></tr>
<tr><td>60</td><td rowspan="2">+0.030
0</td><td>14</td><td>64.2</td><td colspan="5"></td></tr>
<tr><td>80</td><td>18</td><td>85.5</td><td colspan="5"></td></tr>
<tr><td>100</td><td>+0.035
0</td><td>25</td><td>+0.240
+0.110</td><td>107.0</td><td colspan="6"></td><td>160</td></tr>
<tr><td colspan="6">t_1</td><td colspan="3">0.004</td><td colspan="2">0.005</td><td colspan="2">0.006</td></tr>
</table>

注：1. 尺寸 D 的极限偏差为 g6。

2. 尺寸 H 的极限偏差为±0.1mm。

表 2.3-47　螺母（JB/T 3411.114—1999）　（mm）

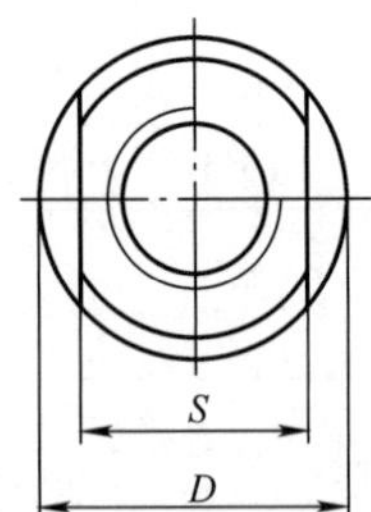

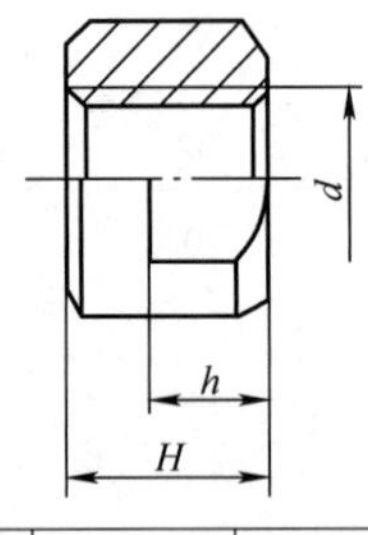

标记示例

d=M20×2 的螺母标记为：

螺母 M20×2 JB/T 3411.114—1999

<table>
<tr><td colspan="3">d</td><td>M16×1.5</td><td>M20×2</td><td>M24×2</td><td>M27×2</td><td>M33×2</td><td>M39×3</td><td>M45×3</td><td>M56×4</td><td>M68×4</td></tr>
<tr><td colspan="3">D≈</td><td>27</td><td>34</td><td>41</td><td>47</td><td>55</td><td>69</td><td>84</td><td>109</td><td>134</td></tr>
<tr><td colspan="3">H</td><td colspan="9">（1～1.25）d</td></tr>
<tr><td rowspan="3">S</td><td colspan="2">公称尺寸</td><td>22</td><td>27</td><td>32</td><td>41</td><td>46</td><td>55</td><td>70</td><td>85</td><td>105</td></tr>
<tr><td rowspan="2">极限偏差</td><td>h13</td><td colspan="3">0
−0.33</td><td colspan="6">—</td></tr>
<tr><td>h14</td><td colspan="3">—</td><td colspan="2">0
−0.62</td><td colspan="2">0
−0.74</td><td colspan="2">0
−0.87</td></tr>
<tr><td colspan="3">h</td><td colspan="9">大于相应扳手的宽度</td></tr>
<tr><td colspan="3">适用刀杆直径</td><td>16</td><td>22</td><td>27</td><td>32</td><td>40</td><td>50</td><td>60</td><td>80</td><td>100</td></tr>
</table>

表 2.3-48 铣床用拉杆（JB/T 3411.125—1999） （mm）

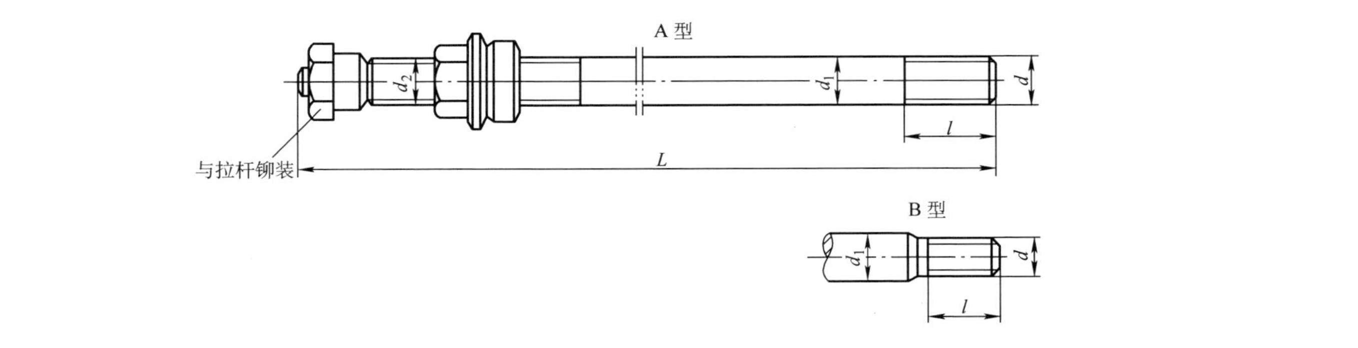

标记示例

d=M12，d_1=25mm，L=700mm 的铣床用 B 型拉杆标记为：

拉杆 B M12×25×700 JB/T 3411.125—1999

<table>
<tr><th>类别</th><th>d</th><th>d_1</th><th>d_2</th><th>l</th><th colspan="30">L</th></tr>
<tr><td rowspan="3">B</td><td>M10</td><td rowspan="2">16</td><td rowspan="2">M16</td><td rowspan="3">25</td><td rowspan="9">400</td><td rowspan="9">500</td><td rowspan="9">550</td><td rowspan="9">575</td><td rowspan="9">600</td><td rowspan="9">625</td><td rowspan="9">650</td><td rowspan="12">700</td><td rowspan="12">720</td><td rowspan="12">750</td><td rowspan="12">775</td><td rowspan="12">800</td><td rowspan="12">850</td><td rowspan="12">875</td><td rowspan="12">900</td><td rowspan="12">950</td><td rowspan="12">975</td><td rowspan="12">1000</td><td rowspan="12">1050</td><td rowspan="12">1100</td><td rowspan="12">1150</td><td rowspan="12">1200</td><td rowspan="12">1250</td><td rowspan="12">1300</td><td rowspan="12">1350</td><td rowspan="12">1400</td><td rowspan="12">1450</td><td rowspan="12">1500</td><td colspan="6" rowspan="5"></td></tr>
<tr><td rowspan="2">M12</td></tr>
<tr><td>25</td><td>M24</td></tr>
<tr><td>A</td><td rowspan="2">M16</td><td>16</td><td>M16</td><td rowspan="2">32</td></tr>
<tr><td>B</td><td>25</td><td>M24</td></tr>
<tr><td>A</td><td rowspan="2">M20</td><td>20</td><td>M20</td><td rowspan="2">40</td><td rowspan="7">1500</td><td rowspan="7">1600</td><td colspan="4" rowspan="2"></td></tr>
<tr><td rowspan="6">B</td><td rowspan="2">25</td><td rowspan="2">M24</td></tr>
<tr><td rowspan="2">M24</td><td rowspan="2">50</td><td rowspan="5">1650</td><td rowspan="5">1700</td><td colspan="2" rowspan="2"></td></tr>
<tr><td rowspan="2">32</td><td rowspan="2">M32</td></tr>
<tr><td>M30</td><td>63</td><td colspan="7"></td><td rowspan="3">1800</td><td rowspan="3">1900</td></tr>
<tr><td>M36</td><td>40</td><td>M40</td><td>80</td><td colspan="7"></td></tr>
<tr><td>M48</td><td>52</td><td>M52</td><td>100</td><td colspan="7"></td></tr>
</table>

注：铣床用拉杆的长度 L 可根据机床规格按需在表中选取。

表 2.3-49 快速面铣刀杆（JB/T 3411.123—1999） （mm）

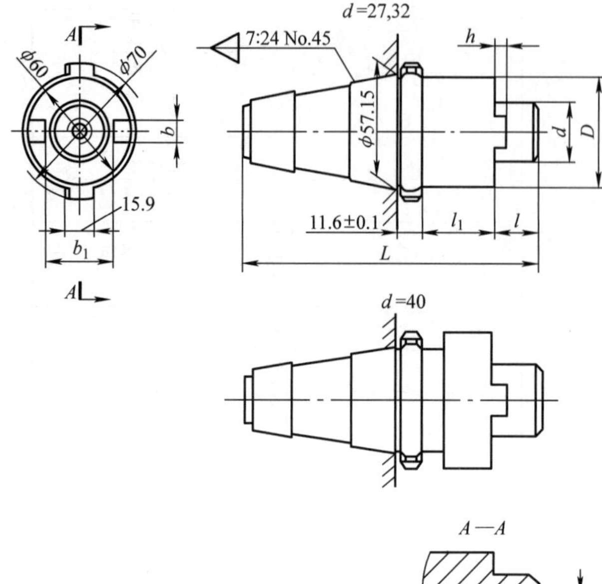

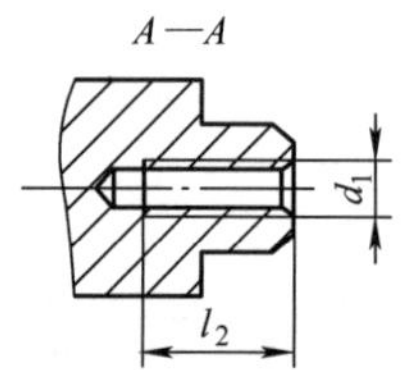

注：端键的具体结构由设计决定。

标记示例

锥柄为 7∶24 圆锥 45 号，d=27mm 的快换面铣刀杆标记为：

刀杆 45-27 JB/T 3411.123—1999

d		l_{max}	b		b_{1min}	h		D_{min}	d_1	L_{max}	l_1	l_2
公称尺寸	极限偏差 h6		公称尺寸	极限偏差 h11		公称尺寸	极限偏差 h11					
27	0 -0.013	21	12	0 -0.110	28.5	6.3	0 -0.090	48	M12	142	25	32
32	0 -0.016	24	14		33.5	7.0		58	M16	160	40	36
40		27	16		44.5	8.0		70	M20	163		45

表 2.3-50 面铣刀杆螺钉（JB/T 3411.126—1999） （mm）

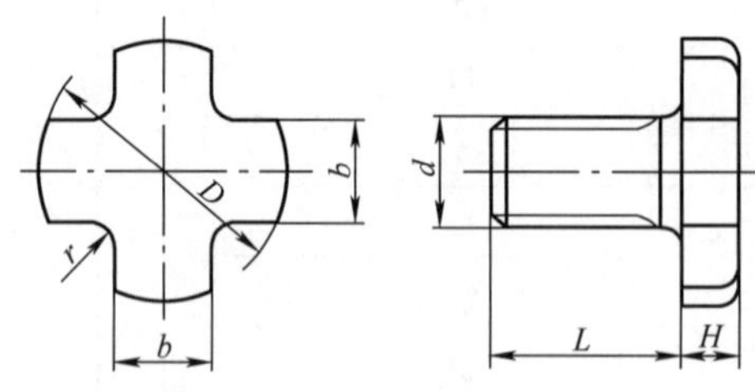

标记示例

d=M16 的面铣刀杆螺钉标记为：

螺钉 M16 JB/T 3411.126—1999

d	b	D_{max}	L_{min}	H	r	适用刀杆直径	d	b	D_{max}	L_{min}	H	r	适用刀杆直径
M8	8	20	16	6	2	16	M16	16	42	26	9	3	32
M10	10	28	18	7	3	22	M20	20	52	30	10	4	40
M12	12	35	22	8		27	M24	24	63	36			50

表 2.3-51 面铣刀杆螺钉扳手（JB/T 3411.127—1999） （mm）

公称直径（螺纹直径）	b 基本尺寸	b 极限偏差 H11	b_1 ≈	d	d_1	L	H	h	h_1 ≈
8	8.1	$^{+0.090}_{0}$	12	20	15	180	20	6.2	5
10	10.1		16	28	19	200	25	7.2	6
12	12.1	$^{+0.110}_{0}$	20	35	22	225	32	8.5	8
16	16.2		25	40	28	250	36	9.5	
20	20.2	$^{+0.130}_{0}$	30	52	35	280	40	11.0	
24	24.2			63	41	315	45		

标记示例

公称直径为 16mm 的面铣刀杆螺钉扳手：扳手 16 JB/T 3411.127—1999

2.3.6 铣刀的刃磨

铣刀磨损主要发生在后刀面上，刃磨铣刀以后刀面为主。对于铲齿成形铣刀则以刃磨前刀面为主，以保证其精确的形状不变。

1. 后刀面的刃磨

一般采用杯形砂轮或碗形砂轮刃磨铣刀后刀面。粗齿锯片铣刀、槽铣刀等直齿铣刀，也可以用砂轮外圆刃磨后刀面。刃磨后刀面时，用支片支撑在被刃磨刀齿的前刀面上，支片应尽可能靠近齿尖处，用支片至铣刀中心线的高度差保证准确的刀齿后角 α_o。各种铣刀后刀面的刃磨见表 2.3-52。

$$H=\frac{d_0}{2}\sin\alpha_o$$

式中 H——支片至铣刀中心线的高度差（mm）；

d_0——铣刀直径（mm）；

α_o——铣刀后角（°）。

2. 前刀面的刃磨

采用碟形砂轮刃磨铣刀前刀面，直齿铣刀用碟形砂轮的平面刃磨前刀面，斜齿或螺旋齿用碟形砂轮的斜面刃磨前刀面。磨削长度较长的螺旋槽铣刀前刀面时，应利用靠模装置，以保证磨削时得到正确的螺旋角。前刀面的刃磨见表 2.3-53。

表 2.3-52 后刀面的刃磨

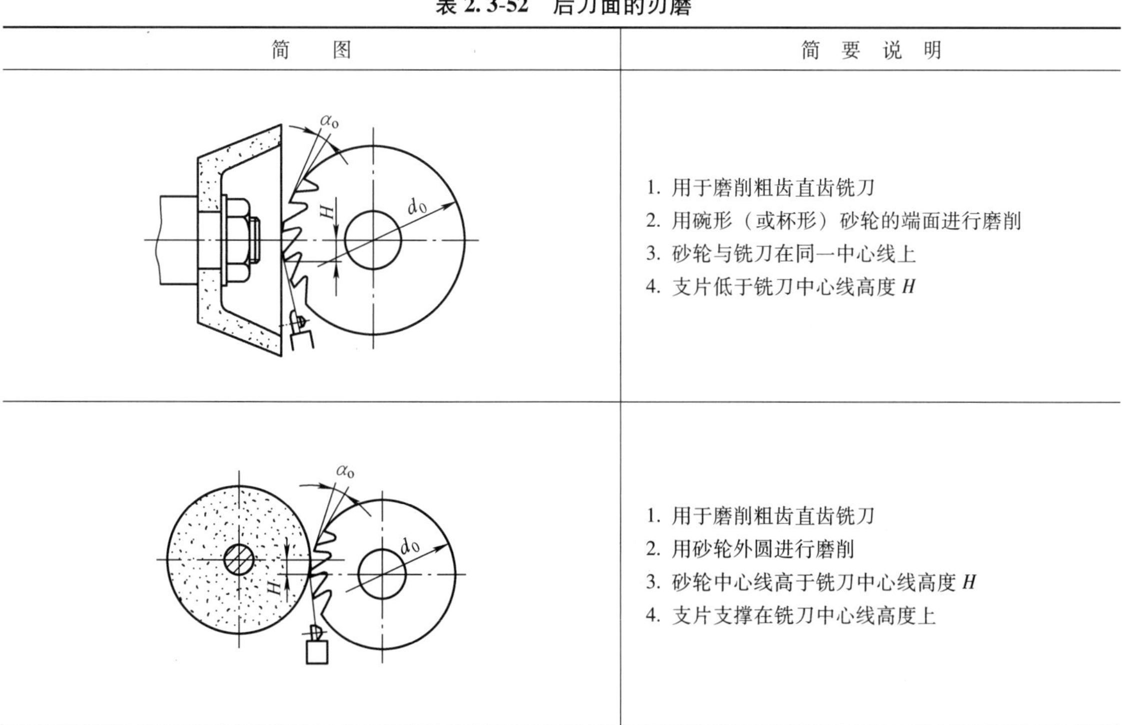

简 图	简 要 说 明
	1. 用于磨削粗齿直齿铣刀 2. 用碗形（或杯形）砂轮的端面进行磨削 3. 砂轮与铣刀在同一中心线上 4. 支片低于铣刀中心线高度 H
	1. 用于磨削粗齿直齿铣刀 2. 用砂轮外圆进行磨削 3. 砂轮中心线高于铣刀中心线高度 H 4. 支片支撑在铣刀中心线高度上

（续）

简　图	简 要 说 明
H　d_0	1. 用于磨削细齿直齿铣刀 2. 用碗形砂轮端面进行磨削 3. 砂轮中心线低于铣刀中心线，并使砂轮外径接近铣刀刀齿后刀面 4. 采用细齿支片，使支片低于铣刀中心线高度 H
α_o　d_0　磨削点　H	1. 用于斜齿（或螺旋齿）铣刀磨削 2. 用碗形（或杯形）砂轮端面进行磨削 3. 支片低于铣刀中心线高度 H，并支于砂轮的磨削点下面（采用斜支片或螺旋支片） 4. 磨削时，铣刀在轴向移动的同时，并连续旋转（使支片紧靠于前刀面上）
H a) b)	1. 用于磨削错齿（或镶齿）三面刃铣刀 2. 砂轮与铣刀在同一中心线上 3. 支片低于铣刀中心线高度 H，并支于砂轮磨削点下面（用斜支片） 4. 磨削时，前刀面紧靠于支片上，铣刀在轴向移动的同时，并按斜槽方向旋转 5. 左右方向刀齿分两次磨削，磨完一个方向的齿，更换支片再磨另一方向的齿（图 a） 6. 左右方向刀齿同时磨削时，采用双向斜支片，使支片的最高点位于左右方向刀齿的中点（图 b）
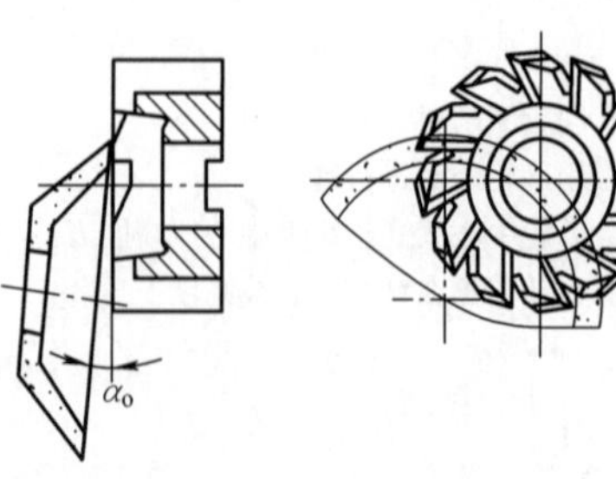	1. 用于立铣刀、三面刃铣刀、面铣刀端面刃的磨削 2. 用碗形砂轮端面进行磨削 3. 铣刀齿端面刃处于水平位置 4. 砂轮中心线低于铣刀中心线，砂轮的磨削平面（端面）在垂直方向倾斜一个 α_o 角 5. 当铣刀端面齿有 κ_r' 角时，铣刀中心线在水平内应转一个 κ_r' 角

表 2.3-53 前刀面的刃磨

简图	简要说明	简图	简要说明
	1. 用于磨削前角 $\gamma_o=0°$ 的直齿三面刃铣刀及铲齿成形铣刀等 2. 磨削时砂轮平面通过铣刀中心线		1. 用于磨削前角 $\gamma_o>0°$ 的直齿三面刃铣刀、槽铣刀、角度铣刀等 2. 磨削时，砂轮平面偏离铣刀中心线一个距离 e_1 $e_1=\dfrac{d_0}{2}\sin\gamma_o$ 式中 d_0——铣刀外径 γ_o——铣刀刀齿前角（°）
	1. 用于磨削法前角 $\gamma_n=0°$ 的斜齿（或螺旋齿）铣刀 2. 磨削时砂轮斜面的延长线应通过铣刀中心 3. 砂轮轴线自水平面向下扳一个等于砂轮斜角 δ 的倾角 4. 砂轮轴线在水平面回转一个 ψ 角，使砂轮的磨削平面平行于刀齿前刀面 $\psi=\beta$ 式中 β——铣刀的斜角（或螺旋角）		1. 用于磨削法前角 $\gamma_n>0°$ 的斜齿或螺旋齿铣刀 2. 磨削时砂轮轴线在水平面向下扳一个等于砂轮斜角的倾角 δ，并回转一个 ψ 角，其大小等于刀齿的螺旋角 β 3. 砂轮斜面的磨削平面偏离铣刀中心一个距离 e_2 $e_2=\dfrac{d_0}{2}\dfrac{1}{\cos_2\beta}\sin(\delta+\gamma_n)-h\sin\delta$ 式中 d_0——铣刀直径 β——铣刀斜角（或螺旋角）（°） δ——砂轮斜角（°） γ_n——铣刀法前角（°） h——铣刀刀齿高度

2.4 铣削用量

2.4.1 铣削要素

铣削要素系指铣削速度、进给量、背吃刀量和铣削切削层公称宽度。

1）铣削速度 v（m/min）。

$$v=\pi d_0 n/1000$$

式中 d_0——铣刀直径（mm）；

n——铣刀转速（r/min）。

2）进给量。

① 每转进给量 f(mm/r)：铣刀每转过一转工件相对于铣刀移动的距离。

② 每齿进给量 f_z（mm/齿）：铣刀每转过一齿工件相对于铣刀移动的距离。

$$f_z=f/z$$

式中 z——铣刀刀齿数。

③ 进给速度 v_f（mm/min）：每分钟内工件相对于铣刀移动的距离。

$$v_f=fn=f_z zn$$

3）背吃刀量 a_p，指平行于铣刀轴线方向的切削层尺寸，如图 2.4-1 所示。

4）铣削切削层公称宽度 a_w（以下简称为铣削宽度），指垂直于铣刀轴线方向的切削层尺寸，如图 2.4-1所示。

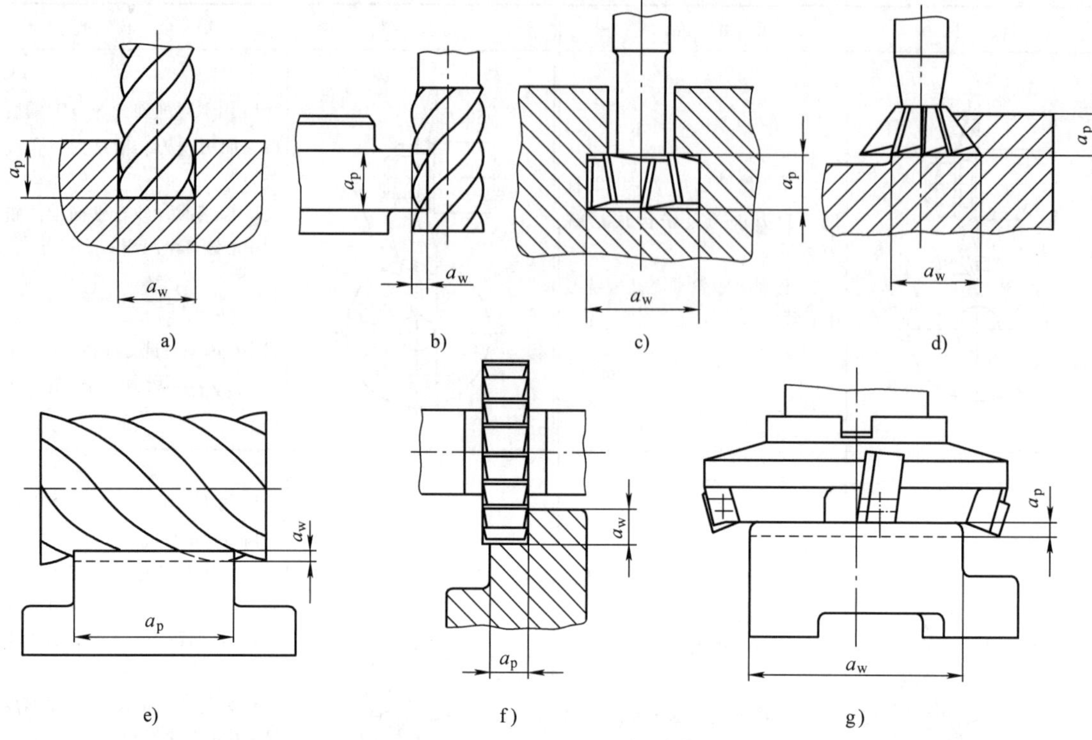

图 2.4-1 背吃刀量 a_p 与铣削宽度 a_w

a)、b) 立铣刀 c) T 形槽铣刀 d) 燕尾槽铣刀 e) 圆柱形铣刀 f) 三面刃铣刀 g) 面铣刀

2.4.2 铣削进给量的选择

1. 高速钢铣刀的进给量（表 2.4-1、表 2.4-2）

2. 硬质合金铣刀的进给量（表 2.4-3、表 2.4-4）

表 2.4-1 高速钢面铣刀、圆柱形铣刀和圆盘铣刀铣削时的进给量

(1) 粗铣时每齿进给量 f_z/(mm/齿)

铣床（铣头）功率/kW	工艺系统刚度	粗齿和镶齿铣刀				细齿铣刀			
		面铣刀与圆盘铣刀		圆柱形铣刀		面铣刀与圆盘铣刀		圆柱形铣刀	
		钢	铸铁及铜合金	钢	铸铁及铜合金	钢	铸铁及铜合金	钢	铸铁及铜合金
>10	大	0.2~0.3	0.3~0.45	0.25~0.35	0.35~0.50	—	—	—	—
	中	0.15~0.25	0.25~0.40	0.20~0.30	0.30~0.40				
	小	0.10~0.15	0.20~0.25	0.15~0.20	0.25~0.30				
5~10	大	0.12~0.20	0.25~0.35	0.15~0.25	0.25~0.35	0.08~0.12	0.20~0.35	0.10~0.15	0.12~0.20
	中	0.08~0.15	0.20~0.30	0.12~0.20	0.20~0.30	0.06~0.10	0.15~0.30	0.06~0.10	0.10~0.15
	小	0.06~0.10	0.15~0.25	0.10~0.15	0.12~0.20	0.04~0.08	0.10~0.20	0.06~0.08	0.08~0.12
<5	中	0.04~0.06	0.15~0.30	0.10~0.15	0.12~0.20	0.04~0.06	0.12~0.20	0.05~0.08	0.06~0.12
	小	0.04~0.06	0.10~0.20	0.06~0.10	0.10~0.15	0.04~0.06	0.08~0.15	0.03~0.06	0.05~0.10

（续）

（2）半精铣时每转进给量f/(mm/r)							
要求表面粗糙度 Ra/μm	镶齿面铣刀 和圆盘铣刀	圆柱形铣刀					
		铣刀直径 d_0/mm					
		40~80	100~125	160~250	40~80	100~125	160~250
		钢及铸钢			铸铁、铜及铝合金		
6.3	1.2~2.7	—					
3.2	0.5~1.2	1.0~2.7	1.7~3.8	2.3~5.0	1.0~2.3	1.4~3.0	1.9~3.7
1.6	0.23~0.5	0.6~1.5	1.0~2.1	1.3~2.8	0.6~1.3	0.8~1.7	1.1~2.1

注：1. 表中大进给量用于小的背吃刀量和铣削宽度；小进给量用于大的背吃刀量和铣削宽度。

2. 铣削耐热钢时，进给量与铣削钢时相同，但不大于0.3mm/齿。

表2.4-2 高速钢立铣刀、角铣刀、半圆铣刀、切槽铣刀和切断铣刀铣削钢的进给量

铣刀直径 d_0/mm	铣刀类型	铣削宽度 a_w/mm								
		3	5	6	8	10	12	15	20	30
		每齿进给量f_z/(mm/齿)								
16	立铣刀	0.08~0.05	0.06~0.05	—	—	—	—	—	—	—
20		0.10~0.06	0.07~0.04	—						
25		0.12~0.07	0.09~0.05	0.08~0.04						
32	立铣刀	0.16~0.10	0.12~0.07	0.10~0.05	—	—	—	—	—	—
	半圆铣刀和角铣刀	0.08~0.04	0.07~0.05	0.06~0.04						
40	立铣刀	0.20~0.12	0.14~0.08	0.12~0.07	0.08~0.05	—	—	—	—	—
	半圆铣刀和角铣刀	0.09~0.05	0.07~0.05	0.06~0.03	0.06~0.03					
	切槽铣刀	0.009~0.005	0.007~0.003	0.01~0.007	—					
50	立铣刀	0.25~0.15	0.15~0.10	0.13~0.08	0.10~0.07	—	—	—	—	—
	半圆铣刀和角铣刀	0.1~0.06	0.08~0.05	0.07~0.04	0.06~0.03					
	切槽铣刀	0.01~0.006	0.008~0.004	0.012~0.008	0.012~0.008					

（续）

铣刀直径 d_0/mm	铣刀类型	铣削宽度 a_w/mm								
		3	5	6	8	10	12	15	20	30
		每齿进给量 f_z/(mm/齿)								
63	半圆铣刀和角铣刀	0.10~0.06	0.08~0.05	0.07~0.04	0.06~0.04	0.05~0.03	—	—	—	—
	切槽铣刀	0.013~0.008	0.01~0.005	0.015~0.01	0.015~0.01	0.015~0.01				
	切断铣刀	—	—	0.025~0.015	0.022~0.012	0.02~0.01				
80	半圆铣刀和角铣刀	0.12~0.08	0.10~0.06	0.09~0.05	0.07~0.05	0.06~0.04	0.06~0.03	—	—	—
	切槽铣刀	—	0.015~0.005	0.025~0.01	0.022~0.01	0.02~0.01	0.017~0.008	0.015~0.007	—	—
	切断铣刀	—	—	0.03~0.15	0.027~0.012	0.025~0.01	0.022~0.01	0.02~0.01	—	—
100	半圆铣刀和角铣刀	0.12~0.07	0.12~0.05	0.11~0.05	0.10~0.05	0.09~0.04	0.08~0.04	0.07~0.03	0.05~0.03	—
	切断铣刀	—	—	0.03~0.02	0.028~0.016	0.027~0.015	0.023~0.015	0.022~0.012	0.023~0.013	—
125	切断铣刀	—	—	0.03~0.025	0.03~0.02	0.03~0.02	0.025~0.02	0.025~0.02	0.025~0.015	0.02~0.01
160				—	—	—	—	0.03~0.02	0.025~0.015	0.02~0.01

注：1. 铣削铸铁、铜及铝合金时，进给量可增加30%~40%。

2. 表中半圆铣刀的进给量适用于凸半圆铣刀；对于凹半圆铣刀，进给量应减小40%。

3. 在铣削宽度小于5mm时，切槽铣刀和切断铣刀采用细齿；铣削宽度大于5mm时，采用粗齿。

表2.4-3 硬质合金面铣刀、圆柱形铣刀和圆盘铣刀铣削平面和凸台的进给量

机床功率/kW	钢		铸铁及铜合金	
	每齿进给量 f_z/(mm/齿)			
	YT15	YT5	YG6	YG8
5~10	0.09~0.18	0.12~0.18	0.14~0.24	0.20~0.29
>10	0.12~0.18	0.16~0.24	0.18~0.28	0.25~0.38

注：1. 表列数值用于圆柱形铣刀时，背吃刀量 $a_p \leqslant 30$mm；当 $a_p > 30$mm时，进给量应减小30%。

2. 用圆盘铣刀铣槽时，表列进给量应减小一半。

3. 用面铣刀铣削时，对称铣时进给量取小值；不对称铣时进给量取大值。主偏角大时取小值；主偏角小时取大值。

4. 铣削材料的强度或硬度大时，进给量取小值；反之，取大值。

5. 上述进给量用于粗铣。精铣时铣刀每转进给量按下表选择：

要求达到的粗糙度 Ra/μm	3.2	1.6	0.8	0.4
每转进给量/(mm/r)	0.5~1.0	0.4~0.6	0.2~0.3	0.15

表 2.4-4　硬质合金立铣刀铣削平面和凸台的进给量

铣刀类型	铣刀直径 d_0/mm	铣削宽度 a_w/mm			
		1~3	5	8	12
		每齿进给量 f_z/(mm/齿)			
带整体刀头的立铣刀	10~12	0.03~0.025	—	—	—
	14~16	0.06~0.04	0.04~0.03	—	—
	18~22	0.08~0.05	0.06~0.04	0.04~0.03	—
镶螺旋形刀片的立铣刀	20~25	0.12~0.07	0.10~0.05	0.10~0.03	0.08~0.05
	30~40	0.18~0.10	0.12~0.08	0.10~0.06	0.10~0.05
	50~60	0.20~0.10	0.16~0.10	0.12~0.08	0.12~0.06

注：1. 大进给量用于在大功率机床上背吃刀量较小的粗铣；小进给量用于在中等功率的机床上背吃刀量较大的铣削。
2. 表列进给量可得到 Ra=6.3~3.2μm 的表面粗糙度。

2.4.3　铣削速度、铣削力、铣削功率的计算及修正系数

1. 铣刀的磨钝标准及寿命（表 2.4-5、表 2.4-6）

表 2.4-5　铣刀磨钝标准

（1）高速钢铣刀

铣刀类型		后刀面最大磨损限度/mm					
		钢和铸钢		耐热钢		铸铁	
		粗铣	精铣	粗铣	精铣	粗铣	精铣
圆柱形铣刀和圆盘铣刀		0.4~0.6	0.15~0.25	0.5	0.20	0.50~0.80	0.20~0.30
面铣刀		1.2~1.8	0.3~0.5	0.70	0.50	1.5~2.0	0.30~0.50
立铣刀	$d_0 \leqslant 15$mm	0.15~0.20	0.1~0.15	0.50	0.40	0.15~0.20	0.10~0.15
	$d_0 > 15$mm	0.30~0.50	0.20~0.25			0.30~0.50	0.20~0.25
切槽铣刀和切断铣刀		0.15~0.20	—	—	—	0.15~0.20	—
成形铣刀	尖齿	0.60~0.70	0.20~0.30	—	—	0.6~0.7	0.2~0.3
	铲齿	0.30~0.4	0.20	—	—	0.3~0.4	0.2
锯片铣刀		0.5~0.7		—		0.6~0.8	

（2）硬质合金铣刀

铣刀类型		后刀面最大磨损限度/mm			
		钢和铸钢		铸铁	
		粗铣	精铣	粗铣	精铣
圆柱形铣刀		0.5~0.6		0.7~0.8	
圆盘铣刀		1.0~1.2		1.0~1.5	
面铣刀		1.0~1.2		1.5~2.0	
立铣刀	带整体刀头	0.2~0.3		0.2~0.4	
	镶螺旋形刀片	0.3~0.5		0.3~0.5	

注：1. 上表适于铣削钢的 YT5、YT14、YT15 和铣削铸铁的 YG8、YG6 与 YG3 硬质合金铣刀。
2. 铣削奥氏体不锈钢时，许用的后刀面最大磨损量为 0.2~0.4mm。

表 2.4-6 铣刀寿命 T (min)

<table>
<tr><td colspan="2">铣刀直径 d_0/mm≤</td><td>25</td><td>40</td><td>63</td><td>80</td><td>100</td><td>125</td><td>160</td><td>200</td><td>250</td><td>315</td><td>400</td></tr>
<tr><td rowspan="7">高速钢铣刀</td><td>细齿圆柱形铣刀</td><td colspan="2">—</td><td>120</td><td colspan="2">180</td><td colspan="6">—</td></tr>
<tr><td>镶齿圆柱形铣刀</td><td colspan="3">—</td><td colspan="4">180</td><td colspan="4">—</td></tr>
<tr><td>圆盘铣刀</td><td colspan="3">—</td><td colspan="2">120</td><td colspan="2">150</td><td>180</td><td>240</td><td colspan="2">—</td></tr>
<tr><td>面铣刀</td><td>—</td><td>120</td><td colspan="5">180</td><td colspan="2">240</td><td colspan="2">—</td></tr>
<tr><td>立铣刀</td><td>60</td><td>90</td><td>120</td><td colspan="8">—</td></tr>
<tr><td>切槽铣刀，切断铣刀</td><td colspan="3">—</td><td>60</td><td>75</td><td>120</td><td>150</td><td>180</td><td colspan="3">—</td></tr>
<tr><td>成形铣刀，角铣刀</td><td>—</td><td colspan="3">120</td><td>180</td><td colspan="6">—</td></tr>
<tr><td rowspan="4">硬质合金铣刀</td><td>面铣刀</td><td colspan="3">—</td><td colspan="4">180</td><td colspan="2">240</td><td>300</td><td>420</td></tr>
<tr><td>圆柱形铣刀</td><td colspan="3">—</td><td colspan="4">180</td><td colspan="4">—</td></tr>
<tr><td>立铣刀</td><td>90</td><td>120</td><td>180</td><td colspan="8">—</td></tr>
<tr><td>圆盘铣刀</td><td colspan="3">—</td><td colspan="2">120</td><td>150</td><td>180</td><td>240</td><td colspan="3">—</td></tr>
</table>

2. 铣削速度计算公式

$$v=\frac{C_v d_0^{q_v}}{T^m a_p^{x_v} f_z^{y_v} a_w^{u_v} z^{p_v}} k_v$$

式中 v——铣削速度（m/min）；

k_v——铣削条件改变时铣削速度修正系数。

C_v、q_v、x_v、y_v、u_v、p_v、m 的值见表 2.4-7。

表 2.4-7 C_v、q_v、x_v、y_v、u_v、p_v、m 的值

<table>
<tr><td>工件材料</td><td>铣刀类型</td><td>刀具材料</td><td>a_w /mm</td><td>a_p /mm</td><td>f_z /(mm/齿)</td><td>C_v</td><td>q_v</td><td>x_v</td><td>y_v</td><td>u_v</td><td>p_v</td><td>m</td></tr>
<tr><td rowspan="9">碳素结构钢 R_m=650MPa</td><td rowspan="3">面铣刀</td><td>YT15</td><td>—</td><td>—</td><td>—</td><td>172</td><td>0.2</td><td rowspan="3">0.1</td><td>0.4</td><td>0.2</td><td>0</td><td rowspan="3">0.2</td></tr>
<tr><td rowspan="2">高速钢（用切削液）</td><td rowspan="2">—</td><td rowspan="2">—</td><td>≤0.1</td><td>41</td><td rowspan="2">0.25</td><td>0.2</td><td rowspan="2">0.15</td><td rowspan="2">0.1</td></tr>
<tr><td>>0.1</td><td>26</td><td>0.4</td></tr>
<tr><td rowspan="6">圆柱形铣刀</td><td rowspan="4">YT15</td><td>≤2</td><td rowspan="2">≤35</td><td rowspan="4">≥0.15</td><td>201</td><td rowspan="4">0.17</td><td rowspan="2">−0.05</td><td rowspan="4">0.28</td><td>0.19</td><td rowspan="6">0.1</td><td rowspan="6">0.33</td></tr>
<tr><td>>2</td><td>229</td><td>0.38</td></tr>
<tr><td>≤2</td><td rowspan="2">>35</td><td>318</td><td rowspan="2">0.08</td><td>0.19</td></tr>
<tr><td>>2</td><td>362</td><td>0.38</td></tr>
<tr><td rowspan="2">高速钢（用切削液）</td><td rowspan="2">—</td><td rowspan="2">—</td><td>≤0.1</td><td>34</td><td rowspan="2">0.45</td><td rowspan="2">0.1</td><td>0.2</td><td rowspan="2">0.3</td></tr>
<tr><td>>0.1</td><td>22</td><td>0.4</td></tr>
</table>

（续）

工件材料	铣刀类型	刀具材料	a_w/mm	a_p/mm	f_z/(mm/齿)	C_v	q_v	x_v	y_v	u_v	p_v	m
碳素结构钢 $R_m=650MPa$	镶齿圆盘铣刀 铣平面与凸台	YT15	—	—	<0.12	586	0.2	0	0.12	0.4	0	0.35
					≥0.12	324			0.4			
	镶齿圆盘铣刀 铣槽				<0.06	800		0.1	0.12	0.3		
					≥0.06	302			0.4			
	镶齿圆盘铣刀 铣平面、凸台及槽	高速钢（用切削液）			≤0.1	47	0.25	0.1	0.2	0.3	0.1	0.2
					>0.1	30			0.4			
	整体圆盘铣刀	高速钢（用切削液）	—	—	—	43	0.25	0.1	0.2	0.3	0.1	0.2
	立铣刀	高速钢（用切削液）	—	—	—	29	0.45	0.1	0.5	0.5	0.1	0.33
	切槽和切断铣刀					33	0.25	0.2	0.2	0.3	0.1	0.2
	凸半圆铣刀					33	0.45	0.1	0.2	0.3	0.1	0.33
	凹半圆铣刀和角度铣刀					27	0.45	0.1	0.2	0.3	0.1	0.33
	带整体刀头的铣刀	YT15	—	—	—	89	0.44	0.1	0.26	0.24	0.13	0.37
	镶螺旋形刀片的立铣刀					144						
	键槽铣刀	高速钢（用切削液）	—	—	—	7.5	0.3	0.3	0.25	0	0	0.26
合金结构钢 $R_m=650MPa$	带整体刀头的铣刀	YT15	—	—	—	134	0.65	0.18	0.28	0.32	0.23	0.5
	镶螺旋形刀片的立铣刀					210						
耐热钢（退火状态）	面铣刀	YG8	—	—	—	108	0.2	0.06	0.3	0.2	0	0.32
		高速钢（用切削液）				27	0.15	0.2			0.1	0.14
	圆柱形铣刀		—	—	—	22	0.29	0.1	0.34	0.3	0.1	0.24
	立铣刀					12	0.35	0.21	0.48	0.21	0.1	0.27
灰铸铁（190HBW）	面铣刀	YG8	—	—	—	203	0.2	0.15	0.35	0.2	0	0.32
		高速钢（不用切削液）				23		0.1	0.4	0.1	0.1	0.15
	圆柱形铣刀	YG8	<2.5	—	≤0.2	422	0.37	0.23	0.19	0.13	0.14	0.42
					>0.2	268			0.47			
			≥2.5	—	≤0.2	538	0.37	0.23	0.19	0.4	0.14	0.42
					>0.2	342			0.47			
		高速钢（不用切削液）	—	—	≤0.15	31	0.7	0.3	0.2	0.5	0.3	0.25
					>0.15	15			0.6			
	镶齿圆盘铣刀	高速钢（不用切削液）	—	—	—	47	0.2	0.1	0.4	0.5	0.1	0.15
	整体圆盘铣刀					40	0.2	0.1	0.4	0.5	0.1	0.15
	立铣刀					40	0.7	0.3	0.2	0.5	0.3	0.25
	切槽与切断铣刀					17	0.2	0.2	0.4	0.5	0.1	0.15

（续）

工件材料	铣刀类型	刀具材料	a_w /mm	a_p /mm	f_z /(mm/齿)	C_v	q_v	x_v	y_v	u_v	p_v	m
可锻铸铁（150HBW）	面铣刀	YG8	—	—	≤0.18	453	0.22	0.17	0.1	0.22	0	0.33
					>0.18	317			0.32			
		高速钢（用切削液）			≤0.1	50	0.25	0.1	0.2	0.15	0.1	0.2
					>0.1	32			0.4			
	圆柱形铣刀	高速钢（用切削液）	—	—	≤0.1	42	0.45	0.1	0.2	0.3	0.1	0.33
					>0.1	27			0.4			
	镶齿圆盘铣刀		—	—	≤0.1	58	0.25	0.1	0.2	0.3	0.1	0.2
					>0.1	37			0.4			
	整体圆盘铣刀		—	—	—	53	0.25	0.1	0.2	0.3	0.1	0.2
	立铣刀		—	—	—	38	0.45	0.1	0.2	0.2	0.1	0.33
	切槽与切断铣刀					41	0.25	0.2		0.2		0.2
中等硬度非均质的铜合金（100~140HBW）	面铣刀	高速钢（不用切削液）	—	—	≤0.1	109	0.25	0.1	0.2	0.15	0.1	0.2
					>0.1	69			0.4			
	圆柱形铣刀		—	—	≤0.1	92	0.45	0.1	0.2	0.3	0.1	0.33
					>0.1	59			0.4			
	镶齿圆盘铣刀		—	—	≤0.1	127	0.25	0.1	0.2	0.3	0.1	0.2
					>0.1	81			0.4			
	整体圆盘铣刀		—	—	—	115	0.25	0.1	0.2			0.2
	立铣刀					82	0.45			0.3	0.1	0.33
	切槽与切断铣刀					89	0.25	0.2				0.2
铝硅合金及铸造铝合金 R_m=100~200MPa，≤65HBW；硬铝 R_m=300~400MPa，≤100HB	面铣刀	—	—	—	≤0.1	196	0.25	0.1	0.2	0.14	0.1	0.2
					>0.1	124			0.4			
	圆柱形铣刀				≤0.1	166	0.45	0.1	0.2	0.3	0.1	0.33
					>0.1	107			0.4			
	镶齿圆盘铣刀				≤0.1	228	0.25	0.1	0.2	0.3	0.1	0.2
					>0.1	146			0.4			
	整体圆盘铣刀				—	207	0.25	0.1	0.2	0.3	0.1	0.2
	立铣刀				—	148	0.45	0.1	0.2	0.3	0.1	0.33
	切槽与切断铣刀				—	160	0.25	0.2	0.2	0.3	0.1	0.2

注：1. 硬质合金铣刀均不用切削液。

2. 当钢和铸铁的力学性能改变时，铣削速度的修正系数 k_{Mv} 可查表 2.4-9 获取。

3. 加工条件改变时，铣削速度的修正系数见表 2.4-9。

3. 铣削力、转矩和铣削功率计算

$$F_c=\frac{C_F a_p^{x_F} f_z^{y_F} a_w^{u_F}}{d_0^{q_F} n^{w_F}} k_{F_c}$$

$$M=\frac{F_c d_0}{2\times10^3}$$

$$P_m=\frac{F_c v}{6\times10^4}$$

式中 F_c——圆周铣削力（N）；

k_{F_c}——铣削条件改变时铣削力修正系数；

M——转矩（N·m）；

P_m——铣削功率（kW）。

C_F、x_F、y_F、u_F、w_F、q_F 的值见表2.4-8。

表2.4-8 C_F、x_F、y_F、u_F、w_F、q_F 的值

工件材料	铣刀类型	刀具材料	C_F	x_F	y_F	u_F	w_F	q_F
碳素结构钢 R_m=650MPa	面铣刀	硬质合金	7750	1.0	0.75	1.1	0.2	1.3
		高速钢	773	0.95	0.8	1.1	0	1.1
	圆柱形铣刀	硬质合金	948	1.0	0.75	0.88	0	0.87
		高速钢	637	1.0	0.72	0.86	0	0.86
	立铣刀	硬质合金	116	1.0	0.75	0.85	-0.13	0.73
		高速钢	637	1.0	0.72	0.86	0	0.86
	圆盘铣刀、切槽及切断铣刀	硬质合金	2450	1.1	0.8	0.9	0.1	1.1
		高速钢	637	1.0	0.72	0.86	0	0.86
	凹、凸半圆铣刀及角铣刀	高速钢	441	1.0	0.72	0.86	0	0.86
耐热钢 (141HBW)	面铣刀	硬质合金	2138	0.92	0.78	1.0	0	1.15
	立铣刀	高速钢	804	1.0	0.6	0.75	0	0.86
灰铸铁 (190HBW)	面铣刀	硬质合金	534	0.9	0.74	1.0	0	1.0
	圆柱形铣刀		569	1.0	0.8	0.9	0	0.9
	圆柱形铣刀、立铣刀、圆盘铣刀、切槽及切断铣刀	高速钢	294	1.0	0.65	0.83	0	0.83
可锻铸铁 (150HBW)	面铣刀	硬质合金	4816	1.0	0.75	1.1	0.2	1.3
	圆柱形铣刀、立铣刀、圆盘铣刀、切槽及切断铣刀	高速钢	294	1.0	0.72	0.86	0	0.86
中等硬度非均质铜合金 (100~140HBW)	圆柱形铣刀、立铣刀、圆盘铣刀、切槽及切断铣刀	高速钢	221	1.0	0.72	0.86	0	0.86

注：1. 铣削铝合金时，圆周铣削力 F_c 按加工碳钢的公式计算并乘系数0.25。

2. 表列数据按锋利刀具求得。当铣刀的磨损量达到规定的数值时，F_c 要增大，铣削软钢时，增加75%~90%；铣削中硬钢、硬钢及铸铁时，增加30%~40%。

4. 铣削条件改变时的修正系数（表2.4-9）

表2.4-9 铣削条件改变时的修正系数

(1) 与铣刀寿命有关的修正系数

铣刀类型		加工材料	工作条件	寿命指数	实际寿命：标准寿命（T_R：T）					
					0.5	1	1.5	2	3	4
					系数 k_{T_v}					
硬质合金	面铣刀	结构钢[①]	不加切削液	0.2	1.15	1.0	0.92	0.87	0.8	0.76
		耐热钢和灰铸铁		0.32	1.25	1.0	0.88	0.8	0.71	0.64
		可锻铸铁		0.33	1.26	1.0	0.87	0.8	0.7	0.63

（续）

铣刀类型		加工材料	工作条件	寿命指数	实际寿命：标准寿命（T_R：T）					
					0.5	1	1.5	2	3	4
					系数 k_{Tv}					
硬质合金	圆柱形铣刀	结构钢①	不加切削液	0.33	1.26	1.0	0.87	0.8	0.7	0.63
		灰铸铁		0.42	1.34	1.0	0.84	0.75	0.63	0.56
	三面刃圆盘铣刀	结构钢①		0.35	1.27	1.0	0.87	0.78	0.68	0.62
	立铣刀	结构碳钢		0.37	1.29	1.0	0.86	0.77	0.67	0.6
		结构镍铬钢		0.5	1.41	1.0	0.82	0.71	0.58	0.5
高速钢	面铣刀	结构碳钢、合金钢和可锻铸铁	加切削液	0.2	1.15	1.0	0.92	0.87	0.8	0.76
		铜合金	不加切削液							
		耐热钢	加切削液	0.14	1.1	1.0	0.94	0.9	0.85	0.81
		灰铸铁	不加切削液	0.15	1.11	1.0	0.94	0.9	0.85	0.81
	圆柱形铣刀	结构碳钢、合金钢和可锻铸铁	加切削液	0.33	1.26	1.0	0.87	0.8	0.7	0.63
		铜合金	不加切削液							
		耐热钢	加切削液	0.24	1.18	1.0	0.91	0.85	0.77	0.72
		灰铸铁	不加切削液	0.25	1.19	1.0	0.9	0.84	0.76	0.71
	三面刃圆盘铣刀	结构碳钢、合金钢和可锻铸铁	加切削液	0.2	1.15	1.0	0.92	0.87	0.8	0.76
		铜合金	不加切削液							
		灰铸铁		0.15	1.11	1.0	0.94	0.9	0.85	0.81
	立铣刀	结构碳钢、合金钢和可锻铸铁	加切削液	0.33	1.26	1.0	0.87	0.8	0.7	0.63
		铜合金	不加切削液							
		耐热钢	加切削液	0.27	1.2	1.0	0.9	0.83	0.74	0.69
		灰铸铁	不加切削液	0.25	1.19	1.0	0.9	0.84	0.76	0.71
	切槽和切断铣刀	结构碳钢、合金钢和可锻铸铁	加切削液	0.2	1.15	1.0	0.92	0.87	0.8	0.76
		铜合金	不加切削液							
		灰铸铁		0.15	1.11	1.0	0.94	0.9	0.85	0.81
	成形铣刀和双角度铣刀	结构碳钢、合金钢	加切削液	0.33	1.26	1.0	0.87	0.8	0.7	0.63
	键槽铣刀	结构碳钢		0.26	1.2	1.0	0.9	0.84	0.75	0.7

（2）与加工材料有关的修正系数

类别	材料	力学性能		系数	
		布氏硬度 HBW	抗拉强度 R_m/MPa	k_{Mv}	k_{MP_m}
1）硬质合金面铣刀					
1	结构碳钢、铬钢、镍铬钢	≤137	400~500	1.44	0.89
		143~174	>500~600	1.18	0.95
		>174~207	>600~700	1.0	1.0
		>207~229	>700~800	0.87	1.04
		>229~267	>800~900	0.76	1.09
		>267~302	>900~1000	0.68	1.12
		>302~320	>1000~1100	0.62	1.15

（续）

<table>
<tr><th rowspan="2">类别</th><th rowspan="2">材　　料</th><th colspan="4">力学性能</th><th colspan="3">系数</th></tr>
<tr><th colspan="2">布氏硬度 HBW</th><th colspan="2">抗拉强度 R_m/MPa</th><th colspan="2">k_{Mv}</th><th>k_{MP_m}</th></tr>
<tr><td colspan="9">1）硬质合金面铣刀</td></tr>
<tr><td rowspan="6">2</td><td rowspan="6">灰铸铁</td><td colspan="2">140~160</td><td colspan="2">—</td><td colspan="2">1.34</td><td>0.79</td></tr>
<tr><td colspan="2">>160~180</td><td colspan="2">—</td><td colspan="2">1.15</td><td>0.89</td></tr>
<tr><td colspan="2">>180~200</td><td colspan="2">—</td><td colspan="2">1.0</td><td>1.0</td></tr>
<tr><td colspan="2">>200~220</td><td colspan="2">—</td><td colspan="2">0.88</td><td>1.11</td></tr>
<tr><td colspan="2">>220~240</td><td colspan="2">—</td><td colspan="2">0.79</td><td>1.21</td></tr>
<tr><td colspan="2">>240~260</td><td colspan="2">—</td><td colspan="2">0.71</td><td>1.32</td></tr>
<tr><td rowspan="5">3</td><td rowspan="5">可锻铸铁
KTH300-06、KTH300-08
KTH350-10、KTH370-12</td><td colspan="2">100~120</td><td colspan="2">—</td><td colspan="2">1.47</td><td>0.73</td></tr>
<tr><td colspan="2">>120~140</td><td colspan="2">—</td><td colspan="2">1.19</td><td>0.87</td></tr>
<tr><td colspan="2">>140~160</td><td colspan="2">—</td><td colspan="2">1.0</td><td>1.0</td></tr>
<tr><td colspan="2">>160~180</td><td colspan="2">—</td><td colspan="2">0.85</td><td>1.13</td></tr>
<tr><td colspan="2">>180~200</td><td colspan="2">—</td><td colspan="2">0.74</td><td>1.26</td></tr>
<tr><td rowspan="4">4</td><td rowspan="4">耐热钢</td><td rowspan="2">来料状态</td><td colspan="6">热处理</td></tr>
<tr><td colspan="2">退火</td><td>正火</td><td>调质</td><td colspan="2">淬火</td></tr>
<tr><td colspan="7">系数 k_{Mv}</td></tr>
<tr><td>1.0</td><td colspan="2">1.1</td><td>—</td><td>—</td><td colspan="2">—</td></tr>
<tr><td colspan="9">2）硬质合金圆柱形铣刀</td></tr>
<tr><td rowspan="7">5</td><td rowspan="7">结构碳钢、铬钢、镍铬钢及铸钢</td><td colspan="2">≤143</td><td colspan="2">400~500</td><td colspan="2">1.44</td><td>0.89</td></tr>
<tr><td colspan="2">>143~174</td><td colspan="2">>500~600</td><td colspan="2">1.18</td><td>0.95</td></tr>
<tr><td colspan="2">>174~207</td><td colspan="2">>600~700</td><td colspan="2">1.0</td><td>1.0</td></tr>
<tr><td colspan="2">>207~229</td><td colspan="2">>700~800</td><td colspan="2">0.87</td><td>1.04</td></tr>
<tr><td colspan="2">>229~267</td><td colspan="2">>800~900</td><td colspan="2">0.76</td><td>1.09</td></tr>
<tr><td colspan="2">>267~302</td><td colspan="2">>900~1000</td><td colspan="2">0.67</td><td>1.12</td></tr>
<tr><td colspan="2">>302~320</td><td colspan="2">>1000~1100</td><td colspan="2">0.58</td><td>1.15</td></tr>
<tr><td rowspan="6">6</td><td rowspan="6">灰铸铁</td><td colspan="2">140~160</td><td colspan="2">—</td><td colspan="2">1.34</td><td>0.79</td></tr>
<tr><td colspan="2">>160~180</td><td colspan="2">—</td><td colspan="2">1.15</td><td>0.89</td></tr>
<tr><td colspan="2">>180~200</td><td colspan="2">—</td><td colspan="2">1.0</td><td>1.0</td></tr>
<tr><td colspan="2">>200~220</td><td colspan="2">—</td><td colspan="2">0.88</td><td>1.11</td></tr>
<tr><td colspan="2">>220~240</td><td colspan="2">—</td><td colspan="2">0.79</td><td>1.22</td></tr>
<tr><td colspan="2">>240~260</td><td colspan="2">—</td><td colspan="2">0.71</td><td>1.32</td></tr>
<tr><td colspan="9">3）硬质合金三面刃圆盘铣刀</td></tr>
<tr><td rowspan="7">7</td><td rowspan="7">结构碳钢、铬钢、镍铬钢</td><td colspan="2">≤143</td><td colspan="2">400~500</td><td colspan="2">1.27</td><td>0.89</td></tr>
<tr><td colspan="2">>143~174</td><td colspan="2">>500~600</td><td colspan="2">1.12</td><td>0.95</td></tr>
<tr><td colspan="2">>174~207</td><td colspan="2">>600~700</td><td colspan="2">1.0</td><td>1.0</td></tr>
<tr><td colspan="2">>207~229</td><td colspan="2">>700~800</td><td colspan="2">0.91</td><td>1.04</td></tr>
<tr><td colspan="2">>229~267</td><td colspan="2">>800~900</td><td colspan="2">0.84</td><td>1.09</td></tr>
<tr><td colspan="2">>267~302</td><td colspan="2">>900~1000</td><td colspan="2">0.78</td><td>1.12</td></tr>
<tr><td colspan="2">>302~320</td><td colspan="2">>1000~1100</td><td colspan="2">0.73</td><td>1.15</td></tr>
<tr><td colspan="9">4）硬质合金立铣刀</td></tr>
<tr><td rowspan="4">8</td><td rowspan="4">结构碳钢</td><td colspan="2">≤143</td><td colspan="2">400~500</td><td colspan="2">1.34</td><td>0.89</td></tr>
<tr><td colspan="2">>143~174</td><td colspan="2">>500~600</td><td colspan="2">1.14</td><td>0.95</td></tr>
<tr><td colspan="2">>174~207</td><td colspan="2">>600~700</td><td colspan="2">1.0</td><td>1.0</td></tr>
<tr><td colspan="2">>207~229</td><td colspan="2">>700~800</td><td colspan="2">0.89</td><td>1.04</td></tr>
</table>

（续）

类别	材料	力学性能		系数	
		布氏硬度 HBW	抗拉强度 R_m/MPa	k_{Mv}	k_{MP_m}
4）硬质合金立铣刀					
8	结构碳钢	>229~267	>800~900	0.81	1.09
		>267~302	>900~1000	0.74	1.12
		>302~320	>1000~1100	0.68	1.15
9	结构镍铬钢	174~203	600~700	1.0	1.0
		>203~230	>700~800	0.82	1.04
		>230~260	>800~900	0.69	1.09
		>260~288	>900~1000	0.59	1.12
		>288~317	>1000~1100	0.51	1.15
5）耐热合金					
10	耐热钢牌号			圆盘铣刀 k_{Mv}	立铣刀 k_{Mv}
	WTi1Cu			1.0	1.0
				1.6	1.6
6）全部高速钢刀具					
11	结构钢［w(C)<0.6%］ 08、10、15、20、25、30、35、40、45、50、55、60、Q195、Q215、Q235、Q275	77~107	300~400	0.74	0.83
		>107~138	>400~500	0.91	0.89
		>138~169	>500~600	1.16	0.95
		>169~200	>600~700	1.0	1.0
		>200~230	>700~800	0.88	1.04
		>230~262	>800~900	0.79	1.09
12	铬钢 15Cr、20Cr、30Cr、35Cr、38CrA、40Cr、45Cr、50Cr	116~146	400~500	1.48	0.89
		>146~174	>500~600	1.1	0.95
		>174~203	>600~700	0.88	1.0
		>203~230	>700~800	0.7	1.04
		>230~260	>800~900	0.59	1.09
		>260~288	>900~1000	0.44	1.11
		>288~317	>1000~1100	0.36	1.15
13	镍铬钢 20CrNi、40CrNi、45CrNi、50CrNi、12CrNi2、12CrNi2A、12CrNi3、12CrNi3A、20CrNi3A、30CrNi3、37CrNi3A、12CrNi4、12CrNi4A、20Cr2Ni4、20Cr2Ni4A	116~146	400~500	1.39	0.89
		>146~174	>500~600	1.17	0.95
		>174~203	>600~700	0.95	1.0
		>203~230	>700~800	0.79	1.04
		>230~260	>800~900	0.7	1.09
		>260~288	>900~1000	0.49	1.12
		>288~317	>1000~1100	0.4	1.15
		>317~345	>1100~1200	0.34	1.18
14	镍钢 25Ni、30Ni、40Ni、25Ni3	116~146	400~500	1.47	0.89
		>146~174	>500~600	1.2	0.95
		>174~203	>600~700	1.01	1.0
		>203~230	>700~800	0.88	1.04
		>230~260	>800~900	0.78	1.09
		>260~288	>900~1000	0.55	1.12

（续）

类别	材料	力学性能		系数	
		布氏硬度 HBW	抗拉强度 R_m/MPa	k_{Mv}	k_{MP_m}
	6）全部高速钢刀具				
15	碳素工具钢和难加工的结构钢[w(C)>0.6%] 65、70、T7、T8、T8Mn、T9、T10、T10Mn、T12、T13	169～200	600～700	0.8	1.0
		>200～230	>700～800	0.7	1.04
		>230～262	>800～900	0.64	1.09
		>262～288	>900～1000	0.46	1.12
		>288～317	>1000～1100	0.37	1.15
16	锰钢 15Mn、20Mn、30Mn、40Mn、50Mn、60Mn、65Mn、70Mn、30Mn2、35Mn2、40Mn2、45Mn2、50Mn2	160～200	400～500	1.1	0.89
		>200～233	>500～600	0.9	0.95
		>233～260	>600～700	0.76	1.0
		>260～275	>700～800	0.66	1.04
		>275～286	>800～900	0.58	1.09
		>286～292	>900～1000	0.41	1.12
		>292～317	>1000～1100	0.34	1.15
		>317～345	>1100～1200	0.28	1.18
17	铬钼钢、镍铬钼钢、铬铝钢、铬钼铝钢 35CrMoA、0CrMo、32CrNiMo、35CrNiMo、40CrNiMoA、0CrNi3Mo、35CrMoAlA、38CrMoAlA、35CrAlA	174～203	600～700	0.76	1.0
		>203～230	>700～800	0.66	1.04
		>230～260	>800～900	0.58	1.09
		>260～288	>900～1000	0.41	1.12
		>288～317	>1000～1100	0.34	1.15
		>317～345	>1100～1200	0.27	1.18
18	铬锰钢、铬硅钢、硅锰钢及铬硅锰钢 15CrMn、20CrMn、40CrMn、40Cr2Mn、35CrMn2、33CrSi、35CrSi、37CrSi、25SiMn、27SiMn、35SiMn、50SiMn、20CrMnSi、30CrMnSi、35CrMnSi	146～174	500～600	0.84	0.89
		>174～203	>600～700	0.7	1.0
		>203～230	>700～800	0.62	1.04
		>230～260	>800～900	0.54	1.09
		>260～288	>900～1000	0.38	1.12
		>288～317	>1000～1100	0.32	1.15
		>317～345	>1100～1200	0.26	1.18
19	镍铬钨钢以及与此相似的钢 18CrNiWA、18CrNiMoA、18Cr2Ni4MoA、15CrMnNiMoA、20CrNiVA、45CrNiMoVA、25CrNiWA	—	600～700	0.81	1.0
		—	>700～800	0.7	1.04
		—	>800～900	0.62	1.09
		—	>900～1000	0.44	1.12
		—	>1000～1100	0.36	1.15
20	可锻铸铁 KTH300-06、KTH330-08、KTH350-10、KTH370-12	100～120	—	1.3	0.85
		>120～140	—	1.12	0.92
		>140～160	—	1.0	1.0
		>160～180	—	0.9	1.07
		>180～200	—	0.83	1.14
21	灰铸铁	140～160	—	1.25	0.88
		>160～180	—	1.11	0.94
		>180～200	—	1.0	1.0
		>200～220	—	0.91	1.06
		>220～240	—	0.83	1.11
		>240～260	—	0.77	1.16

（续）

类别		材料	力学性能 布氏硬度 HBW	系数 k_{Mv}	系数 k_{MP_m}
22	铜合金	高硬度的非均质合金	150~200	0.70	0.75
		中等硬度的非均质合金	100~140	1.0	1.0
		非均质铅合金	70~90	1.7	0.65~0.70
		均质合金	60~90	2.0	1.8~2.2
		w（铅）<10%的均质合金	60~80	4.0	0.65~0.70
		铜	60~70	8.0	1.7~2.1
		w（铅）>15%的合金	35~45	12.0	0.25~0.45
23	铝合金	铝硅合金及铸造合金 R_m=200~300 MPa，>65HBW（淬火的）		0.8	—
		硬铝 R_m=400~500 MPa，>100 HBW（淬火的）			
		铝硅合金及铸造合金 R_m=100~200 MPa，≤65HBW		1.0	
		硬铝 R_m=300~400 MPa，≤100 HBW			
		硬铝 R_m=200~300 MPa		1.2	

（3）与毛坯性质和表面状态有关的修正系数

毛坯表面		加工材料	系数 k_{Sv}
无外皮	轧件、锻件	钢	1.0
	铸件	钢	0.9
	铸件	铸铁、铜合金	1.0
有外皮	热轧	钢	0.9
	锻件		0.8~0.9
	铸件		0.75~0.85
	铸件	铸铁	0.7~0.8
	铸件	铜合金	0.9~0.95
铸件有外皮，清理不干净时	铸件	钢、铸铁	0.5~0.6
	铸件	铜合金	0.7~0.8

（4）与铣刀切削部分材料牌号有关的修正系数

刀具材料		YT15	YT14	YT5	YG8	YG6	YG3	W18Cr4V W6Mo5Cr4V2	9SiCr	T10A T12A
系数 k_{Tv}	除立铣刀外的所有铣刀类型	1.0	0.94	0.65	1.0	1.2	1.32	1.0	0.6	≤0.5
	立铣刀			0.75						

（5）与加工性质有关（高速钢面铣刀、圆柱形铣刀、三面刃圆盘铣刀）的修正系数

系数 k_{Kv}	
粗铣	精铣
1.0	0.8

（6）与冷却有关（高速钢刀具）的修正系数

工作条件	加切削液	不加切削液
修正系数 k_{ov}	1.0	0.8

（续）

（7）与背吃刀量（面铣刀为铣削宽度）有关的修正系数

铣刀类型		加工材料	修正系数	实际背吃刀量 a_{pR}（面铣刀为铣削宽度 a_{wR}）与标准背吃刀量 a_p（面铣刀为 a_w）之比						
				0.2	0.4	0.6	0.8	1.0	1.5	2.0
硬质合金	面铣刀	钢（耐热钢除外）	$k_{a_w v}$	1.38	1.2	1.11	1.05	1.0	0.92	—
			$k_{a_w P_m}$	0.17	0.36	0.57	0.78	1.0	1.56	—
		耐热钢和灰铸铁	$k_{a_w v}$	1.38	1.2	1.11	1.05	1.0	0.92	—
			$k_{a_w P_m}$	0.2	0.4	0.6	0.8	1.0	1.5	—
		可锻铸铁	$k_{a_w v}$	1.42	1.22	1.12	1.05	1.0	0.92	—
			$k_{a_w P_m}$	0.17	0.36	0.57	0.78	1.0	1.56	—
	圆柱形铣刀	钢	$k_{a_p v}$	0.95	0.98	1.0	1.02	1.0	0.97	0.95
			$k_{a_w P_m}$	0.2	0.4	0.6	0.8	1.0	1.5	2.0
		灰铸铁	$k_{a_p v}$	1.45	1.23	1.12	1.05	1.0	0.91	0.85
			$k_{a_p P_m}$	0.2	0.4	0.6	0.8	1.0	1.5	2.0
	三面刃圆盘铣刀	钢　铣平面及凸台	$k_{a_p v}$	1.0						
			$k_{a_p P_m}$	0.25	0.46	0.65	0.83	1.0	1.41	1.8
		钢　铣槽	$k_{a_p v}$	1.17	1.09	1.05	1.02	1.0	0.96	0.94
			$k_{a_p P_m}$	0.17	0.36	0.57	0.78	1.0	1.56	2.14
	立铣刀	结构碳钢	$k_{a_p v}$	1.17	1.09	1.05	1.02	1.0	0.96	0.94
			$k_{a_p P_m}$	0.2	0.4	0.6	0.8	1.0	1.5	2.0
		结构镍铬钢	$k_{a_p v}$	1.34	1.18	1.09	1.04	1.0	0.93	0.88
			$k_{a_p P_m}$	0.2	0.4	0.6	0.8	1.0	1.5	2.0
高速钢	面铣刀	钢（耐热钢除外）、可锻铸铁、铜合金	$k_{a_w v}$	1.27	1.15	1.08	1.04	1.0	0.99	—
			$k_{a_w P_m}$	0.17	0.36	0.57	0.78	1.0	1.56	—
		灰铸铁	$k_{a_w v}$	1.17	1.09	1.05	1.02	1.0	1.56	—
			$k_{a_w P_m}$	0.16	0.35	0.56	0.78	1.0	1.59	—
		耐热钢	$k_{a_w v}$	1.38	1.2	1.11	1.05	1.0	0.92	—
	圆柱形铣刀	钢（耐热钢除外）、可锻铸铁、铜合金	$k_{a_p v}$	1.17	1.09	1.05	1.02	1.0	0.96	0.94
			$k_{a_p P_m}$	0.2	0.4	0.6	0.8	1.0	1.5	2.0
		灰铸铁	$k_{a_p v}$	1.62	1.33	1.16	1.07	1.0	0.89	0.81
			$k_{a_p P_m}$	0.2	0.4	0.6	0.8	1.0	1.5	2.0
		耐热钢	$k_{a_p v}$	1.17	1.09	1.05	1.02	1.0	0.96	0.94
	三面刃圆盘铣刀	钢、可锻铸铁、铜合金、灰铸铁	$k_{a_p v}$	1.17	1.09	1.05	1.02	1.0	0.96	0.94
			$k_{a_p P_m}$	0.2	0.4	0.6	0.8	1.0	1.5	2.0
	立铣刀	钢（耐热钢除外）、可锻铸铁、铜合金	$k_{a_p v}$	1.17	1.09	1.05	1.02	1.0	0.96	0.94
			$k_{a_p P_m}$	0.2	0.4	0.6	0.8	1.0	1.5	2.0
		灰铸铁	$k_{a_p v}$	1.62	1.33	1.16	1.07	1.0	0.89	0.81
			$k_{a_p P_m}$	0.2	0.4	0.6	0.8	1.0	1.5	2.0

（续）

铣刀类型		加工材料	修正系数	实际背吃刀量 a_{pR}（面铣刀为铣削宽度 a_{wR}）与标准背吃刀量 a_p（面铣刀为 a_w）之比						
				0.2	0.4	0.6	0.8	1.0	1.5	2.0
高速钢	立铣刀	耐热钢	$k_{a_p v}$	1.05	1.03	1.0	1.0	1.0	1.0	0.98
			$k_{a_p P_m}$	0.2	0.4	0.6	0.8	1.0	1.5	2.0
	切槽和切断铣刀	钢、可锻铸铁、铜合金、灰铸铁	$k_{a_p v}$	1.38	1.2	1.11	1.05	1.0	0.92	0.87
			$k_{a_p P_m}$	0.2	0.4	0.6	0.8	1.0	1.5	2.0
	成形铣刀和角度铣刀	钢	$k_{a_p v}$	1.17	1.09	1.05	1.02	1.0	0.96	0.94
			$k_{a_p P_m}$	0.2	0.4	0.6	0.8	1.0	1.5	2.0

（8）与铣刀齿数有关的修正系数

铣刀切削部分材料	铣刀类型	加工材料	铣刀实际齿数：铣刀标准齿数（z_R ：z）					
			0.5	0.8	1.0	1.5	2.0	3.0
			修正系数 k_{zv}					
硬质合金	面铣刀、三面刃圆盘铣刀	钢、铸铁	1.0					
	圆柱形铣刀	钢	1.07	1.02	1.0	0.96	0.93	0.9
		灰铸铁	1.1	1.03	1.0	0.95	0.9	0.86
	立铣刀	结构碳钢	1.09	1.03	1.0	0.95	0.9	0.87
		结构镍铬钢	1.27	1.05	1.0	0.9	0.85	0.78
高速钢	面铣刀、三面刃圆盘铣刀，切槽、切断和成形铣刀	钢、铸铁、铜合金	1.07	1.02	1.0	0.96	0.93	0.9
	圆柱形铣刀、立铣刀	钢、可锻铸铁、铜合金	1.07	1.02	1.0	0.96	0.93	0.9
		灰铸铁	1.23	1.07	1.0	0.89	0.81	0.72

（9）在铣削耐热钢时，与面铣刀和毛坯的相对位置有关的修正系数

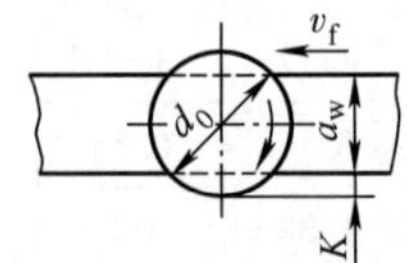

钢的牌号	每齿进给量 f_z/(mm/齿)	铣刀					
		硬质合金 YG8			高速钢		
		比例 $\frac{K}{d_0}$					
		0~0.05	0.1	0.2	0~0.05	0.1	0.2
		修正系数 k_{yv}					
ZG1Cr18Ni12Ti、Cr14Ni18W2Nb、Cr23Ni18、4Cr12Ni8Mn8MoVNb、Cr15Ni35W3Ti、Cr16Ni80TiNbAlA	≤0.1	1.0	0.65	0.45	1.0	0.9	0.8
	>0.1	1.0	0.6	0.4			

（续）

铣刀材料	加工材料	主偏角 $\kappa_r/(°)$							
		90		60		30		15	
		修正系数							
		$k_{\kappa_r v}$	$k_{\kappa_r P_m}$	$k_{\kappa_r v}$	$k_{\kappa_r P_m}$	$k_{\kappa_r v}$	$k_{\kappa_r P_m}$	$k_{\kappa_r v}$	$k_{\kappa_r P_m}$
硬质合金	钢（耐热钢除外）、铸铁	0.86	1.14	1.0	1.0	1.28	1.15	1.6	1.23
	耐热钢	—	—	1.0	—	1.2	—	—	—
高速钢	钢（耐热钢除外）、铜合金	0.89	—	1.0	—	1.18	—	1.34	—
	耐热钢	—	—	1.0	—	1.25	—	—	—
	铸铁	0.85	—	1.0	—	1.38	—	1.85	—

（10）与面铣刀的主偏角有关的修正系数

（11）与硬质合金铣刀的前角有关（加工钢）的修正系数

前角 $\gamma_o/(°)$	-10	-5	0	5	10
修正系数 $k_{\gamma_o P_m}$	1.0	0.95	0.89	0.85	0.79

（12）与铣削速度有关的修正系数

铣刀类型		加工材料	实际铣削速度：标准铣削速度（$v_R:v$）							
			0.2	0.4	0.6	0.8	1.0	1.2	1.5	2.0
			铣削功率的修正系数 k_{vP_m}							
硬质合金	面铣刀	结构碳钢、铬钢、镍铬钢、可锻铸铁	0.28	0.48	0.66	0.84	1.0	1.16	1.38	1.74
		灰铸铁、耐热钢	0.2	0.4	0.6	0.8	1.0	1.2	1.5	2.0
	圆柱形铣刀	结构碳钢、铬钢、镍铬钢、灰铸铁	0.2	0.4	0.6	0.8	1.0	1.2	1.5	2.0
	双面刃圆盘铣刀	结构碳钢、铬钢、镍铬钢	0.2	0.4	0.6	0.8	1.0	1.2	1.5	2.0
	三面刃圆盘铣刀		0.23	0.44	0.63	0.82	1.0	1.18	1.44	1.87
	立铣刀		0.16	0.36	0.56	0.78	1.0	1.23	1.58	2.2
全部高速钢铣刀		全部材料	0.2	0.4	0.6	0.8	1.0	1.2	1.5	2.0

注：铣削所需功率的改变与铣刀齿数增加或减少成正比。铣削条件改变时，铣削力的修正系数取 $k_{F_c}=k_{P_m}$，但表中第（12）项 k_{vP_m} 不计算在内。

① 为碳钢、铬钢和镍铬结构钢。

2.4.4 确定铣削用量及功率的常用表格

1. 硬质合金面铣刀的铣削用量（表2.4-10～表2.4-13）

2. 高速钢和硬质合金圆柱铣刀的铣削用量（表2.4-14～表2.4-16）

表2.4-10 YT15硬质合金面铣刀（GB/T 5342—2006）铣削结构碳钢、铬钢、镍铬钢（R_m=650MPa）的铣削速度及铣削功率

T/min	$\frac{d_0}{z}$	a_w/mm	f_z/(mm/齿)	背吃刀量 a_p/mm							
				3		5		9		12	
				v/(m/min)	P_m/kW	v/(m/min)	P_m/kW	v/(m/min)	P_m/kW	v/(m/min)	P_m/kW
180	$\frac{100}{5}$	60	0.07	173	2.48	166	4.05	157	7.20	—	—
			0.10	150	2.88	144	4.50	135	8.10	—	—
			0.13	135	3.24	130	5.40	121	9.00	—	—
			0.18	119	3.83	114	6.30	108	10.4	—	—

（续）

T/min	d_0/z	a_w/mm	f_z/(mm/齿)	背吃刀量 a_p/mm 3 v/(m/min)	3 P_m/kW	5 v/(m/min)	5 P_m/kW	9 v/(m/min)	9 P_m/kW	12 v/(m/min)	12 P_m/kW
180	125/6	75	0.07	173	3.06	166	4.82	157	8.10	—	—
			0.10	150	3.33	144	5.63	135	9.45	—	—
			0.13	135	3.92	130	6.44	121	10.8	—	—
			0.18	119	4.50	114	7.43	108	12.8	—	—
180	160/8	96	0.07	173	4.05	166	6.62	157	11.4	—	—
			0.10	150	4.59	144	7.20	135	12.6	—	—
			0.13	135	5.36	130	8.42	121	14.4	—	—
			0.18	119	5.99	114	9.59	108	16.8	—	—
240	200/10	120	0.10	141	5.06	135	9.00	128	15.2	128	20.8
			0.13	128	6.19	121	10.1	114	17.4	114	23.1
			0.18	112	7.31	108	11.8	101	20.3	101	27.0
			0.24	101	7.88	96	13.5	90	22.5	90	30.4
240	250/12	150	0.10	141	6.08	135	10.8	128	18.2	128	24.9
			0.13	128	7.43	121	12.2	114	20.9	114	28.4
			0.18	112	8.78	108	14.2	101	23.6	101	31.7
			0.24	101	10.1	96	15.5	90	27.0	90	35.8
300	315/16	190	0.10	137	7.92	130	13.7	123	23.0	121	31.0
			0.13	121	9.36	117	15.1	110	25.9	110	35.3
			0.18	108	10.8	103	17.3	96	30.2	96	40.3
			0.24	96	12.2	92	20.2	86	33.8	—	—
420	400/200	240	0.10	126	9.75	121	16.5	114	28.5	114	38.3
			0.13	114	11.3	108	18.0	103	31.5	103	42.0
			0.18	101	13.5	96	21.0	92	36.8	—	—
			0.24	90	15.0	85	24.0	80	40.5	—	—
			0.30	82	16.5	78	26.3	—	—	—	—

注：使用条件变换时的修正系数见表2.4-9。

表2.4-11　YG8硬质合金面铣刀（GB/T 5342—2006）铣削灰铸铁（190HBW）的铣削速度及铣削功率

T/min	d_0/z	a_w/mm	f_z/(mm/齿)	背吃刀量 a_p/mm 3 v/(m/min)	3 P_m/kW	5 v/(m/min)	5 P_m/kW	9 v/(m/min)	9 P_m/kW	12 v/(m/min)	12 P_m/kW	18 v/(m/min)	18 P_m/kW
180	100/5	60	0.10	81	1.03	75	1.50	70	2.10	—	—	—	—
			0.14	72	1.16	67	1.67	62	2.36	—	—	—	—
			0.20	64	1.33	59	1.93	55	2.78	—	—	—	—
180	125/6	75	0.10	81	1.23	75	1.80	70	2.52	—	—	—	—
			0.14	72	1.39	67	2.00	62	2.83	—	—	—	—
			0.20	64	1.59	59	2.31	55	3.34	—	—	—	—
			0.28	57	1.80	52	2.57	49	3.86	—	—	—	—

（续）

T/min	d_0/z	a_w/mm	f_z/(mm/齿)	背吃刀量 a_p/mm									
				3		5		9		12		18	
				v/(m/min)	P_m/kW	v/(m/min)	P_m/kW	v/(m/min)	P_m/kW	v/(m/min)	P_m/kW	v/(m/min)	P_m/kW
180	160/8	96	0.10	81	1.59	75	2.36	70	3.24	66	4.73	—	—
			0.14	72	1.85	67	2.72	62	3.80	59	5.29	—	—
			0.20	64	2.11	59	3.08	55	4.42	52	5.86	—	—
			0.28	57	2.42	52	3.55	49	4.99	46	6.78	—	—
			0.40	50	2.78	46	4.11	43	5.86	41	7.92	—	—
180	200/10	120	0.14	72	2.31	67	3.21	62	4.82	59	6.43	55	9.00
			0.20	64	2.70	59	3.86	55	5.46	52	7.39	49	10.3
			0.28	57	3.02	52	4.50	49	6.43	46	8.67	44	11.5
			0.40	50	3.53	46	5.14	43	7.39	41	9.96	39	13.5
			0.60	43	4.18	40	5.78	38	8.67	35	11.6	—	—
240	250/12	150	0.14	66	2.53	61	3.70	57	5.24	53	7.09	50	9.56
			0.20	58	2.90	54	4.32	50	6.17	47	8.33	44	11.1
			0.28	52	3.39	48	4.93	45	6.91	42	9.56	40	12.6
			0.40	46	3.70	42	5.55	40	8.02	37	10.8	—	—
			0.60	40	4.32	36	6.48	34	9.25	32	12.6	—	—
300	315/16	190	0.14	62	3.15	57	4.45	53	6.37	50	8.98	47	12.0
			0.20	54	3.63	50	5.21	47	7.47	44	10.1	42	13.7
			0.28	48	4.11	45	5.96	42	8.57	39	11.6	37	15.8
			0.40	43	4.80	40	6.72	36	9.73	34	13.4	—	—
			0.60	37	5.55	34	8.22	32	11.7	30	15.8	—	—
420	400/20	240	0.20	48	4.04	45	5.87	42	8.44	40	11.4	37	15.4
			0.28	43	4.63	40	6.61	38	9.55	35	13.2	33	17.6
			0.40	38	5.29	35	7.71	33	11.0	31	15.1	29	20.2
			0.60	33	6.24	31	9.18	29	12.9	—	—	—	—
			0.80	30	6.89	28	10.3	26	14.3	—	—	—	—

注：使用条件变换时的修正系数见表2.4-9。

表2.4-12 YG8硬质合金面铣刀（GB/T 5342—2006）铣削可锻铸铁（150HBW）的铣削速度及铣削功率

T/min	d_0/z	a_w/mm	f_z/(mm/齿)	背吃刀量 a_p/mm							
				2		4		8		12	
				v/(m/min)	P_m/kW	v/(m/min)	P_m/kW	v/(m/min)	P_m/kW	v/(m/min)	P_m/kW
180	100/5	60	0.10	102	0.92	91	1.51	81	2.98	—	—
			0.18	94	1.33	86	2.52	76	4.58	—	—
180	125/6	75	0.10	102	1.10	91	2.04	81	3.58	—	—
			0.18	94	1.60	86	3.03	76	5.50	—	—
			0.25	89	1.98	79	3.58	70	6.60	—	—

（续）

T/min	$\frac{d_0}{z}$	a_w/mm	f_z/(mm/齿)	背吃刀量 a_p/mm							
				2		4		8		12	
				v/(m/min)	P_m/kW	v/(m/min)	P_m/kW	v/(m/min)	P_m/kW	v/(m/min)	P_m/kW
180	$\frac{160}{8}$	96	0.10	102	1.49	91	2.70	81	4.95	—	—
			0.18	94	2.15	86	4.07	76	7.15	—	—
			0.25	89	2.59	79	4.73	70	8.47	—	—
			0.36	79	3.14	70	5.67	62	10.5	—	—
180	$\frac{200}{10}$	120	0.10	102	1.86	91	3.37	81	6.19	75	8.59
			0.18	94	2.68	86	5.16	76	8.94	71	12.7
			0.25	89	3.30	79	5.84	70	10.7	65	15.5
			0.36	79	3.78	70	7.22	62	13.1	58	18.6
			0.50	71	4.47	63	8.59	56	15.1	—	—
240	$\frac{250}{12}$	150	0.10	93	2.05	83	3.63	74	6.93	69	9.57
			0.18	85	2.97	78	5.61	69	10.2	65	14.5
			0.25	80	3.63	72	6.60	64	11.9	59	17.2
			0.36	72	3.96	64	7.92	57	14.5	—	—
			0.50	64	5.28	57	9.24	51	17.2	—	—
300	$\frac{315}{16}$	190	0.10	86	2.49	76	4.40	69	8.43	64	11.7
			0.18	79	3.67	73	6.97	64	12.0	60	16.9
			0.25	74	4.40	67	8.07	59	14.4	55	20.5
			0.36	67	5.21	59	9.53	53	17.2	—	—
			0.50	60	6.01	53	11.0	47	20.4	—	—
420	$\frac{400}{20}$	240	0.10	78	2.99	69	5.50	62	9.43	57	14.1
			0.18	71	4.32	65	7.46	58	14.5	54	20.4
			0.25	67	5.11	59	9.43	53	17.3	—	—
			0.36	59	6.29	53	11.4	47	20.8	—	—
			0.50	53	7.46	48	13.4	—	—	—	—
			0.75	47	9.04	42	16.1	—	—	—	—

注：使用条件变换时的修正系数见表2.4-9。

表2.4-13　YG18硬质合金面铣刀（GB/T 5342—2006）铣削耐热钢的铣削速度及铣削功率

T/min	$\frac{d_0}{z}$	a_w/mm	f_z/(mm/齿)	背吃刀量 a_p/mm					
				2		4		8	
				v/(m/min)	P_m/kW	v/(m/min)	P_m/kW	v/(m/min)	P_m/kW
180	$\frac{100}{5}$	60	0.05	53.0	0.54	51	1.00	49	1.75
			0.075	47	0.63	45	1.16	43	2.08
			0.11	42	0.78	40	1.33	38	2.5
			0.16	37	0.92	36	1.67	34	3.0

（续）

T/min	d_0/z	a_w/mm	f_z/(mm/齿)	背吃刀量 a_p/mm					
				2		4		8	
				v/(m/min)	P_m/kW	v/(m/min)	P_m/kW	v/(m/min)	P_m/kW
180	$\frac{125}{6}$	75	0.05	53	0.6	51	1.1	49	1.9
			0.075	47	0.74	45	1.3	43	2.4
			0.11	42	0.88	40	1.6	38	2.9
			0.16	37	1.0	36	1.9	34	3.5
180	$\frac{160}{8}$	96	0.05	53	0.8	51	1.4	49	2.5
			0.075	47	0.92	45	1.7	43	3.0
			0.11	42	1.1	40	2.1	38	3.7
			0.16	37	1.3	36	2.5	34	4.5
			0.24	33	1.7	32	3.0	30	5.4
240	$\frac{200}{10}$	120	0.05	49	0.88	47	1.63	45	2.88
			0.075	44	1.06	42	1.88	40	3.5
			0.11	39	1.25	37	2.25	35	4.13
			0.16	34	1.5	33	2.75	31	5.0
			0.24	31	1.88	29	3.38	28	6.13
			0.36	27	2.25	26	4.13	25	7.5
240	$\frac{250}{12}$	150	0.05	49	1.06	47	1.8	45	3.36
			0.075	44	1.20	42	2.28	40	4.08
			0.11	39	1.44	37	2.76	35	4.8
			0.16	34	1.8	33	3.12	31	5.88
			0.24	31	2.16	29	3.84	28	7.08
			0.36	27	2.64	26	4.68	25	8.52

注：使用条件变换时的修正系数见表2.4-9。

表2.4-14　高速钢圆柱形铣刀铣削耐热钢的铣削速度

T/min	d_0/z	a_p/mm	a_w/mm	每齿进给量 f_z/(mm/齿)					
				0.05	0.07	0.10	0.15	0.20	0.30
				切削速度 v/(m/min)					
180	$\frac{63}{6}$	45	2	30	27	24	—	—	—
			3	27	24	22	—	—	—
			5	23	21	18	—	—	—
180	$\frac{80}{8}$	54	2	31	28	25	22	—	—
			3	28	25	22	19	—	—
			5	24	22	19	17	—	—
180	$\frac{100}{10}$	66	2	32	29	25	22	20	—
			3	29	25	23	20	18	—
			5	24	22	19	17	15	—
				21	19	17	15	13	—

注：1. 使用切削液。

2. 使用条件变换时的修正系数见表2.4-9。

表 2.4-15　高速钢圆柱铣刀铣削钢及灰铸铁的铣削速度及铣削功率

T/min	$\frac{d_0}{z}$	a_p/mm	结构碳钢 R_m=650MPa(加切削液)									灰铸铁　HBW=190								
			f_z/(mm/齿)	铣削宽度 a_w/mm								f_z/(mm/齿)	铣削宽度 a_w/mm							
				3		5		8		12			3		5		8		12	
				v/(m/min)	P_m/kW	v/(m/min)	P_m/kW	v/(m/min)	P_m/kW	v/(m/min)	P_m/kW		v/(m/min)	P_m/kW	v/(m/min)	P_m/kW	v/(m/min)	P_m/kW	v/(m/min)	P_m/kW
镶齿和粗齿铣刀																				
180	$\frac{80}{8}$	60	0.05	30	1.16	26	1.43	—	—	—	—	0.08	26	0.78	20	0.94	16	1.15	13	1.31
			0.08	28	1.43	24	1.06	—	—	—	—	0.12	25	0.94	19	1.20	15	1.36	12	1.52
			0.12	25	1.76	22	2.42	—	—	—	—	0.20	20	1.10	15	1.25	12	1.46	10	1.72
			—	—	—	—	—	—	—	—	—	0.30	15	1.15	12	1.30	9	1.57	8	1.83
180	$\frac{100}{10}$	70	0.05	32	1.58	28	1.99	24	2.61	21	3.30	0.08	29	1.11	22	1.37	18	1.57	14	1.76
			0.08	30	1.99	26	2.61	22	3.37	20	4.26	0.12	27	1.37	20	1.57	16	1.83	13	2.09
			0.12	27	2.40	23	3.23	20	3.71	18	5.09	0.20	21	1.50	16	1.70	13	1.96	11	2.29
			0.20	22	2.75	19	3.78	17	4.81	15	6.05	0.30	17	1.57	13	1.76	10	2.16	8	2.48
细　齿　铣　刀																				
120	$\frac{50}{8}$	40	0.03	29	0.88	—	—	—	—	—	—	0.03	23	0.49	—	—	—	—	—	—
			0.05	26	1.10	—	—	—	—	—	—	0.05	21	0.59	—	—	—	—	—	—
			0.08	24	1.47	—	—	—	—	—	—	0.08	19	0.66	—	—	—	—	—	—
			—	—	—	—	—	—	—	—	—	0.12	18	0.80	—	—	—	—	—	—
120	$\frac{63}{10}$	50	0.03	34	1.10	30	1.49	25	1.85	—	—	0.03	28	0.56	22	0.63	17	0.75	—	—
			0.05	30	1.38	26	1.89	23	2.36	—	—	0.05	25	0.71	20	0.82	16	0.97	—	—
			0.08	28	1.81	24	2.36	21	3.14	—	—	0.8	23	0.86	18	1.01	14	1.19	—	—
			—	—	—	—	—	—	—	—	—	0.12	22	1.04	17	1.23	13	1.42	—	—
180	$\frac{80}{12}$	60	0.03	32	1.10	28	1.57	24	2.02	—	—	0.05	25	0.78	19	0.90	15	1.10	—	—
			0.05	29	1.53	25	2.02	22	2.64	—	—	0.08	22	0.98	17	1.14	14	1.37	—	—
			0.08	26	1.98	23	2.64	20	3.38	—	—	0.12	21	1.18	16	1.37	13	1.61	—	—
			—	—	—	—	—	—	—	—	—	0.20	17	1.33	13	1.53	10	1.80	—	—
180	$\frac{100}{14}$	70	0.03	35	1.41	30	1.93	25	2.44	—	—	0.05	26	0.93	20	1.14	16	1.34	—	—
			0.05	31	1.88	27	2.48	23	3.17	—	—	0.08	24	1.18	19	1.42	15	1.67	—	—
			0.08	29	2.44	25	3.21	22	4.19	—	—	0.12	22	1.42	17	1.67	14	1.95	—	—
			—	—	—	—	—	—	—	—	—	0.20	18	1.58	14	1.83	11	2.19	—	—

注：1. 加工 150HBW 的可锻铸铁按 R_m=650MPa 的结构碳钢修正，v×1.23；P_m×0.56。
2. 使用条件变换时的修正系数见表 2.4-9。

表 2.4-16 硬质合金圆柱形铣刀铣削钢及灰铸铁的铣削速度及铣削功率

T /min	$\frac{d_0}{z}$	a_p/mm	YT15 铣刀加工 R_m=650MPa 的结构碳钢、铬钢、镍铬钢									YG8 铣刀加工 190HBW 的灰铸铁								
			f_z/(mm/齿)	铣削宽度 a_w/mm								f_z/(mm/齿)	铣削宽度 a_w/mm							
				1.5		3		5		8			2		3		5		8	
				v/(m/min)	P_m/kW	v/(m/min)	P_m/kW	v/(m/min)	P_m/kW	v/(m/min)	P_m/kW		v/(m/min)	P_m/kW	v/(m/min)	P_m/kW	v/(m/min)	P_m/kW	v/(m/min)	P_m/kW
180	$\frac{63}{8}$	40	0.15	110	5.4	90	8.1	73	10.4	—	—	0.10	93	1.9	88	2.6	72	3.35	—	—
			0.20	101	6.3	82	9.0	68	11.7	—	—	0.20	82	2.9	77	3.9	62	5.1	—	—
180	$\frac{80}{8}$	40	0.15	115	4.5	92	6.8	77	8.6	—	—	0.10	103	1.65	96	2.25	78	2.9	—	—
			0.20	106	4.9	86	7.7	71	9.9	—	—	0.20	90	2.6	85	3.45	69	4.45	—	—
			—	—	—	—	—	—	—	—	—	0.30	77	3.2	69	4.9	56	5.05	—	—
180	$\frac{100}{10}$	40	0.15	117	4.5	95	6.8	78	9.0	65	11.3	0.10	111	1.85	101	2.45	82	3.15	68	3.95
			0.20	108	5.4	87	8.1	72	10.4	60	13.1	0.20	98	2.85	89	3.75	72	4.8	60	6.2
			0.30	95	6.3	78	9.5	64	12.2	53	15.8	0.30	81	3.25	73	4.2	59	5.65	49	6.7
			—	—	—	—	—	—	—	—	—	0.40	71	3.6	64	4.65	52	6.2	43	7.7
180	$\frac{125}{12}$	40	0.15	119	4.5	97	7.2	79	9.0	67	11.3	0.10	119	1.95	106	2.5	87	3.25	72	4.15
			0.20	110	5.4	89	8.1	73	10.4	62	13.1	0.20	103	2.95	94	3.85	76	5.0	63	6.2
			0.30	99	6.8	80	9.9	65	12.6	55	15.8	0.30	86	3.4	77	4.4	63	5.65	52	7.2
			—	—	—	—	—	—	—	—	—	0.40	75	3.70	68	4.85	55	6.2	45	7.7

注：使用条件变换时的修正系数见表 2.4-9。

3. 高速钢及硬质合金圆盘铣刀的铣削用量（表 2.4-17~表 2.4-20）

表 2.4-17　高速钢三面刃圆盘铣刀铣削平面及凸台的铣削速度及铣削功率

T/min	d_0/z	a_p/mm	R_m=650MPa 的结构碳钢(加切削液)									190HBW 的灰铸铁								
			f_z/(mm/齿)	铣削宽度 a_w/mm								f_z/(mm/齿)	铣削宽度 a_w/mm							
				10		20		40		60			10		20		40		60	
				v/(m/min)	P_m/kW	v/(m/min)	P_m/kW	v/(m/min)	P_m/kW	v/(m/min)	P_m/kW		v/(m/min)	P_m/kW	v/(m/min)	P_m/kW	v/(m/min)	P_m/kW	v/(m/min)	P_m/kW
镶齿铣刀																				
120	80/10	6	0.05	32	0.44	26	0.66	—	—	—	—	0.08	31	0.31	22	0.42	—	—	—	—
			0.08	30	0.55	24	0.83	—	—	—	—	0.12	26	0.37	19	0.47	—	—	—	—
			0.12	27	0.66	22	0.99	—	—	—	—	0.2	21	0.42	15	0.52	—	—	—	—
120	100/12	6	0.05	33	0.44	27	0.66	—	—	—	—	0.08	31	0.31	22	0.42	—	—	—	—
			0.08	31	0.61	25	0.88	—	—	—	—	0.12	27	0.37	19	0.47	—	—	—	—
			0.12	28	0.72	23	1.05	—	—	—	—	0.2	22	0.42	16	0.52	—	—	—	—
			0.2	23	0.83	18	1.21	—	—	—	—	0.3	19	0.47	13	0.57	—	—	—	—
120	125/14	6	0.05	34	0.44	28	0.66	—	—	—	—	0.08	31	0.37	22	0.42	—	—	—	—
			0.08	32	0.61	26	0.88	—	—	—	—	0.12	27	0.37	19	0.47	—	—	—	—
			0.12	29	0.72	24	1.05	—	—	—	—	0.2	21	0.42	15	0.52	—	—	—	—
			0.2	23	0.83	19	1.27	—	—	—	—	0.3	19	0.47	13	0.57	—	—	—	—
			—	—	—	—	—	—	—	—	—	0.4	16	0.47	12	0.63	—	—	—	—
150	160/16	8	0.05	34	0.55	28	0.77	23	1.16	—	—	0.08	31	0.37	22	0.47	16	0.63	—	—
			0.08	32	0.72	26	0.99	21	1.49	—	—	0.12	26	0.42	19	0.52	13	0.68	—	—
			0.12	29	0.83	24	1.21	19	1.76	—	—	0.2	21	0.47	15	0.63	11	0.78	—	—
			0.2	23	0.99	19	1.43	15	2.09	—	—	0.3	18	0.52	13	0.68	9	0.84	—	—
			—	—	—	—	—	—	—	—	—	0.4	16	0.57	12	0.73	—	—	—	—
150	200/20	12	0.05	—	—	28	1.16	23	1.65	20	2.09	0.08	—	—	22	0.73	16	0.89	13	0.99
			0.08	—	—	26	1.49	21	2.15	18	2.70	0.12	—	—	19	0.78	13	0.99	11	1.15
			0.12	—	—	23	1.76	19	2.70	17	3.30	0.2	—	—	15	0.89	11	1.10	9	1.31
			0.2	—	—	19	2.09	15	3.14	14	3.85	0.3	—	—	13	0.99	9	1.25	8	1.41
			0.3	—	—	16	2.37	—	—	—	—	0.4	—	—	12	1.04	—	—	—	—
			—	—	—	—	—	—	—	—	—	0.5	—	—	11	1.15	—	—	—	—
180	250/22	16	0.05	—	—	26	1.43	21	2.09	19	2.64	0.08	—	—	21	0.89	12	1.20	12	1.31
			0.08	—	—	24	1.82	20	2.75	17	3.41	0.12	—	—	18	1.04	11	1.25	11	1.46
			0.12	—	—	22	2.20	18	3.30	16	4.13	0.2	—	—	15	1.15	9	1.46	9	1.67
			0.2	—	—	18	2.59	15	3.91	13	4.79	0.3	—	—	13	1.31	7	1.62	7	1.83
			0.3	—	—	15	2.97	13	4.46	—	—	0.4	—	—	12	1.36	6	1.72	6	1.99
			—	—	—	—	—	—	—	—	—	0.5	—	—	10	1.56	6	1.83	6	2.09
整体直齿铣刀																				
a_w/mm				5		10		20		30			5		10		20		30	
120	63/16	5	0.03	37	0.28	30	0.44	—	—	—	—	0.05	41	0.26	29	0.37	—	—	—	—
			0.05	34	0.39	28	0.55	—	—	—	—	0.08	34	0.31	24	0.37	—	—	—	—
			0.08	31	0.50	25	0.72	—	—	—	—	—	—	—	—	—	—	—	—	—

（续）

T/min	$\frac{d_0}{z}$	a_p/mm	R_m=650MPa 的结构碳钢(加切削液)									190HBW 的灰铸铁								
			f_z/(mm/齿)	铣削宽度 a_w/mm								f_z/(mm/齿)	铣削宽度 a_w/mm							
				10		20		40		60			10		20		40		60	
				v/(m/min)	P_m/kW	v/(m/min)	P_m/kW	v/(m/min)	P_m/kW	v/(m/min)	P_m/kW		v/(m/min)	P_m/kW	v/(m/min)	P_m/kW	v/(m/min)	P_m/kW	v/(m/min)	P_m/kW
整体直齿铣刀																				
a_w/mm				5		10		20		30			5		10		20		30	
120	$\frac{80}{18}$	5	0.03	39	0.28	31	0.44	—	—	—	—	0.05	43	0.26	30	0.31	—	—	—	—
			0.05	35	0.39	29	0.55	—	—	—	—	0.08	36	0.31	25	0.37	—	—	—	—
			0.08	32	0.50	26	0.72	—	—	—	—	—	—	—	—	—	—	—	—	—
120	$\frac{100}{20}$	6	0.03	40	0.33	33	0.50	26	0.66	—	—	0.05	44	0.31	31	0.42	23	0.52	—	—
			0.05	36	0.44	30	0.61	24	0.88	—	—	0.08	37	0.37	26	0.47	19	0.57	—	—
			0.08	33	0.55	27	0.77	22	1.16	—	—	0.12	31	0.42	22	0.52	16	0.63	—	—

注：1. 加工150HBW的可锻铸铁按铣削 R_m=650MPa 的结构碳钢修正，v×1.23，P_m×0.56。

2. 使用条件变换时的修正系数见表2.4-9。

表2.4-18 高速钢三面刃圆盘铣刀在结构碳钢（R_m=650MPa）上铣槽的铣削速度及铣削功率

T/min	$\frac{d_0}{z}$	a_p/mm	f_z/(mm/齿)	铣削宽度 a_w/mm									
				5		10		15		20		40	
				v/(m/min)	P_m/kW	v/(m/min)	P_m/kW	v/(m/min)	P_m/kW	v/(m/min)	P_m/kW	v/(m/min)	P_m/kW
镶齿铣刀													
120	$\frac{80}{10}$	12	0.03	41	0.41	33	0.66	30	0.88	—	—	—	—
			0.05	36	0.55	30	0.77	26	0.99	—	—	—	—
			0.08	34	0.66	28	0.99	24	1.21	—	—	—	—
			0.12	31	0.88	25	1.16	22	1.43	—	—	—	—
120	$\frac{100}{12}$	16	0.03	41	0.55	33	0.83	29	1.05	—	—	—	—
			0.05	36	0.83	29	1.16	26	1.38	—	—	—	—
			0.08	34	0.94	27	1.38	24	1.71	—	—	—	—
			0.12	31	1.16	25	1.71	22	2.09	—	—	—	—
120	$\frac{125}{14}$	18	0.03	41	0.66	34	0.94	29	1.16	27	1.38	—	—
			0.05	36	0.94	29	1.27	27	1.49	24	1.82	—	—
			0.08	34	1.05	28	1.49	25	1.93	23	2.31	—	—
			0.12	31	1.27	25	1.82	22	2.31	21	2.75	—	—
150	$\frac{160}{16}$	24	0.03	—	—	34	1.10	30	1.38	27	1.60	22	2.31
			0.05	—	—	30	1.49	27	1.76	24	2.09	20	3.19
			0.08	—	—	28	1.87	25	2.26	23	2.75	18	3.91
			0.12	—	—	25	2.26	22	2.75	20	3.25	17	4.79
			0.20	—	—	20	2.59	18	3.25	—	—	—	—
150	$\frac{200}{20}$	32	0.03	—	—	34	1.49	30	1.82	28	2.20	23	3.14
			0.05	—	—	31	1.98	27	2.31	25	2.81	20	4.02
			0.08	—	—	29	2.42	25	2.92	23	3.52	19	5.28
			0.12	—	—	25	2.81	23	3.91	21	4.13	17	6.05
			0.20	—	—	21	3.41	18	4.24	—	—	—	—

（续）

T/min	$\frac{d_0}{z}$	a_p/mm	f_z/(mm/齿)	铣削宽度 a_w/mm									
				5		10		15		20		40	
				v/(m/min)	P_m/kW	v/(m/min)	P_m/kW	v/(m/min)	P_m/kW	v/(m/min)	P_m/kW	v/(m/min)	P_m/kW
镶齿铣刀													
180	$\frac{250}{22}$	40	0.03	—	—	32	1.93	29	2.48	27	2.97	22	4.24
			0.05	—	—	29	2.59	26	3.08	24	3.74	20	5.61
			0.08	—	—	27	3.19	24	3.85	22	4.79	18	7.15
			0.12	—	—	24	3.74	22	5.28	20	5.50	16	8.25
			0.20	—	—	20	4.40	18	5.50	—	—	—	—
整体直齿铣刀													
120	$\frac{63}{16}$	10	0.03	35	0.55	28	0.83	25	1.05	—	—	—	—
			0.05	31	0.72	25	1.05	22	1.27	—	—	—	—
			0.08	29	0.94	23	1.32	21	1.71	—	—	—	—
120	$\frac{80}{18}$	12	0.03	36	0.61	29	0.88	26	1.16	24	1.32	—	—
			0.05	32	0.77	26	1.16	23	1.49	21	1.76	—	—
			0.08	30	1.05	24	1.49	21	1.87	19	2.26	—	—
120	$\frac{100}{20}$	14	0.03	37	0.72	30	0.99	26	1.27	24	1.49	—	—
			0.05	33	0.83	27	1.38	23	1.60	22	1.98	—	—
			0.08	30	1.10	25	1.65	22	2.09	20	2.42	—	—

注：1. 使用切削液。

2. 加工 150HBW 的可锻铸铁，按表中数值修正，v×1.23，P_m×0.56。

3. 使用条件变换时的修正系数见表 2.4-9。

表 2.4-19　高速钢三面刃圆盘铣刀在灰铸铁（190HBW）上铣槽的铣削速度及铣削功率

T/min	$\frac{d_0}{z}$	a_p/mm	f_z/(mm/齿)	铣削宽度 a_w/mm									
				5		10		15		20		40	
				v/(m/min)	P_m/kW	v/(m/min)	P_m/kW	v/(m/min)	P_m/kW	v/(m/min)	P_m/kW	v/(m/min)	P_m/kW
镶齿铣刀													
120	$\frac{80}{10}$	12	0.05	49	0.42	34	0.52	28	0.63	—	—	—	—
			0.08	41	0.47	28	0.57	24	0.68	—	—	—	—
			0.12	34	0.52	25	0.68	20	0.78	—	—	—	—
			0.20	28	0.57	20	0.73	16	0.84	—	—	—	—
120	$\frac{100}{12}$	16	0.05	49	0.57	34	0.68	28	0.84	—	—	—	—
			0.08	40	0.63	29	0.84	23	0.99	—	—	—	—
			0.12	34	0.68	24	0.89	20	1.04	—	—	—	—
			0.20	28	0.84	20	1.04	16	1.25	—	—	—	—
150	$\frac{125}{14}$	18	0.05	47	0.63	33	0.78	27	0.94	24	0.99	—	—
			0.08	39	0.68	28	0.94	23	0.99	19	1.10	—	—
			0.12	33	0.78	24	0.99	19	1.10	17	1.25	—	—
			0.20	27	0.94	19	1.10	17	1.25	14	1.41	—	—

（续）

T/min	d_0/z	a_p/mm	f_z/(mm/齿)	铣削宽度 a_w/mm									
				5		10		15		20		40	
				v/(m/min)	P_m/kW	v/(m/min)	P_m/kW	v/(m/min)	P_m/kW	v/(m/min)	P_m/kW	v/(m/min)	P_m/kW
镶齿铣刀													
180	160/16	24	0.05	—	—	33	0.89	27	1.04	24	1.15	16	1.41
			0.08	—	—	27	1.04	22	1.15	20	1.31	14	1.62
			0.12	—	—	23	1.15	19	1.25	17	1.46	12	1.78
			0.20	—	—	19	1.25	15	1.46	14	1.57	—	—
180	200/20	32	0.05	—	—	32	1.25	27	1.46	24	1.57	17	1.93
			0.08	—	—	28	1.46	23	1.57	20	1.72	14	2.19
			0.12	—	—	24	1.52	19	1.88	17	1.93	12	2.40
			0.20	—	—	19	1.72	17	1.99	14	2.14	—	—
240	250/22	40	0.05	—	—	32	1.46	27	1.78	23	1.83	16	2.30
			0.08	—	—	27	1.67	22	1.83	19	2.04	13	2.56
			0.12	—	—	23	1.78	19	2.04	16	2.25	12	2.87
			0.20	—	—	19	2.04	15	2.35	13	2.56	—	—
整体直齿铣刀													
120	63/16	10	0.03	48	0.47	34	0.57	28	0.68	—	—	—	—
			0.05	39	0.52	27	0.68	24	0.78	—	—	—	—
			0.08	32	0.57	23	0.78	19	0.89	—	—	—	—
120	80/18	12	0.03	49	0.52	35	0.68	28	0.78	25	0.84	—	—
			0.05	39	0.57	28	0.78	22	0.89	20	0.94	—	—
			0.08	33	0.68	23	0.89	19	0.94	16	1.04	—	—
120	100/20	14	0.03	50	0.57	35	0.73	29	0.84	25	0.94	—	—
			0.05	40	0.68	29	0.84	24	0.94	20	1.04	—	—
			0.08	34	0.73	24	0.94	20	1.04	17	1.15	—	—
			0.12	28	0.84	20	1.04	17	1.20	15	1.31	—	—

注：使用条件变换时的修正系数见表2.4-9。

表2.4-20 YT15硬质合金三面刃圆盘铣刀（GB/T 5341—2006）铣削结构碳钢、铬钢、镍铬钢（R_m=650MPa）的铣削速度及铣削功率

T/min	d_0/z	a_p/mm	f_z/(mm/齿)	铣削宽度 a_w/mm							
				12		20		30		50	
				v/(m/min)	P_m/kW	v/(m/min)	P_m/kW	v/(m/min)	P_m/kW	v/(m/min)	P_m/kW
铣平面及凸台											
120	100/8	6	0.06	146	1.36	120	1.68	100	1.92	—	—
			0.12	134	2.04	110	2.52	94	2.96	—	—
			0.15	126	2.20	100	2.64	86	3.16	—	—
			0.19	115	2.36	92	2.92	78	3.36	—	—
			0.24	104	2.56	84	3.12	72	3.68	—	—

（续）

T/min	$\frac{d_0}{z}$	a_p/mm	f_z/(mm/齿)	铣削宽度 a_w/mm							
				12		20		30		50	
				v/(m/min)	P_m/kW	v/(m/min)	P_m/kW	v/(m/min)	P_m/kW	v/(m/min)	P_m/kW
铣平面及凸台											
180	$\frac{160}{10}$	6	0.06	134	1.12	110	1.36	92	1.60	—	—
			0.12	124	1.68	100	2.00	86	2.40	—	—
			0.15	116	1.80	94	2.24	80	2.64	—	—
			0.19	108	1.92	86	2.40	72	2.76	—	—
			0.24	96	2.08	78	2.56	66	3.00	—	—
240	$\frac{200}{12}$	6	0.06	128	0.92	104	1.12	90	1.36	72	1.60
			0.12	118	1.40	96	1.68	82	2.04	67	2.44
			0.15	108	1.48	90	1.80	77	2.16	62	2.72
			0.19	100	1.60	82	2.00	70	2.32	57	2.88
			0.24	92	1.76	74	2.12	63	2.48	52	3.08
铣　槽											
120	$\frac{100}{8}$	20	0.03	190	2.60	162	3.52	144	4.40	—	—
			0.06	158	3.92	136	5.20	120	6.80	—	—
			0.09	134	4.40	116	6.40	102	8.00	—	—
			0.12	120	5.20	100	6.80	90	9.20	—	—
			0.15	112	6.00	96	8.00	84	10.4	—	—
180	$\frac{160}{10}$	20	0.03	156	2.20	150	3.04	132	3.88	—	—
			0.06	144	3.24	124	4.40	110	5.60	—	—
			0.09	124	3.92	106	5.20	94	6.80	—	—
			0.12	110	4.40	92	6.00	84	8.00	—	—
			0.15	102	4.80	88	6.80	78	8.80	—	—
240	$\frac{200}{12}$	20	0.03	168	1.92	144	2.60	239	3.40	110	4.80
			0.06	140	2.84	120	3.92	106	5.20	90	6.80
			0.09	118	3.36	102	4.80	90	6.00	77	3.40
			0.12	106	3.84	88	5.20	80	6.80	69	10.0
			0.15	98	4.40	84	6.00	75	7.60	64	10.4

注：使用条件变换时的修正系数见表 2.4-9。

4. 高速钢和硬质合金立铣刀的铣削用量（表 2.4-21～表 2.4-26）

表 2.4-21　高速钢立铣刀铣削钢件及凸台的铣削速度及铣削功率

T/min	$\frac{d_0}{z}$	a_p/mm	R_m=650MPa 的碳素结构钢							耐热钢						
			f_z/(mm/齿)	a_w/mm						f_z/(mm/齿)	a_w/mm					
				3		5		8			3		5		8	
				v/(m/min)	P_m/kW	v/(m/min)	P_m/kW	v/(m/min)	P_m/kW		v/(m/min)	P_m/kW	v/(m/min)	P_m/kW	v/(m/min)	P_m/kW
粗齿铣刀																
60	$\frac{16}{3}$	40	0.04	47	1.43	—	—	—	—	0.03	43	1.05	37	1.54	—	—
			0.06	38	1.54	—	—	—	—	0.04	37	1.10	32	1.60	—	—
			0.08	34	1.75	—	—	—	—	0.06	31	1.16	27	1.65	—	—
			—	—	—	—	—	—	—	0.08	27	1.21	23	1.71	—	—

（续）

T / min	d_0/z	a_p/mm	R_m=650MPa 的碳素结构钢							耐热钢						
			f_z/(mm/齿)	a_w/mm						f_z/(mm/齿)	a_w/mm					
				3		5		8			3		5		8	
				v/(m/min)	P_m/kW	v/(m/min)	P_m/kW	v/(m/min)	P_m/kW		v/(m/min)	P_m/kW	v/(m/min)	P_m/kW	v/(m/min)	P_m/kW
粗齿铣刀																
60	20/3	40	0.04	52	1.26	40	1.54	—	—	0.03	47	0.94	41	1.27	36	1.82
			0.06	43	1.43	33	1.71	—	—	0.04	41	0.99	35	1.43	32	1.87
			0.08	37	1.49	28	1.82	—	—	0.06	34	1.05	29	1.49	26	1.98
			0.1	33	1.60	—	—	—	—	0.08	29	1.05	25	1.54	23	2.04
60	25/3	40	0.06	47	1.26	36	1.54	—	—	0.04	44	0.88	38	1.27	34	1.65
			0.08	41	1.38	31	1.65	—	—	0.06	36	0.94	31	1.27	28	1.76
			0.1	36	1.43	28	1.71	—	—	0.08	31	0.94	27	1.38	24	1.82
			0.12	33	1.49	—	—	—	—	0.12	26	0.99	22	1.43	20	1.87
90	32/4	40	0.08	38	1.43	30	1.71	—	—	0.04	41	0.88	36	1.32	32	1.71
			0.1	35	1.49	27	1.82	—	—	0.06	34	0.94	30	1.38	26	1.76
			0.12	31	1.54	24	1.87	—	—	0.08	30	0.99	25	1.43	23	1.87
			0.15	28	1.60	—	—	—	—	0.12	24	1.05	21	1.49	19	1.98
90	40/4	40	0.06	—	—	38	1.43	30	1.71	0.06	37	0.83	32	1.21	28	1.60
			0.08	43	1.26	33	1.54	26	1.82	0.08	32	0.83	28	1.27	25	1.65
			0.1	38	1.32	30	1.65	23	1.93	0.12	26	0.88	23	1.32	20	1.76
			0.12	35	1.38	27	1.71	21	1.98	0.15	24	0.94	20	1.38	18	1.76
			0.15	31	1.49	24	1.76	—	—	—	—	—	—	—	—	—
120	50/4	40	0.08	—	—	33	1.26	26	1.54	0.06	37	0.66	32	0.99	28	1.32
			0.1	38	1.10	30	1.32	24	1.60	0.08	32	0.72	28	1.05	25	1.38
			0.12	35	1.16	27	1.38	21	1.65	0.12	26	0.72	23	1.10	20	1.43
			0.15	31	1.21	24	1.43	19	1.76	0.15	24	0.77	20	1.10	18	1.49
			0.2	27	1.32	21	1.54	—	—	0.2	20	0.77	18	1.10	—	—
细齿铣刀																
60	16/6	40	0.02	63	2.31	—	—	—	—	0.02	49	1.91	43	2.77	—	—
			0.03	51	2.51	—	—	—	—	0.03	40	1.98	35	2.90	—	—
			0.04	44	2.64	—	—	—	—	0.04	35	2.11	31	2.97	—	—
			0.06	36	2.90	—	—	—	—	0.06	29	2.18	25	3.17	—	—
60	20/6	40	0.03	57	2.31	44	2.77	—	—	0.02	54	1.72	47	2.51	42	3.23
			0.04	49	2.44	38	2.90	—	—	0.03	44	1.78	38	2.64	35	3.43
			0.06	40	2.71	31	3.23	—	—	0.04	39	1.85	34	2.71	30	3.56
			0.08	35	2.84	—	—	—	—	0.06	32	1.91	28	2.84	25	3.76
60	25/6	40	0.04	55	2.24	42	2.71	—	—	0.03	47	1.58	41	2.31	37	3.04
			0.06	44	2.44	34	2.97	—	—	0.04	41	1.65	36	2.38	32	3.19
			0.08	38	2.64	29	3.10	—	—	0.06	34	1.72	30	2.51	27	3.30
			0.1	34	2.77	—	—	—	—	0.08	29	1.78	26	2.64	23	3.37

（续）

T/min	$\frac{d_0}{z}$	a_p/mm	R_m=650MPa 的碳素结构钢							耐热钢						
			f_z/(mm/齿)	a_w/mm						f_z/(mm/齿)	a_w/mm					
				3		5		8			3		5		8	
				v/(m/min)	P_m/kW	v/(m/min)	P_m/kW	v/(m/min)	P_m/kW		v/(m/min)	P_m/kW	v/(m/min)	P_m/kW	v/(m/min)	P_m/kW
细齿铣刀																
90	$\frac{32}{8}$	40	0.06	43	2.57	33	3.01	—	—	0.04	39	1.69	35	2.49	31	3.22
			0.08	36	2.71	28	3.22	—	—	0.06	33	1.83	28	2.57	25	3.45
			0.1	33	2.79	25	3.37	—	—	0.08	28	1.91	25	2.71	22	3.59
			0.12	30	2.93	—	—	—	—	0.12	23	1.98	20	2.86	18	3.67
90	$\frac{40}{8}$	40	0.04	—	—	—	—	35	2.93	0.04	43	1.54	37	2.20	34	2.93
			0.06	—	—	36	2.86	29	3.30	0.06	35	1.61	31	2.35	28	3.08
			0.08	41	2.49	32	2.93	25	3.45	0.08	30	1.61	27	2.42	24	3.15
			0.1	36	2.57	28	3.15	22	3.67	0.12	25	1.69	22	2.49	20	3.30
			0.12	33	2.71	25	3.23	—	—	0.15	22	1.76	20	2.57	18	3.37
			0.15	29	2.79	—	—	—	—	—	—	—	—	—	—	—
120	$\frac{50}{8}$	40	0.06	—	—	36	2.27	29	2.71	0.06	35	1.32	31	1.91	28	2.49
			0.08	41	2.05	32	2.49	25	2.93	0.08	30	1.32	27	1.98	24	2.57
			0.1	36	2.13	28	2.57	22	3.01	0.12	25	1.47	22	2.05	20	2.71
			0.12	33	2.20	26	2.64	19	3.08	0.15	22	1.47	20	2.13	18	2.78
			0.15	30	2.35	—	—	—	—	0.2	19	1.54	17	2.20	—	—
			0.2	25	2.49	—	—	—	—	—	—	—	—	—	—	—

注：1. 表内铣削用量能达到表面粗糙度 Ra3.2μm。

2. 全部使用切削液。

3. 使用条件变换时的修正系数见表 2.4-9。

表 2.4-22　高速钢立铣刀铣削灰铸铁及铜合金平面及凸台的铣削速度及铣削功率

T/min	$\frac{d_0}{z}$	a_p/mm	190HBW 的灰铸铁							100~140HBW 的铜合金						
			f_z/(mm/齿)	a_w/mm						f_z/(mm/齿)	a_w/mm					
				3		5		8			3		5		8	
				v/(m/min)	P_m/kW	v/(m/min)	P_m/kW	v/(m/min)	P_m/kW		v/(m/min)	P_m/kW	v/(m/min)	P_m/kW	v/(m/min)	P_m/kW
粗齿铣刀																
60	$\frac{16}{3}$	40	0.08	22	0.63	—	—	—	—	0.08	55	0.92	—	—	—	—
			0.12	21	0.73	—	—	—	—	0.12	50	1.14	—	—	—	—
			0.18	19	0.89	—	—	—	—	0.18	47	1.49	—	—	—	—
60	$\frac{20}{3}$	40	0.08	26	0.63	20	0.73	—	—	0.08	61	0.86	52	1.14	—	—
			0.12	24	0.73	18	0.84	—	—	0.12	56	1.03	48	1.37	—	—
			0.18	22	0.84	17	0.99	—	—	0.18	51	1.26	44	1.72	—	—
			0.25	21	0.99	—	—	—	—	0.25	48	1.49	41	2.06	—	—
60	$\frac{25}{3}$	40	0.08	31	0.58	24	0.68	—	—	0.08	67	0.80	57	1.03	—	—
			0.12	28	0.68	22	0.84	—	—	0.12	62	0.97	53	1.26	—	—
			0.18	26	0.84	20	0.99	—	—	0.18	57	1.14	49	1.60	—	—
			0.25	24	0.94	—	—	—	—	0.25	53	1.37	46	1.83	—	—

（续）

T/min	$\frac{d_0}{z}$	a_p/mm	190HBW的灰铸铁							100~140HBW的铜合金						
			f_z/(mm/齿)	a_w/mm						f_z/(mm/齿)	a_w/mm					
				3		5		8			3		5		8	
				v/(m/min)	P_m/kW	v/(m/min)	P_m/kW	v/(m/min)	P_m/kW		v/(m/min)	P_m/kW	v/(m/min)	P_m/kW	v/(m/min)	P_m/kW
粗齿铣刀																
90	$\frac{32}{4}$	40	0.08	—	—	23	0.73	—	—	0.08	64	0.80	55	1.09	—	—
			0.12	28	0.73	21	0.89	—	—	0.12	58	0.97	50	1.26	—	—
			0.18	26	0.89	20	1.10	—	—	0.18	54	1.26	46	1.60	—	—
			0.25	24	1.05	19	1.25	—	—	0.25	50	1.49	43	1.94	—	—
			0.40	22	1.31	—	—	—	—	0.40	46	1.83	39	2.40	—	—
90	$\frac{40}{4}$	40	0.08	—	—	27	0.73	21	0.84	0.08	71	0.74	61	0.7	53	1.26
			0.12	32	0.73	25	0.84	20	0.99	0.12	65	0.92	55	1.14	48	1.49
			0.18	30	0.89	23	1.05	18	1.20	0.18	59	1.09	51	1.49	45	1.94
			0.25	28	1.05	21	1.20	—	—	0.25	56	1.26	48	1.83	—	—
			0.40	26	1.25	20	1.46	—	—	0.40	51	1.72	44	2.17	—	—
120	$\frac{50}{4}$	40	0.08	—	—	30	0.68	23	0.73	0.08	71	0.63	60	0.80	53	1.03
			0.12	36	0.68	27	0.78	21	0.89	0.12	65	0.74	55	0.97	49	1.26
			0.18	32	0.78	25	0.94	20	1.10	0.18	59	0.92	51	1.26	45	1.60
			0.25	30	0.89	24	1.05	19	1.25	0.25	56	1.09	48	1.49	42	1.83
			0.40	28	1.15	21	1.31	—	—	0.40	51	1.37	44	1.83	—	—
细齿铣刀																
60	$\frac{16}{6}$	40	0.05	21	0.88	—	—	—	—	0.03	63	1.03	—	—	—	—
			0.08	19	1.07	—	—	—	—	0.05	57	1.37	—	—	—	—
			0.12	18	1.25	—	—	—	—	0.08	52	1.78	—	—	—	—
60	$\frac{20}{6}$	40	0.05	25	0.81	19	1.00	—	—	0.03	70	0.93	61	1.24	—	—
			0.08	22	1.00	17	1.19	—	—	0.05	63	1.24	54	1.65	—	—
			0.12	21	1.25	16	1.44	—	—	0.08	57	1.65	49	2.20	—	—
			0.18	19	1.50	—	—	—	—	0.12	53	2.06	—	—	—	—
60	$\frac{25}{6}$	40	0.08	26	1.00	20	1.19	—	—	0.05	70	1.17	59	1.03	—	—
			0.12	24	1.19	19	1.44	—	—	0.08	64	1.37	55	1.37	—	—
			0.18	22	1.44	17	1.69	—	—	0.12	58	1.78	50	1.78	—	—
			0.25	20	1.69	—	—	—	—	0.18	54	2.20	—	—	—	—
90	$\frac{32}{8}$	40	0.08	27	1.11	21	1.32	—	—	0.08	61	1.53	53	1.98	—	—
			0.12	25	1.32	19	1.60	—	—	0.12	57	1.98	49	2.44	—	—
			0.18	22	1.60	18	1.88	—	—	0.18	52	2.29	45	3.05	—	—
			0.25	2	1.81	—	—	—	—	0.25	49	2.75	—	—	—	—
90	$\frac{40}{8}$	40	0.05	—	—	—	—	21	1.18	0.05	—	—	—	—	55	1.83
			0.08	—	—	24	1.25	19	1.46	0.08	—	—	58	1.83	50	2.44
			0.12	29	1.32	22	1.53	18	1.74	0.12	63	1.68	53	2.29	46	2.90
			0.18	26	1.53	20	1.81	—	—	0.18	57	2.14	49	2.75	—	—
			0.25	25	1.81	19	2.09	—	—	0.25	54	2.59	46	3.36	—	—
120	$\frac{50}{8}$	40	0.08	—	—	26	1.18	21	1.32	0.08	—	—	58	1.53	51	1.98
			0.12	31	1.18	24	1.39	19	1.60	0.12	63	1.45	55	1.98	47	2.44
			0.18	29	1.39	22	1.67	18	1.95	0.18	57	1.83	50	2.29	43	3.05
			0.25	27	1.60	21	1.95	—	—	0.25	54	2.14	46	2.75	—	—
			0.40	25	2.02	—	—	—	—	0.40	49	2.75	—	—	—	—

注：1. 表内铣削用量能达到表面粗糙度 $Ra3.2\mu m$。

2. 使用条件变换时的修正系数见表2.4-9。

表 2.4-23　高速钢立铣刀在结构碳钢（$R_m=650\text{MPa}$）上铣槽的铣削速度及铣削功率

T/min	$\frac{d_0}{z}$	a_w/mm	f_z/(mm/齿)	槽深 a_p/mm									
				5		10		15		20		30	
				v/(m/min)	P_m/kW	v/(m/min)	P_m/kW	v/(m/min)	P_m/kW	v/(m/min)	P_m/kW	v/(m/min)	P_m/kW
45	$\frac{8}{4}$	8	0.006	—	—	69	0.75	—	—	—	—	—	—
			0.008	61	0.40	57	0.75	—	—	—	—	—	—
			0.01	54	0.44	51	0.79	—	—	—	—	—	—
			0.02	39	0.48	36	0.92	—	—	—	—	—	—
45	$\frac{10}{5}$	10	0.008	—	—	56	0.94	53	1.32	—	—	—	—
			0.01	54	0.55	50	0.99	48	1.36	—	—	—	—
			0.02	38	0.61	35	1.10	34	1.65	—	—	—	—
			0.03	31	0.66	—	—	—	—	—	—	—	—
60	$\frac{16}{3}$	16	0.01	—	—	—	—	45	0.77	—	—	—	—
			0.02	—	—	33	0.66	32	0.94	—	—	—	—
			0.03	29	0.39	27	0.72	26	0.99	—	—	—	—
			0.04	25	0.39	23	0.77	—	—	—	—	—	—
			0.06	21	0.44	—	—	—	—	—	—	—	—
	$\frac{16}{6}$		0.01	48	0.53	45	1.06	43	1.52	—	—	—	—
			0.02	34	0.66	31	1.19	30	1.78	—	—	—	—
			0.03	28	0.73	26	1.32	—	—	—	—	—	—
			0.04	24	0.73	—	—	—	—	—	—	—	—
60	$\frac{20}{3}$	20	0.02	—	—	—	—	—	—	30	1.16	—	—
			0.03	—	—	—	—	26	0.99	25	1.27	—	—
			0.04	—	—	23	0.72	22	1.05	22	1.38	—	—
			0.06	—	—	19	0.83	18	1.16	18	1.49	—	—
			0.08	—	—	17	0.88	—	—	—	—	—	—
	$\frac{20}{6}$		0.02	—	—	—	—	30	1.72	29	2.18	—	—
			0.03	—	—	25	1.32	24	1.85	24	2.44	—	—
			0.04	—	—	22	1.39	21	1.98	20	2.57	—	—
			0.06	—	—	18	1.52	17	2.18	—	—	—	—
60	$\frac{25}{3}$	25	0.02	—	—	—	—	—	—	—	—	29	1.65
			0.03	—	—	—	—	25	0.99	25	1.27	24	1.82
			0.04	—	—	23	0.72	22	1.05	21	1.38	21	1.98
			0.06	—	—	19	0.77	18	1.16	18	1.49	17	2.15
			0.08	—	—	16	0.83	16	1.21	—	—	—	—
			0.12	—	—	13	0.94	—	—	—	—	—	—
	$\frac{25}{6}$		0.02	—	—	—	—	—	—	—	—	28	3.17
			0.03	—	—	—	—	24	1.85	23	2.38	23	3.43
			0.04	—	—	22	1.39	21	1.98	20	2.57	20	3.70
			0.06	—	—	18	1.45	17	2.18	17	3.77	16	4.03
			0.08	—	—	15	1.58	15	2.31	—	—	—	—
			0.12	—	—	13	1.72	—	—	—	—	—	—

（续）

T/min	d_0/z	a_w/mm	f_z/(mm/齿)	槽深 a_p/mm									
				5		10		15		20		30	
				v/(m/min)	P_m/kW	v/(m/min)	P_m/kW	v/(m/min)	P_m/kW	v/(m/min)	P_m/kW	v/(m/min)	P_m/kW
90	32/4	32	0.04	—	—	—	—	18	1.16	18	1.49	17	2.20
			0.06	—	—	16	0.88	15	1.27	15	1.65	14	2.37
			0.08	—	—	14	0.94	13	1.38	13	1.76	—	—
			0.12	—	—	11	1.05	11	1.49	—	—	—	—
	32/8		0.02	—	—	—	—	—	—	—	—	23	3.59
			0.03	—	—	—	—	—	—	20	2.71	19	3.96
			0.04	—	—	—	—	18	2.27	17	2.86	17	4.18
			0.06	—	—	15	1.69	14	2.42	14	3.15	13	4.62
			0.08	—	—	13	1.83	13	2.64	12	3.37	—	—
			0.12	—	—	11	1.98	10	2.86	—	—	—	—

注：1. 表内铣削用量能达到表面粗糙度 $Ra3.2\mu m$。

2. 使用切削液。

3. 使用条件变换时的修正系数见表2.4-9。

表2.4-24 高速钢立铣刀在灰铸铁（190HBW）上铣槽的铣削速度及铣削功率

T/min	d_0/z	a_w/mm	f_z/(mm/齿)	槽深 a_p/mm									
				5		10		15		20		30	
				v/(m/min)	P_m/kW	v/(m/min)	P_m/kW	v/(m/min)	P_m/kW	v/(m/min)	P_m/kW	v/(m/min)	P_m/kW
45	8/4	8	0.01	22	0.10	18	0.17	—	—	—	—	—	—
			0.02	19	0.13	15	0.25	—	—	—	—	—	—
			0.03	18	0.17	14	0.29	—	—	—	—	—	—
	10/5	10	0.01	—	—	19	0.21	16	0.31	—	—	—	—
			0.02	20	0.21	16	0.31	14	0.42	—	—	—	—
			0.03	18	0.21	15	0.37	—	—	—	—	—	—
			0.05	17	0.26	—	—	—	—	—	—	—	—
60	16/3	16	0.03	—	—	18	0.26	16	0.37	—	—	—	—
			0.05	20	0.21	16	0.31	14	0.42	—	—	—	—
			0.08	18	0.26	15	0.42	13	0.52	—	—	—	—
			0.12	17	0.31	—	—	—	—	—	—	—	—
	16/6		0.02	—	—	16	0.37	15	0.50	—	—	—	—
			0.03	19	0.25	15	0.43	13	0.56	—	—	—	—
			0.05	17	0.31	14	0.56	12	0.75	—	—	—	—
			0.08	15	0.43	13	0.69	11	0.94	—	—	—	—
60	20/3	20	0.03	—	—	19	0.26	16	0.37	15	0.42	—	—
			0.05	21	0.21	17	0.37	15	0.47	14	0.57	—	—
			0.08	19	0.26	15	0.42	14	0.57	13	0.68	—	—
			0.12	17	0.31	14	0.52	13	0.68	—	—	—	—
	20/6		0.03	19	0.31	16	0.44	14	0.63	13	0.75	—	—
			0.05	18	0.37	14	0.56	13	0.75	11	0.94	—	—
			0.08	16	0.40	13	0.75	11	0.94	—	—	—	—
			0.12	15	0.50	12	0.88	10	1.13	—	—	—	—

（续）

T/min	$\frac{d_0}{z}$	a_w/mm	f_z/(mm/齿)	槽深 a_p/mm 5 v/(m/min)	5 P_m/kW	10 v/(m/min)	10 P_m/kW	15 v/(m/min)	15 P_m/kW	20 v/(m/min)	20 P_m/kW	30 v/(m/min)	30 P_m/kW
60	25/3	25	0.05	—	—	18	0.37	16	0.47	14	0.57	13	0.78
			0.08	—	—	16	0.47	14	0.57	13	0.73	11	0.94
			0.12	—	—	15	0.52	13	0.73	12	0.89	—	—
			0.18	—	—	14	0.63	—	—	—	—	—	—
	25/6		0.03	—	—	—	—	15	0.63	13	0.75	12	1.00
			0.05	—	—	15	0.63	13	0.82	12	1.00	11	1.32
			0.08	—	—	14	0.75	12	1.00	11	1.25	10	1.63
			0.12	—	—	13	0.88	11	1.19	—	—	—	—
90	32/4	32	0.05	—	—	—	—	14	0.52	13	0.68	11	0.89
			0.08	—	—	14	0.52	12	0.68	11	0.84	10	1.10
			0.12	—	—	13	0.63	11	0.84	10	0.99	—	—
			0.18	—	—	12	0.73	—	—	—	—	—	—
	32/8		0.05	—	—	—	—	12	0.98	11	1.18	10	1.60
			0.08	—	—	12	0.91	11	1.25	10	1.46	9	1.95
			0.12	—	—	11	1.11	10	1.46	9	1.81	—	—
			0.18	—	—	10	1.32	9	1.74	—	—	—	—

注：1. 表内铣削用量能达到表面粗糙度 Ra3.2μm。
2. 使用条件变换时的修正系数见表 2.4-9。

表 2.4-25　硬质合金双刃球头立铣刀的铣削用量

加工材料		碳钢 45、Q235 ≤200HBW		合金钢 CrMo、CrNi、CrNiMo 200~300HBW		冷作模具钢、热作模具钢、不锈钢 25~35HRC	
$R×d_0$/mm	a_p/mm	v=80~120m/min 时的转速 n/(r/min)	v_f/(mm/min)	v=70~100m/min 时的转速 n/(r/min)	v_f/(mm/min)	v=50~80m/min 时的转速 n/(r/min)	v_f/(mm/min)
5×10	1	5000	750	4500	500	3700	400
	4	2800	450	2500	250	1900	200
7.5×15	1	3900	1000	3500	700	2700	500
	6	1900	500	1700	350	1300	250
10×20	2	2600	900	2300	700	1800	500
	8	1400	500	1200	350	950	300
12.5×25	2	2200	1000	2000	800	1600	600
	10	1100	500	1000	400	750	300
15×30	2	2000	1000	1700	800	1400	700
	12	950	600	850	400	600	300
20×40	3	1400	900	1200	700	950	600
	16	700	450	600	350	450	300
25×50	3	1100	800	1000	700	750	500
	20	550	400	500	350	380	300

注：R——球头半径（mm）；d_0——立铣刀直径（mm）。

表 2.4-26 硬质合金及高速钢立铣刀铣削不同材料的铣削用量

加工材料		硬度(HBW)	铣削宽度 a_w/mm	铣削平面及凸台										铣削槽					
				高速钢铣刀					硬质合金铣刀					背吃刀量 a_p/mm	高速钢铣刀				
				铣削速度 v/(m/min)	铣刀直径 d_0/mm				铣削速度 v/(m/min)	铣削直径 d_0/mm					铣削速度 v/(m/min)	槽宽 d_0/mm			
					10	12	18	25~50		10	12	18	25~50			10	12	18	25~50
					每齿进给量 f_z/(mm/齿)					每齿进给量 f_z/(mm/齿)						每齿进给量 f_z/(mm/齿)			
碳钢	低碳	125~225	0.5	52~64	0.025	0.050	0.075~0.102	0.102~0.13	150~160	0.038	0.075~0.089	0.13~0.15	0.15~0.18	0.75	30~34	0.025	0.038	0.075	0.102
			1.5	38~49	0.050	0.075	0.102~0.13	0.13~0.15	115~120	0.063	0.102	0.15	0.18~0.20	3	29~32	0.038	0.063	0.102	0.13
			$d_0/4$	34~43	0.025	0.050	0.075~0.102	0.102~0.13	100~105	0.05	0.075	0.13	0.15	$d_0/2$	26~29	0.018~0.025	0.038	0.063	0.089
			$d_0/2$	29~37	0.018	0.025	0.050~0.075	0.075~0.102	90~100	0.038	0.05	0.102	0.13	d_0	21~24	0.013	0.025	0.05	0.075
	中碳	175~275	0.5	34~49	0.025	0.050	0.075	0.102	130~150	0.025~0.038	0.050~0.075	0.102~0.13	0.13~0.15	75	26~29	0.018	0.025~0.038	0.050~0.075	0.075~0.102
			1.5	26~37	0.050	0.075	0.102	0.13	100~115	0.050~0.063	0.075~0.102	0.13~0.15	0.18	3	24~27	0.025	0.050~0.063	0.075~0.102	0.102~0.13
			$d_0/4$	23~32	0.025	0.050	0.075	0.102	85~100	0.038~0.05	0.063~0.075	0.102~0.13	0.13~0.15	$d_0/4$	21~24	0.013	0.025	0.050	0.075
			$d_0/2$	20~27	0.018	0.025	0.050	0.075	81~90	0.025~0.038	0.050	0.075~0.102	0.102~0.13	d_0	18~20	—	0.018	0.038	0.063
	高碳	175~275	0.5	32~46	0.025	0.050	0.075	0.102	130~145	0.025~0.038	0.050~0.075	0.102~0.13	0.13~0.15	0.75	24~27	0.018	0.025	0.063	0.089
			1.5	24~34	0.050	0.075	0.102	0.13	100~115	0.050~0.063	0.075~0.102	0.13~0.15	0.18	3	23~26	0.025	0.050	0.089	0.102
			$d_0/4$	21~29	0.025	0.050	0.075	0.102	85~100	0.038~0.05	0.063~0.075	0.102~0.13	0.13~0.15	$d_0/2$	20~23	0.013	0.025	0.050	0.075
			$d_0/2$	18~24	0.018	0.025	0.050	0.075	79~90	0.025~0.038	0.050	0.075~0.102	0.102~0.13	d_0	17~18	—	0.018	0.038	0.063
合金钢	低碳	125~225	0.5	37~38	0.025	0.050	0.075~0.102	0.102~0.13	145~165	0.038	0.075~0.089	0.13	0.15~0.18	0.75	27~30	0.025	0.038	0.075	0.102
			1.5	27~29	0.050	0.075	0.102~0.13	0.13~0.15	115~125	0.063	0.102	0.15	0.18~0.20	3	26~29	0.025	0.063	0.102	0.13

（续）

加工材料	硬度（HBW）	铣削宽度 a_w/mm	铣削平面及凸台										铣削槽					
			高速钢铣刀					硬质合金铣刀					背吃刀量 a_p/mm	高速钢铣刀				
			铣削速度 v/(m/min)	铣刀直径 d_0/mm				铣削速度 v/(m/min)	铣削直径 d_0/mm					铣削速度 v/(m/min)	槽宽 d_0/mm			
				10	12	18	25~50		10	12	18	25~50			10	12	18	25~50
				每齿进给量 f_z/(mm/齿)					每齿进给量 f_z/(mm/齿)						每齿进给量 f_z/(mm/齿)			
合金钢 低碳	125~225	$d_0/4$	24~26	0.038	0.050	0.075~0.102	0.102~0.13	100~110	0.050	0.075	013	0.15~0.18	$d_0/2$	23~26	0.018	0.038	0.063	0.089
		$d_0/2$	21~23	0.025	0.038	0.050~0.075	0.075~0.102	90~100	0.038	0.050	0.102	0.13~0.15	d_0	18~21	0.013	0.025	0.050	0.075
合金钢 中碳	175~275	0.5	30~37	0.025	0.050	0.075	0.102	120~140	0.025~0.038	0.050~0.075	0.102~0.13	0.13~0.15	0.75	20~23	0.018	0.038	0.050~0.075	0.075~0.102
		1. 5	23~27	0.050	0.075	0.102	0.13	90~105	0.050~0.063	0.075~0.102	0.13~0.15	0.15~0.18	3	18~21	0.025	0.050	0.075~0.102	0.102~0.13
		$d_0/4$	20~24	0.038	0.050	0.075	0.102	78~90	0.038~0.05	0.050~0.075	0.102~0.13	0.13~0.15	$d_0/2$	15~18	0.013	0.025	0.050	0.075
		$d_0/2$	18~21	0.025	0.038	0.050	0.075	72~84	0.025~0.038	0.038~0.050	0.075~0.102	0.102~0.13	d_0	12~14	—	0.013~0.018	0.038	0.063
合金钢 高碳	175~275	0.5	30~34	0.025	0.050	0.076	0.102	120~140	0.025~0.038	0.050~0.075	0.102~0.13	0.13~0.15	0.75	18~20	0.018	0.038	0.050~0.075	0.075~0.102
		1.5	23~26	0.050	0.075	0.102	0.13	90~105	0.050~0.063	0.075~0.102	0.13~0.15	0.15~0.18	3	17~18	0.025	0.050	0.075~0.102	0.102~0.13
		$d_0/4$	20~21	0.025	0.050	0.075	0.102	78~90	0.038~0.05	0.050~0.075	0.102~0.13	0.13~0.15	$d_0/2$	14~15	0.013	0.025	0.050	0.075
		$d_0/2$	18	0.018	0.025	0.050	0.075	72~84	0.025~0.038	0.038~0.050	0.075~0.102	0.102~0.13	d_0	12	—	0.018	0.038	0.063
高强度钢	225~350	0.5	23~29	0.018	0.038~0.050	0.075	0.102	87~105	0.025	0.038~0.050	0.075	0.102	0.75	15~18	0.013~0.018	0.025	0.050	0.075
		1.5	17~21	0.025	0.050~0.075	0.102	0.13	67~82	0.05	0.075	0.102	0.13	3	14~17	0.018~0.025	0.038~0.050	0.075	0.102
		$d_0/4$	15~18	0.018	0.038~0.050	0.075	0.102	58~70	0.038	0.050	0.075	0.102	$d_0/2$	12~14	0.013	0.025	0.038	0.063
		$d_0/2$	12~15	0.013	0.025~0.038	0.050	0.075	52~66	0.025	0.038	0.050	0.075	d_0	11~12	—	0.013	0.025	0.050

（续）

加工材料		硬度（HBW）	铣削宽度 a_w/mm	铣削平面及凸台										铣削槽					
				高速钢铣刀					硬质合金铣刀					背吃刀量 a_p/mm	高速钢铣刀				
				铣削速度 v/(m/min)	铣刀直径 d_0/mm				铣削速度 v/(m/min)	铣削直径 d_0/mm					铣削速度 v/(m/min)	槽宽 d_0/mm			
					10	12	18	25~50		10	12	18	25~50			10	12	18	25~50
					每齿进给量 f_z/(mm/齿)					每齿进给量 f_z/(mm/齿)						每齿进给量 f_z/(mm/齿)			
高速钢		200~275	0.5	18~26	0.013~0.018	0.025	0.038~0.050	0.050~0.075	69~100	0.025	0.038	0.050~0.063	0.075~0.102	0.75	9~15	0.013	0.038	0.050	0.075
			1.5	14~20	0.018~0.025	0.025~0.05	0.038~0.075	0.063~0.102	53~73	0.038	0.050~0.063	0.075~0.102	0.102~0.13	3	8~14	0.018	0.050	0.075	0.102
			$d_0/4$	12~17	0.013	0.013~0.025	0.025~0.050	0.050~0.075	44~62	0.025	0.050	0.063~0.075	0.089~0.102	$d_0/2$	6~12	0.013	0.018~0.025	0.038~0.050	0.075
			$d_0/2$	11~15	0.013	0.013	0.013~0.025	0.025~0.050	41~59	0.018	0.025	0.050	0.075	d_0	5~11	—	0.013	0.025	0.050
工具钢		150~250	0.5	20~30	0.013~0.018	0.025	0.038~0.050	0.050~0.075	79~120	0.025	0.038	0.050~0.075	0.063~0.102	0.75	12~17	0.013~0.018	0.038	0.050	0.075~0.102
			1.5	15~23	0.025	0.038~0.050	0.050~0.075	0.075~0.102	60~90	0.025~0.038	0.038~0.063	0.063~0.102	0.089~0.13	3	11~15	0.018	0.050	0.075	0.102~0.13
			$d_0/4$	12~20	0.013~0.018	0.025	0.038~0.050	0.050~0.075	52~78	0.025~0.038	0.038~0.063	0.050~0.075	0.075~0.102	$d_0/2$	9~12	0.013	0.025~0.038	0.038~0.050	0.075~0.102
			$d_0/2$	11~18	0.013	0.013	0.025	0.038~0.050	49~72	0.018~0.025	0.025~0.050	0.038~0.063	0.050~0.075	d_0	8~9	—	0.013~0.025	0.025~0.050	0.050~0.075
不锈钢	奥氏体	135~275	0.5	27~34	0.025	0.050	0.102	0.13	90~110	0.013	0.025	0.050	0.075~0.102	0.75	12~18	0.013~0.018	0.025	0.050	0.075
			1.5	20~24	0.050	0.075	0.13	0.15	70~82	0.025	0.050	0.075	0.102~0.13	3	11~17	0.018~0.025	0.038~0.050	0.063~0.075	0.102
			$d_0/4$	17~21	0.025	0.050	0.102	0.13	60~72	0.025	0.038	0.063	0.075~0.102	$d_0/2$	9~15	0.013	0.025	0.038~0.050	0.063~0.075
			$d_0/2$	15~18	0.025	0.025~0.038	0.075	0.102	55~67	0.013~0.018	0.025	0.050	0.063~0.075	d_0	8~12	—	0.013	0.025	0.038~0.050
	马氏体	175~325	0.5	21~40	0.018 0.025	0.025~0.050	0.050~0.075	0.075~0.102	76~120	0.013	0.025	0.075	0.13	0.75	12~20	0.013	0.025~0.038	0.050	0.075
			1.5	17~30	0.025~0.050	0.050~0.075	0.075~0.102	0.102~0.13	58~90	0.025	0.050	0.102	0.15	3	11~18	0.018	0.038~0.050	0.063~0.075	0.102

（续）

加工材料	硬度（HBW）	铣削平面及凸台												铣削槽					
		铣削宽度 a_w/mm	高速钢铣刀					硬质合金铣刀						背吃刀量 a_p/mm	高速钢铣刀				
			铣削速度 v/(m/min)	铣刀直径 d_0/mm 每齿进给量 f_z/(mm/齿)				铣削速度 v/(m/min)	铣削直径 d_0/mm 每齿进给量 f_z/(mm/齿)						铣削速度 v/(m/min)	槽宽 d_0/mm 每齿进给量 f_z/(mm/齿)			
				10	12	18	25～50		10	12	18	25～50				10	12	18	25～50
不锈钢 马氏体	175～325	$d_0/4$	14～27	0.018～0.025	0.025～0.050	0.050～0.075	0.075～0.102	50～78	0.025	0.038	0.075	0.102		$d_0/2$	9～15	0.013	0.025～0.038	0.038～0.050	0.050～0.075
		$d_0/2$	12～23	0.013～0.025	0.018～0.025	0.038～0.050	0.063～0.075	46～72	0.013	0.025	0.050	0.075		d_0	8～12	—	0.013	0.018～0.025	0.025～0.050
灰铸铁	160～260	0.5	27～43	0.025	0.038～0.050	0.050～0.102	0.075～0.15	90～150	0.025	0.050～0.075	0.075～0.13	0.13～0.18		0.75	14～23	0.038	0.038～0.050	0.050～0.102	0.075～0.13
		1.5	21～35	0.050	0.063～0.075	0.075～0.13	0.102～0.18	70～120	0.05	0.075～0.102	0.102～0.18	0.15～0.20		3	12～21	0.050	0.050～0.075	0.075～0.13	0.102～0.15
		$d_0/4$	18～29	0.038	0.05	0.063～0.102	0.089～0.13	60～105	0.038	0.050～0.075	0.075～0.13	0.102～0.15		$d_0/2$	11～18	0.025～0.038	0.038～0.050	0.050～0.075	0.075～0.13
		$d_0/2$	15～24	0.025	0.038	0.05～0.075	0.075～0.102	55～95	0.025	0.038～0.050	0.050～0.102	0.075～0.13		d_0	9～14	0.013～0.018	0.025	0.036～0.050	0.050～0.102
可锻铸铁	160～240	0.5	34～43	0.025	0.050	0.050～0.102	0.102～0.15	115～130	0.025	0.050～0.075	0.102～0.13	0.15～0.18		0.75	18～21	0.018	0.025	0.050～0.063	0.063～0.075
		1.5	27～34	0.050	0.075	0.102～0.13	0.13～0.18	85～100	0.05	0.075～0.102	0.13～0.18	0.18～0.20		3	17～20	0.025	0.038～0.050	0.063～0.075	0.075～0.102
		$d_0/4$	21～23	0.025	0.050	0.075～0.102	0.102～0.13	75～85	0.038	0.063～0.075	0.102	0.13～0.15		$d_0/2$	14～17	0.018	0.025	0.050	0.063～0.075
		$d_0/2$	18～24	0.018	0.025	0.05～0.075	0.075～0.102	69～79	0.025	0.050	0.075	0.102～0.13		d_0	11～14	0.013	0.018	0.025～0.038	0.038～0.050
铝合金	30～150	0.5	245～305	0.075	0.102	0.13	0.18	395	0.075	0.102	0.13～0.15	0.18		0.75	115～150	0.075	0.13	0.15	0.25
		1.5	185～245	0.102	0.15	0.20	0.25	305	0.102	0.15	0.20	0.25		3	100～135	0.102	0.15	0.20	0.30
		$d_0/4$	150～185	0.075	0.102	0.15	0.20	275	0.075	0.13	0.15	0.20		$d_0/2$	84～120	0.075	0.13	0.15	0.20
		$d_0/2$	120～150	0.050	0.075	0.13	0.15	245	0.050	0.102	0.13	0.15		d_0	69～105	0.050	0.075	0.13	0.15

（续）

加工材料	硬度（HBW）	铣削平面及凸台											铣削槽					
		铣削宽度 a_w/mm	高速钢铣刀					硬质合金铣刀					背吃刀量 a_p/mm	高速钢铣刀				
			铣削速度 v/（m/min）	铣刀直径 d_0/mm				铣削速度 v/（m/min）	铣削直径 d_0/mm					铣削速度 v/（m/min）	槽宽 d_0/mm			
				10	12	18	25~50		10	12	18	25~50			10	12	18	25~50
				每齿进给量 f_z/（mm/齿）					每齿进给量 f_z/（mm/齿）						每齿进给量 f_z/（mm/齿）			
铜合金		0.5	46~150	0.025~0.050	0.025~0.075	0.102~0.13	0.13~0.18	105~290	0.038~0.05	0.075	0.13	0.15~0.18	0.75	30~87	0.025~0.050	0.050	0.075	0.102~0.13
		1.5	38~120	0.038~0.075	0.038~0.13	0.13~0.20	0.18~0.25	81~225	0.05~0.075	0.102~0.13	0.15~0.20	0.20~0.25	3	26~79	0.050~0.075	0.063~0.075	0.102~0.13	0.13~0.18
		$d_0/4$	30~105	0.025~0.050	0.025~0.075	0.075~0.13	0.102~0.15	70~185	0.038~0.05	0.075	0.102~0.15	0.13~0.18	$d_0/2$	23~72	0.025~0.050	0.038~0.050	0.063~0.075	0.089~0.102
		$d_0/2$	23~90	0.018~0.038	0.018~0.075	0.05~0.102	0.075~0.13	66~170	0.025~0.038	0.050	0.075~0.102	0.102~0.15	d_0	20~64	0.025~0.038	0.025~0.038	0.050	0.063~0.075
钛合金	300~350	0.5	15~34	0.025	0.05	0.102	0.102~0.13	46~90	0.025	0.050	0.13	0.18	0.75	11~20	0.018~0.025	0.025~0.050	0.050~0.075	0.075~0.102
		1.5	14~30	0.038~0.05	0.075	0.13	0.13~0.15	40~84	0.038~0.05	0.075	0.15	0.20	3	9~18	0.018~0.025	0.025~0.050	0.050~0.075	0.075~0.102
		$d_0/4$	8~17	0.025	0.038~0.05	0.05~0.075	0.075~0.13	23~52	0.025~0.038	0.05	0.13	0.15	$d_0/2$	8~15	0.013~0.018	0.018~0.038	0.050	0.063~0.075
		$d_0/2$	6~12	0.018~0.025	0.025~0.038	0.038~0.050	0.05~0.075	15~40	0.018~0.025	0.025	0.102	0.13	d_0	6~12	0.013	0.013~0.025	0.038	0.050~0.075
高温合金	200~475	0.5	3~12	0.025	0.025	0.038~0.05	0.050	12~46	0.025	0.025	0.038~0.05	0.050~0.075	0.75	2.1~6	0.013~0.018	0.013~0.025	0.018~0.050	0.025~0.075
		1.5	2.4~9	0.038~0.05	0.038~0.05	0.05~0.075	0.075~0.102	9~34	0.025~0.038	0.038~0.05	0.05~0.075	0.075~0.102	3	1.8~5.5	0.013~0.025	0.018~0.038	0.025~0.075	0.038~0.089
		$d_0/4$	2.1~8	0.025~0.038	0.025~0.038	0.038~0.063	0.05~0.075	8~29	0.025	0.025~0.038	0.025~0.050	0.038~0.075	$d_0/2$	1.5~5	—	0.018~0.025	0.018~0.050	0.025~0.075
		$d_0/2$	2~6	0.013~0.025	0.018~0.025	0.025~0.050	0.038~0.063	6~27	—	—	0.025~0.038	0.025~0.050	d_0	—	—	—	—	—

5. 涂层硬质合金及金刚石铣刀的铣削用量（表 2. 4-27、表 2. 4-28）

表 2. 4-27　涂层硬质合金铣刀的铣削用量

加工材料		硬度 HBW	a_p/mm	面铣刀铣平面		三面刃铣刀铣侧面及槽	
				f_z/(mm/齿)	v/(m/min)	f_z/(mm/齿)	v/(m/min)
碳钢	低碳	125~225	1 4 8	0. 2 0. 3 0. 4	275~335 200~225 160~175	0. 13 0. 18 0. 23	205~250 145~170 115~135
	中碳	175~225	1 4 8	0. 2 0. 3 0. 4	255 190 150	0. 12 0. 18 0. 23	190 140 110
	高碳	175~225	1 4 8	0. 2 0. 3 0. 4	245 180 140	0. 13 0. 18 0. 23	185 135 105
合金钢	低碳	125~225	1 4 8	0. 2 0. 3 0. 4	265~305 205~225 155~175	0. 13 0. 18 0. 23	200~230 150~170 115~130
	中碳	175~225	1 4 8	0. 2 0. 3 0. 4	250 175 135	0. 13 0. 18 0. 23	190 125~130 90~105
	高碳	175~225	1 4 8	0. 2 0. 3 0. 4	235 160 120	0. 13 0. 18 0. 23	175 120 90
高强度钢		300~350	1 4 8	0. 13 0. 18 0. 23	185 120 95	0. 102 0. 13 0. 15	135 90 70
高速钢		200~275	1 4 8	0. 18 0. 25 0. 36	135~150 87~100 67~79	0. 102 0. 15 0. 2	100~1115 66~76 50~59
不锈钢	奥氏体	135~185	1 4 8	0. 2 0. 3 0. 4	200~215 130~145 100~105	0. 13 0. 18 0. 23	130~185 84~120 64~95
	马氏体	135~225	1 4 8	0. 2 0. 3 0. 4	235~245 150~160 100~115	0. 13 0. 18 0. 23	150~160 100~105 64~72
灰铸铁		190~260	1 4 8	0. 18 0. 25 0. 36	200~235 130~155 100~200	0. 102 0. 15 0. 2	145~150 100 73~79
可锻铸铁		160~200	1 4 8	0. 2 0. 3 0. 4	250 165 130	0. 13 0. 18 0. 23	215 175 165

表 2. 4-28　金刚石铣刀的铣削用量

面铣刀铣平面					
加工材料		硬度	a_p/mm	f_z/(mm/齿)	v/(m/min)
铝合金	变形	30~150HBW	0. 25~0. 75 0. 75~1. 25 1. 25~2. 50	0. 13 0. 25 0. 40	610 425 305

（续）

面铣刀铣平面					
加工材料		硬　度	a_p/mm	f_z/(mm/齿)	v/(m/min)
铝合金	铸造	40～100HBW	0.25～0.75 0.75～1.25 1.25～2.50	0.13 0.25 0.40	1000 840 550
镁合金		40～90HBW	0.25～0.75 0.75～1.25 1.25～2.50	0.13 0.25 0.40	610 365 230
铜合金	变形	10～70HRB（退火）	0.25～0.75 0.75～1.25 1.25～2.50	0.13 0.25 0.40	1000～1430 535～840 280～520
		60～100HRB（冷拉）	0.25～0.75 0.75～1.25 1.25～2.50	0.13 0.25 0.40	1035～1495 565～885 365～595
	铸造	40～150HBW	0.25～0.75 0.75～1.25 1.25～2.50	0.13 0.25 0.40	1220 610 305
碳及石墨		40～100HS	0.25～0.75	0.13	975
玻璃及陶瓷		—	0.25～0.75 0.75～1.25 1.25～2.50	0.13 0.25 0.40	1280 825 535
云母		—	0.25～0.75 0.75～1.25 1.25～2.50	0.13 0.25 0.40	505 290 230
塑料		—	0.25～0.75 0.75～1.25 1.25～2.50	0.13 0.25 0.40	825 365 200
硬橡胶		60HS	0.25～0.75 0.75～1.25 1.25～2.50	0.13 0.25 0.40	790 640 505
Kevlar复合材料		—	0.25～0.75 0.75～1.25 1.25～2.50	0.13 0.25 0.40	260 230 200
碳纤维复合材料		—	0.25～0.75 0.75～1.25 1.25～2.50	0.13 0.25 0.40	230 185 150
玻璃纤维复合材料		—	0.25～0.75 0.75～1.25 1.25～2.50	0.13 0.25 0.40	230 185 150
硼纤维复合材料		—	0.25～0.75 0.75～1.25 1.25～2.50	0.13 0.25 0.40	200 150 135
金、银		—	0.25～0.75 0.75～1.25 1.25～2.50	0.13 0.25 0.40	2285 1585 840

（续）

面铣刀铣平面				
加工材料	硬度	a_p/mm	f_z/(mm/齿)	v/(m/min)
铂	—	0.25~0.75 0.75~1.25 1.25~2.50	0.13 0.25 0.40	1110 975 670

立铣刀铣平面及凸台					
加工材料	a_p/mm	v_f/(mm/min)	v/(m/min)	金刚石粒度	金刚石浓度
Kevlar 复合材料	0.25~0.75 0.75~1.25 1.25~2.50	225 175 150	1370 1220 1070	40/60	100
碳纤维复合材料	0.25~0.75 0.75~1.25 1.25~2.50	225 175 150	1220 1070 760	40/60	100
玻璃纤维复合材料	0.25~0.75 0.75~1.25 1.25~2.50	225 175 150	1220 1070 760	40/60	100
硼纤维复合材料	0.25~0.75 0.75~1.25 1.25~2.50	225 175 150	1220 1070 760	40/60	100

2.4.5 铣削切削时间的计算

1. 切削时间计算公式（表 2.4-29）

表 2.4-29 铣削切削时间计算公式

铣削类型	切入行程计算公式	切削时间计算公式
两端开口的槽 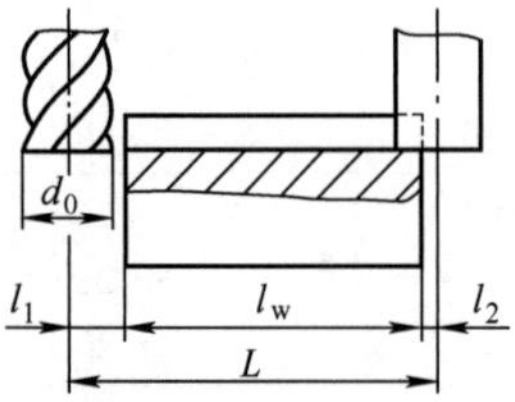 （图：d_0、l_1、l_w、l_2、L）	$l_1=0.5d_0+(0.5\sim1)$ $l_2=1\sim2$	一次进给铣削： $t_m=\dfrac{l_w+l_1+l_2}{v_f}$ 多次进给铣削： $t_m=\dfrac{l_w+l_1+l_2}{v_f}i$
一端开口的槽 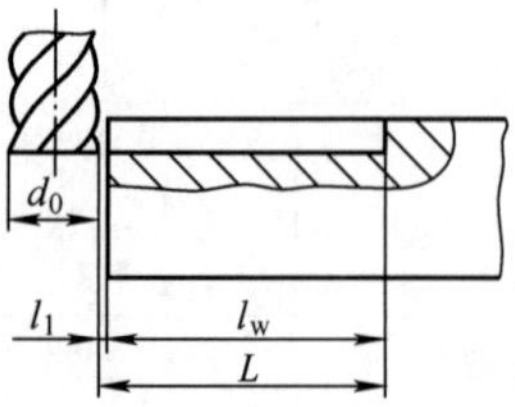 （图：d_0、l_1、l_w、L）	$l_1=0.5\sim1.0$	一次进给铣削： $t_m=\dfrac{l_w+l_1}{v_f}$ 多次进给铣削： $t_m=\dfrac{l_w+l_1}{v_f}i$

（续）

铣削类型	切入行程计算公式	切削时间计算公式
两端闭口的槽 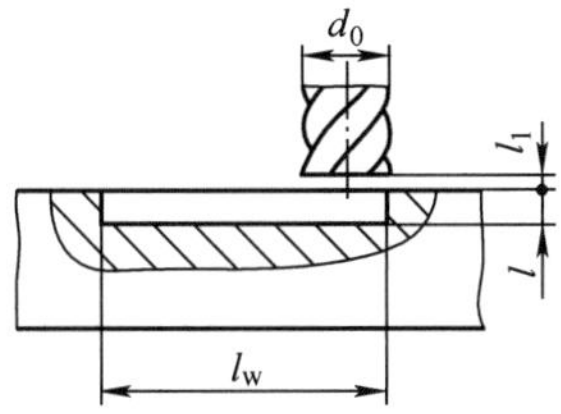 d_0 l_1 l l_w	$l_1=0.5\sim1.0$	一次进给铣削： $t_m=\frac{t+l_w}{v_{f2}}+\frac{l_w-d_0}{v_f}$ 多次进给铣削： $t_m=\frac{l_w-d_0}{v_f}i$
半圆键槽 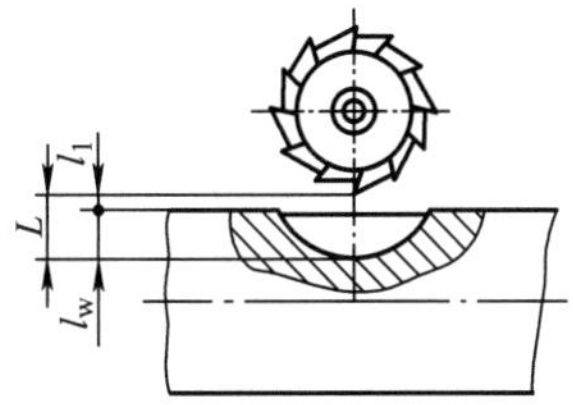 l_1 L l_w	$l_w=t$ $l_1=0.5\sim1.0$	$t_m=\frac{l_w+l_1}{v_{f2}}$ v_{f2}——垂直进给速度
圆柱上铣平面 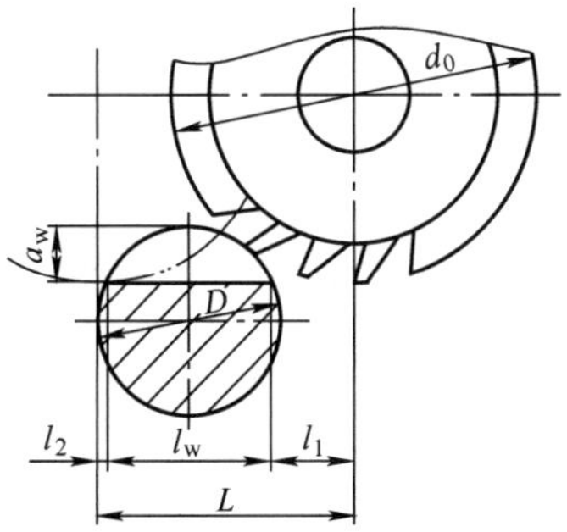 d_0 a_w D l_2 l_w l_1 L	$l_1=\sqrt{a_w(D-a_w)+d_0a_w}-\sqrt{a_w(d_0-a_w)}$	$t_m=\frac{l_w+l_1+l_2}{v_f}$
圆柱形铣刀铣平面 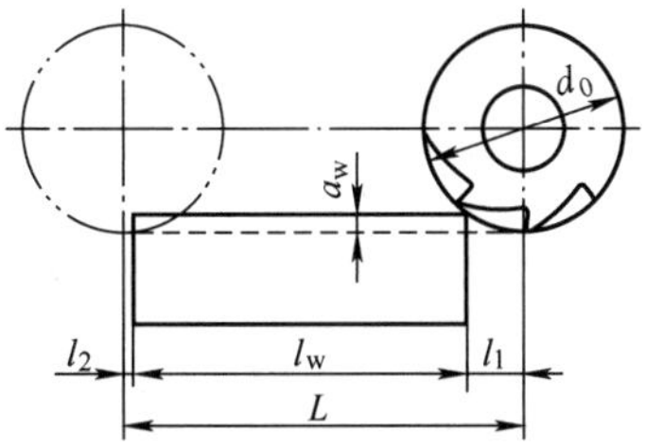 d_0 a_w l_2 l_w l_1 L	$l_1=\sqrt{a_w(d_0-a_w)}$	$t_m=\frac{l_w+l_1+l_2}{v_f}$
面铣刀不对称铣削 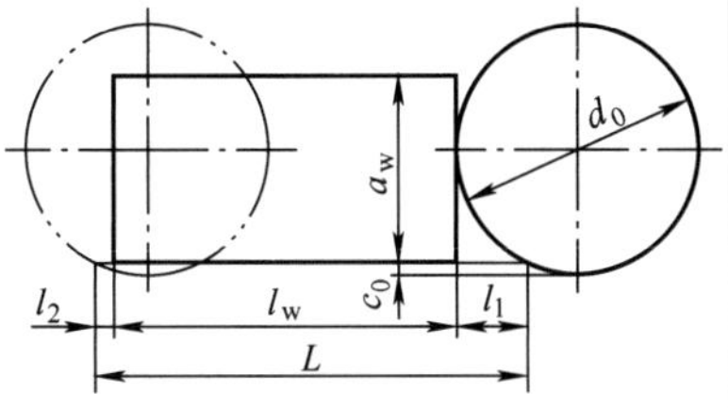 d_0 a_w c_0 l_2 l_w l_1 L	$l_1=\sqrt{a_w(d_0-a_w-2c_0)}$	$t_m=\frac{l_w+l_1+l_2}{v_f}$

（续）

铣削类型	切入行程计算公式	切削时间计算公式
面铣刀对称铣削 $\kappa_r=90°$	$l_1=0.5\left(d_0-\sqrt{d_0^2-a_w^2}\right)$	$t_m=\dfrac{l_w+l_1+l_2}{v_f}$
面铣刀对称铣削 $\kappa_r<90°$	$l_1=0.5\left(d_0-\sqrt{d_0^2-a_w^2}\right)+\dfrac{a_p}{\tan\kappa_r}$	$t_m=\dfrac{l_w+l_1+l_2}{v_f}$

注：t_m——切削时间；v_f——工作台每分钟进给量；a_p——背吃刀量；a_w——铣削宽度；t——键槽深度；i——铣削行程次数；l_w——工作铣削部分长度；l_1——切入行程长度；l_2——切出行程长度；L——工作台行程长度。

2. 切入行程长度和切出行程长度（表 2.4-30、表 2.4-31）

表 2.4-30　圆柱形铣刀铣平面时的切入和切出行程　（mm）

铣削宽度 a_w	铣刀直径 d_0									
	40	50	63	80	100	125	160	200	250	315
	切入和切出行程长度 l_1+l_2									
0.5	6	7	8	9	10	11	12	12	13	18
1.0	8	9	10	11	13	14	16	16	17	23
1.5	10	11	12	13	15	17	18	19	20	27
2.0	11	12	13	15	17	19	21	22	23	30
3.0	12	14	16	17	20	22	25	26	28	36
4.0	14	16	17	20	23	25	28	29	32	41
5.0	15	17	19	21	25	27	30	32	36	45
6.0	16	18	21	23	27	29	33	36	40	49
8.0	18	21	23	26	30	33	37	41	45	55
10.0	20	22	25	28	33	36	41	46	50	61
12.0	—	24	27	30	36	39	44	49	55	66
15.0	—	—	—	33	39	43	49	54	61	73
18.0	—	—	—	35	41	46	52	59	66	79
20.0	—	—	—	—	43	48	55	62	69	82
25.0	—	—	—	—	—	52	60	68	76	91
30.0	—	—	—	—	—	—	65	73	83	98
35.0	—	—	—	—	—	—	—	78	88	104
40.0	—	—	—	—	—	—	—	84	98	110

表 2.4-31 面铣刀铣平面时的切入和切出行程 (mm)

(1) 对称铣削 $a_w>0.6d_0$

铣削宽度 a_w	铣刀直径 d_0									
	63	80	100	125	160	200	250	315	400	500
	切入和切出行程长度 l_1+l_2									
10	3	4	—	—	—	—	—	—	—	—
15	3	4	—	—	—	—	—	—	—	—
20	4	5	—	—	—	—	—	—	—	—
25	5	6	—	—	—	—	—	—	—	—
30	6	8	—	—	—	—	—	—	—	—
40	10	12	7	7	7	6	—	—	—	—
50	—	18	9	9	9	9	8	—	—	—
60	—	—	12	11	11	9	8	—	—	—
80	—	—	20	17	15	13	11	10	—	—
100	—	—	—	27	23	18	15	13	11	—
120	—	—	—	44	34	24	20	16	14	13
140	—	—	—	—	50	33	26	22	18	15
160	—	—	—	—	—	44	33	27	21	19
180	—	—	—	—	—	60	42	33	26	22
200	—	—	—	—	—	—	54	40	32	26
220	—	—	—	—	—	—	71	47	38	31
240	—	—	—	—	—	—	94	59	45	36
260	—	—	—	—	—	—	—	72	53	42
280	—	—	—	—	—	—	—	88	61	48
300	—	—	—	—	—	—	—	110	72	55
320	—	—	—	—	—	—	—	—	84	63
340	—	—	—	—	—	—	—	—	100	72
360	—	—	—	—	—	—	—	—	—	82
380	—	—	—	—	—	—	—	—	—	93
400	—	—	—	—	—	—	—	—	—	105
420	—	—	—	—	—	—	—	—	—	120
440	—	—	—	—	—	—	—	—	—	127

(2) 不对称铣削 $a_w>0.6d_0$

铣削宽度 a_w	铣刀直径 d_0									
	63	80	100	125	160	200	250	315	400	500
	切入和切出行程长度 l_1+l_2									
$0.03d_0$	23	29	36	47	53	70	87	110	137	165
$0.05d_0$	20	25	31	40	46	60	74	95	117	148

2.4.6 铣削用量选择举例

已知条件：工件形状及尺寸如图 2.4-2 所示，工件为 HT150 铸件，硬度为 180HBW，有外皮；用 X5032 型立式铣床加工，机床功率为 7.5kW；所用刀具为 TG8 硬质合金面铣刀。试确定铣削用量。

1）铣刀直径 d_0。根据表 2.3-15 及硬质合金面铣刀标准 GB/T 5342—2006，选择铣刀直径 $d_0=125$mm，齿数 $z=6$。

2）铣削用量。

① 背吃刀量 a_p：由于加工余量为 4mm，故可在一次走刀内切完，取 $a_p=4$mm。

② 确定每齿进给量 f_z：根据表 2.4-3，得每齿进给量 $f_z=0.20\sim0.29$mm/齿，采用对称铣削，取 $f_z=0.2$mm。

③ 确定铣削速度 v 及铣削功率 P_m。

根据表 2.4-5、表 2.4-6，铣刀后刀面最大磨损限

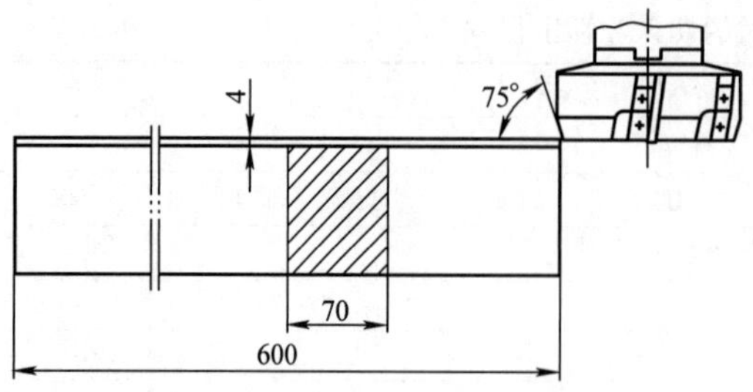

图 2.4-2 硬质合金铣刀铣削用量选择举例

度为 2mm，刀具寿命 $T=180\text{min}$。

根据给定条件，查表 2.4-11，得 $v_{表}=59\text{m/min}$，$P_{m表}=2.31\text{kW}$。

表中数据所对应的加工条件：材料硬度为 190HBW，铣削宽度 $a_w=75\text{mm}$；现工件硬度为 180HBW，实际铣削宽度 $a_{wR}=70\text{mm}$，故应根据表 2.4-9 查出修正系数：

$k_{Mv}=1.15$，$k_{MP_m}=0.89$，（表 2.4-9 第 2 项）

$k_{Sv}=0.75$（表 2.4-9 第 3 项）

$k_{a_wv}=1.02$，$k_{a_wP_m}=0.93$，$\left(\text{表 2.4-9 第 7 项，}\frac{a_{wR}}{a_w}=\frac{70}{75}=0.93\right)$

考虑修正系数后的铣削速度 $v'_{表}=59\times1.15\times0.75\times1.02=51.9\text{m/min}$

计算出刀具转速 n' 及进给速度 v'_f：

$$n'=\frac{1000v}{\pi d_0}=\frac{1000\times51.9}{\pi\times125}\text{r/min}\approx132\text{r/min}$$

$$v'_f=f_zzn=(0.2\times6\times132)\text{mm/min}=158\text{mm/min}$$

根据 X5032 型立式铣床说明书取

$$n_R=150\text{r/min},\ v_{fR}=150\text{mm/min}$$

这时 $v_R=59\text{m/min}$，$f_{zR}=0.17\text{mm/齿}$

3）校验机床功率。根据工件材料硬度及实际铣削宽度的具体条件，铣削功率

$$P'_{m表}=(2.31\times0.89\times0.93)\text{kW}=1.91\text{kW}$$

此外，铣削功率还需就实际铣削速度 v_R 与标准铣削速度 $v_{表}$ 的比值进行修正。由表查出的 $v_{表}=59\text{m/min}$，现实际所选用的铣削速度 $v_R=59\text{m/min}$。

因 $\frac{v_R}{v_{表}}=1.0$，根据表 2.4-9 第 12 项，得 $k_{vP_m}=1.0$，故实际铣削功率

$$P_{mR}=1.91\text{kW}$$

由于机床有效功率

$$P'_R=P_E\eta=(7.0\times0.75)\text{kW}=5.25\text{kW}$$

其值大于铣削功率 P_m，故所选铣削用量可在 X5032 型立式铣床上应用。

2.5 铣削工艺

2.5.1 铣削特点、铣削方式与铣削加工的应用

1. 铣削特点

1）铣刀是一种多刃刀具，同时工作齿数多，生产率较高。

2）铣削过程是一个断续切削过程，刀齿切入和切出工件的瞬间，要产生冲击和振动，当振动频率与机床固有频率一致时，振动会加剧，造成刀齿崩刃，甚至毁坏机床零部件。另外，铣削厚度周期性的变化，也会引起振动。

3）铣刀刀齿轮流进行切削，虽然有利于刀齿的散热，但周期性受热变形会引起切削刃的热疲劳裂纹，造成刀齿齿面剥落。

2. 铣削方式（表 2.5-1）

3. 铣削加工的应用（表 2.5-2）

表 2.5-1 铣削方式

（1）圆周铣削		
逆铣	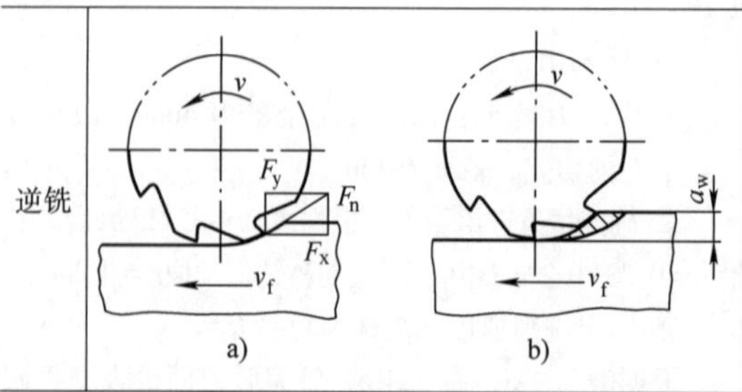	1）工件的进给方向与铣刀的旋转方向相反（见图 a） 2）铣削力的垂直分力方向上，工件需要较大的夹紧力 3）铣削厚度由零开始逐渐增至最大（见图 b），当刀齿刚接触工件时，其铣削厚度为零，后刀面与工件产生挤压和摩擦，会加速刀齿的磨损，降低铣刀寿命和工件已加工表面的质量，造成加工硬化层

（续）

(1) 圆周铣削		
顺铣	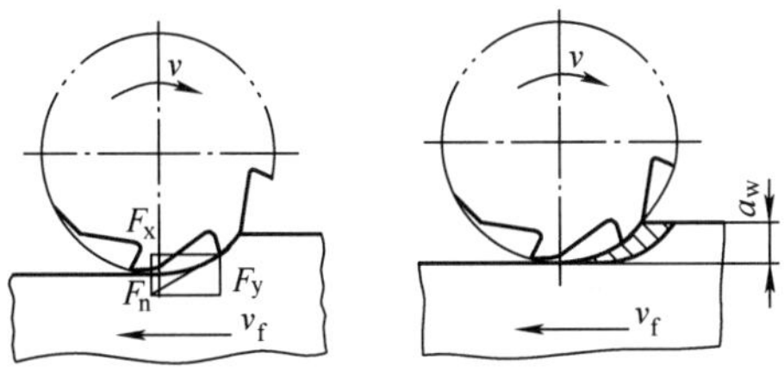 a) b)	1）工件的进给方向与铣刀的旋转方向相同（见图a） 2）铣削力的垂直分力向下，将工件压向工作台，铣削较平稳 3）刀齿以最大铣削厚度切入工件而逐渐减小至零（见图b），后刀面与工件无挤压、摩擦现象，加工表面质量较好 4）刀齿从待加工表面以最大铣削厚度切入工件，故不适用于铣带硬皮的工件 5）铣削力的水平分力与工件进给方向相同，当机床工作台的进给丝杠与螺母有间隙而又没有消除间隙的装置时，不宜采用顺铣方式加工
(2) 端面铣削		
对称铣削	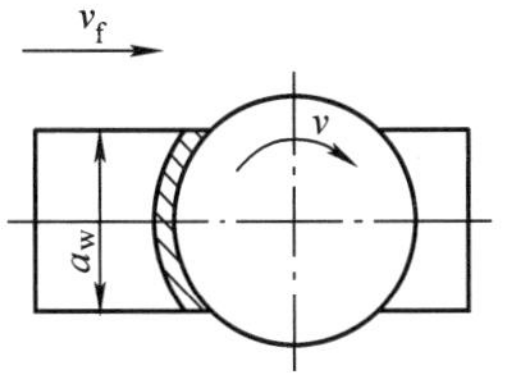	铣刀位于工件宽度的对称线上，切入处铣削厚度由小逐渐变大，切出处铣削厚度由大逐渐变小，铣刀刀齿所受冲击小，对铣削具有冷硬层的淬硬钢有利
不对称铣削	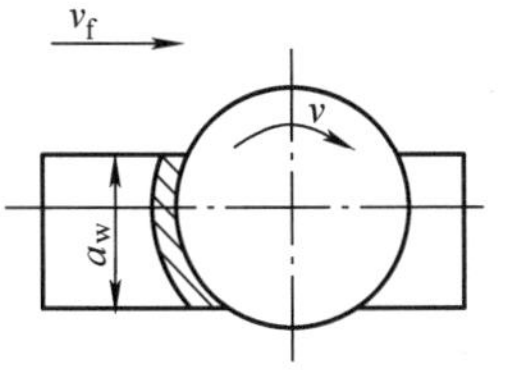	刀齿切入工件过程中，铣削厚度的变化率比对称铣削小，减小了冲击，对提高铣刀寿命有利，适合于铣削碳钢和一般合金钢
	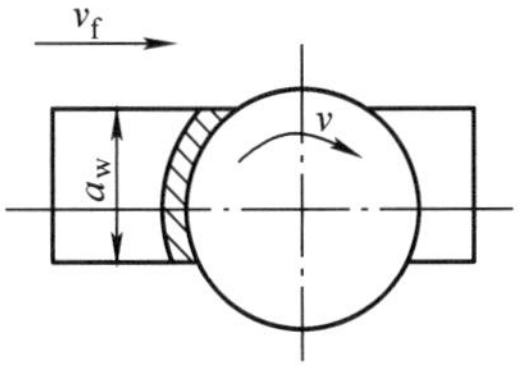	刀齿切入过程中，铣削厚度的变化率大，切入过程铣削有一定冲击，但可以避免切削刃切入冷硬层，适于铣削冷硬材料与不锈钢、耐热合金等

表 2.5-2 铣削加工的应用

铣削范围	简图	说明	铣削范围	简图	说明
平面铣削	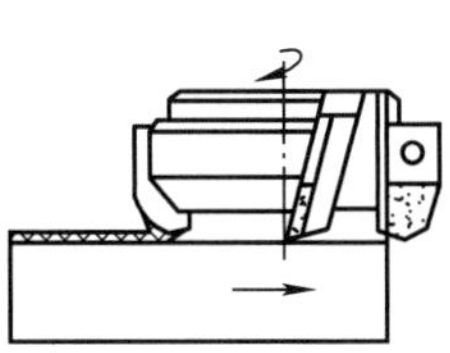	面铣刀铣削各种平面，刀杆刚度好，铣削厚度变化小，同时参加工作的刀齿数较多，切削平稳，加工表面质量较高，生产率较高	平面铣削	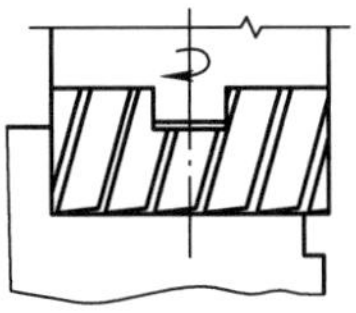	套式立铣刀铣削台阶平面
	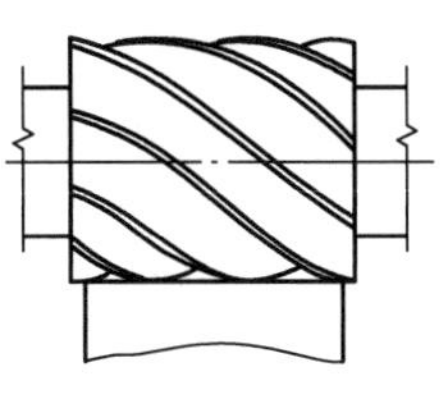	螺旋齿圆柱形铣刀仅用于铣削宽度不大的平面。当选用大螺旋角的铣刀时，可以适当提高进给量		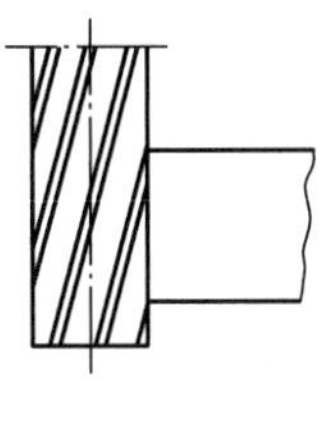	立铣刀铣削侧面（或凸台平面），当铣削宽度较大时，应选用较大直径的立铣刀，以提高刀杆系统刚度

（续）

铣削范围	简图	说　明
平面铣削	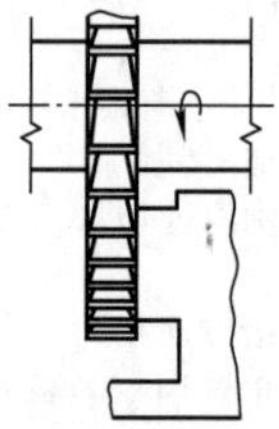	三面刃铣刀铣削侧面（或凸台平面），在满足工件铣削要求及工件（或夹具）不碰刀杆套筒的条件下，应选用较小直径的铣刀
	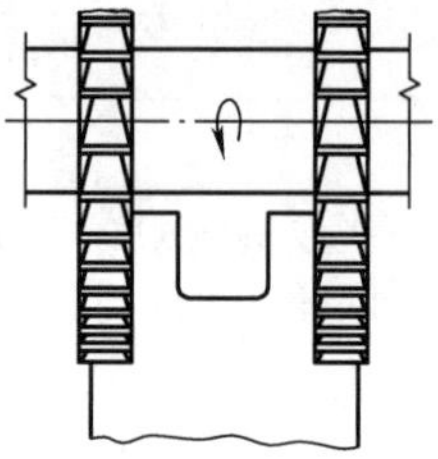	两把三面刃铣刀铣削平行台阶平面，铣刀的直径应相等。装刀时，两把铣刀的刀齿应错开半个齿，以减小振幅
沟槽铣削	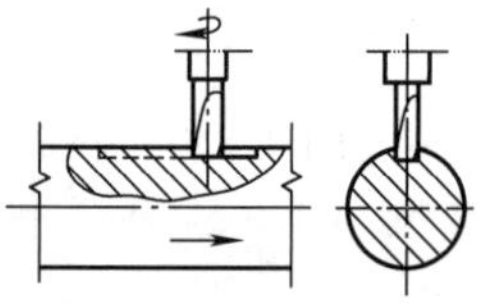	键槽铣刀铣削各种键槽，先在任一端钻一个直径略小于键宽的孔，铣削时铣刀轴线应与工件轴线重合
	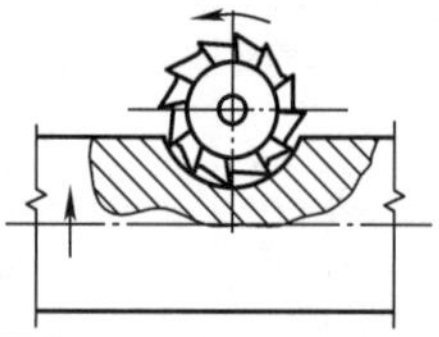	半圆键铣刀铣削半圆键槽，铣刀宽度方向的对称平面应通过工件轴线
	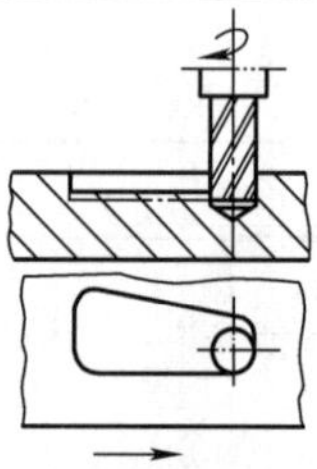	立铣刀铣削各种凹坑平面或各种形状的孔，先在任一边钻一个比铣刀直径略大的孔，便于轴向进刀
	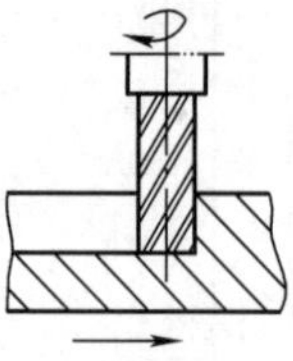	立铣刀铣削一端不通的槽，铣刀装夹要牢固，避免因轴向铣削分力大而产生“掉刀”现象
	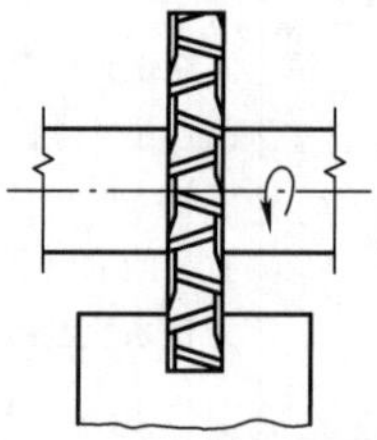	错齿（或镶齿）三面刃铣刀铣削各种直通槽或不通槽，排屑顺利，效率较高

铣削范围	简图	说　明
沟槽铣削	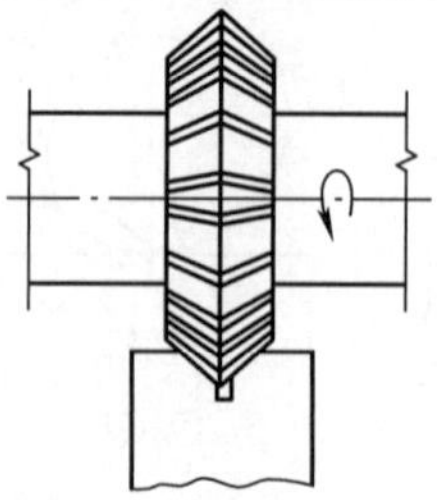	对称双角铣刀铣削各种角度的V形槽，先用三面刃或锯片铣刀铣削直槽直至要求深度
	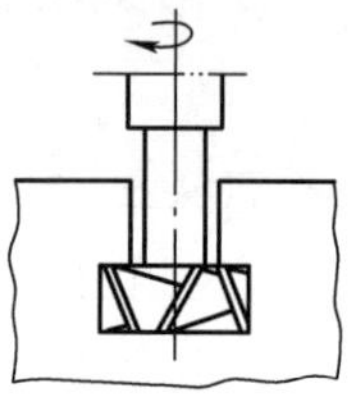	T形槽铣刀铣削各种T形槽，先用立铣刀或三面刃铣刀铣垂直槽至全槽深
	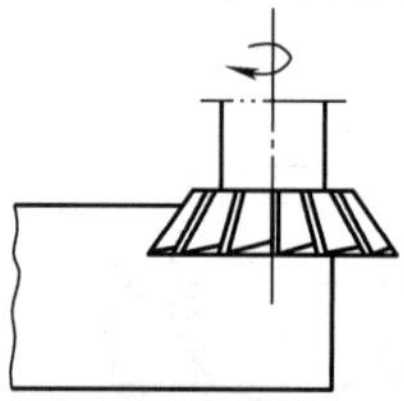	燕尾槽铣刀铣削燕尾槽
切断	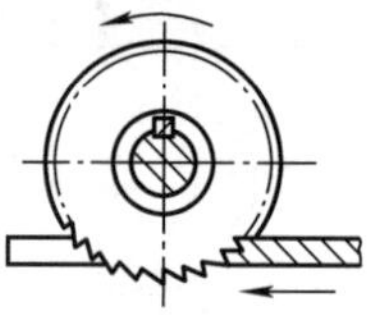	锯片铣刀切断板料或型材，被切断部分底面应支承好，避免切断时因锯断板材掉落而引起打刀
成形面铣削	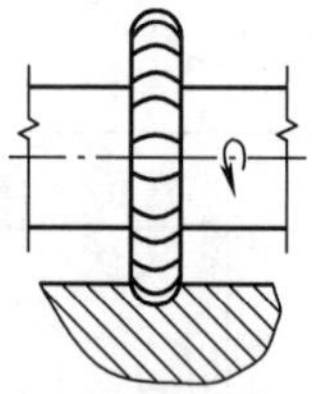	凸半圆铣刀铣削各种直径的凹形面或半圆槽
	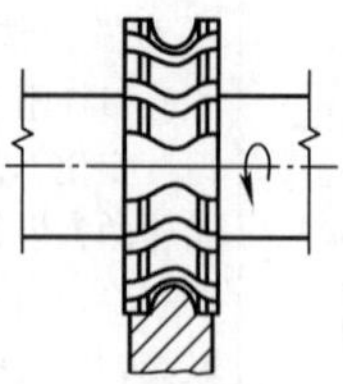	凹半圆铣刀铣削各种半径的凸半圆成形面
	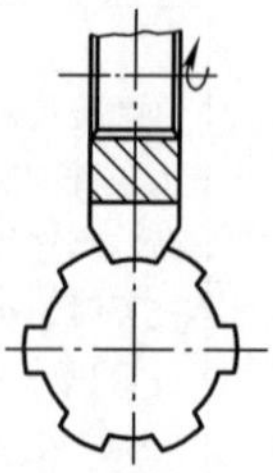	成形花键铣刀铣削外花键，铣刀齿宽的对称平面应通过工件轴线

（续）

铣削范围	简图	说明
离合器铣削	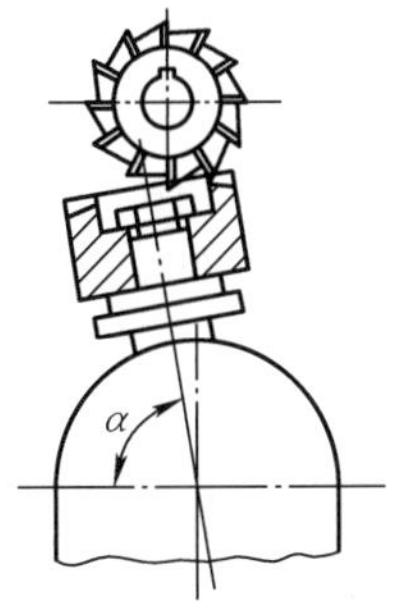	单角铣刀、对称双角铣刀、圆盘形铣刀等铣削各种端面齿离合器，根据齿形要求计算铣刀尺寸和分度头倾斜角 α
凸轮铣削	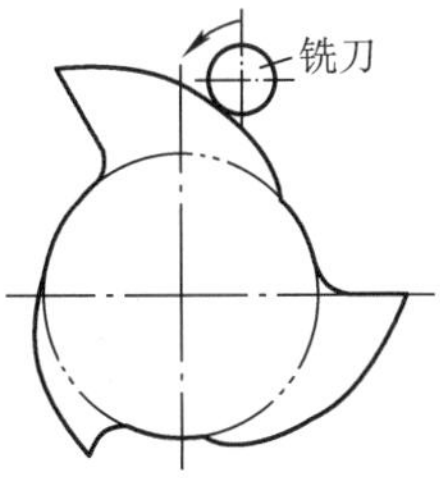	立铣刀铣削平板凸轮、圆柱凸轮，按凸轮曲线导程计算分度头与工作台丝杠间交换齿轮的传动比
球面铣削	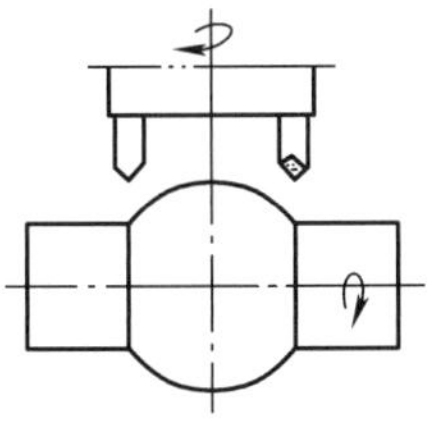	铣刀盘铣削外球面，刀尖旋转运动轨迹与球的截形圆重合，铣削时手摇分度头手柄使工件绕自身轴线旋转
球面铣削	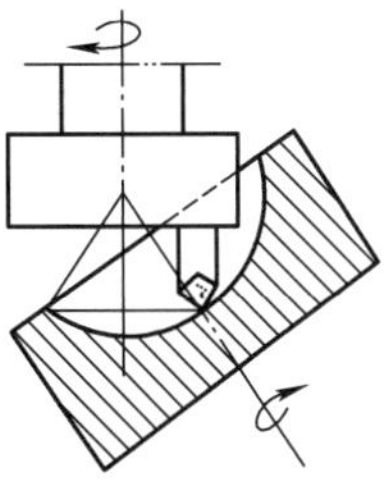	铣刀盘或立铣刀铣削内球面，先确定刀具直径及工件倾斜角，工件夹持在分度头上与分度头主轴一起旋转
椭圆面铣削	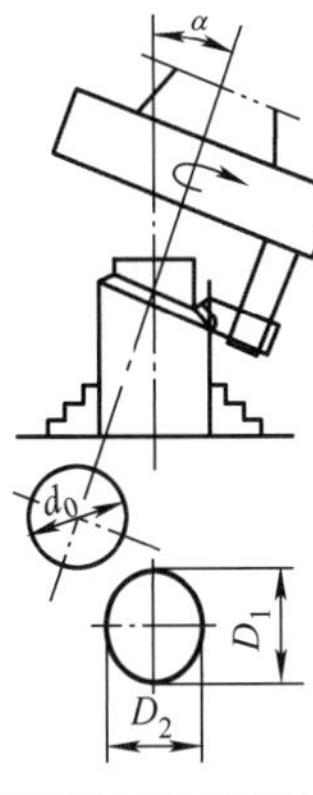	铣刀盘铣削椭圆柱，刀盘上刀尖的旋转直径 d_0 按长轴尺寸 D_1 选定，根据长轴及短轴尺寸 D_2 的大小计算立铣刀的倾斜角 α
椭圆面铣削	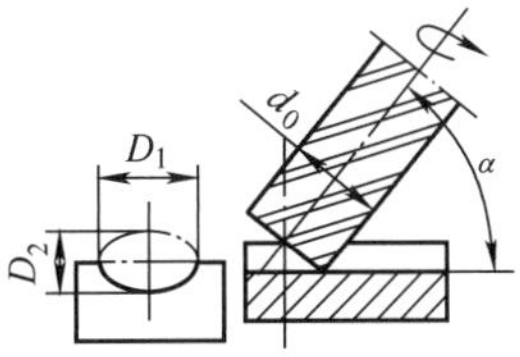	立铣刀或三面刃铣刀铣削椭圆槽，按长轴尺寸 D_1 选定铣刀直径 d_0，根据长轴及短轴尺寸 D_1、D_2 的大小计算立铣头倾斜角 α
螺旋铣削	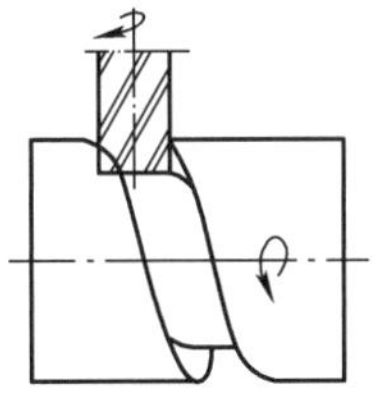	立铣刀铣削圆柱上各种螺旋槽，按导程计算分度头与工作台丝杠间交换齿轮的传动比
曲面铣削	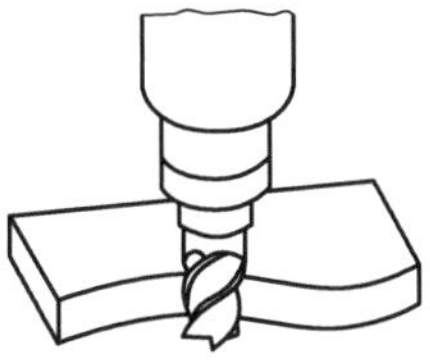	立铣刀铣削各种平面曲线（x、y 两向），按编程或靠模加工
曲面铣削	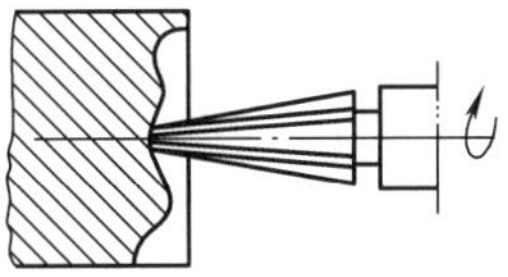	锥形立铣刀、球头立铣刀或立铣刀铣削空间曲面（x、y、z 三向），按编程或靠模加工
刀具开齿	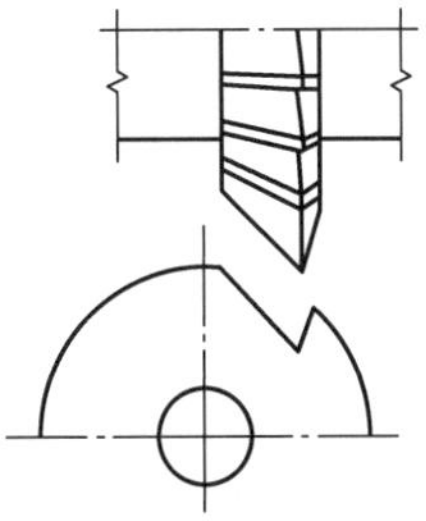	单角铣刀、不对称双角铣刀铣削圆盘形刀具的直齿槽
刀具开齿	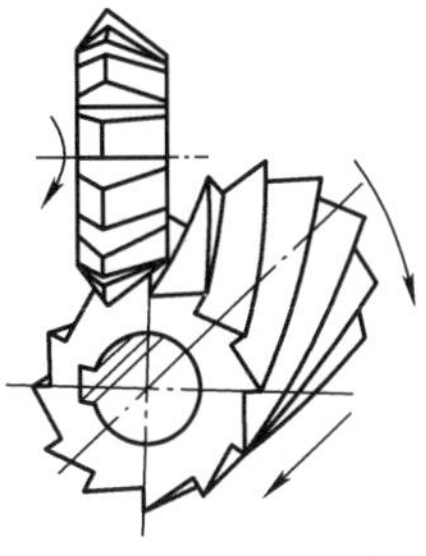	不对称双角铣刀铣削螺旋形刀具刀齿槽，按工件螺旋角将工作台扳一个相同的角度，并根据螺旋槽导程计算分度头与工作台丝杠间交换齿轮的传动比

（续）

铣削范围	简图	说　明	铣削范围	简图	说　明
齿形铣削		成形齿轮铣刀铣削直齿圆柱齿轮和斜齿圆柱齿轮，对于圆柱斜齿轮，铣削时，按螺旋导程计算分度头与工作台丝杠间交换齿轮的传动比	齿形铣削		成形齿轮铣刀粗铣直齿锥齿轮齿槽

2.5.2　分度头的分度计算与分度头的应用

1. 分度头的结构和参数

分度头是铣床的附件，精度较高，结构简单，容易掌握，用于加工分度。分度头的传动系统如图 2.5-1 所示，分度计算中的有关参数见表 2.5-3。

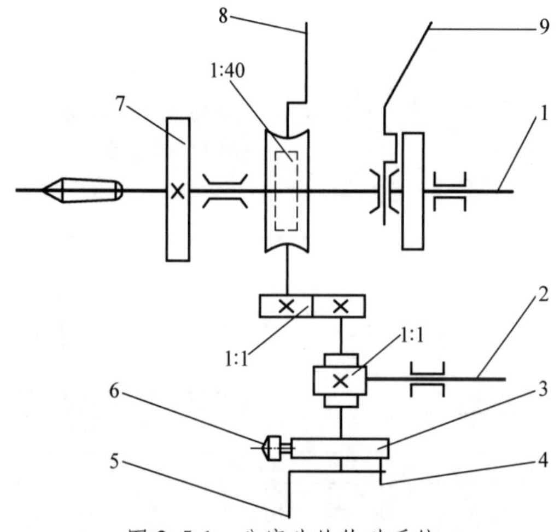

图 2.5-1　分度头的传动系统

1—主轴　2—侧轴　3—分度盘　4—定位销　5—分度手柄　6—分度盘固定销　7—刻度盘　8—蜗杆脱落手柄　9—主轴锁紧手柄

2. 分度头的分度方法与计算

1）单式分度法及其计算。单式分度法是将分度头蜗轮蜗杆传动比值与工件等分数的比值 n 化简成一个简单分数（或带分数），并用分度盘上的孔距数对该孔圈孔数的比值表示，其整数部分为分度手柄的转数。

$$n = \frac{40}{z} \tag{2.5-1}$$

式中　n——分度手柄转数；

40——分度头定数（即蜗轮蜗杆传动比）；

z——工件等分数。

表 2.5-3　分度计算参数

所带分度盘数	分度头定数	分度盘上各孔圈的孔数			交换齿轮齿数
1	40	正面		24、25、28、30、34、37、38、39、41、42、43	25、30、35、40、45、50、55、60、70、80、90、100
		反面		46、47、49、51、53、54、57、58、59、62、66	
2	40	第一块	正面	24、25、28、30、34、37	
			反面	38、39、41、42、43	
		第二块	正面	46、47、49、51、53、54	
			反面	57、58、59、62、66	

例 2.5-1　铣一槽数 $z=22$ 的工件，求每分一条槽分度手柄的转数。

解　由式（2.5-1）有

$$n = \frac{40}{z} = \frac{40}{22} = 1\frac{9}{11} = 1\frac{54}{66}$$

即选用分度盘上孔数为 66 的孔圈，每分一条槽分度手柄旋转 1 转，再转过 54 个孔距。

大于 60 的质数和部分非质数，不能采用单式分度法分度。

2）差动分度法及其计算。差动分度法是将分度头主轴 1 与侧轴 2 用交换齿轮连接起来，当旋转分度手柄 5 进行单式分度的同时，分度盘也随之正向或反向缓慢旋转，以补偿其分度差值而达到精确分度的目的。

① 差动分度法的计算公式

$$n = \frac{40}{z_0} \tag{2.5-2}$$

$$i = \frac{40(z_0 - z)}{z_0} \tag{2.5-3}$$

式中　n——分度手柄转数；

40——分度头蜗轮蜗杆传动比；

i——差动交换齿轮比；

z——工件等分数；

z_0——工件的假想等分数。

工件的假想等分数 z_0 必须能够进行单式分度，并且要比较接近工件等分数 z。

当 $z_0>z$ 时，分度盘与分度手柄旋转方向相同；当 $z_0<z$ 时，两者旋转方向相反。可以采用在交换齿轮之间增加惰轮的方法以控制分度手柄的旋转方向。

② 差动交换齿轮比的简化：

在式（2.5-3）中，设 $\left|z_0-z\right|=1$，则

$$i=\frac{40}{z_0} \tag{2.5-4}$$

此时 z_0 的数值为：$z_0=z+1$ 或 $z_0=z-1$。

简化后的公式实用且便于记忆，因为这时 n 与 i 相等。

例 2.5-2　铣削 $z=111$ 的齿轮，用差动分度法计算交换齿轮比 i 和分度手柄转数 n。

解　按简化的交换齿轮比公式计算，取 $z_0=z-1$，则

$$i=\frac{40}{z_0}=\frac{40}{111-1}=\frac{40}{110}=\frac{40\times30}{55\times60}$$

$$n=\frac{40}{z_0}=\frac{40}{110}=\frac{4}{11}=\frac{24}{66}$$

根据上述计算知：主动轮 $z_1=40$，$z_3=30$；从动轮 $z_2=55$，$z_4=60$；分度手柄在 66 孔圈上转过 24 个孔距。因为 $z_0<z$，所以分度手柄与分度盘旋转方向相反，用 F11125 型（原 FW125）或 F11135（原 FW135）型分度头铣削时要增加一个惰轮。

3）近似分度法及其计算。当工件分度精度要求不高，又不能采用单式或差动分度法分度时，可以采用近似分度法，即用近似值替代精确值的分度方法。

根据单式分度法，有

$$n=\frac{40}{z}$$

选用分度盘上某一孔圈的孔数为 F，如每分度一次分度手柄所转过孔距数为 G，则

$$G=\frac{40F}{z}\neq\text{某一整数} \tag{2.5-5}$$

设 $G_1=KG$（K 为整数），使 G_1 近似等于某一整数，就可以采用单式分度法分度。这时的铣削过程不是顺序分度铣削，而是跳跃分度铣削，即每铣削一个面后，跳跃过 K 个面再铣另一个面，直到全部铣削完毕为止。

此时式（2.5-5）变为

$$G_1=\frac{40FK}{z}\approx\text{某一整数(孔距数)} \tag{2.5-6}$$

因此得出近似分度计算公式为

$$n=\frac{G_1}{F} \tag{2.5-7}$$

式中　n——分度手柄转数；

G_1——分度手柄转过的孔距数；

F——所选用分度盘某孔圈的孔数；

K——跳跃过的面（或槽）数。

例 2.5-3　铣削 $z=67$ 的齿轮，计算分度手柄的转数。

解　选用分度盘上孔数 $F=66$ 的孔圈，并取 $K=5$，则由式（2.5-6）及式（2.5-7）得

$$G_1=\frac{40\times66\times5}{67}=197.01492\approx197$$

$$n=\frac{197}{66}=2\frac{65}{66}$$

即每次分度时，分度手柄旋转 2 转又 65 个孔距，跳跃过 5 个齿再铣另一个齿。由于采用近似分度，相邻两齿的最大角度误差为 8′11″。

为便于使用，表 2.5-4 列出了近似分度数据。

表 2.5-4　近似分度表（分度头蜗轮蜗杆传动比为 40）

等分数 z	孔圈的孔数 F	分度手柄转数 n	跳跃数 K	相邻最大角度误差	等分数 z	孔圈的孔数 F	分度手柄转数 n	跳跃数 K	相邻最大角度误差
61	53	$2\frac{33}{53}$	4	10′11.3″	73	66	$3\frac{19}{66}$	6	8′10.9″
63	62	$6\frac{61}{62}$	11	8′42.6″	77	53	$7\frac{42}{53}$	15	10′11.3″
67	66	$2\frac{65}{66}$	5	8′10.9″	79	59	$4\frac{3}{59}$	8	9′9.2″
69	59	$2\frac{53}{59}$	5	9′9.2″	81	58	$6\frac{53}{58}$	14	9′18.6″
71	53	$3\frac{50}{53}$	7	10′11.3″	83	51	$9\frac{8}{51}$	19	10′35.3″

（续）

等分数 z	孔圈的孔数 F	分度手柄转数 n	跳跃数 K	相邻最大角度误差	等分数 z	孔圈的孔数 F	分度手柄转数 n	跳跃数 K	相邻最大角度误差
87	62	$\frac{57}{62}$	2	8′42.6″	129	59	$5\frac{16}{59}$	17	9′9.2″
89	66	$1\frac{23}{66}$	3	8′10.9″	131	51	$2\frac{7}{51}$	7	10′35.3″
91	62	$1\frac{47}{62}$	4	8′42.6″	133	66	$6\frac{1}{66}$	20	8′10.9″
93	59	$3\frac{26}{59}$	8	9′9.2″	134	51	$2\frac{35}{51}$	9	21′10.6″
97	53	$2\frac{47}{53}$	7	10′11.3″	137	57	$4\frac{5}{57}$	14	9′28.4″
99	62	$8\frac{5}{62}$	20	8′42.6″	138	53	$3\frac{10}{53}$	11	20′22.6″
101	62	$3\frac{35}{62}$	9	8′42.6″	139	62	$5\frac{29}{62}$	19	8′42.6″
103	62	$5\frac{3}{62}$	13	8′42.6″	141	58	$3\frac{7}{58}$	11	9′18.6″
107	59	$6\frac{43}{59}$	18	9′9.2″	142	59	$5\frac{54}{59}$	21	18′18.3″
109	62	$2\frac{33}{53}$	4	8′42.6″	143	54	$5\frac{17}{54}$	19	10′
111	53	$3\frac{32}{53}$	10	10′11.3″	146	58	$2\frac{27}{58}$	9	18′37.2″
113	66	$3\frac{59}{66}$	11	8′10.9″	147	58	$6\frac{15}{58}$	23	9′18.6″
117	49	$1\frac{18}{49}$	4	11′1.2″	149	58	$1\frac{51}{58}$	7	9′18.6″
119	59	$2\frac{1}{59}$	6	9′9.2″	151	58	$2\frac{53}{58}$	11	9′18.6″
121	62	$\frac{41}{62}$	2	8′42.6″	153	53	$1\frac{44}{53}$	7	10′11.3″
122	66	$8\frac{13}{66}$	25	16′21.8″	154	58	$8\frac{3}{58}$	38	18′37.2″
123	59	$5\frac{12}{59}$	16	9′9.2″	157	58	$2\frac{17}{58}$	9	9′18.6″
126	58	$5\frac{23}{58}$	17	18′37.2″	158	62	$5\frac{51}{62}$	23	17′25.2″
127	59	$3\frac{46}{59}$	12	9′9.2″	159	58	$5\frac{31}{58}$	22	9′18.6″

4）角度分度法。角度分度法是单式分度法的另一种形式。单式分度法是以工件的等分数为依据，而角度分度法是以工件所需分度的角度为依据。在分度头蜗轮蜗杆传动比为 40 的条件下，图 2.5-1 中分度手柄 5 每转一转刻度盘 7 转 9°。角度分度法的计算公式为

工件角度以“度”为单位时：

$$n = \frac{\theta}{9^\circ} \tag{2.5-8}$$

工件角度以“分”为单位时：

$$n = \frac{\theta'}{9\times 60'} = \frac{\theta'}{540'} \tag{2.5-9}$$

工件角度以“秒”为单位时：

$$n = \frac{\theta''}{9\times 60\times 60''} = \frac{\theta''}{32400''} \tag{2.5-10}$$

式中 n——分度手柄转数；

θ——工件等分的角度。

5）直线移距分度法。直线移距分度法是将分度

头主轴或侧轴用交换齿轮与纵向工作台进给丝杠连接起来，只要旋转分度手柄，经过交换齿轮传动就可使工作台做精确移动。此法比用手柄旋转工作台进给丝杠并以刻度盘的读数控制移距的方法精度高，适用于加工精度较高的齿条和直齿刻线等的等分移距分度。

① 主轴交换齿轮法：在分度头主轴后端的交换齿轮轴与工作台进给丝杠之间安装交换齿轮（见图2.5-2），当旋转分度手柄时，通过传动链使纵向工作台产生移动而实现分度。因为传动经过蜗杆蜗轮1∶40减速，所以适用于刻线间隔较小的移距分度。

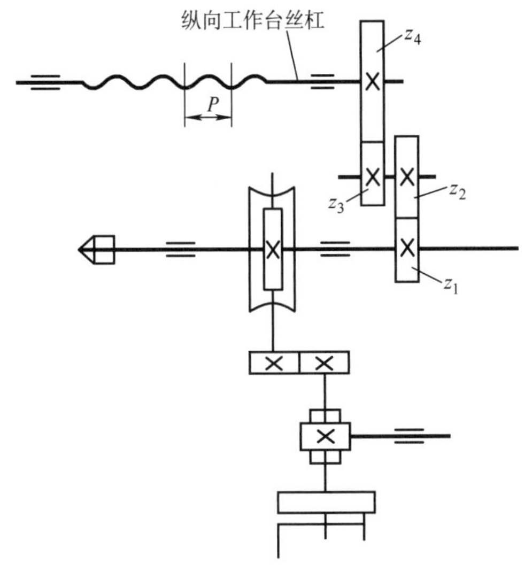

图2.5-2 主轴交换齿轮法传动图

主轴交换齿轮法的计算公式为

$$i=\frac{z_1z_3}{z_2z_4}=\frac{40s}{nP} \tag{2.5-11}$$

式中 i——交换齿轮传动比；

z_1、z_3——主动齿轮齿数；

z_2、z_4——从动齿轮齿数；

s——工件每等分（格）的距离（mm）；

40——分度头蜗轮蜗杆传动比；

P——纵向工作台进给丝杠螺距（mm）；

n——每次分度时分度手柄转数，一般情况下 n 取在1~10之间。

为了使交换齿轮传动平稳，交换齿轮传动比 i 尽量小于2.5。

② 侧轴交换齿轮法：将交换齿轮安装在分度头侧轴与工作台进给丝杠之间（见图2.5-3），由于传动链不经过蜗杆蜗轮1∶40的减速传动，因此与主轴交换齿轮法相比，分度手柄的转数相应地减少为主轴交换齿轮法的1/40，此法适用于移距较大的工件。

侧轴交换齿轮法的传动比为

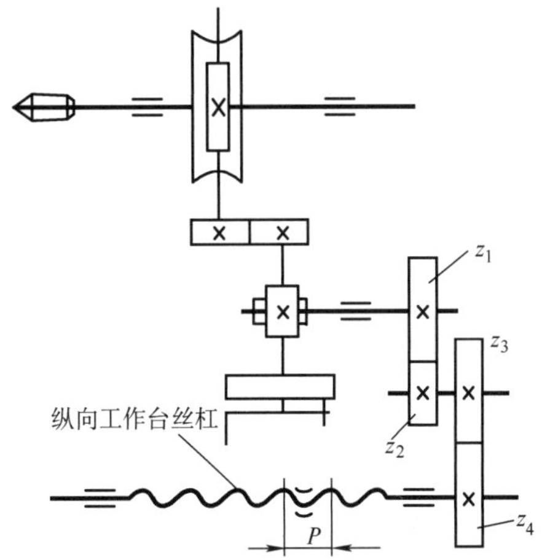

图2.5-3 侧轴交换齿轮法传动图

$$i=\frac{z_1z_3}{z_2z_4}=\frac{s}{nP} \tag{2.5-12}$$

一般取 $n=1\sim10$ 以内的整数，且 $i\leqslant2.5$。

采用侧轴交换齿轮法移距分度时，不能拔出分度手柄定位销，而且须松开分度盘紧固螺钉，使分度手柄和分度盘同步旋转。为了正确控制分度手柄的转数，可将分度盘的紧固螺钉改装为侧面定位销（见图2.5-4），并在分度盘外圆上钻一个定位孔。分度时，左手拔出侧面定位销，右手摇分度手柄连同分度盘一起转动，当摇到预定转数时，靠弹簧的作用，侧面定位销就自动弹入定位孔内。

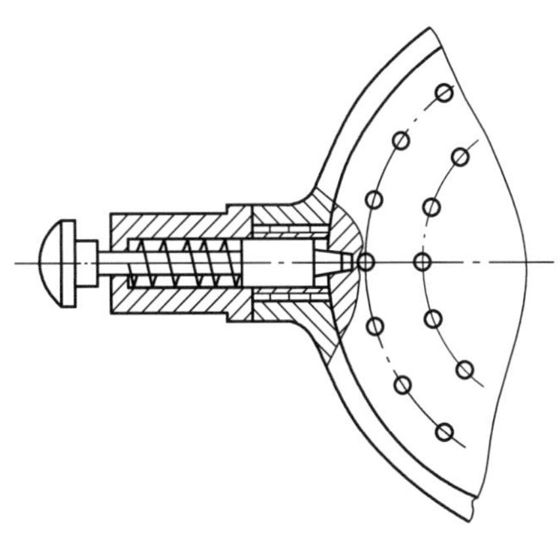

图2.5-4 分度盘外圆上改装的定位销

3. 分度头的应用

1）用分度头铣削等导程圆柱螺旋槽。等导程圆柱螺旋线是等速圆周运动和等速直线运动合成的运动轨迹，故又称等速螺旋线。一般是在立式铣床上，用分度头交换齿轮的方法，通过改变交换齿轮传动比，按照上述运动，用立铣刀或键槽铣刀铣削不同导程的螺旋槽。铣削时，分度头主轴与工作台平行。

铣削等导程（15~3840mm）螺旋槽，可采用分度头侧轴交换齿轮法来计算交换齿轮齿数，其传动情况与图 2.5-3 所示相同。铣削时由工作台丝杠通过交换齿轮将运动传给分度头，分度头带动工件旋转，按照图 2.5-3 所示，其交换齿轮传动比 i 的计算公式为

$$i=\frac{z_2z_4}{z_1z_3}=\frac{40P}{L}$$

式中　z_2、z_4——主动齿轮齿数；

z_1、z_3——从动齿轮齿数；

40——分度头蜗轮蜗杆传动比；

P——工作台纵向进给丝杠螺距（mm）；

L——工件螺旋槽导程（mm）。

铣削小导程螺旋槽，可采用主轴交换齿轮法及组合分度头交换齿轮法来计算交换齿轮齿数。采用主轴交换齿轮法时，其传动情况与图 2.5-2 所示相同。加工时分度头的旋转由工作台丝杠通过交换齿轮传入，不经过蜗轮蜗杆减速。按照图 2.5-2 所示，其交换齿轮传动比 i 的计算公式为

$$i=\frac{z_2z_4}{z_1z_3}=\frac{P}{L}$$

铣削时，可采用旋转分度手柄实现进给。由于分度头主轴与工作台进给丝杠已用交换齿轮相连，铣削多头螺旋槽时，须在主轴上加装分度机构。采用组合分度头交换齿轮法铣削小导程螺旋槽时，组合分度头是在工作台上正反安装两个分度头（见图 2.5-5），它们的侧轴用 A、B 两个齿轮相连，左边分度头主轴用卡盘装夹工件，右边分度头主轴用卡盘装夹一齿轮轴，再用交换齿轮与工作台进给丝杠相连，其传动关系为

$$\frac{1}{\frac{L}{P}}=\frac{z_1}{z_2}\times\frac{z_3}{z_4}\times\frac{40}{1}\times\frac{d'}{c'}\times\frac{b'}{a'}\times\frac{A}{B}\times\frac{d}{c}\times\frac{b}{a}\times\frac{1}{40}$$

因 $\frac{d'}{c'}=\frac{b'}{a'}=\frac{d}{c}=\frac{b}{a}=1$，如取 $\frac{A}{B}=1$，则

$$\frac{P}{L}=\frac{z_1}{z_2}\times\frac{z_3}{z_4}=i$$

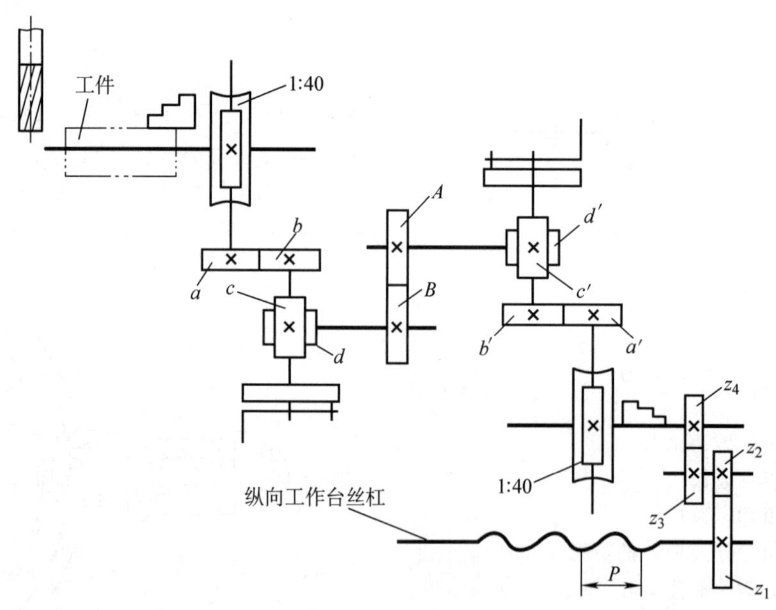

图 2.5-5　组合分度头交换齿轮法传动图

2）用分度头铣削等导程圆锥螺旋槽。由等速圆周运动与两个等速直线（轴向与径向）运动所形成的运动轨迹，即为等导程圆锥螺旋线（或槽）。铣削时，分度头在垂直方向扳一个工件的半锥角 α，使圆锥的素线平行于工作台（即槽底平行于工作台）。其交换齿轮传动比的计算公式为

$$i=\frac{z_1z_3}{z_2z_4}=\frac{40P}{L\cos\alpha}$$

2.5.3 精铣平面

1. 精铣平面对铣床提出的要求

铣床的主要精度要求为：主轴端面圆跳动和径向圆跳动小于 0.01mm；主轴对工作台的垂直度小于 0.02/1000；床身导轨直线度小于 0.01/1000；横梁导轨与工作台平行度小于 0.02/1000；垂直导轨与工作台垂直度小于 0.02/1000。

此外，还要求铣床工作台运行平稳，主传动功率大，机床的刚度大。

2. 精铣平面对铣刀提出的要求和采取的措施

1）提高铣刀刃磨质量。用于精铣的铣刀采用金刚石砂轮刃磨，易于使刃口锋利、平直、光滑、刀具寿命高。刃磨要求为：磨床主轴圆跳动不超过0.005mm，刃磨后的精铣刀端面圆跳动不大于0.02mm，外圆圆跳动不大于0.05mm，外圆锥度不超过0.01/100，刃磨表面粗糙度 Ra 不大于0.4μm。刃口应进行钝化，其钝圆半径为0.01～0.03mm。

2）采用机械夹固铣刀。大面积精铣用的铣刀，采用机械夹固形式硬质合金可转位面铣刀，可以用调整的方法达到所要求的精度。

3）改进铣刀结构。采用负前角或零度前角铣刀，增大刀具楔角（前、后刀面的夹角）以增加强度。工艺系统任一环节刚度不足时，则采用正前角铣刀。

4）采用新刀具材料。刀具材料对铣刀的切削性能和寿命有较大的影响，采用涂层硬质合金、立方氮化硼、陶瓷、金刚石等刀具材料，可以大大提高铣刀的寿命。如含碳化钽 TaC（或碳化铌 NbC）细颗粒或超微粒的硬质合金刀片就是理想的精铣刀具材料；采用 YG6X 或 YA6 刀片的面铣刀铣削铸件，采用金属陶瓷材料的铣刀铣削铸铁、钢件，都有较好的效果。

3. 精铣平面的铣削用量

1）钢件的高速铣削。钢件一般采用带负前角的硬质合金面铣刀进行精铣，在 $v=200\sim300\text{m/min}$；$f_z=0.03\sim0.10$mm/齿，$a_p<2$mm 的铣削用量条件下，其表面粗糙度 Ra 不大于0.63μm。

2）铸铁件的精铣。影响铸铁件精铣质量的主要因素是工件的硬度，要求加工面各点间硬度差不大于20HBW。表2.5-5所列是高速精铣铸铁件时所用铣刀及其铣削用量实例。

表2.5-5　铸铁件高速精铣实例

工件名称及加工面	铣刀		铣削用量			
	D/mm	z	v/(mm/min)	v_f/(mm/min)	f_z/(mm/齿)	a_p/mm
气缸体大平面	410	56	112	3048	0.63	—
气缸体底面	350	48	99	1300	0.30	0.30
气缸体平面	—	—	300	1060	0.15	—
内燃机箱体件平面	250	30	—	500～1500	—	—
气缸盖平面	315	50	130	1800	0.25	0.6～0.8
气缸体平面	—	—	91	940	0.38	—
气缸体平面	—	—	91	670	0.23	—
气缸体平面	355	—	126	565	0.09	—

大面积精铣，要求铣刀有较高的寿命，能在一次走刀中完成整个平面的精铣工作，中途不许换刀。为提高寿命，采用中等铣削速度而加大进给量。铣削时的进给量可达800～100mm/min或1.2～2.5mm/齿。

4. 提高工艺系统的刚度和精度

1）选用功率大、刚度较高的铣床对工件进行精铣。

2）减小铣床工作台及横梁等运动部件的间隙。工作台润滑系统的压力不宜过高，避免在铣削时工作台漂浮起来，影响工件的平面度。

3）尽可能减小铣刀的悬伸量，减小铣刀刀齿的轴向和径向圆跳动，减小振动。

4）提高工件系统的刚度，应选择工件上刚度较高的部位装夹，避免因为装夹受力而引起变形。对于刚度较低的部位，尤其是薄壁及悬伸处，可增加辅助支承。

5）要求铣头与工作台垂直。当铣头与工作台不垂直时，铣削后工件表面会出现“凹心”，影响平面度，而且降低铣刀寿命。当工件平面度要求较高时，可将铣头调整至略倾斜于进给方向，以在工件表面刚出现网纹为准。

5. 铝合金的精铣

1）铝合金的加工特点。铝合金的强度和硬度较低，导热性好，铣削负荷轻，切削温度低，可选用较高的切削速度，采用硬质合金铣刀，铣削速度 $v=300\sim600\text{m/min}$。此外，铝合金的塑性较好，熔点低，铣削时粘刀严重，排屑不畅，铝合金铣刀的齿数要少，前角要大（$\gamma_o=20°\sim30°$），刀齿前刀面和后刀面的表面粗糙度 Ra 应低于0.16μm。硬质合金铣刀应选用 YG 类刀片，以减小铝合金与刀具材料的化学亲和力。

2）铝合金的精铣。精铣铝合金时，不能选用水溶性切削液，避免已加工表面形成细小针孔。切削液可以选用煤油或柴油。

精铣铝合金所用大前角面铣刀刀盘结构如图2.5-6所示，刀片用小压板夹固在圆刀杆上，圆刀杆装在方刀套内，再装到刀盘槽中，用紧定螺钉紧固。由于刀杆为圆柱形，可按需要随意调整刃倾角 λ_s。刀盘上一个刀齿是精铣刀齿，另外三个为半精铣刀齿。调整时应将精铣刀齿装得比半精铣刀齿径向尺寸略小而轴向则凸出约0.05mm。

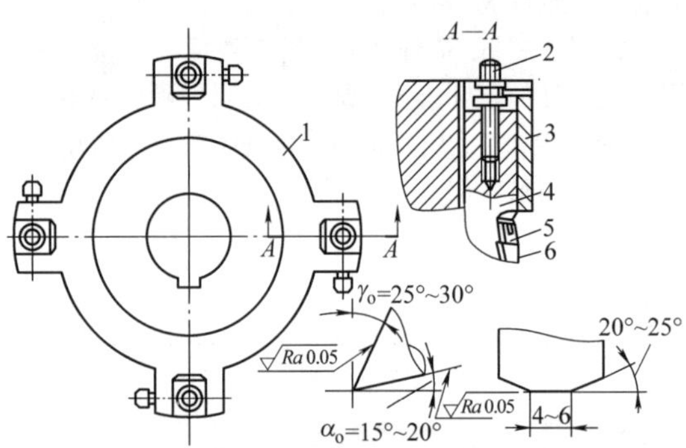

图2.5-6 铝合金精铣刀

1—刀盘 2—调整螺钉 3—刀套

4—刀杆 5—刀板 6—刀片

铝合金精铣刀的几何参数见表2.5-6，铣削用量见表2.5-7。

表2.5-6 铝合金精铣刀几何参数

工件材料	前角 γ_o	后角 α_o	刃倾角 λ_s	修光刃宽度 b_ε/mm
软铝	30°~32°	18°~20°	42°~45°	4~6
锻铝，淬火铝合金	20°~25°	15°~18°	32°~42°	4~6

表2.5-7 铝合金精铣铣削用量

铣削速度 v/（m/min）	每分钟进给量 v_f/（mm/min）	背吃刀量 a_p/mm
250~500	150~400	0.02~0.10 通常取0.03~0.06

2.5.4 型面铣削

1. 成形面的铣削

1）用成形铣刀铣削成形面。成形铣刀的切削刃是根据工件形状设计和制造的，其廓形与工件表面的形状相反（见图2.5-7）。

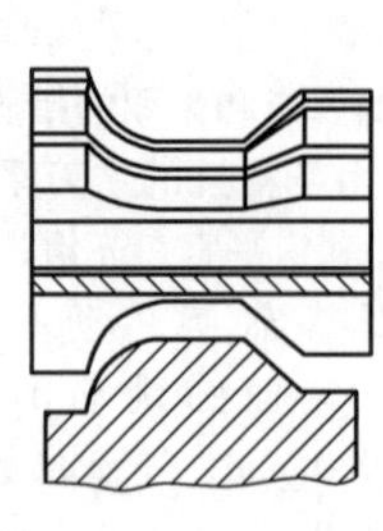
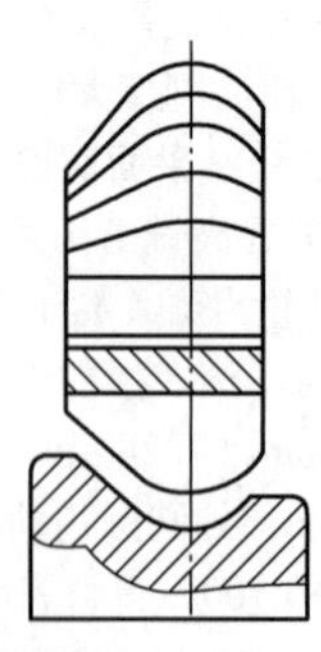

图2.5-7 成形铣刀铣削成形面

成形铣刀常用的有尖齿成形铣刀和铲齿成形铣刀两种。尖齿成形铣刀的制造和刃磨比较困难，常用铲齿成形铣刀，其后刀面为阿基米德螺旋面。前角不为零的成形铣刀，其切削刃形状须进行修正计算。

成形铣刀切削刃廓形比较复杂，铣削时切屑变形大，铣刀承受的铣削力大，加工时应注意以下几点：

① 成形铣刀制造比一般铣刀困难，价格也较贵。因此，铣削速度和进给量应比一般铣刀低20%~30%。当铣刀的切削刃直径相差较大时，应按铣刀的大直径选取铣削速度，以提高刀具的寿命。

② 工件成形面的加工余量较大时，要分粗铣和精铣两次进行。粗铣时，为了降低铣削力，改善铣削条件，应使用较大前角的铣刀，后刀面应开分屑槽；精铣时，选用形状精度高和前角 $\gamma_o=0°$ 的铣刀。

③ 成形铣刀刃磨时，尖齿成形铣刀必须由专用的工具刃磨，铲齿成形铣刀只刃磨前刀面，并且必须严格按照铣刀制造时的前角刃磨。

④ 应严格控制后刀面的磨损量，以延长铣刀寿命。

2）用组合铣刀铣削成形面。当工件的表面形状是由几段直线组成的折线或是直线与曲线组成的成形面时，可以将几把成形铣刀组装在一起进行铣削（见图2.5-8）。组合铣刀的廓形与工件表面形状相反，铣刀的长度、型面各点的高度须与工件完全相同。

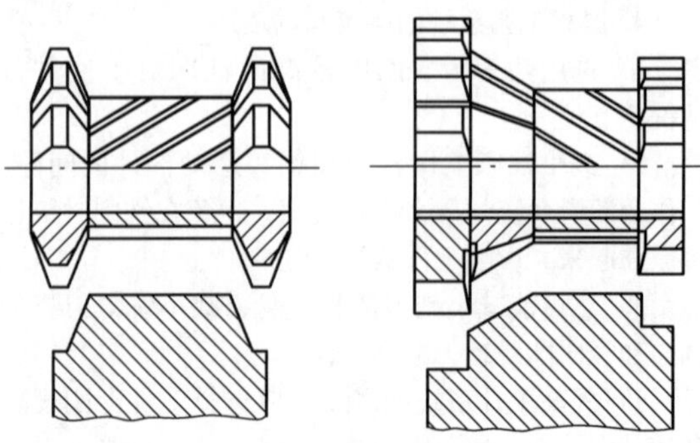

图2.5-8 组合铣刀铣削成形面

2. 凸轮的铣削

凸轮的种类比较多，常用的有平面凸轮和圆柱凸轮两种（见图 2. 5-9、图 2. 5-10）。

1）平面凸轮的铣削。平面凸轮工作曲线的形状常见的有阿基米德螺旋线和渐开线，常在立式铣床上进行加工，铣削方式为垂直铣削法和倾斜铣削法两种，见表 2. 5-8、表 2. 5-9。

2）圆柱凸轮的铣削。圆柱凸轮的曲线有两种：一种在外圆柱面上，具有封闭的曲线槽形，即螺旋槽凸轮；另一种在圆柱的端面上，形成螺旋面，即端面凸轮（见图 2. 5-10）。小批量生产圆柱凸轮时，用立铣刀在立式铣床上铣削，应根据图样给定的不同条件，采用不同的方法来计算凸轮曲线的导程。

圆柱凸轮的铣削法见表 2. 5-10。

3. 端面齿离合器的铣削

端面齿离合器的齿形有矩形齿、尖齿、锯齿、梯形齿和螺旋齿，其铣削方法及有关计算见表 2. 5-11。

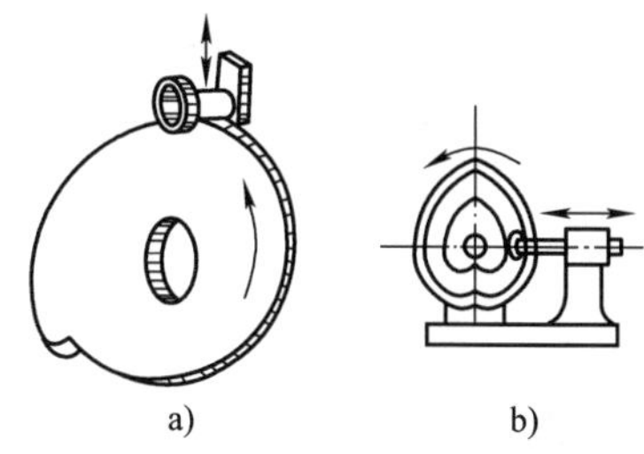

图 2. 5-9　平面凸轮

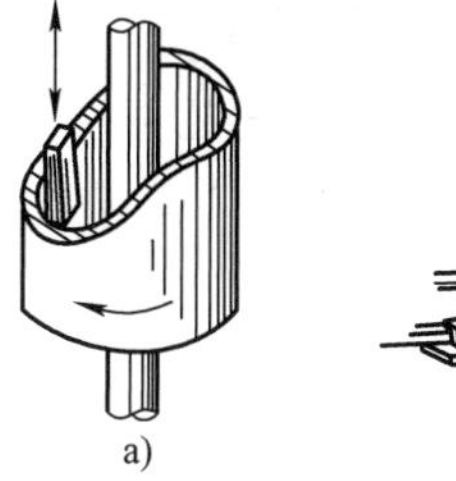

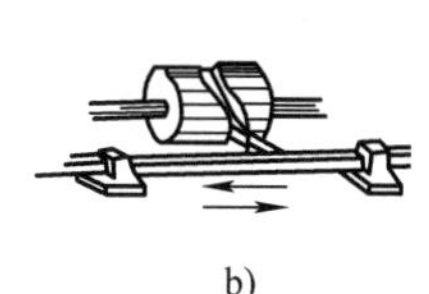

图 2. 5-10　圆柱凸轮

表 2. 5-8　平面凸轮的垂直铣削法

图　示	调整与计算
z_4 z_3 z_2 z_1 a) 偏距 b)　c)	1）这种方法用于仅有一条工作曲线，或者虽然有几条工作曲线，但它们的导程都相等，并且所铣凸轮外径较大，铣刀能靠近毛坯顺利切削（见图 a） 2）立铣刀直径 d_0 与凸轮从动件（滚子）直径相同 3）分度头交换齿轮轴与工作台丝杠的交换齿轮传动比： $$i = \frac{40P}{P_h}$$ 式中　40——分度头蜗轮蜗杆传动比 P——工作台丝杠螺距 P_h——凸轮导程 4）平面凸轮铣削时的对刀位置必须根据从动件的位置来确定 若从动件是对心直动式的平面凸轮（见图 b），对刀时应将铣刀和工件的中心连线调整到与纵向进给方向一致 若从动件是偏置直动式的平面凸轮（见图 c），则应调整工作台，使铣刀对中后再偏移一个距离，这个距离必须等于从动件的偏距，并且偏移的方向也必须和从动件的偏置方向一致

表 2. 5-9　平面凸轮的倾斜铣削法

图　示	调整与计算
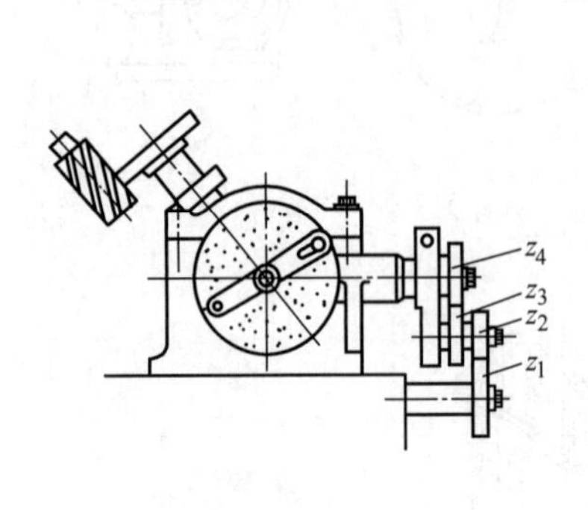	1）这种方法用于有几条工作曲线而且各条曲线的导程不相等，或者凸轮导程值是大质数、零星小数选配齿轮困难的情况 2）计算分度头主轴与工作台夹角度 α 计算凸轮的导程 P_h，选择假想导程 P_h'（P_h' 应大于 P_h 并能分解因子） 计算分度头转动角度 α $\sin\alpha = \frac{P_h}{P_h'}$ 3）计算传动比（按选择的 P_h' 计算） $i = \frac{40P}{P_h'}$ 式中　40——分度头蜗轮蜗杆传动比 P——工作台丝杠螺距 4）计算立铣刀的转动角度 β $\beta = 90° - \alpha$ 5）铣削加工工艺程序与垂直铣削法相似

表 2. 5-10　圆柱凸轮的铣削法

图　示	调整与计算
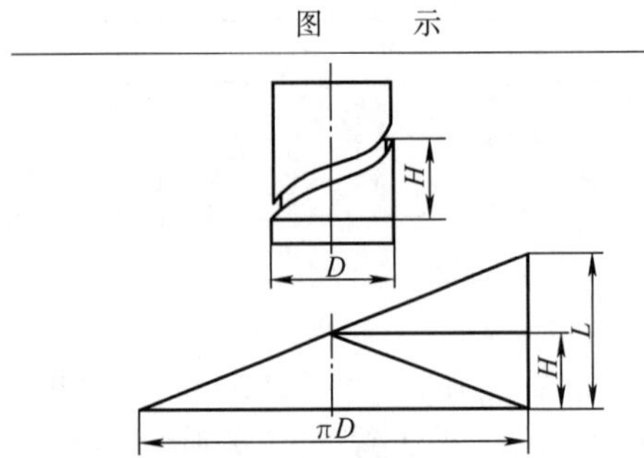	1）铣削圆柱凸轮的原理与铣削平面凸轮相同，只是分度头主轴应平行于工作台 2）铣削时的调整计算方法与垂直铣削法铣削平面凸轮相同 3）圆柱凸轮曲线的上升和下降部分需分两次铣削，改变分度头主轴的旋转方向，即可完成左、右旋工作曲线加工

表 2. 5-11　端面齿离合器铣削与计算

名　称	图　示	铣削与计算
矩形奇数齿离合器		1）在卧式铣床上用圆盘（三面刃或锯片）铣刀铣削 2）计算铣刀最大宽度 L（mm）： $L = \frac{d}{2}\sin\alpha$ 式中　d——离合器内径（mm） α——齿面角，当齿槽角等于齿面角时，$\alpha = \frac{180°}{z}$ z——离合器齿数 将铣刀一侧对准工件中心，铣削时，图中槽 1 与 1′、2 与 2′、3 与 3′、4 与 4′均在一次走刀中完成 3）齿侧有间隙要求时，须再铣一次并将分度头转过一个角度 $\Delta\alpha = \frac{齿槽角 - 齿面角}{2} = 1° \sim 2°$

（续）

名 称	图 示	铣削与计算
矩形偶数齿离合器	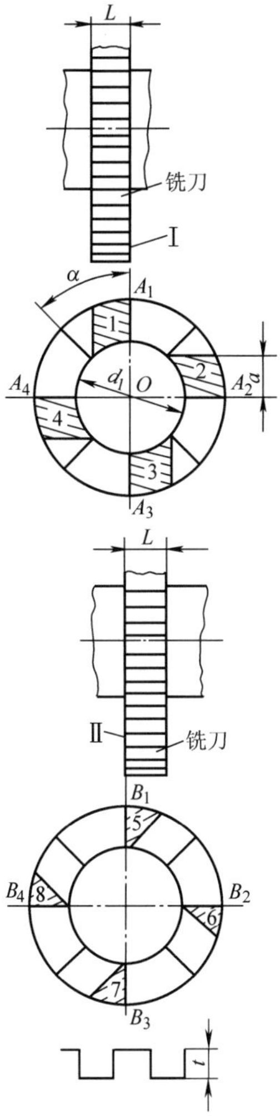 L 铣刀 I α A₁ 1 2 A₄ d₁ O A₂ a 4 3 A₃ L II 铣刀 B₁ 5 B₄ 8 B₂ 6 7 B₃ t	1）在卧式铣床上用圆盘铣刀铣削，或在立式铣床上用立铣刀铣削 2）偶数齿离合器铣削时，每次只能铣削一个槽的一侧。为防止切伤对面的齿，铣刀直径须正确选择 $d_0 \leqslant \dfrac{t^2+d_1^2-4L^2}{t}$ 式中 d_1——离合器内径 L——铣刀宽度 t——离合器齿深 3）当各齿的同一侧铣完后，将工件转过一个齿槽角，使齿的另一侧与铣刀侧刃平行，再将工作台横向移动一个铣刀宽度距离 4）为确保偶数齿离合器的齿侧留有一定间隙，一般齿槽角比齿面角铣大2°~4°
尖齿形离合器	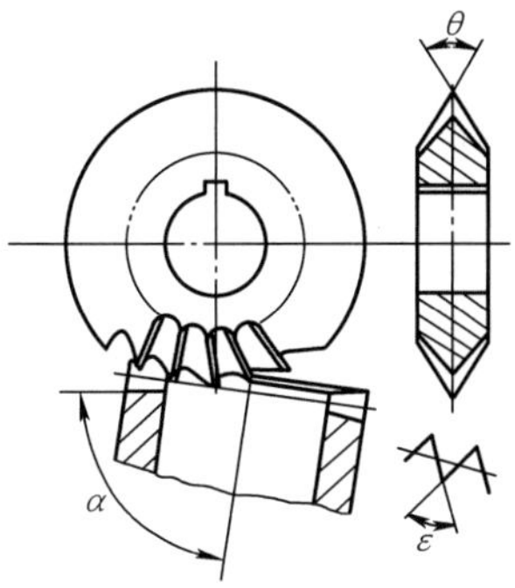 θ α ε	1）选用对称双角铣刀，其廓形角 θ 与离合器齿形角 ε 相等 2）对刀时，应使双角铣刀刀尖通过工件中心 3）根据离合器齿数 z 和齿形角 θ 查表2.5-12确定分度头仰角 α 4）铣削尖齿形离合器时，无论其齿数是奇数还是偶数，每分度一次只能铣出一条齿槽。为保证离合器结合良好，一对离合器应使用同一把铣刀加工。调整吃刀量，应按大端齿深在外径处进行。为防止齿形太尖，往往采用试切法调整背吃刀量，使齿顶宽度留有0.2~0.3mm的距离 5）常用齿数的 α 角可查表2.5-12

（续）

名　称	图　示	铣削与计算
锯齿形离合器	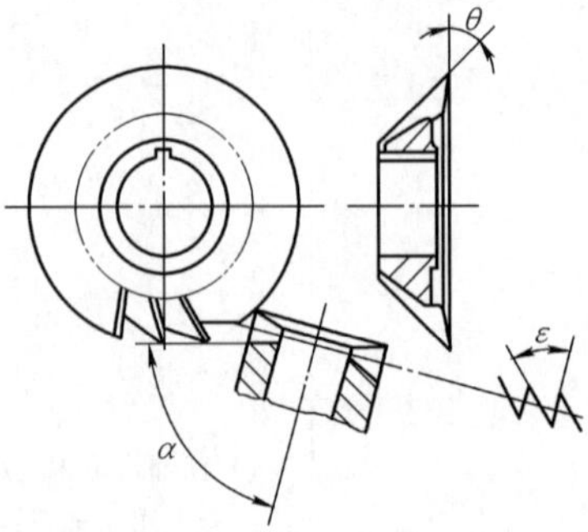 θ ε α	1）在卧式铣床上用单角铣刀铣削，其廓形角 θ 与离合器齿形角 ε 相等 2）对刀时，应使单角铣刀的端面侧刃通过工件轴心 3）根据离合器齿数 z 和齿形角 θ 查表 2.5-13 确定分度头仰角 α 4）铣削方法与尖齿形离合器基本相同
梯形收缩齿离合器	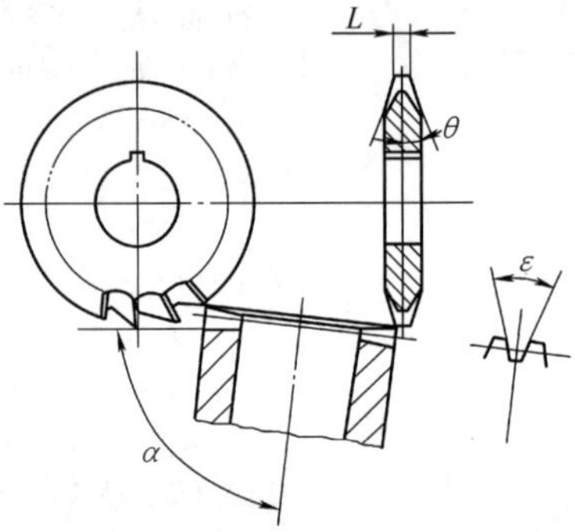 L θ ε α	1）选用专用铣刀，铣刀的廓形角 θ 与离合器齿形角 ε 相等，齿顶宽 B 等于离合器的槽底宽度，铣刀廓形的有效工作高度必须大于离合器外圆处的齿深 2）对刀方法与尖齿形离合器铣削相同 分度头仰角 α 查表 2.5-12
梯形等高齿离合器	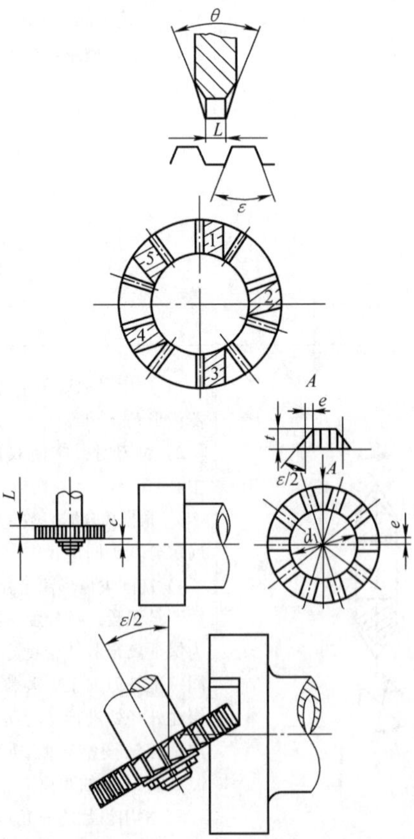 θ L ε 1 2 3 4 5 A e t ε/2 A L c d₁ e ε/2	齿顶面与槽底面平行，并且垂直于离合器轴线。齿侧的高度不变，齿槽的中心线均交汇于离合器的轴线。其铣削方法因所选用刀具不同分下面两种： 1）成形铣刀铣削，一般在卧式铣床上进行，分度头主轴处于垂直位置。生产批量较大时，应制造专用铣刀，也可用三面刃铣刀改磨 2）三面刃铣刀铣削，这种方法是利用立铣头扳转角度铣削斜面的原理来铣削梯形等高齿的齿侧斜面。铣削过程分铣底槽和齿侧斜面两步进行 铣底槽时，三面刃铣刀的侧刃偏离工件中心一个距离 e $$e=\frac{t}{2}\tan\frac{\varepsilon}{2}$$ 式中　t——离合器齿深 　　　ε——离合器齿形角 铣齿侧斜面时，立铣头扳转的角度应等于齿形角的一半

（续）

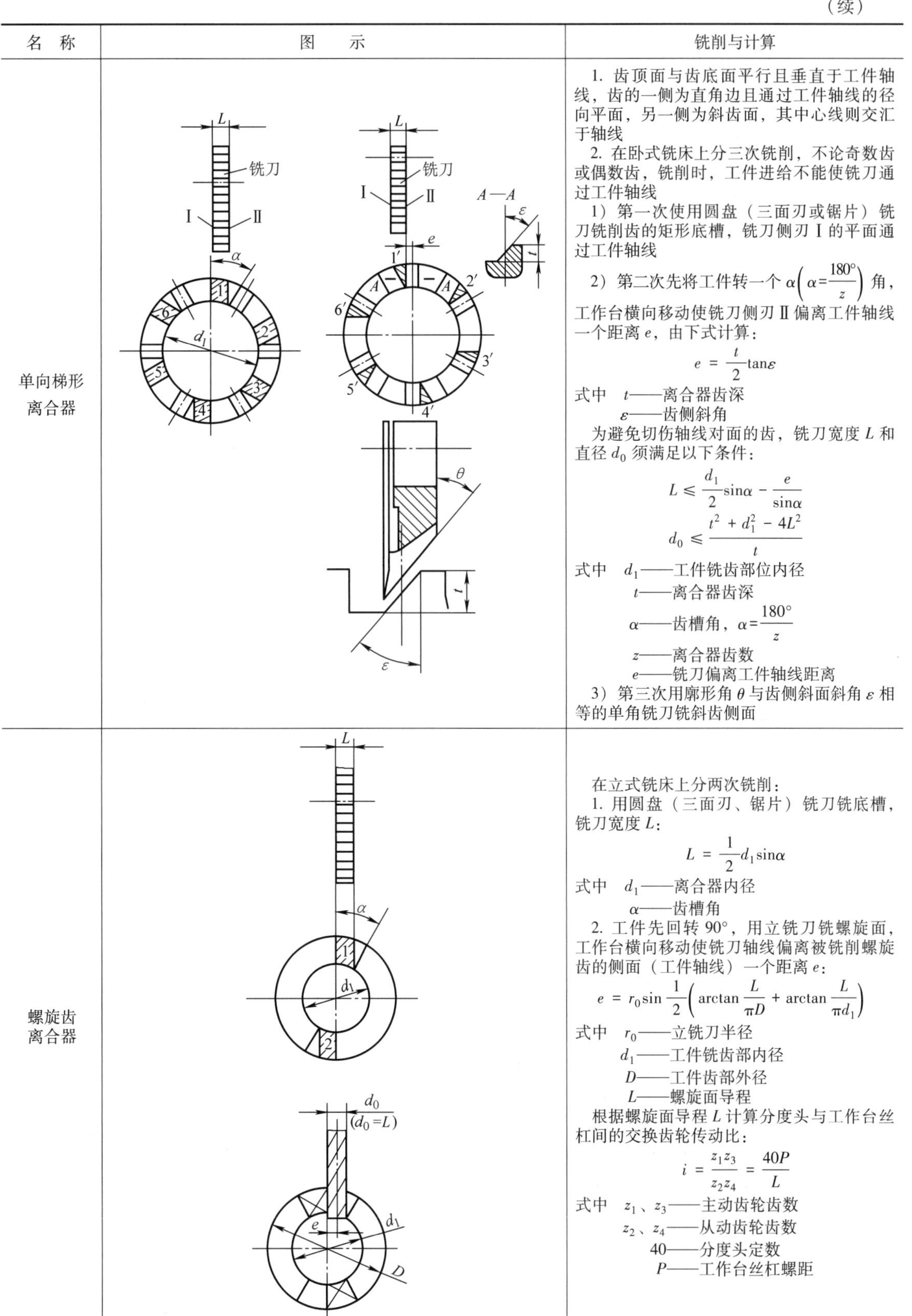

名　称	图　示	铣削与计算
单向梯形离合器		1. 齿顶面与齿底面平行且垂直于工件轴线，齿的一侧为直角边且通过工件轴线的径向平面，另一侧为斜齿面，其中心线则交汇于轴线 2. 在卧式铣床上分三次铣削，不论奇数齿或偶数齿，铣削时，工件进给不能使铣刀通过工件轴线 1）第一次使用圆盘（三面刃或锯片）铣刀铣削齿的矩形底槽，铣刀侧刃Ⅰ的平面通过工件轴线 2）第二次先将工件转一个 $\alpha\left(\alpha=\dfrac{180°}{z}\right)$ 角，工作台横向移动使铣刀侧刃Ⅱ偏离工件轴线一个距离 e，由下式计算： $$e=\frac{t}{2}\tan\varepsilon$$ 式中　t——离合器齿深 ε——齿侧斜角 为避免切伤轴线对面的齿，铣刀宽度 L 和直径 d_0 须满足以下条件： $$L\leqslant\frac{d_1}{2}\sin\alpha-\frac{e}{\sin\alpha}$$ $$d_0\leqslant\frac{t^2+d_1^2-4L^2}{t}$$ 式中　d_1——工件铣齿部位内径 t——离合器齿深 α——齿槽角，$\alpha=\dfrac{180°}{z}$ z——离合器齿数 e——铣刀偏离工件轴线距离 3）第三次用廓形角 θ 与齿侧斜面斜角 ε 相等的单角铣刀铣斜齿侧面
螺旋齿离合器		在立式铣床上分两次铣削： 1. 用圆盘（三面刃、锯片）铣刀铣底槽，铣刀宽度 L： $$L=\frac{1}{2}d_1\sin\alpha$$ 式中　d_1——离合器内径 α——齿槽角 2. 工件先回转 90°，用立铣刀铣螺旋面，工作台横向移动使铣刀轴线偏离被铣削螺旋齿的侧面（工件轴线）一个距离 e： $$e=r_0\sin\frac{1}{2}\left(\arctan\frac{L}{\pi D}+\arctan\frac{L}{\pi d_1}\right)$$ 式中　r_0——立铣刀半径 d_1——工件铣齿部内径 D——工件齿部外径 L——螺旋面导程 根据螺旋面导程 L 计算分度头与工作台丝杠间的交换齿轮传动比： $$i=\frac{z_1z_3}{z_2z_4}=\frac{40P}{L}$$ 式中　z_1、z_3——主动齿轮齿数 z_2、z_4——从动齿轮齿数 40——分度头定数 P——工作台丝杠螺距

表 2.5-12 铣尖齿与梯形收缩齿时的分度头仰角 α

齿数 z	齿形角 θ				齿数 z	齿形角 θ			
	40°	45°	60°	90°		40°	45°	60°	90°
5	26°47′	38°20′	55°45′	71°02′	45	84°30′	85°10′	86°32′	87°59′
6	42°36′	49°42′	62°21′	74°27′	46	84°37′	85°16′	86°36′	88°02′
7	51°10′	56°34′	66°42′	76°48′	47	84°44′	85°22′	86°41′	88°05′
8	56°22′	61°18′	69°50′	78°31′	48	84°50′	85°28′	86°44′	88°07′
9	61°01′	64°48′	72°13′	79°50′	49	84°57′	85°34′	86°49′	88°09′
10	64°12′	67°31′	74°04′	80°53′	50	85°03′	85°38′	86°52′	88°11′
11	66°44′	69°41′	75°35′	81°44′	51	85°09′	85°44′	86°56′	88°14′
12	68°48′	71°28′	76°49′	82°26′	52	85°14′	85°48′	86°59′	88°16′
13	70°31′	72°57′	77°51′	83°01′	53	85°20′	85°53′	87°03′	88°18′
14	71°58′	74°13′	78°44′	83°31′	54	85°25′	85°58′	87°06′	88°19′
15	73°13′	75°18′	79°30′	83°58′	55	85°30′	86°02′	87°09′	88°21′
16	74°18′	76°15′	80°10′	84°21′	56	85°35′	86°07′	87°13′	88°23′
17	75°15′	77°04′	80°45′	84°41′	57	85°40′	86°11′	87°15′	88°25′
18	76°05′	77°38′	81°17′	84°59′	58	85°44′	86°15′	87°18′	88°26′
19	76°50′	78°28′	81°44′	85°15′	59	85°48′	86°19′	87°21′	88°28′
20	77°31′	79°03′	82°10′	85°29′	60	85°53′	86°22′	87°24′	88°30′
21	78°07′	79°33′	82°32′	85°42′	61	85°57′	86°26′	87°26′	88°31′
22	78°40′	80°03′	82°53′	85°53′	62	86°01′	86°29′	87°29′	88°32′
23	79°10′	80°30′	83°11′	86°04′	63	86°04′	86°33′	87°31′	88°34′
24	79°38′	80°54′	83°29′	86°14′	64	86°08′	86°36′	87°33′	88°35′
25	80°03′	81°16′	83°45′	86°23′	65	86°12′	86°39′	87°36′	88°36′
26	80°26′	81°36′	83°59′	86°31′	66	86°15′	86°42′	87°38′	88°38′
27	80°48′	81°55′	84°12′	86°39′	67	86°18′	86°45′	87°40′	88°39′
28	81°07′	82°12′	84°25′	86°47′	68	86°22′	86°48′	87°42′	88°40′
29	81°26′	82°29′	84°36′	86°53′	69	86°25′	86°51′	87°44′	88°41′
30	81°43′	82°44′	84°47′	86°59′	70	86°28′	86°53′	87°46′	88°42′
31	81°59′	82°58′	84°57′	87°05′	71	86°31′	86°56′	87°48′	88°43′
32	82°15′	83°11′	85°07′	87°11′	72	86°34′	86°59′	87°50′	88°45′
33	82°29′	83°24′	85°16′	87°16′	73	86°36′	87°01′	87°51′	88°46′
34	82°42′	83°36′	85°24′	87°21′	74	86°39′	87°03′	87°53′	88°47′
35	82°55′	83°47′	85°32′	87°25′	75	86°42′	87°06′	87°55′	88°48′
36	83°07′	83°57′	85°40′	87°29′	76	86°44′	87°08′	87°56′	88°48′
37	83°18′	84°07′	85°47′	87°33′	77	86°47′	87°10′	87°58′	88°49′
38	83°29′	84°16′	85°53′	87°37′	78	86°47′	87°12′	88°00′	88°50′
39	83°39′	84°25′	85°59′	87°41′	79	86°52′	87°15′	88°01′	88°51′
40	83°48′	84°33′	86°05′	87°44′	80	86°54′	87°17′	88°03′	88°52′
41	83°57′	84°41′	86°11′	87°48′	81	86°56′	87°19′	88°04′	88°53′
42	84°06′	84°49′	86°17′	87°51′	82	86°59′	87°21′	88°05′	88°54′
43	84°14′	84°56′	86°22′	87°54′	83	87°01′	87°23′	88°07′	88°54′
44	84°22′	85°03′	86°27′	87°57′	84	87°03′	87°24′	88°08′	88°50′

（续）

齿数 z	齿形角 θ				齿数 z	齿形角 θ			
	40°	45°	60°	90°		40°	45°	60°	90°
85	87°05′	87°26′	88°09′	88°56′	93	87°20′	87°39′	88°19′	89°01′
86	87°07′	87°28′	88°11′	88°57′	94	87°22′	87°41′	88°20′	89°02′
87	87°09′	87°30′	88°12′	88°57′	95	87°23′	87°42′	88°21′	89°03′
88	87°11′	87°31′	88°13′	88°58′	96	87°25′	87°44′	88°22′	89°03′
89	87°13′	87°33′	88°14′	88°59′	97	87°27′	87°45′	88°23′	89°04′
90	87°15′	87°35′	88°16′	89°00′	98	87°28′	87°47′	88°24′	89°04′
91	87°17′	87°36′	88°17′	89°00′	99	87°30′	87°48′	88°25′	89°05′
92	87°18′	87°38′	88°18′	89°01′	100	87°31′	87°49′	88°26′	89°06′

注：铣削精度较高且齿数 $z<30$ 的尖齿形离合器时，分度头仰角 α' 和铣刀廓形角 θ' 按下列公式修正。且一对离合器用一把铣刀铣削。

$$\tan\alpha' = \tan\frac{\theta}{2}\cot\frac{90°}{z}$$

$$\tan\frac{\theta'}{2} = \frac{\tan\frac{\theta}{2}}{\sin\alpha'}$$

式中 θ——尖齿形离合器齿形角；

z——离合器齿数。

表 2.5-13 铣锯齿形离合器时的分度头仰角 α

齿数 z	单角铣刀廓形角 θ（即离合器齿形角）						齿数 z	单角铣刀廓形角 θ（即离合器齿形角）					
	45°	50°	60°	70°	75°	80°		45°	50°	60°	70°	75°	80°
10	71°02′	74°10′	79°11′	83°12′	85°00′	86°42′	34	84°40′	85°32′	86°55′	88°04′	88°34′	89°03′
11	72°55′	75°44′	80°14′	83°15′	85°29′	87°01′	35	84°50′	85°40′	87°01′	88°07′	88°37′	89°05′
12	74°27′	77°00′	81°06′	84°24′	85°53′	87°17′	36	84°58′	85°47′	87°06′	88°10′	88°39′	89°06′
13	75°43′	78°03′	81°49′	84°51′	86°12′	87°50′	37	84°07′	85°54′	87°11′	88°13′	88°41′	89°08′
14	76°48′	78°57′	82°25′	85°14′	86°20′	87°41′	38	85°14′	86°00′	87°15′	88°16′	88°43′	89°09′
15	77°43′	79°43′	82°57′	85°33′	86°44′	87°51′	39	85°22′	86°05′	87°19′	88°18′	88°45′	89°11′
16	78°31′	80°23′	83°24′	85°50′	86°56′	87°59′	40	85°29′	86°12′	87°23′	88°21′	88°47′	89°12′
17	79°13′	80°58′	83°48′	86°05′	87°07′	88°06′	41	85°35′	86°18′	87°27′	88°23′	88°49′	89°13′
18	79°50′	81°29′	84°09′	86°19′	87°17′	88°13′	42	85°42′	86°23′	87°31′	88°26′	88°50′	89°14′
19	80°23′	81°57′	84°28′	86°31′	87°26′	88°18′	43	85°48′	86°28′	87°34′	88°28′	88°52′	89°15′
20	80°53′	82°21′	84°45′	86°41′	87°34′	88°23′	44	85°53′	86°33′	87°38′	88°30′	88°54′	89°16′
21	81°19′	82°44′	85°00′	86°51′	87°41′	88°28′	45	85°59′	86°38′	87°41′	88°32′	88°55′	89°17′
22	81°44′	83°04′	85°14′	87°00′	87°47′	88°32′	46	86°04′	86°42′	87°44′	88°34′	88°56′	89°18′
23	82°05′	83°22′	85°26′	87°07′	87°53′	88°36′	47	86°09′	86°46′	87°47′	88°35′	88°58′	89°18′
24	82°26′	83°39′	85°38′	87°15′	87°58′	88°40′	48	86°14′	86°50′	87°49′	88°37′	88°59′	89°20′
25	82°44′	83°54′	85°49′	87°21′	88°03′	88°43′	49	86°19′	86°54′	87°52′	88°39′	89°00′	89°21′
26	83°01′	84°09′	85°58′	87°28′	88°08′	88°46′	50	86°23′	86°58′	87°55′	88°41′	89°02′	89°21′
27	83°17′	84°22′	86°07′	87°33′	88°12′	88°49′	51	86°27′	87°02′	87°57′	88°42′	89°03′	89°22′
28	83°31′	84°34′	86°16′	87°38′	88°16′	88°51′	52	86°31′	87°05′	87°59′	88°44′	89°04′	89°23′
29	83°45′	84°45′	86°24′	87°43′	88°19′	88°54′	53	86°35′	87°08′	88°02′	88°45′	89°05′	89°24′
30	83°58′	84°58′	86°31′	87°48′	88°23′	88°56′	54	86°39′	87°11′	88°04′	88°47′	89°06′	89°24′
31	84°09′	85°06′	86°38′	87°52′	88°26′	88°58′	55	86°43′	87°14′	88°06′	88°48′	89°07′	89°25′
32	84°20′	85°15′	86°44′	87°56′	88°29′	89°00′	56	86°46′	87°17′	88°08′	88°49′	89°08′	89°25′
33	84°31′	85°24′	86°50′	88°00′	88°32′	89°02′	57	86°50′	87°20′	88°10′	88°50′	89°09′	89°26′

（续）

齿数	单角铣刀廓形角 θ（即离合器齿形角）						齿数	单角铣刀廓形角 θ（即离合器齿形角）					
z	45°	50°	60°	70°	75°	80°	z	45°	50°	60°	70°	75°	80°
58	86°53′	87°23′	88°12′	88°52′	89°10′	89°17′	70	87°25′	87°50′	88°30′	89°03′	89°19′	89°32′
59	86°56′	87°26′	88°14′	88°53′	89°11′	89°27′	71	87°27′	87°52′	88°32′	89°04′	89°19′	89°33′
60	86°59′	87°28′	88°15′	88°54′	89°11′	89°28′	72	87°29′	87°54′	88°33′	89°05′	89°19′	89°33′
61	87°02′	87°31′	88°17′	88°55′	89°12′	89°28′	73	87°31′	87°55′	88°34′	89°06′	89°20′	89°33′
62	87°05′	87°33′	88°19′	88°56′	89°13′	89°29′	74	87°33′	87°57′	88°35′	89°06′	89°20′	89°34′
63	87°08′	87°35′	88°20′	88°57′	89°14′	89°29′	75	87°35′	87°59′	88°36′	89°07′	89°21′	89°34′
64	87°11′	87°38′	88°22′	88°58′	89°14′	89°30′	76	87°37′	88°00′	88°37′	89°08′	89°22′	89°34′
65	87°13′	87°40′	88°23′	88°59′	89°15′	89°30′	77	87°37′	88°02′	88°38′	89°08′	89°22′	89°35′
66	87°16′	87°42′	88°25′	89°00′	89°16′	89°31′	78	87°41′	88°03′	88°40′	89°09′	89°23′	89°35′
67	87°18′	87°44′	88°26′	89°01′	89°16′	89°31′	79	87°43′	88°05′	88°41′	89°10′	89°23′	89°35′
68	87°21′	87°46′	88°28′	89°02′	89°17′	89°31′	80	87°44′	88°06′	88°42′	89°10′	89°24′	89°36′
69	87°23′	87°48′	88°29′	89°02′	89°18′	89°32′							

注：铣削啮合精度高，齿数 $z<25$ 的锯齿形离合器时，一对离合器用一把铣刀铣削，铣刀廓形角 θ' 按下列公式修正：

$$\tan\frac{\theta'}{2}=\frac{\frac{\theta}{2}}{\sin\alpha}$$

4. 曲面铣削

铣削曲面的方法很多，具体采用什么方法，要根据零件的形状、尺寸、生产类型、精度要求及具体的设备条件进行选择。在单件生产时，若零件较小，且厚度较薄，可先划线，再用手动方法铣削；当零件精度要求较高或生产类型为批量生产时，可采用数控或仿形铣床铣削。

1）靠模法铣削曲面。靠模法铣削曲面是使铣刀沿着与工件形状完全相同或相似的靠模外形轮廓做进给运动而获得正确外形的铣削方法。用靠模法铣削时，靠模与工件的尺寸比可以是 1∶1，也可以大于 1∶1。当靠模尺寸大于工件时，加工的工件外形精度较高，反之，则较低。

① 手动靠模铣削：如图 2.5-11 所示，靠模板和工件装夹在一起，铣削时铣刀柄部靠紧靠模板，采用逆铣方式加工。为微调工件尺寸和补偿铣刀重磨后的直径减小量，将铣刀柄部和靠模板都做成具有 20°～30°锥度的形状。加工表面粗糙度 Ra 可达 6.3μm，适用于小批生产。

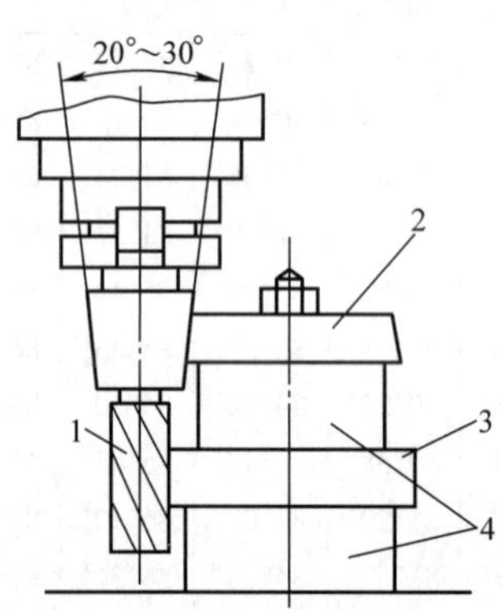

图 2.5-11　手动靠模铣削

1—铣刀　2—靠模板　3—工件　4—垫块

② 回转靠模铣削：在立式铣床上加工曲线槽时，可采用图 2.5-12a、b 所示的回转铣削靠模装置。当回转台旋转时，在重锤的作用下，滑座向右移动，使套筒紧贴于靠模上，随着回转台的旋转与滑座的左右移动，铣刀铣削工件的外形。这种机构结构简单、紧凑，缺点是铣刀悬伸长，容易产生弯曲变形而影响加工精度，适用于成批生产。图 2-5-12b 中，铣刀杆不承受重锤的作用力。

2）仿形法铣削曲面。仿形法铣削曲面是按照靠模在仿形铣床上自动地将工件加工成与靠模形状相同的型面。仿形铣床主要使用球头立铣刀进行加工。仿形铣削主要用于加工形状复杂，具有空间曲面的模具，或精度不高又不能用其他方法加工的工件。

仿形铣床有单向仿形、双向仿形和三向仿形三种形式，如图 2.5-13 所示。

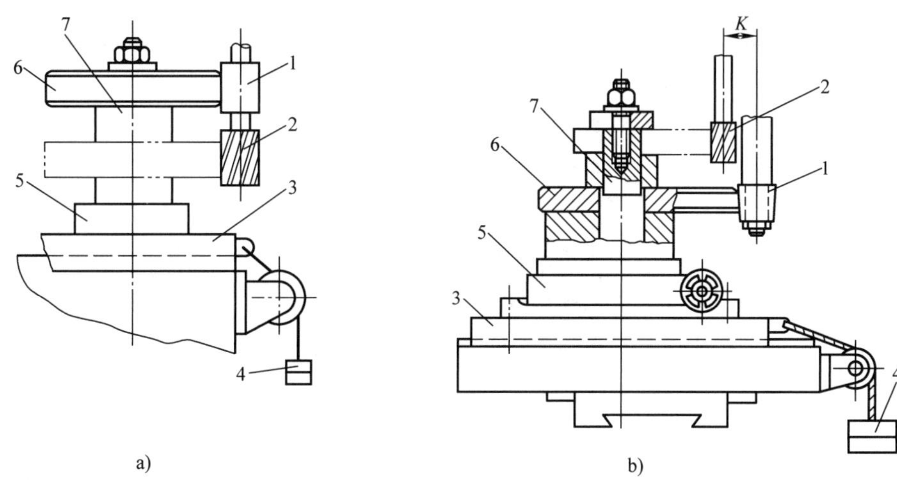

图 2.5-12 回转铣削靠模装置

1—套筒 2—铣刀 3—滑座 4—重锤 5—回转台 6—靠模 7—心轴

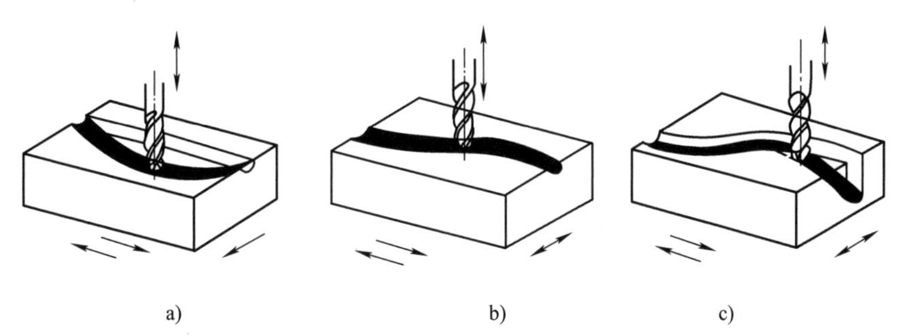

图 2.5-13 仿形的基本形式

a）单向仿形 b）双向仿形 c）三向仿形

2.5.5 多刀铣削及铣刀的安装调整

1. 多刀铣削

多刀铣削是在刀杆上安装一把以上铣刀对工件进行铣削，可用于铣削工件的一个或几个表面，也可铣削几个相同工件的同一表面，更多的是用于铣削工件上几个有相互尺寸和位置精度要求的表面。多刀铣削是一种高效加工方法。

2. 铣刀安装与调整

铣刀安装与调整见表 2.5-14。

表 2.5-14 铣刀安装与调整

调整方法	图示	简要说明
按要求成套刃磨组装	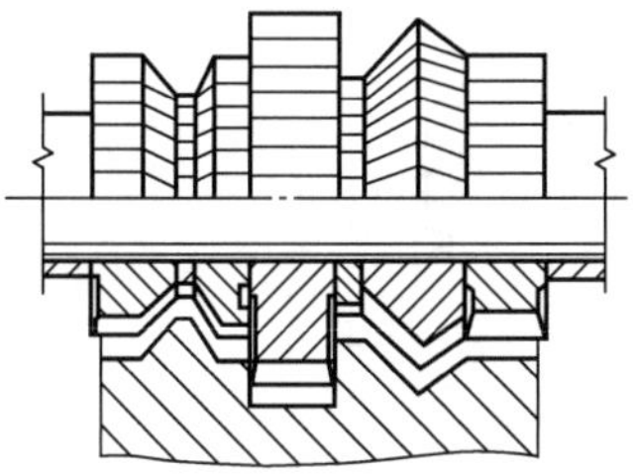	七把铣刀组成，铣削导轨成形面，按要求尺寸和形状刃磨后组装。铣刀应做好标记，成套刃磨、保管和使用，以提高寿命

（续）

调整方法	图示	简要说明
组装后刃磨宽度		三把三面刃铣刀组成，铣削平衡块凹槽。先刃磨外径及铣刀宽度至要求尺寸，再组装到心轴上刃磨左右两把铣刀宽度
符合要求的铣刀与专用轴套组装	1　2	三把成形铣刀，铣削轴端的定位槽。除制造时保证成形面对宽度的对称性外，须成套刃磨，保证直径一致。两把铣刀间配装固定长度专用轴套 1、2，以保证两槽间的尺寸精度
相等直径铣刀和专用轴套组装	L_1　1　H　L	四把铣刀组成，铣削三个工件的五个面。为保证工件高度 H，圆柱形铣刀直径须一致。根据左边圆柱形铣刀长度，配装固定长度 L_1 的专用轴套 1，以保证工件长度 L
相等直径和宽度的铣刀与专用轴套组装	1　L　H　H　L_1	两把三面刃铣刀，铣削四个相同工件两端的槽（图中只表示了两个工件），铣刀外径和宽度须一致，以保证槽深 H 和槽宽 L_1，并配装长度为 L 的专用轴套 1

（续）

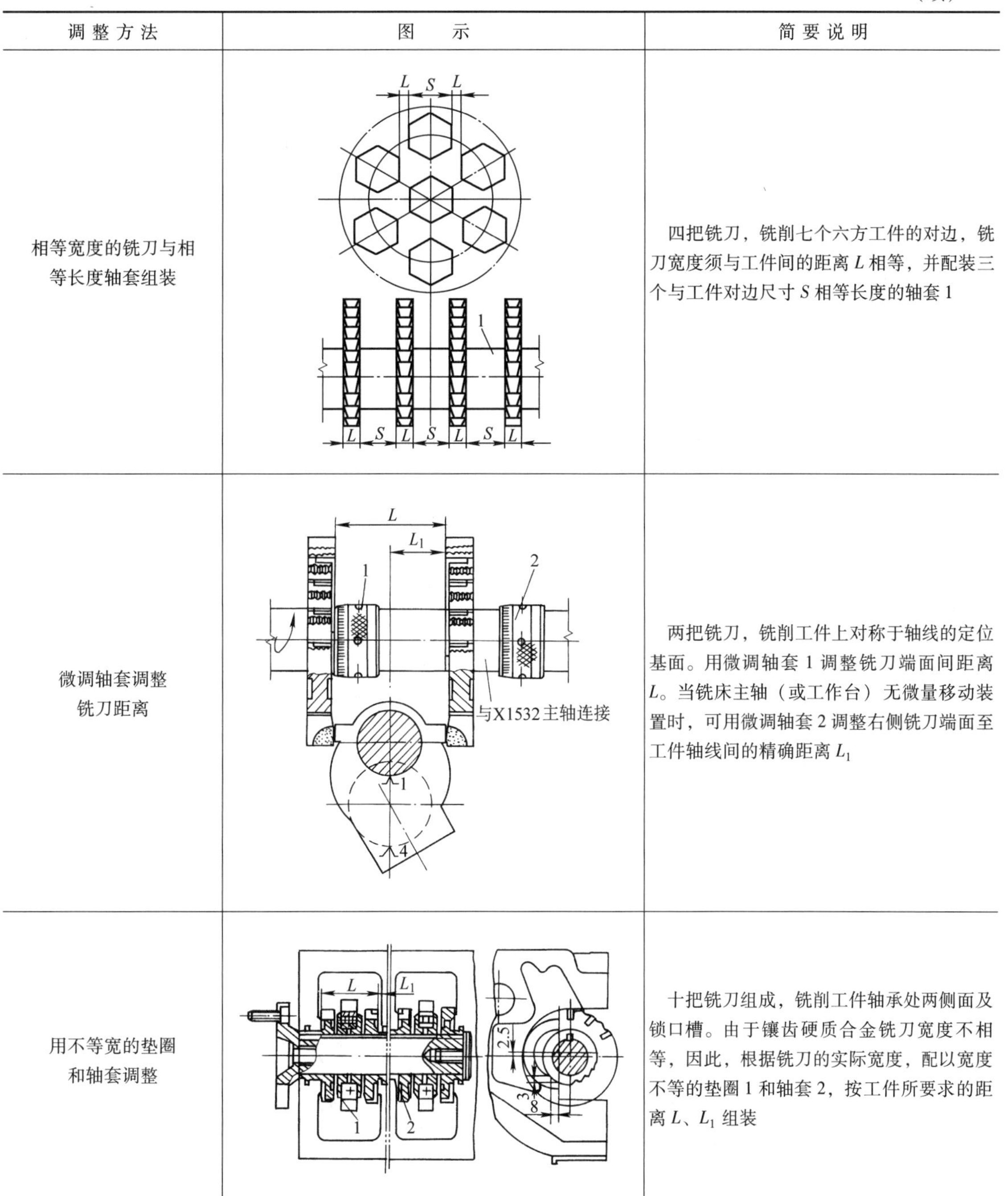

调整方法	图示	简要说明
相等宽度的铣刀与相等长度轴套组装		四把铣刀，铣削七个六方工件的对边，铣刀宽度须与工件间的距离 L 相等，并配装三个与工件对边尺寸 S 相等长度的轴套1
微调轴套调整铣刀距离		两把铣刀，铣削工件上对称于轴线的定位基面。用微调轴套1调整铣刀端面间距离 L。当铣床主轴（或工作台）无微量移动装置时，可用微调轴套2调整右侧铣刀端面至工件轴线间的精确距离 L_1
用不等宽的垫圈和轴套调整		十把铣刀组成，铣削工件轴承处两侧面及锁口槽。由于镶齿硬质合金铣刀宽度不相等，因此，根据铣刀的实际宽度，配以宽度不等的垫圈1和轴套2，按工件所要求的距离 L、L_1 组装

2.6 典型应用

2.6.1 曲轴的铣削

曲轴是活塞式发动机的主要零件之一，它的作用是将活塞的往复运动变为旋转运动，输出发动机功率。它的形状复杂，刚度小，容易变形，精度要求高，加工比较困难。曲轴毛坯一般选用优质碳素钢、合金钢及球墨铸铁、可锻铸铁或合金铸铁等材料制作。钢制曲轴毛坯在大批大量生产中通常采用模锻法成形。

曲轴的主要加工表面为主轴颈与连杆轴颈，其主轴轴颈的粗加工可以采用车削、拉削，也可以采用铣削加工来完成。曲轴铣削有立铣刀铣削、盘铣刀外铣和盘铣刀内铣三种形式，内铣又有曲轴静止和曲轴旋转两种铣削方式，外铣只有曲轴旋转的铣削方式。

1. 立铣刀铣削

图 2. 6-1 所示为一种镶有硬质合金刀片的立铣刀铣削曲轴连杆轴颈的示意图。立铣刀做旋转切削运动 n_1，当立铣刀进给至要求的切深后，被加工曲轴绕连杆轴颈中心线做慢速回转进给运动 n_2，被加工曲轴回转一周多，即可加工出一个连杆轴颈。用立铣刀铣削轴颈时，为改善切削条件，铣刀轴线与被加工连杆轴颈轴线不在一个平面上，以使立铣刀端面的刀齿在切削速度为零的铣刀切削刃不参加切削。立铣刀的伸长长度取决于连杆曲柄臂结构尺寸。为使曲轴回转时不碰撞刀夹，立铣刀势必伸出较长，刀具的刚度低，故立铣刀铣削多用于轴颈的粗加工。

2. 圆盘铣刀铣削

图 2. 6-2 所示为圆盘铣刀内外铣连杆轴颈的示意图，图 a 为外铣，图 b 为内铣。加工时铣刀做高速旋转运动 n_1，工件做慢速回转运动 n_2。它们的工作循环为：转动的圆盘铣刀向不转的工件做快速进给；到达规定行程后转换为工作进给，铣曲柄两侧面；当铣刀进给到连杆轴颈的加工余量深度后，曲轴开始慢速转动，圆盘铣刀跟踪曲轴连杆轴颈铣削，曲轴转动一周多后，即可将连杆轴颈和曲柄两侧面加工出来；圆盘铣刀快速退回到原来的位置，铣刀和工件停止转动。

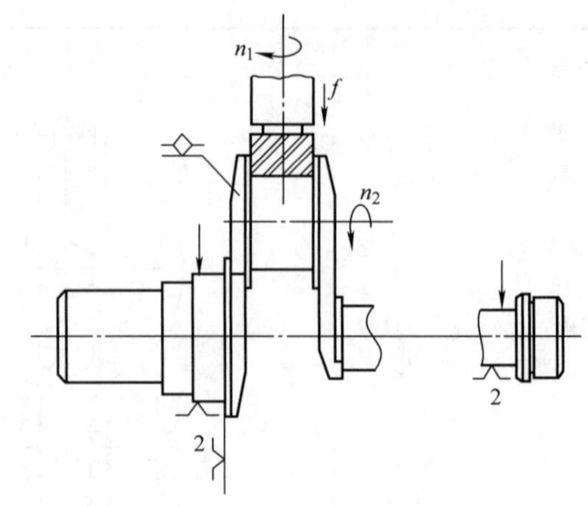

图 2. 6-1　用立铣刀铣削曲轴连杆轴颈示意图

内铣连杆轴颈时工件可以转，也可以不转。

1）曲轴静止的内铣削。采用这种铣削方式圆盘铣刀不仅要绕自身轴线自转，还要绕连杆轴颈公转，如图 2. 6-3 所示。

曲轴静止的内铣削工艺安排，由铣床所具有的刀盘数决定。只有一个铣刀盘时，是顺次铣削每一个轴颈。有两个铣刀盘时，则有铣削同方向的两个连杆轴颈，或者一个连杆轴颈和一个主轴颈两种铣削方法。表 2. 6-1 为具有左右两个铣头、一个随行中心架的内铣床，对六缸曲轴铣削时的程序安排。

2）曲轴旋转的内铣削。铣刀旋转为主运动，铣刀的横向移动和连杆轴颈围绕主轴颈轴线的旋转运动组合成复合的进给运动。图 2. 6-4 所示为曲轴旋转的内铣削运动示意。

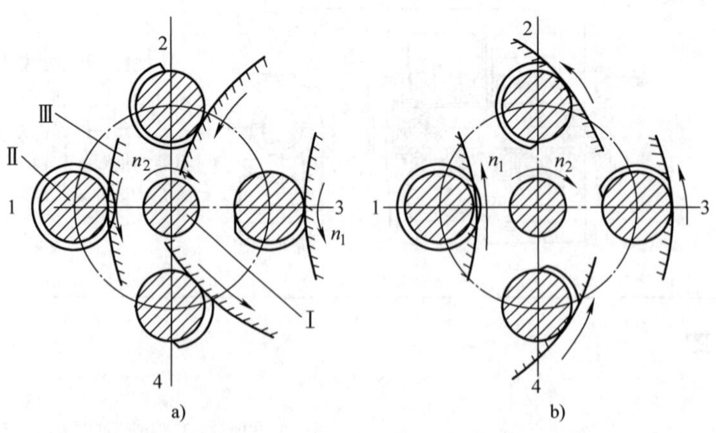

图 2. 6-2　圆盘铣刀内外铣连杆轴颈示意图

a）外铣　b）内铣

Ⅰ—主轴颈　Ⅱ—连杆轴颈　Ⅲ—铣刀

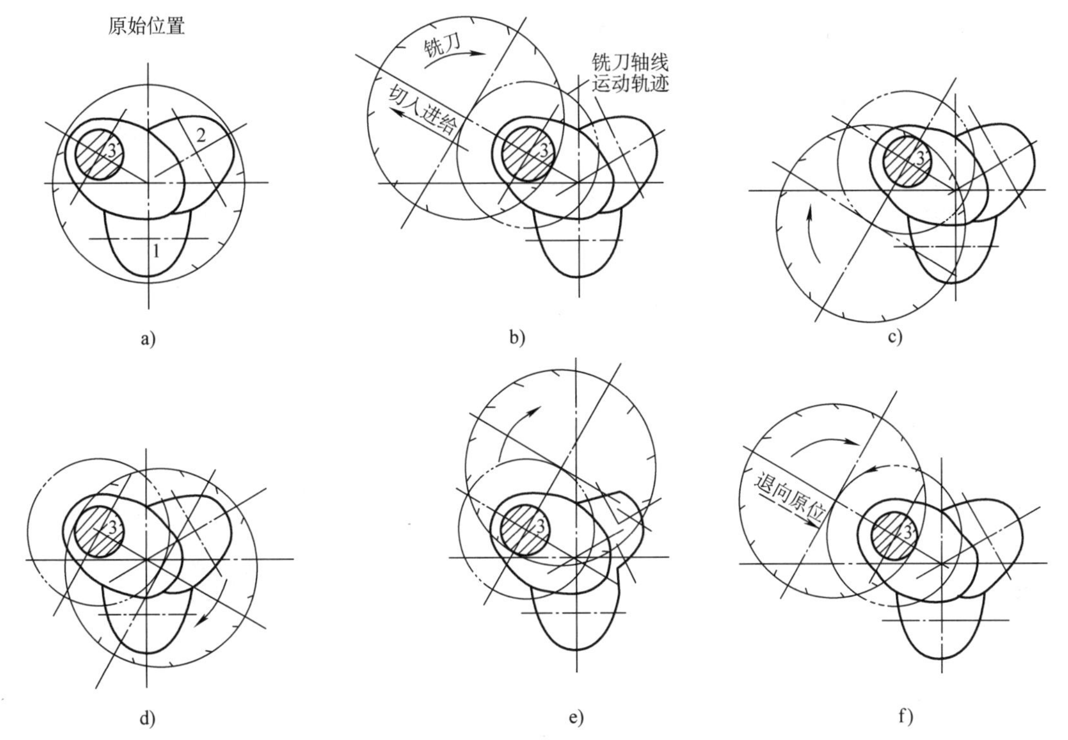

图 2.6-3 曲轴静止的内铣削运动

表 2.6-1 双刀盘内铣削六缸曲轴程序

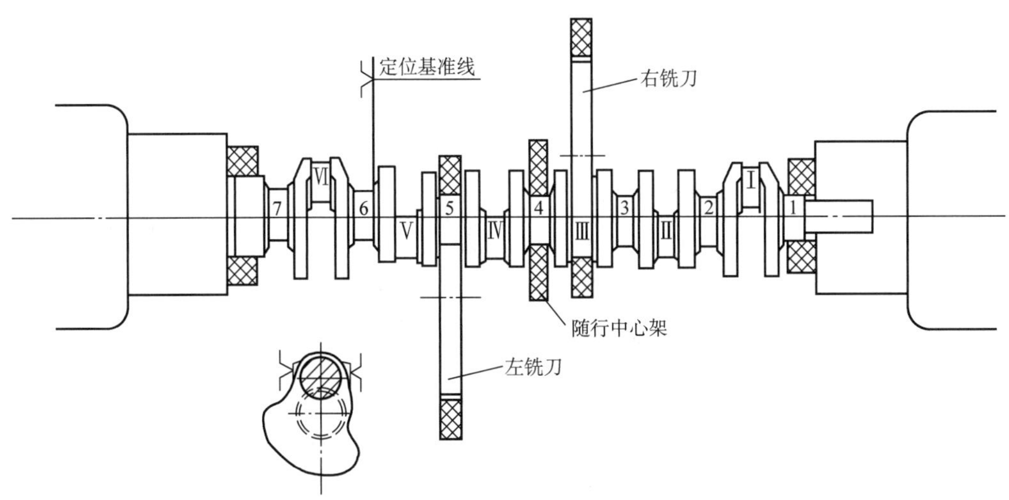

铣削程序	一	二	三	四	五	六	七
左铣刀铣削主轴颈号	2	3	4	5	—	7	在原位
右铣刀铣削连杆轴颈号	在原位	Ⅰ	Ⅱ	Ⅲ	Ⅳ	Ⅴ	Ⅵ
中心架支承主轴颈号	—	2	3	4	5	6	7

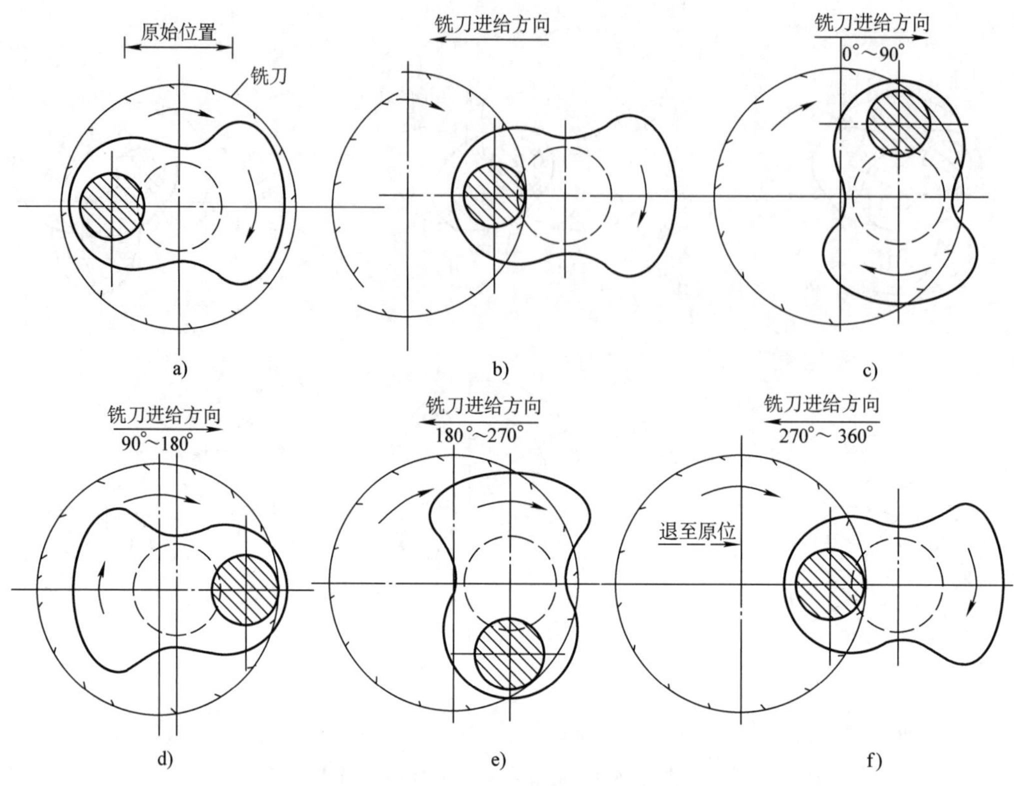

图 2. 6-4 曲轴旋转的内铣削运动

由于内铣时铣刀主轴直径总是大于铣刀直径，而外铣时铣刀主轴直径总是小于铣刀直径，用内铣法加工要比用外铣法加工刚性好，铣削过程较为平稳，相应地刀具寿命和进给速度都可得到提高，所以内铣的加工精度和生产率要比外铣的高。外铣与内铣的技术经济指标对比见表 2. 6-2。

表 2. 6-2 外铣与内铣的技术经济指标对比

项　　目	外铣	内　铣
机动时间	100%	75%～85%
刀具寿命	100%	200%～400%
刀具价格（按一根曲轴消耗）	100%	50%～70%
加工误差	100%	75%～85%

2. 6. 2 气缸体顶面的精铣

气缸体是内燃机的主要零件，精度要求高，它的结构复杂，还是薄壁铸铁零件，夹紧和加工时容易产生变形。顶面精加工是终加工工序，可以用底面或主轴承孔作为定位基准。图 2. 6-5 所示为精铣顶面夹具的定位和夹紧，工件以精镗后的三个轴承孔在三个圆柱销上定位，可以保证顶面对主轴承孔的平行度和两者之间的尺寸公差；底面限制 1 个自由度，其两侧法兰边上设有 6 个辅助支承，防止变形。在接近顶面的两侧设有液压夹紧装置。

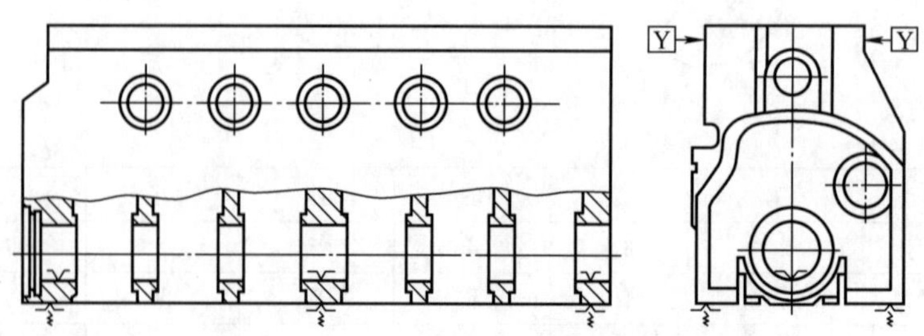

图 2. 6-5 气缸体铣削时的定位和夹紧

2.6.3 锁块平面的铣削

图2.6-6所示材料为KTH350-10的可锻铸铁锁块，需铣削相互垂直的*A*、*B*两个小平面，铣削余量不大于3mm，加工表面粗糙度*Ra*要求为12.5μm。工件已经加工出两个侧面和其上的两个孔。图2.6-7所示为铣削*A*、*B*平面工序的装夹示意图。装夹时在夹具的两侧和右端安装四个工件，两侧的工件以侧面和两个孔定位，用于铣削*A*面，前端的工件以一个大孔和刚铣好的*A*面定位，用于铣削*B*面。此种夹具采用压缩空气夹紧，结构较为紧凑。

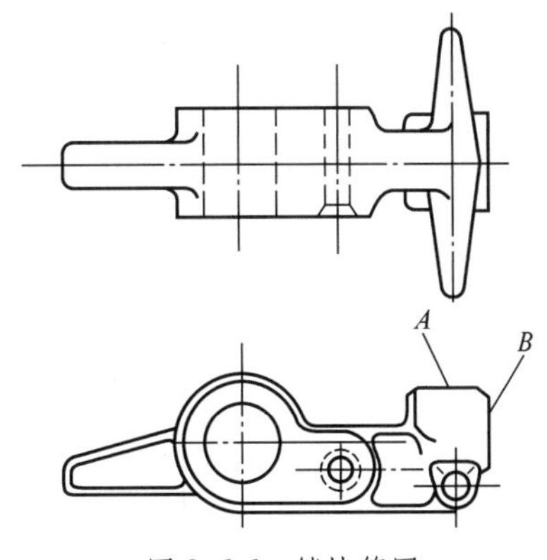

图2.6-6　锁块简图

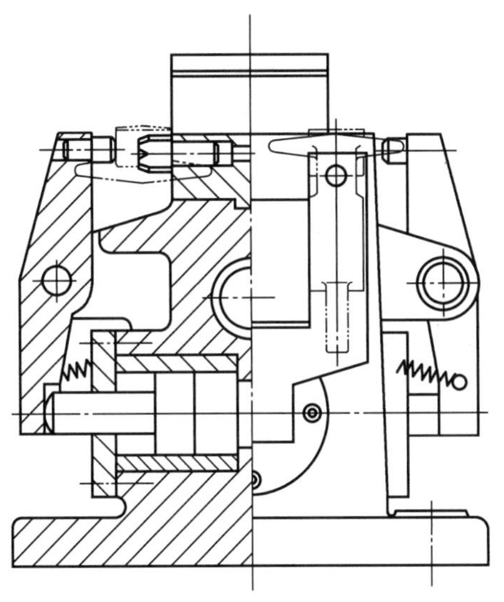

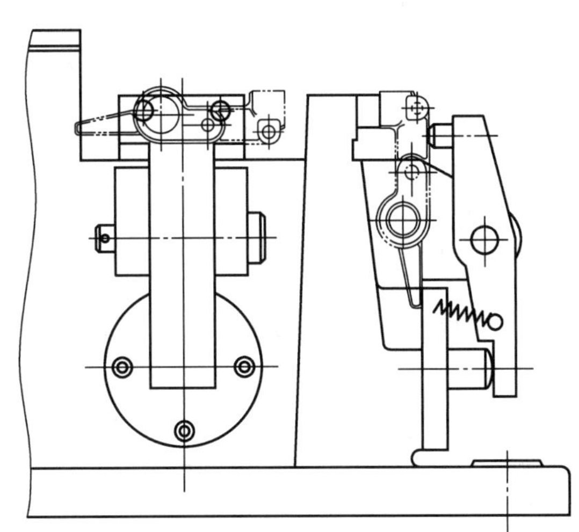

图2.6-7　铣削锁块*A*、*B*平面工序的装夹示意图

2.6.4 分离叉圆弧面的铣削

分离叉的材料为45钢模锻件，是大批大量生产零件。车削两端外圆后，要求铣削表面粗糙度*Ra*为6.3μm的*R*15mm圆弧面（见图2.6-8）。

毛坯锻造时，分离叉两圆弧面不在同一高度上，铣削余量不相等。工件以车好的两端外圆在V形块中定位，用气动可摆动压板夹紧（参见图2.6-9）。为防止变形，须将位于工件两圆弧底部的自位支承锁紧。

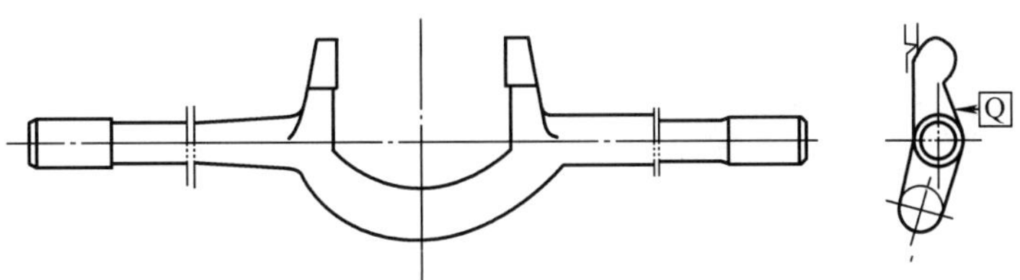

图2.6-8　分离叉简图

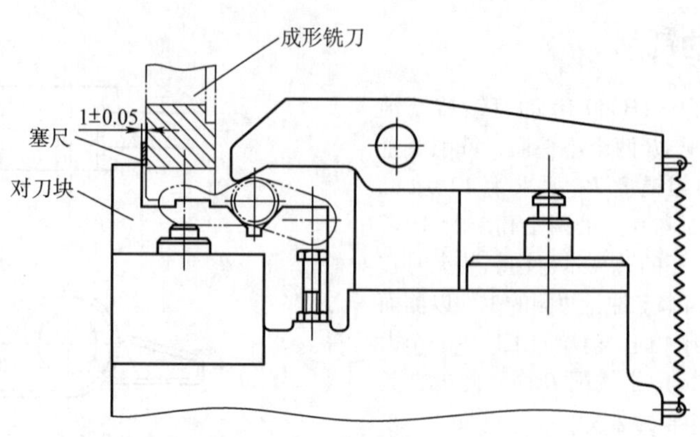

图 2.6-9　铣分离叉圆弧面夹具示意图

2.6.5　球面的铣削

在万能铣床上铣削球面时，工件中心线与刀盘中心线要在同一平面上。工件由电动机带动或用机床纵向丝杠（去掉丝杠螺母）通过交换齿轮带动旋转。

1）铣削外球面。铣削外球面时，一般都采用硬质合金铣刀盘，尺寸较小的工件可安装在分度头或回转台上加工，工件尺寸较大时，可安装在机床主轴上。

常见的外球面工件有带柄球面、整球、大半径球面等几种形式。加工中，应根据球面在工件上的不同位置，调整工件轴线与铣刀回转轴的夹角。

2）铣削内球面。铣削内球面，可采用立铣刀和镗刀加工，当半径较大时，可采用铣刀盘铣削。内、外球面的铣削加工原理是相同的，因此，在铣削前应按刀具和零件加工图中的基本尺寸，预先计算各项加工数据。

球面铣削的调整与计算见表 2.6-3。

3）球面铣削质量分析。球面铣削的质量问题及其原因见表 2.6-4。

表 2.6-3　球面铣削的调整与计算

加工形式	图　示	调整与计算
加工整球	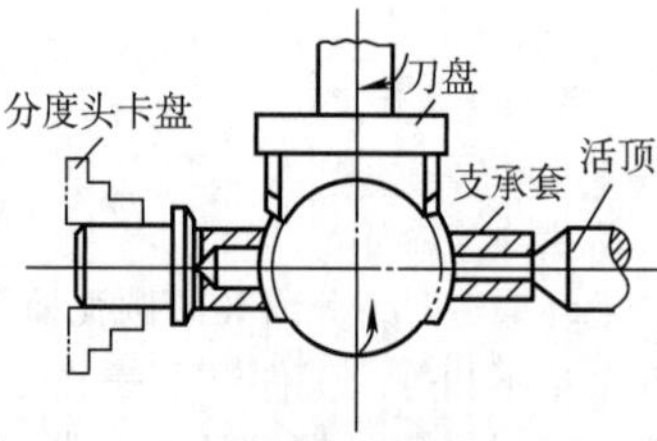 分度头卡盘　刀盘　支承套　活顶尖 第一次铣削 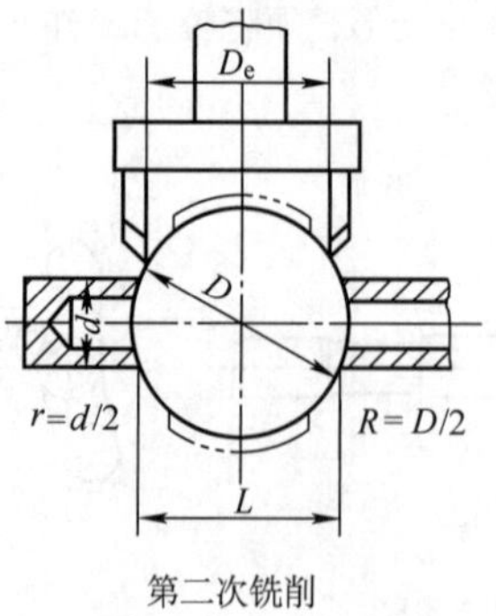 D_e　D　d　$r=d/2$　$R=D/2$　L 第二次铣削	对刀直径 D_e，应控制在 $L>D_e>\sqrt{2}R$ 的范围内 $L=\sqrt{D^2-d^2}=2\sqrt{R^2-r^2}$ 式中　L——两支承套间距离（mm） D、R——工件的直径和半径（mm） d、r——支承套的直径和半径（mm）

（续）

加工形式	图 示	调整与计算
加工带柄圆球		1）求分度头应扳角度 α $\tan\alpha=\frac{BC}{AC}=\frac{\frac{d}{2}}{L_1}=\frac{d}{2L_1}$ $L_1=\frac{D+\sqrt{D^2-d^2}}{2}$ 2）求对刀直径 D_e $D_e=\sqrt{\left(\frac{d}{2}\right)^2+L_1^2}$ 或 $\frac{D_e}{2}=OA\cos\alpha=R\cos\alpha$ 所以 $D_e=2R\cos\alpha=D\cos\alpha$
加工内球面		1）求分度头应扳角度 α $\angle AOB=2\alpha$ $\sin2\alpha=\frac{AB}{AO}=\frac{\frac{d}{2}}{R}=\frac{d}{2R}=\frac{d}{D}$ 2）求对刀半径 $\frac{D_e}{2}$ $\frac{D_e}{2}=R\sin\alpha$

表 2.6-4 球面铣削的质量问题及其原因

质量问题	原　因
球表面呈单向切削纹路，形状呈橄榄形	铣刀轴线和工件轴线不在同一平面内 1）工件与夹具不同轴 2）夹具安装、校正不好 3）工作台调整不当
内球面加工后，表面呈交叉形切削纹路，外口直径扩大，底部出现凸尖	铣刀刀尖运动轨迹未通过工件端面中心 1）对刀不正确 2）划线错误 3）工件倾斜法加工时，移动量计算错误
球面半径不符合要求	1）铣刀刀尖回转直径调整不当 2）铣刀沿轴向进给量过大
球面表面粗糙度达不到要求	1）镗刀切削角度刃磨不当 2）铣刀磨损超过规定要求 3）铣削量过大，圆周进给不均匀 4）顺、逆铣选择不当，引起窜动、梗刀

2.7 常见问题及解决对策

目前，铣削加工大致有两个发展方向，一是以提高生产率为目的强力铣削，一是以提高精度为目的的精密铣削。由于模具钢、不锈钢和耐热合金钢等难加工材料的出现，对机床、刀具提出了新的要求。强力铣削要求机床具有较大的功率和很高的刚度，要求刀具具有良好的切削性能。随着新刀具材料的出现，铣削速度不断提高，产生了高速铣削。例如，对于中等硬度的灰铸铁（150~225HBW），高速钢铣刀的切削速度为15~20m/min，硬质合金铣刀的切削速度为60~110m/min，而采用多晶立方氮化硼铣刀的切削速度为300~800m/min。由于铣削效率比磨削高，采用精密铣削代替磨削提高生产率。例如，用硬质合金刀片的面铣刀盘加工大型铸铁导轨面，精铣时直线度在3m长度内可达0.01~0.02mm，表面粗糙度 Ra 可达1.6~0.8μm。铣削常见问题及解决对策见表2.7-1。

表2.7-1 铣削常见问题及解决对策

序号	问 题	产 生 原 因	解 决 对 策
1	前刀面产生月牙洼	刀片与切屑焊住	1. 用抗磨损刀片、涂层合金刀片 2. 减小铣削深度或铣削负荷 3. 用较大的铣刀前角
2	刃边粘切屑	变化振动负荷造成铣削力与温度增加	1. 将刀尖圆弧或倒角处用油石研光 2. 改变合金牌号增加刀片强度 3. 减少每齿进给量；铣削硬材料时，降低铣削速度 4. 使用足够的润滑性能好的切削液
3	刀齿热裂	高温时迅速降温	1. 改变合金牌号 2. 降低铣削速度 3. 适量使用切削液
4	刀齿变形	过高的铣削温度	1. 用抗变形抗磨损的刀片 2. 适当使用切削液 3. 降低铣削速度及每齿进给量
5	刀齿刃边缺口或下陷	刀片受拉压交变应力作用，铣削硬材料刀片氧化	1. 加大铣刀倒角 2. 将刀片切削刃用油石研光 3. 降低每齿进给量
6	镶齿切削刃破碎或刀片裂开	过大的铣削力	1. 采用抗振合金牌号刀片 2. 采用强度较高的负前角铣刀 3. 用较厚的刀片、刀垫 4. 减小进给量或铣削深度 5. 检查刀片座是否全部接触
7	刃口过度磨损或边磨损	铣削速度过高，机床切削振动及化学反应	1. 采用抗磨合金牌号刀片 2. 降低铣削速度，增加进给量 3. 及时刃磨或更换刀片
8	铣刀排屑槽结渣	排屑不畅，容屑槽太小	1. 装用切削导向器 2. 增大容屑空间和排屑槽 3. 铣削铝合金时，抛光排屑槽

（续）

序号	问题	产生原因	解决对策
9	工件产生鳞刺	过高的铣削力及铣削温度	1. 铣削硬度在38HRC以下软材料时增加铣削速度 2. 改变刀具角度，增大前角并保持刃口锋利 3. 采用涂层刀片
10	工件产生冷硬层	铣刀磨钝，铣削厚度太小	1. 刃磨或更换刀片 2. 增加每齿进给量 3. 采用顺铣 4. 用较大后角的铣刀和正前角铣刀
11	表面粗糙度值偏大	铣削用量偏大，铣刀跳动，铣刀磨钝	1. 降低每齿进给量 2. 采用宽刃大圆弧修光齿铣刀 3. 检查消除工作台镶条间隙以及其他相对运动部件的间隙 4. 检查主轴孔与刀杆配合及刀杆与铣刀配合，消除其间隙；在刀杆上加装惯性飞轮 5. 检查铣刀刀齿跳动，调整或更换刀片，用油石研磨刃口，降低刃口表面粗糙度值 6. 刃磨与更换可转位刀片的刃口或刀片，保持刃口锋利 7. 铣削侧面时，用有侧隙角的错齿或镶齿三面刃铣刀
12	平面度超差	铣削中工件产生变形，铣刀轴线与工件平面不垂直，工件在夹紧中产生变形	1. 减小夹紧力，减小变形 2. 检查夹紧点是否在工件刚度最好的位置 3. 在工件易变形位置增设可锁紧的辅助支承，以提高工件的刚度 4. 检查定位基面是否有毛刺、杂物，是否全部接触 5. 装夹工件时应遵照由中间向两侧或对角顺次夹紧的原则施加夹紧力，避免由于夹紧顺序不当而引起的工件变形 6. 减小铣削深度、降低铣削速度、加大进给量，采用小余量、低速度、大进给铣削，尽可能减小铣削时工件的温度变化 7. 粗铣、精铣在同一工序中完成时，精铣前，须先放松工件然后再用较小的夹紧力夹紧工件，以消除粗铣时的工件变形 8. 校准铣刀轴线与工件平面的垂直度，避免产生铣削表面下凹
13	垂直度超差	立铣刀铣侧面时刀杆直径偏小，产生振动或摆动；三面刃铣刀以垂直于铣刀轴线进给铣侧面时刀杆刚度不足	1. 选用直径较大、刚度高的立铣刀 2. 检查铣刀套筒或夹头与主轴的同轴度以及内孔与外圆的同轴度，并消除安装中可能产生的歪斜 3. 减小进给量或提高铣削速度 4. 适当减小三面刃铣刀直径，增大刀杆直径，并降低进给量，以减小刀杆的弯曲变形
14	尺寸超差	立铣刀、键槽铣刀、三面刃铣刀自身摆动	1. 检查铣刀刃磨后是否符合图样要求，及时更换已磨损的刀具 2. 检查铣刀安装后的摆动是否超过精度要求范围 3. 检查铣刀刀杆是否弯曲，检查铣刀与刀杆套筒接触之间的端面是否平整或与轴线是否垂直，检查是否有杂物、毛刺未清除

参考文献

[1] 陈宏钧. 实用机械加工工艺手册 [M]. 4版. 北京：机械工业出版社，2016.

[2] 杨叔子. 机械加工工艺师手册 [M]. 2版. 北京：机械工业出版社，2011.

[3] 机械加工工艺装备设计手册编委会. 机械加工工艺装备设计手册 [M]. 北京：机械工业出版社，1998.

[4] 中国机床总公司. 2005全国机床产品供货目录 [M]. 北京：机械工业出版社，2005.

第3章

钻削、扩削、铰削加工

主　编　呼　咏（吉林大学）
副主编　郑玉彬（吉林大学）
参　编　徐　超（吉林大学）

在实体材料上一次钻成孔的工序为钻削，但钻孔精度低，表面质量也较差。钻削加工的金属切除率大、切削效率高。扩削是对已经钻出、铸出或锻出的孔做进一步加工，以扩大孔径并提高孔的加工质量的工序。锪孔是在钻孔孔口表面上倒棱、切平面或沉孔的工序，锪孔属于扩削范围。铰削是利用铰刀对孔进行半精加工和精加工的工序。

3.1　钻床的类型、技术参数与联系尺寸

3.1.1　台式钻床（表 3.1-1）

表 3.1-1　台式钻床型号与技术参数

技术参数		机床型号				
		Z4012	ZJ4113B	Z4116A	Z4120A	Z4132A（矮）
最大钻孔直径/mm		12	13	16	20	32
主轴行程/mm		100	50	90	90	90
主轴孔莫氏锥度号		1	B16	2	2（3）	3
主轴端面至底座工作面距离/mm		55~355	350~550	最大 545	最大 510	最大 510
主轴轴线至立柱素线距离/mm		200	200	193	240	240
主轴转速	级数	5	5	5	5	5
	范围/(r/min)	560~3500	620~3140	360~3100	360~3100	360~3100
主电动机功率/kW		0.37	0.25	0.75	1.10	1.10
重量/kg	毛重	110		72	97	97
	净重	86	20	60	84	84
工作台尺寸/mm（长×宽）			160×160	255×230	300×250	300×250
外形尺寸	长/mm	680	290	480	560	560
	宽/mm	350	190	320	350	350
	高/mm	860	590	1000	1000	1000
生产厂		上海五东机床有限公司	南京鑫业电动工具制造有限公司	上海三松机电工具有限公司	上海三松机电工具有限公司	上海三松机电工具有限公司

3.1.2　立式钻床（表 3.1-2、表 3.1-3）

表 3.1-2　立式钻床型号与技术参数

技术参数	机床型号					
	Z5125A	Z5132A	Z5140B	Z5150A	Z5163C	Z5180C
最大钻孔直径/mm	25	32	40	50	63	80
主轴行程/mm	200	200	250	250	250	250
主轴箱行程/mm	200	200	200	200	250	250

（续）

技术参数		机床型号					
		Z5125A	Z5132A	Z5140B	Z5150A	Z5163C	Z5180C
主轴端面至工作台距离/mm		710	710	750	750	50～850	50～850
主轴轴线至导轨面距离/mm		280	280	335	335	375	375
主轴转速	级数	9	9	12	12	9	9
	范围/(r/min)	50～2000	50～2000	31.5～1400	31.5～1400	40～570	40～570
进给量	级数	9	9	9	9	6	6
	范围/(mm/r)	0.056～1.8	0.056～1.8	0.056～1.8	0.056～1.8	0.11～0.78	0.11～0.78
主轴孔莫氏锥度号		3	4	4	5	5	6
主轴最大进给抗力/N		9000	9000	16000	16000	30000	30000
主轴最大转矩/N·m		160	160	350	350	800	800
电动机功率/kW	主电动机	2.2	2.2	3	3	5.5	5.5
	总功率	2.29	2.29	3.09	3.09	5.84	5.84
工作台行程/mm		310	310	300	300	300	300
工作台尺寸/mm		550×400	550×400	560×480	560×480	650×550	650×550
重量/kg	毛重	1200	1200	1500	1500	2800	2800
	净重	950	950	1250	1250	2500	2500
外形尺寸	长/mm	960	960	1090	1090	1470	1470
	宽/mm	800	800	900	900	1000	1000
	高/mm	2290	2290	2530	2530	2800	2800
生产厂		宁夏银川大河数控机床有限公司	宁夏银川大河数控机床有限公司	宁夏银川大河数控机床有限公司	宁夏银川大河数控机床有限公司	宁夏银川大河数控机床有限公司	宁夏银川大河数控机床有限公司

表 3.1-3　立式钻床联系尺寸　（mm）

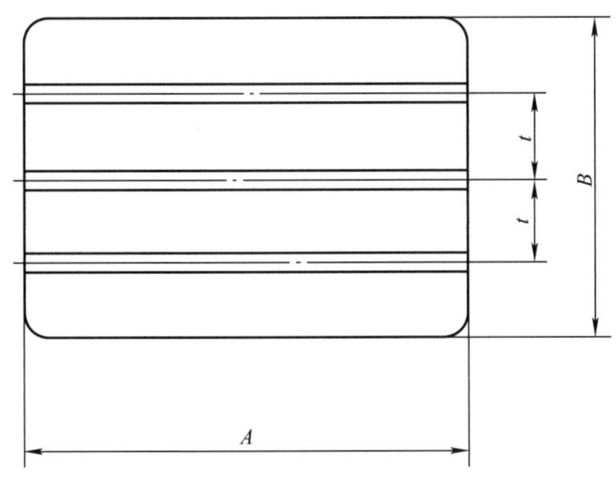

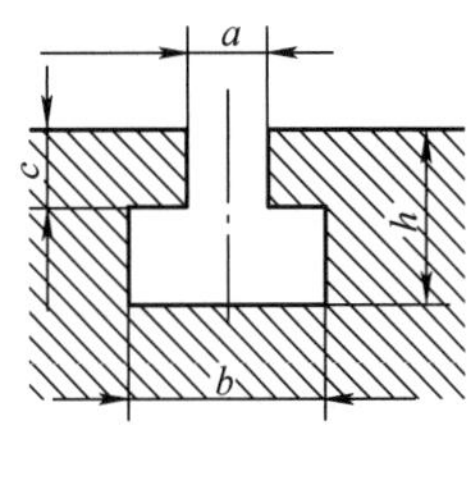

（续）

机床联系尺寸	机床型号					
	Z5125A	Z5132A	Z5140A	Z5150A	Z5163C	Z5180C
工作台尺寸（A×B）	550×400	550×400	560×480	560×480	650×550	650×550
T形槽数	3	3	3	3	3	3
t	100	100	150	150	150	150
a	14	14	18	18	22	22
b	24	24	30	30	36	36
c	11	11	14	14	16	16
h	26	26	30	30	36	36

3.1.3 摇臂钻床（表3.1-4、表3.1-5）

表3.1-4 摇臂钻床型号与技术参数

技术参数		机床型号					
		Z3132×8	Z3035×10	Z3040×10	Z3050×16	Z3063×20	Z3080×25
立柱直径/mm		—	—	320	—	—	—
最大钻孔直径/mm		32.5	35	40	50	63	80
主轴行程/mm		130	220	280	315	400	400
主轴端面至底座工作面距离/mm		25~870	140~860	250~950	350~1250	220~1400	350~1600
主轴轴线至立柱素线距离/mm		315~815	290~930	300~1000	260~1600	450~2000	480~2500
主轴转速	级数	4	6	12	16	16	16
	范围/(r/min)	173~960	75~1220	34~1220	25~2000	16~1600	16~1250
进给量	级数	—	3	6	16	16	16
	范围/(mm/r)	—	0.10~0.25	0.10~0.25	0.04~3.2	0.04~3.3	0.04~3.2
主轴孔莫氏锥度号		3	4	4	4	5	6
最大进给抗力/N		—	20000	10000	—	25000	35000
主轴最大转矩/N·m		—	150	—	—	1000	1600
摇臂升降距离/mm		—	800	400	—	800	1000
摇臂升降速度/(m/min)		1.51	1.2	—	—	1.0	1.0
电动机功率/kW	主电动机	1.5	2.2	3	4	5.5	7.5
	总功率	—	—	—	—	8.95	11.39
摇臂回转角度/(°)		360	360	360	360	360	360
主轴箱水平移动距离/mm		50	—	—	1250	1550	2000
机床重量/kg		850	1500	2800	3500	7000	11800

（续）

技术参数		机床型号					
		Z3132×8	Z3035×10	Z3040×10	Z3050×16	Z3063×20	Z3080×25
外形尺寸	长/mm	1800	1500	1755	2500	3000	3500
	宽/mm	700	800	800	1070	1250	1450
	高/mm	2044	2150	2300	2800	3300	3300
生产厂		山东省兖州市威龙机床有限公司	山东省滕州市弘业重工机械厂	沈阳一机重工有限公司	沈阳机床集团中捷摇臂钻床厂	沈阳机床集团中捷摇臂钻床厂	沈阳机床集团中捷摇臂钻床厂

注：Z3132×8 为万向摇臂钻床。

表 3.1-5 摇臂钻床联系尺寸 （mm）

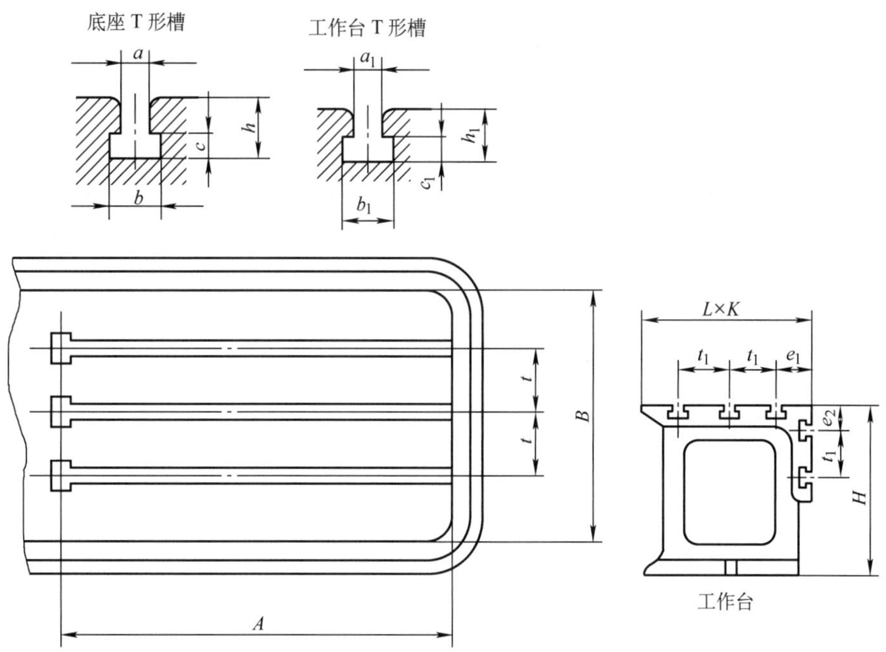

机床联系尺寸	机床型号				
	Z3132×8	Z3035×10	Z3050×16	Z3063×20	Z3080×25
底座 T 形槽数	2	—	4	4	5
工作台上面 T 形槽数	—	3	3	4	5
工作台侧面 T 形槽数	—	2	2	3	3
工作台尺寸（$A×B$）	650×450	—	1590×840	1985×1080	2450×1200
t	225	—	180	250	276
a	14	—	28	28	28
b	24	—	46	50	46

（续）

机床联系尺寸	机床型号				
	Z3132×8	Z3035×10	Z3050×16	Z3063×20	Z3080×25
c	11	—	20	24	20
h	23	—	46	54	48
$L \times K \times H$	—	300×400×450	500×630×500	630×800×500	800×1000×560
t_1	—	80	150	150	150
e_1	—	70	100	90	175
e_2	—	100	100	105	115
a_1	—	18	22	22	22
b_1	—	30	36	36	36
c_1	—	13	16	16	16
h_1	—	—	36	36	36

3.1.4 排式钻床（表 3.1-6）

表 3.1-6 排式钻床型号与技术参数

技术参数		机床型号		
		Z5625.3C	Z5625.4C	Z5632.4A
最大钻孔直径/mm		25	25	32
主轴行程/mm		200	200	200
主轴箱行程/mm		400	400	400
主轴中心线至导轨面距离/mm		280	280	280
主轴端面至工作台面最大距离/mm		700	700	710
主轴转速	级数	9	9	9
	范围/(r/min)	50~2000	50~2000	50~2000
主轴孔莫氏锥度号		3	3	3
最大进给抗力/N		9000	9000	9000
主轴最大转矩/N·m		160	160	160
电动机功率/kW	主电动机	2.2×3	2.2×4	2.2×4
	总功率	6.72	8.92	10.50
工作台工作面积/mm^2（长×宽）		1940×440	2660×440	2675×445
工作台距地面高/mm		700	700	700
生产厂		宁夏银川大河数控机床有限公司	宁夏银川大河数控机床有限公司	宁夏银川大河数控机床有限公司

3.1.5　铣端面、钻中心孔机床（表 3.1-7）

表 3.1-7　铣端面、钻中心孔机床型号与技术参数

技术参数		机床型号				
		TD60/400	TDV100/600	ZXT200X-1500	FD250/1800	ZXT350X-3000
铣削最大直径/mm		65	100	200	250	350
钻中心孔直径/mm		A2.5~B4	A2.5~B10	B2~B6	A2.5~B10	B2~B6
加工工件长度/mm		100~400	150~600	200~1000	300~1800	500~3000
钻轴转速/(r/min)		700~1500	700~1500	700~1500	700~1500	500~1000
主轴转速/(r/min)		500~2000	300~600	50~500	200~400	50~500
主电动机功率/kW		3	5.5	7.5	11	11
机床重量/kg		3200	6800	7500	10800	15000
外形尺寸	长/mm	2150	3150	4300	3800	5600
	宽/mm	1180	1560	1700	1560	1700
	高/mm	1560	1700	1850	1720	1850
生产厂		通亚数控装备有限公司	通亚数控装备有限公司	山东雷欧机床有限公司	通亚数控装备有限公司	山东雷欧机床有限公司

注：表中 A、B 为中心孔类型，A 为不带护锥，B 为带护锥。

3.1.6　数控立式钻床（表 3.1-8）

表 3.1-8　数控立式钻床型号与技术参数

技术参数		机床型号			
		ZK5140B	ZK5140C	ZK5150B	ZK5150C
最大钻孔直径/mm		40	40	50	50
主轴最大进给抗力/kN		12	16	12	20
主轴最大允许转矩/N·m		250	350	200	400
主轴孔莫氏锥度号		4	4	5	
主轴转速/(r/min)		40~2000(12 级)	31.5~1400(12 级)	45~2000(12 级)	31.5~1400(12 级)
主电动机功率/kW		3	3	3	4
X 轴行程/mm		850	800	850	900
Y 轴行程/mm		400	400	400	420
Z 轴行程/mm		240	250	240	250
定位精度/mm	*X*	0.25/300	0.05	0.25/300	0.05
	Y	0.25/300	0.05	0.25/300	0.05
	Z	0.25/300	0.05	0.25/300	0.05
重复定位精度/mm	*X*	0.02/300	0.02	0.02/300	0.02
	Y	0.02/300	0.02	0.02/300	0.02
	Z	0.02/300	0.02	0.02/300	0.02

（续）

技术参数		机床型号			
		ZK5140B	ZK5140C	ZK5150B	ZK5150C
重量/kg	毛重	3500	—	3500	—
	净重	3000	2700	3100	2700
外形尺寸	长/mm	1880	2060	1880	2060
	宽/mm	1590	2160	1590	2160
	高/mm	2360	2550	2360	2550
生产厂		宁夏银川大河数控机床有限公司	江苏多菱数控机床有限公司	宁夏银川大河数控机床有限公司	江苏多菱数控机床有限公司

3.1.7 钻削中心（表3.1-9）

表3.1-9 钻削中心型号与技术参数

技术参数		机床型号
		V850L高速精密钻削加工中心
工作台尺寸/mm（长×宽）		1050×500
T形槽［(宽/mm)×槽数］		18×3
坐标行程/mm	*X*	800
	Y	500
	Z	550
主轴端面距工作台距离/mm		150~700
主轴中心至立柱前面距离/mm		610
快速移动速度/(mm/min)	*X*	24000
	Y	24000
	Z	15000/24000（线轨）
切削进给速度/(mm/min)		1~10000
主轴电动机功率/kW	连续	7.5
	30min	11
主轴转速/(r/min)		8000
主轴锥孔		ISO40
刀柄型式		BT40
刀库容量（把）		16/20/24
刀具最大重量/kg		8
刀具最大长度/mm		250
X、*Y*、*Z*轴导轨结构		直线滚动导轨
工作台最大承载/kg		500
机床净重/kg		5000
机床外形尺寸/mm（长×宽×高）		2700×2350×2600
生产厂		宁夏银川大河数控机床有限公司

3.1.8　深孔钻床（表 3.1-10）

表 3.1-10　深孔钻床型号与技术参数

技术参数		机床型号		
		ZK2101	ZK2102	ZK2103
钻孔直径范围/mm		4～11	3～20	4～30
钻孔最大深度/mm		100	1000	1200
滑台导轨至主轴中心高/mm		60	60	—
工作台面至主轴中心高/mm		180	180	—
主轴箱主轴转速/(r/min)		380	370	—
钻杆箱主轴转速/(r/min)(无级)		1000～8000	500～8000	800～7000
快速进给速度/(mm/min)		3000	3000	—
进给速度/(mm/min)		10～350	10～350	15～500
进给电动机转矩/N·m		5.36	8.26	—
主轴箱电动机功率/kW		1.5	1.5	—
钻杆箱电动机功率/kW		3	3	3
机床总功率/kW		15	14	22
外形尺寸	长/mm	2200	4900	—
	宽/mm	1800	2800	
	高/mm	2000	1700	
数控系统		采用日本信浓 CNC 系统及单轴交流伺服系统	采用日本 ODC-1001 单轴交流伺服系统及日本安川伺服系统	FANUC OMD
生产厂		德州德隆（集团）机床有限责任公司	德州德隆（集团）机床有限责任公司	德州德隆（集团）机床有限责任公司

注：ZK2103 用于钻削三坐标或二坐标孔系的数控深孔加工设备，滑台最大垂直方向行程为 1000mm，工作台最大横向行程为 1500mm，工作台工作面尺寸为 1000mm×2450mm。

3.2　钻床夹具

3.2.1　通用钻床夹具

通用钻床夹具是指结构、尺寸已经标准化、规格化，且有较大适用范围的夹具。

通用钻床夹具适用于多品种、中小批量生产，也适用于单一品种的大量生产。

1. 滑柱钻模

（1）常用滑柱钻模的结构（图 3.2-1、表 3.2-1 和图 3.2-2、表 3.2-2）

表 3.2-1　手动滑柱钻模结构尺寸　（mm）

A	*B*	*H*	
		最小	最大
60	85	60	90
80	110	80	120
105	140	105	155
130	170	130	190
160	205	155	225

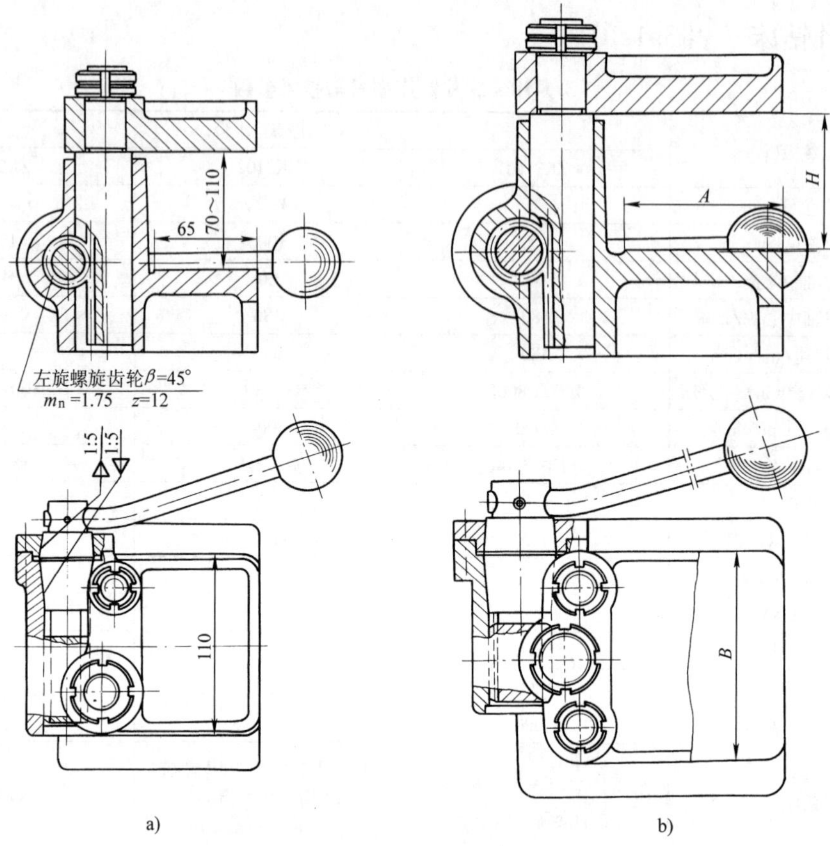

图 3.2-1 手动滑柱钻模

a）单齿条单滑柱钻模 b）单齿条双滑柱钻模

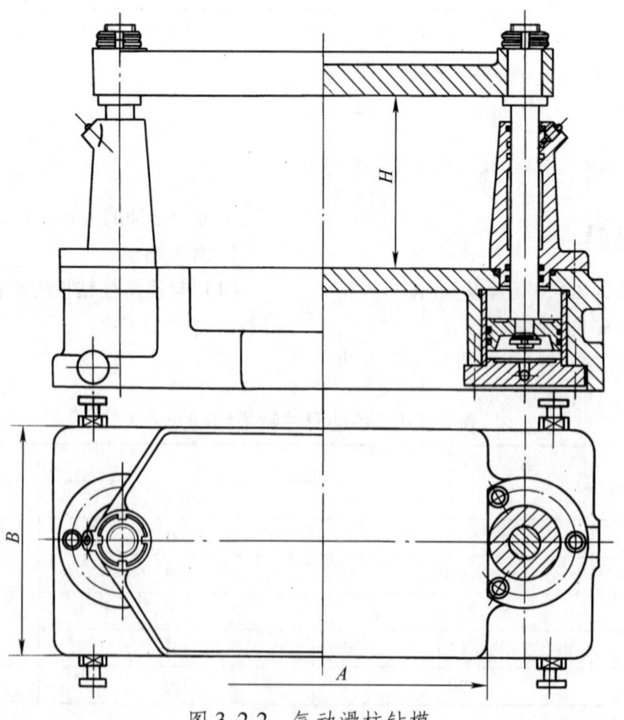

图 3.2-2 气动滑柱钻模

表 3.2-2　气动滑柱钻模结构尺寸　(mm)

A	*B*	*H*	
		最小	最大
250	180	130	166
330	220	150	186

(2) 滑柱钻模的特点

1) 滑柱钻模的钻模板可以上下升降，钻模结构已规格化，根据工件的形状和尺寸进行选择，然后补充加工，并配制定位件、夹紧件及钻套等。

2) 钻模板紧固在滑柱上，滑柱与气缸活塞连接，升降迅速，缩短了松开与夹紧工件的辅助时间。

3) 由于滑柱与其导向孔间有配合间隙，所以利用钻模板夹紧工件时，钻出孔的垂直度精度不高。

2. 自定心装置

(1) 自定心装置的常用结构

1) 普通三爪自定心装置（图 3.2-3、表 3.2-3）。该装置适用于回转体毛坯件的钻、扩孔工序。工件以外圆和端面在三个偏心爪和一个定位块上定位并夹紧。工件夹紧是利用切削力自动实现的。当工件表面是毛面时，偏心爪工作表面应开有齿纹，且其工作表面的偏心距 *e* 常为圆弧半径 *R* 的 1/6。该装置便于装卸工件，但定心精度较低。

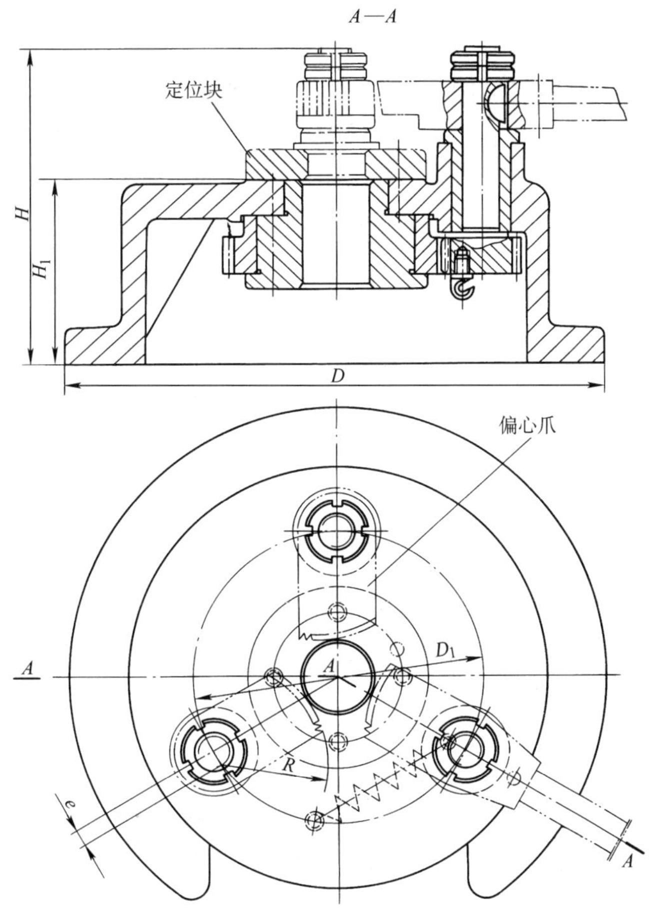

图 3.2-3　普通三爪自定心装置

表 3.2-3　普通三爪自定心装置尺寸　(mm)

D	D_1	H	H_1	工件直径	
				最小	最大
240	104	142	86	20	40
310	168	176	105	40	90
375	231	188	110	90	150

2）带下回转导套的三爪自定心装置（图 3.2-4）。该装置适用于工件的扩孔工序。下回转导套供刀杆做导向用，使工件长孔或上、下两孔能得到较高的加工精度。该装置的结构及其他特性与普通三爪自定心装置相似。

3）手动自定心虎钳（图 3.2-5、表 3.2-4）。该虎钳适用于在立式钻床上钻削圆柱形工件上的轴向孔。

4）气动自定心虎钳（图 3.2-6、表 3.2-5）。该虎钳适用于在卧式钻床上钻中心孔。

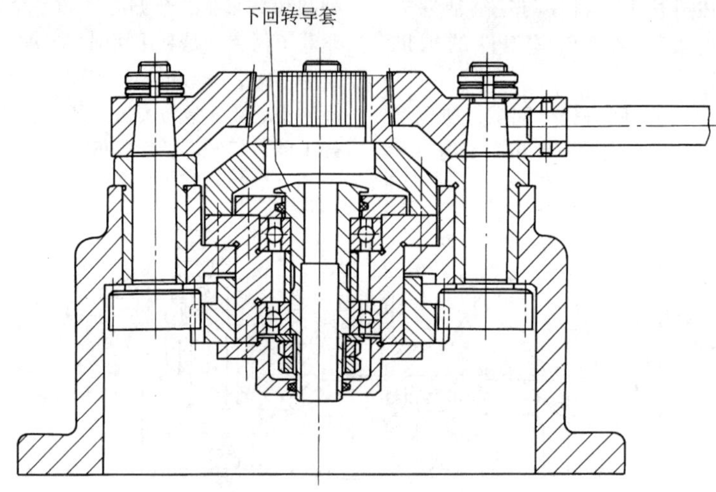

图 3.2-4　带下回转导套的三爪自定心装置

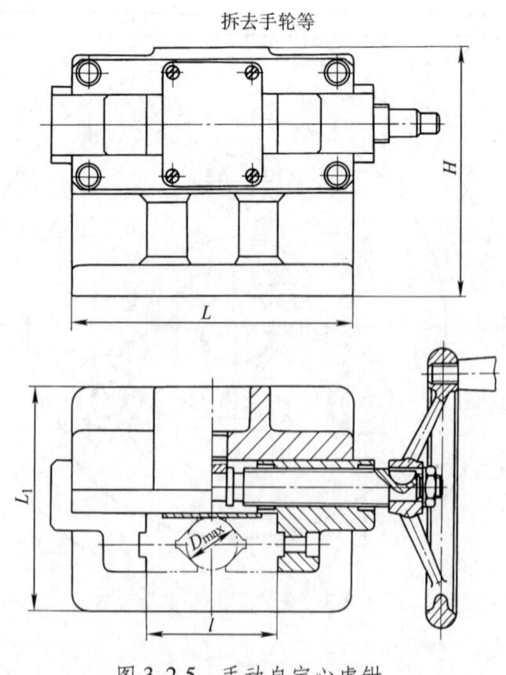

图 3.2-5　手动自定心虎钳

表 3.2-4　手动自定心虎钳尺寸　(mm)

L		140	170	210	280
L_1		100	130	160	200
l	最大	60	80	115	140
	最小	45	60	85	100
D_{max}		20	30	50	70
H		100	145	170	215

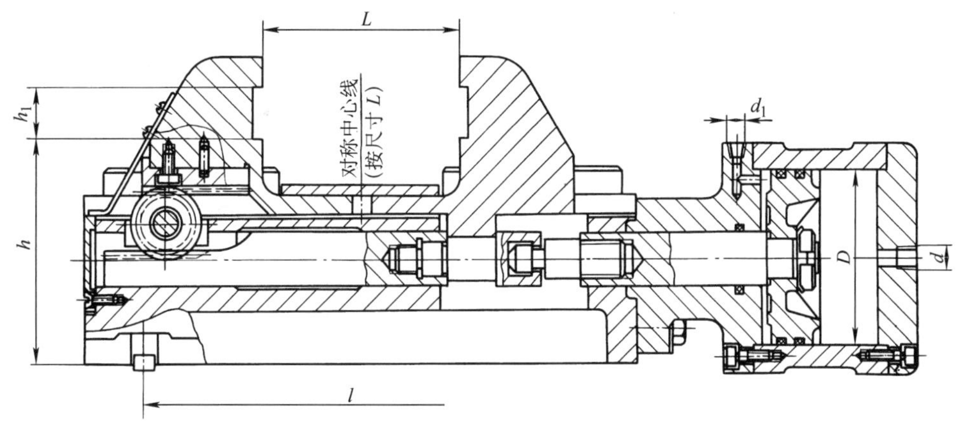

图 3.2-6　气动自定心虎钳

表 3.2-5　气动自定心虎钳尺寸　(mm)

L 最大	L 最小	l	h_1	h	D	d	d_1
190	120	270	135±0.05	30	100	Z1/4"	Z1/4"
					150	Z3/8"	Z3/8"

(2) 自定心装置的特点

1）定位元件与夹紧元件是同一个元件，在定位的同时又起到了夹紧的作用，故效率较高。

2）由于定位夹紧元件能同时相对而动，因而能保证工件的对称点（线、面）在夹紧过程中始终处于准确位置，故定位精度较高。

3）按定心夹紧元件的性能可分为刚性定心夹紧装置（如螺旋式虎钳）和弹性定心夹紧装置（如弹簧夹头式卡盘）两种。刚性定心夹紧装置适用于粗加工和半精加工。弹性定心夹紧装置适用于精加工。

3. 分度转台

(1) 分度转台的常用结构

1）卧轴无锁紧装置的分度转台（图 3.2-7、表 3.2-6）。该转台用在钻床上加工直径不大的孔。扳动手柄，通过轴齿轮、插销进行对定。调整螺母可以控制两轴承的间隙，使主轴无轴向窜动，并且转动轻便。

2）卧轴有锁紧装置的分度转台（图 3.2-8、表 3.2-7）。该转台适宜于和尾座配合使用，加工小型壳体类工件；也可在夹具体的顶部安装钻模板，无需尾座而单独用在钻床上加工盘类工件的径向孔。转台可直接装夹工件（或安装夹具），且可做 2、3、4、6、8、12、24 等分。

分度时，扳动手柄，通过拨杆 6 拔出插销 7，转台回转分度到位后，由手柄上的偏心轴 5 将转台锁紧，锁紧力的大小用螺钉 4 调节。

表 3.2-6　卧轴无锁紧装置的分度转台尺寸　(mm)

D	200~300	300~450	450~600
H	200	300	380

表 3.2-7　卧轴有锁紧装置的分度转台尺寸　(mm)

h	160	215
D	250	350

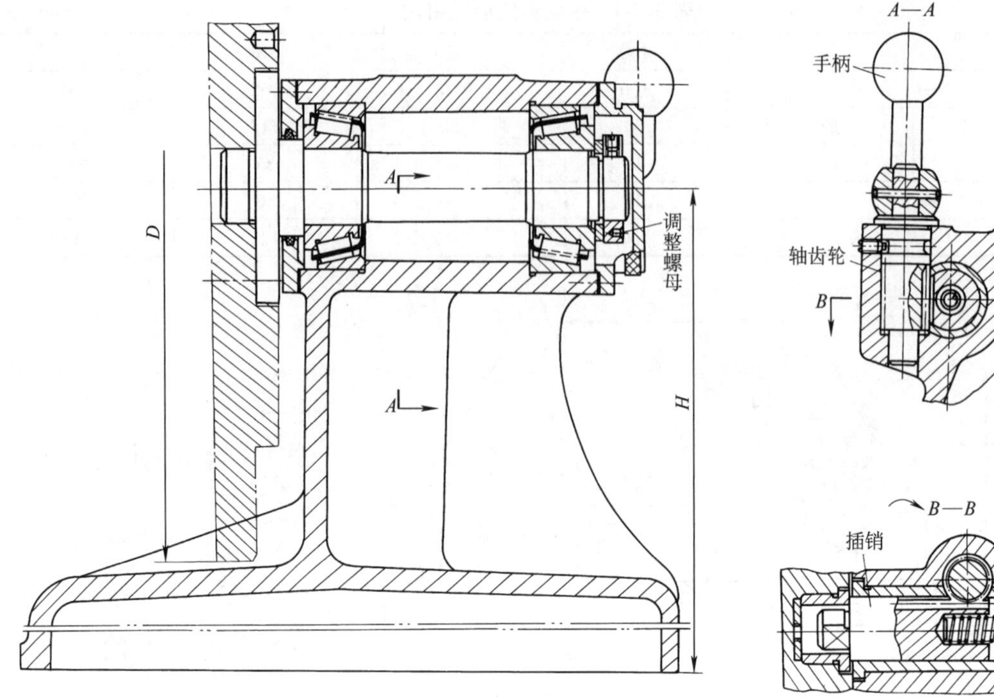

图 3.2-7　卧轴无锁紧装置的分度转台

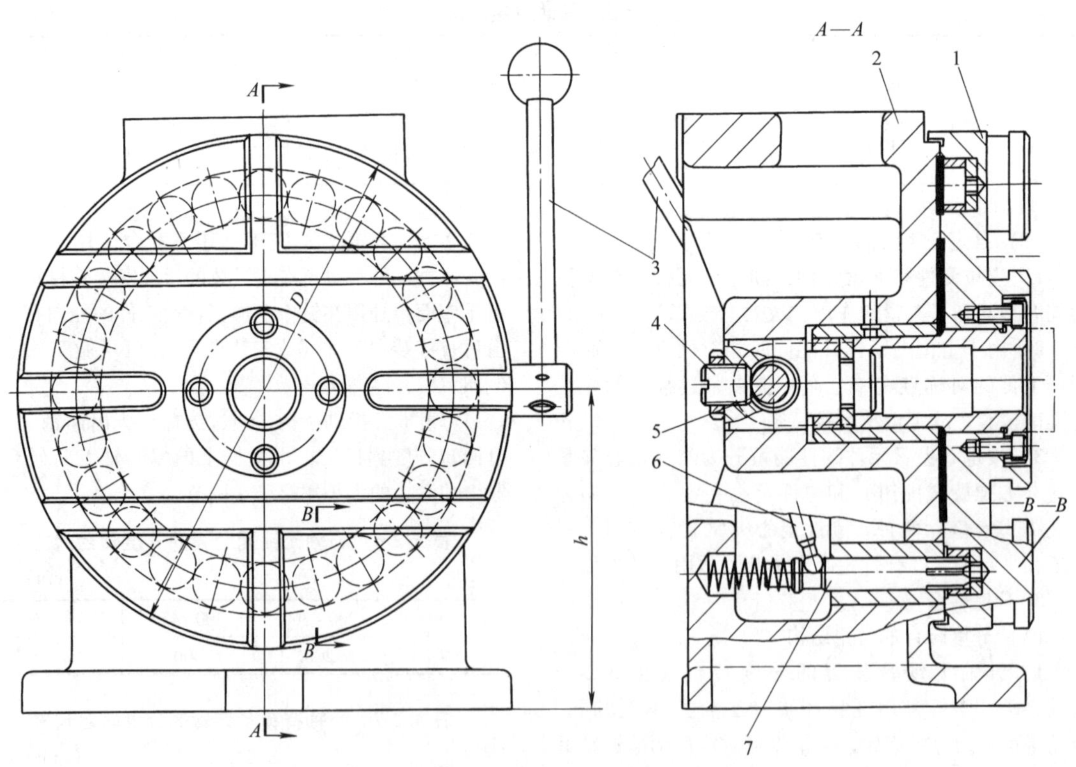

图 3.2-8　卧轴有锁紧装置的分度转台

1—转台　2—转台夹具体　3—手柄　4—螺钉　5—偏心轴　6—拨杆　7—插销

3）卧轴双支承分度转台（图 3.2-9、表 3.2-8）。该转台的左、右支座配套使用，可安装回转钻模，供不同大小的箱体进行钻孔、攻螺纹。两支座的底座根据工件的需要另行设计。右支座具有分度对定机构，大规格的转台通过脚踏板带动杠杆来拨动定位销，小规格的采用手动操作。两支座主轴都装有轴承，且尾座带有配重，所以钻模回转时轻便、省力。*H* 值为 320mm、370mm 两种规格的转台有锁紧装置，扳动手柄，通过紧定螺母使手柄向后移动，锁紧转盘。另外两种规格的分度转台无锁紧装置。

表 3.2-8　卧轴双支承分度转台尺寸　（mm）

H	250	320	370	450
D	不带转盘	$\phi400$	$\phi500$	不带转盘

4）立轴无锁紧装置的分度转台（图 3.2-10、表 3.2-9）。该转台适用在钻床上加工在圆平面上要钻许多小孔的工件。转盘可根据加工要求进行补充加工。由于转盘在钻孔时，主要承受轴向力，因此转台没有锁紧装置。调节螺母，可使转盘无轴向窜动。

5）立卧两用分度转台（图 3.2-11）。该转台可垂直放置，也可水平放置，转盘上可安装自定心卡盘或其他夹具，且可做 2、3、4、6 等分。

表 3.2-9　立轴无锁紧装置分度转台尺寸　（mm）

D	150
	200
	300
	450
	600
	800

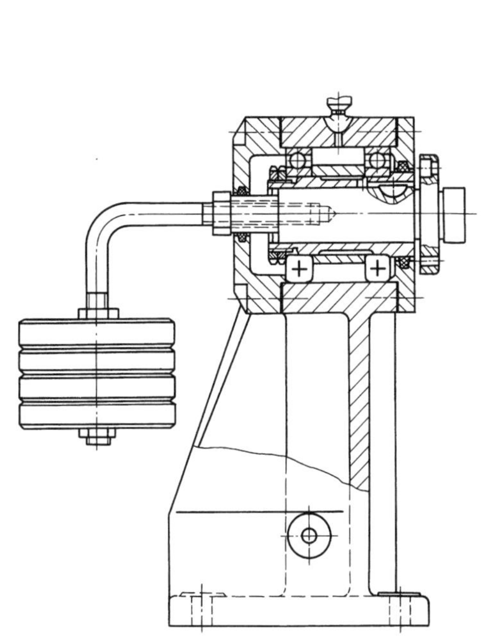

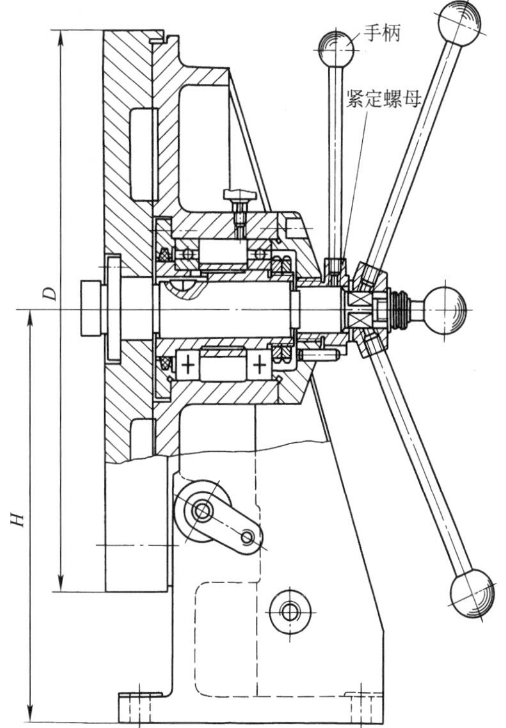

图 3.2-9　卧轴双支承分度转台

顺时针方向转动手柄 9，工字套 7 上的销子脱离定位销，在弹簧 10 的作用下，定位销 11 自动进行对定；继续转动手柄 9，转轴 8 端头的楔块 5 推动用圆柱销 2 隔开的弓形块 3，利用其斜面将锥形环 4 下压，使转盘锁紧。反转手柄 9，楔块 5 退出，转盘即松开，与此同时，工字套 7 随转轴 8 转动，工字套 7 的销子将定位销 11 压出，即可进行转位。

（2）分度转台的特点

分度转台一般由固定部分、转动部分、分度装置及紧定装置四大部分组成。固定部分与机床工作台相联系并紧定在一起；转动部分供装夹工作夹具（指直接执行定位、夹紧部分）或工件用；分度装置用来控制转动部分每次回转的角度；紧定装置用在每次分度后使转动部分紧固在相应的位置上。上述四部分机构与铣床用的分度转台基本相同，只是钻床用的分度转台的转动部分不一定要很可靠地紧定在固定部分上（因为钻削时的切削力和振动都比较小），有些钻床用的分度转台甚至不需要有紧定装置。

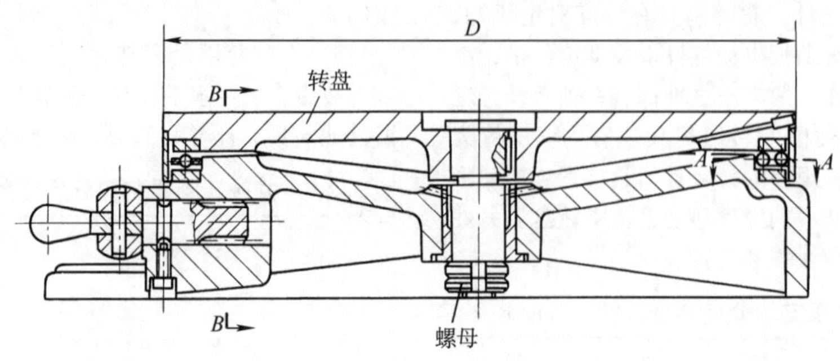

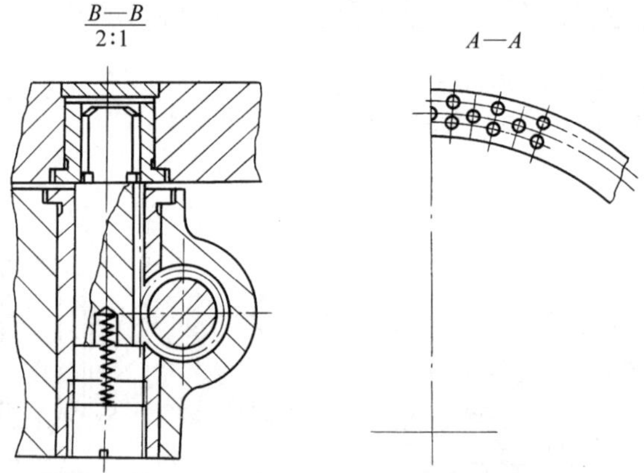

图 3.2-10　立轴无锁紧装置的分度转台

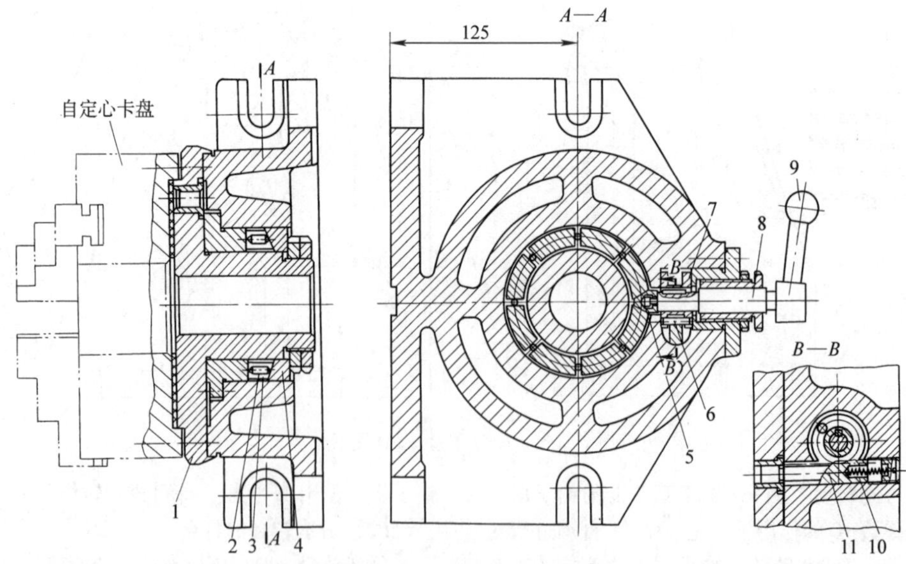

图 3.2-11　立卧两用分度转台

1—转盘　2—圆柱销　3—弓形块　4—锥形环　5—楔块　6—销　7—工字套　8—转轴　9—手柄　10—弹簧　11—定位销

分度转台适用于对工件的同一表面、同一圆周或几个面上的孔进行加工。

4. 通用多轴头

（1）通用多轴头的常用结构

通用多轴头的常用结构如图 3.2-12 所示。当钻床主轴旋转时，经过主动轴 1、飞轮 3、轴 2 使大号连动盘 4、小号连动盘 5 做平面运动，并带动偏心轴 9 与 10、工作轴 8 旋转进行加工。当加工新的工件需要调整时，先松开螺钉 6，使与工作轴 8 连在一起的回转体 7 绕着偏心轴 10 的下端转动，直到工作轴 8 调到正确位置，再用螺钉 6 紧固即可。

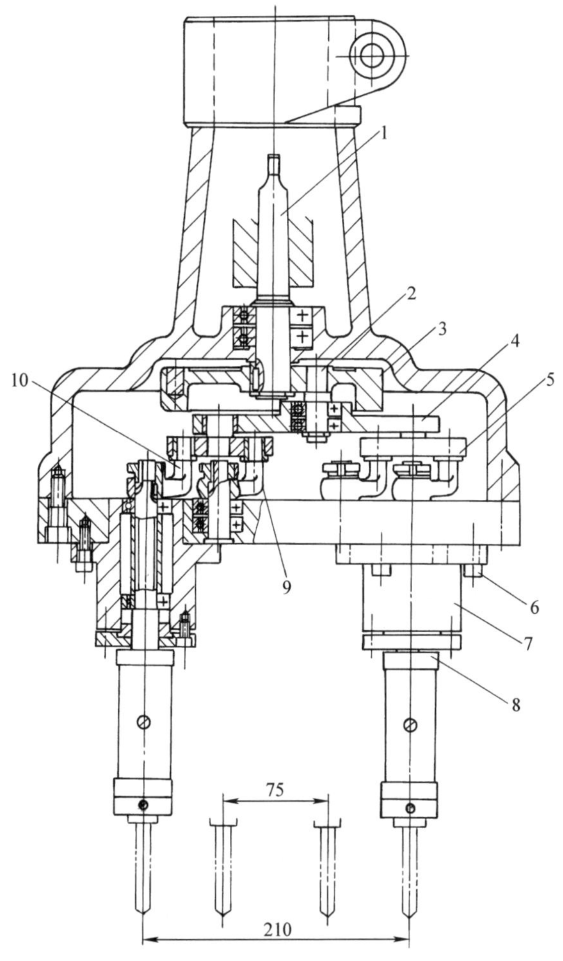

图 3.2-12　偏心传动通用多轴头
1—主动轴　2—轴　3—飞轮　4—大号连动盘
5—小号连动盘　6—螺钉　7—回转体
8—工作轴　9、10—偏心轴

（2）通用多轴头的特点

1）通过其传动装置可使机床主轴的转动传到多个工作轴上，使多个工作轴得到各自所需要的同速或不同速的转动，故它可在单轴立式钻床上或其他组合机床上分别进行钻、扩、铰孔及攻螺纹等，还可同时进行钻、扩、铰孔或攻螺纹等。

2）工作轴可调，适用于多品种、中小批量生产的工厂（如机床厂）；但有时工作轴之间的距离不能调得很小，故此多轴头的通用性是有限的。

3）工作轴有时稳定性不够，不宜选用过大的切削用量。

3.2.2　专用钻床夹具

专用钻床夹具（不包括可调钻模与组合钻模）的一般特点如下：

1）专用性强，一般不经调整就可直接对工件进行加工。

2）结构简单、紧凑，使用、维修方便，但设计、制造周期较长，而且当加工对象改变时，往往因无法重复使用而闲置。专用钻床夹具适用于工件较固定、批量较大的成批大量生产。

1. 固定式钻模

（1）固定式钻模示例

固定式钻模是指加工中钻模板相对于工件和机床的位置保持不变的钻模。图 3.2-13 所示为用于加工拨叉轴孔的固定式钻模。工件以底平面和外圆表面分别在夹具上的圆支承板 1 和长 V 形块 2 上定位，限制 5 个自由度；旋转手柄 8，由转轴 7 上的螺旋槽推动 V 形压头 5 夹紧工件；钻头由安装在固定式钻模板 3 上的钻套 4 导向。钻模板 3 用螺钉紧固在夹具体上。

（2）固定式钻模的特点及用途

1）在使用的整个过程中（不包括装、卸工件的过程），工件相对于机床的位置是固定不变的。

2）在单轴立式钻床上适用于进行直径较大的一个孔或阶梯孔的加工，如果配以多轴头还可加工平行孔系。

3）在摇臂钻床、镗床和多轴专用钻床上可用来加工箱壁平行孔系。

4）适用于钻削直径较大（ϕ10mm）的孔、钻孔转矩较大及孔的加工精度要求较高的场合。

2. 移动式钻模

（1）移动式钻模示例

移动式钻模如图 3.2-14 所示（也属于固定钻模板式钻模）。图示钻模用于立式钻床。工件以定位块 1、定位支承 2、4 和定位挡销 5 定位，其中定位支承 2、4 削去两侧，以减小接触面积、提高定位精度。由于工件侧面是一斜面，故定位块 1 做成台阶式。夹具体 6 可在带导轨的底座 3 上移动，并用螺钉来调节两极限位置。

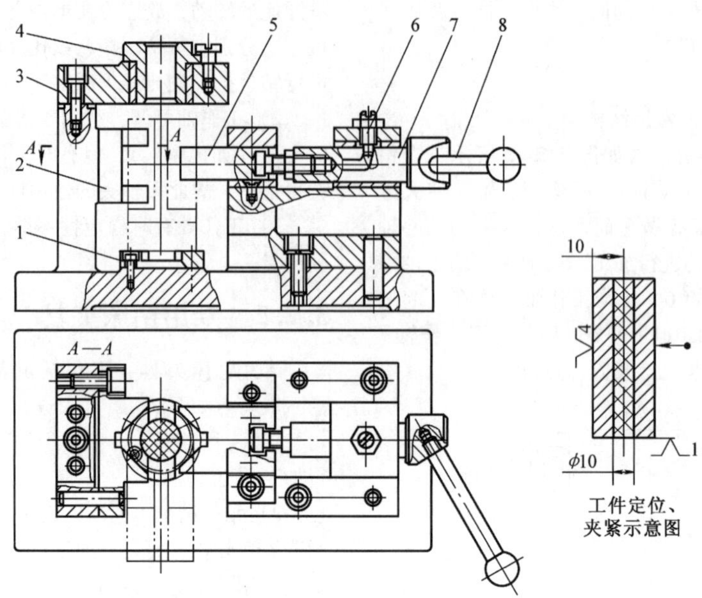

图 3.2-13　固定式钻模

1—圆支承板　2—长V形块　3—钻模板　4—钻套　5—V形压头　6—螺钉　7—转轴　8—手柄

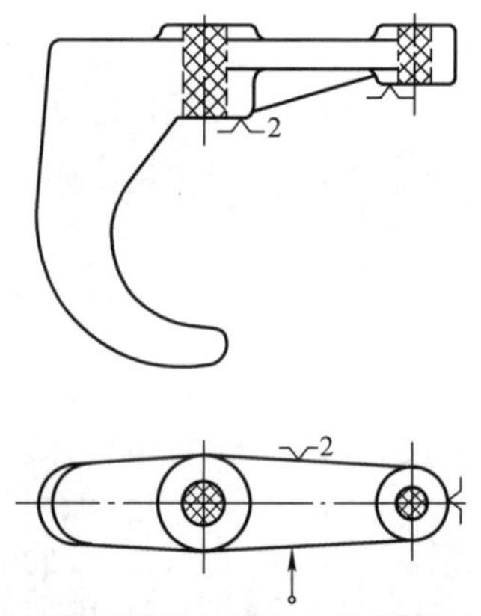

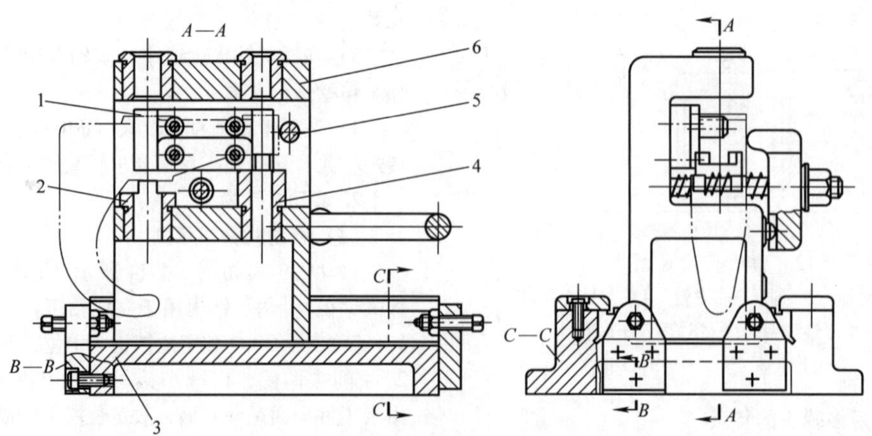

图 3.2-14　钻前托钩两通孔用移动钻模

1—定位块　2、4—定位支承　3—底座　5—定位挡销　6—夹具体

（2）移动式钻模的特点及用途

1）在使用的整个过程中（不包括装、卸工件和切削工件的过程），工件在机床上的位置是可移动的。

2）工件的移动方式有自由移动和可控移动（即可控方向和距离）两种。

3）在小型工件上钻直径小于10mm的孔，且钻模连同工件总重小于15kg时，宜用自由移动式钻模。

4）在大型工件上加工直线排列的孔组时，宜用可控移动式钻模。

3. 回转式钻模

（1）回转式钻模示例

1）回转式钻模用于加工分布在同一圆周上的平行孔系或径向孔系。图3.2-15所示是用来加工扇形工件上三个等分径向孔的回转式钻模。工件以内孔、键槽和侧平面为定位基面，分别在夹具上的定位销轴6、键7和圆支承板3上定位，限制6个自由度。由螺母5和开口垫圈4夹紧工件。分度装置由分度盘9、等分定位套2、拔销1和锁紧手柄11组成。工件分度时，拧松手柄11，拔出拔销1，旋转分度盘9带动工件一起分度，当转至拔销1对准下一个定位套时，将拔销1插入，实现分度定位，然后再拧紧手柄11，锁紧分度盘，即可加工工件上另一个孔。钻头由安装在固定式钻模板上的钻套8导向。

2）钻液压泵体孔用双支承回转式钻模如图3.2-16所示，用于摇臂钻床。工件以菱形销1、圆柱销2、支承钉3定位，用钩形压板4夹紧。由于该钻模装于双支承的回转台上，故能加工较重、较大工件上不同方向上的径向孔。

（2）回转式钻模的特点及用途

1）在使用的整个过程中（不包括装、卸工件和切削工件的过程），工件在机床上的位置是可回转的。

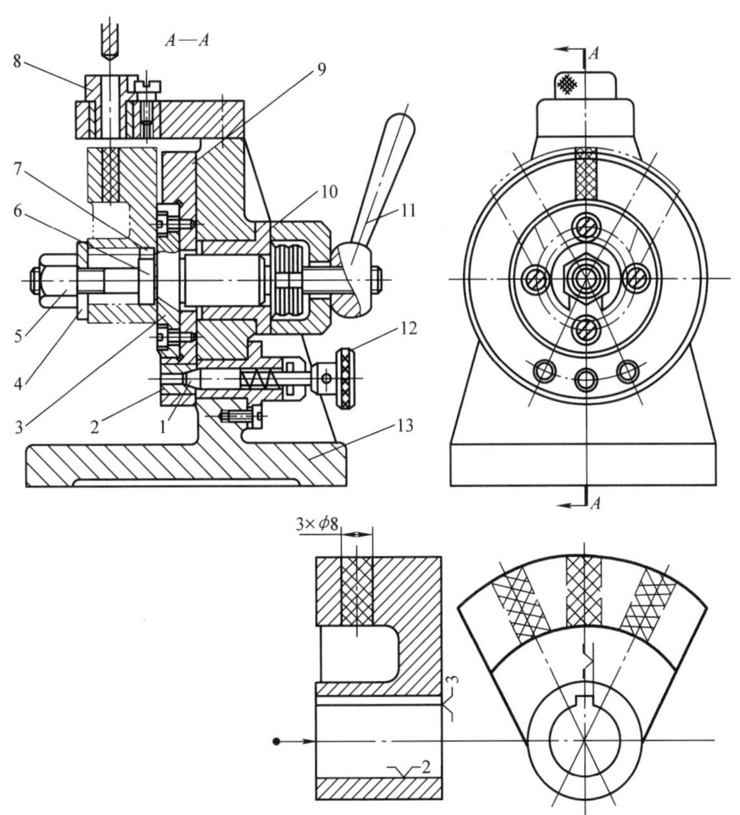

图3.2-15　回转式钻模

1—拔销　2—等分定位套　3—圆支承板　4—开口垫圈　5—螺母　6—定位销轴　7—键　8—钻套　9—分度盘　10—套筒　11—锁紧手柄　12—手轮　13—底座

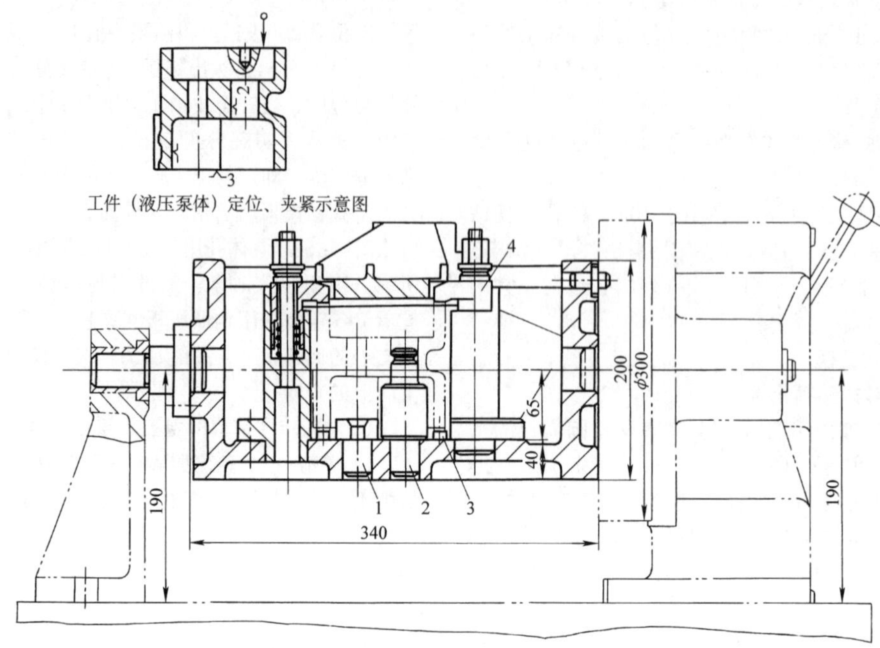

图 3. 2-16　钻液压泵体孔用双支承回转式钻模
1—菱形销　2—圆柱销　3—支承钉　4—钩形压板

2）工件回转方式按钻模转轴位置可分为立轴式、卧轴式和斜轴式三种。它们都由通用分度转台和专用夹具（直接进行定位、夹紧的部分）组成；有时也可将分度转台和专用夹具均设计、制造成非标准的。

3）适用于立式钻床、卧式钻床、摇臂钻床等；适用于加工工件的同一表面、同一圆周或几个面上的多个孔。

4. 翻转式钻模

（1）翻转式钻模示例

图 3. 2-17 所示是钻锁紧螺母上径向孔的翻转式钻模。工件以内孔和端面在弹簧胀套 3 和圆支承板 4 上定位，拧紧螺母 5，向左拉动倒锥螺栓 2，使弹簧胀套 3 胀开，将工件内孔胀紧，并使工件端面紧贴在圆支承板 4 上使工件夹紧。根据加工孔的位置，在夹具的四个侧面分别装有钻套 1 用以引导钻头。在钻床工作台上翻转夹具，顺序钻削工件上四个径向孔。由于切削力小，钻模在钻床工作台上不用压紧，直接用手扶持即可方便地进行加工。翻转式钻模靠手工翻转，所以此类钻模连同工件的总重量不能太重，一般应在 10kg 以内。此种钻模操作方便，适于在中小批量生产中使用。

（2）翻转式钻模的特点及用途

1）在使用的整个过程中（不包括装、卸工件和切削工件的过程），工件在机床上的位置是可翻转的，其结构一般呈箱形，故又名箱形钻模。

2）钻模连同工件的总重不宜超过 10kg，并装有手柄，以便于翻转。

3）适用于在成批生产中加工小型工件上分布在几个面上的孔。

5. 摆动式钻模

（1）摆动式钻模示例

图 3. 2-18 所示是摆动式钻模，用于摇臂钻床，工件以内孔、端面和法兰外圆上的槽口在定位体 4、定位块 3 上实现定位。转动夹紧手柄 5 将工件压紧在定位体 4 上，钻四个直孔（图示位置）。钻斜孔时，松开菱形螺钉 6，使夹具体绕轴向左摆动与左支承钉 1 接触，并用左菱形螺钉固定，即可加工斜孔。

（2）摆动式钻模的特点及用途

1）在使用的整个过程中（不包括装、卸工件和切削工件的过程），工件在机床上的位置是可摆动的。

2）可加工工件的同一表面或不同表面的多个孔。

6. 固定钻模板式钻模组合式结构

（1）固定钻模板式钻模组合式结构示例

图 3. 2-19 所示是钻拨叉锁销孔用固定钻模板式钻模。采用一面双销定位方案，长定位销 6 与工件定位孔配合，限制四个自由度，定位销轴肩小环面与工件定位端面接触，限制一个自由度，削边销 2 与工件叉口接触，限制一个自由度，实现工件正确定位。转

动偏心轮夹紧机构 3 的夹紧手柄将工件压紧在夹具体 1 上，对被加工孔依次进行钻、扩、铰等工步的加工（图示位置）。钻头由安装在固定式钻模板上的快换钻套 8 导向。

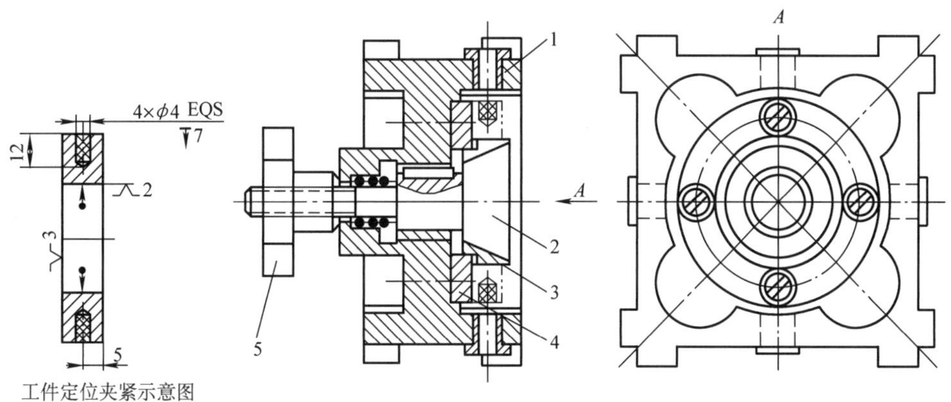

图 3.2-17　翻转式钻模

1—钻套　2—倒锥螺栓　3—弹簧胀套　4—圆支承板　5—螺母

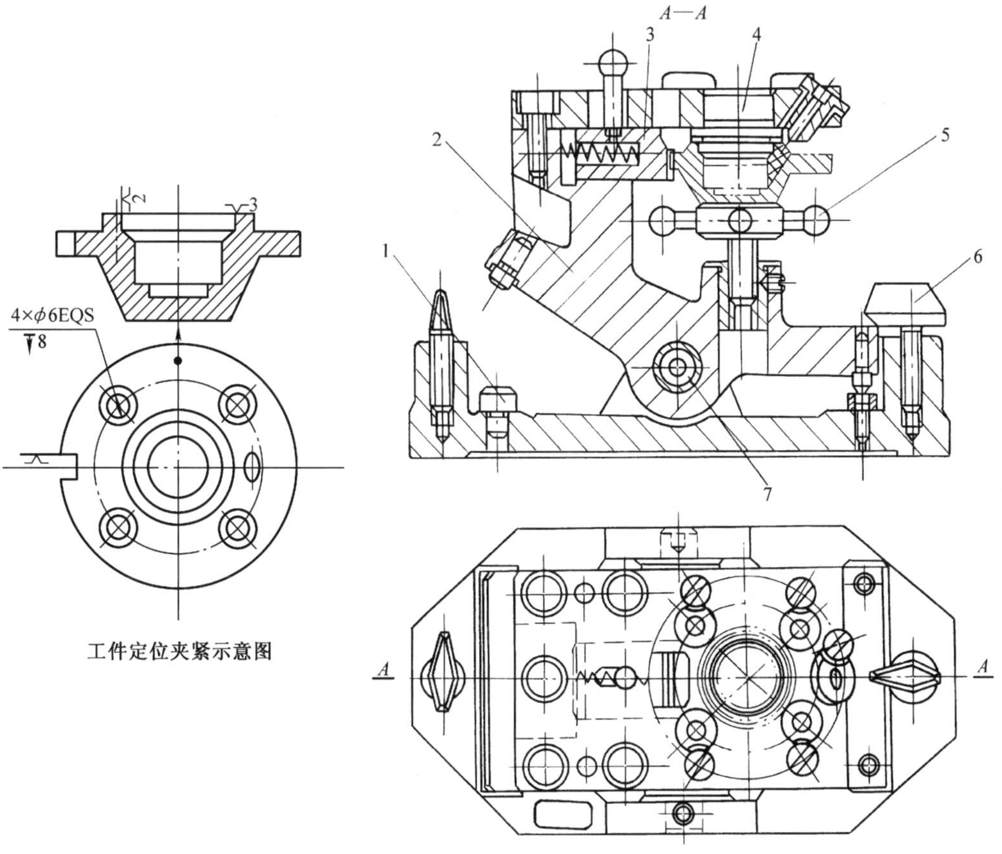

A—A

工件定位夹紧示意图

图 3.2-18　钻支承盖五孔用摆动式钻模

1—支承钉　2—夹具体　3—定位块　4—定位体　5—夹紧手柄　6—菱形螺钉　7—轴

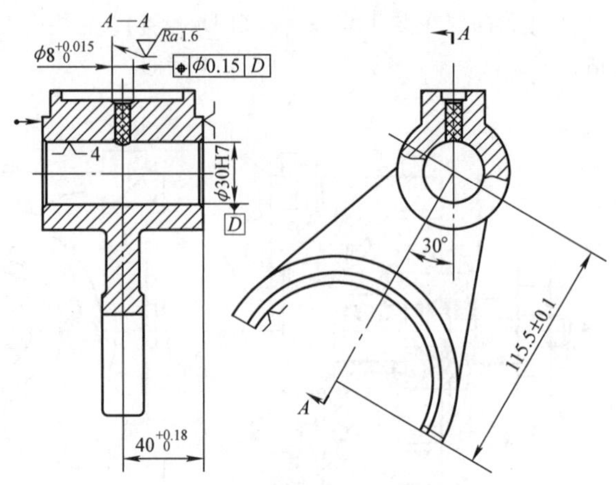

工件出位、夹紧示意

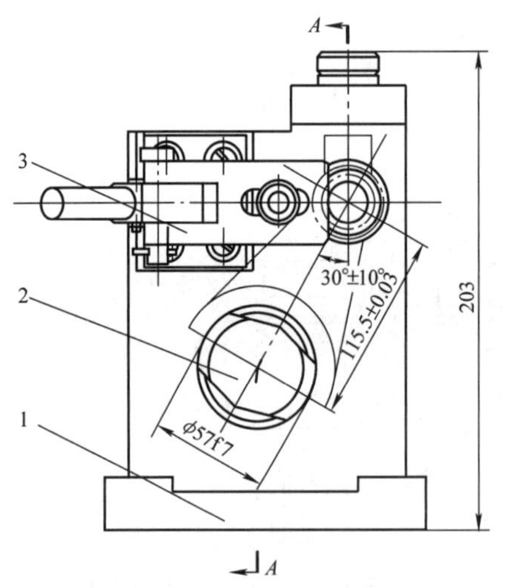

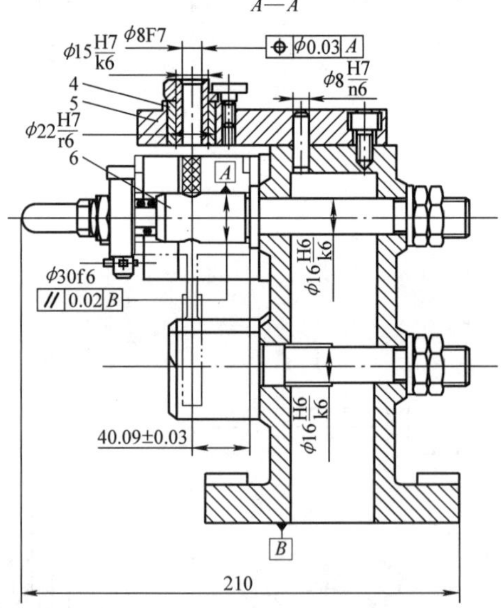

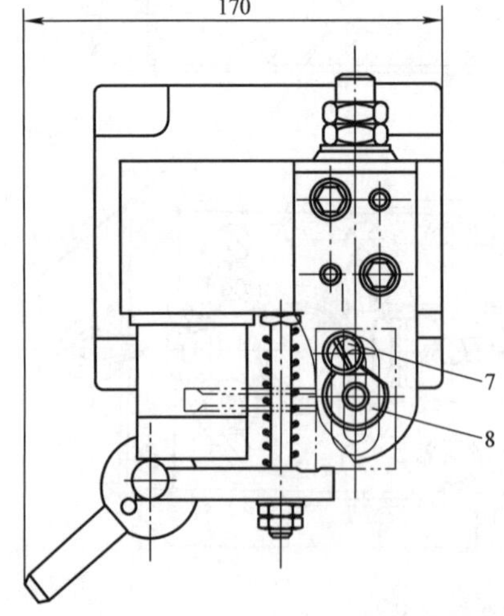

图 3.2-19　钻拨叉锁销孔用固定钻模板式钻模

1—夹具体　2—削边销　3—偏心轮夹紧机构　4—钻套用衬套　5—钻模板　6—定位销　7—钻套螺钉　8—快换钻套

（2）固定钻模板式钻模组合式结构的特点及用途

1）钻模板与夹具体（或支架）为固定连接，一般采用销钉定位、螺钉紧固。简单的钻模也可采用钻模板与夹具体为整体铸造或焊接的形式。

2）由于钻模板上的钻套相对夹具体和定位元件是固定的，所以加工精度较高，但有时装、卸工件很不方便。

3）适于加工装、卸方便或加工精度要求较高的工件。

7. 铰链钻模板式钻模

（1）铰链钻模板式钻模示例

钻拨叉锁销孔用铰链钻模板式钻模如图 3.2-20 所示。钻模放在机床工作台上，移动机床主轴使钻头对准钻套 2 后，用压板将夹具固定在钻床工作台上。使用时，首先将工件套在定位销 3 上，同时要使工件上的槽面对准并装在定位销 8 上，并将叉面与支承钉 5 接触实现工件定位。然后，转动星形手柄 7，通过钩形压板 6 夹紧工件。钻套 2 装在铰链式钻模板 1 上。钻孔后，可把钻模板绕销轴翻转，让出空间，丝锥就能下移攻螺纹了。

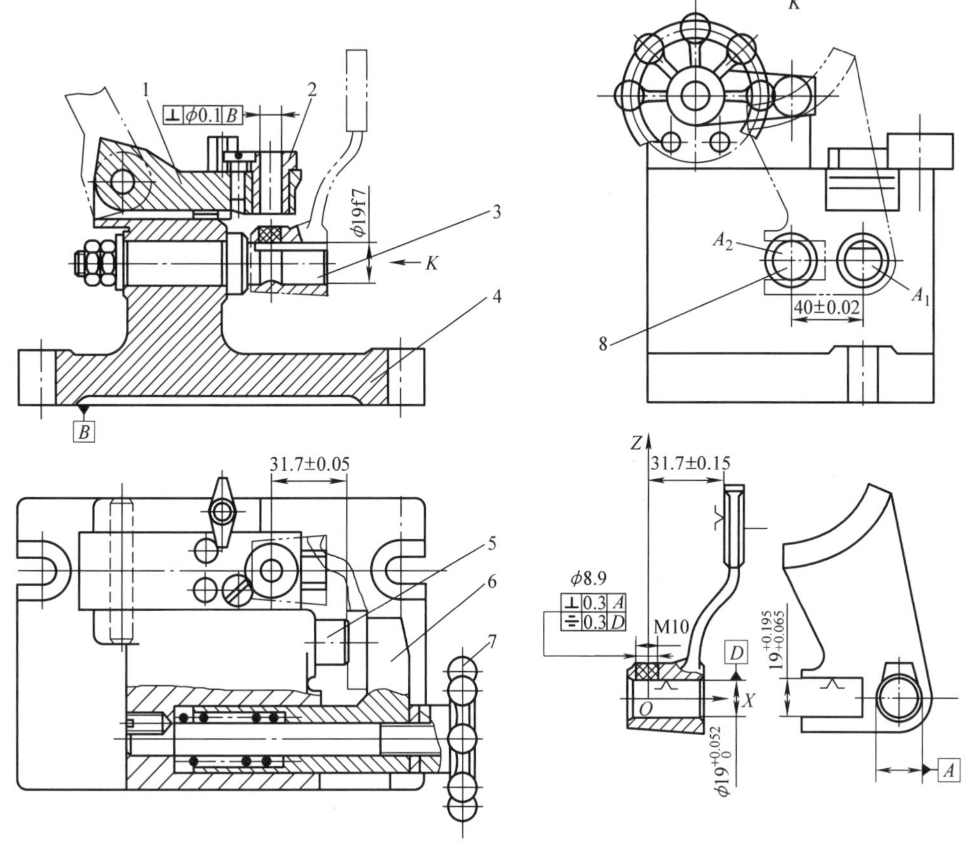

图 3.2-20　钻拨叉锁销孔用铰链钻模板式钻模

1—钻模板　2—钻套　3—定位销（A_1）　4—夹具体　5—支承钉　6—钩形压板　7—星形手柄　8—定位销（A_2）

（2）铰链钻模板式钻模的特点及用途

1）钻模板与夹具体（或支架）为铰链连接，其连接形式与有关部位的配合如图 3.2-21 所示。

2）由于钻模板是近似悬臂的，且铰链部分又有活动间隙，孔的精度较低。

3）适于加工装、卸不方便或钻孔后需要锪面、倒角、攻螺纹以及加工精度要求不高的工件。

8. 可卸钻模板式钻模

（1）可卸钻模板式钻模示例

图 3.2-22 所示为钻主轴箱七孔用可卸钻模板式钻模，用于摇臂钻床。工件平放在机床工作台上，钻模板 1 以四个支承钉 7 组成的平面及圆柱销 2 和菱形销 4 在工件的一面两孔中定位，然后旋转螺钉 3，通过钢球和三个均布的定心销将钻模板紧固于工件上。

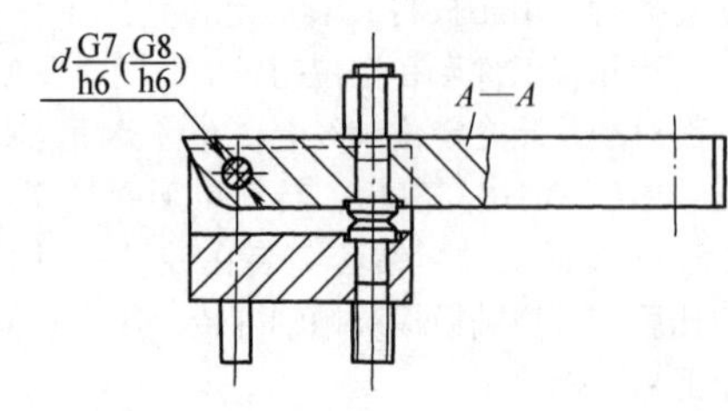

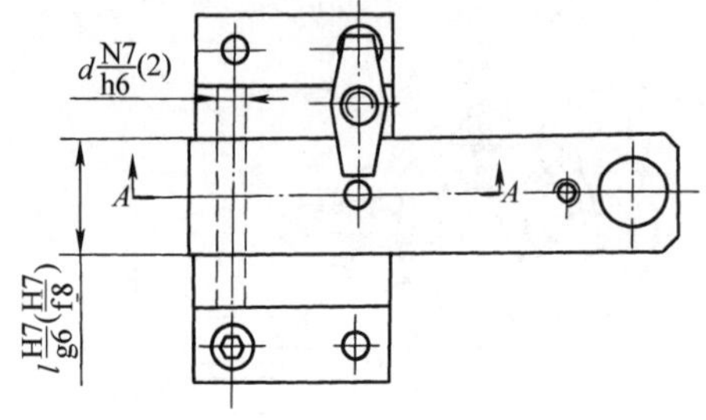

图 3. 2-21 铰链钻模板合件

（2）可卸钻模板式钻模的特点及用途

1）钻模板是可卸的，在装、卸工件时须将它拆卸下来。

2）为装、卸钻模板方便，钻模板重量以不超过8kg为宜，且应有手柄或手把。

3）钻模板可卸，适用于钻孔后需要锪面、倒角、攻螺纹等情况；因钻模板装、卸费时，仅适用于中、小批量生产。

9. 升降钻模板式钻模

图 3. 2-23 所示为升降钻模板式钻模，用于立式钻床。工件以支承板 2 与销 1 定位。压下手柄 3 靠偏心推动钻模板 4 下移，压紧工件的上板，与此同时钻模板 4 下移运动带动推杆 9 下移，并由杠杆 8 推动顶销 7 右移，靠斜面使下支承 6 向上顶住工件，起辅助支承作用，以承受钻孔时的轴向力。钻孔完毕，松开手柄，弹簧将钻模板顶起，同时推杆 9 上移使顶销 7 退出，即可取出工件。该钻模的夹紧和辅助支承采用联动机构，操作方便。升降钻模板式钻模的特点与通用滑柱钻模的特点相似。

10. 悬挂钻模板式钻模

（1）悬挂钻模板式钻模示例

图 3. 2-24 所示为悬挂钻模板式钻模，与多轴头配套用于立式钻床。钻模板 9 通过滑柱 7、弹簧 8 和多轴头 6 等悬挂在钻床主轴 5 上。工件以支承块 1、销 2 和自动定心限位件 3 定位。当钻模板上的定位压块 4 随钻床主轴下降到与工件接触时，钻模板不再下降，但多轴头仍继续下降，此时滑柱上的两根弹簧产生越来越大的压力，通过钻模板上的定位压块 4 将工件夹牢。钻完孔后，钻模板随钻床主轴一起上升，直到便于装、卸工件时，钻床主轴才停止上升。

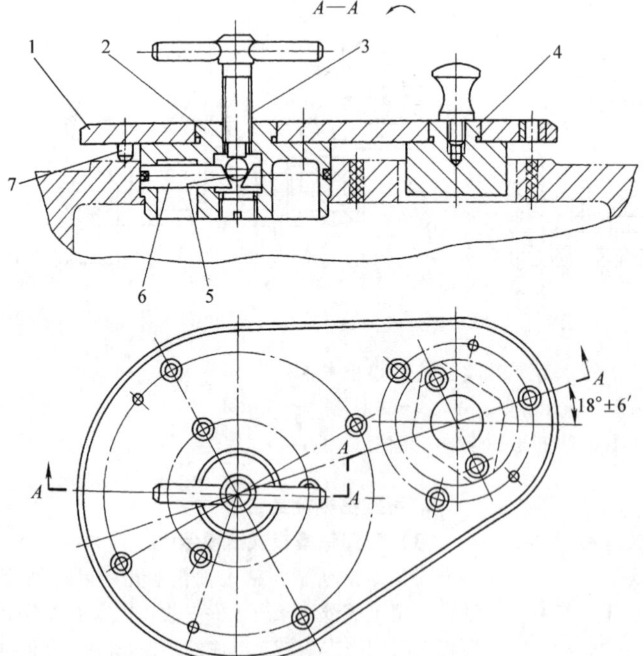

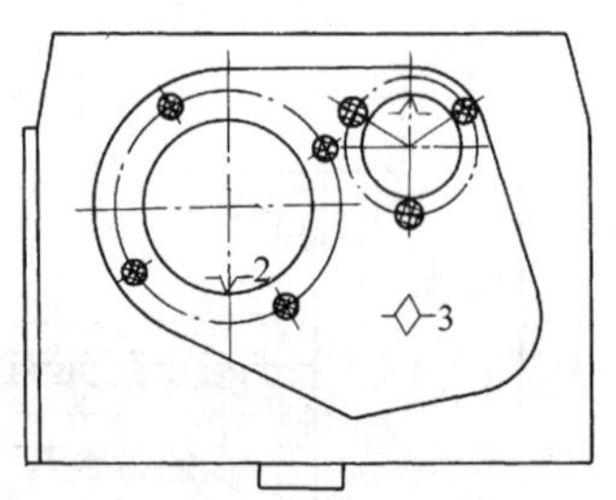

工件（主轴箱）定位、夹紧示意图

图 3. 2-22 钻主轴箱七孔用盖板式钻模

1—钻模板 2—圆柱销 3—螺钉 4—菱形销 5—钢球 6—定心销 7—支承钉

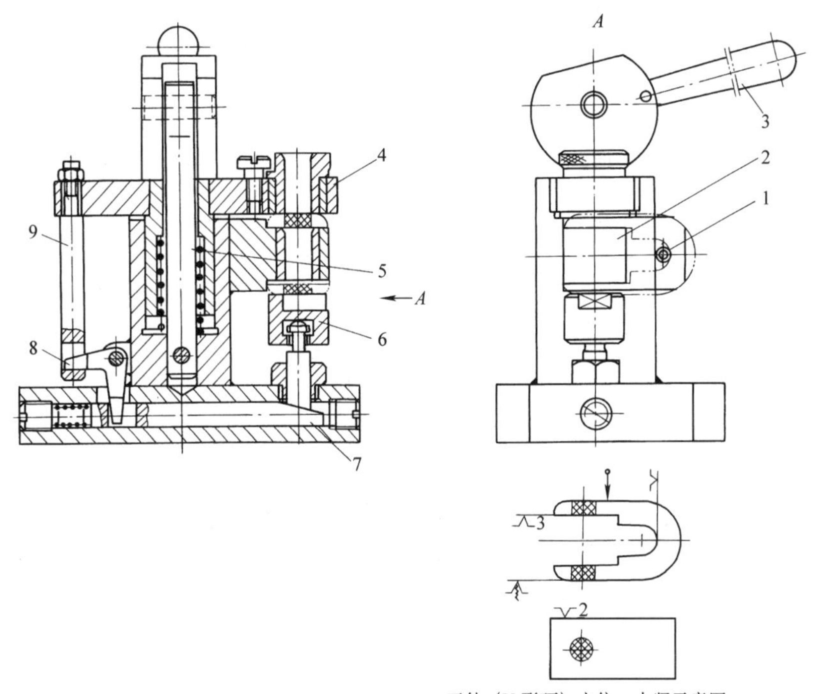

图 3.2-23　钻 U 形环上下板同轴孔用升降钻模板式钻模

1—销　2—支承板　3—手柄　4— 钻模板　5—弹簧　6—下支承　7—顶销　8—杠杆　9—推杆

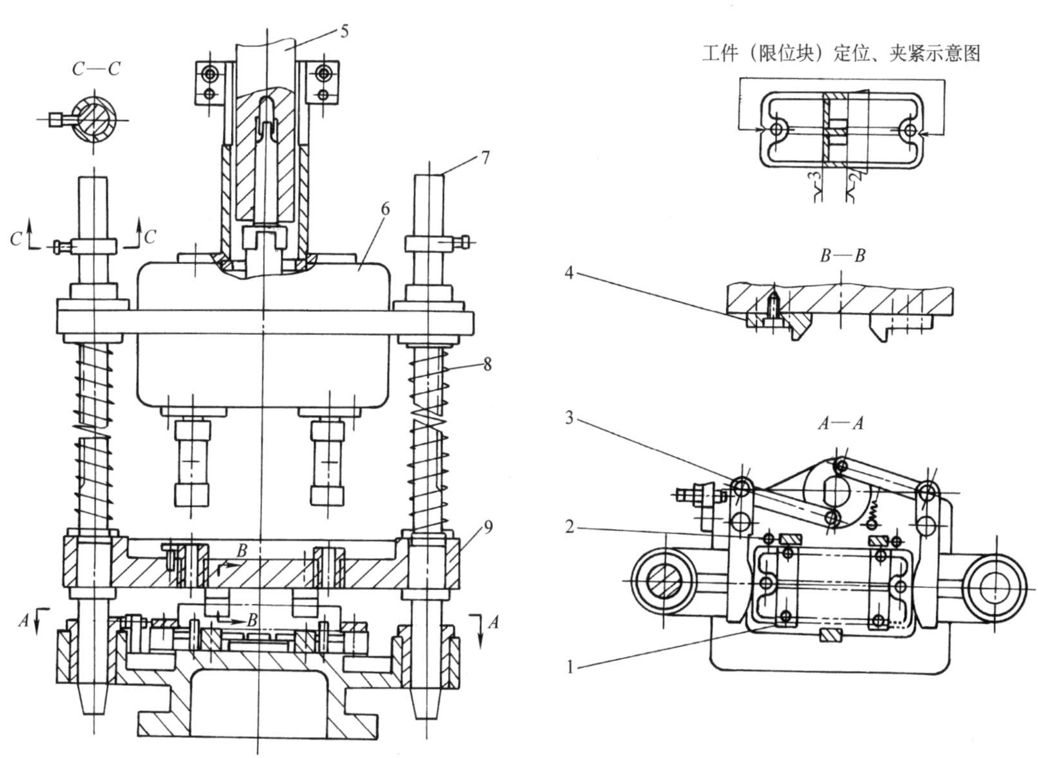

图 3.2-24　钻限位板两孔用悬挂钻模板式钻模

1—支承块　2—销　3—限位件　4—定位压块　5—钻床主轴　6—主轴箱（多轴头）　7—滑柱　8—弹簧　9—钻模板

（2）悬挂钻模板式钻模的特点及用途

1）在单轴立式钻床上，其钻模板通过滑柱、多轴头等悬挂在钻床主轴上，滑柱与夹具体相连。

2）在组合机床上，其钻模板通过滑柱直接悬挂在机床主轴箱上，且通过滑柱或其他机构与夹具体相连。

3）钻模板随着机床主轴或主轴箱一起上下移动，故装卸工件方便，适用于大量生产。

11. 专用多轴头

（1）专用多轴头图例

1）外啮合齿轮传动多轴头图例，如图 3.2-25 所示。

2）内啮合齿轮传动多轴头图例，如图 3.2-26 所示。

（2）专用多轴头的特点

专用多轴头与通用多轴头的区别在于工作轴不可调，适用于大量生产的工厂（如汽车厂）。

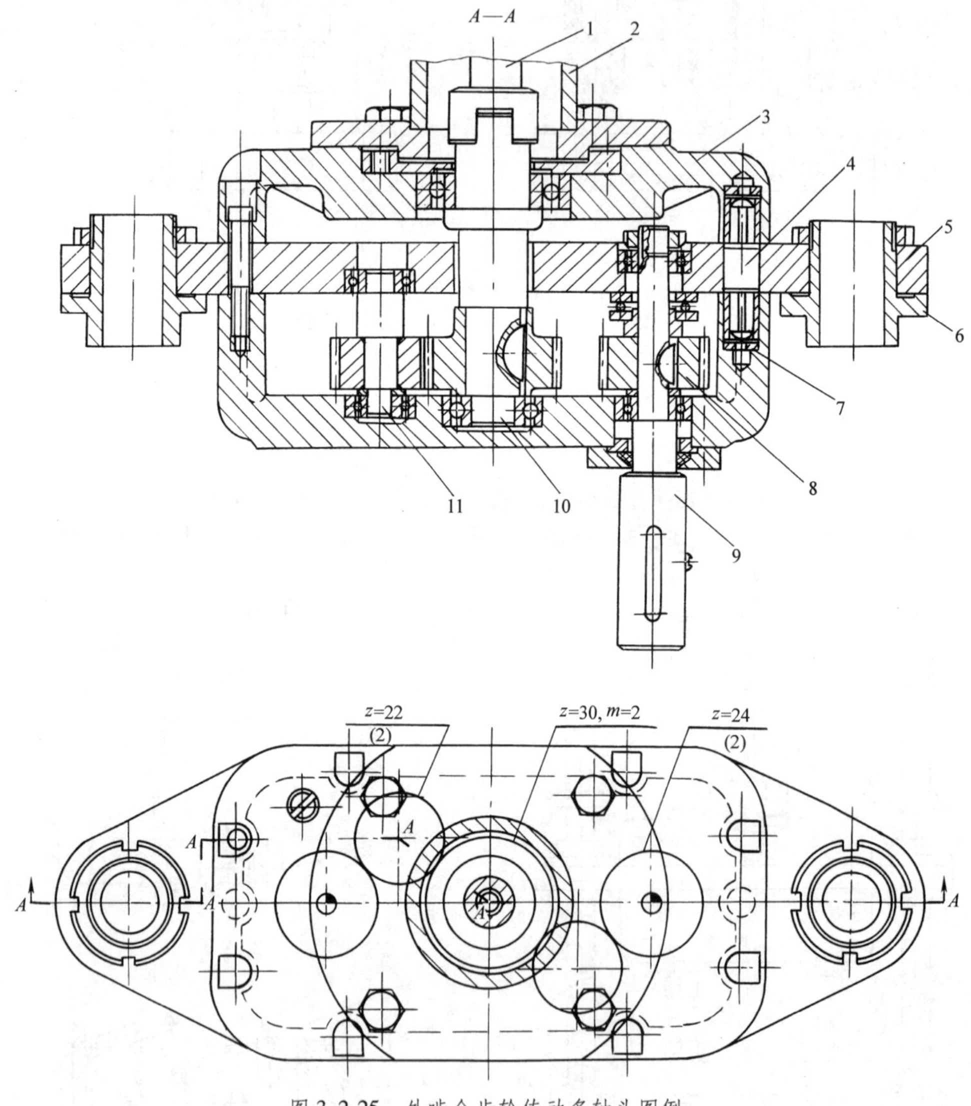

图 3.2-25 外啮合齿轮传动多轴头图例

1—传动杆 2—过渡法兰 3—上盖 4—定位销 5—中间板 6—导柱衬套 7—夹具体 8—齿轮 9—工作轴 10—主动轴 11—惰轮轴

12. 组合式钻模

（1）组合式钻模示例

图 3.2-27b 所示为钻转向臂侧孔用的组合式钻模，工件以孔及端面在圆形定位销 6、圆形定位盘 7 上定位，共限制五个自由度，另一个自由度由菱形定位销 8 限制；工件用螺旋夹紧机构夹紧，夹紧机构由 U 形垫圈 18、槽用螺栓 12 和厚螺母 13 组成。快换钻套 9 用钻套螺钉 10 紧固在钻模板 5 上，钻模板用螺母 14、槽用螺栓 12 紧固在长方形支承座 3 上。支承座 3 用槽用螺栓 12 和螺母 14 紧固在长方形垫板 2 和

长方形基础件 1 上。图 3. 2-27b 中未标全的件号参见图 3. 2-27a。

(2) 组合式钻模的特点及用途

组合式钻模是用一套预先制造好的标准元件和合件组装而成的钻床夹具，如图 3. 2-27a 所示。组合式钻模结构灵活多变，设计和组装周期短，零部件能长期重复使用，适于在多品种单件小批量生产或新产品试制等场合应用。

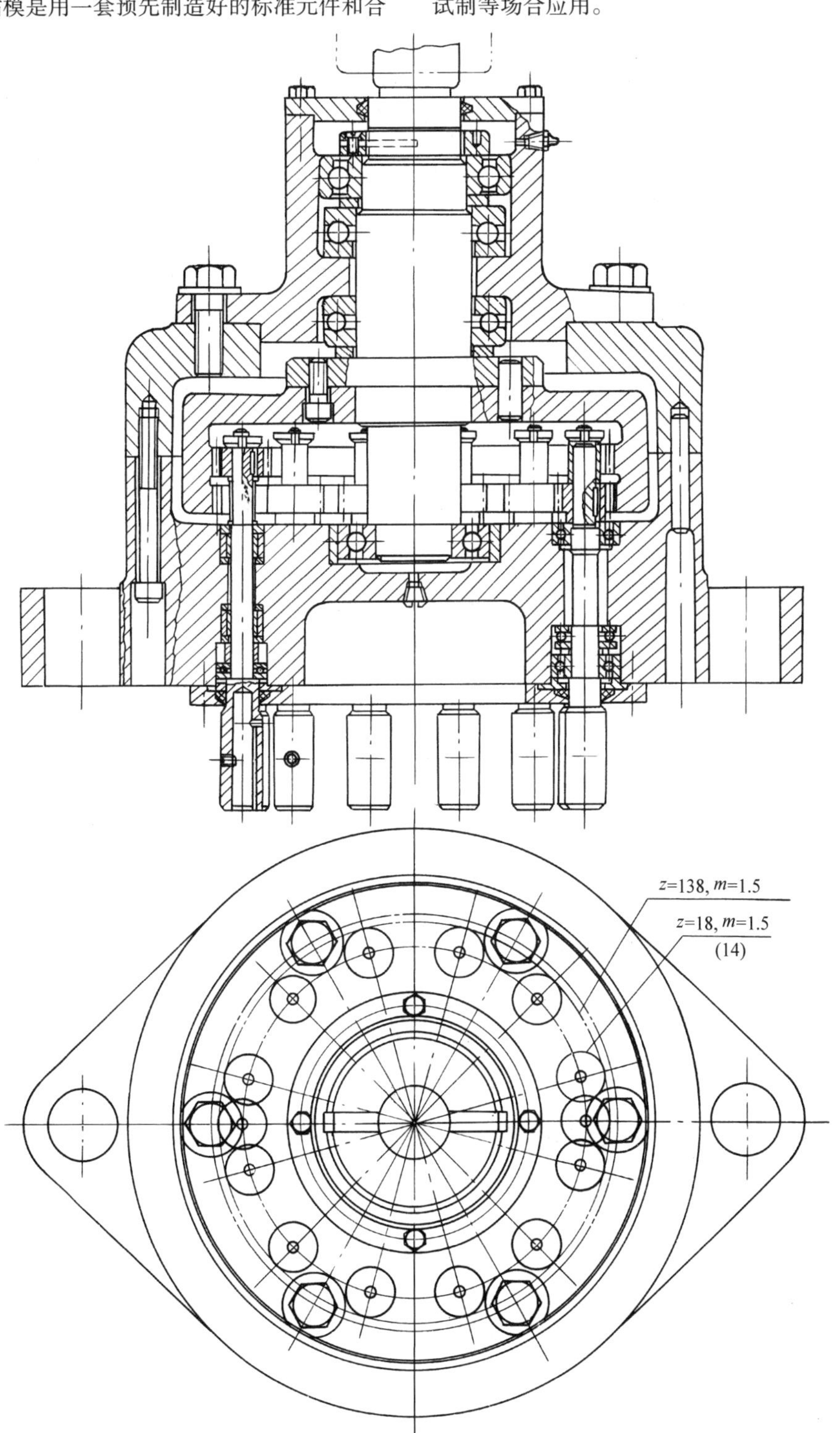

图 3. 2-26　内啮合齿轮传动多轴头图例

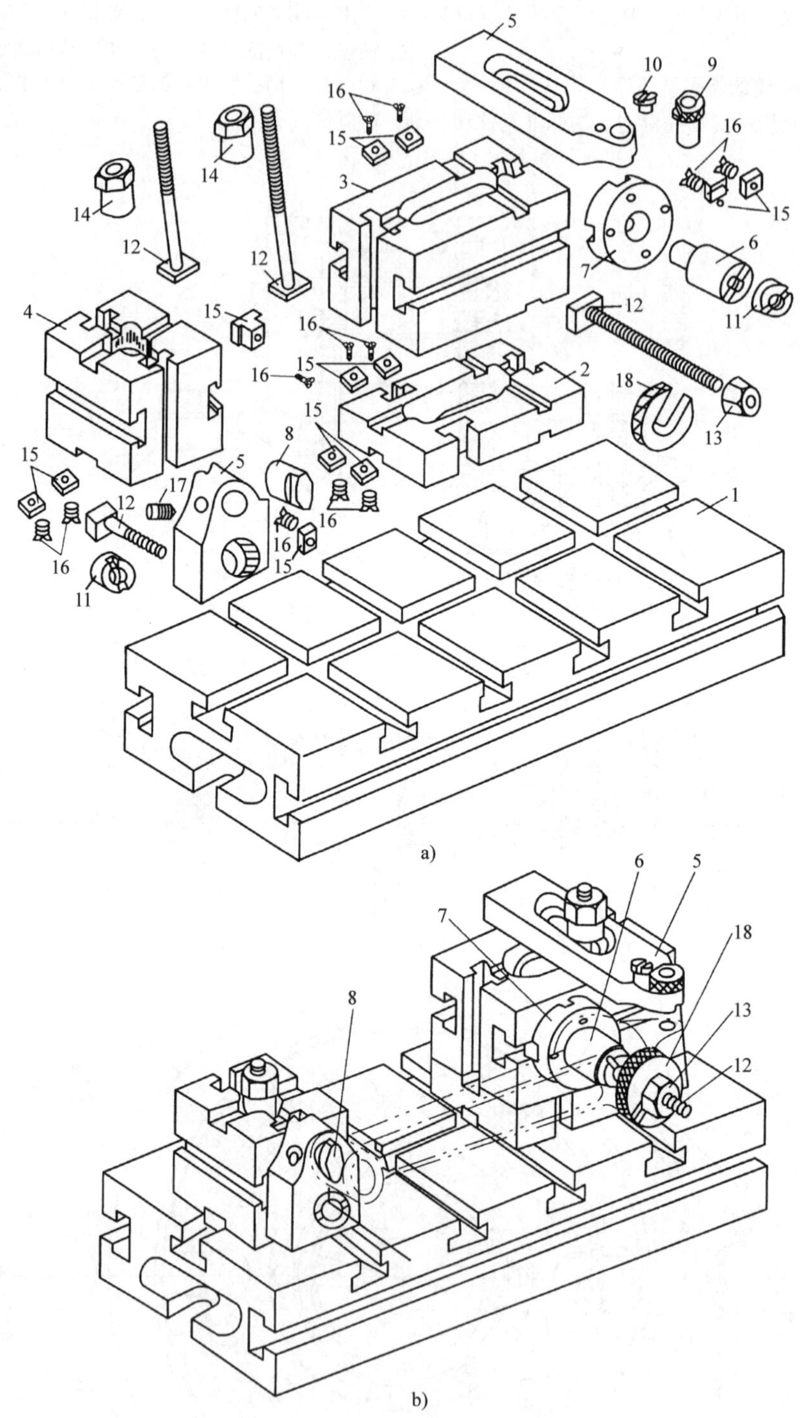

图 3.2-27 组合式钻模组装示意图

a）组件 b）组合式钻模

基础件：1—长方形基础件 支承件：2—长方形垫板 3—长方形支承座 4—方形支承座 定位件：6—圆形定位销 7—圆形定位盘 8—菱形定位销 导向件：5—钻模板 9—快换钻套 紧固件：10—钻套螺钉 11—圆螺母 12—槽用螺栓 13—厚螺母 14—特殊螺母 16—埋头螺钉 17—定位螺钉 18—U 形垫圈 连接元件：15—定位键

3.2.3 钻套

1. 钻套的类型及用途

（1）常用钻套

1）固定钻套，用于小批量生产。

2）可换钻套，用于大量生产。

3）快换钻套，用于钻孔、扩孔、铰孔或攻螺纹等需要连续加工的工序。

4）止推钻套（图 3.2-28）、止推回转钻套（图 3.2-29），适用于需要控制钻孔深度的情况，如锪内止口、铰锥孔等。

5）下回转导套（图 3.2-30），用于加工同轴度要求高的上、下两孔。

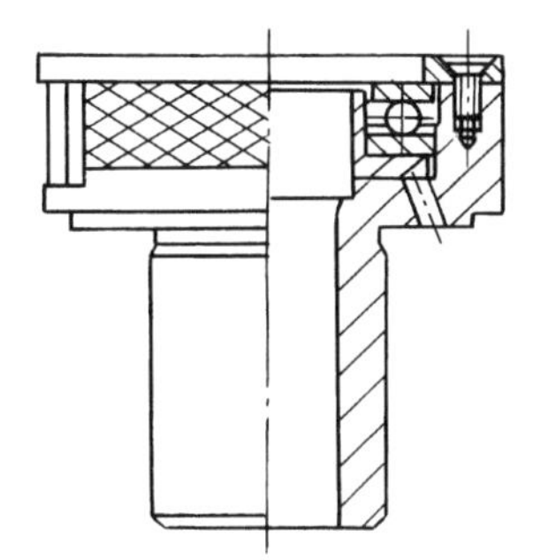

图 3.2-28 止推钻套

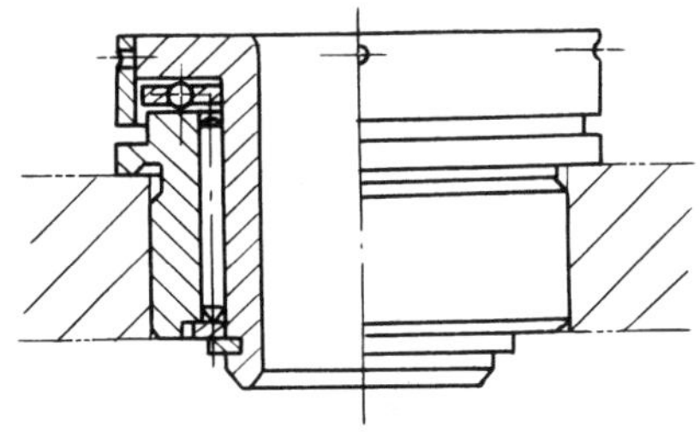

图 3.2-29 止推回转钻套

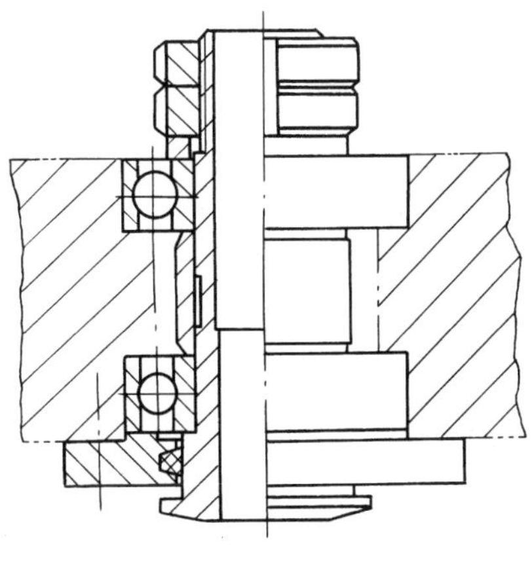

图 3.2-30 下回转导套

（2）特殊钻套

1）加工深坑或深槽中的孔时用的钻套，如图 3.2-31 所示。

2）加工不垂直于曲面或平面上的斜孔时用的钻套，如图 3.2-32 所示。

3）加工中心距较近或很近的孔时用的钻套，如图 3.2-33 所示。

4）既做导向件又做夹紧件的钻套，如图 3.2-34 所示。

5）在一个方向上加工同一轴线上的间断孔时用的钻套，如图 3.2-35 所示。

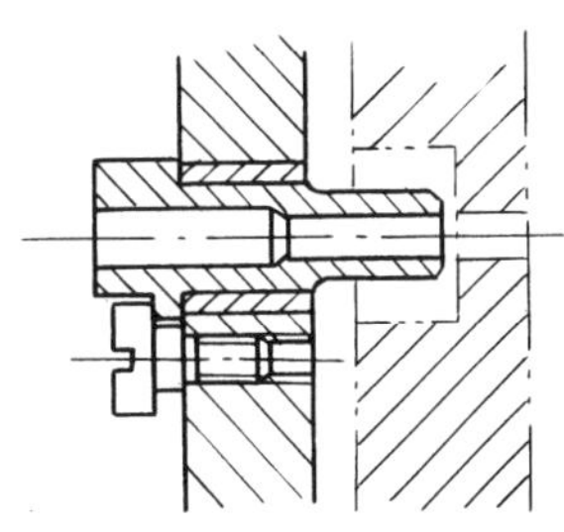

图 3.2-31 特殊钻套（一）

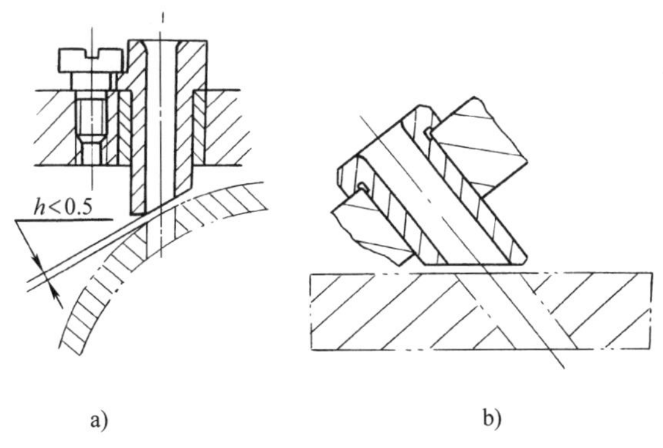

图 3.2-32 特殊钻套（二）

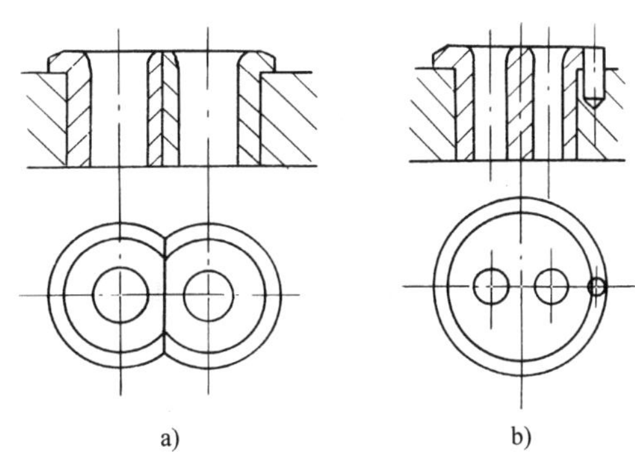

图 3.2-33 特殊钻套（三）

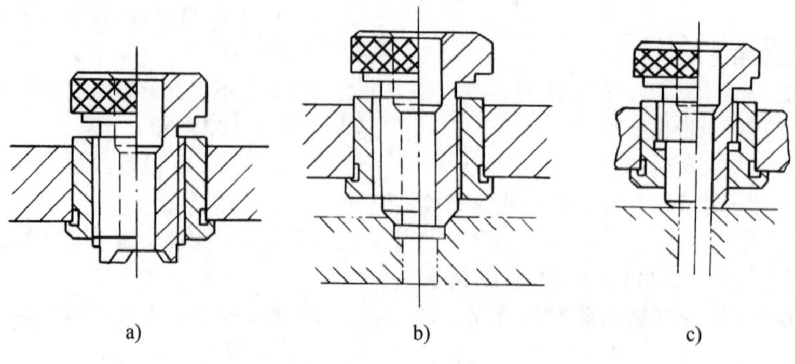

图 3.2-34　特殊钻套（四）

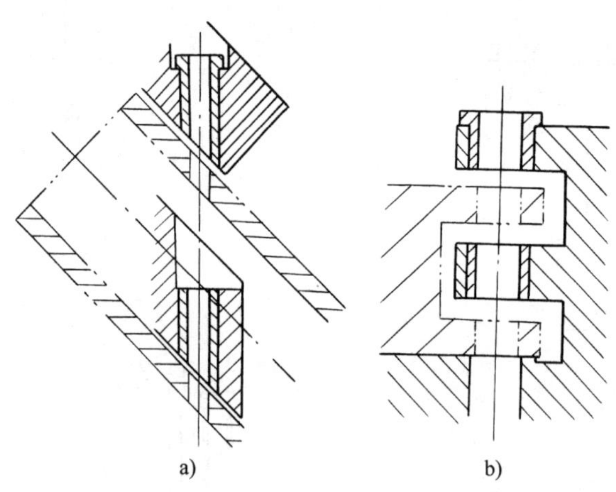

图 3.2-35　特殊钻套（五）

2. 钻套与被加工孔的尺寸关系

1）钻套高度 l_1（图 3.2-36）。钻套高度与孔距精度、工件材料、孔加工深度、刀具刚度、工件表面形状等因素有关。钻套高度 l_1 越大，刀具的导向性越好，但刀具与钻套的摩擦越大。孔径小、精度要求高时，l_1 取较大值。

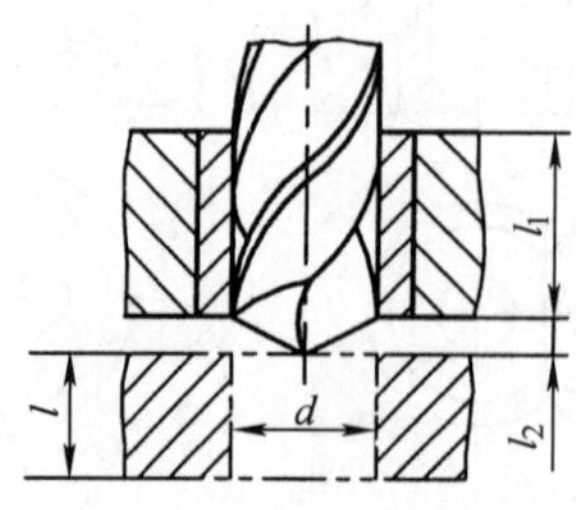

图 3.2-36　钻套高度与排屑间

2）排屑间隙 l_2。钻套底部与工件间的距离 l_2 称为排屑间隙。l_2 应适当选取，当 l_2 太小时，切屑难以自由排出，将损坏加工表面，甚至折断钻头；当 l_2 太大时，将使导向精度降低。

钻套高度（l_1）和排屑间隙（l_2）与钻孔直径（d）和钻孔长度（l）的关系见表 3.2-10。

表 3.2-10　孔加工精度较高时，l_1、l_2 与 d、l 的关系

$l<d$ 时	$l_1=(0.5\sim1.8)d$
$l>2d$ 时	$l_1=(1.2\sim2)d$
钻钢	$l_2=(0.7\sim1.5)d$
钻铸铁或青铜	$l_2=(0.3\sim0.6)d$

3. 标准钻套、衬套的常用规格（表 3. 2-11～表 3. 2-14）

表 3. 2-11　固定钻套（摘自 JB/T 8045. 1—1999）　（mm）

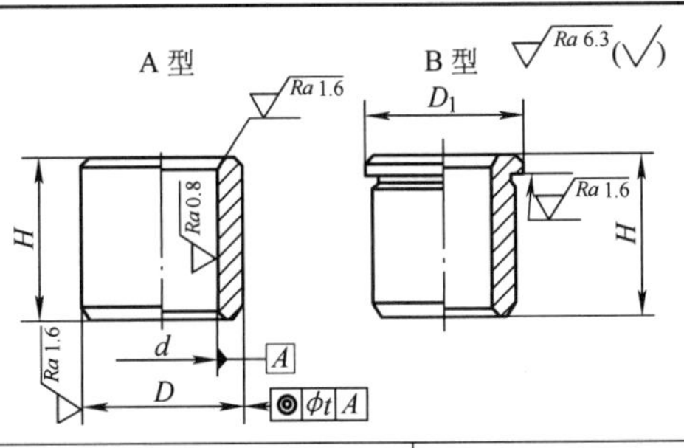

（1）材料：d≤26mm T10A 按 GB/T 1299—2014 的规定；d>26mm 20 钢按 GB/T 699—2015 的规定。

（2）热处理：T10A 为 58～64HRC；20 钢渗碳深度为 0. 8～1. 2mm，58～64HRC

（3）其他技术条件按 JB/T 8044—1999 的规定。

标记示例：

d=18mm、H=16mm 的 A 型固定钻套：

钻套 A18×16　JB/T 8045. 1—1999

d		D		D_1	H			t
公称尺寸	极限偏差 F7	公称尺寸	极限偏差 n6					
>0～1	+0. 016 +0. 006	3	+0. 010 +0. 004	6	6	9	—	0. 008
>1～1. 8		4	+0. 016 +0. 008	7				
>1. 8～2. 6		5		8				
>2. 6～3		6		9	8	12	16	
>3～3. 3	+0. 022 +0. 010							
>3. 3～4		7	+0. 019 +0. 010	10				
>4～5		8		11				
>5～6		10		13	10	16	20	
>6～8	+0. 028 +0. 013	12	+0. 023 +0. 012	15				
>8～10		15		18	12	20	25	
>10～12	+0. 034 +0. 016	18		22				
>12～15		22	+0. 028 +0. 015	26	16	28	36	
>15～18		26		30				0. 012
>18～22	+0. 041 +0. 020	30		34	20	36	45	
>22～26		35	+0. 033 +0. 017	39				
>26～30		42		46	25	45	56	
>30～35	+0. 050 +0. 025	48		52				
>35～42		55	+0. 039 +0. 020	59	30	56	67	
>42～48		62		66				
>48～50		70		74				0. 040
>50～55	+0. 060 +0. 030							
>55～62 >62～70		78 85	+0. 045 +0. 023	82 90	35	67	78	
>70～78		95		100	40	78	105	
>78～80		105		110				
>80～85	+0. 071 +0. 036							

表 3.2-12　可换钻套（摘自 JB/T 8045.2—1999）　　（mm）

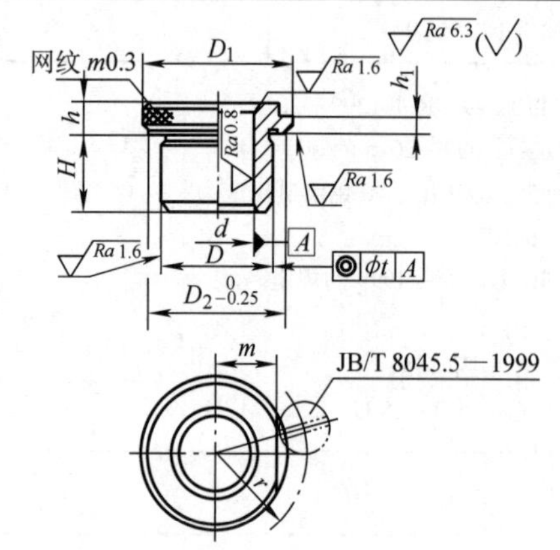

（1）材料：d≤26mm T10A 钢按 GB/T 1299—2014 的规定；d>26mm 20 钢按 GB/T 699—2015 的规定。

（2）热处理：T10A 钢为 58～64HRC；20 钢渗碳深度为 0.8～1.2mm，58～64HRC

（3）其他技术条件按 JB/T 8044—1999 的规定。

标记示例：

d=12mm、公差带为 F7，D=18mm、公差带为 k6，H=16mm 的可换钻套：

钻套 12F7×18k6×16　JB/T 8045.2—1999

<table>
<tr><th colspan="2">d</th><th colspan="3">D</th><th rowspan="2">D1 滚花前</th><th rowspan="2">D2</th><th rowspan="2" colspan="3">H</th><th rowspan="2">h</th><th rowspan="2">h1</th><th rowspan="2">r</th><th rowspan="2">m</th><th rowspan="2">t</th><th rowspan="2">配用螺钉 JB/T 8045.5—1999</th></tr>
<tr><th>公称尺寸</th><th>极限偏差 F7</th><th>公称尺寸</th><th>极限偏差 m6</th><th>极限偏差 k6</th></tr>
<tr><td>>0～3</td><td>+0.016
+0.006</td><td rowspan="2">8</td><td rowspan="3">+0.015
+0.006</td><td rowspan="3">+0.010
+0.001</td><td rowspan="2">15</td><td rowspan="2">12</td><td rowspan="2">10</td><td rowspan="2">16</td><td rowspan="2">—</td><td rowspan="3">8</td><td rowspan="3">3</td><td rowspan="2">11.5</td><td rowspan="2">4.2</td><td rowspan="7">0.008</td><td rowspan="3">M5</td></tr>
<tr><td>>3～4</td><td rowspan="2">+0.002
+0.010</td></tr>
<tr><td>>4～6</td><td>10</td><td>18</td><td>15</td><td rowspan="2">12</td><td rowspan="2">20</td><td rowspan="2">25</td><td>13</td><td>5.5</td></tr>
<tr><td>>6～8</td><td rowspan="2">+0.028
+0.013</td><td>12</td><td rowspan="3">+0.018
+0.007</td><td rowspan="3">+0.012
+0.001</td><td>22</td><td>18</td><td rowspan="3">10</td><td rowspan="3">4</td><td>16</td><td>7</td><td rowspan="2">M6</td></tr>
<tr><td>>8～10</td><td>15</td><td>26</td><td>22</td><td rowspan="2">16</td><td rowspan="2">28</td><td rowspan="2">36</td><td>18</td><td>9</td></tr>
<tr><td>>10～12</td><td rowspan="3">+0.034
+0.016</td><td>18</td><td>30</td><td>26</td><td>20</td><td>11</td><td rowspan="6">M8</td></tr>
<tr><td>>12～15</td><td>22</td><td rowspan="3">+0.021
+0.008</td><td rowspan="3">+0.015
+0.002</td><td>34</td><td>30</td><td rowspan="2">20</td><td rowspan="2">36</td><td rowspan="2">45</td><td rowspan="5">12</td><td rowspan="5">5.5</td><td>23.5</td><td>12</td></tr>
<tr><td>>15～18</td><td>26</td><td>39</td><td>35</td><td>26</td><td>14.5</td><td rowspan="7">0.012</td></tr>
<tr><td>>18～22</td><td rowspan="3">+0.041
+0.020</td><td>30</td><td>46</td><td>42</td><td rowspan="2">25</td><td rowspan="2">45</td><td rowspan="2">56</td><td>29.5</td><td>18</td></tr>
<tr><td>>22～26</td><td>35</td><td rowspan="3">+0.025
+0.009</td><td rowspan="3">+0.018
+0.002</td><td>52</td><td>46</td><td>32.5</td><td>21</td></tr>
<tr><td>>26～30</td><td>42</td><td>59</td><td>53</td><td rowspan="3">30</td><td rowspan="3">56</td><td rowspan="3">67</td><td>36</td><td>24.5</td></tr>
<tr><td>>30～35</td><td rowspan="4">+0.050
+0.025</td><td>48</td><td>66</td><td>60</td><td rowspan="9">16</td><td rowspan="9">7</td><td>41</td><td>27</td><td rowspan="9">M10</td></tr>
<tr><td>>35～42</td><td>55</td><td rowspan="5">+0.030
+0.011</td><td rowspan="5">+0.021
+0.002</td><td>74</td><td>68</td><td>45</td><td>31</td></tr>
<tr><td>>42～48</td><td>62</td><td>82</td><td>76</td><td rowspan="3">35</td><td rowspan="3">67</td><td rowspan="3">78</td><td>49</td><td>35</td></tr>
<tr><td>>48～50</td><td rowspan="2">70</td><td rowspan="2">90</td><td rowspan="2">84</td><td rowspan="2">53</td><td rowspan="2">39</td><td rowspan="6">0.040</td></tr>
<tr><td>>50～55</td><td rowspan="5">+0.060
+0.030</td></tr>
<tr><td>>55～62</td><td>78</td><td>100</td><td>94</td><td rowspan="2">40</td><td rowspan="2">78</td><td rowspan="2">105</td><td>58</td><td>44</td></tr>
<tr><td>>62～70</td><td>85</td><td rowspan="3">+0.035
+0.013</td><td rowspan="3">+0.025
+0.003</td><td>110</td><td>104</td><td>63</td><td>49</td></tr>
<tr><td>>70～78</td><td>95</td><td>120</td><td>114</td><td rowspan="2">45</td><td rowspan="2">89</td><td rowspan="2">112</td><td>68</td><td>54</td></tr>
<tr><td>>78～80</td><td>105</td><td>130</td><td>124</td><td>73</td><td>59</td></tr>
</table>

注：1. 当作为铰（扩）套使用时，d 的公差带推荐如下：

采用 GB/T 1132—2017《直柄和莫氏锥柄机用铰刀》规定的铰刀，铰 H7 孔时，取 F7；铰 H9 孔时，取 E7。铰（扩）其他精度孔时，公差带由设计选定。

2. 铰（扩）套的标记示例：d = 12mm 公差带为 E7、D = 18mm 公差带为 m6、H = 16mm 的可换铰（扩）套：

铰（扩）套 12E7×18m6×16　JB/T 8045.2—1999

表 3.2-13　快换钻套（摘自 JB/T 8045.3—1999）　　（mm）

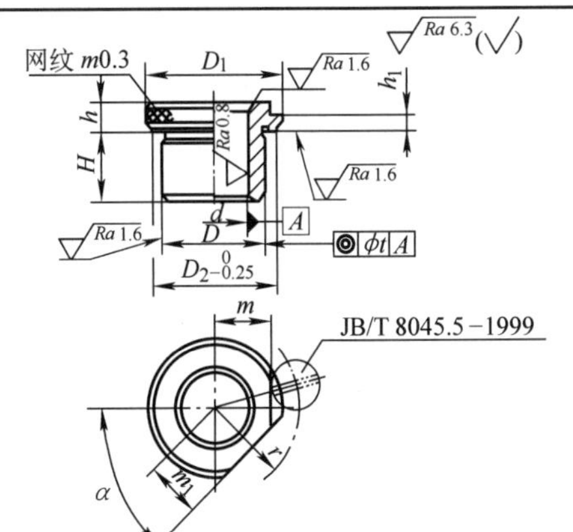

（1）材料：d≤26mm T10A 按 GB/T 1299—2014 的规定；
d>26mm 20 钢按 GB/T 699—2015 的规定。

（2）热处理：T10A 为 58～64HRC；20 钢渗碳深度为 0.8～1.2mm，58～64HRC

（3）其他技术条件按 JB/T 8044—1999 的规定。

标记示例：

d=12mm、公差带为 F7、D=18mm、公差带为 k6，H=16mm 的快换钻套：

钻套 12F7×18k6×16 JB/T 8045.3—1999

d		D			D_1 滚花前	D_2	H			h	h_1	r	m	m_1	α	t	配用螺钉 JB/T 8045.5—1999
公称尺寸	极限偏差 F7	公称尺寸	极限偏差 m6	极限偏差 k6													
>0～3	+0.016 +0.006	8	+0.015 +0.006	+0.010 +0.001	15	12	10	16	—	8	3	11.5	4.2	4.2	50°	0.008	M5
>3～4	+0.022 +0.010																
>4～6		10			18	15	12	20	25			13	5.5	5.5			
>6～8	+0.028 +0.013	12	+0.018 +0.007	+0.012 +0.001	22	18				10	4	16	7	7			M6
>8～10		15			26	22	16	28	36			18	9	9	55°		
>10～12	+0.034 +0.016	18			30	26						20	11	11			M8
>12～15		22	+0.021 +0.008	+0.016 +0.002	34	30	20	36	45	12	5.5	23.5	12	12			
>15～18		26			39	35						26	14.5	14.5		0.012	
>18～22	+0.041 +0.020	30			46	42	25	45	56			29.5	18	18			
>22～26		35	+0.025 +0.009	+0.018 +0.002	52	46						32.5	21	21			
>26～30		42			59	53	30	56	67			36	24.5	25	65°		
>30～35	+0.050 +0.025	48			66	60				16	7	41	27	28			M10
>35～42		55	+0.030 +0.011	+0.021 +0.002	74	68						45	31	32			
>42～48		62			82	76	35	67	78			49	35	36	70°		
>48～50	+0.060 +0.030	70			90	84						53	39	40		0.040	
>50～55																	
>55～62		78			100	94	40	78	105			58	44	45			
>62～70		85	+0.035 +0.013	+0.025 +0.003	110	104						63	49	50			
>70～78		95			120	114	45	89	112			68	54	55	75°		
>78～80		105			130	124						73	59	60			
>80～85	+0.071 +0.036																

注：1. 当作为铰（扩）套使用时，d 的公差带推荐如下：
采用 GB/T 1132—2017《直柄和莫氏锥柄机用铰刀》规定的铰刀，铰 H7 孔时，取 F7；铰 H9 孔时，取 E7。铰（扩）其他精度孔时，公差带由设计选定。

2. 铰（扩）套的标记示例：d=12mm 公差带为 E7、D=18mm 公差带为 m6、H=16mm 的可换铰（扩）套：
铰（扩）套 12E7×18m6×16　JB/T 8045.2—1999

表 3.2-14 钻套用衬套（摘自 JB/T 8045.4—1999） （mm）

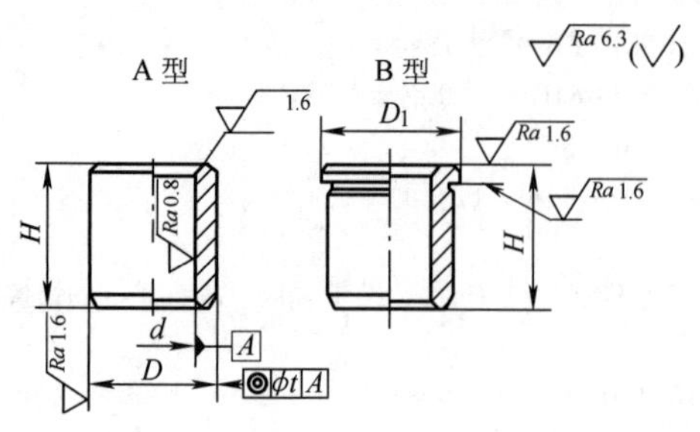

（1）材料：d≤26mm T10A 按 GB/T 1299—2014 的规定；
d>26mm 20 钢按 GB/T 699—2015 的规定。

（2）热处理：T10A 为 58~64HRC；20 钢渗碳深度为 0.8~1.2mm，58~64HRC。

（3）其他技术条件按 JB/T 8044—1999 的规定。

标记示例：

d=18mm、H=28mm 的钻套用衬套：

衬套 A18×28 JB/T 8045.4—1999

d		D		D_1	H			t
公称尺寸	极限偏差 F7	公称尺寸	极限偏差 n6					
8	+0.028 +0.013	12	+0.023 +0.012	15	10	16	—	0.008
10		15		18	12	20	25	
12	+0.034 +0.016	18		22				
(15)		22	+0.028 +0.015	26	16	28	36	0.012
18		26		30				
22	+0.041 +0.020	30		34	20	36	45	
(26)		35	+0.033 +0.017	39				
30		42		46	25	45	56	
35	+0.050 +0.025	48		52				
(42)		55	+0.039 +0.020	59	30	56	67	
(48)		62		66				
55	+0.060 +0.030	70		74				0.040
62		78		82	35	67	78	
70		85	+0.045 +0.023	90				
78		95		100	40	78	105	
(85)		105		110				
95	+0.071 +0.036	115		120	45	89	112	
105		125	+0.052 +0.027	130				

注：因 F7 为装配后的公差，零件加工尺寸须由工艺决定（需要预留收缩量时，推荐为 0.006~0.012mm）。

3.2.4 钻床夹具的技术要求

1）技术要求。

① 钻套轴线对夹具体底面的垂直度见表 3.2-15。

② 钻套轴线对定位元件的同轴度、位置度、平行度、垂直度见表 3.2-16。

③ 多个处于同一圆周位置上的钻套所在圆的圆心相对定位元件的轴线的同轴度。

④ 定位表面对夹具体底面的平行度或垂直度。

⑤ 活动定位件（如活动 V 形块）的对称中心线对定位元件、钻套轴线的位置度。

⑥ 定位销的定位表面对支承面的垂直度（当定

位表面较短时，可以不注）。

2）钻床夹具技术要求示例（表 3.2-17）。

表 3.2-15　钻套中心对夹具安装基面的相互位置要求　（mm/100mm）

工件加工孔对定位基面的垂直度要求	钻套轴线对夹具安装基面的垂直度要求
0.05～0.10	0.01～0.02
0.10～0.25	0.02～0.05
0.25 以上	0.05

表 3.2-16　钻套中心距或导套中心到定位基面的允许偏差　（mm）

工件孔中心距或中心到基面的允许偏差	钻套中心距或导套中心到定位基面的允许偏差	
	平行或垂直时	不平行或不垂直时
±0.05～±0.10	±0.005～±0.02	±0.005～±0.015
±0.10～±0.25	±0.02～±0.05	±0.015～±0.035
0.25 以上	±0.05～±0.10	±0.035～±0.08

表 3.2-17　钻床夹具技术要求示例

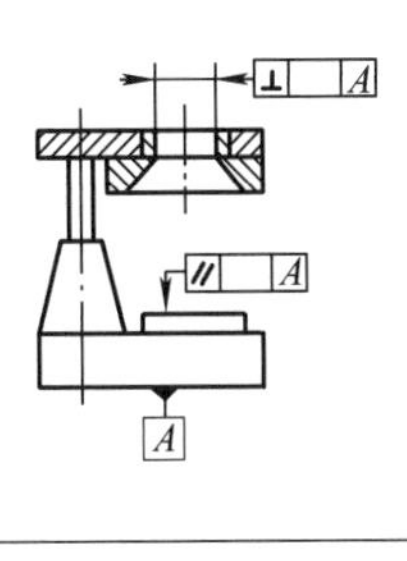

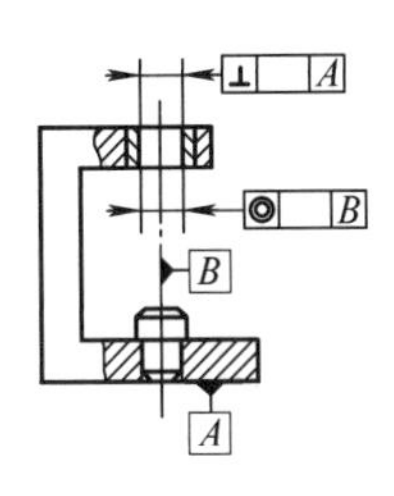

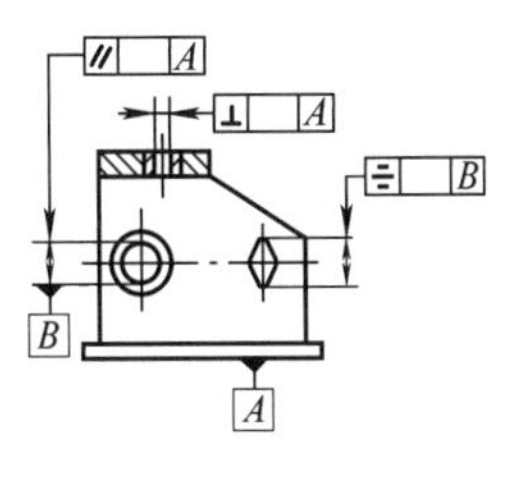

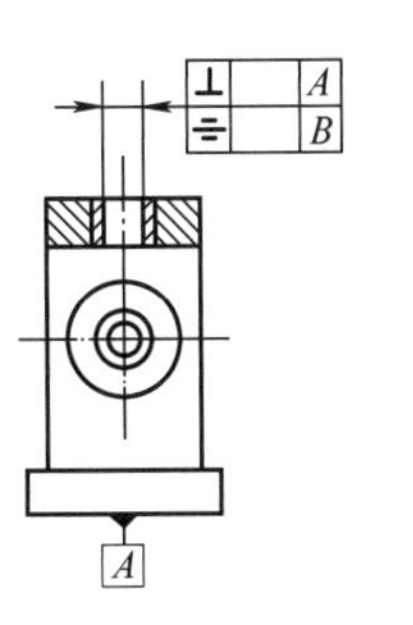

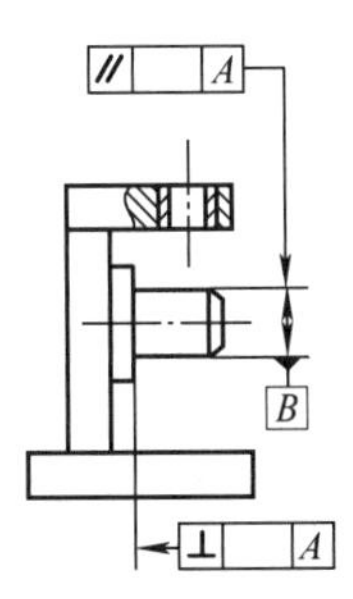

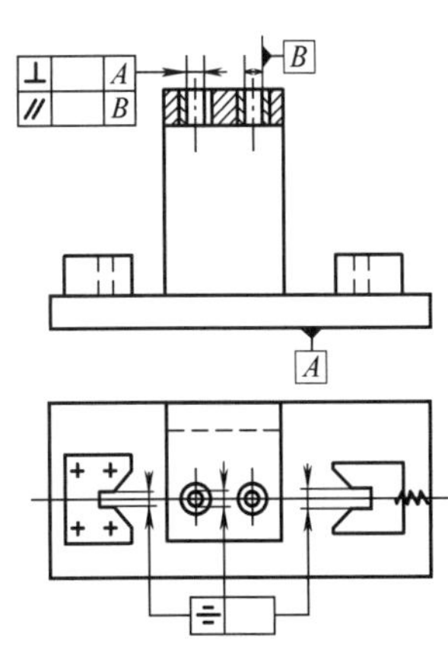

3.3　刀具及其辅具

3.3.1　中心钻

1. 钻中心孔用的中心钻

1）不带护锥的中心钻。适用于加工 GB/T 145—2001A 型中心孔。在轴上加工 $d=1\sim10$mm 的中心孔时，一般采用这种中心钻。其规格尺寸见表 3.3-1。

2）带护锥的中心钻。适用于加工 GB/T 145—2001B 型中心孔。为了避免工序间运输中对中心孔表面的磕碰，在轴上加工 $d=1\sim10$mm 的中心孔时，一般采用这种中心钻。其规格尺寸见表 3.3-2。

3）弧形中心钻。适用于加工 GB/T 145—2001R 型中心孔。在轴上加工 $d=1\sim10$mm 的弧形中心孔时，采用这种中心钻，它适用于定位精度要求较高的轴类零件，例如圆拉刀。其规格尺寸见表 3.3-3。

表 3.3-1　不带护锥的中心钻—A 型型式和尺寸（摘自 GB/T 6078—2016）　　（mm）

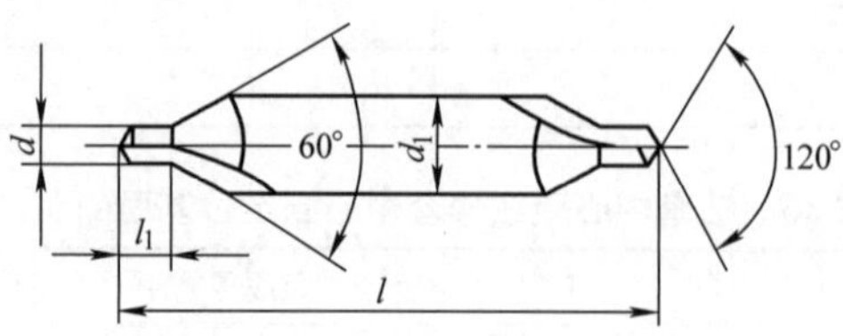

<table>
<tr><th rowspan="2">d
k12</th><th rowspan="2">d₁
h9</th><th colspan="2">l</th><th colspan="2">l₁</th></tr>
<tr><th>公称尺寸</th><th>极限偏差</th><th>公称尺寸</th><th>极限偏差</th></tr>
<tr><td>(0.50)</td><td rowspan="5">3.15</td><td rowspan="5">31.5</td><td rowspan="9">±2</td><td>0.8</td><td>+0.2
0</td></tr>
<tr><td>(0.63)</td><td>0.9</td><td>+0.3
0</td></tr>
<tr><td>(0.80)</td><td>1.1</td><td>+0.4
0</td></tr>
<tr><td>1.00</td><td>1.3</td><td rowspan="2">+0.6
0</td></tr>
<tr><td>(1.25)</td><td>1.6</td></tr>
<tr><td>1.60</td><td>4.0</td><td>35.5</td><td>2.0</td><td rowspan="2">+0.8
0</td></tr>
<tr><td>2.00</td><td>5.0</td><td>40.0</td><td>2.5</td></tr>
<tr><td>2.50</td><td>6.3</td><td>45.0</td><td>3.1</td><td rowspan="2">+1.0
0</td></tr>
<tr><td>3.15</td><td>8.0</td><td>50.0</td><td>3.9</td></tr>
<tr><td>4.00</td><td>10.0</td><td>56.0</td><td rowspan="5">±3</td><td>5.0</td><td rowspan="3">+1.2
0</td></tr>
<tr><td>(5.00)</td><td>12.5</td><td>63.0</td><td>6.3</td></tr>
<tr><td>6.30</td><td>16.0</td><td>71.0</td><td>8.0</td></tr>
<tr><td>(8.00)</td><td>20.0</td><td>80.0</td><td>10.1</td><td rowspan="2">+1.4
0</td></tr>
<tr><td>10.00</td><td>25.0</td><td>100.0</td><td>12.8</td></tr>
</table>

注：括号内尺寸尽量不采用。

中心钻直径 d 和 60°锥角与 GB/T 145 中 A 型对应尺寸一致。

表 3.3-2　带护锥的中心钻—B 型型式和尺寸（摘自 GB/T 6078—2016）　　（mm）

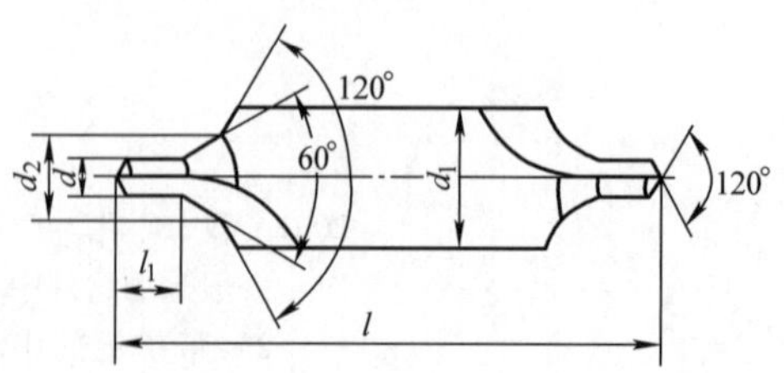

（续）

<table>
<tr><td rowspan="2">d
k12</td><td rowspan="2">d_1
h9</td><td rowspan="2">d_2
k12</td><td colspan="2">l</td><td colspan="2">l_1</td></tr>
<tr><td>公称尺寸</td><td>极限偏差</td><td>公称尺寸</td><td>极限偏差</td></tr>
<tr><td>1.00</td><td>4.0</td><td>2.12</td><td>35.5</td><td rowspan="4">±2</td><td>1.3</td><td rowspan="2">+0.6
0</td></tr>
<tr><td>(1.25)</td><td>5.0</td><td>2.65</td><td>40.0</td><td>1.6</td></tr>
<tr><td>1.60</td><td>6.3</td><td>3.35</td><td>45.0</td><td>2.0</td><td rowspan="2">+0.8
0</td></tr>
<tr><td>2.00</td><td>8.0</td><td>4.25</td><td>50.0</td><td>2.5</td></tr>
<tr><td>2.50</td><td>10.0</td><td>5.30</td><td>56.0</td><td rowspan="7">±3</td><td>3.1</td><td rowspan="2">+1.0
0</td></tr>
<tr><td>3.15</td><td>11.2</td><td>6.70</td><td>60.0</td><td>3.9</td></tr>
<tr><td>4.00</td><td>14.0</td><td>8.50</td><td>67.0</td><td>5.0</td><td rowspan="3">+1.2
0</td></tr>
<tr><td>(5.00)</td><td>18.0</td><td>10.60</td><td>75.0</td><td>6.3</td></tr>
<tr><td>6.30</td><td>20.0</td><td>13.20</td><td>80.0</td><td>8.0</td></tr>
<tr><td>(8.00)</td><td>25.0</td><td>17.00</td><td>100.0</td><td>10.1</td><td rowspan="2">+1.4
0</td></tr>
<tr><td>10.00</td><td>31.5</td><td>21.20</td><td>125.0</td><td>12.8</td></tr>
</table>

注：括号内尺寸尽量不采用。

中心钻直径 d、d_2、60°锥角和 120°护锥角与 GB/T 145 中 B 型对应尺寸一致。

表 3.3-3　弧形中心钻—R 型型式和尺寸（摘自 GB/T 6078—2016）　（mm）

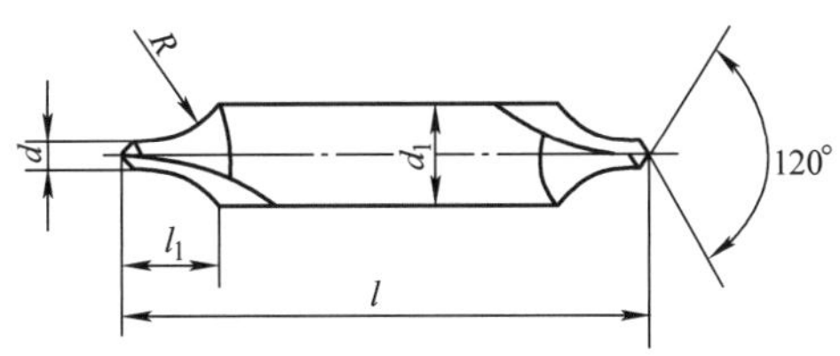

<table>
<tr><td rowspan="2">d
k12</td><td rowspan="2">d_1
h9</td><td colspan="2">l</td><td>l_1</td><td colspan="2">R</td></tr>
<tr><td>公称尺寸</td><td>极限偏差</td><td>公称尺寸</td><td>max</td><td>min</td></tr>
<tr><td>1.00</td><td rowspan="2">3.15</td><td rowspan="2">31.5</td><td rowspan="7">±2</td><td>3.0</td><td>3.15</td><td>2.5</td></tr>
<tr><td>(1.25)</td><td>3.35</td><td>4.0</td><td>3.15</td></tr>
<tr><td>1.60</td><td>4.0</td><td>35.5</td><td>4.25</td><td>5.0</td><td>4.0</td></tr>
<tr><td>2.00</td><td>5.0</td><td>40.0</td><td>5.3</td><td>6.3</td><td>5.0</td></tr>
<tr><td>2.50</td><td>6.3</td><td>45.0</td><td>6.7</td><td>8.0</td><td>6.3</td></tr>
<tr><td>3.15</td><td>8.0</td><td>50.0</td><td>8.5</td><td>10.0</td><td>8.0</td></tr>
<tr><td>4.00</td><td>10.0</td><td>56.0</td><td>10.6</td><td>12.5</td><td>10.0</td></tr>
<tr><td>(5.00)</td><td>12.5</td><td>63.0</td><td rowspan="4">±3</td><td>13.2</td><td>16.0</td><td>12.5</td></tr>
<tr><td>6.30</td><td>16.0</td><td>71.0</td><td>17.0</td><td>20.0</td><td>16.0</td></tr>
<tr><td>(8.00)</td><td>20.0</td><td>80.0</td><td>21.2</td><td>25.0</td><td>20.0</td></tr>
<tr><td>10.00</td><td>25.0</td><td>100.0</td><td>26.5</td><td>31.5</td><td>25.0</td></tr>
</table>

注：括号内尺寸尽量不采用。

中心钻直径 d 和 R 与 GB/T 145 中 R 型对应尺寸一致。

2. 钻孔定中心用的中心钻

钻孔定中心用的中心钻一般适用于自动车床无钻套钻孔前打中心孔定心，其规格尺寸见表 3.3-4。

表 3.3-4　钻孔定中心用的中心钻　　(mm)

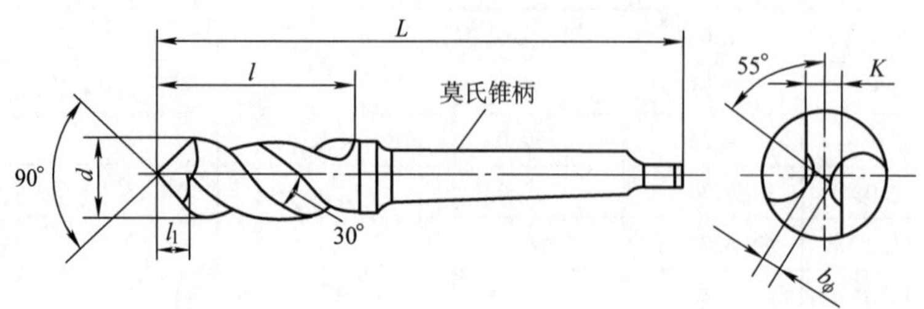

d	L	l	K	b_ϕ	l_1	莫氏圆锥号
18	135	48	2.6	1.3	4	2
25	150	55	3.5	2.2	5	
35	185	68	5.2	3	7	3
50	195	78	6.4	3.5	9	
60	205	85	7			

3.3.2　麻花钻

1. 高速钢麻花钻（表 3.3-5～表 3.3-14）

表 3.3-5　高速钢麻花钻的类型和用途

标准号	类型	直径范围/mm	简　图	用　途
GB/T 6135.1—2008	粗直柄小麻花钻	0.1～0.35		在自动机床上可用同一种规格的弹簧卡头装夹不同直径的麻花钻钻微孔
GB/T 6135.2—2008	直柄短麻花钻	0.5～40.0		在自动车床、转塔车床或手动工具上钻浅孔或钻中心孔
GB/T 6135.2—2008	直柄麻花钻	0.2～20.0		在各种机床上，用钻模或不用钻模钻孔
GB/T 6135.3—2008	直柄长麻花钻	1.0～31.5		在各种机床上，用钻模钻孔或不用钻模钻较深孔
GB/T 6135.4—2008	直柄超长麻花钻	2.0～14.0		用一般直柄麻花钻钻削不到的箱体零件上的较浅孔
GB/T 1438.1—2008	莫氏锥柄麻花钻	3.0～100.0		在各种机床上，用钻模或不用钻模钻孔

（续）

标准号	类型	直径范围/mm	简　　图	用　　途
GB/T 1438.2—2008	莫氏锥柄长麻花钻	5.0~50.0		在各种机床上，用钻模钻孔或不用钻模钻较深孔
GB/T 1438.3—2008	莫氏锥柄加长麻花钻	6.0~30.0		在各种机床上，用钻模钻较深孔或不用钻模钻深孔
GB/T 1438.4—2008	莫氏锥柄超长麻花钻	6.0~50.0		用一般锥柄麻花钻钻削不到的箱体零件上的较浅孔

表 3.3-6　粗直柄小麻花钻（GB/T 6135.1—2008）　　（mm）

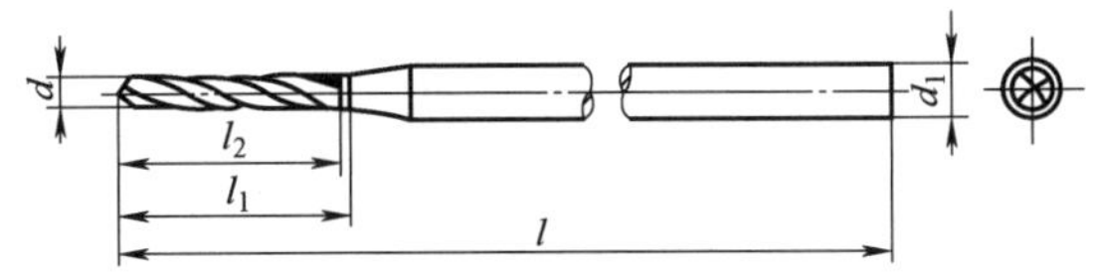

<table>
<tr><th>d</th><th>l</th><th>l_1</th><th>l_2</th><th>d_1</th><th>d</th><th>l</th><th>l_1</th><th>l_2</th><th>d_1</th><th>d</th><th>l</th><th>l_1</th><th>l_2</th><th>d_1</th></tr>
<tr><td>0.10</td><td rowspan="10">20</td><td rowspan="3">1.2</td><td rowspan="3">0.7</td><td rowspan="10">1</td><td>0.20</td><td rowspan="10">20</td><td rowspan="5">2.5</td><td rowspan="5">1.8</td><td rowspan="10">1</td><td>0.30</td><td rowspan="6">20</td><td>3.2</td><td>2.2</td><td rowspan="6">1</td></tr>
<tr><td>0.11</td><td>0.21</td><td>0.31</td><td rowspan="5">3.5</td><td rowspan="5">2.8</td></tr>
<tr><td>0.12</td><td>0.22</td><td>0.32</td></tr>
<tr><td>0.13</td><td rowspan="3">1.5</td><td rowspan="3">1.0</td><td>0.23</td><td>0.33</td></tr>
<tr><td>0.14</td><td>0.24</td><td>0.34</td></tr>
<tr><td>0.15</td><td>0.25</td><td rowspan="5">3.2</td><td rowspan="5">2.2</td><td>0.35</td></tr>
<tr><td>0.16</td><td rowspan="4">2.2</td><td rowspan="4">1.4</td><td>0.26</td><td rowspan="4">—</td><td rowspan="4">—</td><td rowspan="4">—</td><td rowspan="4">—</td><td rowspan="4">—</td></tr>
<tr><td>0.17</td><td>0.27</td></tr>
<tr><td>0.18</td><td>0.28</td></tr>
<tr><td>0.19</td><td>0.29</td></tr>
</table>

表 3.3-7　直柄短麻花钻（GB/T 6135.2—2008）　　（mm）

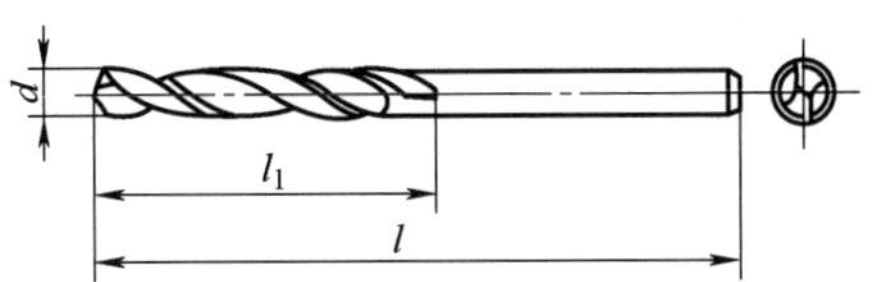

（续）

d	l	l_1	d	l	l_1	d	l	l_1	d	l	l_1
0.50	20	3	9.50	84	40	18.50	127	64	27.50	162	81
0.80	24	5	9.80	89	43	18.75			27.75		
1.00	26	6	10.00			19.00			28.00		
1.20	30	8	10.20			19.25	131	66	28.25	168	84
1.50	32	9	10.50			19.50			28.50		
1.80	36	11	10.80	95	47	19.75			28.75		
2.00	38	12	11.00			20.00			29.00		
2.20	40	13	11.20			20.25	136	68	29.25		
2.50	43	14	11.50			20.50			29.50		
2.80	46	16	11.80			20.75			29.75		
3.00			12.00	102	51	21.00			30.00		
3.20	49	18	12.20			21.25	141	70	30.25	174	87
3.50	52	20	12.50			21.50			30.50		
3.80	55	22	12.80			21.75			30.75		
4.00			13.00			22.00			31.00		
4.20			13.20			22.25			31.25		
4.50	58	24	13.50	107	54	22.50	146	72	31.50		
4.80	62	26	13.80			22.75			31.75	180	90
5.00			14.00			23.00			32.00		
5.20			14.25	111	56	23.25			32.50		
5.50	66	28	14.50			23.50			33.00		
5.80			14.75			23.75	151	75	33.50		
6.00			15.00			24.00			34.00	186	93
6.20	70	31	15.25	115	58	24.25			34.50		
6.50			15.50			24.50			35.00		
6.80	74	34	15.75			24.75			35.50		
7.00			16.00			25.00			36.00	193	96
7.20			16.25	119	60	25.25	156	78	36.50		
7.50			16.50			25.50			37.00		
7.80	79	37	16.75			25.75			37.50		
8.00			17.00			26.00			38.00	200	100
8.20			17.25	123	62	26.25			38.50		
8.50			17.50			26.50			39.00		
8.80	84	40	17.75			26.75	162	81	39.50		
9.00			18.00			27.00			40.00		
9.20			18.25	127	64	27.25					

表 3.3-8　直柄麻花钻（GB/T 6135.2—2008）　（mm）

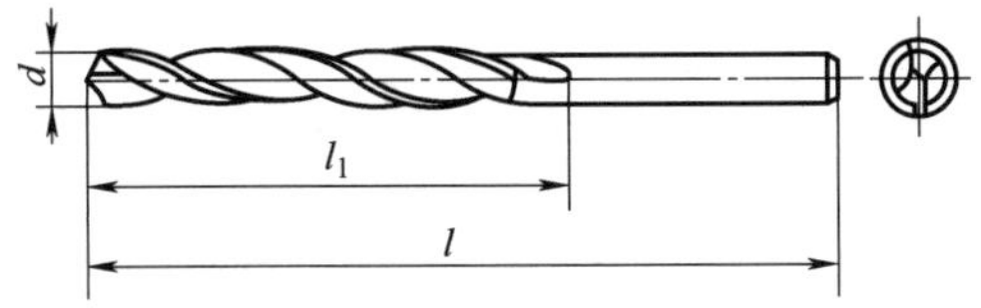

d	l	l_1	d	l	l_1	d	l	l_1	d	l	l_1
0.20	19	2.5	1.55	43	20	4.40	80	47	8.70	125	81
0.22			1.60			4.50			8.80		
0.25		3	1.65			4.60			8.90		
0.28			1.70			4.70			9.00		
0.30			1.75	46	22	4.80	86	52	9.10		
0.32		4	1.80			4.90			9.20		
0.35			1.85			5.00			9.30		
0.38			1.90			5.10			9.40		
0.40	20	5	1.95	49	24	5.20			9.50		
0.42			2.00			5.30			9.60	133	87
0.45			2.05			5.40	93	57	9.70		
0.48			2.10			5.50			9.80		
0.50	22	6	2.15	53	27	5.60			9.90		
0.52			2.20			5.70			10.00		
0.55	24	7	2.25			5.80			10.10		
0.58			2.30			5.90			10.20		
0.60			2.35			6.00			10.30		
0.62	26	8	2.40	57	30	6.10	101	63	10.40		
0.65			2.45			6.20			10.50		
0.68	28	9	2.50			6.30			10.60		
0.70			2.55			6.40			10.70	142	94
0.72			2.60			6.50			10.80		
0.75			2.65			6.60			10.90		
0.78	30	10	2.70	61	33	6.70			11.00		
0.80			2.75			6.80	109	69	11.10		
0.82			2.80			6.90			11.20		
0.85			2.85			7.00			11.30		
0.88	32	11	2.90			7.10			11.40		
0.90			2.95			7.20			11.50		
0.92			3.00			7.30			11.60		
0.95			3.10	65	36	7.40			11.70		
0.98	34	12	3.20			7.50			11.80		
1.00			3.30			7.60	117	75	11.90	151	101
1.05			3.40	70	39	7.70			12.00		
1.10	36	14	3.50			7.80			12.10		
1.15			3.60			7.90			12.20		
1.20	38	16	3.70	75	43	8.00			12.30		
1.25			3.80			8.10			14.40		
1.30			3.90			8.20			12.50		
1.35	40	18	4.00			8.30			12.60		
1.40			4.10			8.40			12.70		
1.45			4.20			8.50			12.80		
1.50			4.30	80	47	8.60	125	81	12.90		

（续）

<table>
<tr><th>d</th><th>l</th><th>l₁</th><th>d</th><th>l</th><th>l₁</th><th>d</th><th>l</th><th>l₁</th><th>d</th><th>l</th><th>l₁</th></tr>
<tr><td>13.00</td><td rowspan="3">151</td><td rowspan="3">101</td><td>13.70</td><td rowspan="4">160</td><td rowspan="4">108</td><td>15.00</td><td>169</td><td>114</td><td>17.50</td><td rowspan="2">191</td><td rowspan="2">130</td></tr>
<tr><td>13.10</td><td>13.80</td><td>15.25</td><td rowspan="4">178</td><td rowspan="4">120</td><td>18.00</td></tr>
<tr><td>13.20</td><td>13.90</td><td>15.50</td><td>18.50</td><td rowspan="2">198</td><td rowspan="2">135</td></tr>
<tr><td>13.30</td><td rowspan="4">160</td><td rowspan="4">108</td><td>14.00</td><td>15.75</td><td>19.00</td></tr>
<tr><td>13.40</td><td>14.25</td><td rowspan="3">169</td><td rowspan="3">114</td><td>16.00</td><td>19.50</td><td rowspan="3">205</td><td rowspan="3">140</td></tr>
<tr><td>13.50</td><td>14.50</td><td>16.50</td><td rowspan="2">184</td><td rowspan="2">125</td><td rowspan="2">20.00</td></tr>
<tr><td>13.60</td><td>14.75</td><td>17.00</td></tr>
</table>

表 3.3-9　直柄长麻花钻（GB/T 6135.3—2008）　（mm）

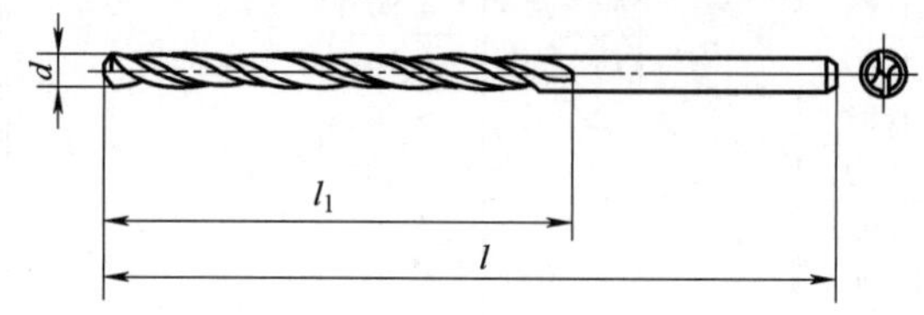

<table>
<tr><th>d</th><th>l</th><th>l₁</th><th>d</th><th>l</th><th>l₁</th><th>d</th><th>l</th><th>l₁</th><th>d</th><th>l</th><th>l₁</th></tr>
<tr><td>1.00</td><td>56</td><td>33</td><td>3.40</td><td rowspan="4">112</td><td rowspan="4">73</td><td>5.80</td><td rowspan="3">139</td><td rowspan="3">91</td><td>8.20</td><td rowspan="4">165</td><td rowspan="4">109</td></tr>
<tr><td>1.10</td><td>60</td><td>37</td><td>3.50</td><td>5.90</td><td>8.30</td></tr>
<tr><td>1.20</td><td rowspan="2">65</td><td rowspan="2">41</td><td>3.60</td><td>6.00</td><td>8.40</td></tr>
<tr><td>1.30</td><td>3.70</td><td>6.10</td><td rowspan="7">148</td><td rowspan="7">97</td><td>8.50</td></tr>
<tr><td>1.40</td><td rowspan="2">70</td><td rowspan="2">45</td><td>3.80</td><td rowspan="5">119</td><td rowspan="5">78</td><td>6.20</td><td>8.60</td><td rowspan="10">175</td><td rowspan="10">115</td></tr>
<tr><td>1.50</td><td>3.90</td><td>6.30</td><td>8.70</td></tr>
<tr><td>1.60</td><td rowspan="2">76</td><td rowspan="2">50</td><td>4.00</td><td>6.40</td><td>8.80</td></tr>
<tr><td>1.70</td><td>4.10</td><td>6.50</td><td>8.90</td></tr>
<tr><td>1.80</td><td rowspan="2">80</td><td rowspan="2">53</td><td>4.20</td><td>6.60</td><td>9.00</td></tr>
<tr><td>1.90</td><td>4.30</td><td rowspan="5">126</td><td rowspan="5">82</td><td>6.70</td><td>9.10</td></tr>
<tr><td>2.00</td><td rowspan="2">85</td><td rowspan="2">56</td><td>4.40</td><td>6.80</td><td rowspan="8">156</td><td rowspan="8">102</td><td>9.20</td></tr>
<tr><td>2.10</td><td>4.50</td><td>6.90</td><td>9.30</td></tr>
<tr><td>2.20</td><td rowspan="2">90</td><td rowspan="2">59</td><td>4.60</td><td>7.00</td><td>9.40</td></tr>
<tr><td>2.30</td><td>4.70</td><td>7.10</td><td>9.50</td></tr>
<tr><td>2.40</td><td rowspan="3">95</td><td rowspan="3">62</td><td>4.80</td><td rowspan="6">132</td><td rowspan="6">87</td><td>7.20</td><td>9.60</td><td rowspan="10">184</td><td rowspan="10">121</td></tr>
<tr><td>2.50</td><td>4.90</td><td>7.30</td><td>9.70</td></tr>
<tr><td>2.60</td><td>5.00</td><td>7.40</td><td>9.80</td></tr>
<tr><td>2.70</td><td rowspan="4">100</td><td rowspan="4">66</td><td>5.10</td><td>7.50</td><td>9.90</td></tr>
<tr><td>2.80</td><td>5.20</td><td>7.60</td><td rowspan="6">165</td><td rowspan="6">109</td><td>10.00</td></tr>
<tr><td>2.90</td><td>5.30</td><td>7.70</td><td>10.10</td></tr>
<tr><td>3.00</td><td>5.40</td><td rowspan="4">139</td><td rowspan="4">91</td><td>7.80</td><td>10.20</td></tr>
<tr><td>3.10</td><td rowspan="3">106</td><td rowspan="3">69</td><td>5.50</td><td>7.90</td><td>10.30</td></tr>
<tr><td>3.20</td><td>5.60</td><td>8.00</td><td>10.40</td></tr>
<tr><td>3.30</td><td>5.70</td><td>8.10</td><td>10.50</td></tr>
</table>

（续）

<table>
<tr><th>d</th><th>l</th><th>l_1</th><th>d</th><th>l</th><th>l_1</th><th>d</th><th>l</th><th>l_1</th><th>d</th><th>l</th><th>l_1</th></tr>
<tr><td>10.60</td><td>184</td><td>121</td><td>13.20</td><td>205</td><td>134</td><td>18.50</td><td rowspan="3">247</td><td rowspan="3">162</td><td>25.00</td><td>282</td><td>185</td></tr>
<tr><td>10.70</td><td rowspan="12">195</td><td rowspan="12">128</td><td>13.30</td><td rowspan="8">214</td><td rowspan="8">140</td><td>18.75</td><td>25.25</td><td rowspan="6">290</td><td rowspan="6">190</td></tr>
<tr><td>10.80</td><td>13.40</td><td>19.00</td><td>25.50</td></tr>
<tr><td>10.90</td><td>13.50</td><td>19.25</td><td rowspan="4">254</td><td rowspan="4">166</td><td>25.75</td></tr>
<tr><td>11.00</td><td>13.60</td><td>19.50</td><td>26.00</td></tr>
<tr><td>11.10</td><td>13.70</td><td>19.75</td><td>26.25</td></tr>
<tr><td>11.20</td><td>13.80</td><td>20.00</td><td>26.50</td></tr>
<tr><td>11.30</td><td>13.90</td><td>20.25</td><td rowspan="4">261</td><td rowspan="4">171</td><td>26.75</td><td rowspan="6">298</td><td rowspan="6">195</td></tr>
<tr><td>11.40</td><td>14.00</td><td>20.50</td><td>27.00</td></tr>
<tr><td>11.50</td><td>14.25</td><td rowspan="4">220</td><td rowspan="4">144</td><td>20.75</td><td>27.25</td></tr>
<tr><td>11.60</td><td>14.50</td><td>21.00</td><td>27.50</td></tr>
<tr><td>11.70</td><td>14.75</td><td>21.25</td><td rowspan="5">268</td><td rowspan="5">176</td><td>27.75</td></tr>
<tr><td>11.80</td><td>15.00</td><td>21.50</td><td>28.00</td></tr>
<tr><td>11.90</td><td rowspan="14">205</td><td rowspan="14">134</td><td>15.25</td><td rowspan="4">227</td><td rowspan="4">149</td><td>21.75</td><td>28.25</td><td rowspan="8">307</td><td rowspan="8">201</td></tr>
<tr><td>12.00</td><td>15.50</td><td>22.00</td><td>28.50</td></tr>
<tr><td>12.10</td><td>15.75</td><td>22.25</td><td>28.75</td></tr>
<tr><td>12.20</td><td>16.00</td><td>22.50</td><td rowspan="5">275</td><td rowspan="5">180</td><td>29.00</td></tr>
<tr><td>12.30</td><td>16.25</td><td rowspan="4">235</td><td rowspan="4">154</td><td>22.75</td><td>29.25</td></tr>
<tr><td>12.40</td><td>16.50</td><td>23.00</td><td>29.50</td></tr>
<tr><td>12.50</td><td>16.75</td><td>23.25</td><td>29.75</td></tr>
<tr><td>12.60</td><td>17.00</td><td>23.50</td><td>30.00</td></tr>
<tr><td>12.70</td><td>17.25</td><td rowspan="4">241</td><td rowspan="4">158</td><td>23.75</td><td rowspan="6">282</td><td rowspan="6">185</td><td>30.25</td><td rowspan="6">316</td><td rowspan="6">207</td></tr>
<tr><td>12.80</td><td>17.50</td><td>24.00</td><td>30.50</td></tr>
<tr><td>12.90</td><td>17.75</td><td>24.25</td><td>30.75</td></tr>
<tr><td>13.00</td><td>18.00</td><td>24.50</td><td>31.00</td></tr>
<tr><td rowspan="2">13.10</td><td rowspan="2">18.25</td><td rowspan="2">247</td><td rowspan="2">162</td><td rowspan="2">24.75</td><td>31.25</td></tr>
<tr><td>31.50</td></tr>
</table>

表 3.3-10　直柄超长麻花钻（GB/T 6135.4—2008）　（mm）

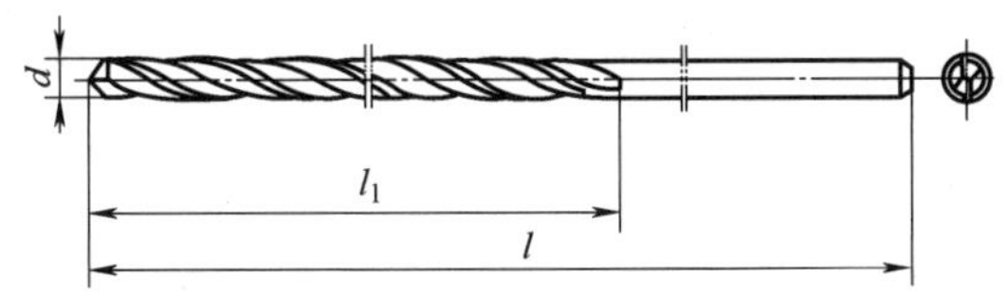

<table>
<tr><th>d
h8</th><th>l=125
l_1=80</th><th>l=160
l_1=100</th><th>l=200
l_1=150</th><th>l=250
l_1=200</th><th>l=315
l_1=250</th><th>l=400
l_1=300</th></tr>
<tr><td>2.0</td><td>×</td><td>×</td><td rowspan="2">—</td><td rowspan="3">—</td><td rowspan="4">—</td><td rowspan="4">—</td></tr>
<tr><td>2.5</td><td>×</td><td>×</td></tr>
<tr><td>3.0</td><td rowspan="2">—</td><td>×</td><td>×</td></tr>
<tr><td>3.5</td><td>×</td><td>×</td><td>×</td></tr>
</table>

（续）

<table>
<tr><th>d
h8</th><th>$l=125$
$l_1=80$</th><th>$l=160$
$l_1=100$</th><th>$l=200$
$l_1=150$</th><th>$l=250$
$l_1=200$</th><th>$l=315$
$l_1=250$</th><th>$l=400$
$l_1=300$</th></tr>
<tr><td>4.0</td><td rowspan="21">—</td><td>×</td><td>×</td><td>×</td><td>×</td><td rowspan="2">—</td></tr>
<tr><td>4.5</td><td>×</td><td>×</td><td>×</td><td>×</td></tr>
<tr><td>5.0</td><td rowspan="19">—</td><td>×</td><td>×</td><td>×</td><td>×</td></tr>
<tr><td>5.5</td><td>×</td><td>×</td><td>×</td><td>×</td></tr>
<tr><td>6.0</td><td>×</td><td>×</td><td>×</td><td>×</td></tr>
<tr><td>6.5</td><td>×</td><td>×</td><td>×</td><td>×</td></tr>
<tr><td>7.0</td><td>×</td><td>×</td><td>×</td><td>×</td></tr>
<tr><td>7.5</td><td>×</td><td>×</td><td>×</td><td>×</td></tr>
<tr><td>8.0</td><td rowspan="13">—</td><td>×</td><td>×</td><td>×</td></tr>
<tr><td>8.5</td><td>×</td><td>×</td><td>×</td></tr>
<tr><td>9.0</td><td>×</td><td>×</td><td>×</td></tr>
<tr><td>9.5</td><td>×</td><td>×</td><td>×</td></tr>
<tr><td>10.0</td><td>×</td><td>×</td><td>×</td></tr>
<tr><td>10.5</td><td>×</td><td>×</td><td>×</td></tr>
<tr><td>11.0</td><td>×</td><td>×</td><td>×</td></tr>
<tr><td>11.5</td><td>×</td><td>×</td><td>×</td></tr>
<tr><td>12.0</td><td>×</td><td>×</td><td>×</td></tr>
<tr><td>12.5</td><td>×</td><td>×</td><td>×</td></tr>
<tr><td>13.0</td><td>×</td><td>×</td><td>×</td></tr>
<tr><td>13.5</td><td>×</td><td>×</td><td>×</td></tr>
<tr><td>14.0</td><td>×</td><td>×</td><td>×</td></tr>
</table>

注：×表示有的规格。

表 3.3-11　莫氏锥柄麻花钻（GB/T 1438.1—2008）　　（mm）

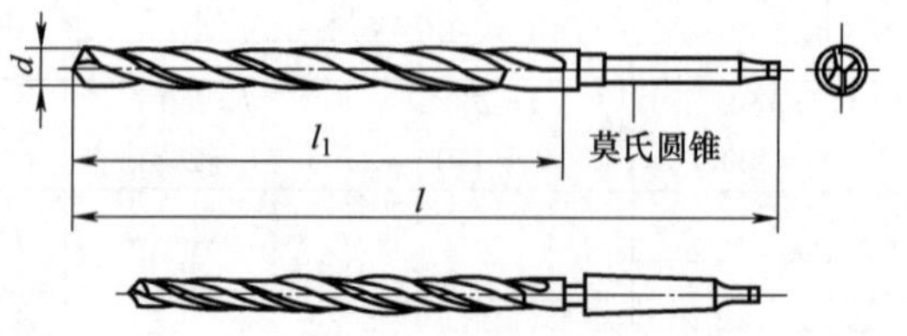

（续）

d	l_1	标准柄		粗柄	
		l	莫氏圆锥号	l	莫氏圆锥号
3.00	33	114	1	—	—
3.20	36	117			
3.50	39	120			
3.80	43	124			
4.00					
4.20					
4.50	47	128			
4.80	52	133			
5.00					
5.20					
5.50	57	138			
5.80					
6.00					
6.20	63	144			
6.50					
6.80	69	150			
7.00					
7.20					
7.50					
7.80	75	156			
8.00					
8.20					
8.50					
8.80	81	162			
9.00					
9.20					
9.50					
9.80	87	168			
10.00					
10.20					
10.50					
10.80	94	175			
11.00					
11.20					
11.50					

d	l_1	标准柄		粗柄	
		l	莫氏圆锥号	l	莫氏圆锥号
11.80	94	175	1	—	—
12.00	101	182		199	2
12.20					
12.50					
12.80					
13.00					
13.20					
13.50	108	189		206	
13.80					
14.00					
14.25	114	212	2	—	—
14.50					
14.75					
15.00					
15.25	120	218			
15.50					
15.75					
16.00					
16.25	125	223			
16.50					
16.75					
17.00					
17.25	130	228			
17.50					
17.75					
18.00					
18.25	135	233		256	3
18.50					
18.75					
19.00					
19.25	140	238		261	
19.50					
19.75					
20.00					
20.25	145	243		266	

（续）

d	l_1	标准柄		粗柄	
		l	莫氏圆锥号	l	莫氏圆锥号
20.50					
20.75	145	243		266	
21.00					
21.25					
21.50					
21.75	150	248	2	271	3
22.00					
22.25					
22.50					
22.75		253		276	
23.00	155				
23.25		276			
23.50					
23.75					
24.00					
24.25	160	281			
24.50					
24.75				—	—
25.00					
25.25					
25.50					
25.75	165	286			
26.00					
26.25			3		
26.50					
26.75					
27.00					
27.25	170	291		319	
27.50					
27.75					
28.00					4
28.25					
28.50	175	296		324	
28.75					
29.00					
29.25					
29.50	175	296		324	
29.75					
30.00					
30.25					
30.50			3		4
30.75	180	301		329	
31.00					
31.25					
31.50					
31.75		306		334	
32.00					
32.50	185	334			
33.00					
33.50					
34.00					
34.50	190	339			
35.00					
35.50					
36.00				—	—
36.50	195	344			
37.00					
37.50			4		
38.00					
38.50					
39.00	200	349			
39.50					
40.00					
40.50					
41.00					
41.50	205	354		392	
42.00					5
42.50					
43.00	210	359		397	
43.50					

（续）

<table>
<tr><th rowspan="2">d</th><th rowspan="2">l_1</th><th colspan="2">标准柄</th><th colspan="2">粗柄</th><th rowspan="2">d</th><th rowspan="2">l_1</th><th colspan="2">标准柄</th><th colspan="2">粗柄</th></tr>
<tr><th>l</th><th>莫氏圆锥号</th><th>l</th><th>莫氏圆锥号</th><th>l</th><th>莫氏圆锥号</th><th>l</th><th>莫氏圆锥号</th></tr>
<tr><td>44.00</td><td rowspan="3">210</td><td rowspan="3">359</td><td rowspan="14">4</td><td rowspan="3">397</td><td rowspan="14">5</td><td>69.00</td><td rowspan="3">250</td><td rowspan="3">427</td><td rowspan="8">5</td><td rowspan="3">504</td><td rowspan="8">6</td></tr>
<tr><td>44.50</td><td>70.00</td></tr>
<tr><td>45.00</td><td>71.00</td></tr>
<tr><td>45.50</td><td rowspan="5">215</td><td rowspan="5">364</td><td rowspan="5">402</td><td>72.00</td><td rowspan="4">255</td><td rowspan="4">442</td><td rowspan="4">509</td></tr>
<tr><td>46.00</td><td>73.00</td></tr>
<tr><td>46.50</td><td>74.00</td></tr>
<tr><td>47.00</td><td>75.00</td></tr>
<tr><td>47.50</td><td>76.00</td><td rowspan="5">260</td><td>447</td><td>514</td></tr>
<tr><td>48.00</td><td rowspan="5">220</td><td rowspan="5">369</td><td rowspan="5">407</td><td>77.00</td><td rowspan="4">514</td><td rowspan="24">6</td><td rowspan="24">—</td><td rowspan="24">—</td></tr>
<tr><td>48.50</td><td>78.00</td></tr>
<tr><td>49.00</td><td>79.00</td></tr>
<tr><td>49.50</td><td>80.00</td></tr>
<tr><td>50.00</td><td>81.00</td><td rowspan="5">265</td><td rowspan="5">519</td></tr>
<tr><td>50.50</td><td rowspan="4">225</td><td>374</td><td>412</td><td>82.00</td></tr>
<tr><td>51.00</td><td rowspan="3">412</td><td rowspan="18">5</td><td rowspan="13">—</td><td rowspan="13">—</td><td>83.00</td></tr>
<tr><td>52.00</td><td>84.00</td></tr>
<tr><td>53.00</td><td>85.00</td></tr>
<tr><td>54.00</td><td rowspan="3">230</td><td rowspan="3">417</td><td>86.00</td><td rowspan="5">270</td><td rowspan="5">524</td></tr>
<tr><td>55.00</td><td>87.00</td></tr>
<tr><td>56.00</td><td>88.00</td></tr>
<tr><td>57.00</td><td rowspan="4">235</td><td rowspan="4">422</td><td>89.00</td></tr>
<tr><td>58.00</td><td>90.00</td></tr>
<tr><td>59.00</td><td>91.00</td><td rowspan="5">275</td><td rowspan="5">529</td></tr>
<tr><td>60.00</td><td>92.00</td></tr>
<tr><td>61.00</td><td rowspan="3">240</td><td rowspan="3">427</td><td>93.00</td></tr>
<tr><td>62.00</td><td>94.00</td></tr>
<tr><td>63.00</td><td>95.00</td></tr>
<tr><td>64.00</td><td rowspan="4">245</td><td rowspan="4">432</td><td rowspan="4">499</td><td rowspan="5">6</td><td>96.00</td><td rowspan="5">280</td><td rowspan="5">534</td></tr>
<tr><td>65.00</td><td>97.00</td></tr>
<tr><td>66.00</td><td>98.00</td></tr>
<tr><td>67.00</td><td>99.00</td></tr>
<tr><td>68.00</td><td>250</td><td>427</td><td>504</td><td>100.00</td></tr>
</table>

表 3.3-12　莫氏锥柄长麻花钻（GB/T 1438.2—2008）　（mm）

d	l_1	l	莫氏圆锥号	d	l_1	l	莫氏圆锥号	d	l_1	l	莫氏圆锥号	d	l_1	l	莫氏圆锥号
5.00	74	155	1	14.25	147	245	2	23.50	198	319	3	33.50	248	397	4
5.20				14.50				23.75	206	327		34.00	257	406	
5.50	80	161		14.75				24.00				34.50			
5.80				15.00				24.25				35.00			
6.00				15.25	153	251		24.50				35.50			
6.20	86	167		15.50				24.75				36.00	267	416	
6.50				15.75				25.00				36.50			
6.80	93	174		16.00				25.25	214	335		37.00			
7.00				16.25	159	257		25.50				37.50			
7.20				16.50				25.75				38.00	277	426	
7.50				16.75				26.00				38.50			
7.80	100	181		17.00				26.25				39.00			
8.00				17.25	165	263		26.50				39.50			
8.20				17.50				26.75	222	343		40.00			
8.50				17.75				27.00				40.50	287	436	
8.80	107	188		18.00				27.25				41.00			
9.00				18.25	171	269		27.50				41.50			
9.20				18.50				27.75				42.00			
9.50				18.75				28.00				42.50			
9.80	116	197		19.00				28.25	230	351		43.00	298	447	
10.00				19.25	177	275		28.50				43.50			
10.20				19.50				28.75				44.00			
10.50				19.75				29.00				44.50			
10.80	125	206		20.00				29.25				45.00			
11.00				20.25	184	282		29.50				45.50	310	459	
11.20				20.50				29.75				46.00			
11.50				20.75				30.00				46.50			
11.80				21.00				30.25	239	360		47.00			
12.00	134	215		21.25	191	289		30.50				47.50			
12.20				21.50				30.75				48.00	321	470	
12.50				21.75				31.00				48.50			
12.80				22.00				31.25				49.00			
13.00				22.25				31.50				49.50			
13.20				22.50	198	296		31.75		369		50.00			
13.50	142	223		22.75				32.00	248	397	4				
13.80				23.00				32.50							
14.00				23.25		319	3	33.00							

表 3.3-13　莫氏锥柄加长麻花钻（GB/T 1438.3—2008）　　（mm）

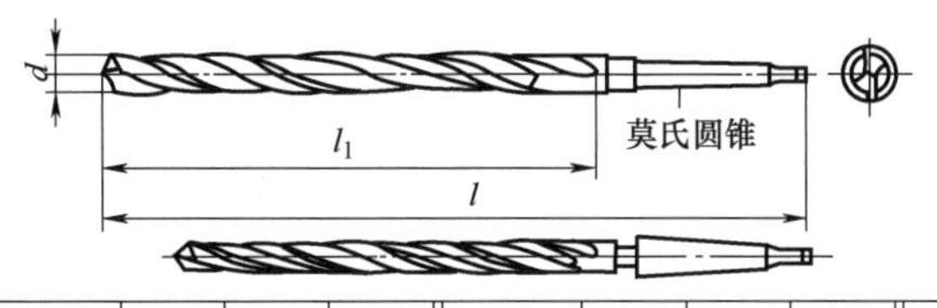

d	l_1	l	莫氏圆锥号
6.00	145	225	1
6.20	150	230	
6.50			
6.80	155	235	
7.00			
7.20			
7.50			
7.80	160	240	
8.00			
8.20			
8.50			
8.80	165	245	
9.00			
9.20			
9.50			
9.80	170	250	
10.00			
10.20			
10.50			
10.80	175	255	
11.00			
11.20			
11.50			
11.80			

d	l_1	l	莫氏圆锥号
12.00	180	260	1
12.20			
12.50			
12.80			
13.00			
13.20			
13.50	185	265	
13.80			
14.00			
14.25	190	290	2
14.50			
14.75			
15.00			
15.25	195	295	
15.50			
15.75			
16.00			
16.25	200	300	
16.50			
16.75			
17.00			
17.25	205	305	
17.50			
17.75			

d	l_1	l	莫氏圆锥号
18.00	205	305	2
18.25	210	310	
18.50			
18.75			
19.00			
19.25	220	320	
19.50			
19.75			
20.00			
20.25	230	330	
20.50			
20.75			
21.00			
21.25	235	335	
21.50			
21.75			
22.00			
22.25			
22.50	240	340	
22.75			
23.00			
23.25		360	3
23.50			

d	l_1	l	莫氏圆锥号
23.75	245	365	3
24.00			
24.25			
24.50			
24.75			
25.00			
25.25	255	375	
25.50			
25.75			
26.00			
26.25			
26.50			
26.75	265	385	
27.00			
27.25			
27.50			
27.75			
28.00			
28.25	275	395	
28.50			
28.75			
29.00			
29.25			
29.50			
29.75			
30.00			

表 3.3-14　莫氏锥柄超长麻花钻（GB/T 1438.4—2008）　（mm）

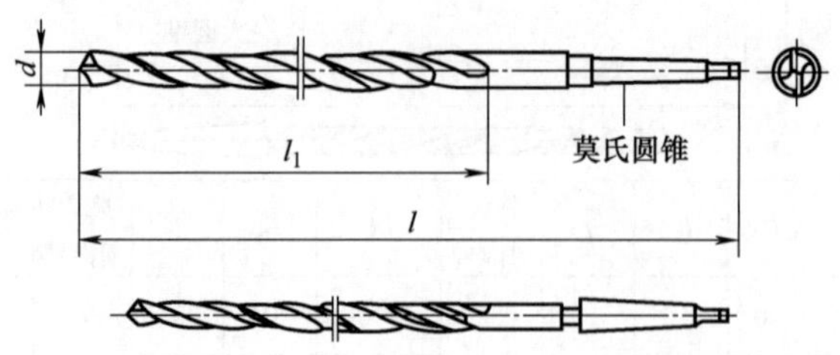

<table>
<tr><th rowspan="2">d</th><th>l=200</th><th>l=250</th><th>l=315</th><th>l=400</th><th>l=500</th><th>l=630</th><th rowspan="2">莫氏圆锥号</th></tr>
<tr><th colspan="6">l_1</th></tr>
<tr><td>6.00</td><td rowspan="8">110</td><td rowspan="13">160</td><td rowspan="13">225</td><td rowspan="8">—</td><td rowspan="13">—</td><td rowspan="22">—</td><td rowspan="13">1</td></tr>
<tr><td>6.50</td></tr>
<tr><td>7.00</td></tr>
<tr><td>7.50</td></tr>
<tr><td>8.00</td></tr>
<tr><td>8.50</td></tr>
<tr><td>9.00</td></tr>
<tr><td>9.50</td></tr>
<tr><td>10.00</td><td rowspan="14">—</td><td rowspan="5">310</td></tr>
<tr><td>11.00</td></tr>
<tr><td>12.00</td></tr>
<tr><td>13.00</td></tr>
<tr><td>14.00</td></tr>
<tr><td>15.00</td><td rowspan="9">—</td><td rowspan="9">215</td><td rowspan="9">300</td><td rowspan="9">400</td><td rowspan="9">2</td></tr>
<tr><td>16.00</td></tr>
<tr><td>17.00</td></tr>
<tr><td>18.00</td></tr>
<tr><td>19.00</td></tr>
<tr><td>20.00</td></tr>
<tr><td>21.00</td></tr>
<tr><td>22.00</td></tr>
<tr><td>23.00</td></tr>
</table>

（续）

d	l=200	l=250	l=315	l=400	l=500	l=630	莫氏圆锥号
	l_1						
24.00	—	—	—	275	375	505	3
25.00							
28.00							
30.00							
32.00				250	350	480	4
35.00							
38.00							
40.00							
42.00				—			
45.00							
48.00							
50.00							
直径范围	$6 \leqslant d \leqslant 9.5$	$6 \leqslant d \leqslant 14$	$6 \leqslant d \leqslant 23$	$9.5 < d \leqslant 40$	$14 < d \leqslant 50$	$23 < d \leqslant 50$	

2. 硬质合金麻花钻（表 3.3-15、表 3.3-16）

硬质合金麻花钻用于加工脆性材料，如铸铁、绝缘材料、玻璃等，可显著提高切削效率和刀具寿命。硬质合金钻头也较普遍地应用于钻高锰钢等硬材料。用小直径硬质合金钻头钻印制电路板上的孔，有良好的效果。在钻一般钢材时，由于钻削过程中的振动等不良切削条件，钻头常因刀片崩刃而报废，故使硬质合金钻头的应用受到相当限制。

表 3.3-15　硬质合金直柄麻花钻（GB/T 25666—2010）　（mm）

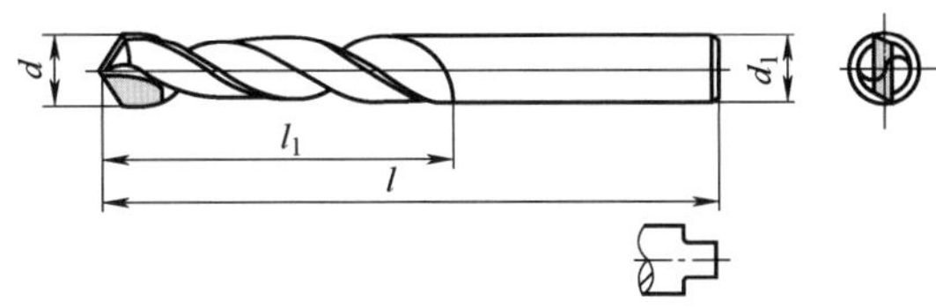

d	d_1	l		l_1		硬质合金刀片型号
		短型	标准型	短型	标准型	参考
5.00	5.0	70	86	36	52	E106
5.10	5.0					
5.20	5.0					
5.30	5.0					
5.40	5.0	75	93	40	57	
5.50	5.0					
5.60	5.5					E107
5.70	5.5					

（续）

d	d_1	l		l_1		硬质合金刀片型号
		短型	标准型	短型	标准型	参考
5.80	5.5	75	93	40	57	E107
5.90	5.5					
6.00	5.5					
6.10	6.0	80	101	42	63	
6.20	6.0					
6.30	6.0					
6.40	6.0					
6.50	6.0					
6.60	6.5					E108
6.70	6.5					
6.80	6.5	85	109	45	69	
6.90	6.5					
7.00	6.5					
7.10	7.0					
7.20	7.0					
7.30	7.0					
7.40	7.0					
7.50	7.0					
7.60	7.5	95	117	52	75	E109
7.70	7.5					
7.80	7.5					
7.90	7.5					
8.00	7.5					
8.10	8.0					
8.20	8.0					
8.30	8.0					
8.40	8.0					
8.50	8.0					
8.60	8.5	100	125	55	81	E110
8.70	8.5					
8.80	8.5					
8.90	8.5					
9.00	8.5					
9.10	9.0					
9.20	9.0					

（续）

<table>
<tr><th rowspan="2">d</th><th rowspan="2">d_1</th><th colspan="2">l</th><th colspan="2">l_1</th><th>硬质合金刀片型号</th></tr>
<tr><th>短型</th><th>标准型</th><th>短型</th><th>标准型</th><th>参考</th></tr>
<tr><td>9. 30</td><td>9. 0</td><td rowspan="3">100</td><td rowspan="3">125</td><td rowspan="3">55</td><td rowspan="3">81</td><td rowspan="3">E110</td></tr>
<tr><td>9. 40</td><td>9. 0</td></tr>
<tr><td>9. 50</td><td>9. 0</td></tr>
<tr><td>9. 60</td><td>9. 5</td><td rowspan="11">105</td><td rowspan="11">133</td><td rowspan="11">60</td><td rowspan="11">87</td><td rowspan="5">E210</td></tr>
<tr><td>9. 70</td><td>9. 5</td></tr>
<tr><td>9. 80</td><td>9. 5</td></tr>
<tr><td>9. 90</td><td>9. 5</td></tr>
<tr><td>10. 00</td><td>9. 5</td></tr>
<tr><td>10. 10</td><td>10. 0</td><td rowspan="10">E211</td></tr>
<tr><td>10. 20</td><td>10. 0</td></tr>
<tr><td>10. 30</td><td>10. 0</td></tr>
<tr><td>10. 40</td><td>10. 0</td></tr>
<tr><td>10. 50</td><td>10. 0</td></tr>
<tr><td>10. 60</td><td>10. 5</td></tr>
<tr><td>10. 70</td><td>10. 5</td><td rowspan="12">110</td><td rowspan="12">142</td><td rowspan="12">65</td><td rowspan="12">94</td></tr>
<tr><td>10. 80</td><td>10. 5</td></tr>
<tr><td>10. 90</td><td>10. 5</td></tr>
<tr><td>11. 00</td><td>10. 5</td></tr>
<tr><td>11. 10</td><td>11. 0</td><td rowspan="10">E213</td></tr>
<tr><td>11. 20</td><td>11. 0</td></tr>
<tr><td>11. 30</td><td>11. 0</td></tr>
<tr><td>11. 40</td><td>11. 0</td></tr>
<tr><td>11. 50</td><td>11. 0</td></tr>
<tr><td>11. 60</td><td>11. 5</td></tr>
<tr><td>11. 70</td><td>11. 5</td></tr>
<tr><td>11. 80</td><td>11. 5</td></tr>
<tr><td>11. 90</td><td>11. 5</td><td rowspan="9">120</td><td rowspan="9">151</td><td rowspan="9">70</td><td rowspan="9">101</td></tr>
<tr><td>12. 00</td><td>11. 5</td></tr>
<tr><td>12. 10</td><td>12. 0</td><td rowspan="7">E214</td></tr>
<tr><td>12. 20</td><td>12. 0</td></tr>
<tr><td>12. 30</td><td>12. 0</td></tr>
<tr><td>12. 40</td><td>12. 0</td></tr>
<tr><td>12. 50</td><td>12. 0</td></tr>
<tr><td>12. 60</td><td>12. 5</td></tr>
<tr><td>12. 70</td><td>12. 5</td></tr>
</table>

（续）

d	d_1	l		l_1		硬质合金刀片型号
		短型	标准型	短型	标准型	参考
12.80	12.5	120	151	70	101	E214
12.90	12.5					
13.00	12.5					
13.10	13.0					E215
13.20	13.0					
13.30	13.0	122	160	70	108	
13.40	13.0					
13.50	13.0					
13.60	13.5					
13.70	13.5					
13.80	13.5					
13.90	13.5					
14.00	13.5					
14.25	14.2	130	169	75	114	E216
14.50	14.2					
14.75	14.7					
15.00	14.7					
15.25	15.2	138	178	80	120	E217
15.50	15.2					
15.75	15.7					
16.00	15.7					
16.25	16.2		184		125	E218
16.50	16.2					
16.75	16.7					
17.00	16.7					
17.25	17.2		191		130	E219
17.50	17.2					
17.75	17.7					
18.00	17.7					
18.25	18.2		198		135	E220
18.50	18.2					
18.75	18.7					
19.00	18.7					

（续）

<table>
<tr><th rowspan="2">d</th><th rowspan="2">d_1</th><th colspan="2">l</th><th colspan="2">l_1</th><th>硬质合金刀片型号</th></tr>
<tr><th>短型</th><th>标准型</th><th>短型</th><th>标准型</th><th>参考</th></tr>
<tr><td>19.25</td><td>19.2</td><td rowspan="4">138</td><td rowspan="4">205</td><td rowspan="4">80</td><td rowspan="4">140</td><td rowspan="4">E221</td></tr>
<tr><td>19.50</td><td>19.2</td></tr>
<tr><td>19.75</td><td>19.7</td></tr>
<tr><td>20.00</td><td>19.7</td></tr>
</table>

注：1. 带扁尾的麻花钻仅在特殊订货时制造，扁尾的尺寸和公差按 GB/T 1442—2004 的规定。
2. 硬质合金刀片型号，按 YS/T 79—2018 选用。

表 3.3-16　硬质合金锥柄麻花钻（GB/T 10947—2006）（mm）

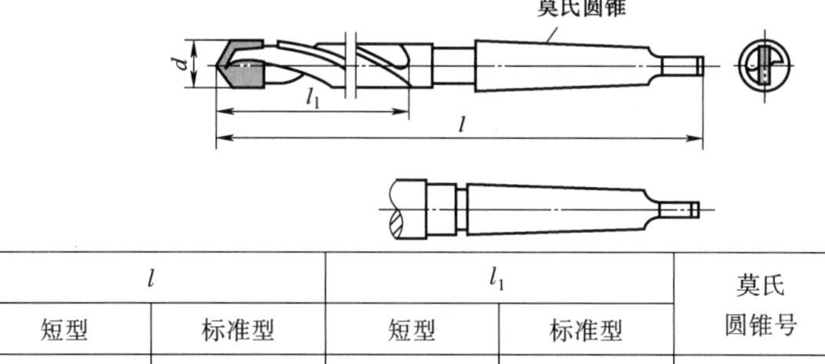

<table>
<tr><th rowspan="2">d</th><th colspan="2">l</th><th colspan="2">l_1</th><th rowspan="2">莫氏圆锥号</th><th>硬质合金刀片型号</th></tr>
<tr><th>短型</th><th>标准型</th><th>短型</th><th>标准型</th><th>参考</th></tr>
<tr><td>10.00</td><td rowspan="3">60</td><td rowspan="3">87</td><td rowspan="3">140</td><td rowspan="3">168</td><td rowspan="8">1</td><td rowspan="4">E211</td></tr>
<tr><td>10.20</td></tr>
<tr><td>10.50</td></tr>
<tr><td>10.80</td><td rowspan="5">65</td><td rowspan="5">94</td><td rowspan="5">145</td><td rowspan="5">175</td></tr>
<tr><td>11.00</td><td rowspan="4">E213</td></tr>
<tr><td>11.20</td></tr>
<tr><td>11.50</td></tr>
<tr><td>11.80</td></tr>
<tr><td>12.00</td><td rowspan="9">70</td><td rowspan="6">101</td><td rowspan="9">170</td><td rowspan="6">199</td><td rowspan="13">2</td><td rowspan="4">E214</td></tr>
<tr><td>12.20</td></tr>
<tr><td>12.50</td></tr>
<tr><td>12.80</td></tr>
<tr><td>13.00</td><td rowspan="4">E215</td></tr>
<tr><td>13.20</td></tr>
<tr><td>13.50</td><td rowspan="3">108</td><td rowspan="3">206</td></tr>
<tr><td>13.80</td></tr>
<tr><td>14.00</td><td rowspan="4">E216</td></tr>
<tr><td>14.25</td><td rowspan="4">75</td><td rowspan="4">114</td><td rowspan="4">175</td><td rowspan="4">212</td></tr>
<tr><td>14.50</td></tr>
<tr><td>14.75</td></tr>
<tr><td>15.00</td><td>E217</td></tr>
</table>

（续）

<table>
<tr><th rowspan="2">d</th><th colspan="2">l</th><th colspan="2">l_1</th><th rowspan="2">莫氏
圆锥号</th><th>硬质合金刀片型号</th></tr>
<tr><th>短型</th><th>标准型</th><th>短型</th><th>标准型</th><th>参考</th></tr>
<tr><td>15.25</td><td rowspan="4">80</td><td rowspan="4">120</td><td rowspan="4">180</td><td rowspan="4">218</td><td rowspan="12">2</td><td rowspan="3">E217</td></tr>
<tr><td>15.50</td></tr>
<tr><td>15.75</td></tr>
<tr><td>16.00</td><td rowspan="4">E218</td></tr>
<tr><td>16.25</td><td rowspan="4">85</td><td rowspan="4">125</td><td rowspan="4">185</td><td rowspan="4">223</td></tr>
<tr><td>16.50</td></tr>
<tr><td>16.75</td></tr>
<tr><td>17.00</td><td rowspan="4">E219</td></tr>
<tr><td>17.25</td><td rowspan="4">90</td><td rowspan="4">130</td><td rowspan="4">190</td><td rowspan="4">228</td></tr>
<tr><td>17.50</td></tr>
<tr><td>17.75</td></tr>
<tr><td>18.00</td><td rowspan="4">E220</td></tr>
<tr><td>18.25</td><td rowspan="4">95</td><td rowspan="4">135</td><td rowspan="4">195</td><td rowspan="4">256</td><td rowspan="24">3</td></tr>
<tr><td>18.50</td></tr>
<tr><td>18.75</td></tr>
<tr><td>19.00</td><td rowspan="4">E221</td></tr>
<tr><td>19.25</td><td rowspan="4">100</td><td rowspan="4">140</td><td rowspan="4">220</td><td rowspan="4">261</td></tr>
<tr><td>19.50</td></tr>
<tr><td>19.75</td></tr>
<tr><td>20.00</td><td rowspan="4">E222</td></tr>
<tr><td>20.25</td><td rowspan="4">105</td><td rowspan="4">145</td><td rowspan="4">225</td><td rowspan="4">266</td></tr>
<tr><td>20.50</td></tr>
<tr><td>20.75</td></tr>
<tr><td>21.00</td><td rowspan="4">E223</td></tr>
<tr><td>21.25</td><td rowspan="10">110</td><td rowspan="5">150</td><td rowspan="10">230</td><td rowspan="5">271</td></tr>
<tr><td>21.50</td></tr>
<tr><td>21.75</td></tr>
<tr><td>22.00</td><td rowspan="4">E224</td></tr>
<tr><td>22.25</td></tr>
<tr><td>22.50</td><td rowspan="5">155</td><td rowspan="5">276</td></tr>
<tr><td>22.75</td></tr>
<tr><td>23.00</td><td rowspan="4">E225</td></tr>
<tr><td>23.25</td></tr>
<tr><td>23.50</td></tr>
<tr><td>23.75</td><td rowspan="2">115</td><td rowspan="2">160</td><td rowspan="2">235</td><td rowspan="2">281</td></tr>
<tr><td>24.00</td><td>E226</td></tr>
</table>

（续）

<table>
<tr><th rowspan="2">d</th><th colspan="2">l</th><th colspan="2">l_1</th><th rowspan="2">莫氏
圆锥号</th><th>硬质合金刀片型号</th></tr>
<tr><th>短型</th><th>标准型</th><th>短型</th><th>标准型</th><th>参考</th></tr>
<tr><td>24. 25</td><td rowspan="10">115</td><td rowspan="4">160</td><td rowspan="10">235</td><td rowspan="4">281</td><td rowspan="12">3</td><td rowspan="3">E226</td></tr>
<tr><td>24. 50</td></tr>
<tr><td>24. 75</td></tr>
<tr><td>25. 00</td><td rowspan="4">E227</td></tr>
<tr><td>25. 25</td><td rowspan="6">165</td><td rowspan="6">286</td></tr>
<tr><td>25. 50</td></tr>
<tr><td>25. 75</td></tr>
<tr><td>26. 00</td><td rowspan="4">E228</td></tr>
<tr><td>26. 25</td></tr>
<tr><td>26. 50</td></tr>
<tr><td>26. 75</td><td rowspan="6">120</td><td rowspan="6">170</td><td rowspan="2">240</td><td rowspan="2">291</td></tr>
<tr><td>27. 00</td><td rowspan="4">E229</td></tr>
<tr><td>27. 25</td><td rowspan="4">270</td><td rowspan="4">319</td><td rowspan="12">4</td></tr>
<tr><td>27. 50</td></tr>
<tr><td>27. 75</td></tr>
<tr><td>28. 00</td><td rowspan="4">E230</td></tr>
<tr><td>28. 25</td><td rowspan="8">125</td><td rowspan="8">175</td><td rowspan="8">275</td><td rowspan="8">324</td></tr>
<tr><td>28. 50</td></tr>
<tr><td>28. 75</td></tr>
<tr><td>29. 00</td><td rowspan="5">E231</td></tr>
<tr><td>29. 25</td></tr>
<tr><td>29. 50</td></tr>
<tr><td>29. 75</td></tr>
<tr><td>30. 00</td></tr>
</table>

注：1. 莫氏圆锥尺寸及其极限偏差按 GB/T 1443—2016。
　　2. 硬质合金刀片型号按 YS/T 79—2018 选用。

3. 3. 3　硬质合金浅孔钻

硬质合金浅孔钻是为避免焊接式硬质合金钻头的缺陷，而发展起来的一种硬质合金可转位钻头，也称为浅孔钻，其中直沟浅孔钻适用于钻削长径比 $L/d \leqslant 2$ 的孔，螺旋沟浅孔钻适用于钻削长径比 $L/d \leqslant 3$ 的孔，见表 3. 3-17～表 3. 3-36。

表 3.3-17 可转位直沟浅孔钻（GB/T 14300—2007）2°斜削平型直柄浅孔钻 （mm）

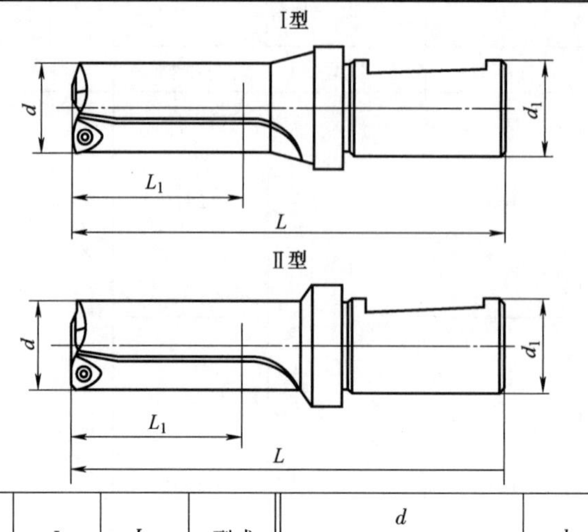

d		d_1	L	L_1	型式	d		d_1	L	L_1	型式
公称尺寸	极限偏差					公称尺寸	极限偏差				
16	±0.215	20	100	32	Ⅰ	41	±0.195	32	172	82	Ⅱ
17			102	34		42		40	184	84	
18			104	36		43			186	86	
19	±0.260		106	38		44			188	88	
20			108	40		45			195	90	
21		25	115	42		46			197	92	
22			117	44		47			199	94	
23			119	46		48			201	96	
24			121	48		49			203	98	
25			123	50		50			205	100	
26			125	52		51	±0.230		207	102	
27			127	54		52			209	104	
28			129	56		53			211	106	
29			131	58		54			213	108	
30			138	60		55			215	110	
31	±0.195	32	142	62		56			217	112	
32			144	64		57		50	236	114	
33			146	66		58			238	116	
34			148	68		59			240	118	
35			150	70		60			242	120	
36			152	72	Ⅱ	61			244	122	
37			164	74		62			246	124	
38			166	76		63			248	126	
39			168	78		64			250	128	
40			170	80		65			252	130	

（续）

d 公称尺寸	d 极限偏差	d_1	L	L_1	型式
66	±0. 230	50	254	132	Ⅱ
67			256	134	
68			258	136	
69			270	138	
70			272	140	
71			274	142	
72		63	296	144	
73			298	146	
74			300	148	

d 公称尺寸	d 极限偏差	d_1	L	L_1	型式
75	±0. 230	63	302	150	Ⅱ
76			304	152	
77			306	154	
78			308	156	
79			310	158	
80			312	160	
81	±0. 270		314	162	
82			316	164	

注：切削液进、出孔的位置与尺寸由制造厂自行设计。

表 3. 3-18　可转位直沟浅孔钻（GB/T 14300—2007）削平型直柄浅孔钻　（mm）

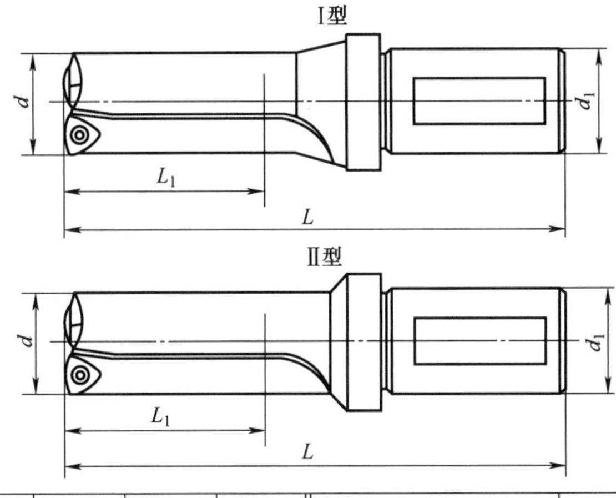

d 公称尺寸	d 极限偏差	d_1	L	L_1	型式
16	±0. 215	20	110	32	Ⅰ
17			112	34	
18			114	36	
19	±0. 260		116	38	
20			118	40	
21		25	126	42	
22			128	44	
23			130	46	
24			132	48	
25			134	50	
26			136	52	
27			138	54	

d 公称尺寸	d 极限偏差	d_1	L	L_1	型式
28	±0. 260	25	140	56	Ⅰ
29			142	58	
30			149	60	
31	±0. 195	32	157	62	
32			159	64	
33			161	66	
34			163	68	
35			165	70	
36			167	72	Ⅱ
37			179	74	
38			181	76	
39			183	78	

（续）

d 公称尺寸	d 极限偏差	d_1	L	L_1	型式
40	±0.195	32	185	80	Ⅱ
41			187	82	
42		40	199	84	
43			201	86	
44			203	88	
45			210	90	
46			212	92	
47			214	94	
48			216	96	
49			218	98	
50			210	100	
51	±0.230		212	102	
52			214	104	
53			216	106	
54			218	108	
55			220	110	
56			222	112	
57		50	246	114	
58			248	116	
59			250	118	
60			252	120	
61			254	122	
62	±0.230	50	256	124	Ⅱ
63			258	126	
64			260	128	
65			262	130	
66			264	132	
67			266	134	
68			268	136	
69			280	138	
70			282	140	
71		63	284	142	
72			296	144	
73			298	146	
74			300	148	
75			302	150	
76			304	152	
77			306	154	
78			308	156	
79			310	158	
80			312	160	
81	±0.270		314	162	
82			316	164	

注：切削液进、出孔的位置与尺寸由制造厂自行设计。

表 3.3-19　可转位直沟浅孔钻（GB/T 14300—2007）莫氏锥柄浅孔钻　（mm）

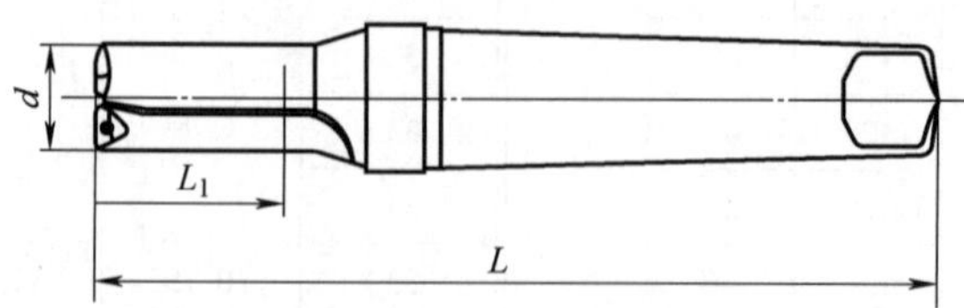

（续）

d 公称尺寸	d 极限偏差	L	L_1	莫氏圆锥号	d 公称尺寸	d 极限偏差	L	L_1	莫氏圆锥号
16	±0.215	170	32	3	44	±0.195	266	88	4
17		172	34		45		273	90	
18		174	36		46		307	92	
19	±0.260	176	38		47		309	94	
20		178	40		48		311	96	5
21		205	42	4	49		313	98	
22		207	44		50		315	100	
23		209	46		51	±0.230	317	102	
24		211	48		52		319	104	
25		213	50		53		321	106	
26		215	52		54		323	108	
27		217	54		55		325	110	
28		219	56		56		327	112	
29		221	58		57		329	114	
30		228	60		58		331	116	
31	±0.195	230	62		59		333	118	
32		232	64		60		335	120	
33		234	66		61		337	122	
34		236	68		62		339	124	
35		238	70		63		341	126	
36		240	72		64		343	128	
37		252	74		65		345	130	
38		254	76		66		347	132	
39		256	78		67		349	134	
40		258	80		68		351	136	
41		260	82		69		363	138	
42		262	84		70		365	140	
43		264	86						

注：切削液进、出孔的位置与尺寸由制造厂自行设计。

表 3.3-20　可转位直沟浅孔钻（GB/T 14300—2007）TMG21 柄浅孔钻　（mm）

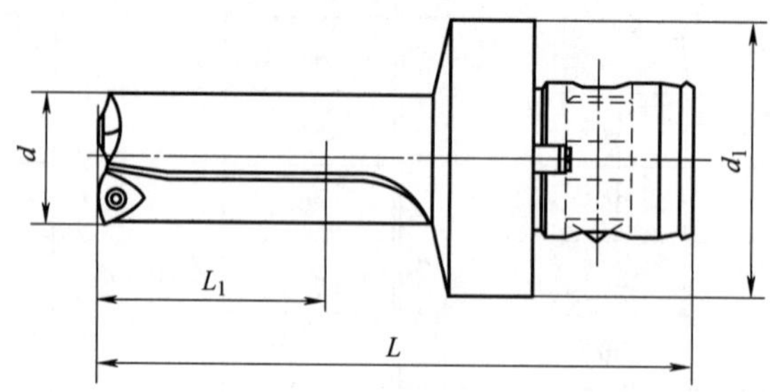

d 公称尺寸	d 极限偏差	d_1	L	L_1	d 公称尺寸	d 极限偏差	d_1	L	L_1
16	±0.215	40	98	32	41	±0.195	50	163	82
17			100	34	42			165	84
18			102	36	43			167	86
19	±0.260		104	38	44			169	88
20			106	40	45		63	183	90
21		50	108	42	46			185	92
22			110	44	47			187	94
23			112	46	48			189	96
24			114	48	49			191	98
25			116	50	50			193	100
26			118	52	51	±0.230		195	102
27			120	54	52			197	104
28			122	56	53			199	106
29			124	58	54			201	108
30			131	60	55		80	203	110
31	±0.195		133	62	56			210	112
32			135	64	57			212	114
33			137	66	58			214	116
34			139	68	59			216	118
35			141	70	60			218	120
36			143	72	61			220	122
37			155	74	62			222	124
38			157	76	63			224	126
39			159	78	64			226	128
40			161	80	65			228	130

（续）

d		d_1	L	L_1	d		d_1	L	L_1
公称尺寸	极限偏差				公称尺寸	极限偏差			
66	±0. 230	80	230	132	75	±0. 230	100	260	150
67			232	134	76			262	152
68		100	246	136	77			264	154
69			248	138	78			266	156
70			250	140	79			268	158
71			252	142	80			270	160
72			254	144	81	±0. 270		272	162
73			256	146	82			274	164
74			258	148					

表 3. 3-21　可转位直沟浅孔钻（GB/T 14300—2007）带有轴向定位的 2°斜削平型直柄柄部型式尺寸　（mm）

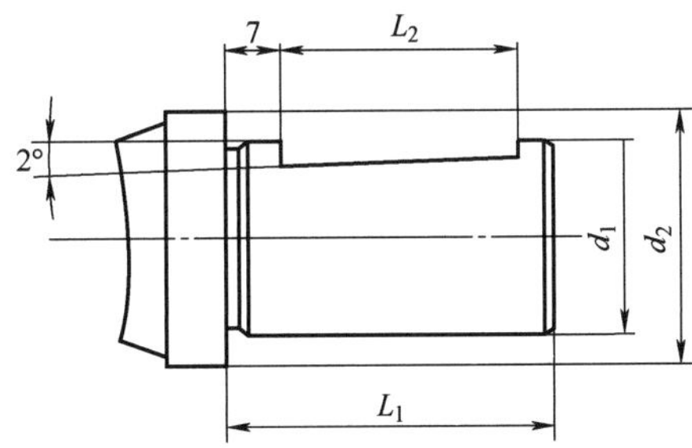

浅孔钻直径 d	d_1		d_2	L_1	L_2
	公称尺寸	极限偏差 h6			
16～20	20	0 -0. 013	25	40	31
21～30	25		32	45	33
31～41	32	0 -0. 016	40		
42～48	40		50	55	43
49～56			60		
57～71	50		70	70	53
72～82	63	0 -0. 019	90	90	73

表 3.3-22　可转位直沟浅孔钻（GB/T 14300—2007）带有轴向定位的2°斜削平型直柄柄部配合孔的型式尺寸　（mm）

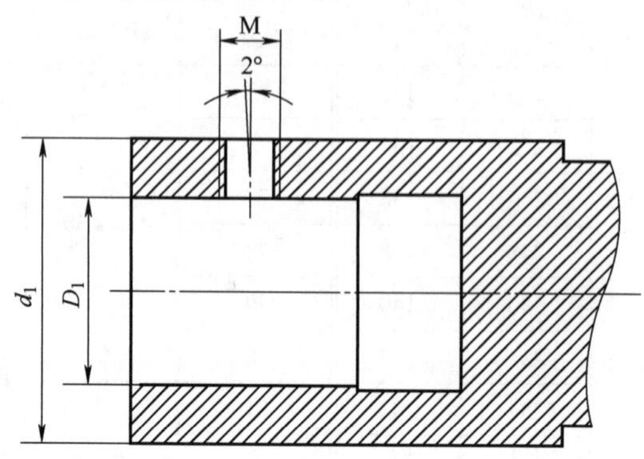

浅孔钻直径 d	D_1 公称尺寸	D_1 极限偏差 H7	d_1	M
16～20	20	+0.021 0	40	M10×1
21～30	25		45	M12×1
31～41	32	+0.025 0	70	M14×1
42～48	40		80	M16×1
49～56				
57～71	50		90	M18×1.5
72～82	63	+0.030 0	100	M20×1.5

表 3.3-23　可转位直沟浅孔钻（GB/T 14300—2007）削平型直柄柄部型式尺寸　（mm）

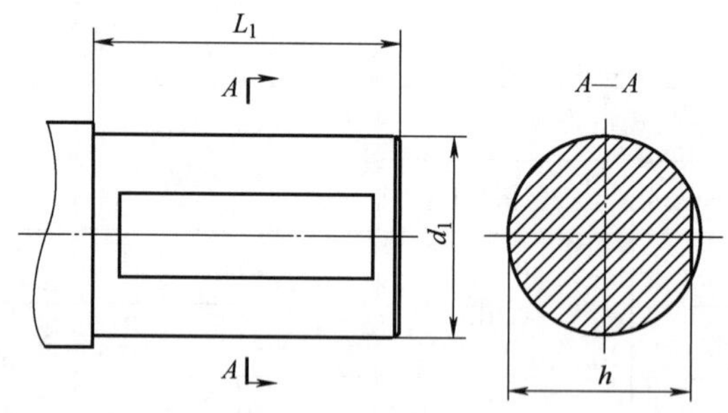

浅孔钻直径 d	d_1 h6	$L_1\pm1$	h h13
16～20	20	50	18.2
21～30	25	56	23
31～41	32	60	30
42～56	40	70	38
57～71	50	80	47.8
72～82	63	90	60.5

表 3.3-24　可转位直沟浅孔钻（GB/T 14300—2007）削平型直柄配合孔的型式尺寸　（mm）

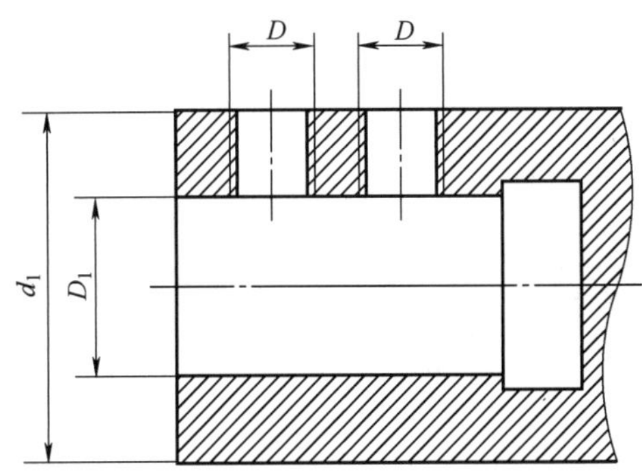

浅孔钻直径 d	D_1 H7	d_1	D
16~20	20	45	M10×1
21~30	25	50	M12×1
31~41	32	70	M14×1
42~56	40	80	M16×1
57~71	50	90	M18×1.5
72~82	63	100	M20×1.5

表 3.3-25　可转位直沟浅孔钻（GB/T 14300—2007）TMG21 型柄部型式尺寸　（mm）

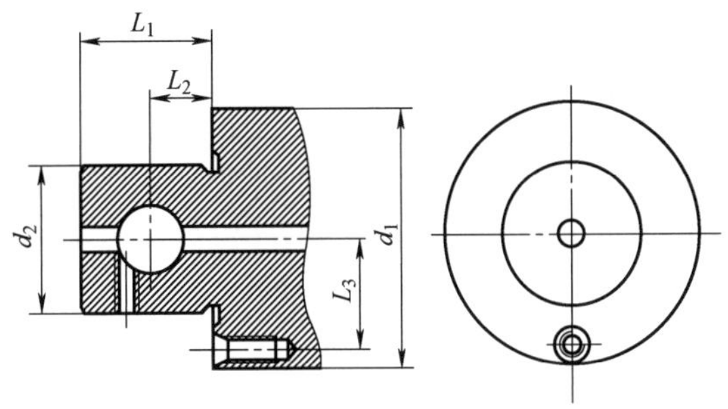

浅孔钻直径 d	d_1		d_2		L_1	L_2		L_3	
	公称尺寸	极限偏差 g8	公称尺寸	极限偏差		公称尺寸	极限偏差	公称尺寸	极限偏差 Js11
16~20	40	-0.009 -0.048	20	-0.002 -0.004	26	11	0 -0.08	15.0	±0.090
21~30	50		28		31	13		19.5	±0.105
31~54	63	-0.010 -0.056	34	-0.002 -0.005	38	17		24.3	
55~67	80		46	-0.003 -0.006	43	20		31.0	±0.125
68~82	100	-0.012 -0.066	56		55	24		39.0	

表 3.3-26　可转位直沟浅孔钻（GB/T 14300—2007）TMG21 型柄部配合孔的型式尺寸（mm）

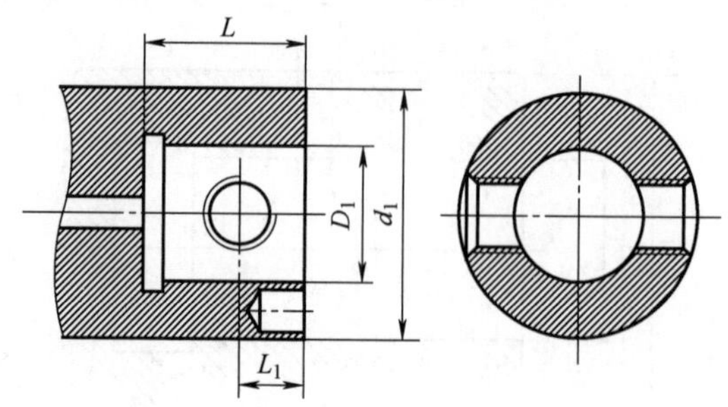

<table>
<tr><th rowspan="2">浅孔钻直径
d</th><th colspan="2">d_1</th><th colspan="2">D_1</th><th rowspan="2">L</th><th rowspan="2">L_1±0.05</th></tr>
<tr><th>公称尺寸</th><th>极限偏差
g8</th><th>公称尺寸</th><th>极限偏差</th></tr>
<tr><td>16~20</td><td>40</td><td rowspan="2">-0.009
-0.048</td><td>20</td><td>+0.005
+0.002</td><td>31</td><td>11.3</td></tr>
<tr><td>21~30</td><td>50</td><td>28</td><td rowspan="2">+0.006
+0.003</td><td>36</td><td>13.3</td></tr>
<tr><td>31~54</td><td>63</td><td rowspan="2">-0.010
-0.056</td><td>34</td><td>43</td><td>17.4</td></tr>
<tr><td>55~67</td><td>80</td><td>46</td><td>+0.007
+0.003</td><td>48</td><td>20.4</td></tr>
<tr><td>68~82</td><td>100</td><td>-0.012
-0.066</td><td>56</td><td>+0.008
+0.003</td><td>60</td><td>24.4</td></tr>
</table>

表 3.3-27　可转位螺旋沟浅孔钻（GB/T 14299—2007）
2°斜削平型直柄浅孔钻（mm）

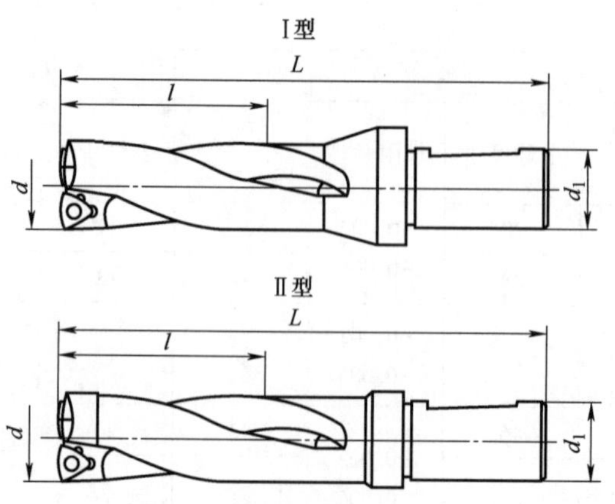

（续）

<table>
<tr><th colspan="2">d</th><th rowspan="2">d_1</th><th rowspan="2">L</th><th rowspan="2">l</th><th rowspan="2">型式</th></tr>
<tr><th>公称尺寸</th><th>极限偏差</th></tr>
<tr><td>16</td><td rowspan="3">±0. 215</td><td rowspan="5">20</td><td>120</td><td>48</td><td rowspan="20">Ⅰ</td></tr>
<tr><td>17</td><td>123</td><td>51</td></tr>
<tr><td>18</td><td>126</td><td>54</td></tr>
<tr><td>19</td><td rowspan="12">±0. 260</td><td>129</td><td>57</td></tr>
<tr><td>20</td><td>132</td><td>60</td></tr>
<tr><td>21</td><td rowspan="10">25</td><td>140</td><td>63</td></tr>
<tr><td>22</td><td>143</td><td>66</td></tr>
<tr><td>23</td><td>146</td><td>69</td></tr>
<tr><td>24</td><td>149</td><td>72</td></tr>
<tr><td>25</td><td>152</td><td>75</td></tr>
<tr><td>26</td><td>155</td><td>78</td></tr>
<tr><td>27</td><td>158</td><td>81</td></tr>
<tr><td>28</td><td>161</td><td>84</td></tr>
<tr><td>29</td><td>164</td><td>87</td></tr>
<tr><td>30</td><td>172</td><td>90</td></tr>
<tr><td>31</td><td rowspan="19">±0. 195</td><td rowspan="11">32</td><td>177</td><td>93</td></tr>
<tr><td>32</td><td>180</td><td>96</td></tr>
<tr><td>33</td><td>183</td><td>99</td></tr>
<tr><td>34</td><td>186</td><td>102</td></tr>
<tr><td>35</td><td>189</td><td>105</td></tr>
<tr><td>36</td><td>192</td><td>108</td><td rowspan="14">Ⅱ</td></tr>
<tr><td>37</td><td>205</td><td>111</td></tr>
<tr><td>38</td><td>208</td><td>114</td></tr>
<tr><td>39</td><td>211</td><td>117</td></tr>
<tr><td>40</td><td>214</td><td>120</td></tr>
<tr><td>41</td><td>217</td><td>123</td></tr>
<tr><td>42</td><td rowspan="8">40</td><td>230</td><td>126</td></tr>
<tr><td>43</td><td>233</td><td>129</td></tr>
<tr><td>44</td><td>236</td><td>132</td></tr>
<tr><td>45</td><td>244</td><td>135</td></tr>
<tr><td>46</td><td>247</td><td>138</td></tr>
<tr><td>47</td><td>250</td><td>141</td></tr>
<tr><td>48</td><td>253</td><td>144</td></tr>
<tr><td>49</td><td>256</td><td>147</td></tr>
</table>

<table>
<tr><th colspan="2">d</th><th rowspan="2">d_1</th><th rowspan="2">L</th><th rowspan="2">l</th><th rowspan="2">型式</th></tr>
<tr><th>公称尺寸</th><th>极限偏差</th></tr>
<tr><td>50</td><td>±0. 195</td><td rowspan="7">40</td><td>259</td><td>150</td><td rowspan="33">Ⅱ</td></tr>
<tr><td>51</td><td rowspan="30">±0. 230</td><td>262</td><td>153</td></tr>
<tr><td>52</td><td>265</td><td>156</td></tr>
<tr><td>53</td><td>268</td><td>159</td></tr>
<tr><td>54</td><td>271</td><td>162</td></tr>
<tr><td>55</td><td>274</td><td>165</td></tr>
<tr><td>56</td><td>277</td><td>168</td></tr>
<tr><td>57</td><td rowspan="15">50</td><td>297</td><td>171</td></tr>
<tr><td>58</td><td>300</td><td>174</td></tr>
<tr><td>59</td><td>303</td><td>177</td></tr>
<tr><td>60</td><td>306</td><td>180</td></tr>
<tr><td>61</td><td>309</td><td>183</td></tr>
<tr><td>62</td><td>312</td><td>186</td></tr>
<tr><td>63</td><td>315</td><td>189</td></tr>
<tr><td>64</td><td>318</td><td>192</td></tr>
<tr><td>65</td><td>321</td><td>195</td></tr>
<tr><td>66</td><td>324</td><td>198</td></tr>
<tr><td>67</td><td>327</td><td>201</td></tr>
<tr><td>68</td><td>330</td><td>204</td></tr>
<tr><td>69</td><td>343</td><td>207</td></tr>
<tr><td>70</td><td>346</td><td>210</td></tr>
<tr><td>71</td><td>349</td><td>213</td></tr>
<tr><td>72</td><td rowspan="11">63</td><td>372</td><td>216</td></tr>
<tr><td>73</td><td>375</td><td>219</td></tr>
<tr><td>74</td><td>378</td><td>222</td></tr>
<tr><td>75</td><td>381</td><td>225</td></tr>
<tr><td>76</td><td>384</td><td>228</td></tr>
<tr><td>77</td><td>387</td><td>231</td></tr>
<tr><td>78</td><td>390</td><td>234</td></tr>
<tr><td>79</td><td>393</td><td>237</td></tr>
<tr><td>80</td><td>396</td><td>240</td></tr>
<tr><td>81</td><td rowspan="2">±0. 270</td><td>399</td><td>243</td></tr>
<tr><td>82</td><td>402</td><td>246</td></tr>
</table>

注：切削液进、出孔的位置与尺寸由制造厂自行设计。

表 3.3-28　可转位螺旋沟浅孔钻（GB/T 14299—2007）削平型直柄浅孔钻　（mm）

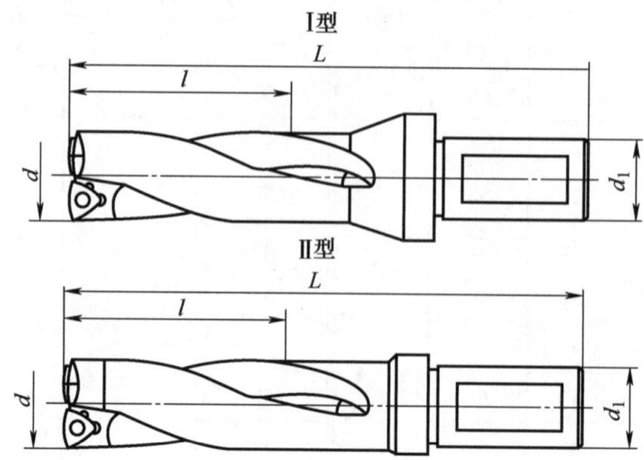

<table>
<tr><th colspan="2">d</th><th rowspan="2">d_1</th><th rowspan="2">L</th><th rowspan="2">l</th><th rowspan="2">型式</th><th colspan="2">d</th><th rowspan="2">d_1</th><th rowspan="2">L</th><th rowspan="2">l</th><th rowspan="2">型式</th></tr>
<tr><th>公称尺寸</th><th>极限偏差</th><th>公称尺寸</th><th>极限偏差</th></tr>
<tr><td>16</td><td rowspan="3">±0.215</td><td rowspan="5">20</td><td>130</td><td>48</td><td rowspan="20">Ⅰ</td><td>41</td><td rowspan="10">±0.195</td><td>32</td><td>232</td><td>123</td><td rowspan="25">Ⅱ</td></tr>
<tr><td>17</td><td>133</td><td>51</td><td>42</td><td rowspan="15">40</td><td>245</td><td>126</td></tr>
<tr><td>18</td><td>136</td><td>54</td><td>43</td><td>248</td><td>129</td></tr>
<tr><td>19</td><td rowspan="12">±0.260</td><td>139</td><td>57</td><td>44</td><td>251</td><td>132</td></tr>
<tr><td>20</td><td>142</td><td>60</td><td>45</td><td>259</td><td>135</td></tr>
<tr><td>21</td><td rowspan="10">25</td><td>151</td><td>63</td><td>46</td><td>262</td><td>138</td></tr>
<tr><td>22</td><td>154</td><td>66</td><td>47</td><td>265</td><td>141</td></tr>
<tr><td>23</td><td>157</td><td>69</td><td>48</td><td>268</td><td>144</td></tr>
<tr><td>24</td><td>160</td><td>72</td><td>49</td><td>271</td><td>147</td></tr>
<tr><td>25</td><td>163</td><td>75</td><td>50</td><td>274</td><td>150</td></tr>
<tr><td>26</td><td>166</td><td>78</td><td>51</td><td rowspan="15">±0.230</td><td>277</td><td>153</td></tr>
<tr><td>27</td><td>169</td><td>81</td><td>52</td><td>280</td><td>156</td></tr>
<tr><td>28</td><td>172</td><td>84</td><td>53</td><td>283</td><td>159</td></tr>
<tr><td>29</td><td>175</td><td>87</td><td>54</td><td>286</td><td>162</td></tr>
<tr><td>30</td><td>183</td><td>90</td><td>55</td><td>289</td><td>165</td></tr>
<tr><td>31</td><td rowspan="10">±0.195</td><td rowspan="10">32</td><td>192</td><td>93</td><td>56</td><td>292</td><td>168</td></tr>
<tr><td>32</td><td>195</td><td>96</td><td>57</td><td rowspan="9">50</td><td>307</td><td>171</td></tr>
<tr><td>33</td><td>198</td><td>99</td><td>58</td><td>310</td><td>174</td></tr>
<tr><td>34</td><td>201</td><td>102</td><td>59</td><td>313</td><td>177</td></tr>
<tr><td>35</td><td>204</td><td>105</td><td>60</td><td>316</td><td>180</td></tr>
<tr><td>36</td><td>207</td><td>108</td><td rowspan="5">Ⅱ</td><td>61</td><td>319</td><td>183</td></tr>
<tr><td>37</td><td>220</td><td>111</td><td>62</td><td>322</td><td>186</td></tr>
<tr><td>38</td><td>223</td><td>114</td><td>63</td><td>325</td><td>189</td></tr>
<tr><td>39</td><td>226</td><td>117</td><td>64</td><td>328</td><td>192</td></tr>
<tr><td>40</td><td>229</td><td>120</td><td>65</td><td>331</td><td>195</td></tr>
</table>

（续）

d 公称尺寸	d 极限偏差	d_1	L	l	型式	d 公称尺寸	d 极限偏差	d_1	L	l	型式
66	±0. 230	50	334	198	Ⅱ	75	±0. 230	63	381	225	Ⅱ
67			337	201		76			384	228	
68			340	204		77			387	231	
69			353	207		78			390	234	
70			356	210		79			393	237	
71			359	213		80			396	240	
72		63	372	216		81	±0. 270		399	243	
73			375	219		82			402	246	
74			378	222							

注：切削液进、出孔的位置与尺寸由制造厂自行设计。

表 3. 3-29　可转位螺旋沟浅孔钻（GB/T 14299—2007）莫氏锥柄浅孔钻　（mm）

d 公称尺寸	d 极限偏差	L	l	莫氏圆锥号	d 公称尺寸	d 极限偏差	L	l	莫氏圆锥号
16	±0. 215	190	48	3	37	±0. 195	293	111	4
17		193	51		38		296	114	
18		196	54		39		299	117	
19	±0. 260	199	57		40		302	120	
20		202	60		41		305	123	
21		230	63	4	42		308	126	
22		233	66		43		311	129	
23		236	69		44		314	132	
24		239	72		45		322	135	
25		242	75		46		357	138	5
26		245	78		47		360	141	
27		248	81		48		363	144	
28		251	84		49		366	147	
29		254	87		50		369	150	
30		262	90		51	±0. 230	372	153	
31	±0. 195	265	93		52		375	156	
32		268	96		53		378	159	
33		271	99		54		381	162	
34		274	102		55		384	165	
35		277	105		56		387	168	
36		280	108						

注：切削液进、出孔的位置与尺寸由制造厂自行设计。

表 3. 3-30　可转位螺旋沟浅孔钻（GB/T 14299—2007）TMG21 柄浅孔钻　（mm）

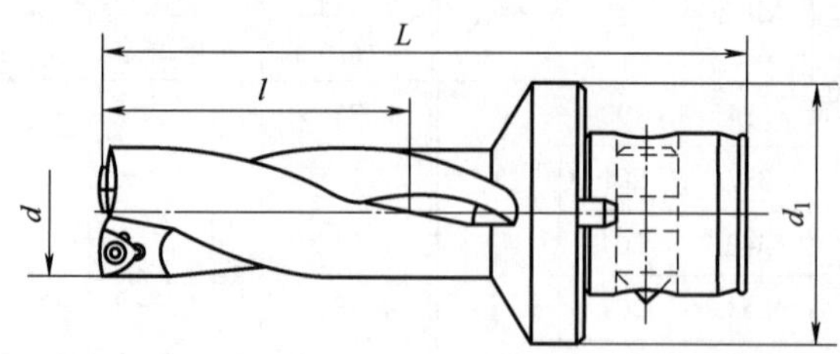

d 公称尺寸	d 极限偏差	d_1	L	l	d 公称尺寸	d 极限偏差	d_1	L	l
16	±0. 215	40	106	48	41	±0. 195	50	203	123
17			109	51	42			206	126
18			112	54	43			209	129
19	±0. 260		115	57	44			212	132
20			118	60	45		63	227	135
21		50	126	63	46			230	138
22			129	66	47			233	141
23			132	69	48			236	144
24			135	72	49			239	147
25			138	75	50			242	150
26			141	78	51	±0. 230		245	153
27			144	81	52			248	156
28			147	84	53			251	159
29			150	87	54			254	162
30			158	90	55		80	262	165
31	±0. 195		163	93	56			265	168
32			166	96	57			270	171
33			169	99	58			273	174
34			172	102	59			276	177
35			175	105	60			279	180
36			178	108	61			282	183
37			191	111	62			285	186
38			193	114	63			288	189
39			196	117	64			291	192
40			199	120	65			294	195

（续）

d		d_1	L	l	d		d_1	L	l
公称尺寸	极限偏差				公称尺寸	极限偏差			
66	±0. 230	80	297	198	75	±0. 230	100	346	225
67			300	201	76			349	228
68		100	315	204	77			352	231
69			328	207	78			355	234
70			331	210	79			358	237
71			334	213	80			361	240
72			337	216	81	±0. 270		364	243
73			340	219	82			367	246
74			343	222					

注：切削液进、出孔的位置与尺寸由制造厂自行设计。

表 3. 3-31　可转位螺旋沟浅孔钻（GB/T 14299—2007）带有轴向定位的 2°斜削平型直柄柄部型式尺寸　　（mm）

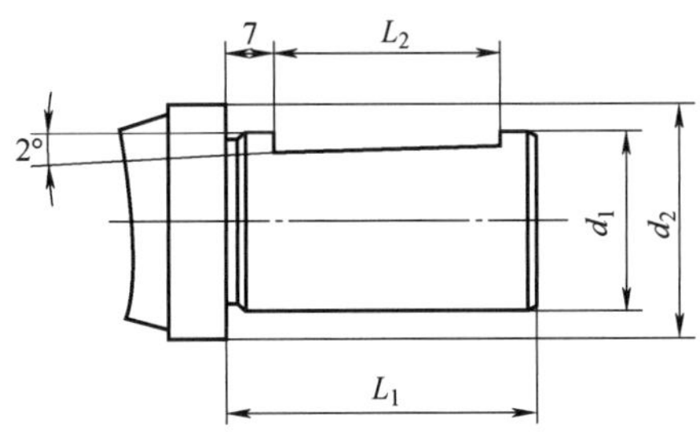

浅孔钻直径	d_1		d_2	L_1	L_2
	公称尺寸	极限偏差 h6			
16~20	20	0 -0. 013	25	40	31
21~30	25		32	45	33
31~41	32	0 -0. 016	40		
42~48	40		50	55	43
49~56			60		
57~71	50		70	70	53
72~82	63	0 -0. 019	90	90	73

表 3.3-32　可转位螺旋沟浅孔钻（GB/T 14299—2007）带有轴向定位的 2°斜削平型直柄柄部配合孔的型式尺寸　（mm）

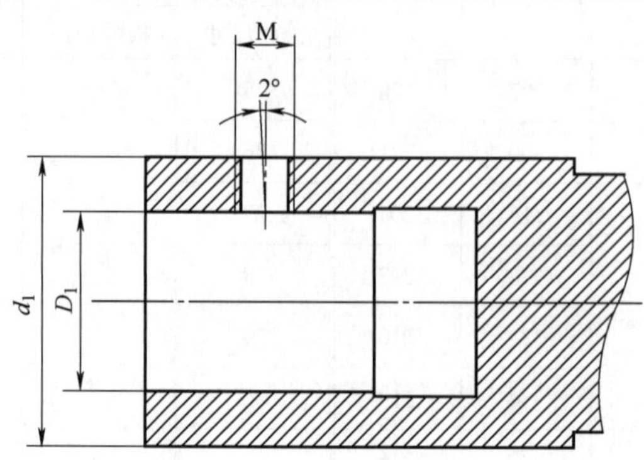

<table>
<tr><th rowspan="2">浅孔钻直径 d</th><th colspan="2">D_1</th><th rowspan="2">d_1</th><th rowspan="2">M</th></tr>
<tr><th>公称尺寸</th><th>极限偏差 H7</th></tr>
<tr><td>16~20</td><td>20</td><td rowspan="2">+0.021
0</td><td>40</td><td>M10×1</td></tr>
<tr><td>21~30</td><td>25</td><td>45</td><td>M12×1</td></tr>
<tr><td>31~41</td><td>32</td><td rowspan="4">+0.025
0</td><td>70</td><td>M14×1</td></tr>
<tr><td>42~48</td><td rowspan="2">40</td><td rowspan="2">80</td><td rowspan="2">M16×1</td></tr>
<tr><td>49~56</td></tr>
<tr><td>57~71</td><td>50</td><td>90</td><td>M18×1.5</td></tr>
<tr><td>72~82</td><td>63</td><td>+0.030
0</td><td>100</td><td>M20×1.5</td></tr>
</table>

表 3.3-33　可转位螺旋沟浅孔钻（GB/T 14299—2007）削平型直柄柄部型式尺寸　（mm）

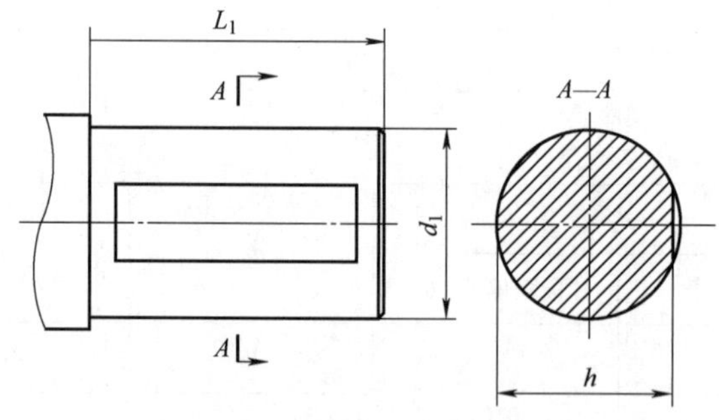

浅孔钻直径 d	d_1 h6	$L_1\pm1$	h h13
16~20	20	50	18.2
21~30	25	56	23
31~41	32	60	30
42~56	40	70	38
57~71	50	80	47.8
72~82	63	90	60.5

表 3.3-34　可转位螺旋沟浅孔钻（GB/T 14299—2007）削平型直柄配合孔的型式尺寸　（mm）

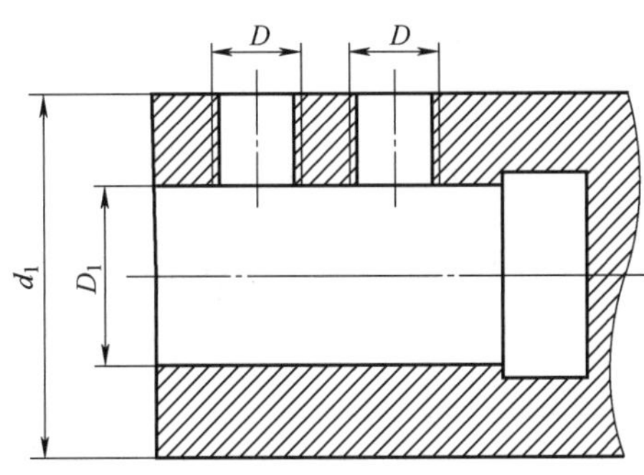

浅孔钻直径 d	D_1 H7	d_1	D
16～20	20	45	M10×1
21～30	25	50	M12×1
31～41	32	70	M14×1
42～56	40	80	M16×1
57～71	50	90	M18×1.5
72～82	63	100	M20×1.5

表 3.3-35　可转位螺旋沟浅孔钻（GB/T 14299—2007）TMG21 型柄部型式尺寸　（mm）

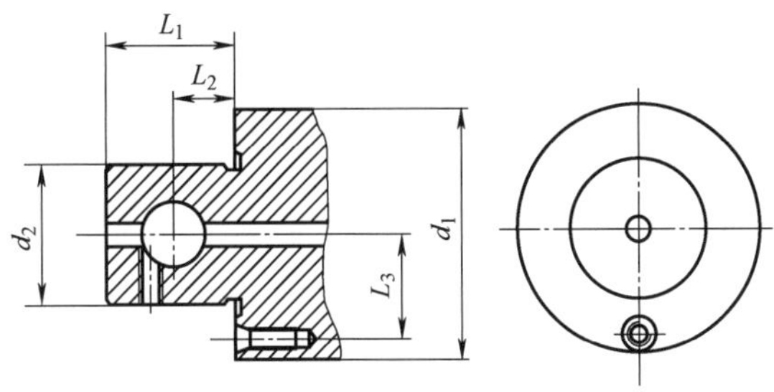

<table>
<tr><th rowspan="2">浅孔钻直径 d</th><th colspan="2">dd_1</th><th colspan="2">d_2</th><th rowspan="2">L_1</th><th colspan="2">L_2</th><th colspan="2">L_3</th></tr>
<tr><th>公称尺寸</th><th>极限偏差 g8</th><th>公称尺寸</th><th>极限偏差</th><th>公称尺寸</th><th>极限偏差</th><th>公称尺寸</th><th>极限偏差 Js11</th></tr>
<tr><td>16～20</td><td>40</td><td rowspan="2">−0.009
−0.048</td><td>20</td><td rowspan="2">−0.002
−0.004</td><td>26</td><td>11</td><td rowspan="5">0
−0.08</td><td>15.0</td><td>±0.090</td></tr>
<tr><td>21～30</td><td>50</td><td>28</td><td>31</td><td>13</td><td>19.5</td><td rowspan="2">±0.105</td></tr>
<tr><td>31～54</td><td>63</td><td rowspan="2">−0.010
−0.056</td><td>34</td><td>−0.002
−0.005</td><td>38</td><td>17</td><td>24.3</td></tr>
<tr><td>55～67</td><td>80</td><td>46</td><td rowspan="2">−0.003
−0.006</td><td>43</td><td>20</td><td>31.0</td><td rowspan="2">±0.125</td></tr>
<tr><td>68～82</td><td>100</td><td>−0.012
−0.066</td><td>56</td><td>55</td><td>24</td><td>39.0</td></tr>
</table>

表 3.3-36　可转位螺旋沟浅孔钻（GB/T 14299—2007）TMG21 型柄部配合孔的型式尺寸（mm）

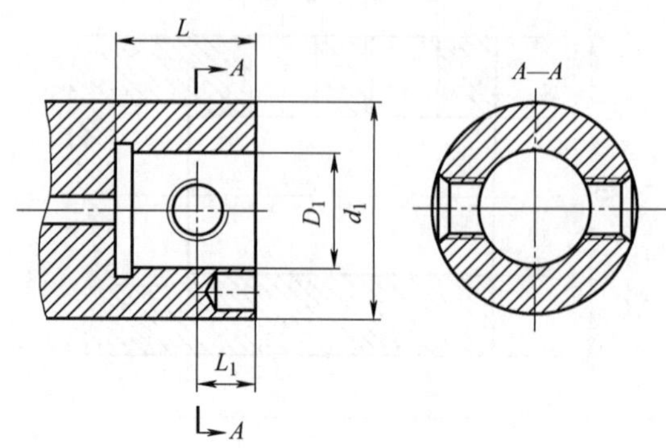

<table>
<tr><th rowspan="2">浅孔钻直径
d</th><th colspan="2">d₁</th><th colspan="2">D₁</th><th rowspan="2">L</th><th rowspan="2">L₁±0.05</th></tr>
<tr><th>公称尺寸</th><th>极限偏差
g8</th><th>公称尺寸</th><th>极限偏差</th></tr>
<tr><td>16～20</td><td>40</td><td rowspan="2">-0.009
-0.048</td><td>20</td><td>+0.005
+0.002</td><td>31</td><td>11.3</td></tr>
<tr><td>21～30</td><td>50</td><td>28</td><td rowspan="2">+0.006
+0.003</td><td>36</td><td>13.3</td></tr>
<tr><td>31～54</td><td>63</td><td rowspan="2">-0.010
-0.056</td><td>34</td><td>43</td><td>17.4</td></tr>
<tr><td>55～67</td><td>80</td><td>46</td><td>+0.007
+0.003</td><td>48</td><td>20.4</td></tr>
<tr><td>68～82</td><td>100</td><td>-0.012
-0.066</td><td>56</td><td>+0.008
+0.003</td><td>60</td><td>24.4</td></tr>
</table>

3.3.4　深孔钻

1. 深孔钻的类型及用途（图 3.3-1）

在机器制造中，长径比 L/D 大于 5 时称为深孔。在钻削深孔时，必须采用深孔钻。深孔钻按工艺的不同可分为在实心料上钻孔、扩孔、套料三种，而以在实心料上钻孔用得最多；按切削刃的多少分为单刃和多刃；按排屑方式分为外排屑（枪钻）、内排屑（BTA 深孔钻、DF 系统深孔钻和喷吸钻）两种。

外排屑枪钻适用于加工 $\phi2\sim\phi20$mm、长径比 L/D 大于 100、表面粗糙度 $Ra12.5\sim3.2\mu m$、精度 IT10～IT8 级的深孔，生产率略低于内排屑深孔钻。BTA 内排屑深孔钻适用于加工 $\phi6\sim\phi60$mm、长径比 L/D 大于 100、表面粗糙度 $Ra3.2\mu m$ 左右、精度 IT9～IT7 级的深孔，生产率高，比外排屑高 3 倍以上。喷吸钻适用于 $\phi6\sim\phi65$mm、切削液压力较低的场合，其他性能同内排屑深孔钻。DF 系统深孔钻的特点是振动较少，排屑空间较大，加工效率高，精度高，可用于高精度深孔加工；其效率比枪钻高 3～6 倍，比 BTA 内排屑深孔钻高 3 倍。

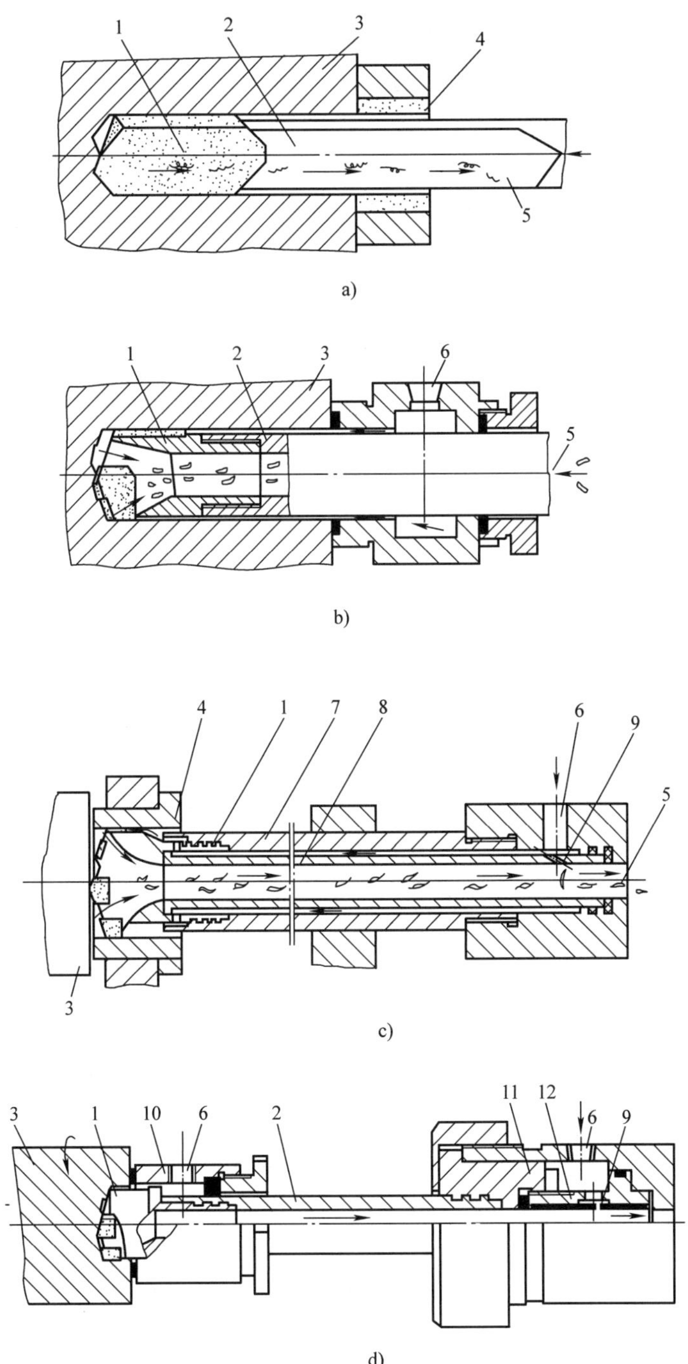

图 3.3-1　深孔钻的工作原理图

a）外排屑深孔钻（枪钻）　b）BTA 内排屑深孔钻　c）喷吸钻　d）DF 内排屑深孔钻

1—钻头　2—钻杆　3—工件　4—导套　5—切屑　6—进油口

7—外管　8—内管　9—喷嘴　10—引导装置　11—钻杆座　12—密封套

2. 钻实心料孔的深孔钻(表 3.3-37～表 3.3-44)

表 3.3-37　钻实心料孔深孔钻的类型

钻实心料孔的深孔钻		图　示	说　明
外排屑深孔钻	单刃外排屑深孔钻	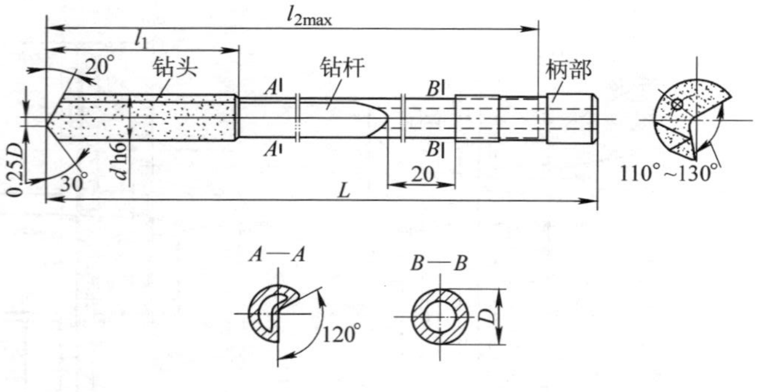 A—A　B—B	单刃外排屑深孔钻最早用于加工枪管，故常称枪钻。枪钻也是 $\phi2$～$\phi6$mm 深孔加工的唯一方法，适用于 $\phi2$～$\phi20$mm、长径比 L/D 大于 100 的深孔。枪钻不仅可以加工通孔、盲孔、特殊形状孔、阶梯孔、半圆孔等，还可以加工工业零件的精密浅孔。枪钻由带有 V 形切削刃和一个切削液孔的钻头、钻杆及钻柄组成。高压(3.4～9.8MPa)切削液通过钻头中的小孔送到切削区域内，进行冷却、润滑并帮助排屑。钻头的头部大多采用硬质合金。钻头头部与钻杆的连接一般用焊接结构
	双刃外排屑深孔钻	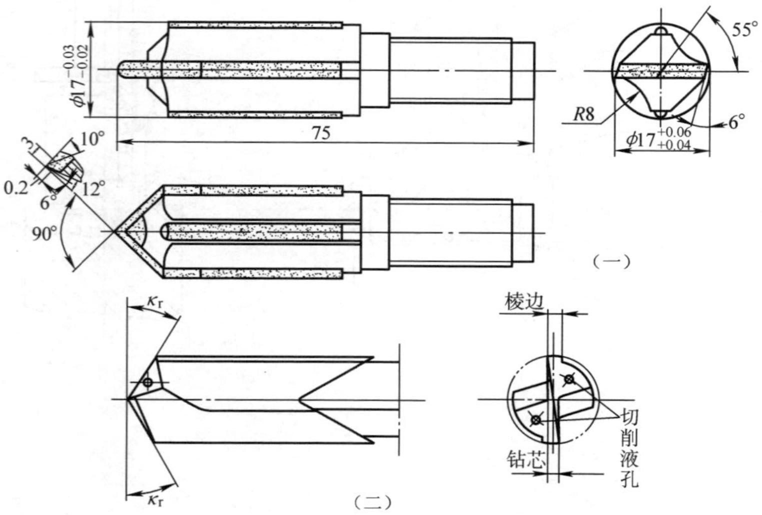 (一) (二)	双刃外排屑深孔钻适用于加工直径 $\phi14$～$\phi30$mm 的孔，用硬质合金刀片焊接或整体硬质合金刀头焊接而成。它有对称的四条(或两条)导向块，起导向定位作用，有两条排屑槽或两个油孔靠高压油将切屑排出。这种钻头结构对径向力平衡有利，但要求较高的制造和刃磨精度

（续）

钻实心料孔的深孔钻		图　示	说　明
内排屑深孔钻	单刃内排屑深孔钻	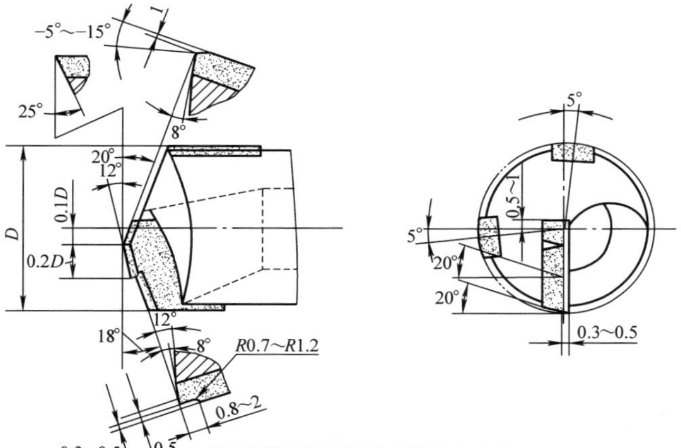 单刃内排屑深孔钻刀头各部尺寸、角度 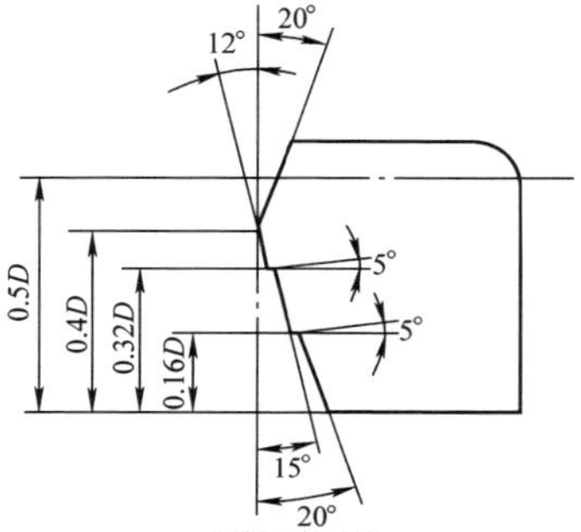 切削刃的分布 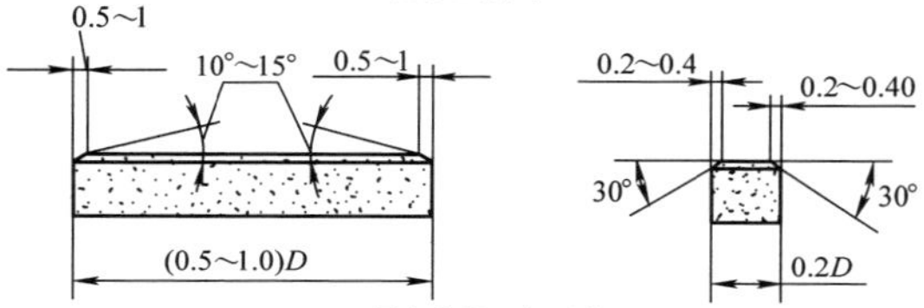 导向块的一般形状	适用于 ϕ12mm 以上的深孔，采用焊接结构。刀片要偏离中心线 0.5～1mm，刀具的主偏角取 12°～20°，刀尖离中心距离为 0.1D。切削刃不是直线，而呈阶梯形，以便于分屑和排屑。直径在 40 mm 以下者用两个阶梯，大于 40 mm 用三个阶梯，尺寸分配如图示。钻头的前刀面磨有断屑槽。其宽度、深度和连接圆弧随被加工件的材质、切削速度和进给量而变化。加工脆性材料不用磨断屑槽。为保证钻芯处断屑，中心处前角磨成-5°～-15°。外刃有 0.3～0.5mm 的刃带帮助导向。导向块的一般形状如图示。单刃结构随着直径的增大而带来多种缺点：刀片大，焊接应力大；易裂；刃磨较困难

（续）

钻实心料孔的深孔钻		图　示	说　明
内排屑深孔钻	多刃错齿内排屑深孔钻	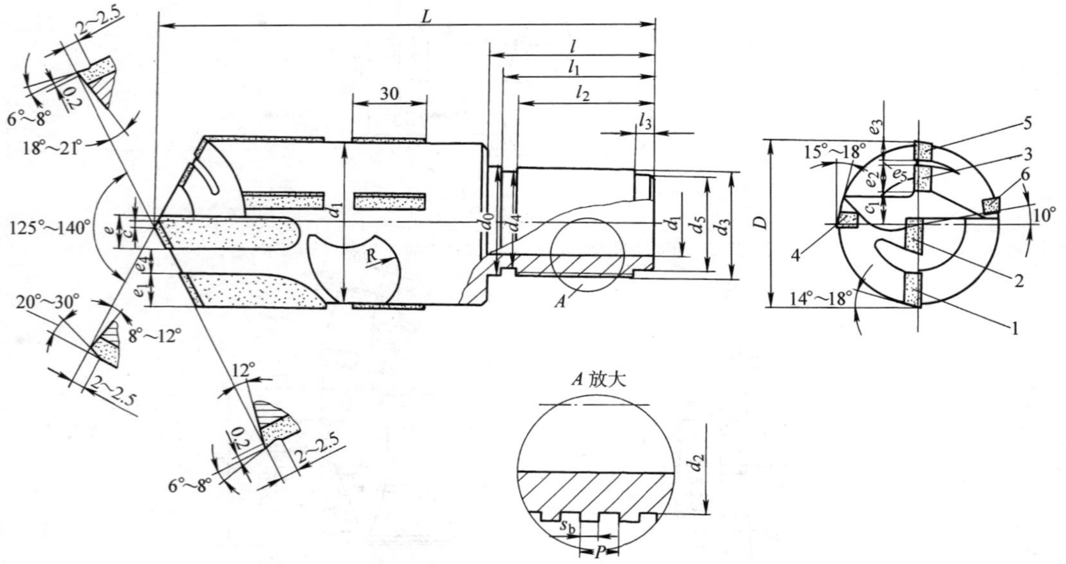 双头方牙螺纹截形	刀齿分别位于轴线的两侧，刀齿数有 2~5 个不等。另外还有 3 个导向块和 2 个排屑孔。为进一步提高钻头的刚性，钻体后部还镶有 4 块导向条。这种结构的深孔钻，刀片尺寸小，焊接应力小，不易产生裂纹，不磨分屑槽能自行分屑；同时可根据工件材料的可加工性在不同部位选择不同牌号的硬质合金，也便于实现径向力平衡，有利于提高加工质量。钻体可采用精密铸造件，将刀片槽位置、形状、排屑孔铸出，经少量加工就可以制成成品。与钻杆连接部分大多数为矩形方牙多头螺纹。根据测试，多刃错齿内排屑深孔钻的轴向力是单刃内排屑深孔钻的一半，切削扭矩也减小 40%

（续）

钻实心料孔的深孔钻		图示	说明
内排屑深孔钻	机夹可转位内排屑深孔钻	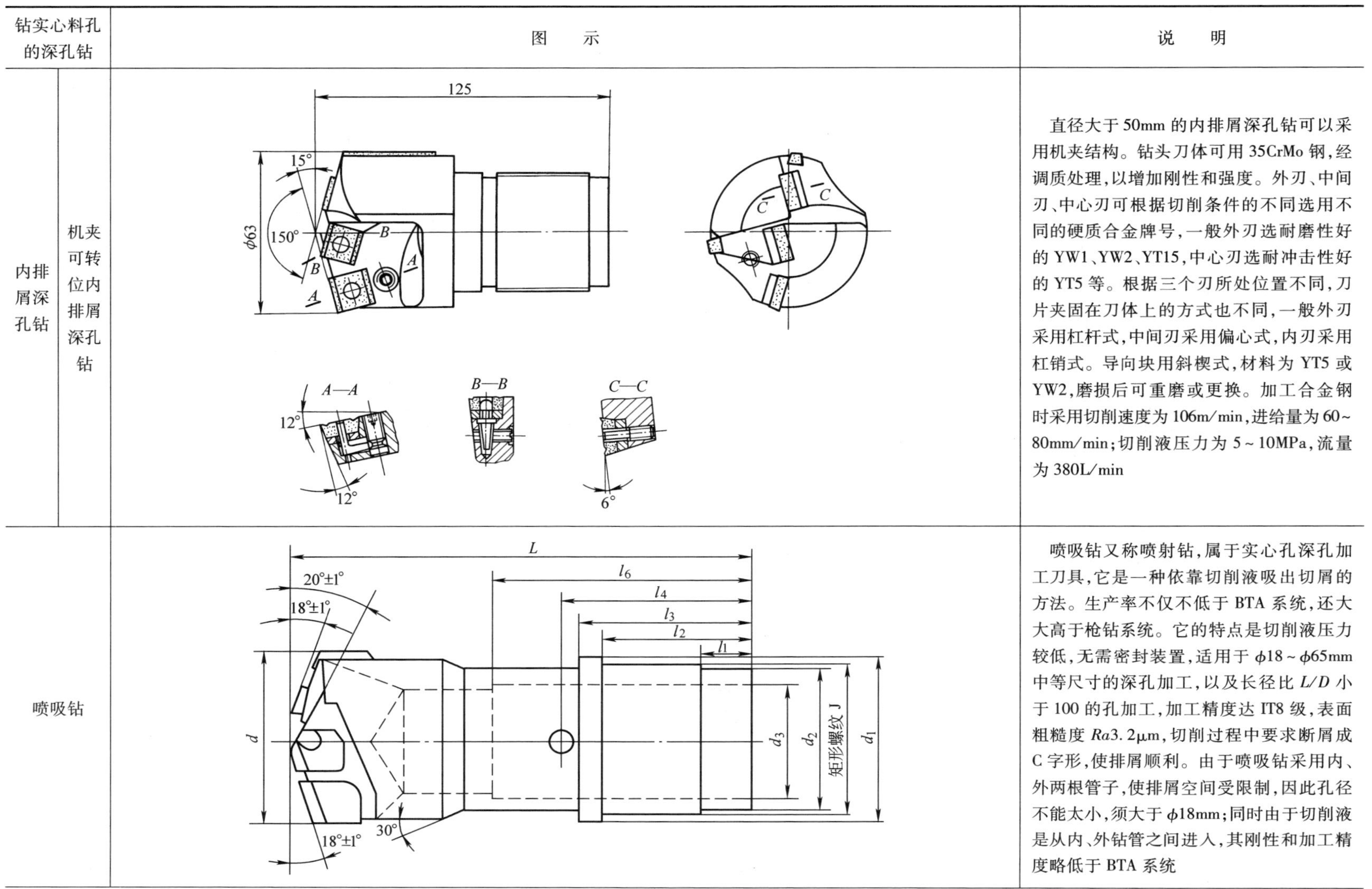	直径大于50mm的内排屑深孔钻可以采用机夹结构。钻头刀体可用35CrMo钢，经调质处理，以增加刚性和强度。外刃、中间刃、中心刃可根据切削条件的不同选用不同的硬质合金牌号，一般外刃选耐磨性好的YW1、YW2、YT15，中心刃选耐冲击性好的YT5等。根据三个刃所处位置不同，刀片夹固在刀体上的方式也不同，一般外刃采用杠杆式，中间刃采用偏心式，内刃采用杠销式。导向块用斜楔式，材料为YT5或YW2，磨损后可重磨或更换。加工合金钢时采用切削速度为106m/min，进给量为60~80mm/min；切削液压力为5~10MPa，流量为380L/min
喷吸钻			喷吸钻又称喷射钻，属于实心孔深孔加工刀具，它是一种依靠切削液吸出切屑的方法。生产率不仅不低于BTA系统，还大大高于枪钻系统。它的特点是切削液压力较低，无需密封装置，适用于φ18~φ65mm中等尺寸的深孔加工，以及长径比L/D小于100的孔加工，加工精度达IT8级，表面粗糙度Ra3.2μm，切削过程中要求断屑成C字形，使排屑顺利。由于喷吸钻采用内、外两根管子，使排屑空间受限制，因此孔径不能太小，须大于φ18mm；同时由于切削液是从内、外钻管之间进入，其刚性和加工精度略低于BTA系统

（续）

钻实心料孔的深孔钻	图　示	说　明
DF 系统深孔钻	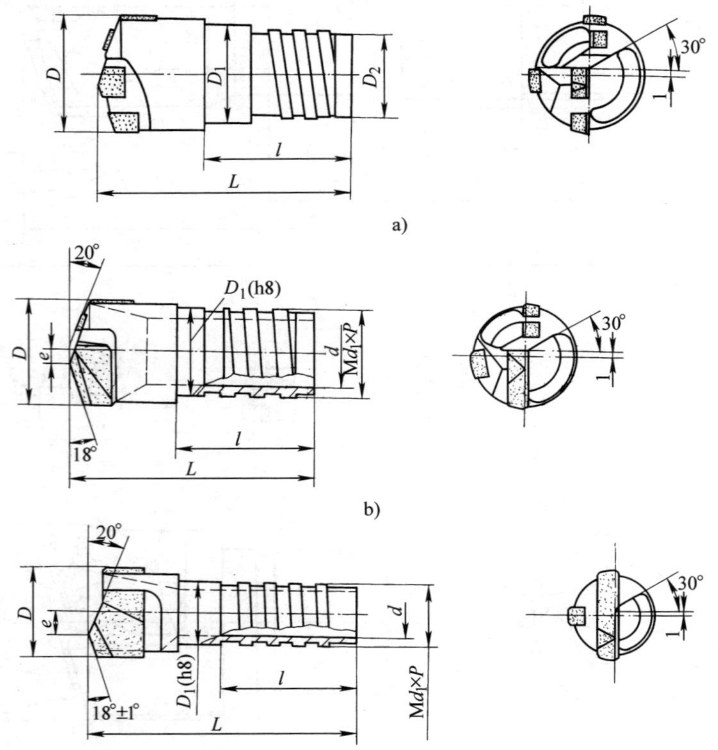 DF系统深孔钻三种钻头类型	DF 系统深孔钻也称单管喷吸钻或双加油器深孔钻，是将喷吸钻和 BTA 系统深孔钻的优点相结合的加工系统。可稳定、高效地进行深孔加工，并扩大了内排屑深孔加工系统的加工孔径范围。特别适用于钻削 $\phi 6 \sim \phi 20$mm 的深孔与钻削可加工性差、不易断屑的材料。其特点是振动较小，排屑空间较大，加工效率高，精度高。它可取代部分枪钻加工小直径的孔。在加工精度方面可代替中等直径的喷吸钻。加工大于 $\phi 65$mm 的深孔时，其优越性更加明显。DF 系统包括钻头、钻杆、钻杆座、引导装置、密封套、喷嘴等。钻头结构有三种类型

表 3.3-38　单刃外排屑深孔钻（枪钻）主要规格尺寸　(mm)

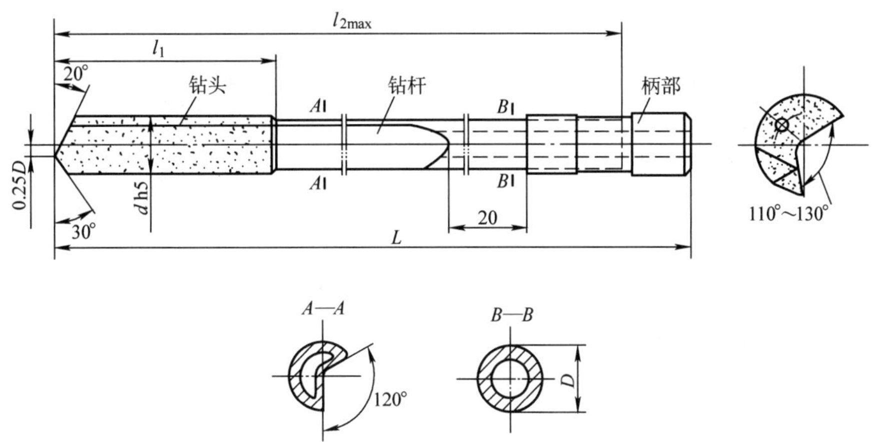

d	D	l_1	l_{2max}	L	d	D	l_1	l_{2max}	L
3~3.5	2.8	15	600	635	>13.0~14.0	12.3	40	2200	2235
>3.5~4.0	3.2	18	700	735	>14.0~15.0	13.3			
>4.0~4.5	3.6	20	800	835	>15.0~16.0	14.3			
>4.5~5.0	4.1		900	935	>16.0~17.0	15.2		2500	2535
>5.0~5.5	4.6		1000	1035	>17.0~18.0	16.2			
>5.5~6.0	5.0	25	1200	1235	>18.0~19.0	17.2	45		
>6.0~6.5	5.5				>19.0~20.0	18.2			
>6.5~7.0	6.0	30	1400	1435	>20.0~21.0	19.0	50	2800	2835
>7.0~7.5	6.5				>21.0~23.0	20.0			
>7.5~8.0	7.0		1600	1635	>23.0~24.0	22.0	55		
>8.0~9.0	7.5				>24.0~25.0	23.0			
>9.0~10.0	8.0		1800	1835	>25.0~27.0	24.0			
>10.0~11.0	9.4	35	2000	2035	>27.0~29.0	26.0	60		
>11.0~12.0	10.3				>29.0~30.0	28.0			
>12.0~13.0	11.3		2200	2235					

表 3.3-39 单刃内排屑深孔钻结构尺寸 (mm)

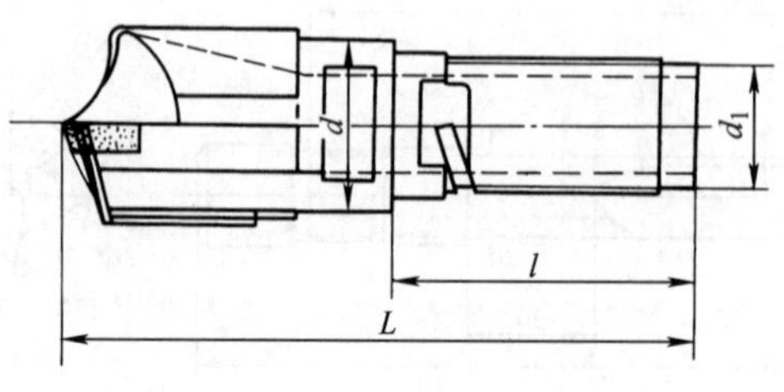

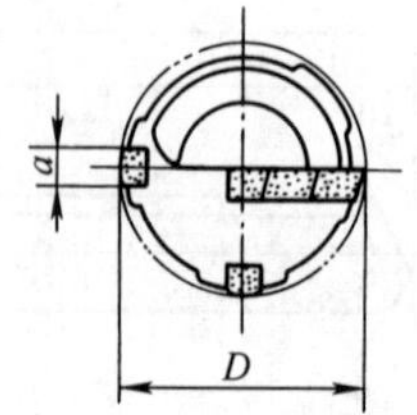

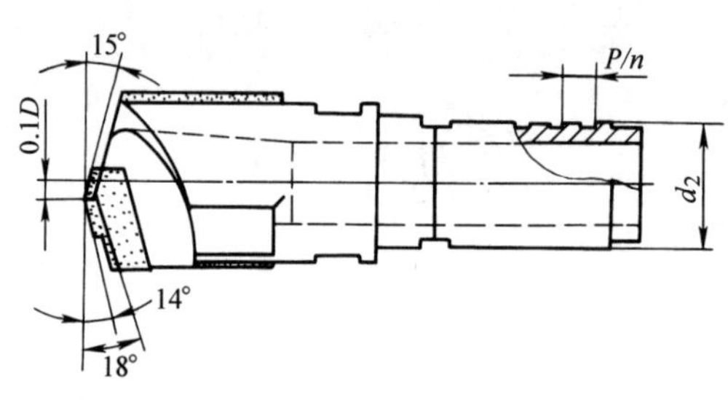

<table>
<tr><th rowspan="2">钻头直径
D</th><th colspan="2">d</th><th colspan="2">d_1</th><th rowspan="2">L</th><th rowspan="2">l</th><th rowspan="2">d_2</th><th rowspan="2">a</th><th rowspan="2">螺纹头数
n</th><th rowspan="2">P</th></tr>
<tr><th>公称尺寸</th><th>极限偏差</th><th>公称尺寸</th><th>极限偏差</th></tr>
<tr><td>15</td><td>10</td><td>0
−0.01</td><td>8.8</td><td>−0.05
−0.15</td><td>65</td><td>30</td><td>9.8</td><td rowspan="4">3</td><td rowspan="13">2</td><td rowspan="2">8</td></tr>
<tr><td>18</td><td>12.5</td><td rowspan="3">0
−0.012</td><td>11.3</td><td rowspan="5">−0.06
−0.18</td><td>77</td><td>35</td><td>12.3</td></tr>
<tr><td>20</td><td rowspan="2">14</td><td rowspan="2">12.3</td><td rowspan="2">85</td><td rowspan="2">40</td><td rowspan="2">13.8</td><td rowspan="6">12</td></tr>
<tr><td>22</td></tr>
<tr><td>24</td><td rowspan="2">18</td><td rowspan="6">0
−0.014</td><td rowspan="2">15.5</td><td rowspan="2">100</td><td rowspan="2">45</td><td rowspan="2">17.5</td><td rowspan="4">4</td></tr>
<tr><td>25</td></tr>
<tr><td>30</td><td rowspan="2">23</td><td rowspan="2">20</td><td rowspan="6">−0.07
−0.21</td><td rowspan="2">105</td><td rowspan="6">50</td><td rowspan="2">22</td></tr>
<tr><td>32</td></tr>
<tr><td>35</td><td>26</td><td>23</td><td rowspan="2">115</td><td>25</td><td rowspan="2">5</td><td rowspan="2">14</td></tr>
<tr><td>40</td><td>29</td><td>26</td><td>28</td></tr>
<tr><td></td><td rowspan="2">34</td><td rowspan="3">0
−0.017</td><td rowspan="2">29</td><td rowspan="2">122</td><td rowspan="2">33</td><td rowspan="3">6</td><td rowspan="2">16</td></tr>
<tr><td></td></tr>
<tr><td>55</td><td>45</td><td>39</td><td>−0.08
−0.25</td><td>142</td><td>75</td><td>44</td><td>20</td></tr>
</table>

表 3.3-40　多刃错齿内排屑深孔钻的主要规格尺寸　（mm）

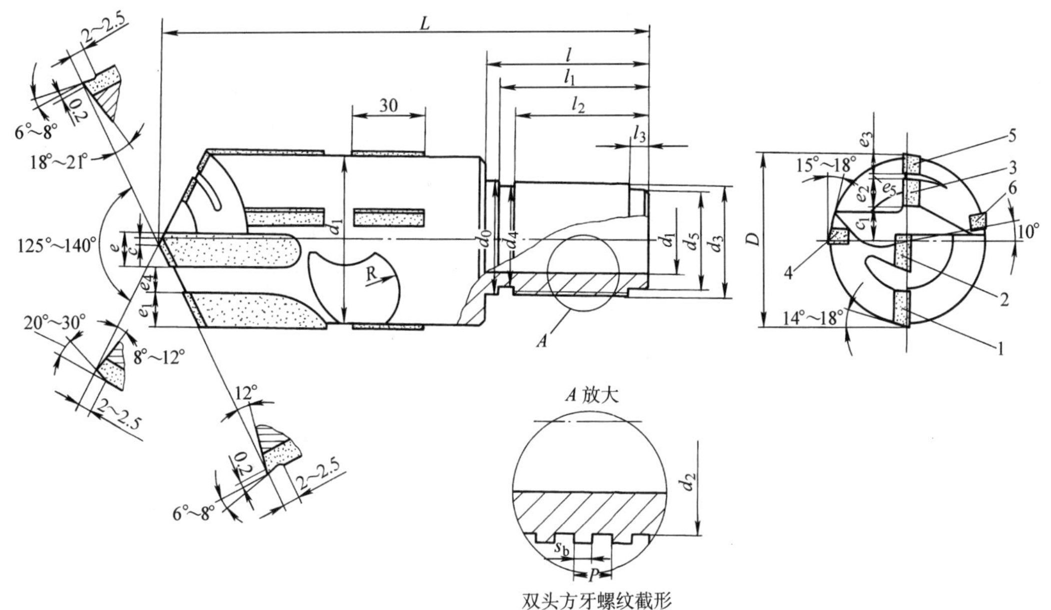

双头方牙螺纹截形

1、2、3—刀齿　4、5、6—导向块

钻头直径 D	24	34	38	44	51	53
d_0	$18_{-0.043}^{-0.016}$	$27_{-0.041}^{-0.020}$	$30_{-0.041}^{-0.020}$	$34_{-0.050}^{-0.025}$	$40_{-0.050}^{-0.025}$	$44_{-0.050}^{-0.025}$
d_1	21.2	32	35	40	46	49
d_2	17	25.5	28.5	32.5	38.5	41
d_3	$18_{-0.072}^{-0.020}$	$27_{-0.072}^{-0.020}$	$30_{-0.072}^{-0.020}$	$34_{-0.087}^{-0.025}$	$40_{-0.087}^{-0.025}$	$44_{-0.087}^{-0.025}$
d_4	17	25.5	28.5	32.5	38.5	—
d_5	$17_{-0.059}^{-0.016}$	$25.5_{-0.072}^{-0.020}$	$28.5_{-0.072}^{-0.020}$	$32.5_{-0.087}^{-0.025}$	$38.5_{-0.087}^{-0.025}$	—
$l_{-0.1}^{0}$	30	45	45	50	50	53
$l_{1\ 0}^{+0.1}$	26	38	38	42	42	45
l_2	22	34	34	38	38	—
$l_{3\ 0}^{+0.1}$	4	5	5	5	5	5
e	4.5	9	9	9	13	12
e_1	4.5	4.5	4.5	7	7	9.5
e_2	5	5	8	10	10	8
e_3	3.5	3.75	3.75	4.5	4.5	4.5
e_4	3	3.5	5.5	5.5	8	8
e_5	0	0	0	2	3.25	6
d_1	14	22	22	24	30	34
R	6	9	10	11	12.5	12.5
c	2	2.5	3	4	4.5	5
c_1	3.5	4.25	5.75	6	8	10
P	3	6	6	12×2	12×2	12×2
s_b	$1.5_{-0.1}^{0}$	$3_{-0.12}^{0}$	$3_{-0.12}^{0}$	$3_{-0.12}^{0}$	$3_{-0.12}^{0}$	$3_{-0.12}^{0}$
L	105	140	140	150	160	192

表 3.3-41　喷吸钻的型式尺寸（JB/T 10561—2006）　（mm）

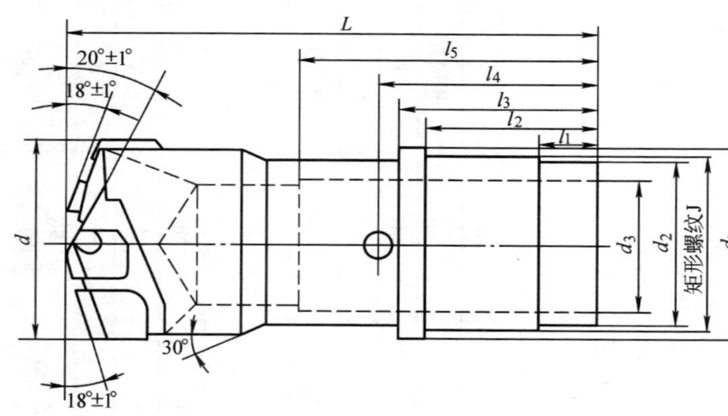

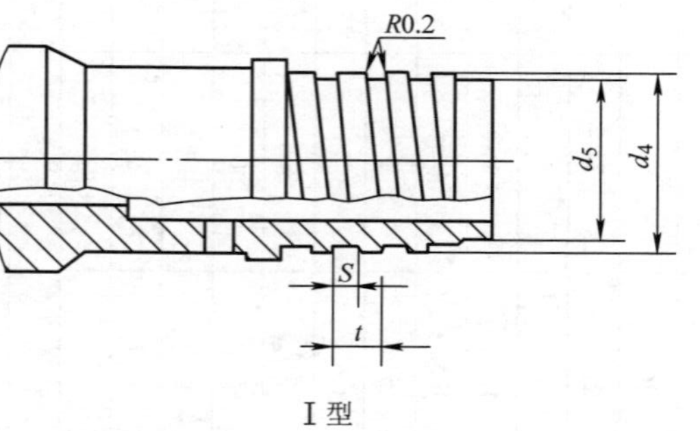

Ⅰ型

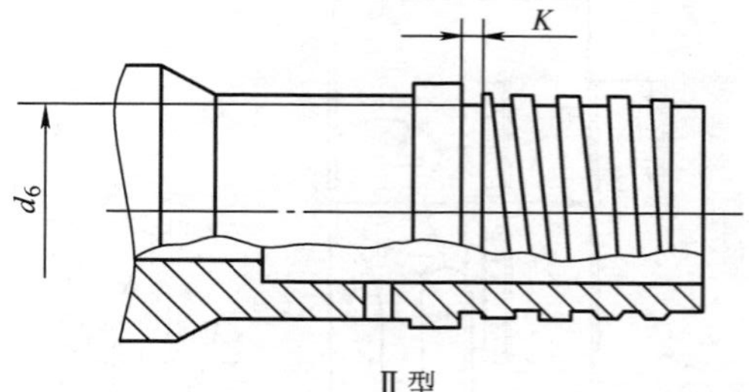

Ⅱ型

喷吸钻螺纹连接的两种型式

d h6 >	d h6 ~	d_1 h8	d_2 h8	d_3 H10	d_4 h10	d_5 b12	L	l_1	l_2	l_3	l_4	l_5	矩形螺纹 J	d_6	S	t	K
18.4	20.0	16	14	12	15.5	14.5	52.2	6	18.5	21.5	23	28	J15.5×10/4 头	14.2	1.45	2.5	—
20.0	21.8	18	16	14	17.5	16.5	52.7	6	18.5	21.5	23.5	30.5	J17.5×12/4 头	16.2	1.70	3	—
21.8	24.1	19.5	17.5	15	19	18	52.7	6	18.5	21.5	23.5	30.5	J19×12/4 头	17.7	1.70	3	—
24.1	26.4	21	19	16	20.5	19.5	53.7	6	18.5	21.5	23.5	30.5	J20.5×12/4 头	19.2	1.70	3	—
26.4	28.7	23.5	21	18	23	21.5	56.7	6	21.5	24.5	26.5	33.5	J23×16/4 头	21.2	2.20	4	—
28.7	30.0 31.0	25.5	23	20	25	23.5	59.2	6	21.5	24.5	26.5	33.5	J25×16/4 头	23.2	2.20	4	4
31.0	33.3	28	25.5	22	27.5	26	59.2	6	21.5	24.5	26.5	33.5	J27.5×16/4 头	25.7	2.20	4	4
33.3	36.2	30	27	24	29.4	27.5	66.4	7	26.5	30.5	33	40.5	J29.4×20/4 头	27.2	2.70	5	4
36.2	39.6	33	30	26	32.4	30.5	69.4	7	26.5	30.5	33	40.5	J32.4×20/4 头	30.2	2.70	5	4
39.6	43.0	36	33	29	35.4	33.5	69.4	7	26.5	30.5	33	40.5	J35.4×20/4 头	33.2	2.70	5	4
43.0	47.0	39	36	32	38.4	36.5	71.3	7	26.5	30.5	33	40.5	J38.4×20/4 头	36.2	2.70	5	4
47.0	50.0 51.7	43	39.5	35	42.4	40	75.3	7	30.5	34.5	37	44.5	J42.4×24/4 头	39.7	3.20	6	5
51.7	56.2	47	43.5	39	46.4	44	78.3	7	30.5	34.5	37	44.5	J46.4×24/4 头	43.7	3.20	6	5
56.2	65.0	51	47.5	43	50.4	48	80.3	7	30.5	34.5	37	44.5	J50.4×24/4 头	47.7	3.20	6	5

表 3.3-42　喷吸钻钻杆连接部分尺寸（JB/T 10561—2006）　（mm）

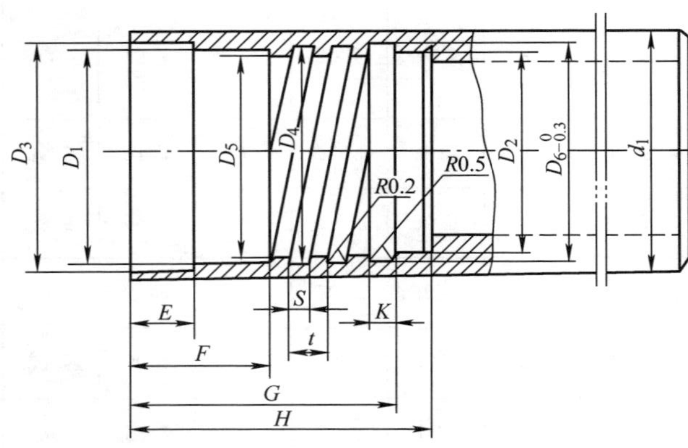

d		d_1	D_1	D_2	D_3	D_4	D_5	D_6	E	F	G	H	矩形螺纹 J	S	t	K
>	~		H7	H7	H7	B12	H6									
18.4	20.0	18	16	14	16.5	15.5	14.5	16	6	13	23.5	27.5	J15.5×10/4 头	1.45	2.5	3
20.0	21.8	19.5	18	16	18.4	17.5	16.5	18	8.5	15.5	26	30	J17.5×12/4 头	1.70	3	3
21.8	24.1	21.5	10.5	17.5	20.2	19	18	19.5	8.5	15.5	26	30	J19×12/4 头	1.70	3	3
24.1	26.4	23.5	21	19	21.7	20.5	19.5	21	8.5	15.5	26	30	J20.5×12/4 头	1.70	3	3
26.4	28.7	26	23.5	21	24.5	23	21.5	23.5	8.5	16	29	33	J23×16/4 头	2.20	4	4
28.7	31.0	28	25.5	23	26.5	25	23.5	25.5	8.5	16	29	33	J25×16/4 头	2.20	4	4
31.0	33.3	30.5	28	25.5	29	27.5	26	28	8.5	16	29	33	J27.5×16/4 头	2.20	4	4
33.3	36.2	33	30	27	31	29.4	27.5	30	9.5	19	35	40	J29.4×20/4 头	2.70	5	4
36.2	39.6	35.5	33	30	34	32.4	30.5	33	9.5	19	35	40	J32.4×20/4 头	2.70	5	4
39.6	43.0	39	36	33	37	35.4	33.5	36	9.5	19	35	40	J35.4×20/4 头	2.70	5	4
43.0	47.0	42.5	39	36	40	38.4	36.5	39	9.5	19	35	40	J38.4×20/4 头	2.70	5	4
47.0	51.7	46.5	43	39.5	44.5	42.4	40	43	9.5	20	39	44	J42.4×24/4 头	3.20	6	5
51.7	56.2	51	47	43.5	48.5	46.4	44	47	9.5	20	39	44	J46.4×24/4 头	3.20	6	5
56.2	65.0	55.5	51	47.5	52.5	50.4	48	51	9.5	20	39	44	J50.4×24/4 头	3.20	6	5

表 3.3-43　DF 钻头第一种类型主要规格尺寸　(mm)

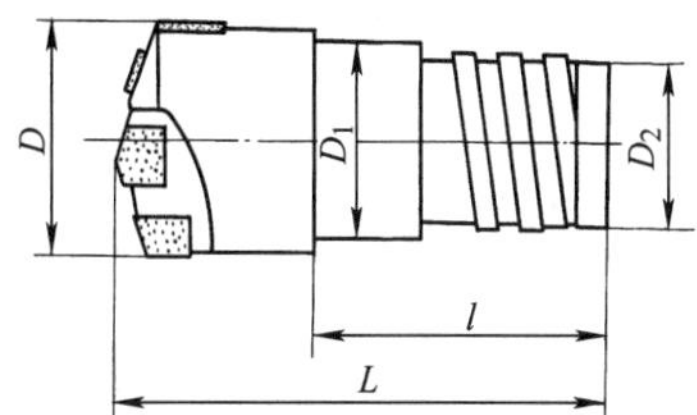

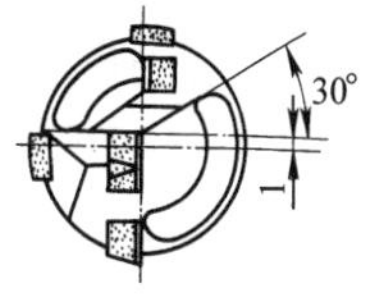

D	D_1	D_2	L	l	D	D_1	D_2	L	l
15.5~16.7	12.4	10.8	36	22	31.26~33.25	25.5	23	56	35
16.71~17.7	13.4	11.8			33.26~36.25	27.5	25	60	
17.71~18.75	14.4	12.8	38	23	36.26~39.75	28.5	25.5	68	38
18.76~20.00	15.4	13.8	43	24	39.76~43.25	32.5	29.5	75	44
20.01~21.75	16.4	14.8			43.26~47.25	34.5	31.5	78	46
21.76~24.25	17.4	15.8	47		47.26~51.75	37.5	34.5	80	
24.26~26.25	19.5	17.8	48	29	51.76~56.25	41.5	38.5	90	50
26.26~28.75	22.5	20.5	55	32	56.26~60.50	45.5	42.5	95	52
28.76~31.25	23.5	21.5	58	35	60.51~65.00	50.5	47.0	96	55

表 3.3-44　DF 钻头小直径系列主要规格尺寸　(mm)

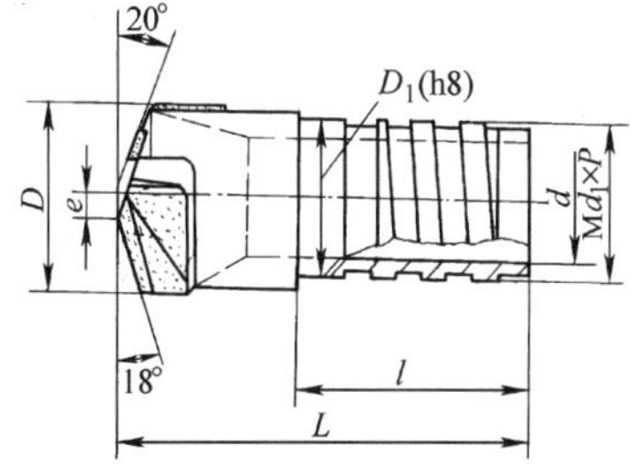

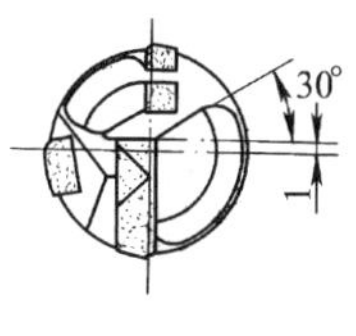

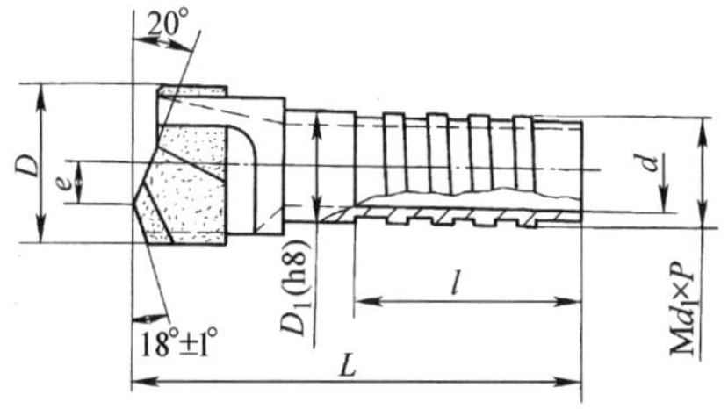

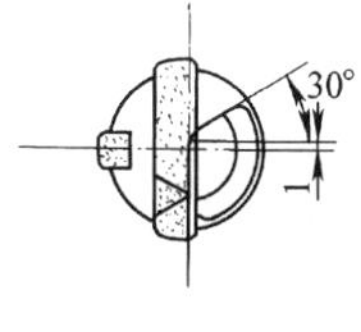

D	D_1	d	$Md_1×P$	L	l	e	D	D_1	d	$Md_1×P$	L	l	e
6	4.5	3	M4.5×2	25	15	1.5	13	10	7	M10×4	40	23	1.3
7	5.5	4	M5.5×2			1.7	14	11	8	M11×5			1.4
8	6.0	4.6	M6.0×3			2.0	15	12	9	M12×5			1.5
9	6.5	5	M6.5×3	30	20	2.2	16	13	9.5	M13×5			1.6
10	7.0	5.3	M7.0×3			2.5	17	14	10.5	M14×5			2
11	7.5	5.5	M7.5×4			2.7	18	15	11.5	M15×5			
12	8.0	6.5	M8.0×4			3.0							

3. 深孔套料钻（表 3.3-45）

(1) 套料钻的结构

套料钻的结构型式有焊接式和机械夹固式两种。

刀具材料有高速钢和硬质合金两种。

表 3.3-45 深孔套料钻的类型

类型	图示	说明
机械夹固式外排屑套料钻	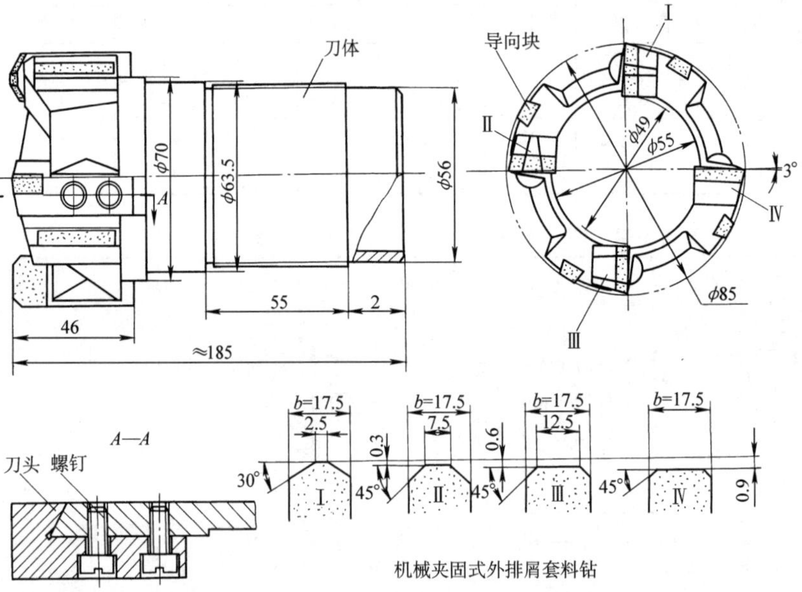 刀体 导向块 $\phi70$ $\phi63.5$ $\phi56$ 46 55 2 ≈185 A A Ⅰ Ⅱ Ⅲ Ⅳ $\phi49$ $\phi55$ $\phi85$ 3° A—A 刀头 螺钉 b=17.5 2.5 7.5 12.5 0.3 0.6 0.9 30° 45° 45° 45° 机械夹固式外排屑套料钻 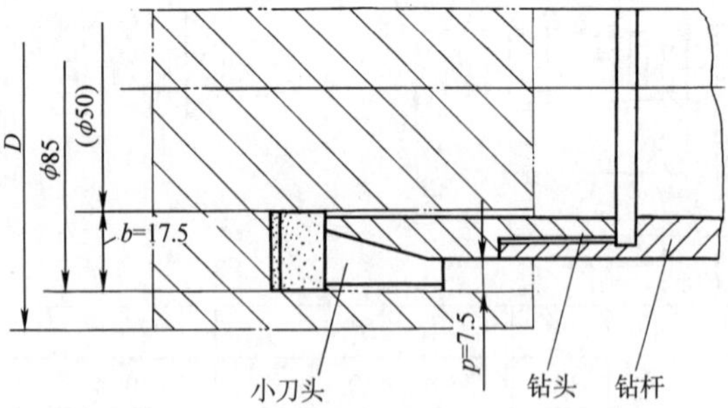 D $\phi85$ ($\phi50$) b=17.5 p=7.5 小刀头 钻头 钻杆 套料钻工作示意图	适用于直径大又深的孔。刀头采用燕尾槽结构嵌入刀体，夹固牢靠，稳定性好。四个刀头按刀号的次序排列，相邻刀片端面伸出长度相差0.3mm（应大于进给量），切削时逐步切入，切削图形合理，分屑情况好。图示尺寸的套料钻可套出$\phi49$mm的芯棒。钻头切削部分由四个刀头（Ⅰ、Ⅱ、Ⅲ、Ⅳ）和四条导向块组成，刀头焊有D249型改制的YW2硬质合金刀片，用螺钉装夹在刀体上，导向块用F209型YG8刀片磨成斜楔式，磨损后可拆下更换。切削液从钻杆孔中进入，经刀体外部间隙与切屑一同排出。套料时，最大切削宽度b应根据钻孔直径与套料深度，考虑到钻杆刚性与钻头制造的可能性来决定，一般取20mm左右。排屑间隙p值，一般取b值的1/2左右。分屑的方法常用多刀分断切削法，四个刀齿端面伸出尺寸各差0.3mm，宽度尺寸依次增加，切削表面呈阶梯形。只要进给量小于刀齿端面伸出尺寸的差值，就能可靠分屑

（续）

类型	图　　示	说　　明
单刃齿内排屑套料钻	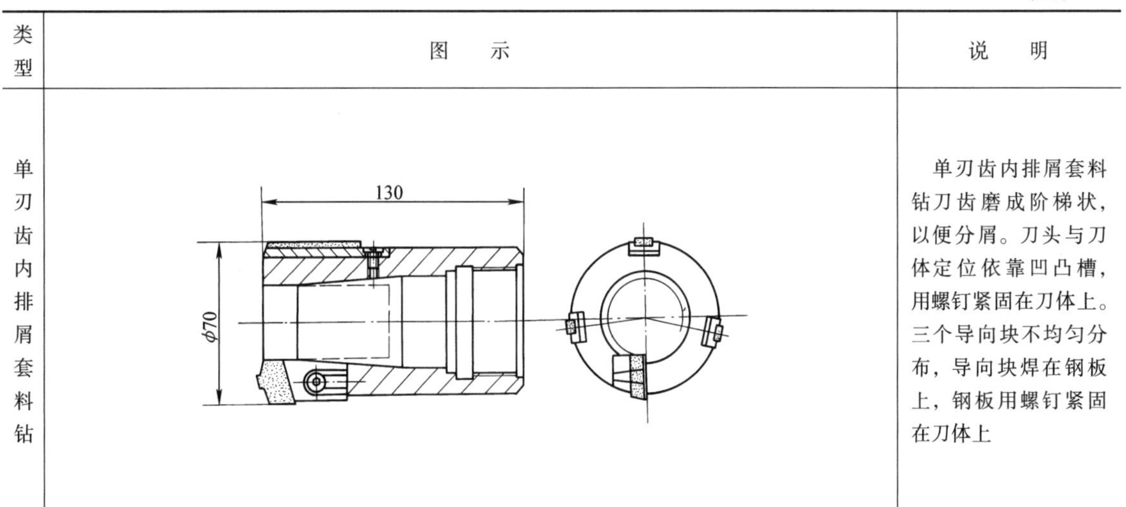	单刃齿内排屑套料钻刀齿磨成阶梯状，以便分屑。刀头与刀体定位依靠凹凸槽，用螺钉紧固在刀体上。三个导向块不均匀分布，导向块焊在钢板上，钢板用螺钉紧固在刀体上

（2）深孔套料钻的导向问题

深孔套料钻的导向块主要起导向、支承和防止孔偏斜的作用。由于套料钻外刃刀头不断磨损，当采用硬质合金做导向块时，它的外径尺寸要比套料钻的外径小（0.001～0.002）*D*（*D* 为套料钻直径），选取时直径大的取小值，直径小的取大值。如果间隙过大会引起振动，导向块会失去作用。为了加强套料钻的支承作用，常在套料钻与钻杆间采用木块、尼龙块或胶木做支承套，其外径应比套料钻外径大（0.01～0.04）*D*，在切削时逐渐引入孔内起缓冲减振作用，如图 3.3-2 所示。

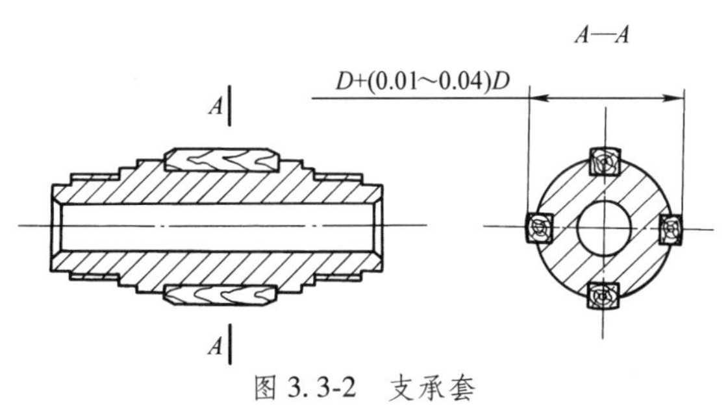

图 3.3-2　支承套

工件在进行套料前，一般先加工出导向孔。导向孔是在工件端面上车出的环形槽，它的用途是找正、定心，防止切削液飞溅。导向孔的直径按 H9 制造，表面粗糙度 *Ra* 为 3.2μm，深度为 20～80mm。

3.3.5　扩孔钻

1. 高速钢扩孔钻（表 3.3-46～表 3.3-48）

为了提高钻削孔、铸锻孔或冲压孔的精度（IT11 级以上）和使孔的表面粗糙度 *Ra* 达到 3.2μm 左右，常使用扩孔钻。直径 ϕ3～ϕ50mm 的高速钢扩孔钻做成整体带柄式，直径 ϕ25～ϕ100mm 的高速钢扩孔钻做成整体套装式。在小批量生产的情况下，常用麻花钻经修磨钻尖的几何形状当扩孔钻用。

为节约昂贵的高速钢，直径大于 40mm 的扩孔钻常制成镶片式。加工铸铁或有色金属件时，为了提高切削效率和刀具寿命，ϕ14mm 以上的扩孔钻常制成镶硬质合金刀片式。

表 3.3-46　直柄扩孔钻的型式和尺寸（GB/T 4256—2004）　　（mm）

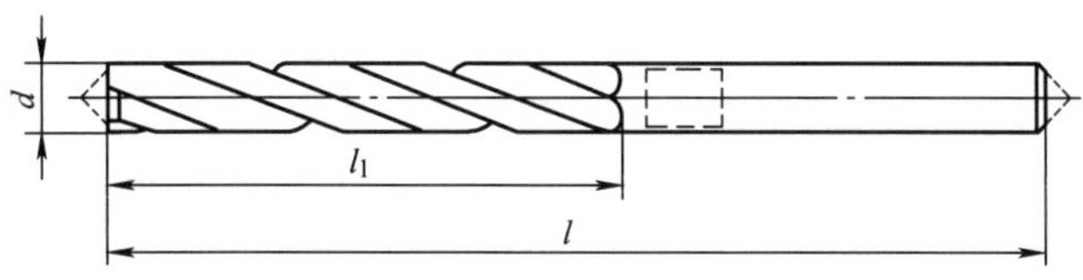

（续）

d 推荐值	d 分级范围 大于	d 分级范围 至	l_1	l
3.00	—	3.00	33	61
3.30	3.00	3.35	36	65
3.50	3.35	3.75	39	70
3.80	3.75	4.25	43	75
4.00				
4.30	4.25	4.75	47	80
4.50				
4.80	4.75	5.30	52	86
5.00				
5.80	5.30	6.00	57	93
6.00				
—	6.00	6.70	63	101
6.80	6.70	7.50	69	109
7.00				
7.80	7.50	8.50	75	117
8.00				
8.80	8.50	9.50	81	125
9.00				
9.80	9.50	10.00	87	133
10.00				

d 推荐值	d 分级范围 大于	d 分级范围 至	l_1	l
—	10.00	10.60	87	133
10.75	10.60	11.80	94	142
11.00				
11.75				
12.00	11.80	13.20	101	151
12.75				
13.00				
13.75	13.20	14.00	108	160
14.00				
14.75	14.00	15.00	114	169
15.00				
15.75	15.00	16.00	120	178
16.00				
16.75	16.00	17.00	125	184
17.00				
17.75	17.00	18.00	130	191
18.00				
18.70	18.00	19.00	135	198
19.00				
19.70	19.00	20.00	140	205

表 3.3-47　莫氏锥柄扩孔钻的型式和尺寸（GB/T 4256—2004）　（mm）

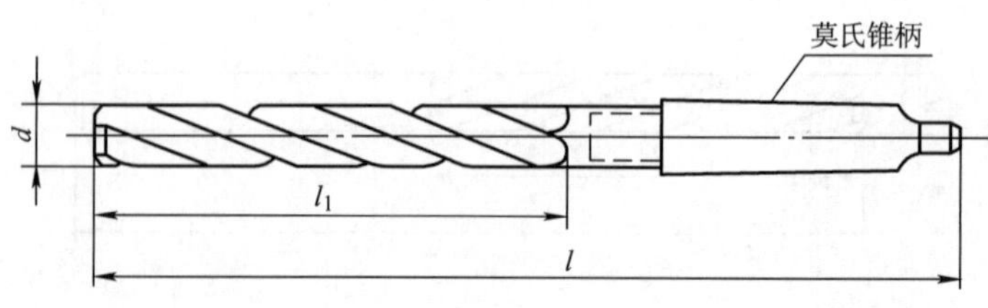

（续）

d			l_1	l	莫氏锥柄号
推荐值	分级范围				
	大于	至			
7.80	7.50	8.50	75	156	1
8.00					
8.80	8.50	9.50	81	162	
9.00					
9.80	9.50	10.60	87	168	
10.00					
10.75	10.60	11.80	94	175	
11.00					
11.75					
12.00	11.80	13.20	101	182	
12.75					
13.00					
13.75	13.20	14.00	108	189	
14.00					
14.75	14.00	15.00	114	212	2
15.00					
15.75	15.00	16.00	120	218	
16.00					
16.75	16.00	17.00	125	223	
17.00					
17.75	17.00	18.00	130	228	
18.00					
18.70	18.00	19.00	135	233	
19.00					
19.70	19.00	20.00	140	238	
20.00					
20.70	20.00	21.20	145	243	
21.00					
21.70	21.20	22.40	150	248	
22.00					
22.70	22.40	23.02	155	253	
23.00					
—	23.02	23.60	155	276	3
23.70	23.60	25.00	160	281	

d			l_1	l	莫氏锥柄号
推荐值	分级范围				
	大于	至			
24.00	23.60	25.00	160	281	3
24.70					
25.00					
25.70	25.00	26.50	165	286	
26.00					
27.70	26.50	28.00	170	291	
28.00					
29.70	28.00	30.00	175	296	
30.00					
—	30.00	31.50	180	301	
31.60	31.50	31.75	185	306	
32.00	31.75	33.50		334	4
33.60	33.50	35.50	190	339	
34.00					
34.60					
35.00					
35.60	35.50	37.50	195	344	
36.00					
37.60	37.50	40.00	200	349	
38.00					
39.60					
40.00					
41.60	40.00	42.50	205	354	
42.00					
43.60	42.50	45.00	210	359	
44.00					
44.60					
45.00					
45.60	45.00	47.50	215	364	
46.00					
47.60	47.50	50.00	220	369	
48.00					
49.60					
50.00					

表 **3.3-48**　套式扩孔钻的型式和尺寸（GB/T 1142—2004）　（mm）

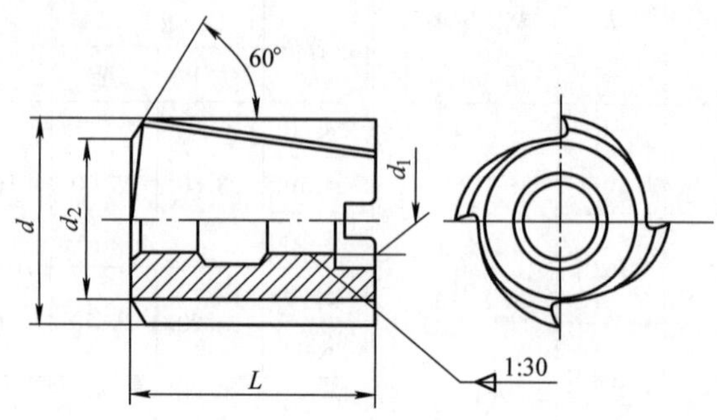

直径范围 d(h8)		d_1	d_2	L
大于	至			
23.6	35.5	13	d-5	45
35.5	45	16	d-6	50
45	53	19	d-8	56
53	63	22	d-9	63
63	75	27	d-11	71
75	90	32	d-13	80
90	101.6	40	d-15	90

注：国家标准 GB/T 1142—2004 已作废，但暂无新标准替代，这里仅作为参考。

2. 硬质合金扩孔钻（表 3.3-49～表 3.3-50）

表 **3.3-49**　硬质合金直柄扩孔钻型式和尺寸　（mm）

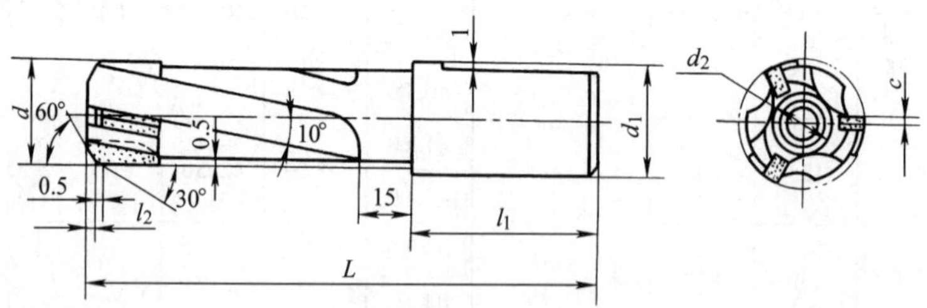

d(h8)	L	l_1	d_1	l_2	d_2	c
>20～22	140	45	20	2	10	1.6
>22～25				2.5	11	1.8
>25～28	160	50	24		12	2
>28～32			30	3	14	2.2
>32～36	180	60	34	4	16	2.5
>36～40			38		18	2.8
>40～45	200			4.5	22	3.2

表 3.3-50 硬质合金锥柄扩孔钻型式和尺寸 (mm)

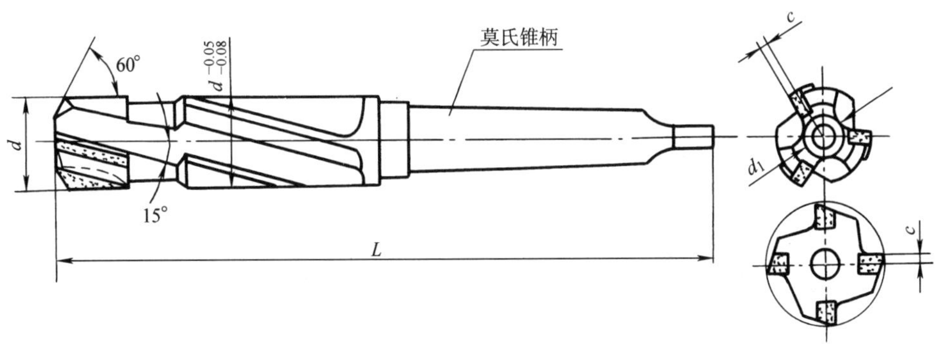

d(h8)	L			c	d_1	莫氏锥柄号
	长度代号					
	1	2	3			
>14~16	180	220	150	1.4	7	2
>16~18	200	250	180	1.6	8	
>18~20					9	
>20~22	220	290		1.85	10	
>22~24					11	
>24~26	250	320	210	2		3
>26~28					12	
>28~30	280	360		2.2		
>30~32					14	
>32~34	320	390	240	3	直线齿背 $z=4$	4
>34~36						
>36~38	360	415				
>38~40				3.5		

3.3.6 锪钻

1. 锪钻类型和尺寸（表 3.3-51～表 3.3-56）

常用锪钻有三种型式：①外锥面锪钻，用于孔口倒角或去毛刺；②内锥面锪钻，用于倒螺栓外角；③平面锪钻，用于锪沉孔或锪平面。前两种型式的锪钻一般用高速钢制造，后一种型式的锪钻有高速钢的和焊硬质合金刀片的两类。

表 3.3-51 60°、90°、120°直柄锥面锪钻型式和尺寸（GB/T 4258—2004） (mm)

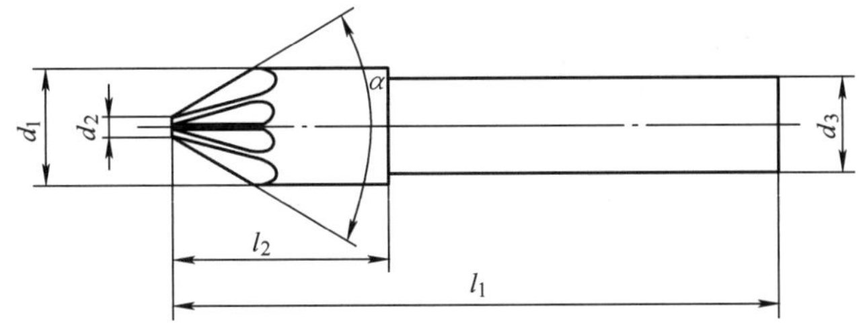

（续）

公称尺寸 d_1	小端直径 d_2[①]	总长 l_1		钻体长 l_2		柄部直径 d_3
		$\alpha=60°$	$\alpha=90°$或 120°	$\alpha=60°$	$\alpha=90°$或 120°	h9
8	1.6	48	44	16	12	8
10	2	50	46	18	14	8
12.5	2.5	52	48	20	16	8
16	3.2	60	56	24	20	10
20	4	64	60	28	24	10
25	7	69	65	33	29	10

① 前端部结构不做规定。

表 3.3-52　60°、90°、120°莫氏锥柄锥面锪钻型式和尺寸（GB/T 1143—2004）　（mm）

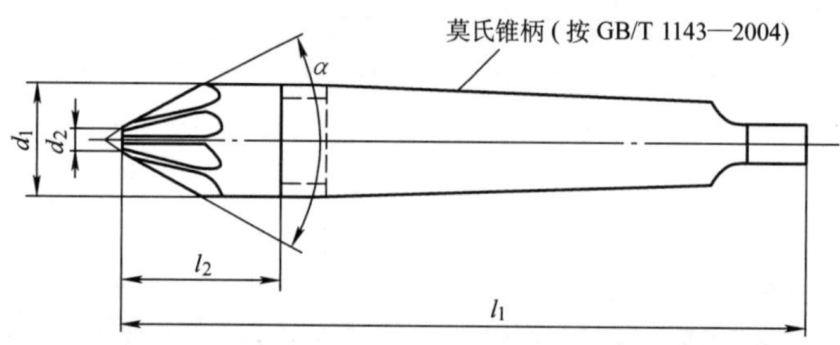

公称尺寸 d_1	小端直径 d_2[①]	总长 l_1		钻体长 l_2		莫氏锥柄号
		$\alpha=60°$	$\alpha=90°$或 120°	$\alpha=60°$	$\alpha=90°$或 120°	
16	3.2	97	93	24	20	1
20	4	120	116	28	24	2
25	7	125	121	33	29	2
31.5	9	132	124	40	32	2
40	12.5	160	150	45	35	3
50	16	165	153	50	38	3
63	20	200	185	58	43	4
80	25	215	196	73	54	4

① 前端部结构不做规定。

表 3.3-53　带整体导柱直柄平底锪钻型式和尺寸（GB/T 4260—2004）　（mm）

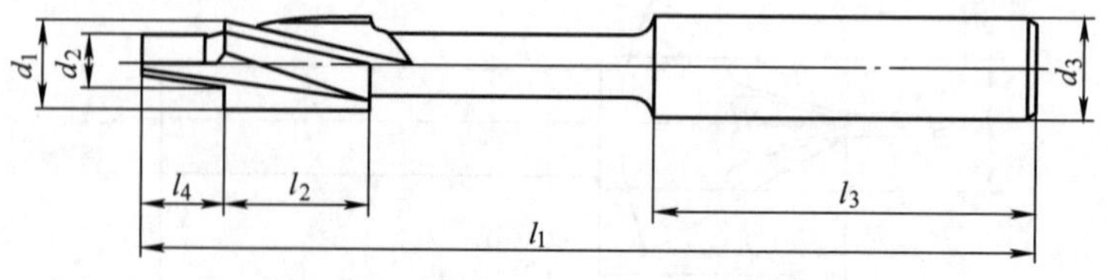

注：图为切削直径 d_1 大于 5mm 的锪钻。

（续）

锪钻代号 $(d_1 \times d_2)$	切削直径 d_1 z9	导柱直径 d_2 e8	柄部直径 d_3 h9	适用螺钉或螺栓规格	总长 l_1	刃长 l_2	柄长 l_3 ≈	导柱长 l_4
3.3×1.8	3.3	1.8	$=d_1$	M1.6	56	10	—	$\approx d_2$
4.3×2.4	4.3	2.4		M2				
5×1.8	5	1.8		M1.6				
5×2.9		2.9		M2.5				
6×2.4	6	2.4		M2	71	14	31.5	
6×3.4		3.4		M3				
8×2.9	8	2.9		M2.5				
8×4.5		4.5		M4				
9×3.4	9	3.4		M3	80	18	35.5	
10×4.5	10	4.5		M4				
10×5.5		5.5		M5				
11×5.5	11	5.5	10	M5				
11×6.6		6.6		M6				
13×6.6	13	6.6	12.5	M6	100	22	40	
15×9	15	9		M8				
18×9	18	9		M8				
18×11		11		M10				
20×13.5	20	13.5		M12				

表 3.3-54　带可换导柱的莫氏锥柄平底锪钻型式和尺寸（GB/T 4261—2004）　（mm）

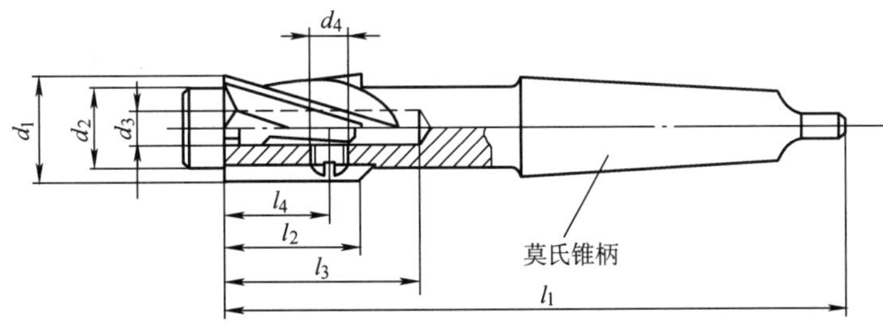

锪钻代号 $(d_1 \times d_2)$	切削直径 d_1 z9	导柱直径 d_2 e8	d_3 H8	d_4	l_1	l_2	l_3	l_4	莫氏锥柄号	适用螺钉或螺栓规格
13×6.6	13	6.6	4	M3	132	22	30	16	2	M6
15×9	15	9								M8
18×9	18	9	5	M4	140	25	38	19		M8
18×11		11								M10
20×13.5	20	13.5								M12

（续）

锪钻代号 （$d_1 \times d_2$）	切削直径 d_1 z9	导柱直径 d_2 e8	d_3 H8	d_4	l_1	l_2	l_3	l_4	莫氏 锥柄号	适用螺钉或 螺栓规格
22×11	22	11	6	M5	150	30	46	23	2	M10
24×15.5	24	15.5								M14
26×13.5	26	13.5	8	M6	180	35	54	27	3	M12
26×17.5		17.5								M16
30×15.5	30	15.5								M14
33×17.5	33	17.5	10	M8	190	40	64	32		M16
33×22		22								M20
36×20	36	20								M18
40×22	40	22								M20
40×26		26								M24
43×24	43	24	12		236	50	76	42	4	M22
48×26	48	26								M24
48×33		33								M30
53×30	53	30	16	M10	250	63	88	53		M27
57×39	57	39								M36
61×33	61	33								M30

表 3.3-55　带整体导柱直柄 90°锥面锪钻型式和尺寸（GB/T 4263—2004）　（mm）

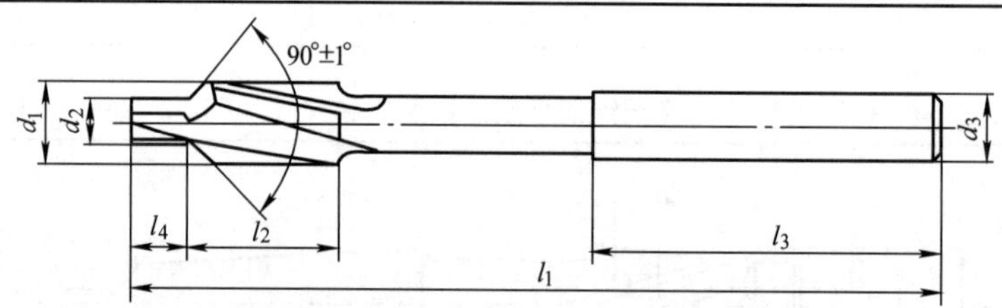

注：图为切削直径 d_1 大于 5mm 的锪钻的示图。

锪钻代号 （$d_1 \times d_2$）	切削直径 d_1 z9	导柱直径 d_2 e8	柄部直径 d_3 h9	适用螺钉或 螺栓规格	总长 l_1	刃长 l_2	柄长 l_3 ≈	导柱长 l_4
3.7×1.8	3.7	1.8	$=d_1$	M1.6	56	10	—	$\approx d_2$
4.5×2.4	4.5	2.4		M2				
5.6×2.9	5.6	2.9		M2.5	71	14	31.5	
6.4×3.4	6.4	3.4		M3				
8.4×3.9	8.4	3.9		M3.5	80	18	35.5	
9.6×4.5	9.6	4.5		M4				
10.6×5.5	10.6	5.5	10	M5				
12.8×6.6	12.8	6.6	12.5	M6	100	22	40	
17.6×9	17.6	9		M8				

表 3.3-56　带可换导柱的莫氏锥柄 90°锥面锪钻型式和尺寸（GB/T 4264—2004）　(mm)

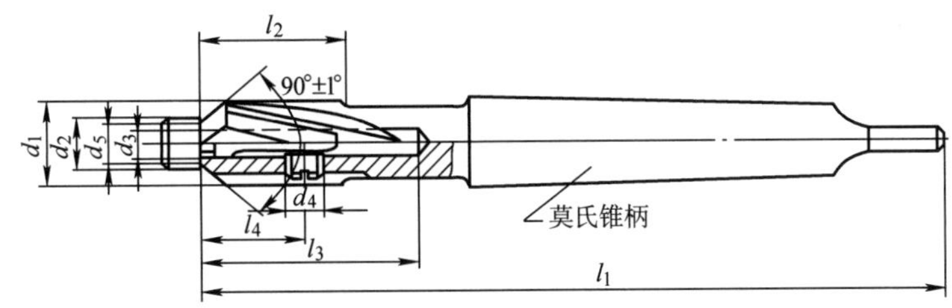

锪钻代号 (d_1×d_2)	切削直径 d_1 z9	导柱直径 d_2 e8	d_3 H8	螺钉 d_4	d_5	l_1	l_2	l_3	l_4	莫氏锥柄号	适用螺钉或螺栓规格
13.8×6.6	13.8	6.6	4	M3	6	132	22	30	16	2	M6
17.6×9	17.6	9	5	M4		140	25	38	19		M8
20.3×11	20.3	11	6	M5	7.5	150	30	46	23		M10
24.4×13.5	24.4	13.5									M12
28.4×15.5	28.4	15.5	8	M6	9.5	180	35	54	27	3	M14
32.4×17.5	32.4	17.5	10	M8	12	190	40	64	32		M16
40.4×22	40.4	22									M20

2. 硬质合金可转位锪钻（表 3.3-57～表 3.3-59）

表 3.3-57　带可换导柱可转位平底锪钻（JB/T 6358—2006）削平型直柄锪钻　(mm)

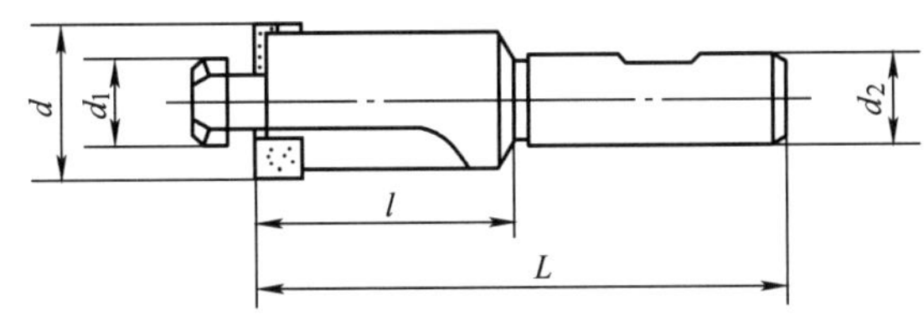

锪钻代号 d×d_1	d H14	d_1 e8	d_2 h6	L 最大	l	适用螺栓或螺钉规格	齿数
15×6.6	15	6.6	12	85	35	M6	1
15×9		9				M8	
17×9	17		16	90			
18×11	18	11				M10	
20×9	20	9	20	95	40	M8	
20×11		11				M10	
20×13.5		13.5				M12	
22×13.5	22						
22×14		14					
24×11	24	11				M10	
24×13.5		13.5				M12	
24×15.5		15.5				M14	

（续）

锪钻代号 $d \times d_1$	d H14	d_1 e8	d_2 h6	L 最大	l	适用螺栓或 螺钉规格	齿数
25×15.5	25	15.5	25	100	40	M14	1
25×16		16					
26×13.5	26	13.5		105	45	M12	
26×15.5		15.5				M14	
26×17.5		17.5				M16	
28×13.5	28	13.5				M12	2
28×17.5		17.5				M16	
28×18		18					
30×15.5	30	15.5				M14	
30×17.5		17.5				M16	
32×15.5	32	15.5	32	115	50	M14	3
32×17.5		17.5				M16	
32×20		20				M18	
33×22	33	22				M20	
34×17.5	34	17.5				M16	
35×22	35	22				M20	
36×20	36	20				M18	
36×22		22				M20	
38×20	38	20				M18	
38×24		24				M22	
40×22	40	22	40	125		M20	
40×24		24				M22	
40×26		26				M24	
42×22	42	22		135	60	M20	
42×24		24				M22	
42×26		26				M24	
44×24	44	24				M22	
46×30	46	30				M27	
48×26	48	26				M24	
48×30		30				M27	
48×33		33				M30	
50×26	50	26	50	145		M24	
54×30	54	30		158	75	M27	4
54×33		33				M30	
55×30	55	30				M27	
57×39	57	39				M36	
58×39	58						
60×33	60	33				M30	

表 3.3-58　带可换导柱可转位平底锪钻（JB/T 6358—2006）莫氏锥柄锪钻　（mm）

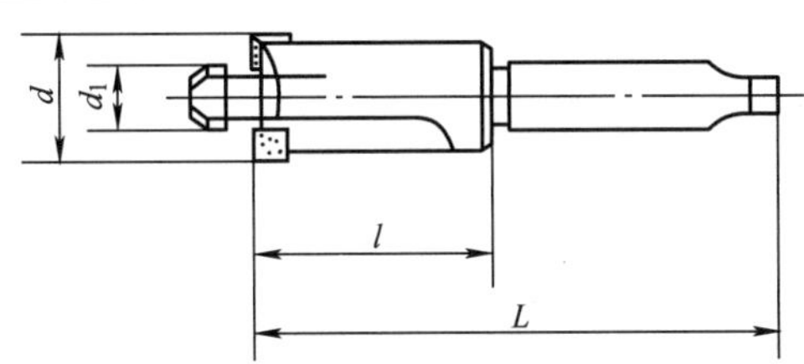

<table>
<tr><th>锪钻代号
$d \times d_1$</th><th>d
H14</th><th>d_1
e8</th><th>L
最大</th><th>l</th><th>莫氏
锥柄号</th><th>适用螺栓或
螺钉规格</th><th>齿数</th></tr>
<tr><td>15×6.6</td><td rowspan="2">15</td><td>6.6</td><td rowspan="4">120</td><td rowspan="4">35</td><td rowspan="12">2</td><td>M6</td><td rowspan="17">1</td></tr>
<tr><td>15×9</td><td rowspan="2">9</td><td rowspan="2">M8</td></tr>
<tr><td>17×9</td><td>17</td></tr>
<tr><td>18×11</td><td>18</td><td>11</td><td>M10</td></tr>
<tr><td>20×9</td><td rowspan="3">20</td><td>9</td><td rowspan="8">125</td><td rowspan="10">40</td><td>M8</td></tr>
<tr><td>20×11</td><td>11</td><td>M10</td></tr>
<tr><td>20×13.5</td><td rowspan="2">13.5</td><td rowspan="3">M12</td></tr>
<tr><td>22×13.5</td><td rowspan="2">22</td></tr>
<tr><td>22×14</td><td>14</td></tr>
<tr><td>24×11</td><td rowspan="3">24</td><td>11</td><td>M10</td></tr>
<tr><td>24×13.5</td><td>13.5</td><td>M12</td></tr>
<tr><td>24×15.5</td><td rowspan="2">15.5</td><td rowspan="3">M14</td></tr>
<tr><td>25×15.5</td><td rowspan="2">25</td><td rowspan="2">145</td><td rowspan="18">3</td></tr>
<tr><td>25×16</td><td>16</td></tr>
<tr><td>26×13.5</td><td rowspan="3">26</td><td>13.5</td><td rowspan="8">150</td><td rowspan="8">45</td><td>M12</td></tr>
<tr><td>26×15.5</td><td>15.5</td><td>M14</td></tr>
<tr><td>26×17.5</td><td>17.5</td><td>M16</td></tr>
<tr><td>28×13.5</td><td rowspan="3">28</td><td>13.5</td><td>M12</td><td rowspan="5">2</td></tr>
<tr><td>28×17.5</td><td>17.5</td><td rowspan="2">M16</td></tr>
<tr><td>28×18</td><td>18</td></tr>
<tr><td>30×15.5</td><td rowspan="2">30</td><td>15.5</td><td>M14</td></tr>
<tr><td>30×17.5</td><td>17.5</td><td>M16</td></tr>
<tr><td>32×15.5</td><td rowspan="3">32</td><td>15.5</td><td rowspan="8">155</td><td rowspan="8">50</td><td>M14</td><td rowspan="8">3</td></tr>
<tr><td>32×17.5</td><td>17.5</td><td>M16</td></tr>
<tr><td>32×20</td><td>20</td><td>M18</td></tr>
<tr><td>33×22</td><td>33</td><td>22</td><td>M20</td></tr>
<tr><td>34×17.5</td><td>34</td><td>17.5</td><td>M16</td></tr>
<tr><td>35×22</td><td>35</td><td>22</td><td>M20</td></tr>
<tr><td>36×20</td><td rowspan="2">36</td><td>20</td><td>M18</td></tr>
<tr><td>36×22</td><td>22</td><td>M20</td></tr>
</table>

（续）

锪钻代号 $d\times d_1$	d H14	d_1 e8	L 最大	l	莫氏锥柄号	适用螺栓或螺钉规格	齿数
38×20	38	20	155	50	3	M18	3
38×24		24				M22	
40×22	40	22				M20	
40×24		24				M22	
40×26		26				M24	
42×22	42	22	190	60	4	M20	
42×24		24				M22	
42×26		26				M24	
44×24	44	24				M22	
46×30	46	30				M27	
48×26	48	26				M24	
48×30		30				M27	
48×33		33				M30	
50×26	50	26				M24	
54×30	54	30	202	75		M27	4
54×33		33				M30	
55×30	55	30				M27	
57×39	57	39				M36	
58×39	58						
60×33	60	33				M30	

表 3.3-59　带可换导柱可转位平底锪钻（JB/T 6358—2006）圆柱销快换柄锪钻　（mm）

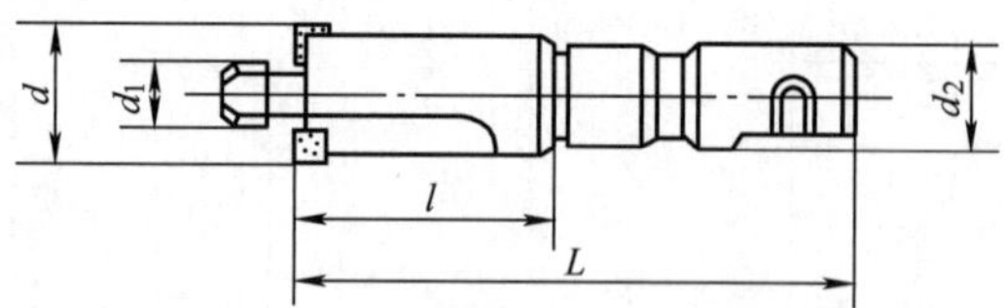

锪钻代号 $d\times d_1$	d H14	d_1 e8	d_2 g6	L 最大	l	适用螺栓或螺钉规格	齿数
15×6.6	15	6.6	22	80	35	M6	1
15×9		9				M8	
17×9	17						
18×11	18	11				M10	
20×9	20	9		85	40	M8	
20×11		11				M10	
20×13.5		13.5				M12	
22×13.5	22						
22×14		14					

（续）

<table>
<tr><th>锪钻代号
$d \times d_1$</th><th>d
H14</th><th>d_1
e8</th><th>d_2
g6</th><th>L
最大</th><th>l</th><th>适用螺栓或
螺钉规格</th><th>齿数</th></tr>
<tr><td>24×11</td><td rowspan="3">24</td><td>11</td><td rowspan="29">22</td><td rowspan="5">85</td><td rowspan="5">40</td><td>M10</td><td rowspan="8">1</td></tr>
<tr><td>24×13.5</td><td>13.5</td><td>M12</td></tr>
<tr><td>24×15.5</td><td rowspan="2">15.5</td><td rowspan="3">M14</td></tr>
<tr><td>25×15.5</td><td rowspan="2">25</td></tr>
<tr><td>25×16</td><td>16</td></tr>
<tr><td>26×13.5</td><td rowspan="3">26</td><td>13.5</td><td rowspan="8">90</td><td rowspan="8">45</td><td>M12</td></tr>
<tr><td>26×15.5</td><td>15.5</td><td>M14</td></tr>
<tr><td>26×17.5</td><td>17.5</td><td>M16</td></tr>
<tr><td>28×13.5</td><td rowspan="3">28</td><td>13.5</td><td>M12</td><td rowspan="5">2</td></tr>
<tr><td>28×17.5</td><td>17.5</td><td rowspan="2">M16</td></tr>
<tr><td>28×18</td><td>18</td></tr>
<tr><td>30×15.5</td><td rowspan="2">30</td><td>15.5</td><td>M14</td></tr>
<tr><td>30×17.5</td><td>17.5</td><td>M16</td></tr>
<tr><td>32×15.5</td><td rowspan="3">32</td><td>15.5</td><td rowspan="13">95</td><td rowspan="13">50</td><td>M14</td><td rowspan="22">3</td></tr>
<tr><td>32×17.5</td><td>17.5</td><td>M16</td></tr>
<tr><td>32×20</td><td>20</td><td>M18</td></tr>
<tr><td>33×22</td><td>33</td><td>22</td><td>M20</td></tr>
<tr><td>34×17.5</td><td>34</td><td>17.5</td><td>M16</td></tr>
<tr><td>35×22</td><td>35</td><td>22</td><td>M20</td></tr>
<tr><td>36×20</td><td rowspan="2">36</td><td>20</td><td>M18</td></tr>
<tr><td>36×22</td><td>22</td><td>M20</td></tr>
<tr><td>38×20</td><td rowspan="2">38</td><td>20</td><td>M18</td></tr>
<tr><td>38×24</td><td>24</td><td>M22</td></tr>
<tr><td>40×22</td><td rowspan="3">40</td><td>22</td><td>M20</td></tr>
<tr><td>40×24</td><td>24</td><td>M22</td></tr>
<tr><td>40×26</td><td>26</td><td>M24</td></tr>
<tr><td>42×22</td><td rowspan="3">42</td><td>22</td><td rowspan="3">105</td><td rowspan="9">60</td><td>M20</td></tr>
<tr><td>42×24</td><td>24</td><td>M22</td></tr>
<tr><td>42×26</td><td>26</td><td>M24</td></tr>
<tr><td>44×24</td><td>44</td><td>24</td><td rowspan="12">40</td><td rowspan="12">130</td><td>M22</td></tr>
<tr><td>46×30</td><td>46</td><td>30</td><td>M27</td></tr>
<tr><td>48×26</td><td rowspan="3">48</td><td>26</td><td>M24</td></tr>
<tr><td>48×30</td><td>30</td><td>M27</td></tr>
<tr><td>48×33</td><td>33</td><td>M30</td></tr>
<tr><td>50×26</td><td>50</td><td>26</td><td>M24</td></tr>
<tr><td>54×30</td><td rowspan="2">54</td><td>30</td><td rowspan="6">75</td><td>M27</td><td rowspan="6">4</td></tr>
<tr><td>54×33</td><td>33</td><td>M30</td></tr>
<tr><td>55×30</td><td>55</td><td>30</td><td>M27</td></tr>
<tr><td>57×39</td><td>57</td><td rowspan="2">39</td><td rowspan="2">M36</td></tr>
<tr><td>58×39</td><td>58</td></tr>
<tr><td>60×33</td><td>60</td><td>33</td><td>M30</td></tr>
</table>

3.3.7 铰刀

1. 铰刀的类型及用途（表 3.3-60）

加工精度为 IT10 ~ IT5 级、表面粗糙度 *Ra* 为 1.6~0.2μm 的孔，可用铰刀进行铰削。根据刀具材料不同，铰刀可分为高速钢铰刀和硬质合金铰刀。

表 3.3-60 高速钢（硬质合金）铰刀的类型和用途

标准代号	名称	简图	用途
GB/T 1131—2004	手用铰刀	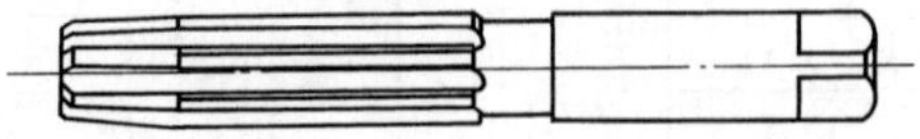	在单件或小批生产的加工和装配工作中使用
GB/T 1132—2017	直柄机用铰刀	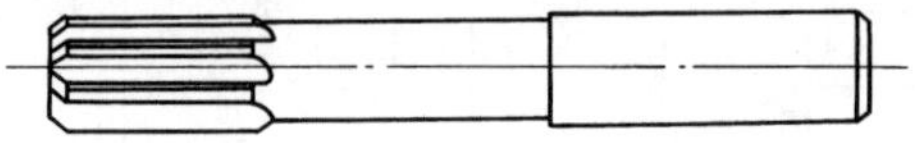	成批生产条件下在机床上使用
GB/T 1132—2017	莫氏锥柄机用铰刀	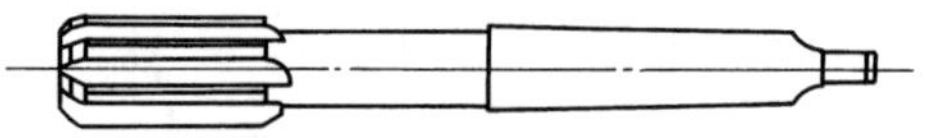	成批生产条件下在机床上使用
GB/T 4243—2017	莫氏锥柄长刃机用铰刀	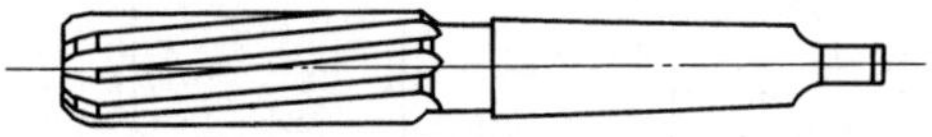	成批生产条件下在机床上加工较深孔用
GB/T 1135—2004	套式机用铰刀	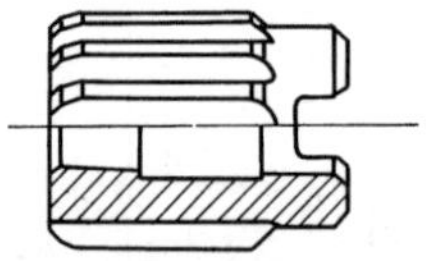	成批生产条件下把铰刀套在专用的 1∶30 锥度心轴上铰较大直径的孔
工厂标准	镶齿套式机用铰刀	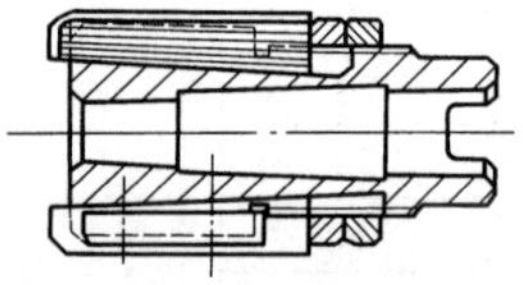	
GB/T 4251—2008	硬质合金直柄机用铰刀	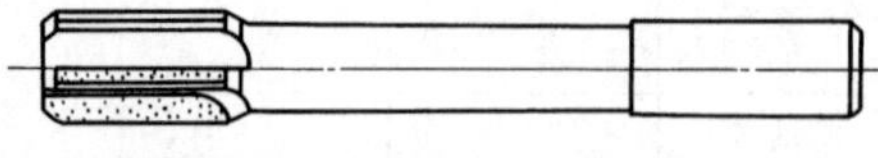	成批或大量生产条件下在机床上使用
GB/T 4251—2008	硬质合金莫氏锥柄机用铰刀	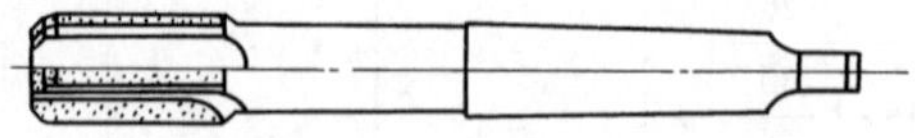	成批或大量生产条件下在机床上使用
工厂标准	硬质合金胀压可调铰刀	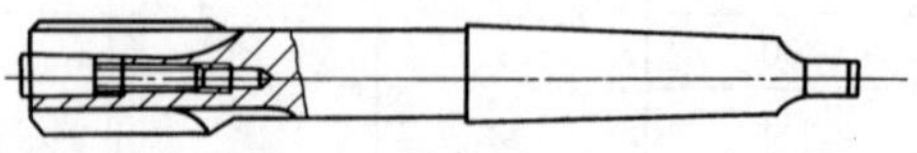	成批或大量生产条件下在机床上使用
GB/T 4247—2017	莫氏锥柄机用桥梁铰刀	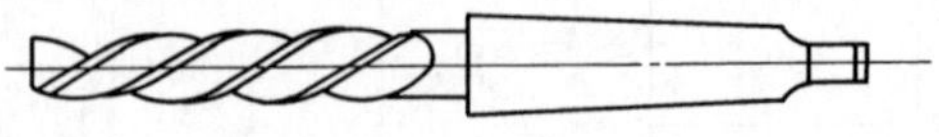	用于桥梁铰铆钉孔

（续）

标准代号	名称	简　图	用　途
工厂标准	1∶8 锥形铰刀		在机床上铰 1∶8 锥度孔
GB/T 20332—2006	锥柄机用 1∶50 锥度销子铰刀		装配工作中在机床上铰削较大直径圆锥销的锥度孔
GB/T 1139—2017	莫氏圆锥和米制圆锥铰刀		成批生产条件下在机床上铰莫氏圆锥和米制圆锥孔

注：国家标准 GB/T 1135—2004 已作废，但暂无新标准替代，这里仅供参考。

2. 铰刀的结构

（1）铰刀的结构要素和几何参数（图 3.3-3、表 3.3-61、表 3.3-62）

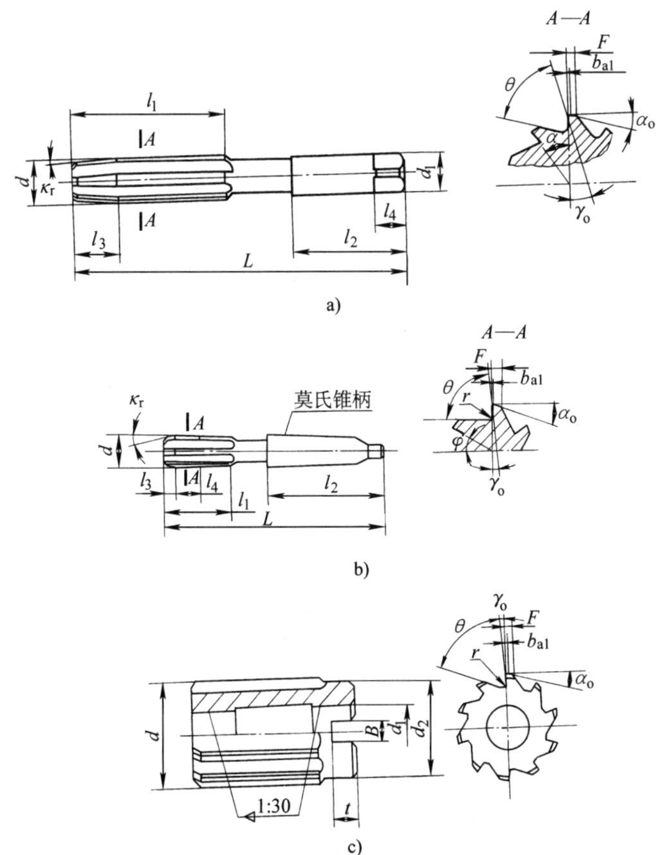

图 3.3-3　铰刀的结构要素和几何参数

a）直柄手用铰刀　b）锥柄机用铰刀　c）套式机用铰刀

d—铰刀直径　z—齿数　L—总长　l_1—工作部分　l_2—柄部　l_3—切削部分　l_4—圆柱校准部分

θ—齿槽截形夹角　κ_r—主偏角　γ_o—前角　α_o—后角　b_{a1}—棱边宽度　F—齿背宽度

1）主偏角 κ_r（表 3.3-61）。

表 3.3-61 铰刀主偏角 κ_r

铰刀类型	加工材料（或孔形式）	κ_r
手用铰刀	各种材料	30′~1°30′
机用铰刀	铸铁	3°~5°
	钢	12°~15°
	盲孔	45°

2）前角 γ_o 和后角 a_o。通用高速钢铰刀 γ_o 一般取 0°~4°；加工韧性大的材料取 8°~12°；锅炉铰刀 γ_o=12°~15°；加工铜合金 γ_o=0°~5°；加工镁合金 γ_o=5°~8°；加工铝和铝合金 γ_o=5°~10°；加工黄铜 γ_o=5°；加工中硬钢 γ_o=5°~10°。

高速钢铰刀切削部分与校准部分的后角 a_o=6°~10°。

加工钢和铸铁的硬质合金铰刀 γ_o=5°；后角则采用：铸铁件 a_o=8°~10°，钢件 a_o=6°。

铰高强度淬火钢的硬质合金铰刀 γ_o=−15°，a_o=6°。

（2）铰刀直径

铰刀直径的上极限尺寸等于孔的最大直径减 0.15IT，0.15IT 的值应圆整到 0.001mm（或 0.0001 in）的整数倍。

铰刀直径的下极限尺寸等于铰刀的最大直径减 0.351IT，0.351IT 的值应圆整到 0.001mm（或 0.0001 in）的整数倍。

铰刀公差和孔公差的配置（GB/T 4246—2004）如图 3.3-4 所示。

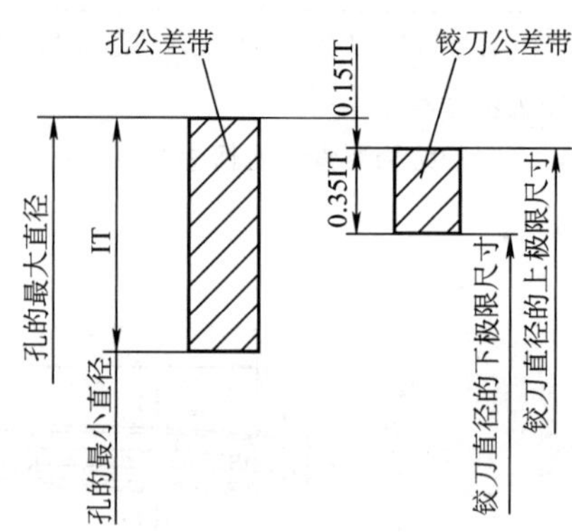

图 3.3-4 铰刀公差和孔公差的配置

（3）铰刀的齿数

铰刀的齿数与铰刀直径和材料有关，其选用见表 3.3-62。

表 3.3-62 铰刀齿数的选取

铰刀直径 d /mm	高速钢机用铰刀	1~2.8	>2.8~20	>20~30	>30~40	>40~50	>50.8~80	>80~100
	高速钢带刃倾角机用铰刀	>5.3~18	>18~30	>30~40	—	—	—	—
	硬质合金机用铰刀	>5.3~15	>15~31.5	>31.5~40	42~62	65~80	82~100	—
z		4	6	8	10	12	14	16

3. 铰刀的导向形式

导向部分设在铰刀切削齿的后部（图 3.3-5a），也有前、后都带导向的（图 3.3-5b）。

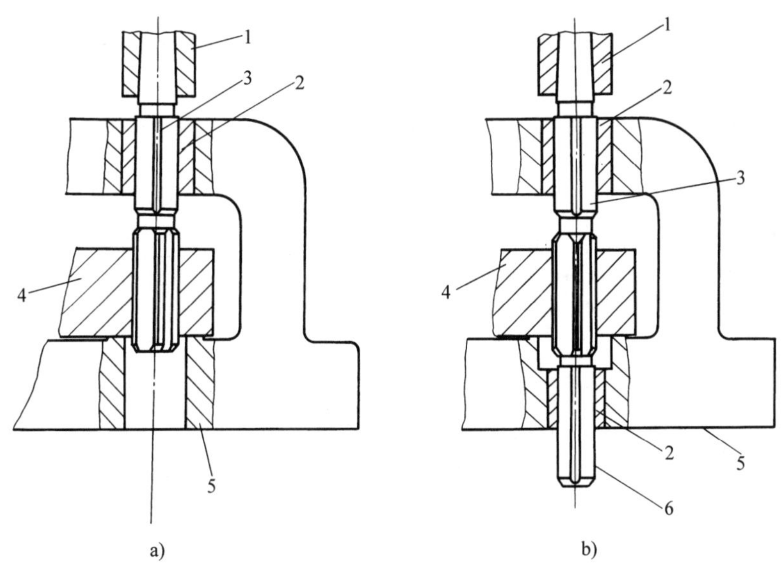

图 3.3-5　铰刀的导向形式

1—主轴　2—导套　3—后导向　4—工件　5—支座　6—前导向

4. 常用铰刀的型式和主要规格尺寸（表 3.3-63～表 3.3-79）

表 3.3-63　手用铰刀的型式和尺寸（摘自 GB/T 1131.1—2004）　　（mm）

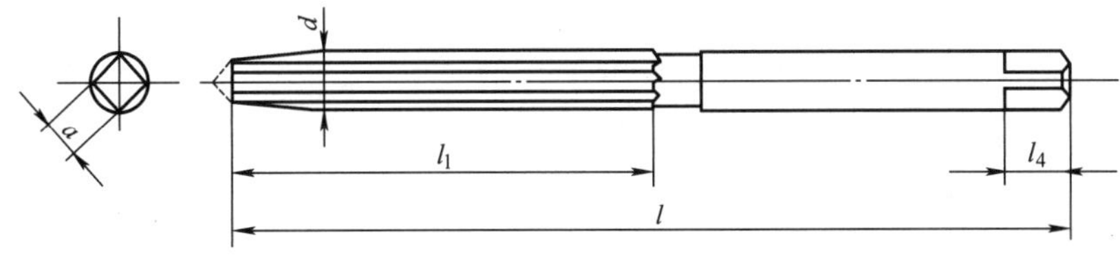

d					l_1		l		a	l_4
推荐值	分级范围	极限偏差 H7	极限偏差 H8	极限偏差 H9	公称尺寸	极限偏差	公称尺寸	极限偏差		
1.6	>1.50～1.70	+0.008 +0.004	+0.011 +0.006	+0.021 +0.012	21	±1	44	±1.5	1.25	4
1.8	>1.70～1.90				23		47		1.40	
2.0	>1.90～2.12				25		50		1.60	
2.2	>2.12～2.36				27		54		1.80	
2.5	>2.36～2.65				29		58		2.00	
2.8	>2.65～3.00				31	±1.5	62		2.24	5
3.0										
3.5	>3.35～3.75	+0.010 +0.005	+0.015 +0.008	+0.025 +0.014	35		71		2.80	
4.0	>3.75～4.25				38		76		3.15	6
4.5	>4.25～4.75				41		81		3.55	
5.0	>4.75～5.30				44		87		4.00	7
5.5	>5.30～6.00				47		93		4.50	
6.0										

（续）

d					l_1		l		a	l_4
推荐值	分级范围	极限偏差			公称尺寸	极限偏差	公称尺寸	极限偏差		
		H7	H8	H9						
7.0	>6.70~7.50	+0.012 +0.006	+0.018 +0.010	+0.030 +0.017	54	±1.5	107	±1.5	5.60	8
8.0	>7.50~8.50				58		115		6.30	9
9.0	>8.50~9.50				62		124	±2	7.10	10
10.0	>9.50~10.60				66		133		8.00	11
11.0	>10.60~11.80	+0.015 +0.008	+0.022 +0.012	+0.036 +0.020	71		142		9.00	12
12.0	>11.80~13.20				76		152		10.00	13
14.0	>13.20~15.00				81		163		11.20	14
16.0	>15.00~17.00				87		175		12.50	16
18.0	>17.00~19.00				93		188		14.00	18
20.0	>19.00~21.20	+0.017 +0.009	+0.028 +0.016	+0.044 +0.025	100		201		16.00	20
22	>21.20~23.60				107		215		18.00	22
25	>23.60~26.50				115		231		20.00	24
28	>26.50~30.00				124	±2	247		22.40	26
32	>30.00~33.50	+0.021 +0.012	+0.033 +0.019	+0.052 +0.030	133		265		25.00	28
36	>33.50~37.50				142		284		28.00	31
40	>37.50~42.50				152		305		31.5	34
45	>42.50~47.50				163		326	±3	35.50	38
50	>47.50~50.00				174		347		40.00	42
56	>53.00~60.00	+0.025 +0.014	+0.039 +0.022	+0.062 +0.036	184		367		45.00	46
63	>60.00~67.00				194		387		50.00	51
67										
71	>67.00~75.00				203		406		56.00	56

表 3.3-64　直柄机用铰刀的型式和尺寸（摘自 GB/T 1132—2017）　(mm)

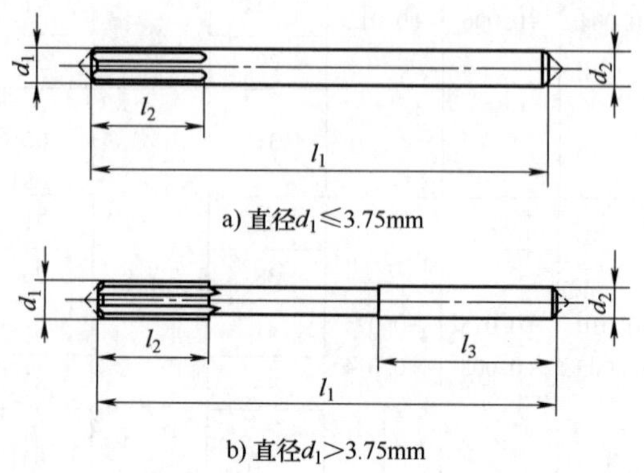

（续）

d_1					d_2	l_1	l_2	l_3
推荐值	分级范围	极限偏差						
		H7	H8	H9				
1.4	>1.32~1.50	+0.008 +0.004	+0.011 +0.006	+0.021 +0.012	1.4	40	8	—
1.6	>1.50~1.70				1.6	43	9	
1.8	>1.70~1.90				1.8	46	10	
2.0	>1.90~2.12				2.0	49	11	
2.2	>2.12~2.36				2.2	53	12	
2.5	>2.36~2.65				2.5	57	14	
2.8	>2.65~3.00				2.8	61	15	
3.0					3.0			
3.2	>3.00~3.35	+0.010 +0.005	+0.015 +0.008	+0.025 +0.014	3.2	65	16	
3.5	>3.35~3.75				3.5	70	18	
4.0	>3.75~4.25				4.0	75	19	32
4.5	>4.25~4.75				4.5	80	21	33
5.0	>4.75~5.30				5.0	86	23	34
5.5	>5.30~6.00				5.6	93	26	36
6								
7	>6.70~7.50	+0.012 +0.006	+0.018 +0.010	+0.030 +0.017	7.1	109	31	40
8	>7.50~8.50				8.0	117	33	42
9	>8.50~9.50				9.0	125	36	44
10	>9.50~10.60				10.0	133	38	46
11	>10.60~11.80	+0.015 +0.008	+0.022 +0.012	+0.036 +0.020		142	41	
12	>11.80~13.20					151	44	
14	>13.20~14.00				12.5	160	47	50
16	>15.00~16.00					170	52	
18	>17.00~18.00				14.0	182	56	52
20	>19.00~20.00	+0.017 +0.009	+0.028 +0.015	+0.044 +0.025	16.0	195	60	58

表 3.3-65　莫氏锥柄机用铰刀的型式和尺寸（摘自 GB/T 1132—2017）　　（mm）

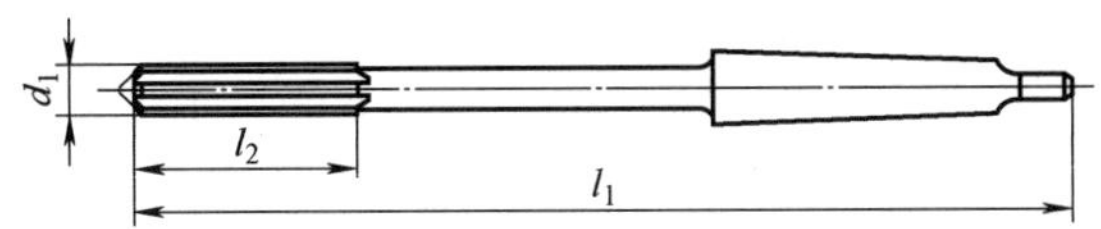

（续）

d_1					l_1	l_2	莫氏锥柄号
推荐值	分级范围	极限偏差					
		H7	H8	H9			
5.5	>5.30~6.00	+0.010 +0.005	+0.015 +0.008	+0.025 +0.014	138	26	1
6							
7	>6.70~7.50	+0.012 +0.006	+0.018 +0.010	+0.030 +0.017	150	31	
8	>7.50~8.50				156	33	
9	>8.50~9.50				162	36	
10	>9.50~10.60				168	38	
11	>10.60~11.80	+0.015 +0.008	+0.022 +0.012	+0.036 +0.020	175	41	
12	>11.80~13.20				182	44	
14	>13.20~14.00				189	47	
15	>14.00~15.00				204	50	2
16	>15.00~16.00				210	52	
18	>17.00~18.00				219	56	
20	>19.00~20.00	+0.017 +0.009	+0.028 +0.016	+0.044 +0.025	228	60	
22	>21.20~22.40				237	64	
25	>23.60~25.00				268	68	3
28	>26.50~28.00				277	71	
32	>31.75~33.50	+0.021 +0.012	+0.033 +0.019	+0.052 0.030	317	77	4
36	>35.50~37.50				325	79	
40	>37.50~40.00				329	81	
50	>47.50~50.00				344	86	

表 3.3-66 莫氏锥柄长刃机用铰刀的型式和尺寸（摘自 GB/T 4243—2017）（mm）

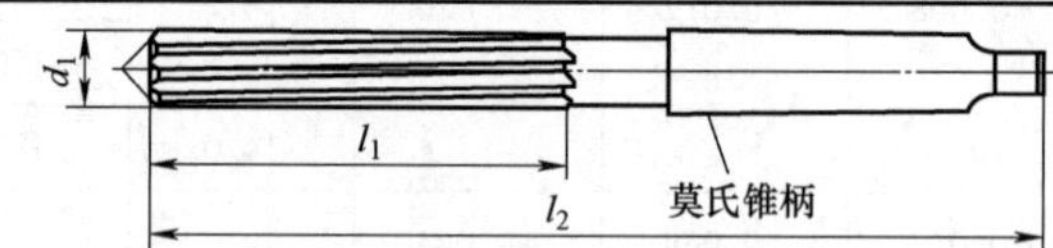

d_1					l_1	l_2	莫氏锥柄号
推荐值	分级范围	极限偏差					
		H7	H8	H9			
7	>6.70~7.50	+0.012 +0.006	+0.018 +0.010	+0.030 +0.017	54	134	1
8	>7.50~8.50				58	138	
9	>8.50~9.50				62	142	
10	>9.50~10.60				66	146	
11	>10.60~11.80	+0.015 +0.008	+0.022 +0.012	+0.036 +0.020	71	151	
12	>11.80~13.20				76	156	
14	>13.20~14.00				81	161	

（续）

d_1					l_1	l_2	莫氏锥柄号
推荐值	分级范围	极限偏差					
		H7	H8	H9			
16	>15.00~17.00	+0.015 +0.008	+0.022 +0.012	+0.036 +0.020	87	187	2
18	>17.00~19.00				93	193	
20	>19.00~21.20	+0.017 +0.009	+0.028 +0.016	+0.044 +0.025	100	200	
22	>21.20~23.02				107	207	
25	>23.60~26.50				115	242	3
28	>26.50~30.00				124	251	
32	>31.75~33.50	+0.021 +0.012	+0.033 +0.019	+0.052 +0.030	133	293	4
36	>33.50~37.50				142	302	
40	>37.50~42.50				152	312	
45	>42.50~47.50				163	323	
50	>47.50~50.80				174	334	
56	>53.00~60.00	+0.025 +0.014	+0.039 +0.022	+0.062 +0.036	184	381	5
63	>60.00~67.00				194	391	
67							
71	>67.00~75.00				203	400	

表 3.3-67　套式机用铰刀的型式和尺寸（摘自 GB/T 1135—2004）　（mm）

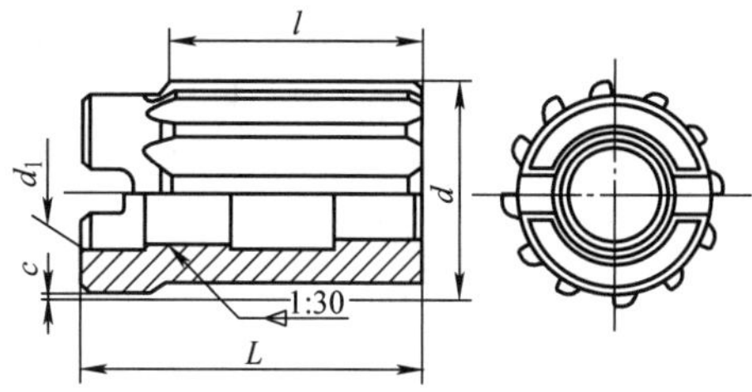

d						d_1	l	L	c 最大
推荐值	分级范围		极限偏差						
	大于	至	H7	H8	H9				
20	19.9	23.6	+0.017 +0.009	+0.028 +0.016	+0.044 +0.025	10	28	40	1.0
22									
25	23.6	30.0				13	32	45	
28									
32	30.0	35.5	+0.021 +0.012	+0.033 +0.019	+0.052 +0.030	16	36	50	1.5
36	35.5	42.5				19	40	56	
40									
45	42.5	50.0				22	45	63	
50									

（续）

d						d_1	l	L	c 最大
推荐值	分级范围		极限偏差						
	大于	至	H7	H8	H9				
56	50.8	60.0	+0.025 +0.014	+0.039 +0.022	+0.062 +0.036	27	50	71	2.0
63	60.0	71.0				32	56	80	
71									
80	71.0	80.0				40	63	90	
90	85.0	101.6	+0.029 +0.016	+0.045 +0.026	+0.073 +0.042	50	71	100	2.5
100									

注：国家标准 GB/T 1135—2004 已作废，但暂无新标准替代，这里仅供参考。

表 3.3-68　硬质合金直柄机用铰刀的型式和尺寸（摘自 GB/T 4251—2008）　（mm）

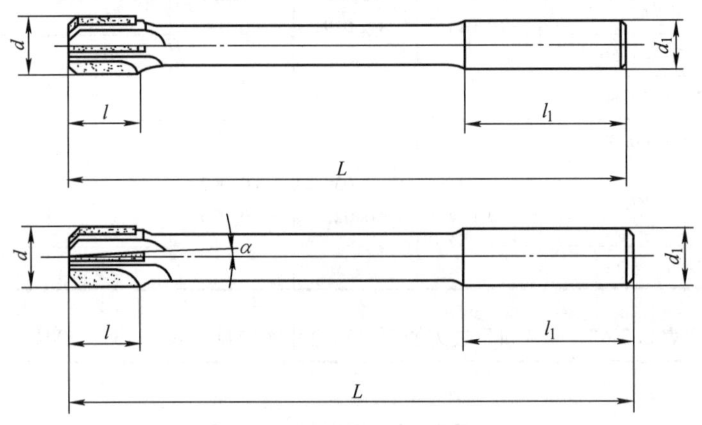

注：α 根据被加工情况确定。

d					d_1	L	l	l_1
推荐值	分级范围	极限偏差						
		H7	H8	H9				
6	>5.30~6.00	+0.012 +0.007	+0.018 +0.011	+0.030 +0.019	5.6	93	17	36
7	>6.70~7.50	+0.015 +0.009	+0.022 +0.014	+0.036 +0.023	7.1	109		40
8	>7.50~8.50				8	117		42
9	>8.50~9.50				9	125		44
10	>9.50~10.60				10	133		46
11	>10.60~11.80	+0.018 +0.011	+0.027 +0.017	+0.043 +0.027		142		
12	>11.80~13.20					151	20	
14	>13.20~14.00				12.5	160		50
16	>15.00~16.00					170		
18	>17.00~18.00				14	182	25	52
20	>19.00~20.00	+0.021 +0.013	+0.033 +0.021	+0.052 +0.033	16	195		58

表 3.3-69　硬质合金莫氏锥柄机用铰刀的型式和尺寸（摘自 GB/T 4251—2008）　(mm)

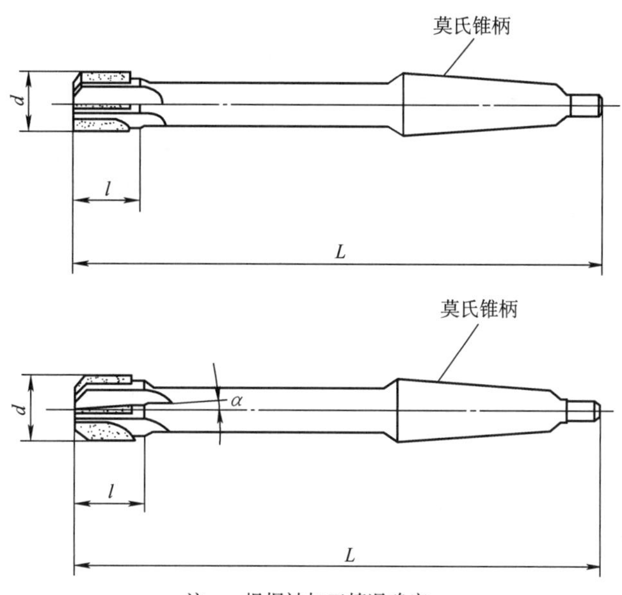

注：α 根据被加工情况确定。

<table>
<tr><th colspan="5">d</th><th rowspan="3">L</th><th rowspan="3">l</th><th rowspan="3">莫氏
锥柄号</th></tr>
<tr><th rowspan="2">推荐值</th><th rowspan="2">分级范围</th><th colspan="3">极限偏差</th></tr>
<tr><th>H7</th><th>H8</th><th>H9</th></tr>
<tr><td>8</td><td>>7.50~8.50</td><td rowspan="3">+0.015
+0.009</td><td rowspan="3">+0.022
+0.014</td><td rowspan="3">+0.036
+0.023</td><td>156</td><td rowspan="4">17</td><td rowspan="6">1</td></tr>
<tr><td>9</td><td>>8.50~9.50</td><td>162</td></tr>
<tr><td>10</td><td>>9.50~10.00</td><td>168</td></tr>
<tr><td>11</td><td>>10.60~11.80</td><td rowspan="5">+0.018
+0.011</td><td rowspan="5">+0.027
+0.017</td><td rowspan="5">+0.043
+0.027</td><td>175</td></tr>
<tr><td>12</td><td>>11.80~13.20</td><td>182</td><td rowspan="2">20</td></tr>
<tr><td>14</td><td>>13.20~14.00</td><td>189</td></tr>
<tr><td>16</td><td>>15.00~16.00</td><td>210</td><td rowspan="3">25</td><td rowspan="6">2</td></tr>
<tr><td>18</td><td>>17.00~18.00</td><td>219</td></tr>
<tr><td>20</td><td>>19.00~20.00</td><td rowspan="7">+0.021
+0.013</td><td rowspan="7">+0.033
+0.021</td><td rowspan="7">+0.052
+0.033</td><td>228</td></tr>
<tr><td>21</td><td>>20.00~21.20</td><td>232</td><td rowspan="5">28</td></tr>
<tr><td>22</td><td>>21.20~22.40</td><td>237</td></tr>
<tr><td>23</td><td>>22.40~23.02</td><td>241</td></tr>
<tr><td>24</td><td rowspan="2">>23.60~25.00</td><td rowspan="2">268</td><td rowspan="3">3</td></tr>
<tr><td>25</td></tr>
<tr><td>28</td><td>>26.50~28.00</td><td>277</td><td rowspan="4">34</td></tr>
<tr><td>32</td><td>>31.50~33.50</td><td rowspan="3">+0.025
+0.016</td><td rowspan="3">+0.039
+0.025</td><td rowspan="3">+0.062
+0.040</td><td>317</td><td rowspan="3">4</td></tr>
<tr><td>36</td><td>>35.50~37.50</td><td>325</td></tr>
<tr><td>40</td><td>>37.50~40.00</td><td>329</td></tr>
</table>

表 3.3-70　硬质合金整体套式铰刀型式和尺寸　（mm）

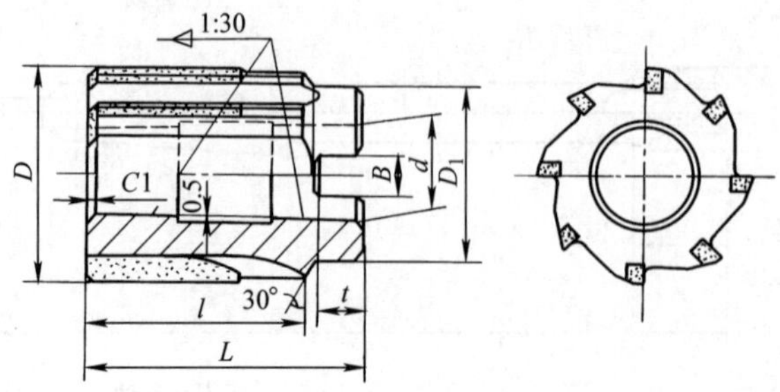

<table>
<tr><th>D</th><th>L</th><th>l</th><th>D_1</th><th>B</th><th>t</th><th>d(h7)</th><th>齿数</th><th>合金型号</th></tr>
<tr><td>≥30~35</td><td>45</td><td>35</td><td>28</td><td rowspan="2">6</td><td rowspan="2">8</td><td rowspan="2">16</td><td rowspan="3">8</td><td>E525</td></tr>
<tr><td>>35~40</td><td rowspan="2">50</td><td rowspan="2">40</td><td>34</td><td rowspan="4">E530</td></tr>
<tr><td>>40~48</td><td>38</td><td>8</td><td>8.5</td><td>19</td></tr>
<tr><td>>48~55</td><td rowspan="2">55</td><td rowspan="2">43</td><td>45</td><td rowspan="2">10</td><td rowspan="2">12</td><td rowspan="2">27</td><td rowspan="2">10</td></tr>
<tr><td>>55~60</td><td>52</td></tr>
</table>

表 3.3-71　镶齿套式铰刀结构型式和尺寸　（mm）

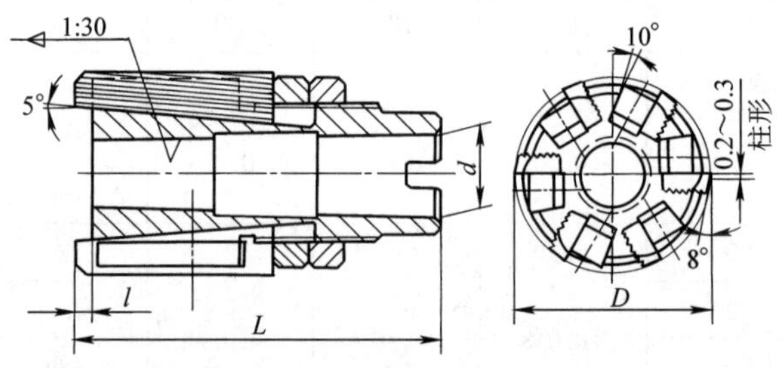

<table>
<tr><th>D</th><th>d</th><th>L</th><th>l</th><th>齿数</th><th>D</th><th>d</th><th>L</th><th>l</th><th>齿数</th><th>D</th><th>d</th><th>L</th><th>l</th><th>齿数</th></tr>
<tr><td>≥40~42</td><td rowspan="3">16</td><td rowspan="3">70</td><td rowspan="9">3</td><td rowspan="10">6</td><td>>60~62</td><td rowspan="4">22</td><td rowspan="9">90</td><td rowspan="9">4</td><td rowspan="5">6</td><td>>80~82</td><td rowspan="6">32</td><td rowspan="6">95</td><td rowspan="10">5</td><td rowspan="10">8</td></tr>
<tr><td>>42~44</td><td>>62~64</td><td>>82~84</td></tr>
<tr><td>>44~46</td><td>>64~66</td><td>>84~86</td></tr>
<tr><td>>46~48</td><td rowspan="6">19</td><td rowspan="6">80</td><td>>66~68</td><td>>86~88</td></tr>
<tr><td>>48~50</td><td>>68~70</td><td rowspan="5">27</td><td>>88~90</td></tr>
<tr><td>>50~52</td><td>>70~72</td><td rowspan="5">8</td><td>>90~92</td></tr>
<tr><td>>52~54</td><td>>72~74</td><td>>92~94</td><td rowspan="4">40</td><td rowspan="4">100</td></tr>
<tr><td>>54~56</td><td>>74~76</td><td>>94~96</td></tr>
<tr><td>>56~58</td><td>>76~78</td><td>>96~98</td></tr>
<tr><td>>58~60</td><td>22</td><td>90</td><td>4</td><td>>78~80</td><td>32</td><td>95</td><td>5</td><td>>98~100</td></tr>
</table>

表 3.3-72　锥柄机用 1∶8 锥度铰刀（粗）的型式和尺寸　（mm）

型式	D	L	l	l_1	莫氏锥柄号	参考尺寸		d_0	齿数	s
						d	D_1			
Ⅰ	19	165	60	8	3	17.996	25.526	12	3	12
		185	75				27.408			
Ⅱ	37.3	190	80	22		30.021	40.061	16	4	16
		245	90	36	4	30.487	41.818			

表 3.3-73　锥柄机用 1∶8 锥度铰刀（精）的型式和尺寸　（mm）

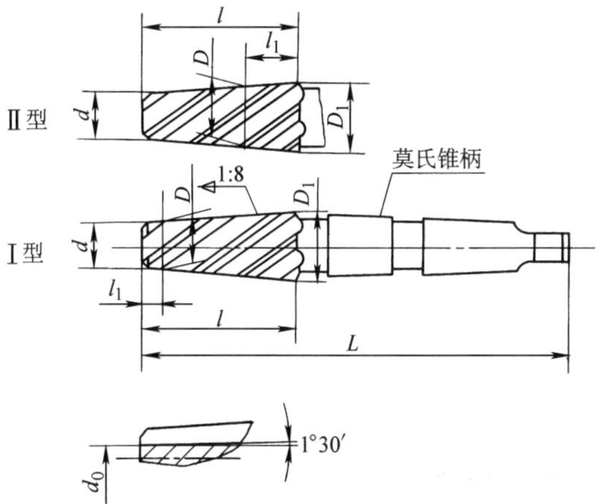

型式	D	L	l	l_1	莫氏锥柄号	参考尺寸		d_0	齿数	β（小头）（图中未示）
						d	D_1			
Ⅰ	19.4	165	60	8	3	18.396	25.926	12	5	35°
		185	75				27.808			
Ⅱ	37.75	190	80	22		30.471	40.511	17		
		245	90	36	4	30.973	42.268			

注：Ⅰ型用于测量基准在小端，Ⅱ型用于测量基准在大端。

表 3.3-74　手用 1∶50 锥度销子铰刀的型式和尺寸（GB/T 20774—2006）　（mm）

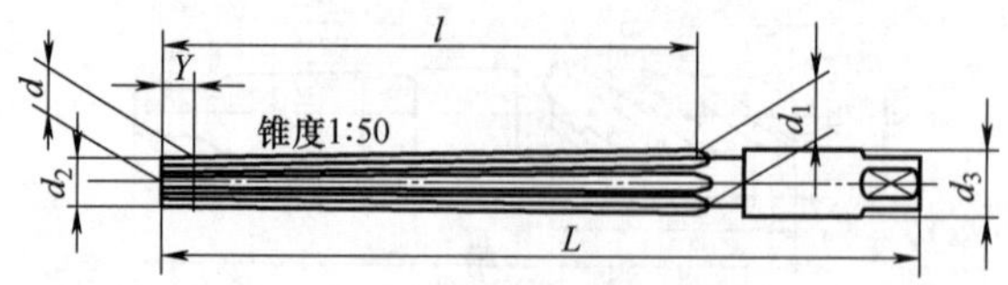

<table>
<tr><th rowspan="2">d
h8</th><th rowspan="2">Y</th><th colspan="2">d_1</th><th rowspan="2">d_2</th><th colspan="2">l</th><th rowspan="2">d_3
h11</th><th colspan="2">L</th></tr>
<tr><th>短刃型</th><th>普通型</th><th>短刃型</th><th>普通型</th><th>短刃型</th><th>普通型</th></tr>
<tr><td>0.6</td><td rowspan="13">5</td><td>0.70</td><td>0.90</td><td>0.5</td><td>10</td><td>20</td><td rowspan="7">3.15</td><td rowspan="2">35</td><td>38</td></tr>
<tr><td>0.8</td><td>0.94</td><td>1.18</td><td>0.7</td><td>12</td><td>24</td><td>42</td></tr>
<tr><td>1.0</td><td>1.22</td><td>1.46</td><td>0.9</td><td>16</td><td>28</td><td>40</td><td>46</td></tr>
<tr><td>1.2</td><td>1.50</td><td>1.74</td><td>1.1</td><td>20</td><td>32</td><td>45</td><td>50</td></tr>
<tr><td>1.5</td><td>1.90</td><td>2.14</td><td>1.4</td><td>25</td><td>37</td><td>50</td><td>57</td></tr>
<tr><td>2.0</td><td>2.54</td><td>2.86</td><td>1.9</td><td>32</td><td rowspan="2">48</td><td>60</td><td rowspan="2">68</td></tr>
<tr><td>2.5</td><td>3.12</td><td>3.36</td><td>2.4</td><td>36</td><td rowspan="2">65</td></tr>
<tr><td>3.0</td><td>3.70</td><td>4.06</td><td>2.9</td><td>40</td><td>58</td><td>4.0</td><td>80</td></tr>
<tr><td>4.0</td><td>4.90</td><td>5.26</td><td>3.9</td><td>50</td><td>68</td><td>5.0</td><td>75</td><td>93</td></tr>
<tr><td>5.0</td><td>6.10</td><td>6.36</td><td>4.9</td><td>60</td><td>73</td><td>6.3</td><td>85</td><td>100</td></tr>
<tr><td>6.0</td><td>7.30</td><td>8.00</td><td>5.9</td><td>70</td><td>105</td><td>8.0</td><td>95</td><td>135</td></tr>
<tr><td>8.0</td><td>9.80</td><td>10.80</td><td>7.9</td><td>95</td><td>145</td><td>10.0</td><td>125</td><td>180</td></tr>
<tr><td>10.0</td><td>12.30</td><td>13.40</td><td>9.9</td><td>120</td><td>175</td><td>12.5</td><td>155</td><td>215</td></tr>
<tr><td>12.0</td><td rowspan="3">10</td><td>14.60</td><td>16.00</td><td>11.8</td><td>140</td><td>210</td><td>14.0</td><td>180</td><td>255</td></tr>
<tr><td>16.0</td><td>19.00</td><td>20.40</td><td>15.8</td><td>160</td><td>230</td><td>18.0</td><td>200</td><td>280</td></tr>
<tr><td>20.0</td><td>23.40</td><td>24.80</td><td>19.8</td><td>180</td><td>250</td><td>22.4</td><td>225</td><td>310</td></tr>
<tr><td>25.0</td><td rowspan="4">15</td><td>28.50</td><td>30.70</td><td>24.7</td><td rowspan="2">190</td><td>300</td><td>28.0</td><td>245</td><td>370</td></tr>
<tr><td>30.0</td><td>33.50</td><td>36.10</td><td>29.7</td><td>320</td><td>31.5</td><td>250</td><td>400</td></tr>
<tr><td>40.0</td><td>44.00</td><td>46.50</td><td>39.7</td><td>215</td><td>340</td><td>40.0</td><td>285</td><td>430</td></tr>
<tr><td>50.0</td><td>54.10</td><td>56.90</td><td>49.7</td><td>220</td><td>360</td><td>50.0</td><td>300</td><td>460</td></tr>
</table>

注：1. 除另有说明外，这种铰刀都制成右切削的。

2. 容屑槽可以制成直槽或左螺旋槽，由制造厂自行决定。

3. 直径 d≤6mm 的铰刀可制成反尖顶。

表 3.3-75　锥柄机用 1∶50 锥度销子铰刀的型式和尺寸（GB/T 20332—2006）　　（mm）

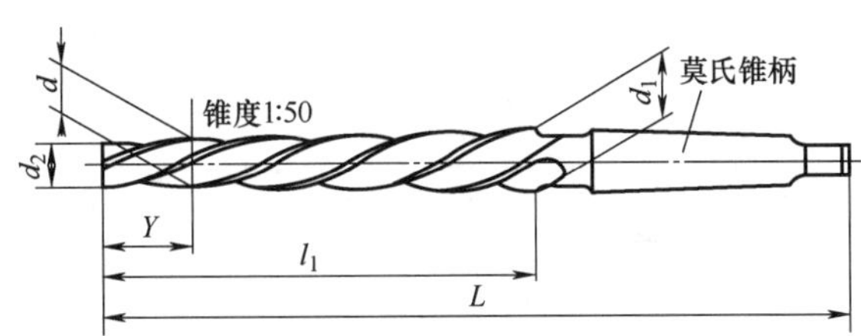

d h8	Y	d_1	d_2	l_1	L	莫氏锥柄号
5	5	6.36	4.9	73	155	1
6		8.00	5.9	105	187	
8		10.80	7.9	145	227	
10		13.40	9.9	175	257	
12	10	16.00	11.8	210	315	2
16		20.40	15.8	230	335	
20		24.80	19.8	250	377	3
25	15	30.70	24.7	300	427	
30		36.10	29.7	320	475	4
40		46.50	39.7	340	495	
50		56.90	49.7	360	550	5

表 3.3-76　直柄莫氏圆锥和米制圆锥铰刀（GB/T 1139—2017）　　（mm）

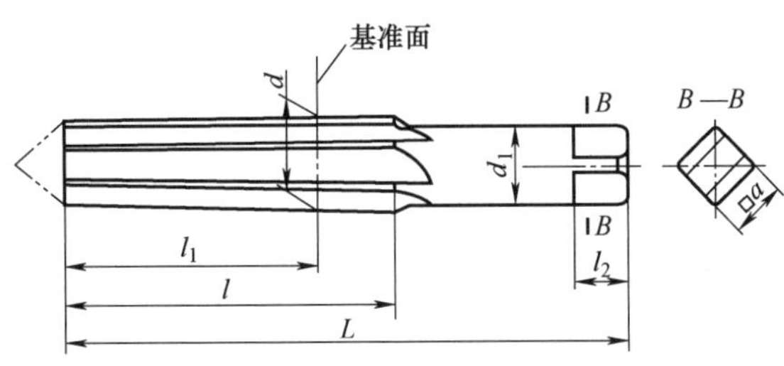

圆锥			d	L	l	l_1	d_1(h9)	方头	
代号		锥度比						a	l_2
米制	4	1∶20=0.05	4.000	48	30	22	4.0	3.15	6
	6		6.000	63	40	30	5.0	4.00	7
莫氏	0	1∶19.212=0.05205	9.045	93	61	48	8.0	6.30	9
	1	1∶20.047=0.04988	12.065	102	66	50	10.0	8.00	11
	2	1∶20.020=0.04995	17.780	121	79	61	14.0	11.20	14
	3	1∶19.922=0.05020	23.825	146	96	76	20.0	16.00	20
	4	1∶19.254=0.05194	31.267	179	119	97	25.0	20.00	24
	5	1∶19.002=0.05263	44.399	222	150	124	31.5	25.00	28
	6	1∶19.180=0.05214	63.348	300	208	176	45.0	35.50	38

表 3.3-77　锥柄莫氏圆锥和米制圆锥铰刀（GB/T 1139—2017）　（mm）

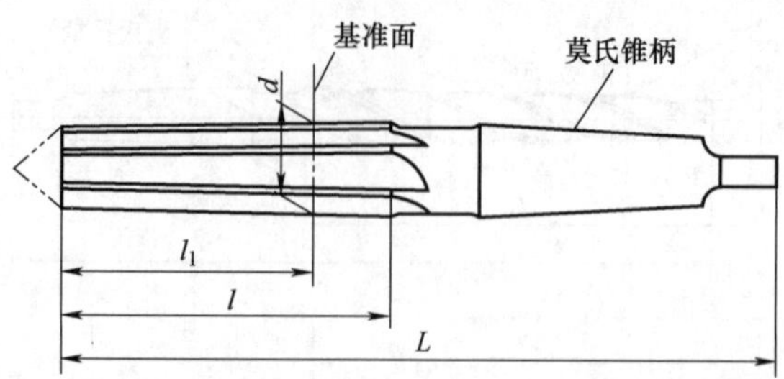

<table>
<tr><th colspan="2">圆锥</th><th rowspan="2">d</th><th rowspan="2">L</th><th rowspan="2">l</th><th rowspan="2">l_1</th><th rowspan="2">莫氏锥柄号</th></tr>
<tr><th>代号</th><th>锥度比</th></tr>
<tr><td>米制 4</td><td rowspan="2">1∶20=0.05</td><td>4.000</td><td>106</td><td>30</td><td>22</td><td rowspan="4">1</td></tr>
<tr><td>米制 6</td><td>6.000</td><td>116</td><td>40</td><td>30</td></tr>
<tr><td>莫氏 0</td><td>1∶19.212=0.05205</td><td>9.045</td><td>137</td><td>61</td><td>48</td></tr>
<tr><td>莫氏 1</td><td>1∶20.047=0.04988</td><td>12.065</td><td>142</td><td>66</td><td>50</td></tr>
<tr><td>莫氏 2</td><td>1∶20.020=0.04995</td><td>17.780</td><td>173</td><td>79</td><td>61</td><td>2</td></tr>
<tr><td>莫氏 3</td><td>1∶19.922=0.05020</td><td>23.825</td><td>212</td><td>96</td><td>76</td><td>3</td></tr>
<tr><td>莫氏 4</td><td>1∶19.254=0.05194</td><td>31.267</td><td>263</td><td>119</td><td>97</td><td>4</td></tr>
<tr><td>莫氏 5</td><td>1∶19.002=0.05263</td><td>44.399</td><td>331</td><td>150</td><td>124</td><td rowspan="2">5</td></tr>
<tr><td>莫氏 6</td><td>1∶19.180=0.05214</td><td>63.348</td><td>389</td><td>208</td><td>176</td></tr>
</table>

表 3.3-78　硬质合金可调节浮动铰刀（JB/T 7426—2006）　（mm）

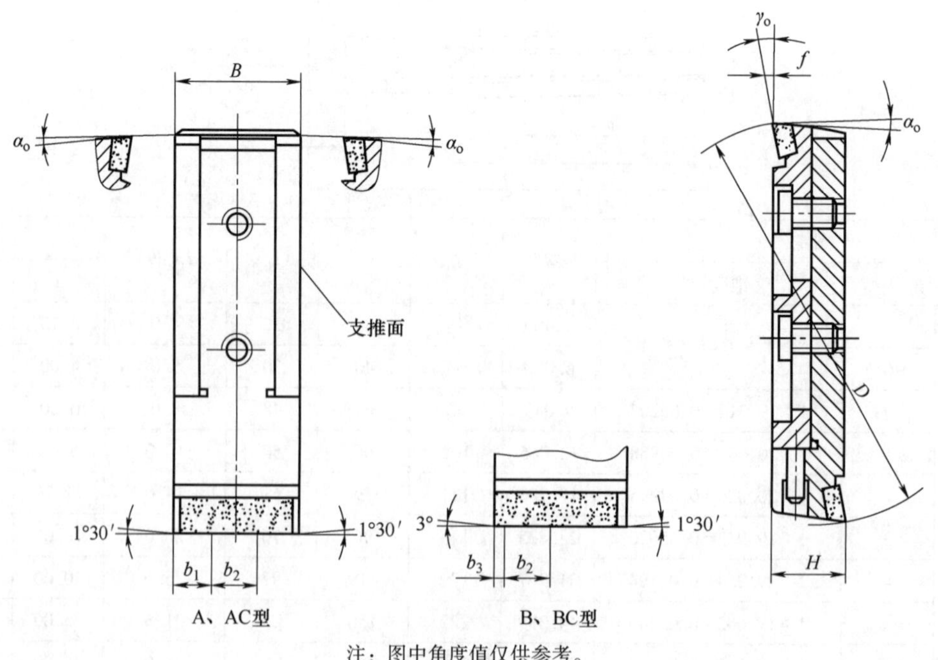

A、AC型　　B、BC型

注：图中角度值仅供参考。

（续）

铰刀代号	调节范围	D		B		H		参考							
		公称尺寸	极限偏差	公称尺寸	极限偏差	公称尺寸	极限偏差	b_1	b_2	b_3	硬质合金刀片尺寸（长×宽×厚）	γ_o A、B 型	γ_o AC、BC 型	α_o	f
20～22-20×8	20～22	20	0 -0.52	20	-0.007 -0.028	8	-0.005 -0.020	7	6	1.5	18×2.5×2.0	0°	15°	0°～4°	0.10～0.15
22～24-20×8	22～24	22													
24～27-20×8	24～27	24													
27～30-20×8	27～30	27									18×3.0×2.0				
30～33-20×8	30～33	30											12°		
33～36-20×8	33～36	33	0 -0.62												
36～40-25×12	36～40	36		25		12	-0.006 -0.024	9.5			23×5.0×3.0		15°		
40～45-25×12	40～45	40													
45～50-25×12	45～50	45											12°		
50～55-25×12	50～55	50													
55～60-25×12	55～60	55	0 -0.74										10°		
(60～65-25×12)	60～65	60													
(65～70-25×12)	65～70	65													
(70～80-25×12)	70～80	70													
(50～55-30×16)	50～55	50	0 -0.62	30		16		11	8	1.8	28×8.0×4.0		15°		
(55～60-30×16)	55～60	55	0 -0.74										12°		
60～65-30×16	60～65	60													
65～70-30×16	65～70	65													
70～80-30×16	70～80	70													
80～90-30×16	80～90	80													
90～100-30×16	90～100	90	0 -0.87												
100～110-30×16	100～110	100											6°		
110～120-30×16	110～120	110													
120～135-30×16	120～135	120													
135～150-30×16	135～150	135	0 -1.00												

（续）

<table>
<tr><th rowspan="3">铰刀代号</th><th rowspan="3">调节范围</th><th colspan="2">D</th><th colspan="2">B</th><th colspan="2">H</th><th colspan="8">参考</th></tr>
<tr><th rowspan="2">公称尺寸</th><th rowspan="2">极限偏差</th><th rowspan="2">公称尺寸</th><th rowspan="2">极限偏差</th><th rowspan="2">公称尺寸</th><th rowspan="2">极限偏差</th><th rowspan="2">b_1</th><th rowspan="2">b_2</th><th rowspan="2">b_3</th><th rowspan="2">硬质合金刀片尺寸（长×宽×厚）</th><th colspan="2">γ_o</th><th rowspan="2">α_o</th><th rowspan="2">f</th></tr>
<tr><th>A、B 型</th><th>AC、BC 型</th></tr>
<tr><td>（80～90-35×20）</td><td>80～90</td><td>80</td><td>0
−0.74</td><td rowspan="10">35</td><td rowspan="14">−0.009
−0.034</td><td rowspan="10">20</td><td rowspan="14">−0.007
−0.028</td><td rowspan="10">13</td><td rowspan="10">9</td><td rowspan="14">2</td><td rowspan="10">33×10×5.0</td><td rowspan="14">0°</td><td>12°</td><td rowspan="14">0°～4°</td><td rowspan="14">0.10～
0.15</td></tr>
<tr><td>（90～100-35×20）</td><td>90～100</td><td>90</td><td rowspan="4">0
−0.87</td><td rowspan="3">10°</td></tr>
<tr><td>（100～110-35×20）</td><td>100～110</td><td>100</td></tr>
<tr><td>（110～120-35×20）</td><td>110～120</td><td>110</td></tr>
<tr><td>（120～135-35×20）</td><td>120～135</td><td>120</td><td rowspan="8">6°</td></tr>
<tr><td>（135～150-35×20）</td><td>135～150</td><td>135</td><td rowspan="3">0
−1.00</td></tr>
<tr><td>150～170-35×20</td><td>150～170</td><td>150</td></tr>
<tr><td>170～190-35×20</td><td>170～190</td><td>170</td></tr>
<tr><td>（190～210-35×20）</td><td>190～210</td><td>190</td><td rowspan="2">0
−1.15</td></tr>
<tr><td>（210～230-35×20）</td><td>210～230</td><td>210</td></tr>
<tr><td>（150～170-40×25）</td><td>150～170</td><td>150</td><td rowspan="2">0
−1.00</td><td rowspan="4">40</td><td rowspan="4">25</td><td rowspan="4">15</td><td rowspan="4">10</td><td rowspan="4">38×14×5.0</td></tr>
<tr><td>（170～190-40×25）</td><td>170～190</td><td>170</td></tr>
<tr><td>190～210-40×25</td><td>190～210</td><td>190</td><td rowspan="2">0
−1.15</td><td rowspan="2">4°</td></tr>
<tr><td>210～230-40×25</td><td>210～230</td><td>210</td></tr>
</table>

注：带括号的浮动铰刀规格尽量不采用。

表 3.3-79　铰刀工作部分的锥度及偏差

<table>
<tr><th colspan="2">圆锥号</th><th>锥度值</th><th>β</th><th>圆锥角（2β）偏差</th></tr>
<tr><td rowspan="2">米制</td><td>4</td><td rowspan="2">1∶20＝0.05</td><td rowspan="2">1°25′56″</td><td rowspan="2">粗±1′
精±30″</td></tr>
<tr><td>6</td></tr>
<tr><td rowspan="7">莫氏</td><td>0</td><td>1∶19.212＝0.05205</td><td>1°29′27″</td><td rowspan="3">粗±1′
精±30″</td></tr>
<tr><td>1</td><td>1∶20.047＝0.04988</td><td>1°25′43″</td></tr>
<tr><td>2</td><td>1∶20.020＝0.04955</td><td>1°25′50″</td></tr>
<tr><td>3</td><td>1∶19.922＝0.05020</td><td>1°26′16″</td><td rowspan="2">粗±50″
精±25″</td></tr>
<tr><td>4</td><td>1∶19.254＝0.05194</td><td>1°29′15″</td></tr>
<tr><td>5</td><td>1∶19.002＝0.05263</td><td>1°30′26″</td><td>粗±40″，精±20″</td></tr>
<tr><td>6</td><td>1∶19.180＝0.05214</td><td>1°29′36″</td><td>粗±30″，精±15″</td></tr>
</table>

5. 其他铰刀（表 3.3-80~表 3.3-83）

表 3.3-80　其他铰刀

名称		图示	特点及使用
枪铰刀		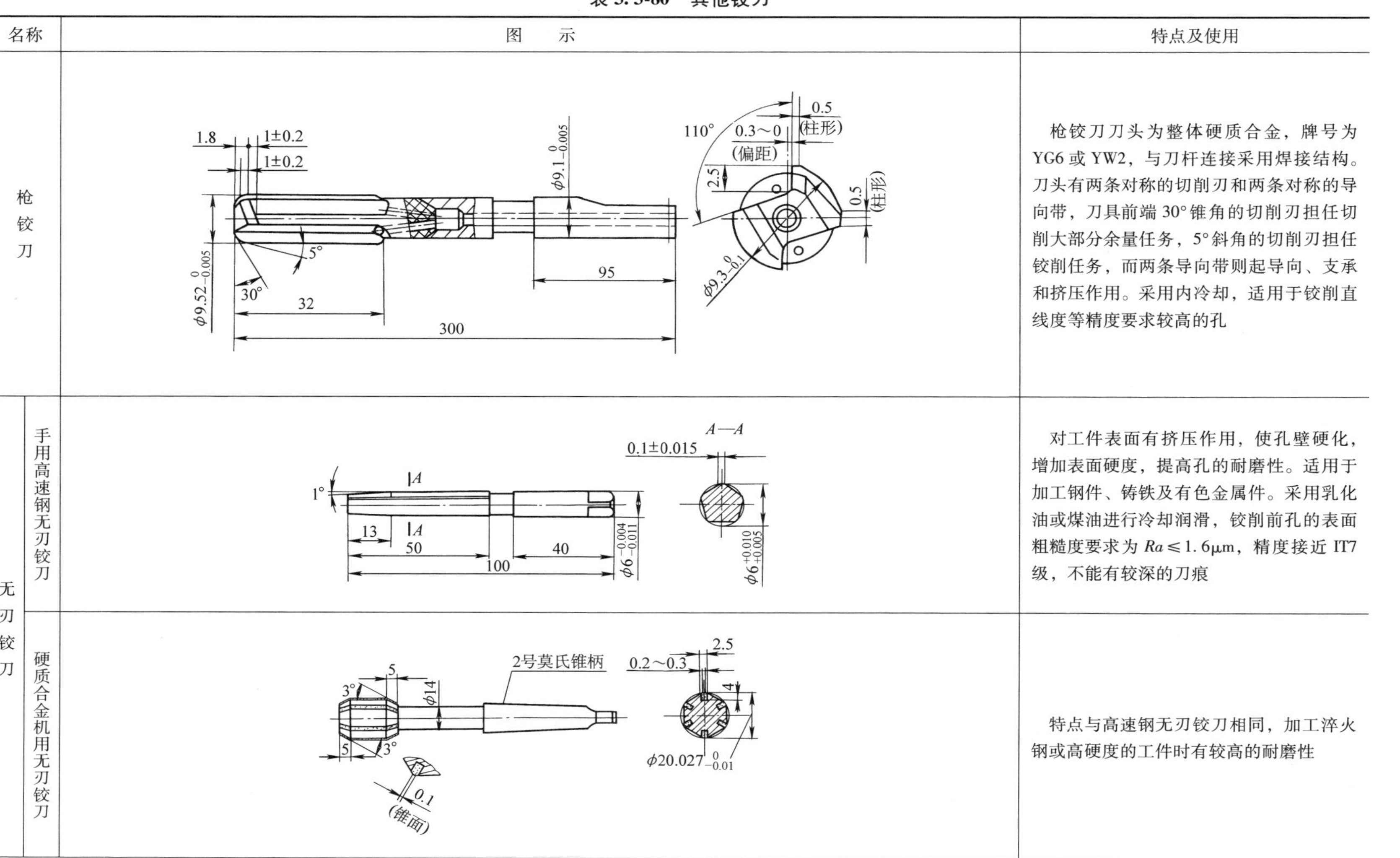	枪铰刀刀头为整体硬质合金，牌号为YG6或YW2，与刀杆连接采用焊接结构。刀头有两条对称的切削刃和两条对称的导向带，刀具前端30°锥角的切削刃担任切削大部分余量任务，5°斜角的切削刃担任铰削任务，而两条导向带则起导向、支承和挤压作用。采用内冷却，适用于铰削直线度等精度要求较高的孔
无刃铰刀	手用高速钢无刃铰刀		对工件表面有挤压作用，使孔壁硬化，增加表面硬度，提高孔的耐磨性。适用于加工钢件、铸铁及有色金属件。采用乳化油或煤油进行冷却润滑，铰削前孔的表面粗糙度要求为 $Ra \leqslant 1.6\mu m$，精度接近IT7级，不能有较深的刀痕
	硬质合金机用无刃铰刀		特点与高速钢无刃铰刀相同，加工淬火钢或高硬度的工件时有较高的耐磨性

（续）

名称		图　示	特点及使用
无刃铰刀	硬质合金机夹无刃铰刀		无切削刃口，6 个刀齿铰削时以挤压刃带（宽 0.2～0.3mm）对工件孔壁产生挤压刮研作用，可降低孔壁表面粗糙度值（可达 $Ra0.2\mu m$）并产生硬化层。刀片采用楔块压紧，结构简单，刀杆使用寿命长。为了便于刀具进入工件孔内，在前端制作 1.5mm 长的 15°导向角。用于铸铁孔铰削时：v = 14～24m/min，f = 0.4～0.6mm/r，加工余量控制在 0.005～0.008mm。切削液为 70%的柴油加 30%的煤油。刀片材料为 YG6 或 YG8
螺旋槽铰刀		a) 左螺旋槽　b) 右螺旋槽	切削平稳，振动少，当被铰孔的轴向有凹口或键槽时，可避免铰刀卡住和刀齿崩裂。铰削时比较轻快，孔的表面质量好，一般用于比较深的孔和断续孔。螺旋槽铰刀分右螺旋槽铰刀和左螺旋槽铰刀，其螺旋角 β 的大小按加工材料性质而定，一般可按表 3.3-81 选取
带刃倾角铰刀	带刃倾角直柄机用铰刀		用于强度大、硬度高的工件铰通孔。在铰刀前面磨出一个刃倾角 λ_s = 15°，可使切削过程平稳，减轻切削时的振动，对排屑有利（切削时向前方排出），铰削后孔的扩张量也较小

（续）

名称		图　示	特点及使用
带刃倾角铰刀	带刃倾角锥柄机用铰刀	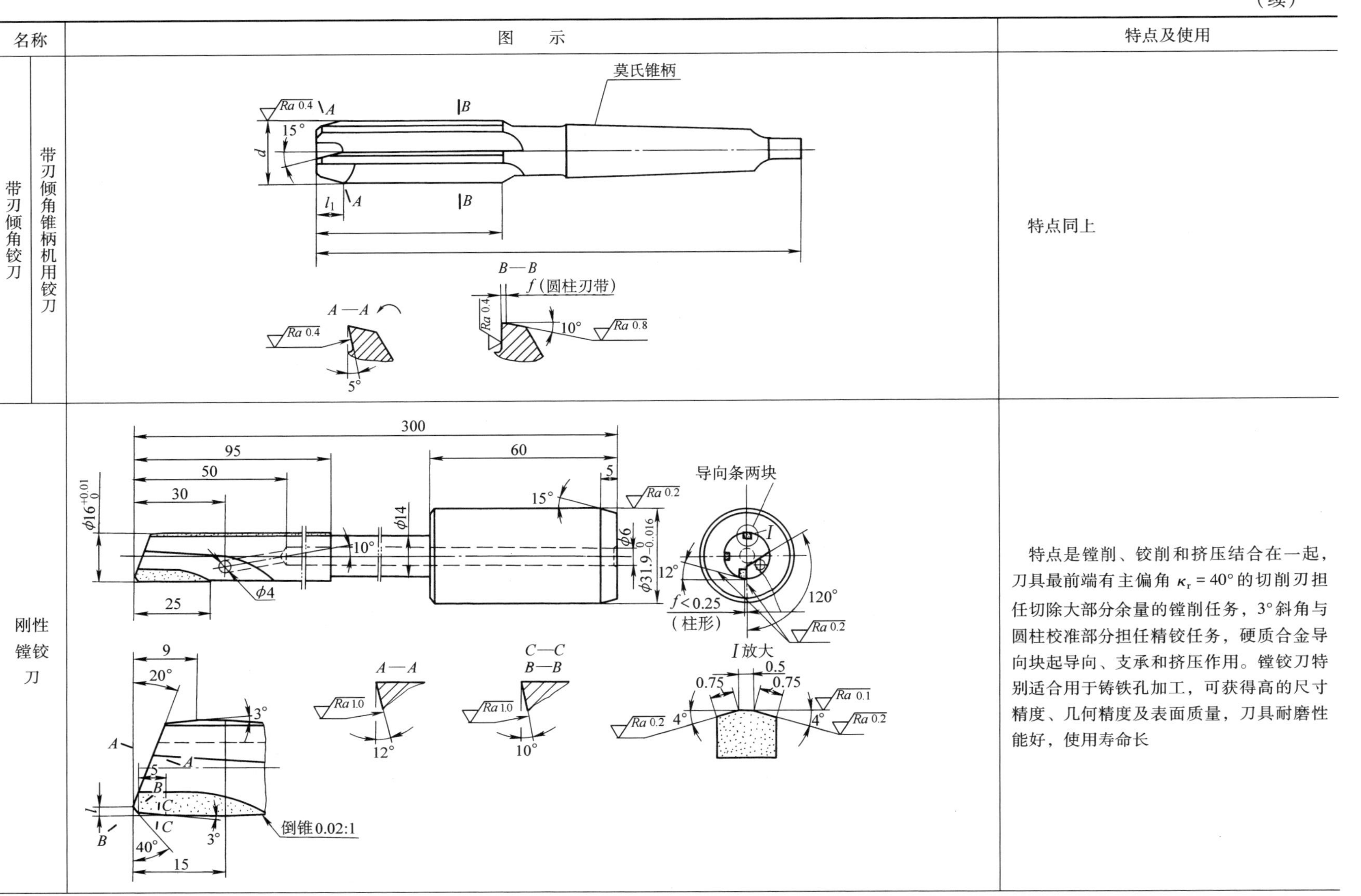	特点同上
刚性镗铰刀			特点是镗削、铰削和挤压结合在一起，刀具最前端有主偏角 $\kappa_r = 40°$ 的切削刃担任切除大部分余量的镗削任务，3°斜角与圆柱校准部分担任精铰任务，硬质合金导向块起导向、支承和挤压作用。镗铰刀特别适合用于铸铁孔加工，可获得高的尺寸精度、几何精度及表面质量，刀具耐磨性能好，使用寿命长

（续）

名称	图　示	特点及使用
硬质合金拉铰刀	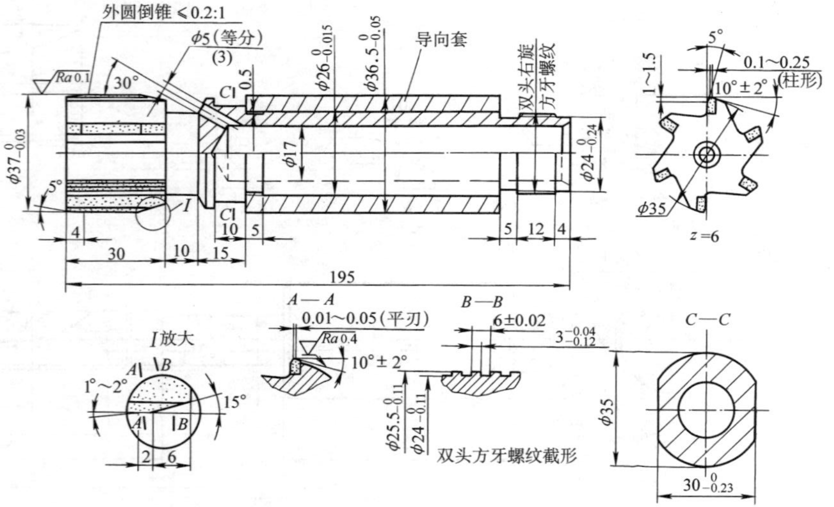 双头方牙螺纹截形	特点是拉铰刀刀体承受拉力与扭转力矩作用，工作时不易产生弯曲，铰出的孔直线度好，特别是深孔更为突出。拉铰刀铰孔生产率高，它的切削用量可达：$v=70\sim90\text{m/min}$、$f=0.5\sim0.6\text{mm/r}$、$a_p=0.5\sim1\text{mm}$。拉铰后的精度可达 IT7 级，表面粗糙度可达 $Ra0.4\sim0.2\mu\text{m}$。拉铰时要有专用的冷却装置
金刚石铰刀	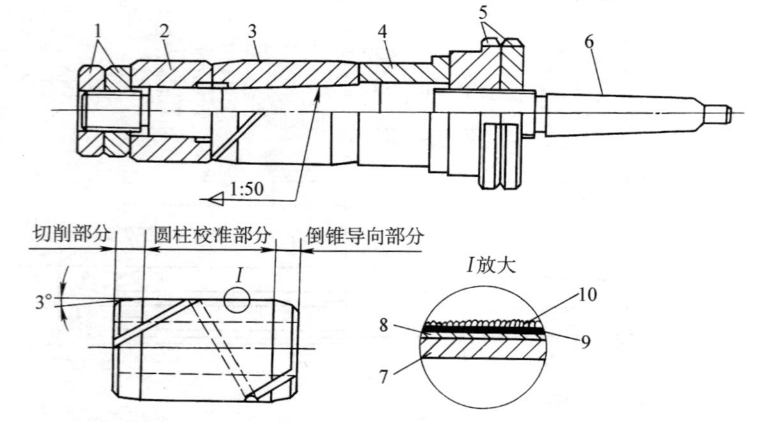 1、5—调节螺母　2—前导向套　3—铰刀套　4—后导向套　6—刀杆　7—铰刀套 8—电镀底层　9—电镀金属结合剂　10—金刚石磨粒	主要特点是采用超硬镀层刀具材料，不但能得到较小的表面粗糙度（通常可达 $Ra0.8\sim0.2\mu\text{m}$），而且刀具寿命长。使用时注意事项：①加工前要求所加工孔应经预加工，其尺寸精度要求达到 0.01～0.02mm，圆度和圆柱度达到 0.01mm，表面粗糙度应达到 $Ra1.6\mu\text{m}$；②铰孔时，铰刀或工件两者中必须有一个浮动；③铰孔时，必须供给充足的、性能良好的切削液；④铰刀使用前，应先检查镀层是否均匀，对少量浮于表面的磨粒应予剔除，以免影响铰削质量

（续）

名称		图示	特点及使用
螺旋推铰刀	直柄螺旋推铰刀	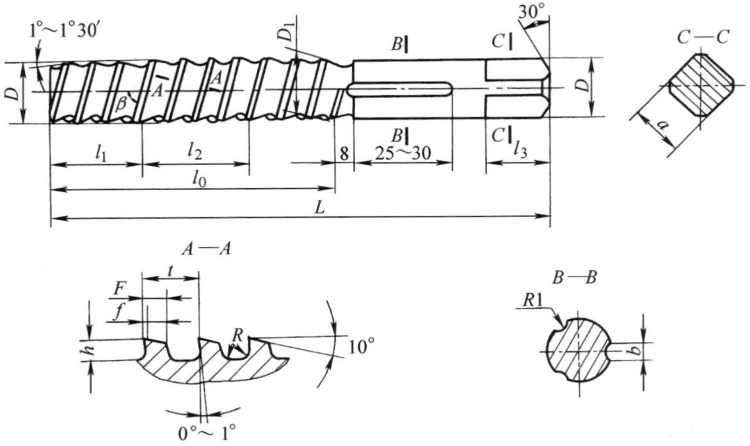	主要特点是齿数少（仅有2个齿），螺旋角大，$\beta=55°\sim75°$（尽量接近75°），切削锥半锥角小，$\kappa_r=1°\sim1°30'$，铰孔表面粗糙度可稳定在$Ra0.8\mu m$。与直刃铰刀比较，其切削速度和刀具寿命都可提高3~9倍
	锥柄螺旋推铰刀	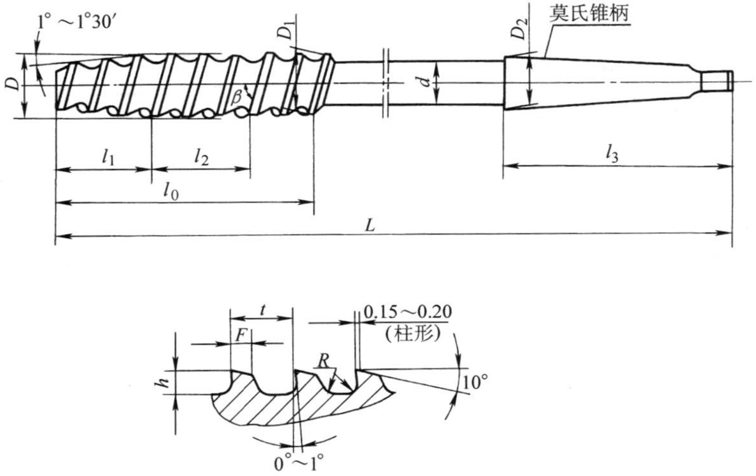	特点同上

（续）

名称	图　示	特点及使用
单刃铰刀	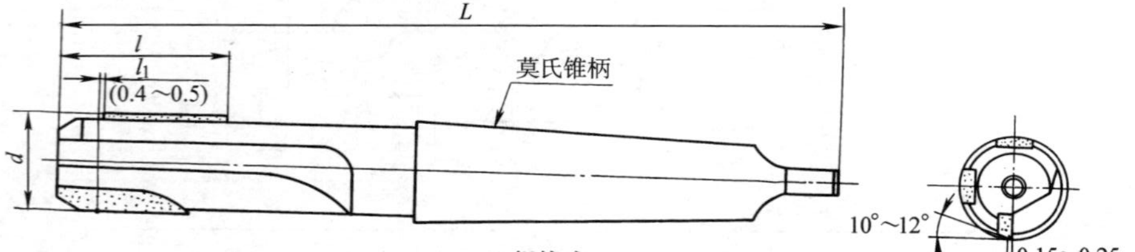 a) 焊接式 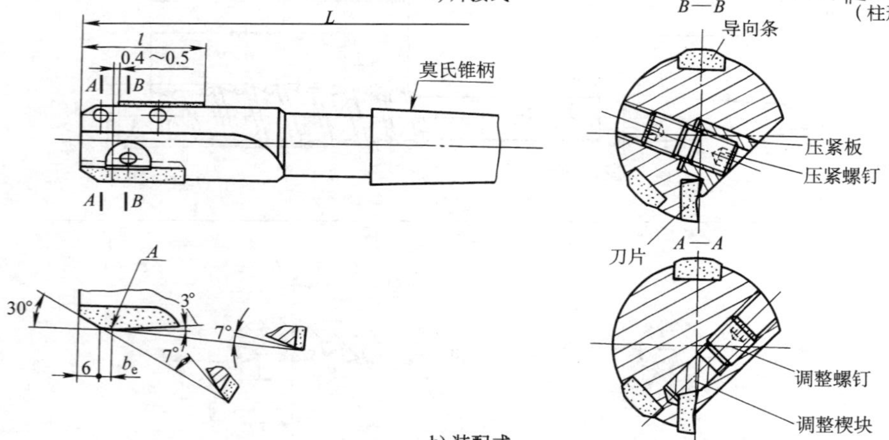 b) 装配式 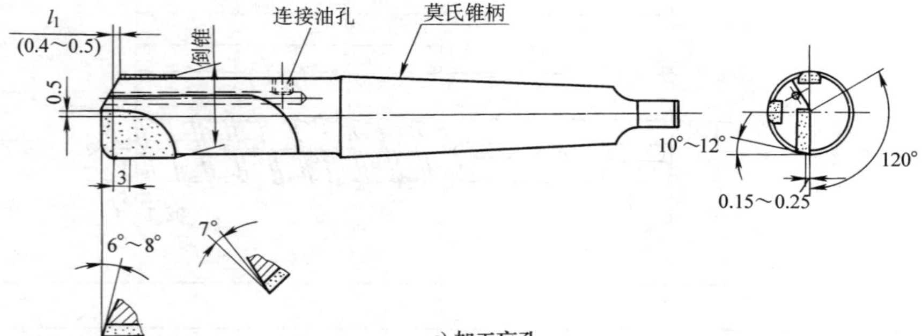 c) 加工盲孔	特点：①单刃铰刀是单个切削刃进行切削，导向块在孔中起支承、导向、挤光作用；②切削锥部制成两段两个锥角（$\kappa_r=30°$，$\kappa_{re}=3°$），主切削刃担负主要切削作用，过渡刃起微量切削、熨光作用，表面粗糙度值小；③可制成装配式、可转位式等不同结构，更换刀片方便，又可节省刀体材料和制造费用等；焊接式属于传统结构，制造简单，应用普遍，尤其适合孔径不大于15mm的孔加工，其最小直径可制成ϕ8mm 单刃铰刀可加工普通孔、深孔，更适合于加工盲孔；既适合于半精加工，也适合于精加工。加工表面粗糙度一般稳定在Ra1. 6μm，最好可达Ra0. 12~0. 14μm，尺寸偏差稳定在H8，可达H7。与高速钢标准铰刀相比，工效普遍提高2~4倍

表 3.3-81　螺旋槽铰刀螺旋角 β

加工材料	β
灰铸铁、硬钢	7°~8°
可锻铸铁、钢	12°~20°
铝和轻金属	35°~45°

表 3.3-82　带刃倾角直柄机用铰刀的型式和尺寸（摘自 GB/T 1134—2008）　（mm）

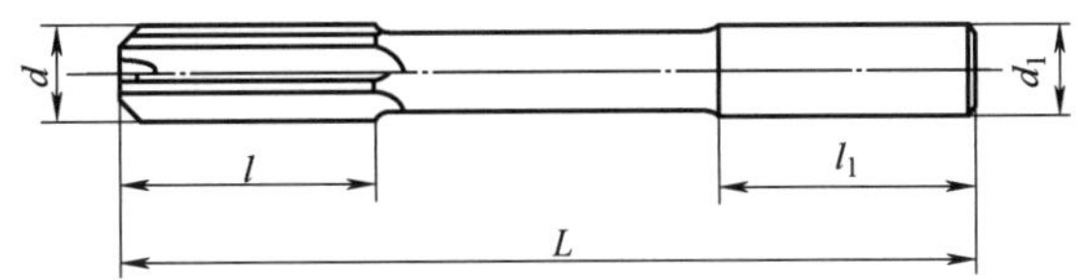

<table>
<tr><th colspan="6">d</th><th rowspan="3">d_1</th><th rowspan="3">L</th><th rowspan="3">l</th><th rowspan="3">l_1</th></tr>
<tr><th rowspan="2">推荐值</th><th colspan="2">分级范围</th><th colspan="3">极限偏差</th></tr>
<tr><th>大于</th><th>至</th><th>H7</th><th>H8</th><th>H9</th></tr>
<tr><td>5.5</td><td rowspan="2">5.30</td><td rowspan="2">6.00</td><td rowspan="2">+0.010
+0.005</td><td rowspan="2">+0.015
+0.008</td><td rowspan="2">+0.025
+0.014</td><td rowspan="2">5.6</td><td rowspan="2">93</td><td rowspan="2">26</td><td rowspan="2">36</td></tr>
<tr><td>6</td></tr>
<tr><td>7</td><td>6.70</td><td>7.50</td><td rowspan="4">+0.012
+0.006</td><td rowspan="4">+0.018
+0.010</td><td rowspan="4">+0.030
+0.017</td><td>7.1</td><td>109</td><td>31</td><td>40</td></tr>
<tr><td>8</td><td>7.50</td><td>8.50</td><td>8.0</td><td>117</td><td>33</td><td>42</td></tr>
<tr><td>9</td><td>8.50</td><td>9.50</td><td>9.0</td><td>125</td><td>36</td><td>44</td></tr>
<tr><td>10</td><td>9.50</td><td>10.00</td><td rowspan="3">10.0</td><td>133</td><td>38</td><td rowspan="3">46</td></tr>
<tr><td>11</td><td>10.60</td><td>11.80</td><td rowspan="5">+0.015
+0.008</td><td rowspan="5">+0.022
+0.012</td><td rowspan="5">+0.036
+0.020</td><td>142</td><td>41</td></tr>
<tr><td>12</td><td>11.80</td><td>13.20</td><td>151</td><td>44</td></tr>
<tr><td>14</td><td>13.20</td><td>14.00</td><td rowspan="2">12.5</td><td>160</td><td>47</td><td rowspan="2">50</td></tr>
<tr><td>16</td><td>15.00</td><td>16.00</td><td>170</td><td>52</td></tr>
<tr><td>18</td><td>17.00</td><td>18.00</td><td>14.0</td><td>182</td><td>56</td><td>52</td></tr>
<tr><td>20</td><td>19.00</td><td>20.00</td><td>+0.017
+0.009</td><td>+0.028
+0.016</td><td>+0.044
+0.025</td><td>16.0</td><td>195</td><td>60</td><td>58</td></tr>
</table>

表 3.3-83　带刃倾角莫氏锥柄机用铰刀的型式和尺寸（摘自 GB/T 1134—2008）　（mm）

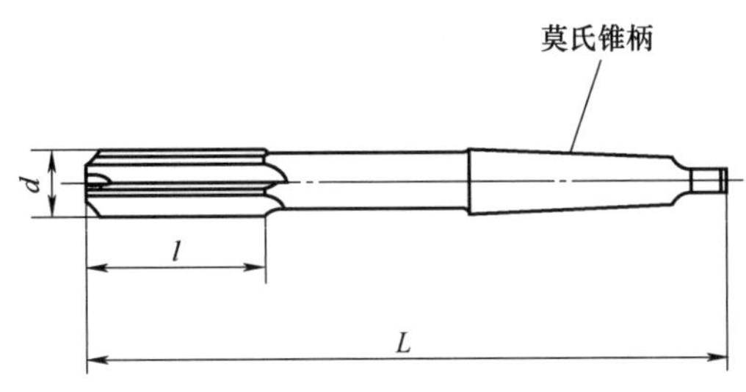

（续）

d						L	l	莫氏锥柄号
推荐值	分级范围		极限偏差					
	大于	至	H7	H8	H9			
8	7.50	8.50	+0.012 +0.006	+0.018 +0.010	+0.030 +0.017	156	33	1
9	8.50	9.50				162	36	
10	9.50	10.00				168	38	
11	10.60	11.80	+0.015 +0.008	+0.022 +0.012	+0.036 +0.020	175	41	
12	11.80	13.20				182	44	
14	13.20	14.00				189	47	
16	15.00	16.00				210	52	2
18	17.00	18.00				219	56	
20	19.00	20.00	+0.017 +0.009	+0.028 +0.016	+0.044 +0.025	228	60	
22	21.20	22.40				237	64	
25	23.60	25.00				268	68	3
28	26.50	28.00				277	71	
32	31.75	33.50	+0.021 +0.012	+0.033 +0.019	+0.052 +0.030	317	77	4
36	35.50	37.50				325	79	
40	37.50	40.00				329	81	

3.3.8 孔加工复合刀具

孔加工复合刀具是由两把或两把以上单个孔加工刀具组合起来的刀具。它主要用于大量生产中的组合机床和自动线。孔加工复合刀具的分类和结构见表3.3-84~表3.3-87。

表3.3-84 孔加工复合刀具的分类

按复合刀具的工艺类型分类	同类工艺复合刀具：如复合钻、复合扩孔钻及复合铰刀等
	不同类工艺复合刀具：如钻-扩复合刀具、钻-铰复合刀具、钻-攻复合刀具及钻-扩-锪复合刀具等
按复合刀具的结构分类	整体式
	装配式

表 3.3-85　孔加工复合刀具的典型结构及其用途

名称	图　示	结构及用途
四刃带阶梯麻花钻	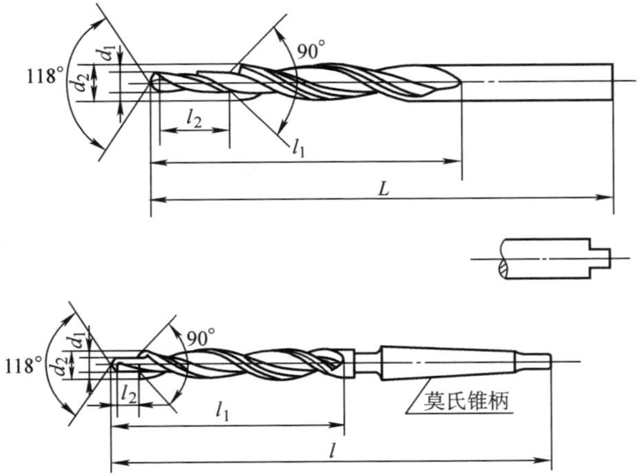 118°　90°　d_1　d_2　l_2　l_1　L 118°　90°　d_1　d_2　l_2　l_1　l　莫氏锥柄	四刃带阶梯麻花钻除用于螺纹底孔的钻孔倒角外，也可用于一般的倒角或钻孔锪沉孔，如果用于钻孔锪沉孔，则须将阶梯钻大直径部分的锋角修磨成 180°
钻-铰复合刀具	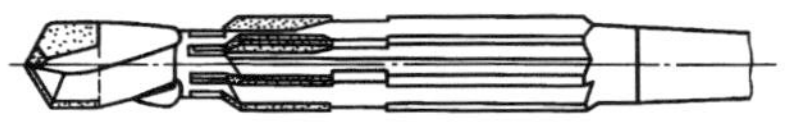	钻-铰复合刀具常用于钻铰壳体零件中直径不大的定位销孔，尺寸精度和位置精度较高，在铸铁件上可以加工出 IT8 级精度的孔，表面粗糙度为 $Ra3.2\mu m$
钻-攻复合刀具	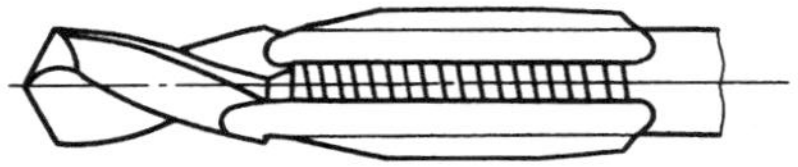	适合于在立式钻床上钻-攻较浅的螺纹通孔
钻-锪复合刀具	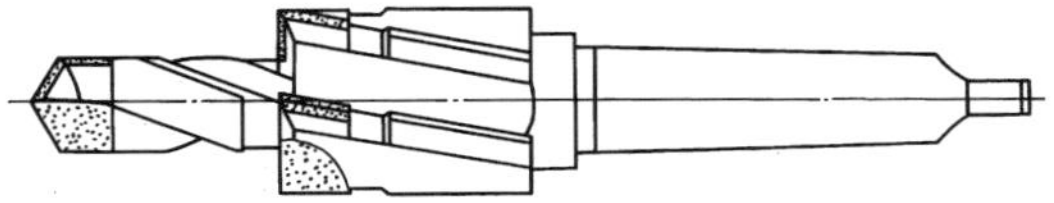	钻-锪复合刀具用于钻螺栓孔并锪凸台或平面，设计与选用时应注意两个切削部分之间的距离，必须在钻孔完毕后才锪平面，以免相互干扰。钻头与锪钻的容屑槽相通，并圆滑过渡，以利于排屑

（续）

名称	图 示	结构及用途
装配式复合扩孔钻		复合扩孔钻结构有多种型式，当孔径在 30mm 以下时，一般做成高速钢或焊硬质合金刀片带锥柄的型式，根据需要，可设置前导向。当孔径大于 30mm 时，可做成套装型式，当大小直径相差较大时，可做成装配式
硬质合金复合铰刀		小直径的复合铰刀制成整体式，大直径的复合铰刀可制成套装的或镶齿的。当复合铰刀的大小直径相差较大时常制成装配式的。图示为加工铝合金用的三阶硬质合金整体复合铰刀

表 3.3-86　攻螺纹前用直柄阶梯麻花钻（GB/T 6138.1—2007）　　（mm）

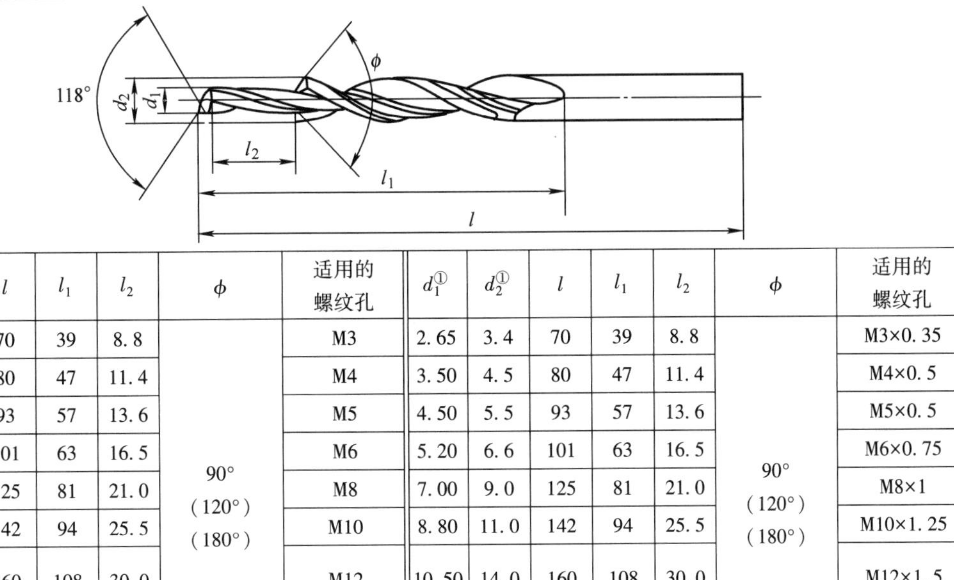

$d_1$①	$d_2$①	l	l_1	l_2	ϕ	适用的螺纹孔	$d_1$①	$d_2$①	l	l_1	l_2	ϕ	适用的螺纹孔
2.5	3.4	70	39	8.8	90° （120°） （180°）	M3	2.65	3.4	70	39	8.8	90° （120°） （180°）	M3×0.35
3.3	4.5	80	47	11.4		M4	3.50	4.5	80	47	11.4		M4×0.5
4.2	5.5	93	57	13.6		M5	4.50	5.5	93	57	13.6		M5×0.5
5.0	6.6	101	63	16.5		M6	5.20	6.6	101	63	16.5		M6×0.75
6.8	9.0	125	81	21.0		M8	7.00	9.0	125	81	21.0		M8×1
8.5	11.0	142	94	25.5		M10	8.80	11.0	142	94	25.5		M10×1.25
10.2	13.5 （14.0）	160	108	30.0		M12	10.50	14.0	160	108	30.0		M12×1.5
12.0	15.5 （16.0）	178	120	34.5		M14	12.50	16.0	178	120	34.5		M14×1.5

注：根据用户需要选择括号内的直径和角度。

① 阶梯麻花钻钻孔部分直径（d_1）公差为：普通级 h9，精密级 h8；锪孔部分直径（d_2）公差为：普通级 h9，精密级 h8。

表 3.3-87　攻螺纹前用锥柄阶梯麻花钻（GB/T 6138.2—2007）　　（mm）

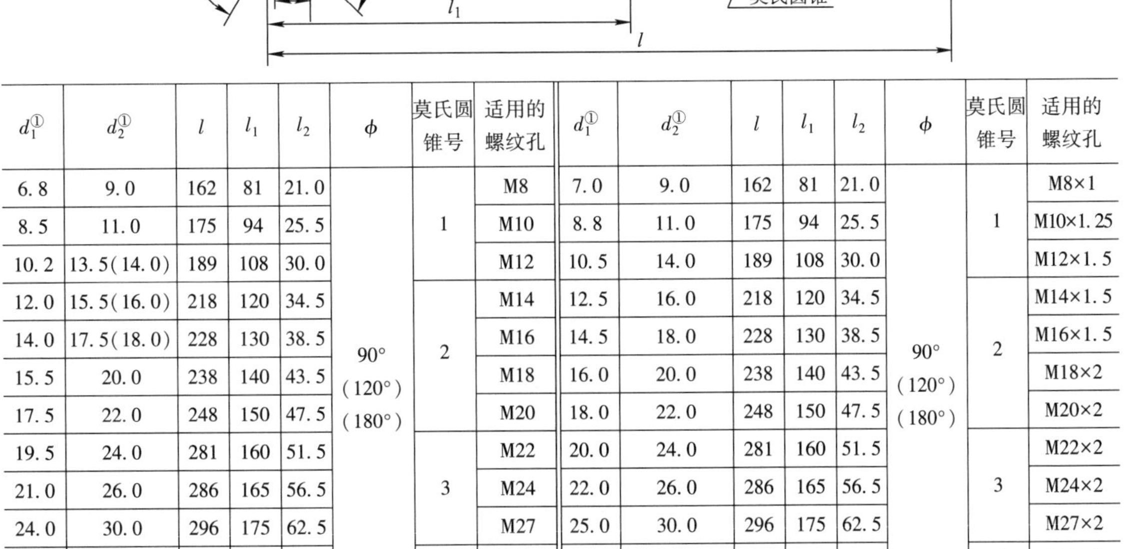

$d_1$①	$d_2$①	l	l_1	l_2	ϕ	莫氏圆锥号	适用的螺纹孔	$d_1$①	$d_2$①	l	l_1	l_2	ϕ	莫氏圆锥号	适用的螺纹孔
6.8	9.0	162	81	21.0	90° （120°） （180°）	1	M8	7.0	9.0	162	81	21.0	90° （120°） （180°）	1	M8×1
8.5	11.0	175	94	25.5			M10	8.8	11.0	175	94	25.5			M10×1.25
10.2	13.5(14.0)	189	108	30.0			M12	10.5	14.0	189	108	30.0			M12×1.5
12.0	15.5(16.0)	218	120	34.5		2	M14	12.5	16.0	218	120	34.5		2	M14×1.5
14.0	17.5(18.0)	228	130	38.5			M16	14.5	18.0	228	130	38.5			M16×1.5
15.5	20.0	238	140	43.5			M18	16.0	20.0	238	140	43.5			M18×2
17.5	22.0	248	150	47.5			M20	18.0	22.0	248	150	47.5			M20×2
19.5	24.0	281	160	51.5		3	M22	20.0	24.0	281	160	51.5		3	M22×2
21.0	26.0	286	165	56.5			M24	22.0	26.0	286	165	56.5			M24×2
24.0	30.0	296	175	62.5			M27	25.0	30.0	296	175	62.5			M27×2
26.5	33.0	334	185	70.0		4	M30	28.0	33.0	334	185	70.0		4	M30×2

注：根据用户需要选择括号内的直径和角度。

① 阶梯麻花钻钻孔部分直径（d_1）公差为：普通级 h9，精密级 h8；锪孔部分直径（d_2）公差为：普通级 h9，精密级 h8。

3.3.9 辅具

钻、扩、铰等孔加工刀具除少数可直接装在机床上使用外，大部分都需要借助辅具装夹，这类辅具包括各种类型的卡头、套筒、刀杆以及专用辅具等。

1. 扳手三爪钻夹头（表 3.3-88、表 3.3-89）

表 3.3-88 锥孔连接形式的钻夹头尺寸（GB/T 6087—2003） （mm）

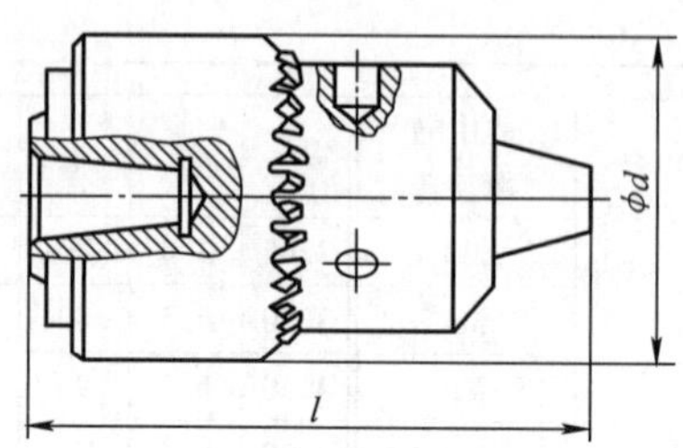

型式		4H	6.5H	8H	10H	13H	16H	20H	26H
H 型	夹持范围	0.5~4	0.8~6.5	0.8~8	1~10	1~13	1~16 (3~16)②	5~20	5~26
	l① max	50	60	62	80	93	106	120	148
	d max	26	38	38	46	55	60	65	93
型式		—	6.5M	8M	10M	13M	16M	—	—
M 型	夹持范围	—	0.8~6.5	0.8~8	1~10	1.5~13	3~16	—	—
	l① max	—	58	58	65	82	93	—	—
	d max		35	35	42.9	47	52		
型式		—	6.5L	8L	10L	13L	16L	—	—
L 型	夹持范围	—	0.8~6.5	1~8	1.5~10	2.5~13	3~16	—	—
	l① max	—	56	56	65	82	88	—	—
	d max		30	30	34	42.9	51		

① 钻夹头夹爪闭合后尺寸。

② 尽可能不采用。

表 3.3-89 螺纹孔连接形式的钻夹头尺寸（GB/T 6087—2003） （mm）

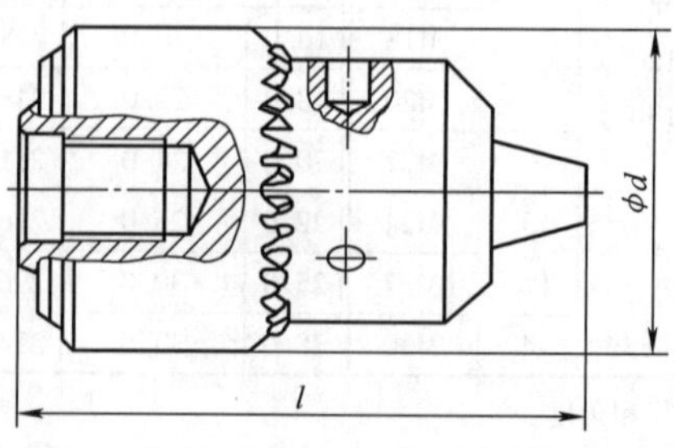

（续）

型　式		4H	6.5H	8H	10H	13H	16H	20H
H型	夹持范围	0.5~4	0.8~6.5	0.8~8	1~10	1~13	1~16 (3~16)②	5~20
	l① max	50	60	62	80	90	106	110
	d max	26	34	38	46	55	60	65
型　式		—	6.5M	8M	10M	13M	16M	—
M型	夹持范围	—	0.8~6.5	0.8~8	1~10	1.5~13	3~16	—
	l① max	—	56	56	65	82	90	—
	d max		35	35	42.9	46	52	
型　式		—	6.5L	8L	10L	13L	—	—
L型	夹持范围	—	0.8~6.5	1~8	1.5~10	2.5~13	—	—
	l① max	—	56	56	65	82	—	—
	d max		30	30	34	42.9		

① 钻夹头夹爪闭合后尺寸。

② 尽可能不采用。

2. 卡头（表3.3-90、表3.3-91）

表3.3-90　直柄铰刀用浮动卡头　　（mm）

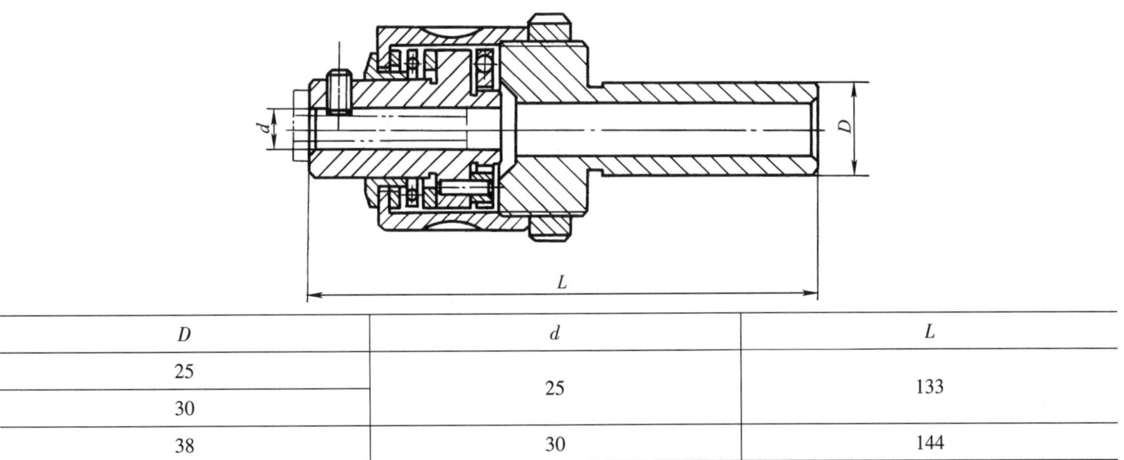

D	d	L
25	25	133
30		
38	30	144

表3.3-91　锥柄铰刀用浮动卡头　　（mm）

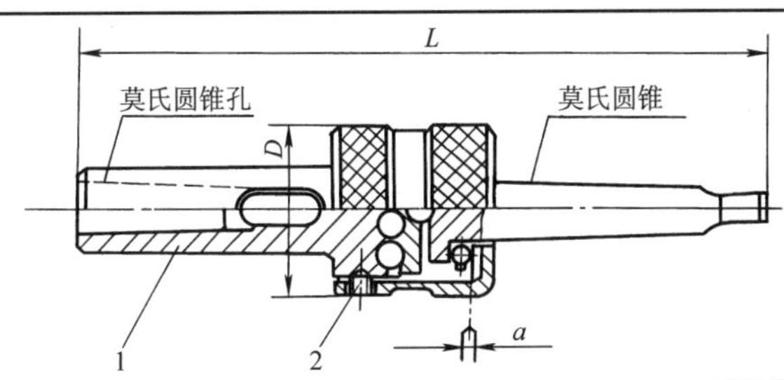

莫氏圆锥号		D	~L	莫氏圆锥号		D	~L
外锥	内锥			外锥	内锥		
1	1	38	179	3	2	50	238.5
2		44	197		5		258.5
	2		212				

注：装配时应保证间隙 a=0.05~0.15mm，使移动灵活。在本体1一端外圆上钻90°锥孔，并拧入螺钉2。本体1可做圆周平面移动，以达到铰刀自动定心的目的。

3. 套筒（表 3.3-92~表 3.3-94）

表 3.3-92　直柄工具弹性夹紧套型式和尺寸（JB/T 3411.70—1999）　　(mm)

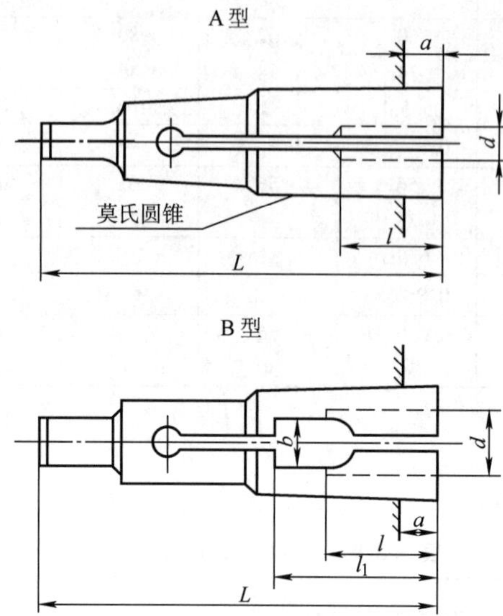

<table>
<tr><th rowspan="3">型式</th><th rowspan="3">d</th><th rowspan="3">b_{min}</th><th rowspan="3">l</th><th rowspan="3">l_1</th><th colspan="10">莫氏圆锥</th></tr>
<tr><th colspan="2">1</th><th colspan="2">2</th><th colspan="2">3</th><th colspan="2">4</th><th colspan="2">5</th></tr>
<tr><th>a</th><th>L</th><th>a</th><th>L</th><th>a</th><th>L</th><th>a</th><th>L</th><th>a</th><th>L</th></tr>
<tr><td rowspan="6">A</td><td>>1.5~2</td><td rowspan="6">—</td><td>11</td><td rowspan="6">—</td><td rowspan="11">4.5</td><td rowspan="11">66.5</td><td></td><td></td><td></td><td></td><td></td><td></td><td></td><td></td></tr>
<tr><td>>2~2.5</td><td>12</td><td></td><td></td><td></td><td></td><td></td><td></td><td></td><td></td></tr>
<tr><td>>2.5~3</td><td>14</td><td></td><td></td><td></td><td></td><td></td><td></td><td></td><td></td></tr>
<tr><td>>3~3.75</td><td>15</td><td></td><td></td><td></td><td></td><td></td><td></td><td></td><td></td></tr>
<tr><td>>3.75~4.75</td><td>16</td><td></td><td></td><td></td><td></td><td></td><td></td><td></td><td></td></tr>
<tr><td>>4.75~6</td><td>17</td><td></td><td></td><td></td><td></td><td></td><td></td><td></td><td></td></tr>
<tr><td rowspan="11">B</td><td>>3~3.75</td><td>2.3</td><td>15</td><td>18</td><td></td><td></td><td></td><td></td><td></td><td></td><td></td><td></td></tr>
<tr><td>>3.75~4.75</td><td>2.9</td><td>16</td><td>20</td><td></td><td></td><td></td><td></td><td></td><td></td><td></td><td></td></tr>
<tr><td>>4.75~6</td><td>3.6</td><td>17</td><td>22</td><td rowspan="5">6.0</td><td rowspan="5">81.0</td><td></td><td></td><td></td><td></td><td></td><td></td></tr>
<tr><td>>6~7.5</td><td>4.5</td><td>9</td><td>25</td><td></td><td></td><td></td><td></td><td></td><td></td></tr>
<tr><td>>7.5~9.5</td><td>5.6</td><td>21</td><td>28</td><td rowspan="5">6.0</td><td rowspan="5">100</td><td></td><td></td><td></td><td></td></tr>
<tr><td>>9.5~11.8</td><td>7.0</td><td>23.5</td><td>32</td><td></td><td></td><td></td><td></td><td></td><td></td></tr>
<tr><td>>11.8~13.2</td><td rowspan="2">8.9</td><td rowspan="2">25</td><td rowspan="2">35</td><td></td><td></td><td></td><td></td><td></td><td></td></tr>
<tr><td>>13.2~15</td><td></td><td></td><td></td><td></td><td rowspan="3">9.5</td><td rowspan="3">127</td><td></td><td></td></tr>
<tr><td>>15~19</td><td>11.0</td><td>28</td><td>40</td><td></td><td></td><td></td><td></td><td></td><td></td></tr>
<tr><td>>19~23.6</td><td>13.6</td><td>31</td><td>45</td><td></td><td></td><td></td><td></td><td></td><td></td><td rowspan="2">11</td><td rowspan="2">160.5</td></tr>
<tr><td>>23.6~30</td><td>17.5</td><td>33</td><td>50</td><td></td><td></td><td></td><td></td><td></td><td></td><td></td><td></td></tr>
</table>

注：莫氏圆锥和米制圆锥的尺寸和偏差基本上按 GB/T 1443—2016 的规定，其中 a 和 L 比 GB/T 1443—2016 相对应尺寸稍大。

表 3.3-93　丝锥用弹性夹紧套型式和尺寸（JB/T 3411.71—1999）　　（mm）

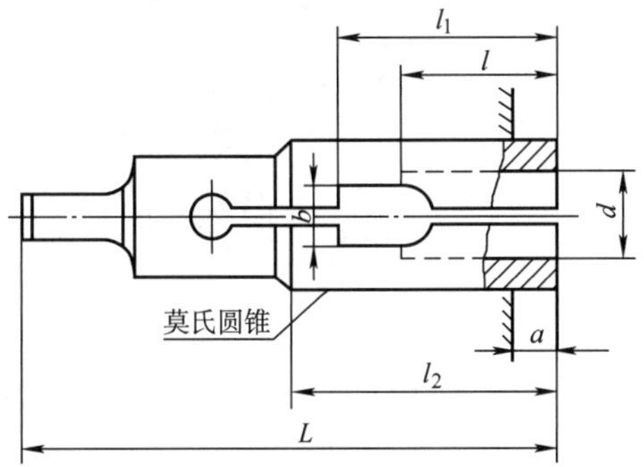

<table>
<tr><th rowspan="3">d</th><th rowspan="3">b</th><th rowspan="3">l</th><th rowspan="3">l₁</th><th colspan="15">莫氏圆锥</th></tr>
<tr><th colspan="3">1</th><th colspan="3">2</th><th colspan="3">3</th><th colspan="3">4</th><th colspan="3">5</th></tr>
<tr><th>a</th><th>L</th><th>l₂</th><th>a</th><th>L</th><th>l₂</th><th>a</th><th>L</th><th>l₂</th><th>a</th><th>L</th><th>l₂</th><th>a</th><th>L</th><th>l₂</th></tr>
<tr><td>>2.36~2.65</td><td>2.05</td><td>15</td><td>19</td><td rowspan="11">3.5</td><td rowspan="11">65.5</td><td rowspan="11">36</td><td rowspan="6"></td><td rowspan="6"></td><td rowspan="6"></td><td rowspan="11"></td><td rowspan="11"></td><td rowspan="11"></td><td rowspan="14"></td><td rowspan="14"></td><td rowspan="14"></td><td rowspan="17"></td><td rowspan="17"></td><td rowspan="17"></td></tr>
<tr><td>>2.65~3</td><td>2.3</td><td>17</td><td>21</td></tr>
<tr><td>>3~3.35</td><td>2.6</td><td rowspan="2">18</td><td rowspan="2">22</td></tr>
<tr><td>>3.35~3.75</td><td>2.9</td></tr>
<tr><td>>3.75~4.25</td><td>3.3</td><td rowspan="4">19</td><td rowspan="2">24</td></tr>
<tr><td>>4.25~4.75</td><td>3.7</td></tr>
<tr><td>>4.75~5.3</td><td>4.2</td><td rowspan="2">25</td><td rowspan="8">5</td><td rowspan="8">80</td><td rowspan="8">42</td></tr>
<tr><td>>5.3~6</td><td>4.7</td></tr>
<tr><td>>6~6.7</td><td>5.2</td><td rowspan="2">22</td><td rowspan="2">28</td></tr>
<tr><td>>6.7~7.5</td><td>5.8</td></tr>
<tr><td>>7.5~8.5</td><td>6.5</td><td>23</td><td>30</td></tr>
<tr><td>>8.5~9.5</td><td>7.4</td><td>24</td><td rowspan="2">32</td><td colspan="3"></td><td rowspan="6">5</td><td rowspan="6">99</td><td rowspan="6">50</td></tr>
<tr><td>>9.5~10.6</td><td>8.3</td><td>23</td><td colspan="3"></td></tr>
<tr><td>>10.6~11.8</td><td>9.3</td><td rowspan="2">26</td><td rowspan="2">36</td><td colspan="3"></td></tr>
<tr><td>>11.8~13.2</td><td>10.3</td><td colspan="6"></td><td rowspan="5">6.5</td><td rowspan="5">124</td><td rowspan="5">63</td></tr>
<tr><td>>13.2~15</td><td>11.5</td><td>29</td><td>40</td><td colspan="6"></td></tr>
<tr><td>>15~17</td><td>12.8</td><td>32</td><td>45</td><td colspan="6"></td></tr>
<tr><td>>17~19</td><td>14.4</td><td>36</td><td rowspan="2">50</td><td colspan="9"></td><td rowspan="5">6.5</td><td rowspan="5">156</td><td rowspan="5">80</td></tr>
<tr><td>>19~21.2</td><td>16.4</td><td>34</td><td colspan="9"></td></tr>
<tr><td>>21.2~23.6</td><td>18.4</td><td>38</td><td>56</td><td colspan="12"></td></tr>
<tr><td>>23.6~26.5</td><td>20.4</td><td>41</td><td>60</td><td colspan="12"></td></tr>
<tr><td>>26.5~30</td><td>22.8</td><td>46</td><td>67</td><td colspan="12"></td></tr>
</table>

注：1. 表中尺寸 d 值公差采用 H7。
　　2. 莫氏圆锥的尺寸和偏差按 GB/T 1443—2016 的规定。

表 3.3-94　丝锥安全夹紧套型式和尺寸（JB/T 3411.81—1999）　　（mm）

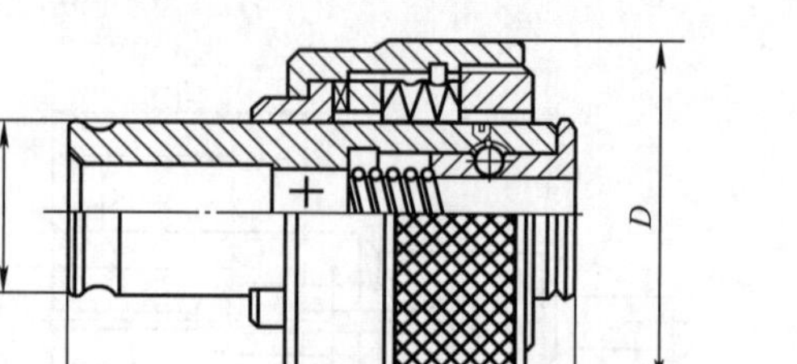

d	19	30	45
D	38	58	85
L	54	79.5	177
丝锥规格	M3～M12	M12～M24	M24～M42

注：内部细节可由设计规定。

4. 刀杆（表 3.3-95～表 3.3-98）

表 3.3-95　套式扩孔钻、套式铰刀用装配式刀杆型式和尺寸　　（mm）

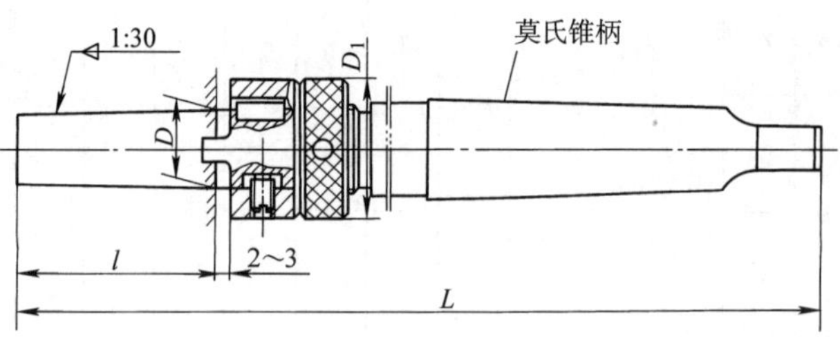

D	l	L	莫氏锥柄号	D_1	D	l	L	莫氏锥柄号	D_1	D	l	L	莫氏锥柄号	D_1
13	40	220	2	25	19	80	275	3	34	32	65	350	5	52
	60				22	55	300	4	40		95			
16	45	250	3	30		90				40	70	375		65
	70				27	60	320		45		75			
19	50	275		34		90								

表 3.3-96　套式扩孔钻用芯轴的型式和尺寸（GB/T 1142—2004）　　（mm）

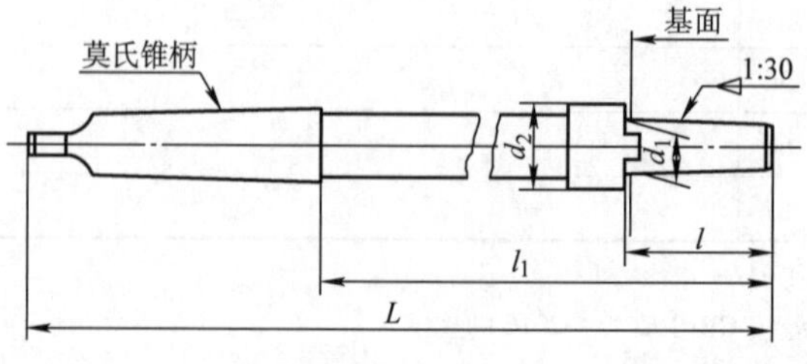

（续）

扩孔钻直径范围 d	d_1	d_2 最大	l (h16)	l_1	L	莫式锥柄号
>23.6～35.5	13	21	45	151	250	3
>35.5～45	16	27	50	162	261	
>45～53	19	32	56	174	298	4
>53～63	22	39	63	188	312	
>63～75	27	46	71	203	359	5
>75～90	32	56	80	220	376	
>90～101.6	40	65	90	240	396	

注：国家标准 GB/T 1142—2004 已作废，但暂无新标准替代，这里仅供参考。

表 3.3-97　端面锪钻的钻杆型式和尺寸　（mm）

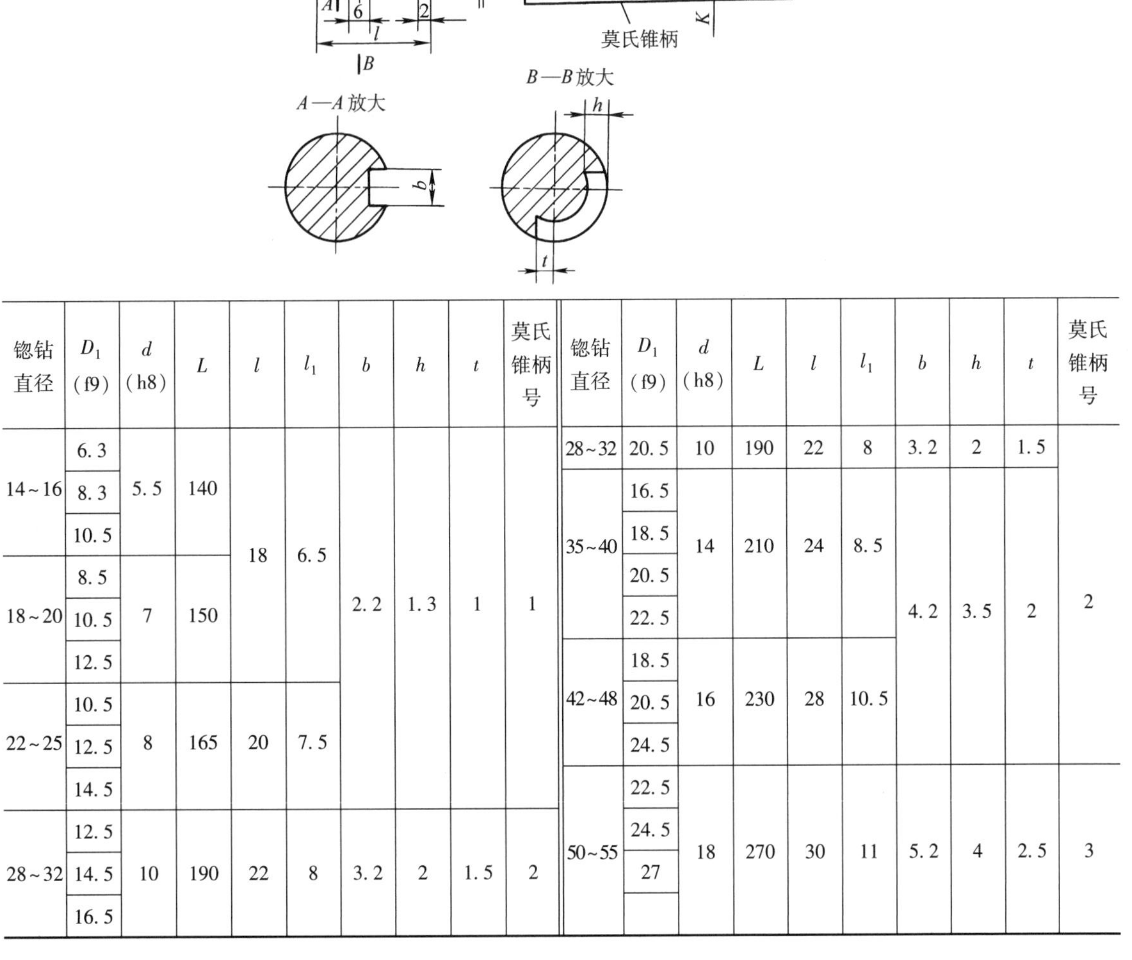

锪钻直径	D_1 (f9)	d (h8)	L	l	l_1	b	h	t	莫氏锥柄号
14～16	6.3	5.5	140	18	6.5	2.2	1.3	1	1
	8.3								
	10.5								
18～20	8.5	7	150						
	10.5								
	12.5								
22～25	10.5	8	165	20	7.5				
	12.5								
	14.5								
28～32	12.5	10	190	22	8	3.2	2	1.5	2
	14.5								
	16.5								
28～32	20.5	10	190	22	8	3.2	2	1.5	2
35～40	16.5	14	210	24	8.5	4.2	3.5	2	
	18.5								
	20.5								
	22.5								
42～48	18.5	16	230	28	10.5				
	20.5								
	24.5								
50～55	22.5	18	270	30	11	5.2	4	2.5	3
	24.5								
	27								

表 3.3-98 反沉孔钻刀杆（JB/T 3411.78—1999） （mm）

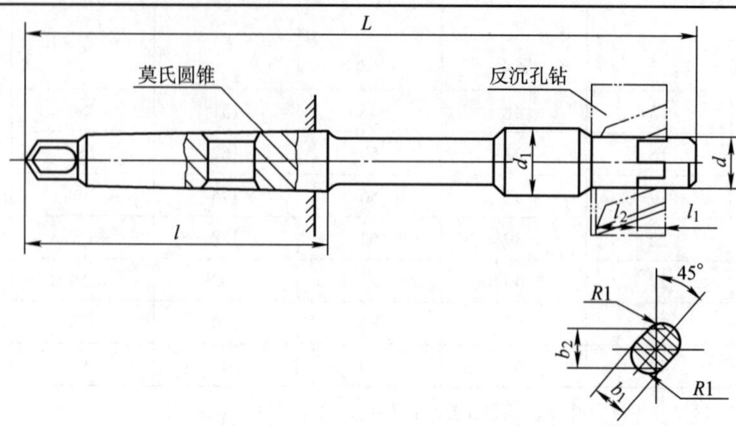

<table>
<tr><th rowspan="2">莫氏圆锥号</th><th colspan="2">d</th><th colspan="2">d_1</th><th rowspan="2">L</th><th rowspan="2">l_1</th><th rowspan="2">l_2</th><th colspan="2">b_1</th><th colspan="2">b_2</th><th rowspan="2">l</th></tr>
<tr><th>公称尺寸</th><th>极限偏差</th><th>公称尺寸</th><th>极限偏差</th><th>公称尺寸</th><th>极限偏差</th><th>公称尺寸</th><th>极限偏差</th></tr>
<tr><td rowspan="28">3</td><td rowspan="6">8</td><td rowspan="14">-0.013
-0.022</td><td>8.4</td><td rowspan="3">-0.013
-0.049</td><td rowspan="11">250</td><td rowspan="28">8.5</td><td rowspan="6">18</td><td rowspan="6">6</td><td rowspan="6">-0.140
-0.260</td><td rowspan="6">6</td><td rowspan="6">-0.030
-0.105</td><td rowspan="28">99</td></tr>
<tr><td>9</td></tr>
<tr><td>10</td></tr>
<tr><td>10.5</td><td rowspan="21">-0.016
-0.059</td></tr>
<tr><td>11</td></tr>
<tr><td>12</td></tr>
<tr><td rowspan="8">10</td><td>10.5</td><td rowspan="22">22</td><td rowspan="8">8</td><td rowspan="22">-0.150
-0.300</td><td rowspan="8">8</td><td rowspan="22">-0.040
-0.130</td></tr>
<tr><td>11</td></tr>
<tr><td>12</td></tr>
<tr><td>13</td></tr>
<tr><td>13.5</td></tr>
<tr><td>14</td><td rowspan="3">280</td></tr>
<tr><td>14.5</td></tr>
<tr><td>15</td></tr>
<tr><td rowspan="14">13</td><td rowspan="14">-0.016
-0.027</td><td>13</td><td rowspan="2">250</td><td rowspan="14">10</td><td rowspan="14">10</td></tr>
<tr><td>13.5</td></tr>
<tr><td>14.5</td><td rowspan="5">280</td></tr>
<tr><td>15</td></tr>
<tr><td>15.5</td></tr>
<tr><td>16</td></tr>
<tr><td>16.5</td></tr>
<tr><td>17</td><td rowspan="7">320</td></tr>
<tr><td>17.5</td></tr>
<tr><td>18</td></tr>
<tr><td>18.5</td><td rowspan="4">-0.020
-0.072</td></tr>
<tr><td>19</td></tr>
<tr><td>20</td></tr>
<tr><td>21</td></tr>
</table>

（续）

莫氏圆锥号	d		d_1		L	l_1	l_2	b_1		b_2		l
	公称尺寸	极限偏差	公称尺寸	极限偏差				公称尺寸	极限偏差	公称尺寸	极限偏差	
3	16	-0.016 -0.027	17	-0.020 -0.072	320	8.5	22	12	-0.150 -0.330	12	-0.050 -0.160	99
			17.5									
			18.5									
			21									
			22									
			24									
	19	-0.022 -0.033	19			10.5	25	14		14		
			20									
			21									
			22									
			23									
			24									
			25									
			26									
			28									
4	22		23					17		17		124
			24									
			25									
			26									
			28									
			30									
			31	-0.025 -0.087								
			32									
			33		350							
			35									
	27		28		320		30	19	-0.160 -0.370	19	-0.065 -0.195	
			30									
			31									
			32									
			33		350							
			35									
			37									
			39									
			42									
			43									
			45									
			48									

注：莫氏圆锥尺寸和偏差按 GB/T 1443—2016 的规定。

3.3.10 标准麻花钻的缺点和改进方法

标准高速钢麻花钻有许多优点，但存在不少缺点，主要是：

1）前角变化较大，外缘前角大，中心前角小，接近钻芯处已为负值，切削条件差。

2）横刃长，横刃处前角为负值。

3）大直径钻头的主切削刃长，钻钢时切屑宽，占空间大，且各点切屑流出的速度相差很大，排屑不顺利，切削液不易注到切削区。

4）外刃与棱边转角处切削速度最高，棱边后角为0°，因此转角处磨损最快，是影响钻头寿命的薄弱环节。

改进麻花钻有两条途径：一条是在制造钻头时，改变其结构和材料；另一条是对标准麻花钻的切削部分进行修磨，这种方法简单易行，收效也很显著。

下面介绍几种常用的修磨方法。

1. 修磨横刃

为了减小轴向力，克服横刃处负前角恶劣的切削条件，常需进行横刃的修磨。直径5mm以上的麻花钻都可以进行横刃的修磨。横刃修磨方式有四种，如图3.3-6所示。

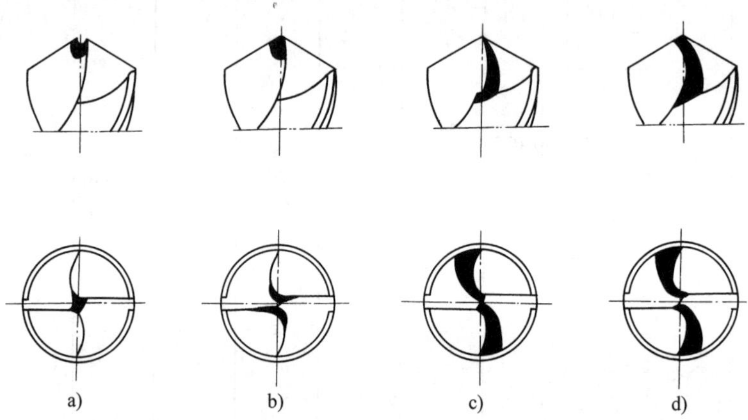

图3.3-6 横刃修磨方式

a）修去横刃 b）缩短横刃 c）十字形刃磨 d）综合式刃磨

1）修去横刃。用45°碗形砂轮在原来横刃部分磨出缺口，形成新的切削刃。加大了该处的前角，使轴向力大大降低。但这种刃形定心不好，且钻芯强度减弱，只适宜钻铸铁等强度较低的材料。

2）缩短横刃。主要作用是缩短横刃，并在主切削刃上形成转折点，有利于分屑和断屑。

3）十字形刃磨。横刃长度未变，但大大加大了横刃的前角，甚至变为正前角，改善了切削条件，但钻芯强度有所减弱。十字形刃磨主要用于钻深孔，它需要在专用夹具上刃磨，砂轮圆角要很小。

4）综合式刃磨。它缩短了横刃，加大了修磨处的前角，有利于分屑和断屑，增大了钻芯部分的排屑空间，对砂轮要求不严，同时还保证钻芯有一定的强度。

2. 修磨前刀面

当加工较硬材料时，可将靠外缘处的前刀面磨去一部分（图3.3-7a），修磨后使主切削刃外缘处的前角减小，提高麻花钻转角处的强度和钻头寿命。当加工软材料时，可将近钻芯部分的前角磨大（图3.3-7b），这样可使切削轻快、顺利。

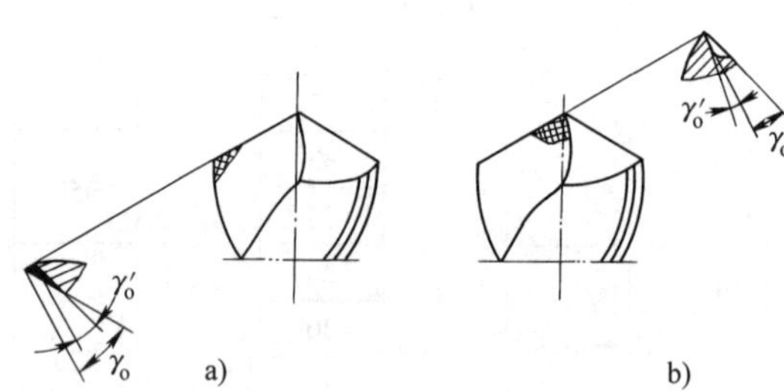

图3.3-7 修磨前刀面

γ_o—原前角 γ_o'—修磨后前角

3. 修磨分屑槽

在钢件等韧性材料上钻较大、较深的孔时，因孔大，切屑较宽，不易卷屑和断屑，对排屑不利，开分屑槽后可改善切削条件。在两主切削刃后刀面上交错磨出小狭槽（图3.3-8a），也可在前刀面上开分屑槽（图3.3-8b）。前一种修磨法每次重磨时都须修磨分屑槽，而后一种在制造钻头时就已铣出。修磨分屑槽的参数见表3.3-99。

表 3.3-99　分屑槽参数　(mm)

钻头直径 d	总槽数	槽宽 b_1	l_1	l_2	l_3	槽深 c
12~18	2	0.85~1.3	2.3	4.6	—	>f（进给量）
>18~35	3	1.3~2.1	3.6	7.2	7.2	
>35~50	5	2.1~3.0	5.0	10.0	10.0	

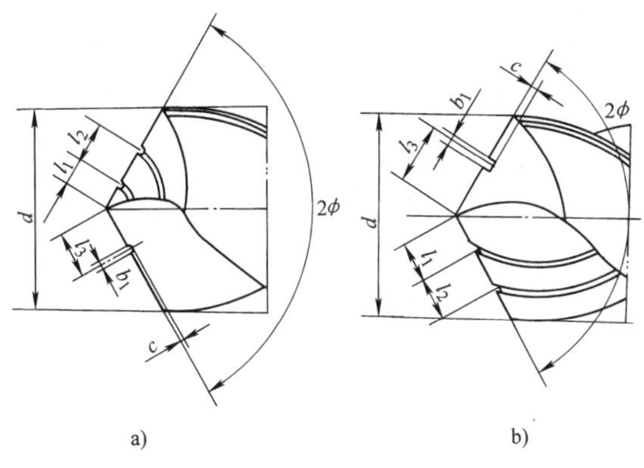

图 3.3-8　修磨分屑槽

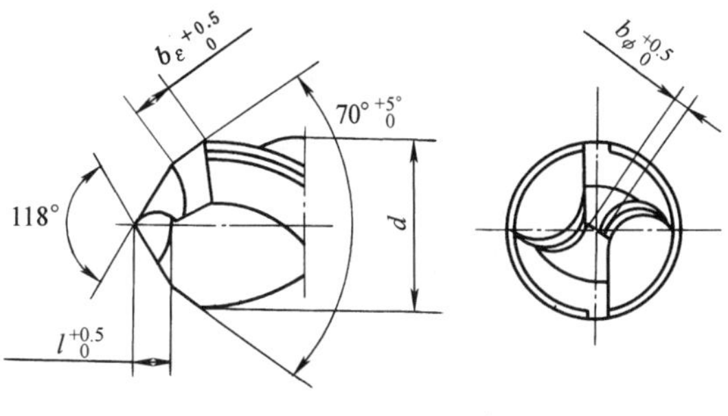

图 3.3-10　修磨锋角

表 3.3-100　修磨锋角参数值　(mm)

钻头直径 d	b_ϕ	b_ε	l	α_f（图中未示）
>10~12	1	2	2	14°~11°
>12~15	1.5	2.5	3	
>15~20	2	3.5	4	12°~9°
>20~25	2.5	4.5	5	
>25~30	3	5.5	6	
>30~40	3.5	7	7	11°~8°
>40~50	4	9	9	
>50~60	5.5	11	11	
>60~70	6.5	13	13	
>70~80	7.5	15	15	

4. 开断屑槽

钻削钢件等韧性较大的材料时，切屑往往不断而缠绕钻头易使钻头折断，并且操作不安全。可以运用车削的经验，在钻头前刀面上沿主切削刃磨出断屑槽（图 3.3-9），能起到良好的断屑作用。

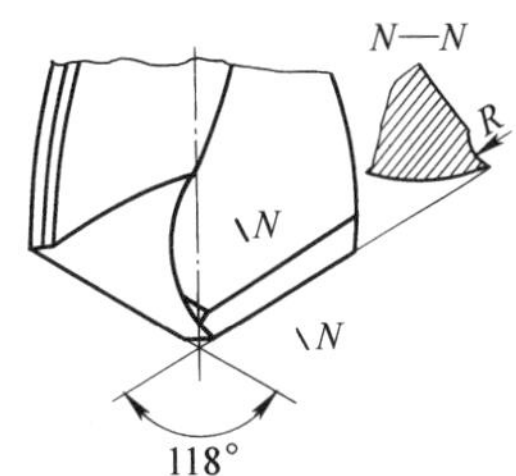

图 3.3-9　断屑钻头

5. 修磨锋角（图 3.3-10）

修磨锋角也称修磨过渡刃，在钻头主切削刃与副切削刃相连接的转角处磨出宽度为 B 的过渡刃（$2\phi_0=70°\sim75°$），由于减小了外刃锋角，可减小轴向力，修磨后的过渡刃刀尖角增大，强化了刀尖，并改善了转角处的散热条件。在修磨锋角的同时，对横刃也应进行修磨，并适当加大后角，修磨锋角参数见表 3.3-100。直径较大的钻头也可磨成三重锋角。经修磨锋角的钻头适宜于钻削铸铁件与中等硬度的钢件，一般可提高钻头使用寿命 1~3 倍。

6. 圆弧刃钻头

将标准麻花钻的主切削刃外缘段修磨成圆弧，使此段切削刃各点的锋角不等，由里向外逐渐减小；靠钻芯的一段切削刃仍保持原来的直线刃（图 3.3-11）。修磨后切削刃增长，不但减轻了切削刃单位长度上的负荷，而且改善了转角处的散热条件，可提高麻花钻寿命，并可减少钻透时的毛刺，尤其是钻较薄的低碳钢板小孔时效果较好。

7. 修磨棱边

直径大于 12mm 的钻头在加工无硬皮的工件时，为减少棱边与孔壁的摩擦，减少钻头磨损，可按图 3.3-12 所示修磨棱边，使原来的副后角由 0°磨成 6°~8°，并留一条宽为 0.1~0.2mm 的刃带。经修磨后

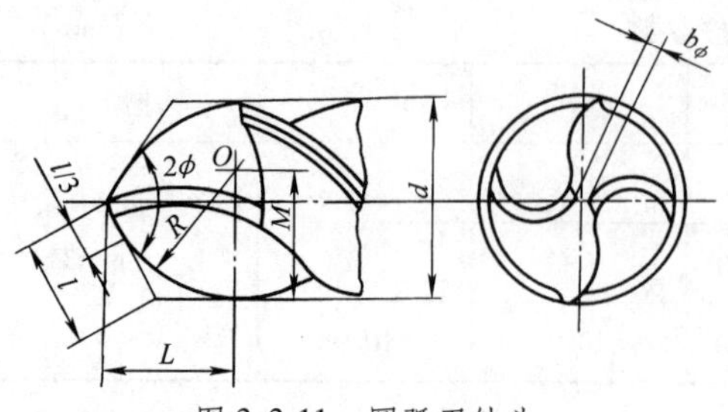

图 3.3-11 圆弧刃钻头

$R \approx L \approx M \approx (0.6\sim0.65)d \quad b_\phi = (0.03\sim0.05)d$

l—主切削刃长度

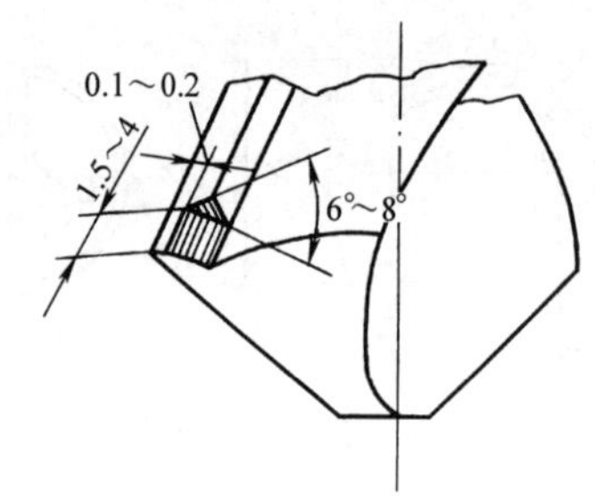

图 3.3-12 修磨棱边

的钻头寿命可提高约一倍，并使孔的表面粗糙度减小。表面有硬皮的铸件不宜采用这种修磨方式，因为这种修磨方式减弱了棱边强度，易使钻头损坏。

3.3.11 钻头、扩孔钻、铰刀刃磨方式与刃磨夹具

1. 麻花钻的刃磨（表 3.3-101）

麻花钻的刃磨方法有手工刃磨和机械刃磨，一般直径小于 20mm 的钻头，在砂轮机上用手工刃磨，直径大于 20mm 的钻头，采用夹具或在专用机床上刃磨。

机械刃磨形式，根据所采用不同结构的夹具或机床，分为圆锥形刃磨法和螺旋面刃磨法两种。圆锥形刃磨法应用较为广泛，见表 3.3-101；螺旋面刃磨法在 20 世纪 50 年代使用较广泛，现已被圆锥形刃磨法所代替。

表 3.3-101 麻花钻圆锥形刃磨法

名称	图　示	方法要点
麻花钻圆锥形刃磨法	A型 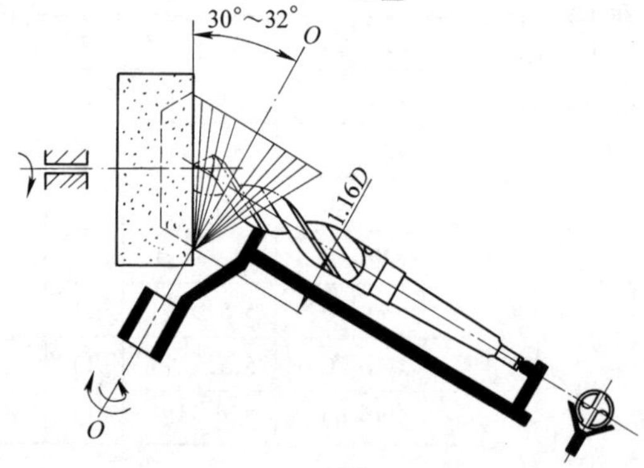 30°～32° O 1.16D O B型 O 1.9D 13°～15° 30°～45° O 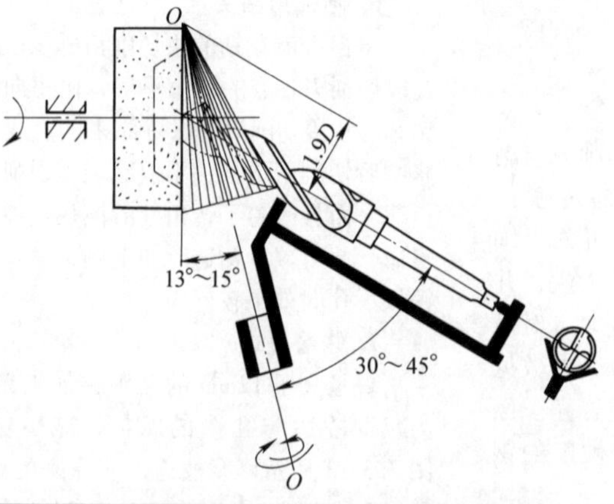	A 型和 B 型这两种形式都是将钻头装夹在夹具里，夹具安装在磨床工作台面上。刃磨时，钻头同夹具一道绕假想锥体的 OO 轴线旋转，同时钻头沿着自身轴线的方向向砂轮推进，钻头的后刀面被磨成假想圆锥体的表面 A 型和 B 型这两种刃磨方法之间的差别仅在于假想圆锥体轴线与钻头轴线的位置不同而已。B 型刃磨法用得更普遍，因为这种方法能使钻头的后角向中心方向增大得更大一些

2. 扩孔钻的刃磨（表3.3-102）

表3.3-102　扩孔钻后刀面的刃磨

名称	图　示	方法要点
扩孔钻后刀面的刃磨	砂轮　扩孔钻　心轴　支承	扩孔钻装在夹具心轴上，为把扩孔钻的刀齿保持在一定位置上，机床工作台上装有可移动支承，以支承扩孔钻刀齿的前刀面。刃磨扩孔钻采用杯形砂轮。刃磨高速钢扩孔钻采用电钢玉砂轮。刃磨镶有硬质合金刀片的扩孔钻，须用绿色碳化硅砂轮。扩孔钻主要刃磨后刀面，有时也磨前刀面（如制造扩孔钻的初磨）。若要刃磨前刀面，须先刃磨后刀面。刃磨前刀面时，可将扩孔钻装于有顶尖的心轴上。有柄扩孔钻也装在顶尖上刃磨

3. 铰刀的刃磨（表3.3-103）

表3.3-103　铰刀后刀面的刃磨

名称	图　示	方法要点
铰刀后刀面的刃磨	铰刀　α　D　h　α　砂轮　支承	制造好的铰刀用钝后须进行刃磨，刃磨一般只是磨铰刀切削锥部的后刀面，刃磨在万能工具磨床上进行。铰刀切削刃面的表面粗糙度要求很小，Ra 不能大于0.4μm。为使刃磨面光洁，须使用细颗粒砂轮。刃磨后再进行研磨。前刀面刃磨过的铰刀应在外圆磨床上研磨外圆。研磨外圆后的铰刀，再刃磨后刀面（齿背）。刃磨后刀面时，有柄铰刀直接安装于机床的顶尖上，铰刀刀齿的前刀面倚靠于支承上。支承的高度须以铰刀能得出所需后角为准

3.4　钻、扩、铰孔切削用量及钻削参数计算

3.4.1　钻、扩、铰孔进给量的选择

1. 钻孔的进给量

1）高速钢钻头钻孔的进给量按表3.4-1选用。

2）硬质合金钻头钻孔的进给量按表3.4-2选用。

3）钻头强度所允许的进给量按表3.4-3选用。

4）机床进给机构强度所允许的钻削进给量按表3.4-4选用。

表3.4-1　高速钢钻头钻孔的进给量

钻头直径 d_0 /mm	钢　R_m/MPa			铸铁、铜及铝合金硬度　HBW	
	<800	800~1000	>1000	≤200	>200~1000
	进给量 f/(mm/r)				
≤2	0.05~0.06	0.04~0.05	0.03~0.04	0.09~0.11	0.05~0.07
>2~4	0.08~0.10	0.06~0.08	0.04~0.06	0.18~0.22	0.11~0.13
>4~6	0.14~0.18	0.10~0.12	0.08~0.10	0.27~0.33	0.18~0.22
>6~8	0.18~0.22	0.13~0.15	0.11~0.13	0.36~0.44	0.22~0.26
>8~10	0.22~0.28	0.17~0.21	0.13~0.17	0.47~0.57	0.28~0.34

（续）

钻头直径 d_0 /mm	钢 R_m/MPa			铸铁、铜及铝合金硬度 HBW	
	<800	800~1000	>1000	≤200	>200~1000
	进给量 f/(mm/r)				
>10~13	0.25~0.31	0.19~0.23	0.15~0.19	0.52~0.64	0.31~0.39
>13~16	0.31~0.37	0.22~0.28	0.18~0.22	0.61~0.75	0.37~0.45
>16~20	0.35~0.43	0.26~0.32	0.21~0.25	0.70~0.86	0.43~0.53
>20~25	0.39~0.47	0.29~0.35	0.23~0.29	0.78~0.96	0.47~0.57
>25~30	0.45~0.55	0.32~0.40	0.27~0.33	0.9~1.1	0.54~0.66
>30~60	0.60~0.70	0.40~0.50	0.30~0.40	1.0~1.2	0.70~0.80

注：1. 表中所列数据适用于在高刚性零件上钻孔，精度在IT13级以下（或自由公差），钻孔后还用钻头、扩孔钻或镗刀加工。在下列条件下须乘安全系数：

1）在中等刚性零件上钻孔（箱体形状的薄壁零件、零件上薄的突出部分钻孔）时，乘系数0.75。

2）钻孔后要用铰刀加工的精确孔，低刚性零件上钻孔，斜面上钻孔，钻孔后用丝锥攻螺纹的孔，乘系数0.50。

2. 钻孔深度大于3倍直径时应乘修正系数：

孔　深	$3d_0$	$5d_0$	$7d_0$	$10d_0$
修正系数 k_{lf}	1.0	0.9	0.8	0.75

3. 为避免钻头损坏，当孔刚要被钻穿时应停止自动走刀而改用手动走刀。

表3.4-2　硬质合金钻头钻孔的进给量

钻头直径 d_0 /mm	未淬硬的碳钢及合金钢 R_m=550~850MPa	淬硬钢				铸铁	
		硬度　HRC				硬度　HBW	
		≤40	40	55	64	≤170	>170
≤10	0.12~0.16	0.04~0.05	0.03	0.025	0.02	0.25~0.45	0.20~0.35
>10~12	0.14~0.20					0.30~0.50	0.20~0.35
>12~16	0.16~0.22					0.35~0.60	0.25~0.40
>16~20	0.20~0.26					0.40~0.70	0.25~0.40
>20~23	0.22~0.28					0.45~0.80	0.30~0.45
>23~26	0.24~0.32					0.50~0.85	0.35~0.50
>26~29	0.26~0.35					0.50~0.90	0.40~0.60

注：1. 在高刚性零件上钻孔，精度在IT 13级以下（或自由公差），钻孔后还要用钻头、扩孔钻继续加工的进给量取大值；在中等刚性零件上钻孔，钻孔后要用铰刀加工的精确孔，钻孔后用丝锥攻螺纹的孔，进给量取小值。

2. 钻孔深度大于3倍直径时应乘修正系数：

孔　深	$3d_0$	$5d_0$	$7d_0$	$10d_0$
修正系数 k_{lf}	1.0	0.9	0.8	0.75

3. 为避免钻头损坏，当孔刚要被钻穿时应停止自动走刀而改用手动走刀。

4. 钻削钢件时使用切削液，钻削铸铁时不使用切削液。

表 3.4-3　钻头强度所允许的进给量

加工材料				钻头直径 d_0/mm																				
可锻铸铁（HBW）	灰铸铁（HBW）	钢																						
		R_m/MPa	HBW																					
—	—	380~460	110~131	—	—	—	—	—	2.2	2.7	3.4	4.3	5.4	6.7	8.4	10.5	13	16	20	25	31	39	48	60
—	—	470~560	135~160	—	—	—	—	2.2	2.7	3.4	4.3	5.4	6.7	8.4	10.5	13	16	20	25	31	39	48	60	—
<133	<168	570~680	163~194	—	—	—	2.2	2.7	3.4	4.3	5.4	6.7	8.4	10.5	13	16	20	25	31	39	48	60	—	—
133~168	168~213	690~820	197~234	—	—	2.2	2.7	3.4	4.3	5.4	6.7	8.4	10.5	13	16	20	25	31	39	48	60	—	—	—
>168	>213	830~990	237~283	—	2.2	2.7	3.4	4.3	5.4	6.7	8.4	10.5	13	16	20	25	31	39	48	60	—	—	—	—
—	—	1000~1200	285~343	2.2	2.7	3.4	4.3	5.4	6.7	8.4	10.5	13	16	20	25	31	39	48	60	—	—	—	—	—
进给量 f/(mm/r)																								
钢				0.11	0.13	0.16	0.19	0.23	0.27	0.32	0.38	0.46	0.55	0.65	0.78	0.93	1.11	1.32	1.6	1.9	>2	>2	>2	>2
灰铸铁及可锻铸铁				0.21	0.25	0.3	0.35	0.42	0.50	0.60	0.72	0.86	1.0	1.22	1.45	1.75	>2	>2	>2	>2	>2	>2	>2	>2

注：表中数值已考虑了钻头磨损后钻削力要增大。

表 3.4-4　机床进给机构强度所允许的钻削进给量

加工材料								钻头直径 d_0/mm												
可锻铸铁（HBW）		灰铸铁（HBW）		钢 $\frac{R_{mmax}/MPa}{HBWmax}$																
≤130	>130	≤210	>210	$\frac{640}{185}$	$\frac{840}{240}$	$\frac{1060}{303}$	$\frac{1340}{383}$													
机床进给机构允许的轴向力/N																				
—	—	—	—	—	—	—	3430	—	—	—	—	—	—	—	—	—	—	—	10.2	12.1
—	—	—	3430	—	—	3430	4120	—	—	—	—	—	—	—	—	—	—	10.2	12.1	14.5
—	3430	3430	4120	—	3430	4120	4900	—	—	—	—	—	—	—	—	—	10.2	12.1	14.5	17.5
3430	4120	4120	4900	3430	4120	4900	5880	—	—	—	—	—	—	—	—	10.2	12.1	14.5	17.5	20.5
4120	4900	4900	5880	4120	4900	5880	6960	—	—	—	—	—	—	—	10.2	12.1	14.5	17.5	20.5	25
4900	5880	5880	6960	4900	5880	6960	8330	—	—	—	—	—	—	10.2	12.1	14.5	17.5	20.5	25	30
5880	6960	6960	8330	5880	6960	8330	9800	—	—	—	—	—	10.2	12.1	14.5	17.5	20.5	25	30	35

（续）

加工材料								钻头直径 d_0/mm												
可锻铸铁（HBW）		灰铸铁（HBW）		钢$\frac{R_{mmax}/MPa}{HBWmax}$																
≤130	>130	≤210	>210	$\frac{640}{185}$	$\frac{840}{240}$	$\frac{1060}{303}$	$\frac{1340}{383}$													
机床进给机构允许的轴向力/N																				
6960	8330	8330	9800	6960	8330	9800	11760	—	—	—	—	10.2	12.1	14.5	17.5	20.5	25	30	35	42
8330	9800	9800	11760	8330	9800	11760	14120	—	—	—	10.2	12.1	14.5	17.5	20.5	25	30	35	42	50
9800	11760	11760	14120	9800	11760	14120	16860	—	—	10.2	12.1	14.5	17.5	20.5	25	30	35	42	50	60
11760	14120	14120	16860	11760	14120	16860	20100	—	10.2	12.1	14.5	17.5	20.5	25	30	35	42	50	60	—
14120	16860	16860	20100	14120	16860	20100	24020	10.2	12.1	14.5	17.5	20.5	25	30	35	42	50	60	—	—
16860	20100	20100	24020	16860	20100	24020	28440	12.1	14.5	17.5	20.5	25	30	35	42	50	60	—	—	—
20100	24020	24020	28440	20100	24020	28440	34320	14.5	17.5	20.5	25	30	35	42	50	60-	—	—	—	—
24020	28440	28440	34320	24020	28440	34320	41180	17.5	20.5	25	30	35	42	50	60	—	—	—	—	—
28440	34320	34320	41180	28440	34320	41180	49030	20.5	25	30	35	42	50	60	—	—	—	—	—	—
34320	41180	41180	49030	34320	41180	49030	58840	25	30	35	42	50	60	—	—	—	—	—	—	—
41180	49030	49030	58840	41180	49030	58840	69620	30	35	42	50	60	—	—	—	—	—	—	—	—
49030	58840	58840	69620	49030	58840	69620	83350	35	42	50	60	—	—	—	—	—	—	—	—	—
58840	69620	69620	83350	58840	69620	83350	98060	42	50	60	—	—	—	—	—	—	—	—	—	—
69620	83350	83350	98060	69620	83350	98060	—	50	60	—	—	—	—	—	—	—	—	—	—	—
83350	98060	98060	—	83350	98060	—	—	60	—	—	—	—	—	—	—	—	—	—	—	—
进给量 f/(mm/r)																				
钢			刃磨形式		双横，双横棱			>2.4	2.4	1.9	1.5	1.1	0.88	0.69	0.53	0.41	0.32	0.25	0.19	0.15
					标　准			2.0	1.6	1.2	0.96	0.75	0.58	0.45	0.35	0.27	0.21	0.16	0.13	0.1
灰铸铁及可锻铸铁					双横，双横棱			>2.25	>2.25	>2.25	>2.25	2.25	1.8	1.5	1.2	0.93	0.75	0.60	0.48	0.38
					标　准			>2.3	>2.3	2.3	2.0	1.6	1.3	1.0	0.81	0.66	0.52	0.42	0.33	0.27

2. 扩孔的进给量

高速钢及硬质合金扩孔钻扩孔时的进给量按表 3.4-5 选用。

表 3.4-5 高速钢及硬质合金扩孔钻扩孔时的进给量

扩孔钻直径 d_0/mm	加工不同材料时的进给量 f/(mm/r)		
	钢及铸钢	铸铁、铜合金及铝合金	
		≤200 HBW	>200~450 HBW
≤15	0.5~0.6	0.7~0.9	0.5~0.6
>15~20	0.6~0.7	0.9~1.1	0.6~0.7
>20~25	0.7~0.9	1.0~1.2	0.7~0.8
>25~30	0.8~1.0	1.1~1.3	0.8~0.9
>30~35	0.9~1.1	1.2~1.5	0.9~1.0
>35~40	0.9~1.2	1.4~1.7	1.0~1.2
>40~50	1.0~1.3	1.6~2.0	1.2~1.4
>50~60	1.1~1.3	1.8~2.2	1.3~1.5
>60~80	1.2~1.5	2.0~2.4	1.4~1.7

注：1. 加工强度及硬度较低的材料时，采用较大值；加工强度及硬度较高的材料时，采用较小值。

2. 在扩盲孔时，进给量取为 0.3~0.6mm/r。

3. 表中所列进给量用于：孔的精度不高于 IT13 级，以后还要用扩孔钻和铰刀加工的孔，还要用两把铰刀加工的孔。

4. 当加工孔的要求较高时，例如 IT8~IT11 级精度的孔，还要用一把铰刀加工的孔，用丝锥攻螺纹前的扩孔，则进给量应乘系数 0.7。

3. 铰孔的进给量

高速钢及硬质合金机铰刀铰孔时的进给量按表 3.4-6 选用。

表 3.4-6 高速钢及硬质合金机铰刀铰孔时的进给量

铰刀直径 /mm	高速钢铰刀				硬质合金铰刀			
	钢		铸铁		钢		铸铁	
	R_m≤900MPa	R_m>900MPa	硬度≤170HBW	硬度>170HBW	未淬硬钢	淬硬钢	HBW≤170	HBW>170
≤5	0.2~0.5	0.15~0.35	0.6~1.2	0.4~0.8	—	—	—	—
>5~10	0.4~0.9	0.35~0.7	1.0~2.0	0.65~1.3	0.35~0.5	0.25~0.35	0.9~1.4	0.7~1.1
>10~20	0.65~1.4	0.55~1.2	1.5~3.0	0.1~2.0	0.4~0.6	0.30~0.40	1.0~1.5	0.8~1.2
>20~30	0.8~1.8	0.65~1.5	2.0~4.0	0.3~2.6	0.5~0.7	0.35~0.45	1.2~1.8	0.9~1.4
>30~40	0.95~2.1	0.8~1.8	2.5~5.0	1.6~3.2	0.6~0.8	0.40~0.50	1.3~2.0	1.0~1.5
>40~60	1.3~2.8	1.0~2.3	3.2~6.4	2.1~4.2	0.7~0.9	—	1.6~2.4	1.25~1.8
>60~80	1.5~3.2	1.2~2.6	3.75~7.5	2.6~5.0	0.9~1.2	—	2.0~3.0	1.5~2.2

注：1. 表内进给量用于加工通孔，加工盲孔时进给量应取为 0.2~0.5mm/r。

2. 最大进给量用于钻或扩孔之后，精铰孔之前的粗铰孔。

3. 中等进给量用于：①粗铰之后精铰 IT7 级精度的孔；②精镗之后精铰 IT7 级精度的孔；③对硬质合金铰刀，用于精铰 IT8~IT9 级精度的孔。

4. 最小进给量用于：①抛光或珩磨之前的精铰孔；②用一把铰刀铰 IT8~IT9 级精度的孔；③用硬质合金铰刀精铰 IT7 级精度的孔。

3.4.2 钻、扩、铰孔时切削速度、轴向力、转矩、切削功率的计算公式及修正系数

1. 钻头、扩孔钻和铰刀的磨钝标准及刀具寿命（表 3.4-7）

表 3.4-7 钻头、扩孔钻和铰刀的磨钝标准及刀具寿命

（1）后刀面最大磨损限度 （mm）

刀具材料	加工材料	钻头		扩孔钻		铰刀	
		直径 d_0					
		≤20	>20	≤20	>20	≤20	>20
高速钢	钢	0.4~0.8	0.8~1.0	0.5~0.8	0.8~1.2	0.3~0.5	0.5~0.7
	不锈钢及耐热钢	0.3~0.8		—		—	
	钛合金	0.4~0.5		—		—	
	铸铁	0.5~0.8	0.8~1.2	0.6~0.9	0.9~1.4	0.4~0.6	0.6~0.9
硬质合金	钢(扩钻)及铸铁	0.4~0.8	0.8~1.2	0.6~0.8	0.8~1.4	0.4~0.6	0.6~0.8
	淬硬钢	—		0.5~0.7		0.3~0.35	

（2）单刀加工刀具寿命 T （min）

刀具类型	加工材料	刀具材料	刀具直径 d_0							
			<6	6~10	11~20	21~30	31~40	41~50	51~60	61~80
钻头（钻孔及扩钻）	结构钢及钢铸件	高速钢	15	25	45	50	70	90	110	—
	不锈钢及耐热钢	高速钢	6	8	15	25	—	—	—	—
	铸铁、铜合金及铝合金	高速钢 硬质合金	20	35	60	75	110	140	170	—
扩孔钻（扩孔）	结构钢及铸钢、铸铁、铜合金及铝合金	高速钢及硬质合金	—	—	30	40	50	60	80	100
铰刀（铰孔）	结构钢及铸钢	高速钢	—	—	40	80		120		
		硬质合金	—	20	30	50	70	90	110	140
	铸铁、铜合金及铝合金	高速钢	—	—	60	120		180		
		硬质合金	—	—	45	75	105	135	165	210

（3）多刀加工刀具寿命 T （min）

最大加工孔径/mm	刀具数量				
	3	5	8	10	≥15
10	50	80	100	120	140
15	80	110	140	150	170
20	100	130	170	180	200
30	120	160	200	220	250
50	150	200	240	260	300

注：在进行多刀加工时，如扩孔钻及刀头的直径大于 60mm，则随调整复杂程度不同刀具寿命取为 T=150~300min。

2. 钻、扩、铰孔时切削速度的计算公式

1）钻、扩、铰孔时切削速度的计算公式见表 3.4-8。

2）钻、扩、铰孔条件改变时切削速度的修正系数见表 3.4-9。

表 3.4-8　钻、扩、铰孔时切削速度的计算公式

$$v=\frac{c_v d_0^{z_v}}{T^m a_p^{x_v} f^{y_v}}k_v \quad (\mathrm{m/min})$$

工件材料	加工类型	刀具材料	切削液采用情况	进给量 f /(mm/r)	公式中的系数和指数				
					c_v	z_v	x_v	y_v	m
碳素结构钢及合金结构钢 $R_m=650\mathrm{MPa}$	钻孔	高速钢	用	≤0.2	4.4	0.4	0	0.7	0.2
				>0.2	6.1			0.5	
	扩钻	高速钢		—	10.2	0.4	0.2	0.5	0.2
		YG8(K30)		—	8	0.6	0.2	0.3	0.25
	扩孔	高速钢		—	18.6	0.3	0.2	0.5	0.3
		YT15(P10)		—	16.5	0.6	0.2	0.3	0.25
	铰孔	高速钢		—	12.1	0.3	0.2	0.65	0.4
		YT15		—	115.7	0.3	0	0.65	0.7
淬硬钢 $R_m=1600\sim1800\mathrm{MPa}$, 49~54HRC	扩孔	YT15	用	—	10	0.6	0.3	0.6	0.45
	铰孔			—	14	0.4	0.75	1.05	0.85
耐热钢 141HBW	钻孔	高速钢	用	—	3.57	0.5	0	0.45	0.12
灰铸铁 190HBW	钻孔	高速钢	不用	≤0.3	8.1	0.25	0	0.55	0.125
				>0.3	9.4			0.4	
		YG8		—	22.2	0.45	0	0.3	0.2
	扩钻	高速钢		—	12.9	0.25	0.1	0.4	0.125
		YG8		—	37	0.5	0.15	0.45	0.4
	扩孔	高速钢		—	18.8	0.2	0.1	0.4	0.125
		YG8		—	68.2	0.4	0.15	0.45	0.4
	铰孔	高速钢		—	15.6	0.2	0.1	0.5	0.3
		YG8		—	109		0		0.45

（续）

工件材料	加工类型	刀具材料	切削液采用情况	进给量f/(mm/r)	公式中的系数和指数				
					c_v	z_v	x_v	y_v	m
可锻铸铁 150HBW	钻孔	高速钢	用	≤0.3	12	0.25	0	0.55	0.125
				>0.3	14			0.4	
		YG8	不用	—	26.2	0.45	0	0.3	0.2
	扩钻	高速钢	用	—	19	0.25	0.1	0.4	0.125
		YG8	不用	—	50.3	0.5	0.15	0.45	0.4
	扩孔	高速钢	用	—	27.9	0.2	0.1	0.4	0.125
		YG8	不用	—	93	0.4	0.15	0.45	0.4
	铰孔	高速钢	用	—	23.3	0.2	0.1	0.5	0.3
		YG8	不用	—	148		0		0.45
铜合金 中等硬度非均质铜合金 100~140HBW	钻孔	高速钢	不用	≤0.3	28.1	0.25	0	0.55	0.125
				>0.3	32.6			0.4	
铜合金 中等硬度青铜	扩孔			—	56	0.2	0.1	0.4	0.125
铜合金 高硬度青铜				—	28	0.2	0.1	0.4	0.125
铜合金 黄铜				—	48	0.3	0.2	0.5	0.3
铝硅合金及铸造铝合金 R_m=100~200MPa，≤65HBW；硬铝 R_m=300~400MPa，≤100HBW	钻孔	高速钢	不用	≤0.3	36.3	0.25	0	0.55	0.125
				>0.3	40.7			0.4	
	扩孔			—	80	0.3	0.2	0.5	0.3

注：1. 加工条件改变时切削速度的修正系数见表 3.4-9。

2. 用 YG8(K30) 硬质合金钻头钻削未淬硬的结构碳钢、铬钢及镍铬钢（使用切削液）时切削速度可按以下公式计算：

当f≤0.12mm/r 时 $$v=\frac{5950d_0^{0.6}}{T^{0.25}f^{0.3}R_m^{0.9}}$$

f>0.12mm/r 时 $$v=\frac{3890d_0^{0.6}}{T^{0.25}f^{0.5}R_m^{0.9}}$$

表 3.4-9 钻、扩、铰孔条件改变时切削速度的修正系数

1. 用高速钢钻头及扩孔钻加工

（1）与刀具寿命有关的系数 k_{Tv}

		实际寿命/标准寿命	0.25	0.5	1	2	4	6	8	10	12	18	24
k_{Tv}	加工钢及铝合金	钻，扩孔	1.32	1.15	1.0	0.87	0.76	0.70	0.66	0.63	0.61	0.56	0.53
		扩孔	1.51	1.23	1.0	0.81	0.66	0.58	0.53	0.50	0.47	0.42	0.39
	加工铸铁及铜合金	钻、扩钻、扩孔	1.2	1.09	1.0	0.91	0.84	0.79	0.76	0.75	0.73	0.69	0.66

（续）

<table>
<tr><td colspan="14">（2）与加工材料有关的系数 k_{Mv}</td></tr>
<tr><td rowspan="5">加工材料的名称</td><td rowspan="5">材料牌号</td><td colspan="12">材料硬度 HBW</td></tr>
<tr><td>—</td><td>—</td><td>—</td><td>110~140</td><td>>140~170</td><td>>170~200</td><td>>200~230</td><td>>230~260</td><td>>260~290</td><td>>290~320</td><td>>320~350</td><td>>350~380</td></tr>
<tr><td colspan="12">抗拉强度 R_m/MPa</td></tr>
<tr><td>100~200</td><td>>200~300</td><td>>300~400</td><td>>400~500</td><td>>500~600</td><td>>600~700</td><td>>700~800</td><td>>800~900</td><td>>900~1000</td><td>>1000~1100</td><td>>1100~1200</td><td>>1200~1300</td></tr>
<tr><td colspan="12">k_{Mv}</td></tr>
<tr><td>易切削钢</td><td>Y12、Y15、Y20、Y30、Y35</td><td>—</td><td>—</td><td>—</td><td>0.87</td><td>1.39</td><td>1.2</td><td>1.06</td><td>0.94</td><td>—</td><td>—</td><td>—</td><td>—</td></tr>
<tr><td>碳素结构钢[w(C)≤0.6%]</td><td>08、10、15、20、25、30、35、40、45、50、55、60</td><td>—</td><td>—</td><td>0.57</td><td>0.72</td><td>1.16</td><td>1.0</td><td>0.88</td><td>0.78</td><td>—</td><td>—</td><td>—</td><td>—</td></tr>
<tr><td>铬钢
镍钢
镍铬钢</td><td>15Cr、20Cr、30Cr、35Cr、40Cr、45Cr、50Cr、25Ni、30Ni、12Cr2Ni4、20Cr2Ni4、20CrNi3A、37CrNi3A</td><td>—</td><td>—</td><td>—</td><td>—</td><td>1.04</td><td>0.9</td><td>0.79</td><td>0.70</td><td>0.64</td><td>0.58</td><td>0.54</td><td>0.49</td></tr>
<tr><td>碳素工具钢及碳素结构钢[w(C)>0.6%]</td><td>T8、T8A、T9、T9A、T10、T10A、T12、T12A、T13、T13A、T8Mn、T8MnA、T10Mn、T10MnA</td><td rowspan="2">—</td><td rowspan="2">—</td><td rowspan="2">—</td><td rowspan="2">—</td><td rowspan="2">—</td><td rowspan="2">0.8</td><td rowspan="2">0.7</td><td rowspan="2">0.62</td><td rowspan="2">0.57</td><td rowspan="2">0.52</td><td rowspan="2">0.48</td><td rowspan="2">—</td></tr>
<tr><td>镍铬钨钢及与它近似的钢</td><td>18CrNiWA、25 CrNiWA、18 Cr2Ni4MoA、18 CrNiMoA、20CrNiVA、45CrNiMoVA</td></tr>
</table>

（续）

<table>
<tr><td colspan="14">（2）与加工材料有关的系数 k_{Mv}</td></tr>
<tr><td rowspan="5">加工材料的名称</td><td rowspan="5">材料牌号</td><td colspan="12">材料硬度　HBW</td></tr>
<tr><td>—</td><td>—</td><td>—</td><td>110~140</td><td>>140~170</td><td>>170~200</td><td>>200~230</td><td>>230~260</td><td>>260~290</td><td>>290~320</td><td>>320~350</td><td>>350~380</td></tr>
<tr><td colspan="12">抗拉强度 R_m/MPa</td></tr>
<tr><td>100~200</td><td>>200~300</td><td>>300~400</td><td>>400~500</td><td>>500~600</td><td>>600~700</td><td>>700~800</td><td>>800~900</td><td>>900~1000</td><td>>1000~1100</td><td>>1100~1200</td><td>>1200~1300</td></tr>
<tr><td colspan="12">k_{Mv}</td></tr>
<tr><td>锰钢</td><td>15Mn、20Mn、30Mn、40Mn、50Mn、60Mn、65Mn、70Mn、10Mn2、30Mn2、35Mn2、40Mn2、45Mn2、50Mn2</td><td rowspan="3">—</td><td rowspan="3">—</td><td rowspan="3">—</td><td rowspan="3">—</td><td rowspan="3">0.82</td><td rowspan="3">0.7</td><td rowspan="3">0.62</td><td rowspan="3">0.55</td><td rowspan="3">0.5</td><td rowspan="3">0.46</td><td rowspan="3">0.42</td><td rowspan="3">0.39</td></tr>
<tr><td>铬钼钢及与它近似的钢</td><td>12CrMo、20CrMo、30CrMo、35CrMo、38CrMoAlA、35CrAlA、32CrNiMo、40CrNiMoA</td></tr>
<tr><td>铬锰钢及与它近似的钢</td><td>15CrMn、20CrMn、40CrMn、40Cr2Mn、55CrMn2、33CrSi、37CrSi、35SiMn、30CrMnSi、35CrMnSi</td></tr>
<tr><td>高速工具钢</td><td>W18Cr4V</td><td>—</td><td>—</td><td>—</td><td>—</td><td>—</td><td>0.6</td><td>0.53</td><td>0.47</td><td>0.43</td><td>0.39</td><td>0.36</td><td>0.33</td></tr>
<tr><td>铝硅合金及铸铝合金</td><td>—</td><td>1.0</td><td>0.8</td><td>—</td><td>—</td><td colspan="8" rowspan="2">—</td></tr>
<tr><td>硬铝</td><td>—</td><td>—</td><td>1.2</td><td>1.0</td><td>0.8</td></tr>
</table>

（续）

（2）与加工材料有关的系数 k_{Mv}

材料名称	材料牌号	材料硬度　HBW												
		35~65	70~80	60~80	60~90	70~90	100~120	120~140	140~160	160~180	180~200	200~220	220~240	240~260
		k_{Mv}												
灰铸铁	各种	—	—	—	—	—	—	—	1.36	1.16	1.0	0.88	0.78	0.70
可锻铸铁	各种	—	—	—	—	—	1.5	1.2	1.0	0.85	0.74	—	—	—
铜合金 非均质合金 高硬度	ZCuAl8Mn13-Fe3Ni2 及其他牌号	—	—	—	—	—	—	—	0.70	0.70	0.70	—	—	—
铜合金 非均质合金 中等硬度	QAl9-4 HSi80-3 及其他牌号	—	—	—	—	—	1.0	1.0	—	—	—	—	—	—
铜合金 非均质铅合金	ZCuSn10Pb5、ZCuZn38Mn2Pb2 及其他牌号	—	—	—	—	1.7	—	—	—	—	—	—	—	—
铜合金 均质合金	QAl 7、QSn6.5-0.1 及其他牌号	—	—	—	2	—	—	—	—	—	—	—	—	—
铜合金 含铅少于10%（质量分数）的均质合金	ZCuSn5Pb5Zn5、QSn4-4-2.5 及其他牌号	—	—	4	—	—	—	—	—	—	—	—	—	—
铜合金 铜	Cu-4、Cu-5	—	8	—	—	—	—	—	—	—	—	—	—	—
铜合金 含铅多于10%（质量分数）的合金	ZCuPb17Sn4Zn4、ZCuPb30 及其他牌号	12	—	—	—	—	—	—	—	—	—	—	—	—

（3）与钻孔时钢料状态有关的系数 k_{sv}

钢料状态	轧材及已加工的孔		热处理			铸件，冲压（扩孔用）	
	冷拉	热轧	正火	退火	调质	未经过酸浊	经过酸浊
k_{sv}	1.1	1.0	0.95	0.9	0.8	0.75	0.95

（4）与扩孔时加工表面的状态有关的系数 k_{wv}

加工表面状态	已加工的孔	铸孔 $\frac{a_{PR}}{a_P}\geqslant 3$
k_{wv}	1.0	0.75

（续）

（5）与刀具材料有关的系数 k_{tv}

刀具材料牌号	W18Cr4V W6Mo5Cr4V2	9SiCr
k_{tv}	1.0	0.6

（6）与钻头刃磨形状有关的系数 k_{xv}

刃磨形状		双横	标准
k_{xv}	加工钢及铝合金	1.0	0.87
	加工铸铁及铜合金	1.0	0.84

（7）与钻孔深度有关的系数 k_{lv}

孔深（以直径为单位）	≤3 d_0	4 d_0	5 d_0	$6d_0$	$8d_0$	$10d_0$
k_{lv}	1.0	0.85	0.75	0.7	0.6	0.5

（8）与扩孔的背吃刀量有关的系数 k_{apv}

$\frac{实际背吃刀量}{标准背吃刀量}=\frac{a_{PR}}{a_P}$		0.5	1.0	2.0
k_{apv}	加工钢及铝合金	1.15	1.0	0.87
	加工铸铁及铜合金	1.08	1.0	0.93

2. 用硬质合金钻头和扩孔钻加工

（1）与刀具寿命有关的系数 k_{Tv}

$\frac{实际寿命}{标准寿命}$		0.25	0.5	1	2	4	6	8	10	12	18	24
k_{Tv}	加工钢	1.41	1.19	1.0	0.84	0.71	0.64	0.60	0.56	0.54	0.49	0.45
	加工铸铁	1.74	1.32	1.0	0.76	0.57	0.49	0.43	0.40	0.37	0.31	0.28

（2）与加工材料有关的系数 k_{Mv}

加工材料	HBW	—	>110~140	>140~170	>170~200	>200~230	>230~260	>260~290	>290~320	>320~350	>350~380
	R_m/MPa	300~400	>400~500	>500~600	>600~700	>700~800	>800~900	>900~1000	>1000~1100	>1100~1200	>1200~1300
	易切削钢、铬钢、碳钢、镍铬钢	1.74	1.39	1.16	1.0	0.88	0.78	0.71	0.65	0.6	0.55
	碳素工具钢、锰钢、镍铬钨钢、铬钼钢、铬锰钢	1.3	1.04	0.87	0.75	0.66	0.58	0.53	0.49	0.45	0.41

加工材料	HBW	100~120	120~140	140~160	160~180	180~200	200~220	220~240	240~260
	灰铸铁	—	—	—	1.15	1.0	0.88	0.78	0.70
	可锻铸铁	1.5	1.2	1.0	0.85	0.74	—	—	—

（续）

（3）与毛坯的表面状态有关的系数 k_{Wv}

表面状态	无外皮	铸造外皮
k_{Wv}	1.0	0.8

（4）与刀具材料有关的系数 k_{tv}

刀具材料	加工钢		加工铸铁		
	YT15(P10)	YT5(P30)	YG8(K30)	YG6(K20)	YG3(K05)
k_{tv}	1.0	0.65	1.0	1.2	1.3~1.4

（5）与使用切削液有关的系数 k_{ov}

工作条件	加工钢		加工铸铁	
	加切削液	不加切削液	不加切削液	加切削液
k_{ov}	1.0	0.7	1.0	1.2~1.3

（6）与钻孔深度有关的系数 k_{lv}

钻孔深度（以钻头直径为单位）	$\leqslant 3d_0$	$4\ d_0$	$5\ d_0$	$6\ d_0$	$10\ d_0$
k_{lv}	1.0	0.85	0.75	0.6	0.5

（7）与扩孔的背吃刀量有关的系数 k_{apv}

$\dfrac{实际背吃刀量}{标准背吃刀量}=\dfrac{a_{PR}}{a_P}$		0.5	1.0	2.0
k_{apv}	加工钢	1.15	1.0	0.87
	加工铸铁	1.11	1.0	0.93

3. 用高速钢绞刀加工

（1）与刀具寿命有关的系数 k_{Tv}

$\dfrac{实际寿命}{标准寿命}=\dfrac{T_R}{T}$		0.25	0.5	1.0	2	4	6	8	10	12	18	24
k_{Tv}	加工钢及铝合金	1.74	1.32	1.0	0.76	0.57	0.49	0.43	0.40	0.37	0.31	0.28
	加工铸铁及铜合金	1.51	1.23	1.0	0.81	0.66	0.58	0.53	0.50	0.47	0.42	0.39

（2）与加工材料有关的系数 k_{Mv}

加工材料	材料硬度　HBW										
	—	—	110~140	140~170	170~200	200~230	230~260	260~290	290~320	320~350	350~380
	抗拉强度 R_m/MPa										
	≤300	300~400	>400~500	>500~600	>600~700	>700~800	>800~900	>900~1000	>1000~1100	>1100~1200	>1200~1300
	k_{Mv}										
易切削钢、碳钢、铬钢、镍铬钢	—	—	0.9	1.0	1.0	0.88	0.78	0.71	0.65	0.60	0.55
碳素工具钢、锰钢、镍铬钨钢、铬钼钢及铬锰钢	—	—	—	0.75	0.75	0.66	0.58	0.53	0.49	0.45	0.41
硬铝合金	1.2	1.0	0.8	—	—	—	—	—	—	—	—

（续）

加工材料	材料硬度 HBW										
	60~80	60~90	70~90	100~120	120~140	140~160	160~180	180~200	200~220	220~240	240~260
	k_{Mv}										
灰铸铁、可锻铸铁、铜合金	—	—	—	—	—	—	1.16	1.0	0.88	0.78	0.70
	—	—	—	1.5	1.2	1.0	0.85	0.74	—	—	—
	4.0	2.0	1.7	1.0	1.0	0.70	0.70	—	—	—	—

（3）与刀具材料有关的系数 k_{tv}

刀具材料牌号	W18Cr4V、W6Mo5Cr4V2	9SiCr
k_{tv}	1.0	0.85

（4）与铰孔背吃刀量有关的系数 k_{apv}

实际背吃刀量/标准背吃刀量 $=\frac{a_{PR}}{a_P}$		0.5	1.0	2.0
k_{apv}	加工钢和铝合金	1.15	1.0	0.87
	加工铸铁和铜合金	1.08	1.0	0.93

3. 钻孔时轴向力、转矩及功率的计算公式

1）钻孔时轴向力、转矩及功率的计算公式见表 3.4-10。

2）钻孔条件改变时轴向力及转矩的修正系数见表 3.4-11。

表 3.4-10 钻孔时轴向力、转矩及功率的计算公式

（1）计算公式

轴向力/N	转矩/N·m	功率/kW
$F=C_F d_0^{z_F} f^{y_F} k_F$	$M=C_M d_0^{z_M} f^{y_M} k_M$	$P_m=\frac{Mv}{30d_0}$

（2）公式中的系数和指数

加工材料	刀具材料	系数和指数					
		轴向力			转矩		
		C_F	z_F	y_F	C_M	z_M	y_M
钢，$R_m=650$MPa	高速钢	600	1.0	0.7	0.305	2.0	0.8
耐热钢	高速钢	1400	1.0	0.7	0.402	2.0	0.7
灰铸铁，190HBW	高速钢	420	1.0	0.8	0.206	2.0	0.8
	硬质合金	410	1.2	0.75	0.117	2.2	0.8

（续）

（2）公式中的系数和指数							
加工材料	刀具材料	系数和指数					
		轴向力			转矩		
		C_F	z_F	y_F	C_M	z_M	y_M
可锻铸铁，150HBW	高速钢	425	1.0	0.8	0.206	2.0	0.8
	硬质合金	320	1.2	0.75	0.098	2.2	0.8
中等硬度非均质铜合金，100~140HBW	高速钢	310	1.0	0.8	0.117	2.0	0.8

注：1. 加工条件改变时，切削力及转矩的修正系数见表 3.4-11。

2. 用硬质合金钻头钻削未淬硬的碳素结构钢、铬钢及镍铬钢时，轴向力及转矩可按下列公式计算：

$$F=3.48d_0^{1.4}f^{0.8}R_m^{0.75},\quad M=5.87d_0^2fR_m^{0.7}$$

表 3.4-11　钻孔条件改变时轴向力及转矩的修正系数

（1）与加工材料有关

钢	力学性能	HBW	110~140	>140~170	>170~200	>200~230	>230~260	>260~290	>290~320	>320~350	>350~380
		R_m/MPa	400~500	>500~600	>600~700	>700~800	>800~900	>900~1000	>1000~1100	>1100~1200	>1200~1300
	$k_{MF}=k_{MM}$		0.75	0.88	1.0	1.11	1.22	1.33	1.43	1.54	1.63
铸铁	力学性能 HBW		100~120	120~140	140~160	160~180	180~200	200~220	220~240	240~260	—
	系数 $k_{MF}=k_{MM}$	灰铸铁	—	—	—	0.94	1.0	1.06	1.12	1.18	—
		可锻铸铁	0.83	0.92	1.0	1.08	1.14	—	—	—	—

（2）与刃磨形状有关

刃磨形状		标准	双横、双横棱、横、横棱
系数	k_{xF}	1.33	1.0
	k_{xM}	1.0	1.0

（3）与刀具磨钝有关

切削面状态		尖锐的	磨钝的
系数	k_{VBF}	0.9	1.0
	k_{VBM}	0.87	1.0

4. 群钻加工时轴向力及转矩的计算公式（表 3.4-12）

表 3.4-12　群钻加工时轴向力及转矩的计算公式

（1）计算公式	
轴向力 F/N	转 矩/N · m
$F=C_Fd_0^{z_F}f^{y_F}v^{n_F}k_F$	$M=C_Md_0^{z_M}f^{y_M}v^{n_M}k_M$

（续）

加工材料	系数和指数							
	轴向力				转矩			
	C_F	z_F	y_F	n_F	C_M	z_M	y_M	n_M
A3，107~146HBW	552	0.839	0.852	0.151	0.415	1.887	0.896	-0.018
45钢，189~215HBW	1102	0.867	0.772	-0.124	0.438	1.828	0.901	0.034
T10A，179~193HBW	1687	0.7	0.757	-0.039	0.576	1.829	0.88	-0.016
40Cr，246~260HBW	1239	0.821	0.717	-0.055	0.652	1.76	0.923	0.059
20CrMnTi，245~253HBW	2396	0.623	0.768	-0.073	0.680	1.743	0.918	0.037
45CrNiMoV，214~219HBW	1114	0.745	0.681	0.116	0.559	1.811	0.796	0.039
35CrMnSi，36~37HRC	1692	0.641	0.867	0.136	0.640	1.784	0.818	-0.022
钛合金 TC4，290~292HBW	542.5	0.96	0.697	-0.038	0.314	1.964	0.983	0.016
铜 Cu-4，73~81HBW	308	0.916	0.599	0.105	1.197	1.599	0.788	-0.082
黄铜 HPb59-1，94~96HBW	126.5	0.569	0.668	0.172	0.157	1.842	0.874	0.017
铸造铝合金 ZAlSi7Mg，41~43HBW	320.8	0.842	1.046	0.082	0.161	1.785	1.022	0.092
灰铸铁 HT200，173~182HBW	365.9	0.661	1.217	0.361	0.281	1.788	1.048	0.077

（2）公式中的系数和指数

注：加工材料改变时轴向力及转矩均应乘修正系数 $k_{MF}=k_{MM}$

加工材料	钢								铸铁	
硬度 HBW	90~156	143~207	170~229	207~269	229~285	269~302	285~321	321~375	163~229	170~241
$k_{MF}=k_{MM}$	0.6	0.75	0.85	0.9	1.0	1.05	1.1	1.2	1.0	1.1

3.4.3 确定钻、扩、铰孔时切削用量、轴向力、转矩及切削功率的常用表格

1. 钻孔

1）高速钢麻花钻钻孔。

① 高速钢钻头钻削不同材料的切削用量见表 3.4-13。

② 高速钢钻头在碳素结构钢（$R_m=650$MPa）上钻孔的切削速度、轴向力、转矩及功率见表 3.4-14。

③ 高速钢钻头在灰铸铁（190HBW）上钻孔的切削速度、轴向力、转矩及功率见表 3.4-15。

2）群钻钻孔。

① 群钻加工钢时的切削用量见表 3.4-16。

② 群钻加工铸铁时的切削用量见表 3.4-17。

3）小钻头（ϕ1mm 以下）钻孔的切削用量见表 3.4-18。

4）钻中心孔的切削用量及在热处理后修整中心孔的时间见表 3.4-19。

5）硬质合金钻头钻孔。

① 硬质合金钻头钻削不同材料的切削用量见表 3.4-20。

② 硬质合金可转位钻头（浅孔钻）钻孔的切削用量见表 3.4-21。

③ 硬质合金可转位钻头钻孔的切削功率见表 3.4-22。

6）扁钻钻孔。

① 高速钢扁钻钻孔的切削用量见表 3.4-23。

② 扁钻钻孔的轴向力、转矩及单位切削功率见表 3.4-24。

③ 硬质合金扁钻钻孔的切削用量见表 3.4-25。

7）钻削中心钻孔。

① 高速钢麻花钻在铸铁件及钢件上钻孔的切削用量见表 3.4-26。

② 高速钢麻花钻在铝件及铜件上钻孔的切削用量见表 3.4-27。

表 3.4-13　高速钢钻头钻削不同材料的切削用量

加工材料		硬度		切削速度 v /(m/min)	钻头直径 d_0/mm					钻头螺旋角 /(°)	锋角 /(°)	备注
		布氏 HBW	洛氏		<3	3~6	6~13	13~19	19~25			
					进给量 f/(mm/r)							
铝及铝合金		45~105	≤62HRB	105	0.08	0.15	0.25	0.40	0.48	32~42	90~118	
铜及铜合金	高加工性	~124	10~70 HRB	60	0.08	0.15	0.25	0.40	0.48	15~40	118	
	低加工性	~124	10~70 HRB	20	0.08	0.15	0.25	0.40	0.48	0~25	118	
镁及镁合金		50~90	≤52HRB	45~120	0.08	0.15	0.25	0.40	0.48	25~35	118	
锌合金		80~100	41~62 HRB	75	0.08	0.15	0.25	0.40	0.48	32~42	118	
碳钢	w(C)= 0.25%	125~175	71~88 HRB	24	0.08	0.13	0.20	0.26	0.32	25~35	118	
	w(C)= 0.50%	175~225	88~98 HRB	20	0.08	0.13	0.20	0.26	0.32	25~35	118	
	w(C)= 0.90%	175~225	88~98 HRB	17	0.08	0.13	0.20	0.26	0.32	25~35	118	
合金钢	w(C)= 0.12%~0.25%	175~225	88~98 HRB	21	0.08	0.15	0.20	0.40	0.48	25~35	118	
	w(C)= 0.30%~0.65%	175~225	88~98 HRB	15~18	0.05	0.09	0.15	0.21	0.26	25~35	118	
马氏体时效钢		275~325	28~35 HRC	17	0.08	0.13	0.20	0.26	0.32	25~35	118~135	
不锈钢	奥氏体	135~185	75~90 HRB	17	0.05	0.09	0.15	0.21	0.26	25~35	118~135	用含钴高速钢
	铁素体	135~185	75~90 HRB	20	0.05	0.09	0.15	0.21	0.26	25~35	118~135	
	马氏体	135~185	75~88HRB	20	0.08	0.15	0.25	0.40	0.48	25~35	118~135	用含钴高速钢
	沉淀硬化	150~200	82~94 HRB	15	0.05	0.09	0.15	0.21	0.26	25~35	118~135	用含钴高速钢
工具钢		196	94 HRB	18	0.08	0.13	0.20	0.26	0.32	25~35	118	
		241	24 HRC	15	0.08	0.13	0.20	0.26	0.32	25~35	118	

（续）

加工材料		硬度 布氏HBW	硬度 洛氏	切削速度 v/(m/min)	钻头直径 d_0/mm <3	3~6	6~13	13~19	19~25	钻头螺旋角/(°)	锋角/(°)	备注
					进给量 f/(mm/r)							
灰铸铁	软	120~150	≤80 HRB	43~46	0.08	0.15	0.25	0.40	0.48	20~30	90~118	
	中硬	160~220	80~97 HRB	24~34	0.08	0.13	0.20	0.26	0.32	14~25	90~118	
可锻铸铁		112~126	≤71 HRB	27~37	0.08	0.13	0.20	0.26	0.32	20~30	90~118	
球墨铸铁		190~225	≤98 HRB	18	0.08	0.13	0.20	0.26	0.32	14~25	90~118	
高温合金	镍基	150~300	≤32 HRC	6	0.04	0.08	0.09	0.11	0.13	28~35	118~135	用含钴高速钢
	铁基	180~230	89~99 HRB	7.5	0.05	0.09	0.15	0.21	0.26	28~35	118~135	
	钴基	180~230	89~99 HRB	6	0.04	0.08	0.09	0.11	0.13	28~35	118~135	
钛及钛合金	纯钛	110~200	≤94 HRB	30	0.05	0.09	0.15	0.21	0.26	30~38	135	
	α 及 α+β	300~360	31~39 HRC	12	0.08	0.13	0.20	0.26	0.32	30~38	135	用含钴高速钢
	β	275~350	29~38 HRC	7.5	0.04	0.08	0.09	0.11	0.13	30~38	135	
碳钢		—	—	18~21	0.04	0.08	0.09	0.11	0.13	25~35	90~118	
塑料		—	—	30	0.08	0.13	0.20	0.26	0.32	15~25	118	
硬橡胶		—	—	30~90	0.05	0.09	0.15	0.21	0.26	10~20	90~118	

表 3.4-14 高速钢钻头在碳素结构钢（R_m=650MPa）上钻孔的切削速度、轴向力、转矩及功率

f/(mm/r)	d_0=2mm v	F	T	P_m	d_0=3mm v	F	T	P_m	d_0=4mm v	F	T	P_m
≤0.03	28	137	0.073	0.034	—	—	—	—	—	—	—	—
0.04	26	166	0.092	0.040	28	255	0.208	0.065	—	—	—	—
0.05	25	196	0.111	0.046	27	294	0.249	0.075	29	392	0.44	0.11
0.06	24	225	0.128	0.051	26	333	0.288	0.083	28	441	0.51	0.12
0.07	21	255	0.145	0.051	25	372	0.325	0.091	27	490	0.58	0.13
0.08	—	—	—	—	23	412	0.362	0.092	26	539	0.64	0.14
0.09	—	—	—	—	21	451	0.398	0.094	24	588	0.71	0.14
0.10	—	—	—	—	20	480	0.433	0.095	22	637	0.77	0.14
0.12	—	—	—	—	—	—	—	—	19	725	0.89	0.14
0.15	—	—	—	—	—	—	—	—	17	843	1.07	0.15

（续）

f/(mm/r)	d_0=5mm				d_0=6mm				d_0=8mm			
	v	F	T	P_m	v	F	T	P_m	v	F	T	P_m
0.08	28	676	1.01	0.19	27	814	1.45	0.22	—	—	—	—
0.10	24	794	1.20	0.19	23	951	1.73	0.22	26	1265	3.09	0.33
0.12	21	902	1.39	0.20	20	1080	2.01	0.22	23	1440	3.57	0.34
0.14	19	1000	1.57	0.20	18	1195	2.26	0.23	20	1600	4.02	0.34
0.16	17	1100	1.74	0.20	16	1315	2.52	0.23	18	1755	4.47	0.34
0.18	16	1195	1.92	0.20	15	1430	2.77	0.23	17	1910	4.92	0.35
0.20	—	—	—	—	14	1550	3.02	0.24	16	2060	5.36	0.35

f/(mm/r)	d_0=10mm				d_0=12mm				d_0=14mm			
	v	F	T	P_m	v	F	T	P_m	v	F	T	P_m
0.12	25	1805	5.58	0.46	23	2170	8.03	0.52	—	—	—	—
0.14	22	2000	6.28	0.46	21	2405	9.04	0.53	25	2140	12.31	0.74
0.16	20	2195	6.98	0.47	19	2630	10.05	0.54	23	2345	13.73	0.76
0.18	19	2395	7.69	0.48	17	2865	11.06	0.54	21	2550	15.10	0.77
0.20	17	2580	8.38	0.48	16	3090	12.06	0.58	20	2755	16.48	0.78
0.25	15	3010	10.03	0.51	14	3620	14.42	0.61	18	3215	19.62	0.82
0.30	—	—	—	—	—	—	—	—	16	3660	22.75	0.88

f/(mm/r)	d_0=16mm				d_0=20mm				d_0=24mm			
	v	F	T	P_m	v	F	T	P_m	v	F	T	P_m
0.14	27	2415	16.18	0.90	—	—	—	—	—	—	—	—
0.16	24	2650	17.90	0.91	27	3305	27.96	1.24	—	—	—	—
0.18	22	2885	19.71	0.92	25	3600	30.70	1.25	24	4335	44.34	1.47
0.20	21	3110	21.48	0.94	23	3895	33.55	1.28	22	4670	48.36	1.49
0.25	19	3640	25.70	0.99	20	4550	40.12	1.36	20	5465	57.78	1.59
0.30	17	4140	29.72	1.06	19	5170	46.40	1.44	18	6200	66.90	1.68
0.35	16	4610	33.64	1.10	17	5760	52.48	1.50	17	6905	75.63	1.76
0.40	15	5060	37.37	1.19	16	6325	58.46	1.57	16	7585	84.16	1.83
0.45	—	—	—	—	15	6865	64.15	1.62	15	8240	92.61	1.90
0.50	—	—	—	—	14	7385	69.84	1.68	14	8870	101.04	1.97

f/(mm/r)	d_0=28mm				d_0=30mm				d_0=35mm			
	v	F	T	P_m	v	F	T	P_m	v	F	T	P_m
0.18	25	5050	60.43	1.82	—	—	—	—	—	—	—	—
0.20	24	5445	65.82	1.85	24	5835	75.53	2.04	—	—	—	—
0.25	21	6365	78.67	1.97	22	6825	90.25	2.17	22	7965	122.62	2.52
0.30	19	7240	91.03	2.09	20	7750	103.98	2.29	20	9045	142.24	2.66
0.35	18	8065	103.0	2.19	18	8640	117.72	2.40	18	10105	160.88	2.79
0.40	17	8850	114.77	2.28	17	9485	131.45	2.50	17	11085	178.54	2.90
0.45	16	9615	126.05	2.36	16	10300	144.21	2.59	16	12015	196.20	3.00
0.50	15	10400	137.34	2.43	15	11085	156.96	2.68	15	12950	213.86	3.10
0.55	14	11085	147.64	2.49	15	11820	169.71	2.75	14	13830	230.53	3.18
0.60	14	11770	157.94	2.55	14	12555	181.48	2.82	14	14715	247.21	3.28

（续）

f/(mm/r)	$d_0=40$mm				$d_0=50$mm				$d_0=60$mm			
	v	F	T	P_m	v	F	T	P_m	v	F	T	P_m
0.25	23	9635	160.88	3.04	24	11380	251.13	3.95	24	13635	361.00	4.89
0.30	21	10300	185.41	3.19	22	12950	290.37	4.17	22	15500	417.91	5.17
0.35	19	11475	209.93	3.36	20	14420	328.63	4.37	21	17265	472.84	5.42
0.40	18	12655	233.47	3.50	19	15795	364.93	4.53	19	18935	525.81	5.64
0.45	17	13735	256.53	3.62	18	17165	400.74	4.70	18	20600	577.81	5.82
0.50	16	14815	279.58	3.83	17	18440	436.54	4.85	17	22170	628.82	6.01
0.55	15	15795	301.65	3.86	16	19720	470.88	4.99	16	23740	678.85	6.20
0.60	15	16775	323.73	3.95	15	20995	505.21	5.13	16	25210	727.90	6.38
0.70	14	18640	365.91	4.14	14	23350	570.94	5.36	15	28055	822.08	6.66

注：1. 表内切削用量对 $d_0 \leqslant 12$mm 的钻头，按普通刃磨法计算；而对 $d_0>12$mm 的钻头，则按双重刃磨并修磨横刃计算。

2. 使用条件变换时 v 的修正系数见表 3.4-9，F、T 的修正系数见表 3.4-11。

3. 全部使用切削液。

4. 单位：v—m/min；　F—N；T—N·m；P_m—kW。

表 3.4-15　高速钢钻头在灰铸铁（190HBW）上钻孔的切削速度、轴向力、转矩及功率

f/(mm/r)	$d_0=2$mm				$d_0=3$mm				$d_0=4$mm			
	v	F	T	P_m	v	F	T	P_m	v	F	T	P_m
≤0.04	34	86	0.063	0.035	—	—	—	—	—	—	—	—
0.05	30	103	0.076	0.037	—	—	—	—	—	—	—	—
0.06	27	123	0.087	0.039	30	183	0.20	0.066	32	235	0.35	0.094
0.08	23	153	0.11	0.042	25	224	0.25	0.072	27	296	0.44	0.099
0.10	20	183	0.13	0.044	22	267	0.30	0.077	24	357	0.53	0.10
0.12	18	208	0.16	0.049	20	312	0.35	0.077	22	416	0.62	0.11
0.15	16	245	0.18	0.049	18	378	0.41	0.083	19	500	0.74	0.12
0.18	—	—	—	—	16	431	0.48	0.088	17	576	0.85	0.13
0.20	—	—	—	—	15	469	0.52	0.088	17	622	0.93	0.13
0.25	—	—	—	—	—	—	—	—	16	745	1.10	0.14

f/(mm/r)	$d_0=5$mm				$d_0=6$mm				$d_0=8$mm			
	v	F	T	P_m	v	F	T	P_m	v	F	T	P_m
0.08	29	378	0.70	0.14	28	449	1.00	0.15	—	—	—	—
0.10	26	449	0.83	0.14	24	540	1.20	0.16	26	724	2.14	0.23
0.12	23	520	0.97	0.15	22	624	1.39	0.17	24	832	2.47	0.24
0.15	20	622	1.15	0.16	20	745	1.66	0.18	21	1000	2.95	0.26
0.18	19	720	1.33	0.17	18	863	1.92	0.19	19	1150	3.41	0.27
0.20	17	785	1.45	0.17	17	939	2.10	0.19	18	1255	3.71	0.28
0.25	15	944	1.74	0.18	15	1120	2.50	0.20	16	1600	4.43	0.29
0.30	14	1080	2.01	0.19	14	1295	2.88	0.21	14	1735	5.14	0.30
0.35	13	1225	2.27	0.19	13	1470	3.26	0.22	13	1950	5.80	0.31
0.40	—	—	—	—	—	—	—	—	12	2180	6.45	0.33
0.45	—	—	—	—	—	—	—	—	12	2385	7.10	0.35

（续）

$f/(\mathrm{mm/r})$	$d_0=10\mathrm{mm}$				$d_0=12\mathrm{mm}$				$d_0=14\mathrm{mm}$			
	v	F	T	P_m	v	F	T	P_m	v	F	T	P_m
0. 15	22	1245	4. 61	0. 34	—	—	—	—	—	—	—	—
0. 18	20	1440	5. 33	0. 36	19	1725	7. 70	0. 41	24	1520	10. 44	0. 60
0. 20	19	1560	5. 78	0. 36	18	1875	8. 34	0. 42	23	1650	11. 38	0. 62
0. 25	17	1865	6. 94	0. 39	16	2245	10. 00	0. 45	20	1970	13. 63	0. 65
0. 30	15	2180	8. 02	0. 40	15	2600	11. 57	0. 47	18	2275	15. 69	0. 68
0. 35	14	2445	9. 07	0. 41	14	2935	13. 04	0. 48	17	2570	18. 15	0. 72
0. 40	13	2725	10. 10	0. 44	13	3275	14. 51	0. 51	16	2865	20. 60	0. 77
0. 45	13	2990	11. 08	0. 46	12	3580	15. 99	0. 54	15	3150	22. 07	0. 79
0. 50	12	3255	12. 06	0. 48	12	3905	17. 36	0. 56	15	3435	23. 64	0. 81
0. 60	12	3765	13. 93	0. 52	12	4520	20. 11	0. 60	14	3975	27. 37	0. 87
0. 70	—	—	—	—	—	—	—	—	13	4485	30. 90	0. 92
0. 80	—	—	—	—	—	—	—	—	12	5005	34. 53	0. 97

$f/(\mathrm{mm/r})$	$d_0=16\mathrm{mm}$				$d_0=20\mathrm{mm}$				$d_0=24\mathrm{mm}$			
	v	F	T	P_m	v	F	T	P_m	v	F	T	P_m
0. 20	24	1885	14. 81	0. 73	—	—	—	—	—	—	—	—
0. 25	21	2255	17. 75	0. 77	22	2815	27. 66	1. 01	22	3375	39. 92	1. 19
0. 30	19	2610	20. 50	0. 80	20	3255	32. 07	1. 07	20	3925	46. 20	1. 25
0. 35	17	2945	23. 15	0. 83	18	3680	36. 29	1. 09	18	4425	52. 18	1. 29
0. 40	16	3275	25. 80	0. 87	18	4100	40. 41	1. 16	17	4925	58. 17	1. 36
0. 45	16	3600	28. 35	0. 91	17	4500	44. 34	1. 20	16	5405	63. 86	1. 42
0. 50	15	3925	30. 90	0. 96	16	4895	48. 26	1. 27	16	5885	69. 55	1. 50
0. 60	14	4530	35. 80	1. 03	15	5670	55. 91	1. 36	15	6805	80. 44	1. 60
0. 70	13	5120	40. 31	1. 09	14	6395	63. 17	1. 44	14	7690	90. 74	1. 70
0. 80	13	5700	44. 92	1. 14	13	7140	70. 33	1. 52	13	8575	101. 04	1. 79
0. 90	—	—	—	—	13	7850	77. 10	1. 60	13	9390	110. 85	1. 88
1. 00	—	—	—	—	—	—	—	—	12	10200	120. 66	1. 96

$f/(\mathrm{mm/r})$	$d_0=28\mathrm{mm}$				$d_0=30\mathrm{mm}$				$d_0=35\mathrm{mm}$			
	v	F	T	P_m	v	F	T	P_m	v	F	T	P_m
0. 25	23	3945	52. 97	1. 42	23	4220	62. 39	1. 58	—	—	—	—
0. 30	20	4560	61. 31	1. 49	21	4885	72. 20	1. 66	21	5690	98. 10	1. 93
0. 40	18	5740	77. 10	1. 61	18	6140	90. 84	1. 80	18	7160	123. 60	2. 09
0. 50	16	6865	92. 21	1. 77	17	7345	108. 89	1. 98	17	8565	148. 13	2. 30
0. 60	15	7925	106. 93	1. 90	16	8485	125. 56	2. 12	15	9910	170. 69	2. 45
0. 70	14	8965	120. 66	2. 01	15	9590	140. 77	2. 23	15	11180	193. 25	2. 61
0. 80	13	10000	134. 39	2. 12	14	10690	155. 48	2. 33	14	11460	214. 83	2. 76
0. 90	13	10985	147. 64	2. 23	13	11770	172. 36	2. 46	13	13540	231. 51	2. 82
1. 00	12	11965	160. 88	2. 33	13	12850	189. 33	2. 59	13	14620	258. 00	3. 01
1. 20	12	13830	185. 41	2. 50	12	14810	218. 76	2. 79	12	17265	298. 22	3. 25

（续）

$f/(\mathrm{mm/r})$	$d_0=40\mathrm{mm}$				$d_0=50\mathrm{mm}$				$d_0=60\mathrm{mm}$			
	v	F	T	P_m	v	F	T	P_m	v	F	T	P_m
0.30	21	6510	128.50	2.28	22	8140	200.10	2.90	22	9760	288.41	3.56
0.40	19	8190	160.90	2.46	19	9850	252.10	3.16	19	12260	362.97	3.87
0.50	17	9810	193.25	2.72	18	12260	302.10	3.48	18	14615	434.58	4.26
0.60	16	11280	223.65	2.91	16	14220	349.20	3.72	17	16970	502.27	4.55
0.70	15	12800	252.10	3.08	15	15990	393.40	3.94	16	19180	567.50	4.83
0.80	14	14320	280.55	3.25	15	17850	438.50	4.16	15	21385	632.74	5.10
0.90	14	15700	308.00	3.40	14	19620	481.70	4.36	14	23540	694.55	5.37
1.00	13	17070	335.50	3.55	13	21285	524.80	4.56	14	25700	757.33	6.00
1.20	12	19720	388.50	3.83	13	24820	608.20	4.93	13	29625	875.00	6.01
1.40	12	22270	440.50	4.08	12	27860	686.70	5.21	12	33450	990.81	6.41

注：1. 表内切削用量对 $d_0\leqslant12\mathrm{mm}$ 的钻头，按普通刃磨法计算；而对 $d_0>12\mathrm{mm}$ 的钻头，则按双重刃磨并修磨横刃计算。

2. 使用条件变换时 v 的修正系数见表 3.4-9，F、T 的修正系数见表 3.4-11。

3. 单位：v—m/min；F—N；T—N · m；P_m—kW。

表 3.4-16　群钻加工钢时的切削用量

加工材料			深径比 l/d_0	切削用量	直径 d_0/mm								
碳钢（10、15、20、35、40、45、50 钢等）	合金钢（40Cr、38CrSi、60Mn、35CrMo、20CrMnTi 等）	其他钢种			8	10	12	16	20	25	30	35	40
HBW<207 或 R_m <600MPa	HBW<143 或 R_m<500MPa	易切钢	≤3	$f/(\mathrm{mm/r})$	0.24	0.32	0.40	0.5	0.6	0.67	0.75	0.81	0.9
				$v/(\mathrm{m/min})$	20	20	20	21	21	21	22	22	22
			3~8	$f/(\mathrm{mm/r})$	0.2	0.26	0.32	0.38	0.48	0.55	0.6	0.67	0.75
				$v/(\mathrm{m/min})$	16	16	16	17	17	17	18	18	18
170~229 HBW 或 $R_m=600$~800MPa	143~207HBW 或 $R_m=500$~700MPa	碳素工具钢、铸钢	≤3	$f/(\mathrm{mm/r})$	0.2	0.28	0.35	0.4	0.5	0.56	0.62	0.69	0.75
				$v/(\mathrm{m/min})$	16	16	16	17	17	17	18	18	18
			3~8	$f/(\mathrm{mm/r})$	0.17	0.22	0.28	0.32	0.4	0.45	0.5	0.56	0.62
				$v/(\mathrm{m/min})$	13	13	13	13.5	13.5	13.5	14	14	14
229~285 HBW 或 $R_m=800$~1000MPa	207~255HBW 或 $R_m=700$~900MPa	合金工具钢、合金铸钢、易切不锈钢	≤3	$f/(\mathrm{mm/r})$	0.17	0.22	0.28	0.32	0.4	0.45	0.5	0.56	0.62
				$v/(\mathrm{m/min})$	12	12	12	12.5	12.5	12.5	13	13	13
			3~8	$f/(\mathrm{mm/r})$	0.13	0.18	0.22	0.26	0.32	0.36	0.4	0.45	0.5
				$v/(\mathrm{m/min})$	11	11	11	11.5	11.5	11.5	12	12	12
285~321 HBW 或 $R_m=1000$~1200MPa	255~302HBW 或 $R_m=900$~1100MPa	奥氏体不锈钢	≤3	$f/(\mathrm{mm/r})$	0.18	0.22	0.26	0.32	0.36	0.40	0.45	0.56	0.62
				$v/(\mathrm{m/min})$	9	9	9	10	10	10	11	11	11
			3~8	$f/(\mathrm{mm/r})$	0.12	0.15	0.18	0.22	0.26	0.3	0.32	0.38	0.41
				$v/(\mathrm{m/min})$	9	9	9	10	10	10	11	11	11

注：1. 钻头平均寿命为 60~120min。

2. 当钻削工艺系统刚度低、钻孔精度要求高和排屑、冷却不良时，应适当降低进给量 f 和切削速度 v。

3. 全部使用切削液。

表 3.4-17　群钻加工铸铁时的切削用量

加工材料：灰铸铁	加工材料：可锻铸铁、锰铸铁	深径比 l/d_0	切削用量	直径 d_0/mm：8	10	12	16	20	25	30	35	40
163~229HBW（HT100、HT150）	可锻铸铁（≤229 HBW）	<3	f/(mm/r)	0.3	0.4	0.5	0.6	0.75	0.81	0.9	1	1.1
			v/(m/min)	20	20	20	21	21	21	22	22	22
		3~8	f/(mm/r)	0.24	0.32	0.4	0.5	0.6	0.67	0.75	0.81	0.9
			v/(m/min)	16	16	16	17	17	17	18	18	18
170~269HBW（HT200 以上）	可锻铸铁（197~269HBW）锰铸铁	<3	f/(mm/r)	0.24	0.32	0.4	0.5	0.6	0.67	0.75	0.81	0.9
			v/(m/min)	16	16	16	17	17	17	18	18	18
		3~8	f/(mm/r)	0.2	0.26	0.32	0.38	0.48	0.55	0.6	0.67	0.75
			v/(m/min)	13	13	13	14	14	14	15	15	15

注：1. 钻头平均寿命为 120min。
2. 应使用乳化液冷却。
3. 当钻削工艺系统刚度低、钻孔精度要求高和钻削条件不好时（如带铸造黑皮，排屑、冷却不好），应适当降低进给量 f 与切削速度 v。

表 3.4-18　小钻头（ϕ1mm 以下）钻孔的切削用量

（1）进给量 f/(mm/r)

钻头直径 d_0/mm	0.1	0.2	0.3	0.4	0.5	0.6	0.7	0.8	0.9
f/(mm/r)	感觉	感觉	0.001	0.0015	0.0015	0.002	0.003	0.01	0.02

（2）转速 n/(r/min)

钻头直径 d_0/mm		0.1~0.2	0.25~0.35	0.4~0.6	0.6~0.9
加工材料	钢、铸铁黄铜、青铜 铜铝及硅铝合金 硬橡胶	500~1000 500~1000 500~1000 800~1000 1500~2000	4000~6000 4000~6000 4000~6000 4000~6000 6000~8000	6000~8000 8000~12000 4000~6000 8000~12000 8000~12000	6000~8000 8000~12000 6000~8000 8000~12000 8000~12000

表 3.4-19　钻中心孔的切削用量及在热处理后修整中心孔的时间

（1）钻中心孔

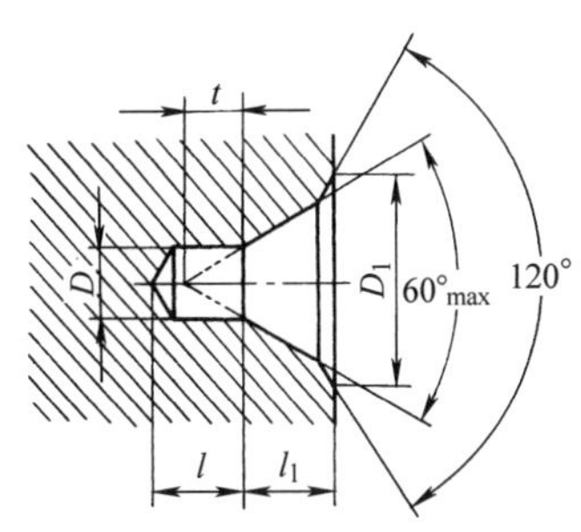

（续）

D/mm		1.00	(1.25)	1.60	2.00	2.50	3.15	4.00	(5.00)	6.30	(8.00)	10.00
D_1/mm		3.15	4.00	5.00	6.30	8.00	10.00	12.50	16.00	18.00	22.40	28.00
参考	l_1/mm	1.27	1.60	1.99	2.54	3.20	4.03	5.05	6.41	7.36	9.36	11.66
	t/mm	0.9	1.1	1.4	1.8	2.2	2.8	3.5	4.4	5.5	7.0	8.7

中心孔的制造工艺	刀具名称	刀具简图	钻中心孔的切削用量									
第一次行程	中心钻		D/mm	1.0	1.6	2.0	2.5	3.15	4	5	6.3	8
			f/(mm/r)	0.02	0.02	0.04	0.05	0.06	0.08	0.1	0.12	0.12
			v/(m/min)	8~15								
第二次行程	60°中心锪钻及带锥柄60°中心锪钻		D/mm	1.0	1.6	2.0	2.5	3.15	4	5	6.3	8
			f/(mm/r)	0.01	0.01	0.02	0.03	0.03	0.04	0.06	0.08	0.08
			v/(m/min)	12~25								
一次行程	不带护锥及带护锥的60°复合中心钻		D/mm	1.0	1.6	2.0	2.5	3.15	4	5	6.3	8
			f/(mm/r)	0.01	0.01	0.02	0.03	0.03	0.04	0.06	0.08	0.08
			v/(m/min)	12~25								

（2）热处理后修整中心孔的时间

	工件直径/mm	10	20	30	40	50
	修整两端的时间/min	0.5	0.6	0.7	0.9	1.1

注：1. 尺寸 l 取决于中心钻的长度，此值不应小于 t 值。

2. 括号内的尺寸尽量不采用。

表 3.4-20　硬质合金钻头钻削不同材料的切削用量

加工材料	抗拉强度 R_m/MPa	硬度　HBW	进给量 f/(mm/r)		切削速度 v/(m/min)		切削液	锋角/(°)
			d_0/mm					
			5~10	11~30	5~10	11~30		
工具钢	1000	300	0.08~0.12	0.12~0.2	35~40	40~45	非水溶性切削油	—
	1800~1900	500	0.04~0.15	0.05~0.08	8~11	11~14		
	2300	575	<0.02	<0.03	<6	7~10		
镍铬钢	1000	300	0.08~0.12	0.12~0.2	35~40	40~45		
	1400	420	0.04~0.05	0.05~0.08	15~20	20~25		
铸钢	500~600	—	0.08~0.12	0.12~0.2	35~38	38~40		
不锈钢	—	—	0.08~0.12	0.12~0.2	25~27	27~35		
热处理钢	1200~1800	—	0.02~0.07	0.05~0.15	20~30	25~30		
淬硬钢	—	50HRC	0.01~0.04	0.02~0.06	8~10	8~12		
高锰钢（Mn 的质量分数为 12%~13%）	—	—	0.02~0.04	0.03~0.08	10~11	11~15		
耐热钢	—	—	0.01~0.05	0.05~0.1	3~6	5~8		
灰铸铁	—	200	0.2~0.3	0.3~0.5	40~45	45~60	干切或乳化液	
合金铸铁	—	230~350	0.03~0.07	0.05~0.1	20~40	25~45	非水溶性切削油或乳化液	
	—	350~400	0.03~0.05	0.04~0.08	8~20	10~25		
冷硬铸铁	—	—	0.02~0.04	0.02~0.05	5~8	6~10		
可锻铸铁	—	—	015~0.2	0.2~0.4	35~38	38~40	干切或乳化液	
高强度可锻铸铁	—	—	0.08~0.12	0.12~0.2	35~38	38~40		
黄铜	—	—	0.07~0.15	0.1~0.2	70~100	90~100		
铸造青铜	—	—	0.07~0.1	0.09~0.2	50~70	55~75		
铝	—	—	0.15~0.3	0.3~0.8	250~270	270~300	干切或汽油	
硅铝合金	—	—	0.2~0.6	0.2~0.6	125~270	130~140		
硬橡胶	—	—	0.2~0.4		30~60		—	60~70
酚醛树脂	—	—	0.2~0.4		10~120			70~80
硬质纸	—	—	0.2~0.4		40~70			90~110
硬质纤维	—	—	0.2~0.4		80~150			140
热固性树脂	—	—	0.04~0.1		60~90			80~130
塑料	—	—	0.05~0.25		30~60			118
玻璃	—	—	手进		4.5~7.5			矛形
玻璃纤维复合材料	—	—	0.063~0.127		198			118~130
贝壳	—	—	手进		30~60			60~70
软大理石	—	—	手进		20~50			70~80
硬大理石	—	—	手进		4.5~7.5			90~130

表 3.4-21　硬质合金可转位钻头（浅孔钻）钻孔的切削用量

加工材料	钻头直径 d_0/mm	进给量 f/(mm/r)	切削速度 v/(m/min)
球墨铸铁、可锻铸铁	20.64~28.58	0.10~0.20	50~91
	25.4~34.93	0.13~0.25	50~91
	31.75~41.28	0.15~0.30	50~91
	38.1~63.5	0.20~0.36	50~91
	60.33~88.9	0.25~0.38	50~91
碳素结构钢（如20钢）	20.64~28.58	0.08~0.13	91~122
	25.4~34.93	0.08~0.15	107~137
	31.75~41.28	0.10~0.18	122~168
	38.1~63.5	0.10~0.18	137~183
	60.33~88.9	0.13~0.23	152~213
表面硬化非合金钢、低碳钢	20.64~28.58	0.08~0.13	61~91
	25.4~34.93	0.10~0.15	76~107
	31.75~41.28	0.13~0.18	91~130
	38.1~63.5	0.13~0.20	101~149
	60.33~88.9	0.15~0.25	107~168
高碳钢、合金钢、热处理钢	20.64~28.58	0.08~0.13	61~91
	25.4~34.93	0.10~0.15	76~99
	31.75~41.28	0.13~0.20	91~122
	38.1~63.5	0.13~0.20	99~137
	60.33~88.9	0.15~0.25	107~152
高强度钢	20.64~28.58	0.10~0.13	50~76
	25.4~34.93	0.10~0.13	59~91
	31.75~41.28	0.13~0.18	70~101
	38.1~63.5	0.15~0.20	81~119
	60.33~88.9	0.15~0.23	81~130
不锈钢	20.64~28.58	0.08~0.10	70~85
	25.4~34.93	0.10~0.13	81~91
	31.75~41.28	0.10~0.13	85~105
	38.1~63.5	0.10~0.13	90~120
	60.33~88.9	0.10~0.15	91~122
钛合金	20.64~28.58	0.08~0.10	30~41
	25.4~34.93	0.10~0.18	30~46
	31.75~41.28	0.13~0.20	350~50
	38.1~63.5	0.15~0.23	40~53
	60.33~88.9	0.15~0.25	41~58

表 3.4-22　硬质合金可转位钻头钻孔的切削功率

加工材料	灰铸铁			低碳钢			高碳钢			高强度钢			不锈钢			钛合金		
钻头直径 d_0/mm	v	f	P_m	v	f	P_m	v	f	P_m	v	f	P_m	v	f	P_m	v	f	P_m
28.58	50	0.10	1.5	61	0.08	1.9	61	0.08	2.2	50	0.10	3.4	70	0.08	2.6	30.5	0.08	0.7
	50	0.20	2.6	61	0.13	2.8	61	0.13	3.7	50	0.13	4.5	70	0.10	3.4	30.5	0.10	1.1
	91	0.10	2.2	91	0.08	2.6	91	0.08	3.4	76	0.10	5.2	85	0.08	3	41	0.08	1.1
	91	0.20	4.5	91	0.13	4.1	91	0.13	5.2	76	0.13	6.7	85	0.10	4.1	41	0.10	1.1
34.93	50	0.13	2.2	76	0.10	3.4	76	0.10	4.5	59	0.10	4.8	81	0.10	4.5	30.5	0.10	1.1
	50	0.25	4.1	76	0.15	5	76	0.15	6.3	59	0.15	7.5	81	0.13	5.6	30.5	0.18	1.9
	91	0.13	3.7	107	0.10	4.8	99	0.10	5.6	91	0.10	7.5	91	0.10	5.2	46	0.10	1.5
	91	0.25	7.1	107	0.15	7.1	99	0.15	8.2	91	0.15	11.6	91	0.13	6.3	46	0.18	2.6
41.28	50	0.15	2.7	91	0.13	6	91	0.13	7.5	70	0.13	8.6	85	0.10	5.6	35	0.13	1.9
	50	0.30	5.6	91	0.18	8.6	91	0.20	11.9	70	0.18	11.9	85	0.13	7.1	35	0.20	3
	91	0.15	3.7	130	0.13	8.6	122	0.13	10.1	101	0.13	12.3	105	0.10	7.1	50	0.13	2.6
	91	0.30	7.1	130	0.18	11.9	122	0.20	16	101	0.18	17.2	105	0.13	8.6	50	0.20	4.1
50.8	50	0.15	3.4	91	0.13	7.5	91	0.13	9.3	70	0.13	10.4	85	0.10	7.1	35	0.13	2.2
	50	0.30	6.7	91	0.18	10.4	91	0.20	14.9	70	0.18	14.9	85	0.13	8.6	35	0.20	3.4
	91	0.15	6.3	130	0.13	10.4	122	0.13	12.3	101	0.13	15.3	105	0.10	8.6	50	0.13	3
	91	0.30	12.3	130	0.18	14.5	122	0.20	19.8	101	0.18	21.3	105	0.13	10.8	50	0.20	4.8
63.5	50	0.20	5.6	101	0.13	10.1	99	0.13	12.7	81	0.15	18.3	90	0.10	9.3	40	0.15	3.7
	50	0.36	9.7	101	0.20	16	99	0.20	20.1	81	0.20	24.2	90	0.13	11.6	40	0.23	5.6
	91	0.20	10.1	149	0.13	15.3	137	0.13	17.5	120	0.15	27.2	120	0.10	12.3	53	0.15	4.8
	91	0.36	17.9	149	0.20	24.2	137	0.20	28	120	0.20	36.6	120	0.13	15.3	53	0.23	7.5
88.9	50	0.25	9.7	107	0.15	17.9	107	0.15	22.4	81	0.15	25.7	91	0.10	13.1	41	0.15	5.2
	50	0.38	14.9	107	0.25	29.8	107	0.25	37.3	81	0.23	38.8	91	0.15	20.9	41	0.25	8.6
	91	0.25	17.5	168	0.15	28.3	152	0.15	32.5	122	0.15	38.8	122	0.10	17.2	58	0.15	7.5
	91	0.38	26.5	168	0.25	47.4	152	0.25	53.7	122	0.23	58.2	122	0.15	25.7	58	0.25	12.3
114.3	50	0.25	12.7	114	0.18	29.1	107	0.18	34.3	84	0.15	33.9	99	0.08	13.4	41	0.15	6.7
	50	0.38	19	114	0.30	49.6	107	0.30	58.9	84	0.25	56.3	99	0.15	17.9	41	0.25	11.2
	91	0.25	22.8	175	0.18	39.2	168	0.18	53	130	0.15	53	130	0.08	25	61	0.15	10.1
	91	0.38	34.3	175	0.30	78.3	168	0.30	91	130	0.25	88	130	0.15	37.3	61	0.25	16.8

注：单位 v—m/min；f—mm/r；P_m—kW。

表 3.4-23　高速钢扁钻钻孔的切削用量

加工材料		钻头直径 d_0/mm									
		25		51		76		102		127	
		f/(mm/r)	n/(r/min)	f/(mm/r)	n/(r/min)	f/(mm/r)	n/(r/min)	f/(mm/r)	n/(r/min)	f/(mm/r)	n/(r/min)
铝		0.38～0.63	1000～1500	0.51～0.76	550～750	0.76～1.02	350～500	0.89～1.27	275～375	1.02～1.52	225～300
黄铜	铅黄铜	0.38～0.51	400～700	0.51～0.63	300～350	0.51～0.76	125～250	0.63～1.02	100～200	1.02～1.52	80～150
	软黄铜	0.38～0.51	250～350	0.51～0.63	125～175	0.51～0.76	90～125	0.63～1.02	70～85	1.02～1.52	50～70
	硬黄铜	0.30～0.38	200～250	0.38～0.51	95～125	0.51～0.63	60～80	0.51～0.76	45～60	0.76～1.27	37～50

（续）

加工材料		钻头直径 d_0/mm									
		25		51		76		102		127	
		f/(mm/r)	n/(r/min)	f/(mm/r)	n/(r/min)	f/(mm/r)	n/(r/min)	f/(mm/r)	n/(r/min)	f/(mm/r)	n/(r/min)
青铜	软	0.38~0.51	300~375	0.51~0.63	150~200	0.51~0.76	100~125	0.63~1.02	75~95	1.02~1.52	60~75
	高强度	0.20~0.30	225~300	0.25~0.38	100~150	0.38~0.51	75~95	0.51~0.63	55~70	0.76~1.02	45~55
铸铜		0.13~0.20	175~225	0.18~0.25	85~125	0.25~0.38	60~80	0.38~0.51	40~55	0.51~0.63	35~45
灰铸铁	软	0.38~0.51	450~550	0.51~0.63	225~300	0.51~0.76	150~200	0.63~0.76	110~140	0.76~1.02	90~120
	中	0.20~0.30	250~375	0.25~0.38	125~200	0.38~0.51	90~125	0.51~0.63	65~95	0.76~1.02	50~75
	硬	0.13~0.20	150~225	0.20~0.30	75~110	0.25~0.38	50~75	0.38~0.51	35~55	0.51~0.76	30~45
铸钢		0.15~0.25	200~275	0.25~0.38	95~125	0.38~0.51	65~90	0.51~0.63	45~65	0.63~0.76	35~55
钢	碳钢	0.13~0.20	190~275	0.20~0.30	95~140	0.25~0.38	65~95	0.38~0.51	47~70	0.51~0.76	37~55
	易切钢	0.15~0.25	300~400	0.25~0.38	200~250	0.38~0.51	125~160	0.51~0.63	95~125	0.63~0.76	75~100
	锰钢、镍钢、镍铬钢	0.13~0.18	250~290	0.18~0.25	125~140	0.25~0.38	85~95	0.38~0.51	60~70	0.51~0.63	50~55
	钼钢、铬钼钢	0.13~0.18	290~320	0.18~0.25	140~160	0.25~0.38	95~110	0.38~0.51	70~80	0.51~0.76	55~65
	镍钼钢、镍铬钼钢、镍铬钨钢	0.13~0.18	225~300	0.18~0.25	120~150	0.25~0.38	75~110	0.38~0.51	55~75	0.51~0.76	45~60
	铬钒钢、铬钨钢、镍铬钼钢	0.13~0.18	250~320	0.18~0.25	125~160	0.25~0.38	80~110	0.38~0.51	60~80	0.51~0.76	50~65
	GCr15 滚珠轴承钢	0.08~0.13	200~250	0.13~0.20	100~125	0.15~0.25	70~80	0.25~0.38	50~60	0.38~0.51	40~50
不锈钢	1Cr18Ni9、Cr18Mn8Ni5	0.13~0.20	150~190	0.20~0.30	75~95	0.25~0.38	50~65	0.38~0.51	35~47	0.51~0.76	30~37
	2Cr18Ni9	0.15~0.25	225~275	0.25~0.38	120~125	0.38~0.51	75~90	0.51~0.63	55~65	0.63~0.76	45~55
	1Cr18Ni9Mn2、Cr23Ni13	0.13~0.18	130~170	0.18~0.25	65~85	0.25~0.38	45~55	0.38~0.51	35~45	0.51~0.63	25~35
	1Cr18Ni12Mn2Mo2	0.15~0.25	275~350	0.25~0.38	140~170	0.38~0.51	95~110	0.51~0.63	70~85	0.63~0.76	55~70
	1Cr13、Cr18Ni4Si	0.13~0.18	130~170	0.18~0.25	65~85	0.25~0.38	45~55	0.38~0.51	35~45	0.51~0.63	25~35
	Cr17Mo	0.15~0.25	300~375	0.25~0.38	150~190	0.38~0.51	100~125	0.51~0.63	75~95	0.63~0.76	60~75
	3Cr13、Cr17	0.13~0.18	150~225	0.18~0.25	75~110	0.25~0.38	50~75	0.38~0.51	35~55	0.51~0.63	30~45
	Cr25、3Cr17Mo、Cr17Ni2	0.15~0.25	150~190	0.20~0.25	75~95	0.20~0.38	50~65	0.25~0.51	35~47	0.38~0.63	30~37

（续）

加工材料	钻头直径 d_0/mm									
	25		51		76		102		127	
	f/(mm/r)	n/(r/min)	f/(mm/r)	n/(r/min)	f/(mm/r)	n/(r/min)	f/(mm/r)	n/(r/min)	f/(mm/r)	n/(r/min)
工具钢	0. 10～0. 15	110～150	0. 15～0. 20	55～75	0. 18～0. 25	37～50	0. 25～0. 38	27～35	0. 38～0. 51	22～30
钛合金	0. 15～0. 25	110～130	0. 25～0. 38	55～65	0. 38～0. 51	37～45	0. 51～0. 63	27～33	0. 63～0. 76	22～27
锌合金	0. 20～0. 30	750～900	0. 25～0. 38	375～475	0. 30～0. 43	250～320	0. 38～0. 63	190～230	0. 63～0. 76	150～190

表 3. 4-24　扁钻钻孔的轴向力、转矩及单位切削功率

加工材料		硬度　HBW	钻头直径 d_0/mm	进给量 f/(mm/r)	轴向力 F/kN	转矩 T/N · m	单位功率/(kW · min/cm³)
球墨铸铁	铁素体，退火	140～190	25 51 76 102 127	0. 36 0. 41 0. 46 0. 51 0. 56	6. 47 14. 79 24. 97 36. 99 50. 86	54. 8 250. 6 634. 3 1253 2154	0. 03
	铁素体及珠光体，铸造后组织	190～225	25 51 76 102 127	0. 30 0. 36 0. 41 0. 46 0. 46	9. 51 22. 20 38. 05 57. 07 71. 34	80. 6 375. 8 966. 6 1933 3020	0. 05
		225～260	25 51 76 102 127	0. 30 0. 36 0. 41 0. 46 0. 46	11. 89 27. 74 47. 56 71. 34 89. 17	100. 7 469. 9 1208 2416 3776	0. 07
	珠光体及马氏体，正火及回火	240～300	25 51 76 102 127	0. 28 0. 36 0. 41 0. 46 0. 48	10. 90 27. 74 47. 56 71. 34 94. 12	92. 3 469. 9 1208 2416 3985	0. 07
	马氏体，淬火及回火	270～330	25 51 76 102 127	0. 20 0. 23 0. 25 0. 30 0. 36	9. 51 21. 40 33. 69 53. 90 78. 60	80. 6 62. 5 855. 9 1826 3328	0. 08
碳钢 w(C)<0. 25%	热轧，正火	85～175	25 51 76 102 127	0. 30 0. 38 0. 46 0. 56 0. 63	8. 72 21. 79 39. 23 63. 94 90. 82	73. 8 369. 2 996. 7 2166 3845	0. 05

（续）

加工材料		硬度 HBW	钻头直径 d_0/mm	进给量 f/(mm/r)	轴向力 F/kN	转矩 T/N·m	单位功率/(kW·min/cm³)
碳钢 w(C)<0.25%	热轧，退火；冷拉	125~175	25	0.30	8.72	73.8	0.05
			51	0.38	21.79	369.2	
			76	0.46	39.23	996.7	
			102	0.56	63.94	2166	
			127	0.63	90.82	3845	
		175~225	25	0.30	9.51	80.6	0.05
			51	0.38	23.78	402.7	
			76	0.46	42.80	1087.4	
			102	0.56	69.75	2363	
			127	0.63	99.08	4195	
		225~275	25	0.25	8.58	72.7	0.06
			51	0.36	24.04	407.3	
			76	0.41	41.22	1047	
			102	0.51	91.59	2327	
			127	0.56	157.43	3999	
碳钢 w(C)>0.25%~0.95%	热轧，正火或退火；冷拉	125~175	25	0.30	8.72	73.8	0.05
			51	0.38	21.80	369.2	
			76	0.46	39.23	996.7	
			102	0.56	63.94	2166	
			127	0.63	90.82	3845	
		175~225	25	0.30	9.51	80.6	0.05
			51	0.38	23.78	402.7	
			76	0.46	42.80	1087.4	
			102	0.56	69.75	2363	
			127	0.63	99.08	4195	
	热轧，正火或退火；热轧，淬火及回火；冷拉	225~275	25	0.25	8.58	72.7	0.06
			51	0.36	24.04	407.3	
			76	0.41	41.22	1047	
			102	0.51	68.69	2327	
			127	0.56	94.46	3999	
		275~325	25	0.23	8.92	75.5	0.06
			51	0.30	22.20	375.8	
			76	0.36	38.84	986.7	
			102	0.41	59.19	2005	
			127	0.46	82.23	3524	
	热轧，淬火及回火	325~375	25	0.20	7.93	67.1	0.06
			51	0.25	18.49	313.2	
			76	0.30	32.29	845.7	
			102	0.36	51.78	1754	
			127	0.41	73.98	3132	
		375~425	25	0.18	8.32	70.5	0.07
			51	0.23	20.21	342.3	
			76	0.25	31.71	805.5	
			102	0.30	50.73	1718	
			127	0.36	73.98	3132	

（续）

加工材料		硬度　HBW	钻头直径 d_0/mm	进给量 f/(mm/r)	轴向力 F/kN	转矩 T/N·m	单位功率/(kW·min/cm³)
易切合金钢	热轧，正火或退火；冷拉	150～200	25	0.36	10.17	86.1	0.05
			51	0.41	23.25	393.8	
			76	0.46	39.24	996.8	
			102	0.56	63.94	2166	
			127	0.63	90.82	3846	
		200～250	25	0.36	12.02	101.8	0.06
			51	0.41	21.31	360.9	
			76	0.46	46.37	1178	
			102	0.56	75.56	2560	
			127	0.63	107.33	4546	
	热轧，淬火及回火	275～325	25	0.30	11.10	94.0	0.06
			51	0.36	25.89	438.6	
			76	0.41	44.39	1128	
			102	0.46	66.58	2255	
			127	0.51	92.47	3915	
		325～375	25	0.25	9.25	78.3	0.06
			51	0.30	22.20	375.8	
			76	0.36	38.84	986.7	
			102	0.41	59.19	2005	
			127	0.46	83.23	3524	
		375～425	25	0.20	8.98	76.0	0.07
			51	0.25	21.14	358.0	
			76	0.30	38.05	966.6	
			102	0.36	59.19	2005	
			127	0.38	79.26	3356	
铝合金	固溶处理及时效	75～150	25	0.61	4.75	40.2	0.01
			51	0.71	11.10	187.9	
			76	0.81	19.02	483.3	
			102	0.91	28.53	966.6	
			127	1.02	39.63	1678	

表 3.4-25　硬质合金扁钻钻孔的切削用量

（1）加工铸铁的扁钻

加工材料		切削速度 v/(m/min)	孔径/mm		
			25～40	40～60	60～100
			进给量 f/(mm/r)		
铝合金		70～150	0.15～0.175	0.20～0.25	0.35～0.4
铜合金		30～70	0.175	0.25	0.40
铸铁	软	50～75	0.175～0.2	0.25～0.3	0.40～0.45
	中	30～50	0.125	0.175	0.30
	硬	20～30	0.10	0.15	0.25
低碳钢		40～60	0.15	0.20	0.35
中碳钢		40～50	0.125	0.175	0.30
高碳钢		30～40	0.10	0.15	0.25

（续）

(2) 加工钢的扁钻			
孔径/mm	进给量 f/(mm/r)	加工材料	切削速度 v/(m/min)
20~32	0.10~0.25	低碳钢	80~110
		高碳钢、合金钢	70~100
32~63	0.15~0.4	低碳钢	90~130
		高碳钢、合金钢	70~100

表 3.4-26 高速钢麻花钻在铸铁件及钢件上钻孔的切削用量

加工材料	材料硬度	切削速度 v/(m/min)	钻孔直径/mm		
			1~6	6~12	12~22
			进给量 f/(mm/r)		
铸铁	160~200 HBW	16~24	0.07~0.12	0.12~0.20	0.20~0.40
	200~240 HBW	10~18	0.05~0.10	0.10~0.18	0.18~0.25
	240~300 HBW	5~12	0.03~0.08	0.08~0.15	0.15~0.20
钢	R_m=52~70(35、45 钢)	18~25	0.05~0.10	0.1~0.2	0.2~0.3
	R_m=70~90(15Cr、20Cr)	12~20	0.05~0.10	0.1~0.2	0.2~0.3
	R_m=100~110(合金钢)	8~15	0.03~0.08	0.08~0.15	0.15~0.25

表 3.4-27 高速钢麻花钻在铝件及铜件上钻孔的切削用量

切削材料		切削速度 v/(m/min)	钻孔直径/mm	
			3~8	8~25
			进给量 f/(mm/r)	
铝	纯铝	20~50	0.03~0.20	0.06~0.50
	铝合金（长屑）		0.05~0.25	0.10~0.60
	铝合金（短屑）		0.03~0.10	0.05~0.15
铜	黄铜、青铜	60~90	0.06~0.15	0.15~0.30
	硬青铜	25~45	0.05~0.15	0.12~0.25

2. 钻深孔及套料

1）麻花钻钻深孔时切削用量减小率见表 3.4-28。

2）硬质合金单刃外排屑深孔钻（枪钻）钻孔的切削用量见表 3.4-29。

3）硬质合金多刃外排屑深孔钻钻孔的切削用量见表 3.4-30。

4）硬质合金多刃内排屑深孔钻（BTA 深孔钻及喷吸钻）钻孔的切削用量见表 3.4-31。

5）硬质合金内排屑套料钻的切屑用量见表 3.4-32。

表 3.4-28 麻花钻钻深孔时切削用量减小率

孔深	切削速度减小率(%)	进给量减小率(%)	孔深	切削速度减小率(%)	进给量减小率(%)
$3d_0$	10	10	$10\ d_0$	45	30
$4\ d_0$	20	10	$15\ d_0$	50	40
$5\ d_0$	30	10	$20\ d_0$	50	45
$6\ d_0$	35	20	$25\ d_0$	50	50
$8\ d_0$	40	20			

注：d_0—钻头直径。

表 3. 4-29 硬质合金单刃外排屑深孔钻（枪钻）钻孔的切削用量

加工材料		硬度 HBW	切削速度 v/(m/min)	钻头直径 d_0/mm <3	3~6	6~13	13~19	19~25	>25
				进给量 f/(mm/r)					
易切碳钢	含硫	100~150 150~200 175~225 275~325 325~375 375~425	200 190 120 90 60 40	0. 007~0. 01	0. 01~0. 02	0. 015~0. 03	0. 02~0. 04	0. 025~0. 05	0. 035~0. 07
易切碳钢	含铅	100~150 150~200 200~250	165 150 100	0. 007~0. 01	0. 01~0. 02	0. 015~0. 03	0. 02~0. 04	0. 025~0. 05	0. 035~0. 07
碳钢	低碳钢 [w(C)> 10%~25%]	85~125 125~175 175~225 225~275	150 130 110 90	0. 007~0. 01	0. 01~0. 02	0. 015~0. 03	0. 02~0. 04	0. 025~0. 05	0. 035~0. 07
碳钢	中碳钢 [w(C)> 30%~60%]	125~175 175~225 225~275 275~325 325~375 375~425	130 110 90 70 60 40	0. 007~0. 01	0. 01~0. 02	0. 015~0. 03	0. 02~0. 04	0. 025~0. 05	0. 035~0. 07
易切合金钢	含硫	150~200 200~250 275~325 325~375 375~425	120 100 80 60 40	0. 007~0. 01	0. 01~0. 02	0. 015~0. 03	0. 02~0. 04	0. 025~0. 05	0. 035~0. 07
易切合金钢	含硫	45~48HRC	30	0. 005~0. 01	0. 005~0. 02	0. 01~0. 02	0. 015~0. 03	0. 02~0. 04	0. 025~0. 05
易切合金钢	含铅	150~200 200~250 275~325 325~375 375~425	120 100 80 60 40	0. 007~0. 01	0. 01~0. 02	0. 015~0. 03	0. 02~0. 04	0. 025~0. 05	0. 035~0. 07
易切合金钢	含铅	45~48HRC	30	0. 005~0. 008	0. 008~0. 016	0. 013~0. 026	0. 15~0. 03	0. 02~0. 04	0. 025~0. 05
合金钢（Cr、CrNi、CrMo、CrNiMo）		125~175 175~225 225~275 275~325 325~375 375~425	130 110 90 70 60 40	0. 007~0. 01	0. 01~0. 02	0. 015~0. 03	0. 02~0. 04	0. 025~0. 05	0. 035~0. 07
合金钢（Cr、CrNi、CrMo、CrNiMo）		45~48 HRC	30	0. 005~0. 008	0. 008~0. 016	0. 013~0. 026	0. 015~0. 03	0. 02~0. 04	0. 025~0. 05
合金钢（Cr、CrNi、CrMo、CrNiMo）		48~50 HRC	30	0. 003~0. 006	0. 005~0. 01	0. 008~0. 016	0. 01~0. 02	0. 013~0. 026	0. 018~0. 03
合金钢（Cr、CrNi、CrMo、CrNiMo）		50~52 HRC	20	0. 003~0. 006	0. 005~0. 01	0. 008~0. 016	0. 01~0. 02	0. 013~0. 026	0. 018~0. 03

（续）

加工材料		硬度 HBW	切削速度 v/(m/min)	钻头直径 d_0/mm <3	3~6	6~13	13~19	19~25	>25
				进给量 f/(mm/r)					
渗氮钢		200~250	70	0.007~0.01	0.01~0.02	0.015~0.03	0.02~0.04	0.025~0.05	0.035~0.07
		300~350	40						
超高强度钢		200~250	90	0.007~0.01	0.01~0.02	0.015~0.03	0.02~0.04	0.025~0.05	0.035~0.07
		250~300	70						
		43~48 HRC	30	0.005~0.01	0.008~0.016	0.013~0.026	0.15~0.03	0.02~0.04	0.025~0.05
		48~50 HRC	30	0.003~0.006	0.005~0.01	0.008~0.016	0.01~0.02	0.013~0.026	0.018~0.036
		50~52 HRC	20	0.003~0.006	0.005~0.01	0.008~0.016	0.01~0.02	0.013~0.026	0.018~0.036
高速工具钢		175~225	70	0.005~0.01	0.008~0.016	0.013~0.026	0.015~0.03	0.02~0.04	0.025~0.05
		225~275	60						
铸钢		120~150	130	0.007~0.01	0.01~0.02	0.015~0.03	0.02~0.04	0.025~0.05	0.035~0.07
		125~175	120						
		175~225	100						
		175~250	90						
		250~300	70						
		300~350	60						
		350~400	40						
灰铸铁		110~140	100	0.01~0.02	0.02~0.04	0.035~0.07	0.07~0.14	0.12~0.24	0.17~0.3
		150~190	90	0.01~0.02	0.02~0.04	0.035~0.07	0.07~0.14	0.12~0.24	0.17~0.3
		190~220	70	0.01~0.02	0.02~0.04	0.035~0.07	0.07~0.14	0.12~0.24	0.17~0.3
		220~260	60	0.008~0.013	0.013~0.026	0.025~0.05	0.05~0.1	0.06~0.12	0.07~0.14
		220~250	40	0.008~0.013	0.013~0.026	0.025~0.05	0.05~0.1	0.06~0.12	0.07~0.14
球墨铸铁		140~190	90	0.007~0.01	0.01~0.02	0.015~0.03	0.02~0.04	0.035~0.07	0.05~0.1
		190~225	70						
		225~260	60						
		240~300	50					0.025~0.05	0.035~0.07
		270~330	40						
		330~400	30						
可锻铸铁		110~160	100	0.007~0.01	0.01~0.02	0.015~0.03	0.02~0.04	0.035~0.07	0.05~0.1
		160~220	90						
		200~240	80						
		200~255	70						
		240~280	60						
易切不锈钢	铁素体	135~185	90	0.007~0.01	0.01~0.02	0.015~0.03	0.02~0.04	0.025~0.05	0.035~0.07
	奥氏体	135~185	80	0.007~0.01	0.01~0.02	0.015~0.03	0.02~0.04	0.025~0.05	0.035~0.07
		225~275	70						
	马氏体	135~185	90	0.007~0.01	0.01~0.02	0.015~0.03	0.02~0.04	0.025~0.05	0.035~0.07
		185~240	80						
		275~325	70						
		375~425	40	0.005~0.01	0.008~0.016	0.013~0.026	0.018~0.036	0.02~0.04	0.025~0.05

（续）

加工材料		硬度　HBW	切削速度 v/(m/min)	钻头直径 d_0/mm <3	3~6	6~13	13~19	19~25	>25
				进给量 f/(mm/r)					
不锈钢	铁素体	135~185	80	0.007~0.01	0.01~0.02	0.015~0.03	0.02~0.04	0.025~0.05	0.035~0.07
	奥氏体	135~185	70	0.007~0.01	0.01~0.02	0.015~0.03	0.02~0.04	0.025~0.05	0.035~0.07
		225~275	60	0.005~0.01	0.008~0.016	0.013~0.026	0.018~0.036	0.02~0.04	0.025~0.05
	马氏体	135~185	80	0.007~0.01	0.01~0.02	0.015~0.03	0.02~0.04	0.025~0.05	0.035~0.07
		175~225	70	0.007~0.01	0.01~0.02	0.015~0.03	0.02~0.04	0.025~0.05	0.035~0.07
		225~275	60	0.005~0.01	0.008~0.016	0.013~0.026	0.015~0.03	0.02~0.04	0.025~0.05
		275~326	40	0.005~0.01	0.008~0.016	0.013~0.026	0.015~0.03	0.02~0.04	0.025~0.05
		375~425	30	0.003~0.006	0.005~0.01	0.008~0.016	0.01~0.02	0.013~0.026	0.018~0.036
		48~50 HRC	20	0.003~0.006	0.005~0.01	0.008~0.016	0.01~0.02	0.013~0.026	0.015~0.03
钛合金		300~375	40	0.005~0.01	0.008~0.016	0.013~0.026	0.015~0.03	0.02~0.04	0.025~0.05
		375~440	30	0.003~0.006	0.005~0.01	0.008~0.016	0.01~0.02	0.013~0.026	0.015~0.03
耐热合金	镍基	140~220	30	0.005~0.01	0.008~0.016	0.013~0.026	0.02~0.04	0.03~0.06	0.035~0.07
		200~300	30						
		240~310	20						
		300~400	20	0.003~0.006	0.005~0.01	0.01~0.02	0.015~0.03	0.02~0.04	0.025~0.05
	钴基	180~230	30	0.005~0.01	0.008~0.016	0.013~0.026	0.02~0.04	0.03~0.06	0.035~0.07
		270~320	20						
	铁基	180~230	40	0.005~0.01	0.008~0.016	0.013~0.026	0.02~0.04	0.03~0.06	0.035~0.07
		250~320	30						
镍合金		80~170	60	0.008~0.013	0.013~0.026	0.02~0.04	0.025~0.05	0.03~0.06	0.035~0.07
		115~175	70						
		150~320	60						
		330~360	20						
铝合金		30~150	190	0.012~0.02	0.025~0.05	0.076~0.15	0.13~0.26	0.2~0.3	0.25~0.4
镁合金		40~90	190	0.012~0.02	0.025~0.05	0.076~0.15	0.13~0.26	0.2~0.3	0.25~0.4
铜合金		20~100HRB	100~180	0.012~0.02	0.025~0.05	0.076~0.15	0.13~0.26	0.2~0.3	0.25~0.4

钻头直径与切削液压力、流量的关系

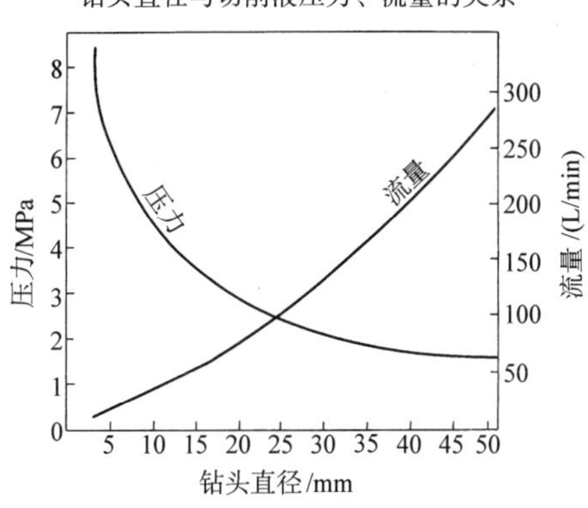

表 3.4-30　硬质合金多刃外排屑深孔钻钻孔的切削用量

加工材料			钻头直径 d_0/mm 4~6.3	 6.3~12.5	 12.5~20	切削速度 v/(m/min)
			进给量 f/(mm/r)			
钢	碳钢		0.010~0.040	0.020~0.13	0.06~0.20	80~125
	合金钢		0.010~0.040	0.020~0.10	0.06~0.20	70~100
	表面硬化钢		0.020~0.040	0.02~0.05	0.06~0.20	50~80
	工具钢		0.010~0.041	0.02~0.05	0.06~0.20	40~63
不锈钢	铁素体		0.010~0.040	0.02~0.10	0.04~0.20	50~90
	奥氏体		0.020~0.040	0.02~0.10	0.04~0.20	50~125
铸铁	普通铸铁及合金铸铁	<250HBW	0.10~0.20	0.10~0.24	0.12~0.40	63~100
		250~450HBW	0.10~0.20	0.10~0.24	0.12~0.40	31~63
	可锻铸铁	<220HBW	0.010~0.20	0.04~0.24	0.12~0.40	63~100
		220~320HBW	0.010~0.20	0.02~0.16	0.10~0.24	31~63
铜			0.010	0.24	0.16~0.62	63~100
黄铜			0.041	0.24	0.10~0.24	70~130
铝合金	软铝		0.010	0.02~0.3	0.10~0.50	125~200
	铸造铝合金		0.010	0.02~0.3	0.10~0.50	86~160

钻头直径与切削液的压力、流量的关系

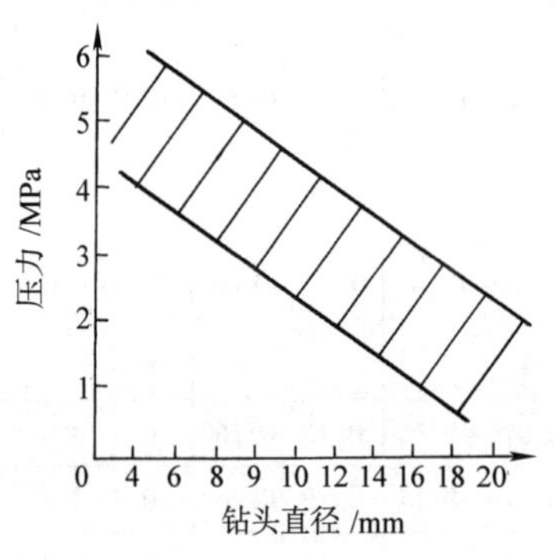

a)钻深孔

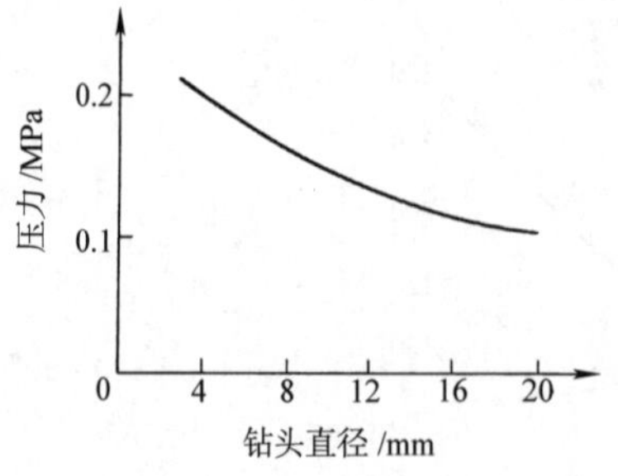

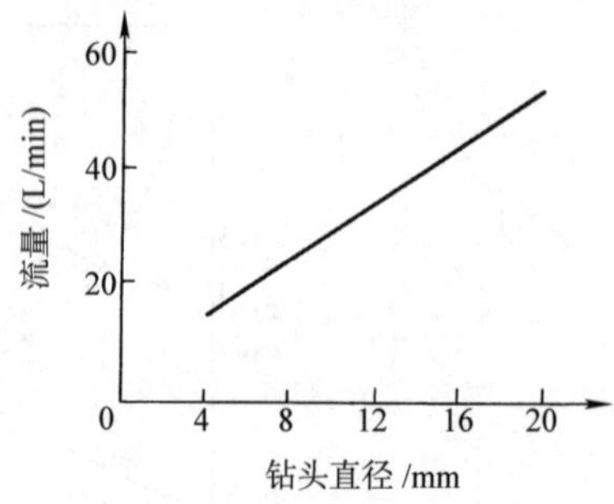

b)钻浅孔

表 3.4-31　硬质合金多刃内排屑深孔钻（BTA 深孔钻及喷吸钻）钻孔的切削用量

加工材料		硬度　HBW	进给量 f/(mm/r)	切削速度 v/(m/min)
钢	碳钢	150~225	0.10~0.38	75~90
	易切钢	175~250	0.10~0.38	75~90
	锰钢	175~250	0.10~0.38	75~90
	镍钢	135~275	0.10~0.38	75~90
	镍铬钢	150~250	0.10~0.30	75~90
	钼钢	150~225	0.10~0.30	45~90
	铬钢	150~250	0.10~0.30	45~90
	镍铬钼钢	175~275	0.10~0.30	45~90
不锈钢	镍铬不锈钢	135~275	0.10~0.30	45~90
	铬不锈钢	135~225	0.10~0.30	45~90
灰铸铁		140~220	0.10~0.30	45~90
可锻铸铁		135~250	0.15~0.50	75~120
黄铜及青铜		75~240	0.15~0.50	75~120
铝合金		—	0.15~0.50	90~180
蒙尔乃合金		200~300	0.05~0.25	45~90

钻头直径与切削液的压力、流量的关系

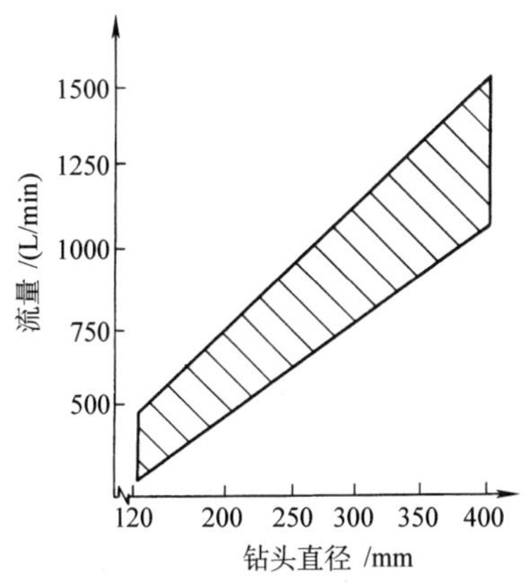

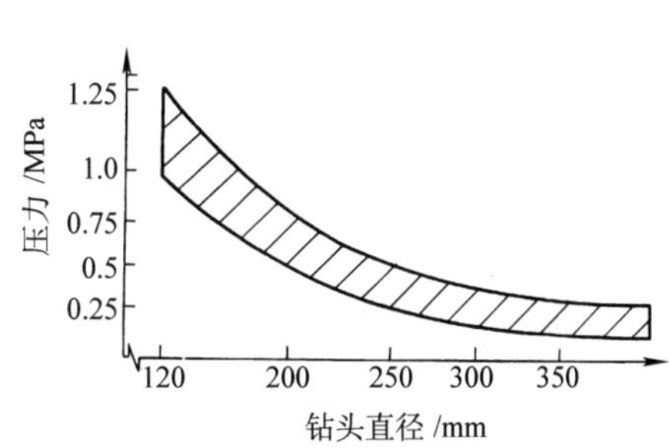

表 3.4-32　硬质合金内排屑套料钻的切削用量（v=90m/min）

钻头直径 d_0/mm	进给量 f/(mm/r)	转速 n/(r/min)	说　明
44.5	0.08~0.13	650	当加工材料改变时，切削速度应乘下列系数： 1）冷轧钢及软钢，k_v=1.1 2）30~35HRC 的热处理钢，k_v=0.95 3）35~40HRC 的热处理钢，k_v=0.85~0.90 4）铬不锈钢，k_v=0.90 5）镍铬不锈钢，k_v=0.85 6）稀有金属合金，k_v=0.5~0.7
51	0.08~0.13	575	
63.5	0.10~0.13	460	
76	0.10~0.15	380	
89	0.13~0.18	325	
101.5	0.13~0.18	285	
114.5	0.13~0.18	250	
127	0.13~0.18	230	
139.5	0.13~0.18	210	
152.5	0.13~0.18	180	
165	0.14~0.19	170	
178	0.15~0.20	160	
190.5	0.15~0.20	150	
203	0.15~0.20	140	
216	0.15~0.22	132	
228.5	0.15~0.23	126	
241.5	0.15~0.23	120	
254	0.15~0.23	112	
266.5	0.15~0.23	108	
279.5	0.15~0.23	102	
292	0.15~0.23	100	
305	0.15~0.25	95	
317.5	0.15~0.25	90	
330	0.15~0.25	88	
343	0.15~0.25	85	

钻头直径与切削液的压力、流量的关系

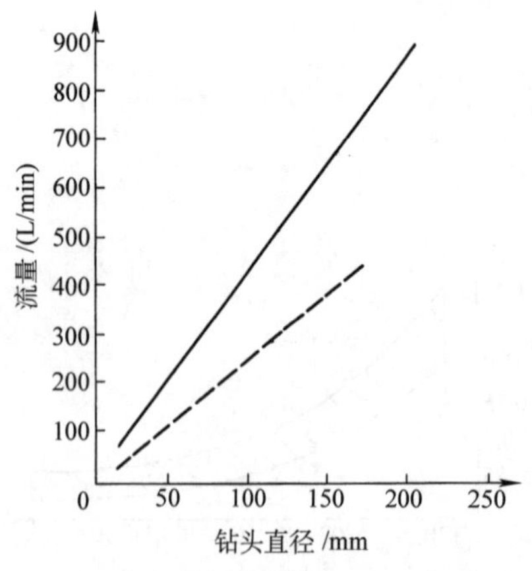

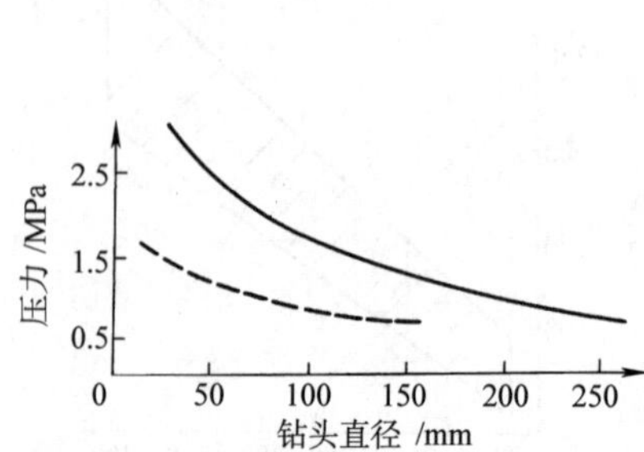

3. 扩孔的切削用量

1）高速钢扩孔钻扩孔。

① 高速钢扩孔钻在结构钢（R_m=650MPa）上扩孔时的切削速度见表 3.4-33。

② 高速钢扩孔钻在灰铸铁（190HBW）上扩孔时的切削速度见表 3.4-34。

2）硬质合金扩孔钻扩孔时的切削速度见表 3.4-35。

3）高速钢及硬质合金锪钻加工的切削用量见表 3.4-36。

4）钻削中心上高速钢扩孔钻扩孔及锪钻锪沉孔的切削用量见表 3.4-37。

表 3.4-33　高速钢扩孔钻在结构钢（R_m=650MPa）上扩孔时的切削速度　（m/min）

进给量 f /(mm/r)	d_0=15mm 整体 a_p=1mm	d_0=20mm 整体 a_p=1.5mm	d_0=25mm 整体 a_p=1.5mm	d_0=25mm 套式 a_p=1.5mm
	v			
0.3	34.0	38.0	29.7	26.5
0.4	29.4	32.1	25.7	22.9
0.5	26.3	28.7	23.0	20.5
0.6	24.0	26.2	21.0	18.7
0.7	22.2	24.2	19.4	17.3
0.8	—	22.7	18.2	16.2
0.9	—	21.4	17.1	15.3
1.0	—	20.3	16.2	14.5
1.2	—	—	14.8	13.2

进给量 f /(mm/r)	d_0=30mm 整体 a_p=1.5mm	d_0=30mm 套式 a_p=1.5mm	d_0=35mm 整体 a_p=1.5mm	d_0=35mm 套式 a_p=1.5mm	d_0=40mm 整体 a_p=2mm
	v				
0.4	27.1	24.2	25.2	22.4	24.7
0.5	24.3	21.7	22.5	20.1	22.1
0.6	22.1	19.8	20.5	18.3	20.2
0.7	20.5	18.3	19.0	17.0	18.7
0.8	19.2	17.1	17.8	15.9	17.5
0.9	18.1	16.1	16.8	15.0	16.5
1.0	17.2	15.3	15.9	14.2	15.6
1.2	15.6	14.0	14.5	13.0	14.3
1.4	14.5	12.9	13.4	12.0	13.2
1.6	—	—	12.6	11.2	12.3

进给量 f /(mm/r)	d_0=40mm 套式 a_p=2mm	d_0=50mm 套式 a_p=2.5mm	d_0=60mm 套式 a_p=3mm	d_0=70mm 套式 a_p=3.5mm	d_0=80mm 套式 a_p=4mm
	v				
0.5	19.7	18.5	17.6	—	—
0.6	18.0	16.9	16.1	15.5	14.4
0.7	16.7	15.6	14.9	14.3	13.4
0.8	15.6	14.6	13.9	13.4	12.5
1.0	14.0	13.1	12.5	12.0	11.1
1.2	12.7	12.0	11.4	10.9	10.2
1.4	11.8	11.1	10.5	10.1	9.4
1.6	11.0	10.4	9.9	9.5	8.8
1.8	—	9.8	9.3	8.9	8.3
2.0	—	9.3	8.8	8.5	7.9
2.2	—	—	8.4	8.1	7.5
2.4	—	—		7.7	7.2

注：1. 全部使用切削液。

2. 使用条件改变时的修正系数见表 3.4-9。

表 3.4-34 高速钢扩孔钻在灰铸铁（190HBW）上扩孔时的切削速度 （m/min）

进给量 f /(mm/r)	$d_0=15mm$ 整体 $a_p=1mm$	$d_0=20mm$ 整体 $a_p=1mm$	$d_0=25mm$ 整体 $a_p=1.5mm$	$d_0=25mm$ 套式 $a_p=1.5mm$
	v			
0.3	33.1	35.1	—	—
0.4	29.5	31.3	29.4	26.4
0.5	27.0	28.6	26.9	24.1
0.6	25.1	26.6	25.0	22.4
0.8	22.4	23.7	22.3	20.0
1.0	20.5	21.7	20.4	18.3
1.2	19.0	20.1	19.0	17.0
1.4	—	18.9	17.8	16.0
1.6	—	17.9	16.9	15.1
1.8	—	—	16.1	14.4

进给量 f /(mm/r)	$d_0=30mm$ 整体 $a_p=1.5mm$	$d_0=30mm$ 套式 $a_p=1.5mm$	$d_0=35mm$ 整体 $a_p=1.5mm$	$d_0=35mm$ 套式 $a_p=1.5mm$	$d_0=40mm$ 整体 $a_p=2mm$
	v				
0.5	28.0	23.7	—	—	—
0.6	26.0	23.2	25.7	23.0	25.6
0.8	23.0	20.7	22.9	20.5	22.8
1.0	21.2	19.0	20.9	18.7	20.9
1.2	19.7	17.6	19.5	17.4	19.4
1.4	18.5	16.6	18.3	16.4	18.3
1.6	17.5	15.7	17.3	15.5	17.3
1.8	16.7	15.0	16.5	14.8	16.5
2.0	16.0	14.4	15.9	14.2	15.8
2.4	—	—	14.7	12.4	14.7
2.8	—	—	—	—	13.8

进给量 f /(mm/r)	$d_0=40mm$ 套式 $a_p=2mm$	$d_0=50mm$ 套式 $a_p=2.5mm$	$d_0=60mm$ 套式 $a_p=3mm$	$d_0=70mm$ 套式 $a_p=3.5mm$	$d_0=80mm$ 套式 $a_p=4mm$
	v				
0.6	23.0	—	—	—	—
0.8	20.5	20.3	20.1	—	—
1.0	18.7	18.5	18.4	18.3	18.2
1.2	17.4	17.2	17.1	17.0	16.9
1.4	16.4	16.2	16.1	16.0	15.9
1.6	15.5	15.4	15.2	15.2	15.1
2.0	14.2	14.0	13.9	13.9	13.8
2.4	13.2	13.1	13.0	12.9	12.8
2.8	12.4	12.3	12.2	12.1	12.1
3.2	—	11.6	11.6	11.5	11.4
3.6	—	—	11.0	11.0	10.9
4.0	—	—	—	10.5	10.5

注：使用条件改变时的修正系数见表 3.4-9。

表 3.4-35 硬质合金扩孔钻扩孔时的切削速度 (m/min)

YT15(P10)硬质合金扩孔钻在碳钢及合金钢（R_m=650MPa）上扩孔，加切削液					
进给量 f/(mm/r)	d_0=15mm a_P=1mm	d_0=20mm a_P=1mm	d_0=25mm a_P=1.5mm	d_0=30mm a_P=1.5mm	d_0=35mm a_P=1.5mm
	v				
0.20	58	—	—	—	—
0.25	55	65	—	—	—
0.30	52	61	60	—	—
0.35	49	59	58	—	—
0.40	47	56	55	62	—
0.45	46	54	53	60	62
0.50	44	53	52	58	60
0.60	42	50	49	55	57
0.70	40	48	47	52	54
0.80	—	46	45	50	52
0.90	—	—	43	48	50
1.00	—	—	—	47	49
进给量 f/(mm/r)	d_0=40mm a_P=2mm	d_0=50mm a_P=2.5mm	d_0=60mm a_P=3mm	d_0=70mm a_P=3.5mm	d_0=80mm a_P=4mm
	v				
0.45	63	—	—	—	—
0.50	61	61	62	63	64
0.60	58	58	59	60	60
0.70	55	56	56	57	57
0.80	53	53	54	55	55
0.90	51	52	52	53	53
1.0	50	50	50	51	52
1.2	47	47	48	48	49
1.4	—	45	46	46	47
YG8(K30)硬质合金扩孔钻在灰铸铁（190HBW）上扩孔					
进给量 f/(mm/r)	d_0=15mm a_P=1mm	d_0=20mm a_P=1mm	d_0=25mm a_P=1.5mm	d_0=30mm a_P=1.5mm	d_0=35mm a_P=1.5mm
	v				
0.30	86	—	—	—	—
0.35	80	90	—	—	—
0.40	76	85	78	84	—
0.50	68	77	70	76	73
0.60	63	71	65	70	68
0.70	59	66	60	65	63
0.80	55	62	57	61	60
0.90	52	59	54	58	56
1.0	—	56	51	55	54
1.2	—	—	47	51	50

（续）

进给量 f/(mm/r)	$d_0=40$mm $a_P=2$mm	$d_0=50$mm $a_P=2.5$mm	$d_0=60$mm $a_P=3$mm	$d_0=70$mm $a_P=3.5$mm	$d_0=80$mm $a_P=4$mm
	v				
0.50	74	—	—	—	—
0.60	68	63	60	—	—
0.70	64	59	56	54	52
0.80	60	56	53	50	49
0.90	57	53	50	48	46
1.0	54	50	48	46	44
1.2	50	46	44	42	41
1.4	47	43	41	39	38
1.6	44	41	38	37	36
2.0	—	37	35	33	32
2.4	—	—	—	31	30

注：使用条件改变时的修正系数见表 3.4-9。

表 3.4-36　高速钢及硬质合金锪钻加工的切削用量

加工材料	高速钢锪钻		硬质合金锪钻	
	进给量 f/(mm/r)	切削速度 v/(m/min)	进给量 f/(mm/r)	切削速度 v/(m/min)
铝	0.13~0.38	120~245	0.15~0.30	150~245
黄铜	0.13~0.25	45~90	0.15~0.30	120~210
软铸铁	0.13~0.18	37~43	0.15~0.30	90~107
软钢	0.08~0.13	23~26	0.10~0.20	75~90
合金钢及工具钢	0.08~0.13	12~24	0.10~0.20	55~60

表 3.4-37　钻削中心上高速钢扩孔钻扩孔及锪钻锪沉孔的切削用量

加工材料	加工类型	切削速度 v/(m/min)	加工直径/mm	
			10~15	15~25
			进给量 f/(mm/r)	
铸铁	扩通孔	10~18	0.15~0.20	0.20~0.25
	锪沉孔	8~12	0.15~0.20	0.15~0.30
钢、铸钢	扩通孔	12~20	0.12~0.20	0.20~0.30
	锪沉孔	8~14	0.08~0.10	0.10~0.15

4. 铰孔的切削用量

1）高速钢铰刀铰孔。

① 高速钢铰刀加工不同材料的切削用量见表 3.4-38。

② 高速钢铰刀铰削结构碳钢、铬钢、镍铬钢（R_m=650MPa）的切削速度见表 3.4-39。

③ 高速钢铰刀铰削灰铸铁（190HBW）的切削速度见表 3.4-40。

④ 高速钢铰刀铰锥孔的切削用量见表 3.4-41。

2）硬质合金铰刀铰孔的切削用量见表 3.4-42。

3）硬质合金枪铰刀铰孔的切削用量见表 3.4-43。

表 3.4-38　高速钢铰刀加工不同材料的切削用量

铰刀直径 d_0/mm	低碳钢 120~200HBW		低合金钢 200~300HBW		高合金钢 300~400HBW		软铸铁 130HBW		中硬铸铁 175HBW		硬铸铁 230HBW	
	f/(mm/r)	v/(m/min)	f/(mm/r)	v/(m/min)	f/(mm/r)	v/(m/min)	f/(mm/r)	v/(m/min)	f/(mm/r)	v/(m/min)	f/(mm/r)	v/(m/min)
6	0.13	23	0.10	18	0.10	7.5	0.15	30.5	0.15	26	0.15	21
9	0.18	23	0.18	18	0.15	7.5	0.20	30.5	0.20	26	0.20	21
12	0.20	27	0.20	21	0.18	9	0.25	36.5	0.25	29	0.25	24
15	0.25	27	0.25	21	0.20	9	0.30	36.5	0.30	29	0.30	24
19	0.30	27	0.30	21	0.25	9	0.38	36.5	0.38	29	0.36	24
22	0.33	27	0.33	21	0.25	9	0.43	36.5	0.43	29	0.41	24
25	0.51	27	0.38	21	0.30	9	0.51	36.5	0.51	29	0.41	24
铰刀直径 d_0/mm	可锻铸铁		铸造黄铜及青铜		铸造铝合金及锌合金		塑料		不锈钢		钛合金	
	f/(mm/r)	v/(m/min)	f/(mm/r)	v/(m/min)	f/(mm/r)	v/(m/min)	f/(mm/r)	v/(m/min)	f/(mm/r)	v/(m/min)	f/(mm/r)	v/(m/min)
6	0.10	17	0.13	46	0.15	43	0.13	21	0.05	7.5	0.15	9
9	0.18	20	0.18	46	0.20	43	0.18	21	0.10	7.5	0.20	9
12	0.20	20	0.23	52	0.25	49	0.20	24	0.15	9	0.25	12
15	0.25	20	0.30	52	0.30	49	0.25	24	0.20	9	0.25	12
19	0.30	20	0.41	52	0.38	49	0.30	24	0.25	11	0.30	12
22	0.33	20	0.43	52	0.43	49	0.33	24	0.30	12	0.38	18
25	0.38	20	0.51	52	0.51	49	0.51	24	0.36	14	0.51	18

表 3.4-39　高速钢铰刀铰削结构碳钢、铬钢、镍铬钢（R_m=650MPa）的切削速度（m/min）

粗铰					
f/(mm/r)	d_0=5mm a_P=0.05mm	d_0=10mm a_P=0.075mm	d_0=15mm a_P=0.1mm	d_0=20mm a_P=0.125mm	d_0=25mm a_P=0.125mm
	v				
≤0.5	24.0	21.6	17.4	18.2	16.6
0.6	21.3	19.2	15.3	16.1	14.8
0.7	19.3	17.4	14.1	14.7	13.4
0.8	17.6	15.9	12.9	13.5	12.2
1.0	—	13.8	11.1	11.6	10.6
1.2	—	12.3	9.9	10.3	9.4
1.4	—	—	9.2	9.3	8.5
1.6	—	—	8.2	8.6	7.8
1.8	—	—	7.7	7.9	7.2
2.0	—	—	7.1	7.4	6.7

（续）

f/(mm/r)	d_0 = 30mm a_P = 0.125mm	d_0 = 40mm a_P = 0.15mm	d_0 = 50mm a_P = 0.15mm	d_0 = 60mm a_P = 0.2mm	d_0 = 80mm a_P = 0.25mm
	v				
≤0.8	12.9	12.1	11.4	10.7	9.8
1.0	11.2	10.4	9.9	9.2	8.5
1.2	9.9	9.1	8.8	8.2	7.5
1.4	8.9	8.4	8.0	7.4	6.8
1.6	8.2	7.5	7.3	6.8	6.2
1.8	7.6	7.2	6.7	6.3	5.8
2.0	7.1	6.7	6.3	5.9	5.4
2.2	6.6	6.2	5.9	5.5	5.1
2.5	6.2	5.7	5.4	5.1	4.7
3.0	5.4	5.1	4.8	4.5	4.1
3.5	5.1	4.7	4.4	4.1	3.8
4.0	4.6	4.2	4.0	3.7	3.4

精　　铰

精度等级	加工表面粗糙度 Ra/μm	切削速度 v
IT7~IT8	1.6~1.8	2~3
	3.2~1.6	4~5

注：1. 以粗铰切削用量加工能得到 IT8~IT11 级精度及表面粗糙度 Ra 为 2.5~5μm 的孔。

2. 精铰切削速度的上限用于铰正火钢，下限用于铰韧性钢。

3. 全部使用切削液。

4. 使用条件改变时的修正系数见表 3.4-9。

表 3.4-40　高速钢铰刀铰削灰铸铁（190HBW）的切削速度　（m/min）

粗铰

f/(mm/r)	d_0 = 5mm a_P = 0.05mm	d_0 = 10mm a_P = 0.075mm	d_0 = 15mm a_P = 0.1mm	d_0 = 20mm a_P = 0.125mm	d_0 = 25mm a_P = 0.125mm
	v				
≤0.5	18.9	17.9	15.9	16.5	14.7
0.6	17.2	16.3	14.5	15.1	13.4
0.7	15.9	15.1	13.4	14.0	12.4
0.8	14.9	14.1	12.6	13.1	11.6
1.0	13.3	12.6	11.2	11.7	10.4
1.2	12.2	11.5	10.3	10.7	9.5
1.4	11.3	10.7	9.5	9.9	8.8
1.6	10.6	10.0	8.9	9.2	8.2
1.8	9.9	9.4	8.4	8.7	7.7
2.0	9.4	8.9	8.0	8.3	7.4
2.5	—	—	—	7.4	6.6
3.0	—	—	—	6.7	6.0

（续）

$f/(\mathrm{mm/r})$	$d_0=30\mathrm{mm}$ $a_P=0.125\mathrm{mm}$	$d_0=40\mathrm{mm}$ $a_P=0.15\mathrm{mm}$	$d_0=50\mathrm{mm}$ $a_P=0.15\mathrm{mm}$	$d_0=60\mathrm{mm}$ $a_P=0.2\mathrm{mm}$	$d_0=80\mathrm{mm}$ $a_P=0.25\mathrm{mm}$
	v				
≤0.8	12.1	11.5	11.5	10.7	10.0
1.0	10.8	10.3	10.0	9.6	8.9
1.2	9.8	9.4	9.2	8.7	8.1
1.4	9.1	8.7	8.5	8.1	7.5
1.6	8.5	8.1	7.9	7.6	7.1
1.8	8.0	7.6	7.5	7.1	6.7
2.0	7.6	7.3	7.1	6.8	6.3
2.5	6.8	6.5	6.3	6.1	5.6
3.0	6.2	5.9	5.8	5.5	5.2
4.0	5.4	5.1	5.0	4.8	4.5
5.0	4.8	4.6	4.5	4.3	4.0

精铰

加工材料	表面粗糙度 $Ra/\mu m$	
	3.2~1.6	1.6~0.8
	允许的最大切削速度 v	
灰铸铁	8	4
可锻铸铁	15	8
铜合金	15	8

注：1. 以粗铰切削用量加工能得到 IT8~IT9 级精度及表面粗糙度 Ra 为 3.2μm 的孔。
2. 以精铰切削用量加工能得到 IT7 级精度的孔。
3. 使用条件改变时的修正系数见表 3.4-9。

表 3.4-41　高速钢铰刀铰锥孔的切削用量

（1）进给量 $f/(\mathrm{mm/r})$

孔径 d_0 (mm)	加工钢		加工铸铁	
	粗铰	精铰	粗铰	精铰
5	0.08	0.05	0.08	0.08
10	0.10	0.08	0.15	0.10
15	0.15	0.10	0.20	0.15
20	0.20	0.13	0.25	0.18
30	0.30	0.18	0.35	0.25
40	0.35	0.22	0.40	0.30
50	0.40	0.25	0.50	0.40
60	0.50	0.30	0.60	0.45

（续）

（2）切削速度 v/(m/min)					
工序	结构钢 R_m/MPa			工具钢	铸铁
	≤600	>600~900	>900		
	加切削液				不加切削液
粗铰	8~10	6~8	5~6	5~6	8~10
精铰	6~8	4~6	3~4	3~4	5~6

注：用 9SiCr 钢制铰刀工作时切削速度应乘以系数 0.6。

表 3.4-42　硬质合金铰刀铰孔的切削用量

加工材料		铰刀直径 d_0/mm	切削深度 a_P/mm	进给量 f/(mm/r)	切削速度 v/(m/min)
钢	R_m≤1000MPa	<10	0.08~0.12	0.15~0.25	6~12
		10~20	0.12~0.15	0.20~0.35	
		20~40	0.15~0.20	0.30~0.50	
	R_m>1000MPa	<10	0.08~0.12	0.15~0.25	4~10
		10~20	0.12~0.15	0.20~0.35	
		20~40	0.15~0.20	0.30~0.50	
铸钢，R_m≤700MPa		<10	0.08~0.12	0.15~0.25	6~10
		10~20	0.12~0.15	0.20~0.35	
		20~40	0.15~0.20	0.30~0.50	
灰铸铁	≤200HBW	<10	0.08~0.12	0.15~0.25	8~15
		10~20	0.12~0.15	0.20~0.35	
		20~40	0.15~0.20	0.30~0.50	
	>200~450HBW	<10	0.08~0.12	0.15~0.25	5~10
		10~20	0.12~0.15	0.20~0.35	
		20~40	0.15~0.20	0.30~0.50	
冷硬铸铁，65~80HBW		<10	0.08~0.12	0.15~0.25	3~5
		10~20	0.12~0.15	0.20~0.35	
		20~40	0.15~0.20	0.30~0.50	
黄铜		<10	0.08~0.12	0.15~0.25	10~20
		10~20	0.12~0.15	0.20~0.35	
		20~40	0.15~0.20	0.30~0.50	
铸青铜		<10	0.08~0.12	0.15~0.25	15~30
		10~20	0.12~0.15	0.20~0.35	
		20~40	0.15~0.20	0.30~0.50	
铜		<10	0.08~0.12	0.15~0.25	6~12
		10~20	0.12~0.15	0.20~0.35	
		20~40	0.15~0.20	0.30~0.50	

（续）

加工材料		铰刀直径 d_0/mm	切削深度 a_p/mm	进给量 f/(mm/r)	切削速度 v/(m/min)
铝合金	w(Si)≤7%	<10	0.09～0.12	0.15～0.25	15～30
		10～20	0.14～0.15	0.20～0.35	
		20～40	0.18～0.20	0.30～0.50	
	w(Si)>14%	<10	0.08～0.12	0.15～0.25	10～20
		10～20	0.12～0.15	0.20～0.35	
		20～40	0.15～0.20	0.30～0.50	
热塑性树脂		<10	0.09～0.12	0.15～0.25	15～30
		10～20	0.14～0.15	0.20～0.35	
		20～40	0.18～0.20	0.30～0.50	
热固性树脂		<10	0.08～0.12	0.15～0.25	10～20
		10～20	0.12～0.15	0.20～0.35	
		20～40	0.15～0.27	0.30～0.50	

注：粗铰（Ra3.2～Ra1.6μm）钢和灰铸铁时，切削速度也可增至 60～80m/min。

表 3.4-43 硬质合金枪铰刀铰孔的切削用量

加工材料	进给量 v_f/(mm/min)	切削速度 v/(m/min)
碳钢及合金钢	50～125	50～100
铸 铁	125～250	50～100
黄 铜	75～125	50～100
铝	125～250	60～150

3.4.4 钻、扩、铰孔切削用量选择举例

工件形状及尺寸如图 3.4-1 所示，工件材料为 HT200 灰铸铁，硬度为 210HBW。孔的直径为 25mm，孔的精度为 IT8，表面粗糙度 Ra3.2μm。加工机床为 Z535 型立式钻床，进行钻孔、扩孔、铰孔加工。试选用刀具及切削用量。

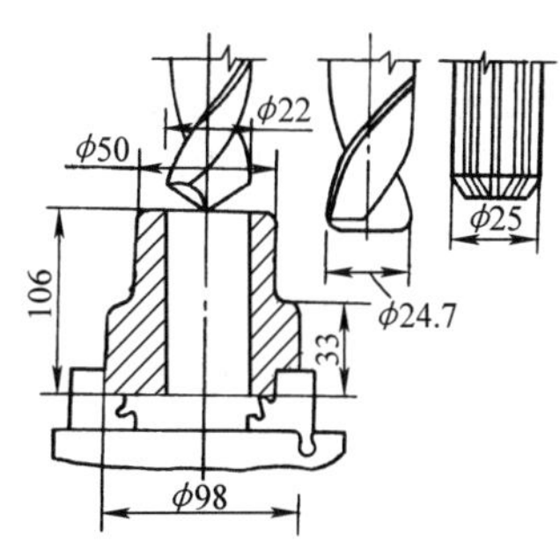

图 3.4-1 孔加工切削用量选择举例

1. 钻孔

（1）钻头

选用 φ22mm 标准高速钢麻花钻，磨出双锥和修磨横刃。

（2）确定钻削用量

1）确定进给量 f。根据表 3.4-1 可查出 f=0.47～0.57mm/r，由于孔深和孔径之比 l/d_0=106/22=4.8，k_{lf}=0.9，故 f'=(0.47～0.57)×0.9mm/r=0.42～0.51mm/r。查 Z535 型立式钻床说明书，取 f=0.43mm/r。

根据表 3.4-3，钻头强度所允许的进给量 f' = 1.75mm/r。机床进给机构允许的轴向力 F_{max} = 15690N（由机床说明书查出），根据表 3.4-4，允许的进给量 f''>1.8mm/r。

由于所选择的进给量 f 远小于 f' 及 f''，故所选 f 可用。

2）确定切削速度 v、轴向力 F、转矩 T 以及切削功率 P_m。用不同刀具材料进行钻、扩、铰孔的 v、F、T、P_m 均可按表 3.4-8 及表 3.4-10 进行计算。根据所给条件，可直接在表 3.4-15 中用插入法计算得

$$v=17\text{m/min},\ F=4732\text{N}$$

$$T=51.69\text{N}\cdot\text{m},\ P_m=1.25\text{kW}$$

由于实际加工条件与表中所给条件不完全相同，故应对结果进行修正。由表 3.4-9 知，切削速度的修正系数 $k_{Mv}=0.88$，$k_{lv}=0.75$，故

$$v'=17\text{m/min}\times0.88\times0.75=11.22\text{m/min}$$

$$n'=\frac{1000v'}{\pi d_0}=\frac{1000\times11.22}{\pi\times22}\text{r/min}=162\text{r/min}$$

查 Z535 型机床说明书，取 n=195r/min。实际切削速度为

$$v=\frac{\pi d_0 n}{1000}=\frac{\pi\times22\times195}{1000}\text{m/min}=13.5\text{m/min}$$

由表 3.4-11 可得，切削力及转矩的修正系数 $k_{MF}=k_{MM}=1.06$，故

$$F=4732\text{N}\times1.06=5016\text{N}$$

$$T=51.69\text{N}\cdot\text{m}\times1.06=54.8\text{N}\cdot\text{m}$$

3）校验机床功率。切削功率 P'_m 为

$$P'_m=P_m\times(v/v')k_{MM}=1.25\text{kW}\times(13.5/17)\times1.06=1.05\text{kW}$$

机床有效功率为

$$P'_E=P_E\eta=4.5\text{kW}\times0.81=3.65\text{kW}$$

（P_E 及 η 由 Z535 型机床说明书查出）

由于 $P'_E>P'_m$，故选择的钻削用量可用，即

d_0=22mm，f=0.43mm/r，n=195r/min，v=13.5m/min

相应地

F=5016N，T=54.8N·m，P_m=1.05kW

2. 扩孔

（1）扩孔钻

选用 ϕ24.7 mm 标准高速钢扩孔钻。

（2）确定扩孔切削用量

1）确定进给量 f。根据表 3.4-5，取 f=（0.7～0.8）×0.7mm/r=（0.49～0.56）mm/r。根据 Z535 型机床说明书，取 f=0.57mm/r。

2）确定切削速度 v 及 n。根据表 3.4-34，取 v=25m/min。

由于切削条件与上表不同，切削速度尚须乘以下修正系数：

$$k_{Mv}=0.88,\ k_{a_pv}=1.02$$

故 v'=25m/min×0.88×1.02=22.44m/min

$$n'=\frac{1000v'}{\pi d_0}=\frac{1000\times22.44}{\pi\times24.7}\text{r/min}=289\text{r/min}$$

根据 Z535 型机床说明书，取 n=275r/min。实际扩孔速度

$$v=\frac{\pi d_0 n}{1000}=\frac{\pi\times24.7\times275}{1000}\text{m/min}=21.3\text{m/min}$$

3. 铰孔

（1）铰刀

选用 ϕ25mm 标准高速钢铰刀。

（2）确定铰孔切削用量

1）确定进给量 f。根据表 3.4-6 查出，f=1.3～2.6mm/r，按该表注 4，进给量取小值。

按 Z535 型机床说明书，取 f=1.6mm/r。

2）切削速度 v 及 n。根据表 3.4-40，取 v=8.2m/min。切削速度的修正系数由表 3.4-9 查出：

$$k_{Mv}=0.88$$

$$k_{a_pv}=0.99$$

故

$$v'=8.2\text{m/min}\times0.88\times0.99=7.14\text{m/min}$$

$$n'=\frac{1000v'}{\pi d_0}=\frac{1000\times7.14}{\pi\times25}\text{r/min}=91.5\text{r/min}$$

根据 Z535 型机床说明书，取 n=100r/min，实际铰孔速度为

$$v=\frac{\pi d_0 n}{1000}=\frac{\pi\times25\times100}{1000}\text{m/min}=7.8\text{m/min}$$

4. 各工序实际切削用量

根据以上计算，各工序切削用量如下：

钻孔：d_0 = 22mm，f= 0.43mm/r，n = 195r/min，v=13.5m/min

扩孔：d_0=24.7mm，f=0.57mm/r，n=275r/min，v=21.3m/min

铰孔：d_0 = 25mm，f = 1.6mm/r，n = 100r/min，v=7.8m/min。

3.5　钻、扩、铰孔加工机动时间的计算

钻、扩、铰孔时加工机动时间计算公式见表 3.5-1。　铰孔的切入及切出行程见表 3.5-2。

表 3.5-1　钻、扩、铰孔时加工机动时间计算公式

加工示意图	计算公式	备注
钻孔和钻中心孔 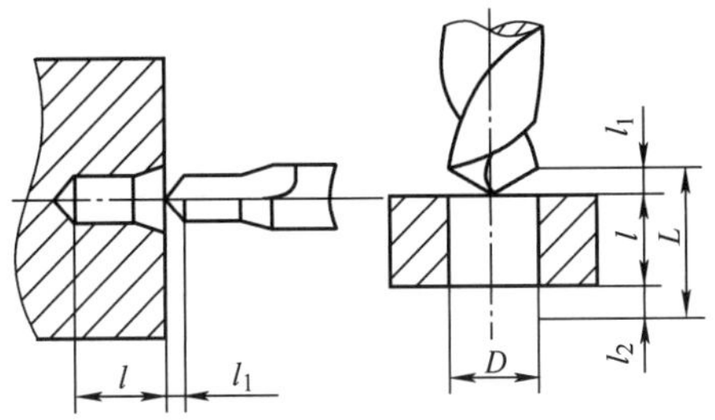	$t_m=\frac{L}{fn}=\frac{l+l_1+l_2}{fn}$ $l_1=\frac{D}{2}\cot\kappa_r+(1\sim2)\text{mm}$ $l_2=1\sim4\text{mm}$	1. 钻中心孔和钻盲孔时 $l_2=0$ 2. D 为孔径（mm）
钻孔、扩孔和铰圆柱孔 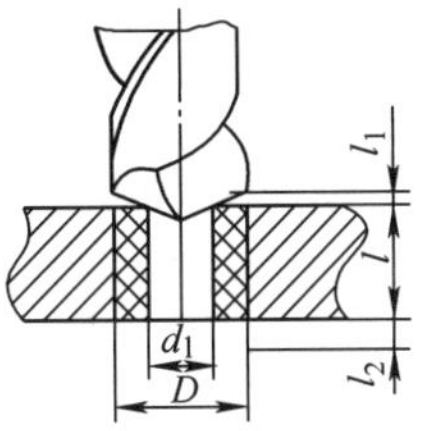	$t_m=\frac{L}{fn}=\frac{l+l_1+l_2}{fn}$ $l_1=\frac{D-d_1}{2}\cot\kappa_r+(1\sim2)\text{mm}$	1. 钻、扩盲孔和铰盲孔时 $l_2=0$ 钻孔、扩孔时 $l_2=2\sim4\text{mm}$；铰圆柱孔时，l_1、l_2 见表 3.5-2 2. d_1 为扩、铰前的孔径（mm），D 为扩、铰后的孔径（mm）
锪倒角、锪埋头孔、锪凸台 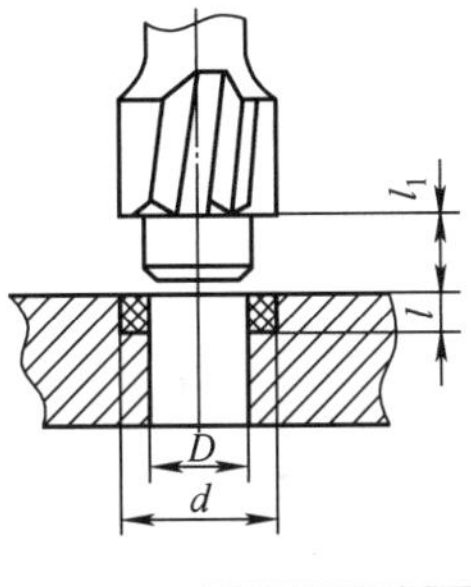	$t_m=\frac{L}{fn}=\frac{l+l_1}{fn}$ $l_1=1\sim2\text{mm}$	
扩孔和铰圆锥孔 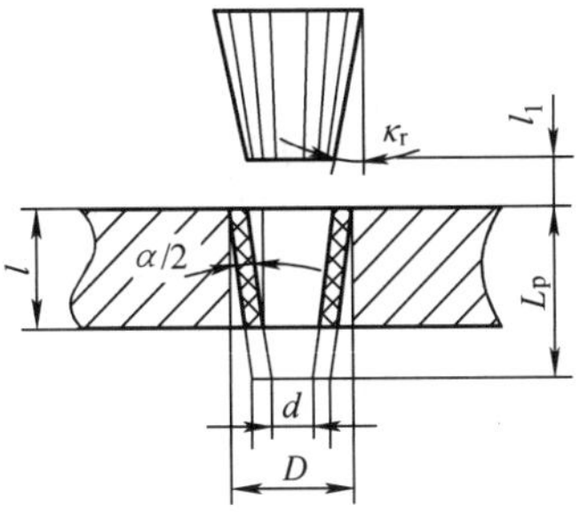	$t_m=\frac{L}{fn}i=\frac{L_p+l_1}{fn}i$ $l_1=1\sim2\text{mm}$ $L_p=\frac{D-d}{2\tan\kappa_r}$ $\kappa_r=\frac{\alpha}{2}$	1. L_p 为行程计算长度（mm） 2. κ_r 为主偏角，α 为圆锥角

表 3.5-2　铰孔的切入及切出行程　（mm）

背吃刀量 $a_p=\frac{D-d}{2}$	切入长度 l_1					切出长度 l_2
	主偏角 κ_r					
	3°	5°	12°	15°	45°	
0.05	0.95	0.57	0.24	0.19	0.05	13
0.10	1.9	1.1	0.47	0.37	0.10	15
0.125	2.4	1.4	0.59	0.48	0.125	18
0.15	2.9	1.7	0.71	0.56	0.15	22
0.20	3.8	2.4	0.95	0.75	0.20	28
0.25	4.8	2.9	1.20	0.92	0.25	39
0.30	5.7	3.4	1.40	1.10	0.30	45

注：1. 为了保证铰刀不受拘束地进给接近加工表面，表内的切入长度 l_1 应该增加；对于 $D\leqslant16$mm 的铰刀为 0.5mm；对于 $D=17\sim35$mm 的铰刀为 1mm；对于 $D=36\sim80$mm 的铰刀为 2mm。

2. 加工盲孔时 $l_2=0$。

3.6　钻、扩、铰孔加工工艺

3.6.1　一般孔的钻、扩、铰加工工艺

1. 钻、扩、铰工艺的加工精度

在机械制造工厂中，一般机器零件中的孔广泛采用钻、扩、铰加工工艺。工件上有些孔要求不高（例如机床主轴箱上的紧固孔），只需安排一次钻削工序就可达到要求；有些孔要求高（例如汽车发动机连杆螺栓孔等），它们在正常的钻孔之后还要安排扩孔、铰孔等工序。

钻孔、扩孔、铰孔所能达到的孔径精度与表面粗糙度见表 3.6-1。

表 3.6-1　钻孔、扩孔、铰孔所能达到的孔径精度与表面粗糙度

钻孔、扩孔、铰孔加工工艺	孔径精度	表面粗糙度 Ra/μm
钻	IT12~13	12.5
钻→扩	IT10~12	3.2~6.3
钻→铰	IT8~11	1.6~3.2
钻→扩→铰	IT6~8	0.8~3.2
钻→扩→粗铰→精铰	IT6~8	0.8~1.6

2. 加工实例

(1) 直摇臂两端孔的加工

加工直摇臂的两端孔，工序图如图 3.6-1 所示。工件的年生产纲领为 1000 件/年，属于小批生产。表 3.6-2 列出了直摇臂加工工序各工步的加工内容和选用的机床。工装采用简易钻模、快速卡头及标准刀具、量具。各工步切削用量通过查表 3.4-9、表 3.4-15 取初值，然后按机床实有的进给量和主轴转速数列来确定各工步的切削参数，见表 3.6-2。

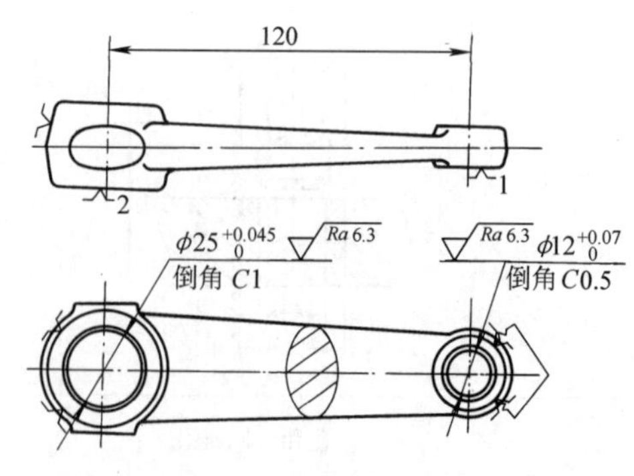

图 3.6-1　直摇臂工序图

(2) 弯曲拉臂上各孔的加工

加工弯曲拉臂上各孔，工件的主要尺寸与技术要求如图 3.6-2 所示。工件的年生产纲领为 140000 件/年，属于大量生产。采用工厂通用和专用的高生产率工装（刀具、辅具、量具、检具、夹具）。采用一次安装的高效六工位组合机床，六个工位动力头同时加工工件的工艺方案，以保证加工质量、提高生产率。

表 3.6-3 列出了弯曲拉臂孔加工工序各工位的加工内容。表 3.6-4 列出了六工位组合机床机动时间。刀具调整如图 3.6-3 所示。

表 3.6-2　工序安排及切削用量

工步	加工内容	设备型号	切削用量		
			f/(mm/r)	n/(r/min)	v/(m/min)
1	钻 ϕ22mm 孔	Z3025 摇臂钻床	0.28	272	18.8
2	钻倒角 2.5mm×45°		0.28	195	16.5
3	扩 ϕ24.6mm 孔		0.36	195	15.6
4	铰 $\phi25^{+0.045}_{0}$mm 孔，表面粗糙度 Ra=6.3μm		0.48	195	9.18
5	钻 ϕ11.6mm 孔		0.17	545	19.85
6	钻倒角 0.7mm×45°		0.17	545	22.25
7	铰 $\phi12^{+0.07}_{0}$mm 孔，表面粗糙度 Ra=6.3μm		0.36	392	8.86

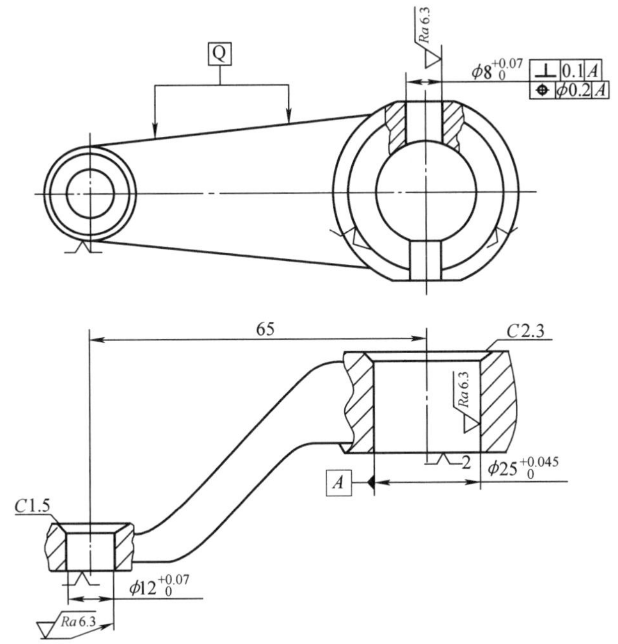

图 3.6-2　弯曲拉臂工序图

表 3.6-3　六工位组合机床各工位加工内容

工位号	工 步 内 容
Ⅰ	装卸工件
Ⅱ	1. 钻大端孔保证尺寸 ϕ23mm，并倒角 2.3×45° 2. 钻小端孔保证尺寸 ϕ10mm，并倒角 1.5×45°
Ⅲ	钻工件大端二联孔保证尺寸 2×ϕ7.6mm；孔到端面距离尺寸 14mm；保证位置度与垂直度要求
Ⅳ	1. 扩大端孔保证尺寸 ϕ24.6mm，表面粗糙度为 Ra=12.5μm 2. 扩小端孔保证尺寸 ϕ11.7mm，保证尺寸 65mm，表面粗糙度为 Ra=12.5μm
Ⅴ	铰大端二联孔 $\phi8^{+0.07}_{0}$mm，保证位置度与垂直度要求，表面粗糙度为 Ra=6.3μm
Ⅵ	1. 铰大端孔保证尺寸 $\phi25^{+0.045}_{0}$mm，保证位置度与垂直度要求，表面粗糙度为 Ra=6.3μm 2. 铰小端孔保证尺寸 $\phi12^{+0.07}_{0}$mm，表面粗糙度为 Ra=6.3μm

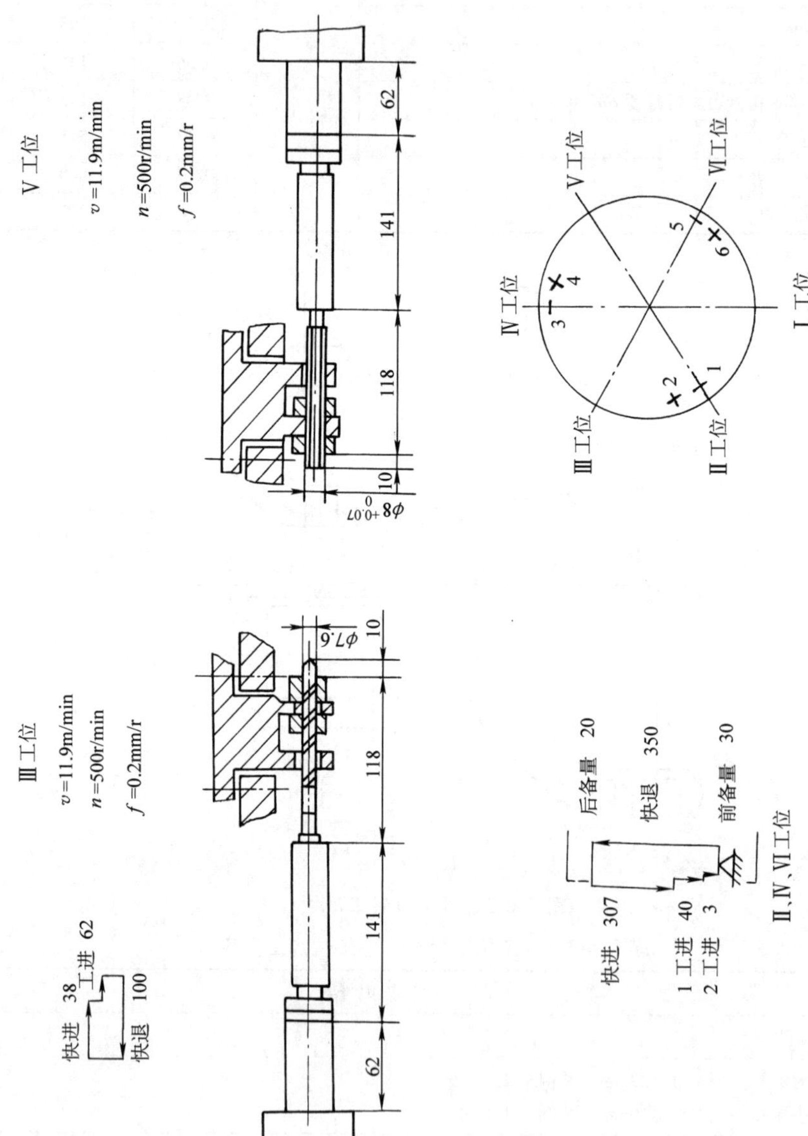

图 3.6-3 六工位组合机床刀具调整图

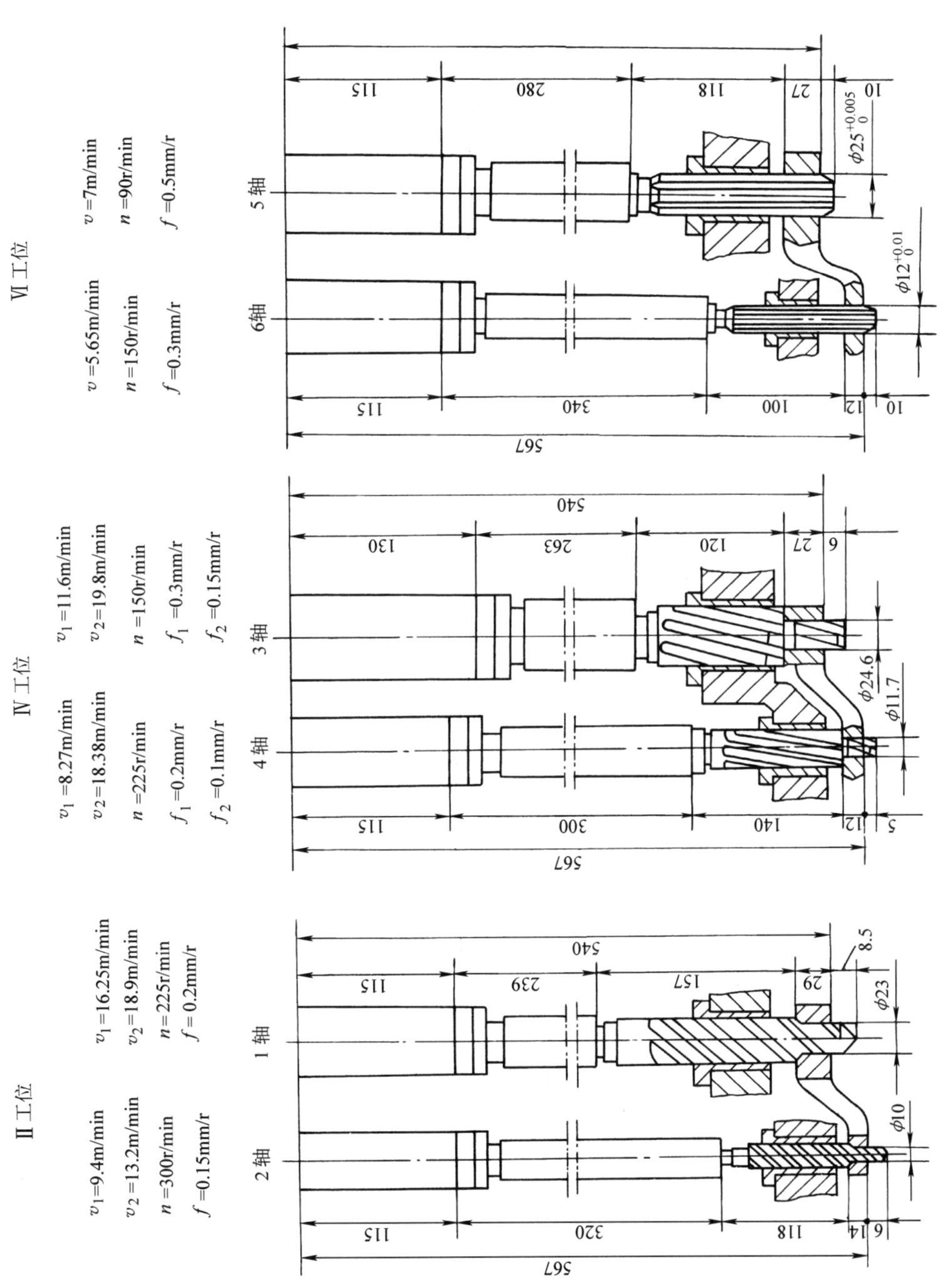

图 3.6-3　六工位组合机床刀具调整图（续）

表 3.6-4　六工位组合机床机动时间

序号	工步名称	工作行程/mm	进给量/(mm/min)	工时/min	
				机动时间	辅助时间
1	立式动力头快进	307	6000	0.89	0.052
2	工进 1	40	22.5	0.13	—
3	工进 2	3	22.5	—	—
4	卧式动力头快退	100	2000	—	0.05
5	立式动力头快退	350	6000	—	0.059
6	转台抬起、回转夹紧及死挡铁停留延时等	—	—	—	0.182
总计				1.363	

3.6.2　小孔、微孔钻削工艺

通常将孔径为 1~3mm 的孔称为小孔，孔径小于 1mm 的孔称为微孔。

1. 小孔、微孔的加工特点

1）刀具直径小，刚度小，强度低，加工精度不容易得到保证，加工效率较低。

2）排屑困难，在微孔加工中更加突出，严重时切屑阻塞，钻头易折断。

3）切削液很难注入孔内，刀具寿命短。

4）刀具重磨困难，直径小于 1mm 的钻头须在显微镜下刃磨。

2. 小孔加工须采取的工艺措施

1）机床主轴转速要高，进给量要小。

2）须用钻模钻孔或用中心钻引孔，以免在初始钻孔时钻头引偏、折断。

3）为了改善排屑条件，钻头须修磨，如图 3.6-4 所示。

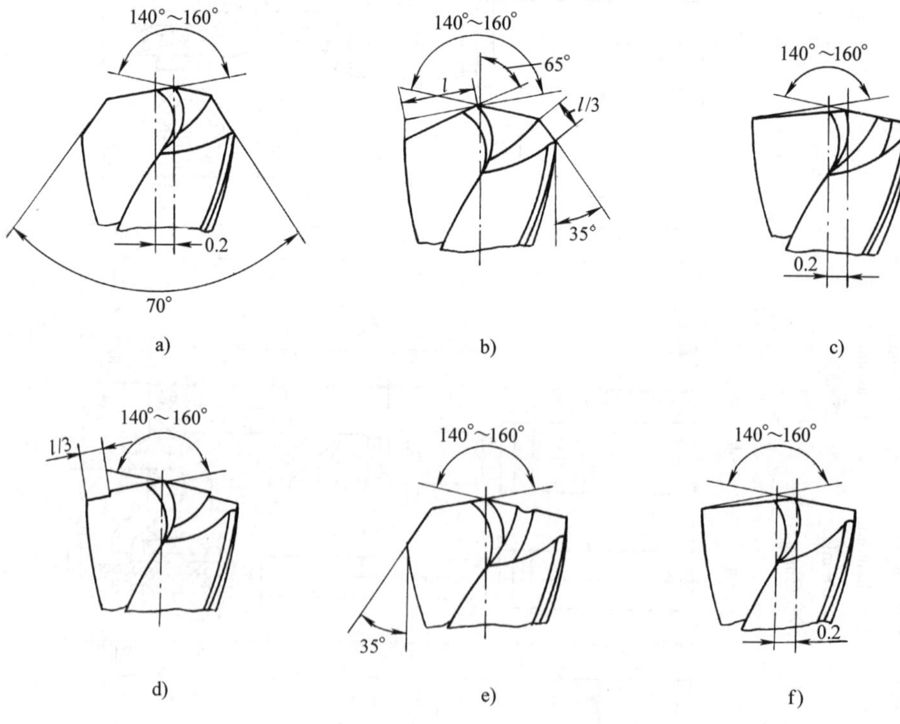

图 3.6-4　小钻头上使用的分屑措施

a）双重锋角　b）单边第二锋角

c）单边分屑槽　d）台阶刃

e）加大锋角　f）钻刃磨偏

4）钻孔时可频繁退钻，便于刀具冷却和排屑，也可加黏度低（N15以下）的机油或植物油（菜籽油）润滑。

3. 微孔加工须采取的工艺措施

1）微孔加工时，钻床主轴的回转精度和钻头的刚度是影响微孔加工质量的关键，机床须有足够高的主轴转速，一般达10000～150000r/min；钻头寿命要长，重磨性要好。对钻头的钻削工况应设有监控系统。

2）机床系统刚性要好，加工中不允许有振动，一定要有消振措施。

3）应采用精密的对中夹头和配置30倍以上的放大镜或瞄准对中仪。

4）由于液体表面张力和气泡的阻碍，很难将切削液送入微孔深部和钻头尖部，一般采用黏度低（N15以下）的机油或植物油（菜籽油）冷却、润滑。

5）因排屑十分困难，且易发生故障，一般采用频繁退钻方式解决。退钻次数可根据钻孔深度与孔径的比值决定。推荐退钻次数见表3.6-5。

表3.6-5　微孔加工时推荐的退钻次数

孔深/孔径	<3.5	3.5～4.8	4.8～5.9	5.9～7.0	7.0～8.0	8.0～9.2	9.2～10.2	10.2～11.4	11.4～12.4
退钻次数	0	1	2	3	4	5	6	7	8

4. 微孔加工实例

GCr15是高碳铬轴承钢的代表钢种，由于其综合性能好，具有高而均匀的硬度、良好的耐磨性和高的接触疲劳寿命，被广泛应用于航空航天产品上。如图3.6-5所示，某GCr15产品上ϕ0.5mm的小孔对控制流量起着非常重要的作用，孔深约6mm，是典型的大长径比（12：1）微小孔。表3.6-6列出了GCr15产品在切削过程中各工步的加工内容，选用的刀具材料为YL10.2合金。零件上的小孔分三个工步进行加工，各工步所选取的切削用量是通过查表（表3.4-18、表3.4-19、表3.4-29等）取初值，然后按机床实有的进给量和主轴转速数列最后确定各工步的切削参数，见表3.6-6。

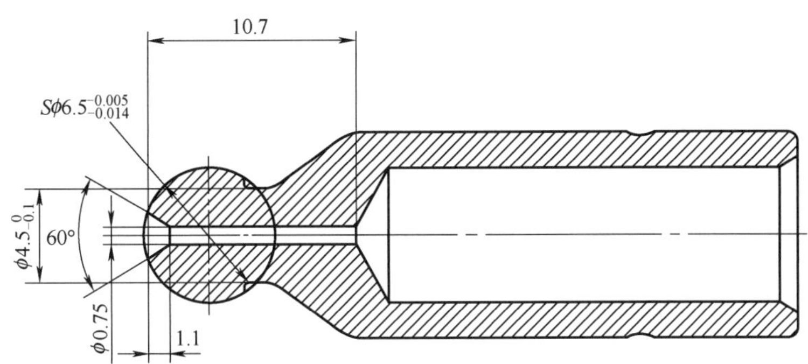

图3.6-5　某GCr15产品结构

表3.6-6　切削参数

工步号	工步名称	刀具	n/(r/min)
1	定心，每进给0.3mm退刀一次，每加工25件刃磨一次钻	ϕ0.5mm×2mm中心钻	4000
2	预钻，每进给0.15～0.2mm退刀一次，每加工15件刃磨一次	ϕ0.5mm×4.5mm扁钻	4000
3	接通孔，每进给0.1～0.15mm退刀一次，每加工10件刃磨一次	ϕ0.5mm×6mm扁钻	4000

3.6.3　数控钻削工艺

数控钻削可以完成钻、扩、铰、攻螺纹等加工方法。常用机床有数控立式钻床和钻削中心等。

1. 数控钻削的工艺范围

1）当加工所需刀具数目较少且不频繁更换刀具、孔距精度要求不太高的多孔零件时，采用数控立式钻床进行加工。

2）如果被加工零件是多孔类工件（如多孔板零件、分度头孔盘零件），或需要钻、铣等联合加工的零件（如机夹车刀刀体、滚珠丝杠螺母），或阀体类零件等，采用钻削加工中心进行加工。钻削加工中心还能完成深孔加工及键槽型孔的铣削等。钻削加工中心能达到的加工精度及表面粗糙度见表 3.6-7。

表 3.6-7　钻削加工中心能达到的加工精度及表面粗糙度

加工方法	加工后孔的精度 IT	加工后孔的表面粗糙度 $Ra/\mu m$
钻孔	11~13	12.5
扩孔或锪孔	9~10	6.3~3.2
钻、铰	8~9	3.2~1.6
钻、扩、铰	7~8	1.6~0.8
钻、扩、粗铰、精铰	7~8	0.8~0.4

2. 数控钻削程序编制步骤

1）分析零件图，确定加工部位。根据工件的加工特点选择数控钻床后，对具体零件的零件图进行仔细分析，明确加工的部位及某些特殊要求。

2）确定装夹方法和设计专用夹具。数控钻削中零件的定位装夹方法与普通钻削基本相同，定位基准应尽量与设计基准一致，满足基准重合原则。夹具设计的原则与普通专用机床夹具基本相同。

3）工件坐标系和编程零点的选择。在编程时，根据零件图来确定工件坐标系和编程零点。对有中心孔的零件以孔的中心作为编程零点来确定工件坐标系；对有对称中心线的零件则以中心线上的某点作为编程零点；对于多工位夹具，工件坐标系可能有几个，在编程时用零点偏移代码来进行转换。一般数控系统零点偏移代码是 G53、G54、…、G59 等。

4）确定加工顺序、刀具布置并选定刀具。确定各把刀具使用的先后次序并合理布置刀具。加工中一般使用刀具样本中有的通用刀具，如中心钻、麻花钻、铰刀、丝锥、立铣刀等。在特殊情况下也可采用复合刀具或专用刀具等。

5）确定走刀路线。确定加工顺序并选定刀具后，确定每把刀具相对于工件的运动轨迹及方向，即走刀路线。

3. 数控钻削实例

（1）钻孔加工

在工件上钻 4 个深度为 18mm 的 ϕ8mm 孔，工件的主要尺寸与技术要求如图 3.6-6 所示。取参考平面到工件表面的距离 $\Delta Z=2$mm，钻尖长度 $Z_p=0.3d=2.4$mm，工作进给深度 $Z_F=(18+2+2.4)$mm$=22.4$mm；起点坐标为 $X0$、$Y0$、$Z0$，刀具正转，$S=600$r/mm。

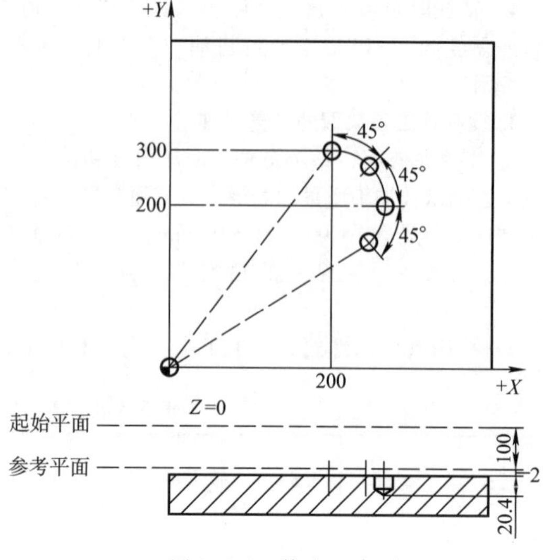

图 3.6-6　钻孔工序图

该工序的数控加工程序如下：

N01　G81 G99 G00 G91 X200 Y300 Z-100 I-22.4 F100 N1

N05　G93 I200 J200（极坐标编程）

N10　A-45 N3

N15　G80 G90 X0 Y0

N20　M30

（2）深孔加工

在工件上钻 2 个 58mm 深的孔，工件的主要尺寸与技术要求如图 3.6-7 所示（钻孔直径未规定）。取参考平面到工件表面的距离 $\Delta Z=2$mm，总的工作进给深度 $Z_F=60$mm，按 3 段进行加工，即 $J=3$，每段钻孔深度 I 值为 $60/3=20$(mm)。

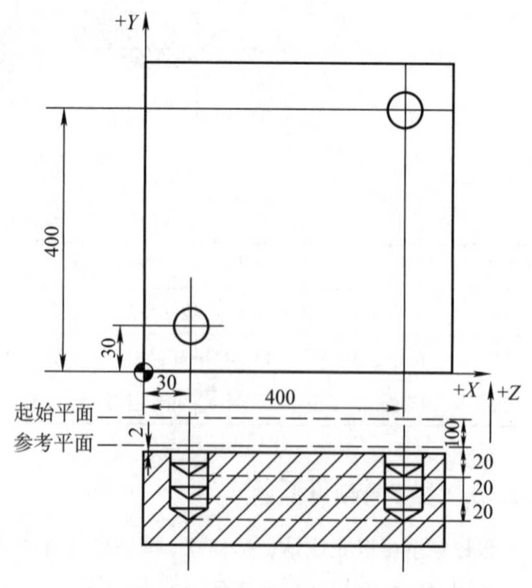

图 3.6-7　深孔加工工序图

起点为 $X0$、$Y0$，刀具已经起动。

该工序的数控加工程序如下：

N01　G83 G99 G00 G90 X30 Y30 Z-100 I-20 J3 F100 N1

N05　G98 G00 G91 X400 Y400 N1

N10　G00 G80 G90 X0 Y0

N15　M30

（3）螺纹孔加工

加工 4 个螺孔，深 18mm。工件的主要尺寸与技术要求如图 3.6-8 所示。$\Delta Z = 2$mm，工作进给深度 $Z_F = 20$mm，起点为 $X0$、$Y0$。

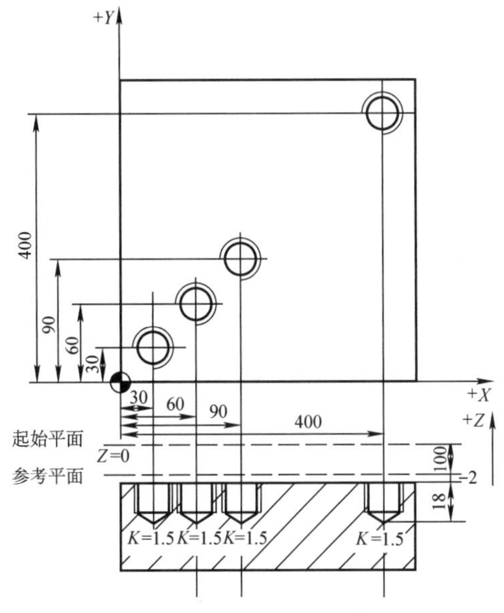

图 3.6-8　螺孔加工工序图

该工序的数控加工程序如下：

N01 G84 G99 G00 G9l X30 Y30 Z-100 I-20 K1.5 F350 S500 N3

N05 G98 G90 G00 X400 Y400 N1

N10 G80 G00 X0 Y0

N15 M30

3.6.4　深孔钻削工艺

钻削孔深与直径之比（L/D）大于 5 时称为深孔钻削。

1. 深孔钻削方法

1）当采用标准麻花钻、特长麻花钻钻削深孔时，一般都采用分级进给的加工方法，即在钻削过程中，使钻头加工一定时间或一定深度后退出工件，以排除切屑，并冷却刀具，然后重复进刀或退刀，直至加工完毕。这种钻削方法适于加工直径较小的深孔，生产率和加工精度都较低。

分级进给除手动控制外，还有自动循环控制，常用以下几种方法：

① 时间控制。钻削过程中，每隔一定时间返回一次，这种控制方法比较简单，一般用时间继电器或液压定时器。

② 行程控制。钻削过程中，达到预定深度即返回一次，每次钻深是固定的，适用于在动力头或动力滑台上钻深孔。

③ 负荷控制。在钻削过程中，当负荷（钻头的转矩或轴向力）超过规定值时，立即自动返回，每次钻深不是固定的，随负荷变化而不同，适用于钻削较小直径的深孔。按负荷性质可分定转矩控制、定轴向力控制、定转矩和轴向力混合控制三种形式。

2）当采用各种类型的深孔钻头（并配备相应的钻杆、传动器、导向系统、切削液输入器等）钻削深孔时，有内排屑和外排屑两种形式，其生产率、加工直线度及表面粗糙度都优于利用麻花钻采用分级进给的加工方法。

2. 深孔钻削的工作要点

在加工前与加工过程中，应检查和注意的事项如下：

1）机床主轴、刀具导向套、刀杆支承套、工件支承套等中心线的同轴度误差，一般不大于 0.02mm。

2）要求切削液系统畅通，工作压力和流量应达到额定值。

3）工件的加工端面上不应有中心孔，端面不可歪斜，并避免在斜面上钻深孔。如需在斜面上钻深孔，应先钻引导孔。

4）要求排屑顺畅，发现异常应及时退刀，停车检查。

5）若用较高速度钻孔，在即将钻通时，应降低进给量（取为原进给量的 1/2），以防损坏钻头和工件孔口处。

6）应尽量避免在加工过程中停车，若必须停车时，则应先停止进给，并将刀具退回一段距离，然后停止油泵，以防止刀具在孔中产生咬住现象。

7）刀杆受孔径的限制，直径小、长度大、造成刚性差、强度低，切削时易产生振动、波纹、锥度，从而影响深孔的直线度和表面粗糙度。

8）在钻孔和扩孔时，切削液在没有采用特殊装置的情况下，难于输入切削区，使刀具寿命缩短，而且排屑困难。

9）在深孔加工过程中，不能直接观察刀具切削情况，只能凭工作经验听切削时的声音、看切屑、手摸振动与工件温度、观察仪表（油压表和电表），来判断切削过程是否正常。

10）切屑排除困难，必须采用可靠的手段进行断屑及控制切屑的长短与形状，以利于顺利排除，防止切屑堵塞。

11）为了保证深孔加工顺利进行并达到要求的加工质量，应增加刀具内（或外）排屑装置、刀具引导支承装置和高压冷却润滑装置。

3. 深孔钻削的加工精度、表面粗糙度和适用范围(表 3.6-8)

表 3.6-8 深孔钻削的加工精度、表面粗糙度和适用范围

<table>
<tr><th colspan="3" rowspan="2">刀具种类</th><th colspan="2">适用范围</th><th rowspan="2">刀具材料</th><th colspan="2">刀片数目</th><th rowspan="2">排屑特点</th><th colspan="2">选用冷却泵</th><th rowspan="2">加工后孔的精度（IT）</th><th rowspan="2">加工后孔的表面粗糙度 Ra/μm</th></tr>
<tr><th>直径 /mm</th><th>孔深 /mm</th><th>切削刃数</th><th>导条数目</th><th>压力 /MPa</th><th>流量 /(L/min)</th></tr>
<tr><td rowspan="3">分级进给深孔加工</td><td colspan="2">特长麻花钻</td><td>1~75</td><td>每往复一次≤3</td><td>高速钢</td><td rowspan="3">2</td><td rowspan="3">0</td><td rowspan="3">向后</td><td>—</td><td>—</td><td>10~13</td><td>12.5~6.3</td></tr>
<tr><td colspan="2">油槽钻</td><td>3~50</td><td>≤3</td><td>高速钢</td><td>—</td><td>—</td><td>10~13</td><td>6.3~3.2</td></tr>
<tr><td colspan="2">扁钻</td><td>25~450</td><td>≤5</td><td>硬质合金</td><td>—</td><td>—</td><td>10~13</td><td>6.3~3.2</td></tr>
<tr><td rowspan="10">一次进给深孔加工</td><td rowspan="4">实心孔</td><td>枪钻</td><td>2~20</td><td>≤250</td><td>高速钢</td><td>1(2)</td><td>1，2</td><td>外排、向后</td><td>3.5~10</td><td>2~60</td><td>7~10</td><td>3.2~1.6</td></tr>
<tr><td>BTA</td><td>6~180</td><td rowspan="3">≤100</td><td rowspan="9">硬质合金</td><td>>1</td><td rowspan="3">2</td><td rowspan="3">内排、向后</td><td>2~5</td><td>80~350</td><td>7~11</td><td>3.2~1.6</td></tr>
<tr><td>喷吸钻</td><td>18.4~65</td><td>3~5</td><td>1~2</td><td>30~200</td><td>7~11</td><td>3.2~1.6</td></tr>
<tr><td>DF 系统</td><td>6~180</td><td>>1</td><td>1~2</td><td>30~200</td><td>7~11</td><td>1.6</td></tr>
<tr><td rowspan="4">扩孔</td><td>枪钻</td><td rowspan="2">2~50</td><td rowspan="2">≤250</td><td rowspan="2">1(2)</td><td rowspan="2">1，2</td><td rowspan="2">外排、向后</td><td>—</td><td>—</td><td>8~12</td><td>3.2~1.6</td></tr>
<tr><td>枪铰</td><td>—</td><td>—</td><td>7~8</td><td>0.8~0.4</td></tr>
<tr><td>单刀绞刀</td><td>8~30</td><td rowspan="4">≤100</td><td rowspan="2">1</td><td rowspan="4">2</td><td rowspan="2">前、后</td><td>—</td><td>—</td><td>6~9</td><td>0.8~0.2</td></tr>
<tr><td>BTA 方式扩孔钻</td><td>20~800</td><td>—</td><td>—</td><td>9~12</td><td>3.2~1.6</td></tr>
<tr><td rowspan="2">套料</td><td>内排套料钻</td><td>47~500</td><td>1~4</td><td>内排、向后</td><td>—</td><td>—</td><td>9~12</td><td>3.2~1.6</td></tr>
<tr><td>外排套料钻</td><td>50~500</td><td>2~4</td><td>外排、向后</td><td>—</td><td>—</td><td>10~12</td><td>3.2</td></tr>
</table>

4. 深孔加工实例

1）机床主轴孔加工。

① 加工对象和工序安排。年生产纲领为 3000 件，材料为 45 钢，模锻件，锻后正火。加工主轴孔前已进行下列工序：车端面、钻中心孔→粗车外圆→调质→半精车外圆。本工序安排在半精车外圆后进行，以轴颈作为定位，如图 3.6-9 所示。

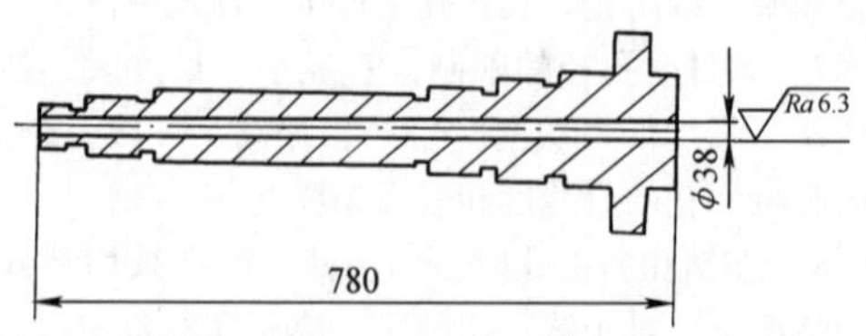

图 3.6-9 主轴内孔加工工序图

② 机床设备的选择。深孔加工机床有通用机床、专用机床以及由车床改制而成，大多是卧式机床。本工序根据工厂实际情况，采用由 C630 车床改装的深孔加工机床，工件在机床上的加工情况参见图 3.3-1c。

③ 刀具选用喷吸钻（属于内排屑深孔钻头）。

④ 切削用量的选择。按深孔加工切削用量（表 3.4-31）并结合 C630 车床实际，选用切削用量为：a_p = 19mm，f = 0.17mm/r　n = 750r/min，v = 89.5m/min。

工件的机动时间为 6.17min，工件单件工序工时为 8.02min。

2）曲轴油孔的加工。工件的主要尺寸与技术要求如图 3.6-10 所示。

① 加工对象和工序安排。图 3.6-10 是曲轴油孔加工工序图，年生产纲领为 100000 件，属于大量生产；材料为 45 钢，模锻件，锻后正火。加工前已完成前、后主轴颈及连杆轴颈的加工。为了保证在圆弧表面上钻斜油孔不致引偏或折断钻头，工艺上安排在垂直于连杆轴颈处先钻球形孔，并在孔口倒角（避免连杆轴颈中频淬火时产生裂纹）。

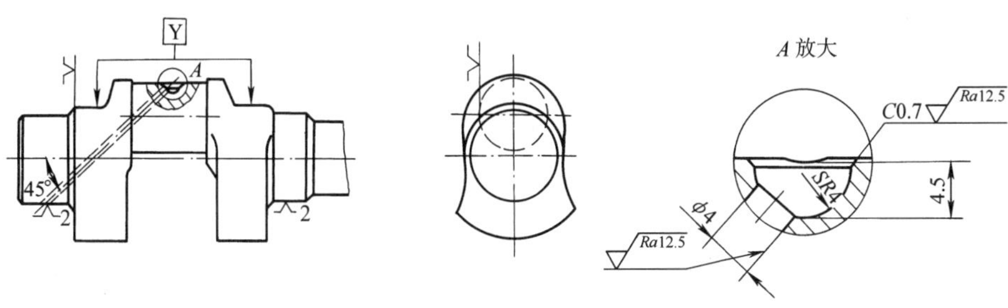

图 3.6-10　曲轴油孔加工工序图

② 机床设备的选择。因属于大量生产，其单件生产节奏为 2.76min/件，若采用普通立式钻床加工球形孔、倒角及钻斜油孔，操作复杂，且不易保证产品质量，因此，选用三工位组合机床加工，采用定转矩控制装置，防止钻头因扭转过大而折断。

③ 工序内容。本工序由以下三个工位组成：

工位Ⅰ：装夹。

工位Ⅱ：在连杆轴颈中部钻球形孔 *SR* 4mm，深 4.5mm，同时倒角 0.7×45°，表面粗糙度要求为 *Ra*12.5μm。

工位Ⅲ：在连杆轴颈上钻斜油孔 ϕ4mm 通孔，表面粗糙度要求为 *Ra*12.5μm。

3.7　加工中常见问题的原因和解决办法

3.7.1　标准麻花钻加工中常见问题的原因和解决办法（表 3.7-1）

表 3.7-1　标准麻花钻加工中常见问题的原因和解决办法

序号	问题内容	产生原因	解决方法
1	孔径增大、误差大	1. 钻头左、右切削刃不对称，摆差大 2. 钻头横刃太长 3. 钻头刃口崩刃 4. 钻头刃带上有积屑瘤 5. 钻头弯曲 6. 进给量太大 7. 钻床主轴摆差大或松动	1. 刃磨时保证钻头左、右切削刃对称，摆差在允许范围内 2. 修磨横刃，减小横刃长度 3. 及时发现崩刃情况，并更换钻头 4. 将刃带上的积屑瘤用油石修整到合格 5. 校直或更换 6. 降低进给量 7. 及时调整和维修钻床
2	孔径小	钻头刃带已严重磨损	更换合格钻头
3	钻孔时产生振动或孔不圆	1. 钻头后角太大 2. 无导向套或导向套与钻头配合间隙过大 3. 钻头左、右切削刃不对称，摆差大 4. 主轴轴承松动 5. 工件夹紧不牢 6. 工件表面不平整，有气孔砂眼 7. 工件内部有缺口、交叉孔	1. 减小钻头后角 2. 钻杆伸出过长时必须有导向套，采用合适间隙的导向套或先钻中心孔再钻孔 3. 刃磨时保证钻头左、右切削刃对称，摆差在允许范围内 4. 调整或更换轴承 5. 改进夹具与夹紧装置 6. 更换合格毛坯 7. 改变工序顺序或改变工件结构

（续）

序号	问题内容	产生原因	解决方法
4	孔位超差，孔歪斜	1. 钻头的钻尖已磨钝 2. 钻头左、右切削刃不对称，摆差大 3. 钻头横刃太长 4. 钻头与导向套配合间隙过大 5. 主轴与导向套轴线不同轴，主轴轴线与工作台面不垂直 6. 钻头在切削时振动 7. 工件表面不平整，有气孔砂眼 8. 工件内部有缺口、交叉孔 9. 导向套底端面与工件表面间的距离太长，导向套长度短 10. 工件夹紧不牢 11. 工件表面倾斜 12. 进给量不均匀	1. 重磨钻头 2. 刃磨时保证钻头左、右切削刃对称，摆差在允许范围内 3. 修磨横刃，减小横刃长度 4. 采用合适间隙的导向套 5. 校正机床夹具位置，检查钻床主轴的垂直度 6. 先钻中心孔再钻孔，采用导向套或改为工件回转的方式 7. 更换合格毛坯 8. 改变工序顺序或改变工件结构 9. 加长导向套长度 10. 改进夹具与夹紧装置 11. 改进定位装置 12. 使进给量均匀
5	钻头折断	1. 切削用量选择不当 2. 钻头崩刃 3. 钻头横刃太长 4. 钻头已钝，刃带已严重磨损呈正锥形 5. 导向套底端面与工件表面间的距离太近，排屑困难 6. 切削液供应不足 7. 切屑堵塞钻头的螺旋槽，或切屑卷在钻头上，使切削液不能进入孔内 8. 导向套磨损呈倒锥形，退刀时钻屑夹在钻头与导向套之间 9. 快速行程终了位置距工件太近 10. 孔钻通时，由于进给阻力迅速下降而进给量突然增加 11. 工件或夹具刚度不足，钻通时弹性恢复，使进给量突然增加 12. 进给丝杠磨损，动力头重锤重量不足。动力液压缸反压力不足，当孔钻通时，动力头自动下落，使进给量增大 13. 钻铸件时遇到缩孔	1. 减小进给量和切削速度 2. 当加工较硬的钢件时，后角要适当减小 3. 修磨横刃，减小横刃长度 4. 及时更换钻头，刃磨时将磨损部分全部磨掉 5. 适当加大导向套与工件间的距离 6. 切削液喷嘴对准加工孔口；加大切削液流量 7. 减小切削速度、进给量；采用断屑措施；或采用分级进给方式，使钻头退出数次 8. 及时更换导向套 9. 增加工作行程距离 10. 修磨钻头顶角，尽可能降低钻孔轴向力；孔将要钻通时，改为手动进给，并控制进给量 11. 增大机床、工件、夹具系统的刚度；在孔钻通前降低进给量 12. 及时维修机床，增加动力头重锤重量，增大液压缸反压力 13. 对估计有缩孔的铸件要减小进给量
6	钻头寿命短	1. 同第5项之1、3、4、5、6、7 2. 钻头切削部分几何形状与所加工的材料不适应 3. 其他	1. 同第5项之1、3、4、5、6、7 2. 加工铜件时，钻头应选用较小后角，避免钻头自动钻入工件，使进给量突然增加；加工低碳钢时，可适当增大后角，以增加钻头寿命；加工较硬的钢材时，可采用双重钻头顶角，开分屑槽或修磨横刃等，以增加钻头寿命 3. 改用新型适用的高速钢（铝高速钢、钴高速钢）钻头或采用涂层刀具；消除加工件的夹砂、硬点等不正常情况

（续）

序号	问题内容	产 生 原 因	解 决 方 法
7	孔壁表面粗糙	1. 钻头不锋利 2. 后角太大 3. 进给量太大 4. 切削液供给不足，切削液性能差 5. 切屑堵塞钻头的螺旋槽 6. 夹具刚度不够 7. 工件材料硬度过低	1. 将钻头磨锋利 2. 采用适当后角 3. 减小进给量 4. 加大切削液流量，选择性能好的切削液 5. 见第 5 项之 7 6. 改进夹具 7. 增加热处理工序，适当提高工件硬度

3.7.2　枪钻钻孔中常见问题的原因和解决办法（表 3.7-2）

表 3.7-2　枪钻钻孔中常见问题的原因和解决办法

序号	问题内容	产 生 原 因	解 决 方 法
1	孔径增大，误差大	1. 切屑粘结 2. 机床主轴与钻套的同轴度超差 3. 刀具形状不合适	1. 提高切削速度，减小进给量；换用极压性高的切削液；提高切削液的压力、流量；适当提高工件的硬度 2. 调节机床主轴与钻套的同轴度；采用合适的钻套直径；减小主轴摆差 3. 钻尖位置向内侧移动和加大外刃切削角；减小倒锥，加宽刃带；改变导向块的位置；校正枪钻头部的弯曲和摆差
2	内孔不圆	1. 机床主轴与钻套的同轴度超差 2. 刀尖形状不合适 3. 刀具形状不合适 4. 工件夹紧不牢	1. 调整机床主轴与钻套的同轴度 2. 改变钻尖位置，保持平衡 3. 调整导向块的位置 4. 改进夹具，使工件夹紧力均匀
3	孔弯曲，歪斜	1. 机床主轴与钻套的同轴度超差 2. 刀尖形状不合适 3. 刀具形状不合适 4. 进给量太大 5. 工件夹紧不牢 6. 工件材料组织不均匀	1. 调整机床主轴与钻套的同轴度；采用合适的钻套直径；减小主轴摆差；校正枪钻头部的弯曲和摆差 2. 改变外刃切削角、内刃切削角与钻尖位置 3. 改变导向块的位置；导向中心架的数量要合适；采用短粗柄部的枪钻 4. 减小进给量 5. 改进夹具，使工件夹紧力均匀 6. 采用材料组织均匀的工件
4	孔表面粗糙	1. 切屑粘结 2. 机床主轴与钻套的同轴度超差 3. 熨光作用过小 4. 颤振 5. 退刀划痕	1. 提高切削速度，减小进给量；换用极压性高的切削液；提高切削液的压力、流量；适当提高工件的硬度 2. 调整机床主轴与钻套的同轴度；采用合适的钻套直径 3. 改进导向块的位置、形状；加宽刃边宽度；减小倒锥量；加大外刃切削角 4. 设置合适的中心架，尽量缩短枪钻长度；降低切削液的压力；控制熨光作用 5. 改进导向块的位置；加大倒锥量；调整机床主轴与钻套的同轴度；校正枪钻头部的弯曲和摆差；待主轴停止转动后退刀

（续）

序号	问题内容	产生原因	解决方法
5	枪钻折断	1. 机床主轴与钻套的同轴度超差 2. 熨光作用过大 3. 断屑不好 4. 切削用量过大 5. 枪钻过度磨损 6. 枪钻崩刃 7. 孔将钻通时，由于进给阻力迅速下降而使进给量突然增加 8. 主轴松动	1. 调节机床主轴与钻套的同轴度；采用合适的钻套直径；减小主轴摆差；校正枪钻头部的弯曲和摆差 2. 改进导向块的位置；加大倒锥量 3. 改进切削刃的角度，使内、外切削刃切削平衡；及时发现崩刃情况并更换刀具；增大导向套与工件间的距离；加大切削液的压力、流量；采用材料组织均匀的工件 4. 降低切削速度和进给量，避免进给量不均匀 5. 定期更换枪钻，避免过度磨损 6. 及时发现崩刃情况并更换，后角要合适 7. 孔将钻通时，减小进给量 8. 维修机床
6	枪钻寿命短	1. 切削用量过大 2. 枪钻不合适 3. 切削液不合适	1. 降低切削速度和进给量 2. 更换刀具材料；加大油孔与油隙；增大后角，降低刃磨面的表面粗糙度 3. 换用极压性高的切削液；提高切削液的压力、流量；改善切削液过滤情况

3.7.3 内排屑深孔钻钻孔中常见问题的原因和解决办法（表 3.7-3）

表 3.7-3 内排屑深孔钻钻孔中常见问题的原因和解决办法

序号	问题内容	产生原因	解决方法
1	孔表面粗糙	1. 切屑粘结 2. 机床主轴与钻套的同轴度超差 3. 切削速度过低，进给量过大或不均匀 4. 刀具几何形状不合适	1. 降低切削速度；避免崩刃；换用极压性高的切削液，并改善过滤情况；提高切削液的压力、流量 2. 调节机床主轴与钻套的同轴度；采用合适的钻套直径 3. 采用合适的切削用量 4. 改进切削刃几何角度与导向块的形状
2	孔口呈喇叭形状	机床主轴与钻套的同轴度超差	调整机床主轴、钻套与支承套的同轴度；采用合适的钻套直径，及时更换磨损过大的钻套
3	钻头折断	1. 断屑不好，切屑排不出 2. 进给量过大、过小或不均匀 3. 钻头过度磨损 4. 切削液不合适	1. 改变断屑槽的尺寸，避免过长、过浅；及时发现崩刃情况并更换刀具；提高切削液的压力、流量；采用材料组织均匀的工件 2. 采用合适的切削用量 3. 定期更换钻头，避免过度磨损 4. 选用合适的切削液并改善过滤情况
4	钻头寿命短	1. 切削速度过高或过低，进给量过大 2. 钻头不合适 3. 切削液不合适	1. 采用合适的切削用量 2. 更换刀具材料，改进导向块的位置、形状 3. 换用极压性高的切削液；提高切削液的压力、流量；改善切削液过滤情况

（续）

序号	问题内容	产 生 原 因	解 决 方 法
5	1. 切屑呈带状 2. 切屑过小 3. 切屑过大	1. 断屑槽几何形状不合适；切削刃几何形状不合适；进给量过小 2. 断屑槽过短或过深；断屑槽半径过小 3. 断屑槽过长或过浅；断屑槽半径过大	1. 变动断屑槽及切削刃的几何形状；增大进给量 2. 改进断屑槽的几何形状 3. 改进断屑槽的几何形状

3.7.4　扩孔钻扩孔中常见问题的原因和解决办法（表 3.7-4）

表 3.7-4　扩孔钻扩孔中常见问题的原因和解决办法

序号	问题内容	产 生 原 因	解 决 方 法
1	孔径增大	1. 扩孔钻切削刃摆差大 2. 扩孔钻刃口崩刃 3. 扩孔钻刃带上有积屑瘤 4. 安装扩孔钻时，锥柄表面油污未擦干净，或锥面有磕碰伤痕	1. 刃磨时保证摆差在允许范围内 2. 及时发现崩刃情况，更换刀具 3. 将刃带上的积屑瘤用油石修整到合格 4. 安装扩孔钻前必须将扩孔钻锥柄及机床主轴锥孔内部油污擦干净，锥面磕碰伤痕处用油石修光
2	孔表面粗糙	1. 切削用量过大 2. 切削液供给不足 3. 扩孔钻过度磨损	1. 适当降低切削用量 2. 切削液喷嘴对准加工孔口，加大切削液流量 3. 定期更换扩孔钻；刃磨时把磨损区全部磨去
3	孔位置精度超差	1. 扩孔钻与导向套配合间隙大 2. 机床主轴与导向套同轴度误差大 3. 主轴轴承松动	1. 减小配合间隙 2. 校正机床与导向套位置 3. 调整主轴轴承间隙

3.7.5　多刃铰刀铰孔中常见问题的原因和解决办法（表 3.7-5）

表 3.7-5　多刃铰刀铰孔中常见问题的原因和解决办法

序号	问题内容	产 生 原 因	解 决 方 法
1	孔径增大，误差大	1. 铰刀外径尺寸设计值偏大或铰刀刃口有毛刺 2. 切削速度过高 3. 进给量不当或加工余量太大 4. 铰刀主偏角过大 5. 铰刀弯曲 6. 铰刀刃口上黏附着积屑瘤 7. 刃磨时铰刀刃口摆差超差	1. 根据具体情况适当减小铰刀外径；将铰刀刃口毛刺修光 2. 降低切削速度 3. 适当调整进给量或减少加工余量 4. 适当减小主偏角 5. 校直或报废弯曲的铰刀 6. 用油石仔细修整到合格 7. 控制摆差在允许范围内

（续）

序号	问题内容	产 生 原 因	解 决 方 法
1	孔径增大，误差大	8. 切削液选择不合适 9. 安装铰刀时，锥柄表面油污未擦干净，或锥面有磕碰伤痕 10. 锥柄的扁尾偏位，装入机床主轴后与锥柄圆锥干涉 11. 主轴弯曲或主轴轴承过松或损坏 12. 铰刀浮动不灵活，与工件不同轴 13. 手铰孔时两手用力不均匀，使铰刀左右晃动	8. 选择冷却性能较好的切削液 9. 安装铰刀前必须将铰刀锥柄及机床主轴锥孔内部油污擦干净，锥面磕碰伤痕处用油石修光 10. 修磨铰刀扁尾 11. 调整或更换主轴轴承 12. 重新调整浮动夹头，并调整同轴度 13. 注意正确操作
2	孔径小	1. 铰刀外径尺寸设计值偏小 2. 切削速度过低 3. 进给量过大 4. 铰刀主偏角过小 5. 切削液选择不合适 6. 铰刀已磨损，刃磨时磨损部分未磨去 7. 铰薄壁钢件时，铰完孔后内孔弹性恢复使孔径缩小 8. 铰钢料时，余量太大或铰刀不锋利，也容易产生孔弹性恢复，使孔径缩小	1. 更改铰刀外径尺寸 2. 适当提高切削速度 3. 适当降低进给量 4. 适当增大主偏角 5. 选择润滑性能较好的油性切削液 6. 定期更换铰刀，正确刃磨铰刀切削部分 7. 设计铰刀尺寸时应考虑此因素，或根据实际情况取值 8. 做试验性切削，取合适余量；将铰刀磨锋利
3	内孔不圆	1. 铰刀过长，刚度不足，切削时产生振动 2. 铰刀主偏角过小 3. 铰刀刃带窄 4. 铰孔余量不均匀 5. 孔表面有缺口、交叉孔 6. 孔表面有砂眼、气孔 7. 主轴轴承松动，无导向套，或铰刀与导向套配合间隙过大 8. 由于薄壁工件装夹得过紧，卸下后工件变形	1. 刚度不足的铰刀可采用不等分齿距的铰刀；铰刀的安装应采用刚性连接 2. 增大主偏角 3. 选用合格铰刀 4. 控制预加工工序孔的位置误差 5. 采用不等分齿距的铰刀；采用较长、较精密的导向套 6. 选用合格毛坯 7. 采用等齿距铰刀铰精密孔时，对机床主轴间隙与导向套的配合间隙有较高要求 8. 采用恰当的夹紧方法，减小夹紧力
4	孔表面有明显的棱面	1. 铰孔余量过大 2. 铰刀切削部分后角过大 3. 铰刀刃带过宽 4. 工件表面有气孔、砂眼 5. 机床主轴摆差大	1. 减小铰孔余量 2. 减小切削部分后角 3. 修磨刃带宽度 4. 选用合格毛坯 5. 调整机床主轴

（续）

序号	问题内容	产 生 原 因	解 决 方 法
5	孔表面粗糙	1. 切削速度过高 2. 切削液选择不合适 3. 铰刀主偏角过大，铰刀刃口不直 4. 铰孔余量太大 5. 铰孔余量不均匀或太小，局部表面未铰到 6. 铰刀切削部分摆差超差，刃口不锋利，表面粗糙 7. 铰刀刃带过宽 8. 铰孔时排屑不良 9. 铰刀过度磨损 10. 铰刀碰伤，刃口留有毛刺或崩刃 11. 刃口有积屑瘤 12. 由于材料关系，不适用零度前角或负前角铰刀	1. 降低切削速度 2. 根据加工材料选择切削液 3. 适当减小主偏角，正确刃磨铰刀刃口 4. 适当减小铰孔余量 5. 提高铰孔前底孔位置精度与质量，或增加铰孔余量 6. 选用合格铰刀 7. 修磨刃带宽度 8. 根据具体情况减少铰刀齿数，加大容屑空间；或采用带刃倾角的铰刀，使排屑顺利 9. 定期更换铰刀，刃磨时把磨损区全部磨去 10. 铰刀在刃磨、使用及运输过程中应采取保护措施，避免磕、碰伤；对已碰伤的铰刀，应用特细的油石将磕、碰伤修好，或更换铰刀 11. 用油石修整到合格 12. 采用前角为5°~10°的铰刀
6	铰刀寿命短	1. 铰刀材料不合适 2. 铰刀刃磨时烧伤 3. 切削液选择不合适，切削液未能流到切削处 4. 铰刀刃磨后表面粗糙度值太高	1. 根据加工材料选择铰刀材料，可采用硬质合金或涂层铰刀 2. 严格控制刃磨切削用量，避免烧伤 3. 根据加工材料选择切削液；用足够压力的切削液清除切屑槽内的切屑 4. 通过精磨或研磨达到要求
7	孔的位置精度超差	1. 导向套磨损 2. 导向套底端距工件太远，导向套长度短，精度差 3. 主轴轴承松动	1. 定期更换导向套 2. 加长导向套，提高导向套与铰刀间的配合精度，缩短导向套底端距工件的距离 3. 及时维修机床，调整主轴轴承间隙
8	铰刀刀齿崩刃	1. 铰孔余量太大 2. 工件材料硬度过高 3. 切削刃摆差过大，切削负荷不均匀 4. 铰刀主偏角太小，使切削宽度增大 5. 铰深孔或盲孔时，切屑太多，又未及时清除 6. 刃磨时刀齿已产生裂纹	1. 减小预加工的孔径尺寸 2. 降低材料硬度或改用硬质合金铰刀或负前角铰刀 3. 控制摆差使其在合格范围内 4. 加大主偏角 5. 注意及时清除切屑或采用带刃倾角的铰刀 6. 注意刃磨质量
9	铰刀柄部折断	1. 铰孔余量过大 2. 铰锥孔时，粗、精铰削余量分配及切削用量选择不合适 3. 铰刀刀齿容屑空间小，切屑堵塞	1. 减小预加工的孔径尺寸 2. 修改余量分配，合理选择切削用量 3. 减少铰刀齿数，加大容屑空间，或将刀齿间隔磨去一齿

（续）

序号	问题内容	产生原因	解决方法
10	铰孔后孔的中心线不直	1. 铰孔前的钻孔不直，特别是孔径较小时，由于铰刀刚性较差，不能纠正原有的弯曲度 2. 铰刀主偏角过大，导向不良，使铰刀在铰削中容易偏离方向 3. 切削部分倒锥过大 4. 铰刀在断续孔中部间隙处移位 5. 手铰孔时，在一个方向上用力过大，迫使铰刀向一边偏斜，破坏了铰孔的直线度	1. 增加扩孔或者镗孔工序，校正孔中心线 2. 减小主偏角 3. 改用合适的铰刀 4. 改用有导向部分或加长切削部分的铰刀 5. 注意正确操作

参考文献

[1] 王先逵. 机械加工工艺手册：第2卷［M］. 2版. 北京：机械工业出版社，2008.

[2] 杨叔子. 机械加工工艺师手册［M］. 2版. 北京：机械工业出版社，2011.

[3] 陈宏钧. 实用机械加工工艺手册［M］. 4版. 北京：机械工业出版社，2016.

[4] 东北重型机械学院，洛阳工学院，第一汽车制造厂职工大学. 机床夹具设计手册［M］. 2版. 上海：上海科学技术出版社，1990.

[5] 于骏一，邹青. 机械制造技术基础［M］. 2版. 北京：机械工业出版社，2009.

[6] 邹青，呼咏. 机械制造技术基础课程设计指导教程［M］. 2版. 北京：机械工业出版社，2011.

[7] 王宝玺. 汽车拖拉机制造工艺学［M］. 2版. 北京：机械工业出版社，2001.

[8] 北京市《金属切削理论与实践》编委会. 金属切削理论与实践：中册［M］. 北京：北京出版社，1985.

[9] 上海市金属切削技术协会. 金属切削手册［M］. 3版. 上海：上海科学技术出版社，2000.

[10] 王晓霞. 金属切削原理与刀具［M］. 北京：航空工业出版社，2000.

[11] 上海柴油机工艺设备研究所. 金属切削机床夹具设计手册［M］. 北京：机械工业出版社，1984.

[12] 周济，周艳红. 数控加工技术［M］. 北京：国防工业出版社，2002.

[13] 《实用数控加工技术》编委会. 实用数控加工技术［M］. 北京：兵器工业出版社，1995.

[14] 毕承恩，丁乃建，等. 现代数控机床［M］. 北京：机械工业出版社，1991.

[15] 赵如福. 金属机械加工工艺人员手册［M］. 4版. 上海：上海科学技术出版社，2006.

[16] 肖荣，金艳玲，陈苏丽. GCr15大长径比微小孔钻削［J］. 金属加工（冷加工），2017（22）：51-52.

[17] 浦林祥. 金属切削机床夹具设计手册［M］. 2版. 北京：机械工业出版社，1995.

第4章

拉削、刨削、插削、锯削加工

主　编　殷志富（吉林大学）
参　编　王荣奇（吉林大学）

4.1 拉削加工

拉削是一种高效、高精度的一次成形机械加工方法，可以加工各种截面形状的通孔或各种特殊形状的外表面，如键槽、花键、多边形、榫槽、锯齿、渐开线齿、特殊轮廓等。拉刀属于多刃刀具，切削刃长，一次行程即可完成粗切、半精切及精切加工，生产率极高。

此外，由于拉削速度较低，拉削过程相对平稳，切削层厚度薄而均匀，因此可获得较高的加工精度及较小的表面粗糙度，拉刀的使用寿命也相对较长。

拉削加工方法在成批和大量生产中得到广泛应用，例如航空发动机、汽轮机和汽车等零部件的制造。在某些小批量生产过程中，具有一定精度的内花键、键槽等也可以采用拉削方法进行加工。

4.1.1 拉削加工分类与拉削方式

1. 拉削加工分类

根据拉削过程的不同，拉床可分为外拉床和内拉床。内拉床主要用于内部形状的加工，受空间的局限拉刀无法保证刚性连接，通常靠拉刀自定心或辅助导向装置保证拉刀位置。外拉床主要用于开放空间的形面加工，拉刀可借助溜板实现高刚性运动。

此外，根据主轴位置不同，拉床可分为卧式拉床和立式拉床。立式拉床具有占地面积小、拉刀自重变形小和冷却效果好等优点。卧式拉床的总高度较低，可以实现超大的拉削行程、重型零件的一次装载，无需工作平台，通常用于批量加工航空发动机涡轮盘等。常见拉削加工分类及特点见表 4.1-1。

表 4.1-1 常见拉削加工分类及特点

拉削类型	使用机床	图示	加工特点
内孔拉削	卧式内拉床	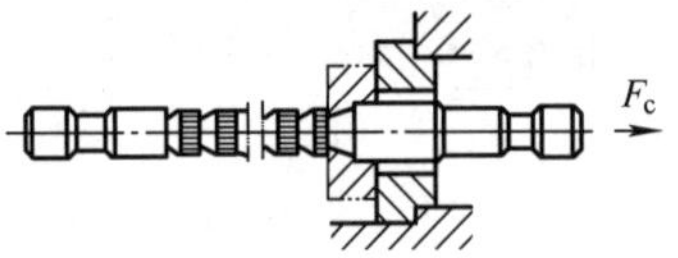 F_c	拉刀自重影响加工质量，拉刀磨损不均匀。可用于拉削各种几何形状的孔，生产率较高，适宜于成批或大批量生产中加工圆孔、键槽和内花键等，中小批量生产中加工涡轮盘榫槽
	下拉立式内拉床	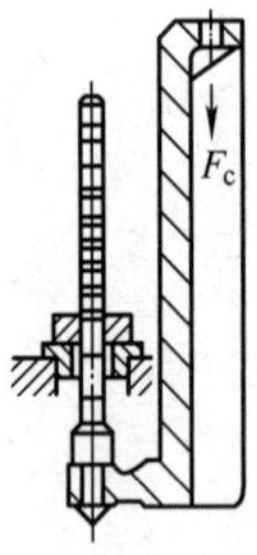 F_c	易于实现自动化和多工位加工，拉刀自重不影响加工质量。采用双缸式时，因为不受弯曲力矩，所以拉刀磨损较均匀、拉削表面质量好。可用于拉削各种几何形状的内孔表面，生产率高，适宜于大批量生产中加工中小型零件的圆孔、内花键、渐开线齿形内花键等
	下拉双缸立式内拉床	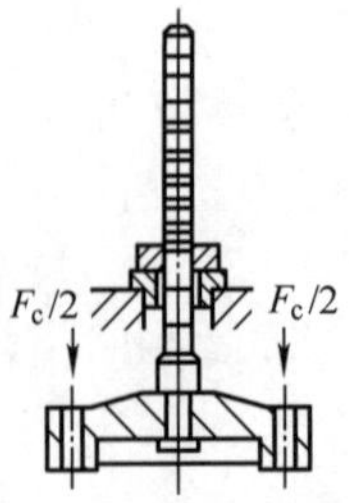 $F_c/2$　$F_c/2$	下拉双缸立式内拉床是在通用的下拉立式内拉床之上，采用双液压缸液压系统进行驱动，用于加工余量大、精度要求高的各种内齿和内花键等具有几何形状的内孔结构，拉削加工精度高

（续）

拉削类型	使用机床	图　示	加工特点
内孔拉削	上拉立式内拉床	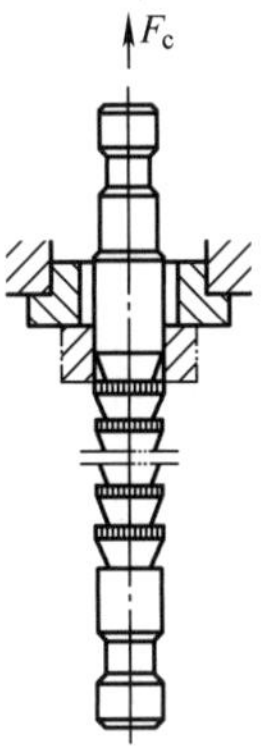 F_c	易于实现自动化加工，拉刀自重不影响加工质量。拉削时切削液贮存于拉刀容屑槽内，润滑冷却效果好，生产率高，适用于大批量生产中加工小型零件的圆孔、齿圈和内花键等
	工件移动立式内拉床	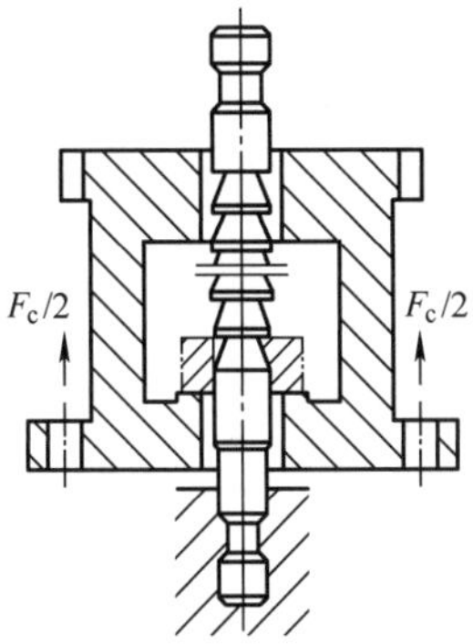 $F_c/2$　$F_c/2$	易于实现自动化加工，工作周期短，拉刀自重不影响加工质量。适用于大批量生产中加工小型零件的圆孔和内花键等
外表面拉削	立式外拉床	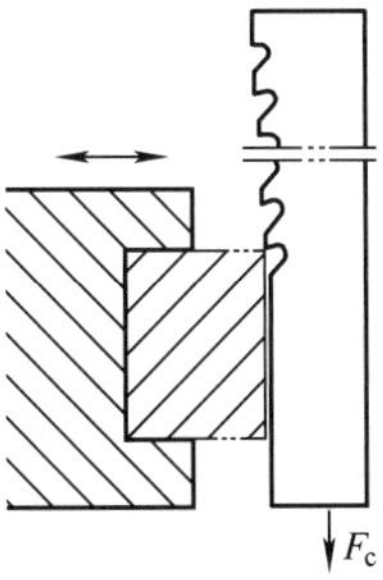 F_c	可选用固定式、往复式、倾斜式和回轮分度式工作台，易于实现自动化加工。适用于大量、大批量和成批生产中加工中小型零件上的平面和复合型面等
	带刀体转位机构的立式外拉床	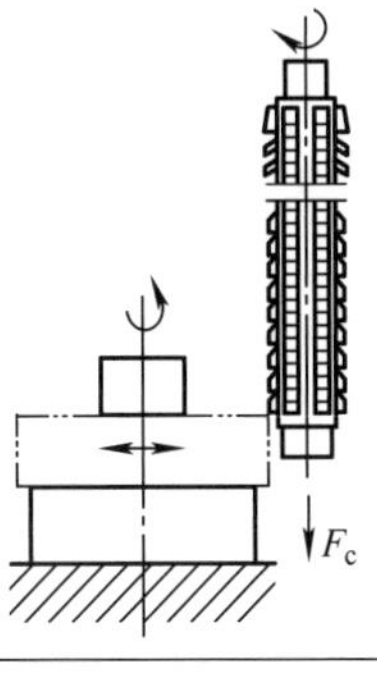 F_c	刀体能够自动转位，可安装多把拉刀，易于实现自动化加工。适用于大批量和成批生产中采用普通立式外拉床行程不能满足加工余量要求的情况，如加工涡轮盘榫槽和铣刀盘齿槽等

（续）

拉削类型	使用机床	图示	加工特点
外表面拉削	侧拉床	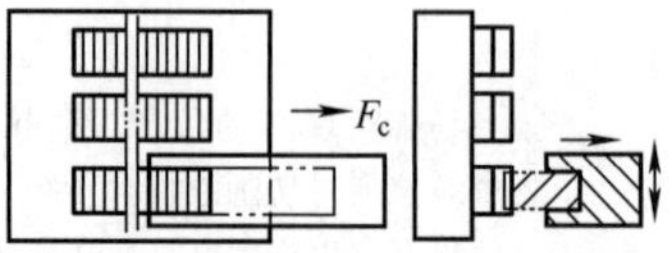 F_c	主溜板刀体上安装1~3排拉刀，进行单向拉削和往复拉削，自动化程度高。适用于大量和大批量生产中加工大中型零件上的平面和复合型面，如气缸体的轴承座和底面、涡轮盘的榫槽等
	平面拉床	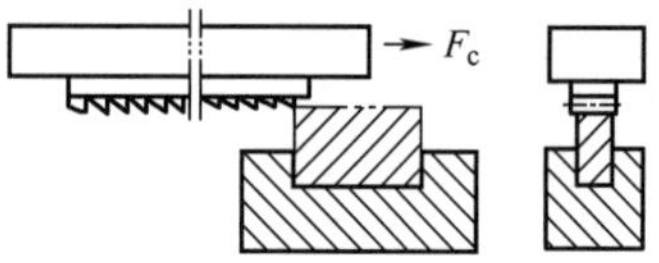 F_c	工作台位于主溜板的上面或下面，易于实现自动化，加工精度高。适用于大量和大批量生产中加工大中型零件上的平面和复合型面，如气缸体的轴承座等，多用于精加工
连续拉削	卧式连续拉床	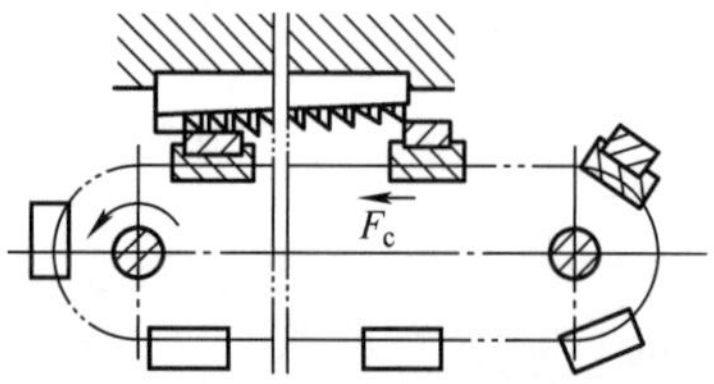 F_c	可实现连续的拉削，工件装在由链条驱动的随行夹具中，易于实现自动化加工，生产率比立式外拉床高6~10倍。适用于大量和大批量生产中加工中小型零件上的平面和复合型面，如汽车连杆和连杆盖的结合面、定位面、端面和半圆弧面等
	立式连续拉床	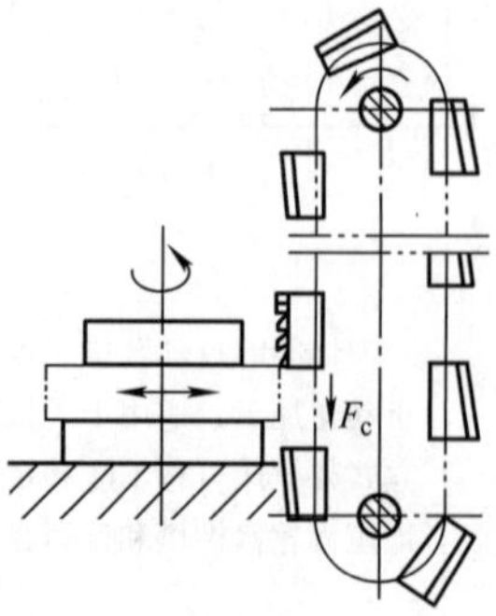 F_c	与高度相同的立式外拉床相比，拉削行程可增加3~4倍，生产率可提高4~5倍。适用于大量和大批量生产中加工平面和复合型面，如航空涡轮盘的榫槽和铣刀盘的刀齿槽等

（续）

拉削类型	使用机床	图示	加工特点
外齿轮拉削	工件上推式齿轮拉床	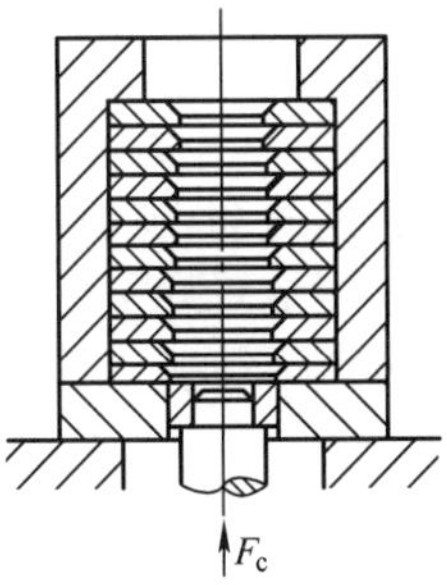 F_c	排屑方便，易于实现自动化加工，切削时推杆受压力。适用于大量生产中加工齿宽比较小的中小模数的外啮合齿轮
	工件上拉式齿轮拉床	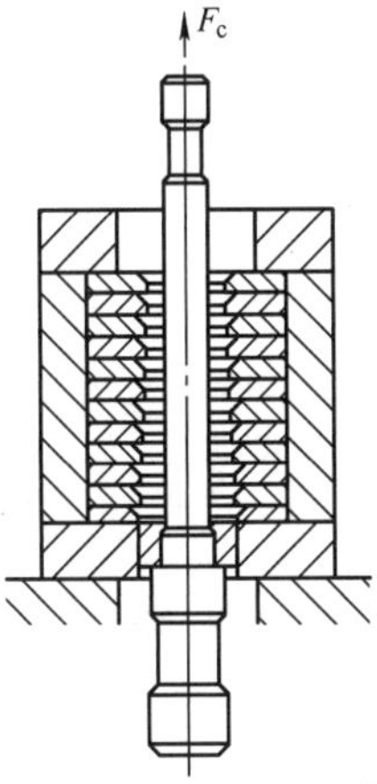 F_c	排屑方便，易于实现自动化加工，切削时拉杆承受拉力，不影响加工质量。适用于大量生产中加工齿宽比较大的中小模数的外啮合齿轮
	拉刀下推式齿轮拉床	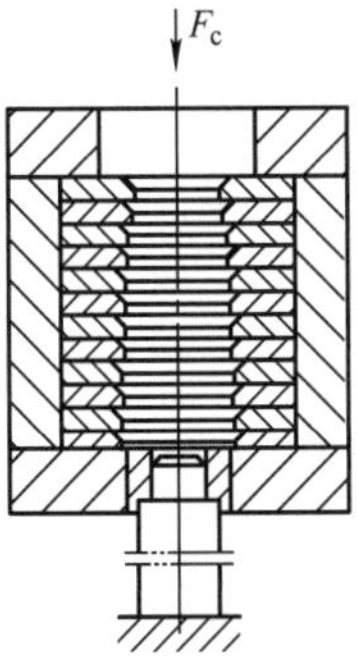 F_c	排屑方便，易于实现自动化加工，切削时支承受压力。适用于大量生产中加工齿宽比较小的中小模数的外啮合齿轮
	工件下推式齿轮拉床	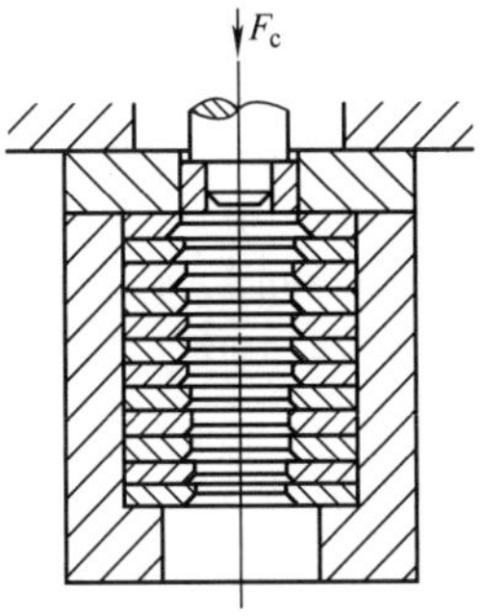 F_c	易于实现自动化加工，切屑落在拉刀的容屑槽内，清理相对困难，影响加工质量和拉刀寿命，切削时推杆承受压力。适用于大量生产中加工齿宽比较小的中小模数的外啮合齿轮

2. 拉削方式

拉削方式是指拉刀逐齿把加工余量从工件表面切下来的方式，即拉削余量按什么方式和顺序被拉刀从工件表面上切下来，它决定每个刀齿切下的切削层的截面形状，即“拉削图形”。拉削方式，不仅直接决定拉刀的设计制造，如刀齿形状、刀齿数量和拉刀长度，而且影响拉削加工过程中的刀齿负荷分配、拉削力、刀具制造成本、拉刀使用寿命以及加工表面质量和生产率等。

常见拉削方式基本上可分为分层式和分块式两大类，见表 4.1-2。分层式拉削是将加工余量分成若干层，每层用一个刀齿切除，使用中又可分为同廓式和渐成式两种；分块式拉削则是将加工表面每层的加工余量间隔地分成多块，由同一尺寸的一组刀齿（通常每组由 2~3 个刀齿组成，每齿切去几块）切除，最常用的是轮切式。此外，还可将分层式拉削和分块式拉削结合在一只拉刀上进行加工余量的切除，称之为综合轮切式拉削。

表 4.1-2　常见拉削方式

拉削方式		拉削图形	说　明
分层式	渐成式	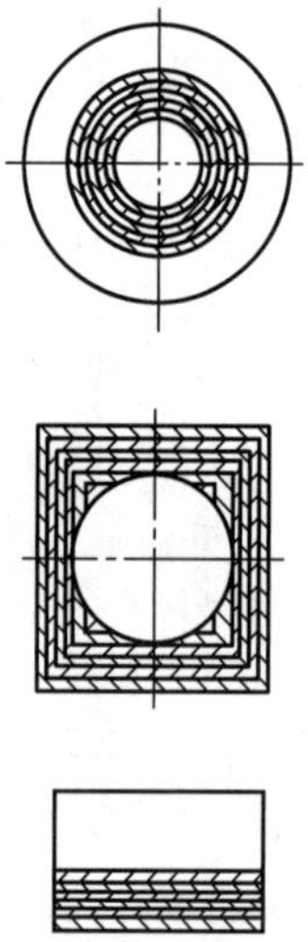	渐成式拉削的拉刀切削齿按分层式逐渐切除加工余量，刀齿的切削刃形状与加工表面的最终形状不同，各刀齿可制作成简单的直线或弧形，加工表面的最终尺寸和形状是由各刀齿的副切削刃逐渐切除而成的。渐成式拉削常用于加工键槽、内花键和多边形孔等 优点：适宜于加工各种复杂形状表面，拉刀制造相对简单 缺点：拉削表面可能出现副切削刃的交接痕迹，表面质量较差
	同廓式	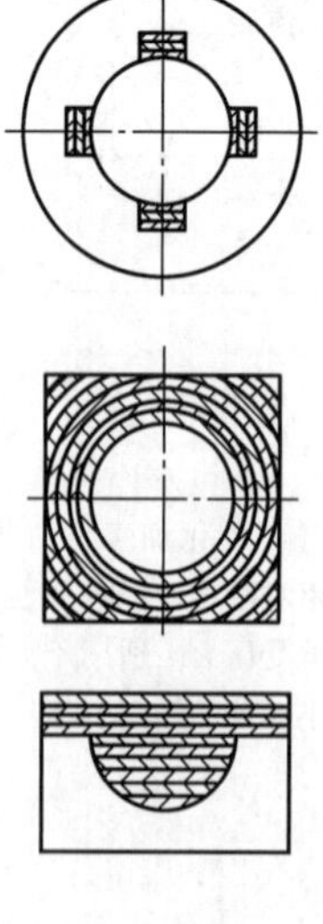	拉刀刀齿的切削刃廓形与加工表面最终廓形基本相同，仅尺寸不同，刀齿高度或宽度向后递增，加工余量被一层一层地切除，拉刀的最后一个切削齿和校准齿切出工件的最终尺寸和表面。同廓式拉削常用于加工平面、圆孔和简单的成形表面等 优点：由于加工表面的最终廓形由拉刀最后一个切削齿和校准齿决定，切削厚度较小，因此拉削表面质量较高 缺点：每个刀齿全部廓线参加切削，切下的切屑宽度较大，单位切削力大，刃口易磨损，且每个刀齿的切削厚度较薄，故需要较多的刀齿才能把余量全部切除；同时，拉刀较长，制造成本较高，生产率较低，刀具使用寿命较短，不适宜加工带硬皮的工件

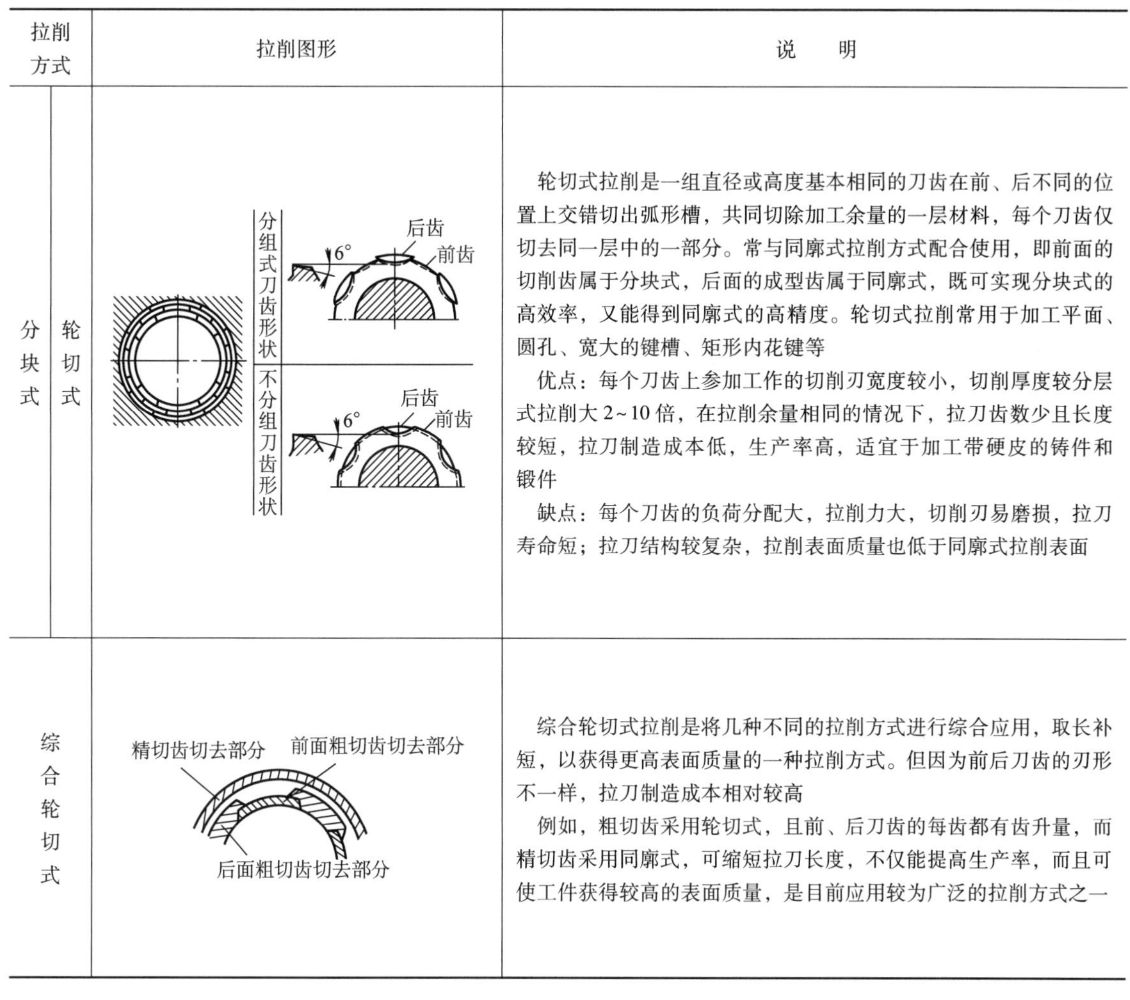

（续）

拉削方式		拉削图形	说　明
分块式	轮切式	分组式刀齿形状：6°、后齿、前齿 不分组刀齿形状：6°、后齿、前齿	轮切式拉削是一组直径或高度基本相同的刀齿在前、后不同的位置上交错切出弧形槽，共同切除加工余量的一层材料，每个刀齿仅切去同一层中的一部分。常与同廓式拉削方式配合使用，即前面的切削齿属于分块式，后面的成型齿属于同廓式，既可实现分块式的高效率，又能得到同廓式的高精度。轮切式拉削常用于加工平面、圆孔、宽大的键槽、矩形内花键等 优点：每个刀齿上参加工作的切削刃宽度较小，切削厚度较分层式拉削大 2~10 倍，在拉削余量相同的情况下，拉刀齿数少且长度较短，拉刀制造成本低，生产率高，适宜于加工带硬皮的铸件和锻件 缺点：每个刀齿的负荷分配大，拉削力大，切削刃易磨损，拉刀寿命短；拉刀结构较复杂，拉削表面质量也低于同廓式拉削表面
综合轮切式		精切齿切去部分 前面粗切齿切去部分 后面粗切齿切去部分	综合轮切式拉削是将几种不同的拉削方式进行综合应用，取长补短，以获得更高表面质量的一种拉削方式。但因为前后刀齿的刃形不一样，拉刀制造成本相对较高 例如，粗切齿采用轮切式，且前、后刀齿的每齿都有齿升量，而精切齿采用同廓式，可缩短拉刀长度，不仅能提高生产率，而且可使工件获得较高的表面质量，是目前应用较为广泛的拉削方式之一

3. 拉削前对工件的工艺要求

1）工件加工表面不应有氧化皮层或其他脏物，否则应在拉削之前采用喷砂或者酸洗等方法予以除去。

2）工件表面形状应尽可能简单，孔壁厚度应尽量均匀，以免拉削后的孔表面发生变形，影响精度；拉削时的基面须平整光滑，应为前一工序的钻孔基面，否则应采用球面支承夹具。

3）毛坯表面的冷硬层应避免直接与拉刀刃口接触，否则会使刀齿迅速磨钝，因此在拉削加工前须先经过其他切削加工。若采用轮切式拉刀或综合轮切式拉刀，由于齿升量较大，可以直接在毛坯表面进行拉削。精铸毛坯也可采用直接拉削的方法。

4）工件硬度为 180~210HBW 时，采用拉削加工可获得较好的表面质量；工件硬度低于 170HBW 或高于 240HBW 时，可预先进行热处理，改变工件硬度，以改善可加工性。

5）工件的预制孔必须保证一定的几何精度（如孔的同轴度、孔与基准端面的垂直度等），而且孔径必须保证拉刀前导部能顺利地插入孔内，否则容易造成拉刀弯曲甚至折断。

6）拉削前工件孔的两端要进行倒角，以避免毛刺影响拉刀的通过与工件的定位。

7）对于较短的工件，其长度小于拉刀两个齿距时，可用夹具把几个工件紧固在一起拉削，但必须注意将工件夹紧，不能松动，否则会损坏拉刀。

4.1.2　拉床及其技术参数

1. 立式拉床

立式拉床的型号及其技术参数见表 4.1-3 ~ 表 4.1-5。

表 4.1-3 常用立式内拉床

技术参数	机床型号			
	L515A	L5110A	L5120	L5240
额定拉力/kN	50	100	200	400
最大行程/mm	800	1000	1250	1600
拉削速度（无级调速）/(m/min)	2.5~10	2~7	3~11	2~8
拉刀返回速度（无级调速）/(m/min)	7~16	13~20	10~20	6~14
工作台平面尺寸/mm（长×宽）	320×310	450×450	520×600	465×700
工作台孔径/mm	ϕ125	ϕ150	ϕ130	ϕ150
花盘孔径/mm	ϕ80	ϕ100	—	—
工作台平面至床身基面的距离/mm	1320	1670	1920	2466.6
辅助刀夹座端面至工作台的距离/mm	722~1126	725~1415	—	—
主传动用径向柱塞泵流量/(L/min)	100	30~200	—	—
主传动最大工作压力/MPa	10	10	—	—
主电动机功率/kW	10	17	22	40
电动机总功率/kW	10.15	17.12	—	—
拉刀中心线至溜板平面间距离/mm	—	—	20	315
辅助溜板最大行程/mm	—	—	500	500
试件拉削后孔中心线对基面的垂直度/mm	0.04/200	0.06/200	—	—
试件拉削表面粗糙度 *Ra*/μm	6.3~1.6	6.3~1.6	—	—

表 4.1-4 双缸立式内拉床

技术参数	机床型号	
	L5520A	L5540A
额定拉力/kN	200	400
最大行程/mm	1600	2000
拉削速度（无级调速）/(m/min)	2~8	2~6
拉刀返回速度（无级调速）/(m/min)	7~20	7~17
工作台平面尺寸/mm（长×宽）	500×340	650×440
工作台孔径（三个工位）/mm	ϕ130，ϕ160，ϕ130	ϕ160，ϕ200，ϕ160
花盘孔径（三个工位）/mm	ϕ90，ϕ120，ϕ90	ϕ120，ϕ150，ϕ120
相邻两工位间的中心距离/mm	125	170
主传动用径向柱塞泵流量/(L/min)	300	400
主传动最大工作压力/MPa	10	8
主电动机功率/kW	22	40
试件拉削后孔中心线对基面的垂直度/mm	0.06/200	0.06/200
试件拉削表面粗糙度 *Ra*/μm	3.2~1.6	3.2~1.6

表 4.1-5　常用立式外拉床

技术参数	机床型号			
	L710B	L720B	L5310	L5320
额定拉力/kN	100	200	100	200
最大行程/mm	1000	1250	1250	1600
拉削速度（无级调速）/(m/min)	2~11	1.5~11	2~13	1.5~11
拉刀返回速度（无级调速）/(m/min)	7~20	7~20	7~20	7~20
工作台平面尺寸/mm（长×宽）	450×450	550×630	400×1500	500×1900
工作台平面至床身基面的距离/mm	1510	1620	1310	1370
主传动径向柱塞泵流量/(L/min)	200	300	—	—
最大工作压力/MPa	10	10	—	—
主电动机功率/kW	17	22	17	22
试件拉削后孔中心线对基面的垂直度/mm	0.04/200	0.06/200	—	—
试件拉削表面粗糙度 Ra/μm	6.3~1.6	6.3~1.6	—	—

2. 卧式拉床

卧式拉床的型号及其技术参数见表 4.1-6、表 4.1-7。

表 4.1-6　常用卧式内拉床

技术参数	机床型号		
	L6110	L6120	L6140A
额定拉力/kN	98	196	392
最大行程/mm	1250	1600	2000
拉削速度（无级调速）/(m/min)	2~11	1.5~11	1.5~7
拉刀返回速度（无级调速）/(m/min)	14~25	7~20	12~20
工作台孔径/mm	ϕ150	ϕ200	ϕ250
花盘孔径/mm	ϕ100	ϕ130	ϕ150
机床底面至支承板孔中心线的距离/mm	900	900	850
液压传动电动机功率/kW	17	22	40

表 4.1-7　L61 系列卧式内拉床

技术参数	机床型号		
	L6110A	L6120C	L6140B
额定拉力/kN	98	196	392
最大行程/mm	1250	1600	2000
拉削速度（无级调速）/(m/min)	2~11	1.5~11	1.5~7
拉刀返回速度（无级调速）/(m/min)	14~25	7~20	12~20
花盘孔径/mm	ϕ100	ϕ130	ϕ150
主传动径向柱塞泵流量/(L/min)	30~200	30~300	60~400
主传动径向柱塞泵最大工作压力/MPa	10	10	10
主传动径向柱塞泵主电动机功率/kW	15	22	37

（续）

技术参数	机床型号		
	L6110A	L6120C	L6140B
电动机总功率/kW	15.12	22.12	37.12
试件拉削后孔中心线对基面的垂直度/mm	0.08/200	0.08/200	0.08/200
试件拉削表面粗糙度 *Ra*/μm	6.3~1.6	6.3~1.6	6.3~1.6

3. 连续拉床

连续拉床的型号及其技术参数见表 4.1-8。

表 4.1-8　常用连续拉床

技术参数	机床型号		
	L4305A	L4320	L4320A
额定拉力/kN	50	200	200
最大行程/mm	2000	4500	4500
拉削速度/(m/min)	4、5、6	4、5、6	4、5、6
主传动电动机功率/kW	—	30	30
冷却泵电动机功率/kW	—	4	4

4. 专用拉床

表 4.1-9 和表 4.1-10 列出了专用气缸体拉床和专用轴瓦拉床的型号与技术参数。

表 4.1-9　专用气缸体拉床

技术参数	机床型号	
	J2-035	专用气缸体拉床
额定拉力/kN	4410	200
最大行程/mm	9500	2500
拉削速度/(m/min)	25	1.5~8
交流电动机功率/kW	335.4	22
直流电动机功率/kW	263.8	—
生产厂家	济南二机床集团有限公司	长沙机床有限责任公司

表 4.1-10　专用轴瓦拉床

技术参数	机床型号		
	EQ0159-00	LM832	CS-301B
额定拉力/kN	24.5	17.5	17.5
最大行程/mm	535	400	400
拉刀中心线至机床底面高度/mm	830	—	—
溜板工作行程速度/(m/min)	12	3~12	3~12
溜板返回行程速度/(m/min)	16	—	—
生产厂家	东风汽车集团有限公司	长沙机床有限责任公司	长沙机床有限责任公司

4.1.3　拉削装置

1. 拉削夹具

(1) 拉床用球面支座

当拉削孔时，若工件端面与拉削前预留孔中心线的垂直度难以保证，需要配合使用球面支座（见表 4.1-11）。该支座的浮动球面能够改善拉刀的受力状态，防止拉刀崩刃和折断。当工件端面受力不均时，支座球面会自动调节，保证受力方向与端面垂直。该支座的球面垫与球面座的配合面应进行热处理，保证硬度为 40~45HRC，经过配研后装配。此球面支座装在相应拉床上，可用于拉削直径为 12~70mm 的圆孔、内花键及其他异型孔等。

表 4.1-11　拉床用球面支座（JB/T 3411.26—1999）

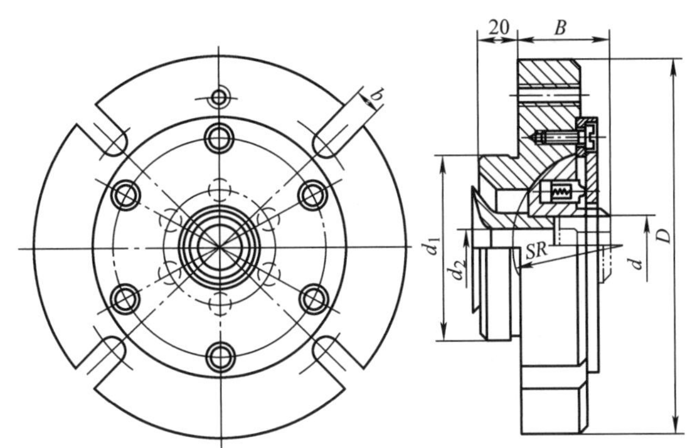

d 公称尺寸	d 极限偏差 H7	d_1 公称尺寸	d_1 极限偏差 g6	d_2	D	B	b	SR	拉床型号
30	+0.021 0	100	-0.012 -0.034	23	200	40	14	50	L6110
50	+0.025 0			44	240	48		60	
40	+0.025 0	130	-0.014 -0.039	34	240	40	14	60	L6120
80	+0.030 0			73	270	52		78	
50	+0.025 0	150		44	240	40	18	60	L6140A
80	+0.030 0			73	270	44		78	

注：d=50mm、d_1=100mm 的球面支座，标记为：支座　50×100 JB/T 3411.26—1999。

(2) 键槽拉削装置

1) 圆柱孔内键槽拉削装置（图 4.1-1）。当需要多次行程才能达到键槽深度时，每次行程后，需要更换导套底部的垫片。一般来说，导套的支承长度要比工件长度大 20~30mm，以便有效地支承拉刀，使拉刀容易返回到导套之内。该键槽拉削装置的导套、支座及垫片的有关尺寸可按表 4.1-12~表 4.1-14 选取。

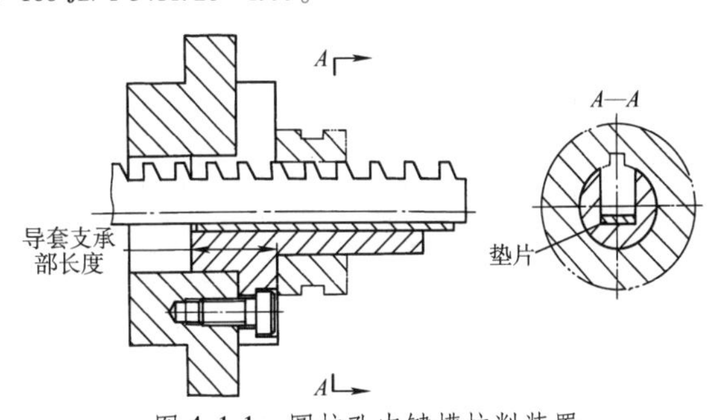

图 4.1-1　圆柱孔内键槽拉削装置

表 4.1-12　单键拉刀导套（JB/T 3411.23—1999）　（mm）

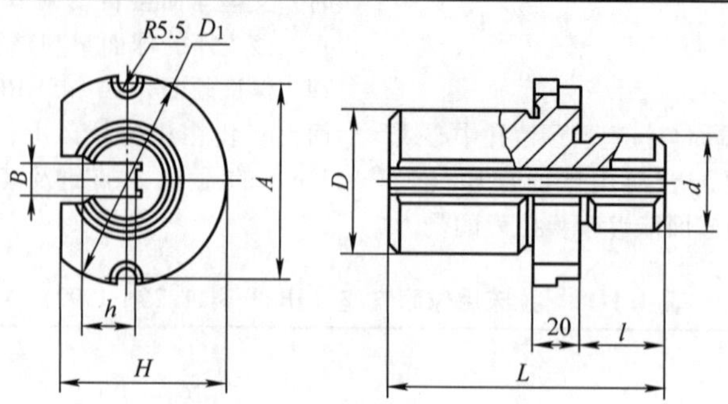

主要尺寸														拉削次数	相配件	
键槽宽		d	l	B		L	D		D_1	A	H	h				
公称尺寸	极限偏差			公称尺寸	极限偏差 G7		公称尺寸	极限偏差 g6				公称尺寸	极限偏差 H9		拉削序号	垫片
3	P9 JS9 D10	>8~10	30	4	+0.016 +0.004	105	20	-0.007 -0.020	50	46	36	6.29	+0.036 0	1	1	—
			50			125										
4	P9 JS9 D10	>10~12	30	6		105						7.43				
			50			125										
5	P9 JS9 D10	>12~15	30	8	+0.020 +0.005	105						9.07				
			50			125										
		>15~17	30			105						10.57	+0.043 0			
			50			125										
6	P9 JS9 D10	>17~19	30	10		105	40	-0.009 -0.025	70	66	55	13.57				
			50			125										
			80			155										
		>19~22	30			105						15.57				
			50			125										
			80			155										
8	P9 JS9 D10	>22~25	30	12	+0.024 +0.006	105						16.75				
			50			125										
			80			155										
		>25~30	30			105						18.75	+0.052 0			
			50			125										
			80			155										
10	P9 JS9 D10	>30~38	50	15	+0.024 +0.006	125	60	-0.010 -0.029	90	86	75	22.86	+0.052 0	1	1	—
			80			155										
			120			195										
12	P9	>38~44	50	11.973		125						28.98				
			80			155										
			120			195										

（续）

主要尺寸														拉削次数	相配件	
键槽宽		d	l	B		L	D		D_1	A	H	h				
公称尺寸	极限偏差			公称尺寸	极限偏差 G7		公称尺寸	极限偏差 g6				公称尺寸	极限偏差 H9		拉削序号	垫片
12	JS9	>38~44	50	12.012	+0.024 +0.006	125	60	-0.010 -0.029	90	86	75	28.98	+0.052 0	1	1	—
			80			155										
			120			195										
	D10		50	12.108		125										
			80			155										
			120			195										
14	P9	>44~50	80	13.973		125						31.15	+0.062 0	2	1	—
			120			155										
			180			195										
	JS9		80	14.012		155									2	2.55×13.5
			120			195										
			180			255										
	D10		80	14.108		155									1	—
			120			195									2	2.55×13.5
			180			255										
16	P9	>50~58	80	15.973		155	80		120	116	105	36.31			1	—
			120			195										
			180			255										
	JS9		80	16.012		155										
			120			195										
			180			255									2	2.89×15.5
	D10		80	16.108		155										
			120			195										
			180			255										
18	P9	>58~65	80	17.973		155						41.43			1	—
			120			195										
			180			255										
	JS9		80	18.012	+0.028 +0.007	155										
			120			195										
			180			255									2	3.01×17.5
	D10		80	18.108		155										
			120			195										
			180			255										

（续）

主要尺寸														拉削次数	相配件	
键槽宽		d	l	B		L	D		D_1	A	H	h				
公称尺寸	极限偏差			公称尺寸	极限偏差 G7		公称尺寸	极限偏差 g6				公称尺寸	极限偏差 H9		拉削序号	垫片
20	P9	>65~75	80	19.969	+0.028 +0.007	155	80	-0.010 -0.029	120	116	105	46.58	+0.062 0	2	1	—
			120			195										
			180			255										
	JS9		80	20.017		155										
			120			195									2	2.96×19.5
			180			255										
	D10		80	20.137		155										
			120			195										
			180			255										
22	P9	>75~85	120	21.969		195	100	-0.012 -0.034	140	136	125	46.65		3	1	—
			180			255										
			260			335										
	JS9		120	22.017		195									2	2.40×21.5
			180			255										
			260			335										
	D10		120	22.137		195									3	4.80×21.5
			180			255										
			260			335										
25	P9	>85~95	120	24.969		195						51.88	+0.074 0		1	—
			180			255										
			260			335										
	JS9		120	25.017		195									2	2.48×24.5
			180			255										
			260			335										
	D10		120	25.127		195									3	4.96×24.5
			180			255										
			260			335										
28	P9	>95~110	120	27.969		195	120		160	156	140	57.11			1	—
			180			255										
			260			335										
	JS9		120	28.017		195									2	2.89×27.5
			180			255										
			260			335										

（续）

主要尺寸														拉削次数	相配件	
键槽宽		d	l	B		L	D		D_1	A	H	h				
公称尺寸	极限偏差			公称尺寸	极限偏差 G7		公称尺寸	极限偏差 g6				公称尺寸	极限偏差 H9		拉削序号	垫片
28	D10	>95~110	120	28.137	+0.028 +0.007	195	120	-0.012 -0.034	160	156	140	57.11	+0.074 0	3	3	5.78×27.5
			180			255										
			260			335										
32	P9	>110~130	180	31.962	+0.034 +0.009	255	130	-0.014 -0.039	170	166	150	62.38		4	1	—
			260			335									2	2.48×31.5
	JS9		180	32.019		255									3	4.96×31.5
			260			335										
	D10		180	32.168		255									4	7.44×31.5
			260			335										
	P9		360	31.962		435								5	1	—
															2	1.99×31.5
	JS9			32.019											3	3.98×31.5
															4	5.97×31.5
	D10			32.168											5	7.96×31.5

注：键槽宽为 12JS9、$d=40$mm、$l=50$mm 的单键拉刀导套，标记为：导套　12JS9×40×50　JB/T 3411.23—1999。

表 4.1-13　单键拉刀导套用支座（JB/T 3411.25—1999）　　（mm）

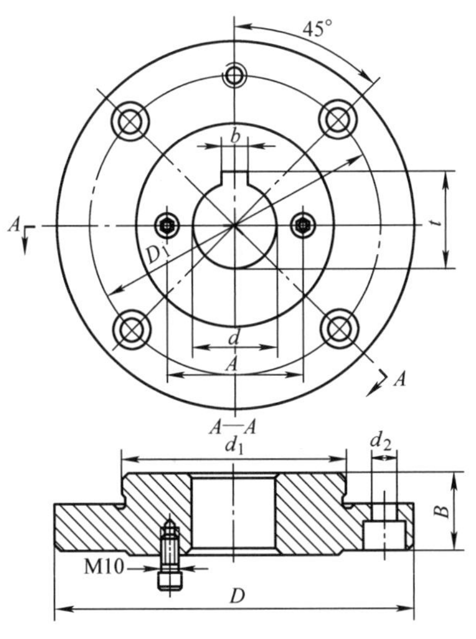

（续）

d 公称尺寸	d 极限偏差 H7	d_1 公称尺寸	d_1 极限偏差 g6	d_2	D	D_1	B	b	t	A	机床型号
20	+0.021 0	150	−0.014 −0.039	17	240	200	52	8	24	46	L6110
40	+0.025 0							14	44	66	
60	+0.030 0							20	64	86	
80								26	88	116	
100	+0.035 0							32	108	136	
60	+0.030 0	200	−0.015 −0.044	22	320	260	60	20	64	86	L6120
80								26	88	116	
100	+0.035 0							32	108	136	
120								35	130	156	
130	+0.040 0								140	166	

注：d=60mm、d_1=150mm 的单键拉刀导套用支座，标记为：支座　60×150　JB/T 3411.25—1999。

表 4.1-14　键槽拉削用垫片（JB/T 3411.24—1999）　（mm）

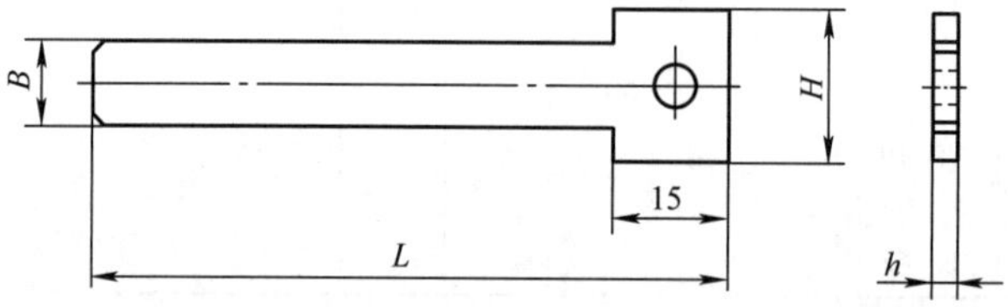

h 公称尺寸	h 极限偏差	B 公称尺寸	B 极限偏差	H	L	h 公称尺寸	h 极限偏差	B 公称尺寸	B 极限偏差	H	L
0.10	0 −0.005	3.5	0 −0.10	12	65	0.50	0 −0.005	7.5	0 −0.10	18	65
0.20						1.00					
0.30						2.00					
0.50						3.00					
1.00						0.10		9.5		20	95
2.00						0.20					
3.00						0.30					
0.10		5.5		16		0.50					
0.20						1.00					
0.30						2.00					
0.50						3.00					
1.00						0.10		11.5		22	
2.00						0.20					
3.00						0.30					
0.10		7.5		18	65	0.50					
0.20						1.00					
0.30						2.00					

（续）

h		B		H	L
公称尺寸	极限偏差	公称尺寸	极限偏差		
3.00	0 -0.005	11.5	0 -0.10	22	95
0.10		13.5		24	200
0.20					
0.30					
0.50					
1.00					
2.00					
2.55*					
3.00					
0.10		15.5		26	
0.20					
0.30					
0.50					
1.00					
2.00					
2.89*					
3.00					
0.10		17.5		28	
0.20					
0.30					
0.50					
1.00					
2.00					
3.01*					
0.10		19.5		30	
0.20					
0.30					
0.50					
1.00					
2.00					
2.96*					
3.00					
0.10		21.5		32	275
0.20					
0.30					
0.50					
1.00					

h		B		H	L
公称尺寸	极限偏差	公称尺寸	极限偏差		
2.00	0 -0.005	21.5	0 -0.10	32	275
2.40*					
3.00					
4.80*					
0.10		24.5		35	
0.20					
0.30					
0.50					
1.00					
2.00					
2.48*					
3.00					
4.96*					
0.10		27.5		38	
0.20					
0.30					
0.50					
1.00					
2.00					
2.89*					
3.00					
5.78*					
0.10		31.5		42	
0.20					
0.30					
0.50					
1.00					
1.99*					
2.00					
2.48*					
3.00					
3.98*					
4.96*					
5.97*					
7.44*					
7.96*					

注：1. * 系与键槽拉刀配套的垫片。

2. $h=2$mm、$B=13.5$mm 的键槽拉削用垫片，标记为：垫片　2×1.35　JB/T 3411.24—1999。

2）圆锥孔内键槽拉削装置（图 4.1-2）。其与圆柱孔内键槽拉削装置基本相同，只是导套的形状不同。

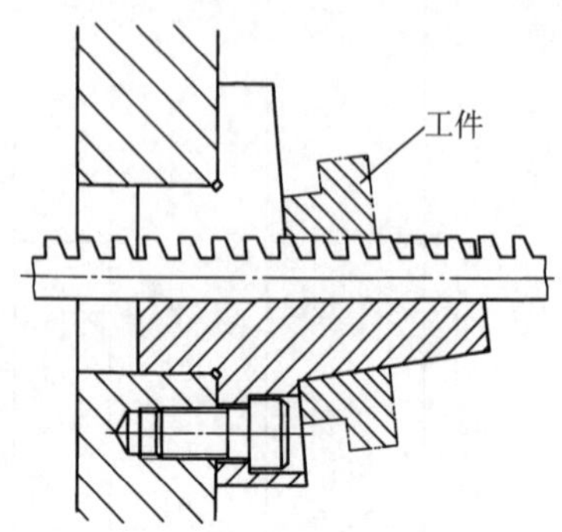

图 4.1-2　圆锥孔内键槽拉削装置

（3）强制导向推孔装置

推刀配用强制导向推孔装置（图 4.1-3）时，能修正工件热处理后的变形，保证孔和端面的垂直度。推孔时，导向套 5 和推刀 2 只能沿衬套 6 做轴向移动。当推刀插入工件孔时，推刀的前导圆柱部分已进入导向套 5 的孔中，自动找正与工件基准端面相垂直的中心线。

（4）连续拉床随行夹紧装置

用连续拉床拉削工件时，要求工件能够实现在连续运送过程中自动夹紧与松开。当随行夹紧装置（图 4.1-4）中的滑块受右侧力推动时，由滑块上的斜面推动活动钳口而夹紧工件；当滑块受左侧力推动时，活动钳口在弹簧力作用下而松开工件。该装置具有结构简单和夹紧可靠等优点。

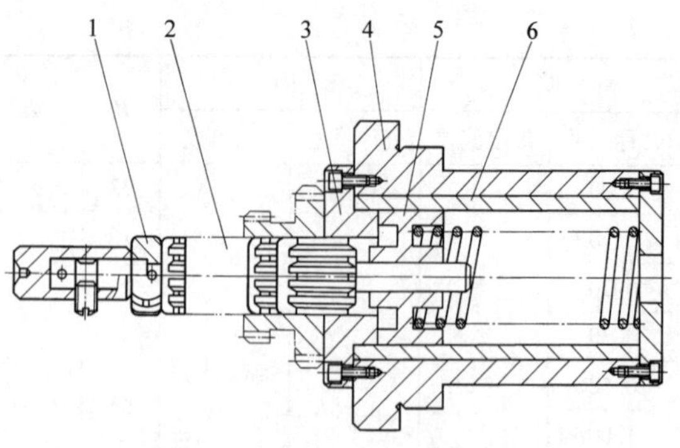

图 4.1-3　强制导向推孔装置
1—挤压环　2—推刀　3—可换垫　4—基座
5—导向套　6—衬套

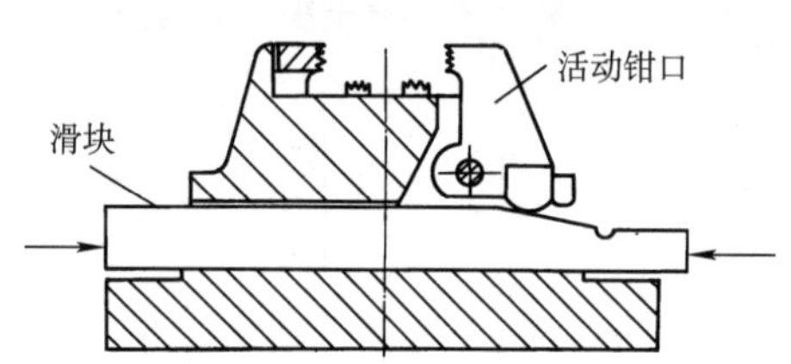

图 4.1-4　连续拉床随行夹紧装置

2. 拉削辅具

（1）内拉刀用拉削辅具

1）拉刀快换夹头。适用于卧式拉床，可快速装卸拉刀。当滑块向左移动后，卡爪落入滑块的空槽中，这时拉刀柄部可以自由地向夹头插进或拔出。当滑块移向右侧时，卡爪由滑块空槽内滑出，夹住拉刀柄部进行工作。表 4.1-15 中所列为滑块式手动圆柱柄拉刀夹头尺寸。

表 4.1-15　滑块式手动圆柱柄拉刀夹头（JB/T 3411.18—1999）　（mm）

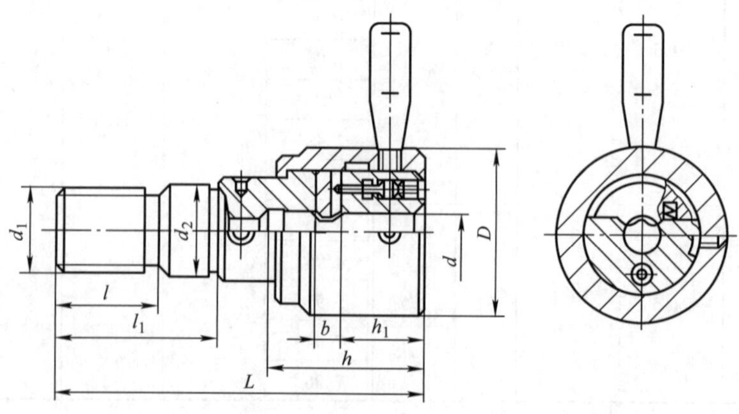

（续）

d		d_2		d_1	D	L	l	l_1	h	h_1	b
公称尺寸	极限偏差 H7	公称尺寸	极限偏差 g6								
12	+0.018 0	50	-0.009 -0.025	M48×3	85	190	55	85	85	40	12
14											
16											
18											
20	+0.021 0								95		
22											
25											
28					100	210			115		16
32	+0.025 0									50	
36		65	-0.010 -0.029	M64×4	125	230	65	95	125		20
40											
45					150	260			135		25
50											
56	+0.030 0								140		
63											

注：d=20mm 的滑块式手动圆柱柄拉刀夹头，标记为：夹头　20　JB/T 3411.18—1999。

表 4.1-16 中所列为滑块式自动圆柱柄拉刀夹头尺寸，它可在拉削行程终了位置时通过挡块自动推压滑块，实现自动夹紧或松开拉刀柄部。

表 4.1-16　滑块式自动圆柱柄拉刀夹头（JB/T 3411.19—1999）　（mm）

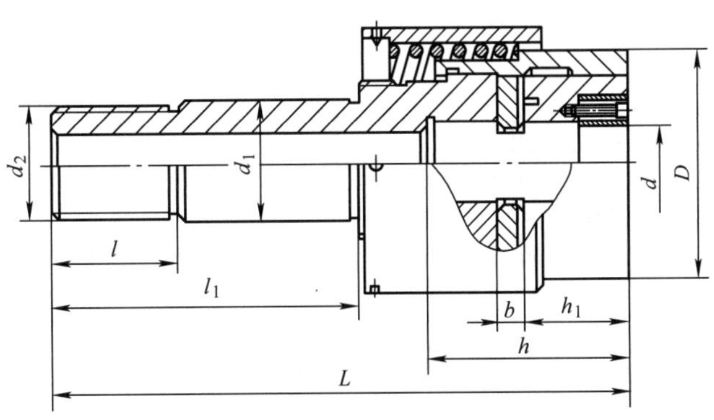

（续）

<table>
<tr><th colspan="2">d</th><th colspan="2">d_1</th><th rowspan="2">d_2</th><th rowspan="2">D</th><th rowspan="2">L</th><th rowspan="2">l</th><th rowspan="2">l_1</th><th rowspan="2">h</th><th rowspan="2">h_1</th><th rowspan="2">b</th></tr>
<tr><th>公称尺寸</th><th>极限偏差 H7</th><th>公称尺寸</th><th>极限偏差 g6</th></tr>
<tr><td>12</td><td rowspan="4">+0.018
0</td><td rowspan="8">50</td><td rowspan="8">-0.009
-0.025</td><td rowspan="9">M48×3</td><td rowspan="9">120</td><td rowspan="8">215</td><td rowspan="8">55</td><td rowspan="8">85</td><td rowspan="4">85</td><td rowspan="10">40</td><td rowspan="8">12</td></tr>
<tr><td>14</td></tr>
<tr><td>16</td></tr>
<tr><td>18</td></tr>
<tr><td>20</td><td rowspan="4">+0.021
0</td><td rowspan="4">95</td></tr>
<tr><td>22</td></tr>
<tr><td>25</td></tr>
<tr><td>28</td></tr>
<tr><td>32</td><td>+0.025
0</td><td>55</td><td rowspan="5">-0.010
-0.029</td><td>375</td><td>65</td><td>225</td><td rowspan="3">115</td><td rowspan="3">16</td></tr>
<tr><td>28</td><td>+0.021
0</td><td rowspan="4">75</td><td rowspan="4">M72×4</td><td rowspan="4">135</td><td rowspan="4">448</td><td rowspan="4">92</td><td rowspan="4">263</td></tr>
<tr><td>32</td><td rowspan="3">+0.025
0</td><td rowspan="10">50</td></tr>
<tr><td>36</td><td rowspan="5">120</td><td rowspan="5">20</td></tr>
<tr><td>40</td></tr>
<tr><td>32</td><td rowspan="7">+0.025
0</td><td rowspan="7">90</td><td rowspan="7">-0.012
-0.034</td><td rowspan="7">M80×4</td><td rowspan="3">145</td><td rowspan="7">470</td><td rowspan="7">95</td><td rowspan="7">270</td></tr>
<tr><td>36</td></tr>
<tr><td>40</td></tr>
<tr><td>45</td><td rowspan="4">160</td><td rowspan="2">125</td><td rowspan="4">25</td></tr>
<tr><td>50</td></tr>
<tr><td>56</td><td rowspan="2">140</td></tr>
<tr><td>63</td></tr>
</table>

注：d=20mm 的滑块式自动圆柱柄拉刀夹头，标记为：夹头 20 JB/T 3411.19—1999。

2）键槽拉刀夹头（表 4.1-17）。适用于手动装卸拉刀，夹头的两个卡爪卡住拉刀柄部进行拉削，当工作行程终了时手动将拉刀由夹头空槽中取出。

表 4.1-17 键槽拉刀夹头（JB/T 3411.22—1999） （mm）

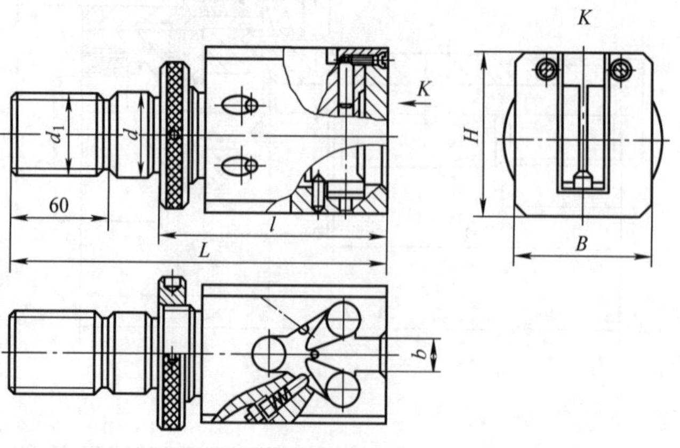

（续）

b	d		d_1	L	l	H	B	适用拉刀宽度
	公称尺寸	极限偏差 g6						
22	50	−0.009 −0.025	M48×3	130	220	95	80	3~18
35	50	−0.009 −0.025	M48×3	150	240	120	110	12~32
35	65	−0.010 −0.029	M64×4	150	240	120	110	12~32

注：b=22mm、d=50mm 的键槽拉刀夹头，标记为：夹头　22×50　JB/T 3411.22—1999。

3）拉刀用可调中心接头（表 4.1-18）。该接头可通过调整螺钉改变装夹拉刀夹头沿垂直导轨的中心位置。

表 4.1-18　拉刀用可调中心接头（JB/T 3411.21—1999）　（mm）

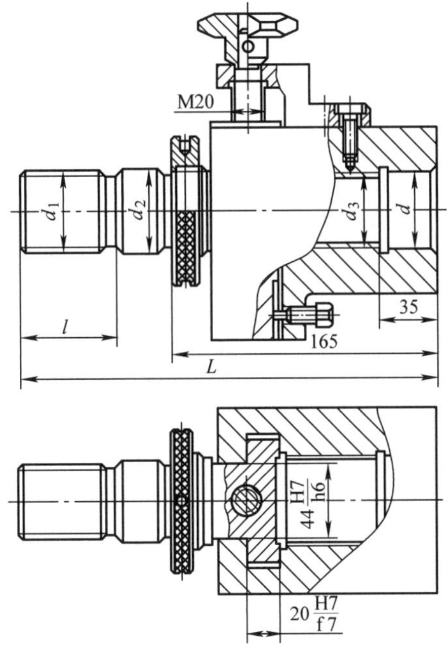

d		d_1	d_2		d_3	L	l
公称尺寸	极限偏差 H7		公称尺寸	极限偏差 g6			
50	+0.025 0	M48×3	50	−0.009 −0.025	M48×3	55	250
65	+0.030 0	M64×4	65	−0.010 −0.029	M64×4	65	260

注：d=50mm 的可调中心接头，标记为：接头　50　JB/T 3411.21—1999。

（2）外拉刀用拉削辅具

1）平面和圆弧复合刀夹（图 4.1-5）。可以组装拉削平面、台阶和圆弧等多种组合拉刀，用在外拉床上。

2）十字轴四端面与油槽拉削刀夹（图 4.1-6）。可装夹四把平面与油槽拉刀，一次同时拉削十字轴四个端面与油槽。

3）连续拉床平面拉削刀夹（图4.1-7）。用于叉形凸缘、连杆等工件的圆弧面、斜面、台阶面和槽等拉削时装夹拉刀。

安装拉刀时，必须使拉刀后柄部端面与刀夹支承贴紧，以避免拉刀受力时因发生滑动而引起打刀。

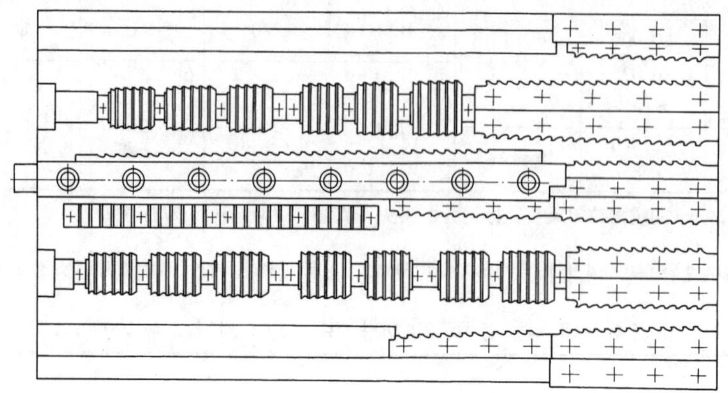

图4.1-5　平面和圆弧复合刀夹

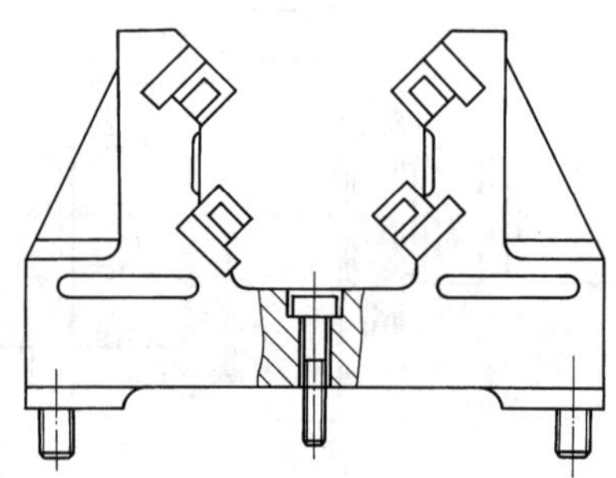

图4.1-6　十字轴四端面与油槽拉削刀夹

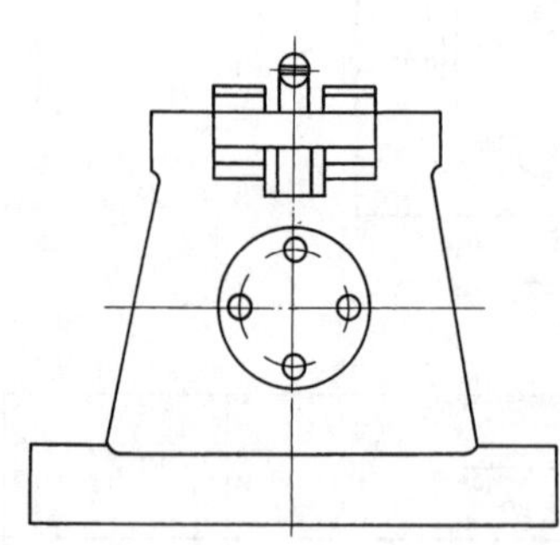

图4.1-7　连续拉床平面拉削刀夹

4.1.4　拉刀

1. 拉刀的类型

1）按工作时受力方向划分。

① 拉刀：在拉力作用下进行切削的拉削刀具。

② 推刀：在压力作用下进行切削的拉削刀具，考虑到压杆稳定性，其长径比应小于12。

③ 旋转拉刀：在转矩作用下进行切削的拉削刀具。

2）按结构划分。

① 整体式拉刀：各部为同一种材料一体制造而成的拉刀，包括焊接柄拉刀，主要有用于中小型尺寸的高速钢整体拉刀。

② 组合式拉刀：多用于大尺寸和硬质合金加工的组合拉刀，其不仅可以节省刀具材料和简化制造工艺，而且当拉刀的刀齿磨损后可以方便地进行调节或

更换，包括：焊接或粘接刀齿的焊齿拉刀、用两个或两个以上零件组装而成的装配拉刀、刀齿用机械连接方法直接装压在刀体上的镶齿拉刀。

3）按拉削表面划分。

① 内拉刀：加工工件内表面的拉刀，常见的有圆孔拉刀、键槽拉刀和花键拉刀等。

② 外拉刀：加工工件外表面的拉刀，如平面拉刀、成形表面拉刀和齿轮拉刀等。

4）按切削用途划分。

① 粗拉刀：粗加工用拉刀。

② 精拉刀：精加工用拉刀。

③ 挤压拉刀：用于挤压被加工表面的拉刀。

④ 校正拉刀：用于校正被加工表面的形状和尺寸的拉刀。

5）按加工对象划分。可以分为圆孔拉刀、键槽拉刀、花键拉刀、平面拉刀、棘齿拉刀、内齿轮拉刀、多边形拉刀、六方拉刀、四方拉刀、复合拉刀、成组拉刀、筒形拉刀及其他拉刀（如双半圆拉刀、槽拉刀、榫槽拉刀、榫齿拉刀及特形拉刀等）。

2. 常用拉刀的结构特点

尽管各种拉刀的切削刃形状因为其加工表面的形状不同而有所差异，但是拉刀的主要组成部分基本相同。

(1) 圆孔拉刀(图 4. 1-8)

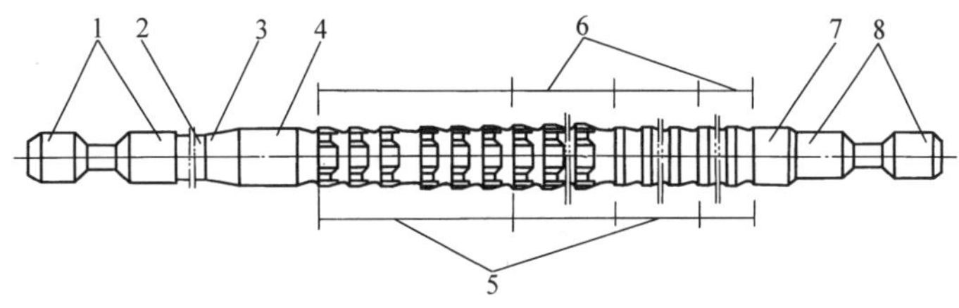

图 4. 1-8　圆孔拉刀结构

1—柄部　2—颈部　3—过渡锥　4—前导部　5—切削齿　6—校准齿　7—后导部　8—后柄

拉刀由工作部分和非工作部分组成。工作部分包括切削齿与校准齿；而非工作部分通常包括柄部、颈部、过渡锥、前导部、后导部及后柄 6 个部分。

1）工作部分。

① 切削齿：齿数很多，由粗切齿、过渡齿和精切齿组成，担负着拉刀的切削工作，刀齿直径逐齿增大，可切除工件上的全部加工余量。

② 校准齿：齿数较少，但其形状与加工尺寸完全相同，起校准和修光已加工表面的作用，可提高拉削表面加工精度和表面质量，也是拉刀的后备齿。

2）非工作部分。

① 柄部：位于拉刀前端，是拉刀与拉床之间的连接部分，用于夹持拉刀和传递动力，有些拉刀安装有圆周位置要求时，还具有定位的功能。

② 颈部：是柄部和过渡锥之间的连接部分，其直径与柄部直径相同或略小，且有一定的长度要求。拉刀的标记做在该处（包括拉刀尺寸和规格等）。

③ 过渡锥：是拉刀颈部与前导部之间的连接部分，引导拉刀前导部进入工件预加工孔中，具有对中作用。

④ 前导部：引导拉刀切削齿正确地进入工件的待加工表面，防止拉刀进入工件孔后发生歪斜；还可以检查预加工孔尺寸是否过小，避免拉刀的第一个刀齿因负荷过重而损坏。通常，前导部的截形与工件的预加工孔（或槽）的截形一致。

⑤ 后导部：是校准齿后面的部分，当拉削即将完成时，它能保持拉刀最后几个刀齿与工件相互间的正确位置，以防止拉刀在即将离开工件时因工件下垂而损坏拉削表面和刀齿。后导部的截形可与工件已加工表面截形相同，或为已加工表面截形的内接圆形。

⑥ 后柄：用于支承拉刀和夹持拉刀。

(2) 螺旋齿圆拉刀

螺旋齿圆拉刀的刀齿是连续的螺旋形，这样在刀齿上就具有刃倾角，其齿升量是按切削锥角来设计的，因切削锥角很小，切屑薄（不开分屑槽也可断屑），呈细的毛发状向前顺利排出，不会擦伤已加工表面，且切削平稳，拉出的工件表面质量高。又因切屑薄，变形阻力小而减少了切削热，不易产生积屑瘤，所以刀具使用寿命长。同时，由于螺旋齿拉刀的齿距与被加工孔的长度无关，既有利于浅孔的加工，又有利于深孔的加工，且能选择适当的能保证足够重磨次数的齿距，可以增长拉刀使用寿命。

螺旋齿圆拉刀的结构如图 4. 1-9 所示。其柄部、颈部、前导部、后导部的结构和尺寸均与直齿圆拉刀相同。螺旋齿圆拉刀结构参数见表 4. 1-19。

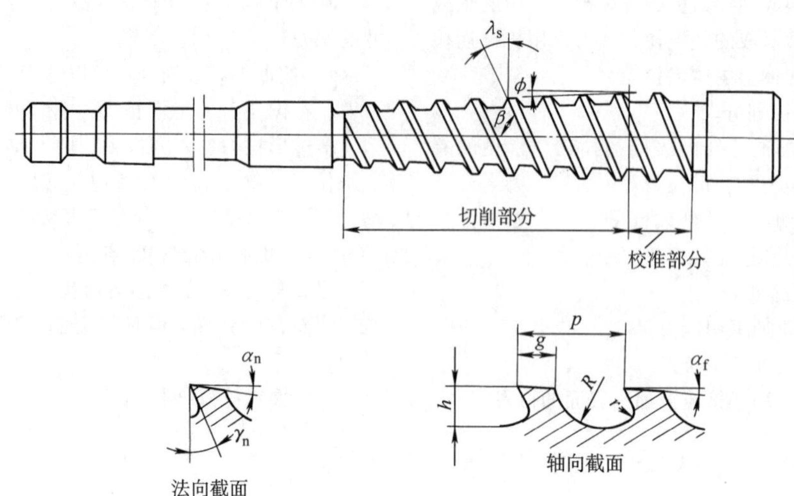

图 4.1-9 螺旋齿圆拉刀结构

表 4.1-19 螺旋齿圆拉刀结构参数

结构参数	取法说明
拉刀的刃倾角 λ_s	λ_s 会使切屑向前顺利排出，一般取 $\lambda_s=13°\sim18°$，拉刀直径小，取大值
刀齿螺旋方向螺旋角 β	一般均取为右旋，$\beta=90°-\lambda_s$
齿升量	螺旋齿圆拉刀的齿升量是将切削齿部分设计成切削锥角 2ϕ 而得到的，一般取 $\phi=2'30''\sim6'$，ϕ 角大就相当于齿升量大
切削锥部分长度 l	$l=A/(2\tan\phi)$ 式中 A—拉削余量
螺旋齿头数 z	拉刀直径 $D\leqslant16$mm，$z=2$ 拉刀直径 $D>16\sim50$mm，$z=3$
螺旋齿距 p	$p=\dfrac{\pi D}{z}\tan\lambda_s$，算出后取标准整数
容屑槽尺寸 槽深 h 齿背圆弧半径 R 齿厚 g	 $h=(0.1\sim0.15)D_g$，D_g—拉刀直径 $R=(0.5\sim0.6)h$ $g=(0.2\sim0.3)p$
法前角 γ_n 法后角 α_n 刃带宽 b_a	$\gamma_n=8°\sim12°$ $\alpha_n=2°$ $b_a=0.1\sim0.35$mm
校准部分长度 l_g	$l_g=(1/4\sim1/6)l$

注：螺旋齿圆拉刀的切削部分刀齿上（当 $\phi>3'$时）应开分屑槽，分屑槽的形状、尺寸与直齿圆拉刀的相同，且开的位置也要前后交错。

（3）矩形花键拉刀

矩形花键拉刀是拉削内花键的拉刀，按所加工花键定心方式的不同，可分为大径定心的内花键和小径定心的内花键两种形式。

矩形内花键的主要结构参数包括大径 D、小径 d、键齿宽 B、倒角垂直宽度 C 以及键数 N，如图 4.1-10 所示。

矩形花键拉刀的结构和圆拉刀的结构基本相同，主要区别在于齿形部分。

花键拉刀的刀齿组合方式（即拉削图形的组合）见表 4.1-20。

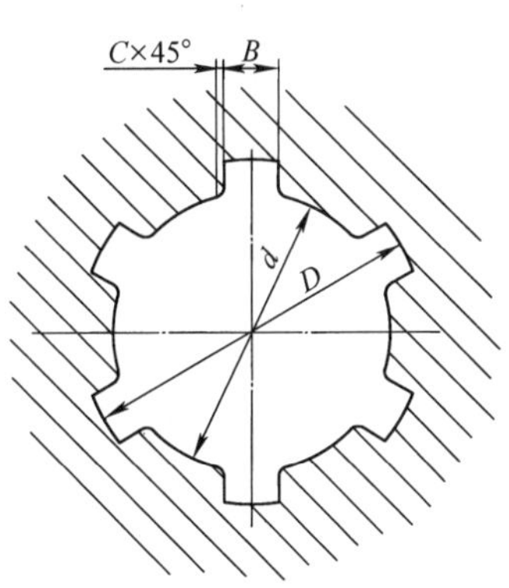

图 4.1-10　矩形内花键结构尺寸

表 4.1-20　花键拉刀刀齿组合

刀齿组合方式与拉削图形	特　点
只有花键齿	这种拉刀在设计时，只设计拉削花键键槽的刀齿结构，因此要求工作内径具有好的预加工精度，否则难以保证花键齿与内孔的同轴度要求 适用于小批量生产，拉刀设计、制造较简单
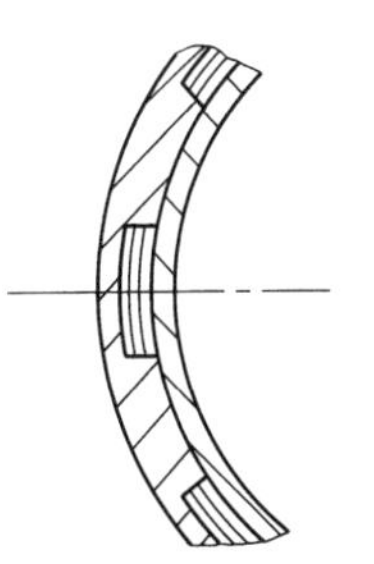 圆孔刀齿与花键刀齿复合	这种拉刀在设计时，可将拉刀的圆孔齿放在花键齿之前，这种复合结构的拉刀在拉削时一般是先拉削圆孔也就是小径，然后拉削花键，能够保证内花键大、小径具有较好的同轴度，同时对工件预制加工孔的精度要求不高 适用于大批量生产，拉刀的圆孔刀齿可设计在花键刀齿的前部或后部
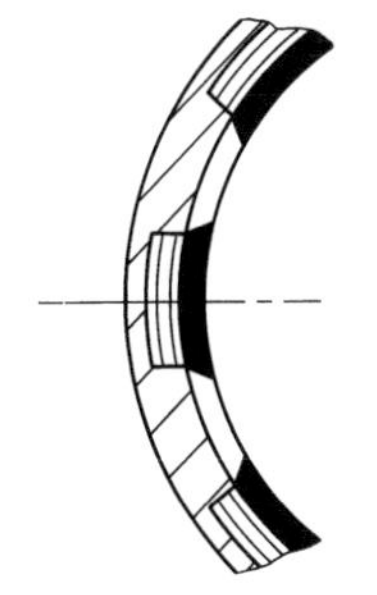 倒角刀齿与花键刀齿复合	这种拉刀的拉削过程是先拉削倒角，然后拉削花键的方式，倒角齿切掉一部分花键齿的加工余量，因而花键齿部分的长度可以减短，对工件预制孔的精度要求很高 这种拉刀结构适用于花键齿要求有倒角（或去除尖角毛刺）的情况

（续）

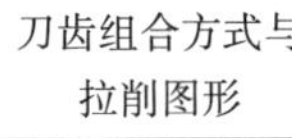

刀齿组合方式与拉削图形	特　点
倒角刀齿、圆孔刀齿、花键刀齿复合	这种复合结构拉刀须同时设计圆孔齿、倒角齿和花键齿，适用于大批量生产，其拉削顺序有下列几种： 1. 倒角—圆孔—花键 适用于拉孔长度>45mm 的内花键，否则在拉削过程中工件易发生转动，造成工件的报废或损坏拉刀的刀齿 2. 倒角—花键—圆孔 这种拉刀的花键齿部分长度可以减短，且圆孔齿可以不做分屑槽 3. 圆孔—花键—倒角 在花键齿与倒角齿之间应设计有 16mm 的砂轮越程槽，以免磨倒角齿时，砂轮碰伤花键齿 4. 圆孔—倒角—花键 这种结构型式的拉刀加工较容易，对预制孔精度要求也不高 5. 花键、圆孔前后交错 这种花键齿和圆孔齿前后交错排列的、带倒角齿的复合花键拉刀，因为同时拉削圆孔和花键，故能保证内花键小径与键槽有很高的位置精度

当拉削较深的内花键时，拉刀切削部分会设计得较长，当拉刀设计超过允许长度时或者一把拉刀无法完成拉削任务时，可将拉刀设计成两把或三把依次使用（即分组拉削），用以保证粗、精拉刀之间合理分配，这就是成套花键拉刀。

1）成套花键拉刀中每把拉刀的结构与长度。第一把拉刀常制成倒角齿-花键齿的复合拉刀，第二把（终精拉）拉刀常制成花键齿-圆形齿的复合拉刀。一套拉刀中每把拉刀的总长度应相等（其相互间长度公差不大于 1mm），以便于制造和使用。

2）成套花键拉刀的键齿宽。第一把拉刀的键齿宽要比第二把小 0.2~0.5mm，用以留作精拉削的加工余量。第二把拉刀的 1~6 花键切削齿，齿侧不开侧隙角，以修光第一把拉刀拉削后键侧的残留痕迹。

3）成套花键拉刀的前导部、后导部。

① 成套花键拉刀的前导部。成套花键拉刀第二

把拉刀的前导部应与第一把拉刀的校准部分相适应，做成花键形，其花键齿的大径与小径均应小于第一把校准齿相应尺寸，大径小 0.05mm、小径小 0.5mm、键宽小 0.02mm。其前导部分长度与第一把相同，均按圆拉刀前导部分长度选取，但当前导部分花键长度大于 50mm 时，应在前导花键部分上加工几个间断槽，以减少磨削花键时拉刀的弯曲变形。

② 成套花键拉刀的后导部。花键拉刀的后导部设计成花键形，后导部的大径按其校准齿直径减去 0.05mm，其偏差取-0.2mm。

（4）渐开线花键拉刀

渐开线花键拉刀作为一种高效率的成形刀具，在渐开线内花键加工中具有广泛的应用。

渐开线花键拉刀除齿形部分外，其余与矩形花键拉刀设计方法相同。按其用途的不同也可设计成单独加工渐开线齿形的拉刀，或设计成倒角-渐开线花键、圆孔-渐开线花键、倒角-圆孔-渐开线等复合拉刀。

随着花键齿形模数的不同，渐开线花键拉刀的成套把数而有所差异。当渐开线齿形模数 $m \leqslant 3.5$mm 时，可采用一把拉刀；当 $m=4$mm、工件长 $L_0=80\sim120$mm 或 $m=5$mm、工件长 $L_0=50\sim80$mm 时，可用两把一套的拉刀；当 $m=5$mm、工件长 $L_0=80\sim120$mm 或 $m \geqslant 6$mm 时，可用三把一套的拉刀。

当需要设计成套渐开线花键拉刀时，无论粗拉刀或精拉刀均应做成渐开线齿形，制造拉刀时只用一套修整砂轮夹具即可。一般粗拉刀给精拉刀留 0.2mm 的齿厚余量。

渐开线花键拉刀的齿升量按表 4.1-21 选取。

表 4.1-21　拉刀的齿升量　　（mm）

（1）同廓式、渐成式拉刀粗切齿齿升量

拉刀类型	工件材料				
	碳钢	合金钢	铸　铁	铝合金	铜合金
圆拉刀	0.015~0.03	0.01~0.025	0.03~0.10	0.02~0.05	0.05~0.12
矩形花键拉刀	0.03~0.08	0.025~0.06	0.04~0.10	0.02~0.10	0.05~0.12
锯齿和渐开线花键拉刀	0.03~0.05	0.03~0.05	0.04~0.08	—	—
精拉刀和键槽拉刀	0.05~0.20	0.05~0.12	0.06~0.20	0.05~0.08	0.08~0.20
平面拉刀	0.03~0.15	0.03~0.10	0.03~0.15	0.05~0.08	0.06~0.15
成形拉刀	0.02~0.06	0.02~0.05	0.03~0.10	0.02~0.05	0.05~0.15
方拉刀和六边拉刀	0.015~0.12	0.015~0.08	0.03~0.15	0.02~0.10	0.05~0.20

（2）轮切式拉刀粗切齿齿升量

圆　拉　刀					
拉刀直径	<10	10~25	25~50	50~100	>100
刀齿每组齿升量	0.03~0.08	0.05~0.12	0.08~0.16	0.10~0.20	0.15~0.25

花键拉刀花键齿与倒角齿的齿升量

刀齿直径	花键键数				刀齿直径	花键键数			
	6	8	10	16		6	8	10	16
	刀齿每组齿升量（最大）					刀齿每组齿升量（最大）			
13~18	0.16	—	—	—	40~55	0.3	0.3	0.25	0.2
16~25	0.16	—	0.16	—	49~65	0.3	0.3	0.25	0.2
22~30	0.2	—	0.2	—	57~62	—	0.3	0.3	—
26~38	0.25	0.2	0.2	0.13	65~80	—	—	0.3	—
34~45	0.3	0.2	0.2	0.16	73~90	—	—	0.3	—

（续）

（3）拉刀过渡齿、精切齿的齿升量									
粗切齿	过渡齿		精切齿						
齿升量 f_z	齿升量 f_z	齿数或齿组数	每齿或每组齿的齿升量	圆拉刀		各种花键拉刀		键槽拉刀、平面拉刀、成形拉刀	
				齿组数	不成齿组的刀齿数	齿组数	不成齿组的刀齿数	齿组数	不成齿组的刀齿数
≤0.05	取为粗切齿齿升量的40%～60%	1～2	0.02～0.03	1	1～2	1	1～2	1	1～2
>0.05～0.1			0.035～0.07	1～2	3	1～2	2～3	1～2	2～3
>0.1～0.2			0.07～0.1	2	3～5	2～3	2～3	2～3	2～3
>0.2～0.3			0.1～0.16	2～3	3～5	2～3	2～3	2～3	2～3

渐开线内花键的主要参数如图4.1-11a所示，相应的渐开线花键拉刀齿形参数如图4.1-11b所示。

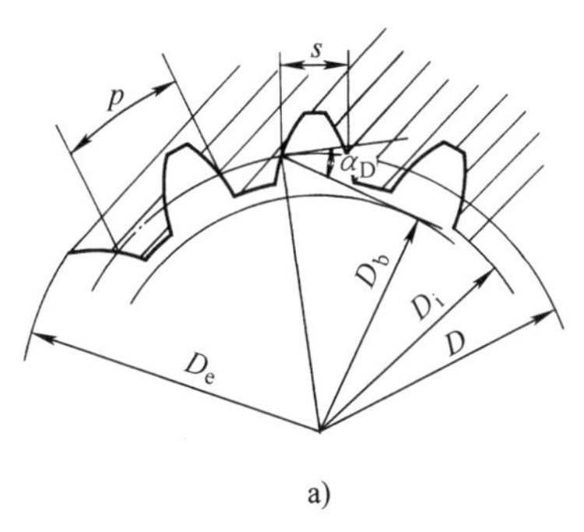

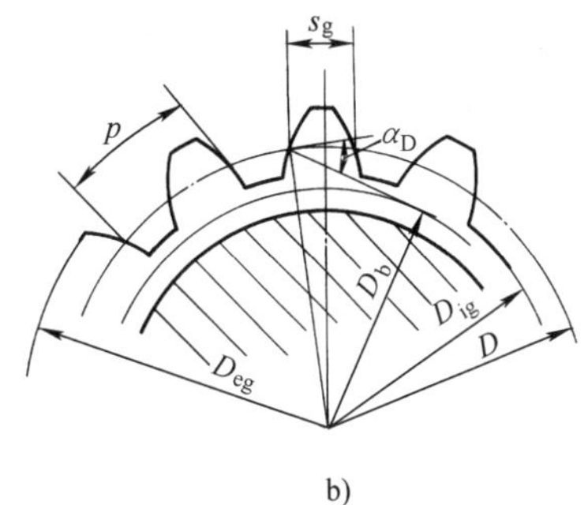

图4.1-11 渐开线内花键及其拉刀齿形参数
a）渐开线内花键 b）渐开线花键拉刀齿形

1）渐开线花键拉刀齿形。拉刀花键齿最大大径也就是校准齿直径 D_{gz}，取为内花键最大大径 D_{emax}，并加上或减去相应孔的扩张量（或收缩量）δ。

花键拉刀齿的渐开线分度圆直径 D 与内花键的分度圆直径 D 相同。

拉刀花键齿最大小径 D_{igmax}（各齿均相等），取内花键的最小小径 D_{igmin}。

拉刀花键齿齿距等于内花键齿距，$p=\pi m$。

拉刀花键齿基本齿厚 s_g，取为内花键基本齿厚的最大值，即

$$s_g=s_{max}-\delta$$

式中 δ——齿槽扩张量，取为花键槽宽公差的1/3～1/2。

2）渐开线花键拉刀的齿形侧隙角。为了减少渐开线花键拉刀齿侧面与工件被加工表面之间的摩擦，应磨去刀齿齿形上不参加形成内花键齿槽侧面的渐开线齿形部分，即磨出齿形的侧隙角。这时渐开线花键拉刀刀齿齿形如图4.1-12中的实线部分所示。

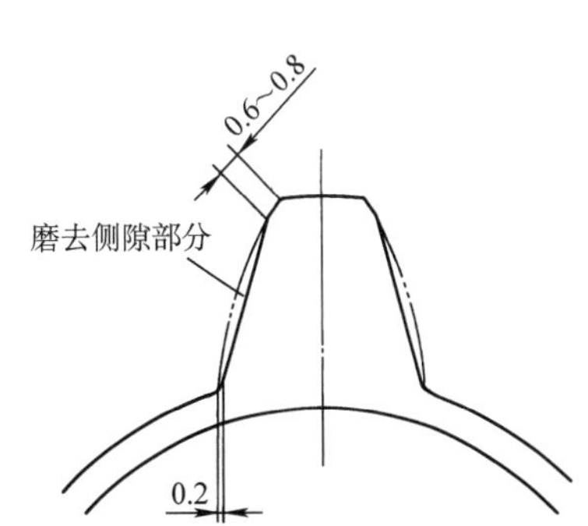

图4.1-12 渐开线花键拉刀刀齿齿形的侧隙

（5）三角齿花键拉刀

三角齿花键拉刀的设计除齿形外，其他与矩形齿花键拉刀相同，根据需要可设计成单独加工三角齿花键的拉刀。为了保证三角花键齿与孔中心的对称和一致，更多的是将拉刀设计成圆孔-三角齿花键的复合拉刀。

三角齿花键拉刀由于刀齿切削刃的宽度是逐渐变小的，因此它的齿升量是按段取不同值，先由小变大，再由大变小到精切。这样排列是为了使拉削中切削力变化尽可能小，且可使机床和拉刀的负荷均匀，减少振动。

三角齿内花键和三角齿花键拉刀的截形如图 4. 1-13 所示。

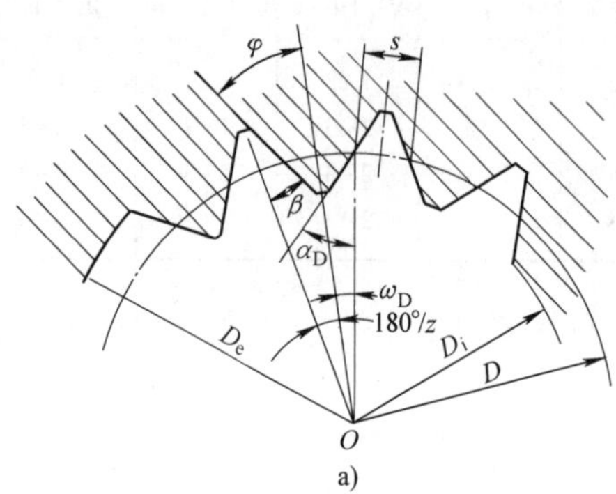

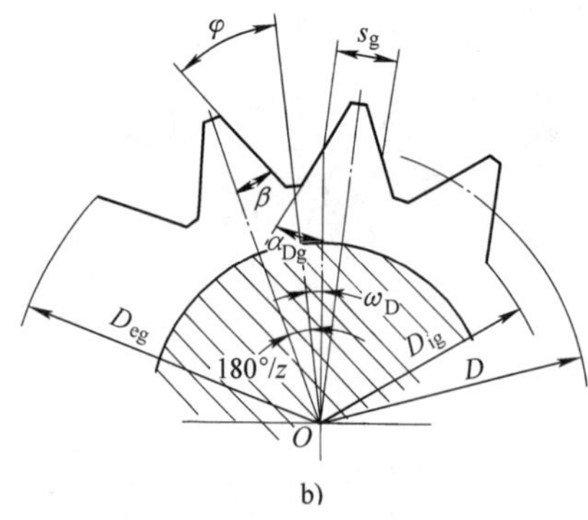

图 4. 1-13　三角齿内花键和三角齿花键拉刀的截形

a）三角齿内花键　b）三角齿花键拉刀齿形

1）三角齿花键拉刀齿形尺寸如图 4. 1-13b 所示。

图中　D——拉刀分度圆直径，等于工件分度圆直径；

z——拉刀花键齿数，等于工件花键齿数；

φ——花键拉刀齿槽半角，等于内花键齿形半角；

α_{D_g}——拉刀分度圆压力角，$\alpha_{D_g}=\varphi-\omega_D$；

ω_D——拉刀分度圆齿槽中心半角，$\omega_D = 57.29578\dfrac{p-s_g}{D}$；

p——拉刀分度圆齿距，$p=\dfrac{\pi D}{z}$；

β——拉刀齿形半角，$\beta=\varphi-\dfrac{180°}{z}$。

2）三角齿花键拉刀齿形侧隙角。三角齿花键拉刀由于刀齿小、齿数多，在拉削过程中与工件接触面积较大，摩擦面也较大。为了减少摩擦，较好的办法是在拉刀花键齿形上磨出侧隙角，如图 4. 1-14 所示。侧隙角可减少切屑与工件齿形的摩擦，以保证工件齿形不被擦伤。侧隙角的大小可按被拉削材料的性质选取，韧性大的选较大值。

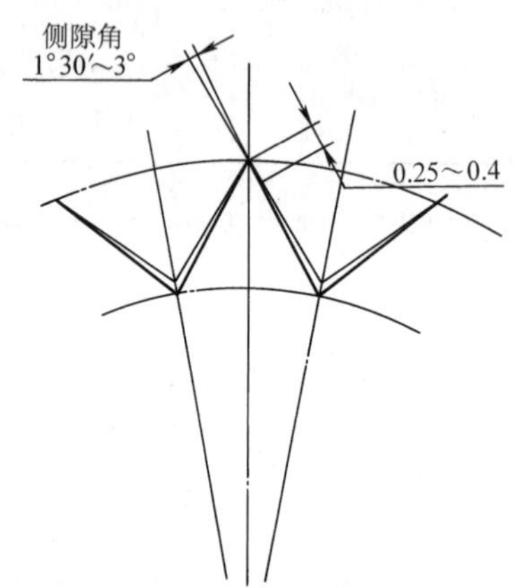

图 4. 1-14　三角齿花键拉刀齿形侧隙角

（6）键槽拉刀

键槽拉刀根据键宽大小可分为平（等键宽）刀体键槽拉刀（用于键宽 $b\geqslant12$mm）、宽刀体键槽拉刀（用于 $b\leqslant10$mm）及带倒角齿键槽拉刀三种，如图 4. 1-15 所示。

键槽拉刀工作时由导套矩形槽定位、导向。导套的结构见表 4. 1-12 插图。

导套前部为与工件定位孔配合部分，凸缘的螺孔位置与大小应与拉床床头的法兰花盘螺孔相适应，导向槽与键槽拉刀刀体宽一致，后部直径及长度与拉床床头的法兰花盘孔一致，其极限偏差可按表 4. 1-12 选取。

用键槽拉刀加工较深的槽或不同槽深的零件时，常采用多行程拉削。每次行程后，在拉刀的底部和导套槽底之间须加上一定厚度的垫片（见表 4. 1-14 图）。垫片厚度可参照表 4. 1-14 中选取或等于每次行程的拉削余量（即拉刀各切削齿齿升量的和），而每次行程的拉削余量大致等于拉削总余量除以行程次数的平均值。

为了在拉削槽形时能同时去除孔与槽侧处的夹角或毛刺，键槽拉刀也可设计成带倒角齿的复合拉刀，如图 4. 1-15c 所示。

键槽拉刀的主要结构尺寸、刀齿几何参数、齿升量、齿数、齿距、容屑槽、拉削力及拉刀强度校验等均可查表 4. 1-22~表 4. 1-24 选取。

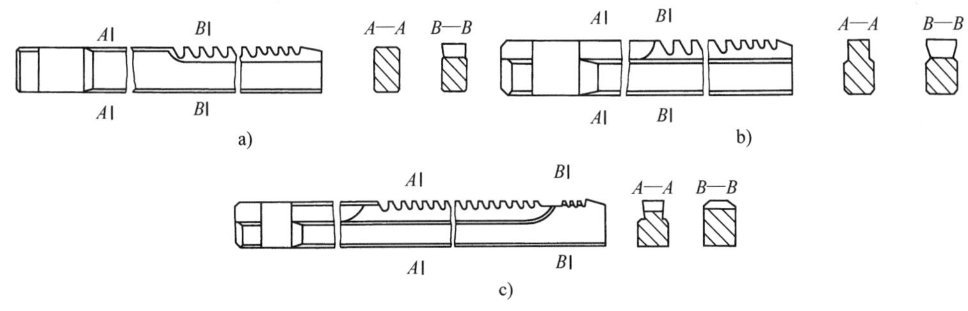

图 4.1-15　键槽拉刀

a）平刀体键槽拉刀　b）宽刀体键槽拉刀　c）带倒角齿键槽拉刀

表 4.1-22　平刀体键槽拉刀（GB/T 14329—2008）　（mm）

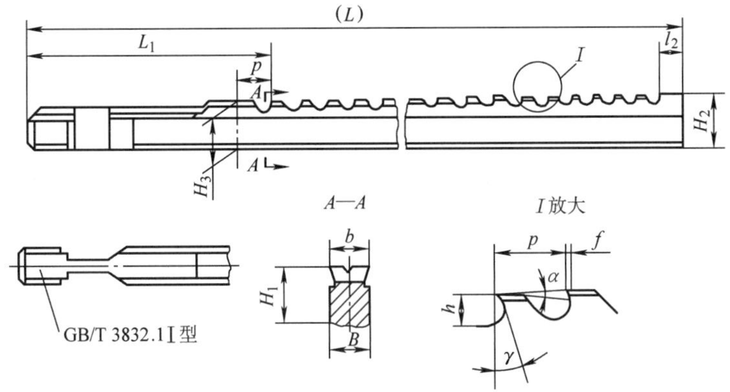

工作规格与拉削参数					拉刀主要结构尺寸					
键槽宽度公称尺寸	拉削长度 L_0	拉削余量 A	垫片厚度 S	拉削次数	b 键槽宽公差带 P9	JS9	D10	H_1	H_2	(L)
12	30~50	4.48	—	1	11.973	12.012	12.108	28	32.48	930
	>50~80									1220
	>80~120									1385
14	50~80	5.15	2.55	2	13.973	14.012	14.108	30	32.60	880
	>80~120									1000
	>120~180									1220
16	50~80	5.81	2.89		15.973	16.012	16.108	35	37.92	940
	>80~120									1065
	>120~180									1300
18	50~80	6.03	3.01	2	17.973	18.012	18.108	40	43.02	930
	>80~120									1220
	>120~180									1385
20	50~80	6.68	3.32		19.969	20.017	20.137	45	48.36	880
	>80~120									1000
	>120~180									1220

（续）

工作规格与拉削参数					拉刀主要结构尺寸					
键槽宽度公称尺寸	拉削长度 L_0	拉削余量 A	垫片厚度 S	拉削次数	b 键槽宽公差带			H_1	H_2	(L)
					P9	JS9	D10			
22	80~120	7.25	2.40	3	21.969	22.017	22.137	45	47.45	940
	>120~180									1065
	>180~260									1300
25	80~120	7.48	2.48		24.969	25.017	25.137	50	52.52	990
	>120~180									1210
	>180~260									1520
28	80~120	8.71	2.89		27.969	28.017	28.137	55	53.97	1070
	>120~180			4						1310
	>180~260									1650
32	120~180	9.98	2.48	4	31.962	32.019	32.168	60	62.54	1215
	>180~260									1530
	>260~360		1.99	5					62.02	1625
36	120~180	11.24	2.24		35.962	36.019	36.168		62.28	1035
	>180~260									1295
	>260~360									1695
40	120~180	12.42	2.06	6	39.962	40.019	40.168		62.12	1015
	>180~260									1270
	>260~360									1660

注：1. 前角 γ 值，拉削钢为 10°~20°，拉削铸铁为 5°~10°。

2. 切削齿后角 α 为 3°，校准齿后角为 1°30′。

3. 拉刀其他结构尺寸和导套横截面尺寸见 GB/T 14329—2008 的附录。

4. 键槽宽度公称尺寸为 20mm，公差带为 P9，拉削长度为 50~80mm，前角 γ 为 15°的平刀体键槽拉刀，标记为：平刀体键槽拉刀　20P9　15°　50~80　GB/T 14329—2008。

表 4.1-23　宽刀体键槽拉刀（GB/T 14329—2008）　　(mm)

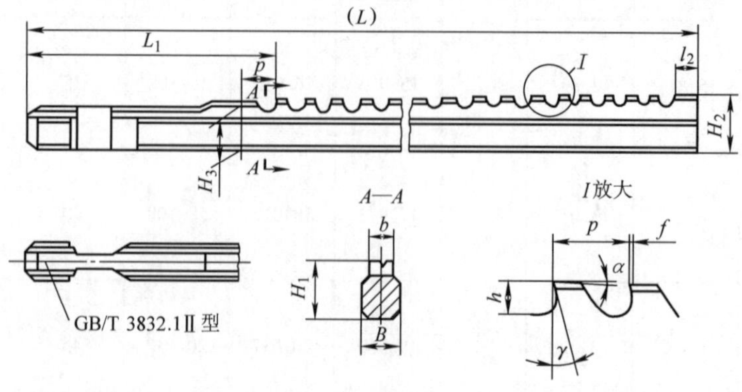

（续）

工作规格与拉削参数			拉刀主要结构尺寸						
键槽宽度公称尺寸	拉削长度 L_0	拉削余量 A	b 键槽宽公差带			B	H_1	H_2	(L)
			P9	JS9	D10				
3	10~18	1.79	2.991	3.009	3.055	4	6.5	8.29	475
	>18~30								565
4	10~18	2.33	3.984	4.011	4.074	6	7.0	9.33	485
	>18~30								580
	>30~50								760
5	10~18	2.97	4.984	5.011	5.074	8	8.5	11.47	585
	>18~30								710
	>30~50								845
6	18~30	3.47	5.984	6.011	6.074	10	13.0	16.47	720
	>30~50								850
	>50~80								1055
8	18~30	4.25	7.978	8.011	8.090	12	16.0	20.25	805
	>30~50								960
	>50~80								1265
10	30~50	4.36	9.978	10.011	10.090	15	22.0	26.36	900
	>50~80								1180
	>80~120								1345

注：1. 前角 γ 值，拉削钢为 10°~20°，拉削铸铁为 5°~10°。

2. 切削齿后角 α 为 3°，校准齿后角为 1°30′。

3. 拉刀其他结构尺寸和导套横截面尺寸见 GB/T 14329—2008 的附录。

4. 键槽宽度公称尺寸为 5mm，公差带为 P9，拉削长度为 10~18mm，前角 γ 为 10°的宽刀体键槽拉刀，标记为：宽刀体键槽拉刀　5P9　10°　10~18　GB/T 14329—2008。

表 4.1-24　带倒角齿键槽拉刀（GB/T 14329—2008）　（mm）

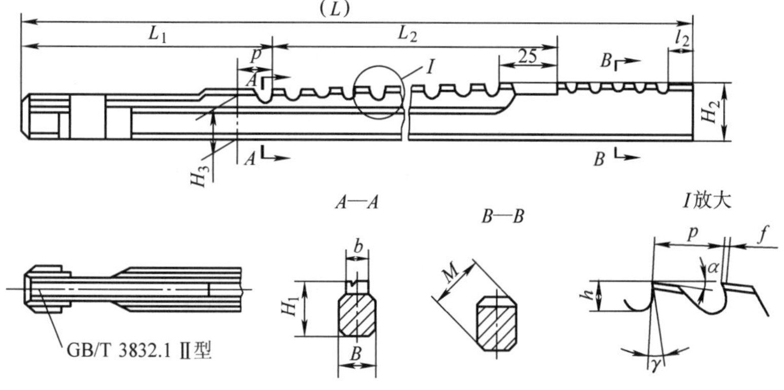

（续）

工作规格与拉削参数			拉刀主要结构尺寸						
键槽宽度公称尺寸	拉削长度 L_0	拉削余量 A	b 键槽宽公差带 P9	JS9	D10	B	H_1	H_2	(L)
3	10~18	1.79	2.991	3.009	3.055	4	6.5	8.29	515
	>18~30								610
4	10~18	2.33	3.984	4.011	4.074	6	7.0	9.33	525
	>18~30								620
	>30~50								810
5	10~18	2.97	4.984	5.011	5.074	8	8.5	11.47	625
	>18~30								760
	>30~50								900
6	18~30	3.47	5.984	6.011	6.074	10	13.0	16.47	765
	>30~50								905
	>50~80								1115
8	18~30	4.25	7.978	8.011	8.090	12	16.0	20.25	855
	>30~50								1015
	>50~80								1330
10	30~50	4.36	9.978	10.011	10.090	15	22.0	26.36	955
	>50~80								1245
	>80~120								1415

注：1. 拉刀角度参数同 GB/T 14329—2008。
2. 拉刀其他结构尺寸和导套横截面尺寸见 GB/T 14329—2008 的附录。
3. 键槽宽度公称尺寸为 5mm，公差带为 P9，拉削长度为 10~18mm，前角 γ 为 10° 的带倒角齿键槽拉刀，标记为：带倒角齿键槽拉刀　5P9　10°　10~18　GB/T 14329—2008。

（7）推刀

推刀是在压力作用下进行切削的拉削刀具，刀体上承受压力。推刀主要用于加工余量较小的各种形状的通孔（如圆孔、内花键和成形孔等），修整及切除孔的变形量。推刀由过渡锥、前导部、切削部、校正部、后导部等部分组成，如图 4.1-16 和图 4.1-17 所示。

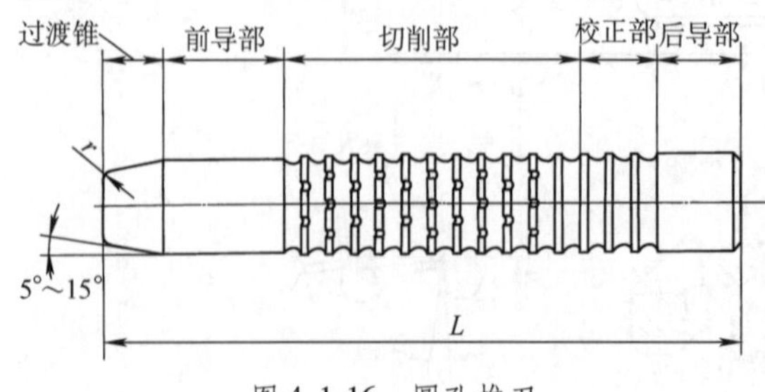

图 4.1-16　圆孔推刀

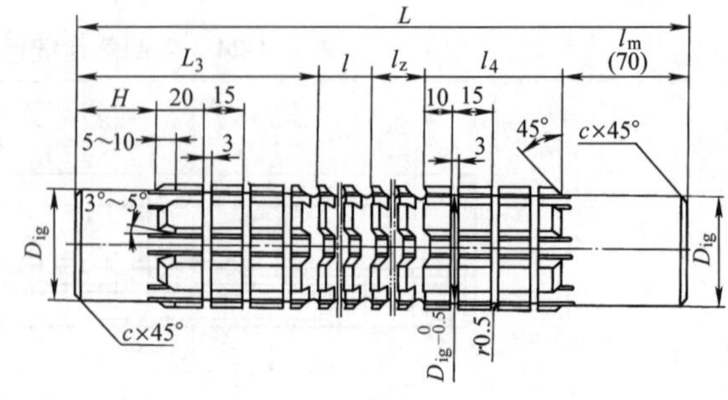

图 4.1-17　矩形花键推刀

推刀的过渡锥是为了能将推刀正确引入工件。一般过渡锥的半角取为 5°~15°，过渡锥的长度可取为 5~15mm，且前端应制成圆角，一般圆角半径 r 为 2~5mm。

推刀的加工余量小，其齿升量也较小，一般可取为 0.01mm，齿距也相应取较小值（与拉刀相比）。推刀其余参数（如几何角度、容屑槽形状、分屑槽等）的设计与拉刀完全相同。

推刀的前导部长度 L_3 按推削长度 L 与孔径 D 的比例选取，当 $L/D<1.5$ 时，可取 $L_3=L$；当 $L/D>1.5$ 时，则取 $L_3=0.75L$。

推刀的后导部尺寸设计与拉刀相同。

推刀尾部的长度 l_m 应大于工件的长度，以便推刀的所有刀齿推出工件后，推刀能顺利地从工件内取出，一般常取

$$l_m=L+(15\sim30)\text{mm}$$

(8) 挤压推刀

采用挤压推刀挤压孔可以对孔表面进行光整加工。挤压推刀又称为压光推刀、轧光拉刀、压光圆孔拉刀和压光刀等。挤压推刀与普通推刀的区别在于它并不切削金属，而是通过挤压工件表面使之产生塑性变形而达到要求的尺寸精度，并使得内孔形成光整而耐磨的表面。

挤压加工可设计成专用的挤压推刀，也可在推刀校准齿的后面安排若干个挤压齿，或者在推刀的尾部装有若干个挤压齿环来完成。

1）挤压加工余量。挤压加工余量一般为 0.03~0.2mm。小值用于钢件和表面质量要求较低或孔径较小的工件，大值用于有色金属及其合金或表面质量要求较高、内孔直径较大的工件。

由于工件的弹性变形，可能使挤压后的孔径缩小。为了保证孔径的尺寸要求，须将挤压推刀直径加大 0.03~0.08mm 的收缩量。影响收缩量的因素很多，如工件材料的性质、孔壁的厚度、齿升量、加工余量及润滑条件等。收缩量的精确值应由试验确定。

挤压推刀加工孔的收缩量 δ 值见表 4.1-25。

表 4.1-25　挤压推刀加工孔的收缩量 δ 值　(mm)

孔的直径	加工材料			
	黄铜（压入套筒时）	青铜（压入套筒时）	未淬火钢	淬火钢
10~20	0.03~0.035	0.035~0.045	0.025~0.04	0.005~0.01
20~30	0.035~0.04	0.045~0.06	0.04~0.05	0.0075~0.015
30~45	0.04~0.06	0.06~0.075	0.05~0.06	0.01~0.02
45~60	—	0.075~0.08	—	—

注：表中下限数值适用于厚壁零件，上限数值适用于薄壁零件。

2）齿升量。齿升量一般取为 0.005~0.01mm，当被挤压孔直径较小时，加工余量相应取小些，齿升量也取小些。为了保证金属的稳定变形，刀齿直径最好不要逐齿增加。当表面质量要求较高时，齿升量应取小值，反之，则齿升量应取大值。加工钢件时，齿升量应取小些，加工有色金属或其他合金件时，齿升量应取大些。

3）齿数、齿距与齿形。

① 齿数。挤压推刀的刀齿可分为挤压齿、压光齿和结尾齿三组。齿数选取需要考虑挤压孔的直径和长度。

挤压齿要挤压掉全部加工余量 A。挤压齿上具有齿升量，挤压齿的齿数 z_y 为

$$z_y=\frac{A}{2f_z}+(1\sim3)$$

$$A=D_{max}+\delta-D_{0min}$$

式中　f_z——每齿进给量（mm/z）；

D_{0min}——挤压前孔的最小直径（mm）；

D_{max}——加工后孔的上限直径（mm）；

δ——孔的收缩量，其值可查表 4.1-25。

压光齿能够使金属变形稳定，压光齿上没有齿升量，各齿直径相同，是推刀上的最大直径。压光齿齿数 $z_g=3\sim4$。

结尾齿能够消除残余变形，其齿数 $z_w=2\sim3$。结尾齿的直径由前向后递减，最后一个结尾齿的直径可等于 D_{max}。

② 齿距与齿形。常用的挤压、压光和结尾齿形见表 4.1-26。

表 4.1-26　挤压、压光和结尾齿形　(mm)

挤压长度	p	h	g	r
10~50	5	1.2	1	1
50~80	7	1.5	2	1.5
80~120	10	2	2	2

挤压刀齿齿形

挤压推刀其余部分的形状与尺寸，可参照相应直径的拉刀或推刀来选择。

3. 拉刀设计常用参数的选择

(1) 拉刀齿升量

同廓式拉削的齿升量是指前、后相邻两个刀齿半径之差，轮切式拉削的齿升量是指前、后相邻两组刀齿半径之差，综合轮切式拉削的齿升量是逐齿分布的，且它每一刀齿的单边实际齿升量相当于同廓式拉削齿升量的两倍。

齿升量的选择应考虑加工材料、拉刀类型、拉刀与工件的刚性等因素。

齿升量一般可按表 4.1-21 选取，选取后要对拉刀强度、容屑系数和拉床功率等进行验算，必要时再进行修正。

(2) 拉刀刀齿主要几何参数

拉刀刀齿的主要几何参数是指前角 γ_o、后角 α_o、刃带宽 b_{a1}。它们的数值大小主要取决于工件材料与拉刀的结构型式，见表 4.1-27。

(3) 拉刀容屑槽、齿距与同时工作齿数

1) 容屑槽。容屑槽是形成刀齿的前刀面和容纳切屑的环状或螺旋状沟槽。环形齿拉刀的拉削是属于封闭容屑槽形式；螺旋齿拉刀的拉削是属于半封闭容屑槽形式。切屑容纳在拉刀的容屑槽中，如果容屑空间不够大，切屑会在槽内挤塞，影响加工表面的质量，严重时还会使刀齿崩刃或拉断拉刀。因此，选择拉刀的容屑槽尺寸是重要的一环。常供设计选择的容屑槽有三种类型，如图 4.1-18 所示。

表 4.1-27　刀齿主要几何参数

(1) 常用材料的拉刀几何参数

拉刀型式	工件材料			前角 γ_o/(°)		后角 α_o/(°)		刃带宽 b_{a1}/mm		
				粗切齿	精切齿 校准齿	切削齿	校准齿	粗切齿	精切齿	校准齿
圆拉刀	钢	硬度 (HBW)	≤229	15	15	2.5~4	0.5~1	0~0.05	0.1~0.15	0.3~0.5
			>229	10~12	10~12					
	铸铁	硬度 (HBW)	≤180	8~10	8~10	2.5~4	0.5~1	0~0.05	0.1~0.15	0.3~0.5
			>180	5	5					
	可锻铸铁、球墨铸铁、蠕墨铸铁			10	10	2~3	10	0~0.15	0.1~0.15	0.3~0.5
	铝合金、巴氏合金			20~25	20~25	2.5~4	20~25	0~0.15	0.1~0.15	0.3~0.5
	铜合金			5~10	5~10	2~3	5~10	0~0.15	0.1~0.15	0.3~0.5
各种花键拉刀	钢	硬度 (HBW)	≤229	15	15	2.5~4	0.5~1	0~0.05	0.1~0.15	0.3~0.6
			>229	10~12	10~12					
	铸铁	硬度 (HBW)	≤180	8~10	8~10	2.5~4	0.5~1	0~0.05	0.1~0.15	0.3~0.6
			>180	5	5					
	铜合金			5	5	2~3	0.5~1.5	0~0.15	0.1~0.15	0.3~0.6

（续）

（1）常用材料的拉刀几何参数

拉刀型式	工件材料			前角 γ_o/(°)		后角 α_o/(°)		刃带宽 b_{a1}/mm		
				粗切齿	精切齿 校准齿	切削齿	校准齿	粗切齿	精切齿	校准齿
键槽拉刀 平面拉刀	钢	硬度（HBW）	≤229	15	15	2.5~4	0.5~1.5	0.1~0.15	0.2~0.3	0.5~0.8
			>229	10~12	10~12					
	铸铁	硬度（HBW）	≤180	8~10	8~10	2.5~4	0.5~1.5	0.1~0.15	0.2~0.3	0.5~0.8
			>180	5	5					
	铜合金			5	5	2~3	0.5~1.5	0.1~0.15	0.2~0.3	0.5~0.8
成形拉刀	钢	硬度（HBW）	≤229	15	15	2.5~4	0.5~1.5	0.1~0.15	0.2~0.3	0.5~0.8
			>229	10~12	10~12					
	铸铁	硬度（HBW）	≤180	8~10	8~10	2.5~4	0.5~1.5	0.1~0.15	0.2~0.3	0.5~0.8
			>180	5	5					
	铜合金			5	5	2~3	0.5~1.5	0.1~0.15	0.2~0.3	0.5~0.8
螺旋齿拉刀	钢	硬度（HBW）	≤229	15	15	2.5~4	0.5~1.5	0.1~0.15	0.2~0.3	0.5~0.8
			>229	10~12	10~12					
	铸铁	硬度（HBW）	≤180	8~10	8~10	2.5~4	0.5~1.5	0.1~0.15	0.2~0.3	0.5~0.8
			>180	5	5					
	铜合金			5	5	2~3	0.5~1.5	0.1~0.15	0.2~0.3	0.5~0.8

（2）加工特种合金钢时拉刀的前角与后角　　（°）

拉刀类型	耐热合金钢			钛合金钢		
	前角 γ_o	切削齿后角 α_o	校准齿后角 α_o	前角 γ_o	切削齿后角 α_o	校准齿后角 α_o
内拉刀	15	3~5	2~3	3~5	5~7	2~3
外拉刀		10~12	5~7		10~12	8~10

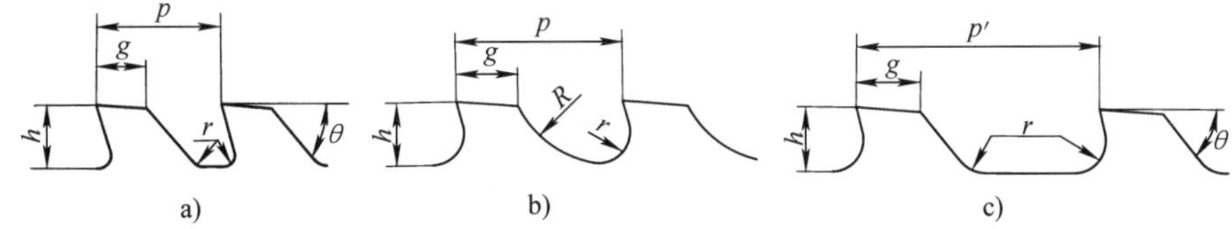

图 4.1-18　拉刀容屑槽槽形

a）直线齿背型　b）曲线齿背型　c）加长齿距型

① 直线齿背型由一段直线、一段圆弧和前刀面组成，适合于拉削脆性材料（如铸铁、黄铜、青铜等）和普通钢材所采用同廓式拉削方式的拉刀。容屑槽尺寸见表 4.1-28，表中各参数之间的关系为

$$h=(0.35\sim0.25)p$$

$$g=(0.3\sim0.4)p$$

$$r=(0.20\sim0.25)p$$

$$\theta=45°\sim50°$$

② 曲线齿背型由两段圆弧和前刀面组成，容屑槽空间较大，有利于切屑的卷曲和清除，适用于拉削韧性材料的大齿升量的拉刀。轮切式拉刀大多采用这种型式。

容屑槽尺寸见表 4.1-29，表中各参数间的关系为

$$h=(0.3\sim0.4)p$$

$$g=(0.3\sim0.35)p$$

$$R=(0.65\sim0.7)p$$

$$r=(0.15\sim0.2)p$$

表 4.1-28 直线齿背容屑槽尺寸 （mm）

p	g	Ⅰ型（深槽）		Ⅱ型（基本槽）		Ⅲ型（浅槽）	
		h	r	h	r	h	r
5	2	—	—	2	1	1.6	0.8
6	2	—	—	2.2	1.1	1.8	0.9
7	2.5	3	1.5	2.5	1.2	2.2	1.1
8	2.5	3.5	1.7	3.2	1.5	2.5	1.2
9	3	4	2	3.5	1.8	2.8	1.4
10	3.2	4.5	2.2	4	2	3.2	1.6
11	3.6	5	2.5	4.5	2.2	3.5	1.8
12	4	5	2.5	4.5	2.2	3.5	1.8
13	4	5.5	2.8	5	2.5	4	2
14	4.5	6	3	5.5	2.8	4.5	2.2
15	5	6	3	5.5	2.8	4.5	2.2
16	5	7	3.5	6	3	5	2.5
17	5	7	3.5	6	3	5	2.5
18	6	8	4	7	3.5	5.5	2.8
19	6	8	4	7	3.5	5.5	2.8
20	6	9	4.5	8	4	6	3
21	7	9	4.5	8	4	6	3
22	7	10	5	9	4.5	7	3.5
23	7	10	5	9	4.5	7	3.5
24	7	11	5.5	10	5	8	4
25	8	11	5.5	10	5	8	4
26	8	11	5.5	10	5	8	4
28	9	12	6	11	5.5	9	4.5
30	9	12	6	11	5.5	9	4.5
32	10	12	6	11	5.5	9	4.5
36	11	12	6	11	5.5	9	4.5

表 4.1-29 曲线齿背容屑槽尺寸 （mm）

p	g	R	Ⅰ型（深槽）		Ⅱ型（基本槽）		Ⅲ型（浅槽）	
			h	r	h	r	h	r
4.0 4.5	1.5 2.0	2.5	1.6	0.8	1.2	0.6	—	—
5.0 5.5	1.5 2.0	3.5	2.0	1.0	1.6	0.8	—	—
6.0 6.5	2.0 2.5	4.0	2.5	1.25	2.0	1.0	—	—
7.0 7.5	2.5 3.0	4.5	3.0	1.5	2.0	1.0	—	—
8.0 8.5	3.0 3.5	5.0	3.0	1.5	2.5	1.25	—	—
9.0 9.5	3.0 3.5	6.0	3.5	1.75	3.0	1.5	2.5	1.25
10.0 11.0	3.0 4.0	7.0	4.0	2.0	3.5	1.75	3.0	1.5
12.0 13.0	4.0 5.0	8.0	5.0	2.5	4.0	2.0	3.0	1.5
14.0 15.0	4.0 5.0	10.0	6.0	3.0	5.0	2.5	4.0	2.0
16.0 17.0 18.0	4.0 5.0 6.0	12.0	7.0	3.5	6.0	3.0	5.0	2.5

（续）

p	g	R	Ⅰ型（深槽）		Ⅱ型（基本槽）		Ⅲ型（浅槽）	
			h	r	h	r	h	r
19.0 20.0 21.0	5.0 6.0 7.0	14.0	9.0	4.5	7.0	3.5	5.0	2.5
22.0 23.0 24.0 25.0	6.0 7.0 8.0 9.0	16.0	10.0	5.0	8.0	4.0	6.0	3.0
26.0 27.0 28.0 29.0 30.0	8.0 9.0 10.0 11.0 12.0	18.0	12.0	6.0	10.0	5.0	8.0	4.0
31.0 32.0 33.0 34.0	9.0 10.0 11.0 12.0	22.0	14.0	7.0	12.0	6.0	10.0	5.0

③ 加长齿距型由两段圆弧和一段直线组成，其齿距较大而具有足够的容屑空间，适用于拉削深孔或内孔有空刀槽的工件。加长齿距容屑槽的齿距 p'一般按表 4.1-28 中齿距 p 的 1.5～2 倍计，其余尺寸按 p 相应选取。

2）齿距与同时工作齿数。齿距是两个相邻刀齿间的轴向距离。齿距大，拉刀长，生产率低；齿距小，同时工作齿数多，拉刀工作平稳，加工表面质量高，但若齿距过小，就会使同时工作齿数增多，拉削力增加，还会使容屑空间减小，造成切屑挤塞而导致刀齿崩刃或拉刀拉断。

拉刀齿距 p 的选取可用经验公式计算：

同廓式、渐成式拉刀：

$$p=(1.25\sim1.5)\sqrt{L_0}$$

轮切式拉刀：

$$p=(1.45\sim1.9)\sqrt{L_0}$$

式中　L_0——工件拉削长度。

拉刀同时工作齿数 z_0 可按下式计算：

$$z_0=\frac{L_0}{p}+1(\text{取整数})$$

计算所得的齿距 p 值，在进行容屑系数、拉刀强度和拉床功率的验算时，还有可能需要适当修正，最后取接近的标准值。齿距与同时工作齿数见表 4.1-30。

表 4.1-30　拉刀的齿距与同时工作齿数

拉削长度 L_0/mm	齿　距 p/mm	同时工作齿数 z	拉削长度 L_0/mm	齿　距 p/mm	同时工作齿数 z
10～12	5	3	>45～49	10	5
>12～14	5.5	3	>49～54	11	6
>14～16	6	3	>54～60	11	6
>16～19	6.5	3	>60～70	12	6
>19～20	6.5	4	>70～77	13	6
>20～25	7	4	>77～83	13	7
>25～31	8	4	>83～90	14	7
>31～33	8.5	4	>90～100	15	7
>33～36	8.5	4	>100～111	16	7
>36～40	9	5	>111～125	16	8
>40～45	9.5	5	>125～145	18	8

3）容屑系数。容屑槽必须保证有足够的空间容纳切屑。容屑系数 k 是在法截面内容屑槽的有效面积 A_1 与切屑面积 A_2 的比值。拉刀容屑槽的有效截面积 A_1 可近似地取半径 $r=0.5h$ 的圆面积，即 $A_1=\pi h^2/4$。拉刀切下的切屑截面积 A_2 可近似地取切削层的截面积，即 $A_2=f_zL_0$。

拉刀设计时必须满足以下条件：

$$\frac{\pi h^2}{4f_zL_0}\geqslant k$$

式中 k——容屑系数，见表 4.1-31。

表 4.1-31 拉刀容屑槽的容屑系数

（1）分层式拉刀容屑槽的容屑系数 k						（2）轮切式拉刀容屑槽的容屑系数 k			
齿升量 f_z/mm	钢 R_m/MPa			铸铁、铝青铜、黄铜	铜、铝、黄铜、巴氏合金	齿升量 f_z/mm	齿距 p/mm		
	≤400	>400~700	>700				4.5~8	10~14	16~25
≤0.03	3	2.5	3	2.5	2.5	≤0.05	3.3	3.0	2.8
>0.03~0.07	4	3	3.5	2.5	3	>0.05~0.1	3.0	2.7	2.5
>0.07	4.5	3.5	4	2	3.5	>0.1	2.5	2.2	2.0

注：1. 上表适于在切削刃宽度 $B\leqslant1.2\sqrt{D_g}$ 的情况下加工钢料（D_g 为拉刀直径）。
2. $B>(1.2\sim1.5)\sqrt{D_g}$ 时，表中 k 值应增大 0.3。
3. 几个薄的零件（$L_0=3\sim10$mm）叠在一起拉削时，取 $k=1.5$。
4. 加工灰铸铁材料时，取 $k=1.5$。

容屑系数与切屑的类别和卷曲程度有密切关系，对于不同的材料和加工情况，容屑系数也不同，通常由试验确定。

选定齿升量 f_z 后，也可用公式验算拉刀容屑槽深

$$h\geqslant1.13\sqrt{kf_zL_0}$$

若拉刀容屑槽深度能满足上式，则可以保证容屑槽有足够的容屑空间。拉刀强度允许的容屑槽深度见表 4.1-32。

表 4.1-32 拉刀强度允许的容屑槽深度 （mm）

拉刀直径	10~11	12~13	14~16	17~23	24~29	30~33	34~45	46~54	>54
h_{max}	2	2.5	3	4	5	6	7	9	不限制

当容屑槽深度 h 按标准选定后，可用下式校验容屑槽允许的齿升量 f_z：

$$f_z\leqslant\frac{0.783h^2}{kL_0}$$

（4）拉刀的分屑槽

拉刀分屑槽的作用是减小切屑宽度（将切屑分成小段、改善拉削状况），降低切屑卷曲阻力，便于切屑容纳在容屑槽中。

同廓式（渐成式）拉刀的分屑槽与轮切式拉刀的分屑槽不同。常用拉刀分屑槽尺寸见表 4.1-33~表 4.1-36。

表 4.1-33 同廓式圆拉刀的分屑槽尺寸 （mm）

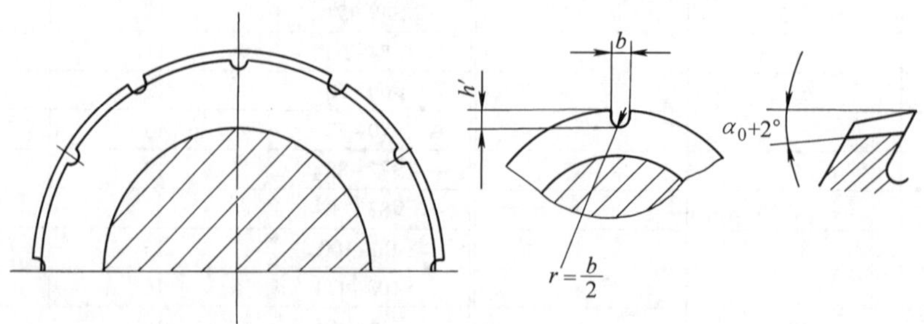

（续）

拉刀直径 D_g	槽数 n_k	b	h'	拉刀直径 D_g	槽数 n_k	b	h'
>10~13	6	0.6	0.5	>60~65	28	1.2~1.5	0.8~1.0
>13~16	8	0.8~1.0	0.7	>65~70	30		
>16~20	10			>70~75	32		
>20~25	12			>75~80	36		
>25~30	14	1.0~1.2	0.7~0.8	>80~85	38		
>30~35	16			>85~90	40		
>35~40	18			>90~95	42		
>40~45	20			>95~100	44		
>45~50	22			>100~105	46		
>50~55	24	1.2~1.5	0.8~1.0	>105~110	50		
>55~60	26						

表 4.1-34　轮切式圆拉刀的分屑槽尺寸　（mm）

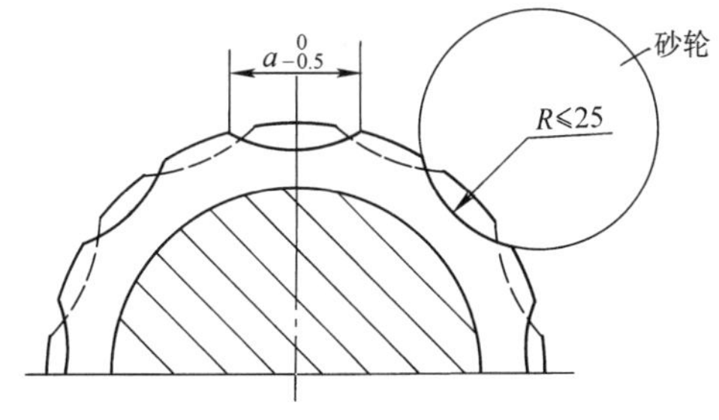

拉刀直径 D_g	槽数 n_k	槽宽 a	拉刀直径 D_g	槽数 n_k	槽宽 a	拉刀直径 D_g	槽数 n_k	槽宽 a
>10~11 >11~12 >12~13	4	3.5 4.0 4.5	>29~31 >31~33 >33~35 >35~37 >37~38 >38~40	10	4.5 5.0 5.0 5.5 5.5 6.0	>62~65 >65~68 >68~72 >72~76	16	6.0 6.5 6.5 7.0
>13~14 >14~15 >15~16.5 >16.5~18 >18~19.5	6	3.2 3.5 4.0 4.5 4.5	>40~42 >42~45 >45~48 >48~53 >53~56 >56~59 >59~62	12	5.0 5.5 5.8 6.5 7.0 7.5 7.5	>76~81 >81~87	18	7.5 8.0
>19.5~21 >21~23 >23~25 >25~27 >27~29	8	3.5 4.0 4.5 4.8 5.2				—	—	—

表 4.1-35　矩形花键拉刀分屑槽（倒角宽度、弧形槽半径）尺寸　（mm）

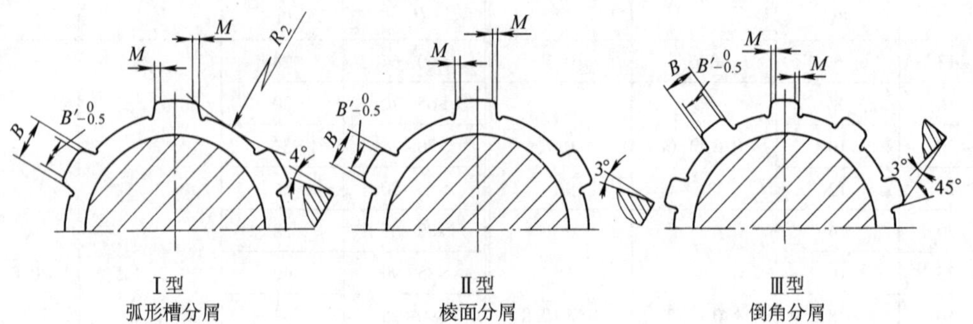

Ⅰ型 弧形槽分屑　　Ⅱ型 棱面分屑　　Ⅲ型 倒角分屑

拉刀刀齿直径	花键键数 N	键宽 B	倒角宽度 M	弧形槽半径 R_2	齿升量 f_z		
					Ⅰ型	Ⅱ型	Ⅲ型
13~15	6	3.5	0.75	22.5	0.16	—	—
14~17		4			0.16	—	
15~19		4.5			0.16	—	
17~22		5	1.0		0.16	—	
21~25		6			0.2	—	
24~28		7	1.5	50	0.2	—	
25~32		8			0.25	—	
30~35		9			0.25	0.15	
32~42		10			0.25	0.17	
38~45		11			0.3	0.19	
42~50		13	2.5	75	0.3	0.22	
47~55		14			0.4	0.25	
51~65		15~16	3.0	85	—	0.35	
26~38	8	6	1.0	50	0.17	—	—
34~45		7			0.2	—	
40~55		8~9.5			0.3	—	
49~65		10	1.5	65	0.3	—	
16~20	10	3	0.75	—	—	—	0.16
18~22		3.5		22.5	0.10		0.16
20~25		4	1.0		0.12		0.16
22~30		4.5			0.12		0.2
26~42		5~6			0.13		0.2
36~45		7			0.17		0.2
40~50		8	1.5		0.21		0.3
45~60		9			0.23		0.3
53~70		10~11			0.27		—
65~80		12			0.3		—
73~90		14	2.0	50	0.3		—

（续）

拉刀刀齿直径	花键键数 N	键宽 B	倒角宽度 M	弧形槽半径 R_2	齿升量 f_z		
					Ⅰ型	Ⅱ型	Ⅲ型
30~38	16	3.5	0.75	—	—	—	0.15
36~42		4	1.0	—	—		0.22
39~50		4.5~5	1.25	22.5	0.12		0.25
47~55		5.5			0.14		0.3
52~65		5	1.0		0.16		0.3
56~80		6	1.25		0.16		0.3
		6.5	1.5		0.20		

注：1. Ⅰ型用于花键键数为6及8的所有尺寸的内花键。但花键键数为6、直径大于30mm的内花键，建议采用Ⅱ型（因为制造简单）。

2. Ⅱ型用于花键键数为4的所有尺寸的内花键及花键键数为6、直径大于30mm的内花键。

3. Ⅲ型用于花键键数为1~3、键宽达18mm的内花键。

4. 花键键数为10~16的内花键，可用Ⅰ型或Ⅲ型。如花键拉刀长度增加不大，建议用Ⅰ型（因其制造简单）。Ⅲ型难于获得对称的倒角。

5. 为保证分屑条件，齿升量f_z不应超过表中规定的f_z值。

表4.1-36 平面拉刀、键槽拉刀的分屑槽尺寸 （mm）

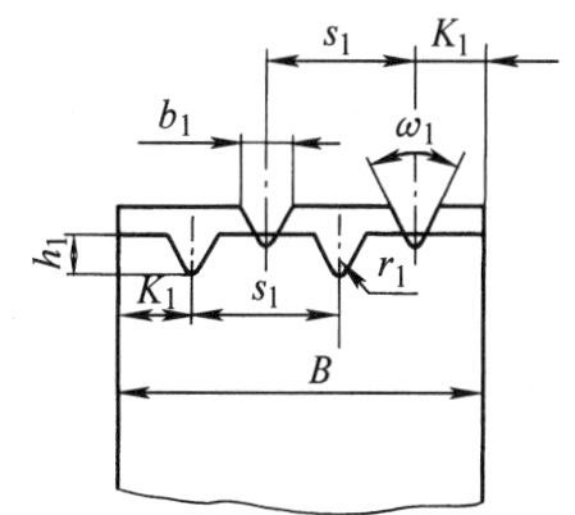

刃 宽 B	槽 数 n_1	分屑槽尺寸			K_1
		b_1	h_1	r_1	
≤6	—	—	—	—	—
>6~8	1	0.6~0.8	0.4~0.6	0.2~0.3	2.0
>8~10		0.8~1.0	0.5~0.7		2.5
>10~20	2	1.0~1.2	0.7~0.8	0.3~0.4	>2.5
>20~30	3				
>30~45	4				
>45~60	6				
>60~75	8	1.2~1.5	0.8~1.0	0.4~0.5	
>75~100	10				
>100~125	12				
>125~150	14				

注：槽距s_1=5~10mm，槽形角ω_1=45°~60°，刀齿较宽（B>10mm）时，也可采用轮切式拉削。

（5）拉削时孔的扩张量或收缩量

一般情况下，拉削后孔会出现扩张。但在拉削韧性金属和薄壁工件时，工件常产生收缩，一般韧性金属的收缩量取 0.01mm。

拉削时孔的扩张量应通过试验确定，也可参考表 4.1-37。

表 4.1-37　拉削时孔的扩张量　　（mm）

孔的直径公差	扩张量 δ	孔的直径公差	扩张量 δ	孔的直径公差	扩张量 δ
0.025	0	0.035～0.05	0.005	0.18～0.29	0.03
0.027	0.002	0.06～0.10	0.01	0.30～0.34	0.04
0.03～0.033	0.004	0.11～0.17	0.02	>0.40	0.05

（6）拉刀校准齿齿数

拉刀校准齿齿数与加工孔的精度和拉刀使用寿命有关，可按表 4.1-38 选取。

表 4.1-38　拉刀校准齿齿数

<table>
<tr><th>拉刀类型
（加工孔的公差等级）</th><th>校准齿齿数</th><th colspan="2">拉刀类型
（加工孔的公差等级）</th><th>校准齿齿数</th></tr>
<tr><td rowspan="2">花键拉刀、方拉刀及具有单面刀齿的拉刀
（如键槽、槽、平拉刀和外拉刀等）</td><td rowspan="2">4～5</td><td rowspan="3">圆拉刀</td><td>H7，G7，F8，E8，E9，D8，D9，H8，H9，F9，D9，D10</td><td>5～7</td></tr>
<tr><td>H10，H11，D11，B11，C11，A11</td><td>3～4</td></tr>
<tr><td>成套拉刀中的粗拉刀</td><td>2～3</td><td>H12，H13</td><td>2～3</td></tr>
</table>

（7）拉刀前导部、后导部形状与尺寸

1）拉刀前导部形状与尺寸见表 4.1-39。

表 4.1-39　拉刀前导部形状与尺寸

名称	简　　图	说　　明
键槽拉刀	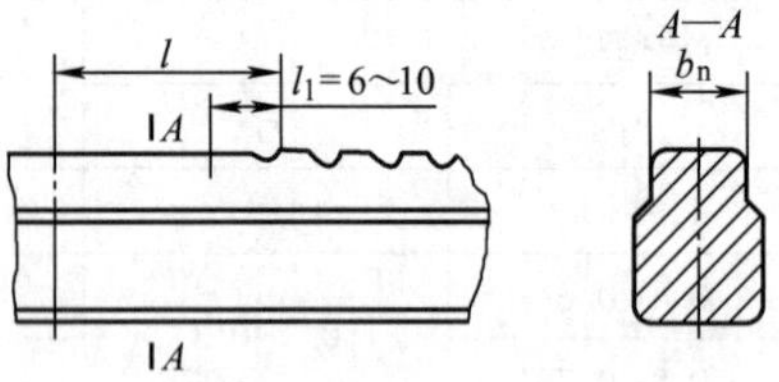	在 l=30～50mm 长度内，前导部宽度 b_n 尺寸的确定： 当一次拉削时，b_n 等于刃部尺寸；当多次拉削时，在 l_1=6～10mm 长度内，等于刃部尺寸；其余拉刀前导部宽度 b_n 应小于刃部尺寸
圆拉刀	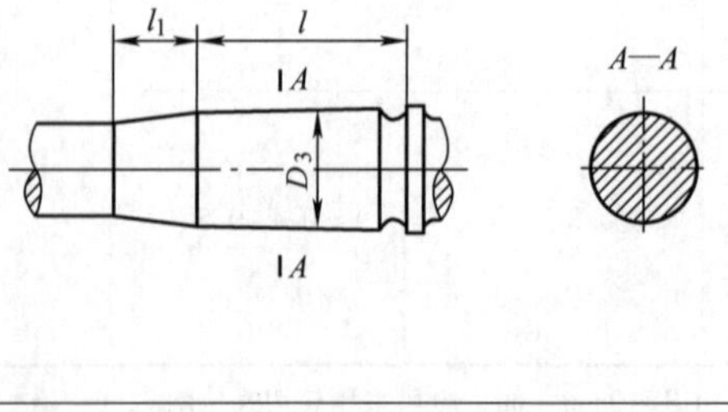	1. l_1=10～20mm，一般取 10mm、15mm、20mm 三种 2. l 等于工件长度 3. D_3 等于拉前孔径公称尺寸，其公差为 e8

（续）

名称	简　图	说　明
多边形拉刀	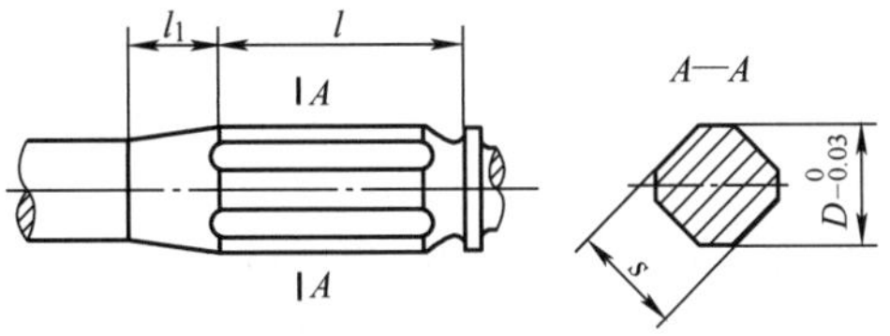	1. l 等于工件长度 2. s±0. 05mm 3. l_1 取 10mm、15mm、20mm 三种
花键拉刀	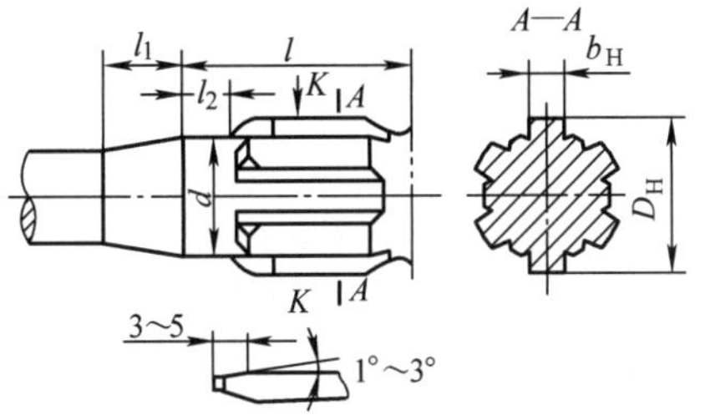	1. D_H 等于前一把拉刀校准齿直径减 0. 02mm，其极限偏差为-0. 02mm 2. b_H 等于刃部键槽宽减 0. 02mm，其公差为 f7 3. l_2 = 5 ~ 10mm 4. d 为花键名义底径减 0. 5mm，其公差按最大选取 5. l 等于工件长度 6. l_1 取 10mm、15mm、20mm 三种
渐开线、尖齿拉刀第二刀	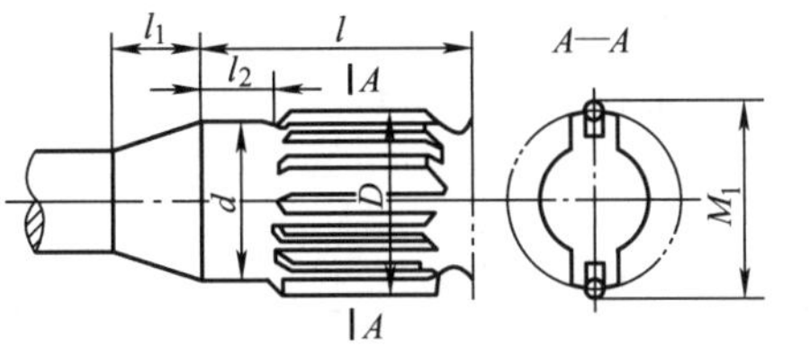	1. M_1 为测量尺寸，其极限偏差为-0. 05mm 2. D 为前一把拉刀校准齿直径减 0. 02mm，其公差为 f7 3. d 为花键名义底径，其公差按最大选取 4. l 等于工件长度 5. l_2 = 5 ~ 10mm 6. l_1 取 10mm、15mm、20mm 三种

2）拉刀后导部形状与尺寸见表 4. 1-40。

表 4. 1-40　拉刀后导部形状与尺寸

名称	简　图	说　明
各种圆拉刀	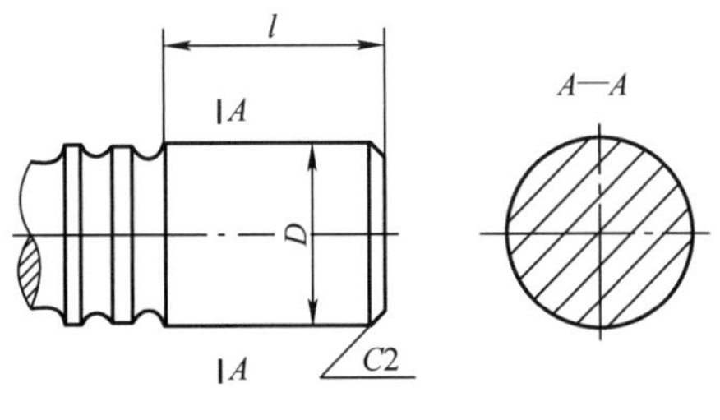	1. $l=\left(\frac{1}{2}\sim\frac{1}{3}\right)L$ L—拉削长度 2. D 等于孔的名义尺寸，其公差为 f7
花键拉刀	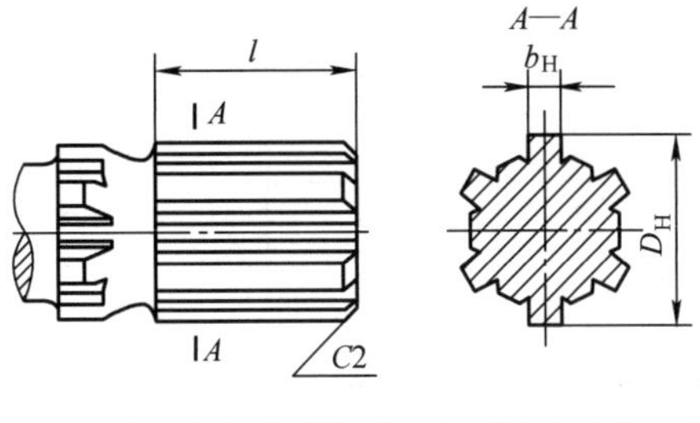	1. $l=\left(\frac{1}{3}\sim\frac{1}{4}\right)L$ L—拉削长度 2. b_H 等于或小于刃部键宽（不得大于刃部键宽） 3. D_H 等于校准齿直径减 0. 05mm，其极限偏差为-0. 02mm

（续）

<table>
<tr><th>名称</th><th>简　图</th><th>说　明</th></tr>
<tr><td>键槽拉刀</td><td></td><td>1. 当键宽 $b<28$mm 时，$l=10$mm
2. 当键宽 $b\geqslant 28$mm 时，$l=15$mm</td></tr>
<tr><td></td><td>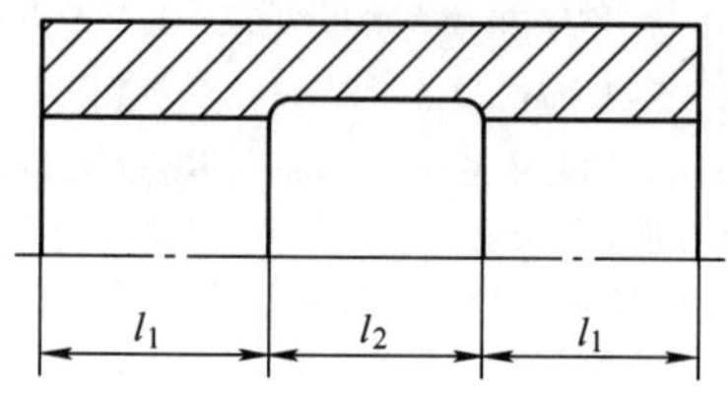</td><td>拉削圆孔时，如果工件孔有空刀，为避免拉削后两段不同心，则后导部长度应按下式确定：
$l=l_1+l_2+(5\sim10)$ mm</td></tr>
</table>

（8）拉刀柄部尺寸

拉刀柄部尺寸已标准化，常用拉刀的柄部尺寸见表 4.1-41～表 4.1-48。

表 4.1-41　小直径拉刀柄部尺寸　（mm）

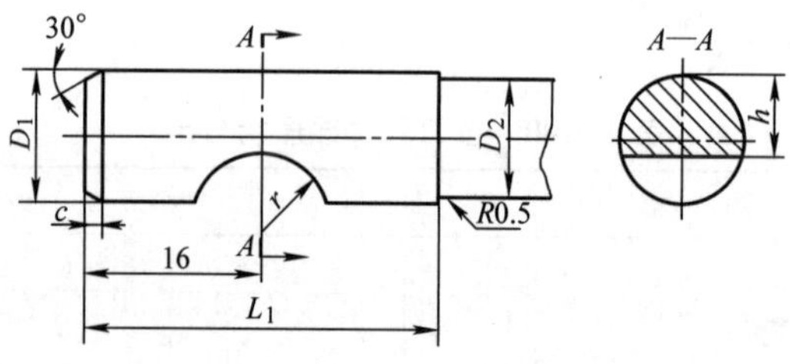

<table>
<tr><th colspan="2">D_1</th><th rowspan="2">c</th><th rowspan="2">h</th><th rowspan="2">r</th><th rowspan="2">L_1</th><th rowspan="2">D_2</th><th rowspan="2">最小横截面面积 A/mm^2</th><th rowspan="2">刀柄强度允许拉力［F］（W6MoCr4V2）/N</th></tr>
<tr><th>公称尺寸</th><th>极限偏差</th></tr>
<tr><td>5</td><td>-0.011
-0.044</td><td>0.5</td><td>3.4</td><td>3</td><td>45</td><td>4</td><td>14.2</td><td>4970</td></tr>
<tr><td>6</td><td rowspan="5">-0.015
-0.055</td><td>0.5</td><td>4</td><td>3</td><td>45</td><td>5</td><td>20.0</td><td>7000</td></tr>
<tr><td>7</td><td>1.0</td><td>4.7</td><td>4</td><td>55</td><td>6</td><td>27.5</td><td>9620</td></tr>
<tr><td>8</td><td>1.0</td><td>5.4</td><td>4</td><td>55</td><td>7</td><td>36.1</td><td>12630</td></tr>
<tr><td>9</td><td>1.0</td><td>6</td><td>5</td><td>60</td><td>8</td><td>45.0</td><td>15750</td></tr>
<tr><td>10</td><td>1.5</td><td>6.8</td><td>6</td><td>65</td><td>9</td><td>56.9</td><td>19910</td></tr>
</table>

表 4.1-42　圆柄拉刀（快速卡柄）尺寸　（mm）

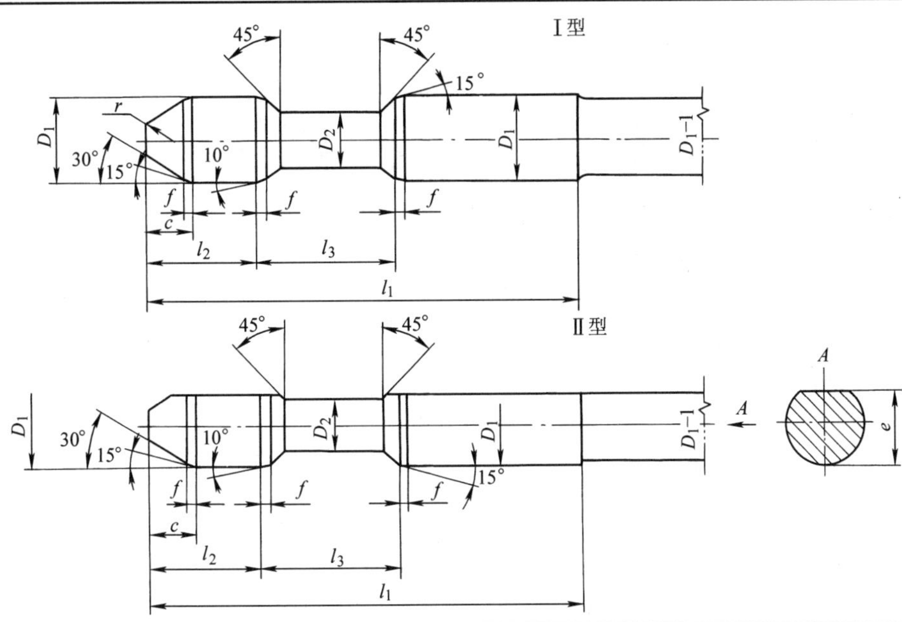

D_1		D_2		c	l_1	l_2	l_3		e		最小横截面面积 A/mm²		刀柄强度允许拉力 [F] (W6MoCr4V2)/N
公称尺寸	极限偏差	公称尺寸	极限偏差				公称尺寸	极限偏差	公称尺寸	极限偏差	Ⅰ	Ⅱ	
12	-0.02 -0.07	8	0 -0.24	5	70	15	28	0 -0.28	10.5	0 -0.018	50	50	17500
14		9.5							12		71	71	24850
16		11							14		95	95	33250
18		13							16	0 -0.021	133	133	46550
20	-0.025 -0.085	15							18		177	177	61950
22		17	0 -0.28		75				19		227	227	79450
25		19							22		283	283	99050
28		22		8		20	32	0 -0.34	25		380	380	133000
(30)		23							27		415	415	145250
32		25							29		491	491	171850
(34)	-0.032 -0.100	27	0 -0.34		90				—	0 -0.025	572	—	200200
36		29							32		660	657	229950
(38)		30									706	—	247100
(40)		31							—		754	—	263900
42		33							35		855	826	289100
(46)		35									962	—	336700
50		38							43		1134	1125	396900
(62)	-0.04 -0.12	50	0 -0.40	12	125	25	38	0 -0.40	—		1963	—	687050
(75)		62									3019	—	1056650

表 4.1-43　拉刀圆柱插销式柄部尺寸　(mm)

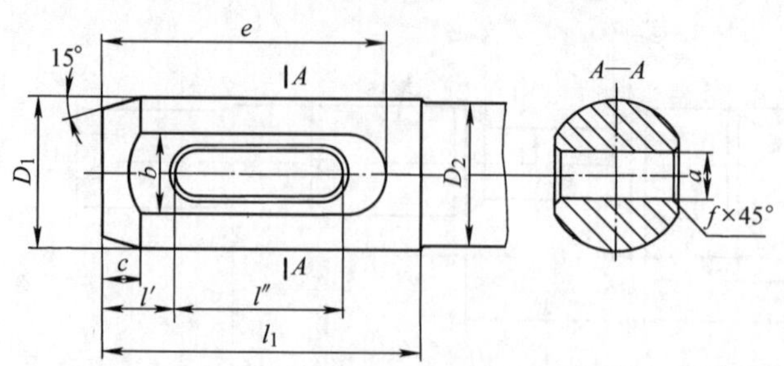

D_1		D_2	a		l_1	c	l'	l''		b	e	最小横截面面积 A/mm^2	刀柄强度允许拉力［F］(W6MoCr4V2)/N
公称尺寸	极限偏差		公称尺寸	极限偏差				公称尺寸	极限偏差				
8	-0.015 -0.055	7.5	2.5	+0.12 0	50	3	15	18	+0.24 0	4.5	40	30	10500
10	-0.015 -0.055	9	3.0	+0.12 0	55	3	18	20	+0.28 0	4.5	40	48	16800
12	-0.02 -0.07	11	3.0	+0.12 0	55	5	18	20	+0.28 0	5	40	77	26950
14	-0.02 -0.07	13	4.5	+0.16 0	65	5	20	25	+0.28 0	7	50	89	31150
16	-0.02 -0.07	15	4.5	+0.16 0	65	5	20	25	+0.28 0	7	50	129	45150
18	-0.02 -0.07	17	6	+0.16 0	70	5	20	28	+0.28 0	9	50	146	51100
20	-0.025 -0.085	19	6	+0.16 0	70	8	20	28	+0.28 0	9	55	194	67900
22	-0.025 -0.085	21	6	+0.16 0	70	8	20	28	+0.28 0	9	55	248	86800
25	-0.025 -0.085	24	8	+0.2 0	70	8	20	30	+0.28 0	12	60	291	101850
27	-0.025 -0.085	26	8	+0.2 0	70	8	20	30	+0.28 0	12	60	356	124600
30	-0.025 -0.085	29	8	+0.2 0	70	10	20	30	+0.28 0	12	60	466	163100
35	-0.032 -0.100	34	10	+0.2 0	80	10	22	35	+0.34 0	14	65	612	214200
40	-0.032 -0.100	39	10	+0.2 0	80	10	22	35	+0.34 0	14	65	856	299600
45	-0.032 -0.100	44	12	+0.24 0	90	10	25	40	+0.34 0	16	75	1050	367500
50	-0.032 -0.100	48	12	+0.24 0	90	10	25	40	+0.34 0	16	75	1362	476700
55	-0.04 -0.12	53	15	+0.24 0	105	12	30	45	+0.34 0	20	85	1550	542500
60	-0.04 -0.12	58	15	+0.24 0	105	12	30	45	+0.34 0	20	85	1926	674100

（续）

<table>
<tr><th colspan="2">D_1</th><th rowspan="2">D_2</th><th colspan="2">a</th><th rowspan="2">l_1</th><th rowspan="2">c</th><th rowspan="2">l'</th><th colspan="2">l''</th><th rowspan="2">b</th><th rowspan="2">e</th><th rowspan="2">最小横截面面积 A/mm^2</th><th rowspan="2">刀柄强度允许拉力［F］(W6MoCr4V2)/N</th></tr>
<tr><th>公称尺寸</th><th>极限偏差</th><th>公称尺寸</th><th>极限偏差</th><th>公称尺寸</th><th>极限偏差</th></tr>
<tr><td>65</td><td>-0.04
-0.12</td><td>63</td><td>15</td><td>+0.24
0</td><td>105</td><td>12</td><td>30</td><td>45</td><td>+0.34
0</td><td>20</td><td>85</td><td>2342</td><td>819700</td></tr>
<tr><td>75</td><td>-0.04
-0.12</td><td>73</td><td>20</td><td>+0.28
0</td><td>125</td><td>12</td><td>35</td><td>55</td><td>+0.4
0</td><td>25</td><td>100</td><td>2916</td><td>1020600</td></tr>
<tr><td>90</td><td>-0.05
-0.14</td><td>88</td><td>20</td><td>+0.28
0</td><td>125</td><td>15</td><td>35</td><td>55</td><td>+0.4
0</td><td>25</td><td>100</td><td>4558</td><td>1595300</td></tr>
</table>

表 4.1-44　装配式后柄尺寸

（mm）

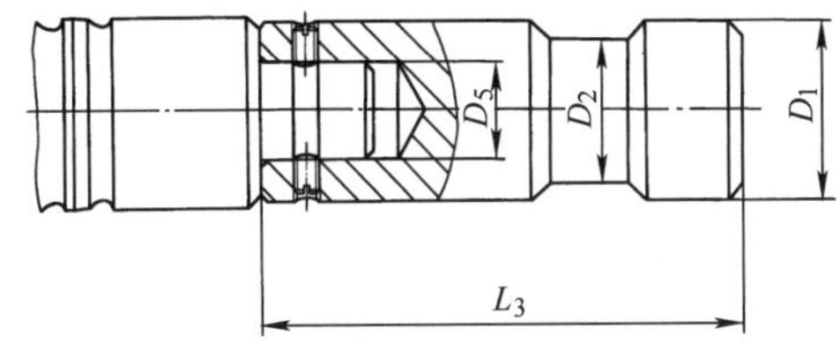

<table>
<tr><th>D_1</th><th>D_2</th><th>D_5</th><th>L_3</th></tr>
<tr><td>63</td><td>53</td><td>40</td><td>120</td></tr>
<tr><td>80</td><td>68</td><td>50</td><td rowspan="2">140</td></tr>
<tr><td>100</td><td>86</td><td>70</td></tr>
</table>

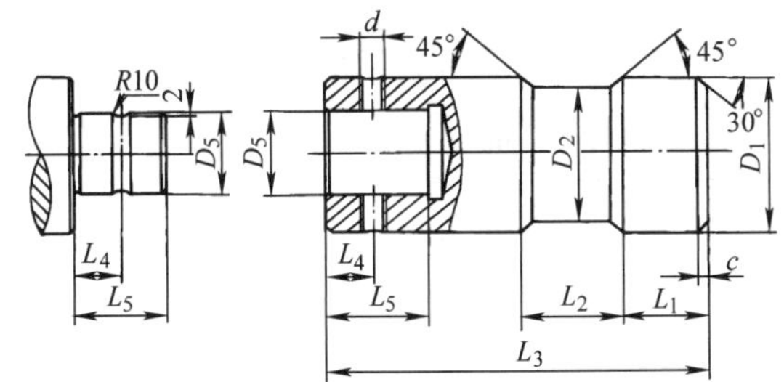

<table>
<tr><th colspan="2">D_1</th><th colspan="2">D_2</th><th colspan="3">D_5</th><th rowspan="3">L_1</th><th rowspan="3">L_2</th><th rowspan="3">L_3</th><th rowspan="3">L_4</th><th rowspan="3">L_5</th><th rowspan="3">c</th><th rowspan="3">d</th></tr>
<tr><th rowspan="2">公称尺寸</th><th rowspan="2">极限偏差</th><th rowspan="2">公称尺寸</th><th rowspan="2">极限偏差</th><th rowspan="2">公称尺寸</th><th colspan="2">极限偏差</th></tr>
<tr><th>轴</th><th>孔</th></tr>
<tr><td>63</td><td rowspan="2">-0.030
-0.076</td><td>53</td><td rowspan="2">0
-0.300</td><td>40</td><td rowspan="2">0
-0.062</td><td rowspan="2">+0.062
0</td><td>28</td><td>32</td><td>120</td><td>20</td><td>40</td><td>6</td><td>M6</td></tr>
<tr><td>80</td><td>68</td><td>50</td><td rowspan="2">32</td><td rowspan="2">40</td><td rowspan="2">140</td><td rowspan="2">25</td><td rowspan="2">50</td><td rowspan="2">8</td><td>M8</td></tr>
<tr><td>100</td><td>-0.036
-0.090</td><td>86</td><td>0
-0.350</td><td>70</td><td>0
-0.074</td><td>+0.074
0</td><td>M8</td></tr>
</table>

表 4.1-45　拉刀尾轴结构尺寸

（mm）

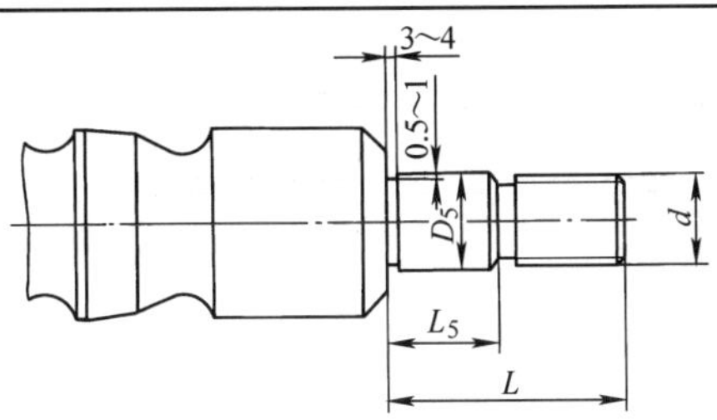

（续）

<table>
<tr><th rowspan="2">拉刀公称直径</th><th colspan="2">D_5</th><th rowspan="2">L_5</th><th rowspan="2">L</th><th rowspan="2">d</th></tr>
<tr><th>公称尺寸</th><th>极限偏差</th></tr>
<tr><td>20~22</td><td>12</td><td rowspan="3">-0.02
-0.07</td><td rowspan="2">9.5</td><td rowspan="2">24</td><td>M10×1</td></tr>
<tr><td>>22~26</td><td>15</td><td>M12×1</td></tr>
<tr><td>>26~34</td><td>18</td><td rowspan="11">11.5</td><td rowspan="11">30</td><td>M16×1.5</td></tr>
<tr><td>>34~36</td><td>20</td><td rowspan="4">-0.025
-0.085</td><td>M18×1.5</td></tr>
<tr><td>>36~38</td><td>22</td><td>M20×1.5</td></tr>
<tr><td>>38~42</td><td>24</td><td>M20×1.5</td></tr>
<tr><td>>42~48</td><td>28</td><td>M24×1.5</td></tr>
<tr><td>>48~52</td><td>32</td><td rowspan="6">-0.032
-0.100</td><td rowspan="2">M30×2</td></tr>
<tr><td>>52~55</td><td>34</td></tr>
<tr><td>>55~58</td><td>38</td><td rowspan="2">M36×2</td></tr>
<tr><td>>58~62</td><td>40</td></tr>
<tr><td>>62~65</td><td>44</td><td rowspan="2">M42×2</td></tr>
<tr><td>>65~70</td><td>50</td></tr>
<tr><td>>70~75</td><td>55</td><td rowspan="3">-0.04
-0.12</td><td rowspan="3">11.5</td><td rowspan="3">30</td><td rowspan="3">M48×2</td></tr>
<tr><td>>75~80</td><td>58</td></tr>
<tr><td>>80~85</td><td>60</td></tr>
</table>

表 4.1-46　键槽拉刀插销式柄部基本尺寸　　（mm）

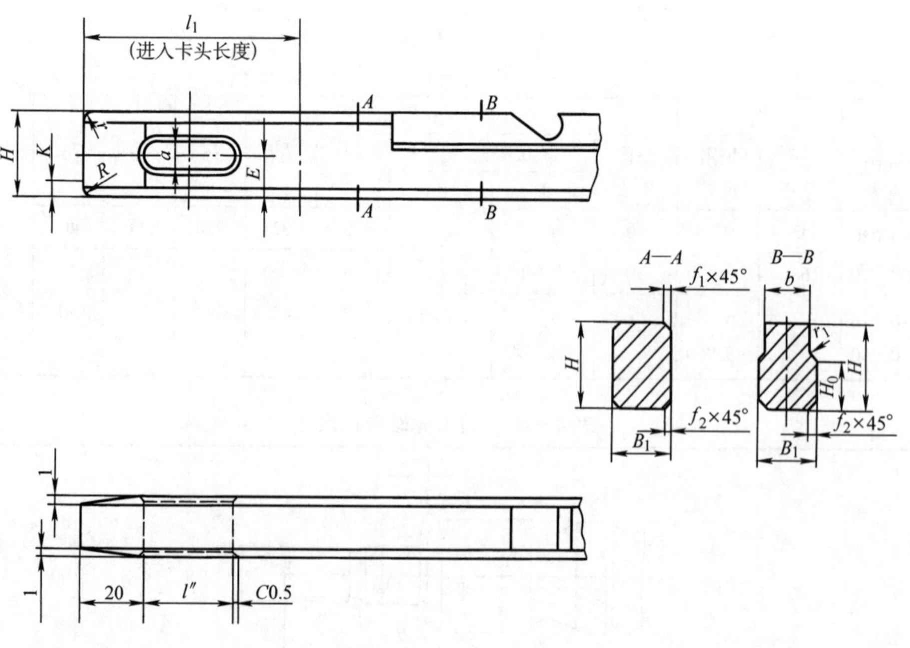

（续）

公称槽宽 b（h8、h9）	B_1（g6）	H（d9、d10）	H_0	a（H12、H13）	l''（H12、H13）	E	l_1	K	R	r	r_1	f_1	f_2
3	4	7.5	5	2.5	20	4	60	2	10	1.5	1	1	0.5
4	6	9	6	2.5	20	5	60	2	10	1.5	1	1	0.5
5	8	11	6.5	4	20	6	60	2.5	18	1.5	1	1.5	0.5
6	10	15	10	5	20	8	70	3	22	2	1.5	2	0.8
8	12	18	12	6	30	10	70	5	30	2	1.5	2	0.8
10	15	22	15	8	40	13	80	6	30	3	1.5	2	0.8
12	18	28	20	8	40	15	80	7	35	3	2	3	1
14	20	30	22	8	40	16	80	8	35	3	2	3	1
16	22	35	25	8	40	20	80	9	40	3	2	3	1
18	26	40	25	10	40	22	80	10	45	3	3	4	1
20	26	45	25	10	40	24	80	10	45	3	3	4	1

表 4.1-47　键槽拉刀快速夹头式柄部尺寸　（mm）

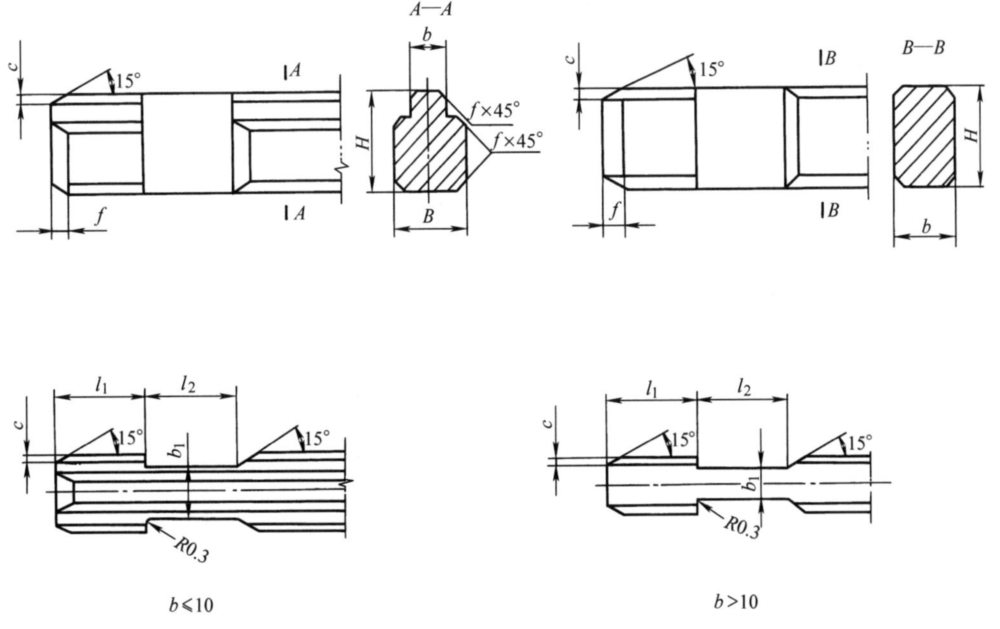

（续）

键宽 b	B	H	l_2	l_1	c	b_1	f	最小截面面积 A/mm^2	柄部强度允许拉力［F］/N
3	4	6	15	15	1.0	2.5	0.5	15	5250
4	6	9				4		36	12600
5	8	11				5		55	19250
6	10	15	20	20	1.0	6	0.8	90	31500
8	12	18			2.0	8		144	50400
10	15	22				10		220	77000
12	12	28	22			8	1.0	224	78400
14	14	30		25		10		300	105000
16	16	35				11.5		402.5	140875
18	18	40	28		3.0	13		520	182000
20	20	45				15		675	236250
24	24	50				18		900	315000
28	28	55	35	30		21		1155	404250
32	32	60				24		1440	504000
36	36					28		1680	588000
40	40					32		1920	672000

表 4.1-48　键槽拉刀螺纹式柄部尺寸　（mm）

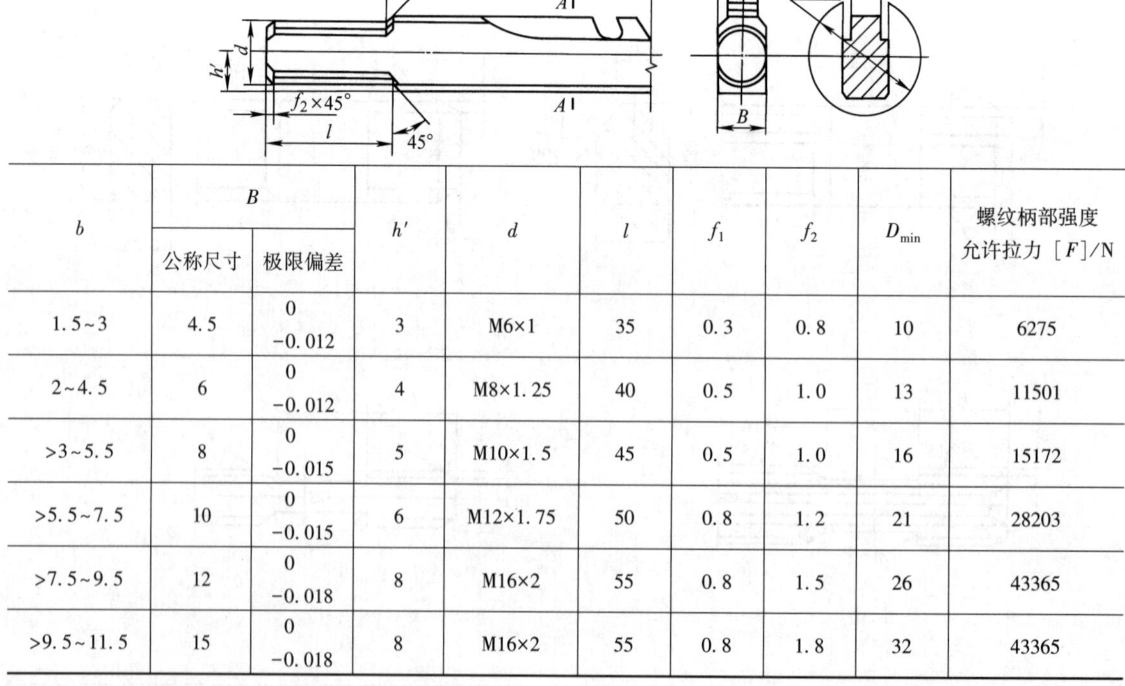

b	B 公称尺寸	B 极限偏差	h'	d	l	f_1	f_2	$D_{\min}$	螺纹柄部强度允许拉力［F］/N
1.5~3	4.5	0 −0.012	3	M6×1	35	0.3	0.8	10	6275
2~4.5	6	0 −0.012	4	M8×1.25	40	0.5	1.0	13	11501
>3~5.5	8	0 −0.015	5	M10×1.5	45	0.5	1.0	16	15172
>5.5~7.5	10	0 −0.015	6	M12×1.75	50	0.8	1.2	21	28203
>7.5~9.5	12	0 −0.018	8	M16×2	55	0.8	1.5	26	43365
>9.5~11.5	15	0 −0.018	8	M16×2	55	0.8	1.8	32	43365

(9) 拉刀允许设计长度

拉刀允许设计的总长度见表 4. 1-49。

表 4. 1-49　拉刀允许设计的总长度 (mm)

拉刀直径 D_0	12~15	>15~20	>20~25	>25~30	>30~50	>50
拉刀总长度 L	600	800	1000	1200	1300	1600

(10) 单位拉削力

各种不同材料的单位拉削力见表 4. 1-50。拉削力与机床功率对照见表 4. 1-51。

表 4. 1-50　单位长度切削刃上的拉削力 (N/mm)

齿升量/mm	工件材料								
	碳素钢		合金钢		灰铸铁				可锻铸铁
	≤197HBW	198~229HBW	>229HBW	≤197HBW	198~229HBW	>229HBW	≤180HBW	>180HBW	
0. 01	63. 7	69. 6	83. 6	74. 5	83. 6	89. 2	53. 9	73. 5	61. 8
0. 02	93. 2	103. 0	122. 6	123. 6	133. 4	154. 9	97. 4	87. 3	71. 613
0. 03	120. 1	133. 4	157. 9	154. 0	165. 7	182. 4	102. 0	113. 7	92. 214
0. 04	140. 0	154. 9	183. 3	180. 5	194. 2	213. 8	118. 7	131. 4	105. 9
0. 06	173. 6	191. 3	227. 6	233. 4	250. 1	276. 6	148. 1	162. 8	131. 4
0. 08	208. 9	230. 5	274. 7	274. 6	296	328. 6	177. 5	198. 1	160. 8
0. 10	242. 3	267. 8	318. 8	321. 7	347	382. 5	203. 0	231. 5	188. 3
0. 12	279. 6	309. 0	367. 5	370. 8	399. 2	441. 4	238. 3	262. 9	215. 8
0. 14	317. 8	350. 2	416. 5	414. 9	448. 3	495. 4	267. 8	297. 2	245. 2
0. 16	351. 1	387. 5	463. 0	462. 0	500. 3	549. 3	299. 2	329. 6	270. 7
0. 18	387. 5	427. 7	510. 1	515. 0	554. 2	613. 1	327. 6	362. 9	296. 2
0. 20	418. 8	464. 0	551. 3	565. 0	608. 2	671. 9	353. 1	394. 3	319. 8
0. 22	447. 3	493. 4	588. 6	608. 2	654. 3	723. 9	377. 7	418. 8	342. 3
0. 25	485. 6	534. 6	637. 6	667. 0	716. 1	794. 6	413. 0	456. 1	368. 8
0. 30	553. 3	603. 3	716. 1	770. 1	828. 5	915. 2	466. 9	512. 1	422. 8

表 4. 1-51　拉削力与机床功率对照

拉削力/kN	拉削速度 v/(m/min)										
	1	2	3	4	5	6	7	8	9	10	11
	电动机功率 P/kW										
5	0. 06	0. 13	0. 19	0. 26	0. 32	0. 39	0. 45	0. 52	0. 6	0. 78	0. 91
10	0. 13	0. 25	0. 39	0. 52	0. 65	0. 78	0. 91	1. 0	1. 3	1. 6	1. 8
20	0. 26	0. 52	0. 78	1. 0	1. 3	1. 6	1. 8	2. 1	2. 6	3. 1	3. 6
30	0. 39	0. 78	1. 2	1. 6	1. 9	2. 3	2. 7	3. 1	3. 9	4. 7	5. 4
40	0. 52	1. 0	1. 6	2. 1	2. 6	3. 1	3. 6	4. 1	5. 2	6. 2	7. 3
50	0. 65	1. 3	1. 9	2. 6	3. 2	3. 9	4. 5	5. 2	6. 5	7. 8	8. 4
60	0. 78	1. 6	2. 3	3. 1	3. 9	4. 7	5. 4	6. 2	7. 8	9. 3	10. 9

（续）

拉削力/kN	拉削速度 v/(m/min)										
	1	2	3	4	5	6	7	8	9	10	11
	电动机功率 P/kW										
70	0.91	1.8	2.7	3.6	4.5	5.4	6.3	7.3	9.1	10.9	12.7
80	1.0	2.1	3.1	4.1	5.2	6.2	7.3	8.3	10.4	12.4	14.5
90	1.2	2.3	3.5	4.7	5.8	7.0	8.2	9.3	11.7	14.0	16.3
100	1.3	2.6	3.9	5.2	6.5	7.8	9.1	10.4	13.0	15.5	18.1
120	1.6	3.1	4.7	6.2	7.8	9.3	10.9	12.4	15.5	18.6	21.8
140	1.8	3.6	5.4	7.3	9.1	10.9	12.7	14.5	18.1	21.8	25.4
160	2.1	4.1	6.2	8.3	10.4	12.4	14.5	16.6	20.7	24.8	29.0
180	2.3	4.7	7.0	9.3	11.7	14.0	16.3	18.6	23.3	28.0	32.6
200	2.6	5.2	7.8	10.0	13.0	16.0	18.0	21.0	25.9	31.0	36.6
250	3.2	6.5	9.7	13.0	16.2	19.4	22.7	25.9	32.4	38.9	45.3
300	3.9	7.8	12.0	16.0	19.0	23.0	27.0	31.0	38.9	47.0	54.3
350	4.5	9.1	13.6	18.0	22.7	27.2	31.8	36.3	45.3	54.4	63.5
400	5.2	10.0	16.0	21.0	26.0	31.0	36.0	41.0	51.8	62.0	73.0
450	5.8	11.7	17.5	23.3	29.1	35.0	40.8	46.6	58.3	69.9	81.6
500	6.5	13.0	19.0	26.0	32.0	39.0	45.0	52.6	64.8	78.0	84.0

4. 拉刀技术条件

（1）拉刀材料与热处理硬度

拉刀一般采用 W6Mo5Cr4V2 高速钢制造，经热处理后的硬度：刃部为 63～66HRC；柄部为 40～55HRC。

当选用硬质合金材料制作镶齿拉刀时，应按相应的硬质合金牌号性能确定。

（2）拉刀各部位表面粗糙度的规定（表 4.1-52）

表 4.1-52　拉刀各部位表面粗糙度的规定

（μm）

部　　位	表面粗糙度 Ra
刃带表面	0.20
刀齿前面	0.20
刀齿后面	0.40
齿背表面	3.2
前导部表面	0.40
后导部表面	0.40
柄部表面	0.80
颈部表面	6.3
过渡锥表面	0.80

（续）

部　　位	表面粗糙度 Ra
矩形花键小径	3.2
矩形齿侧表面	0.40
渐开线齿形表面	0.40
尖齿齿形表面	0.40
第二根花键拉刀、花键侧面（包括尖齿、渐开线）	0.40
矩形花键拉刀侧隙面	0.80
键槽拉刀两侧面和底面	0.40
键槽拉刀侧隙面	0.80
键槽拉刀前导部顶面	0.80
键槽拉刀的肩部表面、楔槽表面	3.2
平面拉刀的两侧面和底面	0.80
平面组合拉刀的端面及配合表面	0.80
断屑槽和弧形槽后面	0.80

（3）拉刀制造精度

1）拉刀切削齿外圆直径允许偏差见表 4.1-53、表 4.1-54。

表 4.1-53　拉刀切削齿外圆直径和齿高允许偏差

（mm）

齿升量	切削齿外圆直径偏差	相邻两齿直径的最大尺寸差
~0.035	±0.010	0.010
>0.035~0.050	±0.015	0.015
>0.050~0.060	±0.020	0.020
>0.060	±0.025	0.025

注：同廓式精切齿、轮切式精切齿的外圆直径偏差按 -0.01mm，当其小于校准齿外圆直径偏差时，按校准齿偏差。

表 4.1-54　键槽拉刀、平面拉刀齿高允许偏差

（mm）

齿升量	齿高偏差	相邻两齿齿高的最大尺寸差
~0.05	±0.020	0.020
>0.05~0.08	±0.025	0.025
>0.08	±0.035	0.035

2）拉刀校准齿直径或齿高偏差见表 4.1-55。

表 4.1-55　拉刀校准齿直径或齿高偏差（mm）

拉刀类别	被加工孔直径公差	校准齿与切削齿（与校准齿相同直径）的直径偏差
圆拉刀	~0.02	0 -0.005
	>0.02~0.03	0 -0.007
	>0.03	0 -0.010
矩形花键拉刀、渐开线花键拉刀、锯齿花键拉刀	~0.018	0 -0.007
	>0.018~0.021	0 -0.008
	>0.021~0.025	0 -0.009
	>0.025	0 -0.010

注：1. 键槽拉刀校准齿与精切齿的齿高偏差取 -0.015mm。

2. 平面拉刀取工件孔边距公差的 1/3~1/4，符号取负。

3）拉刀花键齿相邻齿距公差。

① 矩形花键拉刀圆周相邻齿距误差取在拉刀键宽公差范围内，但不得大于 0.02mm。

② 渐开线花键拉刀的相邻齿距公差为 0.01mm。

③ 锯齿花键拉刀花键齿相邻齿距公差见表 4.1-56。

表 4.1-56　锯齿花键拉刀花键齿相邻齿距公差

（mm）

拉刀公称直径	≤18	18~30	>30
公　　差	0.010	0.015	0.02

4）花键拉刀圆周齿距等分累积公差见表 4.1-57。

5）拉刀齿形部分允许偏差的规定见表 4.1-58。

6）拉刀结构部分偏差见表 4.1-59。

7）拉刀外圆直径在全长上允许的最大径向圆跳动量见表 4.1-60。

表 4.1-57　花键拉刀圆周齿距等分累积公差　（mm）

类　　别	拉刀公称直径	圆周齿距等分累积公差			
		4~6 键	>6~20 键	>20~30 键	>30 键
矩形花键拉刀	15~30	0.018	0.020	0.025	0.030
	>30~50	0.020	0.025	0.035	0.040
	>50~80	0.025	0.035	0.040	0.050
	>80~120	0.030	0.040	0.045	0.055
	>120	0.035	0.045	0.055	0.065
渐开线和尖齿拉刀	~18	—	0.020	0.025	0.030
	>18~50	—	0.025	0.035	0.040
	>50~80	—	0.035	0.040	0.050
	>80~120	—	0.040	0.045	0.055
	>120	—	0.045	0.055	0.065

表 4.1-58 拉刀齿形部分允许偏差 (mm)

部位名称	允许偏差
圆拉刀分屑弧形槽宽度	$^{0}_{-0.5}$
拉刀分屑（断屑）槽宽度	$^{+0.3}_{0}$
矩形花键拉刀键宽偏差（按键槽公差取）	$^{0}_{-0.01}$ ~ $^{0}_{-0.02}$
花键两侧面的平行度、螺旋度及键齿对刀体中心线的对称度	在键宽公差范围内
倒角齿对刀体中心线对称度	$^{+0.05}_{0}$
矩形齿花键拉刀、键槽拉刀齿侧刃带宽	±0.15
花键齿内径（包括复合花键拉刀）	d 11
渐开线花键拉刀齿形	$^{+0.015}_{0}$ ($m \leqslant 3$) 或 $^{+0.02}_{0}$ ($m>3$)
用量棒测量 M 值的偏差（包括渐开线花键、锯齿花键拉刀）	$^{0}_{+0.015}$ ($D_g \leqslant 30$)；$^{0}_{+0.02}$ ($D_g>30$~50)；$^{0}_{-0.03}$ ($D_g>50$) (D_g—量棒直径)

表 4.1-59 拉刀结构部分偏差 (mm)

部位名称	允许偏差
键槽拉刀键齿对刀体中心对称度	在键宽 b 公差范围内
键槽拉刀刀体侧面与底面的垂直度（在 100mm 内测量）	$^{+0.06}_{0}$ ($b=3$~12) 或 $^{+0.12}_{0}$ ($b>12$)
容屑槽深度 h	$^{0}_{-0.3}$ ($h<4$) 或 $^{0}_{-0.5}$ ($h \geqslant 4$)
前、后导部长度	±1
非平面拉刀总长度 L	± 2($L<1000$) 或 ± 3($L \geqslant 1000$)
平面拉刀总长度	按安装要求决定

表 4.1-60 拉刀外圆直径在全长上允许的最大径向圆跳动量 (mm)

拉刀长度与外径的比值	≤15	>15~25	>25
允许最大径向圆跳动量	0.03	0.04	0.06

注：花键校准齿及与校准齿直径相同的切削齿，在其直径公差范围内，向同一方向跳动。

8）拉刀各部角度偏差的规定见表 4.1-61。

表 4.1-61 拉刀各部角度偏差

拉刀部位			偏差
前角 γ	键槽拉刀、平面拉刀		±2°
	其余各种类型拉刀		±1°
后角 α	键槽拉刀、平面拉刀		+1°
	其余各种类型拉刀	切削齿	±30′
		校正齿	±30′
侧隙角 κ_r'	键槽拉刀、矩形花键拉刀		+30′
三角齿花键拉刀齿槽半角 φ	齿槽深>1mm		±8′
	齿槽深≤1mm		±10′

5. 拉刀设计实例

（1）圆拉刀设计实例

圆拉刀一般用于加工表面粗糙度 $Ra5$~0.63μm、精度为 IT9~IT7 的孔。拉刀材料选用 W6Mo5Cr4V2 高速钢整体制造。也可选用硬质合金镶齿做切削齿，用合金工具钢做刀体部分。

1）切削齿部分。

① 选择拉削方式。通常采用同廓式、轮切式或综合轮切式。

② 确定拉削余量 A。根据拉削长度、孔径大小以

及拉前孔的加工情况而定，经验公式如下：

$A=0.005d_m+(0.1\sim0.2)\sqrt{L_0}$（拉前孔由钻或扩而成）

$A=0.005d_m+(0.05\sim0.1)\sqrt{L_0}$（拉前孔由镗或粗铰而成）

式中　d_m——工件孔的公称直径（mm）；

L_0——工件孔的拉削长度（mm）。

常根据加工孔的长度、直径和上一道工序的加工方法，按表 4.1-62 选取拉削余量。

③ 确定齿升量。粗切齿一般切去拉削余量的 80%~90%，齿升量应取得大些，以减少刀齿数并缩短拉刀的长度；但齿升量过大，拉削力过大，会使拉刀因强度不够而拉断或机床超负荷。拉刀精切齿的齿升量应取小些，以保证工件的表面质量和精度；但齿升量不应小于 0.005mm，因为切削厚度小于切削刃钝圆半径时，刀齿很难切下很薄的金属层而造成挤压现象，加剧刀齿磨损，缩短拉刀的使用寿命，并使加工表面恶化。

齿升量按表 4.1-21 选取。

表 4.1-62　圆孔拉削余量　（mm）

拉孔的长度 L_0	被拉孔直径								
	拉前孔（精度为 IT13~IT12，表面粗糙度 Ra6.3~3.2μm）				拉前孔（精度为 IT11，表面粗糙度 Ra3.2~1.6μm）				
	10~18	>18~30	>30~50	>50~80	10~18	>18~30	>30~50	>50~80	>80~120
6~10	0.5	0.6	0.8	0.9	0.4	0.5	0.6	0.7	0.8
>10~18	0.6	0.7	0.9	1.0	0.4	0.5	0.6	0.7	0.8
>18~30	0.7	0.9	1.0	1.1	0.5	0.6	0.7	0.8	0.9
>30~50	0.8	1.1	1.2	1.2	0.5	0.6	0.7	0.8	0.9
>50~80	0.9	1.2	1.2	1.3	0.6	0.7	0.8	0.9	1.0
>80~120	1.0	1.3	1.3	1.3	0.6	0.7	0.8	0.9	1.0
>120~180	1.0	1.3	1.3	1.4	0.7	0.8	0.9	1.0	1.1
>180	1.1	1.4	1.4	1.4	0.7	0.8	0.9	1.0	1.1

④ 确定齿距 p。粗切齿齿距 p 可先根据拉削长度 L_0 按经验公式计算出 p 值后，再分别按表 4.1-28~表 4.1-30 酌情选取。精切齿的齿距和校准齿的齿距相同，一般均取为粗切齿的 80%。

⑤ 确定容屑槽和容屑系数。按表 4.1-31、表 4.1-32 选取容屑槽深度和容屑系数，并验算齿升量，同时考虑拉刀刚度允许的容屑槽深度。

⑥ 前角 γ_o、后角 α_o 和刃带宽 b_{a1}。按表 4.1-27 选取。内拉刀的后角取小些以控制拉刀重磨后直径的减小量。

⑦ 分屑槽。分屑槽的深度必须大于 3 倍的齿升量；分屑槽沿整个刀齿的后刀面上的槽深，必须保证齿背处深于切削刃处，以保证整个分屑槽的切削刃上都具有一定的后角。前、后刀齿上的分屑槽位置应相互交错，使后一个刀齿可以拉削掉前一个刀齿分屑槽留下的金属层。最后一个精切齿上不开分屑槽。分屑槽可按表 4.1-33、表 4.1-34 选取。

⑧ 轮切式拉刀粗切齿部分设计方案的选择。轮切式拉刀由于齿升量可选取的范围很大，由此可以选取不同的齿距、容屑槽深度和同时工作刀齿数。最佳方案应是拉刀长度最短、工作足够平稳、拉刀制造劳动量较少的方案。

⑨ 切削齿的齿数和直径尺寸。选定齿升量 f_z 后，切削齿的齿数 z 可按下式估算：

$$z=\frac{A}{2f_z}+(3\sim5)$$

最终的齿数应在拉刀每个刀齿直径排列后才能最后确定。

第一个切削齿的主要作用是修正上一道工序的形状误差与毛刺等，确保后续的切削齿能顺利工作。第一个切削齿应取小齿升量或不设齿升量。实用中圆拉刀第一齿直径 d_1 可取为

$$d_1=d_{wmin}+(1\sim1.5)f_z$$

式中　d_w——拉前孔直径。

当拉前孔精度在 IT10 级以上时，可使

$$d_1=d_{wmax}$$

2）校准齿。

① 校准齿直径。为延长拉刀的使用寿命，校准齿的直径应取工件孔的最大尺寸，但还应考虑拉孔后孔径的扩张量或收缩量。校准齿的直径应取为

$$D_{gz}=d_{wmax}\pm\delta$$

式中　D_{gz}——拉刀校准齿的直径（mm）；

d_{wmax}——被拉孔允许的最大直径（mm）；

δ——拉孔后的扩张量或收缩量，δ 可按表 4.1-37 选取，扩张用负号，收缩用正号。

② 校准齿齿数。按表 4.1-38 选取。

③ 校准齿的齿距。当切削齿齿距 $p>10$mm 时，校准齿齿距 $p_g=0.8p$；当 $p<10$mm 时，$p_g=p$。

④ 校准齿的前角、后角与刃带宽。按表4.1-27选取。

3）拉刀柄部、颈部和过渡锥。

① 拉刀柄部的结构型式。要求能快速装夹和可靠地承受拉力作用。常用的三种结构参见表4.1-41、表4.1-42和表4.1-43。

② 拉刀的颈部直径和长度。拉刀颈部的长度应保证拉刀第一个刀齿进入工件以前，拉刀的柄部能被拉床夹头夹住，即应考虑拉床的档壁和法兰盘厚度、夹头与档壁的间距等有关数值（见图4.1-19）。例如，L6110拉床拉刀颈部 $L_2=180\sim200$mm，L6120拉床拉刀颈部 $L_2=185\sim205$mm。拉刀颈部的直径应略小于柄部直径（一般小0.5~1mm）。

③ 过渡锥部长度。常取为10mm、15mm和20mm。

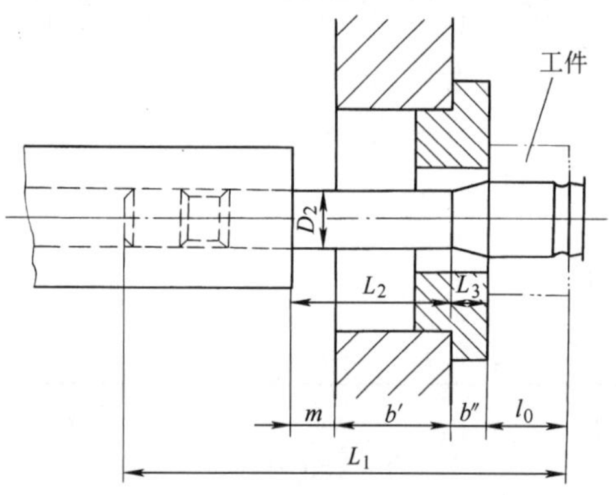

图4.1-19　拉刀颈部长度的确定

4）前导部、后导部、后柄或尾轴部分。

① 前导部。前导部的长度 l_0 是过渡锥大端到第一个刀齿之间的距离。通常前导部的长度等于工件的长度，即 $l_0=L_0$。当孔的拉削长度较长（$L_0/d>1.5$）时，可取 $l_0=0.75L_0$。

前导部的直径等于或略小于拉削前工件孔的最小直径 d_{wmin}。

② 后导部。后导部的长度 l 可取为工件长度 L_0 的1/2~2/3，但不得小于20mm。当拉削有空刀槽的内表面时，后导部的长度应大于工件空刀槽一端拉削长度与空刀槽长度的和。

后导部的直径等于或略小于拉削后工件孔的最小直径。

③ 后柄。当拉刀用于实现工作行程和返回行程的自动循环时，需要有后柄结构。后柄设置在拉刀后导部的后面，其结构与尺寸可按表4.1-42选取。较大的拉刀后柄还可设计成装配式，可按表4.1-44选取。若拉刀需设置尾轴部分，可按表4.1-45选取。

5）拉刀总长度。确定拉刀总长度时，要考虑拉床允许的最大行程，应符合表4.1-49的规定。

6）拉刀强度计算与拉削力的校验。

① 拉削力的计算。拉削过程中产生的最大拉削力 F_{max} 必须小于拉床允许的额定拉力，同时最大拉削力还受拉刀强度的限制，因此，必须校验拉刀的强度。最大拉削力 F_{max} 可按下式计算：

$$F_{max}=F'_c\Sigma bz_i$$

式中　F'_c——切削刃单位长度上的拉削力（N/mm），可根据表4.1-50计算；

Σb——每个刀齿切削刃的总长度（mm）；

z_i——同时工作齿数。

对于同廓式圆拉刀，每个刀齿切削刃的总长度为

$$\Sigma b=\pi D_g$$

最大拉削力 F_{max} 计算公式为

$$F_{max}=F'_c\pi D_g z_i$$

式中　z_i——轮切拉刀齿组齿数；

D_g——刀齿的最大直径（mm）。

对于轮切式圆拉刀，每个刀齿切削刃的总长度为

$$\Sigma b=\frac{\pi D_g}{z_c}$$

最大拉削力 F_{max} 计算公式为

$$F_{max}=F'_c\pi D_g\frac{z_i}{z_c}$$

对于综合轮切式圆拉刀，每个切削齿参加切削的切削刃总长度为

$$\Sigma b=\frac{\pi D_g}{2}$$

最大拉削力 F_{max} 计算公式为

$$F_{max}=F'_c\frac{\pi D_g}{2}z_i$$

对于单键槽拉刀，刀齿切削刃与键槽宽度相等，即

$$\Sigma b=b$$

$$F_{max}=F'_c bz_i$$

对于普通式矩形花键拉刀、渐开线拉刀、三角齿拉刀，每个刀齿切削刃的总长度为

$$\Sigma b=zb$$

式中　z——花键键数。

$$F_{max}=F'_c zbz_i$$

② 拉刀强度计算。拉刀工作时，主要承受拉应力，拉刀承受的拉应力 σ 应小于拉刀材料的许用应力［σ］，即

$$\sigma=\frac{F_{max}}{A_{min}}\leqslant[\sigma]$$

式中　A_{min}——拉刀上的危险截面面积

高速钢的许用应力［σ］=343~392MPa。

拉刀的危险截面一般在第一个切削齿的容屑槽底处，也可能在颈部或者在柄部的最小截面处。

③ 拉床拉力验算。计算所得的拉削力必须小于拉床的实际许用拉力［Q］，即

$$F_{max} \leqslant [Q]$$

根据拉床的使用期，额定拉力 F_c 乘以修正系数得出拉床的许用拉力［Q］。新拉床的许用拉力按 $0.9F_c$ 计算；常用拉床处于良好工作状态按 $0.8F_c$ 计算；使用多年的拉床拉力按（0.5~0.7）F_c 计算。

在上述校验中，如果拉刀强度不够或拉床拉力不足时，一般是采取减小拉刀齿升量 f_z 或减少同时工作齿数 z_i 等方法进行改进。

（2）综合轮切式圆拉刀设计实例

设计综合轮切式圆拉刀，已知数据和技术要求为：拉后孔径 $d_m = 28^{+0.023}_{0}$mm，拉削长度 $l_0 = 48$mm，拉前孔径 $d_w = 27^{+0.28}_{0}$mm，工件材料为 45 钢，硬度为 220~240HBW，拉后表面粗糙度 Ra1.25~2.5μm。使用 L6110 拉床，拉床处于良好状态。

设计步骤与设计方法见表 4.1-63。

表 4.1-63　综合轮切式圆拉刀设计　（mm）

序号	计算项目	计算公式或选取方法	计 算 结 果
1	拉刀材料	选用整体高速钢	W6Mo5Cr4V2
2	拉削余量 A	$A = d_{mmax} - d_{wmin}$	$A = 28.023 - 27 = 1.023$
3	拉削方式		粗切齿为轮切式 精切齿为同廓式
4	选取齿升量 f_z	查表 4.1-21	选取粗切齿 $f_z = 0.04$ 选取精切齿　$f_z = 0.02$
5	切削齿齿距 p	$p = (1.45 \sim 1.9)\sqrt{l_0}$ 取整数	$p = 1.5\sqrt{48} = 10.39$，$p = 10$
6	精切齿齿距 p_3	取 $p_3 = p$	$p_3 = 10$
7	校准齿齿距 p_z	取 $p_z = p$	$p_z = 10$
8	同时工作齿数 z_i	$z_i = \dfrac{l_0}{p} + 1$ 对照表 4.1-30 取整数	$z_i = \dfrac{48}{10} + 1 = 5.8$ 取 $z_i = 5$
9	容屑槽形式	按图 4.1-18 选取	取图 4.1-18b 型
10	容屑系数 k	按表 4.1-31 选取	$k = 3$
11	容屑槽深度 h	$h \geqslant 1.13\sqrt{kf_z l_0}$	$h \geqslant 1.13\sqrt{3 \times 0.04 \times 48}$ $h \geqslant 2.71$，取 $h = 4$
12	容屑槽尺寸	按表 4.1-29 取 Ⅰ 型	$p = 10$，$g = 3$ $h = 4$，$r = 2$，$R = 7$
13	切削齿的前角 和后角	查表 4.1-27（1）	$\gamma_o = 15°$ $\alpha_o = 2°30'$
14	分屑槽槽数 n_2	查表 4.1-34 查表 4.1-33	粗切齿　$n_2 = 8$ 精切齿　$n_2 = 14$
15	初定切削齿齿数 z_q	$z_q = \dfrac{\Delta}{2f_z} + (3 \sim 5)$	$z_q = \dfrac{1.023}{2 \times 0.04} + 3 \approx 16$
16	校准齿齿数 z_g	查表 4.1-38	$z_g = 6$
17	校准齿直径 D_{zh}	$D_{zh} = d_{mmax} - \delta$，取 $\delta = 0.003$	$D_{zh} = 28.023 - 0.003 = 28.02$
18	校准齿容屑槽尺寸	按表 4.1-29 取 Ⅰ 型	$p = 10$，$g = 3$ $h = 4$，$r = 2$，$R = 7$
19	校准齿前角	γ_o 查表 4.1-27（1）	$\gamma_o = 15°$

（续）

序号	计算项目	计算公式或选取方法	计 算 结 果
20	校准齿后角	α_o 查表 4.1-27（1）	$\alpha_o=1°30'$
21	刀齿刃带宽	b_{a1}查表 4.1-27（1）	粗切齿 $b_{a1}\leqslant 0.1$ 精切齿 $b_{a1}=0.2\sim0.3$ 校正齿 $b_{a1}=0.5\sim0.6$
22	柄部结构尺寸	加工批量大选用快速装夹式，查表 4.1-42 Ⅰ型	$D_1=25^{-0.025}_{-0.085}$，$D_2=19$，$l_1=75$，$l_2=15$，$c=5$
23	颈部长度	拉床 L6110 $L_1=180\sim200$	取 $L_1=200$
24	前导部直径 D_3	按预制孔最小尺寸 $D_3=d_{wmin}$	取 $D_3=27^{-0.04}_{-0.07}$
25	前导部长度	$l_3=l_w=$拉削长度	$l_3=48$
26	后导部直径	$D=D_{min}$	$D=28^{-0.02}_{-0.04}$
27	后导部长度	$l=\left(\dfrac{1}{2}\sim\dfrac{2}{3}\right)l_0$	$l=\left(\dfrac{1}{2}\sim\dfrac{2}{3}\right)\times48$，取 $l=24$
28	最大拉削力	$F_{max}=F'_c\dfrac{\pi D_g}{2}z_i$ F'_c 按 $2f_z$ 查表 4.1-50 选取	$F_{max}=274.7\times\dfrac{\pi\times28}{2}\times5\text{N}=60409\text{N}$ 根据表 4.1-51 与表 4.1-6，机床拉力与功率能满足要求
29	拉刀强度校验	$\sigma=\dfrac{F_{max}}{A_{min}}$ 且应 $\sigma<[\sigma]$ 高速钢 W6M5Cr4V2 的 $[\sigma]=343\text{MPa}$ $A_{min}=\dfrac{\pi d^2_{min}}{4}$ $d_{min}=27-2h$	$A_{min}=\dfrac{\pi\times19^2}{4}\text{mm}^2=283.5\text{mm}^2=283.5\times10^{-6}\text{m}^2$ $\sigma=\dfrac{60409}{283.5}\text{MPa}=213.08\text{MPa}$ 拉刀强度够
30	最后确定切削齿数	粗切齿数 z_g 精切齿数 z_3 过渡齿数 z_2	$z_g=10$ $z_3=3$ $z_2=3$
31	切削部长度	$p_gz_g+p_3z_3+p_2z_2$	$l=10\times10+10\times3+10\times3=160$
32	校准部长度	$l=pz_g$	$l=10\times6=60$
33	拉刀总长度	$L=$各部长度总和并查表 4.1-49	$L=75+15+200+48+160+60+24=582$
34	绘制拉刀工作图，作齿升尺寸表，见图 4.1-20		

齿升尺寸表

<table>
<tr><th>序号</th><th>直径 D_g</th><th>偏差</th><th>后角 α_o</th><th>刃带宽 b_{a1}</th><th>序号</th><th>直径 D_g</th><th>偏差</th><th>后角 α_o</th><th>刃带宽 b_{a1}</th></tr>
<tr><td>1</td><td>27.06</td><td rowspan="9">±0.02</td><td rowspan="11">2°30′
±30′</td><td rowspan="10">≤0.1</td><td>12</td><td>27.86</td><td rowspan="4">0
−0.01</td><td rowspan="5">2°30′
±30′</td><td rowspan="5">0.2~0.3</td></tr>
<tr><td>2</td><td>27.14</td><td>13</td><td>27.90</td></tr>
<tr><td>3</td><td>27.22</td><td>14</td><td>27.94</td></tr>
<tr><td>4</td><td>27.30</td><td>15</td><td>27.98</td></tr>
<tr><td>5</td><td>27.38</td><td>16</td><td>28.02</td><td rowspan="7">0
−0.007</td></tr>
<tr><td>6</td><td>27.46</td><td>17</td><td>28.02</td><td rowspan="6">1°30′
±15′</td><td rowspan="6">0.5~0.6</td></tr>
<tr><td>7</td><td>27.54</td><td>18</td><td>28.02</td></tr>
<tr><td>8</td><td>27.62</td><td>19</td><td>28.02</td></tr>
<tr><td>9</td><td>27.70</td><td>20</td><td>28.02</td></tr>
<tr><td>10</td><td>27.78</td><td rowspan="2">0
−0.01</td><td>21</td><td>28.02</td></tr>
<tr><td>11</td><td>27.82</td><td>0.2~0.3</td><td>22</td><td>28.02</td></tr>
</table>

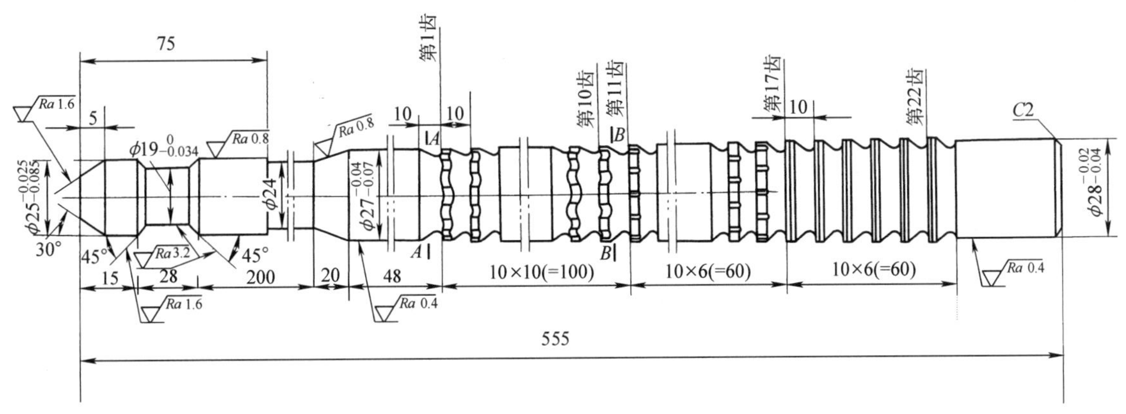

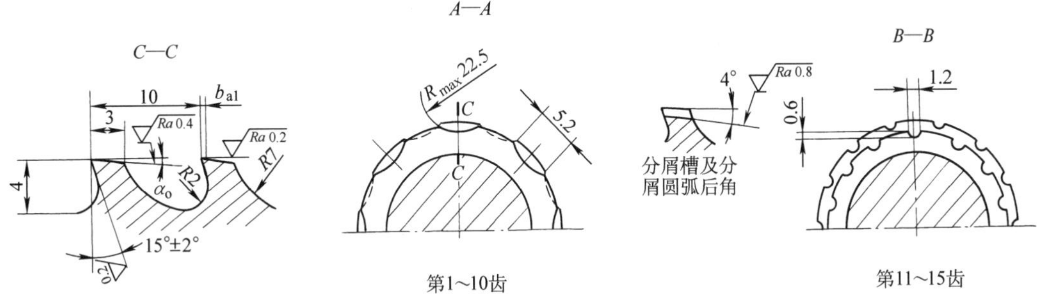

图 4.1-20　综合轮切式圆拉刀工作图

4.1.5　拉削余量、拉削用量与拉削切削液

1. 拉削余量

(1) 孔拉削余量

1) 圆孔拉削余量见表 4.1-62。

2) 正方形及多边形孔的拉削余量。对于正方形孔(见图 4.1-21a)，其径向拉削余量 $2A$ 的计算公式为

$$2A=D-D_{0\min}=D'-j-D_{0\min}$$

对于六角形孔（见图 4.1-21b)，其径向拉削余量 $2A$ 的计算公式为

$$2A=D-D_{0\min}=D-S_{\min}$$

式中　S——正方形、六角形的对边长度；

D_0——内切圆直径；

D'——外接圆直径；

j——顶角径向变钝量。

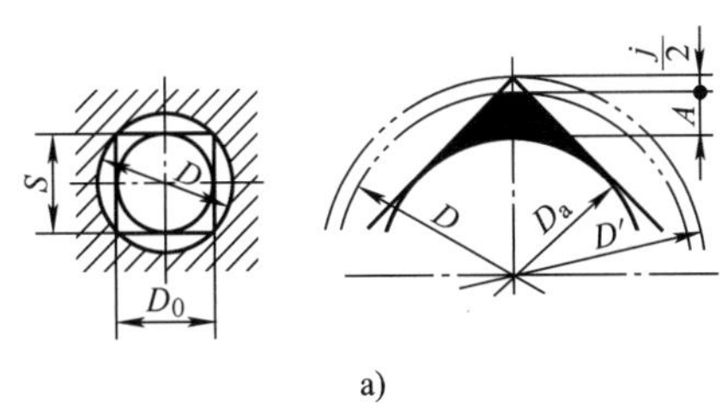

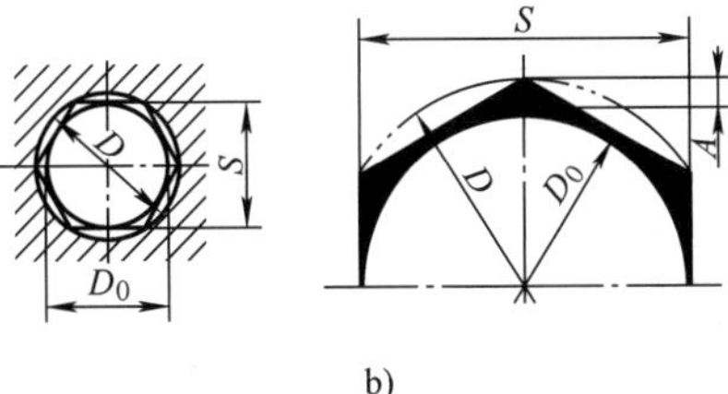

a)　　b)

图 4.1-21　正方形、多边形孔的拉削余量

a) 正方形　b) 六角形

(2) 键槽拉削余量

在拉削键槽时（见图 4.1-22），其拉削余量 A 的计算公式为

$$A=T-D_{\min}+f+0.7\Delta p$$

式中 $D_{\min}$——孔径 D 的下极限尺寸；

Δp——尺寸 T 的公差；

f——可查表 4.1-64 或由下式求出：

$$f=0.5(D-\sqrt{D^2-b^2})$$

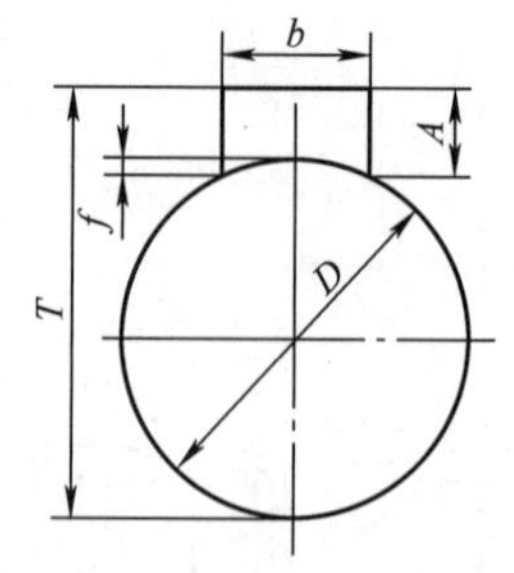

图 4.1-22 键槽的拉削余量

表 4.1-64 键槽拉削余量

（mm）

b	D	f	b	D	f	b	D	f
4	11	0.38	8	30	0.55	16	50	1.32
	12	0.34	10	32	0.80		52	1.25
	14	0.29		34	0.75		55	1.19
5	15	0.43		35	0.73	18	58	1.43
	16	0.40		36	0.71		60	1.38
	18	0.36	12	37	1.00		62	1.34
6	19	0.49		38	0.97		65	1.27
	20	0.46		40	0.92	20	68	1.51
	22	0.42		42	0.88		70	1.46
	24	0.38	14	44	1.14		72	1.42
8	25	0.66		45	1.12		75	1.36
	26	0.63		46	1.09		78	1.31
	28	0.59		48	1.04			

2. 拉削用量

(1) 拉削速度的选用

选用拉削速度与工件材料、加工表面的质量要求、拉刀的结构和材料有关。拉削速度的选用参考表 4.1-65。

表 4.1-65 拉削速度选用参考表

拉削速度组别	拉刀类别与表面粗糙度 Ra/μm											
	圆柱孔			内花键		外表面与键槽			螺旋齿		硬质合金齿	
	0.63~1.25	1.25~2.5	2.5~10	1.25~2.5	2.5~10	0.63~1.25	1.25~2.5	2.5~10	0.32~1.25	1.25~5	1.25~5	2.5~5
	拉削速度 v_C/(m/min)											
Ⅰ	5~4	6~4	8~5	5~4	8~5	6~5	7~4	10~8	10~8	15~10	12~10	10~8
Ⅱ	4~3	5~3.5	7~5	4.5~3.5	7~5	4~3.5	6~4	8~6	8~6	10~8	10~8	8~6
Ⅲ	3.5~2.5	4~3	6~4	3.5~3	6~4	3.5~2	5~3.5	7~5	6~4	8~6	6~4	6~4
Ⅳ	2.5~1.5	3~2.5	4~3	2.5~2	4~3	2.5~1.5	2.5~1.5	4~3	4~3	6~4	5~3	4~3

注：拉削速度组别可参照表 4.1-66 选取。

（2）拉削速度分组（表 4.1-66）

表 4.1-66　拉削速度分组

材料名称	材料牌号	硬度 HBW	速度分组
易切削钢及碳钢	Y12、Y15、Y20	≤220	Ⅰ
	40、45、50、60	229～269	Ⅱ
		269～321	Ⅲ
	10、15、20	≤156	Ⅳ
	25、30	≤187	Ⅲ
	35	≤197	Ⅱ
		197～269	Ⅰ
锰钢	15Mn、20Mn	≤187	Ⅲ
	80Mn	≤197	Ⅲ
		197～269	Ⅱ
	40Mn、50Mn、60Mn、65Mn	≤229	Ⅰ
		229～269	Ⅱ
	30Mn2、35Mn2、45Mn2、50Mn2	269～321	Ⅲ
镍钢	25Ni、30Ni	≤197	Ⅳ
	25Ni3、30Ni3	≤229	Ⅲ
		229～269	Ⅱ
铬钢	15Cr、20Cr	≤187	Ⅱ
	30Cr、35Cr、38CrA	≤229	Ⅰ
		229～269	Ⅱ
	40Cr、45Cr、50Cr	269～321	Ⅲ
硅锰钢	25SiMn、35SiMn	≤229	Ⅱ
		229～269	Ⅲ
		269～321	Ⅳ
镍钼钢	15NiMo、20NiMo、40NiMo	≤229	Ⅲ
		229～269	Ⅱ
		269～321	Ⅲ
铬钒钢	15CrV、20CrV、40CrVA、50CrVA	≤197	Ⅱ
		≤269	Ⅱ
		269～321	Ⅲ
铬硅钢	33CrSi	≤229	Ⅱ
		229～269	Ⅲ
		269～321	Ⅳ
	37CrSi	≤229	Ⅲ
		269～321	Ⅳ
铬锰钢	20CrMn	≤187	Ⅱ
	35CrMn2、50CrMn	≤229	Ⅰ
		229～269	Ⅱ
		269～321	Ⅲ
铬钼钢	20CrMo	≤187	Ⅱ
	30CrMoA、35CrMoA	≤229	Ⅱ
		229～269	Ⅲ
铬镍钢	20CrNi	≤187	Ⅲ
	12CrNi2、12CrNi3、12Cr2Ni4A	≤229	Ⅱ
	40CrNi、50CrNi	≤229	Ⅰ
		229～269	Ⅱ
		269～321	Ⅲ
铬锰硅钢	20CrMnSi、25CrMnSi、30CrMnSi	≤229	Ⅱ
	35CrMnSi	269～321	Ⅲ
铬锰钼钢	18CrMnMo	≤229	Ⅱ
	40CrMnMo	≤229	Ⅰ
		229～269	Ⅱ
		269～321	Ⅲ
铬锰钛钢	18CrMnTi、30CrMnTi	≤229	Ⅱ
铬镍钼钢	12Cr2Ni3MoA	≤269	Ⅲ
	33Cr2Ni3MoA	269～321	Ⅳ
铸铁	灰铸铁、可锻铸铁	—	Ⅰ
	灰铸铁	>180	Ⅱ

注：拉削速度组别应按加工材料实际硬度的上限选用。

(3) 高速拉削常用工艺参数（表 4. 1-67）

表 4. 1-67 高速拉削常用工艺参数

加工材料		普通结构钢		铸铁		铁基耐热合金		钛合金		不锈钢（奥氏体）	
拉刀材料	类型	高速钢①	硬质合金	高速钢①	硬质合金	高速钢②	硬质合金	高速钢	硬质合金	高速钢	硬质合金
	牌号		YG6		YG6		YG8	W18Cr4V	YG8	W18Cr4V	YG8
拉削速度/(m/min)		25~40	40~60	30~35	30~35	16~18	30~40	16~40	—	16~18	30~40
齿升量/mm	粗拉	0. 6~0. 9		0. 06~0. 10		0. 05~0. 08		0. 05~0. 08		0. 04~0. 08	
	精拉	0. 01~0. 04		0. 01~0. 04		0. 02~0. 03		0. 02~0. 03		0. 02~0. 03	
拉刀几何参数	前角	15°	8°~12°	15°	5°~10°	15°	3°~5°	0°	3°~5°	15°~18°	10°~15°
	后角	2°	4°	2°	4°	3°~4°	3°	3°~4°	3°	2°~3°	3°~5°

① 含钴的超硬高速钢 W2Mo9Cr4VCo8。

② 含铝的超硬高速钢 W6Mo5Cr4V5SiNbAl。

(4) 拉削的进给量（单面齿升量，见表 4. 1-21）

3. 拉削切削液（表 4. 1-68）

表 4. 1-68 常用拉削切削液

拉削材料	切削液	
	机床液压系统与切削液系统之间无渗漏	机床液压系统与切削液系统之间有渗漏
碳钢 合金结构钢	硫化矿物油、极压乳化液、极压切削油等	N15、N32 号机械油、极压切削油等
铸铁类	空冷、混合矿物油、煤油	空冷、混合矿物油
青铜	混合矿物油	混合矿物油
黄铜	空冷、混合矿物油	空冷、混合矿物油
铜	乳化液	空冷
铝	松节油+煤油、黏性小的矿物油、混合矿物油+煤油	黏性小的矿物油
铸铝 铝合金	混合矿物油、乳化液	混合矿物油
不锈钢 耐热合金	极压乳化液、极压切削油	极压切削油

4. 1. 6 拉削生产应用实例

1. 汽车发动机轴瓦内圆表面拉削

轴瓦材料为铝锡合金，要求表面粗糙度为 $Ra0.32$~$Ra0.63\mu m$。采用装配式组合拉刀（图 4. 1-23），前段为圆孔切削齿 8~10 个，后段 2~3 个刀齿偏心组装，用于拉削轴瓦两端内侧倒角。轴瓦材料硬度低、韧性好，为保证拉削精度和表面粗糙度，拉刀前角 $\gamma_o=20°\sim25°$，双重后角，切削齿第一后角 $\alpha_o=5°\sim6°$，第二后角 $\alpha_o=8°\sim10°$。校准齿第一后角 $\alpha_o=1°\sim2°$，第二后角 $\alpha_o=4°\sim6°$。

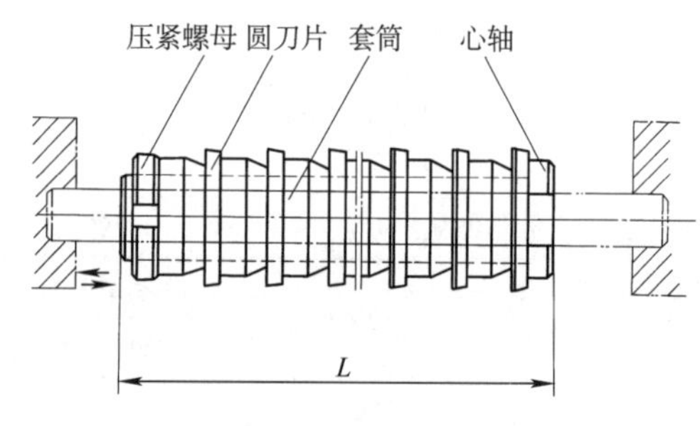

图 4. 1-23 装配式组合拉刀

拉削轴瓦内圆表面采用专用机床，拉削夹具如图 4. 1-24 所示。切削速度 $v=9\sim10$m/min，用涂抹法在加工表面与拉刀齿上涂刷煤油。

2. 汽车循环球转向机螺母滚道的螺旋拉削

汽车循环球转向机螺母滚道可采用专用螺旋齿拉刀来加工，螺旋齿拉刀刀齿的螺距与螺母滚道螺距相同（图 4. 1-25），拉刀前角 $\gamma_o=10°$，后背铲背量为 1~2mm。螺母滚道一次拉削成形，拉削速度 $v=6\sim10$m/min，可采用专用拉床或由普通车床改装。

采用螺旋拉削螺母滚道的工艺较简单，生产率高，滚道截形稳定可靠，留磨削余量小，一般为 0. 2~0. 3mm，拉刀使用寿命较长，刃磨一次可拉削 1500~2000 件。但该拉刀制造工艺较复杂，系统调整较困难。

3. 齿条拉削

对于模数 $m=2.5$mm、齿形部分长度约 280mm 的齿条，在平面拉床上使用一组平面齿条组合拉刀在一次行程中拉削成形。其拉刀组合形式如下：

1）采用综合轮切式平面拉刀，拉削齿条的齿顶部分的余量，轮切刀齿的齿升量 f_z 取为 0. 12~0. 15mm。

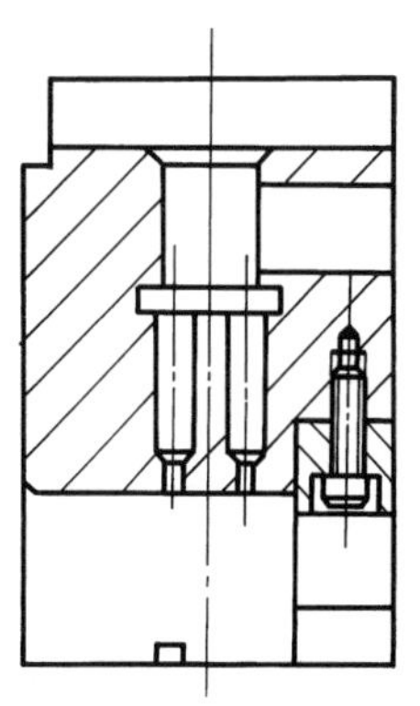
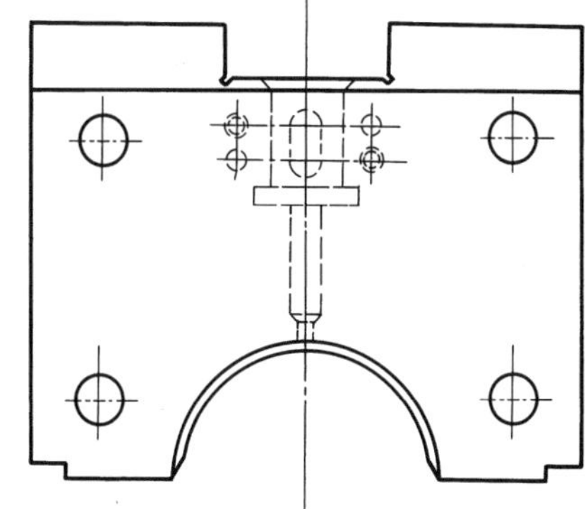

图 4.1-24　轴瓦拉削夹具

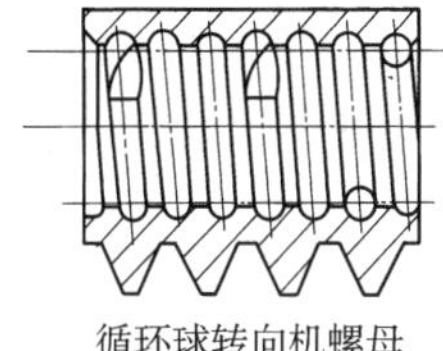

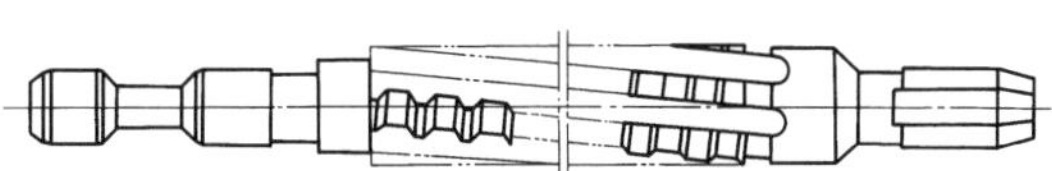

图 4.1-25　循环球转向机螺母滚道用螺旋齿拉刀

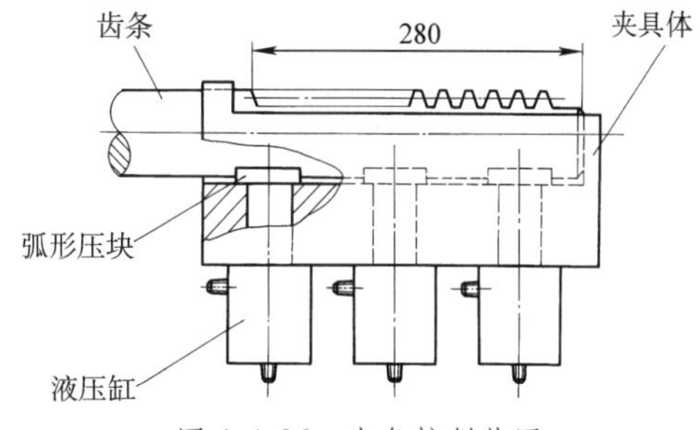

图 4.1-26　齿条拉削装置

2）采用倒角齿拉削齿顶两侧的倒角。

3）采用成形法拉削齿条，粗切齿齿升量 f_z 取为 0.08~0.12mm。

采用三个液压缸，用三个弧形压块同时夹紧圆柱形齿坯（图 4.1-26），齿条的齿顶平面、齿形及齿尖倒角一次拉削成形。

4. 汽车套管叉内花键拉削

套管叉是汽车中内花键最长的一个零件，如图 4.1-27所示。采用轮切式大齿升量复合花键拉刀一次拉削成形，取代原用成套拉刀两次拉削工艺，生产率大幅度提高。

套管叉材料为 45 钢，硬度为 207~241HBW；采用 L5240 立式双工位拉床，拉床上有自动接送拉刀与护送拉刀的装置；切削液为极压机械油，浇注方式为环状淋流；拉刀采用 W6Mo5Cr4V2 普通高速钢材料制成，拉削速度 v = 3m/min，工时为 0.5min/件；拉刀的平均使用寿命为 72m（指拉削的工件长度）。

拉刀设计应尽可能缩短总长，该拉刀总长为 1445mm，拉刀花键切削齿部分采用单边倒角轮切式大齿升结构，两齿一组，齿升量为 0.2mm。应减少圆孔部分的拉削余量和圆孔校准齿齿数。拉刀后导部采用与内花键外径配合的定位结构，如图 4.1-28 所示。

由于内花键壁较薄，拉削力又大，一次拉削的内花键外径收缩量和槽宽扩大量均比两次拉削大，且因内花键壁厚不均匀，其小端的收缩量和扩大量比大端大些。设计上让拉刀的花键齿外径比内花键上极限尺寸增大 0.008mm，齿宽比内花键槽宽上极限尺寸减小 0.012mm，前角增大到 γ_o = 18°，保证了拉削零件的精度。

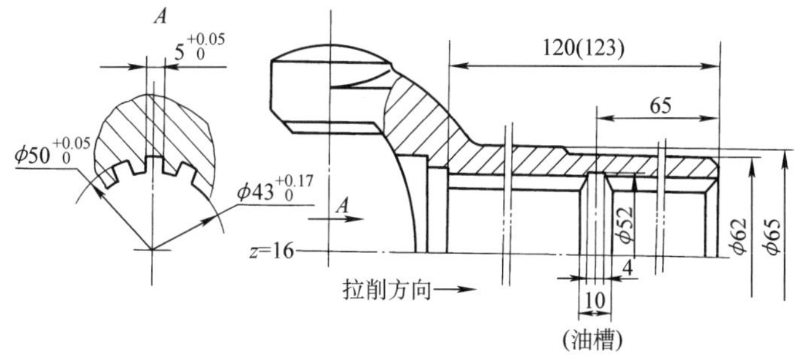

图 4.1-27　套管叉内花键参数

齿号	直径 D_g	偏差	α_o	a	齿号	直径 D_g	偏差	α_o	a
1	42.70	$_{-0.015}^{0}$	3°	0.05	30	47.90	$_{-0.015}^{0}$	3°	0.05
2	42.95				31	47.86			
3	43.20				32	48.26			
4	43.45				33	48.22			
5	43.70				34	48.62			
6	43.95	$_{-0.01}^{0}$	2°	0.2	35	48.58			
7	42.70				36	48.98			
8	43.00				37	48.94			
9	43.17				38	49.34			
10	43.17				39	49.30			
11	43.90	$_{-0.015}^{0}$	3°	0.05	40	49.97			
12	44.30				41	49.66			
13	44.26				42	49.84			
14	44.70				43	49.80			
15	44.66				44	49.90	$_{-0.01}^{0}$	2°	
16	45.10				45	49.87			
17	45.06				46	49.91			
18	45.50				47	49.94			
19	45.46				48	49.97			
20	45.90				49	50.00			
21	45.86				50	50.025			
22	46.30				51	50.058	$_{-0.005}^{0}$	1°	0.1
23	46.26				52	50.058			0.2
24	46.70				53	50.058			
25	46.66				54	50.058			
26	47.10				55	50.058			
27	47.06				56	50.058			
28	47.50				57	50.058			
29	47.46				—				

工件材料	45
拉削长度	123mm
拉前孔径	$\phi42.45_{0}^{+0.35}$mm
花键拉削力	127kN
最大拉削力	151kN
最小容屑系数	2.31

技术条件

1. 拉刀圆周齿距累积误差不大于0.01mm
2. 拉刀花键齿的中心线 $O—O$ 对T平面的垂直度公差为0.05mm
3. 其余技术条件按工厂标准

图4.1-28　套管叉用花键拉刀

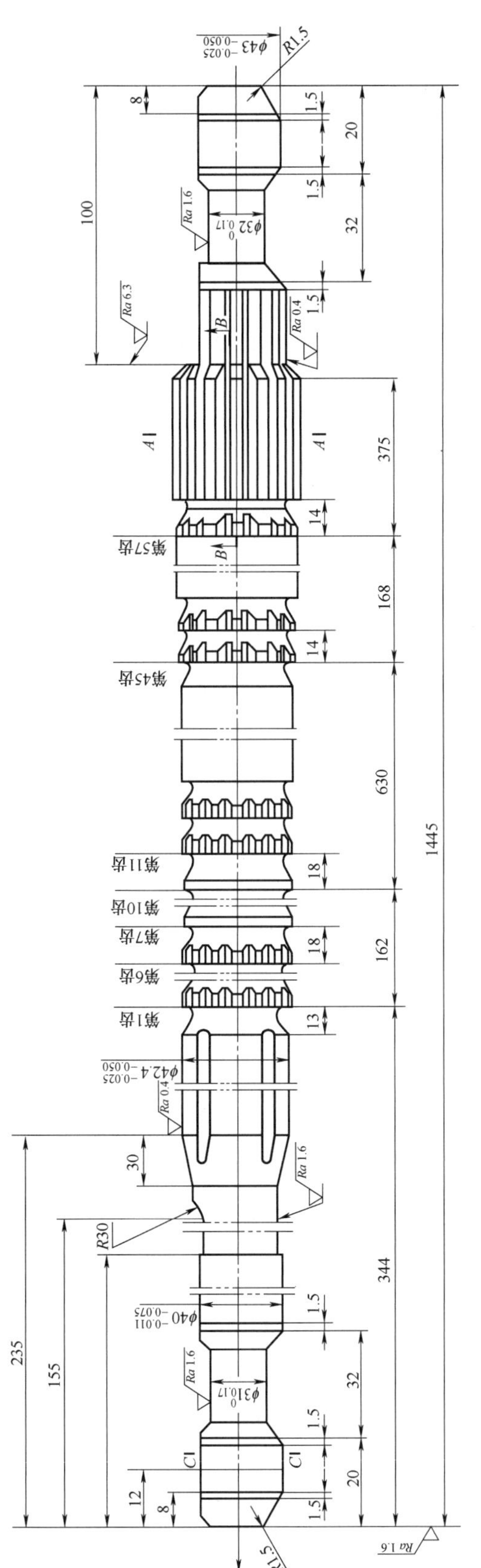

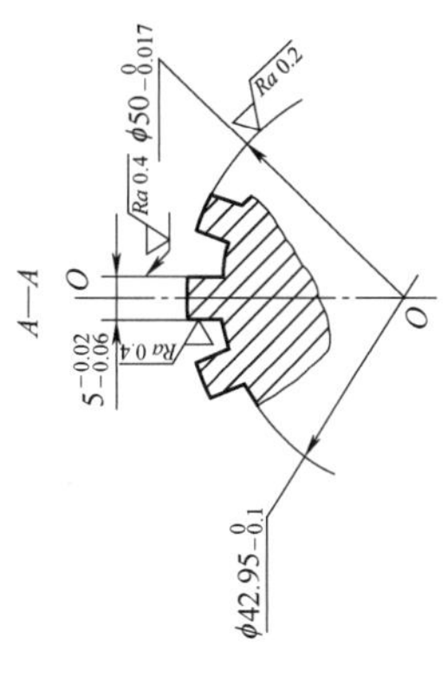

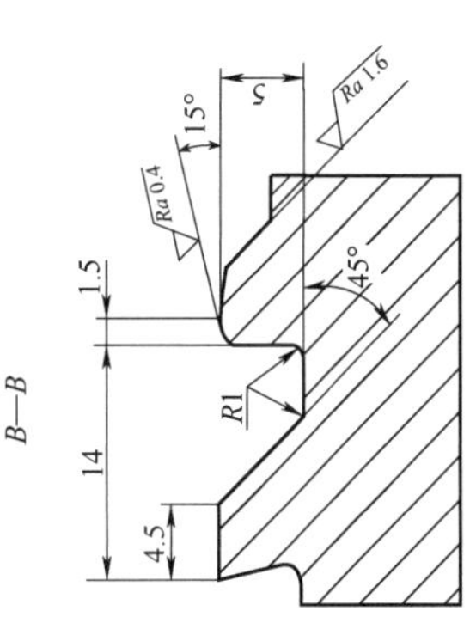

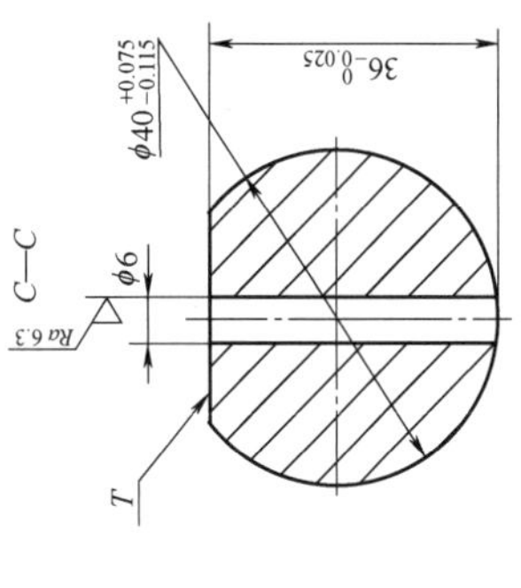

图 4.1-28　套管叉用花键拉刀（续）

4.1.7 拉削加工常见问题及对策（表4.1-69）

表4.1-69 拉削加工常见问题及对策

常见问题	产生原因	解决对策
工件表面出现环状波纹与啃切伤痕	拉刀齿升量分布不均匀，尤其是过渡齿和精切齿齿升量分布不均匀	1. 设计时合理分布齿升量 2. 刃磨时要保证齿升量符合设计规定
	接近校准齿的几个切削齿的齿升量不是圆滑过渡，拉削过程不平稳	将校准齿改一个或两个做精切齿，使在靠近校准齿前一段精切齿的齿升量有一个圆滑过渡，使齿升量最后递减到0.005mm左右
	拉刀齿刃磨后前角偏小	磨头轴线与拉刀轴线应在同一垂直平面内，磨头倾斜角与砂轮直径须正确选择
	拉刀齿等距分布，造成拉削过程中周期性振动	1. 设计时齿距可不规定公差 2. 修磨时要保证前角不变
	拉刀弯曲，同一圆周上刀齿的刃带宽窄不均，拉削时刀齿发生偏移，啃切工件表面	1. 经刃磨后，刀齿上刃带太窄可用铸铁套加研磨砂研磨出适当的刃带 2. 校准弯曲拉刀后再刃磨
	同一齿的刃带沿圆周宽窄不等，造成拉削过程中宽的一边阻力大，刀齿向刃带窄的一边偏，啃入工件表面	拉刀精磨外径后，其径向振摆要严格控制在允许范围内，以保证开后角后，刃带宽窄一致
	拉削速度太低，拉削过程中出现爬行 拉削速度太高，拉削过程中出现剧烈振动	适当选择拉削速度
	拉削过程中的最大拉削力超过机床允许最大拉力的80%，导致颤振现象发生	合理设计拉刀和选用拉床。有时，在不影响零件技术要求的情况下，可把工件中间镗去一段，以减少同时工作的齿数
	刃磨时，切削刃烧伤和切削刃毛刺未去除	刃磨时，砂轮保持锋利，进给量要均匀，不宜太大，刃磨后须用胶木板或铸铁板背磨刀齿，去除毛刺
工件表面局部条状划痕	拉刀保管不善或拉削中遇到氧化皮和材料中的硬质点等，使切削刃出现缺口，缺口处有积屑瘤，造成工件拉削表面局部条状划痕，该条状划痕沿拉削方向逐渐增宽、增深	1. 要妥善保管好拉刀，以防刀齿磕碰伤 2. 拉削中发现刀齿缺口，应采取措施把缺口修磨掉后再继续使用
	工件氧化皮层未除去，当刀齿切到氧化皮时，就常常碰伤刀齿而造成缺口	拉削前应用喷砂或其他方法将氧化皮除去
	未及时排出刀齿上的切屑继续进行拉削	刀齿上的切屑可用刷子除掉或用高压切削液冲掉
	拉刀容屑槽形设计不合理，或经多次刃磨容屑槽底圆弧变成台阶形，切屑卷曲状况恶化，排屑不畅	1. 设计拉刀时，选择合理的容屑槽形 2. 刃磨时应尽量保持容屑槽底圆弧的设计要求
	精切齿磨损较为严重或最后几个精切齿齿升量单面大于0.03mm时，由于没有分屑措施，会使切屑卷曲状况恶化	1. 精切齿磨损带须修磨除掉 2. 严格检查精切齿的齿升量

（续）

常见问题	产生原因	解决对策
工件表面有鳞刺	拉刀前角选择不当	正确选择前角，一般可适当增大前角
	工件硬度低，一般低于 180HBW 时，易产生鳞刺	用热处理方法适当提高工件硬度
	拉刀磨钝，刃口圆弧半径增大，切削条件恶化	拉刀用钝后应及时重磨，或按刀具寿命制定刃磨标准，实行定时换刀
	拉削速度过高	降低拉削速度，一般表面粗糙度要求 $Ra \leqslant 1.6\mu m$ 时，其拉削速度不宜超过 2m/min
	切削液选择不当或供应不充足，使拉削过程中的热量不能及时散发	合理选择切削液，建议采用乳化液，并对工件外表面进行充分冷却
	拉刀齿前刀面粗糙	经正确刃磨后，要求拉刀前刀面表面粗糙度 $Ra = 0.16 \sim 0.32\mu m$
工件表面有挤亮点或多点划伤	拉刀后角太小，特别是粗切齿段	应适当增大后角
	切削液浇注不充分、变质或浓度太低，造成拉削表面冷却润滑条件不好	切削液的浇注方法要合理，供给要充分，要定期更换，并保持适当的浓度
	工件硬度太高（>240HBW）	用热处理方法适当降低工件硬度
工件表面留有分屑槽痕迹	精切齿的拉削余量不足以消除粗切齿分屑槽产生的痕迹	适当修磨减小最后一个带分屑槽的切削齿的外径，并相应调整精切齿的齿升量
工件孔径两端尺寸大小不等	1. 工件各部位孔壁厚薄不均匀 2. 孔壁较薄	1. 拉刀刃口要保持锋利，减小拉削力和工件拉削变形，减小齿升量 2. 可适当增加拉刀的精切齿、校准齿齿数 3. 切削液浇注合理、充分 4. 可采取拉后工件再用推刀校整的工艺
拉削后孔径扩大	1. 新拉刀在刃磨后刀齿刃口毛刺未去除，会使刚开始拉削的几个工件孔径扩大 2. 刀齿前角太大 3. 用油类切削液拉削出来的孔径比用乳化液稍大	1. 刃磨后用铸铁板或胶木板清除刀齿上的毛刺 2. 适当减小前角 3. 采用乳化液作为切削液
拉削后孔径缩小	1. 拉刀经多次刃磨，校准齿直径变小 2. 拉削薄壁长达 60mm 以上的工件，拉削后弹性复原，孔变小 3. 拉刀前角太小或已钝化，拉削工件温度高，冷却后孔径缩小 4. 切削液变质、浓度太低或浇注方法不正确等使冷却润滑条件变差，工件温度升高	1. 检查拉刀校准齿直径，若超过使用极限应及时报废或采取挤压方法使其直径增大 2. 增加拉刀扩张量，减小齿升量，适当增加精切齿、校准齿齿数，前角可适当增大，刀齿要保持锋利 3. 切削液的配方要合理，浇注要充分 4. 拉削后再用推刀进行挤压

（续）

常见问题	产生原因	解决对策
键槽和花键槽宽度变化	1. 拉刀键齿和花键齿宽度超差 2. 拉刀齿上分屑倒角太窄，切屑的两侧面与工件的槽侧面摩擦挤压，并带走一部分工件材料，造成工件槽侧条状划痕，使槽宽略有扩大 3. 刀齿尖角处磨损，使工件槽宽减小	1. 提高拉刀制造精度 2. 适当增大分屑倒角宽度 3. 刃磨时应注意将刀尖处的磨损部分磨修去除
键槽和花键槽侧面严重啃切	1. 拉刀齿侧隙角偏小 2. 刀齿尖角处严重磨损或磕碰伤 3. 拉刀齿上分屑倒角太小	1. 适当增大侧隙角（拉削钢件侧隙角取为2°30′~3°30′） 2. 一般分屑倒角宽为齿宽的1/3
工件花键内孔表面严重啃切	1. 拉刀底径太小，拉削时拉刀底径表面与工件内孔表面间隙大，切屑颗粒挤落在间隙中，引起啃切 2. 拉刀底径大，拉削时，拉刀底径表面与工件内孔表面接触，或由于同轴度误差，发生部分表面接触摩擦、挤压，引起啃切	1. 提高拉刀制造质量 2. 严格检查拉刀花键齿底径尺寸
工件内孔圆度超差	1. 拉刀弯曲变形大 2. 拉刀刀齿外圆与刃磨定位基准面的同轴度超差 3. 拉床精度下降，使拉刀的切削方向与工件定位夹具支承平面的垂直度发生偏差 4. 工件定位基准面不平整、有磕碰伤	1. 拉刀须校直 2. 修正刃磨定位基准面与拉刀刀齿外圆的同轴度误差 3. 校准拉床精度 4. 提高工件定位基准面的平整度，消除磕伤、碰伤
工件内花键外圆与内孔表面的同轴度超差	1. 拉刀弯曲变形大 2. 拉刀后导向不稳定，花键拉刀底径被磨小，失去导向作用	1. 拉刀须校直 2. 规定花键拉刀后导向部分花键底径尺寸公差
工件键槽或花键槽的螺旋度超差	1. 拉刀制造精度超差（螺旋度超差） 2. 拉刀后导向部分太短 3. 拉床走刀机构精度下降	1. 制造拉刀时应控制键齿的螺旋度误差 2. 适当增加拉刀后导向部分的长度 3. 修复拉床走刀机构精度
拉削平面的垂直度或平行度超差	拉床和夹具的精度差，装夹的刚性差	1. 修复拉床和夹具精度 2. 调整夹紧力

4.2 刨削加工

刨削是以刨刀相对于工件的往复直线运动与工作台（或刀架）的间歇进给运动实现切削加工的。

刨削是断续切削，在每个往复行程中，刨刀切入工件时受较大的冲击作用；换向瞬间运动反向惯量大，致使刨削速度不能太高；返回行程刨刀不参与切削，造成空程时间损失；此外，刨刀是单刃刀具，所以，刨削加工的生产率较低。

刨床结构简单，操作方便，通用性强，同时工件安装和刀具制造也较为简便，故适合在多品种、单件、小批量生产中用于加工各种平面、导轨面、直沟槽、燕尾槽、T形槽等。如果增加辅助装置，还可加工曲面、齿轮、齿条等工件以及进行磨削、铣削加工。

刨削加工精度一般可达IT9~IT7级，工件表面粗糙度为*Ra*6.3~1.6μm，刨削加工易于保证一定的相互位置精度。

4.2.1　大型刨床

1. 大型刨床的型号与技术参数（表 4.2-1~表 4.2-3）

表 4.2-1　悬臂刨床的型号与技术参数

技术参数		型号			
		B1010A	B1012A	B1016A	B1031
刨削最大长度/mm		3000	4000	6000/4000	15000
刨削最大宽度/mm		1000	1250	1600	3150
刨削最大高度/mm		800	1000	1250	2500
工作台最大承重/kg		5000	8000	10000	70000
工作台尺寸/mm	长度	3000	4000	6000/4000	15000
	宽度	900	1120	1400	2800
工作台行程范围/mm		530~3150	530~4150	530~6150/4150	530~15150
工作台速度范围/(m/min)		6~90（无级）	6~90（无级）	4~80（无级）	5~75（无级）
工作台 T 形槽尺寸	槽数	5	5	7	9
	槽宽度/mm	28	28	28	36
	槽间距/mm	170	210	200	315
刀杆最大尺寸/mm	长度	60	60	60	60
	宽度	60	60	60	60
横梁升降速度/(mm/min)		500	630	315	324
垂直刀架数		2	2	2	2
水平刀架数		1	1	1	1
垂直刀架行程/mm		250	250	250	380
垂直刀架进给范围/(mm/dst)	水平	0.2~20	0.2~20	0.2~20	0.2~45
	垂直	0.15~7.5	0.15~7.5	0.15~7.5	0.1~16.9
垂直刀架快速移动速度/(mm/min)	水平	1600	1600	1600	1250
	垂直	600	600	600	470
水平刀架行程/mm	水平	250	250	250	380
	垂直	560	750	1000	2500
水平刀架的进给范围/mm	水平	手动	手动	手动	0.1~16.9
	垂直	0.2~11.5	0.2~11.5	0.2~11.5	0.2~45
水平刀架快速移动速度/(mm/min)		850	850	850	1250
刀架最大回转角度/(°)		±60	±60	±60	±45
主驱动电动机功率/kW		60	60	60	2×60
电动机总容量/kW		65.25	65.25	65.25	167.76
机床总重量/kg		23000	29000	39000	205000
机床外形尺寸/mm	长度	6900	9000	9000	30860
	宽度	3200	3500	4000	7370
	高度	3020	3270	3920	6850
横梁下端至工作台面距离/mm		—	100~830	100~1050	—
生产厂家		济南二机床集团有限公司	济南二机床集团有限公司	济南二机床集团有限公司	东方机床实业有限公司

表 4.2-2 龙门刨床的型号与技术参数

(1) BQ208A 、B2010A、B2012A、BM2015 型龙门刨床

技术参数		型号			
		BQ208A	B2010A	B2012A	BM2015
刨削最大尺寸/mm	长度	2000	3000	4000	4000
	宽度	800	1000	1250	1500
	高度	630	800	1000	1230
工作台最大承重/kg		2000	5000	8000	10000
工作台尺寸/mm	长度	2000	3000	4000	4000
	宽度	630	900	1120	1250
工作台行程范围/mm		250~2000	530~3150	530~4150	530~4150
工作台速度范围/(m/min)		5，14，20，25(4级)	6~90（无级）	6~60（无级）	5~75（无级）
工作台T形槽尺寸	槽数	3	5	5	5
	槽宽度/mm	28	28	28	28
	槽间距/mm	190	170	210	210
刀杆最大尺寸/mm	长度	40	60	60	60
	宽度	40	60	60	60
横梁升降速度/(mm/min)		500	570	570	900
垂直刀架数		2	2	2	2
水平刀架数		1	1	1	2
垂直刀架行程/mm		200	250	250	300
垂直刀架的进给范围/(mm/dst)	水平	0~10	0.2~20	0.2~20	0.5~25
	垂直	0~7	0.15~7.5	0.15~7.5	0.125~6.2
垂直刀架快速移动速度/(mm/min)	水平	—	1600	1600	1654
	垂直	—	600	600	414
水平刀架水平移动行程/mm		200	250	250	300
水平刀架进给范围/(mm/dst)	水平	手动	手动	手动	0.125~6.15
	垂直	0~7	0.2~11.5	0.2~11.5	0.25~11.35
水平刀架快速移动速度/(mm/min)		—	850	850	707
刀架最大回转角度/(°)		±60	±60	±60	±60
主驱动电动机功率/kW		10	60	60	60
电动机总容量/kW		6.1	66.75	66.75	69.35
机床总重量/kg		6300	23500	29000	33500
机床外形尺寸/mm	长度	4400	6900	9000	8820
	宽度	2760	3730	4000	4270
	高度	2160	2780	3000	3100
横梁下端至工作台面距离/mm		—	100~830	100~1050	—
生产厂家		安徽省安庆机床有限公司	济南二机床集团有限公司	济南二机床集团有限公司	武汉重型机床集团有限公司

（续）

(2) B2016A 、B2016A、BQ2020A、B2031 型龙门刨床					
技 术 参 数		型 号			
		B2016A	B2016A	BQ2020A	B2031
刨削最大尺寸/mm	长度	4000	6000	6000	8000
	宽度	1600	1600	2000	31500
	高度	1250	1250	1600	2500
工作台最大承重/kg		10000	15000	20000	40000
工作台尺寸/mm	长度	4000	6000	6000	12000
	宽度	1400	1400	1800	2800
工作台行程范围/mm		530~4000	530~6000	530~6000	530~12000
工作台速度范围/(m/min)		4~80（无级）	4~80（无级）	3.5~70（无级）	4~60（无级）
工作台 T 形槽尺寸	槽数	7	7	9	9
	槽宽度/mm	28	28	28	36
	槽间距/mm	200	200	186	320
刀杆最大尺寸/mm	长度	60	60	60	80
	宽度	60	60	60	80
横梁升降速度/(mm/min)		570	570	570	570
垂直刀架数		2	2	2	2
水平刀架数		2	2	2	2
垂直刀架行程/mm		250	250	250	380
垂直刀架进给范围/(mm/dst)	水平	0.2~20	0.2~20	0.2~20	0.5~35
	垂直	0.15~7.5	0.15~7.5	0.15~7.5	0.36~13.12
垂直刀架快速移动速度/(mm/min)	水平	1600	1600	1600	1500
	垂直	600	600	600	560
水平刀架水平移动行程/mm		250	250	250	380
水平刀架进给范围/mm	水平	手动	手动	0.2~11.5	0.36~13.12
	垂直	0.2~11.5	0.2~11.5	0.2~11.5	0.5~36
水平刀架快速移动速度/(mm/min)		850	850	920	560
刀架最大回转角度/(°)		±60	±60	±45	±60
主驱动电动机功率/kW		60	60	60	2×60
电动机总容量/kW		66.75	66.75	70.75	140.85
机床总重量/kg		39000	45000	48500	110000
机床外形尺寸/mm	长度	9000	13000	12800	17400
	宽度	4500	4500	4800	6500
	高度	3650	3650	4150	5650
横梁下端至工作台面距离/mm		100~1300	100~1300	—	—
生产厂家		济南二机床集团有限公司	天津市第二机床有限公司	东方机床实业有限公司	沧州机床制造有限责任公司

表 4.2-3　龙门刨铣床的型号与技术参数

技术参数		型号			
		B2110	B2112	B2116	B2131/3
最大加工范围/mm	长度	3000	4000	4000	16000
	宽度	1000	1250	1600	3150
	高度（刨）	800	1000	1250	2500
	高度（铣）	670	870	1120	—
切削行程速度范围/(m/min)	刨削	5~70	5~70	5~70	5~70
	铣削	0.045~1.5	0.045~1.5	0.045~1.5	0.045~1.5
滑枕主轴孔大端直径/mm		69.85	69.85	69.85	69.85
滑枕主轴孔锥度		7：24	7：24	7：24	7：24
刀盘最大直径/mm		200	200	200	200
允许刨刀杆最大尺寸/mm	长度	60	60	60	80
	宽度	60	60	60	80
工作台 T 形槽尺寸	槽数	5	5	7	9
	槽宽度/mm	28	28	28	36
	槽间距/mm	170	210	200	320
加工平面度/(mm/m)		0.02	0.02	0.02	0.02/2
主电动机功率/kW		60	60	60	2×60
电动机总容量/kW		72.25	72.25	72.25	200
机床总重量/kg		24000	30000	39000	170000
机床外形尺寸/mm	长度	6900	9000	9000	3340
	宽度	4050	4320	4820	6500
	高度	2780	3000	3650	5850
最大加工重量/t		5	8	10	—
工作台面尺寸/mm	长度	900	1120	1400	—
	宽度	3000	4000	4000	—
生产厂家		济南二机床集团有限公司	济南二机床集团有限公司	济南二机床集团有限公司	济南二机床集团有限公司

2. 刨床的工作精度（表 4.2-4）

表 4.2-4　刨床工作精度

<table>
<tr><th rowspan="2">刨床类型</th><th colspan="2">主　参　数</th><th colspan="6">刨床工作精度</th><th rowspan="2">适用范围</th></tr>
<tr><th>最大刨削宽度 /mm</th><th>最大刨削长度 /mm</th><th>加工面的平面度 /mm</th><th>加工面对工作台的平行度 /(mm/mm)</th><th>上、侧两加工面的垂直度 /(mm/mm)</th><th>加工尺寸的精度等级</th><th>加工表面粗糙度 Ra /μm</th></tr>
<tr><td rowspan="6">龙门刨床</td><td>1000</td><td>3000</td><td>0.02/1000</td><td>0.02/1000</td><td>0.02/300</td><td rowspan="9">IT7～IT9</td><td rowspan="9">1.6</td><td rowspan="6">加工床身、机座、支架、箱体等尺寸较大的工件</td></tr>
<tr><td>1250</td><td>4000</td><td rowspan="5">0.03/1000</td><td rowspan="5">0.03/1000</td><td rowspan="5">0.02/300</td></tr>
<tr><td>1600</td><td>6000</td></tr>
<tr><td>2000</td><td>8000</td></tr>
<tr><td>2500</td><td>12000</td></tr>
<tr><td>3000</td><td>15000</td></tr>
<tr><td rowspan="3">悬臂刨床</td><td>1000</td><td>3000</td><td>0.02/1000</td><td>0.02/1000</td><td rowspan="3">0.02/300</td><td rowspan="3">由于一侧敞开，能加工宽度较大的畸形工件。当工件宽度超出工作台宽度较多时，宜加辅助导轨和辅助工作台</td></tr>
<tr><td>1250</td><td>4000</td><td rowspan="2">0.03/1000</td><td rowspan="2">0.03/1000</td></tr>
<tr><td>1500</td><td>6000</td></tr>
</table>

3. 刨床的允许载荷（表 4.2-5）

表 4.2-5　龙门刨床在不同条件下的允许载荷

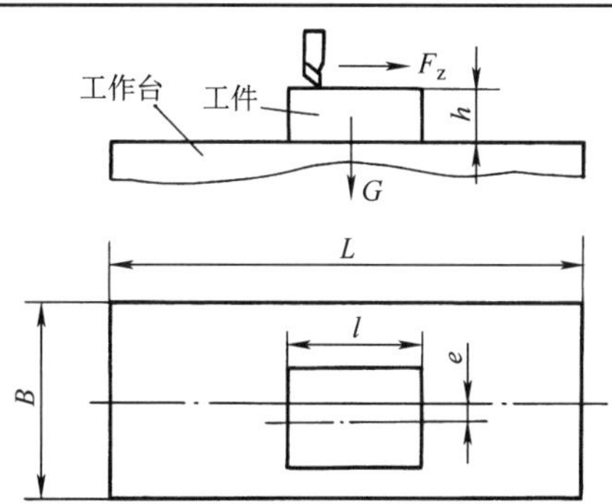

机床工作台尺寸/mm ($B\times L$)	工件最大重量 G_{max}/t	单位长度上的允许载荷 q_{max}（$q=G/l$）					
		正常情况	工件偏放		限制高度与刨削力		
			偏心距	载荷	高度	主刨削力	载荷
		q_{max}/(t/m)	e/mm	q_{max}/(t/m)	h/mm	F_z/kN	q_{max}/(t/m)
900×3000	5	3	≤200	2	≤350	≤14	4
1300×4000	10	4	≤300	2.5	≤450	≤24	5
1800×6000	20	5	≤400	3	≤600	≤50	6.5
2500×8000	45	8	≤500	5	≤800	≤60	10
3600×12000	98	11	≤500	8	≤1000	≤100	13

4.2.2 刨刀

1. 刨刀的种类及用途（表 4.2-6）

表 4.2-6 常用刨刀的种类与用途

种　类	简　图	特点与用途
直杆刨刀	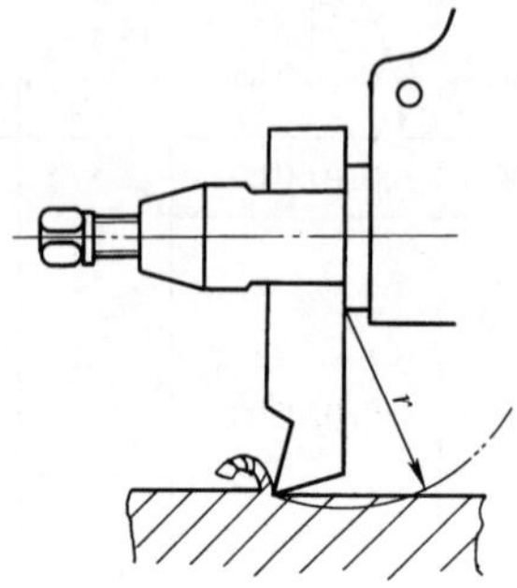	刀杆为直杆。用于粗加工
弯颈刨刀	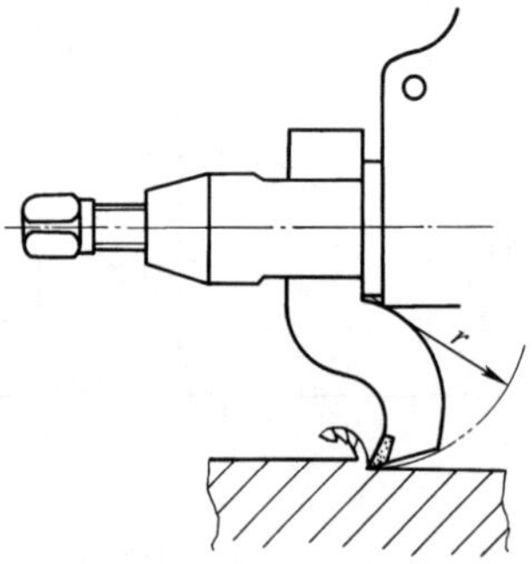	刀杆的刀头部分向后弯曲。在刨削力作用下，弯曲弹性变形，不扎刀。用于切断、切槽、精加工
弯头刨刀	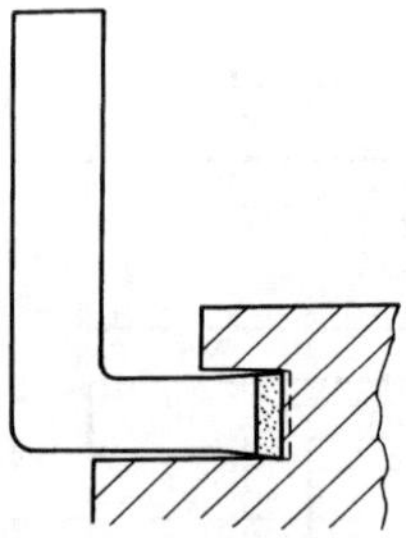	刀头部分向左或右弯曲。用于切槽
平面刨刀	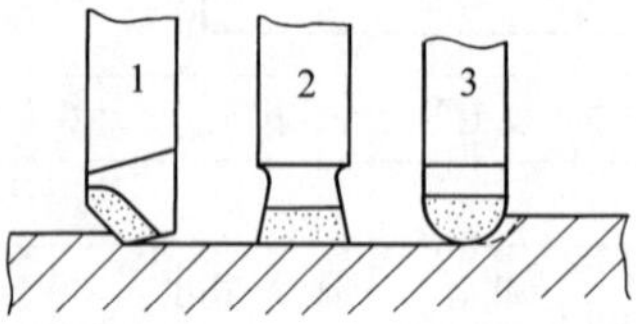	用于粗、精刨平面
偏刀	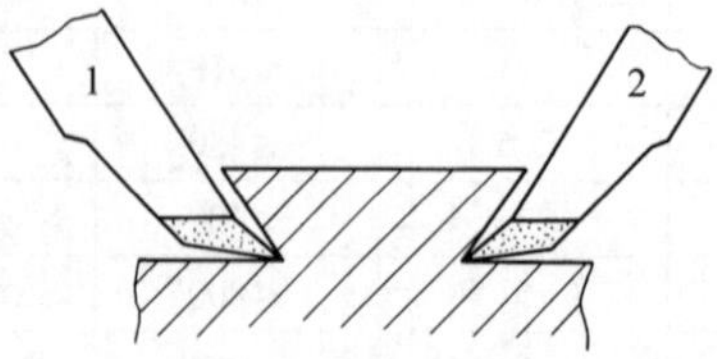	用于加工互成角度的平面、斜面、垂直面等

（续）

种　类	简　图	特点与用途
内孔刀	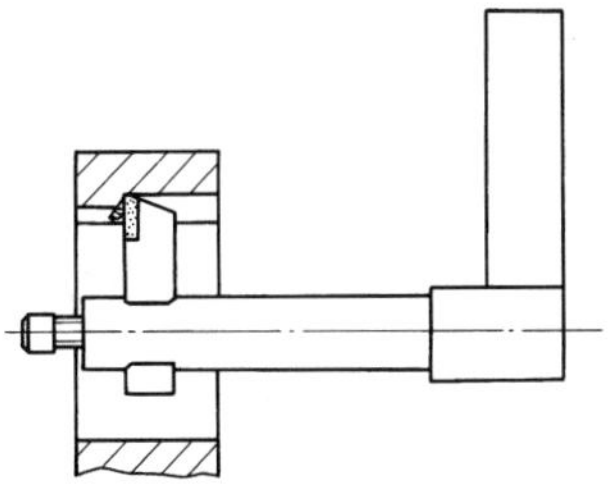	用于加工内孔表面与内孔槽
切刀	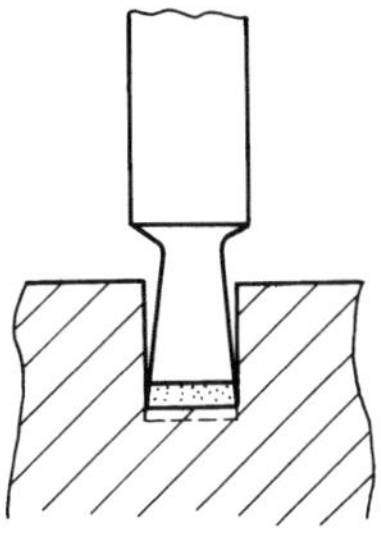	用于切槽、切断、刨台阶
弯切刀	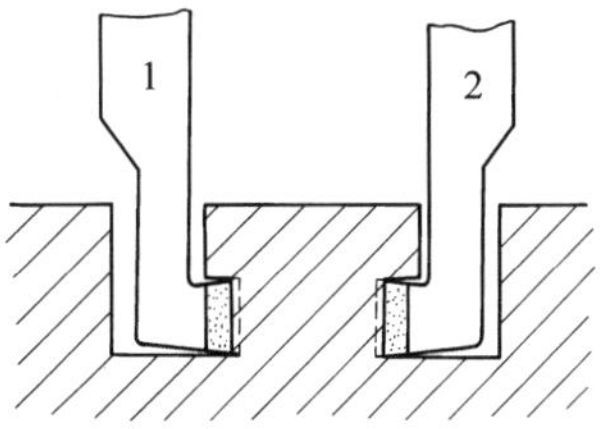 1 2	用于加工 T 形槽、侧面槽等
成形刀	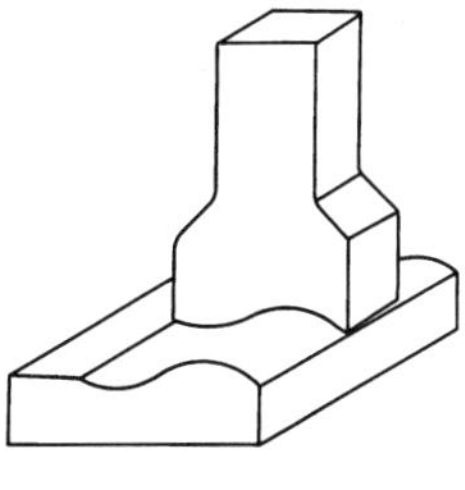	用于加工特殊形状表面。刨刀切削刃形状与工件表面一致，一次成形
粗刨刀	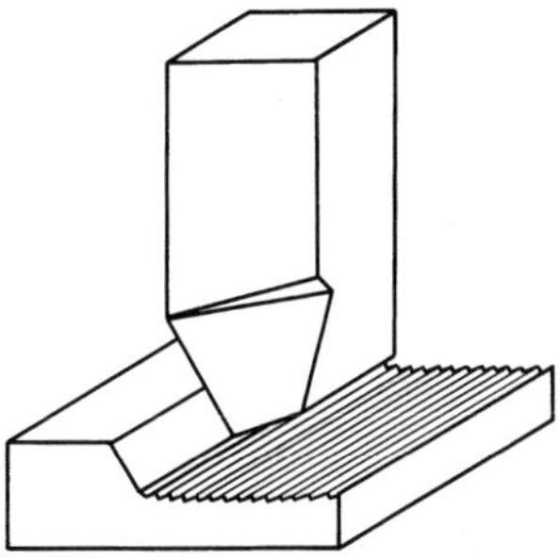	粗加工表面用刨刀。多为强力刨刀，以提高切削效率

（续）

种　类	简　图	特点与用途
精刨刀		精细加工用刨刀。多为宽刃型式，以获得较小表面粗糙度值的表面
整体刨刀		刀头与刀杆为同一材料制成，一般高速钢刀具多是此种型式
焊接刨刀		刀头与刀杆由两种材料焊接而成。刀头一般为硬质合金刀片
机械夹固式刨刀		刀头与刀杆为不同材料，用压板、螺栓等把刀头紧固在刀杆上

2. 刨刀的合理几何参数

工件材料、刀具材料、加工要求等是选择刨刀几何参数的主要因素。表 4. 2-7 列出了不同加工条件下刨刀合理几何参数推荐值。

表 4. 2-7　刨刀合理几何参数推荐值

加工性质	工件材料	刀具材料	前角 γ_o	后角 α_o①	刃倾角 λ_s	主偏角 κ_r②
粗加工	铸铁或黄铜	W18Cr4V	10°~15°	7°~9°	−10°~−15°	45°~75°
		YG8　YG6	10°~13°	6°~8°	−10°~−20°	
	钢 R_m<750MPa	W18Cr4V	15°~20°	5°~7°	−10°~−20°	45°~75°
		YW2　YT15	15°~18°	4°~6°	−10°~−20°	
	淬硬钢	YG8　YG6X	−15°~−10°	10°~15°	−15°~−20°	10°~30°
	铝	W18Cr4V	40°~45°	5°~8°	−3°~−8°	

（续）

加工性质	工件材料	刀具材料	前角 γ_o	后角 α_o①	刃倾角 λ_s	主偏角 κ_r②
精加工	铸铁或黄铜	W18Cr4V	-10°~0°	6°~8°	5°~15°	0°~45°
		YG8　YG6X	-15°~-10° 10°~20°③	3°~5°	0°~10°	
	钢 R_m<750MPa	W18Cr4V	25°~30°	5°~7°	3°~15°	—
		YW2　YG6X	22°~28°	5°~7°	5°~10°	
	淬硬钢	YG8　YG8A	-15°~-10°	10°~20°	15°~20°	10°~30°
	铝	W18Cr4V	45°~50°	5°~8°	-5°~0°	

① 精刨时，可根据情况在后刀面上磨出消振棱。一般倒棱后角 $\alpha_{o1}=-1.5°\sim0°$，倒棱宽度 $b_{a1}=0.1\sim0.5$mm。

② 机床功率较小、刚度较小时，主偏角选大值；反之，选小值。主切削刃和副切削刃之间宜采用圆弧过渡。

③ 两组推荐值都可用，视具体情况选用。

4.2.3　刨削用量

1. 进给量及背吃刀量

1）龙门刨床刨平面、刨槽、切断的进给量与粗刨平面最大背吃刀量按表 4.2-8 选用。

2）刀杆强度允许的进给量按表 4.2-9 选用。

3）硬质合金刨刀加工铸铁时刀片强度允许的进给量按表 4.2-10 选用。

表 4.2-8　龙门刨床刨平面、刨槽、切断的进给量与粗刨平面最大背吃刀量

（1）粗加工平面

工件材料	刀杆截面尺寸/mm	背吃刀量 a_p/mm		
		8	12	20
		进给量 f/(mm/dst)		
钢	25×40	1.2~0.9	0.8~0.5	—
	30×45	1.8~1.3	1.2~1.0	0.6~0.4
	40×60	3.5~2.5	2.2~1.6	1.4~0.8
铸铁	25×40	2.0~1.6	1.5~1.1	—
	30×45	3.0~2.4	2.0~1.6	1.4~0.8
	40×60	4.0~3.5	3.0~2.5	2.4~1.8

（2）精加工表面

刀具型式		表面粗糙度 Ra/μm	工件材料	副偏角 κ_r'	背吃刀量 a_p/mm	进给量 f/(mm/dst)
通切刀		6.3~3.2	钢	5°~10°①	≤2	1.5~2.5
			铸铁	5°~10°①	≤2	3.0~4.0
宽刀 YG8	精加工	6.3~3.2	铸铁	0°	≤2	10~20
	预加工	1.6~0.8			0.15~0.30	10~20
	最后加工				0.05~0.10	12~16

（3）刨槽及切断

工件材料	刨刀宽度 B/mm					
	5	8	10	12	16	20
	进给量 f/(mm/dst)					
钢	0.10~0.18	0.12~0.24	0.15~0.27	0.27~0.33	0.34~0.38	0.40~0.48
铸铁	0.28~0.35	0.35~0.42	0.45~0.50	0.50~0.60	0.60~0.70	0.70~0.85

（续）

（4）粗刨平面最大背吃刀量/mm					
工件特性	工作台外形尺寸/mm				
	1300×3000	2000×4000	2300×5000	4000×8000	4800×12000
刚性较足时	15	20	25	35	35
刚性不足时	3~8	4~10	5~12	6~15	8~20

注：1. 当用多刀加工将切削余量分成几次刨削时，则进给量按背吃刀量最大的一把刨刀确定。

2. 当采用多个刨刀同时加工时，因各个刀具进给速度均相同，其进给量为任一刨刀的进给量。

3. 用刨槽刀刨T形槽侧部时，其进给量应降低20%~25%。

① 在过渡切削刃上 $\kappa_r' = 0°$。

表 4.2-9　刀杆强度允许的进给量

刀杆截面尺寸/mm（B×H）	背吃刀量 a_p/mm												
	2.0	2.5	3.0	3.7	4.5	5.6	6.9	8.5	10.5	13	16	19	24
	刀杆强度允许的进给量 f/(mm/dst)												
（1）钢 R_m≤650MPa，W18Cr4V 刀具													
16×25	—	—	1.8	1.4	1.1	0.80	0.61	0.46	0.35	0.27	0.20	—	—
20×30	—	—	3.3	2.4	1.8	1.4	1.0	0.79	0.60	0.46	0.35	—	—
25×40	—	—	6.2	4.7	3.6	2.7	2.0	1.6	1.2	0.9	0.68	—	—
30×45	—	—	9.3	7.0	5.4	4.1	3.1	2.3	1.8	1.3	1.0	0.78	0.55
40×60	—	—	>15	15	11	8.7	6.6	5.0	3.8	2.9	2.0	1.7	1.3
（2）钢 R_m=650~860MPa，W18Cr4V 刀具													
16×25	—	1.8	1.4	1.1	0.80	0.61	0.46	0.35	0.27	0.20	—	—	—
20×30	—	3.3	2.4	1.8	1.4	1.0	0.79	0.60	0.46	0.35	—	—	—
25×40	—	6.2	4.7	3.6	2.7	2.0	1.6	1.2	0.9	0.68	—	—	—
30×45	—	9.3	7.0	5.4	4.1	3.1	2.3	1.8	1.3	1.0	0.78	0.55	0.45
40×60	—	>15	15	11	8.7	6.6	5.0	3.8	2.9	2.0	1.7	1.3	0.97
（3）钢 R_m>860MPa，W18Cr4V 刀具													
16×25	1.8	1.4	1.1	0.80	0.61	0.46	0.35	0.27	0.20	—	—	—	—
20×30	3.3	2.4	1.8	1.4	1.0	0.79	0.60	0.46	0.35	—	—	—	—
25×40	6.2	4.7	3.6	2.7	2.0	1.6	1.2	0.9	0.68	—	—	—	—
30×45	9.3	7.0	5.4	4.1	3.1	2.3	1.8	1.3	1.0	0.78	0.55	0.45	—
40×60	>15	15	11	8.7	6.6	5.0	3.8	2.9	2.0	1.7	1.3	0.97	—
（4）铸铁 150~245HBW，YG8 刀具													
16×25	—	—	—	—	—	1.8	1.4	1.1	0.80	0.61	0.46	0.35	0.27
20×30	—	—	—	—	—	3.3	2.4	1.8	1.4	1.0	0.79	0.60	0.46
25×40	—	—	—	—	—	6.2	4.7	3.6	2.7	2.0	1.6	1.2	0.9
30×45	—	—	—	—	—	9.3	7.0	5.4	4.1	3.1	2.3	1.8	1.3
40×60	—	—	—	—	—	>15	15	11	8.7	6.6	5.0	3.8	2.9

（续）

刀杆截面尺寸/mm (B×H)	背吃刀量 a_p/mm											
	3.5	4.3	5.3	6.5	8.0	9.8	12	15	18	22	29	34
	刀杆强度允许的进给量 f/(mm/dst)											
（5）铸铁 HBW≤200，W18Cr4V 刀具												
16×25	—	1.8	1.4	1.1	0.80	0.61	0.46	0.35	0.27	0.20	—	—
20×30	—	3.3	2.4	1.8	1.4	1.0	0.79	0.60	0.46	0.35	—	—
25×40	—	6.2	4.7	3.6	2.7	2.0	1.6	1.2	0.9	0.68	—	—
30×45	—	9.3	7.0	5.4	4.1	3.1	2.3	1.8	1.3	1.0	0.78	0.55
40×60	—	>15	15	11	8.7	6.6	5.0	3.8	2.9	2.0	1.7	1.3
（6）铸铁 HBW>200，W18Cr4V 刀具												
16×25	1.8	1.4	1.1	0.80	0.61	0.46	0.35	0.27	0.20	—	—	—
20×30	3.3	2.4	1.8	1.4	1.0	0.79	0.60	0.46	0.35	—	—	—
25×40	6.2	4.7	3.6	2.7	2.0	1.6	1.2	0.9	0.68	—	—	—
30×45	9.3	7.0	5.4	4.1	3.1	2.3	1.8	1.3	1.0	0.78	0.55	0.45
40×60	>15	15	11	8.7	6.6	5.0	3.8	2.9	2.0	1.7	1.3	0.97

（7）有关刨刀伸出长度 l（以 H 的倍数计）的修正系数

刀杆伸出长度 l	1.5H	2H	2.5H	3H	3.5H
修正系数	2.0	1.35	1	0.78	0.64

注：多刀同时加工中，切削余量分成几次刨削时，进给量按背吃刀量最大的一把刀来确定。

表 4.2-10　硬质合金刨刀加工铸铁时刀片强度允许的进给量

刀片厚度/mm	背吃刀量/mm				说　明
	≤4	4~7	7~13	13~22	
	进给量 f/(mm/dst)				
4	1.8	1.5	1.3	1.0	当主偏角 κ_r 不同时，表内进给量应乘以下列修正系数：$\kappa_r=20°\sim30°$，$k=1.4$；$\kappa_r=35°$，$k=1.2$；$\kappa_r=45°$，$k=1.0$；$\kappa_r=60°$，$k=0.83$；$\kappa_r=70°$，$k=0.7$
6	3.6	3.0	2.6	2.1	
8	5.8	4.9	4.1	3.4	
10	8.0	6.9	5.8	4.9	

2. 切削速度、切削力及切削功率

1）刨削时切削速度、切削力及切削功率的计算公式见表 4.2-11。

表 4.2-11　刨削时切削速度、切削力及切削功率的计算公式

计算公式		
切削速度/(m/min)	切削力/N	切削功率/kW
$v=\dfrac{c_v}{T^m a_p^{x_v} f^{y_v}}k_v$	$F_c=c_{F_c}a_p^{x_{F_c}}f^{y_{F_c}}k_{F_c}$	$P_m=\dfrac{F_c v}{6\times10^4}$

（续）

公式中的系数和指数									
加工材料	刀具材料	加工方式	系数和指数值						
			切削速度计算				切削力计算		
			c_v	x_v	y_v	m	c_{F_c}	x_{F_c}	y_{F_c}
碳钢、铬钢及镍铬钢 $R_m=650\text{MPa}$	高速钢	平面	48.9	0.25	0.66	0.12	1875	1.0	0.75
		槽	16.2	0	0.66	0.25	2100	1.0	1.0
灰铸铁 190 HBW	高速钢	平面	31.4	0.15	0.4	0.1	1225	1.0	0.75
		槽	15.6	0	0.4	0.15	1550	1.0	1.0
	YG8	平面	129.6	0.15	0.4	0.2	900	1.0	0.75
		槽	30.6	0	0.4	0.2	1550	1.0	1.0
铜合金	高速钢	平面	133.6	0.12	0.5	0.12	540	1.0	0.66

注：当刨削条件改变时，切削速度和切削力的修正系数见表 4.2-12。

2）刨削条件改变时的修正系数见表 4.2-12。

表 4.2-12　刨削条件改变时的修正系数

（1）与刀具寿命有关的修正系数									
机床型式	工件材料	刀具材料	加工方式	刀具寿命 T/min					
				60	90	120	180	240	360
				修正系数 k_{T_v}					
龙门刨床	钢	W18Cr4V	平面	1.09	1.03	1.0	0.95	0.91	0.87
			槽	1.19	1.08	1.0	0.90	0.84	0.76
	灰铸铁	YG8	平面	1.15	1.05	1.0	0.92	0.87	0.80
			槽	—	—	—	—	—	—
		W18Cr4V	平面	1.07	1.03	1.0	0.96	0.93	0.90
			槽	1.11	1.05	1.0	0.94	0.90	0.85
	铜合金		平面	1.09	1.03	1.0	0.95	0.91	0.87
插床	钢		平面	1.20	1.13	1.09	1.04	1.0	0.96
			槽	1.41	1.28	1.19	1.07	1.0	0.90
	灰铸铁		平面	1.15	1.10	1.07	1.03	1.0	0.96
			槽	1.23	1.17	1.11	1.04	1.0	0.94

（2）与工件材料的硬度和强度有关的修正系数																
修正系数	刀具材料	结构钢、碳钢及合金钢 R_m/MPa					铸铁 HBW			铜合金						
										非均质合金		铜铅合金（不均质结构）	均质合金	均质结构 $w(\text{Pb})=10\%$	铜	$w(\text{Pb})<15\%$
		450	550	650	750	850	170	190	230	高硬度	中等硬度					
k_{M_v}	YG8	—	—	—	—	—	1.13	1.0	0.79	—	—	—	—	—	—	—
	W18Cr4V	1.8	1.37	1.0	0.78	0.62	1.18	1.0	0.72	0.7	1.0	1.7	2.0	4.0	8.0	12
k_{Mf_z}	YG8	—	—	—	—	—	0.96	1.0	1.08	—	—	—	—	—	—	—
	W18Cr4V	0.88	0.94	1.0	1.12	1.22	0.94	1.0	1.11	0.75	1.0	0.62	1.8～2.2	0.65～0.7	1.7～2.1	0.25～0.45

（续）

（3）与毛坯表面情况有关的修正系数

修正系数	刀具材料	工件材料	无外皮	铸造外皮	砂土外皮	无外皮		有外皮			
						型钢及锻件	铸件	型钢	铸件及锻件　HBW		
									≤160	160~200	>200
k_{sv}	YG8	铸铁	1.0	0.8~0.85	0.5~0.6	—	—	—	—	—	—
	W18Cr4V	钢	—	—	—	1.0	0.9	0.9	0.75	0.8	0.85
		铸铁	1.0	0.8~0.85	0.5~0.6	—	—	—	—	—	—
		铜合金	1.0	0.9~0.95	—	—	—	—	—	—	—

（4）与主偏角有关的修正系数

修正系数	刀具材料	工件材料	主偏角 κ_r				
			30°	45°	60°	75°	90°
$k_{\kappa_r v}$	YG8	铸铁	1.2	1.0	0.88	0.83	0.73
	W18Cr4V	钢	1.26	1.0	0.84	0.74	0.66
		铸铁	1.2	1.0	0.88	0.79	0.73
		铜合金	—	—	1.0	—	0.83
$k_{\kappa_r F_x}$	YG8	铸铁	1.08	1.0	0.94	0.92	0.89
	W18Cr4V	钢	1.08	1.0	0.98	1.03	1.08
		铸铁	1.05	1.0	0.96	0.94	0.92
		铜合金	—	—	1.0	—	0.96

（5）与前角有关的修正系数

修正系数	刀具材料	工件材料	前角 γ_o					
			0°	8°	10°	12°~15°	20°	25°
$k_{\gamma_o F_x}$	YG8	铸铁	1.1	—	1.0	—	0.9	—
	W18Cr4V	钢 R_m≤800MPa	—	—	—	1.08	1.0	.94
		钢 R_m>800MPa	—	—	—	1.0	0.91	0.85
		铸铁	—	1.0	—	0.94	—	—

（6）与副偏角有关的修正系数

修正系数	刀具材料	副偏角 κ_r'				
		10°	15°	20°	30°	45°
$k_{\kappa_r' v}$	W18Cr4V	1.0	0.97	0.94	0.91	0.87

（7）与刀尖圆弧半径有关的修正系数

修正系数	刀具材料	工件材料	刀尖圆弧半径 r_ε/mm			
			1	2	3	5
$k_{r_\varepsilon v}$	W18Cr4V	钢	—	0.97	1.0	1.0
		铸铁	—	0.94	1.0	1.0
		铜合金	0.9	1.0	1.06	1.06
$k_{r_\varepsilon F_x}$	W18Cr4V	钢	0.89	0.96	1.0	1.06
		铸铁	0.92	0.97	1.0	1.04

（续）

(8) 与刀杆截面有关的修正系数								
修正系数	刀具材料	工件材料	刀杆截面尺寸/mm					
			16×25	20×30	25×40	30×45	40×60	60×90
k_{Bv}	W18Cr4V	钢	0.90	0.93	0.97	1.0	1.04	1.10
		铸铁	0.95	0.96	0.98	1.0	1.02	1.05
		铜合金	—	0.96	0.98	1.0	1.02	—

(9) 与刀具后刀面磨损值有关的修正系数											
修正系数	刀具材料	工件材料		磨损值 h_B/mm							
				0.5	0.9	1.0	1.2	1.5	2.0	3.0	4.0
k_{hv}	YG8	铸铁		—	—	1.0	—	1.2	1.2	—	—
	W18Cr4V	钢	插平面刀	0.93	—	0.95	—	0.97	1.0	—	—
			插槽刀	0.85	—	1.0	—	—	—	—	—
		铸铁	插平面刀	—	—	0.86	—	0.90	0.93	0.95	1.0
			插槽刀	0.85	—	0.90	—	0.95	1.0	—	—
k_{hF_z}	YG8	铸铁		—	1.0	—	—	1.05	1.05	—	—
	W18Cr4V	钢		0.93	—	0.95	—	—	1.0	—	—
		铸铁		—	—	0.82	—	—	0.83	—	1.0

(10) 与机床类型（刚性）有关的修正系数		
机床类型	龙门刨床	插床
修正系数 k_{Jv}	1.0	0.5~0.6

3）在龙门刨床上用高速钢刨刀刨削结构碳钢、铬钢、镍铬钢（R_m=650MPa）平面的切削速度、切削力及切削功率见表4.2-13。

4）在龙门刨床上用高速钢刨刀刨削灰铸铁（190HBW）平面的切削速度、切削力及切削功率见表4.2-14。

表4.2-13　在龙门刨床上用高速钢刨刀刨削结构碳钢、铬钢、镍铬钢（R_m=650MPa）平面的切削速度、切削力及切削功率

背吃刀量 a_p /mm	v/(m/min) F_c/N P_m/kW	进给量 f/(mm/dst)							
		0.3	0.4	0.5	0.6	0.75	0.9	1.1	1.4
1.0	v	—	49	42	37	32	28	25	—
	F_c	—	940	1145	1275	1520	1815	2010	—
	P_m	—	0.77	0.80	0.8	0.81	0.86	0.86	—
2.5	v	—	39	33	30	26	23	20	—
	F_c	—	2355	2795	3190	3775	4315	5050	—
	P_m	—	1.52	1.56	1.60	1.60	1.60	1.70	—
4.5	v	—	—	29	26	22	20	17	15
	F_c	—	—	5000	5740	6820	7360	9120	10890
	P_m	—	—	2.40	2.50	2.50	2.60	2.60	2.64

（续）

背吃刀量 a_p /mm	v/(m/min) F_c/N P_m/kW	进给量 f/(mm/dst)							
		0.3	0.4	0.5	0.6	0.75	0.9	1.1	1.4
8.0	v	—	—	25	22	19	17	15	13
	F_c	—	—	8930	10200	12070	13830	16190	19330
	P_m	—	—	3.76	3.84	3.84	3.92	4.00	4.08
14	v	31	25	22	19	17	15	—	—
	F_c	10690	13240	15600	17950	21290	24230	—	—
	P_m	5.44	5.60	5.68	5.76	5.92	6.00	—	—
20	v	28	23	20	18	15	13	—	—
	F_c	15210	18840	22270	25600	30410	34630	—	—
	P_m	7.12	7.52	7.52	7.60	7.76	7.92	—	—

注：刨削条件变换时的修正系数见表4.2-12。

表4.2-14 在龙门刨床上用高速钢刨刀刨削灰铸铁（190HBW）平面的切削速度、切削力及切削功率

背吃刀量 a_p /mm	v/(m/min) F_c/N P_m/kW	进给量 f/(mm/dst)							
		0.25	0.35	0.55	0.76	1.1	1.5	2.1	2.9
1.0	v	33	29	24	21	18	16	—	—
	F_c	430	560	785	1000	1315	1665	—	—
	P_m	0.24	0.26	0.31	0.35	0.40	0.45	—	—
2.5	v	—	25	21	18	16	14	12	—
	F_c	—	1400	1960	2500	3285	4170	5345	—
	P_m	—	0.58	0.69	0.77	0.86	0.97	1.10	—
6.5	v	—	—	18	16	14	12	11	10
	F_c	—	—	5100	6570	8530	10890	13930	17760
	P_m	—	—	1.58	1.79	2.01	2.26	2.53	2.85
16	v	22	19	16	14	12	11	—	—
	F_c	6965	8930	12560	15990	21090	26680	—	—
	P_m	2.51	2.80	3.32	3.70	4.22	4.70	—	—
30	v	20	17	14	13	11	10	—	—
	F_c	12950	16780	23540	30020	39530	50030	—	—
	P_m	4.24	4.82	5.66	6.32	7.24	8.16	—	—

注：刨削条件变换时的修正系数见表4.2-12。

5）在龙门刨床上用YG8硬质合金刨刀刨削灰铸铁（190HBW）平面的切削速度、切削力及切削功率见表4.2-15。

6）在龙门刨床上用YG8硬质合金宽刃刨刀精刨灰铸铁（190HBW）平面的切削速度、切削力及切削功率见表4.2-16。

7）在龙门刨床上用高速钢刨刀对结构碳钢、铬钢、镍铬钢及铸钢（R_m=650MPa）刨槽与切断的切削速度、切削力及切削功率见表4.2-17。

8）对灰铸铁（190HBW）刨槽与切断的切削速度、切削力及切削功率见表4.2-18。

9）刨削灰铸铁导轨的切削用量见表4.2-19。

表 4.2-15　在龙门刨床上用 YG8 硬质合金刨刀刨削灰铸铁（190HBW）平面的切削速度、切削力及切削功率

背吃刀量 a_p /mm	v/(m/min) F_c/N P_m/kW	进给量 f/(mm/dst)							
		0.4	0.55	0.75	1.0	1.4	1.8	2.5	3.3
1.5	v	82	72	64	57	49.5	45	—	—
	F_c	686	870	1088	1352	1754	2107	—	—
	P_m	0.93	0.80	1.2	1.3	1.4	1.6	—	—
4	v	—	—	57	49	43	38.5	34	30.5
	F_c	—	—	2901	3587	4707	5835	7203	8820
	P_m	—	—	2.8	2.9	3.4	3.6	4.1	4.5
9	v	63	55	49	43.5	37	34.5	—	—
	F_c	4116	5243	6566	8134	10468	12642	—	—
	P_m	4.3	4.8	5.4	5.9	6.5	7.3	—	—
20	v	55.5	49	43	38.5	33.5	30.5	—	—
	F_c	9075	11564	14504	18032	23324	28028	—	—
	P_m	8.4	9.4	10.4	11.6	13.1	14.3	—	—

注：刨削条件变换时的修正系数见表 4.2-12。

表 4.2-16　在龙门刨床上用 YG8 硬质合金宽刃刨刀精刨灰铸铁（190HBW）平面的切削速度、切削力及切削功率

背吃刀量 a_p /mm	进给量 f/(mm/dst)	v/(m/min)	F_c/N	P_m/kW	行程次数	加工性质	
≤2	10~20	14~18	8535~10100	2.0~3.0	1	半精加工 Ra6.3~Ra3.2μm	
0.15~0.3	10~20	5~15	1275~1520	0.1~0.4	1	预行程	精加工
0.05~0.1	12~16	4~15	360~580	0.03~0.13	1~2	最后行程	Ra1.6~Ra0.8μm
根据加工面的尺寸允许的最大刨削速度							
精加工平面的面积/m^2			6	8	13	17	20
最大刨削速度 v/(m/min)（保证在工作过程中不换刀）			15	11	7	5	4

注：工件表面粗糙度参数值要减小至 Ra1.6~Ra0.8μm 时，必须做到：①将切削刃直线部分研磨至 Ra0.1μm，用样板光隙检查其直线度；②将宽刀装上机床时，与水平面齐平，进行光隙检查；③采用煤油润滑加工面。

表 4.2-17　在龙门刨床上用高速钢刨刀对结构碳钢、铬钢、镍铬钢及铸钢（R_m=650MPa）刨槽与切断的切削速度、切削力及切削功率

进给量 f/(mm/dst)	工件材料					
	轧钢件及锻件			铸钢件		
	v/(m/min)	F_c/N	P_m/kW	v(m/min)	F_c/N	P_m/kW
0.10	22	220	0.08	20	220	0.07
0.12	20	265	0.09	18	265	0.08
0.15	17	335	0.10	15	335	0.09
0.18	15	390	0.10	14	390	0.09

（续）

进给量 f/(mm/dst)	工件材料					
	轧钢件及锻件			铸钢件		
	v/(m/min)	F_c/N	P_m/kW	v/(m/min)	F_c/N	P_m/kW
0.23	13	510	0.11	12	510	0.10
0.28	11	620	0.21	10	620	0.10
0.35	10	775	0.13	9	775	0.11
0.40	9	880	0.14	8	880	0.12
0.50	7.8	1100	0.14	7	1100	0.13
0.60	6.9	1315	0.15	6	1315	0.14
0.75	5.9	1650	0.16	5	1650	0.15
加工条件改变时切削速度的修正系数						
刀具寿命 T/min	60	90	120	180	240	360
修正系数 k_{Tv}	1.19	1.08	1.0	0.9	0.84	0.76

注：表内切削力 F_c 及切削功率 P_m 按槽宽 1mm 计算而得，实际的 F_c 及 P_m 应按表内数据乘上刨槽刀宽度。

表 4.2-18　对灰铸铁（190HBW）刨槽与切断的切削速度、切削力及切削功率

进给量 f (mm/dst)		龙门刨床					
		刀具材料					
		W18Cr4V			YG8		
		v/(m/min)	F_c/N	P_m/kW	v/(m/min)	F_c/N	P_m/kW
0.08		21	125	0.043	32	125	0.066
0.12		18	185	0.056	27	185	0.086
0.17		16	265	0.069	24	265	0.11
0.25		13	385	0.086	20	385	0.14
0.30		12	460	0.096	19	460	0.15
0.46		10	715	0.12	16	715	0.19
0.65		9	1010	0.15	14	1010	0.24
0.90		8	1390	0.18	12	1390	0.29
加工条件改变时切削速度的修正系数							
刀具寿命 T/min		60	90	120	180	240	360
修正系数 k_{Tv}	W18Cr4V	1.11	1.05	1.0	0.94	0.9	0.85
	YG8	1.15	1.06	1.0	0.92	0.87	0.80

注：表内切削力 F_c 及切削功率 P_m 按槽宽 1mm 计算而得，实际的 F_c 及 P_m 应按表内数据乘上刨槽刀宽度。

表 4.2-19　刨削灰铸铁导轨的切削用量

加工简图	加工性质		刀具材料	切削用量		
				a_p/mm	f/(mm/dst)	v/(m/min)
	粗刨	有外皮	YG8	20	1.5~2.0	20~25
		无外皮		20	2.0~3.0	25~30
	刮前或磨前精刨	第一行程		3	0.7~0.9	30~40
		第二行程		1	0.3~0.4	30~40

（续）

加工简图	加工性质			刀具材料	切削用量		
					a_p/mm	f/(mm/dst)	v/(m/min)
	宽刀	刮前或磨前精刨		YG8	2	6~12	14~18
	宽刀	精刨（代替刮或磨）	预精刨	YG8	2	6~12	14~18
	宽刀	精刨（代替刮或磨）	最后精刨	YG8	0.1	4.8	8~14
	精刨（代替刮或磨），切削刃长度 l/mm	100	预精刨	高速钢	—	0.12~0.15	6~8
		100	最后精刨	高速钢	—	0.05~0.08	6~8
		>100	预精刨	高速钢	—	0.12~0.15	4~6
		>100	最后精刨	高速钢	—	0.05~0.08	4~6
切入刨 去余量	粗刨	切入刨	有外皮	高速钢	—	0.2~0.3	15~20
	粗刨	去余量	有外皮	高速钢	15~20	1.0~1.5	20~25
	粗刨	切入刨	无外皮	高速钢	—	0.2~0.3	20~25
	粗刨	去余量	无外皮	高速钢	15~20	1.0~2.0	20~25
	粗刨		有外皮	YG8	15	0.6~0.8	12~15
	刮前或磨前精刨		无外皮	YG8	15	0.8~1.2	15~20
	刮前或磨前精刨		无外皮	YG8	3	0.4~0.8	20~25
	刮前或磨前精刨		无外皮	高速钢	3	0.4~0.8	8~10

注：1. 进行精细加工来代替刮或磨时，须用煤油润滑加工面。
2. 加工简图中的箭头指进给方向。

4.2.4 刨削生产应用实例

1. 薄形工件的刨削

板状工件的长度与厚度的比值超过 25 时称为薄形工件或薄板工件。其特点是本身刚性差，在受夹紧力、切削力、切削热及切削过程中内应力重新分布等的影响后，工件极易变形。刨床由于工作的特点，在刨削加工时引起工件变形的因素比其他机床加工要小得多，因此，目前切削加工中的薄形工件加工常采用刨削。刨削薄形工件的要点如下：

1）刀具。要求刨刀在切削过程中产生较小的切削力和切削热。为了减小切屑变形，并使切屑排除顺利，刀具应具有较大前角和理想的前面形状，一般取 $\gamma_o=15°\sim20°$，并将前面磨成凹圆弧形状；为减少后面与工件加工表面的摩擦，后角比一般平面刨刀略大些，一般取 $\alpha_o=8°\sim10°$；主偏角应小些，一般取 $\kappa_r=30°\sim40°$，这样在刨削时产生的进给力 F_f 较小，避免将工件顶弯，所产生较大的背向力 F_p 可将工件压向工作台面，有利于减小夹紧力引起的变形；刃倾角一般取 $\lambda_s=0°\sim8°$，可减小刨削中的冲击和振动，使切削平稳。此外，刀尖圆弧半径和倒角刀尖长度，在不影响薄形工件表面质量的前提下应尽量取小值，以减小切削力和减少切削热的产生。

2）切削用量。切削用量取值不宜过高，常取 $a_p=0.3\sim0.5$mm，$f=0.1\sim0.25$mm/dst，$v=3\sim12$m/min。

3）工件的装夹。

① 装夹在平口钳内进行刨削。为保证薄形工件装夹的可靠性和稳定性，必须预先将工件的两个侧面加工好，且保持平行，以减小因装夹而引起的变形。在装夹薄形工件时，必须注意使工件底平面与定位面贴紧，但不可用锤敲击工件，以免工件变形和更不易

夹紧；如果工件下面的缝隙是由于工件底面不平直而产生的，应该用铜皮垫实，以免在刨削力的作用下引起工件向下弯曲变形。用平口钳装夹薄板，可在钳口内垫一比工件宽的平行垫铁，将工件放在垫铁上，再用钳口轻压（图 4. 2-1）。

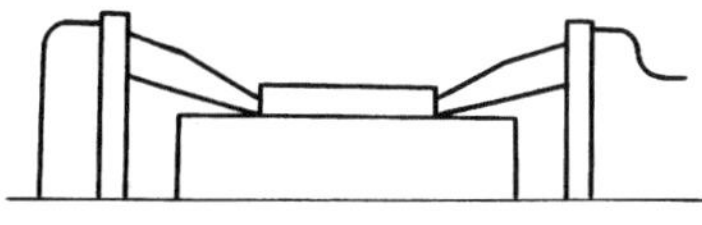

图 4. 2-1 用平口钳装夹薄板

② 直接装夹在工作台上进行刨削。工件直接装夹在工作台上进行刨削，比用平口钳装夹的加工精度要高些，但装夹较困难，其要点为：

a. 工件底面必须与工作台面贴紧，翘曲不平处必须垫实。

b. 用螺钉、楔铁挤压工件侧面对工件进行夹紧时，要求产生能使工件压向工作台的夹紧分力。

③ 装夹在磁性工作台上进行刨削。用磁性工作台装夹工件时，应先把工件的一个面（即基准面）刨好，否则将影响装夹和加工精度。若薄形工件在电磁吸盘上吸紧刨削，应注意试刨，以防止工件的移动，必要时可调整刨削用量或在对着刨削力方向的一端装支承挡板。

磁性工作台适用于装夹薄而宽的工件，对于小的薄板工件一次可装夹多件。

2. 槽类工件的刨削与切断（表 4. 2-20）

表 4. 2-20 槽类工件的刨削与切断

类型	简 图	加 工 方 法
直角沟槽	a) b)	当槽的精度要求不高且又较窄时，可按图 a 一次将槽刨完 当精度要求较高且又较宽时，可按图 b 先用较窄的切槽刀开槽，然后用等宽的切槽刀精刨
	1 3 2 a) 1 2 b)	很宽的槽按下列两种方法加工： 图 a 是按 1、2、3 顺序用切槽刀垂直进给粗刨，三面各留余量 0. 1～0. 3mm，粗切后再进行精刨 图 b 是先用切槽刀刨出 1、2 槽，再用尖头刨刀粗刨中间，三面各留余量 0. 1～0. 3mm，最后换切槽刀精刨
轴上直通槽	a) b) L b l D c)	短的工件可按图 a 用虎钳装夹，长的工件可按图 b 直接装夹在工作台台面上 为了保证槽侧与轴线的平行度，装夹时应用百分表找正侧素线 粗刨直通槽方法与刨直角沟槽相同 精刨时，先用切槽刀垂直进给精刨一个侧面，此时要特别注意保证键槽对轴心的对称度，测量方法可参照图 c，其中 $L=\frac{D-b}{2}+l$ 式中 D——轴的实际尺寸 b——键槽按中间公差的宽度 L 值可用卡尺或公法线千分尺测量。精刨完一侧后，再精刨另一侧达到槽宽要求

（续）

类型	简图	加工方法
V形槽	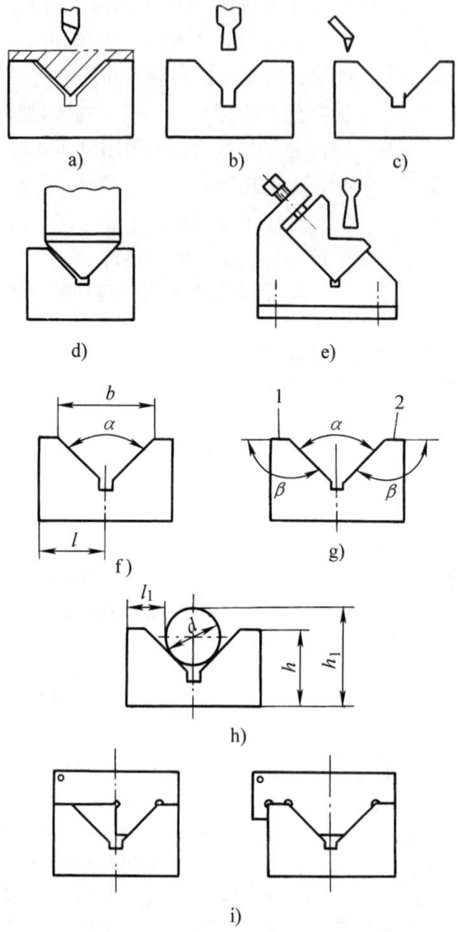 a) b) c) d) e) f) g) h) i)	1. 加工方法 1）按尺寸画线，用水平走刀粗刨大部分余量，如图 a 所示 2）按图 b 切空刀槽 3）倾斜刀架，用偏刀刨两斜面，如图 c 所示 4）尺寸小的 V 形槽，可用样板刀精刨，如图 d 所示 5）可用夹具刨 V 形槽，如图 e 所示 2. 测量方法（V 形槽尺寸要素如图 f 所示） 1）以 1、2 顶面为基准按图 g 检查两 β 角 $\beta=90°+\frac{\alpha}{2}$ 若 β 正确，则 α 正确，且 α 的角平分线与 1、2 面垂直 2）按图 h 测量 l_1，$l_1=l-\frac{d}{2}$ 3）按图 h 测量 h_1 $h_1=\frac{d}{2\sin\frac{\alpha}{2}}+h+\frac{d}{2}-\frac{b}{2}\cot\frac{\alpha}{2}$ 若 h_1 准确，则尺寸 b 准确 4）成批生产时，可用样板检查，如图 i 所示
T形槽	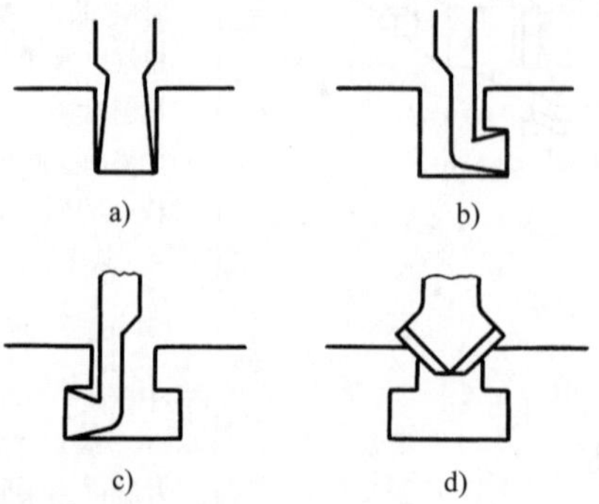 a) b) c) d)	1. 用直槽刀按图 a 切直槽 2. 按图 b 用左弯头刀加工一侧面凹槽 3. 按图 c 用右弯头刀加工另一侧面凹槽 4. 用 45°倒角刀按图 d 倒角 注意：刨 T 形槽时切削用量要小；刨刀回程时，必须将刀具退出 T 形槽外

（续）

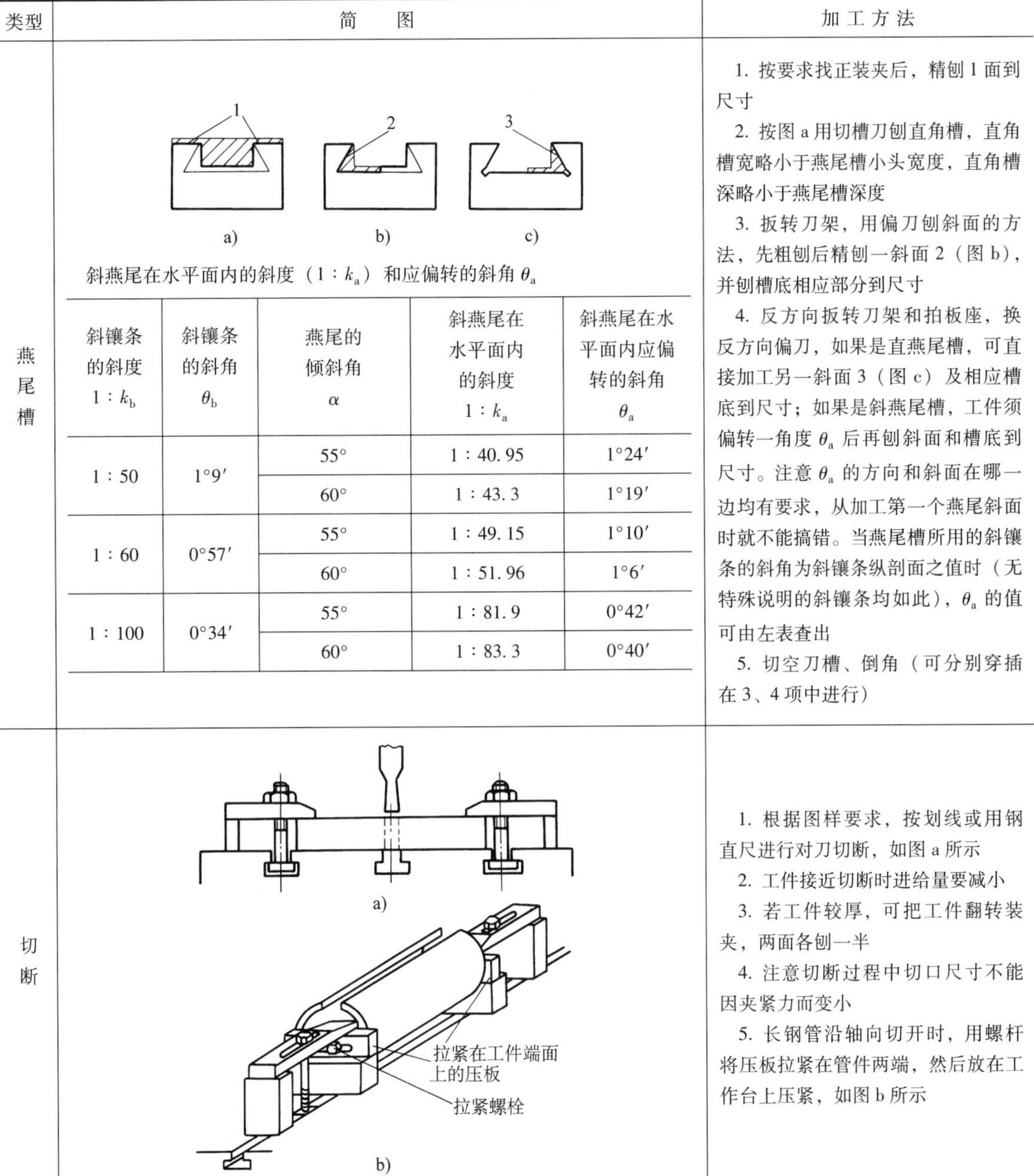

<table>
<tr><th>类型</th><th>简　图</th><th>加 工 方 法</th></tr>
<tr><td>燕尾槽</td><td>a)　b)　c)
斜燕尾在水平面内的斜度（1∶k_a）和应偏转的斜角 θ_a
<table>
<tr><th>斜镶条的斜度 1∶k_b</th><th>斜镶条的斜角 θ_b</th><th>燕尾的倾斜角 α</th><th>斜燕尾在水平面内的斜度 1∶k_a</th><th>斜燕尾在水平面内应偏转的斜角 θ_a</th></tr>
<tr><td rowspan="2">1∶50</td><td rowspan="2">1°9′</td><td>55°</td><td>1∶40.95</td><td>1°24′</td></tr>
<tr><td>60°</td><td>1∶43.3</td><td>1°19′</td></tr>
<tr><td rowspan="2">1∶60</td><td rowspan="2">0°57′</td><td>55°</td><td>1∶49.15</td><td>1°10′</td></tr>
<tr><td>60°</td><td>1∶51.96</td><td>1°6′</td></tr>
<tr><td rowspan="2">1∶100</td><td rowspan="2">0°34′</td><td>55°</td><td>1∶81.9</td><td>0°42′</td></tr>
<tr><td>60°</td><td>1∶83.3</td><td>0°40′</td></tr>
</table></td>
<td>1. 按要求找正装夹后，精刨 1 面到尺寸
2. 按图 a 用切槽刀刨直角槽，直角槽宽略小于燕尾槽小头宽度，直角槽深略小于燕尾槽深度
3. 扳转刀架，用偏刀刨斜面的方法，先粗刨后精刨一斜面 2（图 b），并刨槽底相应部分到尺寸
4. 反方向扳转刀架和拍板座，换反方向偏刀，如果是直燕尾槽，可直接加工另一斜面 3（图 c）及相应槽底到尺寸；如果是斜燕尾槽，工件须偏转一角度 θ_a 后再刨斜面和槽底到尺寸。注意 θ_a 的方向和斜面在哪一边均有要求，从加工第一个燕尾斜面时就不能搞错。当燕尾槽所用的斜镶条的斜角为斜镶条纵剖面之值时（无特殊说明的斜镶条均如此），θ_a 的值可由左表查出
5. 切空刀槽、倒角（可分别穿插在 3、4 项中进行）</td></tr>
<tr><td>切断</td><td>a)
b)</td><td>1. 根据图样要求，按划线或用钢直尺进行对刀切断，如图 a 所示
2. 工件接近切断时进给量要减小
3. 若工件较厚，可把工件翻转装夹，两面各刨一半
4. 注意切断过程中切口尺寸不能因夹紧力而变小
5. 长钢管沿轴向切开时，用螺杆将压板拉紧在管件两端，然后放在工作台上压紧，如图 b 所示</td></tr>
</table>

3. 精刨

精刨是通过改善刨削条件，使工件获得较高精度和较小表面粗糙度值，以代替刮削和磨削的一种刨削加工方法。精刨常用来加工机床工作台台面、机床导轨面、机座和箱体的重要结合面等要求较高的平面。

（1）精刨的类型

精刨的类型较多，一般按照精刨刀切削刃形式划分为两类五种，见表 4.2-21。

（2）精刨的要点

1）对机床的要求。

① 用于精刨加工的机床，对其精度要求较高，精刨前要进行检查和调整，主要项目为：导轨精度、工作台移动精度、横梁导轨精度、刀架溜板移动精度及刀架拍板配合精度等。可根据加工内容有针对性地择要进行调整。

② 如果台面与导轨不平行或台面有较大、较多

的凸凹不平时，要用微量自刨修整。

③ 床身导轨要润滑充足，以减小摩擦力和工作台的热变形，提高加工精度。

④ 不要在用于精刨的机床上进行粗刨加工，以免因粗刨破坏机床精度。

精刨时机床的调整精度见表 4.2-22。

表 4.2-21　精刨的类型、特点与应用

类型			简　图	特点与应用
直线刃精刨	一般宽刃精刨			1. 一般刃宽 10~60mm 2. 自动横向进给 3. 适用于在牛头刨床上加工铸铁和钢件。加工铸铁时，取 $\lambda_s=3°\sim8°$；加工钢件时，取 $\lambda_s=10°\sim15°$ 4. 表面粗糙度可达 $Ra1.6\sim0.8\mu m$
直线刃精刨	宽刃刃精刨			1. 一般刃宽 $L=100\sim240$mm 2. $L>B$ 时，没有横向进给，只有垂直进给；$L\leqslant B$ 时，一般采用排刀法，常取进给量 $f=(0.2\sim0.6)\ L$，用千分表控制垂直进给量 3. 适于在龙门刨床上加工铸铁和钢件 4. 表面粗糙度可达 $Ra1.6\sim0.8\mu m$
曲线刃精刨	圆弧刃精刨			1. 采用圆弧刀，在同样的切削用量下，单位刃长的负荷轻，刀尖强度高，耐冲击，因而刀具寿命长 2. 刀尖上每点的刃倾角都是变化的，可增大前角，减小切屑变形，因此在同样切削用量下，可减小刨削力和使切屑流畅排出，并能微量进给（0.01~0.1mm） 3. 适用于加工碳素工具钢和合金工具钢，相比直线刃可提高效率 2~3 倍 4. 表面粗糙度可达 $Ra1.6\sim0.8\mu m$
曲线刃精刨	圆形刃精刨	不转圆形刃精刨		1. 除具有圆弧刃的特点外，刃磨一次可分段使用，这样相对寿命长 2. 节省辅助时间 3. 适用于加工中碳钢 4. 表面粗糙度可达 $Ra3.2\sim1.6\mu m$
曲线刃精刨	圆形刃精刨	滚切精刨		1. 显著提高切削效率和延长刀具寿命 2. 在后刀面上有一个压光棱带： $\alpha_{o1}=0°$，$b_{a1}=0.2\sim1$mm 3. 适用于加工铸铁、钢件、石头等多种材料 4. 表面粗糙度可达 $Ra1.6\sim0.8\mu m$

表 4.2-22　精刨时机床的调整精度

项　　目	测量长度/m				
	≤4	>4~6	>6~10	>10~12	>12~16
	公差/mm				
导轨在垂直平面内的直线度	0.02	0.03	0.04	0.05	0.06
两导轨的平行度（扭曲）	0.01	0.02/1000			
横梁导轨的直线度	0.01	长度每增加 1m 公差增加 0.005			
刀架溜板移动的直线度	在全部行程上 0.01				
销孔与销轴的配合间隙	0.003~0.010				

2）对工件的要求。

① 工件精刨前必须进行时效处理，消除工件的内应力，减小加工变形。

② 精刨工序的定位基面应有良好的平面度，不能有翘曲现象。

③ 精刨工序的加工余量为 0.05~0.15mm，较窄短的工件取小值，较宽长的工件取大值。

④ 精刨前工件精刨面的表面粗糙度 Ra 值不大于 3.2μm。工件所刨面的两端必须有倒角以防伤刀。

3）对工件装夹的要求。

① 装夹工件应使工件处于自由状态，定位基面有翘曲不平时不得强制压平，而应在翘曲处塞上一定厚度的纸垫垫实。

② 夹紧力应作用在支承上或作用在几个支承点所形成的平面内。

③ 为减少定位基面和夹具支承面之间的接触面变形，必须对工件定位基面的平面度和表面粗糙度值提出严格要求。

④ 为减少因工件自重引起的变形，定位支承点的位置应在工件全长的 2/9 处，如图 4.2-2 所示。

⑤ 必要时增设辅助支承。

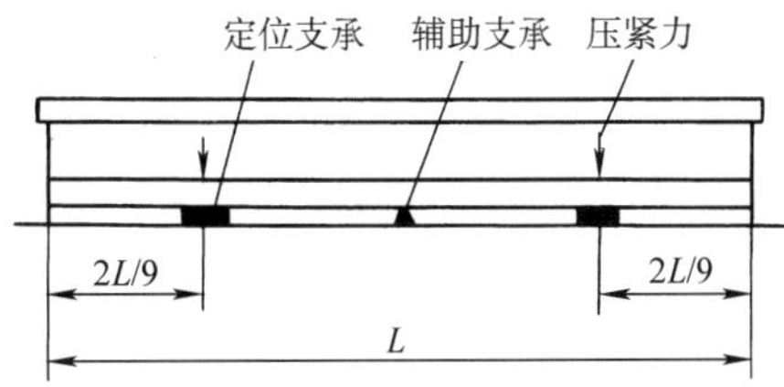

图 4.2-2　自重变形量小的支承点

4）对切削液的要求。精刨铸铁时，常用煤油加入 0.03%重铬酸钾；精刨钢件时，常用机油和煤油混合液（2∶1），或矿物油和松节油混合液（3∶1）。

精刨时，最好能连续在刀具前刀面和后刀面同时喷切削液。

5）对刀具和切削用量的要求。

① 刀具的结构型式、切削角度和切削用量如图 4.2-3~图 4.2-5 所示。此外，应注意刀具的研磨和选用正确的对刀方法。

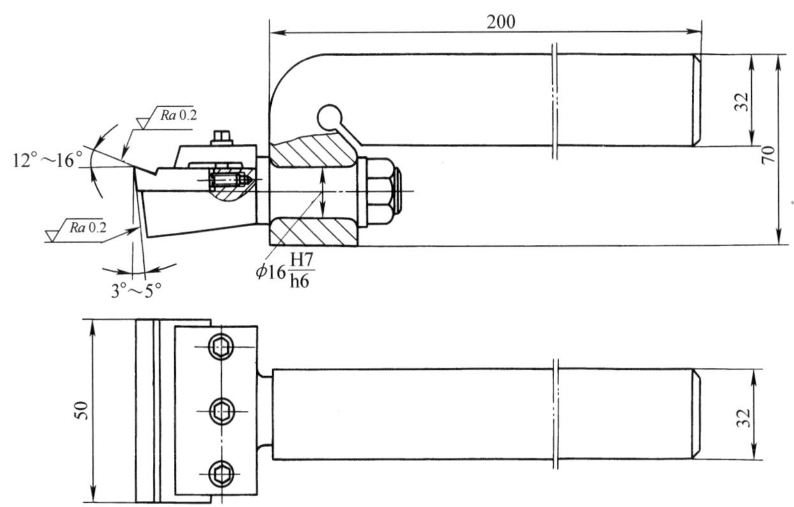

图 4.2-3　可调刃倾角精刨刀

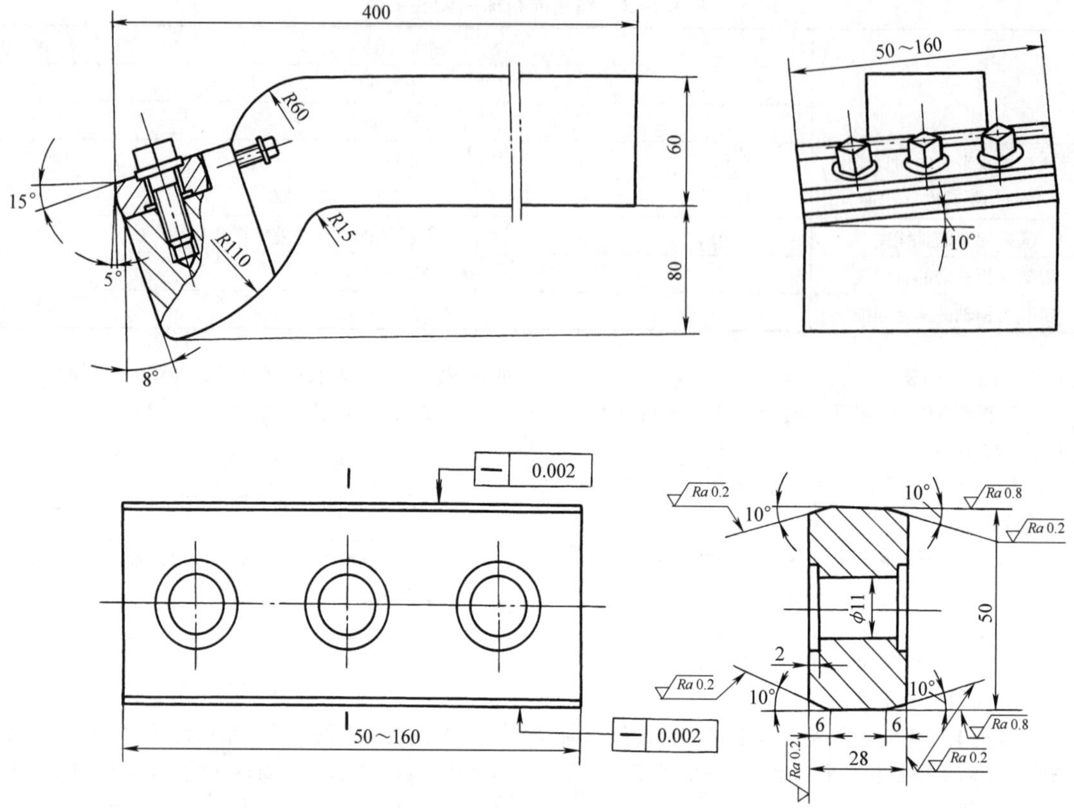

图 4.2-4　宽刃精刨刀及刀片

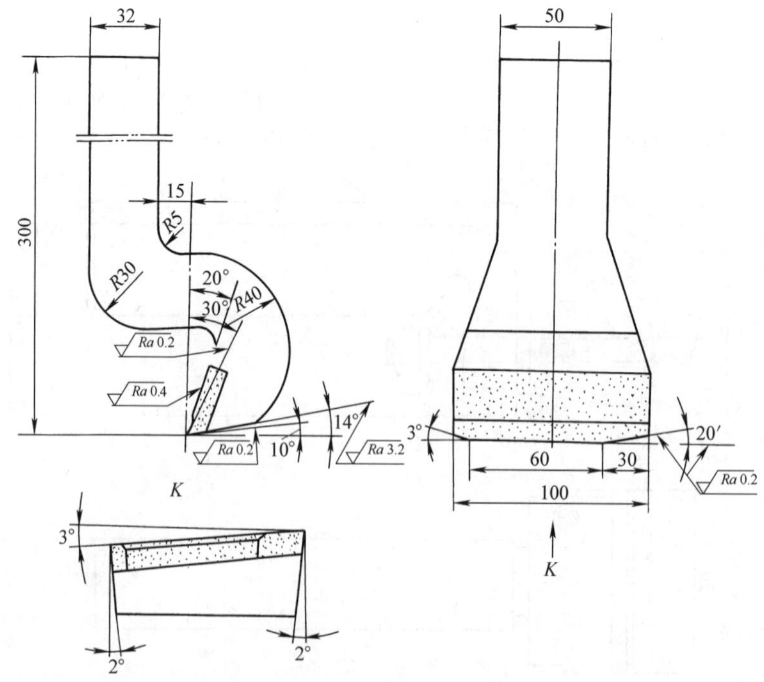

图 4.2-5　大前角宽刃硬质合金精刨刀

② 精刨刀的研磨。研磨后的切削刃直线度误差不得超过 0.003/100，前、后刀面的表面粗糙度 Ra 值不大于 0.2μm。高速钢和硬质合金刀片常用的研磨方法见表 4.2-23。

表 4.2-23 精刨刀常用的研磨方法

种类	研磨简图	说明
平直前刀面的研磨		研磨前，先将油石研平，按图示角度和方向研磨刀具前刀面，为了防止把油石研出沟痕，油石在垂直于切削刃方向上有微小窜动 长方油石：粗研用 F240 ~ F200，精研用 F400 ~ F800
带断屑槽前刀面的研磨	R_y R_n γ_o B	一般取圆柱油石半径 $R_y=(1.2\sim1.3)R_n$，[R_n—刀具断屑槽半径（mm）]，研磨后 $\gamma_o=\arcsin\dfrac{B}{2R_y}$ 研磨时，应使油石不断地转动，以防把刃口研钝。圆柱油石粒度同上。精研时，也可用铸铁或铜做成研棒，加上金刚砂研磨
后刀面的研磨	α 研磨板	研磨时，不要沿切削刃方向运动，否则会将刃口研钝 研磨板用铸铁做成，刀片后刀面平面度应比工件高 1~2 级，表面粗糙度 Ra 值不大于 0.4μm。金刚砂粒度为 F400 ~ F800

③ 精刨刀的对刀方法。精刨刀的对刀是指对精刨刀刃口相对工件的位置进行调整和校对，使之符合精刨切削的要求。实际加工中，常以刀架导轨面、工作台台面或工件上刨光部分平面作为对刀所用的基准面，有时也可将方箱置于工作台上找正后作为对刀基准面。若以刀架导轨面作为基准，横向移动刀架，用固定在工作台上的百分表找正刃口对刀架导轨的平行度，如图 4.2-6a 所示；若以上述的其他面作为基准，可用透光法和移动表座测量法进行对刀。透光法是在基准面上放置对刀块，使刃口轻轻与对刀块接触，然后观察透光缝隙的均匀性来调整精刨刀，如图 4.2-6b 所示，必要时，可用厚薄规或放大镜来检查缝隙情况。移动表座测量法是在基准面上放一表座，推动表座用百分表检查切削刃两端的一致性，以调整刃口对基准面的平行度，如图 4.2-6c 所示。

上述对刀方法在刀具全长上的误差不应超过 0.01mm；对刀测得的误差应比工件所刨平面要求的精度高 1~2 级；对需要配刨的导轨面，应根据配研情况调整对刀，使精刨后的平面符合配合要求。

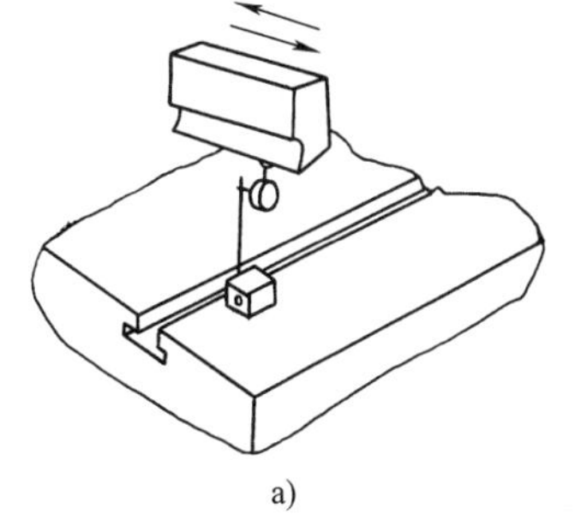
a)

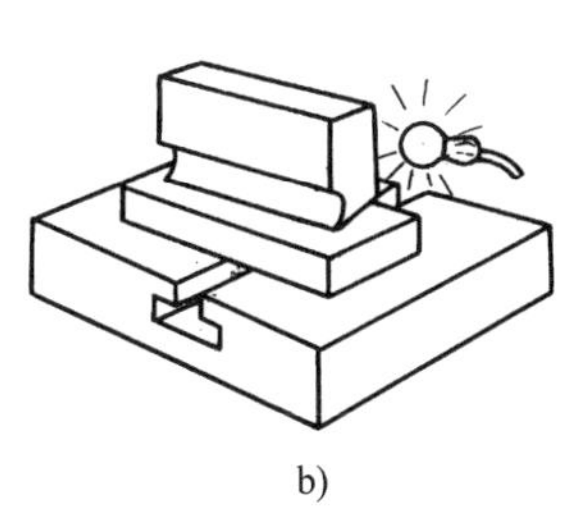
b)

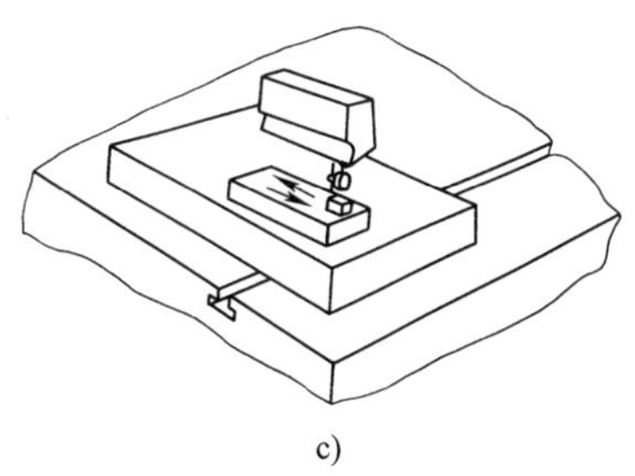
c)

图 4.2-6 精刨刀的对刀方法

a）移动刀架测量法 b）透光法 c）移动表座测量法

4.2.5 刨削加工中常见问题及对策

1. 刨平面常见质量问题产生的原因与解决方法（表 4.2-24）

表 4.2-24 刨平面常见质量问题产生的原因与解决方法

质量问题	产生原因	解决方法
表面粗糙度值不符合要求	光整精加工切削用量选择不合理	最后光整精刨时采用较小的切削用量
	刀具几何角度不合理，刀具不锋利	合理选用几何角度，刀具磨钝后及时刃磨
工件表面产生波纹	机床刚性不好，滑动导轨间隙过大，切削产生振动	调整机床工作台、滑枕、刀架等部分的压板、镶条及地脚螺钉等
	工件装夹不合理或工件刚性差，切削时振动	注意装夹方法，垫铁不能松动，增加辅助支承，使工件薄弱环节的刚性得到加强
	刀具几何角度不合理或刀具刚性差，切削振动	合理选用刀具几何角度，加大 γ_o、κ_r、λ_s；缩短刨刀伸出长度，采用减振弹性刀
平面出现小沟纹或微小台阶	刀架丝杠与螺母间隙过大；调整刀架后未锁紧刀架	调整丝杠与螺母间隙或更新丝杠、螺母。调整刀架后，必须将刀架溜板锁紧
	拍板、滑枕、刀架溜板等配合间隙过大	调整间隙
	刨削时中途停车	精刨平面时避免中途停车
工件开始吃刀的一端形成倾斜倒棱	拍板、滑枕、刀架溜板间隙过大，刀架丝杠上端轴颈锁紧螺母松动	调整拍板、滑枕、刀架溜板间隙及刀架侧面镶条与导轨间隙，锁紧刀架丝杠上端螺母
	背吃刀量太大，刀杆伸出过长	减小背吃刀量和刀杆伸出量
	刨刀 κ_r 和 γ_o 过小，吃刀抗力增大	适当选用较大的 κ_r 和 γ_o 角
平面局部有凹陷现象	牛头刨床大齿轮曲柄销的丝杠一端锁紧螺母松动，造成滑枕在切削中有瞬时停滞现象	应停车检查，将此螺母拧紧
	切削时，突然在加工表面停车	精刨平面时，不应在加工表面停车
	工件材质、余量不均，引起“扎刀”现象	选用弯颈式弹性刨刀，避免“扎刀”；多次分层切削，使精刨余量均匀
平面的平面度不符合要求	工件装夹不当，夹紧时产生弹性变形	装夹时应将工件垫实，夹紧力应作用在工件不易变形的位置
	刨刀几何角度、刨削用量选用不合适，产生较大的刨削力、刨削热而使工件变形	合理选用刨刀几何角度和刨削用量；必要时可等工件冷却一定时间再精刨
两相对平面不平行，两相邻平面不垂直	夹具定位面与机床主运动方向不平行或机床相关精度不够	装夹工件前应找正夹具基准面，调整机床精度
	工件装夹不正确，基准选择不当，定位基准有毛刺、异物，工件与定位面未贴实	正确选择基准面和定位面并清除毛刺、异物检查工件装夹是否正确

2. 刨垂直面及台阶常见质量问题产生的原因与解决方法（表 4.2-25）

表 4.2-25　刨垂直面及台阶常见质量问题产生的原因与解决方法

质量问题	产生原因	解决方法
垂直平面与相邻平面不垂直 相邻平面 f v 垂直平面	刀架垂直进给方向与工作台面不垂直	调整刀架进给方向，使之与工作台面垂直
	刀架镶条间隙上下不一致，刀架升降时松紧不一，造成受力后靠向一边	调整刀架镶条间隙，使之松紧一致
	工作台或刀架溜板水平进给丝杠与螺母间隙未消除	精切时应消除丝杠、螺母的间隙
	刀架或刨刀伸出过长，切削中产生让刀；刀具刃口磨损	缩短刀架、刀杆伸出长度，选用刚性好的刀杆，及时刃磨刀具
垂直平面与相邻侧面不垂直 f v 垂直平面 相邻侧面	平口钳钳口与主运动方向不垂直	装夹前应找正钳口使其与主运动方向垂直
	刨削力过大，产生振动和移动	工件装夹牢固，合理选择刨削用量与刀具角度
表面粗糙度达不到要求	刀具几何角度不合适，刀头太尖，刀具实际安装角度使副偏角过大	选择合适的刀具几何角度，加大刀尖圆弧半径，正确安装刨刀
	背吃刀量与进给量过大	精加工时选用较小背吃刀量与进给量
台阶与工件基准面不平行 （即 $A \neq A'$、$B \neq B'$） A' B' B A	工件装夹时未找正基准面	装夹工件时应找正工件的水平面与侧面基准
	工件装夹不牢固，切削时工件移位或切削让刀	工件和刀具要装夹牢固，选用合理的刨刀几何角度与刨削用量，以减小刨削力
台阶两侧面不垂直	刀架不垂直，龙门刨床横梁溜板紧固螺钉未拧紧而让刀	加工前找正刀架对工作台的垂直度，锁紧横梁溜板

3. 刨斜面、V形槽及镶条常见质量问题产生的原因与解决方法（表4.2-26）

表4.2-26 刨斜面、V形槽及镶条常见质量问题产生的原因与解决方法

质量问题	产生原因	解决方法
斜面与基准面角度超差	装夹工件歪斜，水平面左、右高度不等	找正工件，使其符合等高要求
	用样板刀刨削时，刀具安装对刀不准	样板刀角度与切削安装实际角度一致，刀具应对准
	刀架上、下间隙不一致或间隙过大	调整刀架镶条，使间隙合适
长斜面工件斜面全长上的直线度和平面度超差	精刨夹紧力过大，工件弯曲变形	精刨时适当放松夹紧力，消除装夹变形
	工件材料内应力致使加工后出现变形	精加工前工件经回火或时效处理
	基准面平面度差或有异物存在	修正基准面，装夹时将基准面和工作台面清理干净
斜面的表面粗糙度达不到要求	进给量太大，刀杆伸出过长，切削时发生振动	选用合适的进给量，刀杆伸出长度合理，用刚性好的刀杆
	刀具磨损或刀刃无修光刃	及时刃磨刀具，刀刃磨出1~1.5mm修光刃
V形槽与底面、侧面的平行度、V形槽中心平面与底面的垂直度、V形槽中心平面与侧面的对称度不符合要求	平行度误差由定位基准与主运动方向不一致造成	装夹工件时，使定位基准面与主运动方向平行 定位装夹时，找正侧面，底面与主运动方向平行
	垂直度误差与对称度误差由加工及测量方法不当造成	采用正确的加工与测量方法（见表4.2-13~表4.2-15和表4.2-17~表4.2-19），或用定刀精刨：精刨V形槽一侧面后将刀具和工件定位，工件调转180°并以相同定位刨另一侧面
镶条弯曲变形	刨削用量过大，刀尖圆弧半径过大，切削刃不锋利，使刨削力和刨削热增大	减小刨削用量，刃磨刀具使切削刃锋利，改变刀具几何角度使切削轻快，减少热变形
	装夹变形	装夹时将工件垫实再夹紧，避免强行校正
	加工翻转次数少，刨削应力未消除	加工中多翻转工件反复刨削或增加消除应力的工序

4. 切断、刨直槽及T形槽常见质量问题产生的原因与解决方法（表4.2-27）

表4.2-27 切断、刨直槽及T形槽常见质量问题产生的原因与解决方法

质量问题	产生原因	解决方法
切断面与相邻面不垂直	刀架与工作台面不垂直	刨削时，找正刀架垂直行程方向与工作台垂直
	切刀主切削刃倾斜让刀	刃磨时使主切削刃与刀杆中心线垂直，装刀时主切削刃不应歪斜
切断面不光	进给量太大或进给不均	自动进给时，选用合适进给量；手动进给时，进给要均匀
	切刀副偏角、副后角太小	加大刀具副后角、副偏角
	抬刀不够高，回程划伤	抬刀应高出工件

（续）

质量问题	产生原因	解决方法
直槽上宽下窄或槽侧有小台阶	刀架不垂直，刀架镶条上下松紧不一，刀架拍板松动	找正刀架垂直，调整镶条间隙，解决拍板松动问题
	刨刀刃磨不好或中途刃口磨钝后主切削刃变窄	正确刃磨切刀，延长刀具寿命
槽与工件中心线不对称	分次切槽时，横向走刀造成中心偏移	装夹工件时应由同一基准面至槽两端分别对刀，使其对称
T形槽左、右凹槽的顶面不在同一平面	一次刨成凹槽时，左、右弯头切刀主切削刃宽度不等	刃磨左、右弯头切刀时应使主切削刃宽度一致
	多次切成凹槽时，对刀不准确	对刀时左、右应一致
T形槽两凹槽与中心线不对称	刨削左、右凹槽时，横向走刀未控制准确	控制左、右横向走刀一致

4.3 插削加工

4.3.1 插床

插床在结构和工作原理上与牛头刨床相似，插削时插刀随滑枕上的刀架做直线往复运动。加工时工作台上的工件做纵向、横向或旋转运动，插刀做往复运动。刀架没有抬刀机构，插刀在插削运动中有冲击现象，工作台没有让刀机构，插刀在回程时与工件相摩擦，工作条件较差。插床主要用于插削工件的内表面，也可插削外表面，可加工方孔、多边形孔、孔内键槽、内花键等。

插床用刀具较简单，加工精度取决于工人的操作技术，插削用量较小，效率低，只适用于单件及小批量生产。

1. 插床的类型及技术参数（表4.3-1~表4.3-3）

表4.3-1　插床的类型及技术参数（一）

技术参数			型号			
			B5020	B5020D	B5032	B5032A
工件	最大尺寸/mm	长度/直径	485	485	600	500
		高度	200	200	320	320
	最大重量/kg		400	400	500	500
滑枕	行程长度/mm		25~220	25~220	50~340	50~340
	最大插削长度/mm		200	200	320	320
	最大垂直调整量/mm		200	230	315	315
	往复运动次数	级数	4	4	4	4
		范围/(次/min)	32、50、80、125	32、50、80、125	20、32、50、80	20、32、50、80
	返回行程速度	级数	4	4	4	4
		范围/(次/min)	32、50、80、125	32、50、80、125	20、32、50、80	20、32、50、80
	倾斜角/(°)		0~8	0~8	0~8	0~8

（续）

技术参数			型号			
			B5020	B5020D	B5032	B5032A
工作台	工作台面至滑架下端距离/mm		320	320	490	490
	直径/mm		500	500	630	630
	最大移动量/mm	纵向	500	450	630	620
		横向	500	500	560	560
	回转角/(°)		360	360	360	360
刀架刀具支承面至床身距离/mm			485	500	600	600
进给量	纵向	级数	24	24	24	24
		范围（次/min)	0.08~1.21	0.08~1.21	0.08~1.21	0.08~1.21
	横向	级数	24	24	24	24
		范围（次/min)	0.08~/＊1.21	0.08~/＊1.21	0.08~1.21	0.08~1.21
	圆周/〔(′)/ dst〕		3~47	3~47	3~47	3.24~48.6
主电动机功率/kW			3	3	4	4
质量/t			2.2	2.4	3	3.1
外形尺寸/mm	长度		1916	1835	2261	2200
	宽度		1305	1305	1496	1520
	高度		1995	1980	2245	2240
T形槽宽度/mm	工作台		18	18	18	18
	刀夹头		18	18	18	18
工作台中心孔直径/mm			32	32	32	32
生产厂家			辽宁抚顺机床制造有限公司	辽宁抚顺机床制造有限公司	辽宁抚顺机床制造有限公司	长沙机床有限责任公司

表 4.3-2　插床的类型及技术参数（二）

技术参数			型号			
			B5032D	B5050A	BA5063	B5080
工件	最大尺寸/mm	长度/直径	600	660	1200	1250
		高度	320	500	630	800
	最大重量/kg		500	2000	2000	2000
滑枕	行程长度/mm		50~340	125~580	700	800
	最大插削长度/mm		320	500	630	800
	最大垂直调整量/mm		315	430	650	—
	往复运动次数	级数	4	6	6	—
		范围/(次/min)	20、32、50、80	9、12.5、18、25、36、50	4、6.3、10、16、25、40	—
	返回行程速度	级数	4	—	—	—
		范围/(次/min)	20、32、50、80	—	—	—
	倾斜角/(°)		0~8	±10	±10	±10

（续）

技术参数			B5032D	B5050A	BA5063	B5080
			型号			
工作台	工作台面至滑架下端距离/mm		500	740	800	1000
	直径/mm		630	1000	1120	1259
	最大移动量/mm	纵向	620	1000	1120	1200
		横向	560	660	800	1000
	回转角/(°)		360	360	360	360
	快速移动速度	纵向/(m/min)	—	1	1.084	—
		横向/(m/min)	—	1	1.084	—
		回转/(r/min)	—	1.5	1.5	—
刀架刀具支承面至床身距离/mm			630	1000	1120	1250
进给量	纵向	级数	24	6	6	—
		范围/(次/min)	0.08~1.21	0.1~1.2	0.1~1.8	—
	横向	级数	24	6	6	—
		范围/(次/min)	0.08~1.21	0.1~1.2	0.1~1.8	—
	圆周/[(′)/dst]		3~47	3~47	3~54	—
主电动机功率/kW			4	7.5	10	10
质量/t			3.5	10	11	16
T形槽宽度/mm		工作台	18	22	22	22
		刀夹头	18	22	22	22
工作台中心孔直径/mm			32	60	60	60
外形尺寸/mm	长度		2180	3480	3580	3850
	宽度		1505	2085	2460	2740
	高度		2285	3307	3660	4265
生产厂家			辽宁抚顺机床制造有限公司	辽宁抚顺机床制造有限公司	辽宁抚顺机床制造有限公司	辽宁抚顺机床制造有限公司

表 4.3-3　插床的类型及技术参数（三）

技术参数			B50100	B50100A	B50100B	B50125B
			型号			
工件	最大尺寸/mm	长度/直径	2000	1400	2000	2000
		高度	1000	1300	1400	1600
	最大重量/kg		4000	4000	5000	5000
滑枕	行程长度/mm		300~1000	300~1090	—	500~2400
	最大插削长度/mm		1000	1000	1000	1250
	最大垂直调整量/mm		840	840	840	—

（续）

技术参数			B50100	B50100A	B50100B	B50125B
			型号			
工作台	工作台面至滑架下端距离/mm		1140	1400	1400	1600
	直径/mm		1250	1400	1600	1600
	最大移动量/mm	纵向	1200	1400	1500	1500
		横向	1000	1120	1200	1200
	回转角/(°)		360	360	360	360
	快速移动速度	纵向/(m/min)	0.5	0.5	0.5	—
		横向/(m/min)	0.5	0.5	0.5	—
		回转/(r/min)	0.46	0.46	0.46	—
刀架刀具支承面至床身距离/mm			1120	1400	1400	1600
进给量	纵向	级数	—	—	—	—
		范围/(次/min)	0.2~5	0.2~5	0.2~5	—
	横向	级数	—	—	—	—
		范围/(次/min)	0.2~5	0.2~5	0.2~5	—
	圆周/〔(′)/dst〕		0.4~10	0.4~10	0.4~10	0.4~10
主电动机功率/kW			35	37	30	30
质量/t			22	22	30	32
T形槽宽度/mm		工作台	28	28	28	28
		刀夹头	28	28	28	28
工作台中心孔直径/mm			60	60	60	60
外形尺寸/mm	长度		4400	4600	5015	5015
	宽度		2830	4000	3360	3360
	高度		5730	6350	6600	7100
生产厂家			辽宁抚顺机床制造有限公司	辽宁抚顺机床制造有限公司	济南二机床集团有限公司	济南二机床集团有限公司

2. 插床的工作精度（表4.3-4）

表4.3-4　插床的工作精度

型号		B5020	B5032	B5032A	B5050A	BA5063	B50100	B50100B	B50125B
工作精度/mm	直线度	0.015		0.015	0.025		0.035	0.05/500	
	垂直度	0.02		0.025	0.03		0.05	0.05/500	
工件表面粗糙度 Ra/μm		3.2		3.2	—		—	—	
生产厂家		抚顺机床厂		长沙机床厂	抚顺机床厂			济南第二机床厂	

4.3.2　插刀及插刀杆

1. 插刀的种类及用途

插刀有整体式和组合式两种结构。整体式插刀的刀头与刀杆成为一体，组合式插刀的刀头和刀杆分为两部分，刀杆粗而短，刚性较好，刀头可随意调换，应用比较广泛。

插刀切削部分材料主要有高速钢和硬质合金，也可用合金工具钢。加工普通钢材和有色金属材料工件时，常用高速钢；加工硬度较高的钢材和铸铁工件时，常选用硬质合金。由于组合式插刀制造方便、成本低，小刀头可按加工要求刃磨成各种形状，装夹、更换都很方便，只要调换小刀头即可进行粗、精加工和成形加工，选用刀具时，应优先选用组合式插刀。但是，组合式插刀由于受装夹刀头的限制，在加工小孔、窄槽或盲孔时不能使用。

整体式插刀不受装夹刀头的限制，刀头部分可按需要制成较小尺寸，适于加工小孔、槽、盲孔（或空刀槽小的表面）及短尺寸表面。它的缺点是不能调换刀头，每使用一次刀头尺寸就变小一次，整把刀很快就报废，经济性较差。

2. 插刀的合理几何参数

插刀加工情况及主要几何角度如图 4.3-1 所示。

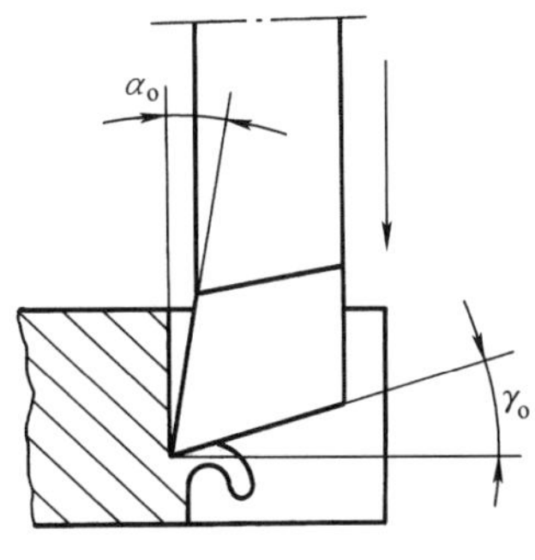

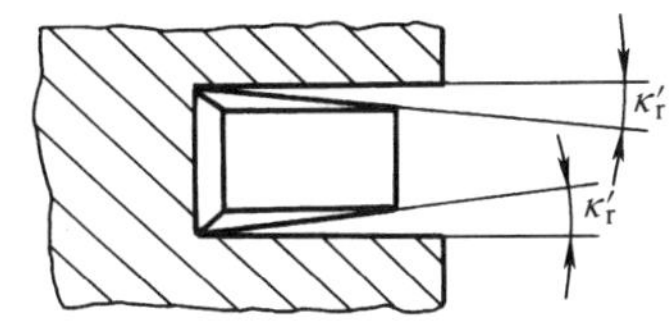

图 4.3-1　插刀加工情况及主要几何角度

插刀的前角一般不超过 15°，插削普通钢工件时，$\gamma_o=5°\sim12°$；插削硬度和韧性较高的材料（如镍铬钢、磷青铜等）时，$\gamma_o=1°\sim3°$；插削铸铁时，$\gamma_o=0°\sim5°$。为了减小插削力和易于卷屑，在插削塑性材料时，插刀前刀面应磨出卷屑槽。插刀的后角一般取 $\alpha_o=4°\sim8°$，插槽刀副偏角 κ_r' 和副后角 α_o' 一般取 1°~2°。

3. 插刀杆种类及用途

插刀杆按刀柄形状可分为圆柄和方柄两种。圆柄刀杆一般尺寸较小，常用于装夹小刀头插削小孔上的槽；方柄刀杆按加工需要可做成台阶形式，其刚性较好，可用于各种加工。

按装刀孔的形式不同，可分为横向孔装刀和垂直孔装刀两种刀杆。横向孔装刀的刀杆可以尽量选择粗而短的尺寸，这样整体刚性较好，应用最多；垂直孔装刀的刀杆可代替整体式插刀杆，适于加工小孔中的槽或盲孔。

插刀杆的形状和结构如图 4.3-2 所示。

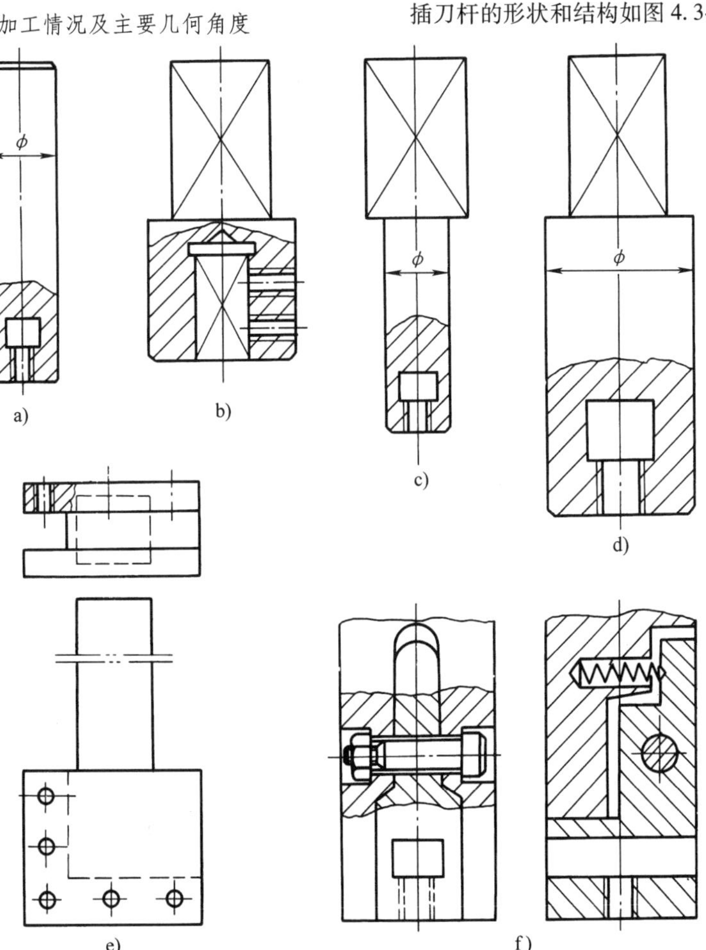

图 4.3-2　插刀杆的形状和结构

a）圆柄　b）垂直孔装刀　c）、d）方柄台阶刀杆　e）大型刀杆　f）活动式刀杆

4.3.3 插削用量和切削液选用

1. 插削用量

插床的切削原理与牛头刨床相似，插削用量可按表4.3-5~表4.3-8选用。

表4.3-5 插床上插平面及插槽的进给量

(1) 粗加工平面

工件材料	刀杆截面尺寸/mm	背吃刀量 a_p/mm		
		3	5	8
		进给量 f/(mm/dst)		
钢	16×25	1.2~1.0	0.7~0.5	0.4~0.3
	20×30	1.6~1.3	1.2~0.8	0.7~0.5
	30×45	2.0~1.7	1.6~1.2	1.2~0.9
铸铁及铜合金	16×25	1.4~1.2	1.2~0.8	1.0~0.6
	20×30	1.8~1.6	1.6~1.3	1.4~1.0
	30×40	2.0~1.7	2.0~1.7	1.6~1.3

(2) 精加工平面

表面粗糙度 Ra/μm	工件材料	副偏角 κ_r'	刀尖圆弧半径/mm		
			1.0	2.0	3.0
			进给量 f/(mm/dst)		
6.3	钢	3°~4°	0.9~1.0	1.2~1.5	
	铸铁	5°~10°	0.7~0.8	1.0~1.2	
3.2	钢	2°~3°	0.25~0.4	0.5~0.7	0.7~0.9
	铸铁		0.35~0.5	0.6~0.8	0.9~1.0

(3) 精加工槽

工艺系统的刚性	工件材料	槽的长度/mm	槽宽 B/mm			
			5	8	10	>12
			进给量 f/(mm/dst)			
刚性好	钢	—	0.12~0.14	0.15~0.18	0.18~0.20	0.18~0.22
	铸铁	—	0.22~0.27	0.28~0.32	0.30~0.36	0.35~0.40
刚性较差（工件孔径<100mm的孔内槽）	钢	100	0.10~0.12	0.11~0.13	0.12~0.15	0.14~0.18
		200	0.07~0.10	0.09~0.11	0.10~0.12	0.10~0.13
		>200	0.05~0.07	0.06~0.09	0.07~0.08	0.08~0.11
	铸铁	100	0.18~0.22	0.20~0.24	0.22~0.27	0.25~0.30
		200	0.13~0.15	0.16~0.18	0.18~0.21	0.20~0.24
		>200	0.10~0.12	0.12~0.14	0.14~0.17	0.16~0.20

表 4.3-6　高速钢插刀插削钢件（R_m=650MPa）平面的切削速度、切削力及切削功率

背吃刀量 a_p /mm	v/(m/min) F_c/N P_m/kW	进给量 f/(mm/dst)							
		0.15	0.20	0.25	0.30	0.40	0.50	0.60	0.75
结构碳钢、铬钢及镍铬钢									
1.6	v	54	48	41	36	32	28	24	21
	F_c	745	920	1090	1255	1560	1835	2110	2500
	P_m	0.67	0.74	0.75	0.77	0.80	0.88	0.88	0.88
2.8	v	48	41	36	32	28	24	21	19
	F_c	1305	1620	1910	2205	2745	3235	3730	4365
	P_m	1.04	1.12	1.20	1.20	1.28	1.36	1.36	1.36
4.7	v	41	36	32	28	24	21	19	17
	F_c	2205	2700	3190	3680	4560	5395	6180	7360
	P_m	1.52	1.68	1.68	1.68	1.92	1.92	2.00	2.08
8.0	v	36	32	28	24	21	19	17	14
	F_c	3730	4660	5495	6280	7850	9220	10500	12460
	P_m	2.32	2.48	2.56	2.56	2.80	2.96	2.96	2.96
铸钢件									
1.6	v	49	44	38	33	29	25	22	20
	F_c	745	920	1090	1255	1560	1835	2110	2500
	P_m	0.62	0.67	0.70	0.71	0.77	0.78	0.78	0.80
2.8	v	44	38	33	29	25	22	20	17
	F_c	1305	1620	1910	2205	2745	3235	3730	4365
	P_m	0.96	1.04	1.04	1.12	1.20	1.20	1.28	1.28
4.7	v	38	33	29	25	22	20	17	15
	F_c	2205	2700	3190	3680	4560	5395	6180	7360
	P_m	1.44	1.52	1.60	1.60	1.68	1.76	1.84	1.84
8.0	v	33	29	25	22	20	17	15	13
	F_c	3730	4660	5495	6280	7850	9220	10500	12460
	P_m	2.08	2.32	2.32	2.32	2.64	2.72	2.64	2.72

注：使用条件变换时的修正系数见表 4.2-12。

表 4.3-7　高速钢插刀插削灰铸铁（190HBW）平面的切削速度、切削力及切削功率

背吃刀量 a_p /mm	v/(m/min) F_c/N P_m/kW	进给量 f/(mm/dst)					
		0.25	0.40	0.55	0.75	1.1	1.5
1.0	v	23	21	17	15	14	12
	F_c	430	620	785	980	1315	1670
	P_m	0.17	0.22	0.23	0.26	0.30	0.34
2.5	v	21	17	15	14	12	10
	F_c	1080	1540	1950	2450	3285	4170
	P_m	0.38	0.45	0.51	0.57	0.66	0.74
6.5	v	17	15	14	12	10	9
	F_c	2795	4020	5100	6375	8535	10790
	P_m	0.80	1.04	1.20	1.28	1.52	1.68

（续）

背吃刀量 a_p /mm	v/(m/min) F_c/N P_m/kW	进给量 f/(mm/dst)					
		0.25	0.40	0.55	0.75	1.1	1.5
16	v	15	14	12	10	9	8
	F_c	6965	9910	12560	15790	21090	26580
	P_m	1.84	2.32	2.56	2.80	3.28	3.60

注：使用条件变换时的修正系数见表 4.2-12。

表 4.3-8　高速钢插刀插削钢件（R_m=650MPa）及灰铸铁（190HBW）槽的切削速度、切削力及切削功率

结构碳钢、铬钢、镍铬钢及铸钢件										
工件材料		进给量 f/(mm/dst)								
		0.07	0.08	0.10	0.12	0.15	0.18	0.23	0.28	0.34
轧制件锻件	v/(m/min)	18.7	16.4	14.4	12.6	11.0	9.7	8.5	7.4	6.4
	F_c/N	170	195	245	295	360	435	560	675	825
	P_m/kW	0.05	0.05	0.06	0.06	0.07	0.07	0.08	0.08	0.09
铸件	v/(m/min)	17.0	14.7	13.0	11.5	10.0	8.7	7.7	6.7	5.9
	F_c/N	170	195	245	295	360	435	560	675	825
	P_m/kW	0.05	0.05	0.05	0.06	0.06	0.06	0.07	0.08	0.08

灰　铸　铁						
v/(m/min) F_c/N P_m/kW	进给量 f/(mm/dst)					
	0.08	0.12	0.17	0.25	0.30	0.46
v	13.4	11.7	10.2	9.0	7.8	6.9
F_c	120	185	265	385	470	715
P_m	0.04	0.04	0.04	0.06	0.06	0.08

插削速度修正系数							
刀具寿命 T/min		60	90	120	180	240	360
修正系数 K_{Tv}	钢	1.41	1.28	1.19	1.07	1.0	0.9
	铸铁	1.23	1.17	1.11	1.04	1.0	0.94

注：小进给量用于槽宽≤8mm 或槽长>150mm 的场合。

2. 切削液的选用

切削液的种类很多，可按下列原则选用：

1）根据刀具材料选用。用高速钢刀具插削时，一般都可使用切削液；使用硬质合金刀具插削时，为了防止刀片因冷热不均而碎裂，一般不使用切削液。

2）根据工件材料选用。插削塑性大的钢件时，一般用乳化液。精加工或用成形刀精插时，为了提高加工表面质量，降低表面粗糙度值可选用轻柴油或煤油作为切削液。精插铝和铝合金工件时，因为铝最易和氢起化学作用，使已加工表面产生极细小的针孔，使表面变粗糙，所以应选用煤油或松节油，不宜用乳化液。

3）根据加工性质选用。粗加工时，由于插削速度较低，刀具机械磨损是主要矛盾，应选用浓度较高（质量分数为 10%～15%）的乳化液。精加工主要希望降低刀具磨损和减少积屑瘤，从而提高加工表面质量，降低表面粗糙度值，可选用浓度较高的乳化液，也可用硫化油或用 30%白铅油与 70%煤油配成的切削液。

4.3.4　插削加工工艺

1. 插方孔和键槽（表 4.3-9）

表 4.3-9　插方孔和键槽加工方案

插削方式	图　　示	加 工 方 案
插方孔	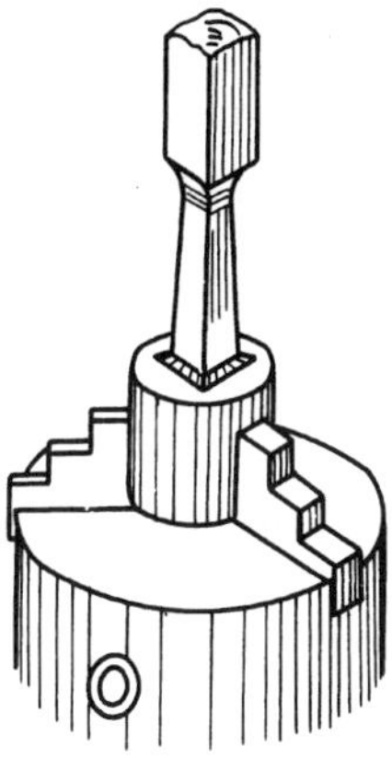	插小方孔时，采用整体方头插刀插削，插削前调整刀刃的四条刃口与工作台两个移动方向平行，然后旋转圆工作台使工件划线和插刀头对齐
	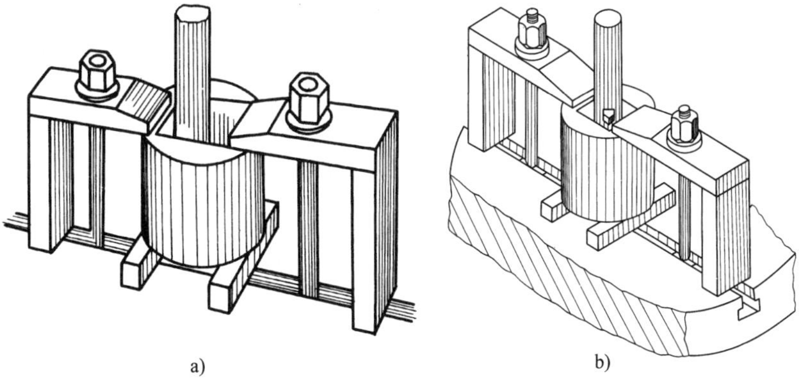 a)　b)	按划线找正粗插各边（图 a），每边留余量 0.2～0.5mm，然后将工作台转 45°，用角度刀头插去四个内角尚未插去的部分（图 b）；精插时先插一边，测量该边至基面的尺寸，符合要求后将工作台精确转 180°，精插其相对的一边，并测量方孔宽度尺寸，符合要求后，再将工作台精确转 90°，用上述方法插削第二边及第四边
插键槽	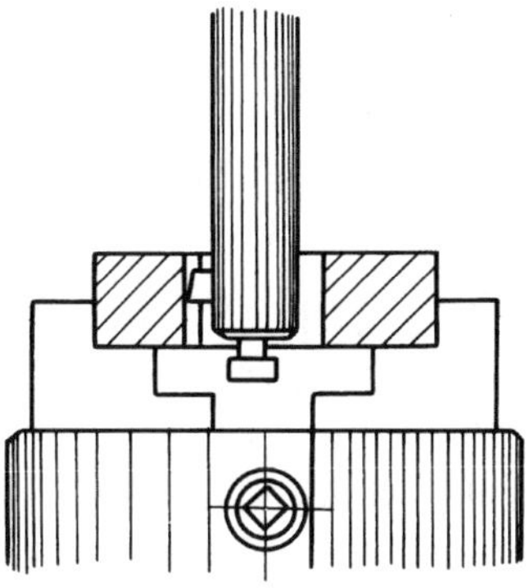 孔内直键槽的插削	按工件端面上的划线找正对刀后，插削键槽，先用手动进给至 0.5mm 深时，停车检查键槽宽度尺寸及键槽的对称度，调整正确后继续插削至要求

2. 插内花键

(1) 插矩形齿内花键

插削宽度尺寸较小的花键槽时，采用刀尖圆弧半径等于内花键大径圆弧半径的插刀，即 $R=D/2$，切削刃宽度等于花键槽宽度。插削宽度较大的花键槽时，可先粗插，并留 0.5mm 精插余量，然后进行精插。精插时，切削刃的圆弧一定要与内花键大径的圆弧完全相同，并且要与插刀的中心线对称，宽度与键槽宽相同。加工中，先插一个键槽并使其槽深留 0.3mm 余量，记下纵向手轮刻度，然后退出插刀，准确地将工作台转动 180°，插相对槽至刻度位置，再用分度板分度插其余键槽。粗插键槽后测量相对槽间的实际尺寸确定精插进刀量，然后再按上述方法分度精插全部花键槽至尺寸要求。

(2) 插渐开线内花键与三角形内花键

这两类内花键的齿侧表面是配合表面，齿厚有公差要求，因此一般采用切削刃形状和键槽形状相同的成形刀来插削。

工件的装夹和插刀安装与插矩形齿内花键相同。一般应分粗、精工步插削，对键槽尺寸小的工件也可一次插成。

3. 插螺旋内花键

插削螺旋内花键与插削螺旋槽相同。插大导程螺旋槽，须在插床的立柱和刀架上安装图 4.3-3 所示装置，然后可按一般直槽加工方法加工出螺旋槽。

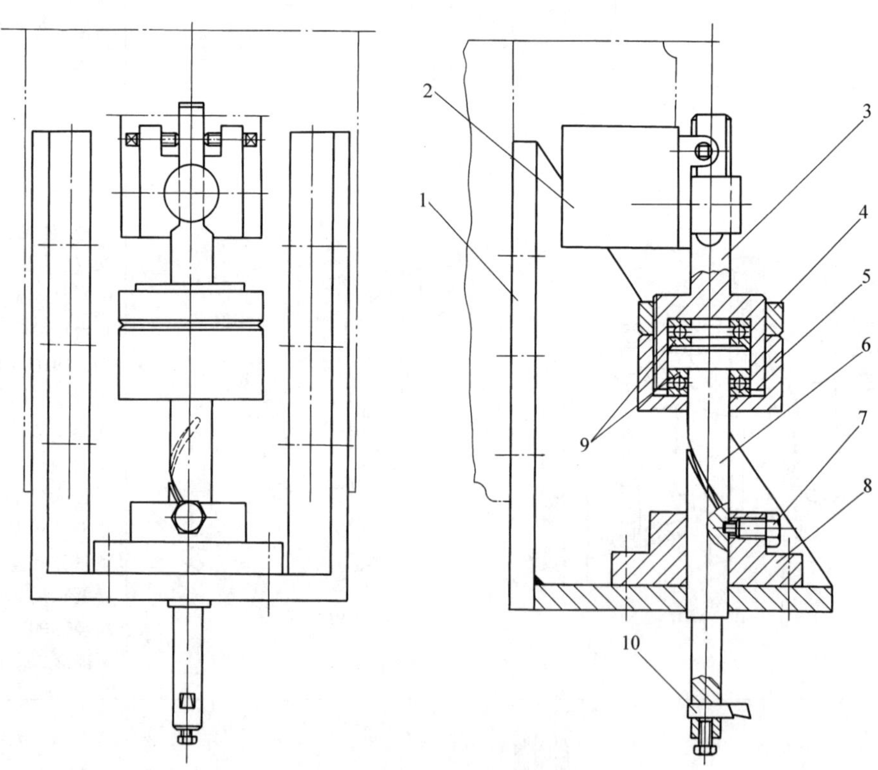

图 4.3-3　插削内螺旋槽装置

1—直角支架　2—插床刀架　3—内套　4—压紧螺母　5—外套　6—刀杆　7—导向销钉　8—导向套座　9—轴承　10—插刀

该装置主要由直角支架、刀杆座、导向套座和刀杆等组成。直角支架 1 用螺钉紧固在插床立柱上，刀杆座由内套 3、压紧螺母 4、外套 5 和轴承 9 组成。刀杆 6 上有螺旋导向槽，其导程与所加工螺旋槽相同。刀杆头部装在刀杆座内，由带螺纹的内、外套连在一起，并调整间隙使插刀杆转动灵活又无轴向相对移动，再用压紧螺母 4 锁紧、定位。整套刀座和刀杆通过内套 3 的柄部固定在插床刀架 2 上。导向套座 8 用螺钉固定在直角支架 1 上。工作时，刀杆 6 在上下往复运动的同时，还按螺旋槽轨迹做旋转运动，插出导程相同的螺旋槽。

为了使插出的螺旋槽上下深度一致，加工前应严格找正，使工件孔轴线与工作台回转轴线和刀杆回转轴线相重合。

4.3.5　插键槽常见质量问题产生原因（表 4.3-10）

表 4.3-10　插键槽常见质量问题产生原因

常见质量问题	简　图	产 生 原 因
键槽对称度超差	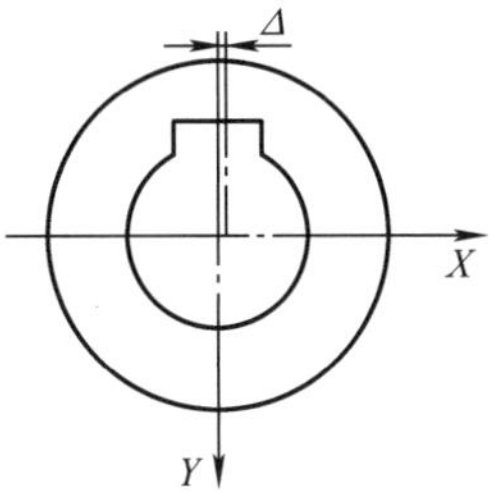 Δ X Y	主要是对刀问题，可用对刀样板、刀尖划痕或用百分表找正来解决
键侧平行度超差	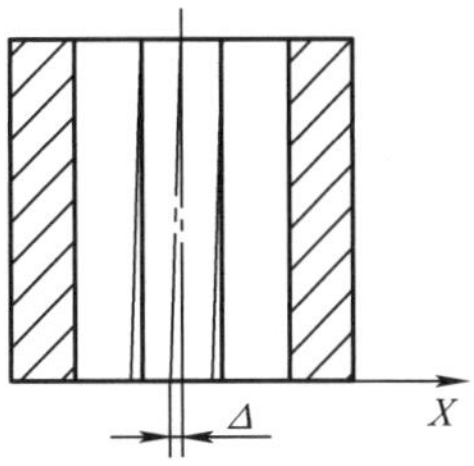 Δ X	1. 机床垂直导轨侧面与工作台面不垂直或间隙过大 2. 插刀两侧刃后角不对称 3. 两侧刃研磨后锋利程度不一致
键槽底面对工件轴线的等高性超差	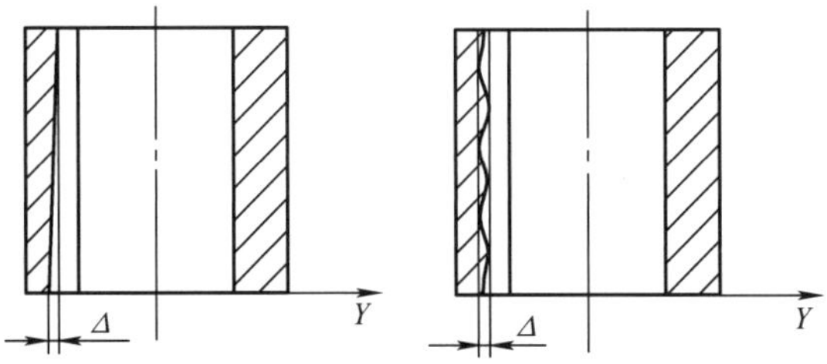 Δ Y Δ Y	1. 机床垂直导轨侧面与工作台面在 Y 方向上不垂直或间隙过大，检查工件端面与轴线的垂直度 2. 工件材质不均匀

4.4　锯削

4.4.1　锯床

带锯床成本低、加工效率高而锯路小，非常适合大批量生产，是目前制材设备中使用最广泛的主锯机。从目前的发展趋势来看，带锯正逐渐取代圆锯和弓锯的加工方式。基于此，本手册省略圆锯和弓锯的相关内容，将着重介绍带锯切削及其技术参数。

1. 锯床的特点和适用范围（见表 4.4-1）

表 4.4-1　锯床的类型和适用范围

类型	主参数	工作精度		结构特点	适用范围
卧式	最大锯削直径 d/mm	锯断件端面对其素线的垂直度公差/mm	表面粗糙度 Ra/μm	锯架绕固定支承轴摆动向下垂直进给或沿双立柱导轨垂直移动进给。液压进给系统采用流量反馈、压力反馈或流量-压力联合反馈控制进给压力	适用于各种金属的圆料、型料、锻坯和管材的切断工序和批量生产，还可用于小规格材料的成束锯削
	250	0.40/100	25~12.5		
	320	0.50/100			
	400				
	500	0.60/100			
	630				
	1000				
立式	最大锯削厚度/mm	锯断件端面对其素线的垂直度公差/mm	表面粗糙度 Ra/μm	带锯条由两个或多个滚动轮（其中有一个为驱动轮）牵引，且具有无级调速装置。工作台采用水平固定式和液压自动进给式，工作台面能左右倾斜一定角度。数控型的工作台可两坐标联动，锯削曲线轮廓工件	适用于金属及塑料、胶木等非金属的直线或曲线锯削，主要用来加工内、外轮廓面的工件，也可用于板件的锯断下料
	125	0.40/100	25~6.3		
	200				
	320	0.35/100			
	500	0.30/100			
可倾斜式	最大锯削厚度/mm	锯断件端面对其素线的垂直度公差/mm	表面粗糙度 Ra/μm	具有卧式和立式两种锯床的特点，锯架既可与被切工件成垂直方向的锯削，又可绕支点左右倾斜进行45°-90°-45°角的锯削	适用于加工外形尺寸大的异形件，如锯切铸件的冒口、焊接件的飞边
	250	0.40/100	25~12.5		
	320	0.50/100			
	400				
	500	0.60/100			
	630				
	800				
	160	0.40/100	25~12.5		
	200				
	250				
	320				
	400				

2. 锯床型号与技术参数（表 4.4-2）

表 4.4-2　锯床型号与技术参数

产品名称	型号	最大切料直径/mm	技术参数												
			最大锯料厚度/mm	锯轮直径/mm	锯带长度/mm	锯带宽度/mm	切割速度/(m/min)	工作台尺寸/mm(长×宽)	主轴转速/(r/min)	切断进给方式	工作精度 切割面对轴线的垂直度/mm	电动机功率/kW 主电动机	电动机功率/kW 总容量	重量/t	整机外形尺寸/mm(长×宽×高)
卧式锯床	GB4016	160	160	280	2360	19	22, 41, 66	—	—	液压	0.4/100	1.5	—	0.25	1850×600×1000
	GB4025	250		380	3150		24, 42, 72			液压		2.2		0.75	1550×1000×1050
	GB4032	320	320	445	4115	31	27, 68, 40, 80, 51	—	—	液压	0.4/100	—	—	—	—
	GB4080	800	800	950	8400	65	12~95（无级）	—	—	液压	0.4/100	7.5	9.59	—	3900×1900×2800
	GB40100	1000	1000		8800		15~60（无级）					11	13.1		4560×2170×3040
	G4022×40	220×40	220		3035		21, 34, 43, 60	—	—	无级	—	1.1	—	0.3	1600×610×1130
	LS916	228	228	330	3035	25	25~57	—	24.1~55	无级	0.4/100	1.5	1.54	0.35	1730×700×1070
	LS916B	228	228	330	3035	25	20, 32, 42, 60	—	19.3, 30.9, 40.5, 57.9	无级	0.4/100	1.5	1.54	0.35	1730×700×1070
	G4025-1C	250	250	—	3420	—	30, 45, 60, 75	—	—	无级	—	1.5	—	0.56	1866×775×1235
	G4030	300	300	—	3820	—	25, 31, 40, 50, 63, 80	—	—	无级	—	2.2	—	0.95	1995×810×1295
	G4250	500, 550（宽度）	—	—	4880	—	17~75	—	—	无级	—	5.5	—	22	2900×2560×1880
	G40100	1000	—	—	8800	—	12, 45（无级）	—	—	无级	—	11	—	10	5600×4125×3062
	GZ4025	250	250	450	3520	25	0~120	—	—	数控	0.4/100	1.5	3.35	0.55	2380×2060×1205

（续）

产品名称	型号	最大切料直径/mm	技术参数												
			最大锯料厚度/mm	锯轮直径/mm	锯带长度/mm	锯带宽度/mm	切割速度/(m/min)	工作台尺寸/mm（长×宽）	主轴转速/(r/min)	切断进给方式	工作精度	电动机功率/kW		重量/t	整机外形尺寸/mm（长×宽×高）
											切割面对轴线的垂直度/mm	主电动机	总容量		
卧式锯床	GZ4030	300	300	455	3819	—	14，23，27，37，46，73	—	9，8，16，18.9，25.9，32.51	液压	0.5/100	2.2	2.57	0.998	1626×2160×1300
	GZ4032	320	320	445	4115	31.5	18~120	—	12.5~84（无级）	液压	0.5/100	4	5.5	1.19	2470×3790×1325
	GZ4040	400 360×360（方料）	400	405	3520	25	25~90（无级）				0.4/100				
	LS12A	300	300	420	3820	25	30~110	—	22.7~83.4	无级	0.5/100	3	3.04	0.92	2140×1310×1390
	G4038	380，320/45°	380	480	4450	32	33~110	—	21.9~73	液压 无级	0.5/100	4	4.04	1.1	2320×850×1589
	GZ4225	250	250	—	3505	27	27~82	—	—	液压 无级	—	2.2		1.5	2086×2052×1350
立式锯床	G5250	500	320	320	4345	25	30~84（无级）	—	—	—	0.6/100	1.5	2.66	1.5	2230×1440×2250
	G5132	320	320	508	4250	3.15~25	15~90，18~1080	700×850	—	液压/手动	0.35/100	2.2	2.45	1.6	1245×1648×2220
	GZ5250	500	500	545	4680	31.5	18~100（无级）			液压	0.4/100	7.5	7.54	4.5	4500×2600×2340
金刚石锯床	G5720	200	200	540	4300	6，12，25 厚 1~1.4	300~1500	700×850	—	直流 无级	0.2/100	3	3.06	2	2530×2400×2100
	GK5620	*XY* 坐标行程 200×200	100	540	4055	φ1~φ3	300~1500	400×400	—	数控	0.25/100	1.5	1.68	1.1	975×1740×2160

4.4.2 带锯锯带

1. 锯带宽度和厚度的选用

锯带厚度的范围为 1.6~7.6mm，锯带宽度和厚度须根据所需刀体强度和加工精度确定。宽锯带适用于直线切割。对于曲线切割则需要根据所割曲线的最小曲率半径，选择相应宽度的锯带。

2. 齿距的选用

锯带齿距的选择与加工材料、硬度和厚度有关，详见表 4.4-3。

3. 锯带齿的几何形状

锯带齿一般分为标准、跳齿和沟形齿三种型式，其特点和适用范围见表 4.4-4。

表 4.4-3 加工材料、厚度与齿距之间的关系

材料	加工厚度/mm			
	6	25	75	≥152
	齿距/25mm			
低碳钢	8	6	6	4
中碳钢	10	8	4	3
高碳钢	10	8	6	4
易切削钢	8	6	6	6
低碳镍钢	10	8	6	4
低碳钼钢	10	10	8	6
高速钢	10	10	8	6
低碳不锈钢	10	8	6	4
中碳不锈钢	10	8	6	4
可锻铸铁	10	8	6	3
球墨铸铁	10	8	4	3
灰铸铁	10	8	6	3

表 4.4-4 锯带三种齿的特点和适用范围

齿形型式	代号	齿的几何形状	说明	特点	适用范围
标准齿	Rt		零度前角和全圆弧槽的锯齿。这种齿可制成斜向交替或波形分齿	前角 $\gamma_o=0°$，前刀面与齿槽圆弧 R 光滑连接。也有用 $\gamma_o=5°$ 的前角	适用于复杂轮廓坯料、薄壁和小曲率半径圆弧等工件的切削
跳齿	S		锯齿的形状基本是标准齿，齿距比标准齿大几倍，齿深不太大，锯带强度好	除了具有延长的直槽底外，其余与标准齿形相似，前角 $\gamma_o=0°$或 $\gamma_o=5°$	适用于有色金属、塑料和木材的快速切削
沟形齿	H		齿形类似于跳齿	具有圆弧形延长槽，前角 $\gamma_o=10°$，切削阻力小，切屑为带状	适用于淬硬金属、有色金属和非金属等材料的切削

4.4.3 锯床锯削速度和材料切除率

锯床锯削加工时，锯削用量与被切割的材料、硬度、锯削面积等因素有关。锯削硬度高的材料时，锯削速度较低；锯削有色金属或铝合金时，锯削速度较高。锯削薄截面坯料的锯削速度可以高些，详见表 4.4-5。

表 4.4-5　锯床加工各种材料的锯削速度和材料切除率

锯削材料	切削厚度/mm	卧式锯床			立式锯床			万能锯床		
		锯削速度/(m/min)	材料切除率/(cm²/min)	锯带寿命/(cm²/m)	锯削速度/(m/min)	材料切除率/(cm²/min)	锯带寿命/(cm²/m)	锯削速度/(m/min)	材料切除率/(cm²/min)	锯带寿命/(cm²/m)
低、中碳钢 150~175HBW	<25	45~75	77~84	17351~20631	104~117	32~58	10051~13754	45~75	65~77	17351~20631
	25~152	90~105	129~161	20631~23805	76~94	45~68	13754~15870	90~95	116~126	13754~20631
	>152	75~90	116~145	18515~21372	61~67	39~55	12696~15870	56~90	104~134	13750~15870
中碳钢、高碳钢 160~205HBW	<25	69~76	20~25	8676~11850	67~84	29~39	4761~7935	69~73	20~25	8676~11850
	25~152	61~69	71~97	10263~13437	44~53	39~45	6877~8993	61~69	40~65	6877~8993
	>152	38~58	70~87	9205~12061	34~41	32~39	6877~8993	26~49	64~81	6348~8993
易切削钢 Y12，Y20，Y30，Y40Mn 125~175HBW	<25	79~120	97~129	17457~22959	91~152	35~61	8464~15341	79~101	84~97	8676~11850
	25~152	79~105	161~194	17457~26979	87~108	48~68	11638~17986	79~91	129~161	11638~17986
	>152	58~90	129~161	15658~24228	61~76	42~61	9310~15341	44~90	116~129	10580~17986
锰合金钢 200~220HBW	<25	73~75	45~58	9522~10252	70~92	29~42	5290~6348	69~73	45~52	9500~10850
	25~152	61~75	74~110	11109~11850	50~61	39~48	7406~7935	61~62	68~72	7406~7935
	>152	58~61	70~99	9945~10665	44~46	32~42	5290~6348	50~61	64~97	6983~7935
镍合金钢 180~220HBW	<25	61~82	32~42	7089~7935	59~93	23~29	4232~6348	61~69	32~45	7088~7406
	25~152	55~76	52~71	5078~7618	44~76	20~40	5819~6348	55~76	48~61	5819~6348
	>152	50~73	46~64	5078~7618	38~46	35~40	5290~6348	43~55	44~55	5290~6348
镍铬钢 180~230HBW	<25	61~82	32~45	7089~9522	64~101	26~35	4232~6348	61~73	32~45	7089~7935
	25~152	55~76	52~87	8676~11109	44~67	29~45	5819~7406	55~76	48~64	5819~7406
	>152	38~69	46~79	7829~9945	34~40	23~39	5290~6348	27~52	44~70	5290~6877
钼合金钢 160~220HBW	<25	76~90	42~45	9522~10263	84~114	26~39	5290~6877	40~50	42~45	6308~7406
	25~152	61~82	64~87	9945~11850	50~84	35~39	6348~7935	61~82	61~68	7406~7723
	>152	49~76	58~79	10368~11575	34~50	29~32	6348~6983	43~69	55~70	6983~7723
铬钼钢 190~230HBW	<25	69~85	42~48	7935~9522	70~108	26~39	4232~6348	35~55	42~48	4232~6477
	25~152	62~76	64~100	10263~11109	47~75	35~42	6877~7406	58~76	61~71	6877~7406
	>152	47~61	58~90	9205~9945	40~46	29~35	6348~6983	37~61	55~81	5819~7406
镍铬钼钢 200~250HBW	<25	73~76	39~42	7935~9522	76~93	26~29	4232~5819	73~76	39~42	7935~9522
	25~152	61~69	58~77	8576~10263	47~75	32~35	5819~6877	61~69	52~61	5819~6877
	>152	49~62	52~70	7829~9205	34~43	26~29	5290~6348	44~69	46~61	5290~6877
镍钼钢 190~240HBW	<25	62~79	39~45	7089~8676	67~101	26~32	4232~5819	62~79	39~45	7089~8676
	25~152	58~73	52~77	7935~10263	46~67	29~35	5290~6877	55~73	48~70	5290~6877
	>152	43~61	46~70	7089~9205	34~43	23~29	4232~6348	44~61	44~61	4761~6877

（续）

锯削材料	切削厚度/mm	卧式锯床			立式锯床			万能锯床		
		锯削速度/(m/min)	材料切除率/(cm^2/min)	锯带寿命/(cm^2/m)	锯削速度/(m/min)	材料切除率/(cm^2/min)	锯带寿命/(cm^2/m)	锯削速度/(m/min)	材料切除率/(cm^2/min)	锯带寿命/(cm^2/m)
铬钢 170~230HBW	<25	58~82	32~52	6348~9522	58~101	26~39	3703~6348	58~82	32~52	6348~9522
	25~152	52~76	52~100	7935~11109	34~87	29~45	5290~7406	52~76	48~71	5290~7406
	>152	26~61	46~70	7089~9945	24~50	23~39	4655~6983	20~61	44~81	4232~6877
铬钒钢 180~220HBW	<25	69~76	32~42	6348~7089	70~93	23~32	3703~4761	69~76	32~42	5348~7089
	25~152	61~69	52~77	7935~8676	44~76	29~35	5290~5819	61~69	48~64	5290~5819
	>152	34~52	46~70	7089~7829	30~34	23~29	4232~5290	20~52	44~64	4232~5819
硅钢 150~230HBW	<25	61~62	26~32	5502~6348	67~81	19~23	3174~4232	61~62	26~32	5502~6348
	25~152	55~58	39~52	6348~7935	61~64	23~26	4232~5290	55~58	35~45	4732~5290
	>152	40~49	29~46	5713~7089	50~53	16~19	3703~4232	38~49	29~44	3703~5290
高速钢 217~293HBW	<25	26~46	16~29	2646~4761	27~64	13~23	1481~3703	26~46	16~29	2645~4761
	25~152	26~46	19~52	3809~5502	30~53	13~26	2116~3703	21~46	16~39	2116~3703
	>152	26~35	15~46	2857~4973	17~24	6~19	1799~3703	12~35	12~44	2010~3703
碳素合金钢 w(C)=0.80% 156~196HBW	<25	45~75	25~35	17351~20631	76~91	23~26	10051~13754	45~75	25~35	17351~20631
	25~152	50~80	35~75	20631~23805	47~61	35~75	13754~15870	50~80	35~75	13754~20631
	>152	49~55	41~46	18515~21372	49~55	41~46	12696~15870	38~55	35~44	13750~15870
耐热工具钢 173~188HBW	<25	49~62	26~35	3915~7935	26~53	13~26	3174~5290	49~62	26~35	3915~7935
	25~152	40~58	39~65	4761~9522	23~44	13~29	4232~6348	46~55	35~48	3174~6348
	>152	26~49	29~58	4761~11109	14~34	6~23	3703~6348	15~49	29~55	2645~6348
不锈钢 130~220HBW	<25	26~40	13~35	3174~9522	26~53	13~26	1904~6348	26~40	13~35	3174~9522
	25~152	26~40	16~52	4761~11109	23~44	13~29	3174~7406	21~40	16~39	2645~7406
	>152	26~27	12~46	3491~9945	14~34	6~23	2116~6348	12~27	9~44	2116~7406
铜基合金（钼、镁、磷、硅、铍、铜） 60~340HBW	<25	75~123	23~45	4761~20631	67~302	16~64	2645~14389	75~123	23~45	4761~20631
	25~152	43~120	29~161	5502~23805	34~168	19~71	3703~15870	43~91	26~126	3703~16399
	>152	26~105	23~145	4973~23805	17~117	13~64	3703~14380	21~91	29~134	3174~16399
钛合金	<25	30~35	10~13	1058~2010	23~40	5~10	635~375	30~35	10~13	1058~2010
	25~152	27~34	13~19	1270~1904	20~30	5~10	846~587	27~34	10~14	846~1587
	>152	26	12~17	1164~1693	17~24	3~6	741~1375	12~21	7~17	317~1587
镍基合金（蒙乃尔和英康耐金属） 125~300HBW	<25	26~49	12~41	1164~3174	17~41	10~19	635~3915	26~49	23~145	1164~3174
	25~152	26~46	12~45	1164~3174	17~34	10~23	846~2116	26~46	12~35	529~2116
	>152	26~46	12~41	1164~3174	17~20	5~16	846~1799	12~21	9~35	317~2116

4.4.4 带锯加工工艺

1）立式带锯床。立式带锯床有两个或三个锯带传动轮，水平工作台在两轮之间。工作台可以是固定式、移动式或可倾式。倾斜角度一般左倾 10°，右倾 30°~45°。立式带锯床适用范围广，可切割直线、曲线的内、外轮廓，也可切槽、开缝或切断下料，工作台由液压或气压驱动。图 4.4-1 所示为 G5328 立式带锯床。

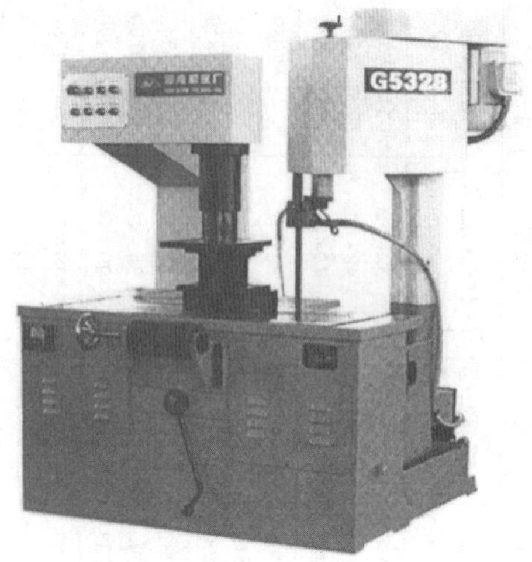

图 4.4-1 G5328 立式带锯床

2）卧式带锯床。卧式带锯床适用于棒料类工件的锯削，对于复杂形状、曲线、薄板、盘形等类似工件的锯削，不如立式带锯床加工方便。在卧式带锯床上，工件常用虎钳装夹，对于形状特殊的工件，可设计专用夹具进行夹紧。图 4.4-2 所示为 G4025-1C 卧式带锯床。

图 4.4-2 G4025-1C 卧式带锯式

3）万能带锯床。万能带锯床（图 4.4-3）与一般立式带锯床的区别是工件在工作台的虎钳中固定不动，立柱可以倾斜，在 45°以内切割任意斜面。

4）切削液的选用（表 4.4-6）。

表 4.4-6 切削液的选用

工件材料及硬度	切削液
普通碳钢，硬度 150~220HBW	乳化液
普通碳钢，硬度高于 220HBW	大浓度乳化液
不锈钢，硬度 130~200HBW	油
工具钢，硬度 217~293HBW	油
铜基合金	油或浓度大的乳化液
高速钢	浓度大的乳化液

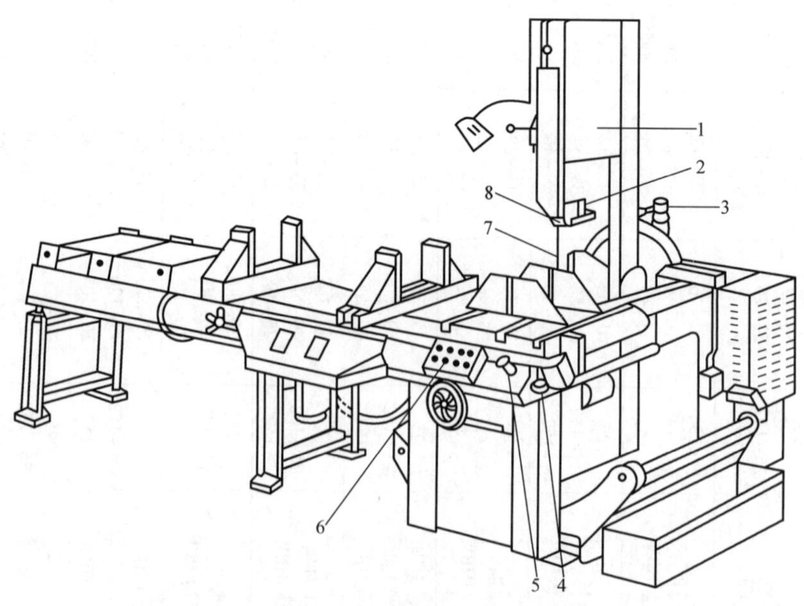

图 4.4-3 万能带锯床结构示意图

1—立柱组件 2—锯带自动控制器 3—立柱倾斜伺服电动机 4—圆料进料选择钮 5—进给压力选择钮 6—推力按钮和镶条选择钮 7—锯带 8—硬质合金导向装置

4.4.5　带锯锯削常见问题与解决方法（表 4.4-7）

表 4.4-7　带锯锯削常见问题与解决方法

问　　题	解 决 方 法
锯齿过早变钝	1. 减慢锯带速度 2. 使用小齿距锯带 3. 锯削黑色、有色金属材料时，采用适合的切削液并应均匀充足地浇在切削区的锯齿上 4. 使每个锯齿都参与锯削，不允许有部分锯齿不参与切削，增加进给压力 5. 锯带运转时，注意锯齿刃口应向下
锯削中锯带振动	1. 根据工件材料变更带锯速度 2. 增加锯带引力 3. 应用较细齿距锯带 4. 增加进给压力 5. 牢固夹紧工件
锯齿断裂	1. 对薄的工件应用较小齿距锯带 2. 牢固地夹紧工件，以消除振动 3. 锯韧性材料应用切削液 4. 若齿槽堵塞，应改用重负荷切削液 5. 减小进给压力
锯后表面太粗糙	1. 增加锯带速度 2. 应用较细齿距锯带 3. 减小进给量 4. 应用切削液
锯带过早断裂	1. 用量规调整锯带，使之与带轮直径和锯床转速相适应 2. 降低锯带速度 3. 检查带轮周边缺陷 4. 焊接处有裂纹，改进锯片制造热处理工艺，试用较长的退火时间，再逐渐降温 5. 齿距过大，改用较小的齿距，以减轻设备负荷 6. 降低进给力 7. 降低锯带张力 8. 适当调整锯带导向，减小运动阻力 9. 应用切削液
锯削时锯带呈鼓形状	1. 增加锯带张力 2. 调整导向装置的位置，使之靠近工件 3. 应用较大齿距锯带 4. 降低进给力
齿槽堵塞	1. 应用较大齿距锯带 2. 应用切削液 3. 降低锯带速度
锯带导向不佳	1. 若导向支承处有“咔嗒”声，应除掉锯带连接处背部的毛刺 2. 若导向支承有振动，应重焊锯带背面，使之平直 3. 检查找正带锯的转动轮 4. 检查导向支承，若磨损或不平衡应更换

（续）

问　题	解决方法
锯带出现负拱	锯带压在导向支承上的负荷太重，应调整锯带上、下轮，使之平直
锯削效率太低	1. 增加锯带速度 2. 应用较大齿距锯带 3. 增加进给压力 4. 应用切削液
锯带引入锯削	1. 锯带放置不平衡或因材料中硬的杂质撞击而使局部磨钝，用切削液有助于减少这种故障 2. 锯带导向失调，应仔细调整导向的镶块或滚子，若损坏应更换 3. 在用电刷使机床断电的情况下，应将电刷调整好，若损坏应更换 4. 进给压力或进给量过高，应降低进给压力
锯带支座过早损坏	1. 锯带过宽 2. 降低锯带速度 3. 应用切削液
锯带出现正拱	1. 进给压力过大 2. 应用较大齿距锯带，尽可能使较多锯齿穿入材料 3. 带锯导向离工件太远，应调整，使之靠近工件
锯带出现扭曲	1. 锯削中锯带受到制约，应降低进给压力 2. 导向侧镶块或滚子太靠近锯带，锯带宽度选择不正确 3. 降低锯带张力

参考文献

[1] 林翔，孙刚，张顺琦，等．拉削工艺和装备设计方法研究综述［J］．机电工程，2019，36（2）：124-130.

[2] 郭峰，程晓芳．键槽拉刀拉削方式的现状与发展趋势［J］．轻工科技，2014（2）：51；55.

[3] 袁哲俊，刘华明．金属切削刀具设计手册　拉刀：单行本［M］．北京：机械工业出版社，2009.

[4] 楼希翱，薄化川．拉刀设计与使用［M］．北京：机械工业出版社，1990.

第5章

磨削加工

主　编　李国发（吉林大学）
参　编　冀世军（吉林大学）
　　　　冯　美（吉林大学）
　　　　何佳龙（吉林大学）

5.1 磨削原理

5.1.1 磨削加工方法与分类

磨削加工通常按工具类型进行分类，可分为使用固定磨粒加工和游离（自由）磨粒加工两大类，如图 5.1-1 所示。图 5.1-2 中列出了常用砂轮磨削方式和方法。

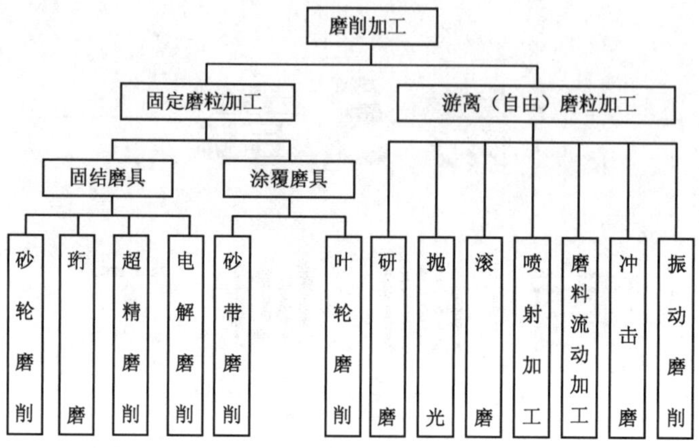

图 5.1-1 磨削加工分类

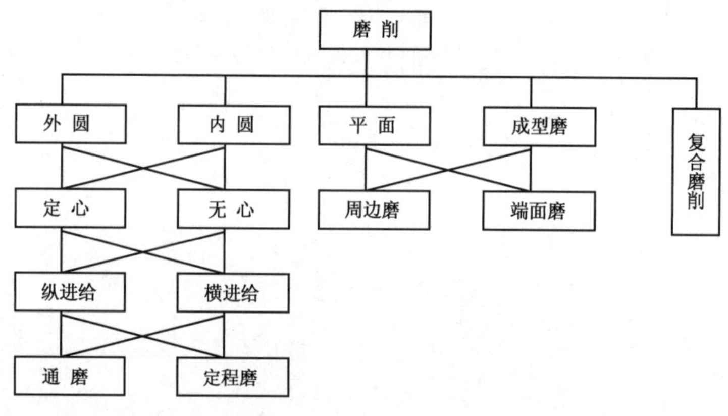

图 5.1-2 砂轮磨削方式和方法

5.1.2 磨削加工的特点与切屑形成

1. 磨削加工的特点

1）切削刃不规则。砂轮磨粒切削刃的形状和分布均处于不规则的随机状态，其形状、大小各异。图 5.1-3 中磨粒切削刃的切削角为 δ_g、前角为 γ_g、刃口楔角为 β_g、磨粒刃端圆半径为 r_β，它们影响着砂轮的锋锐程度和切削能力。

2）负前角切削。磨粒切削刃的前角多是负前角。刚玉砂轮修整后，γ_g 平均为 $-65°\sim-80°$，经磨削一段时间后，还会进一步增大到 $-85°$。说明磨粒负前角的绝对值远大于一般切削刃负前角的绝对值。

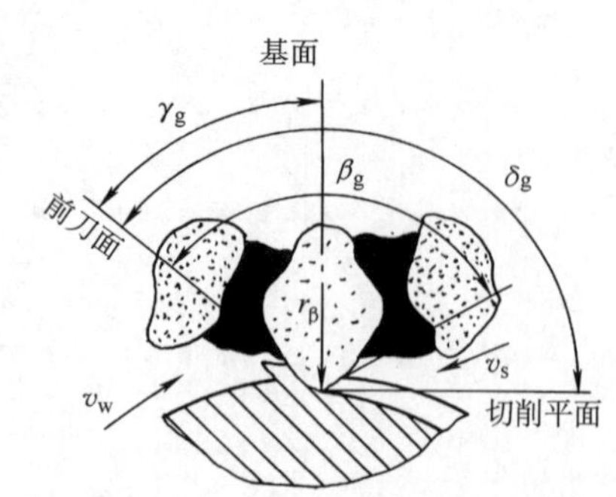

图 5.1-3 砂轮的磨粒切削刃参数

3）切削厚度薄。切削厚度一般只有几微米，故磨削加工可获得较好的精度和较低的表面粗糙度值。

4）比磨削能大。因磨粒有一定的刃端圆半径，而切削厚度很薄，致使比磨削能大，约为铣削加工的10倍以上。

5）磨削速度高。普通磨削的砂轮线速度常在30~35m/s，约为普通刀具切削速度的10倍以上。现在高速磨削砂轮线速度可达到60~250m/s，可以获得较高的金属切除率。

6）砂轮有自锐作用。在切削加工中，如果刀具磨损了，切削就无法正常进行下去，必须重新刃磨刀具。而在磨削过程当中，当磨粒的微刃变钝时，作用在磨粒上的力增大，使磨粒被压碎形成新的微刃或整个磨粒脱落露出新的磨粒投入切削。这种重新获得锋锐切削刃的作用称为自锐作用。

2. 切屑的形成

在磨削过程中，磨粒与工件的接触情况如图5.1-4所示。切屑的形成大致可分为三个阶段。

第1阶段为滑擦阶段。磨粒与工件开始接触，法向切削力很小，磨粒未能切入工件而仅在工件表面产生滑擦，使工件表层产生热应力。

第2阶段为刻划（耕犁）阶段。由于砂轮切入量有所增加，法向切削力增大，磨粒切削刃被压入工件，使部分材料向磨粒两旁隆起，工件表面形成刻痕，

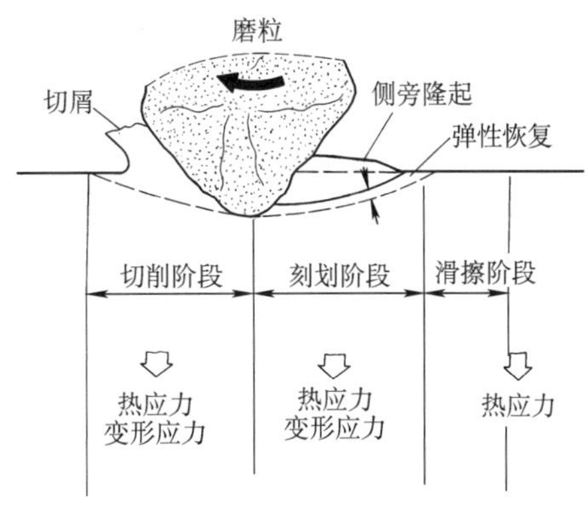

图5.1-4　磨削中磨粒与工件接触状况

但磨粒前刀面上无切屑流出。工件表层不仅有热应力，而且有变形应力。

第3阶段为切削阶段。此阶段磨粒切削已达到一定深度，部分材料沿剪切面滑移而形成切屑，并沿磨粒的前刀面流出。工件表层也产生热应力和变形应力。

除重负荷磨削外，磨粒切下的切屑非常细小，一般分为带状切屑、碎片状切屑和熔融的球状切屑。

5.1.3　磨削基本参数

与磨削运动有关的参数如图5.1-5所示。

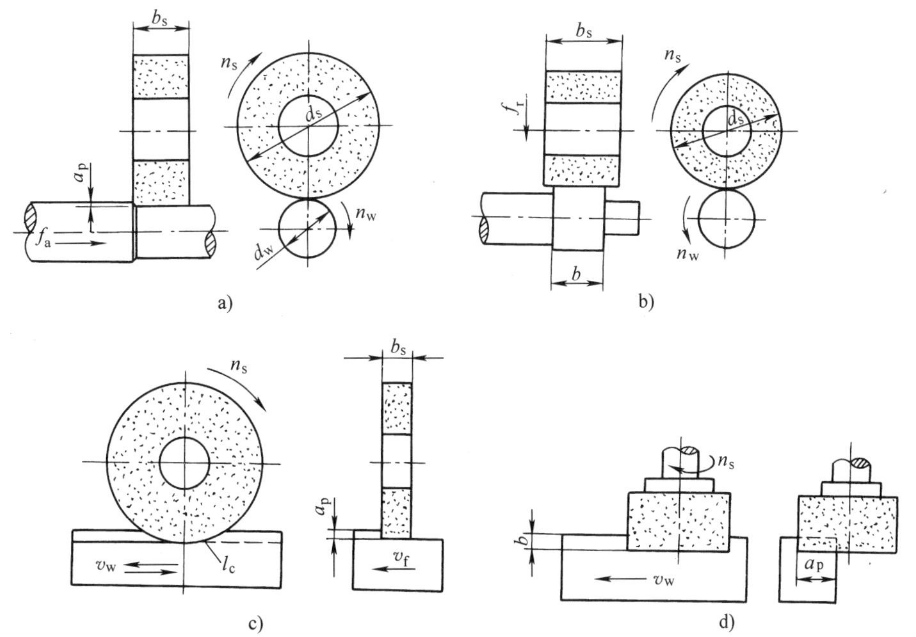

图5.1-5　磨削运动参数

a）纵进给外圆磨　b）切入磨　c）周边-端面磨　d）端面-平面磨

1）砂轮速度 v_s(m/s)

$$v_s=\frac{\pi d_s n_s}{1000\times60} \tag{5.1-1}$$

式中 d_s——砂轮直径（mm）；

n_s——砂轮转速（r/min）。

2）工件速度 v_w(m/min)

$$v_w=\frac{\pi d_w n_w}{1000} \tag{5.1-2}$$

式中 d_w——工件直径（mm）；

n_w——工件转速（r/min）。

3）内、外圆磨削的轴向进给量 f_a(mm/r)

粗磨钢件 $f_a=(0.3\sim0.7)b_s$

粗磨铸件 $f_a=(0.7\sim0.8)b_s$

精磨 $f_a=(0.1\sim0.3)b_s$ （5.1-3）

式中 b_s——砂轮宽度（mm）。

4）内、外圆磨削的轴向进给速度 v_f(m/min)

$$v_f=\frac{f_a n_w}{1000} \tag{5.1-4}$$

5）背吃刀量 a_p(mm) 或 f_r(mm/st、mm/min、mm/r)。

6）砂轮当量直径 d_e(mm)

$$d_e=\frac{d_w d_s}{d_w\pm d_s} \tag{5.1-5}$$

式中“+”用于外圆磨削，“-”用于内圆磨削，平面磨削时 $d_w=\infty$，故有 $d_e=d_s$。

7）砂轮与工件的接触弧长 l_c(mm)（图 5.1-5c）

$$l_c=\sqrt{a_p d_e} \tag{5.1-6}$$

l_c 的大小与磨削热源的大小、冷却及排屑的难易、砂轮是否有堵塞等有关。

8）未变形最大切屑厚度 a_{cgmax}(mm)

$$a_{cgmax}=2l_z\frac{v_w}{v_s}\sqrt{\frac{a_p}{d_e}-\frac{l_z^2 v_w^2}{d_e v_s^2}} \tag{5.1-7}$$

式中 l_z——连续刃距（mm）。

9）金属切除率 Z(mm^3/min)

$$Z=1000v_w f_a a_p \tag{5.1-8}$$

10）单位砂轮宽度金属切除率 Z'[mm^3/(mm·min)]

$$Z'=\frac{Z}{b}=\frac{1000v_w f_a a_p}{b} \tag{5.1-9}$$

式中 b——砂轮磨削宽度（mm）。

11）磨削比 G

$$G=\frac{Z}{Z_s} \tag{5.1-10}$$

式中 Z_s——每分钟内砂轮的磨损体积（mm^3/min）。

12）磨耗比 G_s

$$G_s=\frac{Z_s}{Z} \tag{5.1-11}$$

13）比磨削能 u(J/mm^3)

$$u=\frac{P}{Q_w} \tag{5.1-12}$$

式中 P——磨削功率（W）；

Q_w——每秒钟去除的工件材料体积（mm^3/s），$Q_w=1000v_w a_p b/60$。

比磨削能是指去除单位体积（或重量）的金属所消耗的能量，其值越小，说明材料的可磨削性越好，相对金属切除率越高。

5.1.4 磨削力和磨削功率

1. 磨削力

磨削时作用于工件和砂轮之间的力称为磨削力，在一般外圆磨削情况下，磨削力可分解为互相垂直的三个分力，如图 5.1-6 所示。

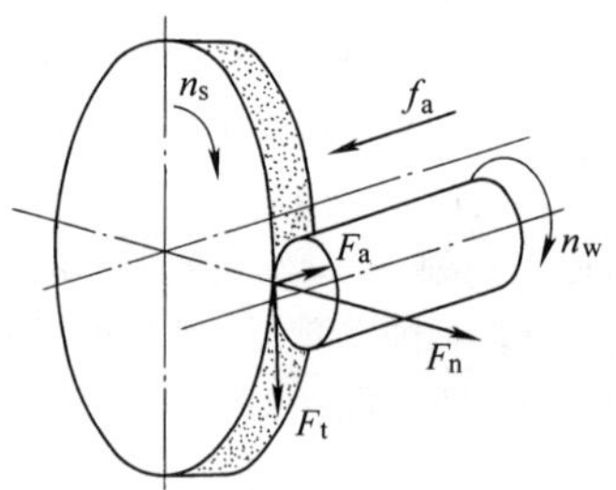

图 5.1-6 外圆磨削力

F_t—主磨削力 F_n—法向磨削力 F_a—轴向磨削力

主磨削力 F_t 是确定磨床电动机功率的主要参数，又称切向磨削力；法向磨削力 F_n 作用于砂轮的切入方向，引起砂轮轴和工件的变形，直接影响工件精度和加工表面质量；轴向磨削力 F_a 作用于机床的进给系统，与 F_t 和 F_n 相比数值很小。

磨削加工的一个显著特征是 F_n 大于 F_t，其比值 F_n/F_t 等于 1.5~4，它与工件材料、磨削方式有关，见表 5.1-1。从表中可以看出，磨削方式对 F_n 与 F_t 比值的影响不大，而工件材料不同则影响较大，工件材料越硬，F_n/F_t 越大。

磨削力的计算方法目前还很不统一，在实际工程计算中仍以经验公式为主。式（5.1-13）是计算外圆磨削主磨削力的经验公式，式中指数和系数参见表 5.1-2。

$$F_t=C_F a_p^{\alpha} v_s^{-\beta} v_w^{\gamma} f_a^{\delta} b_s^{\varepsilon} \tag{5.1-13}$$

式（5.1-14）是计算平面磨削主磨削力的经验公式，其指数和系数参见表 5.1-3。

$$F_t=C_F a_p^{\alpha} v_s^{-\beta} v_w^{\gamma} \tag{5.1-14}$$

表 5.1-1 磨削力 F_n 与 F_t 的比值

磨削方式	外圆磨削			60m/s 高速外圆磨削	平面磨削	缓进给平面磨削	内圆磨削		重负荷荒磨	砂带磨削
被磨材料	45 钢	GCr15	W18Cr4V	45 钢淬火	SAE52100 钢 (43HRC)	In-738	45 钢未淬火	45 钢淬火	GCr15 60Si2Mn	GCr15
F_n/F_t	≈2.04	≈2.7	≈4.0	2.2~3.5	1.75~2.13	1.8~2.4	1.8~2.06	1.98~2.66	平均 5.2	1.7~2.1

表 5.1-2 外圆磨削力经验公式的指数和系数值

研究者	α	β	γ	δ	ε	C_F		备注
[苏联]П. И. ЯмериуыИ	0.6	—	0.7	0.7	—	淬硬钢	22	$v_s=20\text{m/s}$ $b_s=40\text{mm}$
						未淬硬钢	21	
						铸铁	20	
[美国] NORTON 公司	0.5	0.5	0.5	0.5	0.5	—		—
[日本] 渡边	0.88	0.76	0.76	0.62	0.38	—		—
[德国] E. SACJE	0.45	0.45	0.45	0.45	—	—		—
	0.4	0.4	0.4	0.4	—			
	0.43	0.43	0.43	0.43	—			

表 5.1-3 平面磨削力经验公式的指数和系数值

材料	α	β	γ	F_t/F_n
淬火钢	0.84	—	—	0.49
硬钢	0.87	1.03	0.48	0.57
软钢	0.84	0.70	0.45	0.55
铸铁	0.87	—	0.61	0.35
黄铜	0.87	—	0.60	0.45

由于磨削过程很复杂，影响磨削力的因素众多，生产中常用测力仪或测力装置来测量磨削力。常用的有电阻应变片式和压电晶体式测力仪或测力装置，可以实现在线测量。

2. 磨削功率

磨削功率 P(单位 kW) 是磨床动力参数设计的基础，其计算公式为

$$P=\frac{F_t v_s}{1000} \tag{5.1-15}$$

砂轮电动机的输出功率为 P_h(单位 kW)：

$$P_h=\frac{P}{\eta_m} \tag{5.1-16}$$

式中 η_m——机械传动效率，$\eta_m=0.65\sim0.85$。

若测得功率 P_h，通过式 (5.1-15) 和式 (5.1-16) 可计算出主磨削力 F_t 的平均值。

磨削功率还可参照图表来确定。图 5.1-7 和图 5.1-8 分别为外圆切入磨削、平面磨削的单位磨削功率图，可分别从图中查出单位磨削功率 p_g，即可得到砂轮电动机功率 p_h：

$$p_h=\frac{p_g Z}{1000\eta_m} \tag{5.1-17}$$

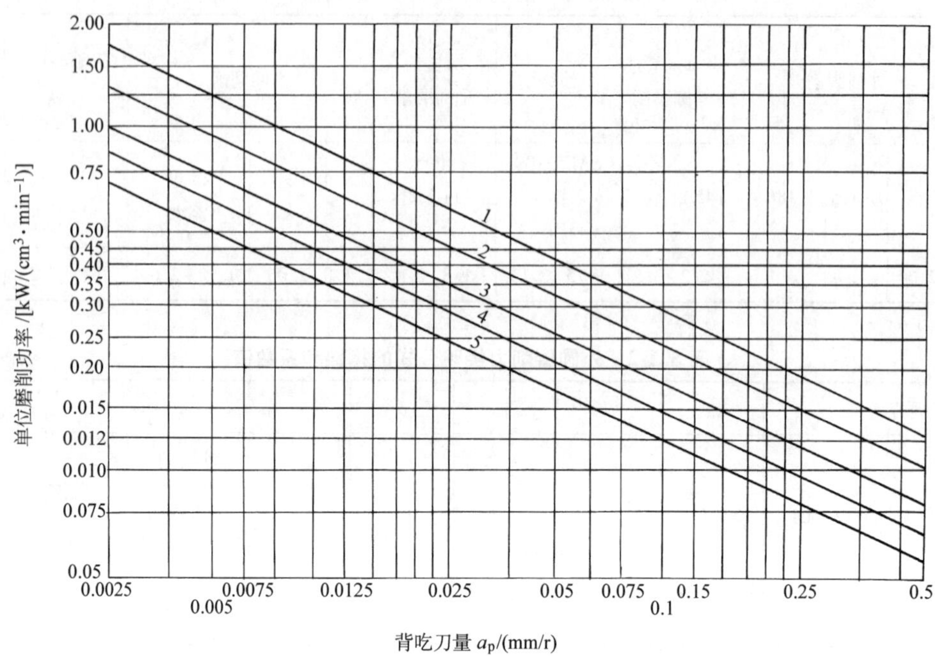

图 5. 1-7　外圆切入磨削的单位磨削功率

1—低碳镍铬钼钢（170HBW）　2—铸铁（250HBW）　3—硬级砂轮磨中碳铬钼钢

4—中硬级砂轮磨中碳铬钼钢　5—中级砂轮磨中碳铬钼钢

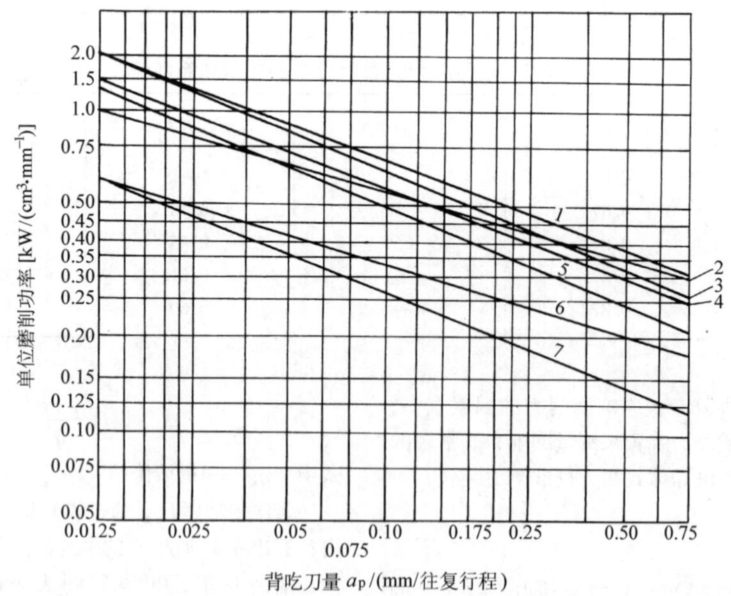

图 5. 1-8　平面磨削单位磨削功率

1—工具钢（67HRC）　2—钛合金（300HBW）　3—镍基高温合金（340HBW）　4—低碳钢（110HBW）

5—铸铁（215HBW）　6—铝（80HBW）　7—铝（150HBW）

5.1.5 磨削热与磨削温度

磨削过程与其他切削过程相比，单位磨削力大，磨削速度很高，因此其比磨削能比其他加工方法大很多倍，这些能量绝大部分转换为热能。热能分配与其他切削加工有很大的不同，约有80%传入工件（车削为3%~9%），切屑带走4%~8%，砂轮带走10%~16%。由于磨削速度高，热量来不及传入工件深处，传给工件的热量大多集聚在表层。磨粒磨削点的温度可达1000℃以上，而表层以下1mm处只有几十摄氏度。局部温度很高时，加热表面就会出现热损伤和热变形，影响加工表面质量和加工精度。因此，控制与降低磨削温度是保证磨削质量的重要环节。

1. 磨削温度

一般所说的磨削温度是指磨削区的温度，但磨削区附近的温度高低差别特别大，通常将磨削温度分为：

1）磨粒磨削点温度，磨粒切削刃与切屑接触的温度，是磨削中温度最高的部位，其瞬时可达1000℃以上。它不仅影响工件的加工质量，而且影响磨粒的破碎、磨损，还与切屑黏附熔着等现象有关。

2）磨削区温度，砂轮与工件接触区的平均温度，一般为500~800℃。它影响被磨削工件的表面残余应力、烧伤及裂纹等。

3）工件平均温度，指磨削热传入工件，使工件总体温度升高，一般只有几十摄氏度，它直接影响工件的形状和尺寸精度。

2. 降低磨削温度的途径

1）合理选择磨削用量。

① 砂轮线速度 v_s 越高，磨削温度上升越快，越容易发生烧伤。

② 背吃刀量 a_p 越大，工件表面温度越高，因此应尽量选取较小的 a_p。但 a_p 也不宜过小，过小的 a_p 导致磨削时滑擦的能量增加，反而易引起表面烧伤。

③ 工件速度 v_w 增高，产生的热量增加，但随着 v_w 的增加，磨削热源在工件表面上移动的速度加快，散热的条件改善，故烧伤情况反而可减轻。

适当减小背吃刀量 a_p 和砂轮线速度 v_s 及增加 v_w，可减少工件表面烧伤和裂纹。

2）正确选择砂轮。选用较粗的磨粒，采取粗修整，降低砂轮的硬度等均能有效地降低磨削温度。

3）提高冷却润滑效果。通常采用浇注磨削液的方式降低磨削区温度。在产生磨削热较多和砂轮与工件接触面积较大的情况下，应选用大气孔砂轮或表面开槽砂轮，可以将磨削液较好地送入磨削区。其中，开槽砂轮不仅有利于磨削液的输送，还可以起到间断冷却的作用，可以实现较好的冷却润滑效果。此外，高压磨削液冲洗可以防止砂轮堵塞，改善切屑排除并增加冷却润滑效果。

4）及时修整砂轮。工件表面的热损伤源于砂轮与工件接触区生成的磨削热，随着磨削过程的进行，砂轮磨损变钝，磨削力和磨削生热增加，为避免对工件造成热损伤，应及时对砂轮进行修整，且在保证磨削表面质量的前提下，尽可能地对砂轮采用“粗修整”。

5.1.6 砂轮的磨损

1. 砂轮磨损的形态

砂轮磨损的形态如图5.1-9所示。砂轮的磨损可分为磨耗磨损和破碎磨损两种形式。磨耗磨损是指磨粒的尖端在磨削过程中逐渐变钝，最后形成磨损小平面（图中 C—C 部分）。破碎磨损一方面是指当磨粒切削刃处的内应力超过其断裂强度时，就会产生磨粒的局部破碎（图中 B—B 部分），另一方面是指当作用于磨粒上的法向力大于磨粒结合剂所能承受的极限值时，产生的整个磨粒的脱落（图中 A—A 部分）。两种磨损类型相比，破碎磨损所消耗砂轮的重量较多。对软砂轮来说，结合剂的破碎比磨粒的破碎要多些。但从磨损后的影响来说，磨耗磨损影响较大，这是因为磨耗磨损直接影响砂轮磨损表面的大小及磨削力等，而这些因素又反过来影响破碎磨损，从而影响砂轮使用寿命（砂轮相邻两次修整间的磨削时间）。

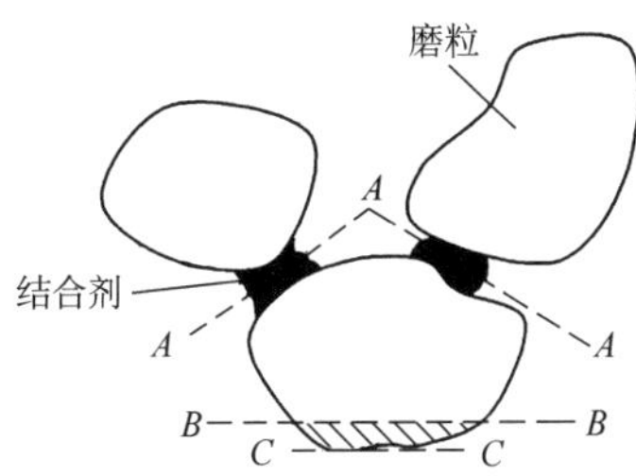

图5.1-9 砂轮磨损的形态

砂轮的磨损过程可分为三个磨损期（图5.1-10）。在初期磨损中，主要是磨粒的破碎磨损，曲线较陡。第二期磨损虽有一定数量的磨粒产生破碎磨损，但主要是磨耗磨损，曲线较平缓。第三期磨损主要是结合剂的破碎磨损，曲线也较陡。

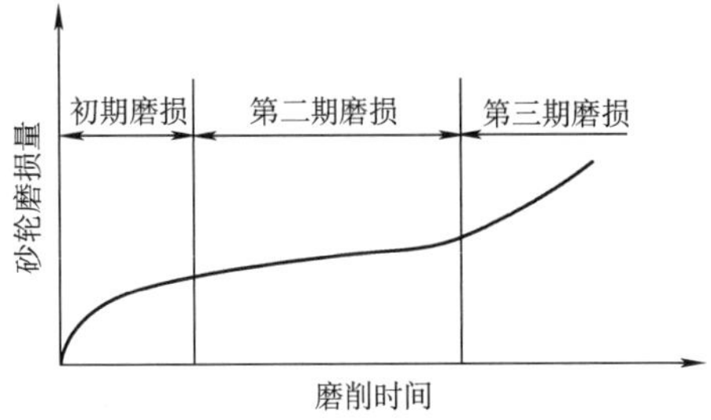

图5.1-10 砂轮的磨损过程

2. 砂轮磨损的原因

砂轮磨损的原因主要有以下几种：

1）磨耗磨损。在工件材料中，往往含有多种高硬度的质点，在磨粒与工件相对滑擦过程中，会使磨粒发生机械磨损，此即为磨耗磨损。

2）氧化磨损。常用的磨料有氧化物（Al_2O_3、CrO_3、ZrO_2、VO_2、TiO_2）、碳化物（金刚石、SiC、B_4C 等）和氮化物（CBN）。氧化物在空气中稳定，其余磨料表面会在高温下发生氧化作用，使其逐渐消耗，这种情况称为氧化磨损。

3）扩散磨损。扩散磨损是指磨粒与被磨材料在高温下接触时，元素相互扩散造成磨粒表层弱化而产生的磨损。两种材料间元素的相互扩散与材料的化学成分密切相关，金刚石磨料中碳元素扩散溶解于铁的能力大于氮化硼磨料中元素扩散溶解于铁的能力，故金刚石砂轮不宜磨削钢料。

4）热应力破损。磨削过程中，磨粒的工作表面瞬间升至高温，又在磨削液作用下急冷，其冷热循环的频率与砂轮的转速相同，从而在磨粒的表面上形成很大的交变热应力，使磨粒表面开裂破碎。热应力破损主要取决于磨料的导热系数、线膨胀系数和磨削液的性能。导热系数越小，线膨胀系数越大，磨削液冷却性能越好，则热应力越大，越易使磨粒受热冲击而开裂破碎。常用磨料的线膨胀系数见表 5.1-4。各种磨料导热性能好坏的次序为：金刚石、立方氮化硼、碳化硅、刚玉。

表 5.1-4　常用磨料的线膨胀系数

磨　　料	刚玉（Al_2O_3）	碳化硅（SiC）	立方氮化硼	金刚石
温度范围/℃	0~1000	25~1200	0~400	1200
线膨胀系数均值/(10^{-6}/℃)	8.4	5.94	3.5	0.33~4.8

5）塑性磨损。在磨削高温作用下，磨粒会因塑性变形而磨损。塑性磨损主要取决于工件材料的热硬度。磨削时，若切屑在磨粒前刀面上的热硬度大于磨粒接触区的热硬度，则磨粒发生塑性磨损。

以上几种造成砂轮磨损的原因并不是在每种磨削情况下同时存在，随磨料、工件材料及磨削条件不同，造成砂轮磨损的主要原因也会有所不同。

5.2　磨削液

磨削时，合理使用磨削液能减少砂轮与工件、切屑之间的摩擦，降低切削力和切削温度。这样不仅可以改善工件的表面加工质量，也可提高砂轮使用寿命。

5.2.1　磨削液的性能要求

1）润滑性能。所谓润滑性能是指磨削液渗入磨粒-工件及磨粒-切屑之间形成润滑膜的性能。润滑性能包括润湿性和形成耐高压、高温的润滑膜的能力。润湿性是指磨削液对金属表面渗透黏附的能力，因磨削液中含有表面活性物质，与金属表面有很大的亲和力。润湿性取决于磨削液的表面张力和黏度，表面张力小及黏度大时润湿性好。润滑膜是靠润滑剂中的油性添加剂在金属表面形成的物理和化学的吸附膜，这种吸附膜只能在低温下起到较好的作用。为了保证润滑膜不被破坏，须在润滑剂中加入具有活性元素的极压添加剂（S、Cl、P 等），使润滑剂具备抗极压的性能。在磨削过程中产生的高温使润滑剂的油性失去作用时，其中的活性剂与金属摩擦而起反应，产生相应的化合膜，其摩擦系数小、耐压性高，能起有效的润滑作用。化合膜在 450~800℃ 的高温下仍能保持润滑状态。

2）冷却性能。磨削液的冷却作用包括两方面内容：一是迅速吸收热量以缓解工件温度上升，保证工件的尺寸精度，防止表面质量恶化；二是使磨削点处的高温磨粒产生急冷，给予热冲击的效果，以促进磨粒的自锐作用。冷却作用的强弱与磨削液的比热容有关，水的比热容约为矿物油的两倍，故水的冷却能力是矿物油的两倍。

磨削液的冷却性能不仅与磨削液的种类有关，且与磨削液的流量有关。一般来说，水基磨削液的冷却性能比油基磨削液好，磨削液的流量越大，冷却能力越强，工件表面温升越小。

3）渗透与清洗性能。在磨削过程中，会产生细小的碎屑和磨削粉末，极易堵塞砂轮和黏附在砂轮、工件和磨床表面，影响工件已加工表面质量及砂轮的寿命，因此，要求磨削液具有良好的渗透和清洗性能。对于油基磨削液，渗透和清洗性能与黏度有关系，黏度越低，渗透越容易，清洗能力越强；对于水基磨削液，一般可以认为表面活性剂含量越多的水基磨削液，清洗能力越强。

4）防锈特性。防锈特性是指磨削液浸到工件和机床时，应保证二者不产生锈蚀的特性。在磨削液中应加入适量的防锈剂，如加入亚硝酸钠、苯甲酸钠、三乙醇胺、石油磺酸钠（钡）等。要求磨削液具有防锈特性，一般是针对水基磨削液而言的。对于油基磨削液，一般不会产生锈蚀问题。

磨削液除应具备上述四项主要特性外，还应具有对人体无害、无刺激、不发臭、不发泡、易于滤清、易于处理和再生、便于储存、原料来源丰富、使用方便及价格便宜等优点。

以上各种要求，往往难以全面满足，应按磨削具体要求择要考虑。

5.2.2 磨削液的种类和组成

磨削液通常分为油基磨削液和水基磨削液两大类。磨削液的分类见表5.2-1。

表5.2-1 磨削液分类

种类	名称		成分
油基磨削液	非活性型	矿物油	低黏度及中黏度轻质矿物油+油溶性添加剂
		复合油	矿物油+油性防锈添加剂
		极压油	矿物油+油性添加剂+非活性极压添加剂
	活性型	极压油	矿物油+油性添加剂+活性极压添加剂
水基磨削液	乳化液	乳化液	水+矿物油+乳化剂+防锈添加剂
		极压乳化液	水+乳化油+极压添加剂
	化学合成水溶液		水+少量矿物油+表面活性剂+水溶性防锈添加剂+极压添加剂
	无机盐水溶液		水+水溶性防锈添加剂+化学制剂（多为盐类和胺类物质）

1. 油基磨削液

油基磨削液的基本成分是矿物油、活性剂和极压添加剂的混合物，根据需要加入防锈剂、防氧化剂等添加剂。这类磨削液以润滑为主，根据润滑性能的强弱，可分为以下两类：

1）矿物油。矿物油的主要成分为轻质矿物油，加入适量的油溶性防锈添加剂及极压添加剂等制成。轻质矿物油为L-AN10～L-AN32全损耗系统用油以及轻质柴油、煤油等。油溶性防锈添加剂有石油磺酸钡（钠）、十二烯基丁二酸等（见表5.2-2）。这类磨削液润滑性能较差，故在磨削中很少应用。为了增加矿物油的润滑性能，常加入油性添加剂（如脂肪酸）等，以提高矿物油在低温低压时的渗透和润滑效果。

2）极压油。在矿物油中加入含S、Cl、P、Pb等化学元素的极压添加剂配制而成。常用的极压添加剂有氯化石蜡、氯化脂肪酸、硫化棉籽油、硫化鲸鱼油、二烷基硫代磷酸锌等。这些极压添加剂与金属表面起作用，形成一层牢固的润滑膜，在磨削界面的高压下有良好的润滑和抗黏着性能。通常称含有氯化物添加剂的极压油为氯化油，含有硫化物添加剂的为硫化油，含有两者的称为硫-氯极压混合油。由于极压油的使用温度与其形成的润滑膜的熔点有关，因此当磨削温度较低时，以采用氯化油为宜；如果磨削温度较高，可选用硫化油。若选用同时含有硫、氯的极压混合油，则可在较宽的温度范围内保持良好的润滑性能。含磷的极压添加剂的极压油对减少摩擦效果好，但只能承受低的磨削温度，故目前应用较少。

必须注意，在采用含硫的极压油对镍基耐热合金进行加工时，磨削完成后应对零件彻底清洗，否则残留在工件表面的硫元素会引起晶界腐蚀。

矿物油一般用于磨削硬质合金、螺纹、齿轮及珩磨、超精磨等。极压油可用于表面粗糙度值要求较低的重要磨削工序和难加工材料的磨削，例如钛合金等。

此外，由于油基磨削液的密度小，易雾化，因而污染环境，使用时须有相应的设备。

表5.2-2 磨削液中常用添加剂

分类	添加剂
油性添加剂	脂类、酮类、胺类等化合物、脂肪酸及其皂、脂肪醇及多元醇、油酸、聚乙二醇、动植物油等
极压添加剂	硫、氯、磷等有机化合物、氯化石蜡、二烷基二硫（代）磷酸锌、硫化棉籽油、氯化脂肪酸、磷酸酯、硫化脂肪油等

（续）

分类		添加剂
防锈添加剂	水溶性	亚硝酸钠、磷酸三钠、磷酸氢二钠、苯甲酸钠、苯甲酸胺、三乙醇胺、硼酸、碳酸钠、水玻璃、尿素、苯骈三氮唑、磺酸盐、羧酸等
	油溶性	石油磺酸钡（钠）、环烷酸锌、十二烯基丁二酸、二壬基萘磺酸钡等
防霉添加剂		苯酚、五氯酚、硫柳汞等化合物、亚硝酸盐等
消泡添加剂		二甲硅油、油酸铬
助溶添加剂		乙醇、正丁醇、苯二甲酸酯、乙二醇醚等
乳化剂（表面活性剂）	阴离子型	石油磺酸钠、磺化蓖麻油、烷基苯磺酸钠、油酸钠皂、松香酸钠皂、油酸三乙醇胺、环烷酸皂、蓖麻油正丁酯、磺酸钠等
	非离子型	聚氧乙醇基各类化合物、醇、醚及司苯、吐温、脂肪酸、二乙醇胺、氯化脂肪酸、聚氧乙烷基二苯醚等
乳化稳定剂		乙二醇、乙醇、三乙醇胺、正丁醇、二乙二醇单正丁基醚、苯乙醇胺二甘醇等
铜合金防蚀剂		苯骈三氮唑、基苯骈噻唑

2. 水基磨削液

水基磨削液的主要成分是水，再配以其他的添加剂制成。水具有良好的冷却性能，水基磨削液具有稳定好、配制方便、成本低廉、不易污染等优点。常用的水基磨削液可分为下述三种类型：

1）乳化液及极压乳化液。乳化液是由矿物油、乳化剂和防锈添加剂等配制成乳化油，使用时，再用水稀释成质量分数为1%~5%的乳白色水溶液。为了使乳化剂在长期放置中不会分离成水层和油层，必须在乳化液中掺入三乙醇胺，它是一种乳化稳定剂。

极压乳化液是在乳化油中加入Cl、S、P等极压添加剂，经稀释后成为极压乳化液。其润滑性能、极压性能好，常用于磨削不锈钢、钛合金、纯铁等可加工性差的工件。

2）无机盐水溶液。主要成分是水，在水中加入一定量的无机盐（磷酸盐、硼酸盐、钼酸盐等）、链醇胺及有机防锈剂配制而成。这种水溶液具有良好的冷却性能和防锈性能，但润滑性能较差，常用于粗磨工序。

3）化学合成水溶液。是不含或含少量矿物油、脂肪油的化学合成型磨削液，加入一定量的水溶性表面活性剂（见表5.2-2），可提高其润滑等性能。

现代生产中多采用乳化液作为磨削液。但由于乳化液的油耗较大，清洗性能差，使用寿命短，废液难以处理等，故一般磨削液将逐渐推广含有表面活性剂的化学合成水溶液。

各种磨削液性能比较见表5.2-3。

表5.2-3 各种磨削液性能比较

种类				润滑性	渗透性	冷却性	清洗性	防锈性	防蚀性（使用寿命）	消泡性	可视性	防火性	切削性
油基磨削液	矿物油	油性添加剂	量少	良	中	差	差	良	良	良	差	差	中
			量多	优	良	中	差	良	良	良	差	差	良
	极压油	极压添加剂	量少	良	良	差	差	良	良	良	差	差	良
			量多	优	优	中	中	优	优	良	差	差	优
水基磨削液	乳化液	浓度	低	中	中	良	中	差	差	中	中	良	中
			高	良	良	良	良	中	中	中	差	良	良
	无机盐水溶液	浓度	低	差	中	优	良	中	良	良	优	优	差
			高	中	良	优	良	良	优	良	良	良	中
	化学合成水溶液	浓度	低	中	良	良	良	良	良	中	良	优	良
			高	良	优	优	优	良	优	中	良	良	良

5.2.3　磨削液的选用

磨削液的选用见表 5.2-4。

表 5.2-4　磨削液的选用

<table>
<tr><th>类别</th><th>型号</th><th>序号</th><th>名称</th><th>组成（质量分数,%）</th><th>应用范围</th><th>生产单位</th></tr>
<tr><td rowspan="7">油基（非水溶性）磨削液</td><td rowspan="3">非活性型</td><td>1</td><td>矿物油</td><td>石油磺酸钡 2
煤油 98</td><td>用于珩磨、超精磨、硬质合金磨削，加 0.5%（质量分数）亚硝酸钠可增加防锈性能</td><td></td></tr>
<tr><td>2</td><td>复合油</td><td>煤油 80~90
L-AN15 油 10~20</td><td>用于珩磨及磨光学玻璃</td><td></td></tr>
<tr><td>3</td><td>复合油</td><td>煤油 55
油酸 40
松节油 5</td><td>用于珩磨钢、铸铁、青铜铝合金等材料</td><td></td></tr>
<tr><td rowspan="4">活性型</td><td>4</td><td>极压油</td><td>石油磺酸钡 0.5~2
环烷酸铅 6
氯化石蜡 10
L-AN10 油 10
L-AN32 余量</td><td>润滑性能好，无腐蚀性，用于超精磨削，可代替硫化油使用</td><td>南京华乐孚油品有限公司</td></tr>
<tr><td>5</td><td>F-43 极压油</td><td>氧化石蜡脂钡皂 4
二烷二硫代磷酸锌 4
二硫化钼 0.5
石油磺酸钡 4
石油磺酸钙 4
L-AN7 油 83.5</td><td>用于磨削耐热钢、耐热合金钢及耐蚀钢</td><td>太原化学工业集团公司石油化学厂
南京华乐孚油品有限公司</td></tr>
<tr><td>6</td><td>磨削油</td><td>石油磺酸钡 4
6411 5
氯化石蜡 10
油酸 7
L-AN32 油 74
硅油另加 10ppm（溶于 19 倍煤油中）</td><td>用于高速磨削，极压性能好，对防止局部烧伤退火有良好效果</td><td>广州联诺化工有限公司
上海石油商品应用研究所</td></tr>
<tr><td>7</td><td>H503 超精研磨液</td><td>精炼白油
防锈剂
油性剂
磺酸钠
极压剂</td><td>用于超精磨削、珩磨等</td><td>常州海纳环保科技有限公司</td></tr>
</table>

（续）

类别	型号	序号	名称	组成（质量分数,%）	应用范围	生产单位
水基磨削液	乳化液	8	H803 乳化液	三乙醇胺 乳化剂 硼酸酯 磷酸盐 润滑剂 矿物油	粗磨、精密及软磨、硬磨均适用	常州海纳环保科技有限公司
		9	F74-8 乳化液	聚氧乙烯醚烷基酚 4.5 五氧化二磷 0.5 三乙醇胺 5 石油磺酸钠 15 L-AN7~10 油 75	用于轴承内外圆磨削 配比 1%~2%（质量分数）	
		10	NL 乳化液	石油磺酸钠 36 蓖麻油酸钠皂 19 三乙醇胺 6 苯骈三氮唑 0.2 L-AN7 油 余量	乳化剂含量高，浓度低，为浅色透明液 用于磨削黑色及有色金属 配比 2%~3%（质量分数）	
		11	防锈乳化液	石油磺酸钠 11~12 石油磺酸钡 8~9 环烷酸钠 12 三乙醇胺 1 L-AN15 油 余量	用于磨削黑色金属及光学玻璃，加入0.3%（质量分数）亚硝酸钠及 0.5%（质量分数）碳酸钠于已配好的乳化液中，可进一步提高防锈性能 配比 2%~5%（质量分数）	上海石油商品应用研究所
		12	半透明乳化液	石油磺酸钠 39.4 三乙醇胺 8.7 油酸 16.7 乙酸 4.9 L-AN15 油 余量	用于精磨，配制时可加0.2%苯乙醇胺 配比 2%~3%（质量分数）	
		13	极压乳化液	防锈甘油络合物（硼酸62份、甘油92份、45%的氢氧化钠65份） 22.4 硫代硫酸钠 9.4 亚硝酸钠 11.7 三乙醇胺 7 聚乙二醇（相对分子质量400） 2.5 碳酸钠 5 水 余量	有良好的润滑和防锈性能，多用于黑色金属磨削 配比 5%~10%（质量分数）	

（续）

类别	型号	序号	名称	组成（质量分数,%）	应用范围	生产单位
水基磨削液	化学合成液	14	420号磨削液	甘油 0.5 三乙醇胺 0.4 苯甲酸钠 0.5 亚硝酸钠 0.8~1 水 余量	用于高速磨削与缓进给磨削，有时要加消泡剂，如果将甘油换为硫化油酸、聚氧乙烯醚可提高磨削效果，如果换为氯化硬脂酸、聚氧乙烯醚适于磨削 In-738 叶片	
		15	高速、高负荷磨削液	氯化硬脂酸 含硫添加剂 Tx-10 表面活性剂 硼酸 三乙醇胺 742 消泡剂 水	用于高速磨削及高负荷磨削	
		16	M-2 磨削液	油酸丁二酸一醇酰胺 葵二酸一乙醇胺 苯甲酸钠等	用于磨削加工（不含亚硝酸钠）	常州市彼妾油品有限公司
	化学合成水溶液	17	3号高负荷磨削液	硫化油酸 30 三乙醇胺 23.3 非离子型表面活性剂 16.7 硼酸盐 5 水 25 消泡剂（有机硅）另加 2.5/1000	具有良好的清洗、冷却等性能，有较高的极压性（PK值>2500N） 适用于缓进给强力磨削 配比 1.5%~3%（质量分数）	
		18	H-1 精磨液	蓖麻油顺丁烯二酸酐 二乙醇胺 三乙醇胺 癸二酸 硼酸	用于高精度磨床，精密磨削，也适用于普通磨削，可代替乳化液和苏打水（不含亚硝酸钠） 配比 3%~4%（质量分数）	常州市彼妾油品有限公司
		19	GMY-2 高速磨削液	亚硝酸钠 16 油酸钠 4 2010（表面活性剂） 15 三乙醇胺 18 水 余量	用于高速磨削，精密磨削 配比（质量分数）：普通磨削 2%~3% 高速磨削与精密磨削 3%~5%	广州机械科学研究院有限公司
		20	SM-2 磨削液	EP-SS 极压添加剂 表面活性剂 防锈添加剂	用于轴承钢、黑色金属等磨削（不含亚硝酸钠） 配比 3%~5%	

（续）

类别	型号	序号	名称	组成（质量分数,%）	应用范围	生产单位
水基磨削液	化学合成水溶液	21	WL-204 半合成磨削液	组成与 H803 乳化液相同，但矿物油含量低	粗磨、精密及软磨、硬磨均适用	常州海纳环保科技有限公司
		22	H80R 全合成磨削液	聚醚 三乙醇胺 醚磷酸 润滑剂 聚乙二醇 表面活性剂		
		23	NY802 磨削液	油酸钠 阴离子表面活性剂 聚乙二醇 亚硝酸钠 防腐剂 辅助润滑剂等	用于普通磨削和精密磨削 配比 1%~2%	上海磨床研究所
		24	10 号强力磨削液	合成氯化硬脂酸 聚氧乙烯醚 0.5 苯甲酸钠 0.3 三乙醇胺 0.4 亚硝酸钠 1 消泡剂 0.1 水 97.7	用于缓进给强力磨削，不用稀释，直接使用	
		25	QM 强力磨削液		用于高速强力磨削及缓进给磨削，QM176、QM189 用于磨削钢材；QM186 用于磨削冷激铸铁 配比（质量分数）： 普通磨削 2%~3% 强力磨削 3%~4%	
		26	珩磨液Ⅰ	硫酸化蓖麻油（中性） 0.5 磷酸三钠 0.6 亚硝酸钠 0.25 硼砂 0.25 水 余量	有良好的冷却性能和清洗性能，用于珩磨	无锡市宜兴弘育化工厂
		27	珩磨液Ⅱ	环烷皂 0.6 磷酸三钠 0.6 亚硝酸钠 0.25 水 余量	用于珩磨	

（续）

类别	型号	序号	名称	组成（质量分数,%）	应用范围	生产单位
水基磨削液	化学合成水溶液	28	轴承钢磨削液	三乙醇胺 0.4~0.6 油酸 0.3~0.4 癸二酸 0.1~0.2 乳化剂 0.2~0.3 水 余量	用于磨轴承钢	
		29	磨削液Ⅰ	含硫添加剂 0.4~0.9 聚乙二醇（相对分子质量400） 0.5 TX-10 表面活性剂 0.1 6503 清洗剂 0.1~0.2 硼酸 0.1 三乙醇胺 0.2 亚硝酸钠 0.5 742 消泡剂 0.4~0.6 水 余量	用于高、中负荷磨削	
		30	磨削液Ⅱ	三乙醇胺 17.5 癸二酸 10 聚乙二醇（相对分子质量400） 10 苯骈三氮唑 2 水 余量	用于磨削黑色金属与有色金属，不磨铜件，可不加苯骈三氮唑 配比 1%~2%（质量分数）	
		31	透明水溶液	碳酸钠 0.15 亚硝酸钠 0.8 甘油 0.8~1 聚乙二醇（相对分子质量400） 0.3~0.5 水 余量	用于无心磨床和外圆磨床 配比 2%~3%（质量分数）	
		32	101 磨削液	高分子化合物（PAM） 防锈剂 防腐剂 表面活性剂	可代替油类及乳化剂 配比 2%~5%（质量分数）	郑州磨料磨具磨削研究所有限公司
	无机盐水溶液	33	苏打水Ⅰ	碳酸钠 0.8~1 亚硝酸钠 0.15~0.25 水 余量	用于黑色金属与有色金属磨削，适用于磨球墨铸铁，雨季可加入适量三乙醇胺	
		34	苏打水Ⅱ	碳酸钠 0.5 亚硝酸钠 1~1.2 甘油 0.5~1 水 余量	用于黑色金属与有色金属磨削，适用于金刚石砂轮（树脂结合剂砂轮除外）	
		35		硼砂 1.0 三乙醇胺 0.3 水 余量	用于金刚石砂轮磨削和一般磨削，但不适于立方氮化硼砂轮	

注：表中所列成分及配比，在各厂家生产中会不断改进，选用时应以厂家说明书为准。

5.2.4 磨削液的供给方法

图5.2-1所示为磨削液采用传统浇注方式时磨削区的气流情况。由于高速回转的砂轮周围产生的气流、砂轮内部喷射出的气流以及砂轮罩的影响，实际进入磨削区的磨削液很少，大部分磨削液散浇在磨削区的外围。

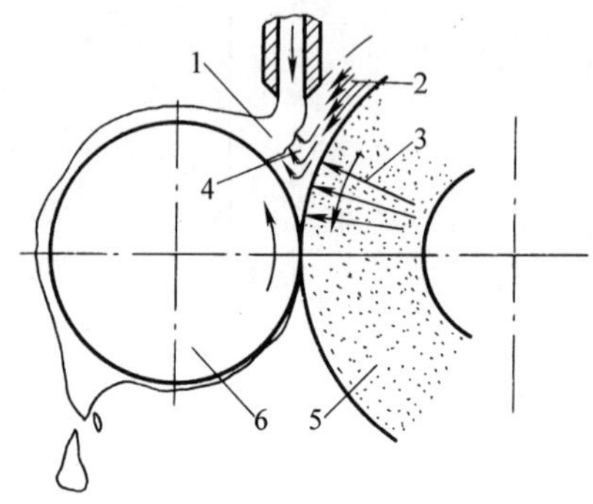

图5.2-1 磨削区的气流情况
1—磨削液 2—气流 3—喷出气流
4—涡流 5—砂轮 6—工件

磨削液供给方法主要有以下几类：

1. 浇注法

浇注法是利用齿轮泵或低压泵（0.1~0.2MPa）把磨削液输送到冷却喷嘴，借助磨削液本身的重力作用浇注到磨削区域。浇注时，喷嘴的尺寸、位置可自由变更，该供液装置价格较低，故广泛使用，但磨削液向磨削区渗入效果较差。

2. 喷射法

喷射法采用直径很小的喷嘴，通过提高供液压力（1MPa以上），增大磨削液喷射速度，使磨削液能够有效地注入磨削区，以改善磨削效果。与普通浇注法相比，喷射法可使砂轮寿命和金属切除率均提高1倍以上。

磨削液的流量 Q 为

$$\text{乳化液}: Q \approx 14\frac{P}{\Delta t}+Q_b$$

$$\text{矿物油}: Q \approx 35\frac{P}{\Delta t}+Q_b$$

式中 Q_b——冲洗砂轮所需流量（L/min），一般取 $Q_b=10\sim30$L/min；

Δt——磨削液温升，一般取 $\Delta t=5\sim15$℃；

P——磨削功率（kW）。

为使磨削液更多地进入磨削区，人们设计制作了各种各样的喷嘴结构。

1）磨外圆用冷却喷嘴结构（图5.2-2）。利用喷嘴上的挡板将高速气流隔开，保证磨削液能顺利注入磨削区，同时又可防止磨削液的飞溅。

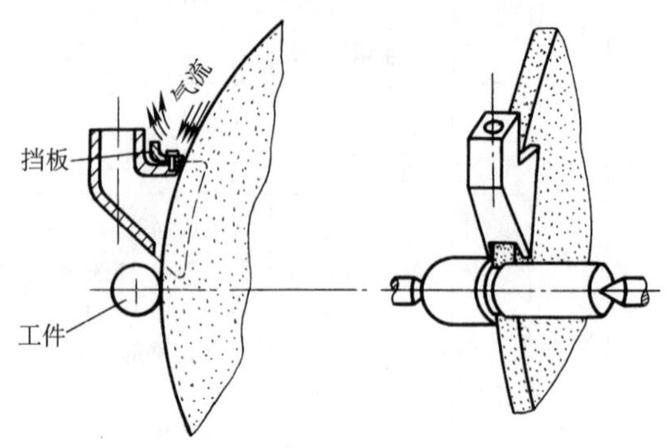

图5.2-2 外圆磨床用冷却喷嘴

2）平面磨床用冷却喷嘴结构（图5.2-3）。为了提高阻挡气流的效果，挡板与砂轮表面间距离应尽量小些，并随砂轮直径的减小可及时调整。

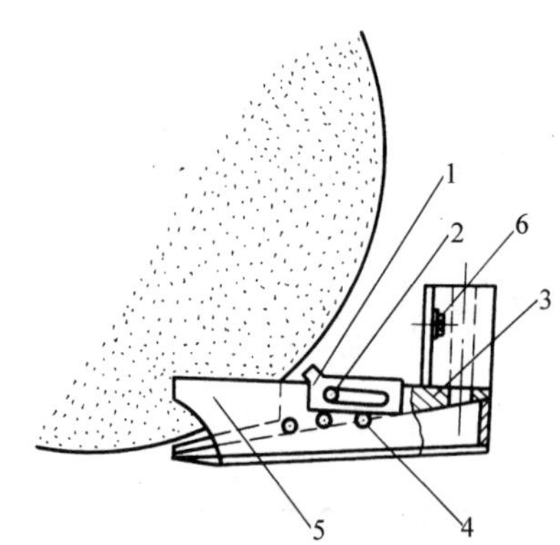

图5.2-3 平面磨床用冷却喷嘴
1—气流挡板 2、6—螺钉 3—钢板
4—螺钉 5—侧面挡板

3）主喷嘴与辅助喷嘴（图5.2-4）。图5.2-4a所示为两个喷嘴，主喷嘴主要将磨削液喷到磨削区，辅助喷嘴为排列的很多小孔（直径1~2.5mm），辅助喷嘴喷射的磨削液垂直于砂轮表面，以形成阻挡气流的“挡风板”，迫使气流改变方向，以保证主喷嘴喷出的磨削液能顺利注入磨削区。辅助喷嘴还起到冲洗砂轮的作用。图5.2-4b所示为在主喷嘴内装入辅助喷嘴。辅助喷嘴的方向一般为顺时针方向5°~10°时冲洗效果较好。

小孔压力冲洗砂轮对提高金属切除率和金属总切除量、砂轮寿命、磨削比，以及降低磨削表面温度等方面有显著影响，其效果随冲洗压力的增加和小孔到砂轮表面的距离的减小而变得显著。

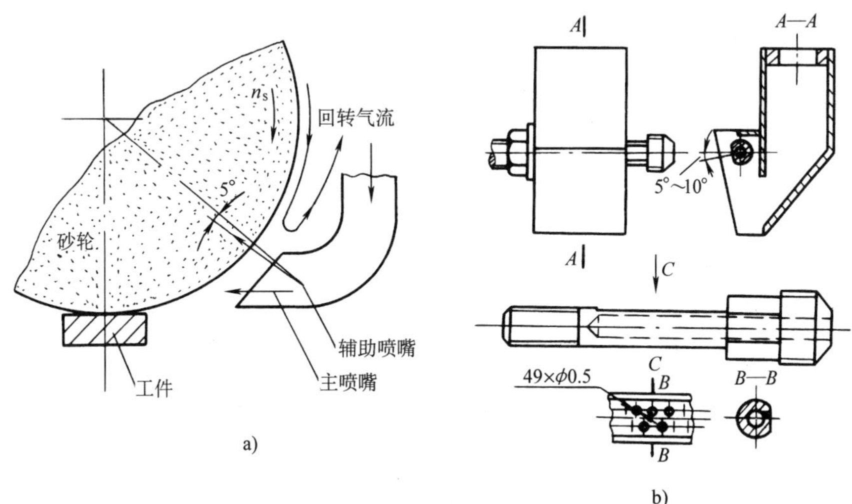

图 5.2-4　主喷嘴与辅助喷嘴

a）辅助喷嘴为很多小孔　b）辅助喷嘴被装入主喷嘴

4）无心磨床供液系统（图 5.2-5）。图 5.2-5a 所示是利用离心力产生的高压磨削液由喷嘴 *A* 送入，从砂轮表面获得高速度，在 *B* 处强制进入砂轮表面，一部分附着在砂轮表面，而大部分因 *BC* 段距离不大，不致被甩开而能顺利进入磨削区。挡板除上述作用外，还可以起到阻挡气流与防止飞溅的作用。图 5.2-5b 所示结构中的气流导板可以调节，使气流在到达喷嘴之前被导流，在喷嘴前产生半真空区，从而保证了喷嘴喷出的磨削液能顺利地注入磨削区。

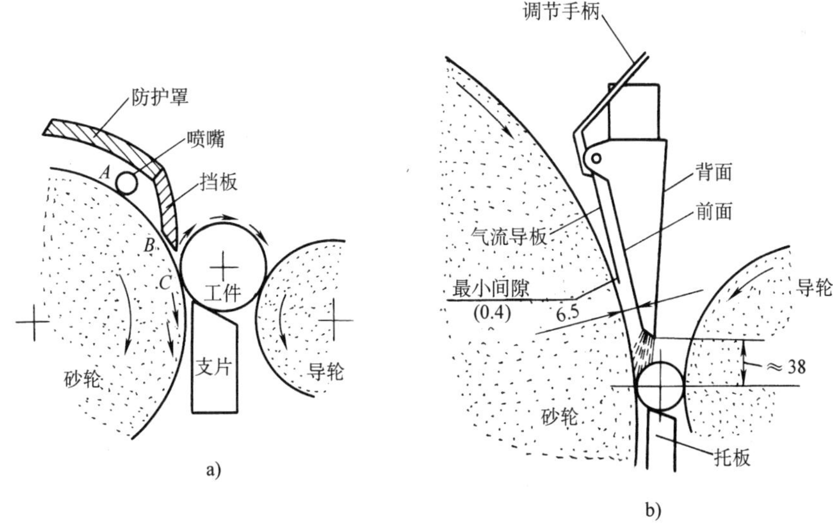

图 5.2-5　无心磨床供液系统

a）离心力产生高压磨削液　b）气流导板可调节

调整无心磨床供液系统时应注意：

① 喷嘴的位置在磨削点以上约 38mm 处如图 5.2-5b 所示。

② 喷嘴与砂轮间隙大约为 6.5mm。

③ 气流导板与砂轮表面间的间隙不小于 0.4mm。

④ 磨削液应直接冲到磨削区内，否则必须重新进行调整。

5）改进的喷嘴装置（图 5.2-6）。当砂轮速度较高时，在砂轮外缘的气流也加强，此时可采取以下措施：

① 增大磨削液供应量与喷射压力。

② 减小出口截面面积，增大出口宽度。这不仅可以提高喷射速度和冷却范围，还可以减少因高速气流而导致的磨削液飞溅。

③ 调整喷射方向。图 5.2-6a 所示为在喷射力与气流的合力作用下，磨削液恰好喷入磨削区内。图 5.2-6b 所示的喷嘴安装角 α 为 5°~15°，使喷出磨削液部分向上，阻挡高速气流，其余部分流入磨削区。

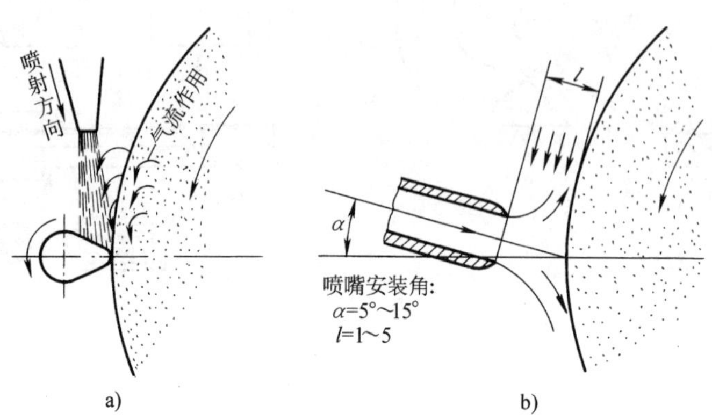

图 5.2-6　喷射与气流作用

a）喷射力与气流合力作用　b）调整喷嘴安装角

3. 内冷却法

该种方法是利用砂轮自身的多孔性，从砂轮的中心供给磨削液，砂轮回转离心力的作用，使磨削液在砂轮工作时通过砂轮上的气孔甩出，进入磨削区内，如图 5.2-7 所示。在重负荷磨削、内孔磨削及磨削耐热钢和高温合金等难加工材料时，采用内冷却法效果较好。在供液时，必须有将磨削液送至砂轮中心的主轴装置和中空主轴。由于砂轮气孔较小，磨削液必须经过精密过滤除去 3μm 以上粒径的杂质。此外，砂轮整个周边都会甩出磨削液，因此须增设防护装置和措施以防止污染环境。

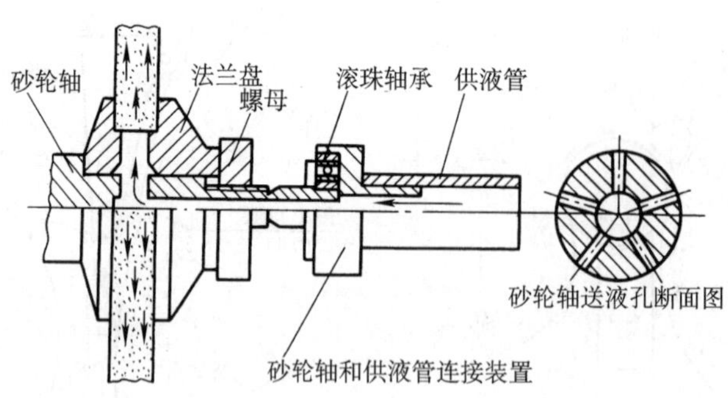

图 5.2-7　内冷却法供液方式

4. 喷雾法

喷雾法是在 0.3~0.4MPa 的压缩空气气流中，吸入磨削液并细化成雾状，同时随高速气流喷出，细小的液滴在磨削区高温的作用下汽化，吸收大量的热量。采用喷雾法时，磨削区应封闭，以免污染环境。对于水基磨削液，喷雾冷却效果较好，但对于油基磨削液，效果并不十分理想。

5. 浸渍砂轮法

浸渍砂轮法就是把含有固体润滑剂的浸渍液渗入砂轮孔隙中，使固体覆盖在磨粒表面上，磨削时形成磨粒与切屑以及磨粒与加工表面间的润滑作用。通常采用的固体润滑剂有树脂、石墨、碘化钾、硫黄和二硫化钼等。

最常用的砂轮浸渍方法就是利用砂轮气孔的毛

细管自动吸收的方法，利用这种方法浸渍砂轮时，由于砂轮体内的重叠网孔会形成多孔过滤，往往使固体润滑剂只浸渍在砂轮表面上，而只有液体浸渍到砂轮内部，因而浸渍效果欠佳。近年来，研究出的真空浸渍、超声和振荡浸渍等方法可改善砂轮的浸渍效果。

6. 超声供液法

这种方法是在使用浇注法的同时，加上超声波振动。磨削液流经一个超声振动器，使液体在能量的作用下形成水泡并破裂，造成细微的爆破。在这一过程中，磨削液同时具有冷却和润滑的作用。

5.2.5 磨削液的过滤方法

由于磨削过程产生的磨屑和砂粒等杂质在磨削液中不断增加，以致磨削液变脏变臭，不仅影响磨削工件质量，还会危害环境卫生。常见的净化装置有离心过滤器、磁性过滤器、纸过滤器、金属网沉淀过滤器和涡旋分离器等。各种磨削液净化装置的性能见表5.2-5。

表5.2-5 各种磨削液净化装置的性能

		涡旋分离器	磁性过滤器	纸过滤器	离心过滤器	金属网沉淀过滤器
过滤器型式		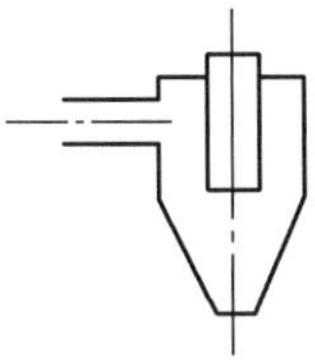		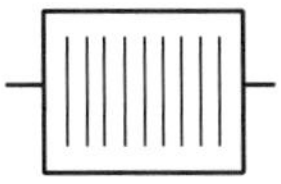	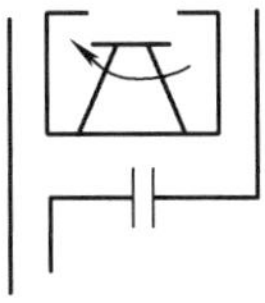	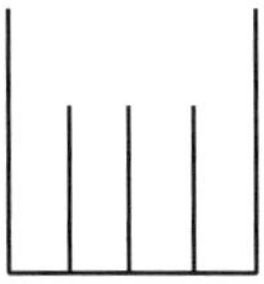
净化性能	净化能力/(L/min)	12.5~100	25~100	<25	<50	—
	净化率（%）	95	搅动99、不搅87	—	—	—
	粒度/μm	3~40	<74	2~10	—	>100
经济效果	耗电量/kW	0.6~1.1	0.12	0.12	0.17	—
	磨削液使用期限	长	较长	长	短	最短
	过滤材料消耗情况	不消耗	—	消耗大	—	—
	设备成本	较低	较高	较高	较高	低
占地面积		不占地	不占地	较少	较少	较少
噪声		无	轻微	无	较大	无
非导磁性杂质过滤的可能性		可	不可	可	可	—
介质黏度极大时过滤的可能性		不可	可	可	可	—
连续性		可	可	不可	每班清洗一次	每班清洗一次
结构复杂性		简单	复杂	较复杂	复杂	—
流量损失		较大	较大	大	较小	—

1. 涡旋分离器

1）工作原理。图 5.2-8 所示为涡旋分离器工作过程示意图。从磨床排放的污液经过网斗的粗过滤流入污液箱 8 内，高压泵 2 以（0.4~2）$\times10^5$Pa 的压力将污液送至涡旋分离器 3，经过分离器的涡旋作用将污液分为两股，一股将杂质从排渣口喷出至集渣箱 1 内，另一股分离清净的磨削液经清液管 5 流出，经过控制阀 4 流入清液箱 7 中，最后由液下式离心泵 10 将清洁的磨削液送至喷嘴。

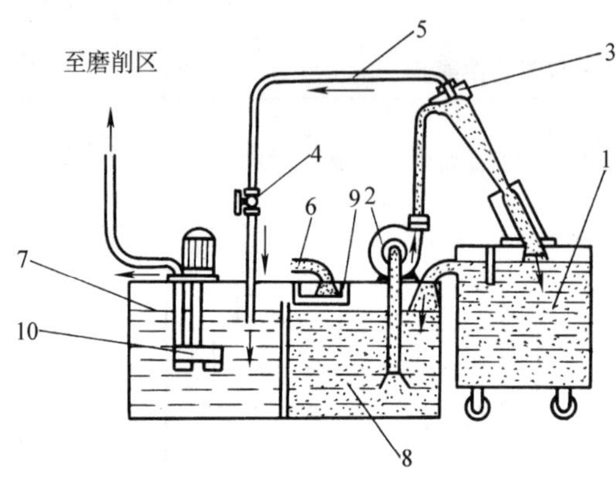

图 5.2-8 涡旋分离器工作过程示意图
1—集渣箱 2—高压泵 3—涡旋分离器
4—控制阀 5—清液管 6—污液管
7—清液箱 8—污液箱 9—滤网
10—液下式离心泵

涡旋分离器是利用涡旋原理进行清液的。图 5.2-9 所示为涡旋分离器的原理图。污液以 2×10^5Pa 的压力从进液管 *A* 处进入分离器，进液管与分离器的圆柱部分成切线方向，故污液进入圆柱体后就形成一股旋转向下的旋涡。当液流进入圆锥体后，其线速度不变，但随着锥体半径的减小，越向下，液流旋转的角速度越大，从而向心加速度急剧增大。由于杂质的重量大于液体的重量，在离心力的作用下被甩至圆锥体周壁，当到达排渣口时形成伞状喷出（此过程称一次旋涡）。在形成一次旋涡的同时，涡旋分离器中心形成一个负压区，使排渣口吸入新鲜空气并急速向上旋转，形成二次旋涡，并带着位于中心的已净化的液体向上旋转，最后到达顶部清液管口被送回清液箱。

2）涡旋分离器的优点。

① 净化率高。能分离磨削液中绝大部分杂质，净化率达 95%左右，分离粒度为 3~40μm。

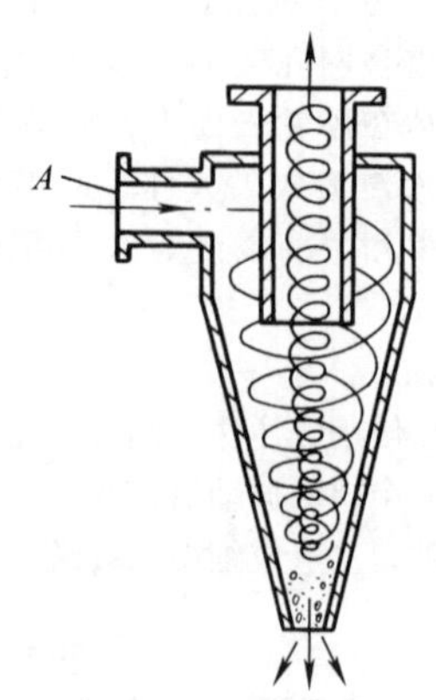

图 5.2-9 涡旋分离器原理图

② 能显著提高磨削液的使用期限，降低生产成本。

③ 结构简单，制造维修方便，成本较低廉。

④ 能分离磨粒、结合剂等非导磁性材料。

⑤ 使用灵活方便。可根据需要，组合成串联或并联形式，串联可增大分离效果，并联可增大流量。也可以和其他过滤器联合使用。

涡旋分离器目前还不宜用于黏度大，杂质密度小、粒度极小的待净化磨削液。

2. 纸质过滤装置

纸质过滤装置如图 5.2-10 所示。带有磨屑及砂粒等杂质的磨削液，通过过滤网 5 粗过滤后流到过滤纸 3 上，再经过滤纸过滤，过滤纸在网状传送带 4 上，通过传送带电动机 2 带动，使网状传送带托着过滤纸缓慢移动，最后将用废的过滤纸置于废过滤纸箱 7 中。

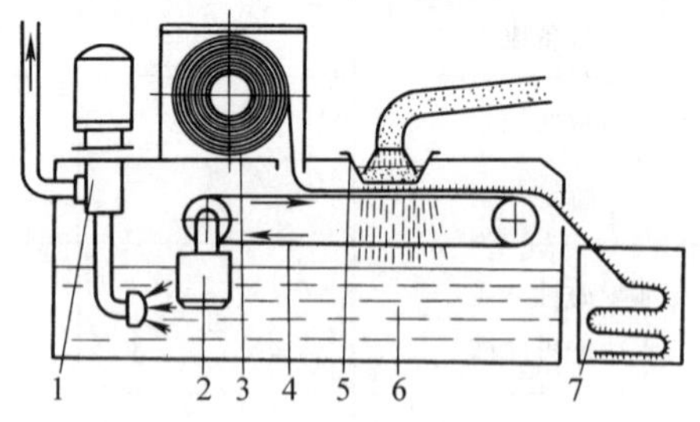

图 5.2-10 纸质过滤装置
1—清水泵 2—传送带电动机 3—过滤纸
4—传送带 5—过滤网 6—净液箱
7—废过滤纸箱

5.3 磨床与磨床夹具

5.3.1 磨床的技术参数及加工精度

1. 外圆磨床（表 5.3-1~表 5.3-4）

表 5.3-1 外圆磨床

型号	技术参数					加工精度/mm	表面粗糙度 Ra/μm	电动机总功率/kW	生产厂	备注
	磨削直径/mm	磨削长度/mm	（中心高/mm）×（中心距/mm）	工作台回转角度/（°）	砂轮尺寸/mm（最大直径×宽度×内径）	圆度/圆柱度				
M1320E MS1320E MB1320E MBS1320E	5~200	500	125×520	±9	400×(32~50)×203	0.0015/0.005	0.32	4.98	北京第二机床厂有限公司	砂轮最大线速度35m/s
		750	125×765	±8						
		1000	125×1080	-7~3		0.0025/0.008				
M1332E MS1332E MB1332E MBS1332E	5~320	500	180×520	±9	400×(32~50)×203	0.0015/0.005	0.32	4.68		
		750	180×765	±8						
		1000	180×1080	-7~3		0.0025/0.008				
MG1320E MGB1320E	5~200	500	125×520	±9	400×(32~50)×203	0.0005/0.003	0.01	7		
		750	125×765	±8						
		1000	125×1050	-7~3		0.0005/0.005				
MG1332E MGB1332E	5~320	500	180×520	±9	400×(32~50)×203	0.0005/0.003	0.01	7		
		750	180×765	±8						
		1000	180×1050	-7~3		0.0005/0.005				
M1332C	15~320	1000	165×1000	-6~3	500×(50~75)×203	0.0025/0.008	0.32	8		
		1500	165×1500	-6~3						
MG1332C	15~320	1000	165×1000	-6~3	400×(50~75)×203	0.001/0.005	0.04	8		
		1500	165×1500	-6~3						

（续）

型号	技术参数					加工精度/mm	表面粗糙度 Ra/μm	电动机总功率/kW	生产厂	备注
	磨削直径/mm	磨削长度/mm	（中心高/mm）×（中心距/mm）	工作台回转角度/(°)	砂轮尺寸/mm（最大直径×宽度×内径）	圆度/圆柱度				
M1350	30~500	2000	270×2000	-4~2	750×75	0.005/0.008	0.32	18	北京第二机床厂有限公司	砂轮最大线速度 35m/s
		2500	270×2500							
		3000	270×3000	-3~2						
M1363	30~630	2000	335×2000	-4~2	750×75 900×75	0.005/0.008	0.32	24		
		2500	335×2500							
		3000	335×3000	-3~2						
MB1332B	8~320	500	—	-9~3	600×75×305	0.0015/0.005	0.16	14	上海机床厂有限公司	
		1000	—	-7~3		0.0015/0.008				
		1500	—	-6~3		0.0015/0.008				

表 5.3-2　万能外圆磨床

型号	技术参数					加工精度/μm	表面粗糙度 Ra（外/内）/μm	电动机总功率/kW	生产厂
	磨削直径/mm 外圆/内孔	磨削长度/mm 外圆/内孔	（中心高/mm）×（中心距/mm）	工作台回转角度/(°)	（砂轮最大直径/mm）×（宽度/mm）	圆度/圆柱度			
MGA1432A	8~320/30~100	500,1000,1500,2000,3000/125	—	-7~3	400×50	0.3/5	0.01	5.6	上海机床厂有限公司
MM1420/H	8~200/25~100	500,750/125	—	-7~3	400×50	1/4	0.04	4（砂轮电动机）	

（续）

型号	磨削直径/mm 外圆/内孔	磨削长度/mm 外圆/内孔	（中心高/mm）×（中心距/mm）	工作台回转角度/(°)	（砂轮最大直径/mm）×（宽度/mm）	加工精度/μm 圆度/圆柱度	表面粗糙度 Ra（外/内）/μm	电动机总功率/kW	生产厂
M1420E MB1420E	5～200/13～80	500/125	125×520/765/1080	9、8、3 -9、-8、-7	400×(32～50)	1.5/5	0.32	5.53	北京第二机床厂有限公司
		750/125				1.5/5			
		1000/125				2.5/8			
M1432E MB1432E	5～320/16～125	500/160	180×520/765/1080	9、8、3 -9、-8、-7	400×(32～50)	1.5/5	0.32	5.53	
		750/160				1.5/5			
		1000/160				2.5/8			
MG1420E	5～200/13～80	500/125	125×520	±9	400×(32～50)	0.0005/0.003	0.01	7.5	
		750/125	125×765	±8					
		1000/125	125×1050	-7～3		0.0005/0.005			
MG1432E	5～320/16～125	500/160	180×520	±9	400×(32～50)	0.0005/0.003	0.01	7.5	
		750/160	180×765	±8					
		1000/160	180×1050	-7～3		0.0005/0.005			
M1432C	15～320/16～125	1000/160	165×1000	-6～3	400×(50～75)	0.0025/0.008	0.32	8	
		1500/160	165×1500	-6～3					

（续）

型号	技术参数					加工精度/μm	表面粗糙度 Ra（外/内）/μm	电动机总功率/kW	生产厂
	磨削直径/mm $\frac{外圆}{内孔}$	磨削长度/mm $\frac{外圆}{内孔}$	（中心高/mm）×（中心距/mm）	工作台回转角度/(°)	（砂轮最大直径/mm）×（宽度/mm）	$\frac{圆度}{圆柱度}$			
MG1432C	$\frac{15\sim320}{16\sim125}$	$\frac{1000}{160}$	165×1000	-6~3	400×(50~75)	$\frac{0.001}{0.005}$	0.04	8	北京第二机床厂有限公司
		$\frac{1500}{160}$	165×1500	-6~3					
M1450	$\frac{30\sim500}{50\sim250}$	$\frac{2000}{250}$	270×2000	-4~2	750×75	$\frac{0.005}{0.008}$	0.32	20	
		$\frac{2500}{250}$	270×2500						
		$\frac{3000}{250}$	270×3000	-3~2					
M1463	$\frac{30\sim630}{50\sim300}$	$\frac{2000}{250}$	335×2000	-4~2	750×75 900×75	$\frac{0.005}{0.008}$	0.32	26	
		$\frac{2500}{250}$	335×2500						
		$\frac{3000}{250}$	335×3000	-3~2					
MB14(3)20A×500/750	$\frac{5\sim220}{13\sim80}$	$\frac{500/750}{80}$	140×520/770	5.5~7.5/ -4~6	400×50	$\frac{0.0015}{0.005}$	0.32	3（砂轮架电动机）	济南四机数控机床有限公司
MG14(3)20×500/750	$\frac{5\sim200}{13\sim80}$	$\frac{500/750}{120}$	140×520/770	5.5~7.5/ -4~6	400×50	$\frac{0.0006}{0.003}$	0.02	3（砂轮架电动机）	
M14(3)20A×500/750	$\frac{5\sim200}{13\sim80}$	$\frac{500/750}{125}$	140×520/770	5.5~7.5/ -4~6	400×50	$\frac{0.0015}{0.005}$	0.32	3（砂轮架电动机）	
MGB14(3)20A×500/750	$\frac{5\sim200}{13\sim80}$	$\frac{500/750}{125}$	140×520/770	5.5~7.5/ -4~6	400×50	$\frac{0.0006}{0.003}$	0.02	3（砂轮架电动机）	

表 5.3-3 宽砂轮、端面、双砂轮、多片砂轮外圆磨床

型号	技术参数					加工精度	表面粗糙度 Ra（外/端）/μm	电动机总功率/kW	生产厂
	磨削直径/mm	磨削长度/mm	（中心高/mm）×（中心距/mm）	工作台回转角度/(°)	（砂轮最大直径/mm）×（宽度/mm）	圆度、圆柱度/μm			
MB1632	10～320	500 1000	180×500， 180×1000	-6～3	600×100	3 6	0.8、1.6	14.82	上海机床厂有限公司
MK1632/1	10～320	1000	180×1000	-6～3	600×75	3 6	0.8、1.6	16.17	
MQ1650A	25～500	1500	270×1500	-6～3	750×75	5 8	纵磨：0.32 切入磨：0.63、1.25	20.22	
MS1332B	8～320	500 1000 1500	180×1000	-6～3	600×110	1.5 (2.5) 5	0.32	11 （砂轮电动机）	
MBS1650	30～500	1000	270×1000	—	750×75	2.5 5	0.4、0.8	19.91	陕西秦川格兰德机床有限公司

表 5.3-4 数控外圆磨床

型号	技术参数			加工精度/mm	表面粗糙度 Ra/μm	电动机总功率/kW	生产厂
	磨削直径/mm	（中心高/mm）×（中心距/mm）	（砂轮最大直径/mm）×（宽度/mm）	圆度/圆柱度			
MKS1320 数控外圆磨	200	160×(320、630、750)	500×110/600×80/ 410～500（CBN）	0.002/0.003(320)、0.005(630、750)	0.02（纵磨） 0.32（切磨）	7.5/11（砂轮主轴电动机）	北京第二机床厂有限公司
MKS1320G 数控外圆磨	200	125×500	500×80	0.002/0.005	0.32（纵磨） 0.4（切磨）	7.5/11（砂轮主轴电动机）	
MKS1332 数控外圆磨	320	180×(750、1000、1500)	750×120	0.003/0.008	0.2（纵磨） 0.4（切磨）	18.5（砂轮主轴电动机）	

（续）

型号	技术参数			加工精度/mm	表面粗糙度 Ra/μm	电动机总功率 /kW	生产厂
	磨削直径 /mm	（中心高/mm）×（中心距/mm）	（砂轮最大直径/mm）×（宽度/mm）	圆度/圆柱度			
MKS1350 数控外圆磨	500	275×（1500、2000、2500、3000）	750×（120～200）	0.005/0.01	0.32（纵磨） 0.63（切磨）	18.5（砂轮主轴电动机）	北京第二机床厂有限公司
MKS1363 数控外圆磨	630	335×（1500、2000、2500、3000）	900×100	0.005 0.01	0.32（纵磨） 0.63（切磨）	30（砂轮主轴电动机）	
MKS1620 数控端面外圆磨	200	160×（320、630、750）	500×110/600×80/410～500（CBN）	0.002/0.003（320）、0.005（630、750）	0.02（纵磨） 0.32（切磨） 0.63（端面）	7.5/11（砂轮主轴电动机）	
MKS1620G 数控端面外圆磨	200	125×500	500×80	0.002/0.005	0.32（纵磨） 0.4（切磨） 0.63（端面）	7.5/11（砂轮主轴电动机）	
MKS1632 数控端面外圆磨	320	180×（750、1000、1500）	750×120	0.003/0.008	0.2（纵磨） 0.4（切磨） 0.63（端面）	18.5（砂轮主轴电动机）	
MKS1650 数控端面外圆磨	500	275×（1500、2000、2500、3000）	750×（120～200）	0.005/0.01	0.32（纵磨） 0.63（切磨） 0.8（端面）	22（砂轮主轴电动机）	
MKS1663 数控端面外圆磨	630	335×（1500、2000、2500、3000）	900×100	0.005/0.01	0.32（纵磨） 0.63（切磨） 0.8（端面）	37（砂轮主轴电动机）	
MGK1320/MGK1420 高精度数控（万能）外圆磨床	200	125×（500、750）	400×50	0.001、0.002/0.003、0.005	0.04	5.5（砂轮主轴电动机）	
MGK1322/MGK1432 高精度数控（万能）外圆磨床	320	180×（750、1000、1500）	500×75	0.002、0.003/0.003、0.005	0.04（纵磨） 0.2（切磨）	7.5（砂轮主轴电动机）	

（续）

型号	技术参数			加工精度/mm	表面粗糙度 Ra/μm	电动机总功率/kW	生产厂
	磨削直径/mm	（中心高/mm）×（中心距/mm）	（砂轮最大直径/mm）×（宽度/mm）	圆度/圆柱度			
B2-K1015 数控外圆磨	200	125×500	400×(32~50)	0.002/0.005	0.16（纵磨） 0.32（切磨）	4（砂轮主轴电动机）	北京第二机床厂有限公司
B2-K087 车桥专用数控端面外圆磨	500	335×2700	750×250	0.01/0.01/200	0.8（外圆） 1.6（端面）	37（砂轮主轴电动机）	
MJK1332×1000/1500/2000 数控外圆磨床	320	180×(1020、1520、2020)	600×(25~75)	0.0025、0.003、0.005/0.005、0.008、0.01	0.32	11（砂轮架电动机）	济南四机数控机床有限公司
MK1332×1000/1500/2000 数控外圆磨床	320	180×(1020、1520、2020)	600×(25~125)	0.0025、0.003、0.005/0.005、0.008、0.01	0.32/0.63	11（砂轮架电动机）	
MK1432×1000/1500/2000 数控万能外圆磨床	320	180×(1020、1520、2020)	400×(25~50)	0.0025、0.003、0.005/0.006、0.008、0.01	0.32/0.63	5.5（砂轮架电动机）	

2. 无心磨床（表 5.3-5、表 5.3-6）

表 5.3-5 无心磨床、宽砂轮无心磨床

型号	技术参数											加工精度/μm	粗糙度 Ra/μm	电动机总功率/kW	生产厂	备注
	磨削尺寸/mm		砂轮尺寸/mm		导轮尺寸/mm		导轮回转角度/(°)		砂轮转速/(r/min)	导轮转速/(r/min)		圆度/圆柱度				
	直径	长度	直径	宽度	直径	宽度	垂直	水平		工作时	修整时					
M1010	通磨 0.2~10 切入磨 0.5~10	60 45	200	50	125	50	-2~4	0~3	1800	10~150	150	2/3	0.32	—	宁波市镇海求精机床厂	—
MG1020	通磨 0.5~20 切入磨 3~20	80 80	300	100	200	100	-2~4	-2~4	1920	20~210	210	1/1.2	0.16	5.57	无锡机床股份有限公司	高精度无心磨床
M1020A	通磨 0.5~20 切入磨 3~20	80 80	300	100	200	100	-2~4	-2~4	2130	20~110	210	2/2	0.32	5.3		—

（续）

型号	技术参数											加工精度/μm	粗糙度 Ra/μm	电动机总功率/kW	生产厂	备注
	磨削尺寸/mm		砂轮尺寸/mm		导轮尺寸/mm		导轮回转角度/(°)		砂轮转速/(r/min)	导轮转速/(r/min)		圆度/圆柱度				
	直径	长度	直径	宽度	直径	宽度	垂直	水平		工作时	修整时					
M1050A	通磨 5~50 切入磨 7~50	120	400	150	300	150	-2~5	-1~3	1668	20~200	200	$\frac{2}{3}$	0.32	13.78	无锡机床股份有限公司	—
MS1080	5~80	通磨 200 切入磨 145	500	150	300	150	-2~7	0~3	1650	10~200	200	$\frac{2}{3}$	0.32	19		高速无心磨床
M1080D	5~80	通磨 180 切入磨 145	500	150	300	150	-2~5	0~3	1300	13~94	300	$\frac{2}{3}$	0.32	16.68		—
M10100	通磨 10~100 切入磨 10~100	210 195	500	200	350	200	-2~5	0~3	1250	10~200	200	$\frac{2}{3}$	0.32	21.66		—
MT10400	50~400	200	750	500	500	500	0~5	0~3	880	5~50	300	$\frac{3}{5}$	0.4	72		—
MGT1050	2~50	180	450	150	350	225	0~5	-1~3	790	15~100	130	$\frac{1}{2}$	0.16	12.29	无锡南元机床制造有限公司	高精度通磨无心磨床
M10200	通磨 10~200 切入磨 10~200	300 390	600 (500)	400	350	400	-2~4	-2~4	1330	12~200	200	$\frac{2}{5}$	0.32	25.77		—
3M6025	25	40	500	200	380	200	±3	±3	1300	100 无级	200	$\frac{1.6}{3}$	0.4	15.43	本溪市第二机床厂	圆锥滚子无心磨床
M6050	50	75	500	200	380	200	±3	±3	1327	50	200	$\frac{1.5}{3}$	0.4	24.78		圆锥滚子无心磨床

表 5.3-6 数控无心磨床

型号	技术参数										加工精度/μm	表面粗糙度 Ra /μm	电动机总功率/kW	生产厂
	磨削尺寸/mm		砂轮尺寸/mm		导轮尺寸/mm		导轮回转角度/(°)		砂轮转速/(r/min)	导轮工作转速/(r/min)	圆度/圆柱度			
	直径	长度	直径	宽度	直径	宽度	垂直	水平						
MK1050	2~50	195	500	200	350	200	-2~5	-1~3	35m/s 45m/s 60m/s	12~290	$\frac{1}{1.8}$	0.16	25	无锡机床股份有限公司
MKS10100	10~100	195	600	200	350	200	-2~5	-1~3	1433	10~300	$\frac{2}{3}$	0.32	12.48	

3. 内圆磨床（表 5.3-7~表 5.3-13）

表 5.3-7 普通内圆磨床

型号	技术参数							加工精度/μm	表面粗糙度 Ra /μm	电动机总功率/kW	生产厂	备注
	磨削尺寸/mm		工件最大回转直径/mm		主轴最大回转角度/(°)	工件转速/(r/min)	砂轮转速/(r/min)	圆度/圆柱度				
	直径	孔深	罩内	无罩								
MB215A	3~50	80	150	250	30	280、400	16000~24000	$\frac{3}{3}$	0.63	10.14	无锡机床股份有限公司	半自动内圆磨床
M250A	150~500	350 450	510	725	15	28、38、57、160、212、320	2450、4200	$\frac{5}{15}$	0.63	9.72		—
WX-009A	45~160	750	无	无	4	40~600	5000、9000 12000、18000	$\frac{12}{18}$	0.8	6		深孔内圆磨床
MBD2110A	6~100	125	315	350	30	140、280 400、800	8500、10000 14000、18000 24000、28000	$\frac{3}{5}$	0.63	10.21		半自动端面内圆磨床
MBND2110	15~100	125	315	350	30	140、280	8500、10000	$\frac{3}{5}$	0.63	3 （主电动机功率）		半自动内圆内端面磨床（内凹端面深度 8mm）
MGD2110A	10~100	125	240	400	30	50~500	8000、12000	$\frac{1}{5}$	0.16	6		高精度端面内圆磨床
M2110A	6~100	9~130	240	500	±8	200、300、600	13800、18100、23000	$\frac{3}{5}$	0.63	5	成都机床有限责任公司	—

表 5.3-8　带端面内圆磨床

型号	技术参数						加工精度		表面粗糙度 Ra/μm	主电动机功率/kW	生产厂	备注
	磨削尺寸/mm	工件最大回转直径/mm		主轴最大回转角度/(°)	工件转速/(r/min)	砂轮转速/(r/min)	圆度/mm	圆柱度/mm				
	加工直径×深度	罩内	无罩									
M215A MD215A	50×80 (3~50)×80	260	260	30	280、400、560、800、280、400、560、800	16000~60000 14000~48000	0.003	0.003	0.63 0.5	0.45 0.75	无锡市琦明机床有限公司	带端面内圆磨床
MB215A MBD215A	50×80 50×80	150	150	30	285、400、565、790、285、400、565、790	14000~48000 14000~48000	0.003	0.003	—	—		带端面半自动内圆磨床
MBD2110A	100×125	320	320	30	225~1000	5000~12000	0.003	0.005	0.63	3		
M2110C	(6~100)×(15~150)	480	480	20	180~500	11000 18000 24000	0.0025	0.004	0.63	2.2		带端面内圆磨床
M2120A	200×200	400	600	30	100~500	600、800、1100	0.003	0.008	0.63	4		带端面内圆磨床

表 5.3-9　立式行星内圆磨床

型号	技术参数							加工精度	定位精度/mm	砂轮电动机功率/kW	生产厂
	磨削尺寸/mm		工件最大回转直径/mm		主轴最大回转角度/(°)	工件转速/(r/min)	砂轮转速/(r/min)	圆度、圆柱度/μm			
	直径	深度	罩内	无罩							
MB250A	150~500	450	510	725	20	28~320	2450、4200	3、8	0.01	5.5	无锡一机磨床制造有限公司
MW250A MWD250A	150~500	450	510	725	20	28~320	2450、4200			5.5	

表 5.3-10 深孔内圆磨床

型号	技术参数					加工精度		表面粗糙度 Ra/μm	主电动机功率/kW	生产厂
	磨削尺寸/mm		主轴最大回转角度/(°)	工件转速/(r/min)	砂轮转速/(r/min)	圆度/mm	圆柱度/mm			
	直径	深度								
MS-1	50~400	750(1000)	-1~3	28、38、57、160、212、320	2000~10000	0.006	0.02/1000	0.63	13	无锡市昌亿机床制造有限公司
MS-2	5~100	350	20	180~500	10000、24000	2.5	4	0.63	2.2	
MS-3	50~400	750、1000	4	20~250（无级调速）	2000~10000	5	0.02/1000	0.63	13.5	

表 5.3-11 内外圆磨床

型号	技术参数						加工精度	定位精度/mm	电动机总功率/kW	生产厂	备注
	磨削尺寸/mm		工件最大回转直径/mm	工件最大夹持直径/mm	工件转速/(r/min)	砂轮转速/(r/min)	圆度、圆柱度/μm				
	直径	深度									
MK2710	10~100	120	310	150	1500	—	内孔1、2 外圆圆度1	0.2	50	无锡市明鑫机床有限公司	数控内外圆磨床
B2-K3000	200（外圆） 13~80（内孔）	100	200	500、750、1000	1000	2000~10000	外圆：1、2； 内孔：1、3	0.006	45	北京第二机床厂有限公司	数控内外圆复合磨床
B2-K3032	320（外圆） 16~125（内孔）	150	320	500、1000、1500	1000	2000~10000	外圆：1、2； 内孔：1、3	0.006	50		

表 5.3-12 立式内圆磨床

型号	技术参数						加工精度	表面粗糙度 Ra/μm	电动机总功率/kW	生产厂	备注
	磨削尺寸/mm			回转工作台直径/mm	主轴最大回转角度/(°)	工件转速/(r/min)	圆度、圆柱度/μm				
	外径	孔径	深度								
MKW28100	1000	200~1000	450	1300	30	20~100	5、10	0.4	38	无锡市明鑫机床有限公司	数控立式内外圆磨床
MGW28300	—	1000~3000	600	3500	—	1~35	圆柱度5	0.4	—		

表 5.3-13　数控内圆磨床

型号	技术参数					加工精度/μm	表面粗糙度 Ra /μm	主电动机功率/kW	生产厂	备注
	磨削直径/mm	工件最大回转直径/mm	主轴最大回转角度/(°)	工件转速/(r/min)	砂轮转速/(r/min)	圆度/圆柱度				
MK2110	15~100	400	45	100~800	12000~42000	2/3	0.4	3.5	无锡机床股份有限公司	
MK2710	30~100	400	—	100~800	12000~42000	2/3	0.4	4		
MK2120A	50~200	600	30	100~600	12000~18000	3/3	0.63	3		
MK215	6~50	270	30	200~800	24000~42000	1.2/2	0.4	1.5		
MK2115	15~150	400	-15~+30	100~1000	—	3/4	0.4	16.5（总）	无锡明鑫机床有限公司	
MS-3	50~400	—	4	20~250	2000~10000	—	0.63	5	无锡市昌亿机床制造有限公司	半自动数控深孔内圆磨床
MKS-4	50~400	—	-2~+4	50~500（无级调速）	内圆砂轮转速 2000~18000（无级调速） 端面砂轮转速 0~10000（无级调速 ）	—	0.63	5		二轴二联动数控深孔内圆磨床
MKF2110	孔径 5~100 外径 150	450	—	0~800（无级变速）	10000~60000（无级变速）	2/3	内孔 0.4 外圆 0.4	10~20		多功能数控磨床
MB215	5~50	220	30	280、400、560、800	0~60000（无级调速）	2/3	0.63	2~6		半自动数控内圆磨床
MK215	5~50	220	30	0~800（无级调速）	0~60000（无级调速）	2/3	0.4	2~4		
MK2110	5~100	480	20	0~800（无级调速）	0~42000（无级调速）	2/3	0.4	7~9		
MK2120	10~200	600	30	30~600 无级调速	0~24000（无级调速）	2/3	0.4	7~15		
MK250	100~500	720	30	30~500（无级调速）	2000~10000（无级调速）	3/5	0.63	5.5		
MK280	50~800	1000	20	10~200	1000~6000（无级调速）	3/5	0.4	5.5		

4. 平面及端面磨床（表 5.3-14～表 5.3-20）

表 5.3-14 卧轴矩台平面磨床

型号	工作台尺寸/mm（宽×长）	技术参数							加工精度	表面粗糙度 Ra/μm	电动机总功率/kW	生产厂
		加工范围/mm（长×宽×高）	砂轮尺寸/mm（外径×宽×内径）	砂轮转速/(r/min)	工作台纵向行程/mm	手轮每转磨头移动量/mm		磨头中心距工作台距离/mm	平行度/mm			
						垂直	横向					
M7120E/HZ	200×630	630×200×320	350(270)×32×127	1440	200～730	1	约 3.9	495	0.005/300	0.63	7.675	杭州机床集团有限公司
M7130	300×1000	1000×300×400	350(270)×40×127	1440	200～1100	1.29	约 8.2	575	0.008/300	0.63	7.62	
M7132H	320×1000	1000×320×400	350(280)×40×127	1440	200～1110	1	约 2.1	575	0.005/300	0.63	9	
M7140H	400×1000	1000×400×400	350(270)×40×127	1440	200～1100	1	约 2.1	575	0.005/300	0.63	9	
HZ-033/3	320×2500	2500×320×400	350(270)×40×127	1440	200～2550	1.29	8.25	575	0.03/2000	0.63	7.62	
M7150×30/HZ	500×3000	3000×500×600	450(280)×63×203	1440	200～3100	1	1.5	165～820	0.025/1500	0.63	22.875	
M71100	1000×1600	1600×1000×600	500×75×203	1400	1900	2	—	210	0.01/1000、0.005/300	0.63	19.122	天津市津机磨床有限公司
M7170×12GM	700×1250	700×1250×600	450×63×203	—	200～1350	0.5	3	225～825	—	—	11（磨头电动机）	桂林桂北机器有限责任公司
M7170×16GM	700×1600	700×1600×600	450×63×203	—	200～1700	0.5	3	225～825	—	—	11（磨头电动机）	
M7170×20GM	700×2000	700×600	450×100×203	—	200～2100	0.5	3	225～825	—	—	7.5+7.5（磨头电动机）	

表 5.3-15 立轴矩台平面磨床

型号	工作台尺寸/mm（宽×长）	技术参数						加工精度	表面粗糙度 Ra/μm	电动机总功率/kW	生产厂
		加工范围/mm（长×宽×高）	砂轮（砂瓦）尺寸/mm（外径×宽×内径）	砂轮转速/(r/min)	工作台纵向行程/mm	磨头垂直移动量/mm	砂轮下端面距工作台距离/mm	平行度/mm			
M7232H	320×1250	1250×320×400	80×150×25（10 块）(W)	970	1800	450	0～450	0.01/1000	0.8	25.27	浙江杭机股份有限公司

注：W 表示砂瓦。

表 5.3-16　立、卧轴圆台平面磨床

型号	电磁工作台直径/mm	技术参数					加工精度	表面粗糙度 Ra/μm	电动机功率/kW	生产厂	备注
		加工范围/mm（直径×高）	砂轮尺寸/mm（外径×宽×内径）	砂轮转速/(r/min)	工作台纵向行程/mm	工作台转速/(r/min)	平行度/mm				
MGK7350	500	500×250	350×40×127	1500	275（立柱）	20~70	0.003	0.08	20	浙江杭机股份有限公司	—
M74100A	1000	1000×400	150×80×25（12 块）	750	530	6、12、24	0.01/1000	1.25	36(总)		—
TB-M7340	400	400×190	300×40×75	1400、2800	240	60~200	0.012/1000	0.32~0.63	4.5~5.5（主电动机）	天津市北闸口仪表机床厂	工作台可倾角度±10°

表 5.3-17　龙门平面磨床

型号	技术参数								电动机总功率/kW	生产厂
	工件尺寸/mm		往复台		工件主轴转速/(r/min)	磨头转速/(r/min)	磨头移动			
	宽度	厚度	最大行程/mm	速度/(m/min)			行程/mm	进给量/mm		
DFG3018	1800	800	3200/1900/800	3000~28000	3000~28000	500~1500	3200/1900/800	0.005	58	东莞市鑫国丰机械有限公司

表 5.3-18　数控平面磨床

型号	工作台尺寸/mm（宽×长）	技术参数						加工精度	表面粗糙度 Ra/μm	电动机总功率/kW	生产厂
		加工范围/mm（长×宽）	砂轮尺寸/mm（外径×宽×内径）	砂轮转速/(r/min)	工作台纵向行程/mm	磨头垂直移动量/mm	磨头中心距工作台距离/mm	平行度/mm			
HZ-K2512	1250×2500	2500×1250×630	500×75×305	1140	2700	630	195~825	0.01/1000	0.63	42（磨头电动机 11）	浙江杭机股份有限公司
HZ-K3020	2000×3000	3000×2000×600	500×100×203	1440	3400	630	240~870	0.01/1000	0.63	76（磨头电动机 18.5）	
HZ-K4020	2000×4000	4000×2000×630	500×100×203	1440	4200	630	240~870	0.01/1000	0.63	87（磨头电动机 22）	
FXGS-4080CNC	—	—	355×38×127	1500/1800	900	—	600	0.005（加工平面度）	0.25	3.75（主轴）	富信成机械有限公司

（续）

型号	工作台尺寸/mm（宽×长）	技术参数						加工精度	表面粗糙度 Ra/μm	电动机总功率/kW	生产厂
		加工范围/mm（长×宽）	砂轮尺寸/mm（外径×宽×内径）	砂轮转速/(r/min)	工作台纵向行程/mm	磨头垂直移动量/mm	磨头中心距工作台距离/mm	平行度/mm			
FXGS-4080CNC	—	—	355×38×127	1500/1800	900	—	600	0.005（加工平面度）	0.25	3.75（主轴）	富信成机械有限公司
FXGC-50100AHR	—	—	355×50×127	1500/1800	1150	—	700	0.005（加工平面度	0.25	7.5（主轴）	
FXGC-50120AHR	—	—	355×50×127	1500/1800	1350	—	700	0.005（加工平面度	0.25	7.5（主轴）	
FXGC-50150AHR	—	—	355×50×127	1500/1800	1650	—	700	0.005（加工平面度	0.25	7.5（主轴）	
FXGC-60120AHR	—	—	355×50×127	1500/1800	1350	—	700	0.005（加工平面度	0.25	7.5（主轴）	
FXGC-60150AHR	—	—	355×50×127	1500/1800	1650	—	700	0.005（加工平面度	0.25	7.5（主轴）	
FXGC-60220AHR	—	—	355×50×127	1500/1800	2350	—	700	0.005（加工平面度	0.25	7.5（主轴）	
FXGC-70120AHR	—	—	355×50×127	1500/1800	1350	—	700	0.005（加工平面度	0.25	7.5（主轴）	
FXGC-70150AHR	—	—	355×50×127	1500/1800	1650	—	700	0.005（加工平面度	0.25	7.5（主轴）	
FXGC-70220AHR	—	—	355×50×127	1500/1800	2350	—	700	0.005（加工平面度	0.25	7.5（主轴）	
FXGS-3060BH	—	—	355×38×127	1500/1800	700	—	490	0.005（加工平面度	0.25	3.75（主轴）	
FXGS-4080AHR	—	—	355×38×127	1500/1800	900	—	600	0.005（加工平面度	0.25	3.75（主轴）	

表 5.3-19　立、卧双端面磨床

型号	技术参数							工作台工作精度		表面粗糙度 Ra /μm	主轴电动机功率 /kW	生产厂	备注
	工件尺寸/mm		往复台		磨头转速 /(r/min)	磨头移动		平行度 /μm	厚度差 /μm				
	直径	厚度	最大行程/mm	速度 /(m/min)		行程 /mm	进给量 /(mm/r)						
MW7650C	20	3	250	8	798	240	0.0025	3	5	0.4	7.5	浙江杭机股份有限公司	—
MY7650B	60	3	—	—	798	240	0.0025	2	15	0.4	7.5		—
M7675	40~250	2~80	—	—	750	180	0.001	3~8	20	0.32~0.63	—	河北恒运机床有限责任公司	卧轴双端面磨床
M7660	20~160	2~60	—	—	960	120	0.001	3~6	20	0.32~0.63			
M7650	20~110	2~40	—	—	1060	120	0.001	3~5	20	0.32~0.63			
YHMM7758	12~120	0.8~50	—	—	150~950	—	—	3	3	0.32	22×2	宇环数控机床股份有限公司	精密级立式双端面磨床
YHDM580B/1	12~120	0.8~40	—	—	150~950	—	—	3	3	0.32	22×2		高精度数控立式双端面磨床
YHDM750A	50~180	1.2~60	—	—	150~890	—	—	5	5	0.32	30×2		高精度数控立式双端面磨床
YHDM580CNC/CBN	12~120	1~40	—	—	—	—	—	3	3	0.32	30×2		数控立式双端面磨床
YHDM580B	12~120	0.8~40	—	—	150~950	—	—	3	3	0.32	22×2		高精度数控立式双端面磨床
YHDM580C	320	3.5	—	—	150~950	—	—	20	50	1.6	22×2		数控立式双端面磨床
YHWM760	100	0.8~80	—	—	100~800	—	—	2/4	2/4	0.32	—		高精度数控卧式双端面磨床

表 5.3-20　数控双端面磨床

型号	技术参数							工作台工作精度		表面粗糙度 Ra /μm	主轴电动机功率 /kW	生产厂	备注
	工件尺寸/mm		往复台		磨头转速 /(r/min)	磨头移动		平行度 /μm	厚度差 /μm				
	直径	厚度	最大行程 /mm	速度 /(m/min)		行程/mm	进给量 /(mm/r)						
MKY7650B	60	3	—	—	798	140	0.001	2	15	0.4	7.5	浙江杭机股份有限公司	—
MKY7750A	150	13	—	—	970	110	0.001	6	12	0.4	7.5		—
MKW7690	240~680	25~200	1300	1~10	600	—	—	3~10	20	0.32~0.63		河北恒运机床有限责任公司	往复式双端面磨床
MKW7675	150~550	15~180	1100	1~10	760			2~6	20	0.32~0.63			
MKW7660	120~380	15~160	900	1~11	960			2~4	20	0.32~0.63			
MKW7650	100~320	15~130	900	1~11	1060			2~4	20	0.32~0.63			
MK7675	40~250	2~80			750	180	0.001	3~8	20	0.32~0.63			卧轴贯穿式双端面磨床
MK7660	20~160	2~60			960	120	0.001	3~6	20	0.32~0.63			
MK7650	20~110	2~40			1060	120	0.001	3~5	20	0.32~0.63			
MKY7675	20~110	5~100			750	180	0.001	3~8	20	0.32~0.63			卧轴数控圆盘式双端面磨床
MKY7660	5~80	4~70			960	150	0.001	3~6	20	0.32~0.63			
MKY7650	3~50	3~40			1060	140	0.001	3~6	20	0.32~0.63			

5. 中心孔磨床（表 5.3-21、表 5.3-22）

表 5.3-21　中心孔磨床

型号	技术参数						加工精度		表面粗糙度 Ra /μm	主电动机功率 /kW	生产厂	备注
	加工范围				头架转速 /(r/min)	砂轮往返行程/mm	同轴度/mm	锥度误差 /(′)				
	工件直径 /mm	工件长度 /mm	中心孔直径 /mm	圆锥角度 /(°)								
2M8015	8~150	50~1000	1.5~60	60	13000、22500	0.75~3	0.0025	4	0.8	1.14	新乡市精大机床制造有限公司	立式中心孔磨床
2M8018	30~180	100~1500					—	—	0.8~0.4	0.25		
2M8125	50~250	500~2500	3~60	60	13000、22500	0.75~3		4	0.8~0.4	0.12	新乡市精大机床制造有限公司	卧式中心孔磨床

表 5.3-22　数控中心孔磨床

型号	技术参数				加工精度		表面粗糙度 Ra /μm	主电动机功率 /kW	生产厂
	加工范围			工件转速 /(r/min)	中心孔跳动 /mm	中心孔角度			
	工件直径/mm	工件长度/mm	圆锥角度/(°)						
M4735×500-2	350	500	60	100~600	0.003	6′~60°	0.8~1.6	1.1	新乡市精大机床制造有限公司

6. 坐标磨床（表 5.3-23）

表 5.3-23　坐标磨床

型号	工件台尺寸/mm (宽×长)	技术参数						坐标精度 /mm	表面粗糙度 Ra /μm	电动机总功率 /kW	生产厂
		最大磨孔直径/mm	主轴中心距工作台面距离/mm	主轴端面距工作台面距离/mm	主轴转速 /(r/min)	工作台行程/mm					
						纵向	横向				
MG2920B	200×400	15	230	30~400	20~300	250	160	0.002	0.2	—	四川普什宁江机床有限公司
MG2932B	320×600	100	320	50~520	20~300	400	250	0.002	0.2	3.17	
MG2945B	450×700	250	650	80~600	20~300	600	400	0.003	0.2	7.01	

7. 导轨磨床（表 5.3-24）

表 5.3-24　导轨磨床

型号	技术参数							加工精度		表面粗糙度 Ra /μm	电动机总功率 /kW	生产厂
	最大磨削尺寸/mm	卧式磨头		立式磨头		机架垂直行程/mm	工作台速度 /(m/min)	平直度 /mm	垂直度 /mm			
	(宽×长×高)	垂直行程 /mm	砂轮尺寸/mm (外径×宽×内径)	垂直行程/mm	回转角度 /(°)							
HZ-KD2010A	1100×2150×630	630	500×100×203	630	±90	—	3~30	0.01/1000	0.01/500	0.63	76 (卧 18.5, 立 7.5)	浙江杭机股份有限公司
HZ-KD3015	1500×3000×630	630	500×100×203	630	±90	—	3~30	0.01/1000	0.01/500	0.63	85 (卧 22, 立 7.5)	
HZ-KD4020	2000×4000×630	630	500×100×203	630	±90	—	3~30	0.01/1000	0.01/500	0.63	98 (卧 22, 立 7.5)	
HZ-KD6520×16/2	6500×3500×1600	200	600×100×305	600	±110	1600	1.5~25	0.01/1000	0.01/500	0.63	150 (卧 30, 立 18.5)	

8. 珩磨机床（表5.3-25、表5.3-26）

表5.3-25 立式珩磨机

型号	技术参数							加工精度		表面粗糙度 Ra /μm	电动机总功率 /kW	生产厂
	加工范围/mm（直径×深度）	主轴下端距工作台面距离/mm	主轴中心距工作台面距离/mm	行程长度/mm	往复速度/(m/min)	主轴转速/(r/min)	工作台尺寸/mm（长×宽）	圆度/mm	圆柱度/mm			
MB425×32B	(10~50)×320	880	200	400	3~18	180~1000	ϕ500	0.0015	0.005	0.2	3.945	宁夏中卫大河机床有限责任公司
M4215	(50~150)×400	845	350	370	3~18	112~315	1100×480	0.0024	0.0076	0.2	4.525	
MB425×32A	(10~50)×320	880	200	400	3~18	180~1000	ϕ500	0.0015	0.005	0.2	3.945	—
M428A	(20~80)×320	—	—	420	—	—	400×750	0.004	—	0.32	—	芜湖重型机床厂
MJ4220A	(32~200)×500	—	—	450	—	—	600×1500	0.004	—	0.32	—	
M428A-MC	(20~80)×320	—	—	420	—	—	400×750	0.004	—	0.32	—	—
MB4215	(50~150)×400	1370	350	550	3~23	80~315	ϕ750	0.0024	0.0076	0.4	13.12	—
MBA4215	(50~150)×400	1520	350	550	3~23	80~315	500×1250	0.0024	0.0076	0.4	13.12	—
M4215/1	(30~150)×400	845	350	370	3~18	140~400	1100×480	0.0024	0.0076	0.2	4.525	—
MB4215/1	(30~150)×400	1370	350	550	3~23	—	ϕ750	0.0024	0.0076	0.4	13.12	—
MB4215Z	(50~150)×400	1370	350	550	3~23	80~315	ϕ750	0.0024	0.0076	0.4	13.30	—
MBA4215Z	(50~150)×400	1520	350	550	3~23	80~315	500×1250	0.0024	0.0076	0.4	13.30	—

表5.3-26 卧式深孔珩磨机

型号	最大珩磨尺寸/mm（长度×直径）	技术参数								电动机总功率/kW	生产厂
		卡盘夹持工件直径/mm	中心架支持工件直径/mm	床头主轴转速/(r/min)	磨杆箱主轴转速/(r/min)	托板往复运动速度/(m/min)		托板往复牵引力/N			
						向前	向后	向前	向后		
M4110	1000×200	50~250	50~250	40.5~625	—	0~18.5	0~15.7	13540	15800	21.125	德州机床厂
M4120	2000×200	50~250	50~250	40.5~625	—	0~18.5	0~15.7	13540	15800	21.125	
M4120A	2000×200	50~250	50~250	40.5~625	25~127	0~18.5	0~15.7	13540	15800	22.125	

（续）

型号	最大珩磨尺寸/mm（长度×直径）	技术参数								电动机总功率/kW	生产厂
		卡盘夹持工件直径/mm	中心架支持工件直径/mm	床头主轴转速/(r/min)	磨杆箱主轴转速/(r/min)	托板往复运动速度/(m/min)		托板往复牵引力/N			
						向前	向后	向前	向后		
M4130	3000×200	50~250	50~250	40.5~625	—	0~19.5	0~15.7	12750	15800	21.125	德州机床厂
M4130A	3000×200	50~250	50~250	40.5~625	25~127	0~19.5	0~15.7	12750	15800	22.625	
2M2120	200×（1000~5000）	50~250	50~250	40~625	25~127	5~23	5~23	8000	8000	19.8	
2M2125	250×（1000~5000）	60~350	60~350	—	25~315	3~18	3~18	8000	8000	15	

9. 砂带磨床（砂带抛光机）（表 5.3-27~表 5.3-29）

表 5.3-27　无心外圆平面凸轮轴砂带抛光机

型号	加工工件范围/mm	砂带规格/mm（长×宽）	转台直径/mm	表面粗糙度 Ra/μm	主机输入功率/kW	生产厂
2M58200	直径 800~4000	2540×50	1500	0.4	—	重庆三磨海达磨床有限公司
2M58100W	直径 300~1000 长度 0~2200	1950×80	600	0.4	—	
2M58100F	直径 350~1000	1950×80	600	0.4	—	
B2-6006 凸轮轴砂带抛光机	直径 100 长度 500~1000	—	—	0.2~0.1	3	北京第二机床厂有限公司
B2-6008 曲轴砂带抛光机	直径 180 长度 630	—	—	0.2~0.1	11	
	直径 240 长度 900				17	
	直径 240 长度 1250					

表 5.3-28 无心外圆平面万能砂带磨床

型号	砂带规格/mm（周长×宽）	加工工件尺寸范围/mm	表面粗糙度 Ra/μm	加工精度		主机输入功率/kW	生产厂
				几何精度/mm	尺寸精度/mm		
2M50050 2M50150 2M50150A 2M50050（2~8）B 2M50150（2~8）B 无心外圆砂带磨床	2540×100 3480×150 3480×150 2540×100 3480×150	$\phi5\sim\phi50$ $\phi8\sim\phi150$ $\phi8\sim\phi200$ $\phi5\sim\phi50$ $\phi8\sim\phi150$	0.1~0.2 0.1~0.2 0.1~0.2 0.1~0.2 0.1~0.2	—	—	3.55 6.05 6.05 3.55 6.05	无锡大正实业有限公司
2MB51120 多头复合型砂带磨床	915×50	$\phi100\sim\phi600$ $L\leqslant1500$	0.2~0.8	—	—	3.35	重庆三磨海达磨床有限公司
2MB51300 外圆砂带磨床	1950×50	$\phi100\sim\phi600$ $L\leqslant1500$	0.2~0.8	—	—	3.12	
2MA51090 台式外圆砂带磨床	1250×25	$\phi10\sim\phi50$ $L=50\sim200$	0.1~0.4	—	—	1.5	
2M5109-2B 双头台式外圆精密振动砂带磨床	45000×30	$\leqslant\phi100$ $L=25\sim32$	0.2	—	—	1.5	
2MA5260 深孔内圆砂带磨床	$\phi60\times50$	$\phi\geqslant63$ $L\leqslant1500$	0.1~0.4	—	—	3.12	
2M5380 传送带式平面磨床	2540×800	2000×800×50	0.4~0.8	平面度 0.2	—	14	
2MA5335 矩台式宽带平面磨床	2540×360	700×350×100	0.4~0.8	平面度≤0.1	—	13.5	
2MC5340 矩形台面砂带磨床	3480×150	1000×400	1.6~6.3	平面度 0.2	—	5.5	
2ML56120-2LB 大立式转台平面砂带磨床	3480×200	$\phi90\sim\phi170$ $L=60\sim120$	0.8~12.5	平面度 0.2 平行度 0.5	工件长度误差 0.5	7.5	
2M56120-3JB （强力磨削）	3480×90	66×50	3.2	平面度 0.03 平行度 0.03	±0.06	18	

（续）

型号	砂带规格/mm（周长×宽）	加工工件尺寸范围/mm	表面粗糙度 Ra/μm	加工精度		主机输入功率/kW	生产厂
				几何精度/mm	尺寸精度/mm		
2M5656120-T6A	3480×250	ϕ350	0.8	平面度 0.05 平行度 0.05	±0.055	8	重庆三磨海达磨床有限公司
2M56100-T6	2540×150	ϕ180	0.8	平面度 0.05 平行度 0.03	±0.025	—	
2M5450K 宽砂带磨床	2540×500	压磨板 550×500	0.8~12.5	—	—	5.5	
2M5415 2M5415A 2M5415B 2M5415C 2M5415D	1250×100 （1950×60）	压磨板 300×170	0.8~12.5	—	—	1.1	
2M5430YA(B,C) 叶片砂带磨床	2540×20(30、50)	—	0.2~12.5	—	—	4.4	
标准型 2M5410、 双平面型 2M5410A、双圆弧型 2M5410B 台式砂带磨床	915×75	—	0.2~12.5	—	—	1.1	
2M5560 回转曲面砂带磨床	（宽）30	长度 390 内径 ϕ200~ϕ600 外径 ϕ200~ϕ600	1.6	—	—	1.6	
2M5576Y 摆线齿轮砂带磨床	1450×50	最小工件内圆弧半径>6.5 工件厚度≤50	0.8	轮廓度 0.03	0.04	5	

表 5.3-29　数控无心外圆平面万能砂带磨床

型号	砂带规格/mm（周长×宽）	加工工件尺寸范围/mm	表面粗糙度 Ra/μm	加工精度		主机输入功率/kW	生产厂
2M5510A 数控叶片砂带磨床	2450×30	330×270	0.4	—	—	1.5	重庆三磨海达磨床有限公司

10. 研磨机床（表5.3-30~表5.3-35）

表5.3-30 平面研磨机

型号	技术参数				加工精度	表面粗糙度 Ra /μm	电动机总功率/kW	生产厂
	最大加工尺寸/mm	机床外形尺寸/mm（长×宽×高）	研磨盘尺寸/mm（长×宽）	研磨盘转速/(r/min)	平面度/mm			
HD610Q	240	1350×1200×2100	610×160	94	±0.002	±0.02	3.7	深圳市海德精密机械有限公司
HD910Q	350	—	—	—	±0.002	±0.02	—	
YM-385XL	140	1300×700×850	385×100	140	—	—	—	深圳大精研磨技术有限公司

表5.3-31 内外圆研磨机

型号	中心高/mm	技术参数					机床外形尺寸/mm（长×宽×高）	电动机总功率/kW	生产厂
		可磨长度/mm	可磨直径/mm	内圆主轴转速/(r/min)	最大工件重量/kg	机床重量/kg			
		外圆，内圆	外圆，内圆						
GD-3080b	115	300，65	2~80，10~60	15000	10	1000	1360×1240×1000	2.34	深圳老鹰机械设备有限公司
SJ-3080A	115	300，65	2~80，10~60	16000	10	9500	1360×1240×1000	2.5	苏州苏机机械有限公司

表5.3-32 双盘研磨机床

型号	技术参数				加工精度/mm	表面粗糙度 Ra /μm	电动机总功率/kW	生产厂
	研磨工件最大尺寸/mm（长度×直径）	研磨盘尺寸/mm（外径×内径）	研磨盘转速/(r/min)		圆柱度/平行度			
			上盘	下盘				
MB4363B	160×100	630×305	49、61、120	22、44、55、110	0.001~0.002/0.001~0.002	0.2~0.05	7.5	新乡市宏飞机床制造有限公司
MB43100	275×100	1000×450	25、50、40、80	25、50、42、80	0.002/0.002	0.4	7.5	
YHM77110	0.6（最小厚度）×280	1070×495	8~50（无级调速）	10~80（无级调速）	0.006（单件平面度、平行度）	0.15	—	宇环数控机床股份有限公司
YH2M8436A	0.4（最小厚度）×360	1148×355	3~16（无级调速）	10~60（无级调速）	0.006	0.15	—	
YH2M8426A	0.4（最小厚度）×260	933×358	3~16（无级调速）	10~60（无级调速）	0.006	0.15	—	

表 5.3-33 球研磨机

型　号	聚氨酯罐全容积/L	研磨精度/μm	功率/kW	生产厂
KQM-X4 行星式球研磨机	(0.5、08、1.5、3、5、10、20)×4(头数)	0.1~5	0.55~5.5	咸阳金宏通用机械有限公司
KYM-DA(KYM-SA) 快速研磨机	1.2、0.5	0.1~5	0.37	

表 5.3-34 曲面研磨机

型号	下盘尺寸/mm (外径×厚度)	上盘尺寸/mm	转速/(r/min)	上盘转速/(r/min)	Z 轴行程/mm	机床外形尺寸/mm (长×宽×高)	整机重量/kg	生产厂
YH2M81118	400×25	1160	2~(45±2)	5~(90±2)	350	2430×1935×2575	4050	宇环数控机床有限公司

表 5.3-35 三辊研磨机

型号	辊筒直径/mm	辊筒工作面长度/mm	辊筒转速/(r/min)			辊筒转速比	主电动机功率/kW	生产厂
			慢辊	中辊	快辊			
S260	260	675	23	64	182	1:2.85:8.13	7.5	常州龙鑫化工机械有限公司
S150	150	300	34	78	181	1:2.32:5.38	2.2	
S65	65	130	26	70	145	1:2.35:5	0.55	
SM405	405	810	15	45	135	1:3:9.5	15	

11. 仪表磨床（表 5.3-36）

表 5.3-36 仪表型工具磨床

型号	技术参数							加工精度	表面粗糙度 Ra/μm	电动机总功率/kW	生产厂	备注
	工件尺寸/mm		进给行程/mm		主轴最大回转角度/(°)	工件转速/(r/min)	砂轮转速/(r/min)	圆度/μm				
	直径	厚度	纵向	横向								
MG602A	8	20	100	80	3	100~1000（无级调速）	2500、3500、5000、7000	2	0.08	1.2	荆州市沙市帝尔机床有限公司	仪表型多功能工具磨床
MG602B	8	20	100	80	3	100~1000（无级调速）	2300、3500、5000、7000	2	0.08	1.2		仪表型万能工具磨床

12. 砂轮机（表 5.3-37）

表 5.3-37 除尘砂轮机

型号	技术参数		电动机总功率/kW	生产厂	备注
	砂轮直径/mm	砂轮转速/(r/min)			
MC30	125~600	960~2850	0.5~4	杭州西恒机械有限公司	除尘砂轮机
M30	200~400	1420~2850	0.5~4		立式砂轮机
M32	125~600	960~2850	0.5~4		台式砂轮机

13. 刀具磨床（表5.3-38）

表5.3-38 刀具磨床

型号	加工精度			电动机		主电动机功率/kW	生产厂	备注
	磨头摆动		磨头转速/(r/min)	端面跳动/mm	径向跳动/mm			
	频率/次	幅度/mm						
BT-150D	0~60	0~120	3000	0.002	0.003	3	北京德铭纳精密机械有限公司	四轴数控工具磨床
BT-150N	0~50	0~120	8000	0.002	0.003	5		四轴数控工具磨床
BT-150H	—	0~30	4000	0.002	0.003	3		气动型人造金刚石（PCD）工具磨床
BT-150M	0~60	0~120	4000	0.002	0.003	3		两轴数控金刚石工具磨床
BT150J	—	0~30	4000	0.002	0.003	3		手动型人造金刚石（PCD）工具磨床

14. 曲轴和凸轮轴磨床（表5.3-39、表5.3-40）

表5.3-39 数控曲轴磨床

型号	技术参数							加工精度	表面粗糙度 $Ra/\mu m$	电动机总功率/kW	生产厂	备注
	工件最大加工尺寸/mm		曲轴曲柄的半径/mm	纵磨外圆直径/mm	主轴最大回转角度/(°)	工件转速/(r/min)	砂轮转速/(r/min)	圆度、纵截面内直径的一致性/μm				
	直径	长度										
JK101	400	500	0~80	30~200	4.5	75、110、150、220	930	5、8	0.32	9.87	杰克机床股份有限公司	数显曲轴磨床
JKM8140	400	850	—	—	—	—	120	3、5	外圆0.4，R弧0.63	50		曲轴主轴颈磨床
MK8132	300	1200	30~100	—	—	—	100	—	—	11		数控曲轴主轴颈磨床
JKM8240	400	500	600/650	—	—	—	120	3、4	外圆0.4，R弧0.63	20.75		—
MK8260B	580	1200	110	—	—	5~100	—	—	外圆0.32 R弧0.63	26		数控曲轴连杆颈磨床
B2-K1018	520	600 1200	60	—	—	0~300	3600	4、5	0.32（外圆）0.63（端面）	80	北京第二机床厂有限公司	双砂轮架随动式数控曲轴磨床

表 5.3-40 数控凸轮轴磨床

型号	技术参数					加工精度/μm	表面粗糙度 Ra/μm	电动机总功率/kW	生产厂	备注
	工件最大加工尺寸/mm		砂轮最大直径/mm	工件转速/(r/min)	砂轮线速度/(m/s)	圆度/圆柱度				
	直径	长度								
JKM8318	—	—	—	—	80~120	—	—	—	杰克机床股份有限公司	数控高速凸轮轴磨床
JKM8320	200	—	—	—	120	—	0.4	50		凸轮轴高档数控机床
JKM8330	20~300	—	600	—	120	—	0.4	—		数控高速凸轮轴磨床
JKM1320	200	850	—	—	120	5/8	0.4	—		数控高速凸轮轴轴颈磨床
B2-K1016	320	750、1000	500	0~300	120	—	0.32	45	北京第二机床厂有限公司	数控凸轮轴磨床

15. 工具磨床（表 5.3-41、表 5.3-42）

表 5.3-41 曲线磨床

型号	技术参数									工作台平行度（纵向、横向）/μm	生产厂	备注
	磨削尺寸/mm		砂轮尺寸/mm		工作台行程/mm		砂轮滑板		砂轮转速/(r/min)			
	直径	长度	直径	厚度	纵向×横向	垂直	往复行程/mm	往复速度/(次/min)				
M9015	200	150	150	6	150×60	110	50	85、45	3600	8	上海汇臻机械有限公司	光学曲线磨床

表 5.3-42 数控工具磨床

型号	技术参数			生产厂	备　注
	磨削尺寸/mm	工作台行程/mm			
		纵向	横向		
YIMATE VIK-4A	13(直径)×50(长度)	260	220	宇环数控机床股份有限公司	4 轴数控工具磨床

16. 超精机（表 5.3-43、表 5.3-44）

表 5.3-43 全自动超精机

型号	技术参数					表面粗糙度 Ra/μm	电动机总功率/kW	生产厂	备注
	磨削尺寸/mm		砂轮直径/mm	摆动速度/(次/min)	砂轮转速/(r/min)				
	直径	长度							
M01	200	500	—	0~1400	0~1500	—	—	驭准精密机械（上海）公司	轴类超精机
3MZ6120	5~25	—	165	—	0~300	—	—	洛阳市华科精密机械厂	圆锥滚子超精机

（续）

型号	技术参数					表面粗糙度 Ra/μm	电动机总功率/kW	生产厂	备注
	磨削尺寸/mm		砂轮直径/mm	摆动速度/(次/min)	砂轮转速/(r/min)				
	直径	长度							
3M6280	6～80	—	—	—	—	0.025	10	北京第二机床厂有限公司	圆柱滚子超精机
3M6312	10～120	—	—	—	—	0.025	10		圆柱滚子超精机

表 5.3-44　数控超精机

型号	技术参数		表面粗糙度 Ra/μm	电动机总功率/kW	生产厂
	磨削尺寸/mm				
	直径	长度			
3MK3320	80～200	16～70	0.08	8	新乡市日升数控轴承装备股份有限公司

17. 叶片磨削机床（表 5.3-45）

表 5.3-45　叶片磨削机床

型号	技术参数				电动机总功率/kW	生产厂	备注
	加工叶片尺寸/mm		砂带尺寸/mm				
	直径	长度	周长	宽			
2M5430GN	30	500	2540	50、30	3×2	重庆三磨海达磨床有限公司	手持式双头叶片磨

5.3.2　磨床夹具

磨床夹具可分为通用和专用两大类。磨床夹具种类及其用途见表 5.3-46。

表 5.3-46　磨床夹具种类及其用途

种类			主要用途
通用夹具	顶尖	普通顶尖 硬质合金顶尖 半顶尖 大头顶尖 长颈顶尖 阴顶尖 弹性顶尖	用于在外圆磨床上磨削轴类工件的外圆
	鸡心夹头	单（双）口鸡心夹头 圆环形（方形）夹头 双尾鸡心夹头	

（续）

种类				主要用途
通用夹具	心轴		锥度心轴 带肩心轴 莫氏锥柄悬伸心轴 胀胎心轴 锥度胀胎心轴 液压胀胎心轴 液性塑料（橡胶、弹性片）胀胎心轴	用于衬套及盘类工件的磨削
			组合心轴	用于筒类工件的磨削
	柱塞		中心孔柱塞 可胀式中心孔柱塞 活柱式中心孔塞	用于轴端有孔的轴类及筒类工件的磨削
	弹簧夹头		拉式弹簧夹头 推式弹簧夹头	用于在外圆磨床上磨削直径较小的轴类工件
	卡盘与花盘		自定心卡盘 单动卡盘 花盘	用于在内、外圆磨床上磨削各种轴、套类工件
	吸盘	磁力吸盘	圆形电磁吸盘 圆形永磁吸盘	用于内、外圆磨床
			矩形电磁吸盘 矩形永磁吸盘	用于平面磨床
		真空吸盘	矩形真空吸盘	用于在平面磨床上磨削薄片或非导磁性工件
			圆形真空夹头	用于外圆或万能磨床
	虎钳与直角块		精密平口虎钳 磨直角用夹具 直角块	用于在平面磨床上磨削工件的直角
	多角形块		六角形块 八角形块	用于在平面磨床上磨制多角形工件或花键环规及塞规
	正弦夹具		正弦夹具（含正弦磁力吸盘） 正弦虎钳 正弦中心架 正弦分度夹具（含万能磨夹具）	用于在平面磨床上磨制样板、冲头等成形工件
			光学分度头	用于在平面磨床上成形磨削
专用夹具				用于成批大量生产的内、外圆或平面磨削

1. 磨床通用夹具

（1）顶尖和鸡心夹头

顶尖和鸡心夹头常配套使用，其用途极为广泛，是磨削轴类工件时最简易且精度较高的一种装夹工件的工具。其中，硬质合金顶尖寿命长，适用于装夹硬度高（淬火钢类）的工件。

（2）心轴

心轴常用于在外圆磨床和万能磨床上磨削以孔或孔与端面作为定位基准的套筒类、盘类工件的外圆及端面，以保证工件外圆与内孔的同轴度及与端面的垂直度。心轴的中心孔须研磨，并在其锥面上开三条互成120°的油槽。

1）锥度心轴（图5.3-1）。心轴的锥度一般可取100mm长度内0.01~0.03mm，根据被磨工件精度需要而定。心轴外圆与工件内孔之间的配合程度，以能克服磨削力为准，不宜过紧而使工件变形。由于工件孔有一定公差范围，一般需要1~3根甚至5根为一组，供选配使用。心轴外圆对中心孔的跳动公差一般为0.005~0.01mm，应根据工件的精度而定。这种心轴一般用于单件小批量生产。对于较大批量生产，则须对工件孔的实际尺寸测量后进行分组，分批加工，以保证工件在心轴上的位置相对砂轮处在一个稳定的范围内，而不至于左右窜动过大，超出已调整好的工作台行程。

对于某些较长的工件可以采用一端有锥度，另一端为圆柱的心轴，如图5.3-2所示。在加工时，可视实际需要添加一个（任意一端）或两个辅助的工艺衬套。衬套有带肩或不带肩两种。工件内孔压入工艺衬套后与心轴配合，带锥度一端的衬套可以做成可胀式的，以使其与锥度配合良好并依靠其胀力来带动工件转动。

2）带肩心轴（图5.3-3）。工件上孔径 $d_1 \geqslant d_2$，其最大跳动公差为0.005mm，对 K 面的垂直度公差为0.005mm。

3）莫氏锥柄悬伸心轴。

① 带肩莫氏锥柄悬伸心轴（图5.3-4）。工件与心轴一般为无间隙的配合。单件生产时，可配磨心轴直径；批量生产时则按需要尺寸分组，可制造3根供选用。莫氏锥柄的大小可根据工件大小及机床而定，需要时可加莫氏锥度过渡套筒。

② 带肩复合心轴（图5.3-5）。这种心轴，当用大螺母1压紧工件时，可磨削工件的端面，如图5.3-5b所示。改用六角螺母2压紧工件时，可磨制工件的外圆及其台肩，如图5.3-5c所示。使用悬伸心轴时，也可用尾座顶尖作为辅助支承。

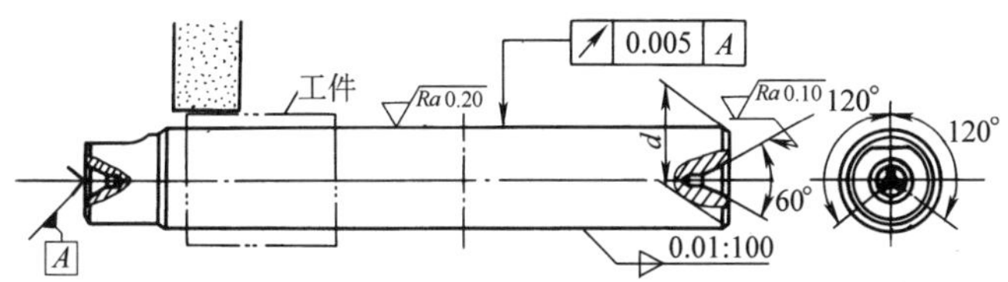

图5.3-1　锥度心轴

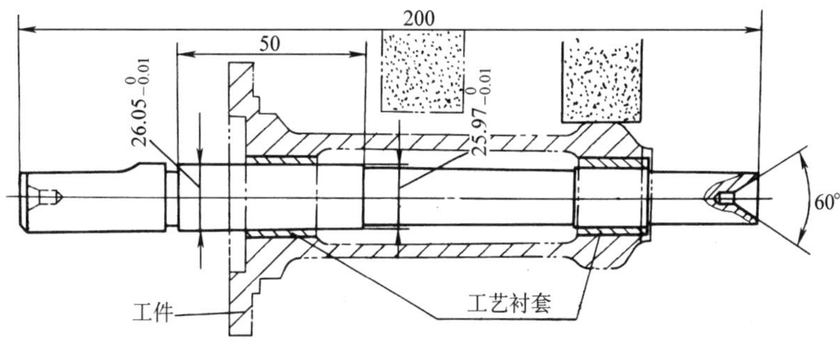

图5.3-2　磨较长工件的锥度心轴

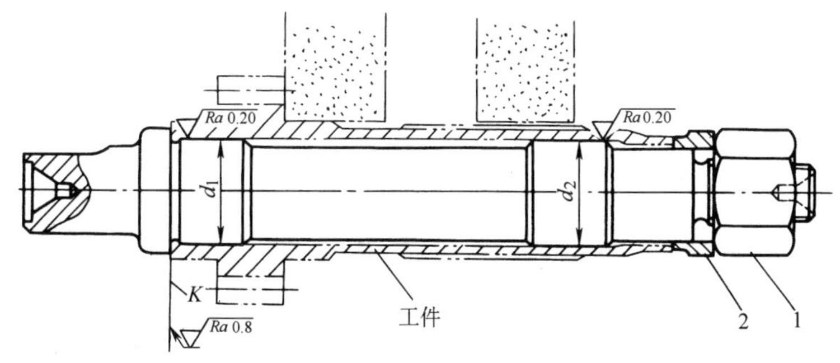

图5.3-3　带肩心轴

1—六角螺母　2—专用垫圈

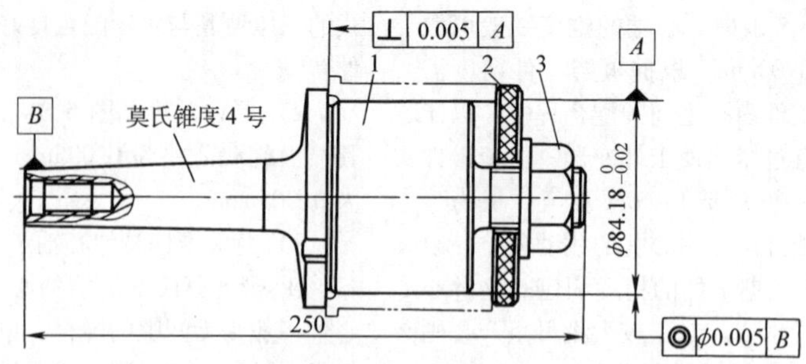

图 5.3-4 带肩莫氏锥柄悬伸心轴
1—心轴 2—快卸垫圈 3—螺母

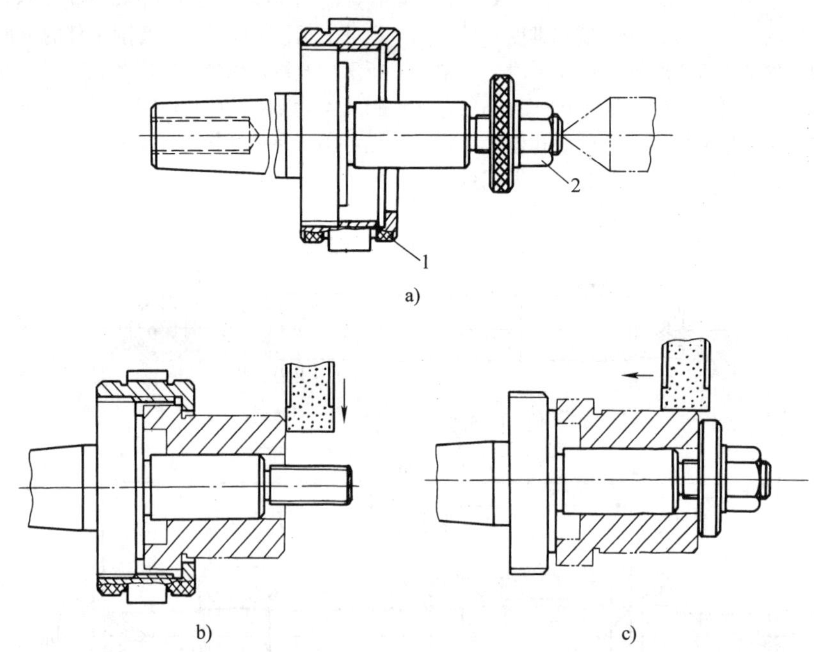

图 5.3-5 带肩复合心轴
a）带肩复合心轴 b）用大螺母 1 压紧工件 c）用六角螺母 2 压紧工件
1—大螺母 2—六角螺母

4）胀胎心轴。

① 锥度胀胎心轴（图 5.3-6）。它是利用心轴上的锥度，使可胀衬套 1 受到螺母 2 及压板 3 的压紧力后胀开，胀紧工件。

图 5.3-7 所示是一种两端锥度胀胎心轴。其夹紧原理与图 5.3-6 所示心轴相同。由于工件较长，可胀衬套 2 也增长了，为了使其两端胀力均匀，可设计成两端锥度。

这种心轴在工件装上后，应靠紧端面 *A* 后再夹紧。压圈 3 与心轴 5 为间隙配合。销子 1 用来防止可胀衬套 2 转动。

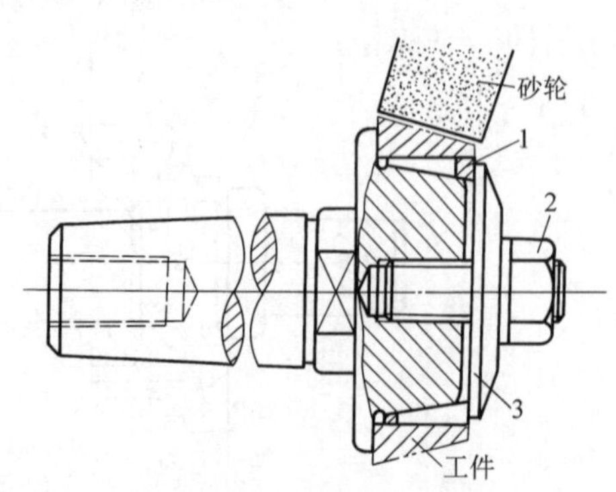

图 5.3-6 锥度胀胎心轴
1—可胀衬套 2—螺母 3—压板

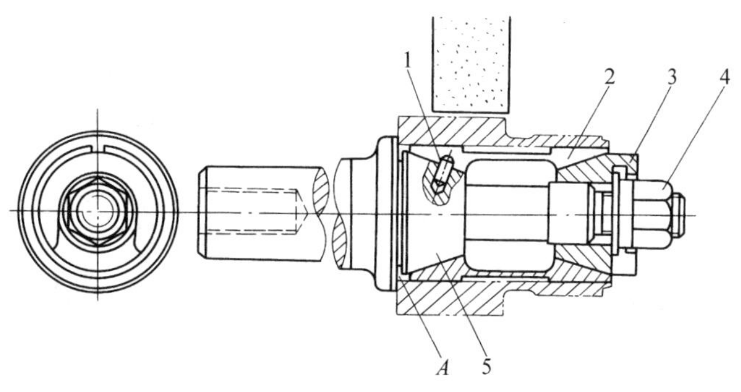

图 5.3-7 两端锥度胀胎心轴
1—销子 2—可胀衬套 3—带圆锥的压圈 4—螺母 5—心轴

图 5.3-8 所示的胀鼓心轴也属于胀胎心轴。它利用锥度心轴 1 上 1∶50 的锥度将可胀鼓 2 胀开，靠其胀力来夹紧工件，适用于直径较大的薄壁套筒类工件。先将工件套装在可胀鼓 2 上并靠紧端面，然后与可胀鼓一起套装在锥度心轴上。

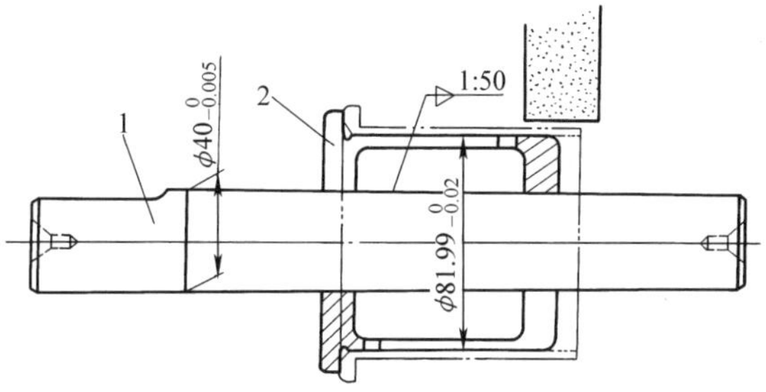

图 5.3-8 胀鼓心轴
1—锥度心轴 2—可胀鼓

② 液性塑料胀胎夹具。图 5.3-9 所示为内圆磨床用液性塑料胀胎夹具。当旋紧调压螺塞 3 时柱塞 4 就压缩液性塑料，使胀套 6 的薄壁上受到均匀的压力而向外胀，将工件夹紧。第一次灌入液性塑料时，应将 3 个密封螺钉 7 全部卸下排气，待液性塑料从三个螺孔中均匀流出时再将密封螺钉 7 装上封死，防止渗漏。为弥补缝隙处的渗漏，要经常从堵塞 5 处添加液性塑料。

图 5.3-10 所示为外圆磨床用液性塑料胀胎夹具。其工作原理与上述相同。止挡螺钉 6 用来控制柱塞 7 的行程，以控制胀套胀力的大小，防止过大。同时卸下止挡螺钉 6，液性塑料可从此螺孔中灌入。

③ 液压胀胎心轴（图 5.3-11）。在其内腔灌满凡士林油，当旋紧调压螺杆 3 时，油料受压而将胀套 2 外胀，胀套 2 中间有一条筋 a，用来增加中间部位的刚度，以使胀套从筋 a 两侧的薄壁部位均匀地向外胀，

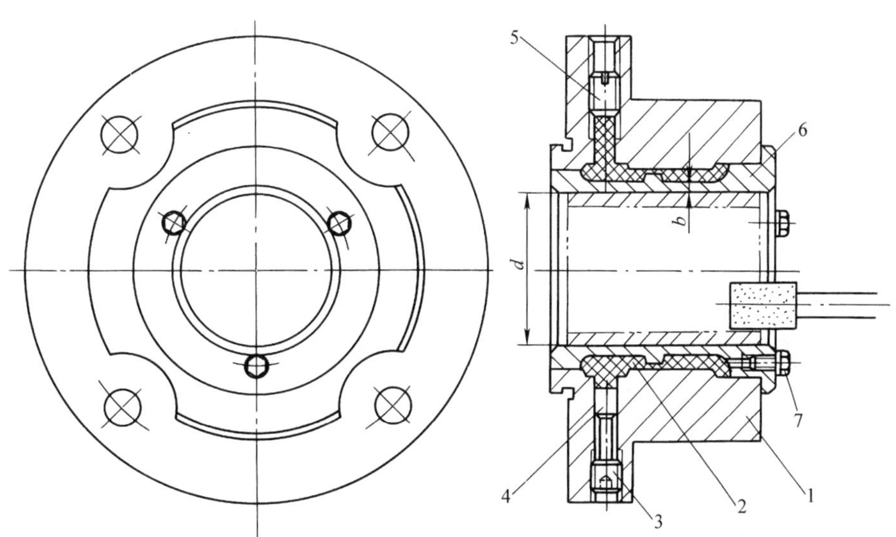

图 5.3-9 液性塑料胀胎夹具（内圆磨床用）
1—本体 2—液性塑料 3—调压螺塞 4—柱塞 5—堵塞
6—薄壁胀套 7—密封螺钉

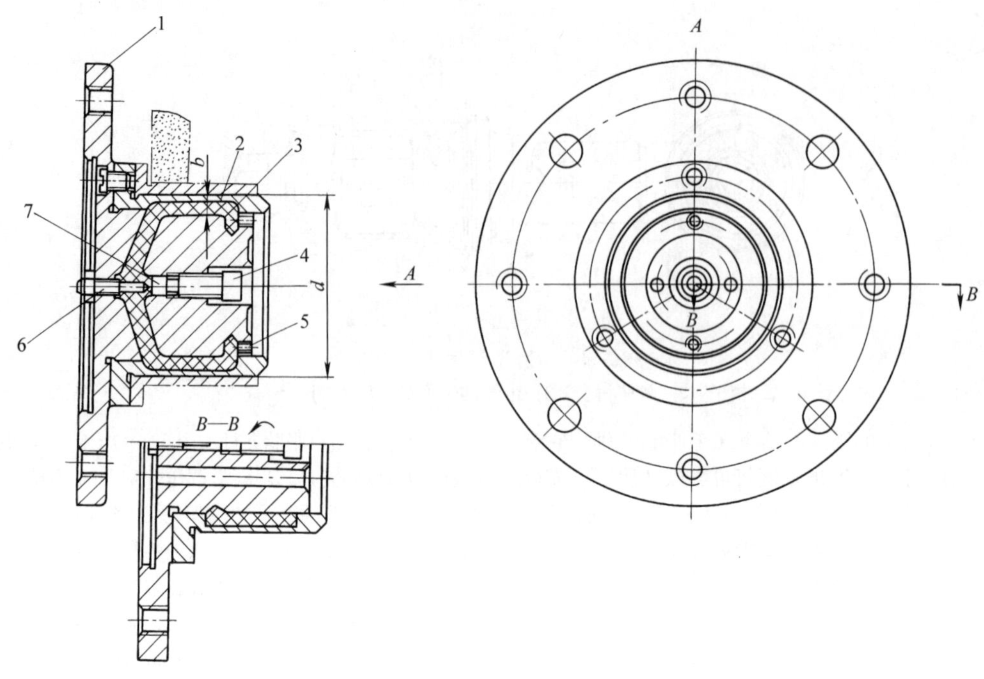

图 5.3-10　外圆磨床用液性塑料胀胎夹具
1—本体　2—薄壁胀套　3—液性塑料　4—调压螺栓
5—密封螺塞　6—止挡螺钉　7—柱塞

夹紧工件。该夹具本体 1 与胀套 2 的配合部分为 H7/k6，用温差法装配。胀套 2 留有精磨余量 0.15～0.20mm。待其与本体 1 装配后再精磨到需要的尺寸。液性塑料胀胎夹具的胀套也按此要求最后精磨。

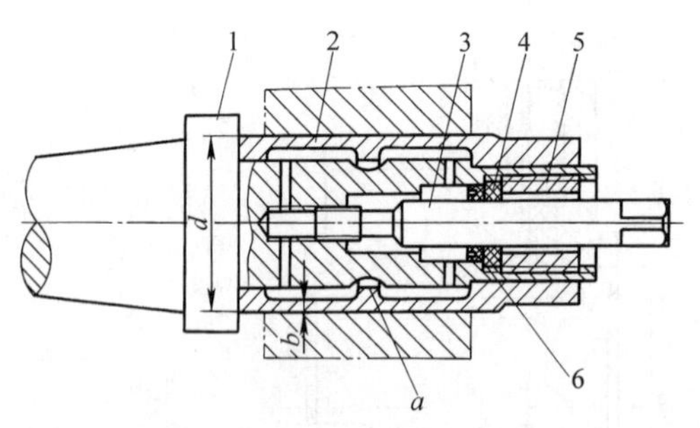

图 5.3-11　液压胀胎心轴
1—本体　2—胀套　3—调压螺杆　4—橡胶垫圈　5—螺塞　6—橡胶密封圈

④ 橡胶胀胎心轴。图 5.3-12 所示为悬伸式橡胶胀胎心轴。图 5.3-13 所示为橡胶胀胎心轴。旋紧调压螺栓 5，使楔块 6 的斜面压紧柱塞 7 的斜面，使柱塞 7 产生轴向移动而压紧橡胶，橡胶受压而使本体 4 向外胀而夹紧工件。*K* 为排气孔，件 9、11 是用来控制外胀部位的实心垫圈。当松开螺栓 5 时，弹簧 14 及弹簧座 12 将楔块 6 顶起，柱塞 7 回位，夹紧工件的胀力消失。

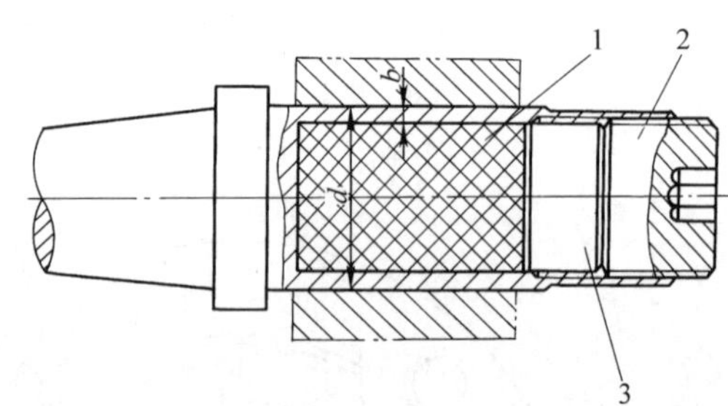

图 5.3-12　悬伸式橡胶胀胎心轴
1—橡胶　2—调压螺塞　3—柱塞

上述胀胎心轴与夹具的胀胎、胀套的薄壁厚度一般为 1.0～2.0mm，根据其直径大小及长度而定，且要求薄壁厚度的公差在 0.03～0.08mm 范围内，以保持其良好的定心精度。

⑤ 弹性片胀胎心轴与夹具。

图 5.3-14 及图 5.3-15 所示为两种类型的弹性片，在轴向受压力时，其外径均匀胀大或内径均匀缩小。弹性片成组使用，每组片数视需要而定，一般为 3～5 片。

图 5.3-16 所示为外圆磨床用悬伸式弹性片胀胎心轴。

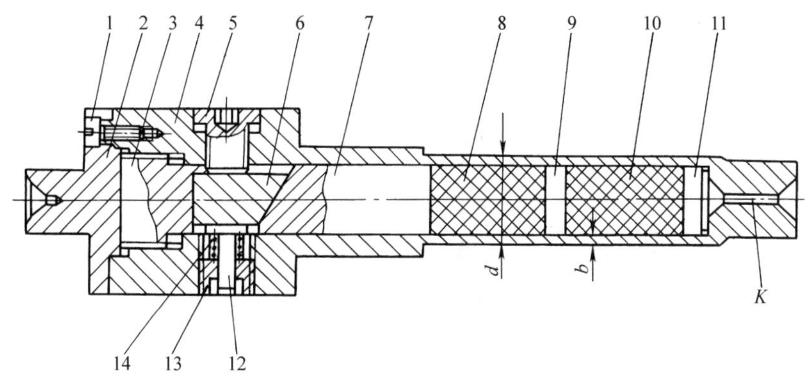

图 5.3-13 橡胶胀胎心轴

1—螺钉 2—端盖 3—螺柱 4—本体 5—调压螺栓 6—楔块 7—柱塞

8、10—橡胶 9、11—实心垫圈 12—弹簧座 13—调压螺塞 14—弹簧

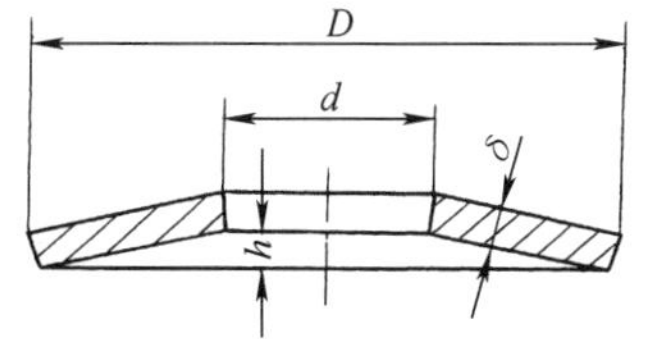

图 5.3-14 弹性片之一

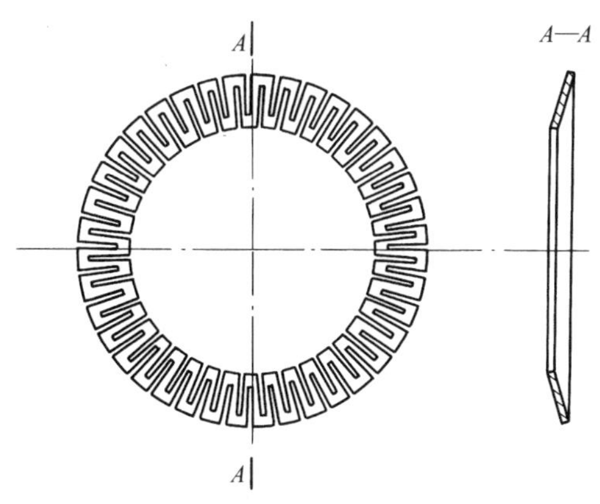

图 5.3-15 弹性片之二

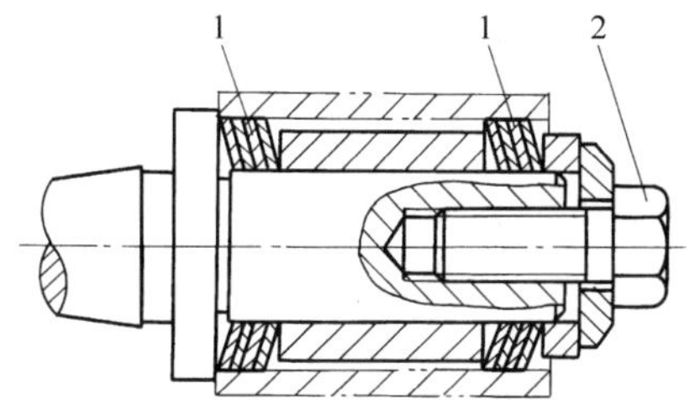

图 5.3-16 外圆磨床用悬伸式弹性片胀胎心轴

1—弹性片组 2—螺栓

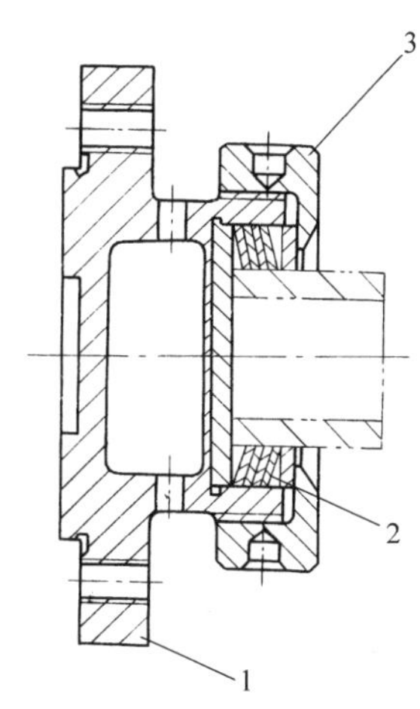

图 5.3-17 内圆磨床用弹性片胀胎夹具

1—本体 2—弹性片组 3—圆螺母

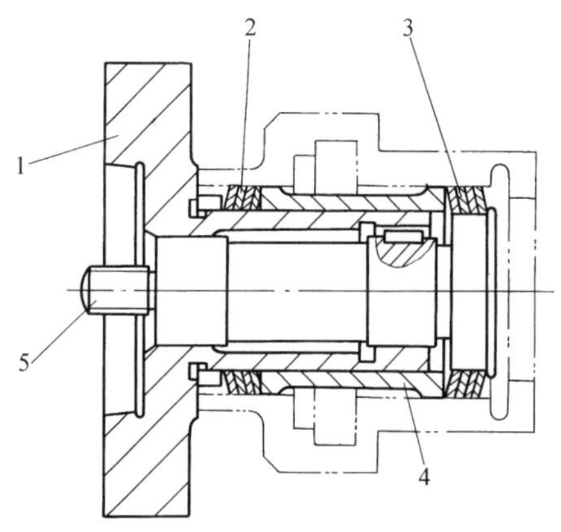

图 5.3-18 万能磨床用弹性片胀胎夹具

1—本体 2、3—弹性片组

4—套筒 5—拉杆

图 5.3-17 所示为内圆磨床用弹性片胀胎夹具。

图 5.3-18 所示为万能磨床用弹性片胀胎夹具。

图 5.3-19 所示为组合心轴夹具。

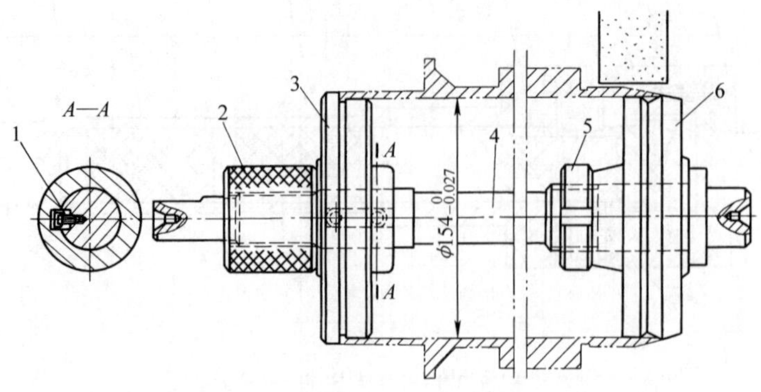

图 5. 3-19　组合心轴夹具
1—键　2—螺母　3—带肩圆滑盘　4—心轴　5—螺母　6—带锥面的基座

(3) 柱塞

两端空心的轴类工件，可通过柱塞用顶尖装夹进行磨削加工。常用柱塞有如下几种：

1）中心孔柱塞。图 5. 3-20 所示为不带肩与带肩两种中心孔柱塞。

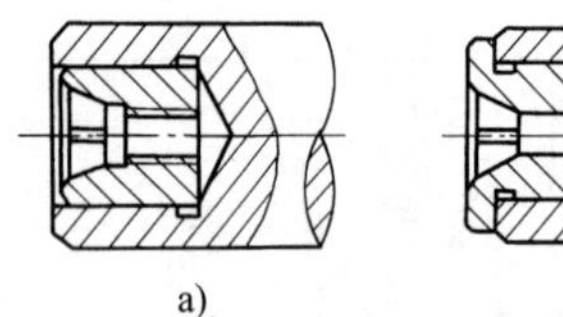

图 5. 3-20　中心孔柱塞
a）不带肩　b）带肩

2）可胀式中心孔柱塞。图 5. 3-21 所示为可胀式中心孔柱塞。柱塞外径可胀开，用于筒类或两端孔径较大的轴类工件。

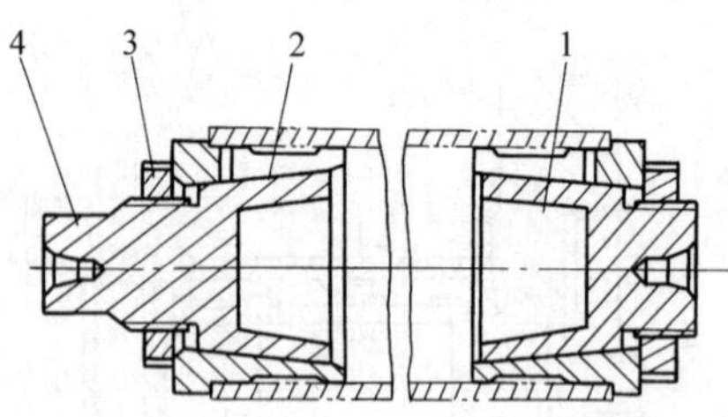

图 5. 3-21　可胀式中心孔柱塞
1—组合塞　2—可胀套　3—圆螺母　4—塞体

3）活柱式中心孔塞。图 5. 3-22 所示为活柱式中心孔塞，用于筒类或两端孔径大的轴类工件。

(4) 弹簧夹头

弹簧夹头属于机床附件，常用于外圆及万能磨床。

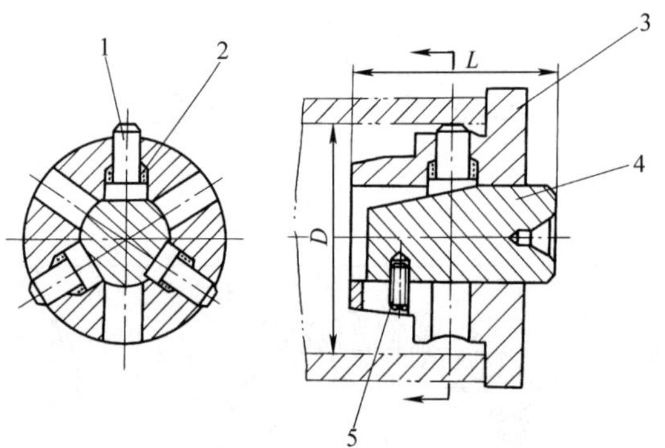

图 5. 3-22　活柱式中心孔塞
1—活柱　2—弹簧　3—塞体　4—塞芯　5—销

(5) 卡盘及花盘

自定心卡盘、单动卡盘和花盘也属于机床附件，常用于内、外圆及万能磨床。

自定心卡盘具有较高的自动定心精度，装夹迅速方便，不用花费较长时间去校正工件。但它的夹紧力较小，而且不便装夹形状不规则的工件，因此，只适用于中、小型工件的加工。

花盘可直接安装在磨床主轴上。它的盘面上有很多长短不同的穿通槽和 T 形槽，用于安装各种螺钉和压板，以紧固工件。花盘的工作平面必须与主轴的中心线垂直，盘面平整，适用于装夹不能用单动卡盘装夹的形状不规则的工件。

(6) 磁力吸盘及磁力过渡块

磁力吸盘和磁力过渡块是磨床常用夹具，特别是在平面磨床上，其用途极为广泛。

磁力吸盘按外形可分为圆形、矩形和球形三类；按磁力来源可分为电磁吸盘及永久磁铁吸盘（又称永磁吸盘）两类；按吸力不同也可分为普通吸力吸盘和强力吸盘两类，普通吸力吸盘吸力为1～1.2MPa，强力吸盘吸力不低于1.5MPa；按其用途又可分为通用、专用、正弦及多功能磁力吸盘。

1）通用圆形电磁吸盘（图5.3-23）。通用圆形电磁吸盘用于外圆及万能磨床。在圆台平面磨床上，其工作台多为圆形电磁吸盘。

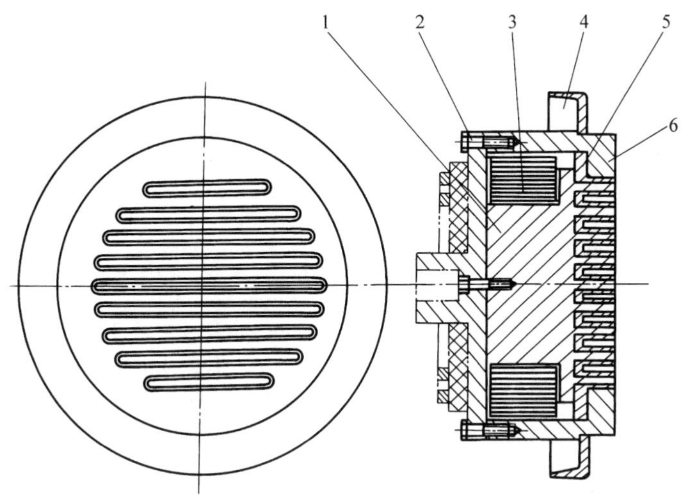

图5.3-23 通用圆形电磁吸盘
1—铁心 2—螺钉 3—线圈 4—罩 5—隔磁层 6—本体

2）通用矩形电磁吸盘。通用矩形电磁吸盘常为矩台平面磨床的工作台。其内部构造与圆形电磁吸盘相同。电磁吸盘使用的直流电电压为55 V、70 V、110 V及140V。最大吸力可达2MPa。

通用圆形电磁吸盘和矩形电磁吸盘一般作为机床附件随机供应。

3）正弦永磁吸盘。正弦永磁吸盘常用于矩台平面磨床。其内部是以永久磁铁作为磁力源，其底部由正弦规组成，使用方便，用途广泛。用它来磨制样板角度，误差≤1′。

4）磁力过渡块。在使用磁力吸盘吸紧工件进行磨削时，往往离不开过渡块的辅助。

磁力过渡块的作用是将吸盘上的磁力线N极引向过渡块本身，再经过放在过渡块上（或贴靠过渡块）的工件和过渡块本身，使磁力线回到吸盘S极，形成一个磁力线回路而将工件吸住。为满足各种形状工件的需要，磁力过渡块可设计成各种形状，常见的是V形和方形磁力过渡块。

多功能电磁吸盘附有一套磁力过渡块，以扩大其使用范围。

（7）精密平口虎钳

在M7120A矩台平面磨床上磨制成形样板时，经常使用精密平口虎钳。平口虎钳又经常与通用矩形电磁吸盘及正弦永磁吸盘组合使用。通常的精密平口虎钳钳口宽度为50mm、75mm及100mm三种。

（8）磨直角用夹具、直角块和多角形块

1）磨直角用夹具和直角块。图5.3-24所示为磨直角用夹具，图5.3-25所示为直角块，都是用在M7120A平面磨床上与矩形电磁吸盘组合使用的。其本体与四周各面之间及对 H、K 面均保持垂直度为90°±30″的精度，可以任意一面作为基准面来磨制工件的直角。

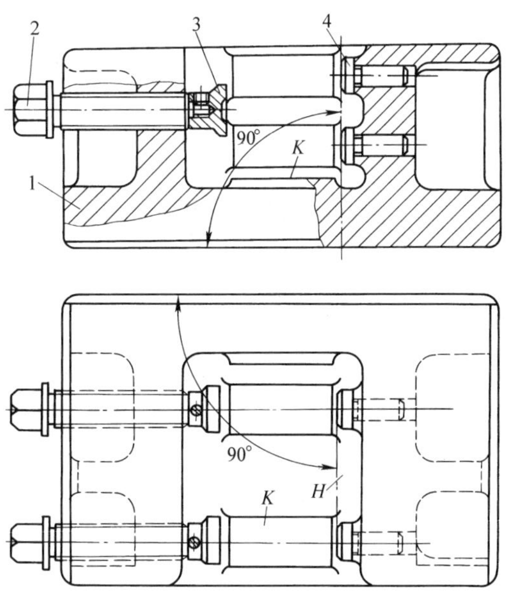

图5.3-24 磨直角用夹具
1—本体 2—螺杆 3—压帽 4—支承

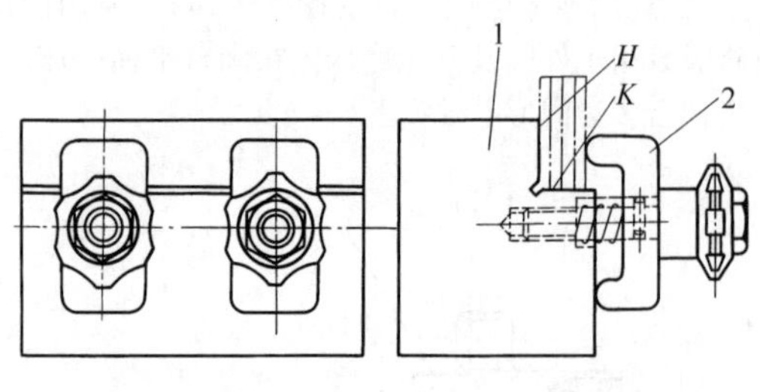

图 5.3-25　直角块
1—本体　2—弯压板

2）多角形块。图 5.3-26 所示为六角形块，图 5.3-27 所示为八角形块。

多角形块可用于夹紧工件磨削其多角或进行分度磨削，如六角冲头和花键塞规或花键环规等。在磁力吸盘外侧安装一长条形定位块，与工作台运动方向及砂轮端面平行（可于安装后用砂轮修磨一刀），作为分度的基准面。多角形块夹紧工件后卧放或立放在吸盘上，以角面靠紧定位块（分度的基准面）。

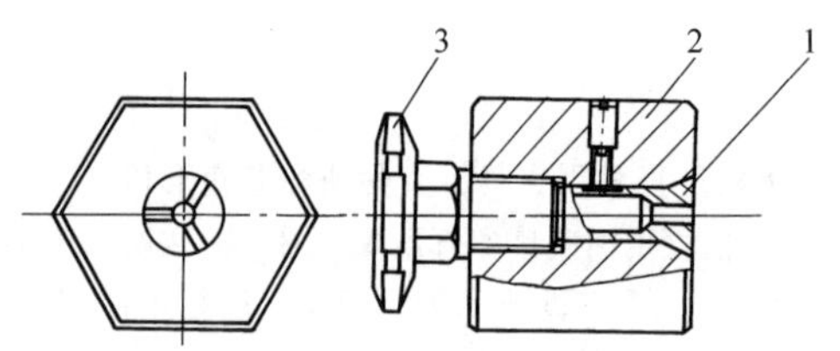

图 5.3-26　六角形块
1—弹簧夹头　2—本体　3—带手把拉杆

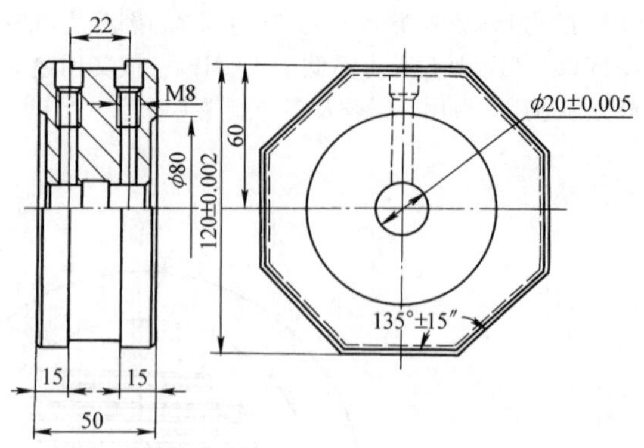

图 5.3-27　八角形块

(9) 正弦夹具及正弦分度万能夹具

正弦夹具及正弦分度万能夹具都是利用正弦原理来磨削工件的角度或实现分度磨削的，广泛应用于成形磨削。正弦夹具又经常与电磁吸盘组合使用。

正弦夹具的种类很多，其使用方法也是变化多样的。

2. 典型专用磨床夹具

(1) 专用矩形电磁吸盘

图 5.3-28 所示电磁吸盘是根据工件尺寸及形状而设计的，专门用来磨削尺寸小而薄的垫圈。为了将工件吸牢，将吸盘的铁心 4 设计成星形，以增大吸力，同时由螺钉 3 将定位圈 5 固定在吸盘面板上星形铁心的中心。定位圈的外径 D 小于工件的孔径，厚度 h 也薄于工件。磨削时工具不会产生位移。

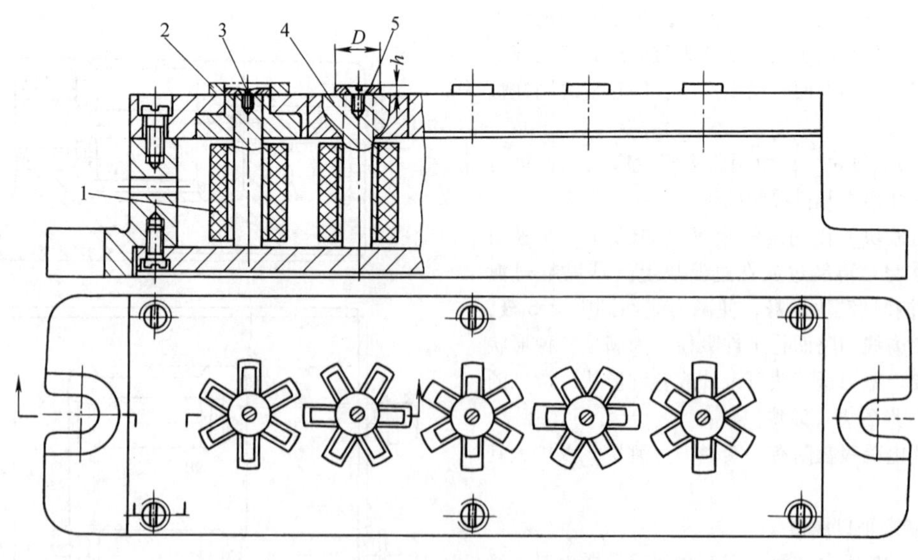

图 5.3-28　专用矩形电磁吸盘
1—线圈　2—工件　3—螺钉　4—星形铁心　5—定位圈

(2) 真空吸盘

图5.3-29所示为真空吸盘，用于在平面磨床上磨削有色金属及非磁性材料的薄片工件。真空吸盘可放在磁力吸盘上使用，也可放在磨床工作台上用压板压紧后使用。

为了增大吸力并使其均匀，与工件接触的吸盘面上有若干小孔与沟槽相通，沟槽组成网格形，沟槽宽度为0.8~1mm，深度为2.5mm。根据需要可在本体上钻若干减重孔6。

真空吸盘要根据工件形状、大小等设计，工件与吸盘面接触要密合，为避免漏气，一般需垫入厚度为0.4~0.8mm的耐油橡胶垫，垫上预先开一个（多工件吸附时按工件数开孔）与工件相通、尺寸稍小的孔口，然后放上工件，将孔口盖住，开启真空泵抽气，工件就被吸牢。

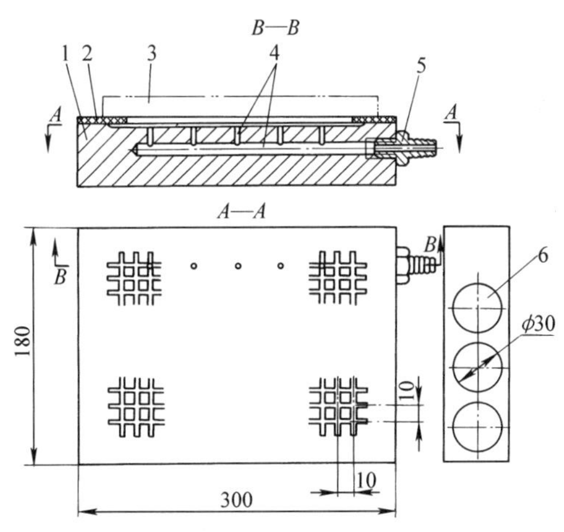

图5.3-29 真空吸盘

1—本体 2—耐油橡胶垫 3—工件 4—抽气孔 5—接头 6—减重孔

(3) 真空夹头

真空夹头也是利用真空装置吸附工件的夹具。其用于外圆或万能磨床夹持薄圆片工件。图5.3-30所示为万能磨床上磨削薄圆片内、外圆的真空夹头。橡胶垫厚度为0.8mm，工件由定位销2定位。

(4) 圆形电磁无心磨削夹具

图5.3-31所示为在内圆磨床上进行无心磨削轴承外圈内槽面的圆形电磁无心磨削夹具。磁力的大小可由设计决定，这是电磁夹具的一个优点。该夹具磁力大小要使工件被吸住而又不致吸得很紧，在受到推力后可产生滑动。夹具的面盘6（即吸盘）与普通圆形电磁吸盘稍有不同，其隔磁层7是只有一圈的环形圈，磁力不大。通电后磁力线从内圈经过工件8到外圈回到S极，吸住工件。当受到推力后，工件与面盘

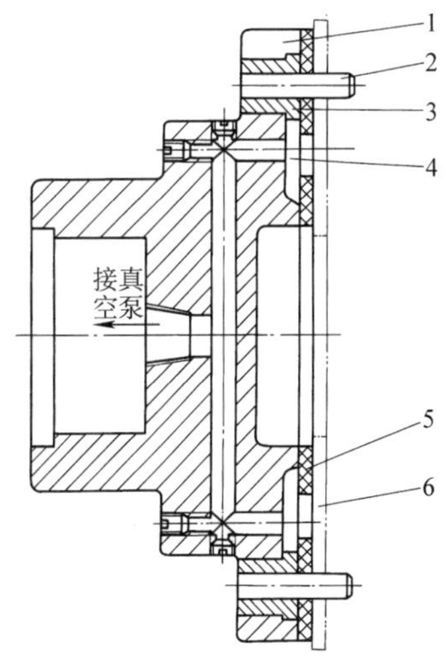

图5.3-30 夹持薄圆片的真空夹头

1—本体 2—定位销 3—衬套 4—真空室 5—橡胶垫 6—工件（薄圆片）

6产生相对滑动。将工件8的外圆表面紧贴在两个支承2上（图5.3-31b），使工件中心O'与机床主轴中心O之间有一个很小的偏心量e，e一般为0.15~0.5mm，其方向在第一象限内。当夹具绕中心O转动时，由于有偏心量e的存在以及吸而不紧的状况，工件便绕中心O'转动，同时相对夹具面盘6滑动，以实现无心内圆磨削，保证了轴承外圈内、外圆的同轴度与壁厚公差要求。

(5) 轴承外圈内圆磨削液压夹具

图5.3-32所示为用于内圆磨床上磨削圆锥滚子轴承外圈内锥面的专用夹具。在夹具油腔4内充满油液，当推杆12向右移动时，3个活塞2压缩油腔4内的油液，从而使橡胶膜5均匀受压而将工件夹紧。该夹具的优点是工件外圆不受损伤，但可夹紧的尺寸范围很窄。

(6) 锥齿轮端面及内圆磨削夹具

图5.3-33所示为锥齿轮端面及内圆磨削夹具，用于内圆磨床。用3个在同一半径上相隔120°均匀分布的钢球3，并以锥齿轮的分度圆（或节圆）作为定位基准，锥齿轮外圆又与定位盘2内圆相配，用压爪4压紧背锥，3个压爪4由拉杆1受气压或液压操纵拉动。钢球直径大小根据齿轮模数选用，同一组3个钢球的直径差值不大于0.002mm。

(7) 圆柱齿轮内圆磨削夹具

图5.3-34所示为圆柱齿轮内圆磨削夹具，用于内圆磨床。齿轮以端面靠紧定位块1，由滚柱支架2上的3个互成120°的滚柱3与齿轮分度圆相接触，拉杆拉动滑块5，使夹爪4在圆锥面的作用下通过3个滚柱3将齿轮夹紧。

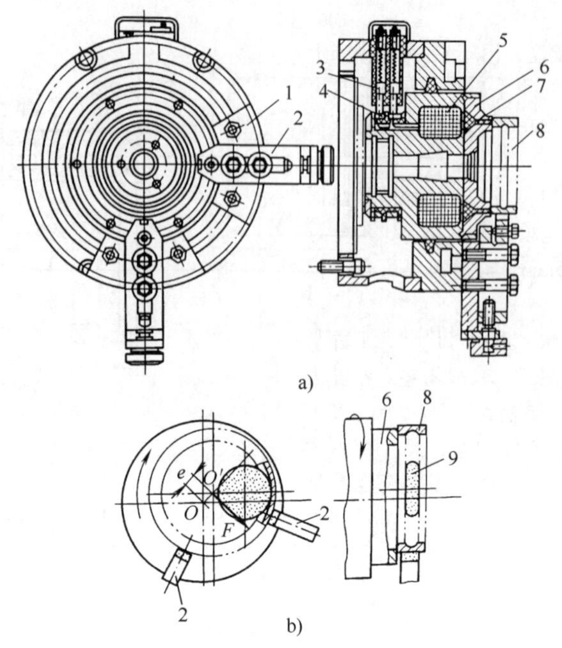

图 5.3-31 圆形电磁无心磨削夹具

a）夹具结构 b）无心磨削原理

1—支承滑座 2—支承 3—电刷 4—滑环 5—线圈 6—面盘 7—隔磁层 8—工件 9—砂轮

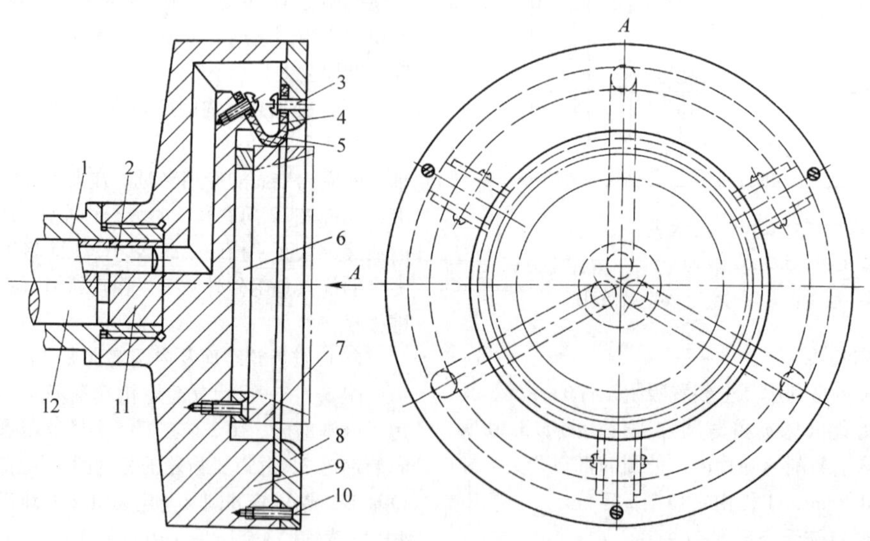

图 5.3-32 轴承外圈内圆磨削液压夹具

1—主轴 2—活塞 3—螺钉 4—油腔 5—橡胶膜 6—定位环 7—工件（圆锥滚子轴承外圈） 8—密封盖 9—本体 10—螺钉 11—导套 12—推杆

（8）齿轮轴内孔磨削夹具

图 5.3-35 所示为齿轮轴内孔磨削夹具。拉杆 1 向左移动，在圆锥面的作用下，装在弹簧夹头 3 上的夹爪 4 通过 3 个滚柱 5 将齿轮夹紧，以齿轮的分度圆（或节圆）定位。

（9）专用气动内圆磨削夹具

图 5.3-36 所示为专用气动内圆磨削夹具，与一般夹具的不同之处在于工件被夹部分是外圆锥与面 *K*，使工件在圆周方向被夹紧的同时，端面也靠紧在定位座圈 4 上。其余原理与一般夹具相同。

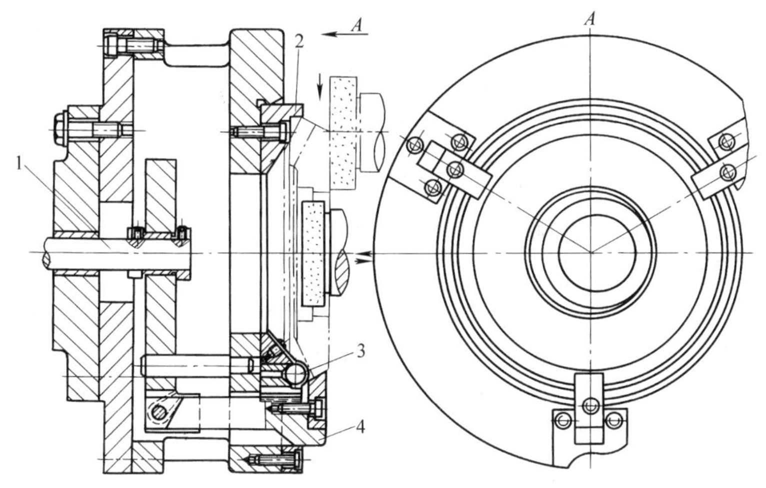

图 5.3-33　锥齿轮端面及内圆磨削夹具
1—拉杆　2—定位盘　3—钢球　4—压爪

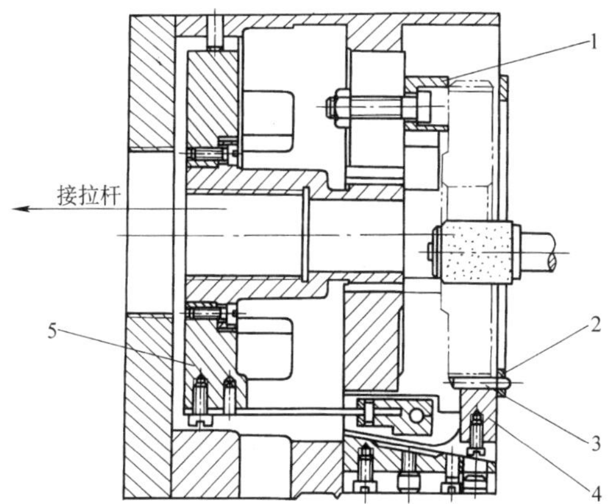

图 5.3-34　圆柱齿轮内圆磨削夹具
1—定位块　2—滚柱支架　3—滚柱　4—夹爪　5—滑块

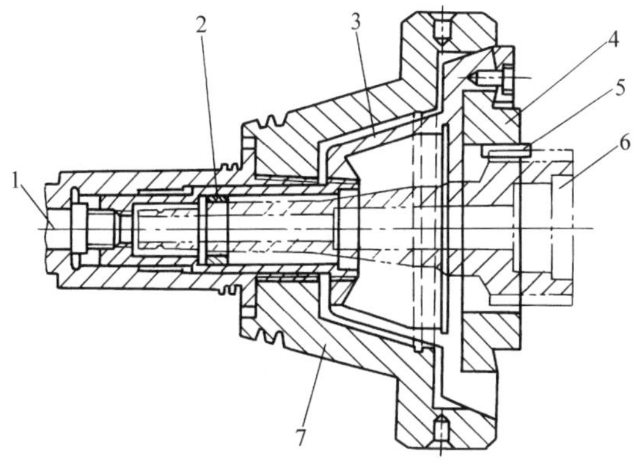

图 5.3-35　齿轮轴内孔磨削夹具
1—拉杆　2—衬套　3—弹簧夹头　4—夹爪　5—滚柱
6—工件（齿轮轴）　7—本体

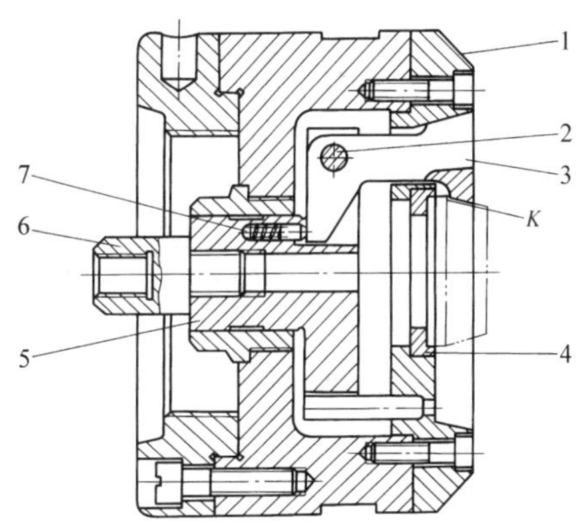

图 5.3-36　专用气动内圆磨削夹具
1—盖　2—销轴　3—夹爪　4—定位座圈
5—连接盘　6—拉杆　7—弹簧

(10) 异形工件专用磨削夹具

图 5.3-37 所示为在内圆磨床上磨削手提式风动工具壳体内孔的夹具。以工件的端面及内孔定位，拉杆 1 向左移动时，连接盘 4 带动圆柱爪 5 沿锥面滑动收缩，爪口压紧工件。

(11) 磨扁方夹具

图 5.3-38 所示为在平面磨床上磨扁方的专用夹具。用弹簧夹头 3 夹紧工件，由支承滑块 4 及支承座 6 组成辅助支承架，利用 10° 的斜面调节所需支承面的高度。夹具利用分度盘 2 分度，可以用来磨削扁方形、对称度要求较高的工件。

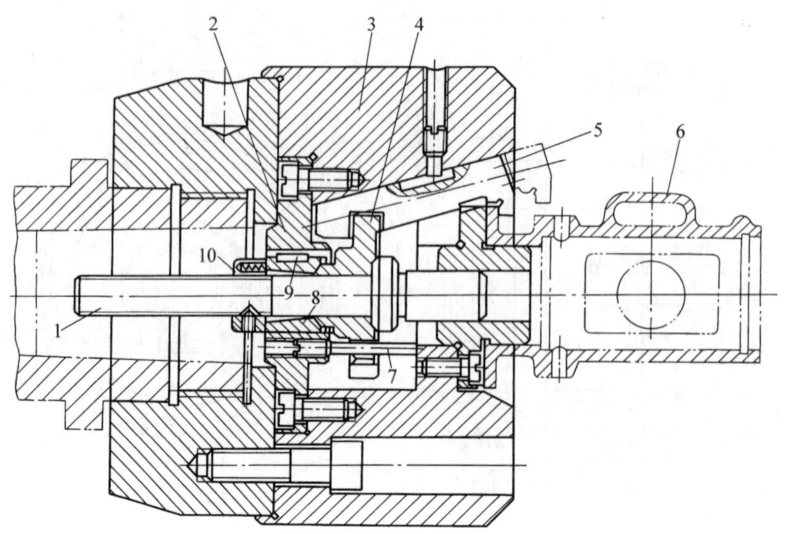

图 5.3-37 异形工件专用磨削夹具

1—拉杆 2—盘 3—本体 4—连接盘 5—圆柱爪 6—工件 7—导向销 8—套筒 9—键 10—螺母

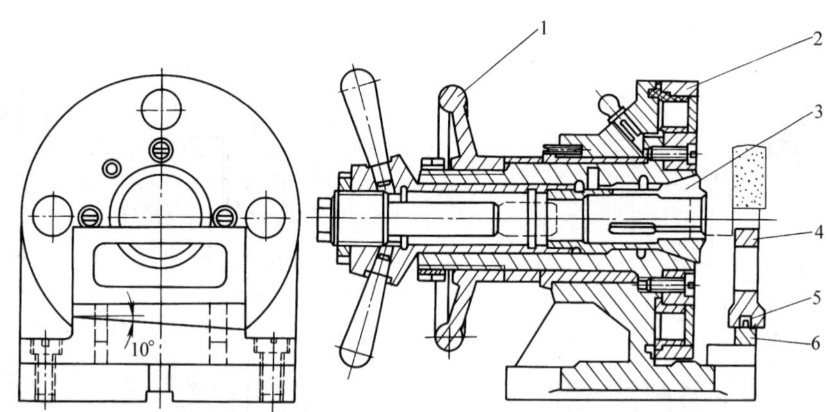

图 5.3-38 磨扁方夹具

1—手轮 2—分度盘 3—弹簧夹头 4—支承滑块 5—导向销 6—支承座

5.4 磨料磨具

磨料有天然磨料与人造磨料两大类。天然磨料包括石英、石榴石、天然刚玉与天然金刚石等。人造磨料包括刚玉系和碳化物系等普通磨料、人造金刚石、立方氮化硼等超硬磨料以及硬度较低的氧化铬、氧化铁、玻璃粉等磨料。现代磨具制造业主要选用人造磨料来制造磨具。磨具是指用结合剂或黏结剂将磨料按一定要求粘接而成的砂轮、油石、砂纸、砂带等，以及用油料、水剂调合而成的研磨膏等用于磨削的工具。

5.4.1 普通磨料磨具及其选择

1. 普通磨料及其选择

普通磨料的固结磨具（图 5.4-1），由磨粒、结合剂和气孔三部分组成。磨粒以其裸露在表面部分的棱角作为切削刃；结合剂将磨粒粘接在一起，经加压与焙

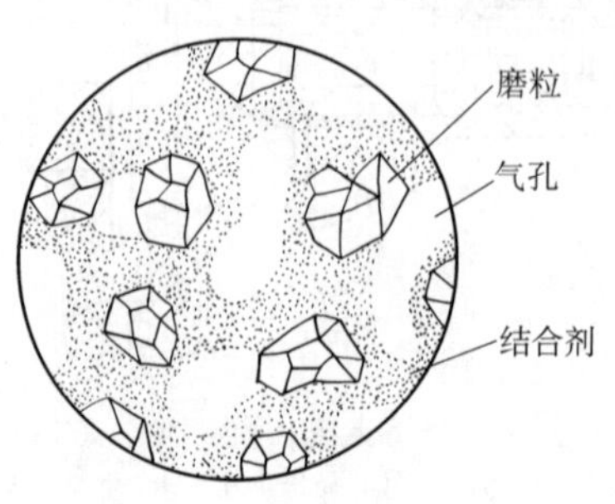

图 5.4-1 固结磨具的结构

烧使之具有一定的形状和强度；气孔则在磨削中起容纳切屑、磨削液和散逸磨削热的作用。为改善磨具性能，可用浸渍剂浸充于气孔之内，如浸硫、浸石蜡等，以增加磨具的润滑性。也有人把浸充物质称为固结磨具的第四要素。

（1）普通磨料的品种、代号、特性及其应用范围（表 5.4-1）

表 5.4-1　普通磨料的品种、代号、特性及其应用范围

类别	名称	代号	特　　性	应 用 范 围
刚玉系列	棕刚玉	A(GZ)	呈棕褐色，硬度高，韧性较大，价格相对较低	适于磨削抗拉强度较高的金属材料，如碳素钢、合金钢、可锻铸铁、硬青铜等
	白刚玉	WA(GB)	呈白色，硬度比棕刚玉高，韧性较棕刚玉低，易破碎，棱角锋利	适于磨削淬火钢、合金钢、高碳钢、高速钢以及加工螺纹及薄壁件等
	单晶刚玉	SA(GD)	呈淡黄或白色，单颗粒球状晶体，强度与韧性均比棕、白刚玉高，具有良好的多棱多角的切削刃，切削能力较强	适于磨削不锈钢、高钒钢、高速钢等高硬、高韧性材料及易变形、烧伤的工件，也适用于高速磨削和低表面粗糙度磨削
	微晶刚玉	MA(GW)	呈棕黑色，磨粒由许多微小晶体组成，韧性大，强度高，工作时呈微刃破碎，自锐性能好	适于磨削不锈钢、轴承钢、特种球墨铸铁等较难磨材料，也适于成形磨、切入磨、高速磨及镜面磨等精加工
	铬刚玉	PA(GG)	呈玫瑰红或紫红色，韧性高于白刚玉，效率高，加工后表面粗糙度值较低	适于刀具、量具、仪表、螺纹等低粗糙度表面的磨削
	锆刚玉	ZA(GA)	呈灰褐色，具有较高的韧性和耐磨性，是 Al_2O_3 和 ZrO_2 的复合氧化物	适用于对耐热合金钢、钛合金及奥氏体不锈钢等难磨材料的磨削和重负荷磨削
	黑刚玉	BA(GH)	呈黑色，又名人造金刚砂，硬度低，但韧性好，自锐性、亲水性能好，价格较低	多用于研磨与抛光，并可用来制作树脂砂轮及砂布、砂纸等
	烧结刚玉	AS	耐火性好，板片状晶体结构，气孔率低，致密性好，强度和硬度高，自锐性好	适于加工大量、形状要求严格、互换性要求高的工件，如手表、仪器零件、小型刃具、工具等
	陶瓷刚玉	CA	晶粒细小，结构均匀，韧性好，使用寿命长，自锐性好，磨削效率高，通用性好，性价比高	可用于干式磨削和湿式磨削，用于黑色或有色金属的磨削加工，可进行大切深、大进给、重负荷磨削
碳化物系列	黑碳化硅	C(TH)	呈黑色，有光泽，硬度高，但性脆，导热性能好，棱角锋利，自锐性优于刚玉	适于磨削铸铁、黄铜、铅、锌等抗拉强度较低的金属材料，也适于加工各类非金属材料，如橡胶，塑料、矿石、耐火材料及热敏性材料的干磨等，还可用于珠宝、玉器的自由磨粒研磨等
	绿碳化硅	GC(TL)	呈绿色，硬度和脆性均较黑碳化硅高，导热性好，棱角锋利，自锐性能好	主要用于硬质合金刀具和工件、螺纹和其他工具的精磨，适于加工宝石、玉石，钟表宝石轴承及贵重金属、半导体的切割、磨削和自由磨粒的研磨等
	立方碳化硅	SC(TF)	呈黄绿色，晶体呈立方体，强度高于黑碳化硅，脆性高于绿碳化硅，棱角锋锐	适于磨削韧而黏的材料，如不锈钢、轴承钢等，尤适于微型轴承沟槽的超精加工等
	碳化硼	BC(TP)	呈灰黑色，在普通磨料中硬度最高，磨粒棱角锐利，耐磨性能好	适于硬质合金、宝石及玉石等材料的研磨与抛光

注：根据 GB/T 2476—2016《普通磨料　代号》，括号内为旧代号。

（2）选择磨料应注意的问题

1）须考虑被加工材料的性质。抗张强度较高的材料，应选用韧性大的磨料；硬度低、伸长率大的材料，应选用较脆的磨料；高硬材料则应选择硬度更高的磨料。磨料对工件材料的适应性见表 5.4-2。

2）须注意选用不易与工件材料产生化学反应的磨料，以减少磨具的消耗。普通磨料与某些工件材料的化学反应情况见表 5.4-3。

3）磨料在加工过程中，会遇到不同介质，在一定的温度范围内，会受到侵蚀、产生化学反应以致完全分解。因此，必须在磨料选用时予以注意。刚玉和碳化物系列在不同介质中和不同温度下产生化学变化的趋势见表 5.4-4。

表 5.4-2　磨料对工件材料的适应性

磨料	按材料性能							按材料种类											
	硬度　HRC			伸长率		抗拉强度		碳素钢	碳素工具钢	淬火结构钢	合金钢	轴承钢	高速钢	不锈钢	铸铁	球墨铸铁	有色金属	硬质合金
	<25	25~55	>55	大	小	>70	<70											
棕刚玉	○	—	—	○	○	—	○	○	○	—	○	—	—	—	○	○	○	—
白刚玉	—	○	○	○	—	○	—	○	○	○	○	○	○	—	—	—	○	—
单晶刚玉	—	—	○	○	○	○	—	—	○	○	○	○	○	○	—	—	○	—
微晶刚玉	○	○	—	○	○	○	○	○	○	○	○	○	—	○	○	○	—	—
铬刚玉	—	○	○	○	—	○	—	—	—	○	○	○	—	—	—	—	—	—
锆刚玉	—	—	—	○	—	○	—	—	—	—	○	○	—	○	—	—	—	—
黑碳化硅	○	○	—	—	○	—	○	—	—	—	—	—	—	—	○	○	○	—
绿碳化硅	—	○	○	—	○	—	○	—	—	—	—	—	○	○	—	○	—	○
碳化硼	—	—	○	—	○	—	○	—	—	—	—	—	—	—	—	—	—	○

注：○表示磨料对加工材料适应，—表示不适应。

表 5.4-3　普通磨料与材料的化学反应

工件材料	刚玉系列			碳化物系列		
	反应	熔着	磨耗	反应	熔着	磨耗
低合金钢	无	无	小	大	有	大
镍	无	无	小	大	有	特大
不锈钢	无	无	中	中	有	特大
纯铁	小	小	小	大	大	大
铸铁［w(Si)1.4%，w(C)2.4%］	小	小	小	中	无	小
铸铁［w(Si)2.4%，w(C)2.08%］	小	小	小	特小	无	小
钛	大	大	大	大	大	中

注：1. SiC 受磨削区温度影响，分解生成 FeSi 与 Fe_3C，故不适于加工钢材，但适于加工高 Si 与高 C 铸铁，更适合加工非铁金属 Zn、Pb、Cu 和非金属材料。

2. 刚玉与 Fe 不发生化学反应，故适于加工铁金属，但与 SiO_2 反应生成 $3Al_2O_3 \cdot 2SiO_2$（莫来石），故不适于加工玻璃、陶瓷等硅酸盐类材料。

表 5.4-4　磨料在不同介质中化学变化的趋势

介质	刚玉系列	碳化物系列
O_2	不受侵蚀	在 2200℃时分解为石墨
H_2	不受侵蚀	在 2500~2700℃内不分解
Cl_2	在 C 和 CO 存在下，生成 $AlCl_3$	600℃下安全，在 1200℃下受侵蚀

（续）

介质	刚玉系列	碳化物系列
S、H_2S	起反应，生成 Al_2S_3	S在1000℃以上，受侵蚀
N_2	高温下与C共存，起反应	—
H_2O	—	在1300~1400℃时，与水蒸气作用分解
酸	HF、HCl高温下受侵蚀	安定不受侵蚀
碱	溶于熔融碱	在高温下不熔融，在NaOH及 KNO_3 混合液中700℃时可完全分解
金属氧化物	与NiO、CaO、FeO在高温下起反应	在1000℃时，受CaO、MgO侵蚀；在1100~1300℃时与 Fe_2O_3、Al_2O_3 作用分解；在1500℃时与NiO、MgO、CaO化合；有时与金属硅酸生成CO

2. 普通磨料的粒度及其选择

粒度是表示磨料的颗粒尺寸，其大小用粒度号表示。其中F4~F220为粗磨粒的粒度号，用筛选法分级，并以 $1in^2$（1in=25.4mm）面积上有多少个筛孔来表示。如F12粒度，是指 $1in^2$ 面积上有12个筛孔。F230~F2000为微粉粒度号。

磨料粒度的基本尺寸范围，分别见表5.4-5和表5.4-6。

表5.4-5 磨料粒度号及其基本尺寸（GB/T 2481.1—1998） （μm）

粒度号	基本尺寸	粒度号	基本尺寸	粒度号	基本尺寸
F4	5600~4750	F20	1180~1000	F70	250~212
F5	4750~4000	F22	1000~850	F80	212~180
F6	4000~3350	F24	850~710	F90	180~150
F7	3350~2800	F30	710~600	F100	150~125
F8	2800~2360	F36	600~500	F120	125~106
F10	2360~2000	F40	500~425	F150	106~75
F12	2000~1700	F46	425~355	F180	90~63
F14	1700~1400	F54	355~300	F220	75~53
F16	1400~1800	F60	300~250		

表5.4-6 用X射线重力沉降法和电阻法检测的微粉粒度和粒度组成（GB/T 2481.2—2020） （μm）

粒度号	d_{s3}最大值	d_{s50}中值粒径	d_{s94}最小值	粒度号	d_{s3}最大值	d_{s50}中值粒径	d_{s94}最小值
F230	82.0	53±3.0	34.0	F600	19.0	9.3±1.0	3.0
F240	70.0	44.5±2.0	28.0	F800	14.0	6.5±1.0	2.0
F280	59.0	36.5±1.5	22.0	F1000	10.0	4.5±0.8	1.0
F320	49.0	29.2±1.5	16.5	F1200	7.0	3.0±0.5	1.0（80%处）
F360	40.0	22.8±1.5	12.0	F1500	5.0	2.0±0.4	0.8（80%处）
F400	32.0	17.3±1.0	8.0	F2000	3.5	1.2±0.3	0.5（80%处）
F500	25.0	12.8±1.0	5.0				

粒度的选择应考虑加工工件尺寸、几何精度、表面粗糙度、磨削效率以及避免某些磨削缺陷的产生等因素。一般说，要求工效较高、表面粗糙度值较大、砂轮与工件接触面大、工件材料韧性大和伸长率较大以及加工薄壁工件时，应选择粗一些的粒度；反之，加工高硬脆、组织紧密的材料，精磨、成形磨或高速磨削时，则应选择较细的粒度。按磨削条件和磨削方式选择磨料粒度分别见表5.4-7和图5.4-2。

表 5.4-7　不同磨削条件选择磨料粒度的趋势

粗 ←	粒度	→ 细
大 ←	加工余量	→ 小
粗 ←	加工粗精程度	→ 精
软、黏 ←	工件材质	→ 硬、脆
宽 ←	加工时接触面积	→ 窄
大 ←	砂轮直径	→ 小
黏 ←	结合剂性质	→ 脆

3. 普通磨具的硬度及其选择

磨具硬度是指磨具工作时在外力作用下磨粒脱落的难易程度。磨粒易脱落，则磨具硬度低；反之，硬度就高。

1）磨具硬度等级及其代号（表 5.4-8）。

表 5.4-8　磨具硬度等级及其代号

硬度等级		代号
大级	小级	GB/T 2484—2018
超软	超软	A、B、C、D、E、F
软	软 1~3	G、H、J
中软	中软 1~2	K、L
中	中 1~2	M、N
中硬	中硬 1~3	P、Q、R
硬中	硬中 1~2	S、T
超硬	超硬	Y

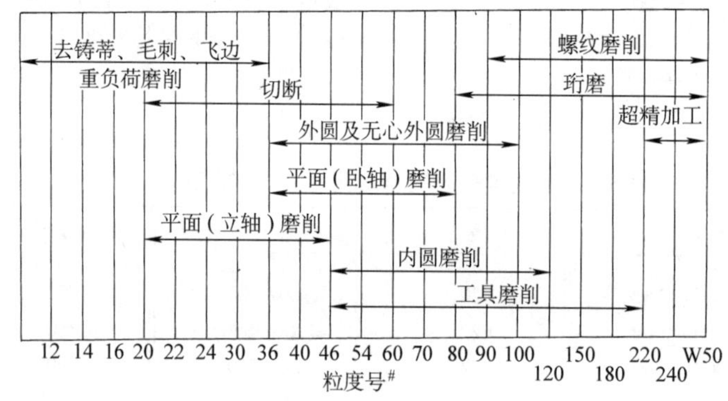

图 5.4-2　不同磨削方式选用磨料粒度的范围

2）磨具硬度的选择。不同磨削条件选择磨具硬度的趋势见表 5.4-9。

表 5.4-9　不同磨削条件选择磨具硬度的趋势

软 ←	硬度	→ 硬
硬、脆 ←	工件材质	→ 软、黏
宽 ←	加工时接触面积	→ 窄
高 ←	砂轮速度	→ 低
低 ←	工件转速	→ 高
良好 ←	机床精度	→ 不良
熟练 ←	操作者的熟练程度	→ 不熟练

此外，还应注意：

① 加工导热性能差的金属材料及树脂、橡胶等有机材料，磨削薄壁件，采用深切、缓进给磨削，选择磨具硬度应低些，镜面磨削选择超软磨具。

② 工件材料相同时，加工外圆相比加工平面、内孔，成形磨削相比一般磨削，应选择硬度较高的磨具。

③ 高速、高精密、间断表面磨削，荒磨钢坯、去工件毛刺等，应选择较硬的磨具。

④ 用砂瓦和筒形砂轮端面加工平面，砂瓦的硬度可选择高一些。

⑤ 工作时，自动进给相比手动进给，湿磨相比干磨，树脂结合剂砂轮相比陶瓷结合剂砂轮，应选较硬的磨具。

不同切削方式选择磨具硬度范围如图 5.4-3 所示。

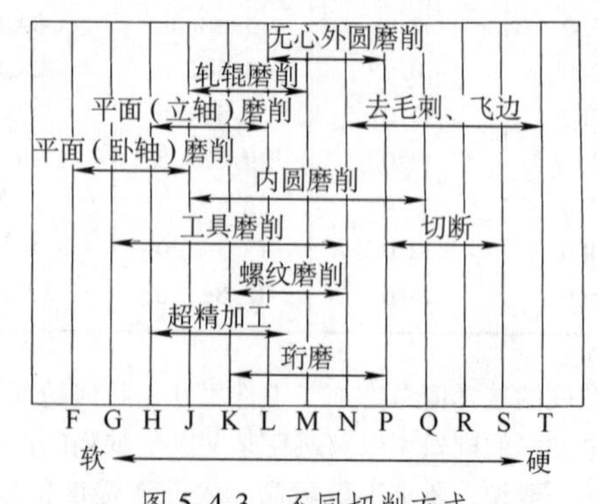

图 5.4-3　不同切削方式选择磨具硬度范围

4. 普通磨具的结合剂及其选择

结合剂的代号、性能及其适用范围见表5.4-10。

表5.4-10 结合剂的代号、性能及其适用范围

类别	名称及代号(GB/T 2484—2018)	原料	性能	适用范围
无机结合剂	陶瓷结合剂 V	黏土、长石、硼玻璃、石英及滑石等	化学性能稳定，耐热，抗酸、碱，气孔率大，磨耗小，强度较高，能较好保持磨具的几何形状，但脆性较大	内、外圆，无心、平面、螺纹及成形磨削以及刃磨、珩磨及超精磨等；适于对碳素钢、合金钢、不锈钢、铸铁、有色金属及玻璃、陶瓷等材料进行加工
	菱苦土结合剂 MG	氧化镁及氯化镁等	工作时发热最小，其结合能力次于陶瓷结合剂，有良好的自锐性，强度较低，且易水解	磨削热传导性差的材料及磨具与工件接触面较大的工件，还广泛用于石材加工
有机结合剂	树脂结合剂 B	酚醛树脂或环氧树脂等	结合强度高，具有一定的弹性，能在高速下进行工作，自锐性能好，但其耐热性、坚固性较陶瓷结合剂差，且不耐酸、碱	荒磨、切断和自由磨削，如磨钢锭，打磨铸、锻件毛刺等，用来制造高速、低表面粗糙度、重负荷、薄片切断砂轮，以及各种特殊要求的砂轮
	橡胶结合剂	合成及天然橡胶	强度高，弹性好，磨具结构紧密，气孔率较小，磨粒钝化后易脱落，但耐酸、耐油及耐热性能较差，磨削时有臭味	用于制造无心磨导轮，精磨、抛光砂轮，超薄型切割用片状砂轮以及轴承精加工用砂轮

5. 普通磨具的强度及其选择

磨具强度系指高速旋转时，磨具在离心力的作用下，抵抗破碎的能力。为确保磨具在工作时不致破碎，就要求其破碎速度和工作速度保持一定的比例关系。这种关系用安全系数来表示。

影响砂轮强度的因素很多，除在使用时应严格遵守操作规程外，砂轮自身的各种因素对强度也有很大影响，见表5.4-11。

表5.4-11 砂轮自身因素对其强度的影响

砂轮自身的因素	砂轮强度		砂轮自身的因素	砂轮强度	
	较高	较低		较高	较低
磨料（对陶瓷结合剂而言）	WA、SA	A、MA	孔径与外径比	小	大
粒度	细	粗	厚度	厚	薄
硬度	硬	软	形状	平形	异形
组织	紧	松	平面度值	小	大
结合剂	有机	无机	补偿措施	有	无

国家标准对各类磨具的最高工作速度做了明确规定，见表5.4-12。此表适用于最高工作速度不小于15m/s的各类磨具。

表 5.4-12　普通磨具的最高工作速度（GB 2494—2014）

形状、名称、尺寸	机器类型	应用类型	一般要求								特殊要求						
			尺寸界限	最高工作速度/(m/s)							尺寸界限	最高工作速度/(m/s)					
				结合剂种类								结合剂种类					
				V	B	BF	R	RF	MG	PL		V	B	BF	R	RF	PL
平形砂轮 1 型-圆周型面 $-D\times T\times H$	固定式设备	机械操纵磨削	$H\leqslant0.67D$	40	50	63	50	—	25①	50	$H\leqslant0.67D$	63(60)	63(60)	—	63	63	63
									16②		$H\leqslant0.50D$	80	80	80	80	80	—
		全封闭机械操纵磨削		—	—	—	—	—	—	—	$H\leqslant0.50D$	125	100	100	100	—	—
		机械操纵重负荷磨削	$H\leqslant0.50D$	—	63～80	—	—	—	—	—	—	—	—	—	—	—	—
		全封闭机械操纵重负荷磨削		—	—	—	—	—	—	—	$H\leqslant0.33D$	—	100	—	—	—	—
	固定式设备和移动式设备	手动操纵磨削	$H\leqslant0.67D$	35	40	63	35	50	25①	50	$H\leqslant0.50D$	—	63	—	63	63	—
					25③		25③		16②		$H\leqslant0.33D$	—	—	80	—	80	—
	手持式设备	手持磨削	$H\leqslant0.25D$	40	50	63	35	63	—	50	$H\leqslant0.25D$	—	63	—	63	—	—
粘结或夹紧用筒形砂轮 2 型$-D\times T\times W$	固定式磨床	机械操纵磨削	$W<0.17D$	32	40	—	—	—	25	40	$W<0.17D$	63	63	—	—	—	50
		手动操纵磨削		25	32	—	—	—	—	40	—	—	50	—	—	—	50
单斜边砂轮 3 型$-D/J\times T\times H$	固定式设备	机械操纵磨削	$H\leqslant0.67D$	40	50	—	50	—	—	50	$H\leqslant0.67D$	63(60)	63(60)	—	63	—	63
											$H\leqslant0.50D$	80	80	—	80	—	—
		全封闭机械操纵磨削		—	—	—	—	—	—	—	$H\leqslant0.50D$	125	100	100	100	—	—
		手动操纵磨削		35	40	—	—	—	—	—		—	—	—	—	—	—
双斜边砂轮 4 型$-D\times T\times H$	固定式设备	手动操纵磨削	$H\leqslant0.67D$	35	40	—	—	—	—	—	—	—	—	—	—	—	—
	手持式设备	手持磨削	$D\leqslant200$	40	50	63	—	63	—	—	—	—	—	—	—	—	—

（续）

形状、名称、尺寸	机器类型	应用类型	一般要求								特殊要求						
			尺寸界限	最高工作速度/(m/s)							尺寸界限	最高工作速度/(m/s)					
				结合剂种类								结合剂种类					
				V	B	BF	R	RF	MG	PL		V	B	BF	R	RF	PL
单面凹砂轮 5 型-圆周型面 $-D \times T \times H-P \times F$	固定式设备	机械操纵磨削	$H \leqslant 0.67D$ $E \geqslant 0.50T$	40	50	—	50	—	—	50	$H \leqslant 0.67D$	63(60)	63(60)	63	63	63	63
											$H \leqslant 0.50D$	80	80	80	80	80	—
		全封闭机械操纵磨削		—	—	—	—	—	—	—	$H \leqslant 0.50D$	100	100	—	100	—	—
	固定式设备和移动式设备	手动操纵磨削		35	40	—	35	—	—	50	$H \leqslant 0.50D$	—	—	63	—	63	—
											$H \leqslant 0.33D$ $E \geqslant 0.50T$	—	—	80	—	80	—
	手持式设备	手持磨削	$H \leqslant 0.25D$ $E \geqslant 0.75T$	—	50	63	35	80	—	50	$H \leqslant 0.25D$ $E \geqslant 0.75T$	—	63	—	63	—	—
杯形砂轮 6 型$-D \times T \times H-W \times E$	固定式设备	机械操纵磨削	$E \geqslant 0.20T$	32	35	—	40	—	—	40	$E \geqslant 0.20T$	63(60)	63(60)	—	63	—	—
		手动操纵磨削		32	35	—	32	—	—	40		—	50	—	—	—	—
	手持式设备	手持磨削	$D \leqslant 180$ $T \leqslant 70$ $E \geqslant 0.25T$	—	40	—	—	—	—	—	—	—	—	—	—	—	—
双面凹砂轮 7 型-圆周型面 $-D \times T \times HP \times F/G$ 8 型$-D \times T \times H-W \times J \times F/G$	固定式设备	机械操纵磨削	$H \leqslant 0.67D$ $E \geqslant 0.50T$	40	50	—	50	—	—	50	$H \leqslant 0.67D$ $E \geqslant 0.50T$	63(60)	63(60)	—	63	—	63
		全封闭机械操纵磨削									$H \leqslant 0.50D$ $E \geqslant 0.50T$	80	80	—	80	—	—
				—	—	—	—	—	—	—		100	100	—	100	—	—
		手动操纵磨削		35	40	—	25④	40	—	—		—	—	—	—	—	—
							35										
双杯形砂轮 9 型$-D \times T \times H-W \times E$	固定式设备	机械操纵磨削	$E \geqslant 0.20T$	32	35	—	35	—	—	40	$E \geqslant 0.20T$	50	50	—	50	—	—

（续）

形状、名称、尺寸	机器类型	应用类型	一般要求								特殊要求						
			尺寸界限	最高工作速度/(m/s)							尺寸界限	最高工作速度/(m/s)					
				结合剂种类								结合剂种类					
				V	B	BF	R	RF	MG	PL		V	B	BF	R	RF	PL
碗形砂轮 11 型-$D/J\times T\times H$-$W\times E$	固定式设备	机械操纵磨削	$E\geqslant0.20T$	32	40	—	40	—	—	40	$E\geqslant0.20T$	50	50	—	50	—	—
		全封闭机械操纵磨削	—	—	—	—	—	—	—	—	$E\geqslant0.20T$	63	80	—	63	—	50
		手动操纵磨削	$E\geqslant0.20T$	32	35	—	32	—	—	40	—	—	—	—	—	—	—
	手持式设备	手持磨削	$E\geqslant0.25T$	—	40	—	—	—	—	40	—	—	—	—	—	—	—
碟形砂轮 12a 型-$D/J\times T\times H$ 12b 型-$D/J\times T\times H$-U	固定式设备	机械操纵磨削	$E\geqslant0.50T$	32	40	—	40	—	—	40	$E\geqslant0.50T$	50	50	—	50	—	—
		全封闭机械操纵磨削	—	—	—	—	—	—	—	—	$E\geqslant0.50T$	63	80	—	63	—	50
		手动操纵磨削（工具刃磨）	$E\geqslant0.50T$	32	35	—	32	—	—	—	—	—	—	—	—	—	—
茶托形砂轮 13 型-$D/J\times T/U\times H$-K	固定式设备	机械操纵磨削	$E\geqslant0.50T$	32	40	—	40	—	—	40	$E\geqslant0.50T$	50	50	—	50	—	—
		全封闭机械操纵磨削	—	—	—	—	—	—	—	—	$E\geqslant0.50T$	63	80	—	63	—	50
		手动操纵磨削（工具刃磨）	$E\geqslant0.50T$	32	35	—	32	—	—	—	—	—	—	—	—	—	—
磨头 16 型-$D\times T\times H$ 17a 型-$D\times T\times H$ 17b 型-$D\times T\times H$ 17c 型-$D\times T\times H$ 18a 型-$D\times T\times H$ 18b 型-$D\times T\times H$ 19 型-$D\times T\times H$	手持式设备	手持磨削	$D\leqslant80$ $T\leqslant100$	25	25	—	—	—	—	—	$D\leqslant80$ $T\leqslant100$	50	—	—	—	—	—
单面锥砂轮 20 型-$D/K\times T/N\times H$	固定式设备	机械操纵磨削	$H\leqslant0.67D$ $E\geqslant0.50T$	35	40	—	35	—	—	50	$H\leqslant0.67D$ $E\geqslant0.50T$	63(60)	63(60)	—	63	—	63
											$H\leqslant0.50D$ $E\geqslant0.50T$	80	80	—	80	—	—

（续）

形状、名称、尺寸	机器类型	应用类型	一般要求								特殊要求						
			尺寸界限	最高工作速度/(m/s)							尺寸界限	最高工作速度/(m/s)					
				结合剂种类								结合剂种类					
				V	B	BF	R	RF	MG	PL		V	B	BF	R	RF	PL
单面锥砂轮 20 型-$D/K \times T/N \times H$	固定式设备	全封闭机械操纵磨削	$H \leqslant 0.67D$ $E \geqslant 0.50T$	40	50	—	50	—	—	—	$H \leqslant 0.67D$ $E \geqslant 0.50T$	100	100	—	100	—	—
双面锥砂轮 21 型-$D/K \times T/N \times H$	固定式设备	机械操纵磨削	$H \leqslant 0.67D$ $E \geqslant 0.50T$	35	40	—	35	—	—	50	$H \leqslant 0.67D$ $E \geqslant 0.50T$	63(60)	63(60)	—	63	—	63
											$H \leqslant 0.50D$ $E \geqslant 0.50T$	80	80	—	80	—	—
		全封闭机械操纵磨削	$H \leqslant 0.67D$ $E \geqslant 0.50T$	40	50	—	50	—	—	—	$H \leqslant 0.50D$ $E \geqslant 0.50T$	100	100	—	100	—	—
单面凹单面锥砂轮 22 型-$D/K \times T/$ $N \times H\text{-}P \times F$	固定式设备	机械操纵磨削	$H \leqslant 0.67D$ $E \geqslant 0.50T$	35	40	—	35	—	—	50	$H \leqslant 0.67D$ $E \geqslant 0.50T$	63(60)	63(60)	—	63	—	63
											$H \leqslant 0.50D$ $E \geqslant 0.50T$	80	80	—	80	—	—
		全封闭机械操纵磨削	$H = 0.67D$ $E \geqslant 0.50T$	40	50	—	50	—	—	—	$H \leqslant 0.50D$ $E \geqslant 0.50T$	100	100	—	100	—	—
单面凹锥砂轮 23 型-$D \times T/N \times H\text{-}P \times F$	固定式设备	机械操纵磨削	$H \leqslant 0.67D$ $E \geqslant 0.50T$	35	40	—	35	—	—	50	$H \leqslant 0.67D$ $E \geqslant 0.50T$	63(60)	63(60)	—	63	—	63
											$H \leqslant 0.50D$ $E \geqslant 0.50T$	80	80	—	80	—	—
		全封闭机械操纵磨削	$H \leqslant 0.67D$ $E \geqslant 0.50T$	40	50	—	50	—	—	—	$H \leqslant 0.50D$ $E \geqslant 0.50T$	100	100	—	100	—	—

（续）

形状、名称、尺寸	机器类型	应用类型	一般要求								特殊要求						
			尺寸界限	最高工作速度/(m/s) 结合剂种类							尺寸界限	最高工作速度/(m/s) 结合剂种类					
				V	B	BF	R	RF	MG	PL		V	B	BF	R	RF	PL
双面凹单面锥砂轮 24 型-$D×T/N×H-P×F/G$	固定式设备	机械操纵磨削	$H≤0.67D$ $E≥0.50T$	35	40	—	35	—	—	50	$H≤0.67D$ $E≥0.50T$	63(60)	63(60)	—	63	—	63
											$H≤0.50D$ $E≥0.50T$	80	80	—	80	—	—
		全封闭机械操纵磨削	$H≤0.67D$ $E≥0.50T$	40	50	—	50	—	—	—	$H≤0.67D$ $E≥0.50T$	100	100	—	100	—	—
单面凹双面锥砂轮 25 型-$D/K×T/N×H-P×F$	固定式设备	机械操纵磨削	$H≤0.67D$ $E≥0.50T$	35	40	—	35	—	—	50	$H≤0.67D$ $E≥0.50T$	63(60)	63(60)	—	63	—	63
											$H≤0.50D$ $E≥0.50T$	80	80	—	80	—	—
		全封闭机械操纵磨削	$H≤0.67D$ $E≥0.50T$	40	50	—	50	—	—	—	$H≤0.50D$ $E≥0.50T$	100	100	—	100	—	—
双面凹锥砂轮 26 型-$D×T/N×H-P×F/G$	固定式设备	机械操纵磨削	$H≤0.67D$ $E≥0.50T$	35	40	—	35	—	—	50	$H≤0.67D$ $E≥0.50T$	63(60)	63(60)	—	63	—	63
											$H≤0.50D$ $E≥0.50T$	80	80	—	80	—	—
		全封闭机械操纵磨削	$H≤0.67D$ $E≥0.50T$	40	50	—	50	—	—	—	$H≤0.67D$ $E≥0.50T$	100	100	—	100	—	—
钹形砂轮 27 型-$D×U×H$	手持式设备	手持式磨削	$D≤230$ $H≤22.2$ $3.5≤U≤10$	—	—	70，80	—	—	—	—	—	—	—	—	—	—	—

（续）

形状、名称、尺寸	机器类型	应用类型	一般要求								特殊要求						
			尺寸界限	最高工作速度/(m/s)							尺寸界限	最高工作速度/(m/s)					
				结合剂种类								结合剂种类					
				V	B	BF	R	RF	MG	PL		V	B	BF	R	RF	PL
锥面钹形砂轮 28 型-$D\times U\times H$	手持式磨削	手持式磨削	$D\leqslant230$ $H\leqslant22.2$ $4<U\leqslant10$	—	—	70，80	—	—	—	—	—	—	—	—	—	—	—
柔性钹形砂轮 29 型-$D\times U\times H$	手持式磨削	手持式磨削	$D\leqslant230$ $H\leqslant22.2$	—	—	70，80	—	—	—	—	—	—	—	—	—	—	—
砂瓦 31 型-$B\times C\times L$	固定式设备	机械操纵磨削	夹头外端最大伸出长度 $L_f\leqslant1.50C$	32	40	—	—	—	25	—	夹头外端最大伸出长度 $L_f\leqslant1.50C$	63(60)	63(60)	—	—	—	—
		手动操纵磨削		32	32	—	—	—	25	—	—	—	—	—	—	—	—
粘结或夹紧用圆盘砂轮 35 型-$D\times T\times H$	固定式设备	机械操纵磨削	$H\leqslant0.67D$	32	40	—	—	—	25	40	$H\leqslant0.67D$	63(60)	63(60)	—	—	—	50
		手动操纵磨削		32	35	—	—	—	—	40	—	—	—	—	—	—	—
螺栓紧固平形砂轮 36 型-$D\times T\times$ H-嵌装螺母	固定式设备	机械操纵磨削	$H\leqslant0.67D$	32	40	—	—	—	25	40	$H\leqslant0.67D$	63(60)	63(60)	—	—	—	50
		手动操纵磨削		32	35	—	—	—	—	40		—	—	—	—	—	—
螺栓紧固筒形砂轮 37 型-$D\times T\times$ W-嵌装螺母	固定式设备	机械操纵磨削	$W\leqslant0.17D$	32	40	—	—	—	—	40	$W\leqslant0.17D$	63(60)	63(60)	—	—	—	50
		手动操纵磨削		32	35	—	—	—	—	40	—	—	—	—	—	—	—

（续）

形状、名称、尺寸	机器类型	应用类型	一般要求								特殊要求						
			尺寸界限	最高工作速度/(m/s)							尺寸界限	最高工作速度/(m/s)					
				结合剂种类								结合剂种类					
				V	B	BF	R	RF	MG	PL		V	B	BF	R	RF	PL
单面凸砂轮 38 型-$D/J\times T/U\times H$	固定式设备	机械操纵磨削	$H\leqslant0.67D$ $U\geqslant0.025D$	40	50	—	50	—	—	50	$H\leqslant0.67D$ $U\geqslant0.005D$	63(60)	63(60)	—	63	—	—
											$H\leqslant0.50D$ $U\geqslant0.005D$	80	80	—	80	—	—
		全封闭机械操纵磨削		40	50	—	50	—	—	—	$H\leqslant0.50D$ $U\geqslant0.005D$	125	100	—	100	—	—
双面凸砂轮 39 型-$D/J\times T/U\times H$	固定式设备	机械操纵磨削	$H\leqslant0.67D$ $U\geqslant0.025D$	40	50	—	50	—	—	50	$H\leqslant0.67D$ $U\geqslant0.005D$	63(60)	63(60)	—	63	—	—
											$H\leqslant0.50D$ $U\geqslant0.005D$	80	80	—	80	—	—
		全封闭机械操纵磨削		40	50	—	50	—	—	—	$H\leqslant0.50D$ $U\geqslant0.005D$	125	100	—	100	—	—
平形切割砂轮 41 型-$D\times T\times H$	固定式设备	机械操纵切割	$T\leqslant0.02D$ $H\leqslant0.33D$	—	63	100	63	70	—	—	$T\leqslant0.02D$ $H\leqslant0.33D$	—	—	—	80	100	—
		手动操纵切割	$T\leqslant0.02D$ $H\leqslant0.33D$	—	50	70，80	50	70	—	—	$T\leqslant0.02D$ $H\leqslant0.33D$	—	—	100	—	—	—
		全封闭机械操纵切割	—	—	—	100	—	—	—	—	$T\leqslant0.02D$ $H\leqslant0.33D$	—	100	125	100	125	—
	移动式设备	手动操纵切割	$T\leqslant0.02D$ $H\leqslant0.25D$	—	—	70，80	—	—	—	—	$T\leqslant0.02D$ $H\leqslant0.33D$	—	—	100	—	—	—
	手持式设备	手持式切割	$D\leqslant230$ $T\leqslant3.2$ $H\leqslant22.2$	—	—	70，80	—	—	—	—	$T\leqslant0.02D$ $H\leqslant0.33D$	—	—	125	—	—	—
			$D=300\sim400$ $T\leqslant0.015D$ $H\leqslant0.25D$	—	—	70，80	—	—	—	—	$D=300\sim400$ $T\leqslant0.015D$ $H\leqslant0.25D$	—	—	100	—	—	—

（续）

形状、名称、尺寸	机器类型	应用类型	一般要求								特殊要求						
			尺寸界限	最高工作速度/(m/s)							尺寸界限	最高工作速度/(m/s)					
				结合剂种类								结合剂种类					
				V	B	BF	R	RF	MG	PL		V	B	BF	R	RF	PL
钹形切割砂轮 42 型-$D \times U \times H$	固定式设备	机械操纵切割	$U \leqslant 0.02D$ $H \leqslant 0.33D$	—	—	100	—	80	—	—	$U \leqslant 0.02D$ $H \leqslant 0.33D$	—	—	—	—	100	—
		手动操纵切割	$U \leqslant 0.02D$ $H \leqslant 0.33D$	—	—	80	—	80	—	—	—	—	—	100	—	—	—
		全封闭机械操纵切割	$U \leqslant 0.02D$ $H \leqslant 0.33D$	—	—	100	—	80	—	—	$U \leqslant 0.02D$ $H \leqslant 0.33D$	—	—	125	—	125	—
	移动式设备	手动操纵切割	$U \leqslant 0.02D$ $H \leqslant 0.25D$	—	—	80	—	80	—	—	—	—	—	100	—	—	—
	手持式设备	手持式切割	$D \leqslant 230$ $U \leqslant 3.2$ $H \leqslant 22.2$	—	—	70，80	—	—	—	—	—	—	—	100	—	—	—
带柄磨头 c5201 型-$D \times T \times S\text{-}L$ 5202 型-$D \times T \times S\text{-}L$ 5203 型-$D \times T \times S\text{-}L$ 5204 型-$D \times T \times S\text{-}L$ 5205 型-$D \times T \times S\text{-}L$ 5206 型-$D \times T \times S\text{-}L$ 5207 型-$D \times T \times S\text{-}L$	固定式设备	机械操纵磨削（内圆磨削）	$10 < T < 20$ $D \leqslant 80$	35	40	—	35	—	—	50	$10 < T < 20$ $D \leqslant 80$	63(60)	63(60)	—	63	—	—
	手持式设备	手持式磨削	$D \leqslant 80$ $T \leqslant 80$	25	25	—	25	—	—	50	—	50	63	—	—	—	—

① $D \leqslant 1000$mm。

② $D > 1000$mm。

③ 抛光砂轮。

④ 导轮。

6. 普通磨具的组织及其选择

磨具的组织是表示磨具中磨料、结合剂和气孔三者之间不同体积的比例关系。当前两者占据的体积大时，气孔所占体积就小，组织就紧密；反之，组织就较疏松。磨具组织的表示方法有以下两种：

1）以磨具中气孔的数量和大小——气孔率来表示，见表 5.4-13。

表 5.4-13　以气孔率表示的磨具组织

松紧程度	高密度	中等密度	低密度
气孔率（%）	趋于 0	20~40	40~60 或更高

2）以磨料在磨具体积中所占百分比——磨粒率来表示。此法间接地反映了磨具的松紧程度，也反映了磨具工作部位单位面积上可参加切削的磨粒数目的多少。磨粒率的大小，一般是通过工艺配方进行控制的。以磨粒率表示磨具组织及其适用范围见表 5.4-14。在组织号 14 以外，还发展了大气孔砂轮（在砂轮工艺配方中加入一定数量的精萘或炭粒，经焙烧挥发后形成大气孔）。

7. 普通磨具形状和尺寸的选择

磨具选择应根据机床条件和工件要求进行，并注意以下各点：

表 5.4-14　以磨粒率表示磨具组织（GB/T 2484—2018）及其适用范围

组织号	0	1	2	3	4	5	6	7	8	9	10	11	12	13	14
磨粒率（%）	62	60	58	56	54	52	50	48	46	44	42	40	38	36	34
适用范围	重负荷磨削，成形/精密磨削，间断磨削，自由磨削，加工脆硬材料等				无心磨，内、外圆磨和工具磨，淬火钢工件磨削及刀具刃磨				粗磨和磨削韧性大、硬度不高的工件，机床导轨和硬质合金刀具磨削，适合磨削薄壁、细长工件，或砂轮与工件接触面大，以及平面磨削等					磨削热敏性能大的钨银合金、磁钢/有色金属以及塑料/橡胶等非金属材料	

1）磨床刚性好、动力较大，可选用较宽的磨具。

2）加工特软和韧性大的薄壁件、细长件，应选用软窄磨具。

3）在磨削效率和工件表面质量要求较高时，应选用宽一些的磨具，在安全线速度和机床条件允许的情况下，尽量选用直径大一些的磨具。

4）对切入磨和成形磨削，磨具宽度应略宽于工件加工部分宽度。

5）内孔磨削选择磨具宽度，应视孔径、孔深、工件材料及冷却方法而定，在冷却条件允许的情况下，磨具直径可选择稍大一些，一般可达工件孔径的 2/3。

各类磨具的名称和尺寸标记见表 5.4-15～表 5.4-18。

表 5.4-15　砂轮的名称和尺寸标记（GB/T 2484—2018）

型号	示意图	砂轮名称和尺寸标记	对应的尺寸标准	
1	T H D	平形砂轮 1 型 圆周型面 $D \times T \times H$	GB/T 4127.1 GB/T 4127.2 GB/T 4127.3 GB/T 4127.4 GB/T 4127.6	GB/T 4127.7 GB/T 4127.8 GB/T 4127.9 GB/T 4127.12 GB/T 4127.18
2	T W D	粘结或夹紧 用筒形砂轮 2 型 $D \times T \times W$	GB/T 4127.5	

（续）

型号	示意图	砂轮名称和尺寸标记	对应的尺寸标准
3	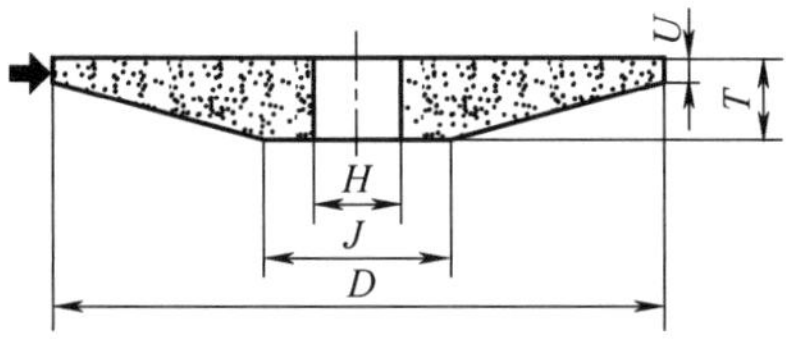	单斜边砂轮 3 型 *D/J×T/U×H*	GB/T 4127.6
4	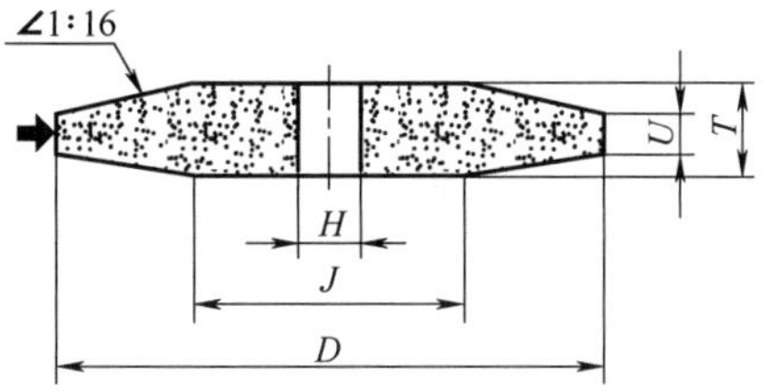	双斜边砂轮 4 型 *D×T/U×H*	GB/T 4127.6 GB/T 4127.12
5	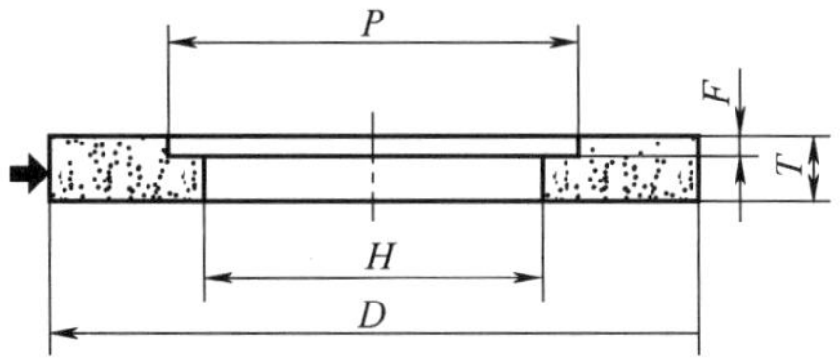	单面凹砂轮 5 型 圆周型面 *D×T×H—P×F*	GB/T 4127.1　GB/T 4127.4 GB/T 4127.2　GB/T 4127.6 GB/T 4127.3　GB/T 4127.7
6	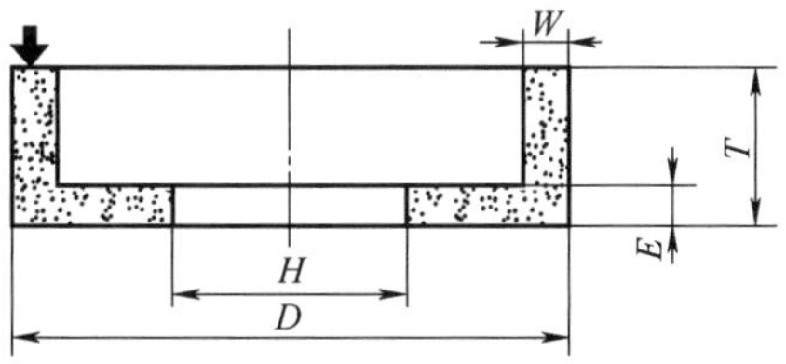	杯形砂轮 6 型 *D×T×H—W×E*	GB/T 4127.5　GB/T 4127.13 GB/T 4127.6　GB/T 4127.14 GB/T 4127.7　GB/T 4127.18
7	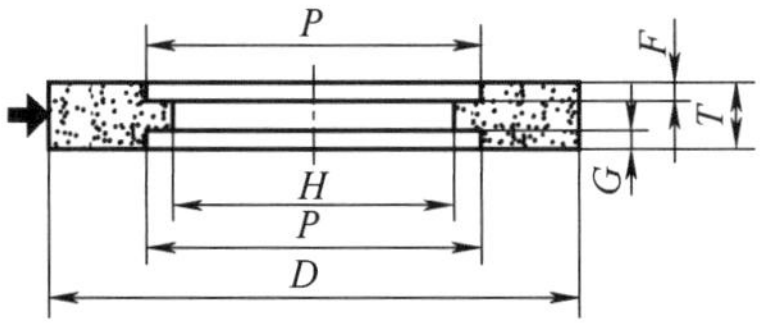	双面凹一号砂轮 7 型 圆周型面 *D×T×H—P×F/G*	GB/T 4127.1 GB/T 4127.2 GB/T 4127.4 GB/T 4127.6
8	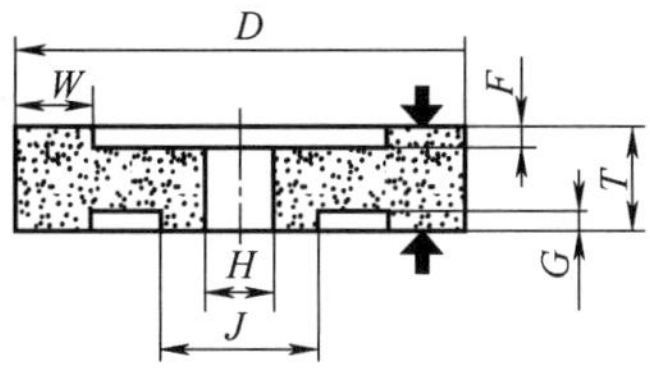	双面凹二号砂轮 8 型 *D×T×H—W×J×F/G*	—
9	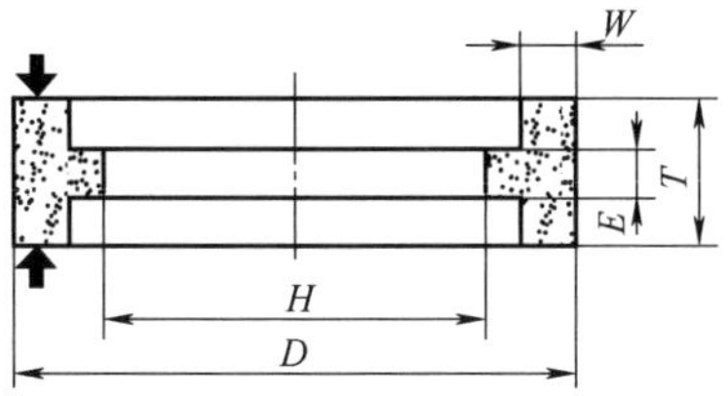	双杯形砂轮 9 型 *D×T×H—W×E*	—

（续）

型号	示意图	砂轮名称和尺寸标记	对应的尺寸标准
11	D K W T E H J	碗形砂轮 11 型 *D/J×T×H—W×E*	GB/T 4127. 6 GB/T 4127. 14
12	K W U T E H J D	碟形砂轮 12 型 *D/J×T/U×H—W×E*	GB/T 4127. 6
12a	K R≤3 W U T H E J D	碟形一号砂轮 12a 型 *D/J×T/U×H—W×E*	GB/T 4127. 6
12b	D K R U E T H J	碟形二号砂轮 12b 型 *D/J×T/U×H—E*	GB/T 4127. 6
13	D R=0.5U K T U E H J	茶托形砂轮 13 型 *D/J×T/U×H—E*	—
20	K N T H D	单面锥砂轮 20 型 *D×T/N×H*	GB/T 4127. 1 GB/T 4127. 4
21	N T N H K D	双面锥砂轮 21 型 *D×T/N×H*	GB/T 4127. 1 GB/T 4127. 4

（续）

型号	示 意 图	砂轮名称和尺寸标记	对应的尺寸标准
22	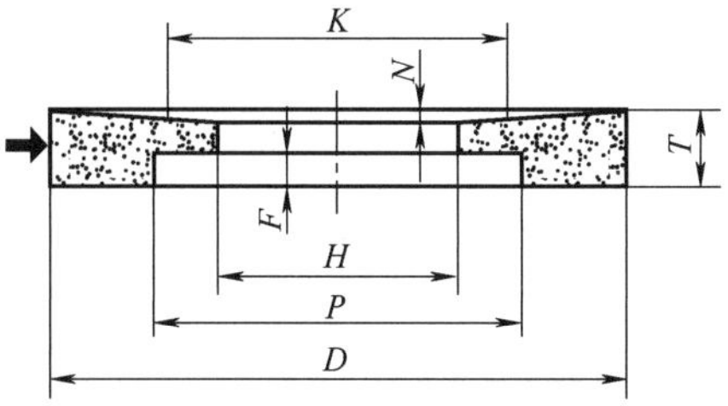	单面凹单面锥砂轮 22 型 *D*×*T*/*N*×*H*—*P*×*F*	GB/T 4127. 1 GB/T 4127. 4
23	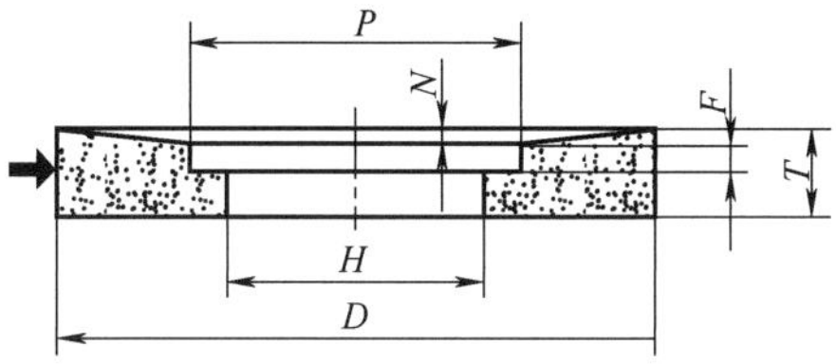	单面凹锥砂轮 23 型 *D*×*T*/*N*×*H*—*P*×*F*	GB/T 4127. 1 GB/T 4127. 4
24	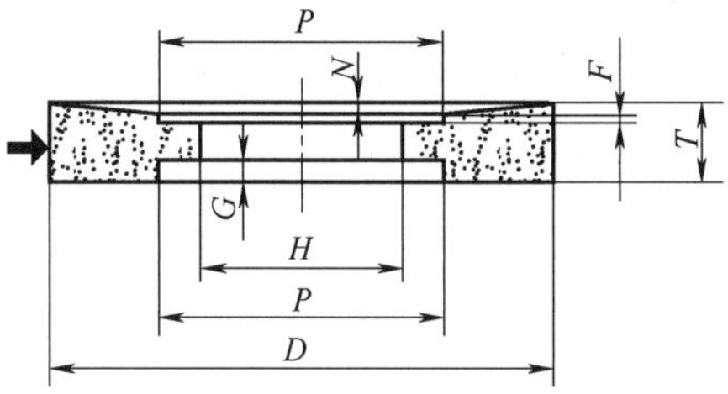	双面凹单面锥砂轮 24 型 *D*×*T*/*N*×*H*—*P*×*F*/*G*	GB/T 4127. 1 GB/T 4127. 4
25	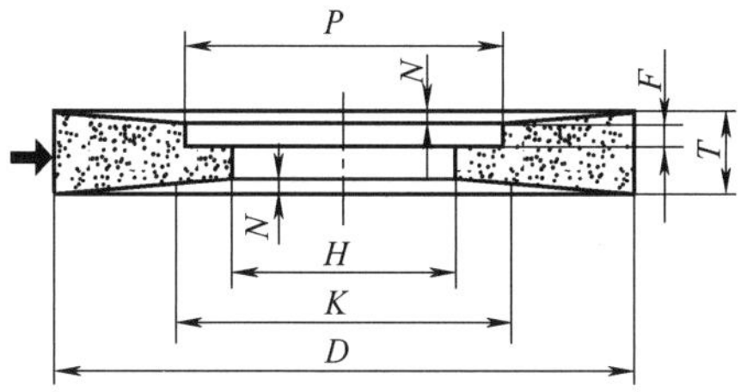	单面凹双面锥砂轮 25 型 *D*×*T*/*N*×*H*—*P*×*F*	GB/T 4127. 1 GB/T 4127. 4
26	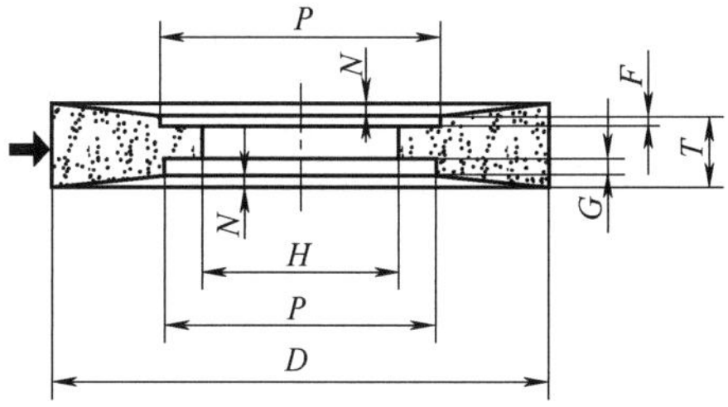	双面凹锥砂轮 26 型 *D*×*T*/*N*×*H*—*P*×*F*/*G*	GB/T 4127. 1 GB/T 4127. 4
27	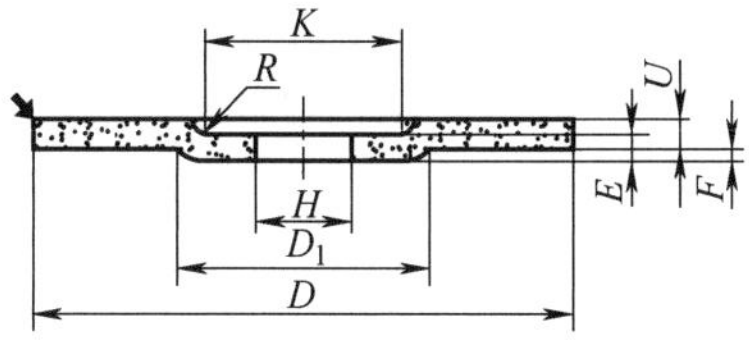	钹形砂轮，包括半柔性砂轮 27 型 *D*×*U*×*H*	GB/T 4127. 14

（续）

型号	示 意 图	砂轮名称和尺寸标记	对应的尺寸标准
28	K U F E H D	锥面钹形砂轮 28 型 *D*×*U*×*H*	GB/T 4127.14
29	H U D	柔性钹形砂轮 29 型 *D*×*U*×*H*	—
35	T H D	粘结或夹紧用 圆盘砂轮 35 型 *D*×*T*×*H*	GB/T 4127.5 GB/T 4127.7 GB/T 4127.13 GB/T 4127.18
36	T H D	螺栓紧固平行砂轮 36 型 *D*×*T*×*H*—嵌装螺母	GB/T 4127.5 GB/T 4127.7 GB/T 4127.13
37	W T D	螺栓紧固筒 形砂轮 37 型 *D*×*T*×*W*—嵌装螺母	GB/T 4127.5 GB/T 4127.7
38	J T U H D	单面凸砂轮 38 型 圆周型面 *D*/*J*×*T*/*U*×*H*	GB/T 4127.1 GB/T 4127.4
39	J T U H D	双面凸砂轮 39 型 圆周型面 *D*/*J*×*T*/*U*×*H*	GB/T 4127.1 GB/T 4127.4

（续）

型号	示 意 图	砂轮名称和尺寸标记	对应的尺寸标准
40	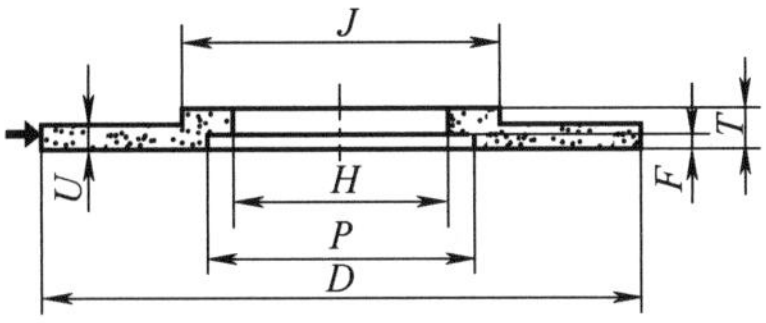 J T U F H P D	单面凸单面 凹砂轮 40 型 *D/J×T/U×H—P×F*	—
41	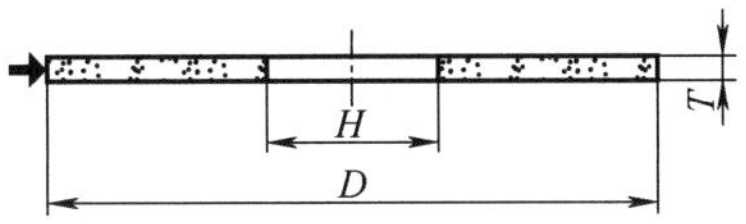 T H D	平形切割砂轮 41 型 *D×T×H*	GB/T 4127. 15 GB/T 4127. 16
42	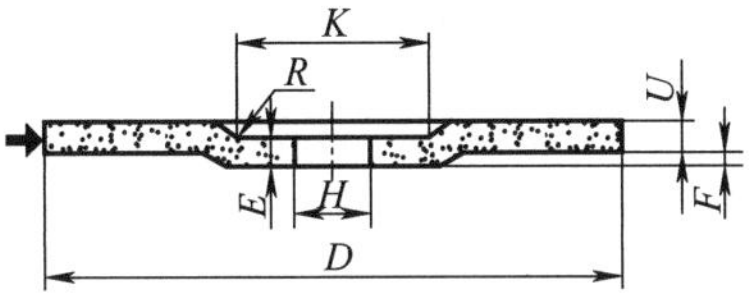 K R U E H F D	钹形切割砂轮 42 型 *D×U×H*	GB/T 4127. 15 GB/T 4127. 16

表 5. 4-16 磨头的名称和尺寸标记（GB/T 2484—2018）

型号	示意图	磨头名称和尺寸标记	对应的尺寸标准
16	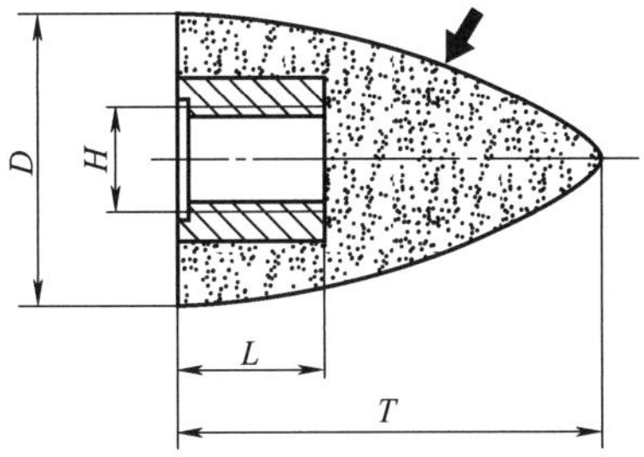 D H L T	椭圆锥磨头 16 型 *D×T—H×L*	GB/T 4127. 12
17	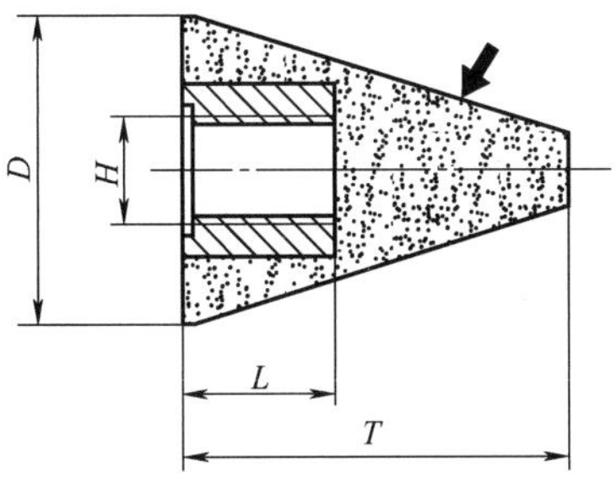 D H L T	方头锥磨头 17 型 *D×T—H×L*	GB/T 4127. 12

（续）

型号	示意图	磨头名称和尺寸标记	对应的尺寸标准
17R	D H L T	圆头锥磨头 17R 型 *D×T—H×L*	GB/T 4127.12
18	D H L T	平头圆柱形磨头 18 型 *D×T—H×L*	GB/T 4127.12
18R	D H L T R=0.5D	圆头圆柱形磨头 18R 型 *D×T—H×L*	GB/T 4127.12
19	D H L T	端面方头锥磨头 19 型 *D×T—H×L*	GB/T 4127.12
19R	D H L T	端面圆头锥磨头 19R 型 *D×T—H×L*	GB/T 4127.12

（续）

型号	示意图	磨头名称和尺寸标记	对应的尺寸标准
52	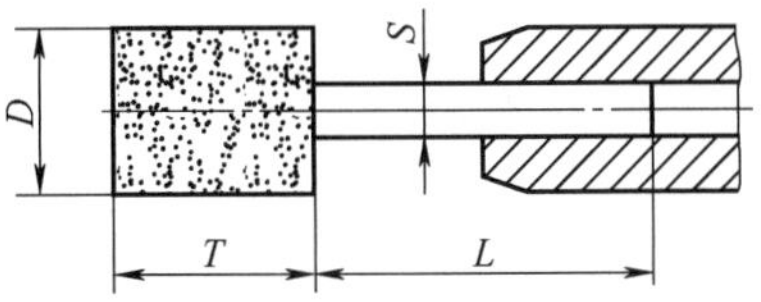 D T L S	圆柱形带柄磨头 5201 型 $D \times T \times S$	GB/T 4127.17
	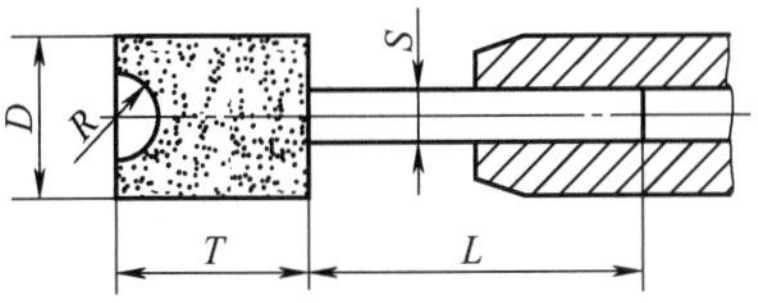 D R T L S	端面凹形带柄磨头 5202 型 $D \times T \times S—R$	
	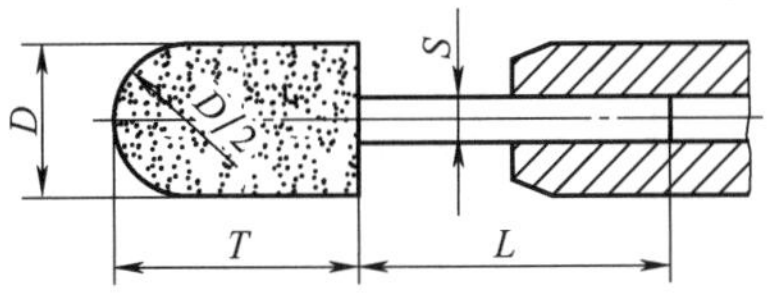 D D/2 T L S	端面半球形 带柄磨头 5203 型 $D \times T \times S$	
	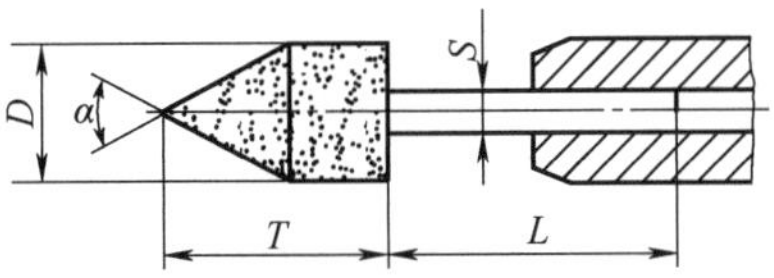 D α T L S	端面尖锥形带柄磨头 5204 型 $D \times T \times S$	
	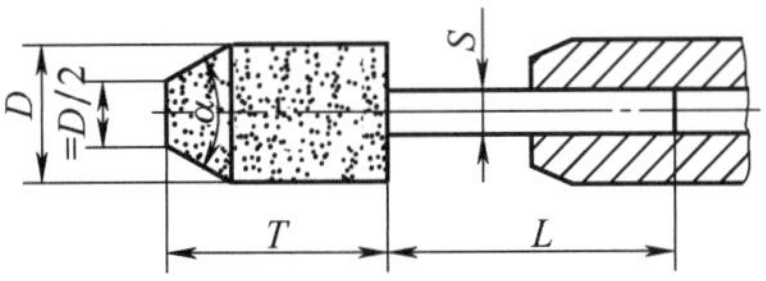 D =D/2 α T L S	端面截锥形带柄磨头 5205 型 $D \times T \times S$	
	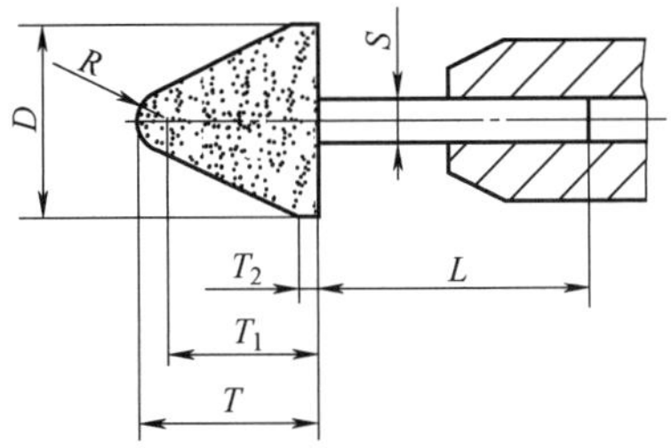 D R S T_2 L T_1 T	端面圆头锥形带柄磨头 5206 型 $D \times T \times S—T_1/T_2 \times R$	
	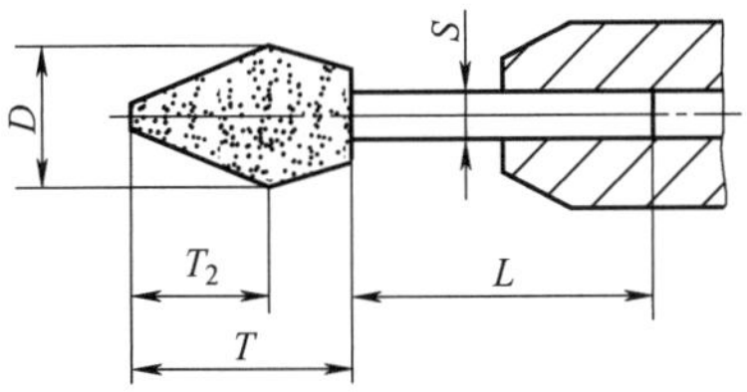 D S T_2 L T	双面锥形 带柄磨头 5207 型 $D \times T \times S—T_2$	
	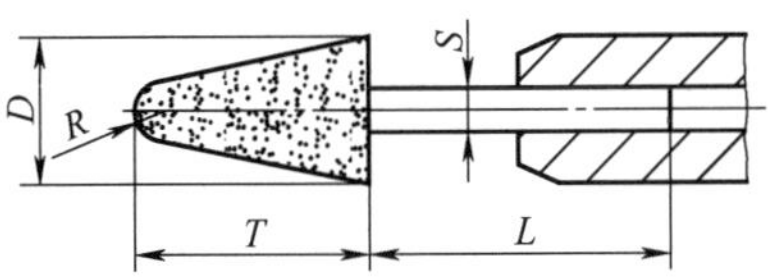 D R S T L	圆头锥形 带柄磨头 5208 型 $D \times T \times S—R$	

（续）

型号	示意图	磨头名称和尺寸标记	对应的尺寸标准
52	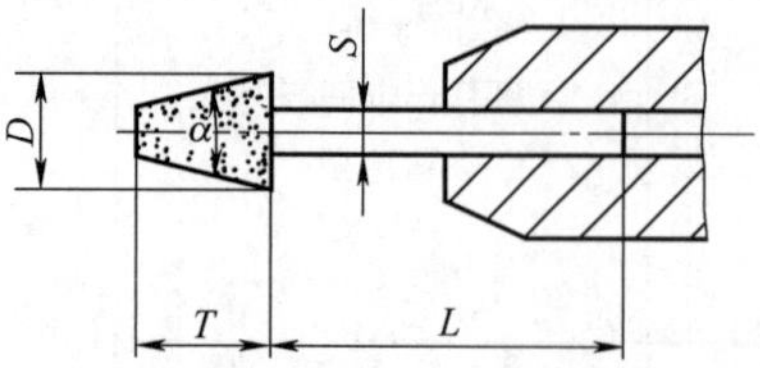	截锥形带柄磨头 5209 型 $D \times T \times S$	GB/T 4127.17
	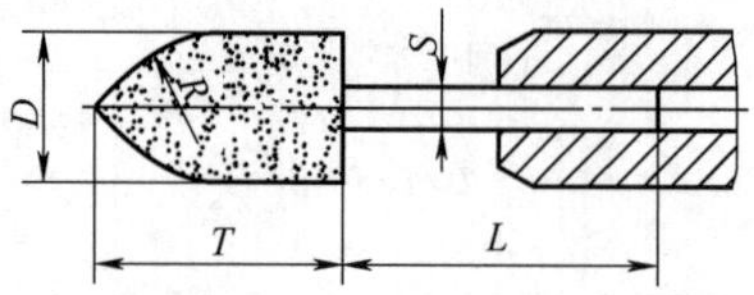	端面椭圆锥形带柄磨头 5210 型 $D \times T \times S—R$	
	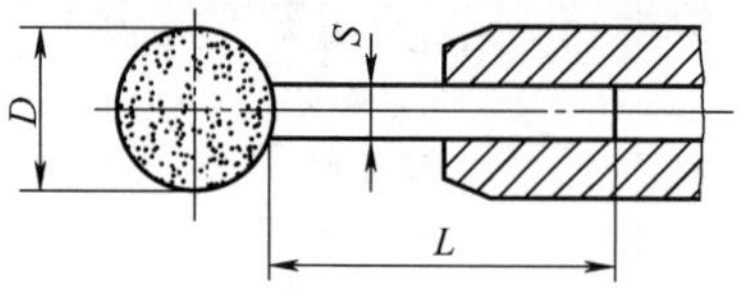	球形带柄磨头 5211 型 $D \times S$	
	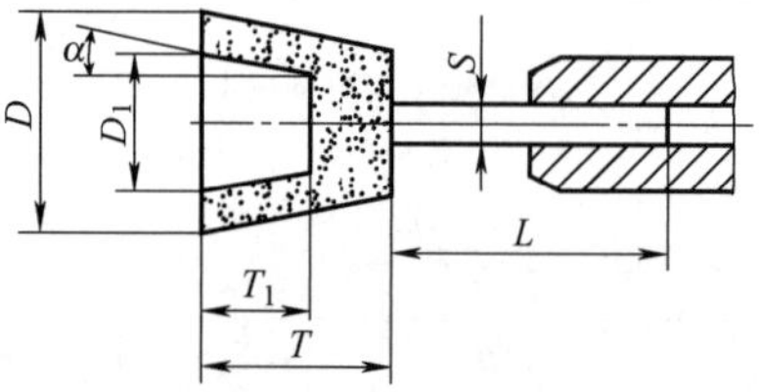	碗形带柄磨头 5212 型 $D \times T \times S—D_1/T_1$	
	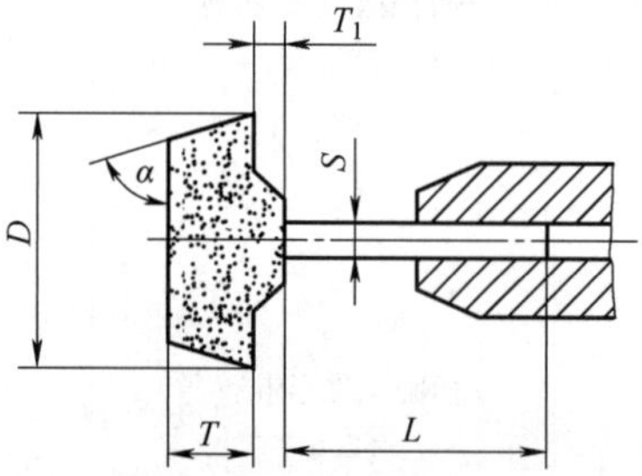	异形锥形带柄磨头 5213 型 $D \times T \times S—T_1$	
	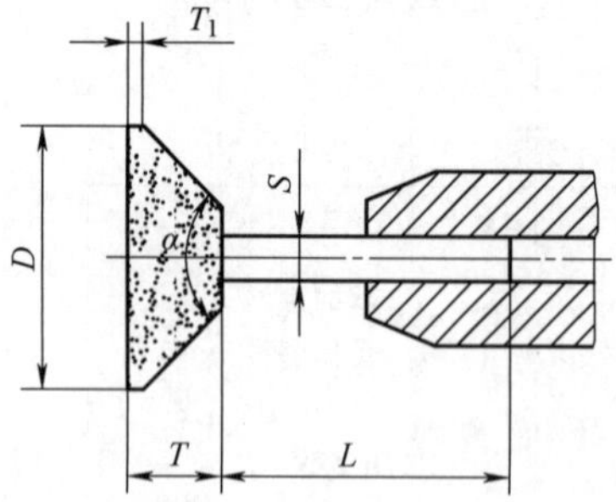	平端反锥形带柄磨头 5214A 型 $D \times T \times S—T_1$	
	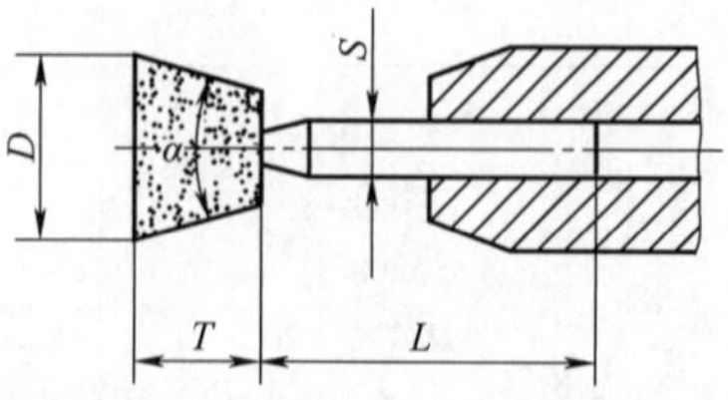	平端反锥形带柄磨头 5214B 型 $D \times T \times S$	

（续）

型号	示意图	磨头名称和尺寸标记	对应的尺寸标准
52	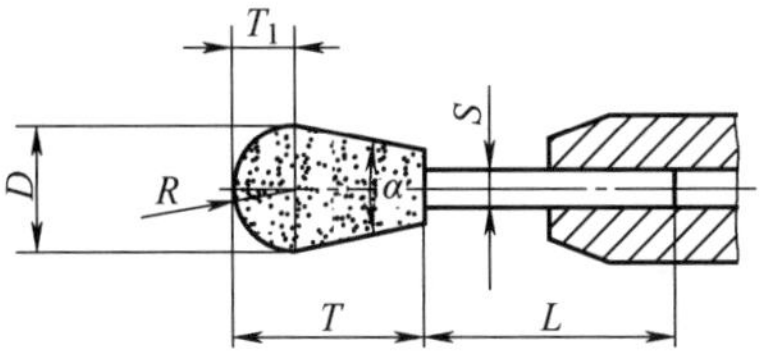	球端反锥形 带柄磨头 5215 型 $D \times T \times S—T_1 \times R$	GB/T 4127.17
	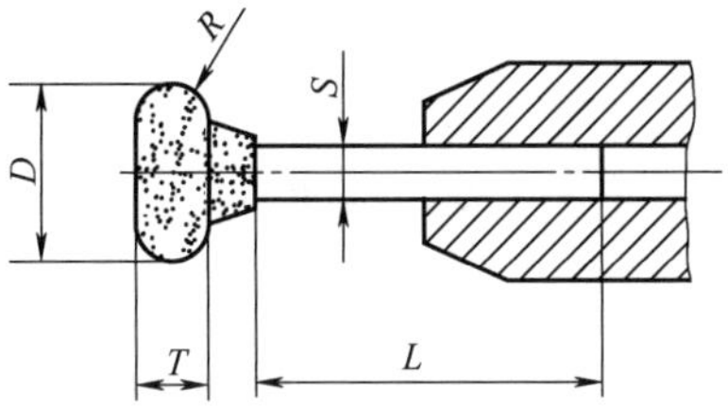	弧边形带柄磨头 5216A 型 $D \times T \times S$	
	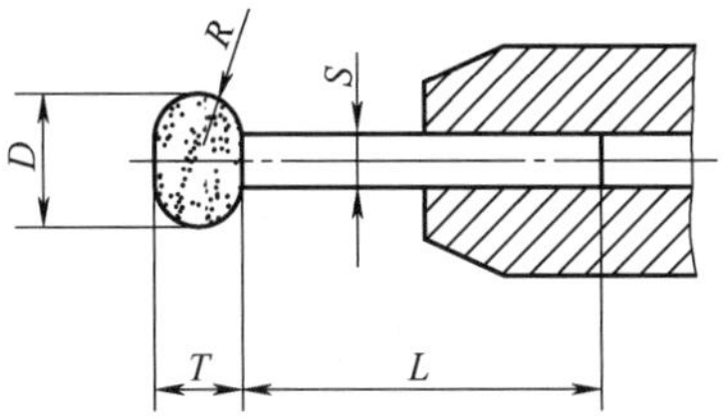	弧边形带柄磨头 5216B 型 $D \times T \times S$	
	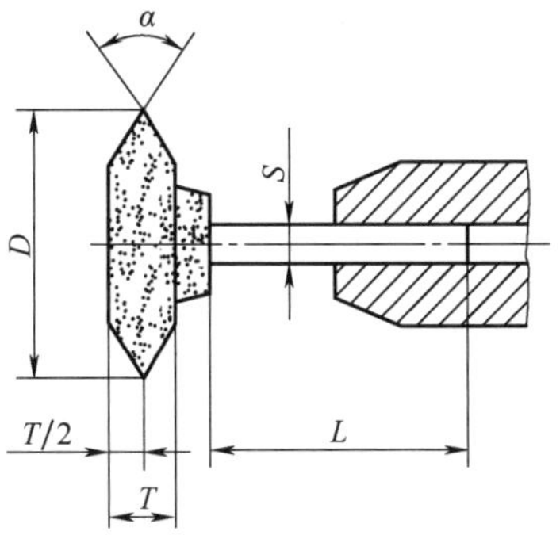	尖斜边形 带柄磨头 5217 型 $D \times T \times S$	
	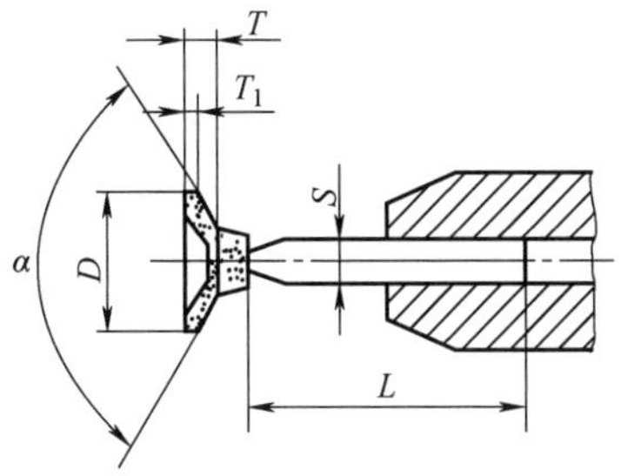	碟锥形带柄磨头 5218 型 $D \times T \times S—T_1$	
	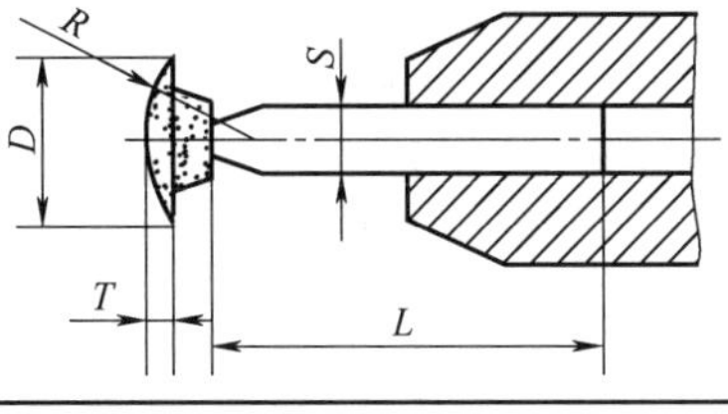	蘑菇形带柄磨头 5219 型 $D \times T \times S—R$	

表 5.4-17　磨石名称和尺寸标记（GB/T 2484—2018）

型号	示意图	磨石名称和尺寸标记	对应的尺寸标准
54	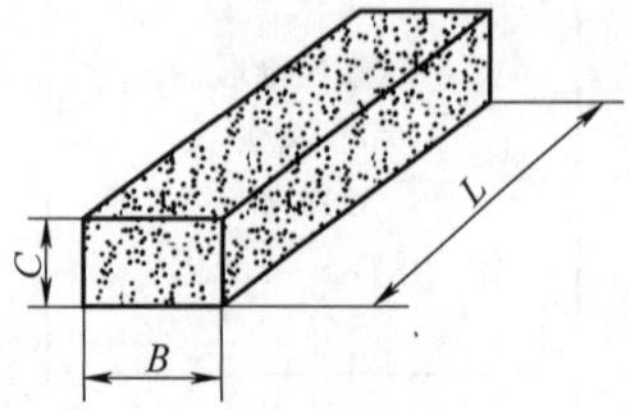 C, L, B	长方珩磨磨石 5410 型 *B*×*C*×*L*	GB/T 4127.10
	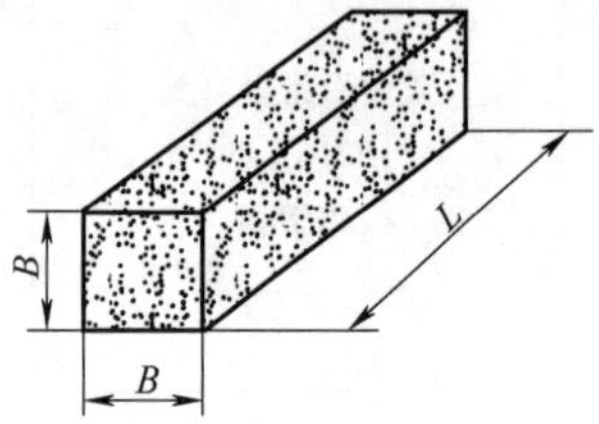 B, L, B	正方珩磨磨石 5411 型 *B*×*L*	
	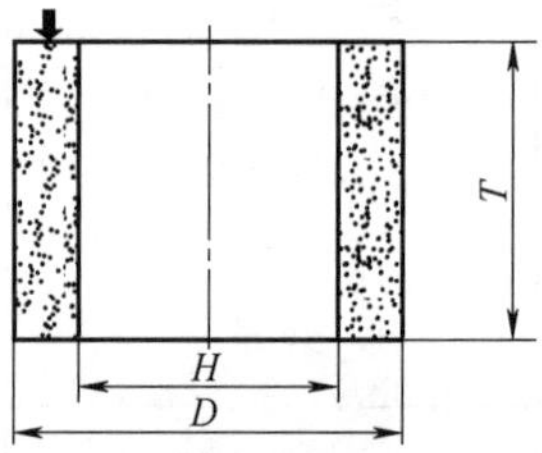 T, H, D	筒形珩磨磨石 5420 *D*×*T*×*H*	
90	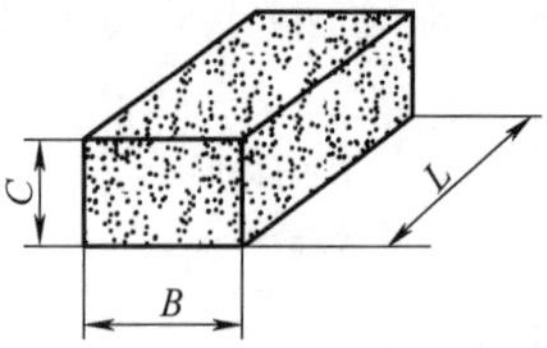 C, L, B	长方磨石 9010 型 *B*×*C*×*L*	GB/T 4127.11
	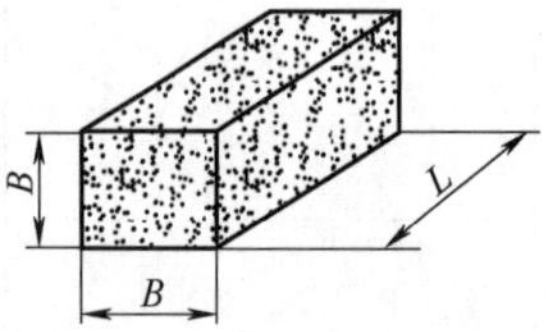 B, L, B	正方磨石 9011 型 *B*×*L*	
	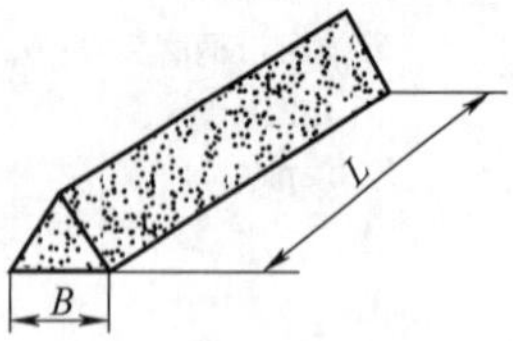 L, B	三角磨石 9020 型 *B*×*L*	
	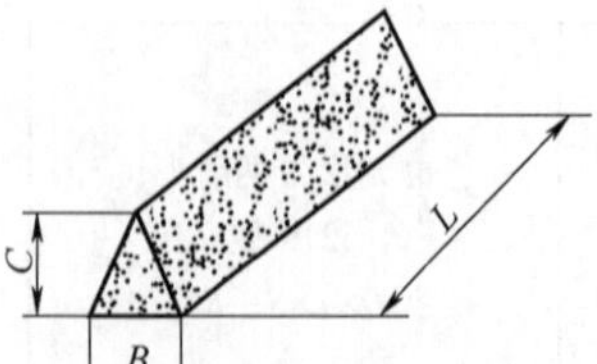 C, L, B	刀形磨石 9021 型 *B*×*C*×*L*	

（续）

型号	示意图	磨石名称和尺寸标记	对应的尺寸标准
90	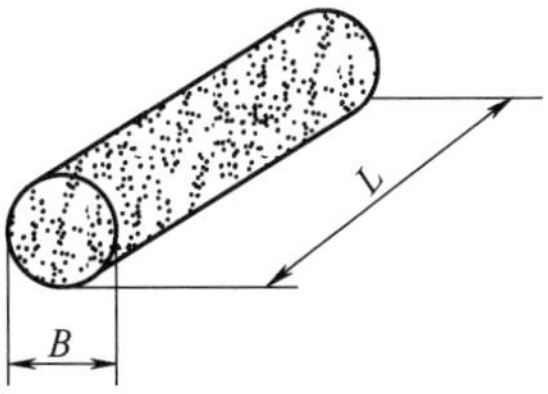	圆形磨石 9030 型 *B*×*L*	GB/T 4127. 11
	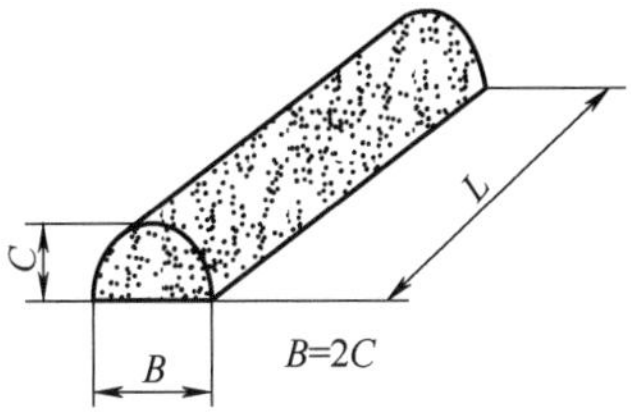	半圆磨石 9040 型 *B*×*L*	

表 5. 4-18　砂瓦名称和尺寸标记（GB/T 2484—2018）

型号	示意图	砂瓦名称和尺寸标记	对应的尺寸标准
31	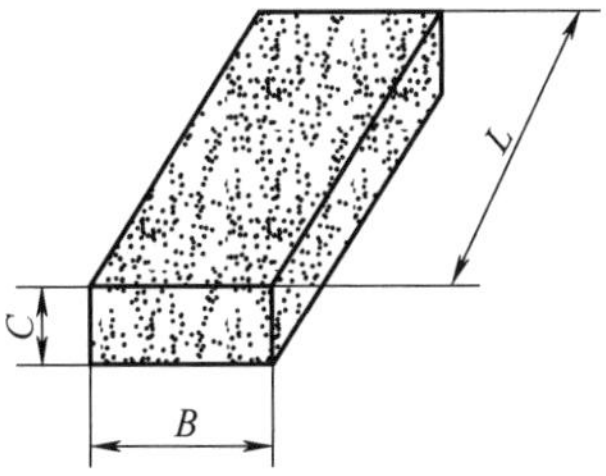	平形砂瓦 3101 型 *B*×*C*×*L*	GB/T 4127. 5
	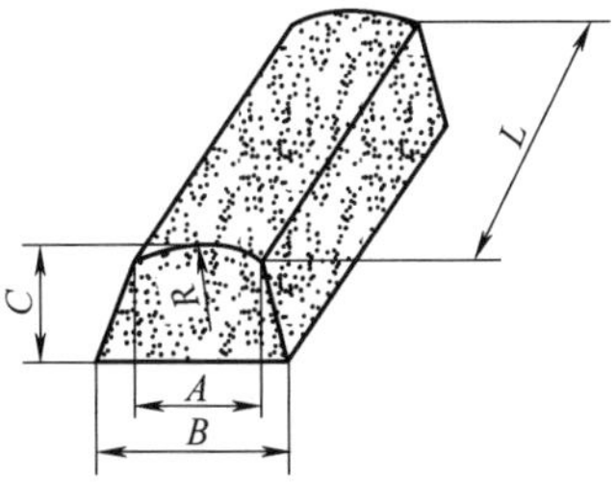	平凸形砂瓦 3102 型 *B*/*A*×*C*×*R*×*L*	
	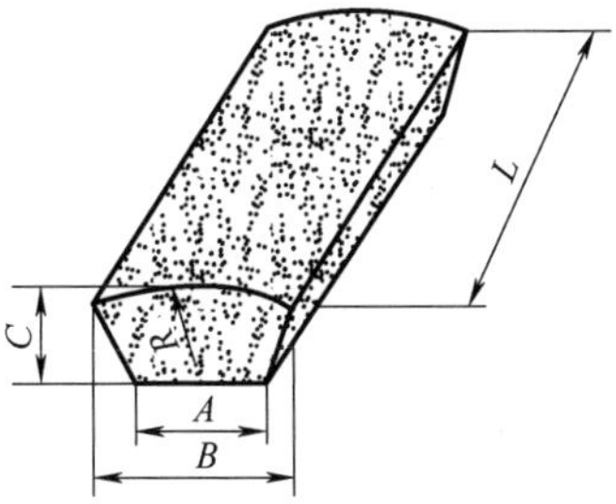	凸平形砂瓦 3103 型 *B*/*A*×*C*×*R*×*L*	

（续）

型号	示意图	砂瓦名称和尺寸标记	对应的尺寸标准
31	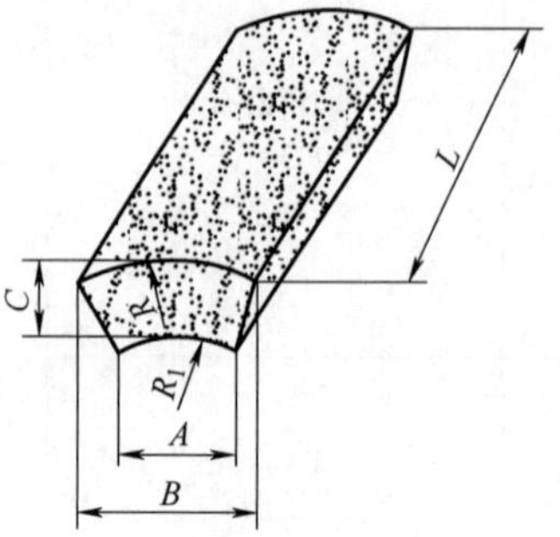	扇形砂瓦 3104 型 *B/A×C×R×L*	GB/T 4127.5
	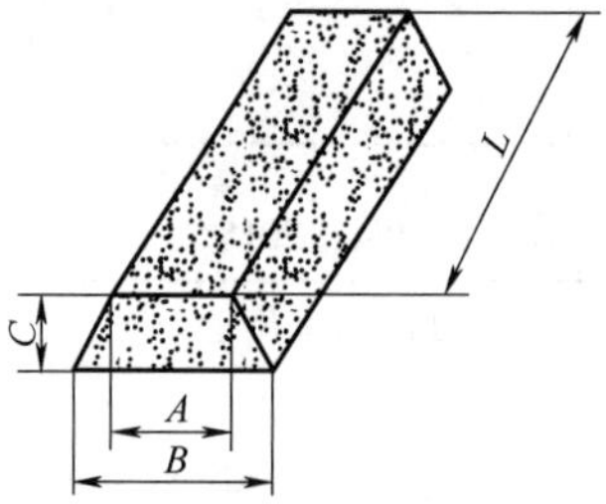	梯形砂瓦 3109 型 *B/A×C×L*	

8. 普通磨具的标记

按 GB/T 2484—2018 规定，固结磨具的标记应包括下列顺序的内容：

1）磨具名称。
2）产品标准号。
3）基本形状代号。
4）圆周型面代号（若有）。
5）尺寸（包括型面尺寸）。
6）磨料牌号（可选性的）。
7）磨料种类。
8）磨料粒度。
9）硬度等级。
10）组织号（可选性的）。
11）结合剂种类。
12）最高工作速度。

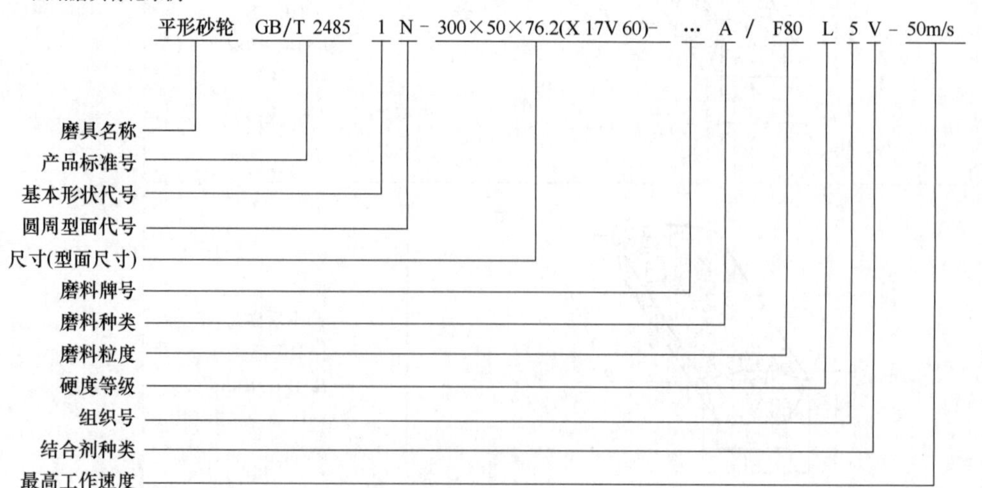

珩磨油石标记示例:

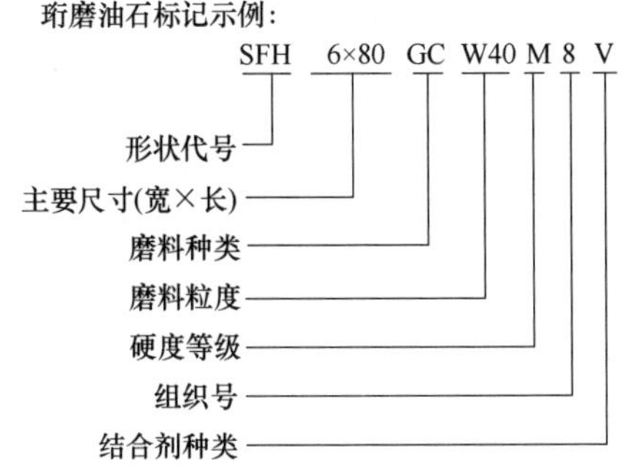

5.4.2 超硬磨料磨具及其选择

超硬磨料是指金刚石（含人造金刚石）和立方氮化硼以及以它们为主要成分的复合材料。这两种磨料均属立方晶系。金刚石是已知自然界最硬的物质，立方氮化硼的硬度略低于金刚石。它们的硬度、强度和其他物理机械性能都远优于普通磨料。

用超硬磨料制作的磨具，其优越性突出表现在以下几个方面：

1）可加工普通磨具难以加工的高硬材料。

2）加工中自身磨损少，在合理使用条件下，可获得良好的经济效果。

3）磨具形状、尺寸变化缓慢，寿命长，磨削效率高，动力消耗也少。

4）磨削温度低，可减少和避免工件裂纹和烧伤等缺陷。

1. 超硬磨料及其选择

超硬磨料的品种、代号及其适用范围见表5.4-19。

表5.4-19 超硬磨料品种、代号及其适用范围

（1）人造金刚石品种、代号（GB/T 23536—2009）及适用范围

人造金刚石品种、代号		适用范围	
品种	代号	粒度 窄范围	推荐用途
磨料级	RVD	35/40～325/400	陶瓷、树脂结合剂磨具，研磨工具等
	MBD		金属结合剂磨具、电镀制品等
锯切级	SMD	16/18～70/80	锯切、钻探工具，电镀制品等
修整级	DMD	30/35 及以粗	修整工具、单粒或多粒修整器等
微粉	MPD	M0/0.5～M36/54	精磨、研磨、抛光工具，聚晶复合材料等

（2）立方氮化硼品种及代号（GB/T 6405—2017）

品种			代号
无镀层	单晶		CBN
	微粉		CBNM
	多晶		CBNP
有镀层	单晶	镀镍	CBNN
		镀钛	CBNT
		镀铜	CBNC
	微粉	镀镍	CBNMN
		镀钛	CBNMT
		镀铜	CBNMC
	多晶	镀镍	CBNPN
		镀钛	CBNPT
		镀铜	CBNPC

超硬磨粒经镀敷金属衣后，可增强磨粒的抗拉能力及与结合剂的结合强度。干磨一般选用铜衣，如 RVDC、CBNC；湿磨则选用镍衣，如 RVDN、CBNN。

两种超硬磨料有不少相似之处，也有各自的特点：金刚石的耐热性较立方氮化硼差，700℃以上易与铁族金属产生化学作用而形成碳化物，造成严重的化学磨损，温度继续升高，就会完全丧失切削能力，故一般不适宜磨削钢铁材料；立方氮化硼具有好的化学稳定性与耐热性能，到 2000℃时才与碳起反应，故适宜磨削钢铁类材料，但在高温下，易与水产生反应，因此一般多用于干磨。两种超硬磨料适用范围比较见表 5.4-20。

立方氮化硼磨具较佳适用范围见表 5.4-21。

表 5.4-20　两种超硬磨料适用范围比较

工 件 材 料	湿磨		干磨	
	立方氮化硼	金刚石	立方氮化硼	金刚石
各类高速钢	○	—	○	—
热压工具钢	○	—	○	—
工具合金钢	○	—	○	—
不锈钢、耐热钢	○	○	○	—
铸　铁	—	○	○	—
模具钢	—	○	○	—
Ni、Cr、Ti 合金	○	○	○	—
耐磨覆盖物（硬质合金、Cr、Ni 等）	—	○	—	○
钢与硬质合金组合体	—	○	—	○
有色金属	—	○	—	○

注：○适用，—不适用。

表 5.4-21　立方氮化硼磨具较佳适用范围

磨削工艺	适 应 范 围	
	加工材料	加工工件
工具的磨削与刀具刃磨	钨高速钢、铝高速钢、高钒高速钢以及各类合金工具钢等	一般刀具、螺纹刀具（丝锥、滚丝模等）、齿轮刀具（插齿刀、剃齿刀等）、拉刀，各类靠模板、分度板以及标准齿轮、螺纹量规等
精密加工及难磨材料的精加工	耐热钢、耐热合金钢、不锈钢、高硬（55HRC 以上）高合金结构钢等	高精度丝杠、高精度齿轮、机床导轨、仪表轴承、精密轴承的大量生产件
热作用极敏感材料磨削	工业纯铁等	
珩磨	GCr15、CrWMn 等	

2. 超硬磨料粒度及其选择

超硬磨料粒度共分 31 档，其中窄范围 22 档，宽范围 9 档。粒度尺寸是以相邻两个筛网网孔尺寸确定的，见表 5.4-22。

超硬磨料微粉系指其尺寸为 0～0.25μm 至 50～70μm 的超硬磨料微粒。共分为 19 档粒度，以各粒度尺寸范围上、下限（斜杠隔开）前面冠“M”进行标记，其粒度标记及基本尺寸范围见表 5.4-23。

粒度的选择，应根据加工条件、加工要求以及较佳磨削范围综合考虑，建议：粗磨选用 80/100～100/120 粒度；半精磨在 120/140～170/200 之间选择；精磨在 170/200～微粉 22 之间选择；研磨、抛光则应在微粉 22～36 及更细范围内选择。

表 5.4-22 粒度号及其尺寸范围（GB/T 6406—2016）

窄范围磨料粒度

粒度标记		试样量		上限筛	上检查筛		下检查筛			下限筛
本标准粒度标记	ISO粒度标记	200mm筛/g	75mm筛/g	最少99.9%通过的筛孔尺寸/μm	筛孔尺寸/μm	筛上物（最多）（%）	筛孔尺寸/μm	筛上物（最少）（%）	筛下物（最多）（%）	最多0.5%通过的筛孔尺寸/μm
16/18	1181	80~120	9.6~14.5	1830	1280	5	1010	93	5	710
18/20	1001			1530	1080		850			600
20/25	851	80~120	9.6~14.5	1280	915	5	710	93	5	505
25/30	711			1080	770		600			425
30/35	601	80~120	9.6~14.5	915	645	5	505	93	5	360
35/40	501	80~120	9.6~14.5	770	541	5	425	93	5	302
40/45	426			645	455		360			255
45/50	356	80~120	9.6~14.5	541	384	5	302	93	5	213
50/60	301			455	322		255			181
60/70	251	80~120	9.6~14.5	384	271	5	213	93	5	151
70/80	213			322	227		181			127
80/100	181	40~60	4.8~7.2	271	197	7	151	90	7	107
100/120	151			227	165		127			90
120/140	126			197	139		107			75
140/170	107	40~60	4.8~7.2	165	116	8	90	88	8	65
170/200	91			139	97		75			57
200/230	76	20~30	2.4~3.6	116	85		65			49
230/270	64			97	75		57			41
270/325	54			85	65	12	49	83	12	32
325/400	46			75	57		41			28
400/500	39			65	49	15	32	80	15	25
500/600	33			57	41		28			20

宽范围磨料粒度

粒度标记		试样量		上限筛	上检查筛		下检查筛			下限筛
本标准粒度标记	ISO粒度标记	200mm筛/g	75mm筛/g	最少99.9%通过的筛孔尺寸/μm	筛孔尺寸/μm	筛上物（最多）（%）	筛孔尺寸/μm	筛上物（最少）（%）	筛下物（最多）（%）	最多0.5%通过的筛孔尺寸/μm
16/20	1182	80~120	9.6~14.5	1830	1280	5	850	93	5	600
20/30	852			1280	915		600			425
25/35	712			1080	770		505			360
30/40	602			915	645		425			302

（续）

宽范围磨料粒度										
粒度标记		试样量		上限筛	上检查筛		下检查筛			下限筛
本标准粒度标记	ISO粒度标记	200mm 筛/g	75mm 筛/g	最少99.9%通过的筛孔尺寸/μm	筛孔尺寸/μm	筛上物（最多）(%)	筛孔尺寸/μm	筛上物（最少）(%)	筛下物（最多）(%)	最多0.5%通过的筛孔尺寸/μm
35/45	502	80~120	9.6~14.5	770	541	5	360	93	5	255
40/50	427			645	455		302			213
45/60	357			541	384		255			181
50/70	302			455	322		213			151
60/80	252			384	271		181			127

表 5.4-23　微粉粒度及其基本尺寸（JB/T 7990—2012）

粒度标记	公称尺寸范围 D/μm	$D_5$①（最小值）/μm	D_{50}②/μm	D_{95}③（最大值）/μm	最大颗粒/μm	设备要求和技术推荐
M0/0.25	0~0.25	0.0	0.125±0.025	0.25	0.75	检测限：低≤0.02μm 高≥30μm 标样准确率误差：1% 重复性误差：5% 推荐技术：离心力沉降、激光衍射
M0/0.5	0~0.5	0.0	0.25±0.050	0.5	1.5	
M0/1	0~1	0.0	0.5±0.10	1.0	3.0	
M0.5/1	0.5~1	0.5	0.75±0.15	1.0	3.0	
M1/2	1~2	1.0	1.5±0.22	2.0	6.0	
M2/4	2~4	2.0	3.0±0.30	4.0	9.0	检测限：低≤0.5μm 高≥300μm 标样准确率误差：1% 重复性误差：5% 推荐技术：电阻传感、光学显微镜、激光衍射
M3/6	3~6	3.0	4.5±0.45	6.0	12.0	
M4/8	4~8	4.0	6.0±0.6	8.0	15.0	
M5/10	5~10	5.0	7.5±0.75	10.0	18.5	
M6/12	6~12	6.0	9.0±0.9	12.0	20.0	
M8/16	8~16	8.0	12.0±1.2	16.0	24.0	
M10/20	10~20	10.0	15.0±1.5	20.0	26.0	
M15/25	15~25	15.0	20.0±2.0	25.0	34.0	
M20/30	20~30	20.0	25.0±2.5	30.0	40.0	检测限：低≤0.5μm 高≥300μm 标样准确率误差：1% 重复性误差：5% 推荐技术：电阻传感、光学显微镜、激光衍射
M25/35	25~35	25.0	30.0±3.0	35.0	48.0	
M30/40	30~40	30.0	35.0±3.5	40.0	52.0	
M35/55	35~55	35.0	45.0±4.5	55.0	71.5	
M40/60	40~60	40.0	50.0±5.0	60.0	78.0	
M50/70	50~70	50.0	60.0±6.0	70.0	90.0	

注：规定了一般工业应用人造金刚石和立方氮化硼微粉的粒度尺寸范围，特殊应用的粒度尺寸范围可由供需双方协商确定。

① D_5 是指在累计粒度分布曲线中，体积达到5%时所对应的粒径。D_5 常用来表示粉体细端的粒度指标。

② D_{50}是指在累计粒度分布曲线中，体积达到50%时所对应的粒径。D_{50}也称中位径。

③ D_{95}是指在累计粒度分布曲线中，体积达到95%时所对应的粒径。D_{95}常用来表示粉体粗端的粒度指标。

3. 超硬磨具结合剂及其选择

超硬磨具结合剂有树脂、陶瓷、金属（含烧结、电镀和钎焊）3类，其结合能力和耐磨性能的强弱，依下列顺序排列：

$$\xrightarrow[\text{树脂 陶瓷 烧结 电镀 钎焊}]{\text{结合能力和耐磨性能}}\text{渐强}$$

结合剂对磨削加工性能有很大影响，其应用范围也各有区别，具体见表5.4-24。

表5.4-24 结合剂及其代号（GB/T 35479—2017）、性能和应用范围

结合剂及其代号		性能	应用范围
树脂结合剂B		磨具自锐性好，故不易堵塞，有弹性，抛光性能好，但结合强度差，不宜结合较粗磨粒，耐磨耐热性差，故不适于较重负荷磨削，可采用镀敷金属衣磨料，以改善结合性能	金刚石磨具主要用于硬质合金工件及刀具以及非金属材料的半精磨和精磨；立方氮化硼磨具主要用于高钒高速钢刀具的刃磨以及工具钢、不锈钢、耐热合金钢工件的半精磨与精磨
陶瓷结合剂V		耐磨性较树脂结合剂高，工作时不易发热和堵塞，热膨胀量小，且磨具易修整	常用于精密螺纹、齿轮的精磨及接触面较大的成形磨，并适于加工超硬材料烧结体的工件
金属结合剂	烧结金属结合剂M	结合强度高，成形性好，耐高温，导热性、耐磨性好，使用寿命长，可承受较大负荷，但自锐性差，表面容易堵塞，发热大，修整也十分困难	主要用于玻璃、陶瓷、石材、建材、混凝土、半导体材料等非金属材料的粗磨、精磨和切割工序，少量用于硬质合金、复合超硬材料的磨削加工，以及成形磨削和各种珩磨、电解磨削等
	电镀金属结合剂Me	结合强度较高，表层磨粒密度较高，且均匀裸露于表面，故切削刃口锐利，加工效率高，但由于镀层较薄，因此使用寿命较短	多用于成形磨削、制造小磨头、套料刀、切割锯片及修整滚轮等。电镀金属立方氮化硼磨具用于加工各种钢件的小孔，精度好，效率高，对小径盲孔的加工效果尤显优越
	钎焊金属结合剂Mb	结合强度较高，对磨料的把持力好，可使磨料凸出2/3不脱落，创造了切割锋利、排屑好的条件，节省磨料用量，降低成本，在保持相应寿命的条件下，切削效率成倍提高	主要用于单层砂轮的制造

4. 超硬磨具浓度及其选择

金刚石磨料在磨具的磨料层中的体积分数为25%时，其浓度规定为100%。当金刚石密度为3.52g/cm^{3}时，此值相当于金刚石磨料含量等于0.88g/cm^3，当立方氮化硼密度为3.48g/cm^{3}时，此值相当于立方氮化硼磨料含量等于0.87g/cm^3。其他浓度均按此比例计算。浓度代号见表5.4-25。

表5.4-25 浓度值与磨料含量的关系（GB/T 35479—2017）

浓度（%）	磨料含量/(g/cm^3)		代号
	金刚石	立方氮化硼	
25	0.22	0.22	25
50	0.44	0.44	50
75	0.66	0.65	75
100	0.88	0.87	100
125	1.10	1.09	125
150	1.32	1.30	150
175	1.54	1.52	175
200	1.76	1.74	200

浓度是直接影响磨削效率和加工成本的重要因素，选择时应综合考虑磨具的粒度、结合剂、磨削方式、磨具形状以及生产率等要求。

不同结合剂对磨粒的结合强度不同，每种结合剂都有各自较佳的浓度范围。人造金刚石磨具常用的浓度范围见表5.4-26。立方氮化硼磨具的浓度一般比相同金刚石磨具稍高。如树脂结合剂的立方氮化硼磨具，其浓度常选用100%，而陶瓷结合剂立方氮化硼磨具的浓度常选用100%~150%。

表 5.4-26　人造金刚石磨具常用浓度

结合剂		浓度（%）
树脂		50~75
陶瓷		75~100
金属	青铜	100~150
	电镀	150~200

就不同磨削方式而言，工作面较宽的磨具和需要保持形状精度的成形、端面以及沟槽磨削，应选用高浓度；半精磨、精磨则应选择细粒度、中浓度；高精度、低表面粗糙度磨削，一般选用细粒度、低浓度；抛光，一般选用细粒度和更低浓度，有时甚至低至25%。

5. 超硬磨具形状和尺寸的选择

超硬磨具一般由磨料层、过渡层和基体三个部分组成，如图 5.4-4 所示。有的生产厂家取消了过渡层，直接把磨料层固定在基体上。

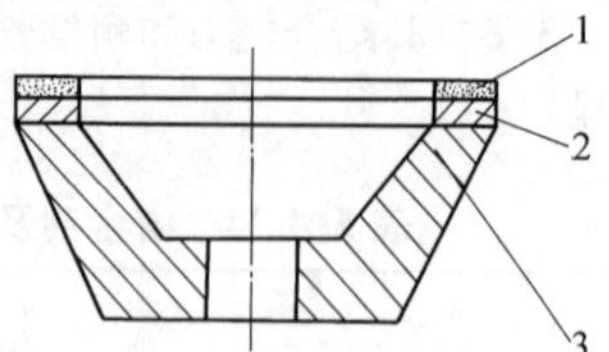

图 5.4-4　超硬磨具结构

1—磨料层　2—过渡层　3—基体

基体的材料随结合剂而异：金属结合剂磨具一般采用钢或铜合金；树脂结合剂磨具采用铝、铝合金或电木；陶瓷结合剂磨具采用陶瓷。

(1) 超硬磨具的形状(GB/T 35479—2017)

1）磨具的断面形状及其代号（表 5.4-27）。代号自左向右顺序具有基体基本形状、磨料层在基体上的位置以及基体改型等多种含义；斜线后的数字表示砂轮不同的结构。

表 5.4-27　砂轮断面形状及其代号

断面形状	代号	断面形状	代号
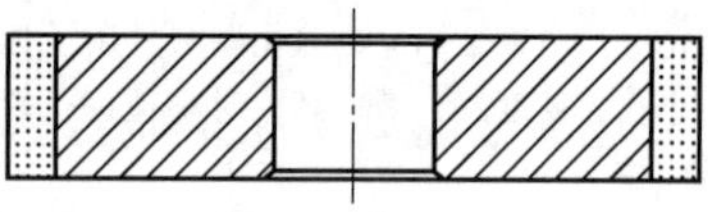	1A1	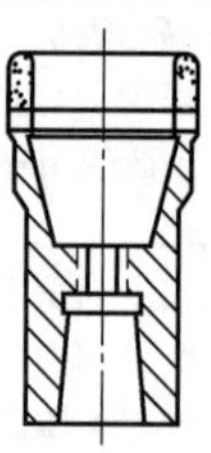	2F2/2
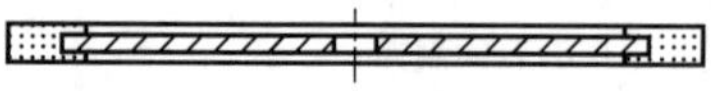	1A1R	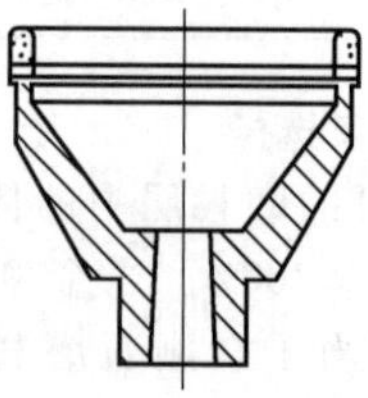	
	1A8		2F2/3
	1EE1V		
	1V1		3A1
	2F2/1		4A2
			4BT9
			4V2

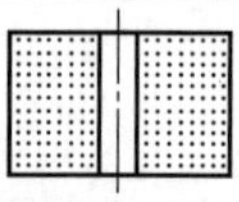

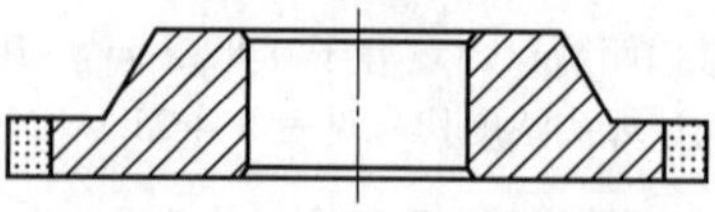

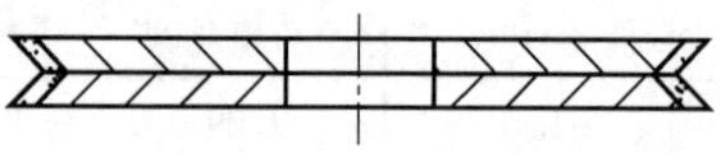

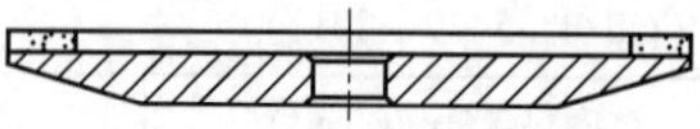

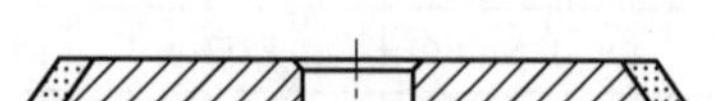

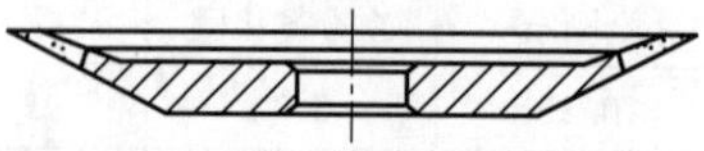

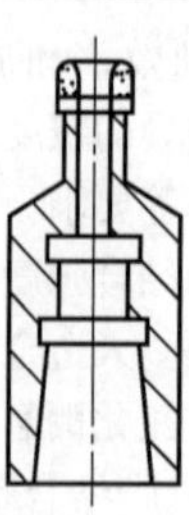

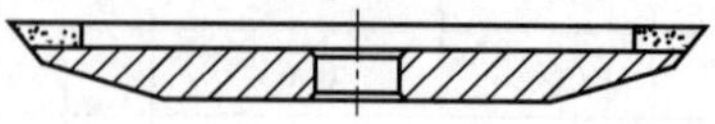

（续）

断面形状	代号	断面形状	代号
	6A2	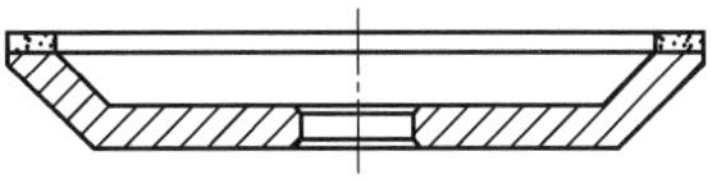	12A2
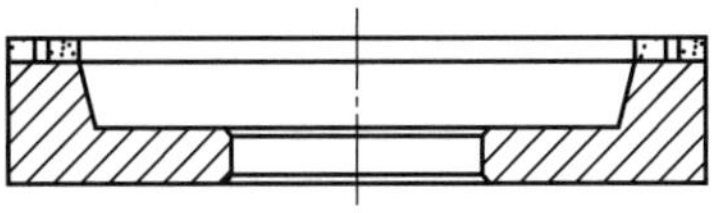	6AA2	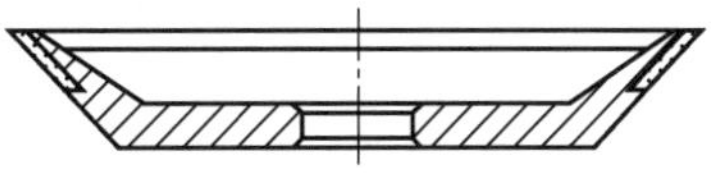	12V9
	6A9	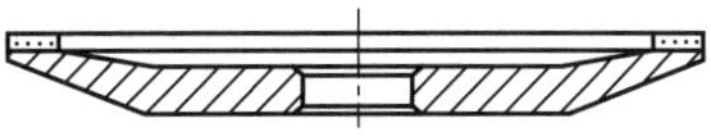	13A2
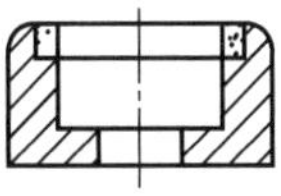	6A7	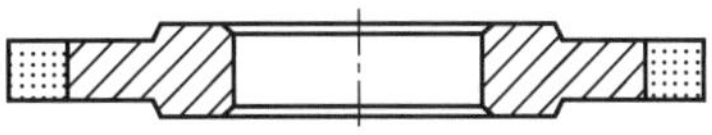	14A1
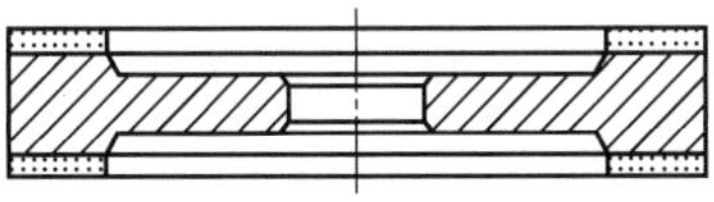	9A3	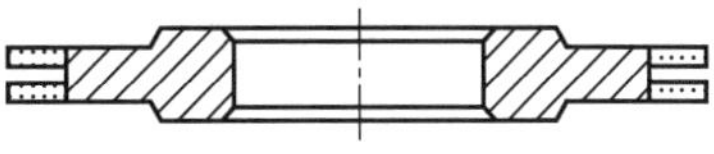	14AA1
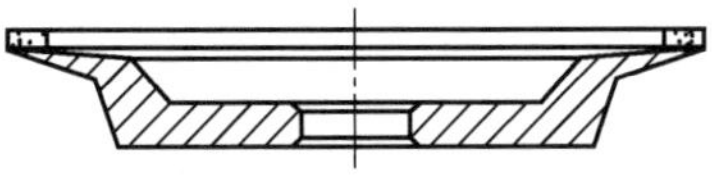	10A2	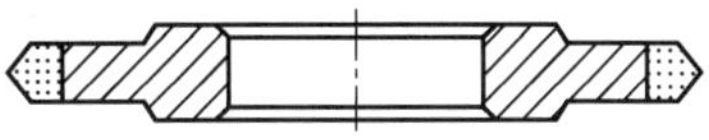	14E1
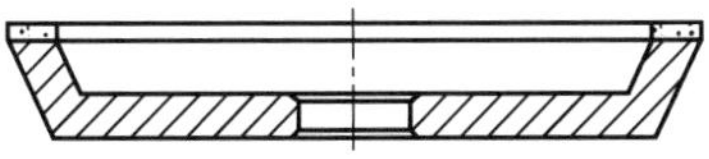	11A2	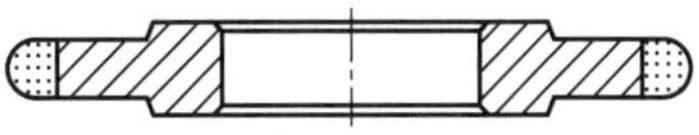	14F1
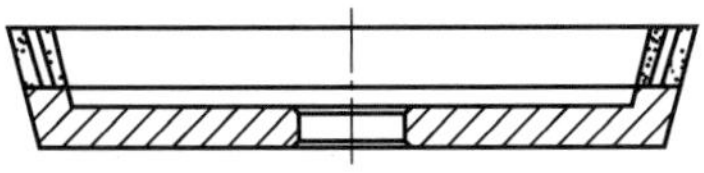	11VV2	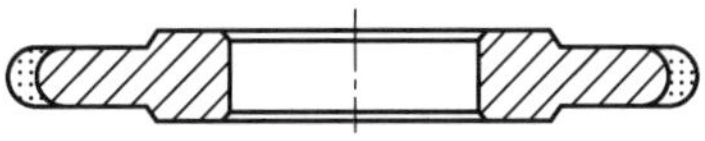	14FF1
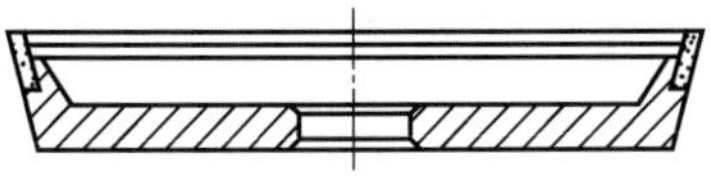	11V9	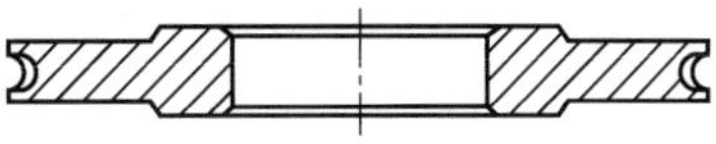	14FF6Y

2）磨具基体基本形状的代号，用阿拉伯数字表示，见表 5. 4-28。

表 5. 4-28　磨具基体基本形状及其代号

代号	名称	图　　示	代号	名称	图　　示
1	平形	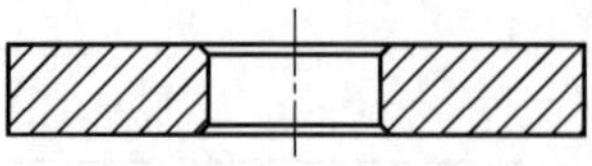	10	外双倾角碗形	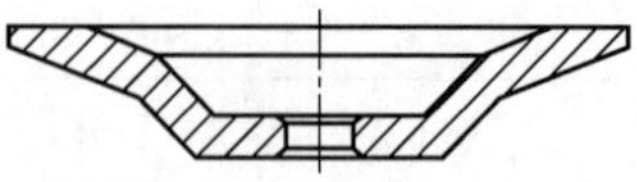
2	筒形	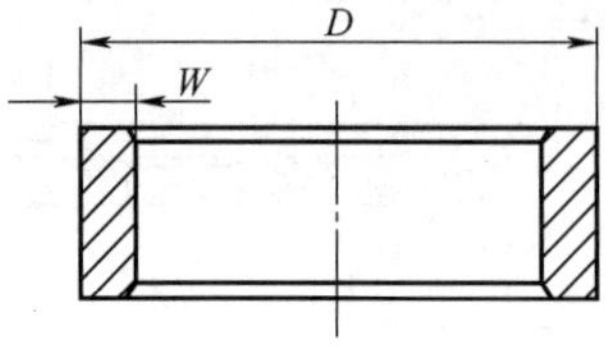 D W W≤0.17D	11	碗形	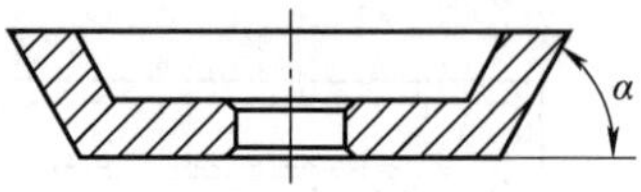 α α> 60°
3	单面凸形	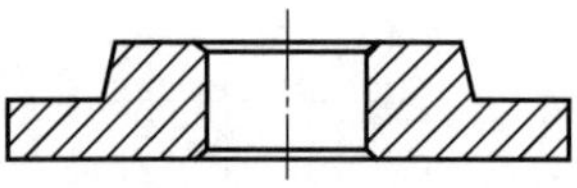	12	碟形	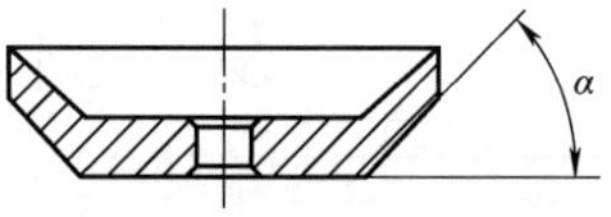 α 30°<α≤60°
4	单斜边形	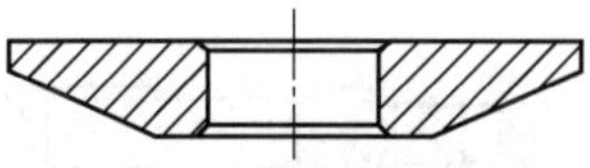	13	碟形	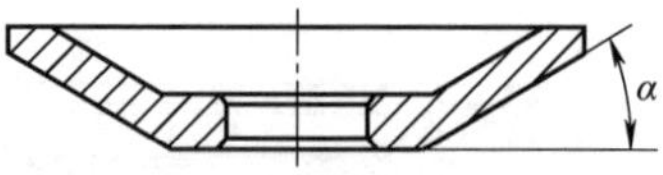 α α≤30°
6	杯形/单面凹形	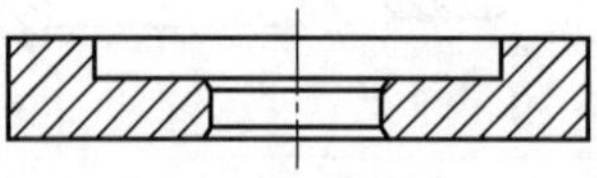	14	双面凸形	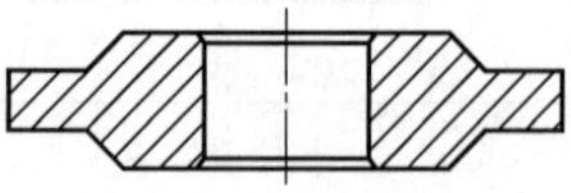
9	双面凹形	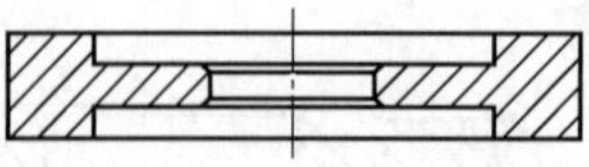	15	内双倾角碗形	

3）磨料层断面形状及其代号（表 5.4-29）。

表 5.4-29　磨料层断面形状及其代号

代号	断面形状	代号	断面形状	代号	断面形状
A	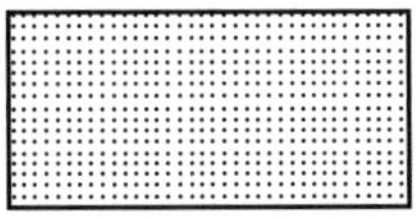	DD	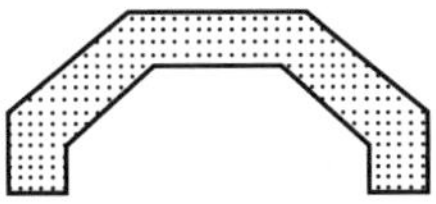	GN	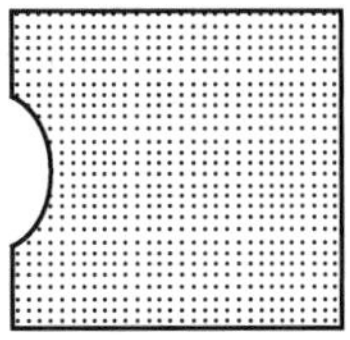
AA	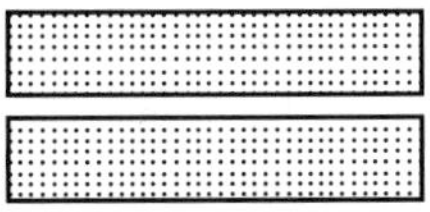	E	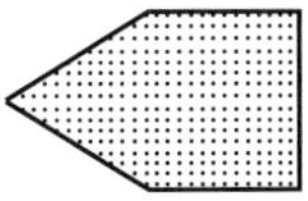	H	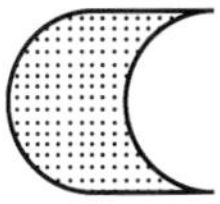
AF	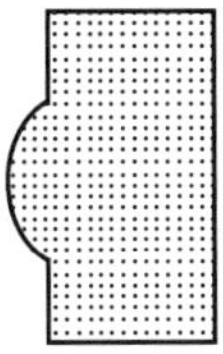	EE	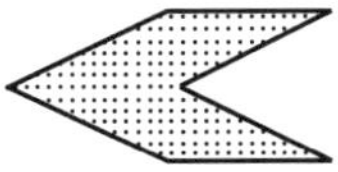	J	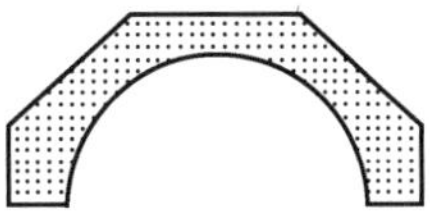
B	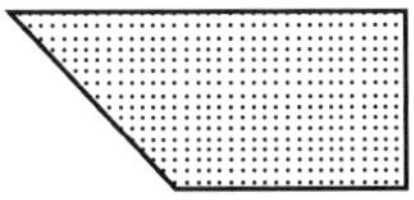	EF	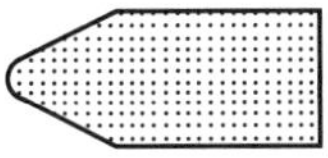	K	
BF	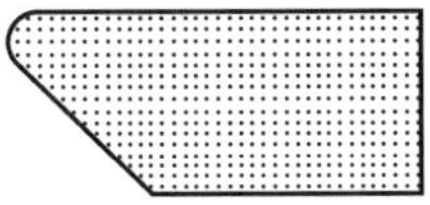	EH	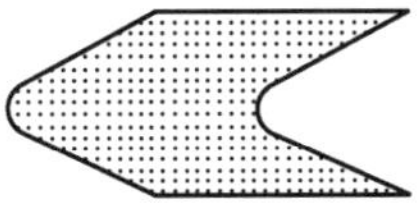	L	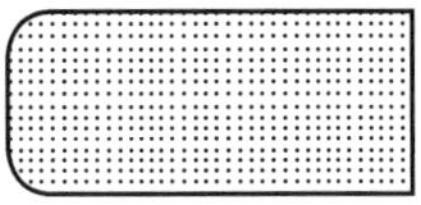
BH	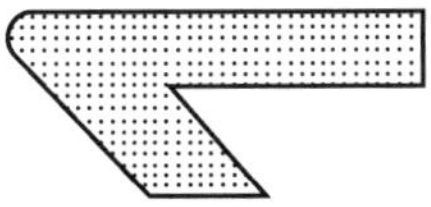	ER	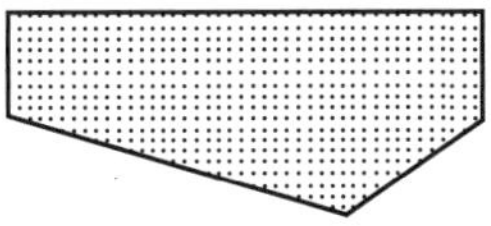	LL	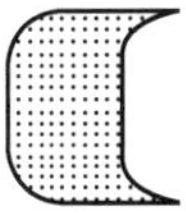
BT	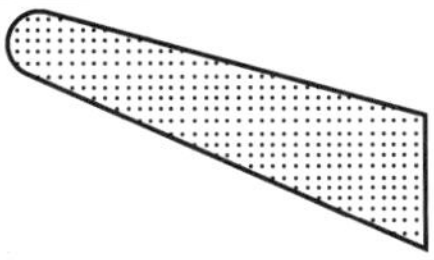	ET	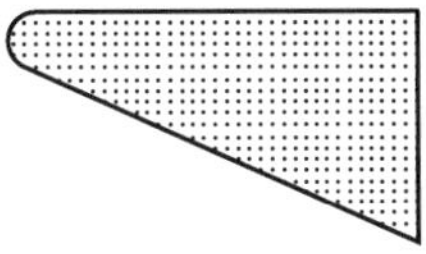	M	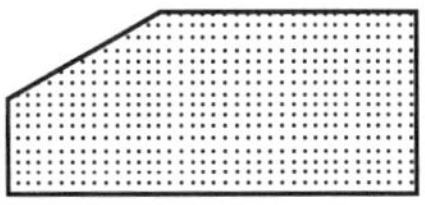
C		F	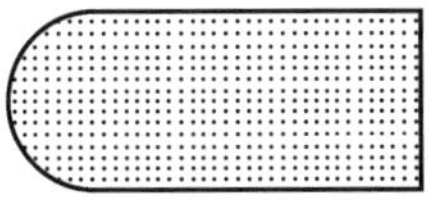	P	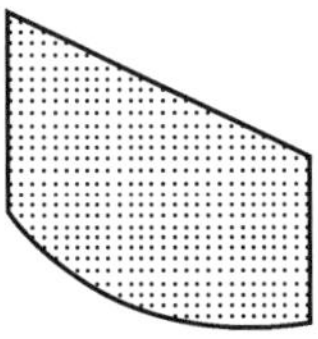
CH	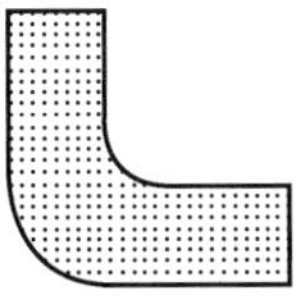	FF	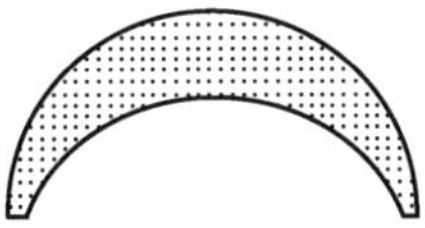	Q	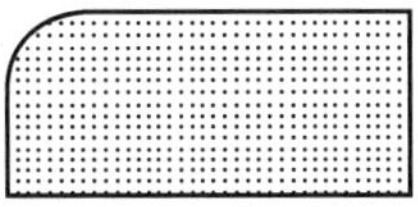
D	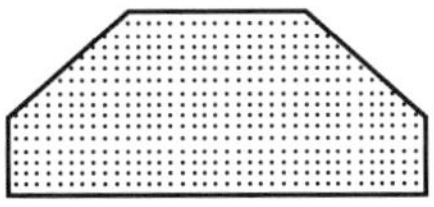	G	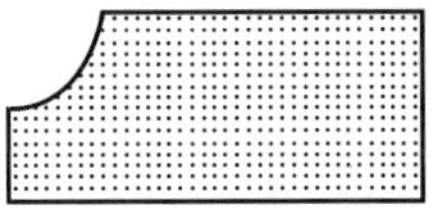	QV	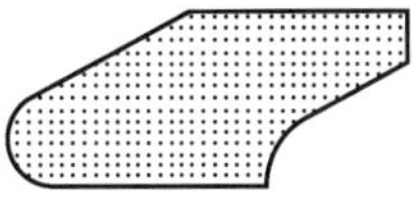

（续）

代号	断面形状	代号	断面形状	代号	断面形状
R	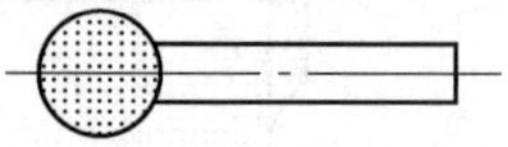	U	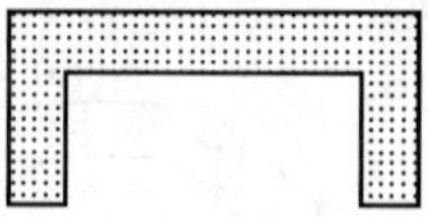	VL	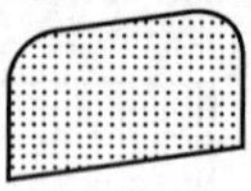
S	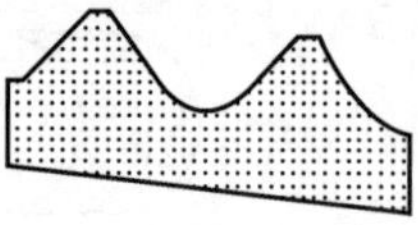	V	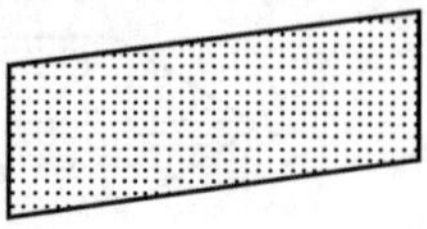	VV	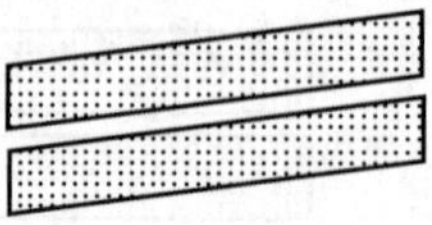
T	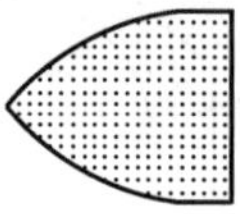	VF	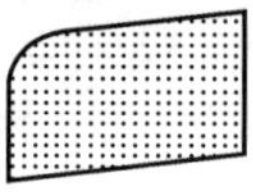	Y	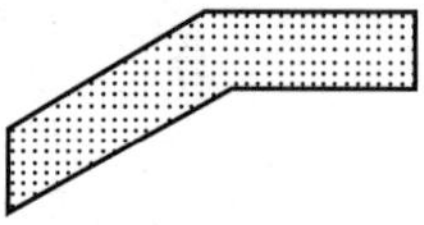

4）磨料层在基体上的位置及其代号（表 5.4-30）。

表 5.4-30　磨料层在基体上的位置及其代号

代号	位置	断面形状	含　义
1	周边	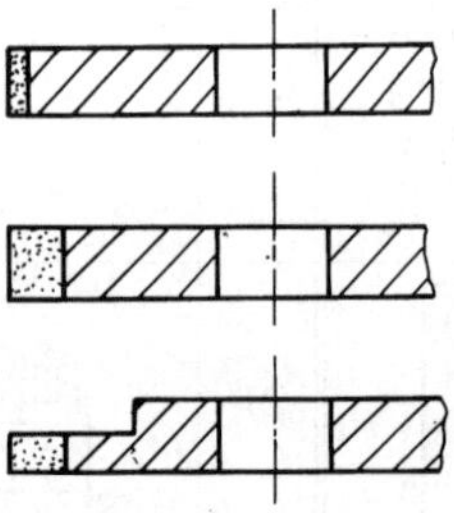	磨料层位于基体的周边，并延伸于周边整个厚度（轴向），其厚度可大于、等于或小于磨料层的宽度（径向）
2	端面	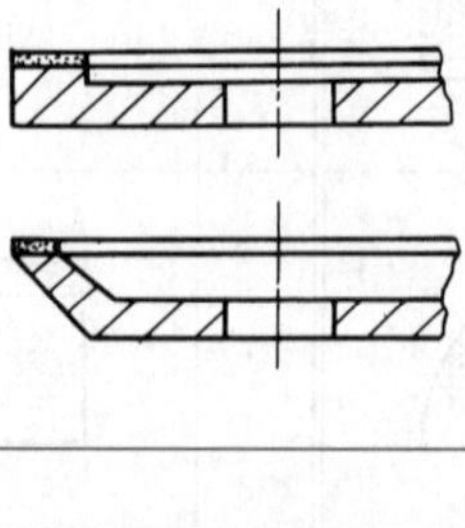	磨料层位于基体的端面，可覆盖或不覆盖整个端面
3	双端面	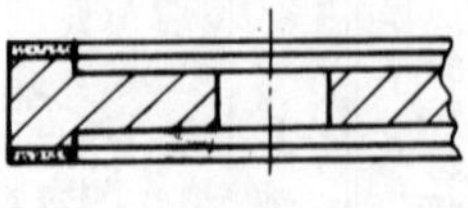	磨料层位于基体的两端面，可覆盖或不覆盖整个端面

（续）

代号	位置	断面形状	含义
4	内斜面或弧面	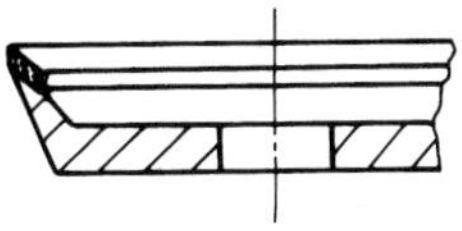	此代号应用于2型、6型、10型、11型、12型、13型或15型的基体。磨料层位于基体端面壁上，该壁以一个角度或弧度从周边较高点向中心较低点延伸
5	外斜面或弧面	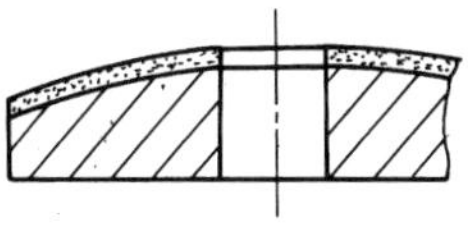	此代号应用于2型、6型、11型或15型的基体。磨料层位于基体端面壁上，该壁以一个角度或弧度从周边较低点向中心较高点延伸
6	周边一部分	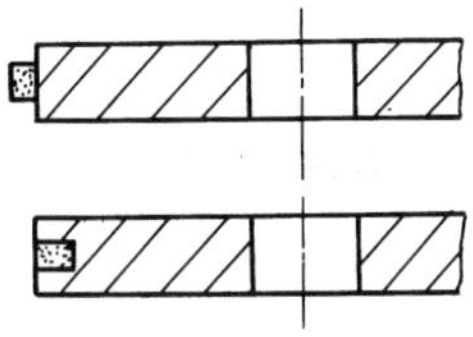	磨料层位于基体的周边，但不占有整个基体厚度
7	端面一部分	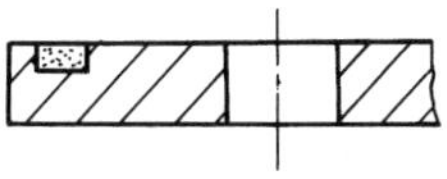	磨料层位于基体的端面而不延伸至基体的周边，但它可以或不延伸至中心
8	整体	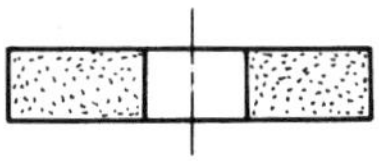	无基体，全部由磨料和结合剂组成
9	边角	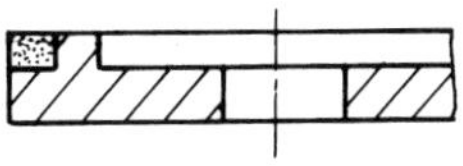	磨料层只占基体周边的一角，而不延伸至另一角
10	内孔	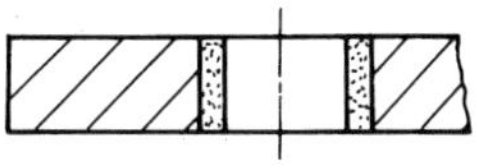	磨料层位于基体的内孔

5）基体基本形状的改型。改型可按需要进行，其代号及断面形状见表5.4-31。

表 5.4-31　基体改型及其代号

代号	断面形状	含　义
B	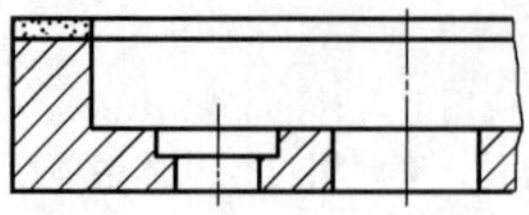	基体内有沉孔
C	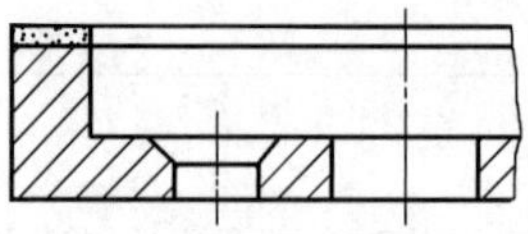	基体内有埋头孔
H	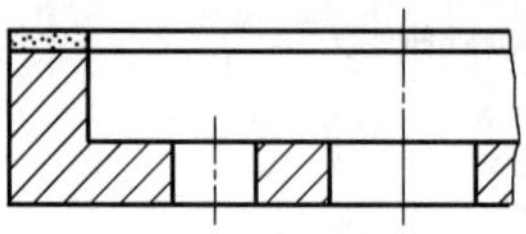	基体内有直孔
K	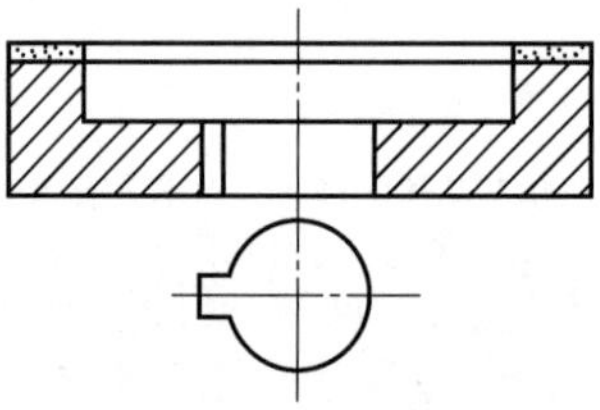	基体内有带键槽的孔
M	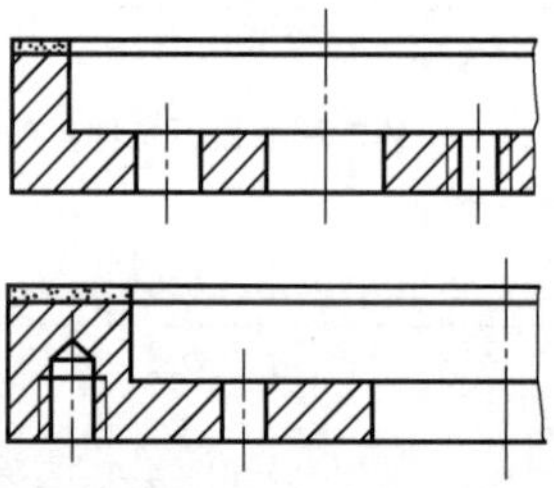	基体内有混合孔（既有直孔又有螺孔）
P	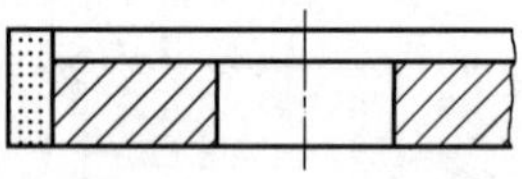	基体上的一端面减薄，其厚度小于磨料层的厚度
Q	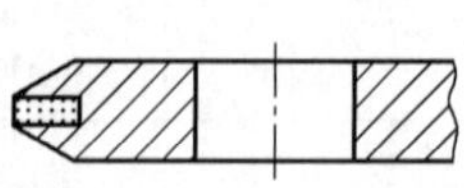	磨料层三个面部分或整个地嵌入基体
R	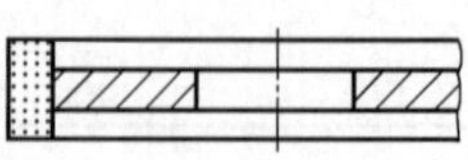	砂轮基体的两个端面减薄，其厚度小于磨料层厚度

（续）

代号	断面形状	含　义
S	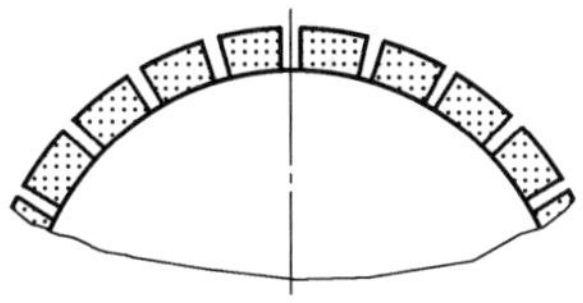	金刚石结块装于整体的基体上（结块间隙与槽的定义无关）
SS	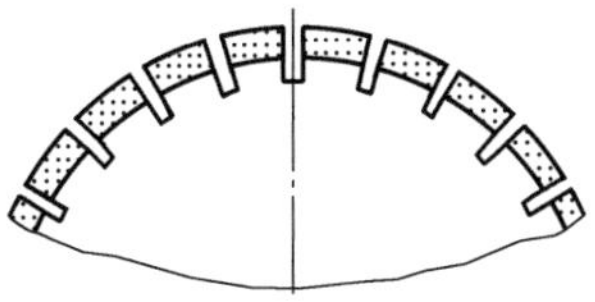	金刚石结块装于带槽的基体上
T	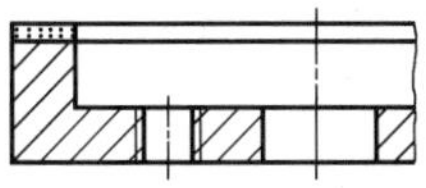	基体带螺孔
V	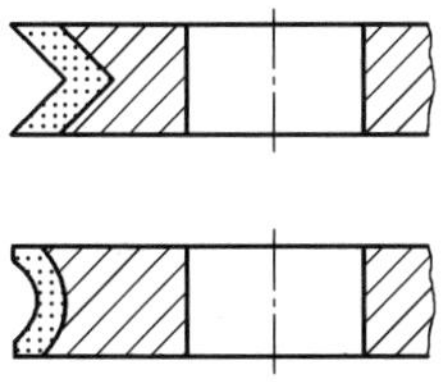	镶嵌在基体上磨料层的任一内角或弧面的凹面朝外，称磨料层反镶
W	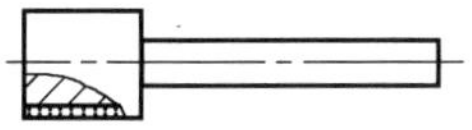	带有磨料层的基体和安装轴连为一体
Y	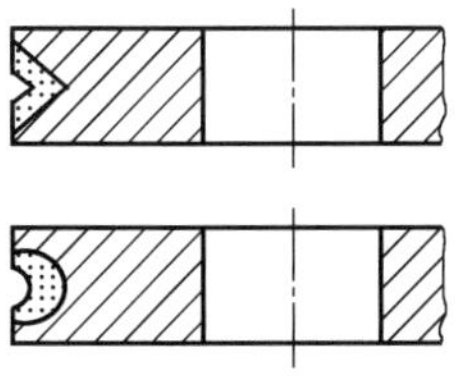	见Q和V说明

6）超硬磨具标记示例。图5.4-5所示为砂轮6A2C的断面形状。其中6为基体形状，A是磨料层形状，2表示磨料层位置在端面，C表示基体内有埋头孔的改型。

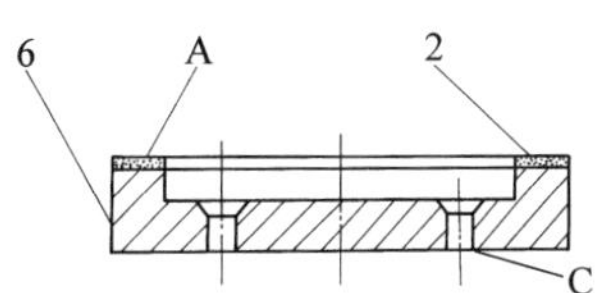

图5.4-5　6A2C砂轮断面形状

（2）超硬磨具尺寸代号（图5.4-6）

6. 超硬磨具的标记

按GB/T 2484—2018规定，金刚石或立方氮化硼磨具完整的产品标记应包括下列信息：

1）磨具的形状标记。

2）基本尺寸，GB/T 6409.2和GB/T 11270（所有部分）。

3）磨料种类及粒度。

4）结合剂。

5）浓度。

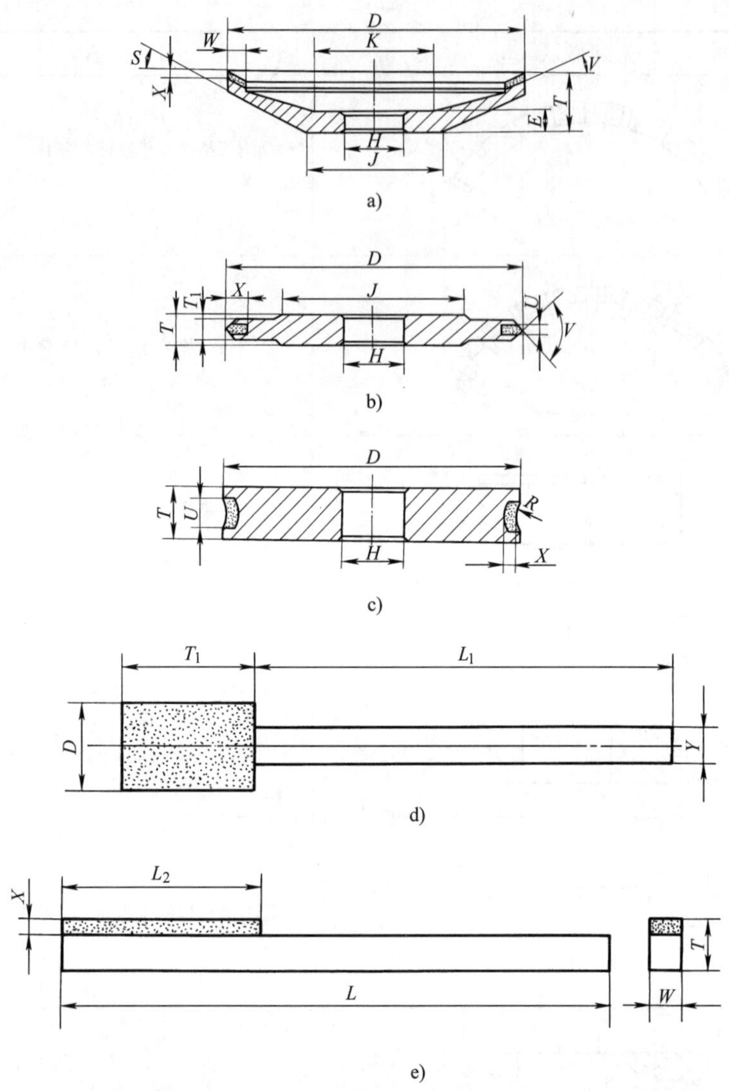

图 5.4-6　超硬磨具尺寸代号

D—直径　E—孔处厚度　H—孔径　J—台径　K—凹面直径　L—柄长　L_1—轴长　L_2—磨料层长度

R—半径　S—基体角度　T_1—基体厚度　U—磨料层厚度（当<T 或 T_1 时）

V—磨料面角度　W—磨料层宽度　X—磨料层深度　Y—心轴直径　T—总厚度

平形砂轮标记示例：

1A1-50×4×10×3 CBN 100/120 V 100

- 100 — 浓度
- V — 结合剂
- 100/120 — 粒度
- CBN — 磨料种类
- 3 — 磨料层深度，mm
- 10 — 孔径，mm
- 4 — 总厚度，mm
- 50 — 外径，mm
- 1A1 — 形状

单面凹形砂轮标记示例:

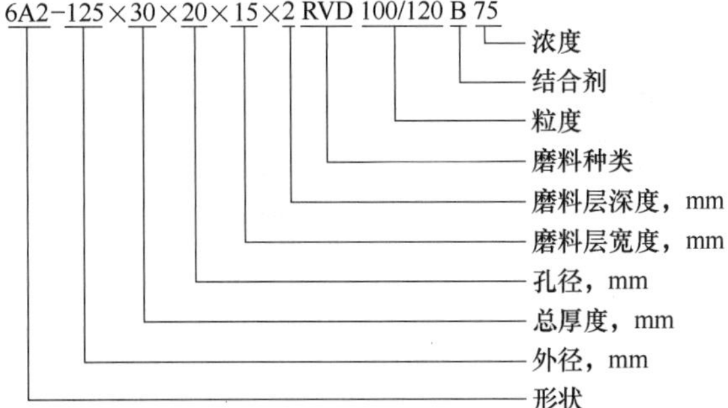

双面凸形砂轮标记示例:

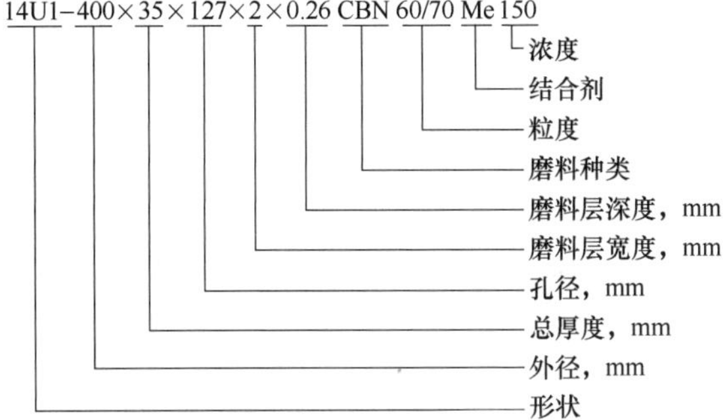

圆锯片标记示例:

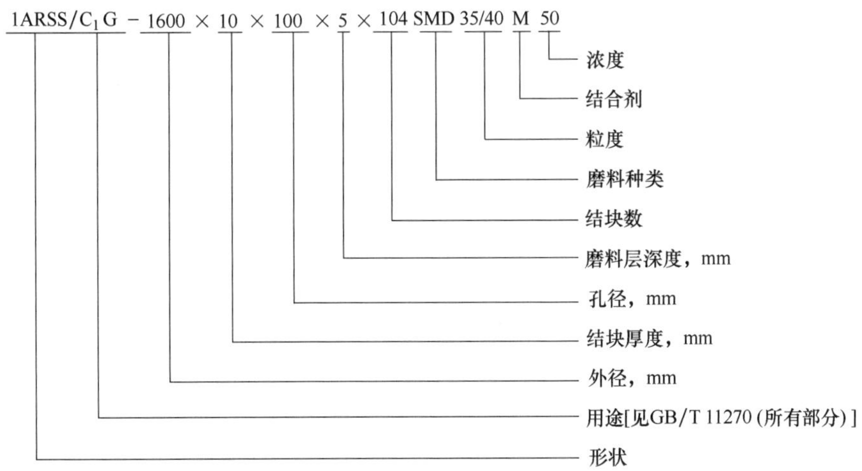

带柄平形磨石标记示例:

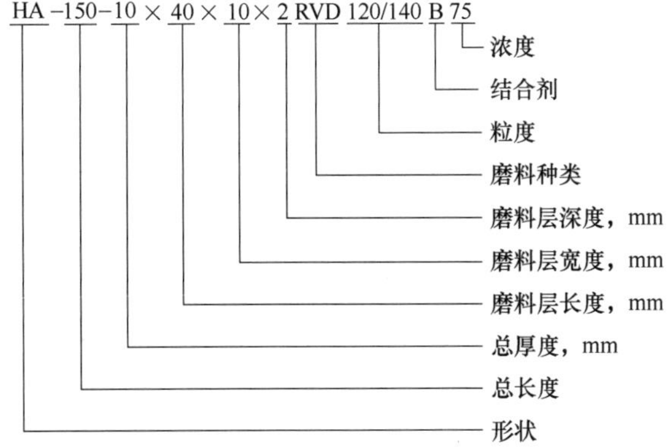

7. 金刚石磨具中外对照

金刚石磨具结合剂代号中外对照见表 5.4-32。

人造金刚石磨料代号中外对照见表 5.4-33。

表 5.4-32 金刚石磨具结合剂代号中外对照

结合剂		中国	ISO	瑞士 (DIAMETAL)	英国环球	美国 (Noton)	德国	俄罗斯	日本 (旭金刚石公司)
陶瓷		V	V	VIT	V	V	Kc	K	V
树脂		B	B	KS. KR	R	B	Bak	B	B
金属	铁基	—	—	E	—	—	—	—	—
	青铜	M	M	BZ	M	M	M，MCC	—	M
	电镀	—	—	—	(NP)	—	—	—	P（大彼公司）

表 5.4-33 人造金刚石磨料代号中外对照

项目		树脂或陶瓷结合剂用金刚石	自锐性金刚石	磨钢专用金刚石	金属结合剂用金刚石	锯切用金刚石	修整用金刚石	金刚石微粉或立方氮化硼微粉
中国	基本品牌	RVD	—	SCD	MBD	SMD	DMD	MP-SD MP-CBN
	牌号	RVD RVD-N RVD-C	—	—	MBD4 MBD6 MBD8 MBD10	SMD SMD25 SMD30 SMD35 SMD40	MSD	—
美国（CE公司）	基本品牌	RVG	—	CSG	MBG	MBS	SRD	标准系列 300 系列
	牌号	RVG RVG-56 RVG-W30 RVG-D RVG-W880	MBG-P MBG-100	CSG CSG-11	MBG MBG-Ⅱ MBG600 MBG600T MBG-T	MBS MBG-70 MBS-710 MBS-720 MBG-740 MBS-750 MBS-760 MBS-900 MBS910 MBS-950 MBS-960	—	—

(续)

项目		树脂或陶瓷结合剂用金刚石	自锐性金刚石	磨钢专用金刚石	金属结合剂用金刚石	锯切用金刚石	修整用金刚石	金刚石微粉或立方氮化硼微粉
英国(DeBeers公司)	基本品牌	RDA	CDA	DXDA	DXDA	SDA	—	MICRON
	牌号	RDA RDA-55N RDA-30N RDA-50C	CDA-55N CDA-30N CDA-50C CDA-L CDA-M	DXDA-MC DXDA-Ⅱ	DXDA-MC DXDA-Ⅱ	SDA SDA85 SDA+ SDA75+ SDA85+ SDA100 SDA100+ SDA100S SDADG SDADO ADADH SDADL SDADP SDADV SDA2100 SDA2085 SDA2075	—	MICRON+MDA MICRON+CDA MICRON+ABN
日本(东明厂)	基本品牌	IRV	IRV-150	IDS	IMG	—	—	IRM
	牌号	IRV IRV-NP IRV-NEP IRV-CP IRV-CPS IRV-AP	IRV-150CP IRV-150NP IRV-SP	IDS-NP KRV-S	IMG-S IMG-1 TED-Ⅰ TED-Ⅱ TED-Ⅲ	—	CAM	IRM-NP IMM IRM-CPS IRM-NPM TED-MH
俄罗斯	基本品牌	AC	—	—	AC	—	—	—
	牌号	AC2 AC4 AC6 AC8 AC15 AC20 ACOM ACOMA	—	—	AC32 AC50	—	—	—

5.4.3 涂附磨具

涂附磨具是砂纸、砂布、砂带等磨具的统称，是以不同磨料用胶均匀地粘结在纸、布或其他复合材料基底上的磨具，其结构示意如图5.4-7所示。

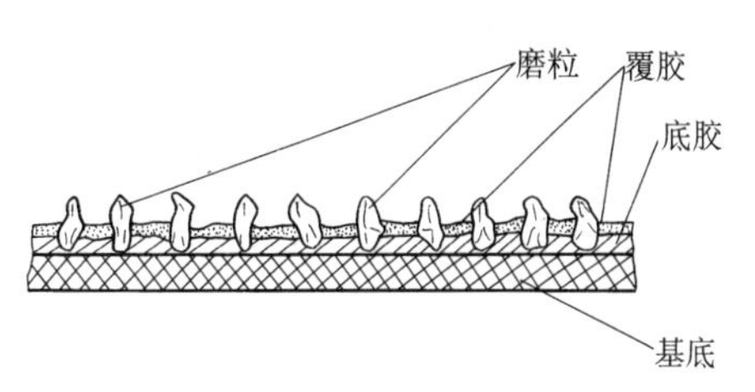

图5.4-7 涂附磨具结构示意

涂附磨具的分类及其代号见表 5. 4-34。

表 5. 4-34　涂附磨具分类及其代号

名称	页状	卷状	砂带	钢纸砂盘（磨片）
代号	S	R	D	FD
名称	干磨砂布	干磨砂纸	耐水砂布	耐水砂纸
代号	BG	ZG	BN	ZN

1. 涂附磨具的特点

涂附磨具的特点：使用方便，设备简单，容易掌握，操作安全；磨具生产周期较固结磨具短，价格较低廉；在砂带、刚纸磨片等产品问世后，涂附磨具的应用范围更加广泛。

1）涂附磨具的磨料及其应用范围（表 5. 4-35）。

表 5. 4-35　涂附磨具磨料及其应用范围

磨料名称	代号	应 用 范 围
棕刚玉	A	加工抗拉强度较高的金属材料，如碳素钢、合金钢、可锻铸铁、硬青铜以及硬质木材等
白刚玉	WA	精磨淬火碳钢、高速钢及不锈钢等
铬刚玉	PA	加工淬火钢、高速钢、高碳钢及薄壁工件等
锆刚玉	ZA	加工耐热合金钢、钛合金以及奥氏体不锈钢等
黑碳化硅	C	加工抗拉强度较低的金属材料，如铸铁、铜、铝和非金属材料，如玻璃、宝石等
绿碳化硅	GC	加工硬质合金、光学玻璃及宝石等
氧化铁		硬度低，用于金属件的精磨和抛光

2）涂附磨具磨料的粒度。涂附磨具磨料的粒度与普通磨料粒度相似，其对照见表 5. 4-36。

表 5. 4-36　涂附磨具磨料与普通磨料粒度对照

涂附磨具磨料粒度号（GB/T 9258. 2—2008、GB/T 9258. 3—2017）	普通磨料粒度号（GB/T 2481. 1—1998、GB/T 2481. 2—2020）
P16	F16
P20	F20
	F22
P24	F24
P30	F30
P36	F36
	F40
P40	F46
P50	F54
P60	F60
P70	F70
P80	F80
	F90
P100	F100
P120	F120
P150	F150
P180	F180
P220	F220
	W63
P280	
P320	W50
P360	
P400	W40
P500	
P600	W28
P800	
P1000	W20
P1200	
P1500	W14
P2000	
P2500	W10

3）黏结剂性能及其应用范围。黏结剂的名称、代号，各类胶种的性能及其适用范围，分别见表 5. 4-37 和表 5. 4-38。

表 5. 4-37　黏结剂名称及其代号

名称	全胶	树脂/胶	全树脂	耐水黏结剂
代号 底胶/复胶	G/G	R/G	R/R	WP

表 5.4-38 各类胶种性能及其适用范围

胶 种	黏结剂名称	性 能	适用范围
动物G	皮胶 明胶 骨胶	粘结性能较好，但溶于水，易受潮，其稳定性受环境影响，耐热性差，且性脆，但价格较低	切削力不太大的干磨和油磨，适于对木制品的打磨、非金属制品的加工和金属工件的抛光
树脂R	醇酸树脂 胺基树脂 水砂纸清漆	粘结性能好，耐热、耐水，可较长时间保存，但溶于有机溶液，成本较高	适于重负荷磨削及难磨材料，复杂形面的金属工件的磨削和抛光
树脂R/动物胶G	尿醛树脂/皮胶 酚醛树脂/明胶	有较好的弹性、耐磨性及耐热性，不耐水而耐潮，粘结性能比动物胶好，成本较低	适于干磨和油磨、中负荷磨削以及成形工件表面的加工，此类黏结剂已广泛用于砂带

4）基底。一般选用柔软的纤维材料，要求抗张强度较高，伸长率小，如果制作水砂布、纸时，还要求耐水性好。基底材料名称、用途见表5.4-39。

表 5.4-39 涂附磨具基底材料及其用途

名 称	材 料	用 途
纸基底	牛皮纸、耐水牛皮纸、钢纸等	干磨，耐水砂纸及钢纸磨片等
布基底	粗、细斜、平纹布及帆布等	干磨，耐水砂布、砂带等
复合基底	两层纸夹层网格布、纸布、硫纤布等	砂带
硫化纤维基底	硫化纤维	砂带、高速刚纸磨片等

2. 涂附磨具产品

1）干磨砂布。受潮后，可稍事烘烤，温度以60~80℃为宜，过于干燥则易断裂。一般用于手工或低速低压干磨，在使用油料冷却的情况下，可提高效率和加工质量。

干磨砂布有密植和稀疏两种布砂型式，前者用于金属加工，后者主要用于木材、皮革、橡胶等加工。

2）耐水砂纸。用前须浸泡于40℃温水中约10min，待柔软后方可使用。

粒度选择：粗磨选用P80~P150，细磨选用P180~P300，精磨则选用P320以上。

耐水砂纸磨料的选择见表5.4-40。

表 5.4-40 耐水砂纸磨料的选择

工作材料	刚玉	碳化硅	镀衣磨料（刚玉）
碳素钢	△		○
工具钢	○		△
不锈钢	△		○
灰铸铁	△		○
冷硬铸铁	×	○	△
青、黄铜	△	×	○
镍、铬	△		○
钛		△	○
钼	△	×	○
玻璃		○	△
花岗岩		○	△
玻璃纤维		○	△
塑料		△	△
橡胶		○	△

注：○—好，△——一般，×—差。

3）高速钢纸磨片。高速钢纸磨片是以优质硫化纤维作为基底、高强度耐热树脂为黏结剂，制成圆形薄片状的磨具。可装在手提式磨机上，利用其高速旋转的端面进行磨抛，操作简便，效率高，适应性强，且安全可靠。其尺寸规格见表 5. 4-41。

常用钢纸磨片外径在 ϕ100~ϕ180mm 之间，磨料粒度选用多在 P16~P100 之间。其磨料粒度适用范围见表 5. 4-42。

表 5. 4-41　高速钢纸磨片的尺寸规格

孔径 *d*	外径 *D*								
	80	100	115	125	14	150	180	200	235
6	○	○	○	○	—	—	—	—	—
8	○	○	○	○	—	—	—	—	—
12	—	○	○	○	○	○	○	—	—
16	—	○	○	○	○	○	○	—	—
22	—	○	○	○	○	○	○	—	—
40	—	—	—	—	—	—	○	○	○

注：○—表示具有该种尺寸规格的钢纸磨片。

表 5. 4-42　高速钢纸磨片磨料粒度适用范围

粒度号	适 用 范 围
P16~P24	一般用于粗磨、除锈和打磨焊缝等
P30~P46	用于修磨和细磨
P60~P100	用于精磨、抛光

4）砂布页轮。页轮是由页状砂布自轴心呈辐射方向伸出构成轮状的磨具，有轴式与卡盘式两种结构。

页轮的加工效率较高，磨削、修整和抛光等均可应用，且使用方便，电动、风动工具以及车床、钻床上均可使用。

页轮用磨料以棕刚玉居多，其粒度多在 P36~P120 之间。其规格分别见表 5. 4-43 及表 5. 4-44。

表 5. 4-43　轴式砂布页轮规格（mm）

轮　　宽	轮　　径
10	25
20	40，60，80
25	40，60，80

表 5. 4-44　卡盘式砂布页轮规格（mm）

卡盘直径	页轮外径×宽度						
12. 5	100×25	—	—	—	—	—	—
25	—	150×50	180×50	200×50	—	—	—
70	—	—	—	240×50	300×50	350×50	400×50

5）砂布套。砂布套又称砂套或砂布圈，是由无接头布料筒敷砂或用两层垫布一层砂布相互粘结而成的圆筒状磨具，其用途与砂布页轮类似，对大型轴瓦的刮研更为适宜。砂布套锋利耐用，效率较高。

砂布套所用磨料除刚玉类外，还有碳化硅类，磨料粒度多在 P24~P120 之间。其规格：套宽一般为 30mm，直径在 20~70mm 之间。

3. 砂带的选择

砂带是一种环形带状的涂附磨具，分为无接头砂带和接头砂带两种。无接头砂带是采用圆筒布为基材而制成的一种没有接头的砂带，由于圆筒布基材受到生产设备与制作工艺的限制，生产率低，不能满足市场上众多尺寸规格的要求，所以逐渐被淘汰，而被接头砂带所取代。目前，在国内外的砂带标准中“砂带”一词，实际上就是指接头砂带。

1）砂带磨料粒度及其适用范围。工件加工质量在一定程度上取决于磨料粒度大小，磨除量随粒度号增大而减小，加工表面粗糙度值随粒度号增大而降低。其适用加工范围和可达到的表面粗糙度见表 5. 4-45。

表5.4-45 砂带粒度适用加工范围及可达到的表面粗糙度

粒　　度	适用加工范围	可达到的表面粗糙度 Ra/μm
P16~P24	荒磨铸件、焊接件及打毛刺等	—
P30~P40	内圆、外圆、平面、曲面的粗磨等	>3.2
P50~P120	内圆、外圆、平面、曲面的半精磨及精磨	1.6~0.8
P150~P240	精磨、成形磨	0.8~0.2
P280~P1200	精磨、超精磨及镜面加工等	<0.2

2）砂带黏结剂的选择。黏结剂的品种、性能及适用范围见表5.4-38。除一般黏结剂外，还有如下几种具有特殊性能的、在复胶层之上再敷一层的超涂层黏结剂。

① 抗静电超涂层黏结剂。它主要用于加工木材、塑料等非金属材料，可以避免因砂带背面与支撑物之间摩擦产生静电而附着切屑粉尘，对安全生产十分有利。

② 抗堵塞超涂层黏结剂。这是一种以金属皂为主的树脂涂层，可有效地避免砂带表面堵塞，以提高其加工效率及寿命。

③ 抗氧化分解超涂层黏结剂。它是由具有一定弹性的高分子材料与抗氧化分解的活性材料所组成，加工中可起冷却作用，有效地提高砂带寿命和工件表面质量。

3）砂带基底的选择。随着砂带磨削工艺技术的发展，以及应用范围的扩大，基底的种类也不断增多，在以往纸料、棉麻织物的基础上，又发展了化纤和组合基底。

基底的选择应视使用要求而定。加工负荷较大，转速较高，则要求较高强度和较小伸长率的基底，一般选用棉麻织物或尼龙、聚酯（涤纶）纤维织物的基底。普通砂带多根据不同粒度磨料选用不同重量级的纸料和不同质地的纺织品。

纸基砂带的纸料比布料平整光滑，但承载负荷远不如布料，而组合基底集中了两者的优点，适合于重负荷磨削。组合基底有两种型式：一种是在两层纸料中增添一层网格布，这一工作由造纸厂完成；另一种是在纸基上增添一层布料，这一工作多由砂带生产厂家来完成。

4）砂带的尺寸规格及其极限偏差。优先选用的砂带尺寸和极限偏差见表5.4-46（GB/T 15305.3—2009）。

不适合新设计用的砂带尺寸见表5.4-47（GB/T 15305.3—2009）。

表5.4-46 优先选用的砂带尺寸和极限偏差 （mm）

宽度 T		长度 L	
公称尺寸	极限偏差	公称尺寸	极限偏差
6	±1	457	±3
		520	
		533	
		610	
10	±1	330	
14	±1	330	
		457	
		480	
		520	
		610	
		760	
		1120	±5

（续）

<table>
<tr><th colspan="2">宽度 T</th><th colspan="2">长度 L</th></tr>
<tr><th>公称尺寸</th><th>极限偏差</th><th>公称尺寸</th><th>极限偏差</th></tr>
<tr><td rowspan="8">20</td><td rowspan="8">±1</td><td>450</td><td rowspan="4">±3</td></tr>
<tr><td>480</td></tr>
<tr><td>520</td></tr>
<tr><td>610</td></tr>
<tr><td>2000</td><td rowspan="4">±5</td></tr>
<tr><td>2500</td></tr>
<tr><td>3500</td></tr>
<tr><td>4000</td></tr>
<tr><td rowspan="9">25</td><td rowspan="9">±1</td><td>450</td><td rowspan="5">±3</td></tr>
<tr><td>480</td></tr>
<tr><td>610</td></tr>
<tr><td>760</td></tr>
<tr><td>1000</td></tr>
<tr><td>1500</td><td rowspan="4">±5</td></tr>
<tr><td>2000</td></tr>
<tr><td>2500</td></tr>
<tr><td>3500</td></tr>
<tr><td rowspan="10">30</td><td rowspan="10">±1</td><td>450</td><td rowspan="4">±3</td></tr>
<tr><td>620</td></tr>
<tr><td>800</td></tr>
<tr><td>1000</td></tr>
<tr><td>1250</td><td rowspan="6">±5</td></tr>
<tr><td>1500</td></tr>
<tr><td>2000</td></tr>
<tr><td>2500</td></tr>
<tr><td>3500</td></tr>
<tr><td>4000</td></tr>
<tr><td rowspan="11">40</td><td rowspan="11">±1</td><td>450</td><td rowspan="4">±3</td></tr>
<tr><td>620</td></tr>
<tr><td>750</td></tr>
<tr><td>800</td></tr>
<tr><td>1200</td><td rowspan="7">±5</td></tr>
<tr><td>1500</td></tr>
<tr><td>1650</td></tr>
<tr><td>2000</td></tr>
<tr><td>2500</td></tr>
<tr><td>3500</td></tr>
<tr><td>4000</td></tr>
</table>

（续）

宽度 T		长度 L	
公称尺寸	极限偏差	公称尺寸	极限偏差
50	±1	450	±3
		620	
		750	
		800	
		1000	±5
		1250	
		1500	
		1600	
		2000	
		2500	
		3000	
		3500	
		4000	
60	±2	400	±3
		2250	±5
		2500	
		3000	
		3500	
65	±2	410	±3
75	±2	457	±3
		480	
		533	
		610	
		1500	±5
		2000	
		2250	
		2500	
		3000	
		3500	
		4000	
100	±2	560	±3
		610	
		620	
		800	
		860	
		900	
		1000	

（续）

宽度 T		长度 L	
公称尺寸	极限偏差	公称尺寸	极限偏差
100	±2	1100	±5
		1500	
		1800	
		2000	
		2500	
		3000	
		3500	
		4000	
		8500	±20
		9000	
120	±2	450	±3
		1500	±5
		2000	
		2500	
		3000	
		3500	
		4000	
		7000	±20
		7600	
		7800	
		8000	
150	±2	1500	±5
		1750	
		2000	
		2250	
		2500	
		3000	
		3500	
		4000	
		5000	±10
		6000	±20
		6500	
		7000	
		7100	
		7200	
		7500	
		7700	
		7800	
		9000	

（续）

宽度 T		长度 L	
公称尺寸	极限偏差	公称尺寸	极限偏差
200	±2	550	±3
		750	
		1500	±5
		1600	
		1800	
		1850	
		2000	
		2500	
		3000	
		3500	
250	±2	750	±3
		1800	±5
		2500	
		3000	
300	±2	2000	±5
		2500	
		3000	
		3500	
		4000	
400	±2	1900	±5
		3200	
		3300	
630	±2	1900	±5
930	±2	1525	±5
		1900	
		2300	
1100	±3	1900	±10
		2100	
1120	±3	1900	±10
		2200	
		2620	
1150	±3	1900	±10
		2200	
		2500	
		2620	

（续）

宽度 T		长度 L	
公称尺寸	极限偏差	公称尺寸	极限偏差
1300	±3	1900	±10
		2620	
		3250	
1320	±3	1900	±10
		2500	
		2620	
		3200	
1350	±3	1900	±10
		2100	
		2620	
		2800	
		3150	
		3250	
		3800	
1400	±3	1900	±10
		2500	
		2620	
		2800	
		3150	
		3250	
		3810	

表 5.4-47　不适合新设计用的砂带尺寸　（mm）

宽度 T		长度 L	
公称尺寸	极限偏差	公称尺寸	极限偏差
13	±1	450	±3
		533	
20	±1	457	±3
		533	
30	±1	533	±3
		740	
40	±1	600	±3
50	±1	395	±3
		1020	±5
		2300	
		2400	

（续）

宽度 T		长度 L	
公称尺寸	极限偏差	公称尺寸	极限偏差
60	±2	2300	±5
75	±2	510	±3
100	±2	395	±3
		550	
		920	
		950	
		1480	±5
		1650	
		1830	
		2250	
		3350	
120	±2	6800	±20
		6880	
		7100	
150	±2	2170	±5
		2280	
		2600	
		2800	
		4800	±10
		4900	
		5400	
		6200	±20
		6630	
		6700	
		6800	
		6880	
		7300	
		7400	
		7600	
		8000	
		8500	
		9200	
200	±2	1900	±5
		2100	
		2350	
		3350	
		4000	
		10300	±20

（续）

宽度 T		长度 L	
公称尺寸	极限偏差	公称尺寸	极限偏差
210	±2	230	±3
610	±2	1900	±5
910	±2	1900	±5
930	±2	2500	±5
1010	±3	1900	±5
1100	±3	2150	±10
		2620	
1120	±3	2150	±10
1300	±3	2200	±10
1350	±3	2000	±10
1400	±3	2150	±10

砂带允许存在的两边长度差不应超过：

① 砂带宽度 $T \geqslant 1000$mm 时为 5mm。

② 砂带宽度 $T<1000$mm 时为 3mm。

4. 标记示例（JB/T 8606—2012）

规格尺寸 $T=1350$mm、$L=2620$mm、棕刚玉磨料、P100 粒度的全树脂重型布砂带应标记为

砂带 R/R H 1350×2620 A P100 JB/T 8606—2012

5.4.4 砂轮的平衡与修整

1. 砂轮的平衡

砂轮的平衡对于提高磨削质量和保持机床的精度十分重要，也是安全生产所必需的。

静平衡（力矩平衡）是利用静平衡工具，由人工进行平衡，为一般工厂所常见。在新式磨床上，砂轮的静平衡可以在动态情况下进行，在这些磨床上装有动态平衡装置，可在磨床上对砂轮进行半自动或全自动平衡。

动平衡（力偶平衡）是在动平衡机上进行的。

（1）砂轮静平衡的工具与方法

1）静平衡工具。

① 静平衡架。圆轴式静平衡架用于大直径砂轮的平衡。刀口式静平衡架灵敏度高，用于小直径砂轮的平衡。圆盘式静平衡架一般用于大直径砂轮的平衡。

② 砂轮平衡心轴（图 5.4-8）。使用时将砂轮装在砂轮法兰盘上，再将法兰盘套在心轴上，与心轴锥体紧密配合后旋紧螺母 2。平衡心轴两端轴颈 1、5 的实际尺寸的差值应不大于 0.01mm。

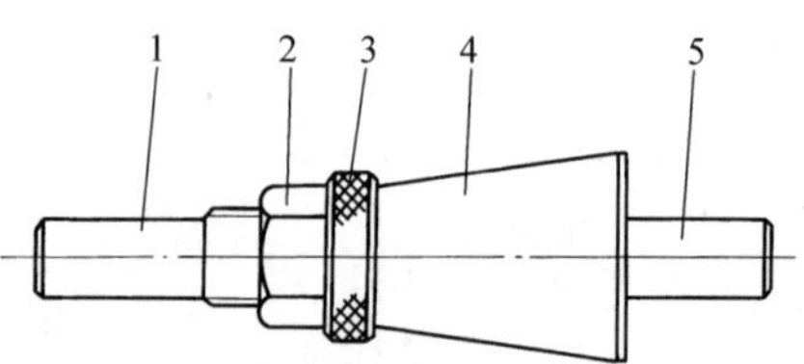

图 5.4-8 平衡心轴

1、5—轴颈 2—螺母 3—垫圈 4—锥体

静平衡架及心轴是平衡砂轮的必备工具，为保持其精度，平衡架上的圆轴、刀口或圆盘轮均不得碰伤，并保持其相互的平行度。同样，心轴应保持其原始的各项精度要求，勿使锥体及两端轴颈磕碰或划伤。

2）砂轮静平衡前应做好的工作。

① 注意平衡用工具及砂轮的清洁，砂轮上不得有残留的磨削液、油污等。

② 检查平衡工具的精度，调整平衡架的水平。

③ 砂轮要紧固于法兰盘上，配合间隙应符合表 5.4-48 中的要求。

表 5.4-48 砂轮孔与法兰盘配合间隙

砂轮孔径 /mm	配合间隙/mm	
	普通砂轮	高速砂轮
≤100	0.1~0.8	0.1~0.5
100~250	0.2~1.0	0.2~0.6
>250	0.2~1.2	0.2~0.8

3）砂轮的静平衡方法。三点平衡法是快速静平衡的有效方法。图 5.4-9 所示是砂轮三点平衡法原理

图，砂轮中心为 O，因砂轮不平衡，其质心不在 O 点上，而在偏离 O 点的 F 点。为了叙述方便，设 OF 在垂直中心线 AB 上。当 C 点上加一块平衡块 m_C 时，砂轮不平衡的质心一定处于 CF 之间的位置上，假设这点为 H，H 点离中心 O 的距离为 b。然后在 OB 两侧的 D 点和 E 点分别加 m_D 和 m_E 两个平衡块，这样就可以把砂轮看成有三个平衡块（分别在 H、E、D 三点上），只要三个平衡块的质心能与中心 O 重合，则砂轮就达到平衡。为使 H、E、D 三点的质心重合于中心 O 点，其方法如下：保持 H 点不变，即 m_C 不动，而移动平衡块 m_D 和 m_E，使 m_D 和 m_E 两平衡块的合成质心落在 AB 线的 G 点上，$OG=c$。设砂轮质量为 M，砂轮平衡时，其条件为

$$(M+m_C)b=(m_D+m_E)c$$

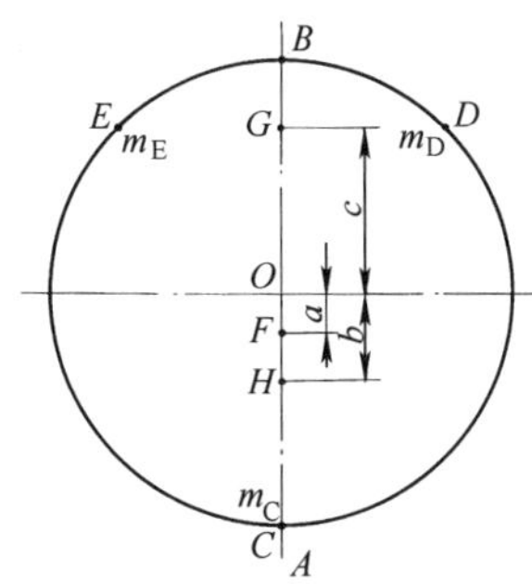

图 5.4-9 砂轮三点平衡法原理图

平衡砂轮的问题可归结为移动平衡块 m_D、m_E，使合成质心位于 G 点。经过这样平衡后，砂轮在任何方向都能保持平衡。

4）砂轮平衡的质量（表 5.4-49）。砂轮平衡的质量对磨削质量有直接影响，特别是在高速磨削中，应检测砂轮平衡后振幅的大小，以确定其是否需要再进行平衡。

表 5.4-49 砂轮平衡质量与振幅关系

测量部位	振动方向	振幅/μm	
		平衡质量好	平衡质量差
主轴前端（靠砂轮端）	水平	≤0.3	≥1.2
	垂直	≤0.2	≥0.25
主轴后端（靠带轮端）	水平	≤0.2	≥0.9
	垂直	≤0.2	≥0.15

（2）砂轮的动态平衡装置

自动或半自动动态平衡装置：一种是装在主轴锥体内部无附加力偶的动态平衡装置；另一种是装在主轴前端与砂轮有一段距离带有附加力偶的动平衡装置。无附加力偶的较好。

动态平衡装置有液体式、电气机械式及气动机械式三种型式。

1）液体式自动动态平衡装置（图 5.4-10）。利用机床本身使用的磨削液，通过阀组块分别进入 4 只转向阀，然后经喷嘴块 4 中 4 个喷嘴头喷入环形器 8 中的 4 个环形槽及其相对应的 4 个腔体内，使砂轮得到平衡。

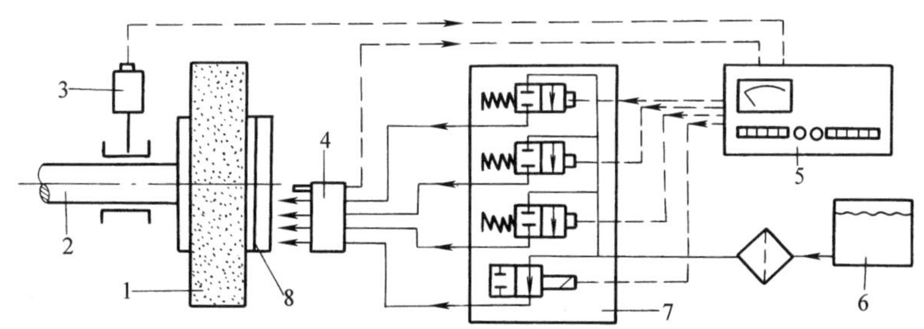

图 5.4-10 液体式自动动态平衡装置

1—砂轮 2—砂轮主轴 3—测振器 4—喷嘴块 5—电子控制仪 6—磨削液箱 7—阀组块 8—环形器

砂轮的不平衡状态通过测振器 3，将测得的振动信号输入电子控制仪 5，对主轴旋转频率、不平衡力矩、振幅、平衡相位（4 个腔体所对应的 4 个相位的不平衡状态）进行显示和判别，并可连续或断续有选择地自动对 4 个腔体补偿液体，达到自动控制的动态平衡。当达到所需平衡值后，该装置即自行停止工作。其平衡值允差可根据所需平衡精度在电子控制仪 5 中事先设定。

这种平衡装置的不平衡量可达到 1g·mm 以内，振幅<0.1μm（g·mm/kg），平衡精度高，平衡量大。一般 ϕ600mm 砂轮，在不做任何静平衡的情况下可直接上机动态平衡，操作方便，省力、省时，平衡时无机械接触，无磨损，使用寿命长。

2）电气机械式半自动动态平衡装置（图 5.4-11）。

平衡锤2安装在平衡锤座1上，它们都安装在主轴孔内（装砂轮的部位）。平衡锤与主轴一起转动（工作转速），当平衡锤移离中心位置，就会产生离心力使砂轮平衡。

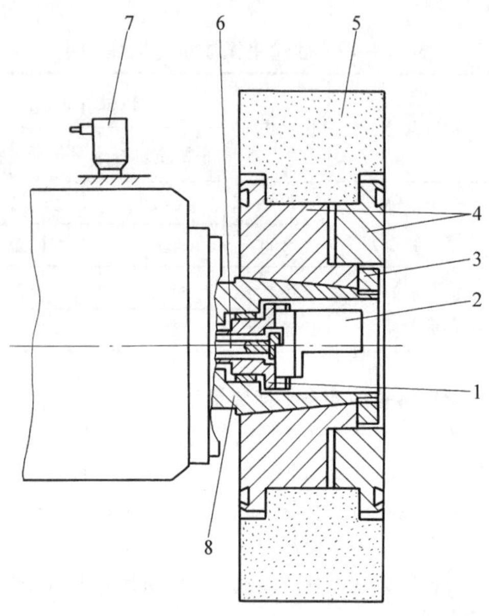

图5.4-11 电气机械式半自动动态平衡装置

1—平衡锤座 2—平衡锤 3—螺母 4—法兰盘 5—砂轮 6—平衡锤传动轴 7—测振器 8—主轴

主轴的另一端安装有两台微分电动机，先由一台微分电动机转动平衡锤座1使平衡锤2转至0°~360°的任意相位；然后由另一台微分电动机使平衡锤沿径向移动，移至使砂轮平衡的位置为止。两台微分电动机均有按钮控制。

在磨头上装有测振器7，其信号经电子仪器处理后，在仪表上显示出振幅、平衡相位及不平衡量等参数，操作人员根据这些参数首先按相位按钮，然后按径向位置按钮，直至仪表显示振幅等参数达到零（或允许值）为止。整个平衡操作仅需1~2min。

3）气动机械式半自动动态平衡装置。它是利用压缩空气将平衡块送至（转动移位）平衡位置，实现砂轮的平衡，其他工作原理与上述两种动态平衡装置相同。

砂轮的自动动态平衡法是提高磨削质量的重要技术措施之一。由于砂轮是用结合剂将磨粒固结在一起组成的，因此砂轮各部分的密度不可能完全相同，有密度较高及较低的部分，新砂轮经过平衡后装上机床使用，随着砂轮的消耗其直径也随之变小，会出现新的不平衡。这种新的不平衡在半自动平衡的磨床上将由测振仪及电子仪器装置显示出来，使操作人员可及时发现并消除它；在全自动平衡的磨床上，将由自动控制系统及时调整平衡块的相位及位置（或平衡液的量），使砂轮自始至终保持最佳平衡状态。

(3) 砂轮的动平衡

对于多砂轮及宽砂轮磨削（如发动机曲轴的多砂轮磨削），必须进行动平衡，以达到砂轮的力偶平衡。

动平衡机上装有仪表，由仪表显示出不平衡的端头（左，右）、相位及不平衡量，按照显示的内容由人工对砂轮左右两侧的平衡块进行调整后，再上机复测。反复几次，将不平衡量控制在允许的范围内。

2. 砂轮的修整

砂轮工作表面的磨粒是否锋利及轮廓形状是否失真对磨削效率及工件加工质量都有直接影响。对于磨削表面粗糙度值小于 $Ra1.6\mu m$ 的工件及成形磨削，都必须通过砂轮的精细修整以得到高质量的砂轮工作表面。现代CNC磨床的高效率、高精度成形磨削，已采用每磨一个工件就自动修整一次砂轮或采用连续修整技术，以使砂轮锋利、形状正确，从而确保工件的表面粗糙度、形状、尺寸精度要求以及高的生产率。

砂轮修整方法可分为三大类：车削法、滚压法及磨削法。

(1) 车削法修整(图5.4-12)

车削法修整是采用金刚石修整工具，仿效车削方式来修整砂轮。修整速度等于砂轮速度，修整工具（金刚石）以一定的修整背吃刀量（a_d）切入砂轮，并沿砂轮轴向以一定的修整导程（P_d）移动。每次修整掉的砂轮半径尺寸称为修整层厚度 H_d，$H_d = N_d a_d$（N_d 为修整时的吃刀次数）。

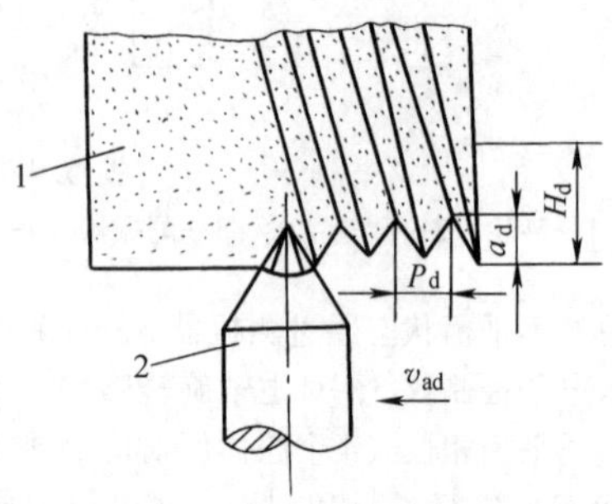

图5.4-12 车削法修整砂轮示意图

1—砂轮 2—金刚石修整工具

车削时利用坚硬的金刚石将脆性磨粒撞碎，使形状不同的磨粒裸露或产生微刃。用车削法修整的砂轮磨粒较锋利，具有较强的磨削能力和较长的使用寿命。

1）砂轮修整用工具及修整用量。

①单颗粒金刚石（图5.4-13）。金刚石颗粒大小应根据砂轮直径、厚度、磨料种类、砂轮硬度和粒度来选用。砂轮尺寸越大、粒度越粗和硬度越高，金刚石就应选得越大，一般可根据砂轮直径大小选择，见表5.4-50。

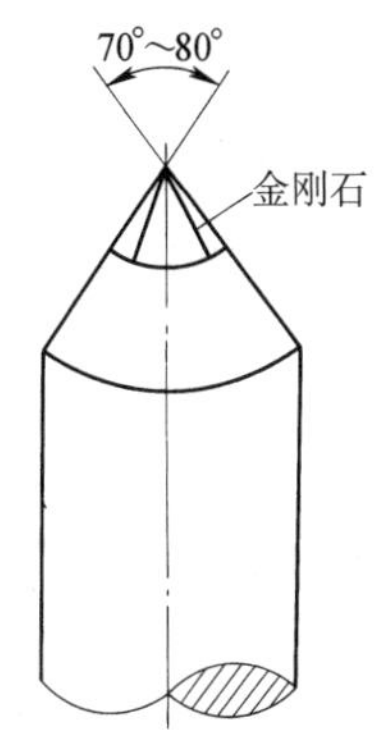

图5.4-13 单颗粒金刚石

表5.4-50 金刚石直径选择

砂轮直径/mm	金刚石颗粒大小/ct
≤100	0.25
>100~200	0.25~0.50
>200~300	0.50~0.75
>300~400	0.75~1.0
>400~500	1.0~1.25
>500~600	1.25~1.75
>600~900	1.75~2.5

注：ct为克拉（carat），1ct=0.2g

金刚石要保持尖锐，其顶角一般取为70°~80°，每次装夹时要转动一个方位，以利用金刚石的锋锐面。用钝了的金刚石须翻修重焊。

合理选择修整用量，对于保证砂轮的修整质量、降低修整工具和砂轮的消耗是非常重要的，可根据磨削工序的要求进行选择，见表5.4-51。

②片状金刚石和可转位盘状金刚石修整工具。规格型号及适用范围见表5.4-52。修整用量选择见表5.4-53。

表5.4-51 金刚石修整用量

修整用量	磨削工序				
	粗磨	半精磨	精密磨	超精磨	镜面磨
修整导程 P_d /(mm/r)	与砂轮磨粒平均粒径相近	0.03~0.08	0.02~0.04	0.01~0.02	0.006~0.01
修整背吃刀量 a_d /(mm/st)	0.01~0.02	0.0075~0.01	0.005~0.0075	0.002~0.003	0.002~0.003
修整层厚度 H_d /mm	0.10~0.15	0.06~0.10	0.04~0.06	0.01~0.02	0.01~0.02
光修次数	0	1	1~2	1~2	1~2

表5.4-52 片状金刚石和可转位盘状金刚石修整工具规格型号及适用范围

形状	型号	金刚石粒度/(粒/ct)	金刚石总重/ct	适用范围		
				砂轮直径/mm	砂轮粒度	磨床类型
方形片状	FP_1-30	20~30	0.6	250~600	F36~F60	专用磨床、工具磨床的平面及圆弧面的修整
	FP_1-60	50~70	0.6		F46~F80	
	FP_1-80	80~100	0.6		F60以细	
	FP_2-30	20~40	1.2	400~1400	F36~F60	无心磨、工具磨、平面磨、外圆磨等
	F_2-50	50~70	1.2		F46~F80	
	FP_2-80	80~140	1.2		F60以细	

（续）

形状	型　号	金刚石粒度/(粒/ct)	金刚石总重/ct	适用范围		
				砂轮直径/mm	砂轮粒度	磨床类型
可转位盘状	YP_1-30	20~40	0.8	<800	F36~F60	多台肩端面外圆磨、外圆磨、平面磨、成形磨等
	YP_1-50	50~70	0.6	<600	F46~F80	
	YP_1-80	80~90	0.4	<500	F60 以细	
	YP_2-30	30~40	1.6	400~900	F36~F60	端面外圆磨、外圆磨、平面磨等
	YP_2-50	50~70	1.2		F46~F80	
	YP_2-80	80~90	0.8		F60 以细	
	YT-30	40	0.4 0.3	<350	F36~F60	内圆磨、工具磨的平面及圆弧的修整
	YT-50	60	—		F46~F80	
	YT-80	80	0.3		F60 以细	

注：表中型号，前者表示类型，后者表示直径（mm）。

表 5.4-53　片状金刚石和可转位盘状金刚石修整工具修整用量

修整用量	磨削工序		
	粗磨	半精磨	精密磨
修整导程 P_d/(mm/r)	与砂轮磨粒平均粒径相近	0.03~0.08	0.02~0.04
修整背吃刀量 a_d/(mm/st)	0.03~0.05	0.003~0.02	0.002~0.01
修整层厚度 H_d/mm	0.10~0.15	0.06~0.10	0.04~0.06
光修次数	0	1~2	1~2

③ 金刚石笔。金刚石笔的规格型号及选择见表5.4-54、表5.4-55和表5.4-56。金刚石笔的修整用量见表5.4-57。

表 5.4-54　金刚石笔的规格型号

种类	型　号	金刚石大小(ct/粒或目)	金刚石量		每一层金刚石粒数
			重量/ct	粒数	
链状	L_1-10	0.5~0.7	实重	1	1
	L_2-10	0.2~0.5	1	3~4	1
	L_3-8	0.1~0.2	0.5	3~4	1
	L_4-6	0.03~0.1	0.5	6~8	1
	C_2-10	0.1~0.2	1	9	3
	C_3-10	0.05~0.1	1	12	3~4
	C_4-10	0.03~0.05	0.5	9~15	3~4
排状	P_1-10	0.2~0.4	1.5	6	2
	P_2-10	0.15~0.2	1	0	2

（续）

种类	型号	金刚石大小（ct/粒或目）	金刚石量		每一层金刚石粒数
			重量/ct	粒数	
粉状	F_{14}-10	50 目	1.5	—	—
	F_{20}-10	150 目	1.5	—	—
	F_{14}-8	50 目	1	—	—
	F_{20}-8	150 目	1	—	—
	F_{24}-8	250 目	1	—	—
	F_{36}-4	36 目	0.5	—	—
	F_{40}-4	46 目	0.5	—	—
	F_{60}-4	60 目	0.5	—	—
	F_{80}-4	80 目	0.5	—	—
	F_{100}-4	100 目	0.5	—	—
	F_{150}-4	150 目	0.5	—	—
	F_{180}-4	180 目	0.5	—	—

注：表中型号，前者表示类型，后者表示直径（mm）。

表 5.4-55 金刚石笔规格的选择

磨削方式		砂轮直径或宽度/mm	金刚石笔规格
外圆磨		900~1100	L_1、C_1
		600~750	L_2、C_2、P_1、F-10
		300~500	L_3、C_3，P_2、F-8
		≤250	L_4、C_4
平面磨		300~600	L_3、L_2、C_2、F-10
无心磨	砂轮	300、H[①] = 100	L_2、C_2、C_3、F-8
		400~600、$H≤200$	L_2、P_2、F-10
		600、$H≥400$	L_3
	导轮	<300、$H≤200$	L_4、C_4
		300~500、$H≥275$	C_2、C_3、F-8
内圆磨		12~60	L_4、F-4
		70~175	L_4、C_4
		≥200	L_3、L_4、C_4、F-8
磨沟槽，磨槽侧		—	L_4
磨内圆		—	F-8
齿轮磨		—	L_3、C_4、F-8
螺纹磨螺距/mm	<0.5	≤500	F_{100}-4~F_{180}-4
	0.5~0.8		F_{100}-4
	0.8~1.25		F_{80}-4
	1.25~2.0		F_{60}-4
	2.0~3.0		F_{46}-4
	3 以上		P_{36}-4

① H——砂轮厚度。

表 5.4-56　粉状金刚石笔的选择

砂轮粒度	F36~F60	F46~F80	F60~F100	F80~F120
金刚石笔规格	F_{14}	F_{20}	F_{24}	F_{36}
砂轮粒度	F120~F180	F180~F220	F220~F360	F360 以细
金刚石笔规格	F_{46}	F_{60}	F_{80}	F_{100} 以细

表 5.4-57　金刚石笔的修整用量

修整用量	半精磨	精磨	精密磨
修整导程 P_d/(mm/r)	0.01~0.02	0.005~0.01	0.003~0.006
修整背吃刀量 a_d/(mm/st)	0.02~0.04	0.01~0.02	0.006~0.01
修整层厚度 H_d/mm	0.02~0.08	0.02~0.06	0.01~0.04
光修次数	0	1~2	1~2

④ 磨料修整块。

a. 碳化硅修整块。碳化硅修整块大多用于金刚石修整以前的粗修或刀具刃磨的砂轮修整。修整块的硬度比被修整砂轮高 1~3 级，粒度粗 2~3 个号。一般采用手动修整，也可将修整块装夹在夹具上进行机动修整。

b. 碳化硼修整块。碳化硼修整块主要用于刀具刃磨砂轮的修整和内圆磨削砂轮的粗修整。

2）普通磨削的车削法修整。

① 单颗粒金刚石的安装（图 5.4-14）。金刚石刀杆与砂轮径向安装成 10°~15°角，使金刚石在低于砂轮轴线 2~5mm 处与砂轮相切，如图 5.4-14a 所示，沿轴向进给方向应倾斜 10°~15°的偏角，如图 5.4-14b 所示。这样修整的砂轮较不置偏角的更为锋利，金刚石的寿命也将延长，同时可避免在修整时发生颤动或啃刀。为了去除砂轮表面和空穴中残留的磨粒，修整后可用铜丝刷清理一次。

② 金刚石片状和可转位盘状修整工具的安装（图 5.4-15）。

(2) 滚压法修整

修整砂轮时，当滚压轮（金属、硬质合金或磨料）速度 v_r 与砂轮速度 v_s 之比 $q=v_r/v_s=1$ 时，称为滚压法修整。此法一般用于成形磨削，也用于普通外圆及平面磨削。

滚压法修整时，砂轮以低速带动滚压轮旋转，通常 $v_s=0.5\sim2$m/s，因此必须配置一套砂轮旋转的减速装置。一般情况下滚压轮是从动的，但在成形磨削中，滚压轮可以由专用的手动或机动修整夹具以慢速带动砂轮旋转，效率很低。

滚压时滚压轮利用挤压将砂轮的磨粒挤碎或使磨粒脱落。砂轮的切削性能较好，成本较低，但被磨工件的表面粗糙度值较大。此外，滚压轮易磨损，寿命短，精度易降低。此法多用于单件及小批量生产。

1）常用滚压轮的种类（表 5.4-58）。

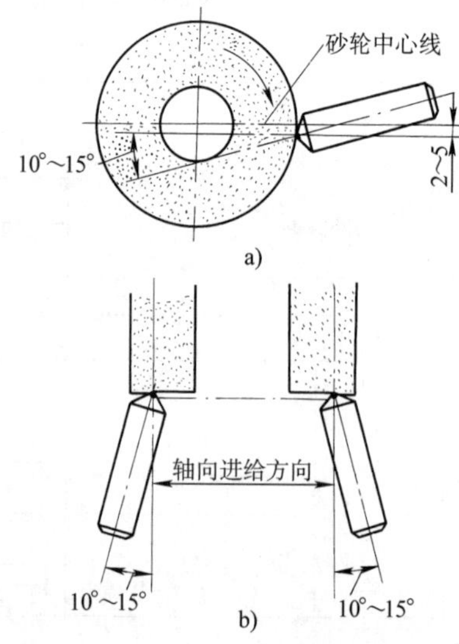

图 5.4-14　金刚石的安装位置示意图
a）低于轴线相切　b）置偏角

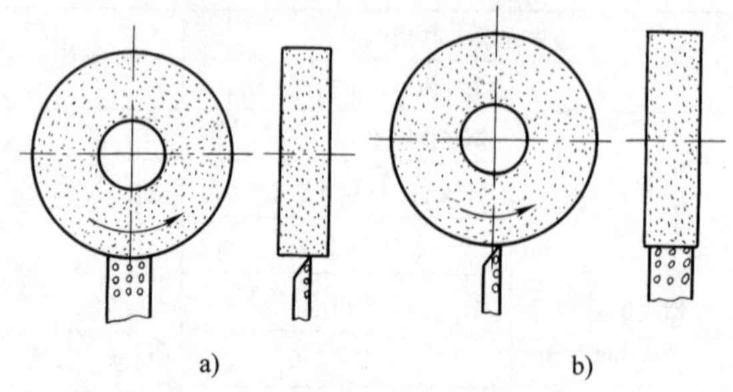

图 5.4-15　金刚石片状和可转位盘状修整工具安装示意图
a）正确　b）错误

① 金属滚压轮。用工具钢、合金工具钢或低碳钢制造，大多用于成形磨削中修整砂轮。也可用钢滚压轮来锐化（修整）超硬磨料砂轮。

菊花形钢片及裙边形钢片是用低碳钢板冲压成形后经渗碳淬火制成。菊花形钢片以 10～15 片为一组，裙边形钢片以 4～5 片为一组，各自组装在专用夹具的转轴上使用。

金属滚压轮一般工厂均可自制，成本较低，主要用于中、小批量生产。

表 5.4-58 常用滚压轮的种类

序号	图 示	名称与材料		用途
1	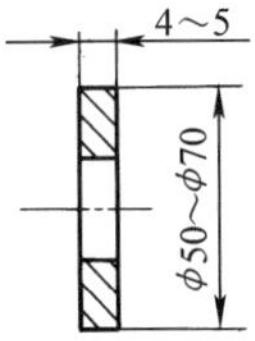	金属类	滚压轮： 20 钢，渗碳 0.25～0.5mm，淬火 56～60HRC T7、T9，淬火 60～64HRC	1. 用于成形磨削前的预修整 2. 用于普通外圆和平面磨削
2	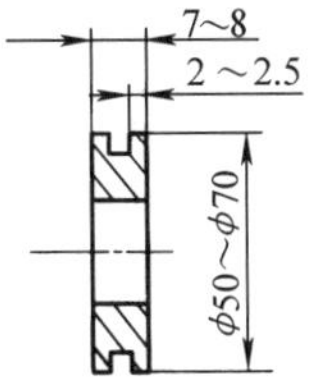		滚压轮： T7、T9、CrMn、CrWMn，淬火 60～64HRC	
3	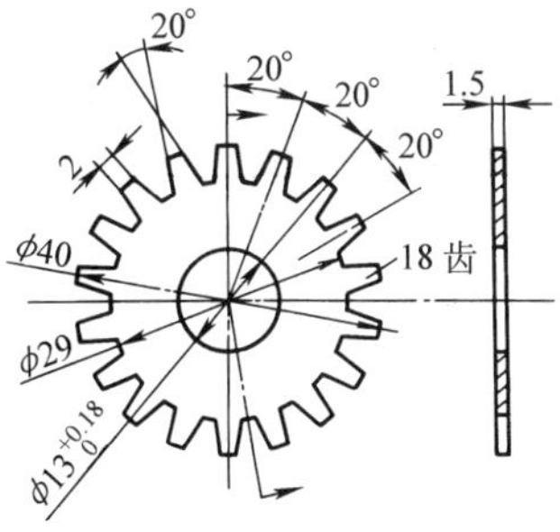		菊花形钢片： 10 钢、20 钢，渗碳 0.3～0.5mm，淬火 56～62HRC	1. 外圆与平面磨床粗磨修整 2. 成形磨削前的预修整 3. 非金属磨削的砂轮修整
4	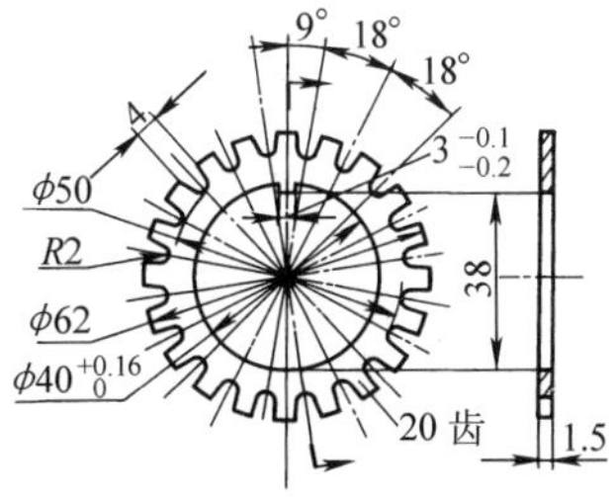			
5	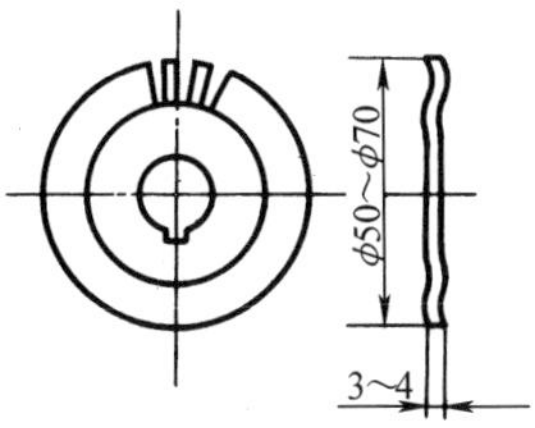		裙边形钢片： 10 钢、20 钢，渗碳 0.3～0.5，淬火 56～62HRC	

（续）

序号	图示	名称与材料		用途
6	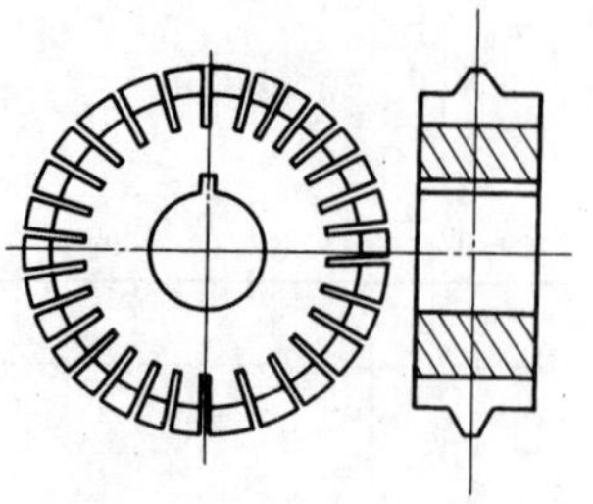	金属类	成形滚压轮： CrMn、CrWMn，淬火60~64HRC	用于成形磨削
7	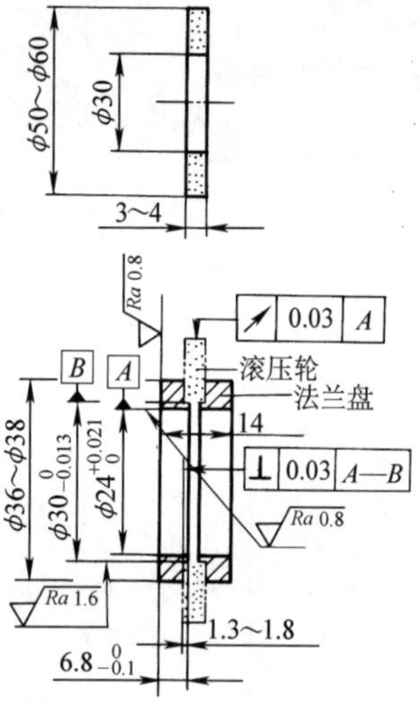 φ50~φ60　φ30　3~4 Ra 0.8　0.03 A　B　A　滚压轮　法兰盘　14 φ36~φ38　$φ30_{-0.013}^{0}$　$φ24_{0}^{+0.021}$　⊥ 0.03 A—B　Ra 0.8 Ra 1.6　1.3~1.8　$6.8_{-0.1}^{0}$	硬质合金类	滚压轮： 硬质合金 法兰盘： 45钢，调质28~32HRC	外圆、平面磨床精磨修整砂轮
8	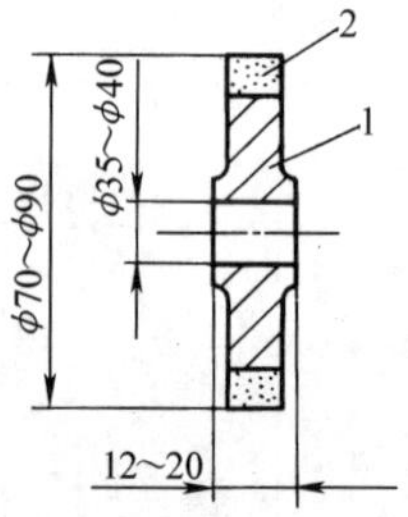 2　1　φ35~φ40　φ70~φ90　12~20	硬质合金类	滚压轮： 1—45钢 2—硬质合金	外圆、平面、无心磨床组、精磨修整砂轮
9	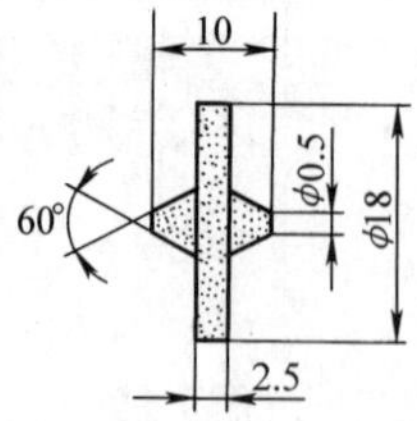 10　60°　φ0.5　φ18　2.5	硬质合金类	小尺寸整体滚压轮： YG6、YG8、YG15	外圆与平面磨床精磨修整砂轮
10	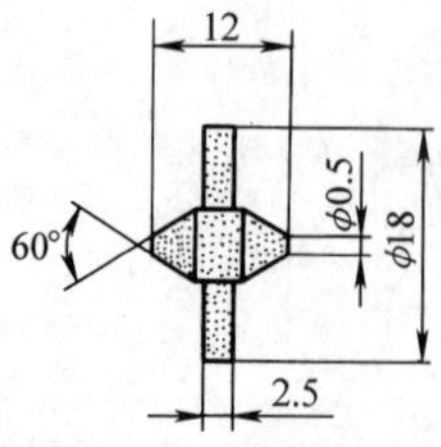 12　60°　φ0.5　φ18　2.5	硬质合金类	小尺寸组合滚压轮： YG6、YG8、YG15	外圆与平面磨床精磨修整砂轮

（续）

序号	图　　示	名称与材料		用途
11	$\phi40\sim\phi75$　$\phi15\sim\phi30$　5~6	磨料类	磨料修整轮： 刚玉	1. 用于外圆及平面磨床组、精磨修整砂轮 2. 非金属磨削修整 3. 主要用于磨削法修整，也用于滚压法修整
12	$\phi80\sim\phi150$　$\phi20\sim50$　16~32		磨料修整轮： 碳化硅	1. 外圆、平面、无心磨床组、精磨修整砂轮 2. 非金属磨削的修整 3. 主要用于磨削法修整，也用于滚压法修整

② 硬质合金滚压轮。用 YG 6、YG 8 及 YG15 硬质合金制造。使用时安装在专用夹具上，如图 5.4-16 和图 5.4-17 所示。也可用法兰盘夹持后，装在夹具上。

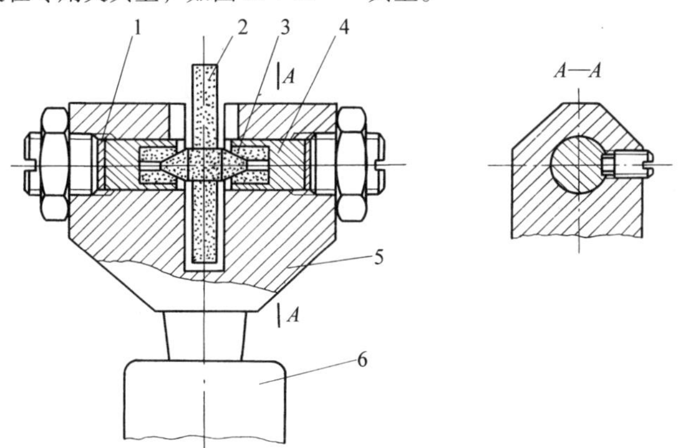

图 5.4-16　外圆及平面磨床用硬质合金滚压轮修整器
1—垫圈　2—滚压轮（硬质合金）　3—轴承（硬质合金）　4—钢套　5—带圆锥柄本体　6—底座

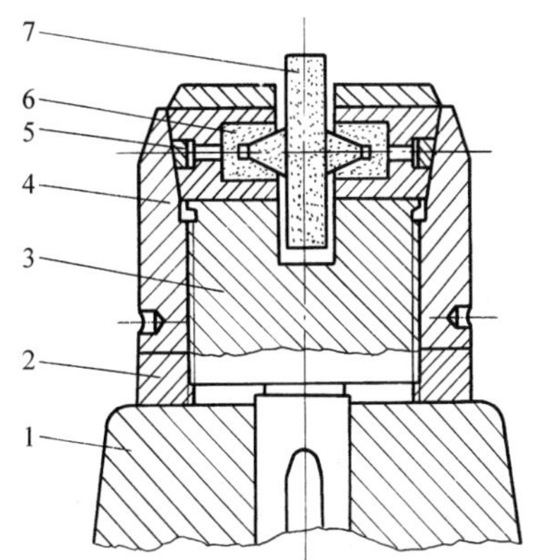

图 5.4-17　小尺寸硬质合金滚压轮修整器
1—底座　2—锁紧螺母　3—本体　4—调整螺母　5—键环（防止件 6 转动）　6—轴承（硬质合金）　7—滚压轮（硬质合金）

整体和开槽的硬质合金滚压轮大多用于半精磨、精磨的修整以及成形磨削的预修整，其修整精度和寿命均较金属滚压轮高，但制造比较困难，成本较高。为降低成本，也可用硬质合金废旧碎粒制作。在修整中硬质合金滚压轮被砂轮带动的转速可高达 35000~40000r/min。其轴承也用硬质合金制造，一种是将硬质合金轴承镶嵌在钢套中（图 5.4-18a），另一种是不带钢套全硬质合金的（图 5.4-18b）。

③ 磨料滚压轮。采用滚压法修整时，选用磨料粒度应细于被修整的砂轮，硬度应高于被修整砂轮硬度 2 级以上。超硬磨料砂轮的修整一般采用磨料滚压轮。修整时，超硬磨料砂轮的速度一般为 25m/s，刚玉或碳化硅滚压轮与砂轮对滚，在对滚中滚压轮对砂轮进行锐化（修整），不产生磨削作用，只发生滚压轮的磨粒破碎而把超硬磨料砂轮的磨粒从结合剂中剔

出来，使砂轮锋利。磨料滚压轮的选择见表 5.4-59。

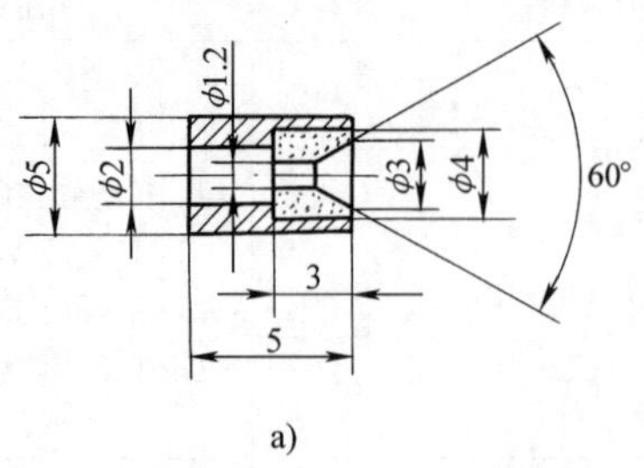

a)

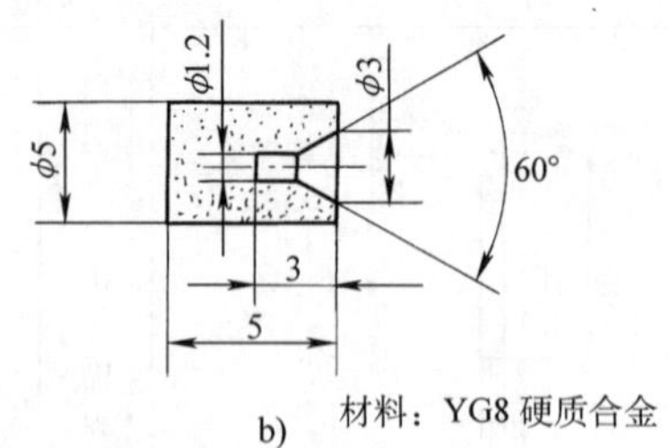

b) 材料：YG8 硬质合金

图 5.4-18 硬质合金滚压轮修整器轴承

a）带钢套的轴承 b）不带钢套的轴承

表 5.4-59 磨料滚压轮的选择

超硬磨料砂轮		磨料滚压轮			
结合剂	粒度	磨料种类	粒度	硬度	结合剂
树脂结合剂	70/80～100/120	GC 或 WA	F100	L～M	A
	120/140～170/200		F180	K～L	A
	230/270 及更细		F240	J～K	A
青铜结合剂	70/80～100/120	GC 或 WA	F80	P～Q	A
	120/140～170/200		F150	M～N	A
	230/270 及更细		F180	K～L	A

2）普通磨削的滚压修整法。普通外圆磨削的滚压修整法如图 5.4-19 所示。平面磨床用磨料滚压轮修整器如图 5.4-20 所示。

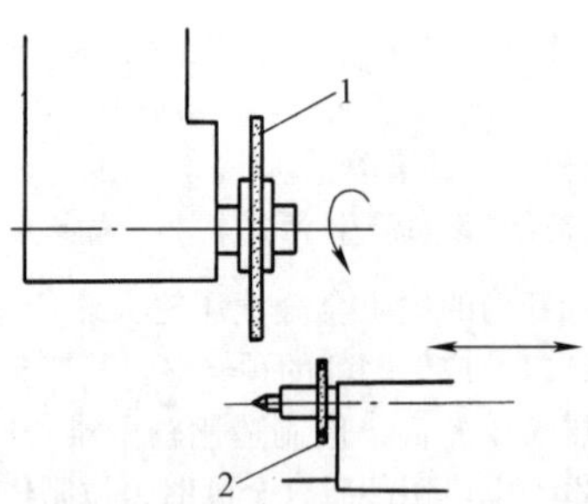

图 5.4-19 普通外圆磨削的滚压修整法示意图

1—砂轮 2—滚压轮

3）成形磨削的滚压修整法。将与砂轮轮形凹凸相反的滚压轮安装在滚压轮修整夹具上进行修整。成形磨削滚压修整法的特点如下：

① 滚压法修整的砂轮形面比较粗糙，切削性能好，但与其他修整方法比较被磨工件的表面粗糙度值也较高。

② 金属滚压轮是成形磨削滚压修整法的主要工具，制造容易，成本低。

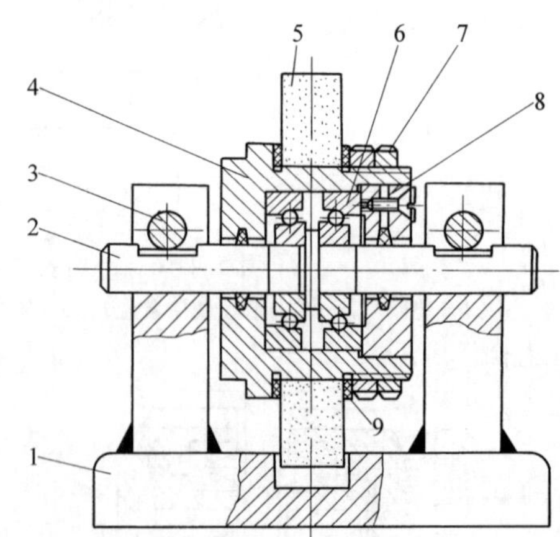

图 5.4-20 平面磨床用磨料滚压轮修整器

1—底座 2—轴 3—锁销 4—本体 5—磨料滚压轮 6—轴承 7—锁紧螺母 8—端盖 9—软垫片

③ 由于滚压轮由砂轮带动（或反之）一起旋转，属纯滚动接触，但由于修整的是成形面，所以存在 $v_r/v_s \neq 1$ 的相对滑动而引起各处不均匀的磨损，形面倾斜角越大，不均匀磨损也越严重，精度也越易丧失。因此这种修整方法通常不宜做复杂形面的修整，

特别是对90°直角形面的修整。滚压修整法不宜用来修整磨削螺纹用砂轮。

④ 需要对机床进行改造，增加减速装置。

⑤ 由于滚压时挤压力较大（与车削法及磨削法相比），对保持机床精度不利，且要求轴承和整个机床工艺系统有足够的刚度。

⑥ 被修整的砂轮硬度均匀性要好，否则修整后砂轮会产生局部形状失真。

4）普通磨削滚压轮修整用量。

① 金属滚压轮与硬质合金滚压轮的修整背吃刀量及轴向速度分别见表5.4-60和表5.4-61。

表5.4-60 金属和硬质合金滚压轮的修整背吃刀量 a_d

修整用量	磨削工序		
	粗磨	一般磨削	精磨
a_d/(mm/st)	0.04~0.05	0.01~0.02	0.01
最后光修要求	—	光修2~3次	光修整导程为0.01~0.02mm/r，光修一次

表5.4-61 金属和硬质合金滚压轮的轴向速度 v_{ad}

（m/min）

修整工具	磨削工序		
	粗磨	半精磨	精磨
整体硬质合金液压轮	0.5~0.6	0.1~0.3	0.025~0.03
开槽硬质合金液压轮	0.8~1.0	<0.3	0.1~0.3
硬质合金碎粒滚压轮	1.0~1.5	0.4~1.0	0.2~0.4
带槽钢滚压轮	>0.6	0.4~0.6	—

② 菊花形钢片及裙边形钢片滚压轮的修整用量。这两种滚压轮主要用于手工操作，适用于荒磨和粗磨工序的大余量修整。如果工件表面粗糙度值要求低时，则应将修整器固定在机床上，采用机动修整，以减少振动的影响。机动修整用量见表5.4-62。

表5.4-62 菊花形和裙边形钢片修整器的机动修整用量

轴向速度(m/min)	修整背吃刀量/(mm/st)	修整次数
0.4~2.0	0.03~0.06	6~8

5）成形磨削滚压轮修整用量。修整成形砂轮时，先用金刚石笔或砂轮碎块进行粗修，然后再用成形滚压轮挤压修整，修整用量见表5.4-63。

表5.4-63 成形砂轮滚压轮修整用量

修整用量	粗修整	精修整	光修整
进给量（径向）（滚压轮与砂轮磨合时，砂轮对滚压轮的进给量）/(mm/r)	0.01	0.004	成形后，在不进刀的情况下，再转1~2min

6）注意事项。

① 修整时必须使用磨削液，磨削液要充分，以便冲掉砂粒。

② 修整时及修整后用铜丝刷刷去滚压轮及砂轮表面砂粒，以防砂粒又被反压入砂轮表面的空穴中而造成堵塞。也可将铜丝刷装在修整器上，边滚压边刷。

③ 滚压轮修整器或夹具的安装，必须保证滚压轮轴线与砂轮主轴轴线的平行度，且在同一平面内。

④ 硬质合金滚压轮在使用前应先将其外径磨圆，装在夹具上的圆跳动应不超过0.02~0.05mm，端面跳动应不超过0.15~0.3mm。要经常检查滚压轮转动是否灵活。

⑤ 修整前要缓慢地靠近砂轮，边靠近边做轴向移动，以防止由于砂轮有锥度或径向偏摆大而造成吃刀过大，检查正常后方可进行修整。

⑥ 采用轴向滚压法修整时，滚压轮轴向移动不应超出砂轮的棱边，且要缓慢移动，以免砂轮棱边崩碎。

⑦ 注意修整夹具的防尘，应经常清洗及润滑轴承座。

（3）磨削法修整

修整砂轮时，修整轮（磨轮或金刚石滚轮）与砂轮的速度之比 $q_d = v_r / v_s \neq 1$，称为磨削法修整。

1）普通外圆及平面磨削的磨削法修整。利用磨轮或金刚石滚轮的自身旋转运动及轴向运动，对旋转砂轮进行磨削如图5.4-21所示。磨轮以其锋利的棱边将砂轮表面上的磨粒打碎，随后磨轮圆周表面上的磨粒对砂轮进行修整，使砂轮工作表面上磨粒的顶端被磨平。

用磨削法修整的砂轮表面不很锋利，其切削性能较车削法及滚压法差，但用它来磨削的工件表面粗糙度值较小。

在普通外圆及平面磨削中常使用碳化硅磨轮修整砂轮，磨轮成本低且选用方便，也可用金刚石滚轮以磨削法来修整砂轮（图5.4-22）。

2）磨削法修整磨轮及修整用量。

① 磨轮选择。在机床允许的情况下，磨轮的直径尽量选大一些，一般磨轮直径按砂轮直径的1/3选用，见表5.4-64。

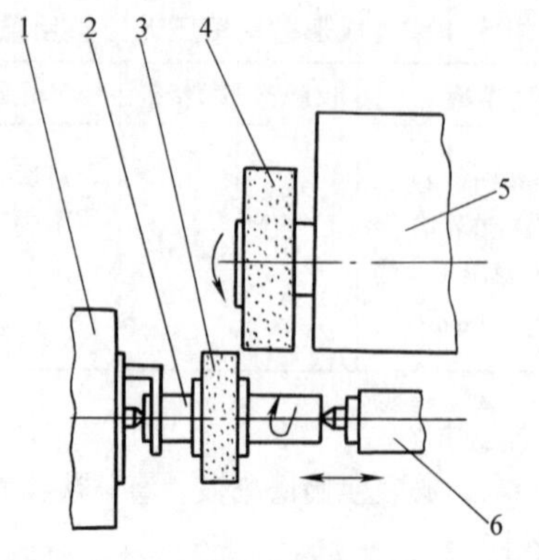

图 5.4-21　普通外圆磨削的磨轮磨削法修整
1—头架　2—心轴　3—碳化硅磨轮　4—砂轮
5—砂轮架　6—尾架

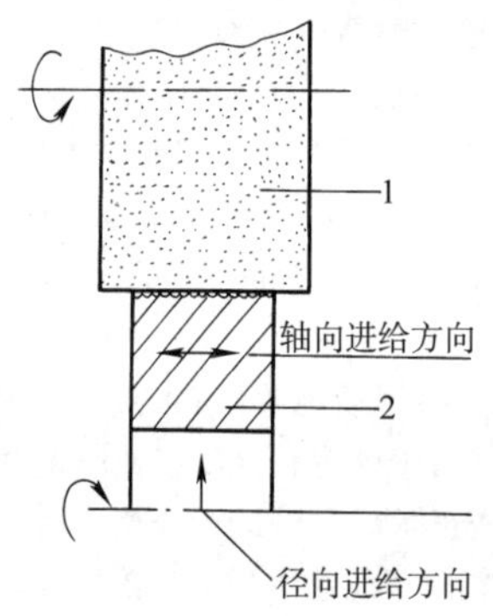

图 5.4-22　普通外圆磨削的金刚石滚轮磨削法修整
1—砂轮　2—金刚石滚轮

表 5.4-64　磨轮直径选择　(mm)

砂轮直径	磨轮直径
>300	80~150
≤300	60~80

磨轮的粒度号一般要比被修整的砂轮粗 3~4 个粒度号，见表 5.4-65。

表 5.4-65　磨轮粒度选择

砂轮粒度号	磨轮粒度号	
	粗磨	精磨
F36	F16	F20
F40~F60	F16~F20	F20~F40
F70~F90	F20~F24	F24~F36
F100 及更细	F30~F36	F36~F46

磨轮的硬度应比被修整的砂轮高，以保证被修整砂轮的几何精度。磨轮硬度可参考表 5.4-66 选用。

表 5.4-66　磨轮硬度选择

砂轮硬度	B~L	M~P	Q~T
磨轮硬度	S~T	S~Y	Y

② 修整用量选择。磨轮的速度与被磨的工件速度相近，一般为 15 ~ 20m/min。其修整用量见表 5.4-67。

表 5.4-67　磨轮的修整用量

修整用量	粗磨	半精磨	精磨	精密磨
轴向修整速度/(m/min)	1.5~2.0	1.0~1.5	0.5~1.0	0.4~0.5
修整背吃刀量/(mm/st)	0.03~0.05	0.02~0.04	0.02~0.03	0.02~0.03
修整次数	4~6	4~6	3~5	2~4
光修次数	—	0	1~2	1~2

③ 磨轮安装（图 5.4-23）。须用 0.5~0.7mm 厚的软性垫片垫于磨轮的两端面，磨轮外径圆跳动应小于 0.03mm。

3）成形磨削中的金刚石滚轮磨削法修整。成形磨削时用金刚石滚轮磨削法来修整砂轮，可获得良好的质量及经济效益，又便于实现数控自动化操作，是一种很有发展前途的修整砂轮方法。

成形磨削金刚石滚轮磨削法修整如图 5.4-24 所示。

成形磨削中金刚石滚轮、砂轮与工件的相互位置见表 5.4-68。金刚石滚轮由专用电动机经过传动机构带动，并可做径向进给运动，砂轮在不改变工作速度的情况下转动，金刚石滚轮以磨削方式完成对砂轮的成形修整。这种修整方法大多用于外圆成形磨削、无心成形磨削及平面磨床的成形磨削中。

① 金刚石滚轮修整用量选择。用滚轮修整砂轮时，修整用量大，则砂轮表面较粗糙，切削性能好，磨削力小，磨削温度低，工件表面不易烧伤和产生裂纹，但被磨工件的表面粗糙度值较大。表 5.4-69 列出了金刚石滚轮修整用量的推荐值。由于无进给的光修实际上是磨平砂轮表面，其结果使砂轮的磨削能力降低，因此应尽量减少光修时间。

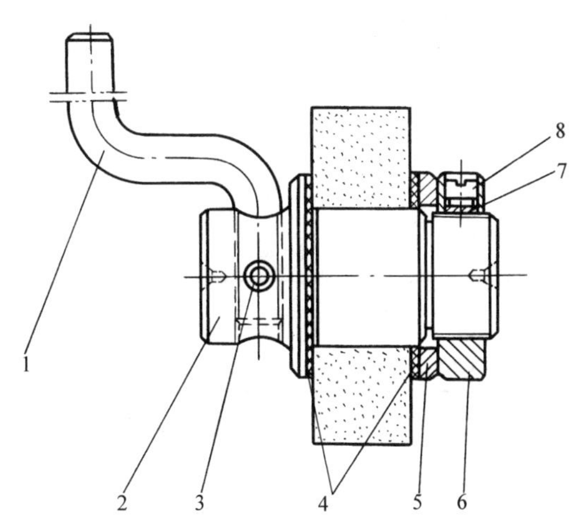

图 5.4-23　磨轮安装

1—拨杆　2—本体（轴）　3—销子　4—软性垫片　5—垫圈　6—圆螺母　7—铅垫　8—支头螺钉

② 金刚石滚轮类型选择。金刚石滚轮按制造方法可分为电镀法、粉末冶金烧结法和人工栽植法三大类。电镀法又分为外镀法和内镀法两种。人工栽植法，即在显微镜下操作人员将一颗颗金刚石按其形状栽植，将锋利的刃口向外，这样克服了滚轮修整能力差的缺点，而且可按需要呈螺旋线均匀排列，其精度高于内镀法制造的滚轮，寿命也长，修整砂轮的表面质量高，但其价格十分昂贵。

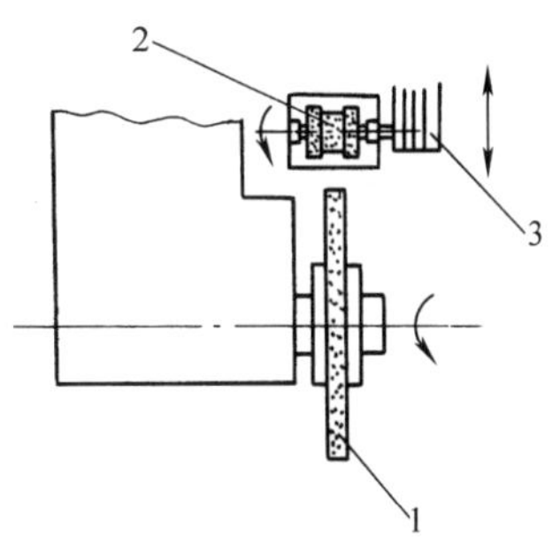

图 5.4-24　成形磨削金刚石滚轮磨削法修整的示意图

1—砂轮　2—金刚石滚轮　3—传动带

不同类型金刚石滚轮类型选择见表 5.4-70。

表 5.4-68　成形磨削中金刚石滚轮、砂轮与工件的相互位置

序号	示　意　图	特　　点
1	进给方向 金刚石滚轮 砂轮 工件	1. 滚轮、砂轮、工件的三轴线平行 2. 滚轮修整进给方向垂直于砂轮轴线 3. 工件端面的磨削不良，砂轮端面修整不良
2	进给方向 金刚石滚轮 砂轮 工件	1. 滚轮与砂轮轴线平行 2. 修整进给方向垂直于砂轮轴线 3. 改善了工件端面的磨削及砂轮端面的修整 4. 与序号 1 情况比较，滚轮较难制造
3	进给方向 金刚石滚轮 砂轮 工件	1. 滚轮、砂轮与工件的三轴线不平行 2. 修整进给方向垂直于砂轮轴线 3. 改善了工件端面的磨削及砂轮端面的修整 4. 滚轮制造难度与序号 1 情况相同

表 5.4-69　金刚石滚轮修整用量的推荐值

修整用量	推荐值
滚轮速度 v_r 与砂轮速度 v_s 之比 q_d	+0.4～+0.7
砂轮每转滚轮的修整背吃刀量 a_d/(mm/r)	0.0004～0.0013
无进给光修次数	0～60

注：表中（+）号表示顺修磨。

表 5.4-70　不同类型金刚石滚轮类型选择

内容	外镀法	内镀法	粉末冶金烧结法	人工栽植法
基体制造复杂性	中等	复杂	简单	中等
金刚石需要量	表面一层	表面一层	随制造要求而定	表面一层
制造精度	差，但可通过修整达到内镀法水平或更高	较高	最差，可通过修整来提高其精度	高
精度保持性	中等	较好	差	好
适用对象	能用轨迹法进行修整的各种形面	大多用于复杂形面	简单形面	一般或复杂形面
制造周期	短	较长	短	长
制造成本	低	较高	视金刚石层厚度而定	高
修整砂轮的效率	较高	低	中等	高
工艺流程复杂性	中等	复杂	简单	复杂
精度丧失后可修复性	可	不太方便或不可修复	可	可

4）成形磨削中的金刚石块磨削法修整。在平面磨床上成形磨削时，也可用金刚石块来修整砂轮。修整时，金刚石块的基准面靠紧磁力吸盘上的定位基准挡块。砂轮如同磨工件一样旋转并缓慢地靠近金刚石块，金刚石块做往复运动，慢慢把砂轮修整成形。

金刚石块与金刚石滚轮一样，其基体也是钢制的，在其表面有金刚石薄层。也可以将金刚石块用组合法组成复杂形面，修整所需形状的砂轮。

5）磨轮、金刚石滚轮及金刚石块磨削法修整时的注意事项。

① 磨削液必须量大充分，特别是在成形磨削修整砂轮时，大多属于切入式修整，接触面较宽，修整时温度很高，如果不随时冷却将加速金刚石本身的磨耗，同时修整中产生的磨料废屑不易排出，也需要用大量磨削液冲洗。

② 成形修整首次粗修整时可用碳化硅磨轮，以减少金刚石滚轮的消耗。

③ 金刚石滚轮修整器安装时，必须保证滚轮轴线与砂轮主轴轴线在同一垂直平面内。

④ 要经常检查金刚石滚轮修整器的运动精度、滚轮主轴的圆跳动及全跳动，及时排除不正常现象。

5.5 磨削加工工艺

5.5.1 固结磨具普通磨削

1. 固结磨具普通磨削用量选择

磨削用量主要有砂轮速度 v_s、工件速度 v_w、纵向进给量 f_a、背吃刀量 a_p 和光磨次数等。合理选择磨削用量，对磨削加工质量和生产率均有很大影响，见表5.5-1。

表5.5-1 磨削用量对加工的影响

磨削用量	生产率	表面粗糙度	烧伤	磨削力	砂轮磨耗	磨削厚度	几何精度
v_s↗	↗	↘	↗	↘	↘	↘	↗
v_w↗	↗	↗	↘	↗	↗	↗	↘
f_a↗	↗	↗	↘	↗	↗	↗	↘
a_p↗	↗	↗	↗	↗	↗	↗	↘
光磨次数↗	↘	↘	↗	↘	↗	↘	↗

注：本表适用条件：在纵磨或切入磨削时，其他条件均相同。

1）砂轮速度选择。砂轮速度太低，砂轮磨损严重；砂轮速度过高，磨粒切削刃锋利程度易下降。一般情况下，普通陶瓷结合剂砂轮，取 $v_s=30\sim35\text{m/s}$，内圆磨、工具磨等因砂轮直径小，允许选择低一些。随着磨削技术的发展，砂轮速度已提高到60~80 m/s，有的已超过100m/s。砂轮速度与表面粗糙度的关系如图5.5-1所示。

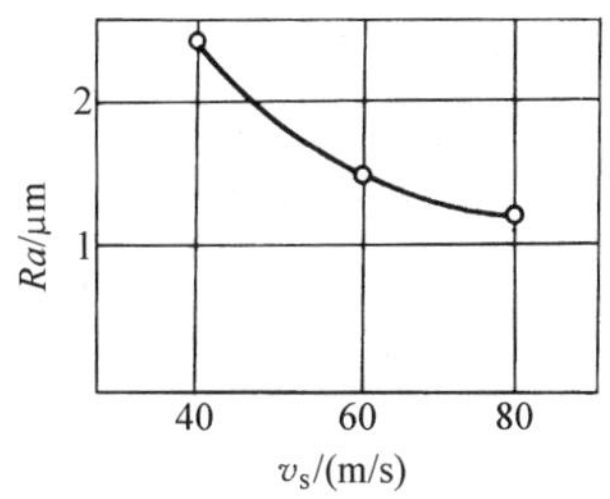

图5.5-1 砂轮速度与表面粗糙度的关系
工件材料：45钢，调质250HBW；
磨削方式：切入磨；磨具：PA80MV；
磨削条件：$Z'=10\text{mm}^3/(\text{mm}\cdot\text{s})$，$Z=300\text{mm}^3/\text{min}$，
砂轮与工件速度比 $q=60$；磨削液：2.4%69-1乳化液

2）工件速度选择。工件与砂轮的速比 $q=\dfrac{v_s}{v_w}$ 对加工精度和磨削能力有很大影响。一般，外圆磨取 $q=60\sim150$；内圆磨取 $q=40\sim80$。工件速度选择条件见表5.5-2。

表5.5-2 工件速度选择条件

序号	主要因素		选择条件
1	速度		砂轮速度越高，工件速度越高；反之，砂轮速度越低，工件速度越低
2	砂轮的形状和硬度	直径	砂轮直径越小，则工件速度越低
		硬度	1. 对于硬度高的砂轮，选择高的工件速度 2. 对于硬度低的砂轮，工件速度宜低
3	工件的性能和形状	硬度	1. 工件硬度高时，选用高的工件速度 2. 工件硬度低时，选用低的工件速度
		直径	1. 工件直径大，选用高的工件速度 2. 工件直径小，选用低的工件速度（内圆磨削、平面磨削比外圆磨削时工件速度高）
4	工件的表面粗糙度		要降低加工表面粗糙度，就要减小工件速度，选用大直径砂轮

3）纵向进给量选择。工件每转一转相对砂轮在纵向进给运动方向所移动的距离，即纵向（或轴向）进给量，以 f_a 表示。一般粗磨钢件 $f_a=(0.3\sim0.7)b_s$，（b_s 为砂轮宽度）；粗磨铸铁件 $f_a=(0.7\sim0.8)b_s$，精磨取 $f_a=(0.1\sim0.3)b_s$。

4）背吃刀量选择。一般，外圆纵磨时，粗磨钢 $a_p=0.02\sim0.05$mm，粗磨铸铁 $a_p=0.08\sim0.15$mm；精磨钢 $a_p=0.005\sim0.01$mm，精磨铸铁 $a_p=0.02\sim0.05$mm。外圆切入磨时，普通磨削 $a_p=0.001\sim0.005$mm，精密磨削 $a_p=0.0025\sim0.005$mm。背吃刀量选择条件参见表 5.5-3。

表 5.5-3　背吃刀量选择条件

序号	主要因素		选择条件
1	砂轮特性和形状	粒度	粒度号越大，背吃刀量可选得越小
		硬度	砂轮硬度高，背吃刀量可选大些
		直径	砂轮直径越小，背吃刀量可选得越小
		速度	砂轮速度越小，背吃刀量可选得越小
2	工件性能和形状	直径	工件直径越小，背吃刀量可选得越小。对大尺寸工件，背吃刀量也不能选得太大，因为大直径工件与砂轮接触面大，转动力矩很大，设备功率不够
		速度	工件速度大，可选小的背吃刀量

5）光磨次数选择。光磨为无进给磨削（也称清磨）。光磨可提高工件的几何精度和降低表面粗糙度。由图 5.5-2 可见，表面粗糙度随光磨次数的增加而降低，但经过一定的光磨次数后，表面粗糙度变化不大；细粒度（WA+GC）混合磨料砂轮光磨效果比粗粒度好。

光磨次数应根据砂轮状况、加工要求和磨削方式确定，一般情况下：

外圆磨削：40#～60#砂轮，一般磨削用量的光磨次数是单行程 1～2 次。

内圆磨削：40#～80#砂轮，一般磨削用量的光磨次数是单行程 2～4 次。

平面磨削：30#～60#砂轮，一般磨削用量的光磨次数是单行程 1～2 次。

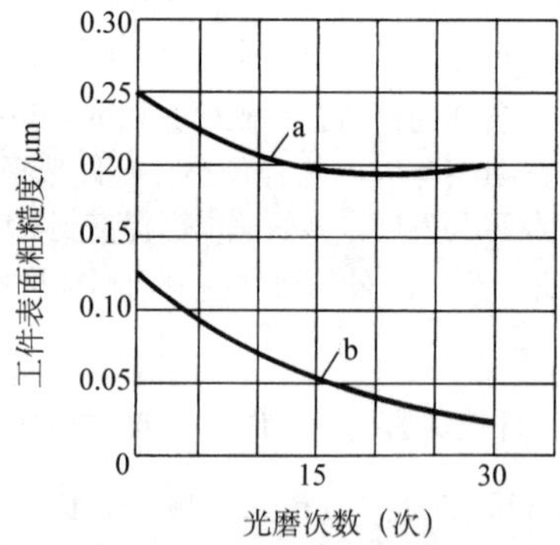

图 5.5-2　光磨次数与表面粗糙度的关系

a—WA60KV　b—WA+GCW14EB

6）磨削比。一般在砂轮自锐性好的情况下，砂轮磨损主要由磨粒脱落引起。用刚修整过的砂轮进行磨削时，砂轮的初期磨损量较大，经过正常磨损阶段后砂轮进入急剧磨损阶段。计算磨削比时，在正常磨损阶段计算比较合适。表 5.5-4 列举了一些材料在给定磨削条件下的磨削比值。

表 5.5-4　磨削比实例

工件材料	高速钢			特殊工具钢		Ni-Cr 钢	碳素工具钢				
砂轮硬度	D	E	F	G	H	J	K	L	M	N	P
磨削比	2.5	2.28	1.7	11.4	14.6	22.8	18	21	26.3	25.4	35.1

注：WA80LV，外圆磨 $a_p=10\mu m$，$f_a=10mm/r$，$v_s=1665m/min$，$v_w=1m/min$，水基磨削液，磨削时间 0.5min。

2. 外圆磨削

（1）外圆磨削方法

外圆磨削的对象主要是各种圆柱体、圆锥体、带肩台阶轴、环形工件和旋转曲面。磨削精度可达 IT5～IT6，表面粗糙度值一般为 $Ra0.8\sim Ra0.2\mu m$，采用低表面粗糙度磨削工艺可达 $Ra0.16\sim Ra0.01\mu m$。常用磨削方法见表 5.5-5。

表5.5-5 外圆磨削常用方法

磨削方法	磨削表面特征	砂轮工作表面	简图	砂轮运动	工件运动	特点	备注
纵向磨法	光滑外圆面	1	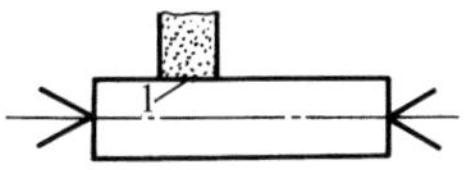	1. 旋转 2. 横向进给	1. 旋转 2. 纵向往复	1. 磨削时，用砂轮左（或右）端面边角切除工件大部分余量，其他部分只起减小工件表面粗糙度的作用。背吃刀量小，工件余量须多次走刀切除，故机动时间长，生产率低 2. 由于大部分磨粒起磨光作用，且背吃刀量小，切削力小，所以磨削温度低，工件精度易提高，表面粗糙度值小 3. 由于切削力小，特别适宜加工细长工件 4. 为保证工件精度，尤其磨削带台肩轴时，应分粗、精磨	
	带端面及退刀槽的外圆面	1 2	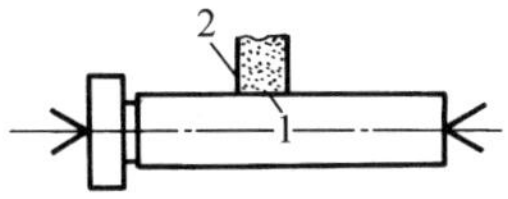	1. 旋转 2. 横向进给	1. 旋转 2. 纵向往复在端面处停靠		
	带圆角及端面的外圆面	1 2 3	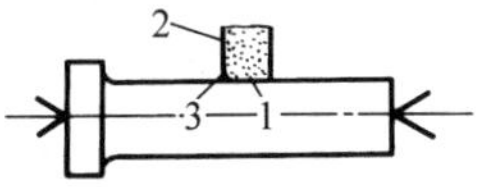	1. 旋转 2. 横向进给	1. 旋转 2. 纵向往复在端面处停靠		
	光滑外圆锥面	1	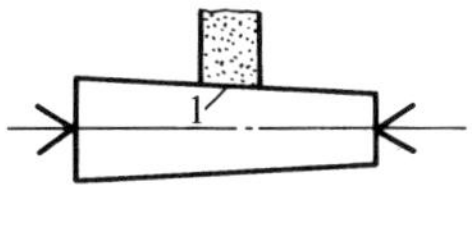	1. 旋转 2. 横向进给	1. 旋转 2. 纵向往复		纵向进给方向与加工表面平行且与锥面旋转轴线交角为锥顶角的一半
	光滑锥台面	1	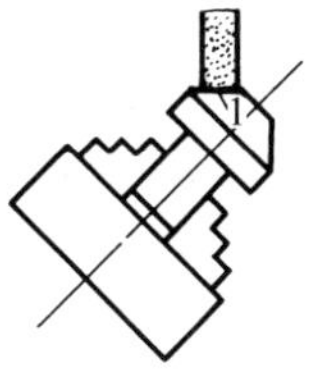	1. 旋转 2. 横向进给	1. 旋转 2. 纵向往复		夹头扳转角度为锥顶角的一半
		1	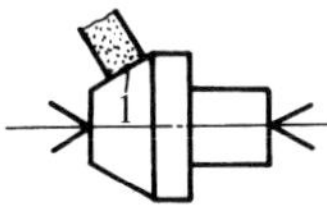	1. 旋转 2. 纵向往复	1. 旋转 2. 横向进给		砂轮架扳转角度为锥顶角的一半

（续）

<table>
<tr><th>磨削方法</th><th>磨削表面特征</th><th>砂轮工作表面</th><th>简　图</th><th>砂轮运动</th><th>工件运动</th><th>特　点</th><th>备注</th></tr>
<tr><td rowspan="7">切入磨法</td><td>光滑短外圆面</td><td>1</td><td>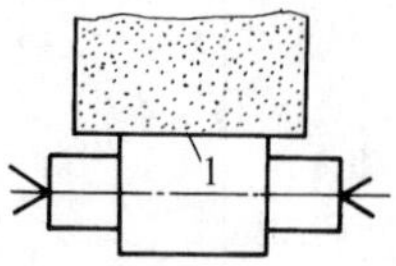
</td><td>1. 旋转
2. 横向进给</td><td>旋转</td><td rowspan="7">1. 磨削时，砂轮工作面磨粒负荷基本一致，且在一次磨削循环中，可分粗、精、光磨，效率比较高
2. 由于无纵向进给，磨粒在工件上留下重复磨痕，表面粗糙度值较大。一般为 $Ra0.32 \sim Ra0.16\mu m$
3. 砂轮整个表面连续横向切入，排屑困难，砂轮易堵塞和磨钝；同时，磨削热大，散热差，工件易烧伤和发热变形，因此磨削液要充分
4. 磨削时径向力大，工件容易弯曲变形，不宜磨细长件，适宜磨长度较短的外圆表面、两边都有台阶的轴颈及成形表面</td><td></td></tr>
<tr><td rowspan="2">带端面的短外圆面</td><td rowspan="2">1
2</td><td>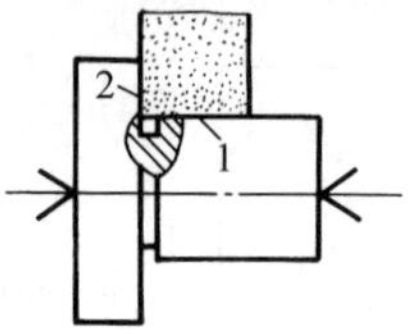
</td><td>1. 旋转
2. 横向进给</td><td>1. 旋转
2. 纵向往复在端面处停靠</td><td></td></tr>
<tr><td>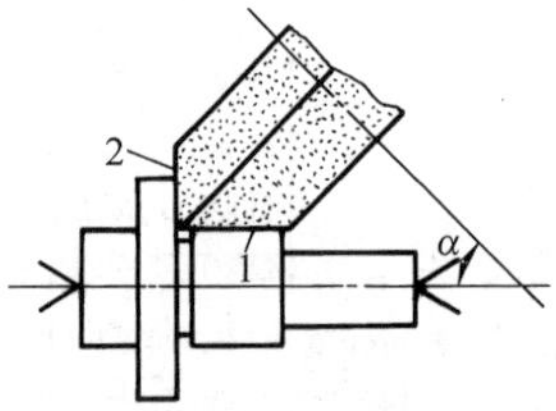
</td><td>1. 旋转
2. 横向进给</td><td>旋转</td><td rowspan="2">α 为 10°、15°、26° 30′、30°、45°等</td></tr>
<tr><td>端面</td><td>1</td><td>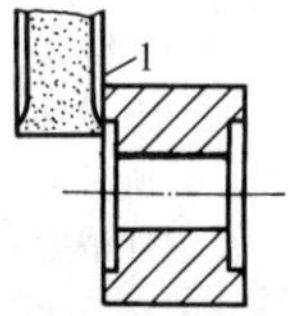
</td><td>1. 旋转
2. 横向进给</td><td>旋转</td></tr>
<tr><td>短锥台面</td><td>1</td><td>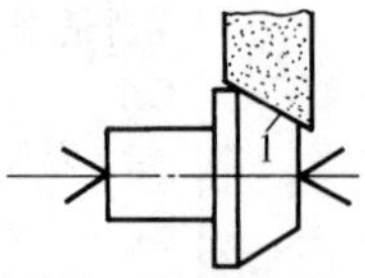
</td><td>1. 旋转
2. 横向进给</td><td>旋转</td><td>砂轮修整出斜角为工件锥角的一半</td></tr>
<tr><td>同轴间断光滑窄台阶面</td><td>1
1</td><td>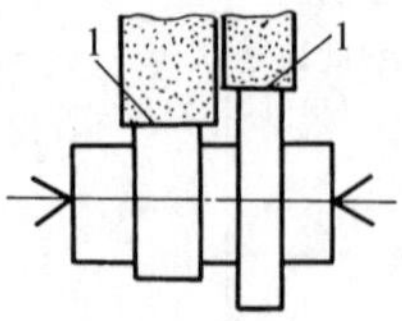
</td><td>1. 旋转
2. 横向进给</td><td>旋转</td><td>多砂轮磨削</td></tr>
<tr><td>光滑断续等径外圆面</td><td>1</td><td>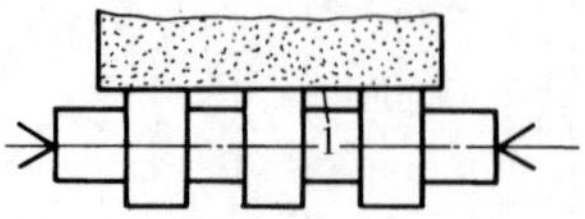
</td><td>1. 旋转
2. 横向进给</td><td>旋转</td><td>宽砂轮磨削</td></tr>
</table>

（续）

<table>
<tr><th>磨削方法</th><th>磨削表面特征</th><th>砂轮工作表面</th><th>简　图</th><th>砂轮运动</th><th>工件运动</th><th>特　点</th><th>备注</th></tr>
<tr><td rowspan="2">混合磨法</td><td>带端面的稍短外圆面</td><td>1
2</td><td> 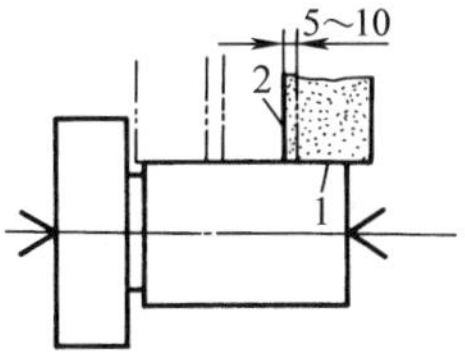</td><td>1. 旋转
2. 分段横向进给</td><td>1. 旋转
2. 纵向间歇运动
3. 小距离纵向往复</td><td rowspan="2">1. 是切入磨法与纵向磨法的混合应用。先用切入磨法将工件分段粗磨，相邻两段有5~10mm的重叠，工件留有0.01~0.03mm余量，最后用纵向磨法精磨至尺寸
2. 适用于磨削余量大、刚性好的工件
3. 加工表面长度为砂轮宽的2~3倍时最宜</td><td rowspan="2">纵磨余量：0.01~0.03mm</td></tr>
<tr><td>曲轴轴颈</td><td>1
2</td><td> 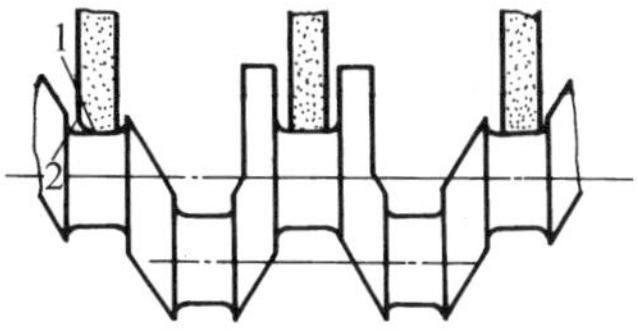</td><td>1. 旋转
2. 分段横向进给</td><td>1. 旋转
2. 纵向间歇运动
3. 小距离纵向往复</td></tr>
<tr><td rowspan="2">深磨法</td><td rowspan="2">光滑外圆面</td><td>1
2</td><td> 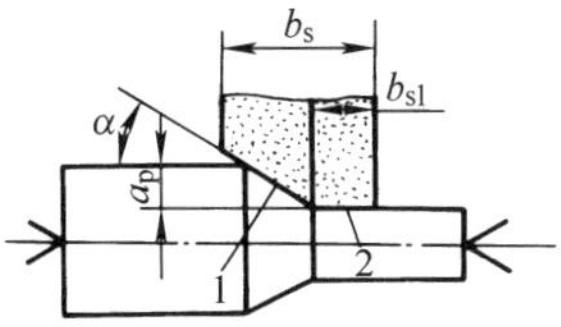</td><td>1. 旋转
2. 横向进给</td><td>1. 旋转
2. 纵向往复</td><td rowspan="2">1. 以较小的纵向进给量在一次纵磨中磨去工件全部余量，粗、精磨一次完成，生产率高
2. 砂轮修成阶梯状，阶梯数及台阶深度按工件长度和磨削余量确定，一般一个台阶深度在0.3mm左右
3. 适用于大批大量生产
4. 要求磨床功率大、刚性好</td><td>砂轮主偏角：$\alpha=1.5°\sim5°$
$a_p=0.3\text{mm}$</td></tr>
<tr><td>1
2
3</td><td> 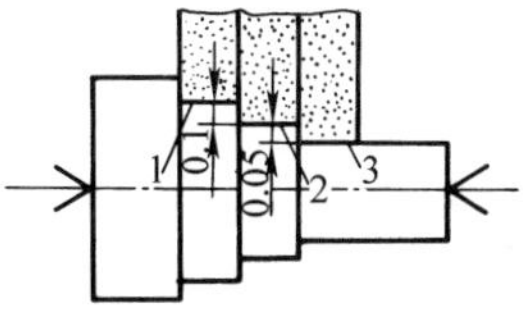</td><td>1. 旋转
2. 横向进给</td><td>1. 旋转
2. 纵向往复</td><td>$a_p=0.5\text{mm}$</td></tr>
</table>

（2）外圆磨削用量

1）外圆磨削余量（直径余量）见表 5.5-6。

表 5.5-6 外圆磨削余量 （mm）

工件直径	余量限度	磨削前								粗磨后精磨前	精磨后研磨前
		未经热处理的轴				经热处理的轴					
		轴的长度									
		100 以下	101~200	201~400	401~700	100 以下	101~300	301~600	601~1000		
≤10	max	0.20	—	—	—	0.25	—	—	—	0.020	0.008
	min	0.10	—	—	—	0.15	—	—	—	0.015	0.005
11~18	max	0.25	0.30	—	—	0.30	0.35	—	—	0.025	0.008
	min	0.15	0.20	—	—	0.20	0.25	—	—	0.020	0.006
19~30	max	0.30	0.35	0.40	—	0.35	0.40	0.45	—	0.030	0.010
	min	0.20	0.25	0.30	—	0.25	0.30	0.35	—	0.025	0.007
31~50	max	0.30	0.35	0.40	0.45	0.40	0.50	0.55	0.70	0.035	0.010
	min	0.20	0.25	0.30	0.35	0.25	0.30	0.40	0.50	0.028	0.008
51~80	max	0.35	0.40	0.45	0.55	0.45	0.55	0.65	0.75	0.035	0.013
	min	0.20	0.25	0.30	0.35	0.30	0.35	0.45	0.50	0.028	0.008
81~120	max	0.45	0.50	0.55	0.60	0.55	0.60	0.70	0.80	0.040	0.014
	min	0.25	0.35	0.35	0.40	0.35	0.40	0.45	0.45	0.032	0.010
121~180	max	0.50	0.55	0.60	—	0.60	0.70	0.80	—	0.045	0.016
	min	0.30	0.35	0.40	—	0.40	0.50	0.55	—	0.038	0.012
181~260	max	0.60	0.60	0.65	—	0.70	0.75	0.85	—	0.050	0.020
	min	0.40	0.40	0.45	—	0.50	0.55	0.60	—	0.040	0.015

2）外圆磨削砂轮速度见表 5.5-7。

3）其他磨削用量。在砂轮速度≤35m/s 时，不同直径工件的磨削用量见表 5.5-8 和表 5.5-9。

表 5.5-7 外圆磨削砂轮速度

砂轮速度 v_s/(m/s)	陶瓷结合剂砂轮	≤35
	树脂结合剂砂轮	<50

表 5.5-8 纵向进给粗磨外圆磨削用量

（1）工件速度

工件磨削表面直径 d_w/mm	20	30	50	80	120	200	300
工件速度 v_w/(m/min)	10~20	11~22	12~24	13~26	14~28	15~30	17~34

（2）纵向进给量 $f_a=(0.5\sim0.8)b_s$，式中 b_s 为砂轮宽度（mm）

（3）背吃刀量 a_p

工件磨削表面直径 d_w/mm	工件速度 v_w/(m/min)	工件纵向进给量 f_a（以砂轮宽度计）			
		0.5	0.6	0.7	0.8
		工作台单行程背吃刀量 a_p/(mm/st)			
20	10	0.0216	0.0180	0.0154	0.0135
	15	0.0144	0.0120	0.0103	0.0090
	20	0.0108	0.0090	0.0077	0.0068

（续）

（3）背吃刀量 a_p					
工件磨削表面直径 d_w/mm	工件速度 v_w/(m/min)	工件纵向进给量 f_a（以砂轮宽度计）			
		0.5	0.6	0.7	0.8
		工作台单行程背吃刀量 a_p/(mm/st)			
30	11 16 22	0.0222 0.0152 0.0111	0.0185 0.0127 0.0092	0.0158 0.0109 0.0079	0.0139 0.0096 0.0070
50	12 18 24	0.0237 0.0157 0.0118	0.0197 0.0132 0.0098	0.0169 0.0113 0.0084	0.0148 0.0099 0.0074
80	13 19 26	0.0242 0.0165 0.0126	0.0201 0.0138 0.0101	0.0172 0.0118 0.0086	0.0151 0.0103 0.0078
120	14 21 28	0.0264 0.0176 0.0132	0.0220 0.0147 0.0110	0.0189 0.0126 0.0095	0.0165 0.0110 0.0083
200	15 22 30	0.0287 0.0196 0.0144	0.0239 0.0164 0.0120	0.0205 0.0140 0.0103	0.0180 0.0122 0.0090
300	17 25 34	0.0287 0.0195 0.0143	0.0239 0.0162 0.0119	0.0205 0.0139 0.0102	0.0179 0.0121 0.0089

背吃刀量 a_p 的修正系数						
与砂轮寿命及直径有关 k_1					与工件材料有关 k_2	
寿命 T/s	砂轮直径 d_s/mm				加工材料	系数
	400	500	600	750		
360 540 900 1440	1.25 1.0 0.8 0.63	1.4 1.12 0.9 0.71	1.6 1.25 1.0 0.8	1.8 1.4 1.12 0.9	耐热钢 淬火钢 非淬火钢 铸铁	0.85 0.95 1.0 1.05

注：工作台一次往复行程背吃刀量 a_p 应将表列数值乘2。

表5.5-9 精磨外圆磨削用量

（1）工件速度 v_w/(m/min)					
工件磨削表面直径 d_w/mm	加工材料		工件磨削表面直径 d_w/mm	加工材料	
	非淬火钢及铸铁	淬火钢及耐热钢		非淬火钢及铸铁	淬火钢及耐热钢
20 30 50 80	15~30 18~35 20~40 25~50	20~30 22~35 25~50 30~50	120 200 300	30~60 35~70 40~80	35~60 40~70 50~80

（续）

（2）纵向进给量 f_a

表面粗糙度 $Ra0.8\mu m$，$f_a=(0.4\sim0.6)b_s$

表面粗糙度 $Ra0.4\sim Ra0.2\mu m$，$f_a=(0.20\sim0.4)b_s$

（3）背吃刀量 a_p

工件磨削表面直径 d_w/mm	工件速度 v_w/(m/min)	工件纵向进给量 f_a/(mm/r)								
		10	12.5	16	20	25	32	40	50	63
		工作台单行程背吃刀量 a_p/(mm/st)								
20	16	0.0112	0.0090	0.0070	0.0056	0.0045	0.0035	0.0028	0.0022	0.0018
	20	0.0090	0.0072	0.0056	0.0045	0.0036	0.0028	0.0022	0.0018	0.0014
	25	0.0072	0.0058	0.0045	0.0036	0.0029	0.0022	0.0018	0.0014	0.0011
	32	0.0056	0.0045	0.0035	0.0028	0.0023	0.0018	0.0014	0.0011	0.0009
30	20	0.0109	0.0088	0.0069	0.0055	0.0044	0.0034	0.0027	0.0022	0.0017
	25	0.0087	0.0070	0.0055	0.0044	0.0035	0.0027	0.0022	0.0018	0.0014
	32	0.0068	0.0054	0.0043	0.0034	0.0027	0.0021	0.0017	0.0014	0.0011
	40	0.0054	0.0043	0.0034	0.0027	0.0022	0.0017	0.0014	0.0011	0.0009
50	23	0.0123	0.0099	0.0077	0.0062	0.0049	0.0039	0.0031	0.0025	0.0020
	29	0.0098	0.0079	0.0061	0.0049	0.0039	0.0031	0.0025	0.0020	0.0016
	36	0.0079	0.0064	0.0049	0.0040	0.0032	0.0025	0.0020	0.0016	0.0013
	45	0.0063	0.0051	0.0039	0.0032	0.0025	0.0020	0.0016	0.0013	0.0010
80	25	0.0143	0.0115	0.0090	0.0072	0.0058	0.0045	0.0036	0.0029	0.0023
	32	0.0112	0.0090	0.0071	0.0056	0.0045	0.0035	0.0028	0.0023	0.0018
	40	0.0090	0.0072	0.0057	0.0045	0.0036	0.0028	0.0022	0.0018	0.0014
	50	0.0072	0.0058	0.0046	0.0036	0.0029	0.0022	0.0018	0.0014	0.0011
120	30	0.0146	0.0117	0.0092	0.0074	0.0059	0.0046	0.0037	0.0029	0.0023
	38	0.0115	0.0093	0.0073	0.0058	0.0046	0.0036	0.0029	0.0023	0.0018
	48	0.0091	0.0073	0.0058	0.0046	0.0037	0.0029	0.0023	0.0019	0.0015
	60	0.0073	0.0059	0.0047	0.0037	0.0030	0.0023	0.0018	0.0015	0.0012
200	35	0.0162	0.0128	0.0101	0.0081	0.0065	0.0051	0.0041	0.0032	0.0026
	44	0.0129	0.0102	0.0080	0.0065	0.0052	0.0040	0.0032	0.0026	0.0021
	55	0.0103	0.0081	0.0064	0.0052	0.0042	0.0032	0.0026	0.0021	0.0017
	70	0.0080	0.0064	0.0050	0.0041	0.0033	0.0025	0.0020	0.0016	0.0013
300	40	0.0174	0.0139	0.0109	0.0087	0.0070	0.0054	0.0044	0.0035	0.0028
	50	0.0139	0.0111	0.0087	0.0070	0.0056	0.0043	0.0035	0.0028	0.0022
	63	0.0110	0.0088	0.0069	0.0056	0.0044	0.0034	0.0028	0.0022	0.0018
	70	0.0099	0.0079	0.0062	0.0050	0.0039	0.0031	0.0025	0.0020	0.0016

（续）

背吃刀量 a_p 的修正系数												
与加工精度及余量有关 k_1							与加工材料及砂轮直径有关 k_2					
精度等级	直径余量/mm						加工材料	砂轮直径 d_s/mm				
	0.11～0.15	0.2	0.3	0.5	0.7	1.0		400	500	600	750	900
IT5 级	0.4	0.5	0.63	0.8	1.0	1.12	耐热钢	0.55	0.6	0.71	0.8	0.85
IT6 级	0.5	0.63	0.8	1.0	1.2	1.4	淬火钢	0.8	0.9	1.0	1.1	1.2
IT7 级	0.63	0.8	1.0	1.25	1.5	1.75	非淬火钢	0.95	1.1	1.2	1.3	1.45
IT8 级	0.8	1.0	1.25	1.6	1.9	2.25	铸铁	1.3	1.45	1.6	1.75	1.9

注：1. 工作台单行程背吃刀量 a_p 不应超过粗磨的 a_p。

2. 工作台一次往复行程的 a_p 应将表列数值乘 2。

3. 按此表选择 9 级精度的切削用量时，应按粗磨用量校核；如果按精磨选择的用量比粗磨用量高，应按粗磨用量选择。

4. 磨铸铁时，工件速度在建议的范围内取上限。

（3）外圆磨削的中心孔

1）对中心孔的要求。工件中心孔是工件在磨削加工中的定位基准。外圆磨削比车削对中心孔有更为严格的要求，中心孔误差如图 5.5-3 所示。

① 60°内锥面的圆度要求比车削时更高，常发生的椭圆和多角形等误差应尽可能小，如图 5.5-3a 所示。

② 60°内锥面角度要求比车削时更准确，工件两端中心孔应在同一轴线上，圆跳动要控制在 1μm 以内，如图 5.5-3e、f、g 所示。

③ 60°内锥面表面粗糙度值为 $Ra0.1 \sim Ra0.2\mu m$，不能有碰伤、毛刺等缺陷，一般应有保护锥。

2）中心孔研修方法（图 5.5-4 及表 5.5-10）。

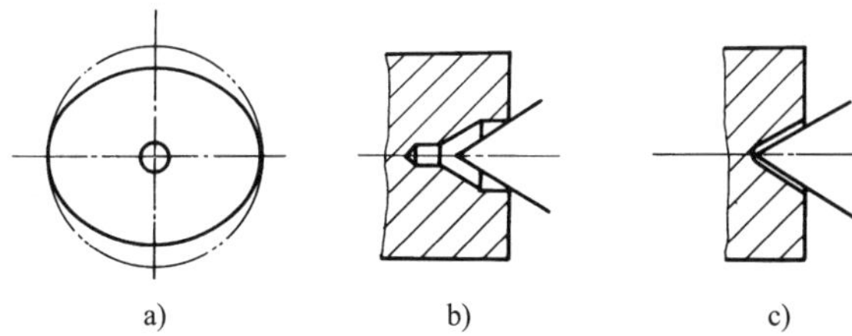

a)　b)　c)

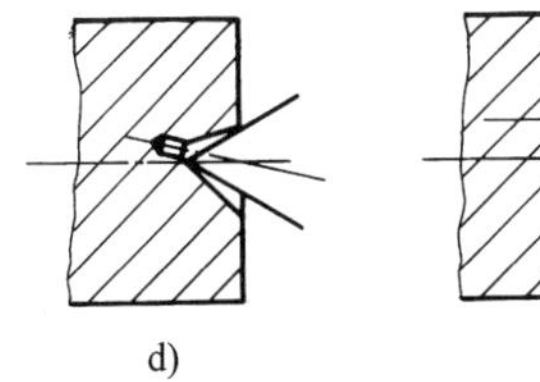

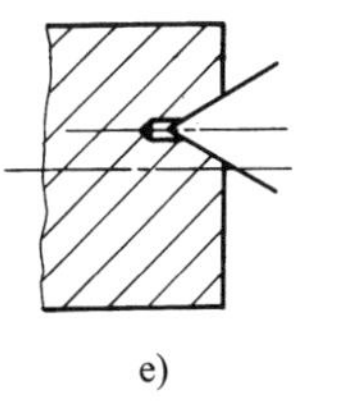

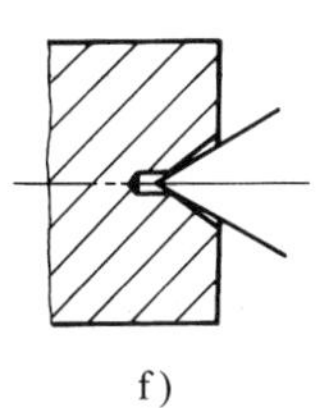

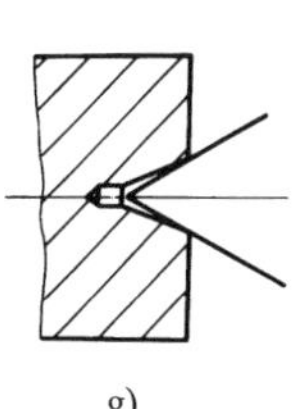

d)　e)　f)　g)

图 5.5-3　中心孔误差

a）中心孔为椭圆形　b）中心孔过深　c）中心孔太浅　d）中心孔钻偏
e）两端不同轴　f）、g）锥角有偏差

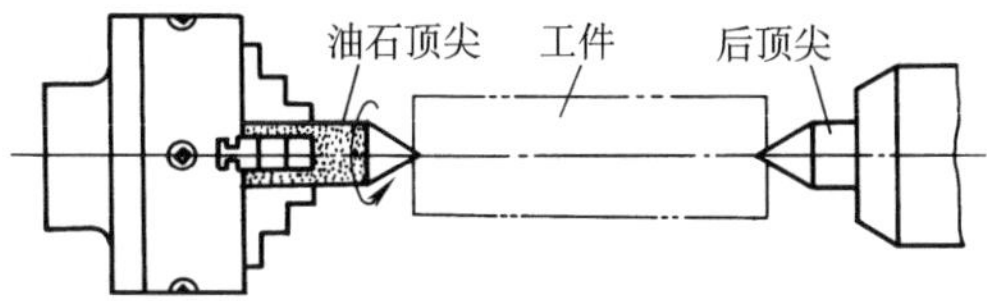

图 5.5-4　中心孔研修

表 5.5-10　中心孔研修方法

方　　法	研 修 要 点
用铸铁顶尖研修	将铸铁顶尖夹在车床卡盘上，将工件顶在铸铁顶尖和尾架顶尖之间研磨。修研时，加研磨剂
用油石或橡胶砂轮研修	方法同上，用油石或橡胶砂轮代替铸铁顶尖。研修时加少量润滑剂（如轻机油）
用成形内圆砂轮修磨	主要用于研修淬火变形和尺寸较大的中心孔。将工件夹在内圆磨床卡盘上，校正外圆后，用成形内圆砂轮修磨
用硬质合金顶尖刮研	在立式中心孔研磨机上，用四棱硬质合金顶尖进行刮研。刮研时，加入氧化铬研磨剂
用中心孔磨床修磨	修磨时，砂轮做行星运动，并沿 30°方向进给，适于修磨淬硬的精密零件中心孔，圆度可达 0.8μm

(4) 外圆磨削实例

1）螺纹磨床主轴的磨削。螺纹磨床主轴加工要求如图 5.5-5 所示，磨削工艺见表 5.5-11，磨削用量见表 5.5-12。

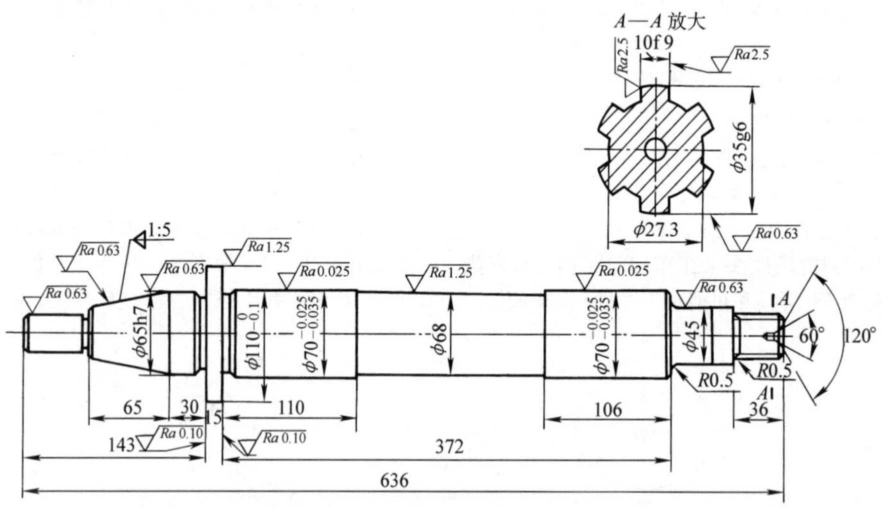

图 5.5-5　螺纹磨床主轴加工要求

材料：38CrMoAlA　热处理：渗氮 900HV

表 5.5-11　螺纹磨床主轴磨削工艺　　(mm)

工序	工步	内　　容	砂轮	机床	基准
1		消除应力，研中心孔：$Ra0.63\mu m$，接触面>70%			
2		粗磨外圆，留余量 0.07~0.09			中心孔
	1	磨 $\phi65h7$	PA40K	M131W	
	2	磨 $\phi70_{-0.035}^{-0.025}$ 至 $\phi70_{+0.08}^{+0.145}$			
	3	磨 $\phi68$			
	4	磨 $\phi45$			
	5	磨 $\phi110_{-0.1}^{0}$，且磨出肩面			
	6	磨 $\phi35g6$			
3		粗磨 1∶5 锥度，留余量 0.07~0.09		M1432A	中心孔
4		半精磨各外圆，留余量 0.05	PA60K	M1432A	中心孔

（续）

工序	工步	内容	砂轮	机床	基准
5		渗氮，探伤，研中心孔：$Ra0.2\mu m$，接触面>75%			
6		精磨外圆 $\phi68$、$\phi45$、$\phi35g6$、$\phi110_{-0.1}^{0}$ 至尺寸，$\phi65h7$、$\phi70_{-0.035}^{-0.025}$ 留余量 0.025~0.04	PA100L	M1432A	中心孔
7		磨光键至尺寸	WA80L	M8612A	中心孔
8		磨螺纹至尺寸	WA100L	S7332	中心孔
9		研中心孔：$Ra0.10\mu m$，接触面>90%			
10		精密磨 1∶5 锥度尺寸	WA100K	MMB1420	中心孔
11	1	精密磨 $\phi70_{-0.035}^{-0.025}$ 至 $\phi70_{-0.030}^{-0.015}$	WA100K	MMB1420	中心孔
	2	磨出 $\phi100$ 肩面			
12		超精密磨 $\phi70_{-0.035}^{-0.025}$ 至尺寸，表面粗糙度 $Ra0.025\mu m$	WA240L	MG1432A	中心孔

表 5.5-12 磨削用量参考值

磨削用量	粗、精磨	超精磨
砂轮速度/(m/s)	17~35	15~20
工件速度/(m/min)	10~15	10~15
纵向进给速度/(m/min)	0.2~0.6	0.05~0.15
背吃刀量/mm	0.01~0.03	0.0025
光磨次数	1~2	4~6

2）精密细长轴的磨削方法。细长轴零件（图 5.5-6）关键是要防止和减小零件的弯曲变形，常用如下两种方法：

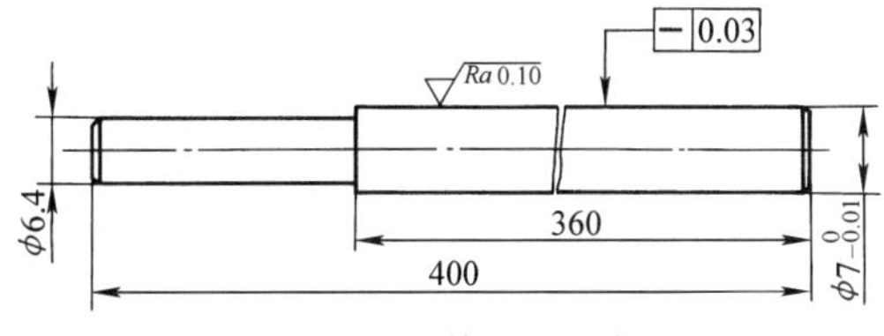

图 5.5-6 精密细长轴

① 用中心架支承。中心架数目的选择见表 5.5-13。工件的支承处应先用切入法磨一小段圆（注意留精磨量）。

表 5.5-13 中心架数目的选择

工件直径/mm	工件长度/mm					
	300	450	700	750	900	1050
	中心架数目					
26~30	1	2	2	3	4	4
36~50	—	1	2	2	3	3
51~60	—	1	1	2	2	2
61~75	—	1	1	2	2	2
76~100	—	—	1	1	1	2

② 用凹形砂轮和弹性后顶尖（图 5.5-7）的磨削步骤见表 5.5-14。

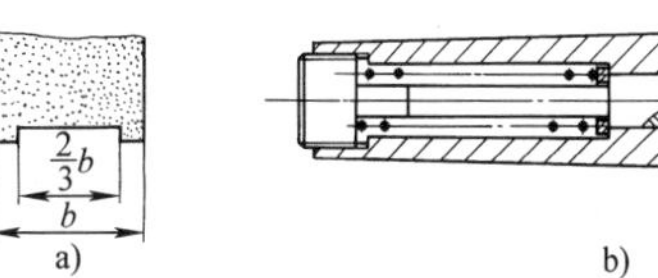

图 5.5-7 凹形砂轮和弹性后顶尖
a）凹形砂轮 b）弹性后顶尖

表 5.5-14 细长轴磨削步骤

工序	内容
研磨	研中心孔
粗磨外圆	磨 $\phi7mm$ 外圆，留精磨余量 0.2mm
校直、时效	控制工件弯曲<0.03mm，消除应力
半精磨外圆	留精磨余量 0.05mm
校直、时效	控制工件弯曲<0.03mm，消除应力
精磨外圆	精磨 $\phi7_{-0.01}^{0}mm$ 至尺寸，多光磨几次

3. 内圆磨削

内圆磨削是内孔的精加工方法，可以磨削圆柱孔、圆锥孔、孔端面和特殊形状内表面。磨孔的尺寸精度可达 IT6~IT7 级，表面粗糙度 $Ra0.8 \sim Ra0.2\mu m$，如采用高精度磨削工艺，尺寸精度可控制在 0.005mm 以内，表面粗糙度 $Ra0.1 \sim Ra0.025\mu m$。

内圆磨削与外圆磨削比较，有以下特点：

① 内圆磨削的砂轮直径小，转速也受内圆磨具限制（一般内圆磨具转速为 10000~20000r/min）所以磨削速度一般在 20~30m/s，磨削表面粗糙度 Ra 值比外圆磨削大。

② 内圆磨削的砂轮转速比外圆磨削高十几倍，每一磨粒单位时间参加切削的次数也比外圆磨削高十几倍，且砂轮与工件呈内切圆接触，接触弧也比外圆磨削长，所以磨削热较大，磨粒易磨钝，工件易发热和烧伤。

③ 磨削时冷却条件差，排屑困难，容易造成砂轮堵塞，影响表面质量。

④ 磨削时，砂轮轴直径小，悬伸长，刚性差，容易产生弯曲变形和振动，对加工精度和表面粗糙度都有不利影响，同时限制了磨削用量的提高，影响生产率。

(1) 内圆磨削常用方法(表 5. 5-15)

表 5. 5-15 内圆磨削常用方法

磨削方法	磨削表面特征	砂轮工作表面	简图	砂轮运动	工件运动	备注
纵向进给磨削	通孔	1	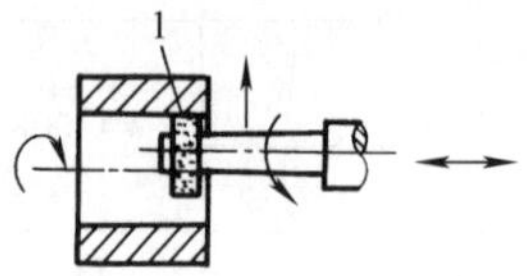	1. 旋转 2. 纵向往复 3. 横向进给	旋转	
	锥孔	1	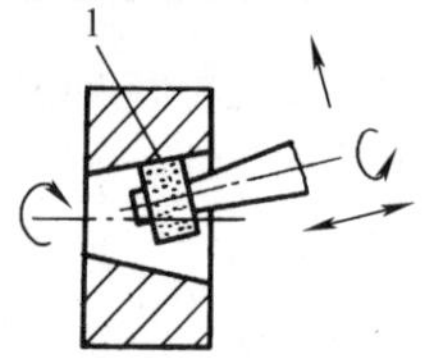	1. 旋转 2. 纵向往复 3. 横向进给	旋转	磨头架偏转 1/2 锥角
			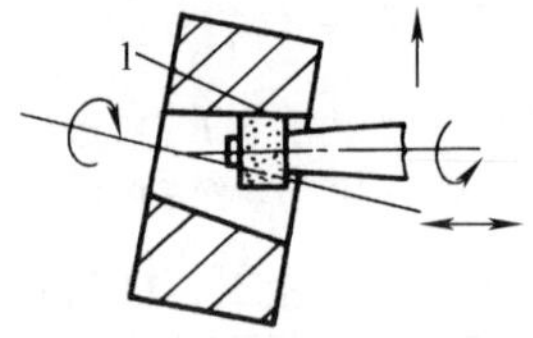	1. 旋转 2. 纵向往复 3. 横向进给	旋转	工件用专用夹具夹持，偏转 1/2 锥角
	盲孔	1 2	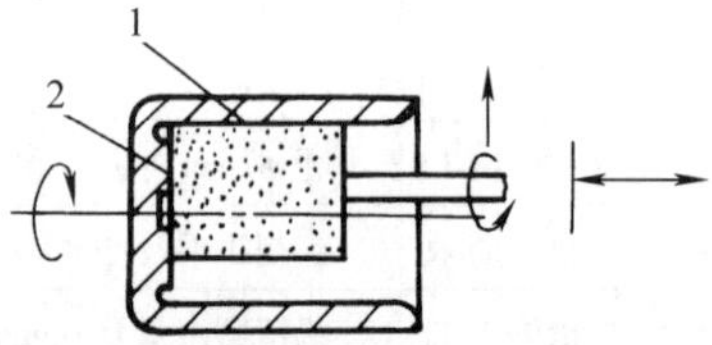	1. 旋转 2. 纵向往复 3. 靠端面	旋转	
	台阶孔	1 2	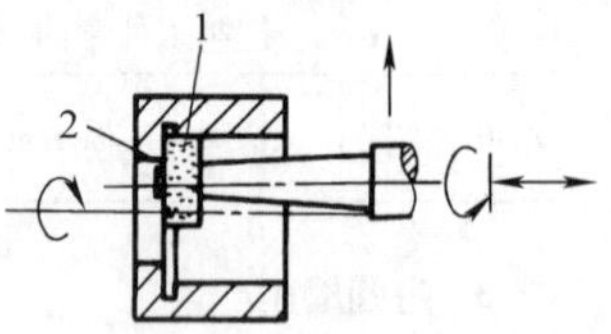	1. 旋转 2. 纵向往复 3. 靠端面	旋转	
	小直径深孔	1	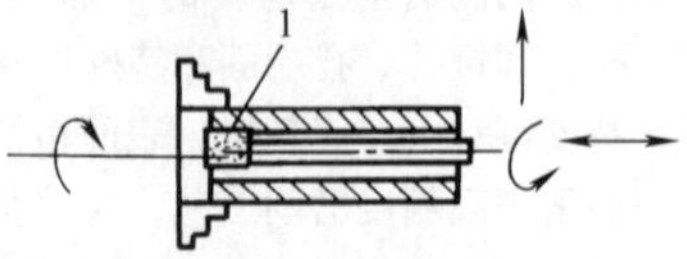	1. 旋转 2. 纵向往复 3. 横向进给	旋转	增加接长轴刚性，保证砂轮锋利，减小背吃刀量，注意排屑和冷却
	间断表面通孔	1	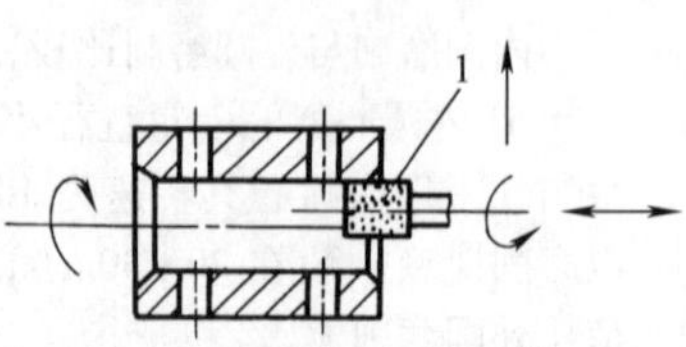	1. 旋转 2. 纵向往复 3. 横向进给	旋转	增加接长轴刚性，保证砂轮锋利，减小背吃刀量，注意排屑和冷却 增加砂轮直径，必要时，在槽或孔内嵌硬木或胶木

（续）

磨削方法	磨削表面特征	砂轮工作表面	简图	砂轮运动	工件运动	备注
行星磨削	通孔	1	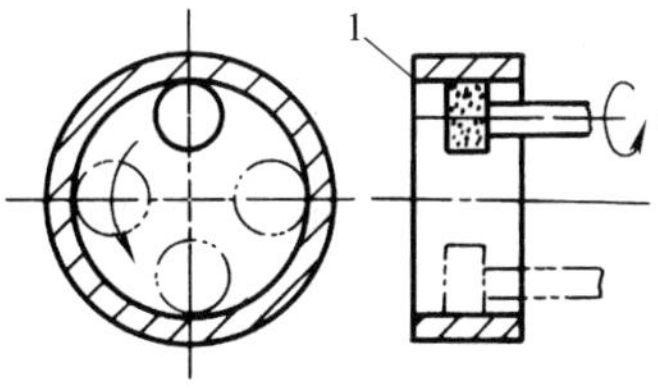	1. 绕自身轴线旋转 2. 绕孔中心线旋转，纵向往复	固定	工件体积或外形不规则时最方便
	台阶孔	1 2	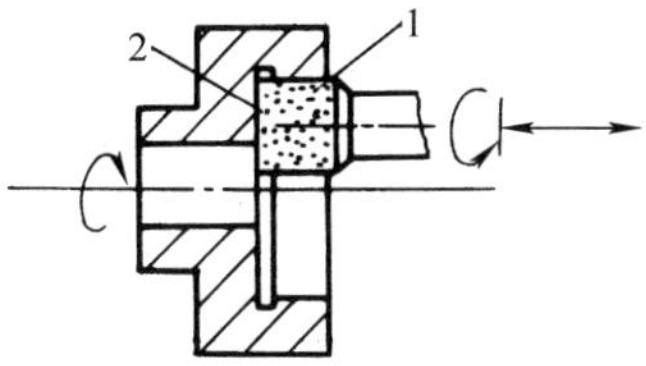	端面停靠 其余同上	固定	
横向进给磨削	窄通孔	1	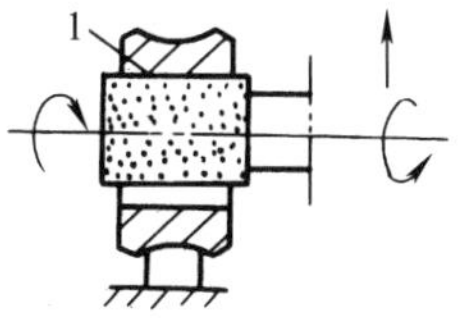	1. 旋转 2. 横向进给	旋转	
	端面	2	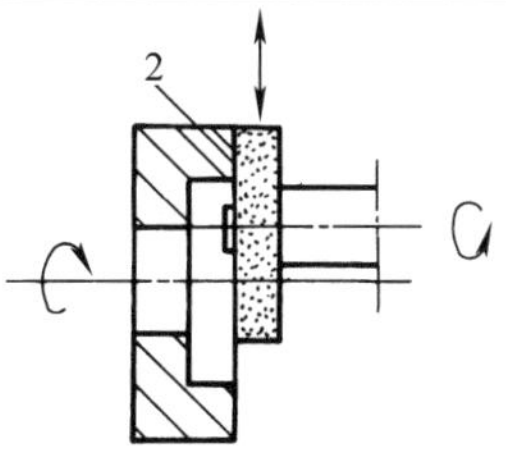	1. 旋转 2. 横向进给	旋转	
成形磨削	带环状沟槽内圆面	1	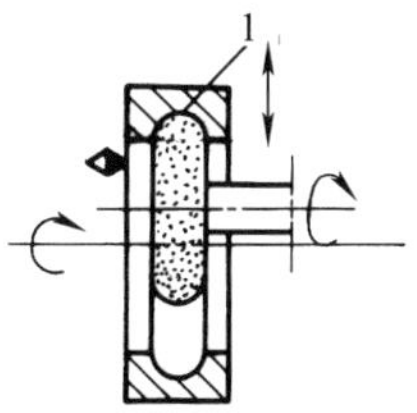	1. 旋转 2. 横向进给	旋转	用成形砂轮
	凹球面	1	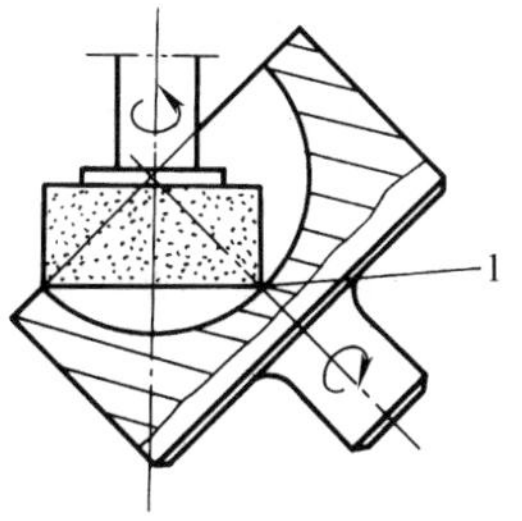	1. 旋转 2. 沿砂轮轴线微量位移	旋转	砂轮直径： $d_s=\sqrt{d_w\left(\frac{d_w}{2}+K\right)}$ 倾斜角： $\sin\alpha=\frac{d_s}{d_w}$ 式中 d_w——工件内球直径 K——工件球面大于半圆为正，小于半圆为负，等于半圆为零

（2）内圆磨削用量

1）内圆磨削余量见表 5. 5-16。

表 5. 5-16　内圆磨削余量　（mm）

孔径范围/mm	余量限度	磨削前								粗磨后精磨前
		未经淬火的孔				经淬火的孔				
		孔长/mm								
		<50	50~100	100~200	200~300	<50	50~100	100~200	200~300	
≤10	max	—	—	—	—	—	—	—	—	0. 020
	min	—	—	—	—	—	—	—	—	0. 015
11~18	max	0. 22	0. 25	—	—	0. 25	0. 28	—	—	0. 030
	min	0. 12	0. 13	—	—	0. 15	0. 18	—	—	0. 020
19~30	max	0. 28	0. 28	—	—	0. 30	0. 30	0. 35	—	0. 040
	min	0. 15	0. 15	—	—	0. 18	0. 22	0. 25	—	0. 030
31~50	max	0. 30	0. 30	0. 35	—	0. 35	0. 35	0. 40	—	0. 050
	min	0. 15	0. 15	0. 20	—	0. 20	0. 25	0. 28	—	0. 040
51~80	max	0. 30	0. 32	0. 35	0. 40	0. 40	0. 40	0. 45	0. 50	0. 060
	min	0. 15	0. 18	0. 20	0. 25	0. 25	0. 25	0. 30	0. 35	0. 040
81~120	max	0. 37	0. 40	0. 45	0. 50	0. 50	0. 50	0. 55	0. 60	0. 070
	min	0. 20	0. 20	0. 25	0. 30	0. 30	0. 30	0. 35	0. 40	0. 050
121~180	max	0. 40	0. 42	0. 45	0. 50	0. 55	0. 60	0. 65	0. 70	0. 080
	min	0. 25	0. 25	0. 25	0. 30	0. 35	0. 40	0. 45	0. 70	0. 060
181~260	max	0. 45	0. 48	0. 50	0. 55	0. 60	0. 65	0. 70	0. 75	0. 090
	min	0. 25	0. 28	0. 30	0. 35	0. 40	0. 45	0. 50	0. 75	0. 065

2）内圆磨削砂轮速度选择见表 5. 5-17。

表 5. 5-17　内圆磨削砂轮速度选择

砂轮直径/mm	<8	9~12	13~18	19~22	23~25	26~30	31~33	34~41	42~49	>50
磨钢、铸铁时磨削速度/(m/s)	10	14	18	20	21	23	24	26	27	30

3）其他内圆磨削用量选择见表 5. 5-18 和表 5. 5-19。

表 5. 5-18　粗磨内圆磨削用量

（1）工件速度

工件磨削表面直径 d_w/mm	10	20	30	50	80	120	200	300	400
工件速度 v_w/(m/min)	10~20	10~20	12~24	15~30	18~36	20~40	23~46	28~56	35~70

（2）纵向进给量 $f_a=(0.5\sim0.8)b_s$，式中 b_s 为砂轮宽度（mm）

（3）背吃刀量 a_p

工件磨削表面直径 d_w/mm	工件速度 v_w/(m/min)	工件纵向进给量 f_a（以砂轮宽度计）			
		0. 5	0. 6	0. 7	0. 8
		工作台一次往复行程背吃刀量 a_p/(mm/dst)			
20	10	0. 0080	0. 0067	0. 0057	0. 0050
	15	0. 0053	0. 0044	0. 0038	0. 0033
	20	0. 0040	0. 0033	0. 0029	0. 0025

（续）

（3）背吃刀量 a_p					
工件磨削表面直径 d_w/mm	工件速度 v_w/(m/min)	工件纵向进给量 f_a（以砂轮宽度计）			
		0.5	0.6	0.7	0.8
		工作台一次往复行程背吃刀量 a_p/(mm/dst)			
25	10	0.0100	0.0083	0.0072	0.0063
	15	0.0066	0.0055	0.0047	0.0041
	20	0.0050	0.0042	0.0036	0.0031
30	11	0.0109	0.0091	0.0078	0.0068
	16	0.0075	0.00625	0.00535	0.0047
	20	0.006	0.0050	0.0043	0.0038
35	12	0.0116	0.0097	0.0083	0.0073
	18	0.0078	0.0065	0.0056	0.0049
	20	0.0059	0.0049	0.0042	0.0037
40	13	0.0123	0.0103	0.0088	0.0077
	20	0.0080	0.0067	0.0057	0.0050
	26	0.0062	0.0051	0.0044	0.0038
50	14	0.0143	0.0119	0.0102	0.0089
	21	0.0096	0.00795	0.0068	0.0060
	29	0.0069	0.00575	0.0049	0.0043
60	16	0.0150	0.0125	0.0107	0.0094
	24	0.0100	0.0083	0.0071	0.0063
	32	0.0075	0.0063	0.0054	0.0047
80	17	0.0188	0.0157	0.0134	0.0117
	25	0.0128	0.0107	0.0092	0.0080
	33	0.0097	0.0081	0.0069	0.0061
120	20	0.024	0.020	0.0172	0.015
	30	0.016	0.0133	0.0114	0.010
	40	0.012	0.010	0.0086	0.0075
150	22	0.0273	0.0227	0.0195	0.0170
	33	0.0182	0.0152	0.0130	0.0113
	44	0.0136	0.0113	0.0098	0.0085
180	25	0.0288	0.0240	0.0206	0.0179
	37	0.0194	0.0162	0.0139	0.0121
	49	0.0147	0.0123	0.0105	0.0092
200	26	0.0308	0.0257	0.0220	0.0192
	38	0.0211	0.0175	0.0151	0.0132
	52	0.0154	0.0128	0.0110	0.0096

（续）

(3) 背吃刀量 a_p					
工件磨削表面直径 d_w/mm	工件速度 v_w/(m/min)	工件纵向进给量 f_a（以砂轮宽度计）			
		0.5	0.6	0.7	0.8
		工作台一次往复行程背吃刀量 a_p/(mm/dst)			
250	27	0.0370	0.0308	0.0264	0.0231
	40	0.0250	0.0208	0.0178	0.0156
	54	0.0185	0.0154	0.0132	0.0115
300	30	0.0400	0.0333	0.0286	0.025
	42	0.0286	0.0238	0.0204	0.0178
	55	0.0218	0.0182	0.0156	0.0136
400	33	0.0485	0.0404	0.0345	0.0302
	44	0.0364	0.0303	0.0260	0.0227
	56	0.0286	0.0238	0.0204	0.0179

背吃刀量 a_p 的修正系数

与砂轮寿命有关 k_1						与砂轮直径 d_s 和工件孔径 d_w 之比有关 k_2			
T/s	≤96	150	240	360	600	d_s/d_w	0.4	≤0.7	>0.7
k_1	1.25	1.0	0.8	0.62	0.5	k_2	0.63	0.8	1.0

与砂轮速度及工件材料有关 k_3

工件材料	v_s/(m/s)		
	18~22.5	≤28	≤35
耐热钢	0.68	0.76	0.85
淬火钢	0.76	0.85	0.95
非淬火钢	0.80	0.90	1.00
铸铁	0.83	0.94	1.05

注：工作台单行程的背吃刀量 a_p 应将表列数值除以 2。

表 5.5-19 精磨内圆磨削用量

(1) 工件速度 v_w/(m/min)		
工件磨削表面直径 d_w/mm	工件材料	
	非淬火钢及铸铁	淬火钢及耐热钢
10	10~16	10~16
15	12~20	12~20
20	16~32	20~32
30	20~40	25~50
50	25~50	30~50
80	30~60	40~60
120	35~70	45~70
200	40~80	50~80
300	45~90	55~90
400	55~110	65~110

（续）

工件磨削表面直径 d_w/mm	工件速度 v_w/(m/min)	工件纵向进给量 f_a/(mm/r)							
（2）纵向进给量 f_a									
表面粗糙度 $Ra1.6\sim Ra0.8\mu m$，$f_a=(0.5\sim0.9)b_s$									
表面粗糙度 $Ra0.4\mu m$，$f_a=(0.25\sim0.5)b_s$									
（3）背吃刀量 a_p									
		10	12.5	16	20	25	32	40	50
		工作台一次往复行程背吃刀量/(mm/dst)							
10	10	0.00386	0.00308	0.00241	0.00193	0.00154	0.00121	0.000965	0.000775
	13	0.00296	0.00238	0.00186	0.00148	0.00119	0.00093	0.000745	0.000595
	16	0.00241	0.00193	0.00150	0.00121	0.000965	0.000755	0.000605	0.000482
12	11	0.00465	0.00373	0.00292	0.00233	0.00186	0.00146	0.00116	0.000935
	14	0.00366	0.00294	0.00229	0.00183	0.00147	0.00114	0.000915	0.000735
	18	0.00286	0.00229	0.00179	0.00143	0.00114	0.000895	0.000715	0.000572
16	13	0.00622	0.00497	0.00389	0.00311	0.00249	0.00194	0.00155	0.00124
	19	0.00425	0.00340	0.00265	0.00212	0.00170	0.00133	0.00106	0.00085
	26	0.00310	0.00248	0.00195	0.00155	0.00124	0.00097	0.000775	0.00062
20	16	0.0062	0.0049	0.0038	0.0031	0.0025	0.00193	0.00154	0.00123
	24	0.0041	0.0033	0.0026	0.00205	0.00165	0.00129	0.00102	0.00083
	32	0.0031	0.0025	0.00193	0.00155	0.00123	0.00097	0.00077	0.00062
25	18	0.0067	0.0054	0.0042	0.0034	0.0027	0.0021	0.00168	0.00135
	27	0.0045	0.0036	0.0028	0.0022	0.00179	0.00140	0.00113	0.00090
	36	0.0034	0.0027	0.0021	0.00168	0.00134	0.00105	0.00084	0.00067
30	20	0.0071	0.0057	0.0044	0.0035	0.0028	0.0022	0.00178	0.00142
	30	0.0047	0.0038	0.0030	0.0024	0.0019	0.00148	0.00118	0.00095
	40	0.0036	0.0028	0.0022	0.00178	0.00142	0.00111	0.00089	0.00071
35	22	0.0075	0.0060	0.0047	0.0037	0.0030	0.0023	0.00186	0.00149
	33	0.0050	0.0040	0.0031	0.0025	0.0020	0.00155	0.00124	0.00100
	45	0.0037	0.0029	0.0023	0.00182	0.00146	0.00114	0.00091	0.00073
40	23	0.0081	0.0065	0.0051	0.0041	0.0032	0.0025	0.0020	0.00162
	25	0.0053	0.0042	0.0033	0.0027	0.0021	0.00165	0.00132	0.00106
	47	0.0039	0.0032	0.0025	0.00196	0.00158	0.00123	0.0099	0.00079
50	25	0.0090	.00072	0.0057	0.0045	0.0036	0.0028	0.0023	0.00181
	37	0.0061	0.0049	0.0038	0.0030	0.0024	0.0019	0.00153	0.00122
	50	0.0045	0.0036	0.0028	0.0023	0.00181	0.00141	0.00113	0.00091
60	27	0.0098	0.0079	0.0062	0.0049	0.0039	0.0031	0.0025	0.00196
	41	0.0065	0.0052	0.0041	0.0032	0.0026	0.0020	0.00163	0.00130
	55	0.0048	0.0039	0.0030	0.0024	0.00193	0.00152	0.00121	0.00097

（续）

（3）背吃刀量 a_p

工件磨削表面直径 d_w/mm	工件速度 v_w/(m/min)	工件纵向进给量 f_a/(mm/r)							
		10	12.5	16	20	25	32	40	50
		工作台一次往复行程背吃刀量/(mm/dst)							
80	30	0.0112	0.0089	0.0070	0.0056	0.0045	0.0035	0.0028	0.0022
	45	0.0077	0.0061	0.0048	0.0038	0.0030	0.0024	0.0019	0.00153
	60	0.0058	0.0046	0.0036	0.0029	0.0023	0.0018	0.00143	0.00115
120	35	0.0141	0.0113	0.0088	0.0071	0.0057	0.0044	0.0035	0.0028
	52	0.0095	0.0076	0.0059	0.0048	0.0038	0.0030	0.0024	0.0019
	70	0.0071	0.0057	0.0044	0.0035	0.0028	0.0022	0.00176	0.00141
150	37	0.0164	0.0131	0.0102	0.0082	0.0065	0.0051	0.0041	0.0033
	56	0.0108	0.0087	0.0068	0.0054	0.0043	0.0034	0.0027	0.0022
	75	0.0081	0.0064	0.0051	0.0041	0.0032	0.0025	0.0020	0.00161
180	38	0.0189	0.0151	0.0118	0.0094	0.0076	0.0059	0.0047	0.0038
	58	0.0124	0.0099	0.0078	0.0062	0.0050	0.0039	0.0031	0.0025
	78	0.0092	0.0074	0.0057	0.0046	0.0037	0.0029	0.0023	0.00184
200	40	0.0197	0.0158	0.0123	0.0099	0.0079	0.0062	0.0049	0.0039
	60	0.0131	0.0105	0.0082	0.0066	0.0052	0.0041	0.0033	0.0026
	80	0.0099	0.0079	0.0062	0.0049	0.0040	0.0031	0.0025	0.0020
250	42	0.0230	0.0184	0.0144	0.0115	0.0092	0.0072	0.0057	0.0046
	63	0.0153	0.0122	0.0096	0.0077	0.0061	0.0048	0.0038	0.0031
	85	0.0113	0.0091	0.0071	0.0057	0.0045	0.0036	0.0028	0.0023
300	45	0.0253	0.0202	0.0158	0.0126	0.0101	0.0079	0.0063	0.0051
	67	0.0169	0.0135	0.0103	0.0085	0.0068	0.0053	0.0042	0.0034
	90	0.0126	0.0101	0.0079	0.0063	0.0051	0.0039	0.0032	0.0025
400	55	0.0266	0.0213	0.0166	0.0133	0.0107	0.0083	0.0067	0.0053
	82	0.0179	0.0143	0.0112	0.0090	0.0072	0.0056	0.0045	0.0036
	110	0.0133	0.0106	0.0083	0.0067	0.0053	0.0042	0.0033	0.0027

背吃刀量 a_p 的修正系数

与直径余量和加工精度有关 k_1						与加工材料和表面形状有关 k_2			与磨削长度对直径之比有关 k_3				
精度等级	直径余量/mm					工件材料	表面		l_w/d_w	≤1.2	≤1.6	≤2.5	≤4
	0.2	0.3	0.4	0.5	0.6		无圆角的	带圆角的					
IT6 级	0.5	0.63	0.8	1.0	1.25	耐热钢	0.7	0.56	k_3	1.0	0.87	0.76	0.67
IT7 级	0.63	0.8	1.0	1.25	1.6	淬火钢	1.0	0.75					
IT8 级	0.8	1.0	1.25	1.6	2.0	非淬火钢	1.2	0.90					
IT9 级	1.0	1.26	1.6	2.0	2.5	铸铁	1.6	1.2					

注：背吃刀量 a_p 不应大于粗磨的 a_p。

(3) 内圆磨头

1) 内圆磨头的主要类型见表5.5-20。

表5.5-20 内圆磨头的主要类型

类型	说明
机械传动内圆磨头	主要由主轴、滚动轴承、套筒体壳、平支带轮等组成，更换接长轴，可用来磨削不同直径和长度的内孔，适于中、低转速（一般低于2000r/min）。如图5.5-8和图5.5-9所示
风动内圆磨头	主轴上带有涡轮，由压缩空气带动涡轮使主轴高速旋转（转速高达110000r/min），而且振动小。调节气压可实现无级调速。带有调压阀、滤清器等附件。如图5.5-10所示
电动内圆磨头	一种由三相异步电动机直接带动，如图5.5-11和图5.5-12所示，另一种由高频电动机带动，如图5.5-13所示。主轴转速可达50000~90000r/min，输出功率大，瞬时过载能力强，速度特性硬，振动小，适于高转速
空气静压轴承高速电动内圆磨头	采用空气静压轴承（供气压力为40~65MPa），磨头系统刚性好，兼备电动磨头特点，转速可达180000r/min，适合磨削1~10mm小孔。如图5.5-14所示

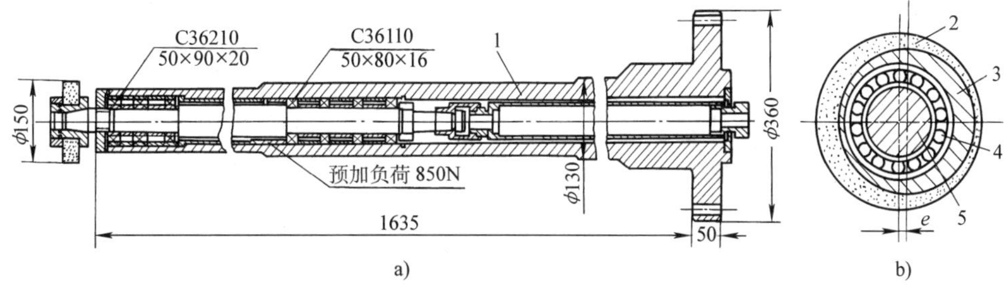

图5.5-8 机械传动深孔磨头

a）级形套筒 b）偏心形套筒

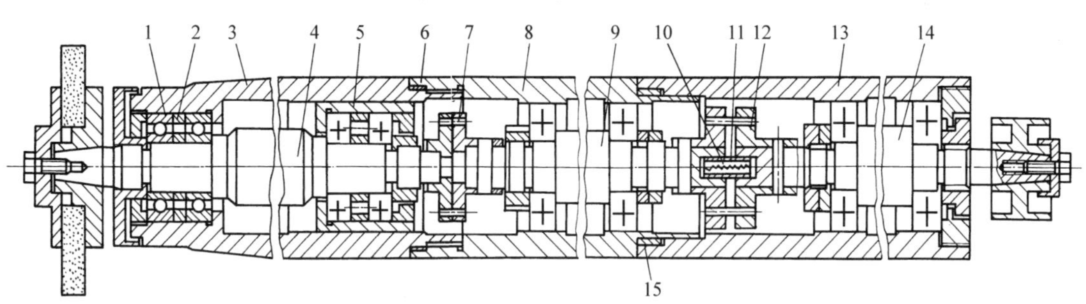

图5.5-9 机械传动多支承内圆磨头

1—角接触球轴承 2—隔环 3、8、13—壳体 4—主轴 5—轴承套 6、15—青铜套 7、12—联轴器 9—中间轴 10—弹簧 11—弹簧套 14—传动轴

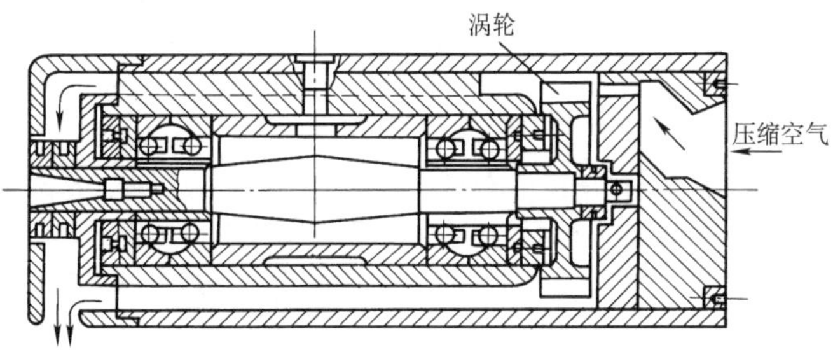

图5.5-10 风动内圆磨头

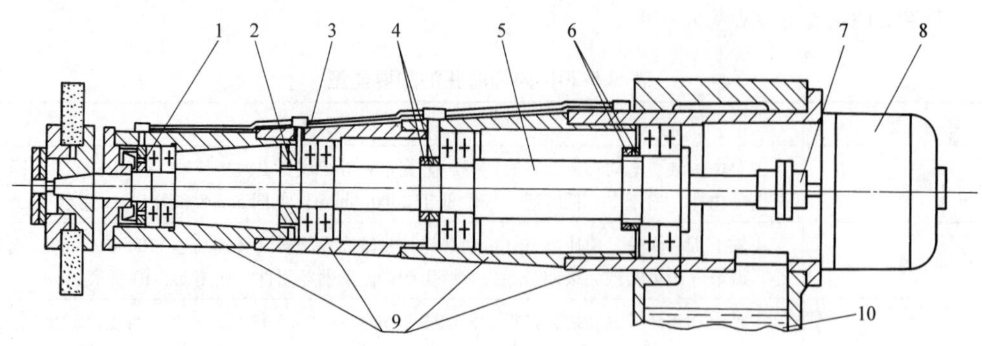

图 5.5-11　电动四支承内圆磨头

1、2、4、6—螺母　3—油管　5—主轴　7—弹性联轴器
8—电动机　9—壳体　10—油池

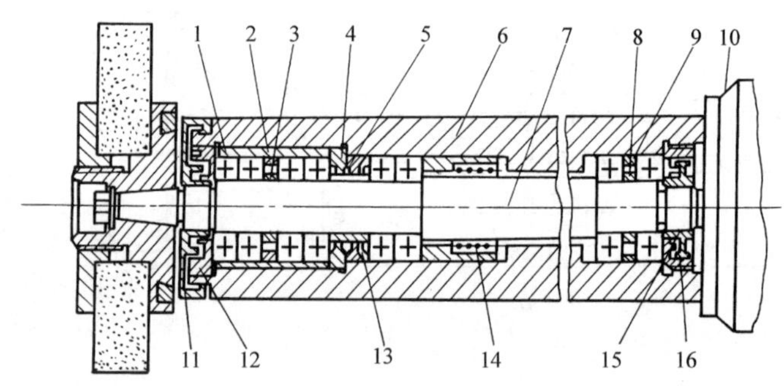

图 5.5-12　用于特重负荷磨削的电动内圆磨头

1—轴承套　2、3、4、5—隔环　6—壳体　7—主轴　8、9—后支承隔环
10—电动机　11、12、15、16—螺母　13—弹簧　14—螺簧

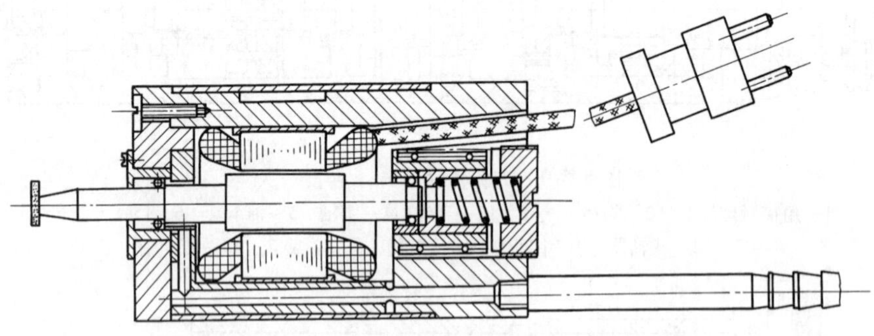

图 5.5-13　高频电动磨头

2）内圆磨头行星运动方式。在行星内圆磨削中，内圆磨头实现行星运动的方式见表 5.5-21，行星转速见表 5.5-22。

(4) 内圆磨削砂轮接长轴及砂轮尺寸的选择

1）砂轮接长轴。接长轴扩大了内圆磨具的使用范围，既经济又方便。在内圆和万能磨床上，几种常用接长轴的型式如图 5.5-15 所示。

接长轴一般需自行制作，制作时要注意：

① 保证接长轴上各段外圆与锥面的同轴度。

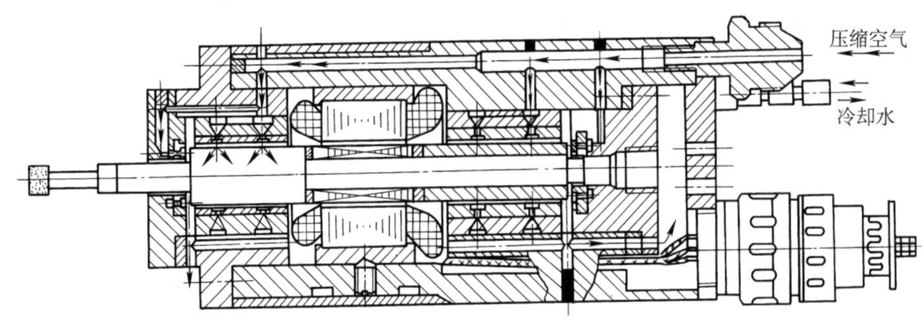

图 5.5-14 空气静压轴承高速电动磨头

表 5.5-21 内圆磨头行星运动方式

方　　式	简　　图	说　　明
双偏心轴方式	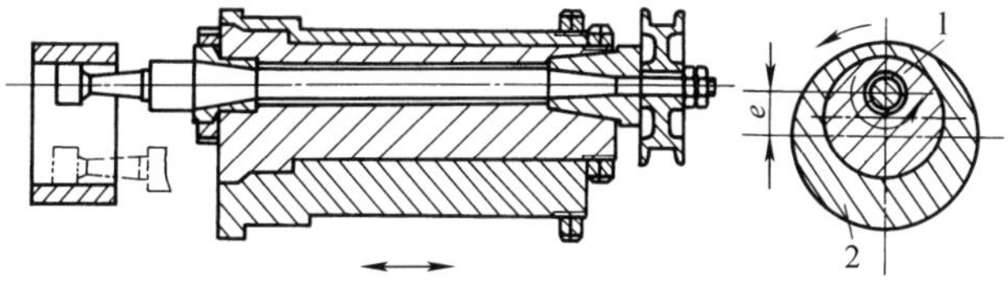	内圆磨头装在双偏心轴里，调整偏心轴 1 和 2 的相对位置（转角），可改变内圆磨头相对偏心轴 2 的偏心量 e，从而改变行星运动直径
倾斜轴方式	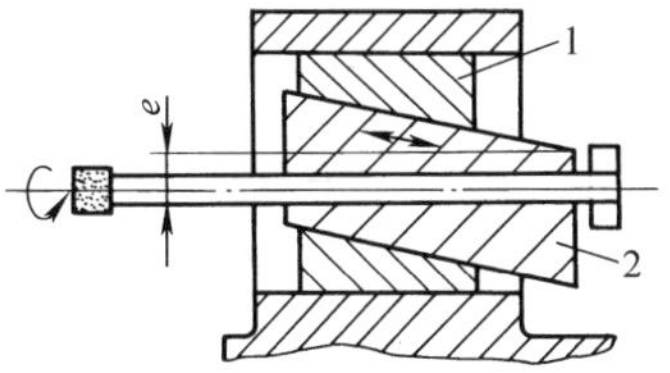	在轴 1 的倾斜孔中装有倾斜轴 2，内圆磨头装在轴 2 上，沿箭头方向调整轴 2，可改变内圆磨头相对轴 1 的偏心量 e，从而改变行星运动直径
磨头径向偏置方式	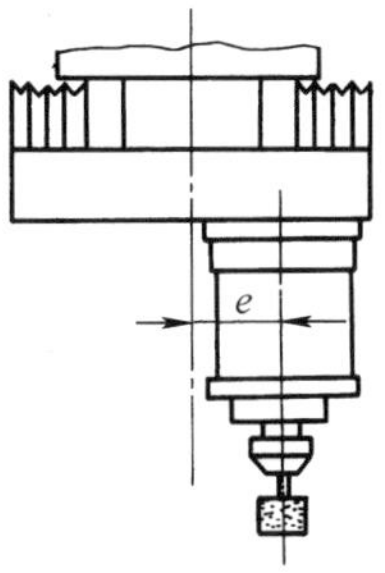	在现代坐标磨削设备上的一种配置方式，磨头（连同电动机）可以直接做径向调整，改变 e 的大小，并且有粗调和微调之分
借助中间板径向调整方式	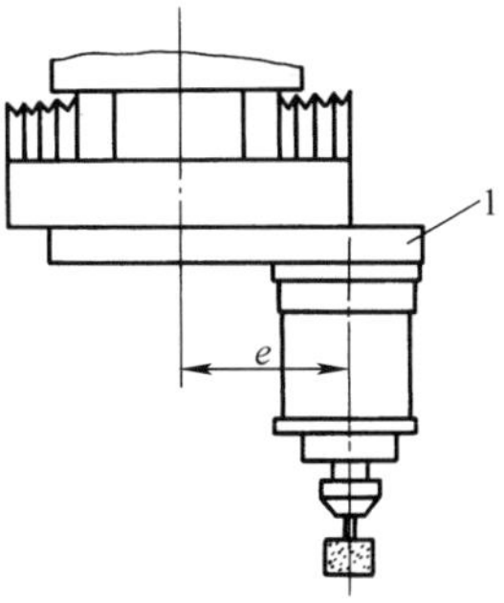	情况与磨头径向偏置方式相同，但借助一个中间板 1，e 的调整范围可进一步扩大

表 5.5-22　行星转速

工件直径 d_w/mm	砂轮速度 v_s/(m/s)						
	5	10	15	20	25	30	35
10	160	280	280	280	280	280	280
12	125	240	280	280	280	280	280
16	100	200	280	280	280	280	280
20	80	160	240	280	280	280	280
25	64	125	190	240	260	260	260
30	50	100	150	200	230	240	240
40	40	80	120	160	200	210	220
50	32	64	96	125	160	180	200
65	25	50	76	100	125	150	170
80	20	40	60	80	100	120	140
100	16	32	48	64	80	96	110
125	12	24	36	48	64	76	90
160	10	20	30	40	50	60	70
200	8	16	24	32	40	48	55
250	6	12	18	24	32	36	45

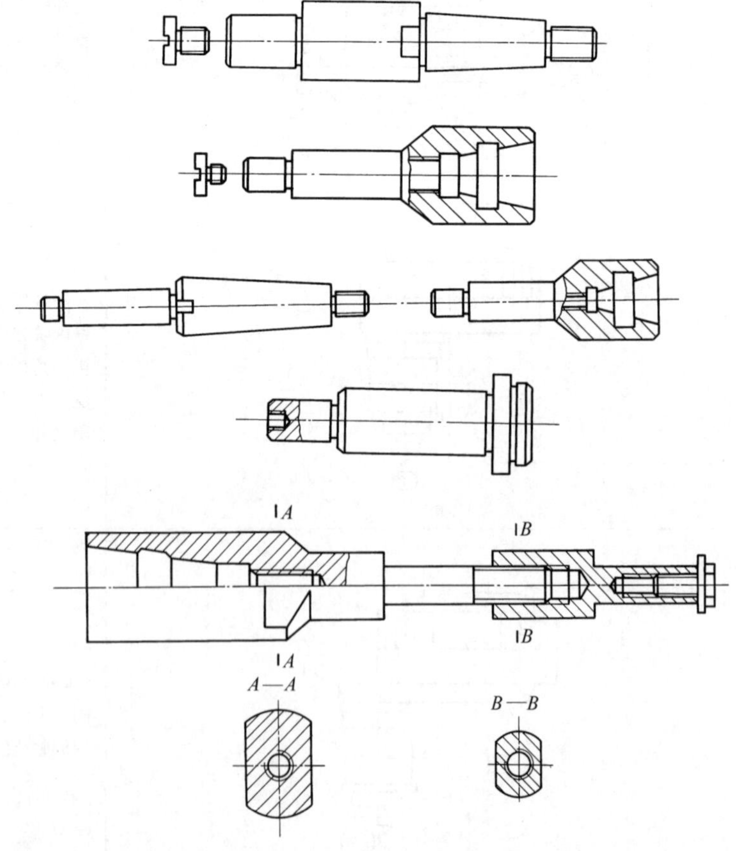

图 5.5-15　接长轴的几种型式

② 接长轴锥面应与磨头主轴锥面一致，而且配合精度要高。一般接长轴外锥为莫氏 1∶20，配合面积不小于 85%。

③ 在保证加工需要的情况下，为提高刚性，接长轴伸出磨头主轴外的杆身长度应尽可能短，直径大小则取决于砂轮尺寸。

④ 接长轴上应加工出削扁部位，供上紧接长轴和紧固砂轮时用。

⑤ 接长轴上螺纹旋向应与砂轮旋向相反，当内圆砂轮逆时针方向旋转时，接长轴螺纹应右旋。

⑥ 接长轴材料可用中碳合金钢，并经调质或淬火、回火处理，38～48HRC。常用 40Cr 钢。磨 ϕ8mm 以下小孔时，最好选用 CrWMn 钢。

2）内圆磨削时砂轮直径选择见表 5.5-23。

表 5.5-23 内圆磨削时砂轮直径选择 (mm)

被磨孔直径	砂轮直径	被磨孔直径	砂轮直径
12～17	10	100～125	80
17～22	15	125～150	100
22～27	20	150～175	125
27～32	25	175～250	150
32～45	30	250～350	200
45～55	40	350～500	250
55～65	50	500～750	350
65～80	60	750～1000	450
80～100	70		

（5）内圆磨削实例

1）套筒内孔磨削。图 5.5-16 所示套筒的内孔磨削工艺见表 5.5-24，磨削用量见表 5.5-25。

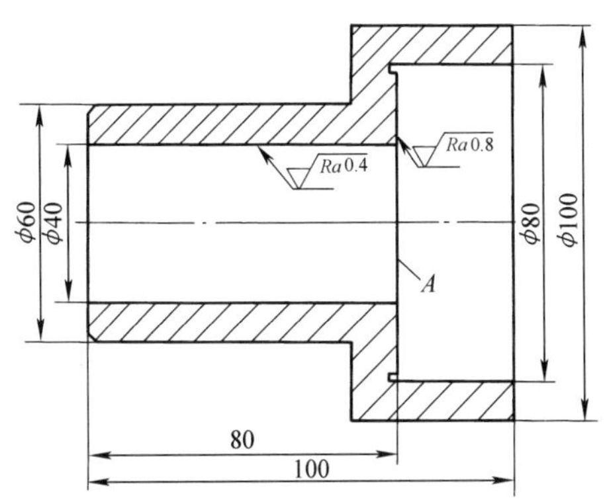

图 5.5-16 套筒

材料：20Cr 热处理：渗碳淬火 56～62HRC

表 5.5-24 套筒内孔磨削工艺

序号	工序名称	工艺要求
1	粗磨	磨 ϕ40mm 孔
2	粗、精磨	磨端面 *A* 至尺寸，控制 *Ra*0.8μm
3	精磨	磨 ϕ40mm 孔至尺寸，控制 *Ra*0.4μm

表 5.5-25 套筒内孔磨削用量

参 数	用 量
砂轮速度 v_s/(m/min)	15～18
工件速度 v_w/(m/min)	≈17
纵向进给速度 f_a/(m/min)	0.4
背吃刀量 a_p/(mm/st)	0.003～0.005

2）坐标镗床主轴套筒磨削。零件图如图 5.5-17 所示，磨削工艺见表 5.5-26，磨削用量见表 5.5-27。

3）薄壁套磨削。图 5.5-18 所示零件的磨削工艺如下：

① 热处理，消除应力。

② 平磨两端面，控制平行度<0.02mm。

③ 粗磨 ϕ98H6mm 孔。

④ 粗磨 ϕ104mm 外圆。

⑤ 平磨两端面，控制平行度<0.01mm。

⑥ 研磨 ϕ103.5mm 端面，控制平面度<0.003mm。

⑦ 精磨 ϕ98H6mm 至尺寸。

⑧ 精磨 ϕ104mm 外圆至尺寸。

防止和减少工件变形是薄壁套磨削加工的关键，主要采取以下措施：

① 粗磨前后对工件进行去应力处理，以消除热处理、磨削力和磨削热引起的应力变形。

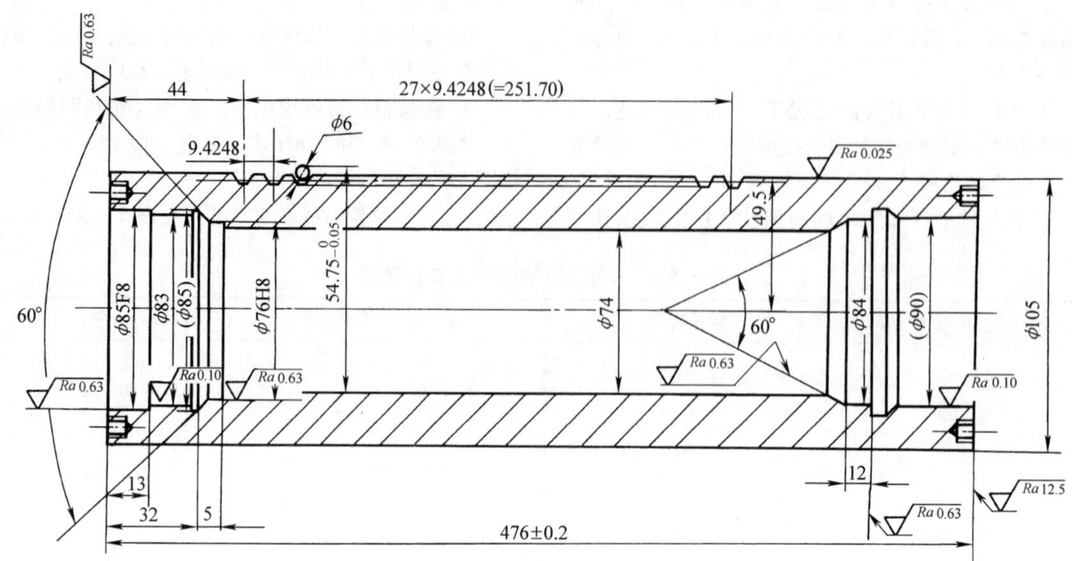

图 5.5-17　坐标镗床主轴套筒

材料：38CrMoAlA　热处理：氮化 900HV 时效

表 5.5-26　坐标镗床主轴套筒磨削工艺　（mm）

工序	工步	内　容	砂轮	机床	基准
1		上心轴，校正外圆跳动至 0.05 以内，粗磨外圆（ϕ105）至 ϕ105.7$_{-0.05}^{0}$，Ra1.25μm	WA60K	M131W	内孔
2		探伤、时效			
3	1	上心轴，校正外圆跳动 < 0.03，半精磨外圆（ϕ105）至 ϕ105$_{-0.015}^{0}$，Ra0.63μm	WA60K	M131W	内孔
	2	磨两端面至 476.3±0.2			
4		粗磨内孔，工件一端夹，一端搭中心架	PA40K	M1432A	外圆
	1	磨（ϕ90）至 ϕ89.7$^{+0.035}_{0}$，磨出肩面			
	2	磨 ϕ84 至 ϕ83.7$^{+0.05}_{0}$			
	3	磨 ϕ74 孔，磨光即可			
	4	ϕ74 孔口倒角 1.5×60°，工艺备用			
	5	反身装夹，磨 ϕ83 至 ϕ82.7$^{+0.050}_{0}$，磨出肩面			
	6	磨 ϕ76H8 至 ϕ75.8$^{+0.05}_{0}$，磨出肩面			
	7	磨 ϕ85F8 至 ϕ84.7$^{+0.035}_{0}$			
	8	ϕ76 孔口倒角 1.5×60°，工艺备用			
5		粗磨齿条	WA60L	M6025W	外圆
6		上心轴，校正外圆跳动<0.01，精磨外圆（ϕ105）至 ϕ105$^{+0.12}_{+0.07}$	WA60K	M131W	内孔
7		渗氮（900HV）			
8	1	上心轴，精密磨（ϕ105）至 ϕ105$^{+0.05}_{+0.04}$，圆度 0.005	WA100K	M1432A	内孔
	2	磨两端面至尺寸 476±0.2			

（续）

工序	工步	内容	砂轮	机床	基准
9		精磨内孔，工件一端夹，一端搭中心架	PA60K	M1432A	外圆
	1	磨（ϕ90）至 $\phi89.9^{+0.015}_{0}$，磨出肩面			
	2	磨 ϕ74 孔口倒角 2×60°，圆度<0.001			
	3	反身装夹，磨 ϕ83 至 $\phi82.9^{+0.05}_{0}$，磨出肩面			
	4	磨 ϕ76H8 至 $\phi75.9^{+0.05}_{0}$，磨出肩面			
	5	磨 ϕ85F8 至 $\phi84.9^{+0.05}_{0}$			
	6	磨 ϕ76H8 孔口倒角 2×60°，圆度<0.01			
10		精磨齿条至尺寸	WA80L	MG1432A	内孔
11		工件两端配闷头，超精密磨（ϕ105）至 $\phi105^{0}_{-0.01}$，圆度<0.01	WA240L	MG1432A	内孔
12		镗切中心架，工件跳动<0.002，磨（ϕ90）、ϕ83，单孔轴承，磨 ϕ76H8、ϕ85F8 至尺寸	WA80K	M1432A	外圆
13		装配成部件			
14		精密磨主轴锥孔	WA80K	M1432A	轴承滚导
15		超精密磨（ϕ105）外圆，与主轴箱单配间隙 0.004~0.008	WA240L	MG1432A	轴承滚导

表 5.5-27 坐标镗床主轴套筒内孔磨削参考用量

磨削用量	粗、精磨	精密磨	磨削用量	粗、精磨	精密磨
砂轮速度 v_s/(m/s) 工件速度 v_w/(m/min) 纵向进给速度 f_a/(m/min)	20~30 20~50 1.8~3	20~30 7~9 0.12~0.18	背吃刀量 a_p/(mm/st) 光磨次数/(次/st)	0.005~0.01 2~4	0.005~0.01 4~8

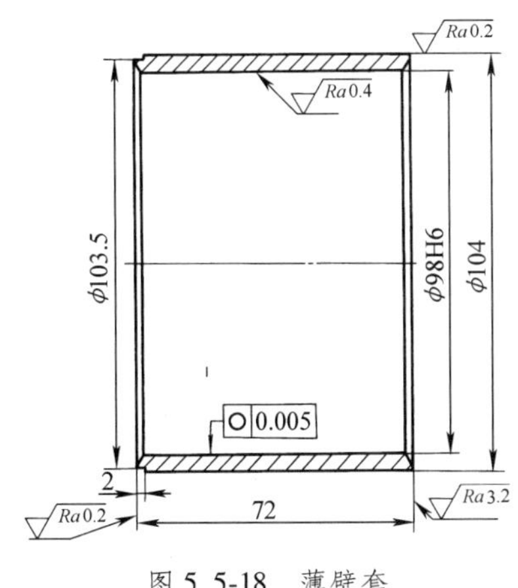

图 5.5-18 薄壁套

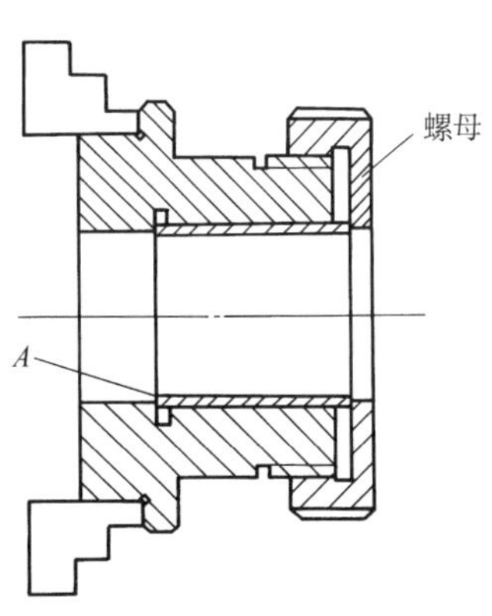

图 5.5-19 薄壁套的装夹方法

② 工艺上考虑粗磨、精磨分开，减小背吃刀量和磨削力。

③ 改进夹紧方式，减少变形。图 5.5-19 所示为薄壁套的装夹方法，由于工件靠螺母在端面方向夹紧，而且 A 面经过研修，平面度很高，故工件变形很小。

4. 平面磨削

平面磨削尺寸精度可达 IT5~IT6 级，两平面平行度小于 0.01/100，表面粗糙度值一般达 Ra0.2~Ra0.4μm，精密磨削可达 Ra0.01~Ra0.1μm。

(1) 平面磨削常用方法(表 5. 5-28)

表 5. 5-28 平面磨削常用方法

磨削方法	磨削表面特征	简图	磨削要点	夹具
周边纵向磨削	较宽的长形平面	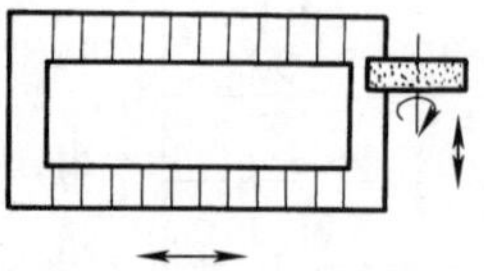	1. 清除工件和吸盘上的铁屑、毛刺 2. 工件反复翻转磨削，左右不平，向左右翻转；前后不平，向前后翻转 3. 粗、精、光磨要修整砂轮	电磁吸盘
	环形平面	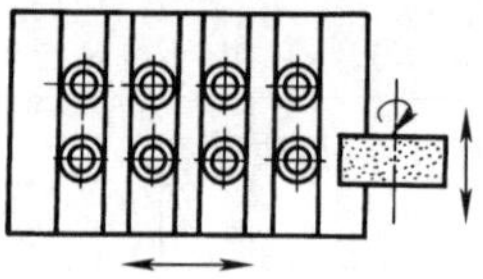	1. 选准基准面 2. 工件摆放在吸盘绝磁层的对称位置上 3. 反复翻转 4. 小尺寸工件磨削用量要小	电磁吸盘挡板或挡板夹具
		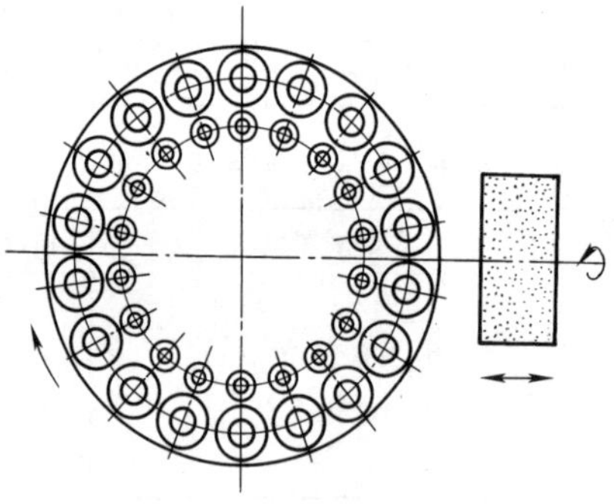	1. 选准基准面 2. 工件摆放在吸盘绝磁层的对称位置上 3. 反复翻转 4. 小尺寸工件磨削用量要小	圆吸盘
	薄片平面	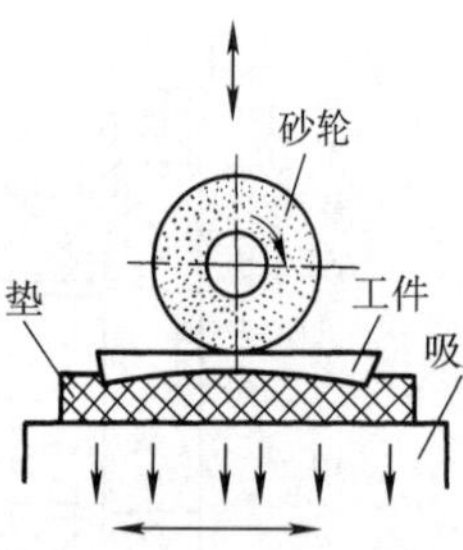 砂轮 垫 工件 吸盘	1. 垫纸、橡胶，涂蜡、低熔点合金等，改善工件装夹 2. 选用较软砂轮，常修整以保持锋利 3. 采用小切深、快送进，磨削液要充分	电磁吸盘
	斜面	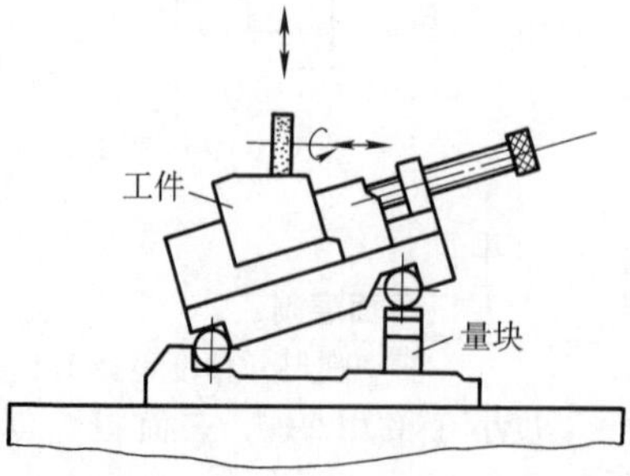 工件 量块	1. 先将基准面磨好 2. 将工件装在夹具上，调整夹具到要求的角度 3. 按磨削一般平面的方法磨削	正弦精密平口钳、正弦电磁吸盘、精密角铁等

（续）

磨削方法	磨削表面特征	简　图	磨削要点	夹具
周边纵向磨削	直角槽	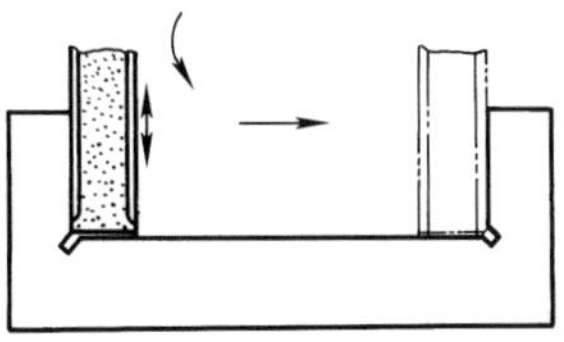	1. 找正槽外侧面与工作台进给方向平行 2. 将砂轮两端修成凹形	电磁吸盘
	圆柱端面	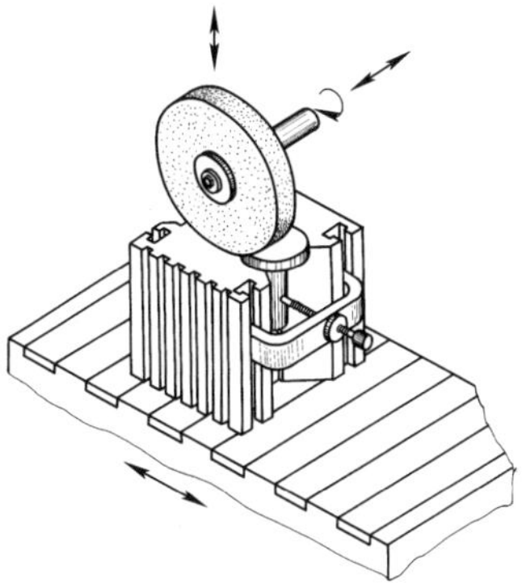	1. 将圆柱面紧靠V形块装夹好 2. 工件在V形块上悬伸不宜大	电磁吸盘、精密V形块
	多边形平面	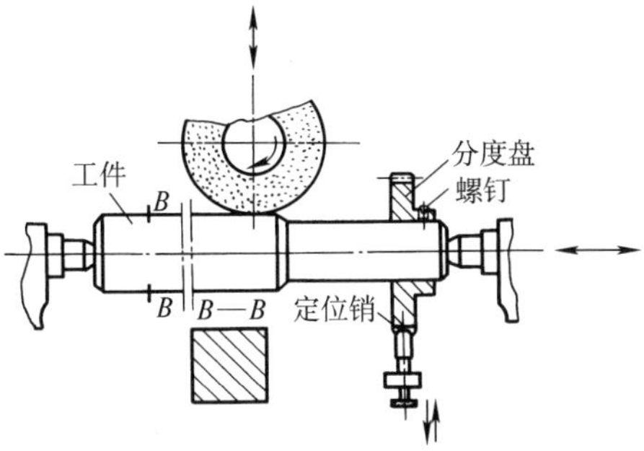	用分度法逐个面进行磨削	分度装置
	余量大的平面	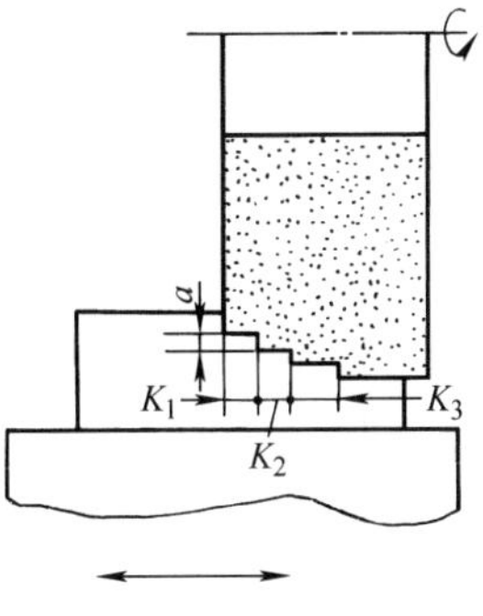	1. 根据磨削余量将砂轮修整成阶梯砂轮 2. 采用较小的纵向进给量	电磁吸盘

（续）

磨削方法	磨削表面特征	简　图	磨削要点	夹具
周边切入磨削	窄槽	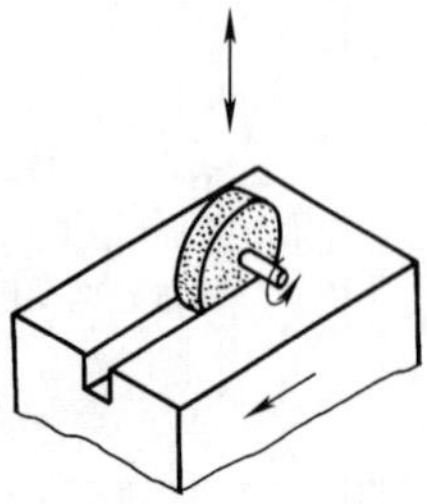	1. 找正工件 2. 调整好砂轮和工件的相对位置 3. 一次磨出直槽	电磁吸盘
	窄长平面	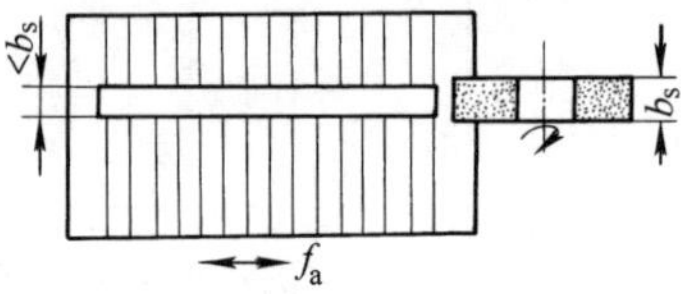	1. 找正工件，调整好工件和砂轮相对位置 2. 反复翻转磨削	电磁吸盘
端面纵向磨削	长形平面	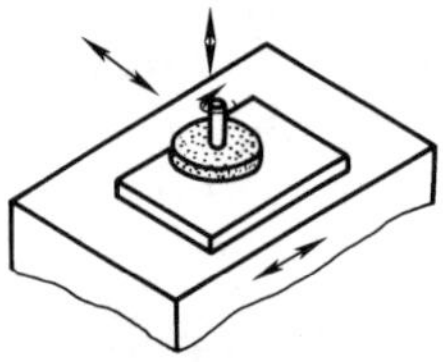	1. 粗磨时，磨头倾斜一小角度；精磨时，磨头必须与工件垂直 2. 工件反复翻转 3. 粗、精磨要修整砂轮	电磁吸盘
	垂直平面	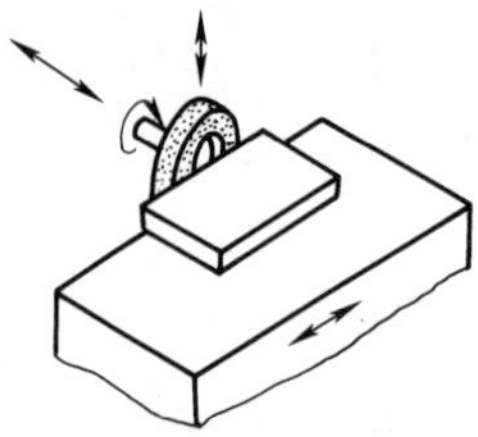	1. 找正工件 2. 正确安装基准面	电磁吸盘
端面切入磨削	环形平面	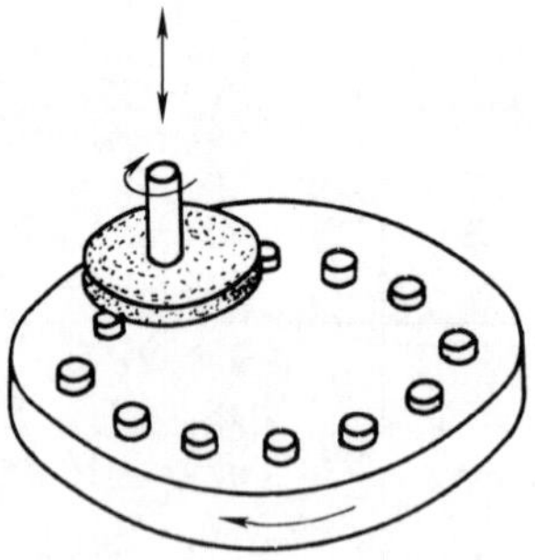	1. 圆台中央部分不安装工件 2. 工件小，砂轮宜软，背吃刀量宜小	圆吸盘
	短圆柱形零件双端平行平面	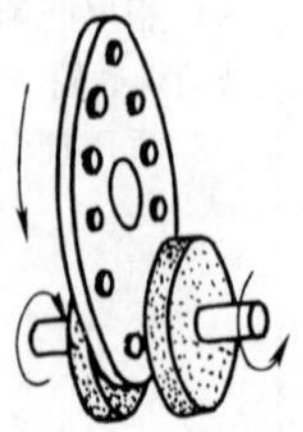	1. 工件手动或自动放在送料盘上，送料盘带动工件在两砂轮间回转 2. 调整两砂轮在水平及垂直方向都成倾斜角度，形成复合磨削区	圆送料盘

（续）

磨削方法	磨削表面特征	简图	磨削要点	夹具
端面切入磨削	扁的圆形零件双端平行平面		两砂轮水平方向调整成倾斜角，进料口为工件尺寸加2/3磨削余量，出料口为成品尺寸	导板送料机构
	大尺寸平行平面	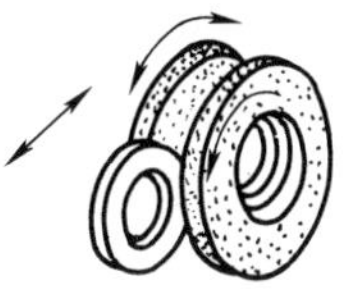	1. 工件可在夹具中自转 2. 两砂轮调整一个倾斜角	专用夹具
	复杂形状工件平行平面		1. 适于形状复杂、不宜连续送进的工件 2. 砂轮倾斜角使摇臂在砂轮内的死点处，开口为成品尺寸	摇臂式夹具
导轨磨削	导轨面	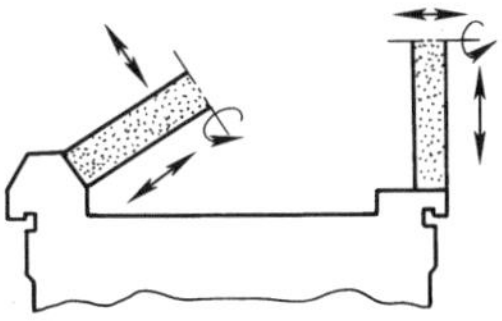	1. 导轨面的周边磨削 2. 导轨要正确支承和固定 3. 调整好导轨面和砂轮的位置和方向	垫铁支承，磨头运动时导轨不固定，工件运动时要固定
			1. 导轨面的端面磨削 2. 导轨要正确支承和固定 3. 调整好导轨面和砂轮的位置和方向	垫铁支承，磨头运动时导轨不固定，工件运动时要固定
		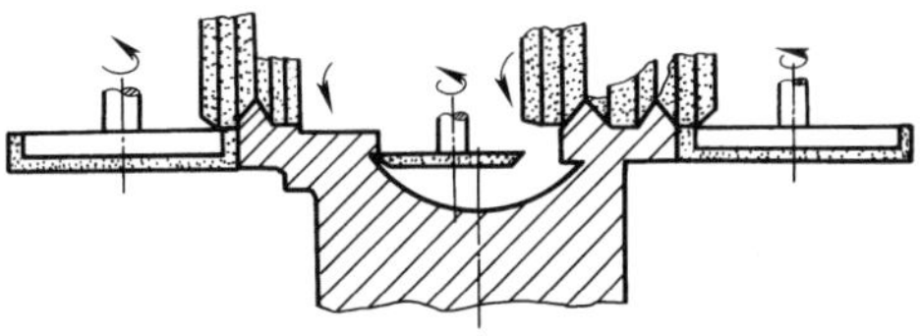	1. 用成形砂轮分别磨削导轨面，用辅助磨头磨削侧面等 2. 正确支承和装夹导轨	支承垫铁、压板、螺钉
		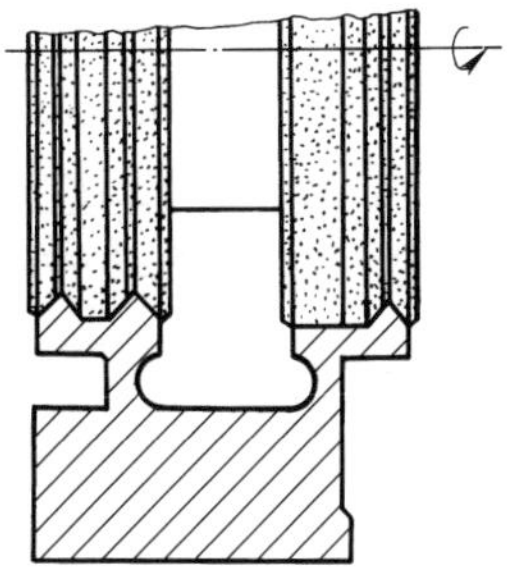	1. 用组合成形砂轮一次磨出导轨面 2. 正确支承和装夹导轨	支承垫铁、压板、螺钉

1）端面磨削。立轴磨头倾角对加工面的影响如图 5.5-20 所示。磨头与工作台面相互垂直，则磨痕是正反相交叉的双纹，否则是单纹。

图中凹陷量的计算公式为

$$\varepsilon \approx K\tan\alpha = \frac{1}{2}\left(d_s - \sqrt{d_s^2 - b_s^2}\right)\tan\alpha$$

为减小 ε 值，α 宜小于 30′。

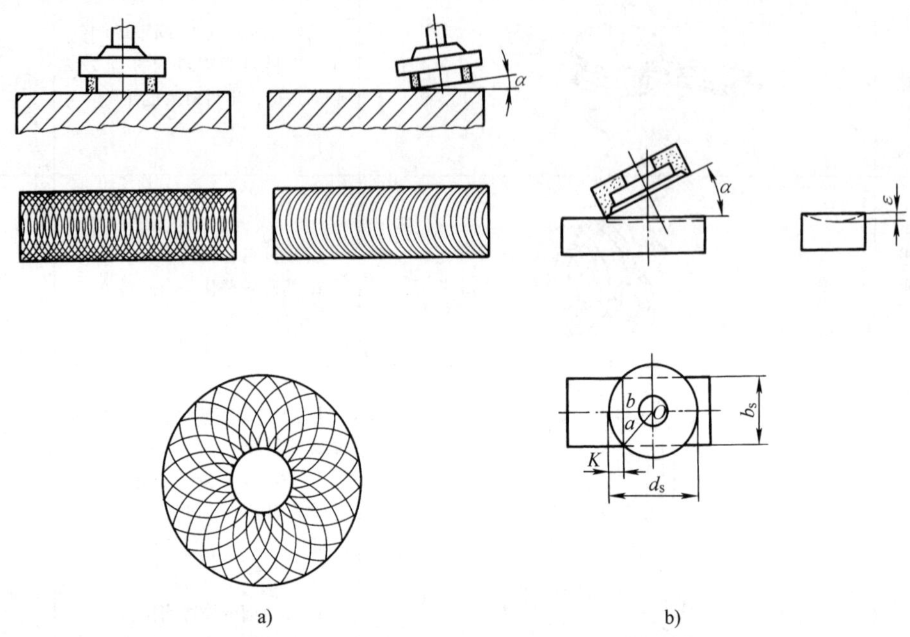

图 5.5-20　立轴磨头倾角对加工面的影响
a）磨头倾角与加工面花纹的关系　b）磨头倾角与加工面凹陷量的关系

2）双端面砂轮磨削的内尺寸。双端面磨削时，两砂轮间要调整成倾斜角度，使砂轮间形成粗、精、光磨区，进料口尺寸应为成品尺寸加 2/3 磨削余量，出料口尺寸应为成品尺寸（图 5.5-21）。

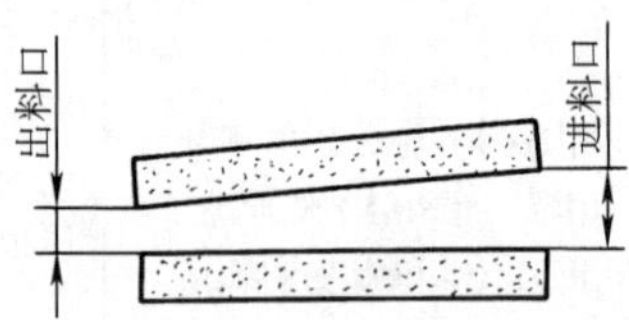

图 5.5-21　双端面砂轮内尺寸

当被磨削工件两端面面积不等时，可将能进行调整的一端砂轮转速降低，并且该砂轮硬度选得略高些，从而降低该砂轮的磨削效率。磨削时，使工件磨削面积小的一面朝向该砂轮。

3）导轨副的配磨。配磨方法见表 5.5-29，其找正、测量方法如图 5.5-22～图 5.5-24 所示。

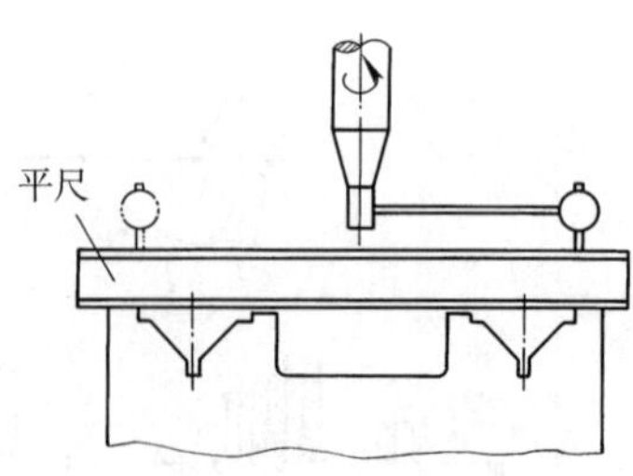

图 5.5-22　磨削基准面的选择

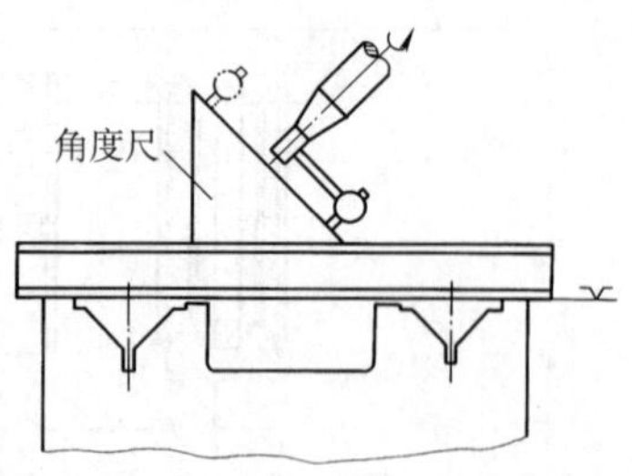

图 5.5-23　调整磨头磨削斜面

（2）平面磨削用量

1）平面磨削余量见表 5.5-30。

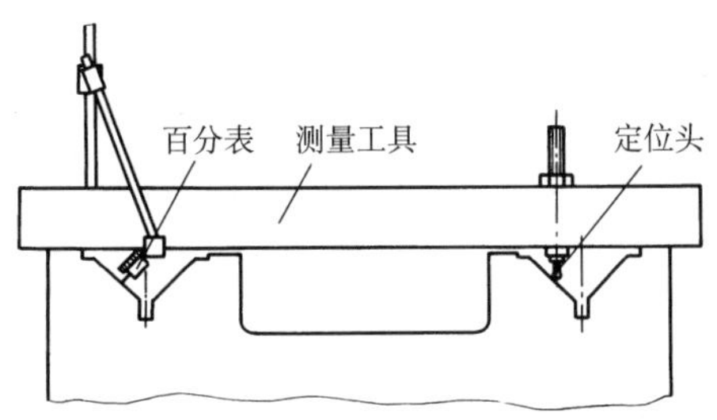

图 5.5-24　双 V 形导轨副平行距的测量法

表 5.5-29　导轨副配磨方法

配 磨 方 法	磨削方式	特　　点
用一套精度很高的量具，严格控制导轨横截面的各项精度	端面磨削及周边磨削	配磨精度比较稳定，并能实现导轨副的互换。适用于导轨形状比较简单、批量生产，但需要配备一套精密测量工具
用一套导轨接触工具，分别和所磨导轨面着色检查接触面，逐渐修磨导轨面来达到导轨的接触要求	端面磨削	工具比较简单，接触面检查也比较直观，但要求操作技术较高。生产率低，适用于试制或小批量生产
将机床磨具主轴用标准角度块作为工具，校正到所需要的角度，同时配备一套相应的等高工具，控制导轨截面的各项精度	端面磨削	工具简单，操作方便，但要求磨头精度和刚性要好，机床工作台运动精度稳定。适用于小批量生产和修理
依靠机床的精度，用较高精度的仿形修整器将砂轮修整成形，来保证导轨横截面的各项形状精度	周边磨削	采用这种方法配磨，开始时一般还需要量具复验导轨的各项形状精度，要求仿形修整器精度稳定，操作方便。生产率较高，适用于成批生产

表 5.5-30　平面磨削余量　（mm）

加工性质	加工面长度	加工面宽度					
		≤100		>100~300		>300~1000	
		余量	公差	余量	公差	余量	公差
零件在装夹时未经校准	≤300	0.3	0.1	0.4	0.12	—	—
	>300~1000	0.4	0.12	0.5	0.15	0.6	0.15
	>1000~2000	0.5	0.15	0.6	0.15	0.7	0.15
零件装夹在夹具中或用千分表校准	≤300	0.2	0.1	0.25	0.12	—	—
	>300~1000	0.25	0.12	0.3	0.15	0.4	0.15
	>1000~2000	0.3	0.15	0.4	0.15	0.4	0.15

注：1. 表中数值是每一加工面的加工余量。
2. 如果几个零件同时加工时，长度及宽度为装夹在一起的各零件尺寸（长度或宽度）及各零件间的间隙的总和。
3. 热处理的零件磨削前，加工余量须将表中数值乘以 1.22。
4. 磨削的加工余量和公差用于有公差的表面的加工，其他尺寸按照自由尺寸的公差进行加工。

2）砂轮速度选择见表 5.5-31。

表 5.5-31　平面磨削砂轮速度选择

磨削形式	工件材料	粗磨砂轮速度/(m/s)	精磨砂轮速度/(m/s)
圆周磨削	灰铸铁	20~22	22~25
	钢	22~25	25~30
端面磨削	灰铸铁	15~18	18~20
	钢	18~20	20~25

3）其他用量选择见表 5.5-32~表 5.5-35。

表 5.5-32　粗磨平面磨削用量——矩形工作台平面磨

（1）纵向进给量

加工性质	砂轮宽度 b_s/mm					
	32	40	50	63	80	100
	工作台单行程纵向进给量 f_a/(mm/st)					
粗磨	16~24	20~30	25~38	32~44	40~60	50~75

（2）背吃刀量

纵向进给量 f_a（以砂轮宽度计）	砂轮寿命/s	工件速度 v_w/(m/min)					
		6	8	10	12	16	20
		工作台单行程背吃刀量 a_p/(mm/st)					
0.5	540	0.066	0.049	0.039	0.033	0.024	0.019
0.6		0.055	0.041	0.033	0.028	0.020	0.016
0.8		0.041	0.031	0.024	0.021	0.015	0.012
0.5	900	0.053	0.038	0.030	0.026	0.019	0.015
0.6		0.042	0.032	0.025	0.021	0.016	0.013
0.8		0.032	0.024	0.019	0.016	0.012	0.0096
0.5	1440	0.040	0.030	0.024	0.020	0.015	0.012
0.6		0.034	0.025	0.020	0.017	0.013	0.010
0.8		0.025	0.019	0.015	0.013	0.0094	0.0076
0.5	2400	0.033	0.023	0.019	0.016	0.012	0.0093
0.6		0.026	0.019	0.015	0.013	0.0097	0.0078
0.8		0.019	0.015	0.012	0.0098	0.0073	0.0059

（3）背吃刀量 a_p 的修正系数

与工件材料及砂轮直径有关的系数 k_1

工件材料	砂轮直径 d_s/mm			
	320	400	500	600
耐热钢	0.70	0.78	0.85	0.95
淬火钢	0.78	0.87	0.95	1.06
非淬火钢	0.82	0.91	1.0	1.12
铸铁	0.86	0.96	1.05	1.17

与工作台充满系数 k_f 有关的系数 k_2

k_f	0.2	0.25	0.32	0.4	0.5	0.63	0.8	1.0
k_2	1.6	1.4	1.25	1.12	1.0	0.9	0.8	0.71

注：工作台一次往复行程的背吃刀量应将表列数值乘 2。

表 5.5-33　精磨平面磨削用量——矩形工作台平面磨

（1）纵向进给量

加工性质	磨轮宽度 b_s/mm					
	32	40	50	63	80	100
	工作台单行程纵向进给量 f_a/(mm/st)					
精磨	8~16	10~20	12~25	16~32	20~40	25~50

（2）背吃刀量

工件速度 v_w /(m/min)	工作台单行程纵向进给量 f_a/(mm/st)								
	8	10	12	15	20	25	30	40	50
	工作台单行程背吃刀量 a_p/(mm/st)								
5	0.086	0.069	0.058	0.046	0.035	0.028	0.023	0.017	0.014
6	0.072	0.058	0.046	0.039	0.029	0.023	0.019	0.014	0.012
8	0.054	0.043	0.035	0.029	0.022	0.017	0.015	0.011	0.0086
10	0.043	0.035	0.028	0.023	0.017	0.014	0.012	0.0086	0.0069
12	0.036	0.029	0.023	0.019	0.014	0.012	0.0096	0.0072	0.0058
15	0.029	0.023	0.018	0.015	0.012	0.0092	0.0076	0.0058	0.0046
20	0.022	0.017	0.014	0.012	0.0086	0.0069	0.0058	0.0043	0.0035

（3）背吃刀量 a_p 的修正系数

与加工精度及余量有关的系数 k_1							与加工材料及砂轮直径有关的系数 k_2				
尺寸精度 /mm	加工余量/mm						工件材料	砂轮直径 d_s/mm			
	0.12	0.17	0.25	0.35	0.5	0.70		320	400	500	600
0.02	0.4	0.5	0.63	0.8	1.0	1.25	耐热钢	0.56	0.63	0.7	0.8
0.03	0.5	0.63	0.8	1.0	1.25	1.6	淬火钢	0.8	0.9	1.0	1.1
0.05	0.63	0.8	1.0	1.25	1.6	2.0	非淬火钢	0.96	1.1	1.2	1.3
0.08	0.8	1.0	1.25	1.6	2.0	2.5	铸铁	1.28	1.45	1.6	1.75

与工作台充满系数 k_f 有关的系数 k_3

k_f	0.2	0.25	0.32	0.4	0.5	0.63	0.8	1.0
k_3	1.6	1.4	1.25	1.12	1.0	0.9	0.8	0.71

注：1. 精磨的 f_a 不应该超过粗磨的 f_a 值。

2. 工件的运动速度，在加工淬火钢时取大值，加工非淬火钢及铸铁时取小值。

表 5.5-34　粗磨平面磨削用量——圆形工作台平面磨

（1）纵向进给量

加工性质	砂轮宽度 b_s/mm					
	32	40	50	63	80	100
	工作台单行程纵向进给量 f_a/(mm/st)					
粗磨	16~24	20~30	25~38	32~44	40~60	50~75

（2）背吃刀量

纵向进给量 f_a（以砂轮宽度计）	砂轮寿命 /s	工件速度 v_w/(m/min)						
		8	10	12	16	20	25	30
		磨头单行程背吃刀量 a_p/(mm/st)						
0.5	540	0.049	0.039	0.033	0.024	0.019	0.016	0.013
0.6		0.041	0.032	0.028	0.020	0.016	0.013	0.011
0.8		0.031	0.024	0.021	0.015	0.012	0.0098	0.0082

（续）

(2) 背吃刀量								
纵向进给量 f_a（以砂轮宽度计）	砂轮寿命/s	工件速度 v_w/(m/min)						
		8	10	12	16	20	25	30
		磨头单行程背吃刀量 a_p/(mm/st)						
0.5	900	0.038	0.030	0.026	0.019	0.015	0.012	0.010
0.6		0.032	0.025	0.021	0.016	0.013	0.010	0.0085
0.8		0.024	0.019	0.016	0.012	0.0096	0.008	0.0064
0.5	1440	0.030	0.024	0.020	0.015	0.012	0.0096	0.0080
0.6		0.025	0.020	0.017	0.013	0.010	0.0080	0.0067
0.8		0.019	0.015	0.013	0.0094	0.0076	0.0061	0.0050
0.5	2400	0.023	0.019	0.016	0.012	0.0093	0.0075	0.0062
0.6		0.019	0.015	0.013	0.0097	0.0078	0.0062	0.0052
0.8		0.015	0.012	0.0098	0.0073	0.0059	0.0047	0.0039

(3) 背吃刀量 a_p 的修正系数

与工件材料及砂轮直径有关的系数 k_1				
工件材料	砂轮直径 d_s/mm			
	320	400	500	600
耐热钢	0.7	0.78	0.85	0.95
淬火钢	0.78	0.87	0.95	1.06
非淬火钢	0.82	0.91	1.0	1.12
铸铁	0.86	0.96	1.05	1.17

与工作台充满系数 k_f 有关的系数 k_2							
k_f	0.25	0.32	0.4	0.5	0.63	0.8	1.0
k_2	1.4	1.25	1.12	1.0	0.9	0.8	0.71

表 5.5-35　精磨平面磨削用量——圆形工作台平面磨

(1) 纵向进给量						
加工性质	砂轮宽度 b_s/mm					
	32	40	50	63	80	100
	工作台单行程纵向进给量 f_a/(mm/st)					
精磨	8~16	10~20	12~25	16~32	20~40	25~50

(2) 背吃刀量									
工件速度 v_w/(m/min)	工作台单行程纵向进给量 f_a/(mm/st)								
	8	10	12	15	20	25	30	40	50
	磨头单行程背吃刀量 a_p/(mm/st)								
8	0.067	0.054	0.043	0.036	0.027	0.0215	0.0186	0.0137	0.0107
10	0.054	0.043	0.035	0.0285	0.0215	0.0172	0.0149	0.0107	0.0086
12	0.045	0.0355	0.029	0.024	0.0178	0.0149	0.0120	0.0090	0.0072
15	0.036	0.0285	0.022	0.0190	0.0149	0.0114	0.0095	0.0072	0.00575
20	0.027	0.0214	0.018	0.0148	0.0107	0.0086	0.00715	0.00537	0.0043
25	0.0214	0.0172	0.0143	0.0155	0.0086	0.0069	0.00575	0.0043	0.0031
30	0.0179	0.0143	0.0129	0.0095	0.00715	0.0057	0.00477	0.00358	0.00286
40	0.0134	0.0107	0.0089	0.00715	0.00537	0.0043	0.00358	0.00268	0.00215

（续）

（3）背吃刀量 a_p 的修正系数												
与加工精度及余量有关的系数 k_1								与加工材料及砂轮直径有关的系数 k_2				
尺寸精度 /mm	加工余量							工件材料	砂轮直径 d_s/mm			
	0.08	0.12	0.17	0.25	0.35	0.50	0.70		320	400	500	600
0.02	0.32	0.4	0.5	0.63	0.8	1.0	1.25	耐热钢	0.56	0.63	0.7	0.8
0.03	0.4	0.5	0.63	0.8	1.0	1.25	1.6	淬火钢	0.8	0.9	1.0	1.1
0.05	0.5	0.63	0.8	1.0	1.25	1.6	2.0	非淬火钢	0.96	1.1	1.2	1.3
0.08	0.63	0.8	1.0	1.25	1.6	2.0	2.5	铸铁	1.28	1.45	1.6	1.75

与工作台充满系数 k_f 有关的系数 k_3								
k_f	0.2	0.25	0.3	0.4	0.5	0.6	0.8	1.0
k_3	1.6	1.4	1.25	1.12	1.0	0.9	0.8	0.71

注：1. 精磨的 f_a 不应该超过粗磨的 f_a 值。

2. 工件的运动速度，在加工淬火钢时取大值，加工非淬火钢及铸铁时取小值。

4）导轨磨削工艺参数见表 5.5-36。

表 5.5-36　导轨磨削工艺参数

磨削形式	纵向进给速度 /(m/min)	背吃刀量 /(mm/dst)	砂轮	砂轮修整后形状
端面磨削	粗磨：8~10 半精磨：4~6 精磨：1~2	0.003~0.05	GC36H~JV 组织 7~8 WA36H~JA 组织 7~8	20°~30° 0.5~1 粗磨 15°~20° 1~2 精磨
圆周磨削	20~40	0.001~0.10	与平面磨削基本相同，成形磨削常用 60°	

注：背吃刀量的大小和连续次数应根据工件误差大小、磨头主轴及机床刚度、工件发热程度、磨削火花的特征等合理确定。

（3）薄片工件平面磨削的装夹

垫圈、摩擦片和镶钢导轨等较薄或狭长的工件，刚性差，磨削时极易受热变形和受力变形，需要采取各种措施来减少工件的发热和变形。除选用较软的砂轮、采用较小的背吃刀量和较高的工作台纵向进给速度、供应充分的磨削液等来改善磨削条件外，还须从工艺和装夹方面来减小工件的受力变形。薄片工件的装夹方法见表 5.5-37。

表 5.5-37　薄片工件的装夹方法

方法和简图	工 作 要 求
1. 垫弹性垫片 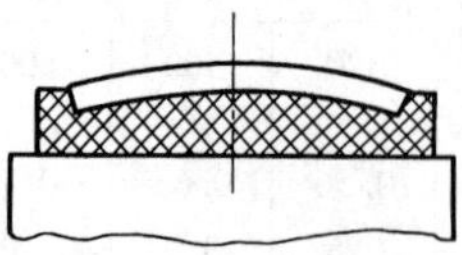	在工件下面垫很薄的橡皮或海绵等弹性物，并交替磨削两平面
2. 垫纸 垫纸 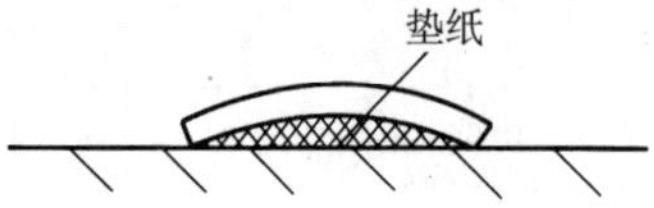	分辨出工件弯曲方向，用电工纸垫入空隙处，以垫平的一面吸在电磁吸盘上，磨另一面。磨出一个基准面，再吸在电磁吸盘上交替磨两平面
3. 涂蜡  涂蜡	工件一面涂以白蜡，并与工件齐平，吸住该面磨另一面。磨出一个基准面后，再交替磨两平面
4. 用导磁铁 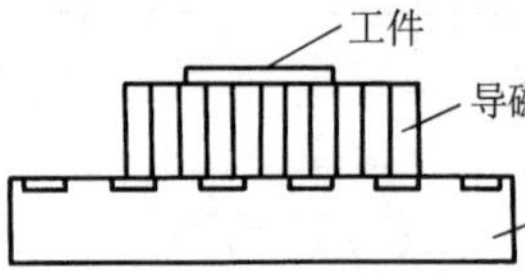 工件 导磁铁 电磁 工作台	工件放在导磁铁上（减小磁力对工件的吸力，改善弹性变形），使导磁的绝磁层与电磁吸盘绝磁层对齐。导磁铁的高度应保证工件被吸牢
5. 在外圆磨床上装夹 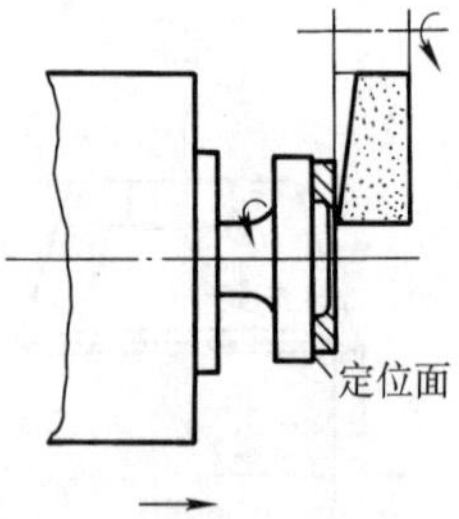 定位面	薄片环形工件空套在夹具端面小台阶上，靠摩擦力带动工件旋转，弹性变形基本不存在。起动头架时，用竹片轻挡工件的被磨面。两平面交替磨削，工件可分粗、精磨
6. 用夹具 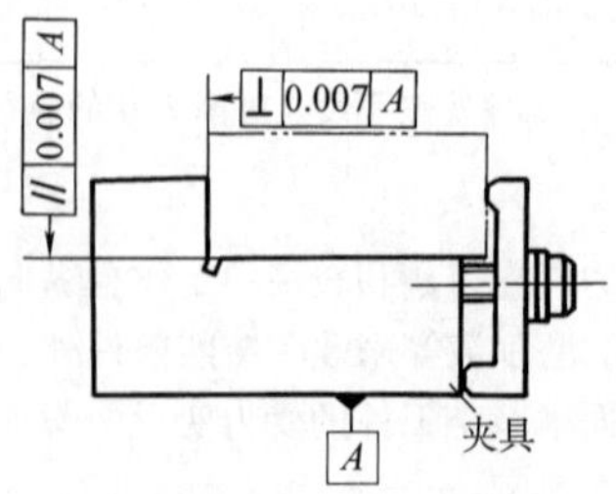 // 0.007 A ⊥ 0.007 A A 夹具	图示为长导轨及其夹具。用机械装夹方法，减少工件弹性变形，磨出基准面后，再磨另一平面

（续）

方法和简图	工 作 要 求
7. 先研磨出一个基准面 研磨后平面	先用手工或机械方法研磨出一个基准面，然后吸住磨另一平面，再交替磨削两平面
8. 用工作台剩磁 挡板	利用工作台的剩磁吸住工件，减小弹性变形。此时背吃刀量一定要小，并充分冷却

（4）平面磨削实例

1）V形扶磨削。图5.5-25所示的V形扶磨削工艺参见表5.5-38。

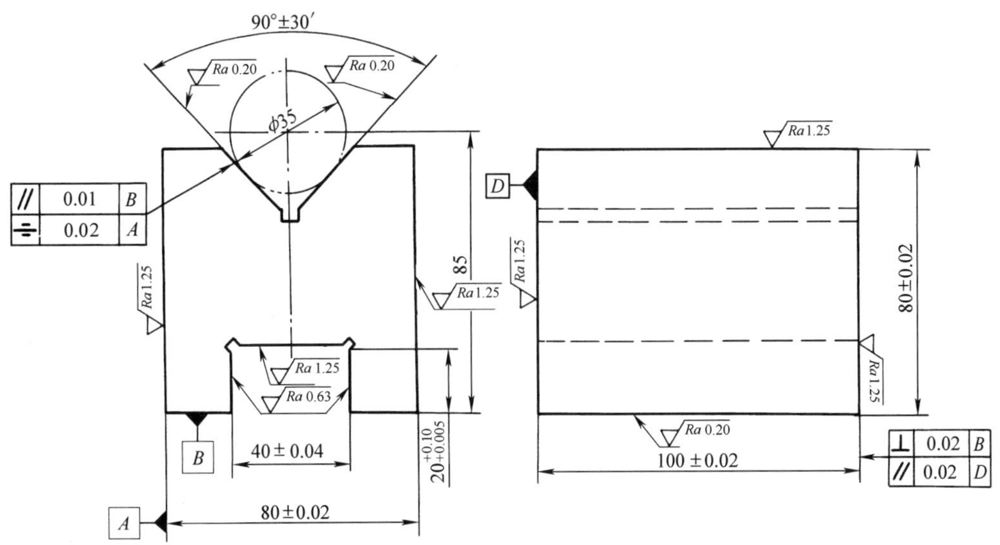

图5.5-25 V形扶磨削

材料：20Cr 热处理：渗碳淬火，59HRC

表5.5-38 V形扶磨削工艺

工序	内 容	夹 具
1	以*B*为基准磨顶面，翻转磨*B*面至尺寸，控制平行度<0.01mm	
2	以*B*为基准，校*C*，磨*C*面，磨出即可，控制垂直度<0.01mm	精密角铁
3	以*B*为基准，校*A*，磨*A*面，磨出即可	精密角铁

（续）

工序	内　　容	夹　　具
4	以 *A* 为基准，磨对面，控制（80±0.02）mm	
5	以 *C* 为基准，磨对面，控制（100±0.02）mm	
6	以顶面为基准，校 *A* 与工作台纵向平行（平行度<0.01mm），切入磨，控制尺寸 $20^{+0.10}_{+0.005}$mm，再分别磨两内侧面，控制尺寸（40±0.04）mm	
7	以 *B* 和 *A* 为基准，磨 90°两斜面，控制对称度<0.02mm	导磁 V 形扶
8	测量	

2）薄阀片磨削。图 5.5-26 所示为薄阀片，磨削时先辨明弯曲方向，在空隙处垫纸、布或涂蜡，再吸在电磁盘上磨削，也可用剩磁法磨削。砂轮宜软，其磨削用量为：$v_s \approx 30$m/s；$v_w = 20 \sim 25$m/min；f_a 粗磨为 0.015～0.02mm/dst，精磨为 0.005～0.01mm/dst。

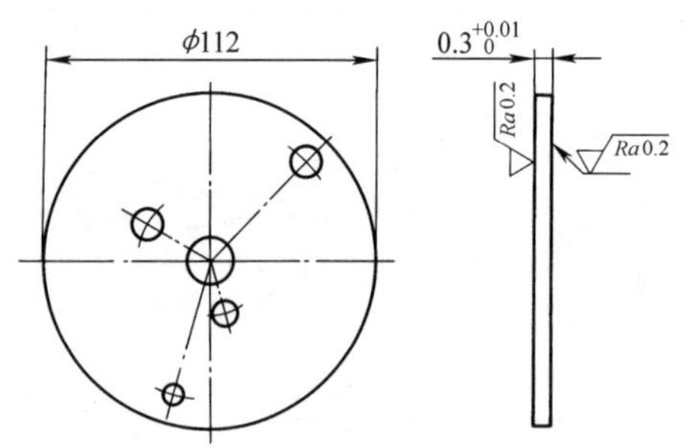

图 5.5-26　薄阀片

材料：T10A　热处理：淬火，48HRC

3）连杆双端面磨削。图 5.5-27 所示为柴油机连杆，用双端面磨床磨削连杆大头孔的两端面时，用圆盘夹具，PK750×60×50A 46KB 大气孔砂轮，总余量为 0.02mm，双砂轮调整的主要参数为：砂轮进口尺寸：38.067mm；砂轮出口尺寸：38mm；砂轮速度：30m/s；纵向进给速度：2 m/min。

5. 无心磨削

无心磨削是工件不定中心的磨削，主要有无心外圆磨削和无心内圆磨削。无心磨削不仅能磨削外圆面、内圆面的内外锥面，还能磨削螺纹和其他形面，是一种适应大批量生产的高效率磨削方法。外圆磨削圆度可达 0.0005～0.001mm，表面粗糙度 *Ra*0.1～*Ra*0.025μm。无心磨削的特点如下：

① 磨削过程中，工件中心不定，其位置变化的大小取决于工件的原始误差、工艺系统刚性、磨削用量及其他磨削工艺参数（工件中心高、托板角等）。

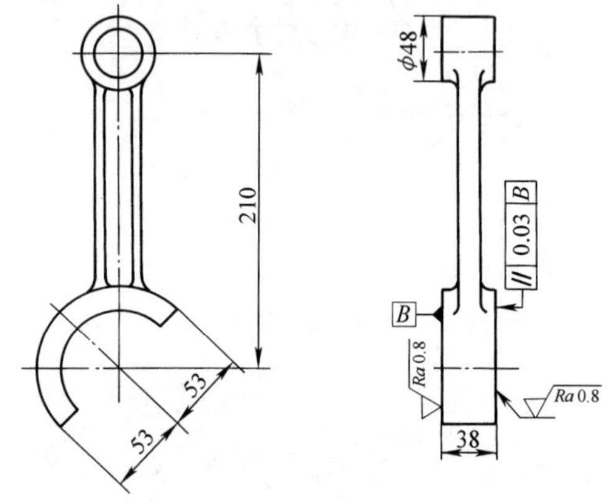

图 5.5-27　连杆

材料：40Cr　热处理：调质，20～28HRC

② 工件运动的稳定性、均匀性不仅取决于机床传动链，还与工件形状、重量，导轮及支承的材料、表面状态，磨削用量和其他工艺参数有关。

③ 外圆磨削支承刚性好，内圆磨削用支承块支承时刚性也好，可取较大背吃刀量，而且砂轮的磨损、补偿和定位产生的误差对工件尺寸精度的影响比中心磨小。

④ 磨削时间与上下料时间重合，生产率高。

⑤ 外圆磨削易实现强力磨削、高速磨削和宽砂轮磨削，若增加顶尖等特殊附件，还可进行无心顶尖磨削（见表 5.5-39）。

⑥ 内圆磨削多数情况下只能加工可放在滚柱上滚动的工件，特别适宜磨削薄壁工件，加工的内孔与外圆的同轴度较高。

⑦ 不能纠正孔与轴的轴线位置，工件的同轴度较低。

⑧ 机床调整比较费时，单件小批量生产不经济。

（1）无心磨削常用方法（表 5.5-39）

表 5.5-39 无心磨削常用方法

磨削方法	磨削表面特征	简 图	说 明
纵向贯穿磨法(通磨外圆)	细长轴	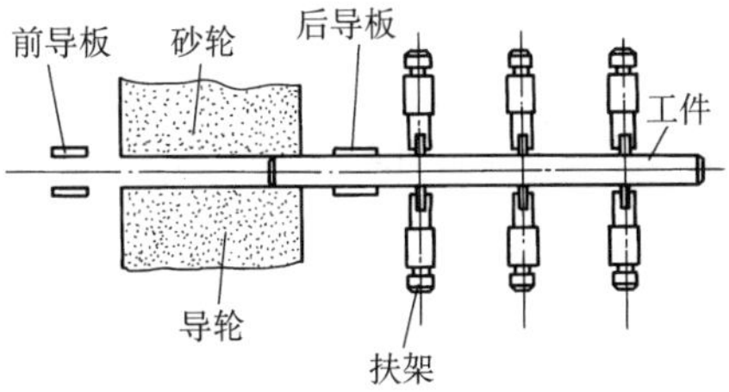 前导板 砂轮 后导板 工件 导轮 扶架	导轮倾角1°30′~2°30′，若工件弯曲度大，需多次磨削时可为3°~4°。工件中心应低于砂轮中心 正确调整导板和托架
	同轴、同径不连续外圆	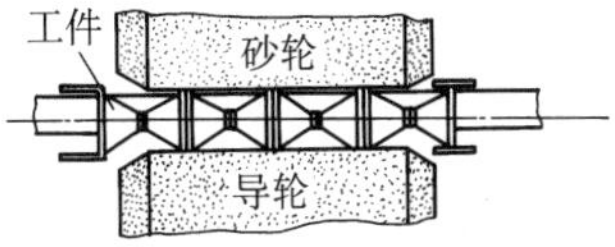 工件 砂轮 导轮	工件较短，磨削重心在磨削轴颈外。要使工件靠在一起，形成一个整体，进行贯穿磨削
	外圆锥面	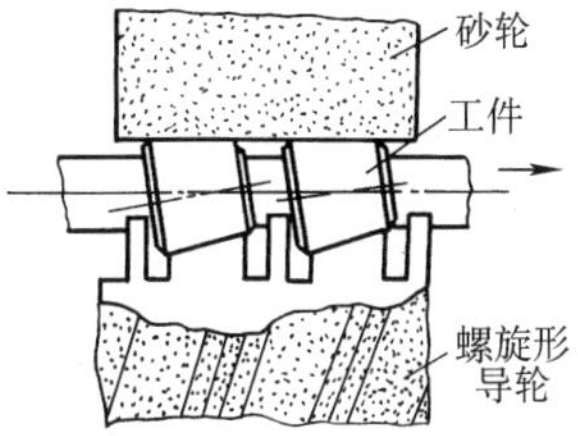 砂轮 工件 螺旋形导轮	将导轮修成螺旋形，带动工件前进进行磨削，又称强迫通磨。适用于大批量生产
	球面滚子外圆	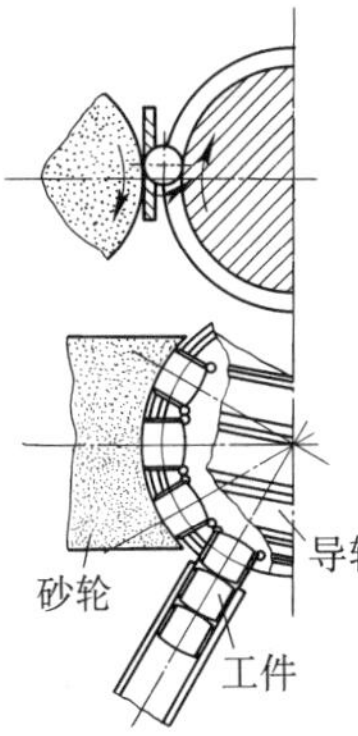 导轮 砂轮 工件	将导轮修成相应形状，进行通磨。适用于大批量生产
	圆球面	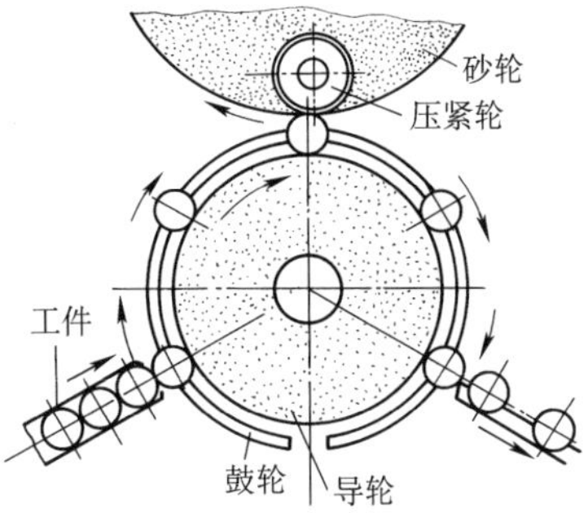 砂轮 压紧轮 工件 鼓轮 导轮	开有槽口的鼓轮围绕常规导轮慢速旋转，每个槽口相当于磨削支板，导轮回转使工件自转，压紧轮使工件与导轮保持接触，保证恒速自转

（续）

磨削方法	磨削表面特征	简图	说明
切入磨削	台阶轴外圆	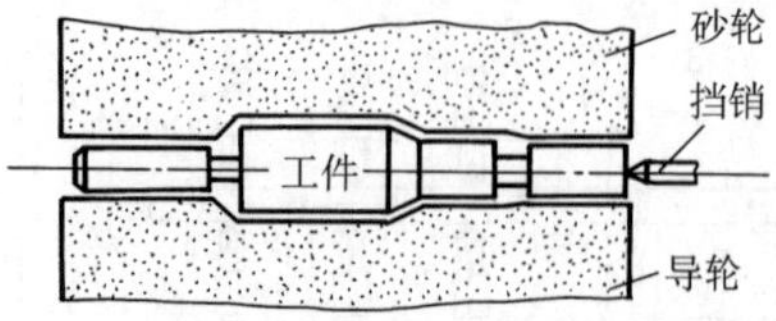	修整导轮和砂轮，使其形状和尺寸与工件相对应，导轮倾斜 15′~30′，工件在很小的轴向力作用下紧贴挡销 导轮进给或导轮与砂轮同时进给
		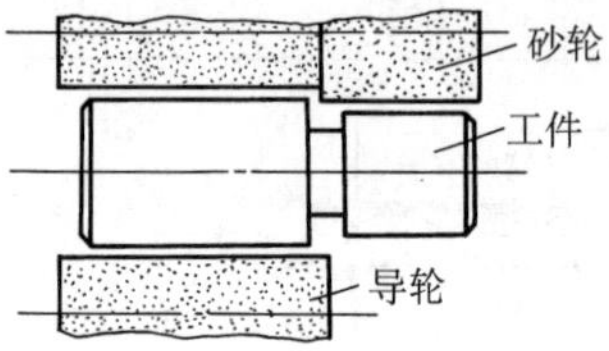	导轮倾斜 15′~30′，砂轮修整成一个台阶，尺寸与工件相对应 一般导轮进给
	球面滚子外圆	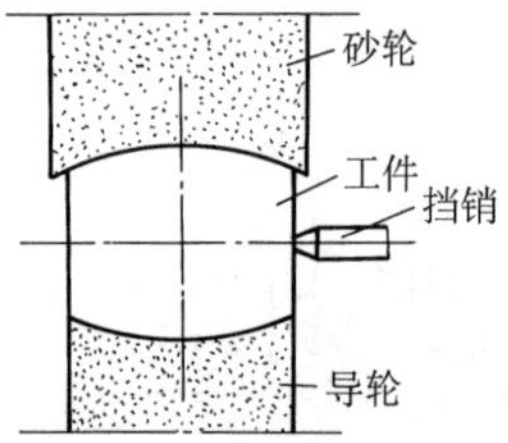	导轮与砂轮都修整成球面，切入磨削
	圆球面	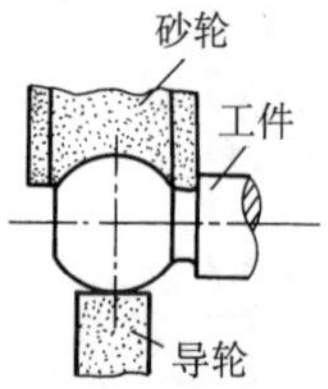	砂轮修整为凹球面，导轮进给
	外锥面	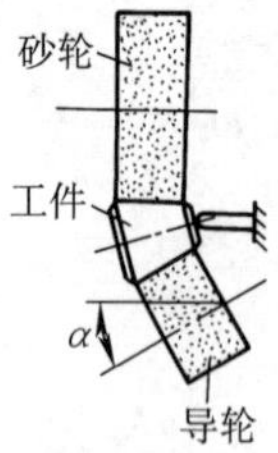	将导轮架转过 α 角（等于工件锥角）。适用于 α 较小的场合
		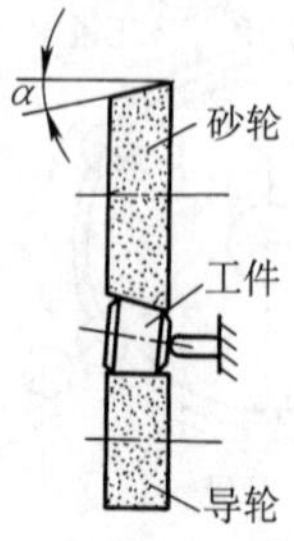	将砂轮修整成斜角为 α。适用于 α 较小的场合

（续）

磨削方法	磨削表面特征	简　　图	说　　明
切入磨削	外锥面	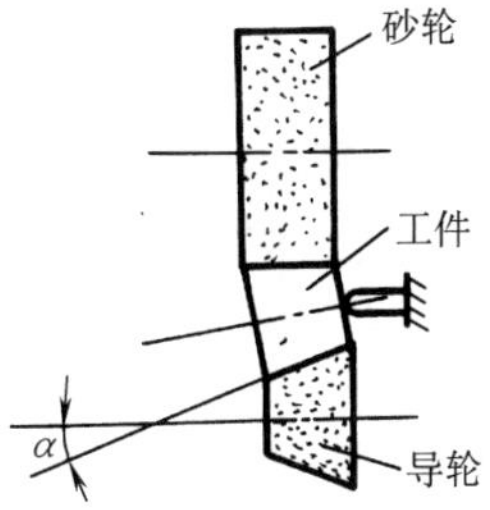	将砂轮修整成斜角为 α。适用于 α 较小的场合
		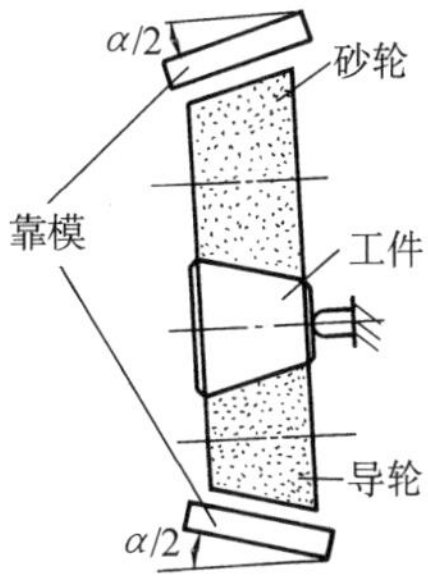	工件锥角 α 较大时，砂轮和导轮都修整成斜角为 α/2 的锥形。若 α/2 超出机床刻度范围，修整砂轮和导轮时，须采用斜度为 α/2 的靠模
	顶尖形工件外圆	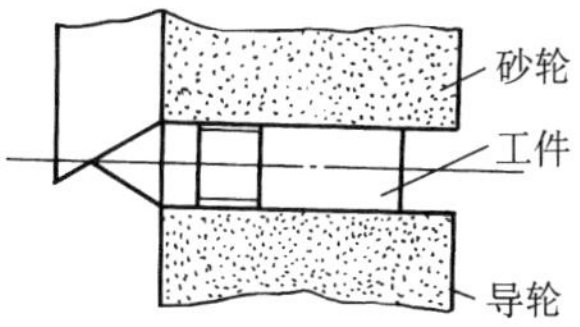	将砂轮修整成相应形状，导轮进给
定程磨法	带端面外圆	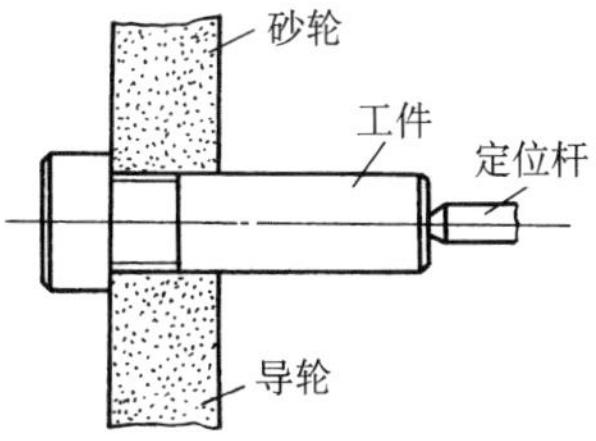	先通磨外圆，工件顶住定位杆后定程磨削。适用于阶梯轴、衬套、锥销等
混合磨削	带圆角外圆	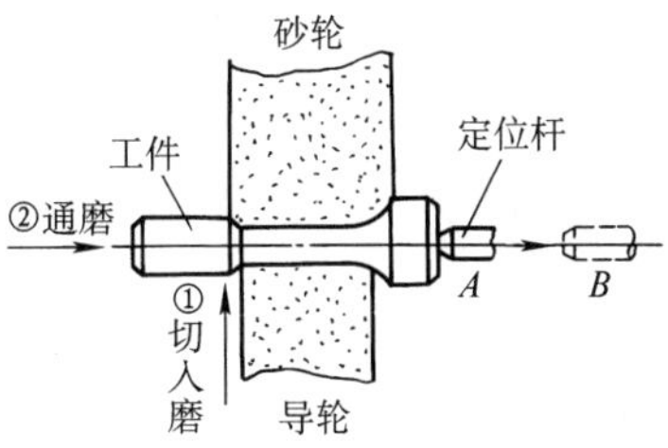	切入磨—通磨混合磨法：切入磨中间部分外圆与圆弧后，定位杆由 A 退至 B 位置，通磨小端外圆

（续）

磨削方法	磨削表面特征	简　　图	说　　明
混合磨削	带端面外圆	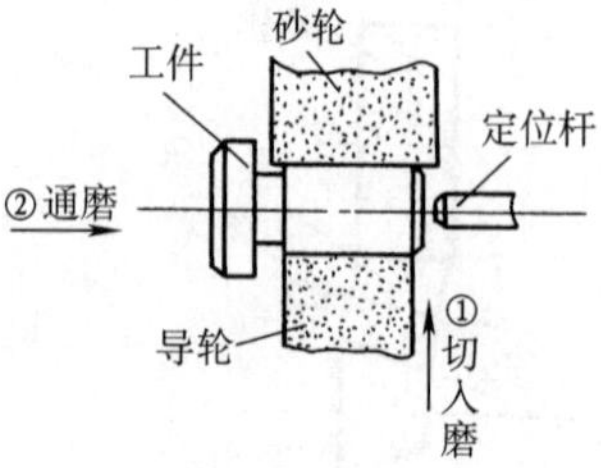 砂轮 工件 定位杆 ②通磨 导轮 ①切入磨	切入磨—通磨—定程磨混合磨法
	阶梯外圆与端面垂直	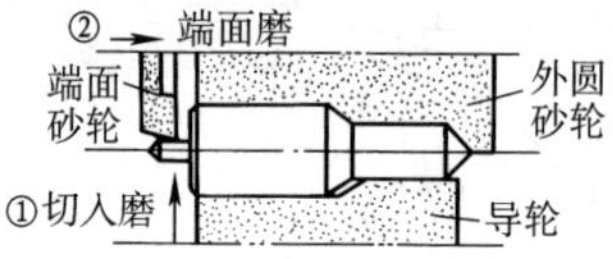 ②→端面磨 端面砂轮 外圆砂轮 ①切入磨 导轮	切入磨—通磨混合磨法：先切入磨出阶梯外圆，再由端面砂轮轴向进给磨出端面
无心顶尖磨削	光滑外圆、阶梯套筒外圆	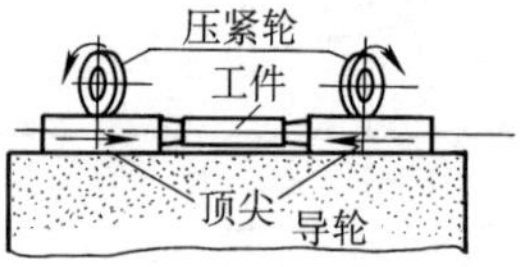 压紧轮 工件 顶尖 导轮	对于同轴度和圆度同时要求很高（<1μm）的细长工件，用普通贯穿法磨削达不到要求，可在工件每端选配一高精度（公差为0.5μm）顶尖，将此组件用两个弹簧加载的压紧轮压在导轮与支板形成的V形内，每个压紧轮可分别调整，使顶尖始终顶住工件。导轮旋转，顶尖也带动工件旋转，砂轮进给，磨削工件 顶尖的外径比工件外径尺寸大，磨削时，顶尖和工件组成的组件形成一个整体，提高了工件的刚性，而且这个组件在磨削时是不定中心的 上图中是阳顶尖，下图中是阴顶尖
	外圆面	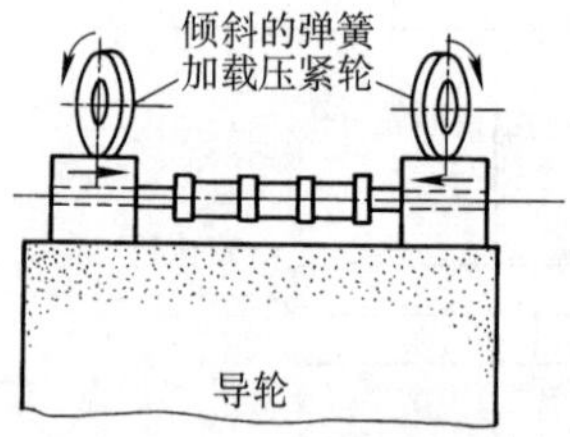 倾斜的弹簧加载压紧轮 导轮	
无心内圆磨削	内孔	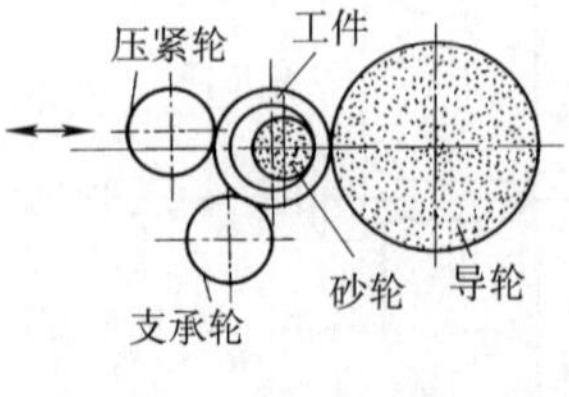 压紧轮 工件 支承轮 砂轮 导轮	工件在导轮带动下，在支承轮上回转，工件和砂轮中心连线与导轮中心等高，支承轮振摆

（续）

磨削方法	磨削表面特征	简　　图	说　　明
无心内圆磨削	内孔	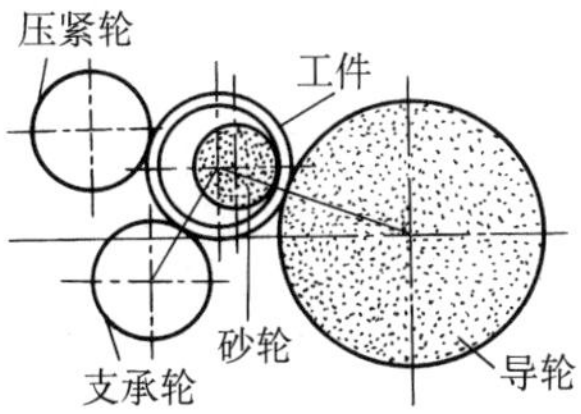	工件和砂轮中心连线高于导轮中心，加工精度高
		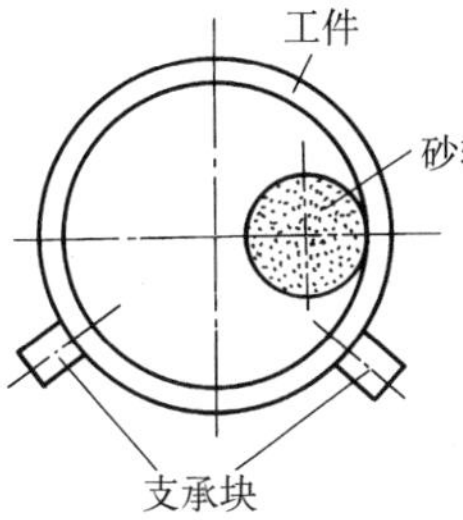	工件靠外圆定位，由支承块支承，刚性好。常用电磁无心夹具装夹
		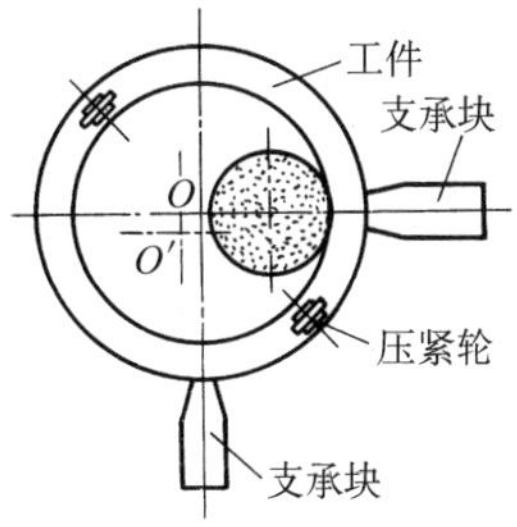	工件被两个压紧轮压在拨盘上，支承块支承，工件中心和主轴中心偏心安装，靠工件端面和拨盘间摩擦力将工件压在支承块上旋转
	滚子轴承圈内球面	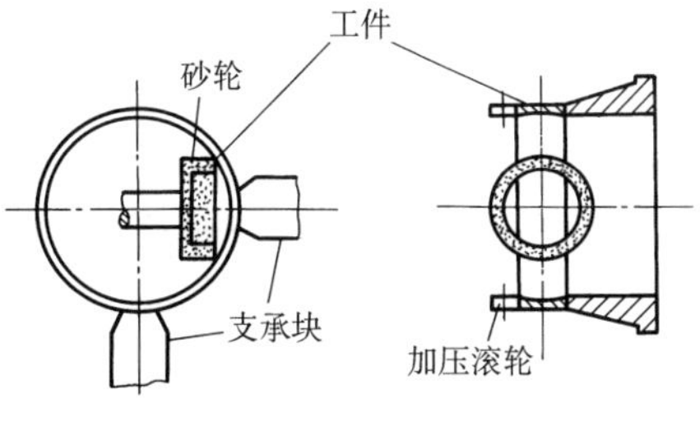	在轴承磨床上，工件和砂轮互成90°旋转，磨出球面，称为横轴磨削法
	内锥面	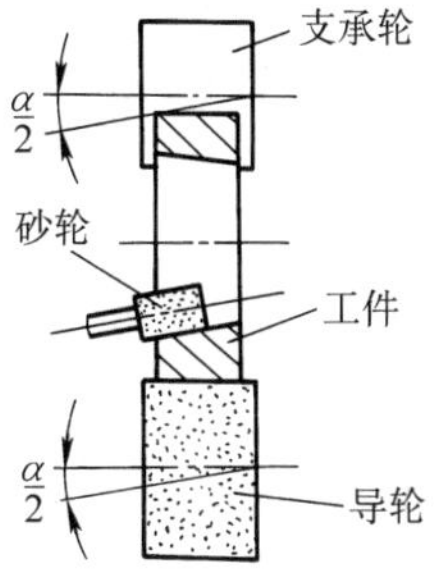	导轮与支承轮一起转过一个角度

（2）无心磨削用量

砂轮速度一般为 $v_s=25\sim35\text{m/s}$，高速无心磨削可达 60~80m/s，导轮速度为 0.33~1.33m/s。v_s 取为 25~35m/s 时，其他磨削用量见表 5.5-40~表 5.5-42。

表 5.5-40　无心磨粗磨的磨削用量（通磨钢制零件外圆）

双面的背吃刀量 $2a_p$/mm	工件磨削表面直径 d_w/mm									
	5	6	8	10	15	25	40	60	80	100
	纵向进给速度/(mm/min)									
0.01	—	—	—	1910	2180	2650	3660	—	—	—
0.15	—	—	—	1270	1460	1770	2440	3400	—	—
0.20	—	—	—	955	1090	1325	1830	2550	3600	—
0.25	—	—	—	760	875	1060	1465	2040	2880	3820
0.30	—	—	3720	635	730	885	1220	1700	2400	3190
0.35	—	3875	3200	545	625	760	1045	1450	2060	2730
0.40	3800	3390	2790	475	547	665	915	1275	1800	2380

纵向进给速度的修正系数与工件材料、砂轮粒度和硬度有关

非淬火钢		淬火钢		铸铁	
砂轮粒度与硬度	系数	砂轮粒度与硬度	系数	砂轮粒度与硬度	系数
46M	1.0	46K	1.06	46L	1.3
46P	0.85	46H	0.87		
60L	0.90	60L	0.75		
46Q	0.82	60H	0.68		

与砂轮尺寸及寿命有关的系数

砂轮寿命 T/s	砂轮宽度 b_s/mm		
	150	250	400
540	1.25	1.56	2.0
900	1.0	1.25	1.6
1500	0.8	1.0	1.44
2400	0.63	0.8	1.0

注：1. 纵向进给速度建议不大于 4000mm/min。

2. 导轮倾斜角为 3°~5°。

3. 采用表内磨削用量，能得到加工表面粗糙度 Ra 值为 1.6μm。

表 5.5-41　无心磨精磨的磨削用量（通磨钢制零件外圆）

（1）精磨行程次数 N 及纵向进给速度 v_f/(mm/min)

精度等级	工件磨削表面直径 d_w/mm																	
	5		10		15		20		30		40		60		80		100	
	N	v_f	N	v_f	N	v_f	N	v_f	N	v_f	N	v_f	N	v_f	N	v_f	N	v_f
IT5 级	3	1800	3	1600	3	1300	3	1100	4	1100	4	1050	5	1050	5	900	5	800
IT6 级	3	2000	3	2000	3	1700	3	1500	4	1500	4	1300	5	1300	5	1100	5	1000
IT7 级	2	2000	2	2000	3	2000	3	1750	3	1450	3	1200	4	1200	4	1100	4	1100
IT8 级	2	2000	2	2000	2	1750	2	1500	3	1500	3	1500	3	1300	3	1200	3	1200

（续）

纵向进给速度的修正系数				
工件材料	壁厚和直径之比			
	>0.15	0.12~0.15	0.10~0.11	0.08~0.09
淬火钢	1	0.8	0.63	0.5
非淬火钢	1.25	1.0	0.8	0.63
铸钢	1.6	1.25	1.0	0.8

（2）与导轮转速及导轮倾斜角有关的纵向进给进度 v_f

导轮转速/(r/s)	导轮倾斜角								
	1°	1°30′	2°	2°30′	3°	3°30′	4°	4°30′	5°
	纵向进给速度 v_f/(mm/min)								
0.30	300	430	575	720	865	1000	1130	1260	1410
0.38	380	550	730	935	1110	1270	1450	1610	1790
0.48	470	700	930	1165	1400	1600	1830	2030	2260
0.57	550	830	1100	1370	1640	1880	2180	2380	2640
0.65	630	950	1260	1570	1880	2150	2470	2730	3040
0.73	710	1060	1420	1760	2120	2430	2790	3080	3440
0.87	840	1250	1670	2130	2500	2860	3280	3630	4050

纵向进给速度的修正系数

导轮直径/mm	200	250	300	350	400	500
修正系数	0.67	0.83	1.0	1.17	1.33	1.67

注：1. 精磨用量不应大于粗磨用量。

2. 表内行程次数是按砂轮宽度 b_s = 150~200mm 计算的。当 b_s = 250mm 时，行程次数可减少 40%，当 b_s = 400mm 时，减少 60%。

3. 导轮倾斜角磨削 IT5 级精度时用 1°~2°，磨削 IT6 级精度时用 2°~2°40′，磨削 IT8 级精度用 2°30′~3°30′。

4. 精磨进给速度建议不大于 2000mm/min。

5. 砂轮寿命等于 900s。

6. 精磨中最后一次行程的背吃刀量：IT5 级精度为 0.015~0.02mm，IT6 级、IT7 级精度为 0.02~0.03mm。其余几次都是半精行程，其背吃刀量为 0.04~0.05mm。

表 5.5-42 切入式无心磨的磨削用量

（1）粗磨

磨削直径 d_w/mm	3	5	8	10	15	20	30	50	70	100	120
工件速度 v_w/(m/min)	10~15	12~15	13~20	14~22	15~25	16~27	16~29	17~30	17~35	18~40	20~50
径向进给速度/(mm/min)	7.85	5.47	3.96	3.38	2.54	2.08	1.55	1.09	0.865	0.672	0.592

（续）

径向进给速度的修正系数								
与工件材料和砂轮直径有关				与砂轮寿命有关				
工件材料	砂轮直径 d_s/mm			砂轮寿命 T /s	360	540	900	1440
	500	600	750					
耐热钢	0.77	0.83	0.95	修正系数	1.55	1.3	1.0	0.79
淬火钢	0.87	0.95	1.06					
非淬火钢	0.91	1.0	1.12					
铸铁	0.96	1.05	1.17					

（2）精磨

磨削直径 d_w/mm	工件速度/(m/min)		磨削长度/mm							
	非淬火钢及铸铁	淬火钢	25～32	40	50	63	80	100	125	160
			径向进给速度/(mm/min)							
6.3	0.20～0.32	0.29～0.32	0.11	0.09	0.08	0.07	0.06	0.05	0.05	0.04
8	0.21～0.36	0.30～0.36	0.09	0.08	0.07	0.06	0.05	0.05	0.04	0.04
10	0.22～0.38	0.32～0.38	0.08	0.07	0.06	0.06	0.05	0.04	0.04	0.03
12.5	0.23～0.42	0.33～0.42	0.07	0.07	0.06	0.05	0.04	0.04	0.03	0.03
16	0.23～0.46	0.35～0.46	0.07	0.06	0.05	0.04	0.04	0.03	0.03	0.03
20	0.23～0.50	0.37～0.50	0.06	0.05	0.05	0.04	0.03	0.03	0.03	0.02
25	0.24～0.54	0.38～0.54	0.05	0.05	0.04	0.03	0.03	0.03	0.02	0.02
32	0.25～0.60	0.40～0.60	0.05	0.04	0.04	0.03	0.03	0.02	0.02	0.02
40	0.26～0.65	0.42～0.65	0.04	0.04	0.03	0.03	0.02	0.02	0.02	0.02
50	0.27～0.68	0.44～0.68	0.04	0.03	0.03	0.02	0.02	0.02	0.02	0.01
63	0.27～0.77	0.46～0.77	0.03	0.03	0.02	0.02	0.02	0.02	0.01	0.01
80	0.28～0.83	0.48～0.83	0.03	0.03	0.02	0.02	0.02	0.01	0.01	0.01
100	0.28～0.90	0.50～0.90	0.03	0.02	0.02	0.02	0.01	0.01	0.01	0.01
125	0.29～1.00	0.53～1.00	0.03	0.02	0.02	0.02	0.02	0.01	0.01	0.01
160	0.30～1.08	0.55～1.08	0.02	0.02	0.02	0.01	0.01	0.01	0.01	0.01

径向进给速度的修正系数										
与工件材料和砂轮直径有关 k_1					与精度和加工余量有关 k_2					
工件材料	砂轮直径 d_s/mm				精度等级	直径余量/mm				
	400	500	600	750		0.2	0.3	0.5	0.7	1.0
耐热钢	0.55	0.58	0.7	0.8	IT5 级	0.5	0.63	0.8	1.0	1.26
淬火钢	0.8	1.9	1.0	1.1	IT6 级	0.63	0.8	1.0	1.25	1.6
非淬火钢	0.95	1.1	1.2	1.3	IT7 级	0.8	1.0	1.25	1.6	2.0
铸铁	1.3	1.45	1.6	1.75	IT8 级	1.0	1.25	1.6	2.0	2.5

注：磨圆柱表面时砂轮的寿命为900s，磨圆弧表面为300s。

(3) 无心磨削实例(表5.5-43)

表5.5-43　无心磨削实例

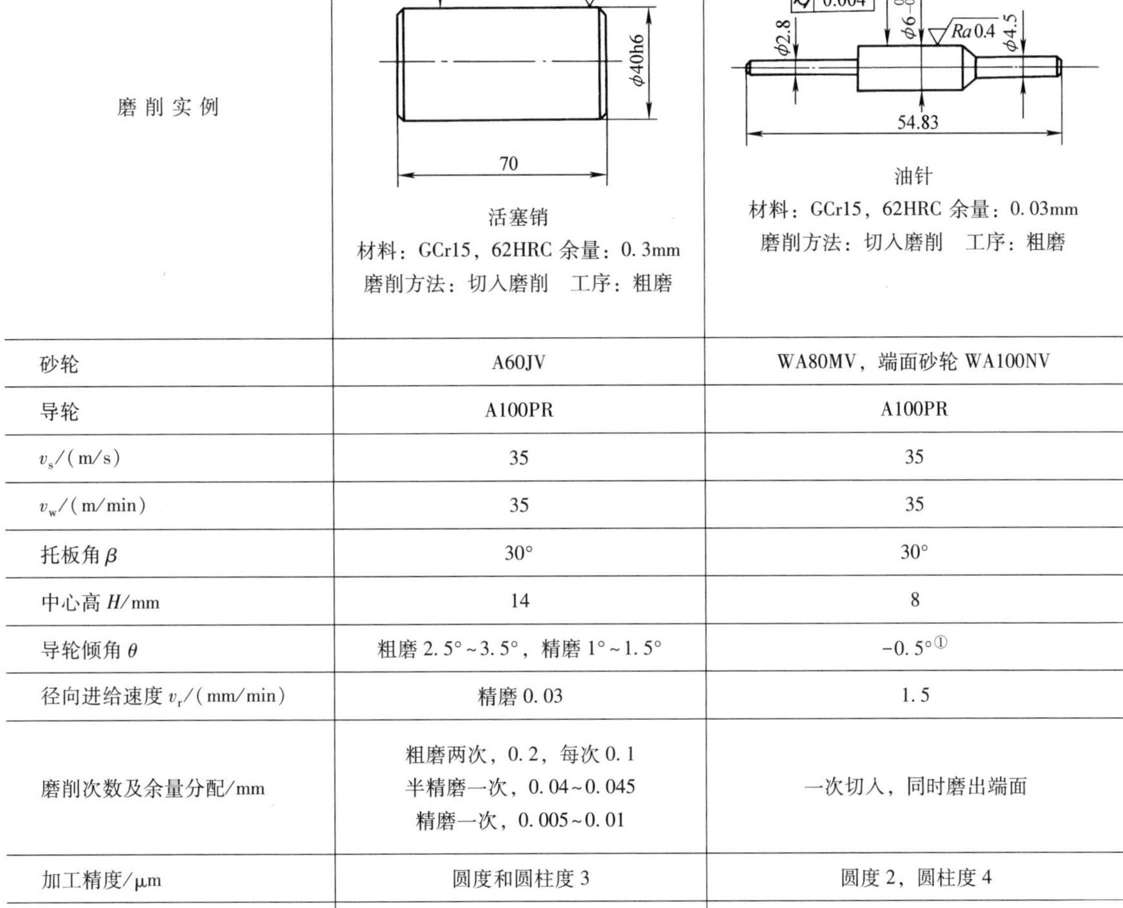

磨削实例	活塞销 材料：GCr15，62HRC 余量：0.3mm 磨削方法：切入磨削　工序：粗磨	油针 材料：GCr15，62HRC 余量：0.03mm 磨削方法：切入磨削　工序：粗磨
砂轮	A60JV	WA80MV，端面砂轮 WA100NV
导轮	A100PR	A100PR
v_s/(m/s)	35	35
v_w/(m/min)	35	35
托板角β	30°	30°
中心高H/mm	14	8
导轮倾角θ	粗磨2.5°~3.5°，精磨1°~1.5°	-0.5°①
径向进给速度v_r/(mm/min)	精磨0.03	1.5
磨削次数及余量分配/mm	粗磨两次，0.2，每次0.1 半精磨一次，0.04~0.045 精磨一次，0.005~0.01	一次切入，同时磨出端面
加工精度/μm	圆度和圆柱度3	圆度2，圆柱度4
表面粗糙度Ra/μm	0.2	0.4

① 因轴向定位面位于机床前部，故倾角为负。

6. 成形磨削

(1) 成形磨削的主要方式(表5.5-44)

表5.5-44　成形磨削的主要方式

磨削方式	示意简图	说明
成形砂轮磨削	砂轮 工件	将砂轮修整成与工件形面吻合的反形面，用切入法磨削 这种方式在外圆、内圆、平面、无心、工具等磨床上均可进行

（续）

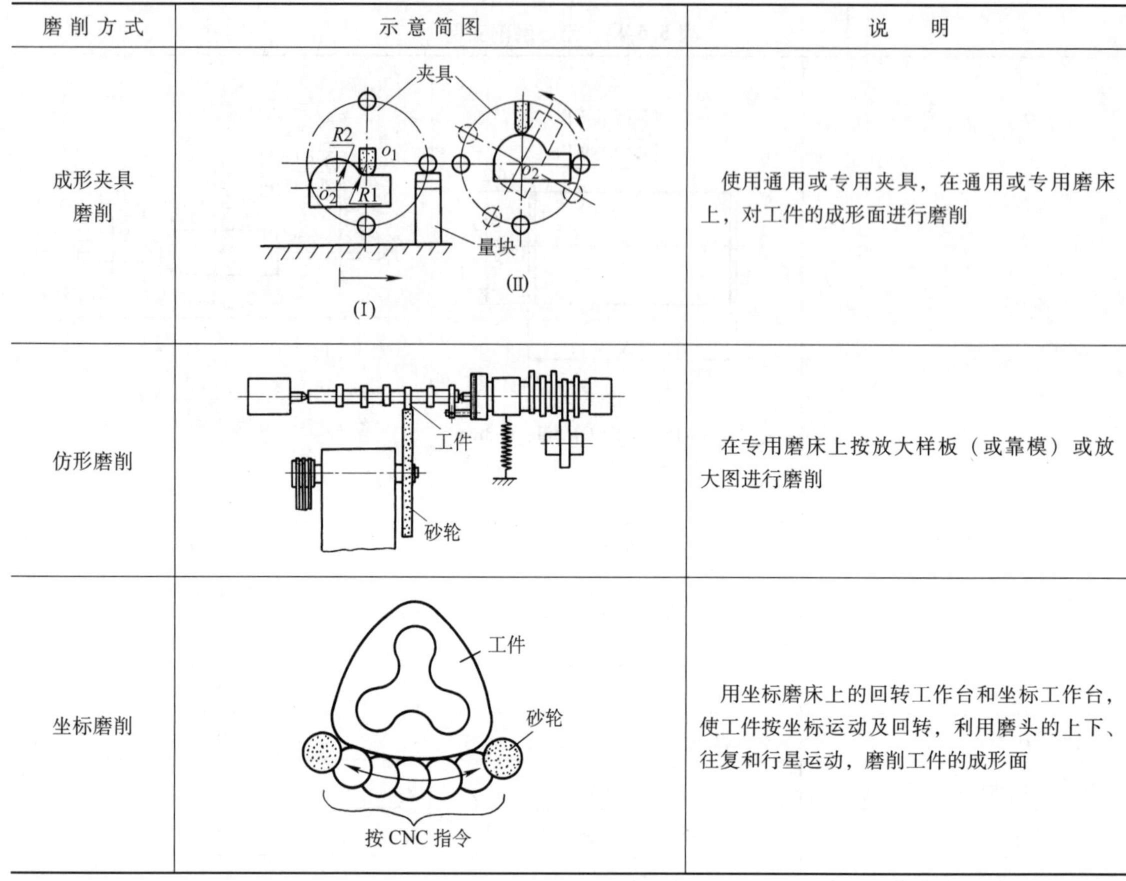

磨削方式	示意简图	说明
成形夹具磨削		使用通用或专用夹具，在通用或专用磨床上，对工件的成形面进行磨削
仿形磨削		在专用磨床上按放大样板（或靠模）或放大图进行磨削
坐标磨削		用坐标磨床上的回转工作台和坐标工作台，使工件按坐标运动及回转，利用磨头的上下、往复和行星运动，磨削工件的成形面

（2）成形砂轮磨削

1）成形砂轮的修整方法。工件的形状各式各样，因而成形砂轮的形状也种类繁多，归纳起来，可以分为角度面、圆弧面和由角度与圆弧组成的复杂形面，如图 5.5-28 所示，修整方法也因形面的不同而不同。其中砂轮复杂形面修整方法见表 5.5-45。

表 5.5-45　砂轮复杂形面的修整方法

修整方法	修整示意图	修整工具	备注
单颗金刚石车削法	H	立式万能修整夹具	H 为垫量块尺寸
	H	卧式万能修整夹具	H 为垫量块尺寸

（续）

修整方法	修整示意图	修整工具	备注
单颗金刚石车削法	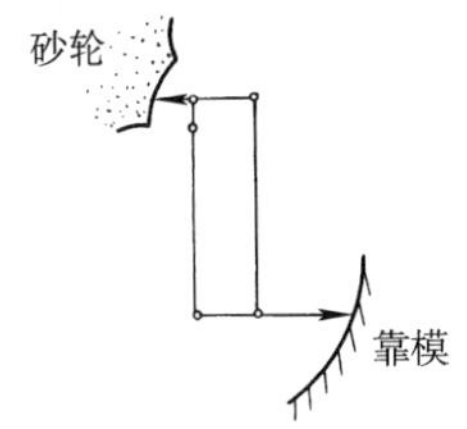 砂轮 靠模	缩放尺修整夹具	
	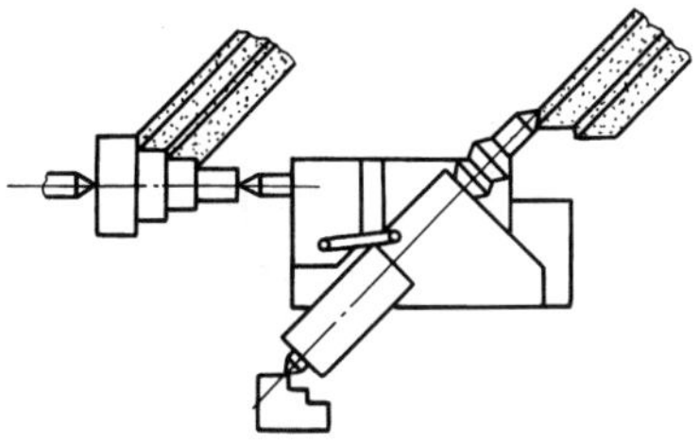	靠模修整夹具	机械靠模、液压靠模
	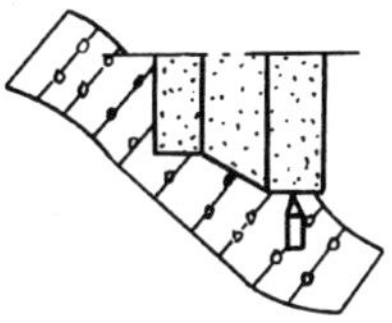	数控修整夹具	例如，在数控平面磨床上，同时按两个坐标值修整成形砂轮
滚压法	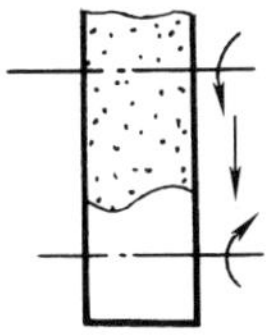	硬质合金或淬硬钢滚压轮	径向滚压
	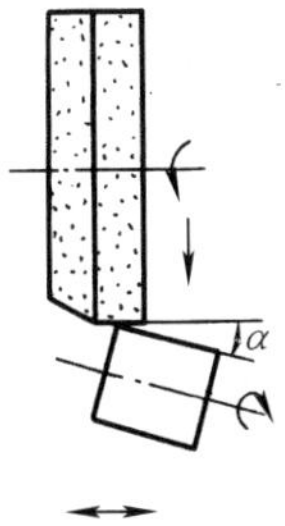 α	硬质合金或淬硬钢滚压轮	轴向滚压
磨削法	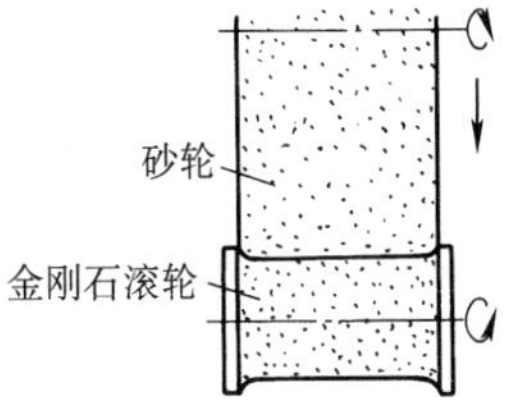 砂轮 金刚石滚轮	金刚石滚轮	

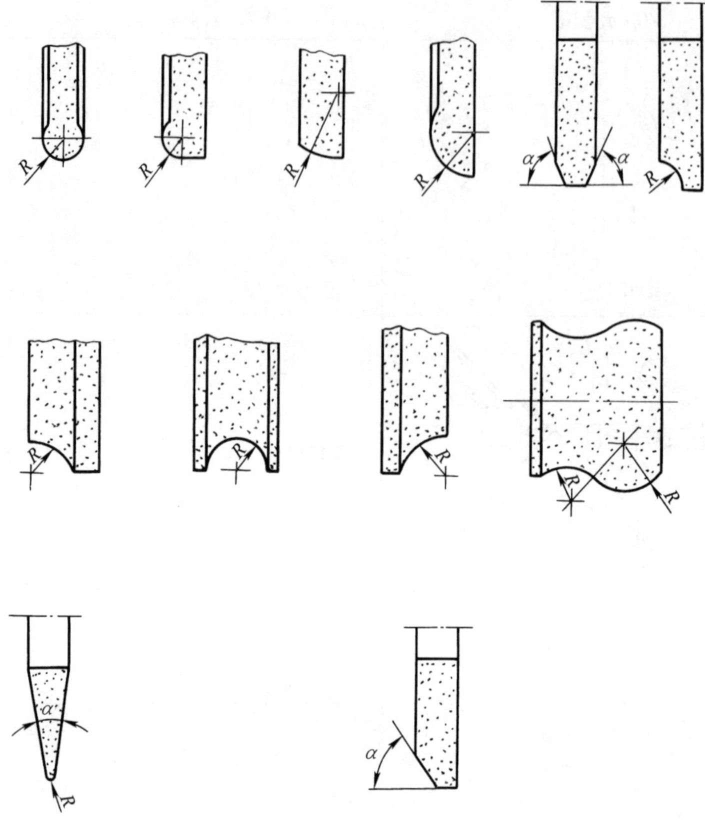

图 5.5-28　成形砂轮

2）成形砂轮的修整要点。

① 用单颗金刚石修整成形砂轮。

a. 金刚石顶尖应与夹具回转中心在同一平面内，修整时，应通过砂轮主轴中心。

b. 为减少金刚石消耗，粗修可用碳化硅砂轮。

c. 砂轮要求修整的形面，如果是两个凸圆弧相连接，应先修整大的凸圆弧；如果是一凸一凹圆弧相连接，应先修整凹圆弧；如果是两个凹圆弧连接，应先修整小凹圆弧；如果是凸圆弧与平面连接，应先修整平面；如果是凹圆弧与平面连接，应先修整凹圆弧。

d. 修整凸圆弧时，砂轮半径应比所需磨削半径 r 小 0.01mm；修整凹圆弧时，砂轮半径应比所需磨削半径 r 大 0.01mm，如图 5.5-29 所示。

e. 修整凹圆弧时，最大圆心角 α 与金刚石笔杆直径的关系（图 5.5-30），由下式求得：

$$\sin\beta=\frac{d+2a}{2R}$$

$$\alpha=180°-2\beta$$

② 滚压法和磨削法修整成形砂轮。滚压法和磨削法修整成形砂轮的要点参见本章 5.4.4 节。

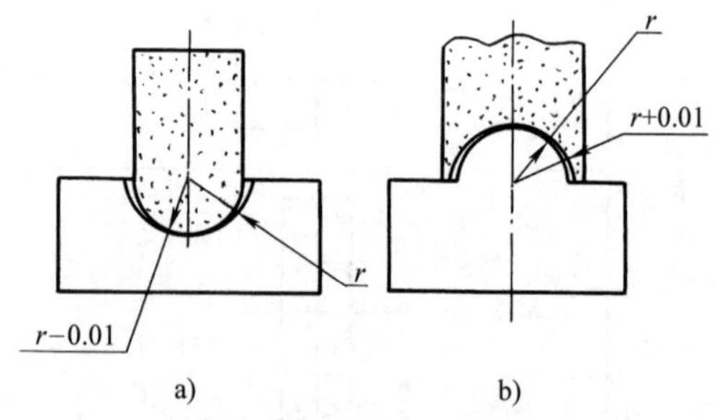

图 5.5-29　凸凹圆弧修整半径的差别
a）修整凸圆弧半径　b）修整凹圆弧半径

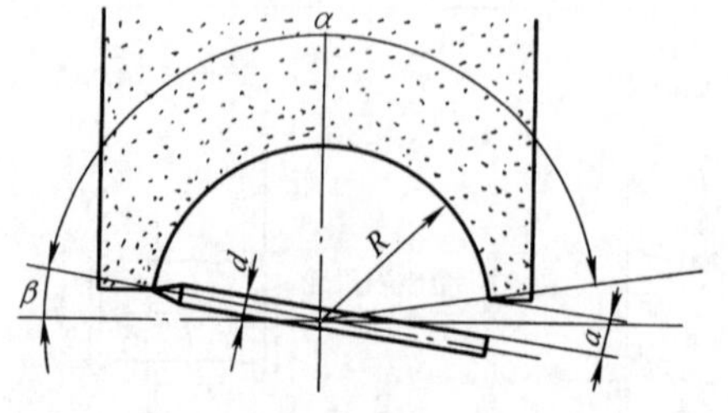

图 5.5-30　修整凹圆弧 a 与 d 的关系

用金刚石滚轮和用单颗金刚石修整的砂轮在砂轮寿命期间加工工件，其表面粗糙度、比磨削能和单位宽度砂轮磨损体积的对比如图 5.5-31 所示。由图可知，金刚石滚轮修整的砂轮磨削工件时，工件表面粗糙度值小，比磨削能小，单位宽度砂轮磨损体积小。

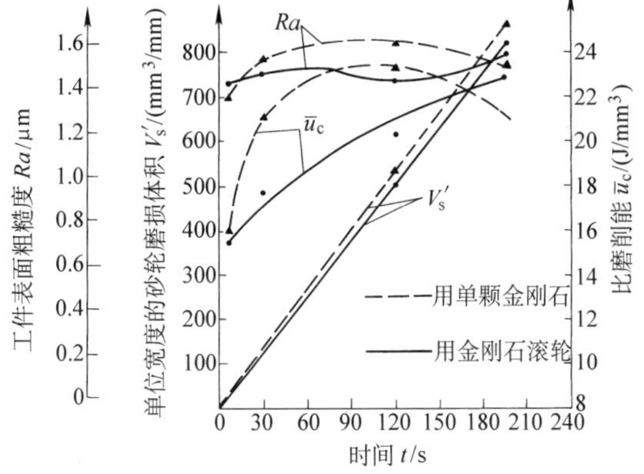

图 5.5-31　用金刚石滚轮与单颗金刚石修整的砂轮性能对比

为充分发挥金刚石滚轮磨削法修整砂轮的优点，应注意掌握以下要领：

a. 修整时，必须保证金刚石滚轮轴线和砂轮主轴中心线平行，并且在同一垂直平面内。

b. 滚轮速度与砂轮速度之比取+0.4~+0.7 较好，不得超过+1（滚轮与砂轮转向相同为“+”，相反为“-”）。速比值大，砂轮寿命长，工件表面粗糙度值大。

c. 修整时，进给量以砂轮每转 0.5~0.8μm 为宜，进给量取值大，砂轮寿命长，但工件表面粗糙度值也大。

d. 修整的光修转数以 1~30 为好。光修转数少，砂轮寿命长，工件表面粗糙度值大。

e. 修整时，磨削液供应必须充分，并注意经常保持金刚石滚轮的运转灵活及运动精度。

(3) 成形夹具磨削

1) 用分度夹具磨削成形面。分度夹具适于磨削具有一个回转中心的各种成形面，与成形砂轮配合使用，能磨削比较复杂的形面。常用分度夹具有立式回转夹具、卧式回转夹具、正弦分度夹具等（图 5.5-32~图 5.5-34）。

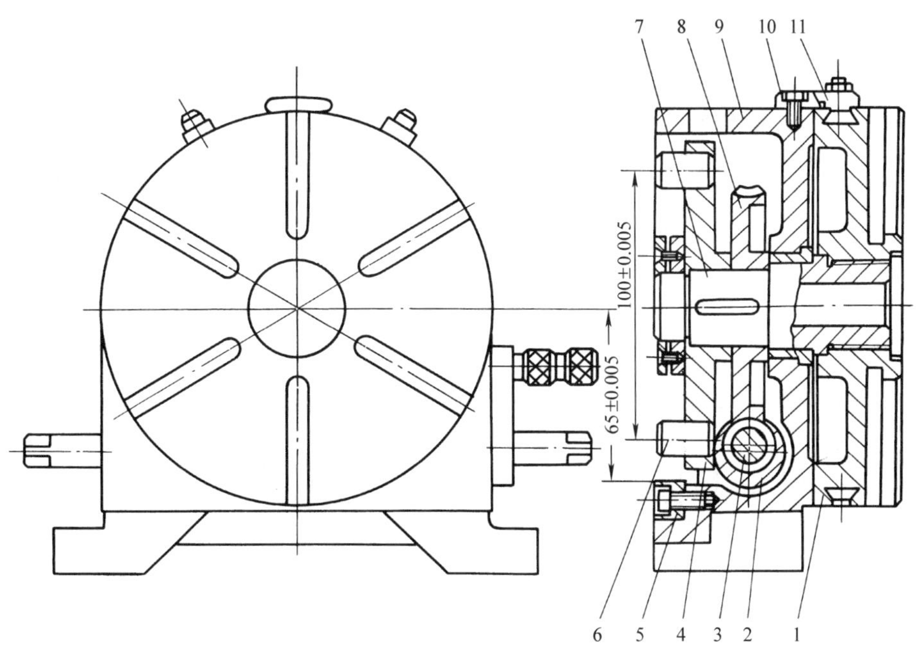

图 5.5-32　立式回转夹具

1—台面　2—偏心套　3—蜗杆　4—正弦分度盘　5—精密垫板　6—正弦圆柱　7—主轴　8—蜗轮　9—主体　10—角度游标　11—撞块

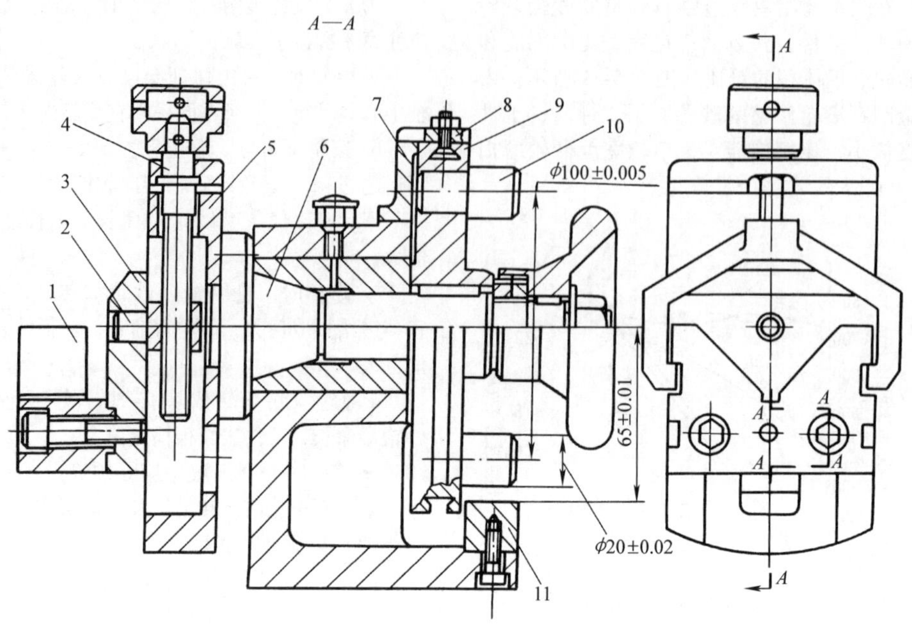

图 5.5-33　卧式回转夹具

1—V 形夹紧块　2—螺母　3—滑座　4—螺杆　5—滑板　6—主轴
7—定位块　8—撞块　9—正弦分度盘　10—正弦圆柱　11—精密垫板

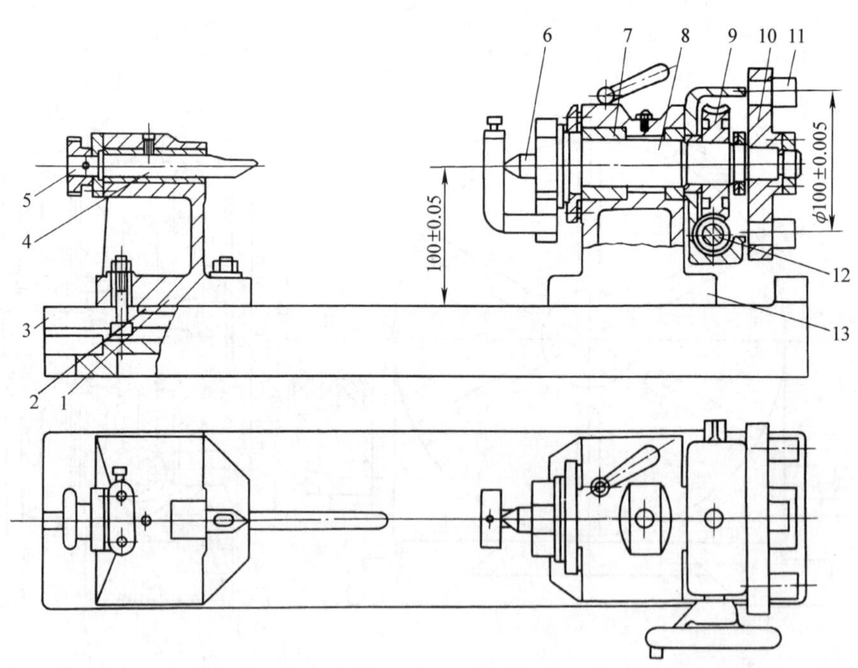

图 5.5-34　正弦分度夹具

1—尾座　2—滑座　3—基座　4—后顶尖　5—螺杆　6—前顶尖　7—钢套
8—主轴　9—蜗轮　10—分度盘　11—正弦圆柱　12—蜗杆　13—前支架

这些夹具在安装到磨床工作台上时，必须校正夹具中心线与磨床纵向导轨平行或垂直。分度时在正弦圆柱与固定在基座上的精密垫板间垫以一定尺寸的量块，以控制所需回转角度。量块值计算（图 5.5-35）

如下式：

$$H_{1,2}=H_0 \pm L\sin\alpha-\frac{d}{2}$$

式中 $H_{1,2}$——需垫的量块值；

H_0——夹具主轴中心至精密垫板的距离；

L——夹具主轴中心至正弦圆柱中心距离；

α——须回转的角度，当 $\alpha<45°$ 时，量块垫在圆柱1、3下，当 $\alpha>45°$ 时，量块垫在圆柱2、4下；

d——正弦圆柱直径。

“±”号判定：垫量块的圆柱在第Ⅰ、Ⅱ象限时，符号取“+”；在第Ⅲ、Ⅳ象限时，符号取“-”。图5.5-35中，H_1 取“+”，H_2 取“-”。

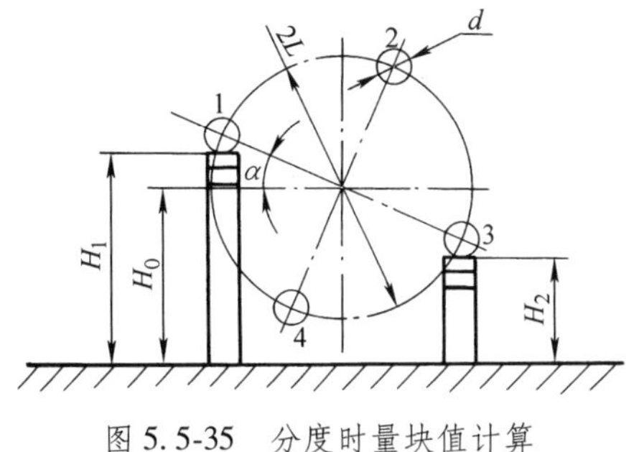

图5.5-35 分度时量块值计算

2）用万能夹具磨削成形面。

① 万能夹具如图5.5-36所示。

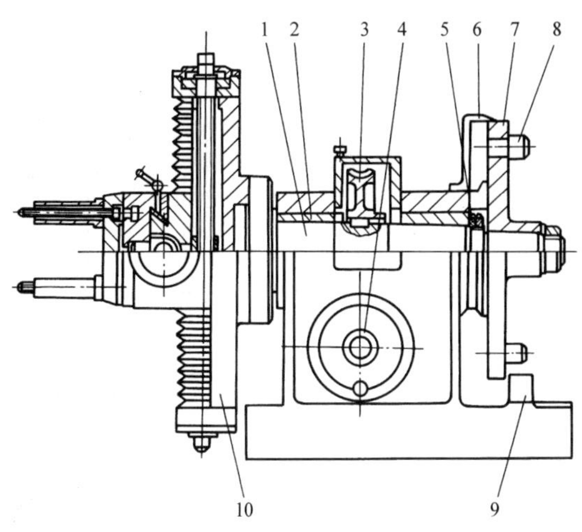

图5.5-36 万能夹具

1—主轴 2—衬套 3—蜗轮 4—蜗杆 5—螺母 6—正弦分度盘 7—角度游标 8—正弦圆柱 9—基准板 10—纵滑板

② 磨削实例见表5.5-46。

表5.5-46 用万能夹具成形磨削实例

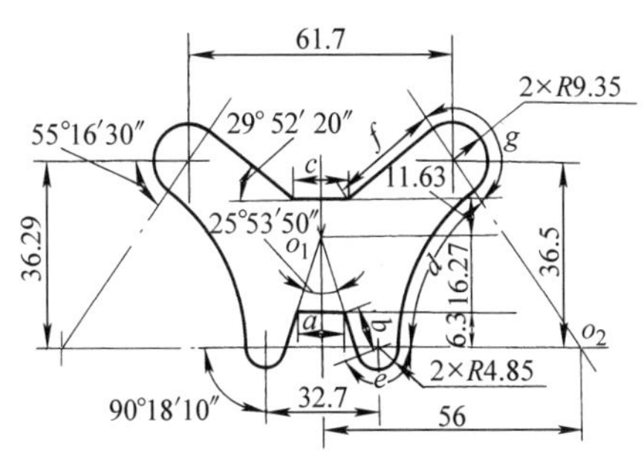

序号	内　　容	操作示意图	说　　明
1	装夹、找正	d=10 P−5 P	1. 工件用螺钉及垫块直接装夹 2. 调整工件回转中心与夹具主轴中心重合 3. 根据回转中心测量各面磨削余量

（续）

序号	内　　容	操作示意图	说　　明
2	磨平面 *a*	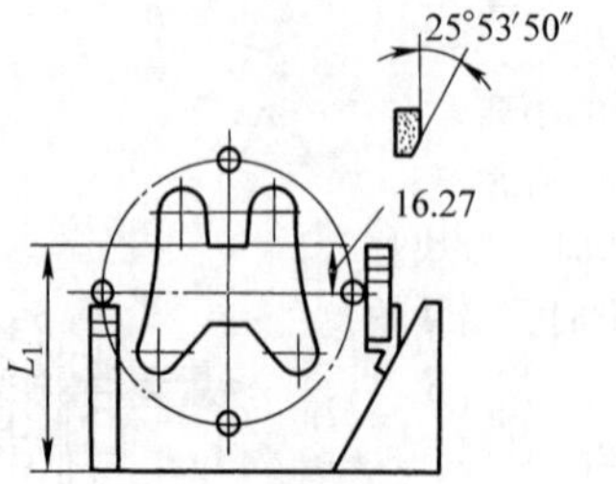	1. $L_1=P+16.27\text{mm}$ 2. 接角处留余量
3	磨斜面 *b* 及接角	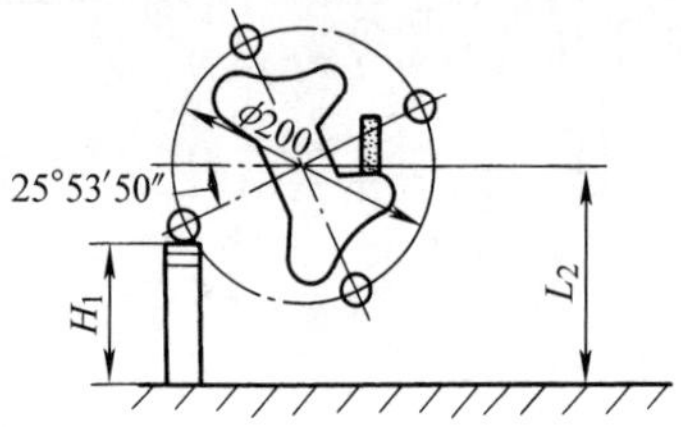	1. $H_1=P-(100\sin25°53'50''+10)\text{mm}$ $=P-53.66\text{mm}$ 2. 磨斜面，用成形砂轮或与工序 2 结合反复磨削进行接角 3. $L_2=P$
4	磨平面 *c*	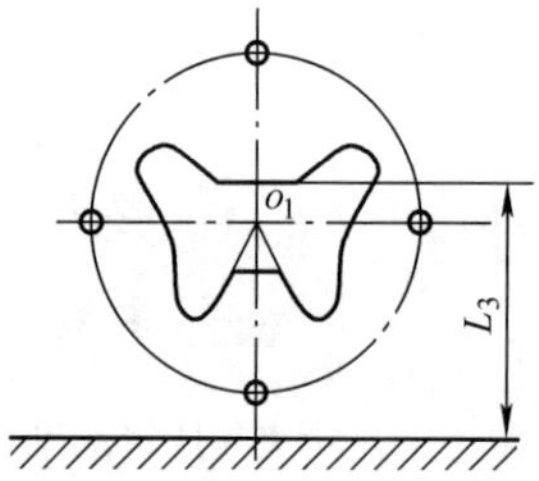	1. $L_3=P+11.53\text{mm}$ 2. 接角处留余量
5	磨基面	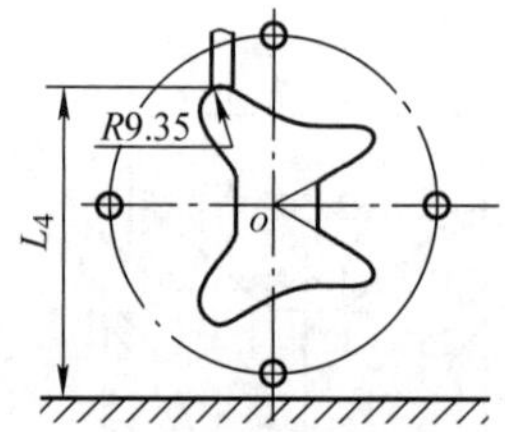	1. 磨 *R*9.35mm 顶部，作为调整工件位置用基面 2. $L_4=P+40.2\text{mm}$
6	调整工件位置及磨 *R*34.8 凹弧 *d*	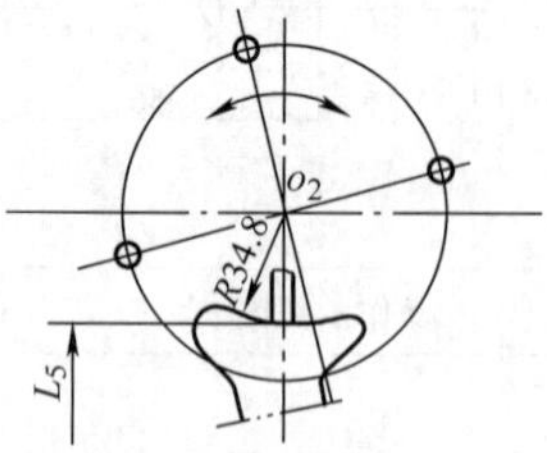	1. 调整工件位置，使 *R*34.8mm 圆心与夹具中心重合 2. 旋转主轴，用凸圆弧砂轮进行磨削 3. $L_5=P-34.8\text{mm}$
7	调整工件位置及磨 *R*4.85 凹圆弧 *e*	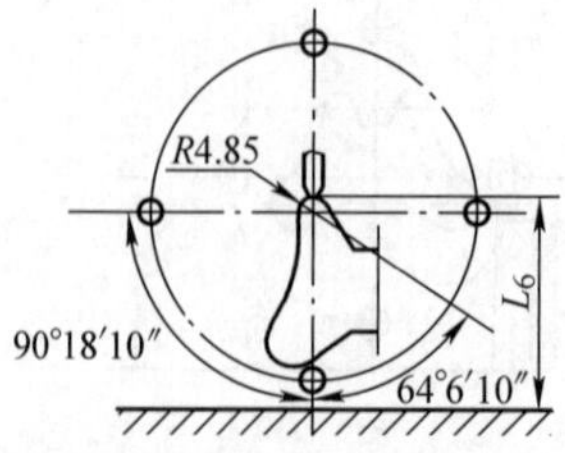	1. 调整工件位置，使 *R*4.85mm 圆心与夹具中心重合 2. 旋转主轴，磨削 *R*4.85mm 凸圆弧，并控制左右摆动的角度 3. $L_6=P+4.85\text{mm}$

（续）

序号	内　　容	操作示意图	说　　明
8	调整工件位置磨斜面 f		1. 使 $R9.35$mm 圆心与夹具中心重合 2. $H_2=P-(100\sin29°52'20''+10)$mm $=P-59.8$mm 3. 用成形砂轮磨斜面及接角 4. $L_7=P+9.35$mm
9	磨 $R9.35$ 凸圆弧 g		1. 旋转夹具主轴磨 $R9.35$mm 凸圆弧，并控制左右摆动的角度 2. $L_8=P+9.35$mm

注：因工件形状对称，工件另一半的磨削方法相同。

（4）仿形磨削

仿形磨削是在专用磨床上按放大样板、放大图或计算机指令进行加工的方法。仿形加工时，砂轮不断改变运动轨迹，将工件磨削成形。几种主要的仿形磨削加工方法见表5.5-47。

表5.5-47　仿形磨削加工方法

加工方法	工作原理	用　　途
缩放尺曲线磨床磨削	应用机床的比例机构，使砂轮按放大样板的几何形状，正确地加工出工件形面	主要用于磨削成形刀具、样板及模具
光学曲线磨床磨削	利用投影放大原理，将工件形状与放大图进行对照，加工出精确的工件形面	主要用于磨削尺寸较小的成形刀具、样板、模块及圆柱形零件
靠模仿形磨削	一般按工件曲面形状制作靠模，装在机床上，再对靠模仿形加工出需要的精确曲面	主要用于磨削凸轮、轧辊等
数控仿形磨削	应用数控原理，在磨削过程中，按预定的曲线，控制磨头运动轨迹，精确磨出形面	广泛用于磨削凸轮、轧辊等

下面以靠模仿形磨削为例说明仿形磨削的工艺过程。

1）凸轮靠模仿形磨削。在凸轮磨床上进行，靠模和工件安装在同一条轴线上，同相位回转（图5.5-37），滚轮6在弹簧2作用下紧靠靠模4，摇架1带动靠模4和工件3摇摆，砂轮5进给。其磨削要点如下：

① 按工件凸轮形状、数量和相角制备一套相应靠模。凸轮的形状精度主要取决于母凸轮和靠模精度，要求在0.005mm内。

② 正确调整夹具，保证靠模和工件凸轮的对称中心线与工作键槽的相对位置。

③ 反磨靠模时，横向进给手轮反向操作，使砂轮架带着导轮后退以实现砂轮进给，被修磨的靠模尺

寸大小及基圆跳动要精确测量，使误差尽量小。

④ 磨削凹形凸轮时，应先计算出凹形处的曲率半径，砂轮半径必须小于工件的曲率半径。

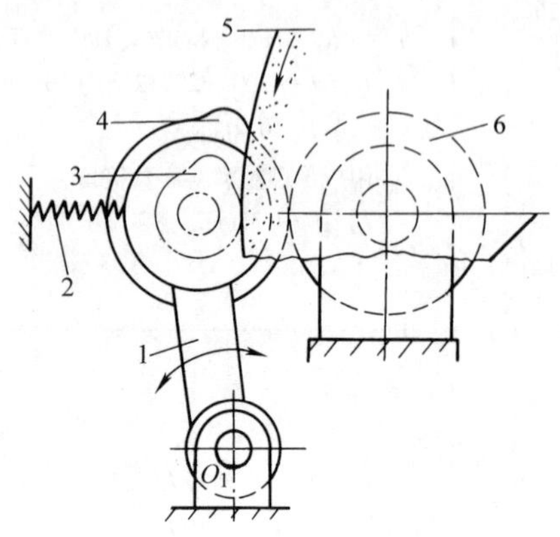

图 5.5-37　凸轮仿形磨削原理

1—摇架　2—弹簧　3—工件　4—靠模　5—砂轮　6—滚轮

⑤ 成批生产时，要经常定期测量凸轮桃形和相位角，并根据情况调整机床或更换、修磨靠模。

2）轧辊磨削。图 5.5-38 中，工作台纵向移动，长臂 6 顶在直尺 4 或 5 上，上工作台 1 同时绕定位柱 O 回转，形成凸、凹轧辊面。

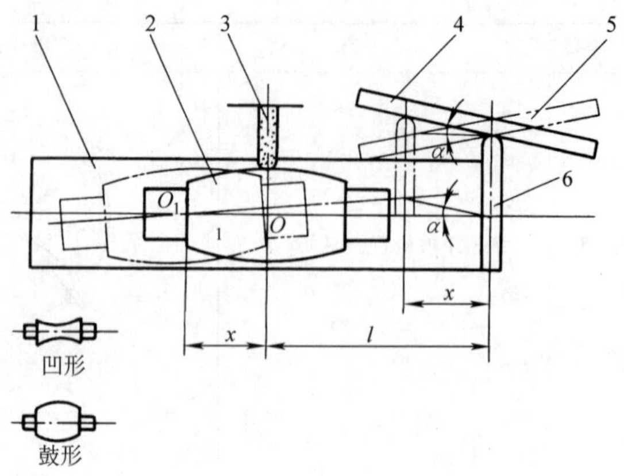

图 5.5-38　台面回转式轧辊磨削原理

1—上工作台　2—工件　3—砂轮　4—靠模具尺（鼓形）　5—靠模直尺（凹形）　6—长臂

在图 5.5-39 中，砂轮架拖板变速箱电动机 M 通过变速齿轮将运动传到 z_1 后分两路：其一，通过 z_{11}、z_{12} 直到 z_{13} 完成拖板纵向移动；其二，通过 i 直到 z_9、z_{10} 转动凸轮，并推动直角杠杆，使砂轮架绕支点 D 回转，砂轮即在工件长度的不同截面上磨出不同尺寸的直径。移动机构 F 用以调整凸凹量。

轧辊曲面形成的加工参数计算见表 5.5-48。

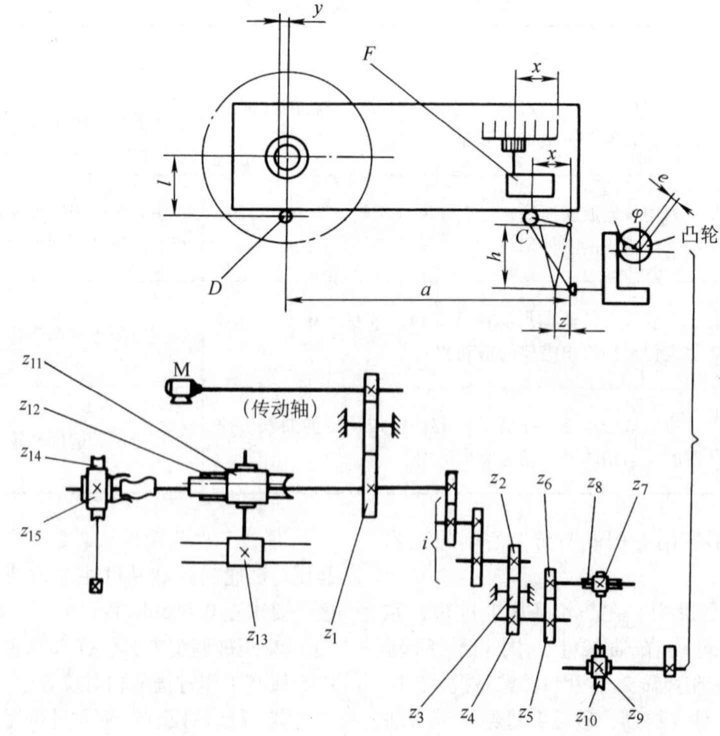

图 5.5-39　砂轮架摆动或轧辊磨削原理

表 5.5-48　曲面加工参数计算

磨削方式	计算内容	公　式	参数注释
台面回转式（见图 5.5-38）	工件向砂轮的移动量	$y=\dfrac{\tan\alpha}{l}x^2=Kx^2$ $K=\dfrac{\tan\alpha}{l}$	α——靠模直尺与工作台运动方向夹角 x——工作台纵向移动距离 l——长臂与靠模直尺的接触点到回转中心 O 的距离 K——常数
砂轮架摆动式（见图 5.5-39）	曲面凸凹量	$y=\dfrac{x}{a-x}\dfrac{l}{h}e(1-\cos\varphi)$ $x=\dfrac{ay}{y+\dfrac{l}{h}e(1-\cos\varphi)}$	y——曲面凸凹量 x——杠杆距离 a——杠杆支点至砂轮架回转中心距离 e——凸轮偏心量 l——砂轮中心至砂轮回转中心距离 h——杠杆支点与力点距离 φ——磨曲面全长的一半时，凸轮转过的角度
	凸轮转角 φ	$\varphi=\dfrac{\dfrac{L}{2}z_{12}}{z_{13}m\pi z_{11}}i\dfrac{z_2}{z_4}\dfrac{z_5}{z_6}\dfrac{z_7}{z_8}\dfrac{z_9}{z_{10}}\times360^\circ$	L——曲面全长 i——凸凹量调整选择齿轮传动比 m——齿轮模数

5.5.2　高效磨削

1. 高速磨削

（1）高速磨削的特点

普通磨削的砂轮速度常在 30~35m/s。当砂轮速度提高到 45m/s 以上时，则称为高速磨削。实践证明，高速磨削可获得明显的技术经济效果。若将磨削速度由 35m/s 提高到 50~60m/s 时，一般生产率可提高 30%~100%；砂轮寿命提高 70%~100%；工件表面粗糙值降低约 50%，可稳定达到 $Ra0.8$~$Ra0.4\mu$m。

高速磨削现已广泛用于各种磨削工艺，不论是粗磨还是精磨、小批量还是大批量生产，均能在不同程度上获得良好的效果。

高速磨削的特点如下：

1）在一定金属切除率下，砂轮速度提高，磨粒的当量切削厚度变薄，这就使得：

① 磨粒负荷减轻，砂轮的寿命提高。

② 磨削表面粗糙度值降低。

③ 法向磨削力减小，工件加工精度较高。

2）如果砂轮磨粒切削厚度保持一定，则可相应提高 v_s，可以增加金属切除率，提高生产率。

实施高速磨削须采取的措施如下：

① 砂轮主轴转速必须随 v_s 的提高而相应提高，砂轮传动系统功率和机床刚性必须足够。

② 砂轮强度必须足够，砂轮须经严格平衡并配置可靠的安全防护装置。

③ 采用有效的冷却措施并配置防磨削液飞溅装置。

（2）高速磨削砂轮

高速磨削除要求砂轮具有足够的强度以保证在高速旋转时不致破裂外，还要求砂轮具有良好的磨削性能，以获得较高的磨削效率、寿命和加工表面质量。

1）砂轮的选择。高速磨削砂轮的选择见表 5.5-49。

表 5.5-49　高速磨削砂轮的选择

砂轮速度/(m/s)	砂轮硬度	砂轮粒度	磨料
50~60	K、L	60~70	A、MA
80	M、N	80~100	A、MA、PA、WA

注：磨削普通碳素钢或合金钢时，宜选用 A 和 MA 磨料；磨削球墨铸铁时，宜选用 A 和 GC 磨料。

砂轮硬度必须均匀，否则各部位磨粒碎裂和脱落不均匀，会破坏砂轮的正确几何形状及砂轮工作的平稳性。

砂轮硬度和粒度的选用还与砂轮要求达到的破裂速度有关。由图 5.5-40 可知，随着硬度的提高，同时选用较细的磨粒，砂轮的破裂速度较高，这就提高了砂轮的强度。

2）提高砂轮强度。提高砂轮强度，对高速磨削来说非常重要。可通过下述方法提高砂轮强度。

① 改进结合剂。提高结合剂的强度，如在陶瓷

结合剂中较多采用硼玻璃等结合剂。

② 砂轮孔区补强。砂轮旋转时最大拉应力作用于孔周壁上，最初的破裂是沿周壁发生，所以采用孔区补强是提高砂轮强度的有效方法之一。常用的砂轮补强措施如图 5.5-41 所示。

图 5.5-41a 所示为砂轮孔区部分采用细粒度磨粒和较高的砂轮硬度，砂轮破裂速度可提高 20%~25%。

图 5.5-41b 所示为孔区部分渗入补强剂（树脂液），通过孔周壁渗透到砂轮内部，砂轮强度可提高 5%~15%，气孔率大的砂轮强度提高得更多。

图 5.5-41c 所示为用一金属环粘结在砂轮孔区，金属环可用钢或耐热合金制成，用环氧树脂等与砂轮粘结。

图 5.5-41d 所示为树脂砂轮中加玻璃纤维网。

图 5.5-41e 所示为增加砂轮孔区厚度，图 5.5-41f 所示为用法兰盘装夹提高孔区强度，这两种方法多用于薄片砂轮，其效果明显，但对厚度大的砂轮则意义不大。

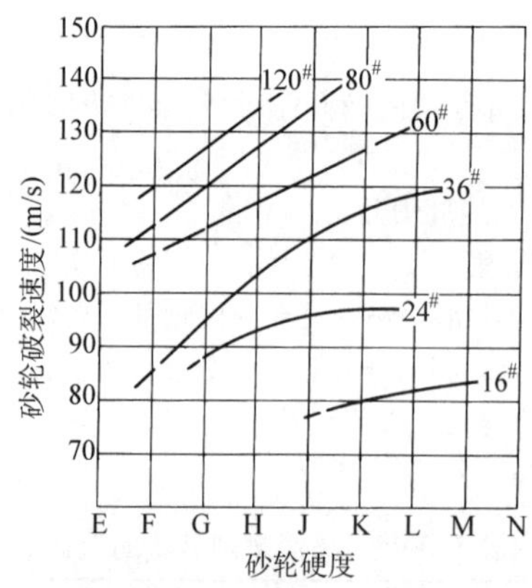

图 5.5-40　砂轮破裂速度与砂轮硬度、粒度的关系

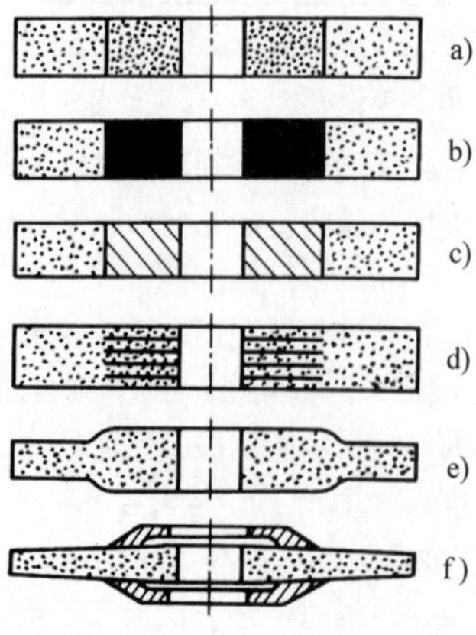

图 5.5-41　砂轮的补强措施

③ 改变砂轮的形状。砂轮高速运转时，孔壁处应力最大。孔径越小，应力也越小，因此应尽可能采用孔径与外径比值（$K=r_f/R$）小的砂轮或无孔砂轮。砂轮孔径与外径之比不应超过表 5.5-50 所列数值。

表 5.5-50　砂轮孔径与外径比值 *K* 的最大允许值

砂轮速度/(m/s)	<45	45~60	60~80	80~100
K	0.6	0.5	0.33	0.2

无孔砂轮多用法兰盘粘结或在半径为 *r*（视砂轮外径大小而定）的圆周上开几个钉孔，用以固定在机床上。

④ 采用梯形砂瓦组合砂轮（图 5.5-42）。砂轮旋转时，砂瓦会受压应力作用，而砂轮材料的抗压强度是抗拉强度的 6 倍，因此，这种砂轮可在较高的速度下安全工作。

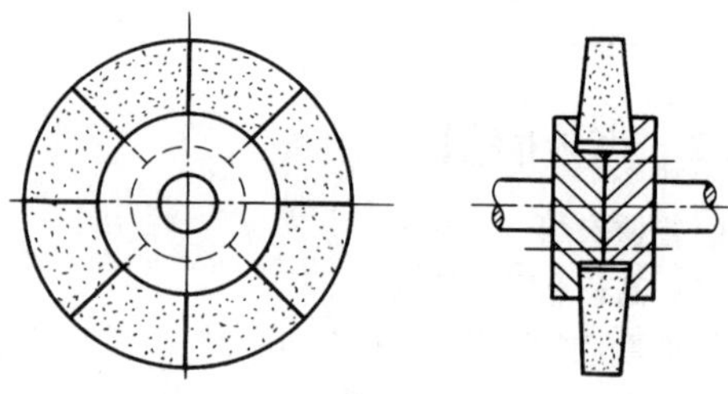

图 5.5-42　梯形砂瓦组合砂轮

（3）砂轮的平衡与修整

高速砂轮必须经过仔细平衡。图 5.5-43 所示为砂轮不平衡量引起离心力与砂轮速度的关系。

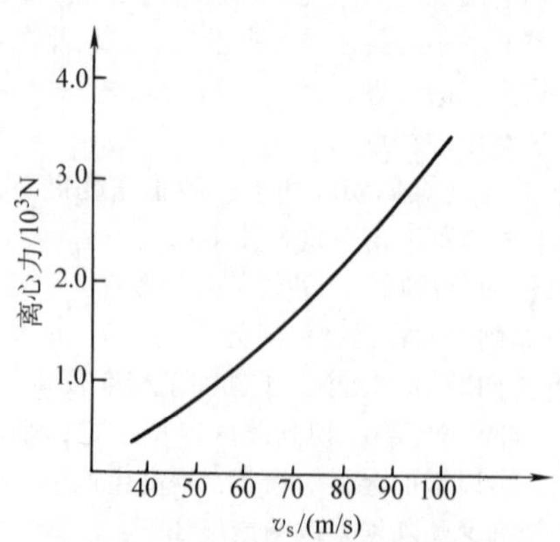

图 5.5-43　砂轮不平衡量 100g 在不同速度下产生的离心力
砂轮 P600×63×305

砂轮不平衡是砂轮组织不均匀的反映。砂轮两端面不平行和内外径不同轴，也会引起砂轮不平衡，其不平衡允许的最大值为

P600×40×305　46#L　80g

P400×40×50　46#L　45g

P250×25×32　46#L　15g

为避免或减少砂轮不平衡的影响，应使砂轮修整机构的作用点和工件的磨削点在同一位置上（图 5.5-44）。用低速修整砂轮也能起到很好的作用。单颗粒金刚石磨削砂轮的修整参数见表 5.5-51。采用金刚石滚轮修整，效果较好，可大大缩短修整时间并减少金刚石的消耗。

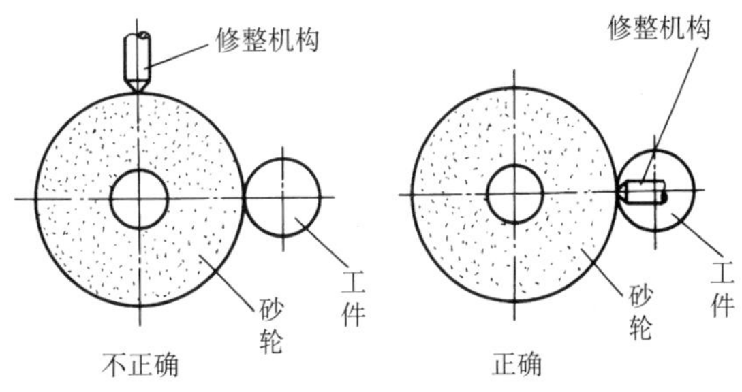

图 5.5-44　修整机构作用点位置

表 5.5-51　高速磨削砂轮修整参数

砂轮速度/(m/s)	修整背吃刀量/mm	修整导程/(mm/r)				修整总量/mm	冷却条件
		46#	60#	80#	100#		
50~60	0.01~0.015	0.32	0.24	0.18	0.14	≥0.1	充分冷却
80	0.015~0.02						

(4) 高速磨削用量选择

① 砂轮速度。目前普遍采用 50~60m/s，有的高达 80m/s 甚至更高。

② 工件速度。随着砂轮速度和进给量的增大，高速磨削时磨削温度增高，容易烧伤工件表面。提高工件速度，可使热源作用于工件的时间缩短，而且使工件每转砂轮进给量减小，可改善工件磨削表面烧伤程度。但工件速度太高时，易引起工件、砂轮系统振动，加速顶尖磨损。一般砂轮速度与工件速度之比在 60~100 之间。对于刚性差的细长轴和不平衡的零件（如曲轴等），工件速度不宜太高，其比值可取 100~250 之间。

③ 轴向进给量。轴向进给量 f_a 的大小直接影响磨削效率、砂轮寿命和加工表面质量。当轴向进给量增加时，工件每转在砂轮宽度上参加磨削的磨粒数目增加，磨削效率提高。但磨削力增大，砂轮不均匀磨损加剧，并导致工件表面粗糙度值变大。一般取 $f_a=(0.2\sim0.5)b_s/r$（b_s 为砂轮宽度）。

④ 径向进给量。径向进给量 f_r 的大小对磨削过程的影响与轴向进给量相似。在选择径向进给量时，还要考虑机床和工件的刚性以及电动机的功率能否满足要求。一般粗磨 $f_r=0.02\sim0.07$mm/dst，精磨 $f_r=0.005\sim0.02$mm/dst，磨细长工件宜选较小值，磨短粗工件，宜选大值。高速外圆磨削钢材的磨削用量选择见表 5.5-52。

表 5.5-52　高速外圆磨削钢材的磨削用量

砂轮速度 v_s/(m/s)	速比 v_s/v_w	切入磨削 v_f/(mm/min)	纵向磨削	
			纵向进给速度 v_f/(m/s)	径向进给量 f_r/(mm/dst)
45	60~90	1~2	0.016~0.033	0.015~0.02
60		2~2.5	0.033~0.042	0.02~0.03
80	60~100	2.5~3	0.042~0.05	0.04~0.05

(5) 高速磨削对机床的要求

1）砂轮电动机功率要相应增大。随着砂轮速度和磨削进给量的增加，砂轮电动机功率 P_E 要比普通磨削加大 40%~100%。可按下式进行估算：$P_E=b_s/6\sim b_s/5$（P_E 单位为 kW，b_s 为砂轮宽度，单位为 mm）。

2）正确选择砂轮主轴与轴承之间的间隙。因砂轮转速提高后，主轴与轴承之间摩擦加剧，易因热膨胀而造成“咬死”（也称抱轴），因此砂轮主轴与轴承之间的间隙要适当增大，一般取 0.03~0.04mm，以保证热平衡后有适当的间隙。但间隙也不能过大，

以免影响主轴的回转精度与刚度。砂轮架主轴轴承类型及间隙要求见表 5.5-53。

表 5.5-53 砂轮架主轴轴承类型及间隙要求

轴承类型	轴承间隙要求/mm	轴 承 特 点
短三块瓦	0.02~0.03	刚性好，制造简单，调整方便，但间隙容易松动
长三块瓦	0.02~0.03	原理同短三块瓦，但性能比短三块瓦差
短五块瓦	0.02~0.03	制造比短三块瓦复杂，调整间隙麻烦，在外圆磨床上已不常采用
长五块瓦	0.02~0.03	原理与短五块瓦相同，但性能比短五块瓦差，调整同样不方便
对开瓦	0.04~0.06	制造工艺复杂，油膜润滑差，老产品上应用较多，已淘汰
静压轴承	0.006	纯液体摩擦，主轴寿命长，承载能力大，但要另备供油系统
滚动轴承	由等级而定	通用性强，结构简单，但抗振动性能差，易磨损，选择时前轴承比后轴承精度应高一级

3）采用卸荷带轮（图 5.5-45）。使用卸荷带轮，当传动带拉紧时，不致影响主轴间隙的大小，以保证砂轮主轴回转中心不受影响。

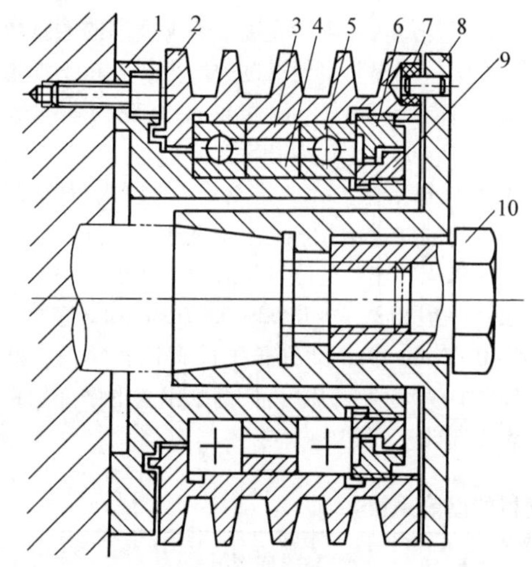

图 5.5-45 卸荷带轮
1—体座 2—带轮 3、4—垫圈 5—轴承
6—法兰盘 7—衬套 8—锥套 9、10—螺母

4）砂轮主轴采用具有一定润滑作用而黏度较小的润滑油，一般可选用：

① 2~4 号专用主轴油。

② 10%（质量分数）的 22 号汽轮机油+90%（质量分数）的煤油。

③ 50%（质量分数）的 5 号高速机油+50%（质量分数）的煤油混合使用。

加油前要将主轴箱清洗干净，加油时要经过仔细过滤，以免混入杂物，造成意外“抱轴”事故。

5）轴承的润滑方式。以循环冷却润滑为最好，主轴温升小；浸润式与静压轴承较好。

6）冷却系统要相应改进。

① 加大磨削液的压力和流量，防止工件烧伤。高速磨削时磨削液流量除考虑冷却作用外，还要考虑对砂轮的冲刷作用。高速磨削可采用流量为 45L/min、扬程为 5.5m 的冷却泵，并相应加大冷却水箱的容积。

② 改进冷却喷嘴与清洗喷嘴的结构，并安装防飞溅装置（参见本章 5.2.4 节）。

③ 采用反射增压器（图 5.5-46）。普通压力的磨削液从管中进入，经长方形喷嘴孔 1 至砂轮表面，受砂轮高速旋转的离心力作用，又高速反射回增压器底部。增压器底部开有许多凹槽 2 和凸筋 3，磨削液反射至凹槽 2 时，产生湍流和旋涡，于凸筋顶部 4 处产生动压射向砂轮表面起冲洗作用。反射到凹槽的磨削液产生旋涡时还能够形成一股吸引力，将嵌塞在砂轮表面的磨屑清除掉，因此冷却与冲洗效果显著。反射增压器底部凸筋与砂轮表面的间隙 $\Delta=1.5\sim5$mm，供液压力为 1×10^5Pa，流量为 105L/min。

④ 磨削液要过滤与净化。

7）加强砂轮防护罩。砂轮速度提高后，其动能也随着急剧增加，因此必须采取以下措施，以防止砂轮意外碎裂伤及人员或设备。

① 砂轮罩钢板的厚度相比普通速度的防护罩要增加 40%以上。表 5.5-54 和表 5.5-55 所列为高速磨床砂轮防护罩的基本尺寸，可供参考，表中的尺寸符号如图 5.5-47 所示。

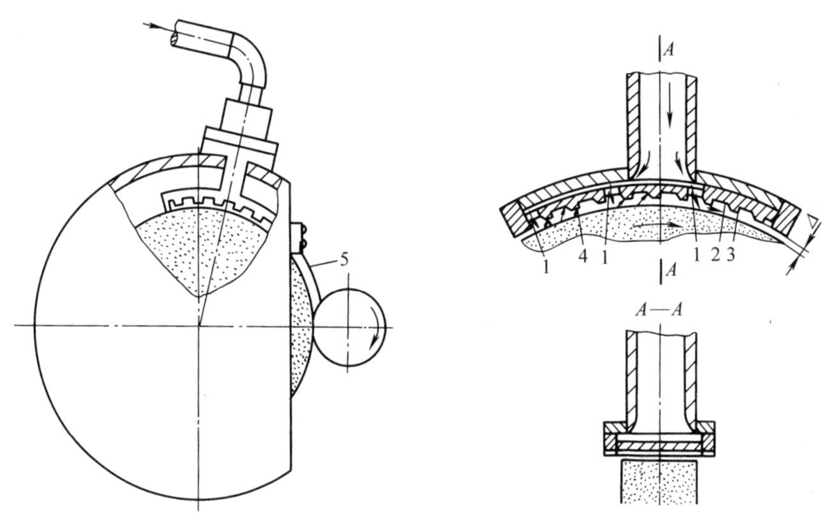

图 5.5-46 反射增压器
1—长方形喷嘴孔 2—凹槽 3—凸筋 4—凸筋顶部 5—磨削液导板

表 5.5-54 磨削速度为 50m/s 时外圆磨床砂轮防护罩的基本尺寸 (mm)

砂轮最大直径	400	500	600	750
轮缘厚度 A	6	8	11	13
侧板厚度 B	6	8	9	10
侧壁凸出轮缘数值 C	8	10	12	15
侧壁伸出宽度 D	20	25	30	40
搭板厚度 E	6	6	10	10
搭板宽度 F	40	40	50	50
搭板边缘离孔距离 G	20	20	22	22
螺栓直径 H	M16	M16	M20	M20
螺栓数	3	4	5	6
焊缝尺寸	5×5	6×6	8×8	10×10
螺栓配置位置（图 5.5-47）	1、2、3	1、2、3、4	1、2、3、4、5	1、2、3、4、5、6

表 5.5-55 砂轮防护罩钢板的最小厚度

砂轮速度/(m/s)	砂轮宽度/mm	砂轮外径/mm											
		150~305		305~405		405~510		510~610		610~760		760~1250	
		A	B	A	B	A	B	A	B	A	B	A	B
30~50	<100	5.8	4.9	6.3	4.9	7.7	5.8	8.3	6.3	9.0	7.0	11.0	9.7
	100~150	5.8	4.9	6.3	5.5	8.3	6.0	8.8	6.6	9.0	7.0	12.0	9.7
	150~205	7.0	5.6	8.8	7.0	9.4	7.0	10.0	7.0	10.5	7.8	13.0	10.0
	205~305	8.0	6.9	9.3	7.7	9.9	7.7	10.5	7.7	11.0	8.3	14.5	11.0
	305~405	—	—	10.5	9.4	12.0	9.9	12.5	9.9	13.6	10.8	17.0	13.0
	405~510	—	—	—	—	13.0	11.0	13.0	11.0	14.5	12.7	19.0	16.0

（续）

砂轮速度/(m/s)	砂轮宽度/mm	砂轮外径/mm											
		150~305		305~405		405~510		510~610		610~760		760~1250	
		A	*B*	*A*	*B*	*A*	*B*	*A*	*B*	*A*	*B*	*A*	*B*
50~80	<50	7.9	6.3	7.9	6.3	7.9	6.3	7.9	6.3	9.5	7.9	12.7	9.5
	50~100	9.5	7.9	9.5	7.9	9.5	7.9	9.5	7.9	9.5	7.9	12.7	9.5
	100~150	11.0	9.0	11.0	9.5	11.0	9.5	11.0	9.5	11.0	9.5	17.4	12.0
	150~205	12.7	9.5	14.0	11.0	14.0	11.0	14.0	11.0	14.0	11.0	19.0	12.7
	205~305	14.0	11.0	15.8	12.7	15.8	12.7	15.8	12.7	15.8	12.7	22.0	15.8
	305~405	—	—	15.8	14.0	19.0	15.8	19.0	15.8	20.0	17.4	26.9	20.0
	405~510	—	—	—	—	20.0	17.4	20.0	17.4	22.0	19.0	30.0	23.8

注：本表指钢板焊接结构，若为铸钢，表中尺寸应乘以1.6。

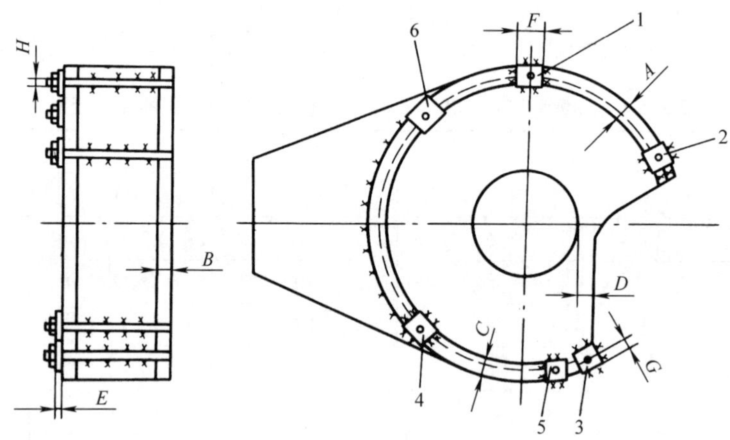

图5.5-47　砂轮防护罩的基本尺寸

1~6—螺栓配置位置

② 防护罩的开口角要小。开口角越小，砂轮碎裂时碎片飞出区域就越小，如图5.5-48所示，尤其是高速磨削平面时，防护罩的开口角要尽量减小。

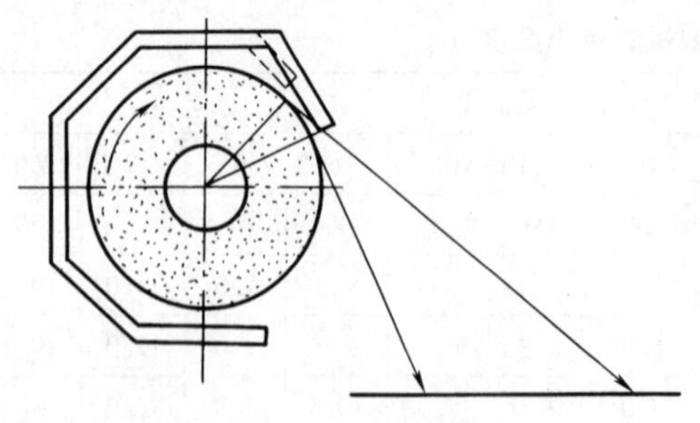

图5.5-48　砂轮罩的开口角

③ 为减小砂轮碎裂时对罩壳的冲击，在罩内安置一层吸能层填料，如图5.5-49所示。吸能层常用聚氨酯泡沫塑料、合成树脂或蜂窝状铝合金等作为衬垫。当砂轮速度≥80m/s时，此衬垫能有效地减轻砂轮碎片造成的危害。此外，在外圆磨削时，还须考虑在机床与操作者之间设置旋转活动的防护板。

8）机床必须采取防振措施。磨削过程中，由于电动机、高速旋转的砂轮及传动带等的不平衡，V带的厚薄或长短不一致，油泵工作不平稳等，都会引起机床的强烈振动，磨削过程中砂轮对工件产生的摩擦还会引起自激振动。

防止振动可采取如下几方面的措施：

① 高速旋转部件一定要经过仔细平衡。

② 传动带应长短一致，卸荷装置、轴承定位套及砂轮的径向跳动应小于0.02mm。

③ 轴承间隙要调整合适；砂轮架导轨选用贴塑导轨与滚柱导轨等，滚柱导轨应检查滚柱与导轨面的

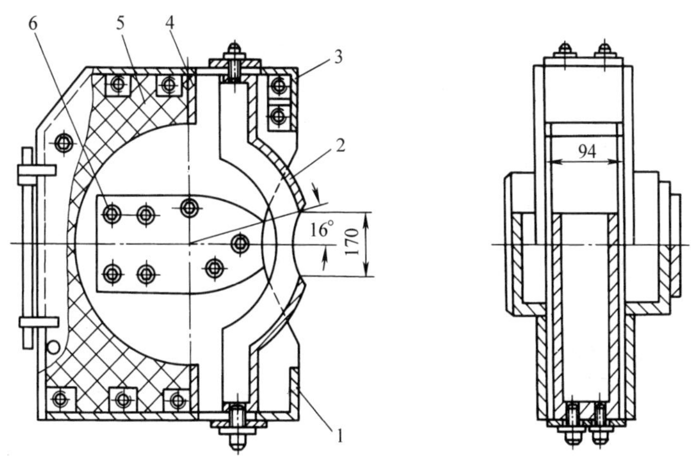

图 5.5-49　80m/s 高速磨床砂轮防护罩

1—前护罩　2、4—阻力挡板　3—挡板　5—泡沫聚氨酯　6—螺钉

接触精度以及滚柱的精度；头、尾架顶尖的莫氏锥度要接触良好；消除进给机构间隙。

④ 提高机床抗振性能，增强工艺系统的刚性。

⑤采取隔振措施，隔离外来振动的影响，如在砂轮电动机的底座和垫板之间垫上具有弹性的木板或硬橡皮等。

2. 缓进给磨削

缓进给磨削是强力磨削的一种，又称深切缓进给磨削，或蠕动磨削。与普通磨削相比，背吃刀量可达 1~30mm，为普通磨削的 100~1000 倍，工件进给速度缓慢，为 5~300mm/min，经一次或数次行程即可磨到所要求的尺寸精度和形状精度。缓进给磨削适于磨削高硬度、高韧性材料，如耐热合金钢、不锈钢、高速钢等的形面和沟槽。其加工精度可达 2~5μm，表面粗糙度值可达 Ra0.63~Ra0.16μm，加工效率比普通磨削高 1~5 倍。

（1）缓进给磨削的工艺特点

① 背吃刀量大，砂轮与工件接触弧长（图 5.5-50），金属磨除率高；由于背吃刀量大，工件往复行程次数少，节省了工作台换向及空磨时间，可充分发挥机床和砂轮的潜力，提高生产率。

② 由于进给速度低，磨屑厚度薄，单颗磨粒所承受的磨削力小，磨粒脱落和破碎减少；其次，工作台往复行程次数少，砂轮与工件撞击次数少，加上进给缓慢，减轻了砂轮与工件边缘的冲击，使砂轮能在较长时间内保持原有精度，故加工精度比较稳定。

③ 由于接触面积大，参加切削磨粒数多，总磨削力大，因此需要增大磨床功率。

④ 砂轮与工件接触面积大，使磨削液难以进入磨削区，工件表面容易烧伤。

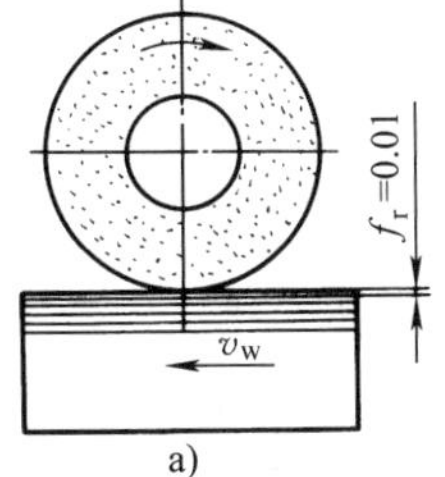

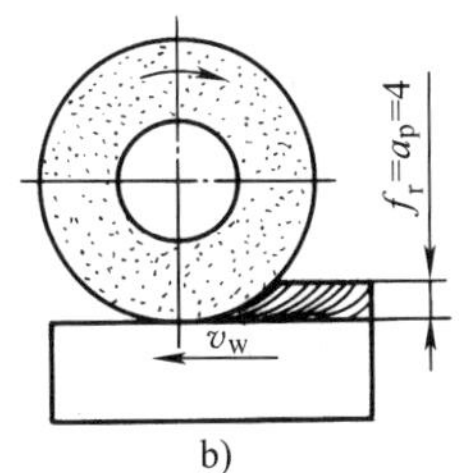

图 5.5-50　两种磨削方式对比

a）普通平面往复磨削　b）深切缓进给磨削

⑤ 由于切深大，磨削几乎不受工件表面状况（如氧化皮、铸件的白口层等）的影响，可直接经过精铸、精锻和毛坯磨削成形，将车、铣、刨、磨等工序合并为一道工序，减少毛坯加工余量、降低工时消耗、节约复杂的成形刀具，缩短生产周期及降低成本，经济效果好。

⑥ 设备成本高。

（2）缓进给磨削对机床的要求

1）磨削功率要求。通常根据被加工材料及所采用的磨削用量，选取砂轮磨削单位宽度功率值（表 5.5-56），然后乘以磨削总宽度，即可求得磨床的计算功率；或以砂轮和工件单位接触面积功率（表 5.5-57）为参考值，然后乘以总的接触面积计算出功率值。

表 5.5-56　砂轮磨削单位宽度功率

（kW/mm）

工件材料	一般磨削用量	加大磨削用量
普通钢及合金钢	0.12~0.18	0.4~0.6
Ni58 及 In-738 耐热合金	0.15~0.25	0.5~0.8

表 5.5-57　砂轮与工件单位接触面积功率

（W/mm^2）

工件材料	一般磨削用量	加大磨削用量
普通钢及合金钢	5~7	11~15
Ni58 及 In-738 耐热合金	9~10	13~16

按表 5.5-56 和表 5.5-57 求出的机床磨削功率，还应分别考虑砂轮硬度及工件表面形状，乘以修正系数 k_1（表 5.5-58）、k_2（表 5.5-59），最终确定磨削功率。

表 5.5-58　砂轮硬度的修正系数 k_1

砂轮硬度 h 值/mm	>7.0~8.0	>6.5~7.0	>6.0~6.5
k_1	1.0	1.3~1.4	1.6~1.8

注：h 表示砂轮硬度的凹坑深度。

表 5.5-59　工件形状的修正系数 k_2

工件表面形状	平面	叶片曲面	梯形齿面	60°三角齿面
k_2	1.0	1.4~1.5	1.6~1.7	2.0

磨削功率 P' 也可根据运动参数按如下经验公式计算：

$$P' = C_P v_s^{\alpha} f_r^{\beta} v_w^{\gamma}$$

式中　C_P——工件材料系数；

v_s——磨削速度（m/s）；

f_r——径向进给量（等于背吃刀量，mm）；

v_w——工件速度（mm/min）。

指数 α、β、γ 及系数 C_P 值见表 5.5-60。

表 5.5-60　指数 α、β、γ 及系数 C_P 值

工件材料	HV	C_P（10^{-3}）	α	β	γ
45 钢	201	0.6	1.8	1.38	0.77
QT500-7	166	2.0	2.0	1.0	0.48
GCr15	357	18	1.45	1.0	0.43
W18Cr4V	825	9.91	1.7	0.95	0.53
In-738	338	92.3	1.0	0.62	0.55
苏尔马特合金	5.9	0.82	2.24	1.0	0.65

上式符合大气孔超软砂轮（h=8.8mm）磨削功率值，在实际应用时应注意不能低于上式计算值。

2）工作台进给运动要求。工作台缓进给时，要求平稳无爬行现象。一般液压传动的平稳性和可靠性均不及机械传动。目前多采用丝杠螺母传动或滚珠丝杠副结构，保证机床有较高的传动刚度。此外，进给速度应能无级调整并设有快速退回机构。

3）机床动、静刚度要求。工艺系统刚度不足是引起工件加工误差的原因之一。缓进给磨削要求机床的动、静刚度高。为了提高系统静刚度，可在前后床身、主柱、拖板等主要构件上采用双层筋壁结构；加大主轴直径；磨头垂直运动导轨和立柱拖板横向移动的侧导向面采用预加负荷滚柱导轨结构，以消除导轨间隙，提高接触刚度。

4）主轴系统精度要求。由于缓进给磨削主轴功率大，要求主轴刚性好，而且不允许有轴向和径向窜动。图 5.5-51 所示为平面磨床上采用滚动轴承的磨头结构，前轴承 2 为一对圆锥滚子轴承，承受主要磨削负荷。由于止推环节安排在主轴前端，减小了主轴发热伸长对磨削形面位置的影响。中轴承 3 为双排滚子径向轴承，其径向可以预紧，以获得较高的主轴刚度，并能长时间保持精度。后端轴承 5 为径向轴承，仅起辅助支承作用，承受由于电动机转子与风扇的不平衡而引起的离心力以及电动机磁场对主轴的径向力。轴承靠过盈配合的高压油胀环 1 和 4 固定。

5）冷却与冲洗方面的要求。缓进给磨削存在两个特殊问题：一是磨屑薄而长，易堵塞和黏附于砂轮表面；二是单个磨粒承受的磨削力小，砂轮自锐性差，易使工件表面烧伤。因此要求加强磨削液的冷却与冲洗作用。一般冷却喷嘴流量应大于 80L/min（每毫米砂轮宽度上为 1.5~2L/min），压力为（2~3）×10^5Pa；冲洗喷嘴流量为 200L/min，压力为（8~12）×10^5Pa。由于大量的磨削热要求冷却系统吸收并迅速散发，因此，磨削液容器的总容量大，约为 2000L。

喷嘴有小孔式和缝隙式两种（图 5.5-52）。小孔式喷射流较集中，效果好，多用于冲洗。缝隙式射流不均匀，且缝宽 b 在 0.3mm 以下时容易堵塞，但制造容易，多用于冷却。为使砂轮形面上都能得到等效的冲洗效果，喷嘴可根据砂轮轮廓形状制成相应的形状（图 5.5-53）。喷嘴口与砂轮表面保持 0.5~1mm 距离，以获得最佳冷却与冲洗效果。

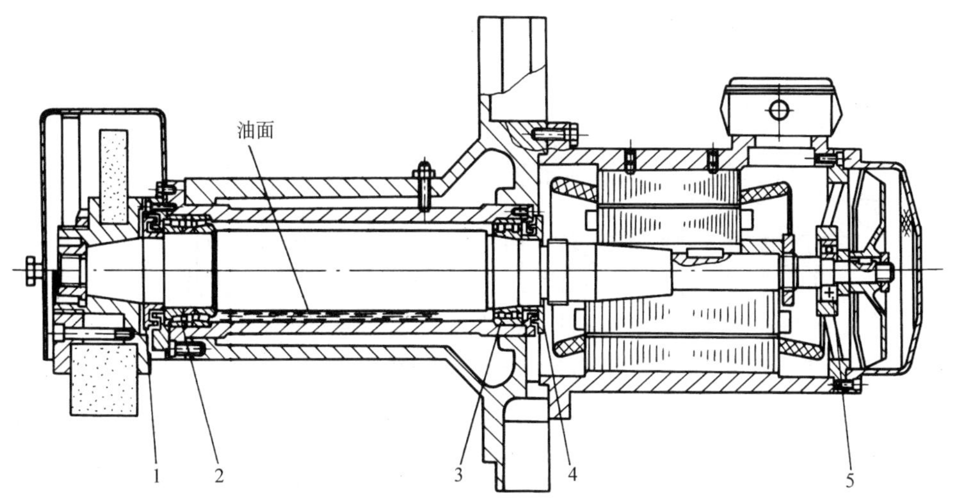

图 5.5-51　磨头结构
1、4—高压油胀环　2—前轴承　3—中轴承　5—后端轴承

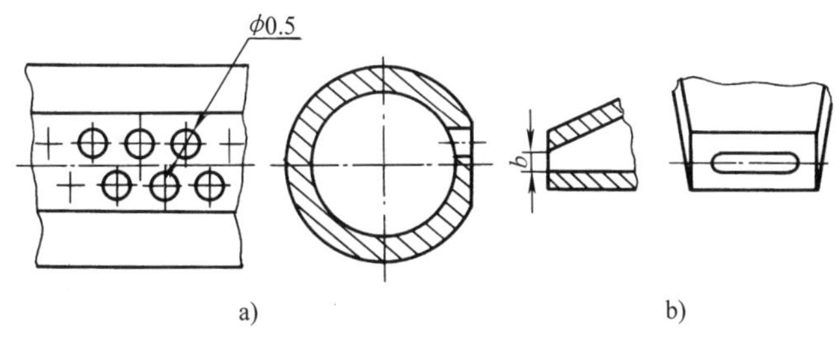

图 5.5-52　喷嘴
a）小孔式　b）缝隙式

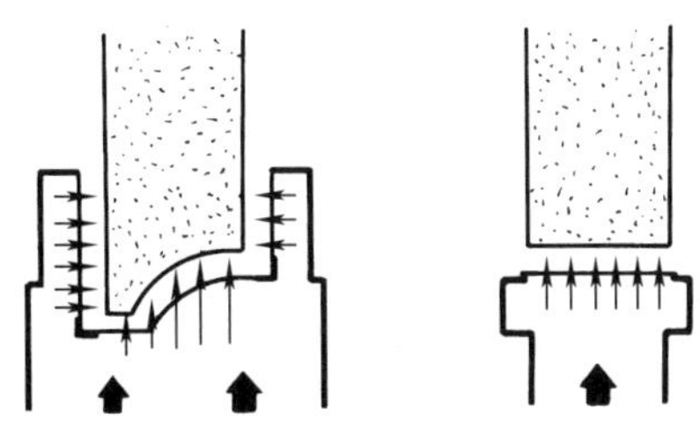

图 5.5-53　冲洗喷嘴形面与砂轮形面的关系

为了保证冷却和冲洗效果，要求磨削液中无杂质，在工作循环中始终保持清洁，一般要求采用粗、精两次过滤。图 5.5-54 所示为冷却系统图，为节省占地面积，并保证磨削液有效的流程，将冷却水箱分成三只。第一只是沉渣箱 1，容量 400L 左右，沉渣箱中的隔板将其中絮状磨屑和砂轮碎屑沉于箱底，沉渣箱可以除渣 90%以上。经除渣净化后的磨削液从溢水口流入第二只水箱 2 中。水箱 2（容积 600L 左右）被分成并列两半，以加长磨削液流程，中间设有挡板，使磨削液中固体颗料进一步沉淀，图中实线为前半箱中磨削液流动方向，虚线为后半箱中磨削液流动方向。在后半箱中有一只专用水泵 3，将沉淀后的磨削液抽送到四只并联的涡旋分离器 4 中，进一步分离细小颗粒。经二次涡旋作用将磨削液送入容积为 100L 的水箱 5 中贮存。水箱 5 中有溢流管 6 保持其液面高度。经过滤清的磨削液通过水泵 7 和 8 分别将磨削液供给冷却喷嘴 9 和冲洗喷嘴 10。泵板上装有调节冲洗压力的溢流阀和调节磨削液流量的阀门。

6）顺磨与逆磨。平面缓进给磨削如果采用顺磨，其冷却条件好，可顺利地把磨削液带入磨削区。当有磨粒脱落时，也只能落在已加工表面上，被磨削液冲走，不会划伤已加工表面，如图 5.5-55 所示。逆磨时，磨削液不易进入磨削区，脱落的磨粒会擦伤已加工表面。一般平面成形磨削，粗磨多采用逆磨，精磨多采用顺磨。

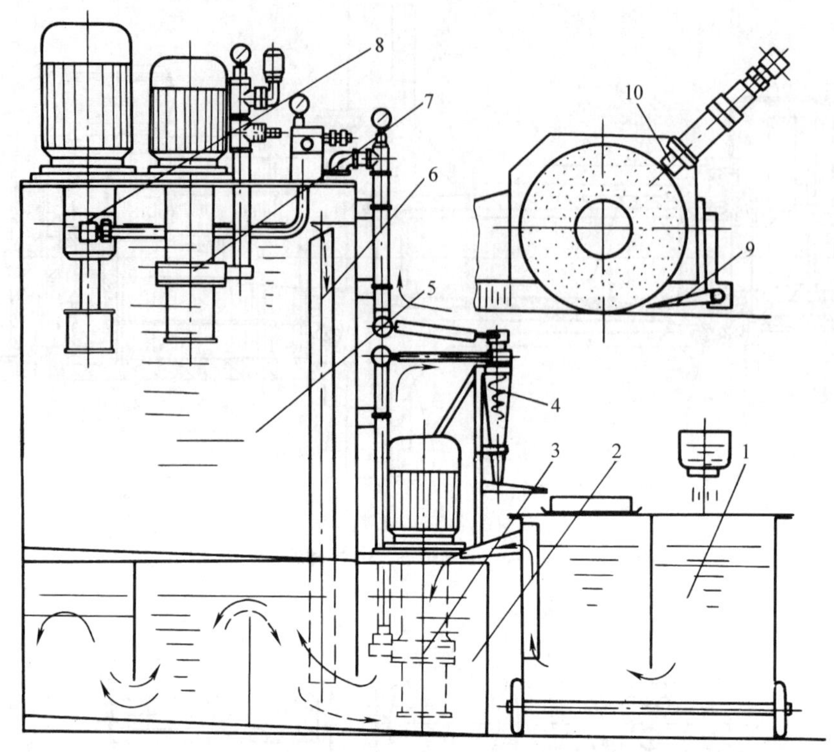

图 5.5-54　冷却系统图

1—沉渣箱　2、5—水箱　3、7、8—水泵　4—涡旋分离器

6—溢流管　9—冷却喷嘴　10—冲洗喷嘴

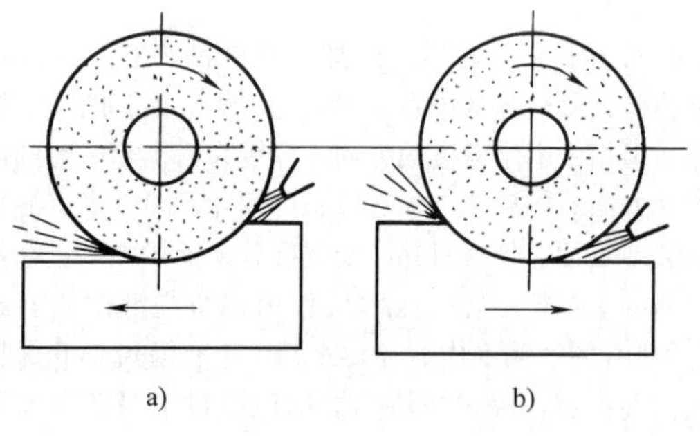

图 5.5-55　顺磨与逆磨

a）顺磨　b）逆磨

顺磨加工砂轮开始接触工件时，由于待加工面能进行导流，故磨削区有充分的磨削液。当工件磨至末端时，磨削液开始分流，导致送到该处的磨削液不足，因此易出现烧伤。顺磨和逆磨容易烧伤的部位不同，前者多在出口端，后者多在进口端，如图 5.5-56 所示。为使磨削液不分流而进入磨削区，在易烧伤端紧靠工件处装一导流板进行导流。

（3）缓进给磨削砂轮的选择与修整

1）砂轮的选择。

① 磨料。磨料主要根据工件材料的性质选择。磨削一般合金钢和碳钢选用 WA 或 A 磨料。磨削铸造高温合金等难加工材料采用 WA 等磨料。

目前，CBN 砂轮在缓进给强力磨削中已大量使用，与普通砂轮磨削相比，可显著提高金属切除率，工件热损伤小，可获得高精度和光滑的表面，而且可显著提高砂轮寿命。CBN 砂轮价格昂贵，但其磨损小，寿命长，效率高，在形面磨削时其成本可节约 30%～50%。例如，用 CBN 砂轮缓进给磨削高速钢工件（60HRC），v_s 为 45m/s，背吃刀量为 3mm，进给速度为 100mm/min 时，可取得较好的加工效果。

② 粒度。一般选用 46#～60# 粒度。当成形面圆弧 R 小、形面要求精度高及表面粗糙度值低或采用金刚石滚轮修整时，可选细一些。例如磨航空发动机叶片榫齿时，由于圆角小，宜选用 80#～100# 粒度。

③ 硬度。为避免磨削表面烧伤，要求砂轮自锐性能好，砂轮硬度应比普通砂轮软得多。一般选软

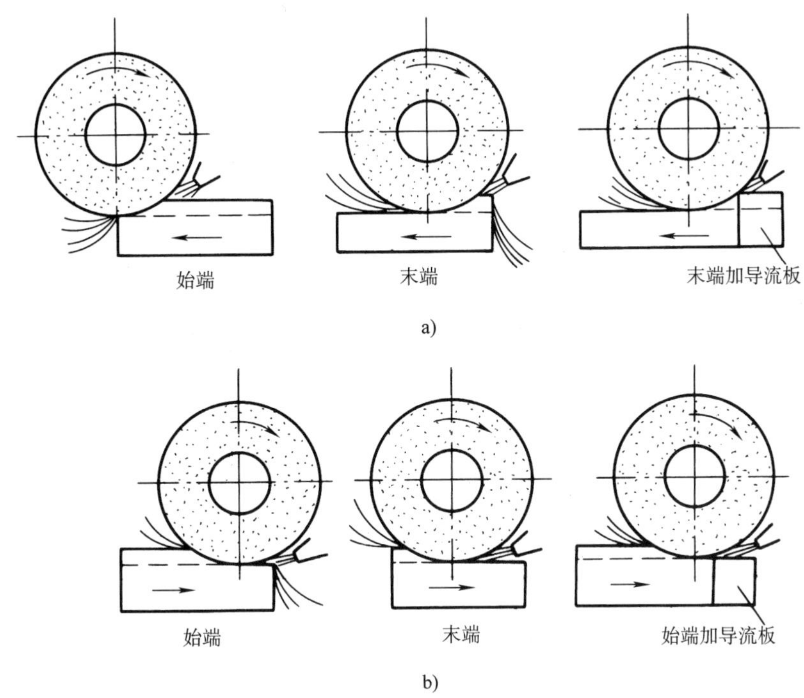

图 5.5-56 导流板对冷却的作用
a）顺磨 b）逆磨

级（G~J）砂轮，磨削铸造高温合金等难磨材料，宜选超软级（D、E、F）砂轮。但砂轮越软，形面越不易保持，所以在加工高精度形面时，在不烧伤的前提下，应选择偏硬的砂轮。

④ 结合剂。缓进给磨削砂轮一般采用陶瓷结合剂。如在 SA 或 WA 砂轮的结合剂中加入 0.5%~1.0%（质量分数）氧化钴，可减少工件表面烧伤及减缓砂轮磨损。聚氨酯结合剂砂轮，磨削时烧伤现象较轻，适用于磨削工具钢、模具钢、非铁金属及铸铁等材料，特别适于磨削软金属。

⑤ 组织。由于缓进给磨削金属切除率高，产生热量多，一般采用大气孔或微气孔的松组织砂轮。常用的砂轮组织号在 12~14 范围内。

⑥ 砂轮标准。缓进给磨削砂轮标准与普通磨削砂轮标准基本相同，但其特性参数范围较窄。例如，砂轮的组织号为 9~14，硬度在 C~L 范围内，使用陶瓷结合剂，其代号为 VCF（普通砂轮陶瓷结合剂的代号为 V）。

2）砂轮的修整。缓进给磨削的成形修整方法常用的有钢制滚压轮滚压法及金刚石滚轮磨削法等。

钢制滚压轮修整的优点是滚压轮的制造工艺简单，容易实现，成本低，所以多用于多品种、小批量生产或用于砂轮粗修整。

在缓进给磨削中，多用金刚石滚轮修整砂轮，其优点是形面精度保持好，使用寿命长，修整时间短，可实现修整过程自动化，适于在大批量生产加工形状复杂、精度要求高的工件时修整砂轮。

根据加工要求，可选用下面三种不同的砂轮修整方案：

① 若希望砂轮磨削能力强，可选用修整速比 $q_d=0.8$，再在修整装置刚度允许的条件下，选用较大的修整进给量，无光修。

② 若希望磨削表面粗糙度值低，可选用 $q_d=-0.8\sim0.2$，再选用较小的修整进给量和 30 转左右的光修转数。

③ 若希望砂轮寿命高，则采用顺向修整，q_d 为正值。这时可选用较小修整速比和较大修整进给量，或选用较大修整速比和较小修整进给量搭配进行。

（4）连续修整缓进给磨削

连续修整法是一种修整砂轮与磨削同时进行的磨削方法。在磨削过程中，金刚石滚轮始终与砂轮保持接触，一边磨削，一边将砂轮修锐和整形。

连续修整缓进给磨削技术发展很快，正在部分取代铣削、拉削等。与普通往复式磨削、普通缓进给磨削相比，连续修整缓进给磨削具有加工时间短、磨削效率高、加工精度高等优点，见表 5.5-61。

表 5.5-61　连续修整缓进给磨削与其他磨削相比较

工序：磨槽 材料：W6Mo5Cr4V2Al 66~68HRC	普通往复式磨削	缓进给磨削	连续修整缓进给磨削
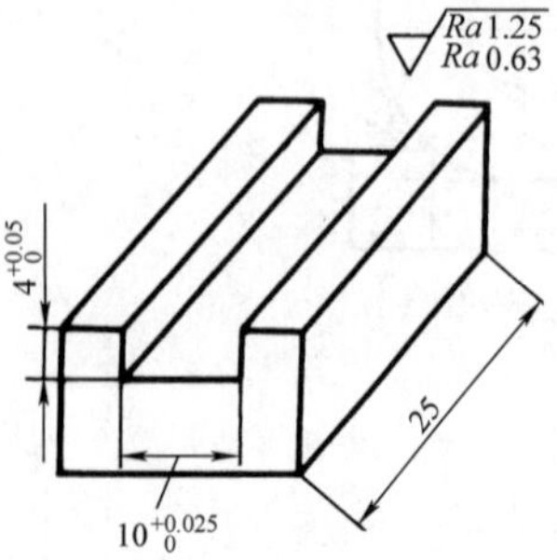	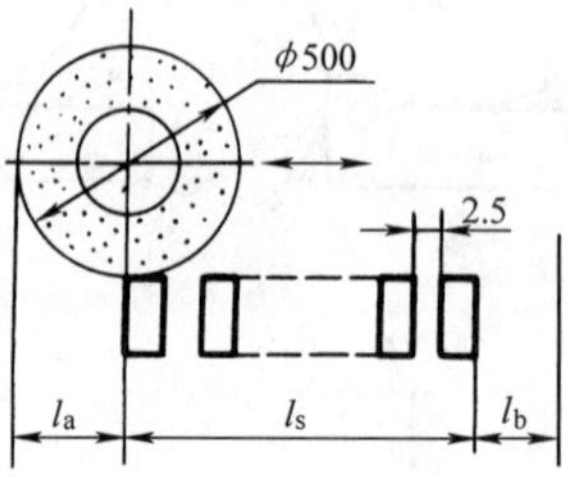 一次加工 12 件	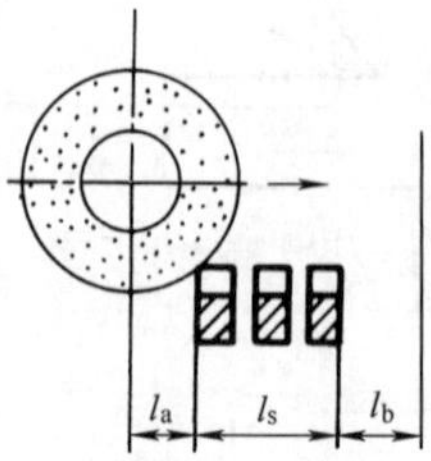 一次加工 13 件	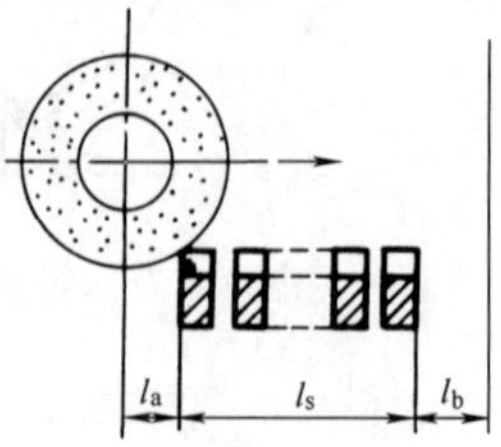 一次加工 12 件
纵向进给速度 v_f/(mm/min)	15000	粗磨：300 精磨：1200	1270
切削距离 l_s/mm	575	125	575
切入与超出距离 l_a+l_b/mm	330	60	60
工作台移动距离 $L=l_s+(l_a+l_b)$/mm	905	185	635
径向进给量 f_r/(mm/dst)	粗磨：0.03 精磨：0.015	粗磨：3.4 精磨：0.6	4（一次切全深）
每走一刀切削时间/s	3.6	粗磨：37 精磨：10	30
走刀次数	粗磨：120 精磨：26 无火花：4	粗磨：1 精磨：1	1
总切削时间①/s	540	188	30
每件切削时间/s	45	16	2.5
砂轮修整总量/mm	0.64	0.32	0.28

注：v_s=30~35m/s，砂轮为 WA60HV。

① 按加工 2 件计算。

连续修整法的修整参数如下：

① 砂轮速度。与普通磨削速度相同，常用速度 v_s=30~35m/s。

② 工作台进给速度。$v_f \geqslant$1000mm/min，比普通缓进给磨削提高 5~15 倍，因连续修整使砂轮形面及其锋利性始终处于最佳状态，可以大大提高 v_f。

③ 修整量。一般在（0.25~0.5）×10^{-4}mm/r 间选取。在保证加工质量的前提下，要使修整量尽量小，修整量常取为 0.35×10^{-4}mm/r。有时提高修整速比（q_d=0.3~0.9）也可得到同样效果。

（5）高速深切快进给磨削

为了解决缓进给磨削工件易烧伤问题，在加大切深与提高砂轮速度的同时，应提高工件进给速度。这种工艺首先用于较小工件，如钻头沟槽、转子槽、棘轮等的大批量生产。高速深切快进给磨削与缓进给磨削的工艺比较见表 5.5-62。

表 5.5-62　缓进给磨削与高速深切快进给磨削比较

磨削方法	缓进给磨削	高速深切快进给磨削
砂轮速度 v_s/(m/s)	30~35	60~120
工件进给速度 v_f (mm/min)	100~1000	1000~2500
背吃刀量 a_p/mm	≤30	≤30
砂轮①	WA60HV	WA60HV
磨削液	水基磨削液	油溶性磨削液②

① 有条件最好采用金属或树脂结合剂的 CBN 砂轮。

② 磨削时工件和砂轮完全泡在油液中。

（6）典型加工实例

1）燃气轮机叶片根槽成形磨削。

零件名称：燃气轮机叶片（图 5.5-57）。

工件材料：In-738。

机床：卧轴矩台缓进给平面磨床，主轴功率 22kW。

砂轮：P400×40×127(WA80%+GC20%)60EV。

砂轮转速：1450r/min(v_s=30m/s)。

砂轮修整：金刚石滚轮 ϕ110mm×45mm，滚轮转速 5100r/min（v_d = 29.4m/s），修正速比 v_d/v_s = +0.98（同向）。

磨削液：合成水基磨削液，喷嘴流量 80L/min，喷嘴压力 12×10^5Pa。

磨削工艺参数：

形面深度：4.74mm；最大加工余量：6.7mm。

进给次数：全部余量分六次切除，各次余量分配为 4.0mm、0.85mm、0.8mm、0.6mm、0.4mm、0.05mm。

砂轮修整次数：分三次，每进给两次修整一次。

工件纵向进给速度：100~160mm/min。

纵向进给行程：100mm。

经济效果：加工形面精度高，表面粗糙度值达 *Ra*0.63~*Ra*0.32μm，单件机动时间 12min，相比铣削效率提高 4~6 倍。

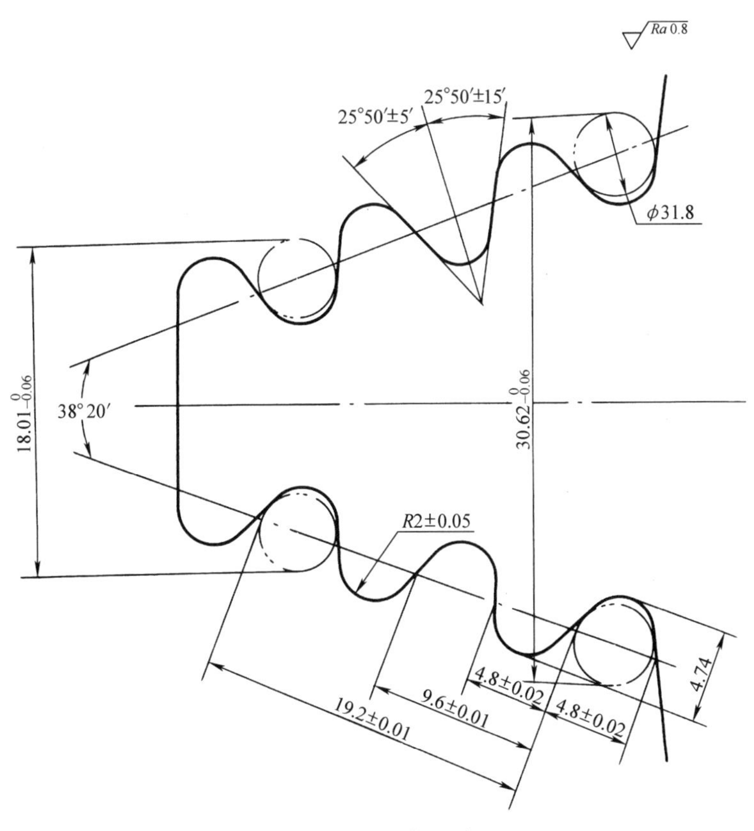

图 5.5-57　燃气轮机叶片根槽

2）自定心卡盘卡爪导向槽成形磨削。

零件名称：自定心卡盘导向槽（图 5.5-58）。可先粗加工出槽形，留出磨削量，热处理后再磨削成形。

机床：卧轴矩台平面磨床，主轴功率 22kW。

工件材料：45 钢，渗氮淬火 48HRC。

槽侧留磨余量：0.25mm。

砂轮：P400×40×127 WA46EV，v_s=35m/s。

修整刀具：单颗粒金刚石。

修整方法：先修两侧面至要求宽度，以后仅需修整砂轮的周边。

工件纵向进给速度：80mm/min，一次装夹3件。

经济效果：加工质量稳定，两侧面表面粗糙度值达Ra0.4μm左右，沟槽平直度误差小于5μm，生产率提高3~4倍。

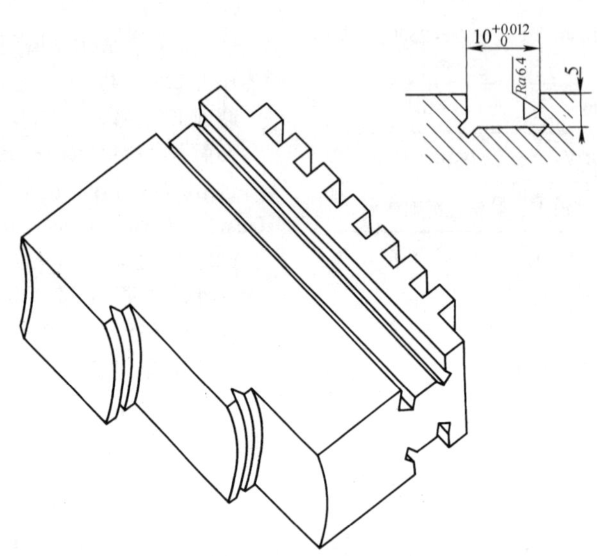

图5.5-58　自定心卡盘卡爪导向槽

3. 高效深切磨削

高效深切磨削（High Efficient Deep Grinding，HEDG）技术是近几年发展起来的一种集砂轮高速、工件高速和大背吃刀量为一体的高效磨削技术，具有金属切除率高，加工质量好的工艺特点。采用HEDG工艺加工出的工件表面粗糙度可与普通磨削相同，但磨除率比普通磨削高100~1000倍，在许多场合，可以替代铣削、拉削、车削等加工技术。表5.5-63列出了往复式磨削、缓进给磨削、高效深切磨削方法工艺参数的对比数据。

表5.5-63　往复式、缓进给、高效深切磨削参数对比

磨削参数	磨削方法		
	往复式磨削	缓进给磨削	高效深切磨削
背吃刀量 a_p/mm	0.001~0.05	0.1~30	0.1~30
工件线速度 v_w/(m/min)	1~30	0.05~0.5	0.5~10
砂轮线速度 v_s/(m/s)	20~60	20~60	60~200
金属切除率 Z'_W/[mm^3/(mm·s)]	0.1~10	0.1~10	50~2000
砂轮①	WA60HV	WA60HV	WA60HV
磨削液	水基磨削液	油溶性磨削液②	水基磨削液

① 有条件最好采用金属或树脂结合剂CBN砂轮。

② 磨削时工件和砂轮完全浸泡在油液中。

HEDG是缓进给磨削和超高速磨削的结合，磨削力高，砂轮回转速度高，要求必须具有下列条件：

① 砂轮应具有良好的耐磨性、高的动平衡和抗裂性能。砂轮选用刚玉、碳化硅、CBN、金刚石磨料，用陶瓷、树脂或金属作为结合剂。

② 磨床应具有高动态精度、抗振性和热稳定性。

③ HEDG砂轮主轴转速在15000r/min以上，所传递的磨削功率为几十千瓦，主轴应具有较高的回转精度和刚度。目前，国外生产的超高速主轴系统多采用电主轴，主轴轴承采用陶瓷滚动轴承、磁浮轴承、

空气静压轴承或液体动压轴承等。

④ 超高速磨削时，气流阻碍磨削液进入磨削区，故应采取恰当的磨削液供给方法。常用的磨削液供给方法有高压喷射法、砂轮内冷却法、空气挡板辅助截断气流法等。

4. 宽砂轮与多砂轮磨削

（1）宽砂轮磨削

宽砂轮磨削也是一种高效磨削，它靠增大磨削宽度来提高磨削效率。一般外圆磨削砂轮的宽度仅50mm左右，而对于宽砂轮，外圆磨削砂轮的宽度可达300mm，平面磨削砂轮宽度可达400mm，无心磨削砂轮宽度可达800~1000mm。在外圆和平面磨削中一般采用切入磨削法，而无心磨削除用切入法外，还采用通磨法。宽砂轮磨削工件精度可达IT6，表面粗糙度值可达$Ra0.63\mu m$。

1）特点和适用范围。

① 由于磨削宽度大，所以磨削力、磨削功率大，磨削时产生的热量也多。

② 砂轮经成形修整后，可磨成形面，能保证工件成形精度；同时因采用切入磨削形式，比纵向往复磨削效率高。

③ 因砂轮宽度大，主轴悬臂伸长较长。

④ 为保证工件的几何精度，要求砂轮硬度不仅在圆周方向均匀，而且在轴向均匀性也要好，否则会因砂轮磨损不均匀，影响工件的精度和表面质量。

宽砂轮磨削适于大批量工件的磨削加工，如内花键、电机轴、麻花钻，以及汽车、拖拉机的驱动轴等。在生产线或自动生产线上采用宽砂轮磨削，可减少磨床台数和占地面积。

2）宽砂轮磨削用砂轮。普通砂轮选择的原则基本上也适用于宽砂轮的选择。此外，还应考虑沿砂轮宽度上磨损的均匀性。宽砂轮磨削应选用磨损均匀、形状精度保持好的砂轮。

宽砂轮宜选韧性好、形状保持性好的磨料，如铬刚玉、棕刚玉等；因切削负荷大，粒度可选粗些，常用46#，精磨时可选60#。宽砂轮硬度选择很重要，硬度高，工件易烧伤，金属切除率低；硬底低，砂轮消耗增加。根据生产经验，多在H~K范围内选用。

3）宽砂轮磨削对机床的要求。

① 砂轮主轴系统的刚性要好，主轴回转精度要高。由于宽砂轮磨削磨削力大，砂轮重量大，要求主轴刚性好，以避免主轴产生变形。为使主轴有较好的刚性，主轴悬臂长应尽可能缩短，并选择合理的轴承结构。采用静压轴承可得到较好的刚性和回转精度，且易于起动。

② 头、尾架应有足够的刚性。头架主轴和尾架套筒悬伸尽可能缩短，以便选用直径较大、悬伸较短的顶尖。为使头、尾架刚性一致，可选用不同尺寸的顶尖，并使尾架套筒的压簧具有足够的压紧力等。

③ 砂轮架导轨应有足够的刚性。应选择合适的导轨结构，适当加长砂轮架的导轨和增大砂轮架导轨的跨距，同时提高导轨的制造精度。

④ 合理选择砂轮电动机功率。宽砂轮磨削多用于大批大量生产，电动机功率P_E（单位为kW）一般根据加工要求由经验确定。如果用于小批量生产，可根据下面经验公式估算：

$$P_E=\frac{1}{10}kb_s$$

式中　b_s——砂轮宽度（mm）；

k——与主轴轴承有关的系数。滚动轴承$k=0.8\sim1.1$；滑动轴承$k=1.0\sim1.3$。

⑤ 磨削液的供应。宽砂轮磨削时磨削液的流量Q（单位为L/min）应比一般磨削大，可按下列经验公式估算：

$$Q\approx\frac{b_s}{2}$$

宽砂轮磨削时，砂轮回转产生的气流较大，磨削液喷嘴和砂轮罩应有挡气流的隔板，喷嘴的形状应保证可将磨削液喷至整个砂轮宽度上。

宽砂轮磨削最好采用控制力磨削，既可充分发挥砂轮的效能，又不致超负荷磨削，以利于操作安全。

4）宽砂轮磨削工艺参数。宽砂轮磨削工艺参数的选择原则与普通磨削有相同之处，但也有不同的特点，现以外圆宽砂轮磨削为例说明如下：

① 工件速度v_w的选择。宽砂轮磨削时，工件速度比普通磨削时低。v_w过高，磨削时易产生自激振动，工件表面质量差（波纹度增大，表面粗糙度值增加），砂轮寿命降低。但v_w过低时，易使工件表面烧伤。一般取$v_s/v_w=120\sim200$，工件直径较小时，宜取较大值。

② 径向进给速度v_r的选择。径向进给速度受工艺系统刚性、砂轮电动机功率及工件形状精度等的限制。工艺系统刚性不足时，径向进给速度宜选小些，否则工件变形大，影响加工精度；当径向进给量受机床功率限制时，应根据机床功率确定径向进给量；宽砂轮磨削多用于成形磨削，当v_r大时，砂轮磨损严重，为保证工件有较高的形状精度，宜采用较小的径向进给速度，v_r一般在0.5~7mm/min范围内选用。

③ 光磨时间的选择。由于宽砂轮磨削力大，工艺系统弹性变形也大，须相应地增加光磨时间，以消除弹性变形的影响，获得较高的精度。一般多采取光磨至火花基本消失为止。

5）宽砂轮磨削实例见表 5.5-64。

表 5.5-64　宽砂轮磨削实例

		冷轧花键轴外圆	双曲线轧辊成形面	滑阀外圆
加工工件		$\phi50$ 200	$\phi120$ 230	$\phi21$ 115
材料		40Cr		20Cr 渗碳淬硬
加工机床		H107 宽砂轮磨床	MB1532	H107 宽砂轮磨床
砂轮		PSA600×250×305A46KV	PSA600×300×305A46KV	PSA600×150×305MA60KV
加工余量/mm		0.5	2	0.25
砂轮速度/(m/s)		35	35	35
砂轮修整用量	f_d/(mm/r)	0.2	0.2	0.4
	a_d/(mm/st)	0.1	0.1	0.1
工件速度/(m/min)		10	10	9.5
径向进给速度/(mm/min)		1.5	手进	1.3
光磨时间/s		火花消失为止	火花消失为止	15
表面粗糙度值 Ra/μm		2.5~1.25	0.63~0.20	0.63~0.20
单件工时对比/min	普通外圆纵磨	4	1440	2
	宽砂轮切入磨	0.33	30	0.5

（2）多砂轮磨削

多砂轮磨削是在一台磨床上安装几片砂轮，可同时加工工件的几个表面。例如，在大批量生产中曲轴主轴颈的磨削（图 5.5-59）。磨削时各砂轮同时径向切入工件，在一次装夹中完成多轴颈磨削，生产率高，还能保证各轴颈的同轴度要求。多砂轮磨削砂轮片数可达 8 片以上，砂轮组合宽度可达 900~1000mm。在生产线上，采用多砂轮磨床可减少磨床数量和占地面积。多砂轮磨削主要用于外圆和平面磨床上，内圆磨床也可采用同轴多片砂轮磨同心孔。

5. 恒压力磨削

恒压力磨削是切入磨削的一种类型，在磨削过程中无论其他因素（如磨削余量、硬度、砂轮磨钝程度等）如何变化，砂轮与工件间保持预选的压力不变，因此称为恒压力磨削，也称控制力磨削。

（1）恒压力磨削的工艺特点

表 5.5-65 列出了恒压力磨削与通常定进给切入磨削工艺的比较。

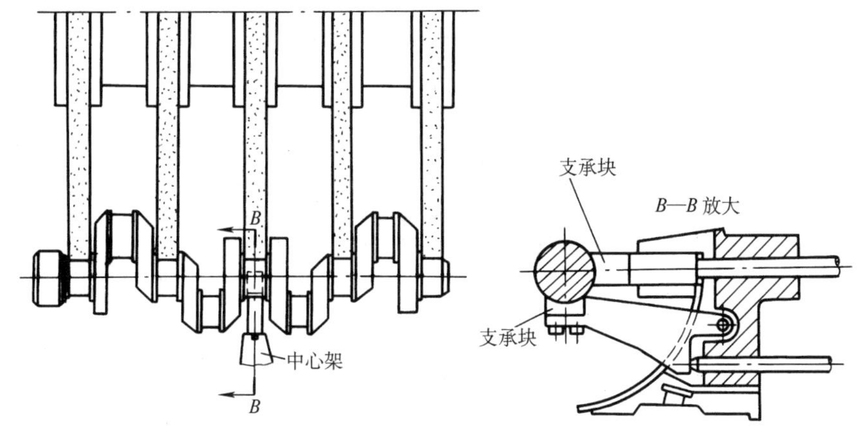

图 5.5-59 多片砂轮磨曲轴主轴颈

表 5.5-65 恒压力磨削与定进给切入磨削比较

项　目	恒压力磨削	定进给切入磨削
进给速度	随压力与砂轮磨钝情况而变换，例如砂轮磨钝，进给速度自动降低	恒定
法向磨削力	恒定	随砂轮磨钝而增大
磨削参数	按最佳磨削比压试验数据选定 F_n	为了安全，所选进给速度比最佳值小
空程时间	砂轮可快速接近工件，减少空程时间，提高磨削效率	快速趋近后，为了安全，要有一段空程切入时间
工艺系统弹性退让对切入时间的影响	很小	较大
工件精度与表面质量	F_n 恒定，避免超负荷切削，工艺系统弹性变形小，有利于获得正确几何形状与低表面粗糙度值	因砂轮钝化等原因，F_n 增大，表面损伤的概率大，工艺系统变形增加

（2）磨削力控制方法

磨削力控制的方法有液压法及电气机械组合等方法。下面以最常用的液压结构为例说明。图 5.5-60 所示为 3MZ1313 轴承磨床控制力磨削示意图，可实现快速移动和粗、精进给三种速度。为提高其灵敏度，头架支承采用交叉滚柱导轨。

快速液压缸可使头架得到 20mm 的快速移动量，在工件接近砂轮时快速移动结束，同时发出信号，使二位四通电磁阀 1CT 吸上，位于右端位置，液压油由 1→粗磨减压阀 F_2→2→二位三通电磁阀 2CT→3→二位四通电磁阀→5、6→节流阀 F_1→差动液压缸两端。由于活塞两端的面积差使活塞得到一个恒定的推力，推动杠杆做顺时针摆动，头架被这一恒定力推动，快速移动进行粗磨。当杠杆下端碰到百分表移动到预先调整量后，即发出信号使二位三通电磁阀 2CT 吸上，油路移至右端位置，于是液压油由 1→精磨减压阀 F_3→4→二位三通电磁阀→3→二位四通电磁阀→5、6→节流阀 F_1→差动液压缸两端，使头架做精磨进给。当杠杆下端撞块碰到定位块时，便停止进给，做无进给磨削，其时间由时间继电器控制，并发信号，快速液压缸退回，电磁阀 1CT、2CT 释放，差动液压缸进出油路换向，头架在闸缸的作用下退回原处。

图 5.5-60 中节流阀 F_1 是控制头架空程速度的。当工件与砂轮接触后，通过此阀的流量较少，甚至不起作用。控制力由两减压阀 F_2、F_3 调节，F_2 控制 $(3\sim6)\times10^5$Pa 的粗磨压力，F_3 控制 $(2\sim4)\times10^5$Pa 的精磨压力。

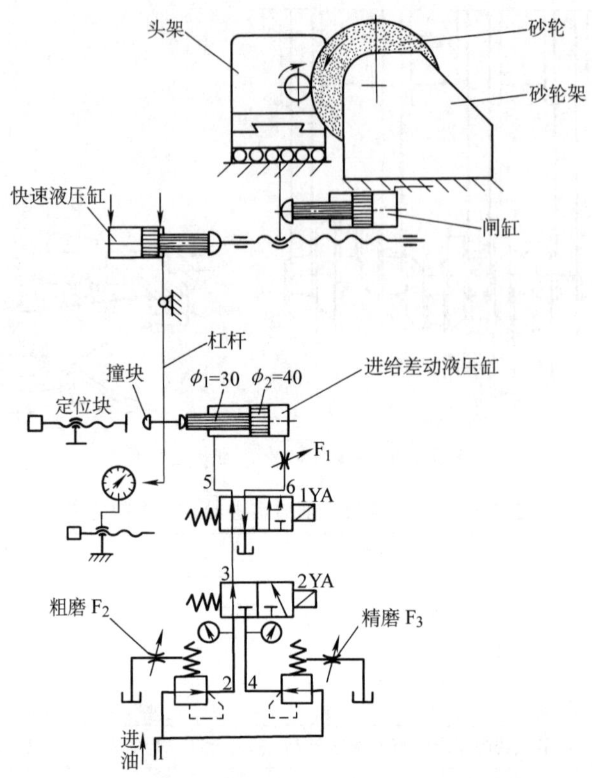

图 5.5-60 控制力磨削示意图

(3) 恒压力磨削实例(表 5.5-66)

表 5.5-66 恒压力磨削实例

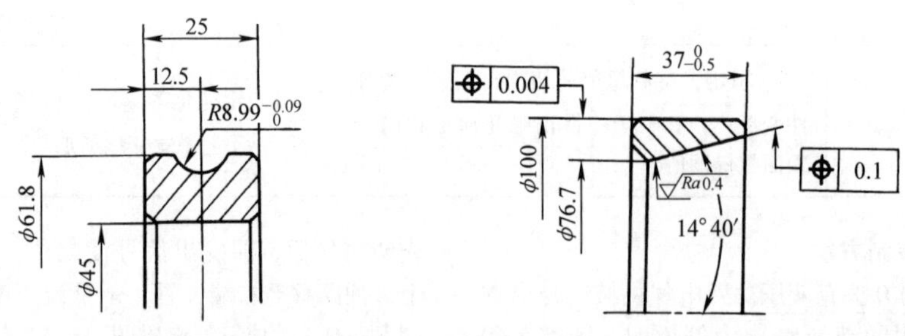

工件	磨削余量/mm	砂轮	工件转速/(r/min)	砂轮速度/(m/s)	磨削进给速度/(mm/min)	快速趋近速度/(mm/min)	恒压力/N	单件工时/s	磨后尺寸精度/μm	圆度/μm	表面粗糙度 *Ra*/μm	功率消耗/kW
309/02	$0.25^{+0.2}_{0}$	P500×15×305WA80LV	320	35	2.6	4	174	12	7	1.6	0.63	1.8
7909/01	$0.4^{+0.15}_{0}$	P70×50×20MA80LV	300	50	0.4(往复次数 105 次/min)	8	350	42	8	1~4	0.4	9

6. 高速重负荷磨削

高速重负荷磨削又称荒磨或粗磨，是以快速切除工件加工余量为目的的磨削加工，而对磨削表面质量、加工精度和表面粗糙度等要求不高。

这种磨削方式主要用于钢坯的修磨，磨除表面缺陷层（夹渣、结疤、气泡、裂纹的脱碳层），以保证钢材成品的最终质量和成材率。此外，还用于大型铸、锻件的飞边、毛刺、浇冒口残蒂等的清理，以及金属材料的切断等。

一般工业发达国家中，100%的合金钢、50%的碳钢要经过修磨，磨除金属重量占钢坯总重量的3%~7%。可见，高速重负荷磨削在磨削加工中占有极其重要的地位。

（1）高速重负荷磨削特点和磨削方法

1）高速重负荷磨削特点。

① 采用定负荷自由磨削方式磨除一定厚度的缺陷层金属，切入量和进给量均不确定。

② 磨削速度高（$v_s=60\sim80\text{m/s}$），法向磨削力大（可达2500~5000N），金属磨除率每小时可达100kg以上。

③ 在磨削过程中不修整砂轮。为确保砂轮既有自锐能力，消耗又不致过大，应选择合适的砂轮。

④ 多采用干磨方式，工件表面易产生烧伤。

2）高速重负荷磨削方法。

① 90°磨削法。90°磨削法（图5.5-61）也称横向修磨，磨削过程中砂轮端面与钢坯往复进给运动方向垂直。主要工艺参数为：砂轮速度 v_s、纵向进给速度 v_f、背吃刀量 a_p、法向磨削力 F_n。

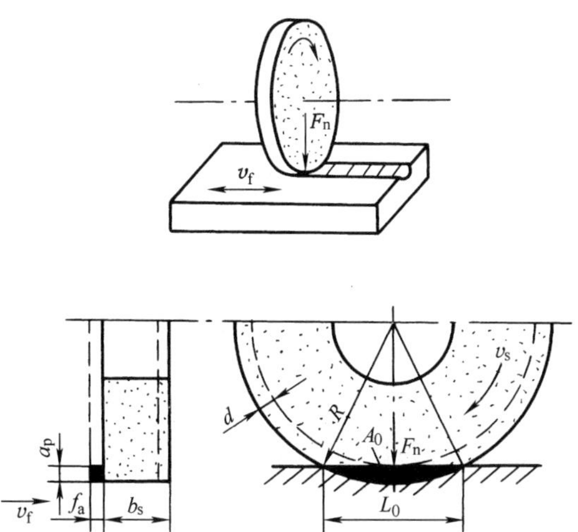

图5.5-61 90°磨削法

当用新砂轮修磨时，砂轮端面磨粒承受较大的磨削力，磨粒很快发生破碎或脱落，经短时间使用后，砂轮两侧产生圆角，进而在砂轮宽度方向上形成半径 R_1 较大的圆弧，如图5.5-62所示。

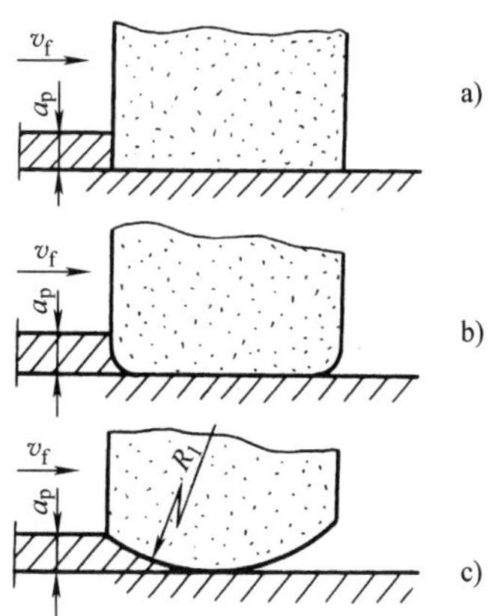

图5.5-62 砂轮宽度方向圆弧的形成

② 45°磨削法。采用45°修磨相比90°修磨具有以下优点：

a. 在相同工艺条件下，修磨宽度 L_{02} 几乎是90°磨削法的两倍（图5.5-63）。因此45°修磨可减少磨削时间，提高生产率。

b. 磨痕可以被适当覆盖，形成较平滑的表面，提高了钢坯表面质量，可节约金属1%。

c. 砂轮与钢坯接触面积大，砂轮可顺利爬越棱边凸凹不平的表面，适于磨弯曲度较大、表面不平的钢坯。

d. 砂轮与钢坯接触面积大，改善了散热条件，可降低钢坯表面的烧伤程度。

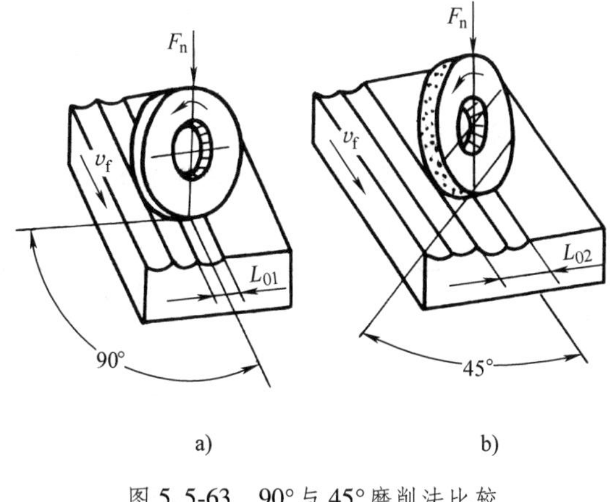

图5.5-63 90°与45°磨削法比较

L_{01}、L_{02}—修磨宽度

③ 热修磨法。与常温修磨法相比，热修磨法具有下述优点：

a. 磨削高合金耐热钢钢坯时，极易出现裂纹，在 200~500℃条件下进行磨削可防止裂纹的产生。

b. 可提高金属切除率。例如，在 650℃时磨削不锈钢，金属切除率相比不加热时可提高 42.7%。

c. 在高温下，磨削力小，磨粒脱落、破碎的机会减少，可提高磨削比，增加砂轮使用寿命。例如，当温度在 540℃ 时，磨削比相比常温时可增加 16.4%。

d. 比磨削能降低。当温度在 650℃时，比磨削能下降 31.4%，节约能源，降低磨削成本。

e. 使铸造（或热轧）与修磨组成连续作业线，既可节省辅助时间，又可节约能源，性价比高。

④ 砂带修磨法。在磨削刚性极差的带钢和线材时，采用砂带磨削适应性更好，而且修磨后表面粗糙度值小。

(2) 砂轮参数的选择

高速重负荷磨削是在高速和高压下进行的强力磨削，要求砂轮具有很高的强度。

1）磨料。应选用优质高韧性磨料。常用的磨料性能及磨削比见表 5.5-67。由表中可看出，锆刚玉砂轮的磨削比较高，适于修磨合金钢、不锈钢等。棕刚玉 A 由于价廉、韧性好，应用较普遍。

表 5.5-67 常用的磨料性能及磨削比

磨　料	使用性能	合金钢	不锈钢
		磨削比 G	
微晶刚玉 MA	韧性大，强度高，自锐性能好，适于修磨碳素钢	100	95
铝氧粉烧结刚玉（相当美国 76A）	韧性好，适于修磨不锈钢	130	150
矾土烧结刚玉（相当美国 75A）	硬度不高，但韧性好，适于修磨不锈钢	150	160
锆刚玉 ZA（$ZrO_2$10%）	韧性显著提高，适于修磨合金钢、不锈钢	120	135
锆刚玉 ZA（$ZrO_2$40%）	韧性显著提高，适于修磨耐热合金、不锈钢	150	140
烧结锆刚玉（日本 ZS）	每个颗粒都具有相同的棒状，韧性极高，很少破碎，多为磨耗磨损，适于修磨合金钢	210	1710

2）结合剂。高速重负荷磨削砂轮普遍采用结合强度高、略有弹性的酚醛树脂作为结合剂，磨削时，易被磨削区高温烧毁，有利于砂轮的自锐作用，既可使砂轮维持较好的切削性能，又可减轻工件的烧伤。但这种结合剂砂轮抗碱性差，抗潮湿性不好，存放期一般不能超过一年。

3）粒度。磨削时为增大单颗磨粒切深，减少砂轮表面堵塞，增强切削能力，一般采用粗粒度磨粒。粒度为 8#~14#。

4）硬度。为了使砂轮磨粒在高速重载荷条件下不易脱落，砂轮硬度应在 P~Y 范围内选用，见表 5.5-68。随着砂轮速度和磨削压力的不断提高，砂轮硬度也相应增高，国外现已采用超硬砂轮（ZZ^+）。砂轮硬度与磨削技术参数见表 5.5-69。

表 5.5-68 钢坯磨削砂轮硬度

硬度等级			磨削压力/N
大级	小级	国际	
中硬	中硬 1	P	500~1500
	中硬 2	Q	
	中硬 3	R	
硬	硬 1	S	>1500~2000
	硬 2	T	
超硬		Y	>2000~6000

表 5.5-69 砂轮硬度与磨削技术参数

砂 轮 硬 度	磨削压力 F_n/N	金属切除率 Z/(kg/h)	砂轮主轴功率 P_m/kW
Y~Z	2000~5000	50~100	22~55
Z~Z$^+$	4000~6000	90~250	55~110
Z~ZZ$^+$	5000 以上	250 以上	110 以上

注：1. 国际超硬级暂未分级，美国为 Y、Z；日本为 T、U、V、W、X、Y。
2. Z$^+$~ZZ$^+$为日本 Ncrite 公司产品。

5）组织。为保证砂轮的高强度、大密度，常采用紧密级组织（1~4 号），磨粒率为 54%~60%，砂轮气孔率很小，趋近于零，砂轮密度可达 3.5~5.5g/cm^3（一般树脂砂轮密度仅为 2.4~2.6g/cm^3）。

为保证砂轮在高速回转条件下正常工作，对砂轮的尺寸、几何精度、允许的静不平衡数值都有较严格的规定。为保证砂轮使用安全，便于维持恒速和及时变换主轴转速，在砂轮端面印有变转速标志线和极限线。见表 5.5-70~表 5.5-73。

表 5.5-70 砂轮的尺寸 (mm)

砂轮外径 D		砂轮厚度 H		砂轮孔径 d	
公称尺寸	极限偏差	公称尺寸	极限偏差	公称尺寸	极限偏差
500	±3	65	+2 −1	203.2	+0.4 −0.1
600		75		203.2 304.8	

表 5.5-71 砂轮的几何精度 (mm)

砂轮外径	极 限 偏 差				
	平行度	同轴度	平面度	圆度	圆柱度
500 600	0.7	0.5	1.5	0.75	1.2

表 5.5-72 允许的静不平衡数值

砂轮厚度 H/mm	砂轮外径 D/mm		砂轮孔径 d/mm
	500	600	
	允许的静不平衡数值/g		
65	114	—	203.2
75	—	152	
	—	136	304.8

表 5.5-73 砂轮变速极限标志线 (mm)

砂 轮 直 径	变速线的直径			
	第一条	第二条	第三条	极限
500	450	400	350	330
600	540	480	420	400

（3）钢坯磨削机床

1）机床主轴系统。由于砂轮轴端要承受上吨重的磨削压力，砂轮主轴转速高达 2000～4000r/min，以及因砂轮不平衡引起振动，要求主轴系统能承受高速、重载、高振动的工作条件。其结构特点如下：

① 采用大直径主轴以加强主轴刚性。

② 主轴宜采用多列配置的滚动轴承作为前后支承，载荷重的前端多采用滚柱轴承，以增强支承刚性和抗振性。

③ 主轴采用稀油强制润滑方式。

2）动力传动系统。

① 带传动。常采用同步带和大功率 V 带传递功率。此结构简单，成本低廉，但功率损耗较大，对带要求高。

② 齿轮传动。齿轮传递功率损失很小，但对齿轮精度要求高，结构较复杂，这种传动多采用直流电动机无级变速。

③ 带—齿轮传动。为便于角度修磨，前部多采用带传动，最后一级采用锥齿轮传动。

④ 直联传动。采用电动机或液压马达与主轴直联，这种结构简单、灵活。

3）工作台、夹紧与翻坯系统。工作台的移动速度多在 40～60m/min 范围内，最高可达 90m/min。为了减小高速移动而产生的惯性，减小移动部件质量，工作台常用台车式（图 5.5-64）。台车夹持钢坯在导轨上高速移动，驱动机构多采用滚筒-钢丝绳牵引方式，动力源采用低速大转矩液压马达，既便于频繁换向，又可实现无级调整。台车上设有夹紧及翻转机构，并有独立液压单元驱动，工人可在操作室内操作。

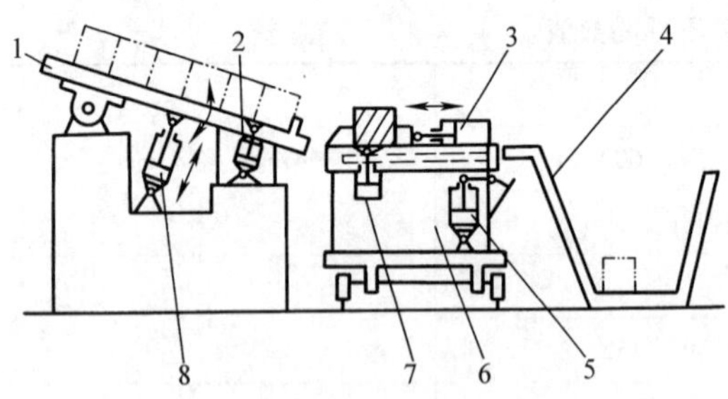

图 5.5-64 台车及翻坯夹紧系统

1—放料台 2、5—卸坯气缸 3—夹紧气缸 4—集料槽 6—台车 7—装坯气缸 8—翻坯气缸

4）排屑除尘设备。由于钢坯磨削生产率高，每小时切除金属可达几百千克，砂轮损耗量也相应在百千克左右，这就要求配置可靠的排屑除尘设备，以保证正常工作及良好的作业环境。图 5.5-65 所示为排屑除尘设备，利用重力使大部分切屑、碎裂磨粒落入磨头下方的集屑车 2 内，以实现一级分离，然后利用风机使余下部分经过涡旋除尘器 3 进行二级分离。此后还可利用其他各种除尘器（图中 6、7、8）进行进一步净化。

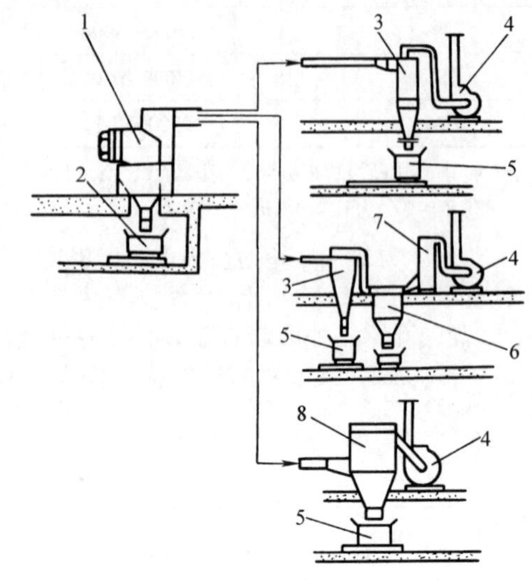

图 5.5-65 排屑除尘设备

1—修磨机床 2—集屑车 3—涡旋除尘器 4—风机 5—集尘车 6—串联格栅除尘器 7—液滴捕集器 8—过滤除尘器

（4）常见问题及解决途径

1）砂轮粘屑现象。熔融型切屑在高温高压下与磨粒发生化学和机械作用，使磨粒切削刃上产生粘结物，在砂轮表面上形成切屑粘着型堵塞。从外观上看，砂轮表面形成大小不一、分布不均匀的粘屑亮点。

粘屑的结果是使磨粒丧失切削能力，使砂轮金属切除率显著降低。

对粘屑现象影响较大的因素是磨削速度和磨削压力。

2）钢坯表面烧伤。

① v_s 及 F_n 对烧伤的影响。图 5.5-66 所示为其他条件不变的情况下，随着 v_s 及 F_n 的提高，钢坯磨削表面烧伤加剧，甚至出现大面积烧伤。

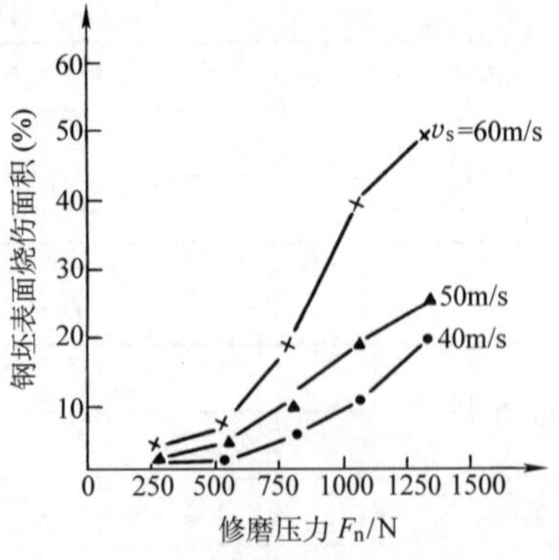

图 5.5-66 v_s、F_n 对烧伤的影响

砂轮：A16QB 工件：60Si2Mn

② 钢坯进给速度 v_w 对烧伤的影响。当 v_w 增加时，可降低磨削区的温度，减轻钢坯表面烧伤状况，如图 5. 5-67 所示。

③ 减少烧伤的基本途径如下：

a. 根据磨削条件选择相应的砂轮。细粒度、高硬度砂轮较易引起工件烧伤。

b. 提高钢坯纵向进给速度。钢坯进给速度与砂轮速度的比值 $K_v=v_f/v_s=1/60\sim1/100$ 为宜。

c. 钢坯的磨削表面要求较高时，可先采用高速重负荷磨削，以切除钢坯主要缺陷层，然后再采用较软砂轮进行低速轻负荷磨削，以清除表面烧伤层。

d. 采用冷却措施。当不宜采用水基磨削液时，可采用吹风冷却。

（5）切断磨削

切断磨削指用大直径薄片砂轮以切入方式进行切断或切槽加工。

1）切断磨削方式见表 5. 5-74。

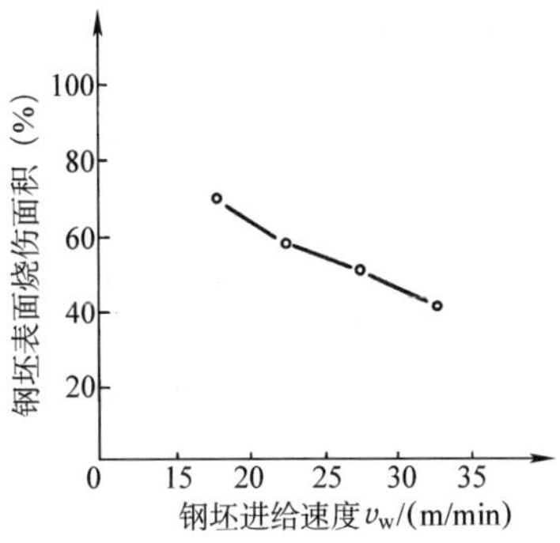

图 5. 5-67 v_w 对烧伤的影响

砂轮：A16QB 工件：GCr15

$F_n=1250\text{N}$ $v_s=50\text{m/s}$

表 5. 5-74 切断磨削方式

切断方式	特 点	备 注
工件	悬挂式，工件固定安装，以手动下压切断工件	应用普遍
工件 驱动滚子	工件旋转，砂轮切入工件。此方式较悬挂式效率高，采用相同的砂轮直径的条件下，可切断工件直径加倍	用于切断较大型工件
工件 工件	横向进给式，砂轮或工件做往复运动	多用于板材的切断
工件	往复式，砂轮在切入的同时做左右往复移动	切断效率高

2）切断砂轮。切断多用树脂砂轮，精密切断选用橡胶砂轮。磨料的选择与普通磨削相同，粒度以 24#~36#为主。砂轮硬度在 M~R 范围内。

3）磨削用量。磨削速度不宜选得太低，常用磨削速度：树脂砂轮为 40~60m/s，橡胶砂轮为 35~50m/s。切入进给不宜太慢，当磨削热向工件深处传导的速度超过砂轮的切入速度时，工件温度会升高，树脂结合剂会因温度过高而丧失粘结强度。切断磨削宜采用高速、大进给磨削。切断磨削的冷却很重要，切割工件尺寸较大时，应相应增加砂轮直径并采用水基磨削液进行冷却。

7. 快速点磨

数控快速点磨法是由德国勇克公司开发出来的一种先进的外圆磨削工艺。其工作原理如图 5.5-68 所示，在磨削工件外圆时，砂轮与工件是以点接触进行磨削。砂轮对工件的磨削加工类似于一个微小的刀尖对工件的车削加工，磨削力和磨削热都非常小，并且砂轮总是保持同一缓进状态。砂轮的进给和磨削速度在磨削轴颈时可通过编制程序使其保持不变。数控快速点磨时，要求砂轮轴线与工件轴线之间有一个微小摆角 α。其目的是使砂轮与工件间以一点接触，在数控装置控制下实现砂轮轴向精确进给，完成整个外圆表面的磨削。

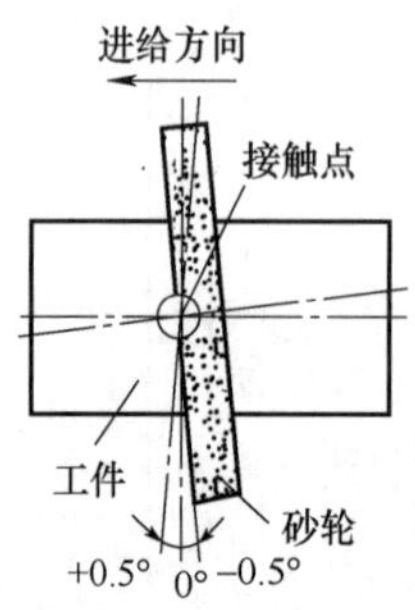

图 5.5-68 数控快速点磨法

（1）特点

快速点磨是利用超高线速度（120~250 m/s）的单层 CBN 薄砂轮（宽度仅几毫米）来实现的。快速点磨主要有以下特点：

1）加工型面范围大，生产环节的减少降低了投资费用。在快速点磨加工过程中，由于驱动 X 和 Z 两坐标联动可以对多种回转体表面进行磨削加工，一次安装之后可以完成外圆、锥面、曲面、台肩和沟槽等回转面的加工，具有非常高的柔性。几乎所有回转体零件的轮廓都可以用一片砂轮在一次装夹中完成磨削，加工工序得到了简化，减少了人力和资源的消耗，从而减少了加工成本。

2）点磨削力很小。砂轮与工件外圆表面是点接触，磨削区接触面积很小，从而显著减小了点磨削过程中产生的磨削力，这样使得安装夹紧工件变得更加容易，对于很多轴类的工件，工件的两端只需用两个顶尖顶住即可，顶尖与工件间的摩擦力就可以保证工件在磨削过程中不打滑。在快速点磨过程中，由于砂轮速度很大，磨削过程中产生的激振频率远远超过了系统的固有频率，很大程度上减少了振动和噪声，使加工条件得到了改善。

3）点磨削温度很低。点磨削变量角的存在很好地改善了工件和砂轮的散热条件，散热冷却效果更好，容易冷却。点磨削力很小，从而减少了磨削热的产生，同时大部分热量被切屑带走，显著降低了磨削温度，在一些情况下可以进行少、无磨削液的点磨削加工，减少了磨削液造成的环境污染。

4）磨削精度很高。点磨削力小和温度低，使得点磨削过程中引起的工件表面的变形和损伤也减小了很多，进而提高了加工精度和加工表面质量。另一方面，由于快速点磨具有很高的柔性，可以加工具有很多类型回转面的工件。在快速点磨加工过程中，CNC 可以控制 X 和 Z 两坐标的联动进给，使得多道工序可以在一次装夹后完成，减少了因为多次装夹工件而造成的误差。另外，加工过程中振动的减小，可以获得更好的表面加工质量和形状精度。因此，快速点磨非常适用于精磨加工。

5）砂轮的寿命长。点磨削中一般用 CBN 砂轮。在快速点磨过程中，砂轮与工件的磨削区很小，磨削速度很高，点磨削力很小，温度很低，使得砂轮的寿命更长。由于点磨削变量角的存在，磨损一般发生在砂轮侧边，砂轮周边磨损量很小，所以砂轮在很长时间内可以保持很好的形状精度。快速点磨的砂轮可以连续工作 200h 以上而无须修整，经济性好。因为砂轮微破碎程度很低，不会产生很多磨粒微尘，减少了对机床操作者的身体危害。

6）磨削效率高。快速点磨是高速磨削的新发展，磨削速度的提高极大地提高了磨削效率。点磨削具有非常高的磨削比，可达到 60000。且 CBN 砂轮耐磨损，具有很低的修正率，砂轮寿命得到了提高，使得更换和修整砂轮的时间减少，提高了磨削效率。多道工序在一次装夹后完成加工的特点，显著减少了更换机床和工序、装夹工件的时间，提高了磨削效率。快速点磨的机床利用率非常高，比传统磨削方法的效率高出 8%，显著减少了加工成本。

（2）工艺特性

快速点磨过程中的工艺特性主要为点磨削力和磨

削温度。砂轮倾斜角 α、磨削深度 a、进给速度 v_f 和砂轮转速 v_s 等磨削工艺参数对点磨削力都有影响；磨削深度和磨削速度对磨削温度也有影响，具体如下：

1）砂轮倾斜角 α 对点磨削力的影响。倾斜角 α 的存在对点磨削力的法向力和切向力都有降低作用，且随着倾斜角 α 绝对值的增大而逐渐减小。这是由于倾斜角 α 的存在，砂轮与工件的接触区域减小，有效磨粒数也随之减少，在点磨削过程中，工件表面上同一位置的磨削次数也会随着减少，导致点磨削力的下降。

2）磨削深度 a 对点磨削力的影响。随磨削深度 a 的增加，点磨削力的切向力和法向力都增大得很快。这是由于点磨削力的大小与单颗磨粒负荷乘以磨削区内的有效磨粒数得到的结果大致相同，磨削深度的增加，引起单颗磨粒切削厚度增大，单颗磨粒的负荷加大，促使切屑厚度增加；同时，接触弧长也增长，从而导致磨削区内参与切削的有效磨粒数增多，两方面都增大了点磨削力。另一方面，材料去除率的增加，进一步促使点磨削力增大。磨削区面积增大使排屑困难，砂轮由于摩擦作用而磨损加剧，也导致点磨削力增大。

3）进给速度 v_f 对点磨削力的影响。随着进给速度 v_f 的增加，点磨削力的切向力和法向力都逐渐增加。由点磨削加工机理可知，当进给速度增加时，尽管磨削区内磨粒数和接触弧长不变，但单位时间内材料总去除率增大，单颗磨粒的负荷增加，也增大了砂轮磨粒磨损的概率，导致磨削性能降低，进而增大了点磨削力。

4）砂轮转速 v_s 对点磨削力的影响。随着砂轮线速度的增高，点磨削力的法向力和切向力都有降低的趋势。出现该趋势的主要原因是：在点磨削过程中，砂轮速度的增加使得磨粒对工件的磨削速度增大，这样单位时间内通过磨削区的磨粒数增加，单颗磨粒的未变形切屑厚度随之变小，切屑变薄，单颗磨粒所承受的负荷反而减小，有效磨粒的总磨削力降低。

5）粗磨削区倾角对点磨削力的影响。快速点磨中砂轮存在粗磨削区倾角，使点磨削力的切向力和法向力都减小，并随着粗磨削区倾角的增大而点磨削力的切向力和法向力都有减小的趋势。这是由于粗磨削区倾角的存在，不再完全依靠砂轮的侧边完成对材料的去除工作，而是由粗磨削区来完成，砂轮磨削性能更好，也减小了砂轮磨削过程中的磨损，从而减小了点磨削力。

6）磨削深度和磨削速度对于磨削温度也有一定的影响。

① 磨削温度随着磨削深度的增加而升高，这是因为增大磨削深度，则增大了磨削过程中的磨削力，同时磨粒对工件的滑擦、耕犁切削作用更加剧烈，磨粒在切削过程中的负荷相应增加，工件变形更加剧烈，材料去除率增大，产生更多的磨削热，促使磨削温度升高。

② 随着磨削速度的增大，磨削温度升高。这是因为磨粒磨削速度的增加使得单颗磨粒单位时间内去除的材料量增加，增大磨削过程中的磨削力，需要有更多的机械能转化为磨削热，从而使得磨粒区的温度升高。

5.5.3 砂带磨削

砂带磨削是一种根据工件加工要求，并以相应的接触方式，应用砂带进行加工的高效磨削工艺。

1. 砂带磨削机理、特点、适用范围及分类

（1）砂带磨削机理

砂带所用磨料大多为精选的针状磨粒，其长宽比大于 1.5，粒度均匀。若采用静电植砂工艺，磨粒均直立于基底且锋刃向上、定向整齐排列、分布均匀，磨粒具有较小的负前角与较大的后角。静电植砂后的磨粒等高性好，磨粒间容屑空间大，磨粒与工件的接触面积小，且可使全部磨粒同时参加切削，因而不仅效率高，而且磨削热产生少，散热效果好。

与砂轮磨削类似，切屑形成也有弹性摩擦变形、刻划和切削三个阶段，但由于砂带具有上述优越性，经砂带磨削的工件表面残余应力和表面硬化层的深度，均大大低于砂轮磨削。

（2）砂带磨削的特点

① 有“快削法”之称。砂带磨削效率高，已达到铣削的 10 倍、普通砂轮磨削的 5 倍。

② 有“冷态”磨削之称。由于摩擦生热少，且因磨粒散热时间间隔长，可有效地减少工件变形、烧伤，加工精度一般可达到普通砂轮磨床的加工精度。

③ 有“弹性”磨削之称。由于砂带磨削与工件是柔性接触，具有较好的磨合和抛光作用，工件表面粗糙度可达 $Ra0.8 \sim Ra0.2\mu m$。

④ 设备结构简单，制造成本低，接触轮极少磨损，可使砂带保持恒速；传动链短，机床功率利用率可达到 85%以上。

⑤ 适应性强。可在普通机床（车床、龙门刨床等）上，利用砂带磨头对外圆、内圆、平面进行磨削加工。

⑥ 辅助时间少。工件一次定位后，可多次更换砂带完成全部加工，无须像砂轮那样进行平衡及修整工作。

⑦ 操作简单，安全可靠。

(3) 砂带磨削的适用范围

① 外圆（锥）。中、大尺寸的轴（锥）类、管件、圆柱形大型容器的外表面，以及半径为 3mm 的线材等。

② 内圆。一般通孔、深孔、大型圆柱形容器的内表面以及直径 1mm 左右的小孔。

③ 平面。各类大型金属板材、卷板材、带材，难磨的不锈钢、钛合金板材，大量生产的平面工件，如印制电路板、硅钢片、各类材料的薄片工件、箱体平面、电气及轻工产品的平面工件等。

④ 曲面。各类汽轮机、涡轮机、导航器的叶片，犁铧及聚光灯反射曲面等，也可加工大型球体容器的内表面。

⑤ 各类非金属材料。木材、塑料、石料、混凝土、橡胶，以及各种较高硬度的材料，如单晶硅体、宝石等。

⑥ 其他。打磨铸件浇冒口残蒂、结渣、飞边，大件及桥梁的焊缝，以及大型容器壳体、箱体的大面积除锈、除残漆等。

对于齿轮、盲孔、阶梯孔以及各种型腔、退刀槽小于 3mm 的多阶梯外圆，现在还无法采用砂带磨削加工。对精度要求很高的工件，尚不能与高精度砂轮磨削相媲美。

(4) 砂带磨削分类

按砂带与工件接触形式分类，有接触轮式、支撑板式、自由接触式与自由浮动接触式四种。砂带磨削种类繁多，其磨削方式、示意简图及其特点见表 5.5-75。

表 5.5-75 砂带磨削方式及其特点

磨削方式		类型	示意简图	特点
砂带外圆磨削	无心砂带外圆磨削	1. 砂轮导轮式	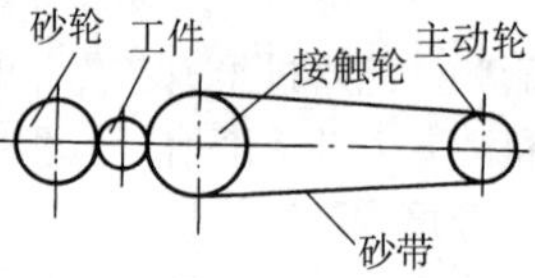 砂轮 工件 接触轮 主动轮 砂带	磨削精度一般，但磨削量较大
		2. 橡胶导轮式	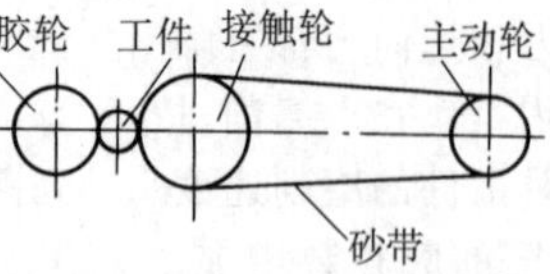 橡胶轮 工件 接触轮 主动轮 砂带	磨削精度一般，但磨削量较大
		3. 砂带充当导轮式	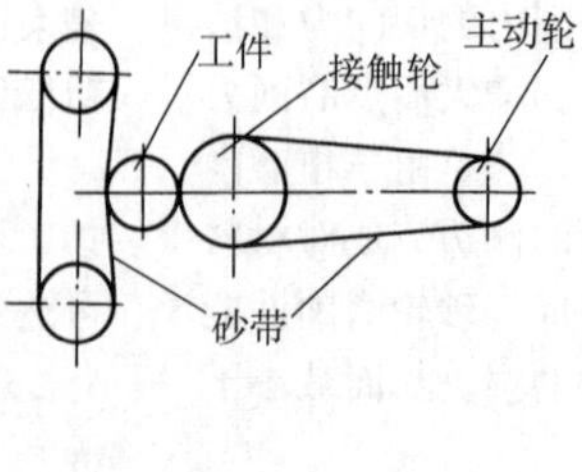 工件 接触轮 主动轮 砂带	磨削量很大，但磨削精度较低

（续）

磨削方式		类　型	示意简图	特　点
砂带外圆磨削	无心砂带外圆磨削	4. 橡胶导轮加辅轮式	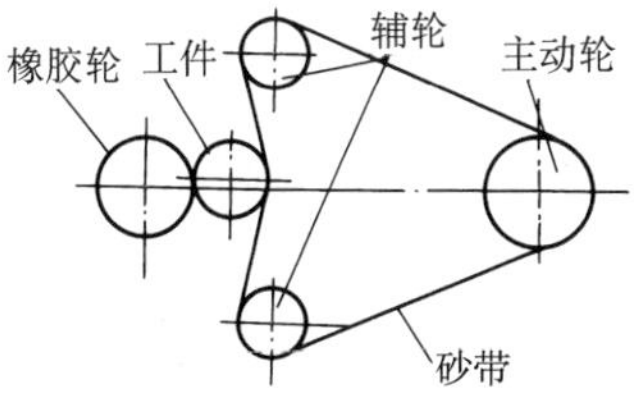 a) 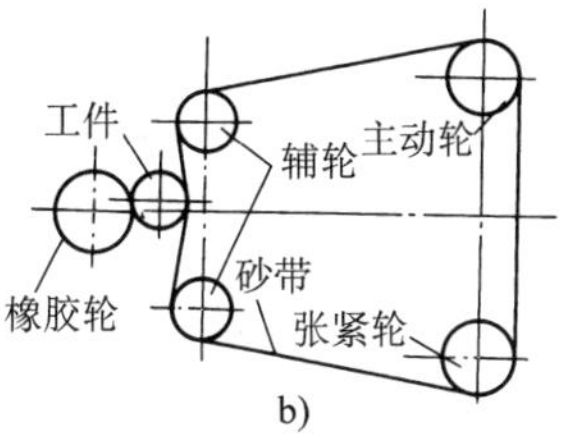 b)	可得到表面粗糙度值很低的表面，但磨削量较小
		5. 行星式	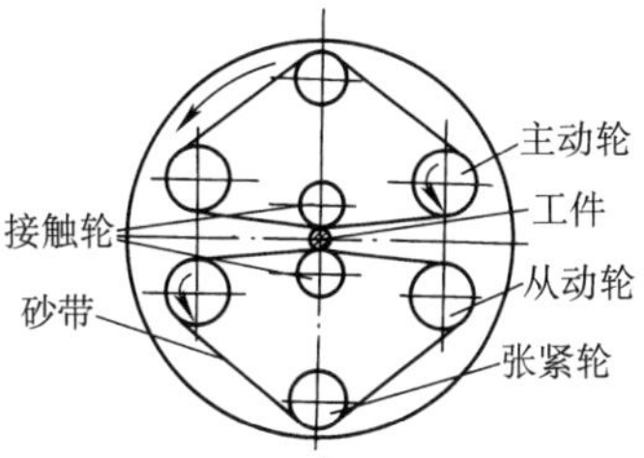 a) 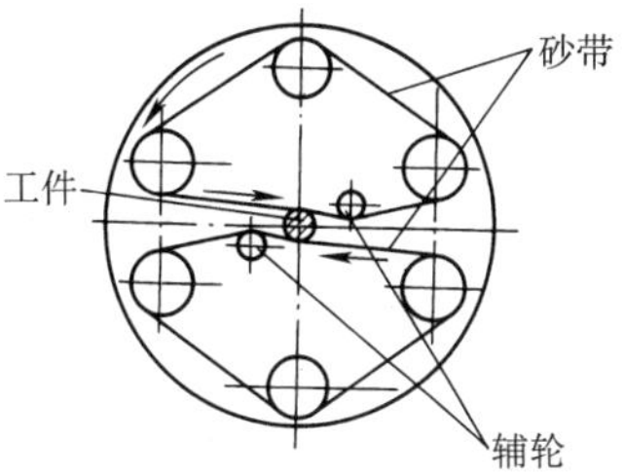 b)	转盘上各垂直安装两套砂带架，旋转方向相反，转盘绕工件旋转，工件作轴向进给 图 a 为接触轮式，磨削量比较大，图 b 为自由式，也称松砂带行星式，加工的表面粗糙度值较低 最适于加工线材
	定心砂带外圆磨削	6. 接触轮式	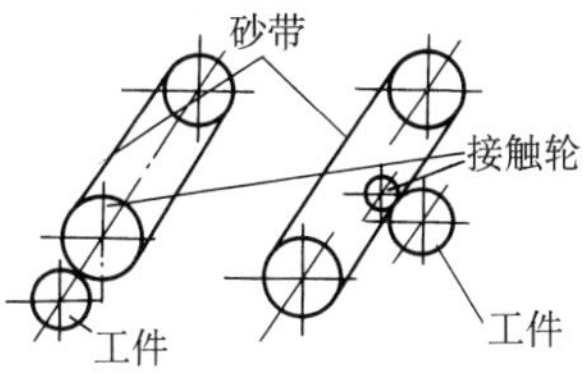	磨削量一般较大，但精度一般
		7. 支撑板式	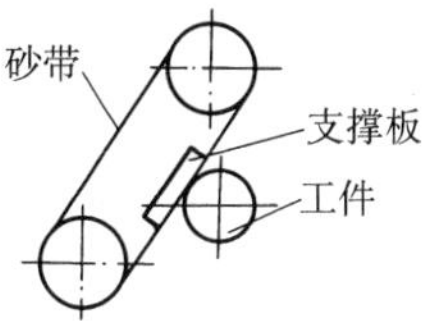	精度较高，但磨削量较小

（续）

磨削方式		类　型	示意简图	特　点
砂带外圆磨削	定心砂带外圆磨削	8. 接触带式	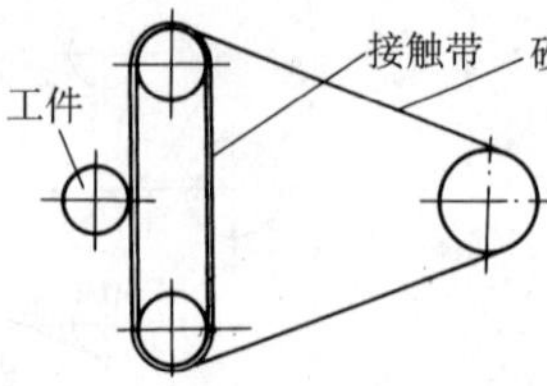	表面粗糙度值低，但其磨削量比接触轮式小
		9. 自由式	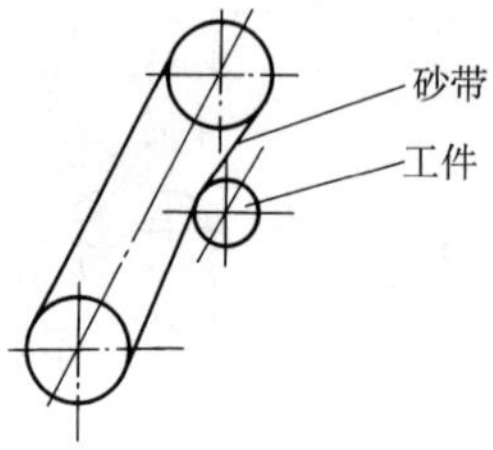	表面粗糙度值低，磨削量比接触带式小
		10. 浮动接触式（自由浮动接触式）	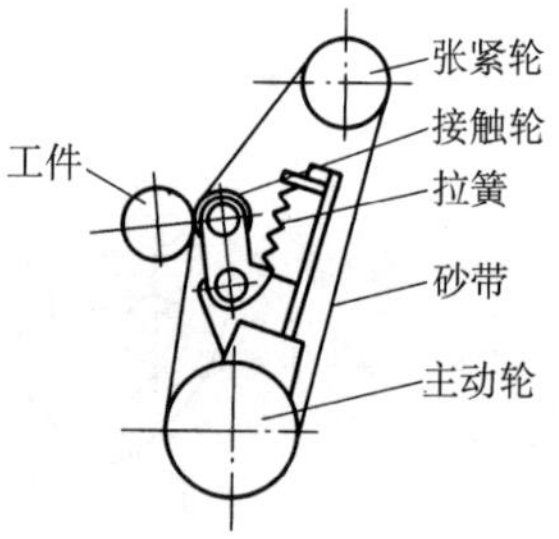	适于加工表面形状发生变化的工件，接触轮可随时与工件保持接触，如加工弯曲的管件等
砂带内圆磨削		11. 粘胶气体支撑板式	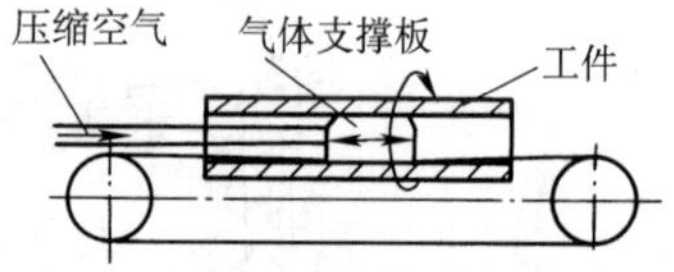	用于细长孔磨削
		12. 支撑环式	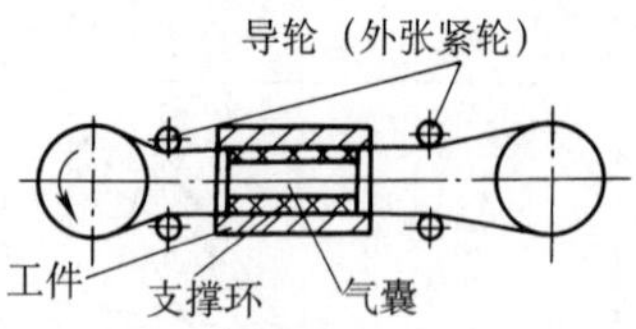	采用无接头砂带，加工 ϕ25mm 以上短孔
		13. 自动爬行式	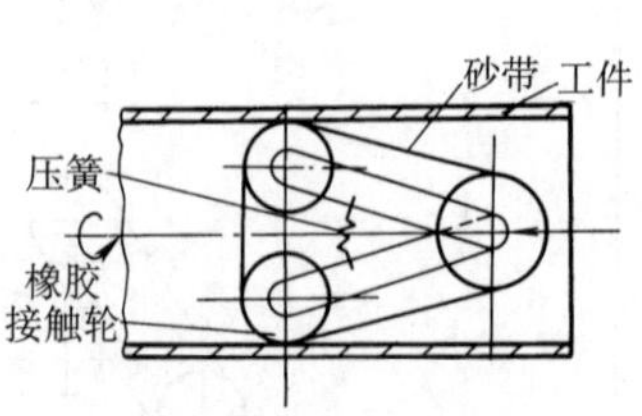	加工大型管道内壁，磨头自身旋转、行进，可获得表面粗糙度值较低的加工表面

（续）

磨削方式		类　型	示意简图	特　点
砂带内圆磨削		14. 旋转式	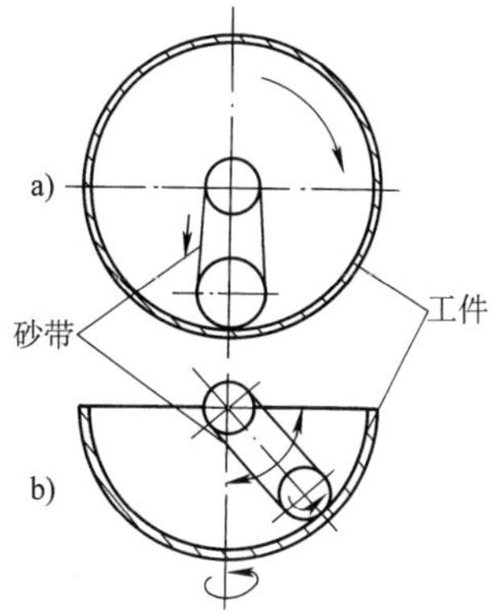	利用工件旋转，磨头不动或摆动，加工大型筒形（图a）或球形（图b）容器内壁，表面粗糙度值较低
砂带平面磨削	接触轮式	15. 橡胶接触轮式	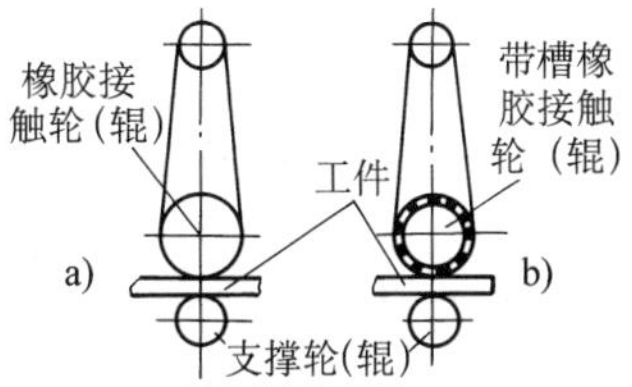	图a，接触轮外缘为平坦形，以抛光为主，磨削量比较小 图b，接触轮外缘带槽，以切削为主，工件表面粗糙度值较高
	支撑板式	16. 浮动支撑板式	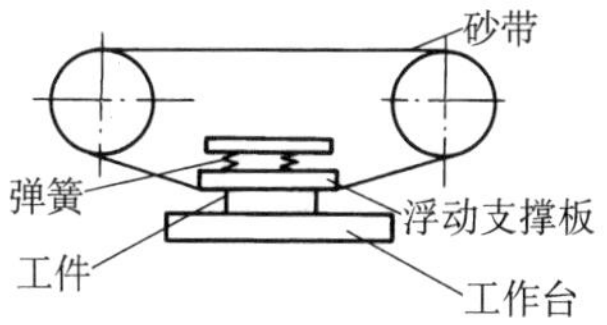	砂带垂直进给，加工不规则平面
		17. 固定支撑板式	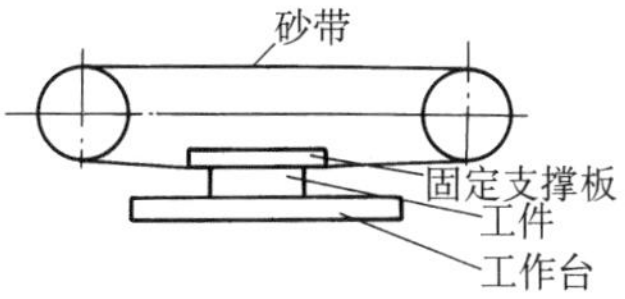	加工规则平面
		18. 可调角度支撑板式	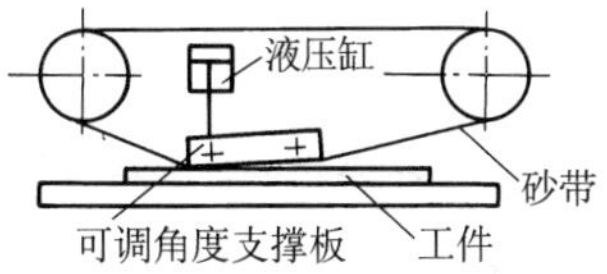	压力较大，用于大切削量磨削，适于粗磨
		19. 可调压力支撑板式	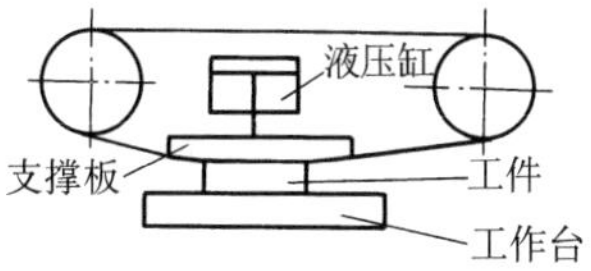	用于可调节压力的磨削

（续）

磨削方式		类　　型	示意简图	特　　点
砂带平面磨削		20. 滚动压轮式	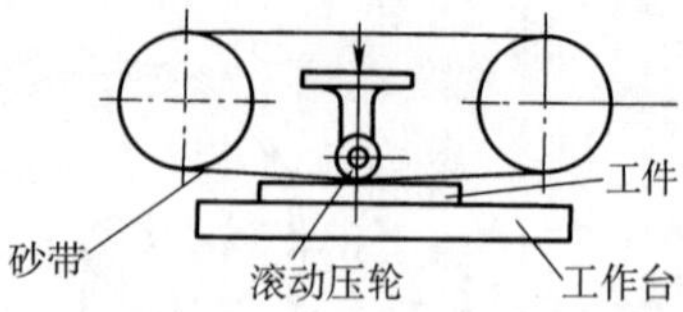	滚动压轮可使砂带张紧，与砂带只有滚动摩擦，工作时升温更小
	复合式	21. 接触轮与支撑板复合式	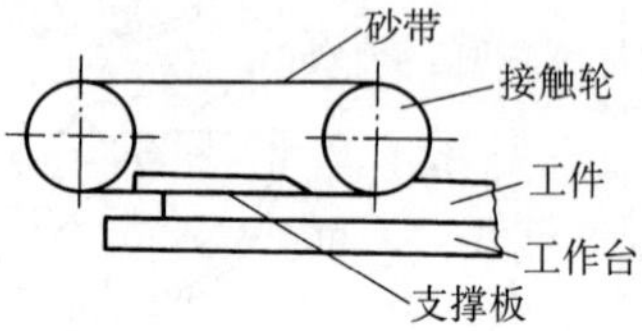	切削量较大，表面粗糙度值较接触轮式低
		22. 夹紧滚轮式	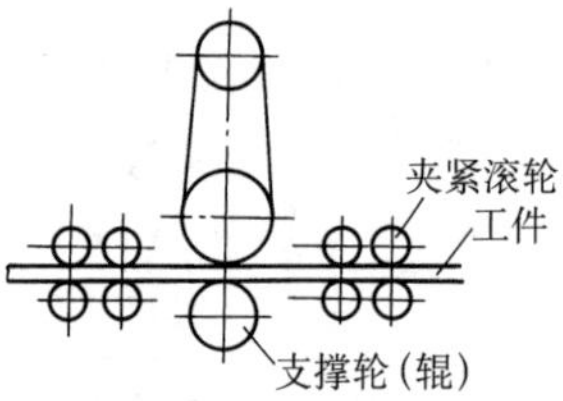	可磨削较长工件及带材
	多磨头组合式	23. 多磨头（架）单面磨削组合式	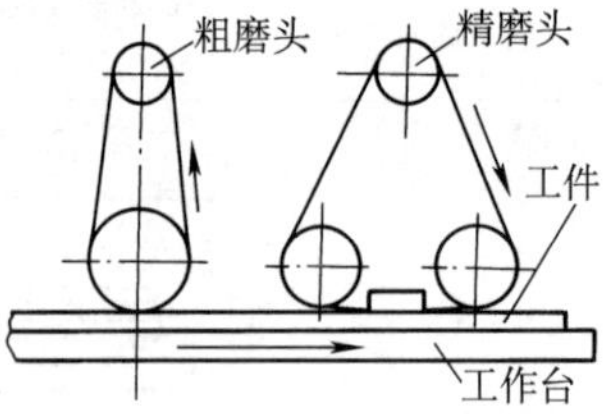	使用粗、精磨两个磨头（架）组合，同时加工，一次磨削一个平面，适于小量生产
		24. 多磨头（架）双面磨削组合式	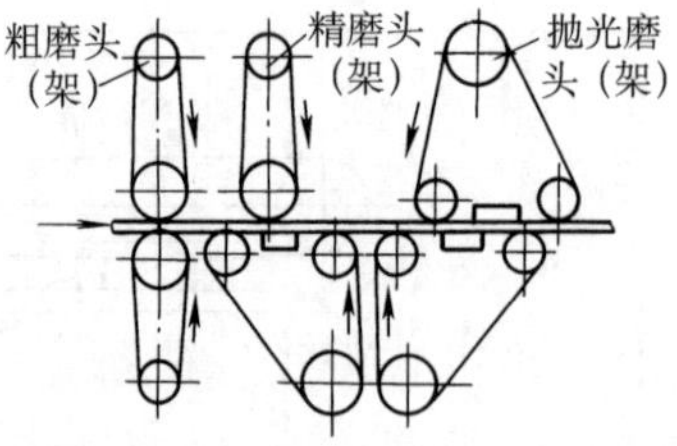	同时采用多磨头（架），进行粗、精磨和抛光，一次完成双面加工，适于大量生产
		25. 多磨头（架）双面磨削收卷、开卷组合式	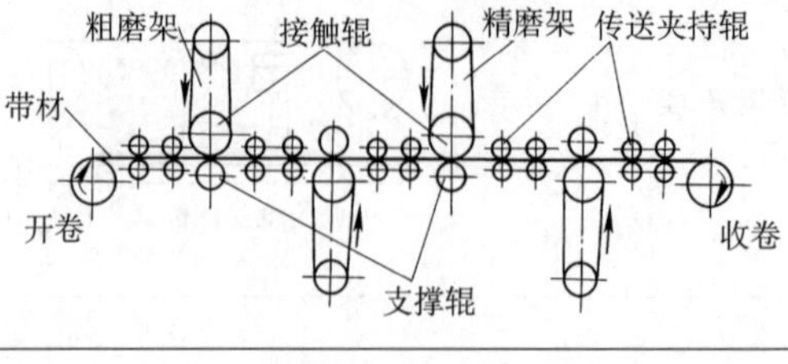	采用多磨头（架），夹紧滚轮送料，主要用于带材和大型钢材卷材的双面连续磨削
		26. 推进（小车）式	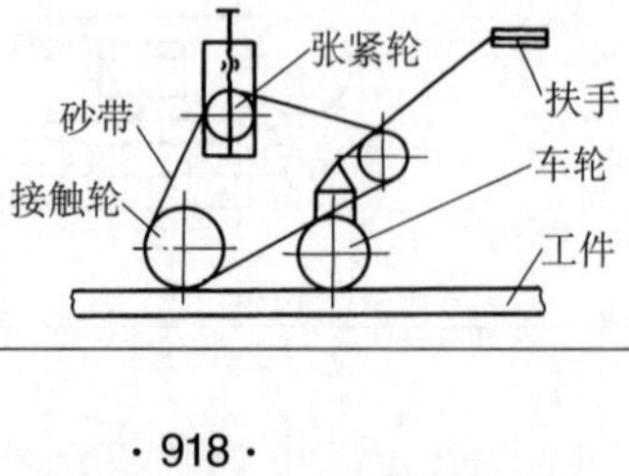	主要用于特大型工件，如桥梁焊缝磨削，以及清理大型金属件且要求不高的表面

（续）

磨削方式	类　　型	示意简图	特　　点
砂带成形磨削	27. 成形接触轮式	工件 成形接触轮 砂带(背面)	应用成形接触轮，并利用砂带自身的柔性，迫使砂带依接触轮形状变形，磨削工件的成形面，工作时工件与成形接触轮都旋转
	28. 成形支撑（压模）板式	成形支撑板 砂带 导轮 工件 工作台	磨削效率高，工作台上下进给，磨后工件形状较准确
	29. 靠模板式	接触轮 工件 砂带 靠模	主要用于复杂形面的磨削，如航空发动机、汽轮机叶片等，但须配置一套专用装置
	30. 数控式	砂带 接触轮 工件	采用微型计算机控制，工件旋转，并用弹性辅轮和砂带自由式、接触轮式接触进行磨削

2. 砂带磨削磨头（架）

磨头主要由电动机、接触轮（或支撑板）、主动轮、张紧轮、张紧机构、调偏机构以及固定支座等构成，因需要还可增设导轮、辅轮、支撑轮等。也可由两个或多个磨头（架）组成专用机构或生产线。

砂带磨头传动特点类似于带传动，主要依靠张紧砂带并由主动轮传递动力。为保证磨头正常工作，参与传动各轮的轴线须保持平行，并在轮的外缘面上，具有一定高度的凸缘。对于宽幅砂带的传动，为使其不跑偏和磨损均匀，须具有一种促使砂带沿接触轮轴线产生往复运动的振荡装置。

（1）磨头结构

图5.5-69所示的磨头结构。可将磨头固定在普通车床或龙门刨床上，利用接触轮加工，用弹簧装置张紧砂带。

图5.5-70所示的磨头结构。主动轮充当接触轮。

图5.5-71所示的磨头结构多用于自由式磨削，用丝杠螺母机构张紧砂带。

图5.5-72所示的磨头结构属多用型，可装夹在普通车床和龙门刨床上，加工外圆、大型内圆及大型平面。磨头与磨床连接形式如图5.5-73所示。

内圆磨头如图5.5-74所示，主要用于立式车床对大径内圆加工，采用凸轮及弹簧张紧。

砂带轮磨头是将砂带绕在开槽的接触轮上并用铁丝缠绕，铁丝不得高于接触轮外缘面。砂带轮可直接固定在电动机轴上，其结构及工作情况如图5.5-75和图5.5-76所示。

镗床用砂带轮磨头，其结构及传动方式如图5.5-77所示。

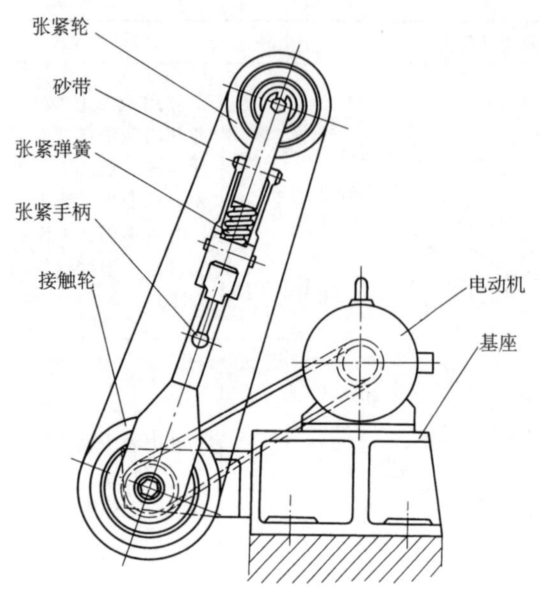

图 5.5-69　磨头结构之一

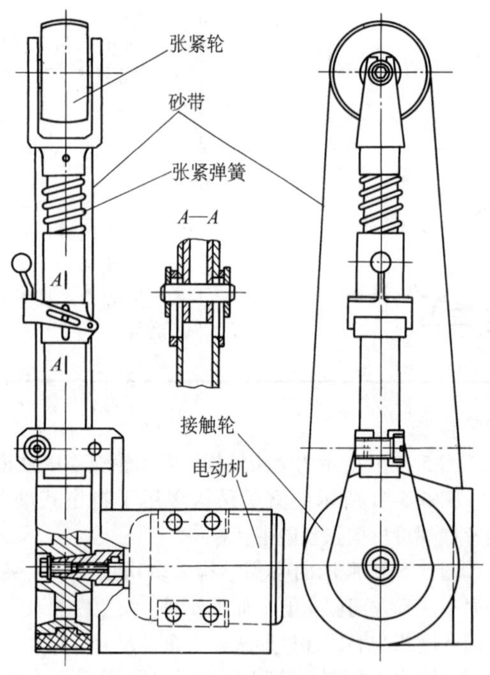

图 5.5-70　磨头结构之二

深孔砂带磨头，可利用车床改造成专用设备，工件夹持在车头上并辅以中心架做匀速旋转，砂带通过深孔张紧运转，气囊通气后将砂带紧贴于孔壁，并做往复运动实施磨削。接触气囊的结构以及深孔磨削的工作情况分别如图 5.5-78 和图 5.5-79 所示。

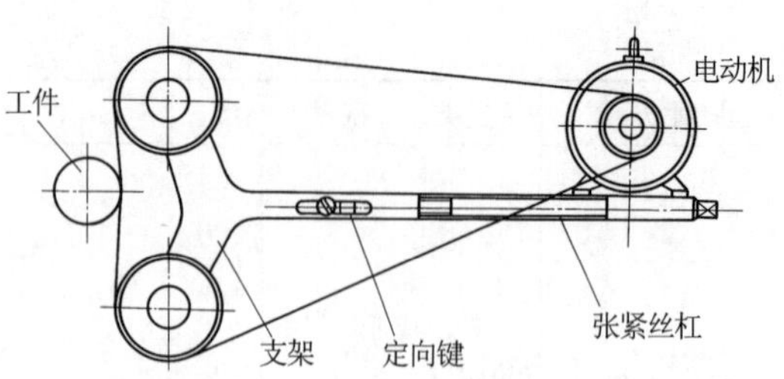

图 5.5-71　磨头结构之三

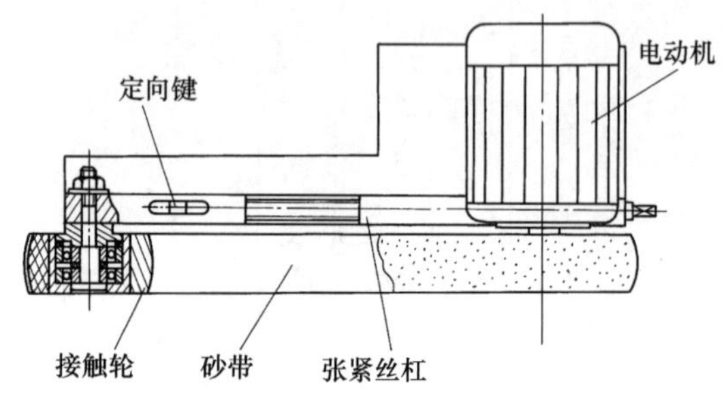

图 5.5-72　磨头结构之四

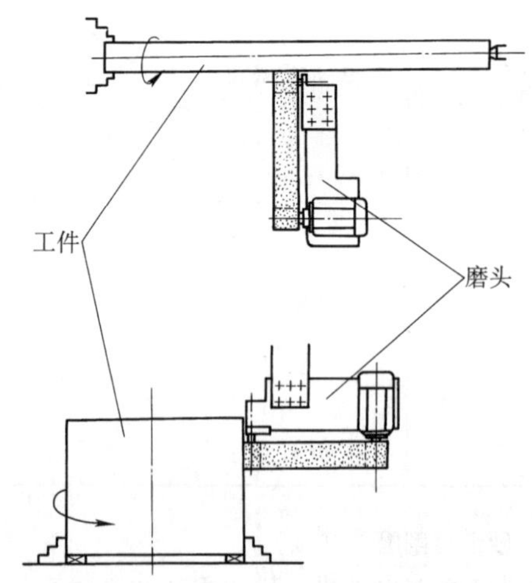

图 5.5-73　磨头与磨床连接形式

（2）磨头的主要尺寸及参数(图 5.5-80)

磨头主要尺寸及参数的计算与带传动基本相同，可以参考，但尚有以下问题须注意：

① 砂带包容轮面的弧所对的角称为包角。接触轮包角 α_2 一般应大于 150°，但因内张紧轮的作用，使 α_2 减小，经试验 $120° \leqslant \alpha_2 \leqslant 150°$ 时，砂带在工作中并不打滑。

② 从动轮（一般为接触轮）实际转速的计算公式为

$$n_2 = (D_2/D_1)n_1(1-\varepsilon)$$

式中　ε——相对滑动系数，布砂带 $\varepsilon=0.01$，纸砂带 $\varepsilon=0.009$。

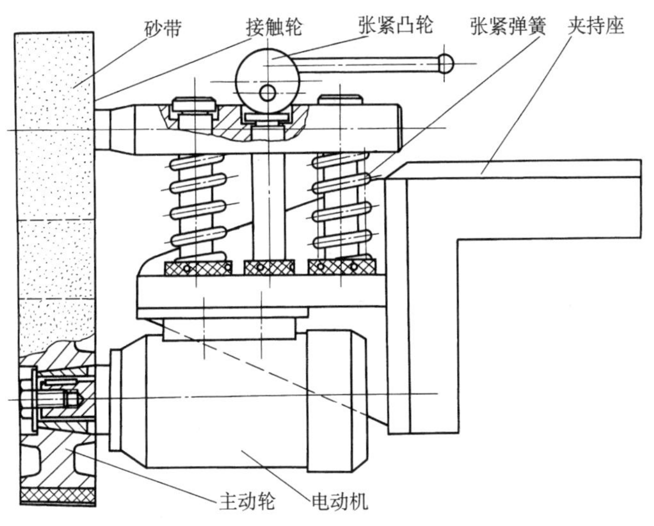

图 5.5-74 内圆磨头

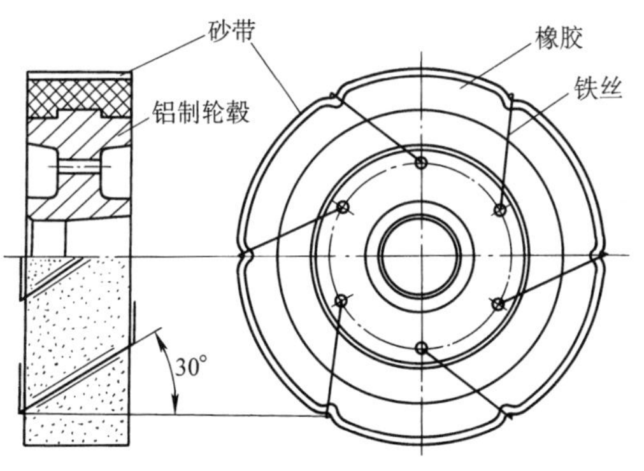

图 5.5-75 砂带轮结构

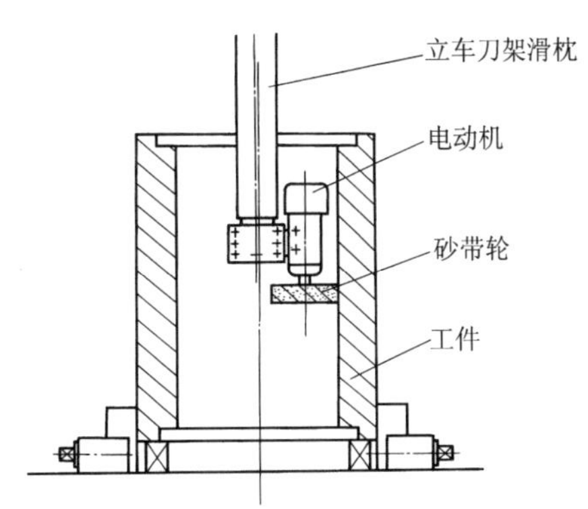

图 5.5-76 砂带轮磨头的工作情况

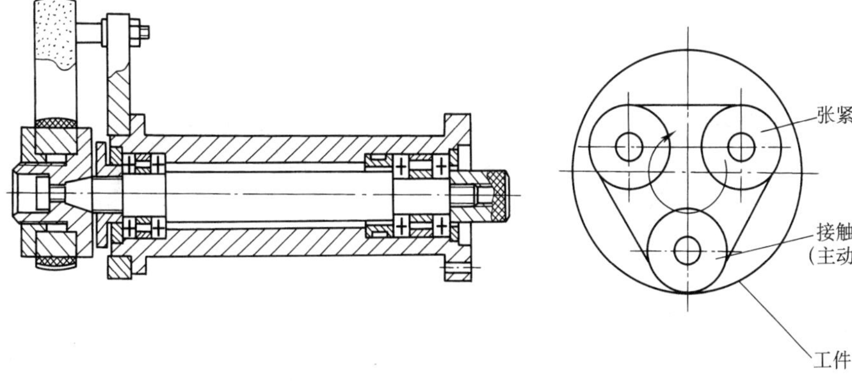

图 5.5-77 镗床用砂带轮磨头及其传动方式

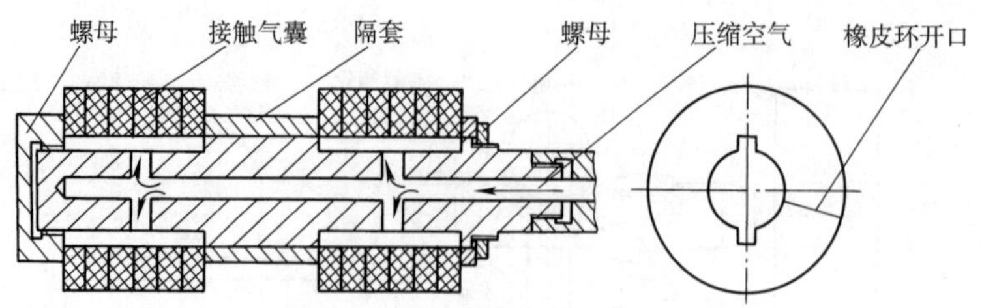

图 5.5-78　接触气囊的结构示意图

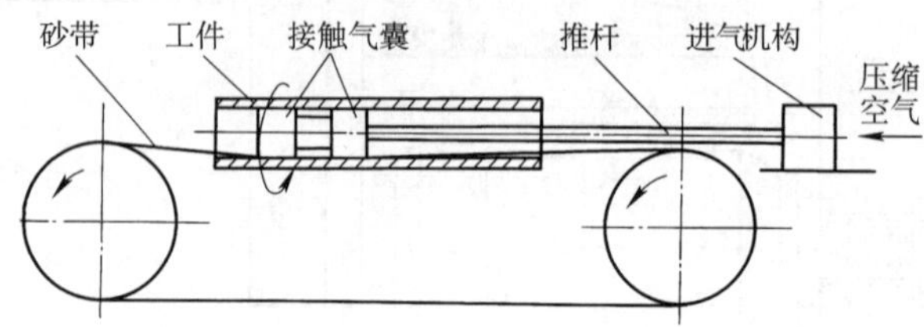

图 5.5-79　深孔砂带磨头的工作情况

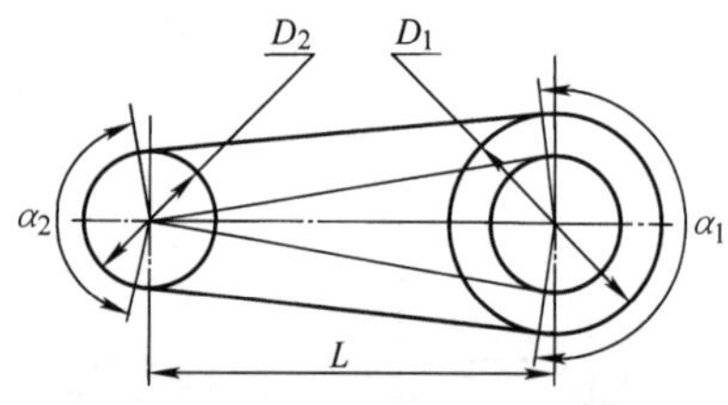

图 5.5-80　磨头尺寸及参数

③ 作用在接触轮轴上的力 F（单位为 N），其计算式为

$$F=2\sigma_b A\sin\frac{\alpha_2}{2}$$

式中　σ_b——砂带初拉应力（MPa），推荐为 2MPa（$200N/cm^2$）；

A——砂带的横截面积（cm^2）。

使用新砂带计算 F 时，应再乘以 1.5。

（3）接触轮

1）接触轮外缘硬度。在接触压力相同的情况下，软轮与工件的接触面积比硬轮大，单位面积受力就小。接触轮外缘橡胶硬度用肖氏 A 级（HS-A）表示。粗磨时，应取为 70～90HS-A，半精磨取为 30～60HS-A，精磨取为 20～40HS-A。主动轮和张紧轮外缘硬度可比接触轮略高。

2）接触轮外圆表面形状及尺寸。接触轮外缘表面形状有平坦形和齿形两类，齿形又可分为矩齿形和锯齿形，并有斜齿及 X 锯齿形槽之分，也有的使用金属槽轮填充橡胶。接触轮外缘截面形状见表 5.5-76。接触轮圆柱面上齿槽的螺旋角及接触轮与工件接触面的情形分别如图 5.5-81 和图 5.5-82 所示。

表 5.5-76　接触轮外缘截面形状

类型	外缘截面简图	用途	类型		外缘截面简图	用途
平坦形		用于细粒度砂带精磨和抛光	齿形	矩齿形		粗磨和精磨
金属槽轮填充橡胶	Cu 或 Al 橡胶	粗磨		锯齿形		主要用于粗磨

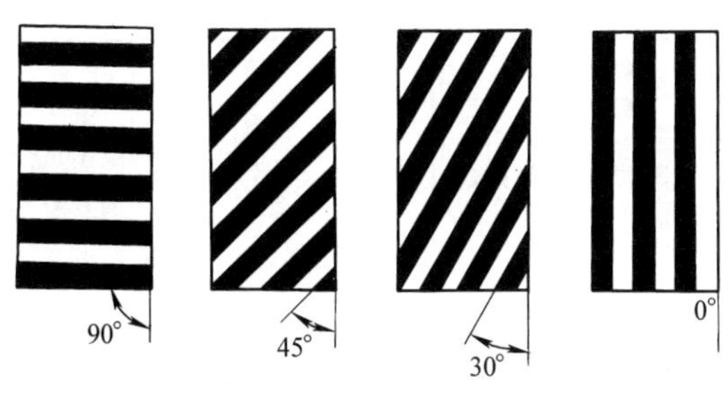

图 5.5-81 接触轮圆柱上的螺旋角

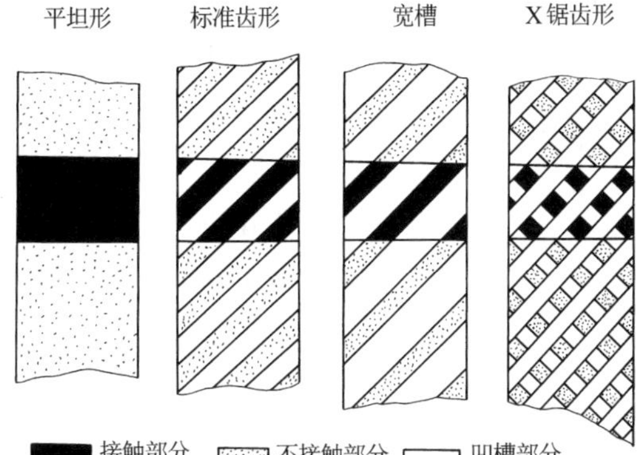

图 5.5-82 各种类型接触轮与工件接触面的情形

图 5.5-81 中，螺旋角越大，砂带切削能力越大，但有时会在工件上留有振纹，噪声也大；反之，则有时会在工件上产生有规则的纹路。螺旋角一般多选用 30°~60°，30°用于精磨，45°~60°用于粗磨。

接触轮的基本结构如图 5.5-83 所示，其外缘基本尺寸可按下列比例选取：粗磨为 $b_2:b_1=1:3$，精磨为 $b_2:b_1=1:0.3\sim0.5$。

精磨用接触轮外缘尺寸可按表 5.5-77 选取，也可选用平坦形外缘。

接触轮凸缘高度值 δ_1 可按下式计算，也可在表 5.5-78 中查得。

$$\delta_1=0.2\sqrt{B}$$

式中 B——接触轮宽（与砂带等宽）(mm)。

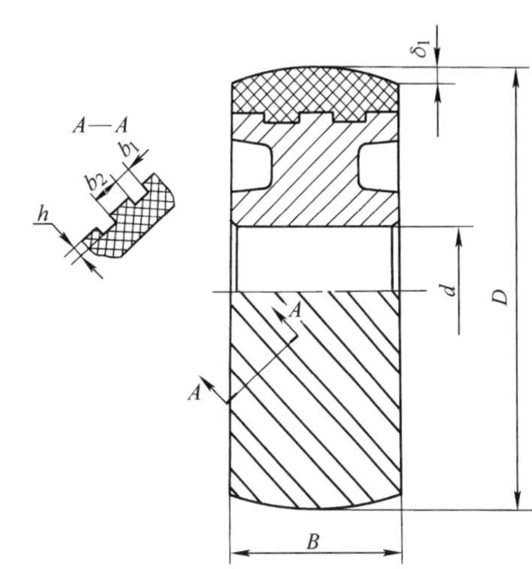

图 5.5-83 接触轮的基本结构

表 5.5-77 精磨用接触轮外缘尺寸 (mm)

轮径 D	50~80	80~120	120~200
槽宽 b_1	1.8~2.4	3~4	4.5~6
齿宽 b_2	6~8	10~12	15~20
槽深 h	0.5~1	1~2	2~3

表 5.5-78 接触轮凸缘高度 δ_1 与张紧轮凸缘高度 δ_2 (mm)

轮宽	40~60	60~100	100~150	150~250	250~400
δ_1	1	1.5	2	2.5	3
δ_2	1.5	2	2.5	3	4

3）接触轮外缘类型、特点及用途见表 5.5-79。

表 5.5-79 接触轮外缘类型、特点及用途

类　型	外缘材料	硬度　HS-A	特　点	用　途
滚花（节距 $t=1.6$mm）	钢	—	切入性能最强	重负荷磨削
宽槽齿形（$b_2=4.7$mm，$b_1=14$mm，$h=7.9$mm，胶厚为 19mm）	橡胶	70~100	快速切削，砂带寿命较长	重负荷磨削，切除焊渣、铸件浇冒口残蒂等
标准矩齿形（$b_1=b_2=h=9.5$mm，胶厚 22mm）	橡胶	30~50	可获得中等表面粗糙度的加工表面，砂带寿命较长	磨平或切除平面凸出部分

（续）

类　　型	外缘材料	硬度　HS-A	特　　点	用　　途
X 锯齿形（齿背窄边宽 4.7mm，槽和锯齿形后背斜面共宽 14mm，槽深 7.9mm，胶厚为 22mm）	橡胶	40~70	其柔曲性允许进入成形曲面	适于轻、中负荷磨削及中负荷抛光，也适于加工成形面；对有色金属加工，优于锯齿形轮
平坦形	橡胶	30~50	可有效控制切削深度	适于轻负荷磨削及抛光，可获得较低表面粗糙度的表面
柔软型	压缩帆布	可从软到硬	坚韧耐用	适于中负荷磨削及抛光，硬轮可获得较大金属切除率，软轮则可抛出较低表面粗糙度表面
	涂橡胶帆布	中等	成形性能好	用于成形抛光，可切除少量余量
	实心帆布	柔、中等、硬	磨削表面光整，不留磨痕，价格便宜	各种类型的抛光及成形抛光，也可预先制作成一定形状，进行形面磨削
	软皮硬心帆布	柔	由圆形帆布片叠合而成，增减帆布片可改变接触轮的宽度，价格低廉	抛光与精抛
充气型	充气橡胶	用气压控制硬度	可调整表面形状，加工表面粗糙度均匀	抛光与精抛
泡沫塑料型	聚氨酯	极柔	最柔	复杂形面的抛光、精抛

（4）张紧轮和主动轮

为增大与砂带之间的摩擦力，两轮外缘一般也应敷有硫化橡胶，并须在轮缘上沿回转方向开平行的环形沟槽，以避免运行中砂带憋气。

两轮凸缘高 δ_2 比 δ_1 略高，可按 $\delta_2=(0.25\sim0.3)\sqrt{B}$ 计算，也可在表 5.5-78 中查得。

为防止两轮橡胶外缘打滑、脱落，在轮毂上一般都制作一定数量的沟槽，其数量与轮宽 B 有关：$B<60$mm，沟槽数为 2；$B=60\sim120$mm，沟槽数为 3；$B=120\sim200$mm，沟槽数为 4 或 5。

主动轮结构示例如图 5.5-84 所示。

图 5.5-84 中：轮宽 B=砂带宽；$B_1=B+(10\sim20)$mm，当 $B<1.5D_1$ 时，取 $B_1=B$；槽宽 b_1' = 齿宽，$b_2'=(1/6\sim1/10)B$；槽深 $h'=3\sim8$mm；轮缘厚 $h_1=0.05D_1+(5\sim10)$mm；轮辐厚 $B_2=(0.5\sim0.7)\sqrt{BD_1}$；轮毂内孔 d，应视其受力情况并在选用标准轴承后再确定；轮毂外缘直径 $d_1=1.2B_2$。

轮毂材料一般选用铝合金。

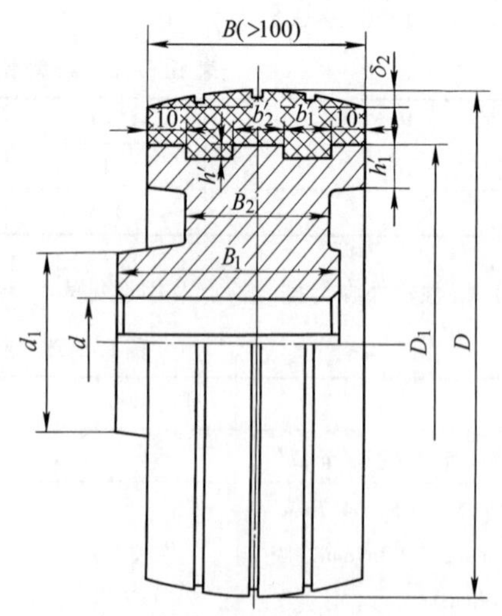

图 5.5-84　主动轮结构

(5) 张紧机构和调偏机构

为使磨头正常传递动力，使砂带正常切削，砂带必须张紧。另外，在工作中，砂带也会产生塑性伸长，其预紧力时有下降，必须使砂带重新张紧。

张紧方式有内部张紧（张紧轮压在砂带背面）与外部张紧（张紧轮压在砂带砂面）两类，一般多采用内部张紧。有时为减小磨头轮廓尺寸及增大接触包角，也可采用外部张紧。外张紧轮虽与砂面直接接触，但是纯滚动摩擦，轮面磨损极小，其材料多用HT200铸铁。

1）张紧机构。可分为周期性张紧和自动张紧两类。周期性张紧多采用螺纹和蜗杆副等；自动张紧一般采用弹簧、配重及气动、液压张紧装置等。举例如下：

① 用螺纹进行周期性张紧装置，如图5.5-85所示。

② 用弹簧自动张紧装置，如图5.5-86和图5.5-87所示。

③ 利用张紧轮位移的机械张紧装置，如图5.5-88所示。

④ 采用配重进行自动张紧的装置，如图5.5-89所示。

⑤ 气动张紧系统，如图5.5-90所示。

张紧轮必须压在砂带的从动边上，如果采用接触轮或主动轮直接张紧则不必如此。

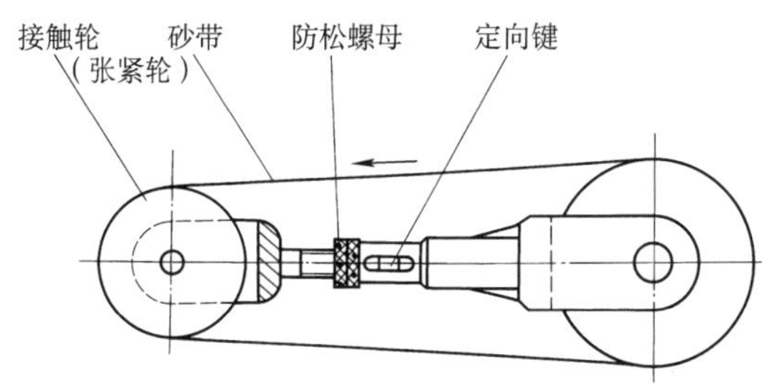

图5.5-85 螺纹张紧装置

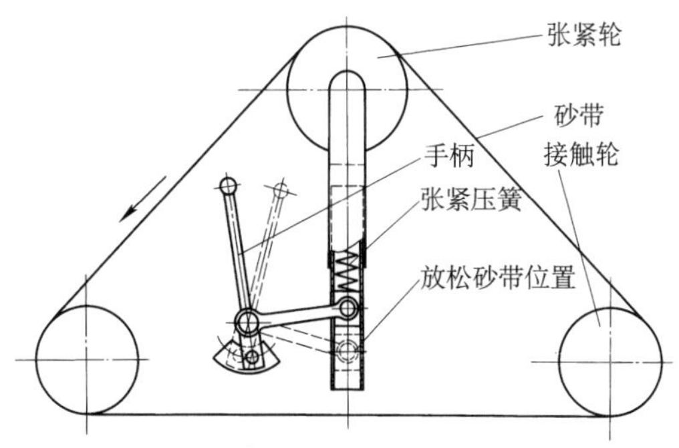

图5.5-86 弹簧张紧装置之一

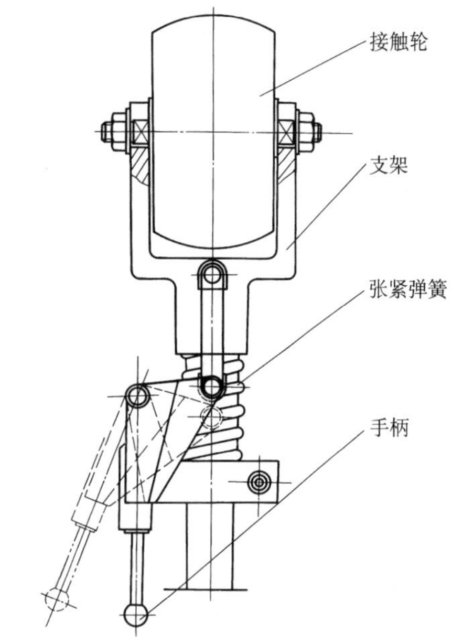

图5.5-87 弹簧张紧装置之二

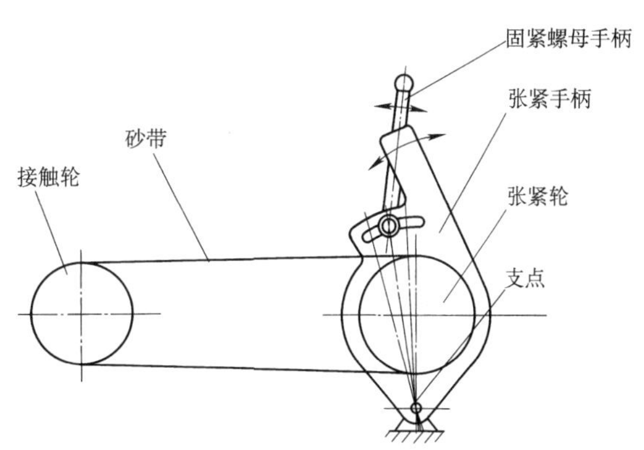

图5.5-88 张紧轮位移机械张紧装置

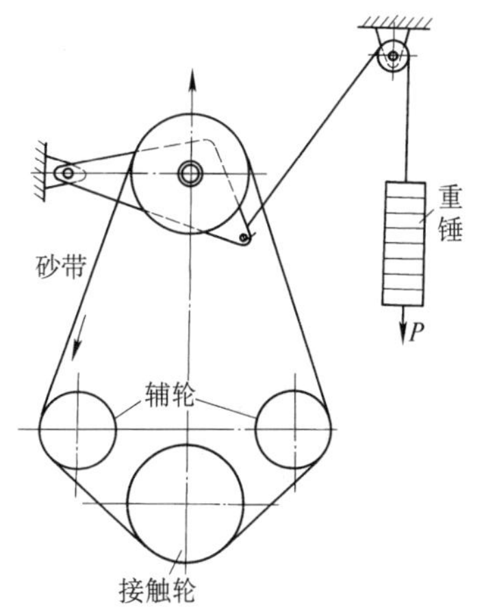

图5.5-89 配重自动张紧装置

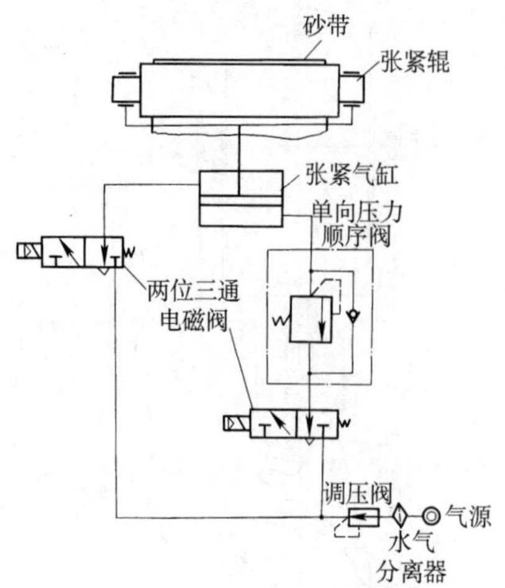

图 5. 5-90　气动张紧系统

2）张紧力。张紧力应控制在砂带抗拉强度范围之内。如果采用自由式磨削，其张紧力还应适当降低。

根据实践经验，张紧力在 60~80N/10mm 砂带宽时，逆磨，金属切除量最大；40~50N/10mm 砂带宽时，金属切除量降低；在低于 40N/10mm 砂带宽时，砂带工作出现不稳定，甚至出现砂带脱落及断裂。实际工作中，多以手感判断，但当砂带幅面很宽时，就须设有气动或液压张紧装置，并应配有张紧力的直读仪表。

3）调偏机构。调偏机构的作用是防止砂带在运转中跑偏或使之产生轴向振荡。

图 5. 5-91 所示的防跑偏机构是一种常用的固定式结构，可布置在接触轮或张紧轮的一端，轮轴可以销钉为轴心摆动，调整后可用螺栓加以固定。图 5. 5-92 所示机构一般布置在张紧轮轴的两端，将轴两端铣成方形并开槽，槽内置压簧，用螺钉调整轴的上下位置。图 5. 5-93 所示为气动调偏装置，砂带左偏时堵塞 A 孔，左端压力增大，打开顺序阀微动开关，继而推动左侧换向阀，使气缸活塞上移，接触辊即产生一个力矩，由于带类传动具有往紧处移动的特点，砂带开始右移，直到堵塞 B 孔为止。如此即可使砂带在两个极限位置之间移动，达到调偏的目的。

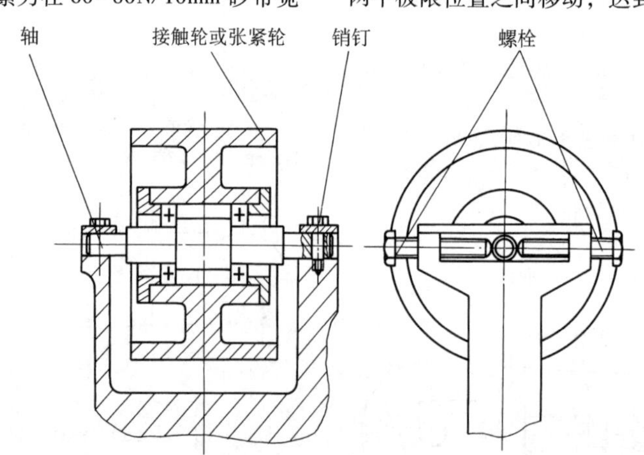

图 5. 5-91　防跑偏机构之一

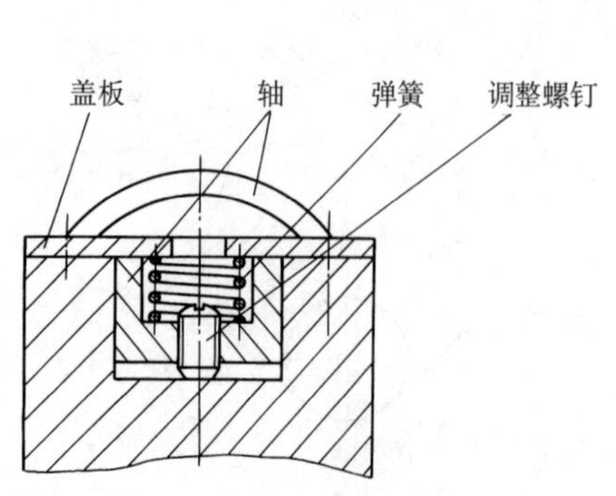

图 5. 5-92　防跑偏机构之二

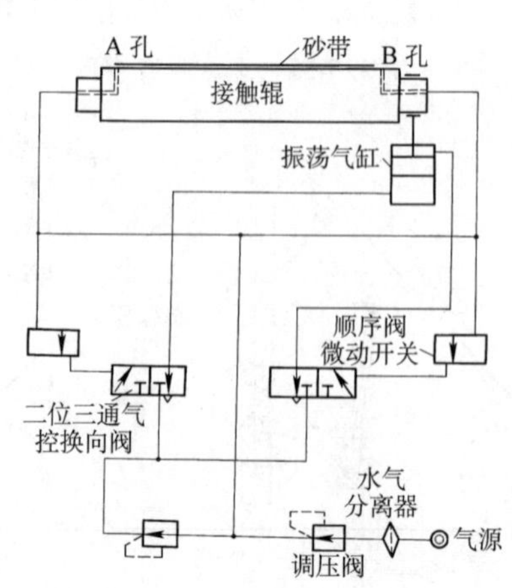

图 5. 5-93　气动调偏装置

(6) 磨头各轮的动平衡

磨头的接触轮、主动轮和张紧轮等回转件在加工组装前，一般均须进行动平衡，以确保磨头工作平稳。是否进行动平衡，应视各轮的宽径比 B/D 与转速 n 来确定。如果对应点处于图 5.5-94 中斜线以上，均属须平衡的范围。

各轮许可的不平衡度（矩），用 M(N·m) 表示，可用下式计算：

$$M=\rho_0 G$$

式中 ρ_0——各轮对其中心线的剩余偏移量（μm），可在图 5.5-95 中查得；

G——各轮的重量（N）。

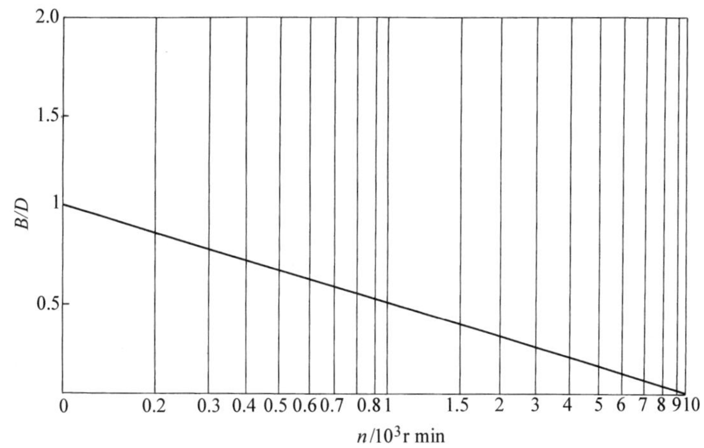

图 5.5-94 动平衡的范围

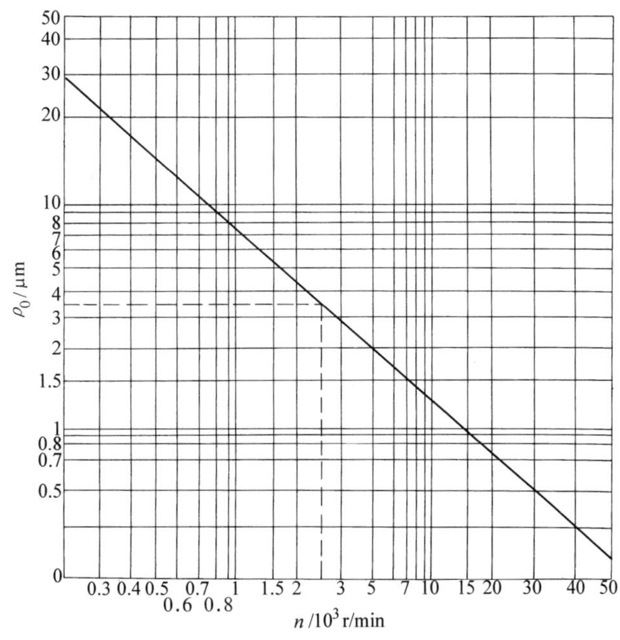

图 5.5-95 剩余偏移量与转速的关系

(7) 磨头电动机功率的选择

砂带磨削可分为恒力（恒压力）磨削和恒切除率磨削两类，其电动机功率的计算也不相同。

1）恒力磨削功率计算。恒力磨削是利用恒力 F_n 直接施加到工件上进行磨削，如图 5.5-96 所示。阻力 F_t 取决于 F_n 的大小。根据试验结果，在砂带使用的绝大多数时间内，F_t 始终保持在（0.4~0.6）F_n 之间。如果以 $F_t=0.5F_n$ 为定值，则磨削功率

$$P_m=F_t v_s=0.5F_n v_s$$

式中 F_n——施加到工件上的力（kN）；

v_s——砂带速度（m/s）。

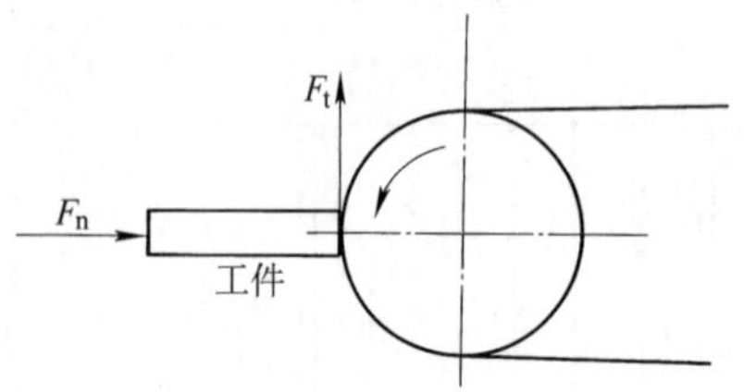

图 5.5-96　恒力砂带磨削示意

2）恒切除率磨削功率计算。恒切除率磨削主要用于工件进给量与磨削背吃刀量可控的情况下，并以这两个参数来调节金属切除率 Z，F_t 与 F_n 随切削条件变化而变化，其磨削示意如图 5.5-97 所示。

恒切除率磨削计算 F_n(kN) 的简化公式为

$$F_n=\frac{Z\bar{u}}{v_s}(1+Kt)$$

式中 Z——金属切除率（mm^3/s）；

v_s——砂带速度（m/s）；

t——磨削时间（s）；

K——与砂带钝化速度有关的系数；

$\bar{u}$——比磨削能［$kW/(mm^3 \cdot s^{-1})$］。

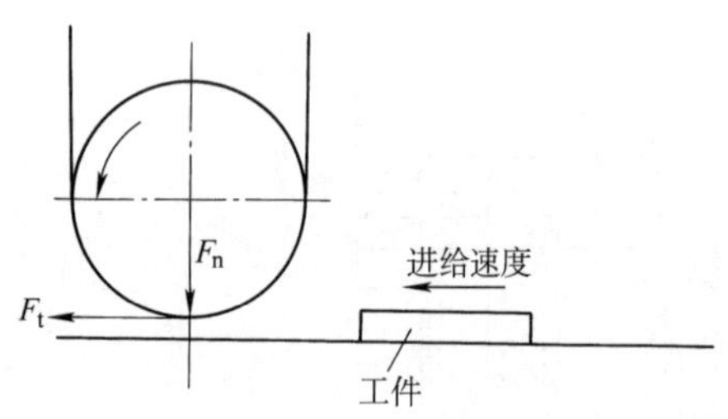

图 5.5-97　恒切除率砂带磨削示意

根据试验：新砂带使用初期，t 值很小，F_t/F_n 一般也在 0.4~0.6 间变化；在砂带寿命终了时，F_t 值一般可增加到初始值的两倍。如果砂带使用初期取 F_t/F_n 的平均值为 0.5，则砂带寿命终了时 F_t 等于 F_n 的初始值。磨削功率

$$P_m=F_t v_s=F_n v_s=\frac{Z\bar{u}}{v_s}(1+Kt)v_s$$

$t=0$ 时，　　$P_m=Z\bar{u}=f_a b a_p \bar{u}$

式中 f_a——进给量（mm/s）；

b——磨削宽度（mm）；

a_p——磨削背吃刀量（mm）。

比磨削能 $\bar{u}$ 值随工件材料不同而异，见表 5.5-80。

表 5.5-80　比磨削能 $\bar{u}$ 参考数据

工件材料	$\bar{u}$/［$kW/(mm^3 \cdot s^{-1})$］
低碳钢	8.963×10^{-3}
铸铝	3.447×10^{-3}
不锈钢	13.790×10^{-3}
碳素工具钢	10.342×10^{-3}
灰铸铁	8.274×10^{-3}

注：表内参考数值是美国诺顿（Norton）公司的罗吉尔（Roger W · Story）对不同材料，用典型速度和进给量并采用粗粒度砂带磨削试验确定。为方便使用，已换算为米制。

例：工件材料为低碳钢，$b=100mm$，$f_a=4.5mm/s$，$a_p=0.5mm$。

$P_m=4.5\times100\times0.5\times8.963\times10^{-3}=2.017kW$

电动机功率　　$P_E=P_m/\eta$

（8）砂带基体种类及适用范围

砂带基体种类及适用范围见表 5.5-81。

表 5.5-81　砂带基体种类及适用范围

名　称	布　基		纸　基
	圆筒	接头	
适用范围	精磨和抛光	可制成大砂带进行高效大面积磨削。用树脂、皮胶或树脂皮胶作为结合剂	表面平整，磨削表面粗糙度值低于布基。纸基强度和韧性比较低，不宜作为小砂带

（9）砂带黏结剂

砂带黏结剂的种类、性能特点及适用范围见表 5.5-82。

表 5.5-82 砂带黏结剂种类、性能特点及适用范围

黏结剂	覆胶	性能特点	适用范围
树脂	树脂	耐水、乳化液及化学溶剂，粘结强度比一般黏结剂高，用于干磨或湿磨，成本较高	复杂型面的难切材料制品
皮胶	皮胶	不耐水、不耐潮，用于干磨，粘结性能比树脂低，成本低，制造方便	木材制品，铝、铜等非铁金属材料制品，塑料、电木等制品
皮胶	树脂	耐潮，但不耐水，不受气候影响，用于干磨，粘结强度比皮胶好，加工效率比皮胶高，成本低，制造方便	

3. 砂带磨削工艺参数选择

1）磨削用量选择。

① 砂带速度 v_s。大功率的粗磨一般选 12~20m/s，中功率磨削一般选 20~25m/s，轻负荷精磨一般选 25~30m/s。

磨削不同材料推荐的砂带速度见表 5.5-83。

表 5.5-83 磨削不同材料推荐的砂带速度 (m/s)

加工材料		砂带速度	加工材料		砂带速度
有色金属	铝 纯铜 黄铜、青铜	22~28 20~25 25~30	铸铁	灰铸铁 冷硬铸铁	12~18
钢	碳钢 不锈钢 镍铬钢	20~25 12~20 10~18	非金属	棉纤维 玻璃纤维	30~50
				橡胶 花岗岩	25~35 15~20

② 接触压力 F_n。F_n 直接影响磨削效率和砂带寿命，须根据工件材质、热处理状况、磨削余量及磨后表面粗糙度的要求进行选择，一般选用 50~300N。

③ 工件速度 v_w。提高 v_w，可减少和避免工件表面烧伤，但会导致表面粗糙度值升高，粗磨时 v_w 可在 20~30m/min 之间选择，精磨则应控制在 20m/min 以下。

④ f_a 与 a_p 的选择。粗磨时选大些，精磨时则应小些；对含有多种合金元素的材料，或普通材料但要求精度高和表面粗糙度低值的工件，都应就低选择。

由于接触轮外缘多采用弹性材料，故其实际有效磨削深度仅为给定磨削深度的 1/2~1/3，还须审慎掌握。

轴类工件磨削用量的选择可参考表 5.5-84。

表 5.5-84 轴类工件磨削用量参考值

磨削用量	工件直径 D/mm	工件转速 n_w/(r/min)	磨削深度 a_p/mm	进给量 f_a/(mm/r)
粗磨	50~100 100~200 200~400 400~800 800~1000	136~68 68~45 45~23 23~12 12~8	0.05~0.10	0.17~3.00
精磨	50~100 100~200 200~400 400~800 800~1000	98~48 48~28 28~14 14~7.5 7.5~5	0.01~0.05	0.40~2.00

2）磨削余量选择。工件硬度越高，磨前工件表面粗糙度值越低，余量就应越小。轴类工件外圆磨削余量见表 5. 5-85。

3）接触轮和砂带。

① 接触轮和砂带的选择见表 5. 5-86。

表 5. 5-85　轴类工件外圆磨削余量

工 件 材 料	磨前表面状况	热处理	直径余量/mm
碳钢、合金钢、不锈钢	工件表面光整，无缺陷，表面粗糙度在 *Ra*1. 6μm 以上	高硬度件，淬火、调质件，未经处理工件	0. 03～0. 08 0. 05～0. 10 0. 10～0. 15
碳钢、合金钢、不锈钢	工件表面光整，无缺陷，表面粗糙度为 *Ra*3. 2μm	高硬度件，淬火、调质件，未经处理工件	0. 05～0. 10 0. 10～0. 15 0. 10～0. 20
碳钢、合金钢、不锈钢	工件表面有棱痕，不光整，局部有补焊，局部软硬不均，*Ra*6. 3～*Ra*3. 2μm	高硬度件，淬火、调质件，未经处理工件	0. 05～0. 12 0. 15～0. 20 0. 20～0. 25
黄铜、青铜、铸铁	工件表面光整，无缺陷，*Ra*6. 3～*Ra*3. 2μm	无须热处理	0. 20～0. 35

表 5. 5-86　接触轮和砂带的选择

工件材料	工序	砂带		接触轮	
		磨料	粒度号	外缘形状	硬度　HS-A
冷、热延压钢	粗磨 半精磨 精磨	WA WA WA	P30～60 P80～150 P150～500	锯齿形橡胶 平坦形、X 锯齿形橡胶 平坦形或抛光轮	70～90 20～60 20～40
不锈钢	粗磨 半精磨 精磨	WA WA C	P50～80 P80～120 P150～180	锯齿形橡胶 平坦形、X 锯齿形橡胶 平坦形或抛光轮	70～90 30～60 20～60
铝	粗磨 半精磨 精磨	WA、C	P30～80 P100～180 P220～320	锯齿形橡胶 平坦形、X 锯齿形橡胶 平坦形、X 锯齿形橡胶	70～90 30～60 20～50
铜合金	粗磨 半精磨 精磨	WA、C	P36～80 P100～150 P180～320	锯齿形橡胶 平坦形、X 锯齿形橡胶 平坦形、X 锯齿形橡胶	70～90 30～50 20～30
有色金属铸件	粗磨 半精磨 精磨	WA、C	P24～80 P100～180 P220～320	根据使用目的选择硬橡胶轮 平坦形或抛光轮 平坦形或抛光轮	50～70 30～50 20～30
铸铁	粗磨 半精磨 精磨	C	P30～60 P80～150 P120～320	矩齿形或 X 锯齿形橡胶 平坦形或 X 锯齿形橡胶 平坦形 X 锯齿形橡胶	70～90 30～50 30～40

（续）

工件材料	工序	砂带		接触轮	
		磨料	粒度号	外缘形状	硬度 HS-A
钛合金	粗磨 半精磨 精磨	WA、C	P36~50 P60~150 P120~240	小直径锯齿形橡胶轮 平坦形或抛光轮 平坦形或抛光轮	70~80 50 20~40
耐热合金	粗磨 半精磨 精磨	WA	P36~60 P40~100 P100~150	平坦形或锯齿形橡胶 锯齿形 平坦形	70~90 50 30~40

② 砂带的修整。一般情况下，砂带无须修整，但在使用新砂带进行精磨之前，则必须修整。因为，新砂带磨粒的等高性并不理想，经过修整可避免少数凸出的磨粒划伤工件表面，可用试件或其他工件先磨一次备用，也可用包砂布与砂带对磨，但切忌用力过大而使磨粒过早脱落。

4）砂带磨削的冷却、润滑与除尘。干磨时，必须应用吸尘装置，同时须对机床设备也采取除尘措施。

湿磨时，磨削液的流量与使用的砂带宽度有关，每100mm宽砂带使用的磨削液流量一般为56L/min。如果磨削不锈钢、钛合金等难磨材料，其流量还应加大。

① 磨削液与干磨剂的选择。由于砂带粘结剂多属无机物，易受不同化学溶剂的影响，故在选择各种活性度高的磨削液时，须特别注意。同时，由于粘结和基底的材质不同，其耐水性能也不同，也须注意。

固态脂、蜡等干磨剂主要用于粒度号大于P150的砂带，可有效防止砂带堵塞。

各类磨削液、干磨剂及其应用范围见表5.5-87。

磨削液的选择及磨削液的供应、循环系统参见5.2节。对于磨削液用量很大的宽幅砂带磨削，其磨削液循环系统如图5.5-98所示。

表5.5-87 各类磨削液、干磨剂及其应用范围

种类		特点	应用范围
非水溶性磨削液	矿物油 混合油 硫化氯化油	可提高磨削性能 可获得良好精磨表面 可提高磨削性能	非铁金属 金属精磨 铁金属、不锈钢粗磨
水溶性磨削液	乳化型 溶化型 液化型	润滑性能好，价格低廉 冷却、浸透性能好 冷却、浸透性能好，防锈性能好	金属磨削 金属磨削 金属精磨
固态脂、蜡助剂		可有效防止砂带堵塞	各种材料的干磨
水		冷却性能好	玻璃、石料、塑料、橡胶等

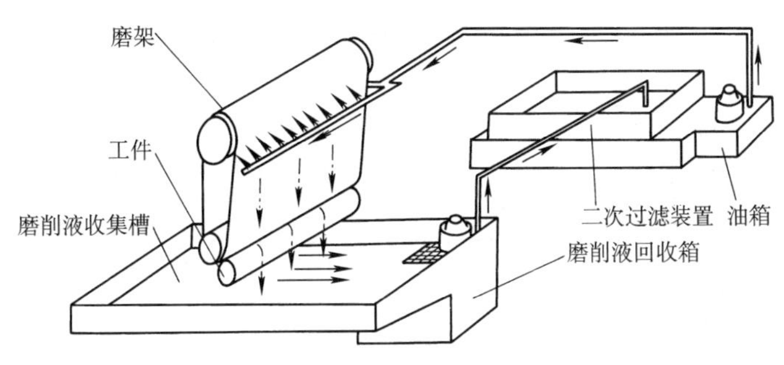

图5.5-98 宽幅砂带磨削液循环系统

② 砂带磨削的除尘。各类砂带磨削均应设有吸尘、集尘装置。有封闭罩壳的磨床，其吸尘口多设置在砂带与工件接触的切线方向（图 5.5-99b）或稍上方部位（图 5.5-99a）。磨屑通过吸尘道进入集尘袋或集尘箱。无封闭罩壳的磨床或多磨头（架）磨床，其吸尘口的装置如图 5.5-100 所示。由于多磨头的砂带运转方向不同，其吸尘口的朝向也不相同。在普通机床上利用砂带磨头磨削时，也必须设有吸尘装置，可在磨头电动机后面加装一个叶轮，有的还增设水槽，使用效果很好。其装置和叶轮结构分别如图 5.5-101 和图 5.5-102 所示。

5）接触轮式砂带磨削中出现的问题及改进措施（表 5.5-88）。

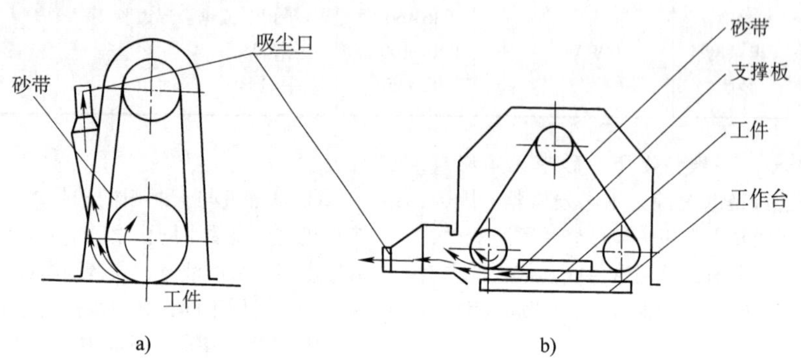

图 5.5-99　有罩壳磨床的吸尘口

a）吸尘口在上方　b）吸尘口在砂带与工件接触的切线方向

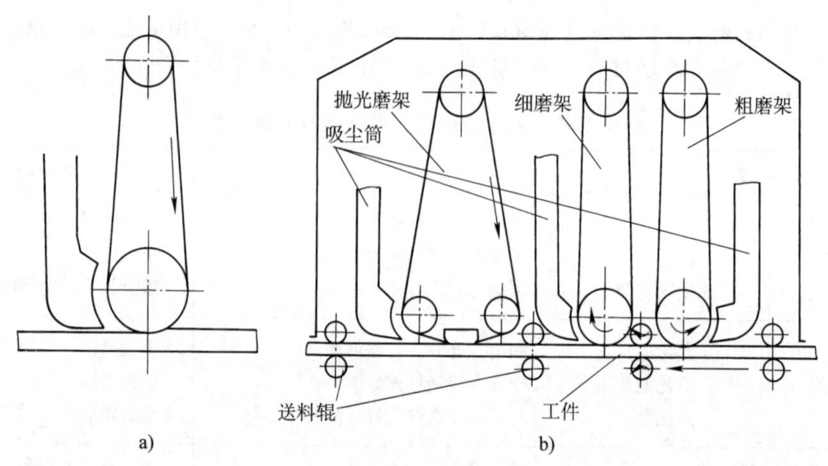

图 5.5-100　无罩壳和多磨头（架）磨床的吸尘口装置

a）无罩壳吸尘装置　b）多磨头（架）的吸尘口装置

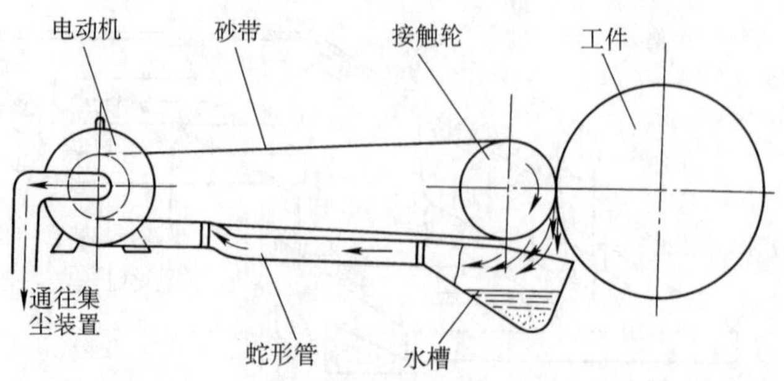

图 5.5-101　利用磨头电动机加装叶轮的吸尘装置

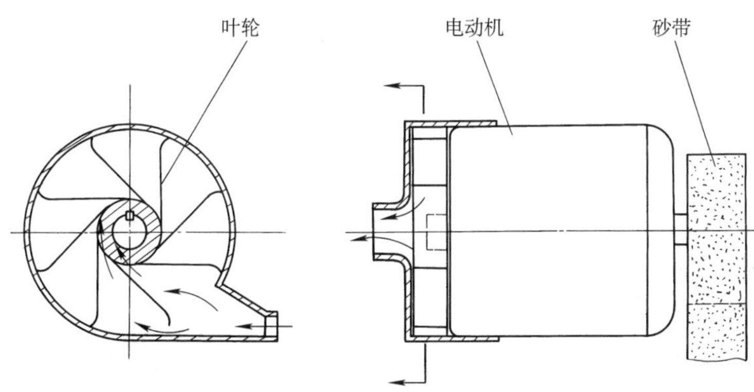

图 5.5-102 叶轮结构示意

表 5.5-88 接触轮式砂带磨削中出现的问题及改进措施

问题	更换		带槽接触轮		改变砂带速度		更换磨削液	加大沟槽槽深	选用更粗粒度砂带
	软的接触轮	硬的接触轮	减窄齿背	加宽齿背	提高	降低			
砂带堵塞		○	○				○		
砂带磨损			○				○	○	
切削能力低		○	○			○	○		○
表面粗糙度值高				○	○		○		
出现烧伤			○			○	○		○
加工外形过分硬	○		○			○		○	
出现振动	○		○					○	
磨粒脱落	○①	○②		○		○	○		
出现加工痕迹	○		○						
砂带边缘磨损	○								

① 接触轮宽为 10mm，单位功率低于 0.43kW。

② 接触轮宽为 10mm，单位功率高于 0.43kW。

4. 砂带寿命及其提高措施

1）砂带寿命。砂带寿命是指砂带开始切削到丧失切削能力的间隔时间。寿命长短，除砂带自身因素外，还与工件的材质和硬度、磨削负荷、加工方式以及工艺参数的选择等因素直接相关。

除在特殊情况下砂带发生断裂外，主要有磨粒严重脱落、磨粒磨钝以及切屑聚集于磨粒表面阻止其继续切削的黏附堵塞等三种情况，使砂带丧失切削能力。

对于砂带的磨损，国外一般是通过测量砂带的厚度来揭示磨粒磨损的过程和磨损特性的，其特性曲线如图 5.5-103 所示。图中 *AB* 段为新砂带初始期快速磨损阶段，在此阶段由于只有少数突出的磨粒与工件接触，单位面积的接触压力很大，可在短时间内造成磨粒破碎和快速磨损；*BC* 阶段是稳定磨损阶段，在此阶段由于绝大多数的磨粒都参与切削，金属切除率达到最大，但随之磨粒也逐渐磨耗，金属切除率也不断下降，继而因磨粒完全钝化而丧失切削能力。

由于磨削特性随磨粒磨耗而变化，故通常把砂带达到某一磨耗状态的时间作为砂带寿命的标志：在恒力磨削中，随砂带磨耗金属切除率不断降低，可以用达到某一切除率定值的总磨削时间来表示；在恒切除率磨削中，则可以用磨削力达到某一限值的总磨削时间来表示。

2）提高砂带寿命的措施。

① 选择适当的磨削负荷、接触轮和砂带速度。试验表明，采用逐渐增大磨削负荷的方法，即新砂带选用较小负荷，中期选用较大负荷，可提高砂带寿命 1/3～1/2。

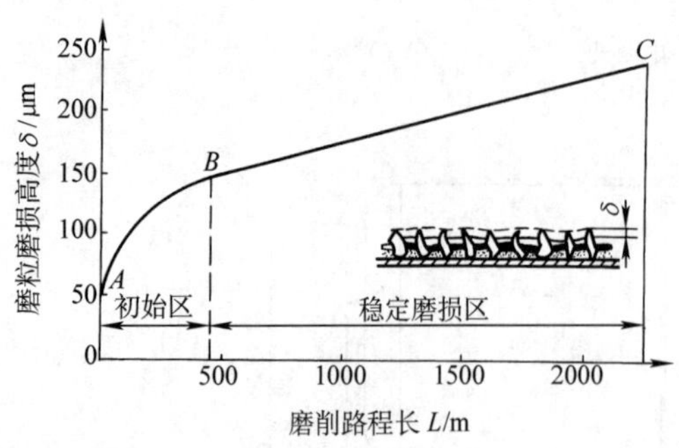

图 5. 5-103　砂带磨损特性曲线

② 定期改变砂带运转方向。此措施可使砂带寿命提高 3~4 倍，金属切除量可增加 1.4 倍。试验表明，砂带开始工作之后，金属切除率即开始随磨粒磨钝而下降，4~5min 后，可下降至 $Z=0.1$g/min。如果及时改变砂带转向，就可重新获得 Z=0.8~0.9g/min 的切削能力。如此，经 t_1、$t_2 \cdots t_5$ 等时间间隔，不断改变砂带转向，其寿命就可显著提高，如图 5.5-104 所示。图中曲线 1~5 为白刚玉砂带，1′~5′为单晶刚玉砂带。原来在 15min 内累计金属切除量分别为 2.14g 和 2.99g，经反复改变砂带转向，在相同的时间内，累计金属切除量分别为上述数据的 1.8 倍和 2.5 倍。

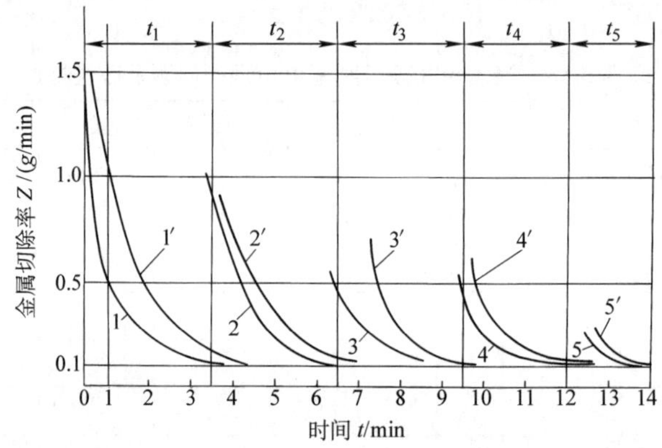

图 5. 5-104　定期不断改变砂带转向对砂带寿命的影响

工件材料为 45 钢，重力植砂砂带，非动物胶粘结剂

③ 选用适当的磨削液和干磨助剂。磨削液的选用可结合砂带特性。干磨助剂主要有石蜡和硬脂酸等。使用时将助剂均匀涂在砂带的砂面上，可有效避免由于切屑熔着集结在磨粒之间而造成的堵塞，如图 5.5-105 所示。如每 5min 涂一次蜡与不涂蜡相比，金属切除量之比为 3∶1。涂蜡的砂带在使用 25min 之后，仍具有不涂蜡的新砂带的切削能力。

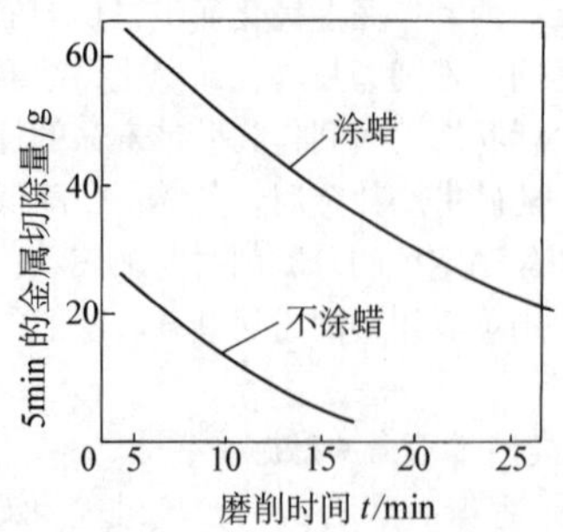

图 5. 5-105　磨削铝合金件涂蜡与否的对比效果

P60 刚玉砂带，$v_s=28$m/s，25mm 正方形铝合金工件

5. 砂带磨削实例

（1） 外圆砂带磨削

① 大型工件的磨削。磨削 20CrMoWV、280~300HBW 的轧机轧辊（图 5.5-106），利用 C61160 普通车床加装砂带磨头进行加工，磨前表面粗糙度 *Ra*6.3~*Ra*3.2μm，留磨量 0.12~0.14mm，经粗磨、半精磨和精磨达到图样要求。其参数选择见表 5.5-89。

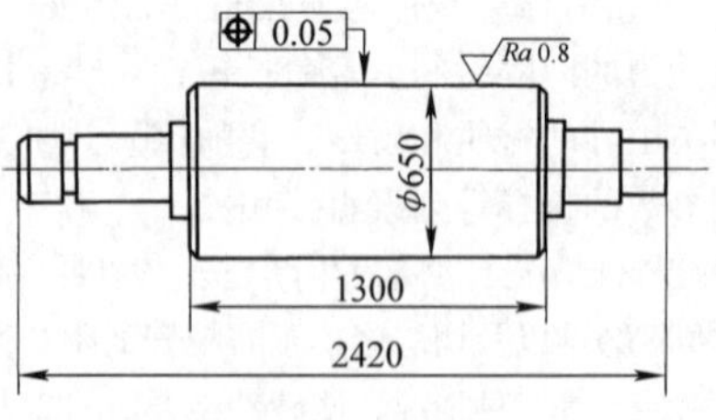

图 5. 5-106　轧机轧辊

② 轴类工件磨削。磨削方式用自由式；砂带磨料为 A 或 WA，粒度分别为 P60、P80、P120 和 P180；磨削用量分别为 $v_s=14.2$m/s、$v_w=4.5$m/min、$f_a=6$mm/r，使用乳化液精磨。其磨削结果见表 5.5-90。

表 5.5-89　轧机轧辊磨削参数选择

工序	磨削方式	砂带		磨削用量				冷却方式
		磨料	粒度	v_s/(m/s)	n_w/(r/min)	f_a/(mm/r)	F_n/N	
粗磨	接触轮式	棕刚玉(A)	P120	25.17	12.5	4.8	250	干式
半精磨			P180	25.17	12.5	3	250	
精磨	自由式		P220	25.17	5.5	3	200	

表 5.5-90　几种轴类工件的磨削结果

工件	加工要求	结　果		
		直径尺寸	圆度误差/mm	表面粗糙度 Ra/μm
正火件	$\phi360_{-0.215}^{-0.135}$mm×1695mm，$Ra$0.8μm		0.01~0.02	0.8 以下
调质件	$\phi45_{-0.085}^{-0.05}$mm×2993mm，Ra0.4μm	dd 配合，在公差范围之内	0.01~0.02	0.4
镀铬件	$\phi70_{-0.195}^{-0.095}$mm×3600mm，Ra0.4μm	de4 配合，在公差范围之内	0.01~0.02	0.4
	$\phi100_{-0.14}^{-0.05}$mm×1090mm，Ra0.4μm	de4 配合，在公差范围之内	0.01~0.02	0.4

③ 线材磨削。工件为 ϕ8mm 铆钉钢（T9A）和不锈钢（1Cr18Ni9Ti）线材，在 XMX12 型行星式线材砂带磨床上加工。选用参数：公转盘转速为 200r/min，线材进给速度为 2.74m/min，砂带速度 v_s = 20m/s，磨削接触压力 F_n = 50~200N；砂带磨料为 WA，粒度分别为 P46、P80。磨削结果见表 5.5-91。

表 5.5-91　线材行星式砂带磨削结果

线材	铆钉钢		不锈钢	
砂带	WA、P46	WA、P80	WA、P46	WA、P80
金属切除率/(kg/h)	2.99	2.53	0.76	0.466
磨削比	23	29.42	10.46	8.86
直径切除尺寸/mm	0.265	0.19	0.21	0.14
表面粗糙度 Ra/μm	3.2	0.8~1.6	3.2	0.8~1.6

(2) 内圆砂带磨削

工件材料为 A3F，内径加工尺寸为 ϕ3240mm、Ra0.8μm，选用 WA、P80、P120、P160 砂带；采用外缘为平坦形橡胶、ϕ100mm×60mm 接触轮；磨头电动机功率为 2.1kW。磨削用量选择：v_s = 24m/s、v_w = 15m/min、f_a = 5 ~ 20mm/r、a_p = 0.03 ~ 0.1mm、F_n = 20~300N。磨前要求 Ra6.3μm。在 5m 立车上用内圆磨头加工，其加工示意图见表 5.5-75 中类型 14 的图 a。

对 ϕ300~ϕ1000mm 的中大型内圆，一般在卧式车床和立式车床上利用砂带磨头或砂带轮磨头进行加工，也可在镗床上利用其偏心盘装一个镗磨头进行加工。

(3) 平面砂带磨削

① 在龙门刨床上磨削大型平板件。以磨削 10000mm×1800mm×90mm、Q235 焊接板为例，要求加工后平面度误差不大于 0.1mm/m，任一点厚度差不大于 0.2mm，Ra1.6μm。磨前精刨后，大部分表面达到 Ra3.2~Ra1.6μm，小部分只达到 Ra6.3μm，且有较深的啃刀痕，焊缝还存在软硬不均等缺陷。

经粗磨达 Ra1.6μm，精密后达 Ra0.8μm 以下。但又留下了由于更换砂带产生的接刀痕，最后进行了精修，达到 Ra0.4μm。其磨削用量选择见表 5.5-92。

表 5.5-92　大型平板磨削用量选择

磨削方式	工序	砂带		磨削用量				每条砂带切削工件宽/mm
		磨料	粒度	v_s/(m/s)	v_w/(m/min)	f_a/(mm/dst)	a_p/mm	
接触轮式，外缘橡胶 HS-A70	粗磨	棕刚玉(A)	P60	25	15~20	20~30	0.05~0.1	300
	精磨		P80	25	15	15	0.03~0.05	500~600
	精修		P120	25	15	10	以见不到太强的火花为宜	工件全宽1800

② 小型薄板冲压板——缝纫机推板磨削。工件为15钢、72mm×64mm×1.78mm冲压板，磨后要求达到Ra0.4μm。采用电磁盘吸持工件，乳化液湿磨，粗磨采用纵、横磨两道工序，砂带速度v_s=22m/s，其他各工序参数选择及结果见表5.5-93。

表5.5-93　各工序参数用量的选择及结果

工序	工件送进方向	工件送进速度/(m/min)	砂带粒度	背吃刀量a_p/mm	表面粗糙度Ra/μm
修磨基面	纵向	1.15	P100	0.02~0.03	3.2
粗磨1	纵向	1.0	P120	0.05~0.06	0.8
粗磨2	纵向	1.0	P120	0.03~0.04	0.8~0.4
半精磨1	纵向	1.0	P150	0.02~0.03	0.4
半精磨2	纵向	1.0	P180	0.02~0.03	0.4
精磨	纵向	1.0	P240	0.01	0.4~0.2

5.5.4　数控磨削

数控磨削与普通磨削相比，由于引入数字控制，应用范围更加广泛。随着数控技术的发展，数控磨削在磨削加工中占有越来越重要的地位。

1. 数控外圆磨削

(1) 磨削的特点

数控外圆磨床与普通外圆磨床相比具有以下特点：在磨削范围方面，普通外圆磨床主要用于磨削圆柱面、圆锥面或阶梯轴肩的端面，而数控外圆磨床除此而外，还可磨削圆环面（包括凸面和凹面），以及上述表面组成的各种复杂的组合表面；在进给方面，普通外圆磨床一般采用液压和手轮手动调节进给，只能横向（径向）进给和纵向（轴向）进给，而数控外圆磨床除横向（x轴）和纵向（z轴）进给外，还可以两轴联动，任意角度进给（切入或退出），以及做圆弧运动等，这些运动完全数字化，因此可以选择最佳的磨削加工工艺参数。数控外圆磨床在磨削用量的控制、自动测量、砂轮修整和补偿等方面都有独到之处。

数控外圆磨床砂轮头一般分为直型和角型两种。直型砂轮头适用于磨削砂轮两侧需要修整的工件，角型砂轮头一般偏转30°，适用于磨削砂轮单侧需要修整的工件。

(2) 基本磨削方式

数控外圆基本磨削方式见表5.5-94。

表5.5-94　数控外圆基本磨削方式

磨削方式		磨削简图	砂轮	备注
一般直轴外圆及轴肩端面的磨削	切入磨	粗磨 半精磨 精磨 无火花磨削 x=0	直型砂轮	适用于工件磨削部分轴向尺寸小于砂轮宽度时，一次切入完成粗磨、半精磨和精磨，整个磨削过程只有x轴运动
	纵磨	x=0	直型砂轮	适用于工件磨削部分轴向尺寸大于砂轮宽度时，砂轮沿x轴间歇进给，工件沿z轴纵向往复移动

（续）

磨削方式		磨 削 简 图	砂轮	备注
一般直轴外圆及轴肩端面的磨削	端面外圆磨	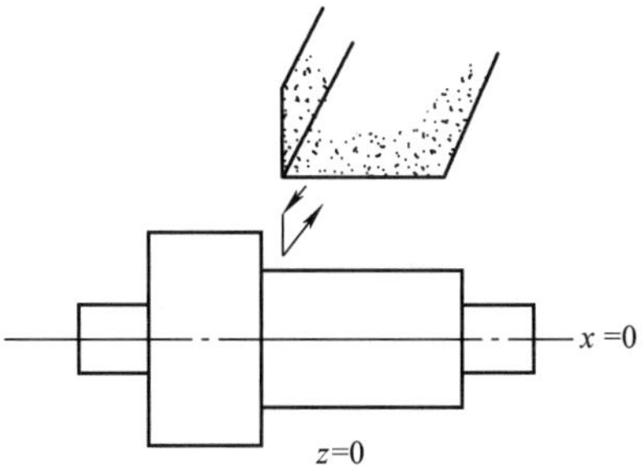 x =0 z=0	角型砂轮	磨削工件端面及外圆面，采用 x、z 轴联动，斜向切入，由于接触面积较大，要注意磨削条件，防止发生烧伤
复杂外圆形面的磨削	砂轮沿零件表面走出轮廓形状	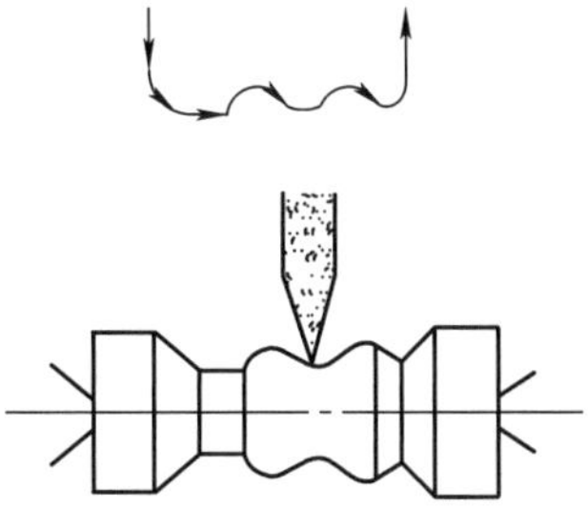	—	用来加工各种复杂形状的外圆表面，该方式必须使砂轮修得很尖，磨削时砂轮消耗快，尺寸精度不稳定
	成形砂轮磨削	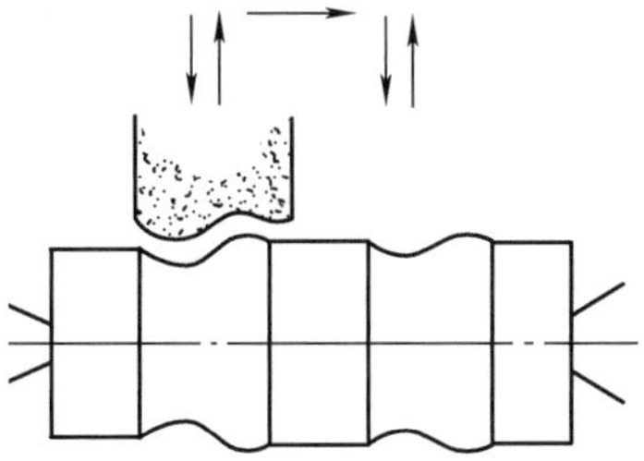	成形砂轮	适合于磨削小于砂轮宽度的各种形状的外圆表面，砂轮磨损较均匀，各部分尺寸精度易于控制
	复合磨削	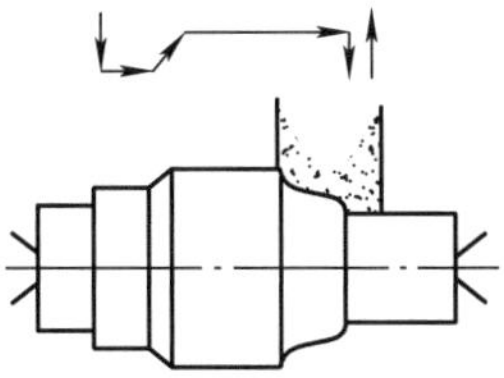	—	既有成形磨削又有沿廓形进给的磨削，要求相邻磨削表面加工时互不干涉

注：表中箭头表示砂轮相对于工件的运动轨迹。

（3）磨削的测量

1）在数控外圆磨削过程中，由于砂轮尺寸随磨削过程的进行不断发生变化，在批量加工中导致工件产生较大的累积误差，难以保证工件的尺寸公差。通过外径测量装置对工件的尺寸进行直接测量，并将结果转变为电信号反馈给数控系统，当到达设定尺寸时，发出电信号来控制磨削过程。在磨削开始前应精确地设定外径尺寸的零点，并设定好发出信号的尺寸位置或改变进给率的控制点（图 5.5-107 中的 P_1、P_2、P_3）。

2）实际编程中，一般采用跳跃机能（G31）或（/）来编程。测量头在工件氧化皮磨掉后再进到测量位置较好。

（4）数控外圆磨削加工工艺参数设定

1）外圆横向磨削条件设定。数控外圆磨削横向磨削条件的设定如图 5.5-108 所示，图中：P_1 为直接测量设定信号 1，是 $Ra80 \sim Ra5\mu m$ 与 $Ra3.2 \sim Ra2.5\mu m$ 的交换控制点；P_2 为直接测量设定信号 2，

是 $Ra3.2 \sim Ra2.5\mu m$ 与 $Ra0.32 \sim Ra0.02\mu m$ 的交换控制点；P_3 为直接测量设定信号 3，是磨削结束点。

2）数控外圆纵向磨削条件设定。数控外圆纵向磨削的切入方式和磨削条件见表 5.5-95。

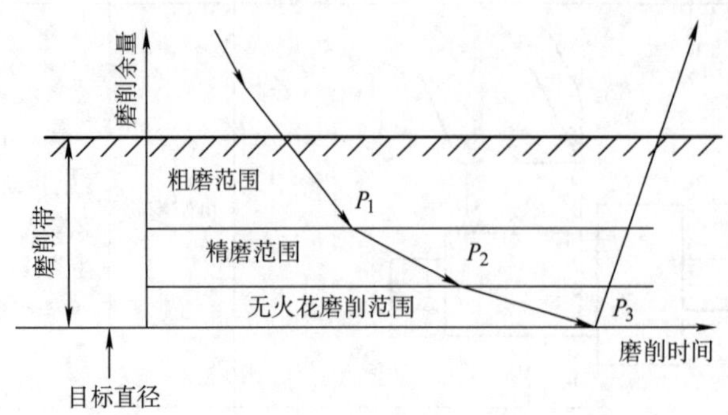

图 5.5-107　数控外圆磨削过程进给率的控制点

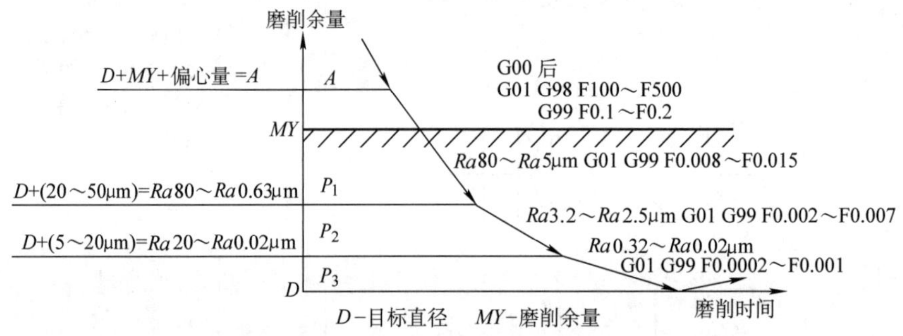

图 5.5-108　数控外圆磨削横向磨削条件

表 5.5-95　数控外圆纵向磨削的切入方式和磨削条件

表面粗糙度 Ra/μm	切入方式	端部暂停时间/s	切入速度设定	纵向进给速度设定
80~5	两端切入	0.1~2.0	G01 G99 F0.002~F0.01	G01 G98 F100~F2000
3.2~2.5	单端切入	0.1~1.0		
0.32~0.02	无切入	—	—	G01 G98 F50~F1500

注：其他磨削用量可参见普通外圆磨削。

3）数控端面磨削条件设定见表 5.5-96。

表 5.5-96　数控端面磨削的切入方式和磨削条件

切 入 方 式	表面粗糙度 Ra/μm	磨削余量/μm	切入速度设定
斜向切入	80~5	100~200	G01 G99 F0.005~F0.01
	3.2~2.5	8~20	G01 G99 F0.002~F0.005
	0.32~0.02	5~10	G01 G99 F0.001~F0.003

（续）

切入方式	表面粗糙度 Ra/μm	磨削余量/μm	切入速度设定
z向切入 ←	80~5	100~200	G01 G99 F0.003~F0.05
	3.2~2.5	8~20	G01 G99 F0.002~F0.04
	0.32~0.02	5~10	G01 G99 F0.0005~F0.002

数控端面磨削要注意以下两点：

① 端面磨削与外圆磨削相比，砂轮接触面积大，发热多，易发生烧伤，因此切入速度要尽量小一些。

② 斜向切入时，x 轴、z 轴同时运动到达指令点，因此要注意分配 x、z 的切入量，也就是切入角度要适当。

(5) 数控外圆磨削砂轮修整（表 5.5-97）

表 5.5-97 数控外圆磨削砂轮修整

修整器种类	修整次数	每次修整单边余量/μm	修整速度
焊接型金刚石修整器，也适用于端面修整	2~3	10~20 用于端面修整时为 $\frac{\text{外径修整量}}{2}\times0.6$	G01 G98 F150~F300 用于端面修整时速度降低30%~50%
粘结型金刚石修整器	2~3	10~20	G01 G98 F150~F400

(6) 数控外圆加工实例

喷嘴阀（图 5.5-109）是在数控外圆磨床上加工的一个较典型的零件。该零件要磨削 ϕ10h5mm 圆柱面、1∶8 圆锥面和 R2.5mm 圆弧面，各处单边磨削余量为 0.1mm。

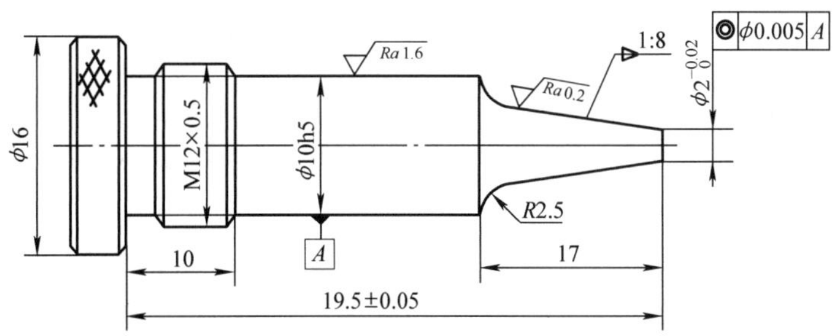

图 5.5-109 喷嘴阀

1）磨削工件工艺分析。该零件外圆面公差 ϕ10h5mm、锥面的表面粗糙度 Ra0.2μm、同轴度 ϕ0.005mm 是磨削加工要保证的加工精度。因有同轴度的要求，所以要一次装夹完成外圆和锥面的磨削。根据喷嘴阀的结构形状，采用 M12×0.5 螺纹与 ϕ16mm 侧面拧紧定位。磨削方法既可采用直型砂轮先磨出圆柱面，再用圆弧、直线插补走出圆弧面及锥面（图 5.5-110），也可将砂轮修整成喷嘴阀标准轮廓形状，进行成形磨削（图 5.5-111）。

两种方案比较可见：用平砂轮磨圆弧与锥面，只有尖端磨削，接触面小，砂轮磨损快，锥面精度低，表面粗糙度值大，因此不宜采用此方案。由于要磨削

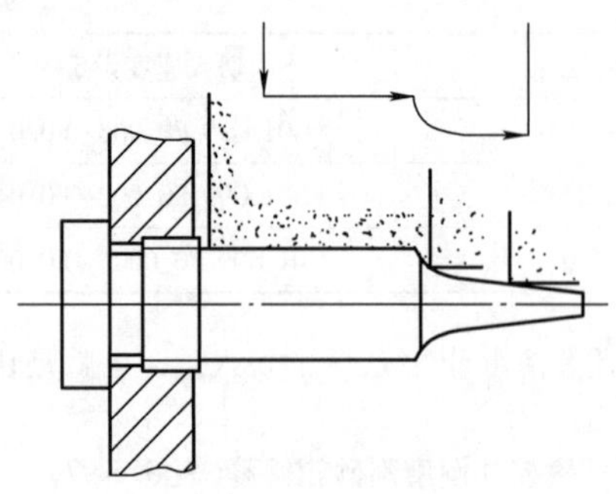

图 5.5-110　平砂轮磨削

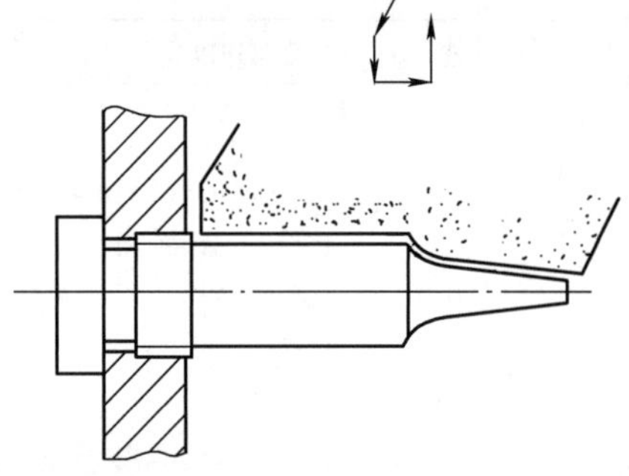

图 5.5-111　成形砂轮磨削

部分的长度不大，可以采用成形磨削的方式，既可提高磨削效率，又能满足加工要求。

2）磨削程序。该工件可在 GA5N 型数控外圆磨床上加工，数控系统为 FANUC-10T，并配有自动测量装置。磨削程序如下：

N1　G50 X200.0 Z0 T0；
N10 G00 Z0.8 M13 S1；
　　X30.0 S4；
　　G01 G98 X11.0 F300；
　　G99 X10.5 Z0.4 F0.2 S5；
N15 X10.1 Z0 F0.01；
　　X9.997 F0.005；
　　G04 U5.0；（暂停，无火花磨削）
　　G98 W2.0 F5；
　　W5.0 F100；
　　G00 X200.0 M12；
　　G40 Z0 T0；
　　M30；

这个程序基本上描述了磨削运动过程，但由于砂轮尺寸随着磨削过程不断变化，在批量加工中产生较大的累积误差，采用该程序难以保证零件的尺寸公差和每个零件被磨削部分尺寸的一致性。采用直接测量系统可以解决上述问题。该机床配备了自动测量装置，可与跳越机能 G31 配合完成数控磨削过程。当被磨削工件测量部分尺寸达到测量仪某设定值时，测量仪发出信号，正在执行的具有 G31 的程序段结束，跳到下一程序段。因此，可以在程序段中给定一个较大的磨削余量的相对值，在该程序段运行指令未执行完之前到达余量的设定值，使剩余余量被忽略，转去执行下一程序段。改变进给率的控制点分别设定为：$P_1=0.04$，$P_2=0.005$，$P_3=0$。

程序从 N15 以下改为：

　　G01 X10.3 Z0.3 F0.02；
　　X10.2 Z0 F0.01；
　　M21；
　　G31 U-0.5 F0.005 M24；
　　G31 U-0.4 F0.008；
　　G31 U-0.1 F0.0002；
　　M97
N20 G50 X9.997 Z0 T0；
N21 G04 P1000；
　　G98 W2.0 F5；
　　W5.0 F100；
　　M95；
N99 G01 U5.0 M23；
　　……

程序中 M21 为测量头前进到测量位置的指令，M24 指令测量开始，M97 是对 G31 输出 3P 点信号检查指令，M95 为修整计数器减 1 指令，M23 指令测量头退回。

使用这个程序，可以使各零件的尺寸偏差控制在 ±0.01mm 之内。

（7）常见问题及解决办法

1）数控外圆磨床的编程与数控车床类似，由于砂轮有一定的宽度，编程时应在砂轮上找一点作为“刀尖”点，也就是刀具编程点。图 5.5-112 所示为直型砂轮和角型砂轮的刀具编程点。

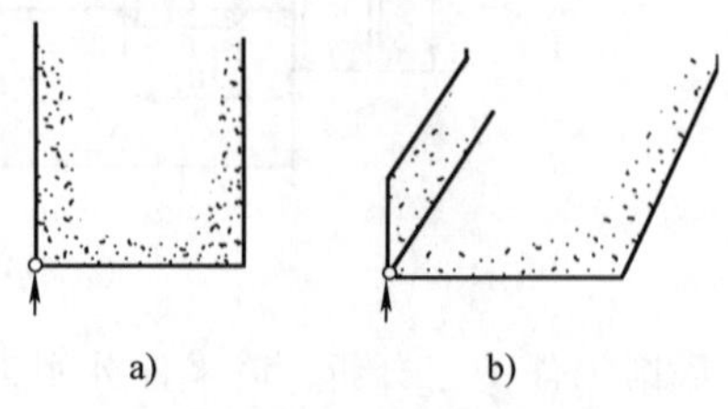

图 5.5-112　砂轮的编程点
a）直型砂轮　b）角型砂轮

2）在使用圆弧插补 G02、G03 时，要特别注意方向判断。磨削工件时圆弧插补方向判断如图 5.5-113

所示，砂轮修整时圆弧插补方向判断如图 5.5-114所示。

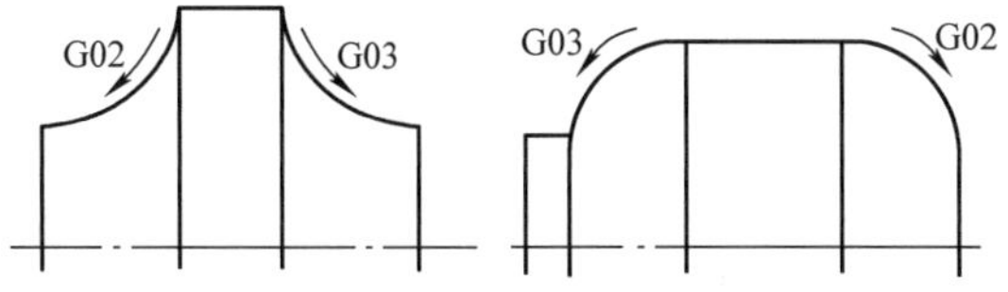

图 5.5-113　磨削工件时圆弧插补方向判断

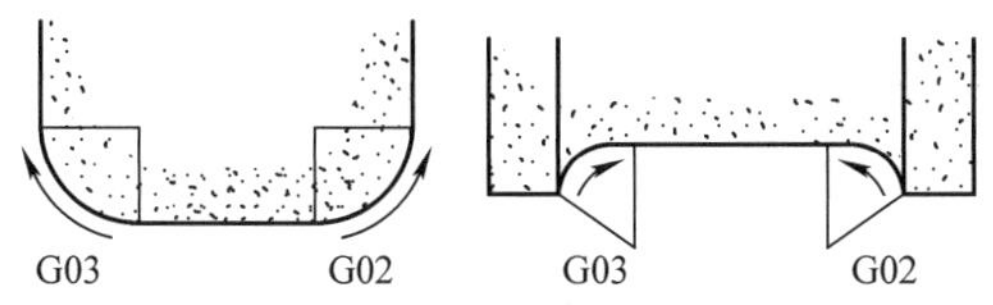

图 5.5-114　砂轮修整时圆弧插补方向判断

3）在 R 补偿时，从 G41 或 G42 到 G40 为止，不要连续输入 2 个以上没有动作的程序段，也不能进行相反方向的运动，也就是说，在补偿中禁止往复运动。

2. 数控坐标磨削

数控坐标磨床有立式和卧式两种，有单柱的，也有双柱的。机床通常由机械本体、CNC 系统、电气系统、液压系统、气动装置、吸尘装置、磨削液装置、喷雾冷却装置等组成。数控坐标磨床的 CNC 系统可控制 3 轴、4 轴、5 轴，联动轴数有 2 轴、$2\frac{1}{2}$轴、3 轴等，可以实现连续轨迹磨削和坐标点位数控（主轴旋转角度）磨削。磨头速度最高已达 200000r/min，定位精度可在任意 30mm 内达到 0.8μm，轮廓精度可达 5μm 以上。

（1）数控坐标磨削的基本方法

常用数控坐标磨削基本方法见表 5.5-98。

表 5.5-98　常用数控坐标磨削基本方法

方　法	简　图	说　明
内孔通孔磨削		1. 主轴做冲程运动，砂轮做行星运动并高速旋转 2. 磨小孔，砂轮直径取孔径的 3/4
外圆磨削		1. 砂轮旋转，并做行星运动，行星运动的直径不断缩小 2. 砂轮垂直进给
外锥面磨削		1. 砂轮旋转，并做行星运动，行星运动的直径不断缩小 2. 砂轮锥角方向与工件相反

（续）

方　法	简　图	说　明
沉孔磨削	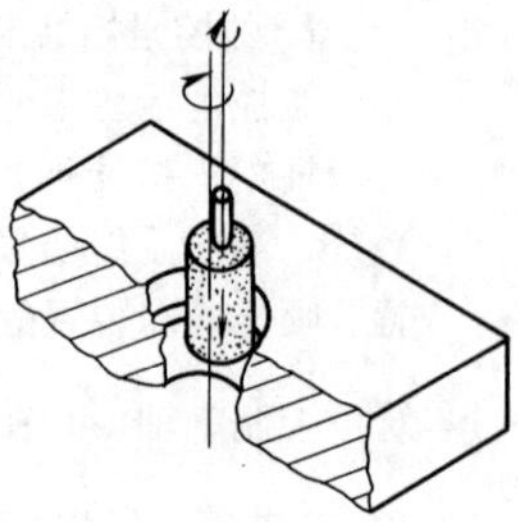	1. 砂轮自转同时做行星运动，垂直进给，砂轮主要工作面是底面棱边 2. 内孔余量大时，此法尤佳
沉孔成形磨削	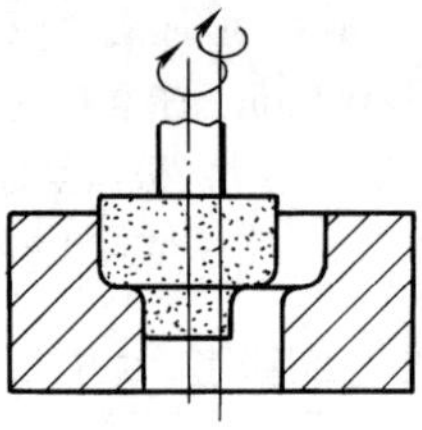	1. 成形砂轮旋转，同时做行星运动，垂直方向无进给 2. 磨削余量小时，此法尤佳
底部磨削	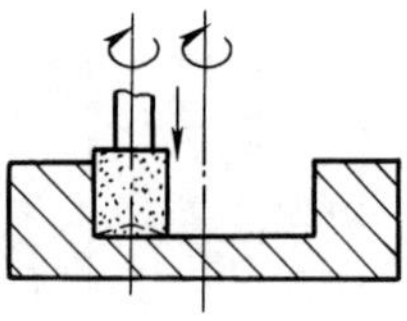	1. 砂轮底部修凹 2. 进给方式同沉孔磨削
横向磨削	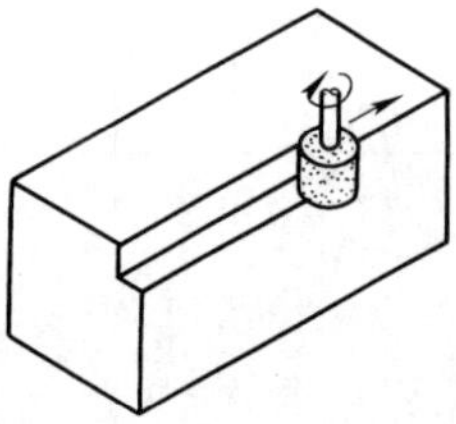	1. 砂轮旋转，直线进给，不做行星运动 2. 适于直线或轮廓的精密加工 3. 砂轮底部修凹
垂直磨削	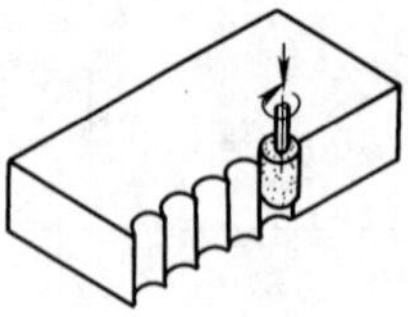	1. 砂轮旋转，垂直进给 2. 适用轮廓磨削且余量大的情况 3. 砂轮底部修凹
锥孔磨削（用圆柱形砂轮）	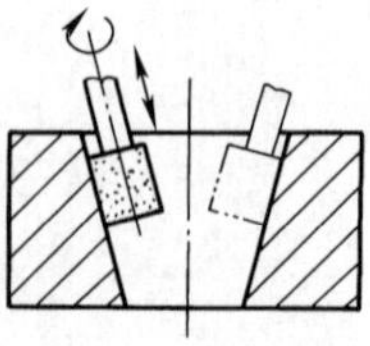	1. 将砂轮调一个角度，此角为锥孔锥角的一半 2. 砂轮旋转，并做行星运动，垂直进给

（续）

方　法	简　图	说　明
锥孔磨削（用圆锥砂轮）	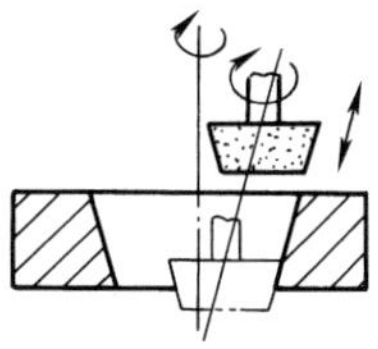	1. 砂轮旋转，主轴垂直进给，行星运动直径不断缩小 2. 砂轮角度修整成与锥孔锥角相适应
倒锥孔磨削	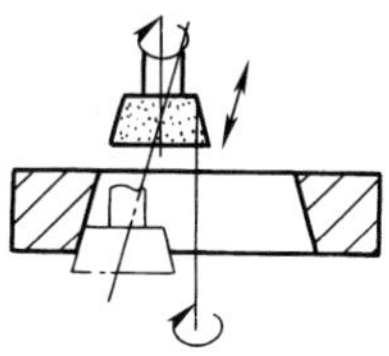	1. 砂轮旋转，主轴垂直运动，随砂轮下降，行星运动直径不断扩大 2. 砂轮修整成与锥孔锥角相适应
槽侧磨	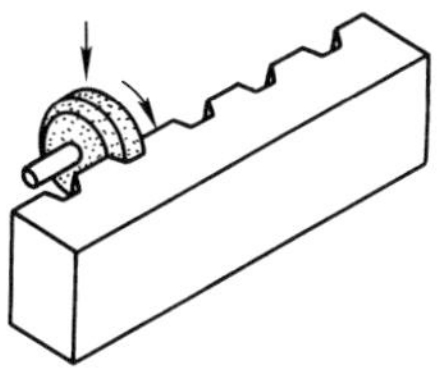	1. 砂轮旋转，垂直进给 2. 用磨槽机构，砂轮修整成需要的形面 3. 复杂形面用 x、y 平面插补
外倾角磨削	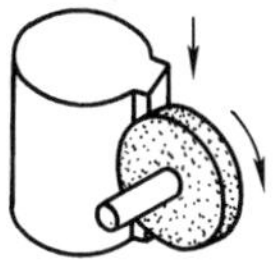	1. 用磨槽机构，按需要修整砂轮 2. 砂轮旋转，垂直进给 3. 砂轮中心要高出工件的上、下平面
内倾角磨削	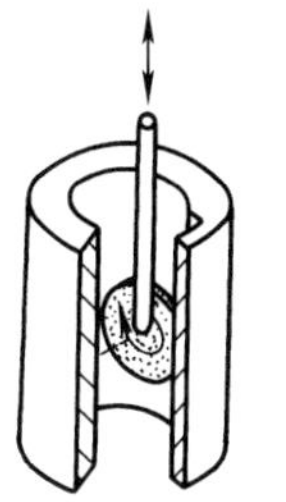	1. 用磨槽机构，按需要修整砂轮 2. 砂轮旋转，垂直进给 3. 砂轮中心要高出工件的上、下平面 4. 砂轮直径小于孔径
凹球面磨削	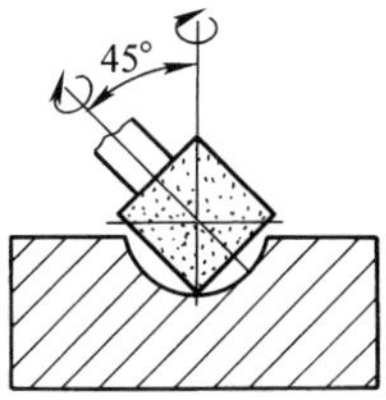 45°	1. 用附件 45°角板，将高速电动机磨头安装在 45°角板上 2. 砂轮旋转，同时绕主轴回转
连续轨迹磨削	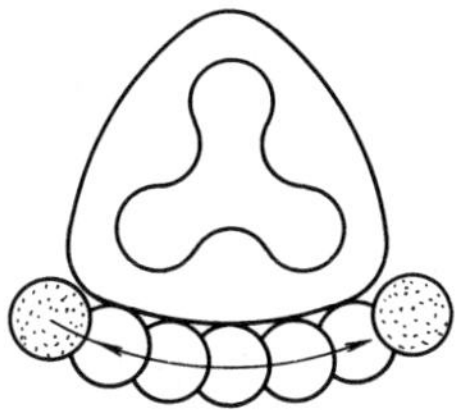	1. 用电子进给系统 2. 砂轮旋转，同时按预订轨迹运动

注：根据需要，可将表中的基本磨削方法组合运用。

(2) 数控坐标磨削机床的附件和通用夹具

机床配备多种附件和夹具，常用的有立式分度转台（手动或电动）、卧式分度转台、可倾分度转台、可转位平口钳、精密自定心卡盘、精密正弦平口钳、定心规、正弦规、测量显微镜、小孔定心显微镜、磨削接触视听仪、各种砂轮修整器、组合压板和等高块等。

灵活运用各种附件和夹具可简化操作，提高效率和加工准确性。

(3) 数控坐标磨削砂轮

数控坐标磨床常用的是带金属杆砂轮，用磨头弹簧夹头夹持，见表 5.5-99。

表 5.5-99 数控坐标磨床常用砂轮

磨料	结合剂	形状	特点
氮化硼（CBN）	金属（电镀）、树脂	圆柱、圆锥、碗形、筒形	高硬度，低磨损、不易修整
金刚石			
氧化铝	陶瓷	圆柱、圆锥、环形、平形、碗形、筒形等	成本低，应用范围广且可修整成形
碳化硅			

(4) 数控坐标磨削加工工艺参数

① 加工余量。通常按前道工序可保证的几何公差和热处理要求，单边预留余量 0.03~0.30mm。

② 进给量。径向连续切入磨孔时取 0.1~1mm/min；轮廓磨削时，初磨取 0.03~0.10mm/次，终磨取 0.004~0.01mm/次。

③ 进给速度。一般为 10~30mm/min，进给量和进给速度的调整视工件材料、砂轮性能、冲程长度和冲程速度等确定。

④ 光磨次数。轮廓加工采用主轴冲程运动的，最终光磨 3~5 次。

(5) 数控坐标磨削加工实例

加工零件如图 5.5-115 所示，加工工艺见表 5.5-100。

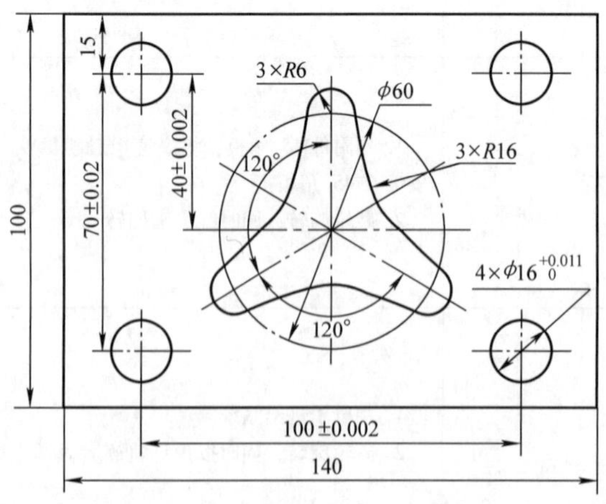

图 5.5-115 数控坐标磨削零件

表 5.5-100 零件加工工艺

工序	工序名称	设备
1	铣毛坯六面	立式铣床
2	半精磨两平面	平面磨床
3	钻 4×ϕ16mm 孔及内型腔穿丝孔	立式钻床
4	镗 4×ϕ16mm 孔	坐标镗床
5	淬火	—
6	精磨两平面	平面磨床
7	内型腔线切割	线切割电火花机床
8	磨 4×ϕ16mm 孔及内型腔	数控坐标磨床

取零件型腔尺寸中心为坐标原点，以绝对坐标编程。分两步磨削：

1) 先加工 4×$\phi16^{+0.011}_{0}$ mm，采用内孔通孔磨削法（参见表 5.5-98），每个孔位调用一次磨削子程序。程序如下：

```
N1 U-0.2000 G60                  /＊U 轴移动到开始进刀位＊/
N2 X-50.000 Y40.000 G60
/N3 G12 L1.020                   /＊G12：调用子程序，L 后面参数为 1.＊＊＊表示调用 1 次，
N4 X50.000 G60                   020 表示子程序的起始段号 N20＊/
/N5 G12 L1.020                   /＊“/”为跳跃标志，当面板上“跳跃选择”开关合上后，
N6 Y-30.000 G60                  所有带有“/”的程序段被跳过不执行＊/
/N7 G12 L1.020
N8 X-50.000 G60
/N9 G12 L1.020
N10 M02                          /＊程序结束＊/

子程序：N20 G10                  /＊ 子程序起始标志＊/
N21 U0.0000 F1 M20 M08           /＊ U 轴进刀到终止位＊/
N22 G04 L30.000                  /＊ 暂缓执行下一段程序，延时 30s 整＊/
N23 U-0.2000 F50                 /＊ U 轴退刀＊/
N24 M25 M09                      /＊ M25 升起主轴＊/
N25 G11                          /＊ 子程序结束＊/
```

2）加工内型腔时，轮廓切入处以 1/4 圆切向切入，1/4 圆切向切出（切入、切出圆半径大于砂轮半径），加工轨迹如图 5.5-116 所示。选用砂轮实际尺寸为 ϕ10.00mm 时，工具参数设定为 T_1 = 10.080；T_2 = 10.020；T_3 = 10.000。即第一次进刀 0.050mm，第二次进刀 0.030mm，第三次进刀 0.010mm，最后光磨三次。

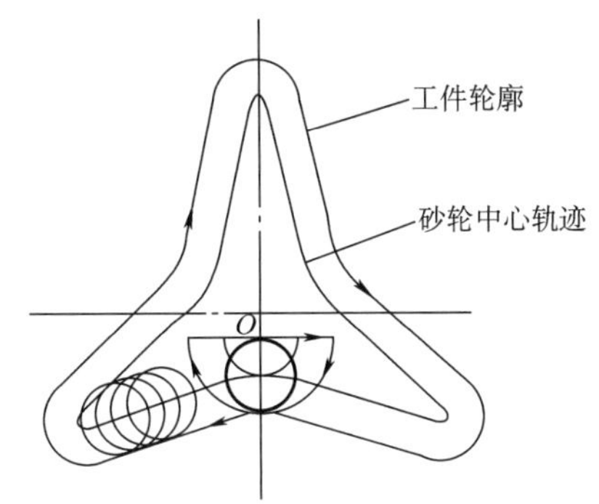

图 5.5-116 内型腔磨削加工轨迹

内型腔磨削加工程序如下：

```
 N1 X0.000 Y-4.000 G60
/N2 G12 T01 L1.020               /＊指定工具参数编号 01，调用子程序 1 次＊/
/N3 G12 T02 L1.020               /＊指定工具参数编号 02，调用子程序 1 次＊/
 N4 M01
/N5 G12 T03 L4.020               /＊指定工具参数编号 03，调用子程序 4 次＊/
 N6 M02
子程序：
 N20 G10
 N21 X10.000 Y-4.000 F100 G01 G42
 N22 X0.000 Y-14.000 F30 I0.000 J-4.000 G02 M20 M08
 N23 X-4.723 Y-14.712 I0.000 J-30.000 G03
 N24 X-24.210 Y-20.733 G01
```

```
N25 X-30.060 Y-10.600 F8 I-25.981 J-15.000 G02
N26 X-15.103 Y3.266 F30 G01
N27 X-10.380 Y11.446 I-25.981 J15.000 G03
N28 X-5.850 Y31.333 G01
N29 X5.850 Y31.333 F8 I0.000 J30.000 G02
N30 X10.380 11.466 F30 G01
N31 X15.103 Y3.266 I25.981 J15.000 G03
N32 X30.060 Y-10.600 G01
N33 X24.210 Y-20.733 F8 I25.981 J-15.000 G02
N34 X4.723 Y-14.712 F30 G01
N35 X0.000 Y-14.000 I0.000 J-30.000 G03
N36 X-10.000 Y-4.000 I0.000 J-4.000 G02 M25 M09
N37 X0.000 Y-4.000 F100 G01 G40
N38 G11
```

注意：加工程序必须根据所用机床编程说明书规定的指令和格式进行编写，本节的加工实例仅供参考。

5.6 磨削加工中常见缺陷及其解决办法

5.6.1 通用磨削中产生缺陷的主要原因

外圆磨削、内圆磨削、平面磨削、无心外圆磨削常见缺陷的产生原因分别见表5.6-1～表5.6-4。

表5.6-1 外圆磨削常见缺陷的产生原因

磨削缺陷	机床	砂轮	工件	工艺	磨削液
工件表面产生直波纹	1. 头架主轴轴承精度不良或磨损 2. 电动机无隔振装置或失灵 3. 横向进给导轨或滚柱磨损，使抗振性能变差 4. V带长短不一 5. V带卸荷装置失灵 6. 电动机轴承磨损 7. 电动机动平衡不良 8. 液压泵振动 9. 砂轮主轴轴承精度超差 10. 尾架套筒与壳体配合间隙过大 11. 砂轮法兰与主轴锥度配合不良 12. 顶尖与套筒锥孔接触不良 13. 工件顶得过紧或过松	1. 平衡不良 2. 硬度不高或不均匀 3. 已用钝，不锋利 4. 磨损不均匀 5. 修整用量过细或金刚石已磨损导致刚修整的砂轮不锋利 6. 砂轮粒度过细 7. 砂轮直径过小	1. 转速过高 2. 中心孔不良 3. 直径过大 4. 重量过重 5. 自身不平衡 6. 工件细长		

（续）

磨削缺陷	机床	砂轮	工件	工艺	磨削液
工件表面产生螺旋形波纹	1. 工作台导轨润滑油过多，产生漂移 2. 砂轮主轴轴线与头、尾架轴线不同轴 3. 修整砂轮时金刚石运动中心线与砂轮轴线不平行 4. 工作台有爬行现象 5. 砂轮架偏转使砂轮与工件接触不好 6. 砂轮主轴轴向窜动 7. 砂轮主轴间隙过大 8. 砂轮主轴翘头或低头过度导致砂轮素线不直。应修刮砂轮架或调整轴瓦 9. 热变形不稳定。应注意季节，掌握开机后热变形规律，待稳定后再工作	1. 硬度过高 2. 修整过细，修整砂轮时机床热变形不稳定 3. 修整不及时，磨损不均匀 4. 修整砂轮时磨削液不足		1. 横向进给量过大 2. 纵向进给量过大 3. 磨削力过大 4. 应及时修整砂轮，适当减小切削用量	供给不足
工件表面拉毛、划伤		1. 磨粒脱落。应选用较好的砂轮并将砂轮两边倒角 2. 磨料选择不当 3. 砂轮粒度选用不当 4. 修整砂轮后表面留有或嵌入空穴的磨粒。用粗粒度的砂轮磨削较软金属时，应先磨一下试件，使突出的磨粒脱落后再进行正常磨削	精磨余量太小（留有上道工序的磨纹）		1. 不清洁 2. 供给不足
工件表面烧伤		1. 修整过细 2. 砂轮用钝未及时修整 3. 硬度太硬或粒度过细，磨料或结合剂选用不当。应根据工件材料及硬度等特点选用合适的砂轮，当工件硬度≥64HRC时，宜用CBN砂轮		1. 切削用量过大 2. 工件转速太低 3. 靠端面时砂轮接触面太宽，应减小到0.5~2mm	1. 磨削液压力及流量不足 2. 磨削液喷射位置不当 3. 磨削液变质 4. 磨削液选用不当。应根据磨削性质和工件材质特性选择恰当的磨削液

（续）

磨削缺陷	机床	砂轮	工件	工艺	磨削液
工件呈锥度	1. 工件旋转轴线与工件轴向进给方向不平行 2. 热变形不稳定 3. 工作台导轨润滑油过多，有漂移	1. 磨损不均匀或不锋利 2. 修整不良	中心孔不良	磨削用量及压力过大。应在砂轮锋利的情况下，减小磨削用量，增加光磨次数	
工件呈鼓形或鞍形	机床导轨水平面内直线度误差超差	1. 不锋利 2. 成形精度差。成形磨削时，应调整仿形修整板或修复金刚石滚轮的精度	工件细长，刚度差。应用中心架支撑，顶尖不宜顶太紧	1. 中心架调整不当，支撑压力过大 2. 磨削用量过大，一方面使工件弹性变形产生鼓形；另一方面，若顶尖顶得太紧，导致工件因受磨削热伸胀变形而产生鞍形。宜减小磨削用量，增加光磨次数，注意工件的热伸胀，调整顶尖压力	
工件台肩处外圆尺寸较大		边角磨损或素线不直。应及时修整砂轮		1. 粗、精磨未分开，引起砂轮边角磨损 2. 换向时工作台停留时间太短	
工件两端直径较小或较大				1. 工作台换向停留时间过长或太短 2. 砂轮越出工件太多或太少。应调整换向挡块位置，使砂轮越出工件端面 1/3～1/2 的砂轮宽度	
工件台肩端面跳动	1. 头架主轴止推轴承间隙过大 2. 砂轮主轴轴向窜动过大			砂轮纵向进给量过大，退刀过快	供给不足
工件端面垂直度超差	砂轮轴线与工件轴线不平行，偏差过大	1. 砂轮磨损 2. 砂轮端面与工件接触面过大。宜在砂轮端面上开槽或将砂轮端面修整成凹形，使其接触面宽度小于 2mm			

（续）

磨削缺陷	机床	砂轮	工件	工艺	磨削液
工件阶梯轴各轴颈同轴度超差	1. 头架主轴径向跳动过大（用卡盘装夹工件时） 2. 尾架套筒与壳体配合间隙过大		中心孔不良	1. 顶尖与套筒锥孔接触不良 2. 磨削工步安排不当 粗、精磨应分开，且尽可能在一次装夹中完成精磨	
工件圆度超差	1. 尾架套筒与壳体配合间隙过大 2. 消除横向进给机构螺母间隙的预紧力过小 3. 砂轮主轴与轴承配合间隙过大 4. 头架轴承松动（用卡盘装夹工件时） 5. 主轴轴向跳动过大（用卡盘装夹工件时）	不锋利或磨损不均匀	1. 中心孔不良 2. 中心孔或顶尖因润滑不良而磨损 3. 工件顶得过紧或过松 4. 本身不平衡。应做好工件的平衡和配重工作，并适当降低工件转速 5. 弹性变形未完全消除。应调整好磨削用量，适当增加光磨次数	1. 顶尖与套筒锥孔接触不良 2. 夹紧工件的方法不当。应掌握正确的夹紧方法和增大夹紧点的面积，使其压强减小	

表 5.6-2 内圆磨削常见缺陷的产生原因

磨削缺陷	机床	砂轮	工件	工艺	磨削液
工件表面产生直波纹	1. 头架轴承松动 2. 头架轴承磨损 3. 磨头装配及调整精度差。应调整磨头轴承间隙使其达到精度要求，或适当增加轴承的预加负荷	1. 砂轮与工件的接触长度过大而引起振动 2. 不锋利 3. 砂轮不平衡引起振动 4. 接长轴长而细，刚性差。应提高接长轴的刚性，磨小孔时可采用硬质合金刀杆			
工件表面产生螺旋形波纹	1. 工作台爬行 2. 磨头轴向窜动太大	砂轮与工件接触不良。应注意修整砂轮时金刚石的位置		纵向进给速度太大	

（续）

磨削缺陷	机床	砂轮	工件	工艺	磨削液
工件表面拉毛、划伤		砂轮与工件接触面积太大，因排屑不良，引起拉毛、划伤。应适当减小砂轮直径			1. 不清洁 2. 供应不足或喷嘴位置不当。应调整好喷嘴位置，加大磨削液喷射流量
工件呈锥度	工件旋转轴线与磨头轴向进给方向不平行	1. 硬度太低 2. 不锋利		1. 夹具V形座中心高不对 2. 光磨次数不够 3. 中心架调整不当。应调整中心架，使工件轴线与头架中心的连线相重合	
工件圆度超差	1. 头架轴承松动或磨损 2. 磨头轴承松动或磨损		1. 本身不平衡 2. 以外圆为基准用中心架及V形夹具时，外圆精度不够	1. 工件夹得过紧，产生了变形 2. 工件夹紧点的位置不当使工件产生变形 3. 薄壁套的磨削装夹不当。应将工件装入套筒内，采用端面压紧	
工件表面烧伤		1. 直径过大 2. 已用钝，不锋利		1. 工件转速太低，切削用量过大 2. 砂轮变钝或堵塞 3. 砂轮自锐性差	供给不足
工件端面与孔垂直度超差			工件基面被磕碰或有脏物	花盘基面不平或有毛刺。应注意文明生产，保护好基面，勿使其被磕碰、划伤、弄脏，应用油石清理基面并擦拭干净	

（续）

磨削缺陷	机床	砂轮	工件	工艺	磨削液
工件呈喇叭形	砂轮接长轴刚性差	1. 磨削中间有沉槽的通孔时，砂轮宽度不够引起喇叭形 2. 磨削短台肩孔时，砂轮超出工件太多引起喇叭形。应选用窄一点的砂轮或将砂轮越出部分的直径修小一些 3. 磨削有键槽的内孔时，砂轮太宽引起槽边塌角。应适当减小砂轮宽度或在工件槽内嵌入垫物（胶木或金属）		1. 砂轮越出工件太多引起喇叭形 2. 砂轮越出工件太少引起倒喇叭形	
工件端面平面度超差	磨头轴线与导轨不平行				

注：内圆磨削中产生的螺旋形、拉毛划伤、锥度等缺陷与外圆磨削有共性，使用时请参考表5.6-1。

表5.6-3　平面磨削常见缺陷的产生原因

磨削缺陷	机床	砂轮	工件	工艺	磨削液
工件表面产生波纹	1. 主轴轴承间隙过大 2. 主轴电动机转子不平衡 3. 外界振动源引起机床振动 4. 主轴电动机转子与定子间隙不均匀 5. 头架塞铁间隙过大或接触不好 6. 液压系统振动 7. 工作台换向时冲击而引起工件的一端或两端出现波纹 8. 磨头系统刚性差。应对配合滑动面进行修刮和调整，保持其精度要求	1. 不平衡 2. 硬度太硬 3. 圆周面上硬度不均匀 4. 已用钝，不锋利		1. 砂轮法兰盘锥孔与主轴接触不良 2. 垂直进给量太大 3. 当砂轮与工件有相对振动时出现菱形花纹，应调整换向时间，并采取措施消除其他原因的振动	

（续）

磨削缺陷	机床	砂轮	工件	工艺	磨削液
工件表面拉毛、划伤				砂轮罩上或砂轮法兰盘上积存的磨屑、杂物落在工件表面上。注意文明生产，经常清理砂轮罩和法兰盘上的脏物，保持清洁	1. 供应不足 2. 不清洁 3. 砂轮表面与工件之间有细砂粒或脏物。应注意磨削液的清洁度，可在砂轮的左、右两边各安装一个喷嘴，进行双向冲洗，并加大压力和流量
工件表面有直线痕迹	1. 热变形不稳定 2. 主轴系统刚性差	已用钝，不锋利		1. 进给量太大 2. 金刚石修整器安装的位置不对。应安放在工作台面上，以保持砂轮素线与工件被磨表面平行	
工件表面烧伤		1. 粒度太细或硬度太硬 2. 已用钝，不锋利 3. 修整太细		1. 工件进给速度太低 2. 背吃刀量太大	1. 喷射位置不佳 2. 压力及流量不够
工件塌角或侧面呈喇叭形	主轴轴承间隙过大	1. 选择不当 2. 不锋利		1. 换向时越程太大。应在工件两侧加辅助件与工件一起进行磨削或适当减小越程 2. 背吃刀量过大。应减小进给量，增加光磨次数	

（续）

磨削缺陷	机床	砂轮	工件	工艺	磨削液
工件两表面平行度或平面度超差	1. 热变形太大 2. 导轨润滑油太多 3. 导轨润滑油压力差太大 4. 磨床横向运动精度超差	1. 选择不当 2. 不锋利。应及时修整砂轮，可在砂轮圆周上开槽	1. 基准平面度超差或有毛刺 2. 工件内应力未消除 3. 工件太薄，变形较大。解决办法主要有：磨第一面时基准面可用纸或橡胶垫垫实；可翻身多磨几次；采用真空吸盘，吸面上涂油；磁力过渡块及剩磁装夹，使工件在自由状态下磨削	1. 背吃刀量太大 2. 用压板压紧工件磨削时夹紧点不合理，夹紧力过大 3. 用砂轮端面磨削时，立柱倾斜角未调整好 4. 夹具基准面不平或有毛刺、脏物。应修研夹具基准面，或在充磁状态下修磨磁性吸盘面，并注意保持夹具基准面的清洁	供给不足

注：平面磨削中工件表面拉毛、划伤的部分原因请参考表5.6-1。

表5.6-4 无心外圆磨削常见缺陷的产生原因

磨削缺陷	机床	砂轮/导轮	工件	工艺	磨削液
工件圆度超差	1. 砂轮与导轮不平行 2. 导轮主轴和轴承配合间隙过大，导轮的传动平带过松，速度不均匀 3. 定位杆端面或工件定位端面不垂直	1. 不锋利 2. 导轮表面不清洁 3. 导轮未修圆或工作时间过久而失圆。应在调整回转板角度后再重新修整导轮	上道工序加工后工件的圆度太差，工件本身圆度超差过大	1. 托板不清洁或磨损 2. 磨削用量过大 3. 磨削次数较少	供给不足
工件呈棱圆	1. 机床受外界振动影响 2. 砂轮或导轮传动带松动。应调整带的松紧度，使砂轮与导轮速度均匀	砂轮与导轮的不平衡度过大		1. 托板顶面斜角过大 2. 托板太薄 3. 工件中心高不适当。出现奇数棱圆应提高中心高，出现偶数棱圆则应降低中心高 4. 在切入磨削时，工件不能均匀转动。应将导轮倾角调到15′~30′之间	
工件直线度超差		切入磨削时砂轮太软。应选用硬一点的砂轮，注意及时修整，减小进给量，增加光磨次数	工件弯曲太大。应采用低中心磨削法，减小余量并增加光磨次数	1. 修整砂轮用的仿形板直线度超差 2. 工件与导轮接触不好。应重新调整或修整导轮	

（续）

磨削缺陷	机床	砂轮/导轮	工件	工艺	磨削液
工件圆柱度超差		1. 砂轮和导轮已磨损，失去原来的正确形状 2. 在切入磨削时砂轮硬度太低 3. 修整不良。应根据工件锥度方向调整好修整器的位置、角度，重新修整砂轮		1. 托板本身不直 2. 修整砂轮用的仿形板直线度超差或已磨损 3. 工件轴线与砂轮和导轮的轴线不平行，前（后）导板低于导轮素线过多或向导轮方向倾斜，造成工件前（后）部直径小。应调整前（后）导板高度，使其与导轮素线平行，并保持与后（前）导板在同一直线上	
工件前部被切去一块				1. 导轮架回转座的转角不对，入口处工件被磨去过多 2. 工件入口处导板的里端超过导轮的前端面。应调整导板，适当向外移	
工件后部有三角形切口或很微小的痕迹			端面不平或有毛刺	1. 工件中心过高 2. 导板位置不当。应将导板适当前移	
工件后半部被切去一长条				1. 工件出口处的托板伸出导轮的后端面太多 2. 工件出口处导板的里端未超过导轮的后端面。应调整导板，使其移离导轮的后端面	
工件表面有振动痕迹（鱼鳞斑白色条纹）		1. 砂轮或导轮不平衡 2. 砂轮硬度太硬或已用钝 3. 砂轮粒度太细 4. 砂轮修整得太粗糙或太光		1. 工件中心太高引起跳动 2. 导轮转速过高 3. 托板支撑斜面磨损或弯曲 4. 托板刚性不足 5. 托板未紧固牢靠	

（续）

磨削缺陷	机床	砂轮/导轮	工件	工艺	磨削液
工件表面有烧伤		1. 砂轮修整太细或已用钝 2. 硬度太硬		1. 导轮转速太低 2. 回转板位置不合适，使磨削区火花集中在某一段内。若磨削用量小时出现烧伤，应增大纵向进给速度；若磨削用量大时出现烧伤，则应减小背吃刀量，增加磨削次数	供给不足
工件表面粗糙度值超差		1. 粒度太粗 2. 修整太粗 3. 硬度太软 4. 导轮倾斜角过大		1. 修整器的金刚石已用钝 2. 工件纵向进给速度太快 3. 回转板位置不当，使磨削区火花分布不正常	
工件尺寸分散性大	1. 微量进给失灵 2. 自动测量装置失灵 3. 自动修整砂轮的修整量与进给补偿量不相适应	刚修整的砂轮不锋利或金刚石已磨损	1. 工件余量分布不均 2. 磨削前工件锥度大、圆度不好		

5.6.2 磨削缺陷产生原因的综合分析

表5.6-5中列出了磨削常见缺陷产生原因的现场统计数据，并提出了消除缺陷的方法。

表5.6-5 磨削常见缺陷产生原因的现场统计数据及其消除方法

产生缺陷的主要原因			消除缺陷的主要方法
概率	内　容	频数	
工艺 32.99%（97）	1. 磨削用量过大，磨削力过大，进给量太大（垂直、横行、纵向），光磨次数不够	19	正确选用磨削用量，增加光磨次数
	2. 工装基准面不平、有毛刺或工装精度不良等	10	保护好工装基准面及精度并注意及时修复
	3. 顶尖与头、尾架套筒锥度配合不良	7	注意文明生产，勿使锥面磕碰、弄脏
	4. 工件转速过高或过低，工件前进速度太高或太低	5	按工艺参数合理调整速度
	5. 夹紧工件的方法不当	5	合理选择夹紧方法
	6. 砂轮越出工件端面太多或太少	3	调整使其适当

（续）

<table>
<tr><th colspan="3">产生缺陷的主要原因</th><th rowspan="2">消除缺陷的主要方法</th></tr>
<tr><th>概率</th><th>内　容</th><th>频数</th></tr>
<tr><td rowspan="11">工艺
32.99%（97）</td><td>7. 砂轮法兰盘与主轴接触不良</td><td>3</td><td>注意文明生产，勿使锥面磕碰、弄脏</td></tr>
<tr><td>8. 粗、精磨未分开或间隔时间太短</td><td>2</td><td>粗、精磨应分开，并注意冷却</td></tr>
<tr><td>9. 中心架支撑调节不当</td><td>2</td><td>调整支撑点，支撑力不宜过大</td></tr>
<tr><td>10. 砂轮罩及法兰盘上积存磨屑、脏物</td><td>2</td><td>注意文明生产，经常清扫擦净</td></tr>
<tr><td>11. 工作台换向停留时间过长或过短</td><td>2</td><td>根据工件尺寸调整停留时间</td></tr>
<tr><td>12. 砂轮端面与工件接触面太大</td><td>2</td><td>应将砂轮端面修整成内凹形，接触面宽度应小于2mm</td></tr>
<tr><td>13. 修整器位置不当</td><td>1</td><td>调整位置</td></tr>
<tr><td>14. 顶尖顶工件过紧</td><td>1</td><td>适当调整顶力</td></tr>
<tr><td>15. 砂轮接长轴细而长，刚性差（内圆磨削）</td><td>1</td><td>增强其刚性</td></tr>
<tr><td>16. 砂轮直径变小，没有及时更换</td><td>1</td><td>磨削凸轮时要特别注意及时更换砂轮</td></tr>
<tr><td>17. 其他方法不当（主要指无心磨削托板、回转板、中心高度、导板、导轮等的调整及双端面磨削的送料、出料导板、送料盘等的调整）</td><td>31</td><td></td></tr>
<tr><td rowspan="15">机床</td><td rowspan="7">砂轮主轴（含磨头及导轮）与头尾架
12.93%（38）</td><td>1. 砂轮主轴轴承磨损，间隙过大，精度超差，径向跳动及轴向窜动</td><td>19</td><td>调整、修复或更换轴承（轴瓦）</td></tr>
<tr><td>2. 头架主轴轴承磨损，间隙过大，精度超差，径向跳动及轴向窜动</td><td>7</td><td>调整、修复或更换轴承（轴瓦）</td></tr>
<tr><td>3. 砂轮主轴轴线与尾架中心连线（或导轮轴线）平行度或同轴度超差</td><td>5</td><td>调整或修复使之恢复精度</td></tr>
<tr><td>4. 尾架套筒与壳体配合间隙过大</td><td>2</td><td>更换套筒</td></tr>
<tr><td>5. 主轴刚度差</td><td>2</td><td>增强主轴刚度</td></tr>
<tr><td>6. 砂轮主轴中心与导轨平行度超差</td><td>2</td><td>调整或修复</td></tr>
<tr><td>7. 头架塞铁间隙过大（平面磨床）</td><td>1</td><td>调整或修复</td></tr>
<tr><td rowspan="8">振动源
5.10%（15）</td><td>1. 受外界振动源影响</td><td>3</td><td>磨床要远离振动源，并做好防振沟</td></tr>
<tr><td>2. 砂轮与工件的接触面过宽或过长</td><td>2</td><td>减小接触面的宽度或长度</td></tr>
<tr><td>3. 电动机无隔振装置或失灵</td><td>2</td><td>增添隔振装置或修复</td></tr>
<tr><td>4. 电动机、带轮整体动平衡不好</td><td>2</td><td>做好整机动平衡工作</td></tr>
<tr><td>5. 液压系统振动</td><td>2</td><td>排除故障，消除振动</td></tr>
<tr><td>6. 砂轮不平衡</td><td>2</td><td>做好砂轮平衡工作</td></tr>
<tr><td>7. 带卸荷装置失灵</td><td>1</td><td>修复</td></tr>
<tr><td>8. 工件本身不平衡</td><td>1</td><td>做好工件平衡及配重工作</td></tr>
</table>

（续）

产生缺陷的主要原因				消除缺陷的主要方法
概率		内　容	频数	
机床	工作台与导轨 4.08%（12）	1. 工作台导轨润滑油太多，供油压力过大	4	调整润滑油的供给压力及流量
		2. 工作台爬行或换向时冲击	3	修复
		3. 导轨水平面内直线度及精度超差	2	修刮，恢复其精度
		4. 金刚石运动中心线与砂轮轴平行度超差	1	调整或修刮运动导轨，提高其精度
		5. 工件旋转轴线与工件轴向运动方向的平行度超差	1	检查工件中心孔，确认良好后，调整机床
		6. 导轮磨损或变形	1	修刮，使其恢复精度，并注意变形
	电动机与带轮 2.38%（7）	1. 带松动或V带长度不一致	3	调整或更换
		2. 电动机、带轮整体动平衡不好	1	做好整机动平衡工作
		3. 轴承磨损	1	更换
		4. 电动机无隔振装置或失灵	1	改进、增补隔振装置或修复
		5. 带卸荷装置失灵	1	修复
	热变形 2.04%（6）	1. 机床本身热变形（油压系统及砂轮主轴头）	4	注意季节，掌握规律，开机后待热变形稳定后才工作
		2. 受环境、外界热源的辐射引起的热变形	2	改善环境条件，消除热变形
	横向进给系统 1.70%（5）	1. 横向进给机构间隙过大	2	调整消除间隙的压力或修复
		2. 横向进给导轮或滚柱磨损	1	修刮或更换导轮与滚柱（注意修配）
		3. 砂轮架偏转使砂轮与工件接触不好	1	调整砂轮架，修刮或更换导轮与滚柱（注意修配）
		4. 砂轮架横向导轨扭曲	1	修刮导轨
砂轮 23.39%（69）	修整 13.27%（39）	1. 已用钝或磨损不均匀，未及时修整砂轮	21	应掌握工件的特点及精度变化规律，及时修整砂轮
		2. 修整过细或过粗及修整不良	8	根据磨削要求选择正确的修整方法及用量
		3. 金刚石已磨损，使刚修整的砂轮不锋利	3	金刚石应及时换方向或更换新的
		4. 砂轮与工件接触长度过大或端面接触过大	2	修整砂轮使其减小接触面，选用合适的砂轮
		5. 导轮磨损、失圆，未及时修整	2	注意及时修整
		6. 修整后砂轮表面残留磨粒或嵌入到空穴中	1	修整后用细钢丝刷刷一遍
		7. 修整时磨削液不足	1	加大磨削液供给
		8. 成形精度差	1	仿形板或金刚石滚轮已磨损，应修复

（续）

产生缺陷的主要原因				消除缺陷的主要方法
概率		内容	频数	
砂轮 23.39% （69）	砂轮选用不当 8.16%（24）	1. 硬度过高或过低	10	应根据工件特点及砂轮要求，按磨具的特性及其选择规则正确选用砂轮
		2. 粒度过粗或过细	5	
		3. 尺寸或形状选择不当	4	
		4. 磨料选择不当	3	
		5. 结合剂选择不当	2	
	平衡不良 1.02%（3）	平衡不良	3	根据砂轮的平衡要求进行平衡
	砂轮质量不好 1.02%（3）	1. 工作表面硬度不均匀	2	选用优质砂轮
		2. 使用中易脱粒	1	
工件 8.16%（24）		1. 前道工序工件精度差	5	提高和控制前道工序的精度要求
		2. 中心孔不良	4	修研中心孔，注意文明生产
		3. 本身不平衡	3	对工件进行平衡或增加配重
		4. 工件精磨余量太少或太多	3	加强质量控制管理，控制精磨余量
		5. 工件细长	3	用中心架支撑
		6. 工件磕碰或有毛刺	3	注意文明生产，轻拿轻放，完善工位器具
		7. 直径过大或重量过重	2	增加辅助支撑，适当降低转速
		8. 工件太薄，易变形	1	采用适当的工装与方法夹紧工件
		9. 工件本身内应力未消除	1	消除工件内应力
磨削液 7.14%（21）		1. 供给不足（压力小、流量小、喷射位置不对）	14	调整压力、流量及喷射位置
		2. 不清洁	3	更换磨削液
		3. 选用不当	2	按磨削液的选用方法选用
		4. 变质失效	2	及时更换

注：表中的百分数为出现的概率，如工艺为 32.99%，说明产生磨削缺陷的因素中工艺占 32.99%，工艺（97）为统计资料中工艺影响磨削缺陷出现的次数为 97。总计缺陷统计数为 294 例次。

从表 5.6-5 可知，掌握正确的磨削工艺，维护保养好机床及工装精度，正确选用砂轮和正确、及时地修整砂轮，是减少磨削缺陷的主要措施和途径。

参考文献

[1] 陈宏钧. 实用机械加工工艺手册 [M]. 4 版. 北京：机械工业出版社，2016.

[2] 李伯民，赵波. 现代磨削技术 [M]. 北京：机械工业出版社，2003.

[3] 王爱玲. 现代数控编程技术及应用 [M]. 北京：国防工业出版社，2002.

[4] 王爱玲. 实用数控编程技术及应用 [M]. 北京：国防工业出版社，1993.

第6章

齿轮、蜗轮蜗杆、花键加工

主　编　夏忠发（中国第一汽车集团公司）
副主编　高洪彪（中国第一汽车集团公司）
参　编　倪　峤（中国第一汽车集团公司）
吴乃云（中国第一汽车集团公司）
袁照丹（中国第一汽车集团公司）
孙　鹏（中国第一汽车集团公司）
王　辉（中国第一汽车集团公司）
张晓杰（中国第一汽车集团公司）
高　迪（中国第一汽车集团公司）
李　凯（中国第一汽车集团公司）

常用符号表

表1 圆柱齿轮符号表

序号	符号	名　称
1	α_P	标准基本齿条轮齿压力角
2	h_{aP}	标准基本齿条轮齿齿顶高
3	c_P	标准基本齿条轮齿与相啮标准齿条轮齿之间的顶隙
4	h_{fP}	标准基本齿条轮齿齿根高
5	ρ_{fP}	基本齿条的齿根圆角半径
6	p	齿距
7	s_P	标准基本齿条轮齿的齿厚
8	e_P	标准基本齿条轮齿的齿槽宽
9	h_{wP}	标准基本齿条和相啮标准齿条轮齿的有效齿高
10	m	齿轮模数
11	m_n	斜齿轮的法向模数
12	m_t	斜齿轮的端面模数
13	z	齿轮齿数
14	β	齿轮分度圆柱螺旋角
15	α	齿轮分度圆压力角
16	α_n	斜齿轮的分度圆法向压力角
17	α_t	斜齿轮的分度圆端面压力角
18	h_a^*	齿顶高系数
19	h_{an}^*	斜齿轮的齿顶高系数
20	h_{at}	斜齿轮的端面齿顶高系数
21	c^*	顶隙系数
22	c_n^*	斜齿轮的法向顶隙系数
23	c_t^*	斜齿轮的端面顶隙系数
24	d	分度圆直径
25	d_b	基圆直径
26	p_n	斜齿轮的法向齿距
27	p_t	斜齿轮的端面齿距
28	p_b	基圆齿距
29	p_{bt}	斜齿轮的端面基圆齿距
30	h_a	齿顶高

（续）

序号	符号	名　称
31	h_f	齿根高
32	h	齿高
33	d_a	齿顶圆直径
34	d_f	齿根圆直径
35	a	中心距
36	u	齿数比
37	α_a	齿顶压力角
38	ε_α	端面重合度
39	ε_β	纵向重合度
40	ε_γ	总重合度
41	P_z	导程（斜齿圆柱齿轮）
42	k	公法线跨齿数
43	W_k	公法线长度
44	$\bar{h}_c$	固定弦齿高
45	$\bar{s}_c$	固定弦齿厚
46	d_m	跨球尺寸的量球（柱）直径
47	α_M	跨球尺寸的量球（柱）中心所在圆压力角
48	M	跨球尺寸的量球（柱）测量距
49	Σ	交错轴斜齿轮的轴交角
50	v_s	齿面间相对滑动速度
51	z_v	当量齿数
52	x	齿轮变位系数
53	α_t'	变位齿轮传动的啮合角
54	y	外啮合角度变位传动的中心距变动系数
55	p_n	齿条法向齿距
56	p_t	齿条端面齿距
57	v	切削速度
58	f	进给量
59	γ_z	滚刀螺旋升角
60	x_n	斜齿轮的法向变位系数
61	b	齿轮齿宽
62	r_b	齿轮基圆半径

（续）

序号	符号	名　　称
63	L	齿廓展开长度
64	φ	齿轮转角
65	f_{pt}	齿轮单个齿距偏差
66	F_{pk}	齿轮齿距累积偏差
67	F_p	齿轮齿距累积总偏差
68	F_α	齿轮齿廓总偏差
69	$f_{f\alpha}$	齿轮齿廓形状偏差
70	$f_{H\alpha}$	齿轮齿廓倾斜偏差
71	F_β	齿轮螺旋线总偏差
72	$f_{f\beta}$	齿轮螺旋线形状偏差
73	$f_{H\beta}$	齿轮螺旋线倾斜偏差
74	F'_i	齿轮切向综合总偏差
75	f'_i	齿轮一齿切向综合偏差
76	F''_i	齿轮径向综合总偏差
77	f''_i	齿轮一齿径向综合偏差
78	F_r	齿轮径向跳动

表2　直齿锥齿轮符号表

序号	符号	名　　称
1	α	压力角
2	h_a^*	齿顶高系数
3	c^*	顶隙系数
4	m	齿轮模数
5	Σ	轴交角
6	z	齿数
7	u	齿数比
8	δ	节锥角
9	z_v	当量圆柱齿轮齿数
10	u_v	当量圆柱齿轮齿数比
11	d	分度圆直径
12	z_c	冠轮齿数
13	R	外锥距
14	b	齿宽
15	ϕ_R	齿宽系数

（续）

序号	符号	名　　称
16	d_m	齿宽中点分度圆直径
17	m_m	齿宽中点分度圆模数
18	x	高变位系数
19	x_s	切向变位系数
20	h_a	齿顶高
21	h	齿高
22	h_f	齿根高
23	d_a	大端齿顶圆直径
24	θ_f	齿根角
25	θ_a	齿顶角
26	δ_a	顶锥角
27	δ_f	根锥角
28	A_e	分锥顶点到轮冠在轴线上的投影距离
29	s	大端分度圆弧齿厚
30	$\bar{s}$	大端分度圆弦齿厚
31	$\bar{h}_a$	大端分度圆弦齿高
32	$\bar{s}_c$	大端固定弦齿厚
33	$\bar{h}_c$	大端固定弦齿高
34	ψ	弧齿厚中心角
35	λ	齿角
36	s_x	圆周齿厚
37	$\bar{s}_x$	测量截面上的弦齿厚
38	$\bar{h}_x$	测量截面上的弦齿高
39	W_e	直齿锥齿轮大端槽底宽
40	W_i	直齿锥齿轮小端槽底宽
41	i_c	滚比
42	α_0	刨刀齿形角
43	s_a	刨刀顶刃宽
44	α_a	刨刀顶刃后角
45	γ_a	刨刀侧刃前角
46	τ_j	刨齿机刀架齿距角
47	δ_j	刨齿机安装根锥角
48	A_j	刨齿机轴向轮位

（续）

序号	符号	名　称
49	B_j	刨齿机床鞍位移量
50	i_g	刨齿机机床滚比值
51	θ_{bj}	刨齿机摇台摆角
52	B_i	刨齿机床鞍分齿后退量

表 3　弧齿锥齿轮符号表

序号	符号	名　称
1	f_p	齿距极限误差
2	F_p	齿距累积误差
3	F_r	齿圈跳动
4	B	AGMA2009-A98 精度等级前缀
5	m_n	齿轮模数
6	d	齿轮中点直径
7	b_e	外刀刀齿基距
8	b_i	内刀刀齿基距
9	K_e	外刀体基距
10	K_i	内刀体基距
11	l_0	修缘长度
12	α_0	修缘量
13	α	工作刃刀片齿形角
14	δ	修缘角度
15	h_0	修缘高度
16	α_W	外刀压力角
17	α_N	内刀压力角
18	s_a	刀顶宽
19	r_n	刀尖圆弧半径
20	W	刀顶距
21	d_w	刀尖直径
22	z_w	尖齿刀具刀片组数
23	r_w	尖齿刀具刀盘公称半径
24	i	齿轮速比
25	β	齿轮螺旋角
26	R_e	外锥距
27	β_0	No118 或 No26 机床偏心角

（续）

序号	符号	名　称
28	θ_0	No118 或 No26 机床摇台角
29	θ	机床摇台角
30	m_{50}	No118 机床滚比
31	m_{75}	No26 机床滚比
32	m	机床滚比
33	N_i	跨越齿数
34	E_{R0}	滚比变性偏心圆盘偏心半径
35	IXo	刀倾角（刀具主轴倾角）
36	Jo	刀转角
37	z	齿数
38	t_e	工作行程时间
39	Delta AX	接触区二阶对角修正参数
40	Delta E	接触区二阶齿廓修正系数
41	KP	接触区滚比修正的三阶修正系数
42	Delta EM	接触区长度和对角的三阶修正系数
43	Delta 6CX	控制大小端接触区宽度的三阶修正系数
44	Delta 2C	齿廓方向的接触区宽度和对角的修正系数
45	Delta Gamma M	三阶根锥修正量
46	Delta Gamma X	产形轮节锥的改变量
47	Delta D Delta	齿根角的修正
48	Delta Gamma XR	主动齿轮粗切加工机床的安装角控制系数
49	Rho	刀片刃口曲率
50	Delta Psi	主动轮螺旋角的改变量
51	R_p	刀具半径改变量
52	$\Delta F'_i$	切向综合误差
53	$\Delta f'_i$	一齿切向综合误差
54	$\Delta F''_{i\Sigma}$	轴交角综合误差
55	$\Delta f''_{i\Sigma}$	一齿轴交角综合误差
56	$\Delta f'_{zk}$	周期误差
57	ΔF_p	齿距累积误差
58	ΔF_{pk}	k 个齿距累积误差

（续）

序号	符号	名　　称
59	Δf_{pt}	齿距偏差
60	ΔF_{r}	齿圈跳动
61	Δf_{c}	齿形相对误差
62	ΔE_{s}	齿厚偏差
63	$\Delta F'_{ic}$	齿轮副切向综合误差
64	$\Delta f'_{ic}$	齿轮副一齿切向综合误差
65	$\Delta F''_{i\Sigma c}$	齿轮副轴交角综合误差
66	$\Delta f''_{i\Sigma c}$	齿轮副一齿轴交角综合误差
67	$\Delta f'_{zkc}$	齿轮副周期误差
68	$\Delta f'_{zzc}$	齿轮副齿频周期误差
69	j_{t}	齿轮副圆周侧隙
70	j_{n}	法向侧隙
71	ΔF_{vj}	齿轮副侧隙变动量
72	Δf_{AM}	齿圈轴向位移
73	Δf_{a}	齿轮副轴间距误差
74	ΔE_{Σ}	齿轮副轴交角误差
75	α	压力角
76	X_{G}	从动齿轮安装距移动量
77	X_{P}	主动齿轮安装距移动量
78	Γ_{i}	从动齿轮节锥角
79	E	检验机上垂直于主从动轮轴线方向的运动
80	P	检验机上沿主动齿轮安装距的方向的运动
81	G	检验机上沿从动齿轮安装距的方向的运动
82	V	等同于 E
83	H	等同于 P
84	A_{1}	主动锥齿轮理论安装距
85	A_{2}	从动锥齿轮理论安装距
86	D_{1}	主动锥齿轮检验心轴直径
87	D_{2}	从动锥齿轮检验心轴直径
88	$V_{a}(E)$	研齿时沿主从动轮轴线方向的运动

（续）

序号	符号	名　　称
89	$H_{a}(P)$	研齿时沿主动轮轴线方向的运动
90	G_{a}	研齿时沿从动轮轴线方向的运动
91	S_{a}	主动锥齿轮绕齿面啮合区的垂线方向的往复摆动
92	O	研齿循环的零位
93	X_{1}	主动锥齿轮安装距的量块尺寸
94	X_{2}	从动锥齿轮安装距的量块尺寸
95	α_{n}	节圆法向压力角
96	ΔT	齿厚变化量
97	HB	齿高方向修形
98	LB	齿长方向修形
99	dα	压力角改变量
100	dβ	螺旋角改变量
101	dv	齿面扭曲量
102	O. B	外切刀
103	I. B	内切刀

表 4　蜗轮蜗杆符号表

序号	符号	名　　称
1	u	传动比
2	a	非变位传动中心距
3	a'	变位传动中心距
4	z_{1}	蜗杆齿数
5	m	蜗杆轴向模数（蜗轮端面模数）
6	d_{1}	蜗杆分度圆直径
7	q	蜗杆直径系数
8	h_{a1}	蜗杆齿顶高
9	h_{f1}	蜗杆齿根高
10	h_{1}	蜗杆全齿高
11	d_{a1}	蜗杆齿顶圆直径
12	d_{f1}	蜗杆齿根圆直径
13	p_{x1}	蜗杆轴向齿距
14	p_{z}	蜗杆螺旋线导程
15	α_{x}	蜗杆轴向齿廓角

（续）

序号	符号	名　称
16	α_n	蜗杆法向齿廓角
17	γ	蜗杆分度圆柱导程角
18	γ'	蜗杆节圆柱导程角
19	L	蜗杆螺牙部分长度
20	s_{x1}	蜗杆螺牙分度圆轴向弦齿厚
21	s_{n1}	蜗杆螺牙分度圆法向弦齿厚
22	h_{an1}	蜗杆螺牙法向测齿高度
23	z_2	蜗轮齿数
24	x_2	蜗轮变位系数
25	β_2	蜗轮分度圆（节圆）螺旋角
26	β_{m2}	蜗轮中圆螺旋角
27	d_2	蜗轮分度圆（节圆）直径
28	d_{m2}	蜗轮中圆直径
29	h_{a2}	蜗轮齿顶高
30	h_{f2}	蜗轮齿根高
31	h_2	蜗轮全齿高
32	d_{a2}	蜗轮齿顶圆（喉圆）直径
33	d_{f2}	蜗轮齿根圆直径
34	d_{e2}	蜗轮外圆直径
35	b	蜗轮齿宽
36	θ	蜗轮齿宽包容角
37	r_{a2}	蜗轮齿顶圆弧半径
38	r_{f2}	蜗轮齿根圆弧半径
39	d_{a0}	蜗轮滚刀外径
40	H	蜗轮滚刀的容屑槽深度
41	D	蜗轮滚刀孔径
42	c^*	蜗杆副的顶隙系数
43	M	量柱测量距公称值
44	$\Delta E_{\overline{S1}}$	蜗杆齿厚偏差
45	$\Delta F'_{ic}$	传动切向综合误差
46	$\Delta f'_{ic}$	传动相邻齿切向综合误差

表 5　花键符号表

序号	符号	名　称
1	N	花键槽数
2	d	花键小径
3	B	键宽
4	θ	两键之间夹角
5	h	花键高度
6	D	花键大径
7	E_{Vmin}	内花键作用齿槽宽最小值
8	E_{Vmax}	内花键作用齿槽宽最大值
9	D_{Fmin}	渐开线终止圆直径最小值
10	S_{Vmax}	外花键作用齿厚最大值
11	S_{Vmin}	外花键作用齿厚最小值
12	D_{Vmax}	渐开线起始圆直径最大值
13	C_{Vmin}	花键副的作用侧隙最小值
14	C_{Vmax}	花键副的作用侧隙最大值
15	M_{Ri}	棒间距
16	M_{Re}	跨棒距
17	E_{max}	内花键实际齿槽宽最大值
18	E_{min}	内花键实际齿槽宽最小值
19	S_{max}	外花键实际齿厚最大值
20	S_{min}	外花键实际齿厚的最小值
21	λ	综合公差
22	T	加工公差
23	ΔF_p	齿距累积误差
24	Δf_f	齿形误差
25	ΔF_β	齿向误差
26	ΔF_r	齿圈径向跳动误差
27	a_e	铣削宽度
28	a_f	铣削时的每齿进给量
29	v	切削速度
30	A_c	铣削面积

6.1　圆柱齿轮加工

圆柱齿轮主要指分度曲面为圆柱面的渐开线齿廓齿轮，有直齿圆柱齿轮、斜齿圆柱齿轮、人字齿轮等。圆柱齿轮的加工方法主要是指对这些齿轮的齿形加工方法。

齿轮的加工原理，常见的有两种：成形法和展成法。

成形法：所用刀具切削部分的廓形与被加工齿轮齿槽的截面形状相同，用单齿廓成形刀具加工时，每次仅加工齿轮的一个齿槽，通过分度，依次对各个齿槽进行加工。

展成法：利用齿轮与齿轮或齿条与齿轮啮合的原理，将其中一个制成刀具，用它对另一个进行切削加工，在齿坯上留下刀具刃形的包络面，生成齿轮的齿面，所用刀具的截形是齿条或齿轮的齿廓形状，与被加工齿轮工件的齿数无关，因此，加工同一模数和压力角而不同齿数的齿轮工件只需用一把刀具，且加工精度和生产率较高，是目前齿轮加工的主要方法。

6.1.1　概述

1. 加工方法简介

目前生产中常用的圆柱齿轮加工方法见表 6.1-1。

表 6.1-1　圆柱齿轮加工方法

加工方法	加工示意图	加工特点	应用范围	加工精度	表面粗糙度 $Ra/\mu m$
铣齿	盘形成形铣刀铣齿  指形成形铣刀铣齿 	用盘形成形铣刀或指形成形铣刀加工直齿圆柱齿轮按成形法加工；加工斜齿圆柱齿轮按无瞬心包络法加工 加工时铣完一个齿槽后，分度机构将工件转过一个齿再铣另一个齿槽	加工精度较低，一般用于单件小批生产和修理工作中	9~10 级	2.5~12.5
滚齿	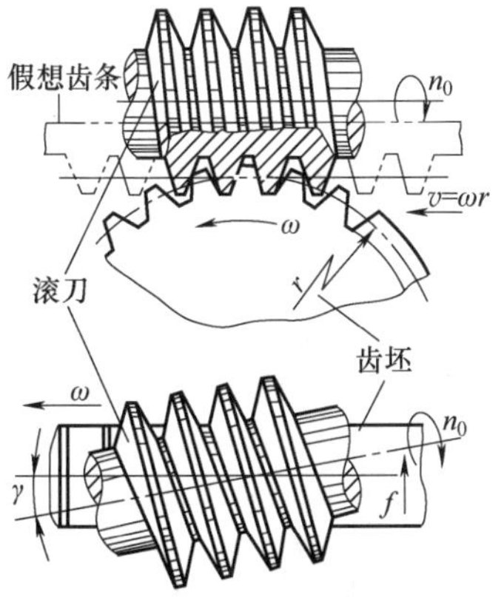 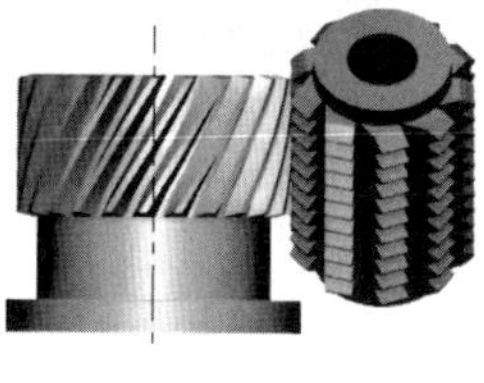 假想齿条 n_0 $v=\omega r$ ω 滚刀 齿坯 ω n_0 γ f	相当一对交错轴斜齿圆柱齿轮副的空间啮合。有两种不同加工方法： 1. 普通滚齿：除具有分度运动外，还有垂直或（和）径向进给运动，加工斜齿圆柱齿轮时，尚有差动运动 2. 对角滚齿：滚刀除沿工件轴向的进给运动外，还沿滚刀轴向方向进给，工件需附加转动，这两个进给运动合成一个与工件轴向方向成一定角度的进给运动	加工外啮合的直齿和斜齿圆柱齿轮。在单件小批量和大批大量生产中广泛应用，是目前圆柱齿轮加工中应用最广的一种加工方法	5~9 级	1.25~12.5

（续）

加工方法	加工示意图	加工特点	应用范围	加工精度	表面粗糙度 $Ra/\mu m$
插齿	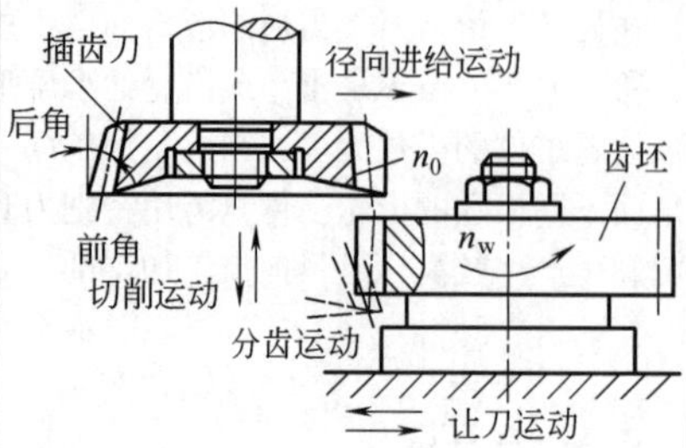 插齿刀 径向进给运动 后角 n_0 齿坯 n_w 前角 切削运动 分齿运动 让刀运动	相当于一对外啮合或内啮合的圆柱齿轮副的啮合过程 只要模数相同，压力角相同，同一把插齿刀可加工不同齿数的齿轮	加工外啮合和内啮合的直齿、斜齿圆柱齿轮，特别适合加工多联齿轮。装上附件后可加工齿条、锥度齿和端面齿轮	5~9 级	1.25~12.5
刮齿	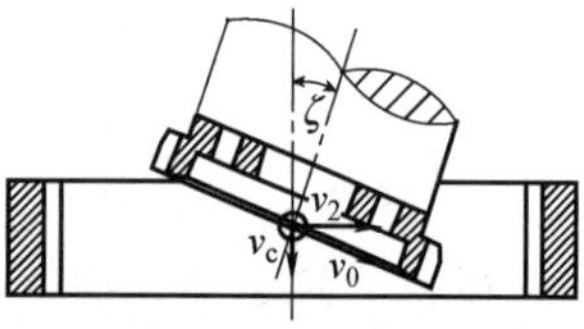 ζ v_2 v_c v_0	相当于交错轴齿轮副的啮合过程 加工过程中，刀具与工件产生轴向相对移动，同时刀具在机床作用下径向切入一定深度（背吃刀量），因此刀具的前刀面便可以切下一片金属，随着转动啮合与刀具轴向移动将齿轮整个齿宽切除一层。经过多个循环则可加工出所需齿形	常用于内齿圈的加工及带台肩的外齿齿轮加工	5~9 级	0.8~6.3
剃齿	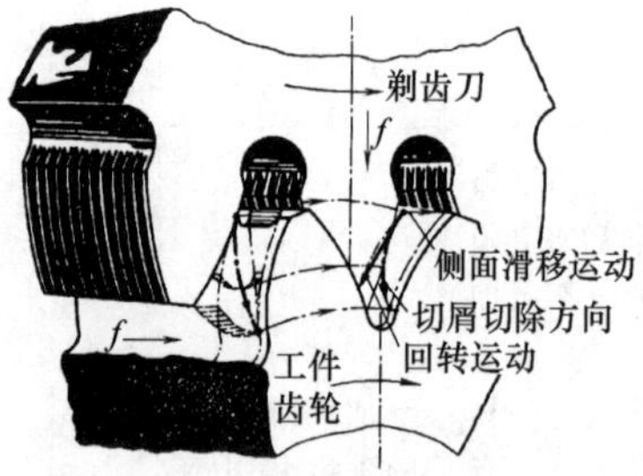 剃齿刀 f 侧面滑移运动 切屑切除方向 回转运动 f 工件齿轮	相当于一对交错轴圆柱齿轮啮合过程。剃齿刀和被剃工件自由传动。剃齿刀切削刃利用交错轴齿轮啮合时齿面间的相对滑动剃掉工件齿面上的余量。有轴向剃齿、对角剃齿、切向剃齿、径向剃齿等	用于大批大量生产中精加工淬火前的直齿、斜齿圆柱齿轮	5~8 级	0.4~1.6
挤齿	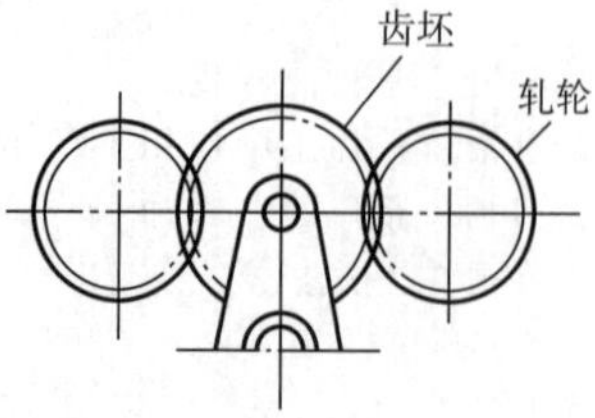 齿坯 轧轮	经过滚齿、插齿的齿轮，用挤轮和它们在一定压力下进行对滚，使齿面表层产生塑性变形，以改善齿面的表面粗糙度和齿面精度。挤齿有单轮、双轮、三轮等方法 对于小模数齿轮可以直接冷挤成形	主要用在大量生产中	6~8 级	0.4~1.6

（续）

加工方法	加工示意图	加工特点	应用范围	加工精度	表面粗糙度 $Ra/\mu m$
珩齿	Σmax Σmax 220 500max	相当于一对交错轴圆柱齿轮啮合过程。其中一个齿轮换成珩磨轮，它是一个含有金刚砂等磨料的齿轮。根据珩磨轮形状和啮合形式的不同存在三种珩齿形式：外啮合齿轮形珩齿、内啮合齿轮形珩齿和蜗杆形珩齿	主要用在大批大量生产中提高热处理后齿轮的精度	5~8 级	0.1~0.8
磨齿	α ⊕⊙ 钢带支架 α 节线 滚圆（节圆） r ω 蜗杆砂轮 工件 窜动磨削	利用展成或成形的原理实现齿面的磨削加工。按采用的砂轮类型可以分成碟形双砂轮磨齿法、锥面砂轮磨齿法、大平面砂轮磨齿法、蜗杆砂轮磨齿法、环面蜗杆砂轮磨齿法、成形砂轮磨齿法等	用于磨淬火后的硬齿面齿轮，可全面纠正齿轮磨前的各项误差，获得较高的齿轮精度。要根据齿轮结构特点、精度要求、生产批量等情况选择不同的磨齿方法	3~8 级	0.1~0.8

随着科学技术的发展，圆柱齿轮的加工方法日益增多，一些新的加工不断出现，如无屑加工、电化学加工等。

2. 几何参数计算

(1) 渐开线圆柱齿轮标准基本齿条齿廓（GB/T 1356—2001）

GB/T 1356—2001 规定了通用机械和重型机械用渐开线圆柱齿轮（外齿或内齿）的标准基本齿条齿廓的几何参数。GB/T 1357—2008 规定了标准模数。

1）术语和定义。

标准基本齿条齿廓是指基本齿条的法向截面，基本齿条相当于齿数 $z=\infty$，直径 $d=\infty$ 的外齿轮（图 6.1-1）。

相啮标准齿条齿廓是指齿条齿廓在基准线 $P—P$ 上对称于标准基本齿条齿廓，相当于标准基本齿条齿廓的半个齿距的齿廓。

2）标准基本齿条齿廓。标准基本齿条齿廓的几何参数见图 6.1-1 和表 6.1-2，对于不同场合所推荐的基本齿条见表 6.1-3。

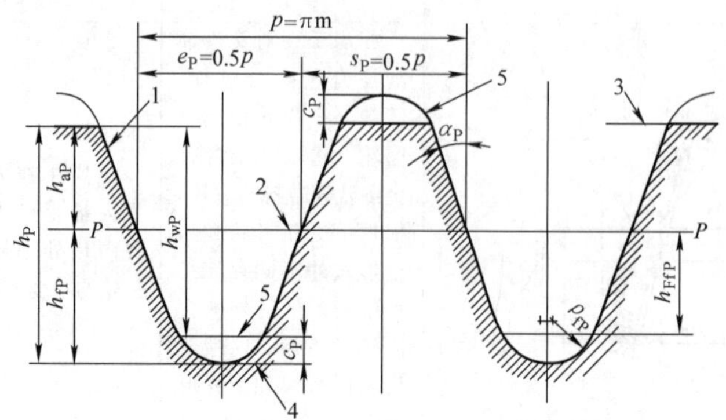

图 6.1-1 标准基本齿条齿廓和相啮标准齿条齿廓

1—标准基本齿条齿廓 2—基准线 3—齿顶线 4—齿根线 5—相啮标准基本齿条齿廓

表 6.1-2 标准基本齿条齿廓的几何参数值

项目	意 义	标准基本齿条齿廓的几何参数值
α_P/(°)	标准基本齿条轮齿压力角	20
h_{aP}	标准基本齿条轮齿齿顶高	1m
c_P	标准基本齿条轮齿与相啮标准齿条轮齿之间的顶隙	0.25m
h_{fP}	标准基本齿条轮齿齿根高	1.25m
ρ_{fP}	基本齿条的齿根圆角半径	0.38m

表 6.1-3 标准基本齿条齿廓类型

项目	基本齿条齿廓类型			
	A	B	C	D
α_P/(°)	20	20	20	20
h_{aP}	1m	1m	1m	1m
c_P	0.25m	0.25m	0.25m	0.4m
h_{fP}	1.25m	1.25m	1.25m	1.4m
ρ_{fP}	0.38m	0.3m	0.25m	0.39m

根据不同的使用要求可以使用替代的基本齿条齿廓：A 型标准基本齿条齿廓推荐用于传递大转矩的齿轮；B、C 型基本齿条齿廓推荐用于通常的使用场合；D 型基本齿条齿廓的齿根圆角为单圆弧齿根圆角。当保持最大齿根圆角半径时，增大的齿根高使得精加工刀具能在没有干涉的情况下工作。这种齿廓推荐用于高精度、传递大转矩的齿轮。

3）相关说明。标准基本齿条齿廓的齿距为 $p=\pi m$；P—P 线上的齿厚等于齿槽宽，即齿距的一半。$s_P=e_P=p/2=\pi m/2$；标准基本齿条和相啮标准齿条轮齿的有效齿高 h_{wP} 等于 $2h_{aP}$。

（2）渐开线圆柱齿轮法向模数（GB/T 1357—2008）

GB/T 1357—2008 规定了通用机械和重型机械用直齿和斜齿渐开线圆柱齿轮的法向模数，该标准不适用于汽车齿轮。模数是齿距（mm）除以圆周率 π 所得的商，或分度圆直径（mm）除以齿数所得的商。模数代号是 m，单位是 mm；法向模数被定义在基本齿条的法截面上。

法向模数规定见表 6.1-4。选取时，优先采用第Ⅰ系列，应避免采用第Ⅱ系列中的法向模数 6.5。

（3）渐开线圆柱齿轮图样上应注明的尺寸（GB/T 6443—1986）

GB/T 6443—1986 规定了渐开线圆柱齿轮图样上应注明的尺寸数据，在特殊情况下，还应补充其他有用的或必需的数据。

1）需要在图样上标注的一般尺寸：顶圆直径及其公差，分度圆直径，齿宽，孔（轴）径及其公差，定位面及其要求，齿轮表面粗糙度等。

2）需要用表格列出的数据：法向模数，齿数，基本齿廓（符合 GB/T 1356—2001 时仅注明压力角，不符合时则应以图详述其特性），齿顶高系数，螺旋角，螺旋方向，径向变位系数，齿厚公称值及其上、下偏差（法向齿厚公称值及其上、下偏差，或公法线平均长度及其上、下偏差，或量柱（球）测量距及其上、下偏差），精度等级，齿轮副中心距及其极限偏差，配对齿轮的图号及其齿数，检验项目代号及其公差（或极限偏差）值。还应根据齿轮的具体形状及其技术条件的要求，给出其他在齿轮加工和测量时所必需的数据。

3）示例图样（图 6. 1-2）。图样中的参数表一般放在图样的右上角；参数表中列出的参数项目可根据需要增减，检验项目按功能要求而定；技术要求一般放在图样的右下角。

表 6. 1-4　标准模数系列　（mm）

第Ⅰ系列	第Ⅱ系列	第Ⅰ系列	第Ⅱ系列	第Ⅰ系列	第Ⅱ系列
1		5			22
	1. 125		5. 5	25	
1. 25		6			28
	1. 375		(6. 5)	32	
1. 5			7		36
	1. 75	8		40	
2			9		45
	2. 25	10		50	
2. 5			11		
	2. 75	12			
3			14		
	3. 5	16			
4			18		
	4. 5	20			

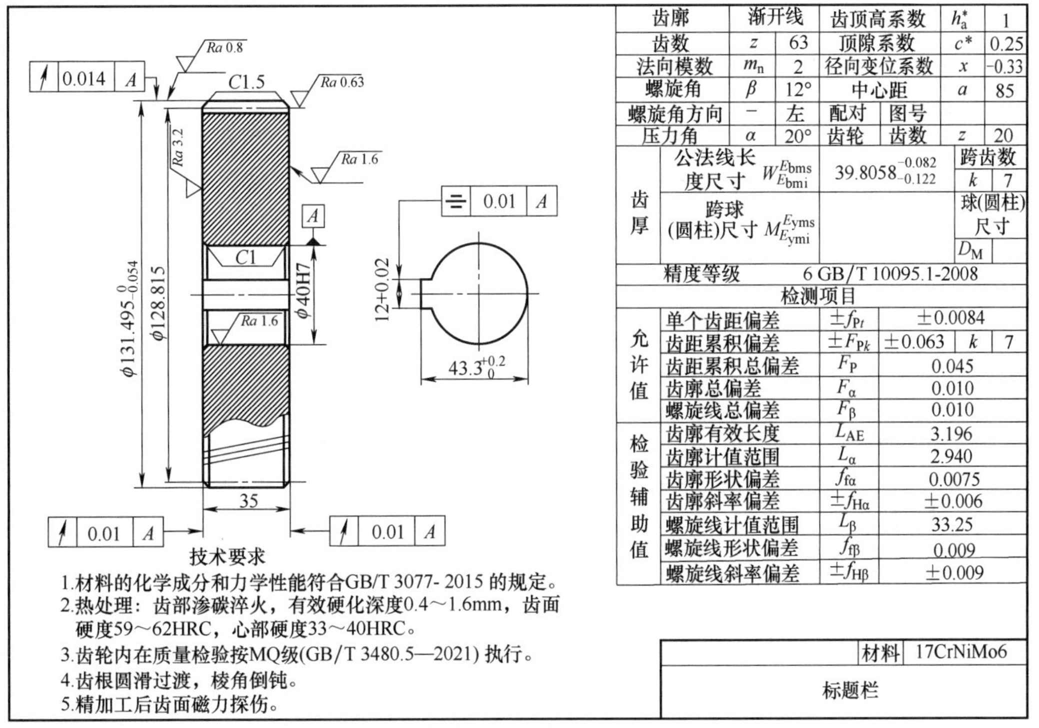

图 6. 1-2　示例图样

(4) 标准圆柱齿轮传动几何参数计算 算（表 6.1-5）

1）外啮合标准圆柱齿轮传动几何参数计

表 6.1-5　平行轴外啮合标准圆柱齿轮传动几何参数计算表

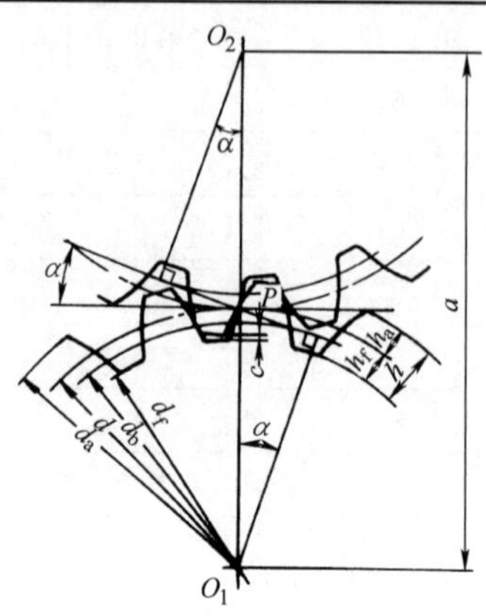

（1）齿轮几何参数

序号	名称	代号	直齿轮	斜齿（人字齿）轮
1	模数	m	m 由强度计算或结构设计确定并按表 6.1-4 取标准值	m_n m_n 取标准值。其确定方法与直齿轮相同 $m_t=m_n/\cos\beta$
2	齿数	z	z	z
3	分度圆柱螺旋角	β	$\beta=0°$	β 按推荐的值或按中心距等条件确定。一对斜齿（人字齿）圆柱齿轮的螺旋角大小相等，方向相反
4	分度圆压力角	α	α 按表 6.1-2 取标准值或按设计条件而定	α_n 取标准值 $\tan\alpha_t=\tan\alpha_n/\cos\beta$
5	齿顶高系数	h_a^*	h_a^* 按表 6.1-2 取标准值或按设计条件而定	h_{an}^* 按表 6.1-2 取标准值或按设计条件而定 $h_{at}^*=h_{an}^*\cos\beta$
6	顶隙系数	c^*	c^* 按表 6.1-2 取标准值或按设计条件而定	c_n^* 按表 6.1-2 取标准值或按设计条件而定 $c_t^*=c_n^*\cos\beta$
7	分度圆直径	d	$d=zm$	$d=zm_t=z\dfrac{m_n}{\cos\beta}$
8	基圆直径	d_b	$d_b=d\cos\alpha$	$d_b=d\cos\alpha_t$
9	齿距	p	$p=\pi m$	$p_n=\pi m_n$　　$p_t=\pi m_t$
10	基圆齿距	p_b	$p_b=p\cos\alpha$	$p_{bt}=p_t\cos\alpha_t$
11	齿顶高	h_a	$h_a=h_a^*m$	$h_a=h_{an}^*m_n=h_{at}^*m_t$
12	齿根高	h_f	$h_f=(h_a^*+c^*)m$	$h_f=(h_{an}^*+c_n^*)m_n=(h_{at}^*+c_t^*)m_t$
13	齿高	h	$h=h_a+h_f$	$h=h_a+h_f$
14	齿顶圆直径	d_a	$d_a=d+2h_a=(z+2h_a^*)m$	$d_a=d+2h_a=\left(\dfrac{z}{\cos\beta}+2h_{an}^*\right)m_n$

（续）

（1）齿轮几何参数

序号	名称	代号	直齿轮	斜齿（人字齿）轮
15	齿根圆直径	d_f	$d_f=d-2h_f=(z-2h_a^*-2c^*)m$	$d_f=d-2h_f=\left(\frac{z}{\cos\alpha}-2h_{an}^*-2c_n^*\right)m_n$
16	中心距	a	$a=\frac{d_1+d_2}{2}=\frac{z_1+z_2}{2}m$	$a=\frac{d_1+d_2}{2}=\frac{z_1+z_2}{2}\frac{m_n}{\cos\beta}$
17	齿数比	u	$u=\frac{z_1}{z_2}$	$u=\frac{z_1}{z_2}$
18	齿顶压力角	α_a	$\alpha_a=\arccos\frac{d_b}{d_a}$	$\alpha_{at}=\arccos\frac{d_b}{d_a}$
19	端面重合度	ε_α	$\varepsilon_\alpha=\frac{1}{2\pi}[z_1(\tan\alpha_{a1}-\tan\alpha)+z_2(\tan\alpha_{a2}-\tan\alpha)]$	$\varepsilon_\alpha=\frac{1}{2\pi}[z_1(\tan\alpha_{at1}-\tan\alpha_t)+z_2(\tan\alpha_{at2}-\tan\alpha_t)]$
	纵向重合度	ε_β	$\varepsilon_\beta=0$	$\varepsilon_\beta=\frac{b\sin\beta}{\pi m_n}$（$b$ 为齿宽）
	总重合度	ε_γ	$\varepsilon_\gamma=\varepsilon_\alpha$	$\varepsilon_\gamma=\varepsilon_\alpha+\varepsilon_\beta$
20	导程	P_z	—	$P_z=\frac{\pi d}{\tan\beta}=\frac{\pi m_n z}{\sin\beta}$

（2）测量尺寸（任选取其中一种）

序号	名称		代号	直齿轮		斜齿（人字齿）轮
21	公法线	跨齿数	k	$k=\frac{\alpha}{180°}z+0.5$		$k=\frac{\alpha}{180°}z'+0.5$，式中 $z'=z\frac{\text{inv}\alpha_t}{\text{inv}\alpha_n}$
		长度	W_k	$W_k=m\cos\alpha[(k-0.5)\pi+z\text{inv}\alpha]$		$W_k=m_n\cos\alpha_n[(k-0.5)\pi+z'\text{inv}\alpha_n]$
22	固定弦	固定弦齿高	$\bar{h}_c$	$\bar{h}_c=\left(h_a^*-\frac{\pi}{8}\sin2\alpha\right)m$		$\bar{h}_c=\left(h_{an}^*-\frac{\pi}{8}\sin2\alpha_n\right)m_n$
		固定弦齿厚	$\bar{s}_c$	$\bar{s}_c=\frac{\pi m}{2}\cos^2\alpha$		$\bar{s}_c=\frac{\pi m_n}{2}\cos^2\alpha_n$
23	跨球尺寸	量球（柱）直径	d_m	$d_m=(1.6\sim1.9)m$		$d_m=(1.6\sim1.9)m_n$
		量球（柱）中心所在圆压力角	α_M	$\text{inv}\alpha_M=\text{inv}\alpha+\frac{d_m}{d_b}-\frac{\pi}{2z}$		$\text{inv}\alpha_{Mt}=\text{inv}\alpha_t+\frac{d_m}{d_b}-\frac{\pi}{2z}$
		量球（柱）测量距	M	齿数为偶数	$M=\frac{d_b}{\cos\alpha_M}+d_m$	$M=\frac{d_b}{\cos\alpha_M}+d_m$
				齿数为奇数	$M=\frac{d_b}{\cos\alpha_M}\cos\frac{90°}{z}+d_m$	$M=\frac{d_b}{\cos\alpha_M}\cos\frac{90°}{z}+d_m$

交错轴斜齿轮传动几何参数计算中与平行轴外啮合标准圆柱齿轮传动不同的部分见表 6.1-6。

表 6.1-6　交错轴斜齿轮传动几何参数计算表

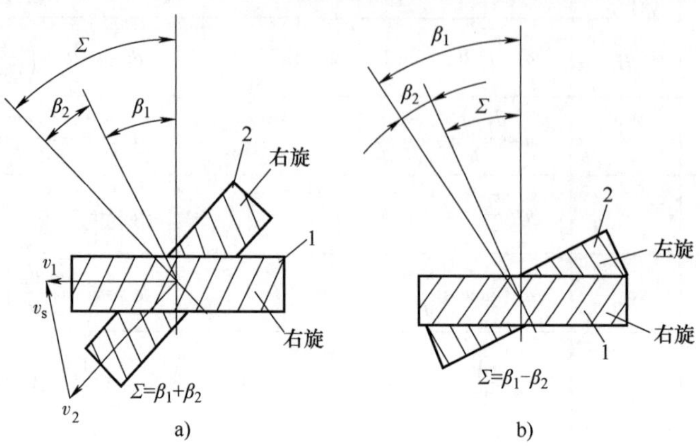

序号	名称	代号	计算公式	说　明
1	轴交角	Σ		根据结构设计确定，常用 $\Sigma=90°$
2	螺旋角	β	方向相同：$\beta_1+\beta_2=\Sigma$ 方向相反：$\lvert\beta_1+\beta_2\rvert=\Sigma$	两轮均为右旋（图 a） 轮 1 为右旋，轮 2 为左旋（图 b）
3	中心距	a	$a=\dfrac{d_1+d_2}{2}=\dfrac{m_n}{2}\left(\dfrac{z_1}{\cos\beta_1}+\dfrac{z_2}{\cos\beta_2}\right)$	适当选取螺旋角 β_1、β_2，可满足对中心距 a 的要求
4	齿数比	u	$u=\dfrac{z_2}{z_1}=\dfrac{d_2 m_{t2}}{d_1 m_{t1}}=\dfrac{d_2\cos\beta_2}{d_1\cos\beta_1}$	
5	齿面间相对滑动速度	v_s	$v_s=v_1\dfrac{\sin\Sigma}{\cos\beta_2}=v_2\dfrac{\sin\Sigma}{\cos\beta_1}$	v_1、v_2 分别为 1、2 两轮的圆周速度

2）内啮合标准圆柱齿轮传动几何参数计算（表 6.1-7）。内啮合圆柱齿轮传动的小齿轮是外齿轮，大齿轮是内齿轮。内齿轮的齿根高在分度圆以外，齿顶高在分度圆以内。因基圆内无渐开线，故内齿轮的齿顶圆必须大于基圆。标准内齿轮的齿数 z_2 为

$$z_2 \geqslant \frac{2h_{an}^*}{1-\cos\alpha_n}$$

当 $\alpha_n=20°$、$h_{an}^*=1$ 时，$z_2\geqslant 34$；当 $\alpha_n=20°$、$h_{an}^*=0.8$ 时，$z_2\geqslant 27$。

表 6.1-7　内啮合标准圆柱齿轮传动几何参数计算表

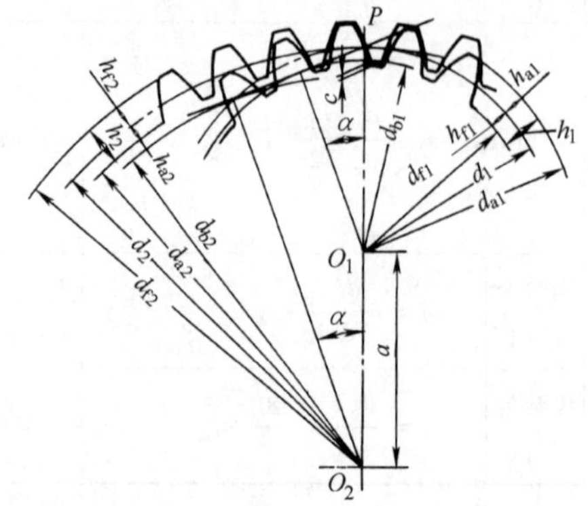

（续）

(1) 齿轮几何参数				
序号	名称	代号	直齿轮	斜齿（人字齿）轮
1	模数	m	m 由强度计算或结构设计确定并按表6.1-4取标准值	m_n m_n 取标准值。其确定方法与直齿轮相同 $m_t = m_n / \cos\beta$
2	齿数	z_2	z_2	z_2
3	分度圆柱螺旋角	β	$\beta = 0°$	β 按推荐的值或按中心距等条件确定。一对内啮合斜齿（人字齿）圆柱齿轮的螺旋角大小相等，方向相反
4	齿形角	α	α 按表 6.1-2 取标准值或按设计条件而定	α_n 取标准值 $\tan\alpha_t = \tan\alpha_n / \cos\beta$
5	齿顶高系数	h_a^*	h_a^* 按表 6.1-2 取标准值或按设计条件确定	h_{an}^* 按表 6.1-2 取标准值或按设计条件而定 $h_{at}^* = h_{an}^* \cos\beta$
6	顶隙系数	c^*	c^* 按表 6.1-2 取标准值或按设计条件而定	c_n^* 按表 6.1-2 取标准值或按设计条件而定 $c_t^* = c_n^* \cos\beta$
7	分度圆直径	d_2	$d_2 = z_2 m$	$d_2 = z_2 m_t = z_2 \dfrac{m_n}{\cos\beta}$
8	基圆直径	d_{b2}	$d_{b2} = d_2 \cos\alpha$	$d_{b2} = d_2 \cos\alpha_t$
9	齿高	h_2	$h_2 = \dfrac{1}{2}(d_{f2} + d_{a2})$	
10	齿顶圆直径及为避免过渡曲线干涉齿顶圆直径的增大量	d_{a2}	$d_{a2} = d_2 - 2h_a^* m + \Delta d_a$ $h_a^* = 1$，按上式计算 d_{a2} 时，$z_2 \geqslant 22$ $\Delta d_a = \dfrac{2h_a^{*2} m}{z_2 \tan^2\alpha}$	$d_{a2} = d_2 - 2h_{an}^* m + \Delta d_a$ $\Delta d_a = \dfrac{2h_{an}^{*2} m_n \cos^3\beta}{z_2 \tan^2\alpha_n}$
11	齿根圆直径	d_f	$d_f = d_2 + 2(h_a^* + c^*) m$	$d_f = d_2 + 2(h_{an}^* + c_n^*) m_n$
12	中心距	a	$a = \dfrac{d_2 - d_1}{2} = \dfrac{z_2 - z_1}{2} m$	$a = \dfrac{d_2 - d_1}{2} = \dfrac{z_2 - z_1}{2} \dfrac{m_n}{\cos\beta}$
13	齿数比	u	$u = \dfrac{z_2}{z_1}$	$u = \dfrac{z_2}{z_1}$
14	齿顶压力角	α_a	$\alpha_a = \arccos \dfrac{d_b}{d_a}$	$\alpha_{at} = \arccos \dfrac{d_b}{d_a}$
15	端面重合度	ε_α	$\varepsilon_\alpha = \dfrac{1}{2\pi}[z_1(\tan\alpha_{a1} - \tan\alpha) - z_2(\tan\alpha_{a2} - \tan\alpha)]$	$\varepsilon_\alpha = \dfrac{1}{2\pi}[z_1(\tan\alpha_{at1} - \tan\alpha_t) - z_2(\tan\alpha_{at2} - \tan\alpha_t)]$
	纵向重合度	ε_β	$\varepsilon_\beta = 0$	$\varepsilon_\beta = \dfrac{b\sin\beta}{\pi m_n}$
	总重合度	ε_γ	$\varepsilon_\gamma = \varepsilon_\alpha$	$\varepsilon_\gamma = \varepsilon_\alpha + \varepsilon_\beta$
16	当量齿数	z_v	$z_v = z$	$z_v = \dfrac{z}{\cos^2\beta_b \cos\beta}$

（续）

（2）测量尺寸（任选取其中一种）				
序号	名称	代号	直齿轮	斜齿（人字齿）轮
17	固定弦齿高	$\bar{h}_{c2}$	$\bar{h}_{c2}=\left(h_a^*-\frac{\pi}{8}\sin2\alpha\right)m+\Delta h$	$\bar{h}_{c2}=\left(h_{an}^*-\frac{\pi}{8}\sin2\alpha_n\right)m_n+\Delta h$
			由右图可知： $\Delta h=\frac{d_{a2}}{2}(1-\cos\delta_a)$ $\delta_a=\frac{\pi}{2z_2}-\mathrm{inv}\alpha+\mathrm{inv}\alpha_{a2}$	（图：$\bar{s}_{c2}$、$\bar{h}_{c2}$、Δh、d_{a2}、δ_a、O_2）
	固定弦齿厚	$\bar{s}_{c2}$	$\bar{s}_{c2}=\frac{\pi m}{2}\cos^2\alpha$	$\bar{s}_{c2}=\frac{\pi m_n}{2}\cos^2\alpha_n$
18	量球（柱）直径	d_m	$d_m=(1.4\sim1.7)m$	$d_m=(1.4\sim1.7)m_n$
	量球（柱）中心所在圆压力角	α_{M2}	$\mathrm{inv}\alpha_{M2}=\mathrm{inv}\alpha-\frac{d_m}{d_{b2}}+\frac{\pi}{2z_2}$	$\mathrm{inv}\alpha_{Mt2}=\mathrm{inv}\alpha_t-\frac{d_m}{d_{b2}}+\frac{\pi}{2z_2}$
	量球（柱）测量距	M_2	齿数为偶数：$M_2=\frac{d_{b2}}{\cos\alpha_{M2}}-d_m$	$M_2=\frac{d_{b2}}{\cos\alpha_{M2}}-d_m$
			齿数为奇数：$M_2=\frac{d_{b2}}{\cos\alpha_{M2}}\cos\frac{90°}{z_2}-d_m$	$M_2=\frac{d_{b2}}{\cos\alpha_{M2}}\cos\frac{90°}{z_2}-d_m$

（5）变位圆柱齿轮传动几何参数计算

1）变位齿轮传动分类。用展成法加工渐开线齿轮，当齿条刀具的中线与齿轮齿坯的分度圆相切时（见图 6.1-3 中的实线），加工出来的齿轮称为标准齿轮。若其他条件不变，仅改变刀具与齿轮齿坯的相对位置，使刀具的中线不再与齿轮齿坯的分度圆相切，这样加工出来的齿轮称为变位齿轮（见图 6.1-3 中的双点画线）。改变刀具位置后加工出来的变位齿轮，与标准齿轮相比，由于其基圆未变，故其齿廓曲线为相同渐开线，只是正变位齿轮应用曲率半径较大的一段渐开线，而负变位齿轮应用曲率半径较小的一段渐开线。

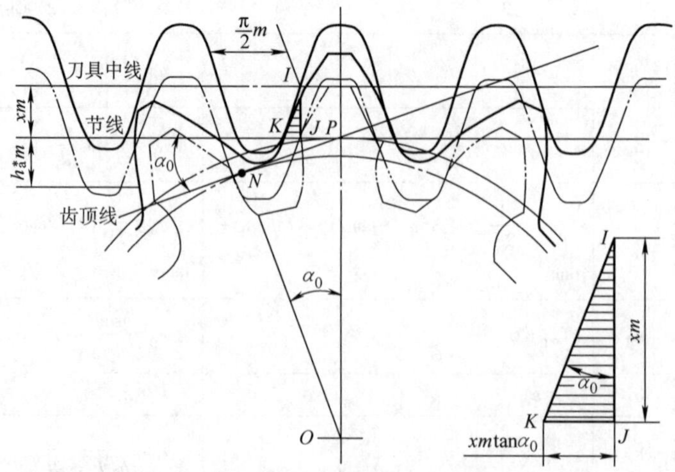

图 6.1-3　展成法加工渐开线齿轮

一对变位齿轮啮合时，若小齿轮的齿数为 z_1，变位系数为 x_1；大齿轮的齿数为 z_2，变位系数为 x_2。则该对齿轮传动的啮合角 α' 为

$$\text{inv}\alpha' = \text{inv}\alpha + [2(x_1+x_2)/(z_1+z_2)]\tan\alpha$$

式中　α——齿轮的分度圆压力角，即为刀具的齿形角。

该对齿轮传动的中心距 a' 为

$$a' = (1/2)m(z_1+z_2)\cos\alpha/\cos\alpha'$$

由于总变位系数 $x_\Sigma(=x_1+x_2)$ 的不同，可将齿轮传动分成以下几种类型：

① 非变位齿轮传动：$x_\Sigma = x_1 = x_2 = 0$。

② 高度变位齿轮传动：$x_\Sigma = x_1 + x_2 = 0$，$x_1 = -x_2$。

③ 角度变位齿轮传动：$x_\Sigma = x_1 + x_2 \neq 0$。

它又可以分为两种情况：

a. 正传动：$x_\Sigma = x_1 + x_2 > 0$。

b. 负传动：$x_\Sigma = x_1 + x_2 < 0$。

2）变位齿轮的功用。

① 减小齿轮传动的结构尺寸，减轻重量。在传动比一定的条件下，可使小齿轮齿数 $z_1 < z_{min}$，从而使结构尺寸减小，减轻机构重量。

② 避免根切，提高齿根的抗弯强度。当小齿轮齿数 $z_1 < z_{min}$ 时，可以利用正变位避免根切，提高齿根的抗弯强度。

③ 提高齿面的接触强度。采用啮合角 $\alpha' > \alpha$ 的正传动时，可以提高齿面的接触强度。

④ 提高齿面的抗胶合和耐磨损能力。采用啮合角 $\alpha' > \alpha$ 的正传动，并适当分配变位系数 x_1、x_2，使两齿轮的最大滑动比相等时，既可以降低齿面压力，又可以降低滑动率，以提高齿轮的抗胶合和耐磨损能力。

⑤ 配凑中心距。在齿数 z_1、z_2 不变的情况下，啮合角 α' 不同，可以得到不同的中心距，以达到配凑中心距的目的。

⑥ 修复被磨损的旧齿轮。齿轮传动中，小齿轮磨损较重，大齿轮磨损较轻，可以利用负变位把大齿轮齿面磨损部分切去再使用，重配一个正变位的小齿轮。

3）选择变位系数的限制条件。

① 保证加工时不根切。在齿轮加工过程中，若被加工齿轮的齿数过少，或变位系数过小（或负变位系数过大）时，就可能产生根切现象，降低轮齿的承载能力或影响齿轮传动的平稳性。用齿条型刀具加工标准直齿圆柱齿轮时，被加工齿轮不产生根切的最少齿数 z_{min} 为。

$$z_{min} = \frac{2h_a^*}{\sin^2\alpha}$$

加工变位齿轮时，被加工齿轮不产生根切的最小变位系数 x_{min} 为

$$x_{min} = h_a^* \frac{z_{min} - z}{z_{min}}$$

式中　h_a^*——齿轮的齿顶高系数；

z——被加工齿轮的齿数。

对于不同的齿形角 α 和齿顶高系数 h_a^*，z_{min} 和 x_{min} 值见表 6.1-8。

表 6.1-8　最少齿数 z_{min} 及最小变位系数 x_{min}

α	20°	20°	14.5°	15°	25°
h_a^*	1	0.8	1	1	1
z_{min}	17	14	32	30	12
x_{min}	$\frac{17-z}{17}$	$\frac{14-z}{14}$	$\frac{32-z}{32}$	$\frac{30-z}{30}$	$\frac{12-z}{12}$

②保证加工时不顶切。当被加工齿轮的齿顶圆超过刀具的极限啮合点时，将产生“顶切”。应用磨砺到标准截面（即 $x_0=0$）的插齿刀加工标准齿轮时，不产生顶切的最多齿数 z_{max} 为

$$z_{max} = \frac{z_0^2\sin^2\alpha - 4h_a^{*2}}{4h_a^* - 2z_0\sin^2\alpha}$$

式中　z_0——插齿刀齿数；

h_a^*——被加工齿轮齿顶高系数。

当 $h_a^*=1$，$\alpha=20°$ 时，对于不同的插齿刀齿数 z_0，其 z_{max} 值见表 6.1-9。

表 6.1-9　不产生顶切的最多齿数

z_0	10	11	12	13	14	15	16	17
z_{max}	5	7	11	16	26	45	101	∞

从表 6.1-9 中可以看出，当插齿刀的齿数 $z_0 \geqslant 17$ 时，加工任何齿数的齿轮都不会产生顶切，因此，用齿条型插刀或滚刀加工任意齿数的齿轮，都不会产生顶切现象。

③ 保证必要的齿顶厚。为了保证齿顶强度，一般要求齿顶厚 $s_a \geqslant 0.25m$（对于表面淬火的齿轮，要求 $s_a \geqslant 0.4m$）。对于标准齿轮，齿顶厚大多可以满足这一要求，而变位齿轮的齿顶厚却随着变位系数的增大而减小，故当变位系数较大时（特别是当齿数较少时），应按下式验算齿顶厚：

$$s_a = d_a\left[\frac{\pi + 4x\tan\alpha}{2z} + \text{inv}\alpha - \text{inv}\alpha_a\right]$$

式中　d_a——齿轮的齿顶圆直径；

α——齿轮的分度圆压力角；

α_a——齿轮的齿顶圆压力角。

④ 保证必要的重合度。为保证齿轮传动的平稳性，一般要求一对传动齿轮的重合度 $\varepsilon \geqslant 1.2$。对于正常齿制的标准齿轮传动，一般都能满足这一要求，但变位齿轮传动的重合度却随着啮合角 α' 的增大而减小，因此当啮合角 α' 较大时，或对于短齿（$h_a^* = 0.8$）正变位齿轮传动（特别是当齿数较少时），应按照重合度计算公式计算校验其重合度。

⑤ 保证啮合时不干涉。一对齿轮啮合，当一齿轮的齿顶与另一齿轮根部的过渡曲线接触时，将不能保证其正常传动。此种情况称为过渡曲线啮合干涉。为避免这种情况的发生，必须保证齿轮的工作齿廓的边界点 B 不得超过齿廓上渐开线的起始点 C（图 6.1-4）。

根据渐开线齿轮加工过程中齿廓曲线的形成原理，可以求出渐开线的起始点 C 的位置，而根据图 6.1-4 中的一对渐开线齿轮的啮合情况，也可以求出这对齿轮边界啮合点 B 的位置，从而可以求得用齿条型刀具加工齿轮不产生啮合干涉的条件。

用齿条型刀具加工齿轮，小轮齿根不干涉的条件为

$$\tan\alpha' - \frac{z_2}{z_1}(\tan\alpha_{a2} - \tan\alpha') \geqslant \tan\alpha - \frac{4(h_a^* - x_1)}{z_1 \sin 2\alpha}$$

大轮齿根不干涉的条件为

$$\tan\alpha' - \frac{z_1}{z_2}(\tan\alpha_{a1} - \tan\alpha') \geqslant \tan\alpha - \frac{4(h_a^* - x_2)}{z_1 \sin 2\alpha}$$

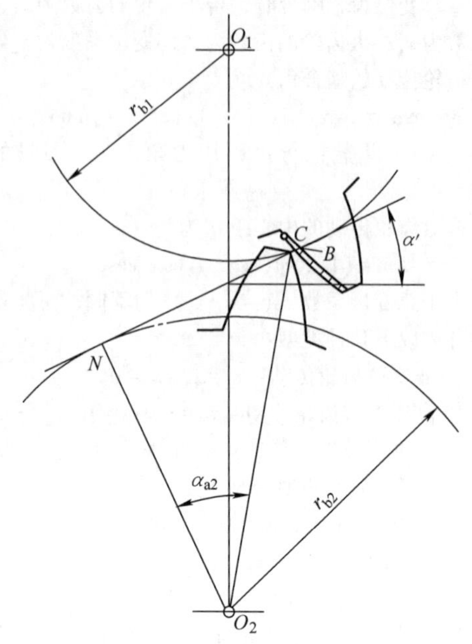

图 6.1-4　啮合齿廓示意

式中　α——一对传动齿轮 z_1、z_2 的分度圆压力角；
α'——该对传动齿轮的啮合角；
α_{a1}、α_{a2}——齿轮 z_1、z_2 的齿顶压力角；
x_1、x_2——齿轮 z_1、z_2 的变位系数。

4）外啮合高度变位齿轮传动几何参数计算见表 6.1-10。

表 6.1-10　外啮合高度变位齿轮传动几何参数计算表

（1）齿轮几何参数				
序号	名称	代号	直齿轮	斜齿（人字齿）轮
1	模数	m	m 由强度计算或结构设计确定并按表 6.1-4 取标准值	m_n $m_n = m$ 取标准值。其确定方法与直齿轮相同 $m_t = m_n / \cos\beta$
2	齿数	z	z	z
3	分度圆柱螺旋角	β	$\beta = 0$	β 按推荐的值或按中心距等条件确定。一对斜齿（人字齿）圆柱齿轮的螺旋角大小相等，方向相反
4	分度圆压力角	α	α 按表 6.1-2 取标准值或按设计条件而定	$\alpha_n = \alpha$ 取标准值或按设计条件而定 $\tan\alpha_t = \tan\alpha_n / \cos\beta$
5	齿顶高系数	h_a^*	h_a^* 按表 6.1-2 取标准值或按设计条件而定	$h_{an}^* = h_a^*$ 按表 6.1-2 取标准值或按设计条件而定 $h_{at}^* = h_{an}^* \cos\beta$

（续）

(1) 齿轮几何参数

序号	名称	代号	直齿轮	斜齿（人字齿）轮
6	顶隙系数	c^*	c^* 按表 6.1-2 取标准值或按设计条件而定	c_n^* 按表 6.1-2 取标准值或按设计条件而定 $c_t^*=c_n^*\cos\beta$
7	变位系数	x_1 x_2	$x_\Sigma=x_1+x_2=0$，$x_1=-x_2$	$x_\Sigma=x_1+x_2=0$，$x_1=-x_2$ $x_{n1}=x_1$，$x_{n2}=x_2$ $x_{t1}=x_{n1}\cos\beta$，$x_{t2}=x_{n2}\cos\beta$
8	啮合角	α_t'	$\alpha_t'=\alpha$	$\alpha_t'=\alpha_t$
9	分度圆直径	d	$d=zm$	$d=zm_t=z\dfrac{m_n}{\cos\beta}$
10	基圆直径	d_b	$d_b=d\cos\alpha$	$d_b=d\cos\alpha_t$
11	齿距	p	$p=\pi m$	$p_n=\pi m_n$，$p_t=\pi m_t$
12	基圆齿距	p_b	$p_b=p\cos\alpha$	$p_{bt}=p_t\cos\alpha_t$
13	齿顶高	h_a	$h_a=m(h_a^*+x)$	$h_a=m_n(h_{an}^*+x_n)$
14	齿根高	h_f	$h_f=(h_a^*+c^*-x)m$	$h_f=(h_{an}^*+c_n^*-x_n)m_n$
15	齿高	h	$h=h_a+h_f$	$h=h_a+h_f$
16	齿顶圆直径	d_a	$d_a=d+2h_a$	$d_a=d+2h_a$
17	齿根圆直径	d_f	$d_f=d-2h_f$	$d_f=d-2h_f$
18	中心距	a	$a=\dfrac{z_1+z_2}{2}m$	$a=\dfrac{z_1+z_2}{2}\dfrac{m_n}{\cos\beta}$
19	齿数比	u	$u=\dfrac{z_1}{z_2}$	$u=\dfrac{z_1}{z_2}$
20	齿顶压力角	α_a	$\alpha_a=\arccos\dfrac{d_b}{d_a}$	$\alpha_{at}=\arccos\dfrac{d_b}{d_a}$
21	端面重合度	ε_α	$\varepsilon_\alpha=\dfrac{1}{2\pi}$ $[z_1(\tan\alpha_{a1}-\tan\alpha')+z_2(\tan\alpha_{a2}-\tan\alpha')]$	$\varepsilon_\alpha=\dfrac{1}{2\pi}$ $[z_1(\tan\alpha_{at1}-\tan\alpha_t')+z_2(\tan\alpha_{at2}-\tan\alpha_t')]$
	纵向重合度	ε_β	$\varepsilon_\beta=0$	$\varepsilon_\beta=\dfrac{b\sin\beta}{\pi m_n}$（$b$ 为齿宽）
	总重合度	ε_γ	$\varepsilon_\gamma=\varepsilon_\alpha$	$\varepsilon_\gamma=\varepsilon_\alpha+\varepsilon_\beta$

(2) 测量尺寸（任选取其中一种）

序号	名称		代号	直齿轮	斜齿（人字齿）轮
22	公法线	跨齿数	k	$k=\dfrac{z}{180°}\arccos\left(\dfrac{z\cos\alpha}{z+2x}\right)+0.5$	$k=\dfrac{z'}{180°}\arccos\left(\dfrac{z'\cos\alpha_n}{z'+2x_n}\right)+0.5$ 式中 $z'=z\dfrac{\mathrm{inv}\alpha_t}{\mathrm{inv}\alpha_n}$
		长度	W_k	$W_k=m\cos\alpha[(k-0.5)\pi+z\mathrm{inv}\alpha]+2xm\sin\alpha$	$W_k=m_n\cos\alpha_n[(k-0.5)\pi+z'\mathrm{inv}\alpha_n]+2x_nm_n\sin\alpha_n$
23	固定弦	固定弦齿高	$\bar{h}_c$	$\bar{h}_c=h_a-\dfrac{1}{2}\bar{s}_c\tan\alpha$	$\bar{h}_c=h_a-\dfrac{1}{2}\bar{s}_c\tan\alpha_n$
		固定弦齿厚	$\bar{s}_c$	$\bar{s}_c=m\cos^2\alpha\left(\dfrac{\pi}{2}+2x\tan\alpha\right)$	$\bar{s}_c=m_n\cos^2\alpha_n\left(\dfrac{\pi}{2}+2x_n\tan\alpha_n\right)$

（续）

（2）测量尺寸（任选取其中一种）						
序号	名称		代号	直齿轮		斜齿（人字齿）轮
24	跨球尺寸	量球（柱）直径	d_m	$d_m=(1.6\sim1.9)m$		$d_m=(1.6\sim1.9)m_n$
		量球（柱）中心所在圆压力角	α_M	$\text{inv}\alpha_M=\text{inv}\alpha+\dfrac{d_m}{d_b}+2x\dfrac{\tan\alpha}{z}-\dfrac{\pi}{2z}$		$\text{inv}\alpha_{Mt}=\text{inv}\alpha_t+\dfrac{d_m}{d_b}+\dfrac{2x_n\tan\alpha_n}{z}-\dfrac{\pi}{2z}$
		量球（柱）测量距	M	齿数为偶数	$M=\dfrac{d_b}{\cos\alpha_M}+d_m$	$M=\dfrac{d_b}{\cos\alpha_M}+d_m$
				齿数为奇数	$M=\dfrac{d_b}{\cos\alpha_M}\cos\dfrac{90°}{z}+d_m$	$M=\dfrac{d_b}{\cos\alpha_M}\cos\dfrac{90°}{z}+d_m$

5）外啮合角度变位齿轮传动几何参数计算见表 6.1-11。

表 6.1-11　外啮合角度变位齿轮传动几何参数计算表

（1）齿轮几何参数				
序号	名称	代号	直齿轮	斜齿（人字齿）轮
1	模数	m	m 由强度计算或结构设计确定并按表 6.1-4 取标准值	m_n $m_n=m$ 取标准值。其确定方法与直齿轮相同 $m_t=m_n/\cos\beta$
2	齿数	z	z	z
3	分度圆柱螺旋角	β	$\beta=0$	β 按推荐的值或按中心距等条件确定。一对斜齿（人字齿）圆柱齿轮的螺旋角大小相等，方向相反
4	分度圆压力角	α	α 按表 6.1-2 取标准值或按设计条件而定	$\alpha_n=\alpha$ 取标准值或按设计条件而定 $\tan\alpha_t=\tan\alpha_n/\cos\beta$
5	齿顶高系数	h_a^*	h_a^* 按表 6.1-2 取标准值或按设计条件而定	$h_{an}^*=h_a^*$ 按表 6.1-2 取标准值或按设计条件而定 $h_{at}^*=h_{an}^*\cos\beta$
6	顶隙系数	c^*	c^* 按表 6.1-2 取标准值或按设计条件而定	c_n^* 按表 6.1-2 取标准值或按设计条件而定 $c_t^*=c_n^*\cos\beta$
7	分度圆直径	d	$d=zm$	$d=zm_t=z\dfrac{m_n}{\cos\beta}$
8	未变位时的中心距	a	$a=\dfrac{1}{2}(d_1+d_2)$	$a=\dfrac{1}{2}(d_1+d_2)$
9	中心距变动系数	y	$y=\dfrac{a'-a}{m}$	$y_t=\dfrac{a'-a}{m}$
10	啮合角	α_t'	$\cos\alpha_t'=\dfrac{a}{a'}\cos\alpha$	$\cos\alpha_t'=\dfrac{a}{a'}\cos\alpha_t$

（续）

（1）齿轮几何参数

序号	名称	代号	直齿轮	斜齿（人字齿）轮
11	总变位系数	x_Σ	$x_\Sigma=\frac{z_1+z_2}{2\tan\alpha}(\text{inv}\alpha'-\text{inv}\alpha)$	$x_{t\Sigma}=\frac{z_1+z_2}{2\tan\alpha}(\text{inv}\alpha_t'-\text{inv}\alpha_t)$
12	变位系数的分配	x_1 x_2	根据传动的具体要求，按有关的线图、封闭图选择	根据传动的具体要求，依据当量齿数 $z_v=z/\cos^3\beta$，按有关的线图、封闭图选择
13	基圆直径	d_b	$d_b=d\cos\alpha$	$d_b=d\cos\alpha_t$
14	齿距	p	$p=\pi m$	$p_n=\pi m_n$，$p_t=\pi m_t$
15	齿顶高变动系数	Δy	$\Delta y=x_\Sigma-y$	$\Delta y=x_{t\Sigma}-y_t$
16	齿顶高	h_a	$h_a=m(h_a^*+x-\Delta y)$	$h_a=m_n(h_{an}^*+x_n)-\Delta y_t m_t$
17	齿根高	h_f	$h_f=(h_a^*+c^*-x)m$	$h_f=(h_{an}^*+c_n^*-x_n)m_n$
18	齿高	h	$h=h_a+h_f$	$h=h_a+h_f$
19	齿顶圆直径	d_a	$d_a=d+2h_a$	$d_a=d+2h_a$
20	齿根圆直径	d_f	$d_f=d-2h_f$	$d_f=d-2h_f$
21	齿数比	u	$u=\frac{z_1}{z_2}$	$u=\frac{z_1}{z_2}$
22	齿顶压力角	α_a	$\alpha_a=\arccos\frac{d_b}{d_a}$	$\alpha_{at}=\arccos\frac{d_b}{d_a}$
23	端面重合度	ε_α	$\varepsilon_\alpha=\frac{1}{2\pi}[z_1(\tan\alpha_{a1}-\tan\alpha')+z_2(\tan\alpha_{a2}-\tan\alpha')]$	$\varepsilon_\alpha=\frac{1}{2\pi}[z_1(\tan\alpha_{at1}-\tan\alpha_t')+z_2(\tan\alpha_{at2}-\tan\alpha_t')]$
24	纵向重合度	ε_β	$\varepsilon_\beta=0$	$\varepsilon_\beta=\frac{b\sin\beta}{\pi m_n}$（$b$ 为齿宽）
	总重合度	ε_γ	$\varepsilon_\gamma=\varepsilon_\alpha$	$\varepsilon_\gamma=\varepsilon_\alpha+\varepsilon_\beta$

（2）测量尺寸（任选取其中一种）

序号	名称		代号	直齿轮	斜齿（人字齿）轮
25	公法线	跨齿数	k	$k=\frac{z}{180°}\arccos\left(\frac{z\cos\alpha}{z+2x}\right)+0.5$	$k=\frac{z'}{180°}\arccos\left(\frac{z'\cos\alpha_n}{z'+2x_n}\right)+0.5$ 式中 $z'=z\frac{\text{inv}\alpha_t}{\text{inv}\alpha_n}$
		长度	W_k	$W_k=m\cos\alpha[(k-0.5)\pi+z\text{inv}\alpha]+2xm\sin\alpha$	$W_k=m_n\cos\alpha_n[(k-0.5)\pi+z'\text{inv}\alpha_n]+2x_n m_n\sin\alpha_n$
26	固定弦	固定弦齿高	$\bar{h}_c$	$\bar{h}_c=h_a-\frac{1}{2}\bar{s}_c\tan\alpha$	$\bar{h}_c=h_a-\frac{1}{2}\bar{s}_c\tan\alpha_n$
		固定弦齿厚	$\bar{s}_c$	$\bar{s}_c=m\cos^2\alpha\left(\frac{\pi}{2}+2x\tan\alpha\right)$	$\bar{s}_c=m_n\cos^2\alpha_n\left(\frac{\pi}{2}+2x_n\tan\alpha_n\right)$

（续）

（2）测量尺寸（任选取其中一种）					
序号	名称		代号	直齿轮	斜齿（人字齿）轮
27	跨球尺寸	量球（柱）直径	d_m	$d_m=(1.6\sim1.9)m$	$d_m=(1.6\sim1.9)m_n$
		量球（柱）中心所在圆压力角	α_M	$\text{inv}\alpha_M=\text{inv}\alpha+\dfrac{d_m}{d_b}+2x\dfrac{\tan\alpha}{z}-\dfrac{\pi}{2z}$	$\text{inv}\alpha_{Mt}=\text{inv}\alpha_t+\dfrac{d_m}{d_b}+\dfrac{2x_n\tan\alpha_n}{z}-\dfrac{\pi}{2z}$
		量球（柱）测量距	M	齿数为偶数：$M=\dfrac{d_b}{\cos\alpha_M}+d_m$	$M=\dfrac{d_b}{\cos\alpha_M}+d_m$
				齿数为奇数：$M=\dfrac{d_b}{\cos\alpha_M}\cos\dfrac{90°}{z}+d_m$	$M=\dfrac{d_b}{\cos\alpha_M}\cos\dfrac{90°}{z}+d_m$

6）内啮合圆柱齿轮传动中的轮齿干涉。一对内啮合齿轮传动，可能产生过渡曲线干涉和齿廓重叠干涉。

① 过渡曲线干涉（图 6.1-5）。齿轮 1 和齿轮 2 的齿顶圆与啮合线的交点分别为 B_1 和 B_2，两齿轮齿根过渡曲线的起始点分别为 C_1 和 C_2，不产生过渡曲线干涉的条件为

$$R_{B1}\leqslant R_{C2}\quad 和\quad R_{B2}\geqslant R_{C1}$$

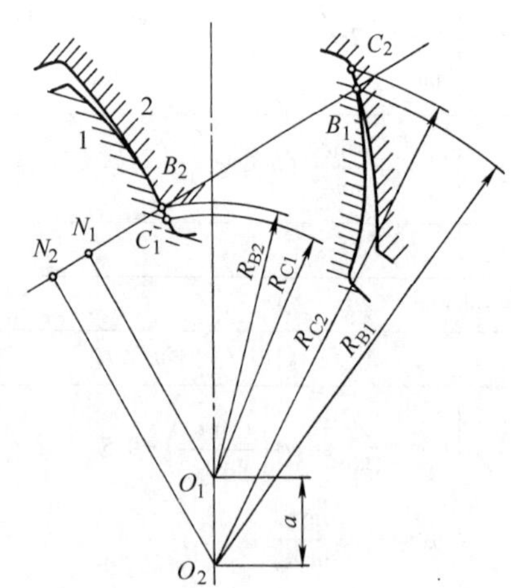

图 6.1-5 过渡曲线干涉

避免内齿轮齿根过渡曲线干涉的验算公式为

$$z_1\tan\alpha_{a1}+(z_2-z_1)\tan\alpha'\leqslant(z_2-z_{02})\tan\alpha'_{02}+z_{02}\tan\alpha_{a02}$$

避免小齿轮齿根过渡曲线干涉的验算公式为

当小齿轮用插齿刀加工时：$z_2\tan\alpha_{a2}-(z_2-z_1)\tan\alpha'\geqslant(z_1+z_{01})\tan\alpha'_{01}-z_{01}\tan\alpha_{a01}$

当小齿轮用齿条型刀具加工时：$z_2\tan\alpha_{a2}-(z_2-z_1)\tan\alpha'\geqslant z_1\tan\alpha-\dfrac{4(h_a^*-x_1)}{\sin2\alpha}$

式中 z_{01}、z_{02}——加工小齿轮 1 和内齿轮 2 时的插齿刀齿数；

α'_{01}、α'_{02}——加工小齿轮 1 和内齿轮 2 时的啮合角；

α_{a01}、α_{a02}——加工小齿轮 1 和内齿轮 2 时的插齿刀的齿顶压力角。

为了避免内啮合传动的过渡曲线干涉，最有效的方法是增大内齿轮的变位系数 x_2，同时略增加小齿轮的正变位或减小内齿轮的齿顶高。

② 齿廓重叠干涉。内啮合传动时，两齿轮的渐开线齿廓可能在靠近基圆处重叠，如图 6.1-6 所示，不产生重叠干涉的条件为

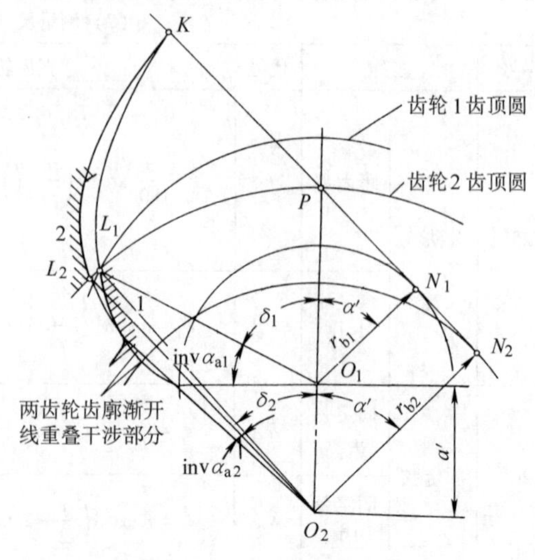

图 6.1-6 齿廓重叠干涉

$$\angle L_1O_2L_2 \geqslant 0°$$

式中　L_1——两齿轮齿顶圆的交点；

O_2——内齿轮的圆心；

L_2——内齿轮齿廓渐开线与其齿顶圆的交点。

由上述条件得出不产生重叠干涉的验算公式为

$$z_1(\mathrm{inv}\alpha_{a1}+\delta_1)+(z_2-z_1)\mathrm{inv}\alpha'-z_2(\mathrm{inv}\alpha_{a2}+\delta_2)\geqslant 0$$

式中　$\cos\delta_1=\dfrac{d_{a2}^2-4\alpha'^2-d_{a1}^2}{4\alpha' d_{a1}}$，$\cos\delta_2=\dfrac{d_{a2}^2+4\alpha'^2-d_{a1}^2}{4\alpha' d_{a2}}$

实践和计算表明，齿数差（z_2-z_1）越小，越容易产生重叠干涉。对于 $\alpha=20°$，$h_a^*=1$ 的标准内啮合传动，当（z_2-z_1）大于表 6.1-12 中的（z_2-z_1）$_{min}$时，就不会产生重叠干涉。

表 6.1-12　不会产生重叠干涉的条件

z_2	34~77	78~200	z_2	22~32	33~200
$(z_2-z_1)_{min}$ 当 $d_{a2}=d_2-2m_n$	9	8	$(z_2-z_1)_{min}$ 当 $d_{a2}=d_2-2m_n+\dfrac{15.1m_n}{z_2}\cos^3\beta$	7	8

对于（z_2-z_1）≤（z_2-z_1）$_{min}$的内啮合传动，为了避免重叠干涉，应增大内齿轮的变位系数，并适当增大啮合角。

通常内齿轮是用插齿刀加工的，若改变插齿刀与内齿轮毛坯的相对位置，便可加工出变位内齿轮。

3. 典型齿轮加工工艺

齿轮加工中，盘齿轮与轴齿轮是最具代表性的两种典型件。

1）盘齿轮加工工艺过程见表 6.1-13。

表 6.1-13　盘齿轮加工工艺过程

序号	工序名称	技 术 内 容
1	材料检验	按照工厂或行业、国家标准对进厂齿坯材料进行检验。一般检验的项目有化学成分、淬透性、纯净度（非金属夹杂物、氧含量等）、高倍组织、低倍组织等
2	下料	轧制的圆钢用剪切、锯割或氧气切割等方法截一定尺寸的坯料。对于精锻用的坯料最好用锯割。保管钢材时，可在端部做出不同的涂色标记
3	锻造齿坯	1. 自由锻。自由锻的锻件所能达到的复杂程度和尺寸精度都较低，锻件加工余量大，材料利用率低，自由锻只适用于品种多、产量少的单件小批量生产 2. 模锻。它是利用锻模使坯料在模膛中受到冲击或压力产生塑性变形充满模膛而得到锻件，模锻主要用在大批大量生产中 3. 胎模锻。它是介于自由锻和模锻之间的一种锻造方法，它在自由锻设备上采用活动胎模成形锻件，主要用于中、小批生产中
4	锻后冷却与热处理	锻后冷却与热处理的目的： 1. 降低齿坯锻件在冷却过程中的温度应力和组织应力，促进钢中氢的扩散，避免产生白点、裂纹 2. 改善组织，细化晶粒，为最终热处理做组织准备。降低硬度，改善金属的切削性能 3. 作为最终的整体热处理，获得要求的组织和力学性能 锻后冷却的种类：空冷、坑（箱）冷、炉冷 锻后热处理常用的有正火、回火、等温退火等
5	齿坯加工	盘齿轮齿坯加工一般有两种方法： 1. 在普通车床或数控车床上车端面、镗内孔工艺。粗、精加工可在一台车床上完成，也可在两台车床上完成 2. 拉内孔、车端面和外圆工艺 生产实践中，第二种方法很难保证孔和端面的垂直度，随着数控车床的发展，现已广泛采用第一种加工工艺 齿坯精加工完成后应对有关尺寸进行检验，合格后才能转入下道工序

（续）

序号	工序名称	技术内容
6	齿廓粗加工	成形铣齿、滚齿、插齿、热轧齿
7	齿端倒角	一般齿轮应去掉齿两端的锐边和毛刺，换档齿轮应按技术要求修正成一定形状的倒角
8	齿廓精加工（热处理前）	精滚齿、精插齿、剃齿、刮齿、挤齿
9	清洗和清理	清除齿轮上的油污、切屑、毛刺等
10	齿轮精度检查	齿形加工完成后应对其精度和（或）接触区进行检查。根据齿轮精度和生产条件，可采用标准齿轮进行综合检查，也可用齿轮测量仪器进行单项检查。接触区在噪声机上用标准齿轮进行检查
11	热处理	齿轮材料不同，其热处理工艺各异，常采用的热处理工艺如下： 1. 调质。用优质碳素结构钢或合金结构钢制作的齿轮在切齿加工前进行调质处理，使其得到高的韧性和足够的强度，并有较好的综合力学性能 2. 渗碳淬火工艺在汽车、拖拉机行业得到广泛应用。低碳合金钢经渗碳使表面层碳分增高，淬火后表面层硬度很高，心部仍是低碳合金钢，淬火后保持中等硬度，这样使齿面有较高硬度和耐磨性而心部保持原有的强度和韧性 3. 为了减小淬火时齿轮变形，对于较大的圆柱齿轮和形状复杂的齿轮，在淬火时一般采用淬火压床进行压淬 4. 对于中碳钢制造的齿轮可采用感应淬火，可获得高硬度的表层和有利的残余应力分布，以提高齿轮的耐磨性或疲劳强度。感应淬火齿轮变形较小。该工艺在机床行业采用较多
12	清理轮齿	去除各工作表面上的磕毛、碰伤和毛刺 清除齿轮上的污物
13	安装基准面的精加工	齿轮热处理后需精加工孔和定位端面等，以达到图样的技术要求。精加工常用的是磨削
14	热处理后齿廓精加工	热处理后齿廓精加工的主要方法有： 1. 磨齿。对于精度较高的齿轮热处理后可采用磨齿 2. 珩齿。珩齿有外啮合齿轮形珩齿、内啮合齿轮形珩齿和蜗杆形珩齿等珩齿的生产率很高，主要用于大批大量生产
15	清洗和清理	清除齿轮上的污物、毛刺等
16	成品齿轮配对检验和最终检验	按图样要求对齿轮各项精度进行检验，主要有： 1. 几何精度检验。根据齿轮精度和生产条件，可采用标准齿轮进行综合检查，也可用齿轮测量仪器进行单项检验或全误差检验分析 2. 接触区和噪声检验。在噪声机上用标准齿轮进行检验

2）轴齿轮加工工艺过程见表 6.1-14。

表 6.1-14　轴齿轮加工工艺过程

序号	工序名称	技术内容
1	材料检验	按照工厂或行业、国家标准对进厂的齿坯材料进行检验。检验的项目有化学成分、淬透性、纯净度（非金属夹杂物、氧含量等）、高倍组织、低倍组织等
2	下料	轧制的圆钢用剪切、锯割或氧气切割等方法截成一定尺寸的坯料。精锻用的坯料最好用锯割。保管钢材时，可在端部做出不同的涂色标记

（续）

序号	工序名称	技 术 内 容
3	锻造齿坯	1. 自由锻。自由锻的锻件所能达到的复杂程度和尺寸精度都较低，锻件加工余量大，材料利用率低。自由锻只适用于品种多、产量少的单件小批量生产 2. 模锻。它是利用锻模使坯料在模膛中受到冲击或压力产生塑性变形充满模膛而得到锻件，模锻主要用在大批大量生产中 3. 胎模锻。它是介于自由锻和模锻之间的一种锻造方法，它在自由锻设备上采用活动胎模成形锻件，主要用于中、小批生产中 4. 楔横轧。圆柱形坯料在两轧辊的模具间或在两平板模具之间发生连续局部变形，加工成与模具型腔形状一致的零件，主要用在圆截面的中小轴类件的大批大量生产中
4	锻后冷却与热处理	锻后冷却与热处理的目的： 1. 降低齿坯锻件在冷却过程中的温度应力和组织应力，促进钢中氢的扩散，避免产生白点、裂纹 2. 改善组织，细化晶粒，为最终热处理做组织准备。降低硬度，改善金属的切削性能 3. 作为最终的整体热处理，获得要求的组织和力学性能。 锻后冷却的种类：空冷、坑（箱）冷、炉冷 锻后热处理常用的有正火、回火、等温退火等
5	齿坯加工	1. 铣两端面，在两端面打中心孔 2. 在仿形车床或数控车床上粗、精车轴外圆、端面。仿形车床上加工一般在两台以上车床上完成，数控车床上的粗、精加工可在一台车床上完成，也可在两台车床上完成 3. 磨齿工艺，定位轴外圆、端面加工 4. 齿坯精加工完成后应对有关的尺寸进行检验，合格后才能转入下道工序
6	齿廓粗加工	成形铣齿、滚齿、插齿、热轧齿
7	齿端倒角	一般齿轮应去掉齿两端的锐边和毛刺，换档齿轮应按技术要求修正成一定形状的倒角
8	齿形精加工（热处理前）	精滚齿 精插齿 剃齿 挤齿
9	清洗和清理	清除轴齿轮上的油污、切屑、毛刺等
10	齿轮精度检查	齿廓加工完成后应对其精度和接触区进行检查。根据齿轮精度和生产条件，可采用标准齿轮进行综合检查，也可用齿轮测量仪器进行单项检查。接触区在噪声机上用标准齿轮进行检查
11	热处理	齿轮材料不同，其热处理工艺各异。常采用的热处理工艺如下： 1. 调质。用优质碳素结构钢或合金结构钢制作的齿轮在切齿加工前应进行调质处理，使其得到高的韧性和足够的强度，并有较好的综合力学性能 2. 渗碳淬火。渗碳淬火工艺在汽车、拖拉机行业得到广泛应用。低碳合金钢经渗碳使表面层碳分增高，淬火后表面层硬度很高，心部仍是低碳合金钢，淬火后保持中等硬度，这样使齿面有较高硬度和耐磨性而心部保持原有的强度和韧性 3. 感应淬火。对于中碳钢制造的齿轮可采用感应淬火，可获得高硬度的表层和有利的残余应力分布，以提高齿轮的耐磨性或疲劳强度。感应淬火齿轮变形较小。该工艺在机床行业采用较多
12	清理轮齿	去除各工作表面上的磕毛、碰伤和毛刺 清除齿轮上的污物
13	校直	校正热处理引起的弯曲变形，从而降低后续精加工余量

（续）

序号	工序名称	技术内容
14	安装基准面的精加工	齿轮热处理后需精加工各安装轴外圆和定位端面等，达到图样的技术要求。精加工常用的是磨削
15	热处理后齿廓精加工	热处理后齿廓精加工的主要方法有： 1. 磨齿。对于精度较高的齿轮热处理后可采用磨齿 2. 珩齿。珩齿有外啮合齿轮形珩齿、内啮合齿轮形珩齿和蜗杆形珩齿等。珩齿的生产率很高，主要用于大批大量生产
16	清洗和清理	清除轴齿轮上的污物、毛刺等
17	成品齿轮配对检验和最终检验	按图样要求对齿轮各项精度进行检验，主要有： 1. 几何精度检验。根据齿轮精度和生产条件，可采用标准齿轮进行综合检查，也可用齿轮测量仪器进行单项检验或全误差检验分析 2. 接触区和噪声检验。在噪声机上用标准齿轮进行检验

6.1.2 铣齿

1. 成形铣刀铣直齿圆柱齿轮

1）成形齿轮铣刀铣齿原理。加工直齿圆柱齿轮时，齿轮铣刀按仿形法原理工作，齿形主要由铣刀廓形保证，齿轮的齿距精度由齿坯安装精度和分度精度保证。

2）成形齿轮铣刀选择原则。根据渐开线性质可知，渐开线形状与基圆直径有关，同一模数，不同齿数的齿轮，其基圆直径不同，渐开线形状也不同。因此，从理论上讲，对于相同模数、不同齿数的齿轮都应当设计专用成形齿轮铣刀。但这样做既不经济，也无必要。在实际生产中，将齿轮的常用齿数进行分组，模数 0.3～8mm 时，每种模数分成 8 组（即 8 把刀），模数 9～16mm 时，每种模数分成 15 组（即 15 把刀）。每把铣刀的齿形是根据该铣刀所加工最小齿数的齿轮齿槽形状设计的。在实际使用时，需根据被加工齿轮的齿数按表 6.1-15 选择铣刀的刀号。基准齿形角为 20°的盘形齿轮铣刀的基本型式和尺寸、技术条件等可参阅 GB/T 28247—2012《盘形齿轮铣刀》。

表 6.1-15 每号铣刀适于铣削的齿轮齿数范围

铣刀号数	铣削齿轮齿数	
	8 件一套	15 件一套
1	12～13	12
$1\frac{1}{2}$		13
2	14～16	14
$2\frac{1}{2}$		15～16
3	17～20	17～18
$3\frac{1}{2}$		19～20
4	21～25	21～22
$4\frac{1}{2}$		23～25
5	26～34	26～29
$5\frac{1}{2}$		30～34
6	35～54	35～41
$6\frac{1}{2}$		42～54
7	55～134	55～79
$7\frac{1}{2}$		80～134
8	≥135	≥135

3）直齿圆柱齿轮铣齿步骤。

① 对齿坯进行检查。主要检查基准端面的跳动、内孔外圆尺寸和同轴度等。

② 安装分度头和进行分度计算。要求前后顶尖的连线与工作台平行，并与工作台纵向进给方向一致。

③ 装夹和调整工件。用专用心轴装夹时，轴孔配合精度是 H7/g6 或 H7/h6。

④ 选择和安装铣刀。可根据表6.1-15选择，安装与其他铣刀一样。

⑤ 对刀。使齿轮铣刀的中分面通过工件的轴线。

⑥ 调整铣削用量和铣削层深度，根据情况可分成粗、精铣。

⑦ 进行测量。

4）直齿圆柱齿轮铣齿的质量分析见表6.1-16。

表6.1-16　直齿圆柱齿轮铣齿的质量分析

质量问题	原因分析
齿数不对	分度计算错误，或者分度叉使用不当或选错了孔盘圈数
齿厚不等或齿距误差超差	1. 操作分度头不正确，例如未正确使用分度叉，手柄未朝一个方向转动，分度手柄不慎多转，分度蜗杆副间隙超差等 2. 工件调整不当，致使工件径向圆跳动过大
齿高、齿厚不正确	1. 铣削层深度调整不对 2. 铣刀模数或刀号选择错误
齿面表面粗糙度值大	1. 铣刀钝或铣削用量选择过大 2. 工件装夹不稳或铣刀安装不好，有摆差 3. 铣削时分度头主轴未紧固，铣削时工件振动大 4. 机床主轴松动或工作台导轨间隙太大，铣削时机床振动大

2. 成形铣刀铣斜齿轮

1）成形齿轮铣刀铣斜齿圆柱齿轮原理。在万能铣床上用成形齿轮铣刀铣斜齿圆柱齿轮按无瞬心包络法原理加工。齿廓表面的形成来自铣刀相对齿轮做螺旋运动时，铣刀切削刃所形成的回转表面在空间形成的包络面，铣刀正确齿形求法比较复杂。在单件或小批量生产中，常用加工直齿圆柱齿轮的标准成形铣刀来加工斜齿圆柱齿轮，但这样铣出的齿廓是近似的。当齿廓精度要求较高时，应当设计专用成形铣刀。

2）成形齿轮铣刀刀号的选择。

① 一般计算法。根据斜齿圆柱齿轮的齿数和螺旋角β计算出当量齿数z_v，再根据z_v来选择刀号，z_v可按下式计算：

$$z_v=\frac{z}{\cos^3\beta}$$

式中　z——斜齿圆柱齿轮的齿数；

β——斜齿圆柱齿轮的螺旋角。

② 图表法。铣斜齿圆柱齿轮也可直接按图6.1-7来选择铣刀刀号。

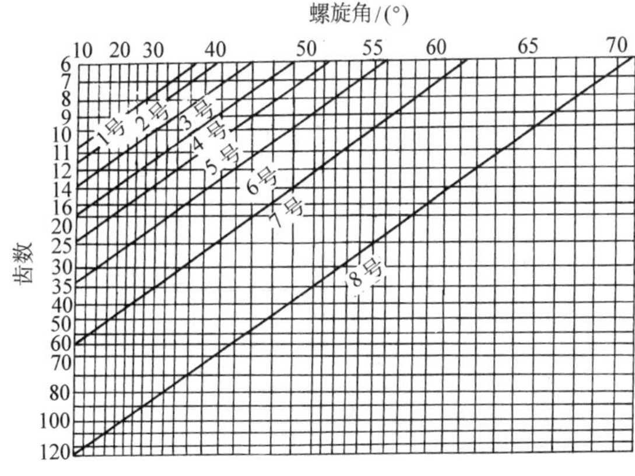

图6.1-7　铣刀刀号的选择

③ 精确计算法。在万能铣床上用成形齿轮铣刀铣斜齿圆柱齿轮，其齿廓是近似的，齿面在靠近齿顶及齿根处都要产生一定的干涉过切量，螺旋角越大，齿顶和齿根的过切量越大，从而减小齿轮啮合时齿高方向的接触区宽度。为了改善这种情况，当$\beta>20°$时，可采用下面较精确的计算公式来计算当量齿数z_v：

$$z_v=z-\cos^3\beta+(D_{om}/m_n)\tan^2\beta;$$

$$D_{om}=D_{oe}-2.5m_n$$

式中　z——被加工齿轮齿数；

m_n——被加工齿轮法向模数（mm）；

β——被加工齿轮螺旋角；

D_{om}——成形齿轮铣刀中径（mm）；

D_{oe}——成形齿轮铣刀外径（mm）。

3）铣斜齿圆柱齿轮卧式铣床交换齿轮计算。斜齿圆柱齿轮导程P_z的计算公式为

$$P_z=\pi d\cos\beta=\pi m_n z/\sin\beta$$

导程交换齿轮计算公式为

$$一般导程\quad I=\frac{z_1z_3}{z_2z_4}=40P/P_z$$

$$大导程\quad I=\frac{z_1z_3}{z_2z_4}=1600\ P/P_z$$

式中　P——机床工作台丝杠螺距。

3. 铣齿条

在卧式铣床或立式铣床上用成形盘形齿轮铣刀铣齿条时，必须装横向刀架以使铣刀的旋转平面和齿条的齿槽一致，如图6.1-8所示。

1）铣直齿条的移距方法。

① 分度板法。此方法是将分度板套在铣床工作台传动丝杠上，并将分度板固定，再把分度手柄装在传动丝杠端部，移距时只要转动分度手柄即可。其计算公式如下：

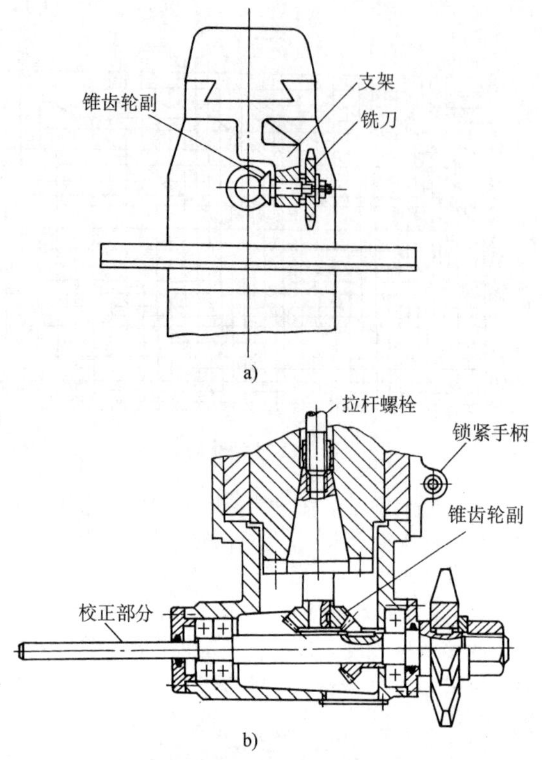

图 6.1-8　铣齿条的横向刀架

a）卧式铣床上使用的横向刀架

b）立式铣床上使用的横向刀架

$$n=\pi \frac{m}{P}$$

式中　n——分度手柄应转过的转数；

m——齿条模数（mm）；

P——铣床工作台传动丝杠螺距（mm）。

② 分度头侧轴交换齿轮法。把分度头侧轴和铣床工作台纵向传动丝杠用交换齿轮连接起来，如图 6.1-9 所示。移距时，将分度手柄连同分度板一起转动，通过交换齿轮传动使工作台做准确的移距，其计算公式如下：

$$I=\frac{z_1z_3}{z_2z_4}=\frac{P_n}{nP}$$

式中　P_n——齿条法向齿距（mm）。

③ 用分度量块和百分表移距法。百分表固定在升降台上，角铁安放在工作台上，如图 6.1-10 所示。切下一个齿槽时，需从铣床工作台侧面 T 形槽中卸下一个分度块，然后移动工作台使百分表指到原读数，则表明工作台移动一个齿距。该方法可保证较高的齿距精度，不受工作台丝杠螺距误差的影响。

2）铣斜齿条的移距方法。斜齿条的移距方法要根据工件的尺寸和数量而定。

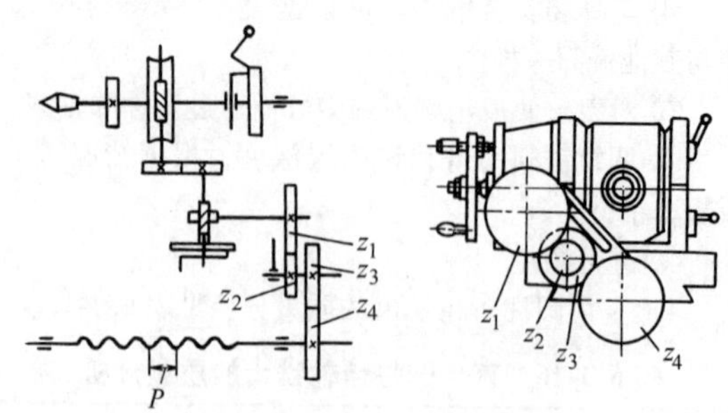

图 6.1-9　分度头侧轴交换齿轮法

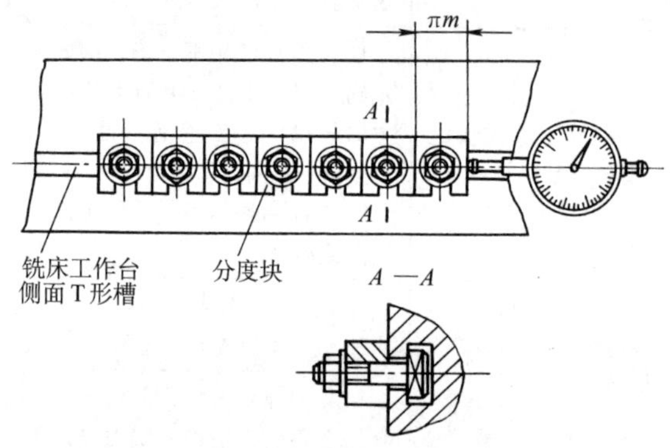

图 6.1-10　用分度量块和百分表移距法

当采用工件倾斜法时，齿条的端面与工作台移动方向成 β 角，如图 6.1-11a 所示。每次移距应等于斜齿条法向齿距。此方法只适用于加工斜角 β 较小、长度较短的齿条，否则受横向工作台行程限制而不能将齿条铣至全长。

当在铣床上铣较长的斜齿条时，应采用旋转工作台的方法，将工作台旋转 β 角，如图 6.1-11b 所示。每铣完一齿后纵向工作台的移距应等于斜齿条的端面齿距 p_t，p_t 随模数 m 和螺旋角 β 而变化。采用旋转工作台法铣斜齿条时，可采用分度板法和侧轴交换齿轮法移距。齿距精度要求高、数量较多，可采用分度量块和百分表法移距。

3）铣齿用的铣刀。决定齿条齿廓形状准确度的主要因素是齿条铣刀的齿廓形状。标准齿条齿槽的轮廓是呈 40° 夹角的等腰梯形，齿槽两侧面和底面的法向截面形状均是直线，齿条铣刀的齿廓形状应与齿条齿槽的截面形状相同。即当齿条铣刀前角为 0° 时，就是三条刀刃组成的呈 40° 夹角的形状。当齿条铣刀前角不等于 0° 时，这一齿廓形状就是三条刀刃在基面上投影的形状。前角为 0° 的铣刀齿廓形状如图 6.1-12 所示。

在实际加工中，当齿条精度要求不高时，可以采用 8 号齿轮铣刀铣削。8 号齿轮铣刀的齿廓渐开线曲率小，

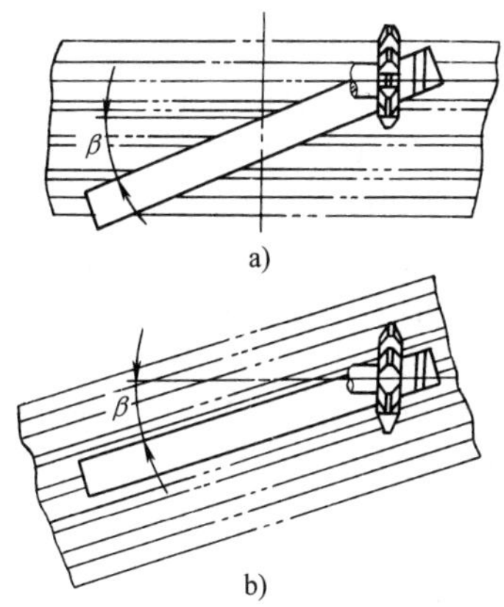

图 6.1-11　铣斜齿条的移距方法
a）工件倾斜法　b）旋转工作台法

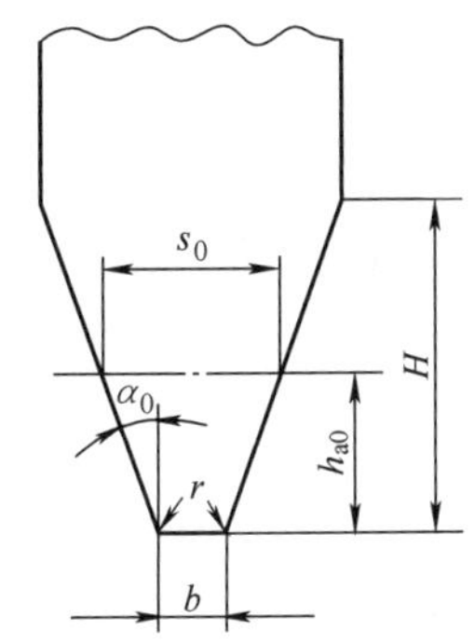

图 6.1-12　齿条铣刀齿廓形状

图中：$s_0=\frac{\pi m}{2}$，$h_{a0}=1.25m$，$b=\left(\frac{\pi}{2}-2.5\tan\alpha_0\right)m$，

$H\geqslant2.5m$，$r=(0.2\sim0.3)m$。

对一般的齿条仍可适用。大模数齿条的加工可用指形齿轮铣刀加工，粗加工时可用改磨过的立铣刀加工。

影响齿条齿廓形状准确度的其他因素还有铣刀旋转时有摆动，进给方向与盘形铣刀中分面不平行，即工作台“零位”不准等。

6.1.3　滚齿

1. 滚齿原理

滚齿加工原理相当于交错轴斜齿轮副的啮合过程。滚齿加工过程中，滚刀相当于一个螺旋角很大的斜齿圆柱齿轮和被切齿轮做空间啮合。滚刀头数即相当于斜齿轮的齿数。这种齿数极少、螺旋角很大、轮齿能绕轴线很多圈的斜齿圆柱齿轮，其实质就是一个蜗杆，滚刀切削刃位于该蜗杆的螺纹表面上，如图 6.1-13 所示。由于是一对交错轴斜齿轮的啮合，滚刀与被加工齿轮的基节必须相等，即分度圆柱上法向模数、压力角应分别相等。

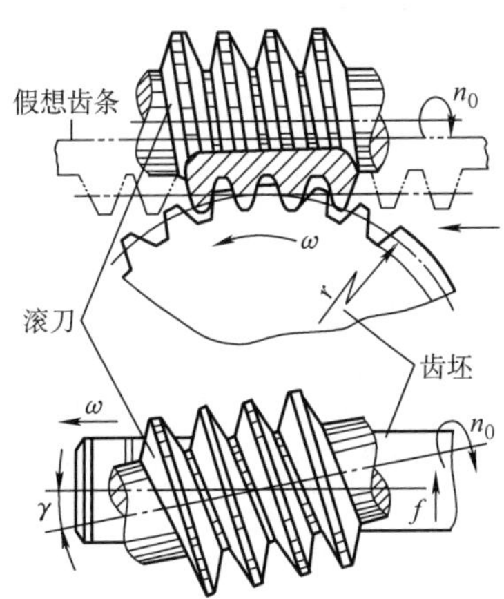

图 6.1-13　滚齿原理图

滚刀与工件在一定速比关系下进行展成运动，完成渐开线、摆线等各种齿廓加工。由于交错轴斜齿轮副啮合时，两啮合齿面的瞬时接触是点接触，为了使工件整个齿宽上都能得到滚齿加工，滚刀需要相对工件齿长方向做进给运动。

在滚切渐开线齿轮时，可改变两轴间中心距及轴交角。其相对共轭运动仍将获得同样性质的渐开线齿廓曲面，只是齿厚和齿根圆相应地改变了，所以可加工变位齿轮、斜齿轮和短齿齿轮等。滚齿是加工直齿和斜齿渐开线圆柱齿轮最常用的方法。

根据滚齿加工原理，滚切齿轮时滚齿机必须具有以下几种运动（图 6.1-14）。

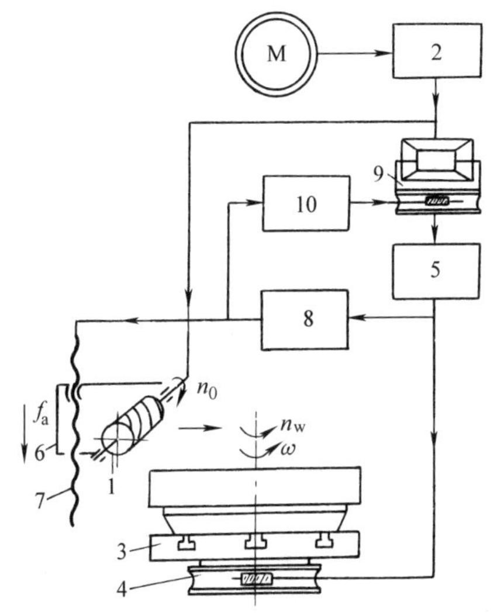

图 6.1-14　滚齿机原理简图
1—滚刀轴　2—变速箱　3—工作台　4—分度蜗杆副　5—分度交换齿轮　6—滚刀刀架　7—丝杠　8—进给箱　9—差动机构　10—差动交换齿轮

1）切削运动。即滚刀轴 1 的转速 n_0，借助于切削速度交换齿轮或变速箱 2，滚刀的转速为

$$n_0=\frac{1000v}{\pi d_{a0}}$$

式中　v——切削速度（m/min）；

d_{a0}——滚刀齿顶圆直径（mm）。

2）分度运动。随着滚刀的转动，齿坯也要相应地转动，要求滚刀转速 n_0 与齿坯（或工作台）转速 n_w 之间严格保持着相当于交错轴斜齿轮副的啮合关系，即滚刀（单头）转一转，齿坯相应地转过一个齿。可利用分度蜗杆副 4 来保证滚刀和齿坯的连续滚切运动。根据滚刀头数和被切齿轮的齿数来调整分度交换齿轮。

3）轴向进给运动。即滚刀沿齿坯轴线方向的轴向进给 f_a（mm/r），如图 6.1-14 所示。通过丝杠 7 沿齿坯轴线使滚刀刀架 6 慢慢垂直移动，利用进给交换齿轮或进给箱 8 来改变轴向进给量。

4）附加运动。加工斜齿轮时，在垂直进给过程中，通过差动机构 9 和分度蜗杆副 4 使齿坯和工作台 3 获得附加转速 ω，它与轮齿的螺旋角 β 相适应。调整差动交换齿轮 10 可获得此运动。加工直齿轮时，差动机构 9 应脱开。

2. 滚齿方法（表 6.1-17）

表 6.1-17　各种滚齿方法的工艺特点

滚齿方法	工艺特点
轴向滚切法 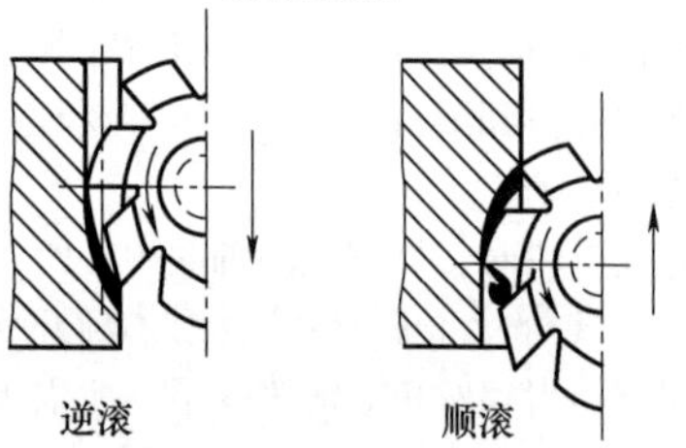 逆滚　顺滚	1. 逆滚。在开始切削以后直接形成齿廓。切削厚度在切削开始时从零逐渐增加，刀尖吃刀多而压力很大。刀尖既有摩擦又有滑动，磨损较大。切削过程平稳，适宜于精滚齿 2. 顺滚。与逆滚相反，开始切削时有较大的切削力。刀齿上会形成刀瘤，表面质量和切削平稳性不如逆滚，多用于粗滚齿。切削刃无挤刮现象，高速切削及切削高硬度齿轮时滚刀磨损比逆滚小
轴向分段进给法 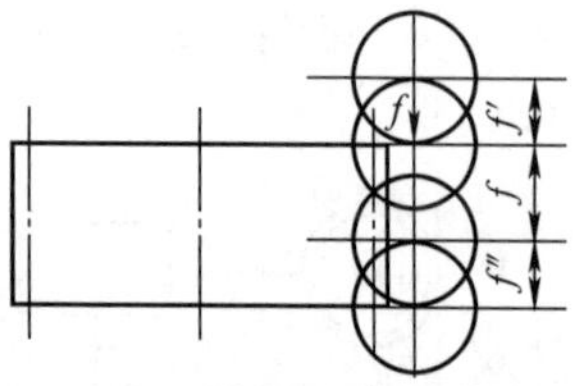	1. 用分段进给法可合理选择进给量，可延长刀具寿命、提高工效 2. 切入的进给量 f' 是一变量，由大渐小切至全齿深；然后用一个固定的进给量 f 进行切削。滚刀切出工件时，进给量 f'' 也是一变量。加工普通钢时，f'' 相对于 f 逐渐增大；加工韧性材料时，f'' 等于 f；加工脆性材料时，f'' 相对于 f 逐渐减小
径向进给法 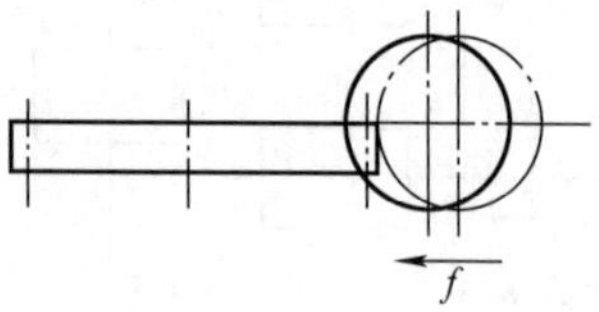	1. 缩短切入时间，适合于大直径滚刀切削齿宽窄的齿轮 2. 切削长度和厚度变化较小，刀具磨损均匀 3. 刀齿负荷重，需减小进给量，取径向进给量 $f_r=\left(\frac{1}{2}\sim\frac{1}{3}\right)f$（轴向进给量），一般可缩短机动时间 15%～30%
径向—轴向进给法 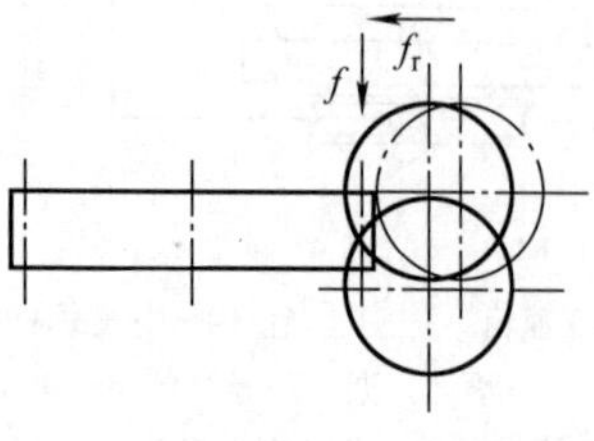	1. 先径向切入全齿深后改为轴向进给 2. 缩短切入时间，可使用一般滚刀 3. 特点介于轴向进给法和径向进给法之间

（续）

滚齿方法	工艺特点
对角滚齿法	1. 滚刀沿工件轴线进给的同时，还沿滚刀轴线移动，刀具磨损均匀，刀具寿命长 2. 齿面呈网纹花状，表面粗糙度值小，齿廓精度高 3. 机床需具有对角滚齿机构，调整较复杂 4. 适用于大直径或宽齿轮的滚切
切向移位法	1. 刀具寿命长，可长期保持刀具锐利，可增大切削用量和缩短换刀或调整的辅助时间 2. 机床须具有手动和自动窜刀机构

3. 滚齿机

滚齿是目前在齿轮加工中应用最广的切齿方法，滚齿机是加工圆柱齿轮、蜗轮等零件的主要工艺装备。滚齿机按布局形式和结构特点，可分为立式滚齿机和卧式滚齿机，常用的是立式滚齿机。随着滚齿机的发展，滚齿机的效率与精度不断提升，一般普通滚齿机加工精度可达7级，精密滚齿机的加工精度可以达到4级。

为了实现滚齿过程中需要的基本运动，滚齿机需要有6个运动轴（图6.1-15），分别是：X轴——径向进给轴；Y轴——滚刀滑板切向移动轴；Z轴——滚刀在工件轴向方向的进给轴；A轴——刀架回转轴；B轴——滚刀旋转轴；C轴——工作台旋转轴。滚齿机的发展过程就是6个运动轴的进化过程，主要是6个轴的运动刚性、精度、联动精度的提升，主要的发展可划分为机械阶段和数控阶段两大阶段，详见表6.1-18。

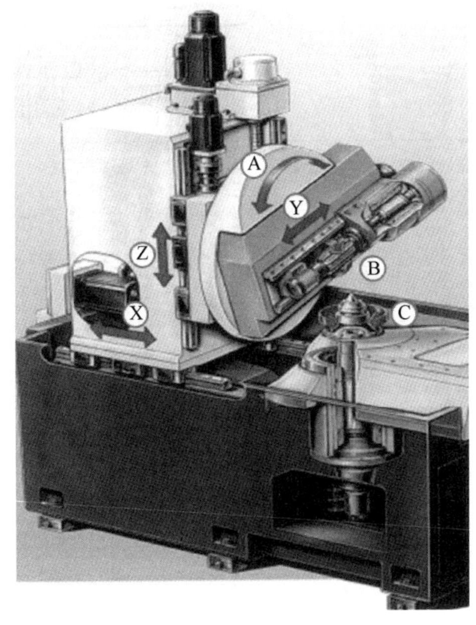

图6.1-15　滚齿机运动轴示意图

表 6.1-18　滚齿机的发展与类型

发展阶段		数控轴数	滚齿机特点	传动示意图
机械阶段	机械传动滚齿机	无	传统的机械传动滚齿机，其特征为各主轴采用机械传动形式，包括差动、分齿、工件轴、滚刀轴和进给等。工作时，滚刀装在滚刀主轴上，由主电动机通过齿轮副和蜗杆副驱动做旋转运动；刀架可沿立柱导轨垂直移动，还可绕水平轴线调整一个角度。工件装在工件轴上，由分度蜗杆副带动旋转，与滚刀的运动一起构成展成运动。滚切斜齿时，差动机构使工件做相应的附加转动。工作台（或立柱）可沿床身导轨移动，以适应不同工件直径的径向进给。传统机械传动滚齿机的传动结构异常复杂（右图），传动效率低，传动精度差，切削速度低，调整复杂，生产准备周期长	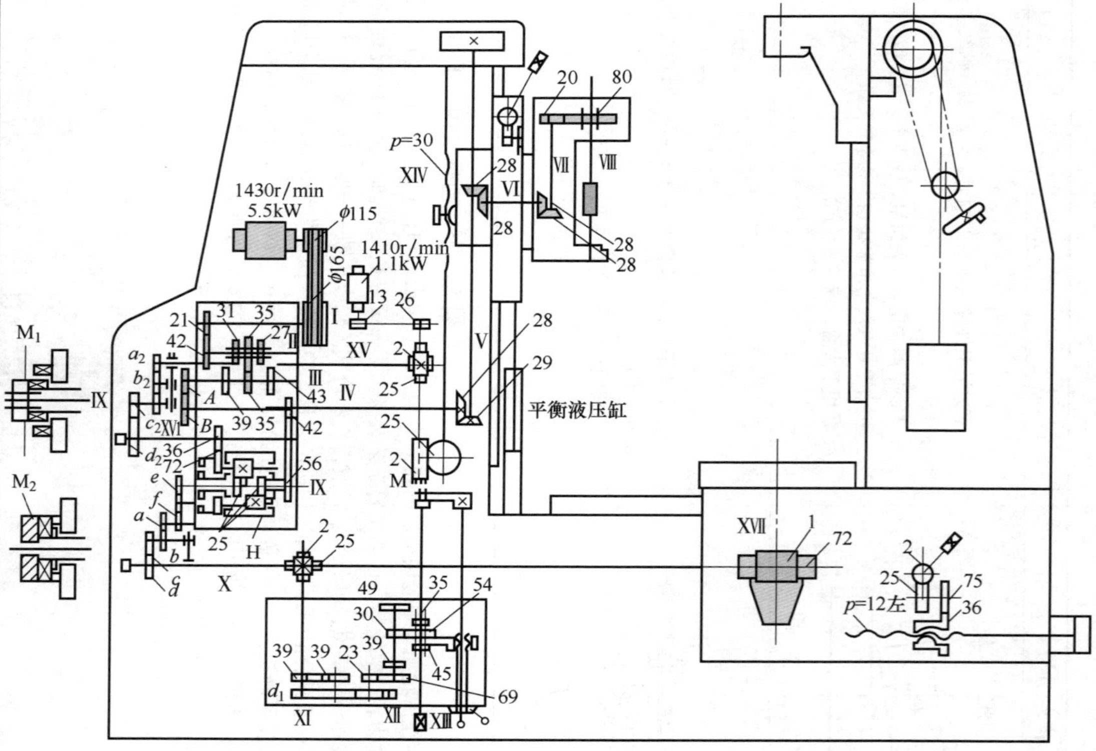

（续）

发展阶段			数控轴数	滚齿机特点	传动示意图
数控阶段	直线轴数控滚齿机阶段		X、Z（2轴） X、Y、Z（3轴）	它是在传统机械传动滚齿机的基础上，将径向进给和轴向进给数控化（2轴），或将径向进给、轴向进给和窜刀三个运动轴数控化（3轴），实现了自动循环，并且可以加工鼓形齿，或进行自动窜刀。但分齿和差动保留了机械传动滚齿机的全部传动链，在加工精度和生产率上与机械传动滚齿机比没有显著变化	
	分度轴数控联动滚齿机阶段	蜗杆副传动数控滚齿机	X、Z、B、C（4轴） X、Y、Z、B、C（5轴） X、Y、Z、A、B、C（6轴）	这种滚齿机是在直线轴数控滚齿机基础上，将刀具旋转轴与工作台旋转轴数控化，传动链大大缩短，分齿和差动运动取消了传统滚齿机的交换齿轮，代之以数控系统的“电子齿轮箱（EGB）”，精度有所提高，但是为了保证大转矩，保留了蜗轮传动环节，速度依然较低	

（续）

发展阶段			数控轴数	滚齿机特点	传动示意图
数控阶段	分度轴数控联动滚齿机阶段	齿轮传动数控滚齿机	X、Z、B、C（4轴） X、Y、Z、B、C（5轴） X、Y、Z、A、B、C（6轴）	这种滚齿机是将蜗杆副传动数控滚齿机工件轴和滚刀轴改为齿轮副传动，速度有很大的提高。在加工少齿数齿轮时有优势，但是其转矩小于蜗杆副滚齿机，由于机械传动环节仍然存在，仍然存在传动误差	
	全直驱数控联动滚齿机阶段		X、Y、Z、A、B、C（6轴）	这种滚齿机是利用全直驱技术，工件轴和滚刀轴分别使用电主轴和力矩电动机直接驱动，取消了全部机械传动链，实现了真正意义的全闭环控制。直驱技术的使用，保证了高速度；电子齿轮箱和无机械间隙的传动，保证了高精度。这种滚齿机由于其高速性能可以使用干切技术进行滚齿	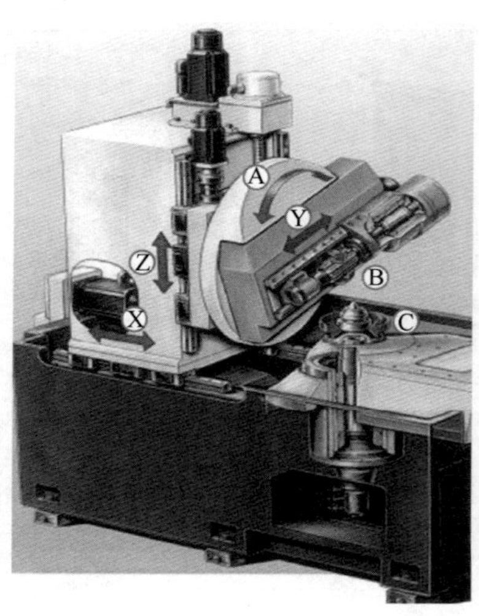

国产滚齿机的统一名称和组、系的划分见表 6. 1-19。

表 6. 1-19　国产滚齿机的统一名称和组、系（GB/T 15375—2008）

组		系		主参数	
代号	名称	代号	名称	折算系数	名称
3	滚齿及铣齿机	0	—	—	—
		1	滚齿机	1/10	最大工件直径
		2	摆线齿轮铣齿机	1/10	最大工件直径
		3	非圆齿轮铣齿机	1/10	最大工件直径
		4	非圆齿轮滚齿机	1/10	最大工件回转直径
		5	双轴滚齿机	1/10	最大工件直径
		6	卧式滚齿机	1/10	最大工件直径
		7	蜗轮滚齿机	1/10	最大工件直径
		8	球面蜗轮滚齿机	1/10	最大工件直径

国产滚齿机型号示例：Y3150E 型滚齿机

Y——齿轮加工机床类；

3——滚齿机组；

1——立式；

50——最大加工直径为 500mm；

E——改进设计顺序号。

机床型号在类代号“Y”之后加通用特性、结构特性代号（用汉语拼音字母）表示机床不同的结构性能，如 G 表示高精度，M 表示精密，B 表示半自动，Z 表示自动，K 表示数控，Q 表示轻型，S 表示高速，X 表示数显等。

数控滚齿机型号和技术参数请阅本章表 6. 7-2～表 6. 7-4。

滚齿机的精度检验可参照 GB/T 8064—1998《滚齿机精度检验》和 JB/T 8360—2013《数控滚齿机技术条件》进行。

4. 滚齿夹具

滚齿夹具在滚齿过程中的作用是定位与夹紧工件，工件的定位精度将直接影响工件展成运动过程中工件空间位置的准确性，进而影响工件的齿部精度。表 6. 1-20 所列为滚齿夹具与齿轮精度的关系，4 项齿轮最重要精度指标中有 3 项与夹具有直接的关系。

表 6. 1-20　滚齿夹具与齿轮精度的关系

齿轮精度误差	误 差 来 源	与夹具关系
齿廓误差	1. 刀具形状误差 2. 刀具安装误差	无关
螺旋线误差	1. 刀具走向 2. 滚齿过程中工件的转动轴线与工件实际轴线的平行度误差	1. 使用端面定位的夹具，定位面跳动导致工件转动轴线与工件实际轴线的平行度误差 2. 使用顶尖定位的齿轮轴，夹具上下顶尖不同轴，导致工件转动轴线与工件实际轴线的平行度误差 3. 夹具定位基准与工件使用基准或检测基准不统一，导致将工件定位点的轴心误差转换为齿圈轴心误差

（续）

齿轮精度误差	误 差 来 源	与夹具关系
齿圈径向跳动误差	工件转动圆心与工件圆心的同心度（几何偏心）	1. 夹具本身径向跳动导致工件出现几何偏心 2. 夹具径向定位与工件间隙导致出现几何偏心 3. 夹具径向定位基准与工件使用基准或检测基准不统一，导致将工件定位点的偏心转换为齿圈的几何偏心
齿距累积误差	1. 工件转动圆心与工件圆心的同心度（几何偏心） 2. 滚刀转速与工件转速组成的分齿精度误差（运动偏心）	

设计滚齿夹具的一般原则如下：

1）定位基准要精确可靠，心轴与齿坯孔配合间隙要适宜。齿坯的定位基准一般与齿轮的装配基准一致。

2）齿坯轴线应与工作台的旋转轴线重合。若夹具心轴以机床主轴锥孔为安装基准时，心轴定位轴颈与锥度要有同轴度要求，且锥度必须与机床锥孔配磨。

3）支承端面应与工作台的旋转轴线垂直。过渡法兰盘的各工作平面、夹紧用的垫圈及压板的两端面要平行。夹紧用螺纹采用细牙，心轴螺纹应磨削，螺母的螺纹必须与其端面保持垂直，否则，齿坯夹紧后，将产生心轴的歪斜，而引起齿轮的螺旋线误差。

4）齿坯的支承表面与切削力着力点之间的距离尽可能小，过渡法兰盘的直径应略小于齿轮齿根圆直径。

5）要有足够的刚性和夹紧力，保证在装夹工件时不变形和在加工过程中不产生振动。

6）结构简单，便于制造，并能保证安装时易于校正和更换。

滚齿夹具应用案例见表 6.1-21。

表 6.1-21 典型的滚齿夹具应用案例

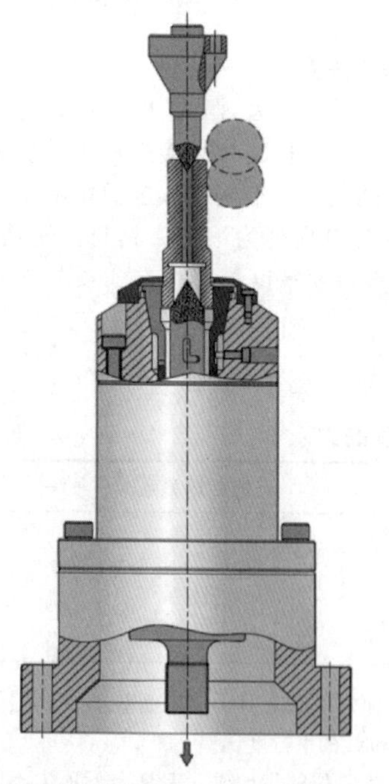	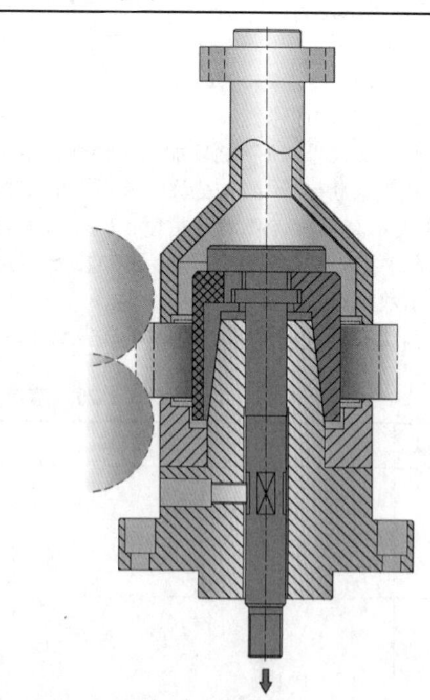
使用机床：日本卡希富基滚齿机 工件：齿轮轴 定位：双顶尖孔定位 夹紧：胀套抱紧外圆	使用机床：美国格里森滚齿机 工件：圆柱齿轮 定位：工件内孔定心，端面定位 夹紧：内孔单锥胀套胀紧，端面压紧

（续）

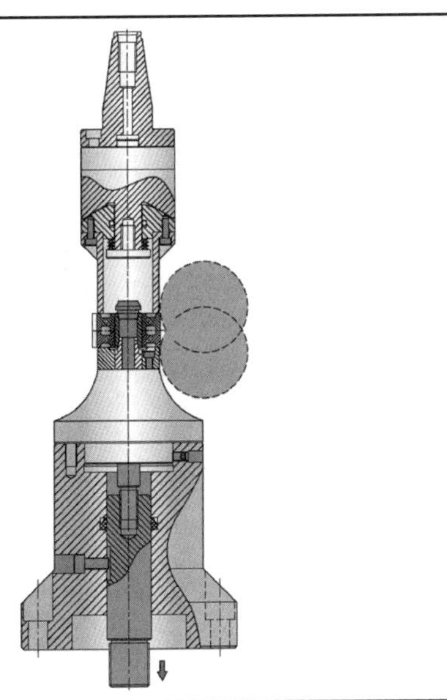	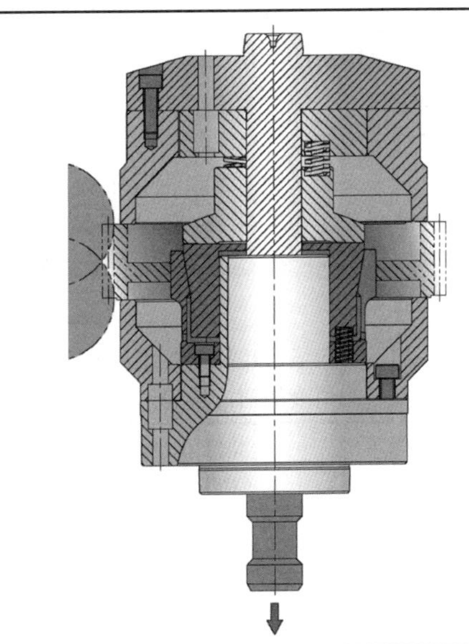
使用机床：日本三菱滚齿机 工件：圆柱齿轮 定位：工件内孔定心，端面定位 夹紧：内孔双锥胀套胀紧，端面压紧	使用机床：美国格里森滚齿机 工件：圆柱齿轮 定位：工件内孔定心，端面定位 夹紧：内孔单锥胀套胀紧，端面压紧

5. 滚刀

齿轮滚刀是按交错轴斜齿轮啮合原理加工直齿圆柱齿轮和斜齿圆柱齿轮的一种展成刀具。为了能够进行切削，滚刀要铣出容屑槽，并对刀齿的顶部和两侧进行铲背，以获得必要的后角，滚刀的各个侧切削刃位于蜗杆的螺旋面上。滚刀切削刃所在的蜗杆表面称为基本蜗杆。加工渐开线圆柱齿轮的滚刀，其基本蜗杆理论上应是渐开线蜗杆。这种滚刀称为渐开线滚刀。但是，渐开线滚刀的制造和检测比较困难，因此在实际应用中常常采用近似方法设计的阿基米德滚刀和法向直廓滚刀。这两种滚刀的制造和检测比较方便，但存在一定的齿廓设计误差。不过，当滚刀的模数和螺旋升角较小时，这种齿廓设计误差很小。尤其是阿基米德滚刀，不仅齿廓设计误差不大，而且误差的分布对被加工齿轮形成一定的修缘，有利于齿轮副的啮合传动，所以普通齿轮滚刀一般都采用阿基米德蜗杆作为基本蜗杆。滚刀与基本蜗杆及切削刃位置如图 6.1-16 所示。

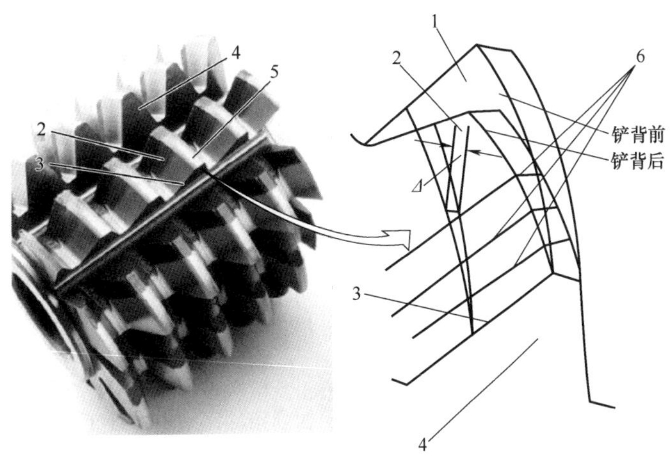

图 6.1-16　滚刀与基本蜗杆及切削刃位置图

1—基本蜗杆表面　2—侧铲螺旋面（侧刃后面）　3—齿轮滚刀切削刃
4—前刀面　5—铲制顶刃后面　6—齿轮滚刀每次重磨后的位置

滚刀的种类很多，按其结构不同可分为整体滚刀和镶片滚刀、装配滚刀、焊接滚刀；按模数大小可分为小模数滚刀、中模数滚刀和大模数滚刀；按加工用途可分为粗加工滚刀、精加工滚刀、剃前滚刀；按刀齿后刀面形状可分为铲齿式滚刀、圆磨法滚刀；按滚刀切削部分材料分为高速钢滚刀和硬质合金滚刀；按滚刀螺纹头数多少分为单头滚刀和多头滚刀；等等。表 6.1-22 所列为一般情况下齿轮滚刀精度等级与被加工齿轮精度的对应关系。

表 6.1-22　齿轮滚刀精度等级与被加工齿轮精度的对应关系

齿轮滚刀精度等级	被加工齿轮精度（GB/T 10095—2008）
AAA	6
AA	7
A	8
B	9
C	10

（1）滚刀的结构参数及选择

1）滚刀的外径选择。外径一般取较大值。选用大直径滚刀的优点如下：

① 滚刀外径越大，则滚刀分圆螺旋升角越小，因而可使滚刀的近似造型误差越小，提高齿廓的设计精度。

② 增大滚刀外径后，还可以使容屑槽的数目增加，减小切齿时齿轮齿面的包络误差，减小滚刀单齿的切削负荷，提高齿轮齿面质量并增加滚刀寿命。

③ 采用较大直径的滚刀可以选择较大的滚刀内孔，刀杆有较好的刚性，能采用较高的切削速度，提高切齿效率。

④ 在保持同样槽数的条件下，有较多的刃磨长度，使滚刀的寿命得到提高。

但滚刀直径与切削时间成正比，所以滚刀直径的选取要兼顾效率、质量和效益三者之间的关系。

2）滚刀的长度选择。滚刀的长度由螺纹部分的长度和两端轴台的长度所组成。滚刀螺纹部分除去两端的不完整齿以外，应至少具有包络出被切齿面两侧完整齿形的所需长度以及切削斜齿轮时所必需的增加量。为避免滚刀个别负荷大的刀齿因早期磨损而造成切削齿不能充分利用的不足，滚刀长度还应包括用作轴向位移的增加量，以延长两次重磨之间的使用寿命。滚刀的轴台用作检验滚刀安装准确程度的基准，要求它与滚刀孔有严格的同轴度。

3）滚刀的容屑槽选择。滚刀的容屑槽分为直槽和螺旋槽两种形式，如图 6.1-17 所示，一般制成与轴线平行的直槽形式。滚刀制成直槽，不仅能提高制造和刃磨精度，而且易于检查。直槽滚刀采用阿基米德基本蜗杆近似造型，经过对基本蜗杆齿形角的修正，可以得到近似于渐开线蜗杆的滚刀。这样修正的结果，使滚刀齿形的顶部和根部略有加厚，从而对工件齿形造成稍许的根切和修缘，有利于齿轮传动。

直槽滚刀左右两侧刃的切削条件不一致。当滚刀的螺旋升角 $\gamma_z \leq 5°$ 时，直槽滚刀加工齿轮齿面质量并无明显的差别。当 $\gamma_z > 5°$ 时，容屑槽制成垂直于滚刀螺纹的螺旋槽形式。

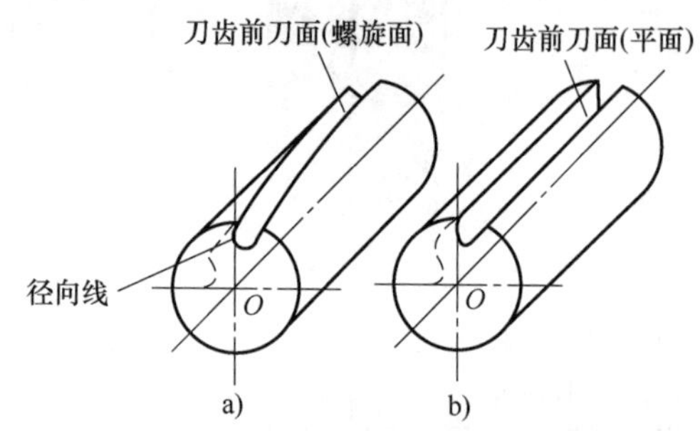

图 6.1-17　滚刀的容屑槽

滚刀容屑槽数关系到切削过程的平稳性、齿廓精度和齿面的表面粗糙度以及滚刀每次重磨后的使用寿命。滚刀的容屑槽数越多，切削重合度越大，分配在每一个刀齿上的负荷越小，因此切削过程越平稳，滚刀的寿命就越高。滚刀容屑槽数越多，齿面的包络误差就越小，对提高齿轮的齿廓精度和降低齿面的表面粗糙度也有直接的好处。如图 6.1-18 所示，比较 12 槽滚刀和 24 槽滚刀所包络齿廓的误差。12 槽滚刀的理论包络误差为 0.0015mm，24 槽滚刀的理论包络误差为 0.0004mm。但是，容屑槽数过多，刀齿的宽度减小，会使滚刀的可重磨次数减少。

4）滚刀的切削角度选择。

① 滚刀的前角。精加工滚刀和标准滚刀为便于制造和测量，一般都采用 0°前角。

研究和生产实践表明，正前角滚刀不但能改善切削条件，而且对提高滚刀的寿命，降低被加工齿轮齿面的表面粗糙度有很大好处。从齿廓设计观点出发，0°前角的滚刀也不是最理想的。只要合理选择前角的大小，正前角滚刀可以提高齿廓设计精度，尤其是大模数滚刀螺旋升角较大，效果更加显著。

所以，正前角滚刀不止是在粗加工齿轮时为改善切削条件而采用，近年来，对大模数的精加工滚刀，也已逐渐采用了正前角。对精加工用的阿基米德滚刀，一般顶刃前角取 7°~9°，粗加工滚刀可适当加大到 12°~15°。

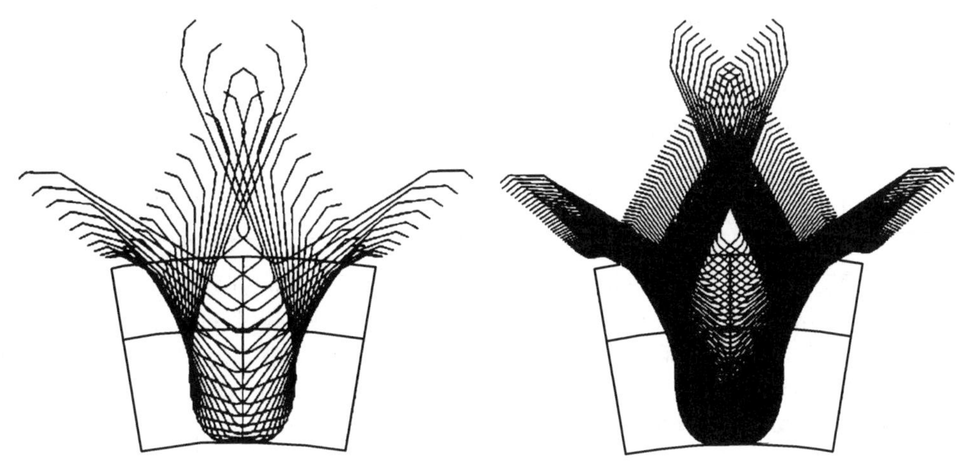

图 6.1-18　滚刀 12 槽与 24 槽加工齿廓误差比较

② 滚刀的后角。齿轮滚刀的顶刃后角与侧刃后角应保持一定的关系，使滚刀重磨后齿廓不发生变化，同时又要保证最小的侧刃后角，使滚刀不易磨损。因此，滚刀的顶刃与侧刃必须采用相同的径向铲背量。同时为使滚刀铲磨时有砂轮空刀，滚刀必须进行双重铲齿。

5）滚刀头数的选择。精加工时，为了提高加工精度，应选用单头滚刀；粗加工时，为了提高加工效率，宜选用多头滚刀，但需采用刚度大的滚齿机。多头滚刀由于螺旋升角增大和对工件每个齿面切削的刀齿数目减少的缘故，在制造和刃磨时容易产生影响加工精度的各种误差，主要用于中、小模数齿轮的粗加工。在加工模数较大、齿数较少的齿轮时使用多头滚刀，机床工作不平稳时则不适宜。多头滚刀每个切削刃的切削量比单头滚刀大，切削载荷增加，应适当减小进给量，但由于各个切削刃开始切入时的滑移减小，而且每一头切削刃的切削次数只是单头滚刀切削次数的头数分之一，使得切削刃磨损反而减小。多头滚刀与单头滚刀比较，参与展成齿形的切削次数很少，齿廓误差增大，且滚刀轴向的载荷变动大，齿面的表面粗糙度大，齿廓与螺旋线精度低。当工件齿数与滚刀头数成整数倍时，滚刀的分头误差直接以分度误差出现于工件上；当工件齿数与滚刀头数为质数齿数比时，滚刀各头之间的偏差影响工件的导程（齿向）精度。用多头滚刀精滚齿时，滚刀头数和工件齿数应无公约数。

6）齿轮滚刀螺旋方向的选择。滚切直齿圆柱齿轮时，一般都用右旋滚刀；滚切斜齿圆柱齿轮时，滚刀的螺旋方向宜与被加工齿轮的螺旋方向相同。也就是说，右旋齿轮应用右旋滚刀，左旋齿轮应用左旋滚刀。这样的好处是滚刀的安装角小且作用于齿坯切削力的分力作用方向与齿坯的旋转方向相反，使驱动工作台的蜗杆副的齿面以及其他驱动接触面贴紧，消除间隙，切削条件好。

整体滚刀的基本型式和尺寸可查阅 GB/T 6083—2016《齿轮滚刀 基本型式和尺寸》。

（2）滚刀的精度

滚刀的精度可按 GB/T 6084—2016《齿轮滚刀 通用技术条件》的规定选择，具体请查阅标准。

（3）滚刀的刃磨

滚齿时若发现齿面的表面粗糙度值增大，有光斑，出现毛刺或声音不正常，应及时刃磨滚刀。滚刀磨损形式如图 6.1-19 所示。滚刀的磨损不应超过其许用值，其中后刀面作为主要磨损依据，后刀面的极限磨损量见表 6.1-23。粗加工滚刀按 C 级磨损量要求，涂层高速钢滚刀和硬质合金滚刀不论模数大小，其刀齿后刀面的最大磨损量不得超过 0.25mm。

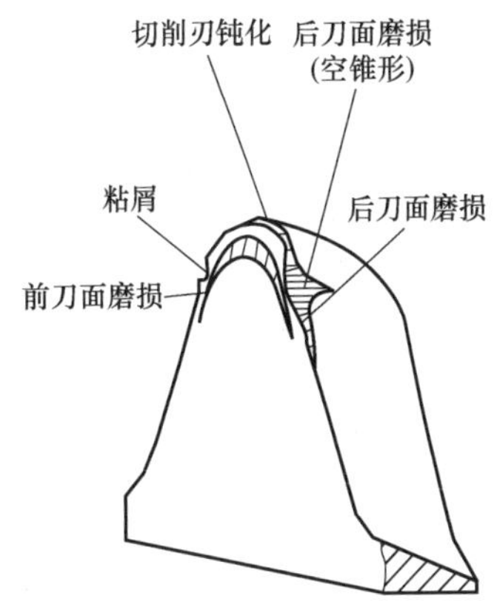

图 6.1-19　滚刀刀齿的磨损

表 6.1-23 滚刀刀齿后刀面的极限磨损量 (mm)

滚刀精度等级	滚刀模数						
	1~2	>2~3.5	>3.5~6	>6~10	>10~16	>16~25	>25~40
AA	0.1	0.15	0.2	0.3	0.4	0.5	0.6
A	0.2	0.25	0.3	0.4	0.5	0.6	0.8
B、C	0.3	0.35	0.4	0.5	0.6	0.7	1

滚刀在两次刃磨之间的滚切时间称为滚刀寿命，它与被加工材料和切削用量有关。如果刀具寿命规定过长，则需减小切削用量，生产率降低。如果刀具寿命规定过小，滚刀需经常刃磨，刀具材料消耗增大，换刀和调刀的时间也要增加，生产率也会下降。滚刀寿命的推荐值见表 6.1-24。

表 6.1-24 滚刀寿命推荐值

模数/mm	≤4	5~6	7~8	10~12	≥16
寿命/min	240	360	480	720	960

在精切零件过程中不许更换滚刀，因此滚刀寿命应不小于精加工一个大齿轮所需要的滚切时间。

滚切齿轮时，沿滚刀长度方向滚刀的磨损是不均匀的，部分刀齿不参加切削或参加少量切削，中部刀齿磨损严重，两端刀齿磨损较轻，如图 6.1-20a 所示。为了提高滚刀寿命，可以采用对角滚齿法，使刀具磨损均匀，其磨损状况如图 6.1-20b 所示。

滚刀刃磨质量对其寿命、加工精度和被加工表面粗糙度有很大影响。

滚刀的重磨是在滚刀的前刀面上进行的。为了保证滚刀的精度，即重磨后滚刀的切削刃仍能位于蜗杆的产形螺旋面上，其前刀面在重磨后应满足下列三方面要求。

1）容屑槽周节的误差。容屑槽周节的误差分为容屑槽周节的相邻误差和容屑槽周节的最大累积误差。容屑槽周节的误差用于表示滚刀前在圆周上分布的不均匀性（图 6.1-21a）。由于滚刀在制造时刀齿的铲削是在精确等分的基础上进行的，因此前刀面若重磨得不等分，会使切削刃偏离蜗杆的产形螺旋面，造成各排刀齿的齿厚不等（图 6.1-21b）。当它们在不同的展成位置上切出齿轮时，具有圆周上正偏差的刀齿齿厚较大，因而会使齿轮齿廓产生“过切”，齿面上形成凹度；反之，具有圆周上负偏差，滚切时使齿廓产生“少切”，齿面上形成凸棱，从而使齿面变得凸凹不平（图 6.1-21c）。为此，滚刀重磨后的误差应在规定的公差范围内。

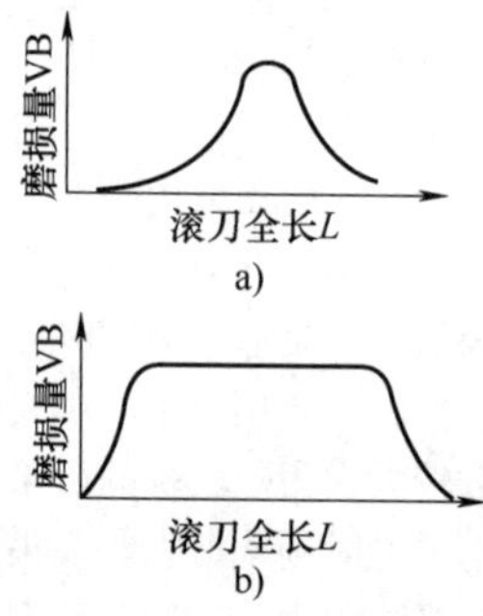

图 6.1-20 滚刀磨损状况

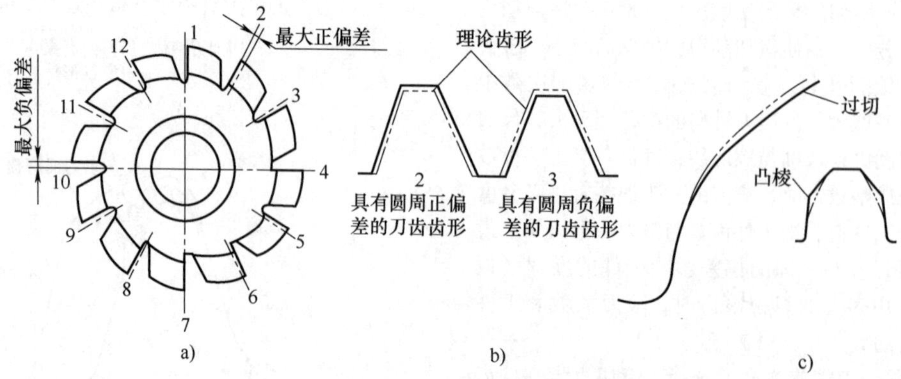

图 6.1-21 滚刀容屑槽周节的最大累积误差
a）分布不均匀 b）齿厚不等 c）凸凹不平

2）滚刀前刀面的导程误差。滚刀前刀面的导程误差，对于容屑槽为螺旋槽的滚刀，是用前刀面的实际导程与理论导程之间的差值来表示的。而对容屑槽为直槽的滚刀，由于其前刀面的导程为无穷大，因此，这一误差表现为滚刀前刀面对内孔轴线的平行度。当滚刀前刀面发生这种误差时，刀齿切削刃在全长上将逐渐偏离蜗杆的产形螺旋面，并造成滚刀外圆上的锥度（图 6.1-22a）。这种滚刀在加工时，会引起被加工齿轮齿廓的均匀畸变，使齿廓产生不对称的歪斜（图 6.1-22b）。

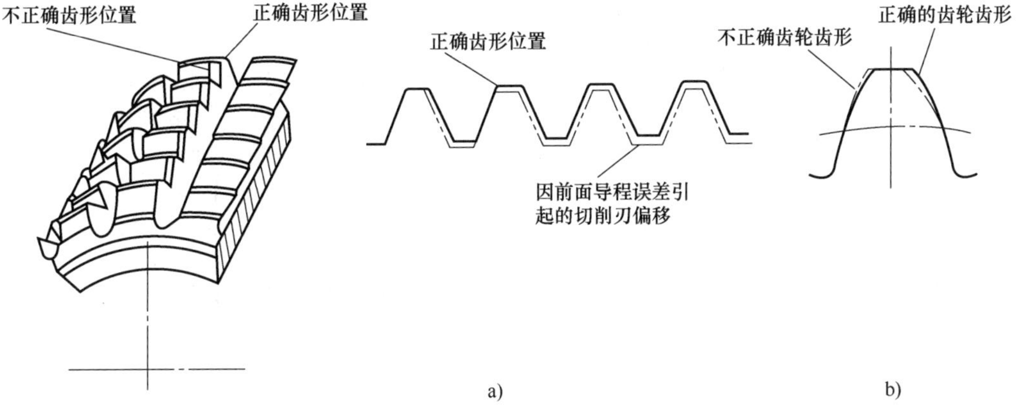

图 6.1-22　滚刀前刀面的导程误差
a）产生锥度　b）不对称的歪斜

3）滚刀前刀面的径向性误差。为了制造及测量的方便，齿轮滚刀的前角一般都做成 0°，即滚刀的前刀面通过滚刀的半径方向，并在径向呈直线形。重磨时，如果砂轮相对于滚刀的位置不正确，磨出的前刀面不在滚刀的半径方向，则会在滚刀上形成正前角或负前角（图 6.1-23）。前刀面的径向性误差会减小或增大刀齿的齿形角（当滚刀为正前角时齿形角减小，反之增大），从而使齿轮压力角产生相应的误差。即滚刀为正前角时，使齿轮齿顶加厚，齿根变瘦，齿形角减小（图 6.1-23a）；而为负前角时，使齿轮齿顶变瘦，齿根加厚，齿形角增大（图 6.1-23b）。在重磨直槽或螺旋角较小的滚刀时，一般容易得到径向直线形的前刀面。但当滚刀的螺旋角较大时，尽管采用砂轮的锥面进行重磨，但在前刀面上仍会出现明显的齿顶部和齿根部干涉，使滚刀的前刀面变成中凸形（图 6.1-24a），从而使被加工齿轮齿形呈中凹形（图 6.1-24b）。为了消除这一影响，在重磨螺旋角较大的滚刀时，应对砂轮进行修整。

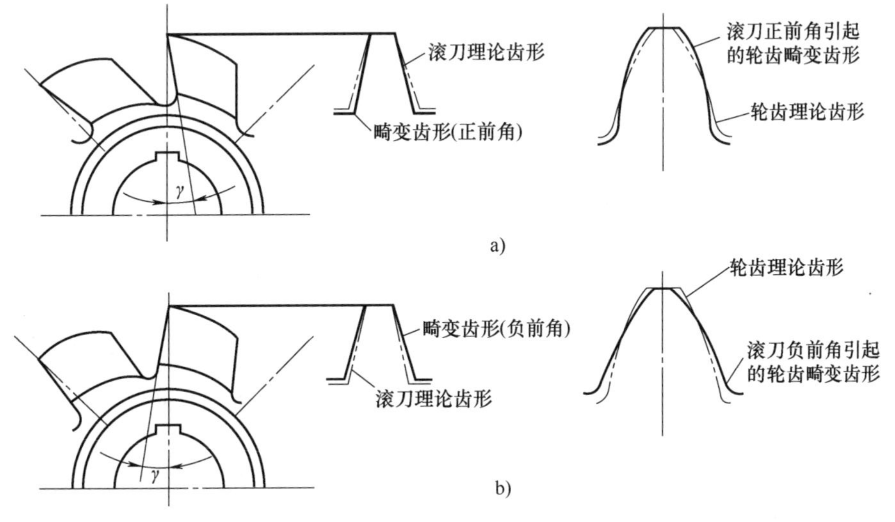

图 6.1-23　滚刀前刀面径向性误差
a）正前角　b）负前角

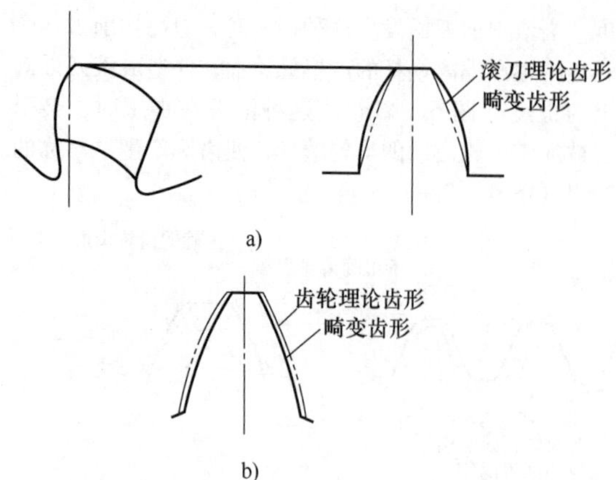

图 6.1-24　螺旋槽滚刀前刀面的中凸现象
a）滚刀前刀面变成中凸形　b）被加工齿轮齿形呈中凹形

（4）滚刀涂层

滚刀涂层是指在滚刀切削表面上涂覆一层高硬度的 TiN 等硬化合物，以达到提高刀具表面的硬度和耐磨性的目的，其应用日益广泛。图 6.1-25 所示为涂层和无涂层滚刀的磨损比较。图 6.1-26 所示为各切削刃磨损宽度的比较。

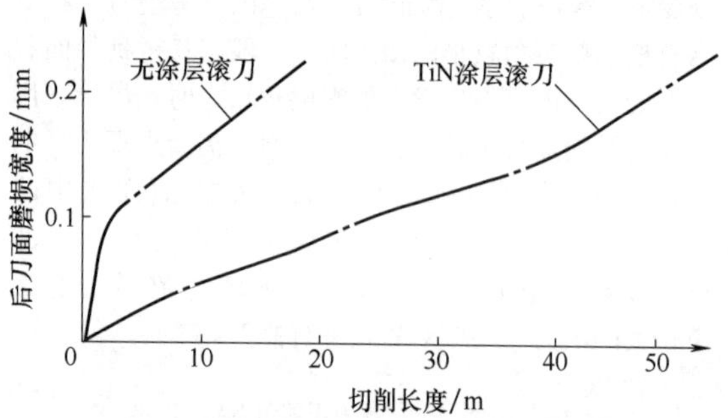

图 6.1-25　涂层和无涂层滚刀的磨损比较
（模数 3mm，齿数 $z=36$，齿宽 $b=25$mm，螺旋角 $B=27$，工件材料 S45C，硬度 180HBW，切削速度 $v=120$m/min，进给量 $f=3$mm/r）

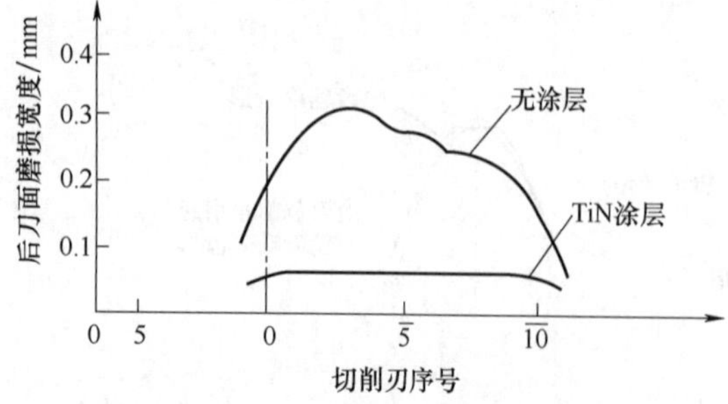

图 6.1-26　各切削刃磨损宽度的比较
（模数 3mm，齿数 $z=50$，齿宽 $b=60$mm，螺旋角 $B=0°$，工件材料 S45C，硬度 180HBW，切削速度 $v=125$m/min，进给量 $f=4$mm/r）

6. 滚齿工艺

（1）切削用量的选择

切削用量的选择应根据被加工齿轮的模数、材料、精度、夹具及刀具等情况而定，原则是在保证工件质量和合理滚刀寿命的前提下，根据机床、夹具-工件系统、刀具系统的刚性及其生产率等因素确定。粗加工时可以采用较小的切削速度、较大的进给量；精度高、模数小、工件材料较硬的齿轮加工可以采用高切削速度、小进给量；大螺旋角或大直径的齿轮滚齿应适当减低切削速度和进给量。

1）走刀次数（切削深度）选择。整个轮齿的加工一般不超过三次走刀（表 6.1-25）。如果由于机床功率或刚性不够，可采用两次粗走刀：第一次走刀时，其切削深度取为 $1.4m$（模数），第二次取为 $0.8m$（模数）。粗走刀时，建议用齿厚减薄的粗切滚刀加工，精切滚刀只用其侧刃进行切削。滚齿后要进行剃齿或磨齿时，一般采用一次走刀加工。

表 6.1-25　滚齿走刀次数

模数/mm	走刀次数	应留余量
≤3	1	切至全齿深
>3~8	2	留精切余量 0.5~1mm
>8	3	第一次切去（1.4~1.6）m 第二次留精切余量 0.5~1mm

2）进给量选择。为了保证较高的生产率，应尽可能采用大的进给量。但是进给量不能过大，其主要受到机床刚性与齿面的表面粗糙度两个方面的限制。

① 机床刚性限制，如下列公式所示，大的进给量产生大的切削力，导致机床、工件、滚刀系统的刚性不足。

最大滚切力矩（N·m）为

$$M_{max}=8.92m^{1.75}f^{0.65}a_p^{0.81}v^{-0.26}z^{0.27}K_1K_2K_3$$

式中　m——模数（mm）；

f——进给量（mm/r）；

a_p——滚切深度（mm），$a_p=a/(2.25m)$，a 为总进刀深度；

v——切削速度（m/min）；

z——被加工齿轮齿数；

K_1——材料修正系数；

K_2——螺旋角修正系数；

K_3——材料硬度修正系数。

上述公式的适用范围：$m=1\sim10$mm，$f=0.5\sim6$mm/r，$v=10\sim70$m/min。

② 齿面的表面粗糙度限制。轴向进给量和滚刀直径是齿面波痕高度 h 的决定因素。由滚切所产生的齿面波痕的高度 h（单位为 μm）的计算如下（图 6.1-27）：

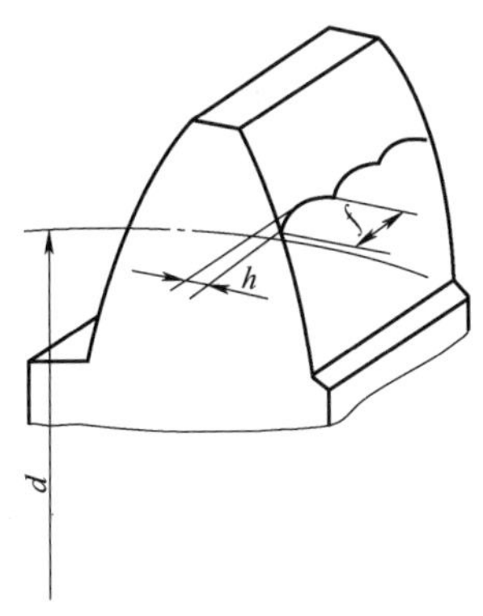

图 6.1-27　齿面的波痕

齿根处　　$h\approx\dfrac{f^2}{4d_a}$

齿面上　　$h\approx\dfrac{f^2}{4d_a}\sin\alpha$

式中　f——轴向进给量（mm/r）；

d_a——滚刀直径（mm）；

α——压力角（°）。

齿面轴向进给齿面波痕高度与滚刀直径成反比，与进给量的平方成正比。精滚时，进给量要受到限制。精滚齿时要增大进给量，必须加大滚刀直径。另外，对于斜齿轮，轴向进给量是 f 时，则螺旋线方向进给量为 $f/\cos\beta$。所以，螺旋角大，就必须减小进给量 f。

根据机床刚性，可把立式滚齿机按表 6.1-26 分组。粗加工进给量可按表 6.1-27 选用。精加工进给量可按表 6.1-28 选用。

表 6.1-26　根据机床刚性的立式滚齿机分组

机床组别	主电动机功率/kW	最大加工模数/mm	滚齿机型号
Ⅰ	1.5~3	3~6	YBA3120、YBS3112、Y38 等
Ⅱ	3~5	5~8	Y3150E、Y3150、YB3120、YB3115 等
Ⅲ	5~8	6~12	YBA3132、YX3132、YKS3132、YK3180A、Y3180H 等
Ⅳ	10~14	10~18	Y31125E、YKS3140、YKX3140 等
Ⅴ	≥15	16~30	Y31200H 等

表 6.1-27　滚刀粗加工进给量　　（mm/工件每转）

机床组别	加工模数/mm							
	2.5	4	6	8	12	16	22	26
Ⅰ	2~3	1.5~2	—	—	—	—	—	—
Ⅱ	3~4	2~3	1.5~2.5	1.5~2	—	—	—	—
Ⅲ	4~5	3~4	2.5~3.5	2~2.5	1.5~2	—	—	—
Ⅳ		4~4	3.5~4.5	3~4	2.5~3	2~2.5	—	—
Ⅴ			4~5	3.5~4.5	3~4	2.5~3.5	2~3	1.5~2

注：1. 当被加工齿轮夹紧刚性较弱时，进给量应取小值。

2. 当工作条件改变时，表中数值应乘以下修正系数。

被加工齿轮材料硬度			被加工齿轮螺旋角				滚刀头数			
HBW	≤220	>220~320	螺旋角	0°	>0°~30°	>30°~45°	滚刀头数	1	2	3
修正系数	1.0	0.7	修正系数	1.0	0.8	0.65	修正系数	1.0	0.7	0.5

表 6.1-28　滚刀精加工进给量　(mm/工件每转)

Rz/μm	模数/mm	
	≤12	>12
>40~80	2~3	3~4
>20~40	1~2	1.5~2.5
≤20	0.5~1	—

注：齿轮的精切应在机床-工件-滚刀系统刚性好的设备上进行，要求保证被加工齿轮夹紧可靠，无振动；滚刀（或刃磨）精度高，侧刃上无缺口、划痕和其他缺陷；滚刀安装在机床上的跳动应不大于 0.01mm。

3）切削速度。根据上述所取得的走刀次数、进给量和表 6.1-24 推荐的滚刀寿命，考虑被加工材料性质、齿轮模数和其他加工条件来确定切削速度，其值见表 6.1-29。

表 6.1-29　高速钢标准滚刀粗切轮齿时的切削速度　(m/min)

模数/mm	进给量（mm/工件每转）						
	0.5	1.0	1.5	2.0	3.0	4.0	5.0
2~4	85	60	50	45	40	35	30
5~6	75	55	45	40	35	30	25
8	60	45	35	30	25	22	—
10	58	43	35	30	25	21	—
12	58	41	31	29	23	21	—
16	49	35	29	25	20	—	—
20	48	34	29	25	20	—	—
24	45	30	24	20	—	—	—
30	35	25	20	—	—	—	—

注：切削速度在被加工材料的力学性能、化学成分、滚刀头数、加工类型等发生变化时，应进行修正。修正公式为

$v=v'k_{v1}k_{v2}k_{v3}k_{v4}$

式中　v'——上表中的切削速度。

k_{v1}，k_{v2}，k_{v3}，k_{v4}——修正系数，由下表查得

被加工材料的力学性能					
HBW	160	190	220	250	300
R_m/GPa	0.55~0.60	0.65~0.70	0.75~0.80	0.85~0.90	1.0~1.11
k_{v1}	1.25	1.0	0.8	0.7	0.4

被加工材料的化学成分				
材料	碳素钢（35、45 钢等）	低合金钢（20Cr、20CrMnTi 等）	合金钢（6CrNiMo、18CrNiWA 等）	灰铸铁
k_{v2}	1	0.9	0.75	0.8

滚刀头数			
滚刀头数	1	2	3
k_{v3}	1	0.75	0.65

加工类型			
加工类型	粗切	半精切	精切
k_{v4}	1	1.2	1.4

注：切削速度还与滚刀寿命、滚刀的刀尖圆角、滚齿机的刚性等各种因素有关

采用涂层滚刀可以适当提高切削速度，一般可以提高 50%~200%，采用硬质合金滚刀切削速度可以提高 4 倍。

(2) 机动时间的计算

采用一次走刀滚切齿轮时，其机动时间按如下公式计算：

$$t_m=\frac{(b+l_1+l_2)z}{n_0 f_a K}$$

式中　b——齿轮宽度（mm）；

l_1——滚刀切入长度（mm）；

l_2——滚刀切出长度（mm）；

z——被加工齿轮齿数；

n_0——滚刀转速（r/min）；

f_a——滚刀进给量（工件每转）（mm/r）；

K——滚刀头数。

滚刀切入长度 l_1 可按下式计算：

$$l_1=\frac{\sqrt{a_p(d_{a0}-a_p)}}{\cos\delta}$$

式中　a_p——滚切深度（mm），一次滚切时，即为全齿深；

d_{a0}——滚刀外径（mm）；

δ——刀架安装角（°）。

滚刀切出长度 l_2 可按下式计算：

$$l_2=3m\tan\delta+(3\sim5)\text{mm}$$

为了减少机动时间，推荐不采用沿齿坯轴向切入，而是采用沿径向切入，即在切削过程中，滚刀和齿坯逐渐靠近到所需的滚切深度，然后再接通机床的轴向进给。此时可用下列公式计算机动时间：

$$t_m=\left(\frac{b+l_2}{f_a}+\frac{a_p}{f_r}\right)\frac{z}{n_0K}$$

式中　f_r——径向进给量（工件每转）（mm/r）。

如果采用多次走刀滚切齿轮时，其机动时间按上式计算后，再乘以走刀次数即可。

（3）切削液选用

在滚切齿轮时，应向切削区浇注切削液，这样可提高滚刀寿命和降低齿面的表面粗糙度值，并可冲洗掉碎屑和其他脏物。滚切不同材料的齿轮时，切削液可参考表 6. 1-30 选用。

表 6. 1-30　滚切齿轮时切削液的选用

齿轮材料	类别	名称	组成	质量分数（%）	使用说明
碳素钢合金钢不锈钢耐热合金钢	切削油	复合切削油	植物油 矿物油		百分比根据需要配制。该种油尽量少用，可用极压切削油代替
		含硫、含氯极压切削油	硫化切削油 L-AN15 或 L-AN32 全损耗系统用油		百分比根据需要配制
			硫化鲸鱼油 L-AN15 全损耗系统用油	2 98	加工后需进行清洗防锈
			硫化切削油 煤油 油酸 L-AN15 或 L-AN32 全损耗系统用油	30 15 30 25	以上四种切削油也可用于铜及铜合金、铝及铝合金
		含硫氯、氯磷、硫氯磷的极压切削油	氯化石蜡 二烷基二硫代磷酸锌 L-AN7 或 L-AN10 全损耗系统用油	20 1 79	加工后需进行清洗防锈
			环烷酸铅 氯化石蜡 石油磺酸钡 L-AN10 全损耗系统用油 L-AN32 全损耗系统用油	6 10 0. 5 10 73. 5	

（续）

齿轮材料	类别	名称	组成	质量分数（%）	使用说明
碳素钢合金钢不锈钢耐热合金钢	切削油	含硫氯、氯磷、硫氯磷的极压切削油	氯化石蜡 二烷基二硫代磷酸锌 硫化棉籽油 石油磺酸钡 2，6-二叔丁基对甲酚 硅油 煤油 L-AN10 全损耗系统用油	20 1 3 2 0.3 5×10^{-4} 4 余量	
			氧化石油脂钡皂 二烷基二硫代磷酸锌 石油硫磺钙 石油磺酸钡 L-AN7 全损耗系统用油 二硫化钼	4 4 4 4 83.5 0.5	
铜及铜合金铝及铝合金		普通切削油	L-AN15 或 L-AN32 全损耗系统用油 石油磺酸钡	95~98 2~5	
			煤油 石油磺酸钡	98 2	清洗性好
			油酸 松香 煤油	2.5 7 90.5	
铸铁	乳化油	乳化油	油酸 松香 氢氧化钠 乙醇 甘油 水 L-AN32 全损耗系统用油	10 10 15 4.5 2.5 3 55	
			石油磺酸钡 环烷酸锌 硫化油 DAH 三乙醇胺油酸皂（10∶7） L-AN15 全损耗系统用油	11.5 11.5 12.7 3.5 余量	可稀释成质量分数为 2%～3%浓度的乳化液使用
			石油磺酸钡 磺化油 三乙醇胺 油酸 氢氧化钾 水 L-AN7 全损耗系统用油	10 10 10 2.4 0.6 3 64	

（续）

齿轮材料	类别	名称	组成	质量分数（%）	使用说明
铸铁	乳化油	乳化油	石油磺酸钡 蓖麻油钠皂 三乙醇胺 苯骈三氮唑 L-AN7 全损耗系统用油	36 19 6 0.2 余量	

注：本表适用于高速钢滚刀。

滚切铸铁齿轮时，可不用切削液。

（4）滚齿调整

1）交换齿轮的调整。在非数控的滚齿机调整中，为加工出合格的齿轮，需要进行交换齿轮调整。滚齿机的交换齿轮有：速度交换齿轮 i、分度交换齿轮 i_1、轴向进给交换齿轮 i_2 和差动交换齿轮 i_3。其调整计算方法和注意事项在滚齿机的随机说明书中有详细的说明，使用者在调整机床前要仔细阅读。

交换齿轮的齿面质量、啮合间隙等都会影响加工齿轮的精度，机床调整时要充分注意。

差动交换齿轮计算误差直接影响斜齿轮的螺旋线误差，一般要求计算交换齿轮比值精确到小数点后 5 位以上。

在交换齿轮计算和应用中，惰轮用来改变交换齿轮的转动方向，不影响交换齿轮比值。

2）滚刀的安装。

① 滚刀心轴和滚刀的安装要求。将滚刀心轴锥度部分擦干净，装入主轴孔内紧固。用千分表检查滚刀心轴端面和径向跳动。根据被加工齿轮不同，可以有不同的要求。心轴装好后装滚刀、垫圈等，并装好托架（心轴轴承座）。随即检查滚刀跳动量，其数值也要根据被加工齿轮的大小和精度要求不同而定。其值参见表 6.1-31。

表 6.1-31 滚刀心轴和滚刀的安装要求

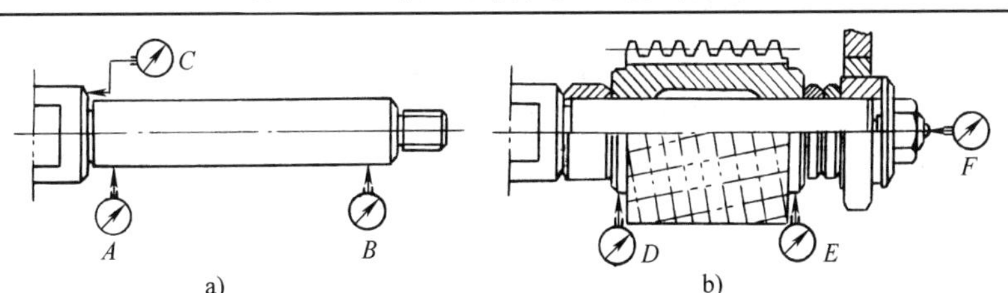

齿轮精度等级	模数/mm	径向和轴向跳动公差/mm					
		滚刀心轴			滚刀台肩		轴向跳动
		A	B	C	D	E	F
5~6	≤2.5	0.003	0.006	0.003	0.005	0.007	0.005
	>2.5~10	0.005	0.008	0.005	0.010	0.012	
7	≤1	0.005	0.008	0.005	0.010	0.012	0.010
	>1~6	0.010	0.015	0.010	0.015	0.018	
	>6	0.020	0.025	0.020	0.020	0.025	
8	≤1	0.01	0.015	0.01	0.015	0.020	0.015
	>1~6	0.02	0.025	0.02	0.025	0.030	
	>6	0.03	0.035	0.025	0.030	0.040	
9	≤1	0.015	0.020	0.015	0.020	0.030	0.020
	>1~6	0.035	0.040	0.030	0.040	0.050	
	>6	0.045	0.050	0.040	0.050	0.060	

② 滚齿时为了使滚刀的螺旋方向和被切齿轮切于一假想齿条，必须使滚刀轴线与齿轮端面倾斜一 γ_0（安装角）的角度，这个角度的大小根据滚刀分度圆螺旋升角和工件的螺旋角的大小和方向来确定。

在滚切直齿圆柱齿轮时

$$\gamma_0=\gamma_z$$

在滚切斜齿轮时

$$\gamma_0=\beta\pm\gamma_z$$

式中　γ_z——滚刀分度圆螺旋升角（°）；

　　β——齿轮的分度圆螺旋角（°）。

加工变位齿轮时，当滚刀分度圆螺旋升角大于4°且工件的变位系数超过±0.4 时，应对滚刀分度圆螺旋升角进行修正，并按修正后的分度圆螺旋升角调整滚刀架安装角。修正后的滚刀分度圆螺旋升角按下式计算：

$$\tan\gamma_z'=\frac{1}{\cot\gamma_z+2x_n\cos\gamma_z}$$

式中　γ_z——滚刀分度圆螺旋升角（°）；

　　x_n——齿轮的法向变位系数。

γ_z' 的数值也可查图 6.1-28。

滚切斜齿轮时，滚刀与工件的螺旋方向相同时取“-”号，相反时取“+”号。滚刀的安装角度与滚刀分度圆螺旋升角、工件的分度圆螺旋角的大小及方向相适应，见表 6.1-32，其角度应精确到 6′~10′。

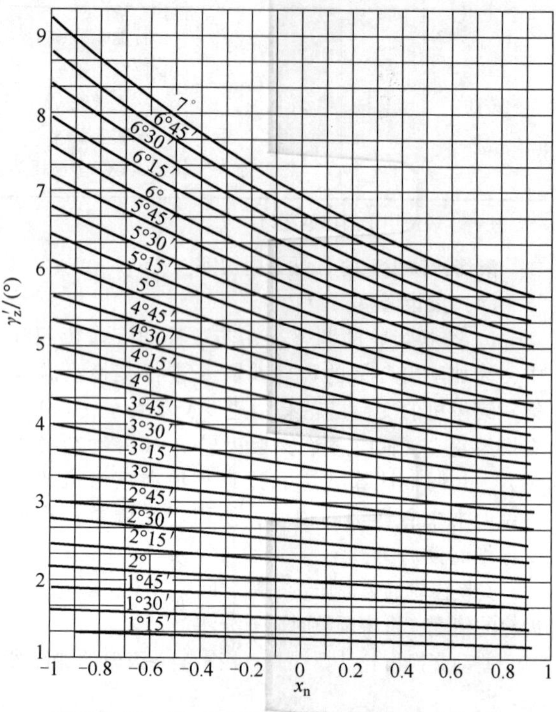

图 6.1-28　修正后的滚刀分度圆螺旋升角 γ_z'

表 6.1-32　滚刀安装角的调整

滚刀旋向	直齿轮	与滚刀异旋向斜齿轮	与滚刀同旋向斜齿轮	
			$\beta>\gamma_z$	$\beta<\gamma_z$
右旋滚刀	γ_z	左旋斜齿轮 $\gamma_z+\beta$，γ_z，β	右旋斜齿轮 $\beta-\gamma_z$，γ_z，β	右旋斜齿轮 $\gamma_z-\beta$，γ_z，β
左旋滚刀	γ_z	右旋斜齿轮 $\gamma_z+\beta$，γ_z，β	左旋斜齿轮 $\beta-\gamma_z$，γ_z，β	左旋斜齿轮 $\gamma_z-\beta$，γ_z，β

注：γ_z——滚刀分度圆螺旋升角（°）；β——齿轮的分度圆螺旋角（°）。

安装角的调整误差与齿厚关系如下：

$$\Delta s=-\frac{m_n}{2}\cot\alpha\tan^2\gamma_z\left(z+\frac{K}{\sin^3\gamma_z}\right)(\Delta\gamma_0)^2$$

式中　Δs——齿厚差；

　　$\Delta\gamma_0$——安装角调整误差；

　　γ_z——滚刀分度圆螺旋升角；

　　K——滚刀头数；

　　z——被加工齿轮齿数，斜齿轮以 $z'=\frac{z}{\cos^3\beta}$ 代入；

m_n——齿轮法向模数（mm）；

α——齿轮压力角。

③ 滚刀的对中。滚刀不对中将导致被加工齿轮左右齿面的齿廓偏差不对称，特别是滚切齿数较少的工件时，尤其要注意滚刀的对中。通过对中保证滚刀一个刀齿或齿槽的对称中心线与被加工齿轮的中心线重合，就能加工出齿廓对称的齿轮。滚刀的对中通常有三种方法：

a. 对刀规法。把对刀规固定在机床一定位置，移动滚刀或滚刀架，使滚刀的一个刀齿或齿槽对正对刀架上的对刀样板，如图 6.1-29 所示。

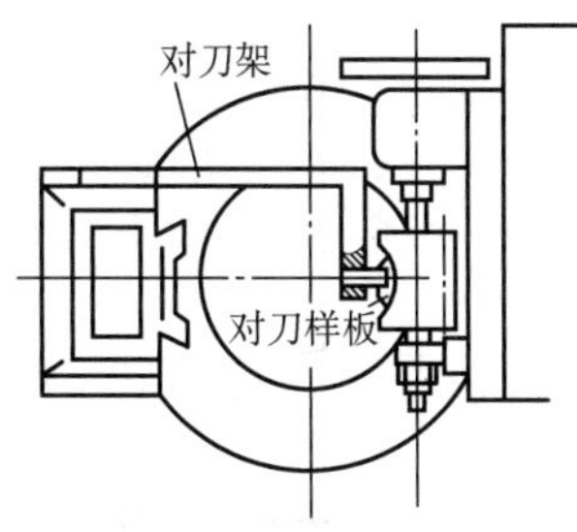

图 6.1-29　用对刀规对中

b. 刀印法。将滚刀的前刀面转到水平位置，在刀齿和被加工齿轮之间放一张薄纸，将纸压紧在被加工齿轮上，观察滚刀中间槽相邻两刀刃的左、右侧是否同时在薄纸上落有刀痕，如图 6.1-30 所示。

c. 试切法。在被加工齿轮外圆表面上切出很浅的刀痕，观察刀痕是否对称。

3）齿坯的安装。为了保证齿轮加工精度，必须正确安装齿坯和心轴。齿坯基准面要求见表 6.1-33。

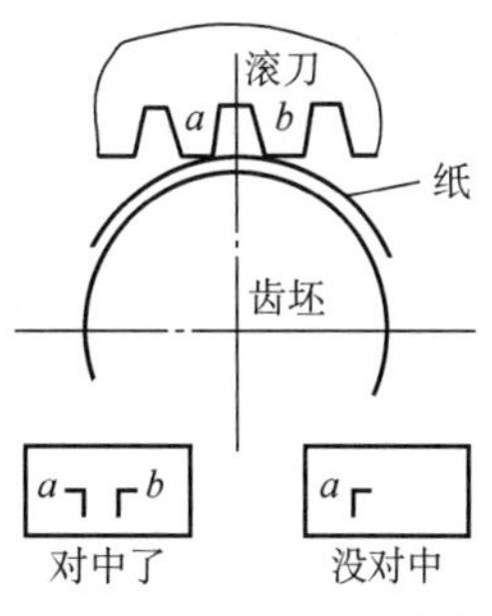

图 6.1-30　刀印法对中

表 6.1-33　齿坯基准面的径向和轴向圆跳动公差

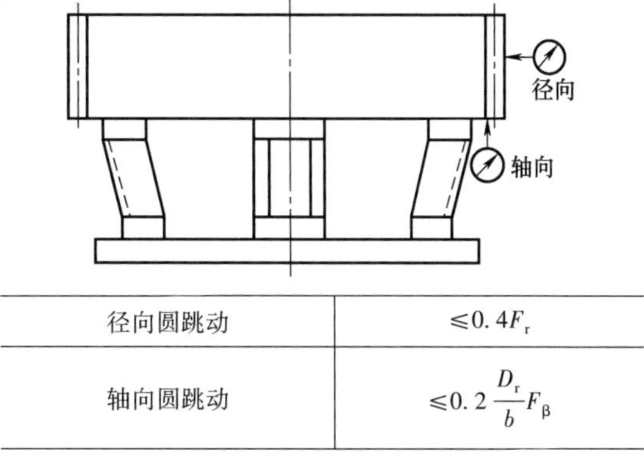

径向圆跳动	$\leqslant 0.4F_r$
轴向圆跳动	$\leqslant 0.2\dfrac{D_r}{b}F_\beta$

F_r——齿轮径向圆跳动

D_r——端面测量点的直径

b——齿轮宽度

F_β——螺旋线总偏差

心轴安装要求见表 6.1-34。

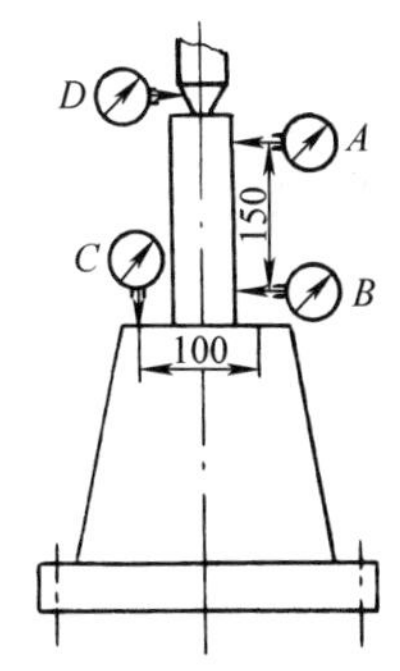

表 6.1-34　心轴安装要求

齿轮精度等级	公差/μm			
	A 处	*B* 处	*C* 处	*D* 处
6 级及 6 级以上	5~10	3~5	3~5	≤10
7 级及 7 级以下	10~15	5~10	5~10	≤15

轴齿轮需在90°方向（图6.1-31）内检查齿部外圆与刀架垂直移动的平行度，其公差为0.01/100。

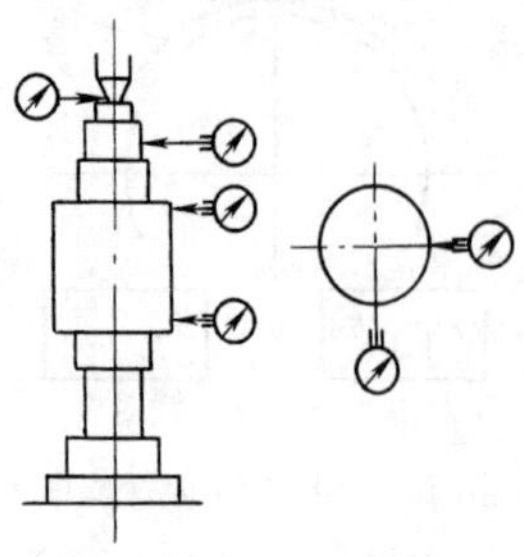

图6.1-31 轴齿坯校正

4）滚切深度的调整。滚切深度的极限就是全齿高h（标准齿轮为$2.25m$），由于滚刀、齿坯和机床有关部位存在误差，故不能单靠调整滚切深度来保证。通常要靠测量齿厚、公法线长度或中心距来确定滚切深度的极限位置。

滚切深度可用以下三种方法确定：

① 通过测量公法线长度确定滚切深度。计算公式为

$$\Delta h=\frac{\Delta W}{2\sin\alpha_a}$$

式中 Δh——第二次径向切深（mm）；

ΔW——公法线长度的差值（$W_{k1}-W_k$）(mm)；

α_a——齿顶压力角（°）；

W_{k1}——第一次切削后测量得到的公法线长度（mm）；

W_k——第二次切削后要求达到的公法线长度（mm）。

此法测量较方便，不以齿顶圆为基准，可放宽齿顶圆公差和径向圆跳动。

② 通过测量固定弦齿厚确定滚切深度。此法测量是以齿顶圆为基准，因此齿顶圆及径向圆跳动公差应严格规定。计算公式为

$$\Delta h=\frac{\Delta \bar{s}_c}{2\tan\alpha_a}$$

式中 $\Delta \bar{s}_c$——固定弦齿厚的差值（mm）；

α_a——齿顶压力角（°）。

对于斜齿轮，则在法向上测量。

③ 用量柱（球）跨距测量尺寸确定滚切深度。计算公式为

$$\Delta h=\frac{\Delta M}{2}$$

式中 ΔM——用量柱（球）跨距测量尺寸的差值（M_1-M）(mm)；

M_1——第一次切削后测量得到的量柱（球）跨距（mm）；

M——第二次切削后要求达到的量柱（球）跨距（mm）。

此法适用于模数较小、齿数较少及螺旋角较大的齿轮。测量精度高，不以齿顶圆为基准。

（5）硬齿面滚齿

采用硬质合金滚刀可进行硬齿面滚齿。硬齿面的刮削滚齿可以代替粗磨，加工的质量主要由工件预加工、机床质量、刀具质量以及采用的工艺参数确定。

1）硬齿面刮削滚刀。在被加工齿轮的齿面硬度大于40HRC时，即使用高钴高速钢材料制作的滚刀也不能满足加工要求，因此，须采用硬质合金材料制作的滚刀加工。

① 硬质合金滚刀的结构。硬质合金滚刀主要有三种基本型式：机夹式、焊接式和整体式。三种结构型式各有优缺点。图6.1-32所示为焊接式硬质合金滚刀结构。

② 硬质合金滚刀的切削特性。与高速钢滚刀相比，硬质合金滚刀具有明显的高温硬度和耐磨性，但是硬质合金韧度较低，对于断续切削的滚削加工更显不足，崩刃成为使用上的严重障碍。为了实现硬齿面的刮削加工，除了选用特殊的硬质合金材料外，在滚刀的几何参数上还采用了径向大负前角的特殊设计，以提高切削刃的抗冲击性能。

就切削性能而言，负前角越大越好，但是负前角越大制造越困难，齿形的精度也不易保证，实际负前角的确定应权衡各方面的利弊综合考虑。日本阿兹米公司，在$m\leq20$mm时采用-30°前角，$m>20$mm时采用-25°前角；德国KLINGELNBERG公司，滚刀前角一般为-10°～-15°。

2）硬齿面滚齿对滚齿机的要求。硬质合金滚刀除了用于加工硬齿面齿轮外，还可用于调质钢的高速高效（高速、大进给量）滚齿。高速高效滚齿要求滚齿机电动机功率大、主轴转速高、机床刚度高。高速滚齿会产生大量切屑，应有切屑自动排除机构。因为硬质合金的韧性差，承受冲击载荷的能力弱，一旦切削时产生振动，容易产生崩刃。因此，滚齿机必须具备较高的动、静刚度。

随着被加工齿轮齿面硬度的提高，沿滚刀轴向（被加工齿轮切向）的切削分力增加较快，当硬度大于55HRC时，其值就超过了主切削力；此外，滚刀切入、切出时齿面是单边切削，随着齿面硬度的提高，切削分力也随之加大。因此，要求滚刀轴向和工作台分度蜗杆副切向系统的刚度高，滚刀主轴推力轴承和工作台分度蜗杆推力轴承的轴向间隙要小，工作台分度蜗杆副的间隙要小，最好是采用能消除间隙的双蜗杆副传动机构。

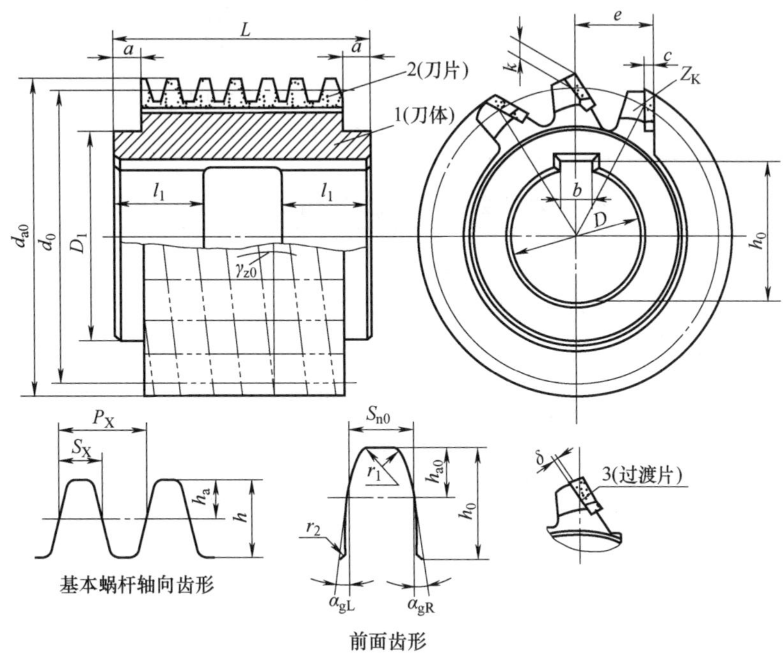

图 6.1-32　焊接式硬质合金滚刀

机床传动链的扭振要小，传动齿轮的间隙（尤其是电动机至滚刀主轴传动链）要小，进给丝杠系统的间隙要小。

滚刀刀杆的刚度要高，以减小切削时的振摆。最好采用端面键，尽可能加大滚刀孔径，从而加大刀杆直径。大型滚齿机应使用短刀杆，使轴承尽可能靠近刀杆。

3）切削油。硬质合金滚刀的切削机理与普通滚刀不同，其前刀面和后刀面表面粗糙度值低，所以切屑流动抗力小，被切齿面的表面温升低，因此，通常情况下可以不采用切削液。采用一般的高黏度切削液，会使刃口打滑而崩刀，除非采用专用的切削油。至今，国内外硬质合金滚刀仍普遍采用干切的方式。

4）硬齿面刮削工艺。

① 对刀。为了防止由于刀齿切削负荷不均引起崩刃，硬质合金滚刀滚齿时必须注意使滚刀相对于工件齿槽尽量精确定位，以使滚刀磨损均匀，工件两侧面切去的余量一致，取得良好的加工质量。可采用手动对刀和对刀装置对刀。

a. 手动对刀。把被加工齿轮齿槽与滚刀刀齿大致对准后夹紧在心轴上，被加工齿轮齿面上涂红丹粉，起动机床，径向缓慢进刀，根据接触情况反复进行调整，直到齿槽两侧均匀接触为止。也可用窜刀机构轴向移动滚刀位置或在分齿交换齿轮中脱开分齿中间轮（c 轮），转动分齿从动轮（d 轮）使被加工齿轮分度的方法使齿槽两侧均匀接触。手动对刀必须逐件对刀。

b. 对刀装置对刀。在小批量生产时利用一个带球形或楔形的装置，使被加工齿轮的齿槽装夹位置一致。这种方法只需对首件手动对刀就可以了。

c. 自动对刀。机床安装自动对刀仪，使用对刀仪对工件一圈进行扫描，扫描后计算出最合理的滚齿起始位置。

② 齿廓的预加工。滚刀的刀尖圆角部分切削条件恶劣，最易磨损，尤其是硬质合金滚刀采用径向大负前角，其顶刃切削条件更为恶劣，如果硬质合金滚刀顶刃和侧刃同时参加切削，刀齿崩刃的可能性将明显增加。为了改善硬质合金滚刀的切削条件，避免崩刃，提高寿命，滚齿前齿廓的预加工必须采用带触角的磨前滚刀（刮前滚刀），预切的齿廓应保证其齿槽略深于标准齿深，槽底过渡圆处切出适量沉切，以保证顶刃及刀尖圆角部分不参与切削，而且两侧齿面应留有适量的精加工余量。

③ 切削用量。硬齿面刮削的切削用量应根据被加工齿轮的材质、硬度、规格、加工性质、机床条件及刀具性能等因素进行综合性的考虑。一般范围及选择的原则见表 6.1-35。

日本阿兹米公司硬质合金滚刀滚齿的切削实例见表 6.1-36，KLINGELNBERG 公司硬质合金滚刀滚齿的切削实例见表 6.1-37。

表 6.1-35　硬齿面刮削切削用量选择

切削速度 v/(m/min)	轴向进给量 f/(mm/r)	刮削量/mm	刮铣方式
30~80	2~4（用于半精加工） 1~2（用于精加工）	精加工余量为 0.1~0.25（单侧）时一次切除即可	逆铣法刮削

表 6.1-36　日本阿兹米公司硬质合金滚刀滚齿的切削实例

序号	被切齿轮技术条件						切削条件				滚刀寿命
	模数/mm	齿数	螺旋角/(°)	齿宽/mm	材料	硬度HRC	滚刀速度/(m/min)	进给量/(mm/r)	切削长度/m	磨损量/mm	每磨 0.1mm 时的切削长度/(m/0.1mm)
1	5	36	15	50	S45C	57	75	1.0	50	0.03	167
2	5	152	25	80	SMC22	57	60	2.0	110	0.10	110
3	6	40	29	100	16MnCr5	53	80	1.5	100	0.10	100
4	7	30	0	40	ScM21	53	75	2.0	90	0.06	150
5	8	24	15	50	ScM21	57	75	2.0	50	0.04	126
6	9	98	13	100	SNC21	57	75	2.5	30	0.015	200
7	10	72	0	120	SNC21	60	76	2.0	98	0.10	98
8	12	93	13	290	SNC21	60	67	1.0	80	0.10	80
9	14	120	0	130	ScSiMn2B	60	63	2.0	90	0.12	75
10	16	77	9	380	SNC22	60	50	3.0	60	0.07	86
11	16	19	23	300	SNCM26	48	27.5	2.6	80	0.12	67
12	16	158	28	400	SNCM26	49	28	2.0	72	0.13	55
13	18	51	10	500	SNC22	56	35	3.0	78	0.12	50
14	18	31	22	395	SNC22	63	30	5.0	60	0.13	46
15	20	59	21	240	SNC22	56	33.7	2.2	76	0.15	51
16	25	49	19	250	SNC22	57	31	1.5	65	0.15	43

表 6.1-37　KLINGELNBERG 公司硬质合金滚刀滚齿的切削实例

序号	被切齿轮技术条件						切削条件			滚刀寿命	
	模数/mm	齿数	螺旋角/(°)	齿宽/mm	材料	硬度HRC	滚刀转速/(r/min)	切削速度/(m/min)	进给量/(mm/r)	切削长度/m	磨损量/mm
1	5	94	10	110	17CrNiMo6	60	228	90	4.0	31.5	0.10
2	5	94	10	110	17CrNiMo6	60	278	110	2.0	31.5	0.05
3	8	92	15	150	42CrMo4	58	140	79	2.0	57	0.1
4	10	41	0	118	17CrNiMo6E	59	140	70	1.6	97	0.3
5	10	213	30	160	17CrNiMo6	60	100	60	2.5	118	0.30
6	12	140	20	250	17CrNiMo6	59	130	70	2.5	112	0.35
7	14	82	0	300	16MnCr5	59	85	67	2.3	73.8	0.25
8	14	82	0	300	16MnCr5	59	85	67	1.8	24.6	0.15
9	16	25	11	390	16MnCr5	60	90	68	2.0	30	0.20

（续）

序号	被切齿轮技术条件						切削条件		滚刀寿命		
	模数/mm	齿数	螺旋角/(°)	齿宽/mm	材料	硬度HRC	滚刀转速/(r/min)	切削速度/(m/min)	进给量/(mm/r)	切削长度/m	磨损量/mm
10	18	82	10	355	17CrNiMo6	60	90	80	4.0	118	0.40
11	18	41	27	520	16MnCr5	57	80	70	2.0.	96	0.25
12	18	61	25	160	16MnCr5	61	90	71	2.0	32	0.20
13	20	73	11	380	17CrNiMo6	59	70	66	2.0	85	0.30
14	20	73	1	380	17CrNiMo6	59	70	66	1.8	28	0.13
15	22	76	10	450	16MnCr5	61	70	65	2.0	104	0.40

④ 刮削滚刀的刃磨。半精滚加工用滚刀的磨钝标准可采用 0.2~0.3mm。精滚用滚刀的磨钝标准应限定在 0.1~0.2mm 以内。硬质合金刮削滚刀刃磨以后，应达到规定的精度和质量要求，有关标准可参照普通滚刀。滚刀刃磨后，应对刃口进行强化处理，常用的刃口强化方法有：a. 用细粒度碳化硅油石沿刀齿侧刃轻微而均匀地研磨 1~2 次，即可形成 0.01~0.03mm 的倒棱，研磨后刃口具有一定的钝圆形状；b. 用金刚石油石沿刀齿侧刃研磨 1~2 次，可获得比较平直的刃口。硬质合金滚刀应在高刚度的滚刀刃磨机床上利用金刚石砂轮进行刃磨。

（6）高速干式切削滚齿技术

近年来，已开始广泛使用高速干式切削滚齿技术，它是在硬质合金滚齿技术的基础上发展起来的一项新的滚齿技术。德国利勃海尔的高速干式切削滚齿机已可以加工模数 3mm 以下的齿轮。它与传统的硬质合金滚齿技术比较见表 6.1-38。

表 6.1-38　高速干式切削滚齿技术与传统的硬质合金滚齿技术比较

项目	高速干式切削滚齿技术	传统的硬质合金滚齿技术
滚刀	整体式硬质合金滚刀 滚刀槽数为 18~24 滚刀材料为 P20、P30 滚刀表面必须涂层 滚刀直径较小 可以采用 0°前角或正前角	焊接式硬质合金滚刀 滚刀槽数为 10~14 滚刀材料为 P20、P30 滚刀表面可以不涂层 滚刀直径与普通滚刀相同 基本是负前角
机床	工作台和刀具转速高 要求有较高的机床热平衡性 要求有安全的切屑收集装置	工作台和刀具转速低 机床热平衡性与普通滚齿机相同 普通切屑收集装置
切削用量	切削速度：300~450m/min 吃刀深度（切屑厚度）：0.12~0.20mm	切削速度：300~450m/min 吃刀深度（切屑厚度）：0.2~0.5mm
切削液	无	有

高速干式切削滚齿技术与传统滚齿技术比较，其切削时间缩短，滚刀寿命长，加工的齿轮精度高，符合环保要求（不用切削液，加工环境清洁，也没有处理切削液和加工后清洗工件以及处理清洗液等造成环境污染的工作）等优点。

高速干式切削滚齿由于不用切削液，切削中产生的大量切削热全部由滚刀、切屑和工件带走，切削热分布以及问题和对策见表 6.1-39。

表 6.1-39　高速干式切削滚齿切削热及对策

切削热载体	滚刀	切屑	工件
切削热分配比	5%	80%	15%
载体的温度	60~100℃	500~900℃	30~80℃
产生的问题	刀具磨损增加	切屑的热量传递到机床上使机床温度上升	产生几何变形
采取的对策	采用多槽滚刀降低刀尖的切削负荷 提高切削速度，避开容易产生崩刃的切削速度区 采用表面涂层，使刀具表面具有隔热屏障	在设计机床时要充分考虑使切屑快速而安全离开机床 降低切屑厚度使铁屑散热快 采用隔热屏障，避免切屑直接接触床身 机床具有很好的热稳定性	采用 CNC 控制的修正（如锥度、螺旋角等）

在高速干式切削滚齿中滚刀的磨损增加将使切削力大大增加，滚刀后刀面磨损到 0.15mm 时就需要重磨，由于这样的滚刀磨损极限人工不易控制和掌握，机床加工系统须有刀具寿命管理系统和监视系统（如对切削力进行监视）。

由于高速干式切削滚齿时工件的温度较高，装卸工件一般都用机械手完成。高速干式切削滚齿的工件精度可以达到 ISO6 级。

7. 滚齿中常见问题及对策

滚齿中常见的问题、产生原因和对策见表 6.1-40。

表 6.1-40　滚齿常见问题、产生原因和对策

常见问题	产生原因	对　策
齿轮齿数不对或乱齿	分度交换齿轮或差动交换齿轮计算不正确	重新计算交换齿轮
	交换齿轮的齿数不对	重新调整挂轮架
	滚刀的模数和头数不对	正确选择滚刀
	滚刀与齿坯的转向不匹配	重新调整惰轮
	齿坯未固紧	检查齿坯夹紧方式，使齿坯夹紧可靠
	交换齿轮未固紧	检查交换齿轮是否紧固，可装防松垫圈
齿圈径向跳动超差	齿坯内孔轴心线（齿轮轴线）与工作台回转轴线不重合或安装偏心	保证齿坯加工精度，提高齿坯基准面精度要求
	心轴与工作台回转轴线不重合，心轴本身跳动太大	使心轴、垫圈、夹紧螺母保持所要求的精度和表面粗糙度
	用顶尖装夹定位时，上、下顶尖有偏摆，机床轴线偏心	调整机床上、下顶尖位置，使机床上、下顶尖同轴；提高顶尖及齿坯顶尖孔的制造质量，并保护好顶尖孔
	夹具定位端面与工作台回转轴线不垂直	提高夹具定位面精度，改进夹具结构
公法线长度变动量超差	分度蜗杆副传动精度差，工作台径向和轴向跳动大	检查分度蜗杆副传动部分及工作台回转精度，修复或更换分度蜗杆副，重新刮研工作台锥形定位导轨副
	分度交换齿轮啮合太松	检查分度交换齿轮齿面有无磕碰，保证啮合间隙
	滚刀安装不正确，滚刀主轴系统窜动过大或平面轴承损坏	提高滚刀主轴的轴向定位精度或更换平面轴承
	滚刀精度不符合要求	调整滚刀安装及检查滚刀精度，使它符合要求

（续）

常见问题	产生原因	对　　策
周节超差	滚刀的径向和轴向跳动大 分度蜗轮和分度蜗杆的齿距误差大 齿坯安装偏心	调整提高滚刀的安装精度 修复或更换分度蜗杆副 消除齿坯的安装偏心
基节超差	滚刀的轴向齿距偏差、齿廓偏差及前刀面非径向性和非轴向性偏差大 分度蜗轮和分度蜗杆的齿距误差大 齿坯的安装几何偏心 刀架回转角度不正确 多头滚刀的分度偏差大	提高滚刀制造和刃磨精度 修复或更换分度蜗杆副 消除齿坯的几何偏心 调整刀架回转角度 提高滚刀制造精度
齿顶部变肥，左右齿廓对称	滚刀铲磨时齿廓角度小或刃磨时产生较大的正前角，使齿廓角变小	提高滚刀铲磨和刃磨精度
齿顶部变瘦，左右齿廓对称	滚刀铲磨时齿廓角度大或刃磨时产生较大的负前角，使齿廓角变大	提高滚刀铲磨和刃磨精度
左右齿廓不对称，一边齿顶部变肥，另一边齿顶部变瘦	滚刀前刀面刃磨时导程误差 滚刀安装时没有对准工件回转轴线（对中不好） 滚刀刀架回转角不对	提高滚刀刃磨精度 使滚刀与工件回转轴线对中 正确调整滚刀刀架回转角
齿面上有凸出、凹进的棱边形	滚刀制造或刃磨时容屑槽周节误差大 滚刀安装时径向和轴向跳动过大	重磨滚刀前刀面，控制周节误差 重新安装滚刀，控制径向和轴向跳动
齿形线相对于正确的渐开线呈周期性变化	滚刀制造时分度圆柱对内孔轴线径向跳动大 滚刀安装时内孔与刀轴间隙大，造成安装偏心 刀轴本身径向跳动大，造成刀具圆周齿距误差 机床工作台分度蜗杆轴向窜动大，使工作台回转不均匀 分度交换齿轮安装偏心或齿面有磕碰，使工作台回转不均匀 齿坯装夹不合理，产生振动	提高滚刀制造精度 提高滚刀内孔和刀杆的制造精度，提高滚刀和刀杆的安装精度。 检查、调整分度蜗杆副传动精度，修复或更换分度蜗杆副 重新调整分度交换齿轮的安装 改进齿坯装夹方式，消除振动
齿廓一侧齿顶多切，另一侧齿根多切	滚刀刀杆轴向窜动，或滚刀端面与孔不垂直，夹紧产生歪斜，使刀刃偏离基本蜗杆，个别刀齿多切	找正滚刀；调整滚刀刀杆间隙，防止刀杆轴向窜动
螺旋线偏差超差	刀架导轨与工作台轴线的平行度超差；上、下顶尖轴线与工作台回转轴线同轴度不好；上、下顶尖不同轴等 夹具心轴径向跳动大；定位端面倾斜；压紧螺母端面与螺纹不垂直；垫圈不平行；齿坯和夹具刚度不好，夹紧后压板和零件变形，滚齿后又恢复；夹紧力不够，滚切时齿坯有微量转动等 滚切斜齿轮时差动交换齿轮计算不正确 齿坯孔有锥度，定位端面的跳动大等	检修设备，保证刀架导轨与工作台轴线的平行度，上、下顶尖轴线与工作台回转轴线的同轴度等 改进夹具设计，提高夹具制造精度，合理选择定位夹紧点，提高夹具-工件系统的刚度，保证有足够的夹紧力 重新计算差动交换齿轮并进行调整，重新调整夹具 提高齿坯制造精度

（续）

常见问题		产生原因	对策
齿面的表面粗糙度	齿面呈撕裂状	齿坯材质、硬度不均 滚刀磨钝，不锋利 切削用量选择不当，冷却不良	控制齿坯材料质量，建议采用正火处理 让滚刀轴向窜刀或更换 合理选择切削用量和切削液，增大切削液的流量
	齿面啃齿	刀架垂直进给不稳定，有爬行 液压油不清洁和有水，油路上的管道和阀等存在堵塞、瞬间卡住等现象 刀架传动齿轮啮合间隙大或损坏 垂直进给丝杠平面轴承间隙大或损坏 分度蜗杆副啮合间隙未调整好	调整进给油压，调整立柱导轨间隙等 更换液压油，清洗油箱和油路，修理管路、阀类和液压系统等，保持油路畅通、油压稳定 修理刀架传动系统 调整轴向间隙或更换轴承 调整分度蜗杆副啮合间隙
	齿面出现振纹	机床内部某传动环节间隙大 滚刀安装的刚性不够，滚刀心轴尾套支承不好或间隙大等 齿坯夹紧安装的刚性不够 滚刀安装或制造、刃磨精度差 切削用量选择不合理	修理或调整机床，主要是各导轨副、丝杠副、轴承等，检查交换齿轮是否有损坏 固紧支承，提高滚刀安装的刚性 改进夹具，提高齿坯夹紧安装的刚性 提高滚刀安装或制造、刃磨精度 选择合理的切削用量
	齿面呈鱼鳞状	工件材料硬度过高，选择的刀具和切削用量不合适 滚刀磨钝 冷却润滑不良	调整工件材料硬度或选择合适的刀具和切削用量 重新刃磨滚刀 合理选择切削液，增大切削液的流量

6.1.4 插齿

1. 插齿原理

(1) 插齿的基本原理

插齿和滚齿一样，也是利用展成原理进行工作的。如同两个齿轮做无间隙的啮合运动，一个是被加工齿轮，另一个是插齿刀，插齿刀就像是一个磨有前角和后角的齿轮。插齿时，插齿刀做上下往复的切削运动，如图6.1-33所示。刀刃包络形成齿轮的渐开线齿形，按齿轮啮合原理，同一插齿刀可以切模数和压力角相同的任意齿数的齿轮，可以加工标准齿轮，也可以加工变位齿轮。插齿广泛用于加工内、外啮合的圆柱齿轮，尤其适用于加工在滚齿机上不能加工的多联齿轮、内齿轮和齿条，也可用于加工扇形齿轮及特殊齿形的零件。

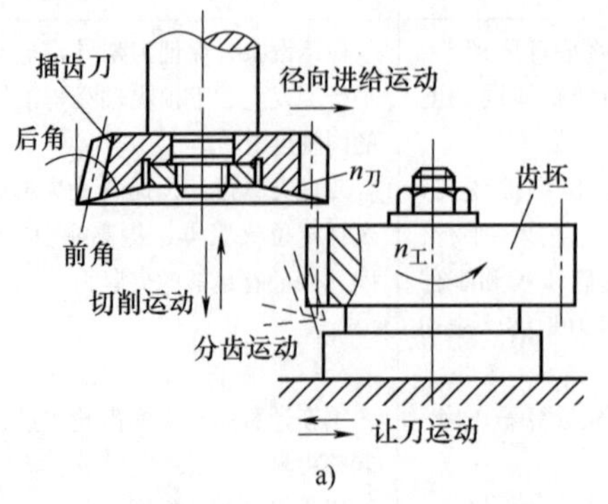

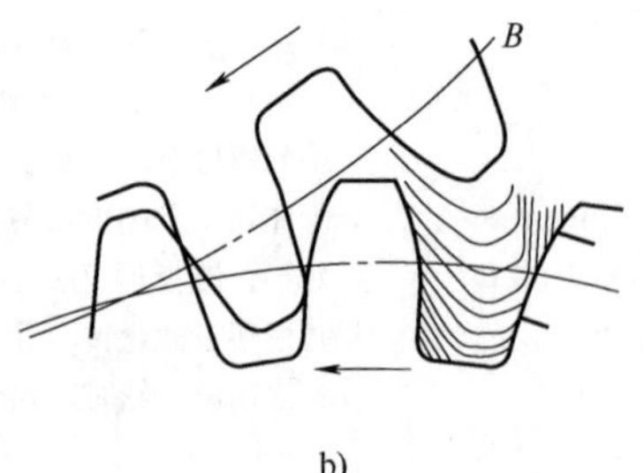

图6.1-33 插齿基本原理

(2) 直齿圆柱齿轮的插削

在插削直齿轮时，机床和刀具应具有下列运动：

1）切削主运动。刀具主轴做快速往复运动 v_1（图 6.1-34），它以每分钟往复行程数 n 来表示。由电动机带动变速交换带轮或变速箱来实现变速。这一运动与其他运动无关，可以单独进行调整．插齿刀每分钟往复行程数 n 可按下式确定：

$$n=\frac{1000v_1}{2l}$$

式中　v_1——平均切削速度（m/min）；

　　　l——插齿刀行程长度（mm）。

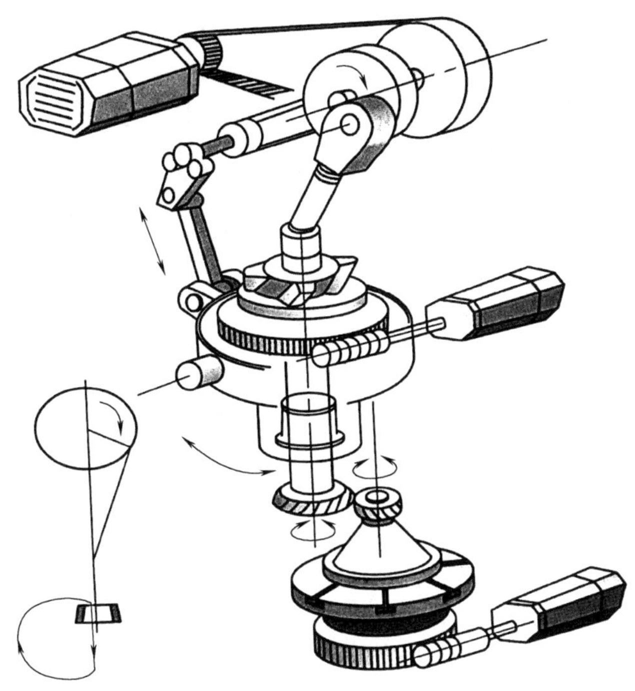

图 6.1-34　插齿机原理图

插齿刀行程长度等于齿坯宽度与切出、切入长度之和，行程位置可由偏心机构来调整。

2）圆周进给运动。插齿刀主轴绕自身轴线做慢速回转运动 n_0，同时与被加工齿轮做无间隙啮合，其转速为 n_ω。插齿刀转速的快慢影响加工齿轮的快慢。它是以每一往复行程在插齿刀与齿轮啮合时的节圆上转过的弧长计算的，通常称为圆周进给量 f_c。

3）滚切分度运动。工作台的主轴带动齿坯绕自身轴线转动，同时与刀具主轴保持着一对齿轮的啮合关系，以实现展成运动，它们之间必须遵守以下关系：

$$\frac{n_\omega}{n_0}=\frac{z_0}{z}$$

式中　n_ω、n_0——齿坯与插齿刀转速；

　　　z、z_0——加工齿轮齿数与插齿刀齿数。

4）径向进给运动。为了切至全齿深，插齿刀在圆周进给的同时，必须向齿坯做径向进给，或齿坯向插齿刀做径向进给（v_3），进刀到确定深度后停止。径向进给量 f_r 是指插齿刀每往复一次行程，径向移动多少毫米，它可以靠凸轮、液压装置或伺服电动机等来实现。

5）让刀运动。插齿刀在工作行程时插削齿坯，在返回行程时，应和齿坯脱离接触，以免擦伤已加工齿面和刀齿磨损，这种运动称为让刀运动。有些机床是由工作台让刀，小型和大型机床是由插齿刀让刀（v_2）。

(3) 斜齿圆柱齿轮的插削

须用斜齿插齿刀插削斜齿轮，其加工原理相当于一对轴线平行的斜齿轮啮合。插齿刀除有展成运动外，在上下往复运动的同时，还要做附加运动 ω_1，这个附加运动常由机床上螺旋导轨副或螺旋角调整电动机实现（图 6.1-35）。螺旋导轨、斜齿插齿刀和被切齿轮的螺旋方向见表 6.1-41。

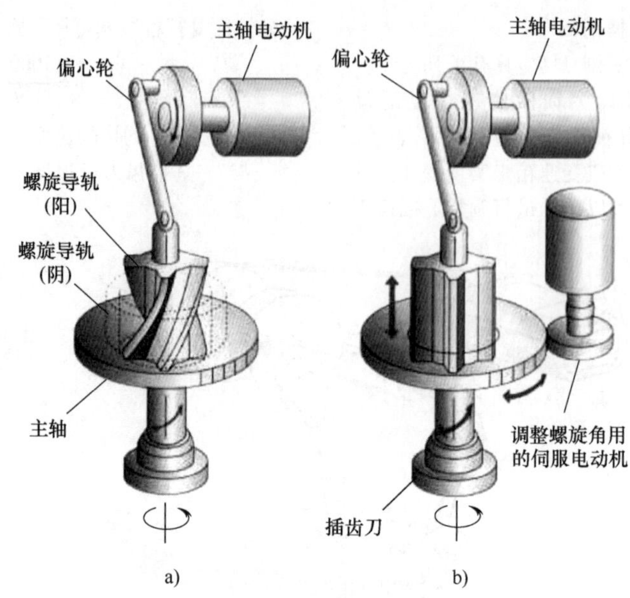

图 6.1-35　螺旋导轨副和螺旋角调整电动机实现螺旋角附加运动

a）螺旋导轨副实现螺旋角附加运动　b）螺旋角调整电动机实现螺旋角附加运动

表 6.1-41　螺旋导轨、斜齿插齿刀和被切齿轮的螺旋方向

被切齿轮	外齿轮		内齿轮	
轮齿方向	左	右	左	右
斜齿插齿刀	右	左	左	右
螺旋导轨	右	左	左	右

常用的斜齿插齿刀的螺旋角有 15° 和 23° 两种，两者均有左、右之分。螺旋导轨的导程应等于插齿刀的导程，其计算公式为

$$P_z = P_{z0} = \frac{\pi m z_0}{\sin\beta} = \frac{\pi m_t z_0}{\tan\beta}$$

式中　P_z——螺旋导轨的导程；

P_{z0}——插齿刀的导程；

z_0——斜齿插齿刀的齿数；

β——斜齿轮分度圆螺旋角，其值与插齿刀刀齿螺旋角相等。

（4）插削内齿轮

内齿轮的插削原理是依据内齿轮啮合原理，内齿轮的插削可视为一对内啮合齿轮副，插齿刀代替小齿轮。

1）插削内齿轮的特点：

① 被切齿轮和插齿刀的旋转方向应相同，这可在分度交换齿轮中间加入一个惰轮来实现。

② 在加工盲孔内齿轮时，应有足够的空刀槽尺寸，同时要加大切削液流量，以便冲出切屑。空刀槽尺寸见表 6.1-42 和表 6.1-43。

③ 插削内齿轮时，插齿刀同时参加切削的齿数较多，所以在选择切削用量（如 f_c 和 f_r）时，要比插削外齿轮减小 20%~40%。

表 6.1-42　插齿刀切出时空刀槽的最小宽度　（mm）

齿轮模数 m	<1.5	2~3	3.5~4.5	5~6	7	8	10	12	14~20	>20
空刀槽宽度	5	6	7	8	9	10	11	12	15	18

表 6.1-43　用斜插齿刀插削斜齿轮时空刀槽宽度　（mm）

刀齿螺旋角/(°)	模数 m								
	<2	2~3	3~4	4~6	6~8	8~10	10~14	14~20	>20
15	5.5	7	8.5	10	12	15	18	22	28
23	6.5	8	10	12	15	18	22	30	40
30	7.5	10	12	15	18	22	28	36	50

2）插削内齿轮时的限制条件。

① 不得产生干涉顶切现象。用插齿刀加工内齿轮时，发生插齿刀根部参加切削而使齿轮齿顶被切的现象，称为顶切。在图 6.1-36 中，K_1A_1 是插齿刀基圆与内齿轮基圆的公切线，即插齿刀与内齿轮的啮合线，如果内齿轮的顶圆与啮合线的交点 K_1 低于 A_1，则将发生干涉顶切。不发生顶切的条件是 $K_1O_2 \geqslant A_1O_2$，由图可知 $K_1O_2 = r_{a2}$，即

$$r_{a2} \geqslant \sqrt{(a_{02}\sin\alpha_{02})^2 + r_{b2}^2}$$

式中　r_{a2}——齿轮的顶圆半径（mm）；

r_{b2}——齿轮的基圆半径（mm）。

当上式取等号时，就是不发生干涉顶切的极限情况。

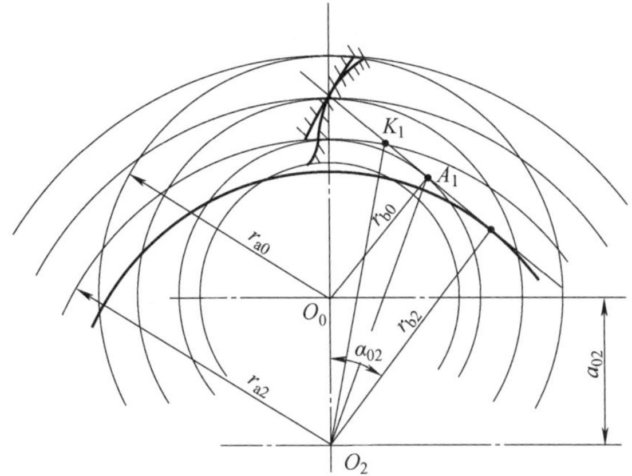

图 6.1-36　内齿轮与插齿刀啮合

为了避免产生干涉顶切现象，插齿刀最小变位系数为

$$(x_0)_{\min} = x_2 - \frac{[\mathrm{inv}(\alpha_{02})_{\max} - \mathrm{inv}\alpha](z_2 - z_0)}{2\tan\alpha}$$

式中　z_2——内齿轮齿数；

x_2——齿轮变位系数。

当插齿刀齿数 z_0 减少时，会增加干涉顶切现象，所以也可用下式检查顶切：

$$z_0 \geqslant \frac{2(h_{a0}^* + c_0^* - x_0)}{\sin^2\alpha}$$

式中　h_{a0}^*——插齿刀齿顶高系数；

c_0^*——插齿刀顶隙系数；

x_0——插齿刀变位系数。

② 不得发生切入顶切现象。插削内齿轮时，插齿刀逐渐切入齿坯，当被切内齿轮与插齿刀的齿数差（$z_2 - z_0$）太小时，在插齿刀切入过程中将会产生顶切现象。由图 6.1-37 可知，如果齿轮齿角到中心线的距离 a 小于插齿刀齿角到中心线距离 b（即 $a<b$），则被切内齿轮的齿顶角将会被切去，产生切入顶切。为了避免这种顶切现象，必须在任何相对位置上都要保持 $a \geqslant b$。

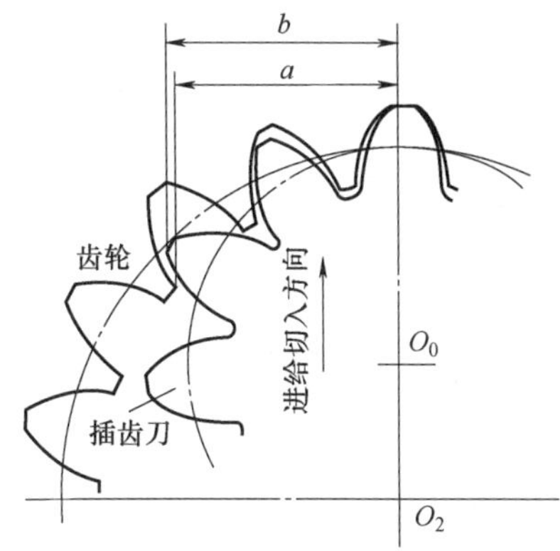

图 6.1-37　插内齿轮时的切入顶切现象

为了检验是否发生切入顶切现象，可按图 6.1-38 所示 $(x_0)_{\max}$ 与（$z_2 - z_0$）关系曲线进行校验。在曲线的左上方，齿轮发生顶切，在曲线右下方，不发生顶切。图 6.1-38 所示为加工 $\alpha = 20°$、$h_a^* = 1$ 的非变位齿轮（$x_2 = 0$）时的关系曲线，z_2 是被切内齿轮，z_0 是插齿刀的齿数，$(x_0)_{\max}$是插齿刀的变位系数。

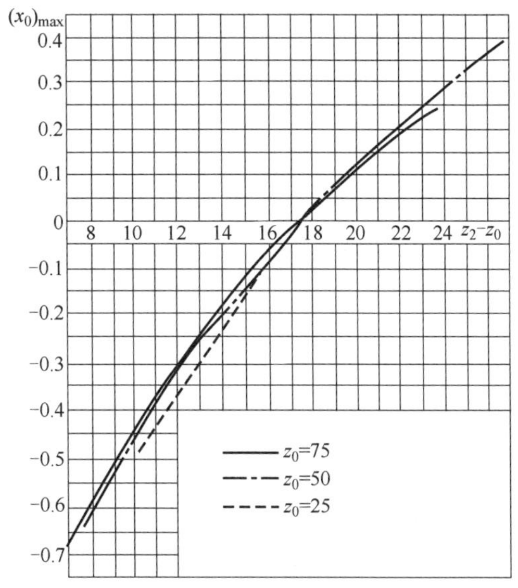

图 6.1-38　不发生切入顶切的 $(x_0)_{\max}$ 与（$z_2 - z_0$）关系曲线

切入顶切主要和被切内齿轮与插齿刀的齿数差（$z_2 - z_0$）有关，（$z_2 - z_0$）差值越小，越易产生切入顶切。

当齿数差 $z_2 - z_0 > 17$ 时，不发生切入顶切的 $(x_0)_{\max}$为正值；当 $z_2 - z_0 < 17$ 时，不发生切入顶切的 $(x_0)_{\max}$为负值。

若校验结果产生切入顶切，可采取如下措施：

a. 减少插齿刀的齿数，使（$z_2 - z_0$）差值增大。

b. 减小插齿刀的变位系数 $(x_0)_{max}$。

c. 增大内齿轮的顶圆半径 r_{a2}。

不同的插齿刀加工内齿轮时，不产生径向切入顶切的内齿轮最少齿数 z_{2min} 见表 6.1-44。

表 6.1-44　新直齿插齿刀的基本参数和被加工内齿轮不产生切入顶切的最少齿数 z_{2min}

插齿刀型式	插齿刀分度圆直径 d_0/mm	m /mm	插齿刀齿数 z_0	插齿刀变位系数 x_0	插齿刀顶圆直径 d_{a0}/mm	插齿刀齿高系数 h_{a0}^*	x_2								
							0	0.2	0.4	0.6	0.8	1.0	1.2	1.5	2.0
							z_{2min}								
盘形直齿插齿刀 碗形直齿插齿刀	76	1	76	0.630	79.76	1.25	115	107	101	96	91	87	84	81	79
	75	1.25	60	0.582	79.58		96	89	83	78	74	70	67	65	62
	75	1.5	50	0.503	80.26		83	76	71	66	62	59	57	54	52
	75.25	1.75	43	0.464	81.24		74	68	62	58	54	51	49	47	45
	76	2	38	0.420	82.68		68	61	56	52	49	46	44	42	40
	76.5	2.25	34	0.261	83.30		59	54	49	45	43	40	39	37	36
	75	2.5	30	0.230	82.41		54	49	44	41	38	34	34	33	31
	77	2.75	28	0.224	85.37	1.3	52	47	42	39	36	34	33	31	30
	75	3	25	0.167	83.81		48	43	38	35	33	31	29	28	26
	78	3.25	24	0.149	87.42		46	41	37	34	31	29	28	27	25
	77	3.5	22	0.126	86.98		44	39	35	31	29	27	26	25	23
盘形直齿插齿刀	75	3.75	20	0.105	85.55	1.3	41	36	32	29	27	25	24	22	21
	76	4	19	0.105	87.24		40	35	31	28	26	24	23	21	20
	76.5	4..25	18	0.107	88.46		39	34	30	27	25	23	22	20	19
	76.5	4.5	17	0.104	89.15		38	33	29	26	24	22	21	19	18
盘形直齿插齿刀 碗形直齿插齿刀	100	1	100	1.06	104.6	1.25	156	147	139	132	125	118	114	110	105
	100	1.25	80	0.842	105.22		126	118	111	105	99	94	91	87	83
	102	1.5	68	0.736	107.96		110	102	93	89	85	80	77	74	71
	101.5	1.75	58	0.661	108.19		96	89	83	77	73	69	66	63	61
	100	2	50	0.578	107.31		85	78	72	67	63	60	57	55	52
	101.25	2.25	45	0.528	109.29		78	71	66	61	57	54	52	49	47
	100	2.5	40	0.442	108.46		70	64	59	54	51	48	46	44	42
	99	2.75	36	0.401	108.36	1.3	65	58	53	49	47	44	42	40	38
	102	3	34	0.337	111.28		60	54	50	46	44	41	39	37	35
	100.75	3.25	31	0.275	110.99		56	50	46	42	40	37	36	34	33
	98	3.5	28	0.231	108.72		54	46	42	39	37	34	33	31	30
	101.25	3.75	27	0.180	112.34		49	44	40	37	35	33	31	30	28
	100	4	25	0.168	111.74		47	42	38	35	33	31	29	28	26
	99	4.5	22	0.105	111.65		42	38	34	31	29	27	26	24	23
	100	5	20	0.105	114.05		40	36	32	29	27	25	24	22	21
	104.5	5.5	19	0.105	119.96		39	35	31	28	26	24	23	21	20
	102	6	17	0.105	118.86		37	33	29	26	24	22	21	20	18
	104	6.5	16	0.105	122.27		36	32	28	25	23	21	20	18	17

（续）

插齿刀型式	插齿刀分度圆直径 d_0/mm	m /mm	插齿刀齿数 z_0	插齿刀变位系数 x_0	插齿刀顶圆直径 d_{a0}/mm	插齿刀齿高系数 h_{a0}^*	x_2								
							0	0.2	0.4	0.6	0.8	1.0	1.2	1.5	2.0
							$z_{2\min}$								
直齿插齿刀	25	1.25	20	0.106	28.39	1.25	40	35	32	29	26	25	24	22	21
	27	1.5	18	0.103	31.06		38	33	30	27	24	23	22	20	19
	26.25	1.75	15	0.104	30.99		35	30	26	23	21	20	19	17	16
	26	2	13	0.085	31.34		34	28	24	21	19	17	17	15	14
	27	2.25	12	0.083	33.0		32	27	23	20	18	16	16	14	13
	25	2.5	10	0.042	31.46		30	25	21	18	16	14	14	12	11
	27.5	2.75	10	0.037	34.58		30	25	21	18	16	14	14	12	11

（5）插削齿条

在插齿机上插削齿条的原理与齿轮和齿条的啮合原理一样，只是插齿刀代替了齿轮，工作台的旋转运动变为直线运动。齿条的直线运动速度就是插齿刀的节圆沿齿条中线的滚动速度。

齿条可以在齿条插齿机或普通插齿机上加工。在插齿机上插削齿条时，须在工作台上装有加工齿条的专用夹具，通过专用夹具可使工作台心轴的旋转运动变为工件的直线运动（图 6.1-39）。

加工时，插齿刀到齿轮 1 的传动比为

$$i=\frac{\pi m z_1}{\pi m z_0}=\frac{d_1}{d_0}$$

式中　d_1——夹具中齿轮的分度圆直径（mm）；

d_0——插齿刀分度圆直径（mm）。

插削齿条的径向进给量 f_r 和圆周进给量 f_c 的选取，要比插削外齿轮时小些，其他调整与加工齿轮时一样。

（6）插削端面齿盘

与直齿圆柱齿轮相啮合的端面齿盘传动，可以代替锥齿轮传动，与其啮合的小齿轮（主动齿轮）是直齿圆柱齿轮，两轴线在空间呈 90°，可以相交，也可以有偏心距 e 而不相交，即端面齿盘有直齿、斜齿之分。它们可在加工直齿圆柱齿轮的机床上完成加工。

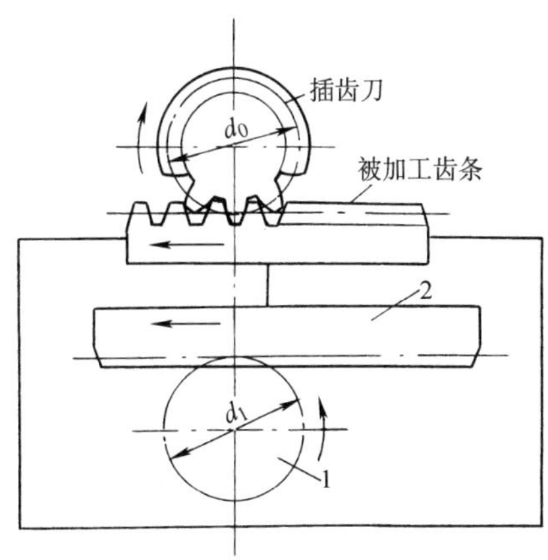

图 6.1-39　插削齿条
1—齿轮　2—齿条

端面齿盘可在插齿机上按展成法加工，所使用的刀具就是直齿插齿刀，其齿数应比小齿轮的齿数多 1~5 个齿。其加工所用夹具的传动关系如图 6.1-40 所示。

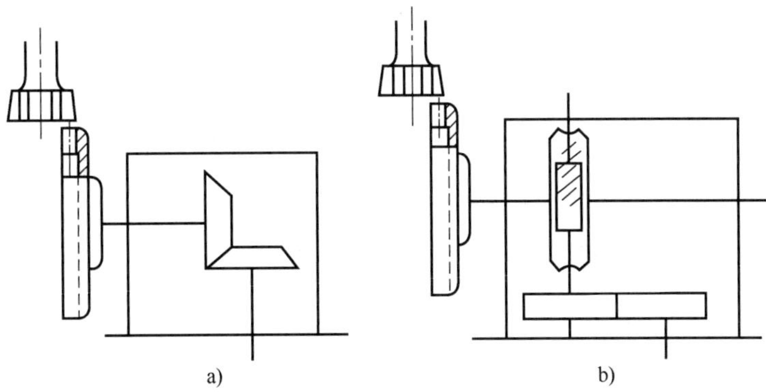

图 6.1-40　插削端面齿盘所用夹具的传动关系
a）锥齿轮传动　b）蜗杠副传动

2. 插齿机及加工精度

插齿机类型按工件轴线分布情况分为两类：

1）立式插齿机。机床的刀具轴线与工件轴线都是垂直分布。这类插齿机按刀齿形式又可分为圆盘刀插齿机和齿条刀插齿机。前者多用于加工内、外啮合的直齿轮和斜齿轮、多联齿轮、齿条和齿扇等。后者加工时，齿条刀只做上下往复运动，在向下的行程中切削齿坯，在向上的行程中，齿坯一面旋转一面沿齿条刀中线移动，但在切削过程中，齿坯是静止的，工作台的运动是间歇的，当加工几个齿后，工作台返回原位再进行上述运动，直至整个齿轮加工完毕。

2）卧式插齿机。机床的刀具轴线与工件轴线水平安装，多用于加工无空刀槽人字齿轮、内人字齿轮、以及各种轴齿轮。

GB/T 15375—2008 中规定了金属切削机床型号编制方法，其中插齿机属于齿轮加工机床类（代号 Y）第 5 组。插齿机基本型号命名规则见表 6.1-45。如 Y51xx 表示插齿机（普通型），Y58xx 表示齿条插齿机。

如果插齿机为精密型、高速型等，则分别在类别代号“Y”后标志字母：M——精密型，S——高速型，Z——自动型，Q——轻型，K——数控型等。如 YM51125 表示加工直径规格为 1250mm 的精密插齿机，YK51125 表示加工直径规格为 1250mm 的数控插齿机。

早期生产的插齿机型号可能与以上规则不符，如 Y52（俄 5A12）、Y54、Y514（俄 514）、Y58（俄 5A150）等。

表 6.1-45　插齿机基本型号命名规则

组		系		折算系数	主参数
代号	名称	代号	名称		
5	插齿机	0	（预留）	—	—
		1	插齿机	1/10	最大工件直径
		2	（预留）		最大工件直径
		3	（预留）		最大工件回转直径
		4	万能斜齿插齿机		最大工件直径
		5	（预留）		最大工件直径
		6	扇形齿轮插齿机		最大工件直径
		7	（预留）	—	—
		8	齿条插齿机	1/10	最大工件长度
		9	（预留）	—	—

注：对于插齿机，“最大工件直径”一般指加工外齿轮的最大公称外径，加工内齿轮的实际直径要比公称参数大一些。

常见插齿机型号和技术参数请参阅本章附录表 6.7-5~表 6.7-8。

插齿机的工作精度为 GB/T 10095—2008 的 7 级精度左右，精密插齿机的工作精度为 GB/T 10095—2008 的 6 级精度。

3. 插齿夹具

插齿夹具同滚齿夹具类似，在制齿过程中的作用是工件的定位与夹紧。工件的定位精度将直接影响工件展成运动过程中工件空间位置的准确性，进而影响工件的齿部精度。

（1）插齿夹具设计的原则与注意事项

1）插齿夹具设计原则。由于插齿夹具与齿轮精度的关系同滚齿是一样的，因此滚齿夹具的设计原则同样适用于插齿。具体原则详见滚齿夹具设计原则。

2）插齿夹具设计过程中的注意事项。

① 防止导杆与工件夹具之间的干涉，如图 6.1-41a 所示，同时由于刀具会随刃磨变薄，所以高度方向要留有足够空间。

② 夹具设计要避免尾架的干涉，如图 6.1-41b、c 所示，在工件小且短的情况下可将工件下降，将尾架放在立柱下，有时需要提高立柱。在工件长的情况下为了避免尾架和立柱的干涉，加大刀具直径，同时为了保证刀具刃磨变小后也不会干涉，要留有余地。

（2）典型插齿夹具应用案例

典型插齿夹具应用案例见表 6.1-46。

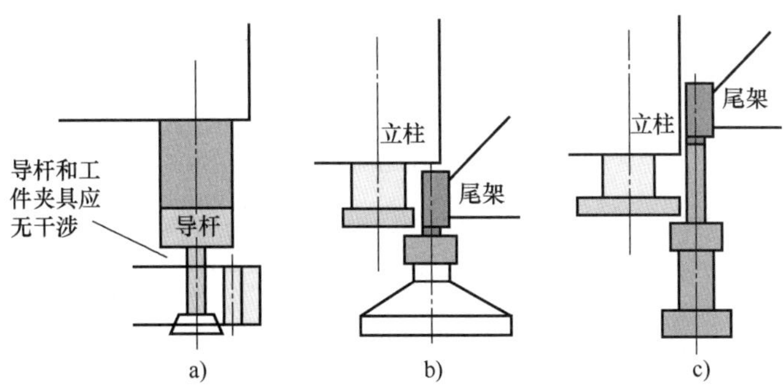

图 6. 1-41　夹具设计过程中的干涉问题
a）防止导杆与工件夹具干涉　b）、c）防止尾架与立柱干涉

表 6. 1-46　典型插齿夹具应用案例

序号	夹具型式	定位	夹紧	使用范围	结构图
1	内孔胀套胀紧的齿轮类夹具	径向：内孔 轴向：端面	胀紧内孔	内孔作为基准的齿轮外齿加工	
2	锥度心轴定位的齿轮类夹具	径向：锥孔 轴向：锥孔	压紧端面	锥度孔作为基准的齿轮的外齿加工	

（续）

序号	夹具型式	定位	夹紧	使用范围	结构图
3	外圆夹紧的内齿夹具	径向：外圆 轴向：端面	夹紧外圆	外圆作为基准的内齿加工	
4	外圆夹紧的轴齿夹具	径向：外圆 轴向：端面	夹紧外圆	外圆作为基准的轴齿加工	
5	上下顶尖定位夹紧的轴齿夹具	径向：上下顶尖孔 轴向：上下顶尖孔	夹紧外圆	上下顶尖作为基准的轴齿加工	

4. 插齿刀

插齿刀实质上就是一个变位系数沿轴向呈线性变化的变位齿轮。它与齿轮一样，有分度圆、基圆和一定的分度圆压力角。不同处仅在于插齿刀上做有前角和因变位系数沿轴向线性变化而形成的后角，以便切削齿轮。

根据渐开线齿轮啮合原理，同模数和压力角的变位齿轮可以和不同变位系数、不同齿数的齿轮正确啮合，故无论是新插齿刀还是经过刃磨后的旧插齿刀，都可以用来加工任意变位系数和任意齿数的齿轮。

(1) 直齿插齿刀

直齿插齿刀的类型及应用范围见表 6.1-47。

表 6.1-47　插齿刀的类型及应用范围

类型	简　图	分度圆直径 d_0	模数 m	应 用 范 围
盘形		63	0.3~1	1. 加工直齿或斜齿外齿轮 2. 加工齿条 3. 加工大直径内齿轮
		63	谐波齿轮插齿刀	
		75	1~4	
		100	1~6	
		125	4~8	
		160~200	6~12	
碗形		50	1~3.5	1. 加工多联直齿齿轮 2. 加工带凸肩直齿齿轮 3. 加工大直径内齿轮 4. 加工渐开线内花键 5. 加工谐波齿轮的大轮
		75	1~4	
		100	1~6	
		125	4~8	
锥柄		25	0.3~1	主要用于加工直齿或斜齿内齿轮
		25	1~2.75	
		38	1~3.75	
筒形		50	1~3.5	由于其夹紧和定位部分制造比较困难，所以许多国家包括我国标准中未列入这种插齿刀，其应用范围和 ϕ50mm 碗形插齿刀相同

直齿插齿刀的精度分为 AA、A、B 三级。在使用正确和插齿机符合精度要求的情况下，用 AA 级插齿刀可加工 6 级精度的齿轮，A 级插齿刀可加工 7 级精度的齿轮，B 级插齿刀可加工 8 级精度的齿轮。

GB/T 6081—2001《直齿插齿刀 基本型式和尺寸》规定了模数 m 为 1~12mm（按 GB/T 1357），公称分度圆直径为 25~200mm，分度圆压力角为 20°，精度等级为 AA 级、A 级、B 级直齿插齿刀的基本型式和尺寸。具体可查阅标准。

GB/T 6082—2001《直齿插齿刀 通用技术条件》规定了直齿插齿刀的技术要求。具体可查阅标准。

（2）斜齿插齿刀

斜齿插齿刀用来加工内、外啮合的斜齿圆柱齿轮，也可用来加工人字齿轮。切齿时，插齿刀除了做往复切削运动和圆周进给运动外，还依靠插齿机螺旋导轨的导向而产生附加的螺旋运动，使得插齿刀切削刃运动的创成表面与被切齿轮形成平行轴斜齿圆柱齿轮的啮合。根据斜齿圆柱齿轮的啮合原理，斜齿插齿刀切削刃运动形成的创成表面是渐开螺旋面，其端面截形是渐开线，而且该渐开螺旋面在分度圆柱上的螺旋角大小相等、方向相反。加工不同螺旋角的斜齿轮时，需要不同螺旋角的斜齿插齿刀，并且需要更换插齿机的螺旋导轨（具有电子螺旋导轨的 CNC 插齿机除外）。

为了能够切削，斜齿插齿刀也应做出后角。斜齿插齿刀实际上是一个具有切削角度的变位斜齿轮，其两侧齿面也是渐开螺旋面。但是两侧齿面的分度圆螺旋角不等于斜齿插齿刀的公称分度圆螺旋角，以得到必要的齿侧后角。斜齿插齿刀由于刀齿倾斜，如果切削端面与普通斜齿轮的端面一样，其两侧刃的前角相差很大，一侧为锐角，另一侧为钝角。为了能够使两侧切削刃都得到合理的前角，斜齿插齿刀的前刀面要采用特殊的刃磨方法。

根据刃磨方法的不同，斜齿插齿刀有两种型式：

1）塞克斯型斜齿插齿刀，其刀齿型式如图 6.1-42a

所示，主要用于加工人字齿轮，所以也称人字齿轮插齿刀。这种插齿刀要成对使用，一为左旋，一为右旋。

2）费罗型斜齿插齿刀，其刀齿型式如图 6.1-42b 所示，只能用于加工普通斜齿轮（有时也用于加工有空刀槽的人字齿轮），所以也称斜齿轮插齿刀。

和普通斜齿轮一样，斜齿插齿刀的各项参数可在端截面和法向截面中给定。但是，由于上述两种型式斜齿插齿刀的刀齿前刀面形状不同，所以两种斜齿插齿刀的切削刃参数也不一样。人字齿轮插齿刀的切削刃位于插齿刀的端截面中，因此，插齿刀的分度圆齿廓角等于被切齿轮的端面分度圆压力角，这种插齿刀的设计计算一般采用端面参数。斜齿插齿刀一般采用法向参数，插齿刀的原始截面也在法向截面中。由于斜齿插齿刀的每个刀齿前刀面是一个平面，可以一次磨出，所以刃磨比较方便，但存在一定的齿廓偏差，因此必须修正插齿刀的分度圆齿廓角。

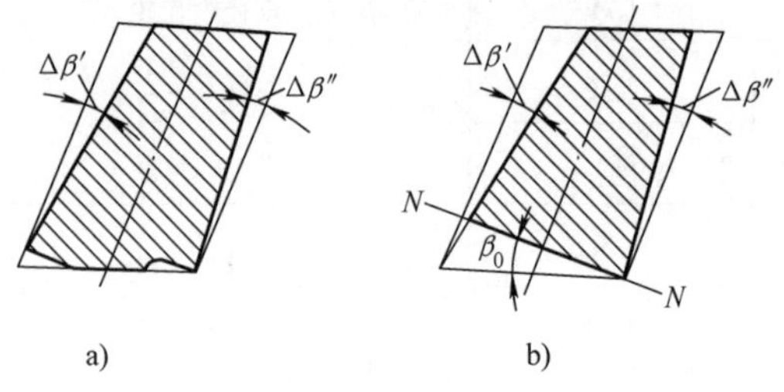

图 6.1-42　斜齿插齿刀的两种型式
a）塞克斯型　b）费罗型

根据公称分度圆直径和使用场合的不同，斜齿插齿刀也可做成盘形、碗形和锥柄三种型式。关于斜齿插齿刀我国尚无统一标准。常用的斜齿盘形插齿刀公称分度圆直径为 100mm，螺旋角有 15°和 23°两种，其结构参数见表 6.1-48。这种插齿刀主要用于加工斜齿轮。斜齿锥柄插齿刀一般用于加工斜齿内齿轮，这种插齿刀的公称分度圆直径为 38mm，螺旋角也有 15°和 23°两种，其结构参数见表 6.1-49。

表 6.1-48　盘形斜齿插齿刀　（mm）

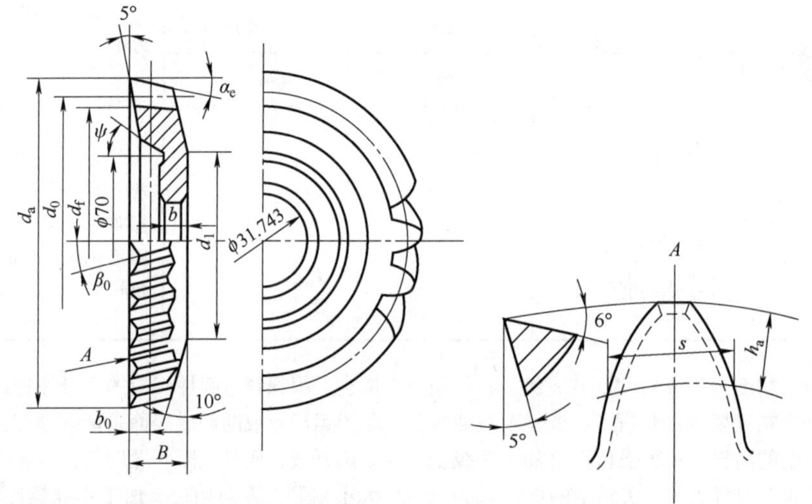

（1）公称分度圆直径 ϕ100mm、螺旋角 15°的盘形斜齿插齿刀结构参数

法向模数 m_n	端面模数 m_t	齿数 z_0	β_0	d_0	d_a	b_0	b	B	ψ	d_1
1	1.036	100	15°12′10″	103.626	108.23	9.65	10	22	40°	80
1.25	1.295	80			108.85					
1.5	1.553	66	15°02′50″	102.515	108.47	10.14				
1.75	1.811	56	14°53′30″	101.406	108.09	10.63				
2	2.073	50	15°12′10″	103.626	110.94	10.62				
2.25	2.330	44	15°02′50″	102.515	110.56	11.11				
2.5	2.591	40	15°12′10″	103.626	112.08	10.13				
2.75	2.848	36	15°02′50″	102.515	111.60	10.14				

（续）

<table>
<tr><td colspan="11">（1）公称分度圆直径 ϕ100mm、螺旋角 15°的盘形斜齿插齿刀结构参数</td></tr>
<tr><td>法向模数 m_n</td><td>端面模数 m_t</td><td>齿数 z_0</td><td>β_0</td><td>d_0</td><td>d_a</td><td>b_0</td><td>b</td><td>B</td><td>ψ</td><td>d_1</td></tr>
<tr><td>3</td><td>3. 100</td><td>32</td><td>14°34′51″</td><td>99. 195</td><td>108. 71</td><td>9. 29</td><td rowspan="12">12</td><td rowspan="12">25</td><td rowspan="8">30°</td><td rowspan="5">80</td></tr>
<tr><td>3. 25</td><td>3. 362</td><td>30</td><td>14°48′50″</td><td>100. 852</td><td>110. 76</td><td>8. 22</td></tr>
<tr><td>3. 5</td><td>3. 622</td><td>28</td><td>14°53′30″</td><td>101. 406</td><td>111. 77</td><td>7. 44</td></tr>
<tr><td>3. 75</td><td>3. 879</td><td>26</td><td>14°38′50″</td><td>100. 852</td><td>111. 57</td><td>6. 19</td></tr>
<tr><td>4</td><td>4. 145</td><td>25</td><td>15°12′10″</td><td>103. 626</td><td>114. 97</td><td>6. 18</td></tr>
<tr><td>4. 25</td><td>4. 397</td><td>23</td><td>14°51′10″</td><td>101. 129</td><td>112. 83</td><td>4. 93</td><td rowspan="7">75</td></tr>
<tr><td>4. 5</td><td>4. 660</td><td>22</td><td>15°02′50″</td><td>102. 515</td><td>114. 71</td><td>4. 35</td></tr>
<tr><td>5</td><td>5. 181</td><td>20</td><td>15°12′10″</td><td>103. 626</td><td>117. 18</td><td>4. 83</td></tr>
<tr><td>5. 5</td><td>5. 695</td><td>18</td><td>15°02′50″</td><td>102. 515</td><td>117. 42</td><td>5. 31</td><td rowspan="4">15°</td></tr>
<tr><td>6</td><td>6. 200</td><td>16</td><td>14°34′51″</td><td>99. 195</td><td>115. 46</td><td>3. 80</td></tr>
<tr><td>6. 5</td><td>6. 723</td><td>15</td><td>14°48′50″</td><td>100. 852</td><td>118. 47</td><td>6. 28</td></tr>
<tr><td>7</td><td>7. 243</td><td>14</td><td>14°53′30″</td><td>101. 406</td><td>120. 38</td><td>6. 76</td></tr>
<tr><td colspan="11">（2）公称分度圆直径 ϕ100mm、螺旋角 23°的盘形斜齿插齿刀结构参数</td></tr>
<tr><td>法向模数 m_n</td><td>端面模数 m_t</td><td>齿数 z_0</td><td>β_0</td><td>d_0</td><td>d_a</td><td>b_0</td><td>b</td><td>B</td><td>ψ</td><td>d_1</td></tr>
<tr><td>1</td><td>1. 087</td><td>94</td><td>23°07′27″</td><td>102. 212</td><td>106. 81</td><td>9. 20</td><td rowspan="8">10</td><td rowspan="8">22</td><td rowspan="5">40°</td><td rowspan="13">80</td></tr>
<tr><td>1. 25</td><td>1. 362</td><td>76</td><td>23°23′05″</td><td>103. 502</td><td>108. 73</td><td>9. 18</td></tr>
<tr><td>1. 5</td><td>1. 628</td><td>62</td><td>22°51′50″</td><td>100. 930</td><td>106. 68</td><td>8. 75</td></tr>
<tr><td>1. 75</td><td>1. 898</td><td>53</td><td>22°47′57″</td><td>100. 611</td><td>107. 00</td><td>8. 85</td></tr>
<tr><td>2</td><td>2. 175</td><td>47</td><td>23°07′27″</td><td>102. 212</td><td>109. 31</td><td>9. 20</td></tr>
<tr><td>2. 25</td><td>2. 438</td><td>41</td><td>22°40′09″</td><td>99. 973</td><td>107. 59</td><td>8. 77</td><td rowspan="10">30°</td></tr>
<tr><td>2. 5</td><td>2. 711</td><td>37</td><td>22°44′03″</td><td>100. 292</td><td>108. 54</td><td>8. 76</td></tr>
<tr><td>2. 75</td><td>2. 987</td><td>34</td><td>22°59′38″</td><td>101. 570</td><td>110. 29</td><td>8. 10</td></tr>
<tr><td>3</td><td>3. 275</td><td>32</td><td>23°38′44″</td><td>104. 798</td><td>114. 23</td><td>8. 43</td><td rowspan="12">12</td><td rowspan="12">25</td></tr>
<tr><td>3. 25</td><td>3. 514</td><td>28</td><td>22°20′43″</td><td>98. 388</td><td>108. 03</td><td>6. 66</td></tr>
<tr><td>3. 5</td><td>3. 809</td><td>27</td><td>23°15′15″</td><td>102. 856</td><td>112. 89</td><td>5. 60</td></tr>
<tr><td>3. 75</td><td>4. 076</td><td>25</td><td>23°03′32″</td><td>101. 891</td><td>112. 53</td><td>5. 52</td></tr>
<tr><td>4</td><td>4. 333</td><td>23</td><td>22°36′16″</td><td>99. 655</td><td>110. 66</td><td>4. 43</td></tr>
<tr><td>4. 25</td><td>4. 617</td><td>22</td><td>22°59′38″</td><td>101. 570</td><td>113. 10</td><td>3. 96</td><td rowspan="7">75</td></tr>
<tr><td>4. 5</td><td>4. 898</td><td>21</td><td>23°15′15″</td><td>102. 856</td><td>115. 05</td><td>4. 13</td></tr>
<tr><td>5</td><td>5. 447</td><td>19</td><td>23°23′05″</td><td>103. 502</td><td>117. 05</td><td>4. 59</td></tr>
<tr><td>5. 5</td><td>5. 975</td><td>17</td><td>22°59′38″</td><td>101. 570</td><td>116. 476</td><td>5. 06</td><td rowspan="5">15°</td></tr>
<tr><td>6</td><td>6. 550</td><td>16</td><td>23°38′44″</td><td>104. 798</td><td>121. 06</td><td>5. 50</td></tr>
<tr><td>6. 5</td><td>7. 027</td><td>14</td><td rowspan="2">22°20′43″</td><td rowspan="2">98. 388</td><td>116. 00</td><td>6. 01</td></tr>
<tr><td>7</td><td>7. 568</td><td>13</td><td>117. 36</td><td>6. 47</td></tr>
</table>

注：在插齿刀的原始截面中，齿顶高系数等于 1. 25，分度圆齿厚等于 $\pi m_n/2$。

表 6.1-49　斜齿锥柄插齿刀　　(mm)

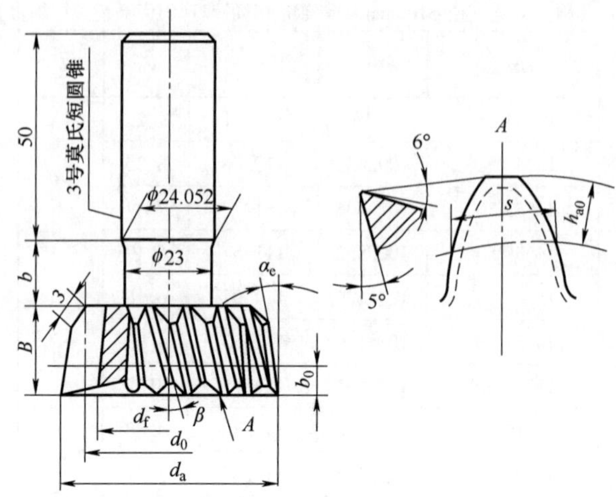

(1) 公称分度圆直径 ϕ38mm、螺旋角 15°的斜齿锥柄插齿刀结构参数

法向模数 m_n	端面模数 m_t	齿数 z	β	d_0	d_a	b_0	B	b
1	1.034	36	14°41′47″	37.218	39.93	0.97	12	20或30
1.25	1.296	30	15°19′25″	38.882	42.27	1.21		
1.5	1.551	24	14°41′47″	37.218	41.28	1.45		
1.75	1.812	21	15°0′35″	38.048	42.79	1.69	15	20或30
2	2.068	18	14°41′47″	37.218	42.64	1.93		
2.25	2.326	16			43.32	2.18		
2.5	2.592	15	15°19′25″	38.882	45.66	2.41		
2.75	2.842	13	14°35′32″	36.942	44.24	1.94		
3	3.101	12	14°41′47″	37.218	45.14	1.93		
3.25	3.358	11	14°35′32″	36.942	45.28	0.97		
3.5	3.612	10	14°16′46″	36.116	45.08			
3.75	3.888		15°19′25″	38.882	48.35	0.48	17	20或30
4	4.135	9	14°41′47″	37.218	47.32			

(2) 公称分度圆直径 ϕ38mm、螺旋角 23°的斜齿锥柄插齿刀结构参数

法向模数 m_n	端面模数 m_t	齿数 z	β	d_0	d_a	b_0	B	b
1	1.086	35	23°	38.023	40.73	0.92	12	20或30
1.25	1.358	28			41.41	1.15		
1.5	1.625	23	22°39′11″	37.384	41.45	1.38		
1.75	1.901	20	23°	38.023	42.77	1.61	15	20或30
2	2.184	18	23°41′48″	39.315	44.74	1.83		
2.25	2.457	16			45.41	2.07		
2.5	2.716	14	23°	38.023	44.80	2.30		
2.75	2.999	13	23°31′20″	38.990	46.29	1.83		
3	3.276	12	23°41′48″	39.315	47.24			

（续）

(2) 公称分度圆直径 ϕ38mm、螺旋角 23°的斜齿锥柄插齿刀结构参数								
法向模数 m_n	端面模数 m_t	齿数 z	β	d_0	d_a	b_0	B	b
3.25	3.545	11	23°31′20″	38.990	47.33	0.92	15	20 或 30
3.5	3.808	10	23°	38.023	46.98			
3.75	4.048	9	22°08′03″	36.435	45.92	0.46	17	20 或 30
4	4.368		23°41′48″	39.315	49.42			

注：在插齿刀的原始截面中，齿顶高系数等于 1.25，分度圆齿厚等于 $\pi m_n/2$。

(3) 插齿刀的磨损及刃磨方法

插齿刀用钝后，需要刃磨前刀面。刀齿磨损情况如图 6.1-43 所示。粗切时，磨损量 VB 不得超过 0.8～1mm；精切时，VB 不得超过 0.2～0.4mm。

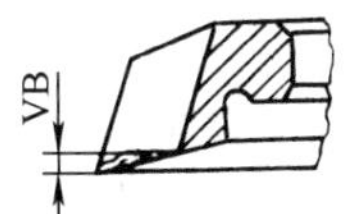

图 6.1-43　插齿刀的磨损

插齿刀可在万能工具磨床上沿前刀面刃磨。直齿插齿刀是用砂轮的外圆柱面刃磨，如图 6.1-44 所示。刃磨时，万能夹头应调整一个角度，其值为插齿刀的顶刃前角，使前刀面素线与砂轮外圆柱面素线平行。刃磨时插齿刀的圆周进给速度为 20～25m/min。

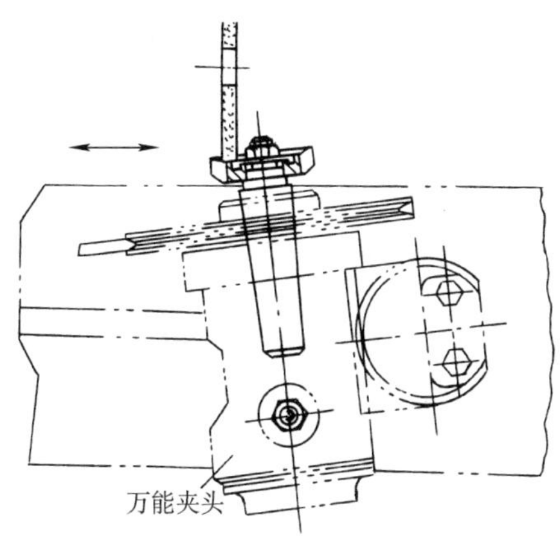

图 6.1-44　在万能工具磨床上刃磨插齿刀

刃磨高速钢（W18Cr4V）插齿刀时，所用砂轮特性为：WA60～80H～KV 或 B，有时也可采用 WA80～100J～KV 的砂轮。

选用砂轮直径时（图 6.1-45），应使砂轮半径 r 略小于插齿刀的曲率半径 ρ，以免发生干涉。砂轮直径应满足下列条件：

$$d_s \leqslant \frac{d_{f0}}{2\sin\gamma_0}$$

式中　d_s——砂轮直径（mm）；

d_{f0}——插齿刀齿根圆直径（mm）；

γ_0——插齿刀前角（°）。

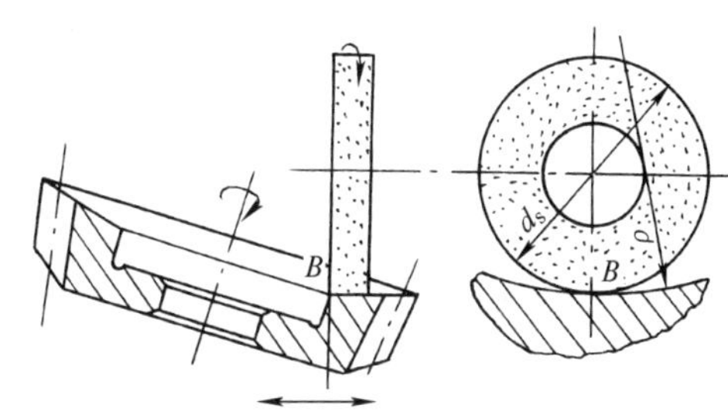

图 6.1-45　刃磨砂轮的选择

盘形和碗形插齿刀的直径较大，砂轮直径可选 400mm 以上。

插齿刀刃磨后，应检查前角、前刀面的斜向圆跳动量和表面粗糙度，其公差应达到 GB/T 6082—2001《直齿插齿刀通用技术条件》规定的相关技术要求。

标准插齿刀的顶刃前角 γ 为 5°。插齿刀用钝磨损后刃磨前刀面，前刀面为内锥面。必须严格保持刃磨后原来的前角 γ 不变，否则将产生齿形误差。

插齿刀的顶刃前角 γ 为 5°时，侧刃前角 γ_c 甚小，在加工材料塑性较大时，易产生积屑瘤，划伤加工的齿形表面。当这个问题无其他方法解决时，可对插齿刀前刀面采用特殊刃磨法，以增大插齿刀的顶刃前角和侧刃前角。对中小模数的插齿刀可采用图 6.1-46a 所示的方法，砂轮修整成两个圆锥面和中间一个圆柱面，圆柱面的宽度 b_k 等于插齿刀的齿顶宽度 s_{a0}。用这样的砂轮刃磨时，可明显加大插齿刀的侧刃前角 γ_c。砂轮两侧圆锥面和插齿刀的前刀面相交成双曲线，调整砂轮锥面的角度，可使双曲线和插齿刀切削刃要求的渐开线很接近，尽量保持原来的切削刃形，这样可使齿形误差很小。

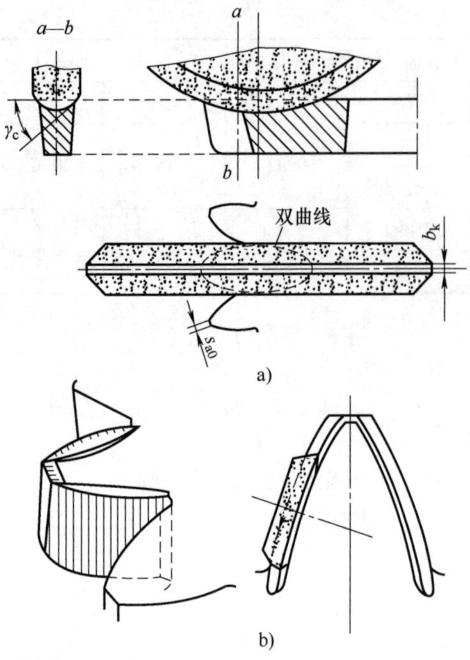

图 6.1-46　插齿刀前刀面的特殊刃磨
a）中小模数　b）大模数

当插齿刀的模数较大时，可采用图 6.1-46b 所示的方法，分别磨出顶刃和侧刃的增大前角。磨侧刃前角时，砂轮须按侧刃渐开线轨迹磨制，保持原来的切削刃形，以免造成齿形误差，故刃磨很麻烦，仅在不得已时使用。

5. 插齿工艺

（1）切削用量及其选择

切削用量的选择是切削效率、刀具寿命、机床性能、工件材料性能、刀具强度、成本等多重因素综合限制与比较的结果，各个因素之间通常相互制约，需要根据实际的需求进行取舍选择。

1）切削速度。切削速度的选择取决于机床性能、齿轮材料、插齿刀材料、切削量、精度要求以及插齿时使用的切削液的性能等。插齿时切削速度和刀具寿命关系曲线有“驼峰性”，即切削速度有最佳值，低于或高于最佳值都将使刀具寿命降低。表 6.1-50 所列为插齿的切削速度参考数据。

插齿刀切削速度 v（单位为 m/min）是根据每分钟冲程数 n 和插齿刀的冲程长度 L（单位为 mm）计算，即

$$v=\frac{2nL}{1000}=\frac{nL}{500}$$

表 6.1-50　插齿的切削速度参考数据　（m/min）

工件材料	材质	硬度 HBW	普通高速钢插齿刀		新涂层材料插齿刀	
			粗切	精切	粗切	精切
渗碳材料	SCr420H	150~200	19~23	25~28	36~46	54~69
碳素钢	S45C	210~280	17~28	22~28	28~35	42~53
碳素钢	SCM3	270~320	17~20	22~25	22~30	33~45
铸铁	FC250	220	13~17	18~22	32~40	48~60

2）圆周进给量。圆周进给量直接影响插齿的切削效率，因此在条件允许的情况下尽量取大的进给量 f。进给量的主要限制因素有机床的刚性和功率、刀具能承受的切削力和零件精度等。

插齿圆周进给量直接影响插齿的切削力与功率，切削量选取需要同时满足下列三个条件：

① 插齿切削力 F_z<机床刚性允许承受力 F_j。

② 插齿切削力 F_z<插齿刀齿承受力 F_d。

③ 切削功率 P_m<机床主轴功率 P_j。

根据上述原理及目前主流设备与刀具强度情况，结构钢粗切时插齿的圆周进给量 f_c 一般选取 0.5~3mm/每往复冲程，精切一般选取 $f=(0.2\sim0.3)f_c$。

3）径向进给量。径向进给一般机床推荐值是 0.001~0.15mm/每往复冲程。

也可以按下列经验公式确定：

$$f_r=(0.05\sim0.1)f$$

式中　f_r——径向进给量（mm/每往复冲程）；

f——精切圆周进给量（mm/每往复冲程）。

4）插削进刀（走刀）次数。插削进刀（走刀）次数可参考表 6.1-51 选取。

表 6.1-51　插削钢制（≤220HBW）齿轮时的插削进刀（走刀）次数

模数 m/mm	进刀（走刀）次数			
	粗切	半精切	精切	总计
2~3	—	—	1	1
4~6	1	—		2
8~12	1	1		3
14~20	2	1		4
20~30	3	1		5
32~40	4	1		6

5）插齿刀行程长度。插齿刀行程长度按下式计算（图 6.1-47）：

$$L=b+l$$

式中　L——插齿刀行程长度（mm）；

b——被切齿轮宽度（mm）；

l——插齿刀的行程超越量（mm），$l=l_1+l_2$，一般取 $l_1=l_2=2\sim10\text{mm}$。

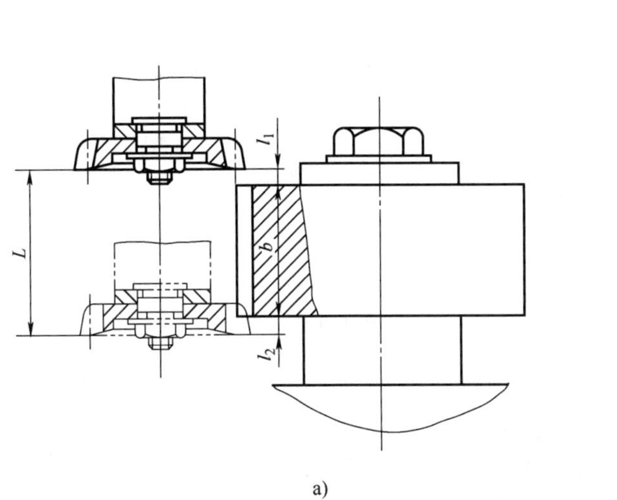

图 6.1-47　插齿刀行程长度

a）插齿刀行程长度　b）插齿刀切入、切出长度与齿宽的关系

6）精加工余量。在插齿时，如果分粗、精插加工，粗插后齿面上应留精插加工余量。精插齿的加工余量见表 6.1-52。

表 6.1-52　精插齿的加工余量　（mm）

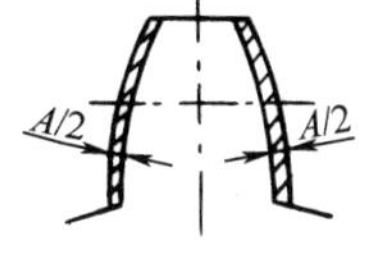

模数 m	2	3	4	5	6	7	8	9	10	11	12
余量 A	0.6	0.75	0.9	1.05	1.2	1.35	1.5	1.7	1.9	2.1	2.2

7）插齿刀往复行程数。插齿刀的每分钟往复行程数 n_0 是根据插齿刀行程长度 L 和切削速度 v 决定的，可按下式计算：

$$n_0=\frac{1000v}{2L}$$

（2）机动时间的计算

插齿工序机动时间可按下式计算：

$$t_{\text{m}}=\frac{\pi mz}{n_0 f}k+\frac{h}{n_0 f_{\text{r}}}$$

式中　t_{m}——插削时机动时间（min）；

m——被加工齿轮模数；

z——被加工齿轮齿数；

n_0——插齿刀的每分钟往复行程数；

f——圆周进给量；

k——插削进刀（走刀）次数；

h——被加工齿轮全齿高；

f_{r}——径向进给量。

（3）切削力和切削功率的计算

1）切削力。插齿时插齿刀与齿坯的啮合关系就像一对齿轮的啮合一样，其瞬间的切削面积是变化的。计算切削力和切削功率时，都采用最大切削总面积 $\sum A_{\max}$ 和平均切削面积 A_{cav}（单位为 mm^2），其计算公式为

$$\sum A_{\max}=\frac{0.609m^2 f}{z^{0.11}}$$

$$A_{cav}=\frac{0.475m^2f}{z^{0.09}}$$

式中 z——被加工齿轮齿数；

m——被加工齿轮模数；

f——圆周进给量。

插齿时切削力计算公式为

$$F_z=A_{cav}p$$

式中 p——单位切削力，见表 6.1-53。

表 6.1-53 插齿时单位切削力

工件材料	力学性能	单位切削力/(N/mm²)
结构钢	R_m=0.59~0.69GPa	1668~1766
	R_m=0.78~0.98GPa	3139~3433
灰铸铁	200HBW	1177~1374

2）切削功率。切削功率根据切削力和平均切削速度计算，即

$$P_m=\frac{F_zv_1}{60\times1000}$$

（4）插齿的调整

机床插齿调整前，必须了解被加工齿轮的结构、模数、齿数、材料及技术要求等，然后选取插齿刀和进行机床调整。

1）插齿刀的安装调整（图 6.1-48）。须保证插齿刀的轴线与机床主轴轴线重合，插齿刀基平面应与机床主轴轴线垂直。螺母压紧用的端面应垂直于螺纹轴线。垫圈的两端面平行度应小于 0.005mm，垫圈直径应尽可能接近插齿刀的根圆直径或与插齿刀的支承端面最大直径相等。

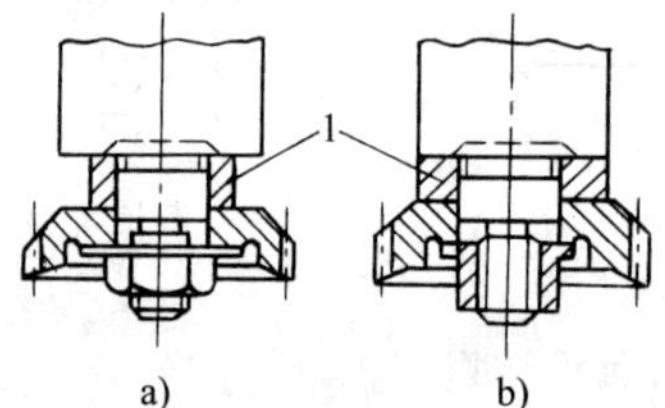

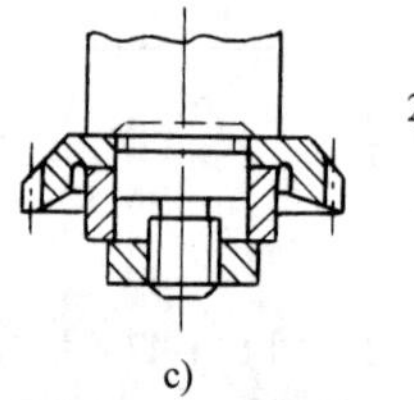

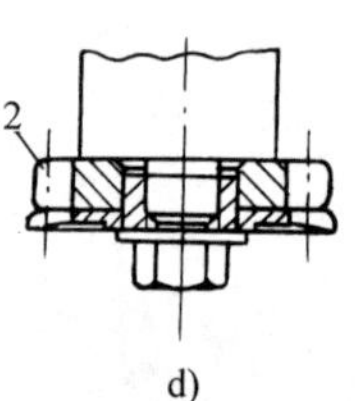

图 6.1-48 插齿刀的安装与夹紧

a）安装不正确（支承环 1 端面小） b）、c）安装正确

d）带齿的支承环 2 可提高刚性

插齿刀安装夹紧后，应转动插齿机主轴，检验插齿刀外圆跳动量和前刀面跳动量，如图 6.1-49 所示。插齿刀安装要求见表 6.1-54。

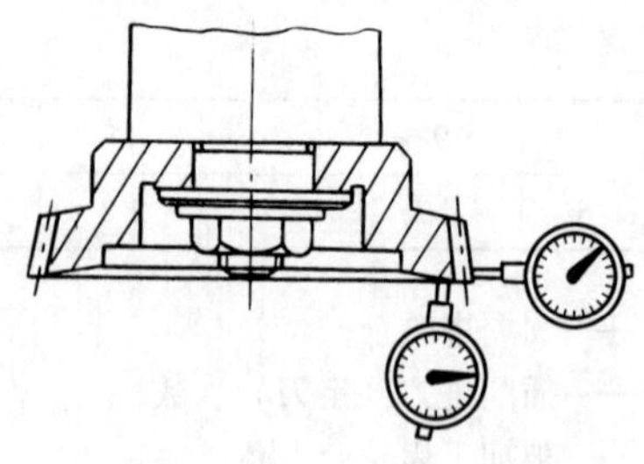

图 6.1-49 插齿刀安装后的检验

表 6.1-54 插齿刀安装要求

齿轮精度	插齿刀公称直径/mm	检查项目	
		前刀面跳动/μm	外圆跳动/μm
6	75	10~13	8~10
	100~125	13~15	10~13
	160~200	20	16~20
7	75	13~15	13~15
	100~125	15~20	15~20
	160~200	20~25	25~30

锥柄插齿刀是以柄部锥体为基准，安装在插齿机主轴的锥孔中，然后用拉杆在主轴顶端拉紧。锥孔与插齿刀锥柄配合接触区不小于 80%。

2）夹具、心轴及工件的安装调整。将心轴或夹具安装于机床工作台上（图 6.1-50），然后用千分表检验，其要求见表 6.1-55。

表 6.1-55 插齿心轴的安装要求 （mm）

检查项目	a 点	b 点
径向跳动	不大于 0.01	不大于 0.008
端面跳动	不大于 0.01	

被加工齿轮齿坯的精度参见 GB/Z 18620.3—2008。

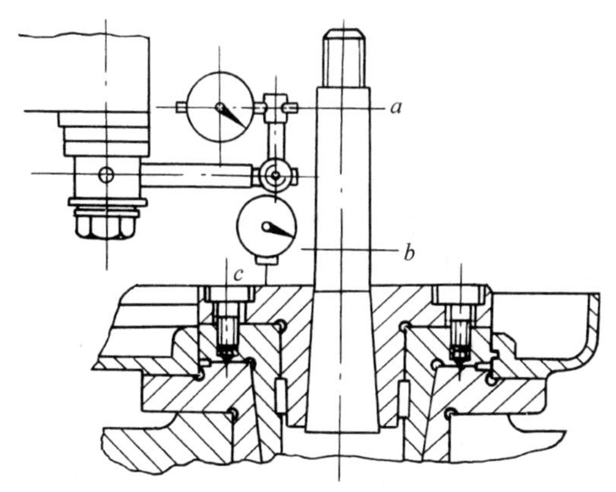

图 6.1-50　插齿心轴的安装与检验

3）选择并安装分度交换齿轮和圆周进给交换齿轮。机床说明书中一般都附有交换齿轮选择表，可按表选取。

在安装分度交换齿轮时，齿轮啮合的间隙要适当，过大和过小都对被加工齿轮的齿距误差和齿形误差有影响。

圆周进给量的大小对插齿的效率和刀具寿命影响较大，对于大量生产，一般要通过试验找出合理的切削用量。

4）确定插削径向进刀（走刀）次数和进给量。根据被加工齿轮的模数、材料硬度、精度和表面粗糙度要求等因素确定插削径向进刀（走刀）次数，分配切入深度和径向进给量，然后按机床说明书的要求调整。

5）调整插齿刀的往复行程数。插齿刀的往复行程数的选择取决于切削速度和行程长度。一般插齿机都有换速手柄或带轮等，可按选定的往复行程数调整。

6）插齿刀行程长度的调整。按行程长度 L 调整插齿刀及其主轴。应注意，在加工多联齿轮或带凸肩的齿轮时，不能使插齿刀与凸肩相碰。

7）斜向让刀的调整。为避免插齿刀回程时擦伤工件齿面和使刀具变钝，在插齿刀回程时要有斜向让刀。可按照机床说明书的要求调整。

6. 插齿中常见问题及对策

插齿中常见问题产生的原因及相应解决方法见表 6.1-56。

表 6.1-56　插齿中常见问题产生的原因及相应解决方法

偏差项目	偏差产生的原因	解 决 方 法
相邻齿距偏差	工作台或刀架蜗杆副中蜗杆的轴向齿距误差和安装偏心，分度蜗轮的周节偏差 插齿刀的周节偏差 工件和刀具安装偏心 刀架体固定导轨和滑动导轨由于磨损不均匀，致使插齿刀运动轨迹不正确 工作台主轴锥面与工作台体锥孔的接触面过紧，运动时摩擦发热，产生热变形，使工作台与工作台体端接触不良 精切余量过大	调整工作台或刀架体的分度蜗杆。正确安装工件和刀具，并准确调整。仔细调整工作台主轴和主轴孔的配合 减小精切余量
齿距累积误差	工作台或刀架体分度蜗轮蜗杆有磨损，造成运动误差，蜗杆轴向窜动和啮合间隙过大 工作台有较大的径向跳动 插齿刀主轴轴向跳动（安装插齿刀部分）超差 进给凸轮磨损，或轮廓不精确，径向跳动超差 插齿刀安装后径向跳动与轴向跳动超差 工件安装和刀具安装偏心 工件定位心轴本身精度不符合要求 插齿刀周节累积误差大 工件端面和工作台端面跳动 让刀不稳定，刀架体内镶条松动	调整工作台或刀架分度蜗轮蜗杆的啮合间隙，必要时修复蜗杆副。仔细刮研工作台主轴及工作台壳体上的圆锥接触面 重新安装插齿刀并调整其位置，使误差相抵消，必要时修磨插齿刀主轴端面，修磨凸轮轮廓，修磨插齿刀垫 工件安装应符合下列四点要求： 1. 工件定位心轴须与工作台旋转中心重合 2. 工件孔与工件定位心轴的配合要适合，不能太松 3. 工件的两端面须平行，安装时工件端面须与安装孔垂直 4. 检查工件定位心轴的精度。工件压垫的两平面须平行，不得有切屑污物黏着

（续）

偏差项目	偏差产生的原因	解 决 方 法
齿廓误差	插齿刀刃磨不好，存在齿廓误差和前角偏差 分度蜗杆轴向窜动过大或其他传动链零件精度太低，造成运动误差 工作台有较大的径向跳动 插齿刀主轴轴向跳动（安装插齿刀部分）超差 插齿刀安装后径向与轴向跳动超差 工件安装不符合要求	重磨插齿刀前刀面 检查与调整分度蜗杆的轴向窜动，检查与更换传动链中精度太低的零件 仔细刮研工作台主轴及工作台壳体上的圆锥接触面 重新安装插齿刀的位置，使误差相抵消，必要时修磨插齿刀主轴端面 修磨插齿刀刀垫 工件安装要求同上
螺旋线误差	插齿刀主轴移动方向对工作台轴线的平行度超差 插齿刀安装后有径向与轴向跳动 工件安装不符合要求 心轴轴线倾斜	重新安装刀架并校正 修磨插齿刀刀垫工件 工件安装要求同上
公法线长度变动	刀架系统偏心（如蜗轮偏心、主轴偏心等） 插齿刀的制造误差和安装偏心或倾斜 径向进刀机构不稳定 工作台的摆动和让刀不稳定	修理刀架系统，使其恢复精度 检查刀具精度，必要时重新修磨 检查刀具安装情况，重新按要求安装 修理径向进刀机构 调整工作台让刀机构
工件齿面粗糙	机床传动链的精度不高或磨损后间隙过大，机床传动平稳性欠佳 工作台主轴配合面接触情况不好；接触过紧，工作台转动沉重，摩擦发热；运转时产生振动，接触松，运转时工作台游动 分度蜗杆的轴向窜动或分度蜗杆蜗轮的啮合间隙过大，运转中产生振动 让刀机构工作不正常，回程时刮伤工件齿面 插齿刀刃磨不好，或切削刃磨钝，使齿面有撕裂现象 进给量太大 工件和刀具安装不紧，切削时产生振动 切削液太脏或未冲入切削区 工件经热处理后硬度不合适	找出精度降低或磨损环节，加以校正或更换新件 修刮导轨面 修磨调整垫片，纠正分度蜗杆的轴向窜动。调整分度蜗杆支座以校正分度蜗杆副的间隙大小 调整让刀机构 修磨切削刃 选取适当的进给量 合理安装工件 更换切削液，将切削液对准切削区 改善热处理情况

6.1.5 刮齿

1. 刮齿原理

刮齿（power skiving）又被称作强力刮齿、滚插、插滚、车齿等，是集滚齿、插齿于一体的切削方法，用于加工内、外圆柱齿轮。在切削加工过程中，切齿刀具既相当于滚齿刀又相当于插齿刀，其切削方式为工件和刀具连续旋转，将滚齿和插齿运动相结合来进行切齿加工。其加工原理相当于交错轴齿轮副的啮合过程，通过刀具和工件之间的强迫啮合运动实现切齿加工。刮齿加工是一种连续切削工艺，刮齿刀一方面绕自身轴线转动，在切向方向产生速度 v_0，同时又平行于工件轴线方向以 v_C 的速度做纵向走刀运动，工件则绕自身轴线做相应运动。刮齿加工效率比插齿高数倍，同时又比拉削更灵活，刀具轴与齿轮轴之间的轴交角 ξ 是生产率的决定性因素，轴交角越大，生产率越高。这种加工方式的另一项优势为能够在台肩附近加工，从而赋予零件更高的设计自由度。图 6.1-51 所示为刮齿原理。

刮齿刀与工件在一定速比关系下进行展成运动，完成渐开线齿廓的加工。由于交错轴齿轮副啮合时，两啮合齿面的瞬时接触是点接触，实现具有“剜”和“削”双重功效的切削过程，并且每次切削量非常小，此时从齿坯上切下的微小条形切屑沿齿廓方向排出，经过千万次切削完成对整个齿面的加工。具体如图 6.1-52 和图 6.1-53 所示。

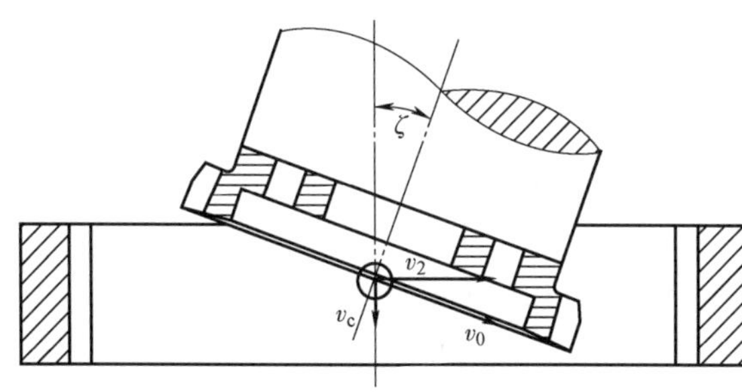

图 6.1-51　刮齿原理

图 6.1-52　刮齿仿真切削加工

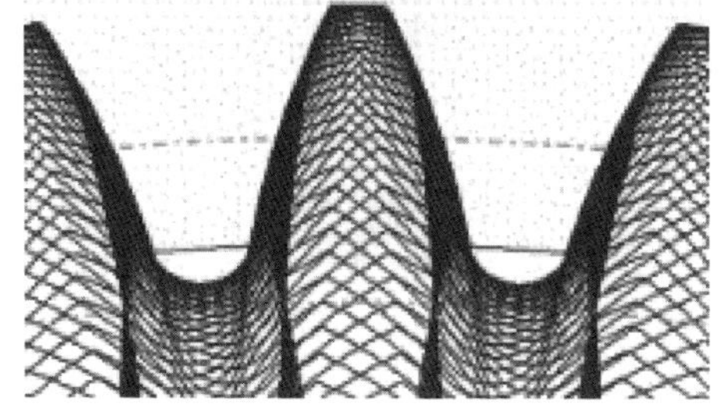

图 6.1-53　刮齿刀展成包络出的内齿齿廓

根据刮齿加工原理，刮齿加工时刮齿机必须具有以下几种运动（图 6.1-54）。

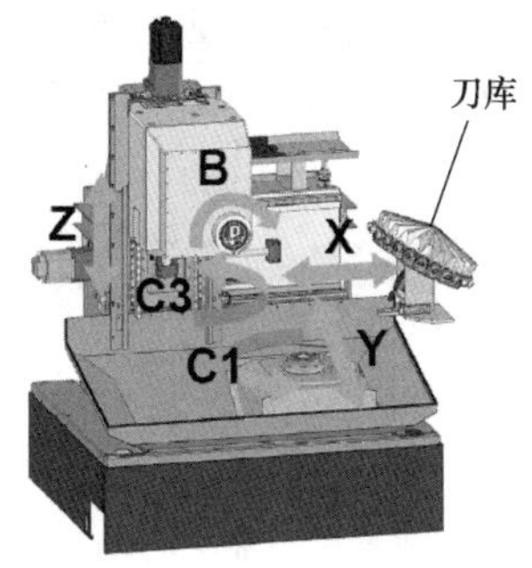

图 6.1-54　刮齿机原理简图
C1—工件旋转轴　C3—刀具旋转轴　B—刮齿刀轴轴交角调整轴　X—径向进给轴　Y—切向进给轴　Z—轴向进给轴

1）切削运动。即刮齿刀轴 C3 的转动，借助于直驱电动机，刮齿刀的转速为

$$n_0=\frac{1000v}{\pi d_{a0}}$$

式中　v——切削速度（m/min）；

d_{a0}——刮齿刀齿顶圆直径（mm）。

2）分度运动。随着刮齿刀的转动，齿坯也要相应地转动，要求刮齿刀转速 n_0 与齿坯（或工作台）转速 n_w 之间严格保持着相当于交错轴斜齿轮副的啮合关系。

3）轴向进给运动。即刮齿刀沿齿坯轴线方向的轴向进给 f_a（单位为 mm/r），通过轴向进给轴使刮齿刀刀架慢慢垂直移动，利用直驱电动机改变轴向进给量。

刮齿加工方法又名强力刮齿，早在 20 世纪 10 年代，德国人就申请了刮齿加工方法的专利，但由于传动链制造精度的影响，未得到有效的推广。随着电动机直驱技术的成熟应用，这种工艺重新成为一种高效的齿轮加工方法。强力刮齿的特点是刀具轴线相对于工件轴线斜置，即保持所谓的轴交角，刀具通过这种调整，确定轴向进给量及刀具转速，配合工件旋转可以合成相对运动。该相对运动能够沿主切削方向“剥落”工件材质，完成齿形加工，其主要加工特点为最适合内齿齿圈的加工及带台肩的外齿齿轮加工，单位时间内切削量大。与插齿比较，插齿加工需要通过反复的直线运动与让刀空行程运动，才能实现齿轮加工，刮齿加工相比插齿，效率可提升 4~8 倍。从加工精度分析，插齿机的经济加工精度为 DIN7 级，刮齿机的经济加工精度为 DIN6 级。所以对内齿加工及带台肩的外齿加工零件，刮齿工艺比插齿工艺有优势。而与拉齿工艺相比，刮齿工艺具备更高的灵活性和更好的加工质量。刮齿加工工艺结合机床和刀具，可以根据不同批次材料的热处理变形对齿轮的齿形、齿向进行调整，降低了工件质量对刀具的绝对依赖。

刮齿刀具的主要局限性为在现有技术条件下，刮齿刀具的设计、制造及刃磨成熟度依然不够，尤其是对于需要大批量加工的汽车齿圈类零件，其加工稳定性与滚齿、插齿、拉齿仍然存在一定的差距。

2. 刮齿机及加工精度

刮齿机可加工内齿、外齿圆柱齿轮等零件，尤其擅长加工内齿圆柱齿轮。刮齿机按布局形式和结构特点，可分为立式和卧式两种，其中以立式刮齿机居多。立式刮齿机又分为正立式和倒立式两种结构型式，如图 6.1-55 与图 6.1-56 所示。采用正立式结构的代表供应商为德国皮特勒公司和美国格里森公司，采用倒立式结构的供应商为德国维拉公司和日本的卡希富基公司。

图 6.1-55　正立式刮齿机

图 6.1-56　倒立式刮齿机

目前国际上刮齿的加工精度可以达到 5 ~ 6 级（德国 DIN 标准），国内的刮齿机（数控）精切齿的加工精度可以达到 6 ~ 7 级（国家标准 GB/T 10095—2008）。刮齿机目前在国际上已大量采用，伴随着刮齿刀具制造及刃磨技术的日益成熟，国内齿轮生产厂家的使用也日渐增多。为了达到尽可能大的静刚度和动刚度，刮齿机部件都尽可能以封闭箱形的铸造结构制造，采用减振性能良好的铸铁，有经过验证的热补偿系统。现代普遍使用的刮齿机，安装刀具的主轴与安装工件的工作台均采用直驱电动机，在保持高精度的同时，通过连续啮合加工使刀具齿形高精度地复制到工件上，从而实现高精度加工。刮齿机一般为六轴数字控制：径向进给轴 X、切向进给轴 Y，两轴皆为伺服驱动轴，实现齿廓加工，Y 轴实现径向进给及螺旋线修正；Z 轴同样为伺服驱动，为轴向进给轴，实现齿轮整个齿宽范围内的加工；B 轴为伺服驱动，可调整加工所用轴交角，实现齿廓的加工，同时可联动参与鼓形加工；C1 和 C3 轴分别控制刀具主轴和工件主轴，通过联动实现展成切削加工。

在刮齿机中展成运动补偿采用的是电子传动链，各种进给和回转的控制采用光栅尺，实现全闭环控制，可以使机床的加工精度得到很大的提高。在机床调整中只需要输入加工齿轮的参数即可。此外，考虑到热和力的作用，刮齿机上的安装刀具一般采用左右对称结构，确定定位精度，两者接触点受轴交角影响，在刀具轴方向产生滑移，从而实现高速加工。但是相对来说，这种切削角度容易变成钝角的加工法，存在刀具损耗明显的问题。

刮齿机型号和技术参数请阅本章附录表 6.7-9 和表 6.7-10。

3. 刮齿夹具

目前，国内外经常用薄膜卡盘结构的夹具和液压六爪卡盘来加工内齿圈零件。图 6.1-57 所示是薄膜卡盘，图 6.1-58 所示是液压六爪卡盘。

图 6.1-57　薄膜卡盘

图 6.1-58　液压六爪卡盘

设计刮齿夹具的一般原则如下：

1）定位基准要精确可靠，心轴与齿坯孔配合间隙要适宜。齿坯的定位基准一般与齿轮的装配基准一致。

2）需要考虑模块化结构，易于实现自动化，需要考虑夹具内部冲洗排屑。

3）对环形薄壁零件，需要配置薄膜卡盘，以避免夹紧变形不均匀对加工结果产生的影响，否则会出现图6.1-59所示的零件形状。对非薄壁零件，可配置液压六爪卡盘。

4）需要考虑快换接口的结构，通过快换接口定心，以确保较短的调整时间。

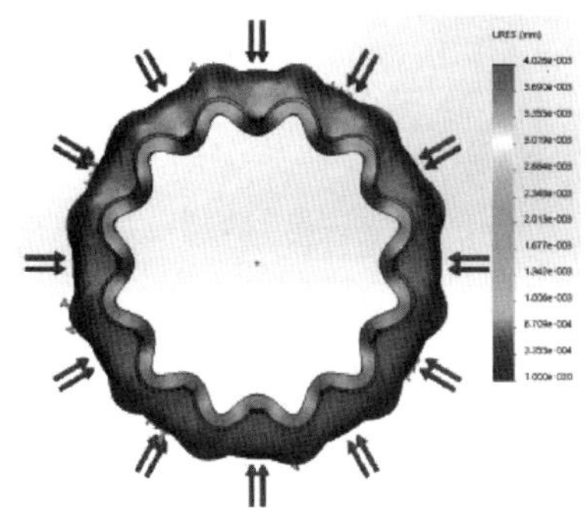

图6.1-59 薄壁零件变形模拟

5）要有足够的刚性和夹紧力，保证在装夹工件时不致变形和在加工过程中不产生振动。

4. 刮齿刀具

刮齿刀具的形状与插齿刀相似，当工件为直齿时，刀具一般设计为斜齿；当工件为斜齿时，刀具一般为设计为直齿；当加工渐开线齿廓时，不论刀具是直齿还是斜齿，其端平面内的齿廓皆为渐开线。刀具的理论切削刃形状应按刀具与工件啮合时在刀具齿面上的接触线制造，因此，当刀具是直齿时，切削刃就在刀具的端平面上为渐开线形，当刀具是斜齿时，其切削刃则为渐开线螺旋面与回转双曲面的交线。在加工齿轮时，刀具的切削刃就在啮合过程中的接触线位置上。当刀具用钝后，应刃磨其前刀面。

现有技术下，刮齿刀具有两种型式，第一种刀具有后角，被称为锥状刮齿刀；第二种刀具无后角，被称为柱状刮齿刀。具体如图6.1-60和图6.1-61所示。

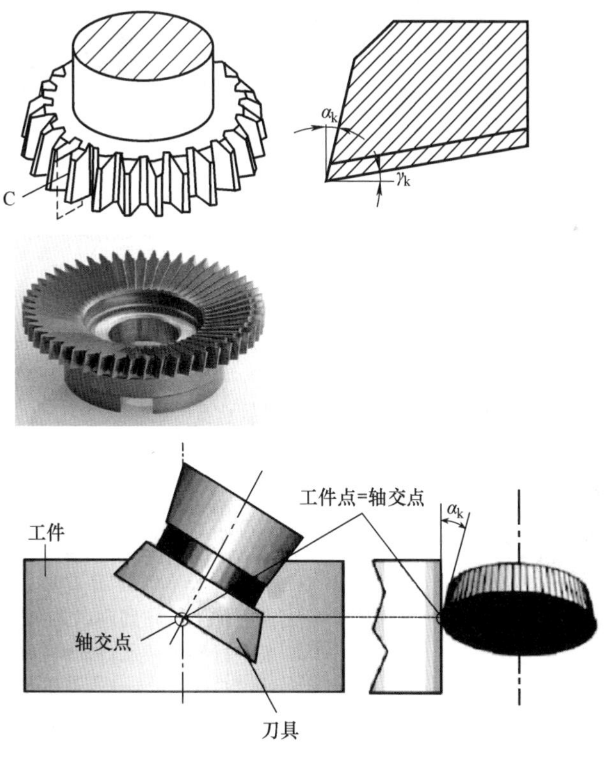

图6.1-60 锥状刮齿刀

在批量加工过程中，刮齿刀具经常设计为粗、精加工刀具分开的状态，如图6.1-62和图6.1-63所示。粗加工采用标准刀盘加标准硬质合金刀片，精加工一般采用整体高速钢材料的刀具，同时为保证零件齿廓加工精度，常将精加工刀具分为两把，对零件左右齿面分别加工。

5. 刮齿工艺

切削用量的选择应根据被加工齿轮的模数、材料、精度、夹具及刀具等情况而定，原则是在保证工件质量和刮齿刀具合理寿命的前提下，根据机床、夹具-工件系统、刀具系统的刚性及其生产率等因素确定。粗加工时可以采用较小的切削速度、较大的进给

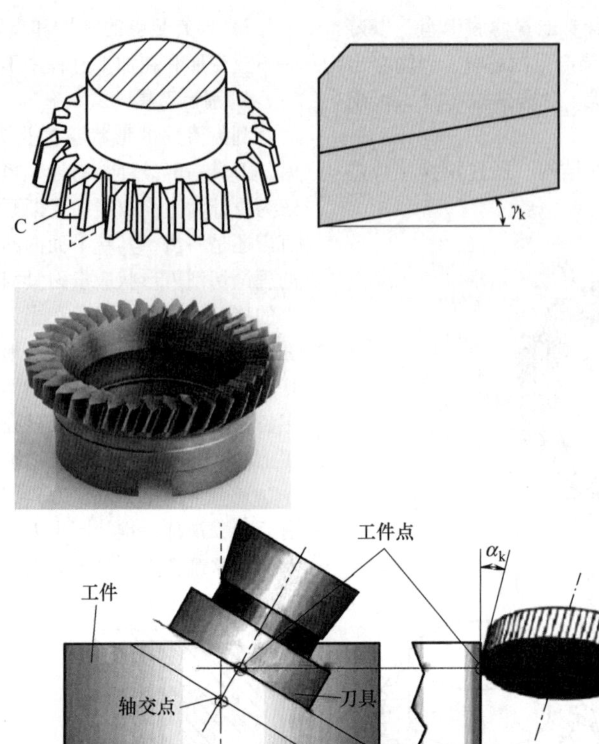

图 6.1-61　柱状刮齿刀

图 6.1-62　粗加工刮齿刀

图 6.1-63　精加工刮齿刀

量；精度高、模数小、工件材料较硬的齿轮加工可以采用高切削速度、小进给量。

1）走刀次数（切削深度）选择。整个轮齿的加工一般不超过10次走刀（表6.1-57）。如果由于机床功率或刚性不够，可采用多次粗走刀。以加工模数2.82mm的齿圈为例：粗走刀四次，第一次走刀时，其切削深度取1.565mm，第二次取1.3mm，第三次取1.1mm，第四次取1.0mm；精走刀一次，切削深度取0.8mm。粗走刀时，建议用齿厚减薄的粗切刮齿刀加工，精切刮齿刀只用其侧刃进行切削。刮齿后要进行剃齿或磨齿时，一般采用一次走刀加工。

表 6.1-57　刮齿走刀次数

模数/mm	走刀次数	应留余量
≤1	3	切至全齿深
>1~3	5~8	留精切余量0.5~1mm

2）进给量选择。为了保证较高的生产率，应尽可能采用大的进给量。粗加工时，由于机床、工件、刀具系统的刚性不足而使刮齿刀刀架产生振动是限制进给量提高的主要因素。精加工时，齿面的表面粗糙度是限制进给量的主要因素。以加工模数2.8mm的

齿圈为例，轴向进给从第一次到第五次分别为 0.15、0.15、0.15、0.13 及 0.1（单位为 mm/工件每转），切屑厚度分别为 0.12mm、0.11mm、0.10mm、0.09mm 及 0.03mm。

3）切削速度。根据上述所取得的走刀次数、进给量，以模数 2.8mm 的齿圈为例，切削速度推荐值为 60~80m/min。

4）轴交角。以模数 2.8mm 的齿圈为例：刮齿加工的轴交角推荐范围为 15°~20°。

6.1.6　剃齿

1. 剃齿的原理和方法

剃齿是齿轮的一种精加工方法，是根据交错轴斜齿轮副做无侧隙的啮合时，在齿面上产生相对滑动的原理进行的。剃齿时，剃齿刀与工件是一对无侧隙的交错轴斜齿轮啮合。盘形剃齿刀可看作是一个圆柱齿轮，在其齿侧面上做出许多小容屑槽，槽与齿侧面的交线形成切削刃（图 6.1-64a）。切削时，被加工齿轮装在心轴上，可以自由转动；剃齿刀装在机床主轴上，和工件相交成一角度，带动工件旋转，两者之间做自由啮合运动（图 6.1-64b）。根据交错轴斜齿轮啮合特点，剃齿刀和被剃齿轮在接触点的速度方向不同，剃齿刀和被剃齿轮的齿面间有相对滑动，剃齿刀切削刃便在齿轮齿面上切除一层金属。沿螺旋线的切线方向产生的相对滑动速度就是切削速度（图 6.1-64c）。

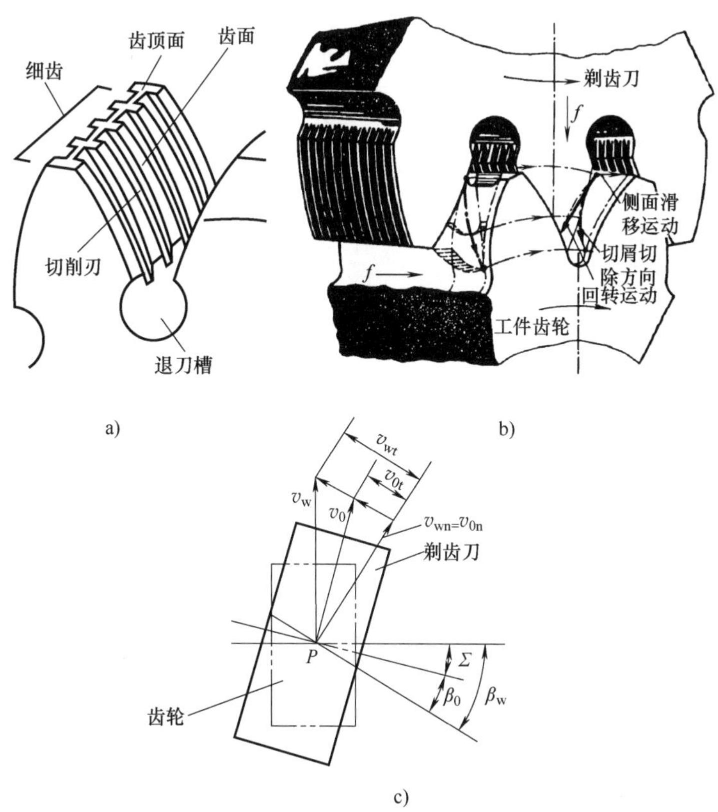

图 6.1-64　剃齿工作原理图

β_w—被加工齿轮螺旋角　β_0—剃齿刀螺旋角　Σ—轴交角　P—节点

图 6.1-64 中剃齿刀为左旋齿，齿轮为右旋齿，啮合节点 P 的相对滑动速度为

$$v=v_{wt}\pm v_{0t}$$

当剃齿刀与被剃齿轮齿的螺旋方向相同时用“+”号，相反时用“-”号。滑动速度就是切削速度 v（单位为 m/min）。

图 6.1-65 所示是平行于剃齿刀和工件轴线的剖面。当剃齿刀和工件的齿侧面以相对速度 v 滑移时，加上剃齿刀齿面间存在进刀压力，使剃齿刀齿侧面的小槽切削刃从工件齿面上切下很薄的切屑（厚度为 0.005~0.01mm）。

交错轴传动的斜齿轮在每个啮合瞬时理论上是点接触。由于径向进刀的作用，工件齿面的接触部位将产生弹性变形，因此，普通盘形剃齿刀剃齿时的实际瞬时接触区是一个椭圆面（图 6.1-66a）。随着工件与剃齿刀的啮合转动，这个椭圆形接触区沿着接触线（对于斜齿轮，它是齿面上一条倾斜的曲线；对于直齿轮，它是一条平行于端面的渐开线）移动，剃出一条接触带，再通过轴向进给运动而扩展到整个齿面，切削作用也就覆盖了全齿面。对于径向剃齿刀，由于齿面的修正，其瞬时接触区将是一条相当于齿宽的带形面（图 6.1-66b）。直齿轮在没有轴向进给情况下啮合后被剃出的是一条沿着渐开线的接触带（图 6.1-67a），由于剃齿刀是斜齿轮，其接触点轨迹形成的接触带是倾斜于端面的曲线，且左、右两侧面上的曲线具有不同的倾斜方向（图 6.1-67b）。随着工件与剃齿刀的啮合转动，实现齿面的精加工。

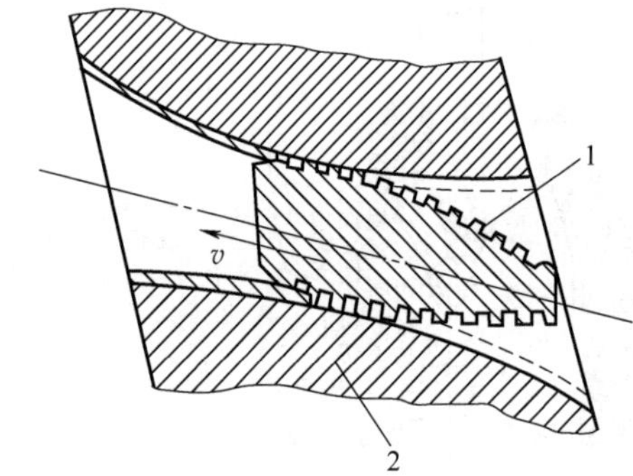

图 6.1-65　剃齿刀切削齿轮

1—刀齿　2—工件

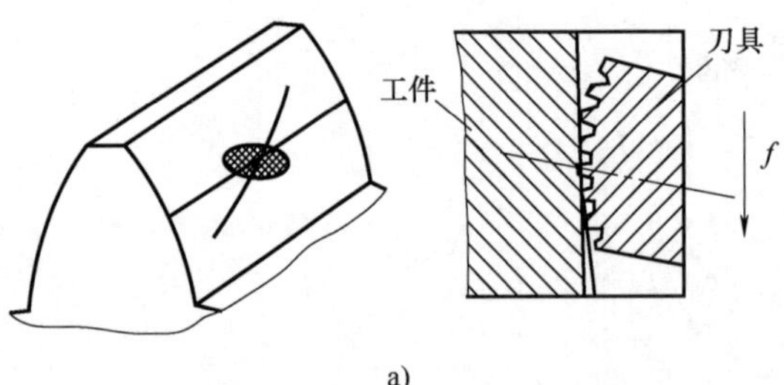

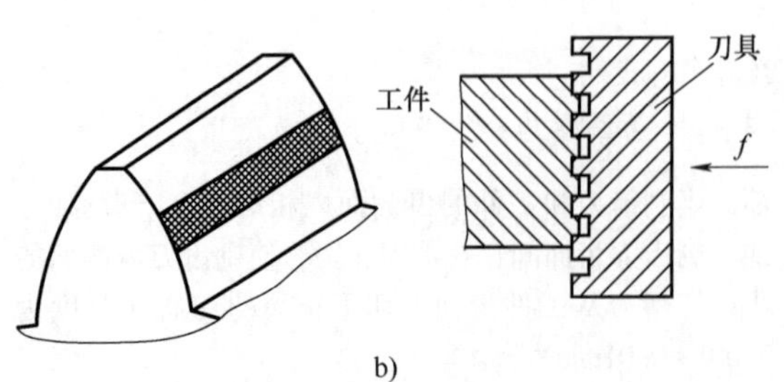

图 6.1-66　剃齿刀瞬时接触区

a）轴向剃齿　b）径向剃齿

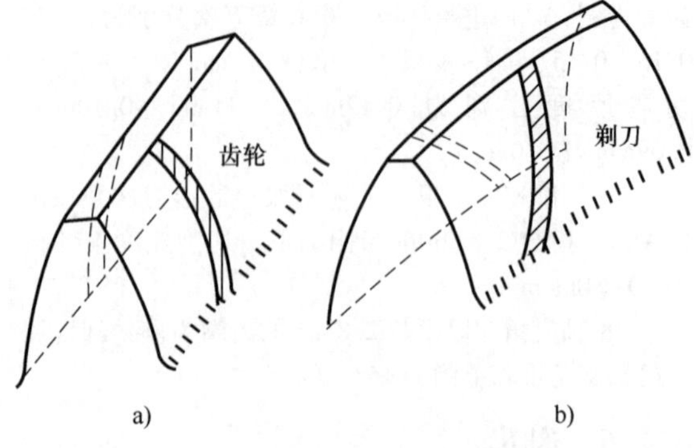

图 6.1-67　剃齿时接触点轨迹

剃齿刀齿侧面的切削刃槽侧面通常是平行于刀具端面或垂直于刀具螺旋线，使两侧切削刃分别具有正、负前角或为零前角，如图 6.1-68 所示。剃齿刀切削工件时，它的齿侧面（侧后刀面）和工件的加工表面相切，所以剃齿时的后角等于 0°，这将产生挤压现象。因此，剃齿是一个在滑移运动中产生切削与挤压的加工过程。

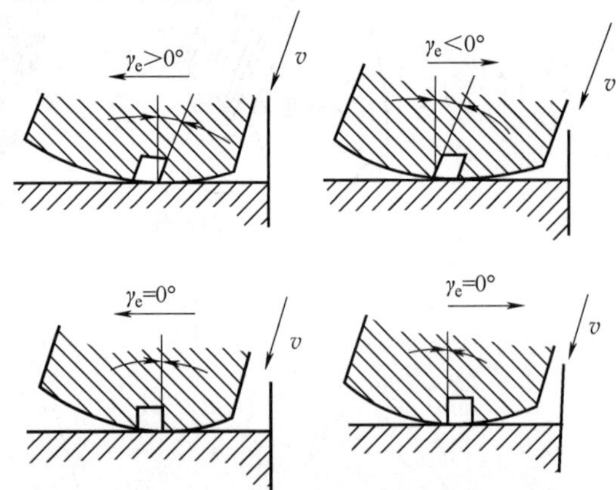

图 6.1-68　剃齿刀的切削角度

根据齿轮进给方向的不同，有轴向剃齿、对角剃齿、切向剃齿和径向剃齿四种不同的剃齿方法（表 6.1-58）。

四种剃齿方法的工艺特性见表 6.1-59。

内齿轮剃齿可在专用剃齿机上（图 6.1-69）或装有专用夹具的立式剃齿机上加工。在专用剃齿机上加工时，被加工齿轮安装在卡盘上，它除旋转外还向上径向进给；剃齿刀轴线与齿轮轴线成一定轴交角，旋转同时沿轴线做往复运动。在这种机床上可剃削鼓形齿和锥形齿。

图 6.1-70 所示是在普通剃齿机上利用内齿轮剃削夹具来剃削内齿轮。在工作台上装有专用尾座 2，在其上装夹被剃齿轮 3。剃齿刀 4 的刀架 5 借助于百分表 1 精确地调整轴交角。在采用轴向剃齿法剃削开式齿轮时，轴交角可取 3°左右。

表 6.1-58　剃齿方法

剃齿方法	剃齿原理图	运动说明	加工效果	
			优点	缺点
轴向剃齿法	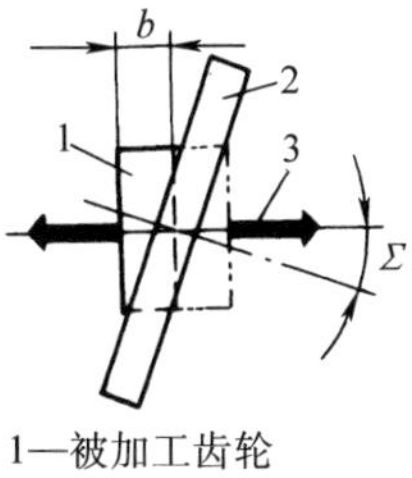 1—被加工齿轮 2—剃齿刀 3—进给方向 b—被加工齿轮宽度 Σ—轴交角	剃齿刀旋转，被加工齿轮沿着自己的轴线往复进给，每往复一次，做一次径向进给。最后两次行程可不进给（光刀）	1. 可剃削宽齿轮 2. 利用机床摇摆机构可剃削鼓形齿	1. 刀具仅在被加工齿轮和刀具交叉点上进行切削，因此剃齿刀局部磨损大，刀具使用寿命短 2. 工作行程较长，行程次数较多，生产率低
对角剃齿法	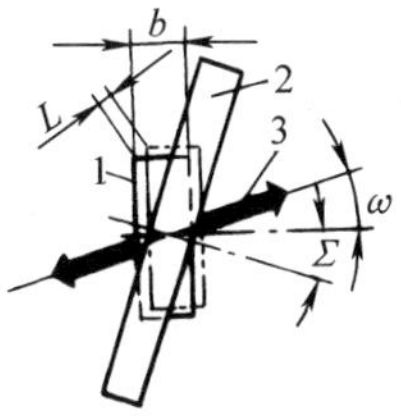 1—被加工齿轮 2—剃齿刀 3—进给方向 L—工作行程长度 b—被加工齿轮宽度 Σ—轴交角 ω—进给方向与被加工齿轮轴之间夹角	剃齿刀旋转，被加工齿轮沿着与自己的轴线偏斜成一定角度的方向往复进给，每往复一次，做一次径向进给。最后两次行程可不进给（光刀）	1. 工作行程长度短，减少了机动时间，对加工齿宽 $b \leqslant 50$mm 的齿轮有利 2. 可加工带凸缘的齿轮和阶梯齿轮 3. 刀具与齿轮啮合节点在加工过程中沿剃齿刀齿长方向连续移动，刀齿磨损均匀，适用于成批大量生产	1. 被加工齿轮宽度增大时，剃齿刀宽度也要增大 2. 剃齿刀精度要求比轴向剃齿法高 3. 不宜加工过宽的齿轮
切向剃齿法	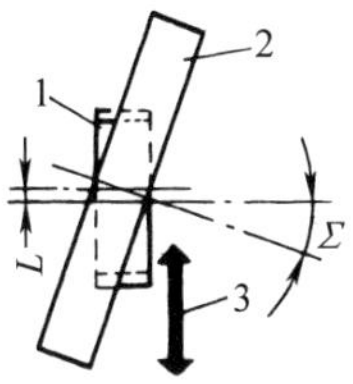 1—被加工齿轮 2—剃齿刀 3—进给方向 L—工作行程长度 Σ—轴交角	剃齿刀沿被加工齿轮的切线方向进给，剃齿机上须带有工作台导轨旋转到90°的机构。剃削余量不大时，剃齿刀和被加工齿轮中心距不变，一次工作行程即可剃完；剃削余量较大时，须分几次工作行程才能剃完，同时要有径向进给	1. 可加工带凸缘的齿轮和多联圆柱齿轮 2. 工作行程长度短，可减少机动时间 3. 啮合节点位置连续变化，刀齿磨损均匀，刀具寿命长 4. 切削运动简单，可用通用机床加工，因被加工齿轮可贯通运动，故适用于自动线生产	1. 剃齿刀宽度应大于被剃齿轮宽度 2. 须用修形剃齿刀进行鼓形齿修整 3. 被剃齿轮齿面质量和加工精度稍差
径向剃齿法	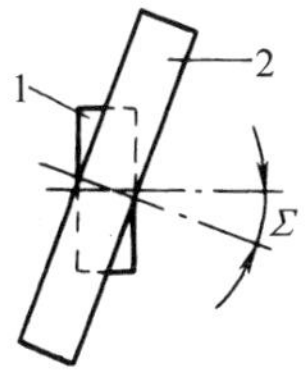 1—被加工齿轮 2—剃齿刀 Σ—轴交角	剃齿刀只沿被剃齿轮半径方向进给，而沿轴向无进给。剃齿刀切削槽的排列须做成错位锯齿状	1. 用较短的剃削时间可剃出整个齿面，故生产率高 2. 剃齿刀与被加工齿轮齿向接触面积大，可提高齿向和齿廓精度 3. 剃齿时匀速进给，刀齿磨损少	鼓形齿和小锥度齿的修整须用修形剃齿刀，提升了磨削难度与磨削成本

表 6.1-59　剃齿方法的工艺特性

剃齿方法	轴向剃齿法	对角剃齿法	切向剃齿法	径向剃齿法
进给方向与齿轮轴线之间夹角 ω	0°	>0°~45°	90°	—
轴交角 Σ	10°~15°，当剃削带凸缘齿轮时，应大于 3°			
进给方向与剃齿刀轴线之间夹角	Σ	当 $b<b_0$ 时：$\omega+\Sigma$ 当 $b>b_0$ 时：$\omega-\Sigma$	$90°-\Sigma$	沿齿深方向
剃齿刀宽度 b_0	与齿轮宽度无关	$b_0=\frac{b\sin\omega}{\sin(\omega+\Sigma)}$	$b_0=\frac{b}{\cos\Sigma}$	$b_0=\frac{b}{\cos\Sigma}$
工作行程长度 L	$L=b+2m_n$	$L_{min}=\frac{b\sin\omega}{\sin(\omega+\Sigma)}$	$L=b\tan\Sigma+\Delta L$ ΔL：附加行程	只有径向进给
剃齿刀容屑槽的分布	平行于端面	平行于端面	沿螺旋线	沿螺旋线
剃齿刀的利用	不好	较好	较好	较好
沿被加工齿轮螺旋线方向鼓形齿的修整	使用机床摇摆机构	使用机床摇摆机构	使用修形剃齿刀	使用修形剃齿刀
沿被加工齿轮齿廓高度方向的修形	使用修形剃齿刀	使用修形剃齿刀	使用修形剃齿刀	使用修形剃齿刀
剃齿时间	较长	较短	短	短

注：b 为被加工齿轮宽度。

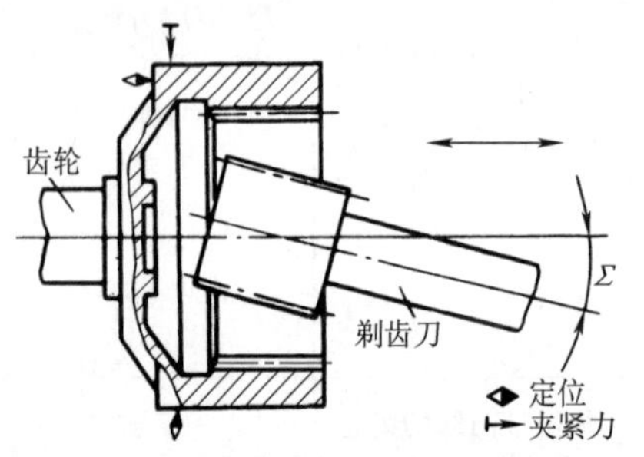

图 6.1-69　内齿轮剃齿

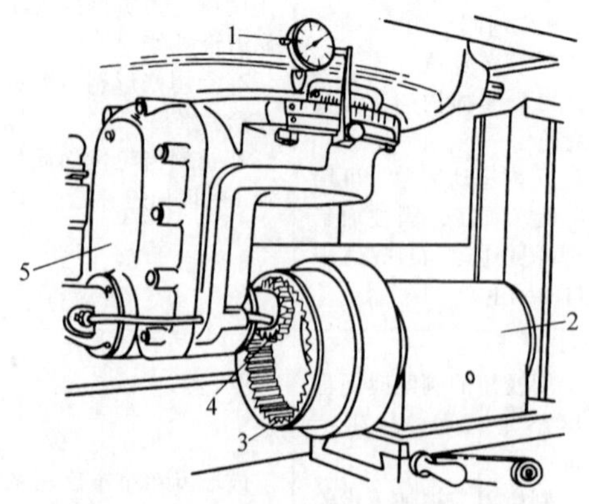

图 6.1-70　在普通剃齿机上剃削内齿轮

1—百分表　2—尾座　3—齿轮
4—剃齿刀　5—刀架

2. 剃齿机

剃齿机是一种高效的齿轮精加工机床，主要用于滚齿或插齿以后未经淬硬的内、外啮合直、斜齿圆柱齿轮的精加工。它能有效地降低齿面的表面粗糙度值，修整齿廓，在保证滚齿或插齿精度的前提下，经过剃削的齿轮精度可提高到 6 级精度（GB/T 10095—2008），表面粗糙度 Ra 达 0.8μm。

1）剃齿加工机床的传动链。根据剃齿的切削原理可确定机床加工所需的几种运动，由此构成剃齿机的传动链。一般来说，剃齿机具有如图 6.1-71 所示的几种运动。

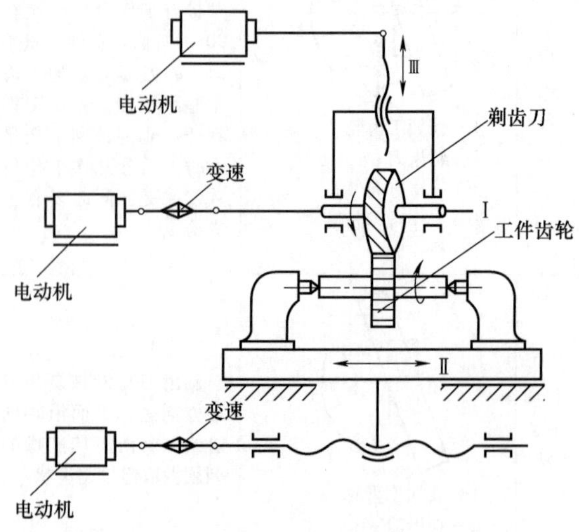

图 6.1-71　剃齿机传动原理

① 剃齿刀的旋转运动Ⅰ。

② 被加工齿轮沿轴向（或切向、对角）的往复运动Ⅱ。

③ 剃齿刀（或被加工齿轮）的径向进给运动Ⅲ。

④ 加工鼓形齿时绕鼓形中心的摆动，加工小锥度齿时沿被加工齿轮轴线的倾斜运动。

对于数控剃齿机，加工鼓形齿和小锥度齿的运动可以通过控制轴的联动来实现，一般的剃齿机则采用滑槽和工作台的摆动机构来完成。实际上剃齿机的传动系统主要由前三条运动链Ⅰ、Ⅱ和Ⅲ组成。

2）剃齿机的分类及特点。剃齿机的种类繁多，按其所能加工的齿轮直径大小分为小型、中型及大型三种，按其所用刀具又可分为使用齿条形剃齿刀和使用盘形剃齿刀的剃齿机。目前，汽车齿轮制造中常用的是使用盘形剃齿刀的中型剃齿机。根据其功能特点，剃齿机可分成如表 6.1-60 所列五种类型。

表 6.1-60　不同类型剃齿机的特点和应用范围

类型	性能特点	适用范围
普通型	仅具有轴向剃齿一种功能，其轴向进给运动方向与被加工齿轮轴线一致，剃齿刀沿被加工齿轮全齿宽移动。当每个行程终了时，按预选的进给量实现径向进给，机床可实现半自动工作循环。可剃鼓形齿、锥度齿，工作台行程较长，生产率较低	适用于剃削宽齿面的直齿、斜齿圆柱齿轮的单件或小批量生产
万能型	具有轴向、对角、切向和径向等多种剃齿功能，并具有粗、精剃齿转换、不等量径向进给和光整行程前刀具微量返回等性能。机床可剃鼓形齿和锥度齿，可实现半自动工作循环，一般为刀架升降式	功能齐全，是基型系列，生产率高，适用范围广，可用于单件、小批或大批生产
径向型	无轴向进给运动，仅剃齿刀相对于被加工齿轮做连续径向进给运动，所用剃齿刀宽度必须大于被加工齿轮齿宽，且为错齿形专用剃齿刀。剃鼓形齿借助修形刀具来实现	生产率高，适用于汽车、拖拉机齿轮的成批及大量生产
硬齿面型	一般只具有径向剃齿功能，采用 CBN 涂层剃齿刀加工被加工齿轮，被加工齿轮转速高达 3000～4000r/min，刀具与被加工齿轮之间具有数控的高精度啮合运动，由刀具齿廓修正实现鼓形齿和锥度齿的剃削	适用于汽车、拖拉机行业淬硬齿轮的大量生产
数控型	各工作轴和高速轴采用单独伺服电动机直接驱动，传动链短，结构简化，只要手动输入数据便可实现机床自动调整和加工循环，提高生产率。机床具有数字显示和故障诊断显示	适用于中小批量生产

3）国内外剃齿机产品型号、技术参数。国内外剃齿机产品型号和技术参数请阅本章附录表 6.7-11 和表 6.7-12。

国产数控剃齿机精度的检验可查阅 GB/T 21946—2008《数控剃齿机 精度检验》，其适用于最大工件直径 125～500mm 的数控剃齿机。

3. 剃齿夹具

剃齿心轴的精度直接影响剃齿精度。心轴精度主要要求如下：

1）心轴径向跳动量不大于 0.003mm，轴向跳动量不大于 0.005mm。齿轮安装在心轴上以后，齿轮的径向跳动不大于 0.01mm，加工精密齿轮径向跳动应不大于 0.005mm。

2）心轴与齿轮孔的配合间隙越小越好，齿轮孔公差较大时建议采用分组心轴（例如按公差范围分为三组）。

3）心轴在机床上安装，其松紧要合适，心轴顶尖孔应与机床的顶尖研配，以保证接触良好。

4）齿坯孔径公差取为 H6、H7 和 H8，心轴直径公差为 h5。

5）剃齿心轴的端面定位处越靠近剃削的齿部越好。

典型剃齿心轴结构如图 6.1-72 所示。

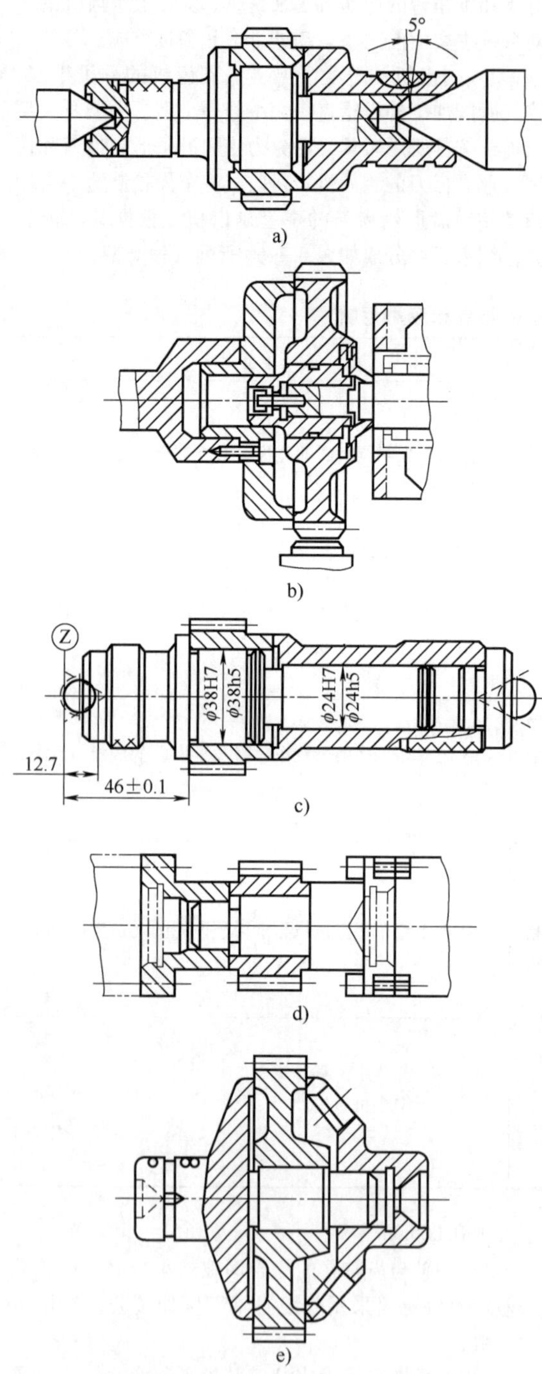

图 6.1-72　典型剃齿心轴结构

4. 剃齿刀

剃齿刀是一种外啮合和内啮合直齿、斜齿渐开线圆柱齿轮的精加工刀具。剃齿时，剃齿刀的切削刃从被加工齿轮齿面上剃下很薄的一层金属，可以有效地提高被剃齿轮的齿廓精度及齿面质量。剃齿刀的设计参数和精度对被加工齿轮有较大的影响。

根据结构的不同，剃齿刀有盘形和齿条形两种。盘形剃齿刀所用的机床结构简单、调整方便、效率较高，所以使用广泛。齿条形剃齿刀已趋于淘汰。盘形剃齿刀是一个变位的斜齿圆柱齿轮，在它的齿面上切有很多小槽（容屑槽），槽与齿面的交线就是切削刃，如图 6.1-73 所示。

（1）剃齿刀的主要结构参数及其选择

1）轴交角和剃齿刀分度圆螺旋角。剃齿时，剃齿刀和被加工齿轮的轴交角 Σ 是影响剃削性能的一项重要因素，它直接影响切削刃的切削性能、加工表面质量、剃削被加工齿轮齿形精度和刀具寿命，所以要保证轴交角 Σ 在适宜范围之内。

剃齿刀与被加工齿轮形成交错轴齿轮啮合，理论上是点接触，实际上由于制造误差和弹性变形等原因造成细长的接触面。当轴交角为 0°时，可以看作两个相同长度和直径的平行圆柱，在处于压力下时，它们的公共接触面是一长度为圆柱长、宽度随接触压力和圆柱直径而变化的长方形；当轴交角为 90°时，其接触面是一正方形；轴交角在 0°~90°之间时，是一平行四边形。因此，剃齿刀与被加工齿轮的接触面随轴交角的增大而减小，如图 6.1-74 所示。

增大 Σ 角的作用如下：

① 可增加齿面相对滑动速度，加大切削能力。

② 接触区宽度减小，纵向走刀力增大，离开公共垂线的齿面侧隙变大，削弱了剃齿刀的导向作用与纠正被加工齿轮齿向误差的能力，剃削时易发生振动，降低加工表面质量与被加工齿轮精度。

减小 Σ 角的作用如下：

① 可增强接触区与剃齿刀的导向作用。

② 剃齿刀切削性能下降，切削正压力增大。一般适宜的轴交角范围为 10~20°，常采用 15°。加工台肩齿轮时要考虑剃齿刀和大齿轮可能产生干涉，可减小轴交角，但不小于 5°为好。

根据轴交角 Σ 和被加工齿轮的分度圆螺旋角 β，可按下式确定剃齿刀的分度圆螺旋角 β_0：

$$\beta_0=\beta-\Sigma$$

计算值为正时，表示剃齿刀与被剃齿轮的螺旋方向相反；为负时，二者的方向相同。

2）剃齿刀齿数。增加剃齿刀的齿数，可以增大剃齿时的重合度，提高加工精度和延长剃齿刀寿命。因此，在剃齿机功能允许的前提下，应尽量采用较多的齿数。对于中等模数的剃齿刀，其齿数可按下式进行初算：

$$z_0=\frac{d_{a0}}{m}-3$$

式中　d_{a0}——剃齿机允许的最大装刀直径。

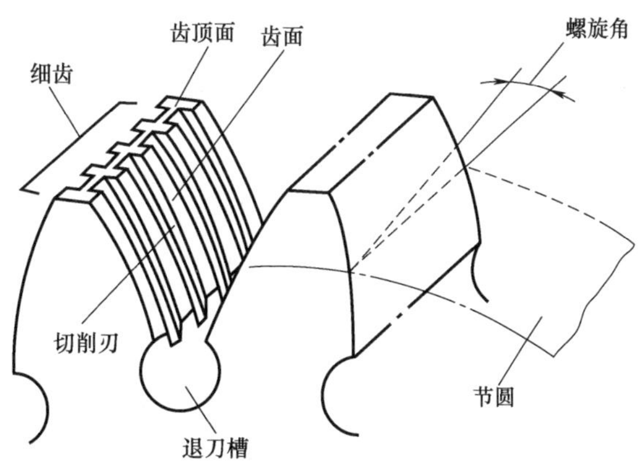

图 6.1-73　盘形剃齿刀结构

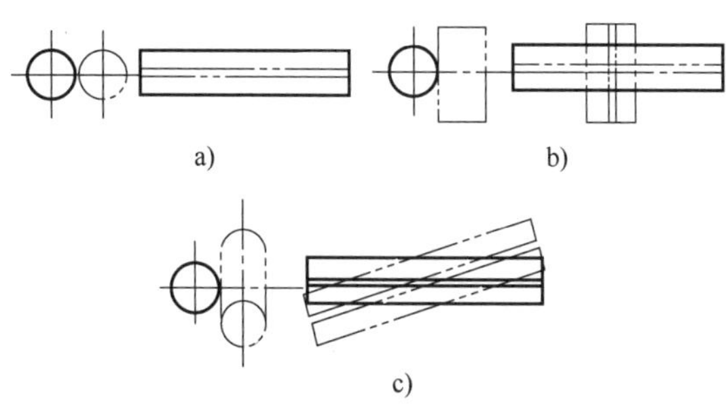

图 6.1-74　不同轴交角时的接触面
a）平行轴接触　b）90°轴交角接触　c）15°轴交角接触

确定实际使用的剃齿刀齿数时，还应考虑下列因素：

① 剃齿齿数与被剃齿轮齿数之间应无公因数。

② 剃齿中心距应在剃齿机的使用范围内。

③ 所选用的齿数尽可能与磨齿机现有的分度板槽数吻合。

④ 为便于制造，小模数剃齿刀的齿数可适当减少。

标准剃齿刀的齿数可参见 GB/T 14333—2008《盘形轴向剃齿刀》。

（2）容屑槽型式及排列位置

剃齿刀的容屑槽有环形通槽和闭槽两种型式。通槽适用于 $m \leqslant 1.75$mm 的剃齿刀；闭槽适用于 $m \geqslant 2$mm 的剃齿刀。

通槽剃齿刀的容屑槽截形有矩形和梯形两种，如图 6.1-75a、b 所示。梯形容屑槽的刀齿强度高，制造也较容易，应用较多。通槽剃齿刀沿容屑槽的两侧面刃磨，齿厚不考虑重磨量。

闭槽剃齿刀的容屑槽截形也有矩形和梯形两种。槽形可以平行于端面（图 6.1-75c），也可垂直于齿面（图 6.1-75d、e）。前者制造容易，但两侧切削刃的切削角度不同，后者制造较难，但两侧切削刃的切削角度可保持一致。容屑槽底通常为平行于齿面的曲面槽底，但也可以做成斜面槽底。这时，顶部和根部具有标准槽深，以保证剃齿刀的重磨次数，其他部位的槽深则都大于标准值，有利于容屑而无碍于刀齿强度。刀齿根部还要有小孔或斜槽（小孔对齿根强度削弱较大，不如斜槽好），作为插槽时退刀之用。容屑槽的方向通常都平行于端面（图 6.1-75f），也可做成沿接触线的斜槽（图 6.1-75g）。斜槽剃齿刀切削性能好、刀具寿命长，但制造比较困难。闭槽剃齿刀沿齿面刃磨，齿厚应留有合适的重磨量。

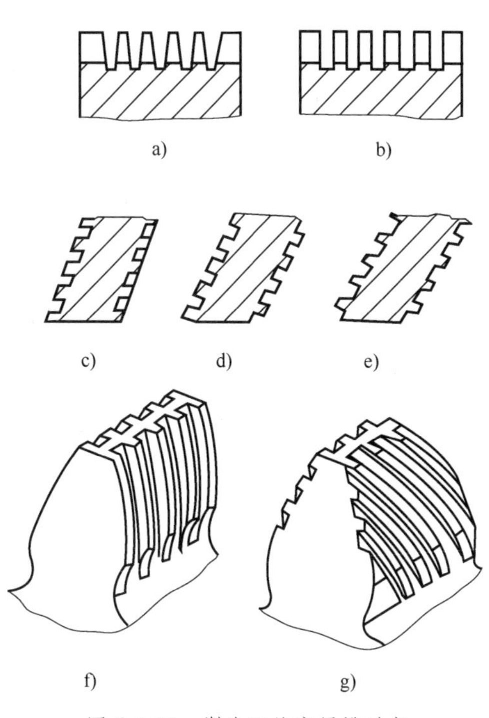

图 6.1-75　剃齿刀的容屑槽型式

普通剃齿刀（不包括斜槽剃齿刀）的容屑槽一般是环状排列的。由于在轴向剃齿和斜向（对角）剃齿时有轴向进给运动，因此可以加工出完整的齿面。

在用切向剃齿和径向切入剃齿法时，因无轴向进给，环状分布的容屑槽使切削刃重复前面刀齿的切削痕迹，剃齿后齿轮齿面将留下明显条纹（刀痕），达不到要求的表面质量。标准的环状排列容屑槽的剃齿刀不适用于切向剃齿和径向切入剃齿法。切向剃齿和径向切入剃齿时，剃齿刀齿面容屑槽应沿螺旋线排列，这样切削刃是逐步错位的，使加工齿面的切削痕迹错开，能有效减小加工齿面的表面粗糙度值。为得到良好的剃齿效果，刀具齿面的容屑槽应采用下面的方法排列：

① 刀具齿面容屑槽按螺旋线排列，螺旋线排列的导程应是槽距的倍数。

② 将剃齿刀刀齿分组（每组同样齿数），每组齿数和齿轮齿数无公因数，使齿轮整个齿面都能加工到。

在齿轮齿数和刀具每组齿数（或每组齿数的倍数）的差值很小时，特别是差一齿时，剃齿效果最好。图 6.1-76 所示是剃齿刀刀齿分组，组内齿面容屑槽沿螺旋线排列的一个例子。图中剃齿刀每组刀齿数为n=7，组内刀具各号刀齿的齿面容屑槽按螺旋线排列。齿轮齿数为n=8（多一齿）或n=15（刀具每组齿数的 2 倍多一齿）。剃齿时，齿轮的 1 号齿第一圈和刀具齿组中 1 号刀齿啮合，下一次将和刀具的 2 号刀齿啮合，接着依次再和刀具的 3、4、5……号刀齿啮合，这样保证了齿轮齿面的切削痕迹是连续错开的，能得到较小的加工齿面表面粗糙度值。如果采取齿轮齿数 n_2 比剃齿刀每组齿数 n_1 少一齿（或刀具每组齿数的 2 倍少一齿），同样可以得到良好的剃齿表面质量。

(3) 剃齿刀的重磨

一把剃齿刀一般可重磨 6~10 次，在被剃齿轮的径向跳动量加大、齿面划痕光亮显著增加、表面粗糙度值上升、齿廓误差增大时，剃齿刀应重磨。小模数剃齿刀是重磨环形槽的两个侧面，一般在螺纹磨床上进行，将砂轮修整成 7°±30′、的形状，砂轮厚度应比环形槽宽度小 0.1~0.2mm，选用的砂轮为 180~320 粒度、黏土结合剂、中软硬度的白色氧化铝或碳化硅砂轮。每次进给量不应超过 0.01mm。这种剃齿刀重磨后齿廓尺寸没有变化。中模数（m≥1）剃齿刀是重磨齿面和齿顶面。可在国产 Y7125 型、Y7432 型齿轮磨床、国外胡尔特 RSA405 型等剃齿刀磨刀机上磨齿面，在普通外圆磨床上磨齿顶面。刃磨时，一般先磨一个齿，检查齿廓、螺旋线等形状和误差，合格后，刃磨全部齿面。重磨后齿廓部分的尺寸要严格检验。剃齿刀刃磨进给量见表 6.1-61，刃磨公差见表 6.1-62，剃齿刀表面粗糙度见表 6.1-63。

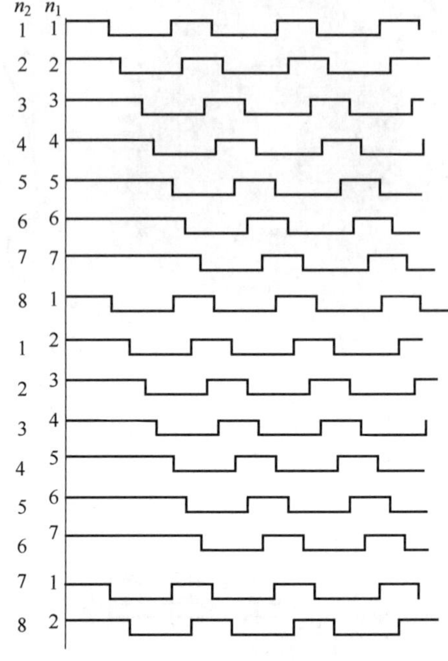

图 6.1-76 径向剃齿刀容屑槽的错位排列

表 6.1-61 剃齿刀刃磨进给量

刃磨工序	每工作行程进给量/mm
粗磨	0.01~0.02
半精磨	0.003
精磨	0.002

表 6.1-62 剃齿刀刃磨公差 (μm)

项目	剃齿刀精度等级	模数/mm		
		1~2	>2~3.5	>3.5~8
齿廓总偏差	A	4	5	6
	B	5	6	8
螺旋线总偏差	A	±9		
	B	±11		
刀齿两侧螺旋线的对称性（在一个刀齿的不同齿侧上测量的螺旋线偏差的代数和）	A	6		
	B	8		
与一定齿厚相适应的齿顶高偏差	A	$^{+25}_{0}$	$^{+25}_{0}$	$^{+35}_{0}$
	B	$^{+25}_{0}$	$^{+25}_{0}$	$^{+35}_{0}$

（续）

项　　目	剃齿刀精度等级	模数/mm		
		1～2	>2～3.5	>3.5～8
相邻齿距偏差	A	±2		
	B	±4		
齿距累积偏差	A	12		
	B	20		
齿圈径向圆跳动	A	10		
	B	20		
外圆直径偏差	A	±400		
	B	±400		

表 6.1-63　剃齿刀表面粗糙度（模数 $m=1\sim8$）

检 查 表 面	表面粗糙度 $Ra/\mu m$
外圆表面	1.25
内孔表面	0.16
两支承端面	0.32
刀齿两端面	1.25
齿廓表面	0.32

每次重磨齿面后，要根据分度圆齿厚要求的齿顶高修磨齿顶面。也可采取简化方法确定齿顶圆直径的减小量 ΔD。

$$\Delta D=\frac{W_{no1}-W_{no2}}{\sin\alpha_{no}}$$

式中　W_{no1}——重磨前的剃齿刀法向平均公法线长度；

W_{no2}——重磨后的剃齿刀法向平均公法线长度；

α_{no}——剃齿刀法向齿形角。

高速钢剃齿刀寿命见表 6.1-64。

表 6.1-64　高速钢剃齿刀寿命（参考）（h）

被加工齿轮硬度　HBW	切削速度/(m/min)		
	90	150	220
180～200	100	50	30
280～300	50	25	15
360～380	20	10	6

（4）剃齿刀的齿形修正

从理论上讲，剃齿刀的齿廓应磨成正确的渐开线曲线，以使剃齿后的齿轮也能得到渐开线的齿廓。然而，由于剃齿过程很复杂，有切削又有挤压，剃削时，剃齿刀和齿轮在做无侧隙的强迫啮合，接触的齿面数、接触点位置和压强值是不断变化的。使用正确渐开线齿廓的剃齿刀剃出的齿轮往往在节圆附近产生中凹现象，这将直接影响齿轮噪声和齿面接触斑痕，从而降低齿轮的使用寿命。另外，在齿轮的设计中，往往采用中凸的齿廓迹线，以消除齿轮的啮合干涉，降低齿轮噪声，提高齿轮寿命。基于上述考虑，常对剃齿刀的齿廓进行必要的修正。

剃齿刀齿廓的修正可以采用试剃齿轮和理论计算相结合的方法进行。其步骤如下：

1）按照正确的渐开线磨制剃齿刀的齿廓形状。

2）用磨好的标准渐开线剃齿刀剃削齿轮，然后测量齿轮的齿廓误差。

3）根据被剃齿轮的齿廓误差，通过计算，找出工件中凹点（或工件需要中凸点）在剃齿刀齿廓曲线上的对应点。

4）根据被剃齿轮的齿廓误差的中凹（或工件需要中凸）长度，确定剃齿刀应修形部位（一般是指应凹下的部分）。

5）根据被剃齿轮的齿廓误差的中凹（或工件需要中凸）量，确定剃齿刀齿廓曲线中的修形（一般是指应凹下的部分）量。

6）根据 3）、4）、5）步骤中确定的剃齿刀的中凹点、展开长度、修形量等制定剃齿刀的齿廓修形曲线。

7）按照初步制定的剃齿刀齿廓修形曲线磨削剃齿刀，使其尽量和齿廓修形曲线相符。

8）使用经过修形的剃齿刀剃削齿轮，测量齿轮的齿廓误差，然后根据齿轮的齿廓误差再修正剃齿刀的齿廓修形曲线。经过几次修正和试验后，使齿轮的齿廓误差、噪声和齿面接触斑痕逐步符合要求。最后确定这一齿轮的最终剃齿刀齿廓修形曲线（图 6.1-77），作为以后刃磨该种剃齿刀齿廓的依据。

9）剃齿刀经过多次刃磨，由于齿厚减薄，外圆磨小，啮合角改变，会使剃齿刀的齿廓修形曲线改变。一般新剃齿刀所需的修正量大，旧剃齿刀所需的修正量小，因而同一条齿廓修形曲线并不能适应新、旧剃齿刀整个使用范围的要求。在剃齿刀的重磨过程中，要根据试剃情况，对齿廓修形曲线进行必要的修正。

在剃齿刀磨刀机床上修磨剃齿刀齿廓修形曲线，如采用数控设备（如胡尔特的 RSA405），只要采用编程的方法调整砂轮修形机构对磨削剃齿刀的砂轮进行修形即可，而不在数控设备上修磨，则往往是先制造砂轮修整器（图 6.1-78）中的靠模，然后用靠模来实现对磨削剃齿刀的砂轮进行修形。为了使靠模便于制造，又能保证剃齿刀有一条圆滑的修正曲线，靠模上的曲线往往采用近似的圆弧来代替，这样就可选用相应直径的砂轮直接磨出近似的靠模曲线。

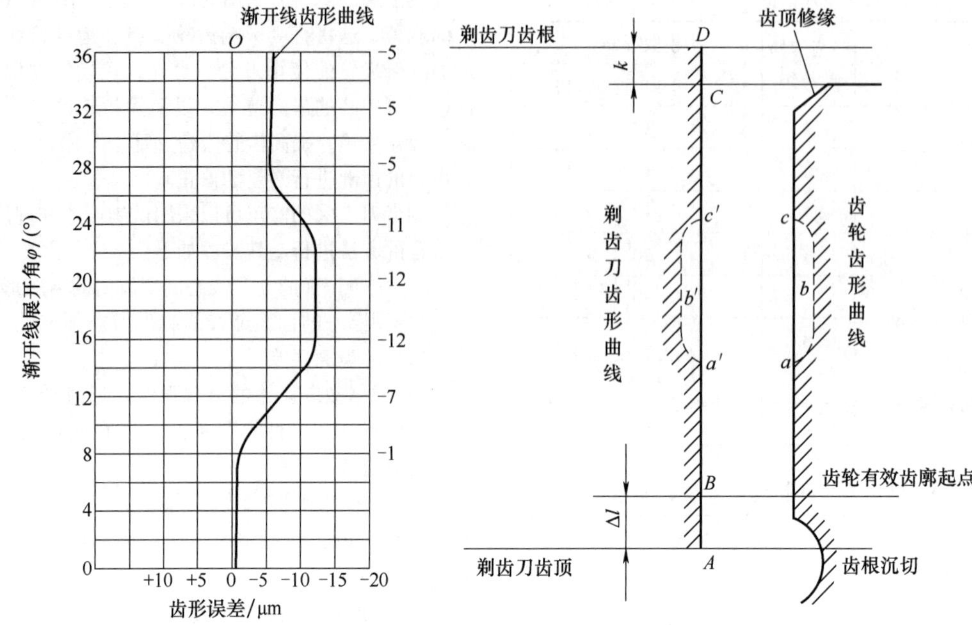

图 6.1-77 齿轮齿廓迹线与对应剃齿刀齿廓修形曲线

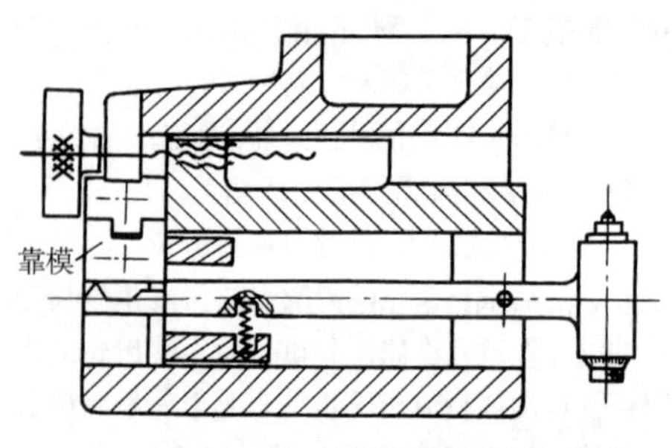

图 6.1-78 砂轮修整器

（5）径向剃齿刀

普通剃齿刀工作时，每一个啮合瞬间为点接触，为了能够剃出整个齿面，必须沿着被加工齿轮的轴向或斜向做往复进给运动。径向剃齿刀工作时，只有径向切入运动，为了剃出整个齿面，每一个啮合瞬间应为线接触，而且齿面上的小槽必须有规律地彼此错开，以保证切削痕迹不重复，从而起到进给运动的作用，同时要求刀具有效齿宽大于齿轮齿宽。与普通剃齿刀相比，径向剃齿刀的设计特点归结为齿面的修正计算、容屑槽（也即切削刃）的排列、刀具齿宽三方面。

1）齿面修正。由于径向剃齿刀与被加工齿轮齿面为线接触，剃齿刀的齿面就不是渐开螺旋面。它与节圆柱的交线也不是简单的直线或螺旋线。因此，径向剃齿刀的齿面需要进行齿廓和螺旋线的同时修正。对于直齿径向剃齿刀，各个端截面的齿廓都接近渐开线，因此齿廓可不修正。但是，斜齿剃齿刀的各个端截面齿廓具有不同的压力角，在剃齿刀与被加工齿轮轴线的公垂线一侧，压力角变大，另一侧则变小，而且左、右齿面的齿廓相对于垂足对角对称，因此其齿廓需要修正。不论是直齿剃齿刀还是斜齿剃齿刀，其螺旋线都要修正成一条内凹的曲线。螺旋线曲线的中凹量随剃齿时的轴交角和啮合中心距的增大而增大，并与被加工齿轮齿宽有关。图 6.1-79 所示为径向剃齿刀齿面与渐开螺旋面的比较。径向剃齿刀的齿面修正需要进行复杂的计算。而且随着剃齿刀的重磨，剃齿轴交角和中心距跟着变化，齿面的修正也不一样，因此每次重磨都要进行相应的计算。

2）容屑槽排列。在轴向剃齿和斜向（对角）剃齿时有轴向进给运动，因此可以加工出完整的齿面。但在径向剃齿时没有轴向进给运动，所以容屑槽应错位排列，才能加工出符合要求的齿面。具体排列方法详见上述的剃齿刀容屑槽型式及排列位置选择。

3）剃齿刀齿宽。剃齿刀齿宽比被加工齿轮的齿宽大，$b_0=b/\cos\Sigma$（其中 b_0 为剃齿刀宽度，b 为被加工齿轮宽度，Σ 为轴交角）。其余设计参数与普通剃齿刀相同。径向剃齿刀的新刀啮合角可采用被剃齿轮的压力角。由于模数大时修形量过大，很难磨削，因此现在径向剃齿刀一般用于剃削模数 $m\leqslant 4$mm、齿宽 b_0 小于 35mm 的齿轮。

径向剃齿的效率高、刀具寿命长，由于没有轴向进刀运动，对于台肩齿轮和双联齿轮的小轮剃齿尤为

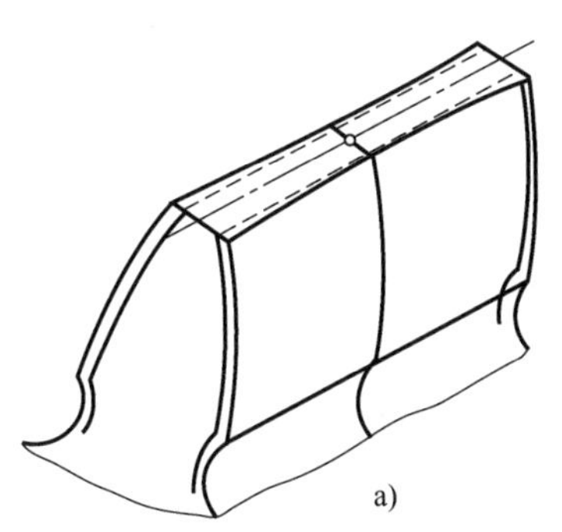
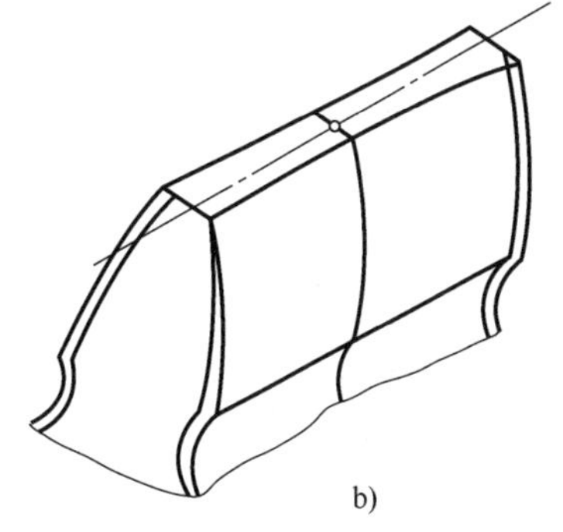

图 6.1-79　径向剃齿刀齿面与渐开螺旋面的比较

a）直齿　b）斜齿

实线—径向剃齿刀齿面　虚线—渐开螺旋面

适宜。虽然剃齿刀的设计制造比较困难，使用与重磨也比较麻烦，但在汽车齿轮等大批量生产中仍广泛应用。

5. 剃齿工艺

（1）切削用量及其选择

1）切削速度 v。盘形剃齿刀工作时，齿高上各点的切削速度是变化的。一般所说的切削速度是指啮合节点处的滑动速度，见图 6.1-64c。剃齿刀在啮合节点的圆周速度 v_0 可以分解成垂直于刀齿方向的速度 v_{0n} 和沿刀齿方向的速度 v_{0t}。

$$v_{0t}=v_0\sin\beta_0 \quad v_{0n}=v_0\cos\beta_0$$

齿轮在啮合节点的圆周速度 v_w 可分解为

$$v_{wn}=v_w\cos\beta \quad v_{wt}=v_w\sin\beta$$

剃齿刀和被加工齿轮在啮合节点的法向分速度应相等，即

$$v_{0n}=v_{wn}$$

即

$$v_0\cos\beta_0=v_w\cos\beta$$

剃齿刀和被加工齿轮在啮合节点的齿面滑动速度 v 为沿齿向分速度的向量差，此 v（m/min）即为剃齿刀的切削速度，由下式计算：

$$v=v_{wt}\pm v_{0t}=\frac{\pi d_0 n_0}{1000\cos\beta}\sin\Sigma$$

式中　d_0——剃齿刀外径（mm）；

n_0——剃齿刀转速（r/min）；

Σ——轴交角（$\Sigma=\beta\pm\beta_0$，被加工齿轮与剃齿刀螺旋方向相同时用“+”；相反时用“-”）。

加工斜齿轮时，由于工作台的纵向进给是沿被加工齿轮轴向进行的，所以将使被加工齿轮产生附加转动。因进给量 f 很小，对滑动速度的影响可忽略不计。通常 $v_0=131\sim145$m/min，$v=35\sim45$m/min。

以上分析的是盘形剃齿刀啮合节点处的切削速度。由于啮合时接触点是变化的，所以切削刃沿齿高各点的切削速度也不相同，其变化如图 6.1-80 所示。图中参数是按 $m=1$mm，$z=10$ 和 40，$z_0=79$，$\beta_0=15°$ 计算的。

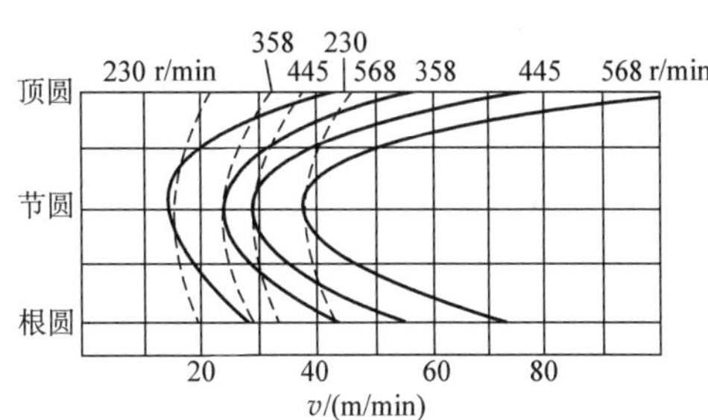

图 6.1-80　剃齿刀切削速度的变化

剃齿刀在啮合节点处的圆周速度可参考表 6.1-65 选用。

表 6.1-65　剃齿刀在啮合节点处的圆周速度

（m/min）

轴交角 Σ	工件螺旋角 β					
	0°	10°~15°	20°	25°	30°	>30°
5°~10°	145	140	135	130	125	120
15°	130	125	120	115	110	105
20°	115	105	105	110	90	80

注：被加工齿轮尺寸过大或过小（与剃齿刀直径比）时，速度应选得比表值小一些。

剃齿切削速度除对切削性能和刀具寿命有很大影响外，对齿廓精度也有影响。选用时还应根据工件材料材质和硬度，乘以修正系数 K_v，见表 6.1-66。

表 6.1-66　修正系数 K_v

齿轮材料	碳钢				合金钢	灰铸铁
	15，20，25	30，35	40，45	50		
硬度 HBW	170	196	217	285	229	210
K_v	1.15	1.1	1.0	0.6	0.8	0.85

剃齿刀的转速（单位为 r/min）：

$$n_0=\frac{1000v_0}{\pi d_0}$$

被加工齿轮转速（单位为 r/min）：

$$n=\frac{n_0z_0}{z}$$

2）纵向进给量。纵向进给量可分为被加工齿轮每转纵向进给量 f(mm/r) 和工作台每分钟纵向进给量 v_f(mm/min)，它们之间关系为 $v_f=fn$（n 为被加工齿轮转速）。一般纵向进给量为 0.1～0.3mm/r（工件），详见表 6.1-67。对于表面粗糙度和加工精度要求高的齿轮和材料硬度高的齿轮，取小值。

表 6.1-67　剃齿纵向进给量　　(mm/r)

轴交角 Σ	被加工齿轮齿数 z			
	17～25	25～40	40～45	50～100
7°～10°	0.075～0.10	0.10～0.15	0.15～0.2	0.20～0.25
10°～15°	0.10～0.15	0.15～0.2	0.2～0.25	0.25～0.3
>15°	0.15～0.20	0.2～0.25	0.25～0.3	0.3～0.35

3）径向进给量。径向进给量对修整齿轮剃前误差的能力有影响，过小时，剃齿刀切不下金属层，修整不了剃前误差，过大时，切屑过厚，刀具与机床负荷过重，刀具磨损加速，易破坏齿轮原有精度，甚至挤坏剃齿刀和机床等。径向进给量在切削开始（粗加工）时取值较大，然后逐渐减小到最小值（精加工），最后 2~4 个工作台行程无径向进给，这样可减小齿面的表面粗糙度值和提高加工精度。一般推荐每单行程的径向进给量为 0.02～0.06mm，在切削开始（粗加工）时可取 0.04～0.06mm，在光整行程前精加工时可取 0.02mm。

4）行程次数。由于轴向剃齿与径向剃齿原理的不同，所以两类剃齿的切削循环方式也有所不同。如图 6.1-81 所示，轴向剃齿工作台行程次数可分为切削行程次数和光整行程次数。切削行程次数取决于剃齿余量和径向进给量，一般为 4～6 次。光整行程次数同齿面的表面粗糙度值要求有关，光整行程次数增加，齿面的表面粗糙度值降低，一般光整行程次数取 2~4 次。径向剃齿只有径向进给，所以主要为快进、径向进给切削、停留切削、微量返回切削几个过程。两种剃齿循环方式比较见表 6.1-68。

5）剃齿余量。剃齿余量过小不能保证齿面能够全部剃出，因而不能保证剃齿精度；过大则会增大剃削时间、降低剃齿刀寿命。因此，在保证能够清除齿轮误差和齿面缺陷的前提下，应尽可能减少剃齿余量。而提高剃前齿轮的精度和齿面质量是减少剃齿余量的关键。表 6.1-69 所列剃齿余量供参考。

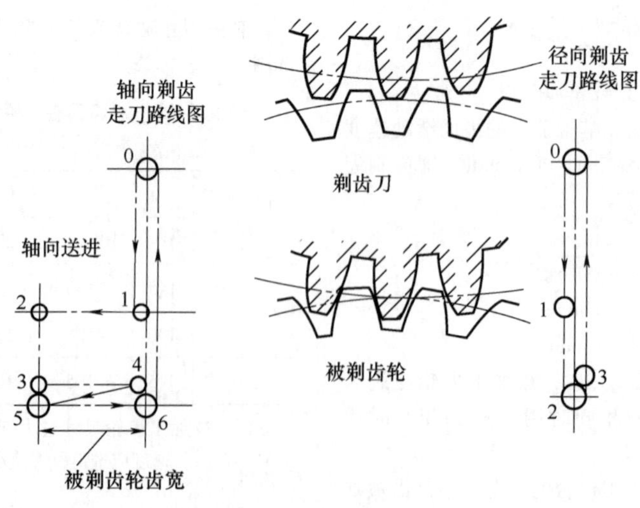

图 6.1-81　剃齿过程循环

表 6.1-68　剃齿循环比较

轴向剃齿法的循环	径向剃齿法的循环
0：原始位置 0~1：快速送进、最初切入 1~2：走刀 2~3：第二次切入 3~4：走刀 4~5：精整加工的走刀 5~6：精整加工的走刀 6~0：快速退回到原始位置	0：原始位置 0~1：快速送进 1~2：切入（与剃齿余量相对应的量） 2：为了完成剃齿，在该位置处停止切入，进行剃齿 2~3：为了修正弹性变形而后退的量，一般为 0.01~0.03mm，最大不超过 0.05mm，在位置 3 稍作停留 3~0：快速退回到原始位置

表 6.1-69　剃齿余量（齿厚两侧）　（mm）

模数	被加工齿轮直径			
	~100	100~200	200~500	500~1000
≤2	0.04~0.08	0.06~0.10	0.08~0.12	0.10~0.15
>2~4	0.06~0.10	0.08~0.12	0.10~0.15	0.12~0.18
>4~6	0.08~0.12	0.10~0.15	0.12~0.18	0.15~0.20
>6	0.10~0.15	0.12~0.18	0.15~0.20	0.18~0.22

（2）机动时间的计算

用盘形剃齿刀剃削齿轮时，机动时间按下列公式计算：

$$t_m=\frac{L}{v_f}\left(\frac{\Delta H}{f_r}+u_k\right)=\frac{Lu}{v_f}$$

式中　L——工作台行程长度（mm）；

v_f——工作台每分钟进给量（mm/min）；

u——工作台总行程次数；

ΔH——径向余量（mm）；

f_r——径向进给量（mm）；

u_k——光整行程次数。

（3）切削液的选用

剃齿加工时应使用充足的润滑性和流动性好的切削液，以保证从剃齿刀的容屑槽中能够冲洗掉碎切屑，其供给量为 10~15L/min。剃削时常用的切削液为极压切削油和极压乳化油，也可用下列配方的切削液：①煤油 90.5%，油酸 2.5%，松香 7.0%。②硫化油 87%，煤油 10%，氧化石蜡油 3%。

为防止切削液中的切屑夹在剃齿刀和被加工齿轮齿面间，机床上最好能安装切削液的过滤器，以除去切削液中的细微切屑，防止损伤齿面和损坏剃齿刀。

（4）剃齿的调整

1）机床调整。

① 确定剃齿刀转速。在选定切削用量和参数后，计算剃齿刀转速。按下式计算：

$$n_0=\frac{1000v_0}{\pi z_0 m_0}$$

式中　v_0——剃齿刀圆周速度（m/min）；

z_0——剃齿刀齿数；

m_0——剃齿刀模数。

然后根据机床说明书选择相近的机床转速，确定机床剃齿刀转速交换齿轮，进行安装。

② 确定纵向进给速度。根据工艺要求的纵向进给速度和机床说明书上的计算公式计算其交换齿轮，进行安装。

如果这些轴是数控轴，则只要输入数据即可。

在完成交换齿轮安装后，要对机床进行试运行，观察机床的运转是否正常。

③ 调整剃齿机与剃齿辅具的精度。见表 6.1-70。

表 6.1-70　剃齿机与剃齿辅具的调整精度

项　目		公差/mm
剃齿刀装于机床主轴时	轴向圆跳动	<0.01
	径向圆跳动	<0.01
剃齿刀轴装轴端支承套	轴向圆跳动	<0.005
	径向圆跳动	<0.008
剃齿心轴	轴向圆跳动	<0.005
	径向圆跳动	<0.005
主轴垫圈平行度		<0.003
工作台顶尖	径向圆跳动	<0.005
	两顶尖轴线的同轴度	<0.01
工作台纵向进给方向与工件轴线在工作行程长度上的平行度		<0.005

2）其他部分的调整。

① 剃齿刀的安装与调整。安装时应使刀架回转轴线（和工作台摇摆轴线的平面）与剃齿刀宽度中线重合，可用不同厚度的中间垫片来调整。剃齿刀装好后，应检验安装精度（表 6.1-70）。

② 被加工齿轮的安装。安装后应检查定位端面的轴向尺寸，应使被加工齿轮宽度的中线位于工作台

的摇摆中心上，这对加工鼓形齿更为重要。

③ 轴交角的调整参见表 6.1-71。

表 6.1-71 轴交角的调整

齿轮材料		轴交角 Σ大小	剃齿刀螺旋角 β_0	齿轮螺旋角 β	轴交角 Σ 的计算
钢	开式齿轮	10°~15°	左旋	右旋	$\beta-\beta_0$
	内齿轮或多联齿轮	3°~10°	右旋	左旋	$\beta-\beta_0$
			右旋	右旋	$\beta+\beta_0$
铸铁、有色金属		20°	左旋	左旋	$\beta+\beta_0$

由于剃齿刀与被加工齿轮是一对角变位斜齿轮啮合，啮合时节圆与分度圆不重合，节圆柱上的螺旋角不等于分度圆上的螺旋角，此外，剃齿刀重磨后，其变位系数发生变化，因此按表 6.1-71 计算求出的轴交角不等于剃齿时的实际轴交角，存在一定的差值。需通过轴交角的精调来消除这一差值。精调轴交角一般采用试剃法。

先用表 6.1-71 粗调轴交角，轻剃后检查剃齿螺旋角，确定螺旋角误差 $\Delta\beta$，然后根据机床上的游标刻度盘或百分表进行精确调整（图 6.1-82）。表值 y 可按下式确定：

$$y=\frac{2R\Delta\beta\cos\beta}{b}$$

式中 R——百分表表杆回转半径（mm）；

b——被加工齿轮宽度（mm）。

如果不测螺旋角误差，也可按齿面接触区试调，最后确定适用的轴交角。

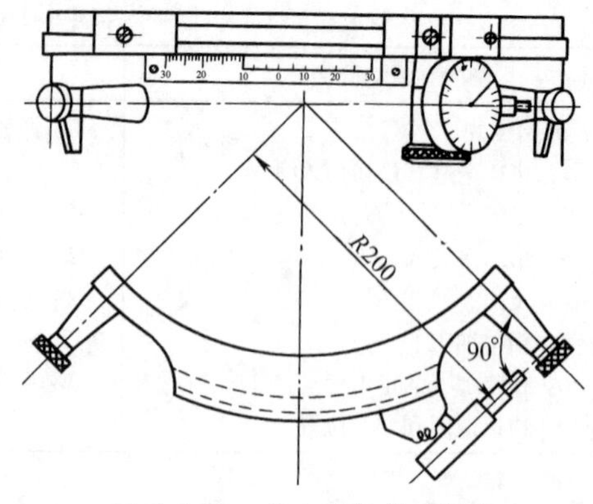

图 6.1-82 轴交角的精确调整

④ 工作台行程长度的调整。调整机床前面挡块，以控制工作台的行程长度，调整时要使啮合节点稍微超出齿轮端面，以保证能剃削齿面全长。行程长度大小与剃齿方法有关，有关计算式见表 6.1-59。

⑤ 剃鼓形齿的调整。在轴向剃齿法中剃鼓形齿的实现方法有两种。一种是联动法，利用轴向剃齿为点接触，通过 Y、Z 直线轴的联动实现鼓形剃齿。此方法可以省去一个摆动运动轴，但是只适用于数控剃齿机。另一种方法是仿形法，是通过工作台的摆动（图 6.1-83）实现的。这种方法应用广泛，机械式与数控式剃齿机都可实现。当工作台纵向移动时，导销 1 沿着导向盘的凹槽滑动，这样可以使工件在垂直平面内绕着摆动工作台 5 的水平轴 2 摆动，从而使轮齿呈鼓形。

工件装在摆动工作台两顶尖上，为使鼓形在各个方向上都呈对称性，在调整剃齿机时，必须对工作台做下列检验：

a. 摆动工作台对剃齿刀心轴的平行度。

b. 摆动工作台中心对正剃齿刀和被加工齿轮轴线交叉点的位置。

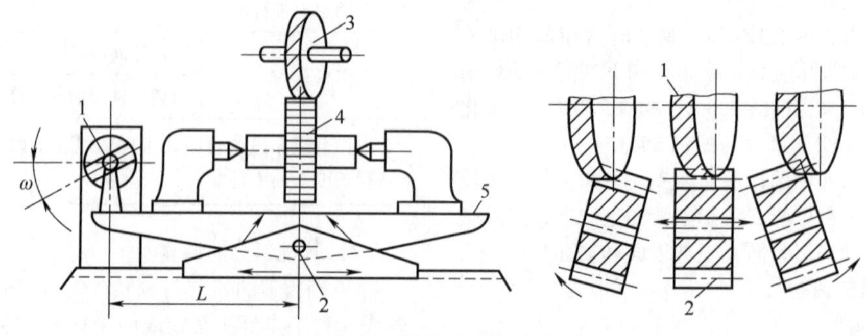

图 6.1-83 剃鼓形齿机构简图

1—导销 2—水平轴 3—剃齿刀 4—齿轮 5—摆动工作台

剃削鼓形齿时，剃齿机的调整步骤如下：

a. 脱开摇摆机构，检查轴交角。

b. 使被加工齿轮齿宽中线与工作台摇摆中心重合。

c. 确定导向盘的摆动角度：

$$\tan\omega = 11\frac{L}{b^2}\Delta$$

式中　L——摆动台的水平轴到导销的距离；

b——被加工齿轮齿宽；

Δ——被加工齿轮鼓形量。

根据计算结果调整导向盘的摆动角。

d. 接通摇摆机构，调整齿端的节圆中心距。

e. 试剃，根据测量结果精调。

⑥ 加工小锥度齿调整。加工小锥度齿就是使被加工齿轮的轴线相对于剃齿刀轴线倾斜一个角度，也就是使工作台倾斜一个角度，其原理如图 6. 1-84 所示。根据所需要的锥形量调整小锥度机构角度 θ，以 Y4232C 剃齿机为例，小锥度机构角度 θ 按下式计算：

$$\sin\theta = \frac{L\Delta a\cos\alpha}{2eb}$$

式中　θ——小锥度齿轮机构角度（°）；

e——小锥度齿轮机构偏心套的偏心半径（mm）；

Δa——锥形量（mm）；

b——被加工齿轮齿宽（mm）.

α——被加工齿轮压力角（°）；

L——工作台倾斜轴线至小锥度机构轴线的距离（mm）。

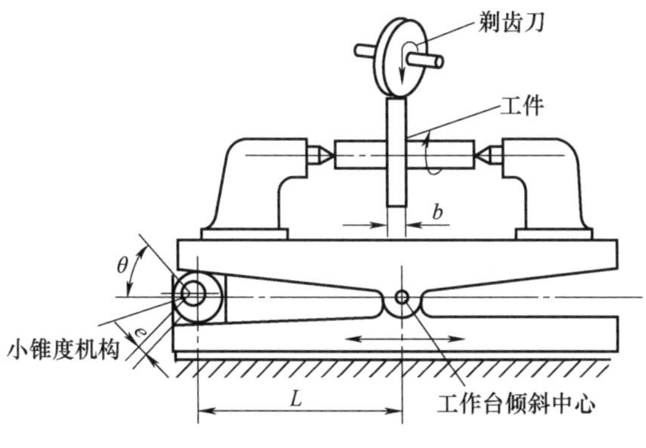

图 6. 1-84　剃小锥度齿机构

对于数控剃齿机，加工小锥度齿的运动也可以通过控制轴的联动来实现。

⑦ 对角剃齿调整。通常剃齿机摆动台的水平轴是和工作台的走刀方向垂直的。但对于对角剃齿，工作轴线和工作台的走刀方向不平行，倾斜一 ω 角，所以用摆动工作台剃鼓形齿时，会使齿侧两面的鼓形量产生偏置。倾斜角 ω 越大，这偏置量就越大。因此对角剃齿（ω>45°）和切向剃齿时，要将剃齿刀螺旋线方向修磨成中凹形（图 6. 1-85）来剃削鼓形齿。剃齿刀的中凹量 Δ_0 与被加工齿轮鼓形量 Δ、轴交角 Σ、倾斜角 ω 有关。可按下式计算：

$$\Delta_0 = \frac{\Delta\sin(\omega+\Sigma)}{\sin\omega}$$

图 6. 1-85　剃齿刀螺旋线方向修磨成中凹形

（5）加工实例

1）轴向剃齿法。使用机床：日本不二越公司生产的 GSP-30D 型剃齿机。

被加工齿轮：盘齿轮，齿数 $z=36$，模数 $m=3$mm，压力角 $\alpha=20°$，螺旋角 $\beta=0°$，宽度 $b=30$mm，公法线长度要求为 41. 35±0. 015mm/5，剃前齿轮精度等级为 7 级（GB/T 10095），公法线长度为 41. 41±0. 02mm/5。

加工条件：

① 使用的剃齿刀：齿数 $z_0=61$，模数 $m_0=3$mm，螺旋角 $\beta_0=12°$（右旋），宽度 $b_0=25.4$mm，外径为 193mm，孔径为 63. 5mm。

② 切削参数：轴交角 $\Sigma=12°$，剃齿刀的转速 $n_0=161$r/min，剃齿刀圆周速度 $v_0=98$m/min，工作台进给量 $v_f=60$mm/min，径向进给量 $f_r=0.05$mm/次，工作行程次数=2 次，光整行程次数 $u_k=2$ 次，工作台行程长度为 34mm。

③ 切削液：极压切削油，供给量约为 13L/min。

机动时间：实测 2. 5min。

实际加工精度：公法线长度为 41. 35～41. 335mm/5，齿廓总偏差为 0. 002～0. 012mm，齿廓偏差的中凹量为 0，螺旋线总偏差为 0. 001～0. 007mm，单个齿距偏差为 0. 0035～0. 0054mm，相邻齿距偏差为 0. 003～0. 005mm，齿距累积偏差为 0. 0095～0. 0276mm，齿面的表面粗糙度 $Rz=1.6$～1.9μm。

2）径向剃齿法。使用机床：南京二机齿轮机床公司生产的 YW4240CNC 型剃齿机。

被加工齿轮：盘齿轮，齿数 $z=54$，模数 $m=2.915$mm，压力角 $\alpha=21°$，螺旋角 $\beta=0°$，宽度 $b=34.2$mm，公法线长度要求为 57. 55±0. 015mm/7，剃

前齿轮精度等级为 7 级（GB/T 10095），公法线长度为 57.65±0.02mm/7。

加工条件：

① 使用的剃齿刀：齿数 $z_0=73$，模数 $m_0=2.915$mm，螺旋角 $\beta_0=15°$（右旋），宽度 $b_0=42.5$mm，外径为 223.94mm，孔径为 63.5mm。

② 切削参数：轴交角 $\Sigma=15°$，剃齿刀的转速 $n_0=161$r/min，径向进给速度 $f_r=0.6$mm/min，微量返回量为 0.015mm，光整时间 $t=15$s。

③ 切削液：极压切削油，供给量约为 13L/min。

机动时间：实测 0.9min。

实际加工精度：公法线长度为 57.55～57.555mm/7，齿廓总偏差为 0.002～0.010mm，齿廓偏差的中凹量为 0，螺旋线总偏差为 0.001～0.006mm，单个齿距偏差为 0.0037～0.005mm，齿距累积偏差为 0.0095～0.0276mm，齿面的表面粗糙度 $Ra=0.3\sim0.6\mu$m。

3）对角剃齿法。使用机床：日本不二越公司生产的 GSP-30D 型剃齿机。

被加工齿轮：盘齿轮，齿数 $z=43$，模数 $m=4.5$mm，压力角 $\alpha=22.5°$，螺旋角 $\beta=0°2'34''$，宽度 $b=34$mm，公法线长度要求为 75.70±0.015mm/6，剃前齿轮精度：公法线长度为 75.79±0.02mm/6，齿廓总偏差为 0.006～0.022mm，螺旋线总偏差为 0.004～0.024mm，齿距偏差为 6 级（GB/T 10095）

加工条件：

① 使用的剃齿刀：，齿数 $z_0=47$，模数 $m_0=4.5$mm，螺旋角 $\beta_0=12°$（右旋），宽度 $b_0=25.4$mm，外径为 218.58mm，孔径为 63.5mm。

② 切削参数：轴交角 $\Sigma=12°$，剃齿刀的转速 $n_0=161$r/min，剃齿刀圆周速度 $v_0=110$m/min，工作台进给量 $v_f=20$mm/min，径向进给量 $f_r=0.05$mm/次，工作行程次数=3 次，光整行程次数 $u_k=1$ 次，工作台行程长度为 20mm。进给方向与齿轮轴线之间的夹角 $\omega=15°$。

③ 切削液：极压切削油，供给量约为 13L/min。

机动时间：实测 4.2min。

实际加工精度：公法线长度为 75.715～75.685mm/6，齿廓总偏差为 0.003～0.008mm，齿廓偏差的中凹量为 0.002，螺旋线总偏差为 0.001～0.010mm，齿距偏差为 6 级（GB/T 10095），齿面的表面粗糙度 $Ra=0.8\mu$m。

6. 误差分析与常见问题及对策

（1）剃齿修正能力

剃齿加工修正偏差的能力和剃前齿轮所需的加工精度见表 6.1-72。

表 6.1-72　剃齿加工修正偏差的能力（mm）

齿轮偏差项目	剃齿前偏差	剃齿后偏差
齿廓总偏差	0.02～0.06	0.008～0.02
一转中心距变动量	0.06～0.08	0.02～0.04
一齿中心距变动量	0.02～0.03	0.01～0.02
齿圈径向圆跳动	0.05～0.07	0.02～0.03
螺旋线总偏差（$b=25$mm）	0.02～0.03	0.007～0.015

在相同条件下，剃齿后斜齿轮的精度通常高于直齿轮，因此在剃齿后精度要求相同时，剃前直齿轮的精度应稍高于剃前斜齿轮。

（2）剃齿误差分析

剃齿属于自由啮合展成法加工。剃齿时因为在刀具和被加工齿轮之间没有刚性运动联系，所以在剃齿加工的误差源中不存在机床的传动链误差。但剃齿加工会产生切向误差，此项误差是由剃前齿轮的径向误差转化而来。剃齿加工的径向误差有被加工齿轮的几何偏心和剃齿刀的几何偏心。被加工齿轮的几何偏心与滚齿加工相同。剃齿刀的几何偏心，当剃齿刀齿数与被加工齿轮齿数相同时，将在被加工齿轮上形成运动偏心，而当二者齿数不等或不成倍数时，则对被加工齿轮精度没有影响。

剃齿加工的轴向误差是由于剃齿刀对齿轮轴线纵向移动不平行和轴交角的调整误差所引起的。前者使被剃齿轮左右齿面产生大小相等、方向相反的螺旋线误差。后者使被剃齿轮左右齿面产生大小相等、方向相同的螺旋线误差。

剃齿刀的系统齿廓误差直接转化为被加工齿轮的齿廓误差。剃齿加工中一个突出的问题是被剃齿廓常呈中凹。这里着重讨论径向误差的转化和齿廓中凹问题。

1）径向误差的转化。研究剃齿加工中径向误差的转化时，以如下两个条件为出发点：

①刀具和被加工齿轮之间的中心距保持不变。

②使左右两齿面沿啮合线方向切去金属的力相等。

第一个条件意味着剃齿结束时，左右两齿面的啮合线增量在中心线上的投影之和等于零，即

$$\Delta R_t=\frac{\Delta F_{Lt}+\Delta F_{Rt}}{2\sin\alpha}=0$$

由上式得

$$\Delta F_{Lt}+\Delta F_{Rt}=0$$

式中　ΔR_t——剃齿后的径向误差；

ΔF_{Lt}，ΔF_{Rt}——剃齿后左右齿面的啮合线增量。

第二个条件表示左右两齿面在剃齿前后的啮合线

增量之差应相等，即

$$\Delta F_{L}-\Delta F_{Lt}=\Delta F_{R}-\Delta F_{Rt}$$

由以上两个关系可得

$$\Delta F_{Lt}=\frac{\Delta F_{L}+\Delta F_{R}}{2}$$

$$\Delta F_{Rt}=-\Delta F_{Lt}=\frac{\Delta F_{R}+\Delta F_{L}}{2}$$

如果齿轮在剃齿前仅有几何偏心，则将式 $\Delta F_{R}^{L}=\pm e_1\sin(\phi\pm\alpha)$（此公式滚齿部分已经分析过）代入上式，化简后便得

$$\Delta F_{Lt}=e_1\sin\phi\cos\alpha=e_2'\sin\phi$$

$$\Delta F_{Rt}=-e_1\sin\phi\cos\alpha=-e_2'\sin\phi$$

式中

$$e_2'=e_1\cos\alpha$$

如果剃前齿轮是插削的，而且具有插齿刀几何偏心 e_{1d}，则根据插齿刀几何偏心左右齿面的啮合线增量公式得到

$$\Delta F_{Rt}=-e_{1d}\sin(i\phi+\varphi)\cos\alpha=-e_{2d}'\sin(i\phi+\varphi)$$

$$\Delta F_{Lt}=e_{1d}\sin(i\phi+\varphi)\cos\alpha=e_{2d}'\sin(i\phi+\varphi)$$

式中

$$e_{2d}'=e_{1d}\cos\alpha$$

由上述公式可知，具有几何偏心（包括插齿刀几何偏心）的齿轮，剃齿后左右两齿面出现大小相等、方向相反的误差，这是具有运动偏心时所发生的情况（图 6.1-86）。因此，剃齿加工使齿轮（或插齿刀）的几何偏心 e_1、（或 e_{1d}）转化成了运动偏心 $e_2'=e_1\cos\alpha$（或 $e'_{2d}=e_{1d}\cos\alpha$）。由于齿轮的运动偏心在双啮检验时不易发现，所以这一情况给人们造成一种错觉，认为剃齿可以改善齿轮的运动精度。

如果剃前齿轮具有运动偏心，则将几何偏心引起的啮合线增量公式 $\Delta F_{R}^{L}=\pm e_2\sin(\phi+\varphi)$ 代入式 $\Delta F_{Lt}=\frac{\Delta F_{L}+\Delta F_{R}}{2}$ 与 $\Delta F_{Rt}=-\Delta F_{Lt}=\frac{\Delta F_{R}+\Delta F_{L}}{2}$，化简后得

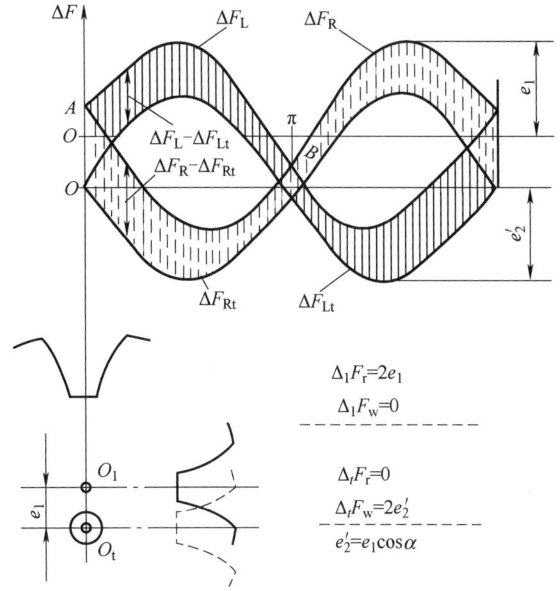

图 6.1-86　剃齿时几何偏心转化成运动偏心

$$\Delta F_{Lt}=e_2\sin(\phi+\varphi)$$

$$\Delta F_{Rt}=-e_2\sin(\phi+\varphi)$$

由此可知，齿轮的运动偏心在自由啮合展成法加工中不发生变化。插齿刀的运动偏心也一样。也就是说，剃齿对运动偏心没有修正能力，即剃齿无法修正周节累计偏差。

2）齿廓中凹的产生。生产实践表明，剃削齿数 $z<20$ 的齿轮时，会产生齿廓中凹现象，中凹量在 10~30μm 范围内。中凹齿廓对传动平稳性是很不利的。产生中凹的原因主要如下：

① 在剃齿过程中，由于剃削重合度小于 2，被剃齿轮与剃齿刀（图 6.1-87）有时是两对齿接触，有时是一对齿接触，而被加工齿轮齿高中部一般都为一对齿接触，在这里剃削和挤压强度达到最大，因而产生中凹。

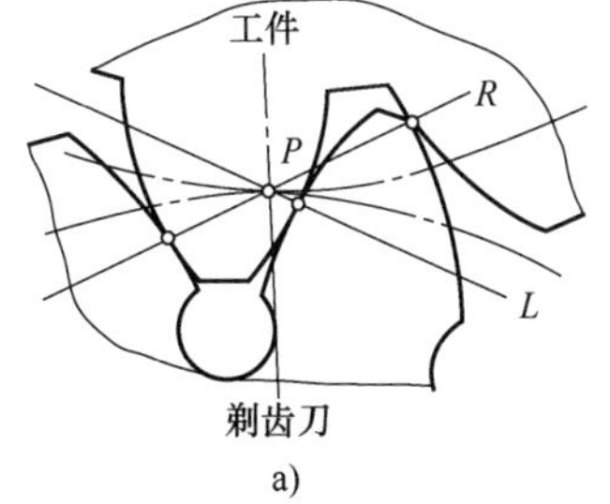

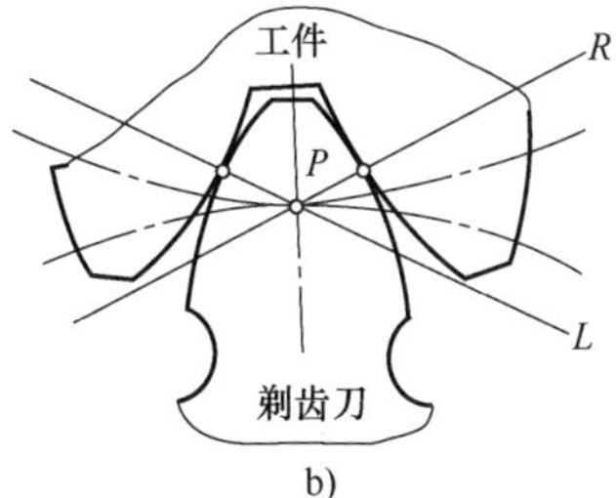

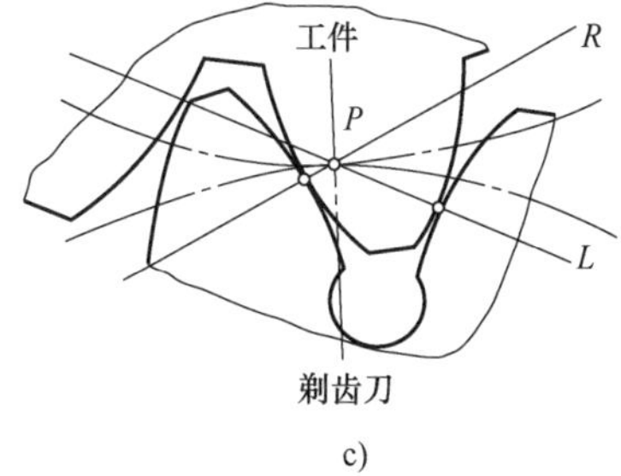

图 6.1-87　剃削齿数较少齿轮时的齿面接触点变化情况

② 通过微分几何计算，可得知在相对运动速度方向上的诱导法曲率在不同齿高上的值相差很大。此值越小，剃齿刀和被加工齿轮的齿面就越贴近，因而在轴向进给过程中，剃齿刀通过被加工齿轮齿面上的切削刃比较多，切去的金属量比较大，该处就容易产生中凹现象。

③ 在剃齿过程中，既有切削作用，也有挤压作用。剃齿刀和被加工齿轮的相对运动速度越小，挤压作用就越强，反之则越弱。因齿高中部的相对运动速度通常为最小，该处容易产生中凹。

通常采用的法向啮合角 20°的径向剃齿，相对运动速度方向上的诱导法曲率和相对运动速度的最小值均发生在齿高中部，这两个因素所造成的强烈切削效应与第①个因素叠加在一起，因而产生了中凹现象。被剃齿轮的齿数越少，中凹现象越严重，这是因为齿数越少，被加工齿轮上单对齿的啮合区就越长，诱导法曲率的变化就越大。

为解决齿廓中凹问题，过去采用的方法是将剃齿刀进行修形，但这种方法比较麻烦。采用负变位剃齿刀是一种行之有效的方法。这种方法的原理就是将剃齿刀做很大的负变位，使剃齿刀和被加工齿轮齿面上相对运动速度和诱导法曲率具有最小值的点离开单对齿啮合（离开单对齿啮合的下界点），这样可使产生中凹现象的第②和第③两个因素不在齿高中部发生作用，以消除第①个因素的作用，达到避免中凹的目的。

（3）轮齿接触区偏差的修正

轮齿接触区的偏差及其修正方法见表 6.1-73。

表 6.1-73　轮齿接触区偏差及其修正方法

接触区的形式和分布		修正方法	接触区的形式和分布		修正方法
	在齿宽中部接触	是理想的接触区，不用修正		在齿的一端接触，轮齿有螺旋角误差和锥度	改变轴交角，修正被加工齿轮轴线对剃齿刀轴线的平行度
	齿顶和齿根接触较宽，中部较窄	修正剃齿刀的齿形		沿齿宽接触较长	增大轮齿螺旋线方向的鼓形量。调整工作台摇摆机构
	沿齿廓高度接触较窄	修正剃齿刀的齿形		在齿的两端接触	增大工作台的行程长度
	齿廓顶部接触	修正剃齿刀的齿形		点接触，存在滚齿刀痕	提高滚齿质量，适当增大剃齿余量
	齿廓根部接触	修正剃齿刀的齿形		在齿顶和齿面上有划痕，齿面的表面粗糙度值较大	刃磨剃齿刀，改用切削液，增大圆周速度和轴交角，减少纵向进给量
	沿齿宽方向接触较窄	减少轮齿螺旋线方向的鼓形量。调整工作台摇摆机构		在同一齿槽的两齿面上呈对角接触	调整剃齿刀安装角和鼓形齿摇摆中心

(4) 剃齿误差的产生原因与消除

剃齿误差产生原因及其消除方法见表 6.1-74。

表 6.1-74　剃齿误差产生原因及其消除方法

齿轮误差	产生原因	预防措施与对策
齿廓总偏差和基节偏差超差	剃齿刀齿廓误差和基节误差 被加工齿轮和剃齿刀安装偏心 轴交角调整不准确 齿轮齿根和齿顶余量过大 剃前齿轮齿廓误差和基节误差大 剃齿刀磨损	提高剃齿刀刃磨精度 仔细安装被加工齿轮和剃齿刀 正确调整轴交角 保证齿轮剃前加工精度，减少齿根及齿顶余量 及时刃磨剃齿刀
齿距偏差超差	剃齿刀的齿距偏差大 剃齿刀的径向圆跳动大 剃前齿轮齿距偏差和径向圆跳动大	提高剃齿刀安装精度 保证齿轮剃前的加工精度
齿距累积偏差、公法线长度变动及齿圈径向跳动超差	剃前齿轮齿距累积偏差、公法线长度变动及齿圈径向跳动大 被加工齿轮在剃齿机上装夹偏心 在剃齿机上剃齿刀的径向跳动大	保证齿轮剃前的加工精度 提高剃齿刀精度或保证剃齿刀的安装精度 提高齿轮的安装精度
齿廓中凹	齿轮的齿数较少 重合度小 剃齿刀修形不正确	尽可能提高剃齿时的重合度 进行正确的剃齿刀修形
螺旋线偏差超差（两齿面同向）	剃前齿轮的螺旋线偏差大 轴交角调整误差大	提高齿轮剃前的加工精度 提高轴交角调整精度
螺旋线偏差超差（两齿面异向，呈锥形）	剃齿心轴相对于齿轮旋转轴线歪斜 机床部件和心轴刚性不足 在剃削过程中，由于机床部件的位置误差和移动误差，使剃齿刀和齿轮之间的中心距不等	提高被加工齿轮和刀具的安装精度 加强心轴刚性或减少剃齿径向进给量和余量
剃不完全（剃后齿面上有剃前加工的刀痕）	余量不合理 剃前齿轮精度差	调整剃齿余量 提高剃前齿轮精度
齿面的表面粗糙度值过大	剃齿刀切削刃的缺陷 轴交角调整不准确 剃齿刀磨损严重 剃齿刀轴线与刀架旋转轴线不同轴 纵向进给量过大 切削液选用不对或供给不足 机床和夹具的刚性和抗振性不足 齿轮夹紧不牢固 剃齿刀和齿轮的振动 当加工少齿数齿轮时，剃齿刀正变位量偏大和轴交角过大	及时刃磨剃齿刀，保持切削刃锋利 准确调整机床和提高刀具安装精度 合理选择切削用量 合理选择切削液和切削液用量 正确安装、夹紧工件

6.1.7 挤齿

1. 挤齿的原理和设备

(1) 挤齿的原理

挤齿主要是用塑性变形的方法对齿轮进行精加工，即用淬硬过的高精度挤齿齿轮（以下简称挤轮）在压力下与被加工齿轮进行啮合，使被加工齿轮产生塑性变形而提高精度。被加工齿轮必须有良好的延展性，铸铁等脆性材料制成的齿轮不能采用挤齿加工。对于调质的材料，由于硬度高强度也高，挤齿有困难，必要时要选用高韧性材料做挤轮。

挤齿是在挤轮与被加工齿轮边转动边加压的情况下进行的，转动时被加工齿轮的驱动面与从动面由于啮合方式不同，挤压时金属流向不同。驱动面金属由节圆向齿顶和齿根流动，从动面金属则从齿顶与齿根向节圆流动，因为塑性变形总有一部分回弹，所以这样挤出的齿轮两侧齿面的齿形不一样。为了克服这一缺点，或者挤压时要正反转，或者将挤轮齿的两侧齿廓做成不一致的齿形。

根据上述工作原理，挤轮是以其全齿宽工作，其宽度要比被加工齿轮宽，由于没有轴向走刀，被加工齿轮在齿长方向的修形完全依靠挤轮的修形来获得。

这种加工方法的特点是所用挤压力较大，生产率很高。此外，由于挤轮没有切削刃，所以挤轮寿命很长。

挤齿与剃齿的比较见表 6.1-75。

表 6.1-75　挤齿与剃齿的比较

类型	加工压力	加工方式	对齿向的纠正方式	生产率	刀具寿命
剃齿	比较大	径向进给，轴向走刀	按轴交角大小走刀	2~4min/件	1000~3000 件/重磨 1 次
挤齿	很大	径向进给	按齿长同时纠正	7~20 s/件	8000~100000 件/重磨 1 次

挤齿按照挤轮的个数可以分为单轮挤齿、双轮挤齿和三轮挤齿等挤齿方法。

1）单轮挤齿（图 6.1-88）。单轮挤齿是指挤齿时只用一个挤轮。主动轮可以是挤轮也可以是被加工齿轮。由于挤压力一般>50kN，所以被加工齿轮、夹具和挤齿机等都要有足够的刚性。为了获得足够的刚性，被加工齿轮一般要直接装在主轴上，主轴末端再加上支承。为了减轻挤压力，挤轮可以设计成带槽的齿侧面，相邻齿面的槽位置互相错开，与径向剃齿刀的刀齿相似。对于单轮挤齿，工件精度完全由挤轮决定，质量问题容易分析。

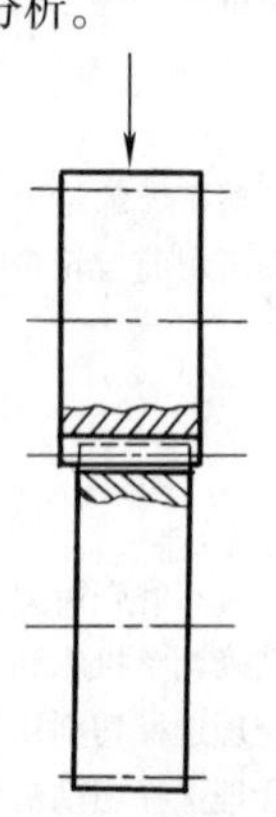

图 6.1-88　单轮挤齿

2）双轮挤齿（图 6.1-89）。双轮挤齿是指挤齿时同时用两个挤轮。主动轮可以是被加工齿轮也可以是挤轮中的一个，但不能同时两个挤轮都是主动轮。挤压方法有两种：一种是一个挤轮固定，另一个挤轮将被加工齿轮压向固定挤轮，这时被加工齿轮主轴箱滑板应有定位挡铁，当被加工齿轮主轴有足够的刚性时，挤压后能提高齿圈跳动精度；另一种是被加工齿轮主轴是固定的，两挤轮由相对方向挤压，力量保持平衡，要求在滚齿时保证较高的齿圈跳动精度。双轮挤齿法的特点是对被加工齿轮本身的刚性要求不高，几乎所有的齿轮都能挤。不足之处是由于两个挤轮同时挤压，当被加工齿轮产生质量问题时，不容易分辨是哪一个挤轮的问题，因为两个挤轮要磨得完全一样是很难的。由于挤压力是平衡的，对机床刚性要求不高。

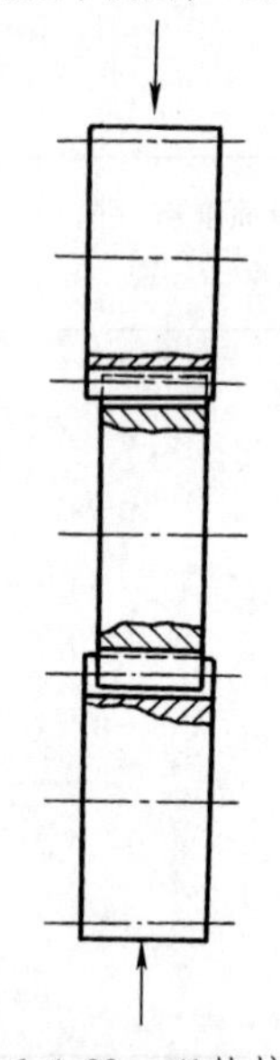

图 6.1-89　双轮挤齿

3）三轮挤齿（图 6.1-90）。三轮挤齿是指挤齿时同时用三个挤轮。这种方法由于结构比较复杂，三个挤轮不容易同时同步地挤向被加工齿轮，所以一般都是两个挤轮固定，另一个挤轮将被加工齿轮挤向上述两个挤轮，被加工齿轮则是浮动的，这才能达到挤压力的平衡。动力只能从挤轮传入。由于被加工齿轮是浮动的，所以两端要有夹板夹持以防止窜动。优点是挤压力是互相平衡的，在设计机床时很容易满足要求，但同双挤轮一样，被加工齿轮精度与每一个挤轮的关系比较复杂，不易判别。对于三轮挤齿，被加工齿轮的径向跳动精度得不到提高，齿轮的径向跳动精度要靠挤齿前工序来保证。

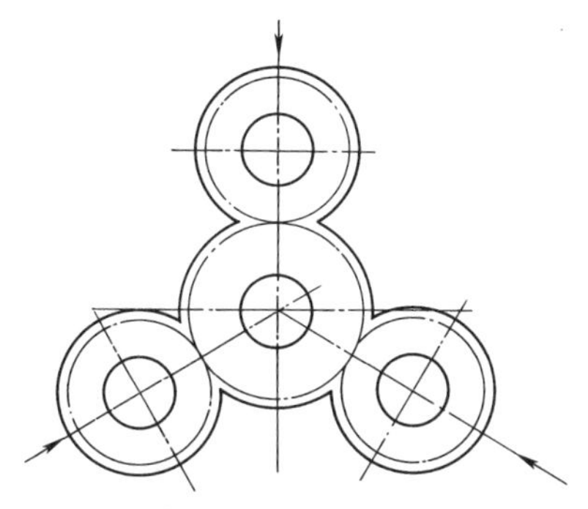

图 6.1-90　三轮挤齿

（2）挤齿机

除国外有少数标准的挤齿机为汽车工业服务外，国内的挤齿机则多数是由各工厂按照自己的需要而设计的。

1）挤齿机类型与技术参数。挤齿机的类型按单轮、双轮和三轮挤齿法有相应的典型机床，其挤齿方式分别如图 6.1-91~图 6.1-94 所示。

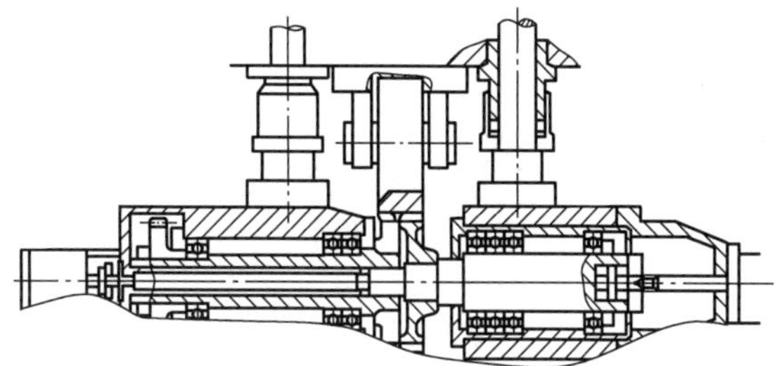

图 6.1-91　单轮挤齿机（Y4710）挤齿方式

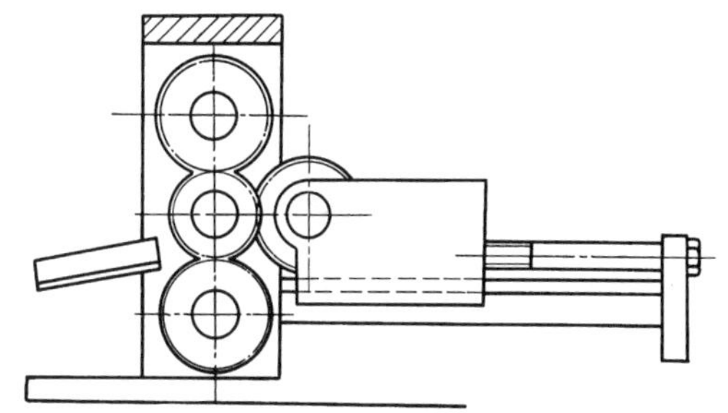

图 6.1-92　双轮挤齿机（DY-6）挤齿方式

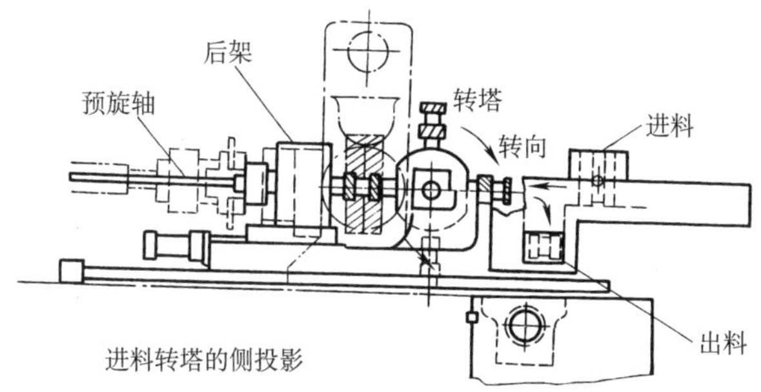

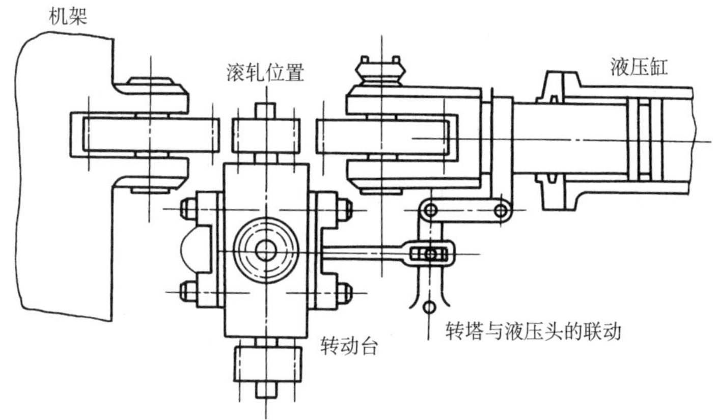

图 6.1-93　双轮挤齿机（Landis32TFRG）挤齿方式

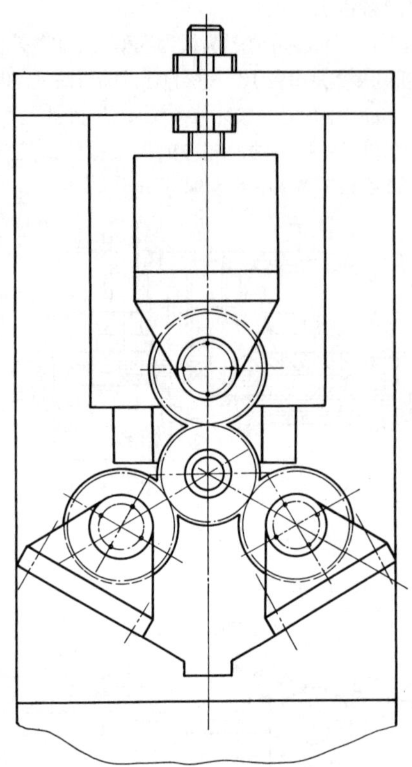

图 6.1-94 三轮挤齿机（YL03）挤齿方式

几种挤齿机床的主要技术参数见表 6.1-76。

表 6.1-76 挤齿机主要技术参数

机型	工件规格/mm	最大压力/t	功率/kW
YL03	$\phi60 \sim \phi220$，$m6$	7	4
Landis32TFRG	适用于轿车	21	
80516	$\phi90 \sim \phi220$，$m5$	10	2.8
DY-6	$\phi300\times70$（宽），$m6$	侧向受压，最大压力取决于机床刚性	7.5

2）挤齿机的工作精度。挤齿的工作精度很大程度上取决于前工序的滚插齿精度，一般比前工序的精度提高两级。滚插齿除齿距精度要求较高之外，其他如齿形精度、齿向精度均可在 8、9 级，挤齿的精度一般可达 6、7 级。如果滚齿时的齿圈径向跳动控制得比较好时，挤齿后的齿距精度一般不会降低。挤后理想的接触面应是鸭蛋形，并占全齿面的 70%。但要达到这个要求，对挤轮的要求十分严格。

2. 挤轮

（1）挤轮的材料和结构

由于挤压时发热量很小，挤轮的材料不一定用工具钢，只要有一定的硬度与耐磨性即可，可按表 6.1-77 选取。

表 6.1-77 挤轮材料与性能

材料	热处理	寿命	重磨次数	适应批量
W18Cr4V	58~60HRC	20000~10000 件	8~10	大批
20CrMnTi 20CrMo	渗碳 60~63HRC	5000~8000 件	3	中批

1）并合式挤轮。如属于带驱动导轮功能的，应采用并合式挤轮，如图 6.1-95 所示。图中导轮 1 为传导动力用，它与挤轮 2 通过螺钉连接。

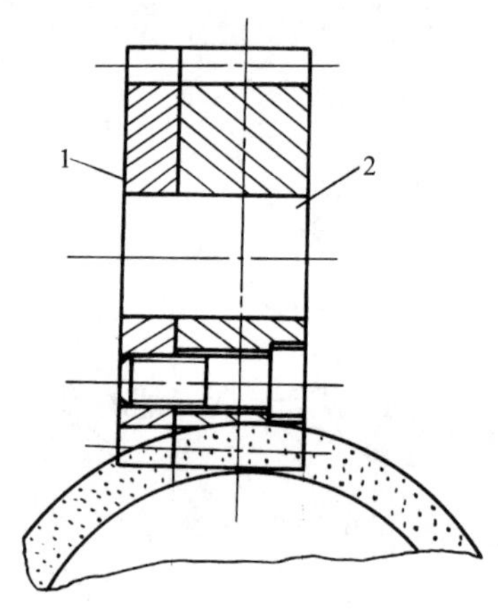

图 6.1-95 并合式挤轮
1—导轮 2—挤轮

采用并合式挤轮的优点如下：

① 导轮寿命长。

② 在挤轮修形时，由于磨轮直径大（一般为 350~750mm），若采用整体式，会破坏作为导轮部分的齿形。

③ 在修磨挤轮时是按端面定位进行加工的，若用整体结构，在修磨时挤轮中心离两边定位面不一致，修磨后对称性不易保证。

2）开槽挤轮。挤轮齿面上槽的形状如图 6.1-96 所示。各相邻齿面上的槽相互错开又稍有重叠。这种结构一方面可以减少接触面积，另一方面接触面不是连续的，金属的流动比较容易，可把挤压力减小到原来的 1/3~1/5。但开槽挤轮加工比较困难，只适用于单轮挤齿挤压孔径小且齿较宽的工件。

（2）挤轮的设计计算

挤轮的设计计算并不复杂，其原理是根据工件要求的有效渐开线长度来设计挤轮的各项参数，并按经验给出齿形修正曲线，在试验中加以修正。下面以实例介绍设计计算方法，详见表 6.1-78。

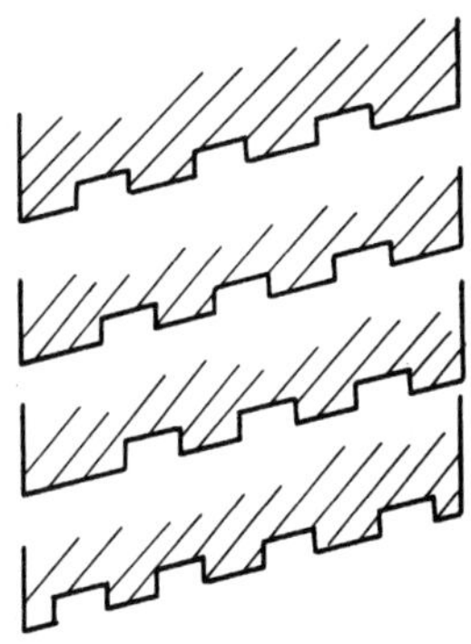

图 6.1-96　开槽挤轮

［实例］ 被加工齿轮参数：$z_2=44$，$m_n=3.75$mm，$\beta=25°51'24''$，右旋，$b=30$mm，变位系数$=-0.8$；相啮合件参数，$z_1=20$，$m_n=3.75$mm，$\beta=25°51'24''$，左旋，$b=30$mm，变位系数$=+0.8$，r_{a1}（外圆半径）$=46.22$mm，设计中心距 $a=133.34$mm。

在设计时，先给出参考渐开线曲线，经过试调合格后，再将最后数据确定下来。挤齿时挤轮做正反转时，挤轮两侧齿廓迹线可以相同；如果挤轮不反转，挤轮两侧齿廓迹线要设计成不同的曲线，因为从动侧的金属流动方向与主动侧的金属流动方向不同，所以要求修形也不相同。

表 6.1-78　挤轮设计计算程序

名　　称	计算公式	数　　值
啮合件分度圆直径 d_1/mm	$d_1=\dfrac{z_1 m_n}{\cos\beta}$	83.344
啮合件分度圆半径 r_1/mm	$r_1=\dfrac{z_1 m_n}{2\cos\beta}$	41.672
被加工齿轮分度圆直径 d_2/mm	$d_2=\dfrac{z_2 m_n}{\cos\beta}$	183.355
被加工齿轮分度圆半径 r_2/mm	$r_2=\dfrac{z_2 m_n}{2\cos\beta}$	91.677
被加工齿轮端面压力角 α_t/(°)	$\tan\alpha_t=\dfrac{\tan\alpha_n}{\cos\alpha_n}$	22.0214
被加工齿轮基圆直径 d_{b2}/mm	$d_{b2}=\dfrac{z_2 m_n\cos\alpha_t}{\cos\beta}$	169.978
被加工齿轮基圆半径 r_{b2}/mm	$r_{b2}=\dfrac{d_{b2}}{2}$	84.988
端面模数 m_t/mm	$m_t=\dfrac{m_n}{\cos\beta}$	4.16718
有效渐开线起始点：半径（工件）r'/mm	$\dfrac{46.22}{\sin 67.9786°}=\dfrac{41.67}{\sin\alpha'}$ 然后用余弦定理求 r'	$\alpha'=56.69°$　$r'=88.478$ （见图 6.1-97）
a 点展开角 ρ	$\rho=\dfrac{\sqrt{r'^2-r_{b2}^2}}{r_{b2}}$	$\rho=0.2895\text{rad}=16.587°$
θ（图 6.1-97）	$(90°-22.0214°)-56.69°$	11.2886°
挤轮齿数 z_3	外径在 ϕ210～ϕ230mm 之间	选 $z_3=51$
挤轮分度圆直径 d_3/mm	$d_3=\dfrac{z_3 m_n}{\cos\beta}$	212.526
挤轮分度圆半径 r_3/mm	$r_3=\dfrac{d_3}{2}$	106.263
δ（在啮合角不变的情况下，$\delta=\varphi$）	$\dfrac{88.478}{\sin 11.2886}=\dfrac{46.22}{\sin\varphi}$	5.869°

（续）

名　称	计算公式	数　值
加工时啮合中心距/mm	(183.55+212.526)/2 挤轮变位系数+0.8	197.94
挤轮齿与被加工齿轮接触终止点半径 $O''C(r_{b3})$/mm	用余弦定理求得（见图 6.1-98）	110.28
挤轮外圆直径 d_{a3}/mm	$2O''C+1.5$ 1.5 包括齿顶倒角 0.5 及超越量 0.25	222.06
挤轮基圆直径 d_{b3}/mm	$d_{b3}=d_3\cos\alpha_t$	197.0209
挤轮基圆半径 r_{b3}/mm	$r_{b3}=\dfrac{d_{b3}}{2}$	98.51
σ（图 6.1-98）	$\dfrac{94.637}{\sin112.0214°}=\dfrac{91.677}{\sin\sigma}$ 94.637 为被加工齿轮外圆半径， 91.677 为节圆半径 OC'	63.902°
ε（图 6.1-98）	$180°-(90°+22.0214°)-\sigma$	4.0766°
有效起始点半径 $O''B$/mm	用余弦定理求得	103.7706
有效起始点展开角 ρ_3	$\rho_3=\dfrac{\sqrt{r_3^2-r_{b3}^2}}{r_{b3}}$	0.3311rad=18.97°
有效齿顶直径所在展开角	$\dfrac{\sqrt{r_{a3}^2-r_{b3}^2}}{r_{b3}}$	28.845°
挤轮弦齿高/mm		4.76
被加工齿轮齿厚下限/mm		5.12
挤轮齿厚/mm	$3.75\pi-5.12$	6.66
挤轮齿宽/mm	30+2×4	38

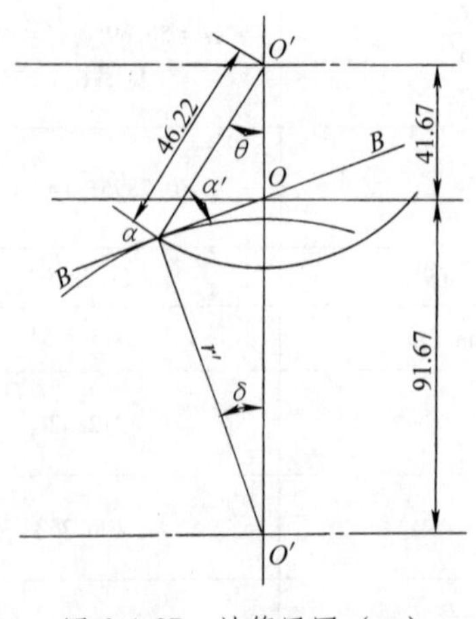

图 6.1-97　计算用图（一）

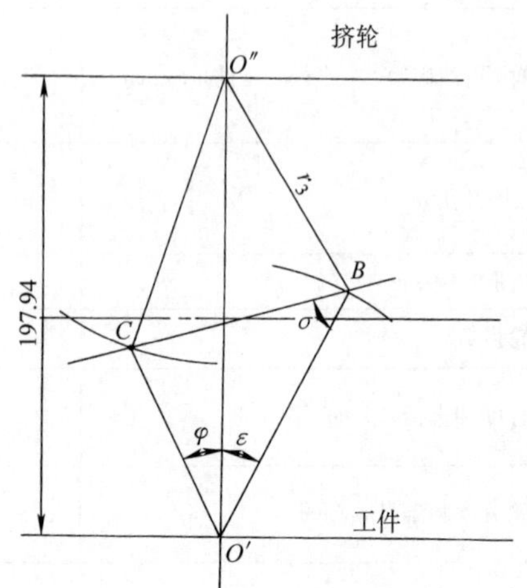

图 6.1-98　计算用图（二）

根据上述计算设计的挤轮如图 6. 1-99 所示。

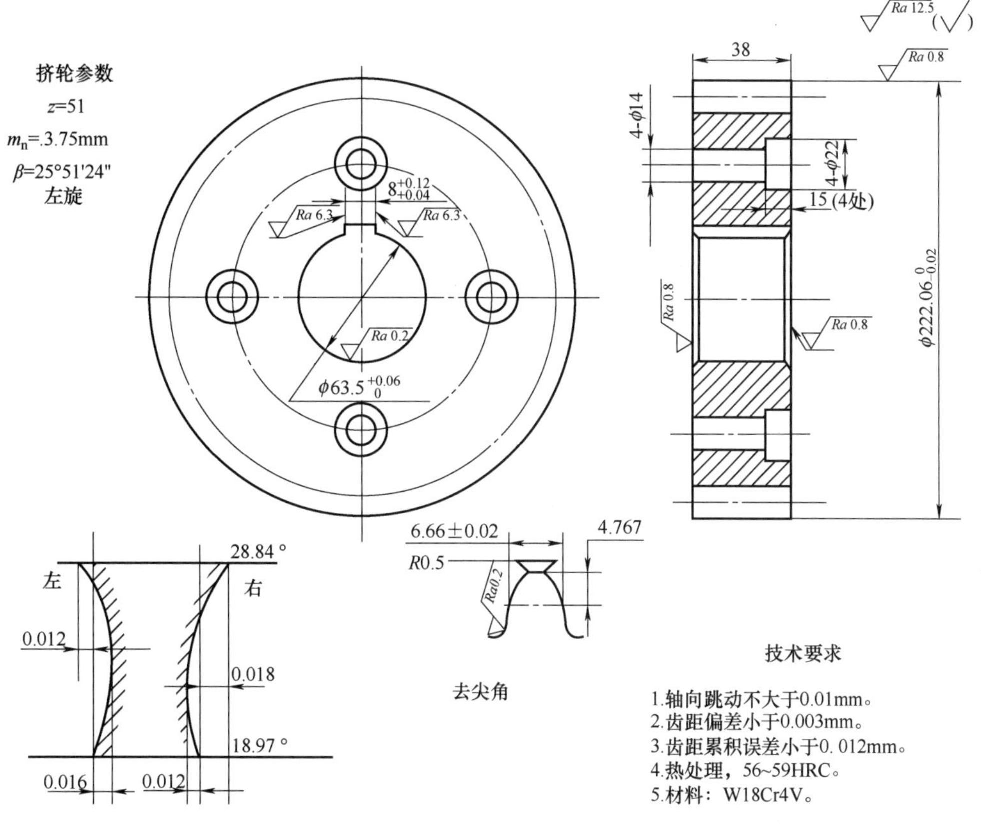

图 6. 1-99　挤轮

3. 挤齿工艺

(1) 工艺参数的选择与计算

1) 挤齿用量及其选择。由于挤压没有切削作用，产生的热量极少，所以选择滚动速度应有利于减少挤轮磨损。过高的滚动速度会增加挤轮磨损，滚动速度过低会降低生产率。一般挤轮的节圆线速度取 20~40m/min，工件直径小时选低速，反之选高速。

挤齿时由于挤压余量很小，机床及工具的刚性很好，所以进给全是一次到底。若进给速度太慢，初次被挤硬了的表面不易再次挤压，所以进给速度都比较快。一般按中心距计算余量时，余量为 0. 07 ~ 0. 14mm，这个余量一般在 5s 内挤完。如果挤齿机设计成正反转时，可将进给量减小，在 7 ~ 8s 后反转，以便在反转时留有一部分余量。不论采用正反转与否，挤到尺寸后再将齿圈光整两圈左右退出挤轮。

2) 挤压力、挤压功率的计算。

① 挤压力的计算。对挤压力进行准确计算是很复杂的。为简化起见，假设接触区发生在齿轮节圆附近，挤轮一次将被加工齿轮压变形，并据此估算挤压力。

［实例］ 被加工齿轮参数：$m = 3.75$mm，$z = 33$，$b = 33.33$mm，$\beta = 25°51'24''$，$\alpha = 20°$，被加工齿轮分度圆曲率半径为 21. 598mm，挤轮齿数 $z = 61$，挤轮分度圆曲率半径为 39. 92mm，挤齿余量按中心距计算为 0. 17mm。试求挤压力。

［解］ 按挤齿余量以中心距计算为 0. 17mm，根据近似公式 $\Delta S = \Delta h \times 2\tan\alpha$ 计算每侧相当于 0. 0618mm，压入后的接触区宽为 2. 625mm，如图 6. 1-100 所示。

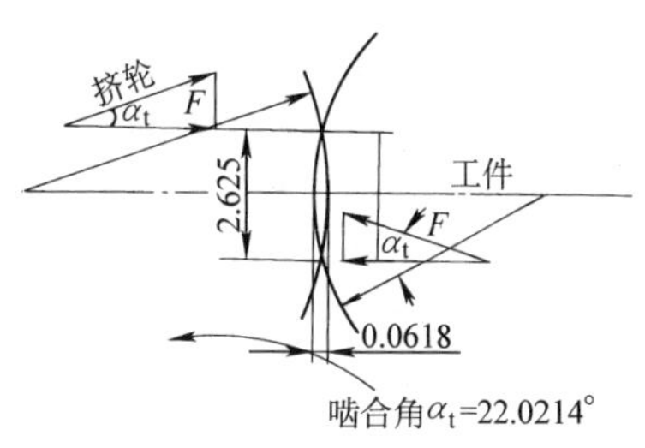

图 6. 1-100　接触面积计算

接触面积：$33.33\times10^{-3}\times2.625\times10^{-3}\text{m}^2=87.49\times10^{-6}\text{m}^2$

挤压力：$87.49\times10^{-6}\times800\times10^{6}\times2\tan20^\circ\text{N}=50950\text{N}$

式中　800×10^6——材料的屈服强度极限（Pa）。

实际试验挤压力为 48000N，使用挤压力为 60000N。

② 挤压功率的计算。挤压功率可按以下方法进行估算。压力很小、被加工齿轮不产生变形时，挤轮的转矩等于零，在压力作用下被加工齿轮工件表面产生一个凹坑后，转动挤轮就要用较大的转矩，其情况类似滚动摩擦。仍以上例进行功率估算。

阻力矩：$87.49\times10^{-6}\times800\times10^{6}\times2.625\times\cos\alpha_t/1000\text{N}\cdot\text{m}=170.32\text{N}\cdot\text{m}$

假定转矩半径为节圆半径 $r=68.7555\text{mm}$

切向力=阻力矩/转矩半径：2477.28N

假定挤轮转速为 100r/min，其线速度为

$$v=\frac{\pi\times137.5\times100}{1000\times60}\text{m/s}=0.71994\text{m/s}$$

所需功率为

$$P=\frac{2477.28\times0.71994}{1021.08}\text{kW}=1.747\text{kW}$$

设机械传动效率为 0.80，则电动机功率应为 2.184kW。挤齿机所配电动机为 2.8kW。

3）挤齿余量的选定。挤齿余量的选定与剃齿一样，取决于前工序的精度。一般挤齿余量比剃齿余量还小，在塑性变形中，前工序的波谷会因为波峰被压凹而隆起，因此可减少加工余量。挤齿余量可按挤前齿轮误差来计算。如挤前齿轮误差径向跳动为 0.05mm，齿廓误差为 0.03mm，螺旋线误差为 0.02mm，表面波度为 0.02mm。螺旋线误差因为采用鼓形齿，可以忽略不计。按近似公式 $\Delta h=\Delta S/2\tan\alpha$，留挤齿余量按中心距计算应为

$[0.05+(0.03+0.02)\times2\text{（侧）}]/2\tan\alpha\text{mm}$

$=[0.05+(0.03+0.02)\times2\text{（侧）}]\times1.37\text{mm}=0.187\text{mm}$

考虑到波谷会隆起的原因，故可确定针对给定条件下的挤齿余量为 0.15mm 左右。

（2）机动时间的计算

挤齿由于行程非常短，所以机动时间很短，从小齿轮到较大的齿轮，机动时间为 5～15s，因此整个循环时间往往大部分用于被加工齿轮的装夹。

（3）切削液的选用

挤齿使用切削液的目的不在冷却，主要在于润滑和冲洗偶然出现的切屑。通常以 N32 机械油作为切削液，冬季温度低时，可加 2.50%锭子油。

（4）挤齿的其他问题

1）齿根干涉。挤齿前的齿轮应有沉切部分，它是由前道工序（滚齿或插齿）加工出来的，其深度按模数而定，一般在 0.1～0.15mm。要加深沉切的深度有一定的困难，因为它是靠刀尖的凸角来形成的。凸角越大则 α_2 角（图 6.1-101）越小，接近 0°时，滚刀的切削后角就接近 0°，刀具非常容易磨损。如果沉切不足，使挤轮齿顶顶到被加工齿轮齿根部分时，就会出现接触面畸形。

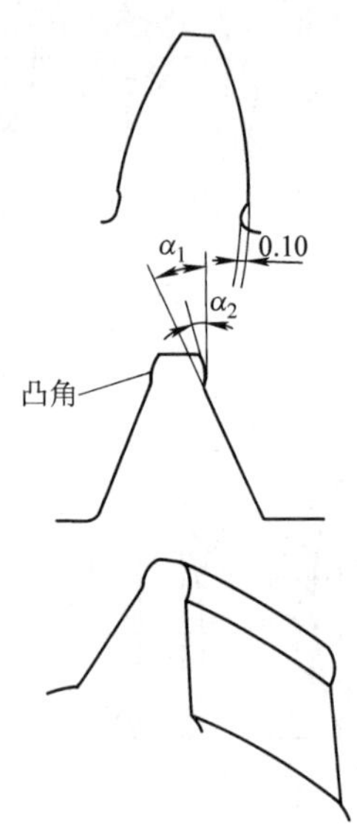

图 6.1-101　挤前齿轮齿廓及刀齿廓形

加工过程中实际沉切量是否正常取决于以下几个因素：

① 与滚齿时的偏心有关。由于滚齿时的偏心太大，这个误差在挤齿时被修正的同时，引起在不同齿面上挤压量有大有小，挤压量大的部分沉切就可能不足。

② 滚齿时，刀齿位置不对中，使左右两侧齿面的沉切会有区别。

③ 刀具磨损不均匀，一侧凸角磨损较大引起沉切不足。

在发现沉切不足时，上述三种原因会同时存在。

2）出现切屑。理论上挤齿是挤压加工不应有切屑，其实不然，如果挤轮齿形不正确也会出现切屑。按正常啮合，挤轮的齿尖角不会碰到被加工齿轮齿面，因为尖角处不应接触。但因被加工齿轮有挤压余量，即图 6.1-102 上虚线与实线之间的部分，由于这一部分高出齿面，齿尖就会切进去而将工件表面刮去一层，这些切屑在直齿挤压，脱离被加工齿轮时，很容易被冲走；在挤斜齿时，由于齿尖接触有先后，

图 6.1-103 中 *ab* 段的切屑已脱离了齿面，但 *ac* 段仍粘在齿面上，所以 *ab* 段不能被冲走并容易被压入齿面内而产生凹坑。为了不产生切屑，挤轮齿顶必须进行修缘，如图 6.1-104 所示。先将顶部渐开线齿面修成与渐开线成 5°角的斜面，然后用一个圆弧与顶圆连接起来，再用油石打光。此外，还要控制挤齿余量，对于中等模数的齿轮，余量按中心距计算不应超过 0.15mm。

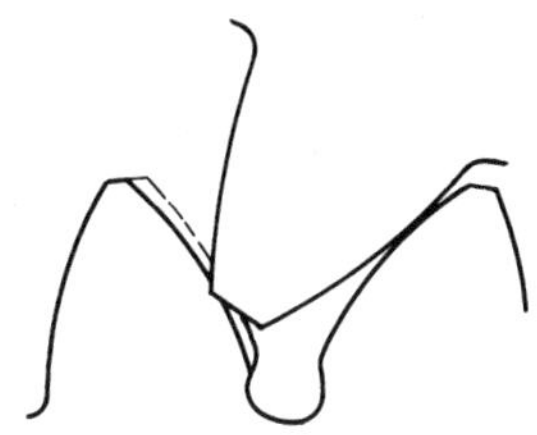

图 6.1-102　挤轮齿与被加工齿轮的啮合

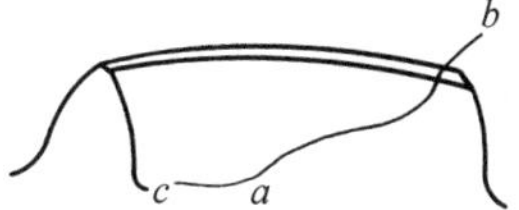

图 6.1-103　斜齿上的切屑

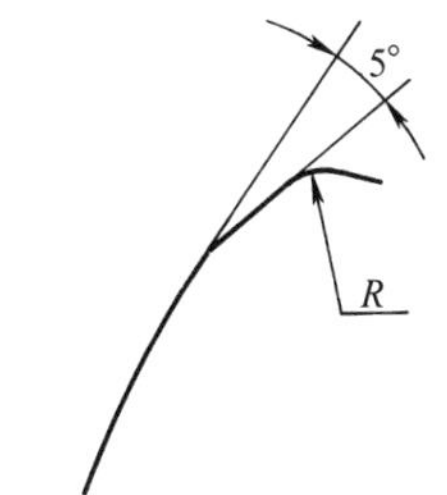

图 6.1-104　挤轮齿顶的修缘

3）金属流动与毛刺。由于齿轮啮合时表面发生摩擦，摩擦方向就变成挤齿时金属流动的方向，如图 6.1-105 所示。

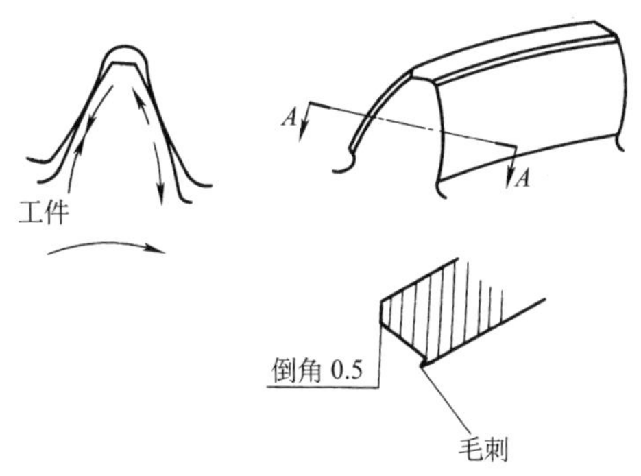

图 6.1-105　挤齿毛刺

由于挤齿不产生切屑，金属都作为毛刺向各方面排出，所以需挤齿加工的齿轮要有沉切与修缘。修缘就是在齿顶渐开线部分修成 10°～30°的倒角。金属流动后，一部分填充了齿顶倒角处，一部分填充了沉切部分，一部分向两端流动。所以，斜齿两端的尖角处要倒角，在钝角处可不倒角，因毛刺不大，不妨碍使用。

4. 挤齿的特殊用途

某些汽车零件的花键在螺旋线上有特殊要求，例如，图 6.1-106a 所示的中部带凹陷的短齿渐开线花键，图 6.1-106b 所示的中部带凸台的花键，图 6.1-107 所示的中间设有空刀槽带锥度齿的内花键等，采用普通的工艺方法加工十分困难，甚至不能加工，而采用挤压加工则很容易实现。此外，花键侧面表面粗糙度值要求很小的零件，也可采用挤齿作为精加工工序。

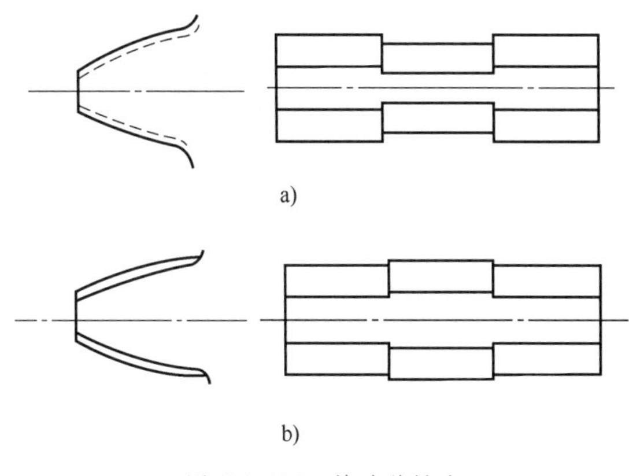

图 6.1-106　特殊花键齿

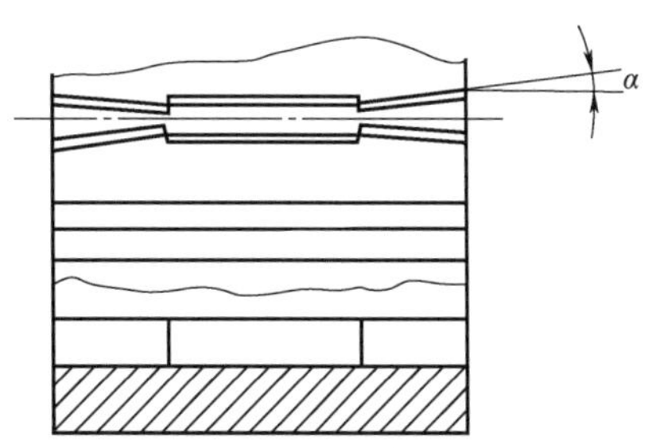

图 6.1-107　有锥度齿的内花键

5. 挤齿误差产生原因与消除方法

由于机床的结构比较简单，挤齿误差多数取决于挤轮的精度，但由于挤轮形面复杂，而且在修磨中不免出现各种误差。单项精度的测量往往看不出其全面的传动精度，故以综合测量精度为宜。为了全面反映齿轮的传动质量，以接触质量为依据。接触质量问题主要表现在接触面发生畸形，其原因有以下两方面：

1）接触面游离。大多是由于齿圈端面跳动太大，挤齿机与噪声机上齿轮的安装定位基准不同而引起的。如果偏离是偶然的，没有规律性的，原因大多来自热处理变形。

2）接触面混乱。齿轮齿面出现各种不同的接触形状，产生不规则接触是由于齿根干涉造成的。

为了保证有较好的接触面应控制挤齿余量、滚齿精度（包括齿廓误差、螺旋线误差和周节误差等），并保证有足够的沉切。此外，对挤轮的齿廓要严格控制，根据修形时产生的误差和挤轮的磨损规律，对右旋齿工件，挤轮左旋齿的相啮合截面，靠左端面的渐开线应为负值，靠右端面的渐开线应为正值；对左旋齿工件则相反。

6.1.8 珩齿

珩齿是齿轮精加工的一种方法，适用于加工经滚齿、插齿、剃齿或磨齿后，齿面淬硬或非淬硬的直齿、斜齿、内外齿圆柱齿轮。该方法可去除齿面磕碰伤和毛刺，在齿面形成网纹状的切削花纹，获得更好的表面粗糙度（图 6.1-108），切削纹理在啮合噪声方面有更好的表现。自由珩可在一定程度上改善齿廓形状和提高螺旋线精度，强力珩可在一定范围内修正齿轮的整体精度，包括齿廓形状精度、螺旋线精度、齿距精度等。

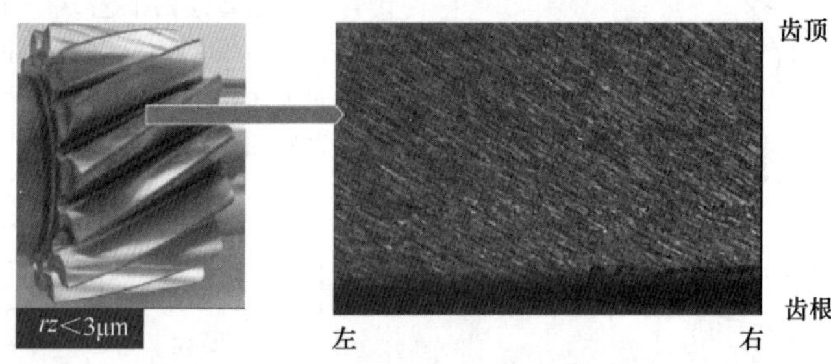

图 6.1-108　珩齿加工齿面纹理

1. 珩齿的原理与方法

1）珩齿原理。珩齿相当于一对交错轴斜齿轮传动，将其中一个斜齿轮换成珩磨轮，另一个斜齿轮就是被加工的齿轮。珩齿是自由啮合展成加工。珩磨轮本身是一个含有磨料的斜齿轮，其齿形面上均匀密布着磨粒。当珩磨轮与被加工齿轮以一定的转速旋转时，由于齿面啮合点之间产生相对滑动，粘固在珩磨轮齿面上的磨粒便按一定的轨迹从被加工齿轮的齿面上划过，在外加珩削压力的作用下，磨粒切入金属层，磨下极细的切屑，使被加工齿轮达到所要求的精度。为了珩出整个齿宽，齿轮必须在轴向做往复进给运动，基本原理如图 6.1-109 所示。

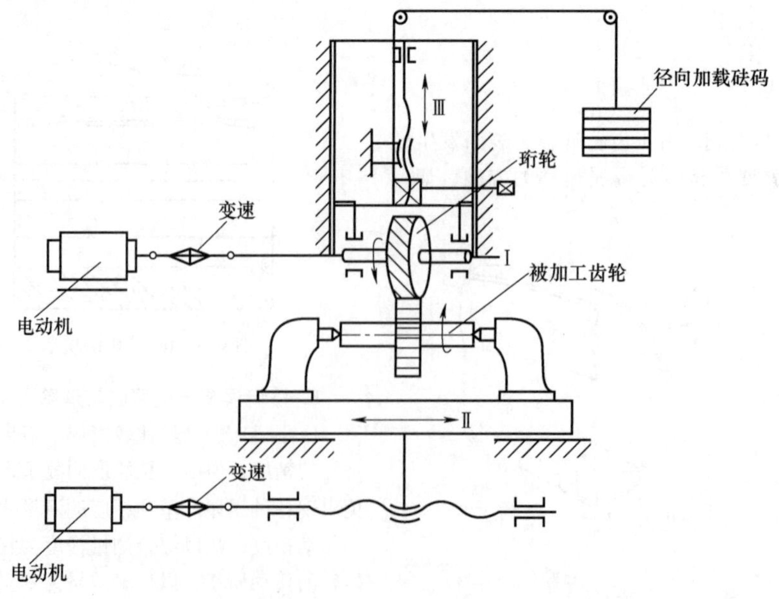

图 6.1-109　珩齿加工原理示意图

珩齿时的珩削速度就是珩磨轮与齿轮齿面啮合点的相对滑动速度，如图 6. 1-110 所示。

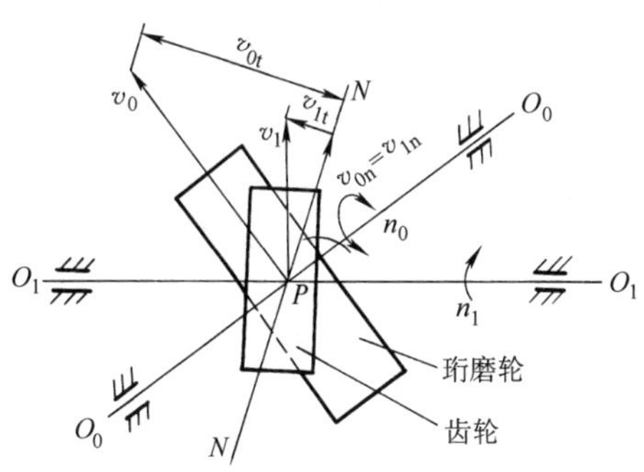

图 6. 1-110　珩削速度

由于啮合接触点是变化的，所以，沿齿廓各点的珩削速度也是变化的。

啮合点 P 的珩削速度 v_p：

$$v_p = v_{0t} \pm v_{1t} = v_0 \sin\beta_0 \pm v_1 \sin\beta = v_0 \frac{\sin(\beta_0 \pm \beta)}{\cos\beta} = v_0 \frac{\sin\Sigma}{\cos\beta}$$

式中　v_0——珩磨轮啮合点线速度；

β_0——珩磨轮螺旋角；

β——被珩齿轮螺旋角；

Σ——珩磨轮与齿轮两轴线的轴交角，$\Sigma=\beta_0 \pm \beta$，当两轮螺旋方向相同时，取“+”号，相反时，取“-”号。

珩削速度 v_p 随轴交角增大而增大，当被珩齿轮的螺旋角 β 一定时，v_p 随珩磨轮螺旋角 β_0 的增大而增大。

当珩磨轮的螺旋角 β_0 接近 90°时，则珩磨轮变成蜗杆形状，这是斜齿轮的一个特例，蜗杆珩磨轮珩齿就是利用这一原理加工的。此时，珩削速度 v_p 达到最大值。

当 $\beta_0=\beta=0°$ 时，是一对直齿圆柱齿轮传动。此时，珩削速度 $v_p=0$。

当 $\beta_0=-\beta$ 时，是一对斜齿圆柱齿轮传动。此时，珩削速度 $v_p=0$。

在选取珩磨轮螺旋角时，应避免使珩削速度等于零。

一般来说，外齿珩磨轮的螺旋角为 10°~15°，内齿珩磨轮的螺旋角为 8°~12°，蜗杆珩磨轮的螺旋角为 89°~89°10′。

2）珩齿加工方法和特点。珩齿加工相当于一对空间交错斜齿轮传动，由于珩磨轮可以做成内、外斜齿轮形状，也可以做成蜗杆形状，而被加工齿轮可以是直齿轮、斜齿轮、内齿轮和外齿轮，珩磨轮与被加工齿轮的不同啮合构成不同的加工方法，见表 6. 1-79。

表 6. 1-79　珩齿方法

分类方式	珩齿方法	图例
按运动轴运动方式	自由珩（刀具轴带动工件轴自由啮合）	珩磨轮、齿轮、$n_{被动}$、$n_{主动}$
	强力珩（刀具轴与工件轴分别由伺服电动机驱动）	珩磨轮、齿轮

（续）

分类方式	珩齿方法	图　　例
按珩磨轮形状	齿轮状珩磨轮珩齿法	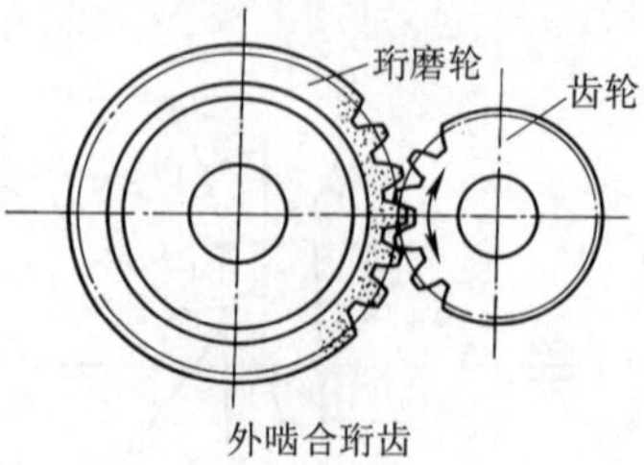 外啮合珩齿
		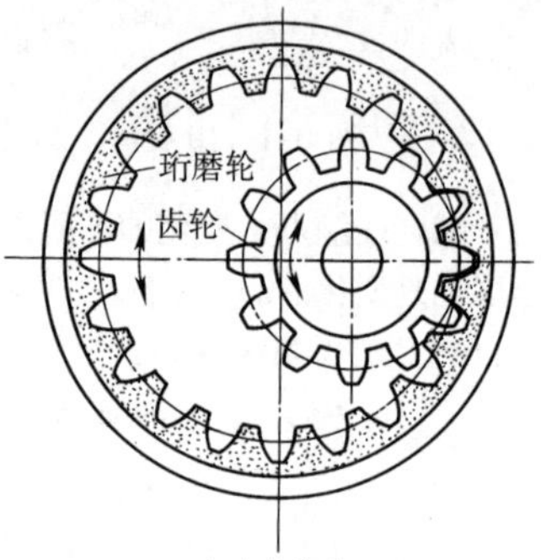 内啮合珩齿
	蜗杆状珩磨轮珩齿法	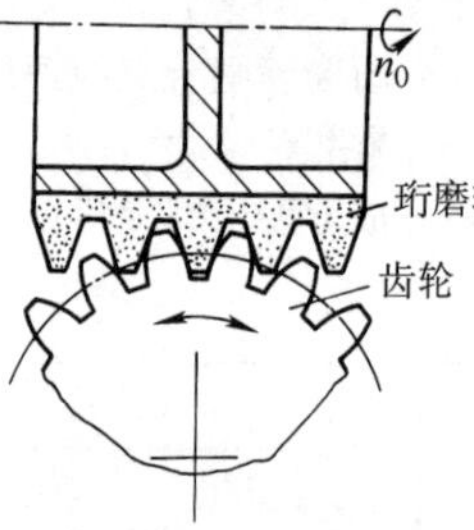
按啮合方式	外啮合珩齿法	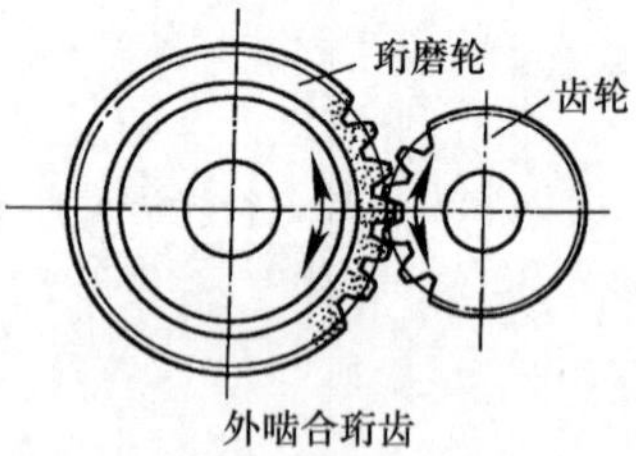 外啮合珩齿
	内啮合珩齿法	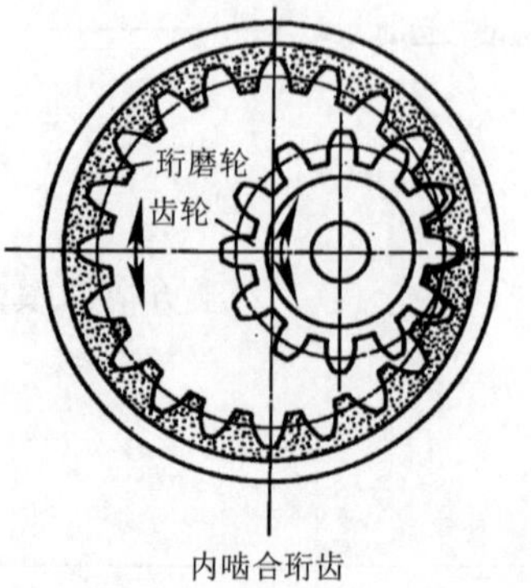 内啮合珩齿

（续）

分类方式	珩齿方法	图　例
按两轴的相对位置	平行轴珩齿法（珩磨时珩磨轮轴与工件轴平行）	珩磨轮 齿轮
	交叉轴珩齿法（珩磨时珩磨轮轴与工件轴交叉）	珩磨轮 齿轮
按珩磨时的啮合间隙	单面有隙珩齿法（珩磨时齿侧留有间隙）	
	双面无隙珩齿法（珩磨时齿侧无间隙）	
按珩磨时的压力	定压珩齿法（珩磨时接触面的压力一定）	
	变压珩齿法（珩磨时接触面的压力由大到小）	

外啮合型珩齿、内啮合型珩齿和蜗杆型珩齿是三种常用的珩齿形式。这三种珩齿形式及特点见表 6.1-80。

表 6.1-80　三种常用珩齿形式及特点

珩齿形式		外啮合型珩齿	内啮合型珩齿	蜗杆型珩齿
珩磨轮	形状	直齿或斜齿圆柱齿轮形	直齿或斜齿内齿圈形	大直径圆柱蜗杆形
	规格/mm	$\phi180\sim\phi240$	$\phi300\sim\phi400$	$\phi200\sim\phi350$
	基体材料	环氧树脂或合成橡胶，也有用金属基体表面涂金刚砂（或金刚石）		
	磨料	60#～320#的各种磨料，常用 80#～180#		
珩磨轮与工件轴交角/(°)		10～15	6～12	90 左右
珩齿重合度		一般小于 1.5	一般为 1.7～2	一般小于 1.5
珩削速度/(m/s)		1～3	0.3～3	10～20
珩齿齿厚余量/mm		0.01～0.03	0.03～0.08	0.03～0.10
适用范围		去除齿部的高点及毛刺，改善齿面的表面粗糙度，微量修正齿轮误差	去除齿部的高点及毛刺，有效改善齿面的表面粗糙度；可适当改善和提高齿轮精度。适用于珩多联和台肩齿轮	去除齿部的高点及毛刺，有效改善齿面的表面粗糙度；适当控制珩齿条件后，有一定的修正齿轮精度的能力

内啮合型珩齿与其他珩齿方法相比具有以下特点：

① 珩磨轮齿面与被加工齿轮齿面的接触范围较大，齿面啮合稳定，可以避免其他珩齿加工中经常发生的珩磨轮齿廓形状的损伤。

② 能同时稳定提高被加工齿轮的齿廓形状、螺旋线、齿圈径向跳动、齿面的表面粗糙度等指标的精度等级。

③ 内齿珩磨轮修整工具与被加工齿轮采用同一参数、同一齿廓形状设计制作，修整内齿珩磨轮时将被加工齿轮的特性转移到内珩轮，珩齿后容易得到接近被加工齿轮设计要求的齿廓形状。

④ 修整工具磨损后可以再次电镀金刚石和继续使用，修整工具的本体可重复使用。

按珩磨压力特性，珩齿工艺有单面有隙、双面变压、双面定压等珩齿工艺方法，其加工能力见表 6.1-81。

表 6.1-81　不同啮合特征珩齿法的加工能力

加工性能	单面有隙珩齿	双面变压珩齿	双面定压珩齿	强力珩
加工原理	珩齿过程中，珩磨轮与被加工齿轮的轮齿之间保持预定的啮合间隙（单面啮合），被加工齿轮具有可控制的制动力矩，使之在一定阻尼力下进行珩齿	珩齿过程中，珩磨轮与被加工齿轮的轮齿之间保持无间隙啮合（双面啮合）并有一定径向压力，随着珩齿的进行，压力逐渐减小，直到接近消失	整个珩齿过程中，珩磨轮与被加工齿轮的轮齿之间都是在预定压力下保持无间隙啮合（双面啮合），其压力由一定的机构维持不变	珩齿过程中，珩磨轮主轴与被加工齿轮主轴均由伺服电动机驱动，根据理论速度比强制啮合
误差修正能力	可微量修正轮齿的齿廓和螺旋线偏差，但不能修正齿轮的径向跳动	可修正轮齿的齿廓和螺旋线偏差，修正齿轮径向跳动的能力较强	可修正轮齿的齿廓和螺旋线偏差，有修正齿轮径向跳动的能力	对齿距偏差、径向跳动、齿廓和螺旋线偏差均有较强的修正能力
珩磨轮寿命	使用寿命长	珩磨轮受力较大，强度要求高，使用寿命较短	使用寿命较长	珩磨轮受力较大，强度要求高，使用寿命较短
生产率	生产率低	生产率较高	生产率比单面有隙珩齿高	生产率较高
适用范围	热处理加工变形小、珩前精度较好的齿轮	加工需修正齿轮径向跳动、余量较大的齿轮	加工需修正齿轮精度的齿轮	加工需修正齿轮齿距，径向跳动、余量较大的齿轮

2. 珩齿机

1）珩齿机类型与技术参数。依据齿轮三种常用的珩齿形式（根据珩磨轮形状和啮合形式确定）分别有三种常用的齿轮珩磨机：外啮合型珩齿机、内啮合型珩齿机和蜗杆型珩齿机。各类自由珩齿的珩齿机的型号和技术参数请阅本章附录表 6.7-13～表 6.7-15。

除专用的珩齿机外，还可利用剃齿机、铣床、车床等旧机床改装成珩齿机。

① 内啮合型珩齿机。内齿珩磨轮珩齿机的结构有两种类型：一种是顶尖式，另一种是悬臂式，如图 6.1-111 所示。顶尖式珩齿机是将被珩齿轮通过心轴安装在两顶尖之间，电动机驱动内齿珩磨轮旋转做主运动，带动被珩齿轮做从动运动，被珩齿轮做轴向往复运动，内齿珩磨轮做径向进给运动。悬臂式珩齿机是将内齿珩磨轮和被珩齿轮分别安装在主轴箱的主轴端和尾架端，由电动机驱动内齿珩磨轮旋转做主运动，带动被珩齿轮做从动运动，内齿珩磨轮做轴向往复运动，被珩齿轮做径向进给运动。

② 蜗杆型珩齿机。蜗杆珩磨轮珩齿机是将珩磨轮做成蜗杆形状与工件（外齿轮）展成啮合，在接触面的压力和相对滑移速度的作用下进行珩磨。必须是珩磨轮主动，工件被动并在工件上给予一定的传动阻尼。

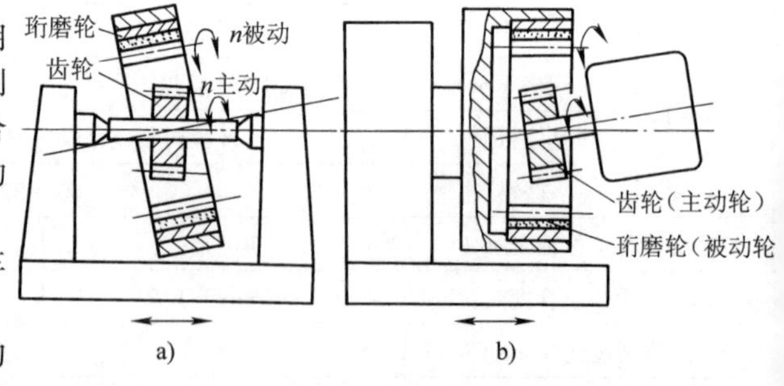

图 6.1-111　内齿珩磨轮珩齿机示意图
a）顶尖式　b）悬臂式

蜗杆珩磨轮珩齿机的工作原理如图 6.1-112 所示。珩磨轮由电动机驱动旋转做主运动，被珩齿轮由珩磨轮带动做从动运动。为了珩出全齿宽，被珩齿轮须做轴向往复运动。蜗杆型珩齿机的传动系统如图 6.1-113 所示。

③ 外啮合型珩齿机。外齿珩磨轮的珩齿原理与剃齿原理基本相同，也是应用一对斜齿圆柱齿轮按交错轴无侧隙啮合传动的原理。珩磨轮带动被加工齿轮自由啮合转动，在啮合点沿螺旋线切线方向产生相对

滑移速度进行展成珩削，所不同的是珩齿所用的刀具（珩磨轮）是含有磨料的塑料齿轮，在珩磨轮与被珩齿轮啮合传动过程中，借助齿面间的相对滑移速度和在珩磨轮与被加工齿轮间施加一定的径向压力进行珩削。图 6.1-114 所示是 Y4632A 外啮合型珩齿机的传动系统。

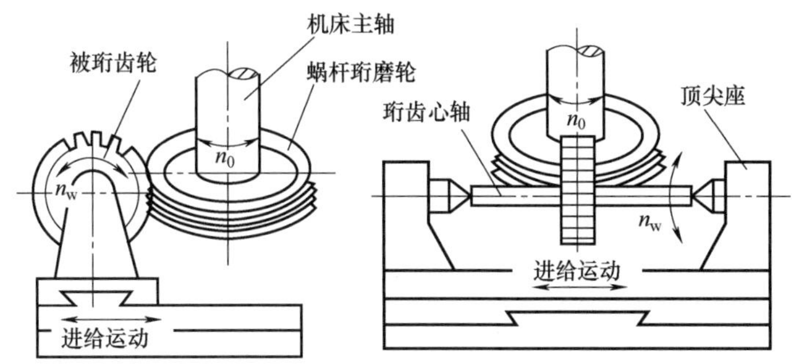

图 6.1-112　蜗杆珩磨轮珩齿机的工作原理

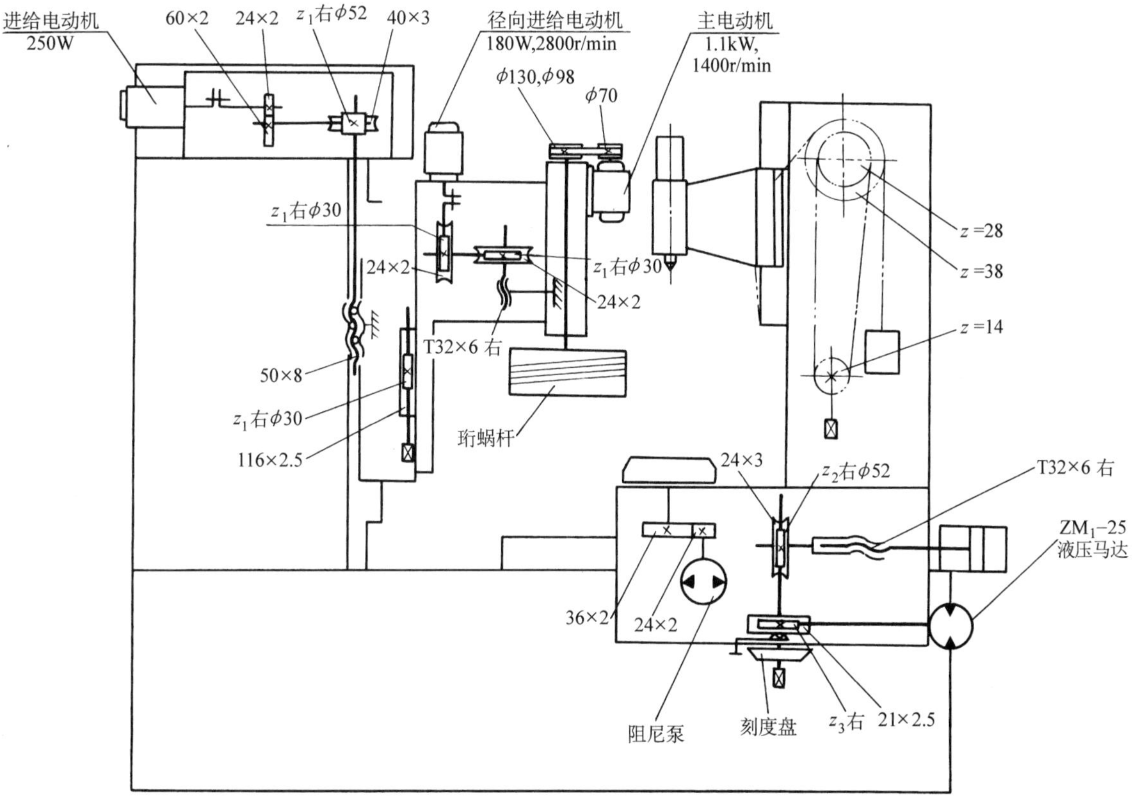

图 6.1-113　蜗杆型珩齿机传动系统

2）珩齿机主要几何精度（表 6.1-82）。

表 6.1-82　珩齿机的几何精度

项　　目	公差/mm
两顶尖锥面的跳动	0.003
两顶尖轴线的同轴度	0.005
主轴径向跳动	0.005

（续）

项　　目	公差/mm
两顶尖轴线连线对工作台轴向进给导轨的平行度	0.005/300
工作台径向进给导轨对轴向导轨的垂直度	0.01/100

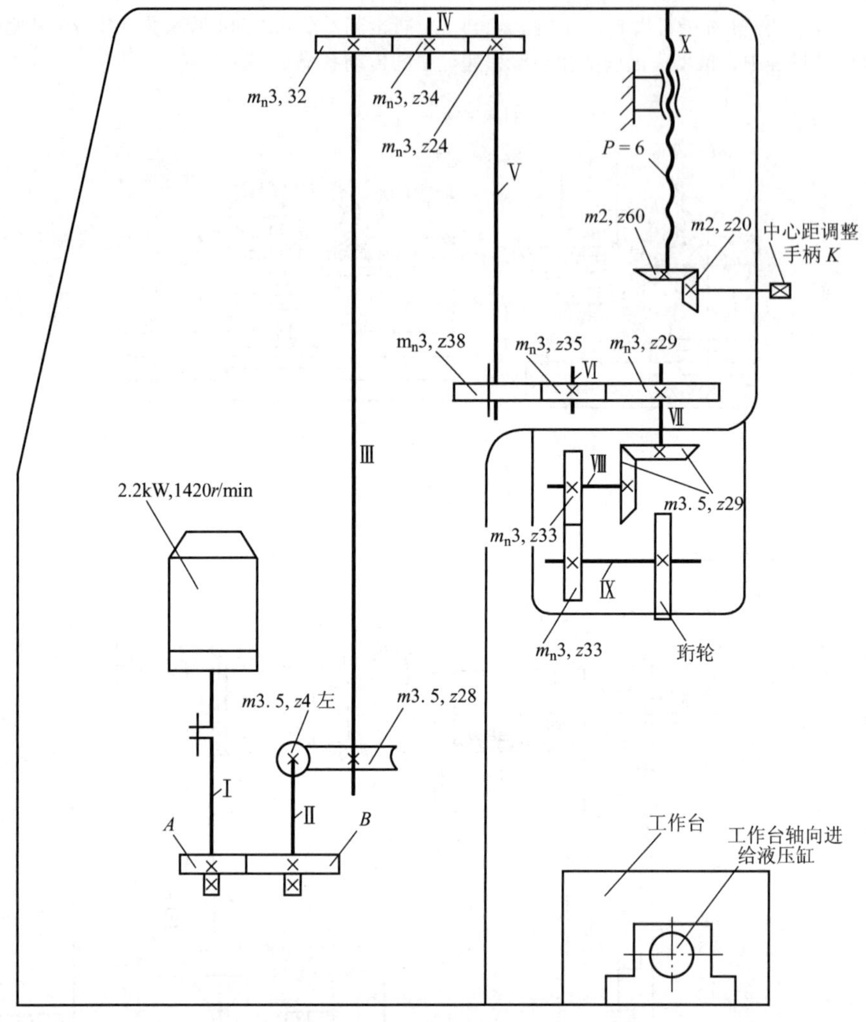

图 6. 1-114　Y4632A 珩齿机传动系统

3）珩齿机与被加工齿轮、夹具的连接。被加工齿轮一般通过珩齿心轴安装在珩齿机工作台的顶尖架上。若采用单面有隙珩磨法加工，需施加制动力矩时，可用夹头将珩齿心轴与阻尼盘的拨叉连接起来。

4）强力珩齿机。上述三种珩齿机主要指的是自由珩齿机，由于自由珩齿对齿轮齿距累积误差无修正能力，因此自由珩齿工艺目前已经很少采用，自由珩的珩齿机也逐渐停产。近年，以 Praewema 和 Gleason 公司为代表的企业推出了具有强制啮合效果的强力珩齿机，逐渐替代了自由珩齿机。

强力珩齿机被加工齿轮主轴与刀具主轴都是由电动机强制驱动的，也可以理解为利用珩齿运动的磨齿，得到与磨齿不同的切削纹理。强力珩齿的两个主轴是强制啮合的，所以强力珩齿对齿轮的齿距累积误差有较强的修正能力，且强力珩齿的单边余量可达 0. 05~0. 08mm。图 6. 1-115 所示是 Praewema 公司生产的强力珩齿机，两个主轴是强制啮合运动的。表 6. 1-83 所列是国内外强力珩齿机类型与技术参数。

表 6. 1-83　国内外强力珩齿机类型与技术参数

技术参数	南京二机床有限责任公司	Praewema 公司
	Y4830CNC	305HSD-A-W
最大被加工齿轮直径/mm	ϕ300	ϕ260
最大加工模数/mm	4	5
最大被加工齿轮宽度/mm	120	80
被加工齿轮压力角/(°)	14~40	14~40

（续）

技术参数	南京二机床有限责任公司	Praewema 公司
	Y4830CNC	305HSD-A-W
珩磨轮直径尺寸/mm	ϕ400	ϕ400
珩磨轮宽度尺寸/mm	20、24、30、40、50、60	≤80
被加工齿轮最高转速/(r/min)	6000	10000
珩磨轮最高转速/(r/min)	1500	3000
机床重量/kg	10000	13000

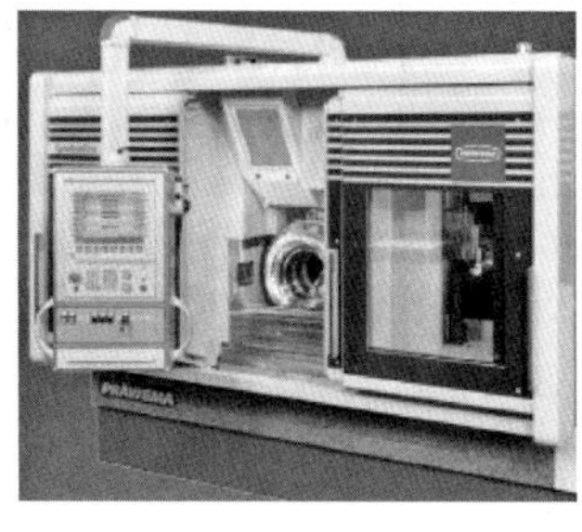

图 6.1-115　Praewema 公司生产的强力珩齿机

3. 珩齿夹具

珩齿夹具的基本结构与剃齿和磨齿夹具相似，其主要要求如下：

1）精度要求。珩齿夹具的精度直接影响珩后齿轮的精度，尤其是影响螺旋线的精度。夹具定位表面的径向跳动应不大于 0.005mm，轴向跳动应不大于 0.003mm。珩齿心轴中心孔应进行研磨，表面粗糙度要求 $Ra0.32\mu m$，着色面积应不少于 85%（沿圆周不许间断）。要求珩齿心轴与齿轮孔的配合间隙小，为使安装偏心控制到最小，可采用按齿轮孔径尺寸公差分组（如三组）的心轴。

2）珩齿夹具的种类。

① 普通型珩齿夹具。采用螺母压紧的珩齿心轴，为保证螺纹节线与心轴轴线平行，应将螺纹进行磨削。这种夹具制造容易，缺点是装卸被加工齿轮时间较长，在单件和小批生产中被广泛采用。

② 快速型珩齿夹具（图 6.1-116）。快速型珩齿夹具是利用珩齿机顶尖座中的液力（或弹簧力）压紧的。这种夹具制造困难，但可缩短被加工齿轮装卸时间，生产率高，在大批量生产中被广泛采用。

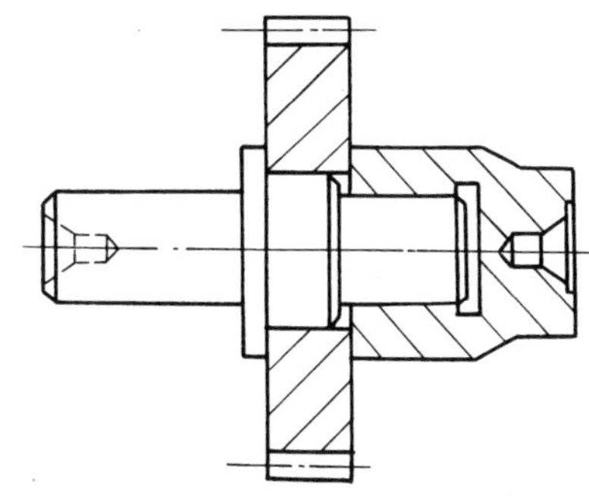

图 6.1-116　快速型珩齿夹具

③ 大型珩齿夹具。比较大而重的盘形齿轮宜放在立式珩齿机上加工。珩齿夹具安装在珩齿机的工作台上，须调整找正定位表面的径向跳动和轴向跳动，使其在公差范围内。

④ 强力珩齿夹具。由于强力珩齿，被加工齿轮需要被工件主轴强制驱动，所以被加工齿轮与主轴应保持相对静止关系，所以强力珩齿的夹具需要将被加工齿轮固定到工件主轴上，一般情况下使用的是液压夹紧式夹具。

4. 珩磨轮

1）珩磨轮结构。珩磨轮按其结构形状可分为三种：外啮合齿轮形珩磨轮，内齿圈形珩磨轮，蜗杆形珩磨轮。目前大部分的珩磨轮结构由齿部和心部组成，齿部用环氧树脂和磨料等混合浇注成型，心部用碳素钢、铸铁或工程塑料制成（图 6.1-117）。对于齿部的齿廓形状，齿轮形珩磨轮为渐开线齿形，蜗杆形珩磨轮为法向直廓蜗杆齿形。

心部的安装尺寸：外啮合齿轮形珩磨轮为直孔，一般与剃齿刀的孔径相同，为 63.5mm；蜗杆形珩磨轮为锥孔，锥度为 1∶5，大端直径为 60mm（宜昌长江机床有限责任公司 Y4732 型）；内齿圈形珩磨轮为外圆定位，直径大小按珩磨轮大小确定。

2）珩磨轮材料的选择。珩齿属于低速磨削、研磨和抛光相结合的综合加工方法，磨料一般选用硬度高、韧性大的白刚玉（WA）。磨料粒度按模数大小选择，模数越小，选用的粒度越细，见表 6.1-84。

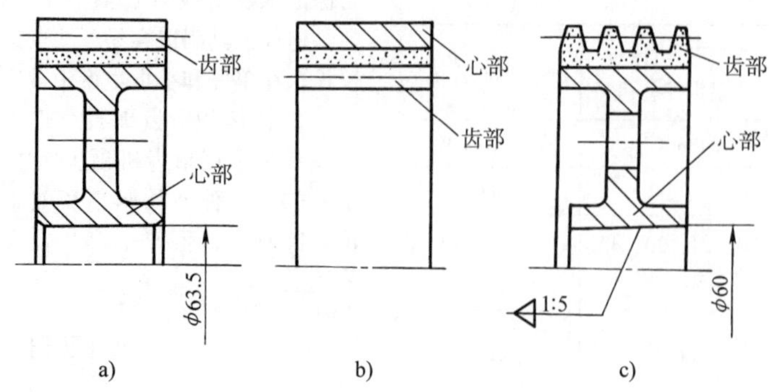

图 6.1-117　珩磨轮结构
a）外啮合齿轮形珩磨轮　b）内齿圈形珩磨轮　c）蜗杆形珩磨轮

表 6.1-84　磨料的选用

模数/mm	蜗杆形珩磨轮	齿轮形珩磨轮
1~2.5	WA150°~180°	WA180°~240°
2.5~4	WA120°~150°	WA150°~180°
4~6	WA100°~120°	WA120°~150°

3）珩磨轮的精度要求。

① 齿轮形珩磨轮的精度和技术要求。齿轮形珩磨轮分为“A”和“B”两级精度，规定了齿圈的运动精度和基准孔精度。珩磨轮齿圈检验项目及公差见表 6.1-85，基准孔公差及支承面轴向跳动公差见表 6.1-86。

表 6.1-85　珩磨轮齿圈检验项目及公差

公称分度圆直径 d/mm	检验项目	法向模数 m_n /mm	公差/μm	
			A 级	B 级
180 或 240	齿圈径向跳动 F_r	1~3.5	71	90
		3.5~6	90	112
		6~8	100	125
	公法线长度变动量 ΔF_w	1~8	50	71

表 6.1-86　基准孔公差及支承面轴向跳动公差

珩磨轮精度等级	基准孔公差/μm	支承面轴向跳动公差/μm
A 级	30	7
B 级	46	10

② 蜗杆形珩磨轮的精度和技术要求。蜗杆形珩磨轮的精度和技术要求见表 6.1-87。蜗杆形珩磨轮的法向截面相当于与齿轮啮合的齿条，因此其法向齿形角和法向基节应与被珩齿轮的参数相同。

表 6.1-87　蜗杆形珩磨轮的精度和技术要求

（mm）

珩齿精度	珩磨轮坯精度		齿部精度			
	齿槽对内孔径向跳动	端面对内孔的跳动	齿形角	齿形	齿距	三齿累积
7 级	0.01	0.015	±3′	0.005~0.01（只允许中凹）	±0.004	0.008

5. 珩齿工艺

（1）珩削方法和珩齿条件的选用

1）自由珩齿。珩磨轮带动被加工齿轮自由啮合切削，只有刀具主轴或被加工齿轮主轴一个强制运动轴。由于自由啮合切削，对被加工齿轮齿距累积误差无修正能力。

① 单面啮合珩齿法与双面啮合珩齿法。单面啮合珩齿一般用于消除齿面局部高点及毛刺，改善齿面的表面粗糙度，微量修正齿轮珩前精度。

双面啮合珩齿时，珩磨轮和被珩齿轮的左、右齿面都存在珩齿压力，两面同时进行珩齿。双面珩齿的效率高，可去除较多的珩齿余量，能明显修正珩前齿轮误差，所以一般都采用这种方法。

② 定压珩齿和变压珩齿。单面啮合珩齿时，一般用机械摩擦装置或负荷油泵对被珩齿轮施加一定的制动力矩，以实现珩齿压力恒定的单面啮合定压珩齿。

双面啮合珩齿时，当把珩磨轮和被珩齿轮调整到无侧隙啮合中心距后，继续做径向进给，然后固定此中心距，形成齿面间的珩齿压力。随着珩齿过程的进行，齿面金属被切除，珩齿压力下降直至消除，这种方法称为双面啮合变压珩齿。

在双面啮合珩齿中，也可利用珩齿机的定压珩齿机构来实现定压珩齿。为获得恒定珩齿压力，珩磨轮和被珩齿轮的中心距是变化的，因此称为变中心距双面啮合定压珩齿。

2）强力珩齿。强力珩齿是被加工齿轮主轴与刀具主轴都有电动机驱动，两个主轴强制啮合，所以强力珩齿对齿轮的齿距累积误差有较强的修正能力，用于对齿轮整体精度的修正。

3）对珩前齿轮精度的要求。珩前齿轮的精度与珩齿精度有密切的关系，如果珩前齿轮精度太低，就不能完全依靠珩齿来修正。必须对珩前齿轮的精度提出合理的要求。由于自由珩齿与强力珩齿对齿轮精度修正能力是不同的，以及相同珩齿工艺对各项误差修正的能力也是不同的，所以应分别提出不同的要求。

① 自由珩齿。珩齿加工对传动平稳性有关的误差修正能力较强，而对传递运动准确性有关的误差修正能力较差。根据这一特点，对基节偏差、齿廓偏差比最终要求的精度可以低一级，而对齿距累积误差、公法线长度变动，只能保持同级或低半级。

珩齿加工对齿圈径向跳动修正能力较强，但修正后会影响公法线长度变动及齿廓不一致的误差。因此必须严格控制珩前的齿圈径向跳动，才能获得较好的珩齿精度。

珩齿加工对螺旋线偏差具有一定的纠正能力，它与沿齿长方向的接触长度有关。内啮合珩齿因轴交角很小，齿面接触长度最长，所以纠正螺旋线偏差的能力最强，珩前精度可以低一级。蜗杆形珩磨轮珩磨法珩齿轴交角很大，接触面积理应最小，但蜗杆形珩磨轮的直径很大（相对于模数来说），齿面接触长度有所增长，珩磨窄齿轮，纠正螺旋线偏差的效果较为明显，珩磨宽齿轮，纠正能力相对较差。一般要求珩前螺旋线偏差精度不低于半级。

② 强力珩齿。强力珩齿是强制啮合切削，对齿轮的整体精度均有较强的修正能力，但由于珩齿的余量限制，修正能力也有局限，即珩齿前齿轮的综合精度误差的矢量和要小于珩齿的单边余量，否则会出现切削黑皮现象。

4）工艺参数选择与计算。

① 珩齿切削用量的选择见表 6.1-88。

② 加工余量的确定。珩齿加工已不再以改善齿面的表面粗糙度为目的，而是作为齿形精加工的独立工序而存在，必须留有足够的余量。余量选择见表 6.1-89。

表 6.1-88　珩齿切削用量

珩齿方法	蜗杆式珩齿	内啮合珩齿	外啮合珩齿
珩削速度/(m/s)	20~25	0.3~1.5	0.7~2
轴向进给量	0.6~1.2mm/r	1000~3000mm/min	300~500mm/min
径向进给量	0.01~0.03mm/dstr	0.01~0.04mm/min	0.01~0.04mm/min

表 6.1-89　余量选择

模数/mm	加工余量/mm
1~2.5	0.03~0.06
2.5~4	0.04~0.08
4~6	0.05~0.10

表 6.1-88 和表 6.1-89 都是针对自由珩齿而言的，对于强力珩齿，其珩削速度和余量还可以适当增加。

（2）外啮合型珩齿机和蜗杆型珩齿机的调整（表 6.1-90）

表 6.1-90　珩齿机的调整计算

项目内容	外啮合型珩齿机	蜗杆型珩齿机	调整方法
轴交角	$\Sigma=\beta\pm\beta_0$ 式中　β——被加工齿轮螺旋角 β_0——珩磨轮螺旋角 被加工齿轮与珩磨轮螺旋角相同时取“+”，反之取“-”		调整刀架螺旋角
	常用 $\Sigma=15°$	由被加工齿轮和珩磨轮参数决定	
切削速度	$v=\pi d_0 n_0 \sin\Sigma/1000\cos\beta_0$ 式中　d_0——珩磨轮节圆直径（mm） n_0——珩磨轮转数（r/min）		1. 外啮合型珩齿机更换交换齿轮 2. 蜗杆型珩齿机更换带轮
	常用 $v=1.17\sim1.6$m/s	常用 $v=10\sim15$m/s	

（续）

<table>
<tr><th>项目内容</th><th>外啮合型珩齿机</th><th>蜗杆型珩齿机</th><th>调整方法</th></tr>
<tr><td>行程长度</td><td colspan="2">$L=b+2m$　　$L=b+(2\sim4)m$
式中　b——齿宽（mm）
m——工件模数（mm）</td><td>调整挡块</td></tr>
<tr><td>工作台轴向进给速度</td><td>进给速度
$v=fn_0z_0/z$
式中　f——进给量，一般取 0.2～0.6mm/工件每转
z_0——珩磨轮齿数
z——被加工齿轮齿数
n_0——珩磨轮转速（r/min）</td><td></td><td>液压无级调速，范围为 20～300mm/min，用调速阀调整工作台速度</td></tr>
<tr><td>蜗杆珩磨轮垂直进给速度</td><td></td><td>垂直进给速度
$v=n_0f/z$
式中　n_0——珩磨轮转速（r/min）
f——被加工齿轮每转进给量，一般取 1～1.5mm/r
z——被加工齿轮齿数</td><td>更换交换齿轮</td></tr>
<tr><td>工作台径向进给量和行程次数</td><td></td><td>$F=\delta/2\sin\alpha$
式中　F——总的径向进给量
δ——齿厚方向珩齿余量（mm）
α——被加工齿轮压力角</td><td>1. 径向进给量可用控制盘上的挡块调整
2. 行程次数可以预选，一般 2～3 次完成一个工作循环</td></tr>
<tr><td>鼓形齿</td><td>与一般剃齿机相同</td><td>靠模</td><td>靠模的鼓形量按加工要求和机床杠杆机构比设计</td></tr>
<tr><td>珩削压力</td><td colspan="2">定压珩齿径向压力选用
<table>
<tr><td>被加工齿轮模数/mm</td><td>1.5</td><td>1.75</td><td>2</td><td>2.25</td><td>2.5</td><td>3</td><td>3.5</td></tr>
<tr><td>压力/N</td><td>10～100</td><td>50～150</td><td>60～180</td><td>80～220</td><td>100～250</td><td>130～300</td><td>180～350</td></tr>
</table></td><td>1. 外啮合型珩齿机用砝码调整径向压力
2. 蜗杆型珩齿机调整工作台液压阻尼</td></tr>
</table>

（3）内啮合型珩齿机的调整

目前，国内外内啮合型珩齿机大都采用数字控制，机床的调整都比较简单，在选择参数后，机床可以进行自动调整。

表 6.1-91 所列是推荐的内啮合珩齿切削用量。

表 6.1-91　内啮合珩齿推荐切削用量

加工种类		珩磨轮转速/(r/min)	径向切入总量/mm	每行程的径向切入量/mm
修整珩磨轮	齿面	30～70	0.03～0.06	0.002～0.005
	齿根	200～400	与齿面修整量对应	0.003～0.008
珩齿加工		200～400	0.04～0.08	0.002～0.005

内珩齿时行程长度根据被加工齿轮齿廓形状、螺旋线是否修形确定。齿廓形状、螺旋线修形时，内珩齿行程长度一般取±(2～3)mm；齿廓形状、螺旋线不修形时，内珩齿行程长度一般取±(5～7)mm。增大行程可以提高修整工具修整能力和内珩轮寿命。行程速度一般是齿轮转一圈轴向移动 0.2～0.5mm，径向切入量较大时行程速度取小值。

（4）珩削液的选择

珩削液在珩齿过程中起着冷却、润滑及冲走切屑的重要作用。蜗杆形珩磨轮珩齿的珩削速度高，齿面摩擦产生的热和切屑形成过程产生的热易使齿面烧伤退火，甚至产生裂纹。一般选择以煤油为基体的珩削液，其配方如下：煤油：85%～90%；机械油（N32）：10%～15%。

煤油的黏度低，冷却作用强，加入适量的机械油，可增强润滑性能，提高黏度以减少雾化，并降低燃点。上述珩削液同时具有较强的冷却和润滑作用，使用效果好。珩削液的流量要大，以增强冷却和冲走切屑的作用，延长珩磨轮的寿命。

6. 珩齿常见问题及解决方法（表 6.1-92）

表 6.1-92　珩齿常见问题的产生原因与解决方法

常见问题		简　图		产生原因	解决方法
齿廓偏差	压力角偏差			珩磨轮齿廓角偏大	精修珩磨轮齿廓
				珩磨轮齿廓角偏小	精修珩磨轮齿廓
	齿廓不对称		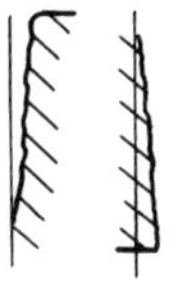	珩磨轮未修好	精修珩磨轮齿廓
				珩磨轮未修好	精修珩磨轮齿廓
	齿廓上部局部凹下			珩磨轮下齿面未修好	精修珩磨轮齿廓
	齿廓下部局部凸起			珩磨轮齿顶棱角磨损和珩磨轮齿厚太厚，下齿面珩不到	精修珩磨轮齿廓或修薄珩磨轮齿厚
	齿廓中凹			重合度不理想	对珩磨轮齿廓进行中凹修整
螺旋线偏差	呈锥形		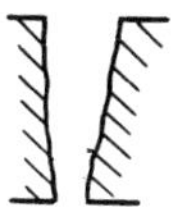	齿轮轴线与轴向进给运动方向不平行	调整两顶尖中心连线对导轨的平行度

（续）

常见问题		简图		产生原因	解决方法
螺旋线偏差	不对称			珩磨轮螺旋线与齿轮螺旋线不平行	调整轴交角或调整两顶尖中心连线对导轨的平行度
	齿的两端或一端凸起			行程长度不足	调整行程长度
	齿的两端或一端凹下			行程长度超越太大	调整行程长度
	逐齿变化			工件齿定位端面与内孔不垂直，或珩齿夹具定位端面与定位心轴不垂直	修磨工件齿轮或夹具的定位基准端面
	有规则的大波纹			轴向进给量太大	减少轴向进给量

6.1.9 磨齿

磨齿是齿轮精加工的一种方法，磨齿不仅能纠正齿轮预加工产生的各项误差，而且能加工淬硬的齿轮，其加工精度比剃齿和珩齿高。磨齿的主要缺点是生产率较低，加工成本较高。自从出现了蜗杆砂轮磨齿机和立方氮化硼（CBN）成形砂轮磨齿机等新型磨齿机床，磨齿效率成倍提高，加工成本不断下降，这就使磨齿工艺在大量生产中逐渐得到广泛采用。

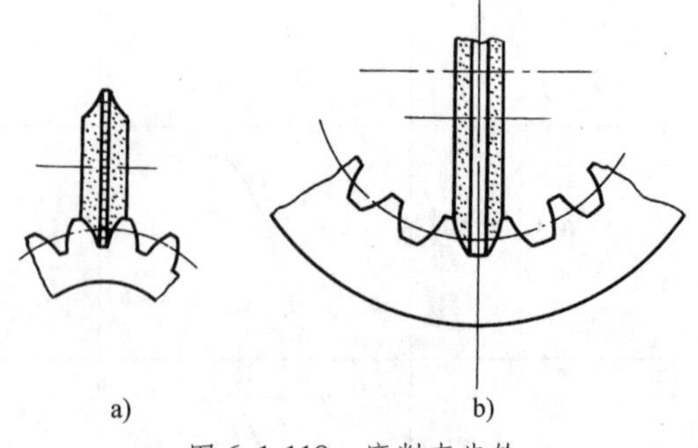

图 6.1-118 磨削直齿轮
a）外齿轮 b）内齿轮

1. 磨齿的原理和方法

1）成形法磨齿原理。成形法磨齿是利用成形砂轮磨削齿轮的渐开线齿廓或其他齿廓。磨削直齿轮时（图 6.1-118），砂轮轴线垂直于齿轮的轴线，砂轮截形的中心线和齿轮齿槽的中心线相重合，砂轮的截形就相当于齿轮齿槽的截形，砂轮的外圆修整成相应的圆弧线或以直线来代替圆弧线。

磨削斜齿轮的齿形时，用“无瞬心包络法”形成齿面。砂轮的轴线位于齿轮齿槽的法向平面内，砂轮的轴向截形既不同于齿轮齿槽的法向截形，也不同于齿轮齿槽任何截面的形状，而是用“无瞬心包络法”形成的一条比较复杂的曲线。它的截形不仅和被磨齿轮的参数有关，而且随着砂轮直径的变化而变化。

2）展成法磨齿原理。

① 锥面砂轮磨齿原理。锥面砂轮磨齿是按照齿轮和齿条的啮合原理进行的。砂轮相当于假想齿条上

的一个齿，齿轮的节圆沿齿条的节线做纯滚动（图 6.1-119）。被磨齿轮装在头架的主轴上，沿节线一面做横向往复移动，一面通过传动机构使被磨齿轮随主轴绕自身轴线做反复转动。被磨齿轮的移动和转动必须保持一定的相对关系，齿轮旋转一转，其移动距离应等于被磨齿轮节圆的圆周长，这样就可以磨出要求的渐开线齿廓。

在磨斜齿轮时，砂轮和齿轮的相对运动相当于斜齿条和斜齿轮的啮合传动。斜齿条的倾斜角等于斜齿轮磨削节圆上的螺旋角，砂轮往复运动的斜线和齿轮轴线之间的夹角也应等于这一倾斜角；砂轮锥面的角度应等于斜齿条的法向齿廓角。磨完一个齿槽后，应进行分度磨下一个齿槽。工件的分度运动是当工件从一端展成到另一端时，进行一次分度，也可以进行双行程分度，即当工件展成一个往复后，进行一次分度。为了磨出齿轮整个宽度上的齿面，砂轮还必须沿齿轮轴向进行往复运动。

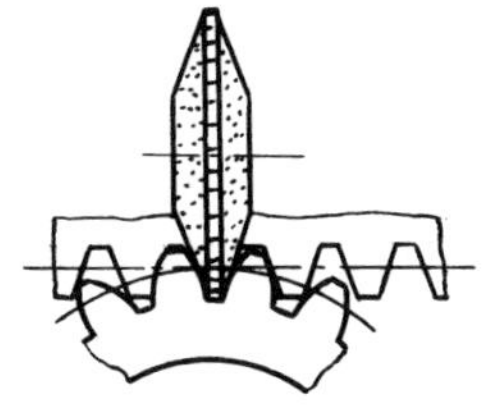

图 6.1-119　锥面砂轮磨齿原理

② 碟形双砂轮磨齿原理。碟形双砂轮磨齿是采用一对碟形砂轮进行磨齿。它的原理和锥面砂轮磨齿原理一样，也相当于齿轮和齿条相啮合。所不同的是，它是以两个碟形砂轮的工作棱边作为假想齿条的两个对应齿面。工作时，被磨齿轮的齿面按展成原理进行滚动磨削，如图 6.1-120 所示。

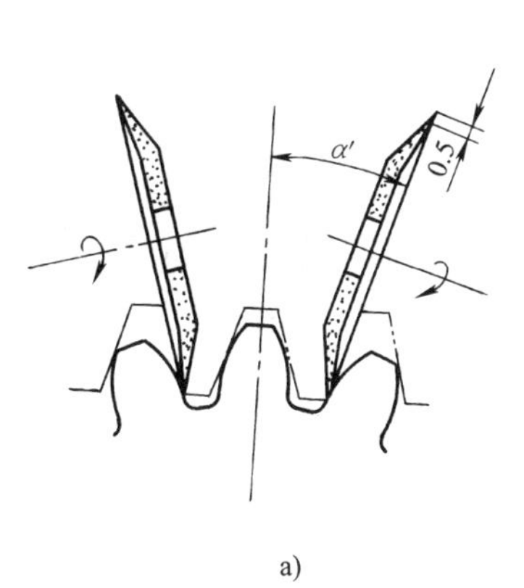

a)

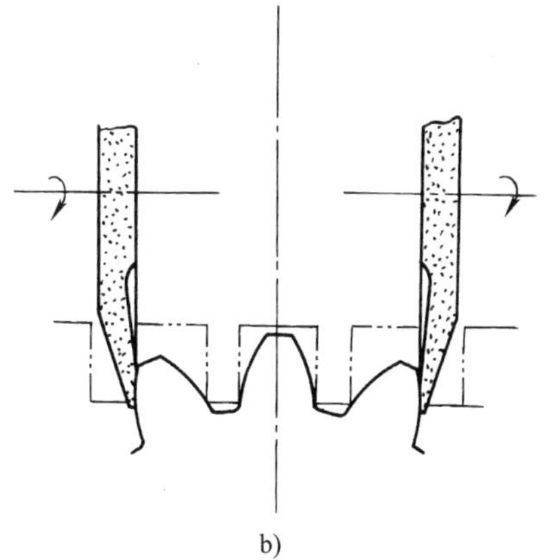

b)

图 6.1-120　碟形双砂轮磨削方法

a）15°/20°磨削法　b）0°磨削法

砂轮的倾斜角 α' 可以调整成 15° 或者 20°（图 6.1-120a），构成假想齿条的压力角，齿轮的磨削节圆沿假想齿条的节线进行滚动展成渐开线。

当两个砂轮的磨轴调到水平位置在同一轴线上时，则为 0°磨削法（图 6.1-120b）。这就相当于磨削角 $\alpha'=0°$。这时砂轮代表 0°齿条和被磨的齿轮相啮合，齿轮的磨削节圆直径就等于它的基圆直径，砂轮磨削时和齿轮的啮合线就是和齿轮基圆相切的一条水平直线。

③ 大平面砂轮磨齿原理。大平面砂轮磨齿机也是利用齿轮齿条啮合原理，用展成法加工齿轮的。它用大平面砂轮的工作面作为假想齿条的一个齿面，同时给被磨齿轮以必要的展成运动，就可磨削出所需的渐开线齿形，如图 6.1-121 所示。

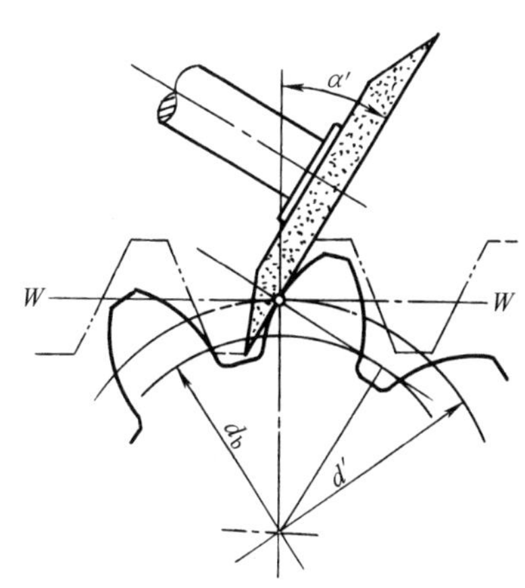

图 6.1-121　大平面砂轮磨齿原理

按展成方法分，大平面砂轮磨齿机主要有两类，一类是采用凸轮和挡块作为展成元件，一类是采用钢带和滚圆盘作为展成元件。大平面砂轮型磨齿机均无轴向进给运动。

④ 蜗杆砂轮磨齿原理。蜗杆砂轮相当于一个渐开线蜗杆，用蜗杆形砂轮磨削渐开线圆柱齿轮，其基本原理类似于滚齿加工，砂轮与被加工齿轮啮合旋转，被加工齿轮做连续分度并展成渐开线齿形（图 6.1-122）。其传动速比取决于蜗杆的头数和齿轮的齿数。当蜗杆砂轮的螺线为单头时，砂轮每转一转，被磨齿轮转过一个齿。当蜗杆砂轮的螺线为双头时，砂轮每转一转，被磨齿轮转过两个齿。

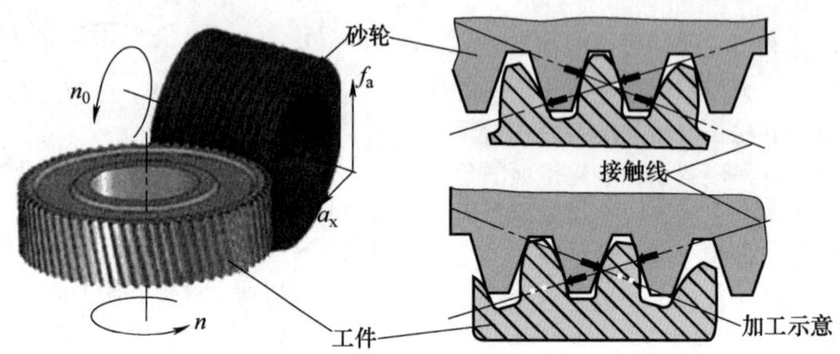

图 6.1-122　蜗杆砂轮磨齿原理

磨齿的过程中，蜗杆砂轮还须沿被磨齿轮的轴线做进给移动，使被磨齿轮的全齿宽都能磨到。在磨斜齿轮时，还须通过差动装置，使被加工齿轮得到附加转动，从而得到要求的螺旋角。蜗杆砂轮磨齿是不间断地进行连续分度，因而生产率高，分齿精度也高。

⑤ 渐开线包络环面蜗杆砂轮磨齿原理。渐开线包络环面蜗杆砂轮的外形为环面蜗杆形，和被加工齿轮的外形相包容（图 6.1-123）。环面蜗杆砂轮轴向剖面的几何形状近似于被磨齿轮的齿廓，环面蜗杆和被磨齿轮的啮合为线接触。磨斜齿轮时，在一定的齿宽范围内，能扩展到齿轮的全齿宽，因而砂轮无须沿齿轮轴线方向进给就能磨及齿轮的全齿宽。磨直齿轮时，齿轮相对于环面蜗杆砂轮还须做轴向进给。用这种方法磨削齿轮不仅磨削效率极高，而且磨齿精度特别高。

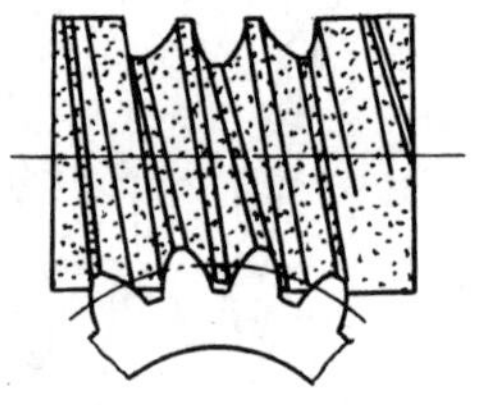

图 6.1-123　环面蜗杆砂轮磨齿原理

2. 磨齿机

(1) 圆柱齿轮磨齿机类型（表 6.1-93）

表 6.1-93　圆柱齿轮磨齿机类型

磨齿机类型	砂轮型式	机床结构	性能特点	试用范围			典型机床
				工件规格	磨齿精度（按 GB/T 10095—2008）	生产批量	
外齿圆柱齿轮磨齿机	碟形双砂轮型	卧式	1. 齿廓精度高 2. 螺旋线精度高 3. 齿距精度高 4. 公法线长度变动小 5. 齿圈径向跳动小 6. 修形较理想 7. 调整麻烦 8. 生产率低	m：1~20mm z：10~260 d：20~1000mm	3~5 级	小批、批量生产	Y7032A（中国） Y7063（中国） SD-32X（瑞士） SD-62/82（瑞士） HSP-80（瑞士） HSP-90/100（瑞士）

（续）

磨齿机类型	砂轮型式	机床结构	性能特点	试用范围			典型机床
				工件规格	磨齿精度（按 GB/T 10095—2008）	生产批量	
外齿圆柱齿轮磨齿机	碟形双砂轮型	立式	1. 公法线长度变动小 2. 齿圈径向跳动公差大 3. 修形较理想 4. 生产率低	m：4~36mm z：12~780 d：350~4700mm	4~6 级	小批、批量生产	SHS-180/240（瑞士） HSS-460B（瑞士）
	锥面砂轮型	卧式	1. 齿廓精度高 2. 螺旋线精度高 3. 齿圈径向跳动小 4. 斜齿轮螺旋线修形不理想 5. 调整简单 6. 生产率较高	m：4~36mm z：12~780 d：350~4700mm	4~5 级	单件、小批、批量生产	Y7132A（中国） YM7132A（中国） YM7132A/1（中国） KZ1（瑞士） KZ1A（瑞士）
		立式	1. 齿廓、螺旋线有波浪形 2. 齿圈径向跳动小 3. 斜齿轮螺旋线修形不理想 4. 调整简单 5. 生产率较高	m：1~32mm z：12~600 d：20~3500mm	4~6 级	单件、小批、批量生产	Y7150D（中国） ZSTZ315C3（德国） ZSTZ630C3（德国） ZSTZ06（德国） ZSTZ10（德国） ZSTZ16（德国） ZSTZ25（德国） H500（德国） H630（德国） H800（德国） H1000（德国） H1600（德国） H2000（德国） H2500（德国） H3500（德国）
	蜗杆砂轮型	立式	1. 周节累积误差小 2. 螺旋线修形精度高 3. 生产率高 4. 调整简单 5. 齿廓精度在一定程度上受修正工具精度影响	m：1~8mm z：6~260 d：10~700mm	3~6 级	成批、大批量生产	YK7232（中国） YK7236（中国） RZ301S、RZ801 RZ326（瑞士） TAG300（美国） KX260（德国） LGG180 LGG280（德国）
	成形砂轮型	卧式	1. 齿廓修形理想 2. 周节累积精度高 3. 齿圈径向跳动小 4. 生产率高 5. 调整方便	m：1~12mm z：8~140 d：30~630mm	4~6 级	成批、大批量生产	SU-RI370（意大利） SU-RI375G（意大利） YS7332（中国） YS7363（中国）

（续）

磨齿机类型	砂轮型式	机床结构	性能特点	试用范围			典型机床
				工件规格	磨齿精度（按GB/T 10095—2008）	生产批量	
外齿圆柱齿轮磨齿机	大平面砂轮型	卧式	1. 齿廓精度高 2. 螺旋线精度高 3. 齿圈径向跳动大 4. 螺旋线修形不便 5. 齿宽受限制 6. 生产率低	m：1~16mm z：8~160 d：25~320mm	2~3级	剃齿刀和插齿刀的批量生产、修磨	YM7125（中国） YT7432（中国） SRS400（德国） SRS450（德国） RSB18CNC（意大利）
内齿轮磨齿机	碟形砂轮型	卧式	1. 齿廓精度高 2. 螺旋线精度高 3. 周节精度高 4. 齿圈径向跳动小 5. 修形较理想 6. 调整复杂 7. 生产率低	m：2~20mm z：12~260 d：160~900mm	4~6级	小批、成批生产	HSS-90/100S（瑞士）
	成形砂轮型	卧式	1. 齿廓修形理想 2. 周节精度高 3. 齿圈径向跳动小 4. 调整复杂 5. 生产率高		4~6级	大批、大量生产	S375G（意大利） S375GX（意大利） S500GI（意大利）

（2）数控蜗杆砂轮磨齿机

目前，常见的数控蜗杆砂轮磨齿机如图6.1-124所示。

数控蜗杆砂轮磨齿机各运动轴主要功能如下：

1）X轴：磨具相对于被加工齿轮做径向切深进给运动，由径向进给轴执行该运动，在径向进给轴上装有带回转轴的进给轴。

2）Y轴：通过移位轴磨具在轴向的调整运动，在移位轴上装着砂轮轴和伺服驱动电动机。

3）Z轴：砂轮轴相对被加工齿轮轴的垂直运动，通过进给轴实现进给运动，该进给轴上承载带有砂轮轴的回转轴。

4）A轴：砂轮轴的回转，通过回转轴进行回转运动，在其上装有砂轮轴。

5）B轴：磨具的旋转轴，通过砂轮轴中的一个伺服电动机进行快速旋转运动。

6）B轴和C轴可以借助一个电子变速箱相互间同步运动完成展成加工。

7）B2轴：切削液喷嘴的回转轴。

8）B3轴：修整主轴的回转轴。

9）CRL轴：环形上料机的回转轴。

10）W轴：尾座的垂直运动。

11）WRL1轴：机械手1平行相对被加工齿轮轴的垂直运动。

12）WRL2轴：机械手2平行相对被加工齿轮轴的垂直运动。

13）WS轴：离心甩干工位的转轴。

环形上料机将待加工的齿轮从托盘系统运送到被加工齿轮轴；加工时，将待加工的齿轮装夹在被加工齿轮轴和尾座之间；在将被加工齿轮夹紧和找正后，回转轴、进给轴和径向进给轴运行到加工位置，机床将执行所设置的NC数控程序；通过CNC数控系统操作界面进行所有机床功能轴的控制和监控。

（3）磨齿机的性能比较

1）磨齿机的生产率。

① 蜗杆砂轮磨齿机。这种磨齿机的生产率很高，因为它的展成运动和分度运动是同时连续进行的，没有空程和回程时间，调整时间也很短。采用连续位移深切磨削原理的新型八轴数控磨齿机，如我国秦川机床厂的YK7236、瑞士莱斯豪尔（REISHAUER）公司的RZ362A和RZ301S、美国格里森公司的TAG300等，磨削效率比传统的蜗杆砂轮磨齿机提高2~3倍。

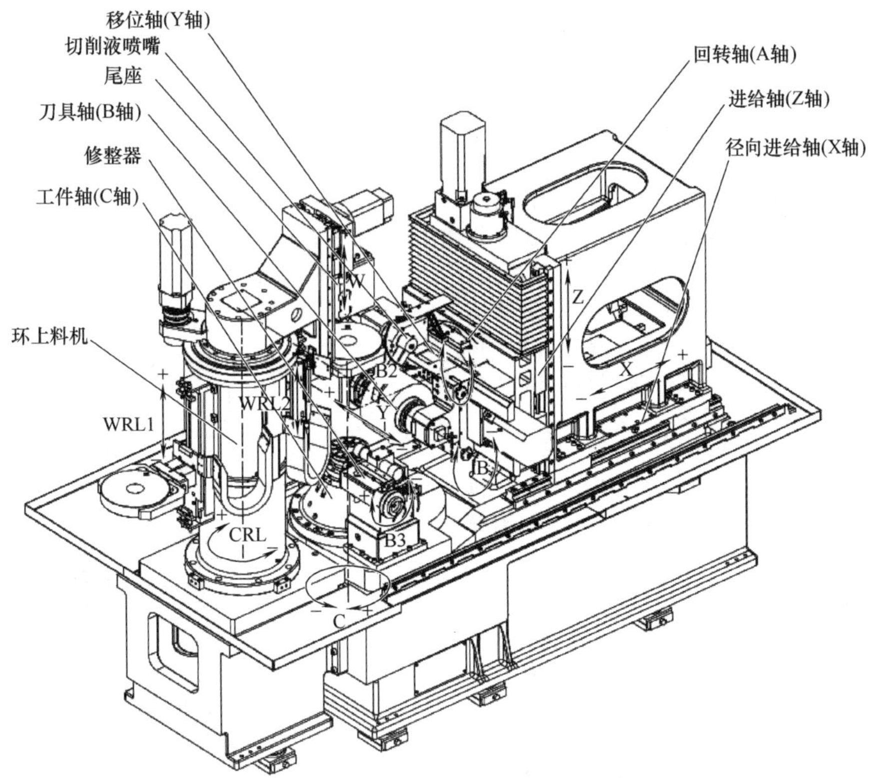

图 6.1-124　数控蜗杆砂轮磨齿机

② 渐开线包络环面蜗杆磨齿机。这种磨齿机的生产率最高，比上面的蜗杆砂轮磨齿机的生产率还要高，因为这种方法磨削齿轮是线接触，连续磨削，磨削斜齿轮一般又无须做轴向进给。其平均生产率为1s/齿。修整一次砂轮可以磨 15~30 个齿轮。重新修整一次砂轮只要 1min。一个砂轮可以磨 3000~6000 个齿轮。一个金刚石修整工具可以双面多次使用，所修整的砂轮总共可以磨削 80000 个齿轮。这种加工方法特别适合于大量生产。

③ 成形砂轮磨齿机。这种磨齿机生产率也比较高。因为它无须进行展成运动。过去成形磨齿多使用普通刚玉砂轮，目前德国 KAPP 公司和意大利 SAMPUTENSILI 公司生产的齿轮磨床普遍采用了 CBN 成形砂轮，砂轮截形精度很高，使用寿命长，同时齿轮可以几个一起成串磨削。由于每一种规格的齿轮都需要配备专门设计的 CBN 成形砂轮，这种磨齿机仅适合于大量生产齿轮用。

④ 锥面砂轮磨齿机。这种磨齿机的生产率低于前面几种磨齿机，但比碟形双砂轮磨齿机和大平面砂轮磨齿机的生产率要高。它可以同时磨削轮齿的两面，砂轮的刚性好，可采用较大的磨削用量。这类机床中有的分度和展成机构是采用改变交换齿轮比的办法实现的，生产准备和调整都比较简单，适合于单件和小批量生产使用。

⑤ 碟形双砂轮磨齿机。这种磨齿机生产率很低。因为它是用碟形砂轮的一圈棱边磨削，刚性差，又是干磨，不能采用较大的磨削用量。用 0°磨削法，由于展成长度和轴向行程长度可缩短，生产率比用 15°/20°磨削法高 20%~30%。在马格 SD-32-XK 和 SD-36-X 型磨齿机上采用 K 磨削法相比 0°磨削法磨削时间可缩短 30%~60%。

⑥ 大平面砂轮磨齿机。这种磨齿机的生产率也很低，因为用这种机床磨齿，一次安装只能磨削轮齿的一侧面，磨完整个齿轮的一侧面后，必须把齿轮取下，反过来重新安装再磨削轮齿的另一面，且这种机床只能干磨，不能采用较大的磨削深度，所以它的磨削效率不高。

2）磨齿机的工作精度。

① 大平面砂轮磨齿机。磨齿精度很高。因为这种磨齿机运动简单，传动链短，砂轮又不沿齿轮轴线做往复运动，避免了往复运动冲击造成的误差。所磨出的齿形由连续接触展成形成，磨出的齿面没有波棱，表面粗糙度值小。采用的砂轮直径大，工作表面是一圈大平面，磨损小，容易保持磨齿精度。因而这种磨齿机适于在单件、小批量生产中加工精度要求很高的插齿刀、剃齿刀和标准齿轮等。

② 碟形双砂轮磨齿机。磨齿精度很高。它装有砂轮磨损自动补偿机构，在工作过程中，砂轮磨损不会影响齿形和齿厚精度，这对磨削大直径及宽度大的齿轮特别重要。此外，它的砂轮是用很窄的棱边进行磨削，接触面小，磨削力和发热都小，容易保持磨齿精度。

③ 蜗杆砂轮磨齿机。磨齿精度取决于机床传动链的精度和蜗杆砂轮修形的精度。各生产厂广泛采用CNC 数控技术控制机床传动链和蜗杆砂轮的修形，如瑞士 RZ362、RZ400 型磨齿机、美国格里森TAG400 型磨齿机，现代数控系统和伺服系统可以保证机床达到很高的精度，使用这种机床磨齿轮的齿距精度可以达到德国 DIN 标准 3 级。

④ 锥面砂轮磨齿机。磨齿精度最低。因为砂轮磨损快又无补偿机构，直接影响磨齿精度。同时，机床传动链长，误差大，特别是分度蜗杆副的精度对磨齿精度影响更大。

⑤ 成形砂轮磨齿机。成形砂轮磨齿机采用 CNC 控制，同时使用 CBN 成形砂轮。由于砂轮设计、制造精度极高，寿命又很长，同时使用时不需要修整，因而磨齿精度很高。齿距精度可以达到德国 DIN 标准 4~5 级，适合于飞机、汽车工业齿轮的生产。

（4）国产和进口磨齿机型号和主要技术参数

请参阅本章附录表 6.7-16 和表 6.7-17。

3. 磨齿夹具

1）对磨齿夹具的基本要求。

① 保证齿轮定位基准孔轴线对机床主轴轴线精确同轴。

② 保证所安装的齿轮在磨齿过程中稳定可靠，同时又要容易装卸。

③ 在装夹齿轮时，不需要用很大力量，特别是对机床的工作主轴的转矩不能过大，以免影响机床分度副的精度。

④ 应使被磨齿轮在工件主轴轴线方向的安装位置固定不变，以免经常需要改变纵向磨削行程的位置或者延长磨削行程的长度。

2）常用磨齿夹具。装夹齿轮常用的磨齿夹具如图 6.1-125 所示。

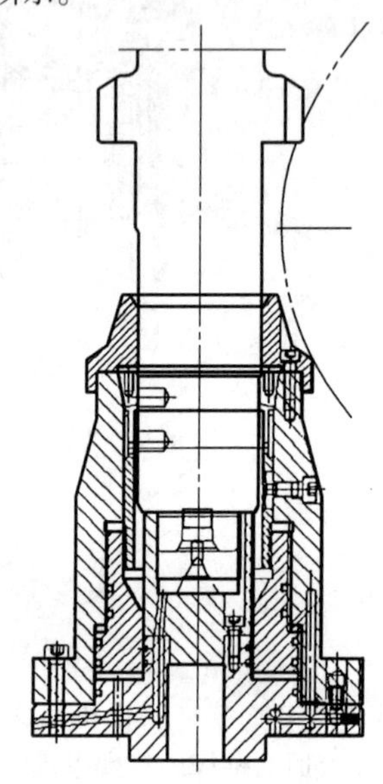

图 6.1-125　常用的磨齿夹具

装夹齿轮常用的几种磨齿心轴见表 6.1-94。磨齿心轴各部分精度要求见表 6.1-95。

表 6.1-94　常用的几种磨齿心轴

名称	带台肩圆柱心轴	开口锥套胀胎心轴	锥度心轴
简图	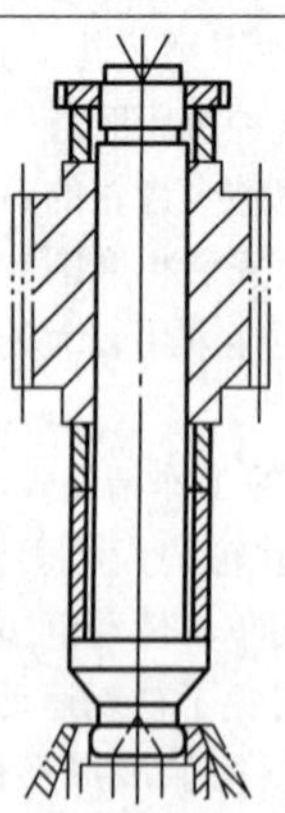	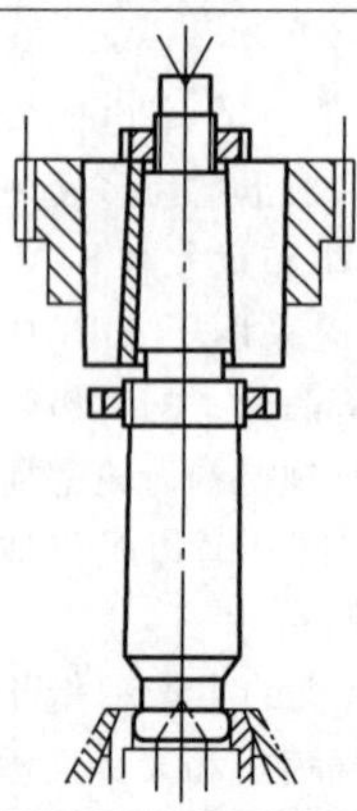	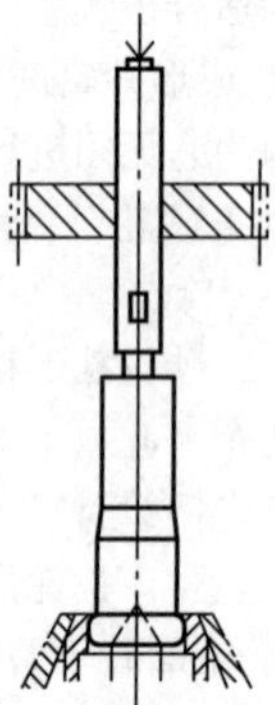
适用范围	适用于孔径小，面孔的公差又很小的中、小直径齿轮	适用于孔径大，孔的公差也较大的齿轮。弹性套孔的锥度为 1 : 20	适用于孔径小，孔的公差又很小的齿轮，心轴锥度为 0.01/100~0.02/100

表 6.1-95　磨齿心轴各部分精度要求

齿轮精度等级	心轴径向跳动/μm	表面粗糙度 Ra/μm	垂直度/μm	中心孔	
				接触面（%）	表面粗糙度 Ra/μm
3~4	1	0.1	1~2	85	0.1
5	2~3	0.1	2~4	85	0.1
6	3~5	0.2	6	80	0.1
7	5~10	0.4	10	75	0.1

4. 磨齿砂轮

(1) 对磨齿机所用砂轮的要求

1）砂轮寿命长。

2）磨削性能好，在磨削过程中应避免出现齿面烧伤。

3）能够获得良好的表面质量。

4）有良好的自锐性和可修整性。

5）砂轮组织的均匀性好。

(2) 磨齿砂轮的选用

磨齿机的性能很大程度上取决于砂轮选择正确与否，只有当选用的砂轮与被磨齿轮的材质和齿面质量相匹配时，才能获得要求的精度和齿面质量，以及良好的磨削性能。砂轮的磨削性能主要取决于磨料种类、粒度、硬度、组织和结合剂。

1）磨料种类的选择。

① 刚玉磨料。适用于磨削碳素钢、合金钢、高速钢、表面渗碳钢、韧性铸铁、可锻铸铁、硬青铜等材料。这是常用磨料。

② 碳化硅磨料。适用于磨削铸铁、软青铜、黄铜、铝、橡胶、表面渗碳或渗氮钢、硬质合金等。

上述两种磨料中，还分许多不同的品种，选用时须根据工件的材质和齿轮质量要求以及砂轮供方的推荐性能参数具体确定。

2）磨料粒度的选择。

下列情况选用较粗粒度的砂轮进行磨削：

① 韧性大、较软的材料。

② 导热性差、易烧伤的材料。

③ 进给量较大。

④ 齿面的表面粗糙度要求不高时。

下列情况选用较细的粒度：

① 齿面的表面粗糙度值要求较小。

② 齿轮模数较小。

③ 湿磨时选用的粒度比干磨时要细一些。

④ 粗精磨采用同一砂轮时，须折中选择砂轮粒度。

3）砂轮硬度的选择。

在下列情况下选用硬度较软的砂轮进行磨削：

① 磨硬度高的材料。

② 磨较软的材料。

③ 磨导热性差、易烧伤的材料。

④ 进给量较大。

在下列情况下选用硬度较硬的砂轮进行磨削：

① 磨硬度低的材料。

② 要求砂轮使用寿命较长。

③ 成形磨齿。

④ 被磨齿面为断续表面。

⑤ 湿磨时，砂轮硬度可比干磨时硬一些。

4）砂轮组织的选用。砂轮组织号从 1~4 号为紧密组织，5~8 号为中等组织，9~14 号为松散组织。齿轮材料硬度低、韧性大、导热性差、易烧伤，以及磨削用量大时，选用松散组织；成形磨削时，为保持砂轮形状精度，选用中等或紧密组织的砂轮。

5）结合剂的选用。结合剂的选用主要取决于砂轮的工作速度、工件加工方式和加工精度要求。陶瓷结合剂是精密磨削加工中最常用的结合剂。

6）磨齿砂轮的使用速度。磨齿砂轮在高速回转下使用，要承受很大的内应力，不同特性的砂轮的强度差异较大，为了安全起见，必须将各类砂轮的最高使用速度予以明确规定并加以限制。在砂轮标志中，最末一位数字就是该磨齿砂轮的最高使用速度。为提高切削加工效率，降低零件表面粗糙度值，减少砂轮的磨损量，齿轮的磨齿工艺常选用高速切削，切削速度通常有 63m/s 及 80m/s 两种。

7）蜗杆磨齿砂轮的规格。国产秦川数控蜗杆磨齿机、重庆数控蜗杆磨齿机、南京二机床数控蜗杆磨齿机、德国 KAPP 数控蜗杆磨齿机、德国 LIEBHERR 数控蜗杆磨齿机、德国 REISHAUER 数控蜗杆磨齿机常用的砂轮规格见表 6.1-96。

表 6.1-96　多种磨齿机砂轮规格

设备品牌	设备型号	砂轮尺寸/mm		
		直径	厚度	孔径
GLEASON	160TWG	240	125	120
	300TWG	220	180	76.2，90
	ZWS380	350	84，104	160
KAPP	KX150	180	125	100
	KX260	280	160	115
	KX300	280	160	115
LIEBHERR	LCS200	195	200	90
	LCS300	220	230	110
	LCS380	240	230	110
NILES	ZX630-800-1000	320	160	115
REISHAUER	RZ150，RZ60，RZ160，RZ260，RZ360	275	125，160	160
	RZ400，RZ303C，RZ630，RZ800，RZ1000	300	125，145	160
	RZ301S，RZ362A，RZ300E，AZA	350	62，84，104	160
	RZ701，RZ820	400	84，104	160
秦川机床	Y 系列	400	100	203
	高速系列	275	160	160
重庆机床	高速系列	288	160	115
南京二机床	高速系列	280	160	115

蜗杆砂轮的供货有两种形式：一种为开槽专用砂轮，即在砂轮供应商处根据用户所需模数、压力角以及头数加工出专用砂轮，发到用户处直接使用；另一种为实体状态的砂轮，发到用户处，由使用者根据需要开出不同形状的砂轮用于不同种类零件的加工，实体砂轮的开槽需要采用专用的砂轮开槽设备。

8）蜗杆磨齿砂轮的修整工具。蜗杆砂轮磨齿机砂轮的修整工具为金刚石修整轮（以下简称滚轮），它是数控蜗杆磨齿机加工过程中磨削砂轮的重要工具。滚轮的应用已经取代传统的单粒金刚石修整工具。

使用滚轮具备如下优点：

① 滚轮在修整砂轮时，被修整砂轮工作面上每一点的修整是由滚轮型面上相应位置表面上的一圈金刚石来完成的，因此其磨损量大为降低。

② 可大幅度提升磨齿砂轮修整面的复杂程度。

国产滚轮，按其制造方式不同，其代号及特点详见表 6.1-97。

国产滚轮制造精度等级分高精度 A 级、精密 B 级以及普通 C 级，精度分级指标根据专业标准 JB/T 10040—2017 的规定，详见表 6.1-98。

表 6.1-97　滚轮制造代号及制造特点

制造方式	内镀法	规则排列内镀法	外镀法	规则排列烧结法	烧结法
代号	UZ	US	S	TS	T
可制造型面复杂程度	最高	一般	一般	一般	一般
成本	最高	次高	低	较高	高

表 6.1-98　国产滚轮分级指标（mm）

精度等级	工作面的线轮廓度公差	工作面尺寸差 s 的极限偏差
A	0.002	±0.002
B	0.005	±0.005
C	0.010	±0.010

（3）砂轮的平衡

磨齿机用的砂轮必须经过仔细的静平衡及动平

衡，由于不平衡而引起的砂轮振动，不仅影响磨齿质量，而且会影响砂轮主轴的使用寿命和增加砂轮的磨损。

锥面砂轮、碟形砂轮和直径400mm以下的大平面砂轮，在砂轮第一次粗修前后，以及在使用一段时间后要进行仔细的静平衡。

蜗杆砂轮在预成形及粗修整成形后，均须进行动平衡，在以后使用中根据平衡破坏的情况，要及时重新进行动平衡。

砂轮动平衡可在专用的动平衡仪上进行，随着新型数控磨齿机的出现，砂轮的动平衡（在粗动平衡的基础上）可在磨齿机上砂轮工作时由机床附带的随机动平衡仪完成。

（4）立方氮化硼（CBN）砂轮

CBN砂轮于20世纪60年代进入工业应用阶段。由于其卓越的性能，目前已得到广泛的应用。在磨齿领域内，CBN砂轮发展迅速，尤其在成形砂轮磨齿机、蜗杆砂轮磨齿机、碟形双砂轮磨齿机上均已成功地采用了CBN砂轮。国外一些机床厂商陆续推出了采用CBN砂轮的磨齿机，如德国利勃海尔、卡普公司，意大利SUMPUTENSILI公司都推出了各自的产品。

1）CBN砂轮的特点。

① 硬度高，仅次于金刚石砂轮，是普通砂轮的2倍以上。

② 热导率、热稳定性高，可承受1300~1500℃高温，仅有4%的磨削热量传到工件上。

③ 化学惰性高，耐磨性好，是普通砂轮的1400倍。

④ 采用电镀CBN砂轮时不需要修整，被磨工件的尺寸、形状一致性好。

⑤ 采用陶瓷结合剂可修整CBN砂轮时，可灵活修整成各种工件要求的形状，由于耐磨性好，无须像普通砂轮那样经常修整砂轮。

⑥ CBN砂轮锋利，单位磨损极小，使用寿命长。

⑦ 可实现高速和超高速磨削，一般磨削速度在45~60m/s，超高速磨削可达200m/s以上。

⑧ 用CBN砂轮磨削可较大幅度提高生产率，且可提高被磨零件的质量。无裂纹、无烧伤、零件寿命可提高30%-50%。

⑨ 电镀CBN砂轮用钝后，可以除去旧磨料，在原基体上重新电镀一层新磨料。一般一个金属基体可以重新电镀多次。

2）CBN砂轮的选用。

① 粒度。粒度的大小决定砂轮的磨削量及工件要达到的表面粗糙度值。较粗粒度的砂轮磨削性能较强，较细粒度的砂轮可获得较好的表面粗糙度，但磨削效率降低。

② 硬度。对于磨齿机常用的电镀CBN砂轮，硬度是由金属结合剂决定的。

③ 浓度。浓度是指磨料与结合剂的体积比例，较高浓度用于接触面小、宽度较小、粒度较粗的CBN砂轮。浓度越高，CBN砂轮的使用寿命越长。

④ CBN砂轮种类的选择。由于电镀CBN砂轮不可以修整，砂轮成本较高，一般用于大批量生产。陶瓷CBN砂轮、可修整CBN砂轮，如果配有CNC修整器，则可以用于多品种小批量生产，但砂轮成本比电镀CBN砂轮高。

（5）砂轮的修形

1）蜗杆砂轮的修形。由于蜗杆砂轮直径很大，而被磨齿轮的模数相对来说又很小，所以蜗杆导程角都很小，因而其轴向齿廓角非常近似法向齿廓角，轴向齿距也非常近似法向齿距。因此，蜗杆砂轮修形时，其轴向齿廓角和轴向齿距都可以按照被磨齿轮的法向齿廓角和法向齿距进行修整，不需要再进行换算。

① 新蜗杆砂轮的预成形。预成形切削是在砂轮的圆柱表面进行梯形螺纹的初加工。齿廓的预成形切削和所有其他切削所用的操作顺序，可以在普通车床上或在专门的蜗杆砂轮修形设备上进行。修形的步骤如图6.1-126a、b所示。

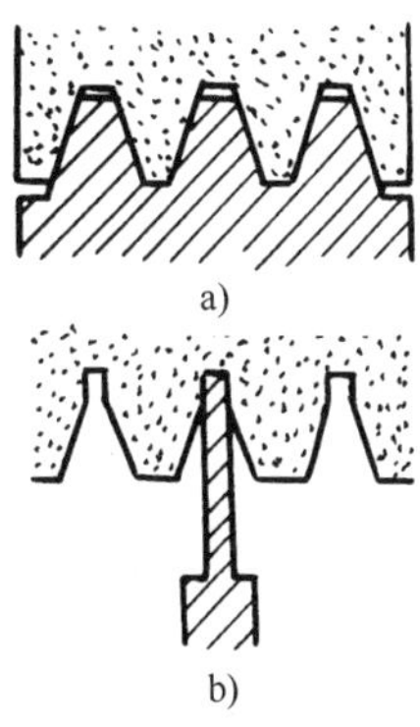

图6.1-126　蜗杆砂轮的预成形

a）先挤压出螺纹槽形　b）再挤压齿根槽

如果后面的精修砂轮工序不是用金刚石车刀而是用金刚石滚轮修形，则无须事先挤出齿根槽。

② 精修蜗杆砂轮。所谓精修蜗杆砂轮就是用碟形金刚石滚轮或金刚石车刀最后加工出精确的螺旋线齿廓，可以在蜗杆砂轮磨齿机上利用SPA型蜗杆修形附件或在专门的蜗杆砂轮修形设备上进行（图6.1-127）。

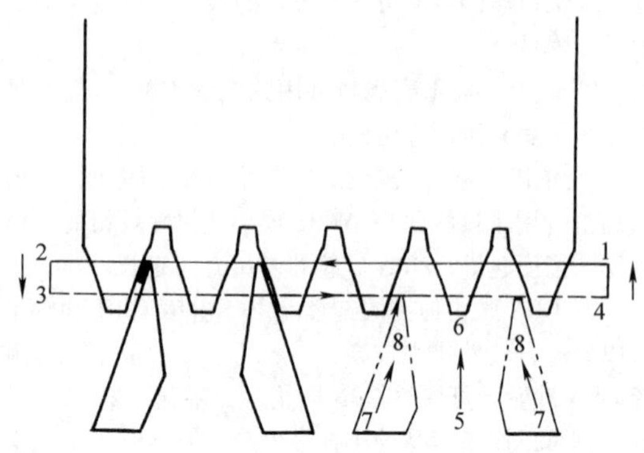

图 6.1-127　精修蜗杆砂轮

③ 再修形。再修形切削就是把磨削加工过程中已磨损的齿廓进行修复，去除已磨钝的磨粒和磨具表面所黏附的金属切屑，去除结合剂，露出新的磨粒，恢复切削性能，使砂轮齿廓恢复正确的几何形状。根据工件材料、硬度、磨具性能、机床性能的不同，一般在蜗杆砂轮磨齿机上每隔适当时间利用 SPA 型蜗杆修形附件进行蜗杆砂轮再修形（图 6.1-127）。

2）渐开线包络环面蜗杆砂轮的修形。渐开线包络环面蜗杆砂轮的形状很复杂，但其精修形却很简单。修形工具的几何形状和被磨齿轮完全一样，其表面镀一层细颗粒的金刚石。新砂轮精修形时，修形工具和砂轮同时相对全速回转，使砂轮向修形工具缓慢进给，直到砂轮的全齿高达到要求，然后使修形工具向左右两面转动进给，按要求扩大砂轮齿槽的宽度。

为避免磨齿轮的齿廓时同时磨到齿轮的齿顶和齿根，必须将修形工具的齿根圆和齿顶圆直径适当加大。

5. 磨齿工艺

（1）磨齿工艺参数的选择

1）磨齿余量的形式。为了修正磨齿前的切齿误差和热处理变形，提高齿面精度和改善齿面的表面粗糙度，被磨齿面必须有合适的磨齿余量。由于磨前滚刀、磨齿机砂轮型式及机床调整参数的不同，磨齿余量的形式和磨去余量的截形也不同。磨齿余量主要有以下几种形式：

① 磨齿余量形式Ⅰ（图 6.1-128）。这种磨齿余量形式的特点如下：

a. 可采用普通滚刀预切齿，适于在锥面砂轮磨齿机、蜗杆砂轮磨齿机、成形砂轮磨齿机上磨齿。

b. 齿面和齿槽根部同时磨出。

c. 槽底余量大，易造成磨削烧伤及裂纹，影响齿根强度。

d. 要获得圆弧齿槽或具有一定圆角半径的齿槽，砂轮齿顶须增加全圆弧或圆角修形。

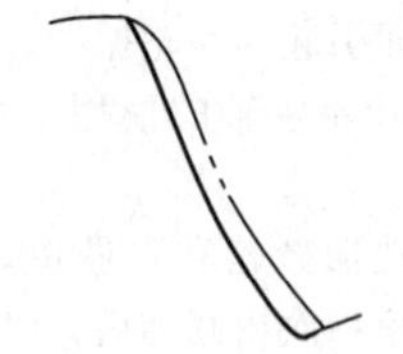

图 6.1-128　磨齿余量形式Ⅰ

② 磨齿余量形式Ⅱ（图 6.1-129）。这种磨齿余量形式的特点如下：

图 6.1-129　磨齿余量形式Ⅱ

a. 可采用普通滚刀预切齿，适于在各类磨齿机上磨齿。

b. 避免因磨削齿根引起磨削烧伤。

c. 齿根部留下磨削凸台，对齿轮强度有不良影响。

③ 磨齿余量形式Ⅲ（图 6.1-130）。这种磨齿余量形式的特点如下：

图 6.1-130　磨齿余量形式Ⅲ

a. 须采用专用的凸角滚刀滚齿，适于在各类磨齿机上磨齿。

b. 避免因磨削齿根引起磨削烧伤，也不会在齿根部留下磨削凸台。

④ 磨齿余量形式Ⅳ（图 6.1-131）。这种磨齿余量形式是一种理想的余量形式，从齿顶到齿根的余量逐渐减少，对提高齿根强度很有利。

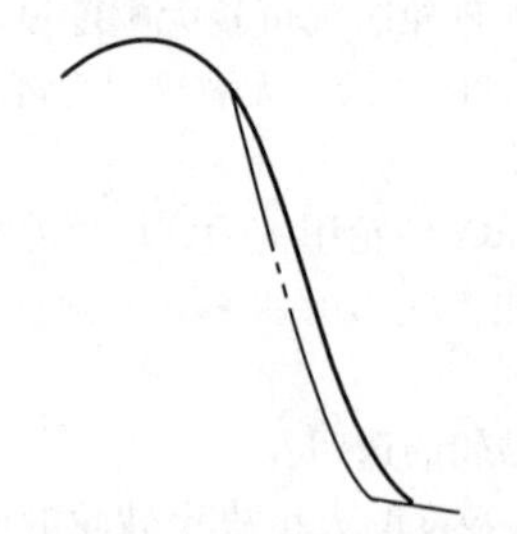

图 6.1-131　磨齿余量形式Ⅳ

2）磨齿余量的选择。选择磨齿余量时，在修正磨前误差的前提下，应尽可能选择小一些，以提高生产率，并减小从齿面上磨去淬硬层厚度。合理地选择磨齿余量可以减少达 30%的磨削时间。

磨齿余量不均匀的情况主要有下面三种：

① 沿圆周方向各齿的余量不均匀，由预切齿机床的运动误差、安装偏心等引起。

② 沿齿廓方向余量不均匀，由预切齿机床和热处理变形引起。

③ 沿齿宽方向余量不均匀，由预切齿机床和热处理变形引起。

减小磨齿余量的途径如下：

① 提高预切齿精度。

② 减小和补偿热处理变形。

③ 热处理后精加工安装基准面，减小安装基准面对齿圈的误差。

磨齿余量的选择与工件材料、热处理工艺、齿轮预加工精度、工件参数、夹紧定位精度和机床性能等有关，需要根据具体情况具体分析。推荐值见表 6. 1-99。

表 6. 1-99　磨齿余量推荐　（mm）

齿轮模数	齿轮直径				
	≤100	>100~200	>200~500	>500~1000	>1000
≤3	0. 15~0. 2	0. 15~0. 25	0. 18~0. 3	—	—
3~5	0. 18~0. 25	0. 18~0. 3	0. 2~0. 35	0. 25~0. 45	0. 3~0. 5
5~10	0. 25~0. 4	0. 3~0. 5	0. 5~0. 6	0. 4~0. 7	0. 5~0. 8
≥10	0. 35-0. 5	0. 4~0. 6	0. 5~0. 7	0. 5~0. 7	0. 6~0. 8

3）磨削用量。磨削用量中的磨削速度，对于传统机床，砂轮主轴的转速恒定时，磨削速度由所选择的砂轮直径决定，对于某些数控磨齿机，磨削速度可以通过伺服电动机恒定在优化的磨削速度上，也可以通过变频器调速。其他磨削用量是指背吃刀量、进给量。

① 磨齿用量选择原则如下：

a. 保证磨齿精度和齿面的表面粗糙度要求。

b. 保证齿面质量，防止热损伤。

c. 保证生产安全。

d. 在上面三点基本考虑的基础上，尽可能提高生产率。

② 背吃刀量和进给量选择。为提高生产率，粗磨时尽可能加大背吃刀量，但不应产生烧伤，还应使粗磨形成的磨削痕迹在精磨时能消除。锥面砂轮和蜗杆砂轮刚性好，磨齿时系点区域接触，又是湿磨，所以可用较大的背吃刀量工作。碟形双砂轮和大平面砂轮刚性差，且采用干磨，所以背吃刀量不宜选大。成形砂轮磨齿时，砂轮与工件为线接触，磨削负荷与磨削热大，所以背吃刀量适当减小。当采用 CBN 砂轮时，背吃刀量可以比普通砂轮大。

背吃刀量推荐值见表 6. 1-100。背吃刀量与进给量的换算关系见表 6. 1-101。

表 6. 1-100　背吃刀量推荐值　（mm）

磨齿机类型	碟形双砂轮磨齿机		锥面砂轮磨齿机		成形砂轮磨齿机		大平面砂轮磨齿机		蜗杆砂轮磨齿机	
加工材料	普通碳素钢	合金钢	普通碳素钢	合金钢	普通碳素钢	合金钢	普通碳素钢	合金钢	普通碳素钢	合金钢
粗磨	0. 03~0. 05	0. 02~0. 03	0. 05~0. 1	0. 03~0. 06	0. 1~0. 15	0. 05~0. 1	0. 03~0. 04	0. 02~0. 03	0. 03~0. 06	0. 02~0. 05
精磨	0~0. 02	0~0. 02	0. 01~0. 02	0~0. 01	0. 02~0. 04	0. 02~0. 03	0~0. 01	0~0. 01	0. 02~0. 03	0. 01~0. 03

表 6.1-101　背吃刀量与进给量的换算关系

磨齿机类型及磨齿方法		进给量 f、背吃刀量 a_p、公法线减薄量 ΔW 的关系
碟形双砂轮磨齿机	0°磨削法	$a_p=f$，$\Delta W=2f$，$a_p=\Delta W/2$
	角度磨削法 $\alpha=20°$ 或 $15°$	$a_p=f\cos\alpha$，$\alpha=15°$，$a_p=0.97f$；$\alpha=20°a_p=0.94f$ $\Delta W=2f\cos\alpha$ $a_p=\Delta W/2$
锥面砂轮磨齿机 蜗杆砂轮磨齿机		$a_p=f\sin\alpha$，$\alpha=20°$，$a_p=0.342f$ $\Delta W=2f\sin\alpha$，$\alpha=20°$，$\Delta W=0.684f$ $a_p=\Delta W/2$
大平面砂轮磨齿机	Y7125	$a_p=f$、$\Delta W=f$、$a_p=\Delta W$
	SRS400	$a_p=f\cos\alpha$，$\alpha=15°$，$a_p=0.97f$；$\alpha=20°$，$a_p=0.94f$ $\Delta W=f\cos\alpha$ $a_p=\Delta W$

（2）磨削烧伤

产生齿面烧伤的主要原因如下：

① 背吃刀量过大。背吃刀量的选择应与磨削条件相适应，特别是在用成形砂轮和蜗杆砂轮磨齿机上。

② 展成进给速度过快。在锥面砂轮磨齿机上磨齿时，特别注意展成进给速度的适当选用。

③ 纵向走刀速度过大。在碟形砂轮磨齿机上磨齿时，纵向走刀速度不能过大。

当然产生磨削烧伤还有许多其他因素，如：砂轮选用不当，或砂轮用钝后继续使用；砂轮线速度低；切削液选用不当，或流量太小，或喷射位置不当；余量不均匀或热处理变形大；等等。

磨削烧伤的检测一般用酸检法，相关的溶液配比、操作流程要求及判断方法等如下。

1）酸检溶液配比见表 6.1-102。

表 6.1-102　酸检溶液配比

原　液	原液浓度	配比后溶液浓度	配比手段	失效标准
硝酸（HNO_3）	密度：1.42kg/L 浓度：65%~80%	5%酒精溶液	按体积配比 15000mL 酒精 790mL 原液	小于 3%（用 3%NaOH 溶液滴定）或溶液出现褐色或悬浮物过多，影响观测
盐酸（HCl）	密度：1.19kg/L 浓度：36%~38%	6%酒精溶液	按体积配比 15000mL 酒精 957ml 原液	小于 4%（用 4%NaoH 溶液滴定）或溶液出现褐色或悬浮物过多，影响观测
氢氧化钠（NaOH）	试剂	6%水溶液 pH 值 ≥10	按浓度配比 15000mL 水 957g 试剂	pH 值<10 或溶液出现褐色或悬浮物过多，影响观测
亚硝酸钠（$NaNO_2$）	试剂	8%水溶液	按浓度配比 15000mL 水 1304g 试剂	出现褐色或悬浮物过多

2）操作流程如下：

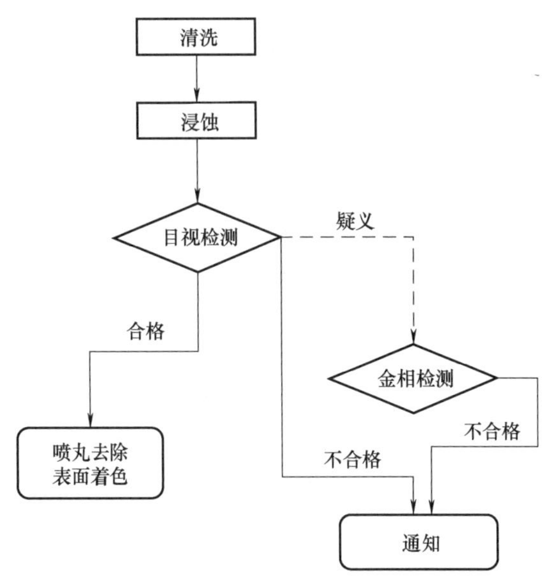

清洗要求：零件在浸蚀和检验前必须经过适当的清洗，以实现用水漂洗后零件表面可形成不破水膜。

3）磨齿烧伤检测浸润步骤见表 6.1-103。

浸泡前的目视检验：①零件是否清洗干净，若清洗干净，执行检查操作，若清洗不干净，退回车间重新清洗；②零件磨削表面是否有龟裂（内孔、端面、齿面），若存在龟裂，立即通知相应质量工程师，停止车间加工直到问题排除；③零件磨削表面是否有明显烧伤痕迹，若存在，立即通知相应质量工程师，停止车间加工直到问题排除。

4）浸泡烧伤痕迹判断标准，见表 6.1-104。

技术人员和质量工程师可参考表 6.1-104 判断执行，若用户有特殊要求则根据用户的特殊要求进行判断执行。

5）后期处理。

① 正常经过酸蚀后的零件会腐蚀掉 0.003mm 的表面，对零件功能尺寸要求比较精细的零件，在检验前要考虑对产品功能及质量的影响。

表 6.1-103　磨齿烧伤检测浸润步骤

步骤	过程	溶液	推荐时间	备　　注
1	硝酸浸蚀	硝酸 3%~5%（容积） 在酒精中 在水中	30~60s 10~30s	出现黑色氧化膜的时间会有所不同，应重复试验以确定确切时间
2	漂洗	水	按要求	去酸
3	酒精浸泡	酒精	浸泡并干燥	去水
4	脱色	盐酸 4%~6%（容积） 在水中	30~60s	零件应浸泡足够的时间，以使零件上出现均匀的棕灰色，应重复试验以确定确切时间
5	漂洗	水	按要求	去酸
6	中和	碱性溶液 pH 酸碱度不小于 10	10~60s	浸入后搅动零件
7	漂洗	水	按要求	去碱
8	酒精浸泡	酒精	浸泡并干燥	去水
9	涂油	防锈蚀	只浸泡	防锈蚀并增强颜色对比

表 6.1-104　浸泡烧伤痕迹判断标准

目视外观（检验区域）	程度
均匀灰色	无回火
较窄的浅色显示	轻度回火
较宽的深色显示	重度回火
白色区域周围有黑色面	再硬化（严重过热）

② 试验后的黑灰色着色不会影响零件的正常使用，但可以采用清理喷丸工艺去除着色，但要考虑喷丸对产品功能的影响。

磨削烧伤的检测可参照 GB/T 17879—1999《齿轮磨削后表面回火的浸蚀检验》进行。

（3）磨齿生产率的计算

单件磨齿工时：

$$t=t_0+t_1+t_2+t_3$$

式中　t_0——磨齿基本时间（min）；

t_1——装卸被加工齿轮时间（min）；

t_2——分摊到每个被加工齿轮上的机床调整时间（min）；

t_3——分摊到每个被加工齿轮上的砂轮修整时间（min）。

1）碟形双砂轮磨齿机。

① 单端分度时：

$$t_0=2zL_b[(N_{lr}+N_{la})/f_{lr}+N_{lf}/f_{lf}]+zt_i(N_{lr}+N_{la}+N_{lf})$$

② 双端分度时：

$$t_0=2zL_b[(N_{lr}+N_{la})/f_{lr}+N_{lf}/f_{lf}]+2zt_i(N_{lr}+N_{la}+N_{lf})$$

$$f_{lr}=N_g f_{gr}$$

$$f_{lf}=N_g f_{gf}$$

式中 z——被加工齿轮齿数；

L_b——被加工齿轮头架纵向走刀行程长度（mm）；

N_{lr}——粗磨纵向走刀往复双行程循环数；

N_{lf}——精磨纵向走刀往复双行程循环数；

N_{la}——光磨纵向走刀往复双行程循环数；

f_{lr}——粗磨纵向走刀速度（mm/min）；

f_{lf}——精磨纵向走刀速度（mm/min）；

N_g——被加工齿轮头架展成速度（双行程数/mm）；

f_{gr}——粗磨每展成双行程的纵向进给量（mm/双行程）；

f_{gf}——精磨每展成双行程的纵向进给量（mm/双行程）；

t_i——分度时间（min）。

2）锥面砂轮磨齿机。

单面磨削，单端分度时：

$$t_0=2zL_b[N_{lr}/f_r+N_{lf}/f_f]+zt_i(N_{lr}+N_{lf})$$

式中 f_r——粗磨展成行程速度（mm/min）；

f_f——精磨展成行程速度（mm/min）。

3）蜗杆砂轮磨齿机。

$$t_0=(zL_b/nG)(N_{lr}/f_{lr}+N_{lf}/f_{lf})$$

式中 z——被加工齿轮齿数；

L_b——工件架行程长度（mm）；

n——砂轮转速（r/min）；

G——砂轮头数；

N_{lr}——工件架粗磨单行程数；

N_{lf}——工件架精磨单行程数；

f_{lr}——粗磨时工件每转纵向走刀量（mm/r）；

f_{lf}——精磨时工件每转纵向走刀量（mm/r）。

4）成形砂轮磨齿机。

① 单端分度时：

$$t_0=2zL_b[N_{lr}/f_r+N_{lf}/f_f]+zt_i(N_{lr}+N_{lf})$$

② 双端分度时：

$$t_0=2zL_b[N_{lr}/f_r+N_{lf}/f_f]+2zt_i(N_{lr}+N_{lf})$$

式中 z——被加工齿轮齿数；

L_b——砂轮沿工件轴向相对行程长度（mm）；

N_{lr}——粗磨双行程循环数；

N_{lf}——精磨双行程循环数；

f_r——粗磨纵向走刀速度（mm/min）；

f_f——精磨纵向走刀速度（mm/min）；

t_i——分度时间（min）。

5）大平面砂轮磨齿机。

① 采用一种展成速度时：

$$t_0=2z(N_r+N_f+N_a)/N_g+2zt_i(N_r+N_f+N_a)$$

式中 z——被加工齿轮齿数；

N_r——粗磨往复展成双行程循环数；

N_f——精磨往复展成双行程循环数；

N_a——光磨往复展成双行程循环数；

N_g——每分钟往复展成双行程数；

t_i——分度时间（min）。

② 采用粗、精磨两种展成速度时：

$$t_0=[N_r/N_{gr}+(N_f+N_a)/N_{gf}]+2zt_i(N_r+N_f+N_a)$$

式中 N_{gr}——粗磨每分钟往复展成双行程数；

N_{gf}——精磨每分钟往复展成双行程数。

（4）磨削液的选择

成形砂轮、锥面砂轮、蜗杆砂轮以及环面蜗杆砂轮磨齿机磨削时要选择合适的磨削液。

① 正确选择磨削液的黏度对改进磨削性能非常重要。高黏度的磨削液能降低磨削表面粗糙度值，保持砂轮修形的形状，延长砂轮的使用寿命。但黏度过高，会降低磨削液的冷却效果，在一定情况下，还会影响磨削精度。磨削小模数的齿轮和高精度的齿轮时，应选用黏度较低的磨削液。黏度低的磨削液虽然冷却效果好，但使用时容易产生大量的油雾。一般情况下宜选用高黏度磨削液。

② EP 添加剂（极压添加剂）应只在机械加工时起活性作用。加入的添加剂不应腐蚀机床的材质和表面油漆，不应使磨屑特别是很细的铸铁粉尘结成硬块状。

③ 在磨削液中加入适量的脂肪添加剂可使其增加湿润性，但加入的量不宜过多，以免堵塞砂轮、降低切屑和磨粒在磨削液中沉淀的性能，过早变质或使磨削液黏度过大而加大消耗。

④ 好的磨削液应该是使用很长时间也不生成大量泡沫。如果磨削液生成泡沫过多，则会降低磨削液的压力，减少通过喷嘴的流量，从而影响磨削效果（延长磨削时间，降低砂轮使用寿命，工件磨削表面形成烧伤）。

6. 常见磨齿误差和纠正方法

1）蜗杆砂轮磨齿机（AZA）常见的齿廓误

差、螺旋线误差和纠正方法分别见表 6. 1-105 和　　表 6. 1-106。

表 6. 1-105　AZA 型磨齿机常见的齿廓误差和纠正方法

齿廓误差种类	产生原因	纠正方法
	压力角偏小或偏大	重新调整金刚石修整器装置的角度调整块规值
	齿顶塌入，金刚石滚轮顶端磨损或修整不当	更换滚轮或重新修整
	齿顶凸出，砂轮齿廓有效长度不足	砂轮重新开槽后重新修整
	大波浪齿廓	检查砂轮的动平衡，砂轮主轴的跳动，砂轮与主轴的安装配合是否良好，砂轮是否甩干
	不规则齿廓，金刚石滚轮磨损不均匀，砂轮粒度选择不当	更换金刚石滚轮，采用较细粒度的砂轮
	中凹齿廓，少齿数齿轮、正变位系数较大的齿轮预切齿时都可能产生这种齿廓	磨齿时调整机床参数，精磨时要夹紧
	中波齿廓，交换齿轮安装有误差	检查并修复相应部位

表 6. 1-106　AZA 型磨齿机常见的螺旋线误差和纠正方法

螺旋线误差种类	产生原因	纠正方法
	上端行程长度不足	重新调整
	阻尼压力太大	检查调整阻尼压力
	下端行程出头量过大	重新调整
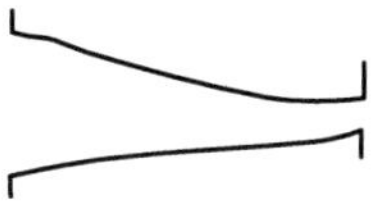	头尾架顶尖不对中	调整尾架顶尖
	工件架回转角调整不当	重新调整

（续）

螺旋线误差种类	产生原因	纠正方法
	精磨时进给量过大，走刀过快	减小切削用量
	差动交换齿轮比误差大	重新计算调整
	阻尼泵压力过小	调整阻尼泵压力
左 下 右	阻尼压力过小	调整阻尼压力

2）锥面砂轮磨齿机常见的磨齿误差和纠正方法见表6.1-107。

3）大平面砂轮磨齿机常见的磨齿误差和纠正方法见表6.1-108。

4）碟形砂轮磨齿机常见的磨齿误差和纠正方法见表6.1-109。

5）磨削烧伤图例见表6.1-110。

表6.1-107　Y7163型磨齿机常见的磨齿误差和纠正方法

缺陷项目	原因及纠正方法
齿廓误差	展成长度调整太短；进给量太大；砂轮每双行程冲程运动展成进给太大；展成丝杠、蜗杆轴向窜动，蜗杆副磨损；修整器金刚笔磨损；台面直线运动阻尼松弛或不均匀。重新调整有关参数或更换零件
周节误差	砂轮磨削角过大或过小；金刚笔磨损；磨斜齿轮时，交换齿轮搭配不当。重新调整更换金刚笔、计算交换齿轮
螺旋线误差	转臂调整不当；滑座冲程速度太高；滑座导轨间隙过大；磨斜齿轮时，交换齿轮搭配不当。重新调整，计算交换齿轮
齿圈径向跳动误差	工件安装偏心；测量中心与加工中心不重合。校正加工时的安装偏心和测量基准
齿距误差	砂轮进退重复定位精度低；砂轮磨损；工作台回转阻尼松弛；分度装置故障；展成丝杠和蜗杆轴向窜动；工件安装偏心；砂轮主轴精度降低；进给位置不当。做相应的检查、调整或更换零件
齿面质量问题	砂轮动平衡不好；砂轮驱动皮带磨损；砂轮主轴精度降低；砂轮选用不当；滑座导轨间隙大。做相应的检查、调整或更换零件

表6.1-108　大平面砂轮磨齿机常见的磨齿误差和纠正方法

缺陷项目	原因及纠正方法
压力角误差	调整滑座导轨的安装角
齿廓的齿根部凸起	展成长度不足或展成位置调整不当；砂轮离开工件中心太远；齿根部余量过大。重新调整，减少齿根部余量
齿廓的齿根部凹坑	砂轮离工件中心太近；不允许自由通磨的条件下自由通磨。将砂轮移远工件中心，改变磨削角或调整工件展成长度

（续）

缺陷项目	原因及纠正方法
齿廓的齿根高部分增厚	渐开线凸轮磨损；砂轮修正器导轨有间隙。修磨渐开线凸轮，调整导轨间隙
齿廓的齿顶高部分增厚	展成长度不够或展成位置不当，使齿顶部没有磨完全。做相应的调整
齿廓表面波浪形	砂轮不平衡；砂轮主轴径向、轴向跳动超差；工件主轴轴承磨损。做相应的检查和调整
齿距误差	分度盘、工件、滚圆盘安装误差；分度机构的调整和动作误差；工件主轴轴承磨损。做相应的检查和调整
齿两侧面齿向同方向倾斜	小调整磨削螺旋角
180°方向上齿两侧面齿向产生相反方向的倾斜	工件轴线与工件主轴旋转轴线不重合，须提高工件安装精度。检查调整主轴偏摆
齿面的表面粗糙度值大	砂轮硬度和粒度不当；磨削用量和磨削循环调整不当；砂轮平衡不好；金刚石磨损。更换砂轮、金刚石；砂轮重新平衡；调整磨削用量
齿顶塌角	由于磨到接近齿顶时，磨削面积和磨削力减小，而这时砂轮厚度和刚性增加，因此容易多磨去一些余量；在磨削齿根部时，情况正好相反，容易少磨去一些余量。正确调整分度位置，待分度爪插入分度板后，开始磨削齿顶部；减小进给量，并多次光刀；调整展成位置，用展成不完全来补偿齿顶塌角；用砂轮修形的办法补偿齿顶塌角

表 6.1-109　Y7032A、SD32X、HSS30BC 型磨齿机常见的磨齿误差和纠正方法

缺陷项目	磨削方式	原因及纠正措施
压力角偏大或偏小	15°、20°	砂轮磨削角大；滚圆盘直径小；“X”机构差动行程调整不当。重新调整
	0°	滚圆直径偏小或偏大；当砂轮外圆高于基圆时，压力角偏大。重新调整
齿面塌角	0°、15°、20°	砂轮刚性差，减小磨削深度；保持砂轮锋利；多次光刀
齿根凹入	0°	展成长度太长，适当减小展成长度
	15°、20°	砂轮切入齿槽太深，减小切入深度
齿根凸出	15°、20°	砂轮切入齿槽不够深；展成长度太短。做相应调整
	0°	展成长度太短，调整展成长度
螺旋角偏大或偏小	0°、15°、20°	导向机构调整不当，需重新调整
齿向直线性差	0°、15°、20°	导向机构磨损或间隙大；切削用量过大。检查导向机构，调整切削用量
齿距误差	0°、15°、20°	分度板精度超差；砂轮自动补偿失灵；砂轮轴向窜动。做相应的调整，更换分度板
累积误差	0°、15°、20°	分度板安装偏心；头架顶尖摆差大；头尾架顶尖不同轴；工件安装偏心。做相应检查调整
齿顶凸出	0°、15°、20°	展成长度太短，造成不完全展成，适当加大展成长度

表 6.1-110　磨削烧伤图例

图　例	说　明
	磨削表面没有磨削烧伤（未试验前黑皮）
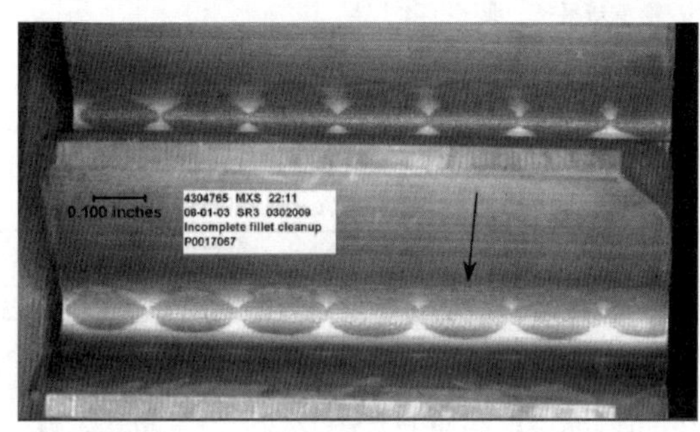 	磨削表面无烧伤（齿根黑皮）
 	磨削表面无烧伤（齿面黑皮）
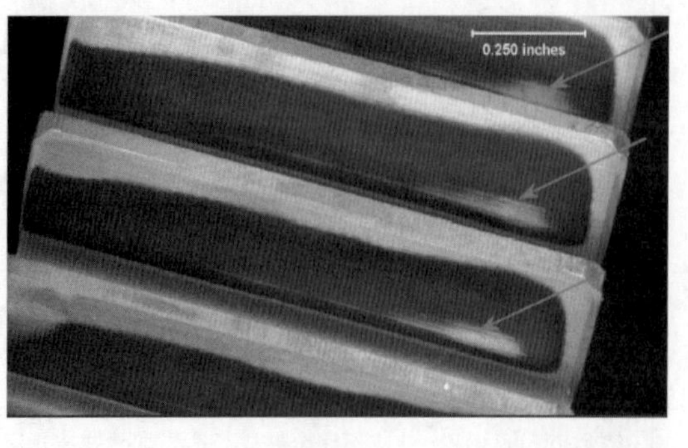 	严重烧伤（黑色区域中的白色，严重回火过硬）

（续）

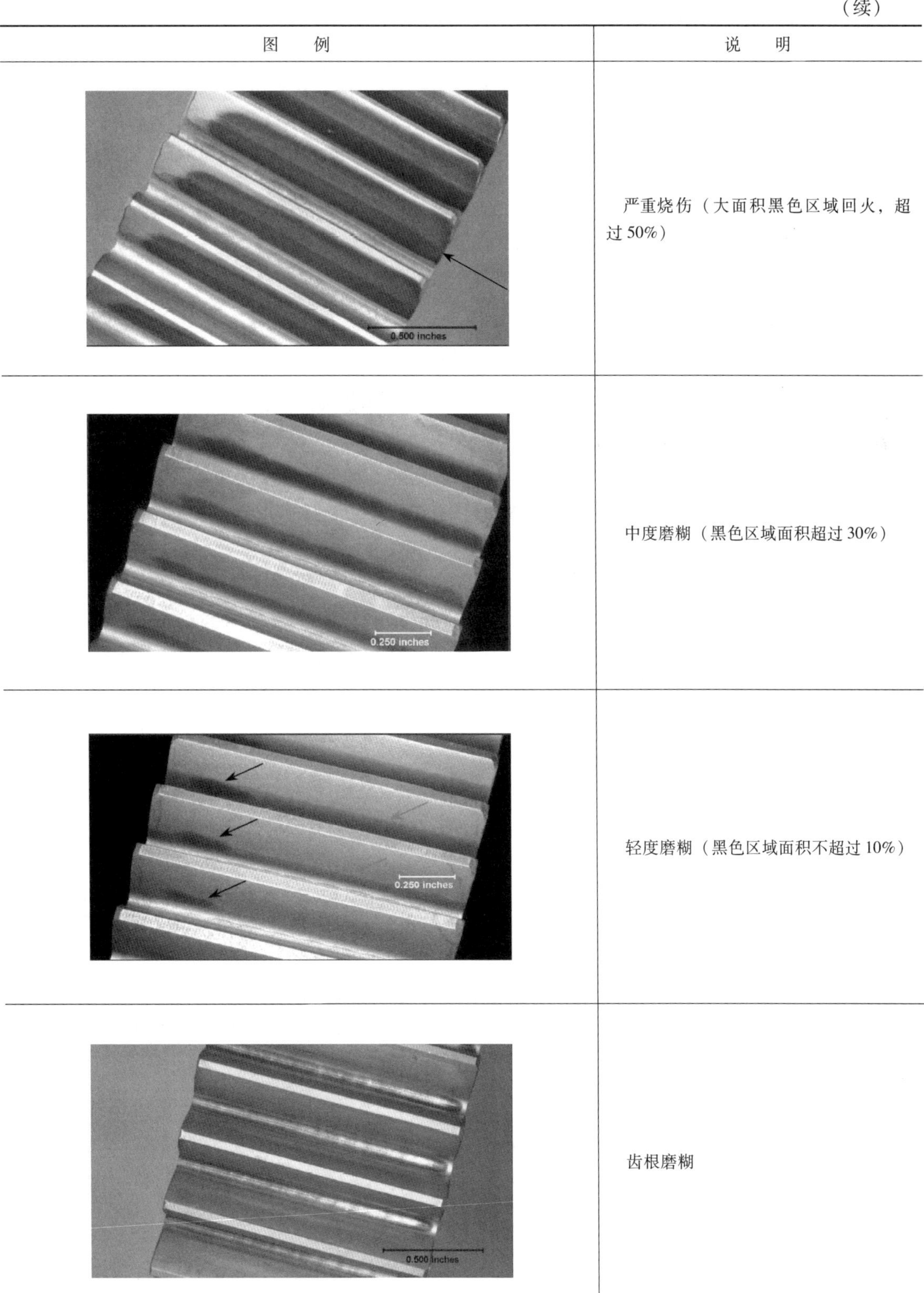

图　　例	说　　明
	严重烧伤（大面积黑色区域回火，超过50%）
	中度磨糊（黑色区域面积超过30%）
	轻度磨糊（黑色区域面积不超过10%）
	齿根磨糊

6.1.10 圆柱齿轮检测

1. 精度标准与公差项目的选择

齿轮精度等级的选择取决于对齿轮使用性能的要求，制造质量必须达到设计图样给定的精度等级。目前在我国，齿轮的设计图样中，轮齿的精度要求一般都参照 GB/T 10095—2008《圆柱齿轮 精度制》确定。该标准包括两部分：第 1 部分为轮齿同侧齿面偏差的定义和允许值，第 2 部分为径向综合偏差与径向跳动的定义和允许值，它们分别等同采用了 ISO 1328-1 和 ISO 1328-2。

现采用的 GB/T 10095.1—2008《圆柱齿轮 精度制 第 1 部分：轮齿同侧齿面偏差的定义和允许值》规定了单个渐开线圆柱齿轮轮齿同侧齿面的精度制，包括轮齿各项精度术语的定义、齿轮精度制的结构以及齿距偏差、齿廓总偏差和螺旋线总偏差的允许值；在规范性附录中给出了切向综合偏差的公差计算式，在资料性附录中给出了齿廓与螺旋线形状偏差和倾斜偏差的数值。

本标准的每个使用者都应非常熟悉国家标准化指导性技术文件 GB/Z 18620.1—2008《圆柱齿轮 检验实施规范 第 1 部分：轮齿同侧齿面的检验》中所叙述的方法和步骤，它提供了齿轮检测方法和测量结果分析方面的建议。

现采用的 GB/T 10095.2—2008《圆柱齿轮 精度制 第 2 部分：径向综合偏差与径向跳动的定义和允许值》规定了单个渐开线圆柱齿轮径向综合偏差与径向跳动的精度制，包括轮齿各项精度术语的定义、齿轮精度制的构成和所述偏差的允许值。同样，GB/Z 18620.2—2008《圆柱齿轮 检验实施规范 第 2 部分：径向综合偏差、径向跳动、齿厚和侧隙的检验》是 GB/T 10095.2—2008 的补充，是圆柱齿轮的径向综合偏差、径向跳动、齿厚和侧隙的检验实施规范。

齿轮精度标准 GB/T 10095 的使用者还应该熟悉国家标准化指导性技术文件 GB/Z 18620.3—2008《圆柱齿轮 检验实施规范 第 3 部分：齿轮坯、轴中心距和轴线平行度的检验》和 GB/Z 18620.4—2008《圆柱齿轮 检验实施规范 第 4 部分：表面结构和轮齿接触斑点的检验》。

主要齿轮精度偏差的定义和代号见表 6.1-111 和表 6.1-112。

表 6.1-111 齿轮同侧齿面偏差的定义和代号

序号	名　称	代号	定　义
1	齿距偏差		
	单个齿距偏差	f_{pt}	在端平面上，在接近齿高中部的一个与齿轮轴线同心的圆上，实际齿距与理论齿距的代数差
	齿距累积偏差	F_{pk}	任意 k 个齿距的实际弧长与理论弧长的代数差 注：F_{pk} 的允许值适用于 k 为 2~z/8 的弧段内
	齿距累积总偏差	F_p	齿轮同侧任意弧段（k=1 至 k=z）内的最大齿距累积偏差。它表现为齿距累积偏差曲线的总幅值
	 在此例中 $F_{pk}=F_p$		

（续）

序号	名　称	代号	定　义
2	齿廓偏差		实际齿廓偏离设计齿廓的量，该量在端平面内且垂直于渐开线齿廓的方向计值
	齿廓总偏差 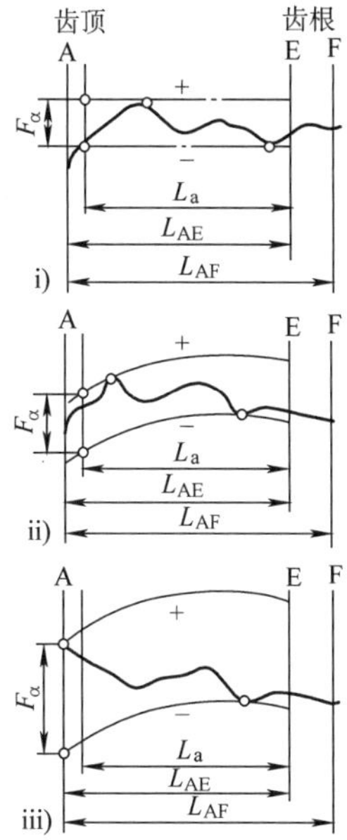	F_α	在计值范围内，包容实际齿廓迹线的两条设计齿廓迹线间的距离
	齿廓形状偏差 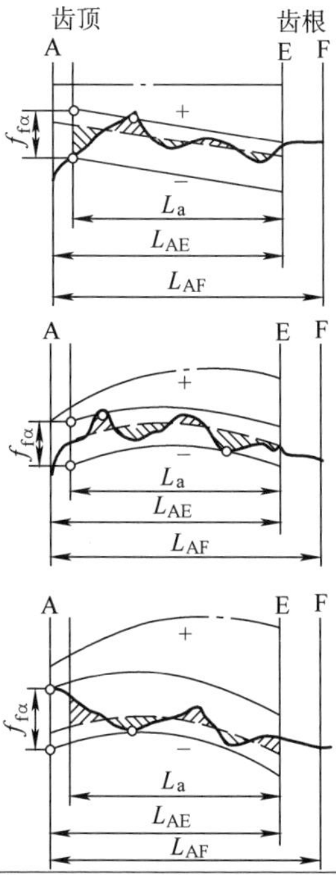	$f_{f\alpha}$	在计值范围内，包容实际齿廓迹线的两条与平均齿廓迹线完全相同的曲线间的距离，且两条曲线与平均齿廓迹线的距离为常数

（续）

序号	名　称	代号	定　义
2	齿廓倾斜偏差 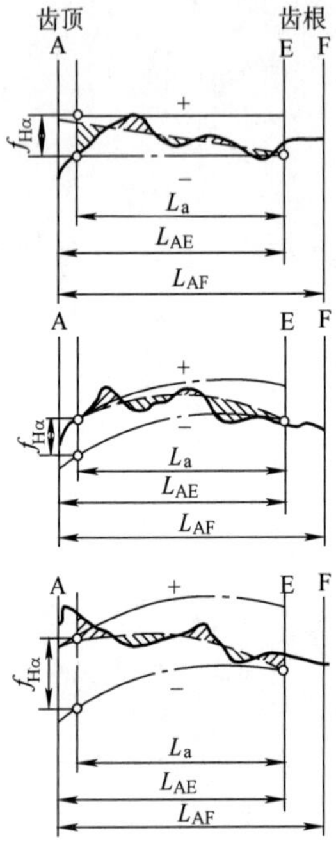 齿顶 A E F 齿根 $f_{H\alpha}$ + − L_a L_{AE} L_{AF}	$f_{H\alpha}$	在计值范围内，两端与平均齿廓迹线相交的两条设计齿廓迹线间的距离
3	螺旋线偏差 螺旋线总偏差 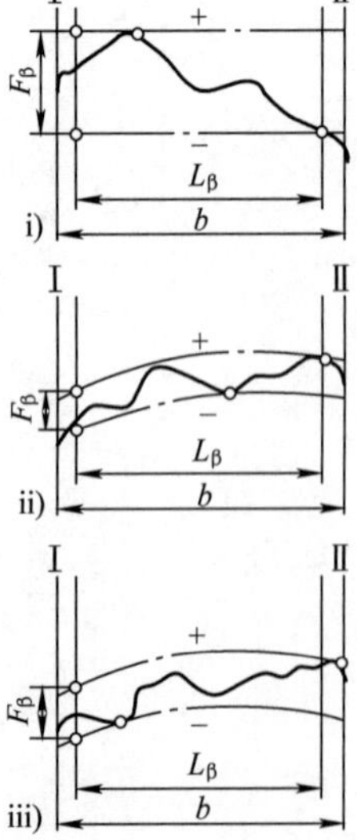 Ⅰ Ⅱ F_β + − L_β i) b Ⅰ Ⅱ F_β + − L_β ii) b Ⅰ Ⅱ F_β + − L_β iii) b	F_β	在端面基圆切线方向上测得的实际螺旋线偏离设计螺旋线的量 在计值范围内，包容实际螺旋线迹线的两条设计螺旋线迹线间的距离

（续）

序号	名　　称	代号	定　　义
3	螺旋线形状偏差 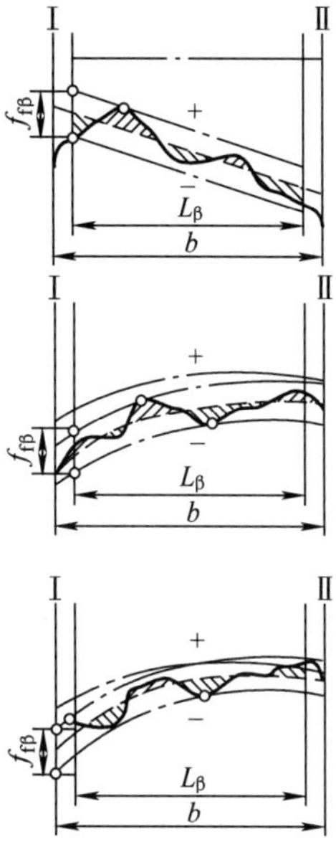	$f_{f\beta}$	在计值范围内，包容实际螺旋线迹线的两条与平均螺旋线迹线完全相同的曲线间的距离，且两条曲线与平均螺旋线迹线的距离为常数
	螺旋线倾斜偏差 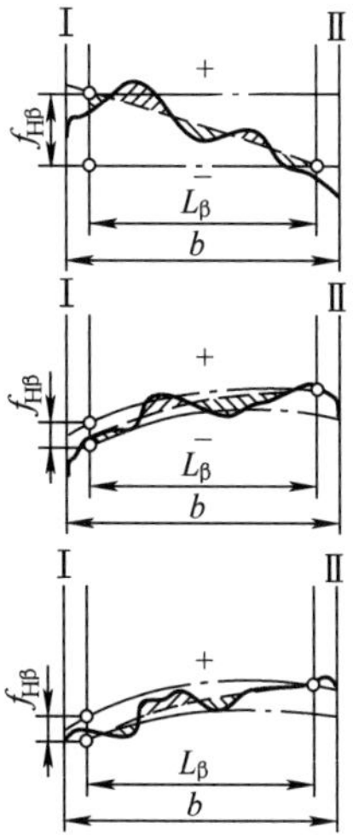	$f_{H\beta}$	在计值范围内，两端与平均螺旋线迹线相交的两条设计螺旋线迹线间的距离

（续）

序号	名　　称	代号	定　　义
4	切向综合偏差		
	切向综合总偏差	F_i'	被测齿轮与测量齿轮单面啮合时，被测齿轮一转内，齿轮分度圆上实际圆周位移与理论圆周位移的最大差值
	一齿切向综合偏差	f_i'	在一个齿距内的切向综合偏差
	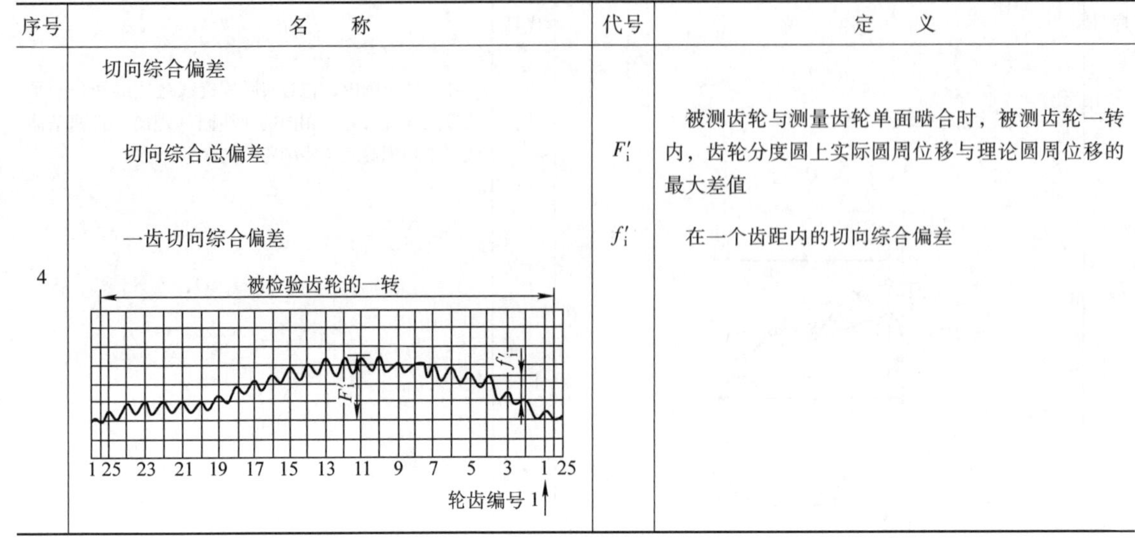		

表 6.1-112　径向综合偏差与径向跳动的定义和代号

序号	名　　称	代号	定　　义
1	径向综合偏差		
	径向综合总偏差	F_i''	在径向（双面）综合检验时，产品齿轮的左右齿面同时与测量齿轮接触，并转过一整圈时出现的中心距最大值和最小值之差
	一齿径向综合偏差	f_i''	在径向（双面）综合检验时，产品齿轮转过一整圈时，对应一个齿距（360°/z）的径向综合偏差值
2	径向跳动	F_r	测头（球形、圆柱形、砧形）相继置于每个齿槽内时，从它到齿轮轴线的最大和最小径向距离之差。检查时，测头在近似齿高中部与左右齿面接触

齿轮精度允许值可查阅 GB/T 10095.1—2008《圆柱齿轮　精度制　第1部分：轮齿同侧齿面偏差的定义和允许值》和 GB/T 10095.2—2008《圆柱齿轮　精度制 第2部分：径向综合偏差与径向跳动的定义和允许值》。

齿轮的精度和安装误差对齿轮传动性能有着重要的影响。一般按各项误差对齿轮传动性能的主要影响，将齿轮公差分成三个公差组，供使用者参考，见表 6.1-113。

表 6.1-113　齿轮公差组

公差组	公差与极限偏差项目	误差特征	对传动性能的主要影响
Ⅰ	F_p，F_{pk}，F_i'，F_i''，F_r 等	以齿轮一转为周期的误差	传递运动的准确性
Ⅱ	F_{pt}，F_α，$f_{f\alpha}$，$f_{H\alpha}$，f_i'，f_i''等	在齿轮一转内，多次周期地重复出现的误差	传动的平稳性、噪声、振动
Ⅲ	F_β，$f_{f\beta}$，$f_{H\beta}$等	螺旋线的误差	载荷分布的均匀性

在单个渐开线圆柱齿轮的检验中，测量全部轮齿要素的偏差既不经济也没有必要，如单个齿距偏差、齿距累积偏差、齿廓偏差、螺旋线偏差、切向和径向综合偏差、径向跳动、表面粗糙度等，因为其中有些要素对于特定齿轮的功能并没有明显的影响。另外，有些测量项目可以代替别的一些项目，例如切向综合

偏差检验能代替齿距偏差检验，径向综合偏差检验能代替径向跳动检验。一般来讲，应从各公差组中分别选择一个检验组进行检验。按照标准，齿距偏差、齿廓偏差、螺旋线偏差是需检验的项目，其他项目的选择可以由采购方与供方协商确定。

2. 齿距偏差的测量

齿距偏差的测量方法一般分为两类：相对测量法和绝对测量法。

（1）相对测量法

相对测量法用两个测头，利用圆周封闭原理以齿轮上任意一个齿距或几个齿距之和作为相对基准，依次测出其他齿距相对于该基准齿距之差值，经过数据处理计算出齿距偏差和齿距累积偏差。

图 6.1-132 所示是在万能测齿仪上测量齿距偏差的示意图。以测量心轴定位的被测齿轮安装在上下顶尖之间。根据被测齿轮的模数值选择适当直径的球形测头，把活动测头和固定测头调整到位于分度圆附近的同一圆周上，并与两相邻同齿面相接触。在齿轮上系一重锤，使其在固定测头上产生 1.5~2.0N 接触力。以任一齿距作为相对基准齿距，调整测齿仪指零，即第一个测量值 $\Delta p_1=0$。随后依次测量各齿距，得相对齿距偏差 Δp_1。数据处理有计算法和图解法。

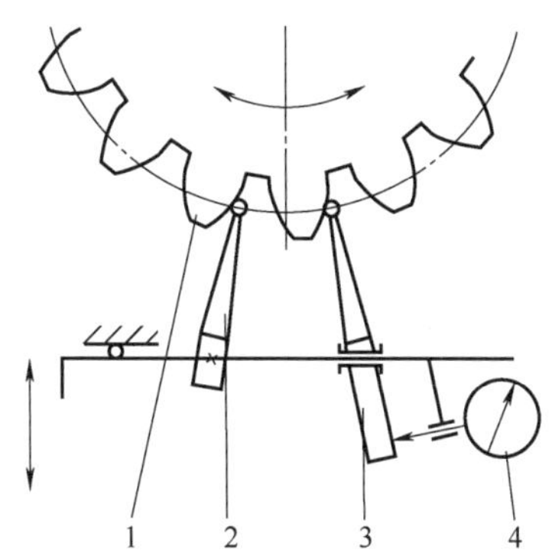

图 6.1-132　用万能测齿仪测量齿距偏差
1—被测齿轮　2—固定测头
3—活动测头　4—测齿仪

1）计算法。常用表格进行计算（表 6.1-114），步骤如下：

① 由各相对齿距偏差 Δp_i 求平均值 Δp_m。

$$\Delta p_m=\frac{1}{z}\sum_{i=1}^{z}\Delta p_i$$

② 求各齿实际齿距偏差 Δf_{pti}。

$$\Delta f_{pti}=\Delta p_i-\Delta p_m$$

③ 逐齿求各齿齿距累积误差 ΔF_{pi}。

④ 求齿距累积总偏差 F_p。

表 6.1-114　齿距偏差测量数据计算表

齿序 i	测齿仪读数值 Δp_i	测齿仪读数值累积 $\sum_1^i \Delta p_i$	齿距偏差 $\Delta f_{pti}=\Delta p_i-\Delta p_m$	齿距累积偏差 $\Delta F_{pi}=\sum_1^i \Delta f_{pti}$
1	0	0	+1	+1
2	+1	+1	+2	+3
3	−2	−1	−1	+2
4	−1	−2	0	+2
5	+4	+2	+5	+7
6	+1	+3	+2	+9
7	−2	+1	−1	+8
8	−4	−3	−3	+5
9	−7	−10	−6	−1
10	−5	−15	−4	−5
11	−2	−17	−1	−6
12	0	−17	+1	−5
13	+2	−15	+3	−2
14	+1	−14	+2	0
		$\Delta p_m=\frac{1}{z}\sum_{i=1}^{z}\Delta p_i=-1$	$f_{pt}=-6$	$F_p=+9-(-6)=15$

2）图解法。把测出的相对齿距偏差逐齿累加起来画在直角坐标系上，如图 6.1-133 所示。图上的横坐标代表齿序号 i，纵坐标代表偏差（以分度圆弧长计算）。将测得的值按序号 i 依次累计，标在坐标图上。过坐标原点和最后一个偏差作一条直线，该直线即为计算 f_{pt}、F_{pk} 和 F_p 的一条基准线。相对基准线其纵坐标最大值 F_{pmax} 与最小值 F_{pmin} 的绝对值之和为齿距累积偏差 F_{pk}；相对基准线的纵坐标，相邻两个齿距各偏差点，其中最大的差值作为单个齿距偏差 f_{pt} 的测量结果。

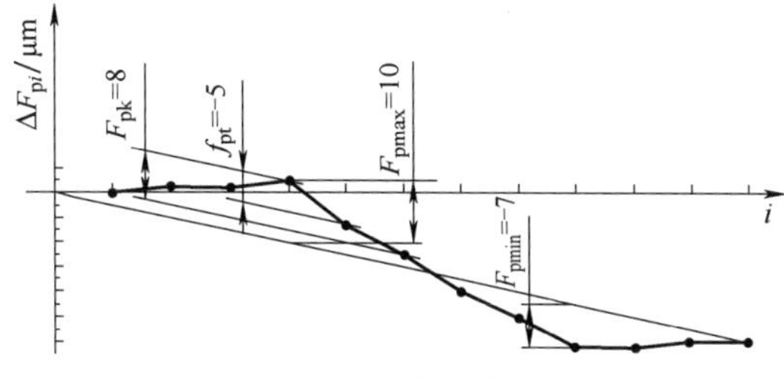

图 6.1-133　用图解法求齿距偏差

在相对测量法中，齿距累积偏差是由齿距偏差的测得值来计算的，其测量误差与被测齿轮齿数的平方根成正比。当被测齿轮的齿数很多时，为减小测量误差，提高测量效率，可采用跨齿测量法。

（2）绝对测量法

绝对测量法就是直接测量齿轮各齿的实际位置相对于理论分度位置的正确性。这种方法实质上是角度测量，几乎所有用于测量圆分度的仪器或分度机构都可以测量齿距偏差。

绝对测量法原理如图6.1-134所示。绝对测量法以被测齿轮回转轴线为基准，测头的径向位置在齿高中部与齿面接触，应保证测头定位系统径向和切向定位的重复性。被测齿轮一次安装十次重复测量，其重复测量次数应不大于允许值的20%。圆分度装置对被测齿轮按理论齿距角进行分度，由测头读数系统得到测量值，按偏差定义进行处理，求得 f_{pt}、F_{pk} 和 F_p。表6.1-115列出了 $z=15$、$m=4$mm 齿轮的测量数据计算方法。表中的数据是角度值，将计算结果乘以齿轮分度圆半径即得齿距累积偏差和齿距偏差的线值。直接读取线值的计算方法与表6.1-115相同。

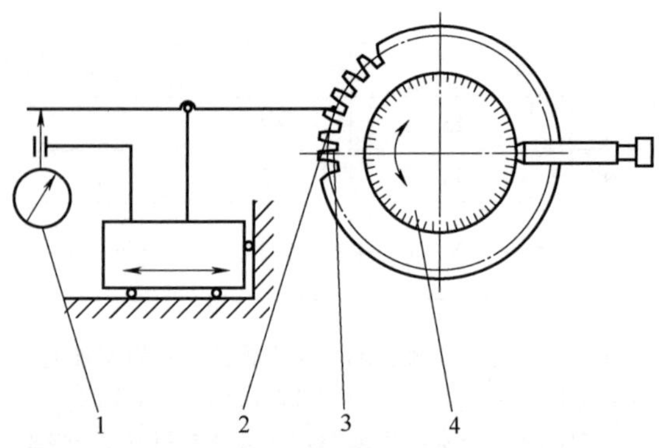

图6.1-134 绝对测量法原理

1—测头读数系统 2—测头 3—被测齿轮 4—分度装置

表6.1-115 绝对测量法测量数据的处理

齿序 i	公称累积齿距角 φ_i	实测累积齿距角 φ_i'	齿距角累积偏差 $\Delta\varphi_i=\varphi_i'-\varphi_i$	齿距角偏差 $\Delta\varphi_i'=\Delta\varphi_i-\Delta\varphi_{i-1}$
1	24°	24°1′	+1′	+1′
2	48°	48°2′	+2′	+1′
3	72°	72°2′	+2′	0
4	96°	96°3′	+3′	+1′
5	120°	120°4′	+4′	+1′
6	144°	144°3′	+3′	−1′
7	168°	168°3′	+3′	0
8	192°	196°1′	+1′	−2′
9	216°	216°1′	+1′	0
10	240°	240°0′	0	−1′
11	264°	264°0′	0	0
12	288°	287°58′	−2′	−2′
13	312°	311°57′	−3′	−1′
14	336°	355°59′	−1′	+2′
15	360°	360°0′	0	+1′
			$\Delta\varphi_\Sigma=4'+\lvert-3'\rvert=7'$	

利用微型计算机控制可实现齿距偏差的自动测量和自动计算。测量方法既可采用相对测量法，也可采用绝对测量法，而以采用相对测量法的齿距偏差自动测量居多。齿距偏差数据可由打印机打印输出，也可由记录器绘制偏差曲线。

3. 齿廓偏差的测量

齿廓偏差检验指齿廓总偏差 F_α 的检验。齿廓总偏差包括齿廓形状偏差 $f_{f\alpha}$ 和齿廓倾斜偏差 $f_{H\alpha}$。当测量仪器带有自动数据处理系统时，可用最小二乘法确定平均齿廓迹线，从中分离出 $f_{f\alpha}$ 和 $f_{H\alpha}$。

齿廓总偏差 F_α、齿廓形状偏差 $f_{f\alpha}$ 和齿廓倾斜偏差 $f_{H\alpha}$ 可在一次测量中得到。对于设计齿廓，可以使用设计齿廓样板比较被测齿轮测量曲线，以确定齿廓偏差；也可以用测量设备自动处理系统设置的设计齿廓公差带确定齿廓偏差。

1）测量方法与测量仪器。齿廓偏差的测量方法有坐标法与展成法。坐标法的测量仪器有齿轮测量中心、齿轮渐开线测量装置、万能测量机以及三坐标测量机等。

展成法测量仪器有单盘式渐开线检查仪、万能渐开线检查仪和渐开线螺旋线检查仪等。

① 坐标法测量原理。坐标法又分为旋转坐标法和直角坐标法。

a. 旋转坐标法测量原理。旋转坐标法测量原理如图6.1-135所示，以被测齿轮回转轴线为基准，通过测角装置、测长装置和测微系统，将被测齿廓的实际坐标位置与理论坐标位置进行比较，按偏差定义计算出 F_α、$f_{f\alpha}$ 和 $f_{H\alpha}$，由记录和打印系统输出测量参数及偏差曲线。

b. 直角坐标法测量原理。直角坐标法测量原理如图6.1-136所示，以被测齿轮轴线为基准，测量时被测齿轮固定不动，测头在垂直轴线的平面内对齿廓

x-y 直角坐标测量。测得值 x_i、y_i 与相应点理论值进行比较，将各点的差值绘成齿廓偏差曲线。在该曲线上按偏差定义求出 F_α、$f_{f\alpha}$和$f_{H\alpha}$。

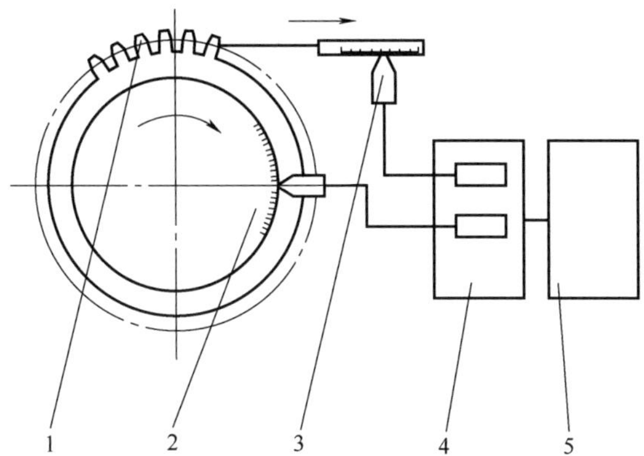

图 6. 1-135　齿廓偏差旋转坐标法测量原理

1—被测齿轮　2—测角装置　3—测长装置

4—数据处理系统　5—输出设备

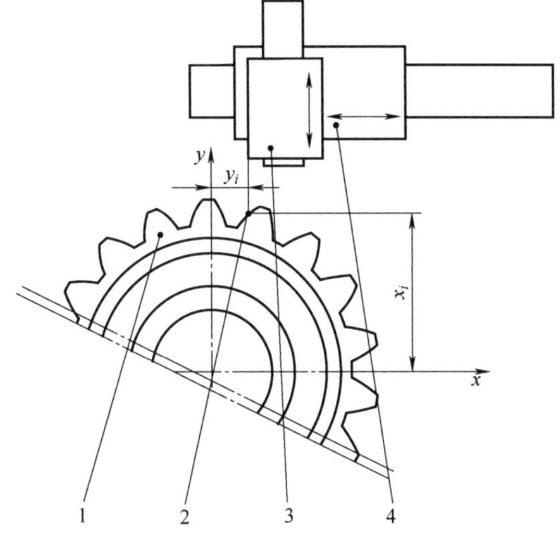

图 6. 1-136　齿廓偏差直角坐标法测量原理

1—被测齿轮　2—传感器　3—径向导轨　4—切向导轨

② 展成法测量原理。图 6. 1-137 所示是电子展成式测量仪的测量原理。以被测齿轮回转轴线为基准，通过与被测齿轮同轴安装的电子基圆盘在直线上做纯滚动，形成理论渐开线轨迹。将实际渐开线与理论渐开线的轨迹进行比较，其差值由传感器探测，记录系统绘出齿廓偏差曲线，在曲线上按偏差定义求出 F_α、$f_{f\alpha}$、$f_{H\alpha}$；带有计算机数据处理系统的测量仪可自动处理偏差曲线。由微机发出指令驱动伺服电动机，推动被测齿轮和测微仪做回转和直线运动，形成渐开线的展成运动。用角度和长度测量装置分别检测其实际运动量，并与测微仪的感受量一起输入计算机中，根据渐开线方程式 $L=r_b\varphi$，即可计算出齿廓偏差。式中，L 为展开长度，r_b 为基圆半径，φ 为齿轮转角。

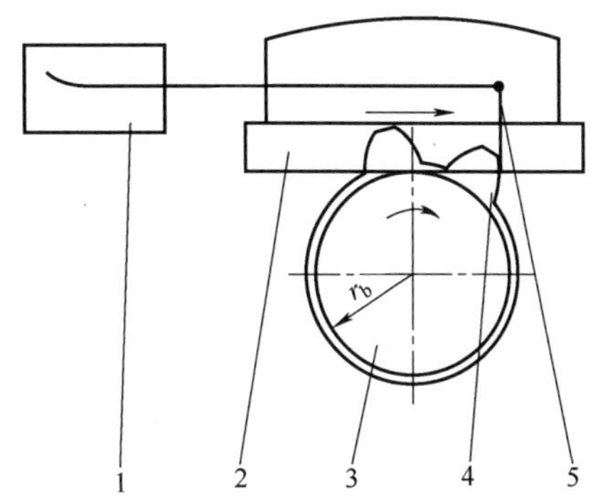

图 6. 1-137　电子展成式测量仪的测量原理

1—记录系统　2—直尺　3—电子基圆盘

4—被测齿轮　5—传感器

2）齿轮测量中心的应用。

① 齿轮测量中心介绍。齿轮测量中心可在测量工件一次装夹的情况下自动完成多项参数的测量，适合渐开线圆柱齿轮（多联齿轮、内齿轮等）、齿轮刀具（滚刀、剃齿刀等）的齿廓偏差、螺旋线偏差、齿距偏差、齿距累积偏差、齿圈径向跳动等参数的测量，并可扩展蜗轮、蜗杆、弧（直）齿锥齿轮等测量功能。它是采用精密机械、高精度光栅定位、计算机数字控制（CNC）、三维数字测头、计算机数据采集及数据处理等新技术而设计制造的新型光机电一体化齿轮测量仪器，是由 Φ、X、Y、Z 四个测量坐标轴组成的测量系统，符合齿轮测量仪的发展方向，如图 6. 1-138 所示。

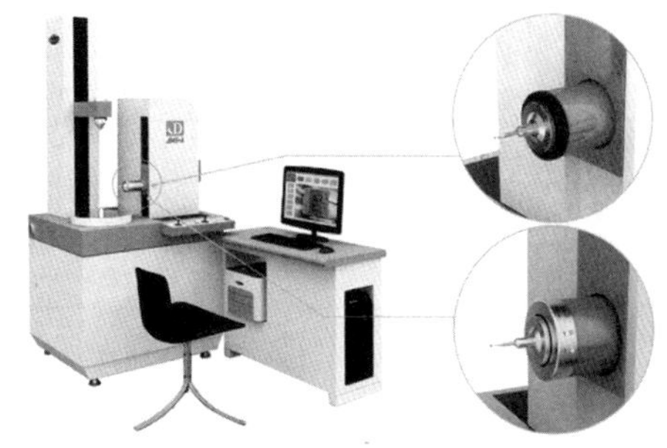

图 6. 1-138　齿轮测量中心

② 齿轮测量中心的结构特点及配置。

a. 仪器主轴采用 DDR 电机直接驱动技术，直线轴采用 DDL 电机直接驱动技术。

b. 仪器的三维数字测头技术采用光栅作为基准传感元件，可自动转换，针对不同的测量误差项目选择不同方向的测量。

c. 仪器基准定位采用高精密机械配合高精密光栅，测量结构处理采用标准通用微机系统完成测量及控制。

d. 仪器软件开发根据用户需要一般具备多种常用国际齿轮评估标准、自诊断功能、测量结果误差补偿修正功能等。补偿功能包括工件安装偏心修正、回转精度修正、导轨直线性误差修正、测量传感器放大比精确修正等。

e. 仪器的软件开发还包括齿轮测量参数辅助计算及调整功能：根据输入齿轮基本参数（齿数、模数、压力角、螺旋角、变位系数等）自动计算出测量评定长度等测量数据，可自动和人工选择长度和误差放大比，可精确确定被测齿轮的受检范围，微机自动确定起测、起评、终评、终测四点位置，其中齿形测量起评位置按与标准齿条啮合确定，并且误差评定范围可由用户根据图样或测量要求在菜单上改变；具备四分（或三分）、单齿、单面、左右齿面测量任务选择。

③ 国产齿轮测量中心测量精度对比见表 6.1-116。

表 6.1-116　国产齿轮测量中心测量精度对比

	技术规格	某A品牌	某B品牌	备　注
规格	可测齿轮最大外径/mm	450	400	
	上下顶尖距离/mm	10~700	30~700	
	测头到下顶尖距离/mm	10~380	10~380	
	可测齿轮模数/mm	0.5~20	0.5~20	
	可测螺旋角范围/(°)	0~90	0~90	
	坐标最小分辨率	Φ：0.0002° X、Y、Z、δ：0.0001	Φ：0.0002° X、Y、Z、δ：0.0001	
	可测工件最大重量/kg	300	300	
精度	项目	某A品牌 检定要求	某B品牌 检定要求	检定工具
	上下顶尖斜向圆跳动	0.0015mm	0.0015mm	1. 1μm 扭簧表
	下顶尖圆柱面径向圆跳动			2. 磁性表架
	下顶尖端面跳动			
	测头对顶尖连线的平行度	正面：0.002mm/300mm	正面：0.0025mm/300mm	1. 1μm 扭簧表 2. 磁性表架
		侧面：0.002mm/300mm	侧面：0.0035mm/300mm	3. 精密心轴（150，300mm）
	X 向滑架的直线度	2″	2″	1″自准直仪或平面度检查仪
	Y 向滑架的直线度	2″	2″	1″自准直仪或平面度检查仪
	Z 向滑架的直线度	2″	2″	1″自准直仪或平面度检查仪
	上下顶尖同轴度	顶尖距离 300mm： ≤0.005mm	顶尖距离 150mm： ≤2μm	1. 1μm 扭簧表 2. 磁性表架
			顶尖距离 420mm： ≤6μm	3. 精密心轴（150mm，300mm）
	齿形、齿向示值误差	齿形：0.0012mm	≤1.5μm	校准样板
		齿向：0.0012mm	≤1.5μm	
	齿形、齿向示值变动性	齿形：0.001mm	≤1μm	校准样板
		齿向：0.001mm	≤1μm	
	齿距总偏差示值误差	0.002mm	≤2μm	样件齿轮
	齿距误差示值变动性	0.002mm	≤2μm	样件齿轮

4. 螺旋线偏差的测量

螺旋线偏差测量一般是在（或接近）分度圆柱上对正确螺旋线和实际螺旋线进行比较，从而求出螺旋线偏差。螺旋线偏差的检验指螺旋线总偏差 F_β 的检验。螺旋线总偏差包括螺旋线形状偏差 $f_{f\beta}$ 和螺旋线倾斜偏差 $f_{H\beta}$。当测量仪器带有自动数据处理系统时，可采用最小二乘法确定其平均螺旋线迹线，从中分离出 $f_{f\beta}$ 和 $f_{H\beta}$。

对于设计螺旋线，同齿廓偏差一样，可使用设计螺旋线样板比较被测齿轮测量曲线，以确定螺旋线偏差；也可用测量设备数据自动处理系统设置的设计螺旋线公差带确定螺旋线偏差。

1）测量方法与测量仪器。螺旋线偏差的测量方法有坐标法和展成法。坐标法测量仪器有齿轮测量中心、齿轮螺旋线测量装置和三坐标测量机等。

展成法的测量仪器有单盘式渐开线螺旋线检查仪、杠杆圆盘式万能渐开线螺旋线检查仪和导程仪等。

① 坐标法测量原理。坐标法测量原理如图 6.1-139 所示。以被测齿轮回转轴线为基准，通过测角装置和测长装置测量螺旋线的实际坐标位置，将其与理论坐标位置进行比较，记录系统绘出螺旋线偏差曲线，按偏差定义求得 F_β、$f_{f\beta}$ 和 $f_{H\beta}$。

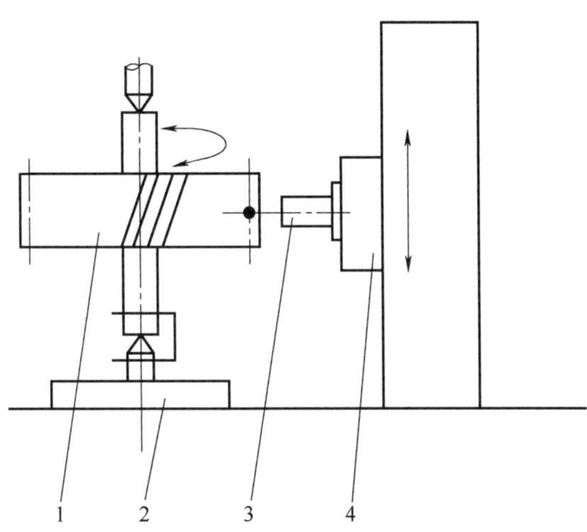

图 6.1-139　螺旋线坐标法测量原理
1—被测齿轮　2—测量装置　3—测头　4—测长装置

② 展成法测量原理。展成法测量原理如图 6.1-140 所示，以被测齿轮回转轴线为基准，通过精密传动机构（包括直尺、电子基圆盘）、放大机构以及螺旋分度机构实现理论渐开线的展开。测量时，被测齿轮与主轴同步回转，测头沿轴向导轨移动，描绘被测齿轮实际螺旋线。将实际螺旋线与理论螺旋线轨迹进行比较，其差值由记录器记录并绘出螺旋线总偏差曲线，按偏差定义求得 F_β、$f_{f\beta}$ 和 $f_{H\beta}$。

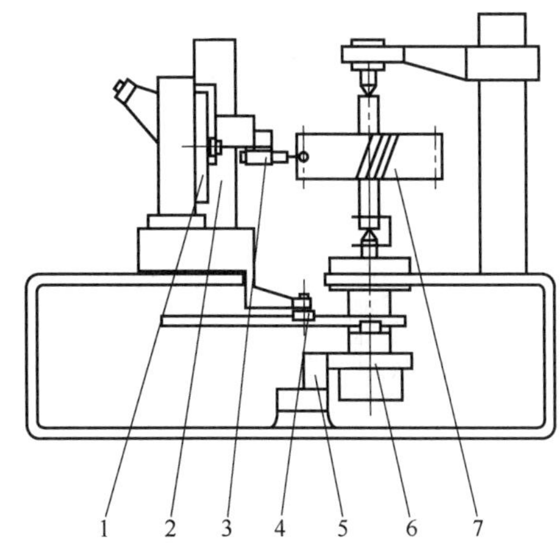

图 6.1-140　螺旋线展成法测量原理图
1—螺旋线分度机构　2—轴向导轨
3—测头　4—放大机构　5—直尺
6—电子基圆盘　7—被测齿轮

2）螺旋线偏差的取值。一般按产品设计图样规定齿宽的评价范围，通常情况下，齿宽两端 5%～10%的长度或一个模数的长度，扣除其中较小数值后的一个长度作为评价范围，以 L_β 表示，对于扣除部分偏向齿体外的正偏差（“多肉”）必须计入螺旋线的总偏差，负偏差不应超过规定公差的 3 倍。图 6.1-141 所示为螺旋线总偏差曲线。

① 从螺旋线测量曲线取值，取值方向应与坐标 y 方向平行。

② 对于非修形螺旋线，允许用指示表读出螺旋线总偏差。

③ 对于设计螺旋线，所绘螺旋线偏差曲线应位于设计螺旋线公差范围内。

④ 偏差曲线由计算机自动数据处理系统绘出时，应对计算程序进行验证。

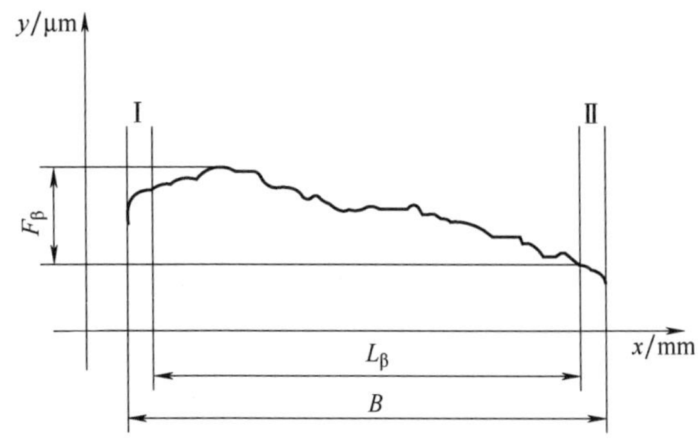

图 6.1-141　螺旋线总偏差曲线

5. 齿轮径向跳动的测量

齿轮的径向跳动 F_r 是用一个适当大小的测头（球、砧、圆柱或棱柱体）在齿轮旋转时逐齿地放置于每个齿槽中，相对于齿轮的基准轴线的最大和最小径向位置之差。图 6.1-142 所示是齿轮径向跳动测量的原理。

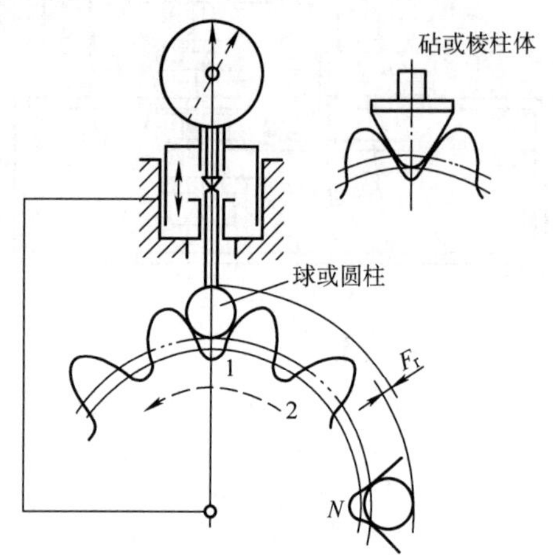

图 6.1-142　齿轮径向跳动测量原理

球或圆柱直径的选择应使其能接触到齿槽的中间部位，并应置于齿宽的中央。球或圆柱的理论直径尺寸可按下式计算：

对外齿轮：

$$D_{\mathrm{Mthe}}=\frac{d_y\sin\eta_{yt}}{\cos(\alpha_{yt}+\eta_{yt})}\cos\beta_b$$

对内齿轮：

$$D_{\mathrm{Mthe}}=\frac{d_y\sin\eta_{yt}}{\cos(\alpha_{yt}-\eta_{yt})}\cos\beta_b$$

上述两式中　$d_y=d+2m_nx$，$\cos\alpha_{yt}=\dfrac{d\cos\alpha_t}{d_y}$，$\tan\alpha_t=\dfrac{\tan\alpha_n}{\cos\beta}$，$\eta_{yt}=\dfrac{180}{\pi}\left(\dfrac{\pi}{z}-\dfrac{s_{yt}}{d_y}\right)$

外齿轮时 $s_t=\dfrac{m_n}{\cos\beta}\left(\dfrac{\pi}{2}+2\tan\alpha_n x\right)$，

$$s_{yt}=d_y\left(\frac{s_t}{d}+\mathrm{inv}\alpha_t-\mathrm{inv}\alpha_{yt}\right)$$

内齿轮时 $s_t=\dfrac{m_n}{\cos\beta}\left(\dfrac{\pi}{2}-2\tan\alpha_n x\right)$，

$$s_{yt}=d_y\left(\frac{s_t}{d}-\mathrm{inv}\alpha_t+\mathrm{inv}\alpha_{yt}\right)$$

$$\sin\beta_b=\sin\beta\cos\alpha_n$$

d——齿轮分度圆直径；

m_n——齿轮法向模数；

x——齿廓变位系数；

α_n——齿轮法向压力角；

z——齿轮齿数；

β——齿轮螺旋角。

上述计算得出的是理论测球或圆柱的直径，实际测球或圆柱的直径 D_M 应根据优先数系选择较理论计算值大一点的直径，或在由量具制造商提供且注明精确实际尺寸的测球或测量圆柱中选择，见表 6.1-117。

表 6.1-117　标准圆柱的直径　（mm）

2	2.25	2.5	2.75	3	3.25	3.5	3.75	4	4.25	4.5	5	5.25
5.5	6	6.5	7	7.5	8	9	10	10.5	11	12	14	15
16	18	20	22	25	28	30	35	40	45	50	—	—

实际测量中，也可采用目测法来选择测球或圆柱的直径。

6. 公法线长度的测量

公法线 W_k 的长度是在基圆柱切平面（公法线平面）上跨 k 个齿（对外齿轮）或 k 个齿槽（对内齿轮）在接触到一个齿的右齿面和另一个齿的左齿面的两个平行平面之间测得的距离。这个距离在两个齿廓间沿所有法线都是常数（图 6.1-143 和图 6.1-144）。

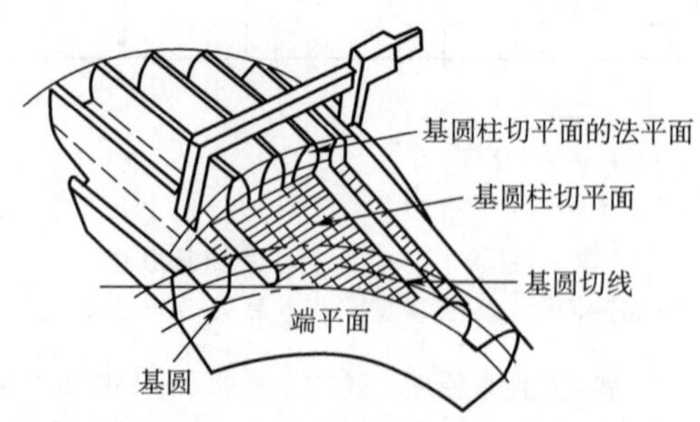

图 6.1-143　斜齿轮公法线测量

公法线长度测量包括两项内容：一是测量公法线平均长度偏差，用以控制齿厚，以获得必要的啮合侧隙，测量时是取齿轮一周内公法线长度的平均值与公称值之差；二是测量公法线长度的变动量，用以控制滚齿、磨齿机床的运动偏心误差，测量时是取齿轮一周内公法线长度的最大值与最小值之差，不需要按公法线的公称值调整仪器。

用带平行测量面的量具、量仪均可测量公法线长度。常用的专用量具有公法线千分尺、公法线测齿卡

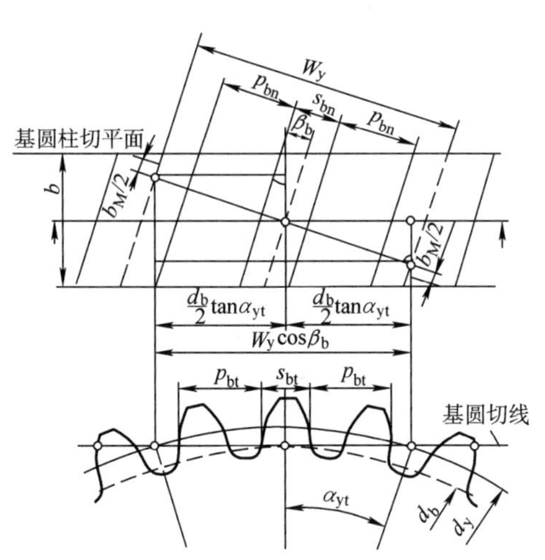

图 6.1-144　在基圆柱切平面上的公法线测量

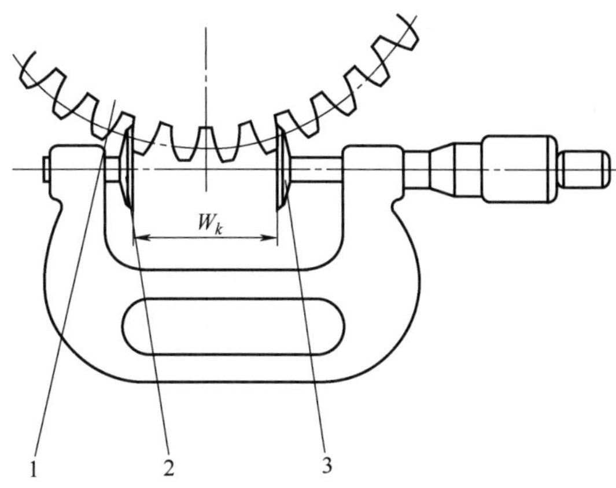

图 6.1-145　用公法线千分尺测量

1—被测齿轮　2—左圆形测量面　3—右圆形测量面

尺和杠杆公法线千分尺。常用的仪器有万能测齿仪、万能工具显微镜等。

公法线长度要跨 k 个齿，包含 $k-1$ 个基节和一个基圆齿厚，因此，公法线长度偏差包括基节偏差和齿厚偏差。

图 6.1-145 所示是用公法线千分尺测量的示意图。公法线千分尺可直接测量公法线长度值。

侧隙的允许偏差没有包括在 W_k 的公称值内，应从公称值减去公法线长度的上极限偏差 E_{bns} 和下极限偏差 E_{bni} 的值（图 6.1-146），而对内齿轮则应增大。

对内斜齿轮不适于用公法线测量。对外斜齿轮而言，公法线测量受齿轮齿宽 b 的限制，只有满足下式条件时才可能：

$$b>W_k\sin\beta_b+b_M\cos\beta_b$$

这里 $b_M=5\text{mm}$ 或 $b_M=\frac{m_n}{4}$，或使 $b>1.015W_k\sin\beta_b$。

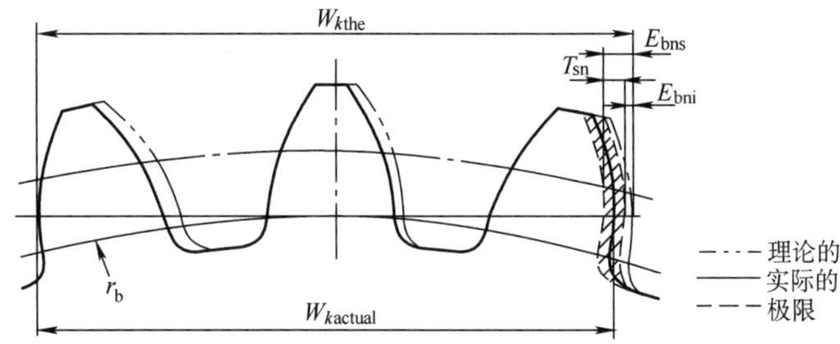

图 6.1-146　公法线长度的允许偏差

如果有齿廓或螺旋线修形，公法线测量应在未经修形的齿面部分进行。对斜齿鼓形齿，斜齿公法线中的公称齿厚应予以修正。对直齿鼓形齿，应在鼓形的顶点测量。

7. 齿厚的测量

齿厚采用游标齿厚卡尺测量或用量柱跨距来间接测量。

1）用游标齿厚卡尺测量。图 6.1-147 所示是以齿顶圆定位来测量分度圆弦齿厚的测量示意图。将齿高游标设定为弦齿高的理论值，由齿厚游标读取弦齿厚的实际值，实际值与理论值之差即为齿厚偏差。测量时，在齿圈每隔 90°的位置上测量一个齿，取其最大偏差值作为实际偏差值。测量斜齿轮应在轮齿法向进行。游标齿厚卡尺不能用于测量内齿轮。

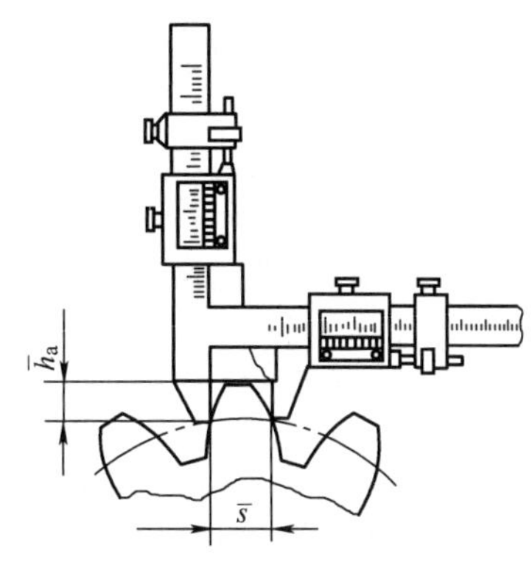

图 6.1-147　用游标齿厚卡尺测量齿厚

分度圆弦齿厚和弦齿高的计算见 6.1.1 小节。

用游标齿厚卡尺测量齿轮弦齿厚的优点是可以用一个手持的量具进行测量，携带方便，使用简便。但测量弦齿厚也有局限性，由于齿厚卡尺的两个测量腿与齿面只是在其顶尖角处接触而不是在其平面接触，故测量必须要由有经验的测量者进行。另外，由于齿顶圆柱面的精确度和同心度的不确定性，以及测量标尺分辨力低等，使测量不甚可靠。所以，应尽可能采用更可靠的公法线长度、圆柱销或球测量法来代替此法。

2）用量柱（球）跨距测量。当斜齿轮的齿宽太窄或齿轮模数太小，不适合采用公法线测量时，可以采用间接测量齿厚的方法，即把两个圆柱（销子）或球置于尽可能在直径上相对的齿槽内（图 6.1-148），然后测量跨球（量柱）尺寸。

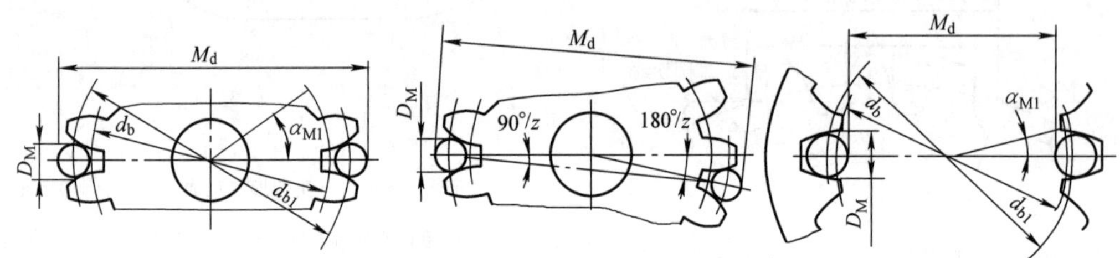

图 6.1-148　齿轮的跨球（量柱）尺寸

量柱（球）跨距测量中，量柱（球）直径的计算与测量齿圈径向跳动中测球或圆柱计算相同。量柱（球）跨距的计算见 6.1.1 小节。在量柱（球）跨距的计算中不包括侧隙的允许偏差，应从计算值减去上偏差和下偏差。

对于内齿轮，只能用球测量。

8. 切向综合偏差的测量

齿轮切向综合偏差是采用单面啮合测量法进行测量的。单面啮合测量是模拟齿轮的工作状态，而切向综合偏差是指齿轮分度圆切线方向的误差，它可以由转角误差乘以分度圆半径来获得。

做切向综合偏差检测时，需施加很轻的负荷和很低的角速度，以保证齿面间的接触所产生的记录曲线能反映出一对齿轮轮齿要素偏差的综合影响（即齿廓、螺旋线和齿距）。一个产品齿轮和一个测量齿轮的检测情况，以产品齿轮转一周后，即产生适用的记录。但必须注意，测量齿轮的精度将影响检测结果，如果测量齿轮的精度比被检验的产品齿轮的精度至少高 4 级，则测量齿轮的不精确性可忽略不计。

单面啮合测量仪有机械式、磁分度式、地震仪式和光栅式等，其中光栅式单面啮合测量仪应用较多，而在光栅式单面啮合测量仪中，国内常用的是以蜗杆作为测量元件的光栅式单啮仪，国外常用的是以齿轮作为测量元件的光栅式单啮仪。图 6.1-149 所示是常用的以齿轮作为测量元件的光栅式单面啮合测量仪测量原理，采用测量齿轮与被测齿轮进行单面啮合。测量齿轮用电动机驱动回转并带动被测齿轮转动。在测量齿轮的轴上装有光栅盘Ⅰ，在被测齿轮的轴上装有光栅盘Ⅱ，两光栅盘的刻线数相同。测量时，两光栅盘所发出的转角信号代表着测量齿轮和被测齿轮的单面啮合运动状态。以测量齿轮路信号为基准测量信号，被测齿轮偏差即体现在被测齿轮路信号的相位中。上述信号经过计算机计算比较即可在输出设备上绘出切向综合偏差曲线图（图 6.1-150）。在图上可读取切向综合偏差 F'_i 和一齿切向综合偏差 f'_i。

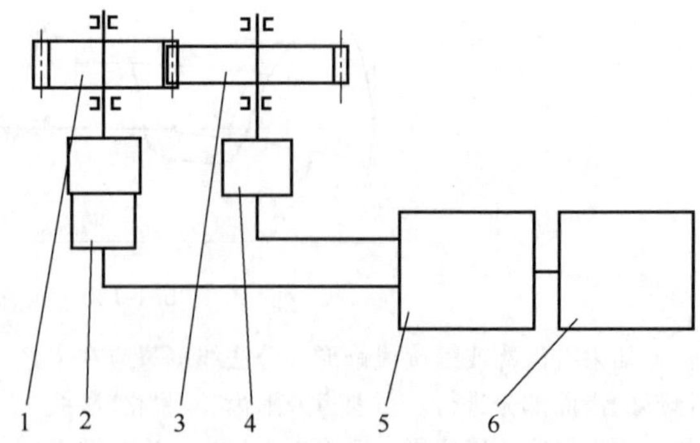

图 6.1-149　啮合法测量原理

1—测量齿轮　2—光栅盘Ⅰ和驱动装置　3—被测齿轮　4—光栅盘Ⅱ　5—计算机　6—输出设备

9. 径向综合偏差的测量

径向综合偏差检测采用双面啮合法。做径向综合偏差检测时，在所用装置上安放一对齿轮，其中一个齿轮装在固定的轴上，另一个齿轮则装在带有滑道的轴上，该滑道带一弹簧装置，从而使两个齿轮在径向能紧密地啮合（图 6.1-151）。在旋转过程中测量出中心距的变动量，如果需要，可将中心距变动曲线图展现出来。

基于大多数的检测目的，要用一个测量齿轮和一个被测产品齿轮进行此项检测，测量齿轮需要做得很精确，以达到其对径向综合偏差的影响可以忽略不计。被测齿轮径向综合总偏差 F''_i 等于齿轮旋转一整周中最大中心距变动量，一齿径向综合偏差 f''_i 等于齿轮转过一个齿距角时其中心距的变动量(图 6.1-152)。

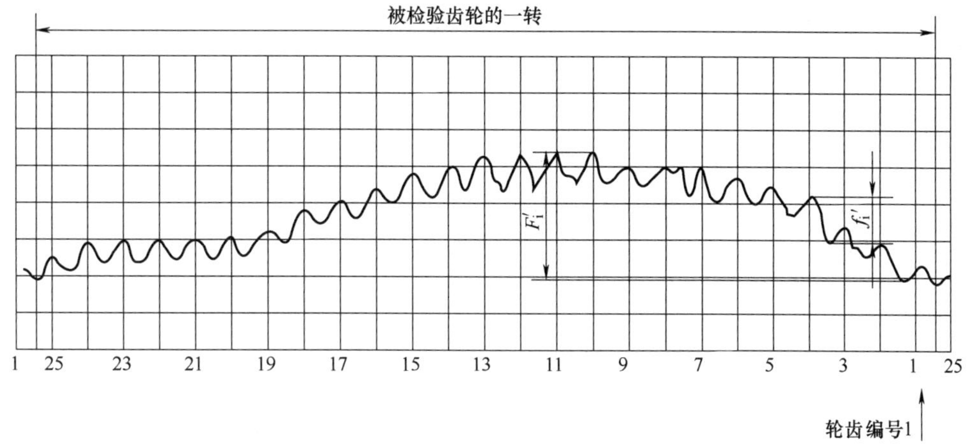

图 6.1-150　切向综合偏差曲线图

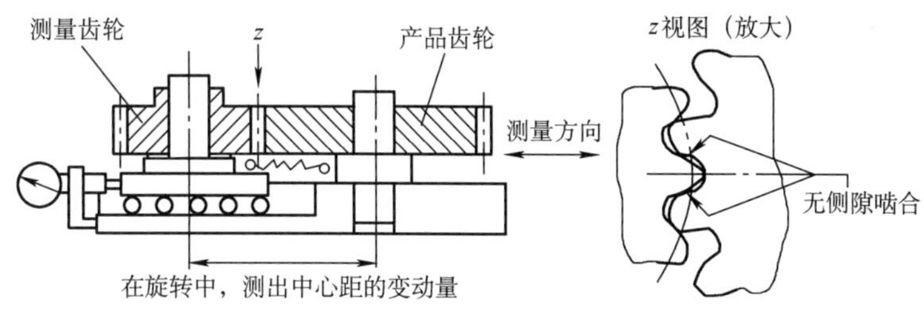

图 6.1-151　测量径向综合偏差

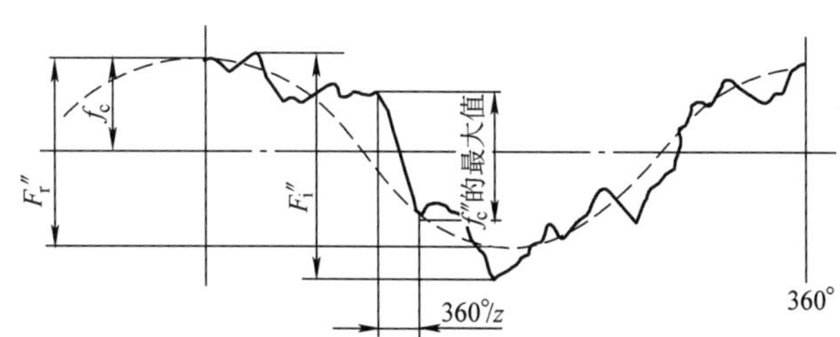

图 6.1-152　齿轮径向综合偏差曲线图

必须十分重视测量齿轮的精度和设计，特别是它与产品齿轮啮合的压力角，会影响测量的结果。测量齿轮应有足够的啮合深度，使其能与产品齿轮的整个有效齿廓相接触，但不应与非有效部分或根部相接触，避免产生这种接触的方法是将测量齿轮的齿厚增厚到足以补偿产品齿轮的侧隙允差。

双面啮合测量法大量地用于成批、大量生产的检查中。其优点是：①所用仪器简单，测量效率高，对计量人员技术水平要求不高，对环境无严格要求，便于使用和维护；②它所反映的径向偏差往往是生产过程中最不稳定的因素（如齿坯和刀具的安装偏心等)。

6.2 直齿锥齿轮加工

6.2.1 概述

直齿锥齿轮一般用于低速传动，$v<5\text{m/s}$。磨齿的直齿锥齿轮的线速度可达到50m/s。直齿锥齿轮理论上齿长曲线为直线，齿线的延长线交于轴线。实际上为了补偿小量的安装误差及负载变形，常在齿长方向制造有微量的鼓形。

用于汽车差速器的直齿锥齿轮，由于空间限制及其作用特点，其小齿轮齿数可少到10个齿。目前，汽车差速器齿轮普遍采用精锻方法加工。

直齿锥齿轮常用的切齿方法见表6.2-1。

表6.2-1 直齿锥齿轮常用的切齿方法

加工方法	加工示意图	加工特点	应用范围	加工精度	表面粗糙度 $Ra/\mu m$
刨齿	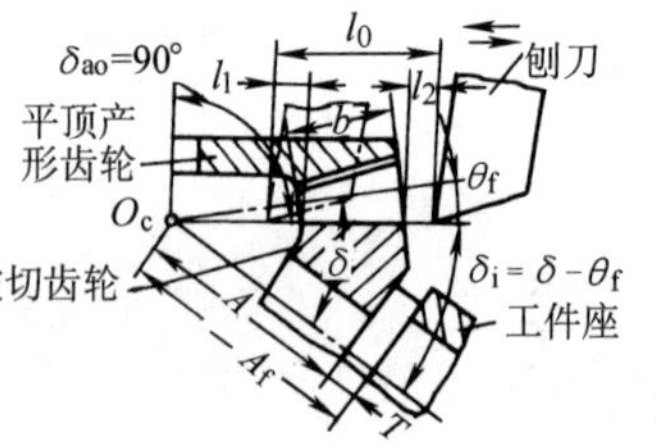 $\delta_{ao}=90°$、l_0、l_1、l_2、刨刀、平顶产形齿轮、b、θ_f、O_c、δ、$\delta_i=\delta-\theta_f$、被切齿轮、A、A_f、T、工件座	有三种刨齿方法： 1. 靠模成形刨齿法：刀尖按靠模轨迹运动成形齿面 2. 按平顶产形轮原理刨齿法：刨刀切削刃所形成的切削表面相当于平顶产形轮齿面 3. 按平面产形轮原理刨齿法：刨刀切削刃所形成的切削表面相当于平面产形轮齿面		7~8级	1.25~5
双刀盘铣齿	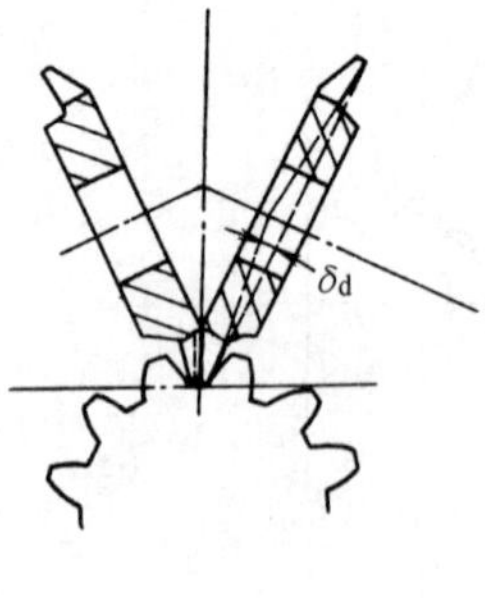 δ_d	用两个刀盘的切削刃轨迹表面代表产形轮表面，由于刀盘切削刃多，切削速度高，所以它的生产率比刨齿高	中批量生产	7~8级	2.5~5

6.2.2 直齿锥齿轮传动的几何计算

直齿锥齿轮的基本齿廓在GB/T 12369—1990《直齿及斜齿锥齿轮基本齿廓》中进行了规定，模数在GB/T 12368—1990《锥齿轮模数》中进行了规定。在GB/T 12371—1990《锥齿轮图样上应注明的尺寸数据》中规定了直齿及弧齿锥齿轮图样上应注明的尺寸数据，主要由两部分组成：一般几何尺寸数据和通常以表格形式列出来的轮齿相关数据。图样标注示例如图6.2-1所示。

参数表一般放在图样的右上角，参数表中列出的参数可根据需要增减，检查项目可根据使用要求确定。

直齿锥齿轮传动的几何计算见表6.2-2。

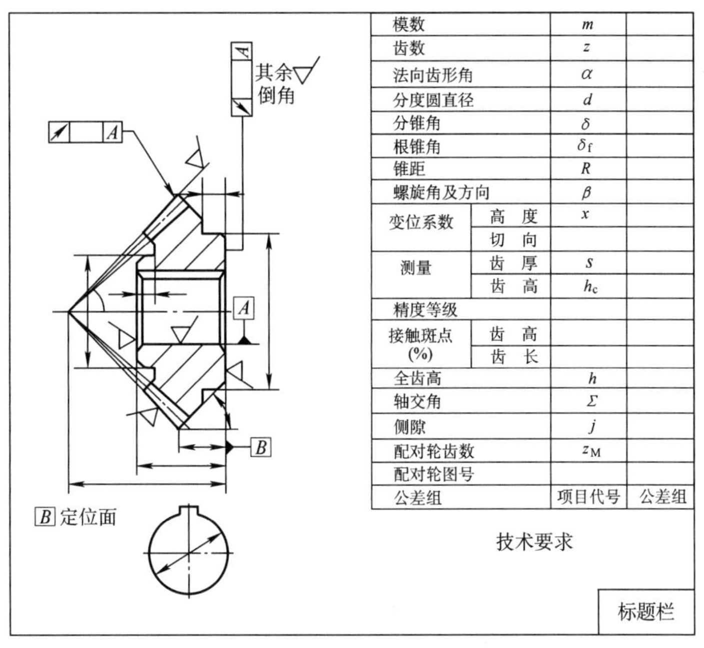

图 6.2-1　图样标注示例

表 6.2-2　直齿锥齿轮传动的几何计算　(mm)

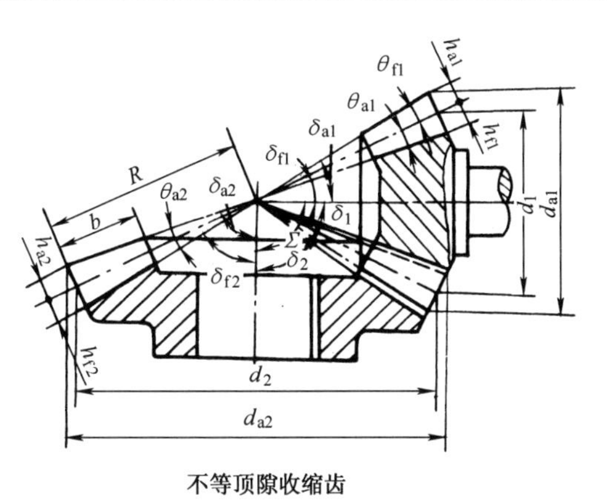

不等顶隙收缩齿

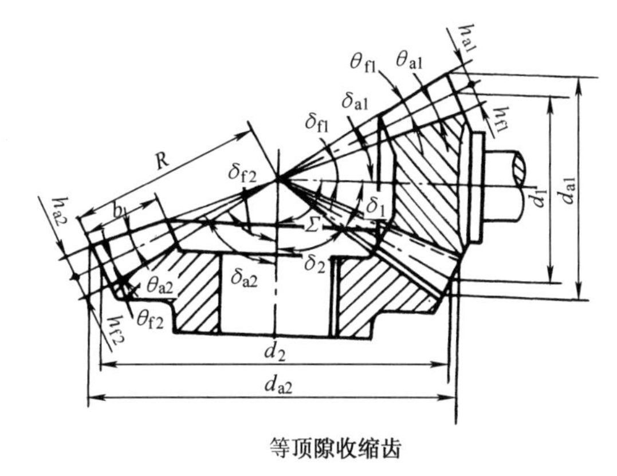

等顶隙收缩齿

序号	名称		代号	正交直齿锥齿轮	非正交直齿锥齿轮	实例
1	压力角		α	按标准选取或根据产品需要而定		20°
2	齿顶高系数		h_a^*	按标准选取或根据产品需要而定		1
3	顶隙系数		c^*	按标准选取或根据产品需要而定		0.2
4	模数		m	根据强度计算而定		5
5	轴交角		Σ	$\Sigma=90°$	按设计定（$\Sigma\neq90°$）	90°
6	齿数	小轮	z_1	小轮齿数选取应注意不根切的最小齿数		15
		大轮	z_2	$z_2=uz_1$		30
7	齿数比		u	$u=\frac{z_2}{z_1}$（u 的选取根据设计要求）		2

（续）

序号	名称		代号	正交直齿锥齿轮	非正交直齿锥齿轮	实例
8	节锥角	小轮	δ_1	$\delta_1=\arctan\dfrac{z_1}{z_2}$	当 $\Sigma<90°$时： $\delta_1=\arctan\left(\dfrac{\sin\Sigma}{u+\cos\Sigma}\right)$ 当 $\Sigma>90°$时： $\delta_1=\arctan\left(\dfrac{\sin（180°-\Sigma)}{u-\cos（180°-\Sigma)}\right)$	26°33′54″
		大轮	δ_2	$\delta_2=\Sigma-\delta_1$		63°26′6″
9	当量圆柱齿轮齿数	小轮	z_{v1}	$z_{v1}=\dfrac{z_1}{\cos\delta_1}$		—
		大轮	z_{v2}	$z_{v2}=\dfrac{z_2}{\cos\delta_2}$		—
10	当量圆柱齿轮齿数比		u_v	$u_v=\dfrac{z_{v2}}{z_{v1}}$		—
11	分度圆直径	小轮	d_1	$d_1=mz_1$		75
		大轮	d_2	$d_2=mz_2$		150
12	冠轮齿数		z_c	$z_c=\sqrt{z_1^2+z_2^2}$	$z_c=\sqrt{z_1^2+\left(\dfrac{z_2+z_1\cos\Sigma}{\sin\Sigma}\right)^2}$	33.5410
13	外锥距		R	$R=0.5mz_c$		83.8525
14	齿宽		b	$b\leqslant10m$ 且 $b\leqslant R/3$（圆整到整数）		25
15	齿宽系数		ϕ_R	$\phi_R=\dfrac{b}{R}=\dfrac{1}{3}\sim\dfrac{1}{4}$（一般推荐范围）		0.298
16	齿宽中点分度圆直径	小轮	d_{m1}	$d_{m1}=d_1-b\sin\delta_1$		63.8190
		大轮	d_{m2}	$d_{m2}=d_2-b\sin\delta_2$		127.6380
17	齿宽中点分度圆模数		m_m	$m_m=d_{m1}/z_1=d_{m2}/z_2$		4.2546
18	高变位系数	小轮	x_1	$x_1=0.46\left(1-\dfrac{1}{u^2}\right)$	$x_1=0.46\left(1-\dfrac{1}{u_v^2}\right)$	0.4
		大轮	x_2	$x_2=-x_1$		-0.4
19	切向变位系数	小轮	x_{s1}	根据设计资料查得		0.015
		大轮	x_{s2}	$x_{s2}=-x_{s1}$		-0.015
20	齿顶高	小轮	h_{a1}	$h_{a1}=(h_a^*+x_1)m$		7
		大轮	h_{a2}	$h_{a2}=(h_a^*+x_2)m$		3
21	齿高		h	$h=h_1=h_2=2.2m$		11
22	齿根高	小轮	h_{f1}	$h_{f1}=h-h_{a1}$		4
		大轮	h_{f2}	$h_{f2}=h-h_{a2}$		8
23	大端齿顶圆直径	小轮	d_{a1}	$d_{a1}=d_1+h_{a1}\cos\delta_1$		87.522
		大轮	d_{a2}	$d_{a2}=d_2+h_{a2}\cos\delta_2$		152.683
24	齿根角	小轮	θ_{f1}	$\tan\theta_{f1}=h_{f1}/R$		2°43′52″
		大轮	θ_{f2}	$\tan\theta_{f2}=h_{f2}/R$		5°26′59″

（续）

序号	名称		代号	正交直齿锥齿轮	非正交直齿锥齿轮	实例
25	齿顶角	小轮	θ_{a1}	不等顶隙收缩齿	$\tan\theta_{a1}=h_{a1}/R$	4°46′19″
				等顶隙收缩齿	$\tan\theta_{a1}=\tan\theta_{f2}=h_{f2}/R$	5°26′59″
		大轮	θ_{a2}	不等顶隙收缩齿	$\tan\theta_{a2}=h_{a2}/R$	2°2′56″
				等顶隙收缩齿	$\tan\theta_{a2}=\tan\theta_{f1}=h_{f1}/R$	2°43′52″
26	顶锥角	小轮	δ_{a1}	不等顶隙收缩齿	$\delta_{a1}=\delta_1+\theta_{a1}$	31°20′13″
				等顶隙收缩齿	$\delta_{a1}=\delta_1+\theta_{f2}$	32°0′53″
		大轮	δ_{a2}	不等顶隙收缩齿	$\delta_{a2}=\delta_2+\theta_{a2}$	65°29′2″
				等顶隙收缩齿	$\delta_{a2}=\delta_2+\theta_{f1}$	66°9′58″
27	根锥角	小轮	δ_{f1}	$\delta_{f1}=\delta_1-\theta_{f1}$		23°50′2″
		大轮	δ_{f2}	$\delta_{f2}=\delta_2-\theta_{f2}$		57°59′7″
28	分锥顶点到轮冠在轴线上的投影距离	小轮	A_{e1}	$A_{e1}=\dfrac{d_2}{2}-h_{a1}\sin\delta_1$	$A_{e1}=R\cos\delta_1-h_{a1}\sin\delta_1$	11. 8693
		大轮	A_{e2}	$A_{e2}=\dfrac{d_1}{2}-h_{a2}\sin\delta_2$	$A_{e2}=R\cos\delta_2-h_{a2}\sin\delta_2$	34. 8168
29	大端分度圆弧齿厚	小轮	s_1	$s_1=m\left(\dfrac{\pi}{2}+2x_1\tan\alpha+x_{s1}\right)$		9. 3849
		大轮	s_2	$s_2=m\left(\dfrac{\pi}{2}+2x_2\tan\alpha+x_{s2}\right)$		6. 3231
30	大端分度圆弦齿厚	小轮	$\bar{s}_1$	$\bar{s}_1=s_1-\dfrac{s_1^3}{6d_1^2}$		9. 2986
		大轮	$\bar{s}_2$	$\bar{s}_2=s_2-\dfrac{s_2^3}{6d_2^2}$		6. 331
31	大端分度圆弦齿高	小轮	$\bar{h}_{a1}$	$\bar{h}_{a1}=h_{a1}+\dfrac{s_1^2}{4d_1}\cos\delta_1$		7. 263
		大轮	$\bar{h}_{a2}$	$\bar{h}_{a2}=h_{a2}+\dfrac{s_2^2}{4d_2}\cos\delta_2$		3. 0305
32	大端固定弦齿厚	小轮	$\bar{s}_{c1}$	$\bar{s}_{c1}=s_1\cos^2\alpha$		8. 26
		大轮	$\bar{s}_{c2}$	$\bar{s}_{c2}=s_2\cos^2\alpha$		5. 6496
33	大端固定弦齿高	小轮	$\bar{h}_{c1}$	$\bar{h}_{c1}=h_{a1}-s_1\dfrac{\sin\alpha}{4}$		5. 5039
		大轮	$\bar{h}_{c2}$	$\bar{h}_{c2}=h_{a2}-s_2\dfrac{\sin\alpha}{4}$		1. 9018
34	弧齿厚中心角	小轮	ψ_1	$\psi_1=\dfrac{180s_1}{\pi d_1}$		—
		大轮	ψ_2	$\psi_2=\dfrac{180s_2}{\pi d_2}$		—

（续）

序号	名称		代号	正交直齿锥齿轮	非正交直齿锥齿轮	实例
35	齿角	小轮	λ_1	$\lambda_1 \approx \dfrac{3438}{R}\left(\dfrac{s_1}{2}+h_{f1}\tan\alpha\right)$ ［单位：(′)］		—
		大轮	λ_2	$\lambda_2 \approx \dfrac{3438}{R}\left(\dfrac{s_2}{2}+h_{f2}\tan\alpha\right)$ ［单位：(′)］		—

注：1. 表中 $\bar{s}_{c1}$、$\bar{s}_{c2}$ 为无侧隙的弦齿厚，实际齿厚要考虑侧隙。

2. 当大端齿顶圆倒角后，可在离大端某一距离 L_x（即锥距 $R_x=R-L_x$）处测量齿轮尺寸；其测量截面上的圆周齿厚 $s_x=\bar{s}\dfrac{R_x}{R}$、弦齿厚 $\bar{s}_x=\dfrac{d}{\cos\delta}\dfrac{R_x}{R}\sin\psi$、弦齿高 $\bar{h}_x=h_a+0.25s_x\psi-L_x\tan\theta_a$。

3. 为提高精切刀寿命及精切精度，粗切时可将齿深加大 0.05mm。

6.2.3 直齿锥齿轮刨齿

1. 刨齿原理及设备

（1）按平顶产形轮刨齿的原理

按平顶产形轮刨齿原理加工直齿锥齿轮，是在切齿过程中，假想有一个平顶齿轮与机床摇台同轴，被加工齿轮的节锥顶 O 与平顶齿轮的中心重合，平顶齿轮随机床摇台转动而与被加工齿轮做无间隙啮合。这个假想平顶产形轮的轮齿表面是由机床摇台上刨齿刀的切削刃相对于摇台运动的轨迹所代替，如图 6.2-2 所示。

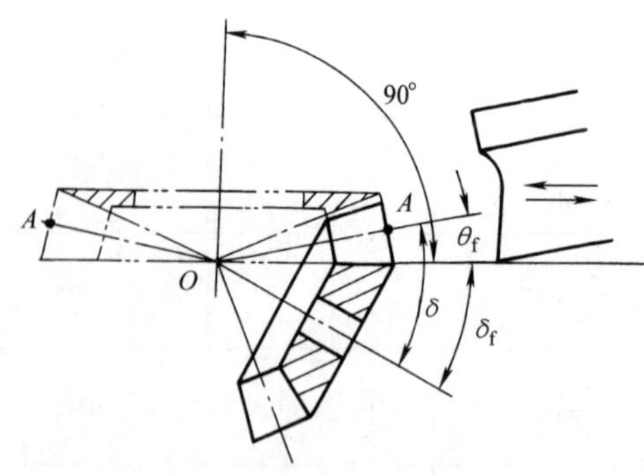

图 6.2-2 平顶产形轮刨齿原理

在切齿过程中，被加工锥齿轮在机床上安装时，与平顶产形轮啮合的节锥面相切做纯滚动，其轴线夹角为

$$\Sigma=90°+\delta_f=90°-\theta_f+\delta$$

式中 δ_f——被加工齿轮根锥角；

θ_f——被加工齿轮齿根角；

δ——被加工齿轮的节锥角。

其滚比 i_c 为

$$i_c=\frac{\cos\theta_f}{\sin\delta}$$

用平顶产形轮原理加工直齿锥齿轮，刨刀的切削运动方向总是与摇台轴线相垂直而不受被切齿轮齿根角 θ_f 的影响，机床上不必具备刀具倾斜调整装置，因此机床结构简单，机床刚性好，如 Y236、Y236B 等刨齿机就是依此设计的。按此原理加工直齿锥齿轮的刀具齿形应和平顶齿轮的齿形相同，呈曲线齿形。但实际生产中为使刨刀制造简单，其切削刃仍制成直线刃。因而被切齿轮的曲线是近似于渐开线的曲线，其啮合线呈“8”字形。用平顶产形轮原理加工的直齿锥齿轮，在切齿过程中，产形轮与被切齿轮呈线接触无间隙啮合，由于切齿位置相差两个齿根角，故两个被切齿轮在工作啮合时，理论上呈点接触啮合，由于弹性变形，齿面间可形成局部接触椭圆。

（2）按平面产形轮刨齿的原理

所谓按平面产形轮原理加工直齿锥齿轮，就是在切齿过程中，假想有一个平面产形轮与机床摇台同轴，它随机床摇台转动而与被加工齿轮做无间隙啮合，这个假想平面齿轮的轮齿表面是由机床摇台上刨齿刀的切削刃相对摇台运动的轨迹所代替，如图 6.2-3 所示。

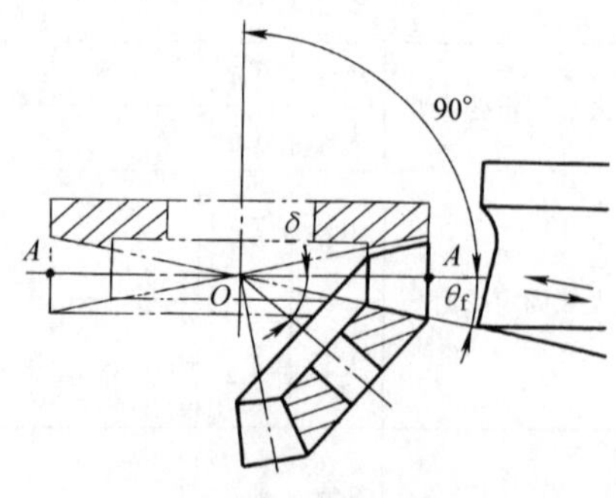

图 6.2-3 按平面产形轮刨齿原理

在切齿过程中，被切直齿锥齿轮在机床上安装时，其节锥面与假想平面产形轮啮合时的节平面相切做纯滚动。因此，被切齿轮的轴线与机床摇台轴线间

的夹角为

$$\Sigma = 90° + \delta$$

其滚比 i_c 为

$$i_c = \frac{1}{\sin\delta}$$

用平面产形轮原理加工直齿锥齿轮，刨齿刀沿被切齿轮齿根底部向锥顶做往复运动而切出齿形，故刨齿刀的切削刃可做成直线刃，而无理论误差。但刨齿刀的切削运动方向将随被切齿轮齿根角 θ_f 的不同而变化，故在加工不同 θ_f 角的齿轮时，要求刀具能调整倾斜角，所以机床结构复杂，刚性较差。

（3）直齿锥齿轮刨齿机

典型直齿锥齿轮刨齿机型号与技术参数见本章附录表 6.7-18。

2. 刨齿夹具及刀具

直齿锥齿轮刨齿加工时，其夹具形式与弧齿锥齿轮加工一样，在弧齿锥齿轮的加工中，对夹具有专门的介绍。

在直齿锥齿轮刨齿中，用成对刨刀刨齿是应用最广泛的加工方法。

（1）刨刀的结构型式和类型

JB/T 9990.1—2011 标准规定了直齿锥齿轮精刨刀（以下简称刨刀）的型式和尺寸，共分四种：Ⅰ型（27×40）；Ⅱ型（33×75）；Ⅲ型（43×100）；Ⅳ型（60×125，75×125）。适用于模数为 0.3～20mm，基准齿形角为 20°的刨刀。

Ⅰ型（27×40）的基本型式和尺寸见图 6.2-4 和表 6.2-3。

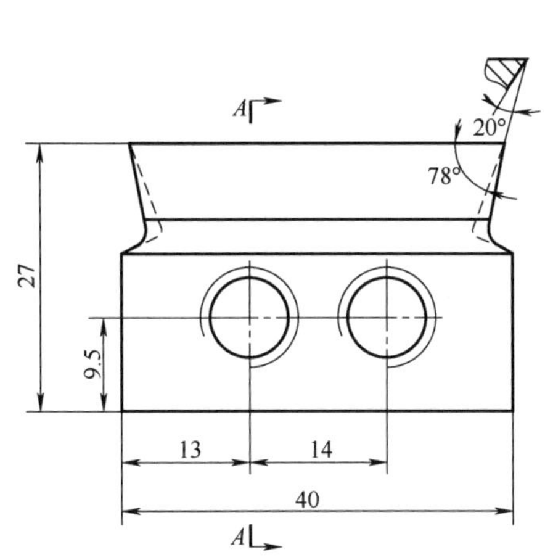

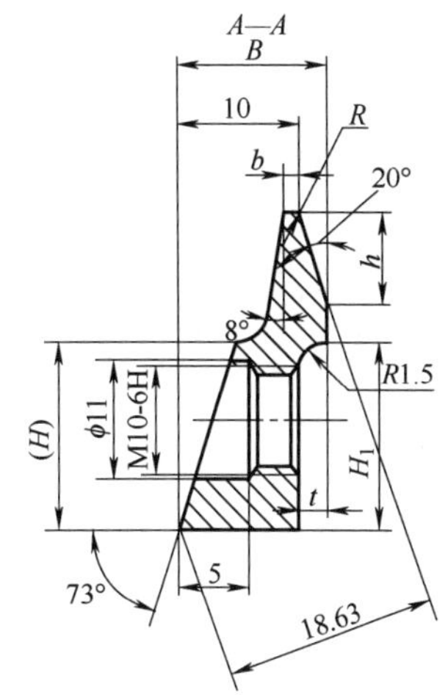

图 6.2-4　Ⅰ型刨刀基本型式和尺寸

表 6.2-3　Ⅰ型（27×40）刨刀尺寸　（mm）

模数范围	B	h	b	H②	t	H_1	R
0.3～0.4	10.36	1.0	0.12	25	0.5	21	0.10
0.5～0.6	10.54	1.5	0.20	24			0.15
0.7～0.8	10.73	2.0	0.28				0.21
1～1.25	11.16	3.2	0.40	23	1.0	18	0.30
1.375～1.75	11.53	4.2	0.60	22			0.40
2～2.25	11.93	5.3	0.80	20	1.5		0.60
2.5～2.75	12.36	6.5	1.00		2.0		0.75
3～3.25①	12.76	7.6	1.20	18	2.5	16	0.90

① 模数 3.25 尽量不用。

② H 的数值为参考值。

Ⅱ型（33×75）刨刀的基本型式和尺寸见图 6.2-5 和表 6.2-4。

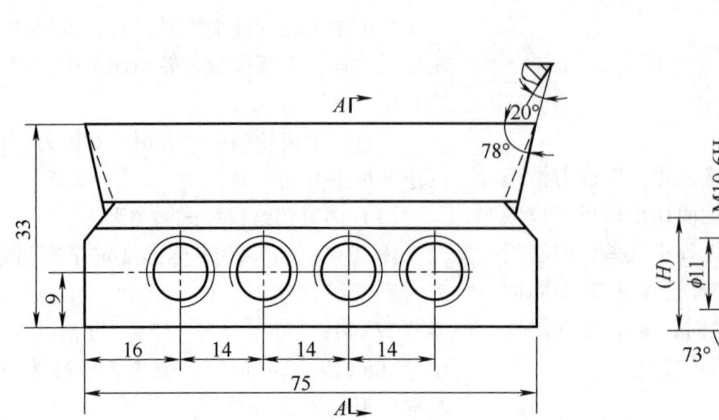

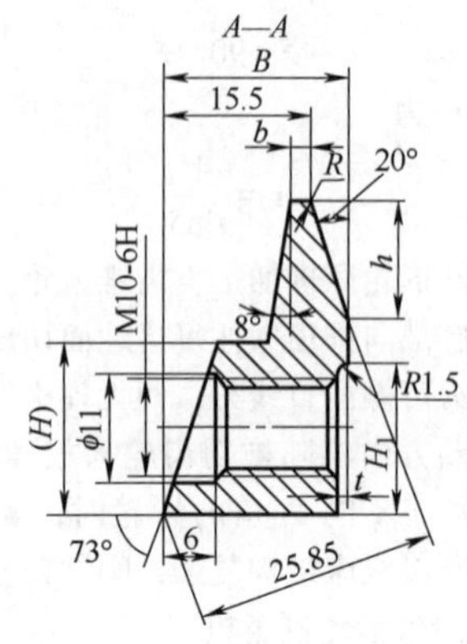

图 6.2-5　Ⅱ型刨刀基本型式和尺寸

表 6.2-4　Ⅱ型（33×75）刨刀尺寸　（mm）

<table>
<tr><th>模数范围</th><th>B</th><th>h</th><th>b</th><th>H[②]</th><th>t</th><th>H_1</th><th>R</th></tr>
<tr><td>0.5~0.6</td><td>16.04</td><td>1.5</td><td>0.20</td><td rowspan="3">29</td><td rowspan="2">0.5</td><td rowspan="2">27</td><td>0.15</td></tr>
<tr><td>0.7~0.8</td><td>16.23</td><td>2.0</td><td>0.28</td><td>0.21</td></tr>
<tr><td>1~1.25</td><td>16.66</td><td>3.2</td><td>0.40</td><td rowspan="2">1.0</td><td>26</td><td>0.30</td></tr>
<tr><td>1.375~1.75</td><td>17.03</td><td>4.2</td><td>0.60</td><td rowspan="5">23</td><td>24</td><td>0.40</td></tr>
<tr><td>2~2.25</td><td>17.43</td><td>5.3</td><td>0.80</td><td rowspan="6">1.5</td><td>23</td><td>0.60</td></tr>
<tr><td>2.5~2.75</td><td>17.86</td><td>6.5</td><td>1.00</td><td>22</td><td>0.75</td></tr>
<tr><td>3~3.25[①]</td><td>18.26</td><td>7.6</td><td>1.20</td><td>21</td><td>0.90</td></tr>
<tr><td>3.5~3.75[①]</td><td>18.70</td><td>8.8</td><td>1.40</td><td>19</td><td>1.00</td></tr>
<tr><td>4~4.5</td><td>19.36</td><td>10.6</td><td>1.60</td><td rowspan="2">18</td><td>18</td><td>1.20</td></tr>
<tr><td>5~5.5</td><td>20.05</td><td>12.5</td><td>2.00</td><td>16.5</td><td>1.50</td></tr>
</table>

① 模数 3.25 和 3.75 尽量不用。

② H 的数值为参考值。

Ⅲ型（43×100）刨刀的基本型式和尺寸见图 6.2-6 和表 6.2-5。

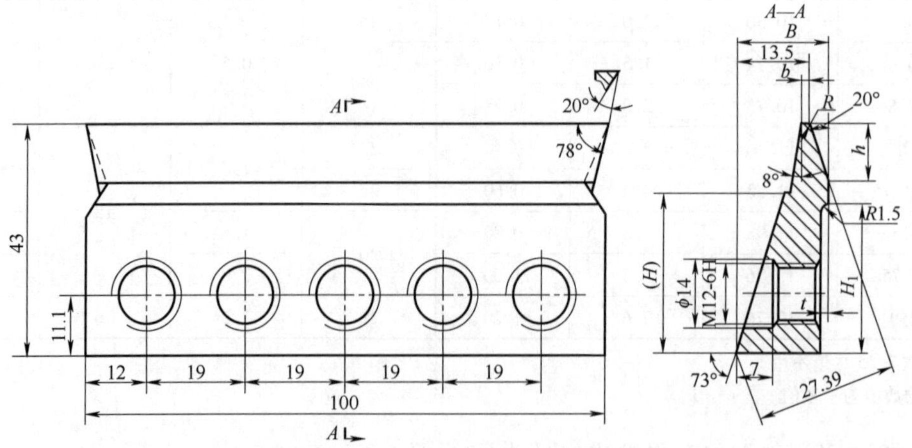

图 6.2-6　Ⅲ型刨刀基本型式和尺寸

表 6.2-5　Ⅲ型（43×100）刨刀尺寸　（mm）

模数范围	B	h	b	H②	t	H_1	R
1～1.25	14.70	3.3	0.4	35.0	1.0	36	0.30
1.375～1.75	15.03	4.2	0.6			35	0.40
2～2.25	15.43	5.3	0.8		1.5	33	0.60
2.5～2.75	15.86	6.5	1.0				0.75
3～3.35①	16.26	7.6	1.2	30.0		31	0.90
3.5～3.75①	16.70	8.8	1.4			30	1.00
4～4.5	17.36	10.6	1.6			28	1.20
5～5.5	18.05	12.5	2.0	22.5		27	1.50
6～6.5	18.96	15.0	2.4			24	1.80
7	19.50	16.5	2.8			22	2.10
8	20.41	19.0	3.2			19	2.40
9	21.32	21.5	3.6	20.0		18	2.70
10	22.23	24.0	4.0	19.0		17	3.00

① 模数 3.25 和 3.75 尽量不用。

② H 的数值为参考值。

Ⅳ型（60×125，75×125）刨刀的基本型式和尺寸见图 6.2-7 和表 6.2-6。

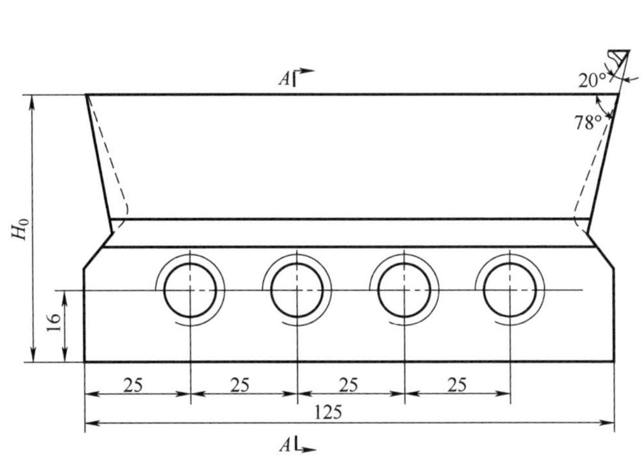

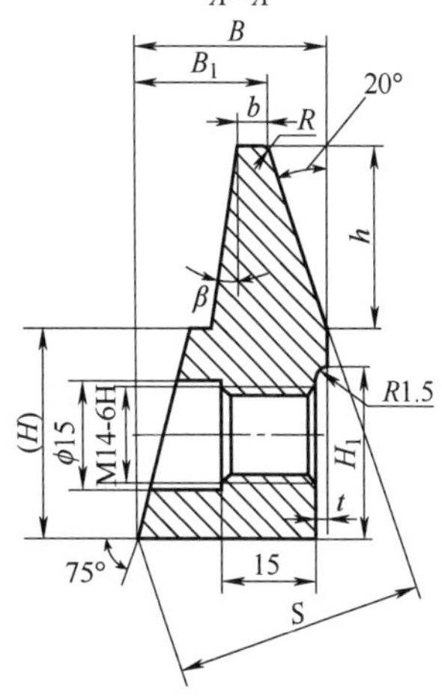

图 6.2-7　Ⅳ型刨刀基本型式和尺寸

表 6.2-6　Ⅳ型（60×125，75×125）刨刀尺寸　（mm）

模数范围	B	H_0	b	h	B_1	H②	t	H_1	β	S	R
3～3.25①	23.26	60	1.2	7.6	20.5	48	1.5	48	8°	39.78	0.90
3.5～3.75①	23.70		1.4	8.8				47			1.00
4～4.5	24.35		1.6	10.6				45			1.20
5～5.5	25.04		2.0	12.5		42		44			1.50
6～6.5	25.94		2.4	15.0				41			1.80
7	26.50		2.8	16.5				39			2.10

（续）

模数范围	B	H_0	b	h	B_1	H②	t	H_1	β	S	R
8	27.41	60	3.2	19.0	20.5	38	1.5	36	8°	39.78	2.40
9	28.32		3.6	21.5				34			2.70
10	29.23		4.0	24.0		32		31			3.00
11	29.89		4.4	25.8			2.0	29			3.30
12	30.72		4.8	28.1		30		26			3.60
14	42.44	75	5.6	32.8	30.5	34		38	12°	54.31	4.20
16	44.15		6.4	37.5			2.5	33			4.80
18	45.86		7.2	42.2		30		28			5.40
20	47.60		8.0	47.0		28		25			6.00

① 模数 3.25 和 3.75 尽量不用。

② H 的数值为参考值。

（2）刨刀主要参数的确定和选用

1）齿形角 α_0。刨刀的齿形角是工作刃所在侧面的斜角，通常做成等于被切齿轮的公称法向齿形角。刨刀非工作侧刃的齿形角取 8°。

2）切削部位的高度。此值应能保证加工出适用范围内最大模数的齿轮的全齿高，即 $h=2.5m_{max}$。

3）顶刃宽 s_a。此值不能因过宽而切坏齿轮小端根部的齿形，又不能过窄而在齿轮大端槽底中间留下一条残余的材料。齿顶宽 s_a 为

$$\frac{1}{2}W_e \leqslant s_a \leqslant W_i$$

式中　W_e——直齿锥齿轮大端槽底宽；

W_i——直齿锥齿轮小端槽底宽。

一般在加工直齿锥齿轮的齿面宽小于外锥距的 40%时，取 $s_a=0.4m$ 即可满足上述条件。

4）顶刃后角 α_a 和侧刃前角 γ_a。刨刀制造时没有顶刃后角，其工作后角是由刨刀斜装于刀座而得。顶刃的工作后角一般取 12°。这时侧刃的工作后角约为 4°（$\alpha_0=20°$时）。刨刀制造时在侧刃上做出前角，其值可按被加工材料的种类在 10°～20°范围内选取。通用刨刀的侧刃法向前角一般做成 20°。由于这种刨刀只用作精切，所以其顶刃不做出前角，切齿时应避免顶刃参加工作。

（3）刨刀的技术条件

按 JB/T 9990.2—2011 的规定，刨刀结构如图 6.2-8 所示。

3. 刨齿工艺

（1）刨齿机调整计算

一般刨齿机上都有两个刀架，各装一把刨刀以形成产形轮一个齿槽的两侧齿面。摇台平面上刨刀刃尖的运动轨迹与通过机床中心的轮齿平分线的夹角称为刀架齿距角 τ_j（图 6.2-9），调整刀架齿距角 τ_j，可控制被切齿轮的齿厚。

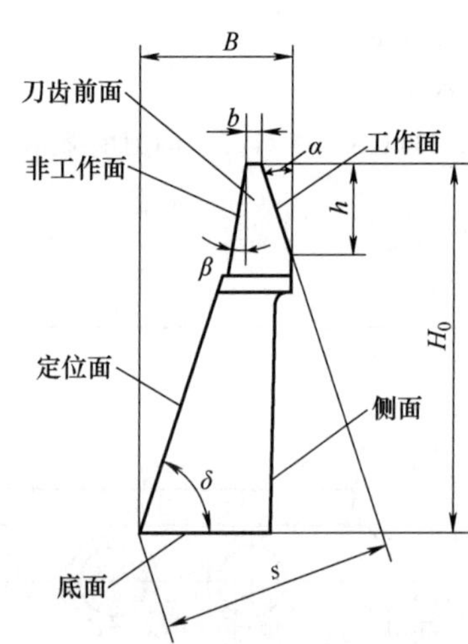

图 6.2-8　刨刀示意图

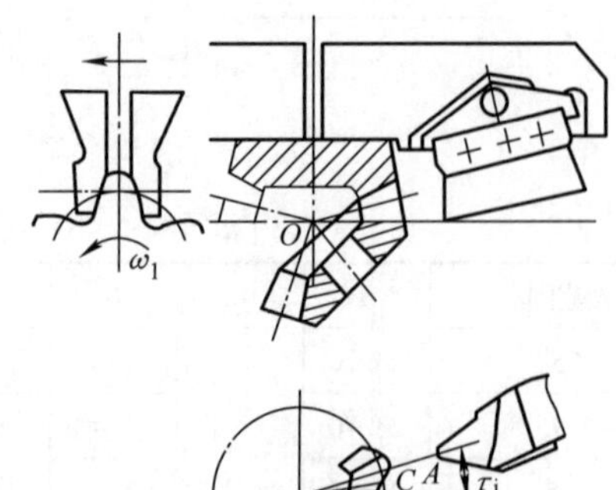

图 6.2-9　成对刨刀刨齿原理

成对刨刀刨齿时的调整计算见表 6.2-7。

表 6.2-7　成对刨刀刨齿时的调整计算

<table>
<tr><th>序号</th><th>调整项目</th><th colspan="2">公　　式</th><th>作　　用</th></tr>
<tr><td>1</td><td>安装根锥角 δ_j</td><td colspan="2">$\delta_j=\delta_f=\delta-\theta_f$
式中　δ_f——齿轮根锥角
δ——齿轮节锥角
θ_f——齿轮齿根角</td><td rowspan="3">使工件节锥素线与平顶产形齿轮的节锥素线重合，而且使工件的节锥顶点与机床几何中心重合</td></tr>
<tr><td>2</td><td>轴向轮位 A_j</td><td colspan="2">$A_j=A+T$
式中　A——齿轮节锥顶到安装基面的距离
T——心轴台肩高度</td></tr>
<tr><td>3</td><td>床鞍位移量 B_j</td><td colspan="2">一般 $B_j=0$</td></tr>
<tr><td>4</td><td>刀架齿距角 τ_j</td><td colspan="2">$\tau_j=\frac{28.648}{R}(s+2h_f\tan\alpha)$
式中　R——锥齿轮外锥距
s——大端分度圆弧齿厚
h_f——大端齿根高
α——齿轮压力角</td><td>影响锥齿轮齿面沿齿长方向的接触位置</td></tr>
<tr><td rowspan="3">5</td><td rowspan="3">机床滚比值 i_g</td><td colspan="2">$i_g=\frac{\alpha_g c_g}{b_g d_g}$
式中　α_g、b_g、c_g、d_g——机床上四个滚比交换齿轮的齿数</td><td rowspan="3">1. 保证摇台（平顶产形齿轮）与被加工齿轮的正确转速比
2. 主要影响被加工齿轮的实际压力角
3. 机床滚比值的计算应精确到小数点后 4 位</td></tr>
<tr><td>Ⅰ型机床
$i_g=\frac{z\cos\theta_f}{K_g\sin\delta}$
$N_g=\frac{\cos\alpha_0}{\cos\alpha}$</td><td>Ⅱ型机床
$i_g=\frac{K_g\sin\delta}{z\cos\theta_f}$
$N_g=\frac{\cos\alpha}{\cos\alpha_0}$</td></tr>
<tr><td colspan="2">式中　z——被切齿轮齿数
α_0——刨刀齿形角
K_g——机床常数，由机床说明书给定
当 $\alpha\neq\alpha_0$ 时，i_g 需乘以 N_g</td></tr>
<tr><td rowspan="2">6</td><td rowspan="2">摇台摆角 θ_{bj}</td><td>Ⅰ型机床
调整摆角交换齿轮 a_b、b_b 的齿数
$a_b+b_b=K_b$</td><td>Ⅱ型机床
用机床上的手柄或摇台上的挡块调整 θ_{bj} 值
$\theta_{bj}=k_b\frac{a_b}{b_b}$</td><td rowspan="2">使摇台刚好能切完整个齿面。θ_{bj} 过大会浪费工时，过小则有部分齿面形状不正确或碰坏刀齿。θ_{bj} 值可以凭经验确定，只需精确到（°）</td></tr>
<tr><td colspan="2">式中　K_b、k_b——机床常数，由机床说明书给定</td></tr>
<tr><td>7</td><td>进给时间（每齿的切齿时间）t_f（s）</td><td colspan="2">$t_f=k_f\frac{b_f}{a_f}$
式中　k_f——机床常数，由机床说明书给定
a_f，b_f——机床进给交换齿轮齿数</td><td>控制摇台摆动速度。t_f 可根据经验确定或由表 6.2-9 查取</td></tr>
</table>

（续）

序号	调整项目	公式	作用
8	分度交换齿轮齿数	$\frac{a_ic_i}{b_id_i}=\frac{k_i}{z}$ 式中 k_i——机床常数，由机床说明书给定 z——被加工齿轮齿数 a_i，b_i，c_i，d_i——机床上四个分度交换齿轮齿数	
9	床鞍分齿后退量 B_i（mm）	$B_i=h+(0.8\sim1.5)$	使齿坯退出摇台平面后再做分度运动
10	刨刀切削行程长度 L_0（mm）	$L_0=b+l_1+l_2$ 式中 b——被加工齿轮齿宽 l_1，l_2——切入、切出长度	刨完全齿长，并留必要的空刀量
11	刨刀每分钟双行程数 n_0	$n_0=\frac{1000v_0}{2L_0}$ 式中 v_0——切削速度，根据经验确定或由表6.2-8查取 $n_0=k_s\frac{a_s}{b_s}$ 式中 k_s——机床常数，由机床说明书给定 a_s，b_s——切削速度交换齿轮齿数	影响齿面的表面粗糙度、刨齿生产率及刨刀寿命

（2）粗刨

为了提高刨齿精度，模数大于2mm的直齿锥齿轮一般要分粗刨和精刨两道工序。粗刨可按切入法、滚切法或组合法的原理进行粗切。切入法生产率高，而滚切法的精切余量比较均匀。采用切入法粗刨时，摇台和工件没有展成运动，只有刨刀的往复运动（切削运动和回程让刀运动）及刀具相对工件的切入运动和分度运动，此时，需要卸下滚比交换齿轮，并用固定杆将摇台固定在零度位置。为了给精刨留加工余量 Δs（$\Delta s=0.5\sim2$mm，按模数大小选取），上、下刨刀的刀架齿距角 τ_j 必须分别加大 $\Delta\tau_j$，其值由下式计算：

$$\Delta\tau_j=\frac{1720\Delta s}{R}$$

式中 $\Delta\tau_j$——单位为角度的分值；

R——外锥距。

由于切入法粗刨出的齿形呈直线，当齿数少，特别是节锥角小时，精加工余量必须足够大，因此往往影响精刨精度，此时应考虑采用滚切法加工。

粗切刨刀的结构主要在切削部分与精切刨刀不同，其结构型式如图6.2-10所示。

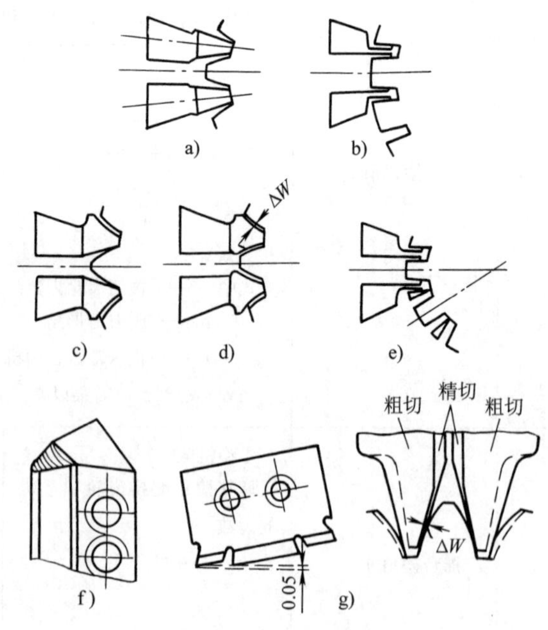

图6.2-10 粗切刨刀

（3）刨鼓形齿

用平顶产形齿轮原理加工直齿锥齿轮，其齿廓相对于理论的共轭齿廓已有一定的鼓形修正，接触区一般都不能呈全齿高接触。为了在齿长方向得到一定长度的局部接触，以降低对安装误差和挠曲变形的敏感性，须将齿面沿齿长方向进行鼓形修正。一般鼓形量 $\Delta s=0.02\sim0.05$mm 或 $\Delta s=0.005m$（模数），取接触长度与齿长之比 $F=0.75$。

刨鼓形齿的方法如下：

1）使刨齿刀做弧线运动。这种刨鼓形齿的方法要求刨齿机摇台上有专用调整机构。

2）修正机床有关滚切成形工艺参数，刨齿刀仍做直线运动，因此可在任何刨齿机上刨鼓形齿。

（4）刨齿工艺参数的选择

直齿锥齿轮切齿的切削用量与刨齿机的刚度、齿轮结构型式、尺寸、材料、硬度、切齿方法以及刨刀的材料和几何参数等有关。表 6.2-8～表 6.2-10 所列数值是 W18Cr4V 高速钢刀具在表中所指定机床上成批或大批生产时的切削用量（切削速度、进给时间、精刨余量）的参考数值。在单件小批生产或刃磨和换刀比较麻烦的情况下，可酌情降低切削用量。对于刚度更高的切齿机或切削性能更好的刨刀，可将表中的切削用量提高。对各种正火的齿轮材料，表中数值可以乘以下列材料系数：20CrMnTi、20Cr、20CrNiMo（156～197HBW）系数为 1，30CrMnTi（179～207HBW）系数为 1.10，40Cr（197～220HBW）系数为 1.15。

表 6.2-8　直齿锥齿轮刨齿切削速度（在 Y236 刨齿机上用展成法加工）

齿轮材料		钢						灰铸铁	青　铜
		35	45		50	30Cr 40Cr	18CrMnTi 20Cr 20CrNiMo		
硬度　HBW		156～187	170～207	208～220	170～207	154～207	154～207	170～210	100～140
切削速度 v_c/(m/min)	粗刨	22	20	16	18	20	18	20	25
	精刨	26	24	19	22	24	22	24	30

表 6.2-9　直齿锥齿轮刨齿进给时间（在 Y236 刨齿机上用展成法加工）

齿轮材料		钢						灰铸铁
		35	45		50	30Cr 40Cr	18CrMnTi 20Cr 20CrNiMo	
硬度　HBW		156～187	170～207	208～220	170～207	154～207	154～207	170～210
模数/mm	齿圈宽度/mm	进给时间①t_f/s						
精　　刨								
1.5	12～30	7～8	8～9	11～13	9～11	8～9	9～11	8
2.0	12～40	7～12	8～13	11～19	9～16	8～13	9～16	8～11
2.5	12～40	8～14	9～16	13～22	11～19	9～16	11～19	8～13
3.0	12～60	12～21	13～24	19～33	16～28	11～24	16～28	11～24
3.5	12～80	12～30	13～33	19～46	16～40	13～33	16～40	11～27
4.0	20～80	14～35	16～39	22～45	19～47	16～39	19～47	16～33
5.0	25～80	18～35	20～39	28～55	24～47	20～39	24～47	20～39
6.0	25～80	21～40	24～45	33～63	28～54	24～45	28～54	24～45
7.0	30～80	25～49	27～55	38～77	33～66	27～55	33～66	27～61
8.0	30～80	30～59	33～66	46～92	40～79	33～66	40～79	33～61
粗　　刨②								
1.5	12～30	7～10	8～11	11～16	9～13	8～11	9～13	8～9
2.0	12～40	8～14	9～16	13～22	11～19	9～16	11～19	8～13
2.5	12～40	10～18	11～20	16～28	13～24	11～20	13～24	9～16
3.0	12～60	14～25	16～27	22～38	19～33	16～27	19～33	13～27
3.5	20～80	18～35	20～39	28～55	24～47	20～39	24～48	16～33

① 齿圈宽度大者，进给时间 t_f 应取较大值；齿圈宽度小者，取较小值。

② 模数大于 3.5mm 的直齿锥齿轮，在成批和大批生产中应用成形铣刀粗铣齿沟，故未列粗刨进给量。

表 6.2-10　直齿锥齿轮精刨余量　(mm)

模数 m	2~3	3~6	6~10	10~12	12~16	16~25	25~30	>30
大端齿厚余量	0.5	0.9	1.1	1.2	1.3	1.5	1.8	2.0

6.2.4　双刀盘滚切法铣齿

1. 双刀盘滚切法铣齿原理及机床

(1) 双刀盘滚切法铣齿原理及特点

按平面产形轮原理进行滚切法加工。双刀盘铣刀切削刃所形成的切削表面代表平面产形轮轮齿表面，所以它可加工出齿形精度较高的直齿锥齿轮。

双刀盘滚切法铣齿的特点如下：

1）双刀盘铣齿法加工的直齿锥齿轮可以同刨齿法加工的齿轮相啮合。

2）双刀盘铣齿法的切齿生产率比刨齿法高2~4倍。

3）对于模数6mm以下的齿轮，采用双刀盘铣齿法可以不经粗切从毛坯一次加工出所要求的齿面。其加工精度可达GB/T 11365—2019《锥齿轮 精度制》标准中7~8级，齿面的表面粗糙度可达 Ra 6.3μm。对于模数大于6mm的齿轮，必须先经粗切后才能用双刀盘铣齿法精加工。

4）双刀盘铣齿法可很方便地进行齿长方向中凸的鼓形修正，以实现沿齿长方向局部接触。

5）对于有两个工位的双刀盘铣齿，不仅可在两个工位上分别加工两个相同或共轭的直齿锥齿轮，并使工序时间重合，以提高生产率；而且可在两个工位上采用不同的滚切方向，刀具主切削刃交替进行切削，以使两个刀盘主切削刃磨损均匀，从而提高刀具寿命。

(2) 双刀盘铣齿机型号与技术参数

双刀盘铣齿机型号与技术参数见附录表6.7-19。

2. 双刀盘滚切法铣齿刀具

两个圆盘铣刀，左、右对称于摇台轴线成25°角放置。两个刀盘直径相等，其中一个装左切刀片，另一个装右切刀片，它们由刀盘本体、压刀环、刀片和压刀螺钉组成，如图6.2-11所示。铣刀齿的尺寸见表6.2-11和图6.2-12。

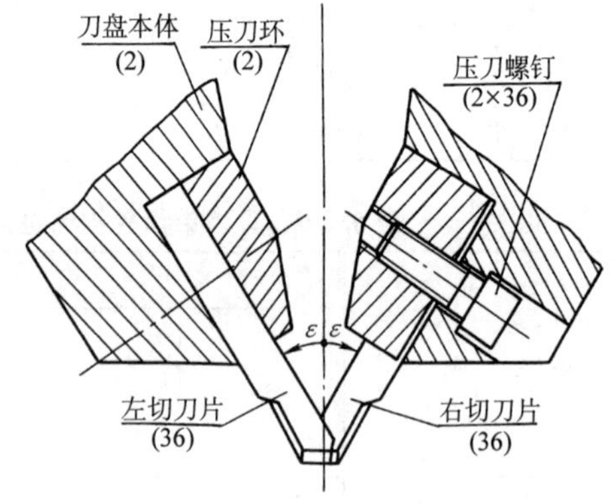

图 6.2-11　双刀盘铣刀结构简图

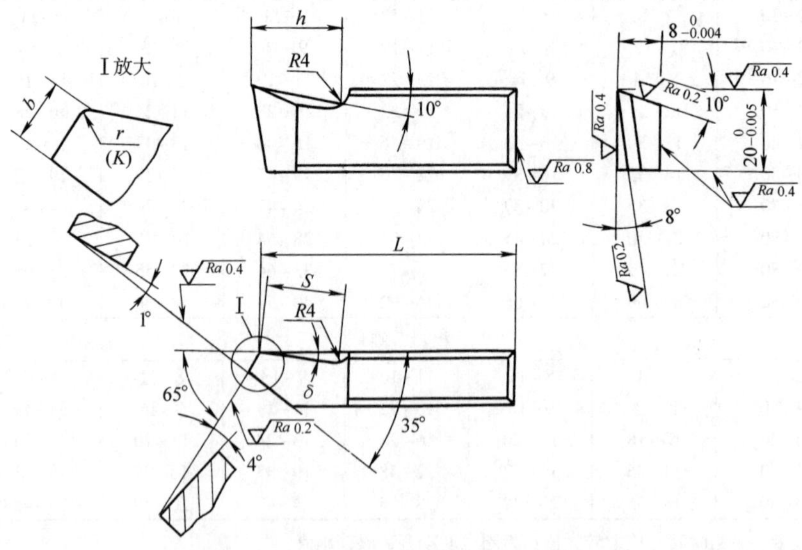

图 6.2-12　铣刀齿（右向铣刀齿投影相反）

表 6.2-11　铣刀齿的尺寸　(mm)

刀齿号	b	S	h	$r(K)$	δ	L	切削深度	适用模数	适用压力角
1	0.4~0.72	15	15	K0.16	5°	60±0.01	<18	1~2	20°
2	>0.72~1.26	15	15	K0.28	5°			1.75~3.5	20°
3	>1.26~2.16	15	15	r0.48	5°			3~6	20°
4	>2.16~3.61	20	20	r0.80	5°			5~10	20°
5	>3.61~5.00	20	20	r0.80	5°			10	20°
6	2.00~3.61	23	25	r0.80	2°30′		>18	5~10	22°30′
7	>3.61~4.00	23	25	r0.80	2°30′			10	22°30′

6.2.5　直齿锥齿轮精锻后机械加工工艺

汽车用典型的直齿锥齿轮为差速器半轴齿轮和行星齿轮，齿形精锻加工后，半轴齿轮需加工端面和外径（图 6.2-13），行星齿轮需加工球面和内孔（图 6.2-14）。

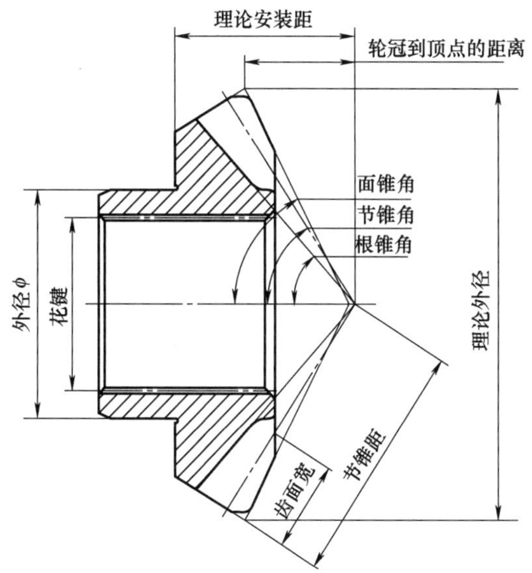

图 6.2-13　半轴齿轮形貌示意图

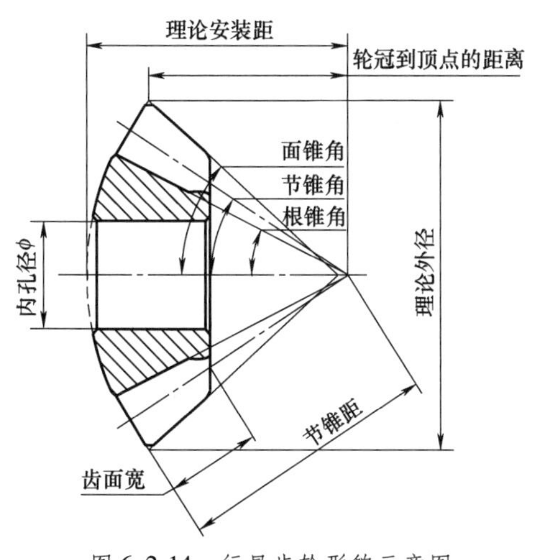

图 6.2-14　行星齿轮形貌示意图

半轴齿轮推荐使用节圆夹具定位，背锥处夹紧，车削（或磨削）外径和端面（图 6.2-15）；行星齿轮推荐使用节圆夹具定位，背锥处夹紧，车削（或磨削）内孔和球面（图 6.2-16）。

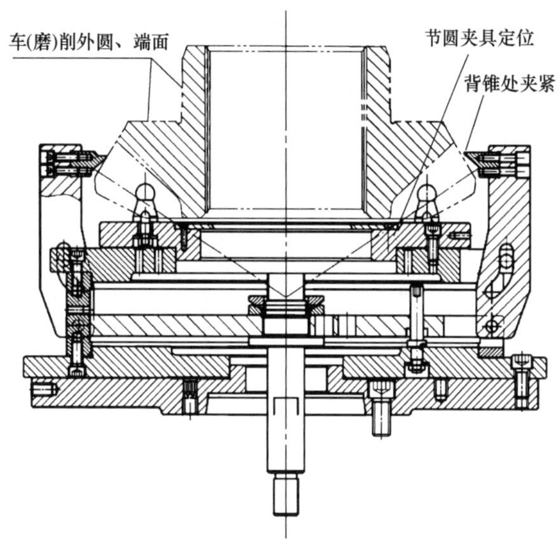

图 6.2-15　半轴齿轮机械加工装夹示意图

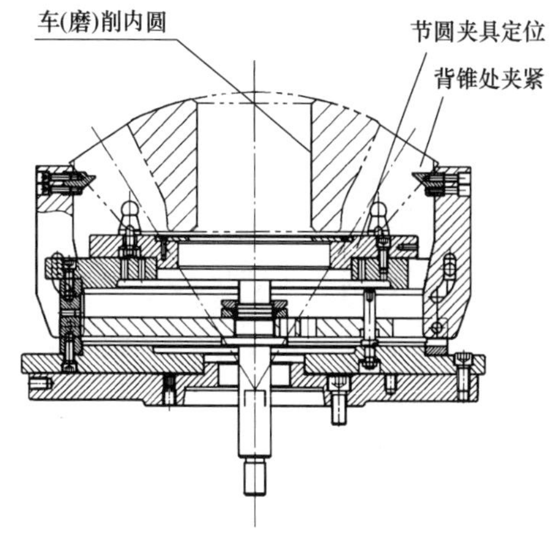

图 6.2-16　行星齿轮机械加工装夹示意图

6.2.6 直齿锥齿轮检测

1. 检测项目

直齿锥齿轮检验项目见表 6.2-12。

表 6.2-12 直齿锥齿轮检验项目

周节精度			齿貌精度		滚动检验	
序号	项目		序号	项目	序号	项目
1	单一齿距偏差	f_{pt}	1	齿貌偏差	1	啮合接触区
2	相邻齿距偏差	f_u	2	压力角偏差	2	侧隙
3	齿距累积偏差	F_{pk}	3	螺旋角偏差	3	侧隙变动量
4	齿距累积总偏差	F_p	4	面锥角/根锥角		
5	径向跳动偏差	F_r	5	全齿高		

2. 检验基准

半轴齿轮以外圆柱面和端面为检验基准（图 6.2-17）；行星齿轮以内孔表面和球面为检验基准（图 6.2-18）。

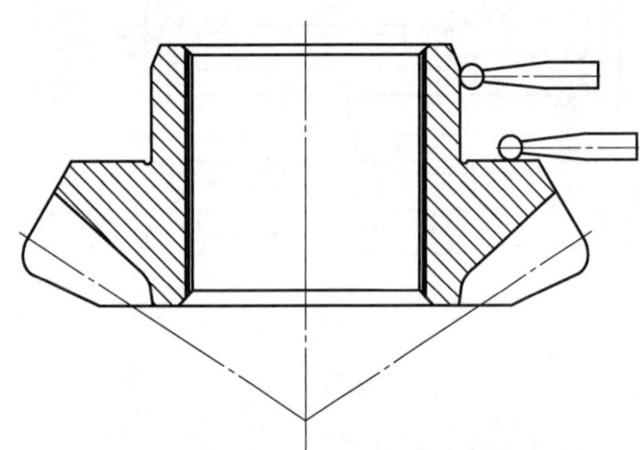

图 6.2-17 半轴齿轮检验基准

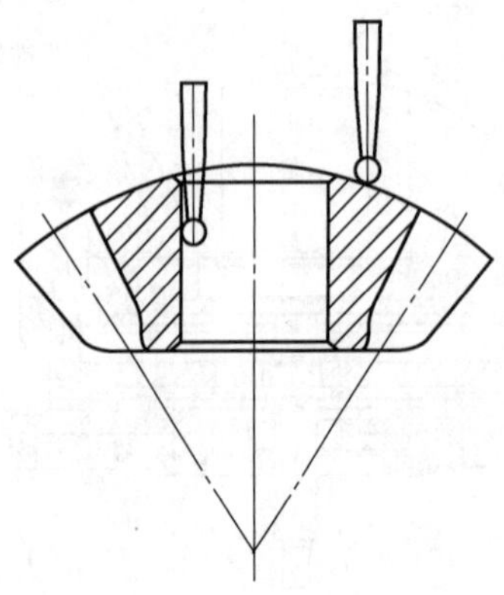

图 6.2-18 行星齿轮检验基准

3. 齿坯尺寸公差推荐

制造、检测和装配所必需的基准平面和基准直径应满足技术要求。图 6.2-19 以半轴齿轮为例，对测量基准轴颈表面和测量基准平面相对于大轮回转轴的跳动提出要求，分别表示为 F_{rd} 和 F_{rs}。相对球轮齿齿圈跳动技术要求 F_r，推荐的径向跳动 F_{rd} 和端面跳动 F_{rs} 可表示为 $F_{rd}=F_{rs}=0.2F_r$。

基准轴径（以及行星齿轮孔径）的公差选择推荐：对于轮齿公差为 5~6 级，推荐 IT5；对于公差等级为 7~9 级，推荐 IT6；对于公差等级为 10 级和更大的，推荐 IT7。

面锥角的极限偏差推荐：对于轮齿公差等级为 6 级或以上的，面锥角极限偏差推荐为（0~+6′）；对于公差等级为 7~9 级，面锥角极限偏差推荐为（0~+8′）；对于公差等级为 10 级或更大的，面锥角极限偏差推荐为（0~+10′）。

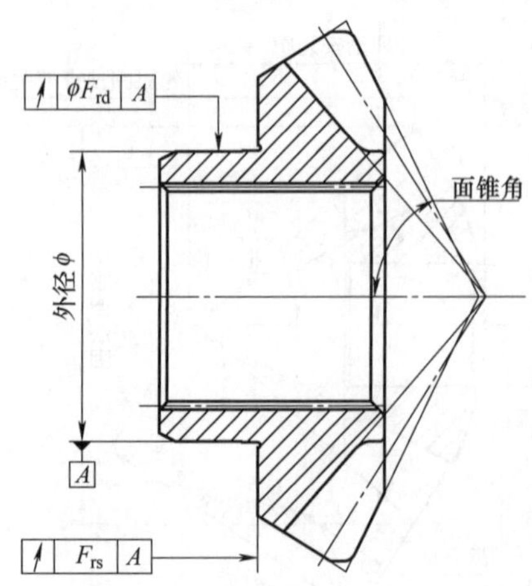

图 6.2-19 基准平面的技术要求

4. 滚动检验

直齿锥齿轮滚动检验通常采用双面啮合综合检查仪控制齿轮轮齿的精度、齿厚及接触区，也可以采用单面啮合的检验机控制啮合接触区和齿侧间隙。确定齿面接触区和齿侧间隙的条件是齿轮副安装正确。在齿面涂抹厚度约为 5μm 的测试介质（如新明丹、红丹粉等），轻载下运转齿轮，检查啮合接触区，其接触区示意图如图 6. 2-20 所示。

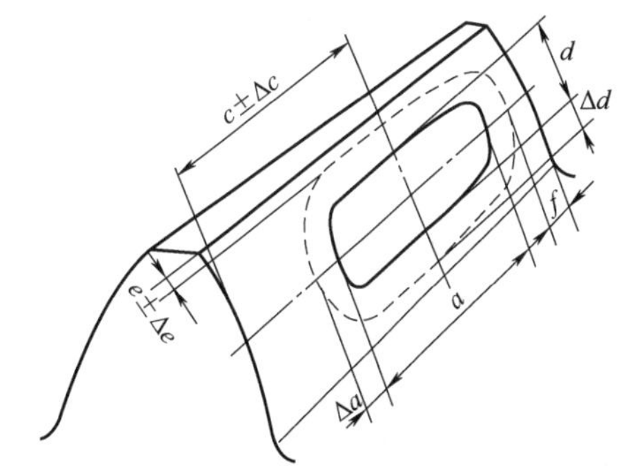

图 6. 2-20　直齿锥齿轮接触区示意图

5. 半轴、行星齿轮检测示例

1）周节精度检测。齿距偏差和齿距累积偏差可采用齿轮测量机测量，检测结果如图 6. 2-21、图 6. 2-22 及图 6. 2-23 所示。

2）滚动检验。齿轮双面啮合综合检查仪如图 6. 2-24 所示通常采用标准齿轮进行测量，控制被测齿轮旋转一齿及一转的情况下安装距变动情况，同时可以观察接触区情况。

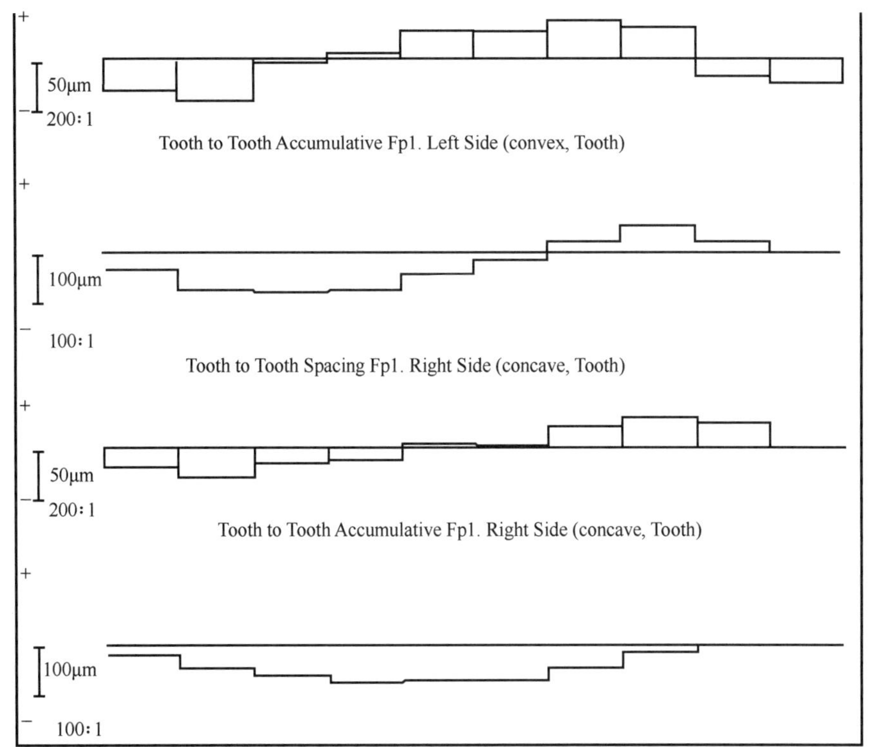

图 6. 2-21　单一齿距偏差和齿距累积总偏差结果

Transverse pitch/CW	DIN 3965	Left Side(convex)				Right Side (concave)			
		Actual	Qual.	Perm.	Qual.	Actual	Qual.	Perm.	Qual.
Max. T.S.Index Error	fp max	41.6*	9	27.0	8	31.1*	9	27.0	8
Max. Tooth Soacing Error	fu max	49.2*	9	35.0	8	23.3	7	35.0	8
Range of Pitcn Error	Rp	78.2				60.0			
T.S.Total Index Error	Fp	125.1*	9	88.0	8	79.2	8	88.0	8
T.S.Total Index Error Dver CF	Fp z/8	41.6				31.1			
Calculated Run Out (not acc.to DIN)		120.0*	10	68.0	8	81.9*	9	68.0	8

图 6. 2-22　齿距偏差结果

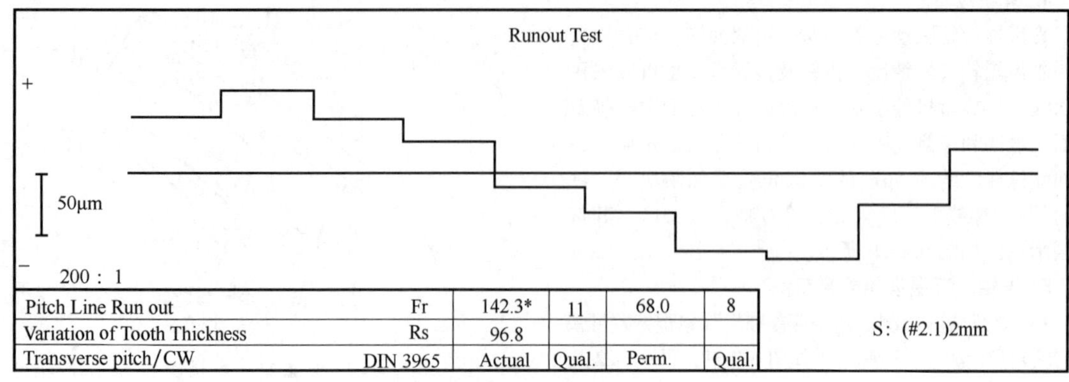

图 6.2-23　齿圈跳动检测结果

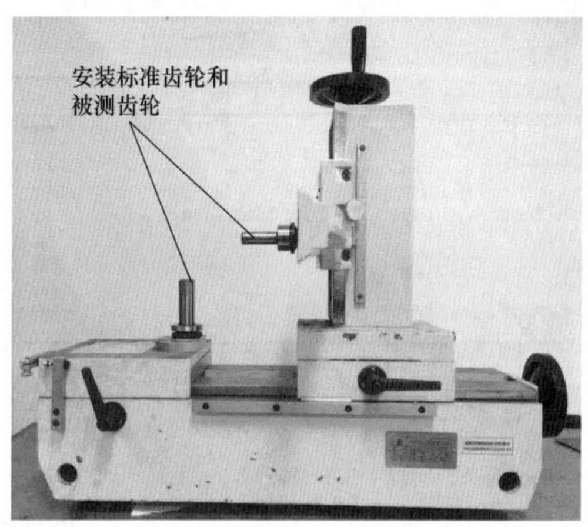

图 6.2-24　齿轮双面啮合综合检查仪

6.3　弧齿锥齿轮加工

6.3.1　概述

1. 弧齿锥齿轮分类（表 6.3-1）

表 6.3-1　弧齿锥齿轮分类

分类方法	名　称	简要说明
按齿长曲线	弧齿锥齿轮	齿长曲线形式为圆弧
	长幅外摆线锥齿轮	齿长曲线形式为长幅外摆线
按齿高形式	渐缩齿	齿高沿齿长方向由大端向小端收缩
	等高齿	齿高沿齿长方向相等
按两轴空间关系	普通弧齿锥齿轮	主、从动齿轮轴正交
	准双曲面齿轮	主、从动齿轮轴交错
按加工方法	端面铣削法（face milling）	用于弧齿锥齿轮，加工时单齿分度
	端面滚切法（face hobbing）	用于长幅外摆线锥齿轮，加工时连续分度

2. 典型加工工艺流程

弧齿锥齿轮属于配对使用，绝大多数用在传动比较大的场合，主动齿轮（俗称小轮）和从动齿轮（俗称大轮）在加工工艺上有所不同。其典型工艺流程见表 6. 3-2 和表 6. 3-3。主、从动齿轮配对典型工艺流程见表 6. 3-4。

表 6. 3-2　主动齿轮典型工艺流程①

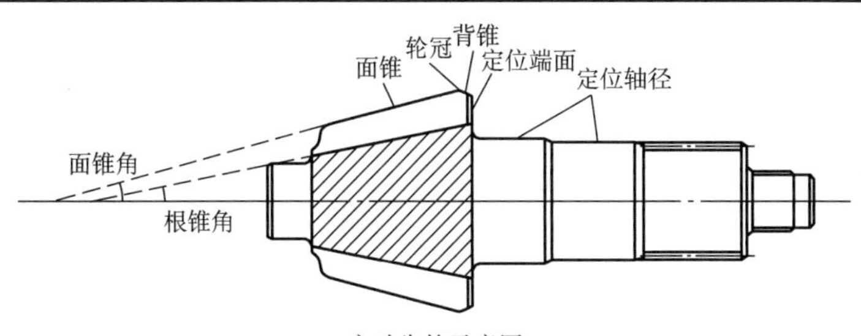

主动齿轮示意图

序号	工序名称	技术要求	备注
1	铣两端面，钻中心孔	保证总长度及中心孔深度	齿坯加工
2	粗、精车尾端各轴径表面、螺纹、倒角；粗、精车背锥及端面	保证所有轴径尺寸、轴向尺寸、圆跳动、螺纹尺寸、定位端面跳动、表面粗糙度等	
3	粗、精车面锥及前端轴径、端面、倒角	保证轴径尺寸、轴向尺寸、面锥角、轮冠距、表面粗糙度、圆跳动等	
4	标识	保证零件号及相关信息	
5	滚花键	保证跨棒距、齿圈跳动及有效花键长度等	
6	铣槽	保证槽宽、槽深	
7	尺寸检验	直径、轮冠距、表面粗糙度、圆跳动	
8	铣齿加工（倒角）	保证齿轮精度、齿貌	端面滚切或端面铣削的全工序法加工
9	粗铣齿	保证弦齿厚、齿全高	端面铣削的五刀法加工
10	精切凹面	保证齿轮精度、齿貌、接触区	
11	精切凸面		
12	轮齿两端锐边倒角		
13	清洗		
14	热处理	保证渗碳层深、表面硬度、心部硬度、轴承配合径向圆跳动	
15	校直	保证轴承配合径向圆跳动	
16	精磨（车削）轴径及端面	保证径向尺寸及跳动	
17	根据需要校正螺纹		
18	磨齿	保证齿轮精度、齿貌、接触区、表面粗糙度	全工序法凹面、凸面同序完成；五刀法凹面、凸面分序完成
19	终检		

① 依据生产线的实际情况及自动线生产的方式，齿坯加工车床采用一序加工，取消磨削工序；螺纹加工有热前车削、热后硬车等方式；花键加工有滚切、搓齿等方式；切齿和倒角同序加工；需要磨齿的走磨齿工序，研齿齿轮跳过磨齿工序。

表 6.3-3　从动齿轮典型工艺流程①

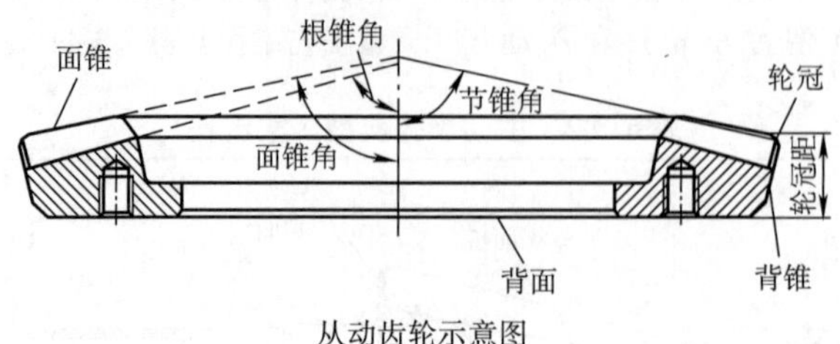

从动齿轮示意图

序号	工序名称	技术要求	备注
1	端面内孔粗、精加工	保证轴向长度尺寸、端面平面度、内孔尺寸及其圆度、表面粗糙度	齿坯加工
2	粗、精车面锥、背锥、内锥	保证理论外径、面锥角、轮冠距等尺寸	
3	钻孔、倒角、攻螺纹	保证孔径、孔深、位置度、螺纹尺寸	
4	中间检验		
5	铣齿加工（倒角）	保证齿轮精度、齿貌	端面滚切或端面铣削的全工序法加工
6	粗铣齿	保证中点弦齿厚、齿全高	端面铣削的五刀法加工
7	精铣齿	保持齿轮精度、齿貌	
8	清洗		
9	标识	保证零件号及相关信息	
10	上丝堵		
11	热处理	保证渗碳层深、表面硬度、心部硬度、内孔圆跳动以及端面平面度	
12	磨（车）内孔	保证尺寸、轮齿同心度、表面粗糙度	
13	清洗		
14	磨齿	保证齿轮精度、齿貌、接触区、表面粗糙度	
15	终检		

① 依据生产线的实际情况及自动线生产的方式，差壳齿轮一体化从齿的齿坯加工基本相同；需要磨齿的走磨齿工序，研齿齿轮跳过磨齿工序。

表 6.3-4　主、从动齿轮配对典型工艺流程①

序号	工序名称	技术要求	备注
1	配对	检测接触区，成对放置，供研齿使用	
2	研齿	保证表面粗糙度及接触区	
3	清洗齿轮	清除研磨液及磨削液等	
4	卸丝堵		
5	实测安装距、接触区	检测接触区、噪声，标识安装距变动量，供成对装配使用	
6	标识、防锈和包装	与主动齿轮成对进行防锈和包装，并在装箱单里标明产品号、齿轮主要参数、制造厂和制造日期等	立即上线装配可不进行包装

① 磨齿工件从清洗工序开始。

6.3.2　弧齿锥齿轮铣齿加工

1. 铣齿加工原理

在弧齿锥齿轮加工中，为了便于理解，常采用“产形齿轮”这一概念。即机床摇台和刀具系统代表一个假想产形齿轮，刀具运动时，切削刃轨迹表面代表产形齿轮一个轮齿表面——产形齿面。当产形齿轮与被加工齿轮相啮合运动时，产形齿面在被加工齿轮坐标系中所形成的共轭曲面即为被加工齿轮的轮齿表面。

用这种方法加工的两个齿轮的齿面可形成点共轭或线共轭。当加工大齿轮和小齿轮的两个产形齿轮互为对偶齿轮，即两个产形齿轮的产形齿面完全重合时，才能由这两个产形齿面切出具有线共轭的大齿轮和小齿轮齿曲面。当加工大齿轮和小齿轮的两个产形齿轮只有一条相切的公共母线或只有一个公切点时，这两个产形齿轮切出的共轭齿面只具有点共轭特性。

2. 铣齿加工方法和特点

（1）铣齿加工方法（表 6.3-5）

表 6.3-5　铣齿加工方法

齿轮类型	加工方法	从动齿轮	主动齿轮
弧齿锥齿轮	固定安装法，又称五刀法，从动齿轮粗切、精切以及主动齿轮粗切、凸面精切、凹面精切各采用一把刀具，分别完成加工	成形法 产形齿轮和被加工齿轮没有滚切运动，工件齿槽形状与刀具形状一致，适合加工传动比大于 2.5 的齿轮	刀倾法 通过倾斜刀盘轴线来修正主动齿轮齿面
	全工序法，又称双面螺旋法，主、从动齿轮各采用一把刀具分别完成加工	滚切法 用产形齿轮与被加工齿轮的啮合运动来加工轮齿。切削刃轨迹曲面代表产形齿轮的一个轮齿	滚比修正法 利用滚比变性机构改变产形齿轮和主动齿轮的瞬时传动比，从而实现对主动齿轮齿面的修正
		螺旋成形法 在加工过程中，被加工齿轮与产形齿轮没有滚切运动，但是代表产形齿面的刀齿在切削过程中沿刀盘轴线方向进给，切削刃在空间形成准渐开线螺旋面	普通滚切法 用产形齿轮与被加工齿轮的啮合运动来加工轮齿
长幅外摆线锥齿轮	两刀法加工，主、从动齿轮各采用一把刀具完成加工	成形法 产形齿轮和被加工齿轮没有滚切运动，工件齿槽形状与刀具形状一致，适合加工传动比大于 2.5 的齿轮	刀倾法 通过倾斜刀盘轴线来修正主动齿轮齿面
		滚切法 用产形齿轮与被加工齿轮的啮合运动来加工轮齿，刀盘轨迹曲面代表产形齿轮的一个轮齿	滚比修正法 利用滚比变性机构改变产形轮和主动齿轮的瞬时传动比，从而实现对主动齿轮齿面的修正

（2）铣齿加工特点

1）弧齿锥齿轮铣齿特点。弧齿锥齿轮主要是格里森制，通常指渐缩齿。在加工中，切削刃的轨迹相当于假想产形齿轮的一个齿，形成的齿线为圆弧，如图 6.3-1 所示，每加工完一个齿，工件进行分齿运动，直到将所有轮齿加工完成。其加工特点如下：

① 可采用五刀法或全工序法加工。

② 五刀法加工时，从动齿轮粗、精切采用两道

工序，主动齿轮两侧齿面同时粗切后需要分别进行精切加工。

③ 全工序法加工时，主、从动齿轮的粗、精切加工均在一道工序完成。

④ 五刀法刀具采用成形刀头，仅需刃磨前刀面。全工序法刀具采用尖齿刀条，通常需要刃磨多个表面。

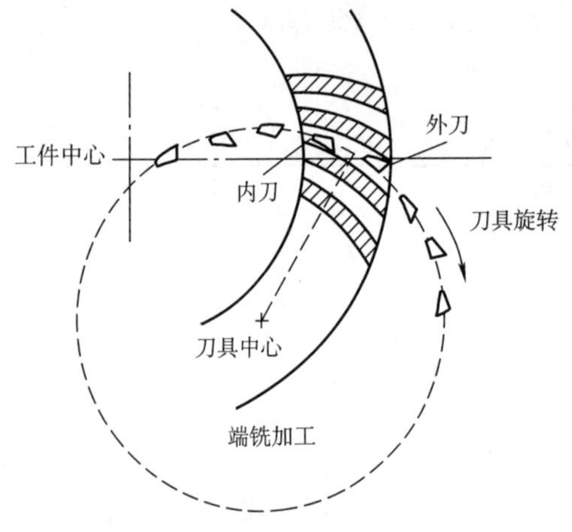

图 6.3-1　弧齿锥齿轮加工

2）长幅外摆线锥齿轮铣齿特点。长幅外摆线锥齿轮主要有奥利康制、格里森制、克林贝格制，通常为等高齿。长幅外摆线锥齿轮在加工中刀齿和被加工齿轮连续相对转动，如图 6.3-2 所示。其加工特点如下：

① 大小齿轮各采用一道铣齿工序完成，不需要进行粗切及单面切削。

② 采用尖齿刀条进行加工。刀片在刀盘上为若干组，一组刀片相当于产形齿轮的一个齿，形成的齿线为长幅外摆线。

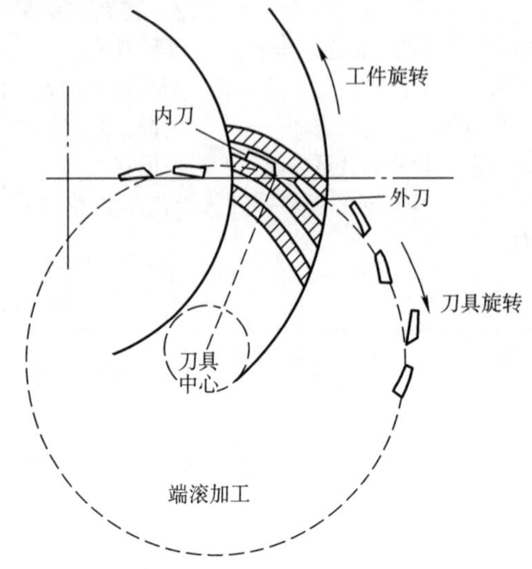

图 6.3-2　长幅外摆线锥齿轮加工

3. 铣齿加工机床

（1）铣齿加工机床的切齿原理及发展

机械式弧齿锥齿轮加工机床主要用来加工弧齿锥齿轮，机床结构复杂，调整繁琐。

随着近年机床行业数控水平的提高，弧齿锥齿轮加工得到飞跃式提升，通过机床各数控轴的联动控制，摒弃了原有复杂的机械式传动链，实现了高效、高质量加工，由此也带动了长幅外摆线锥齿轮的飞跃式发展。典型铣齿加工机床结构见表 6.3-6。

表 6.3-6　典型铣齿加工机床结构

发展阶段	结构型式	数控水平	结构特点	结构/传动示意图
机械式	机械传动	无	机械式弧齿锥齿轮加工机床，根据齿轮啮合原理设计： 摇台代表假想产形轮，刀盘固定在摇台上（1）；工件轴可以上下移动以调整垂直轮位（8）；工件箱能够在旋转底座上前后移动、旋转，从而调整轮位和齿坯安装角（7、9）；机床摇台和工件主轴之间采用机械式传动链，安装有滚比交换齿轮、分齿交换齿轮、换向机构 整体看，机床结构复杂，调整繁琐，加工效率低，轮齿精度保证性低	1 2 3 4 5 6 7 8 9 10

（续）

发展阶段	结构型式	数控水平	结构特点	结构/传动示意图
数控式	数控卧式	六轴五联动	以格里森凤凰二代数控切齿机为代表： 卧式结构，摒弃传统机械式机床复杂的传动链，刀具系统和工件系统布置在一个整体方箱式床身上；电动机直驱旋转轴；依据数控系统控制，模拟齿轮啮合原理分别实现线性和旋转运动；加工、调整便捷 机床结构紧凑、占地面积小、重量轻	
	数控立式	六轴五联动	以克林贝格 C50 切齿机为代表： 立式结构，摒弃传统机械式机床复杂的传动链，电动机直驱旋转轴；依据数控系统控制，模拟齿轮啮合原理分别实现线性和旋转运动；垂直主轴布置缩短行程路径，利于夹具、刀具更换 机床结构紧凑、占地面积小、重量轻	

注：表中图片来源于格里森公司、克林贝格公司展示资料。

（2）新型数控加工机床规格能力介绍

近年生产的六轴数控弧齿锥齿轮铣齿机具有较好的兼容性，既能够加工弧齿锥齿轮又能够加工长幅外摆线锥齿轮。代表性机床的技术规格见本章附录表 6.7-20~表 6.7-23。

4. 铣齿加工刀具

（1）弧齿锥齿轮加工刀具

1）弧齿锥齿轮铣刀的分类。弧齿锥齿轮铣刀按使用功能分为五刀法粗切铣刀、五刀法精切铣刀和全工序铣刀三大类，按结构分为旧结构铣刀和新结构铣刀，详见表 6.3-7。

表 6.3-7　弧齿锥齿轮铣刀的分类

类　型	铣刀品种		直径范围/in
粗切铣刀	旧结构	双面粗铣刀	3.5~18
		三面粗铣刀	3.5~18
	新结构	Ⅰ型双面粗铣刀	3.75~18
		Ⅰ型三面粗铣刀	7.5~18
		Ⅱ型双面粗铣刀	5~9
		Ⅱ型三面粗铣刀	5~9

（续）

类　型	铣刀品种		直径范围/in
精切铣刀	旧结构	双面精铣刀	3.5～18
		单面精铣刀	3.5～18
	新结构	Ⅰ型双面精铣刀	5～18
		Ⅰ型单面精铣刀	
		Ⅱ型双面精铣刀	5～12
		Ⅱ型单面精铣刀	
		Ⅲ型双面精铣刀	5～18
		Ⅲ型单面精铣刀	
	螺旋成形法和单循环法双面精铣刀		5～12
全工序铣刀	格里森全工序铣刀		2.75～16
	克林贝格全工序铣刀		1.75～16

五刀法加工的铣刀公称直径通常有0.5in、1in、1.5in、2in、3in、5in、6in、7.5in、9in、12in、16in、18in等标准规格。在大量生产中，为更好地适应被加工轮的参数和质量要求，也可采用公称直径为1.3in、3.75in、4.5in、10.5in、14in等特殊规格铣刀。对于模数大于15mm的弧齿锥齿轮，也可用直径更大的铣刀加工，如21in的铣刀等，最大的铣刀公称直径是40in，最大可加工模数25mm的弧齿锥齿轮。公称直径0.5～3in的铣刀做成整体结构；公称直径大于3.5in的铣刀均做成镶齿结构。

双面粗切铣刀装有内切和外切两组刀齿，三面粗切铣刀装有内切、顶切和外切三组刀齿；精切铣刀有单面（仅有内切或外切）和双面两种型式。图6.3-3所示为双面铣刀工作刃结构示意图。

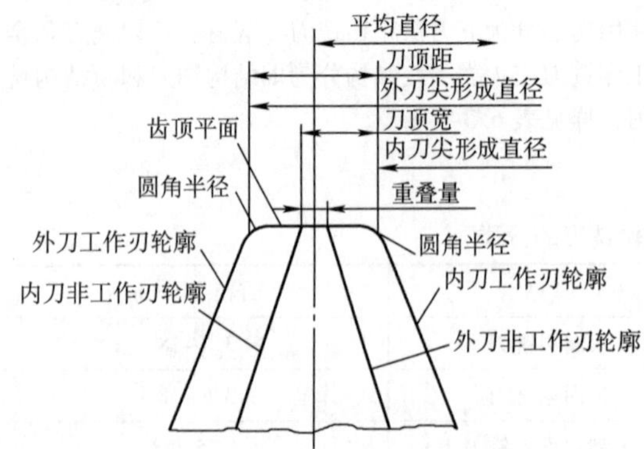

图6.3-3　双面铣刀工作刃结构示意图

2）弧齿锥齿轮铣刀结构和主要参数。

① 五刀法铣刀。

a. 铣刀盘公称直径。它主要取决于被加工齿轮的节锥距、齿面宽、全齿高、螺旋角及切削方法等。可按表6.3-8选取。

表6.3-8　铣刀盘公称直径的选择　　（mm）

公称直径/in	节锥距	最大齿面宽	最大全齿高	最大模数
0.5	6～13	5	1.75	0.8
1.1	13～19	6.5	3.5	1.75
1.5	19～25	8	5	2.5
2	25～38	11	5	2.5
3.5	38～70	19	9	3.5
4.5	63～76	25	9.5	4.5
5	65～90	28	9.5	4.5
6	70～89	32	9.5	4.5
7.5	89～102	38	13	6.5
9	102～133	48	14.5	7.5
12	133～190	64	19.5	10.5
16	190～381	89	19.5	10.5
18	190～381	102	25.5	15

b. 刀盘旋转方向。铣刀盘有右旋铣刀和左旋铣刀两种。面对铣刀的正面观察，铣齿时顺时针方向旋转为左旋铣刀，逆时针方向旋转为右旋铣刀。加工中为了使切削力朝向将齿坯压向支承面的方向，应采用逆铣，即铣刀盘的旋向和被加工齿轮旋向相同。为了提高刀具寿命和减小齿面的表面粗糙度值可采用顺铣，这时切削力有将工件拉离支承面的趋势，要求有足够的夹紧力。

c. 刀齿基距 b。它是刀齿基准面到刀尖间的距离，见图 6.3-4 及表 6.3-9。

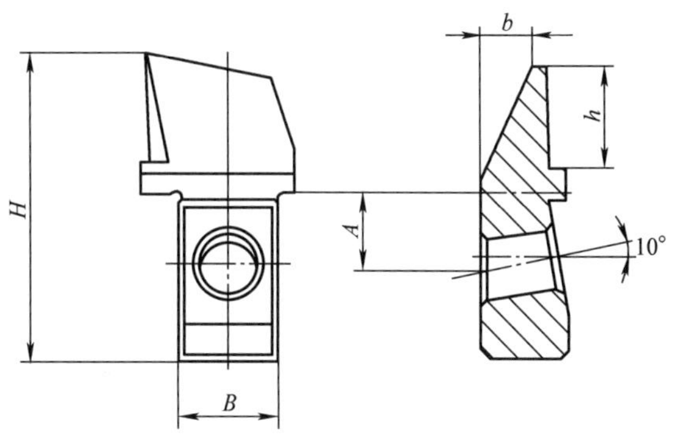

图 6.3-4　刀齿基距

表 6.3-9　刀齿基距标准值　（mm）

刀盘公称直径 /in	粗切刀齿		精切刀齿	
	外刀 b_e	内刀 b_i	外刀 b_e	内刀 b_i
3.5	—	—	4.48	5.24
6	4.92	6.06	4.92	6.06
7.5	5.33	6.48	7.56	7.94
9	5.33	6.48	7.56	7.94
12	6.60	8.51	8.38	9.40
18	—	—	8.09	12.94

d. 刀体基距 K。它是刀盘上从中心到刀齿安装基面的距离，见表 6.3-10。

表 6.3-10　新结构铣刀盘刀体基距　（mm）

公称直径 /in	粗切刀体				双面精切刀体			单面精切刀体			
	齿数	切深	两倍基距 $2K_e$	两倍基距 $2K_i$	齿数	切深	基距 $K_e=K_i$	齿数	切深	基距 K_e	基距 K_i
3.75	16	9.5	83.80	76.20	—	—	—	—	—	—	—
4.5	16	9.5	91.60	91.60	—	—	—	—	—	—	—
5	16	9.5	107.35	107.35	12	9.5	53.625	12	9.5	50.875	50.875
6	20	12.7	137.65	130.05	12	9.5	65.125	12	9.5	60.625	60.625
7.5	24	12.7	177.55	163.85	16	12.7	84.075	16	12.7	69.50	69.50
9	28	14.2	215.65	201.95	12	14.3	99.000	16	14.3	80.875	80.875
					20	14.3	103.125	20	14.3	93.625	93.625
10.5	32	19.4	246.40	238.75	—	19	—	—	19	—	—
12	36	19.4	284.50	276.85	28	19	139.00	28	19	138.875	138.875
14	36	25.4	335.30	309.90	—	19.4	—	—	19.4	—	—
16	40	25.4	386.10	360.70	36	19.4	190.00	32	19.4	163.375	163.375
18	40	25.4	436.90	—	36	19.4	215.375	19.4	19.4	215.375	215.375

e. 刀具修缘。当锥齿轮的传动比大于 2 且热处理后进行研齿或磨齿时，精切主动齿轮用单面铣刀齿顶部分要做适当的修缘，如图 6.3-5 所示。从而加工后在主动齿轮齿底形成沉切，避免啮合时与从动齿轮齿顶发生干涉。刀齿的修缘值可由齿高查表 6.3-11 初选，也可根据铣齿软件模拟计算确定，并在铣齿后通过滚检接触来验证修缘的有效性。修缘有 A、B 和新型三种方式可供选择，具体尺寸详见表 6.3-11～表 6.3-13。

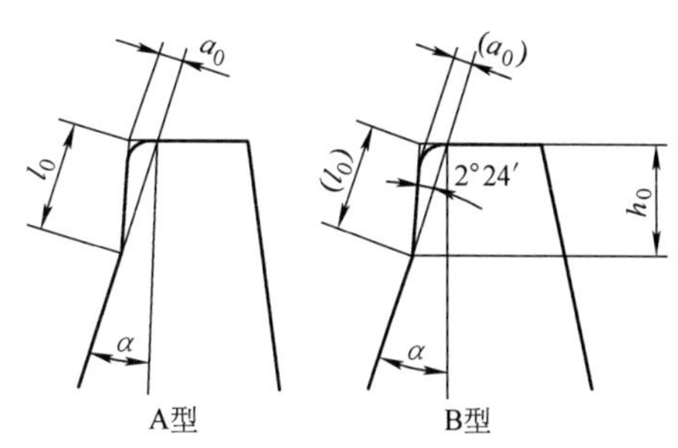

图 6.3-5　A、B 型修缘

表 6.3-11　A 型修缘尺寸　（mm）

修缘参数			加工方法	
			滚切法和一般成形法	螺旋成形法
修缘代号	修缘长度 l_0	修缘量 α_0	被铣齿轮全齿高	
A	3.18	0.144	16.5~20.5	≥20.5
B	2.68	0.121	12.5~16.5	10.8~15.2
C	2.16	0.098	9.5~12.5	8.2~10.8
D	1.91	0.086	—	—
E	1.65	0.075	7.0~9.5	5.8~8.2
F	1.27	0.057	≤7	≤5.8
M	5.97	0.270	—	—
W	4.95	0.224	—	—
Z	3.98	0.180	≥20.5	—

表 6.3-12　B 型修缘尺寸　（mm）

修缘代号	修缘高度 h_0	修缘长度 l_0 和修缘量 α_0
AH	3.05	$l_0=\dfrac{h_0\cos2°24'}{\cos(\alpha-2°24')}$ $\alpha_0=l_0\tan2°24'$ α——工作刃刀片齿形角
BH	2.54	
CH	2.03	
EH	1.65	
FH	1.27	
MH	5.84	
WH	4.83	
ZH	3.81	

图 6.3-6 所示新型修缘方式既可用于普通五刀法弧齿锥齿轮刀具，又可用于各种全工序法尖齿刀具。修缘代号的第一个字母表示修缘高度，第二个字母表示修缘角度，修缘量见表 6.3-13。

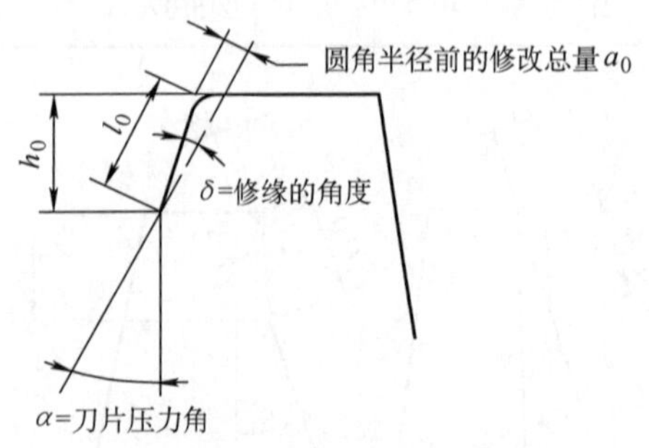

图 6.3-6　新型修缘方式

表 6.3-13　新型修缘

h_0/mm	修缘代号		
	δ=2.4°	δ=3.5°	δ=4.5°
3.05	AH	AJ	AK
2.54	BH	BJ	BK
2.03	CH	CJ	CK
1.65	EH	EJ	EK
1.27	FH	FJ	FK
5.84	MH	MJ	MK
4.83	WH	WJ	WK
3.81	ZH	ZJ	ZK

② 新结构铣刀。旧结构铣刀已经逐渐被新结构铣刀所代替，本手册不再进行介绍。

新结构粗切铣刀有Ⅰ型和Ⅱ型两种；精切铣刀有Ⅰ型、Ⅱ型和Ⅲ型三种。

a. 新结构粗切铣刀Ⅰ型。Ⅰ型粗切铣刀也称雷杰克（RIDG-AC）型铣刀，如图 6.3-7 所示。它是一种刚性较好的铣刀，用于主、从动齿轮齿槽的粗加工。这种铣刀的刀齿没有紧刀螺钉孔，所以刀体上可配置较多的刀齿，以增大切削用量、提高切削速度、缩短铣齿时间。刀体上每个刀槽里装有 T 形块，T 形块上装有紧刀螺钉，装刀时用扭矩扳手均匀地压紧刀齿。在铣刀的前刀面上装有卸刀板。这种铣刀有双面、三面粗切铣刀，主要参数见表 6.3-14 和表 6.3-15。

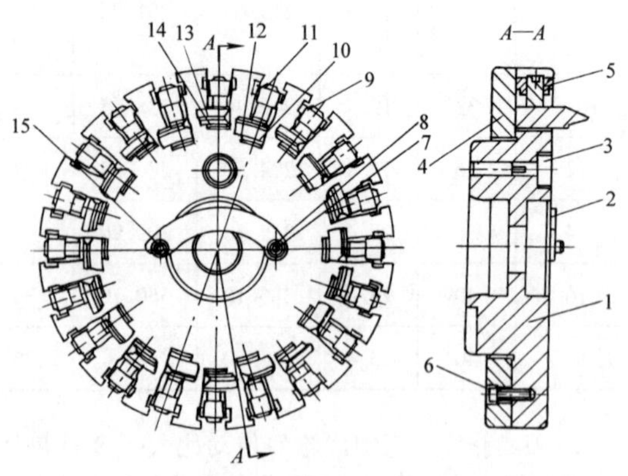

图 6.3-7　Ⅰ型粗切铣刀

1—刀体　2—卸刀螺钉　3—标志开口销　4—支承环　5—紧刀 T 形块　6—支承环紧固螺钉　7—压板螺钉　8—弹簧垫圈　9—外切刀齿压紧螺钉　10—内切刀齿垫片　11—内切刀齿压紧螺钉　12—内切刀齿　13—外切刀齿　14—外切刀齿垫片　15—开口处压板螺钉

表 6.3-14 Ⅰ型双面粗切铣刀主要参数 (mm)

公称直径/in	刀齿数		锥孔直径 D	刀顶距	刀片压力角/(°)		旋向	切深
	外	内			外刀 α_W	内刀 α_N		
3.75	8	8	A型孔：ϕ58.196 B型孔：ϕ58.221	0.5~2.5	10~21	10~21	右/左	9.5
4.5					10~26	10~35	右/左	
5				0.5~3.0	10~35	10~35	右/左	
6	10	10		0.5~3.75			右/左	12.7
7.5	12	12		0.5~4.75			右/左	14.2
9	14	14					右/左	
10.5	16	16	A型孔：ϕ126.960 B型孔：ϕ126.966	0.75~6.25	10~28	10~33	右/左	19.4
12	18	18					右/左	
14				1.25~7.5		10~35	右/左	25.4
16	20	20	ϕ126.835 A型孔：沉孔深22 B型孔：沉孔深22.25				右/左	
18							右/左	

注：A型孔径适用于国产机床YT2250和Y2280系列。B型孔径适用于格里森铣齿机床。

表 6.3-15 Ⅰ型三面粗切铣刀主要参数 (mm)

公称直径/in	刀齿数			锥孔直径 D	刀顶距	刀片压力角/(°)		旋向	切深
	外	中	内			外刀 α_W	内刀 α_N		
7.5	6	12	6	A型孔：ϕ58.196 B型孔：ϕ58.221	2.0~5.0	10~33	10~35	右/左	14.2
9	7	14	7					右/左	
10.5	8	16	8	A型孔：ϕ126.960 B型孔：ϕ126.966	2.0~6.5	10~28	10~33	右/左	19.4
12	9	18	9					右/左	
14					2.5~9.5		10~35	右/左	25.4
16	10	20	10	ϕ126.835 A型孔：沉孔深22 B型孔：沉孔深22.25				右/左	
18								右/左	

b. 新结构粗切铣刀Ⅱ型。Ⅱ型粗切铣刀也称维杰克（WEDG-AC）型铣刀，它是一种楔装式粗切铣刀，如图6.3-8所示。这种铣刀也有双面和三面粗切铣刀，其结构是采用楔形件将刀齿紧固在刀槽中，刀齿底面和套圈端面保持良好接触。这种结构可使刀齿分布紧凑，因此在铣刀上可安装较多的刀齿，以增大进给量、缩短铣齿时间。刀体采用合金钢并经过淬火，同时因为刀体上取消了紧刀螺钉孔和减小了槽深，从而增加了铣刀的强度。这种铣刀不需要把紧刀螺钉和压块取下就可以拆装刀齿、楔块和垫片，因此安装与拆卸更加简便。在铣刀的前端面也装有卸刀板。

c. 新结构精切铣刀通常称为哈尔达克（Hardac）铣刀，分为Ⅰ型、Ⅱ型、Ⅲ型，其结构型式见图6.3-9。三种精切铣刀的特点如下：

a）刀齿上有两个等高的定位台肩，压紧刀齿的螺钉轴线与刀体端面倾斜成10°角，压紧稳定可靠。

b）调整螺钉位于刀槽的中间位置。

c）刀体采用优质合金钢制造，经过热处理后，硬度高，尺寸稳定性好。

d）安装铣刀时，小直径刀盘采用中心螺钉紧固于机床主轴上。

e）三种铣刀都分单面、双面和左、右旋。

f）三种单面铣刀都有一个槽底平行于刀体轴线的标准刀槽，在其中安装标准刀齿，可以保证刀尖圆周尺寸精确。此外，在调刀时可通过调整刀槽中斜楔角度来微调刀片的安装角度，以保证刀齿的齿形角度与标准刀齿完全一致。

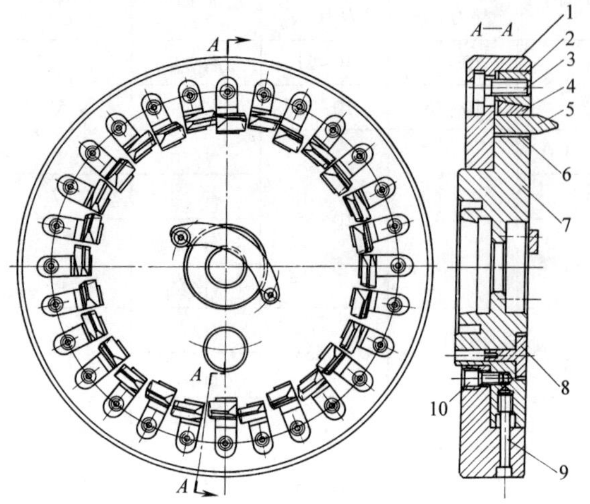

图 6.3-8 Ⅱ型粗切铣刀

1—套圈 2—压紧块 3、9、10—螺钉 4—斜楔 5—刀齿 6—垫片 7—刀体 8—标志件

这三种精切铣刀的主要参数见表 6.3-16～表 6.3-21。

a）Ⅰ型精切铣刀只能用在国产的老型号机床上，Ⅱ型精切铣刀和Ⅲ型精切铣刀只能用在进口的格里森机床或仿制机床上。

b）Ⅱ型与Ⅲ型铣刀只是外径不同，Ⅲ型精切铣刀比Ⅱ型精切铣刀外径大、刀槽深，适用于安装加高、加厚的刀片，其刀尖距或刀尖直径调整范围更大。Ⅰ型铣刀与Ⅲ型铣刀相同，也适用于安装加高、加厚的刀齿。

c）Ⅱ型单面内、外和双面精切铣刀只有 58.221 一种锥孔直径 D，其他参数同公称直径 12 英寸以内的Ⅰ型精切刀具完全一致。Ⅱ型精切刀具没有 12 英寸以上规格。

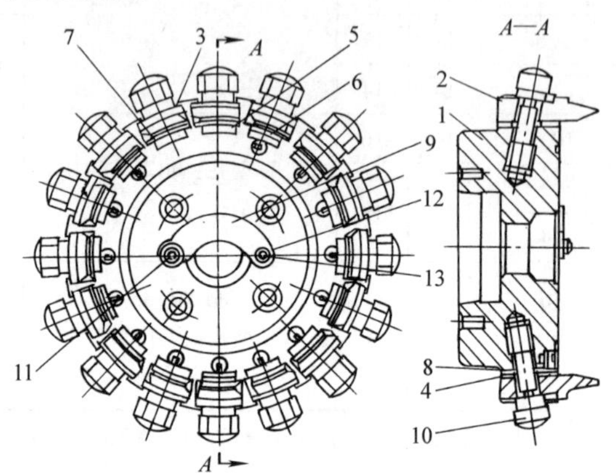

图 6.3-9 精切铣刀

1—刀体 2—外切铣刀 3—内切铣刀 4—外切刀齿平垫片 5—外切刀齿标准垫片 6—内切刀齿平垫片 7—内切刀齿标准垫片 8—斜楔 9—卸刀压板 10—紧刀螺钉 11—开口处压板螺钉 12—弹簧垫片 13—压板螺钉

表 6.3-16 Ⅰ型单面外精切铣刀 (mm)

<table>
<tr><th>公称直径/in</th><th>刀齿数</th><th>锥孔直径 D</th><th>刀尖直径 d_w</th><th>刀齿压力角/(°)</th><th>旋向</th><th>切深</th></tr>
<tr><td>5</td><td rowspan="2">12</td><td rowspan="7">58.196</td><td>111.25～134.25</td><td rowspan="3">10～25</td><td>右/左</td><td rowspan="3">9.5</td></tr>
<tr><td rowspan="2">6</td><td rowspan="2">130.75～167.50</td><td>右/左</td></tr>
<tr><td rowspan="3">16</td><td>右/左</td></tr>
<tr><td>7.5</td><td>153.00～187.25</td><td rowspan="3">10～27.5</td><td>右/左</td><td>12.7</td></tr>
<tr><td rowspan="2">9</td><td rowspan="2">175.75～267.25</td><td>右/左</td><td rowspan="2">14.3</td></tr>
<tr><td>20</td><td>右/左</td></tr>
<tr><td rowspan="2">12</td><td>24</td><td rowspan="2">259.25～333.50</td><td rowspan="2">10～27</td><td>右/左</td><td rowspan="3">19.4</td></tr>
<tr><td>28</td><td rowspan="3">126.960</td><td>右/左</td></tr>
<tr><td rowspan="4">16</td><td rowspan="2">32</td><td>341.00～388.50</td><td rowspan="6">10～25</td><td>右/左</td></tr>
<tr><td>343.75～395.00</td><td>右/左</td><td>25.4</td></tr>
<tr><td rowspan="4">36</td><td rowspan="4">126.835</td><td>384.00～450.50</td><td>右/左</td><td>19.4</td></tr>
<tr><td>386.75～457.00</td><td>右/左</td><td>25.4</td></tr>
<tr><td rowspan="2">18</td><td>445.00～511.25</td><td>右/左</td><td>19.4</td></tr>
<tr><td>447.75～517.75</td><td>右/左</td><td>25.4</td></tr>
</table>

表 6.3-17　I 型单面内精切铣刀　（mm）

<table>
<tr><th>公称直径/in</th><th>刀齿数</th><th>锥孔直径 D</th><th>刀尖直径 d_w</th><th>刀齿压力角/(°)</th><th>旋向</th><th>切深</th></tr>
<tr><td>5</td><td rowspan="2">12</td><td rowspan="7">58.196</td><td>113.00~136.50</td><td rowspan="3">10~30.5</td><td>右/左</td><td rowspan="3">9.5</td></tr>
<tr><td rowspan="2">6</td><td rowspan="2">132.50~169.75</td><td>右/左</td></tr>
<tr><td rowspan="3">16</td><td>右/左</td></tr>
<tr><td>7.5</td><td>153.25~191.75</td><td rowspan="3">10~33.5</td><td>右/左</td><td>12.7</td></tr>
<tr><td rowspan="2">9</td><td rowspan="2">176.00~271.75</td><td>右/左</td><td rowspan="2">14.3</td></tr>
<tr><td>20</td><td>右/左</td></tr>
<tr><td rowspan="2">12</td><td>24</td><td rowspan="2">262.25~339.75</td><td rowspan="2">10~32.5</td><td>右/左</td><td rowspan="3">19.4</td></tr>
<tr><td>28</td><td rowspan="3">126.960</td><td>右/左</td></tr>
<tr><td rowspan="4">16</td><td rowspan="2">32</td><td>343.75~397.50</td><td>10~34</td><td>右/左</td></tr>
<tr><td>343.75~415.50</td><td>10~37</td><td>右/左</td><td>25.4</td></tr>
<tr><td rowspan="4">36</td><td rowspan="4">126.835</td><td>386.75~459.50</td><td>10~34</td><td>右/左</td><td>19.4</td></tr>
<tr><td>386.75~477.5</td><td>10~37</td><td>右/左</td><td>25.4</td></tr>
<tr><td rowspan="2">18</td><td>447.75~520.25</td><td>10~34</td><td>右/左</td><td>19.4</td></tr>
<tr><td>447.75~538.25</td><td>10~37</td><td>右/左</td><td>25.4</td></tr>
</table>

表 6.3-18　I 型双面精切铣刀　（mm）

<table>
<tr><th rowspan="2">公称直径/in</th><th colspan="2">刀齿数</th><th rowspan="2">锥孔直径 D</th><th rowspan="2">刀顶距 W</th><th colspan="2">刀齿压力角/(°)</th><th rowspan="2">旋向</th><th rowspan="2">切深</th></tr>
<tr><th>外</th><th>内</th><th>外刀</th><th>内刀</th></tr>
<tr><td>5</td><td rowspan="2">6</td><td rowspan="2">6</td><td rowspan="6">58.196</td><td rowspan="3">0.5~3.75</td><td rowspan="3">10~25</td><td rowspan="3">10~30.5</td><td>右/左</td><td rowspan="3">9.5</td></tr>
<tr><td rowspan="2">6</td><td>右/左</td></tr>
<tr><td rowspan="2">8</td><td rowspan="2">8′</td><td>右/左</td></tr>
<tr><td>7.5</td><td rowspan="3">0.75~5.0</td><td rowspan="3">10~27.5</td><td rowspan="3">10~33.5</td><td>右/左</td><td>12.7</td></tr>
<tr><td rowspan="2">9</td><td>6</td><td>6</td><td>右/左</td><td rowspan="2">14.3</td></tr>
<tr><td>10</td><td>10</td><td>右/左</td></tr>
<tr><td rowspan="2">12</td><td>6</td><td>6</td><td rowspan="2">126.960</td><td rowspan="2">0.75~6.25</td><td rowspan="2">10~27</td><td rowspan="2">10~32.5</td><td>右/左</td><td rowspan="3">19.4</td></tr>
<tr><td>14</td><td>14</td><td>右/左</td></tr>
<tr><td rowspan="2">16</td><td rowspan="4">18</td><td rowspan="4">18</td><td rowspan="4">126.835</td><td>1.25~7.5</td><td rowspan="4">10~25</td><td>10~34</td><td>右/左</td></tr>
<tr><td>1.25~10.0</td><td>10~29.5</td><td>右/左</td><td>25.4</td></tr>
<tr><td rowspan="2">18</td><td>1.25~7.5</td><td>10~34</td><td>右/左</td><td>19.4</td></tr>
<tr><td>1.25~11.0</td><td>10~29.5</td><td>右/左</td><td>25.4</td></tr>
</table>

表 6.3-19　Ⅲ型单面外精切铣刀　（mm）

公称直径/in	刀齿数	锥孔直径 D	刀齿压力角/(°)	刀尖直径 d_w	旋向	切深
5	12	52.221	10~25	111.25~134.25	右/左	9.5
6				130.7~167.50	右/左	
	16				右/左	
7.5			10~27.5	153.0~187.25	右/左	12.7
9				175.2~267.25	右/左	14.3
	20				右/左	
12	24		10~27	259.2~333.50	右/左	19.4
	28	126.966			右/左	
16	32		10~25	341.0~388.50	右/左	
				343.7~395.00	右/左	25.4
	36	126.835		384.0~450.50	右/左	19.4
				386.7~457.00	右/左	25.4
	20			369.7~401.25	右/左	36
	24			392.7~447.0	右/左	
18	36			445.0~511.25	右/左	19.4
				447.7~517.75	右/左	25.4
	24			438.5~515.75	右/左	36

表 6.3-20　Ⅲ型单面内精切铣刀　（mm）

公称直径/in	刀齿数	锥孔直径 D	刀尖直径 d_w	刀齿压力角/(°)	旋向	切深
5	12	58.221	113.00~136.50	10~30.5	右/左	9.5
6			132.50~169.75		右/左	
	16				右/左	
7.5			153.25~191.75	10~33.5	右/左	12.7
9			176.00~271.75		右/左	14.3
	20				右/左	
12	24		262.25~339.75	10~32.5	右/左	19.4
	28	126.966			右/左	
16	32		343.75~397.50	10~34	右/左	
			343.75~415.50	10~37	右/左	25.4
	36	126.835	386.75~459.50	10~34	右/左	19.4
			386.75~477.50	10~37	右/左	25.4
	20		374.75~421.75	20~35	右/左	36.0
	24		397.75~467.50		右/左	
18	36		447.75~520.25	10~34	右/左	19.4
			447.75~538.25	10~37	右/左	25.4
	24		443.5~536.25	20~35	右/左	36.0

表 6.3-21　Ⅲ型双面精切铣刀　　(mm)

<table>
<tr><th rowspan="2">公称直径/in</th><th colspan="2">刀齿数</th><th rowspan="2">锥孔直径 D</th><th rowspan="2">刀顶距 W</th><th colspan="2">刀齿压力角/(°)</th><th rowspan="2">旋向</th><th rowspan="2">切深</th></tr>
<tr><th>外</th><th>内</th><th>外刀</th><th>内刀</th></tr>
<tr><td>5</td><td rowspan="2">6</td><td rowspan="2">6</td><td rowspan="5">58.221</td><td rowspan="3">0.50~3.75</td><td rowspan="3">10~35</td><td rowspan="3">10~30.5</td><td>右/左</td><td rowspan="3">9.5</td></tr>
<tr><td rowspan="2">6</td><td>右/左</td></tr>
<tr><td rowspan="2">8</td><td rowspan="2">8</td><td>右/左</td></tr>
<tr><td>7.5</td><td rowspan="2">0.75~5.00</td><td rowspan="2">10~27.5</td><td rowspan="2">10~33.5</td><td>右/左</td><td>12.7</td></tr>
<tr><td>9</td><td>10</td><td>10</td><td>右/左</td><td>14.3</td></tr>
<tr><td>12</td><td>14</td><td>14</td><td>26.966</td><td>0.75~6.25</td><td>10~27</td><td>10~32.5</td><td>右/左</td><td rowspan="2">19.4</td></tr>
<tr><td rowspan="3">16</td><td rowspan="2">18</td><td rowspan="2">18</td><td rowspan="6">126.835</td><td>1.25~7.50</td><td rowspan="6">10~25</td><td>10~34</td><td>右/左</td></tr>
<tr><td rowspan="2">1.25~10.00</td><td>10~29.5</td><td>右/左</td><td>25.4</td></tr>
<tr><td>12</td><td>12</td><td>20~28</td><td>右/左</td><td>36.0</td></tr>
<tr><td rowspan="3">18</td><td rowspan="2">18</td><td rowspan="2">18</td><td>1.25~7.50</td><td>10~34</td><td>右/左</td><td>19.4</td></tr>
<tr><td rowspan="2">1.25~10.00</td><td>10~29.5</td><td>右/左</td><td>25.4</td></tr>
<tr><td>12</td><td>12</td><td>20~28</td><td>右/左</td><td>36.0</td></tr>
</table>

③ 螺旋成形法和单循环法铣刀。

螺旋成形法和单循环法刀盘实际上是一种拉刀盘。它有轴向和径向齿升量。公称直径 12in 以下刀盘装有四个内切刀齿和四个外切刀齿，如图 6.3-10 所示。16in 和 18in 的刀盘装有 10 个刀齿，刀盘上有相当于两个刀齿的空位，以便在铣齿过程中进行分齿。螺旋成形法和单循环法所用拉刀盘的结构并没有区别，只是使用的机床型号和切削方法有所不同。

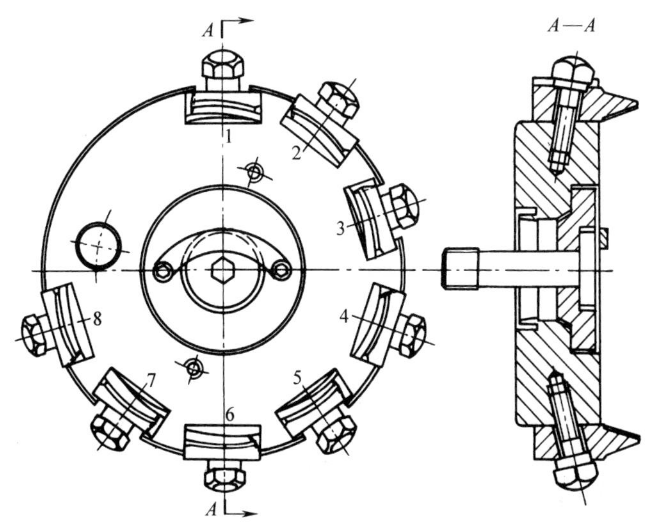

图 6.3-10　螺旋成形法和单循环法铣刀

采用螺旋成形法铣齿时，刀盘除了做旋转运动外，还周期地沿其轴向做往复运动。当一个刀齿切入齿槽时，刀盘沿其轴向均匀送进；当这个刀齿切离齿槽时，刀盘又迅速退回原位。刀盘沿轴向的移动和转动的综合，使内、外刀齿的直线切削刃形成一个渐开螺旋面。铣齿时，铣刀旋转一圈，加工完一个齿槽，工件在铣刀旋转到空位时进行分齿，然后开始切削下一个齿槽。

在单循环法铣齿时，铣刀没有轴向往复运动。铣刀旋转一圈，同样加工完一个齿槽，工件分齿在铣刀的空位内进行。

螺旋成形法和单循环法铣齿都属于精加工，齿坯都需要经过粗铣齿。这两种铣齿方法都没有滚切运动，因此都是成形法，适用于速比 2.5 以上的弧齿锥齿轮从动齿轮。

螺旋成形法和单循环法铣刀的内、外刀齿在刀体上是间隔排列的，前面两对是半精切刀齿，后面两对是精切刀齿。每一个外切刀齿的工作侧刃依次沿径向增加一个齿升量；内切刀齿的工作侧刃依次沿径向减小同一个齿升量。半精切刀刀齿的齿升量一般为 0.09~0.10mm；过渡齿升量为 0.07~0.08mm；精铣齿升量为 0.03~0.04mm。单侧齿面的总余量为 0.2mm 左右。为了保证铣刀的刚度和精度，刀槽内没有垫片和斜楔，所以刀齿的径向位置不能调整。螺旋成形法和单循环法铣刀的主要参数见表 6.3-22 和表 6.3-23。

表 6.3-22　螺旋成形法铣刀参数　(mm)

<table>
<tr><th rowspan="2">公称直径/in</th><th colspan="2">刀齿数</th><th rowspan="2">锥孔直径 D</th><th rowspan="2">刀顶距 W</th><th colspan="2">刀齿压力角/(°)</th><th rowspan="2">旋向</th><th rowspan="2">切深</th></tr>
<tr><th>外</th><th>内</th><th>外刀 α_W</th><th>内刀 α_N</th></tr>
<tr><td>5</td><td rowspan="4">4</td><td rowspan="4">4</td><td rowspan="4">φ58.221</td><td rowspan="2">1.75~3.75</td><td rowspan="4">24</td><td rowspan="4">10</td><td>右/左</td><td rowspan="2">17.8</td></tr>
<tr><td>6</td><td>右/左</td></tr>
<tr><td>7.5</td><td rowspan="2">1.75~5.00</td><td>右/左</td><td>14.3</td></tr>
<tr><td>9</td><td>右/左</td><td>17.8</td></tr>
</table>

表 6.3-23　单循环法铣刀参数　(mm)

<table>
<tr><th rowspan="2">公称直径/in</th><th colspan="2">刀齿数</th><th rowspan="2">锥孔直径 D</th><th rowspan="2">刀顶距 W</th><th colspan="2">齿形角/(°)</th><th rowspan="2">旋向</th><th rowspan="2">切深</th></tr>
<tr><th>外</th><th>内</th><th>外刀 α_W</th><th>内刀 α_N</th></tr>
<tr><td>5</td><td rowspan="5">4</td><td rowspan="5">4</td><td rowspan="4">φ58.221</td><td rowspan="2">1.75~3.75</td><td rowspan="2">20~25</td><td rowspan="2">20~25</td><td>右/左</td><td rowspan="2">13</td></tr>
<tr><td>6</td><td>右/左</td></tr>
<tr><td>7.5</td><td rowspan="2">1.75~5.00</td><td rowspan="2">20~22.5</td><td rowspan="2">20~22.5</td><td>右/左</td><td>14.3</td></tr>
<tr><td>9</td><td>右/左</td><td>17.8</td></tr>
<tr><td>12</td><td>φ126.966</td><td>1.75~6.50</td><td>20~25</td><td>20~25</td><td>右/左</td><td>22.8</td></tr>
</table>

④ 全工序法铣齿刀。全工序法采用尖齿刀具进行加工。常用的全工序法尖齿刀具有格里森公司的 RSR 刀具和 PANTAC-FM 刀具，奥利康公司的 ARCON 刀具。

a. RSR 全工序刀具（图 6.3-11）刀齿是矩形截面的刀条，每组刀齿由一个内切刀齿和一个外切刀齿组成，交错地排列在刀盘上。该刀齿重磨后刀面而不是前刀面，所以涂层会继续留在前刀面上，允许的重磨次数多。

a)

齿顶　圆角半径　切削刃齿形角　非工作刃齿形角　前刀面　右旋 外刀

齿顶　圆角半径　切削刃齿形角　切削刃齿形角　前刀面　右旋 中刀

圆角半径　非工作刃齿形角　切削刃齿形角　前刀面　右旋 内刀

b)

图 6.3-11　格里森公司的 RSR 刀盘
a）刀盘图片　b）刀齿结构

b. PENTAC-FM 刀具结构如图 6. 3-12 所示，相关几何参数见表 6. 3-24。

a）PENTAC-FM 刀条也是交错排列。刀具通过刀盘公称半径（in）、刀组数和刀具旋向来区分，例如，14-34RH 代表公称半径为 14in、34 组刀齿的右旋刀。加工时刀具的旋向应和被加工齿轮的螺旋方向一致。

b）PENTAC-FM 刀齿修缘规格见表 6. 3-13。

c）刀条截面采用五边形。刀齿修磨时可以进行三面刃磨，也可以进行两面刃磨。

d）采用硬质合金刀齿时，可以进行干切加工。

a)

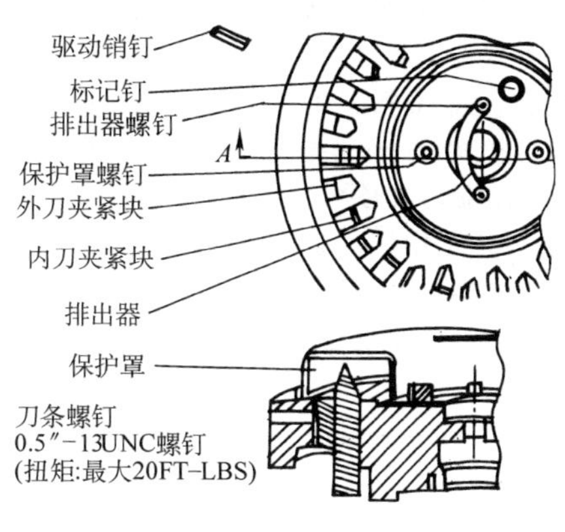

b)

图 6. 3-12　格里森公司的 PENTAC-FM 刀盘
a）刀盘图片　b）刀盘结构

表 6. 3-24　PENTAC-FM 刀具相关参数表　（in）

公称直径	刀条数	最大切深	最大刀顶距	外刀条压力角范围/(°)	内刀条压力角范围/(°)	刀条尺寸［厚度×宽度（外刀/内刀）×长度×平面宽度］	刀盘以上高度
2. 75	16	0. 25	0. 05	10～25	15～40	0. 25×(0. 3/0. 35)×3. 4×0. 01	0. 4
3. 50	16	0. 26	0. 07	10～25	15～30	0. 4×(0. 55/0. 6)×3. 62×0. 03	0. 55
4. 5	20	0. 37	0. 1	10～25	10～25	0. 4×(0. 55/0. 6)×3. 62×0. 03	0. 55
4. 5	22	0. 37	0. 1	10～25	10～32		
5	22	0. 37	0. 1	10～25	15～30		
5	22	0. 37	0. 1	10～25	25～32		
6	26	0. 44	0. 12	10～25	15～30	0. 4×(0. 55/0. 6)×3. 8×0. 03	0. 6
7. 5	32	0. 55	0. 15	10～25	15～30	0. 4×(0. 55/0. 6)×3. 8×0. 03	0. 7
9	30	0. 775	0. 25	18～22. 5	20～25	0. 6×(0. 825/0. 825)×4. 25×0. 03	1
9	30	0. 775	0. 25	10～15	25～32	0. 6×(0. 825/1. 05)×4. 25×0. 03	
10. 5	32	0. 9	0. 3	18～22. 5	20～25	0. 6×(0. 825/1. 05)×4. 25×0. 03	1. 125
10. 5	32	0. 9	0. 3	11. 5～15	25～32	0. 6×(0. 95/1. 15)×4. 25×0. 03	
12	38	0. 9	0. 3	18～22. 5	20～25	0. 6×(0. 825/1. 05)×4. 25×0. 03	
12	38	0. 9	0. 3	11. 5～15	25～32	0. 6×(0. 95/1. 15)×4. 25×0. 03	
14	34	1. 15	0. 35	18～22. 5	20～25	0. 75×(1. 1/1. 2)×4. 375×0. 03	1. 325
14	34	1. 15	0. 35	10～15	25～32	0. 75×(1. 1/1. 4)×4. 375×0. 03	
16	40	1. 15	0. 35	18～22. 5	20～25	0. 75×(1. 1/1. 2)×4. 375×0. 03	1. 325
16	40	1. 15	0. 35	10～15	25～32	0. 75×(1. 1/1. 4)×4. 375×0. 03	

c. ARCON 全工序刀具（图 6.3-13）刀条截面是矩形，每个刀齿用两个螺钉安装在刀盘上。这种刀具既可用于干切又可用于湿切。湿切刀条采用高速钢制造，干切刀条采用涂层硬质合金制造。具体参数见表 6.3-25 和表 6.3-26。

图 6.3-13 奥利康 ARCON 刀盘

3）弧齿锥齿轮铣刀的使用与刃磨。弧齿锥齿轮铣刀在刃磨、调装时应注意如下几点：

① 铣刀装配之前，将各零件清洗干净；各种螺钉应能灵活转动，微调螺钉应能拧到螺钉根部；仔细检查紧刀螺钉，如有损坏，必须立即更换。

② 紧固刀齿时应采用扭力扳手。不同类型和规格的铣刀应采用的力矩见表 6.3-27，机床主轴上的螺钉紧固力矩应符合表 6.3-28 的规定。

表 6.3-25 特殊的 ARCON 刀具系列 （mm）

公称直径/in	刀盘标识	刀片组数	刀片数	刀条截面	最大中点模数	刀盘外径
5	ARCON 12-5 LI	12	24	10.16×12.7 (10.16×15.24)	6.2	204
	ARCON 12-5 RI					
6	ARCON 14-6 LI	14	28	10.16×12.7 (10.16×15.24)	6.5	231
	ARCON 14-6 RI					
7.5	ARCON 16-7.5 LI	16	32	10.6×15.24	6.2	268
	ARCON 16-7.5 RI					
9	ARCON 17-9 LI	17	34	12.7×15.24	9	316
	ARCON 17-9 RI					

表 6.3-26 标准的 ARCON 刀具系列 （mm）

公称直径/in	刀盘标识	刀片组数	刀片数	刀条截面	中点模数	刀盘外径
1.75	ARCON 6-1.75 L/R Ⅱ	6	12	5×9	2.6	88
2.5	ARCON 9-2.5 L/R Ⅱ	9	18	5×9	2.5	132
2.5	ARCON 7-2.5 L/R Ⅱ	7	14	7.5×9	2.5	132
3.25	ARCON 9-3.25 L/R Ⅱ	9	18	7.5×9	4	145
3.75	ARCON 11-3.75 L/R Ⅱ	11	22	7.5×9	4.5	165
4.375	ARCON13-4.375 L/R Ⅱ	13	26	7.5×9	5.1	185
5	ARCON 12-5 L/R Ⅱ	12	24	10.16×12.7/15.24	6.2	204
6	ARCON 14-6 L/R Ⅱ	14	28	10.16×12.7/15.24	6.5	231
7.5	ARCON 16-7.5 L/R Ⅱ	16	32	10.16×15.24	6.2	268
9	ARCON 17-9 L/R Ⅱ	17	34	12.7×15.24	9	316
10.5	ARCON 18-10.5 L/R Ⅱ	18	36	12.7×19.69	10.5	360
12	ARCON 16-12 L/R Ⅱ	16	32	13.97×19.69	8.0	398
12	ARCON 20-12 L/R Ⅱ	20	40	13.97×19.69	10.5	398

（续）

公称直径/in	刀盘标识	刀片组数	刀片数	刀条截面	中点模数	刀盘外径
14	ARCON 20-14 L/R Ⅱ	20	40	14.932×21.59	10.5	447
16	ARCON 20-16 L/R Ⅱ	20	40	14.73×21.59	10.5	447
14	ARCON 23-14 L/R Ⅱ	23	46	14.732×21.59	10.5	459
16	ARCON 26-16 L/R Ⅱ	26	52	14.732×21.59	10.5	498

表 6.3-27　刀齿紧固螺钉采用的力矩

刀 盘 类 型	刀盘公称直径/in	力矩 /lbf · ft
雷杰克型粗切铣刀盘	4.5~12	15
	14~18 和 500mm	40
维杰克型粗切铣刀盘	5~9	10
哈尔达克型精切铣刀盘	5~18	30
哈尔达克Ⅱ型精切铣刀盘	5~12	30
哈尔达克Ⅲ型精切铣刀盘	5~18 和 500mm	30
螺旋成形法和单循环法刀盘	5~18 和 500mm	40

注：1lbf · ft=1.35582N · m。

表 6.3-28　铣刀在铣齿机床上紧固时的力矩

刀盘类型	刀盘公称直径/in	力矩 /lbf · ft	刀盘安装方式
雷杰克型粗切铣刀盘	4.5~6	50	中心螺孔安装
	7.5~9 6~14	75 40	中心螺孔安装 M12 螺钉
	16~18 和 500mm	50	M20 螺钉
维杰克型粗切铣刀盘	5~6	50	中心螺孔安装
	7.5~9	75	中心螺孔安装
	6~9	40	M12 螺钉
哈尔达克型精切铣刀盘	5~6	50	中心螺孔安装
	7.5~12	75	中心螺孔安装
	6~12	40	M12 螺钉
	16~18	50	M20 螺钉
哈尔达克Ⅱ型精切铣刀盘	5~6	50	中心螺孔安装
	7.5~12	75	中心螺孔安装
	6~12	40	M12 螺钉

（续）

刀盘类型	刀盘公称直径/in	力矩 /lbf · ft	刀盘安装方式
哈尔达克Ⅲ型精切铣刀盘	5~6	50	中心螺孔安装
	7.5~9	75	中心螺孔安装
	6~14	40	M12 螺钉
	16~18 和 500mm	50	M20 螺钉
螺旋成形法和单循环法刀盘	5~6	50	中心螺孔安装
	7.5~9	75	中心螺孔安装
	6~14	40	M12 螺钉
	16~18 和 500mm	50	M20 螺钉

③ 重磨时铣刀盘（尖齿刀具除外）整体安装在相应的磨刀机上进行等分刃磨，刃磨后检查刀齿切削刃的径向摆差和前刀面的周节累积误差，其值应符合表 6.3-29 的规定。

表 6.3-29　铣刀的刃磨公差　（mm）

刀 盘 类 型	切削刃的径向摆差	刀齿前刀面的周节累积误差
雷杰克型和维杰克型粗切铣刀盘	0.12	0.025
各种型号的哈尔达克型精切铣刀盘	0.025	0.025
螺旋成形法和单循环法刀盘	0.025	0.025

④ 刀具检查调整应在专用的精密调刀仪上进行，铣刀用中心螺钉或 4~6 个紧固螺钉紧固，然后检查刀齿的端面圆跳动。并用铜片轻轻刮去刃口上的毛刺，然后调整刀齿的径向位置。各类铣刀的调刀精度应符合表 6.3-30 和表 6.3-31 的规定。

⑤ 五刀法刀具重磨是整个刀盘安装在专用磨床上刃磨前刀面，全工序法刀具重磨是在刀盘体外采用

专用磨床和夹具刃磨刀齿。

表 6.3-30　Ⅰ型Ⅱ型双面、三面粗切铣刀刃磨后的调刀公差　(mm)

检查项目		铣刀盘规格/in		
		3.5~6	7.5~9	12~18
侧切削刃的径向圆跳动	相邻	0.025	0.025	0.025
	一转	0.038	0.038	0.038
双面刀盘顶刃的端面圆跳动	相邻	0.05	0.05	0.05
	一转	0.075	0.075	0.075
三面刀盘内切或外切刀齿的端面圆跳动		0.075	0.075	0.075
三面刀盘内、外切刀齿之间的最大高度差		0.025	0.025	0.025
三面刀盘顶切刀齿的端面圆跳动		0.075	0.075	0.075

表 6.3-31　各种单面和双面精切铣刀刃磨后的调刀公差　(mm)

检查项目		铣刀盘规格/in		
		3.5~9	12~18	12~18(切深≥25mm)
工作侧刃的径向圆跳动		0.0005	0.0012	0.0025
顶刃的端面圆跳动	相邻	0.050		
	一转	0.075		

(2) 长幅外摆线锥齿轮加工刀具

长幅外摆线锥齿轮采用尖齿刀具加工。尖齿刀具重磨也是在刀盘体外采用专用磨床和夹具刃磨，奥利康制和格里森制长幅外摆线锥齿轮铣齿刀具的加工和刃磨均自成体系。

1）奥利康制长幅外摆线锥齿轮铣齿刀具。奥利康制长幅外摆线锥齿轮铣齿刀具有 EN 型、EHN 型、FN 型、FS 型刀盘以及 SPIRON 型刀盘等。

① EN 型刀盘。EN 型刀盘刀齿的排列顺序是粗切刀齿在前，精切外刀齿排在中间，精切刀齿排在最后。粗切刀位于最小半径上，粗切刀转矩小，为提高生产率可采用较高的速度。切削方向是从小端切向大端，这样做有利于工件的夹紧，同时切削形成的毛刺位于大端便于去除。缺点是刀齿采用铲齿结构，故刀齿重磨次数少，刀盘上可容纳的刀齿组数少，因而对进一步提高生产率和降低刀具成本都有一定的限制。

② EHN 型刀盘。为了适应大直径、小模数齿轮和准双曲面齿轮的加工，在 EN 刀盘的基础上发展了 EHN 型刀盘，如图 6.3-14 所示。其结构与 EN 型刀盘相同，只是刀齿沿圆周均匀分布。加工从动齿轮的刀盘刀齿排列顺序为：外切刀齿、粗切刀齿、内切刀齿。加工主动齿轮的刀齿排列顺序为：粗切刀齿、外切刀齿、内切刀齿。具体参数见表 6.3-32。

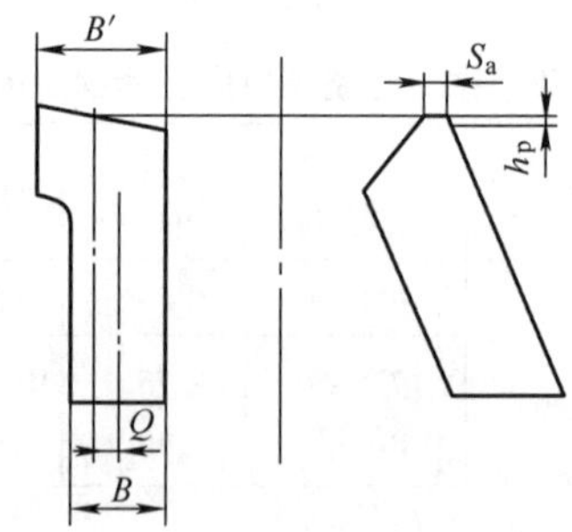

图 6.3-14　EHN 型刀盘

表 6.3-32　EHN 刀盘　(mm)

刀盘号	刀齿	刀齿截面 $H×B×B'$	法向模数 m_n	精切刀顶宽 S_a	精切刀尖圆角半径	刀齿修缘高度 h_p	粗切刀齿刀顶宽	粗切刀尖圆角半径	小轮粗切刀齿允许的高度差	设计值 Q
EHN7-62 B11E13	62/2.1	10×11×15	1.875~2.35	0.77	0.7	0.9、1.1	0.77	0.35	0.9	5.7
	62/2.65		2.35~3.0	1.05	0.8	1.1、1.3、1.5	1.05	0.55	1.1	3.8
	62/3.35		3.0~3.75	1.41	0.9	1.3、1.5、1.8	1.41	0.8	1.3	1.3
EHN7-74 B11E14.7	74/2.35	11×11×16	2.1~2.65	0.90	0.75	1.0、1.2、1.4	0.90	0.40	1.0	6.5
	74/3.0		2.65~3.35	1.23	0.85	1.2、1.4、1.6	1.23	0.65	1.2	4.2
	74/3.75		3.35~4.25	1.62	0.95	1.4、1.7、2.0	1.62	0.90	1.4	1.6

（续）

刀盘号	刀齿	刀齿截面 $H×B×B'$	法向模数 m_n	精切刀顶宽 S_a	精切刀尖圆角半径	刀齿修缘高度 h_p	粗切刀齿刀顶宽	粗切刀尖圆角半径	小轮粗切刀齿允许的高度差	设计值 Q
EHN7-88 B14E16. 6	88/2. 65 88/3. 35 88/4. 25	12×14×20	2. 35~3. 0 3. 0~3. 75 3. 75~4. 75	1. 05 1. 41 1. 87	0. 8 0. 9 1. 0	1. 1、1. 3、1. 5 1. 3、1. 5、1. 8 1. 5、1. 8、2. 1	1. 05 1. 41 1. 87	0. 55 0. 80 1. 0	1. 1 1. 3 1. 6	7. 3 4. 9 1. 7
EHN11-105 B11E26	105/3. 0 105/3. 75 105/4. 75	13×11×17	2. 65~3. 35 3. 35~4. 25 4. 25~5. 30	1. 23 1. 62 2. 13	0. 85 0. 95 1. 05	1. 2、1. 4、1. 6 1. 4、1. 7、2. 0 1. 7、2. 0、2. 3	1. 23 1. 62 2. 13	0. 65 0. 90 1. 05	1. 2 1. 4 1. 8	9. 5 5. 4 0. 0
EHN11-125 B14E29	125/3. 35 125/4. 25 125/5. 3	15×14×20	3. 0~3. 75 3. 75~4. 75 4. 75~6. 0	1. 41 1. 87 2. 41	0. 90 1. 0 1. 10	1. 3、1. 5、1. 8 1. 5、1. 8、2. 1 1. 8、2. 1、2. 4	1. 41 1. 87 2. 41	0. 80 1. 0 1. 10	1. 3 1. 6 2. 0	10. 5 5. 6 0. 0
刀齿齿形角范围			11°/29°、13°/27°、15°/25°、17°/23°、20°/20°							

③ FN 型刀盘。EN 及 EHN 刀盘的刀齿都是铲齿结构，FN 刀齿则是尖齿结构。FN 刀盘可以代替 EN 刀盘。由于刀齿采用矩形细长条结构，所以它可以在刀盘体上布置较多的刀齿组数。FN 刀齿是在刀盘体外的专用磨床上刃磨前刀面和后刀面，可以采用更合理的切削参数，重磨次数比铲磨刀齿多 3~4 倍。具体参数见表 6. 3-33。

表 6. 3-33　FN 型刀盘参数　（mm）

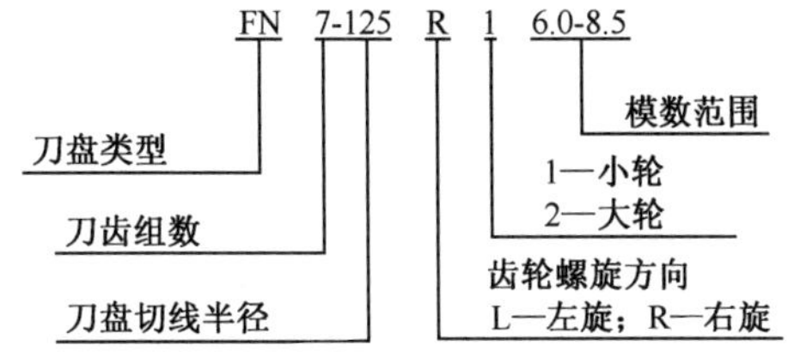

尺寸	鼓形量	模数范围	代号
刀齿横截面 $B×H$=7. 5×9，长度为 90、95、100 的刀齿			
FN3-39L	F24	2. 1~3. 75	WH160563-U
FN3-39R	F24	2. 1~3. 75	WH160565-U
FN3-39R	F48	2. 1~3. 75	WH160569-U
FN3-39L	F72	2. 1~3. 75	WH160571-U
*FN4-44L	F24	2. 1~4. 25	WH160551-U
*FN4-44R	F24	2. 1~4. 25	WH160553-U
*FN4-44R	F48	2. 1~4. 25	WH160557-U
*FN4-44L	F72	2. 1~4. 25	WH160559-U
FN5-44L	F24	2. 1~4. 25	WH160539-U
FN5-44R	F24	2. 1~4. 25	WH160541-U
FN5-44R	F48	2. 1~4. 25	WH160545-U
FN5-44L	F72	2. 1~4. 25	WH160547-U

（续）

尺寸	鼓形量	模数范围	代号
刀齿横截面 $B\times H$=10.5×13，长度为 100、105 的刀齿			
*FN4-49L	F24	2.35~4.75	WH160552-U
*FN4-49R	F24	2.35~4.75	WH160525-U
*FN4-49R	F48	2.35~4.75	WH160531-U
*FN4-49L	F72	2.35~4.75	WH160534-U
FN5-49L	F24	2.35~4.75	WH160482-U
FN5-49R	F24	2.35~4.75	WH160485-U
FN5-49R	F48	2.35~4.75	WH160491-U
FN5-49L	F72	2.35~4.75	WH160494-U
*FN4-55L	F24	2.65~5.3	WH160464-U
*FN4-55R	F24	2.65~5.3	WH160467-U
*FN4-55R	F48	2.65~5.3	WH160473-U
*FN4-55L	F72	2.65~5.3	WH160476-U
FN5-55L	F24	2.65~5.3	WH160446-U
FN5-55R	F24	2.65~5.3	WH160449-U
FN5-55R	F48	2.65~5.3	WH160455-U
FN5-55L	F72	2.65~5.3	WH160458-U
FN5-62L	F24	3.0~6.0	WH160428-U
FN5-62R	F24	3.0~6.0	WH160431-U
FN5-62R	F48	3.0~6.0	WH160437-U
FN5-62L	F72	3.0~6.0	WH160440-U
FN5-70L	F24	3.35~6.7	WH160410-U
FN5-70R	F24	3.35~6.7	WH160413-U
FN5-70R	F48	3.35~6.7	WH160419-U
FN5-70L	F72	3.35~6.7	WH160422-U
刀齿横截面 $B\times H$=13.5×17，长度为 100、105、110 的刀齿			
FN5-78L	F24	3.75~7.5	WH160392-U
FN5-78R	F24	3.75~7.5	WH160395-U
FN5-78R	F48	3.75~7.5	WH160401-U
FN5-78L	F72	3.75~7.5	WH160404-U
FN5-88L	F24	4.25~8.5	WH160374-U
FN5-88R	F24	4.25~8.5	WH160377-U
FN5-88R	F48	4.25~8.5	WH160383-U
FN5-88L	F72	4.25~8.5	WH160386-U
FN5-98L	F24	4.75~8.5	WH160356-U
FN5-98R	F24	4.75~8.5	WH160359-U
FN5-98R	F48	4.75~8.5	WH160365-U
FN5-98L	F72	4.75~8.5	WH160368-U
*FN6-110L	F24	5.3~8.5	WH060138-U
*FN6-110R	F24	5.3~8.5	WH060141-U
*FN6-110R	F48	5.3~8.5	WH060147-U
*FN6-110L	F72	5.3~8.5	WH060150-U
FN7-110L	F24	5.3~8.5	WH060120-U
FN7-110R	F24	5.3~8.5	WH060123-U
FN7-110R	F48	5.3~8.5	WH060129-U
FN7-110L	F72	5.3~8.5	WH060132-U
FN7-125L	F24	6.0~8.5	WH060102-U
FN7-125R	F24	6.0~8.5	WH060105-U
FN7-125R	F48	6.0~8.5	WH060111-U
FN7-125L	F72	6.0~8.5	WH060114-U

注：带*者属于特殊规格，尽量少采用。

④ FS 型刀盘。FS 型刀盘的刀条采用矩形截面，需要刃磨前刀面和后刀面。每组刀齿有内切、外切和粗切三种刀片。每个刀齿用两个螺钉安装在刀盘上，刚性较好。主要规格参数见表 6. 3-34 和表 6. 3-35。

表 6. 3-34　小模数 FS 型刀盘　（mm）

刀盘公称半径	刀片组数	刀盘旋向		刀盘型号	加工齿轮中点模数	刀盘总高度
		主动齿轮	从动齿轮			
39	5	左		FS5-39-L1	1. 5～3. 75	119
			右	FS5-39-R2	1. 5～3. 75	
		右		FS5-39-R1	1. 5～3. 75	
			左	FS5-39-L2	1. 5～3. 75	
49	7	左		FS7-49-L1	1. 5～4. 5	
			右	FS7-49-R2	1. 5～4. 5	
		右		FS7-49-R1	1. 5～4. 5	
			左	FS7-49-L2	1. 5～4. 5	
74	11	左		FS11-74-L1	1. 5～4. 5	
			右	FS11-74-R2	1. 5～4. 5	
		右		FS11-74-R1	1. 5～4. 5	
			左	FS11-74-L2	1. 5～4. 5	
88	11	左		FS11-74-L1	1. 5～4. 5	
			右	FS11-74-R2	1. 5～4. 5	
		右		FS11-74-R1	1. 5～4. 5	
			左	FS11-74-L2	1. 5～4. 5	

表 6. 3-35　较大模数 FS 型刀盘　（mm）

刀盘公称半径	刀片组数	刀盘旋向		刀盘型号	加工齿轮中点模数	刀盘总高度
		主动齿轮	从动齿轮			
62	5	左		FS5-62-L1	4. 5～7. 5	124
			右	FS5-62-R2	4. 5～7. 5	
		右		FS5-62-R1	4. 5～7. 5	
			左	FS5-62-L2	4. 5～7. 5	
88	7	左		FS7-88-L1	4. 5～8. 5	
			右	FS7-88-R2	4. 5～8. 5	
		右		FS7-88-R1	4. 5～8. 5	
			左	FS7-88-L2	4. 5～8. 5	
140	11	左		FS11-140-L1	4. 5～8. 5	109
			右	FS11-140-R2	4. 5～8. 5	
		右		FS11-140-R1	4. 5～8. 5	
			左	FS11-140-L2	4. 5～8. 5	
160	13	左		FS13-160-L1	4. 5～8. 5	
			右	FS13-160-R2	4. 5～8. 5	
		右		FS13-160-R1	4. 5～8. 5	
			左	FS13-160-L2	4. 5～8. 5	
180	13	左		FS13-180-L1	4. 5～8. 5	
			右	FS13-180-R2	4. 5～8. 5	
		右		FS13-180-R1	4. 5～8. 5	
			左	FS13-180-L2	4. 5～8. 5	

⑤ SPIRON 型刀盘。SPIRON 型刀盘取消了粗切刀，这能使刀盘容纳更多的刀条组数，如图 6.3-15 所示。SPIRON 刀条截面是矩形，每个刀齿用两个螺钉安装在刀盘上。这种刀具既可用于干切又可用于湿切。湿切刀条采用高速钢制造。干切刀条采用涂层硬质合金制造。刀条可进行三面刃磨，也可进行两面刃磨。两面刃磨的刀条沿整个前刀面进行涂层，重磨后可以直接使用。三面刃磨的刀条前刀面也要重磨，每次重磨后都要重新涂层。主要规格参数见表 6.3-36 和表 6.3-37。

图 6.3-15　SPIRON 型刀盘

表 6.3-36　特殊的 SPIRON 型刀盘　(mm)

公称半径	刀盘标识	刀片组数	刀片数	刀条截面	中点最大模数	刀盘外径
51	SPIRON 7-51 LⅠ SPIRON 7-51 RⅠ	7	14	10.16×12.7	2.5	164
64	SPIRON 11-64 LⅠ SPIRON 11-64 RⅠ	11	22	10.16×12.7 (10.16×15.24)	3	213
76	SPIRON 13-76 LⅠ SPIRON 13-76 RⅠ	13	26	10.16×12.7 (10.16×15.24)	3.5	238
76	SPIRON 17-76 LⅠ SPIRON 17-76 RⅠ	17	34	7.50×9.00	3.5	238
88	SPIRON 17-88 LⅠ SPIRON 17-88 RⅠ	17	34	10.16×12.7 (10.16×15.24)	3.5	264
105	SPIRON 13-105 LⅠ SPIRON 13-105 RⅠ	13	26	15.24×15.24	5	306
105	SPIRON 19-105 LⅠ SPIRON 19-105 RⅠ	19	38	10.16×12.7 (10.16×15.24)	4.6	300
150	SPIRON 17-150 LⅠ SPIRON 17-150 RⅠ	17	34	15.24×19.69	6.75	383
150	SPIRON 19-150 LⅠ SPIRON 19-150 RⅠ	19	38	13.5×17	6.5	383
200	SPIRON 17-200 LⅠ SPIRON 17-200 RⅠ	17	34	15.24×19.69	10	580

表 6.3-37　标准的 SPIRON 型刀盘　(mm)

公称半径	刀盘标识	刀片组数	刀片数	刀条截面	中点最大模数	刀盘外径
18	SPIRON 5-18 LⅡ SPIRON 5-18 RⅡ	5	10	5.00×9.00	1.2	60
25	SPIRON 7-25 LⅡ SPIRON 7-25 RⅡ	7	14	5.00×9.00	1.5	80
30	SPIRON 7-30 LⅡ SPIRON 7-30 RⅡ	7	14	7.5×9	1.8	132
51	SPIRON 7-51 LⅡ SPIRON 7-51 RⅡ	7	14	10.16×12.70	1.8	132
51	SPIRON 11-51 LⅡ SPIRON 11-51 RⅡ	11	22	7.5×9	2.6	170
64	SPIRON 11-64 LⅡ SPIRON 11-64 RⅡ	11	22	10.16×12.7 (10.16×15.24)	2.6	170

（续）

公称半径	刀盘标识	刀片组数	刀片数	刀条截面	中点最大模数	刀盘外径
64	SPIRON 13-64 LⅡ	13	26	7.5×9	3	204
	SPIRON 13-64 RⅡ					
76	SPIRON 13-76 LⅡ	13	26	10.16×12.7	3.5	238
	SPIRON 13-76 RⅡ			(10.16×15.24)		
76	SPIRON 17-76 LⅡ	17	34	7.5×9	3.5	234
	SPIRON 17-76 RⅡ					
88	SPIRON 11-88 LⅡ	11	22	15.24×15.24	3.5	264
	SPIRON 11-88 RⅡ			(19.69**)		
88	SPIRON 17-88 LⅡ	19	38	10.16×12.7	3.5	264
	SPIRON 17-88 RⅡ			(10.16×15.24)		
88	SPIRON 19-88 LⅡ	19	38	7.5×9	3.5	253
	SPIRON 19-88 RⅡ					
105	SPIRON 13-105 LⅡ	13	26	15.24×15.24	5	306
	SPIRON 13-105 RⅡ					
105	SPIRON 19-105 LⅡ	19	38	10.16×12.7	4.6	300
	SPIRON 19-105 RⅡ			(10.16×15.24)		
125	SPIRON 13-125 LⅡ	13	26	15.24×15.24	5.5	340
	SPIRON 13-125 RⅡ					
125	SPIRON 17-125 LⅡ	17	34	14.732×22.86	5.5	340
	SPIRON 17-125 RⅡ					
150	SPIRON 17-150 LⅡ	17	34	15.24×15.24	6.75	383
	SPIRON 17-150 RⅡ					
150	SPIRON 19-150 LⅡ	19	38	13.5×17	6.5	383
	SPIRON 19-150 RⅡ					
175	SPIRON 15-175 LⅡ	15	30	14.73×22.86	9	440
	SPIRON 15-175 LⅡ					
175	SPIRON 17-175 LⅡ	17	34	14.732×22.86	9	440
	SPIRON 17-175 LⅡ					
175	SPIRON 19-175 LⅡ	19	38	14.732×22.86	9	440
	SPIRON 19-175 RⅡ					
200	SPIRON 17-200 LⅡ	17	34	19.05×22.86	10	500
	SPIRON 17-200 RⅡ			(19.05×27.94)		

2）格里森制长幅外摆线锥齿轮铣齿刀具。

① TRI-AC 型尖齿刀盘（图 6.3-16），主要规格参数见表 6.3-38。每组由一个内切和一个外切刀齿组成，无单独的粗切刀齿，刀条截面采用矩形，TRI-AC 型刀盘的刀条重磨主刃、副刃和顶刃后刀面，不重磨前刀面。

② PENTAC-FH 型刀盘（图 6.3-17），主要规格参数见表 6.3-39 和表 6.3-40。PENTAC-FH 刀条截面采用五边形。每组刀齿由一个内切刀齿和一个外切刀齿组成。通过刀盘公称半径、刀组数和刀具旋向来标记刀具，例如，标记为 88MM17RH 的刀具是公称半径为 88mm、17 组刀齿的右旋刀。PENTAC-FH 型刀具分小齿距和大齿距两个系列，小齿距刀盘主要应用于要求较高生产率的场合。加工时刀具的旋向应和被加工齿轮的螺旋方向一致。

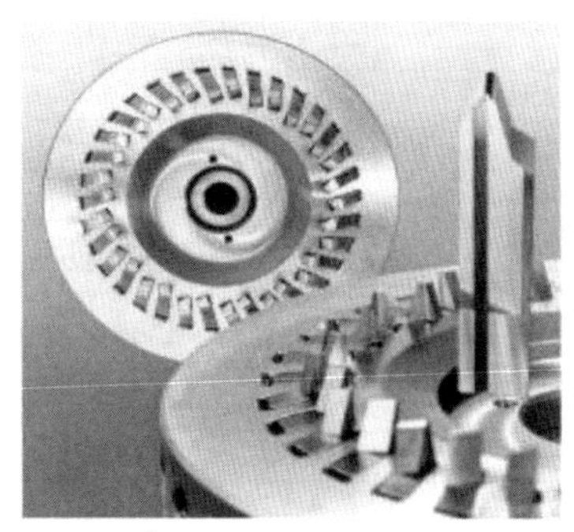

图 6.3-16　格里森 TRI-AC 型尖齿刀盘

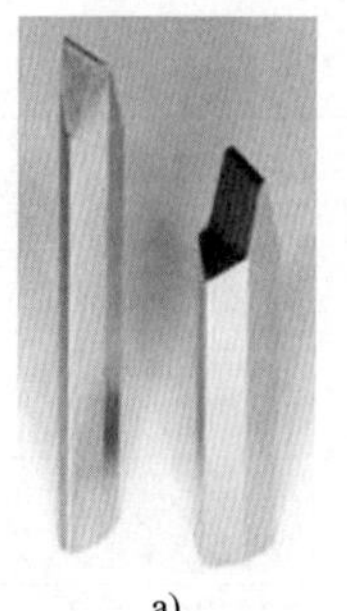

a)

b)

图 6.3-17　PENTAC-FH 型刀盘
a）刀条　b）刀盘

表 6.3-38　TRI-AC 型刀盘　　（mm）

公称直径	刀齿组数	刀盘体编号	最大切削深度	刀齿横截面尺寸	
51	7	30218001-RH/002-LH	7.62	10.16×12.7	小齿距齿轮用
64	11	30218003-RH/004-LH	9.53		
76	13	30218005-RH/006-LH	10.8		
88	17	30218007-RH/008-LH	12.07		
105	19	30218009-RH/010-LH	13.97		
76	7	30218011-RH/012-LH	12.07	5.24×15.24	大齿距齿轮用
88	11	30218013-RH/014-LH	13.97		
105	13	30218015-RH/016-LH	17.78		
125	13	30218017-RH/018-LH	19.05	15.24×19.68	
150	17	30218019-RH/020-LH	21.59		
175	19	30218021-RH/022-LH	23.50		

表 6.3-39　PENTAC-FH 型刀盘刀齿参数　　（mm）

公称半径	刀具组数	刀头号	最大切深	刀齿尺寸（厚度×宽度×长度）
小齿距齿轮用刀具				
51	7	001-RH/002-LH	7.62	10.16×12.70×91.95
64	11	003-RH/004-LH	9.53	
76	13	005-RH/006-LH	10.8	10.16×12.70×91.95
88	17	007-RH/008-LH	12.07	
105	19	009-RH/010-LH	13.97	
大齿距齿轮用刀具				
76	7	011-RH/012-LH	12.07	15.24×15.24×102.88
88	11	013-RH/014-LH	13.97	
105	13	015-RH/016-LH	17.78	
小齿距齿轮用刀具				
125	13	017-RH/018-LH	19.05	15.24×19.69×107.95
150	17	019-RH/020-LH	21.59	
200	17	023-RH/024-LH	23.5	
刀片角度范围：外刀 15°~20°；内刀 20°~25°				

表 6.3-40　PENTAC-FH 型刀盘参数表　　（mm）

公称半径	半径范围	刀齿高度范围	外圆直径	刀盘厚度	
51	49.73~52.27	10.16~12.07	210.57	88.9	小齿距齿轮用
64	62.75~65.28	11.17~13.45	227.6		
76	74.73~77.27	12.55~15.09	251		
88	86.74~89.28	14.43~17	274.32		
105	103.73~106.27	16.06~18.86	308.1		

（续）

公称半径	半径范围	刀齿高度范围	外圆直径	刀盘厚度	
76	74.73~77.27	14.80~17.85	266.7	88.9	大齿距齿轮用
88	86.74~89.28	17.31~20.87	293.4		
105	103.73~106.27	19.32~23.89	330.20		
125	123.09~126.9	22.58~27.4	372.1	95.3	
150	148.11~151.92	24.34~29.42	427.0		

在长幅外摆线锥齿轮铣齿加工过程中，刀片顶刃参加切削。传统刀具的非工作刃是负前角，顶刃参与切削磨损严重。在 PENTAC-FH 型刀具系统中，顶刃形成了正前角，可减少磨损。刀片有高速钢涂层和硬质合金两种设计，硬质合金刀具用于干切削。

PENTAC-FH 修缘规格参见表 6.3-13。长幅外摆线齿轮研齿速度快，一般推荐采用较大的修缘。最佳的修缘量确定方法同弧齿锥齿轮，研齿后从动齿轮的齿顶应可以明显看出修缘。

3）刀盘直径的影响。刀盘直径选择对齿轮接触区及产品特性有明显影响，见表 6.3-41。

表 6.3-41　刀盘直径对齿轮性能的影响　（mm）

影响项	小刀盘	大刀盘
接触区影响	接触区敏感性低，在较大错位量或载荷下接触区也比较稳定	随着刀盘半径的增加，接触区敏感性增加
齿形影响	齿长曲率半径小，轮齿强度较好	齿长曲率半径大，轮齿强度低
研齿性能	研齿性能不好，有一定局限性	研齿性能好，容易实现全齿面研齿

4）长幅外摆线锥齿轮尖齿刀具刃磨。长幅外摆线锥齿轮尖齿刀具刃磨时，须将刀条从刀盘上卸下来，利用专用夹具在专用的刀条刃磨机上进行刃磨（将铣齿计算软件算出的刀具参数输入后），磨后要在专用的测量装置上进行测量，不合格的刀条要重新刃磨。奥利康制长幅外摆线齿轮刀条用 B5、B24、B27 型刃磨机刃磨，格里森制长幅外摆线刀条用格里森 300CG、BPG 型刃磨机刃磨。这里，刃磨精度控制参数以 PENTAC-FH 为例介绍，其他刀具可参考，见表 6.3-42。

表 6.3-42　PENTAC-FH 型刀具刃磨控制参数（mm）

PENTAC-FH 刀片允许公差			
刀盘公称半径		51~105	125~175
刀片压力角/(°)	同组刀齿之间	0.005	0.008
	一组刀齿与另一组刀齿	±0.005	±0.008
后角/(°)		±0.025	
刀顶宽	实际尺寸	±0.05	
	同组之间	±0.025	
刀片间距	实际尺寸	±0.013	
	同组之间	±0.013	
圆角半径		±0.127	

5. 铣齿加工夹具

（1）铣齿基准面选择的基本原则

尽可能使铣齿和检验等工序的安装基准面与装配基准面重合。如果不得不选择其他面作为工艺基准时，轮齿最后检验必须把装配基准面作为测量基准。

（2）心轴

以孔定位的弧齿锥齿轮夹具的核心部件是心轴，为稳固地夹持零件，心轴与主轴锥度表面的接触长度越大越好，一般不小于 75%，而且接触区应在大端。为此，要求心轴锥面按机床主轴孔进行配磨。心轴的定位基准为端面和锥面，属于过定位结构。当心轴轻轻推入时，端面间应有间隙，拉紧时端面靠实，并防止锥面进入太深而使主轴轴承胀裂。心轴端面与机床主轴端面的间隙 A 可按表 6.3-43 选择。心轴安装基准面的尺寸精度公差应在 0.005mm 以内。心轴径向和端面圆跳动公差一般不应超过 0.005mm。对于高精度齿轮，夹具精度应更高。

表 6.3-43　心轴端面与机床主轴端面的间隙

（mm）

锥度大端直径	单位长度为100的锥度	间隙 A	
		最小	最大
9.921	4.166	0.102	0.152
19.05	4.166	0.102	0.152
26.987	4.166	0.152	0.203
38.892	4.166	0.152	0.203
45.641	4.166	0.152	0.203
58.341	4.166	0.203	0.305
66.675	4.166	0.203	0.305
86.916	4.166	0.203	0.305
99.217	5.078*	0.152	0.254
128.191	5.468*	0.152	0.254
136.525	4.166	0.152	0.254
152.4	6.25*	0.102	0.152
174.625	4.166	0.152	0.254
203.2	6.25*	0.102	0.152
254	6.25	0.102	0.152

注：标 * 号的锥度是弧齿锥齿轮机床工件主轴常用的锥度。

（3）夹具典型结构

从动齿轮单弹簧片夹具如图 6.3-18 所示，从动齿轮双弹簧片夹具如图 6.3-19 所示。从动齿轮粗切夹具在端面常设有一个销子，防止粗切时齿坯转动。

主动齿轮双锥夹具如图 6.3-20 所示，主动齿轮单锥夹具如图 6.3-21 所示。主动锥齿轮通常尾端带花键，为防止粗切时齿坯转动，粗切夹具设有一个键，安装齿坯时插在花键槽中可以起辅助夹紧作用。

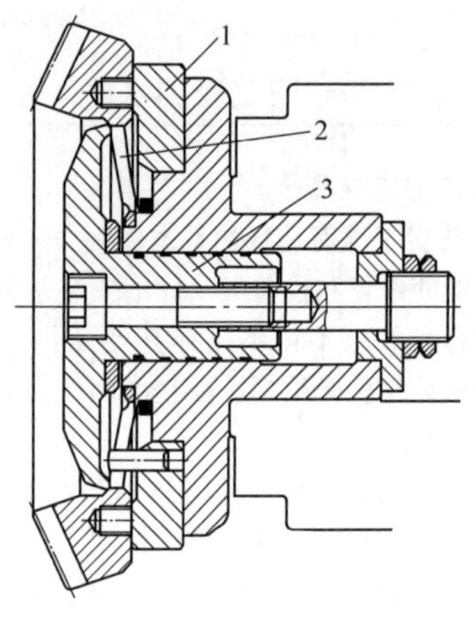

图 6.3-18 从动齿轮夹具（单弹簧片）

1—支承环 2—弹簧胀套 3—拉杆

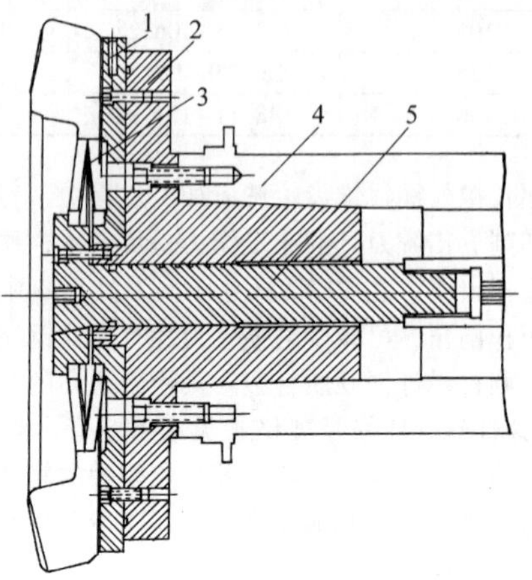

图 6.3-19 从动齿轮夹具（双弹簧片）

1—支承环 2—本体 3—弹簧胀片

4—机床主轴 5—拉杆

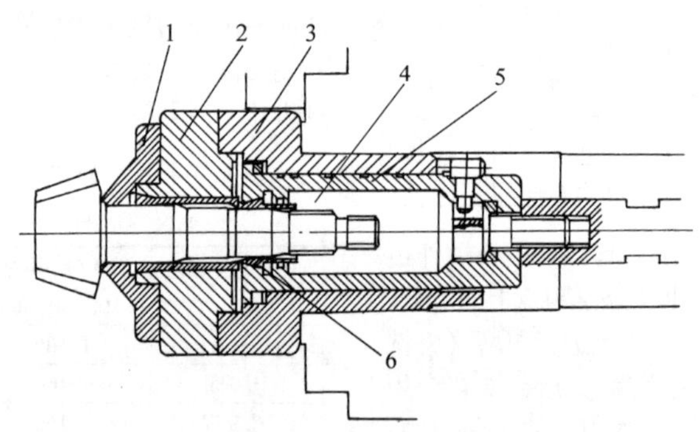

图 6.3-20 主动齿轮双锥夹具

1—帽头 2—连接套 3—本体 4—机床主轴 5—导向套 6—双弹簧夹头

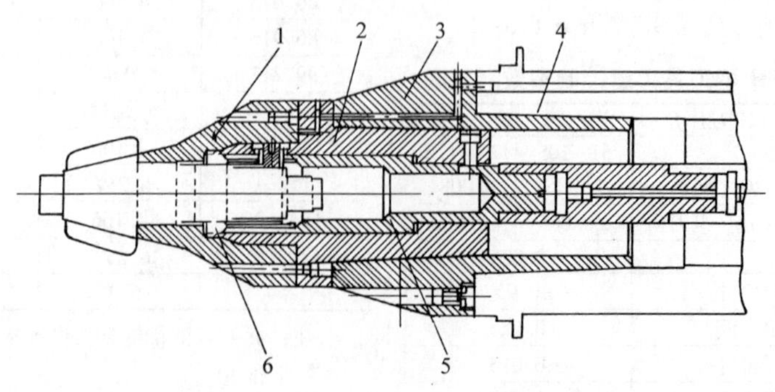

图 6.3-21 主动齿轮单锥夹具

1—帽头 2—本体 3—连接套 4—机床部分 5—导向套 6—单弹簧夹头

6. 铣齿加工工艺

（1）弧齿锥齿轮铣齿加工工艺

1）切削用量和加工余量。使用者可根据铣齿方法、铣齿机床和刀具、铣齿夹具、齿轮材料、切削液和生产规模，通过试验选择最佳切削用量。

表 6.3-44～表 6.3-47 是推荐的采用国产机械式机床加工弧齿锥齿轮时的切削用量，供参考。

表 6.3-44　弧齿锥齿轮铣齿切削速度（用于 YT2250、YS225、Y2280 型铣齿机）

钢材牌号			20CrMnTi 20Cr 20CrNiMo	30CrMnTi	40Cr
预处理方法			正火		
硬度　HBW			156～197	179～207	197～220
切削速度 /(m/min)	粗切	切入法	25～35	25～30	25～30
		滚切法	30～45	34～38	34～38
	精切		40～60	40～50	40～50

表 6.3-45　弧齿锥齿轮铣齿进给时间[①]（用于在 YT2250、YS225 型铣齿机上粗铣）

模数/mm					3	3.5	4	5	6	7	8
进给时间[②] t_f /(s/z)	切入法加工从动齿轮				17	18	20	22	25	30	35
	滚切法	主、从动齿轮	传动比	≤2	20	25	30	35	40	45	60
		主动齿轮		≥3	25	30	35	40	45	55	60
			准双曲面齿轮		30	35	40	45	55	70	60[③]

① 锥齿轮加工中用加工每齿的进给时间 t_f(s/z) 来表示进给量的大小，故在生产上也有把 t_f 称作进给量的。表中的值应乘以表 6.3-46 注 2 的材料系数后再使用。

② 表中的进给时间 t_f 未包括分度时的空程反向时间。

③ 分两次粗铣的每一次时间。

表 6.3-46　弧齿锥齿轮铣齿进给时间（在 YT2250、YS225 型铣齿机上精铣）

模数/mm					3	3.5	4	4.5	5	5.5	6	7	8
进给时间 t_f /(s/z)	从动齿轮	双面切削	传动比	≤2	15	17	19	22	25	30	32	35	35
				>2	15	15	17	19	25	30	32	35	35
		单面切削			14	14	17	19	19	22	25	30	30
	主动齿轮	传动比		≤2	17	19	19	22	22	25	30	30	35
				>2	19	22	25	25	30	30	35	35	40

注：1. 当用弹簧夹头式心轴装夹主动齿轮时，表中的进给时间 t_f 应增大 10%；加工高精度的齿轮时，t_f 应增大 15%。

2. 对各种正火的齿轮材料，表中值应乘以下列材料系数：18CrMnTi、20Cr、20CrNiMo（156～197HBW）为 1；30CrMnTi（179～207HBW）为 1.10；40Cr（197～220HBW）为 1.15。

表 6.3-47　弧齿锥齿轮滚切法加工齿面精切余量　（mm）

模　　数	2～3	3～6	6～12	12～15
齿侧两面的总余量	0.5	0.75	1.0	1.25

2）接触区修正。齿轮副啮合接触区修正的实质就是修正齿面的几何形状和位置，所以它可用多项式来表达，根据多项式中函数的阶次数分为一阶修正、二阶修正、三阶修正等。典型接触区如图 6.3-22 所示。

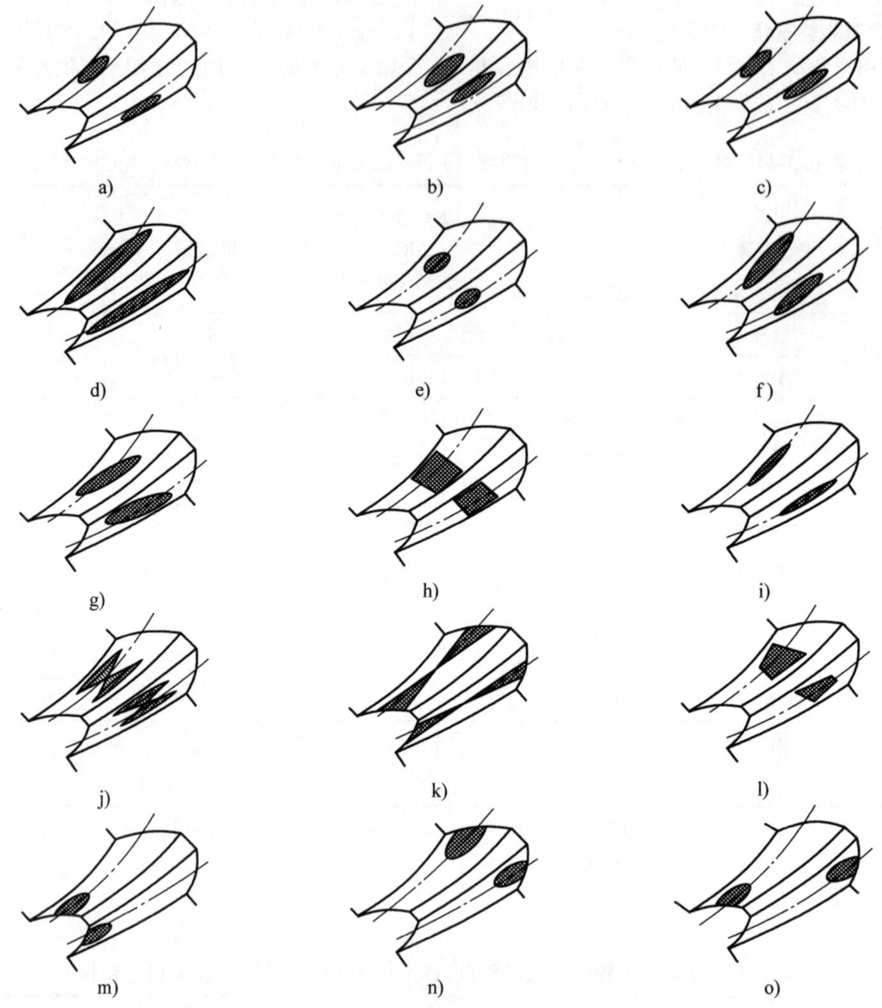

图 6.3-22　各种接触区示意图

a）齿根接触　b）齿顶接触　c）跛形接触　d）长接触　e）短接触　f）内对角接触　g）外对角接触　h）宽接触　i）窄接触　j）桥形接触　k）桥形接触　l）菱形接触　m）小端接触　n）大端接触　o）交叉接触

①一阶修正。一阶修正可以理解为齿曲面在齿高方向（主法向）或齿长方向倾斜角度的改变。

a. 齿高方向接触区位置的修正。压力角误差会导致接触区在齿高方向产生变动，形成齿根接触、齿顶接触和跛形接触，如图 6.3-22a～c。可采用下列方法修正：

a）改变产形轮节锥距。此方法用于修正量不太大的情况，当修正主动齿轮的齿根接触时，应当使工件座后退（增加轮位）并使床位前进（减小床位）以便保证齿深不变。

b）改变滚切交换齿轮比。当要求的修正量较大时，应当采用滚比修正；当修正主动齿轮齿根接触时，减小滚切交换齿轮比；当修正主动齿轮的齿顶接触时，应当增大滚切交换齿轮比。

c）改变刀倾角。修正量不大时，采用改变轮位和床位的办法进行修正。修正量较大时，采用改变滚切交换齿轮比或刀盘主轴倾角进行修正（在有刀倾机构的机床上）。

b. 齿长方向接触区位置的修正。螺旋角误差会导致接触区在齿长方向产生变动。可采用下列方法修正：

a）改变垂直轮位。可采用滚动检验机来确定铣齿机垂直轮位改变量，测量检验机上垂直轮位改变 2.54mm 时，使接触区从小端移向中点的改变量，从而确定铣齿时的垂直轮位改变量。这种修正方法应用不多。

b）改变偏心角（偏心角为机床偏心圆盘偏转的角度，用以确定刀具相对于摇台的中心位置）。

c）改变工件在机床上的安装角。接触区在小端时，增大工件在机床上的安装角；接触区在大端时，则减小工件在机床上的安装角。

② 二阶修正。用来控制接触区在齿高方向的宽度（齿廓曲率）和齿长方向的长度（纵向曲率）的改变。

a. 齿高方向接触区宽度的修正（齿廓曲率修正）。齿廓曲率的改变会导致宽接触或窄接触，修正方法如下：

a）改变工件垂直轮位。为了保持原来的接触区位置不变，要同时改变滚切交换齿轮比和偏心角（或刀位）及摇台角。

b）改变工件根锥角和滚切交换齿轮比。

b. 齿长方向接触区长度的修正（纵向曲率修正）。轮齿纵向曲率大小的改变会使接触区产生长接触或短接触。可通过改变刀具直径来控制接触区的长度，为了保持接触区位置不变，要同时改变偏心角（或刀位）和摇台角。

c. 对角接触的修正。轮齿曲面上各方向的法向曲率误差产生不希望的对角接触时，修正方法如下：

a）改变产形轮的锥距。为了保持接触区的位置不变，需要同时改变滚切交换齿轮比、床位和偏心角（或刀位）。

b）改变工件的垂直轮位。通常当减小对角接触时，将使接触区变宽；当增加对角接触时，将使接触区变窄。

c）改变滚比变性机构偏心圆盘的偏心量。偏心量直接控制齿形修正量，所以可修正对角接触，改变偏心圆盘的偏心量时，须同时改变滚动角。

③ 三阶修正。接触区的对角方向从齿顶到齿根发生非线性变化，产生菱形接触，如图 6. 3-22l 所示。可以改变刀齿的压力角，同时改变刀倾角或者改变滚比变性机构偏心圆盘的偏心量和相位角进行修正。

④ 四阶修正。四阶修正很特殊，不是按比例改变，产生原因也较复杂，如机床主要部件间的间隙过大、传动链展成精度不良、刀具刃磨后的刃口直线性等。它表现为桥形接触区，如图 6. 3-22j、k 所示。

齿高方向桥形接触区的修正方法主要是使用带有修缘的刀具加工主动齿轮两侧齿面，将齿根接触干涉切除；也可以将刀齿切削刃做成曲线，将齿顶和齿根线状接触硬痕切除。

进行四阶修正后，可引起一、二、三阶修正的改变。

3）弧齿锥齿轮常见加工缺陷和原因分析见表 6. 3-48。

表 6. 3-48　弧齿锥齿轮常见加工缺陷和原因分析

加 工 缺 陷	特征及检验方法	原 因 分 析
齿面的表面粗糙度值高	1. 用仪器测量齿面的表面粗糙度 2. 用滚动检验机测噪声	1. 精切刀盘上的各精切刀齿相对于标准刀齿的调整不精确 2. 精切刀盘上的各精切刀齿的压力角一致性不好 3. 刀齿在刀体上安装不好，或刀盘在机床主轴上的固定不好 4. 刀齿和刀体配合面之间不清洁 5. 刀齿、刀体基距定位面磨损
在齿面上出现不规则的刀痕	配对齿轮涂色在滚动检验机上检验	1. 滚比交换齿轮、分齿交换齿轮摆差太大 2. 滚比交换齿轮、分齿交换齿轮或摆角交换齿轮齿侧间隙不够 3. 滚比交换齿轮、分齿交换齿轮齿侧间隙过大
齿圈跳动、齿距误差、周节累积误差过大	1. 在滚动检验机上检查： 在锥齿轮一转过程中，齿长方向的接触区变化大，并有周期性噪声 齿距误差表现出有冲击声或在某些齿上的接触较重，而在另一些齿上接触较轻 2. 在齿轮测量机上检查： 节线齿圈跳动、齿距误差、周节累积误差等	1. 铣齿机心轴摆差过大 2. 齿坯孔和心轴间隙过大，或配合刚性过小，或心轴配合表面磨损等 3. 齿坯定位夹紧表面摆差大 4. 铣齿机上工件轴的轴向间隙大 5. 工件心轴伸出过长或刚性不足 6. 精切刀齿的齿顶切削到工件齿底 7. 精切余量过大

（续）

加工缺陷	特征及检验方法	原因分析
产生根切		1. 轮位过大 2. 滚比过小
产生顶切		1. 轮位过小 2. 滚比过大

4）轮齿的热处理变形。淬火后轮齿螺旋角有伸直趋势，由于同样发生在主、从动齿轮上，所以热处理后齿轮啮合时通常不会出现极端的效果。热处理前可以做接触区补偿，以保证热处理后接触区的位置和形状。一般热处理后会出现一点内对角，可将热处理前主动轮凹面的接触区做在中部，主动轮凸面接触区做在小端。生产中需要对热处理变形量进行试验，对热处理前后的接触区进行定量的测量，然后根据试验结果确定对热处理前接触区补偿量的大小，直到最终获得理想的接触区。

5）铣齿刀具的选择。全工序法刀具的压力角不固定，计算后通过刃磨刀齿形成。五刀法刀齿压力角固定，生产中可首选现有刀具，刀具压力角是否合适应进行 TCA 分析。五刀法压力角的选择原则如下：

① 主动齿轮粗切刀压力角。如果主动齿轮粗切采用刀倾法加工，需要给定主动齿轮粗切刀的刀片压力角。主动齿轮粗切刀双侧压力角之和大约等于齿轮平均压力角之和即可，可参照表 6.3-49 选取。

表 6.3-49　主动齿轮粗切刀压力角

齿轮的平均压力角之和	主动齿轮外粗切刀压力角	主动齿轮内粗切刀压力角
36°	12°	24°
38°	12°	26°
40°	12°	28°
42.5°	12°	30.5°
45°	12°	33°
50°	15°	35°

② 主动齿轮精切刀压力角。对于滚比变性法，外刀压力角可比名义压力角小 2°~4°，内刀压力角可比名义压力角大 2°~4°。如用刀倾法加工，初始计算采用外刀 14°、内刀 31°压力角。

③ 主、从动齿轮粗切刀具圆角半径。如果精切刀采用的是最大圆角半径，粗切刀圆角半径应比精切刀小 0.5~0.7mm。

④ 从动齿轮精切刀压力角。从动齿轮精切刀双侧压力角之和必须等于齿轮平均压力角之和。

6）机床参数转换。为使格里森切齿调整算法适用于不同机床，当采用非格里森机床切齿时，须将与机床相关的几个基本参数进行转化换算，详见表 6.3-50 和表 6.3-51。还须进行进给交换齿轮、分度交换齿轮等的计算和选择，详见表 6.3-52~表 6.3-54。

表 6.3-50　部分国产机床基本参数换算公式

换算项目		No118 或 No26 机床的计算结果		换算到 YT2250 机床上的对应值	换算到 Y2280 机床上的对应值
1	偏心角 β	No118	β_0	$\beta=2\arcsin\left[\dfrac{222.25}{270}\times\sin\dfrac{\beta_0}{2}\right]$	$\beta=2\arcsin\left[\dfrac{222.25}{340}\times\sin\dfrac{\beta_0}{2}\right]$
		No26	β_0	$\beta=2\arcsin\left[\dfrac{342.9}{270}\times\sin\dfrac{\beta_0}{2}\right]$	$\beta=2\arcsin\left[\dfrac{342.9}{340}\times\sin\dfrac{\beta_0}{2}\right]$
2	摇台角 θ	No118	θ_0	$\theta=\theta_0-90°+\dfrac{\beta_0}{2}+\dfrac{\beta}{2}$	$\theta=\theta_0-90°+\dfrac{\beta_0}{2}+\dfrac{\beta}{2}$
		No26	θ_0	$\theta=\theta_0-90°+\dfrac{\beta_0}{2}+\dfrac{\beta}{2}$	$\theta=\theta_0-270°-\dfrac{\beta_0}{2}+\dfrac{\beta}{2}$

（续）

换算项目		No118 或 No26 机床的计算结果		换算到 YT2250 机床上的对应值		换算到 Y2280 机床上的对应值
3	滚比 m	No118	m_{50}	切入法	$m=\dfrac{17.5N_i}{50m_{50}}$	$m=\dfrac{17.5N_i}{50m_{50}}$
				滚切法	$m=\dfrac{3.5N_i}{50m_{50}}$	$m=\dfrac{3.5N_i}{50m_{50}}$
		No26	m_{50}	切入法	$m=\dfrac{17.5N_i}{75m_{75}}$	$m=\dfrac{17.5N_i}{75m_{75}}$
				滚切法	$m=\dfrac{3.5N_i}{75m_{75}}$	$m=\dfrac{3.5N_i}{75m_{75}}$

注：N_i—跨越齿数。

表 6.3-51　滚比变性机构调整参数换算公式

序号	换算项目	No118 或 No26 机床的计算结果		换算到 YT2250 机床上的对应值	换算到 Y2280 机床上的对应值
1	滚比变性偏心凸轮相位角	No118	θ_0	$\theta=\theta_0$	$\theta=\theta_0$
		No26	θ_0	$\theta=\theta_0$	$\theta=\theta_0$
2	滚比变性偏心圆盘偏心半径	No118	E_{R0}	$E_R=20(\varepsilon=180°)$	$E_R=25(\varepsilon=180°)$
		No26	E_{R0}	$E_R=20(\varepsilon=180°)$	$E_R=25(\varepsilon=180°)$
3	滚比变性机构小摇台角	左旋齿轮	凹面	180°	180°
			凸面	0°	0°
		右旋齿轮	凹面	0°	0°
			凸面	180°	180°
4	滚比变性机构滚比交换齿轮	No118	$\dfrac{A_0}{B_0}\times\dfrac{C_0}{D_0}$	$\dfrac{A}{B}\times\dfrac{C}{D}=0.209474\dfrac{A_0}{B_0}\times\dfrac{C_0}{D_0}\sqrt{E_{R0}}$	$\dfrac{A}{B}\times\dfrac{C}{D}=0.187348\dfrac{A_0}{B_0}\times\dfrac{C_0}{D_0}\sqrt{E_{R0}}$
		No26	$\dfrac{A_0}{B_0}\times\dfrac{C_0}{D_0}$	$\dfrac{A}{B}\times\dfrac{C}{D}=0.209474\dfrac{A_0}{B_0}\times\dfrac{C_0}{D_0}\sqrt{E_{R0}}$	$\dfrac{A}{B}\times\dfrac{C}{D}=0.187348\dfrac{A_0}{B_0}\times\dfrac{C_0}{D_0}\sqrt{E_{R0}}$

表 6.3-52　YT2250、Y225、Y2280 型铣齿机进给交换齿轮关系

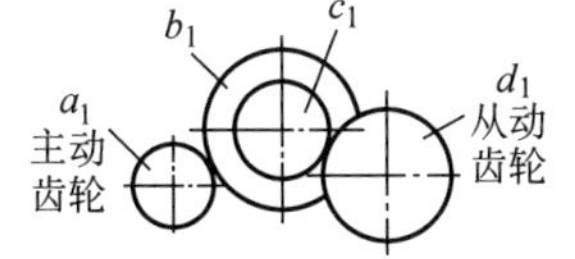

调整公式：

$$i_f=\frac{4.8}{t_e}$$

式中　t_e——工作行程时间（s/齿）

t_e		交换齿轮 a_1	b_1	c_1	d_1
z>15 时可以采用	2.5	67 66 97	53 51 39	81 76 57	54 52 74
	3.2	71 72 68	88 86 87	90 91 89	49 81 47
	4	60 63 76	74 72 56	76 73 61	52 54 70

（续）

t_e	交换齿轮			
	a_1	b_1	c_1	d_1
5	48 47 44	74 72 69	76 77 76	52 53 51
6.3	50 60 67	43 45 48	55 47 43	85 83 80
8	54 58 47	58 60 62	49 46 57	77 75 73
10	38 39 41	65 63 61	60 55 50	74 72 71
12.5	38 36 40	84 80 78	57 59 53	68 70 72
16	36 34 51	88 86 84	63 62 40	87 83 82
20	61 57 50	80 81 83	31 33 37	100 98 94
25	48 50 40	81 80 82	32 30 38	100 99 98
32	38 41	82 98	32 35	100 99
40	39 31	100 89	35 32	116 94
50	31 31	100 116	35 32	116 90
63	31	116	33	116
76	29	116	29	116

表 6.3-53　YT2250、Y225、Y2280 型铣齿机分度时的跨越齿数

z_w	z_i	z_w	z_i
5	4、6、7、8、9	11	5、6、7、8、9、10、12、13、14
6	5、7、11、13、17	12	5、7、11、13、17、19
7	4、5、6、8、9、10、11	13	5、6、7、8、9、10、11、12、14
8	5、7、9、11、13、15、17	14	5、9、11、13、15、17、19
9	5、7、8、10、11、13、14	15	7、8、11、13、16、17、19
10	7、9、11、13、17、19	16	5、7、9、11、13、15、17

（续）

z_w	z_i	z_w	z_i
17	5、6、7、8、9、10、11、12、13、14	63	8、10、11、13、14、16
18	5、7、11、13、17	64	7、9、11、13、15、17
19	5、6、7、8、9、10、11、12、13、14	65	7、8、9、11、12、14、16
20	7、9、11、13、17	66	7、13、17
21	5、8、10、11、13、17	67	7、8、9、10、11、12、13、14、15
22	5、7、9、13、15、17	68	7、9、11、13、15
23	5、6、7、8、9、10、11、12、13、14	69	8、10、11、13、14、16
24	5、7、11、13、17	70	9、11、13、17
25	6、7、8、9、11、12、13、14	71	7、8、9、10、11、12、13、14
26	5、7、9、11、15、17	72	7、11、13、17
27	5、7、8、10、11、13、14	73	7、8、9、10、11、12、13、14
28	5、9、11、13、15、17	74	7、9、11、13、15、17
29	5、6、7、8、9、10、11、12、13	75	7、9、11、13、16
30	7、11、13、17	76	9、11、13、15、17
31	5、6、7、8、9、10、11、12、13、14	77	8、9、11、12、13、15、16
32	5、7、9、11、13、15、17	78	7、11、17、19
33	5、7、8、10、13、15、17	79	7、8、9、10、11、12、13、14
34	5、7、9、11、13、15	80	7、9、11、13、17
35	6、8、9、11、12、13、14、16	81	7、8、11、13、14、16
36	5、7、11、13、17	82	7、9、11、13、15、17
37	5、6、7、8、9、10、11、12、13	83	7、8、9、11、12、13、14
38	5、7、9、11、13、15、17	84	11、13、17
39	5、7、8、10、11、14、16	85	9、11、12、13、14、16、19
40	7、9、11、13、17	86	9、11、13、15、17
41	5、6、7、8、9、10、11、12、13	87	10、11、13、14、16、17
42	5、11、13、17	88	9、13、15、17
43	5、6、7、8、9、10、11、12、13	89	9、10、11、12、13、14、15、16
44	5、7、9、13、15、17	90	11、13、17
45	7、8、11、13、14、16、17	91	9、10、11、12、15、16、17、18
46	5、7、9、11、13、15、17	92	9、11、13、15、17
47	5、6、7、8、9、10、11、12、13	93	10、11、13、14、16、17
48	7、11、13、17	94	9、11、13、15、17
49	5、6、8、9、10、11、12、13	95	9、11、12、13、14、16、17、19
50	7、9、11、13、17	96	11、13、17
51	5、7、8、10、11、13、14	97	9、10、11、12、13、14、15、16
52	5、7、9、11、16、17	98	9、11、13、15、17
53	5、10、11、12、13、14、15	99	10、13、14、16、17
54	5、7、11、13、15、17	100	9、11、13、17
55	9、12、13、14、16、17	102	11、13、19
56	5、9、11、13、16、17	104	9、11、15、17、19
57	7、8、10、11、13、14、16	105	11、13、14、16、17、19
58	7、9、11、13、15、17	106	9、11、13、15、17、19
59	7、8、9、10、11、12、13、14	108	11、13、17、19
60	7、11、13、17	110	9、13、17、19
61	7、8、9、11、11、12、13、14	111	9、11、13、14、16、17、19
62	7、9、11、13、15、17	112	9、11、13、15、17、19

（续）

z_w	z_i	z_w	z_i
114	11、13、17	155	7、8、9、11、12、13、14、16
115	9、11、12、13、14、16、17、19	156	7、11、17、19
116	9、11、13、15、17、19	158	7、9、11、13、15、17、19
117	10、11、13、14、16、17、19	159	7、8、10、11、13、14、16
118	9、11、13、14、17、19	160	7、11、13、17、19
119	9、10、11、12、13、15、16、18	161	8、9、10、11、12、13、15、16
120	11	162	7、11、13、17、19
121	11、13、17、19	164	7、9、11、13、15、17、19
122	9、11、13、15、17、19	165	7、8、13、14、16、17、19
123	10、11、13、14、16、17、19	166	7、9、11、13、15、17、19
124	9、11、13、15、17、19	168	11、13、17、19
125	9、11、12、13、14、16、17	169	7、8、9、10、11、12、14、15、16
126	11、13、17、19	170	7、9、11、13、19、21
128	9、11、13、15、17、19	171	7、8、10、11、13、14、16、17
129	10、11、13、14、16、17、19	172	7、9、11、13、15、17、19
130	9、11、17、19	174	7、11、13、17、19
132	13、17、19	175	8、9、11、12、13、16、17、18
133	9、10、11、12、13、15、16、17、18	176	7、9、13、15、17、19、21
134	9、11、13、14、17、19	177	7、8、10、11、13、14、16、17
135	11、13、14、16、17、19	178	7、9、11、13、15、17、19
136	9、11、13、17、19	180	7、11、13、17、19
138	7、11、13、17、19	182	9、11、13、17、19
139	9、11、13、17、19	183	7、8、10、11、13、14、16、17
140	9、11、13、17、19	184	7、9、11、13、15、17、19、21
141	8、10、11、13、14、16、17、19	185	7、8、9、11、12、13、14、16、17
142	7、9、11、13、15、17、19	186	7、11、13、17、19、23
143	7、8、9、10、12、14、15、16	187	7、8、9、10、12、13、14、15
144	7、11、13、17、19	188	7、9、11、13、15、17、19、21
145	7、8、9、11、12、13、14、16、17	190	7、9、11、13、17、21
146	7、9、11、13、15、17、19	192	7、11、13、17、19
147	7、8、10、11、13、16、17、19	194	7、9、11、13、15、17、19
148	7、9、11、13、15、17、19	195	9、11、13、15、17、19
150	7、11、13、17、19	196	9、11、13、15、17、19
152	7、9、11、13、15、17、21	198	7、13、17、19
153	7、8、10、11、13、14、16、17	200	7、9、11、13、17、19、21
154	9、13、15、17、19		

表 6.3-54　YT2250、Y2280 型铣齿机分度交换齿轮

滚切法	切入法
$a_2 \times c_2/(b_2 \times d_2)=2N_i/z_w$	$z_i=1$，$a_2 \times c_2/(b_2 \times d_2)=10/z_w$

注：式中 z_i 为跳齿数，z_w 为工件齿数，a_2、c_2、b_2、d_2 为分度交换齿轮齿数。

（2）长幅外摆线锥齿轮铣齿加工工艺

长幅外摆线锥齿轮主要有三种加工体制，即奥利康制、克林贝格制、格里森制。三者的加工基本原理相同，但机床、刀具系统差别较大，各自形成一个完整的体制。

1）长幅外摆线锥齿轮形成鼓形齿的方法。为了补偿加工、装配误差及加载后的轮齿变形，轮齿一般要进行修形。格里森长幅外摆线锥齿轮和奥利康长幅外摆线锥齿轮进行齿面修形采用的方式见表 6.3-55。

表 6.3-55　齿面修形方式

修形类型	修 形 方 法
齿长方向鼓形	刀倾。刀倾多用在主动齿轮加工中，采用不同的刀倾角来获得不同的齿长方向修形。由于刀具倾斜，加工后轮齿大端和小端的齿深略深，从而使两端的齿槽宽发生变化，形成齿长方向的鼓形
齿高方向鼓形	刀条刃口修形
其他	采用调整刀具压力角、工件在机床上的安装位置、滚比等方法来获得需要的轮齿曲面

2）接触区修正。长幅外摆线锥齿轮采用两刀法加工，接触区的形成同渐缩齿有所不同。从动齿轮一般加工到调整卡给出的轮齿尺寸，主动齿轮要根据齿轮测量机的齿貌测量结果进行接触区调整。对于直径 200mm 左右的中等汽车齿轮，通常将驱动侧的接触区做到齿长中部，热处理后接触区位置大致不变，但会有所加长；被动侧的接触区热处理后移动得多一些，最初可以将被动侧的接触区做在齿长中部略偏小端。具体的热处理前接触区位置和形状，应该根据热处理试验及加载试验的结果确定。接触区形状、大小、位置等由调整卡计算出来，通常需通过调整卡中的比例修正对主动齿轮齿貌进行开发，见表 6.3-56。

表 6.3-56　长幅外摆线锥齿轮各种接触区的调整

类型	接触区形状	比例调整项
交叉接触	齿顶	交叉接触，需要改变螺旋角。将一侧接触区移离小端，另一侧接触区移离大端
跛形接触	齿顶	跛形接触，需要改变主动齿轮实际压力角，将一侧接触区移向齿顶，另一侧接触区移向齿根
小端接触	齿顶	小端接触，需要增加一侧螺旋角同时减小另一侧螺旋角，将双侧接触区同时移向大端
大端接触	齿顶	大端接触，需要增加一侧螺旋角同时减小另一侧螺旋角，将双侧接触区同时移向小端
齿根接触	齿顶	齿根接触，需要同时增加双侧压力角，使接触区移向齿顶
齿顶接触	齿顶	齿顶接触，需要同时减小双侧压力角，使接触区移向齿根

3）数控加工循环。采用数控机床加工从动齿轮时，一般用进给位置和切削厚度来控制切削进给速度，成形法加工常给定四个切入位置和两个刀具转速。机床在粗切转速下从一个位置切入进给到下一个位置，切入速度因设定的切削厚度的不同而不断变化。到达精切位置后，机床退回一定距离，刀具速度变化到精切转速切入到全齿深，到达全齿深后延迟一段时间，确保所有的刀片通过每一个轮齿。

加工主动齿轮或滚切法加工从动齿轮时，加工循环同成形法加工从动齿轮有所不同。典型的主动齿轮加工循环包括三个阶段：

① 切入进给阶段，同成形法加工从动齿轮类似，刀具在粗切速度下分几步依次切入到粗铣齿深。

② 第一次展成加工，刀具切入到粗铣齿深后开始展成运动，从切入位置采用粗切速度展成到工件的大端。

③ 第二次展成加工，第一次展成结束后，刀具进给到精铣齿深，以精切速度展成到工件的小端。

4）加工中常见问题及措施见表 6. 3-57。

表 6. 3-57　长幅外摆线锥齿轮加工中常见问题及措施

常见问题	措　　施
加工时工件的小端同刀盘的前端面发生干涉	增加刀齿高度
成形法加工出现振动或齿距超差	减小最后一次切入进给的切削厚度和精切余量，推荐最后一次切入进给的切削厚度在 0. 02～0. 04mm 范围内，精切余量不大于 0. 5mm
主动齿轮精切余量不均	多发生在主动齿轮凹面齿顶，可以改变两侧面精切余量；对于格里森公司的凤凰机床，也可以采用减小 Z 轴进给角的方式
刀具非工作刃侧面过度磨损	1. 改变切入位置（起始滚切位置），如果外刀的侧面过度磨损，将切入位置移向小端，如果内刀磨损，将切入位置移向大端。推荐一次改变 1° 2. 增加侧刃后角（在 1°～3°之间） 3. 增加刀齿齿顶宽也有助于减小非工作面的磨损，推荐增量为 0. 254mm，但注意刀具不应发生干涉，以免在小端留下台阶。调整卡做相应的变动
刀具内、外刀的切削刃过度磨损	1. 增加后角 2. 充分冷却

5）刀具压力角的选择。长幅外摆线锥齿轮刀具压力角需要通过 TCA 分析来确定。

7. 弧齿锥齿轮计算

弧齿锥齿轮几何参数与切齿参数计算相对复杂，从手算到计算机软件计算经历了几十年的发展过程。手算效率低、精度低且容易出错，目前已很少使用。

1）铣齿方法代号说明见表 6. 3-58。

表 6. 3-58　铣齿方法代号说明

代号	含　义
S	普通弧齿锥齿轮
H	准双曲面齿轮
G	滚切法加工
F	成形法加工
H_2	螺旋运动法加工
M	加工主动锥齿轮时采用滚比变性修正法
T	加工主动锥齿轮时采用刀倾刀转法
SGM	普通弧齿锥齿轮，从动锥齿轮用滚切法加工，主动锥齿轮用滚切法或加滚比变性修正方法加工
SGT	普通弧齿锥齿轮，从动锥齿轮用滚切法加工，主动锥齿轮采用刀倾刀转法加工

（续）

代号	含　义
SFM	普通弧齿锥齿轮，从动锥齿轮用成形法加工，主动锥齿轮用滚切法或加滚比变性修正方法加工
SFT	普通弧齿锥齿轮，从动锥齿轮用成形法加工，主动锥齿轮采用刀倾刀转法加工
HGM	准双曲面弧齿锥齿轮，从动锥齿轮用滚切法加工，主动锥齿轮用滚切法或加滚比变性修正方法加工
HGT	准双曲面弧齿锥齿轮，从动锥齿轮用滚切法加工，主动锥齿轮采用刀倾刀转法加工
HFM	准双曲面弧齿锥齿轮，从动锥齿轮用成形法加工，主动锥齿轮用滚切法或加滚比变性修正方法加工
HFT	准双曲面弧齿锥齿轮，从动锥齿轮用成形法加工，主动锥齿轮采用刀倾刀转法加工
HH_2	准双曲面弧齿锥齿轮，从动锥齿轮用螺旋成形法加工，主动锥齿轮采用刀倾刀转法加工

2）弧齿锥齿轮计算公式。目前国内应用广泛的是格里森制弧齿锥齿轮计算公式。针对不同的切齿方法有不同的计算公式，由于人工计算已被逐步取代，计算公式可查阅相关手册。

3）格里森公司计算软件。早期的软件主要有相交轴弧齿锥齿轮几何参数计算和机床调整参数计算、准双曲面齿轮几何参数计算和机床调整参数计算等几部分，均为 MS-DOS 计算程序。格里森公司软件采用卡片固定格式输入方式，且只具备初级的 TCA 分析功能，这种计算方式已经不再使用。

本手册重点介绍该公司现代计算软件。

① CAGE、GAGE、T900 计算分析流程（图 6.3-23）。该软件组是格里森公司推出的弧齿锥齿轮计算分析专用软件，有 UNIX 系统工作站版和 Windows 系统的微机版，内含多个计算程序。

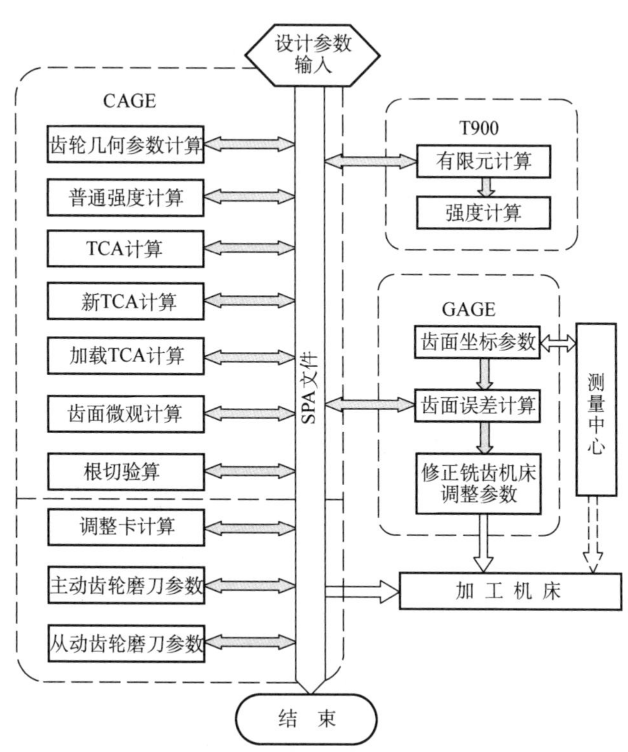

图 6.3-23　格里森弧齿锥齿轮计算分析软件

② 软件的主要计算功能。

a. 弧齿锥齿轮计算机辅助设计，包括齿轮几何参数计算和有限元分析。

b. 弧齿锥齿轮计算机辅助制造。

a）齿面接触区分析（TCA）。利用计算机模拟一对锥齿轮在滚动检验机上的啮合过程，计算出齿面间接触迹线走向、运动误差值。

图 6.3-24 所示为从动轮齿面上分别对应于轮齿中部、小端和大端的接触区图形和运动误差曲线图。轮齿中部意指计算点处，安装误差通常为 0。轮齿小端和大端意指将接触区中心沿节锥素线移动至小端半齿长位置和大端半齿长位置。密布的细实线为每一计算瞬时的接触椭圆长轴（表明了大小和方向）。接触椭圆长轴中分点连线为接触迹线，它在纵向上的偏离大小表明接触区的对角程度，图示为内对角。计算结果与在滚动检验机床上轻载下得到的轮齿接触区基本一致。TCA 分析是一种基于数学计算的理论方法，不能替代实际接触区的调试，但通过模拟可以选择比较理想的控制参数和合理的刀具设计参数。

运动误差曲线的每一点对应于接触区相应计算位置的传动误差值。纵轴显示为传动误差，单位为 μrad；横轴显示为从动齿轮的实际转角，单位为度（°）。

b）根切验算。当主动轮齿数较少时，必须进行根切验算。

c）EPG 验算。它评价一对齿轮副安装位置（安装距、偏置距）的变化对接触区的影响。

d）加载接触区分析（LTCA）。齿轮副安装后，在一定载荷作用下从动轮和主动轮会产生变形，根据轮齿受载后变形试验规律模拟变形量来分析接触区位置、形状及运动误差传递规律。

e）铣齿、磨齿机床以及刃磨机床调整参数计算。

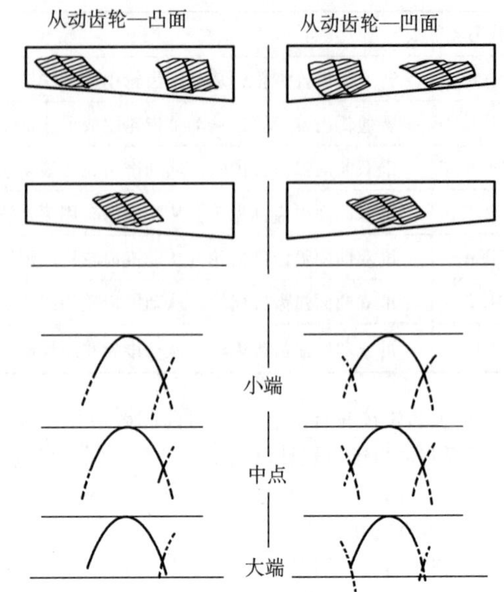

图 6.3-24　接触区和运动误差

c. 弧齿锥齿轮计算机辅助检验。利用软件计算出轮齿上各网格点坐标，在测量机上测量齿面，然后将测量结果同理论齿貌进行比较，将各点坐标沿齿面法向的差值绘出齿面误差图，如图 6.3-25 所示。依据测量结果修正机床调整参数进行再加工。

③ CAGE 软件中典型调整项。

a. 接触区调整项，见表 6.3-59。

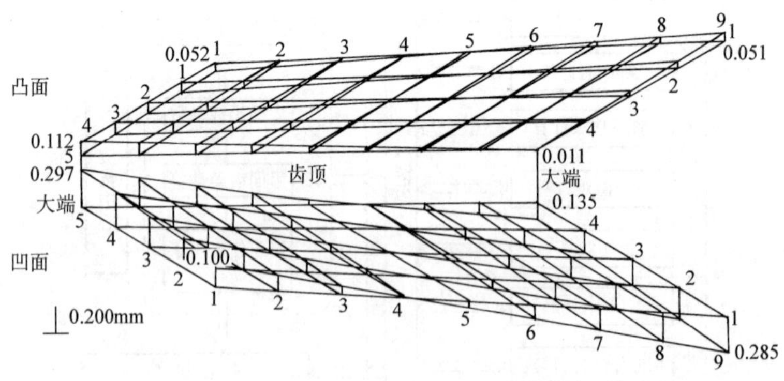

图 6.3-25　齿貌测量结果

表 6.3-59　CAGE 软件的典型接触区调整项

计算方法	调整项目	说　明
SGM	接触区长度	如不输入程序自动采用 0.4
	Delta AX	二阶对角修正参数，是主动齿轮铣齿计算时的产形轮节锥距修正量。要修正外对角为内对角接触，则外刀为正值，内刀为负值；要修正内对角产生外对角接触，外刀为负值，内刀为正值

（续）

计算方法	调整项目	说　明
SGM	Delta E	二阶齿廓修正项。引入垂直轮位来修正主动齿轮齿廓，控制接触区宽度。要使接触区变窄，外刀取负值，内刀取正值。要使接触区变宽，外刀取正值，内刀取负值
	KP	对主动齿轮齿廓方向的曲率进行修正，属于滚比修正的三阶修正。要使接触区变窄，增加该值
	Delta EM	控制大小端接触区长度和对角的三阶修正。外刀：要使接触区大端变短而宽及小端变长而窄，应使该值正方向增长；反之，使该值负方向增长。内刀：使接触区大端变长而窄及小端变短而宽，应使该值正方向增长；反之，使该值负方向增长
	Delta 6CX	三阶改变量，用来控制大小端接触区的宽度。外刀正值使大端接触区变窄而小端变宽；内刀正值使大端接触区变宽而小端变窄。最好与 Delta EM 配合使用。例如，用 Delta EM 来使大端接触区变宽，小端接触区变窄；同时用 Delta 6CX 使大端接触区变窄，小端接触区变宽
	Delta 2C	用来修正齿廓方向的接触区宽度和对角接触，相当于 116 或 26 号铣齿机上的滚子偏心距改变。外刀正值使左旋主动齿轮接触区变窄以修正内对角，右旋主动齿轮接触区变宽以修正外对角。内刀正值使左旋主动齿轮接触区变宽以修正外对角，右旋主动齿轮接触区变窄以修正内对角
SGT	接触区长度	如不输入程序自动采用 0.4
	Delta AX：	二阶对角修正参数，是主动齿轮铣齿计算时的产形轮节锥距修正量。要修正外对角为内对角接触，则外刀为正值，内刀为负值。要修正内对角为外对角接触，则外刀为负值，内刀为正值
	Delta E	二阶齿廓修正项。引入垂直轮位来修正主动齿轮齿廓，控制接触区宽度。要使接触区变窄，外刀取负值，内刀取正值。要使接触区变宽，外刀取正值，内刀取负值
	Delta Gamma M	三阶根锥修正量。为使大端接触区变长而窄，小端接触区变短而宽，代数增加该值；为使大端接触区变短而宽，小端接触区变长而窄，代数减小该值
	Delta Gamma X	产形轮节锥的改变量，用来控制接触区宽度。负方向增加可以使接触区变窄。对接触区对角和长度没有影响
	Delta D Delta	齿根角的修正，以使刀具倾斜后与理论齿根线贴合得更密切。正值使主动齿轮根线大端深而小端浅；负值使主动齿轮齿根线大端浅而小端深
SFT	接触区长度	如不输入程序自动采用 0.4
	Delta AX	传统的二阶对角修正参数。要在外刀上实现外对角，使参数变负；要在内刀上实现外对角，使参数变正
	Delta E	控制接触区宽度的偏置距的改变。负值使外刀接触区变窄，正值使内刀接触区变窄
	Delta Gamma M	三阶根锥修正量。为使大端接触区变长而窄，小端接触区变短而宽，代数增加该值；为使大端接触区变短而宽，小端接触区变长而窄，代数减小该值
	Delta Gamma X	产形轮节锥的改变量，用来控制接触区宽度。负方向增加可以使接触区变窄。对接触区对角和长度没有影响
	Delta D Delta	齿根角的修正，以使刀具倾斜后与理论齿根线贴合得更密切。正值使主动齿轮根线大端深而小端浅，负值使主动齿轮齿根线大端浅而小端深
	Delta Gamma XR	用来控制主动齿轮粗切加工机床的安装角。要减小刀具倾角或加大机床安装角，使该值正向增加

（续）

计算方法	调整项目	说　明
HGM	接触区长度	如不输入程序自动采用 0.4
	Delta AX	二阶对角修正参数，是主动齿轮铣齿计算时的产形轮节锥距修正量。要修正外对角为内对角接触，则外刀为正值，内刀为负值；要修正内对角为外对角接触，则外刀为负值，内刀为正值。每次改变 0.05
	Delta E	二阶齿廓修正项。引入垂直轮位来修正主动齿轮齿廓，控制接触区宽度。要使接触区变窄，外刀上取负值，内刀上取正值；要使接触区变宽，外刀上取正值，内刀上取负值
	KP	齿形参数，属于滚比修正的三阶修正。要使接触区变窄，增加该值
	Delta EM	控制大小端接触区长度的三阶参数。外刀：要使接触区大端变短而宽及小端变长而窄，应使该值正方向增长；要使接触区大端变长而窄及小端变短而宽，应使该值负方向增长。内刀：使接触区大端变长而窄及小端变短而宽，应使该值往正方向增长；要使接触区大端变短而宽及小端变长而窄，应使该值往负方向增长
	Delta 6CX	三阶修正量，用来控制大小端接触区的宽度。外刀正值使大端接触区变窄而小端变宽；内刀正值使大端接触区变宽而小端变窄。最好与 Delta EM 配合使用。例如，用 Delta EM 来使大端接触区变宽，小端接触区变窄；同时用 Delta 6CX 使大端接触区变窄，小端接触区变宽
	Delta 2C	用来修正齿廓方向的接触区宽度和对角接触，相当于 116 或 26 号铣齿机上的滚子偏心距改变。外刀正值使左旋主动齿轮接触区变窄以修正内对角，右旋主动齿轮接触区变宽以修正外对角。内刀正值使左旋主动齿轮接触区变宽以修正外对角，右旋主动齿轮接触区变窄以修正内对角
HFM	接触区长度	如不输入程序自动采用 0.4
	Delta AX	二阶对角修正参数，是主动齿轮铣齿计算时的产形轮节锥距修正量。要修正外对角为内对角接触，对于外刀为正值，内刀为负值；要修正内对角为外对角接触，外刀为负值，内刀为正值。每次改变 0.05
	Delta E	二阶齿廓修正项。引入垂直轮位来修正主动齿轮齿廓，控制接触区宽度。要使接触区变窄，外刀取负值，内刀取正值；要使接触区变宽，外刀取正值，内刀取负值
	KP	对主动齿轮齿廓方向的曲率进行修正，属于滚比修正的三阶修正。要使接触区变窄，增加该值
	Delta EM	控制大小端接触区长度的三阶修正。外刀：要使接触区大端变短而宽及小端变长而窄，使该值正方向增长；要使接触区大端变长而窄及小端变短而宽，使该值负方向增长；内刀：使接触区大端变长而窄及小端接触区变短而宽，使该值正方向增长；要使接触区大端变短而宽及小端接触区变长而窄，使该值负方向增长
	Delta 6CX	三阶修正量，用来控制大小端接触区的宽度。外刀正值使大端接触区变窄而小端变宽；内刀正值使大端接触区变宽而小端变窄。最好与 Delta EM 配合使用。例如，用 Delta EM 来使大端接触区变宽，小端接触区变窄，同时用 Delta 6CX 使大端接触区变窄，小端接触区变宽
	Delta 2C	相当于 116 或 26 号铣齿机上的滚子偏心距改变。外刀正值使左旋主动齿轮接触区变窄，右旋主动齿轮接触区变宽；内刀正值使左旋主动齿轮接触区变宽，右旋主动齿轮接触区变窄

（续）

计算方法	调整项目	说　明
HGT	接触区长度	
	Delta AX	传统的二阶对角修正参数。要在外刀上实现外对角，使参数变负；要在内刀上实现外对角，使参数变正
HFT	接触区长度	
	Delta AX	二阶对角修正参数，是主动齿轮铣齿计算时的产形轮节锥距修正量。要修正外对角为内对角接触，外刀为正值，内刀为负值；要修正内对角为外对角接触，外刀为负值，内刀为正值
	Delta E	控制接触区宽度的偏置距的改变。负值使外刀接触区变窄，正值使内刀接触区变窄
	Delta Gamma M	三阶根锥修正量。为使大端接触区变长而窄，小端变短而宽，代数增加该值；为使大端接触区变短而宽，小端变长而窄，代数减小该值
	Delta Gamma X	产形轮节锥的改变量，用来控制接触区宽度。负方向增加可以使接触区变窄。对接触区对角和长度没有影响
	Delta D Delta	齿根角的修正，以使刀具倾斜后与理论齿根线贴合得更密切。正值使主动齿轮根线大端深而小端浅，负值使主动齿轮齿根线大端浅而小端深
	Delta Gamma XR	用来控制主动齿轮粗切加工机床的安装角。要减小刀具倾角或加大机床安装角，使该值正向增加

b. 特殊调整项，见表 6. 3-60。

表 6. 3-60　特殊调整项各系数的作用

系数	作　用
W1	钻石系数是指轮齿中部的接触区呈现的“钻石”形状，表示接触区从齿顶到齿根长度的变化。通过调整该参数可减少这种现象。经验表明修改刀具压力角比修改钻石系数对接触区的作用更明显（图 6. 3-26）
W2	大小端长度系数，用来改变大小端的接触区长度。大多数齿轮小端接触区长而大端接触区短（图 6. 3-27）
W3	有时运动误差曲线呈现出不规则的 S 形状，该参数可修正运动误差曲线的不规则形状。注意，可能需要增加分离系数来修正 S 形（图 6. 3-28）
W4	大小端运动误差系数。大小端的运动误差最好对称，通常会有些不平衡，该调整作用较小（图 6. 3-29）
W5	中点迹线弯曲系数。一般不希望出现弯曲的迹线，增加这个系数可调整接触迹线弯曲度（图 6. 3-30）
W6	大小端对角系数。控制接触区迹线在大小端的对角程度和方向，通常出现大端内对角、小端外对角等两端不一致的情况，用该参数来修正这种情况。非线性改变，有时可能需要改变刀具压力角（图 6. 3-31）

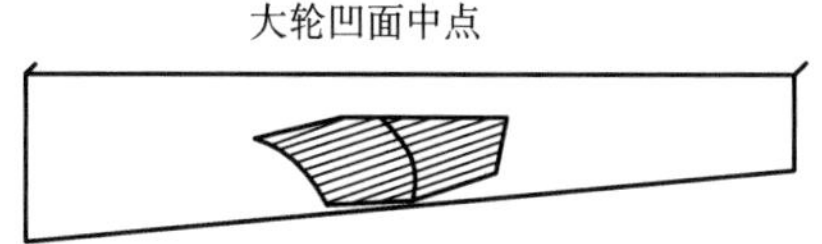

图 6. 3-26　接触区呈钻石形状

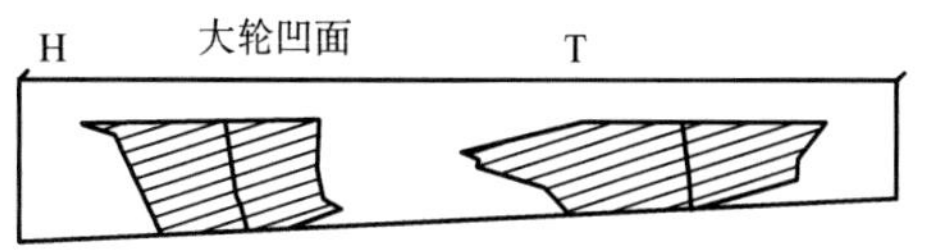

图 6. 3-27　接触区大小端长短不同

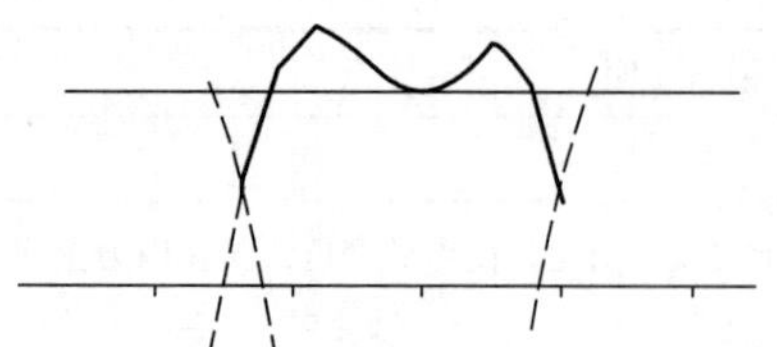

图 6.3-28 运动误差曲线呈现出不规则的 S 形状

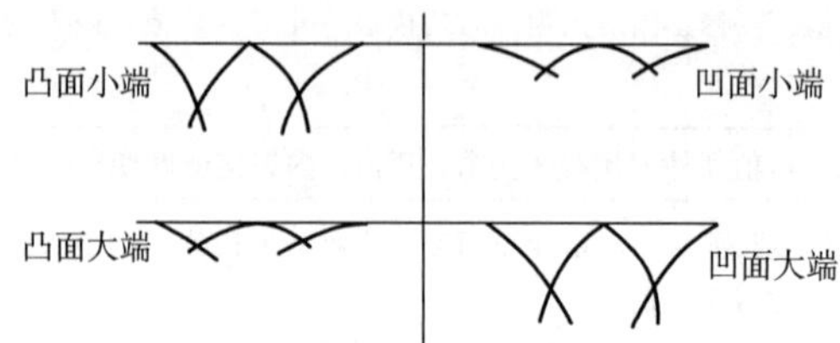

图 6.3-29 大小端运动误差相差大

4）克林贝格（奥利康）公司的计算软件。Kimos 软件是原奥利康公司开发的锥齿轮计算软件，同 CAGE 软件类似，除能够对长幅外摆线锥齿轮进行计算外，也可以对弧齿锥齿轮进行计算。

① Kimos 软件计算流程如图 6.3-32 所示。

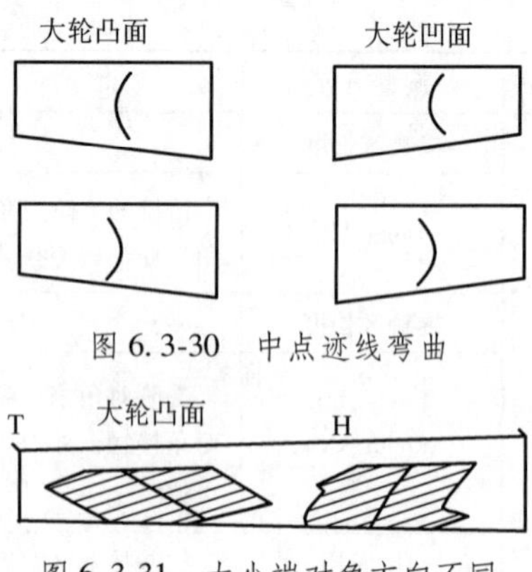

图 6.3-30 中点迹线弯曲

图 6.3-31 大小端对角方向不同

② Kimos 软件的主要调整项如图 6.3-33 所示。Kimos 软件直接采用齿高方向修形、齿长方向修形、螺旋角修正、压力角修正、齿面扭曲等几项进行接触区调整。

③ Kimos 软件的接触区优化如图 6.3-34 所示。Kimos 软件主要对齿面修形、接触区、运动误差曲线、根切等方面进行优化计算，能够对齿轮副的侧隙进行验算，可以模拟齿轮副加载情况，检验齿轮副安装距变化时的接触区和运动误差等。

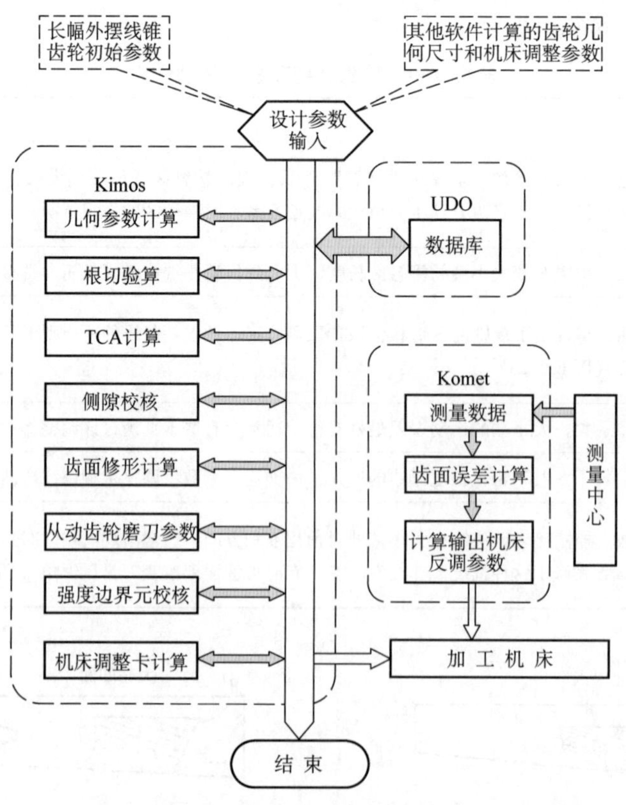

图 6.3-32 Kimos 软件计算流程

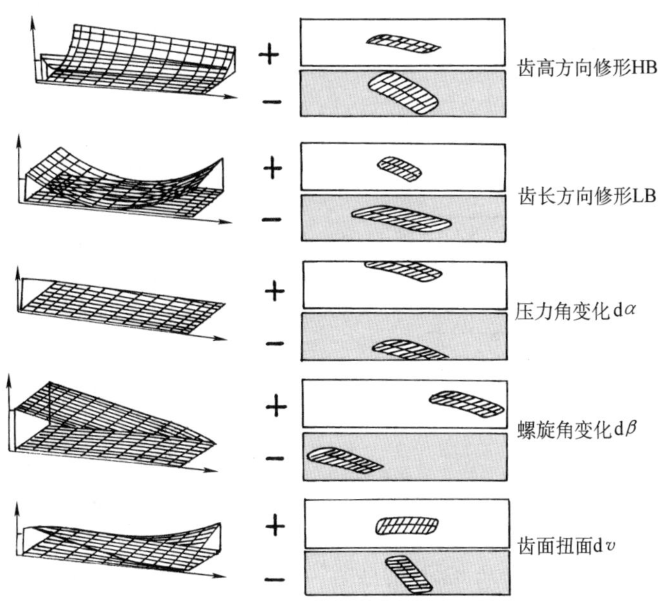

图 6.3-33　Kimos 软件的调整项

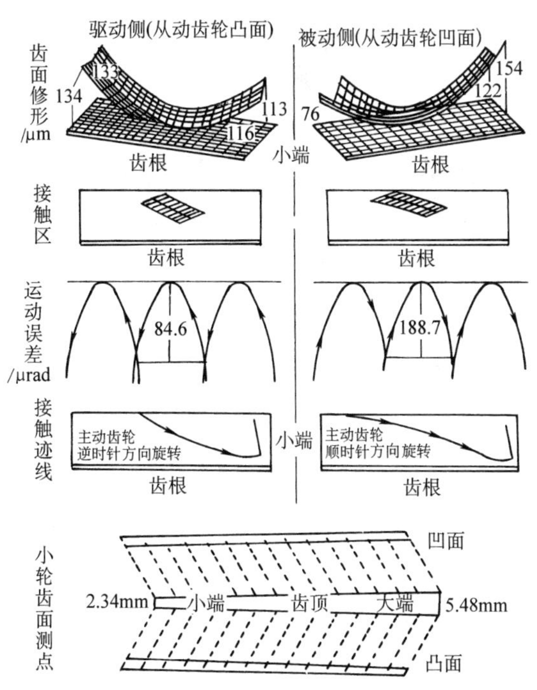

图 6.3-34　Kimos 软件的接触区优化

5）长幅外摆线锥齿轮计算

长幅外摆线锥齿轮的计算软件历经了几代的发展过程。

前面已介绍过格里森公司的 CAGE 软件和克林贝格公司的 Kimos 软件各自所包含的功能项。计算长幅外摆线锥齿轮和弧齿锥齿轮的流程相同，输入项相似。Kimos 软件在进行长幅外摆线锥齿轮计算时的调整项及其作用与弧齿锥齿轮基本一致；而 CAGE 软件在进行长幅外摆线锥齿轮计算时的调整项及其作用与弧齿锥齿轮略有不同。

① 用 CAGE 软件做几何计算时应关注的问题。在齿轮外径相同的情况下，模数大的轮齿强度好而模数小的齿轮传动噪声小。设计时要关注端面重叠系数（齿高方向）、纵向重叠系数（齿长方向）和总重叠系数，噪声较好的设计应使各重叠系数分别在 1、1.5 和 2 以上。

长幅外摆线锥齿轮为了保证刀具寿命推荐使用的最小刀顶宽为 1mm。

② CAGE 软件的接触区分析和调整项。长幅外摆线锥齿轮的接触区分析（TCA）特性和弧齿锥齿轮有所不同，长幅外摆线锥齿轮有内对角的趋势，通过调整产形轮和刀具形状可以在一定程度上控制内对角。长幅外摆线锥齿轮稍有内对角会使运动平稳，带来良好的工作特性，但可能给研齿带来一定的困难。图 6.3-35 所示是较为理想的对角情况。

接触区对角调整会影响齿轮副的传递误差进而影响传动平稳性，推荐在接触区分析阶段使大端、小端及中点的运动误差曲线尽量相似，交叉点的误差值应在 30～40 μrad 以内。另外，端滚法加工的长幅外摆线锥齿轮接触区热处理后会变长，热处理前接触区 EPG 检验控制非常重要。

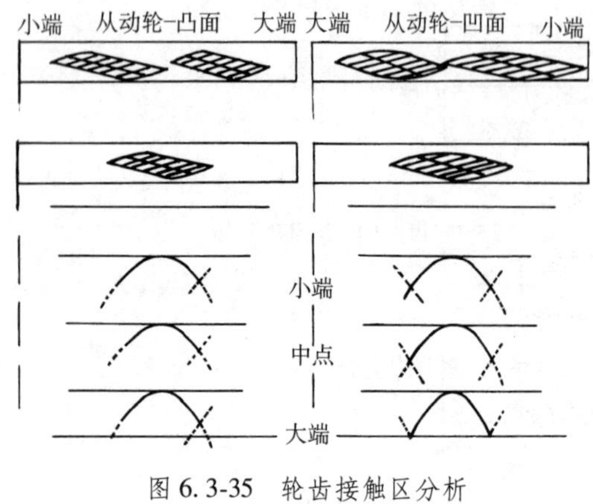

图 6.3-35 轮齿接触区分析

6.3.3 弧齿锥齿轮研齿加工

弧齿锥齿轮的研齿是为了降低热处理后的表面粗糙度和改善接触区质量。经过良好研齿的齿轮能够显著降低齿轮副的啮合噪声，使运转更加平稳。研齿对不良接触区有一定改善作用，研齿必须是成对进行，研齿后的齿轮也必须是成对使用，不能互换。

1. 研齿原理

研齿是靠一对齿轮啮合运转时，齿面间的相对滑动运动带动齿面间的磨料研磨相互啮合的齿面。对于相交轴啮合的弧齿锥齿轮副，齿顶和齿根相对滑动速度最大，越接近节锥素线相对滑动速度越小，节锥素线上的相对滑动速度为零，所以相交轴弧齿锥齿轮研齿有使接触区变窄的趋势，研齿时尽量采用较小的转矩和较少的研磨循环。准双曲面齿轮副齿面间的滑动速度沿齿高方向变化不大，由于齿面啮合是点共轭接触，接触区中心接触压力最大，并向边缘逐渐减小，所以准双曲面齿轮副研齿有使接触区变宽的趋势。

在研齿过程中只有加入附加运动，才能使全齿面得到均匀的研磨或对齿面某一部分进行特殊研磨。在研齿过程中，被研磨的齿轮副除了做高速啮合转动外，尚有图 6.3-36 所示的 Va、Ha、Ga 方向（通常是从动锥齿轮）或 Sa、Ha、Ga 方向（通常是主动锥齿轮）的附加微量往复运动。

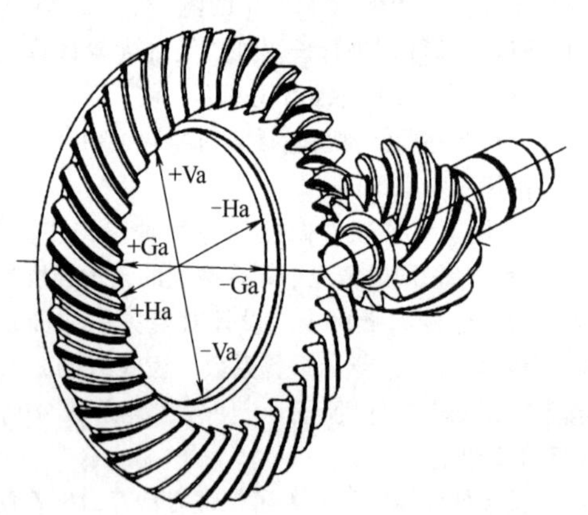

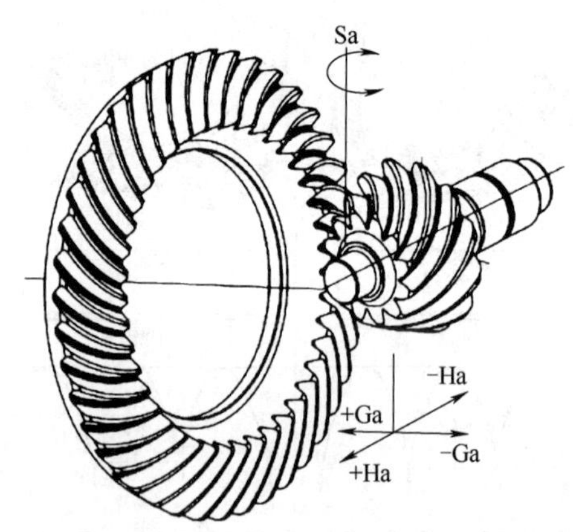

图 6.3-36 研齿过程中的附加运动

1）附加运动 Va、Ha。这两种附加运动与在滚动检验机上进行 EPG（V/H）检验一样，将 Va、Ha 方向的附加运动适当配合，可使接触区在研齿过程中从初始位置“0”点移向大端然后移向小端。Va、Ha 值大小在滚动检验机上确定。

2）附加运动 Ga。附加运动 Ga 的作用是使研齿过程中不致因有附加运动 Va、Ha 而使侧隙发生改变。

3）附加运动 Sa。附加运动 Sa 是主动锥齿轮绕齿面啮合区的垂线做往复摆动，其作用与附加运动 Va 相同。

4）附加运动量的修正。为使研齿后的接触区保持原有的长度，通常应将测定的附加运动 Va、Ha 增大 25%~50%。单独改变附加运动 Ha 的大小可用来修正对角接触。

5）长幅外摆线锥齿轮研齿特点。与普通弧齿锥齿轮相比，长幅外摆线锥齿轮铣齿刀痕与研齿滑移速度方向夹角较大，使得研齿效率较高。同时由于加工长幅外摆线锥齿轮的刀盘较小，容易出现小刀盘研齿的局限。

由于研齿速度较快，对接触区的修正能力不大，热处理后接触区要处于正确位置。研齿后接触区正车面有移向小端和齿根、反车面有移向大端和齿根的趋势。

2. 研齿机床

代表性研齿机床的技术规格见本章附录表6.7-24。

3. 研齿夹具

1）夹具设计。主动锥齿轮研齿夹具通常包括双锥夹具、单锥夹具和简易夹具。双锥夹具研齿精度最好，成本最高；简易夹具研齿精度最差，成本最低。夹具高度必须准确测量，并标注在夹具体上，后续调整主动锥齿轮安装位置时要用到。双锥夹具和单锥夹具应配备检验心轴，以避免无工件状态下空拉造成夹具损坏，同时可用于夹具跳动检查。

双锥夹具是指主动锥齿轮由定位套粗定位，由弹簧夹头两段锥形结构进行精定位，拉杆使双锥弹簧夹头轴向运动夹紧，如图6.3-37所示。

单锥夹具是指主动锥齿轮由定位套粗定位，由弹簧夹头一段锥形结构进行精定位并夹紧，拉杆使单锥弹簧夹头轴向运动夹紧，如图6.3-38所示。

简易夹具通常是指主动锥齿轮由定位套定位，拉杆连接后端螺纹夹紧，如图6.3-39所示。

从动锥齿轮研齿夹具通常包括双弹簧片夹具、单弹簧片夹具和简易夹具。双弹簧片夹具研齿精度最好，成本最高；简易夹具研齿精度最差，成本最低。夹具高度必须准确测量，并标注在夹具体上，后续调整从动锥齿轮安装位置时要用到。双弹簧片夹具和单弹簧片夹具应配备检验环，以避免无工件状态下空拉造成夹具损坏，同时可用于夹具跳动检查。

双弹簧片夹具是指弹簧胀片由两片弹簧片构成，如图6.3-40所示。单弹簧片夹具由一个弹簧片和一个固定片组成，如图6.3-41所示。简易夹具不用弹簧胀片，由定位板实现从动锥齿轮定位，如图6.3-42所示。

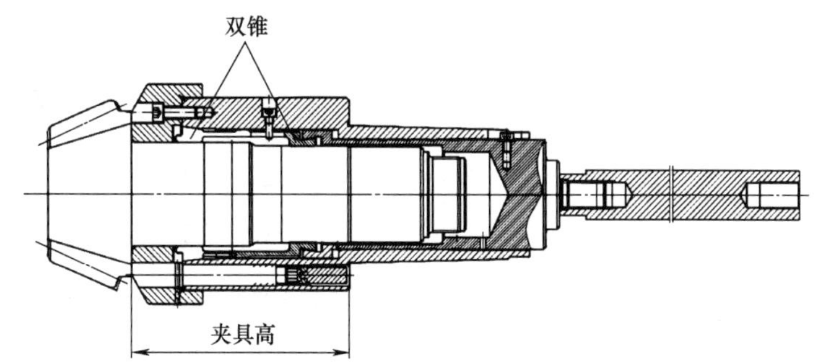

图6.3-37　主动锥齿轮研齿双锥夹具示意图

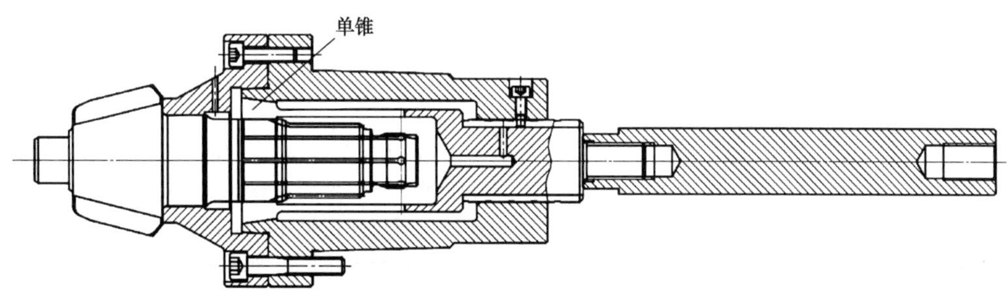

图6.3-38　主动锥齿轮研齿单锥夹具示意图

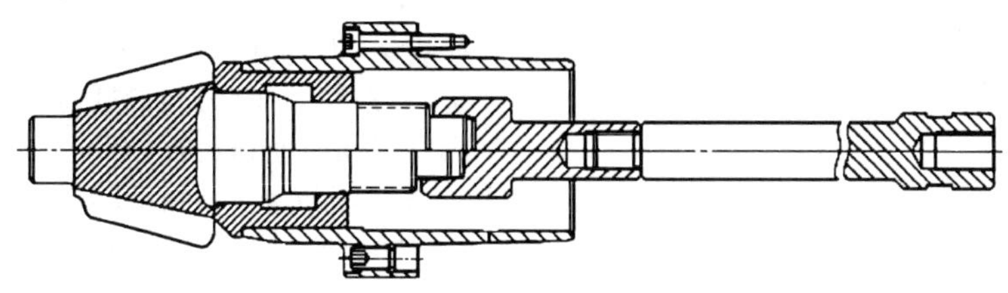

图6.3-39　主动锥齿轮研齿简易夹具示意图

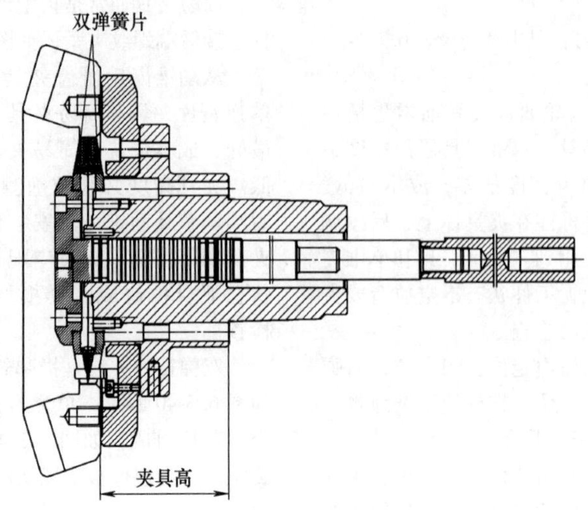

图 6.3-40　从动锥齿轮研齿双弹簧片夹具示意图

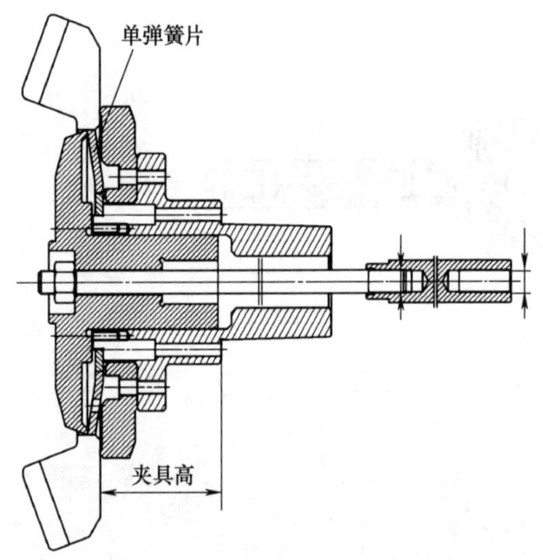

图 6.3-41　从动锥齿轮研齿单弹簧片夹具示意图

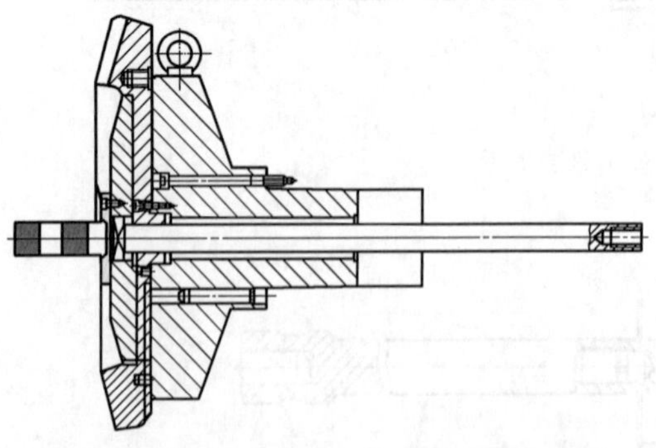

图 6.3-42　从动锥齿轮研齿简易夹具示意图

2）夹具跳动检查。研磨膏的磨料会导致夹具磨损，并使夹具精度变差。为保证研磨质量，周期性检测夹具精度非常重要。推荐的研齿夹具精度见表 6.3-61。

表 6.3-61　研齿夹具精度要求（mm）

精度检验项目	从动锥齿轮外径		
	≤250	250~400	≥400
主动锥齿轮夹具径向跳动	0.010	0.014	0.015
从动锥齿轮夹具径向跳动	0.012	0.015	0.017
从动锥齿轮夹具端面跳动	0.010	0.014	0.016

3）夹紧系统。主、从动锥齿轮夹紧原理相似，都是拉杆产生轴向力，使工件夹紧。因此应保证拉杆上各处螺纹连接可靠，以免松脱造成夹具损坏。

4. 研齿工艺

(1)“0”位设置

1）“0”位的调整。齿面研齿循环的“0”位取决于被研齿轮副的安装位置，适当的“0”位调整可以修正研齿前接触区的位置和缺陷。

将被研齿轮副按理论安装距和规定的侧隙安装在滚动检验机上，然后做 VHG 调整，使接触区移动到研齿后要求的正确位置。再将从滚动检验上获得的所要求的研后正确位置的 V、H 值，在研齿机上进行反向调整。即得到被研齿轮副在研齿机上的垂直轮位（V 方向）和主动齿轮轴向轮位（H 方向）修正量的初始值，即研齿的“0”位。

一般情况下，研齿实际起始位置和理论位置有 ΔH 和 ΔV 的差值（图 6.3-43）。“0”位用来提供最优的研磨起始位置。修改起始位置，尤其是 H 值，可以在研后获得比较理想的齿高方向接触区。应注意，评估理想的起始位置时，齿高方向的接触区比齿长方向的接触区更重要。通常情况下，不调整 V 值。

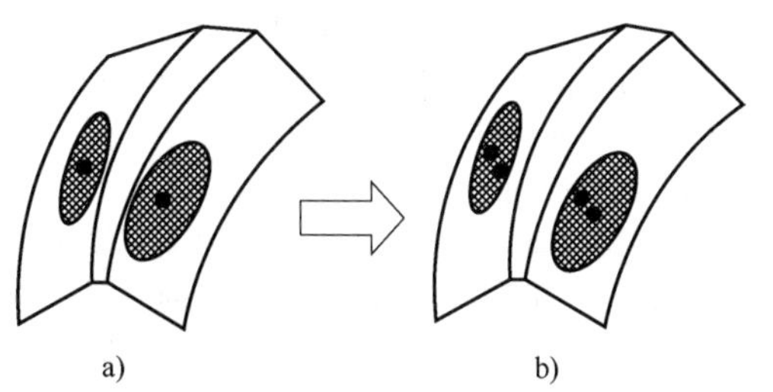

图 6.3-43　“0”位的调整示意图
a）理论位置（$\Delta H=0$ 且 $\Delta V=0$）
b）实际位置（调整 ΔH、ΔV 后）

2）“0”位的修正。根据不同类型齿轮副齿面各部位的相对运动特点，尚需对“0”位进行进一步修正。

① 准双曲面齿轮副的“0”位修正：准双曲面齿轮副经研齿后，接触区有移向主动齿轮齿顶的趋势，因此，一般应将主动齿轮的轴向轮位减小 0.075mm，使主动齿轮齿顶受到较重的研磨。这一修正量可随齿轮副的传动比和铣齿方法的不同而有差异。

② 普通弧齿锥齿轮副的“0”位修正：普通弧齿锥齿轮副齿面上离节锥素线越远，相对滑动速度越大，研去的金属越多。为了弥补这一缺陷，对比传动比大于 1 的齿轮副，应将主动锥齿轮的轴向位置后移 0.075~0.125mm，使主动锥齿轮的齿根得到较重的研磨。

③ 正、反车面在齿高或齿长方向接触位置不一致的齿轮副的“0”位修正：每个齿面应单独设置“0”位。

（2）研齿循环

1）研齿循环的定义。接触区从初始“0”位移到一端再返回“0”位的整个运动过程称为一个循环。

2）基本研齿循环。在普通研齿机上可进行图 6.3-44a 所示的循环。从“0”位开始，首先移动到大端（A 点），然后回到“0”位，再移动到小端（B 点），最后回到“0”位，这种循环称为基本研齿循环。基本循环的次数可以根据需要进行。

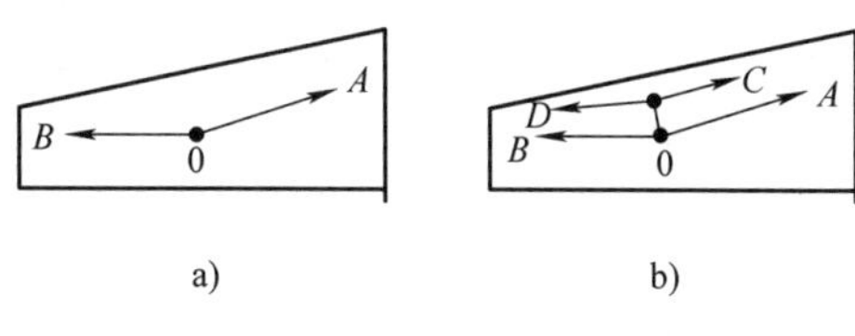

图 6.3-44　齿面的研齿循环

3）齿顶研齿循环。如果接触区在从动齿轮的齿顶处较重，在基本研齿循环后，选择齿顶研齿循环（图 6.3-44b）。当完成基本研齿循环后，研齿机将“0”位移动到预定的新位置，开始齿顶研齿循环。

4）齿根研齿循环。如果接触区在从动齿轮的齿根处较重，在基本研齿循环后，选择齿根研齿循环（图 6.3-44c）。当完成基本研齿循环后，研齿机将“0”位移动到预定的新位置，开始齿根研齿循环。

5）环绕中心的研齿循环。如果接触区呈现桥式接触，可以选择环绕中心的研齿循环（图 6.3-44d）。这种研齿循环取代了基本研齿循环，整个研齿循环是围绕“0”位进行的。这种研磨循环可以使接触区变窄，对桥式接触区有一定修正作用。

6）研齿路径的选择与控制。对于大多数齿轮副，都可以通过选择三个研齿位置获得不错的研齿效果。研齿路径取决于想要得到的最终接触区位置以及研前的接触区位置。如果研前接触位置合适，研前的 V/H 检验数据可以作为研齿路径设计的初始值。研齿的路径设置最好是比较直，大小端的 V、H 数值比较平衡。

若齿轮副选用较小刀盘铣齿，通常反车面的齿根或大端不能进行充分的研磨。建议采用标准研齿+齿顶/齿根去量的研齿循环，通过输入齿顶或齿根去除的数据可以定义额外的研磨路径，给反车面增加一个或一对路径。

（3）研齿间隙设置

1）开始研齿的间隙。研齿过程应控制齿侧间隙，以避免非研磨面出现干涉。侧隙过大会引起齿顶边缘接触，侧隙过小，同时在两侧齿面上研齿，会产生不良的接触区并出现噪声。一般研齿间隙约为装配状态下侧隙的 2/3。减小间隙的原因是使齿轮副研磨（没有凸角的情况下）到更深的工作齿高，使得在正常侧隙下滚动齿轮副，主动锥齿轮齿顶不会和从动锥齿轮齿根未研磨的区域发生干涉。从动锥齿轮齿根可能出现的研齿台阶都设置到主动轮齿顶啮合的位置下面。

对于大多数研齿机床，无论是测量还是研齿，需要设置的间隙都是指轴向间隙（图 6.3-45），应根据图样要求的径向间隙转化为轴向间隙进行设定。注意径向间隙检测要将主动轮主轴锁住。径向间隙测量方法如图 6.3-46 所示。

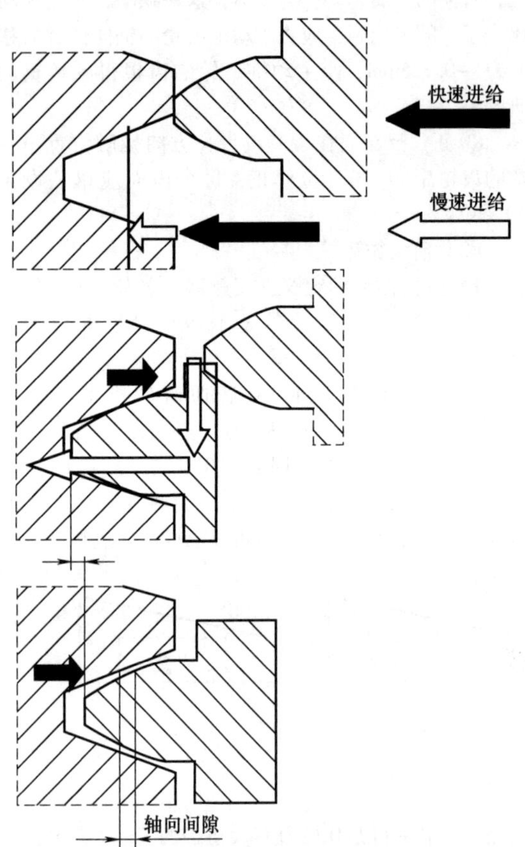

图 6.3-45 研齿机间隙控制示意图

图 6.3-46 径向间隙测量方法

2）研磨过程中的侧隙补偿和调整。在整个研齿循环过程中，轴向或径向间隙必须保持恒定。因此在进行 V、H 方向运动的同时，J 方向也进行连续的轴向运动。

随着研磨进行，一定量的金属从每个齿面去除，如果不进行补偿，原始设定的侧隙会随研齿过程持续增加。为了在整个循环过程中保持侧隙恒定，从动轮的安装距应该随每次研齿循环减小。研磨掉的金属具体补偿数值由实际研磨状态确定，一般调整值在 0.003~0.006mm/循环的范围内。

（4）研齿时间

1）位移时间。以基本研齿循环为例，位移时间包括三部分："0"位→小端→"0"位的时间；"0"位→大端→"0"位的时间；任何位置的延迟时间（在"0"位、小端和大端单独设定的时间）。

各阶段的位移时间、延迟时间和循环次数都可以进行单独调整。单独延长某位移时间，可使相互研磨的齿面去除更多的金属，从而使接触区移向研磨较少的齿面部分。

2）辅助时间。辅助时间主要包括七部分：关门时间；工件夹紧时间；进到啮合位置时间；跳动检查时间（可选项）；驱动和反向调整时间（根据转速和加速度决定）、退出啮合及甩干时间（根据甩干速度决定）；开门时间。

（5）研齿制动转矩

增大研齿制动转矩可减少研磨时间，但增大制动转矩将使齿面产生过量的研磨。制动转矩小时，将降低研齿效率，但齿面比较光洁，且运转平稳。因此，应慎重选择研齿制动转矩，正确的制动转矩可通过试验确定。

推荐采用相对大的速度配合较小的制动转矩，以避免因为跳动或者齿距误差引起振动，进而避免齿面损坏。研齿转矩与从动锥齿轮节圆直径的关系推荐为 2.5~4N · m/100mm。

某些研齿机床可以从小端到大端单独设置不同转矩。目前，可变研齿转矩的明确作用还不清楚。一般采用恒定的研齿转矩。

（6）驱动方式

1）反车面研齿。主动轮顺时针方向旋转驱动，从动轮逆时针方向旋转，载荷施加在从动轮上；或主动轮逆时针方向旋转，从动轮顺时针方向旋转驱动，载荷施加到主动轮上。

2）正车面研齿。主动轮逆时针方向旋转驱动，从动轮顺时针方向旋转，载荷施加到从动轮上；或主动轮顺时针方向旋转，从动轮逆时针方向旋转驱动，载荷施加到主动轮上。

3）双向研齿。正车面和反车面的研齿主轴旋转方向不同。从反车面研齿到正车面研齿的转换过程中，主轴转速要降到 0，然后再反方向升速到正常速度（加速度可以根据齿轮和夹具的转动惯量设定）。降速再升速的过程增加了研齿时间，但这种是比较常见的研齿方式。

4）单向研齿。在相同旋转方向下研磨正车面和反车面。将载荷从正车面转向从动面，不会因为旋转方向的改变而耽搁时间。从工艺时间的角度讲单向研齿似乎有好处，然而，因为不同的齿面滑移条件，这种研齿方法有在从动轮齿根部增加研磨台阶的趋势。

（7）主动轮的驱动速度

对于现代正车面和反车面带两个独立喷嘴的数控研齿机，中点切向速度可以采用5.5~7m/s。机械式研齿机床切向速度一般采用3~4m/s。

根据以下因素选择最优化的驱动轮速度：中点的切向速度、轴向或角度振动情况、主从动轮的研前跳动误差、齿轮和主轴的精度、机床和主轴刚性、研磨液的流量等。

根据主动锥齿轮直径，可按图6.3-47初步选择主动轮驱动速度。

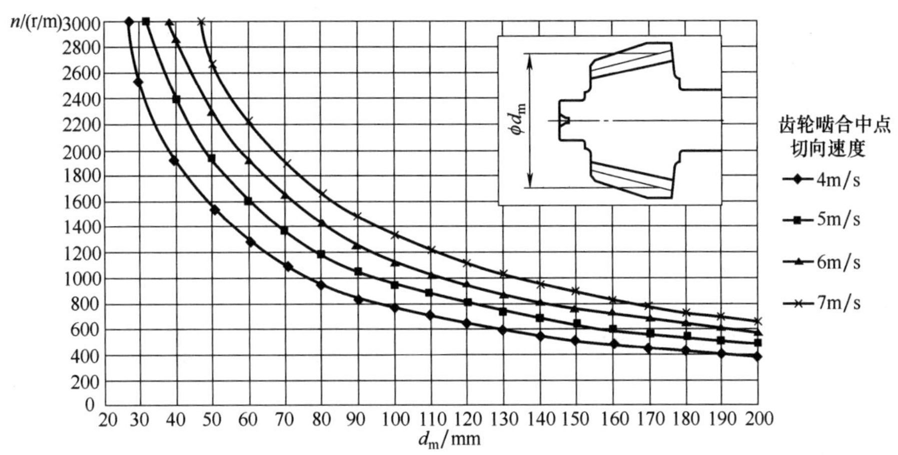

图6.3-47　主动轮转速与主动轮直径关系曲线

（8）磨料及研磨液

1）磨料。研齿一般采用碳化硼或其他硬度较高的磨料，对于较软的齿面采用细磨粒的氧化铝磨料。磨料的磨粒必须是硬而脆，有尖锐的切削刃，在混合物中能保持悬浮。在使用过程中磨粒破碎、尺寸变小，出现新的切削刃。

研磨粒的尺寸大小也非常重要，研磨粒太细，研磨一对齿轮的时间就会很长，研磨粒太粗，研磨后齿面的表面粗糙度值高。

研磨模数较小的齿轮副（模数2~3mm）采用320~400目的磨料。研磨轿车和中、轻型货车的齿轮副一般采用粒度为280~320目的磨料。研磨重型货车的齿轮副一般采用粒度为220~240目的磨料。

2）研磨油。研磨油要易于从齿面上清洗掉，油的黏度在正常研齿工作温度下，要能使磨料稳定地分散悬浮在油中。研磨油中还含有抗齿面胶合的极压添加剂，研磨液温度的变化也会引起研磨条件的变化。在研磨前应先开动研磨液泵，使温度达到平衡。

判断研磨油好坏的一个简单方法是，将少许磨料放入一杯研磨油中，经过12h后如果磨料还悬浮在研磨油中，说明研磨油的质量不错，如果磨料已经沉入杯底，说明研磨油黏度不够。

3）研磨液。研磨液是磨料和研磨油的混合物。在使用前放入一个容器里按一定的比例充分搅拌均匀［磨料和研磨油的比例可以是（1.2~1.4）∶1（按重量）或（2.5~3.5）∶1（按体积）］。使用时研磨液要定期更换，或定期从研磨缸里放出一部分，然后再补充一些经过充分搅拌好的新研磨液。水基清洗剂对于研磨液应有非常好的清洗能力，可以保证研磨后的齿轮副能够被彻底清洗干净。研磨液通常由用户自行按比例配比。

工作中研磨液应充足并能持续喷出。正常喷射管喷出的研磨液呈抛物线喷射，喷嘴推荐采用直径为15~25mm的开口管，如图6.3-48所示。

图6.3-48　研磨液喷射示意

研磨液喷嘴的位置根据准双曲面偏置情况设置，

正车面喷嘴设置在 12~13 点方向，反车面喷嘴设置在 17~18 点方向；高度方向上，2/3 喷嘴直径在齿面上，1/3 喷嘴直径在小端外侧；喷嘴距离内轮冠的距离为 10~15mm。喷嘴位置示意图如图 6. 3-49 所示。

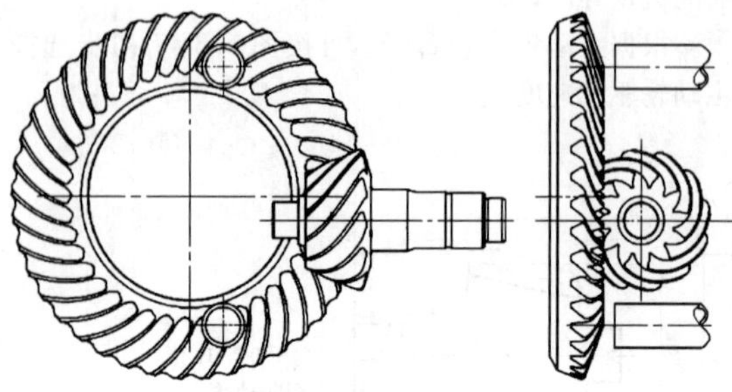

图 6. 3-49　喷嘴位置示意图（一）

喷嘴的位置也可选择喷嘴接近啮合点，但不直接指向啮合点；高度方向上，2/3 喷嘴直径在齿面上，1/3 喷嘴直径在小端外侧；喷嘴距离内轮冠的距离为 10~15mm。喷嘴位置示意图如图 6. 3-50 所示。

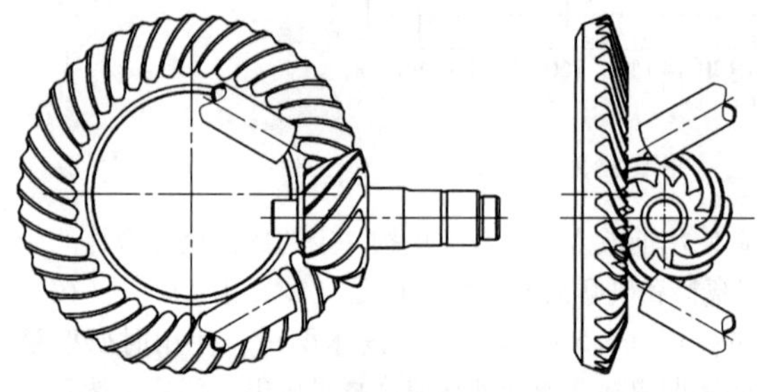

图 6. 3-50　喷嘴位置示意图（二）

研磨液温度恒定对于确保质量一致性非常重要。研磨液温度不稳定，会带来研磨油的黏度变化，黏度的变化会有下列直接影响：泵的能力、研磨液流量、研磨液进入啮合点的流动状态、研磨液对齿面的黏附性。

推荐的研磨液温度范围是 32~40℃。研磨液的温度稳定性比具体温度更加重要，因此研磨液膏要加热并进行温度控制。

（9）研齿的一般性规则

1）一般推荐。研齿区域应均匀分布且不应有中断，避免静态研齿（在某一点固定研磨）。工作齿面的整个区域应充分研磨，研磨后应不可见切齿形成的痕迹。为了避免过度研齿，应注意不能完全去除齿高或齿长方向的鼓形；凸角痕迹（主动锥齿轮齿根沉切，接触区反映在从动锥齿轮齿项）在研齿后应清晰可见；研齿结束不能存在因研齿而产生的台阶。对于不希望出现接触区的位置，研齿过程中可研磨修正。

2）研磨后齿面检查。研磨、清洗后的齿面目视应避免存在以下情况：齿面有划痕或擦伤；研磨后的齿面和未研磨到的区域有可视的分界线（亮线）；研磨后的齿面有切齿刀痕（采用小刀盘加工的齿轮在反车面大端通常因无法研磨到而留有切齿刀痕）。

主动锥齿轮齿根沉切（凸角）应清晰可见。

3）“齿顶/齿根接触”研齿规则。

① 正、反车面接触区都在齿顶。研磨前正、反车面齿高方向接触区都在齿顶，需要通过减小 H 获得理想接触区位置，且两侧面 ΔH 值几乎相等。通过增大 H 值改变研磨开始位置，需注意，H 值的变化量与主动锥齿轮凸角的变化量为正比关系。因此，研磨后应检查主动锥齿轮凸角。同时，可能出现从动锥齿轮齿根部分研磨不足的问题。

研磨前，$\Delta H=0$ 时两侧接触区都在齿顶（图 6. 3-51a），通过增大 H 值（$+\Delta H$）将研齿起始位置移至齿顶（图 6. 3-51b），研齿后，$\Delta H=0$ 时两侧面接触区较为理想（图 6. 3-51c）。

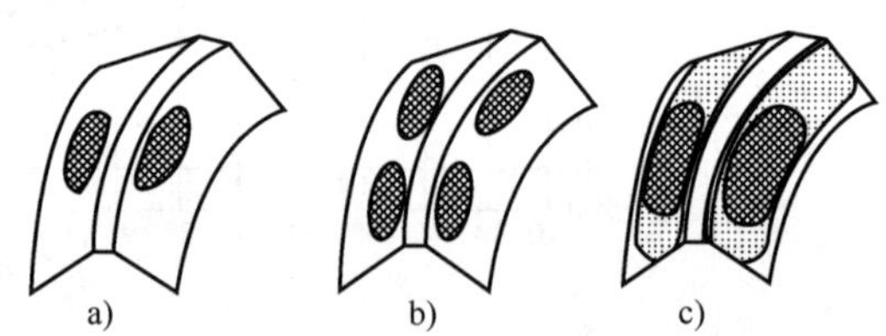

图 6. 3-51　正、反车面接触区都在齿顶时研磨示意图

② 正、反车面接触区都在齿根。研磨前正、反车面齿高方向接触区都在齿根，需要通过增大 H 值获得理想接触区位置，且两侧面 ΔH 值几乎相等。通过减小 H 值改变研磨开始位置，需注意，H 值减小可能导致从动锥齿轮齿顶无法充分研磨，同时从动锥齿轮齿根可能会因为过度研磨而出现台阶。

研磨前，$\Delta H=0$ 时两侧接触区都在齿根（图 6. 3-52a），通过减小 H 值（$-\Delta H$）将研齿起始位置移至齿根（图 6. 3-52b），研齿后，$\Delta H=0$ 时两侧面接触区较为理想（图 6. 3-52c）。

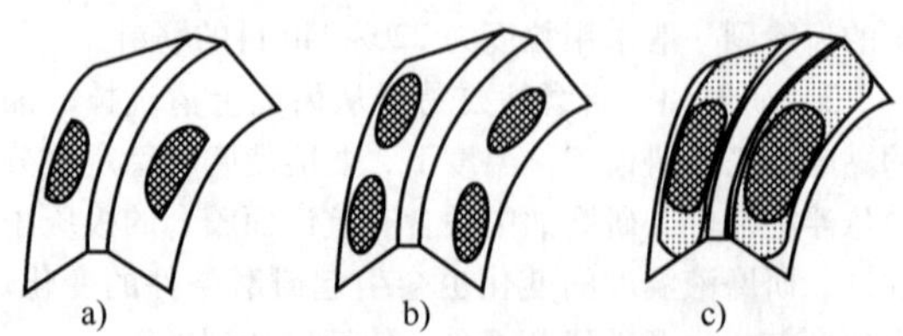

图 6. 3-52　正、反车面接触区都在齿根时研磨示意图

4）“跛形接触”研齿规则。正、反车面接触区出现齿高方向不均衡，称为跛形接触。需要通过单独控制两侧面 H 值获得理想的接触区位置。通过减

小（或增大）正车 H 值，同时增大（或减小）反车面 H 值来改变研磨开始位置。

研磨前，$\Delta H=0$ 时正车面接触区偏齿根，反车面接触区偏齿顶（图 6. 3-53a），通过单独改变正、反车面 H 值，使正、反车研磨开始位置同时变化（图 6. 3-53b），研磨后，$\Delta H=0$ 时两侧面接触区较为理想（图 6. 3-53c）。

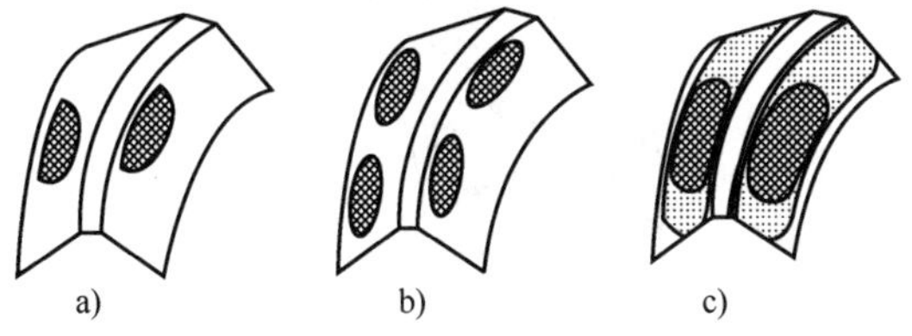

图 6. 3-53　“跛形接触”研磨示意图

5）“交叉接触”研齿规则。

① 正车面在大端，反车面在小端。改变 ΔH 和 ΔV 值，调整研齿开始位置，增加正车面大端和反车面小端的研磨时间（减少研磨运动，增加研磨时间），同时减少正车面小端和反车面大端的研齿时间。应注意，正车面小端和反车面大端的齿面也应充分研磨。

研磨前，$\Delta H=0$ 时正车面偏大端，反车面偏小端（图 6. 3-54a），通过调整 ΔH 和 ΔV 值以及 V 和 H 方向的运动（图 6. 3-54b），研磨后，$\Delta H=0$ 时齿长方向接触区得到改善（图 6. 3-54c）。

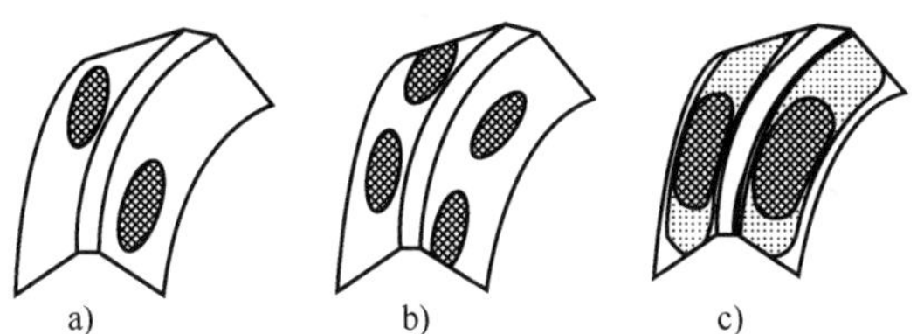

图 6. 3-54　接触区正车面在大端、反车面在小端研磨示意图

② 正车面在小端，反车面在大端。改变 ΔH 和 ΔV 值，调整研齿开始位置，增加正车面小端和反车面大端的研磨时间（减少研磨运动，增加研磨时间），同时减少正车面大端和反车面小端的研齿时间。应注意，正车面大端和反车面小端的齿面也应充分研磨。

研磨前，$\Delta H=0$ 时正车面偏小端，反车面偏大端（图 6. 3-55a），通过调整 ΔH 和 ΔV 值（图 6. 3-55b），研磨后，$\Delta H=0$ 时齿长方向接触区得到改善（图 6. 3-55c）。

6）“长短接触”研齿规则。

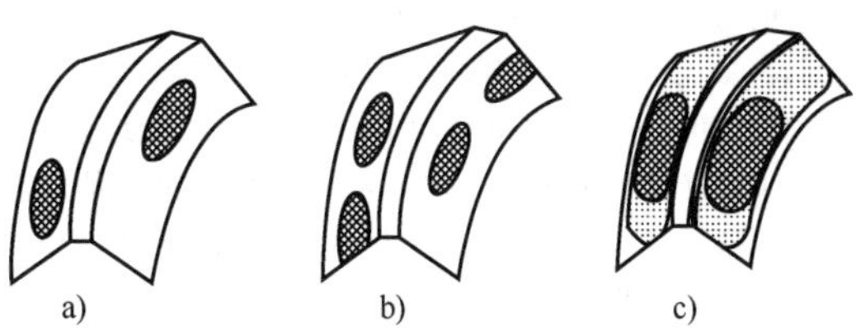

图 6. 3-55　接触区正车面在小端、反车面在大端研磨示意图

① 增加研齿后接触区长度。在小端和大端减小 ΔH 和 ΔV 值，使小端和大端的研齿运动相对较小，同时，在研齿开始位置增加研齿时间。应注意，起始位置延迟时间不应太长，以避免破坏长度方向鼓形，同时避免在齿面上出现研齿台阶。

研磨前，$\Delta H=0$ 时接触区较短（图 6. 3-56a），通过减小大端、小端 ΔH 和 ΔV 值且在研齿开始位置增加研齿时间（图 6. 3-56b），研磨后，$\Delta H=0$ 时接触区长度变大（图 6. 3-56c）。

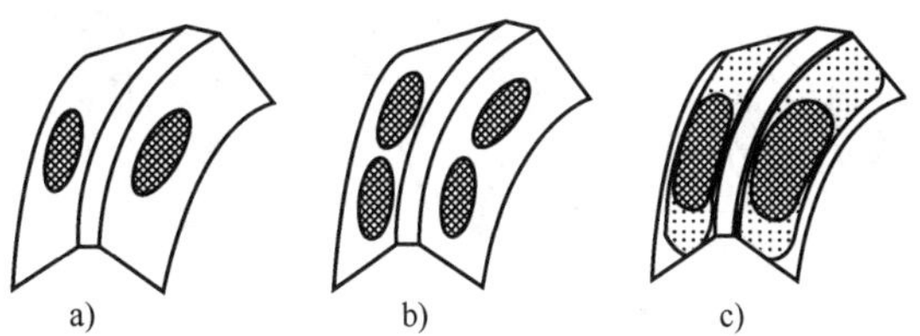

图 6. 3-56　增加接触区长度研磨示意图

② 减小研齿后接触区长度。有两种方式：a. 在小端和大端增大 ΔH 和 ΔV 值；b. 使大端和小端增加研齿时间。推荐采用方式 a。

研磨前，$\Delta H=0$ 时接触区较长（图 6. 3-57a），通过增大小端和大端 ΔH 和 ΔV 值且在小端、大端增加研齿时间（图 6. 3-57b），研磨后，$\Delta H=0$ 时接触区长度变短（图 6. 3-57c）。

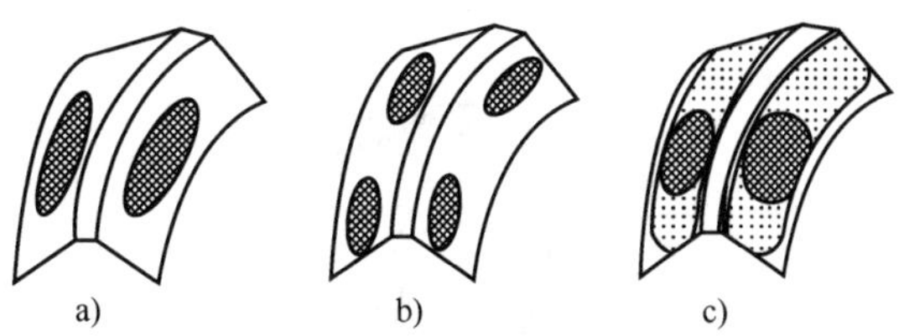

图 6. 3-57　减小接触区长度研磨示意图

7）“对角接触”研齿规则。

① 优先使用内对角。从低噪声方面考虑，可以在两侧齿面均采用内对角。研齿运动的 V/H 数值应该接近齿轮目标的 V/H 值。如果没有关于有负荷下齿轮的 V、H 数据，推荐采用如下数据：$V/H=1\sim$

1.2/tanβ_{m1}，其中β_{m1}表示主动轮中点螺旋角。注意，此推荐值不适用于小刀盘切齿加工的齿轮副。

研磨前，内对角不够（图6.3-58a），通过设置较大的V/H值进行研磨（例如采用较大的V值、较小的H值，见图6.3-58b），研磨后，出现内对角的趋势或者得到需要的对角（图6.3-58c）。

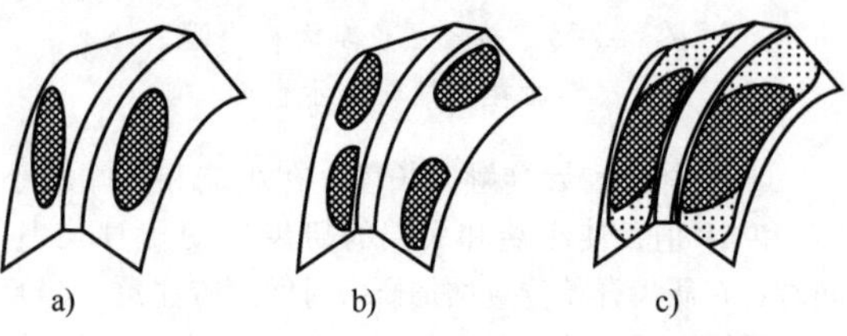

图6.3-58　接触区内对角研磨示意图

② 外对角研齿。研磨前，外对角不够（图6.3-59a），通过设置较小的V/H值进行研磨（例如采用较小的V值、较大的H值，见图6.3-59b），研磨后，得到需要的外对角（图6.3-59c）。

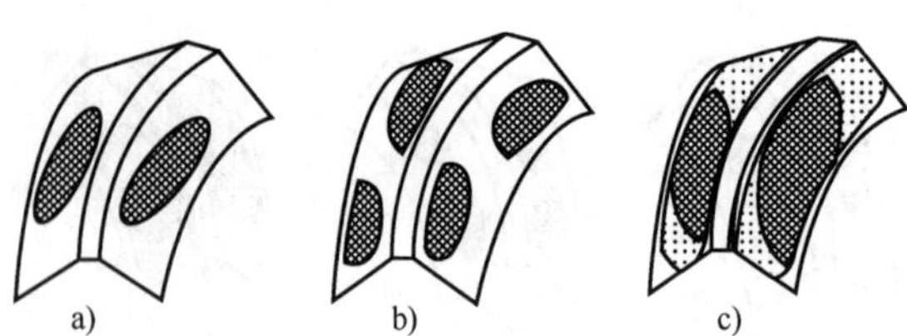

图6.3-59　接触区外对角研磨示意图

8）"干涉"研齿规则。

① 在大端或小端干涉。齿长方向的研齿台阶通常出现在正车面小端和反车面大端、研磨和未研磨齿面的交接处（图6.3-60），可见闪亮区。通过相应减小V/H的数值，或减少研齿时间，或调整切齿的接触区位置可避免。其中调整切齿的接触区位置效果较好。如果研磨台阶无法避免，引起研磨台阶的相应边在研后要进行倒角或磨棱。

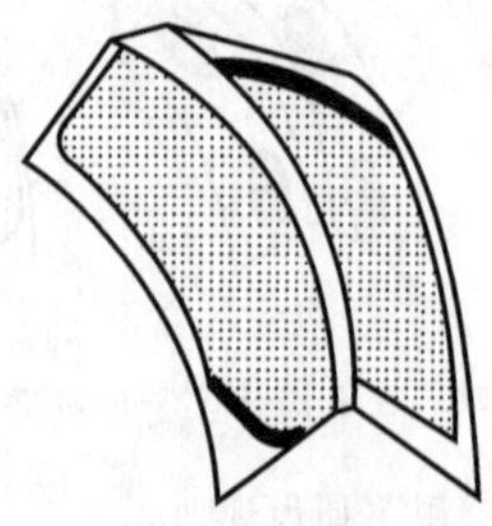

图6.3-60　接触区在大端或小端干涉示意图

② 在从动锥齿轮齿根干涉。从动锥齿轮的齿根出现研齿台阶（图6.3-61），通过减小齿侧间隙，或通过增大H值改变研磨开始位置，或减少研磨时间，或改变驱动方式可避免。应关注从动锥齿轮齿根和主动锥齿轮齿顶的顶隙是否符合技术要求。如果齿根干涉无法避免，研齿后相应位置的主动锥齿轮齿顶必须倒角。

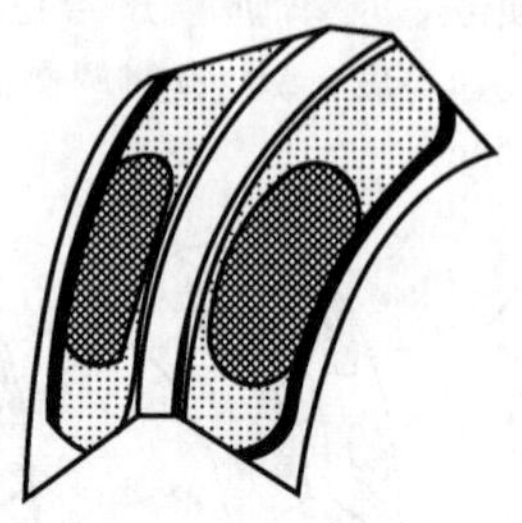

图6.3-61　在从动锥齿轮齿根干涉

③ 在从动锥齿轮齿顶干涉。干涉出现在从动轮齿顶（图6.3-62），通过增大齿侧间隙，或通过减小H值改变研磨开始位置，或减少研磨时间进行避免。应关注从动锥齿轮齿顶和主动锥齿轮齿根的顶隙是否符合技术要求。如果齿根干涉无法避免，研齿后相应位置的从动锥齿轮齿顶必须倒角。

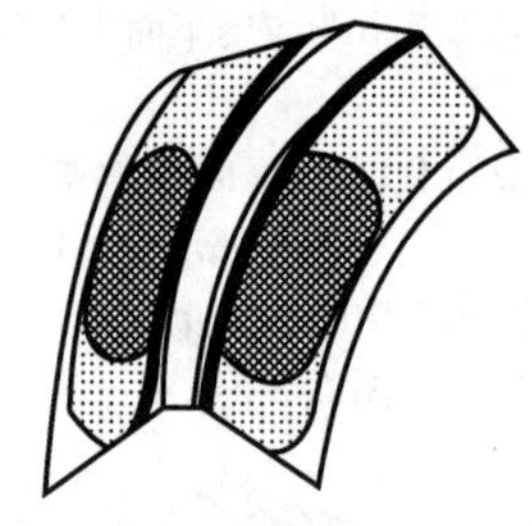

图6.3-62　从动锥齿轮齿顶干涉

9）开始和结束啮合的接触区位置边界。

① 开始或结束啮合位置接触区较重。齿面没有充分研磨，应在开始或结束处增加研磨时间。

② 开始啮合位置较虚，结束啮合位置较重。如图6.3-63所示，研磨运动的比例和时间不合适。较小的研磨运动结合较长研磨时间将导致开始啮合和结束啮合处研磨较虚，较大的研磨运动和较短研磨时间将导致开始啮合和结束啮合处研磨较重。

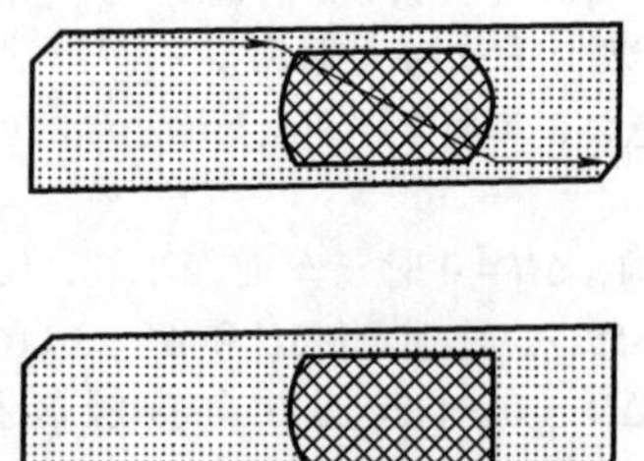

图6.3-63　接触区边界的虚和重

6.3.4 弧齿锥齿轮磨齿加工

磨齿是齿轮精加工的一种方法，磨齿不仅能纠正齿轮预加工产生的各项误差，而且能加工淬硬的齿轮，其加工精度比研齿高得多。磨齿的主要缺点是生产率相对低，加工成本高。

深磨削是指工件从齿坯直接磨削成形的一种加工方式，多用于试制生产，减少切齿刀具等工装投入。

1. 磨齿加工原理

弧齿锥齿轮磨齿加工主要是指弧齿锥齿轮的磨齿加工。磨齿机工作原理和铣齿机基本相同，所不同的只是砂轮代替铣刀。主要有以下三种磨齿加工方法。

1）杯形砂轮普通磨齿法。杯形砂轮具有和刀盘刀齿相同截形，砂轮围绕相当于刀盘轴线的 O_0O_0 轴做主切削运动，砂轮的磨削表面就是产形轮的产形齿面，如图6.3-64所示。它用于滚切法磨削节锥角小于50°的齿轮。

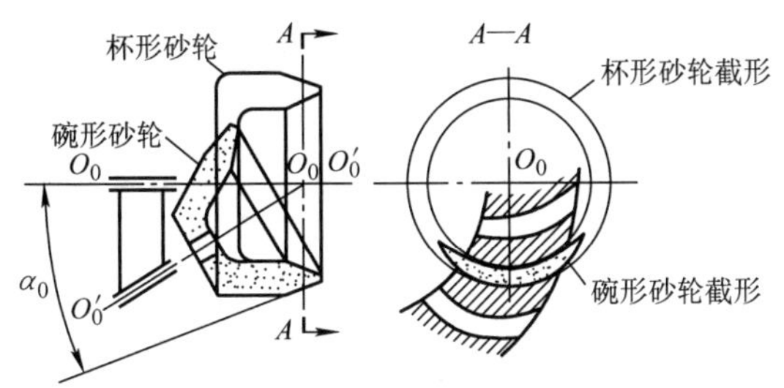

图6.3-64 弧齿锥齿轮的磨齿加工原理

2）碗形砂轮磨齿法。碗形砂轮磨削表面仅在图6.3-64所示的轴截面内和产形面的一条素线相切。砂轮除绕 $O_0'O_0'$ 轴做主切削运动外，其轴线 $O_0'O_0'$ 还绕相当于刀盘轴线的 O_0O_0 轴做旋转往复摆动，以形成所需要的产形齿面。它特别适于用滚切法单面磨削节锥角大于50°的弧齿锥齿轮，因为它磨削时接触面积小，不容易烧伤退火。它也可以磨削用成形法加工的从动齿轮齿面。

3）杯形砂轮断续磨削磨齿法。这种磨齿方法主要是用杯形砂轮双面磨削成形法加工从动齿轮。用杯形砂轮普通磨齿法双面磨削成形法加工从动齿轮时，砂轮磨削表面与被磨轮齿齿面重合，砂轮和被磨齿面按齿轮全齿宽接触，磨削力很大且磨削区温度很高，容易在齿面和齿根过渡曲面处产生磨削烧伤，因此不能采用杯形砂轮普通磨齿方法的成形法磨削从动齿轮齿面。

在杯形砂轮断续磨齿法中（图6.3-65），砂轮外锥面半径小于齿面凹面纵向曲率半径，砂轮内锥面半径大于齿面凸面纵向曲率半径，砂轮表面与被磨齿轮齿面呈线接触。磨齿时，砂轮主轴产生一个偏心运动，使砂轮内、外锥面交替断续磨削从动齿轮凸面和凹面。砂轮内、外锥面的包络面与被磨齿面完全重合，可磨出正确的成形齿面。

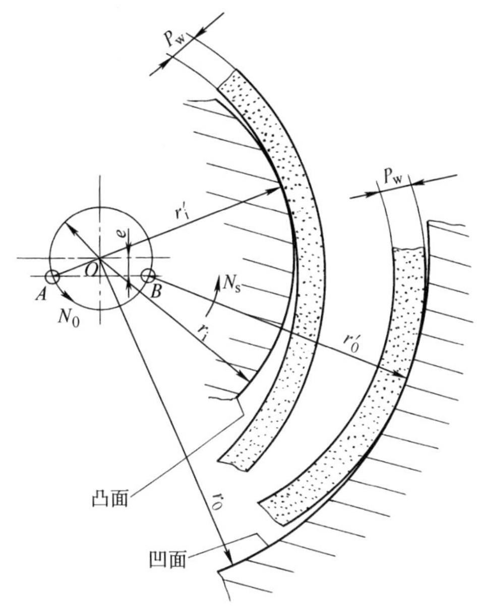

$r_0'=r_0-e \quad r_i'=r_i+e \quad P_w=r_0-r_i-2e$

图6.3-65 断续磨削成形法从动齿轮的原理

A—精磨凸面时砂轮轴线某瞬间位置
B—精磨凹面时砂轮轴线某瞬间位置 e—偏心量
P_w—砂轮实际齿顶宽 O—砂轮旋转中心
r_i—砂轮内侧面的理论直径 r_0—砂轮外侧面的理论直径
r_i'—砂轮内侧面的实际直径 r_0'—砂轮外侧面的实际直径
N_0—砂轮轴线绕中心O的转速（r/min）
N_s—砂轮转速（r/min）

断续磨齿法的优点是可以使切削液进入磨削区，对砂轮表面和被磨齿轮起到冷却和润滑作用。另外，断续切削减小了砂轮工作的接触面积，有利于防止切屑堵塞砂轮表面微孔，降低磨削区温度。

2. 磨齿加工机床

以克林贝格公司的G50数控磨齿机为例进行介绍。磨齿机结构图如图6.3-66所示。

各运动轴主要功能介绍如下：

1）3个主要线性轴（X、Y、Z）。

2）4个旋转主轴（B、C、A1、A2）。

3）辅助轴：A11修整轴、Q1油路、U1垂直测头轴、U2水平测头轴。

典型磨齿机及主要技术参数见本章附录表6.7-25~表6.7-28。

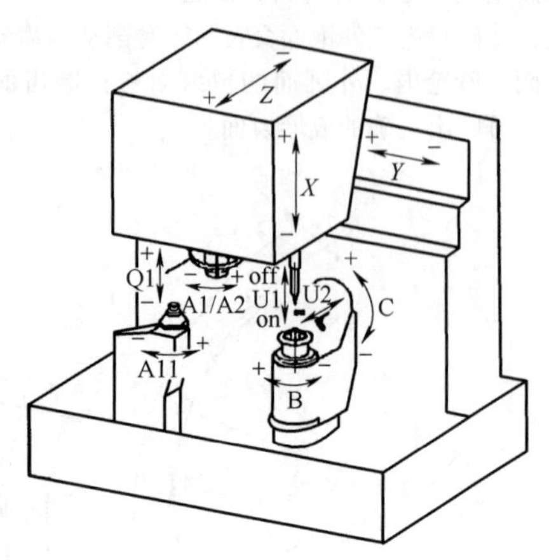

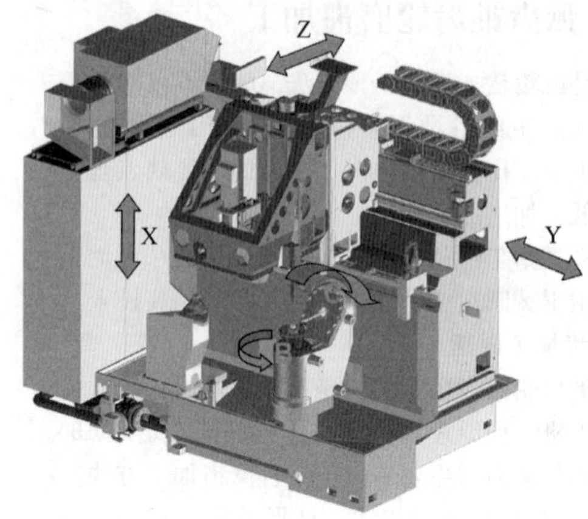

图 6.3-66　磨齿机各数控轴示意图

3. 磨齿加工夹具

磨齿加工夹具的基本要求如下：

1）保证齿轮定位基准孔轴线与机床主轴轴线同轴。

2）保证所安装的齿轮在磨齿过程中稳定可靠，且容易装卸。

3）检验夹具高度，并将准确夹具高度标刻在夹具体上。夹具安装后，应采用专用检验环或检验心轴检验夹具精度。磨齿夹具要考虑齿形成形的旋出量。

根据从动齿轮、主动齿轮结构不同，磨齿夹具有所区别，分别如图 6.3-67 和图 6.3-68 所示。

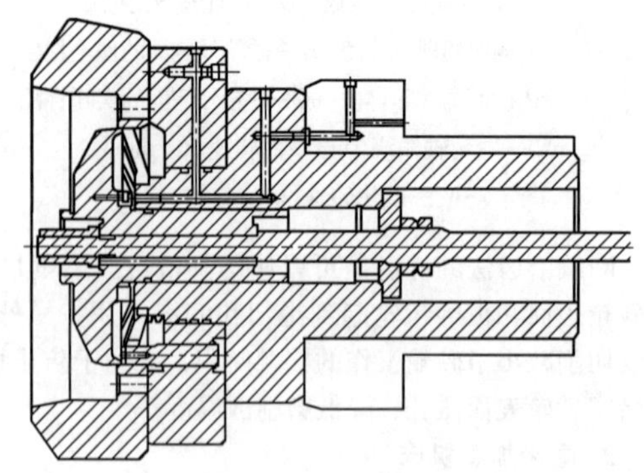

图 6.3-67　从动齿轮磨齿夹具

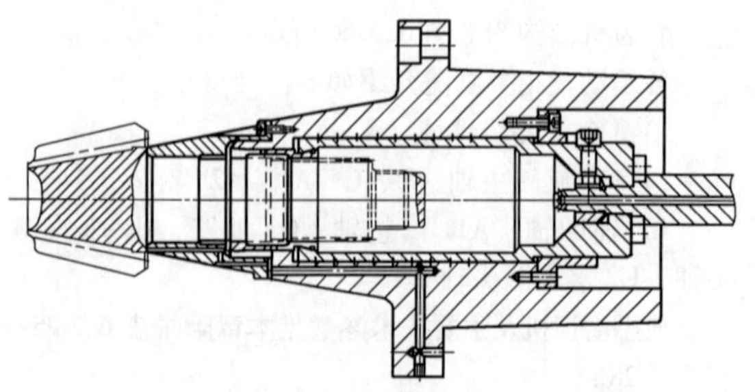

图 6.3-68　主动齿轮磨齿夹具

磨齿为成品加工工序，夹具精度是保证磨齿后齿轮轮齿精度的重要影响因素。夹具精度要求见表 6.3-62。

表 6.3-62　夹具精度要求　（mm）

精度检验项目	从动锥齿轮外径		
	≤250	250~400	≥400
主动锥齿轮磨齿夹具径向跳动	0.006	0.010	0.014
从动锥齿轮磨齿夹具径向跳动	0.008	0.012	0.015
从动锥齿轮磨齿夹具端面跳动	0.006	0.010	0.014

4. 磨齿加工砂轮

1）磨齿加工砂轮的基本要求。

① 砂轮寿命长。

② 磨削性能好，在磨削过程中应避免出现齿面烧伤。

③ 能够获得良好的表面质量。

④ 有良好的自锐性和可修整性。

⑤ 砂轮组织的均匀性要好。

2）磨齿砂轮的选用。砂轮的磨削性能主要取决于磨料种类、粒度、硬度、组织和结合剂。普遍采用的砂轮有普通氧化铝砂轮，SG 砂轮或陶瓷烧结的 CBN 砂轮。

用立方氮化硼（CBN）砂轮磨齿加工，既能提高齿轮质量，又具有较高的生产率，所以这种磨齿方法已在汽车行业大量生产弧齿锥齿轮中得到应用。其工艺要点如下：

① CBN 砂轮有两种结构型式：一种是在金属基体上电镀 CBN 晶体。当砂轮用钝后可重复电镀 CBN 晶体。每个砂轮可磨 2000 件齿轮；另一种是用树脂和金属结合剂在金属基体上压结一层 CBN

晶体，这种砂轮可修整成所要求的形状并可多次修整。

② CBN 砂轮磨削出的齿轮精度可达到 GB/T 11365—2019 标准 6 级以内。

3）磨齿砂轮的修整工具。磨齿砂轮的修整工具为金刚石修整轮，它是数控磨齿机加工过程中修整砂轮的重要工具。

5. 磨齿工艺特点

1）磨削余量控制。为使磨削余量在整个齿面上分布比较均匀，磨齿前铣齿工序的加工方法和铣齿机床的调整参数与磨齿方法应协调一致。尽量使切齿和磨齿程序计算有互联性。单侧齿面的磨削余量一般不应超过 0.23mm。

磨齿余量不均匀的情况主要有下面三种：

① 沿圆周方向各齿的余量不均匀，由切齿机床的运动误差、安装偏心等引起。

② 沿牙齿的齿形方向余量不均匀，由切齿机床和热处理变形引起。

③ 沿牙齿的齿宽方向余量不均匀，由预切齿机床和热处理变形引起。

减小磨齿余量的途径如下：

① 提高切齿精度。

② 减小和补偿热处理变形。

③ 热处理后精加工安装基准面，减少安装基准面对齿圈的误差。

2）磨削速度选择。砂轮磨削速度一般为 19～26m/s。但在用杯形砂轮磨削节锥角大于 50°的齿轮时，为了避免齿面烧伤退火，磨削速度应降低到 18～20m/s。

磨齿用量选择原则如下：

① 保证磨齿精度和齿面的表面粗糙度要求。

② 保证齿面质量，防止热损伤。

③ 保证生产安全。

④ 在上面三点基本考虑的基础上．尽可能提高生产率。

3）磨削烧伤应对措施。产生齿面烧伤的主要原因和改进措施如下：

① 切削深度过大。切削深度的选择应与磨削条件相适应，特别是在成形砂轮磨齿机上。

② 展成进给速度过快。在磨齿机上磨齿时，特别注意展成进给速度的适当选用。

③ 纵向走刀速度过大。在碟形砂轮磨齿机上磨齿时，纵向走刀速度不能过大。

当然产生磨削烧伤还有许多其他因素，如砂轮选用不当，或砂轮用钝后继续使用；砂轮线速度低；磨削液选用不当，或流量太小，或喷射位置不当；余量不均匀或热处理变形大等。

齿面烧伤是磨齿加工最常出现的缺陷，所以每加工一批齿轮的第一对齿轮或切削参数经过调整后加工的第一对齿轮都应检验烧伤。

酸蚀法检验烧伤过程可参照圆柱齿轮磨齿烧伤的检验（6.1.9 节）。

4）磨齿齿轮优点。

① 由于齿轮精度一致，所以在大量生产齿轮时，不必配对保存。可以取消研齿工序和配对工序，由于这种齿轮易于装配，减少了装配时重复拆卸的次数。

② 与精密锻造齿轮工艺配套使用，可以取消铣齿工序，既能节省原材料又可提高生产率，从而降低齿轮的制造成本。

6.3.5　弧齿锥齿轮刮削加工

由于研齿对热处理变形修正能力弱，磨齿存在效率低、易烧伤且长幅外摆线齿难于实现磨齿等局限，弧齿锥齿轮热处理后硬齿面刮削成为另一种工艺方式。刮削是一种在弧齿锥齿轮铣刀上采用硬质合金（或 CBN、陶瓷）刀齿对热处理后的硬齿面进行精加工的方法，其优点是能够修正热处理的变形，并且采用与铣齿相同的机床。

精切淬硬齿轮时齿面硬度可达 58～62HRC，因此要用优质的硬质合金作为切削刃材料。硬质合金刀片通常用钎焊法焊在刀齿上（图 6.3-69），并做出轴向和径向负前角。弧齿锥齿轮刮削时，刀盘体可选用标准的哈尔达克Ⅲ型。

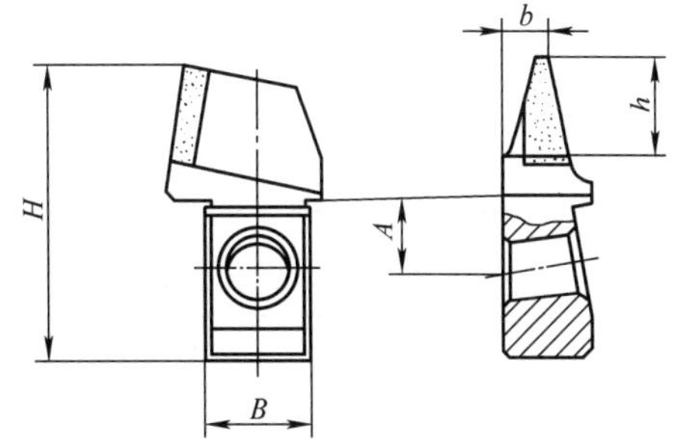

图 6.3-69　刮削刀齿

这种硬质合金弧齿锥齿轮刮刀宜用于刚度和精度较高的铣齿机上加工硬度为 58～62HRC 的渗碳淬火齿轮，切削速度为 40～50m/min，每次切削单侧齿面加工量为 0.15mm，刮齿精度可达 5～6 级，齿面的表面粗糙度可达 $Ra0.32\mu m$。用硬质合金铣刀盘精切弧齿锥齿轮时，热处理前的粗铣齿要用专门的粗切铣刀齿进行，使得齿槽深度略大且槽底两侧有适量沉切，单侧齿面留 0.20～0.25mm 的精切余量，以保证硬齿面的刮削精度和刀具寿命。

长幅外摆线齿轮刮削加工方式如下：

1）用镶齿硬质合金刮刀刮削硬齿面。在刚性较好、精度较高的铣齿机上，用镶齿硬质合金刮刀可以加工出 GB/T 11365—2019 标准 5～6 级精度的齿轮。这种加工方法适用于单件小批量生产，尤其适用于模数大（8～25mm）和尺寸较大（直径 600～2000mm）的齿轮；加工硬度范围为 58～62HRC，不加切削液，切削速度不高于 80m/min；每次每侧刮削余量为 0.04～0.08mm，余量大时分几次刮削。

2）用立方氮化硼刮刀刮削硬齿面。在硬质合金铣刀刀片基体上采用物理（或化学）的方法形成立方氮化硼复合层，可以加工 GB/T 11365—2019 标准 5～6 级精度的齿轮。这种方法适用于加工中等模数（2.5～8mm）的齿轮。它的生产率和刀具寿命是硬质合金刮刀的 3～4 倍，每次每侧面刮削余量可达 0.15mm，适用于批量生产中加工淬硬齿轮。

6.3.6 弧齿锥齿轮检测

弧齿锥齿轮检测主要分为单个要素测量、综合测量、尺寸测量三个方面。根据精度等级和用途的不同，所选择的测量方法各有侧重。

1. 检测标准及精度等级划分

我国最新的锥齿轮精度标准是 GB/T 11365—2019，于 2020 年 5 月正式实施，替代 GB/T 11365—1989。另外，也可以参考德国 DIN 3965 标准、美国 AGMA 2009 标准或者 ISO 17485 标准。

GB/T 11365—2019 定义了 10 个精度等级，从 2～11 级，精度逐级降低。其余几个标准也各自定义了精度等级数量和划分原则。

AGMA 2009、GB/T 11365—2019 是按推导公式的形式，给定各等级公差，推导公式见表 6.3-63 和表 6.3-64；DIN 3965—1986、GB/T 11365—1989 是给定各等级公差的具体数值。

表 6.3-63 AGMA 2009-B01 齿轮精度推导公式

适用范围	AGMA 2009-B01	备注
$5\text{mm} \leqslant d_T \leqslant 400\text{mm}$	$f_p=(0.3m_n+0.003d_T+5.2)(\sqrt{2})^{(B-5)}$	$0.5\text{mm} \leqslant m_n \leqslant 50\text{mm}$ $5 \leqslant z \leqslant 400$
	$F_p=(0.3m_n+0.03d_T+20)(\sqrt{2})^{(B-5)}$	
	$F_r=0.8F_p$	
	……	
$400\text{mm} < d_T \leqslant 1000\text{mm}$	$f_p=(0.3m_n+0.12\sqrt{d_T}+4)(\sqrt{2})^{(B-5)}$	
	$F_p=(0.3m_n+1.25\sqrt{d_T}+7)(\sqrt{2})^{(B-5)}$	
	$F_r=0.8F_p$	
	……	

表 6.3-64 GB/T 11365—2019 齿轮精度推导公式

适用范围	GB/T 11365—2019
$1.0\text{mm} \leqslant m_n \leqslant 50\text{mm}$ $5 \leqslant z \leqslant 400$ $5\text{mm} \leqslant d_T \leqslant 2500\text{mm}$	$f_p=(0.3m_n+0.003d_T+5)(\sqrt{2})^{(B-4)}$
	$F_p=(0.3m_n+0.025d_T+19)(\sqrt{2})^{(B-4)}$
	$F_r=0.8F_p$
	……

表 6.3-63 和表 6.3-64 中符号：d_T 为公差基准直径；f_p 为单个齿距偏差；m_n 为法向模数；B 为齿宽；F_p 为齿距累积总偏差；F_r 为齿圈跳动总偏差；z 为齿数。

选择节圆直径 457mm、大端模数 11.43mm 的准双曲面齿轮，分别查上述各标准，以 F_p 为例，获得精度等级对照表（图 6.3-70），通过对比可以看出四个标准之间关于精度等级划分的差异。

2. 检测项目及方法

针对不同的精度等级和测量类型，GB/T 11365—2019 推荐了测量方法，见表 6.3-65 和表 6.3-66。

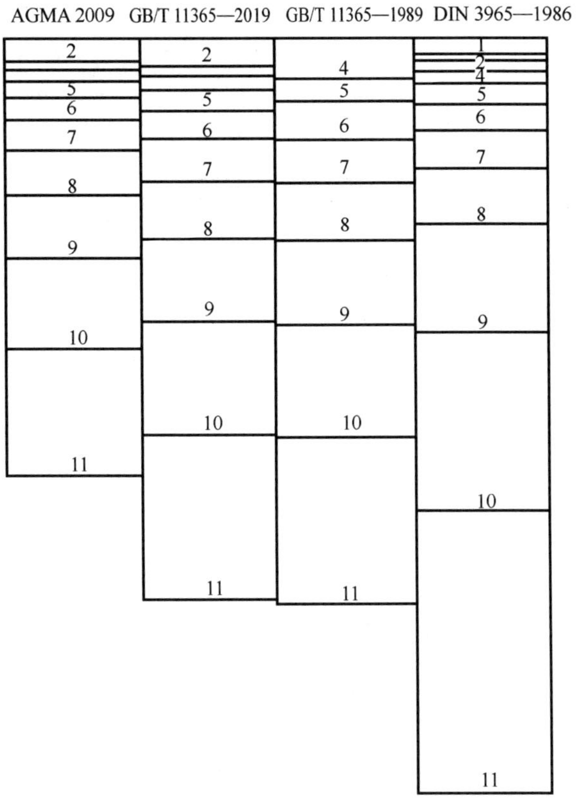
AGMA 2009
GB/T 11365—2019
GB/T 11365—1989
DIN 3965—1986
2
5
6
7
8
9
10
11
2
5
6
7
8
9
10
11
4
5
6
7
8
9
10
11
1
2
4
5
6
7
8
9
10
11

图 6.3-70　齿轮 F_p 精度等级对照表

表 6.3-65　锥齿轮几何测量方法与最少测量齿数

测量要素		典型测量方法	测量的最少齿数
单个要素测量	单个齿距（SP）	双测头	全部轮齿
		单测头	全部轮齿
	齿距累积（AP）	双测头	全部轮齿
		单测头	全部轮齿
	齿圈跳动（RO）	球形测头	全部轮齿
		单测头-分度	全部轮齿
		双测头-180°	全部轮齿
		双面啮合综合测量	全部轮齿
	齿面拓扑（TF）	CMM 或 CNC 特定软件	3 齿，近似等间隔
综合测量	接触区检测（CP）	滚动检验机	全部轮齿
	单面（SF）	单面啮合测量仪	全部轮齿
尺寸测量	齿厚（TT）	齿厚卡尺	2 齿，近似等间隔
		CMM 特定软件	3 齿，近似等间隔
		滚动检验机	3 齿，近似等间隔

表 6.3-66 精度等级与检测项目选择

轮齿尺寸	模数≥1.0mm		
基本要求	TT 和（CP 或 TF）		
精度	低	中	高
精度等级	11~9	8~5	4~2
最低要求	RO	SP 和 RO	SP 和 AP
替代方法	（SP 和 AP）或 SF		

注：1. 噪声控制要求齿形有很好的共轭性。应很好地控制 TF、CP 或 SF。重点推荐选用 SF（连带 CP 和 TT）方法。
2. 替代方法可用于代替最低要求。

(1) 齿距偏差的测量

齿距偏差包括单个齿距偏差、齿距累积总偏差。

单个齿距偏差反映了实际齿面相对于其理论位置的偏移量，影响被测齿轮轮齿相对于回转轴分布的不均匀性；而齿距累积总偏差代表了任意两个偏差之间的最大代数差，反映了齿轮传递运动的准确性。

齿距偏差的测量是在齿宽中部靠近节锥的位置，以齿轮旋转中心为轴心的圆周上进行的。现在常用数控齿轮测量机进行测量，如图 6.3-71 所示。

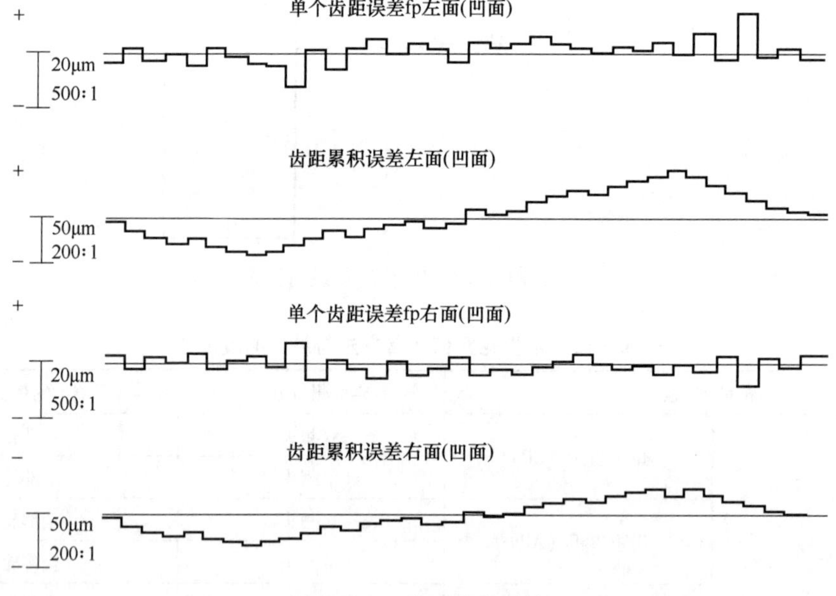

图 6.3-71 齿距偏差测量

(2) 齿圈跳动的测量

齿圈跳动是指位于节锥面上的齿宽中点处齿廓表面相对于齿轮轴线的最大变动量。测量时测头在节锥上与齿面中部接触（左右齿面同时保持接触），且垂直于节锥素线。

锥齿轮齿圈跳动的传统测量方法是用与圆柱齿轮相同且结构简单的齿圈跳动测量仪（俗称摆差仪），如图 6.3-72 所示。

现在常用数控齿轮测量机来检测齿圈跳动，采用单测头、单面接触方式，利用数控程序换算出齿圈跳动量，如图 6.3-73 所示。

(3) 齿厚的测量

齿厚误差直接影响齿轮传动中啮合的齿侧间隙，最传统的方式是用齿厚卡尺测量。锥齿轮齿厚的测量是直接测量给定弦齿高处的弦齿厚。

第二种测量齿厚的方法是用标准的锥齿轮与被测齿轮比较，如图 6.3-74a 所示。测量时先使球形测头垂直于标准轮节锥素线，测头与两侧齿面同时接触，将表针对零，然后换上被测齿轮，由读数变化可得到被测齿轮的齿厚差。在图 6.3-74b 中，a 点和 b 点为测头与标准轮齿面的接触点。当被测齿轮的齿厚发生变化时，测头与齿面的接触点为 a'、b'，测头移动量

A 为指示表读数差，齿厚变化量 ΔT 可由下列公式求出：$\Delta T=2A\tan\alpha_n$。其中：α_n 为节锥上齿宽中点处齿廓法向压力角。

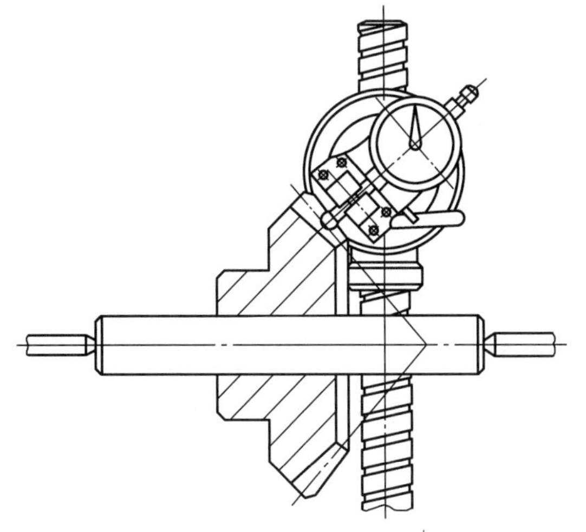

图 6.3-72 锥齿轮齿圈跳动测量

第三种测量方法是采用数控齿轮测量机，利用数控程序换算出齿厚偏差。这种方式简单高效，可以通过计算程序，实现与加工机床的闭环控制。

(4) 齿面拓扑的测量

齿面拓扑状态直接影响弧齿锥齿轮的接触区状态、运动平稳性等，是影响弧齿锥齿轮副啮合运转性能的重要控制项目。

弧齿锥齿轮齿面是空间三维曲面，需要根据机床调整参数计算出齿面各点的坐标，利用齿轮测量机进行齿面拓扑测量。

图 6.3-75 所示为齿面拓扑测量结果。需要说明的是，齿轮测量机在检测锥齿轮的齿面形貌前需要有轮齿的名义数据，该数据是轮齿上网格位置点的坐标值，名义数据一般由齿轮的计算分析软件产生；齿轮测量机测量这些网格点的实际坐标值，并将测量结果同名义数据相比较，输出差值，配合修正软件可以计算出机床调整参数修正量。

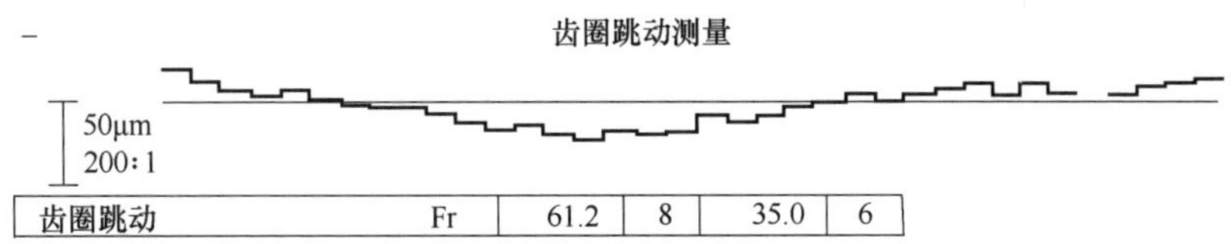

图 6.3-73 齿圈跳动测量结果

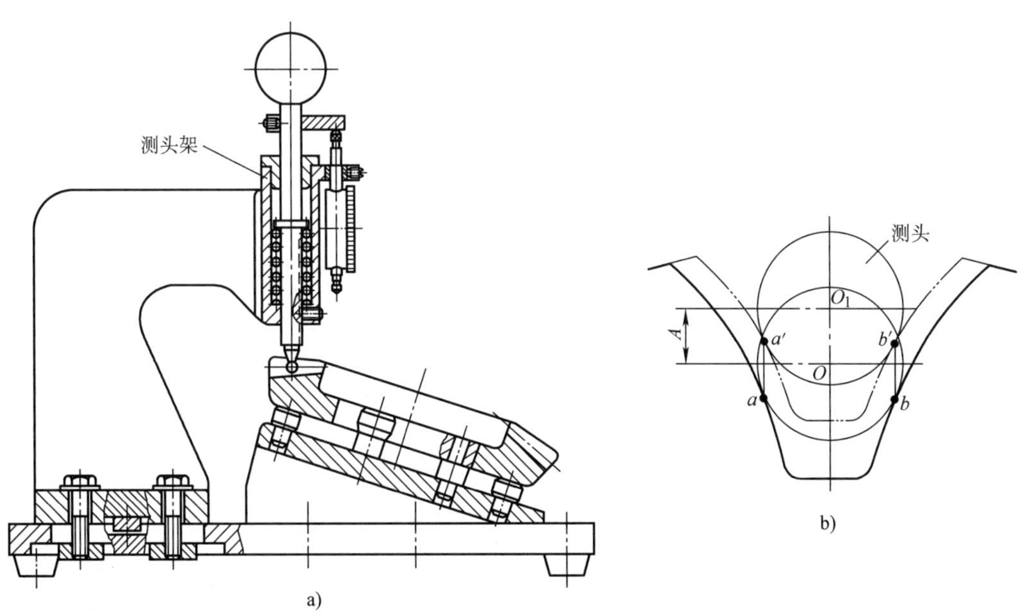

图 6.3-74 齿厚测量

如前所述，新型齿轮测量机不仅可以准确测量大小齿轮的齿面拓扑状态，配以合适的软件还能对齿轮的加工精度进行全面检验，如齿距偏差、齿圈跳动、齿厚、全齿深、面锥角、根锥角等项目。

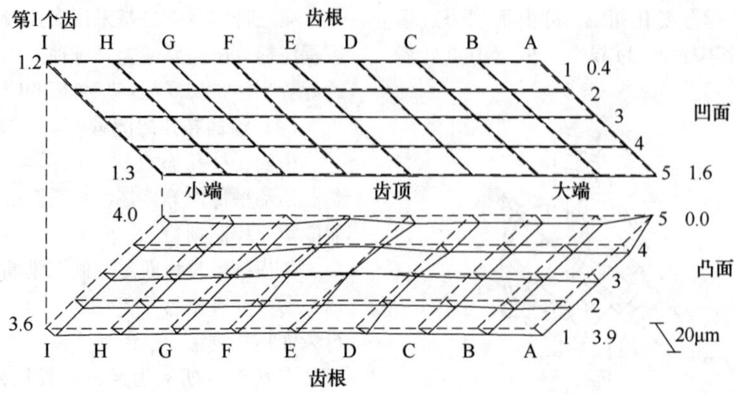

图 6.3-75 齿面拓扑测量结果

国际上，新型齿轮测量机以克林贝格和格里森两家公司的产品为主，国内以中大创远、哈量凯帅为代表的企业也陆续推出了若干新型齿轮测量机，见表 6.3-67~表 6.3-70。

表 6.3-67 克林贝格齿轮测量机介绍

技术参数	设备型号	
	P65	P100
最大模数/mm	20	20
齿轮最大外径/mm	650	1000
垂直测量行程/mm	550	750
最大顶尖距离/mm	1000	1000
最大工件重量/kg	500	2000
主机外形尺寸/mm	1710×2355×2390	1890×2355×2390

表 6.3-68 格里森齿轮测量机介绍

技术参数	设备型号			
	350GMS	475GMS	650GMS	1000GMS
最大模数/mm	18	18	22	22
齿轮最大外径/mm	350	475	650	1000
垂直测量行程/mm	450	450	600	1000
顶尖距离/mm	650	650	1000	1300
最大工件重量/kg	100	300	650	2200
主机外形尺寸/mm	1880×1900×2135	2300×2135×2135	2620×2400×2515	3132×2175×2988

表 6.3-69 中大创远齿轮测量机介绍

技术参数	设备型号			
	Z2	Z4	Z6	Z10
最大模数/mm	12	15	20	20
齿轮最大外径/mm	250	450	650	1050
垂直测量行程/mm	300	500	500	800
顶尖距离/mm	650	1000	10~1000	1200
最大工件重量/kg	80	300	500	2000
主机外形尺寸/mm	1450×1425×1820	1750×1570×2310	1850×1720×2310	2350×2020×2650

表 6.3-70 哈量凯帅齿轮测量机介绍

技术参数	设备型号
	L65G
最大模数/mm	20
齿轮最大外径/mm	650
顶尖距离/mm	1000
最大工件重量/kg	500
主机外形尺寸/mm	1385×1280×2333

（5）齿面表面粗糙度的测量

有多种测量方式可以进行齿面表面粗糙度测量：

① 利用表面粗糙度对比样块，通常用于生产现场的快速对比判断。

② 便携式表面粗糙度量仪和通用轮廓仪。

③ 以克林贝格和格里森为代表的新型齿轮测量机，也可以实现齿面表面粗糙度的测量。

除对比样块检测方式外，通常利用探针，在表面粗糙度量仪和齿轮测量机上实现接触式测量。随着光学技术的进步和应用领域的拓展，现在也可以实现激光非接触式测量，不仅可以评估表面粗糙度，还可以实现不同维度的 3D 齿面分析。

（6）单面啮合综合测量

单面啮合检验时，相啮合齿轮按给定的中心距安装，齿轮副保持一定侧隙，即仅有一侧齿面接触，测量零件实际回转角与理论回转角度的差值如图 6.3-76 所示。因为该测量模仿齿轮实际应用中的运转状态，所以用这种检验方法能有效检测齿轮噪声和齿轮箱的振动，也能检测出齿面的毛刺、磕碰伤。

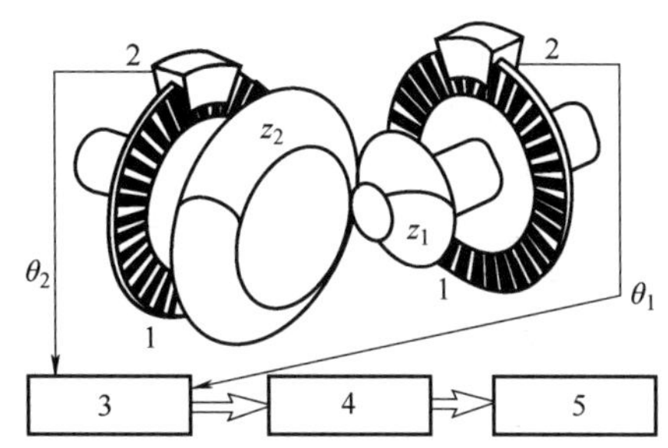

图 6.3-76　单面啮合综合测量

1—旋转编码器　2—读数装置　3—传动误差计算　4—滤波器　5—傅里叶变换

1）传动误差产生原因。当齿轮完全共轭时，运动过程中没有相对角位移，为了补偿加载变形以及装配、加工等误差，齿轮副常常需要设计出一定的修形。当在齿根和齿顶有修形时，就产生相对角位移，节线附近为零，齿根和齿顶处最大并为负值，如图 6.3-77 和图 6.3-78 所示。

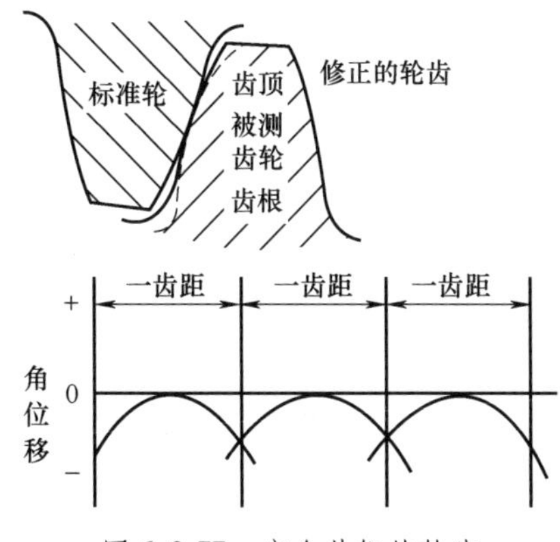

图 6.3-77　完全共轭的轮齿

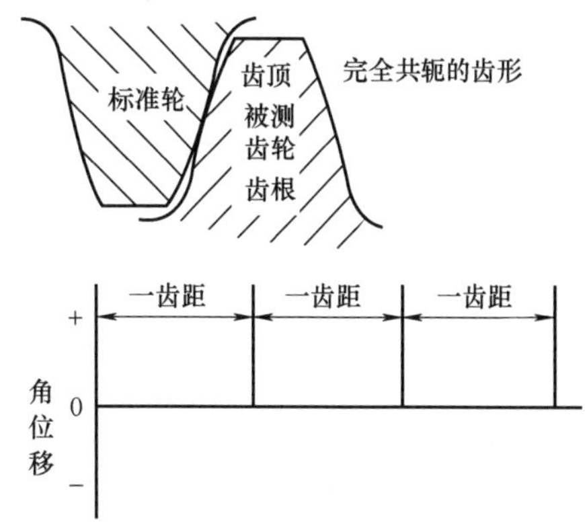

图 6.3-78　经过修正的轮齿

在实际运转中，主、从动齿轮的转速传递并不是均匀不变的，主要原因有：

① 齿轮副设计的误差。

② 齿轮副的各种加工误差、齿距误差、跳动误差等。

③ 齿轮副装配误差。

④ 加载后系统变形。

2）传动误差测量结果。传动误差测量结果是复杂波形，其中低频部分是由主、从动齿轮的齿距累积偏差引起的，如图 6.3-79 所示。

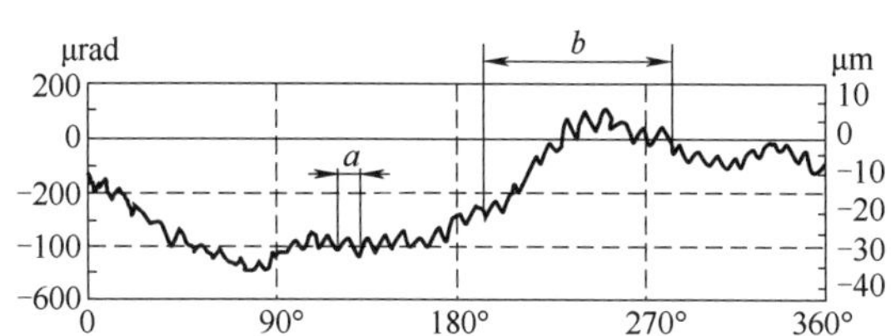

图 6.3-79　传动误差

a—齿距　b—主动轮旋转一圈

传动误差测量结果中的高频部分是齿形偏差造成的，经高通滤波后形成的切向综合偏差如图 6.3-80 所示。

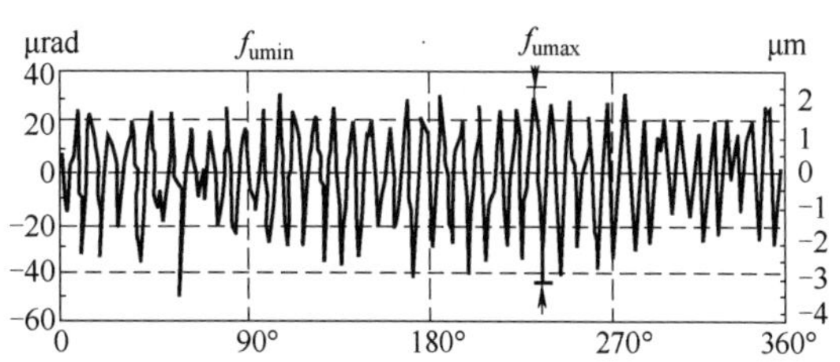

图 6.3-80　高通滤波单面啮合切向综合偏差

齿形偏差经傅里叶变换后以轮齿啮合阶次的形式展示，轮齿啮合阶次的峰值高低能够反映齿轮的噪声水平，如图 6.3-81 所示。

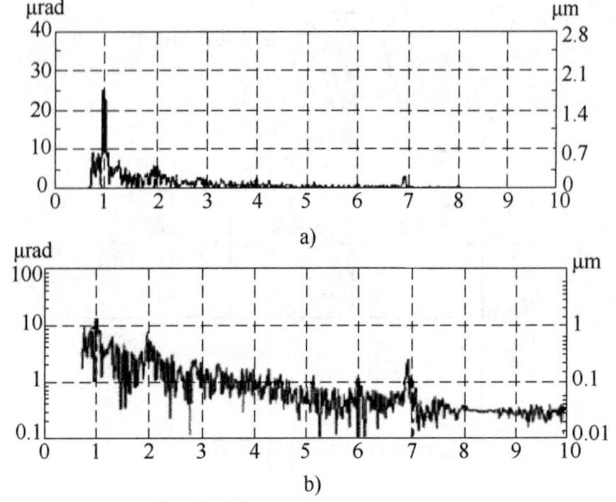

图 6.3-81 傅里叶变换后的单面啮合综合偏差

a）轮齿啮合阶次频率——幅值

b）轮齿啮合阶次频率——对数幅值

（7）齿轮的噪声测量

齿轮空转时，声音必须平滑而无敲击声，当加制动载荷时，允许有较空载时高的噪声，但仍应连续和平滑。齿轮噪声，根据不同要求可以利用标准声级计或专用声学测试分析仪进行检测并做频谱分析。

产生齿轮噪声的主要原因如下：

1）齿面接触区不好，特别是边缘接触、干涉等易产生较大的噪声。

2）主、从动锥齿轮的齿圈跳动过大，出现周期性噪声。

3）齿轮齿距误差大，应检查机床分度机构和铣齿夹具、检验夹具的跳动和间隙等。

4）齿面的表面粗糙度值高，齿面有磕碰伤及毛刺等，容易产生频率较高的噪声。

3. 接触区检验

（1）EPG 检验的概念（图 6.3-82）

E——垂直于主、从动齿轮轴线方向的二者轴线相对位置（偏置距）改变量。视检验机结构不同，可以通过移动主动齿轮实现，也可以通过移动从动齿轮实现。

P——主动齿轮轴向轮位（安装距）改变量。根据不同的检验机结构，它可能是从动齿轮相对于主动齿轮移动，也可能反之。

G——从动齿轮轴向轮位（安装距）改变量。根据不同的检验机结构，它可能是从动齿轮相对于主动齿轮移动，也可能反之。

（*E*+）表示偏置距的增加。

（*E*−）表示偏置距的减小。

（*P*+）表示主动齿轮安装距的增加。

（*P*−）表示主动齿轮安装距的减小。

（*G*+）表示从动齿轮安装距的增加。

（*G*−）表示从动齿轮安装距的减小。

EPG 检验法是 V/H 检验法的发展，凡 V/H 检验法检验的项目，EPG 均能检查，“V”相当于 *E*，“H”相当于 *P*。EPG 检验法增加了对从动齿轮安装距变动量的检测。

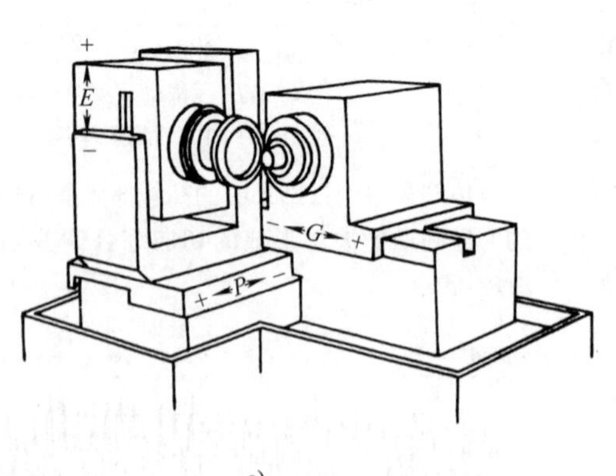

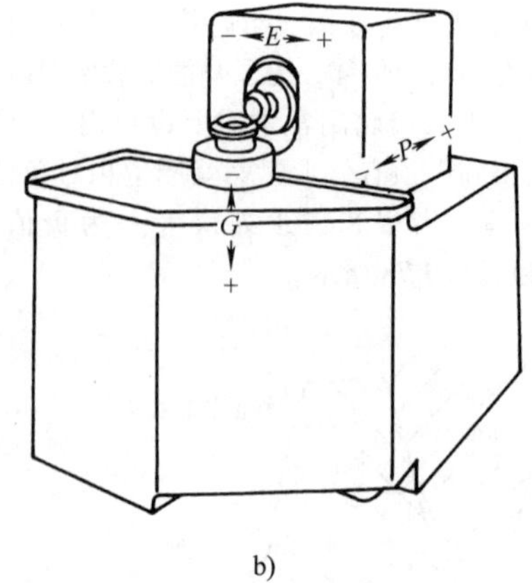

图 6.3-82 EPG 检验

a）Ⅰ型正交轴滚动检验机 b）Ⅱ型正交轴滚动检验机

（2）EPG 检验的作用

1）确定接触区长度。

2）确定对角方向和大小。

3）确定标准安装距下的接触区位置和形状。

4）接触区中心与齿面中心的偏移量。

5）齿轮副接触区敏感程度，即可能承受的载荷变形量。

(3) 检验机床(表 6.3-71~表 6.3-73)

在机械结构滚动检验机基础上，目前，国外的克林贝格公司、格里森公司，以及国内内江宏昌、中大创远等企业均开发了成熟的数控检验机床，在实现接触区高效检验基础上，还可以进行传动误差等综合性能检测。

表 6.3-71　国外数控检验机床

技术参数	机床型号		
	T50	T60	600HTT
从动齿轮最大直径/mm	500	500（可选 600）	450（600 可选）
最大偏置距/mm	±70	±70	±76
轴交角/(°)	90	90	
轴交角调整范围/(°)	88.5°~91.5°	79°~101°（可选项）	
检验转矩/N·m		最大 95	2~90
主动齿轮主轴箱转速范围/(r/min)	0~1500	0~5000	最高 3000
从动齿轮主轴箱转速范围/(r/min)	0~3000	0~3000	最高 3000
尺寸/mm（长×宽×高）	3100×2500×3000	2350×2240×2100	1800×2450×2075
重量/kg	约 6400	约 7500	5000
生产厂家	克林贝格		格里森

表 6.3-72　国内数控检验机床

技术参数	设备型号		
	CY60T	YKE9560	YK9550C-4
最大模数/mm	不限	不限	不限
齿轮最大外径/mm	600	600	500
轴交角/(°)	90	90	90
大小轮主轴前端锥孔大端尺寸/mm	ϕ99.2187 ϕ128.1906	ϕ128.1906 ϕ152.4	ϕ80 ϕ100
大小轮主轴前端锥孔锥度	(1:19.6923) (1:18.2857)	(1:18.2857) (1:16)	1:20
偏置距调整范围/mm	—	—	±70
主机外形尺寸/mm	3300×2900×2500	3700×3900×1800	1800×1700×1700
生产厂家	中大创远	中大创远	内江宏昌

表 6.3-73　机械结构滚动检验机床（格里森公司）

机床型号		工件最大直径/mm	轴交角/(°)	偏置距范围/mm	重量/kg	简要说明
正交锥齿轮滚动检验机	No. 511	508	90（固定）	±89	2800	手动操作
	No. 512	从动齿轮 508 主动齿轮 254		±102	4990	有一套检测系统，能自动找出最佳安装距，并能区分合格品与不合格品
	No. 513	从动齿轮 508 主动齿轮 254		右方 25.4 左方 76.2	7348	性能同上，主要用于最终配对检查

（续）

机床型号		工件最大直径/mm	轴交角/(°)	偏置距范围/mm	重量/kg	简要说明
正交锥齿轮滚动检验机	No. 515	从动齿轮 610 主动齿轮 304	90（固定）	±152	4536	采用摆动主动齿轮节锥方式
	No. 517	从动齿轮 1067 主动齿轮 762			4536	采用摆动主动齿轮节锥方式
	No. 551	508		±89	2800	单面啮合检查仪
非正交锥齿轮滚动检验机	No. 446	191	0~180			
	No. 519	从动齿轮 914 主动齿轮 304				除能检查锥齿轮，还能检查圆柱齿轮
	No. 539	914	标准 50~180 可选 10~160			除能检查锥齿轮，还能检查圆柱齿轮
	No. 523	508	0~180			精密万能性检验机，适用于航天工业
	No. 543	1397	标准 50~180 可选 10~160			
	No. 553	2286	10~135			除了滚动检验外，装上研齿设备可研齿
	No. 552	508				单面啮合检查仪

（4）检验机的校准

弧齿锥齿轮铣齿后和热处理后都需要在滚动检验机上检验，检验前要对滚动检验机的安装距进行校准。

1）块规校准法。这种方法简单、精确，但调整时间长，适用于单件小批生产。调整关系如图 6.3-83 所示，可计算出调整主动锥齿轮安装距的块规尺寸 x_1 和调整从动锥齿轮安装距的块规尺寸 x_2，然后按图示用块规调整检验机安装距。

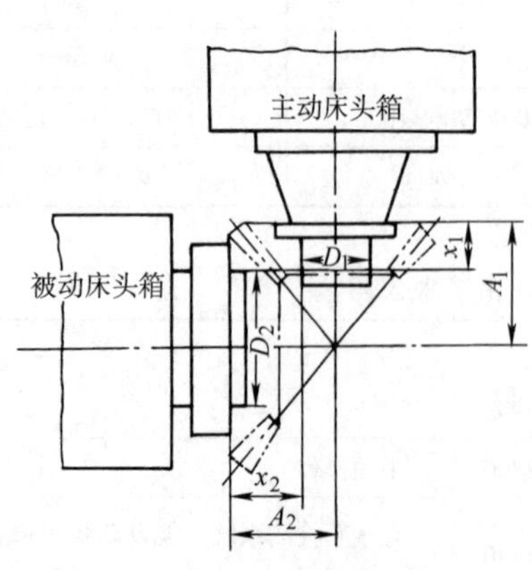

图 6.3-83　块规测量校准

$$x_1 = A_1 - D_2/2$$
$$x_2 = A_2 - D_1/2$$

式中　A_1——主动锥齿轮理论安装距。

A_2——从动锥齿轮理论安装距。

D_1——主动锥齿轮检验心轴直径。

D_2——从动锥齿轮检验心轴直径。

2）专用心轴校准法。如图 6.3-84 所示，按齿轮理论安装距制造专用的测量心轴。此方法调整方便、简单、准确、可靠，适用于大批量生产。

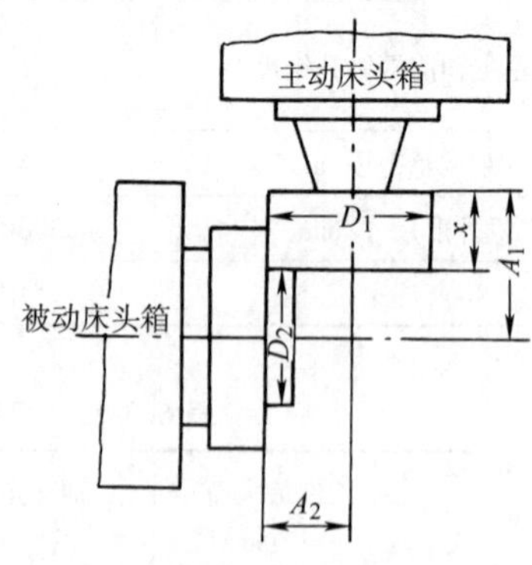

图 6.3-84　专用心轴测量校准

3）校准规校准法。对于数控检验机，有专门的校准规来校准机床的原点，如图 6.3-85 所示。原点校准后，齿轮副的安装距和夹具高度直接输入即可。非常方便、快捷、可靠。

图 6.3-85　校准规测量校准

(5) EPG 检验

1）检验方法。这里以从动齿轮右旋的齿轮副为例说明 EPG 检验及分析方法，如图 6.3-86 所示。将齿轮副按理论安装距安装在滚动检验机上，并在从动齿轮齿面涂上红丹粉或专用涂料，在轻载情况下短时间正、反转后，观察齿面接触区，然后执行下列步骤：

① 减小偏置距并增加主动齿轮安装距，将接触区移到从动齿轮凹面小端。记录此时的 E、P 值，并将此处作为第一点。

② 增加偏置距并减小主动齿轮安装距，将接触区移到从动齿轮凹面大端。记录此时的 E、P 值，并将此处作为第二点。

③ 增加偏置距并减小主动齿轮安装距，将接触区移到从动齿轮凸面小端。记录此时的 E、P 值，并将此处作为第三点。

④ 减小偏置距并增加主动齿轮安装距，将接触区移到从动齿轮凸面大端。记录此时的 E、P 值，并将此处作为第四点。

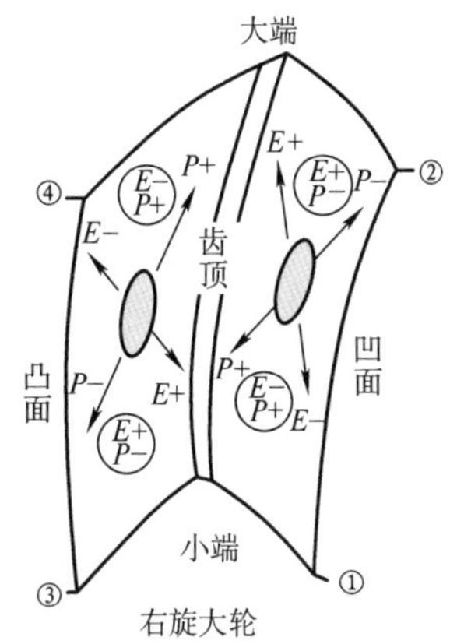

图 6.3-86　EPG 检验示意图

2）检验数据记录和计算见表 6.3-74。

表 6.3-74　E、P 检验数据记录和计算

类型	小端	大端	总和	对角
驱动面	$E=90$	$E=-110$	$\sum E=200$	$\sum E/\sum P=1.08$（内对角）
	$P=-50$	$P=135$	$\sum P=185$	
从动面	$E=-100$	$E=90$	$\sum E=190$	$\sum E/\sum P=0.86$（外对角）
	$P=160$	$P=-60$	$\sum P=220$	

3）E、P 对接触区的影响（图 6.3-87）。

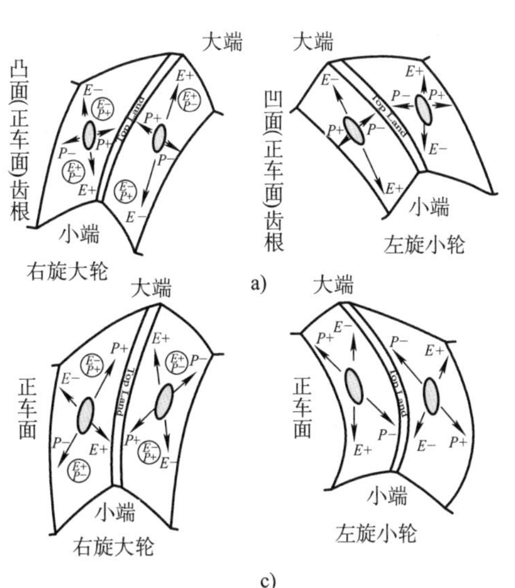

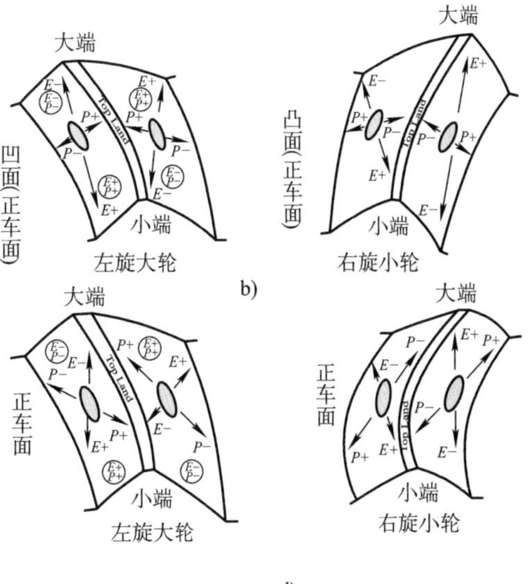

图 6.3-87　E、P 对接触区的影响

a）左旋普通弧齿　b）右旋普通弧齿　c）左旋准双曲面齿　d）右旋准双曲面齿

4）EPG 检验方法的应用。用 EPG 检验方法可评定齿轮热处理前后接触区的位置、长短及对角接触的方向和程度。EPG 检验中总垂直轮位调整量太大时，表示齿轮副接触区太短；总垂直轮位调整量太小时，表示接触区太长。接触区太长，容易导致轮齿在边缘接触，形成载荷的边缘集中。正确的接触长度和位置应通过齿轮箱的加载试验来确定。可以将 E、P 值及各点的接触区记录在表 6.3-75 中，进行生产管理和工艺控制。

表 6.3-75　轮齿接触记录表

<table>
<tr><td>从动齿轮图号：</td><td>安装距：　　mm</td><td>齿轮生产单位：</td></tr>
<tr><td>主动齿轮图号：</td><td>安装距：　　mm</td><td>检验机：</td></tr>
<tr><td colspan="2">偏置距：　　mm</td><td>检查员：</td></tr>
<tr><td colspan="3">主动齿轮安装距变动量＝
从动齿轮安装距变动量＝
侧隙变动量＝</td></tr>
<tr><td colspan="2">驱动面</td><td>被动面</td></tr>
<tr><td colspan="2">小端检查：E＝
P＝</td><td>小端检查：E＝
P＝</td></tr>
<tr><td colspan="2">贴入用透明胶带记录的该点接触区</td><td>贴入用透明胶带记录的该点接触区</td></tr>
<tr><td colspan="2">中点检查：E＝
P＝</td><td>中点检查：E＝
P＝</td></tr>
<tr><td colspan="2">贴入用透明胶带记录的该点接触区</td><td>贴入用透明胶带记录的该点接触区</td></tr>
<tr><td colspan="2">大端检查：E＝
P＝</td><td>大端检查：E＝
P＝</td></tr>
<tr><td colspan="2">贴入用透明胶带记录的该点接触区</td><td>贴入用透明胶带记录的该点接触区</td></tr>
<tr><td colspan="2">总计：E＝
P＝</td><td>总计：E＝
P＝</td></tr>
</table>

（6）侧隙检查

锥齿轮的侧隙用以补偿误差和提供润滑条件，侧隙可间接反映齿厚。在标准安装距下测量一对齿轮啮合的最小侧隙时，先在检验机上，将百分表垂直从动齿轮齿面大端，使主动齿轮固定，正反方向转动从动齿轮，百分表的读数变化即是齿侧间隙。

侧隙变动量是一对齿轮最大侧隙和最小侧隙的差值。对于精度要求较高的齿轮，侧隙变动量控制更为重要，一般不应超过 0.025mm。

6.4　蜗轮蜗杆加工

6.4.1　概述

1. 蜗杆传动的特点和分类

蜗杆传动用以传递空间交错的两轴之间的运动和转矩。其传动的主要特点如下：

1）传动平稳，振动、冲击和噪声较小。

2）传动比大，采用蜗杆传动的装置结构紧凑。减速时 u 的范围为 $5\leqslant u\leqslant70$。增速时 u 的范围为 $5\leqslant u\leqslant15$。

3）蜗杆与蜗轮间啮合摩擦损耗较大，传动效率比齿轮传动低，且易产生发热和出现温升过高的现象。传动件也较易磨损。

根据蜗杆分度曲面的形状，蜗杆传动可以分成三大类：圆柱蜗杆传动、环面蜗杆传动和锥蜗杆传动（图 6.4-1）。如果再按其齿廓形状及其形成原理，可进一步细分为：

- 蜗杆传动
  - 圆柱蜗杆传动
    - 阿基米德圆柱蜗杆传动（ZA）
    - 法向直廓圆柱蜗杆传动（ZN）
    - 渐开线圆柱蜗杆传动（ZI）
    - 锥面包络圆柱蜗杆传动（ZK）
    - 圆弧圆柱蜗杆传动（ZC）
  - 环面蜗杆传动
    - 直廓环面蜗杆传动（球面蜗杆传动）
    - 平面包络环面蜗杆传动
      - 一次包络
      - 二次包络
    - 渐开线包络环面蜗杆传动
      - 一次包络
      - 二次包络
    - 锥面包络环面蜗杆传动
  - 锥蜗杆传动

2. 普通圆柱蜗杆传动和几何尺寸计算

普通圆柱蜗杆的齿形多用成形线为直线的刀具加工而成。由于刀具安装的方位不同，生成的螺旋面在不同截面中齿廓曲线形状也不同。按蜗杆齿廓曲线的形状，普通圆柱蜗杆可以做成如下几种：

1）阿基米德圆柱蜗杆（ZA 蜗杆）。如图 6.4-2 所示，蜗杆齿面为阿基米德螺旋面，轴向截面齿廓为直线，法向齿廓为凸曲线。在与之相啮合的蜗轮中间端截面中，蜗轮齿廓为渐开线，蜗杆轴向啮合类似于渐开线斜齿圆柱齿轮与齿条的啮合。此种蜗杆可用直刃车刀在车床上加工（当分度圆柱导程角 $\gamma \leqslant 3°$ 时，采用一把刀车削，$\gamma \geqslant 3°$ 时，采用两把刀车削），制造和检验简便。在大批量生产中，也采用斜齿渐开线刀具铣切。

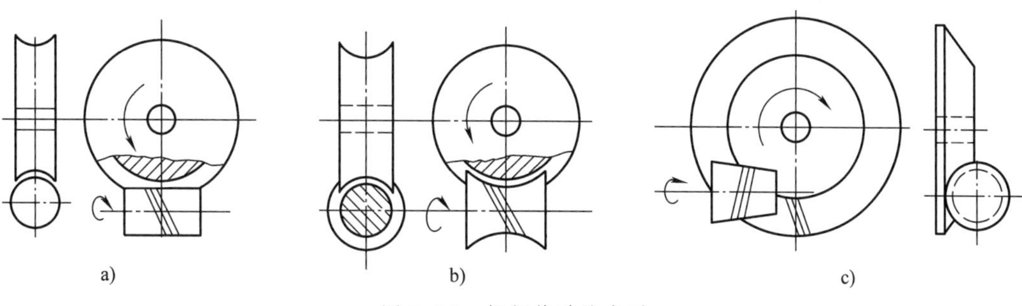

图 6.4-1　蜗杆传动的类型

a）圆柱蜗杆传动　b）环面蜗杆传动　c）锥蜗杆传动

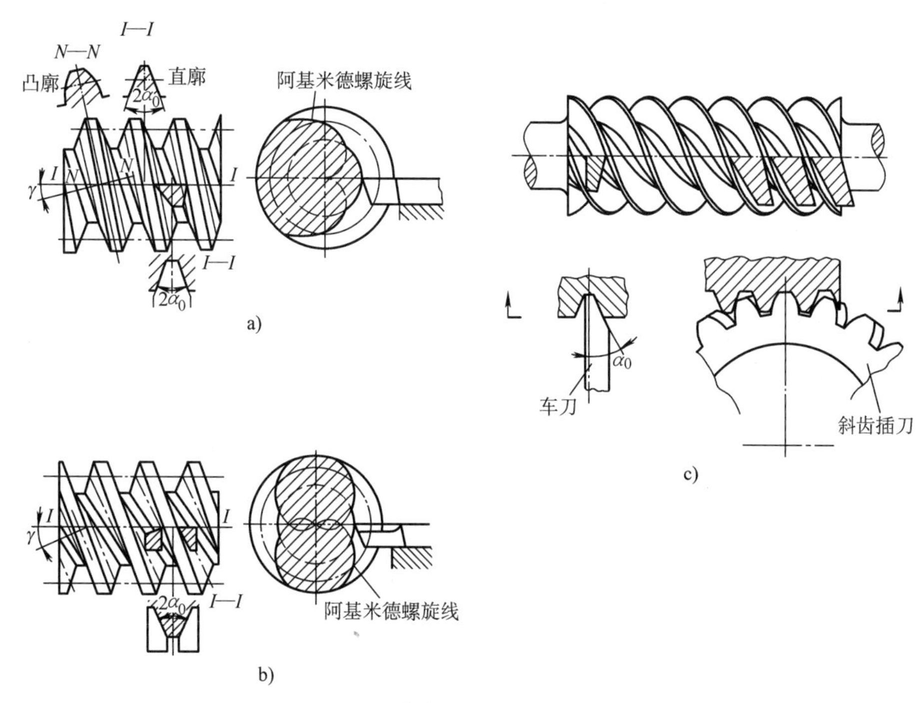

图 6.4-2　阿基米德圆柱蜗杆（ZA 蜗杆）

a）$\gamma \leqslant 3°$时用一把刀车削　b）$\gamma \geqslant 3°$时用两把刀车削　c）批量生产时用斜齿插刀铣切

阿基米德圆柱蜗杆（ZA 蜗杆）难以用砂轮磨削出精确的齿廓（砂轮必须做成曲线齿廓），不适于采用硬齿面加工工艺。

2）法向直廓圆柱蜗杆（ZN 蜗杆）。如图 6.4-3 所示，蜗杆齿廓在法向截面中为直线，齿廓在蜗杆轴向截面中呈微凹形曲线，在端截面中，齿廓理论上为延伸渐开线。切削时，直线刃成形刀具所在的平面垂直于通过分度圆柱上齿槽或齿厚中点处的螺旋线，并在该处与蜗杆轴线倾斜一个分度圆柱导程角 γ。在通过分度圆柱齿槽或齿厚中点处的法向截面中，其相应的齿廓为直线。刀具法向放置，有利于切削导程角大的多头蜗杆（如 $\gamma \geqslant 15°$）。法向直廓圆柱蜗杆传动一般难以用磨削的方法加工出高精度的蜗轮滚刀，故常用飞刀切出蜗轮。

3）渐开线圆柱蜗杆（ZI 蜗杆）。如图 6.4-4 所示，蜗杆齿面为渐开线螺旋面。端面齿廓为渐开线；在切于基圆柱的轴截面内，齿廓一侧为直线，另一侧为凸曲线。渐开线蜗杆可视为一个齿数等于蜗杆头数

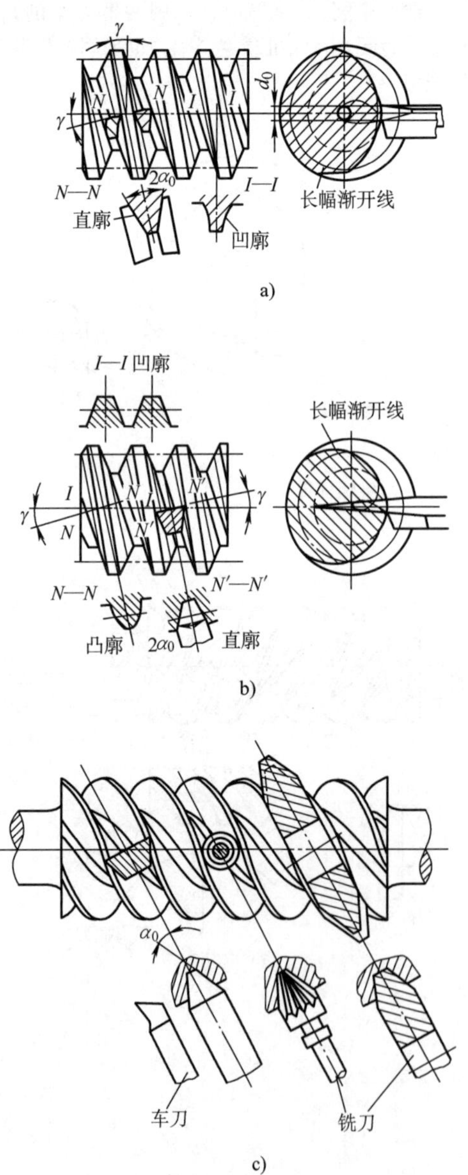

图 6.4-3 法向直廓圆柱蜗杆（ZN 蜗杆）
a）齿法向直廓 b）齿槽法向直廓（车削）
c）齿槽法向直廓（做近似铣削）

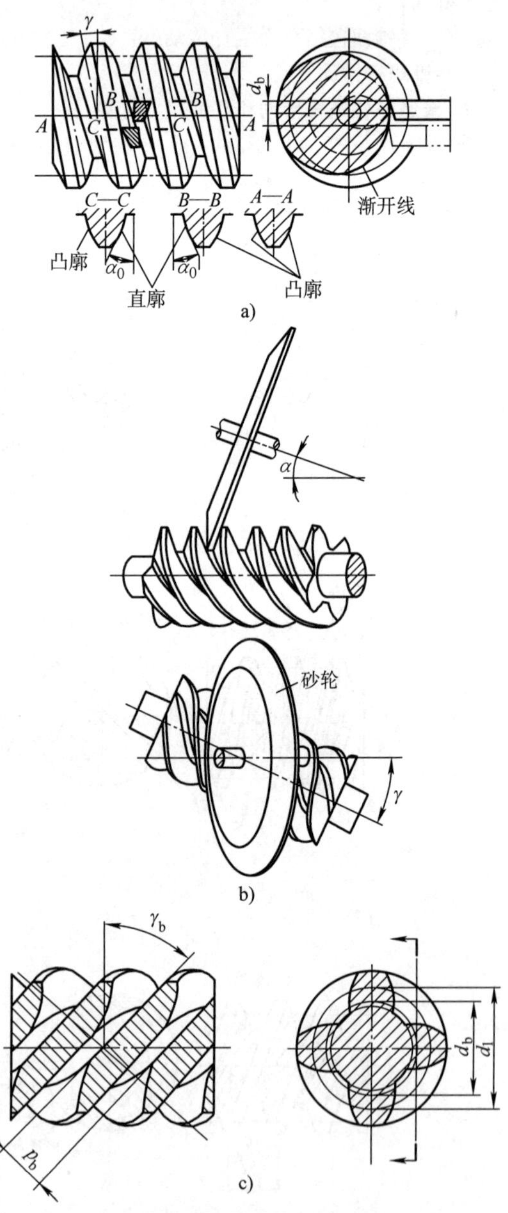

图 6.4-4 渐开线圆柱蜗杆（ZI 蜗杆）
a）车削 b）磨削 c）多头蜗杆的端面齿形

的大螺旋角（$\beta_b = 90° - \gamma_b$，脚标“b”表示基圆柱）斜齿圆柱齿轮，因此蜗杆不仅可以车削，还可以像圆柱齿轮那样用齿轮滚刀滚削，并可用单面或单锥面砂轮磨削，制造精度较高，适用于成批生产和大功率传动。

4）锥面包络圆柱蜗杆（ZK 蜗杆）。如图 6.4-5 所示，蜗杆螺旋面由锥面盘形铣刀或砂轮包络而成。蜗杆轴线与刀具轴线在空间交错成分度圆柱导程角 γ。包络形成的螺旋面是非线性的，齿廓在各个截面均呈曲线形状。齿廓曲线的形状不仅和蜗杆几何参数有关，而且随着刀盘直径的大小而变化，因此加工时要对刀盘直径进行严格控制。由于加工蜗杆的盘形铣刀或砂轮的成形锥素线是直线，刀具易于制造、刃磨、修整及检查。

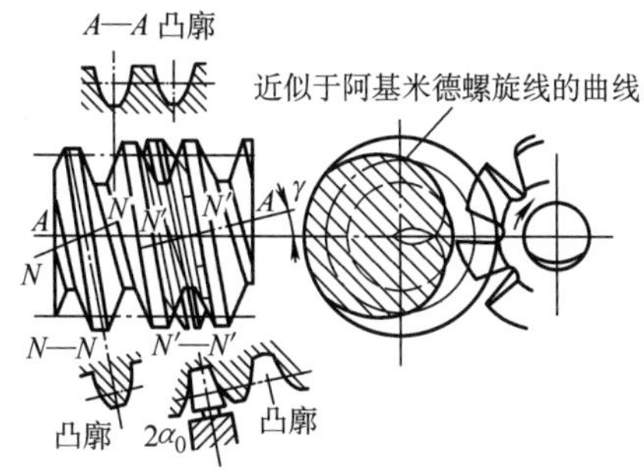

a)

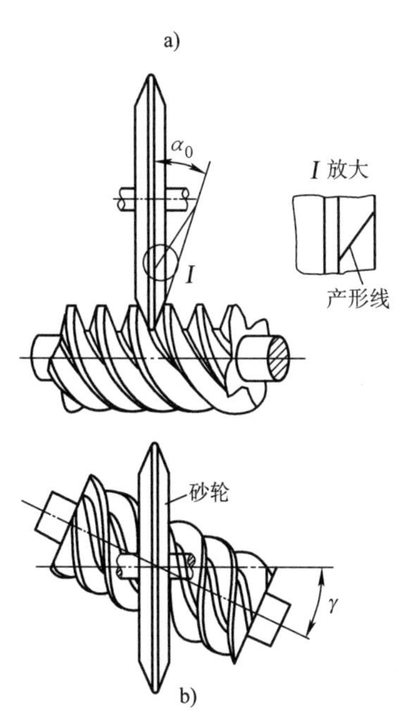

b)

图 6.4-5　锥面包络圆柱蜗杆（ZK 蜗杆）
a）铣削　b）磨削

上述不同类型的蜗杆与其相适应的蜗轮组成了不同类型的圆柱蜗杆传动。理论上加工蜗轮的滚刀参数和形状必须和工作蜗杆相同，滚铣中心距也应和传动的中心距相同。能否有条件复制出和蜗杆完全相同的蜗轮滚刀是保证啮合质量的关键。因此传动类型的选择在很大程度上取决于能否获得高精度的蜗轮滚刀。实际上制造出来的蜗轮和蜗杆的齿廓不可能精确啮合，必须依靠装配后的磨合来改善和适应。

蜗杆与蜗轮啮合时，对于轴交角为 90°的传动，蜗杆轴向齿距 p_{z1} 应与蜗轮端面齿距 p_{z2} 相等，因此蜗杆的轴向模数和蜗轮的端面模数相等，以 m 表示。蜗杆模数 m、齿顶高系数 h_a^*、顶隙系数 c^*、蜗杆分度圆直径 d_1 等一般按标准选取。普通圆柱蜗杆传动的几何尺寸计算见表 6.4-1。

3. 其他蜗杆传动简介

1）圆弧圆柱蜗杆（ZC 蜗杆）传动。圆弧圆柱蜗杆的齿面一般为圆弧形凹面，它又分为圆环面包络圆柱蜗杆和轴向圆弧圆柱蜗杆两种。

① 圆环面包络圆柱蜗杆传动。圆环面包络圆柱蜗杆传动又有两种型式。

a. ZC_1 蜗杆传动。蜗杆齿面是由圆环面（砂轮）形成的（图 6.4-6），蜗杆轴线与砂轮轴线的轴交角等于蜗杆分度圆柱导程角，两轴线的公垂线通过蜗杆齿槽的某一位置。砂轮与蜗杆齿面的瞬时接触线是一条固定的空间曲线。

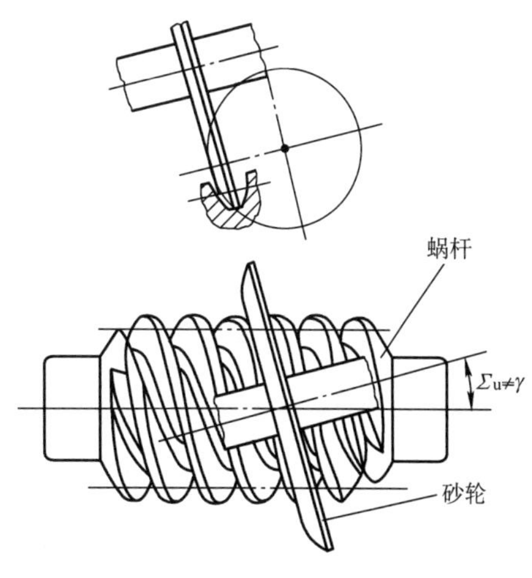

图 6.4-6　ZC_1 蜗杆及加工

b. ZC_2 蜗杆传动。蜗杆齿面是由圆环面（砂轮）形成的（图 6.4-7），蜗杆轴线与砂轮轴线的轴交角为某一角度，两轴线的公垂线通过砂轮齿廓曲率中心。砂轮与蜗杆齿面的瞬时接触线是一条与砂轮的轴向齿廓互相重合的固定的平面曲线。砂轮与蜗杆的相对位置如图 6.4-7 所示。

表 6.4-1 普通圆柱蜗杆传动的几何尺寸计算

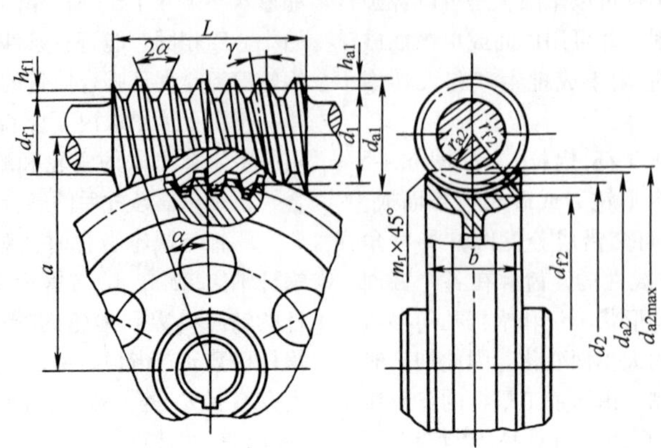

序号	名　　称	代号	计算公式及说明
1	非变位传动中心距	a	$a=\frac{1}{2}(d_1+d_2)=\frac{1}{2}(q+z_2)m$
2	变位传动中心距	a'	$a'=a+xm=\frac{1}{2}(q+z_2+2x_2)m$
3	齿数比	u	$u=\frac{z_2}{z_1}$
4	蜗杆齿数	z_1	一般取 1~10，传动比大或传递大转矩时，取小值
5	蜗杆轴向模数（蜗轮端面模数）	m	一般按国家标准取值
6	蜗杆分度圆直径	d_1	$d_1=mq$，一般也可按国家标准取值
7	蜗杆直径系数	q	$q=\frac{z_1}{\tan\gamma}=\frac{d_1}{m}$
8	蜗杆齿顶高	h_{a1}	$h_{a1}=h_a^* m$
9	蜗杆齿根高	h_{f1}	$h_{f1}=(h_a^*+c^*)m$
10	蜗杆齿高	h_1	$h_1=h_{a1}+h_{f1}$
11	蜗杆齿顶圆直径	d_{a1}	$d_{a1}=d_1+2h_{a1}=m(q+2h_a^*)$
12	蜗杆齿根圆直径	d_{f1}	$d_{f1}=d_1-2h_{f1}=m(q-2h_a^*-2c^*)$
13	蜗杆轴向齿距	p_{x1}	$p_{x1}=\pi m$
14	蜗杆螺旋线导程	p_z	$p_z=p_{x1}z_1=\pi m z_1$
15	蜗杆轴向齿廓角	α_x	对于阿基米德圆柱蜗杆（ZA 蜗杆）：$\alpha_x=20°$
16	蜗杆法向齿廓角	α_n	对于法向直廓圆柱蜗杆（ZN 蜗杆）、渐开线圆柱蜗杆（ZI 蜗杆）、锥面包络圆柱蜗杆（ZK 蜗杆）：当 $\gamma\leqslant30°$时，$\alpha_n=20°$；当 $30°\leqslant\gamma\leqslant45°$时，$\alpha_n=25°$
17	蜗杆分度圆柱导程角	γ	$\tan\gamma=\frac{z_1}{q}=\frac{z_1 m}{d_1}$
18	蜗杆节圆柱导程角	γ'	$\tan\gamma'=\frac{z_1}{q+2x_2}$

（续）

序号	名　　称	代号	计算公式及说明
19	蜗杆螺牙部分长度	L	$L\approx 2.5m\sqrt{z_2+1}$
20	蜗杆螺牙分度圆轴向弦齿厚	s_{x1}	$s_{x1}=\frac{1}{2}\pi m$
21	蜗杆螺牙分度圆法向弦齿厚	s_{n1}	$s_{n1}=s_{x1}\cos\gamma=\frac{1}{2}\pi m\cos\gamma$
22	蜗杆螺牙法向测齿高度	h_{an1}	$h_{an1}=h_a^* m+0.5s_{n1}\tan\left(0.5\arcsin\frac{s_{n1}\sin^2\gamma}{d_1}\right)$
23	蜗轮齿数	z_2	对于 $\alpha_n=20°$时：一般 $z_2\approx 29\sim 70$
24	蜗轮变位系数	x_2	$x_2=\frac{a'-a}{m}$，常用$-0.5\leqslant x_2\leqslant 0.5$
25	蜗轮分度圆（节圆）螺旋角	β_2	$\beta_2=\gamma'$，方向同蜗杆
26	蜗轮中圆螺旋角	β_{m2}	$\beta_{m2}=\gamma$
27	蜗轮分度圆（节圆）直径	d_2	$d_2=mz_2$
28	蜗轮中圆直径	d_{m2}	$d_{m2}=d_2+2x_2 m$
29	蜗轮齿顶高	h_{a2}	$h_{a2}=(h_a^*+x_2)m$
30	蜗轮齿根高	h_{f2}	$h_{f2}=(h_a^*+c^*-x_2)m$
31	蜗轮齿高	h_2	$h_2=h_{a2}+h_{f2}$
32	蜗轮齿顶圆（喉圆）直径	d_{a2}	$d_{a2}=d_2+2h_{a2}=m(z_2+2h_a^*+2x_2)$
33	蜗轮齿根圆直径	d_{f2}	$d_{f2}=d_2-2h_{f2}$
34	蜗轮外圆直径	d_{e2}	$d_{e2}\approx d_{a2}+m$
35	蜗轮齿宽	b	$b\approx 2m(0.5+\sqrt{q+1})$
36	蜗轮齿宽包容角	θ	$\theta=2\arcsin\frac{b}{d_2}$
37	蜗轮齿顶圆弧半径	r_{a2}	$r_{a2}=\frac{d_1}{2}-h_a^* m$
38	蜗轮齿根圆弧半径	r_{f2}	$r_{f2}=\frac{d_1}{2}+h_a^* m+c^* m$

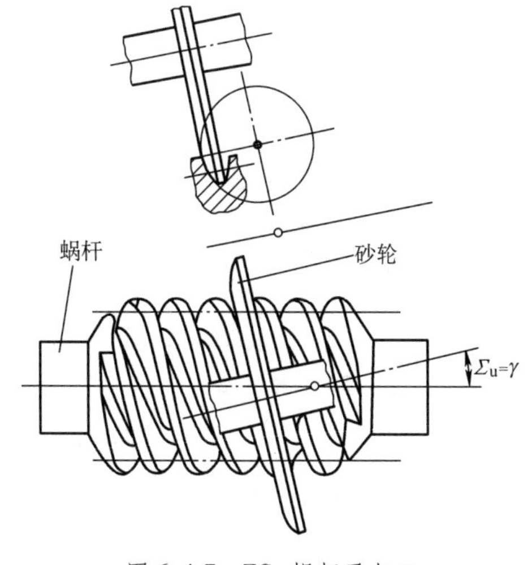

图 6.4-7　ZC_2 蜗杆及加工

② 轴向圆弧圆柱蜗杆（ZC_3 蜗杆）传动。这是我国自己创造和制造的一种圆弧圆柱蜗杆。蜗杆齿面是由蜗杆轴向平面内一段凹圆弧绕蜗杆轴线做螺旋运动形成的，也就是将凸形圆弧车刀前刀面置于蜗杆轴向平面内，车刀绕蜗杆轴线做相对螺旋运动时所形成的轨迹曲面，如图 6.4-8 所示。

这种圆弧圆柱蜗杆传动的特点如下：

a. 蜗杆和蜗轮共轭齿面是凹凸啮合，当量曲率小，因而单位齿面压力减小，接触强度提高。

b. 蜗杆和蜗轮啮合时的瞬时接触线方向与相对滑动方向的夹角较大，易于形成和保持油膜，减少齿面磨损，提高传动效率。

c. 在蜗杆齿强度不减弱的情况下，能够增大蜗轮齿的弯曲强度。

d. 制造工艺简单。

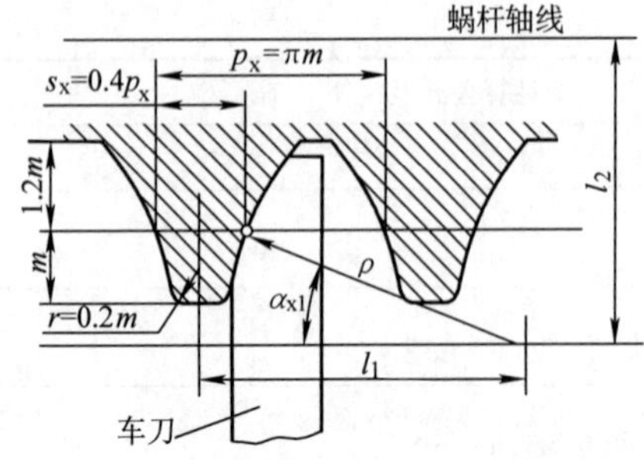

图 6.4-8　轴向圆弧圆柱蜗杆（ZC_3 蜗杆）及加工

2）直廓环面蜗杆传动。分度曲面是圆环面的蜗杆称为环面蜗杆。一个环面蜗杆，当其轴向齿廓为直线时，就称为直廓环面蜗杆（俗称球面蜗杆），与相应的蜗杆组成的传动称为直廓环面蜗杆传动（图 6.4-9）。

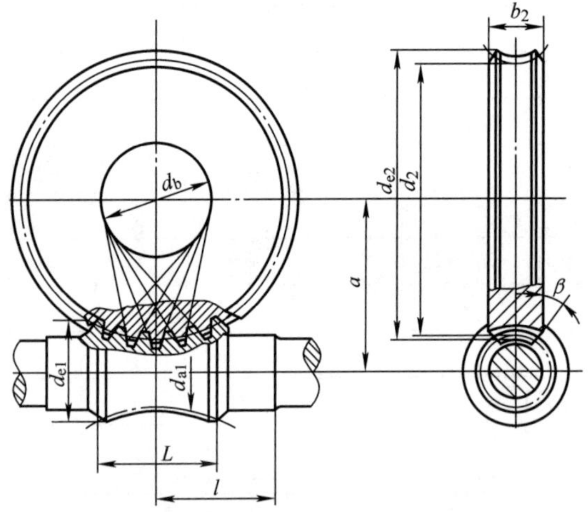

图 6.4-9　直廓环面蜗杆传动

直廓环面蜗杆传动有两种类型：原始型和修整型。

a. 原始型。直廓环面蜗杆的螺旋齿面形成原理如下：一条与成形圆相切、与蜗杆轴线相交的直线，在围绕成形圆的圆心做等速（ω_2）旋转运动的同时，又与成形圆一起围绕蜗杆轴线在空间做等角速（ω_1）的旋转运动，该直线在空间的运动轨迹曲面就是直廓环面蜗杆的螺旋齿面（图 6.4-10）。

b. 修整型。直廓环面蜗杆的螺旋齿面形成原理基本上与原始型相同，只是 ω_2 为不等角速度，其变化规律由修形曲线确定。

3）包络环面蜗杆传动。包络环面蜗杆传动的成形原理如下（图 6.4-11）：以一个特定齿面的齿轮为产形轮绕其轴线 i_2 旋转，同时使一个环面蜗杆坯件绕另一轴线 i_1 旋转（i_1 和 i_2 在空间垂直交错），此时所形成的蜗杆就是包络环面蜗杆。其特定的齿轮齿面可以是平面、渐开线、锥面等。所形成的环面蜗杆也分别称为平面包络环面蜗杆、渐开线包络环面蜗杆、锥面包络环面蜗杆等。这些具有特定齿面的齿轮可以和它们各自的包络环面蜗杆组成传动副，称为一次包络环面蜗杆传动。如果以一次包络形成的包络环面蜗杆为产形轮，再展成一个蜗轮，其过程称为第二次包络。包络环面蜗杆与它展成的蜗轮组成的传动称为二次包络环面蜗杆传动。

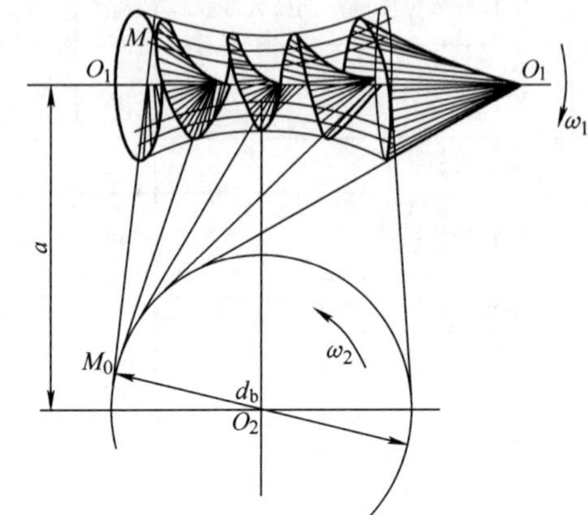

图 6.4-10　原始型直廓环面蜗杆的螺旋齿面形成原理

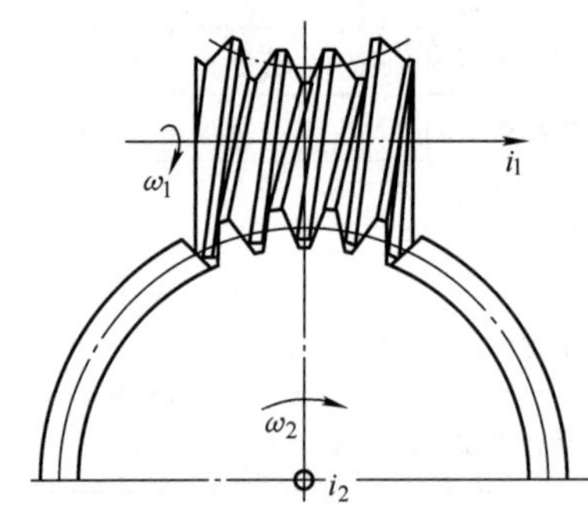

图 6.4-11　包络环面蜗杆成形原理

4）锥蜗杆传动。锥蜗杆传动与锥齿轮传动相似。锥蜗杆置于锥蜗轮的一侧（图 6.4-12），锥蜗杆齿面为阿基米德螺旋面，沿分度锥素线导程相等，可用车、铣、滚压等方法加工，在要求精度高时还需要磨齿。

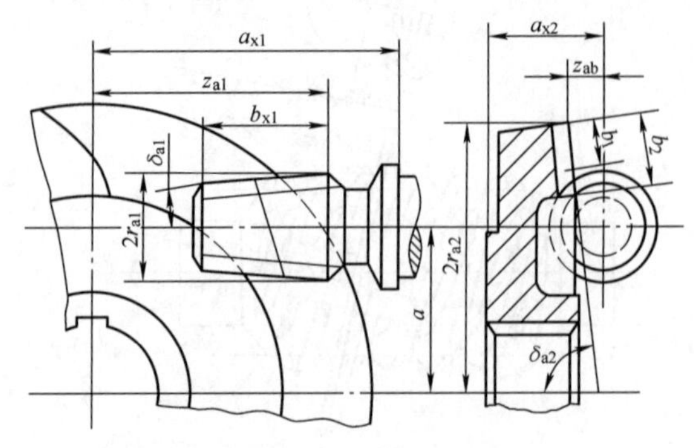

图 6.4-12　锥蜗杆传动

锥蜗轮外观像一个准双曲面锥齿轮，用与锥蜗杆基本参数一致的锥形滚刀，在普通滚齿机上用展成法加工而成。锥蜗杆传动的特点是：重合度大，齿面润滑条件好，承载能力大，易于制造和装配等。一般适用于传动比大于 10 的交错轴传动，通常轴交角为 90°。

6.4.2　普通圆柱蜗杆、蜗轮加工

1. 普通圆柱蜗杆加工

普通圆柱蜗杆加工原理与螺纹加工相同。螺旋线切深，加工成三角形称作螺纹，若加工成梯形，其齿形角为 20°，螺距为 πm，则称作蜗杆。其基本的加工方法有车削、铣削和磨削。

(1) 车削加工

在车床上用车刀加工普通圆柱蜗杆是最普遍的方法。所用的车刀刀刃都是直线形的，刀刃夹角 $2\alpha=40°$，如将车刀刀刃放于蜗杆轴向水平位置，并且与蜗杆轴线在同一水平面内，这样加工的蜗杆在垂直于轴线的截面内齿廓是阿基米德螺旋线，所以这种蜗杆称为阿基米德圆柱蜗杆。同样，如表 6.4-2 所列，由于车刀刀刃安装位置不同，可以加工出不同类型的普通圆柱蜗杆。在车削圆柱蜗杆时，如同车削螺纹一样，采用多次走刀。

表 6.4-2　不同普通圆柱蜗杆的车削加工方法

蜗杆分类	加工示意图	车削方法	特点
阿基米德圆柱蜗杆（ZA 蜗杆）	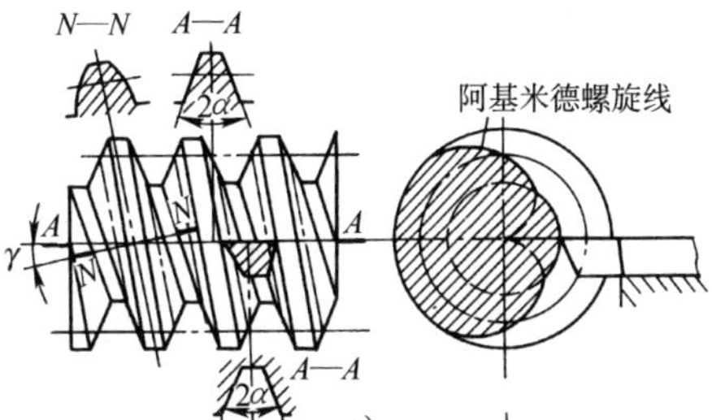 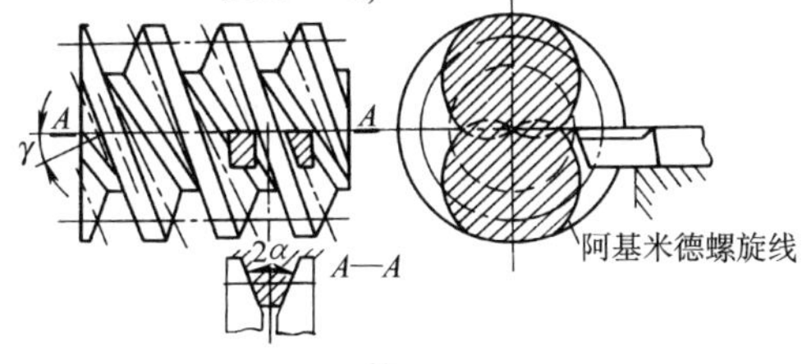 N—N　A—A　2α　阿基米德螺旋线　A　γ　N　A—A　2α　a) A　γ　A　2α　A—A　阿基米德螺旋线　b)	车刀直线刀刃位于蜗杆轴平面内 蜗杆两侧齿面同时加工 车刀两切削刃的切削条件不一致，其中一个切削刃的前角为负值	对刀容易，加工方便，应用较广泛。但导程角大时不易加工，也不易磨削。因此加工精度较低
法向直廓圆柱蜗杆（ZN 蜗杆）	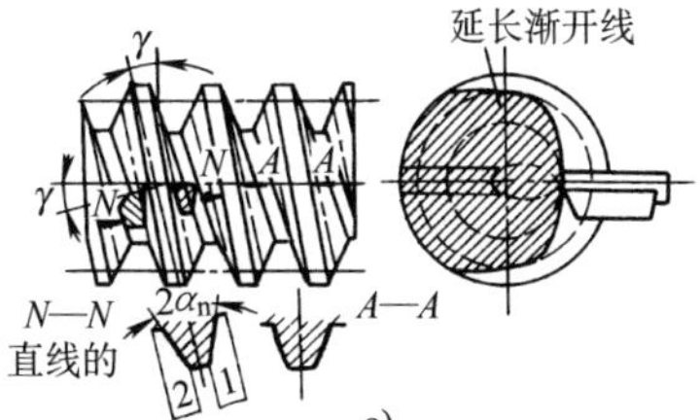 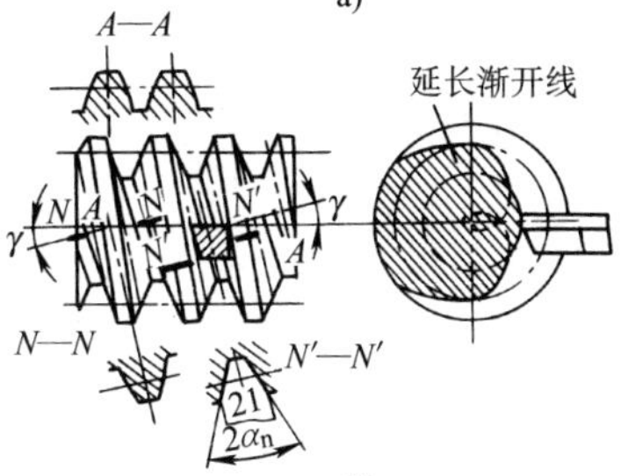 延长渐开线　γ　N　A　γ　N—N　直线的　$2\alpha_n$　A—A　2　1　a) A—A　延长渐开线　N　A　N′　γ　N—N　N′—N′　21　$2\alpha_n$　b)	车刀直线刀刃位于蜗杆齿槽中点法截面中 蜗杆两侧齿面同时加工 车刀两切削刃切削条件相同	对刀困难。但这种蜗杆容易磨削，因此加工精度容易保证

（续）

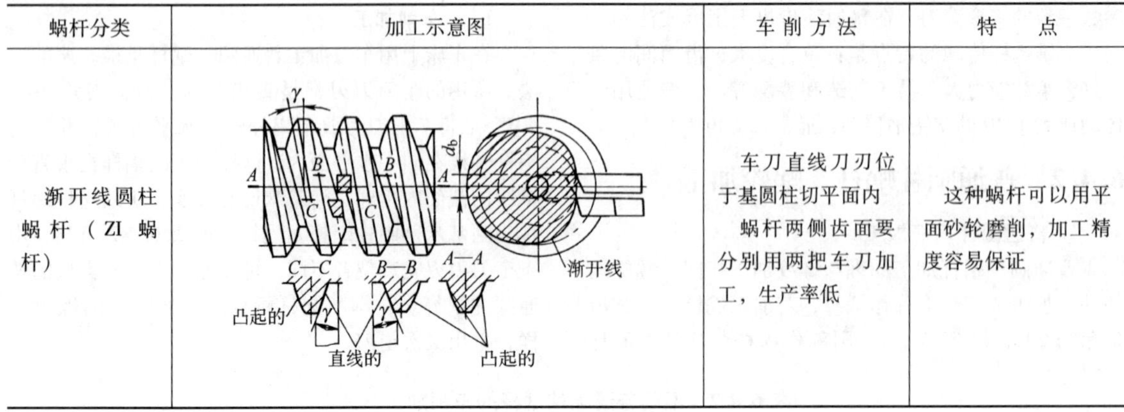

蜗杆分类	加工示意图	车 削 方 法	特　点
渐开线圆柱蜗杆（ZI 蜗杆）		车刀直线刀刃位于基圆柱切平面内 蜗杆两侧齿面要分别用两把车刀加工，生产率低	这种蜗杆可以用平面砂轮磨削，加工精度容易保证

车削普通圆柱蜗杆常用车刀结构见表 6.4-3。

表 6.4-3　常用普通圆柱蜗杆车刀结构

名称	简　图	说明	名称	简　图	说明
粗车刀	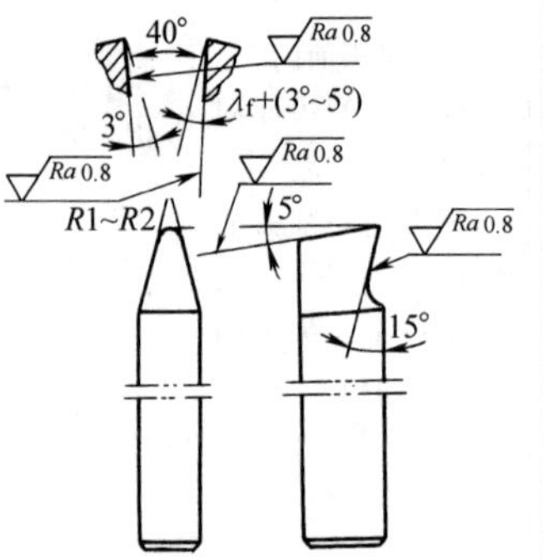	适用于加工钢类工件蜗杆，其刀尖角等于蜗杆的齿廓角，按蜗杆分度圆导程转动刀体，采用左右切削法	两侧刃分别精车的精车刀（右侧精车刀）	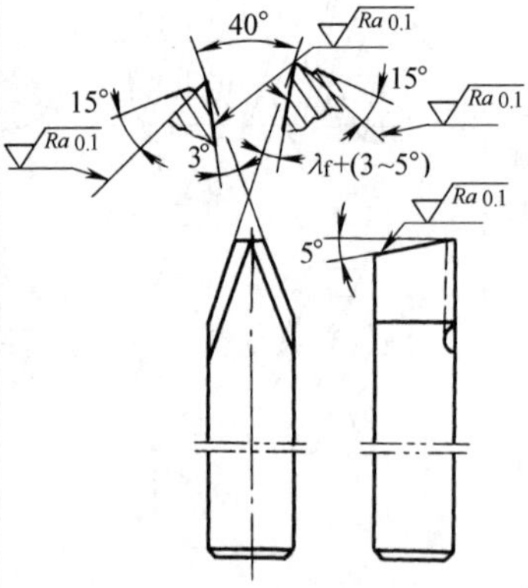	当工件刚性较差或模数较大时，可选用这种刀具。先分别精车齿廓两侧面，再用刀尖角略小于齿廓角、顶刃宽小于齿根槽宽的车刀精车蜗杆根径，把牙形修整清晰
两面磨槽精车刀	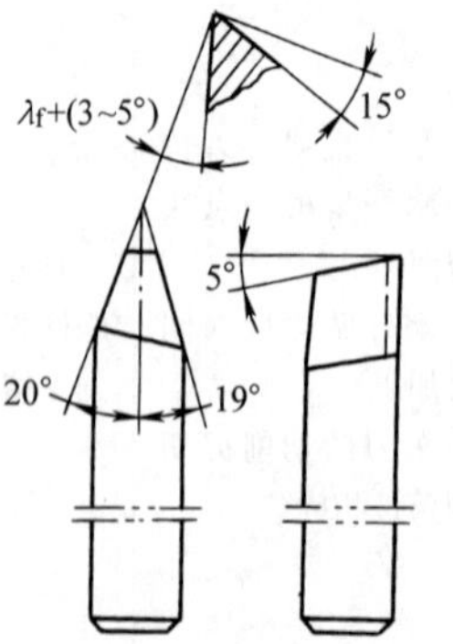	适用于钢类工件蜗杆的精加工。车削时，如工件刚性许可，且模数较小（$m \leqslant 6$）时，将该刀头装在弹性刀杆上，调整到零度刻线，采用小切深、低转速车削，保证齿廓的正确	圆弧前刀面精车刀	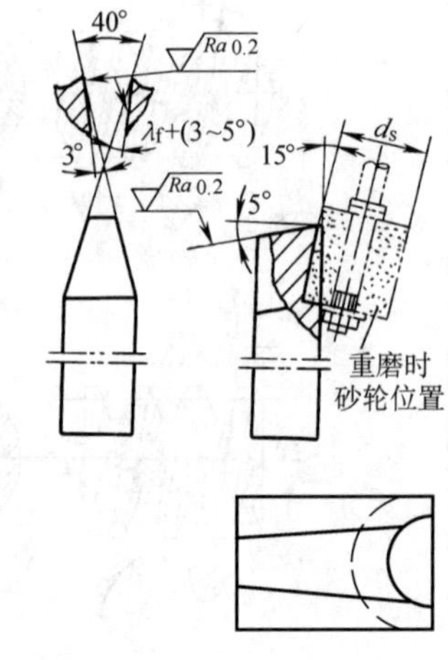	当工件刚性较差或模数较大时，可选用这种刀具。先分别精车齿廓两侧面，再用刀尖角略小于齿廓角、顶刃宽小于齿根槽宽的车刀精车蜗杆根径，把牙形修整清晰

蜗杆车刀的安装与调整如图 6.4-13 所示。将万能量角器的一边靠在蜗杆外圆柱的素线上，另一边与车刀切削刃接触后保证无间隙。

车削蜗杆时，车刀顶刃宽度应等于蜗杆螺旋槽底槽的宽度。通常采用与螺旋槽几何尺寸相应的尺寸制作样板，再依据样板来刃磨车刀。为保证螺旋表面粗糙度和槽底尺寸，车刀顶刃宽度尺寸宜略小于样板。各种蜗杆车刀的顶刃宽度尺寸 W 见表 6.4-4。

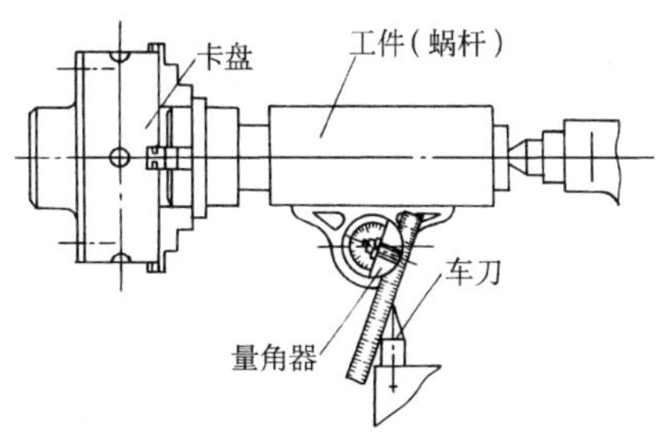

图 6.4-13　蜗杆车刀的安装与调整

表 6.4-4　蜗杆车刀的顶刃宽度

名称	计算公式	顶刃宽度											
40°模数蜗杆车刀	顶刃宽度 $W=0.843m-0.728c$ 式中　m——蜗杆模数 c——顶隙	m	1	1.25	1.6	2	2.5	3	(3.5)	4	(4.5)	5	(6)
		W	0.697	0.872	1.046	1.394	1.743	2.092	2.44	2.788	3.137	3.487	4.184
		m	6.3	(7)	8	10	12.5	(14)	16	20	25	31.5	
		W	4.394	4.881	5.579	6.276	8.718	9.763	11.15	13.948	17.435	21.968	
29°径节蜗杆车刀	顶刃宽度 $W=\dfrac{25.4\times 0.9723}{P}$ 式中　P——径节	P	2	3	4	5	6	7	8	9	10	11	12
		W	12.348	8.232	6.174	4.939	4.116	3.528	3.087	2.744	2.470	2.245	2.058
		P	13										
		W	1.9										

(2) 铣削加工

在万能铣床上采用盘形铣刀或指形铣刀可加工蜗杆，用这种方法比在车床上车削蜗杆效率更高。但是，由于铣刀轴线相对于蜗杆轴线转动了一个导程角，所以在铣削蜗杆时轴向截面中不能获得直线齿廓（图 6.4-14）。

用盘形铣刀铣削蜗杆主要是用于粗加工和 9 级精度的蜗杆。

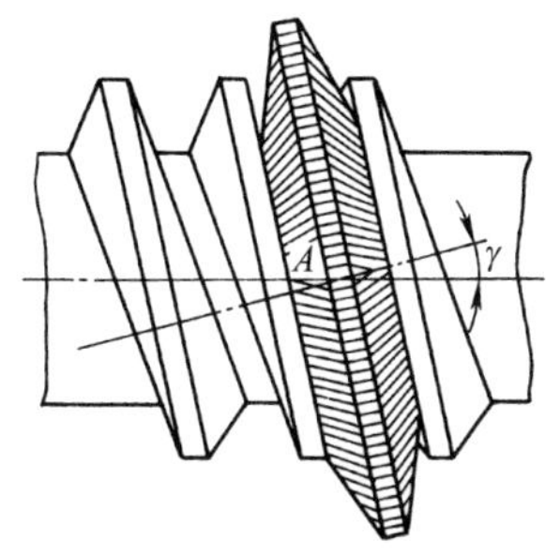

图 6.4-14　盘形铣刀铣削蜗杆

(3) 磨削加工

各种圆柱蜗杆的磨削加工图例和说明见表 6.4-5。

表 6.4-5　各种圆柱蜗杆的磨削加工

蜗杆	加工简图	说　明
阿基米德圆柱蜗杆	γ γ 双面磨削时盘形砂轮的安装	砂轮轴线安装角应等于蜗杆导程角 γ。为了保证蜗杆的精确齿廓，砂轮廓形应按曲线修整。用直线廓形砂轮磨削时，蜗杆精度在 8~9 级

（续）

蜗杆	加 工 简 图	说　明
阿基米德圆柱蜗杆	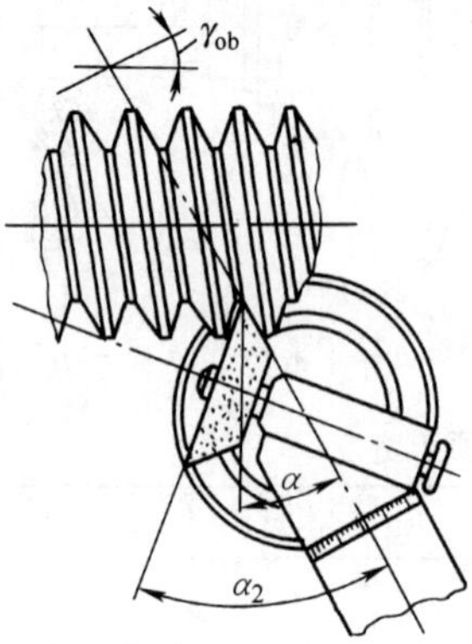 碗形砂轮的安装 α——蜗杆轴向齿形角 α_2——砂轮角度 γ_{ob}——绕母线的旋转角度	用直素线的碗形砂轮磨削时，可获得 8~9 级精度的蜗杆。如果要求蜗杆的齿形很准确，砂轮必须按曲线修整
	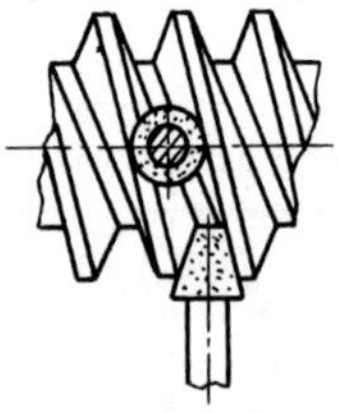 指形砂轮的安装	适用于大模数蜗杆的磨削。用具有直素线指形砂轮磨削时，蜗杆精度为 8~9 级，如果砂轮素线按预定要求修整为曲线，蜗杆齿形可以加工得更精确
渐开线圆柱蜗杆	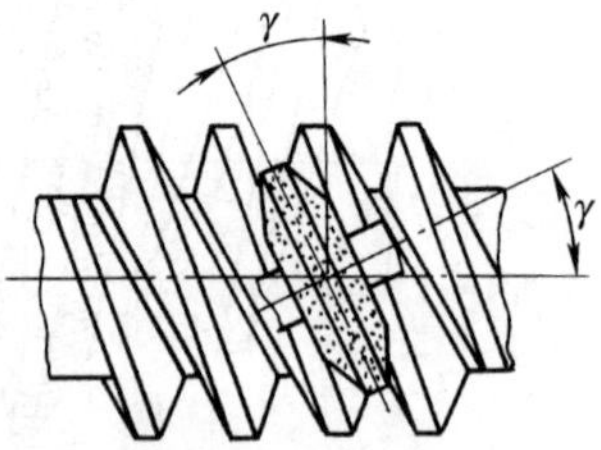 双面磨削时盘形砂轮的安装	砂轮轴线安装角应等于蜗杆导程角 γ。为了获得准确廓形砂轮应具有曲素线。当砂轮的修整半径按下式计算时，所得蜗杆廓形近似于渐开线： $R=\dfrac{\sin\alpha_n}{\sin\gamma}\left[\dfrac{\gamma-\gamma_a}{6}(A-r_a)\cos^2\gamma+r\right]$ 式中　α_n——法向齿形角 γ——分度圆柱导程角 γ_a——外径处的螺旋导程角 r——蜗杆分度圆半径（mm） A——砂轮与蜗杆轴线之间的距离（mm） r_a——蜗杆齿顶圆半径（mm）
	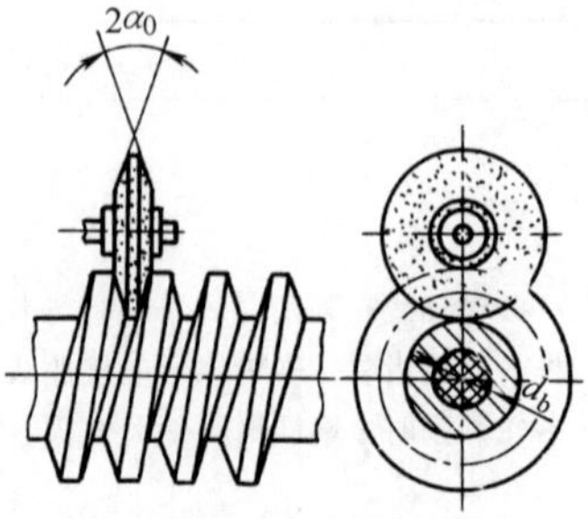 用单边磨削渐开线圆柱蜗杆时盘形砂轮的安装	用直线廓形盘形砂轮单面磨削蜗杆时，砂轮素线应与蜗杆基圆柱面相切

（续）

蜗杆	加工简图	说　　明
渐开线圆柱蜗杆	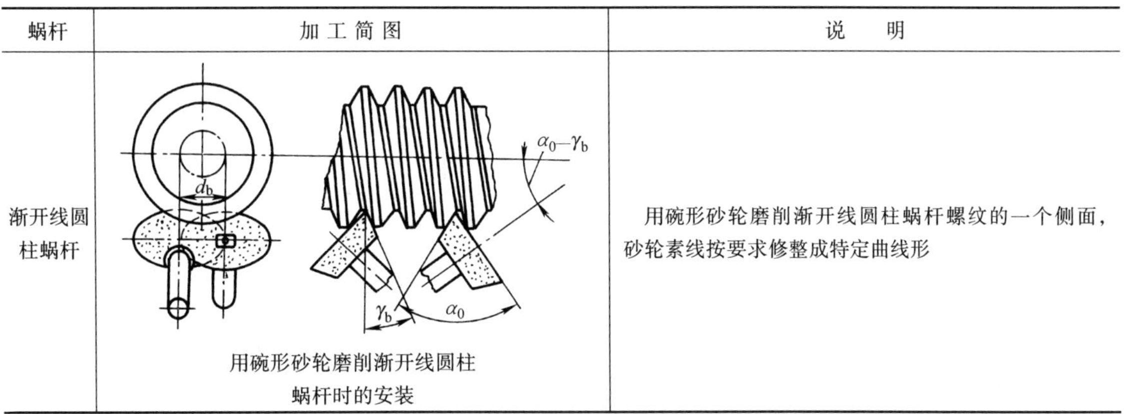 用碗形砂轮磨削渐开线圆柱蜗杆时的安装	用碗形砂轮磨削渐开线圆柱蜗杆螺纹的一个侧面，砂轮素线按要求修整成特定曲线形

(4) 蜗杆加工用机床

常用的蜗杆加工用机床有普通车床、万能铣床机床、螺纹磨床、蜗杆加工专用机床等，具体机床型号与技术参数见本章附录表 6.7-29～表 6.7-33。

(5) 蜗杆加工工艺

1）工艺过程。

① 粗加工各面。

② 精切蜗杆的装配表面或定位基准面。对于不用经热处理的蜗杆应直接加工到成品尺寸。对于要经热处理的蜗杆要给热处理后加工留有余量。

③ 热处理前粗、精切的蜗杆螺旋面。对于不用经热处理的蜗杆应直接加工到成品尺寸。对于有热处理要求的蜗杆螺旋面，如果要磨削应留有余量，如果热处理后不加工蜗杆螺旋面，则热处理前的精切精度要考虑热处理变形的影响。

④ 热处理。

⑤ 对热处理后的蜗杆的安装表面和定位表面进行加工。

⑥ 对蜗杆进行精加工和光整加工。

蜗杆加工工艺过程示例见表 6.4-6。

表 6.4-6　蜗杆加工工艺过程示例

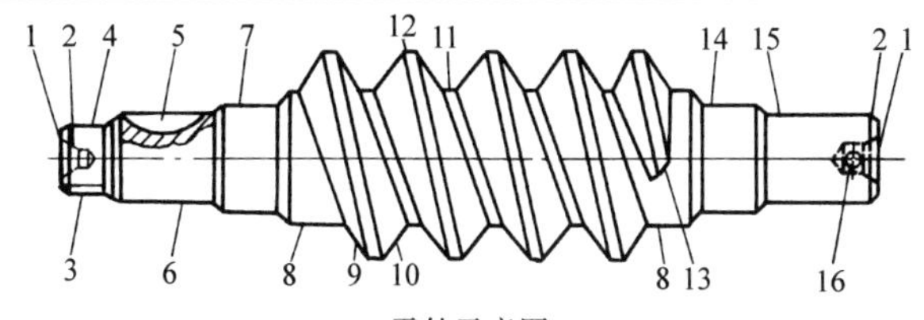

零件示意图

序号	工　　序	加工表面	单边余量/mm	设备	刀具	基准面和夹具
1	在一端切端面钻中心孔	1，2	2~3	普通车床	高速钢车刀和中心钻	表面 12 和一端面，自定心卡盘
2	在另一端切端面钻中心孔	1，2	2~3	普通车床	高速钢车刀和中心钻	表面 12 和一端面，自定心卡盘
3	粗车一端各轴颈表面和端面	3，6，7，8，12 等	2~3	多刀车床或液压仿形车床	高速钢或硬质合金车刀	两端中心孔和端面 1，偏心自动夹盘、顶尖
4	粗车另一端各轴颈表面和端面	15，14，6，12 等	2~3	多刀车床或液压仿形车床	高速钢或硬质合金车刀	两端中心孔和端面 1，偏心自动夹盘、顶尖

（续）

序号	工　　序	加工表面	单边余量/mm	设备	刀具	基准面和夹具
5	精车一端各轴颈表面和端面	3，6，7，8，12 等	1	数控车床或液压仿形车床	硬质合金车刀	两端中心孔和端面 1，偏心自动夹盘、顶尖
6	精车另一端各轴颈表面和端面	15，14，6，12 等	1	数控车床或液压仿形车床	硬质合金车刀	两端中心孔和端面 1，偏心自动夹盘、顶尖
7	铣端部平面	4	—	卧式铣床	高速钢铣刀	轴径 6、15 和端面 1，专用夹具或虎钳
8	铣键槽	5	—	卧式铣床	高速钢键槽铣刀	轴径 7、15 和端面 1，专用夹具或虎钳
9	钻、铰孔 16	16	—	立式钻床	高速钢钻头、铰刀	轴径 6、15 和端面 1，专用夹具或虎钳
10	粗车蜗杆螺旋面	9、10、11	—	螺纹车床	高速钢成形车刀	两端中心孔和端面 1，拨盘
11	精车蜗杆螺旋面的一面	9、	0.5	螺纹车床	高速钢成形车刀	两端中心孔和端面 1，拨盘
12	精车蜗杆螺旋面的另一面	10	0.5	螺纹车床	高速钢成形车刀	两端中心孔和端面 1，拨盘
13	修整蜗杆螺旋面的尾部（大模数的蜗杆采用铣掉的方式，小模数的蜗杆采用锉掉的方式）	13	—	立式铣床	铣刀、锉刀	轴径 6、15 和端面 1，专用夹具或虎钳
14	热处理	—	—	—	—	—
15	磨削安装和定位轴颈	6、7、14、15	0.15~0.3	外圆磨床	砂轮	两端中心孔和端面 1，拨盘
16	磨削蜗杆外圆柱表面	12	0.15~0.3	外圆磨床	砂轮	两端中心孔和端面 1，拨盘
17	粗磨蜗杆螺旋面（两面同时磨削或分开磨削）	9、10	0.3	蜗杆磨床	砂轮	两端中心孔和端面 1，拨盘
18	精磨蜗杆螺旋面的一面	9	0.2	蜗杆磨床	砂轮	两端中心孔和端面 1，拨盘
19	精磨蜗杆螺旋面的另一面	10	0.2	蜗杆磨床	砂轮	两端中心孔和端面 1，拨盘
20	清理毛刺和清洗	—	—	清洗机	—	—
21	终检	—	—	—	—	—

2）切削用量选择。蜗杆加工中，车削蜗杆和铣削蜗杆的切削用量及其选择与螺纹的加工相似，可参阅螺纹加工章节相关内容。磨削加工时，磨削用量见表 6.4-7。

表 6.4-7　蜗杆加工磨削用量

参　　数		磨削加工工序			
		粗磨	第一次半精磨	第二次半精磨	精磨
切削速度/(m/s)		20~25		30~35	
工件速度/(r/min)	$m=2\sim4$	10	4	3	2
	$m=4\sim6$	9	3	2.5	1.5
每行程进给量/mm		0.05~0.10	0.03~0.05	0.005	0.0025
光磨行程数		—	—	2	4

磨削钢制蜗杆时砂轮特性要求见表 6.4-8。

表 6.4-8　磨削钢制蜗杆所用砂轮特性要求

砂轮特征	粗磨	第一次半精磨	第二次半精磨	精磨
粒度	30/36	46/60	46/60	60/80
硬度	L/K	K/J	K/J	J/H
结合剂	V	V	V	A
磨料	A	A	A	A
组织	5	5	5	5

注：1. 硬度中 L、K、J、H 是等级代号，L、K 相当于中软 2、1；J、H 相当于软 3、2。
2. 结合剂中 V 指陶瓷结合剂。
3. 磨料中 A 指棕刚玉。

蜗杆的精加工余量见表 6.4-9。

表 6.4-9　蜗杆的精加工余量 *a*（mm）

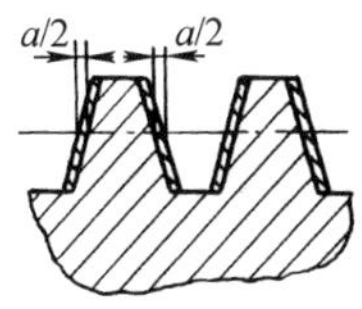

模数	粗铣后精车	淬火后磨削
≤2	0.7~0.8	0.2~0.3
2~3	1~1.2	0.3~0.4
3~5	1.2~1.4	0.4~0.5
5~7	1.4~1.6	0.5~0.6
7~10	1.6~1.8	0.6~0.7
10~12	1.8~2.0	0.7~0.8

3）机动时间计算。切削圆柱蜗杆的机动时间计算见表 6.4-10。

表 6.4-10　切削圆柱蜗杆的机动时间计算

加工方式	在车床上车削蜗杆	用单边砂轮磨蜗杆
计算公式	$t_m=\dfrac{L+l_1+l_2}{p_z n}\times iz_1$	$t_m=\dfrac{L+l_1+l_2}{p_z n}\times\left(\dfrac{h}{f}+i'\right)$

注：表格公式中：
L——蜗杆螺旋段长度（mm）；
l_1——切入长度，1~3 个齿距（mm）；
l_2——切出长度，0.5~2 个齿距（mm）；
p_z——蜗杆导程（mm）；
z_1——蜗杆头数；
n——蜗杆转速（r/min）；
i——进给次数；
h——蜗杆中径的磨削余量（mm）；
f——横向进给量（mm）；
i'——停止横向进给后的行程次数，当粗磨时 $i'=0$，精磨时，$i'=1\sim2$。

4）机床调整。在车床上车削蜗杆时车床的调整与车削螺纹时相似，具体可参阅螺纹螺纹一章中的车削螺纹一节。

在车削多头蜗杆时常用的分头方法有移动小刀架法、脱开交换齿轮分头法、分度盘法、用简易分头器法等。

① 移动小刀架法。当车完一条螺旋槽后，车床主轴不转，手摇小刀架前移一个齿距（πm），就可加工另一条螺旋槽，前移距离可用百分表测量控制，也可利用小刀架刻度盘的刻度来控制，如图 6.4-15 所示。该方法简单方便，但分头精度不高。

② 脱开交换齿轮分头法。此法的实质是当车完一条螺旋槽后，车刀不动，主轴与蜗杆一起相对于车刀转动，以达到分头的目的。多头蜗杆螺旋槽在垂直于截面圆周上是均匀分布的，如果车完一条螺旋槽，车刀位置不动，蜗杆转 $360°/z_1$（蜗杆头数），就可车

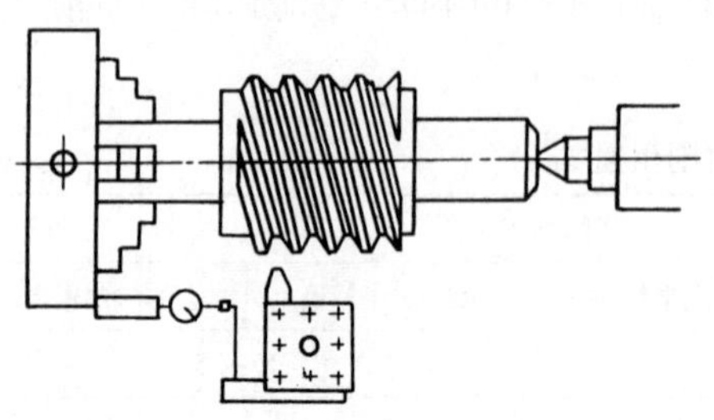

图 6.4-15　移动小刀架分头

出另一条螺旋槽。对图 6.4-16 所示车床，可以脱开进给交换齿轮（即将交换齿轮 b 拉出脱开啮合），让主轴连同蜗杆回转 $360°/z_1$ 实现分头。主轴转过的角度可按交换齿轮 a 转过的齿数来控制。如果主轴和交换齿轮 a 之间的速比为 i，交换齿轮 a 的齿数为 z_a，蜗杆头数是 z_1，分头时交换齿轮 a 转过的齿数 z' 可按下式计算：$z'=\frac{z_a}{z_1}i$。

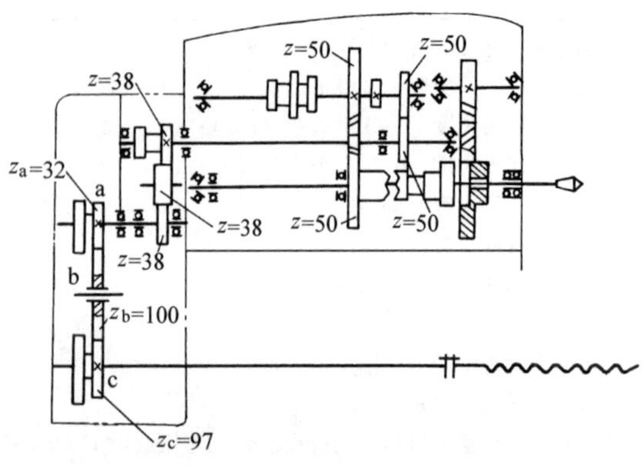

图 6.4-16　C620-1 车床部分传动系统

③ 分度盘法。采用如图 6.4-17 所示的分度盘可进行蜗杆分头。分度盘转动角度为 $360°/z_1$。

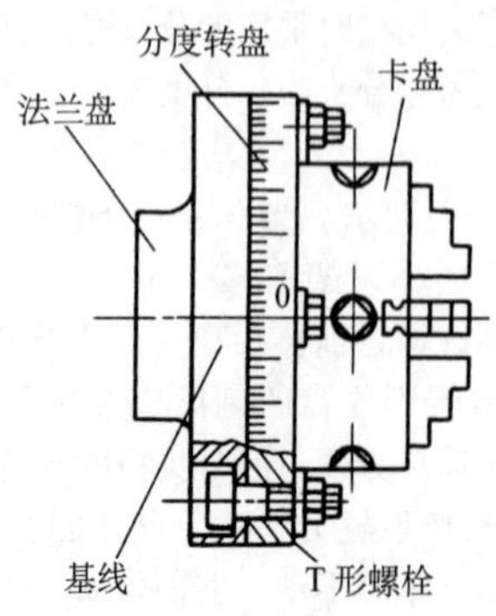

图 6.4-17　分度盘

④ 用简易分头器分头法。图 6.4-18 所示的简易分头器能对多头螺纹和模数蜗杆做较精确的分头。车削普通螺纹和模数蜗杆时，将分头器的内齿轮退出，然后将双联齿轮转过一定的格数 G。

$$G=\frac{l_2}{z_1}$$

式中　z_1——所车蜗杆的头数（螺纹头数）；

l_2——分头器刻线格数。

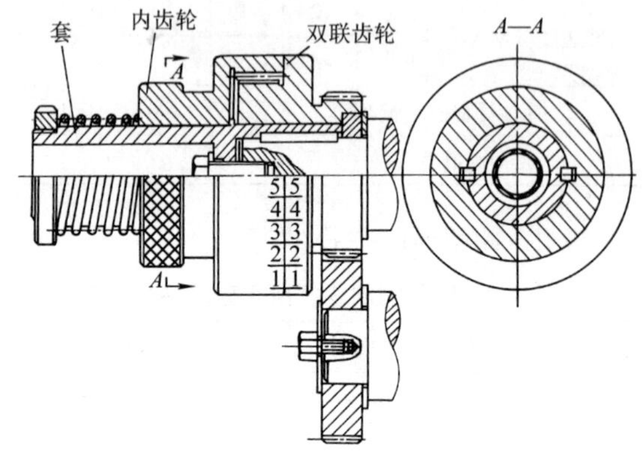

图 6.4-18　简易分头器

2. 普通圆柱蜗轮加工

蜗轮轮齿加工时，刀具与蜗轮的啮合状态如同蜗杆与蜗轮装配时啮合状态一样，加工所用刀具的基本参数应与相应蜗杆一致。

（1）滚齿加工

在滚齿机上用蜗轮滚刀加工蜗轮与用齿轮滚刀加工齿轮基本相似，但也有不同之处，其不同点见表 6.4-11。

表 6.4-11　蜗轮加工与齿轮加工的比较

名称	蜗 轮 加 工	齿 轮 加 工
滚刀参数	滚刀轴向模数、分度圆直径、滚刀头数、方向和导程角，以及齿廓角，均应和工作蜗杆一致，但外径要比工作蜗杆稍大一些	滚刀法向模数、齿廓角和被加工齿轮一致，其他参数如直径、滚刀头数、方向和导程角等可按要求选择
滚刀使用条件	蜗轮滚刀水平放置，其轴线应在蜗轮中心平面内，即和蜗轮蜗杆传动啮合状态一样，加工每一个蜗轮要用与工作蜗杆相适应的滚刀	滚刀刀架要根据加工需要扳动角度。用同一把滚刀可加工模数和齿廓角相同而齿数和螺旋角不同的各种齿轮

（续）

名称	蜗轮加工	齿轮加工
滚刀基本蜗杆形式	滚刀基本蜗杆型式应与工作蜗杆型式相同	可采用阿基米德型、渐开线型或法向直廓型的基本蜗杆，按要求和制造条件决定
机床分度运动	分度运动应符合蜗杆传动速比关系，滚刀头数与工作蜗杆头数相同	分度运动的传动速比与蜗轮加工无区别，滚刀头数与被加工齿轮无直接关系
进给方式	加工蜗轮时，采用径向进给或切向进给方式，不用轴向进给方式	加工时常用轴向进给方式，也可采用径向进给或切向进给方式

1）径向进给法加工蜗轮。加工时滚刀和蜗轮的中心距逐渐缩小，滚刀沿蜗轮径向进刀，从蜗轮的齿顶逐渐切至全齿深。最好采用螺旋角不大于 6°的滚刀，以免产生过切现象。

2）切向进给法加工蜗轮。滚刀为锥形切向进给滚刀，加工时将滚刀轴线与蜗轮轴线的位置调整到和工作蜗杆和蜗轮的中心距位置一样。加工过程中，滚刀沿蜗轮切向进给。依靠滚刀齿高从小到大，逐渐切至全齿深。切向进给加工时，滚刀和工件之间除利用分度交换齿轮保持恒定的速比外，滚刀多了一个切向移动，而蜗轮还需沿滚刀移动方向转过一定的角度，称为附加运动，因此需要挂差动交换齿轮。滚刀滚切时每一切削刃有不同的切削位置，粗、精加工可用不同的刀齿来完成，滚刀的负荷分布比较均匀。

径向进给法和切向进给法滚切蜗轮的特点见表 6.4-12。

表 6.4-12　径向进给法和切向进给法滚切蜗轮的特点

比较指标	径向进给法	切向进给法
加工简图	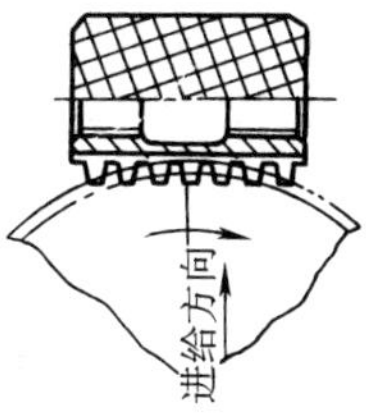 进给方向	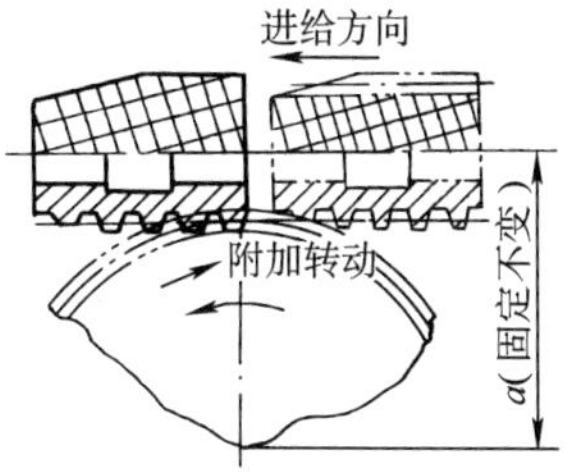 进给方向 附加转动 a(固定不变)
加工精度	传动链短，误差小，蜗轮齿面易产生棱度，有时产生齿顶过切现象	所获轮齿侧面廓形较精确，齿面的表面粗糙度值较小，无过切现象
生产率	进给行程短，生产率较高	进给行程长，生产率较低
对机床的要求	不需要切向进给刀架	必须装有切向进给刀架
机床调整	与切向进给法比，调整简单	调整较复杂，需采用差动机构
刀具	被切蜗轮齿面的表面粗糙度与滚刀的容屑槽数有关，滚刀制造简单	被切蜗轮齿面的表面粗糙度与滚刀的容屑槽数无关，滚刀前端须做有切削锥部，制造较复杂
与蜗杆装配	在装配时，可径向装入蜗杆	不允许与阿基米德型或法向直廓型蜗杆沿径向装配，只能沿蜗轮切向将轮齿旋入蜗轮齿槽中。只有满足下列不等式，才能径向装配： $\tan\alpha_{x1} \geqslant \tan\gamma_1\sqrt{\dfrac{r_{a1}^2-r_1^2}{r_{a1}}}$ 式中　α_{x1}——蜗杆轴向齿廓角； γ_1——蜗杆分度圆柱导程角； r_{a1}——蜗杆齿顶圆半径； r_1——蜗杆分度圆半径。

也可采用沿蜗轮径向进给，然后再沿蜗轮切向进给组合的方式进行蜗杆加工。

普通蜗轮滚刀的基本蜗杆主要有阿基米德蜗杆、法向直廓蜗杆和渐开线蜗杆三种。阿基米德蜗杆滚刀制造和检验比较方便，在生产中应用较广。法向直廓蜗杆滚刀制造比较麻烦。渐开线蜗杆滚刀制造困难，因此应用较少。蜗轮滚刀的结构型式可分为套装式和带柄式两种（图 6.4-19）。滚刀的外径较大时，可以采用套装式结构，如图 6.4-19a、b 所示。其内孔直径一般采用滚齿机标准刀杆直径，一般为 22mm、27mm、32mm、40mm、50mm 等。当采用套装式结构，蜗轮滚刀内孔的最小壁厚不满足规定条件时，应选用带柄式结构，如图 6.4-19c 所示。

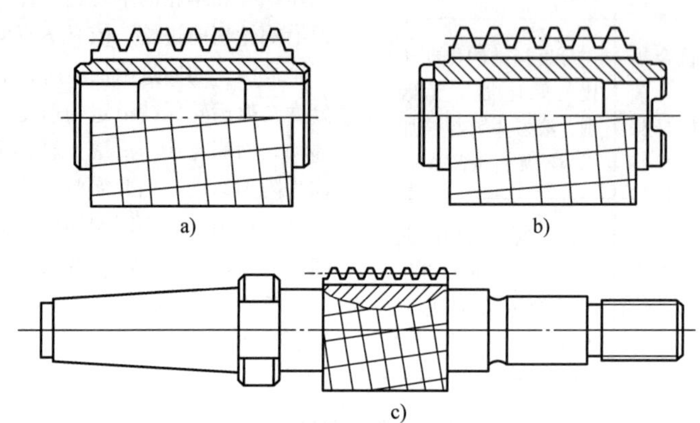

图 6.4-19　普通蜗轮滚刀的结构型式

a）轴向键槽型式的套装式　b）端面键槽型式的套装式　c）带柄式

轴向键槽型式的套装式结构蜗轮滚刀内孔壁厚应满足下列条件：

$$\frac{d_{a0}}{2}-H-\left(t_i+\frac{D}{2}\right)\geqslant 0.20D$$

端面键槽型式的套装式结构蜗轮滚刀内孔壁厚应满足下列条件：

$$\frac{d_{a0}}{2}-H-\frac{D_2}{2}\geqslant 0.20D$$

上述两式中　d_{a0}——滚刀外径；

H——滚刀的容屑槽深度；

t_i——轴向键槽深度的测量值；

D——滚刀孔径；

D_2——滚刀内孔空刀部分的直径。

滚刀轴向模数、分度圆直径、滚刀头数、方向和导程角、齿形角均应和工作蜗杆一致，外径要比工作蜗杆稍大一些，使切出的蜗轮安装后具有一定的径向间隙，并用以补偿滚刀重磨后外径的减小。其值可按下式确定：

$$d_{a0}=d_{a1}+2(c^*+0.1)m$$

式中　d_{a0}——滚刀外径；

d_{a1}——工作蜗杆外径；

c^*——蜗杆副的顶隙系数；

m——蜗杆轴向模数（蜗轮端面模数）。

对于径向进给的蜗轮滚刀，其切削部分的长度可取稍大于工作蜗杆的有效长度。对于切向进给的蜗轮滚刀，其切削部分的长度由切入锥部分和圆柱部分组成，切入锥部分长度一般取（2.5~3）p_{x1}；圆柱部分长度一般取 $2p_{x1}$。

阿基米德蜗轮滚刀的容屑槽，在导程角小于 5°时可做成直槽，当大于 5°时做成螺旋槽。法向直廓蜗轮滚刀的容屑槽一般做成螺旋槽。蜗轮滚刀的容屑槽数受到滚刀外径的限制，一般较少。为了保证齿面质量，根据被加工蜗轮的精度要求，对于径向进给的蜗轮滚刀的容屑槽数按下列规定选取：

① 加工 6 级及 6 级以上精度蜗轮时：容屑槽数≥12。

② 加工 7 级精度蜗轮时：容屑槽数≥10。

③ 加工 8 级精度蜗轮时：容屑槽数≥8。

用蜗轮滚刀滚切蜗轮的参考切削用量见表 6.4-13。

蜗轮精滚加工齿厚余量见表 6.4-14。

滚切蜗轮的机动时间计算见表 6.4-15。

（2）飞刀加工

单件小批量生产蜗轮时，制造蜗轮滚刀费时且成本高，可以用飞刀加工蜗轮。飞刀相当于蜗轮滚刀的一个刀齿。加工时，飞刀旋转并同时沿刀杆轴线做切向进给运动，蜗轮做相应的分度旋转和附加旋转运动。由于飞刀刀齿的相对运动轨迹与滚刀刀齿所在的螺旋面等效，因此，能加工出正确的蜗轮轮齿。飞刀加工刀具易于制造、成本低，但加工蜗轮的生产率低。

表 6.4-13　滚切蜗轮的切削用量

模数 /mm	滚刀直径 /mm	径向进给量 f_r/(mm/r)			切向进给量 f_t/(mm/r)			切削速度 v/(m/min)
		机床功率 P_m/kW						
		1.5~2.8	3~4	5~9	1.5~2.8	3~4	5~9	
3	70	0.60	0.90	—	1.4	1.6	—	26.4
4	80	0.55	0.85	0.95	1.3	1.5	1.55	24.5
5	90	0.50	0.80	0.90	1.2	1.4	1.45	23.0
6	125	0.50	0.75	0.85	1.2	1.3	1.40	23.0
8	145	0.45	0.68	0.78	1.1	1.2	1.30	22.5
10	164	0.40	0.64	0.74	1.0	1.1	1.25	20.5
12	171	—	0.60	0.70	—	1.05	1.20	20.5
14	171	—	0.50	0.65	—	1.0	1.10	19.6
16	199	—	0.48	0.55	—	0.85	0.95	19.4
18	207	—	—	0.50	—	—	0.85	18.4
22	252	—	—	0.40	—	—	0.80	18.0
24	272	—	—	0.35	—	—	0.75	17.5
26	290	—	—	0.30	—	—	0.70	17.0

使用条件改变时切削速度修正系数

与蜗杆材料有关	材料			灰铸铁				青铜			
	硬度 HBW			140~160	>160~180	>180~200	>200~220	80	100	120	140
	修正系数 k_1			1.25	1.12	1.0	0.9	1.2	1.1	1.0	0.9
与刀具寿命有关	刀具寿命 T/min			120	240	360	480	480	600	900	1200
	修正系数 k_2	模数 /mm	≤18	1.38	1.18	1.11	1.05	1.05	1.0	0.93	0.87
			20~26	1.49	1.27	1.19	1.12	1.12	1.08	1.0	0.95

注：用蜗轮滚刀加工，蜗轮材料：灰铸铁 180~200HBW，青铜 120HBW。

表 6.4-14　蜗轮精滚加工齿厚余量　(mm)

模数	2~4	>4~6	>6~8	>8~10	>10~14	>14~20
精滚齿厚余量	0.4	0.6	0.8	1.0	1.2	1.5

表 6.4-15　滚切蜗轮的机动时间计算

加工方法	机动时间计算公式	说　明
径向进给法	$t_m=\dfrac{(h+0.8m)\ z_2}{n_0 f_r K}$	h——蜗轮全齿深（mm） L——滚刀在切向进给方向的移动总长 z_2——蜗轮齿数 n_0——工件转速 f_r——径向进给量 f_t——切向进给量 K——滚刀头数
切向进给法	$t_m=\dfrac{Lz_2}{n_0 f_t K}$	

在滚齿机上用飞刀加工蜗轮时，在专用刀杆上装一个切刀来代替蜗轮滚刀进行加工，使切刀一边旋转，一边做相应的轴向移动（即沿刀杆轴线移动）。这样可切出正确的齿廓线。用飞刀滚切蜗轮须在滚齿机上装有切向进给刀架，并挂上切向进给交换齿轮，才能使飞刀连续地沿轴向移动。

1）飞刀的齿廓线。飞刀的齿廓线和蜗轮滚刀一样，应按基本蜗杆类型确定。飞刀齿廓线及飞刀安装方法见表 6.4-16。

2）飞刀的刀柄。飞刀刀柄一般做成圆柱状，其前刀面须通过轴线，两侧刃的齿廓线应与轴线对称，飞刀重磨时只磨后刀面，并用齿廓样板测量齿廓，或用角度尺测量角度。飞刀刀头材料应选用 W18Cr4V 高速钢，淬火后硬度为 60~64HRC。飞刀类型可分为三种，见表 6.4-17。直线切削刃飞刀尺寸计算见表 6.4-18。

表 6.4-16　飞刀齿廓线及安装方法

飞刀类型		飞刀齿形及安装	安装简图
法向直廓飞刀		因法向直廓蜗杆在法向截面上的齿廓线为直线，故将飞刀的齿廓线设计成直线。装飞刀时将飞刀前刀面与刀杆轴线倾斜一个蜗杆导程角 γ	
阿基米德飞刀	$\gamma \leqslant 5°$	在刀杆的轴向截面内，飞刀的齿廓线为直线，其齿廓角等于阿基米德蜗杆的轴向齿廓角。安装时将飞刀前刀面 A—B 装在刀杆的轴向截面内	
	$\gamma > 5°$	飞刀齿廓线不是直线，而是和阿基米德蜗杆的法向截形相同的曲线，因此它的齿廓线需要特殊的计算。安装时前刀面与刀杆轴线成 γ 角，这样可改善切削条件，提高加工质量	同法向直廓飞刀安装简图

表 6.4-17　飞刀类型及其结构

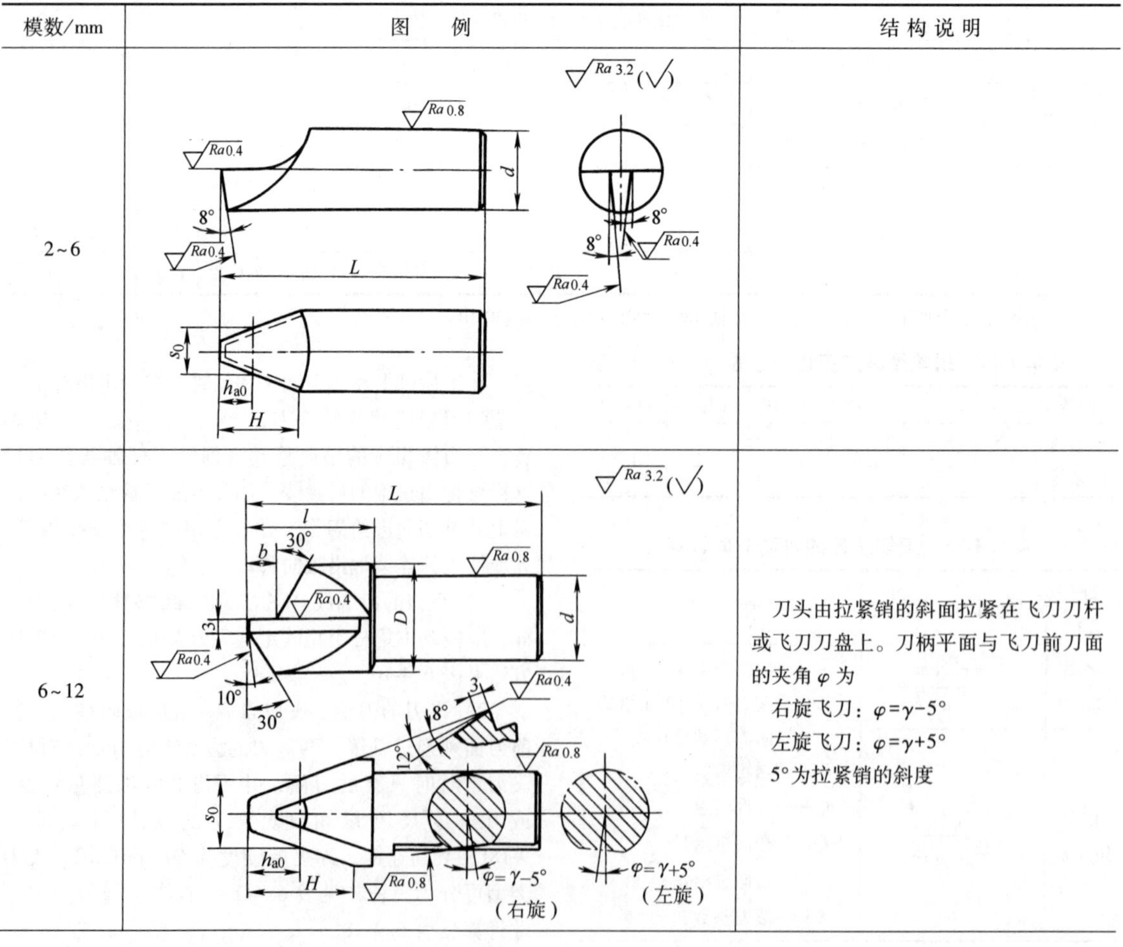

模数/mm	图　例	结 构 说 明
2~6		
6~12		刀头由拉紧销的斜面拉紧在飞刀刀杆或飞刀刀盘上。刀柄平面与飞刀前刀面的夹角 φ 为 右旋飞刀：$\varphi=\gamma-5°$ 左旋飞刀：$\varphi=\gamma+5°$ 5°为拉紧销的斜度

（续）

模数/mm	图　　例	结 构 说 明
12～30		刀头由拉紧销的斜面拉紧在飞刀刀杆或飞刀刀盘上。刀柄平面与飞刀前刀面的夹角 φ 为 右旋飞刀：$\varphi=\gamma-5°$ 左旋飞刀：$\varphi=\gamma+5°$ 5°为拉紧销的斜度

表 6.4-18　直线切削刃飞刀尺寸计算

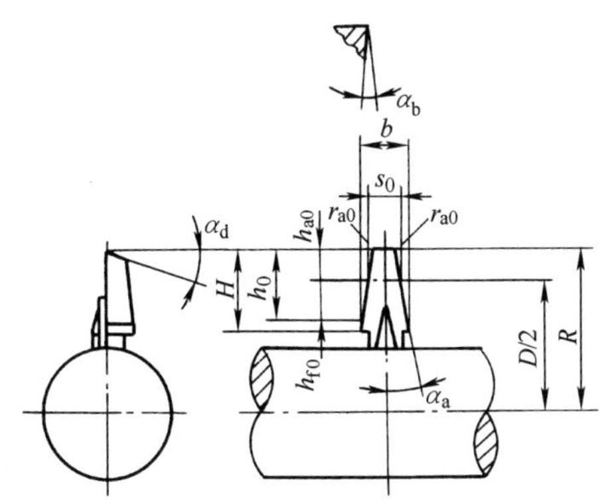

名　　称	计 算 公 式	说　　明
飞刀计算中径	$D=d+am$	D 为蜗杆分度圆直径，当蜗杆导程角 $\gamma=3°\sim20°$时，取 $a=0.1\sim0.3$，m 为蜗杆轴向模数
齿顶高	$h_{a0}=(h_a^*+c^*+0.1)m$	h_a^* 是蜗轮齿顶高系数，c^* 是标准顶隙系数，0.1 是刃磨量
齿根高	$h_{f0}=(h_a^*+c^*)m$	
齿高	$h_0=h_{a0}+h_{f0}$	
飞刀计算中径上的齿厚	$s_0=\dfrac{\pi m}{2}\cos\gamma$	
刀齿压力角	$\alpha=20°$	刀齿压力角即为蜗杆的轴向齿廓角
飞刀顶刃后角	一般取 $\alpha_d=10°\sim12°$	
飞刀回转半径	$R=\dfrac{D}{2}+h_{a0}$	

（续）

名　　称	计算公式	说　　明
侧刃法向后角	$\tan\alpha_b=\tan\alpha_d\sin\alpha_n$	α_n 为蜗杆法向齿廓角，$\tan\alpha_n=\tan\alpha\cos\gamma$。必须使 $\alpha_b\geqslant3°$，若计算结果 $\alpha_b<3°$，则应增大飞刀顶刃后角 α_d
顶刃圆角半径	$r_{a0}=0.2m$	
飞刀宽度	$b=s_0+2h_{f0}\tan\alpha_n+2y$	$2y=0.5\sim2$mm（此值为加宽量）
刀齿深度	$H=h_0+k_1$	$k_1=\pi R\tan\alpha_d$
飞刀齿廓角	$\alpha_a=\alpha_n-\dfrac{\sin^3\gamma\times90°}{z_1}$	z_1 为蜗杆头数。当 $\gamma<10°$时，可取 $\alpha_a=\alpha_n$

3）飞刀刀杆。飞刀刀杆的结构应保证飞刀装入刀杆后不发生转动和滑动。飞刀刀杆结构类型见表 6.4-19。

表 6.4-19　飞刀刀杆结构类型

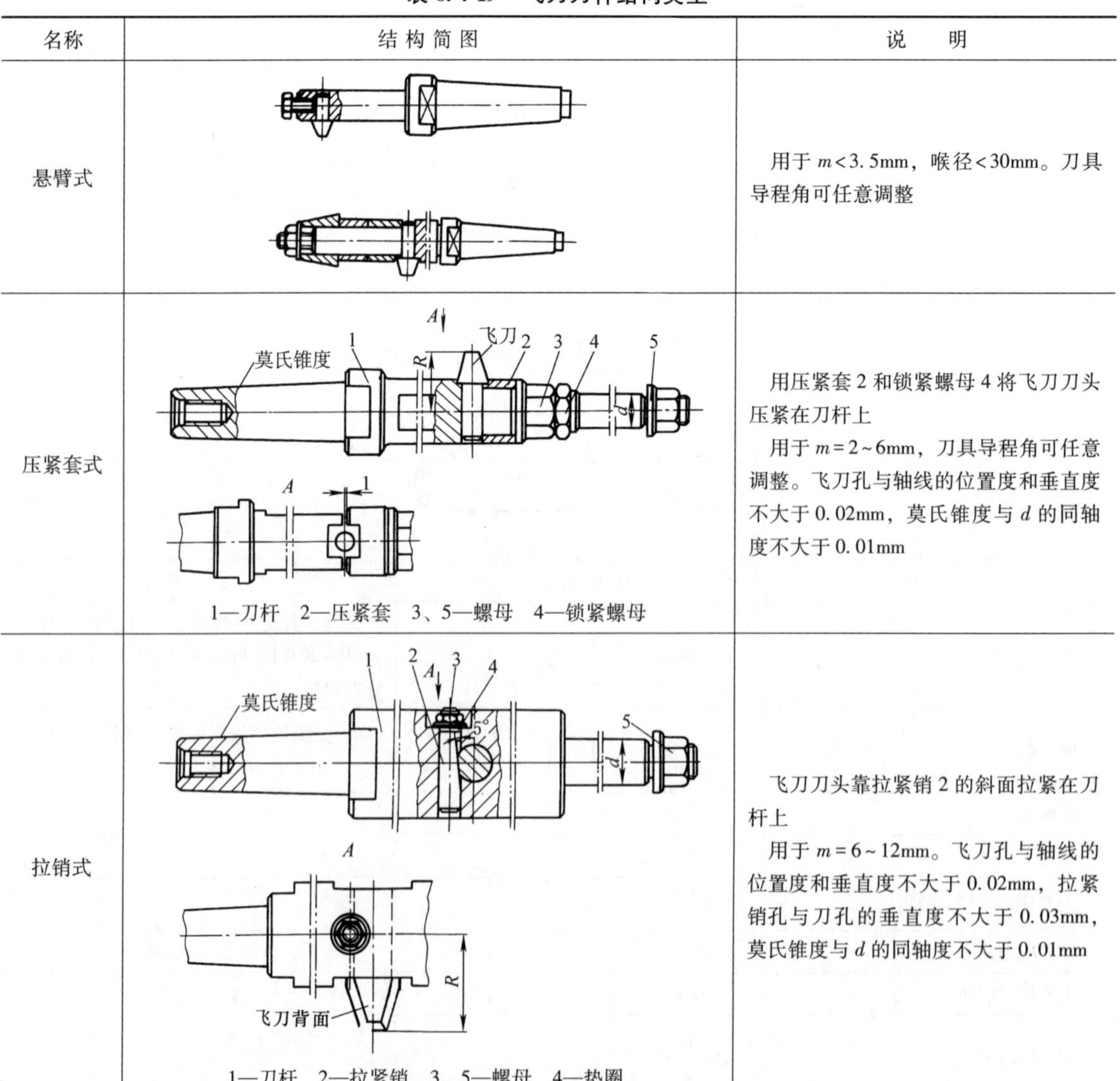

名称	结构简图	说　　明
悬臂式		用于 $m<3.5$mm，喉径<30mm。刀具导程角可任意调整
压紧套式	1—刀杆　2—压紧套　3、5—螺母　4—锁紧螺母	用压紧套 2 和锁紧螺母 4 将飞刀刀头压紧在刀杆上 用于 $m=2\sim6$mm，刀具导程角可任意调整。飞刀孔与轴线的位置度和垂直度不大于 0.02mm，莫氏锥度与 d 的同轴度不大于 0.01mm
拉销式	1—刀杆　2—拉紧销　3、5—螺母　4—垫圈	飞刀刀头靠拉紧销 2 的斜面拉紧在刀杆上 用于 $m=6\sim12$mm。飞刀孔与轴线的位置度和垂直度不大于 0.02mm，拉紧销孔与刀孔的垂直度不大于 0.03mm，莫氏锥度与 d 的同轴度不大于 0.01mm

（续）

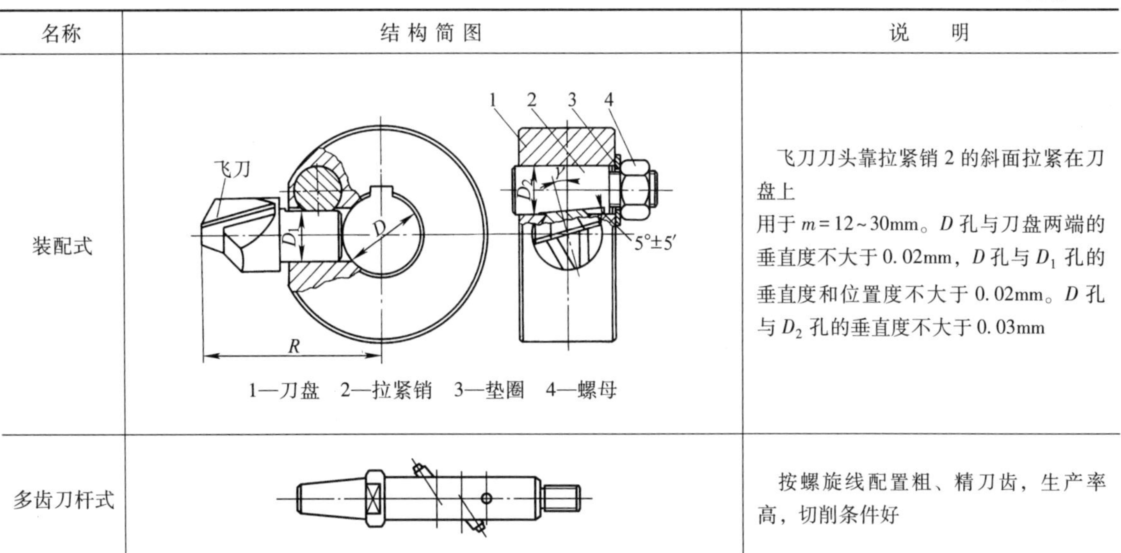

名称	结构简图	说　　明
装配式	飞刀　1　2　3　4　D_1　D　D_2　γ　5°±5′　R 1—刀盘　2—拉紧销　3—垫圈　4—螺母	飞刀刀头靠拉紧销 2 的斜面拉紧在刀盘上 用于 $m=12\sim30$mm。D 孔与刀盘两端的垂直度不大于 0.02mm，D 孔与 D_1 孔的垂直度和位置度不大于 0.02mm。D 孔与 D_2 孔的垂直度不大于 0.03mm
多齿刀杆式		按螺旋线配置粗、精刀齿，生产率高，切削条件好

（3）剃齿加工

在切削高精度的蜗轮时，用滚刀加工后，有时还要对蜗轮进行剃齿加工。

蜗轮的剃齿加工按有无外加传动链，可分为强迫剃齿和自由剃齿，它们的特点见表 6.4-20。

表 6.4-20　强迫剃齿和自由剃齿比较

分类	强迫剃齿	自由剃齿
特点	蜗轮由机床分度链强迫驱动，剃后的相邻周节误差及周节累积误差直接受机床分度链精度的影响，要求机床精度高	蜗轮由剃齿刀在切削中带动，因此剃后的相邻周节误差取决于刀具的齿距精度，但对周节累积误差修正不大
夹具	与滚齿夹具相同	用心轴或转盘式夹具
进给方式	径向或切向	径向

剃齿加工的切削用量见表 6.4-21。

表 6.4-21　剃齿加工的切削用量

切削速度/(m/min)	2~4
进给量/(mm/r)	0.01~0.04

表 6.4-22　剃齿余量参考值

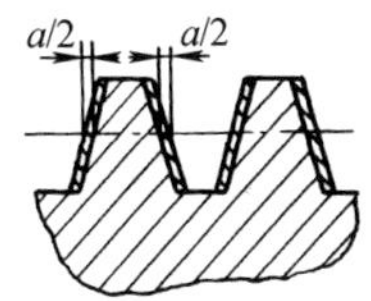

模数	2~2.75	3~5	5.5~6	6.5~8	9~12
剃齿余量 a /mm	0.10	0.12	0.15	0.20	0.25

剃齿刀是在蜗杆的两侧螺旋面上做出许多容屑槽后形成的一种精加工刀具。根据容屑槽的形状，蜗轮剃齿刀有通槽式和闭槽式两种结构。通槽式蜗轮剃齿刀由于容屑槽形的限制，其圆周齿数较少，但制造容易，适用于加工一般精度蜗轮。闭槽式蜗轮剃齿刀的圆周齿数较多，适用于高精度蜗轮的精加工。两种蜗轮剃齿刀都可在蜗杆磨床上和工作蜗杆在一次调整中磨削侧螺旋面，与工作蜗杆的侧螺旋面一致性较好，可以有效地提高传动精度和接触精度。图 6.4-20 所示是闭槽式蜗轮剃齿刀的结构型式。

蜗轮剃齿刀的刀齿后面是一条很窄的刃带，没有后角，工作过程中存在明显的挤压现象，通常用在铸铁蜗轮的加工中效果较好，而对于铜质蜗轮则效果较差。

蜗轮剃齿刀的齿顶不参加工作，其齿顶高应小于剃前蜗轮滚刀的齿顶高，一般比工作蜗杆的齿顶高大

0.1m_x（m_x 为蜗杆模数）。分度圆齿厚应比工作蜗杆大 0.2~0.4mm，作为用钝后的重磨量。刀齿后面的棱带宽度一般为 0.1~0.2mm，有时为了提高刃口强度，棱带宽度可适当加大，但不应超过 0.4mm，以保证剃齿质量。蜗轮剃齿刀螺纹部分的长度应比工作蜗杆螺纹部分的长度稍长一些。蜗轮剃齿刀主要参数的制造公差，可参照高精度蜗轮滚刀有关项目的公差进行规定。

（4）蜗轮加工误差分析及消除方法

在实际生产中，是用被切蜗轮与标准蜗杆进行双面啮合，以检查接触斑点的位置、形状特征及接触面积的大小，用来判断接触斑点是否符合要求。蜗轮加工误差分析与消除方法见表 6.4-23。

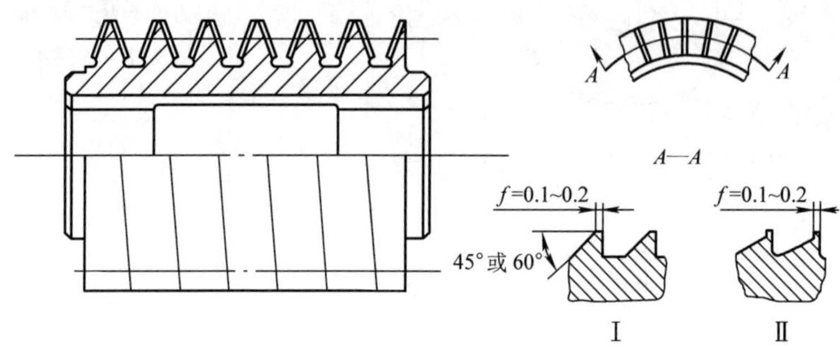

图 6.4-20　闭槽式蜗轮剃齿刀的结构型式

表 6.4-23　蜗轮加工误差分析与消除方法

序号	接触区简图	接触斑点分布情况	误差产生原因与消除方法
1		正常接触 沿齿长方向 75%，沿齿高方向 50%	加工误差在许可范围内
2		位于左右齿面齿根部形成带状接触	刀具齿廓角大于标准齿廓角，或刀具有负前角 校验刀具齿廓角或刀具前角，重新修磨刀具
3		位于左右齿面齿顶部形成带状接触	刀具齿廓角小于标准齿廓角，或刀具有正前角 校验刀具齿廓角或刀具前角，重新修磨刀具
4		接触区一面在齿顶部，另一面在齿根部	一面刀具齿廓角小于标准齿廓角，另一面刀具齿廓角大于标准齿廓角 校验刀具齿廓角。重新修磨刀具
5		接触斑点呈对角	刀具加工时轴线歪斜或刀具径向跳动；加工中心距小于检验（装配）中心距，刀架安装有误差；多头蜗杆蜗轮径向切入滚齿干涉；刀具齿厚小于工作蜗杆齿厚 检验刀具和刀架的安装精度，重新调整安装；重新修磨刀具导程或刀具齿厚等
6		接触斑点呈四角接触，左右齿面上下端小部分接触，节圆部分没有接触点	刀具齿厚小于蜗杆副的工作蜗杆齿厚或刀具导程大于工作蜗杆导程；加工中心距小于装配中心距 检验并调整加工中心距，重新修磨刀具导程或刀具齿厚等

（续）

序号	接触区简图	接触斑点分布情况	误差产生原因与消除方法
7		左右齿面一端出现对称接触	加工时蜗轮中央面偏移 检验并重新调整安装蜗轮
8		接触斑点一侧好，另一侧上端或下端接触	刀具与工作蜗杆导程不一致（单面），切向双面切削丝杠有间隙，刀轴轴承间隙大，吃刀时发生让刀现象或刀杆轴向跳动 校验和修磨刀具，调整设备丝杠间隙、轴承间隙，检验刀具和刀架的安装精度等
9		接触斑点呈中空，节圆处不接触	刀具齿廓线中凸 重新修磨刀具
10		只在节圆中间小块接触	刀具齿廓线中凹 重新修磨刀具
11		断续，纵向（或横向）呈均匀的一条或两条以上线状接触	刀具径向跳动；机床分度蜗杆副误差大；切向进给量过大；包络折线少等 调整刀具径向跳动；修理机床分度蜗杆副；将切向进给量减小等

6.4.3　其他蜗杆蜗轮加工介绍

1. 圆弧圆柱蜗杆、蜗轮加工

圆弧圆柱蜗杆传动是一种新型的圆柱蜗杆传动，它与普通圆柱蜗杆传动的最大区别是原始齿廓形状不同，当然形成的蜗杆螺旋面也不同，啮合型式也不同。圆弧圆柱蜗杆传动是凸凹啮合的传动型式，即蜗杆为凹齿，蜗轮为凸齿，基准齿廓为圆弧齿廓，如图 6.4-21 所示。普通圆柱蜗杆传动是凸齿与凸齿的啮合传动型式。

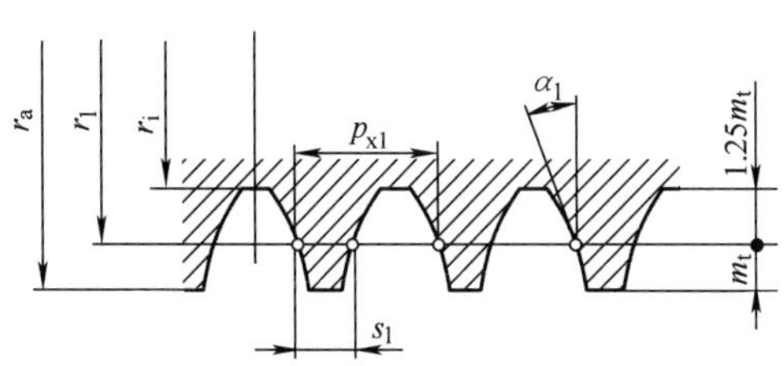

图 6.4-21　圆弧圆柱蜗杆传动轴截面基准齿廓

圆弧圆柱蜗杆传动与普通圆柱蜗杆传动比较，具有承载能力大、传动效率高、设计灵活等特点，在蜗轮减速机和其他动力蜗轮传动上，已得到广泛应用。

（1）圆弧圆柱蜗杆的加工

圆弧圆柱蜗杆的加工与普通圆柱蜗杆的加工方法基本一致，其齿形是用控制蜗杆分度圆齿厚和样板来测量的，如图 6.4-22 所示。利用蜗杆齿顶圆为基准来检验法向齿廓，因此应严格控制齿顶偏差及圆柱度。

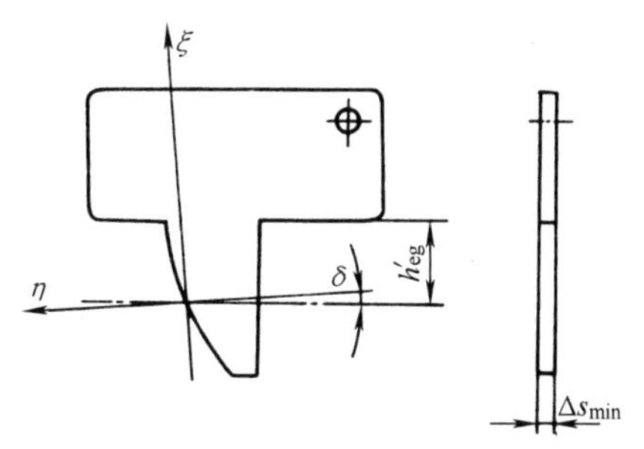

图 6.4-22　法向齿廓样板

圆弧圆柱蜗杆加工时采用的车刀可以设计成圆弧偏刀，如图 6.4-23a 所示。采用圆弧偏刀加工蜗杆，车完一侧螺旋面，可将蜗杆掉头，车另一侧螺旋面。这种加工方法可以减小切削力，避免过大的振动，能提高蜗杆加工精度，降低表面粗糙度值，延长刀具寿命。车刀也可以设计成圆弧成形车刀，如图 6.4-23b 所示。这种车刀可以同时加工两侧螺旋面，无须将蜗杆掉头，可以提高加工效率。但与采用圆弧偏刀加工蜗杆比较，切削时，振动较大，刀具寿命短，容易产生齿廓误差，尤其是在加工导程角较大的蜗杆时，两侧螺旋面的齿廓误差更大。

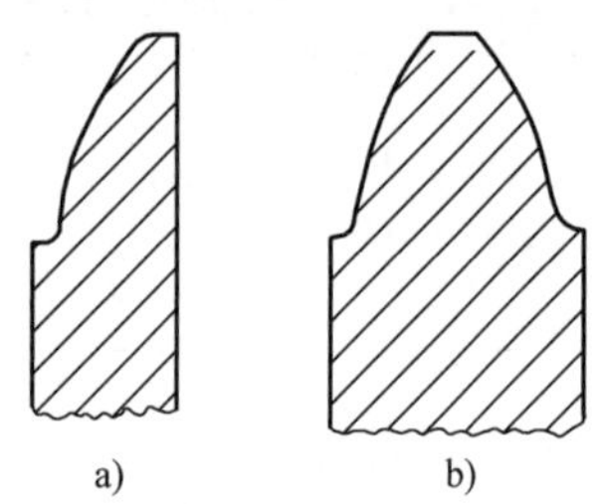

图 6.4-23　圆弧圆柱蜗杆车刀示意图

a）圆弧偏刀　b）圆弧成形车刀

为了提高生产率，在加工蜗杆时，可先铣槽、后车削。为提高精度、减小表面粗糙度值，也可采用磨削加工等方法。

圆弧圆柱蜗杆车刀（或铣刀、砂轮等）设计时，与蜗轮滚刀一起，要考虑齿廓角修正、半径差等，以达到蜗杆副理想的啮合状态。

（2）圆弧圆柱蜗轮的加工

圆弧圆柱蜗杆传动中蜗轮的加工方法和所用的机床设备与普通圆柱蜗轮基本相同，所用切削刀具的齿廓是圆弧形，一般都采用蜗轮滚刀加工，在单件和小批量生产时，也可用飞刀加工。图 6.4-24 所示为加工圆弧圆柱蜗轮的蜗轮滚刀。蜗轮滚刀设计时要考虑圆弧圆柱蜗杆传动的特点，例如：滚刀的齿廓线为凹形曲线，为保证圆弧圆柱蜗杆传动中良好的啮合状态，所用滚刀（或飞刀）齿廓的圆弧半径相比蜗杆车刀（或铣刀、砂轮等）刃边圆弧半径应减小半径差 $\Delta\rho$。蜗轮滚刀（或飞刀）的齿廓不是理想的基准齿廓，而是修正了的圆弧凸齿廓，如图 6.4-25 所示。半径差 $\Delta\rho$ 的推荐值见表 6.4-24。

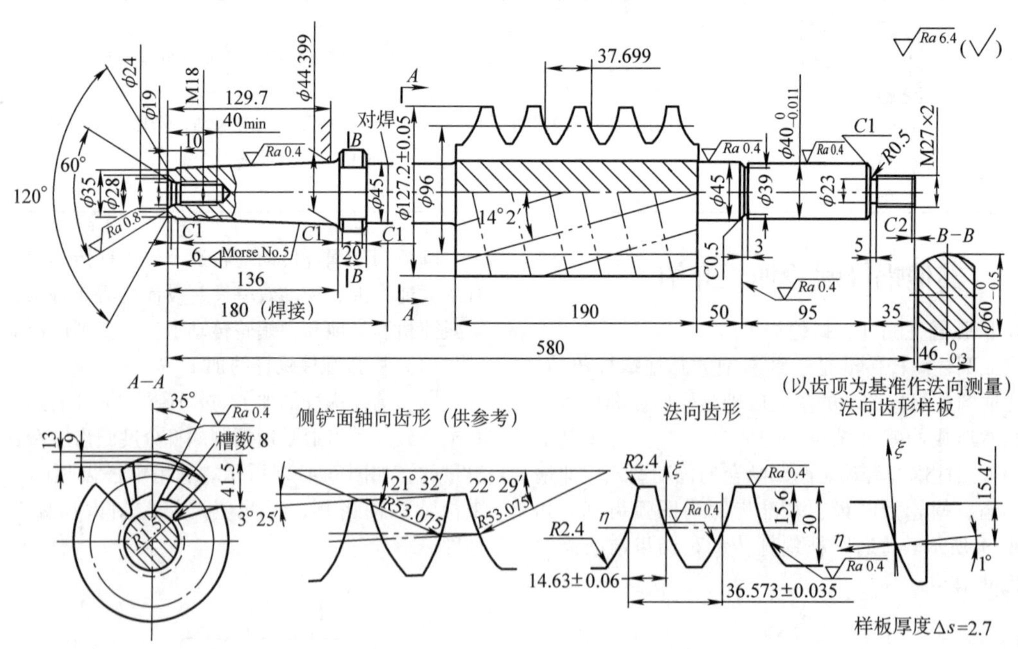

图 6.4-24　圆弧圆柱蜗轮滚刀

表 6.4-24　半径差 $\Delta\rho$ 推荐值（mm）

$x_2=0.5\sim0.75$	$x_2=0.75\sim1$	$x_2>1$
$0.04\pi m_t$	$0.05\pi m_t$	$0.06\pi m_t$

在圆弧圆柱蜗杆传动中蜗轮加工的刀具设计时，采用齿廓角修正的方法也可达到蜗杆副理想的啮合状态。设计时，减小滚刀（或飞刀）的齿廓角，或者增大蜗杆车刀（或铣刀、砂轮等）刃边的齿廓角，都可以达到同样的目的。经过理论计算和实践经验的积累，车刀、滚刀的齿廓角差异如图 6.4-26 所示，齿廓角的修正值见表 6.4-25。

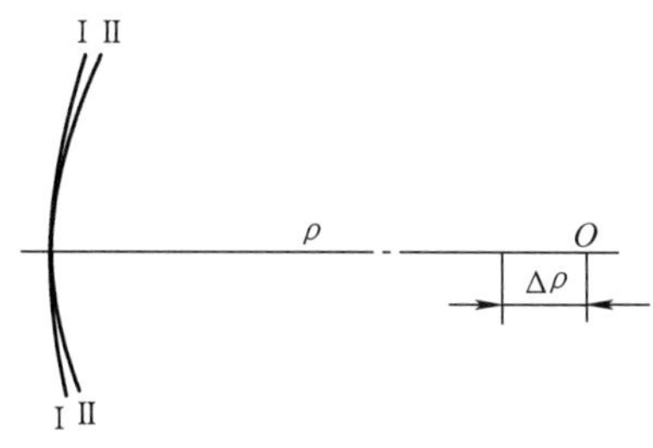

图 6.4-25　车刀、滚刀齿廓示意图

Ⅰ—蜗杆车刀齿廓圆弧　Ⅱ—蜗轮滚刀齿廓圆弧

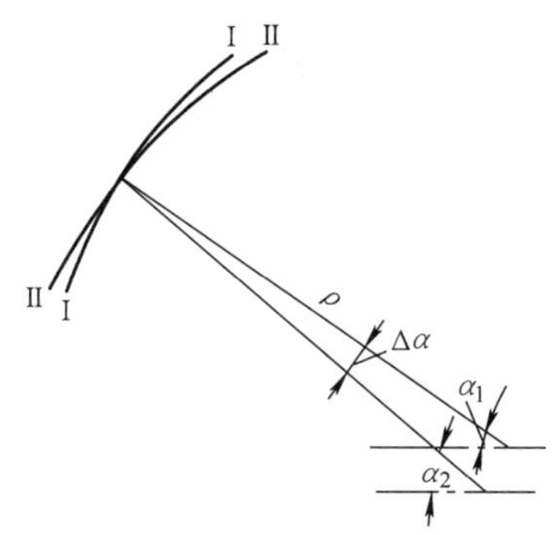

图 6.4-26　车刀、滚刀齿廓角差异示意图

表 6.4-25　齿廓角的修正值 Δα

$m_t=3\sim6$	$m_t=7\sim12$	$m_t=13\sim20$
20′	30′	35′

注：m_t 为蜗轮端面模数（mm）。

在圆弧圆柱蜗杆传动中蜗轮、蜗杆刀具设计时，还可以综合应用减小圆弧半径和齿廓角修正，或者采用其他有效的方法。

另外，由于圆弧圆柱蜗杆传动是凸凹啮合形式，在滚切蜗轮时，中心距应是负偏差。设计圆弧圆柱蜗杆副时，加工蜗轮一般选择较大的变位系数。圆弧圆柱蜗杆传动对中心距误差十分敏感，无论在加工还是装配时都必须充分重视，为防止不良接触，必须严格控制中心距精度公差。

（3）加工圆弧圆柱蜗杆副要注意的问题

1）半径差。圆弧圆柱蜗轮为凸齿、蜗杆为凹齿，形成凸凹啮合形式，根据工艺条件，刀具必须考虑半径差，才能达到理想的啮合部位和接触区。

2）安装参数。对于圆弧圆柱蜗杆传动，加工时刀具的安装和调整必须根据安装参数来控制，才能保证具有正确的齿廓。

3）蜗轮修正。对于圆弧圆柱蜗杆传动设计参数的选择，往往选择较大的蜗轮变位系数，因此，蜗轮滚切时要注意蜗轮的变位问题。

4）边切和根切。圆弧圆柱蜗杆传动的几何参数搭配要考虑轮齿强度、润滑特性、刀具寿命等因素后确定，加工后蜗轮轮齿上可能会出现少量的边切和根切现象，这是允许的。

5）接触区。圆弧圆柱蜗杆传动由于它的齿廓参数和几何参数的搭配，使接触区的面积一般要比普通圆柱蜗杆传动小，这是正常的，接触部位调到蜗轮啮出端为宜。

6）中心距误差。中心距误差比普通圆柱蜗杆传动要求高，即中心距误差敏感性大，为保证在蜗轮轮齿顶部啮合（图 6.4-27），加工蜗轮和装配时，应控制中心距为负偏差。

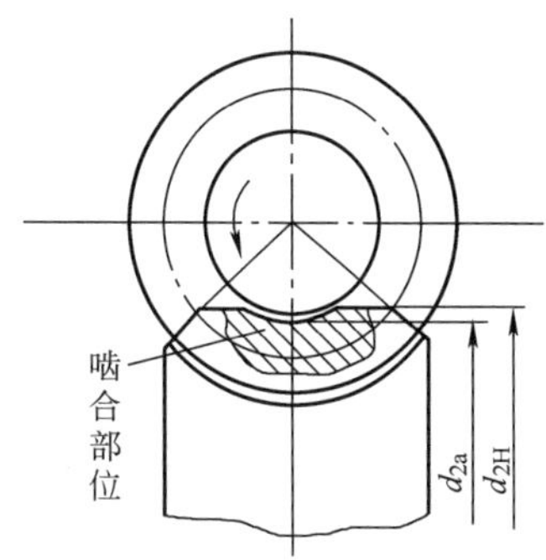

图 6.4-27　圆弧圆柱蜗杆传动理想啮合部位

7）偏刀和成形车刀。车削圆弧圆柱蜗杆时，最好采用偏刀加工，尤其是导程角较大时，更要采用偏刀，两侧螺旋面分别车削。磨削时也希望两侧螺旋面分别磨削，以保证蜗杆齿廓形状的正确性，同时可减少由切削力引起的振动，提高加工精度和降低表面粗糙度值。如果导程角较小（一般小于 5°），可采用成形车刀加工，对提高齿廓形状精度有利。

8）磨削。磨削加工时，注意留的磨削余量要均匀，加工过程中要注意砂轮的直径变化和及时修整，以保证对滚刀和蜗杆磨削的一致性。

9）检测。蜗杆副加工后，要进行单项和综合检测，以保证精度和传动质量。若用样板检验蜗杆齿廓形状，导程角小于 5°时可在蜗杆轴截面内进行，导程角大于 5°时需要在蜗杆法截面内进行检测。

10）磨合。由于圆弧圆柱蜗杆传动中蜗轮和蜗杆的凸凹圆弧齿廓存在误差，未经磨合的齿面往往不能满负荷工作，只有经过加载磨合，使圆弧接触面吻合才能满足使用要求。同时，磨合对齿面可产生强化作用，提高齿面抗擦伤和胶合能力。

2. 直廓环面蜗杆、蜗轮加工

直廓环面蜗杆传动的蜗杆节面是环面，如图 6.4-28 所示，其齿廓形状为一直线，直线的延长线切于半径

为 r 的形成圆。

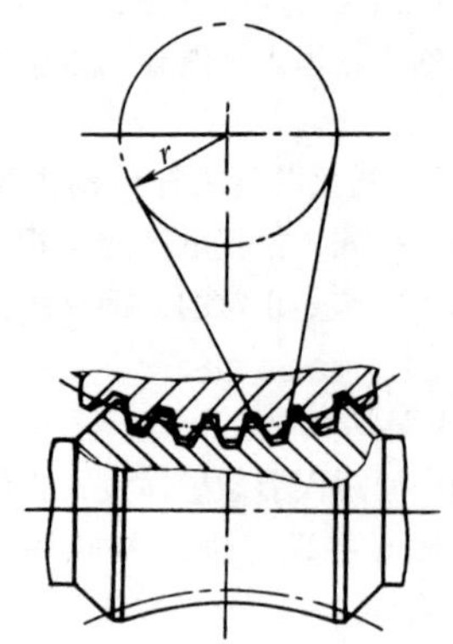

图 6.4-28 直廓环面蜗杆副

(1) 环面蜗杆加工

加工环面蜗杆可在专用机床上进行，如 J_1-010 型和 QH_2-006 型等环面蜗杆铣床。但专用机床只适用于大批大量生产。小批量或单件生产一般在普通机床上加工。

1) 在滚齿机上加工环面蜗杆。在滚齿机上加工环面蜗杆时，蜗杆毛坯安装在机床的刀轴处，蜗杆毛坯的尾部留有工艺锥，其尺寸大小应和主轴锥孔相配合。刀具安装在机床的工作台上，其安装位置相当于环面蜗杆副的啮合位置。环面蜗杆加工完成后切去工艺锥。

环面蜗杆的粗加工，可采用指形铣刀、圆盘成形铣刀或左（右）切刀等。

① 用指形铣刀或圆盘成形铣刀加工。采用这种刀具加工时，需要在滚齿机工作台上安装通用铣头。刀具的廓形约为蜗杆齿槽齿廓角的两倍。刀具安装在通用铣头上（图 6.4-29），铣头安装在特制的花盘上，并能使刀具和铣头一起在水平方向做垂直于机床主轴轴线的移动。铣刀旋转由单独电动机传动，切削速度为 10~20m/min。为了实现进给运动，安装在机床主轴上的蜗杆毛坯应有旋转运动。由于原机床主电动机转速太高，因此在主轴旋转运动链中应添加一套降速装置，使蜗杆毛坯转速降到（1/15~1/100）r/min。机床的分度传动链也须按被加工蜗杆的头数相配蜗轮的齿数来调整。在一次进给中将蜗杆螺纹铣至全齿深，并留有 3~0.5mm 的精切余量，该余量通常由铣刀刀齿做窄而获得。

② 用切刀加工。如图 6.4-30 所示，将圆盘安装在机床工作台上，在圆盘上放置一个托架，托架可沿圆盘上的导轨移动至要求的位置上。托架上有一个刀架，可以安装左、右切刀，在刀架座中，有两个可调节的基准支承。当托架被固定后，通过调节刀架座中的基准支承，使支承基准表面和形成圆相切，用螺钉将切刀压紧在基准支承面上，使切刀的切削刃延长线与形成圆相切。切刀伸出长度可根据样板或按尺寸 E 来确定，如图 6.4-31 所示。粗加工和精加工常采用一样的切刀，如图 6.4-32 所示。

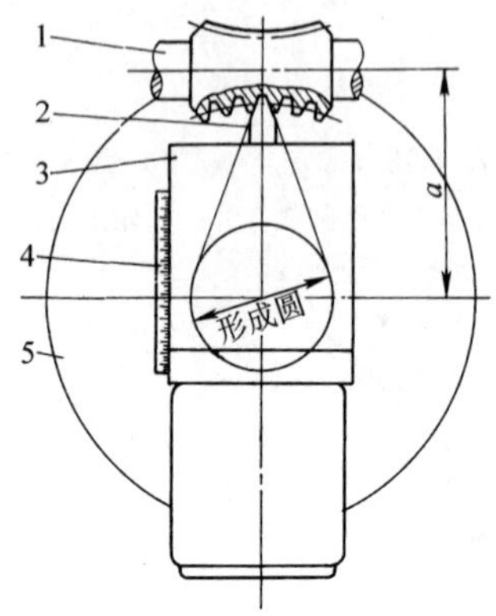

图 6.4-29 用铣刀加工环面蜗杆
1—工件 2—铣刀 3—通用铣头
4—调整中心距的标尺 5—工作台

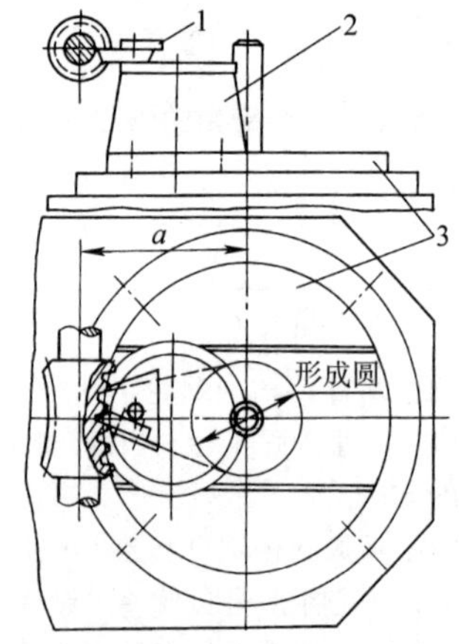

图 6.4-30 用切刀加工环面蜗杆
1—刀架 2—托架 3—圆盘

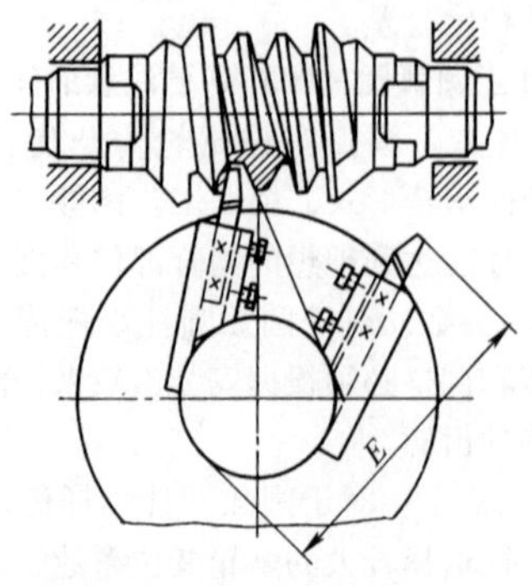

图 6.4-31 切刀的安装和调整

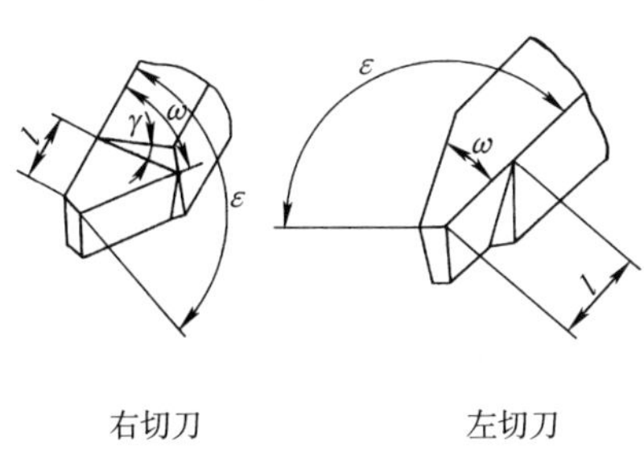

图 6.4-32　切刀

用切刀加工时，不论是粗切还是精切，圆周进给是分两次进行的，第一次用一种切刀，在某一圆周进给方向加工蜗杆螺旋槽的一个面，然后再换一种切刀，并采用相反方向的圆周进给切削蜗杆螺旋槽的另一面。分度交换齿轮和速度交换齿轮的调整见表 6.4-26。

表 6.4-26　切削环面蜗杆时滚齿机的调整

切削方法	主轴与蜗杆毛坯的运动/(r/min)	工作台与切刀旋转	径向进给
径向进给法 粗切（用 1~2 把切刀或多齿切刀盘）	速度交换齿轮 $n=\frac{1000v}{\pi d_{aM1}}$	分度交换齿轮 $i=C_1\frac{z_1}{z_2}$	进给箱或进给交换齿轮
用 1~2 把切刀精切	速度交换齿轮 $n=\frac{1000v}{\pi d_{aM1}}$	分度交换齿轮 $i=C_1\frac{z_1}{z_2}$	无此运动
用多齿切刀盘精切	速度交换齿轮 $n=\frac{1000v}{\pi d_{aM1}}$	分度交换齿轮 $i=C_1\frac{z_1}{z_2}$	无此运动
用多齿切刀盘拉削法粗切	速度交换齿轮 $n=\frac{1000v}{\pi d_{aM1}}$	分度交换齿轮 $i=C_1\frac{z_1}{z_2}$	无此运动

注：z_1—被切蜗杆头数；z_2—被啮合蜗轮的齿数；C_1—机床分度交换齿轮传动比中的定数；v—所选的切削速度（m/min）；d_{aM1}—环面蜗杆螺纹顶部最大直径（mm）；n—被切蜗杆转速（r/min）。

为保证环面蜗杆的加工精度（相当于普通圆柱蜗杆的 8 级），切刀的切削刃与蜗杆轴线的偏移量不得超过 0.15mm；在被切长度上蜗杆轴线与切刀旋转平面的平行度不大于 0.02mm；中心距偏差不应超过 0.04mm。

为了保证齿面的加工质量，切刀的切削刃和刀具的后刀面应进行研磨，表面粗糙度值应小于 $Ra0.16\mu m$，切削螺旋面时要使用切削液，选取的切削速度为 1.0~1.5m/min；在精修蜗杆螺旋面时，切刀顶刃不应与蜗杆齿槽底部接触，因此在粗切时，齿槽深度应多切 0.2~0.5mm，并将切削刃上的碎屑随时清除掉。当切削速度 $v=1.5$m/min 时，螺旋表面粗糙度可达 $Ra0.4\sim1\mu m$。

2）用多齿切刀盘切削环面蜗杆。用多齿切刀盘切削环面蜗杆可大大提高生产率，因其制造复杂，造价昂贵，所以多用于成批和大量生产中的粗切或精切。粗切可采用径向进给法和拉削法。

① 径向进给法。镶齿切刀盘或整体切刀盘是按环面高度和中心来安装的，其尺寸应留有精切余量。切削时，使刀盘沿径向靠近蜗杆。切刀盘的齿数越多，则其生产率越高。切刀盘的最多齿数应等于被啮合的蜗轮齿数。分度交换齿轮的计算见表 6.4-26。

② 拉削法。沿槽深的全部余量被分配在切刀盘的全部刀齿上，如图 6.4-33 所示。切刀盘转一转即可全部切削完。拉削法只能用在专用机床上。由于万能机床传动链太长，建议不要在万能机床上用拉削法粗切蜗杆。

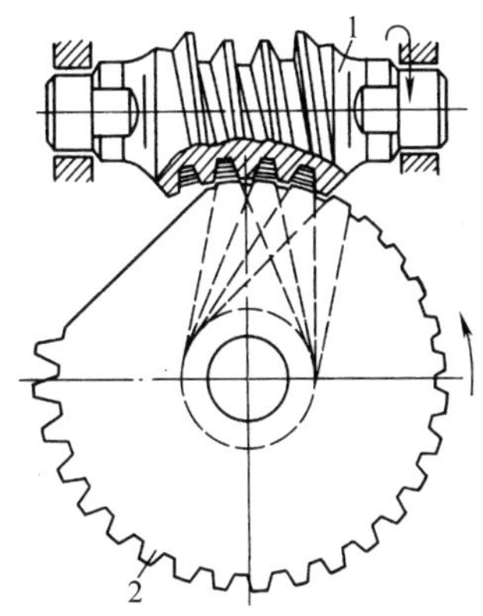

图 6.4-33　用拉削法粗切环面蜗杆简图
1—蜗杆　2—切刀盘

切刀盘重磨后，刀盘外径即将缩小，镶齿切刀盘可用调整刀齿位置来补偿，其他刀盘可调整中心距来补偿，直到能切至齿槽全深为止。精切蜗杆时，只切轮齿侧面，齿槽底不进行切削。

用切刀盘精切螺旋面可采用单面法或双面法。

① 单面法精切。刀盘的圆周齿距应大于或小于蜗杆的公称齿距，这与切削蜗杆那个齿面有关。切

刀切削刃的延长线应与形成圆相切，如图 6.4-34 所示。中心距应准确调整，切削刃的平面通过蜗杆轴线。

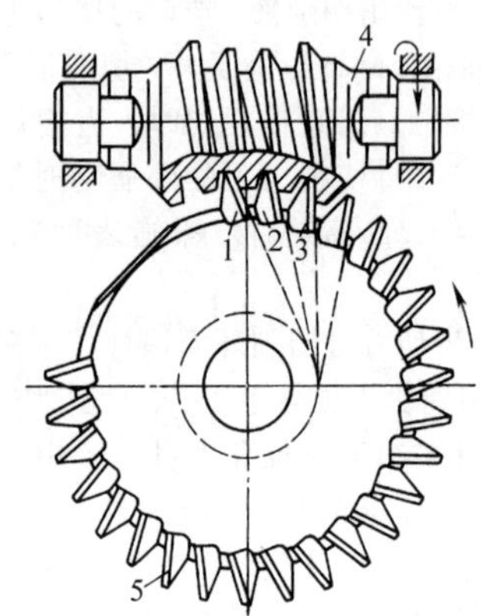

图 6.4-34　用切刀盘加工环面蜗杆
1、2、3—切刀　4—蜗杆　5—刀盘

② 双面法精切。双面切削法是用一个切刀盘切削蜗杆螺旋的两个齿面，多用于成批或大量生产中。为了便于蜗杆的卸下与安装，在切刀盘上做有缺口部分，这样可不破坏机床中心距的调整。

切刀盘的最后 2~3 个切刀是校准齿。为了消除因机床结构变形而产生的蜗杆齿距误差，校准齿不能与其他刀齿同时加工，只有在其他刀齿退出工作时，校准齿才开始进入工作。

为了获得较好的表面质量，切削速度不应超过 2m/min，切刀的切削刃研磨后表面粗糙度应小于 *Ra*0.16μm。切刀上的碎屑需仔细清除掉。分度交换齿轮可按表 6.4-26 中的公式计算。

3）环面蜗杆螺旋面的抛光。直廓环面蜗杆传动中对环面蜗杆的螺旋面质量有较高的要求。在单件和成批生产中，螺旋面的磨削困难较大。用切刀精切后齿面的表面粗糙度为 *Ra*0.8~1.0μm。为了改善螺旋面质量，可采用抛光方法。推荐用毛毡轮和研磨膏进行抛光。如果齿面硬度小于 35HRC，也可采用滚压轮滚压齿面。其工作简图如图 6.4-35 所示。加工结果见表 6.4-27 。

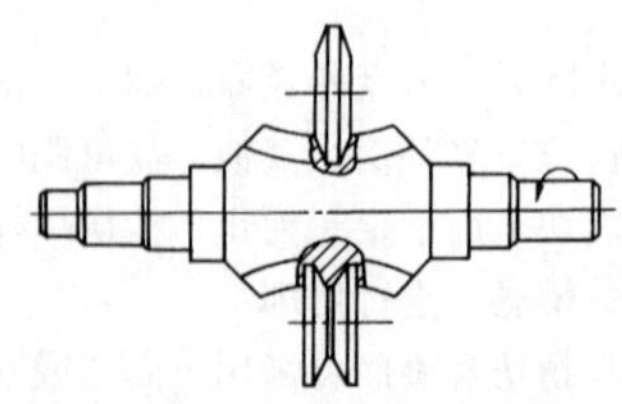

图 6.4-35　滚压环面蜗杆示意图

表 6.4-27　抛光或滚压后蜗杆的螺旋表面粗糙度（*Ra*）　　（μm）

预加工（精切）状态	抛光后状态	滚压后状态
1.2	1.0~0.9	0.6
1.0	1.0~0.8	0.5
0.8	0.8~0.65	0.45
0.6	0.6~0.5	0.4
0.4	0.38~0.36	0.3
0.3	0.3~0.28	0.25

4）在车床上用成形车刀加工环面蜗杆。在车床上加工环面蜗杆时，成形车刀的切削运动就是环面蜗杆与蜗轮啮合时蜗轮轮齿的运动。车削装置如图 6.4-36 所示。动力由安装在车床丝杠 19 上的主动链轮 18 传给被动链轮 22，通过万向联轴器 15 使蜗杆 14 带动蜗轮 4 转动，装置在蜗轮 7（与蜗轮 4 同轴）上的车刀绕蜗轮 4 的轴线做圆弧运动，代替车削普通圆柱蜗杆时的大拖板 9 运动。转动蜗杆 12 的方头带动蜗轮 7 做少量回转，使车刀在切削中能左右转动，代替车削普通圆柱蜗杆时的小拖板“赶刀”和“对刀”运动。车削过程中，成形车刀的进退，系借助于摇动手柄 2 来代替车削普通圆柱蜗杆时的中拖板 8 运动。

采用这种方法车削环面蜗杆时，须注意以下几点：

① 成形车刀安装位置必须对准工件齿槽中心，车刀切削刃应与工件轴线等高，其对称线应通过蜗轮 4 的回转轴线，并通过车床中拖板 8 的调整，使蜗轮 4 的回转轴线到工件轴线的距离等于环面蜗杆和蜗轮啮合时的中心距。

② 调整车床主轴和丝杠的传动比，使车刀对工件的切削传动比等于环面蜗杆和啮合蜗轮的传动比 i。

$$i=\frac{z_1}{z_2}=i_1i_2i_3$$

式中　i_1——车床主轴和丝杠 19 的传动比；
i_2——主动链轮 18 和被动链轮 22 的传动比；
i_3——蜗轮箱 3 内蜗杆 14 和蜗轮 4 的传动比；
z_1——环面蜗杆头数（工件）；
z_2——啮合蜗轮齿数。

③ 车削时必须把大拖板 9 及中拖板 8 固定，以防止移动。

④ 精车时，当环面蜗杆的节圆齿厚达要求后，再将中拖板 8 上的蜗轮箱 3 向后退一些，以车出环面蜗杆入口处和出口处的减薄量（即切削“倒坡”）。

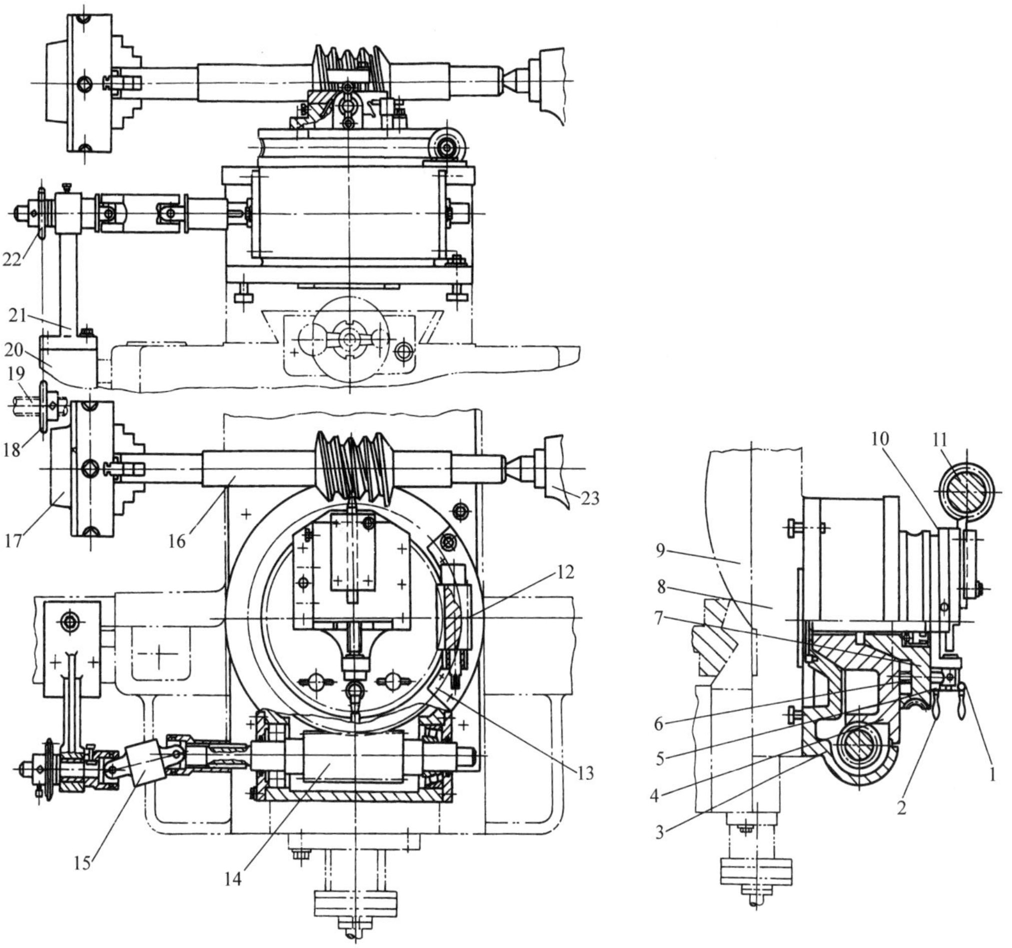

图 6.4-36　环面蜗杆车削装置

1、19—丝杠　2—手柄　3—蜗轮箱　4、7—蜗轮　5—紧固螺母　6—吊紧螺栓　8—中拖板　9—大拖板　10—刀架　11—车刀　12、14—蜗杆　13—支座　15—万向联轴器　16—工件　17—单动卡盘　18—主动链轮　20—底座　21—托脚　22—被动链轮　23—尾座

（2）环面蜗轮加工

环面蜗轮可在滚齿机上进行粗、精加工。使用的刀具有环面蜗轮滚刀、双齿飞刀和多齿飞刀等。

1）用双齿飞刀切削环面蜗轮。用双齿飞刀切削环面蜗轮是常用的方法，其优点是刀杆与飞刀制造简单，无论是粗切还是精切都可采用。

用双齿飞刀加工时，可将飞刀安装在机床刀架上，飞刀的切削刃是直线型，位于刀杆的同一径向平面内，如图 6.4-37 所示。刀头伸出量应根据蜗轮齿根圆的直径来考虑。

粗切轮齿可采用径向进给方法，刀杆与蜗轮的中心距逐渐接近理论中心距，侧面上应留有精切余量。在精切轮齿时，刀头不与齿槽底接触。所留精切余量的大小，应保证能消除粗切蜗轮时的加工误差。

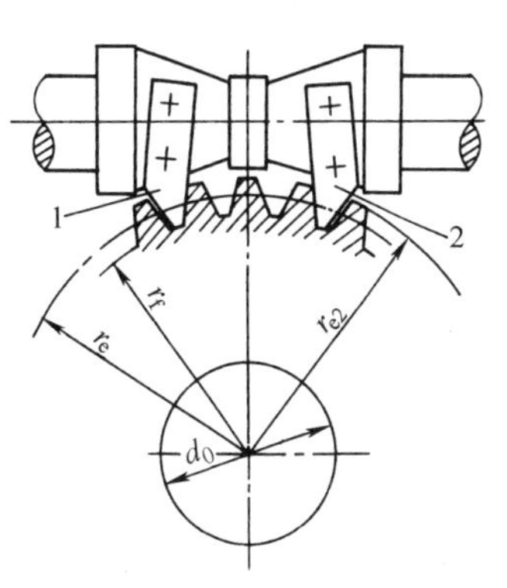

图 6.4-37　双齿飞刀

1—左切刀　2—右切刀

用双齿飞刀精切单头蜗杆传动的蜗轮时，蜗轮齿

数不应少于 30，而对大型多头蜗杆传动的蜗轮，其齿数不应少于 60。否则，在刀杆上必须多安装几把飞刀，如图 6.4-38 所示。

在精切蜗轮时，中心距要调整精确，然后用圆周进给法（切向进给法）加工蜗轮；其附加转动要采用差动机构，轮齿两面要分别依次加工。机床调整如同普通蜗轮加工一样。

2）用环面蜗轮滚刀加工。环面蜗轮滚刀适用于粗切或精切蜗轮轮齿。理论上，滚刀形状就是环面蜗杆的形状，滚刀的切削刃应位于蜗杆的螺纹面上，如图 6.4-39 所示。加工过程相当于环面蜗杆与蜗轮相啮合的过程。

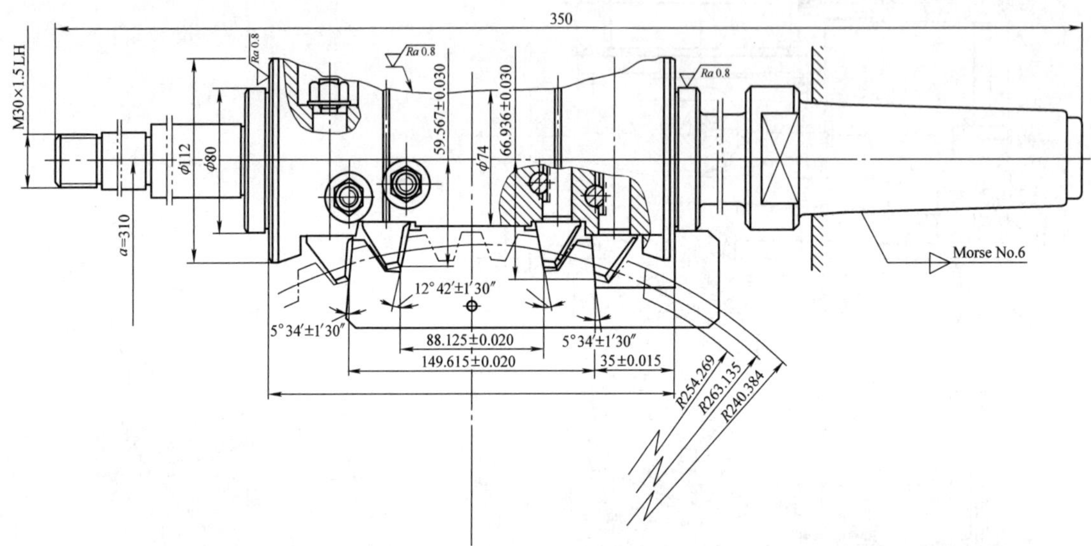

图 6.4-38　四飞刀装配图

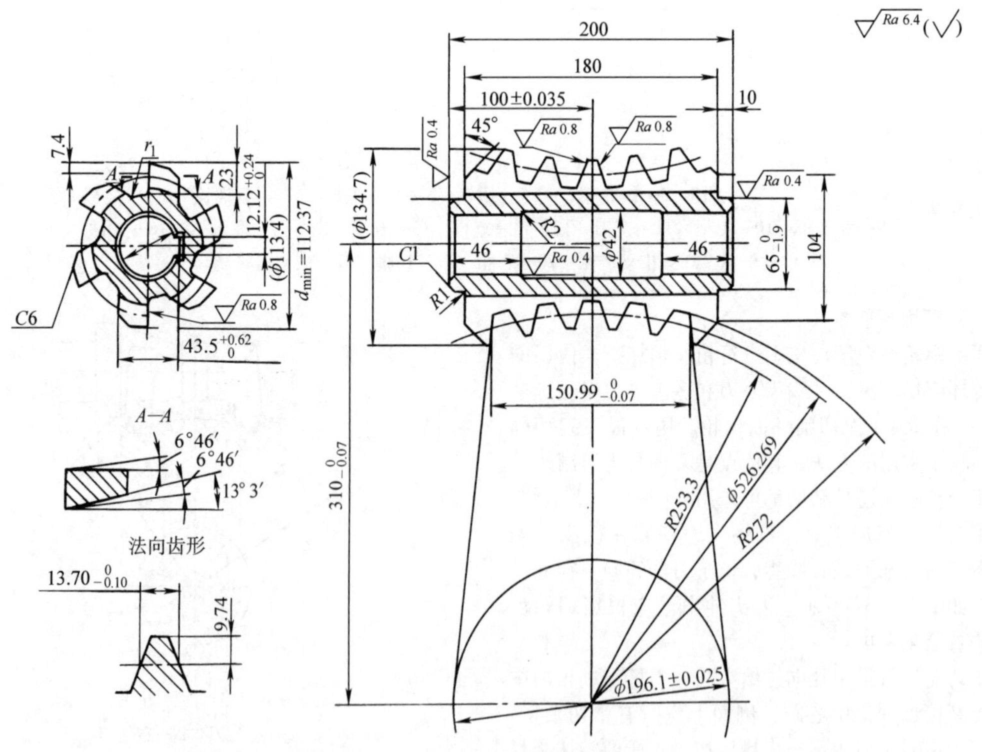

图 6.4-39　环面蜗轮滚刀

粗切用的滚刀刀齿尺寸应小于蜗轮齿槽宽度，在蜗轮齿面上留有精切余量。粗切时可采用径向进给，精切时采用圆周进给。机床调整如同普通蜗轮加工一样。滚刀由于制造复杂，一般用于大批大量生产。

精切环面蜗轮齿面时还可采用环面蜗轮剃齿刀或珩磨蜗杆。

3. 平面包络环面蜗杆、蜗轮加工

在包络环面蜗杆传动中，若其产形蜗轮的特定齿面为平面，相应的蜗杆齿面原理上由该蜗轮轮齿平面在与蜗杆所做的共轭啮合运动中包络形成，则称这种蜗杆为平面包络蜗杆，称这种传动为平面一次包络环面蜗杆传动。若再有相应的蜗轮由该平面包络蜗杆齿面做共轭啮合运动包络形成，则称这种传动为平面二次包络环面蜗杆传动。

平面蜗轮的齿面可以与蜗轮轴线平行或不平行。对于齿面与轴线平行的平面蜗轮（直齿平面蜗轮），其齿面与某一个和蜗轮同轴线的圆柱面（成形圆柱面）相切。对于齿面与轴线不平行的平面蜗轮（斜齿平面蜗轮），其齿面与某一个和蜗轮同轴线的圆锥面（成形圆锥面）相切。

平面包络环面蜗杆传动适用于动力及运动传动。由于斜齿平面包络环面蜗杆传动的接触区比直齿的大，有利于提高承载能力，因而对于多头蜗杆和蜗轮齿数较少的动力传动，推荐采用斜齿平面包络环面蜗杆传动，而对于单头蜗杆和蜗轮齿数较多的精密分度传动，推荐采用直齿平面包络环面蜗杆传动。

1）平面包络环面蜗杆的形成原理及其加工。它的齿面应由一平面工具蜗轮展成。通常以磨削作为这种蜗杆齿面的最终成形加工方式。磨削蜗杆时，砂轮平面作为展成蜗杆的工具蜗轮的一侧齿面。磨具的设计及在机床上的安装都以该原理为依据。图 6.4-40 所示是目前应用较多的一种磨具结构原理图。

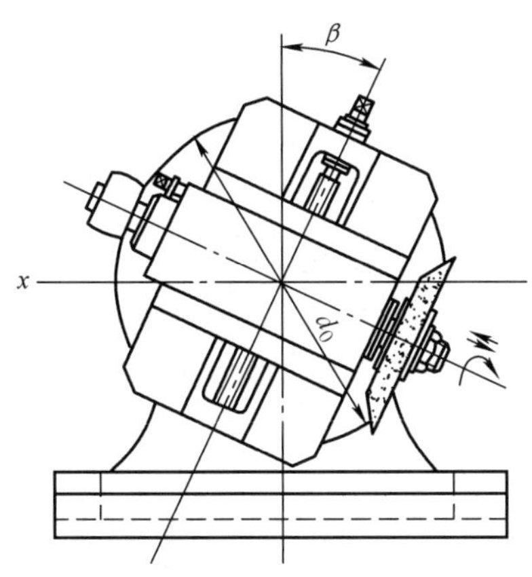

图 6.4-40　一种加工平面包络环面蜗杆的磨具结构原理图

磨削时用碟形砂轮的端平面代表蜗轮的齿面，如图 6.4-41 所示。蜗杆轴线到工作台回转轴线的距离应等于蜗杆副安装时的实际中心距。加工时蜗杆与工作台的转速比等于平面蜗杆副的传动比。

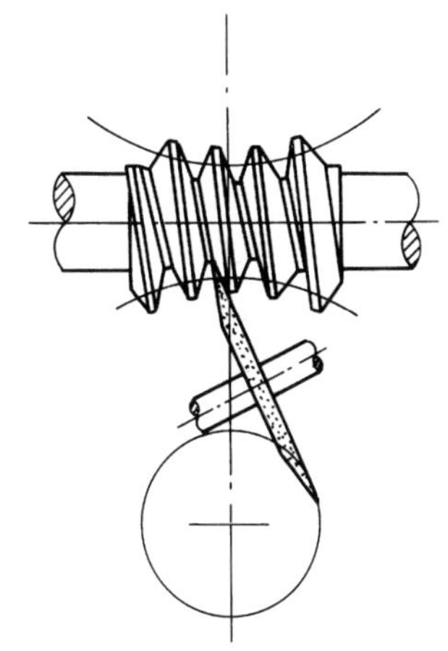

图 6.4-41　用碟形砂轮磨削平面包络环面蜗杆原理图

为了提高生产率，蜗杆在磨削之前必须先粗切出齿面。粗切齿面使用的刀具主要有车刀盘和锥形指形铣刀。加工原理与磨削基本相同。

平面包络环面蜗杆的加工，在大批生产时，应根据能同时完成切槽、切齿、磨齿等多种工序设计专用设备。对于一般的情况，可用滚齿机加以改装。

2）直齿平面蜗轮加工。如图 6.4-42 所示，刀具轴线垂直于齿轮轴线。两把刀具切削平面之间的安装距离等于成形圆直径 d_0，并对称于蜗轮轴线。根据精度要求，可采用分度板、经纬仪等单齿分度装置。铣齿、磨齿或研齿不需要高精度的机床及复杂的精密刀具。借助一定的测量手段可以对个别齿进行精修，能够达到较高的精度。

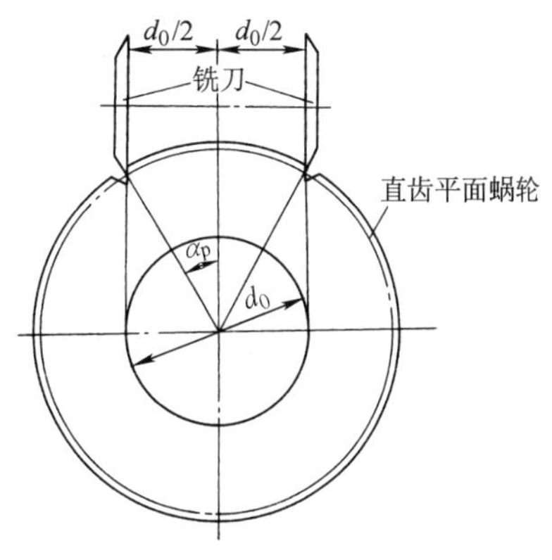

图 6.4-42　直齿平面蜗轮加工原理图

3）斜齿平面蜗轮加工。当加工斜齿平面蜗轮时，须使刀具切削平面相对齿轮轴线倾斜一个 β 角，如图 6.4-43 所示。在中心平面内，刀具切削平面到齿轮轴线的距离应等于形成圆半径。两把刀具切削平面之间的垂直距离为 $d_0\cos\beta$。加工两异侧齿面的两把刀具应分别安装调整。切深应保证在中心平面上具有全齿高。

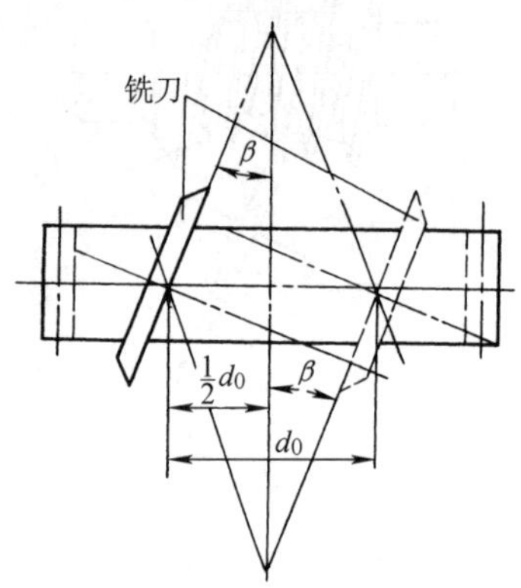

图 6.4-43　斜齿平面蜗轮加工原理图

当采用盘形铣刀（或指形铣刀）单分度铣出两齿面时（图 6.4-44），刀具齿形角 α_0 应按下列公式计算：

直齿平面蜗轮：$\alpha_0=\alpha_1$

斜齿平面蜗轮：$\alpha_0=\arctan(\tan\alpha_1\cos\beta)$

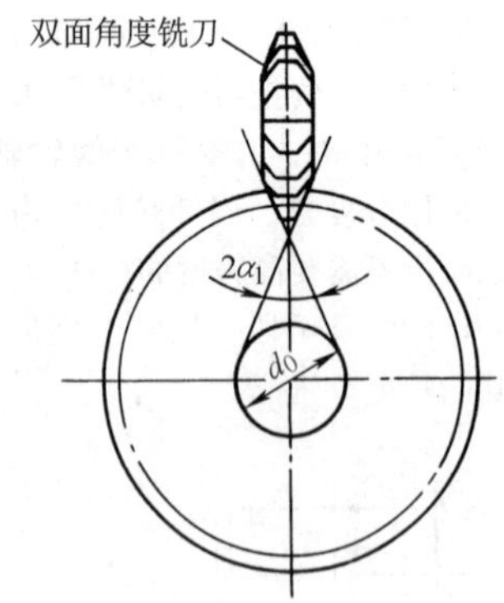

图 6.4-44　用盘形铣刀（或指形铣刀）加工平面蜗轮

6.4.4　蜗杆蜗轮检测

圆柱蜗杆传动的精度标准把蜗杆、蜗轮和蜗杆副的偏差项目划分为三个公差组，每个公差组又分成若干个检验组。这些偏差项目可归纳为综合误差和单项误差两大类。其中蜗轮各误差项目及检验与渐开线圆柱齿轮相近，蜗杆各误差项目的检验与螺纹相近。

1. 蜗杆的测量

蜗杆各误差项目的测量，除专用仪器外，由于其形成原理与螺纹类似，因而螺纹的测量方法和量仪也适用于蜗杆相应误差项目的测量。对于多头蜗杆，应分别测量每个头的误差和各头之间的相对误差，取其中最大值作为测量结果。

（1）蜗杆螺旋线误差的测量

蜗杆螺旋线误差是较重要的综合误差指标。它综合反映蜗杆轴向齿距偏差、齿廓偏差、齿槽径向跳动等误差的影响。考虑到蜗杆传动的特征，一般规定该项误差由蜗杆一转范围内螺旋线误差和在蜗杆齿的工作长度内螺旋线误差两部分组成。测量蜗杆螺旋线误差的仪器要具有被测蜗杆相对于测量头的旋转运动和与旋转运动相联系的精确的轴向移动两个基本运动。目前，测量蜗杆螺旋线误差的方法有相对法和坐标法。

1）相对法测量蜗杆螺旋线误差。相对法测量蜗杆螺旋线误差，是将被测蜗杆的实际螺旋线与标准的精确螺旋线进行比较，以获得蜗杆的螺旋线误差。这种测量方法的关键是建立起比较用的标准螺旋线运动。仪器有螺旋线比较仪、蜗杆导程仪、滚刀检查仪、丝杠检查仪等。

图 6.4-45 所示是用滚刀检查仪测量蜗杆螺旋线误差的示意图。钢直尺 2 移动时，带动圆盘 1 和与之同轴安装的被测蜗杆 6 转动，同时通过与直尺相连接的正弦导板 3 使测量滑架 4 和安装在其上的测头 5 做垂直运动，从而构成所需的螺旋运动。正弦导板的角度根据被测蜗杆的导程角用量块进行调整。这种连续比较的测量方法能较全面地反映蜗杆的螺旋线误差。

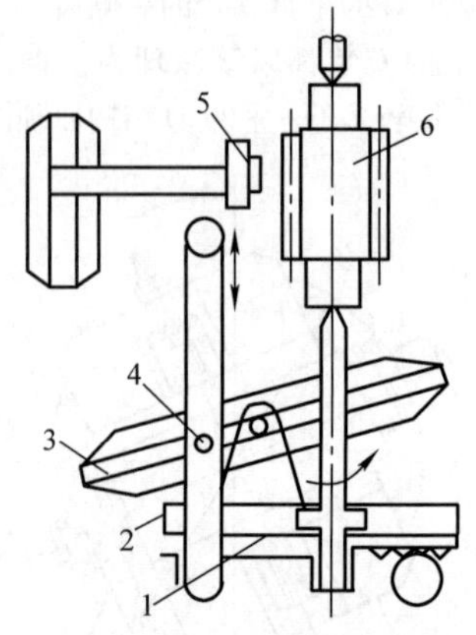

图 6.4-45　用滚刀检查仪测量蜗杆螺旋线误差示意图
1—圆盘　2—钢直尺　3—正弦导板　4—测量滑架　5—测头　6—被测蜗杆

2）坐标法测量蜗杆螺旋线误差。坐标法测量蜗杆螺旋线误差可在万能工具显微镜上进行。测量时，被测蜗杆的精确分度值（θ_1、θ_2、…、θ_n）用光学分度头确定；轴向移动量（ρ_1、ρ_2、…、ρ_n）采用光学灵敏杠杆接触瞄准，由纵向读数显微镜确定轴向移动量。旋角 θ 与轴向移动量 ρ 的关系如下式：

$$\rho=\frac{z_1 m_x \pi}{360°}\theta$$

式中　m_x——蜗杆的轴向模数（mm）。

z_1——蜗杆的头数。

现代测量技术已使过去采用机械结构难以实现的测量变得轻而易举。蜗杆的螺旋线误差、齿形误差、轴向齿距误差、齿厚等的测量都可以在齿轮测量中心上一次完成。这样的设备如德国 Klingelnberg 的 P 系列（P26、P40、P65、P100、P150、P200、P260）齿轮测量中心，美国 M&M 公司的 MM3515、3525 等。

（2）蜗杆齿形误差的测量

蜗杆齿形误差是压力角偏差和齿面形状误差的综合。

1）在专用仪器上测量蜗杆齿形误差。这类专用仪器有滚刀检查仪、蜗杆检查仪、导程仪等。用专用仪器测量蜗杆齿形误差时，仪器上应具有能按蜗杆形成原理、保证测头在齿廓为直线的截面上进行测量的装置。如在 CDY—300 型滚刀检查仪上测量蜗杆的齿形误差时，仪器测头就可按被测蜗杆的类型做垂直蜗杆轴线方向的横向移动，如图 6.4-46a 中测头横向移动距离 r_{b1}。在该仪器的垂直滑架上，带有可用量块调整倾角的横向滑板，滑板上的传感器测头能沿蜗杆径向移动。测量时，测头从齿根部向齿顶部均匀移动，可以由记录器记录误差曲线，如图 6.4-46b 所示；也可由指示表指示在全长上的最大变化量，即为齿形误差。

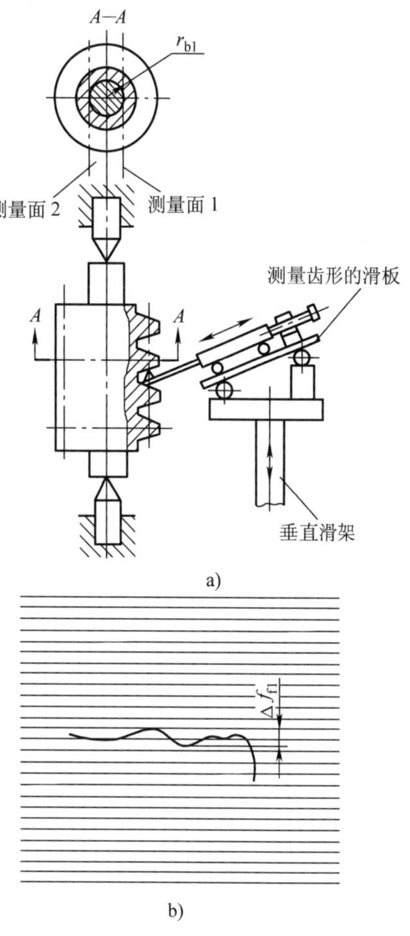

图 6.4-46　在滚刀检查仪上测量蜗杆齿形误差
a）测量示意图　b）由记录器记录的误差曲线

2）在万能工具显微镜上测量蜗杆齿形误差。在万能工具显微镜上测量蜗杆齿形误差，主要适用于测量模数较小的一般精度的蜗杆。根据被测蜗杆导程角的不同，可选用影像法或光学灵敏杠杆接触法测量。

① 影像法测量。对导程角 γ 较小（一般 γ 小于 12°）的阿基米德蜗杆（ZA 型），可直接将其安装于顶尖上测量。测量时，转动米字线至蜗杆齿形理论角度 α 的位置后（图 6.4-47），移动纵向托架，使米字线的中央虚线与齿廓最凹和最凸的部分相切，分别得到纵向两次读数 f_1 和 f_2，则齿形误差 Δf_f 可按下式计算：

$$\Delta f_f=(f_1-f_2)\cos\alpha$$

用影像法测量蜗杆的齿形误差时，要注意物镜倍数的选择。原则上是按被测齿轮有效边长不超过视野的 80%来选择。

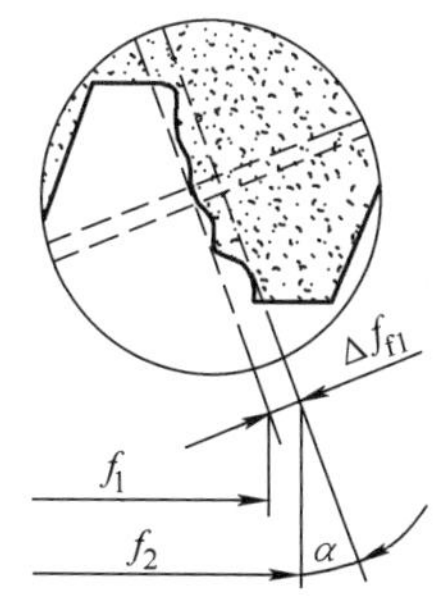

图 6.4-47　在万能工具显微镜上
用影像法测量蜗杆齿形误差

② 光学灵敏杠杆接触法测量。在万能工具显微镜上测量法向直廓蜗杆（ZN 型）和渐开线蜗杆（ZI 型）或其他特殊类型的蜗杆时，宜采用光学灵敏杠杆接触法。此法还适用于测量导程角 γ 较大的蜗杆。测量时，用直角坐标点测法，使光学灵敏杠杆的球形

测头与蜗杆的齿廓接触，从齿根部开始按定值横向移动，测得各点的纵向值。根据测得的一系列纵向值与理论纵向值之最大差值换算到齿面的法向方向即为齿形误差。

蜗杆齿形误差的测量也可以在德国 Klingelnberg 的 P 系列等齿轮测量中心上进行。

(3) 蜗杆轴向齿距偏差的测量

蜗杆轴向齿距偏差是指在蜗杆轴截面内任意相邻同侧齿面间的实际齿距和公称齿距的最大差值。任意两个不相邻同侧齿面间的实际齿距和公称齿距之差称为蜗杆轴向齿距累积误差。蜗杆轴向齿距偏差和蜗杆轴向齿距累积误差都是在与蜗杆轴线平行的直线上测量。能够测量蜗杆螺旋线误差的仪器均可测量蜗杆轴向齿距偏差，其测量方法与螺纹螺距或斜齿轮轴向齿距的测量方法基本相同。

测量轴向齿距偏差时，从一端第一个完整齿开始测至另一端。相邻两读数之差，为实际轴向齿距。实际轴向齿距与公称轴向齿距之差即为轴向齿距偏差，取其中的最大值作为轴向齿距偏差的评定值。在逐个测出轴向齿距偏差后，将任意相邻两个和相邻三个齿距偏差加以累积，便得二齿距和三齿距累积误差（表 6.4-28）。从齿距偏差、二齿距累积误差、三齿距累积误差中取绝对值最大的偏差值作为三齿距累积误差的评定值。

表 6.4-28 轴向齿距偏差和三齿距累积误差的数据处理

序号	读数	实测齿距/mm	公称齿距/mm	齿距偏差/μm	二齿距累积误差/μm	三齿距累积误差/μm
1	69.5660					
2	66.4280	3.1380	3.1416	[-3.6]		
3	63.2845	3.1435	3.1416	+1.9	-1.7	
4	60.1400	3.1445	3.1416	+2.9	[+4.8]	+1.2
5	56.9985	3.1415	3.1416	-0.1	+2.8	[+4.7]
6	53.8600	3.1385	3.1416	-3.1	-3.2	-0.3
7	50.7165	3.1435	3.1416	+1.9	-1.2	-1.3
8	47.5755	3.1410	3.1416	-0.6	+1.3	-1.8

注：被测蜗杆 $m=1\text{mm}$，$z_1=1$，$d_1=24\text{mm}$，$\gamma=2°23'9''$，ZN 型。

图 6.4-48 所示是在筒式滚刀检查仪上测量蜗杆轴向齿距偏差的示意图。蜗杆每转一圈，托架上的测微仪沿蜗杆轴线移动一个理论轴向距离（由量块保证），这时测微仪读出的误差即为轴向齿距偏差。

蜗杆轴向齿距偏差的测量也可以在类如德国 Klingelnberg 齿轮测量中心上进行。

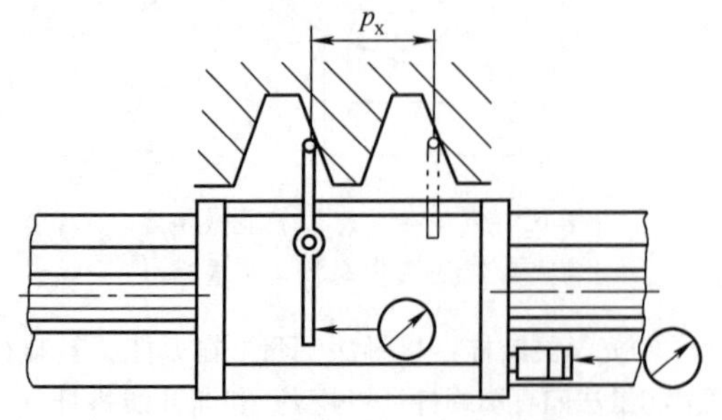

图 6.4-48 在筒式滚刀检查仪上测量蜗杆的轴向齿距偏差

(4) 蜗杆齿槽径向跳动的测量

蜗杆齿槽径向跳动的测量可以使用径向跳动检查仪和滚刀检查仪等，也可以在万能工具显微镜用测微仪测量。

测量蜗杆齿槽径向跳动时，蜗杆转动，测量头需随蜗杆转动沿蜗杆轴线方向做相对移动。图 6.4-49 所示是用径向跳动检查仪测量蜗杆齿槽径向跳动的示意图。被测蜗杆安装于顶尖间，测微仪球形测头的轴线应位于和蜗杆轴线相垂直的轴截面上，测头与两齿廓接触，转动蜗杆并移动滑板，测微仪的变化即为蜗杆齿槽的径向跳动。对多头蜗杆，每条螺旋线的径向跳动应分别测量，并取最大值作为测量结果。

(5) 蜗杆齿厚偏差的测量

对于蜗杆传动应用减薄蜗杆的齿厚来获得传动间隙，因此，控制蜗杆的齿厚在蜗杆传动中是比较重要的，保证了蜗杆齿厚和蜗轮齿厚的偏差也就基本保证了蜗杆传动副的侧隙。蜗杆齿厚偏差的测量，应以蜗杆工作轴线为基准，可以直接测量和间接测量。

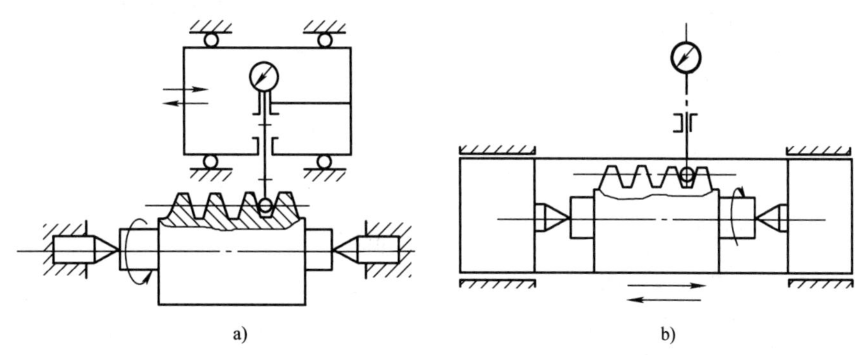

图 6.4-49　蜗杆齿槽径向跳动的测量仪器
a）测头移动　b）蜗杆移动

直接测量是指直接测量蜗杆实际齿厚，求其与公称值之差，获得齿厚偏差。

对于大尺寸、低精度蜗杆的实际齿厚，可用游标齿厚卡尺以蜗杆顶圆为基准直接测量，如图 6.4-50 所示，必要时可按顶圆实际尺寸和顶圆径向跳动来校正测量结果。蜗杆齿厚公称值的计算公式见表 6.4-29。

对于精度高或尺寸小、导程角 γ 大的蜗杆，可采用量柱测量距 M 值来间接地评定齿厚偏差。如图 6.4-51 所示。当蜗杆头数为偶数时，用两根量柱测量即可，而当蜗杆头数为奇数时，需用三根量柱测量。对于一般的蜗杆，M 值可用千分尺或指示千分尺测量；而对于精度较高的蜗杆，则在测长仪或光学计上测量。量柱直径选取和计算公式见表 6.4-30，量柱测量距公称值的计算公式见表 6.4-31。

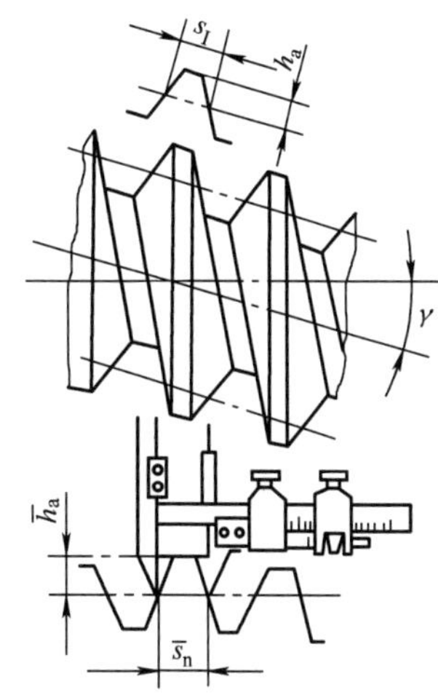

图 6.4-50　用游标齿厚卡尺测量蜗杆齿厚

表 6.4-29　蜗杆齿厚公称值计算公式

序号	被测蜗杆导程角 γ	蜗杆法向弦齿厚 $\bar{s}_n$ 与弦齿高 $\bar{h}_a$ 计算式
1	$\gamma\leqslant7°$，$z_1=1$ $\gamma\leqslant10°$，$z_1=2$	$\left.\begin{aligned}\bar{s}_n&=s_x\cos\gamma\\\bar{h}_a&=m\end{aligned}\right\}$　(1)
2	$\gamma>7°$，$z_1=1$ $\gamma>10°$，$z_1=2$	$\left.\begin{aligned}\bar{s}_n&\approx s_x\cos\gamma\\\bar{h}_a&\approx m+(s_x\sin\gamma\cos\gamma)^2/8r\end{aligned}\right\}$　(2)
3	γ 较大，蜗杆头数较少	$\left.\begin{aligned}\bar{s}_n&=2\sqrt{(r\sin\theta)^2+(s_x/2-r\tan\gamma)^2}\\\bar{h}_a&=m+r(1-\cos\theta)\end{aligned}\right\}$　(3) θ 应满足下式： $(s_x/2-r\tan\gamma)(\tan\gamma+\tan\alpha_x\tan\theta)-r\tan\theta=0$

注：1. 表中 s_x——蜗杆轴向齿厚，α_x——蜗杆轴向齿廓角，r—蜗杆分度圆半径。
2. 式（2）是近似公式，是因为式（3）的计算比较烦琐而采用。计算结果应按有关的图表进行修正。

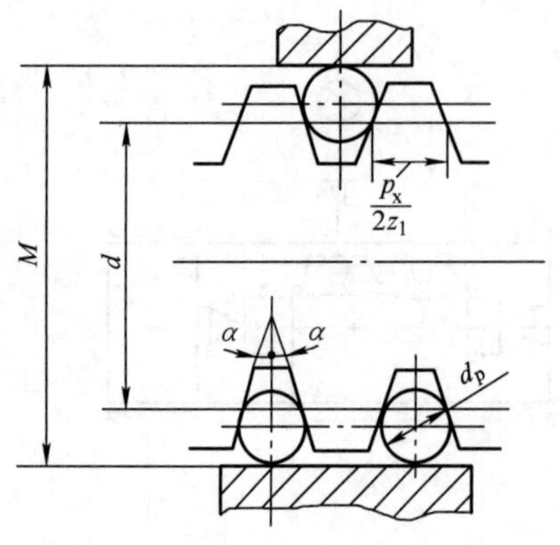

图 6.4-51　用量柱测量蜗杆齿厚偏差

表 6.4-30　量柱直径的选取和计算公式

蜗杆类型	量柱最佳直径 d_p 的计算公式
阿基米德蜗杆	$d_p=\frac{p_z}{2z_1\cos\alpha}$
渐开线蜗杆	$d_p=\frac{p_z}{2z_1}\cos\gamma_b=\frac{p_z}{2z_1}\cos\alpha_n\cos\gamma$

注：表中 p_z——蜗杆导程，z_1——蜗杆头数，γ_b——蜗杆基圆柱导程角，γ——蜗杆分度圆柱导程角。

表 6.4-31　量柱测量距公称值的计算公式

蜗 杆 类 型	量柱测量距公称值 M	齿厚偏差（$\Delta E_{\overline{S1}}$）的换算
阿基米德蜗杆 （ZA 型）	$M=d_1+d_p\left(1+\frac{1}{\sin\alpha_n}\right)-\frac{p_x}{2}\cot\alpha_x$ $=d_1+d_p\left(1+\frac{1}{\sin\alpha_n}\right)-1.5708m\cot\alpha_x$ 式中 α_n 按下式计算： $\tan\alpha_n=\tan\alpha_x\cos\gamma$ d_1——蜗杆分度圆直径 d_p——量柱直径 γ——蜗杆分度圆柱导程角 α_x——蜗杆轴向齿廓角 p_x——蜗杆轴向齿距	$\Delta E_{\overline{S1}}=\Delta E_M\tan\alpha_x$
法向直廓蜗杆 （ZN 型）	$M=d_1+d_p\left(1+\frac{1}{\sin\alpha_0}\right)-\frac{p_x\cos\gamma}{2\tan\alpha_0}$ 式中　d_1——蜗杆分度圆直径 d_p——量柱直径 γ——蜗杆分度圆柱导程角 p_x——蜗杆轴向齿距 α_0——刀具齿形角 当 $\alpha_0=20°$时 $M=d_1+3.924d_p-4.316m\cos\gamma$	$\Delta E_{\overline{S1}}=\frac{\Delta E_M\tan\alpha_0}{\cos\gamma}$

（续）

蜗 杆 类 型	量柱测量距公称值 M	齿厚偏差（$\Delta E_{\overline{S1}}$）的换算
渐开线蜗杆 （ZI 型）	$$M=2r_x+d_p$$ 式中　r_x——量柱中心至蜗杆轴线间距离 $$r_x=\frac{r_{b1}}{\cos\alpha_{xt}}$$ $$\mathrm{inv}\alpha_{xt}=\frac{d_p}{d_b\sin\gamma_b}-\frac{\pi}{2z_1}+\mathrm{inv}\alpha_t$$ $$\tan\gamma_b=\frac{\tan\gamma}{\cos\alpha_t}$$ $$\tan\alpha_t=\frac{\tan\alpha_n}{\sin\gamma}$$ r_{b1}——基圆半径 d_b——基圆直径 d_p——量柱直径 γ——蜗杆分度圆柱导程角 z_1——蜗杆头数	$\Delta E_{\overline{S1}}=\Delta E_M 2\sin\alpha_t\tan\gamma_b$

注：ΔE_M = 量柱测量距实际测量值-量柱测量距公称值。

2. 蜗轮的测量

蜗轮误差主要是用啮合法测量其综合误差，即与精确测量蜗杆用单面啮合测量切向综合误差和相邻齿切向综合误差，用双面啮合测量径向综合误差和相邻齿径向综合误差。也可以用测量单项误差（齿距累积误差、齿圈径向跳动和齿距偏差等）来代替各项综合误差的测量。由于蜗轮轮齿的加工方法基本上与渐开线圆柱齿轮相同，评定蜗轮质量的各误差项目的含义与渐开线圆柱齿轮精度标准中各误差项目的含义基本一致，因而蜗轮各项误差项目的测量方法和仪器也基本上与渐开线圆柱齿轮相应误差项目相同。应注意的是，蜗轮各项误差项目的测量应在中心截面上进行。

蜗轮的切向综合误差和切向一齿综合误差的测量必须在蜗杆式单面啮合仪上用精确测量蜗杆进行。蜗轮的径向综合误差和径向一齿综合误差一般在备有蜗杆副测量专用附件的双面啮合综合检查仪上测量。其他在单双啮测量中的方法、评价等都与渐开线圆柱齿轮相同。

蜗轮轮齿齿廓误差的测量也与渐开线圆柱齿轮基本相同，所不同的是，应根据相配蜗杆的类型正确选择蜗轮齿廓误差的测量截面。蜗轮轮齿齿廓误差一般应在齿廓为渐开线的截面上测量。对于不同类型蜗杆副，蜗轮轮齿齿廓误差的测量截面见表 6.4-32。测量蜗轮轮齿齿廓误差时，首先按相配蜗杆的类型计算出被测蜗轮的基圆半径 r_{b2}，然后按表 6.4-32 所列要求调整测头的位置，使测头在指定测量截面上与被测蜗轮的齿面接触，进行测量。

表 6.4-32　测量蜗轮轮齿齿廓误差时测头位置的调整

相配蜗杆的类型	被测蜗轮基圆半径 $r_{b2}=(mz_2\cos\alpha)/2$	测头的位置	示 意 图
阿基米德蜗杆 （ZA 型）	角 α 按相配蜗杆的轴向齿廓角，即 $\alpha=\alpha_x$	测头位于和蜗轮轴线相垂直的中心截面上	中心截面

（续）

相配蜗杆的类型	被测蜗轮基圆半径 $r_{b2}=(mz_2\cos\alpha)/2$	测头的位置	示 意 图
法向直廓蜗杆（ZN 型）	角 α 按相配蜗杆直素线与端面间的夹角，即按下式计算：$\sin\alpha=\sin\alpha_n\cos\gamma$	测头位于距蜗轮中心截面一个准圆柱半径 r_H 距离的截面上。对于右旋蜗轮，左齿面测头升高 r_H，右齿面测头下降 r_H，左旋蜗轮反之	中心截面 r_H
渐开线蜗杆（ZI 型）	角 α 按相配蜗杆的基圆柱导程角 γ_{b1}，即按下式计算：$\cos\gamma_{b1}=\cos\alpha_n\cos\gamma$	测头位于距蜗轮中心截面一个基圆圆柱半径 r_{b1} 距离的截面上。对于右旋蜗轮，左齿面测头下降 r_H，右齿面测头升高 r_H；左旋蜗轮反之	r_b 中心截面

测量蜗轮齿圈径向跳动时只能使用球形测头，且球形测头理论上应位于和蜗轮轴线相垂直的中心截面上。其他如装置、读数、评价等都与渐开线圆柱齿轮相同。

蜗轮齿厚的测量可用两根精确测量蜗杆平行放置在蜗轮直径方向并与其紧密啮合，测量尺寸 M，如图 6.4-52a 所示，其公称值

$$M=d_2+\bar{d}_1+\bar{d}_{a1}$$

式中　d_2——蜗轮分度圆直径；

$\bar{d}_1$——两测量蜗杆分度圆直径平均值；

$\bar{d}_{a1}$——两测量蜗杆齿顶圆直径平均值。

也可用两个钢球放在蜗轮对径方向的齿槽内测得尺寸 M，如图 6.4-52b 所示。对于精度不高的蜗轮，还可用游标卡尺直接测量分度圆的法向齿厚。

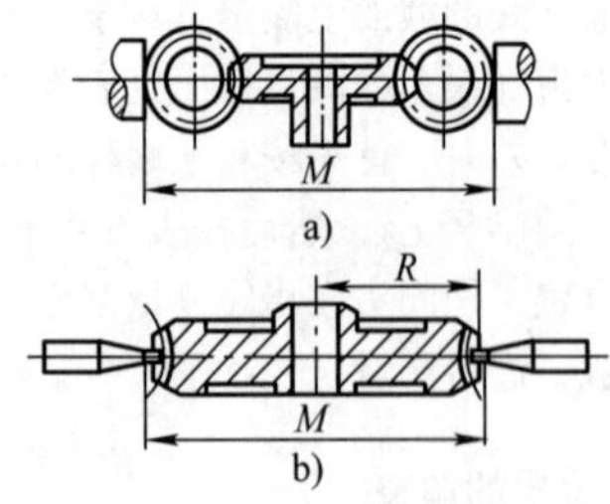

图 6.4-52　蜗轮齿厚测量

a）用蜗杆测量　b）用钢球测量

与蜗杆的测量一样，蜗轮的各项误差也可在类如德国 Klingelnberg 的齿轮测量中心上一次测量完成。

3. 蜗杆副和蜗杆传动的测量

蜗杆副和蜗杆传动的测量都是对配对的蜗杆和蜗轮综合误差和接触斑点的测量，其不同点是蜗杆副的测量是在蜗杆式单面啮合仪上进行的一对蜗杆副的配对测量；而蜗杆传动的测量是蜗杆副安装好后进行啮合传动，且在蜗轮和蜗杆相对位置变化一个整周期内测量，它直接反映了蜗杆传动装置的传动精度。

蜗杆副的切向综合公差和相邻齿切向综合公差分别按蜗轮的切向综合公差 F_i' 和相邻齿切向综合公差确定。蜗杆副的接触斑点面积的百分比要求则按传动接触斑点要求增加 5%确定。

蜗杆传动的精度主要以传动切向综合误差 $\Delta F_{ic}'$、传动相邻齿切向综合误 $\Delta f_{ic}'$ 差和传动接触斑点的形状、分布位置与面积大小等来评定。接触斑点是评定蜗杆副接触质量极为重要的综合指标，对于动力蜗杆副尤为重要。它综合反映了蜗杆副的齿廓误差、螺旋线误差、齿圈径向跳动及蜗杆蜗轮的位置误差等。接触斑点是否符合要求，加工误差分析与消除方法可见表 6.4-23。对于不可调中心距的蜗杆传动，检验接触斑点的同时，还应检验蜗杆传动中心距偏差、蜗杆传动中心平面偏差、蜗杆传动轴交角偏差。

蜗杆副的侧隙一般也在蜗杆副安装好后进行检查。图 6.4-53 所示是蜗杆副侧隙检查的示意图。测量时，蜗杆不动，自由地转动蜗轮，通过蜗轮轮齿齿面上的测微仪读出最大圆周摆动量，即为蜗杆副的侧隙。

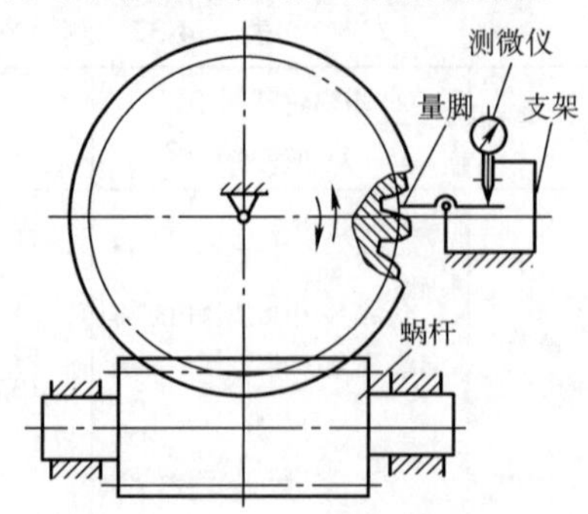

图 6.4-53　蜗杆副侧隙的测量

6.5　花键加工

6.5.1　概述

花键连接广泛应用于机床、汽车、工程机械、机车车辆、航空航天等行业中。常用的有矩形花键和渐开线花键两种。它与键连接比较，具有下列特点：

① 总承载面积大，承载能力大，耐磨损，能传递较大的转矩。

② 连接刚度好，强度高，使用寿命长，互换性好。

1. 花键的定心方式

1）小径定心（图 6.5-1）。小径定心是矩形花键连接最常用的方式，定心精度高，多用于机床行业，在其他机械连接中也有应用，尤其适用于矩形内、外花键都需要热处理到较高硬度的零件。

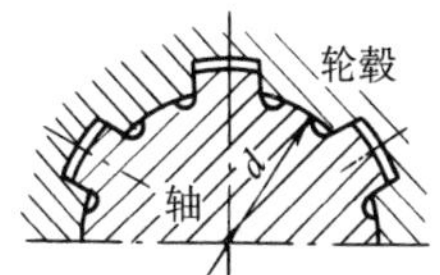

图 6.5-1　矩形花键连接的小径定心方式

2）大径定心（图 6.5-2）。大径定心的花键连接适用于矩形花键和渐开线花键。这种定心方式加工方便，但热处理后内花键的大径不能磨削，故大径定心的定心精度不如小径定心，常用于汽车、拖拉机和机床等行业。

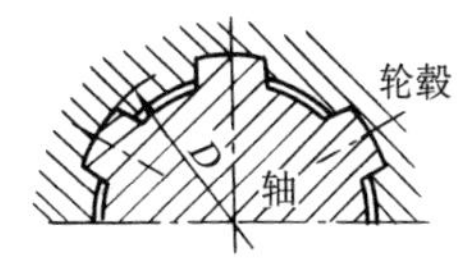

图 6.5-2　花键连接的大径定心方式

3）齿廓定心（图 6.5-3）。齿廓定心方式用于渐开线花键连接，在受载情况下能自动定心，可使多数齿同时接触。齿根有平齿根和圆齿根，圆齿根有利于降低齿根的应力集中。这种定心方式常用于载荷较大的汽车、拖拉机变速器轴。

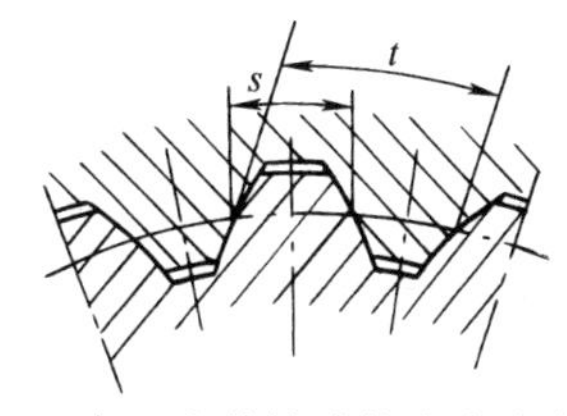

图 6.5-3　渐开线花键连接的齿廓定心方式

国家标准 GB/T 1144—2001 规定了矩形花键只有小径定心一种定心方式。

2. 花键的加工过程和方法

外花键类零件的加工过程见表 6.5-1，内花键类零件的加工过程见表 6.5-2。

表 6.5-1　外花键类零件的加工过程

序号	工序名称	加工内容
1	下料	由轧制的圆钢，通过剪切、锯割或氧气切割等方法截取一定尺寸的坯料
2	锻造毛坯	毛坯的锻造一般有如下的方法： 1. 自由锻。自由锻的锻件所能达到的复杂程度和尺寸精度都较低，锻件加工余量大，材料利用率低。因此，自由锻只适用于品种多、产量少的单件小批量生产 2. 模锻。它是利用锻模使坯料在模膛中受到冲击或压力产生塑性变形充满模膛而得到锻件。模锻主要用在大批大量生产中 3. 胎模锻。它是介于自由锻和模锻之间的一种锻造方法。它在自由锻设备上采用活动胎模成形锻件。它主要用于中、小批生产
3	毛坯加工	外花键类毛坯的加工一般在车床上进行，先加工两端面并在两端面上钻中心孔（大量生产中为提高效率，采用铣打机床），然后粗、精车各轴颈外圆、端面等，必要时还要磨定位轴径
4	加工外花键	根据不同的花键技术要求进行相应的加工，具体见表 6.5-3
5	零件的热处理前检查	主要检查零件的关键加工尺寸，如各轴颈直径、轴肩的轴向尺寸及花键的主要尺寸（矩形花键的键宽、键的对称度等，渐开线花键的球或柱跨距、齿距等）
6	热处理	根据不同的使用要求采用不同的热处理方法。常用的有高频感应淬火、渗碳淬火、调质处理等
7	热处理后精加工	根据不同的使用要求磨削矩形花键的小径表面、齿侧，花键的大径，外花键的其他使用表面等
8	最终检查	根据不同的使用要求检查零件的加工尺寸

表 6.5-2 内花键类零件的加工过程

序号	工序名称	加工内容
1	下料	由轧制的圆钢，通过剪切、锯割或氧气切割等方法截取一定尺寸的坯料
2	锻造毛坯	毛坯的锻造一般有如下的方法： 1. 自由锻。自由锻的锻件所能达到的复杂程度和尺寸精度都较低，锻件加工余量大，材料利用率低。因此，自由锻只适用于品种多、产量少的单件小批量生产 2. 模锻。它是利用锻模使坯料在模膛中受到冲击或压力产生塑性变形充满模膛而得到锻件。模锻主要用在大批大量生产中 3. 胎模锻。它是介于自由锻和模锻之间的一种锻造方法。它在自由锻设备上采用活动胎模成形锻件。它主要用于中、小批生产
3	毛坯加工	内花键类毛坯的加工一般是在车床上进行，粗、精车内孔、端面、外圆等。在大量生产中也可分工序加工，如先加工预孔，然后用孔定位加工端面和外圆。如果内花键采用拉削加工，一般孔留有小径的拉削余量
4	加工内花键	根据不同的花键技术要求进行相应的加工，具体见表 6.5-3
5	零件的热处理前检查	主要检查零件的关键加工尺寸，如孔径、轴向尺寸及内花键的主要尺寸（矩形花键的键宽、键的对称度等，渐开线花键的球或柱跨距、齿距等）
6	热处理	根据不同的使用要求采用不同的热处理方法。常用的有高频感应淬火、渗碳淬火、调质处理等
7	热处理后精加工	根据不同的使用要求磨削花键的小径表面，内花键零件的其他使用表面等
8	最终检查	根据不同的使用要求检查零件的加工尺寸

内、外花键键齿的加工通常采用不同的方法进行。常用的加工方法有普通铣削和磨削、展成法铣削、拉削、刨削和无屑加工等。主要的方法见表 6.5-3。

表 6.5-3 花键齿面机械加工主要方法

加工原理	加工方法	用于加工			设备	刀具	经济精度（等级）			生产类型
		孔	轴	花键类型			大径 D	小径 d	侧面	
成形法	插削	+	-	主要是矩形	插床	成形插刀	8	—	10	单件生产
	内拉削	+	-	任意	拉床	拉刀	7	7	8	大量或批量生产
	推孔	+	-	任意	立式拉床或压力机	推刀	7	—	8	大量或批量生产
	铣削		+	任意	卧式铣床	成形铣刀	—	8	8	单件生产
			+	任意	花键铣床	成形铣刀	—	8	8	大量或批量生产
	刨削		+	任意	专用机床	成形刨刀	—	8	8	大量或批量生产
	推挤	+	+	任意	压力机或专用机床	专用刀具	8	8	8	大量或批量生产
	成形磨削	-	+	任意	花键磨床	成形砂轮	—	6	6	各种生产类型
展成法	铣齿	-	+	任意	花键铣床或滚齿机	花键滚刀	—	10	7	各种生产类型
	插削	+	+	渐开线	插齿机	花键插齿刀	—	10	7	各种生产类型
	外拉削		+	矩形、渐开线	拉床	拉刀	-	—	7	大量或批量生产
	磨齿	+	+	渐开线	齿轮磨床	砂轮	—	—	6	各种生产类型
	搓齿		+	渐开线	搓齿机	搓齿刀	—	—	7	大量生产

各种花键加工方法的经济精度见表 6.5-4。

表 6.5-4　花键加工方法的经济精度

（1）外花键加工

花键大径/mm	键数	加工方法			
		花键滚刀滚花键		成形磨削	
		公差/mm			
		花键宽	小径	花键宽	小径
18~30	6 和 4	0.025	0.05	0.013	0.027
>30~50		0.040	0.075	0.015	0.032
>50~80	10 和 6	0.050	0.10	0.017	0.042
>80~120		0.075	0.125	0.019	0.045

（2）内花键加工

花键大径/mm	键数	加工方法			
		拉削		推削	
		热处理前的公差/mm			
		花键宽	小径	花键宽	小径
18~30	10、6 或 4	0.013	0.018	0.008	0.012
>30~50		0.016	0.026	0.009	0.015
>50~80		0.016	0.030	0.012	0.019
>80~120		0.019	0.035	0.012	0.023

6.5.2　外花键的成形铣削

成形铣削一般用于外花键的加工，而且主要用于矩形外花键的加工。

1. 成形铣削的种类和方法

当小批或单件生产时，可在卧式铣床上利用分度头来进行铣削加工，主要有用三面刃铣刀和锯片铣刀铣削、用组合铣刀铣削和成形铣刀铣削等方法。

（1）三面刃铣刀和锯片铣刀加工外花键

用三面刃铣刀和锯片铣刀加工一般用于单件、小批量的外花键生产，其铣削过程见表 6.5-5。

表 6.5-5　三面刃铣刀和锯片铣刀铣削外花键的过程

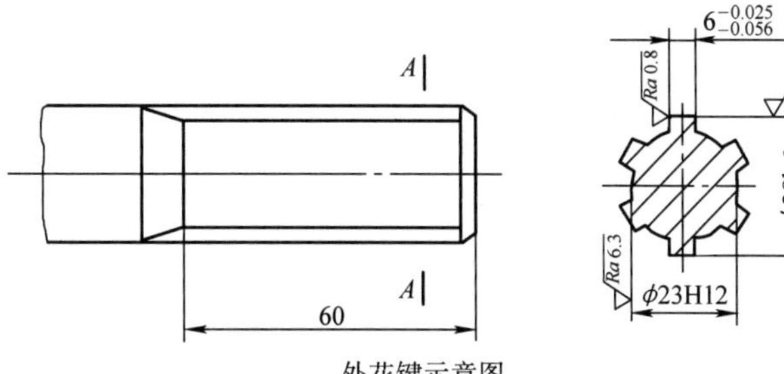

外花键示意图

序号	加工项目	加 工 简 图	说　明
1	工件安装和校正		把工件装夹在分度头卡盘和顶尖之间，用百分表检查工件两端是否等高，径向跳动是否符合要求，若偏差较大，应调整和修磨中心孔，检查工件侧素线相对于纵向工作台移动方向的平行度

（续）

序号	加工项目	加工简图	说明
2	分度计算和调整	—	根据花键槽数 N，试摇分度头手柄，以符合所分的槽数 N
3	划线和对刀（也可以采用试切法对刀）	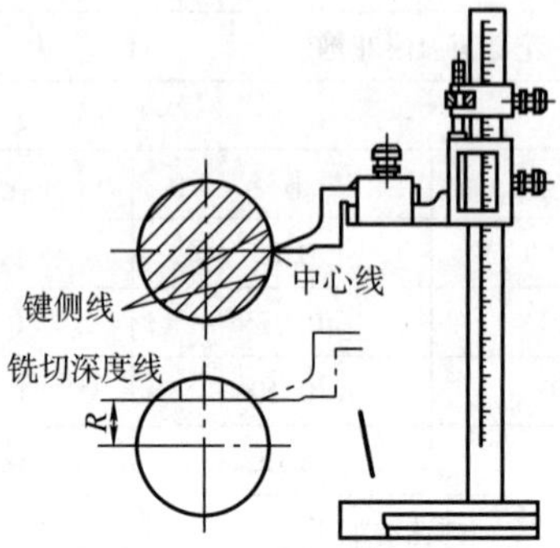 中心线 键侧线 铣切深度线 R	在工件圆柱面上划出一条与中心等高的中心线，然后升高和降低半个花键齿宽，划出两条键侧线。摇动分度头让工件转过 90°，使划线部分朝上，再用高度尺在工件端面上划出铣切深度
4	铣花键一侧	 铣切深度线	将三面刃铣刀（铣刀宽度要尽可能小些，以免在铣削中刮及邻近齿的齿侧）按划线对刀，进行铣削；铣削完一齿后分度，依次铣削各花键齿的同一侧
5	铣花键另一侧	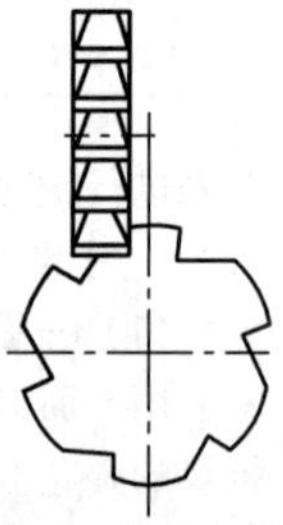	移动横向工作台，移动距离 $S=B+b$（式中：B 为花键的宽度，b 为铣刀的宽度），铣削完第一条花键后，测量花键的宽度，如果符合要求，依次铣削各花键齿的另一侧
6	锯片铣刀对中心	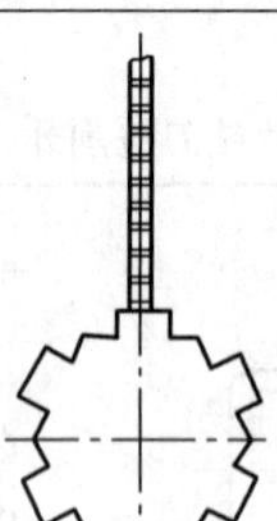	使锯片铣刀（厚度为 2～3mm）对准工件中心，摇动铣床升降台使切削刃轻轻擦到或贴在齿顶表面的薄纸上
7	锯片铣刀铣槽底弧面	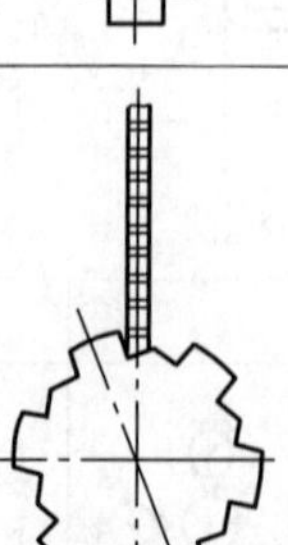	摇动分度头，使工件转过一定角度，然后将升降台升高一个齿高，再摇动纵向进给进行铣削。铣完一刀后，再摇动分度头手柄，转过几个孔距，使工件稍转过一些，铣第二刀

（续）

序号	加工项目	加工简图	说　明
8	锯片铣刀铣至槽底整个弧面（也可采用凹圆弧的成形铣刀将槽底一次铣出，这时应注意对刀精度，使槽底圆弧中心与工件同心，见序号 10）		按序号 7 的方法，铣完第二刀后，再铣第三刀、第四刀、第五刀……，这样，可近似地加工出整个槽底圆弧面
9	花键的检验		花键宽度和槽底径（小径）可以用游标卡尺或千分尺检查 键宽对称度可用高度尺检查，工件铣完后，摇动分度头，使处于水平状态的两键的键侧面 1、3 等高，用高度尺量出键侧面 1、3 至工作台面的高度，然后将分度头转动 180°，使此两键的键侧面 2、4 朝上，再用高度尺量出键侧面 2、4 至工作台面的高度，检查是否相等，这样可测出键宽对称度的误差
10	用凹圆弧的成形铣刀将槽底一次铣出		

（2）用组合铣刀加工外花键

1）用组合三面刃铣刀加工花键。用组合三面刃铣刀在卧式铣床上用分度法铣削，工件的安装、调整与用单三面刃铣刀铣花键时相同，如图 6.5-4 所示。两把铣刀的直径必须相同，其间距等于花键键宽，可由铣刀间的垫圈或垫片的厚度来保证。如用钝角铣刀加工花键时，铣刀钝角 $\theta = 105° \sim 110°$，铣出的小径不是圆弧，而是两段直线，适用于以大径定心的外花键。用这种方法能同时铣出花键的倒角，一般用于粗铣加工，键宽留精铣余量约 0.5mm。

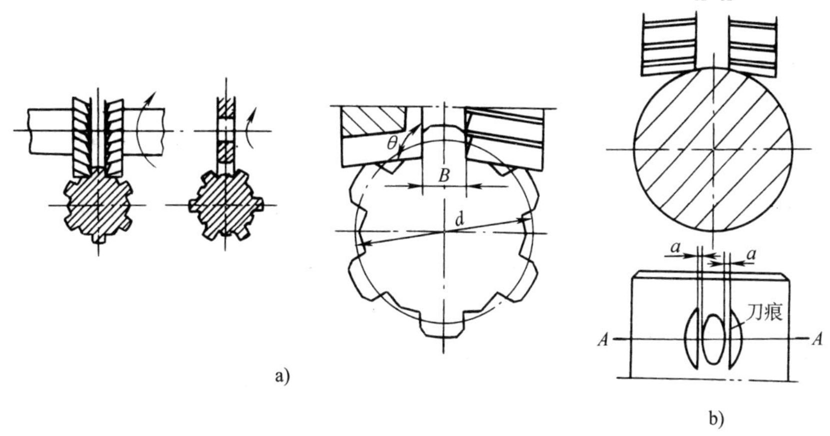

图 6.5-4　用组合铣刀铣削外花键

a）钝角铣刀铣花键　b）对刀方法

2）用专用铣刀盘铣花键。如图 6.5-5 所示，采用两把专用铣刀盘同时铣削外花键的两条花键槽，铣刀刃廓形可按花键槽的截形设计。用高速钢成形铣刀铣完键槽后，在键侧留有少量的精铣余量，然后用硬质合金组合刀盘精铣键侧，其效果较好，如图 6.5-6 所示。铣刀盘有微调机构，调整精度可达 0.01~0.02mm，刀盘应仔细平衡，外花键要精确分度，铣刀直径可取为 60mm。刀盘上共有两组刀齿，一组刀齿（两把刀）可铣花键两侧，另一组刀齿加工花键倒角，刀间距离可根据键宽和倒角大小来调整。可选切削参数如下：键每侧的精铣余量一般为 0.15~0.20mm，铣削速度可达 200m/min 以上，进给速度 v_f=475~600mm/min，花键侧面的表面粗糙度可达 Ra0.8~1.6μm。

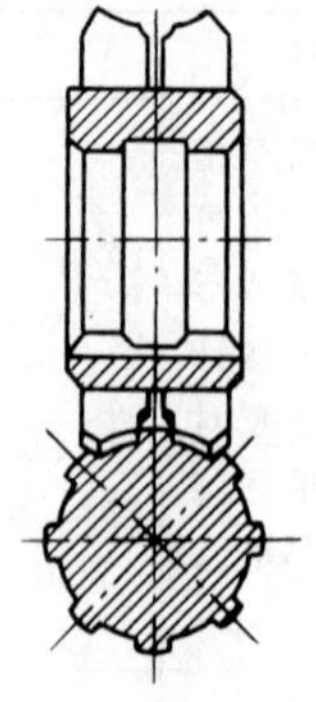

图 6.5-5　用专用铣刀盘铣花键

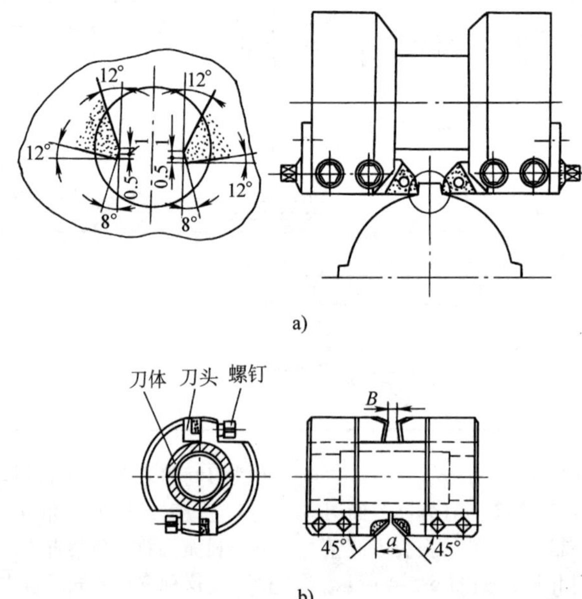

图 6.5-6　用硬质合金组合刀盘精铣键侧

a）精铣键侧　b）铣刀盘微调装置

（3）用成形铣刀铣削外花键

用成形铣刀铣削外花键（图 6.5-7），可使生产率大大提高，适用于大批量生产。

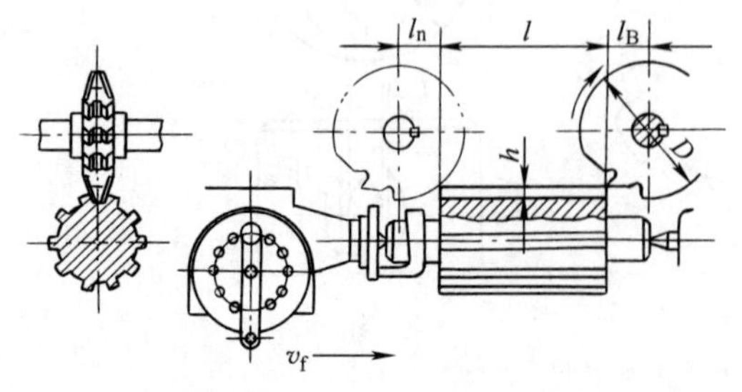

图 6.5-7　用成形铣刀铣削外花键

各种结构的成形铣刀如图 6.5-8 所示。其中，图 6.5-8a 所示为铲齿成形铣刀，沿刀齿前刀面重磨后，刀齿刃形不变。图 6.5-8b 所示为尖齿成形铣刀，它可由三面刃铣刀改磨。图 6.5-8c 所示为焊接式硬质合金花键铣刀。图 6.5-8d 所示为机夹式硬质合金花键铣刀。

成形铣刀铣削花键的对刀步骤如图 6.5-9 所示。目测使铣刀对准工件中心，使两侧刀角同时接触工件外圆表面，如图 6.5-9a 所示；铣削至全齿深的 3/4，退刀后测量花键的对称性，如图 6.5-9b 所示；工件顺时针转动 θ 角，测量外花键左齿面 1 的高度（θ=90-180/N，N 为外花键齿数），如图 6.5-9c 所示；工件逆时针方向转动 2θ 角，如图 6.5-9d 所示，测量外花键右齿面 2 的高度，如果左、右齿面 1、2 高度不相等，则说明花键对称度需要微调。

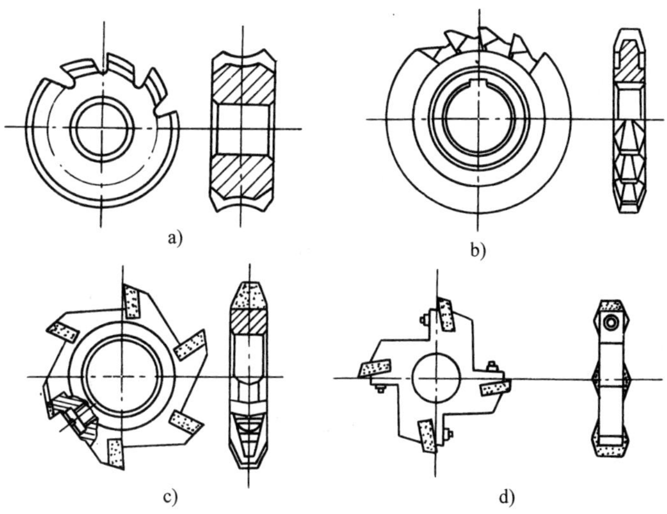

图 6.5-8　花键成形铣刀

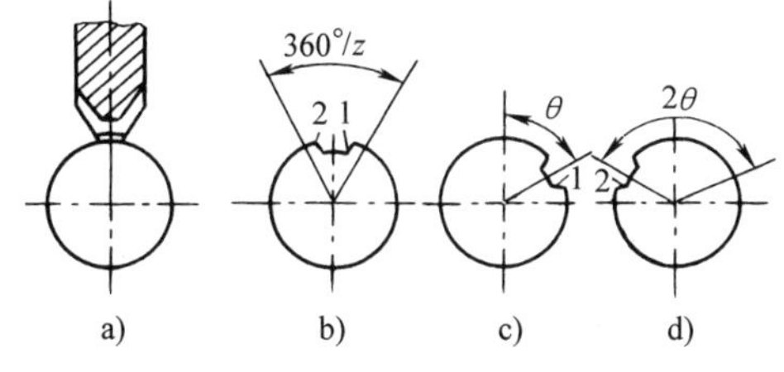

图 6.5-9　成形铣刀铣削花键的对刀步骤

2. 机床、夹具及辅具

外花键的成形铣削一般在卧式铣床上进行。目前，国内常用的铣床机床型号、技术参数见本章附录表 6.7-34。

外花键成形铣削用的机床附件、夹具及辅具主要有分度头、顶尖和顶尖座、拨盘和卡头等。

表 6.5-6 所列是一些常用的分度头型式。

表 6.5-6　常用的分度头型式

类型		外形简图	结构特点
机械分度头	万能分度头	1—分度叉　2—分度盘　3—交换齿轮轴　4—蜗杆脱落手柄　5—主轴紧固手柄　6—回转体　7—主轴　8—分度手柄　9—定位销　10—固定键	分度盘上有多圈不同等分的定位孔，转动与蜗杆相连的手柄，将定位销插入选定的孔位内，可实现分度。蜗杆副传动比一般为 40∶1，分度精度一般为±45″。可直接、间接和差动分度，可通过蜗轮与主轴之间的交换齿轮改变传动比，扩大分度范围
	半万能分度头		是铣床的主要附件。它属于蜗杆副分度头，可辅助机床加工需要简单分度的各种零件。分度精度一般为±45″，可直接分度和间接分度

（续）

类型	外形简图	结构特点
机械分度头 等分分度头	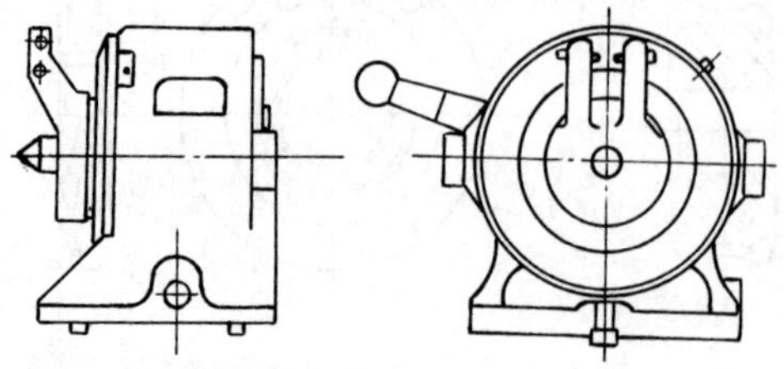	仅可直接分度，它一般采用具有24个槽或孔的等分盘，直接实现2、3、4、6、8、12、24等分的分度。分度精度一般为2′
电动分度头	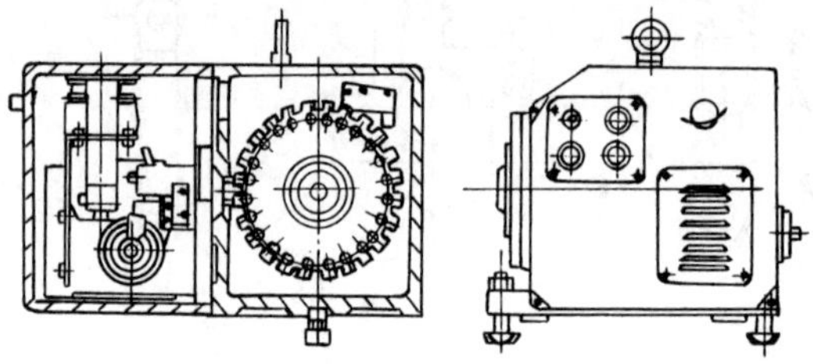	借助电器控制，用电动机动力进行分度，可完成15°整数倍的等分度，分度精度一般为1′
光学分度头	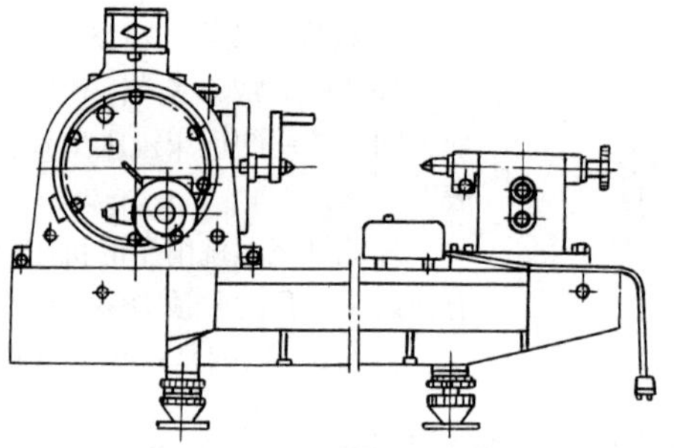	具有光学分度装置，并用光学系统显示分度数值，分度精度一般为10″。主要用于零件的精密分度加工及精密角度检测
数显分度头	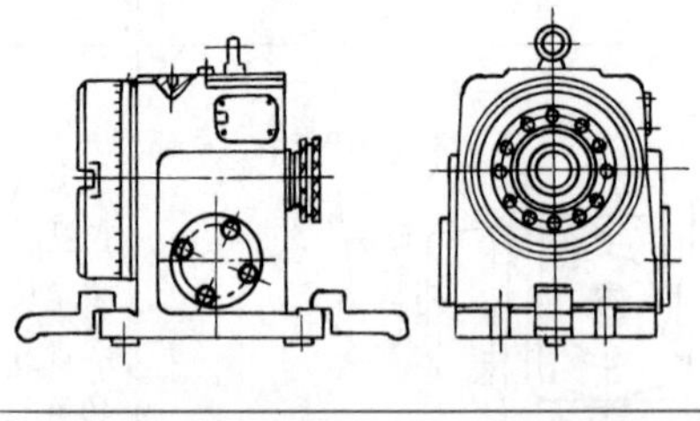	用数字显示系统分度数值，分度精度一般为±2″。主要用于零件的精密角度检测
数控分度头	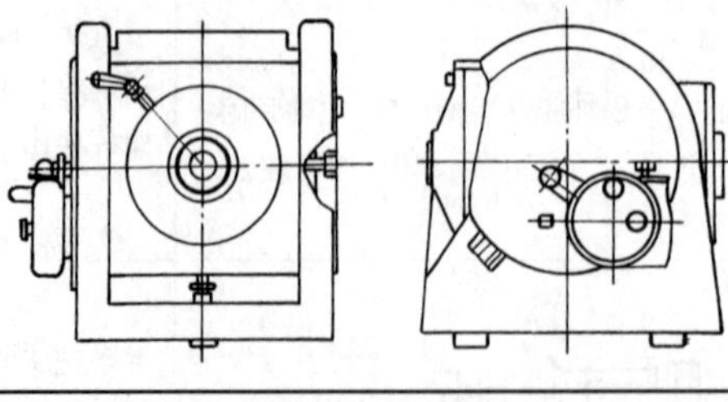	用数字信息发出指令控制分度。它由CNC控制，可自动实现对工件的夹紧、松开和任意角度的圆周分度，分度精度一般为10″~30″，可立卧使用

顶尖有固定顶尖、回转顶尖、内拨顶尖、外拨顶尖、内锥孔顶尖等，它们目前都已标准化，其标准号分别为GB/T 9204—2008、JB/T 3580—2011、JB/T 10117—1999等，在这些标准中，对顶尖的型式、主要尺寸及精度等都有比较详细的规定，如有需要可以查阅。在外花键成形铣削中，常用的是固定顶尖，如图6.5-10所示（GB/T 9204—2008）。

固定顶尖的参数见表6.5-7。

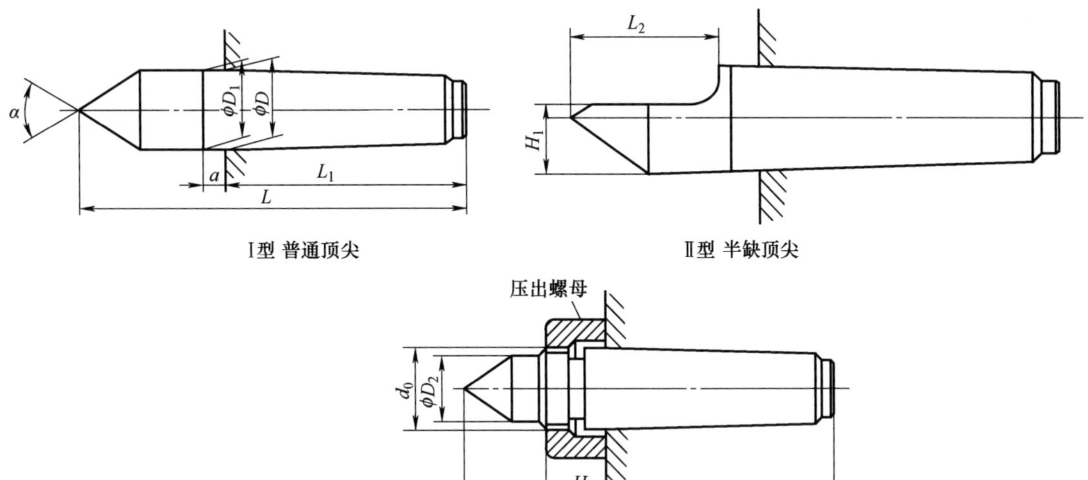

Ⅲ型 带压出螺母顶尖

图 6. 5-10　固定顶尖型式

表 6. 5-7　固定顶尖参数　（mm）

型式	号数	锥度	D	L_1 max	D_1 max	a	L	L_2	h_1	D_2	d_0	L_3	H max	α
米制	4	1∶20＝0. 05	4	23	4. 1	2	33							60°
	6	1∶20＝0. 05	6	32	6. 2	3	47							
莫氏	0	0. 6246∶12＝0. 05205	9. 045	50	9. 2	3	70	16	6	9	M10×0. 75	75	12	60°、70°或 90°
	1	0. 59858∶12＝0. 04988	12. 065	53. 5	12. 2	3. 5	80	22	8	12	M14×1	85	12	
	2	0. 59941∶12＝0. 04995	17. 780	64	18. 0	5	100	30	12	16	M18×1	105	15	
	3	0. 60235∶12＝0. 05020	23. 825	81	24. 1	5	125	38	15	22	M24×1. 5	130	15	
	4	0. 62326∶12＝0. 05194	31. 267	102. 5	31. 6	6. 5	160	50	20	30	M33×1. 5	170	18	
	5	0. 63151∶12＝0. 05263	44. 399	129. 5	44. 7	6. 5	200	63	28	42	M45×1. 5	210	21	
	6	0. 62565∶12＝0. 05214	63. 348	182	63. 8	8	280		40	60	M64×1. 5	290	24	
米制	80	1∶20＝0. 05	80	196	80. 4	8	315							
	100	1∶20＝0. 05	100	232	100. 5	10	360							

注：1. α 一般为 60°，根据需要可选 70°或 90°。

2. 角度公差按 GB/T 1804—2000 中 m 级的规定，但不允许取负值。

也可采用镶硬质合金头的固定顶尖。固定顶尖的精度检验和技术要求可查阅 GB/T 9204—2008《固定顶尖》。顶尖座可以是专用的，也可以用机械分度头等代用。

拨盘按照标准有花盘、三爪拨盘、C 型拨盘、D 型拨盘等，这些拨盘和花盘的结构和尺寸在 JB/T 10125—1999、JB/T 10124—1999 和厂家的供货条件中有明确的规定。在进行外花键的成形铣削加工中可以采用自制的简易拨盘。

卡头主要有鸡心卡头、卡环、夹板等，这些常用的卡头已经形成标准，可参阅 JB/T 10118—1999、JB/T 10119—1999、JB/T 10120—1999。

3. 刀具

（1）圆盘铣刀和锯片铣刀

加工外花键时，经常使用各种圆盘铣刀和锯片铣刀，其规格尺寸及结构见表 6. 5-8。

表 6.5-8 圆盘铣刀和锯片铣刀 (mm)

名称	示意图	规格												
		D	d	L										
尖齿槽铣刀 (GB/T 1119.1—2002)		50	16	4	5	6	8	10						
		63	22	4	5	6	8	10	12	14				
		80	27	5	6	8	10	12	14	16	18			
		100	32	6	8	10	12	14	16	18	20	22	25	
		125		8	10	12	14	16	18	20	22	25		
		160	40	10	12	14	16	18	20	22	25	28	32	
		200		12	14	16	18	20	22	25	28	32	36	40
		d	D	L										
直齿三面刃铣刀 (GB/T 6119—2012)		50	16	4	5	6	8	10						
		63	22	4	5	6	8	10	12	14	16			
		80	27	5	6	8	10	12	14	16	18	20		
		100	32	6	8	10	12	14	16	18	20	22	25	
		125		8	10	12	14	16	18	20	22	25	28	
		160	40	10	12	14	16	18	20	22	25	28	32	
		200		12	14	16	18	20	22	25	28	32	36	40
		d	D	L										
错齿三面刃铣刀 (GB/T 6119—2012)		50	16	4	5	6	8	10						
		63	22	4	5	6	8	10	12	14	16			
		80	27	5	6	8	10	12	14	16	18	20		
		100	32	6	8	10	12	14	16	18	20	22	25	
		125		8	10	12	14	16	18	20	22	25	28	
		160	40	10	12	14	16	18	20	22	25	28	32	
		200		12	14	16	18	20	22	25	28	32	36	40

（续）

名　称	示意图	规格													
		D	d	L											
硬质合金错齿三面刃铣刀（GB/T 9062—2006）	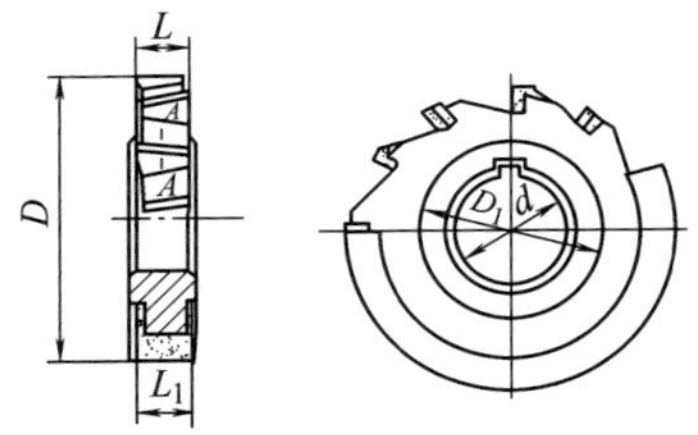	63	22	8	10	12	14	16							
		80	27	8	10	12	14	16	18	20					
		100	32	8	10	12	14	16	18	20	22	25			
		125	32	8	10	12	14	16	18	20	22	25	28		
		160	40	10	12	14	16	18	20	22	25	28	32		
		200	40	12	14	16	18	20	22	25	28	32			
		250	50	14	16	18	20	22	25	28	32				

名　称	示意图	规格													
		d	D	L											
硬质合金机夹三面刃铣刀（GB/T 14330—2008）	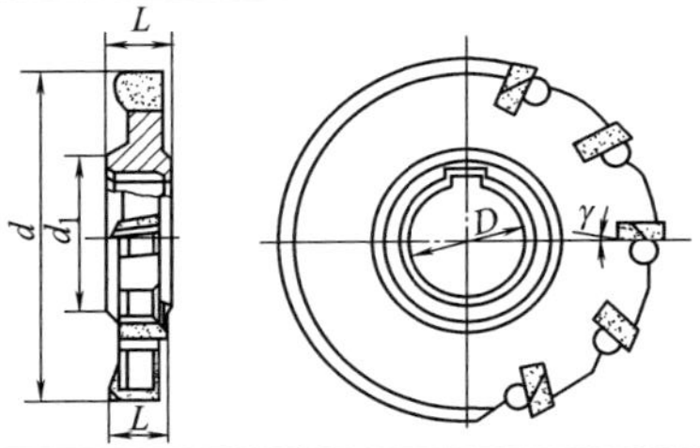	63	22	6	8	10	12								
		80	27	6	8	10	12								
		100	32	6	8	10	12								
		125	40	8	10	12									
		160	40	8	10	12									

名　称	示意图	规格																
			d	D	L													
锯片铣刀（GB/T 6120—2012）	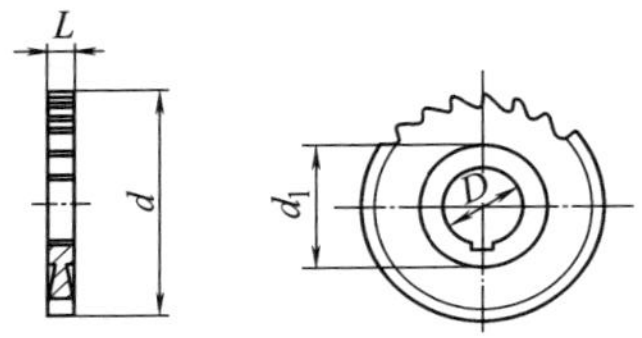	粗齿锯片铣刀	50	13	0.8	1.0	1.2	1.6	2.0	2.5	3.0	4.0	5.0	6.0				
			63	16	0.8	1.0	1.2	1.6	2.0	2.5	3.0	4.0	5.0	6.0				
			80	22	0.8	1.0	1.2	1.6	2.0	2.5	3.0	4.0	5.0	6.0				
			100	22	0.8	1.0	1.2	1.6	2.0	2.5	3.0	4.0	5.0	6.0				
			125	(27)	1.0	1.2	1.6	2.0	2.5	3.0	4.0	5.0	6.0					
			160		1.2	1.6	2.0	2.5	3.0	4.0	5.0	6.0						
			200	32	1.6	2.0	2.5	3.0	4.0	5.0	6.0							
			250		2.0	2.5	3.0	4.0	5.0	6.0								
			315	40	2.5	3.0	4.0	5.0	6.0									

（续）

名称	示意图	规格															
			d	*D*	*L*												
锯片铣刀 （GB/T 6120—2012）	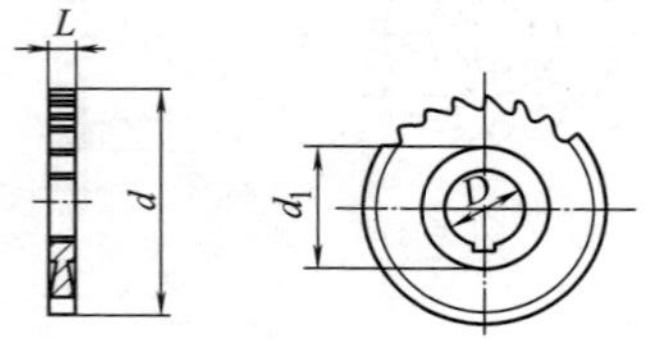	中齿锯片铣刀	32	8	0.3	0.4	0.5	0.6	0.8	1.0	1.2	1.6	2.0	2.5	3.0	4.0	5.0	6.0
			40	10(13)	0.3	0.4	0.5	0.6	0.8	1.0	1.2	1.6	2.0	2.5	3.0	4.0	5.0	6.0
			50	13	0.3	0.4	0.5	0.6	0.8	1.0	1.2	1.6	2.0	2.5	3.0	4.0	5.0	6.0
			63	16	0.3	0.4	0.5	0.6	0.8	1.0	1.2	1.6	2.0	2.5	3.0	4.0	5.0	6.0
			80	22	0.6	0.8	1.0	1.2	1.6	2.0	2.5	3.0	4.0	5.0	6.0			
			100	22	0.8	1.0	1.2	1.6	2.0	2.5	3.0	4.0	5.0	6.0				
			125	(27)	1.0	1.2	1.6	2.0	2.5	3.0	4.0	5.0	6.0					
			160	32	1.2	1.6	2.0	2.5	3.0	4.0	5.0	6.0						
			200		1.6	2.0	2.5	3.0	4.0	5.0	6.0							
			250		2.0	2.5	3.0	4.0	5.0	6.0								
			315	40	2.5	3.0	4.0	5.0	6.0									

名称	示意图	*d*	*D*	*L*																	
整体硬质合金锯片铣刀 （GB/T 14301—2008）	*d*=8～63mm 型式 *d*=80～125mm 型式 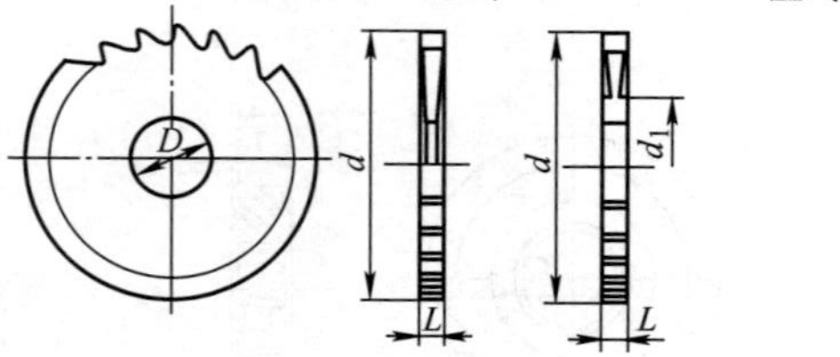	8	3	0.2	0.25	0.3	0.4	0.45	0.5	0.55	0.6	0.65	0.7	0.75	0.8						
		10	5	0.2	0.25	0.3	0.4	0.45	0.5	0.55	0.6	0.65	0.7	0.75	0.8						
		12		0.2	0.25	0.3	0.4	0.45	0.5	0.55	0.6	0.65	0.7	0.75	0.8	0.9	1.0				
		16		0.2	0.25	0.3	0.4	0.45	0.5	0.55	0.6	0.65	0.7	0.75	0.8	0.9	1.0	1.1	1.2		
		20		0.2	0.25	0.3	0.4	0.45	0.5	0.55	0.6	0.7	0.75	0.8	0.9	1.0	1.1	1.2	1.3	1.4	1.5
		25	8	0.3	0.4	0.45	0.5	0.55	0.6	0.65	0.7	0.8	0.9	1.0	1.1	1.2	1.3	1.4	1.5	1.6	1.8
		32		0.3	0.4	0.45	0.55	0.6	0.65	0.7	0.75	0.8	0.9	1.0	1.1	1.2	1.3	1.4	1.6	1.8	2.0
		40	10	0.3	0.4	0.45	0.5	0.55	0.6	0.8	1.0	1.2	1.6	2.0	2.5						
		50	13	0.3	0.4	0.5	0.6	0.8	1.0	1.2	1.6	2.0	2.5	3.0	4.0						
		63	16	0.3	0.4	0.5	0.6	0.8	1.0	1.2	1.6	2.0	2.5	3.0	4.0						
		80	22	0.6	0.8	1.0	1.2	1.6	2.0	2.5	3.0	4.0	5.0								
		100		0.8	1.0	1.2	1.6	2.0	2.5	3.0	4.0	5.0									
		125		1.0	1.2	1.6	2.0	2.5	3.0	4.0	5.0										

（2）成形铣刀

图 6.5-11 所示为外花键铣刀的齿形。一般顶刃前角为 0°，铣刀刀齿轴向截形与工件横截面截形是一致的，所以其齿形可按工件横截面截形计算。图 6.5-12 所示为加工矩形外花键的铲齿成形铣刀。

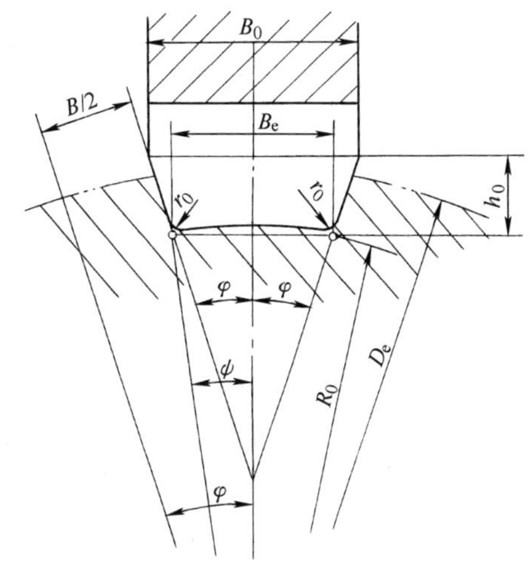

图 6.5-11　外花键铣刀齿形

（3）铣刀的磨损

1）铣刀的允许磨损值。一般情况下铣刀在切削时，磨损部分是刀尖、前刀面和后刀面，其中以后刀面的磨损最为严重，如图 6.5-13 所示。所以铣刀的磨钝标准是根据刀齿后刀面的磨损量来制定，铣刀在使用过程中不应超过此值。铣刀刀齿后刀面的磨钝标准 VB 列于表 6.5-9 中。

2）铣刀的寿命。刀具的寿命高低直接影响工件的加工精度和表面粗糙度，它与铣刀种类有关，加工外花键用的铣刀平均寿命列于表 6.5-10 中。

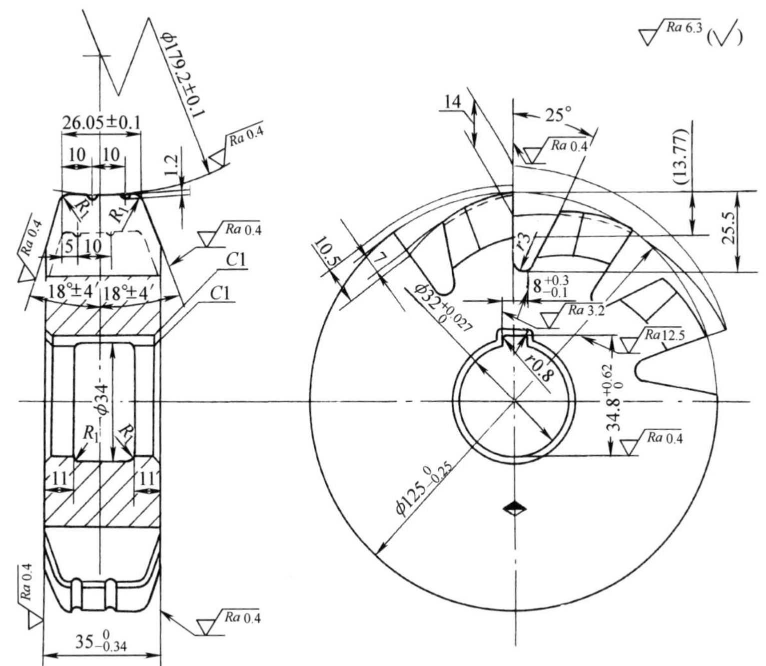

图 6.5-12　矩形外花键铲齿成形铣刀

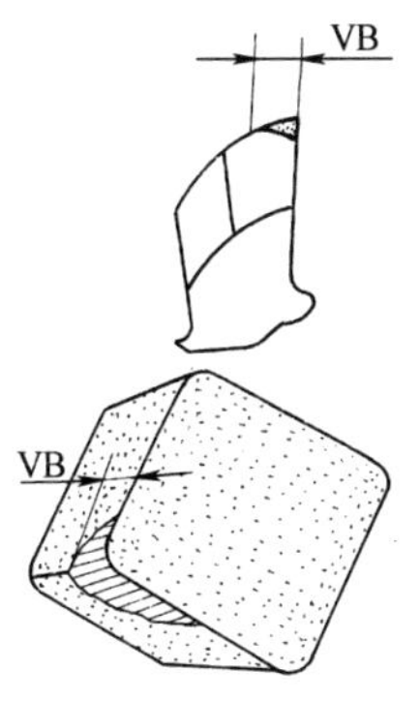

图 6.5-13　铣刀刀齿磨损

表 6.5-9　铣刀刀齿后刀面的磨钝标准 VB　（mm）

铣刀类型	被加工材料	铣刀切削部分材料	加工性质	VB
盘形铣刀	钢（耐热钢除外）	硬质合金	粗铣	1.0~1.2
			精铣	0.8~1.0
		高速钢	粗铣	0.4~0.6
			精铣	0.15~0.25
铲齿成形铣刀	钢（耐热钢除外）	高速钢	粗铣	0.3~0.4
			精铣	0.2

（续）

铣刀类型	被加工材料	铣刀切削部分材料	加工性质	VB
不铲齿成形铣刀	钢（耐热钢除外）	高速钢	粗铣 精铣	0.6~0.7 0.2~0.3
花键槽及锯片铣刀（齿角后刀面）	钢（耐热钢除外）	高速钢	粗铣	0.2~0.3

表 6.5-10 铣刀寿命的平均值 T (min)

铣刀类型	铣刀直径/mm	硬质合金铣刀加工钢材	高速钢铣刀加工钢材
盘形铣刀	50~63	—	120
	80~100	—	120
	125~150	180	150
	200~250	240	180
花键槽及锯片铣刀	63~100	—	60
	125~150	—	90
	200~250	—	120
	315	—	180

3）提高铣刀寿命的措施。提高铣刀寿命的措施除合理选用铣削用量和铣刀的切削角度外，铣刀的刃磨质量对铣刀寿命影响也很大。铣刀刃磨后，再用金刚石砂轮或立方氮化硼砂轮进行精磨，这样可使刀具寿命提高。精磨后，可使刃口表面粗糙度值降低，直线性变好。铣刀表面粗糙度以不超过表 6.5-11 所列数值为好。

表 6.5-11 精磨后铣刀表面粗糙度 (μm)

刀具材料	前刀面和后刀面	齿背和容屑槽表面
高速钢	*Rz*6.3	*Ra*2.5
硬质合金	*Ra*0.32（距刃口 2~3mm 处） *Ra*0.63（副前、后刀面）	*Ra*2.5

4）铣刀的刃磨。铣刀刃磨后应达到下列基本要求：

① 切削部分应具有正确的几何形状和锋利的切削刃。

② 铣刀切削刃的径向和轴向跳动应符合表 6.5-13 规定。

③ 前、后刀面应具有所需要的表面粗糙度（表 6.5-11）。

④ 铣刀表面不允许产生烧伤和裂纹。

铣刀刃磨一般是在万能工具磨床上进行。普通砂轮机如果装上方刀架、纵横拖板及夹具等，也可以刃磨三面刃铣刀和锯片铣刀。砂轮的选择见表 6.5-12。

表 6.5-12 铣刀刃磨时砂轮的选择

铣刀名称		刃磨部位	刀具材料	砂轮特征	砂轮形状
三面刃铣刀		磨周齿前刀面	高速钢	WA60~80H~JV	碟形砂轮
			硬质合金	GC100H~JV	
		磨端齿和周齿后刀面	高速钢	WA60~80H~KV	平行砂轮
			硬质合金	GC100H~JV	
镶硬质合金三面刃铣刀		磨端齿、周齿及过渡切削刃后刀面	硬质合金	GC46H~JV	平行砂轮和碟形砂轮
锯片铣刀		磨前、后刀面	高速钢	WA46~80H~KV	碗形砂轮和杯形砂轮
			硬质合金	GC100~120H~JV	
角度铣刀		磨前、后刀面	高速钢	WA60~80K~LV	
齿轮铣刀	$m \leqslant 1$mm	磨前刀面	高速钢	WA80KV	
	$m > 1$mm			WA46~80H~JV	

注：刃磨高钒高速钢刀具时，可选择单晶刚玉（SA）或微晶刚玉（MA）的砂轮。

万能工具磨床可刃磨铣刀、插齿刀等各种刀具，其技术规格和参数见本章附录表 6.7-35。

对标准铣刀刃磨精度的要求列于表 6.5-13 中，径向圆跳动和轴向圆跳动公差分为相邻齿和一转的公差。

表 6. 5-13　铣刀的刃磨精度要求　（mm）

铣刀名称	刃磨部位	铣刀直径 D	端刃对内孔轴线的轴向圆跳动		圆周对内孔轴线的径向圆跳动		外径锥度公差
			一转	相邻齿	一转	相邻齿	
直齿三面刃铣刀 错齿三面刃铣刀	周齿及端齿后刀面	≤80	0. 05	0. 025	0. 03	0. 015	0. 03
		>80~125	0. 06	0. 03	0. 04	0. 02	
		>125	0. 07	0. 035	0. 05	0. 025	
尖齿槽铣刀	周齿后刀面	≤80	0. 04	0. 02	0. 03	0. 015	0. 03
		>80	0. 05	0. 025	0. 03	0. 02	
镶齿三面刃铣刀	周齿及端齿后刀面	≤100	0. 08	0. 04	0. 04	0. 025	—
		>100~160	0. 10	0. 05	0. 05	0. 035	
		>160~315	0. 12	0. 06	0. 06	0. 035	
可转位三面刃铣刀		≤100	0. 05	0. 03	0. 03	0. 03	—
		>100~160	0. 06	0. 04	0. 04	0. 04	
		>160	0. 08	0. 05	0. 05	0. 05	
锯片铣刀	周齿后刀面	<80	0. 06	0. 03	—	—	—
		≥80~125	0. 10	0. 05	—	—	
		>160	0. 12	0. 06	—	—	
成形铣刀	周齿后刀面 （尖齿铣刀） 前刀面（铲齿铣刀）	<100	0. 03	0. 06	—	—	—
		≥100	0. 04	0. 08	—	—	

4. 成形铣削工艺

（1）切削用量的选择

铣削外花键时，切削用量选择得是否合理会影响到加工质量和生产率。刀具和切削用量选择步骤见表 6. 5-14。

表 6. 5-14　刀具和切削用量选择步骤

次序	确定切削用量的步骤	需 要 资 料	计算公式和表号
1	选取铣刀类型和参数（直径 D、宽度 L 和齿数等）	1. 被加工零件图样 2. 被加工表面的形状 3. 铣削深度 a_p 宽度 a_e 4. 加工性质	
2	选取铣刀的刀具材料	1. 被加工材料及硬度 2. 加工性质 3. 加工条件	
3	铣刀几何参数的制定，铣刀结构尺寸的选取	1. 刀具材料 2. 铣刀直径 3. 被加工材料 4. 铣刀的结构参数	

（续）

次序	确定切削用量的步骤	需 要 资 料	计算公式和表号
4	选取每齿进给量 a_f	1. 被加工材料 2. 铣刀型式和刀具材料 3. 铣削表面的类型 4. 被加工表面粗糙度 5. 切削深度 6. 加工性质 7. 铣刀的安装	表 6.5-15～表 6.5-19
5	确定铣刀的寿命	1. 铣刀直径 D(mm) 2. 铣刀材料 3. 被加工材料	表 6.5-10
6	确定切削速度 v_1（m/min）	1. 被加工材料及硬度 2. 切削宽度 a_e 3. 每齿进给量 a_f 4. 铣刀的寿命 5. 加工条件和性质	表 6.5-20 和表 6.5-21
7	计算推荐的铣刀转速（机床主轴转速）和根据机床说明书进行修正	1. 切削速度 v_1(m/min) 2. 铣刀直径 D(mm) 3. 机床说明书	$n=\dfrac{1000v_1}{\pi D}$
8	根据所选的转速最后确定切削速度	1. 机床说明书 2. 铣刀直径 D(mm)	$v'=\dfrac{\pi Dn'}{1000}$
9	根据所选的主轴转速计算每分钟进给量 v_f 根据机床说明书最后选定每分钟进给量 v_f	1. 根据机床说明书确定的主轴转速 n'(r/min) 2. 每齿进给量 a_f 3. 铣刀的齿数 z 4. 机床说明书	$v_f=a_f zn'$
10	按切削功率校验计算： 1）确定所需切削功率 2）校验电动机功率 P_m	1. 被加工材料及硬度 2. 铣刀的齿数 z 3. 铣削深度 a_p(mm) 4. 每齿进给量 a_f(mm/z) 5. 切削速度 v' 6. 机床电动机功率 P_E(kW) 7. 机床效率 η_m	$P_m \leqslant P_E\eta_m$
11	计算工作台的工作行程长度 L（mm）	1. 切削长度 l 2. 切入长度 l_1 和切出长度 l_2	$L=l+l_1+l_2$
12	计算一次工作行程的基本时间 t_m	1. 工作台的工作行程长度 L(mm) 2. 每齿进给量 a_f(mm/z) 3. 铣刀的齿数 z 4. 机床主轴转速 n'(r/min)	$t_m=\dfrac{L}{a_f zn'}N$ N 为外花键齿数

每齿进给量 a_f(mm/z) 可按表 6.5-15～表 6.5-19 进行选取。在钢制工件上精铣键槽时，应选择 a_f<0.06mm/z。

表 6.5-15　用高速钢尖齿槽铣刀铣槽时（被加工材料为钢）的每齿进给量

铣刀			铣削宽度 a_e/mm				
铣刀直径 D/mm	铣刀齿数 z	铣刀厚度 L/mm	3	5	10	15	20
			每齿进给量 a_f/(mm/z)				
50	14	4~6	0.06~0.10	0.05~0.08	0.03~0.06	—	—
63	16	5~8	0.06~0.10	0.05~0.08	0.03~0.06	—	—
80	18	8~12	0.06~0.10	0.05~0.08	0.03~0.06	—	—
100	20	10~16	—	0.06~0.10	0.04~0.08	0.03~0.06	—
125	22	8~25	—	0.06~0.10	0.04~0.08	0.03~0.06	0.03~0.05

表 6.5-16　用高速钢三面刃铣刀铣槽时（被加工材料为钢）的每齿进给量

铣刀			铣削宽度 a_e/mm						
铣刀直径 D/mm	铣刀齿数 z	铣刀厚度 L /mm	5	8	15	20	30	45	60
			每齿进给量 a_f/(mm/z)						
50	14	4~10	0.05~0.08		—	—	—	—	—
63	16	4~16	0.05~0.08	0.04~0.06	—	—	—	—	—
80	18	5~20	0.05~0.08	0.04~0.06	0.03~0.05	—	—	—	—
100	20	6~25	0.05~0.10	0.04~0.08	0.03~0.06	0.03~0.05	—	—	—
125	22	8~28	0.05~0.10	0.04~0.08	0.03~0.06	0.03~0.06	—	—	—
160	26	10~32	—	—	0.05~0.10	0.04~0.08	0.03~0.05	0.02~0.04	—
200	30	12~40	—	—	0.08~0.15	0.06~0.12	0.04~0.10	0.03~0.08	0.02~0.05

表 6.5-17　用高速钢镶齿三面刃铣刀铣槽时（被加工材料为钢）的每齿进给量

铣刀			铣削宽度 a_e/mm							
铣刀直径 D /mm	铣刀齿数 z	铣刀厚度 L /mm	5	8	15	20	30	45	60	75
			每齿进给量 a_f/(mm/z)							
80	10	12~20	0.08~0.12	0.06~0.10	0.05~0.08	—	—	—	—	—
100	10	20~25	0.08~0.12	0.06~0.10	0.05~0.08	0.04~0.06	—	—	—	—
125	12	20~25	0.08~0.12	0.05~0.12	0.04~0.08	0.04~0.08	0.02~0.04	—	—	—
160	16	25~28	—	—	0.05~0.10	0.04~0.08	0.03~0.05	0.02~0.04	—	—
200	18	28~32	—	—	0.08~0.15	0.06~0.12	0.04~0.10	0.03~0.08	0.02~0.04	—
250	22	25~32	—	—	—	0.08~0.15	0.04~0.10	0.03~0.08	0.02~0.04	0.03~0.03
315	24	25~40	—	—	—	0.08~0.15	0.04~0.10	0.03~0.08	0.02~0.04	0.02~0.03

表 6.5-18　锯片铣刀（花键）铣削时的每齿进给量

铣刀直径 D/mm	铣刀厚度 L/mm	细齿		粗齿和中齿			
		铣削宽度 a_e/mm					
		3	6	10	25	60	90
		每齿进给量 a_f/(mm/z)					
20	1.0~2.0	0.001~0.0015	—	—	—	—	—
25	1.0~1.2 1.6~2.5	0.0008~0.0010 0.001~0.002	—	—	—	—	—
32	1.0~2.0 2.5~3.0	0.001~0.003 0.003~0.005	0.002~0.004	—	—	—	—
40	1.0~1.6 2.0~4.0	0.001~0.005 0.005~0.008	0.004~0.007	—	—	—	—
50	1.0~2.5 3.0~5.0	0.003~0.006 0.006~0.010	0.005~0.008	0.003~0.006 0.004~0.008	—	—	—
63	1.0~2.0 2.5~6.0	0.003~0.008 0.008~0.012	0.006~0.010	0.004~0.008 0.008~0.012	—	—	—
80	1.0~1.6 2.0~6.0	0.005~0.010 0.010~0.015	0.008~0.012	0.005~0.010 0.008~0.015	—	—	—
100	1.0~2.5 3.0~6.0	0.008~0.012 0.012~0.018	0.010~0.015	0.008~0.010 0.010~0.015	0.005~0.007 0.008~0.012	—	—
125	1.0~2.0 2.5~6.0	0.008~0.012 0.015~0.018	0.010~0.015	0.010~0.015 0.015~0.018	0.010~0.015	—	—
160	1.2~3.0 4.0~6.0	0.010~0.018 0.020~0.025	0.015~0.018	0.015~0.020 0.018~0.025	0.012~0.018 0.015~0.020	0.012~0.018	—
200	1.6~2.5 3.0~6.0	0.012~0.020 0.020~0.025	0.015~0.020	0.015~0.020 0.018~0.025	0.012~0.018 0.015~0.020	0.010~0.015 0.012~0.018	—
250	2.0~3.0 4.0~6.0	0.018~0.025 0.025~0.030	0.020~0.025	0.018~0.025 0.025~0.030	0.015~0.020 0.020~0.025	0.012~0.018 0.018~0.025	—
315	2.5~3.0 4.0~6.0	0.020~0.030 0.030~0.040	0.020~0.030	0.018~0.025 0.025~0.030	0.015~0.020 0.020~0.025	0.012~0.018 0.018~0.025	0.010~0.016 0.016~0.020

表 6.5-19　用硬质合金镶齿三面刃铣刀铣槽时（被加工材料为钢）的每齿进给量 a_f（mm/z）

被加工材料硬度	铣削宽度 a_e/mm						
	<4	4~6	6~8	8~10	10~15	15~30	>30
<229HBW	0.1~0.12	0.08~0.1	0.06~0.1	0.06~0.08	0.04~0.08	0.04~0.06	0.03~0.05
229~269HBW	0.08~0.1	0.06~0.1	0.06~0.08	0.04~0.08	0.03~0.08	0.02~0.06	0.02~0.04
>269HBW	0.06~0.1	0.06~0.08	0.04~0.08	0.04~0.06	0.02~0.06	0.02~0.04	0.01~0.03

切削速度 v 可根据表 6.5-20 和表 6.5-21 选择，当与表中的加工条件不同时，表中的速度应乘以修正系数，即

$$v=v_1k_{tv}k_{Mv}k_{nv}k_{Nv}$$

式中　v_1——表中切削速度；

k_{tv}——与刀具寿命有关的切削速度修正系数（表 6.5-22）；

k_{Mv}——与被加工材料有关的切削速度修正系数（表 6.5-23）；

k_{nv}——与毛坯性质及其表面状态有关的切削速度修正系数（表 6.5-24）；

k_{Nv}——与刀具材料有关的切削速度修正系数（表 6.5-25）。

表 6.5-20　尖齿槽铣刀铣槽时切削速度（被加工材料为钢 179~229HBW）

铣削宽度 a_e /mm	铣刀：直径 D，齿数 z，厚度 L，寿命 T														
	D=50mm，z=14，L=3~6mm，T=100min			D=63mm，z=16，L=5~8mm，T=100min			D=80mm，z=18，L=8~12mm，T=120min			D=100mm，z=20，L=10~16mm，T=120min			D=125mm，z=22，L=8~25mm，T=150min		
	每齿进给量 a_f/(mm/z)														
	0.03	0.06	0.10	0.03	0.06	0.10	0.03	0.06	0.10	0.03	0.06	0.10	0.03	0.06	0.10
	切削速度 v_1/(m/min)														
3	54	47	42	55	48	43	53	46	42	—	—	—	—	—	—
5	40	40	36	46	40	36	45	40	35	46	40	38	46	40	36
10	38	33	29	38	33	30	36	31	29	38	33	29	37	32	28
15	32	29	26	34	30	27	33	29	26	33	29	26	33	29	26
20	—	—	—	—	—	—	—	—	—	30	27	24	30	27	24

表 6.5-21　高速钢槽（花键）铣刀铣削速度　(m/min)

刀具参数和切削条件					结构钢（R_m=0.735GPa）加切削液				
直径 D /mm	齿数 z		铣削宽度 a_e /mm	每齿进给量 a_f /(mm/z)	细齿铣刀		粗齿铣刀		
					切削深度 a_p/mm				
	细齿	粗齿			3	5	6	10	15
40	72	40	1	0.003	80	69	69	—	—
				0.005	72	62	62	—	—
				0.007	68	58	58	—	—
				0.010	63	54	54	—	—
60	90	60	1	0.003	86	74	74	63	—
				0.005	78	67	66	57	—
				0.007	73	63	62	53	—
				0.010	68	58	58	49	—
60	72	50	2	0.005	70	60	59	50	44
				0.007	65	56	55	47	42
				0.010	60	52	51	44	39
				0.015	56	48	47	40	36
				0.020	52	45	44	38	34
75	108	72	1	0.003	90	78	—	—	—
				0.005	82	70	70	59	52
				0.007	76	65	65	55	48
				0.010	71	61	60	52	45

（续）

刀具参数和切削条件					结构钢（R_m=0.735GPa）加切削液				
直径 D /mm	齿数 z		铣削宽度 a_e /mm	每齿进给量 a_f /(mm/z)	细齿铣刀		粗齿铣刀		
					切削深度 a_p/mm				
	细齿	粗齿			3	5	6	10	15
75	72	50	3	0.007	64	54	53	46	40
				0.010	59	51	50	43	38
				0.015	54	47	46	40	35
				0.020	52	44	44	37	33

表 6.5-22　与刀具寿命有关的切削速度修正系数 k_{tv}

铣刀类型	被加工材料	实际寿命与标准寿命的比值												
		0.2	0.4	0.5	0.6	0.8	1.0	1.2	1.4	1.5	2.0	3.0	4.0	6.0
		修正系数 k_{tv}												
高速钢锯片铣刀，三面刃铣刀（整体、镶齿）	钢	1.37	1.21	1.15	1.10	1.04	1.0	0.96	0.94	0.92	0.87	0.80	0.76	0.70
硬质合金镶齿三面刃铣刀		1.76	1.54	1.30	1.20	1.08	1.0	0.94	0.91	0.87	0.78	0.68	0.62	0.58

表 6.5-23　与被加工材料有关的切削速度修正系数 k_{Mv}

被加工材料		硬度　HBW									
		<156		156~179		179~229		229~269		269~302	
		高速钢	硬质合金	高速钢	硬质合金	高速钢	硬质合金	高速钢	硬质合金	高速钢	硬质合金
结构钢	易切削钢（AL12 等）	1.40	1.48	1.33	1.36	1.05	1.10	—	—	—	—
	碳素钢（10、15、20、35 等）	—	—	1.27	1.24	1.00	1.00	0.81	0.83	—	—
	锰钢（15Mn、20Mn 等）	1.00	1.15	0.95	1.05	0.75	0.85	0.61	0.71	0.47	0.620
	铬钢（15Cr、20Cr、40Cr 等）	1.13	1.22	1.08	1.12	0.85	0.90	0.69	0.75	0.53	0.66
	镍铬钢（20CrNi 等）	—	—	0.80	0.90	0.65	0.75	0.50	0.66	0.41	0.60
	铬锰钢（15CrMn 等）	—	—	0.70	0.85	0.57	0.71	0.43	0.62	—	—
	铬硅钢（35CrSi 等）	—	—	0.70	0.85	0.57	0.71	0.43	0.62	0.36	0.57
	铬钒钢（15CrV 等）	—	—	0.80	0.85	0.65	0.74	0.50	0.62	0.36	0.57
	铬钼钢（15CrMo 等）	—	—	0.95	1.05	0.75	0.85	0.61	0.71	0.47	0.62
	铬钼铝钢（38CrMoAl 等）	—	—	—	—	0.75	0.85	0.61	0.71	0.47	0.62
	铬镍钼钢（30CrNiMoA 等）	—	—	—	—	0.75	0.85	0.61	0.71	0.47	0.62

表 6.5-24　与毛坯性质及其表面状态有关的切削速度修正系数 k_{nv}

被加工材料	无硬皮加工	清理硬皮加工	黑硬皮加工
钢	1.0	0.9	0.8

表 6.5-25　与刀具材料有关的切削速度修正系数 k_{Nv}

刀具材料		被加工材料 钢
高速钢（W18Cr4V） 9CrSi T10A，T12A		1.0 0.6 0.5 以下
硬质合金	YT15 YT14 YT5	1.0 0.9 0.65

铣削时切削速度的计算公式见表 6.5-26。

表 6.5-26　切削速度计算公式

刀齿材料	铣刀类型	加工材料	切削速度/(m/min)
高速钢 (W18Cr4V)	整体直齿盘形铣刀	结构钢合金钢	$v=\dfrac{77.8D^{0.25}}{T^{0.2}a_e^{0.3}a_f^{0.2}a_p^{0.1}z^{0.1}}$
	镶齿盘形铣刀		$v=\dfrac{85.7D^{0.25}}{T^{0.2}a_e^{0.3}a_f^{0.2}a_p^{0.1}z^{0.1}}$（当 $a_f \leqslant 0.1$mm/z 时） $v=\dfrac{55D^{0.25}}{T^{0.2}a_e^{0.3}a_f^{0.4}a_p^{0.1}z^{0.1}}$（当 $a_f>0.1$mm/z 时）
	锯片铣刀		$v=\dfrac{60.2D^{0.25}}{T^{0.2}a_e^{0.3}a_f^{0.2}a_p^{0.2}z^{0.1}}$
	角度成形铣刀		$v=\dfrac{50D^{0.25}}{T^{0.33}a_e^{0.3}a_f^{0.2}a_p^{0.1}z^{0.1}}$
硬质合金 YT15	铣槽盘形铣刀	结构钢，镍铬钢 ($R_m=0.65$GPa)	$v=\dfrac{2000D^{0.2}}{T^{0.35}a_e^{0.3}a_f^{0.12}a_p^{0.1}}$（当 $a_f<0.06$mm/z 时） $v=\dfrac{757D^{0.2}}{T^{0.35}a_e^{0.3}a_f^{0.4}a_p^{0.1}}$（当 $a_f \geqslant 0.06$mm/z 时）
		铬锰硅镍钢（淬火） 30CrMnSiNiA	$v=\dfrac{163D^{0.2}}{T^{0.37}a_e^{0.43}a_f^{0.71}a_p^{0.1}z^{0.1}}$
硬质合金 YG8		不锈钢	$v=\dfrac{103D^{0.2}}{T^{0.31}a_e^{0.43}a_f^{0.39}a_p^{0.1}z^{0.1}}$

注：当 a_f 和 v 选定后，可按表 6.5-14 计算 v_f 和 n，然后根据所用铣床的转速及进给量分级，选用最接近的一级速度。

(2) 切削力、切削功率的计算

用盘形铣刀加工时，在每个刀齿上都作用有切削力，将同时参加切削各刀齿所受的切削力相加，其合力即为铣刀的切削力。铣刀的切削合力按要求的方向可以分解为如图 6.5-14 所示切削分力。

1）切削分力。

① 切向铣削分力 F_z。它作用在铣刀圆周的切线方向上，也称为圆周力，是消耗切削功率的主切削力。

② 径向铣削分力 F_y。它作用在铣刀的径向上，造成刀杆弯曲变形。

③ 轴向铣削分力 F_x。它作用在铣刀轴线方向上。

2）按铣床工作台运动方向分解工件所受的切削力。

① 纵向分力 F_H。它与纵向进给方向平行，也称水平铣削分力。

② 垂直分力 F_v。它作用在铣床升降台的运动方向上。当逆铣时，切削力向上，易引起机床振动，恶

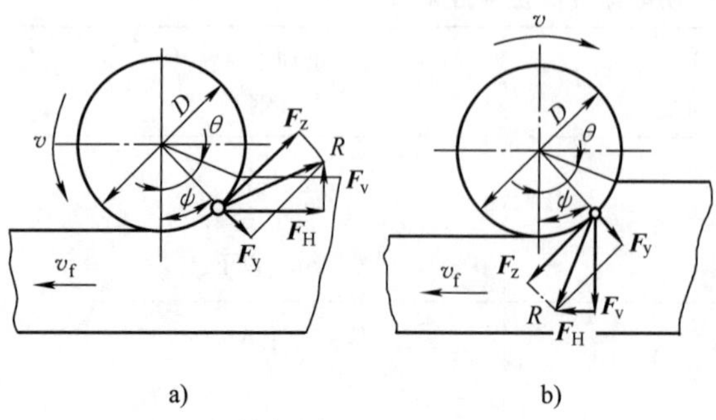

图 6.5-14　盘形铣刀切削时的切削分力

a）逆铣　b）顺铣

化了切削过程。当顺铣时，切削力向下，使工件压向工作台，改善了加工条件。

③ 横向分力 F_o。它作用在铣床横向工作台的运动方向上，与轴向铣削分力 F_x 大小相等，方向相反。

3）工件各向分力与切向铣削分力的比值，见表 6.5-27。

表 6.5-27　各铣削分力的经验比值

铣削条件	比值	逆铣	顺铣
盘铣和成形铣： $a_e=0.05D$ $a_f=(0.1\sim0.2)$mm/z	F_H/F_z	1.0~1.2	0.8~0.9
	F_v/F_z	0.2~0.3	0.75~0.8
	F_o/F_z	0.35~0.4	0.5~0.55

各种螺旋铣刀的轴向分力为

$$F_x=0.28F_z\tan\beta$$

式中　β——铣刀的螺旋角。

4）单位切削力。目前常用单位切削力乘以平均铣削面积近似地确定平均切向铣削分力 F_z。单位切削力为

$$p=\frac{F_z}{A_c}$$

式中　F_z——切向铣削分力（N）；

A_c——铣削面积（mm^2）。

为了确定铣削面积，须知道铣刀接触角 ψ（图 6.5-15），可由下式计算：

$$\cos\psi=1-\frac{2a_e}{D}$$

最大切削宽度：$a_{emax}=a_f\sin\psi$

平均铣削面积：$A_{cav}=\dfrac{a_p a_e a_f z}{\pi D}$

铣削钢材的单位切削力见表 6.5-28。它与最大切削厚度 a_{emax} 有关。

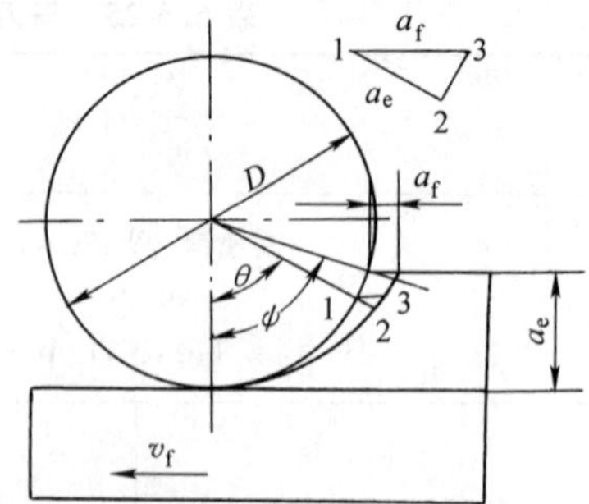

图 6.5-15　铣削简图

表 6.5-28　铣削钢材的单位切削力 p　（MPa）

最大切削宽度 a_{emax}/mm	钢 R_m/MPa		
	<600	600~1000	>1000
0.02	3160~4200	5250~6350	7400~8500
0.03	2850~3800	4750~5700	6700~7600
0.04	2670~3560	4550~5350	6200~7100
0.05	2560~3400	4250~5100	5960~6800
0.06	2400~3200	4000~4800	5600~6400
0.07	2350~3140	3920~4700	5990~6270
0.08	2260~3020	3760~4520	5300~6040
0.09	2180~2920	3640~4320	5100~5840
0.10	2140~2860	3580~4280	5000~5420

根据单位切削力和平均铣削面积可近似地计算切向铣削分力：

$$F_z=pA_{cav}$$

5）切削功率。切削功率的计算公式为

$$P_m=\frac{F_z v}{60000}$$

机床电动机功率为

$$P_E=\frac{P_m}{\eta_m}$$

式中　η_m——机床效率，一般取 0.75~0.85。

（3）铣削机动时间的计算

用成形铣刀或盘形铣刀铣削外花键时，机动时间可用下式计算：

$$t_m=\frac{l+l_1+l_2}{v_f}N$$

式中　l——花键长度（mm）；

l_1——切入长度（mm），$l_1=\sqrt{h(D-h)}+(1\sim2)$mm；

D——铣刀直径（mm）；

h——花键高度（mm）；

l_2——切出长度（mm），一般取 2~5mm；

N——外花键的键数。

(4) 切削液

在外花键的铣削加工中，有采用水基切削液的，也有采用油基切削液的，在单件小批量的生产中，以采用水基切削液居多。两种切削液的使用性能对比见表 6.5-29。

表 6.5-29　两种切削液使用性能对比

项　　目		油基切削液	水基切削液
切削性能	刀具寿命	好	差
	尺寸精度	好	差
	表面粗糙度	好	差
操作性能	机床、工件的锈蚀	好	差
	油漆的剥落	好	差
	切屑的分离、去除	差	好
	冒烟、起火	差	好
	对皮肤的刺激	差	好
	操作环境卫生	差	好
	长霉、腐败、变质	好	差
	使用液维护	好	差
	废液处理	好	差
经济性	切削液费用	差	好
	切削液管理费用	好	差
	切削液处理费用	好	差
	机床维护保养费用	好	差

5. 常见问题及对策（表 6.5-30）

表 6.5-30　外花键铣削时常见的问题及对策

问题	产生原因	现　　象	解决方法
键侧产生波纹、表面粗糙	刀轴与支架轴承配合间隙过大，配合面之间缺少润滑油 铣刀太钝 尾座顶尖未顶紧	铣削时有不正常的声音，刀轴有跳动	调整轴承间隙，加注润滑油，或改装滚动轴承支架。更换铣刀。紧固顶紧尾座顶尖
键宽尺寸超差	用单刀铣削时，工作台横向移动距离错误 分度时插孔不正确，或铣削时分度头主轴未锁紧 用组合铣刀内侧刃铣削时，铣刀间的距离调整不准确 用组合铣刀圆柱面切削刃铣削时，工作台垂直位置调整不准确，或工件轴线与工作台台面不平行 用成形铣刀铣削时，铣削深度调整不准确	分度头主轴未锁紧时，工件在铣削过程中可能产生扭动	正确调整工作台横向移动距离 正确使用分度头，分度时要仔细 调整组合铣刀距离时要仔细测量试件凸键的宽度 用铣削深度控制键槽宽度尺寸时应注意铣削余量和进给量对精度的影响
外花键中段产生波纹或深啃现象	外花键零件太细长，刚性不足 铣削时中途停止进给或关闭机床	铣削到中段时工件有跳动	中段用千斤顶支持 中途不能停止铣削
外花键键侧对称度超差	用单刀铣削时，对刀位置、偏移距离不准确 用组合铣刀侧刃或成形铣刀铣削时，切痕对中心不准确	键的两侧深度（侧面高度）不相等	精确调整铣刀使其对称于工件中心
外花键等分不准确	分度操作错误 工件中心与分度头不同轴	外花键键宽不相等	正确分度 准确找正工件与分度头的同轴度
外花键两端小径不一致	工作轴线与工作台纵向进给方向不平行（分度头主轴或分度头中心与尾架顶尖连线与工作台纵向进给方向不平行）	键的两端深度不相等	准确安装、找正夹具
键侧表面粗糙度值高	刀杆弯曲和刀杆垫圈不平，引起铣刀轴向跳动，切削不平稳	表面粗糙度值高	校直刀杆，修整垫圈

6.5.3 外花键的展成铣削

1. 加工原理和设备

外花键按展成法加工的原理是采用花键滚刀在立、卧式滚齿机上或花键轴铣床上加工齿比较长的花键。滚刀与工件的啮合相当于一对空间交错轴斜齿轮啮合，如图6.5-16所示。滚刀实质上可以看作是一个蜗杆，它有旋转运动，即主切削运动，同时由机床完成分度运动，沿外花键长度有纵向进给运动，沿键槽深度有横向进给运动，以及调整花键滚刀中心的上下移动。

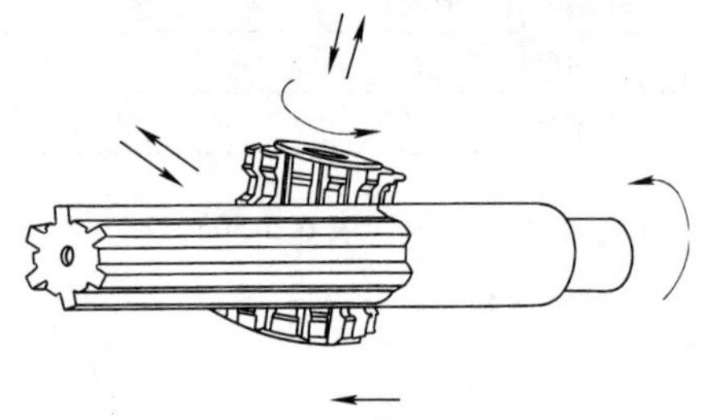

图6.5-16 用花键滚刀加工花键的原理

加工外花键也可采用插齿刀，这种插齿刀也是一种展成工具。它在插齿机上加工工件时，其加工原理就是一对啮合中的齿轮，如图6.5-17所示。这种插齿刀除用于加工带有凸肩的短外花键外，还可加工内花键。

展成法加工外花键，除常用于渐开线花键的加工外，也经常用于非渐开线花键的加工，其花键滚刀是非渐开线花键滚刀，插齿刀是非渐开线花键插齿刀。

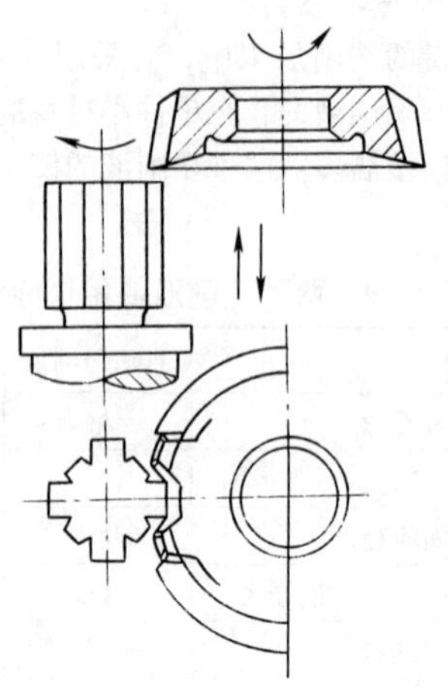

图6.5-17 插齿刀加工花键

展成加工机床除常用的滚齿机和插齿机外（参阅6.1.3节和6.1.4节），还有专用的花键轴铣床。常用的花键轴铣床的技术参数和加工精度见本章附录表6.7-36。

2. 刀具

展成法加工外花键的刀具主要有滚齿刀和插齿刀两种，其中插齿刀主要用于加工带有凸肩的短外花键和内花键，其刀具在6.1.4节中已有表述，只是在加工非渐开线花键时其齿形是非渐开线。

花键滚刀按外花键齿形的不同可分为各种类型，见表6.5-31。

表6.5-31 花键滚刀的类型及用途

名　称	简　图	用　途
30°压力角渐开线花键滚刀（GB/T 5104—2008）	L　a　a　d_1　d_e　D Ⅰ型滚刀齿形　Ⅱ型滚刀齿形	适用于加工模数为0.5～10mm，压力角为30°，基本齿廓按GB/T 3478.1，尺寸按GB/T 3478.4或GB/T 3478.2规定的圆柱直齿渐开线花键。滚刀适用A、B、C三种精度
45°压力角渐开线花键滚刀（GB/T 5104—2008）	d_1　d_e　D　a　a　L	适用于加工模数为0.25～2.50mm，压力角为45°，基本齿廓按GB/T 3478.1，尺寸按GB/T 3478.4或GB/T 3478.2规定的圆柱直齿渐开线花键。滚刀适用C级精度

（续）

名　　称	简　　图	用　　途
矩形花键滚刀（GB/T 10952—2005）		A 级滚刀适用于加工符合 GB/T 1144，键宽公差为 d10、f9、h10，定心直径留有磨量的外花键 B 级滚刀适用于加工符合 GB/T 1144，键侧和定心直径都留有磨量的外花键

（1）渐开线花键滚刀

1）30°压力角渐开线花键滚刀。基本型式和尺寸参见 GB/T 5104—2008。这类滚刀具有 A、B、C 三种精度等级，其结构为单头、右旋，容屑槽为平行于其轴线的直槽。这种滚刀分两种型式：Ⅰ型为平齿顶滚刀，用于加工平齿根的外花键；Ⅱ型为圆齿顶滚刀，用于加工圆齿根的外花键。两种型式的滚刀均适用于加工模数为 0.5～10mm、压力角为 30°的外花键。滚刀的基本尺寸见表 6.5-32。

表 6.5-32　30°压力角渐开线花键滚刀的基本尺寸

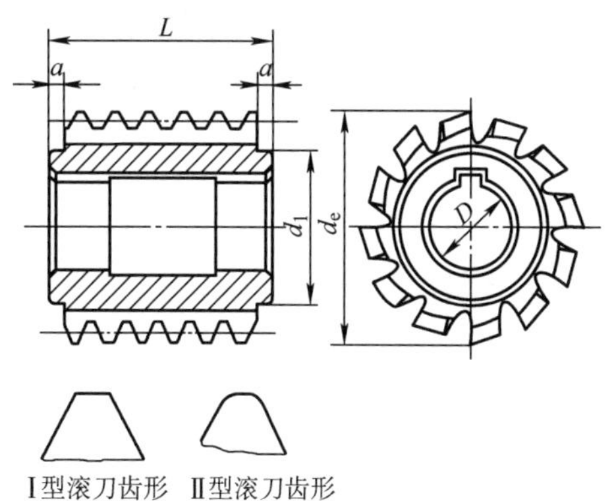

Ⅰ型滚刀齿形　Ⅱ型滚刀齿形

<table>
<tr><th colspan="2">模数系列/mm</th><th rowspan="2">外径/mm</th><th rowspan="2">孔径/mm</th><th rowspan="2">全长/mm</th><th rowspan="2">轴台最小长度/mm</th><th rowspan="2">槽数 z_k</th></tr>
<tr><th>Ⅰ</th><th>Ⅱ</th></tr>
<tr><td>0.5</td><td>—</td><td rowspan="2">45</td><td rowspan="5">22</td><td rowspan="2">32</td><td rowspan="8">4</td><td rowspan="7">15</td></tr>
<tr><td>—</td><td>0.75</td></tr>
<tr><td>1.00</td><td>—</td><td rowspan="3">50</td><td>35</td></tr>
<tr><td>—</td><td>1.25</td><td>40</td></tr>
<tr><td>1.50</td><td>—</td><td>50</td></tr>
<tr><td>—</td><td>1.75</td><td rowspan="3">63</td><td rowspan="5">27</td><td rowspan="3">63</td></tr>
<tr><td>2.00</td><td>—</td></tr>
<tr><td>2.50</td><td>—</td><td rowspan="3">12</td></tr>
<tr><td>3.00</td><td>—</td><td rowspan="2">71</td><td rowspan="2">71</td><td rowspan="2">5</td></tr>
<tr><td>—</td><td>3.50</td></tr>
</table>

（续）

模数系列/mm		外径/mm	孔径/mm	全长/mm	轴台最小长度/mm	槽数 z_k
Ⅰ	Ⅱ					
—	4.00	80	32	80	5	12
5.00	—	90		90		
—	6.00	100		100		10
—	8.00	112	40	112		
10.00	—	125		125		

注：1. 滚刀的键槽尺寸和公差按 GB/T 6132 的要求。

2. 滚刀轴台直径 d_1 由制造厂家决定，其尺寸应尽可能取大一些。

滚刀的轴向齿形尺寸见表 6.5-33。

表 6.5-33　30°压力角渐开线花键滚刀的轴向齿形尺寸

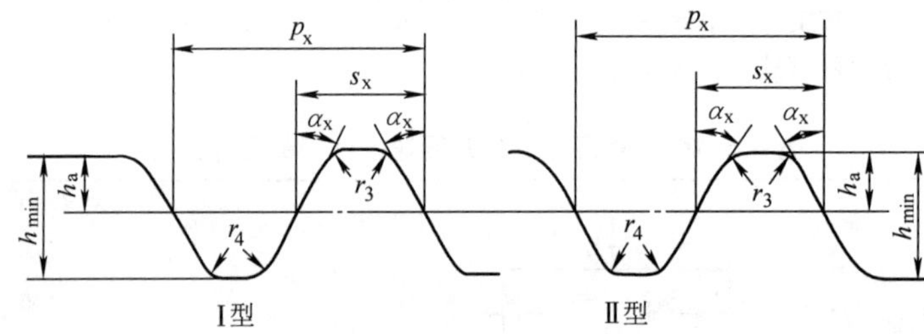

滚刀型式	齿顶高 h_a	齿高 h_{min}	齿顶圆弧半径 r_3	齿顶圆弧半径 r_4
Ⅰ型	0.75m	当 m<1.0mm 时，$h_{min}=1.6m$ 当 m>1.0mm 时，$h_{min}=1.5m$	0.1m	0.3m
Ⅱ型	0.90m	当 m<1.0mm 时，$h_{min}=1.75m$ 当 m>1.0mm 时，$h_{min}=1.65m$	0.4m	0.3m

模数系列/mm		α_x		p_x/mm		s_x/mm	
Ⅰ	Ⅱ	Ⅰ型	Ⅱ型	Ⅰ型	Ⅱ型	Ⅰ型	Ⅱ型
0.5	—	30°00′	30°00′	1.571	1.571	0.786	0.786
—	0.75			2.357	2.357	1.178	1.178
1.00	—			3.142	3.142	1.571	1.571
—	1.25	30°01′	30°01′	3.928	3.928	1.964	1.964
1.50	—			4.715	4.715	2.357	2.357
—	1.75			5.500	5.500	2.75	2.75
2.00	—			6.287	6.287	3.143	3.143
2.50	—			7.861	7.861	3.931	3.931
3.00	—	30°02′	30°02′	9.435	9.435	4.717	4.718
—	3.50			11.012	11.012	5.506	5.506
—	4.00			12.585	12.586	6.293	6.293

（续）

模数系列/mm		α_x		p_x/mm		s_x/mm	
Ⅰ	Ⅱ	Ⅰ型	Ⅱ型	Ⅰ型	Ⅱ型	Ⅰ型	Ⅱ型
5.00	—	30°03′	30°03′	15.738	15.739	7.869	7.870
—	6.00		30°04′	18.892	18.894	9.446	9.447
—	8.00	30°05′	30°05′	25.216	25.221	12.608	12.610
10.00	—	30°06′	30°07′	31.551	31.559	15.776	15.780

2）45°压力角渐开线花键滚刀。基本型式和尺寸参见 GB/T 5104—2008 的规定。这类滚刀只有 C 级一种精度等级，其结构也是单头、右旋，容屑槽为平行于其轴线的直槽，适用于加工模数为 0.25～2.50mm、压力角为 45°的外花键。滚刀的基本尺寸见表 6.5-34。

表 6.5-34　45°压力角渐开线花键滚刀的基本尺寸

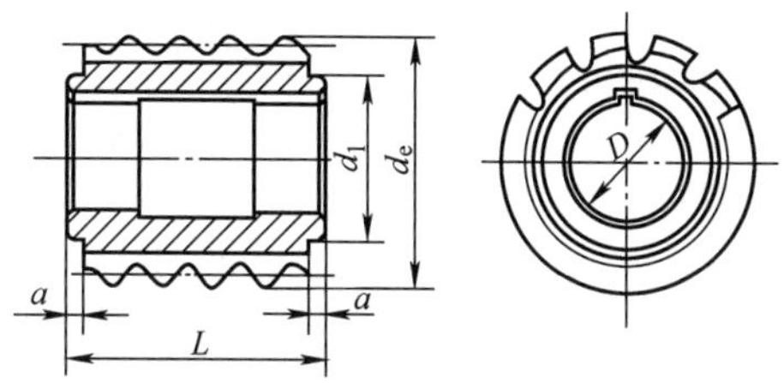

模数系列/mm		外径/mm	孔径/mm	全长/mm	轴台最小长度/mm	槽数 z_k
Ⅰ	Ⅱ					
0.25	—	32	20	13	3	12
0.50	—					
—	0.75	40	35	16	4	14
1.00	—					
—	1.25					
1.50	—	50	40	22	5	
—	1.75					
2.00	—					
2.50	—	55	45			

注：1. 滚刀的键槽尺寸和公差按 GB/T 6132 的要求。
2. 滚刀轴台直径 d_1 由制造厂家决定，其尺寸应尽可能取大一些。

滚刀的轴向齿形尺寸见表 6.5-35。

表 6.5-35　45°压力角渐开线花键滚刀的轴向齿形尺寸

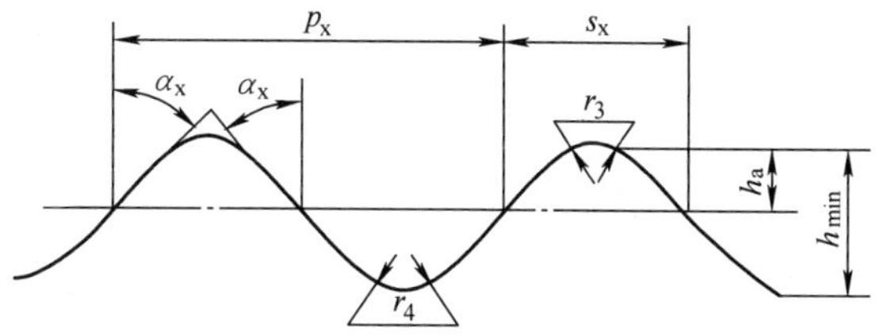

齿顶高 $h_a=0.6m$，齿高 $h_{min}=1.2m$，齿顶圆弧半径 $r_3=0.25m$（允许用倒角代替），齿顶圆弧半径 $r_4=0.2m$

（续）

模数系列/mm	Ⅰ	0.25	0.50	—	1.00	—	1.50	—	2.00	2.50
	Ⅱ	—	—	0.75	—	1.25	—	1.75	—	—
α_x（轴向齿形角）		45°00′			45°01′				45°02′	
p_x（轴向齿距）/mm		0.785	1.571	2.357	3.143	3.929	4.715	5.502	6.289	7.863
s_x（轴向齿厚）/mm		0.390	0.790	1.180	1.570	1.960	2.360	2.750	3.140	3.930

3）渐开线花键滚刀的通用技术条件（参见 GB/T 5103—2004）。其所规定的公差用于基本尺寸符合 GB/T 5104—2008《渐开线花键滚刀 基本型式和尺寸》标准的滚刀。

其主要的技术要求如下：

① 滚刀采用 W18Cr4V 或同等性能以上的高速钢制造。滚刀切削部分硬度应为 63~66HRC，滚刀表面不得有裂纹、崩刃、烧伤及其他影响使用性能的缺陷。

② 滚刀的表面粗糙度应不大于表 6.5-36 规定的数值。

表 6.5-36 滚刀的表面粗糙度

检查项目	表面粗糙度参数	滚刀的精度等级		
		A	B	C
		表面粗糙度/μm		
内孔表面	*Ra*	0.32	0.63	1.25
端面		0.63	0.63	1.25
轴台外圆		0.63	1.25	1.25
刀齿前面		0.63	0.63	1.25
刀齿侧面		0.63	0.63	1.25
刀齿顶面及圆周部分	*Rz*	3.20	6.30	6.30

注：45°压力角渐开线花键滚刀只有 C 级一种精度等级。

③ 滚刀制造时的主要公差应符合表 6.5-37 的规定。

表 6.5-37 滚刀制造时的主要公差

序号	检测项目及示意	公差代号	模数/mm	滚刀精度等级		
				A	B	C
				公差/μm		
1	孔径公差 1）内孔配合表面上超出公差的喇叭口长度，应小于每边配合长度的 25%，键槽每侧超出公差的宽度不应大于键宽的 50% 2）在对孔做精度检查时，具有公称孔径的基准心轴应能通过孔	ΔD	—	H5	H6	H6
2	轴台的径向圆跳动	Δd_{1r}	0.25~0.75 >0.75~2.00 >2.00~3.50 >3.50~6.30 >6.30~10.00	4 5 5 6 8	6 7 8 10 12	6 7 8 10 12
3	轴台的轴向圆跳动	Δd_{1x}	0.25~0.75 >0.75~2.00 >2.00~3.50 >3.50~6.30 >6.30~10.00	4 4 4 5 6	6 6 6 8 10	6 6 6 8 10

（续）

序号	检测项目及示意	公差代号	模数/mm	滚刀精度等级		
				A	B	C
				公差/μm		
4	刀齿的径向圆跳动 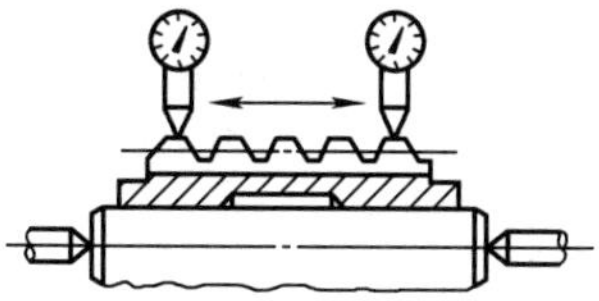	Δd_{er}	0. 25～0. 75 >0. 75～2. 00 >2. 00～3. 50 >3. 50～6. 30 >6. 30～10. 00	21 22 25 30 38	38 40 45 53 65	75 80 90 105 130
5	刀齿前面的径向性 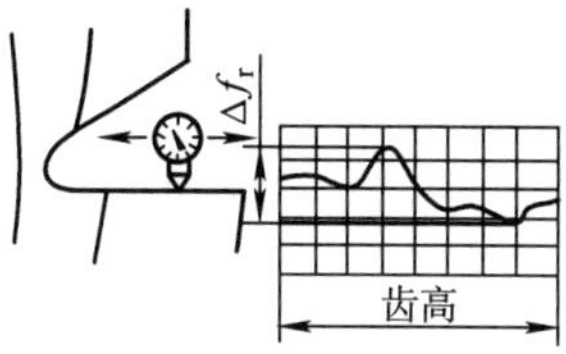 Δf_r 齿高 在齿高范围内，容纳实际刀齿前面的两个平行于理论前面的平面间的距离	Δf_r	0. 25～0. 75 >0. 75～2. 00 >2. 00～3. 50 >3. 50～6. 30 >6. 30～10. 00	17 18 20 24 30	31 32 36 43 54	31 32 36 43 54
6	容屑槽的相邻周节差 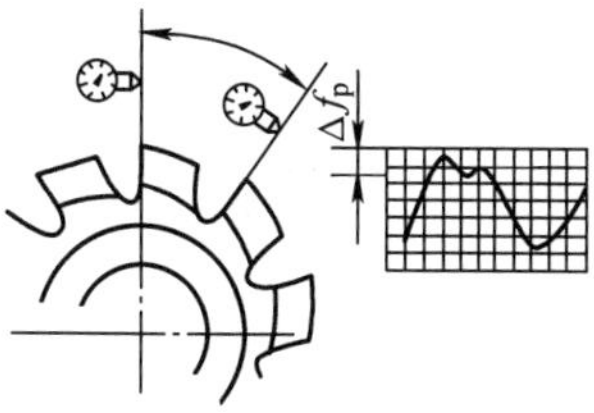 Δf_p 在滚刀分圆附近的同一圆周上，两相邻周节的最大差值	Δf_p	0. 25～0. 75 >0. 75～2. 00 >2. 00～3. 50 >3. 50～6. 30 >6. 30～10. 00	21 22 25 30 38	38 40 45 54 65	38 40 45 54 65
7	容屑槽周节的最大累积误差 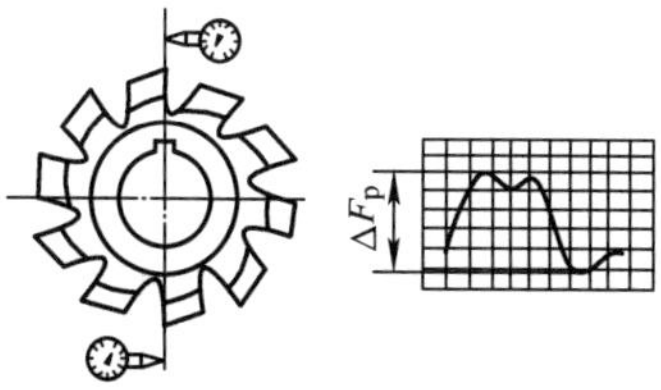 ΔF_p 在滚刀分圆附近的同一圆周上，任意两个刀齿前面间相互位置的最大累积误差	ΔF_p	0. 25～0. 75 >0. 75～2. 00 >2. 00～3. 50 >3. 50～6. 30 >6. 30～10. 00	40 42 48 55 70	70 75 85 100 125	70 75 85 100 125
8	刀齿前面与内孔轴线的平行度 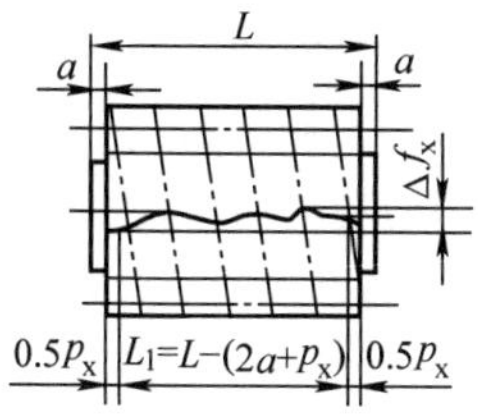 L　a　a　Δf_x $0.5p_x$　$L_1=L-(2a+p_x)$　$0.5p_x$ 在靠近分圆处的测量范围内，容纳实际前面的两个平行于理论前面的平面间的距离	Δf_x	0. 25～0. 75 >0. 75～2. 00 >2. 00～3. 50 >3. 50～6. 30 >6. 30～10. 00	33 35 39 46 58	41 44 49 58 73	57 60 67 79 100

（续）

序号	检测项目及示意	公差代号	模数/mm	滚刀精度等级 A	B	C
				公差/μm		
9	齿距最大偏差 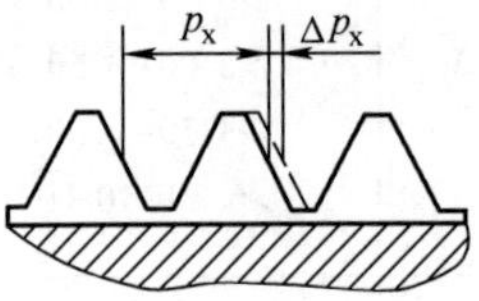 p_x　Δp_x 在任意一排齿上，相邻刀齿轴向齿距的最大偏差	Δp_x	0.25~0.75 >0.75~2.00 >2.00~3.50 >3.50~6.30 >6.30~10.00	±8 ±8 ±9 ±11 ±14	±15 ±16 ±18 ±22 ±28	±32 ±32 ±36 ±45 ±55
10	任意两个齿距长度内齿距的最大累积误差 （45°压力角 C 级滚刀不进行此项检查）	Δp_{x2}	0.25~0.75 >0.75~2.00 >2.00~3.50 >3.50~6.30 >6.30~10.00	±11 ±11 ±13 ±16 ±20	±22 ±22 ±26 ±32 ±40	±45 ±45 ±50 ±65 ±80
11	齿形误差 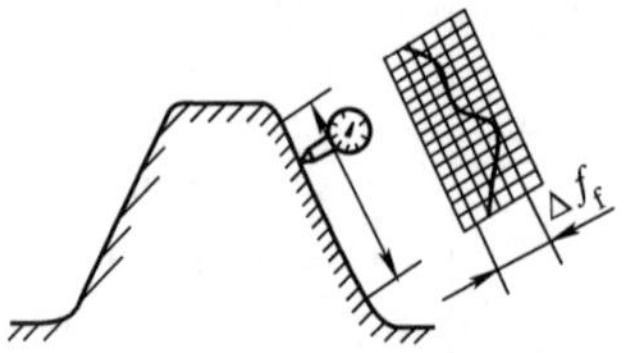 Δf_f 在轴向截面中的测量范围内，容纳实际齿形的两条理论直线齿形间的法向距离	Δf_f	0.25~0.75 >0.75~2.00 >2.00~3.50 >3.50~6.30 >6.30~10.00	5 5 6 7 8	9 10 12 14 16	19 20 24 28 32
12	齿厚偏差（只允许负） 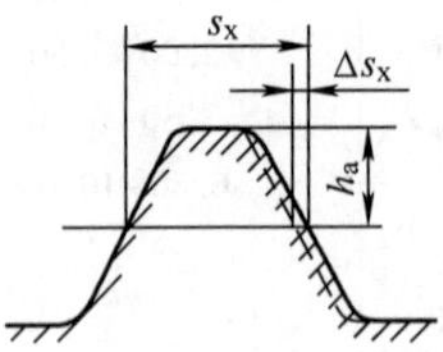 s_x　Δs_x　h_a 在理论齿高处测量的实际齿厚对公称齿厚的差值	Δs_x	0.25~0.75 >0.75~2.00 >2.00~3.50 >3.50~6.30 >6.30~10.00	30 32 36 42 53	57 60 70 85 105	57 60 70 85 105

（2）矩形花键滚刀

矩形花键滚刀参见 GB/T 10952—2005，其适用于加工符合 GB/T 1144—2001《矩形花键尺寸、公差和检验》的外花键。滚刀分两种精度等级。A 级滚刀切出外花键键侧不留磨量（适合于键宽公差为 d10、f9、h10），B 级（粗加工）滚刀切出外花键键侧留有磨量。滚刀一般制成单头、右旋。

滚刀的基本尺寸见图 6.5-18 和表 6.5-38（用于轻系列）、表 6.5-39（用于中系列）。

标记示例：外径 = 80mm，孔径 = 32mm，用于加工 8×32×38×6 矩形外花键的 A 级滚刀为：

滚刀 80×32×38×6 A GB/T 10952—2005

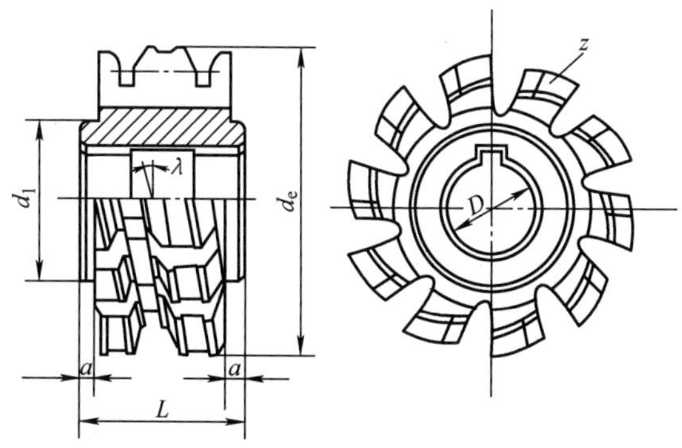

图 6.5-18　矩形花键滚刀

表 6.5-38　矩形花键滚刀的尺寸（用于轻系列）　（mm）

<table>
<tr><th>花键规格
N×d×D×B</th><th>d_e</th><th>L</th><th>D</th><th>a</th><th>z</th><th>容屑槽型式</th></tr>
<tr><td>6×23×26×6</td><td>63</td><td>56</td><td>22</td><td rowspan="4">4</td><td rowspan="6">12</td><td rowspan="14">直槽</td></tr>
<tr><td>6×26×30×6</td><td rowspan="3">71</td><td rowspan="2">63</td><td rowspan="3">27</td></tr>
<tr><td>6×28×32×7</td></tr>
<tr><td>8×32×36×6</td><td>56</td></tr>
<tr><td>8×36×40×7</td><td rowspan="2">80</td><td rowspan="3">63</td><td rowspan="5">32</td><td rowspan="11">5</td></tr>
<tr><td>8×42×46×8</td></tr>
<tr><td>8×46×50×9</td><td rowspan="3">90</td><td>14</td></tr>
<tr><td>8×52×58×10</td><td rowspan="2">71</td><td rowspan="2">12</td></tr>
<tr><td>8×56×62×10</td></tr>
<tr><td>8×62×68×12</td><td rowspan="3">100</td><td>80</td><td rowspan="6">40</td><td rowspan="6">14</td></tr>
<tr><td>10×72×78×12</td><td>71</td></tr>
<tr><td>10×82×88×12</td><td rowspan="3">80</td></tr>
<tr><td>10×92×98×14</td><td rowspan="2">112</td></tr>
<tr><td>10×102×108×16</td></tr>
<tr><td>10×112×120×18</td><td>118</td><td>90</td><td>螺旋槽</td></tr>
</table>

表 6.5-39　矩形花键滚刀的尺寸（用于中系列）　（mm）

<table>
<tr><th>花键规格
N×d×D×B</th><th>d_e</th><th>L</th><th>D</th><th>a</th><th>z</th><th>容屑槽型式</th></tr>
<tr><td>6×16×20×4</td><td rowspan="2">63</td><td rowspan="2">50</td><td rowspan="2">22</td><td rowspan="4">4</td><td rowspan="7">12</td><td rowspan="7">直槽</td></tr>
<tr><td>6×18×22×5</td></tr>
<tr><td>6×21×25×5</td><td rowspan="2">71</td><td>56</td><td rowspan="2">27</td></tr>
<tr><td>6×23×28×6</td><td rowspan="4">63</td></tr>
<tr><td>6×26×32×6</td><td rowspan="3">80</td><td rowspan="3">32</td><td rowspan="3">5</td></tr>
<tr><td>6×28×34×7</td></tr>
<tr><td>8×32×38×6</td></tr>
</table>

（续）

花键规格 $N\times d\times D\times B$	d_e	L	D	a	z	容屑槽型式
8×36×42×7	90	63	32	5	12	直槽
8×42×48×8						
8×46×54×9		71				
8×52×60×10						
8×56×65×10	100	80	40			
8×62×72×12	112					
10×72×82×12						
10×82×92×12						
10×92×102×14	118					
10×102×112×16						
10×112×125×18	125	90				螺旋槽

注：1. 中系列中 6×11×14×3，6×13×16×35 两个规格的外花键不宜采用展成滚切加工，因此未列入。

2. 滚刀轴台直径 d_1 由制造厂家决定，其尺寸应尽可能取大一些。

矩形花键滚刀的主要技术要求如下：

1）滚刀的表面粗糙度应不大于表 6.5-40 规定的数值。

表 6.5-40　滚刀的表面粗糙度

检 查 项 目	表面粗糙度参数	滚刀的精度等级	
		A	B
		表面粗糙度/μm	
内孔表面	Ra	0.4	0.8
端面		0.8	0.8
轴台外圆		0.8	1.6
刀齿前面		0.8	0.8

（续）

检 查 项 目	表面粗糙度参数	滚刀的精度等级	
		A	B
		表面粗糙度/μm	
齿顶表面	Rz	3.2	6.3
齿侧表面		3.2	6.3
两齿角内侧及齿顶底部		6.3	6.3

2）滚刀制造时的主要公差应符合表 6.5-41 和表 6.5-42 的规定。

表 6.5-41　滚刀制造时的主要公差（1）

序号	检测项目及示意	公差代号	滚刀法向齿距/mm	滚刀精度等级	
				A	B
				公差/μm	
1	孔径公差 1）内孔配合表面上超出公差的喇叭口长度，应小于每边配合长度的 25%，键槽每侧超出公差的宽度不应大于键宽的一半 2）在对孔做精度检查时，具有公称孔径的基准心轴应能通过孔	ΔD	—	H6	H6
2	轴台的径向圆跳动	Δd_{1r}	≤10 >10~16 >16~25 >25	8 10 12 15	8 10 12 15

（续）

序号	检测项目及示意	公差代号	滚刀法向齿距 /mm	滚刀精度等级	
				A	B
				公差/μm	
3	轴台的轴向圆跳动 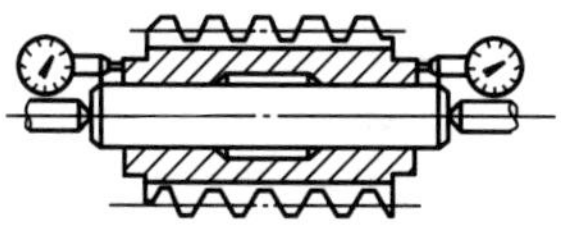	Δd_{lx}	≤10 >10~16 >16~25 >25	6 8 10 12	6 8 10 15
4	刀齿的径向圆跳动 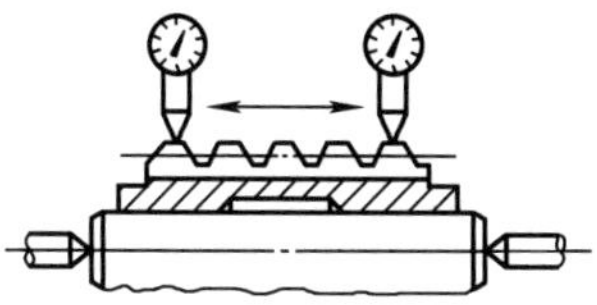 滚刀一转内，齿顶到内孔中心距离的最大差值	Δd_{er}	≤10 >10~16 >16~25 >25	20 25 32 40	45 53 65 80
5	刀齿前面的径向性 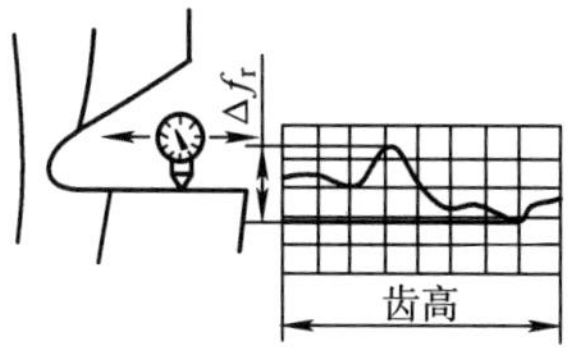 Δf_r 齿高 在齿高范围内，容纳实际刀齿前面的两个平行于理论前面的平面间的距离	Δf_r	≤10 >10~16 >16~25 >25	20 24 30 38	36 43 54 68
6	容屑槽的相邻周节差 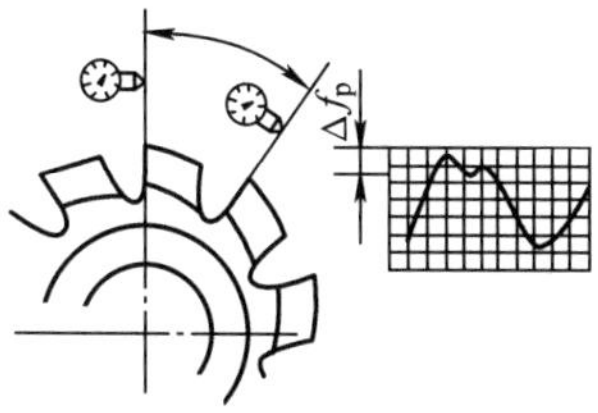 Δf_p 在滚刀节线以上齿高中点附近的同一圆周上，两相邻周节的最大差值	Δf_p	≤10 >10~16 >16~25 >25	25 30 38 48	45 54 65 78
7	容屑槽周节的最大累积误差 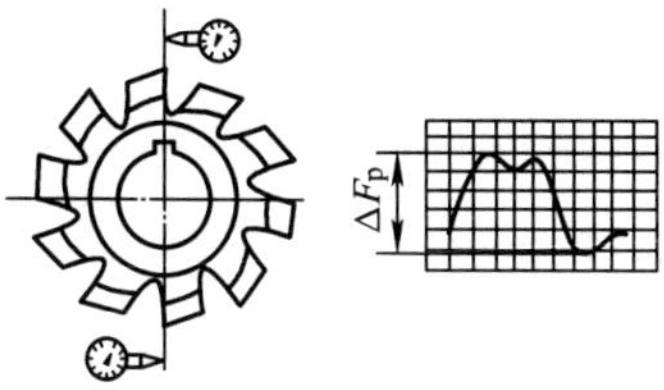 ΔF_p 在滚刀节线以上齿高中点附近的同一圆周上，任意两个刀齿前面的相互位置的最大累积误差	ΔF_p	≤10 >10~16 >16~25 >25	40 50 63 80	85 100 125 156

（续）

序号	检测项目及示意	公差代号	滚刀法向齿距 /mm	滚刀精度等级 A	滚刀精度等级 B
				公差/μm	
8	刀齿前面与内孔轴线的平行度 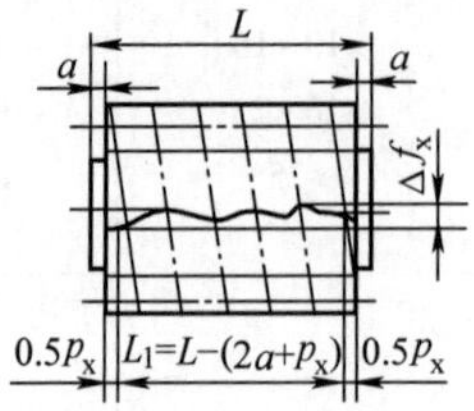 L a a Δf_x $0.5p_x$ $L_1=L-(2a+p_x)$ $0.5p_x$ 在靠近分圆处的测量范围内，容纳实际前面的两个平行于理论前面的平面间的距离	Δf_x	0.25～0.75 >0.75～2.00 >2.00～3.50 >3.50～6.30 >6.30～10.00	33 35 39 46 58	41 44 49 58 73
9	容槽的导程误差（仅用于螺旋槽） 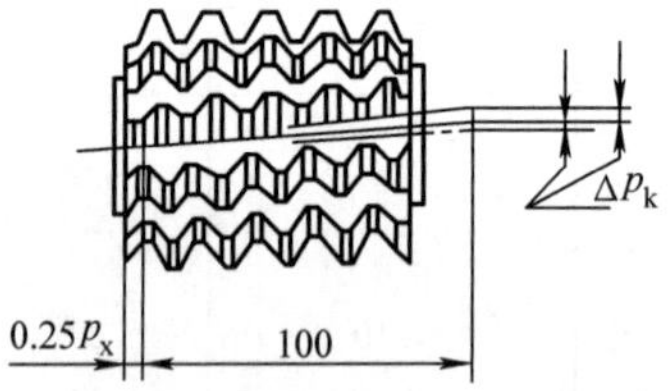 Δp_k $0.25p_x$ 100 在靠近滚刀节线以上齿高中点处的测量范围内，容屑槽前刃面与理论螺旋面的偏差	Δp_k	≤10 >10～16 >16～25 >25	100/100mm	140/100mm
10	齿距最大偏差 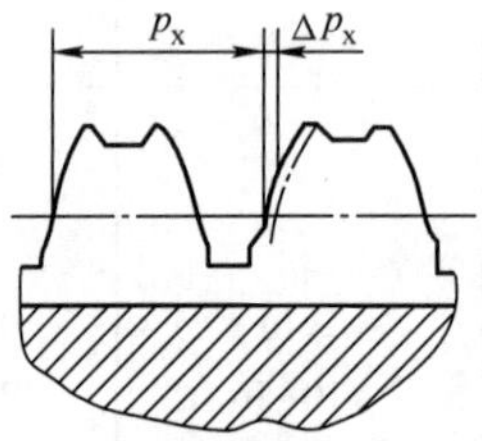 p_x Δp_x 在任意一排齿上，相邻刀齿轴向齿距的最大偏差	Δp_x	≤10 >10～16 >16～25 >25	±9 ±11 ±14 ±18	±18 ±22 ±28 ±36
11	任意两个齿距长度内齿距的最大累积误差	Δp_{x2}	≤10 >10～16 >16～25 >25	±13 ±16 ±20 ±25	±26 ±32 ±40 ±50

表 6.5-42　滚刀制造时的主要公差（2）

序号	检查项目及示意	公差代号	曲线部分齿形高度 /mm	滚刀精度等级 A	滚刀精度等级 B
				公差/μm	
1	齿形误差	Δf_f	≤2 >2	10 15	20 30

（续）

序号	检查项目及示意	公差代号	曲线部分齿形高度/mm	滚刀精度等级	
				A	B
				公差/μm	
2	齿厚偏差（可选在滚刀节线以上齿高中点附近进行测量）	Δs_x	≤2 >2	+15 +20	+30 +40
3	齿根倒角刃部分起点高度偏差	Δh_1	≤2 >2	±30 ±40	±30 ±40
4	触角高度偏差	Δh_2	≤2 >2	±25 ±40	±25 ±40

3）A 级滚刀的精度可以采用切削试验环的方法进行检验，此时表 6.5-41 中的第 9、10 项和表 6.5-42 中的全部项目可以不考核。切削试验环的键宽尺寸精度、位置度、对称度、等分度等应符合 GB/T 1144—2001 的规定。切出试验环的倒角值偏差应符合表 6.5-43 的规定。采用试验环检验的滚刀出厂时应附有切削试验环。

表 6.5-43　切出试验环的倒角值偏差（mm）

公称倒角值	0.3～0.4	0.5～0.6
偏差	±0.10	±0.15

4）滚刀采用 W18Cr4V 或同等性能以上的高速钢制造。滚刀切削部分硬度应为 63～66HRC，滚刀表面不得有裂纹、崩刃、烧伤及其他影响使用性能的缺陷。

矩形花键滚刀的齿形如图 6.5-19 所示。

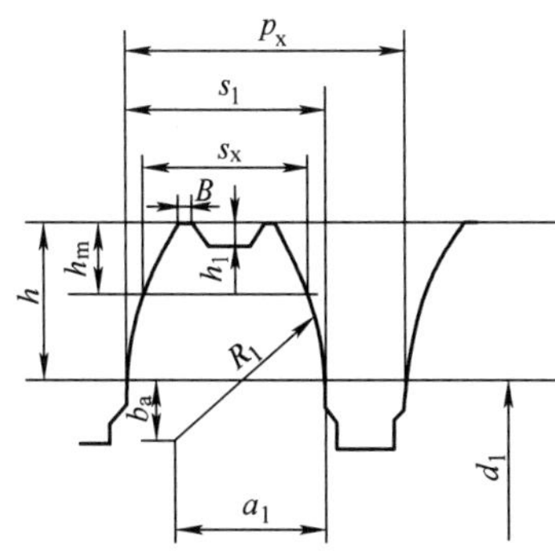

图 6.5-19　矩形花键滚刀齿形

加工各种矩形花键的齿形参数值请参考 GB/T 10952—2005 中的附录 A。

（3）滚刀的磨损及刃磨

花键滚刀的磨损情况与齿轮滚刀相同，其磨损也是沿后刀面。滚刀用钝后只需刃磨前刀面。滚刀的磨钝标准（沿后刀面）精切时为 0.2～0.4mm，粗切时为 0.6～0.8mm。

矩形花键滚刀的寿命一般取 $T=5\sim10$h。当计算重磨次数时，是按滚刀圆周齿宽的 2/3 作为可刃磨的厚度，滚刀重磨次数与滚刀直径有关，可参考表 6.5-44。

表 6.5-44　滚刀重磨次数与滚刀直径的关系

滚刀直径 d_c/mm	刃磨层的厚度/mm	重磨次数
60	6	10
70	7	
80	8	
90	9	11
100		
112		
125	10	12
140	11	

滚刀用钝后刃磨前刀面，刃磨后的滚刀也应符合前述的技术要求。滚刀的刃磨一般在专用的滚刀刃磨机床上进行，这种磨床上有精确的分度机构、螺旋运动机构、砂轮修整机构及砂轮头架调整机构等装置，刃磨质量和效率均比较高。

3. 展成铣削工艺

（1）切削用量及其选择

用展成法加工外花键时，切削用量及其选择与外花键的齿形有关。渐开线外花键加工的切削用量选择可参考 6.1.3 小节。矩形外花键加工的切削用量选择见表 6.5-45 和表 6.5-46。

表 6.5-45　用花键滚刀滚切矩形外花键的进给量

外花键直径/mm		14~28	30~52	54~70	72~82	90~100	105~125
外花键的键高/mm		1.5~2.5	2~3	3~4	5	5~6	5~6.5
工件每转进给量 f/(mm/r)	磨前粗加工（齿尖带触角的滚刀）	1.4	1.5	1.7	1.7	1.8	1.9
	精加工（实体材料）$Ra2.5\mu m$	0.5	0.5	0.7	1.1	1.1	1.1

当滚切的外花键材料不同时应乘以的进给量修正系数

与外花键材料有关		结构钢			结构合金钢					
	工件材料	35	45	50	35Cr 40Cr	12CrNi4A 20CrNiMo 18CrMnTi 12CrNi3 20Cr	30CrMnTi	18CrNiWA 38CrMoAlA 5CrNiMo 6CrNiMo 6CrNi3Mo		
	硬度 HBW	156~187	170~207	207~241	170~229	156~207	156~229	156~207	156~229	229~285
	修正系数	1.1	1.1	1.0		1.1	1		0.87	0.78

注：表中进给量是一次行程的进给量；当粗加工采用二次行程时，表中进给量可加大 20%。

表 6.5-46　用花键滚刀滚切矩形外花键的切削用量（碳素钢及合金钢）

加工性质	工件每转进给量 f_a /(mm/r)	外花键大径 D/mm						
		14~125						
		键高 h/mm						
		2	3	4	5	6	6.5	2~6.5
		切削速度 v/(m/min)						动力 P_m/kW
粗滚（磨前加工）	1.0	48	29	20	15	12	11	0.4~0.9
	1.3	42	25	18	14	11	10	0.4~1.0
	1.6	38	23	16	12	10	9	0.4~1.0
	2.0	34	21	14	11	9	8	0.4~1.0
	2.6	30	18	12	10	8	6.5	0.5~1.0
	3.2	26	16	11	9	7	6	0.5~1.1
精滚（$Ra1.6\mu m$）	0.5	45	27	19	14	11	10	0.2~0.5
	0.6	42	25	17	13	10	9	0.3~0.6
	0.8	36	22	15	11	9	8	0.3~0.6
	1.0	32	19	13	10	8	7	0.3~0.6
	1.3	28	17	12	9	7	6.5	0.3~0.6
	1.6	25	15	11	8	6	6	0.3~0.6

（续）

<table>
<tr><td colspan="11">当使用条件变换时，应乘以的切削用量修正系数</td></tr>
<tr><td rowspan="5">与工件材料的力学性能有关</td><td rowspan="2">钢的牌号</td><td colspan="4">结构钢</td><td colspan="5">结构合金钢</td></tr>
<tr><td>35</td><td colspan="2">45</td><td>50</td><td>35Cr
40Cr</td><td>12Cr2Ni4A
20CrNiMo
20CrMnTi
12CrNi3
20Cr</td><td>30CrMnTi</td><td colspan="2">18Cr2Ni4WA
30CrMoAlA
5CrNiMo</td></tr>
<tr><td>布氏硬度 HBW</td><td>156~187</td><td>170~207</td><td>207~241</td><td>170~229</td><td>156~207</td><td>156~229</td><td>156~207</td><td>156~229</td><td>229~285</td></tr>
<tr><td>切削速度修正系数</td><td>1.1</td><td>1.0</td><td>0.8</td><td>0.9</td><td>1</td><td>0.9</td><td colspan="2">0.8</td><td>0.6</td></tr>
<tr><td>动力修正系数</td><td colspan="5">1.0</td><td colspan="4">0.9</td></tr>
<tr><td rowspan="2">与花键键数有关</td><td colspan="2">花键键数</td><td>4</td><td>6</td><td>8</td><td>10</td><td>16</td><td colspan="3">20</td></tr>
<tr><td colspan="2">切削速度与动力修正系数</td><td>0.85</td><td>1.0</td><td>1.1</td><td>1.2</td><td>1.4</td><td colspan="3">1.5</td></tr>
<tr><td rowspan="2">与滚刀的轴向移动数有关</td><td colspan="2">轴向移动数</td><td>0</td><td>1</td><td>2</td><td colspan="5">≥3</td></tr>
<tr><td colspan="2">切削速度与动力修正系数</td><td>1.0</td><td>1.1</td><td>1.2</td><td colspan="5">1.3</td></tr>
<tr><td rowspan="2">与刀具寿命有关</td><td colspan="2">实际寿命与标准寿命比</td><td>0.25</td><td>0.5</td><td>1.0</td><td>1.5</td><td>2</td><td colspan="3">3</td></tr>
<tr><td colspan="2">切削速度与动力修正系数</td><td>1.6</td><td>1.25</td><td>1.0</td><td>0.9</td><td>0.8</td><td colspan="3">0.7</td></tr>
</table>

注：本表采用的切削用量是花键滚刀为中等寿命，粗滚为 600min，精滚为 300min。

（2）切削功率的计算

用花键滚刀粗滚花键时（45 钢，207HBW），切削功率可按下式计算：

$$P_m = 42\times10^{-5} f_a^{0.65} D^{1.1}$$

式中　f_a——滚刀进给量（mm/r）；

D——外花键大径（mm）。

（3）机动时间的计算

滚切花键的机动时间计算与滚切齿轮的机动时间计算相似，可用如下公式计算：

$$t_m = \frac{(l+l_1+l_2)N}{n_0 f_a K} = \frac{L}{v_f}$$

式中　l——花键长度（mm）；

l_1——滚刀切入长度（mm），$l_1=\sqrt{h(D-h)}+(1\sim2)$mm；

D——滚刀直径（mm）；

h——花键高度（mm）；

l_2——滚刀切出长度，一般取 3~5mm；

N——外花键的键数；

n_0——滚刀转速（r/min）；

f_a——滚刀进给量（mm/r）；

K——滚刀头数；

L——刀架行程总长度（mm）；

v_f——滚刀每分钟进给量（mm/min）。

（4）切削液的选择

滚切花键的切削液选择与滚切齿轮的切削液选择一样，主要采用油基切削液。部分齿轮加工的切削油的性能见表 6.5-47。

表 6.5-47　部分齿轮加工的切削油性能

<table>
<tr><td rowspan="2">切削油名称</td><td rowspan="2">类　别</td><td rowspan="2">黏度
40℃时
/(mm²/s)</td><td rowspan="2">闪点
/℃</td><td colspan="2">是否含</td></tr>
<tr><td>氯</td><td>硫</td></tr>
<tr><td>硫化切削油</td><td>含活性极压剂的具有耐蚀性的液体：矿油+活性极压剂</td><td>20~25</td><td>>140</td><td></td><td>√</td></tr>
</table>

（续）

切削油名称	类　别	黏度 40℃时 /(mm^2/s)	闪点 /℃	是否含	
				氯	硫
C-2 切削油	含非活性极压剂的具有耐蚀性的含减摩剂的液体：矿油+脂肪油（或油性剂）+非活性极压剂	30~40	>140		V
		22	>160	V	V
YQ-15 切削油	含活性极压剂的具有耐蚀性的含减摩剂的液体：矿油+脂肪油（或油性剂）+活性极压剂	25~30	>190	V	V
抗烟雾极压切削油	含活性极压剂的具有耐蚀性的含减摩剂的液体：矿油+脂肪油（或油性剂）+活性极压剂	25	>190		V

（5）加工外花键的调整步骤

1）花键滚刀的选择。根据图样或工艺文件选择花键滚刀。其规格尺寸从表 6.5-32、表 6.5-34、表 6.5-38 等中选取。

2）安装花键滚刀。按滚刀螺纹导程角调整滚刀安装角，然后紧固螺母，使滚刀装夹牢靠。

3）对刀。花键滚刀刀槽中心应通过两顶尖中心线，如图 6.5-20 所示，以保证加工出来的键形和花键根部过渡曲线的对称。

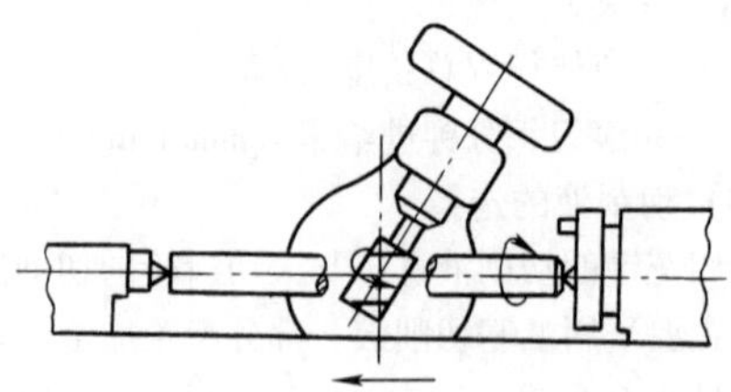

图 6.5-20　滚刀对中调整

4）确定切削用量。根据外花键的材料和尺寸、滚刀的直径及加工性质等确定，矩形花键加工可从表 6.5-45 和表 6.5-46 中选取。

5）交换齿轮。按机床说明书中的计算公式计算速度交换齿轮、进给交换齿轮及分度交换齿轮或按说明书及机床标牌进行交换齿轮安装。

6）安装工件。在安装工件前，应在顶尖间安装检验心轴。在上素线及侧素线上用百分表检查与导轨移动的平行度。若在铣削花键时，花键上出现“锥度”，即键侧尺寸在长度方向有大小头，此时可调整顶尖座“斜铁”，然后将工件夹紧顶牢。

7）试切。当一切调整好以后，开动机床，接通切削液泵，稍微进刀进行滚切，检查键槽数是否对，有效键长是否合乎工艺要求，对好挡铁。当键侧留有 0.5mm 的余量时，则要测量键侧和根圆尺寸，再进行适当调整，而后将工件加工至需要的尺寸。

8）检查。检查各单项尺寸是否合格，还要进行综合检验，通常用环规检验。注意在使用快速行程时必须先关掉主电动机，接近顶尖时要格外小心，以免因碰撞而将刀具或机床损坏。

4. 常见问题及对策

用展成法加工外花键的花键齿所产生的误差及产生原因类似于齿轮加工，可参考滚齿一节。滚削加工外花键的误差及对策见表 6.5-48。

表 6.5-48　滚削加工外花键的误差及对策

加工误差	产生原因	解决方法
周节误差超差	主要由机床分度传动链误差、滚刀安装误差、齿坯安装偏心等引起	修理机床分度传动链；重新安装调整滚刀，控制其轴向和径向圆跳动量；提高齿坯安装精度
齿形误差超差	主要由滚刀制造和安装误差，机床刀架、分度蜗杆副间隙，外花键安装误差等引起	提高滚刀和工件的安装精度；调整机床刀架、分度蜗杆副间隙
齿向误差超差	主要由工件的定位和夹紧不好、进给导轨歪斜、机床分度传动链间隙大等引起	保证工件的定位和夹紧可靠；修理和调整进给导轨及机床分度传动链

6.5.4　外花键的磨削

1. 磨削方法和设备

外花键的磨削一般用于矩形花键的加工，连接用的渐开线花键很少采用磨削，若渐开线花键采用磨削作为最终的加工手段，其磨削方式可与齿轮磨削一样，也可采用花键轴磨床进行。

矩形花键的磨削方法见表 6. 5-49。

表 6. 5-49　矩形花键的磨削方法

磨削方法	简　图	特　点
磨外花键大径		磨削方法与磨削圆柱面相同，在外圆磨床上进行，用于大径定心的外花键
磨外花键小径		用圆弧形砂轮磨削，其圆弧半径等于外花键小径的半径，磨削时砂轮做旋转运动，外花键做纵向进给。工件每往复行程一次，退出砂轮，做一次分度动作（可以是手动也可以是自动）。每完成花键一周磨削后，砂轮垂直进给一次，直至磨到要求尺寸为止。这种磨削方法用于小径定心的外花键
用成形砂轮同时磨削花键三面		这种磨削方法是在花键轴磨床上进行，用成形砂轮一次同时磨削花键两侧面和花键小径，用机床上的砂轮修整器进行修整。磨削效率和精度都较高。用于小径定心的外花键
用双角度砂轮同时磨削花键两侧面	L　β　θ　B　α　O　d	在心轴上同时安装两个角度砂轮磨削花键两侧面，砂轮之间距离 L 按下式计算： $L=d\sin\theta=d\sin(\beta-\alpha)=d\sin\left(\frac{360}{N}-\arcsin\frac{B}{d}\right)$ 式中　d——外花键小径（mm） B——键宽（mm） N——键数 β——两键中心夹角 该方法砂轮修整简单，尺寸 L 须调整准确
用两个平行砂轮同时磨削花键两侧面	L　d　B	在心轴上同时安装两个平行砂轮磨削花键两侧面，砂轮之间距离 L 按下式计算： $L=\sqrt{d^2-B^2}$ 式中　d——外花键小径（mm） B——键宽（mm） 该方法调整简单
用三个砂轮同时磨削花键两侧面和小径	c　c	在心轴上同时安装三个砂轮磨削花键两侧面和外花键小径，尺寸 c 按下式计算： $c=\frac{d}{2}\sin\left(\frac{360}{N}-\arcsin\frac{B}{d}\right)-\frac{B}{2}$ 式中　d——外花键小径（mm） B——键槽宽度（mm） N——键数 该方法砂轮修整复杂，调整较难，尺寸 c 须调整准确

花键轴磨床是一种专用机床，分为基本型和螺旋型两种，用于磨削矩形外花键和矩形花键拉刀的齿侧平面或小径表面，也可磨削梯形、三角形外花键，如配置特殊修整砂轮机构，还可磨削渐开线齿形和圆弧齿形的外花键。螺旋型花键轴磨床还可磨削螺旋槽外花键。其加工原理是按仿形法加工。目前机床的类型、技术参数、加工精度见本章附录表 6. 7-37。

2. 砂轮

（1）砂轮的选择

砂轮的选择见表 6. 5-50。

表 6.5-50　砂轮的选择

加工简图	磨削方法	砂轮特性
	用成形砂轮一次同时磨削花键两侧面和花键小径	磨料：白刚玉（WA）或棕刚玉（A） 粒度：46~60 硬度：M~N 组织号：5 结合剂：V
	用砂轮圆周面磨削花键两侧面	磨料：白刚玉（WA）或棕刚玉（A） 粒度：46~60 硬度：S 组织号：4 结合剂：B
	用锥形砂轮圆周面磨削花键两侧面	磨料：白刚玉（WA）或棕刚玉（A） 粒度：46~60 硬度：S 组织号：4 结合剂：B
	用成形砂轮磨削花键小径	磨料：白刚玉（WA）或棕刚玉（A） 粒度：46~60 硬度：R 组织号：4 结合剂：B

砂轮形状和尺寸的选择应根据磨床、条件和工件形状来进行。磨削外花键时，宜采用平行砂轮（P）或单斜边二号砂轮（PDX_2），其直径为 100~200mm。例如在 M8612A 型花键磨床上常用下列特性的砂轮：

P200×25×32　　A60JV

P200×25×32　　A46KV

$PDX_2$100×6×20　　A60JV

$PDX_2$100×6×20　　A46KV

（2）砂轮的修整及修整工具

1）砂轮修整器。图 6.5-21 所示为砂轮修整器，它可安装在砂轮架的壳体上，修整工具是金刚石笔。

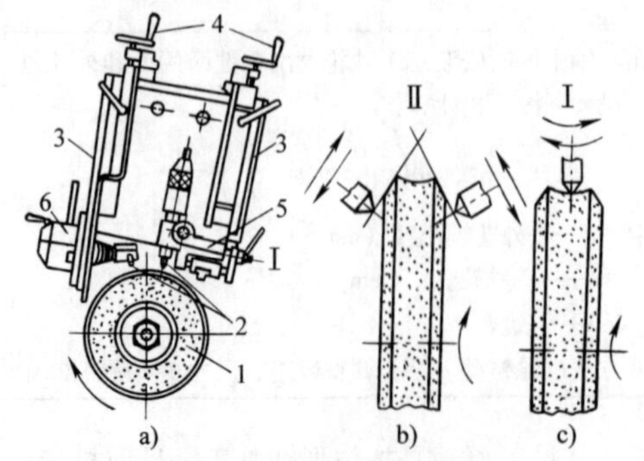

图 6.5-21　成形砂轮的修整器

a）修整器简图　b）修整砂轮侧面简图

c）修整砂轮中部简图

1—砂轮　2—金刚石笔　3—托架　4—切入进给手轮

5—修整砂轮中部的旋转支座　6—修整砂轮侧面的支座

图 6.5-22 所示为修整组合砂轮两个侧面的装置。它可紧固在机床工作台上或磨头壳体上。

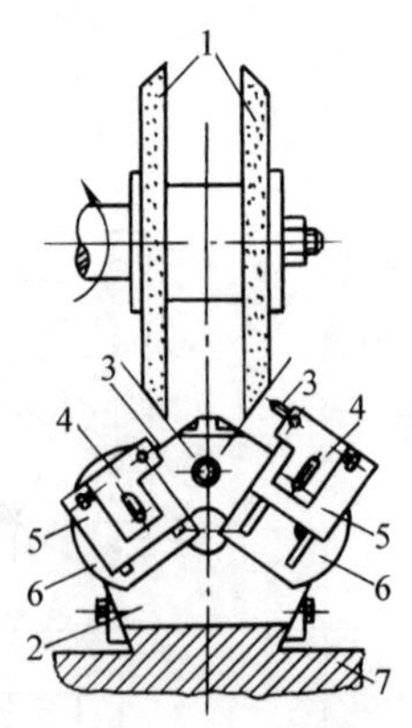

图 6.5-22　修整组合砂轮两个侧面的装置

1—砂轮　2—夹具的底座　3—金刚石笔　4—支座

5—移动托架　6—旋转板　7—机床工作台

图 6.5-23 所示为修整磨削矩形外花键砂轮的修整装置。它是由两个修整侧面和一个圆弧小径的金刚石笔组成，可转动带有金刚石笔 4 和 5 的支撑杆 3 和 6。外花键的廓形角是由修整机构的手轮根据角度尺的刻度来控制的。

金刚石笔伸出长度 K 按下式确定：

$$K=H+\frac{b_{\max}}{2}-0.1\text{mm}$$

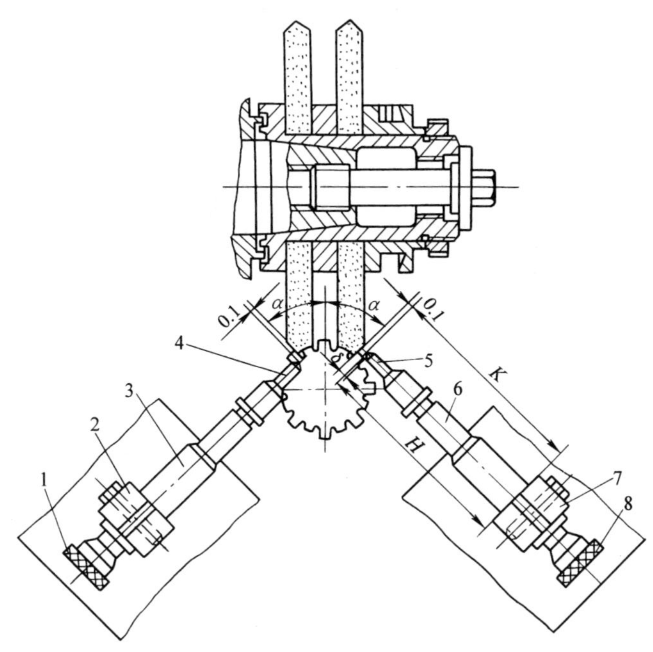

图 6.5-23 修整机构

1、8—微调螺杆 2、7—摇杆 3、6—支撑杆 4、5—金刚石笔

式中 H——由摇杆 2 或 7 的端面到外花键轴线（在支撑杆上作有标记）之间的距离（mm）；

b_{max}——键的最大宽度（mm）；

0.1mm——金刚石笔与被修整砂轮之间的间隙。

伸出长度 K 由微调螺杆 1 或 8 调整，然后将支撑杆 3 和 6 装在摇杆 2 和 7 上，并用螺钉夹固。

由支撑杆轴心伸出的径向金刚石笔，其伸出长度 R 按下式计算：

$$R = R_{max} + 0.1\text{mm}$$

式中 R_{max}——外花键槽底的最大尺寸。

2）对刀样板。对刀样板（图 6.5-24）是根据外花键的规格尺寸和磨削方法来制造的。若外花键键数相同，而大径和小径不同时，只需改变尺寸 c 和 B' 即可。

其计算方法如下：

$$B' = A - r$$

式中 A——机床参数，M8612 型花键磨床为 35mm。

$$c = d\tan\frac{\theta}{2} - \frac{B}{\cos\dfrac{\theta}{2}}$$

式中 B——键宽（mm）；

d——外花键小径（mm）；

θ——两键之间的夹角（°），其值为 360°/N。

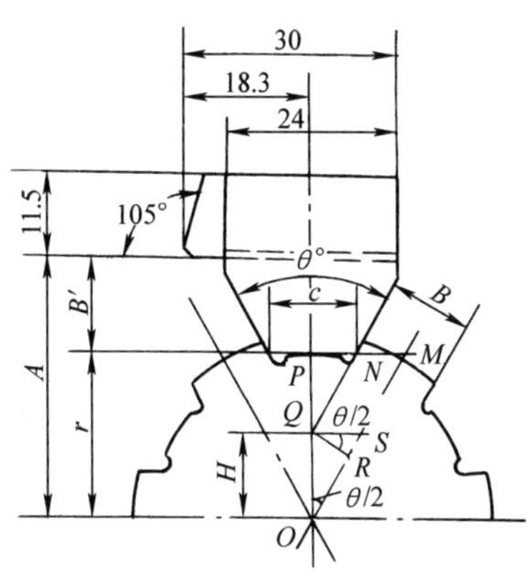

图 6.5-24 对刀样板

3. 磨削工艺

（1）加工余量及公差

矩形外花键和内花键加工余量及公差见表 6.5-51（JB/T 9146—2017）。

（2）磨削用量及其选择

磨削外花键的用量参数如图 6.5-25 所示。

1）磨削速度 v_s 一般在 25~45m/s 之间，属于低速、小直径的砂轮。为了保证砂轮的圆周线速度，砂轮主轴有不同的转速。因此机床配有相应的变速带轮，如 M8612A 型花键轴磨床可按表 6.5-52 选择带轮。

表 6.5-51 磨削花键的加工余量及其公差 （mm）

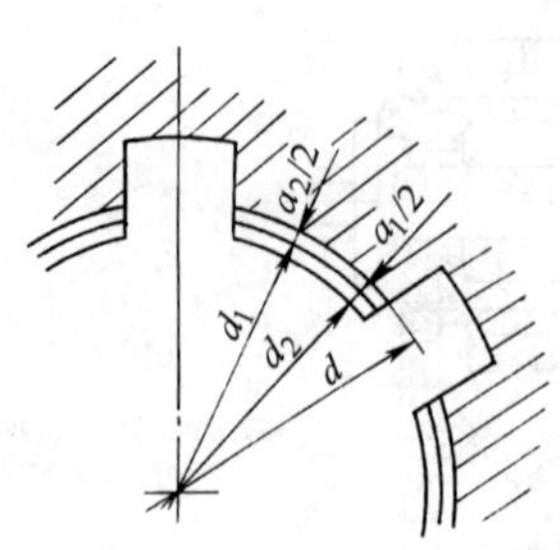

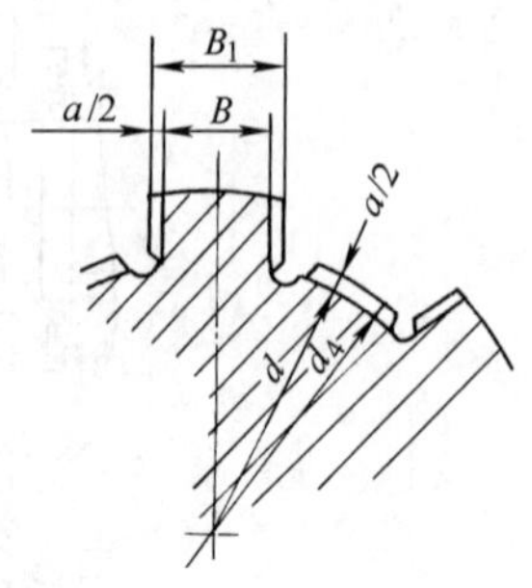

（1）磨削外花键的加工余量及公差

花键小径公称尺寸 d	花键键宽公称尺寸 B	磨削余量 a	磨削前尺寸			
			小径 d_4		键宽 B_1	
			公称尺寸	极限偏差（h9）	公称尺寸	极限偏差（h10）
11	3	0.20	11.2	0 -0.043	3.2	0 -0.048
13	3.5		13.2		3.7	
16	4		16.2		4.2	
18	5		18.2	0 -0.052	5.2	
21	5		21.2		5.2	
23	6		23.2		6.2	0 -0.058
26	6		36.2		6.2	
28	7		28.2		7.2	
32	6		32.2	0 -0.062	6.2	
36	7		36.2		7.2	
42	8	0.30	42.3		8.3	
46	9		46.3		9.3	
52	10		52.3	0 -0.074	10.3	0 -0.070
56	10		56.3		10.3	
62	12		62.3		12.3	
72	12		72.3		12.3	
82	12		82.3	0 -0.087	12.3	
92	14		92.3		14.3	
102	16		102.4		16.4	
112	18	0.40	112.4		18.4	0 -0.084

（续）

（2）磨削、拉削内花键的加工余量及公差						
花键小径公称尺寸 d	拉削余量 a_1	磨削余量 a_2	拉前小径 d_2		拉后小径 d_1	
			公称尺寸	极限偏差（H10）	公称尺寸	极限偏差（H7）
11	0.25	0.15	10.6	+0.070 0	10.85	+0.018 0
13			12.6		12.85	
16			15.6		15.85	
18			17.6		17.85	
21			20.6	+0.084 0	20.85	+0.021 0
23			22.6		22.85	
26	0.30		25.55		25.85	
28			27.55		27.85	
32			31.55	+0.100 0	31.85	+0.025 0
36			35.55		35.85	
42			41.55		41.85	
46			45.55		45.85	
52		0.20	51.50	+0.120 0	51.80	+0.030 0
56			55.50		55.80	
62			61.50		61.80	
72	0.35	0.25	71.40		71.75	
82			81.40	+0.140 0	81.75	+0.035 0
92			91.40		91.75	
102			101.40		101.75	
112			111.40		111.75	

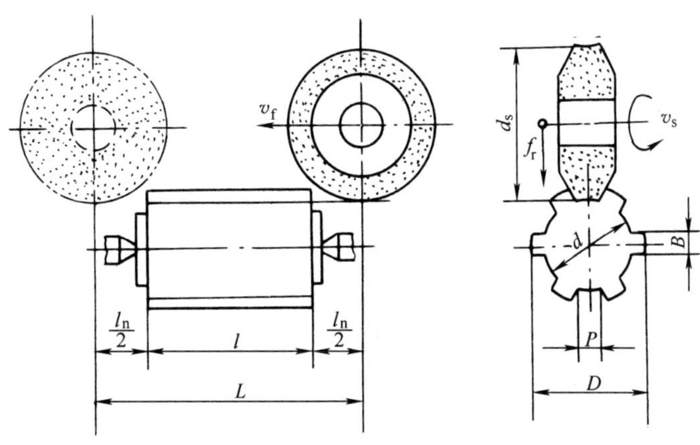

图 6.5-25　外花键的磨削用量参数

表 6.5-52　M8612A 型花键轴磨床的带轮直径

砂轮直径/mm	砂轮主轴转速 n/(r/min)	50Hz			60Hz		
		带轮直径/mm		带长度/mm	带轮直径/mm		带长度/mm
		砂轮主轴上	电动机上		砂轮主轴上	电动机上	
150~200	3000	100	100	810	120	100	810
100~150	4500	65	100	760	100	125	810
100 以下	6000	65	135	810	65	109	760

磨削速度可按下式计算：

$$v_s = \frac{\pi d_s n}{1000 \times 60}$$

式中　d_s——砂轮直径；

n——砂轮转速。

2）纵向进给量（工作台运动速度）v_f。它取决于花键长度 l 和花键的键数 N。当键长为 60mm 时，纵向进给量 v_f 为 5~8m/min，而键长为 250mm 时，纵向进给量 v_f 可为 16m/min，当用挡块磨削时，工作台运动速度不要超过 8m/min。

3）砂轮的径向进给量 f_r。它取决于花键的加工方法与被磨表面接触周边长度。例如，当同时磨削键侧两面和小径表面而砂轮周边与花键接触长度小于 10mm 时，其径向进给量为 0.036~0.018mm/dst，其中进给量的大值与工作台运动速度 v_f = 6m/min 相适应，而小值与工作台速度 v_f = 16m/min 相适应。随磨削工件的周边长度增加到 20mm，径向进给量应减小到 0.028~0.014mm/dst。当完成粗磨和半精磨后，尚需进行无径向进给的工作行程，或进给量为 0.002~0.005mm 的工作行程，称为“光磨”。具体的磨削数值见表 6.5-53。

表 6.5-53　磨花键的切削用量（淬火钢工件）

单面加工余量 h/mm	工作台运动速度 v_f/(m/min)	径向进给量 f_r/(mm/dst)			行程数			
		行程名称						
		粗磨	半精磨	光磨	粗磨	半精磨	光磨	共计
0.16	8.0	0.032~0.043	0.01	0.003	3	3	1	7
	10.0	0.028~0.038	0.009	0.003	4	3	1	8
	12.5	0.025~0.034	0.009	0.003	4	3	1	8
	16.0	0.022~0.029	0.007	0.002	5	3	1	9
0.20	8.0	0.036~0.048	0.012	0.004	4	2	1	7
	10.0	0.032~0.042	0.010	0.003	4	3	1	8
	12.5	0.028~0.037	0.009	0.003	5	3	1	9
	16.0	0.024~0.032	0.008	0.003	6	3	1	10
0.25	8.0	0.040~0.054	0.014	0.004	5	2	1	8
	10.0	0.035~0.047	0.012	0.004	6	2	1	9
	12.5	0.031~0.042	0.010	0.003	6	3	1	10
	16.0	0.027~0.040	0.009	0.003	7	3	1	11
0.30	8.0	0.046~0.061	0.015	0.005	6	2	1	9
	10.0	0.040~0.054	0.013	0.004	7	2	1	10
	12.5	0.036~0.048	0.012	0.004	8	2	1	11
	16.0	0.030~0.040	0.010	0.003	8	3	1	12

（续）

单面加工余量 h/mm	工作台运动速度 v_f /(m/min)	径向进给量 f_r/(mm/dst)			行程数			
		行程名称						
		粗磨	半精磨	光磨	粗磨	半精磨	光磨	共计
0.40	8.0	0.051～0.068	0.017	0.005	7	2	1	10
	10.0	0.045～0.060	0.015	0.005	8	2	1	11
	12.5	0.040～0.053	0.013	0.004	9	2	1	12
	16.0	0.034～0.045	0.011	0.004	9	3	1	13
0.50	8.0	0.057～0.076	0.019	0.005	8	2	1	11
	10.0	0.050～0.067	0.017	0.005	9	2	1	12
	12.5	0.045～0.059	0.015	0.005	10	2	1	13
	16.0	0.038～0.050	0.013	0.004	11	2	1	14

注：1. 当工件表面粗糙度为 Ra0.4μm 及节距精度<0.01mm 时，要增加无径向进给的两次光磨行程。
2. 当同时用两只磨轮磨侧表面时，可减少一次粗行程。
3. 当加工工件的周边长≥16mm 时，要增加一次粗行程；当加工工件的周边长≤16mm 时，可减少一次粗行程。
4. 当长度与直径之比超过 4 时，要按下表增加行程数：

L/D	4～6		6～10			>10		
总行程数	≤12	>12	<8	<12	>12	<8	<12	>12
增加行程数	1	2	1	2	3	2	4	6

（3）机动时间的计算

花键磨削的机动时间可按下式计算：

$$t_m = \frac{2(l+y)}{1000v_f}(\mu_0+\mu)N + t_x N(\mu_0+\mu)$$

式中　l——花键长度（mm）；

y——砂轮的切入和切出量（mm），$y=l_1+l_2$；

l_1——砂轮的切入量（mm）；

$$l_1=\sqrt{h(d_s-h)}+(10\sim15)\text{mm};$$

l_2——砂轮的切出量（mm），一般取 5～10mm；

h——花键高度（mm）；

d_s——砂轮直径（mm）；

μ_0——粗磨和半精磨时的工作行程数；

$$\mu_0=\frac{a-a'}{f_r}$$

a——花键的单边余量（mm）；

a'——光磨时的被磨层厚度（mm）；

f_r——砂轮的径向进给量（mm/dst）；

μ——光磨的工作行程数；

v_f——纵向进给速度（工件运动速度，m/min）；

N——花键键数；

t_x——每键的分度时间（min），t_x = 0.005～0.040min。

（4）切削液的选择

磨削时将产生大量的磨削热，它可使磨削区域的瞬时温度达到 2000℃，因此，磨削时需要采用磨削液以带走热量。磨削液的作用除降低磨削部位温度外，还能通过对加热的磨料急冷，促使磨削面上磨损的磨料脱落，从而得到锋利的切削刃。另外，磨削液渗入切削刃和工件的接触面后，可减少摩擦，防止磨屑堵塞砂轮。同时，磨削液还有清洗磨屑和脱落磨料的作用，可改善磨削表面的质量。

花键磨削中，经常采用水基切削液，主要用的有乳化液和合成切削液等。由于合成切削液具有良好的冷却、润滑、清洗和防锈性能，热稳定性好，使用周期长等特点，目前其应用越来越多。

切削液的选择要依次考虑下列问题：

1）安全环保：包括起火、冒烟、对人体的危害、对机床的影响、对后工序的影响以及废液的处理等。

2）加工质量：工艺方法、切削条件和被加工材料等。

3）切削液的特性：润滑性、抗烧结性、渗透性、冷却性等。

4）综合成本：经济精度、砂轮的寿命、防锈性、消泡性、切削液寿命和经济性等。

(5) 磨削加工举例

根据外花键的齿形、尺寸和精度要求确定磨削方法。例如，同时磨削外花键两键侧和小径表面；键数 $N=8$，小径 $d=36\text{mm}$，大径 $D=40\text{mm}$，键宽 $B=7\text{mm}$ 和键长 $l=200\text{mm}$；齿形为矩形。

机床调整步骤如下：

1）砂轮的选择和安装。选择砂轮为 200×20×76 A60M4V。如图 6.5-26 所示，将砂轮 3 安装在主轴上，在砂轮和夹板 6、1 之间装有铅制或纸制的薄衬垫 2 和 4，在紧固前可用配重 5（滑块）来调整平衡；然后调换带轮，以保持砂轮的线速度。

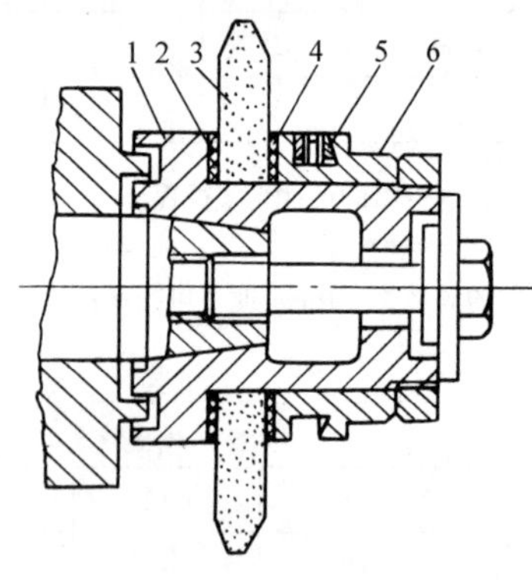

图 6.5-26 砂轮的安装

1、6—夹板 2、4—衬垫 3—砂轮 5—配重

2）调整工作台行程挡块。根据键的长度 l 调整挡块的距离。砂轮中心应远离工件键槽右端，以便头架分度机构进行分度，离开距离可按切入量公式计算，即 $l_1=\sqrt{2\times(200-2)}\,\text{mm}+15\text{mm}\approx35\text{mm}$，为保险起见，可取 48mm，所以工作台移动距离为 200mm+2×48mm=296mm。

3）调整自动分度机构。使用点动分度按钮，按花键的键数 $N=8$ 检查分度是否正确。

4）检查分度头架顶尖的同轴度。使顶尖的径向圆跳动小于 0.005mm，以减少小径与支承轴径的同轴度偏差的影响。用百分表接触顶尖，按下电钮，使头架旋转一周，这时从百分表的读数可观察到顶尖的径向圆跳动量。

5）检查两顶尖的中心连线对导轨的平行度。在两顶尖间装上心轴，用百分表检查心轴的上素线和侧素线。中心连线对导轨平行度的公差为 500：0.005。

6）安装和调整工件。将工件装在头、尾架顶尖上，并校正工件的上、侧素线，其测量值一般可在 0.005mm 以内。用工件校正架校正工件键槽，使花键槽的中心面对准砂轮的中心面。顶尖支承工件时不可太松或太紧。最后紧固拨盘螺钉。

7）选取和调整磨削用量。选取工作台运动速度（即纵向进给量）$v_f=8\text{m/min}$。取花键的单边余量 $h=0.16\text{mm}$，五次粗磨行程、三次半精磨行程和一次光磨行程。砂轮最大垂直移动量为 2.1mm。半精磨余量为 0.06mm，光磨无进给量，所以径向进给量 $f_r=0.02\text{mm/dst}$。

机床调整完毕后，即可进行磨削。磨削时，砂轮每垂直进给一次，花键旋转一周；各键依次磨去一层余量，以达到要求为止。

8）磨削机动时间。花键磨削的机动时间可按下式计算：

$$t_m=\frac{2(l+y)}{1000v_f}(\mu_0+\mu)N+t_xN(\mu_0+\mu)$$

$$=\frac{2\times(200+96)}{1000\times8}\times(8+1)\times8\text{min}+0.02\times8\times(8+1)\text{min}$$

$$=5.328\text{min}+1.44\text{min}$$

$$=6.768\text{min}$$

4. 常见问题及对策

磨削过程中，外花键的几何形状误差产生的原因很多，主要的原因和解决方法见表 6.5-54。

表 6.5-54 外花键磨削的主要误差及解决方法

外花键误差	产生原因	解决方法
外花键小径圆周产生锥形、腰鼓形、圆弧与中心线的偏移	1. 由于头、尾架顶尖高度不一致产生锥形 2. 磨削细长外花键时，因工件弹性变形，磨削后产生腰鼓形 3. 砂轮修整器的圆弧中心线与分度机构中心线不重合，砂轮纵断面的对称线与分度机构中心线不重合，砂轮磨损等	1. 用百分表和标准心轴重新校正头、尾架顶尖高度 2. 采用千斤顶或中心架支撑工件中部，克服工件弹性变形 3. 用对刀样板重新检查调整金刚笔位置，应调整偏移量小于 0.01mm 4. 要定期修整砂轮，修整后不得发生横向移动

（续）

外花键误差	产生原因	解决方法
外花键外圆与底圆同轴度误差	1. 根圆和外圆的顶尖孔不准确，工艺基准不一致 2. 分度头架轴承间隙大 3. 分度头架顶尖有径向圆跳动	1. 研磨外花键的顶尖孔 2. 重新调整轴承，并保证调整间隙 3. 检查并重新安装顶尖
花键圆周分布不均匀，键侧有不等分误差；键侧对中心线不平行，有花键齿向误差；花键两侧面不平行	1. 分度机构不准确，分度板等分和内孔精度差 2. 分度板插销没插好 3. 分度头架顶尖有径向圆跳动 4. 头、尾架顶尖轴线不同轴 5. 头、尾架顶尖中心连线与工作台导轨不平行 6. 砂轮夹角大于或小于工件夹角	1. 重新检查分度板，分度超差时要及时更换或重磨 2. 用百分表和标准心轴校正两顶尖轴线的重合度和纵向偏差 3. 更换或重磨顶尖 4. 用对刀样板调整砂轮修整器角度，使其符合要求 5. 调整头、尾架顶尖，使其中心连线与工作台导轨平行 6. 修磨工作台导轨
外花键定心表面的表面粗糙度不符合要求	砂轮特性的选择不正确	选择合适的砂轮特性，如增加粒度号等

在外花键的磨削中也会出现普通磨削中经常出现的诸如工件表面烧伤、波纹、表面粗糙度达不到要求等问题，这些问题产生的原因和解决方法与普通磨削基本相似，可参考磨削加工一章。

6.5.5　内花键的加工

在一般情况下，内花键可在拉床上用花键拉刀加工。但对凸台花键和盲孔花键，则不能用花键拉刀加工，而需用内啮合花键插齿刀在插齿机上加工，如图 6.5-27 所示。当然用单齿分度在插床上也可加工，但其加工效率很低，而且也很难保证分齿精度。

内花键的拉削加工可参考本卷第 4 章，而插齿加工与本章插齿一节也有许多相同之处。在此，重点介绍内花键插齿与齿轮插齿不同之处。

1. 插齿刀加工渐开线内花键

用插齿刀加工渐开线内花键所用的插齿机及其调整，基本上与插削内齿轮相同（可参阅本章插齿一节），但所用的插齿刀参数有所不同。JB/T 7967—2010《渐开线内花键插齿刀 型式和尺寸》中规定了模数 1～10mm、标准压力角 30°、用于加工 GB/T 3478.2—2008 所规定的平齿根内花键的碗形和锥柄两种插齿刀的基本型式和尺寸。碗形插齿刀有公称分度圆直径为 50mm、75mm、100mm、125mm 四种，精度等级分为 A 级和 B 级。其基本型式和尺寸见表 6.5-55。

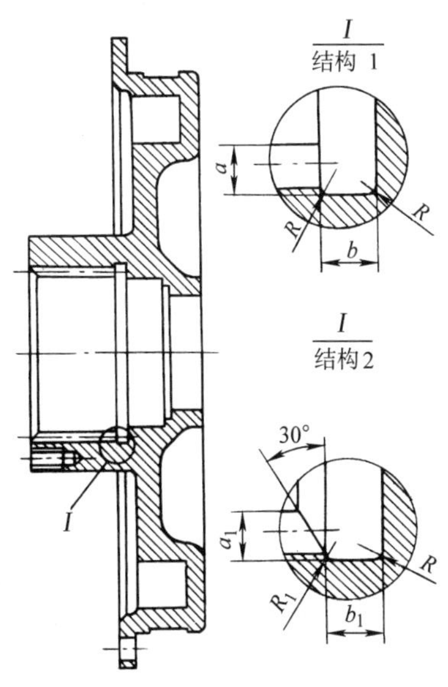

图 6.5-27　带凸台的花键孔

表 6.5-55　碗形插齿刀结构参数　(mm)

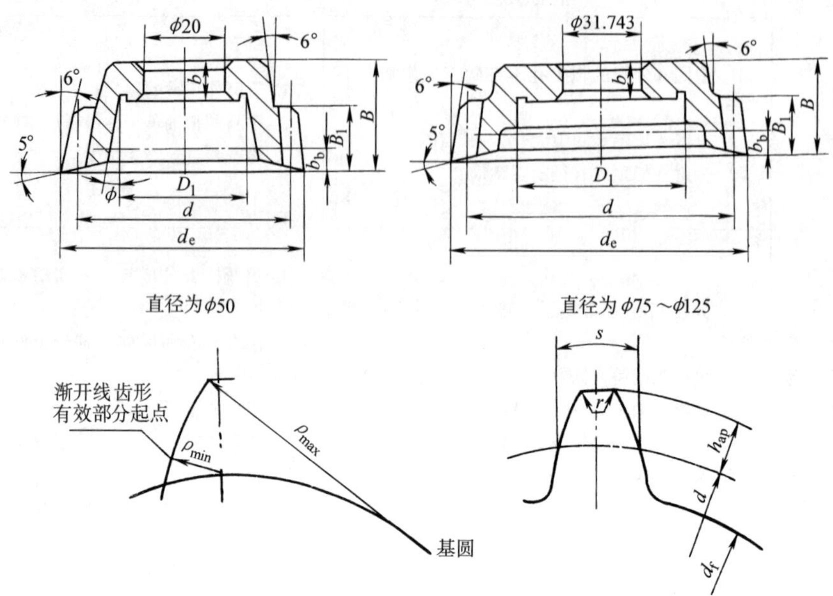

模数 m	公称分度圆直径	齿数 z	d	d_e	D_1	b	b_b	B	B_1	ϕ	基圆直径 d_b	d_f	h_{ap}	s	r	ρ_{min}	ρ_{max}	h_{ap}^*
3	50	16	48.00	53.68	30	10	4.6	27	20	10°	41.476	44.46	2.84	5.27	0.15	9.24	16.38	0.785
3.5		14	49.00	54.92			2.0				42.337	44.18	2.96	5.74	0.20	8.32	16.75	
4		13	52.00	59.52			6.1				44.929	47.28	3.76	7.02		9.46	18.80	0.78
5		11	55.00	62.23			−2.3				47.521	47.02	3.66	7.58	0.25	7.21	19.35	
3.5	75	21	73.50	80.10	50	10	5.3	32	20	—	63.505	69.36	3.30	6.14	0.20	15.30	23.64	0.785
4		19	76.00	83.52			6.1				65.665	71.28	3.76	7.02		15.56	25.05	0.78
5		15	75.00	84.38			7.6				64.801	69.08	4.69	8.76	0.25	14.50	26.21	
6		13	78.00	86.71			−2.8				67.393	68.41	4.36	9.08	0.30	11.84	26.37	0.775
5	100	20	100.00	109.40	63	10	7.6	36	24	—	86.401	94.10	4.70	8.78	0.25	20.87	32.70	0.78
6		17	102.00	113.22			9.1				88.129	94.92	5.61	10.53	0.30	20.61	34.62	0.775
8		12	96.00	109.37			4.6				82.950	84.97	6.68	13.13	0.40	15.59	34.61	
10		10	100.00	116.60			5.7				86.401	86.20	8.30	16.40	0.50	14.42	38.00	0.77
8	125	16	128.00	142.92	80	13	12.0	40	28	—	110.594	118.52	7.46	14.02	0.40	22.21	44.21	0.775
10		13	130.00	147.92			12.0				112.322	117.52	8.96	17.16	0.50	23.73	46.94	0.77

注：1. 在插齿刀的原始截面中，齿顶高系数为 h_a^*，分度圆弧厚为 $\pi m/z$。

2. ρ_{min} 值是按表 6.5-56 中插齿刀和所对应的内花键齿数 z_2 计算而得。

锥柄插齿刀公称分度圆直径分为 25mm、38mm 两种，插齿刀精度等级有 A 级和 B 级，其基本型式和尺寸见表 6.5-57。

表 6.5-56　渐开线内花键插齿刀可加工内花键的最小齿数

插齿刀公称分度圆直径/mm	25		38		50		75		100		125	
模数/mm	齿数											
	z	z_2	z	z_2	z	z_2	z	z_2	z	z_2	z	z_2
1	25	30										
1.25	20	25										
1.5	16	21										
1.75	14	20	22	28								
2	12	18	19	26								
2.5	10	16	15	22								
3	10	16	13	20	16	23						
3.5			11	16	14	20	21	28				
4			10	16	13	20	19	26				
5					11	16	15	22	20	27		
6							13	18	17	24		
8									12	18	16	23
10									10	16	13	20

注：1. z—插齿刀齿数。

2. z_2—插齿刀可加工内花键的最小齿数。

表 6.5-57　锥柄插齿刀结构参数　　(mm)

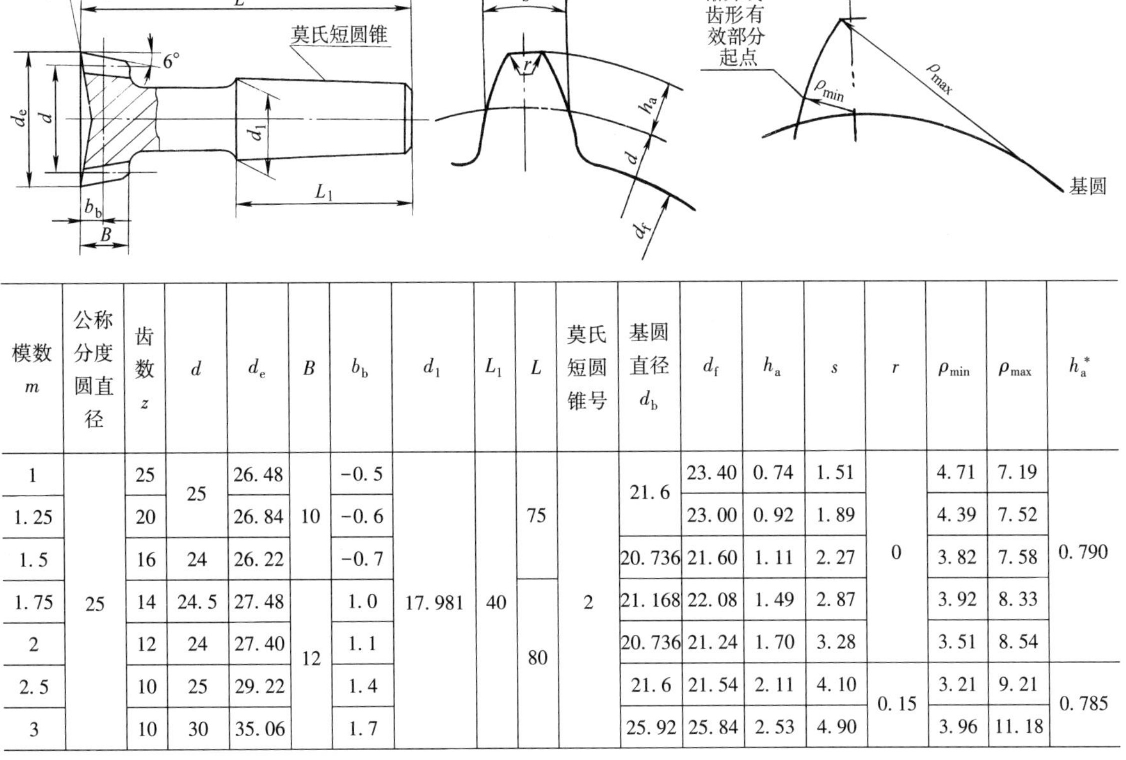

<table>
<tr><th>模数 m</th><th>公称分度圆直径</th><th>齿数 z</th><th>d</th><th>d_e</th><th>B</th><th>b_b</th><th>d_1</th><th>L_1</th><th>L</th><th>莫氏短圆锥号</th><th>基圆直径 d_b</th><th>d_f</th><th>h_a</th><th>s</th><th>r</th><th>ρ_{min}</th><th>ρ_{max}</th><th>h_a^*</th></tr>
<tr><td>1</td><td rowspan="7">25</td><td>25</td><td rowspan="2">25</td><td>26.48</td><td rowspan="3">10</td><td>-0.5</td><td rowspan="7">17.981</td><td rowspan="7">40</td><td rowspan="3">75</td><td rowspan="7">2</td><td rowspan="2">21.6</td><td>23.40</td><td>0.74</td><td>1.51</td><td rowspan="5">0</td><td>4.71</td><td>7.19</td><td rowspan="5">0.790</td></tr>
<tr><td>1.25</td><td>20</td><td>26.84</td><td>-0.6</td><td>23.00</td><td>0.92</td><td>1.89</td><td>4.39</td><td>7.52</td></tr>
<tr><td>1.5</td><td>16</td><td>24</td><td>26.22</td><td>-0.7</td><td>20.736</td><td>21.60</td><td>1.11</td><td>2.27</td><td>3.82</td><td>7.58</td></tr>
<tr><td>1.75</td><td>14</td><td>24.5</td><td>27.48</td><td rowspan="4">12</td><td>1.0</td><td rowspan="4">80</td><td>21.168</td><td>22.08</td><td>1.49</td><td>2.87</td><td>3.92</td><td>8.33</td></tr>
<tr><td>2</td><td>12</td><td>24</td><td>27.40</td><td>1.1</td><td>20.736</td><td>21.24</td><td>1.70</td><td>3.28</td><td>3.51</td><td>8.54</td></tr>
<tr><td>2.5</td><td>10</td><td>25</td><td>29.22</td><td>1.4</td><td>21.6</td><td>21.54</td><td>2.11</td><td>4.10</td><td rowspan="2">0.15</td><td>3.21</td><td>9.21</td><td rowspan="2">0.785</td></tr>
<tr><td>3</td><td>10</td><td>30</td><td>35.06</td><td>1.7</td><td>25.92</td><td>25.84</td><td>2.53</td><td>4.90</td><td>3.96</td><td>11.18</td></tr>
</table>

（续）

模数 m	公称分度圆直径	齿数 z	d	d_e	B	b_b	d_1	L_1	L	莫氏短圆锥号	基圆直径 d_b	d_f	h_a	s	r	ρ_{min}	ρ_{max}	h_a^*
1.75	38	22	38.5	41.48	15	1.0	24.051	50	90	3	33.265	36.08	1.49	2.87	0	7.48	11.94	0.790
2		19	38	41.80		3.0					32.833	34.64	1.90	3.51		7.47	12.49	
2.5		15	37.5	42.22		3.8					32.401	34.54	2.36	4.39	0.15	6.96	12.88	0.785
3		13	38	44.68		4.6					33.697	35.47	2.84	5.27		6.94	14.03	
3.5		11	38.5	43.64		−1.7					33.265	32.90	2.57	5.29	0.2	4.90	13.39	0.780
4		10	40	46.72		2.3					34.561	34.48	3.36	6.56		5.45	15.02	

注：1. 在插齿刀的原始截面中，齿顶高系数为 h_a^*，分度圆弧厚为 $\pi m/z$。

2. ρ_{min} 值是按表 6.5-56 中插齿刀和所对应的内花键齿数 z_2 计算而得。

2. 插齿刀加工矩形内花键

矩形内花键插齿刀的工作原理如图 6.5-28 所示，插齿刀的刀齿 1 为切到中间位置的情况。当插齿刀绕其中心 O_g 做圆周进给运动时，内花键绕其中心 O 做旋转运动。二者完成滚切运动，插齿刀刀齿 2 将逐步滚切出键槽。依此类推，直至切出全部键齿。

表 6.5-58 所列是加工标准矩形内花键插齿刀的结构参数，供参考。

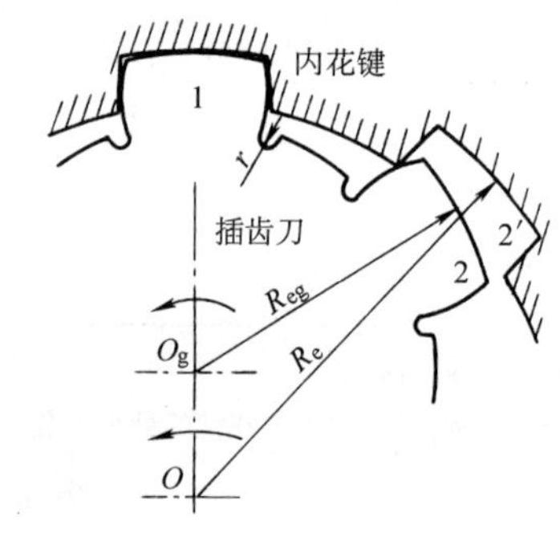

图 6.5-28　矩形内花键插齿刀的工作原理

表 6.5-58　加工标准矩形内花键插齿刀的结构参数

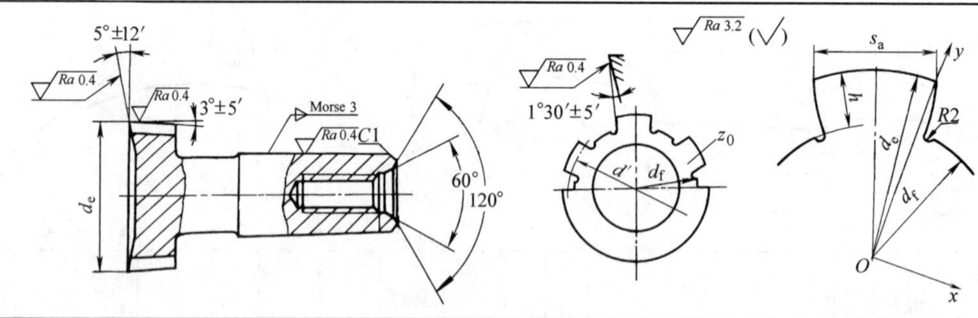

基本尺寸 $N \times d \times D \times B$	插齿刀齿数	插齿刀尺寸 ($d_e \times d' \times d_f$)	齿顶宽 s_a	刀齿高度 h	齿形坐标 序号	x	y
8×46×50×9	6	37.52×37.52×31.92	9.047	2.796	1	0	18.761
					2	0.042	18.505
					3	0.092	18.204
					4	0.141	17.859
					5	0.188	17.470
					6	0.233	17.038
					7	0.274	16.555
					8	0.310	16.750

（续）

基本尺寸 $N\times d\times D\times B$	插齿刀齿数	插齿刀尺寸 （$d_e\times d'\times d_f$）	齿顶宽 s_a	刀齿高度 h	齿形坐标		
					序号	x	y
8×52×56×10	6	43.506×43.506×35.96	10.041	3.768	1	0	21.750
					2	0.048	21.467
					3	0.098	21.129
					4	0.149	20.740
					5	0.200	20.313
					6	0.247	19.811
					7	0.281	19.283
					8	0.325	18.687
					9	0.352	18.056
8×56×62×10	6	46.52×46.52×37.30	10.052	2.307	1	0	23.262
					2	0.045	22.973
					3	0.092	22.626
					4	0.140	22.231
					5	0.187	21.777
					6	0.229	21.270
					7	0.267	20.711
					8	0.319	19.450
					9	0.329	18.736
8×62×68×12	6	51.022×51.022×43.78	12.056	1.807	1	0	25.511
					2	0.059	25.169
					3	0.121	24.766
					4	0.184	24.303
					5	0.245	23.779
					6	0.305	23.199
					7	0.357	22.561
					8	0.402	21.869
10×72×78×12	6	46.82×46.82×39.90	12.017	1.73	1	0	23.409
					2	0.046	23.079
					3	0.084	22.711
					4	0.125	21.871
					5	0.107	20.900
					6	0.009	19.795
					7	−0.077	19.208
10×82×88×12	6	52.82×52.82×45.82	12.035	1.745	1	0	26.410
					2	0.072	25.701
					3	0.100	24.833
					4	0.062	23.814
					5	−0.023	22.653

（续）

基本尺寸 $N \times d \times D \times B$	插齿刀齿数	插齿刀尺寸 ($d_e \times d' \times d_f$)	齿顶宽 s_a	刀齿高度 h	齿形坐标		
					序号	x	y
10×92×98×14	6	58.82×58.82×451.82	14.018	1.745	1	0	29.410
					2	0.084	28.592
					3	0.128	27.682
					4	0.093	26.420
					5	-0.042	25.100

在进行矩形内花键插削时，插齿刀的切入过程如图6.5-29所示。

1）插齿步骤。

① 将插齿刀移到内花键的孔内。

② 把插齿刀的一个刀齿对准径向进给的方向。开动插齿机，使插齿刀做往复切削运动。

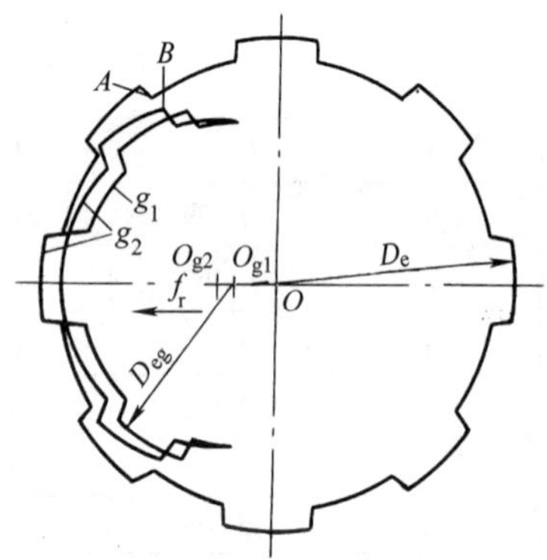

图6.5-29　插齿刀的切入过程

③ 插削开始时，插齿刀中心位于 O_{g1}，用手动进给，使插齿刀沿径向进给的方向做切入进给。当插齿刀中心移至 O_{g2} 时，则切削刃 g_2 移到内花键大径位置，径向切入即完成。

④ 接通圆周进给运动，刀具和工件同时旋转，两者的节圆做无滑动的滚动。工件转过一周后，即完成内花键的插削工作。

⑤ 先停止主运动，并使插齿刀停在工件外，然后将插齿刀做径向退刀，最后卸下工件。

2）注意事项。

① 在径向进给时，如果插齿刀一个刀齿未对准径向进给运动方向，则插出的第一个键槽有一边不正。

② 在径向进给时不能进行滚切运动，否则，插出的前几个键槽会出现不同程度的喇叭形误差。

③ 停机时，如果插齿刀停在花键槽内，并做径向退刀，则会拉伤键槽侧面。

④ 插齿刀在回程运动时，不能使用插齿机的让刀机构，否则其侧刃将和工件发生挤压，其原因是齿顶弦齿厚大于齿根弦齿厚，因此在调整插齿机时，须将让刀机构松脱，或者将普通的插齿机进行改装，以适应插削矩形内花键的特殊需要。

内花键插削中常见的问题和处理方法与插削加工中常见的问题和处理方法基本一样，可参考6.1.4节。

6.5.6　外花键的无屑加工

1. 无屑加工方法

外花键的无屑加工常用滚轧、冷轧和冷挤等方法。

（1）滚轧外花键

滚轧工艺是利用金属的塑性变形，采用连续局部成形法轧制。图6.5-30所示为滚轧外花键的原理图。

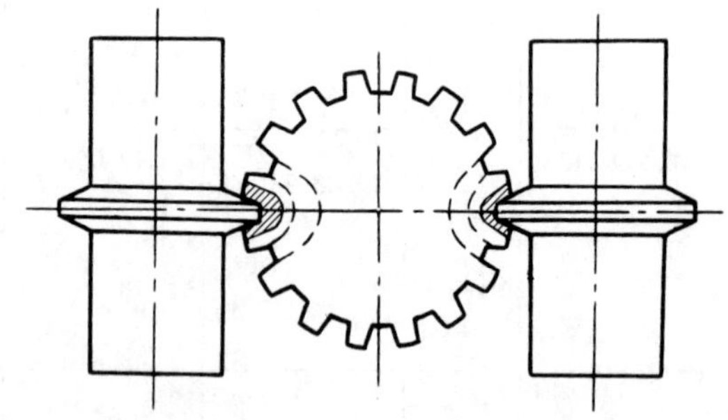

图6.5-30　滚轧外花键的原理图

滚轧具有以下特点：

① 花键上全部键槽皆由一对轧辊加工，如果两个轧辊制造一样，分度机构又很精确时，则可轧制出高精度的长外花键。对渐开线齿形，其制造精度在±0.01mm以内。

② 一般轧制方法完全依赖挤压，而滚轧方法不仅有挤压作用，还有敲打。由于敲打具有高能高速的特点，使外花键的变形来不及传布，只产生局部塑性变形，因此滚轧对工件材料的要求低于一般的轧制要求（一般轧制要求心部硬、表面软），有利于保证滚

轧精度。

③ 滚轧方法是成形法，轧辊齿形和外花键键槽形状一致，轧辊设计与制造比较容易，使用寿命长。

④ 轧辊的回转速度为 800~3500r/min，毛坯的进给量一般约为 1mm/r。

根据工件进给方向和轧辊的旋转方向不同，滚轧方法见表 6.5-59。

表 6.5-59　滚轧外花键的方法

滚轧方法	简　图	说　明
拉打顺打	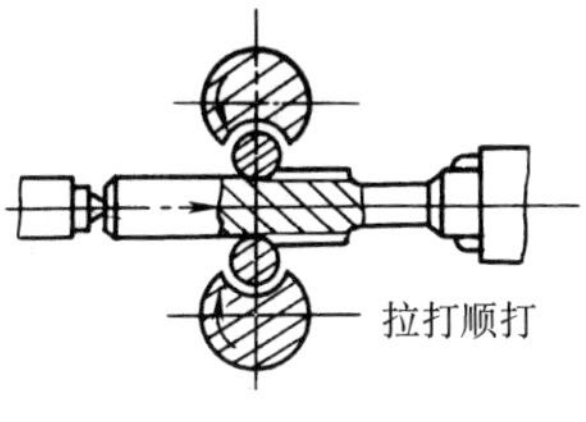 拉打顺打	外花键由里向外拉出，轧辊顺打
拉打逆打	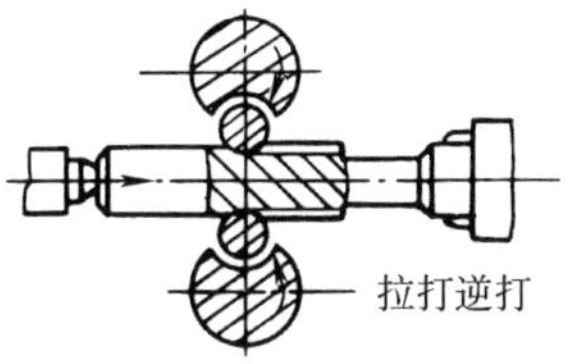 拉打逆打	外花键由里向外拉出，轧辊逆打
推打顺打	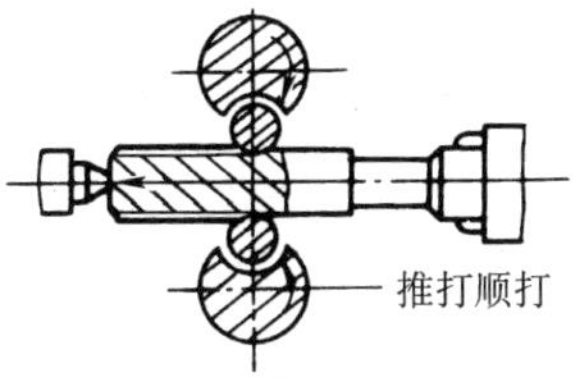 推打顺打	外花键由外向里推，轧辊顺打
推打逆打	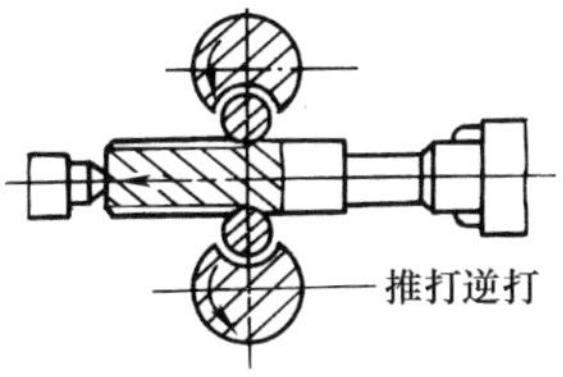 推打逆打	外花键由外向里推，轧辊逆打

（2）冷轧外花键

外花键的冷轧加工有滚轮挤压成形、利用齿条形工具滚轧成形等方法。

滚轮挤压成形属于成形法加工。滚轮的截形与键槽的横截面一致。如图 6.5-31 所示，在滚压头上安装的滚轮数与外花键的键数相同，沿径向分布。滚轮在工件表面上自由滚动，冷轧出齿形，全部齿形均在压力机一次工作行程中全部轧出。冷轧过程是压力机推动工件，通过滚压头成形，滚轮不需要驱动。工件被挤压表面的剪切应力非常小，仅需克服滚轮的摩擦阻力，这一点对冷塑变形加工是有利的。

利用齿条形工具进行滚轧成形，齿条形工具上下对称分布，分别由液压缸驱动，做平行交错运动。毛坯为自由驱动，在上下齿条形工具之间一面滚动，一面产生塑性变形，被冷轧成和齿条形工具相啮合的花键，如图 6.5-32 所示。用此法冷轧直径较小的花键时，生产率高，表面质量良好，且使用方便。冷轧的最大工件直径为 100mm，模数小于 3mm。

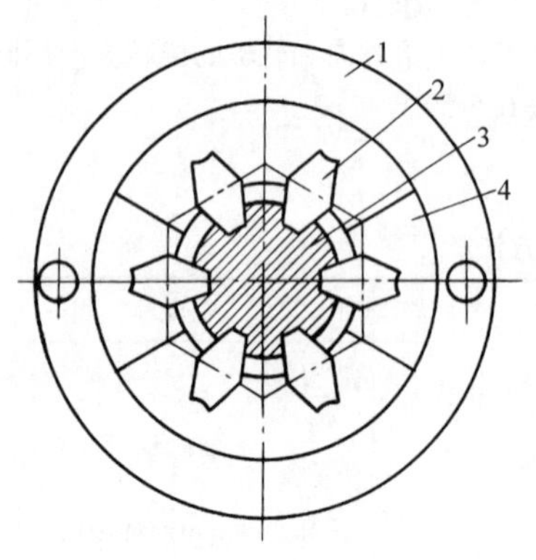

图 6.5-31　外花键冷轧原理
1—刚性圈　2—滚轮　3—工件　4—夹持器

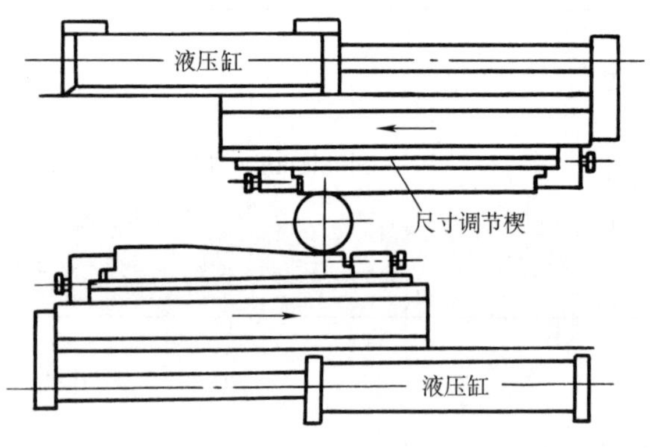

图 6.5-32　用齿条形工具滚轧花键

(3) 冷挤外花键

冷挤压加工原理是毛坯通过模具经过材料的塑性变形，使工件表面挤压出齿形。图 6.5-33 所示为外花键的无约束挤压的示例。图 6.5-33a 所示为用凸模 2 将毛坯 1 通过滑套 3 和凹模 4 的挤压方法。工件的一端带有花键，用顶杆 5 从凹模中顶出。如果轴的全长都带有花键，则可贯穿挤压。图 6.5-33b 所示为用夹具 6 将毛坯夹紧固定的方式，利用装在压力机夹持器 7 上的凹模 8 来进行挤压加工。挤压加工方法及特点见表 6.5-60。

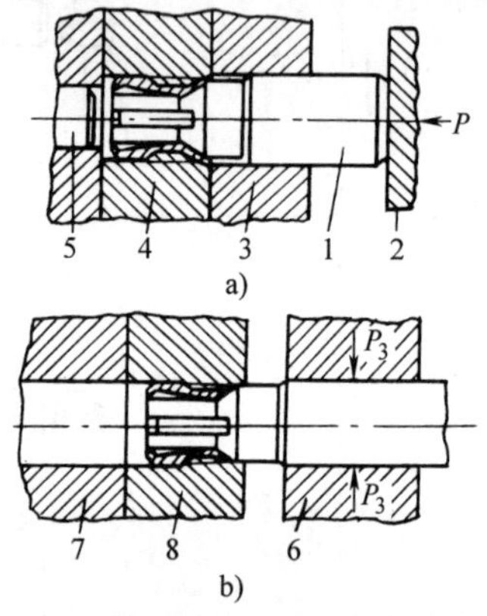

图 6.5-33　外花键的无约束挤压
a) 用凸模平端面支承毛坯　b) 用夹持器支承毛坯
1—毛坯　2—凸模　3—滑套　4、8—凹模
5—顶杆　6—夹具　7—压力机夹持器

表 6.5-60　挤压加工方法及特点

加工方法	简　图	缩减率	特　点
棒料正挤压	$D_0(A_0)$ $D_1(A_1)$	$\varepsilon_a=\dfrac{D_0^2-D_1^2}{D_0^2}\times100\%$ $=\dfrac{A_0-A_1}{A_0}\times100\%$ $=50\%\sim70\%$	挤压时金属流动顺利，作用到模具上的压力变化不大且比较稳定，对挤压齿轮一类的零件，采用缩减率在 20%～40% 范围内为宜

（续）

加工方法	简　　图	缩减率	特　　点
管材正挤压	$D_0(A_0)$　$d_0(a_0)$　$D_1(A_1)$　$d_1(a_1)$	$\varepsilon_a=1-\dfrac{A_1-a_1}{A_0-a_0}\times100\%$ $=50\%\sim75\%$	此法适宜加工内壁带有花键，外圆带有齿形之类的零件。表面摩擦面积和挤压所需压力比挤压棒料时要大得多
反挤压	$D_0(A_0)$　$d_1(a_1)$　$D_0(A_0)$	$\varepsilon_a=\dfrac{A_0-(A_0-a_1)}{A_0}\times100\%$ $=\dfrac{a_1}{A_0}\times100\%$ $=40\%\sim70\%$	可用于挤压内花键或齿高较高的制品 这种加工方法，凸模承受成形所需的全部压力，因此凸模弹性极限应力是决定成形极限的因素。一般取缩减率为 30%
无约束形式的正挤压		$\varepsilon_a=24\%\sim28\%$	在凹模的成形部位前，毛坯没有塑性变形的条件下，进行正挤压，适合于加工沟槽浅的外花键。挤压时要防止轴向歪曲和凹模进料的附近毛坯变粗

注：表中缩减率数据是对碳的质量分数为 0.4%以下的低碳钢和低合金钢等成形比较容易的材料而言，对于难成形的材料和形状复杂的工件来说，则缩减率将减小。

2. 无屑加工的要求、工艺参数及有关计算

无屑加工系统由机床、工具和辅具、工件等组成。机床是根据采用的方法来确定的，一般采用花键滚轧机、压力机、搓丝机等设备。工具和辅具主要有滚压头、挤压模具、工件定位夹持器具等。

(1) 滚轧（冷打）**加工**

1）对工件毛坯的要求。对滚轧加工，滚轧前对工件的要求如下：

① 工件材料。只要是塑性金属，都可以滚轧，材料硬度越低，塑性越好，滚轧越容易。硬度 200～230HBW 以下的碳素钢都适用于冷滚轧，对于合金钢或碳素钢的深齿工件，在滚轧前要进行一次退火。

② 工件的尺寸和形状。滚轧加工时，轧制前、后毛坯的重量变化很小。因此在设计毛坯尺寸时，可按滚轧前、后体积不变原则来计算。滚轧前毛坯直径的计算如图 6.5-34 所示。

将工件根圆上面的齿形端面面积求出后，按下列公式计算：

$$\pi r_3^2=\pi r_1^2+NA,\ A=A_1+A_2$$

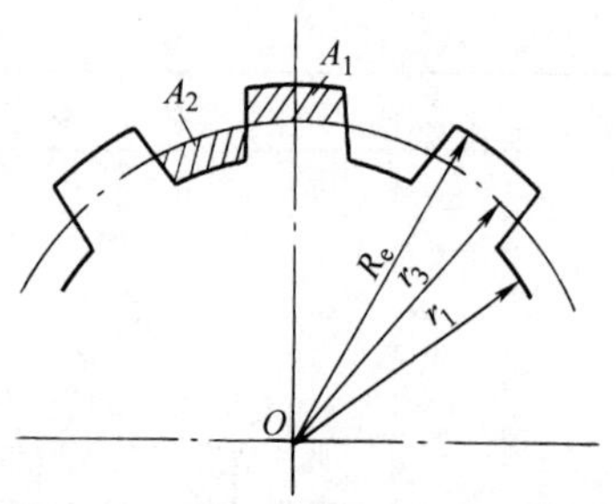

图 6.5-34　滚轧前毛坯直径求法示意图

式中　r_3——毛坯半径（mm）；

r_1——花键小径半径（mm）。

毛坯直径：

$$d_3=2\sqrt{r_1^2+\frac{NA}{\pi}}$$

矩形花键小径上面的齿形端面面积的计算公式：

$$A=\frac{b}{4}[(D^2-B^2)^{\frac{1}{2}}-(d^2-B^2)^{\frac{1}{2}}]+\frac{D^2}{4}\arcsin\frac{B}{D}-\frac{d^2}{4}\arcsin\frac{B}{d}$$

式中　D——花键大径（mm）；

b——花键长度（mm）；

B——花键宽度（mm）；

d——花键小径（mm）。

渐开线齿形端面面积上按下式计算：

$$A=\frac{(r\cos\alpha)^2}{3}(\tan^3\alpha_e-\tan^3\alpha_i)-r_e(\mathrm{inv}\alpha_e-\mathrm{inv}\alpha_i)+(r_e^2-r_i^2)\left(\frac{T}{2r}+\mathrm{inv}\alpha-\mathrm{inv}\alpha_i\right)$$

式中　r——节圆半径（mm）；

r_e——大圆半径（mm）；

r_i——小圆半径（mm）；

α——节圆端面压力角（°）；

α_e——大圆端面压力角（°）；

α_i——小圆端面压力角（°）；

T——节圆端面弧齿厚（mm）。

若长度变形忽略不计，用上述公式计算毛坯直径是比较准确的，为了保证齿厚，滚轧时往往将小径轧深而使大径增加。小径轧深后，大径增加 ΔD，则毛坯直径 d_s 可做如下修正：

$$\Delta d_s=\frac{T_e}{T_s}\Delta D$$

式中　T_e——齿顶宽度（mm）；

T_s——毛坯直径 d_s 上的齿厚（mm）；

ΔD——大径公差（mm）；

Δd_s——毛坯直径公差（mm）。

同样上式也可作为毛坯直径公差的计算。

③ 对轧制前工件轴向圆跳动的要求。轧制前工件轴向圆跳动对轧制后齿的精度有较大的影响，特别是对齿厚的影响比较大，轴向圆跳动过大对轧辊的工作情况非常不利。轧制外花键的大径时，轴向圆跳动不得大于 0.05mm。

2）润滑。冷滚轧时，为了维持工具寿命和防止因工件的热膨胀而降低尺寸精度，可采用能起减摩和冷却作用的耐高压润滑剂。通常采用的润滑黏度为雷德伍德（Red-wold）黏度 30℃时（100±24）s。

3）滚轧加工的工艺参数。滚轧加工时，一般滚轮的转速为 800~3500r/min，毛坯的进给速度一般为 1mm/r（工件）。几种花键滚轧机的技术参数见表 6.5-61~表 6.5-64。

表 6.5-61　DG-70 型花键滚轧机技术参数

技术参数	参数值	技术参数	参数值
滚轧工件直径/mm	20~160	连续分度时的转速/(r/min)	1200
最大当量模数/mm	3	间歇分度时的转速/(r/min)	800
最大滚轧长度/mm	180	轧头电动机功率/kW	41×2
最大工件长度/mm	800	液压电动机功率/kW	5.5
滚轧键数	12~60	润滑和冷却电动机功率/kW	3

表 6.5-62　ZRMeg 滚轧机技术参数（瑞士 GROB 公司）

技术参数	标准	延伸	带隔声罩标准	带隔声罩延伸
机床长度/mm	3115	3460	3250	3500
机床高度/mm	1440	1400	1440	1440
隔声罩长度/mm	—	—	3650	4250

（续）

技术参数	标准	延伸	带隔声罩标准	带隔声罩延伸
隔声罩高度/mm	—	—	2050	2050
工件最大长度/mm	—	—	1050	1650
细齿最大长度/mm	—	—	800	1100
连续分度齿数	12~96	12~96	12~96	12~96
间歇分度齿数	10~30	10~30	10~30	10~30
进给速度（无级）/(mm/min)	10~500	10~500	10~500	10~500
快移速度/(m/min)	10	10	10	10
总功率/kW	18.5	18.5	18.5	18.5
重量/kg	7000	7600	7900	8500

表 6.5-63　T-GR8 型滚轧机技术参数（日本津上制作所）

技术参数		机型		
		No. 4	No. 8	No. 10
滚轮座直径/mm		100	200	245
上下各滚轮座调节移动量/mm		76	76	76
滚轮转速/(r/min)		800~1500	800~1200	800~1200
床身长度/mm		900，1500，4000，4850	1920，3200，3800	2400，4200，4850
往复台的移动量/mm		760，1370，3000，3650	1920，3200，3800	1980，3200，3800
最大模数/mm	软钢	1.6	3.5	5.5
	合金钢	1.25	2.5	4.5
最大滚轮外径/mm		60	138	215
最大打轮外径/mm		22	48	76
滚轧驱动电动机功率/kW		1.5×2	2.24×2	2.24×2
油泵电动机功率/kW		0.75	0.75	0.75
快速进给电动机功率/kW		0.37	0.37	0.37
无级变速进给电动机功率/kW		0.37	0.37	0.37
机床重量/kg		3500	9000	9500

表 6.5-64　精密滚压机（搓齿机）技术参数（日本株式会社不二越，NACHI-FUJIKOSHI CORP）

技术参数	机型			
	PFL-610	PFL-915	PFL-1220	PFL-1525
滚压工件最大直径/mm	40	40	50	50
滚压花键最大宽度/mm	100	100	120	125
滚压花键最大模数/mm	1.25	1.25	1.75	2
刀具最大移动量/mm	800	915	1220	1525
主电动机功率/kW	15	22	30	55
机床占地/mm（长×宽）	2600×2500	3300×3000	4000×3700	4500×3700
机床重量/kg	8500	12000	18000	22000

（2）冷轧加工的工艺要求

1）用滚轮冷轧时毛坯尺寸的确定。冷轧前毛坯的直径、形状、精度及材料的力学性能等对加工后的花键齿形都有影响。对外花键毛坯直径的确定，仍可用前述体积不变的原则来计算。在实际加工中，往往由于金属的轴向流动，使实际直径减小，特别是端面直径最小。因此，可预先把毛坯直径在整个长度上做成曲线，加大轴端直径。

2）润滑与冷却。冷轧加工时，采用润滑和冷却措施，可降低工件的表面粗糙度值，提高滚轮的使用寿命和减小工作压力。在加工中可采用二硫化钼和机油的混合剂。

3）冷轧的工艺参数。

① 当采用一次成形法冷轧花键时，由手滚压头的结构限制，键数不宜超过 20 个。

② 冷轧加工的纵向进给量一般取为 15mm/s 以下。

③ 加工后的花键精度较高，周节误差为 0.04mm，直线度误差在 100mm 长度上不超过 0.04mm，加工表面粗糙度可达 Ra0.4μm。

④ 机动时间可按下式计算：

$$t_m=\frac{L+l}{v_f}$$

式中 L——冷轧花键长度（mm）；

l——滚轮的超出量（mm）；

v_f——冷轧时进给速度（mm/min）。

（3）冷挤压加工的工艺要求

1）用无约束形式正挤压时毛坯尺寸的要求。采用这种加工方法时，毛坯的变形强度和缩减率会影响毛坯纵向弯曲和在凹模进料口附近变粗的现象。为了防止轴向弯曲，须满足下列条件：

$$l \leqslant kd_0$$

式中 l——受压部分的长度（mm）；

k——修正系数，其值可按表 6.5-65 选取；

d_0——毛坯直径（mm）。

表 6.5-65 修正系数 k 值

毛坯上端的固定方法	w(C)=0.20%钢	w(C)=0.40%钢	w(C)=0.45%钢
用凸模平端面支承	12	8	10
夹持器支承	24	16	20

2）与加工有关的各种因素。

① 制造外花键用的材料主要是 45 钢和 20CrMo 钢等，也可根据用途选用合适的钢材。

② 使硬脂酸肥皂在磷酸盐被膜处理时吸收反应的方法最为稳定。在各种被膜中，磷酸锌类最适合于润滑处理，磷酸锰类的摩擦系数较大，磷酸铁类被膜在强力加工时，被膜不足。对一般的变形率来说，被膜厚度在 3~10μm 范围内较为合适。

③ 外花键的冷挤压加工需要较大的加工压力，要求压力机有足够的刚性和较高的精度。当挤压长外花键时，要在整个行程范围内给予一定的压力，并要求易于控制加工速度，因此采用油压机较为合适。

④ 挤压速度加快时，使工件尺寸减小。这是受摩擦阻力降低和加工温度的影响所致。

⑤ 冷挤压加工后，加工表面粗糙度值比车削和磨削后要低，但随模具加工表面磨损而恶化，严重时会产生拉痕。

3. 挤压加工举例

1）滚轧（冷打）加工实例。滚轧矩形外花键的实例见表 6.5-66。

表 6.5-66 滚轧矩形外花键实例

工件名称	汽车传动轴的外花键	
工件原始技术数据	键数 N	16
	大径 D/mm	$50^{-0.050}_{-0.085}$
	小径 d/mm	40.75~40.85
	键宽 B/mm	$5^{-0.025}_{-0.085}$
	齿形	矩形
	花键长度/mm	90
	齿向误差/mm	0.05
	键侧及外圆表面粗糙度 Ra/μm	0.8
	工件材料	45Cr
加工规范	滚轧方法	间歇分度，毛坯直径 46.3mm
	轧辊转速/(r/min)	800
	工作进给速度/(mm/min)	80
	快速行程速度/(mm/min)	1850
加工结果	机动时间/(min/件)	1.5
	工件大径/mm	50.20（冷打后外圆需要磨削）
	工件小径/mm	40.80
	花键宽度/mm	4.95
	齿向误差/mm	0.04（拉打顺打）

2）冷轧加工实例。冷轧矩形外花键的加工实例见表 6.5-67。

表 6.5-67　冷轧矩形外花键实例

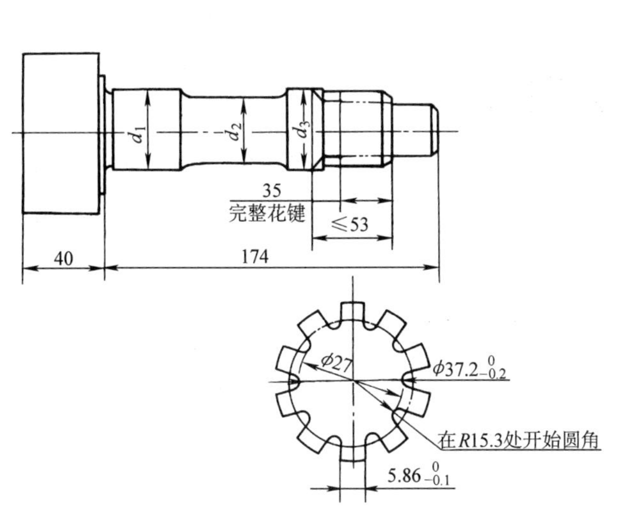

键数 N	10
大径 D/mm	$37.2_{-0.2}^{0}$
小径 d/mm	27
键宽 B/mm	$5.86_{-0.10}^{0}$
花键长度/mm	35
底廓半径 R/mm	15.3
定心方式	键宽定心
工件材料	45 钢
正火后硬度	163～197HBW
所用设备	立式油压机 160t
键侧表面粗糙度 Ra/μm	0.4
机动时间/s	5
齿面误差/mm	0.02
周节累积误差/mm	0.14
相邻周节误差/mm	0.10
扭转强度	比切削加工提高 20%

3）冷挤压加工实例。冷挤压矩形外花键的形状和尺寸如图 6.5-35 所示，所用模具如图 6.5-36 所示，工艺过程见表 6.5-68。

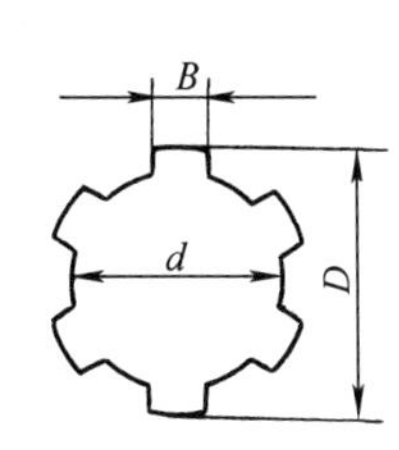

键数 N	6
大径 D/mm	$22_{-0.360}^{-0.220}$
小径 d/mm	$18_{-0.035}^{-0.014}$
键宽 B/mm	$5_{-0.060}^{-0.026}$
定心方式	小径定心
工件材料	45

图 6.5-35　矩形外花键的形状和尺寸

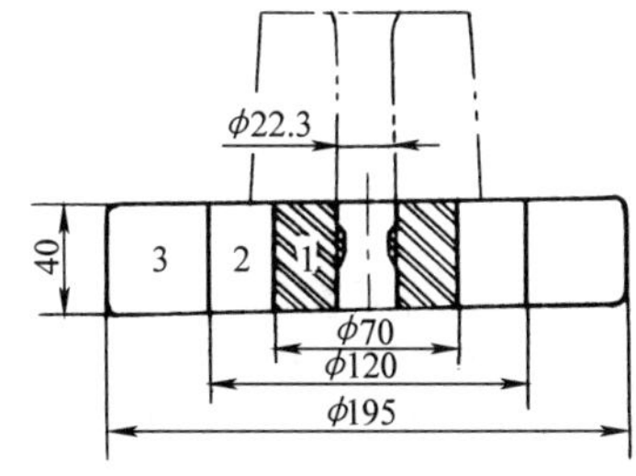

图 6.5-36　冷挤压外花键用的模具
1—硬质合金凹模　2—合金工具钢（CrWMn）热压配合镶套　3—镍铬钢（12CrNi3）热压配合镶套

表 6.5-68　冷挤压矩形外花键工艺过程

工序号	工 序 名 称
1	毛坯切断（下料）
2	热处理
3	除锈皮
4	表面润滑处理
5	第一道挤压加工（圆棒料的正挤压）
6	表面润滑处理
7	第二道挤压加工（花键的正挤压）
8	整形加工（切削）

注：1. 用两道挤压比用一道工序直接挤压外花键的经济性更好。
2. 毛坯外径校正对提高外花键的精度具有实际意义。

6.5.7　花键检测

1. 花键的精度要求

1）渐开线花键。渐开线花键的模数，基本齿廓，公差，齿侧配合类别，标准压力角为 30°、37.5°、45° 的尺寸表，检验方法，M 值（棒间距 M_{Ri}、跨棒距 M_{Re}）和 W 值（外花键公法线平均长度）的计算公式及极限尺寸表，以及测量齿槽宽和齿厚用的量棒尺寸及技术要求等在 GB/T 3478. 1~9—2008 系列标准中做了详细的规定。

2）矩形花键。GB/T 1144—2001 规定了小径定心矩形花键的基本尺寸、公差与配合、检验规则和标记方法及其量规的尺寸公差和数值表。它适用于矩形花键及其量规的设计、制造与检验。

影响花键连接互换性的主要参数是外径、内径、键齿厚、键槽宽，键和键槽侧面的直线度和平行度，内、外圆轴线同轴度及其直线度等。

2. 花键检验方法的选择

为保证花键连接强度和传递转矩的可靠性，保证定心精度、滑动连接的导向精度及移动的灵活性等连接性能以及固定连接的可装配性，应检测花键零件的有关尺寸和形位误差。花键的检验分综合检验和单项检验。

综合检验法是用一个形状与被检测的内花键或外花键相对应的花键综合通规（塞规或环规）来判断花键的各个要素是否超越所规定的最大理论边界。同时，用检验各单项要素的止规（也可用其他测量方法）分别检测、判断花键的各个单项要素是否超越所规定的最小实体尺寸。

单项检验法是用常规测量方法分别检测花键的各个单项要素的实体尺寸、形状误差与位置误差，来间接判断花键各要素是否超过所规定的最大理论边界；用测得的各项要素的实际尺寸来判断花键是否合格。

（1）渐开线花键检验方法的选择

在 GB/T 3478. 1—2008 中规定了三种综合检验、一种单项检验共四种方法，用来检验齿槽宽和齿厚的四个极限尺寸，以及渐开线终止圆直径和起始圆直径。

1）基本方法。该方法必须具备一种综合花键通端量规和一种非全齿花键止端量规。

用综合通端花键塞规或环规控制内花键作用齿槽宽最小值 E_{Vmin} 及渐开线终止圆直径最小值 D_{Fmin} 或外花键作用齿厚最大值 S_{Vmax} 及渐开线起始圆直径最大值 D_{Vmax}，从而控制花键副的作用侧隙最小值 C_{Vmin}，保证花键齿侧配合性质。

同时用非全齿止端塞规或环规或用测量 M 值（棒间距 M_{Ri}、跨棒距 M_{Re}）或 W 值等方法，控制内花键实际齿槽宽的最大值 E_{max} 或外花键实际齿厚的最小值 S_{min}，从而控制内、外花键的最小实体尺寸。

这种检验方法适用于综合公差 λ 和加工公差 T 允许相互补偿的花键副。

基本方法检验效率高，互换性好，保证总公差（$T+\lambda$）达到设计要求，是大批量生产常采用的方法。

2）用一种综合花键通端量规及两种止端量规检验。这种方法是在基本方法的基础上，增加用综合止端花键塞规或环规，控制内花键作用齿槽宽的最大值 E_{Vmax} 或外花键作用齿厚的最小值 S_{Vmin}，从而控制花键副的作用侧隙最小值 C_{Vmin} 和最大值 C_{Vmax}。

这种检验方法适用于双向转动并有回程要求的传动机构。

采用这种检验方法，为控制花键副的最大作用侧隙 C_{Vmax}，当花键的综合误差 $\Delta\lambda$ 很小，综合止端花键塞规或环规通过时，应相应压缩总公差（$T+\lambda$）值，即不允许因出现较小的综合误差 $\Delta\lambda$，而用综合公差 λ 来补偿加工公差 T。但当 $\Delta\lambda$ 较大时，可以用较小的加工公差 T 予以补偿，此时总公差（$T+\lambda$）值保持不变。

3）用一种综合花键通端量规和一种综合花键止端量规检验。这种检验方法与 2）基本相同，只是将内花键实际齿槽宽的最大值 E_{max} 和外花键实际齿厚的最小值 S_{min} 作为工艺保证的尺寸，只进行抽检或定期检验。

这种方法用于工艺稳定，能保证综合公差 λ 和作用侧隙有公差要求的花键副。采用这种方法时，综合公差 λ 和加工公差 T 的补偿关系同 2)。

4）单项检验法。用测量 M 值（棒间距 M_{Ri}、跨棒距 M_{Re}）或 W 值等方法，控制内花键实际齿槽宽的最大值 E_{max} 和最小值 E_{min}，或外花键实际齿厚的最小值 S_{min} 和最大值 S_{max}，用检验齿距累积误差 ΔF_p、齿形误差 Δf_f 和齿向误差 ΔF_β 的方法间接控制花键的综合误差 $\Delta\lambda$。齿距累积误差 ΔF_p 和齿向误差 ΔF_β 在花键分度圆附近测量。

这种方法既适用于无综合量规或无法制造综合量规的花键产品（如单件生产、小批量生产、直径大的花键等）零件的验收，又可用于分析性检验。

渐开线花键齿槽宽和齿厚检验方法的选择，由产品设计人员根据产品的结构特点、功能要求确定，或视供方工艺条件或双方检验手段等情况确定。对花键零件进行逐件检验、首件检验、抽查检验或定期检验等规定，应根据花键零件的重要程度和工艺质量稳定情况确定并纳入工艺文件中。

（2）矩形花键检验方法的选择

一般情况下，只要图样上规定了花键的位置度公差并遵守最大实体原则，就应该采用综合检验法。采用综合检验法时，若内、外花键用综合通规检验能通过，而用单项止规检验不通过时，则该零件为合格品；若综合通规不通过或单项止规通过，则该零件为不合格品。

GB/T 1144—2001 标准中提出的检验规则如下：

1）内花键的检验。

① 用花键综合通规同时检验下列各项目，以保证配合要求和安装要求：小径（min），大径（max），键槽宽（min），大径对小径的同轴度；键槽的位置度，用单项检验法检验等分度、对称度误差以代替位置度误差。

② 用单项止规（或其他量具）分别检验下列项目的上极限尺寸：小径，大径，键槽宽。

2）外花键的检验。

① 用花键综合通规同时检验下列各项目，以保证配合要求和安装要求：小径（max），大径（min），键宽（max），大径对小径的同轴度；键的位置度，用单项检验法检验等分度、对称度误差以代替位置度误差。

② 用单项止规（或其他量具）分别检验下列项目的上极限尺寸：小径，大径，键宽。

3）当无综合通规时，可采用单项检验法检验花键的尺寸偏差和位置度误差。

GB/T 1144—2001 标准中提出的检验规则是检验工件的一般要求，可根据产品特点增加附加的检验项目。

3. 渐开线花键的检测

1）花键大径和小径的检测。内花键小径的极限尺寸可用普通光滑塞规的通规和止规检测，也可用其他方法测量。外花键大径的极限尺寸可用普通光滑环规的通规和止规检测，也可用其他方法测量。使用的普通光滑塞规和环规应符合 GB/T 1957—2006 的规定。

内花键大径、外花键小径、齿根圆弧最小曲率半径，一般情况下由工艺保证。对于重要场合下应用的花键连接或需要检验上述三个尺寸时，应特殊说明。

2）内花键齿槽宽和外花键齿厚，以及渐开线终止圆直径和渐开线起始圆直径的检验。GB/T 3478.1—2008 中规定了三种综合检验法、一种单项检验法共四种检验方法，用来检验齿槽宽和齿厚的四个极限尺寸（图 6.5-37），以及渐开线终止圆直径和起始圆直径。

检验齿槽宽和齿厚用渐开线花键量规应按 GB/T 5106—2012 的规定。

渐开线花键量规的名称、代号、功能、特征及使用规则见表 6.5-69。

表 6.5-69　花键量规名称、代号、功能、特征及使用规则

量规名称	代号	功　能	特　征	使用规则
综合通端花键塞规	T	控制工件内花键作用齿槽宽的最小值和工件内花键渐开线终止圆直径的最小值	键齿数等于工件内花键的键齿槽数	应通过工件内花键
综合止端花键塞规	Z	控制工件内花键作用齿槽宽的最大值	键齿数等于工件内花键的键齿槽数	不应通过工件内花键
非全齿止端花键塞规	Z_F	控制工件内花键实际齿槽宽的最大值	在相对 180°的两个扇形面上带有键齿	不应通过工件内花键
综合通端花键环规	T	控制工件外花键作用齿厚的最大值和外花键渐开线起始圆直径的最大值	键齿槽数等于工件外花键的键齿数	应通过工件外花键
综合通端花键环规用的校对塞规	J_T	检验综合通端花键环规作用齿槽宽的最小值、最大值和磨损极限以及综合通端花键环规渐开线终止圆直径的最小值	键齿数等于综合通端花键环规的键齿槽数，键齿侧面沿键齿长度方向带有不小于 0.02%的锥度	对于新制的综合通端花键环规，在该校对塞规上，其进入端的端面应位于该校对塞规上的相应刻线范围内 对于使用中的综合通端花键环规，在该校对塞规上，其进入端的端面不应超过磨损极限

（续）

量规名称	代号	功　能	特　征	使用规则
综合止端花键环规	Z	控制工件外花键作用齿厚的最小值	键齿槽数等于工件外花键的键齿数	不应通过工件外花键
综合止端花键环规用的校对塞规	J_Z	检验综合止端花键环规作用齿厚的最小值和最大值以及综合止端花键环规渐开线终止圆直径最小值	键齿数等于综合止端花键环规的键齿槽数，键齿侧面沿键齿长度方向带有不小于0.02%的锥度	综合止端花键环规在该校对塞规上，其进入端的端面应位于该校对塞规上的相应刻线范围内
非全齿止端花键环规	Z_F	控制工件外花键实际齿厚最小值	在相对180°的两个扇形面上带有键齿	不应通过工件外花键
非全齿止端花键环规用的校对塞规	J_{ZF}	检验非全齿止端花键环规实际齿槽宽最小值和最大值以及非全齿止端花键环规渐开线齿形圆直径最小值	在相对180°的两个扇形面上带有键齿 键齿数等于非全齿止端花键环规的键齿槽数；键齿侧面沿键齿长度方向带有不小于0.02%的锥度	非全齿止端花键环规在该校对塞规上，其进入端的端面应位于该校对塞规上的相应刻线范围内

渐开线花键量规的尺寸、形状和位置公差、尺寸计算等可查阅GB/T 5106—2012。

3）齿距累积误差ΔF_p、齿形误差Δf_f、齿向误差ΔF_β和齿圈径向跳动ΔF_r的检验。齿距累积误差ΔF_p、齿形误差Δf_f、齿向误差ΔF_β和齿圈径向跳动ΔF_r的检验方法与齿轮上这些误差的检验方法相同。可参考6.1.10圆柱齿轮检测小节。

在进行分析性检验时，建议用分度误差代替齿距累积误差。

4. 矩形花键的检测

（1）综合检测

在批量生产的花键产品中，比较广泛地采用综合检验法（尽管综合通规制造比较困难）。因为这种方法操作简便、效率高，能确保花键装配时的互换性，不会发生误判现象。

花键综合通规（塞规和环规）的使用，应在其自重或一个不大的固定负荷（一般应标记在量规上）作用下，在被检验花键的有效长度上顺利通过，并应在该花键的圆周均布的不少于三个位置上检验。为了减少摩擦的影响，可在量规上涂少许润滑油并轻轻来回移动。

检验花键各单项要素的止规，其使用原则与光滑极限量规的使用原则相同。

对于圆柱形的止规（塞规和环规），在用手以不大的力检验内花键或外花键时，不应通过。

对于板形的止规（塞规、卡板），在被检验花键轴处于水平位置时，其止规在自重或标记在止规上的固定负荷作用下，不应通过被检内、外花键的相应要素。在被检验花键轴处于垂直位置时，且用手以不大的力检验时，不应通过被检内、外花键的相应要素。上述检验应在内、外花键圆周均布的不少于四个位置上进行。

矩形花键综合通规和单项止规的尺寸公差带和数值表见GB/T 1144—2001标准中的附录B。矩形花键量规的各项尺寸公差、技术要求和标记与包装可查阅GB/T 10919—2021《矩形花键量规》。

一般检验用花键综合量规的结构型式如图6.5-38所示。

（2）单项误差测量

单项检验主要用于检测花键零件的各有关尺寸，所用测量方法及量具、量仪和极限量规均与一般圆柱形零件所用者相同。花键零件几何误差的单项检验主要用于花键加工质量分析、花键刀具或花键量规的制造，以及花键加工中的首件检查或抽检等。

在采用单项检验法检测花键产品时，有可能选择检验花键各单项要素的通规。此时，其单项通规的使用原则与综合检验法中单项止规的使用原则相同，只是量规通过时产品为合格。

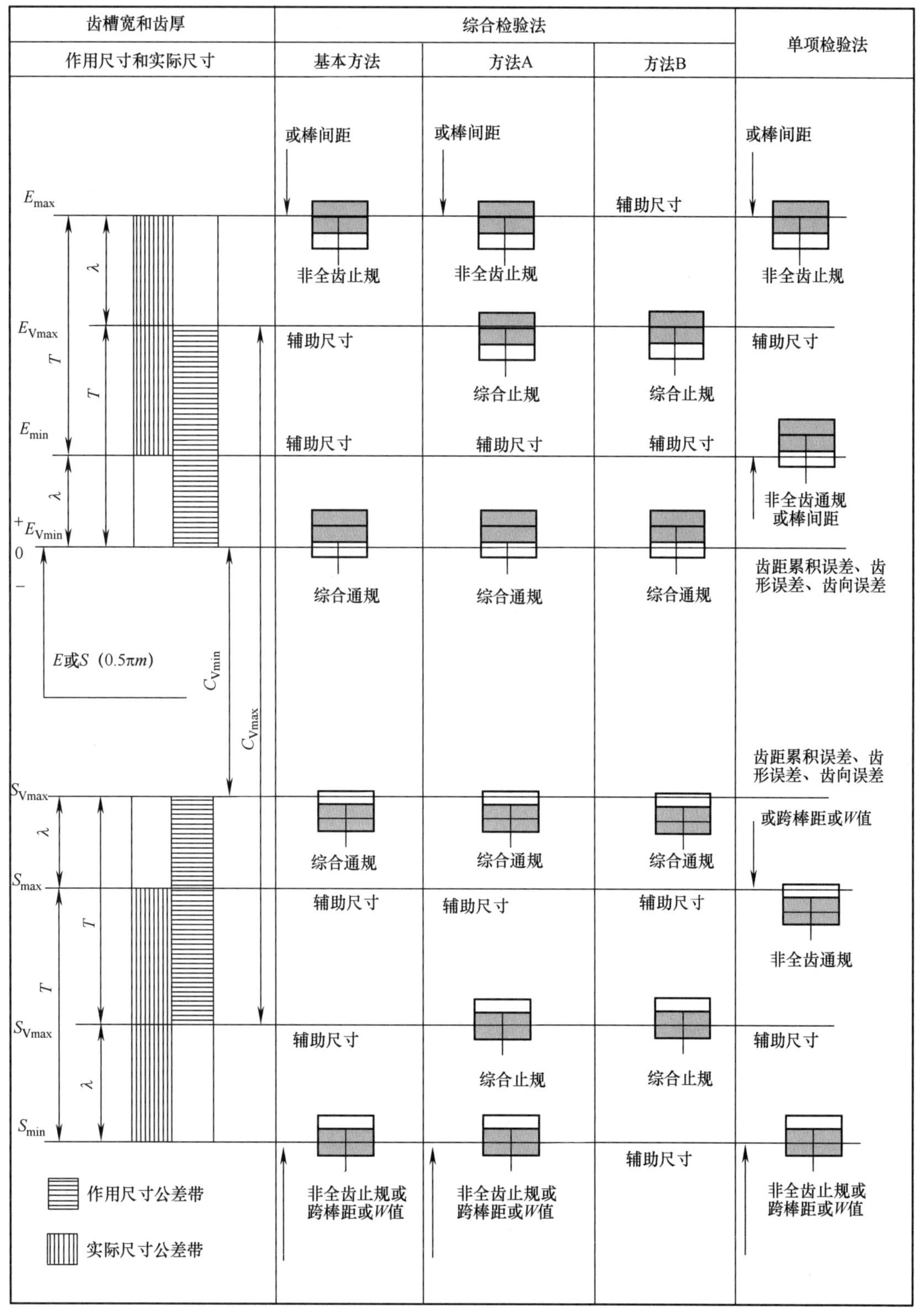

图 6.5-37　检验齿槽宽和齿厚的极限尺寸公差带

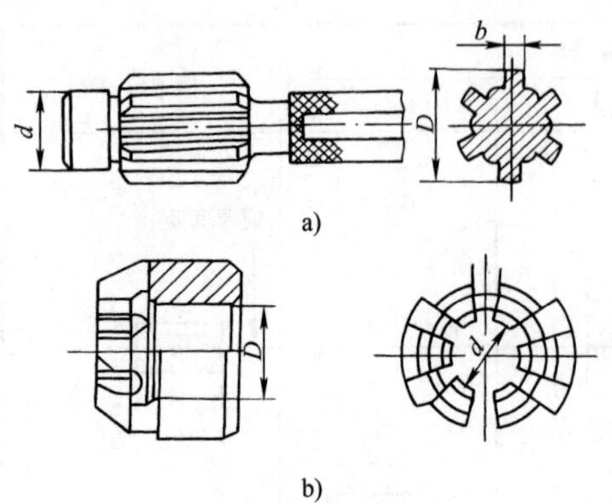

图 6. 5-38　花键综合量规的结构型式

1）外径和内径测量。可用游标卡尺、千分尺及内径指示表等。

2）齿厚和槽宽的测量。图 6. 5-39 所示是矩形外花键的键齿厚千分尺检测法。至于矩形内花键的槽宽，一般可用低精度量块组检验。

对于花键轮廓各表面的位置误差，通常不进行单项测量，一般只在分析花键加工质量以及制造花键刀具、花键量规或在首件检验和抽检中才进行。若需单项测量位置误差，可用分度头或万能工具显微镜配上光学分度头测量花键圆周齿距累积误差，在跳动仪上加表架测量键侧面对轴线平行度误差等。

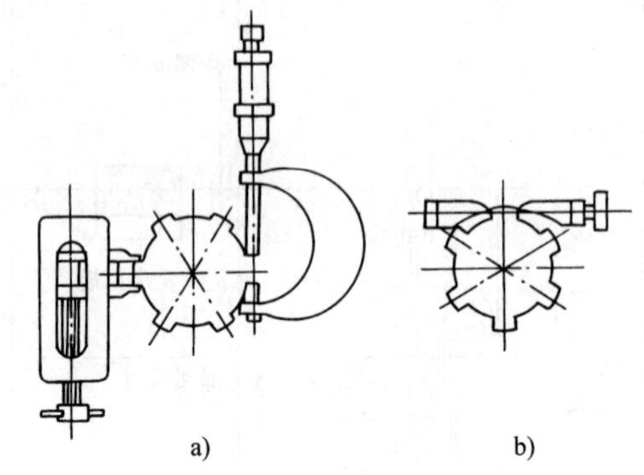

图 6. 5-39　矩形外花键的键齿厚千分尺检测

3）圆周齿距累积误差的测量。

① 利用不带刻度的分度装置测量。如图 6. 5-40 所示，将被检测的外花键 1 置于两顶尖之间，外花键 1 的圆周齿距累积误差可用指示表 2 和分度盘 3 测量。分度盘的形状如图 6. 5-41 所示。

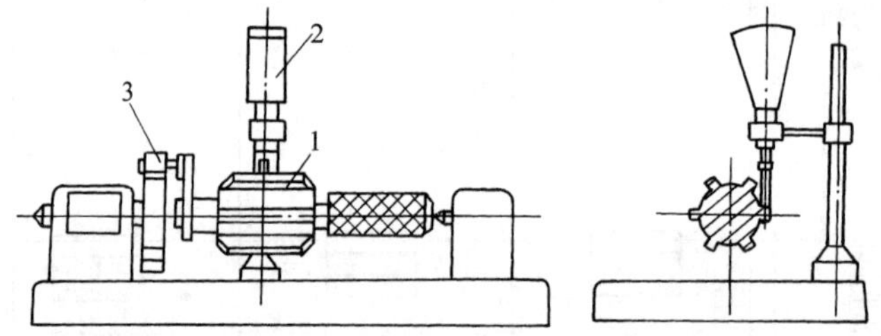

图 6. 5-40　用不带刻度的分度装置测量花键圆周齿距累积误差
1—外花键　2—指示表　3—分度盘

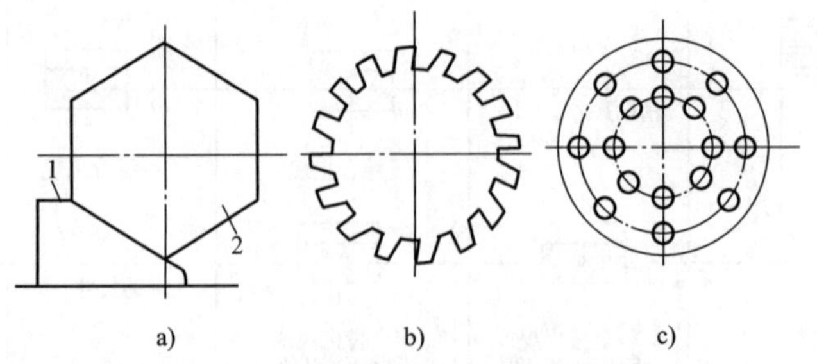

图 6. 5-41　分度盘的形状
a）多边形分度盘　b）带有分度槽的分度盘　c）带孔的分度盘

② 利用光学分度头和指示仪借助于定位装置进行测量。测量精度视光学分度头而定。一般可达 2″~30″。

③ 利用周节仪测量。

4）键的中心平面相对于定心圆柱面轴线的对称度测量。测量方法如图 6. 5-42 所示。

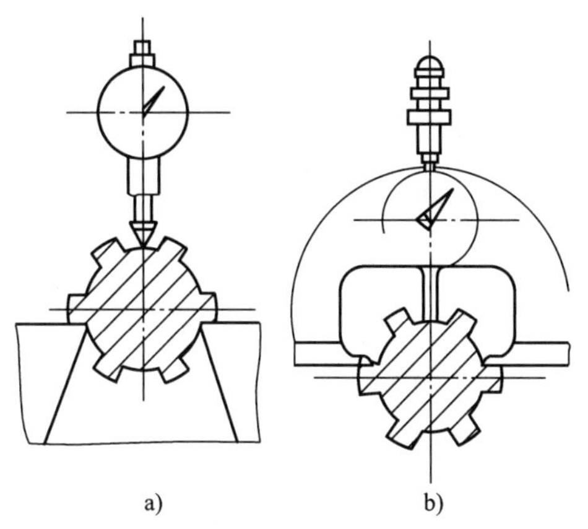

图 6. 5-42　键的中心平面相对于定心圆柱面轴线的对称度测量

5）内、外圆轴线同轴度的测量。图 6. 5-43a 所示为外花键内、外圆轴线同轴度的测量方法，图 6. 5-43b 所示为内花键内、外圆轴线同轴度的测量方法。

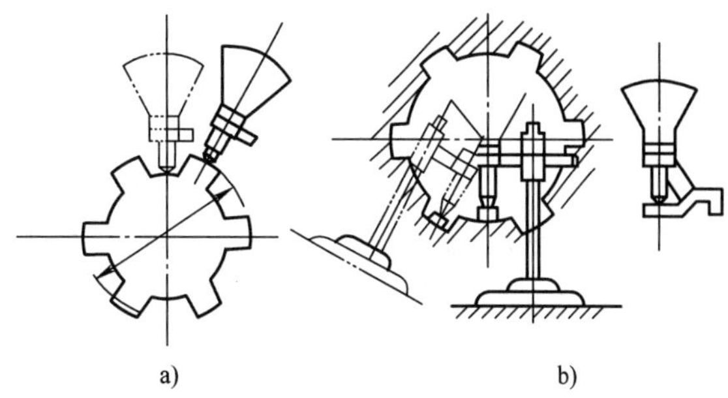

图 6. 5-43　内、外圆轴线同轴度的测量

在大量生产中，花键的大径和小径、齿厚和槽宽等常用光滑极限量规检验，如图 6. 5-44 所示。

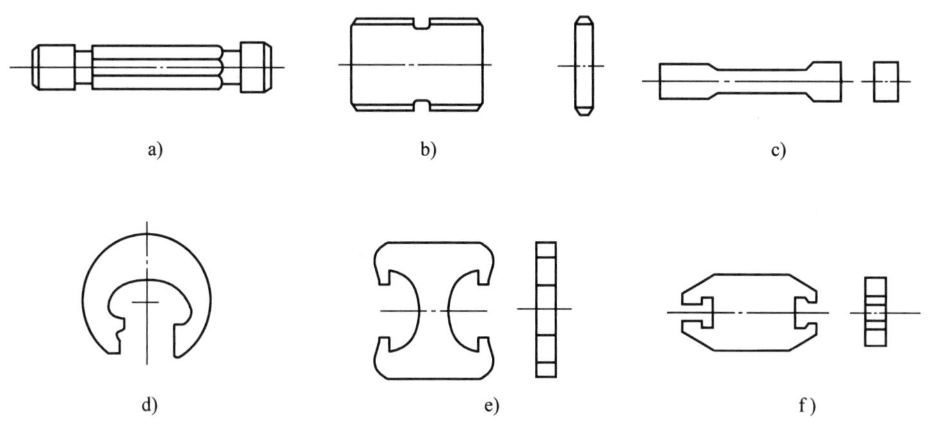

图 6. 5-44　光滑极限量规

a）检验内花键内径的光滑塞规　b）检验内花键处径的板塞规　c）检验内花键槽宽的槽塞规　d）检验外花键外径的光滑卡规　e）检验外花键内径的卡规　f）检验外花键宽的卡规

6. 6　弧齿端面齿加工

6. 6. 1　概述

弧齿端面齿起源于螺旋锥齿轮，二者采用相似的加工机床和加工方法，可满足高承载能力和高生产率需求。

所谓弧齿端面齿，是指在垂直于端面齿轴线的平面上观察，如图 6. 6-1 所示，轮齿在端面沿圆周分布并具有弧形特征的齿形连接元件。这种齿形元件是用弧齿铣刀盘或杯型砂轮加工，从而形成圆弧形轮齿。

弧齿端面齿如图 6. 6-1a 所示，是用刀具的外切削刃加工，从而形成凹面齿；相配件，如图 6. 6-1b 所示，则用刀具的内切削刃加工，从而形成凸面齿。

1. 弧齿端面齿类型（表 6. 6-1）

表 6. 6-1　弧齿端面齿类型

类型名称	简要说明	用　　途
固定式弧齿端面齿	作用相当于精密端面花键，将两个零件或部件紧密地连接成为单一工作整体	广泛用于航空和工业用燃气轮机或是蒸汽轮机的涡轮转子和压缩机转子，也可用于金属切削机床的分度机构等场合

（续）

类型名称	简要说明	用　途
半万向弧齿端面齿	作用也相当于精密端面花键，但相互并非紧密连接，可以容许相连的轴具有2°的角度误差，且具有轴向的自由度	
离合式弧齿端面齿	弧齿端面齿的两元件具备脱离和接合功能，当二者接合时能保持轮齿的良好接触	广泛应用于航空、汽车、农用设备等场合，是最常见的一种弧齿端面齿

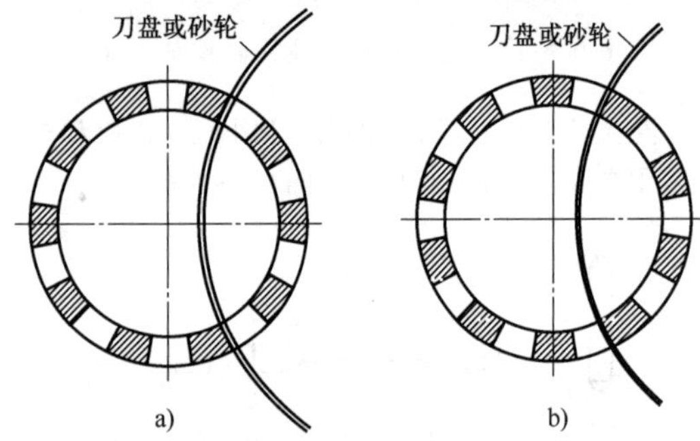

图 6.6-1　弧齿端面齿示意图

a）凹面齿　b）凸面齿

离合式弧齿端面齿是本节介绍的重点内容，本节中简称弧齿端面齿。

2. 弧齿端面齿结构

在图 6.6-1 中已经展示了弧齿端面齿的基本几何关系。刀具扫过端面齿，在每一次切削中与一齿的一侧以及另一齿的相对侧接触。当工件转过一周时，完成弧齿端面齿加工。

刀具的半径、弧齿端面齿的齿数和直径，如图 6.6-2 所示，都是相互关联的。

基本的关系式如下：

$$r=A\tan\beta$$

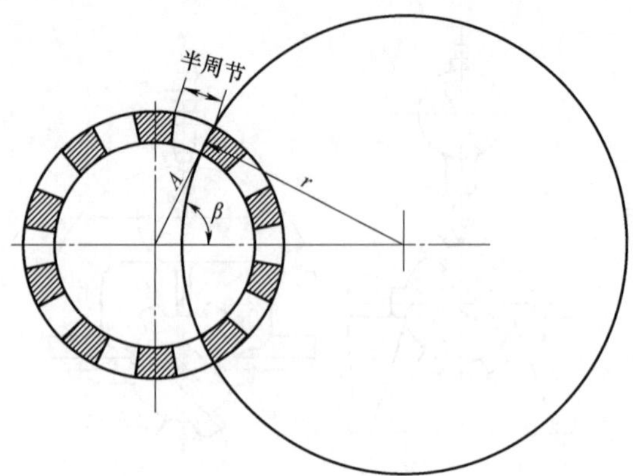

图 6.6-2　弧齿端面齿的基本几何关系

$$\beta=\frac{90°n_x}{N}$$

式中　n_x——刀具接触两侧所包容的半周节；

N——弧齿端面齿齿数；

r——刀具半径；

A——弧齿端面齿的中点半径。

可以通过改变 n_x 或者改变 N 和 A 来改变砂轮或刀具的半径。采用的刀具半径在名义值 6～21in 之间变动，由此生产的弧齿端面齿最大直径是 50in，最小直径是 0.375in。

3. 弧齿端面齿工作原理

如前所述，弧齿端面齿由凸面齿和凹面齿两部分组成，二者脱离时，端面齿不工作，如图 6.6-3a 所示；当移动凹面齿直至二者进入完全啮合时，端面齿进入工作状态，从而实现传递转矩功能，如图 6.6-3b 所示。

弧齿端面齿压力角通常采用 0°或负压力角设计。当压力角为 0°时，端面齿使用过程中不产生轴向推力，但是如果存在加工或装配误差，或者使用过程中由于振动等因素，可能会引起端面齿非正常脱开啮合，从而导致端面齿功能失效。为防止使用过程中出现脱开啮合的情况，通常采用负压力角设计，如图 6.6-3c 所示。

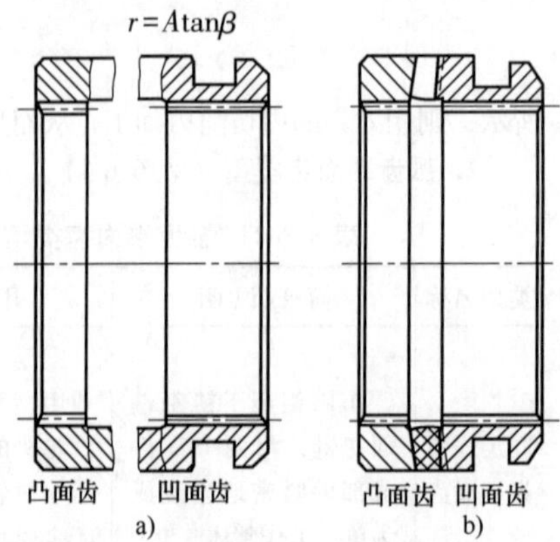

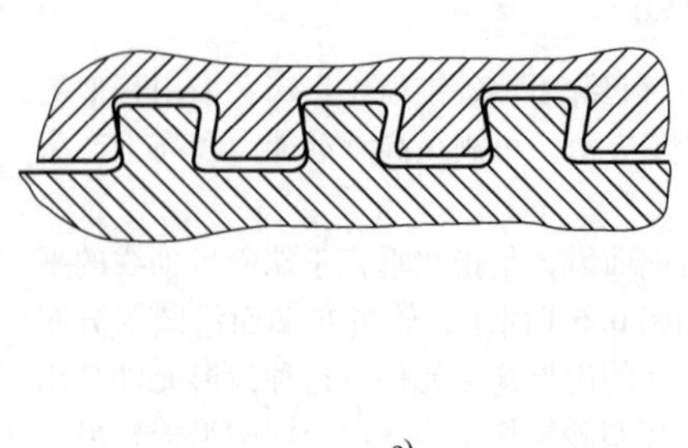

图 6.6-3　弧齿端面齿使用

a）脱离状态　b）啮合状态　c）啮合状态-轮齿

6.6.2　弧齿端面齿设计计算

1. 计算程序中关键符号说明（表 6.6-2）

表 6.6-2　计算程序中关键符号说明

序号	符号	名　称
1	D_0	端面齿外径
2	F	齿宽（不得大于 0.125D_0）
4	D_i	端面齿内径
5	A	端面齿中点半径
7	N	端面齿齿数
8	r'	通过试算选择的刀具半径。第一次试算假设刀盘半径 r'。根据需要修正此假设值以期得到第 11 项 n_i' 的合适值
10	α'	采用十进位度数，精确至小数第三位
12	N_i	在 180°内的半周节数减去刀盘相继啮合之间所包容的半周节数的数值。对于切削加工的弧齿，N_i 最小为 1，此时给出可选用的最大刀盘。第 8 项中 r'可重新假设，以获得合适的 N_i 值。按下述原则，选择 N_i 近似等于第 11 项之 N_i'： 假使 N 为偶数，则选择为奇数 假使 N 为奇数，则选择为偶数
15	r_{10}	在侧隙和齿厚修正调整之前的基本刀具计算半径
18	Φ	压力角。可为负值或零，通常为负值
21	h_t	全齿深。选择数值至小数第三位
22	c	间隙。选择数值至小数第三位
23	a	齿顶高。选择数值至小数第三位
24	b	齿根高。选择数值至小数第三位
26	$B_{(全啮合)}$	当端面齿两元件啮合时，在外径处的侧隙。该侧隙为一设定值
27	B_A	当端面齿两元件啮合时，在中点直径处的侧隙
28	C_f	倒角深度。选择数值至小数第二位
30	$B_{(开始啮合)}$	当端面齿两元件在初始啮合位置时，在中点直径处的侧隙
31	$\Delta t/2$	修正端面齿两元件的轮齿中点横截面积至相等，通常视作齿厚修正
33	$\Delta\alpha$	作为第（32）项齿厚修正和侧隙修正的结果，所需的 α 的修正
38	r	中点基本计算半径
40	r_m	纵向失配半径
41	f	由纵向失配产生的接触长度
42	BF	齿宽与接触长度之比。此值必须大于 3
43	Φ_B	假设试算的外刀压力角为 10°、内刀的最终压力角为 10°（仅用“+”值）
48	δ_1	假设内外刀 δ_1 相差小于 0.5°，计算第 49 项至 52 项，跳过第 53 项至 65 项，然后再正常计算 假设内外刀 δ_1 相差大于 0.5°，跳过第 49 项至 52 项，计算第 53 项至 65 项，然后再正常计算
66	Φ_R	最终的刀具压力角

（续）

序号	符号	名　称
69	Φ_R-Φ	刀盘的法向刀倾角
76	δ	最终根锥角
82	r_{cp}	最终的刀盘半径
85	ΔB	由于将 r_{cp} 圆整至 0.1mm，在完全啮合时侧隙值的变化（仅用于校验）
88	W_0	轮齿大端（外侧）的齿槽宽
89	W_i	轮齿小端（内侧）的齿槽宽
92	W_e	刀具的极限刀顶距
94	W_c	刀具的刀顶距。尽可能圆整至小数第三位
98	t'_M	零度或负压力角的弧齿厚（在负压力角的情况下，在轮齿最宽点计算）
99	t'_M	对正压力角的弧齿厚（在节线处计算）
101	弦齿厚	将此值标注在尺寸卡上供检验用。对于负压力角工件，弦齿厚在轮齿最宽处测量
104 105 106		在刀盘刀齿上需磨出的各角度。为工具部门制造刀齿面标注
111	ΔX_W	机床中心至计算中点
113	ΔX_{WC}	机床中心至外轮冠。“-”前进，“+”后退
114	S_{16}	对于 16 号切齿机①的径向调整值
115	Γ_M	对于各型机床的机床根角
116	Q_{16}	对于 16 号切齿机的摇台角
117	h_{tM}	检测用齿深，平行于端面齿轴线测量
118	X_C	外轮冠至背面尺寸
119	X_M	对于各型机床，机床中心至定位面的调整值。“-”前进，“+”后退
120	刀顶直径	对于 16 号切齿机的刀盘直径技术参数
121	滑座	对于 16 号切齿机的滑座调整值

① 格里森公司早期的一款切齿机。

2. 计算程序

阶段 1 主要内容为端面齿基本参数计算，见表 6.6-3。

表 6.6-3　计算程序-阶段 1

序号	公　式	过程数据或计算	备　注
1	D_0		端面齿外径
2	F		齿宽
3	F/2		
4	$D_i=(1)-2(2)$		端面齿内径
5	$2A=(1)-(2)$		端面齿中点直径

（续）

序号	公　式	过程数据或计算		备　注
6	A			端面齿中点半径
7	N			端面齿齿数
8	r'	试算 1	试算 2	刀具半径
9	$\tan\alpha'=(6)/(8)$			
10	α'			
11	$N_i'=(7)*(10)/90$			
12	N_i			在 180°内的半周节数减去刀盘相继啮合之间所包容的半周节数的数值；选择 N_i 近似等于第 11 项的 N_i'
13	$a'=90*(8)/(7)$			
14	$\tan a'$			
15	$r_{10}=(6)/(14)$			刀盘计算半径
16	$\pi/2/N$			
17	$\pi*A/N$			
18	Φ			压力角
19	$\cos\Phi$			
20	$\tan\Phi$			
21	h_t			全齿深
22	c			齿顶间隙量
23	a			齿顶高
24	b			齿根高
25	$2b\tan\Phi$			
26	$B_{(\text{全啮合})}$			工件啮合时，外径处侧隙
27	$B_A=(5)*(26)/(1)$			中点侧隙
28	C_f			倒角深度
29	$4(a-C_f)$			
30	$B_{(\text{开始啮合})}=(20)*(29)+(27)$			当端面齿两元件啮合时，在外径处的侧隙。该侧隙为一设定值
31	$\Delta t/2=(2)\hat{}2/12/(15)$			齿厚修正
32	$(27)/2\pm(31)$	外刀	内刀	
33	$\Delta a=(180/2/\pi)*(32)/(6)$			作为第 32 项齿厚修正和侧隙修正的结果，所需的 α 的修正
34	$a=(13)\pm(33)$			
35	$\sin a$			
36	$\cos a$			
37	$\tan a$			

（续）

序号	公　式	过程数据或计算		备　注
38	$r=A/\tan a=(6)/(37)$			中点基本计算半径
39	$1/r_m=1/r_{内}-1/r_{外}$			
40	r_m			纵向失配半径
41	f=(0.0508(40))^0.5			由纵向失配产生的接触长度
42	BF=(41)/(2)			齿宽与接触长度之比
43	Φ_{B1}	10°	10°	试算刀具压力角
44	$\Phi_{B1}-\Phi=(43)-(18)$			
45	sin(44)			
46	tan(44)			
47	$\sin\delta_1=(37)(46)$			
48	δ_1			假设内外刀 δ_1 相差小于 0.5°，计算第 49~52 项，跳过第 53~65 项，然后再正常计算。假设内外刀 δ_1 相差大于 0.5°，跳过第 49~52 项，计算第 53~65 项，然后再正常计算
49	$\cos\delta_1$			
50	$\sin i_1=(45)/(36)$			

阶段 2 主要为端面齿刀具参数计算和端面齿工件　　的最终尺寸，见表 6.6-4。

表 6.6-4　计算程序-阶段 2

序号	公　式	过程数据或计算		备　注
51	i_1	外刀	内刀	
52	$\cos i_1$			
53	$\tan(\Phi'_B-\Phi)=(47)_{左}/(37)_{右}$			
54	$\Phi B'-\Phi$			
55	$\Phi B'=(54)+(18)$			
56	$\Phi B_0\approx\Phi B'$			
57	$\Phi B_0-\Phi=(56)-(18)$			
58	$\mathrm{Sin}(\Phi B_0-\Phi)$			
59	$\tan(\Phi B_0-\Phi)$			
60	$\sin\delta_0=(37)_{左}(59)$			
61	δ_0			
62	$\cos\delta_0$			
63	$\sin i_0=(58)/(36)_{左}$			
64	i_0			
65	$\cos i_0$			
66	$\Phi_B=(43)_{左}$或（56），$(43)_{右}$			最终的刀具压力角

（续）

序号	公　　式	过程数据或计算		备　　注
67	$\sin\Phi_B$			
68	$\cos\Phi_B$			
69	$\Phi_B-\Phi=(66)-(18)$			刀盘的法向刀倾角
70	$\sin(\Phi_B-\Phi)$			
71	$\cos(\Phi_B-\Phi)$			
72	$\tan(\Phi_B-\Phi)$			
73	$i=(51)_{左}$或(64)，$(51)_{右}$			
74	$\sin i$			
75	$\cos i$			
76	$\delta=(48)_{左}$或 (61)，$(48)_{右}$	外刀	内刀	最终根锥角
77	$\sin\delta$			
78	$\cos\delta$			
79	$b/\cos\Phi=(24)/(19)$			
80	$r'_{cp}=(38)(71)-+(67)(79)$			
81	$r''_{cp}=(80)-+$每侧允许的磨削余量			
82	$r_{cp}=(81)$ 圆整至 $0.005''$			最终的刀盘半径
83	$d_r=((82)-(81))/(71)$			
84	$d_{S0}=(36)(83)$			
85	$\Delta B=\pm2(83)(35)^2$			
86	$\Delta a/57.296=(33)/57.296$			
87	$(16)+(86)$			
88	$W_0=(1)(87)-(25)-/+3(31)$			轮齿大端（外侧）的齿槽宽
89	$W_i=(4)(87)-(25)-/+3(31)$			轮齿小端（内侧）的齿槽宽
90	$\tan(\Phi_R-\Phi)-\tan\Phi=(72)-(20)$			
91	$h_1-C_t=(21)-(28)$			
92	$W_s=(89)-(90)(91)$			刀具的极限刀顶距
93	$2W_e-W_o>0.03''=2(92)-(88)$			
94	$W_0<W_e=(92)-0.005''$			刀具刀顶距
95	$2W_e-W_o>0.02''=2(94)-(88)$			
96	$(h_t-c_f)\tan\Phi=(20)(91)$			
97	$\pi D_0/N=PI(1)/(7)$			
98	$t'_m=(97)-(88)-2*(96)$			零度或负压力角的弧齿厚，用于非正压力角
99	$t'_m=(97)-(88)-(25)$			对正压力角的弧齿厚（在节线处计算），用于正压力角
100	$(t'_m/D_0)^2=((98)$或$(99)/(1))^2$			

阶段 3 主要为端面齿加工用机床调整参数（16#　　切齿机），见表 6.6-5。

表 6.6-5　计算程序-阶段 3

<table>
<tr><th>序号</th><th>公　式</th><th colspan="2">过程数据或计算</th><th colspan="2">备　注</th></tr>
<tr><td>101</td><td>(1-(100)/6)((98)或(99))</td><td>外刀</td><td>内刀</td><td colspan="2">弧齿厚，将此值标注在尺寸卡上供检验用</td></tr>
<tr><td>102</td><td>(94)/(5)</td><td></td><td></td><td colspan="2"></td></tr>
<tr><td>103</td><td>$W_e\delta/2A=(76)(102)$</td><td></td><td></td><td colspan="2"></td></tr>
<tr><td>104</td><td>$\phi_B-\phi=(69)_{\text{左}}$</td><td></td><td></td><td>当 $(103)_{\text{左}}>20'$ 时的外刀端角</td><td rowspan="3">在刀盘的刀齿上需磨出的各角度。为工具部门制造刀齿而标注</td></tr>
<tr><td>105</td><td>$(69)_{\text{左}}-(103)_{\text{左}}+20'$</td><td></td><td></td><td>当 $(103)_{\text{左}}<20'$ 时的外刀端角</td></tr>
<tr><td>106</td><td>$(69)_{\text{右}}+(103)_{\text{右}}+20'$</td><td></td><td></td><td>内刀端角</td></tr>
<tr><td>107</td><td>$S_0=((38)+(36)(84))/(36)$</td><td></td><td></td><td colspan="2"></td></tr>
<tr><td>108</td><td>(6)-(35)(84)</td><td></td><td></td><td colspan="2"></td></tr>
<tr><td>109</td><td>(35)(108)</td><td></td><td></td><td colspan="2"></td></tr>
<tr><td>110</td><td>(24)(68)/(19)</td><td></td><td></td><td colspan="2"></td></tr>
<tr><td>111</td><td>$\Delta X_w=(+-(74)(109)-(110))/(75)$</td><td></td><td></td><td colspan="2">机床中心至计算中点</td></tr>
<tr><td>112</td><td>((23)-+(3)(77))/(78)</td><td></td><td></td><td colspan="2"></td></tr>
<tr><td>113</td><td>$\Delta X_{wc}=(111)-(112)$</td><td></td><td></td><td colspan="2">机床中心至外轮冠，“-”前进，“+”后退</td></tr>
<tr><td>114</td><td>$S_{16}=(75)(107)+-(74)(111)$</td><td></td><td></td><td colspan="2">对于16#切齿机的径向调整值</td></tr>
<tr><td>115</td><td>$\Gamma_{m16}=90-(73)$</td><td></td><td></td><td colspan="2">对于各型机床的机床根角</td></tr>
<tr><td>116</td><td>$Q_{16}=$</td><td>0°</td><td>180°</td><td colspan="2">对于16#切齿机的摇台角</td></tr>
<tr><td>117</td><td>$h_{tm}=(21)/(78)$</td><td></td><td></td><td colspan="2">检测用齿深，平行于端面齿轴线测量</td></tr>
<tr><td>118</td><td>X_c</td><td></td><td></td><td colspan="2">外轮冠至背面尺寸</td></tr>
<tr><td>119</td><td>$X_{m16}=(118)+(113)$</td><td></td><td></td><td colspan="2">水平轮位修正量</td></tr>
<tr><td>120</td><td>2＊(82)</td><td></td><td></td><td colspan="2">对于16#切齿机的刀盘直径技术参数</td></tr>
<tr><td>121</td><td>(16)</td><td>0</td><td>0</td><td colspan="2">对于16#切齿机的滑座调整值</td></tr>
</table>

阶段 4 主要为端面齿加工用机床调整参数（7A　　切齿机），见表 6.6-6。

表 6.6-6　计算程序-阶段 4

<table>
<tr><th>序号</th><th>公　式</th><th colspan="2">过程数据或计算</th><th colspan="2">备　注</th></tr>
<tr><td>101</td><td>(1-(100)/6)((98)或(99))</td><td>外刀</td><td>内刀</td><td colspan="2">弦齿厚，将此值标注在尺寸卡上供检验用</td></tr>
<tr><td>102</td><td>(94)/(5)</td><td></td><td></td><td colspan="2"></td></tr>
<tr><td>103</td><td>$W_e\delta/2A=(76)(102)$</td><td></td><td></td><td colspan="2"></td></tr>
<tr><td>104</td><td>$\phi_B-\phi=(69)_{\text{左}}$</td><td></td><td>—</td><td>当 $(103)_{\text{左}}>20'$ 时的外刀端角</td><td rowspan="3">在刀盘的刀齿上需磨出的各角度。为工具部门制造刀齿而标注</td></tr>
<tr><td>105</td><td>$(69)_{\text{左}}-(103)_{\text{左}}+20'$</td><td></td><td>—</td><td>当 $(103)_{\text{左}}<20'$ 时的外刀端角</td></tr>
<tr><td>106</td><td>$(69)_{\text{右}}+(103)_{\text{右}}+20'$</td><td></td><td></td><td>内刀端角</td></tr>
<tr><td>107</td><td>$S_0=((38)+(36)(84))/(36)$</td><td></td><td></td><td colspan="2"></td></tr>
<tr><td>108</td><td>(6)-(35)(84)</td><td></td><td></td><td colspan="2"></td></tr>
<tr><td>109</td><td>(35)(108)</td><td></td><td></td><td colspan="2"></td></tr>
</table>

（续）

序号	公　　式	过程数据或计算		备　　注
110	(24)(68)/(19)			
111	ΔX_w=(+-(74)(109)-(110))/(75)			机床中心至计算中点
112	((23)-+(3)(77))/(78)			
113	ΔX_{wc}=(111)-(112)			机床中心至外轮冠，“-”前进，“+”后退
114	S_{16}=(75)(107)+-(74)(111)			对于 7A 切齿机的径向调整值
115	Γ_{m7A}=90°-(73)			对于 7A 切齿机的机床根角

3. 端面齿尺寸卡

根据上述计算程序，整理出端面齿的尺寸卡，用于产品图样设计，见表 6.6-7。

表 6.6-7　端面齿尺寸卡

计算日期		齿数		齿宽		压力角	
	凹面	凸面		凹面		凸面	
零件号			法向弧齿高	(23)		(23)	
			法向弧齿厚	(101)		(101)	
齿顶高	(23)	(23)	容许侧隙	(26)			
倒角	(28)						
全齿高	(117)		切削方法				
			刀盘技术数据	粗刀	精刀	粗刀	精刀
齿坯面锥角	90°-(76)	90°+(76)	直径		(120)		(120)
外径	(1)	(1)	刀顶距		(94)		(94)
外轮冠至背面			刀齿圆角				

注：括号中的数据是承接表 6.6-3~表 6.6-6 中相应行的数据。

6.6.3　弧齿端面齿加工

1. 加工工艺流程

弧齿端面齿由凸面齿和凹面齿两部分组成，二者配对使用。二者的加工工艺流程基本一致，见表 6.6-8 和表 6.6-9。

表 6.6-8　凹面齿齿套加工工艺流程

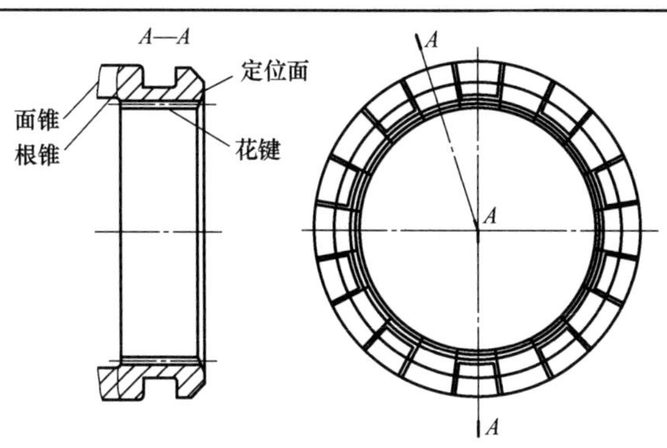

凹面齿齿套示意图

（续）

序号	工序名称	技术要求	备注
1	粗、精车花键小径、定位面及倒角	保证花键小径尺寸、定位面跳动、表面粗糙度等	齿坯加工
2	粗、精车外圆、面锥、内锥	保证面锥角度、安装距、外圆尺寸、拨叉槽宽度及深度、倒角、表面粗糙度等	
3	拉削或插削花键	保证花键跨棒距、齿圈跳动、表面粗糙度	
4	中间检验	检测关键几何尺寸及表面粗糙度检测花键跨棒距	
5	粗加工轮齿	控制齿深、齿厚尺寸	铣齿加工
6	精加工轮齿	保证齿深、齿厚、根锥角、齿面的表面粗糙度、倒角尺寸	
7	齿端倒角（按需）		
8	清洗		
9	中间检验	检测轮齿几何尺寸及分度精度	
10	热处理	保证渗碳层深、表面硬度、心部硬度等	
11	终检		

表 6.6-9　凸面齿齿套加工工艺流程

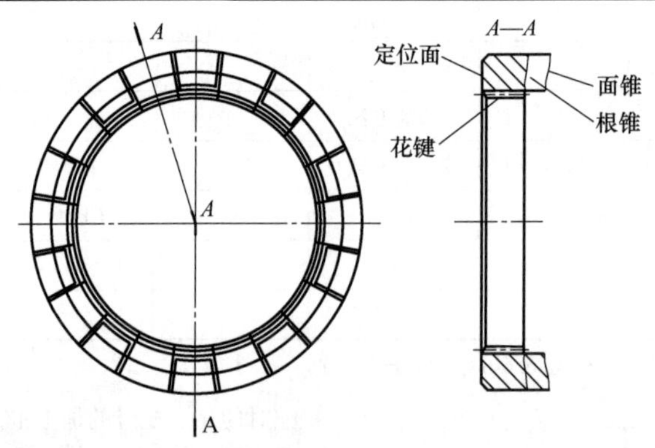

凸面齿齿套示意图

序号	工序名称	技术要求	备注
1	粗、精车花键小径、定位面及倒角（花键结构按需配置）	保证花键小径尺寸、定位面跳动、表面粗糙度等	齿坯加工
2	粗、精车外圆、面锥、内锥	保证面锥角度、安装距、外圆尺寸、倒角、表面粗糙度等	
3	拉削或插削花键（花键结构按需配置）	保证花键跨棒距、齿圈跳动、表面粗糙度	
4	中间检验	检测关键几何尺寸及表面粗糙度检测花键跨棒距	
5	粗加工轮齿	控制齿深、齿厚尺寸	铣齿加工
6	精加工轮齿	保证齿深、齿厚、根锥角、齿面的表面粗糙度、倒角尺寸	
7	齿端倒角（按需）		
8	清洗		
9	中间检验	检测轮齿几何尺寸及分度精度	
10	配对检测	接触区、侧隙	

（续）

序号	工序名称	技术要求	备注
11	热处理	保证渗碳层深、表面硬度、心部硬度等	
12	终检		
13	配对检测	接触区、侧隙	

2. 加工机床及调整

利用现有弧齿锥齿轮加工机床即可完成凸面齿和凹面齿的轮齿加工，加工效率高。尤其是现有机械式加工机床，社会资源丰富，相比传统加工方式，可以大幅度降低加工成本。

以 7A、16#机床为例，汇总了机床加工调整数据，见表 6.6-10，其中大部分数据可从计算程序中获得。用户可根据实际机床规格，自行进行数据转换。

表 6.6-10　机床加工调整数据

7A 准双曲面切齿机调整数据			16#准双曲面切齿机调整数据		
	凹面（外刀）	凸面（内刀）		凹面（外刀）	凸面（内刀）
偏心角	（125）	（125）	径向	（114）	（114）
滑座	0	0	滑座	0	0
水平轮位修正量	（119）	（119）	水平轮位修正量	（119）	（119）
齿坯偏置	0	0	齿坯偏置	0	0
摇台角	（124）	（124）	摇台角	0	180°
刀倾角	0	0	刀倾角	0	0
摆角	—	—	摆角	—	—
机床根角	（115）	（115）	机床根角	（115）	（115）
滚比齿轮	—	—	滚比齿轮	—	—

部分机床调整项目注意事项如下：

1）偏心角和摇台角。通过摇台角及偏心角的调整，确定刀具中心。在加工端面齿时，刀具中心和工件中心在同样高度上。当加工凸面齿时，刀具在工件左侧；当加工凹面齿时，刀具在工件右侧，如图 6.6-4 所示。

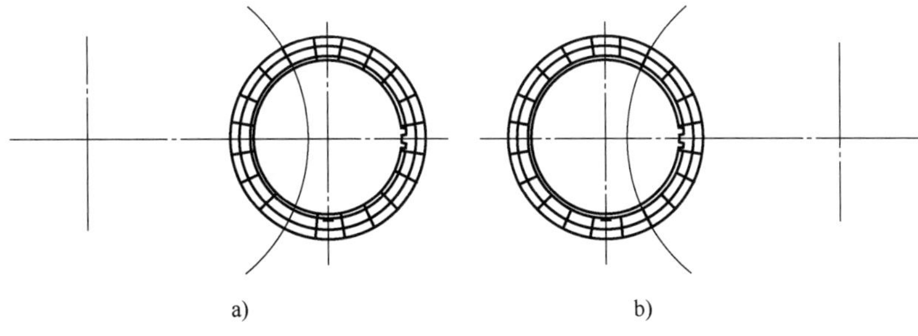

a)　　b)

图 6.6-4　端面齿加工示意
a）凸面齿加工示意　b）凹面齿加工示意

2）根锥角。由于刀具压力角和端面齿压力角不同，因此需要通过调整根锥角形成端面齿正确的压力角。

3）水平轮位。机床水平轮位主要由夹具高度、水平轮位修正量和安装距三部分组成。其中，夹具高度可以通过测量获得，水平轮位修正量在计算程序中查找，安装距由图样获得。

4）滚比交换齿轮。加工过程中，刀具和工件间的相对位置固定，不需要相对滚动。因此，需要将滚比交换齿轮用锁架锁起来，防止发生相对运动。

5）切深进给。根据齿轮全齿深调整切削深度，床位的运动行程选择比切削深度大 1mm，既能够完成分齿运动，又可以尽量减少加工时间。

3. 加工刀具

为充分利用现有资源，同时解决与现有弧齿锥齿轮切齿机匹配的问题，弧齿端面齿加工借用格里森 Hardac 刀盘。

为提高加工效率，保证端面轮齿的表面粗糙度状态，采用粗、精刀齿分别加工。粗切刀齿的作用是开槽，精切刀齿的作用是完成最终轮齿表面、齿顶轮廓及齿根形状等。精切刀根据产品设计需求可以采用成形刀设计。

刀齿分为外刀和内刀两种，分别用于凹面齿和凸面齿加工。刀具旋向根据需要设计。

外刀精切刀齿如图 6.6-5 所示。内刀精切刀齿如图 6.6-6 所示。

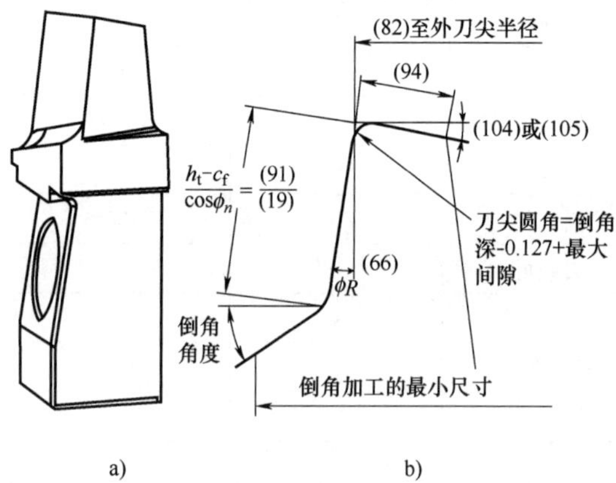

图 6.6-5　外刀精切刀齿
a）外刀刀齿　b）外刀刀齿参数

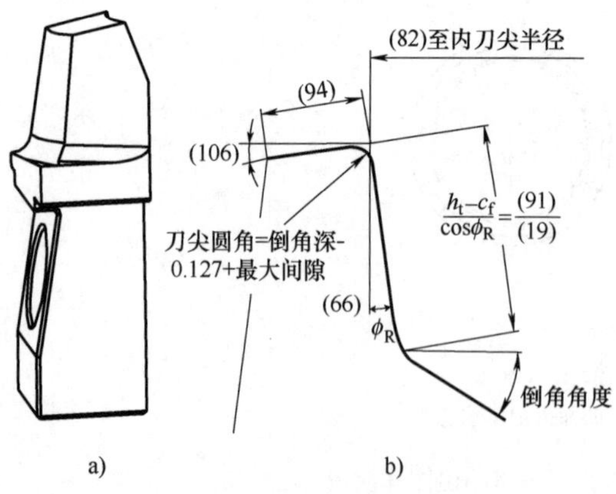

图 6.6-6　内刀精切刀齿
a）内刀刀齿　b）内刀刀齿参数

部分刀齿参数情况说明：

1）刀齿切削刃压力角。刀具压力角一般选择 10°。

2）刀顶距。齿槽两侧是分别加工的，因此，刀齿必须有足够的宽度，其刀顶距需要大于齿槽宽的 1/2，以避免齿底中间部位加工不全，产生台阶。

同样，为了保证齿槽的完整性，刀顶距最大值也有限制。刀顶距太大时，在切齿过程中，副刃容易在轮齿小端顶部产生干涉，最大刀顶距计算公式如下：

$$Wcmax=Wi-(ht-cf)tg\Phi-(ht-cf)tg(\Phi B-\Phi C-\Phi)$$

式中　Wcmax——刀具干涉前的最大刀顶距；

Wi——最小齿槽宽；

ht——全齿深；

cf——倒角深度；

Φ——工件压力角；

ΦB——刀齿压力角；

ΦC——刀齿副刃压力角。

3）刀齿副刃压力角。通常情况下刀齿副刃压力角最小为 8°。如果刀齿刀顶距明显小于 Wcmax 时，刀齿副刃压力角也必须减小，以避免干涉。

装配完成的刀具总成，以及与工件切削位置关系，如图 6.6-7 所示。

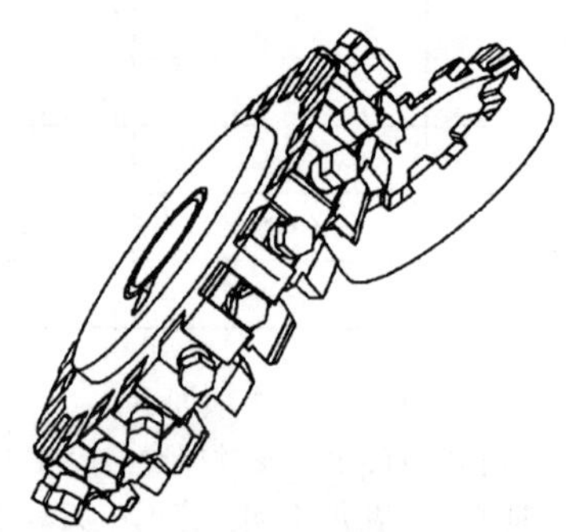

图 6.6-7　刀具与工件切削位置关系

6.6.4　弧齿端面齿检测

1. 轮齿精度检测

弧齿端面齿轮齿沿圆周方向均匀分布，当凸面齿、凹面齿配对使用时，其分度精度会影响各齿之间的受力分布。为保证轮齿强度，需要对精铣齿完成后的端面齿进行轮齿精度检测。

弧齿端面齿结构类似于直齿锥齿轮，因此，可以采用齿轮测量机或三坐标进行测量。

2. 接触区检测

弧齿端面齿的凸面齿和凹面齿需要配对使用。因此，在加工过程中需要考虑二者的接触区问题。

接触区长度应符合图样技术要求，空载接触区应位于齿面中间，最小长度为齿宽的 50%，齿高方向也应处于中间位置。

由于结构差异，无法采用锥齿轮滚动检验机进行接触区检测，需要自行设计检验装置，如图 6.6-8 所示，可参考该装置进行设计。

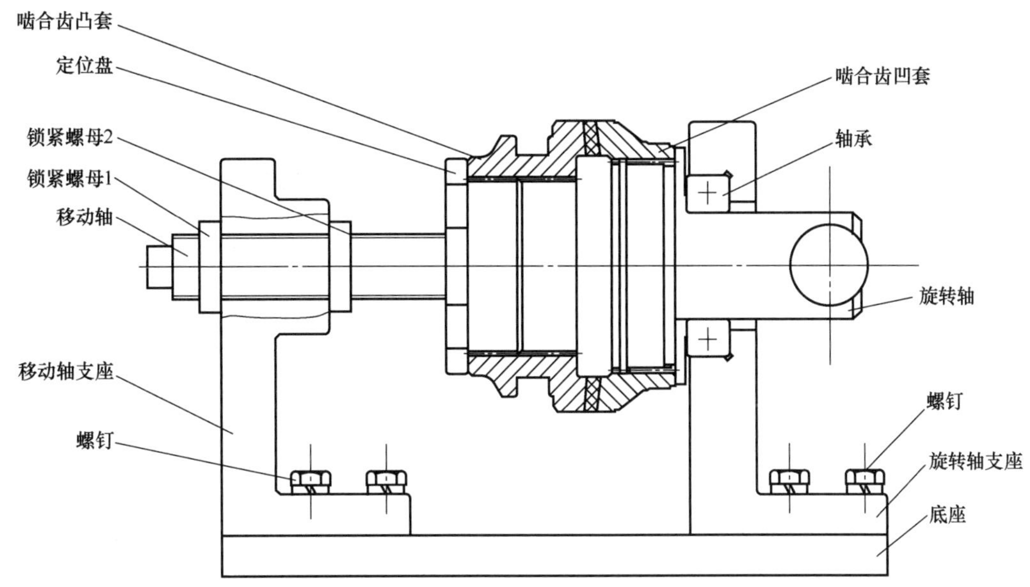

图 6.6-8　接触区检测装置

3. 齿长方向接触区调整

计算机床调整参数时，齿长方向接触区可以通过调整纵向适配系数 f 进行调整。实际加工过程中，齿长方向接触区需要通过调整刀盘半径来进行调整。

刀盘半径的调整会带来齿厚的变化，为保持轮齿中点处齿厚不变，应如图 6.6-9 所示，在改变刀具半径的同时，改变刀具和机床间的相对位置。

对于凸面齿，如果要增加接触区长度，需要加大刀盘半径，将刀盘半径从 r 增加到 r'，同时需要将刀位由原来的 S_0 增加到 S'，以保证齿宽中点处的齿轮厚度。

对于凹面齿，要增加接触区长度，需要减小刀盘半径。

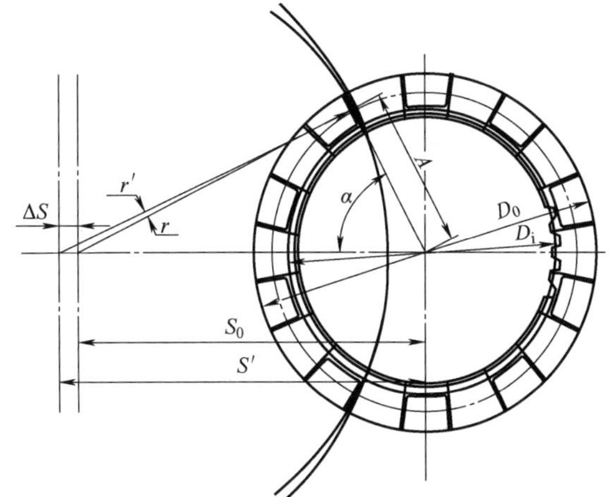

图 6.6-9　齿长方向接触区调整

r—原始刀盘半径　r'—修改后刀盘半径

A—齿宽中点半径　D_0—齿轮外径

D_i—齿轮小径　S_0—原始刀位　S'—修改后刀位

4. 齿高方向接触区调整

可以通过调整根锥角来调整压力角，从而实现齿高方向接触区调整。

6.7　附录：齿轮、蜗轮蜗杆、花键常用的相关国家标准和机械加工设备

6.7.1　齿轮、蜗轮蜗杆、花键常用的相关国家标准

1）GB/T 1356—2001《通用机械和重型机械用圆柱齿轮　标准基本齿条齿廓》

本标准适用于 GB/T 1357 规定的标准模数。为了确定渐开线类齿轮的轮齿尺寸，规定了通用机械和重型机械用渐开线圆柱齿轮（外齿或内齿）的标准基本齿条齿廓的几何参数。在本标准中，标准基本齿条的齿廓仅给出了渐开线类齿廓的几何参数。

2）GB/T 1357—2008《通用机械和重型机械用圆柱齿轮 模数》

本标准规定了通用机械和重型机械用直齿和斜齿渐开线圆柱齿轮的法向模数。本标准不适用于汽车齿轮。

3）GB/T 6443—1986《渐开线圆柱齿轮图样上应注明的尺寸数据》

本标准规定渐开线圆柱齿轮图样上应注明的尺寸数据，在特殊情况下，还应补充其他有用的或必需的数据。

4）GB/T 2821—2003《齿轮几何要素代号》

本标准给出了用于标记齿轮参数的几何代号，由两个表格组成：①主代号，由单个基本字母组成（表1）；②下标，用于限定主代号（表2~表4）。

5）GB/T 3374.1—2010《齿轮 术语和定义 第1部分：几何学定义》

本标准给出了国际通用的齿轮几何学术语及标准定义。

6）GB/T 8064—1998《滚齿机 精度检验》

本标准是在技术内容上与国际标准化组织 ISO 6545：1992《滚齿机验收条件 精度检验》国际标准等效，适用于最大工件直径 80~4000mm 的普通级精度的立式滚齿机，规定了立式滚齿机的几何精度、传动精度和工作精度的要求及检验方法。

7）GB/T 6083—2016《齿轮滚刀 基本型式和尺寸》

本标准适用于加工模数按 GB/T 1357、基本齿廓按 GB/T 1356、20°压力角齿轮的滚刀，规定了模数 0.5~40mm 带端键或轴键的单头和多头整体齿轮滚刀的基本型式和尺寸。

8）GB/T 28252—2012《磨前齿轮滚刀》

本标准适用于模数 1~10mm（按 GB/T 1357）的滚刀，规定了整体磨前齿轮滚刀的基本型式和尺寸、技术要求、标志和包装的基本要求。

9）GB/T 15375—2008《金属切削机床 型号编制方法》

本标准适用于新设计的各类通用及专用金属切削机床、自动线，不适用于组合机床、特种加工机床；规定了金属加工机床和回转体加工自动线型号的表示方法。

10）GB/T 6081—2001《直齿插齿刀 基本型式和尺寸》

本标准适用于加工基本齿廓按 GB/T 1356，精度按 GB/T 10095.1、GB/T 10095.2 规定的渐开线圆柱齿轮的直齿插齿刀，规定了模数 m 为 1~12mm（按 GB/T 1357），公称分度圆直径 d 为 25~200mm，分度圆压力角 α 为 20°，精度等级为 AA 级、A 级、B 级直齿插齿刀的基本型式和尺寸。

11）GB/T 6082—2001《直齿插齿刀 通用技术条件》

本标准适用于按 GB/T 6081 制造的直齿插齿刀，加工基本齿廓按 GB/T 1356，精度按 GB/T 10095.1、GB/T 10095.2 规定的齿轮。本标准规定了直齿插齿刀的技术要求、标志与包装。

12）GB/T 4686—2008《插齿机 精度检验》

本标准适用于最大工件直径 125~3150mm 的插齿机，规定了插齿机的几何精度、传动精度和工作精度检验的要求及方法。

13）GB/T 14333—2008《盘形轴向剃齿刀》

本标准适用于加工法向模数 1~8mm 圆柱齿轮的盘形轴向剃齿刀，规定了加工圆柱齿轮（按 GB/T 10095）用的 A 级盘形轴向剃齿刀的结构型式、主要尺寸、技术要求和标志、包装的基本要求。

14）GB/T 21950—2008《盘形径向剃齿刀》

本标准适用于加工法向模数 1.25~8mm 圆柱齿轮的盘形径向剃齿刀，规定了加工圆柱齿轮（按 GB/T 10095）用的 A 级盘形径向剃齿刀的结构型式、主要尺寸、技术要求和标志、包装的基本要求。

15）GB/T 21946—2008《数控剃齿机 精度检验》

本标准适用于最大工件直径 125~500mm 的数控剃齿机，规定了数控剃齿机几何精度和工作精度检验的要求及方法。

16）GB/T 17879—1999《齿轮磨削后表面回火的浸蚀检验》

本标准适用于齿轮、轴、花键和轴承等钢制零件，不适用于渗氮零件和不锈钢件；规定了用化学浸蚀方法对磨削表面的局部过热进行检验及其分类的标准操作程序和要求。表面回火浸蚀检验应在表面磨削后，并在进一步精加工工序前进行。

17）GB/T 10095.1—2008《圆柱齿轮 精度制 第1部分：轮齿同侧齿面偏差的定义和允许值》

本标准适用于单个齿轮的每个要素，不包括齿轮副，规定了单个渐开线圆柱齿轮轮齿同侧齿面的各项精度术语的定义、齿轮精度制的结构以及齿距偏差、齿廓总偏差和螺旋线总偏差的允许值，在附录中给出了齿廓与螺旋线的形状偏差和倾斜偏差的数值，它有时作为有用的资料和评定值使用，但不是强制性的检验项目；在附录中还给出了切向综合偏差的公差计算式，它也是本部分的质量准则，但不是强制性的检验项目。

18）GB/T 10095.2—2008《圆柱齿轮 精度制 第

2 部分：径向综合偏差与径向跳动的定义和允许值》

本标准规定了单个渐开线圆柱齿轮径向综合偏差和径向跳动的精度制，规定了轮齿精度术语的定义、齿轮精度制的构成和所述偏差的允许值。

19）GB/T 13924—2008《渐开线圆柱齿轮精度检验细则》

本标准是 GB/T 10095.1—2008《圆柱齿轮　精度制　第 1 部分：轮齿同侧齿面偏差的定义和允许值》、GB/T 10095.2—2008《圆柱齿轮　精度制 第 2 部分：径向综合偏差与径向跳动的定义和允许值》的配套标准，为渐开线圆柱齿轮精度的评价规定了细则，是产品齿轮零件检测的依据性标准，测量项目与圆柱齿轮精度制国家标准保持一致。对于没有列入 GB/T 10095.1 和 GB/T 10095.2 中而在生产实践中常用的或设计中规定的测量项目，在本标准的附录中也按标准正文测量项目的格式进行了编写。

20）GB/Z 18620.1—2008《圆柱齿轮　检验实施规范　第 1 部分：轮齿同侧齿面的检验》

本指导性技术标准是渐开线圆柱齿轮同侧齿面的检验实施规范，即齿距、齿廓、螺旋线偏差和切向综合偏差的检验实施规范，作为 GB/T 10095.1 的补充，它提供了齿轮检测方法和测量结果分析方面的建议。

21）GB/Z 18620.2—2008《圆柱齿轮　检验实施规范　第 2 部分：径向综合偏差、径向跳动、齿厚和侧隙的检验》

本指导性技术标准是渐开线圆柱的径向综合偏差、径向跳动、齿厚和侧隙的检验实施规范，涉及双面接触的测量，它提供了齿轮检验方法和测量结果的分析，补充了 GB/T 10095.2。

22）GB/Z 18620.3—2008《圆柱齿轮　检验实施规范　第 3 部分：齿轮坯、轴中心距和轴线平行度的检验》

本指导性技术文件对齿轮坯、中心距的尺寸偏差和轴线平行度提供了推荐数值，其所列的数值不应认为是严格的质量准则，而是对钢制或铁制的齿轮在商订相互协议时，作为一个指导。

23）GB/Z 18620.4—2008《圆柱齿轮　检验实施规范　第 4 部分：表面结构和轮齿接触斑点的检验》

本指导性技术文件提供了关于齿轮齿面表面粗糙度和轮齿接触斑点的检测方法，其提供的数值不应作为严格的精度判据，而是作为共同协议的关于钢制或铁制齿轮的指南来使用。

24）GB/T 12368—1990《锥齿轮模数》

本标准规定了锥齿轮大端端面模数，适用于直齿、斜齿及曲线齿（齿线为圆弧线、长幅外摆线及准渐开线等）锥齿轮。

25）GB/T 12369—1990《直齿及斜齿锥齿轮基本齿廓》

本标准规定了直齿及斜齿锥齿轮基本齿廓的形状及尺寸特征，适用于大端端面模数大于或等于 1mm 的通用与重型机械用直齿及斜齿锥齿轮及齿高沿齿线方向收缩、顶隙相等的锥齿轮副。

26）GB/T 12370—1990《锥齿轮和准双曲面齿轮术语》

本标准规定了锥齿轮和准双曲面齿轮的一般术语及其分类，点、曲线、曲面，基本尺寸参数，设计、调整计算，加工方法、轮齿接触等术语定义。

27）GB/T 12371—1990《锥齿轮　图样上应注明的尺寸数据》

本标准规定了直齿及相交轴弧齿锥齿轮在图样上应注明的尺寸数据。在特殊情况下，还应补充其他的数据。

28）GB/T 11365—2019《锥齿轮　精度制》

本标准规定了未装配的锥齿轮、准双曲面齿轮及其组件的精度术语、等级与公差值。即规定了齿形精度的术语、等级体系结构和允许值。本标准为供需双方提供了统一的公差尺度，定义了 10 个精度等级，从 2 级到 11 级。本标准推荐的测量方法见第 6 章。

29）GB/T 10085—2018《圆柱蜗杆传动基本参数》

本标准规定了圆柱蜗杆传动基本参数，适用于模数大于或等于 1mm、轴交角等于 90°的圆柱蜗杆传动。

30）GB/T 10089—2018《圆柱蜗杆、蜗轮精度》

本标准规定了圆柱蜗杆传动机构的精度，适用于轴交角等于 90°，最大模数 40mm 及最大分度圆直径 2500mm 的圆柱蜗杆传动机构。

31）GB/T 3478.1~9—2008《圆柱直齿渐开线花键（米制模数　齿侧配合）》

本标准分为九个部分：第 1 部分：总论；第 2 部分：30°压力角尺寸表；第 3 部分：37.5°压力角尺寸表；第 4 部分：45°压力角尺寸表；第 5 部分：检验；第 6 部分：30°压力角 M 值和 W 值；第 7 部分：37.5°压力角 M 值和 W 值；第 8 部分：45°压力角 M 值和 W 值；第 9 部分：量棒。

本标准规定了圆柱直齿渐开线花键的模数系列、基本齿廓、公差和齿侧配合类别、花键尺寸、检验方法、M 值和 W 值的计算公式及极限尺寸、测量齿槽宽和齿厚用的量棒尺寸及技术要求等内容，适用于标准压力角为 30°和 37.5°（模数为 0.5~10mm）以及 45°（模数为 0.25~2.5mm）齿侧配合的圆柱直齿渐开线花键。

6.7.2 齿轮、蜗轮蜗杆、花键常用的机械加工设备（表 6.7-1～表 6.7-37）

表 6.7-1 国产滚齿机型号和技术参数

机床型号	YBS3112	YBA3115	YBA3120	YB3120	YXA3132	YBA3132	Y3150E	YM3150E	YW3150	Y3180H	YW3180	Y31125E	Y31200H
最大工件直径/mm	125	150	200	200	320	320	500	500	500	550/800	800	1250/1000	2000
最大加工模数/mm	3	6	4	6	8	8	8	6	8	8	10	12/16	20
刀具转速/(r/min)/级数	80～400/8	80～500/9	63～315/8	80～315/8	125～500/7	200～720/8	40～250/9	40～250/9	50～320	40～200/8	45～280/9	16～125/7	12.7～91.2/38
滚刀与工件最小中心距/mm	—	—	—	—	60	60	30	30	—	50	50	100	—
滚刀回转中心至工作台面距离/mm	120～290	260～430	125～295	260～430	280～530	280～530	235～535	235～535	275～595	235～585	280～680	200～700	220～1200
工作台最高转速/(r/min)	30	16	13	16	30	30	7.8	5.2	12	5.3	8	5	2.5
刀架最大回转角度/(°)	—	—	—	±45	±45	±45	—	—	—	—	±45	±60	—
电动机总容量/kW	4.5	7.5	3.3	10.62	16.24	16.24	6.45	6.45	10	8.5	13.3	17.75	56.5
机床外形尺寸/mm (长×宽×高)	2820×1540×2260	2250×1600×1720	2820×1540×2260	2250×1590×1720	3410×2700×3230	3410×2700×3230	2440×1370×1800	2440×1370×1800	2440×1370×1800	2750×1490×1870	3050×1830×2100	3600×2040×2400	7220×3260×3200
机床净重/kg	2000	3500	2000	3500	9000	9000	4500	4500	8700	5500	8000	13000	32800

表 6.7-2 国产数控滚齿机型号和技术参数（一）

机床型号	YK3180A	YKC3180	YKS3140	YKS3140 CNC4	YKX3140	YKX3140M	YKS3132	YKS3120	YKX3132/YKX3132M	YKA3120A	YKB3150	YKB3180
最大工件直径/mm	800	800	400	400	400	400	320	200	320	200	550	800
最大加工模数/mm	10	10	12	12	12	12	8	6	8	6	8	10
刀具转速范围/(r/min)	80～330	—	80～800	80～800	80～500	80～500	600（最高）	1200（最高）	120～540	120～500	40～250	40～250

（续）

机床型号	YK3180A	YKC3180	YKS3140	YKS3140 CNC4	YKX3140	YKX3140M	YKS3132	YKS3120	YKX3132/ YKX3132M	YKA3120A	YKB3150	YKB3180
工作台最高转速/(r/min)	16	—	100	100	35	35	100	200	32	32	6	5.5
滚刀与工件中心距/mm	50~750	50~520	60~315	60~315	45~315	45~315	20~300	20~300	60~250	—	30~330	50~550
滚刀回转中心至工作台面距离/mm	285~685	280~680	150~570	150~570	280~680	280~680	100~675	100~450	280~530	260~460	235~535	230~580
最大装刀尺寸/mm（直径×长度）	200×200	—	180×230	180×230	200×240	200×240	160×230	160×230	160×160	140×200	140×140	180×180
数控轴	X、Y、V、B、C	X、Y	X、Y、V、A、B、C	X、Y、B、C	X、Y	X、Y、V	X、Y、V、A、B、C	X、Y、V、A、B、C	X、Y/X、Y、V	X、Y	X、Y	X、Y
刀架最大回转角度/(°)	±45	±45	±45	±45	±45	±45	—	—	±45	±45	±45	±45
电动机总功率/kW	29	25	15（主电动机功率）	15（主电动机功率）	15（主电动机功率）	15（主电动机功率）	45	38	21	23.4	4 主电动机功率）	5.5 主电动机功率）
机床外形尺寸/mm（长×宽×高）	3750×2300×2500	3710×2160×2700	3580×3090×2890	3580×3090×2890	3890×3200×2790	3890×3200×2790	—	—	3010×3180×2500	3660×3080×2490	2640×1970×2160	3190×2230×2350
机床净重/kg	9800	7500	15000	15000	16000	17000	12700	12500	9000	9000	4600	5600
机床厂家	重庆机床集团有限责任公司											

表 6.7-3 国产数控滚齿机型号和技术参数（二）

机床型号	Y3140CNC	Y3152CNC	Y3160CNC	YDE3120CNC	YDZ3126CNC	YD3122CNC	YD3132CNC	YS3120CNC	YX3150CNC	YKE3132	YK3140	YKG3125
最大工件直径/mm	400	400	400	210	260	220	320	200	500	320	420	250
最大加工模数/mm	12	12	12	4	6	4	6	6	12	6	8	6
刀具转速范围/(r/min)	80~600	80~600	80~600	100~3000	4~1000	1~2700	1~2000	1200	700	1500	600	1700
工作台最高转速/(r/min)	50	50	50	300	500	1~250	1~250	150	30	150	100	270

（续）

机床型号	Y3140CNC	Y3152CNC	Y3160CNC	YDE3120CNC	YDZ3126CNC	YD3122CNC	YD3132CNC	YS3120CNC	YX3150CNC	YKE3132	YK3140	YKG3125
滚刀与工件中心距/mm	45~315	45~315	45~315	30~180	30~220	35~175	50~250	30~250	70~400	40~340	40~430	20~320
滚刀回转中心至工作台面距离/mm	280~680	280~680	280~680	195~495	410~760	80~430	200~550	180~430	145~745	190~490	180~480	160~460
最大装刀尺寸/mm（直径×长度）	200×240	200×240	200×240	130×230	130×230	100×200	130×230	140×230	170×220	150×230	150×230	130×230
数控轴个数	6	6	6	6（8）	6	6	6	6	6	6	6	6
刀架最大回转角度/(°)	±45	±45	±45	±45	±45	±45	±45	±45	±45	±45	±45	±45
电动机总功率/kW	18（主电动机功率）	18（主电动机功率）	18（主电动机功率）	22（主电动机功率）	29.3（主电动机功率）	22（主电动机功率）	33（主电动机功率）	33（主电动机功率）	33（主电动机功率）	15（主电动机功率）	15（主电动机功率）	14（主电动机功率）
机床外形尺寸/mm（长×宽×高）	3300×3100×2700	3300×3100×2700	3300×3100×2700	3670×2880×3170	4049×3350×3170	2950×3860×2670	4000×3500×3300	4000×3500×3300	3300×2200×3000	3000×2400×2800	3500×3000×2800	3402×3029×2350
机床净重/kg	18800	18800	18800	13000	14000	9000	11000	9800	15000	12000	15000	15000
机床厂家	重庆机床集团有限责任公司	重庆机床集团有限责任公司	重庆机床集团有限责任公司	重庆机床集团有限责任公司	重庆机床集团有限责任公司	南京二机床有限责任公司	南京二机床有限责任公司	南京二机床有限责任公司	南京二机床有限责任公司	秦川机床工具集团股份公司	秦川机床工具集团股份公司	秦川机床工具集团股份公司

表 6.7-4　国外数控滚齿机型号和技术参数

生产厂家	德国 PFAUTER					德国 LIEBHER
名称及型号	PE150	PE300	PE500	PE750	PE1000	LC82HSC
数控坐标数/个	5	5	—	5	5	—
最大工件直径/mm	150	300	500	750	1000	80
最大工件模数/mm	3(5)	6(8)	10(12)	12(16)	14(18)	—
最大滚刀尺寸/mm（直径×长度）	130×220	170×250	210×240	210×240	210×240	90
滚刀主轴转速/(r/min)	150~600	115~480	80~340	55~340	55~340	3000
工作台最高转速/(r/min)	80(150)	50(110)	22(44)	—	—	450
滚刀最大轴向行程/mm	150	400(600)	400(600)	700(900)	700(900)	—

（续）

生产厂家	德国 PFAUTER					德国 LIEBHER
轴向进给量/(mm/min)	1~3000	1~1500	1~1500	1~1500	—	—
滚刀最大切向行程/mm	170	—	200	200	200	—
切向进给量/(mm/min)	1~3000	1~1500	1~1500	1~1500	1~1500	—
轴向快速运动速度/(mm/min)	3000	3000	3000	3000	3000	—
切向快速运动速度/(mm/min)	3000	1500	1500	3000	3000	—
主电动机功率/kW	7.5	11(15)	15(22)	22	22	18
机床质量/kg	5500	12000	12000	13000	13500	—
备注	多数配用 Siemens 的控制系统，部分也用 AllenBradley 产品					可用陶瓷滚切做干式高速滚齿

生产厂家	德国 LIEBHER				德国 MODUL	
名称及型号	LC152	LC255	LC502	LC1002	ZFWZ03	ZFWZ05
数控坐标数/个	—	6	—	—	—	—
最大工件直径/mm	150	250	500	1000	315	500
最大工件模数/mm	5	6	10	14(18)	8	10
最大滚刀尺寸/mm（直径×长度）	130×180	145×280	170×230	240×300	160×200	200×250
滚刀主轴转速/(r/min)	60~600	26~260	36~360	25~250	50~400	50~400
工作台最高转速/(r/min)	150	—	—	—	25(50)	25(50)
滚刀最大轴向行程/mm	250	250	400(600)	800	280	—
轴向进给量/(mm/min)	0.1~20	0.1~12	0.1~20	0.1~20	0~10	0~10
滚刀最大切向行程/mm	180	170	—	250	160	—
切向进给量/(mm/min)	0.1~5	0.1~5	0.1~5	0.1~5	0~5	0~5
轴向快速运动速度/(mm/min)	4000	4000	2000	2000	1400	1400
切向快速运动速度/(mm/min)	3000	3000	—	1000	700	700
主电动机功率/kW	9.8	8.5	—	30.8	13.6	18
机床质量/kg	6500	6800	9800	16000	8500	10000
备注	部分采用 Siemens 系统，部分自家研制，而且滚、插、磨齿机都属同一类型系统				采用原东德 H-646CNC 系统，现也采用 Siemens 系统	

（续）

生产厂家	意大利 CIMA			美国 CLEASON		
名称及型号	CE160CNC6	CE200CNC6	CE350CNC6	775CNC	780CNC	785CNC
数控坐标数/个	—	6	6	—	—	—
最大工件直径/mm	160	220	350	152	254	335
最大工件模数/mm	4	6	8	6.35	6.35	10
最大滚刀尺寸/mm（直径×长度）	120×120	135×220	170×220	127×216	127×216	191×254
滚刀主轴转速/(r/min)	100~700	100~800	90~700	150~680	—	—
工作台最高转速/(r/min)	200	—	—	—	—	—
滚刀最大轴向行程/mm	250	220	290	292	216	292
轴向进给量/(mm/min)	1~300	0.01~20mm/r	—	—	—	—
滚刀最大切向行程/mm	—	170	200	190.5	—	—
切向进给量/(mm/min)	—	—	—	—	—	—
轴向快速运动速度/(mm/min)	—	3000	3000	3000	—	—
切向快速运动速度/(mm/min)	—	3000	3000	—	—	—
主电动机功率/kW	5.5	16.5	20.5	—	—	—
机床质量/kg	5000	7000	10500	7256	8845	11350
备注	Siemens、Osa、Num. Fanne、AllenBradley 等系统都有选用			AllenBradley 控制系统		
生产厂家	日本三菱重工					
名称及型号	GBIOCNC	GBI5CNC	GB25CNC	GB40CNC	GB63CNC	GB100CNC
数控坐标数/个	3/5	4/5	3/4/5	3/4/5	5	5
最大工件直径/mm	100	150	250	400	630	1000
最大工件模数/mm	3	—	8	10	14	14
最大滚刀尺寸/mm（直径×长度）	100×150	120×180	130×200	130×200	210×240	210×240
滚刀主轴转速/(r/min)	150~1500	150~1000	100~600	100~600	40~400	40~400

（续）

生产厂家	日本三菱重工					
滚刀最大轴向行程/mm	250	250	270	270	250	280
轴向进给量/(mm/min)	1~400	1~400	1~300	1~300	1~300	1~300
滚刀最大切向行程/mm	100	130	150	150	200	200
切向进给量/(mm/min)	—	—	—	—	—	—
轴向快速运动速度/(mm/min)	—	1250	—	—	—	—
切向快速运动速度/(mm/min)	—	—	—	—	—	—
主电动机功率/kW	5.5	5.5	7.5	7.5	15	15
机床质量/kg	5000	6000	8000	8500	13000	13000
备注	一般都用日本 Fanne 控制系统，并开发专利技术，如前馈控制等					

表 6.7-5　国产插齿机型号和技术参数（一）

机床型号		YK5115	YT5120	Y54B	YS5120	YM5132	Y5120A	Y5132	Y5132CNC	Y5132A	YP5150A
最大加工直径	外啮合齿轮/mm	150	250	500	200	320	200	320	320	320	500
	内啮合齿轮/mm	60+d_s（刀径）	60+d_s（刀径）	550	200	500	200	320	400	400	600
加工齿轮模数/mm		4	6	4	6	6	4	6	6	6	8
最大加工齿宽/mm		30	60	外 105、内 75	50	80	50	700	70	70	125
插齿刀往复行程数/(dstr/min)		300~1000	250~900	80~400（6 级）	300~1050（8 级）	115~700（12 级）	200、315 425、600	160~800（12 级）	160~800	160~800（10 级）	100~600（8 级）
插齿刀最大行程/mm		50	70	—	90	—	63	85	84	84	140
每行程圆周进给量/mm		0.015~2	0.04~2.263	—	0.115~7.107 0.033~2.031	—	0.10、0.12、0.15、0.19、0.24、0.30、0.37、0.46	—	20~540mm/min（无级）	20~540mm/min（无级）	15~600mm/min（无级）
每行程径向进给量/mm		0.005~0.1	0.011~0.051	—	0.0028~0.057 0.01~0.20	—	三次进给	—	0.16~16mm/min（无级）	2~16mm/min（无级）	2~200mm/min（无级）
让刀量/mm		0.6	—	—	0.35	—	0.5	—	>0.5	>0.5	>0.35
电动机总功率/kW		25	—	3.9	8.02	4.77	2.425	9.22	14	9.5	8.4

（续）

机床型号	YK5115	YT5120	Y54B	YS5120	YM5132	Y5120A	Y5132	Y5132CNC	Y5132A	YP5150A
主电动机功率/kW	7.5	3	3	2.6/3.7	2.8	1.7	3.5	7.5	4.5	4
外形尺寸/mm（长×宽×高）	1813×2200×2653	2510×2230×2210	1700×1300×2060	2015×1780×1910	1900×1040×2045	1303×960×1830	2300×1610×2440	2529×2280×2333	2370×1670×2483	2070×1260×2210
重量/kg	5000	5000	4000	4100	5000	1700	—	6500	6500	6000
生产厂家	天津第一机床总厂			宜昌长江机床有限责任公司		南京二机床有限责任公司				

表 6.7-6　国产插齿机型号和技术参数（二）

机床型号		YK5150	YK5180	YK51150	YZW5125	YKD5130	Y51250 C	YS5120CNC
最大加工直径	外啮合齿轮/mm	500	1000	1500	250	300	2500	200
	内啮合齿轮/mm	500	800	1600	120+d_s（刀径）	250	2800	60+d_s（刀径）
加工齿轮模数/mm		8	12	12	6	6	20	4
最大加工齿宽/mm		100	170	170	60	60	400	30
插齿刀往复行程数/(dstr/min)		80~540（无级）	5~150（无级）	25~150（7级）	250~1350	100~800（无级）	30~00	400~1750
插齿刀最大行程/mm		125	190	200	70	75	1160	50
每行程圆周进给量/mm		0.05~2.5（无级）	0.01~1.25（无级）	0.17~1.5（无级）	0.04~2.263（无级）	0.006~2.0（无级）	0.0125~0.60	4~500mm/min（无级）
每行程径向进给量/mm		0.01~0.5（无级）	0.01~0.57（无级）	0.03~0.57（无级）	0.011~0.051（无级）	0.002~0.2（无级）	0.011~0.22	0.001~0.2（无级）
让刀量/mm		—	>0.65	>0.65	—	>0.4	0.5~0.6	—
电动机总功率/kW		—	—	—	—	6.1	30	17
主电动机功率/kW		11	7.5	11	4	4	—	5.5
外形尺寸/mm（长×宽×高）		2655×1805×2400	3401×1248×3537	—	2510×2230×2210	2348×941×1916	5220×2840×3940	1700×1200×1950
重量/kg		7500	10000	10500	6500	3000	30000	5500
生产厂家		天津第一机床有限公司					宜昌长江机床有限责任公司	南京二机床有限责任公司

表 6.7-7　国外插齿机型号和技术参数（均为 CNC 控制设备）

机床型号	LS122	LS183	LFS282	LFS382	SN25A	ST25CNC	GP200S	P800S	P1600S
最大加工外啮合齿轮直径/mm	125	180	280	380	250	250	200	800（1200）	1600
加工齿轮模数/mm	3(5)	3(5)	6	6	6	6	6	12(16)	16
最大加工齿宽（直齿轮）/mm	24（44）	24（44）	87	87	60	60	50（100）	200（350）	350
最大螺旋角/(°)	45	45	45	45	—	36	45	45	45
插齿刀往复行程数/(dstr/min)	400~1800 250~1200 1500~3000	400~1800 250~1200 1500~3000	100~1200	100~1200	300~1500	120~1000	180~1800 (85~850)	—	—
插齿刀最大行程/mm	30(55)	30(55)	100(215)	100(215)	70	70	55(110)	220(380)	380
圆周进给量/(mm/min)(工件)	10~15700	10~15700	1~9425	1~9425	3~5300	3~5300	—	—	—
径向进给量/(mm/min)	1~3750	1~3750	0.1~5000 (3750)	0.1~5000 (3750)	0.001~0.1mm/str	0.001~0.1mm/str	—	—	—
电动机总功率/kW	23	23	—	—	29	10（主电机）	—	—	—
重量/kg	8000	8000	14500	15000	6500	6500	—	—	—
生产厂家	德国 LORENZ	德国 LORENZ	德国 LORENZ	德国 LORENZ	日本 MITSUBISHI	日本 MITSUBISHI	GLEASON-PFAUTER	GLEASON-PFAUTER	GLEASON-PFAUTER

表 6.7-8　国产齿条插齿机型号和技术参数

机床型号	YT54	YM58125A	Y58125	YKR5832
最大加工长度/mm	500	1250	1250	300
加工模数/mm	6	8	8	4
最大加工宽度/mm	90	100	80	30~50
斜齿条最大螺旋角/(°)	—	45	±45	±20
插齿刀往复行程数/(dstr/min)	83~240（4 级）	83~538（12 级）	83~540（6 级）	255~800
电动机总功率/kW	3.75	7	10.72	15
主电动机功率/kW	3	4	4.5/6	—

（续）

机床型号	YT54	YM58125A	Y58125	YKR5832
外形尺寸/mm（长×宽×高）	1750×1850×2130	2000×1656×2200	2240×2500×2200	2703×1960×2180
重量/kg	4000	6000	10000	8500
生产厂家	宜昌长江机床有限责任公司			

表 6.7-9　国外强力刮齿机型号和技术参数

机床型号	PV315	PV630	PV1250	100PS	300PS	400PS	600PS	S-250	S-500-V	GMS200	MSS300	KPS20	KPS30	KPS40	GS200H	GS300H	LK300
最大加工模数/mm	6	8	8	2	4	5	6	—	—	—	4	2.5	4.0	4.0	3.5	3.5	5
最大加工直径/mm	400	630	1250	100	300	400	600	250	400	220	300	200	300	400	220	220	300
最大加工长度/mm	400	600	800	—	—	—	—	—	150		100	—	—	—	100	100	580
X 轴行程/mm	900	1500	2200	—	—	—	—	1400	1700	500	350	150	280	—	470	730	—
Z 轴行程/mm	800	800	1000	—	—	—	—	500	500	300	250	200	280	—	620	850	540
Y 轴行程/(r/min)	0~200	−110~250	−300~0	—	—	—	—	250	250	200	±225	—	110	—	360	650	470
X 轴速度/(m/min)	40	40	40	—	—	—	—	60	60	—	—	30	10	—	48	60	7.5
Z 轴速度/(m/min)	24	24	24	—	—	—	—	30	30	—	—	7.5	6	—	48	60	—
Y 轴速度/(m/min)	20	20	20	—	—	—	—	—	—	—	—	—	10	—	48	60	10
主轴转速/(r/min)	4000	1500	700	—	3000	2200	2200	—	—	4000	—	3500	2500	2500	6000	6000	6000
主轴驱动功率/kW	31	39	104	—	—	—	—	—	26/18.5（连续）	33（连续）	—	15	33	—	30/25	30/25	—
C 轴转矩/(N·m)	425	1375	7440	—	38kW	38kW	38kW	—	—	—	—	—	—	—	—	—	—
B 轴摆动角度	110	240	270	—	—	—	—	±30	±30	±45	±30	±90	—	—	—	—	±30
刮齿驱动功率/kW	29	29	29	—	26	32	32	31.5	30/26（连续）	—	—	—	—	—	32/19.5	33.5/28.3	32
刀夹具刀杆锥度	HSK-B125	—	—	—	HSK-B125	HSK-B160	HSK-B160	—	HSK-A100	—	—	—	—	—	HSK-A100	HSK-A100	HSK-T100
生产国	德国	德国	德国	美国	美国	美国	美国	德国	德国	日本	日本	日本	日本	日本	日本	日本	德国

（续）

机床型号	PV315	PV630	PV1250	100PS	300PS	400PS	600PS	S-250	S-500-V	GMS200	MSS300	KPS20	KPS30	KPS40	GS200H	GS300H	LK300
供应商	皮特勒公司	皮特勒公司	皮特勒公司	格里森公司	格里森公司	格里森公司	格里森公司	维拉公司	维拉公司	NACHI公司	三菱公司	卡希富基公司	卡希富基公司	卡希富基公司	丰田公司	丰田公司	利勃海尔
机床外形尺寸/mm（长×宽×高）	2820×1540×2260	—	—	—	—	—	—	—	3300×5200×3200	2500×3000×1680	2750×1490×1870	3770×2400×3000	3770×2400×2850	3770×2400×3000	2400×3000	2845×5710	—
机床净重/kg	20000	—	—	—	—	—	—	—	18000	8000	20000	15000	9000	12000	—	—	15000

表 6.7-10　国产数控刮齿机型号和技术参数

机 床 型 号	YK8150	YK8170
最大加工模数/mm	4.5	8
最大加工直径/mm	500	700
最大加工长度/mm	—	—
X 轴行程/mm	—	—
Z 轴行程/mm	300	300
Y 轴行程/(r/min)	110	110
X 轴速度/(m/min)	5	5
Z 轴速度/(m/min)	5	5
Y 轴速度/(m/min)	1.5	1.5
主轴转速/(r/min)	2200	1300
主轴驱动功率/kW	22	45
工作台最大转速/(r/min)	1000	600
B 轴摆动角度/(°)	±25	±25
刮齿驱动功率/kW	28	45
刀夹回转速度/(m/min)	6	6
电动机总功率/kW	70	110

（续）

机 床 型 号	YK8150	YK8170
供应商	秦川机床厂	秦川机床厂
机床外形尺寸/mm（长×宽×高）	3500×3000×2800	4500×4000×3000
机床净重/kg	11000	15000

表 6.7-11　国内外普通剃齿机型号和技术参数

机床型号	Y4212 Y4212D	Y4232C	YWA4232	Y4236	Y4250	Y42125A	YA4232	YA4250	ZSA220	ZSA420	ZS550
最大工件直径/mm	125	320	320	360	500	1250	320	500	220	420	650
最大工件模数/mm	1.5/2.5	6	8	8	8	12	8	8	6	8	10
最大工件长度/mm	220	500	500	300	500		500	500	730	730	1360
最大剃削宽度/mm	40	90	—	100	90	—	160	160	150	150	150
剃齿刀转速/(r/min)	63~400	80~250	50~250	118~294	80~250	—	80~270	80~270	45~285	45~285	25~210
轴向进给速度/(mm/min)	20~300	—	12.5~315	50~1470	—	—	20~300	20~300	—	6~285	15~900
径向进给量（最小）/mm	0.01	—	0.01	0.02	—	0.025	—	—	—	—	—
刀具回转中心与工件回转中心距离/mm	47.5~105	120~270	110~270	140~360	150~350	140~770	125~280	140~370	—	—	250~300
刀架最大回转角度/(°)	±30	±30	±20	±30	±30	±20	±30	±30	±25	±25	±25
主电动机功率/kW	1.5	2.2	2.2	2.8	2.2	5.5	—	—	3	3	4
外形尺寸/mm（长×宽×高）	1305×1490×1375	1160×1500×2160	1550×1720×2220	1510×1660×1470	1390×1600×2320	2903×1642×1878	1530×1290×2310	1850×1460×2490	2500×2700×2100	2500×2700×2250	2920×2200×2250
重量/kg	1650	3000	4800	2500	4000	6800	4700	5100	5600	6200	6000
生产厂家	南京二机床有限责任公司			重庆机床集团有限责任公司				德国胡尔特			

表 6.7-12　国内外数控剃齿机型号和技术参数

机床型号	Y4220CNC	Y4232CNC2	YKT4232	YK4232	YK4220	YK4240	YKA4250A	GSP-30E	F30M	FE30A
最大工件直径/mm	200	320	320	320	200	400	500	300	300	310
最大工件模数/mm	6（4）	8（6）	6	8（5）	6（4）	8（6）	8	6	6	8
最大工件长度/mm	500	500	500	500	650	750	500	—	—	—
最大剃削宽度/mm	—	140	40	140	146	140	160	150	40	150
剃齿刀转速/(r/min)	55~270	50~400	50~400	50~400	45~300	50~400	80~270	—	65~500	65~500
安装剃齿刀最大直径/mm	240	240	240	240	—	260	—	—	—	—
安装剃齿刀孔径/mm	63.5	63.5	63.5	63.5	—	63.5	—	63.5	63.5	63.5
轴向进给速度/(mm/min)	10~300	1~500	—	1~500	20~800	1~500	20~300	—	—	—
径向进给速度/(mm/min)	—	0.2~500	0.2~500	0.2~500	0.1~9.9	0.2~500	0~200	—	—	—
刀具回转中心与工件回转中心距离/mm	115~275	125~280（110~265）	125~280（110~265）	125~280（110~265）	100~190	140~320	140~370	175~225	105~265	105~265
刀架最大回转角度/(°)	±30	±18	±20	±20	±25	±20	±30	—	—	—
数控轴数	2	2	3	4	1	3	1	3	2	4
主电动机功率/kW	3	5.5	5.5	5.5	—	5.5	—	—	—	—
外形尺寸/mm（长×宽×高）	2055×2255	2700×2260×3070	3030×2680×2600	2980×2870×2680	3650×2100×2400	3060×2910×2730	1850×1460×2490	1900×2300	—	—
重量/kg	4500	6200	6000	6000	6000	7000	4900	5500	4500	6500
生产厂家	南京二机床有限责任公司	重庆机床集团有限责任公司						日本不二越	日本三菱	

表 6.7-13　外啮合型珩齿机类型和技术参数

机 床 型 号	Y4632A	Y4650	999A	GHG12	YA4632
最大加工直径/mm	320	500	368	375	320
最大加工模数/mm	6	8	4~20DP	2~20DP	6
最大加工齿宽/mm	90	90	140	140	120
珩轮最大直径/mm	240	240	254	254	—
工作台最大行程/mm	100	100	—	140	—
工作台顶尖最大距离/mm	400	500	762	685	500
主轴转速范围/(r/min)	200~650	200~650	30~333	—	180~750
轴向进给量/(mm/min)	63~500	30~300	0~762	—	—
珩轮夹会转角/(°)	±30	±30	±25	—	±30
机床重量/kg	3000	4000	2950	—	4500
生产厂家	南京二机床有限责任公司		美国密西根工具公司	美国拉刀与机床公司	重庆机床厂

表 6.7-14　内啮合型珩齿机类型和技术参数

机床型号	YK4820	YK4820	ZS25A	PGH-T250D	PGH-300A	K-400	CX120	ZH250CNC-E	ZH125CNC-E
最大工件直径/mm	200	200	250	250	300	320/250	120	250	125
最大加工模数/mm	4	4	6	—	—	5	3	6	4
最大工件宽度/mm	—	100	100	—	—	—	70	100	45
工件顶尖间最大距离/mm	450	500	350	650	400	1000	—	350	400
珩轮直径/mm	310	—	400	300	350	400/300	230	400	300
珩轮宽度/mm	25/40	—	100	—	—	—	—	100	60
刀架回转角度/(°)	±25	±30	±30	±15	±15		±15	±20	±22.5
径向进给运动最大行程/mm	240	—	150	240	240	160/260	120	160	105
工作台运动最大行程/mm	120	—	520	765	355	650	320	800	500
工件转速/(r/min)	—	—	0~6000	—	—	—	—	max.6000	max.4000
珩轮转速/(r/min)	30~500	50~600	0~1500	max.500	max.355	—	max.3000	max.1000	max.1200
主电动机功率/kW	3	—	15/18.5	—	—	—	—	8.5	10
机床重量/kg	5200	4300	11000	6000	5000	3800	—	5500	12100
生产厂家	南京二机床有限责任公司	重庆机床厂	日本 MITSUBISHI	日本 NACHI		瑞士 Fässler	德国 KAPP	美国 GLEASON-HURTH	

表 6.7-15　蜗杆型珩齿机类型与技术参数

机床型号		Y4750	Y4732	KGH300
工件直径/mm	最大	500	320	300
	最小	20	40	—
工件最大模数/mm		8	6	6
尾架顶尖至工作台面距离/mm		250~550	170~470（顶尖距）	255~455
珩蜗杆最大垂直进给行程/mm		250	最大齿宽：80	250
珩蜗杆中心至工作台面距离/mm		100~350	165~365	63~315
珩蜗杆中心至工作台中心距离/mm		120~380	—	90~380
可安装珩蜗杆尺寸/mm（外径×长×孔径）		300×120×160	外径：300~400	260×100×160
珩蜗杆转速/(r/min)		750(1500)	1020/1150/1315/1500	750(1500)
主电动机功率/kW		0.75	1.1	0.75
机床重量/kg		3200	4000	2900
生产厂家		南京二机床有限责任公司	长江机床厂	日本 KASHIFUJI

表 6.7-16　国内磨齿机型号和主要技术参数

磨齿机分类	机床型号	分度元件	机床主要参数						机床净重/kg	工作精度	表面粗糙度 Ra/μm	主机外形尺寸/mm	生产厂
			模数/mm	齿数	直径/mm	螺旋角/(°)	齿宽/mm	工夹具重/kg					
碟形双砂轮型	Y7032A	分度盘	1~12	10~180	20~320	0~45	≤200	≤60	6400	3~5 级	0.2~0.6	3100×2200×2600	秦川机床工具集团股份公司
锥面砂轮型	Y7132A	分度蜗杆副	1~6	9~120	30~320	0~45	≤100	≤20	5100	5 级	0.4~1.2	2100×1344×850	
	YK7163	电子齿轮箱	2~12	—	50~630	0~45	≤215	—	5100	5 级	0.4~1.2	2100×1344×850	
蜗杆砂轮型	YKS7225	电子齿轮箱	0.5~4	1~999	12~260	±45	≤180	≤30	—	5 级	0.4~0.8	—	
	YK7236A		1~6	12~260	20~360	±45	≤190	≤60	—	—	—	—	
	YK7240		1~6	5~600	20~300	±45	≤300	—	—	—	—	—	
	YW7232CNC		1~6	1~999	320	±45	≤600	—	—	—	—	—	重庆机床集团有限责任公司

（续）

磨齿机分类	机床型号	分度元件	机床主要参数						机床净重 /kg	工作精度	表面粗糙度 Ra /μm	主机外形尺寸 /mm	生产厂
			模数 /mm	齿数	直径 /mm	螺旋角 /(°)	齿宽 /mm	工夹具重 /kg					
蜗杆砂轮型	Y7226CNC	电子齿轮箱	1~4(5)	1~999	260	±45	≤180	—	8500	—	—	3220×5300×3000	南京二机床有限责任公司
	Y7232CNC		1~6(8)	1~999	320	±45	≤280	—	10000	—	—	4300×5600×3500	
	YT7250CNC		1~8	1~999	500	±45	≤450	—	13000	—	—	4500×6000×3500	
成形砂轮型	YK7332A	电子齿轮箱	1~10	1~999	30~320	±45	≤600	—	—	—	—	—	秦川机床工具集团股份公司
	YK7380A		2~20	1~999	100~800	±45	≤500	≤2000	—	—	—	—	
	YK73125A		2~25	1~999	220~1250	±35	≤710	≤6000	—	—	—	—	
大平面砂轮型	YM7125	分度盘	1~8	8~120	25~250	0—45	≤50	—	2700	3 级	0.2~0.4	1840×1730×1965	
	YT7432		2~16	12~160	75~820	0~35	≤100	≤20	4000	3~4 级	—	2259×1686×2130	
摆线型	Y7654	分度蜗杆副	偏心量 0.75~8	9~87	70~540	0	≤74	—	3000	—	0.4~1.2	2259×1686×2130	

表 6.7-17　国外磨齿机型号和主要技术参数

磨齿机分类	机床型号	分度元件	机床主要参数						机床净重 /kg	工作精度	表面粗糙度 Ra /μm	生产厂
			模数 /mm	齿数	直径 /mm	螺旋角 /(°)	齿宽 /mm	工夹具重 /kg				
锥面砂轮型	H500	分度蜗杆副	1~14	62~80	20~250	0~45	≤430	≤400	8800	—	—	Hoefler（德国）
	RKZ400		1~10	7~200	30~400	0~45	≤205	≤500	7900	—	—	Reishauer（瑞士）
蜗杆砂轮型	RZ400	电子齿轮箱	0.5~8	5~999	10~400	0~45	≤300	≤300	—	—	0.2~0.4	
	RZ362A		0.1~7	6~600	10~360	0~45	—	≤60	6600	—	0.2~0.4	
	LCS200		1—8	1~999	10~200	±35	—	≤100	14000	5 级	0.2~0.4	Liebherr（德国）
	LCS300		1~8	1~999	10~300	±35	—	≤100	14000	5 级	0.2~0.4	

（续）

磨齿机分类	机床型号	分度元件	机床主要参数						机床净重/kg	工作精度	表面粗糙度 Ra/μm	生产厂
			模数/mm	齿数	直径/mm	螺旋角/(°)	齿宽/mm	工夹具重/kg				
蜗杆砂轮型	KX260P	电子齿轮箱	1~6	1~999	260	±45	≤180	—	8500	—	—	KAPP（德国）
	KX300P		1~6(8)	1~999	320	±45	≤280	—	10000	—	—	
成形砂轮型	RI375		1~10	1~999	375	±45	≤600	—	11000	5~6 级	0.4~0.8	SUMPUTENSLI（意大利）
	S370G		1~10	1~999	375	±45	≤600	—	11000	5~6 级	0.4~0.8	
大平面砂轮型	SRS400	分度蜗杆副	1~12	13~240	400	0~45	≤40	—	4200	—	—	Carl Harth（德国）
	SG-325		1.25~13	18~156	50~325	0~45	≤28	—	6000	—	—	Fujikoshi（日本）

表 6.7-18　直齿锥齿轮刨齿机型号与技术参数

机 床 型 号		Y236B	No14(429)	No710
最大工件直径/mm	传动比最大时	600	610	216
	传动比=1 时	—	432	—
最大工件时模数范围/mm		1~8	—	—
最大可加工模数/mm		10	8.5	6.35
最大工件锥距/mm		305	350	114
最大传动比		1∶10	1∶10	—
最大工件齿宽/mm		90	89	36
工件主轴锥孔大端直径/mm		100	100	—
工件主轴锥孔锥度		1∶20	1∶19.69	—
工件齿数范围		10~200	5~100(200)	—
分齿箱主轴端面至机床中心距离/mm		65~380	64~381	—
刨刀每分钟往复冲程数		85~380	64~495	90~500
加工一齿时间/s		7.6~86.5	—	—
主驱动电动机功率/kW		3	3	1.3
机床外形尺寸/mm（长×宽×高）		2400×1853×1700	—	—
净重/kg		4000	6863	—
生产厂家		国产	格里森公司	

表 6.7-19　双刀盘铣齿机型号与技术参数

机 床 型 号		104CNC	114CNC	BF203
最大工件直径/mm	传动比最大时	216	406.4	260
	传动比为 1 时	152	304.8	185
最大工件锥距/mm		108	177.8	130
工件模数范围/mm		1.3~8.5	1.6~10.6	1.5~10
最大传动比		10∶1	10∶1	10∶1
最大工件齿宽/mm		35	63.5	60
工件齿数范围		9~93(175)	5~150	6~99
机床外形尺寸/mm（长×宽×高）		2710×2720×2000	3380×2850×2160	—
机床重量/kg		7800	11363	6500
生产厂家		格里森公司		克林贝格公司

表 6.7-20　部分美国数控弧齿锥齿轮铣齿机技术规格

机 床 型 号	600HC		1000HC		275HC		280C	
加工方式	A	B	A	B	A	B	A	B
加工齿数范围	1~2000		5~200		5~200		1~200	
最大传动比	10∶1		10∶1		10∶01		200∶1（极限）	
最大节圆直径/mm	500-600		1000	614	275		280	
最大齿面宽度/mm	110		152	76.2	58		58	
最大铣齿深度/mm	24.6	21.5	31.75	23.5	20		20	—
刀盘直径/mm	190 457	152 420	9in 18in	176 350	9in	201	9in	210
工件主轴锥孔直径/mm	152	203	203.2		—	—	—	
工件主轴孔锥度	#60	#80	1∶16		01∶19.7		—	
工件主轴锥孔深度/mm	678	884	152.4		—	—	—	
工件主轴通孔直径/mm	140	40	180.98		—	—	—	—
工件轴水平行程/mm	200~550		−305~305		25~350		25~334	
工件轴垂直行程/mm	−375~300		−305~305		±175		±175	
刀盘滑座行程/mm	310~700		−25~711		125~600		125~600	
B-根锥角/(°)	−5~+90		−5~+90		−5~+90		−5~+90	
机床外形尺寸/mm（长×宽×高）	4470×3500×3500		5811×5410×3316		3430×2335×2390		3700×2930×2640	
机床重量/kg	26000		29484		9072		15600	
生产厂家	美国格里森公司							

注：加工方式 A 为端面铣削；加工方式 B 为端面滚切。

表 6.7-21　部分欧洲弧齿锥齿轮铣齿机技术规格

机床型号	C28		C30		C40		C50		C60	
加工方式	B	A	B	A	B	A	B	A	B	A
加工最大模数/mm	1.5~6.5	7.5	1.5~6.5	—	1.5~8.5	9	1.5~9	1.5~11	3.5~10	3.5~13
加工齿数范围	6~180		6~180		6~180		6~180		6~180	
最大传动比	1∶10		1∶10		1∶10		1∶10		1∶10	
最大节圆直径/mm	275	320	280		400	450	500		630	1000
刀盘直径/mm	98 220	4.5in 9in	39 105	3.2in 7.5in	124 320	5in 12in	88 181	6in 16in	176 362	7.5 18
工件主轴锥孔直径/mm	99.21	—	99.258	—	152.4	—	203.22	—	203.22	—
工件主轴孔锥度	1∶19.764		1：19.764		1∶16		1∶16		1∶16	
工件轴水平行程/mm	90		—		140		—		190	
工件轴转速/(r/min)	600		1500		400		450		450	
刀盘轴转速/(r/min)	500		1500		450		450		330	
机床外形尺寸/mm（长×宽×高）	5300×2300×2450		4150×3420×2850		5450×2500×2450		4860×3300×3350		6165×3600×3200	
机床重量/kg	15500		16000		16000		33500		35000	
生产厂家	克林贝格公司									

注：加工方式 A 为端面铣削；加工方式 B 为端面滚切。

表 6.7-22　部分国内数控弧齿锥齿轮铣齿机技术规格（一）

机床型号	H150C	H350C		H650C		H1250C		H2000C	
加工方式	A	A	B	A	B	A	B	A	B
最大工件直径/mm	150	350		650		1250		2000	
加工模数范围/mm	0.7~4	10		18		28		50	
最大加工齿深/mm	10	20		35		50		90	
最大加工齿面宽/mm	30	60		115		180		350	
加工齿数	1~200	1~200	5~200	1~200	5~200	5~200		5~200	
最大传动比	1∶200	1∶200	1∶10	1∶200	1∶10	1∶10		1∶10	
加工精度（DIN）	5	5		5		6		6	
刀盘尺寸/mm	1in 4in	2in 9in	51 105	7.5in 18in	88 200	9in 28in	135 260	21in 40in	270 450
刀盘轴转速/(r/min)	3500	0~1000		0~450		0~155		0~30	

（续）

机床型号	H150C	H350C	H650C	H1250C	H2000C
工件轴大端直径/mm	44.399	99.219	152.4	270	400
工件轴内孔锥度	1∶19.002	1∶19.6923	1∶16	—	—
工件轴通孔长度/mm	150	310	480	795	1350
工作台回转角/(°)	-120~120	-5~90	-5~90	0~90	0~90
机床外形尺寸/mm（长×宽×高）	2300×3000×2700	4500×2600×2600	3970×3360×3040	4760×3150×3860	7750×6425×5000
机床重量/kg	4500	20000	31000	41000	98000
生产厂家	哈量集团				

注：加工方式A为端面铣削；加工方式B为端面滚切。

表6.7-23 部分国内数控弧齿锥齿轮铣齿机技术规格（二）

机床型号	YKA2235		YKA2260		YKF2235		YKF2260		YKE22100	YK22160
加工方式	A	B	A	B	A	B	A	B	A	B
最大工件直径/mm	350		600		350		600		1000	1600
加工模数/mm	10		14		10		14		20	40
加工齿数	5~200		5~200		5~200		5~200		5~200	5~200
最大传动比	1∶10		1∶10		1∶10		1∶10		1∶10	1∶10
刀盘尺寸/mm	3.25in 9in	78 210	7.5in 18in	176 400	2.7in 9in	7 210	7.5in 16in	152 400	9in 21in	24in 40in
刀具主轴圆锥大端直径/mm	58.211		58.211		58.211		58.211		58.211	58.211
刀具主轴圆锥锥度	1∶24		51∶24		1∶24		1∶24		1∶24	1∶24
工件轴大端直径/mm	128.1906		203.2		128.1906		152.4		240	240
工件轴内孔锥度	1∶18.2857		1∶18.2857		1∶18.2857		1∶18.2857		1∶16	
机床功率/kW	100		120		80		100		100	130
机床外形尺寸/mm（长×宽×高）	3010×3080×3285		4760×3730×3600		4100×2800×2900		5300×3200×2900		6500×4500×4000	8750×7100×5165
机床重量/kg	20500		35000		19000		23000		30000	75000
生产厂家	湖南中大创远公司									

注：加工方式A为端面铣削；加工方式B为端面滚切。

表 6.7-24　弧齿锥齿轮数控研齿机

机床型号		L50	L60	600HTL	YK2580	YK2550	YKF2560	H650T
从动齿轮最大直径/mm		500	500（可选 600）	450（可选 600）	800	500	600	650
主动轮主轴箱	锥孔轴线至从动轮主轮端面距离/mm	120~320	120~340	89~267	150~350	145~260	—	—
	锥齿大端直径/mm	99.2	99.2	—	100	100	120	140
	锥孔大端深度/mm	440	440	—	150	150	390	—
	锥度	—	—	—	1∶20	1∶20	1∶18.2857	—
	最大偏置距/mm	—	—	—	±75	±50	—	—
从动轮主轴箱	锥孔轴线至从动轮主轮端面距离/mm	150~350	150~350	165~356	180~500	125~260	—	—
	锥齿大端直径/mm	99.218	99.2	—	80	80	100	140
	锥孔大端深度/mm	—	—	—	120	120	400	—
	锥度	—	—	—	1∶20	1∶20	1∶19.6923	—
主动主轴电动机	功率/kW	5.3	4.8	—	4.5	3	—	—
	转速范围/(r/min)	0~3000	0~4000	0~4000	0~1500	0~4000	—	0~2000
从动主轴电动机	功率/kW	5.3	4.8	—	3.0	3	—	—
	转速范围/(r/min)	0~3000	0~4000	0~4000	0~1500	0~4000	—	—
最大制动转矩/N·m		30	30		50	25	—	400
机床外形尺寸/mm（长×宽×高）		3320×2225×2260	2394×2150×2076	1800×2400×1900	2575×2290×1970	2200×1830×1940	3100×2500×2200	2700×2420×3018
重量/kg		6400	7500	5000	7000	3500	9000	11000
生产厂家		克林贝格公司	克林贝格公司	格里森公司	四川内江弘昌机床有限公司		湖南中大创远公司	哈量凯帅精密机械有限公司

表 6.7-25　国内弧齿锥齿轮磨齿机（一）

机床型号	CY35G	YKF2035	YKF2060	YKE20100	YKE20160
使用砂轮直径范围/in	2.7~9	2.7~9	7.5~16	9~20.5	21~40
最大传动比	10∶1	10∶1	10∶1	10∶1	10∶1
最大端面模数/mm	10	10	15	20	30

（续）

机 床 型 号	CY35G	YKF2035	YKF2060	YKE20100	YKE20160
齿数	5~200	5~200	5~200	5~200	5~200
最大节圆直径/mm	350	350	600	1000	1600
工件主轴锥孔大端直径/mm	128.1906	128.1906	152.4	240	400
工件主轴锥孔锥度	1∶18.2587	1∶18.2587	1∶16	1∶16	—
机床总功率/kW	152	130	120	90	150
主机外形尺寸/mm（长×宽×高）	3405×3711×2700	4100×2800×2900	5300×3200×2900	5600×3000×3800	6500×6000×200
机床净重/kg	20000	19000	13000	30000	75000
生产厂家	湖南中大创远公司				

表 6.7-26 国内弧齿锥齿轮磨齿机（二）

机 床 型 号	H150G	H350GA/H350GH	H650G/H350GA	H1250G	H2000G
使用砂轮直径范围/in	1~4	3.5~9/2~9	7.5~18	9~28	21~40
最大传动比	1∶200	1∶200	1∶200	1∶10	1∶10
最大端面模数/mm	0.7~4	10	18	28	50
齿数	1~200	1~200	1~200	5~200	5~200
最大节圆直径/mm	150	350	650	1250	2000
最大全齿深/mm	10	20	35	50	90
齿面宽（最大）/mm	30	60	115	180	350
砂轮轴转速/(r/min)	0~15000	0~5000/0~8000	0~2400	0~2000	0~900
工件主轴锥孔大端直径/mm	44.399	99.219	152.4	270	400
工件主轴锥孔锥度	1∶19.002	1∶19.6923	1∶16	—	—
工件轴通孔长度/mm	150	310	480	795	1350
工件轴转速/(r/min)	80	0~130	0~90	0~15	0~10
工作台回转角度/(°)	-120~120	-5~90	-5~90	0~90	0~90
工作台回转速度/(r/min)	0~32	0~5	0~5	0~4	0~3
主机外形尺寸/mm（长×宽×高）	2300×3000×2700	3580×2470×2675	4500×4700×3100	4760×3150×3860	7750×6725×5000
机床净重/kg	4500	13000	29000	41000	98000
生产厂家	哈量集团				

表 6.7-27 国外弧齿锥齿轮磨齿机（一）

机 床 型 号	G30	G35	G50	G60	G80
工件直径/mm	300	350	450	600	600
法向模数范围/mm	0.7~8	0.7~8	1~4	2~12	2~12

（续）

机 床 型 号	G30		G35		G50	G60	G80
齿面宽/mm	60		60		78	—	—
齿数	180		180		5～360	—	—
基础安装角/(°)	±90		±90		−5～90	±90	±90
偏置距/mm	—		—		±65	±100	±100
砂轮直径/mm	50～127	140～230	31～114	127～355	100～450	100～406	230～500
砂轮主轴转速/(r/min)	8000		8000		4800	4500	4500
偏心速度/(r/min)	3800		3800		—	3800	3800
修整轮转速/(r/min)	6000		10000		—	6000	6000
工件主轴孔径/mm	93		93		190	150，$L=740$	150，$L=740$
工件主轴转速/(r/min)	1500		1500		—	40	40
总负载/kVA	55		55		—	55	60
机床尺寸/mm（含过滤系统）	3590×6500×3150		6545×6220×3980		5280×3630×2600	3650×2310×3350	3650×2530×3440
机床净重/kg（不含过滤系统）	20000		37000		13000	19500	21000
生产厂家	德国克林贝格公司						

表 6.7-28　国外弧齿锥齿轮磨齿机（二）

机 床 型 号	280G	600G	800G
工件直径/mm	280	—	762
法向模数范围/mm	10	2～13	—
齿面宽/mm	58	110	116.84
齿数	—	1～2000	5～200
基础安装角/(°)	−5～90	−5～90	−5～90
砂轮直径/mm	51～230	600	152.40～520
砂轮主轴转速/(r/min)	8000	3000	750～4000
偏心速度/(r/min)	2600	2240	—
修整轮转速/(r/min)	10000	4000	1000～4000
工件主轴转速/(r/min)	900	630	12
机床尺寸/mm（含过滤系统）	375×3000×2800	3900×3100×3400	7109×5210×3316
机床净重/kg（不含过滤系统）	15870	26000	23586
生产厂家	美国格里森公司		

表 6.7-29　蜗杆加工常用的普通车床型号和技术参数

机床型号		J1C6132	J1MK460 J1MK460	CD6140A CD6150A	C6132D C6140D	CA6136	CA7140	CA6150	CA6161	CA6161/ CA6161D	CW6180B	CW61100B
工件最大直径/mm	在床身上	320	460，530	400，500	320，400	360	400	500	610	610	800	1000
	在刀架上	190	260，340	220，290	190，240	210	210	300	370	370	480	610
最大工件长度/mm		750/1000	860/1000/ 1500/2000 2500/3000	750/1000 1500/2000 3000	—	1000	750/1000 1500/2000	750/1000/ 1500/2000	750/1000/ 1500/2000	750/1000/ 1500/2000	1500/3000/ 4000/5000	1500/3000/ 5000/8000/ 14000
最大加工长度/mm		—	—	—	650/900 1150/1400	850	—	—	—	—	—	—
加工螺纹螺距	米制螺纹/mm	0.2~24	0.5~7	0.5~240	0.45~20	0.5~10	1~192	1~192	1~192	1~192	1~240	1~120
	寸制螺纹/in	48~2	56~4	80~1/4	80~1	40~7/4	24~2	24~2	24~2	24~2	14~1	24~1/4
	模数螺纹/mm	0.25~12	0.5~7	0.25~120	0.25~10	0.25~5	0.25~48	0.25~48	0.25~48	—	0.5~120	0.5~60
	径节螺纹/in^{-1}	6~1/2	28~4	160~7/16	160~3	80~5/2	96~1	96~1	96~1	—	28~1	56~1/2
主轴	最大通过直径/mm	52	80	52	52	53	52	52/76/80	52	52/80	104	130
	孔锥度（莫氏）	6号	ASA350	6号	6号	—	6号	6号	6号	6号	5号	—
	正转转速/(r/min)	12级，28~2000	12级，25~1500	22级，11~1400	12级，25~1600	12级，37~1600	24级，10~1400	24级，10~1400	24级，10~1400	10~1400	18级，5.4~720	21级，5~500
	反转转速/(r/min)	12级，28~2000	12级，25~1500	22级，11~1400	16级，12~1600	6级，102~1570	—	—	—	—	—	12级，5.6~444

（续）

机床型号		J1C6132	J1MK460 J1MK460	CD6140A CD6150A	C6132D C6140D	CA6136	CA7140	CA6150	CA6161	CA6161/ CA6161D	CW6180B	CW61100B
进给量	横向进给种数	—	—	63	138	40	—	—	—	64	32	56
	横向进给范围/(mm/r)	0.0066~1.24	—	0.009~0.804	0.02~1.08	0.04~1.28	—	—	—	—	0.03~0.76	0.05~6
	纵向进给种数	—	80	63	138	40	—	—	—	—	32	56
	纵向进给范围/(mm/r)	0.013~2.761	0.061~0.95	0.035~2.842	0.04~2.16	0.05~1.6	—	—	—	—	0.06~1.52	0.1~12
刀架横向行程/mm		—	270	—	255	200	—	—	—	367	500	520
小刀架行程/mm		—	110	—	140	120	—	—	—	140	200	300
主电动机功率/kW		4	7.5	7.5	4，5.5	4	7.5	7.5	7.5	7.5	11/15	22
机床净重/kg		1500/1580	1900/3470	2050/4020	—	1450	1990/2070 2220/2570	2060/2140/ 2290/2640	2180/2260/ 2430/2787	—	4900/5500/ 6100/6900	9200/10700/ 12100/14500/ 20500
机床尺寸/mm（长×宽×高）		—	—	—	—	2242×1000×1170	2412/2668/ 3168/3668× 1000×1267	2418/2668/ 3168/3668× 1037×1312	2418/2668/ 3168/3668× 1130×1367	—	3700/5650/ 6250/7250× 1550×1630	4620/6100/8100/ 11100/17100× 2150×1700
可达到的工作精度	圆度/mm	—	≤0.065	—	—	7级	—	—	—	—	—	—
	圆柱度/mm	—	≤0.01/300	—	—		—	—	—	—	—	—
	平面度/mm	—	≤0.01/300	—	—		—	—	—	—	—	—
	表面粗糙度 Ra/μm	—	1.6	—	—	2.5	—	—	—	—	—	—
生产厂家		济南一机床集团有限公司	济南一机床集团有限公司	大连机床集团公司	广州机床厂有限公司	沈阳机床（集团）有限责任公司	沈阳机床（集团）有限责任公司	沈阳机床（集团）有限责任公司	沈阳机床（集团）有限责任公司	牡丹江迈克机床制造有限公司	沈阳机床（集团）有限责任公司	沈阳机床（集团）有限责任公司

表 6.7-30 蜗杆加工常用的万能铣床型号和技术参数

机床型号		XA6132	XA6132A	XA6140A	XA5032	XA5040A	X6232	X5040	XA6240A	XA5750	X5225	X5330B
工作台尺寸/mm（宽×长）		320×1250	320×1320	400×1700	320×1250	400×1700	320×1320	400×1700	400×1700	500×1600（2000）	250×1120	300×1270
工作台最大行程/mm	纵向（手动/机动）	700/680	800/780	900/880	700/680	900/880	800/790	1000/990	900/880	1200（1500）	560	650
	横向（手动/机动）	255/240	300/280	375/360	255/240	375/360	330/320	375/365	315/300	700（滑枕）	200	350
	垂向（手动/机动）	320/300	400/380	450/430	370/350	450/430	400/390	450/440	475/455	500	400	400
主轴电动机功率/kW		7.5	7.5	11	7.5	11	—	—	11	7.5	2.2	2.2
机床净重/kg（约）		2850	2950	4350	2800	4800	—	—	4900	4000		1400
机床外形尺寸/mm（长×宽×高）		2294×1770×1665	2350×2750×1725	2579×2274×1935	2272×1770×2094	2579×2274×2544	—	—	2570×2326×2114	2475×2260×2180	—	2000×1660×2190
生产厂家		北京北一数控机床有限公司	北京北一数控机床有限公司	北京北一数控机床有限公司	北京北一数控机床有限公司	北京北一数控机床有限公司	齐齐哈尔二机床（集团）有限责任公司	齐齐哈尔二机床（集团）有限责任公司	北京北一数控机床有限公司	北京北一数控机床有限公司	杭州铣床制造有限公司	杭州铣床制造有限公司

表 6.7-31　蜗杆加工常用的螺纹磨床型号和技术参数

主要技术参数		螺纹磨床型号				
		SB7320	S7332	Y7520W	SB7520	SB7620
中心高/mm×中心距/mm		120×750	170×1000	105×500	120×750	中心高 200
最大安装尺寸/mm（直径×长度）		200×750	320×1000	200×500	200×750	260×200
加工螺纹尺寸/mm（直径×长度）		(2~150)×480	(6~320)×1000	(2~150)×400	(20~200)×500	(25~200)×125
螺距	米制/mm	0.25~24	1~40	0.25~24	0.25~4	1~24
	寸制（牙/in）	2~28	1~14	3~28	2~28	3~20
工作精度等级		6~7	6	6	6	6
主电动机功率/kW		3	4	4	5.5	1.5
重量/t		4	5.5	4.5	5.5	3.8
外形尺寸/mm（长×宽×高）		2500×1700×1750	3380×2010×1800	2385×2025×1480	2500×1945×2000	2100×1300×1700
生产厂家		汉江机床有限公司	上海机床厂有限公司	汉江机床有限公司	上海机床厂有限公司	汉江机床有限公司

表 6.7-32　加工蜗杆专用机床的型号和技术参数

主要技术参数	机床型号			
	J_1-009 型圆柱蜗杆铣床	J_1-010 型环面蜗杆铣床	QH_2-006 型环面蜗杆铣床	QH_2-005A 型环面蜗杆铣床
最大工件直径/mm	100	125	—	—
最大螺旋线长度/mm	300	—	—	—
蜗杆螺旋线最大螺旋角/(°)	15	—	—	—
蜗杆最大轴向齿距/mm	15	—	—	—
蜗杆模数/mm	—	6	8	8
主轴中心高/mm	95	120	—	—
主轴与尾架端面间最大距离/mm	600	300	—	—
主轴与刀具轴线距离/mm	115	56~105	65~170	65~170
主轴孔锥度	莫氏 4 号	莫氏 5 号	—	—
电动机总功率/kW	5.25	4.65	5.25	4.45
主电动机功率/kW	4.5	4.5	4	3
外形尺寸/mm（长×宽×高）	2260×1160×1620	1385×1185×1585	1610×1200×1400	1610×1250×1410
重量/t	2.89	2.3	2.5	2.5
说明	用插齿刀式刀具铣切	用专用齿形刀具按车齿法加工	用多头刀盘或插齿刀式刀具加工	用多头刀盘进行精切，与 QH_2-006 型配套使用
生产厂家	—		青海第二机床制造有限责任公司	

表 6.7-33 磨削蜗杆专用机床的型号和技术参数

主要技术参数	机床型号			
	S7712	NO. 3700	NO. 4700	NO. 5700
最大磨削直径/mm	125	380	380	380
最大磨削长度/mm	350	500	1000	2000
可装夹的最大工件长度/mm	500	500	1000	2000
最大螺旋角/(°)	20（左旋） 30（右旋）	±45	±45	±45
螺距范围/mm	1~10	0.4~305	0.4~305	0.4~305
生产厂家	青海第二机床制造有限责任公司	英国 MATRIX	英国 MATRIX	英国 MATRIX

表 6.7-34 加工花键常用的铣床型号和技术参数

机床型号		XA6132	XA6132A	XA6140A	XQ6225	X6130A	X6532	X6140	XA6240A	XA5750	XK6040（数控）	XK6032（数控）
工作台尺寸/mm（宽×长）		320×1250	320×1320	400×1700	250×1120	300×1100	320×1320	400×1700	400×1700	500×1600（2000）	400×1600	330×1320
工作台最大行程/mm	纵向（手动/机动）	700/680	800/780	900/880	560	630/620	1016	1000/990	900/880	1200/1500	900	800
	横向（手动/机动）	255/240	300/280	375/360	200	275/265	380	375/365	315/300	700（滑枕）	375	300
	垂向（手动/机动）	320/300	400/380	450/430	400	370/360	430	450/440	475/455	500	400	430
主轴电动机功率/kW		7.5	7.5	11	2.2	—	—	—	11	7.5	—	—
机床净重/kg（约）		2850	2950	4350	1300	—	—	—	4900	4000	4200	2800
机床外形尺寸/mm（长×宽×高）		2294×1770×1665	2350×2750×1725	2579×2274×1935	1672×1630×1660	—	—	—	2570×2326×2114	2475×2260×2180	2495×2100×2170	2200×1900×1920
生产厂家		北京北一数控机床有限公司	北京北一数控机床有限公司	北京北一数控机床有限公司	杭州铣床制造有限公司	齐齐哈尔二机床（集团）有限责任公司	齐齐哈尔二机床（集团）有限责任公司	齐齐哈尔二机床（集团）有限责任公司	北京北一数控机床有限公司	北京北一数控机床有限公司	齐齐哈尔二机床（集团）有限责任公司	齐齐哈尔二机床（集团）有限责任公司

表 6.7-35　铣刀刃磨用万能工具磨床的技术规格和参数

技术规格	M6025A	M6025C	MQ6025	MQA6025	MQ6025A	M6025K	M6020B
磨削工件最大直径/mm	250	250	250	250	250	250	—
磨削工件最大长度/mm	400	400	320	450	—	—	—
前后顶尖距/mm	630	630	580	630	650	630	400
后顶尖与万能夹头顶尖距/mm	480	—	—	—	—	480	—
工作台台面尺寸/mm（宽×长）	135×920	135×940	135×900	—	135×940	135×940	100×650
工作台最大回转角度/(°)	120	±60	±45	—	±60	120	±45
工作台最大移动量/mm　纵向	400	400	320	—	480	400	300
工作台最大移动量/mm　横向	230	—	—	—	—	230	160
顶尖中心线至砂轮中心线距离/mm	70~300	45~285	—	40~300	50~280	65~295	70~230
砂轮架最大垂直移动量/mm　顶尖中心线以上	130	150	190	180	230	175	145
砂轮架最大垂直移动量/mm　顶尖中心线以下	55	55	60	60	—	55	15
刻度盘转一格砂轮架垂直移动量/mm	0.02	0.01	0.005	—	—	0.01	—
砂轮最大直径/mm　普通	150	150	150	200	—	150	100
砂轮最大直径/mm　金刚石	125	—	—	—	—	125	
砂轮最大厚度/mm　普通	13	19	13	—	—	13	10
砂轮最大厚度/mm　金刚石	35	—	—	—	—	32	30（碗形）
主电动机功率/kW	0.4/0.6	0.6	0.75	0.75	0.75/1.1	0.75	0.4/0.55
机床净重/kg（约）	1000	1000	810	1000	1000	1000	520
机床外形尺寸/mm（长×宽×高）	1350×1300×1250	1375×1336×1393	1250×1310×1270	1380×1070×1170	1480×1102×1215	1350×1270×1250	920×1120×1400
生产厂家	武汉机床有限责任公司	武汉机床有限责任公司	武汉机床有限责任公司	武汉机床有限责任公司	武汉机床有限责任公司	营口冠华机床有限公司	营口冠华机床有限公司

表 6.7-36　常用花键轴铣床的技术参数和加工精度

技术参数	花键轴铣床	半自动花键轴铣床			数控高效花键轴铣床	锥度花键轴铣床	数控双头花键轴铣床
	Y631K	YB6012B	YBA6012	YB6016	YKX6012	QH2-022	QH2-027
最大加工直径/mm	80	125	125	160	125	125	160
最大加工长度/mm	600	500	1000	1350(2300)	600	400	2500

（续）

技术参数		花键轴铣床	半自动花键轴铣床			数控高效花键轴铣床	锥度花键轴铣床	数控双头花键轴铣床
		Y631K	YB6012B	YBA6012	YB6016	YKX6012	QH2-022	QH2-027
技术参数	加工键槽数	4~24	4~36	4~36	4~36	4~60	4~36	27
	工件与铣刀的中心距/mm	50~185	30~150	30~150	50~145	10~140	30~150	70~145
	主轴转速级数	6	6	6	6	—	6	10
	主轴转速范围/(r/min)	80~250	80~250	160~510	50~160	60~600	80~250	60~200
工作精度	齿距误差/mm	0.02	0.02	0.036	0.02	0.02	0.036	—
	键侧对轴中心线的平行度/mm	0.025/300	0.05/300	0.025/300	0.03/500	0.025/300	—	—
	表面粗糙度 Ra/μm	3.2	3.2	3.2	3.2	3.2	6.3	—
主电动机功率/kW		4	4	4	4	7.5	4	5.5
电动机总功率/kW		5.75	6.32	8	6.32	—	6.67	10.45
机床重量/kg		3500	3000	4800	5500	4500	3000	8500
外形尺寸/mm（长×宽×高）		1830×1790×1700	1860×1686×1653	—	3225(4225)×1607×1640	2530×1835×2100	1950×1760×1805	4638×1845×1950
生产厂家		青海第二机床制造有限责任公司						

表 6.7-37 常用花键轴磨床型号和技术参数

机床型号		M8612A				MK8612/H				HJ025		
可磨花键直径/mm		30~120				30~120				11~125		
工件最大安装长度/mm		500	1000	1500	2000	500	1000	1500	2000	1000	1500	2000
最大可磨键槽长度/mm		300	800	1300	1800	300	800	1300	1800	980	1480	1980
中心高/mm		—				—				160		
工作台速度/(m/min)		0.5~10				—				1~12		
砂轮直径/mm		200~100				—				175~90		
工作精度	分度相邻误差/mm	—				0.005				0.006		
	分度累积误差/mm	0.015				0.014				0.012		
	键侧对轴线平行度/mm	0.01/300				0.01/300				0.008/300		
	相邻键侧的平行度/mm	0.01/300				0.01/300				—		
	小径的圆度/mm	0.006				0.008				0.008		
	表面粗糙度 Ra/μm	0.63				0.63				0.4		
砂轮转速/(r/min)		3000/4500/6000				—				2000~5000（交流变速）		
主电动机功率/kW		2.2				—				—		

（续）

机床型号	M8612A				MK8612/H				HJ025		
电动机总容量/kW	—				—				6.31		
重量/kg	—	3900	5100	5300	2800	3200	3700	4200	8000	10000	12000
外形尺寸/mm（长×宽×高）	3360×1420×1830	4500×1420×1830	5660×1420×1830	6920×1420×1830	3360×1420×1830	4500×1420×1830	5660×1420×1830	6920×1420×1830	3570×1405×1900	4833×1412×1900	6038×1412×1900
生产厂家	上海机床厂有限公司								汉江机床有限公司		

参考文献

[1]《齿轮手册》编辑委员会. 齿轮手册［M］. 北京：机械工业出版社，2000.

[2] 周柄章，等. 简明铣工、齿轮工手册［M］. 上海：上海科学技术出版社，2003.

[3] 王宛山，邢敏. 机械制造手册［M］. 沈阳：辽宁科学技术出版社，2002.

[4]《齿轮制造手册》编辑委员会. 齿轮制造手册［M］. 北京：机械工业出版社，1998.

[5] 梁锡昌，等. 齿轮及其刀具制造的研究［M］. 重庆：重庆大学出版社，2001.

[6] 杨叔子. 机械加工工艺师手册［M］. 北京：机械工业出版社，2001.

[7] 曾韬. 螺旋锥齿轮设计与加工［M］. 哈尔滨：哈尔滨工业大学出版社.，1989.

[8] 刘惟信. 圆锥齿轮与双曲面齿轮传动［M］. 北京：人民交通出版社，1980.

[9] 长春第一汽车制造厂工艺处机械加工试验室. 圆弧齿伞齿轮加工手册［M］. 长春：吉林人民出版社，1980.

[10] 国家机械工业委员会质量安全监督司. 齿轮和蜗轮蜗杆的检查与测量［M］. 北京：机械工业出版社，1991.

[11] 詹昭平，等. 渐开线花键标准应用手册［M］. 北京：中国标准出版社，1997.

[12] 马贤智. 实用机械加工手册［M］. 沈阳：辽宁科学技术出版社，2002.

[13] 袁照丹，高洪彪，赵国锐. 端面齿轮加工技术研究［J］. 汽车工艺与材料，2017（5）：28-32.

[14] 北京齿轮厂. 格里森锥齿轮技术资料译文集 第二分册：格里森锥齿轮设计及计算［M］. 北京：机械工业出版社，1983.

[15] 全国机器轴与附件标准化技术委员会. 圆柱直齿渐开线花键（米制模数 齿侧配合）：GB/T 3478.1～9—2008［S］. 北京：中国标准出版社，2009.

[16] 全国机器轴与附件标准化技术委员会. 矩形花键尺寸、公差和检验：GB/T 1144—2001［S］. 北京：中国标准出版社，2002.

[17] 全国刀具标准化技术委员会. 渐开线内花键插齿刀 型式和尺寸：JB/T 7967—2010［S］. 北京：机械工业出版社，2010.

[18] 全国机器轴与附件标准化技术委员会. 矩形花键 加工余量及公差：JB/T 9146—2017［S］. 北京：机械工业出版社，2018.

[19] 全国刀具标准化技术委员会. 矩形花键滚刀：GB/T 10952—2005［S］. 北京：中国标准出版社，2005.

[20] 全国刀具标准化技术委员会. 渐开线花键滚刀基本型式和尺寸：GB/T 5104—2008［S］. 北京：中国标准出版社，2008.

[21] 全国刀具标准化技术委员会. 渐开线花键滚刀通用技术条件：GB/T 5103—2004［S］. 北京：中国标准出版社，2004.

[22] 全国刀具标准化技术委员会. 锯片铣刀：GB/T 6120—2012［S］. 北京：中国标准出版社，2012.

[23] 全国刀具标准化技术委员会. 整体硬质合金锯片铣刀：GB/T 14301—2008［S］. 北京：中国标准出版社，2009.

[24] 全国刀具标准化技术委员会. 尖齿槽铣刀：GB/T 1119.1—2002［S］. 北京：中国标准出版社，2002.

[25] 全国刀具标准化技术委员会. 三面刃铣刀：GB/T 6119—2012［S］. 北京：中国标准出版社，2012.

[26] 全国刀具标准化技术委员会. 硬质合金错齿三面刃铣刀：GB/T 9062—2006 [S]. 北京：中国标准出版社，2007.
[27] 全国刀具标准化技术委员会. 硬质合金机夹三面刃铣刀：GB/T 14330—2008 [S]. 北京：中国标准出版社，2009.
[28] 全国金属切削机床标准化技术委员会. 固定顶尖：GB/T 9204—2008 [S]. 北京：中国标准出版社，2008.
[29] GLEASON WORKS. Bevel gear development and testing procedure [Z], 1980.
[30] GLEASON WORKS. Design and development of BG using HF method [Z], 1980.
[31] KELINGERLBERG. Gear technology [Z], 2015.

第7章

螺 纹 加 工

主　编　张　富（吉林大学）
副主编　吴文征（吉林大学）
参　编　刘　欣（吉林大学）

7.1 车削螺纹

7.1.1 车削螺纹的加工方法、特点和应用

1. 螺纹车削方法

螺纹车削是通过螺纹车刀的切削刃相对于工件做螺旋运动（工件旋转一转，车刀沿工件轴线移动一个导程），切削刃的运动轨迹就形成了工件的螺纹表面。为了在较高生产率下加工出符合要求的螺纹，应根据螺纹的类型、尺寸规格、精度与表面粗糙度、材料的可加工性能、零件刚性、刀具材料等，选用一种进刀方式或几种进刀方式组合，并结合刀具廓形的改变，组成不同的车削方法。车削螺纹的进刀方式见表 7.1-1。常用的螺纹车削方法见表 7.1-2。

2. 车削螺纹的特点和应用范围

车削螺纹是加工螺纹最常用的基本方法。螺纹车刀结构简单，通用性强，可在各类车床上使用。车削螺纹的加工范围广泛，能加工各种尺寸、各种牙型和精度的非淬火工件的内、外螺纹，特别适合于加工大直径、大螺距的螺纹；车削的螺纹精度可达 GB/T 197—2018 规定的 4~6 级精度，螺纹表面粗糙度可达 $Ra0.8 \sim 3.2\mu m$。螺纹车削的生产率一般较低，主要用于单件、小批量生产。如用硬质合金车刀在数控车床或专用车床上高速车削螺纹，生产率较高，可用于大批量生产。

表 7.1-1 车削螺纹的进刀方式

进刀方式	图　形	特　点	应　用
径向进刀	f_r	1. 各切削刃同时工作，排屑困难，切削力大，容易扎刀 2. 背吃刀量小 3. 刀尖容易磨损 4. 操作较简单 5. 牙型精度较高	1. 高速切削螺距 $P<3mm$ 的三角形螺纹 2. $P \geqslant 3mm$ 三角形螺纹的精车 3. $P<16mm$ 梯形、矩形、平面、锯齿形螺纹的粗、精车 4. 切削脆性材料上的螺纹
斜向进刀	f	1. 单刃切削，排屑顺畅，切削力小，不易扎刀 2. 牙型精度差，螺纹表面粗糙度大 3. 不切削一侧的切削刃磨损大 4. 背吃刀量较大	用于 $P \geqslant 3mm$ 螺纹与塑性材料螺纹的粗车
轴向进刀	f_a	1. 单刃切削，排屑顺畅，切削力小，不易扎刀 2. 背吃刀量较大 3. 螺纹表面粗糙度较小	1. $P \geqslant 3mm$ 三角形螺纹精车 2. $P \geqslant 16mm$ 梯形、矩形、锯齿形螺纹的粗、精车 3. 刚性较差螺纹的粗、精车 4. 低切削速度下精切高精度螺纹的两侧面
改进型斜向进刀	f　3°~5°	1. 一个切削刃承担主要切削任务 2. 避免了斜向进刀不切削一侧切削刃磨损大和工件表面粗糙度大的问题	适合于数控加工
双刃交替进刀	f	1. 双刃交替切削，两侧切削刃磨损均匀 2. 编程复杂，需要数控系统支持	1. 加工大螺距螺纹 2. 适合于数控加工

表 7.1-2　螺纹车削方法

<table>
<tr><th colspan="2">三角形螺纹</th><th colspan="2">梯形螺纹</th><th colspan="2">矩形螺纹</th></tr>
<tr><th>螺距 P
/mm</th><th>车削方法</th><th>螺距 P
/mm</th><th>车削方法</th><th>螺距 P
/mm</th><th>车削方法</th></tr>
<tr><td>$P<3$</td><td>用一把硬质合金车刀，径向进刀车出螺纹。由于切削力较大，背吃刀量要小 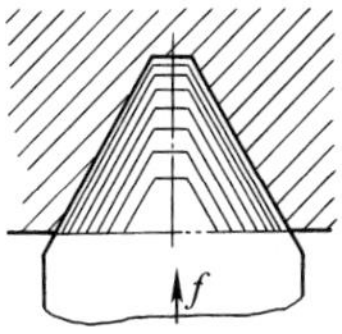</td><td>$P\leqslant 3$</td><td>用一把车刀，径向进刀粗、精车 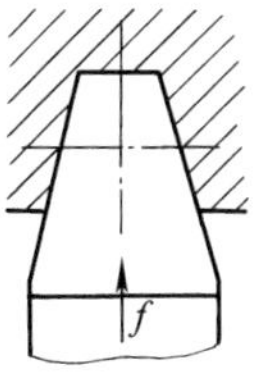</td><td>$P\leqslant 4$</td><td>用一把车刀，径向进刀车成。精密螺纹用两把车刀，径向进刀粗、精车 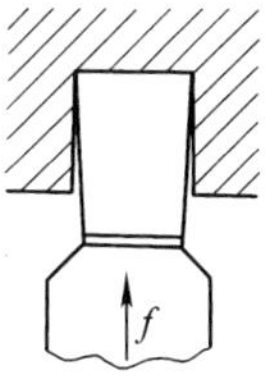</td></tr>
<tr><td rowspan="3">$P>3$</td><td rowspan="3">首先用粗车刀斜向进刀粗车，后用精车刀径向进刀精车。若为精密螺纹，精车时应用轴向进刀分别精车牙型两侧 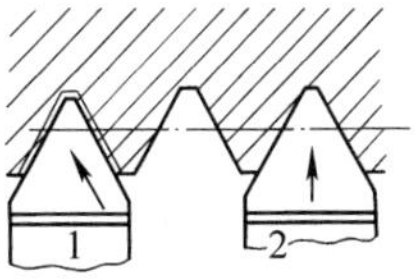</td><td>$P\leqslant 8$</td><td>首先用比牙型角小2°的粗车刀径向进刀车至底径，而后用精车刀径向进刀精车 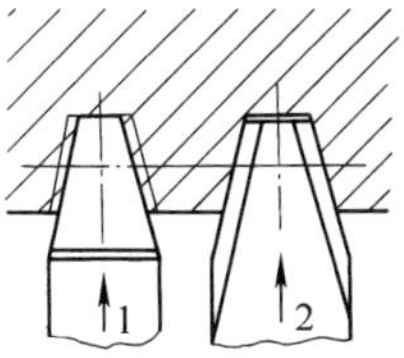</td><td>$P\leqslant 12$</td><td>分别用粗、精车刀径向进刀粗、精车 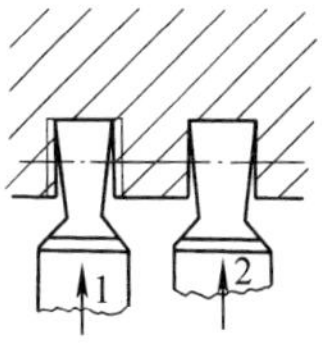</td></tr>
<tr><td>$P<10$</td><td>首先用切槽车刀径向进刀车至底径，再用刃形角55°~60°的粗车刀径向进刀粗车，最后用开有卷屑槽的精车刀径向进刀精车 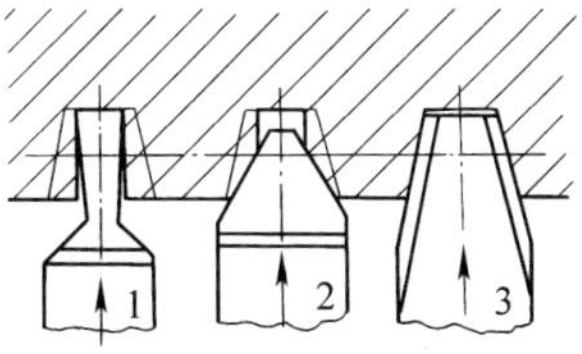</td><td rowspan="2">$P>12$</td><td rowspan="2">先用切刀径向进刀车至底径，后用左、右精车偏刀分别精车牙型两侧（轴向进刀） 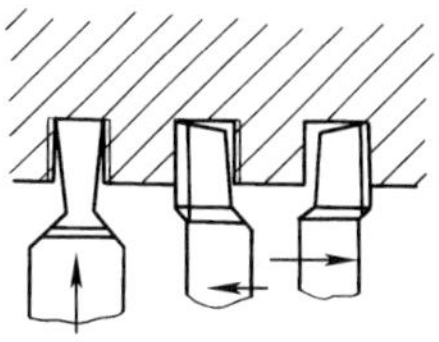</td></tr>
<tr><td>$P\geqslant 16$</td><td>先用切刀径向进刀粗车至底径，再用左、右偏刀轴向进刀粗车两侧，最后用精车刀径向进刀（或轴向进刀）精车 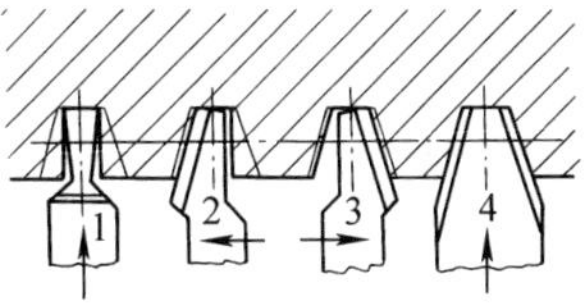</td></tr>
</table>

7.1.2 加工机床

1. 专用螺纹车床型号及技术参数（表 7.1-3）

表 7.1-3 专用螺纹车床型号及技术参数

型号	中心高/mm	工件最大长度/mm	加工范围				主轴转速/(r/min)(无级调速)	加工螺纹精度等级	功率总容量/kW	重量/t	外形尺寸/mm(长×宽×高)
			最大直径/mm	最大长度/mm	普通螺纹螺距/mm	寸制螺纹(牙/in)					
SG865	180	500	150	400	0.45~8（20 种）	4~16	6~125（正、反）	6	1.625	1.6	1930×1250×1380
SG8615	180	1500	85	1250	3~12	2、4	4~30（正、反）	6	2.325	3.3	3000×1290×1285
SG85110	250	300	110	300	1~12（10 种）	2~8	125~250	6	2.75	3.3	3200×1290×1360
SG8630	230	3000	100	2800	3、4、5、6、8、10、12	2、4	4~10	6	3.14	4.4	4540×880×1300
SM8650		5000		4800				7		5.6	6650×800×1300
QH_2-020 QH_2-020/1 QH_2-020/2	250	150	250	150	0.4~12	3~32	11~750 12 级（正） 16~1080 12 级（反）	6	6.3		1980×1453×1345

2. 在普通车床上车削螺纹时交换齿轮的计算与调整

在普通车床上车削标准螺距的螺纹时，不需要进行交换齿轮的计算、调整，只有车削非标准螺距或精密螺纹时，才进行交换齿轮的计算、调整。由于各种普通车床的传动链各异，交换齿轮的计算公式也不同，一般的计算公式为

$$\frac{z_1z_3}{z_2z_4}=\frac{P_w}{kP_s}$$

式中 z_1、z_3——主动齿轮的齿数；

z_2、z_4——被动齿轮的齿数；

P_w、P_s——工件螺纹、机床丝杠的螺距（mm）；

k——由车床传动链决定的常数。

普通车床直连丝杠交换齿轮公式见表 7.1-4。

车削大螺距螺纹时，应根据机床传动系统图推导出有关公式。对于模数、径节、寸制螺纹应按表 7.1-5 的公式换算成以毫米为单位的数值，然后才可代入表 7.1-4 的公式计算交换齿轮。

表 7.1-4 普通车床直连丝杠交换齿轮公式

车床型号	C618	C620-1、C620-3、CM6140	CW6163B、CW6180B、CW6193B
交换齿轮公式	$\frac{z_1z_3}{z_2z_4}=\frac{P_w}{6}$	$\frac{z_1z_3}{z_2z_4}=\frac{P_w}{12}$	$\frac{z_1z_3}{z_2z_4}=\frac{P_w}{3}$

表 7.1-5 单位换算表

螺纹	模数螺纹	径节螺纹	寸制螺纹
螺距/mm	$m\pi$	$25.4\pi/P'$	$25.4/n$

注：m——模数（mm）；n——每英寸牙数；P'——径节数。

7.1.3 螺纹车刀

1. 螺纹车刀的分类、结构特点和应用

螺纹车刀除具备普通车刀应具备的各项要求外，还要求其切削部分具有精确的几何参数。

各类螺纹车刀的类型、特点和应用场合见表 7.1-6。

表 7.1-6 螺纹车刀的类型、特点和应用

刀具材料	螺纹车刀类型及结构图示			特点与应用
高速钢	平体螺纹车刀	单齿	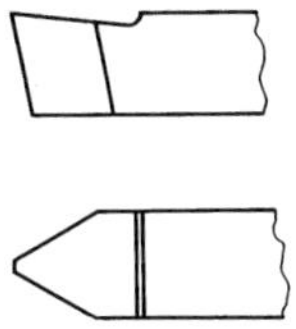	结构简单，制造容易，刃磨方便。用于单件小批生产中车削 4～6 级精度的内、外螺纹
		多齿	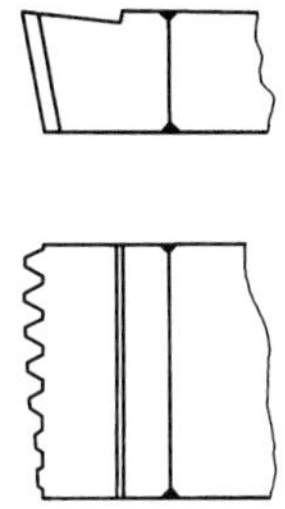	用于大批生产中车削 6 级精度的单线、多线外螺纹
	棱体螺纹车刀	单齿	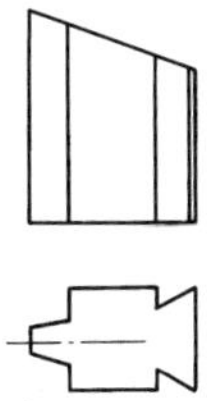	重磨简单，重磨次数较多。用于成批生产中车削 4~6 级精度的外螺纹
		多齿	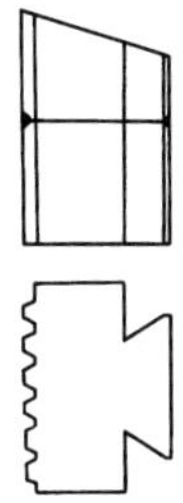	重磨简单，重磨次数较多。用于成批生产中车削 6 级精度的外螺纹
	圆体螺纹车刀	单齿	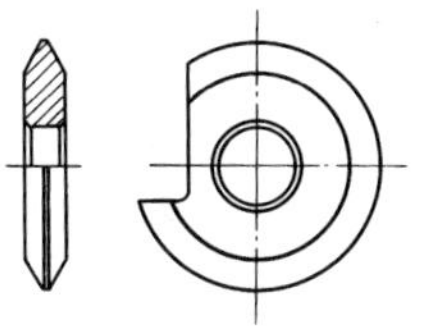	刃磨简单，重磨次数比棱体螺纹车刀还要多。用于大批生产中车削 6 级精度的内、外螺纹
		多齿	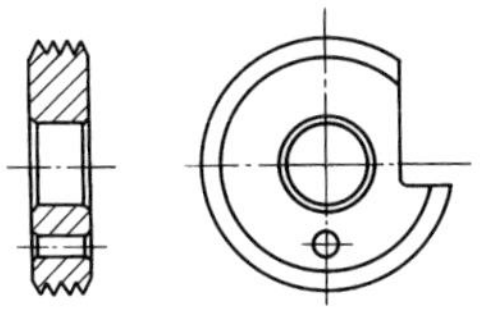	

（续）

刀具材料	螺纹车刀类型及结构图示		特点与应用
硬质合金	焊接式螺纹车刀		刀具特点与外螺纹车刀相同，制造简单，重磨方便。用于高速切削和强力车削普通螺纹、梯形螺纹
	机械夹固式螺纹车刀		刀片未经加热焊接，寿命长，刀杆可多次使用，可重磨，但不能转位。用于高速车削螺纹
	可转位式螺纹车刀	刀片平装式	刀具制造复杂，但刀具寿命长、换刃方便，不需要对刀，生产率高。大批生产中用于高速车削普通螺纹
		刀片立装式	

2. 螺纹车刀几何参数

(1) 平体螺纹车刀的几何参数（图 7.1-1、表 7.1-7、表 7.1-8）

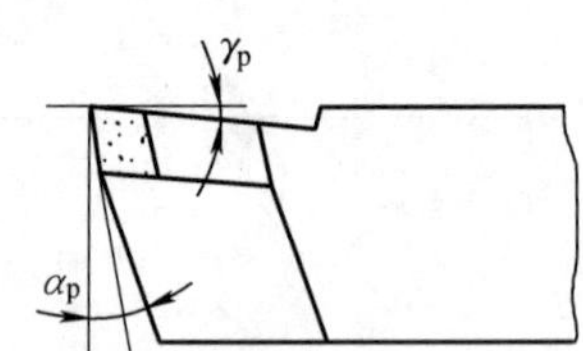

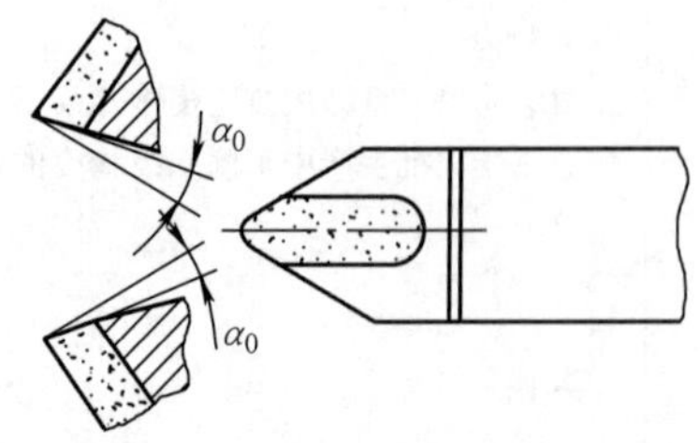

图 7.1-1　螺纹车刀的几何参数

表 7.1-7　螺纹车刀的径向前角 γ_p

螺纹精车刀	螺纹粗车刀		
	车一般结构钢	车有色金属、软钢	车硬材料、高强度材料
0°~5°	10°~15°	15°~25°	-5°~-10°

注：硬质合金螺纹车刀刃口上应有 0.3~0.5mm 宽、-3°~-5°的倒棱。

表 7.1-8　螺纹车刀的顶刃后角和侧刃后角

螺纹车刀材料	顶刃后角 α_p	侧刃后角 α_0
高速钢	4°~6°	3°~5°
硬质合金	3°~5°	2°~4°

注：1. 轴向安装的车刀在车削右螺纹时，车刀左侧刃 α_0 应比表中推荐值加大一个螺纹升角。

2. 车削内螺纹的车刀 α_p 与 α_0 加大 2°。

(2) 棱体、圆体螺纹车刀的几何参数

前角按表 7.1-7 选用。安装后角一般取 10°~12°。

当被加工螺纹的螺纹升角大于30′时，多齿圆体螺纹车刀做成和工件螺纹方向相反的螺旋齿；多齿棱体螺纹车刀则应做成和工件螺纹方向相适应的斜齿。

3. 螺纹车刀的安装

螺纹车刀有法向安装与轴向安装两种方式，见表7.1-9。安装螺纹车刀采用的刀夹见表7.1-10。

安装螺纹车刀时还应注意以下几点：

1）车刀刀尖安装高度应和工件轴线等高。为防止硬质合金车刀高速切削时扎刀，刀尖允许高于螺纹轴线百分之一螺纹大径；高速钢螺纹车刀的刀尖则允许稍低于工件轴线。

2）车刀刃形角的角平分线要垂直于螺纹轴线。

3）平体螺纹车刀伸出刀座的长度不超过1.5倍刀杆截面高度。

表7.1-9　螺纹车刀的安装方式

安装方式	简　图	特　点
法向安装	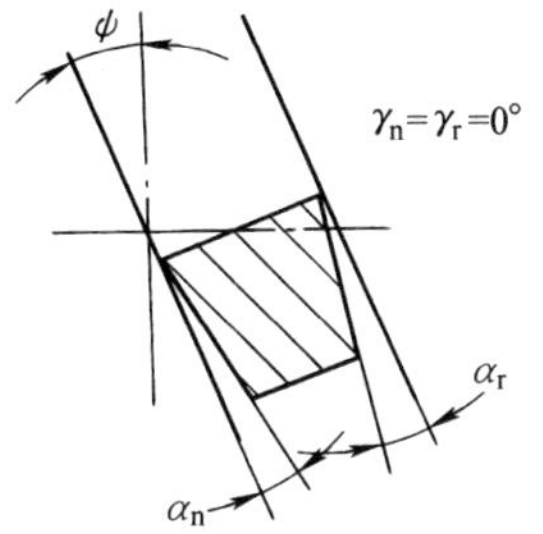 ϕ　$\gamma_n=\gamma_r=0°$　α_r　α_n $\alpha_n=\alpha_r$	法向安装螺纹车刀可使两侧刃的工作前角、后角相等，切削条件一致，切削顺利，但牙型会产生误差。法向安装主要用于粗车削螺纹升角大于3°的螺纹以及车削法向直廓的蜗杆
轴向安装	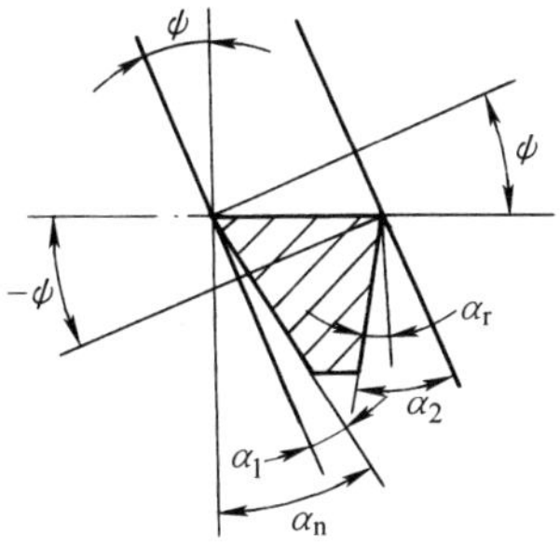 ϕ　ϕ　$-\phi$　α_r　α_2　α_1　α_n $\alpha_1=\alpha_n-\phi$ $\alpha_2=\alpha_r+\phi$	轴向安装时，车刀两侧刃的工作前角、后角不等，左侧刃的工作前角变大、后角减小，而右侧刃则相反。轴向安装用于各种螺纹的精车、多齿螺纹车刀车螺纹，以及车削轴向齿廓为直线的蜗杆

表7.1-10　安装螺纹车刀的刀夹

刀夹种类	简　图	说　明
平体螺纹车刀的安装刀夹	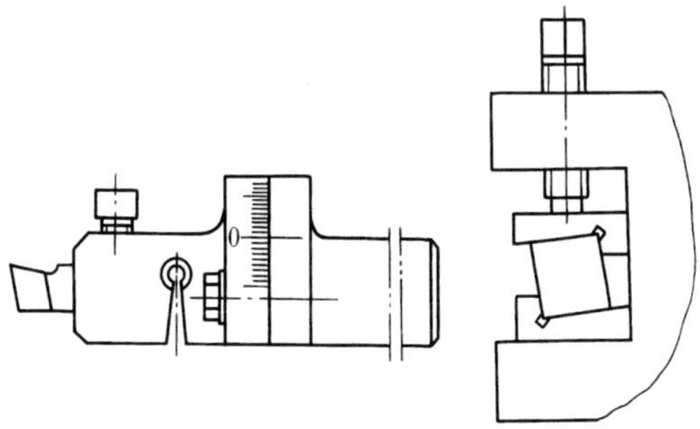 0 a)　b)	可以实现平体螺纹车刀法向安装。图a所示的工具适用范围广，适于车削各类蜗杆与梯形螺纹

（续）

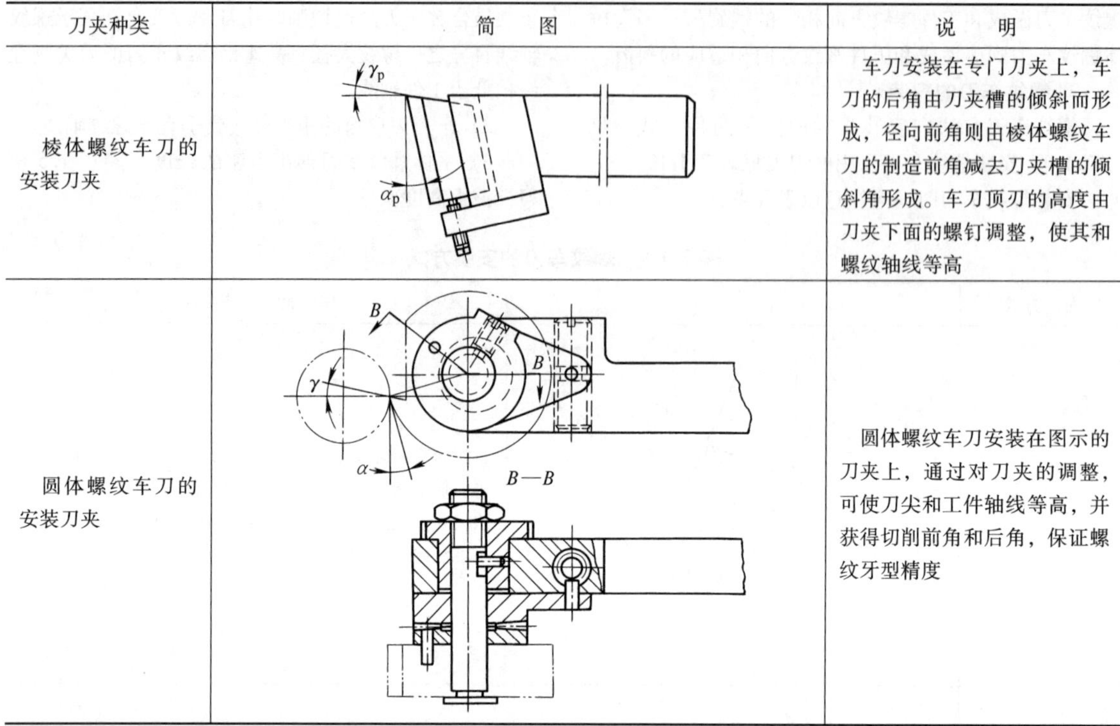

刀夹种类	简　图	说　明
棱体螺纹车刀的安装刀夹		车刀安装在专门刀夹上，车刀的后角由刀夹槽的倾斜而形成，径向前角则由棱体螺纹车刀的制造前角减去刀夹槽的倾斜角形成。车刀顶刃的高度由刀夹下面的螺钉调整，使其和螺纹轴线等高
圆体螺纹车刀的安装刀夹		圆体螺纹车刀安装在图示的刀夹上，通过对刀夹的调整，可使刀尖和工件轴线等高，并获得切削前角和后角，保证螺纹牙型精度

4. 机夹螺纹车刀

机夹螺纹车刀使用的刀片见表 7.1-11。机夹外螺纹车刀的结构型式与尺寸见表 7.1-12。机夹内螺纹车刀分矩形刀杆和圆形刀杆两种类型，其结构型式与尺寸见表 7.1-13 和表 7.1-14。

表 7.1-11　机夹螺纹车刀刀片（GB/T 10954—1989）　　（mm）

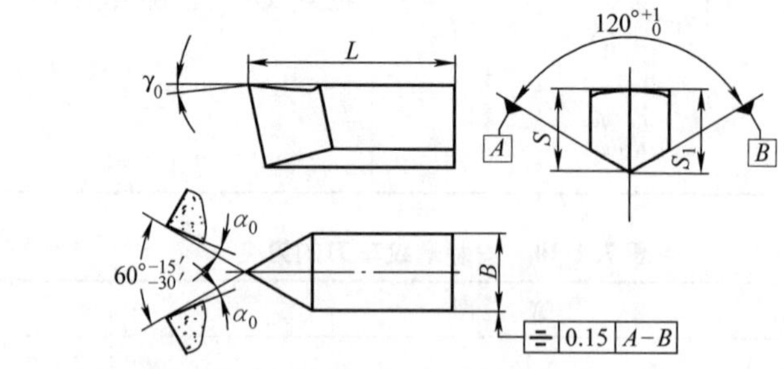

刀片代号	B ±0.25	S ±0.25	L ±0.30	S_1 ±0.25	参考值	
					γ_0	α_0
L03	3	3	14	4.23	4°	0°～1°
L04	4	4	17	4.29		
L06	6	5	20	6.40	5°	
L08	8	6	24	8.52		
L10	10	8	28	10.58	6°	
L12	12	10	32	13		

注：GB/T 10954—1989 已废止，此处供作为参考。

表 7.1-12　机夹外螺纹车刀的结构型式与尺寸（GB/T 10954—2006）　　（mm）

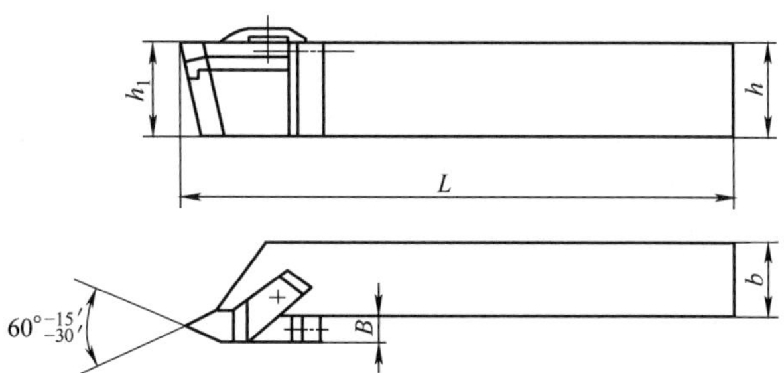

车刀代号		h_1 js14	h h13	b h13	L		B
右切刀	左切刀				公称尺寸	极限偏差	
LW1616R-03	LW1616L-03	16	16	16	110	0 -2.5	3
LW2016R-04	LW2016L-04	20	20	16	125		4
LW2520R-06	LW2520L-06	25	25	20	150		6
LW3225R-08	LW3225L-08	32	32	25	170	0 -2.9	8
LW4032R-10	LW4032L-10	40	40	32	200		10
LW5040R-12	LW5040L-12	50	50	40	250		12

表 7.1-13　矩形刀杆的机夹内螺纹车刀型式与尺寸（GB/T 10954—2006）　　（mm）

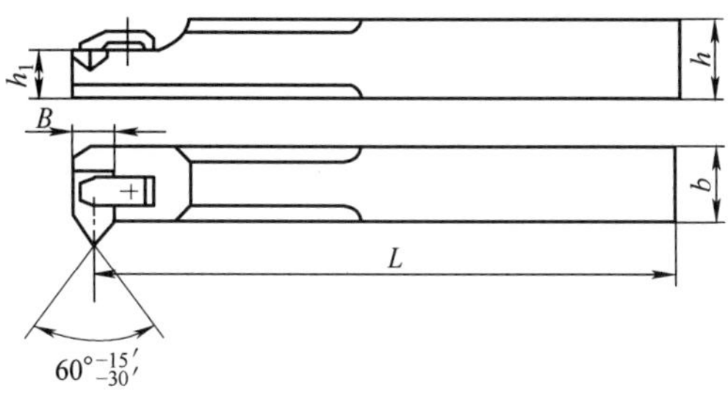

车刀代号		h_1 js14	h h13	b h13	L		B
右切刀	左切刀				公称尺寸	极限偏差	
LN1212R-03	LN1212L-03	12	16	16	150	0 -2.5	3
LN1620R-04	LN1620L-04	16	20	20	180		4
LN2025R-06	LN2025L-06	20	25	25	200		6
LN2532R-08	LN2532L-08	25	32	32	250	0 -2.9	8
LN3240R-10	LN3240L-10	32	40	40	300		10

表 7.1-14　圆形刀杆的机夹内螺纹车刀型式与尺寸（GB/T 10954—2006）　　（mm）

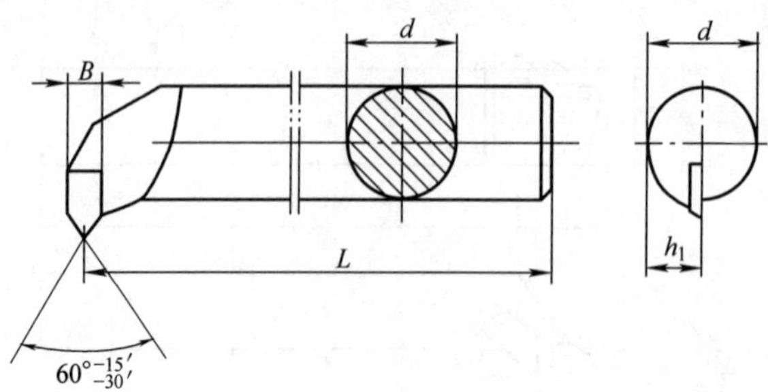

<table>
<tr><th colspan="2">车刀代号</th><th>h_1</th><th colspan="2">d</th><th colspan="2">L</th><th rowspan="2">B</th></tr>
<tr><th>右切刀</th><th>左切刀</th><th>js14</th><th>公称尺寸</th><th>极限偏差</th><th>公称尺寸</th><th>极限偏差</th></tr>
<tr><td>LN1020R-03</td><td>LN1020L-03</td><td>10</td><td>20</td><td rowspan="2">0
−0.052</td><td>180</td><td rowspan="3">0
−2.5</td><td>3</td></tr>
<tr><td>LN1225R-04</td><td>LN1225L-04</td><td>12.5</td><td>25</td><td>200</td><td>3</td></tr>
<tr><td>LN1632R-06</td><td>LN1632L-06</td><td>16</td><td>32</td><td rowspan="2">0
−0.062</td><td>250</td><td>4</td></tr>
<tr><td>LN2040R-08</td><td>LN2040L-08</td><td>20</td><td>40</td><td>300</td><td rowspan="3">0
−2.9</td><td>6</td></tr>
<tr><td>LN2550R-08</td><td>LN2550L-08</td><td>25</td><td>50</td><td rowspan="2">0
−0.074</td><td>350</td><td>8</td></tr>
<tr><td>LN3060R-10</td><td>LN3060L-10</td><td>30</td><td>60</td><td>400</td><td>10</td></tr>
</table>

5. 可转位螺纹车刀

可转位螺纹车刀具有牙型精度高、使用寿命长、装卸转位省时方便、生产率高、经济性好等优点，已在螺纹加工中得到了广泛应用。

可转位螺纹车刀的种类较多，有整体式内、外螺纹车刀和模块式内、外螺纹车刀。整体式螺纹车刀由可转位螺纹刀片和整体刀杆组成；模块式螺纹车刀由可转位螺纹刀片、可快速更换的模块式刀头及专用刀杆组成。螺纹车刀刀片常采用杠杆式、上压式、螺钉式等夹紧方式。

可转位螺纹刀片品种很多，有条形、菱形和三角形等形状的，如图 7.1-2 所示。为满足各种不同牙型的螺纹加工要求，生产厂家提供各种标准牙型和非标准牙型的可转位螺纹刀片，因每一品种需求量都不多，故可转位螺纹刀片大多都由生产厂家自行编号，制造企业在订货时须参考各生产厂家的刀具样本。表 7.1-15～表 7.1-20 所列为我国成都工具研究所生产的可转位螺纹刀片和可转位螺纹车刀。

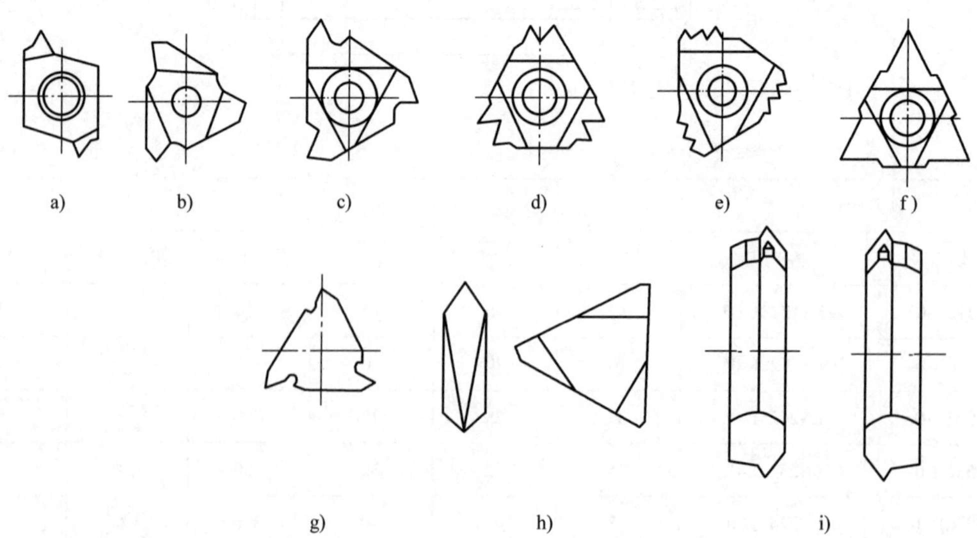

图 7.1-2　可转位螺纹刀片的形状

表 7.1-15　用于55°外螺纹的可转位螺纹刀片（通用型）　(mm)

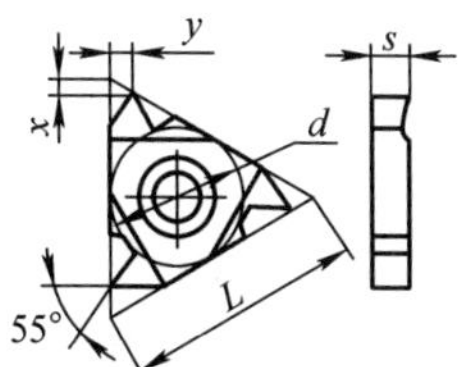

右切刀片　左切刀片

螺距	型号		d（内切圆）/in	L	x	y	s
	右切刀片	左切刀片					
0.5~1.5	16NRA55	16NLA55	3/8	16	0.6	0.8	3.5
0.5~3.0	16NRAG55	16NLAG55	3/8	16	1.1	1.5	3.5
1.75~3.0	16NRG55	16NLG55	3/8	16	1.1	1.5	3.5
3.5~5.0	22NRN55	22NLN55	1/2	22	1.8	2.5	4.6

表 7.1-16　用于55°内螺纹的可转位螺纹刀片（通用型）　(mm)

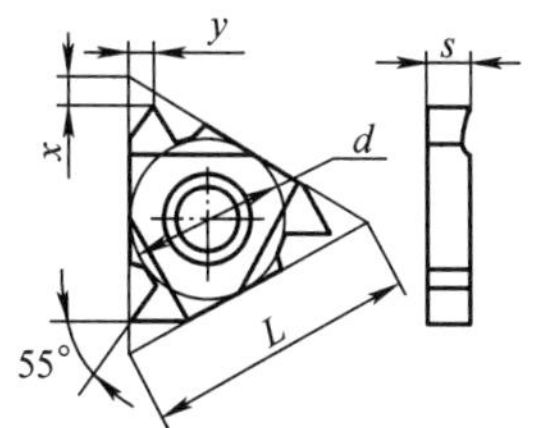

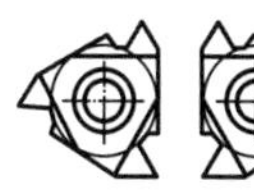
右切刀片 左切刀片

螺距	型号		d（内切圆）/in	L	x	y	s
	右切刀片	左切刀片					
0.5~1.5	16ERA55	16ELA55	3/8	16	0.6	0.8	3.5
0.5~3.0	16ERAG55	16ELAG55	3/8	16	1.1	1.5	3.5
1.75~3.0	16ERG55	16ELG55	3/8	16	1.1	1.5	3.5
3.5~5.0	22ERN55	22ELN55	1/2	22	1.8	2.5	4.6

表 7.1-17　用于ISO米制60°螺纹标准的外螺纹刀片　(mm)

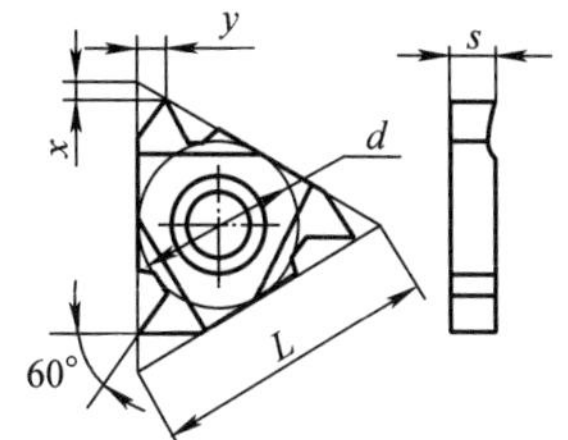

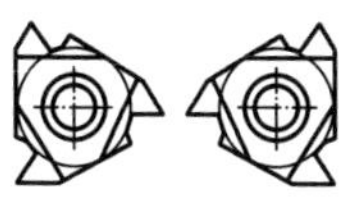
右切刀片　左切刀片

（续）

螺距	型号		d（内切圆）/in	L	x	y	s	r
	右切刀片	左切刀片						
0.75	16ER0.75ISO	16EL0.75ISO	3/8	16	0.8	0.8	3.5	0.11
1.00	16ER1.00ISO	16EL1.00ISO	3/8	16	0.8	0.8	3.5	0.14
1.25	16ER1.25ISO	16EL1.25ISO	3/8	16	0.8	0.8	3.5	0.18
1.50	16ER1.50ISO	16EL1.50ISO	3/8	16	0.8	0.8	3.5	0.22
1.75	16ER1.75ISO	16EL1.75ISO	3/8	16	1.2	1.5	3.5	0.25
2.00	16ER2.00ISO	16EL2.00ISO	3/8	16	1.2	1.5	3.5	0.29
2.50	16ER2.50ISO	16EL2.50ISO	3/8	16	1.2	1.5	3.5	0.36
3.00	16ER3.00ISO	16EL3.00ISO	3/8	16	1.2	1.5	3.5	0.43
3.50	22ER3.50ISO	22EL3.50ISO	1/2	22	1.8	2.5	4.6	0.5
4.00	55ER4.00ISO	55EL4.00ISO	1/2	22	1.8	2.5	4.6	0.58
4.50	22ER4.50ISO	22EL4.50ISO	1/2	22	1.8	2.5	4.6	0.58
5.00	22ER5.00ISO	22EL5.00ISO	1/2	22	1.8	2.5	4.6	0.76

表 7.1-18　用于 ISO 米制 60°螺纹标准的内螺纹刀片　（mm）

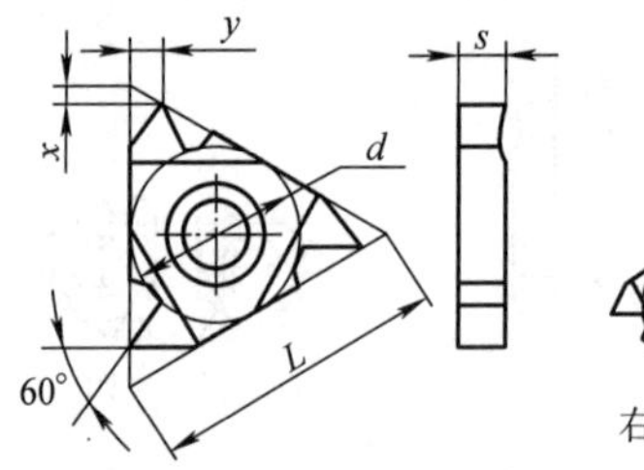

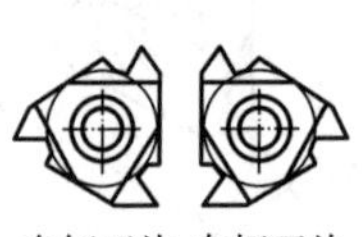

螺距	型号		d（内切圆）/in	L	x	y	s	r
	右切刀片	左切刀片						
0.75	16NR0.75ISO	16NL0.75ISO	3/8	16	0.8	0.8	3.5	0.05
1.00	16NR1.00ISO	16NL1.00ISO	3/8	16	0.8	0.8	3.5	0.05
1.25	16NR1.25ISO	16NL1.25ISO	3/8	16	0.8	0.8	3.5	0.09
1.50	16NR1.50ISO	16NL1.50ISO	3/8	16	0.8	0.8	3.5	0.11
1.75	16NR1.75ISO	16NL1.75ISO	3/8	16	1.2	1.5	3.5	0.13
2.00	16NR2.00ISO	16NL2.00ISO	3/8	16	1.2	1.5	3.5	0.14
2.50	16NR2.50ISO	16NL2.50ISO	3/8	16	1.2	1.5	3.5	0.18
3.00	16NR3.00ISO	16NL3.00ISO	3/8	16	1.2	1.5	3.5	0.22
3.50	22NR3.50ISO	22NL3.50ISO	1/2	22	1.8	2.5	4.6	0.25
4.00	22NR4.00ISO	22NL4.00ISO	1/2	22	2.0	2.5	4.6	0.29
4.50	22NR4.50ISO	22NL4.50ISO	1/2	22	2.1	2.5	4.6	0.32
5.00	22NR5.00ISO	22NL5.00ISO	1/2	22	2.8	2.5	4.6	0.36

表 7.1-19　可转位外螺纹车刀刀杆　（mm）

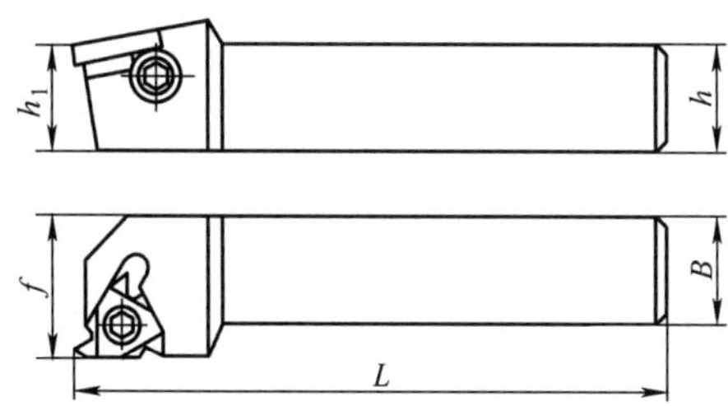

型号		h	h_1	B	L	f	刀片
右切刀	左切刀						
SER1616H16	SEL1616H16	16	16	16	100	20	16ER/L
SER2020K16	SEL2020K16	20	20	20	125	25	16ER/L
SER2525M16	SEL2525M16	25	25	25	150	32	16ER/L
SER3225P16	SEL3225P16	32	32	25	170	32	16ER/L
SER3232P16	SEL3232P16	32	32	32	170	40	16ER/L
SER2525M22	SEL2525M22	25	25	25	150	32	22ER/L
SER3225P22	SEL3225P22	32	32	25	170	32	22ER/L
SER3232P22	SEL3232P22	32	32	32	170	40	22ER/L

表 7.1-20　可转位内螺纹车刀刀杆（圆柄）　（mm）

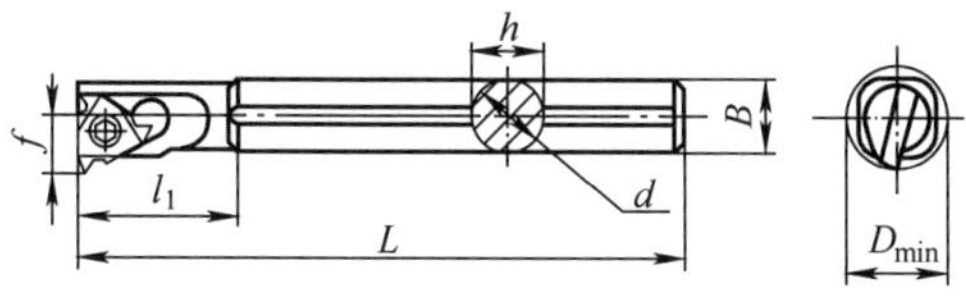

型号		h	B	L	f	d	l_1	加工半径 D_{min}	刀片
右切刀	左切刀								
SNR0010H11	SNL0010H11	9	9	100	72	10	25	12	11NR/L
SNR0012K11	SNL0012K11	11	11.5	125	9	12	32	16	11NR/L
SNR0016M16	SNL0016M16	15	15.5	150	12	16	32	20	16NR/L
SNR0020Q16	SNL0020Q16	18	19	180	14	20	50	30	16NR/L
SNR0025M16	SNL0025M16	23	30	150	—	25	55	37	22NR/L
SNR0050U16	SNL0050U16	47	47	300	—	50	—	60	22NR/L
SNR0032S22	SNL0032S22	30	30	250	—	32	55	37	22NR/L
SNR0050U22	SNL0050U22	47	47	300	—	50	—	60	22NR/L

7.1.4　工艺参数的选择与机动时间的计算

1. 切削用量的选择

高速钢及硬质合金螺纹车刀车削螺纹的切削用量　按表 7.1-21～表 7.1-23 选择。

表 7.1-21　硬质合金车刀车削普通、梯形外螺纹走刀次数

<table>
<tr><th rowspan="5">螺距 P
/mm</th><th colspan="4">碳素结构钢、合金结构钢</th><th colspan="4">铸铁</th></tr>
<tr><th colspan="8">螺纹类型</th></tr>
<tr><th colspan="2">普通外螺纹</th><th colspan="2">梯形外螺纹</th><th colspan="2">普通外螺纹</th><th colspan="2">梯形外螺纹</th></tr>
<tr><th colspan="8">走刀次数 i</th></tr>
<tr><th>粗车</th><th>精车</th><th>粗车</th><th>精车</th><th>粗车</th><th>精车</th><th>粗车</th><th>精车</th></tr>
<tr><td>1.5</td><td rowspan="2">3</td><td rowspan="2">2</td><td rowspan="2">—</td><td rowspan="2">—</td><td>—</td><td>—</td><td>—</td><td rowspan="2"></td></tr>
<tr><td>2</td><td>2</td><td>2</td><td>—</td></tr>
<tr><td>3</td><td>5</td><td rowspan="4">2</td><td>5</td><td rowspan="2">3</td><td>3</td><td rowspan="4">2</td><td>4</td><td rowspan="3">3</td></tr>
<tr><td>4</td><td>6</td><td>6</td><td rowspan="2">4</td><td>5</td></tr>
<tr><td>5</td><td>7</td><td>7</td><td rowspan="2">4</td><td>6</td></tr>
<tr><td>6</td><td>8</td><td>8</td><td>5</td><td>7</td><td rowspan="2">4</td></tr>
<tr><td>8</td><td rowspan="4">—</td><td rowspan="4">—</td><td>10</td><td rowspan="2">5</td><td rowspan="4">—</td><td rowspan="4">—</td><td>9</td></tr>
<tr><td>10</td><td>12</td><td>10</td><td rowspan="3">5</td></tr>
<tr><td>12</td><td>14</td><td rowspan="2">6</td><td>12</td></tr>
<tr><td>16</td><td>18</td><td>14</td></tr>
</table>

注：1. 表中走刀次数适用于车削 7 级精度普通螺纹，车削 6 级精度螺纹时，须增加 1~2 次精走刀，车削 5 级精度螺纹时，应增加 2~3 次精走刀。

2. 车削普通内螺纹时，应增加 1 次粗走刀。

3. 在不锈钢上车削普通螺纹时，走刀次数要增加 30%；加工淬硬钢螺纹时，走刀次数则要增加 1~2 倍。

表 7.1-22　高速钢车刀车削普通、梯形螺纹的走刀次数

螺距 P /mm	碳素结构钢		合金结构钢、铸钢		铸铁、青铜及黄铜	
	走刀次数 i					
	粗车	精车	粗车	精车	粗车	精车
单线普通外螺纹						
1.25~1.5	4	2	5	3	4	2
1.75	5	3	6	4	5	3
2~3	6	3	7	4	6	3
3.5~4.5	7	4	9	5	6	3
5~5.5	8	4	10	5	6	4
6	9	4	12	5	6	4
单线梯形螺纹						
4	10	7	12	8	8	6
6	12	9	14	10	9	7
8	14	9	17	10	11	7
10	18	10	22	12	14	8
12	21	10	25	12	17	8
16	28	10	33	12	22	8
20	35	10	42	12	28	8

注：1. 上述走刀次数适用于车削 7 级精度普通螺纹及中等精度梯形螺纹。车削 6 级精度普通螺纹及精确梯形螺纹时，在切削速度为 4m/min 时，增加 2~3 次精走刀。

2. 在车削多线螺纹时，每一线增加 1~2 次走刀。

3. 车削内螺纹时，粗车走刀次数增加 20%~25%；车削普通螺纹时，须增加 1 次精走刀；车削梯形螺纹时，须增加 1 次精走刀（螺距≤8mm）或 2 次精走刀（螺距>8mm）。

表 7.1-23 高速钢及硬质合金螺纹车刀车削螺纹的切削用量

加工材料	硬度HBW	螺纹直径/mm	每一次走刀的横向进给量/mm		切削速度/(m/min)		备注
			第一次走刀	最后一次走刀	高速钢车刀	硬质合金车刀	
易切碳钢 碳钢、碳钢铸件 合金钢、合金钢铸件 高强度钢 马氏体时效钢 工具钢、工具钢铸件	100~225	≤25 >25	0.50 0.50	0.013 0.013	12~15 12~15	18~60 60~90	车刀使用 W12Cr4V5Co5 及 W2Mo9Cr4VCo8 等含钴高速钢
	225~375	≤25 >25	0.40 0.40	0.025 0.025	9~12 12~15	15~46 30~60	
	375~535	≤25 >25	0.25 0.25	0.05 0.05	1.5~4.5 4.5~7.5	12~30 24~40	
易切不锈钢 不锈钢、不锈钢铸件	135~440	≤25 >25	0.40 0.40	0.025 0.025	2~6 3~8	20~30 24~37	
灰铸铁	100~320	≤25 >25	0.40 0.40	0.013 0.013	8~15 10~18	26~43 49~73	
可锻铸铁	100~400	≤25 >25	0.40 0.40	0.013 0.013	8~15 10~18	26~43 49~73	
铝合金及其铸件 镁合金及其铸件	30~150	≤25 >25	0.50 0.50	0.025 0.025	25~45 45~60	30~60 60~90	
钛合金及其铸件	110~440	≤25 >25	0.50 0.50	0.013 0.013	1.8~3 2~3.5	12~20 17~26	车刀使用 W12Cr4-V5Co5 及 W2Mo9-Cr4VCo8 等含钴高速钢
铜合金及其铸件	40~200	≤25 >25	0.25 0.25	0.025 0.025	9~30 15~45	30~60 60~90	
镍合金及其铸件	80~360	≤25 >25	0.40 0.40	0.025 0.025	6~8 7~9	12~30 14~52	车刀使用 W12Cr4V5Co5 及 W2Mo9Cr4VCo8 等含钴高速钢
高温合金及其铸件	140~230	≤25 >25	0.25 0.25	0.025 0.025	1~4 1~6	20~26 24~29	
	230~400	≤25 >25	0.25 0.25	0.025 0.025	0.5~2 1~3.5	14~21 15~23	

2. 切削力与切削功率的计算

车削螺纹切削力 F_c（N）的计算：

$$F_c = \frac{9.81 C_{F_c} P^{y_{F_c}}}{i^{n_{F_c}}} k_{M_F}$$

式中 P——螺距（mm）；

i——走刀次数；

C_{F_c}——切削力系数（表 7.1-24）；

y_{F_c}、n_{F_c}——指数（表 7.1-24）；

k_{M_F}——与材料硬度、强度有关的修正系数（表 7.1-25）。

车削螺纹时切削功率 P_m 的计算见表 7.1-26。

表 7.1-24 用硬质合金车刀加工时的 C_{F_c}、y_{F_c} 和 n_{F_c}

碳素结构钢与铸钢 R_m=650MPa			灰铸铁 190HBW		
C_{F_c}	y_{F_c}	n_{F_c}	C_{F_c}	y_{F_c}	n_{F_c}
133	1.7	0.71	103	108	0.82

表 7.1-25　切削力修正系数 k_{M_F}

螺纹材料	碳素结构钢、铸钢	灰铸铁
k_{M_F}	$\left[\frac{R_m}{650}\right]^{0.75}$	$\left[\frac{HBW}{190}\right]^{0.4}$

注：表中系数适用于硬质合金螺纹车刀。

表 7.1-26　硬质合金车刀车削螺纹时切削功率 P_m（kW）计算公式

钢 R_m=650MPa	$P_m=0.022P^{1.7}v/i^{0.71}$
灰铸铁 190HBW	$P_m=0.017P^{1.8}v/i^{0.82}$

注：1. P——螺距（mm）；v——切削速度（m/min）；i——走刀次数。

2. 工件材料与表中不同时，应乘以相应的修正系数。

3. 机动时间的计算

机动时间 T_j 的计算公式为

$$T_j=\frac{L_w+l_1+l_2}{nP}i$$

式中　L_w——螺纹长度（mm）；

i——走刀次数；

n——工件转速（r/min）；

P——螺距（mm）；

l_1——通切螺纹 $l_1=(2\sim3)P$，不通切螺纹 $l_1=(1\sim2)P$；

l_2——$l_2=2\sim5$mm。

7.1.5　车螺纹切削液的选用

用高速钢车刀车削螺纹时，需要使用切削液。切削液可按表 7.1-27 选用。

表 7.1-27　高速钢车刀车削螺纹时常用的切削液

加工性质	工件材料				
	碳素结构钢	合金结构钢	不锈钢、耐热钢	铸铁、黄铜	铜、铝及其合金
粗车螺纹	3%~5%乳化液	1）3%~5%乳化液 2）5%~10%极压乳化液	1）3%~5%乳化液 2）5%~10%极压乳化液 3）含硫、磷、氯的切削油	一般不加切削液	1）3%~5%乳化液 2）煤油 3）煤油和矿物油的混合油
精车螺纹	1）10%~20%乳化液 2）10%~15%极压乳化液 3）硫化切削油 4）75%~90%2 号或 3 号锭子油加 25%~10%菜籽油 5）70%~80%变压器油加 30%~20%氯化石蜡		1）10%~25%乳化液 2）15%~20%极压乳化液 3）煤油 4）食醋 5）60%煤油，20%松节油，20%油酸	车削铸铁时通常不加切削液，需要时可加煤油。车削黄铜时常不加切削液，必要时加菜籽油	车削铝及其合金时一般不加切削液，必要时加煤油，但不可加乳化液

注：切削液的配比均为质量分数。

7.1.6　丝杠及特殊螺纹的车削

1. 丝杠的车削

（1）车削丝杠螺纹的工艺要求

1）被切削丝杠的毛坯半成品应充分消除内应力，保证内部组织稳定，毛坯球化退火，硬度为 180~210HBW。

2）被车削的丝杠两端中心孔要在一条直线上，中心孔在精车螺纹前必须磨光或研光，表面粗糙度 $Ra\leqslant0.2\mu m$，和标准顶尖研配时，接触面不小于 85%。精车螺纹前，被加工丝杠要精磨外圆，保证外圆的圆柱度误差不大于 0.01mm，与跟刀架孔径配合的间隙不大于 0.01mm。

3）粗车螺纹时必须大量浇注乳化液，精车螺纹时浇注有极压添加剂的切削液，如 20%氯化石蜡+80%变压器油，或 30%豆油+20%煤油+50%高速机油。

4）精车螺纹的车刀要用高性能高速钢（如 W6Mo5cr4V2Al，68~69HRC）或细颗粒的硬质合金（YG6X、YA6）制造，而且刃磨质量要高，不允许烧伤，刃口不得有缺口、毛刺，切削刃钝圆半径不大于 5μm，切削刃表面粗糙度 $Ra\leqslant0.1\mu m$。

5）加工环境清洁、室温恒定。对于 7 级精度、长 1000mm 的丝杠，温度变化范围不超出±1℃；若长度超过 1000mm，温度变化范围不应超出±0.5℃。

（2）车削丝杠的切削用量

用硬质合金车刀粗车螺纹，切削速度为 30~50m/min；用高速钢车刀粗车螺纹，切削速度为 10m/min；半精车螺纹时，切削速度为 8~10m/min；精车螺纹时，切削速度不大于1m/min。

粗车螺纹时，每行程的背吃刀量为0.4~0.6mm；精车螺纹时，每行程背吃刀量为0.02~0.06mm，并须逐渐减小，精车螺纹的走刀行程一般为2~3个。

(3) 刀具几何参数选择

精车车刀前角为0°，侧刃后角为10°~12°，刀具刃形角公差取丝杠牙型角公差的1/3~1/4。

2. 平面螺纹的车削

平面螺纹（如自定心卡盘的端面螺纹）是一条阿基米德螺旋线，车平面螺纹的车刀几何角度和形状要充分考虑曲线的曲率与螺纹升角的影响。车削螺纹凸面的切削刃的后角刃磨值应加大，加大的数值为该螺纹的最大螺纹升角 φ_{max}，其值可近似按下式计算：

$$\varphi_{max} = \arctan \frac{P}{\pi d}$$

式中　P——螺纹的螺距（mm）；

d——平面螺纹最小直径（mm）。

螺纹沟槽凹面一侧切削刃的后刀面应根据平面螺纹最小的曲率半径磨成相适应的曲面（图7.1-3），以防车刀和所切螺纹面相碰，保证顺利切削。

平面螺纹一般在专用车床上车削。通用车床只能车低精度平面螺纹。

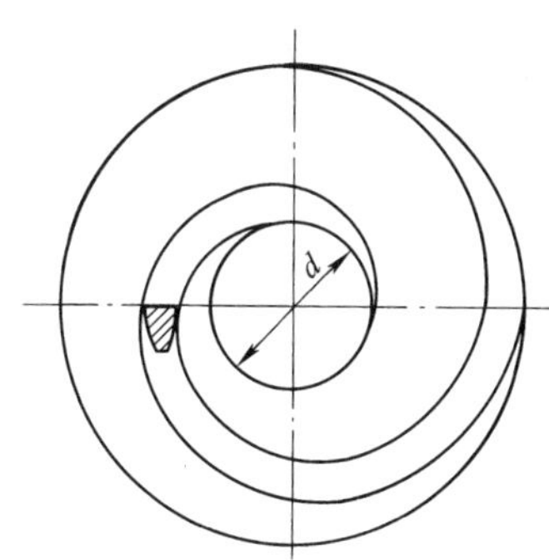

图7.1-3　车刀侧刃后刀面形状

3. 圆锥螺纹的车削

车削圆锥螺纹可以用数控车床车削，也可以在普通车床上借助锥度靠模车削。为防止车刀刀尖过早磨损，车削圆锥螺纹时要求车刀刀尖比普通螺纹尖得多，保证牙型有效高度，其车削速度应比普通螺纹降低20%~30%，走刀次数应增加2~3次。

7.1.7　车削螺纹的数控编程

在数控车床上能加工出高质量的螺纹。数控车削可以加工圆柱螺纹、锥螺纹和端面螺纹，包括外螺纹和内螺纹、恒螺距螺纹和变螺距螺纹、单线螺纹和多线螺纹。

根据使用的指令不同，在数控车床上加工螺纹可以分为单行程螺纹切削、简单螺纹切削循环和螺纹切削复合循环。

需要注意的是，一般来说不同数控系统的准备功能指令（G代码）、辅助功能指令（M代码）均符合ISO标准，但不同数控系统的指令格式并非完全一致，编程时一定要根据机床说明书中所规定的代码进行编程。

1. 单行程螺纹切削 G32

圆柱螺纹、锥螺纹和端面螺纹的加工均可使用G32螺纹切削指令。

G32指令格式为

G32 X(U)__Z(W)__F__

式中　X(U)、Z(W)——螺纹终点坐标；

F——螺纹导程。

切削过程中，车刀进给运动是严格按照指令中规定的螺纹导程进行的。

对于图7.1-4所示的圆锥螺纹，其斜角 α 在45°以下时，螺纹导程以 Z 轴方向指定，α 为45°~90°时，以 X 轴方向指定。

在程序设计时，应将车刀的切入、切出、返回均编入程序中，编程比较繁琐，因此G32指令使用较少。

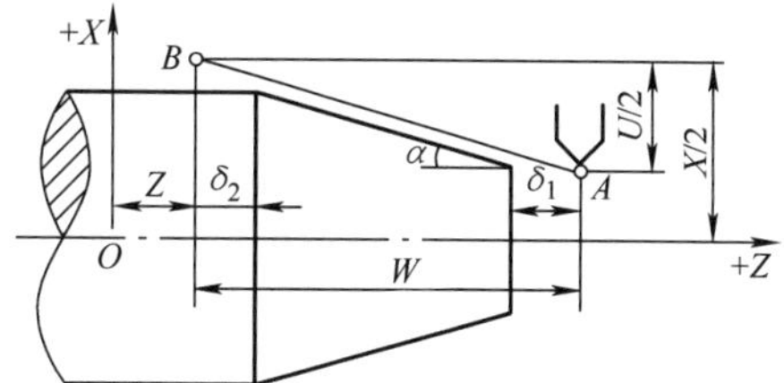

图7.1-4　圆锥螺纹加工

2. 变导程螺纹切削 G34

变导程螺纹如图7.1-5所示，G34指令格式为

G34 X(U)__Z(W)__F__K__

式中　X(U)、Z(W)、F——含义与G32相同；

K——螺纹每导程的增加量或减少量，K值的使用范围米制为+0.0001~100.0000mm/r，寸制为+0.000001~1.000000in/r。

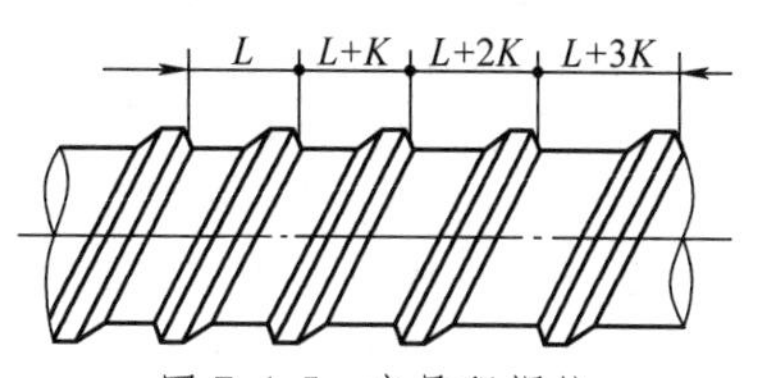

图7.1-5　变导程螺纹

3. 螺纹切削循环 G92

螺纹切削循环G92为简单螺纹循环，该指令可

以切削锥螺纹和圆柱螺纹，可一次完成快进、切削、退刀、返回四个动作，其指令格式为

G92 X(U)__Z(W)__I__F__

式中 X、Z——螺纹终点（C 点）的坐标值；

U、W——起点坐标到终点坐标的增量值；

F——螺纹导程；

I——锥螺纹终点半径与起点半径的差值。车削圆柱螺纹时，I=0，可以省略。

图 7.1-6a、b 所示分别为圆锥螺纹与圆柱螺纹的切削循环，刀具从循环起点开始进行自动循环，图中虚线表示刀具按 R 快速移动，实线表示按 F 指定的工作速度移动。

4. 螺纹切削复合循环 G76

G76 螺纹切削复合循环指令较 G32、G92 指令简捷，可节省程序设计与计算时间。其切削路径及进刀方法如图 7.1-7 所示，其指令格式为

G76 X(U)__Z(W)__I__K__D__F__A__

式中 X(U)、Z(W)——螺纹最后一刀加工的终点坐标；

I——螺纹部分的半径差，I=0 时为圆柱螺纹；

K——螺纹单侧深度；

D——第一刀加工深度，半径上的背吃刀量；

F——螺纹导程；

A——刀尖角（螺纹牙型角），有 80°、60°、55°、30°、29°、0°这 6 种。

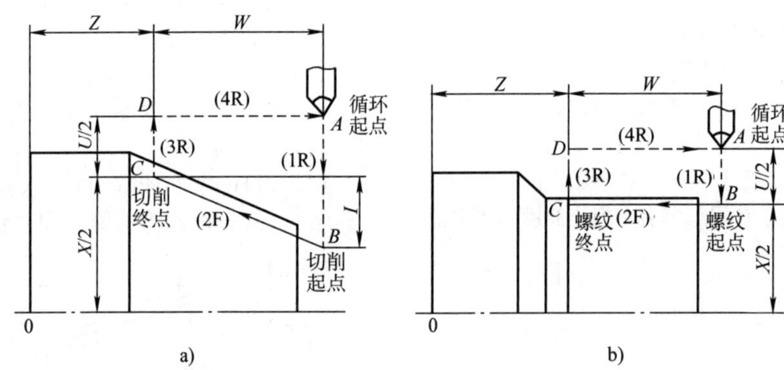

图 7.1-6 圆锥螺纹与圆柱螺纹的切削循环

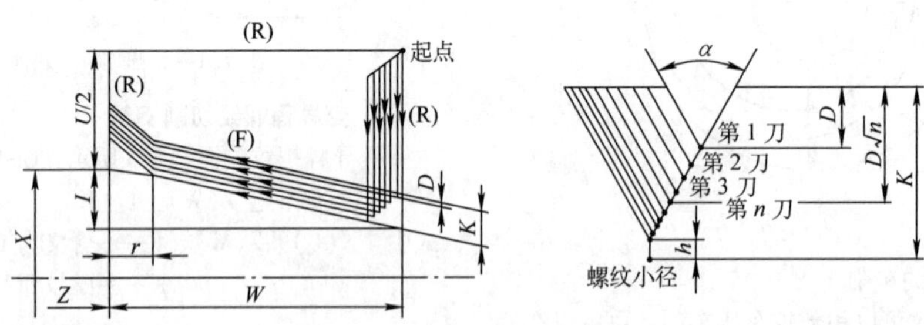

图 7.1-7 螺纹切削复合循环

5. 编制螺纹加工程序应注意的几个问题

(1) 螺纹加工的切入与切出距离

在数控车床上车削螺纹时，刀具沿螺纹方向的进给速度与主轴转速有严格的匹配关系，为避免在进给机构加速和减速过程中切削，要求加工螺纹时，应留有一定的切入与切出距离，如图 7.1-8 所示。在切削螺纹时，应保证在加速完成后刀具才接触工件，刀具切离工件后再减速。图 7.1-8 中 δ_1 为刀具切入距离，δ_2 为刀具切出距离。一般 $\delta_1=2\sim5$mm，$\delta_2=(1/4\sim1/2)\delta_1$。

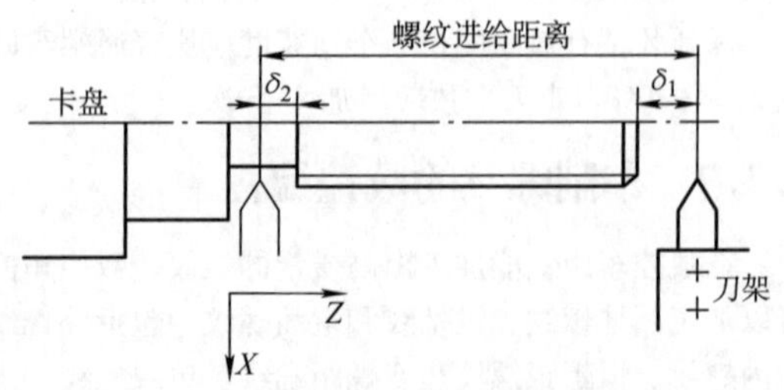

图 7.1-8 螺纹加工的切入与切出距离

（2）螺纹加工走刀次数与切削余量确定

加工螺距较大、牙型较深的螺纹时，通常采用多次走刀、逐层切削的办法进行加工。切入方式可以采用表 7.1-1 中的径向进刀、斜向进刀、改进型斜向进刀、双刃交替进刀等方式，较复杂的进刀方式需要数控系统的支持。

采用分层切削时，每次粗切余量可以按递减规律分配。常用螺纹加工走刀次数与每次切削余量参见表 7.1-28。走刀次数与分层切削余量也可以参照所采用刀具（刀片）生产厂家的推荐数据。

表 7.1-28 常用螺纹切削的走刀次数与每次切削余量 （mm）

米制螺纹								
螺距		1.0	1.5	2.0	2.5	3.0	3.5	4.0
牙深		0.649	0.974	1.299	1.624	1.949	2.273	2.598
走刀次数与每次切削余量	1	0.7	0.8	0.9	1.0	1.2	1.5	1.5
	2	0.4	0.6	0.6	0.7	0.7	0.7	0.8
	3	0.2	0.4	0.6	0.6	0.6	0.6	0.6
	4		0.15	0.4	0.4	0.4	0.6	0.6
	5			0.1	0.4	0.4	0.4	0.4
	6				0.15	0.4	0.4	0.4
	7					0.2	0.2	0.4
	8						0.15	0.3
	9							0.2
寸制螺纹								
螺距/(牙数/in)		24	18	16	14	12	10	8
牙深		0.678	0.904	1.016	1.162	1.355	1.626	2.033
走刀次数与每次切削余量	1	0.8	0.8	0.8	0.8	0.9	1.0	1.2
	2	0.4	0.6	0.6	0.6	0.6	0.7	0.7
	3	0.16	0.3	0.5	0.5	0.6	0.6	0.6
	4		0.11	0.14	0.3	0.4	0.4	0.5
	5				0.13	0.21	0.4	0.5
	6						0.16	0.4
	7							0.17

注：表中余量数据是直径方向上的切削余量。

6. 数控车削螺纹编程实例

（1）用 G32 指令加工圆柱螺纹程序示例

用 G32 指令加工图 7.1-9 所示圆柱螺纹，根据表 7.1-28，走刀 4 次，第 1 刀至第 4 刀的螺纹切削余量依次为 0.8mm、0.6mm、0.4mm、0.15mm。其加工程序见表 7.1-29。

表 7.1-29 用 G32 指令加工圆柱螺纹程序示例

部分程序	说　明
……	
N10 G00 Z104.0	从图 7.1-9 所示刀具位置快速走至螺纹车削起始点
N11 X29.20	*X* 向切进，余量 0.8mm
N12 G32 Z56.0 F1.5	第一次车螺纹走刀，导程 1.5mm
N13 G00 X40.0	*X* 向快速退刀

（续）

部分程序	说　明
N14 Z104.0	*Z* 向返回
N15 X28.60	*X* 向切进，余量 0.6mm
N16 G32 Z56.0	第二次车螺纹走刀
N17 G00 X40.0	*X* 向快速退刀
N18 Z104.0	*Z* 向返回
N19 X28.20	*X* 向切进，余量 0.4mm
N20 G32 Z56.0	第三次车螺纹走刀
N21 G00 X40.0	*X* 向快速退刀
N22 Z104.9	*Z* 向返回
N23 X28.05	*X* 向切进，余量 0.15mm
N24 G32 Z56.0	第四次车螺纹走刀
……	

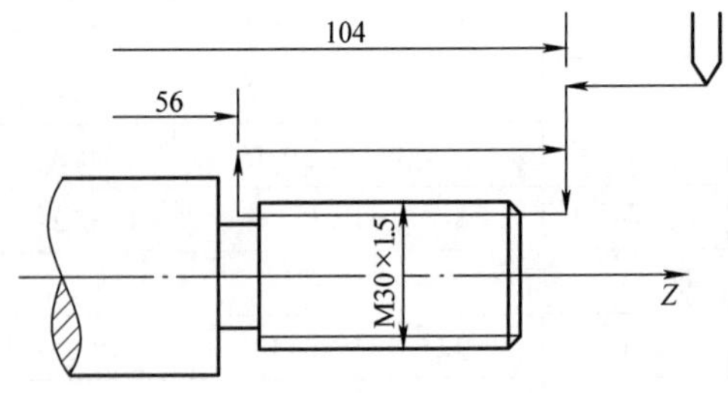

图 7.1-9　用 G32 指令加工圆柱螺纹

（2）用 G32 指令加工圆锥螺纹程序示例

图 7.1-10 所示圆锥螺纹，导程为 3.5mm。设 $\delta_1=2$mm、$\delta_2=1$mm，每次切深均为 1mm。用 G32 指令加工时，其加工程序见表 7.1-30。

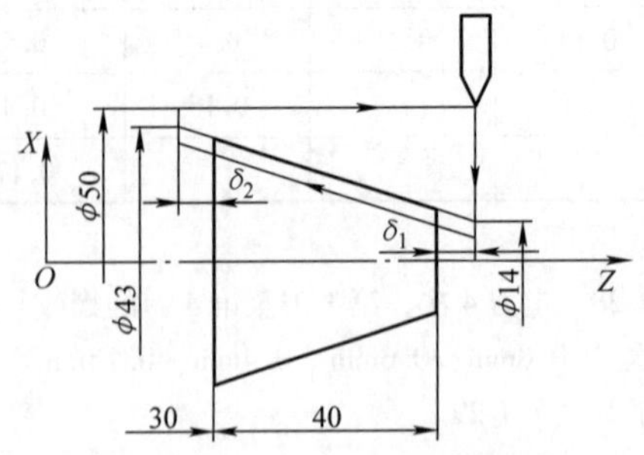

图 7.1-10　用 G32 指令加工圆锥螺纹

（3）用 G92 指令加工圆柱螺纹程序示例

图 7.1-11 所示 M30×2-6g 普通圆柱螺纹，用 G92 指令加工时，首先确定螺纹的编程大径和编程小径。根据 GB/T 197—2018，M30×2-6g 螺纹的大径为 $\phi30_{-0.318}^{-0.038}$mm，取编程大径为 $\phi29.7$mm。设螺纹牙底由单一圆弧构成，取圆弧半径 $R=H/8=0.2$mm。H 为原始螺牙高度，$H=0.866P$，P 为螺距。由 GB/T 197—2018 查得螺纹中径基本偏差为 −0.038mm，螺纹中径公差为 0.17mm，螺纹导程为 2mm，则螺纹编程小径为

$$d_1=\left(30-2\times\frac{7}{4}\times0.866+2\times0.2-0.038-\frac{0.17}{2}\right)\text{mm}$$
$$=27.246\text{mm}$$

则取编程小径为 $\phi27.3$mm。加工程序见表 7.1-31。

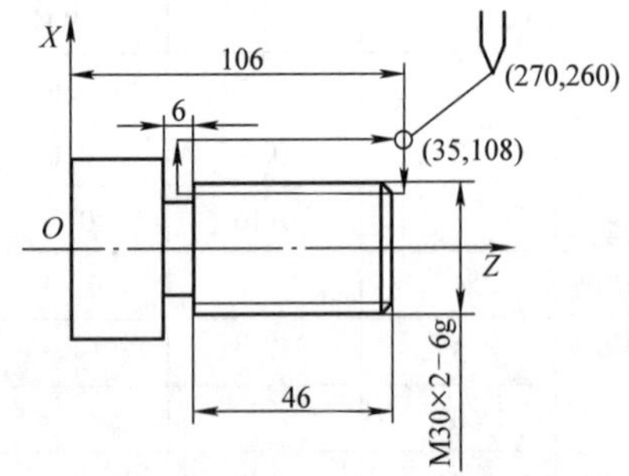

图 7.1-11　用 G92 指令加工圆柱螺纹

（4）用 G92 指令加工圆锥螺纹程序示例

图 7.1-12 所示圆锥螺纹，用 G92 指令加工，其程序见表 7.1-32。

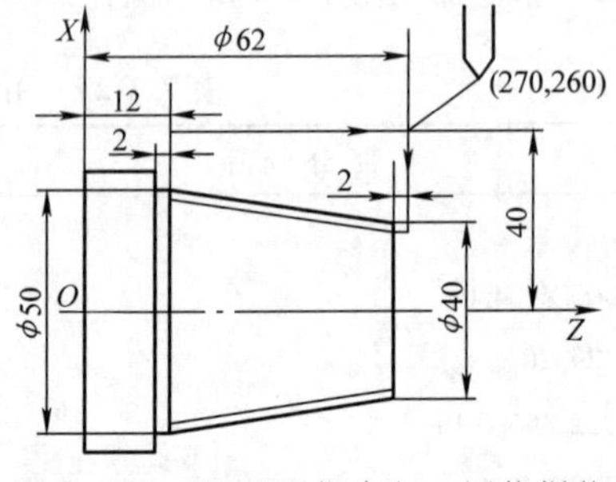

图 7.1-12　用 G92 指令加工圆锥螺纹

表7.1-30 用G32指令加工圆锥螺纹程序示例

部分程序	说明
……	
N10 G00 X50.0 Z72.0	刀具快速移至图7.1-10所示位置
N11 X12.0	X向快速进给
N12 G32 X41.0 W-43.0 F3.5	车圆锥螺纹第一次走刀，导程3.5mm
N13 G00 X50.0	X向快速退刀
N14 W43.0	Z向返回
N15 X10.0	X向快速进给
N16 G32 X39.0 W-43.0	车圆锥螺纹第二次走刀
N17 X50.0	X向快速退刀
N18 W43.0	Z向返回
……	

表7.1-31 用G92指令加工圆柱螺纹程序示例

程序	说明
N01 G50 X270.0 Z260.0	设定坐标系
N02 M03 S800 T0101	主轴正转，转速800r/min，调1号刀具
N03 G00 X35.0 Z108.0	刀具快速移至切螺纹的起始位置
N04 G92 X28.9 Z57.0 F2.0	第一次螺纹切削循环，导程2.0mm
N05 X28.2	第二次螺纹切削循环
N06 X27.7	第三次螺纹切削循环
N07 X27.3	第四次螺纹切削循环
N08 G00 X270.0 Z260.0	刀具快速退至起刀点
N09 M05	主轴停止
N10 M30	程序结束

表7.1-32 用G92指令加工圆锥螺纹程序示例

程序	说明
N01 G50 X270.0 Z260.0	设定坐标系
N02 G97 S300 M03 T0101	主轴恒转速，300r/min，正转，调1号刀具
N03 G00 X80.0 Z62.0	刀具快速移至车螺纹起点位置
N04 G92 X49.3 Z12.0 I-5.0 F2.0	第一次螺纹切削循环，导程2.0mm
N05 X48.7	第二次螺纹切削循环
N06 X48.1	第三次螺纹切削循环
N07 X47.5	第四次螺纹切削循环
N08 X47.1	第五次螺纹切削循环
N09 X47.0	第六次螺纹切削循环
N10 G00 X270.0 Z260.0 T0000 M05	刀具快速回到换刀点
N11 M02	程序结束

(5) 用 G76 指令加工圆柱螺纹程序示例

图 7.1-13 所示圆柱螺纹，用复合固定循环 G76 指令加工，其程序为

G76 X55.564 Z25.0 K3.68 D1.8 F6.0 A60

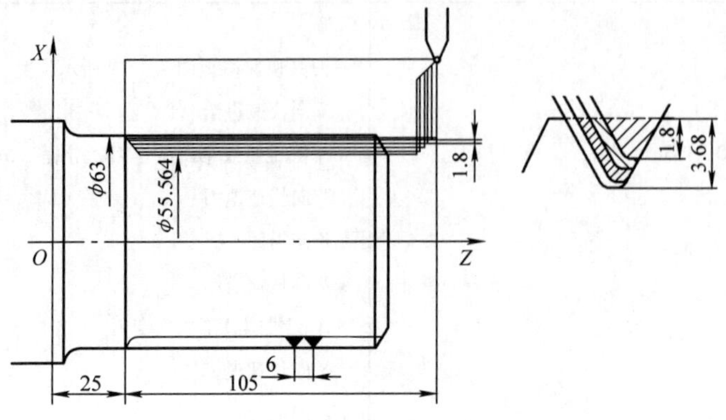

图 7.1-13　用 G76 指令加工圆柱螺纹

7.2　丝锥攻螺纹

7.2.1　丝锥攻螺纹的方法、特点及应用

丝锥主要用于加工小孔径的内螺纹。丝锥攻螺纹的方法、特点及应用范围见表 7.2-1，可参照选择合适方法。

表 7.2-1　丝锥攻螺纹的方法、特点及应用范围

序号	攻螺纹方法	主 要 特 点	应用范围
1	手动攻螺纹	采用手用丝锥（每套 1~3 支）在已有底孔的工件上攻螺纹，也可采用机用丝锥攻螺纹	用于单件小批生产
2	在普通钻床上攻螺纹	工件固定，丝锥旋转进给。在已有螺纹底孔的工件上攻螺纹	用于批量生产
3	在专用多轴攻丝机上攻螺纹	工件固定，丝锥旋转进给。在已有螺纹底孔的工件上攻螺纹	用于大量生产
4	在组合机床上攻螺纹	工件固定在可转动（或移位）的工作台上，在不同的工位上顺序完成钻孔、倒角和攻螺纹工序	用于大量生产
5	在自动螺母机上攻螺纹	螺母已有底孔，丝锥旋转，螺母在导槽内送进	用于螺母的大量生产
6	在普通车床上攻螺纹	工件旋转，丝锥安装在尾座上，手摇尾座套筒送进	用于单件小批生产
7	在转塔车床上攻螺纹	工件旋转，丝锥安装在六角头上并送进，也可以在不同的工步中顺序完成钻孔、倒角和攻螺纹工序	用于大批大量生产
8	在自动车床上攻螺纹	工件旋转，丝锥送进，在不同的工位上顺序完成钻孔、倒角和攻螺纹工序	用于大量生产
9	在多轴立车上攻螺纹	钻孔和攻螺纹工位主轴有准停装置，工件不动，丝锥旋转进给	用于大量生产
10	在普通钻床上或专用机床上挤螺纹	工件已有螺纹底孔，工件固定，挤压丝锥旋转进给，顺序完成钻孔、铰孔和挤螺纹工序	用于高精度、高强度工件的内螺纹加工

7.2.2 攻丝机的类型与技术参数

生产中采用的攻丝机的型号与主要技术参数见 表 7.2-2。

表 7.2-2 攻丝机的型号与主要技术参数

型号	技术参数					主轴行程/mm	电动机功率/kW		重量/t	外形尺寸/mm（长×宽×高）
	最大攻螺纹钻孔直径/mm	主轴端至底座面距离/mm	主轴轴线至立柱表面距离/mm	主轴转速/(r/min)			主电动机	总容量		
				级数	范围					
S4002	M2	120	80	4	850~1850	20	0.09		0.015	315×255×390
S406	M0.6~6	300	80		355~1250	20	0.37		0.08	490×319×617
S4006	M6	380	129.5	2	攻螺纹：480，850；回程：580，1505	40	0.25		0.05	462×250×813
S4006B	M6	250	140	4	355~1000	40	0.37		0.078	555×300×750
SB408	M8	50~355	185	3	420~1340	45	0.4	0.4	0.105	675×390×945
	M8	335	184	3	420~1290	45	0.55		0.095	700×360×180
S4010	M0.8~10	300	184	4	360~930	45	0.37		0.08	490×319×617
	M10	378	127	2	400，1000	40	0.37			490×250×830
	M10	480	180	3	工作：270~860；回程：340~1020	40	0.37		0.06	670×270×920
	M10	48~290	130	2	攻螺纹：400，800；回程：500，900	42	0.37		0.048	486×295×813
S4012A	M12	360	240	3	270~560	90	0.75		0.14	710×350×820
ZS4012	M10、d12	70~355	200	5	300~2540	100	0.37	0.37	0.078	682×360×860
	M10、d12	355	200	10	A：450~4000/B：230~2000	100	0.45/0.75		0.130	695×424×942
ZS4019	M16、d19	245~415	198	8	240~3800	110	0.55	0.55	0.08	700×350×880
S4020	M20	360	240	2	216~554	90	1.1		0.142	710×250×820
ZS4025A	M20、d25	445	225	8	A：100~1450/B：205~2900	150	0.55/0.75		0.18	675×458×1290
S4116	M16	375	225	3	255~965	75	1.1	1.22	0.47	725×520×1913
ZS4116A	铸 M12、钢 M10	175~455	195	5	400~4090	100	0.4		0.120	750×360×850
SB4116	M16	360	300	无级	150~1100	75	1.1	1.14	0.69	520×710×1885
ZS4112	M12、d12	500	200	5	480~4100	100		0.37		699×360×803
ZS4112B	铸 M10、钢 M8、d12	336~556	193	5	480~4100	100		0.37	0.1	710×370×1037
SZ4206	M4~6			2	1242~1753		0.6	0.64	0.35	740×580×960
SZ4210	M8~10			2	403~550		1.1	1.14	0.65	1008×664×1173

（续）

型号	技术参数					主轴行程/mm	电动机功率/kW		重量/t	外形尺寸/mm（长×宽×高）
	最大攻螺纹钻孔直径/mm	主轴端至底座面距离/mm	主轴轴线至立柱表面距离/mm	主轴转速/(r/min)			主电动机	总容量		
				级数	范围					
SZ4216A	M12~16			3	188~236		1.5	1.62	1.10	1240×850×1390
SZ4224	M18~24			2	133~157		3	3.12	1.45	1350×940×1530
SZ4230	M27~30			2	62~115		4	4.125	1.45	1230×960×1500
SB4416	M16			3	160~500		1.1	1.1	0.55	850×500×2345

7.2.3 用普通螺纹丝锥攻螺纹

1. 普通螺纹丝锥

普通螺纹丝锥包括手用和机用丝锥，两者除制造材料不同外，基本尺寸是相同的。

（1）普通螺纹丝锥的结构

普通螺纹丝锥一般由工作部分和柄部组成，其结构与参数如图 7.2-1 所示。

（2）普通螺纹丝锥的规格尺寸

国家标准 GB/T 3464.1—2007、GB/T 3464.2—2003 规定了丝锥的形式和基本尺寸。粗柄带颈机用和手用丝锥常用的规格尺寸见表 7.2-3。细柄机用和手用丝锥常用的规格尺寸见表 7.2-4。细长柄机用丝锥常用的规格尺寸见表 7.2-5。

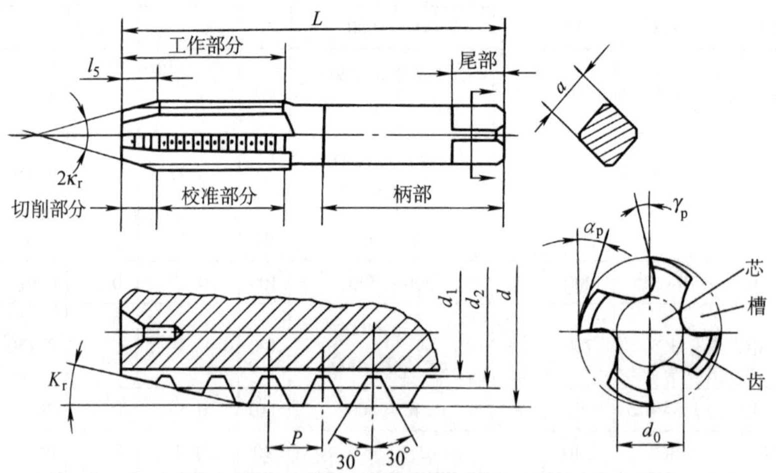

图 7.2-1　普通螺纹丝锥的结构与参数

表 7.2-3　粗柄带颈机用和手用丝锥（GB/T 3464.1—2007）　（mm）

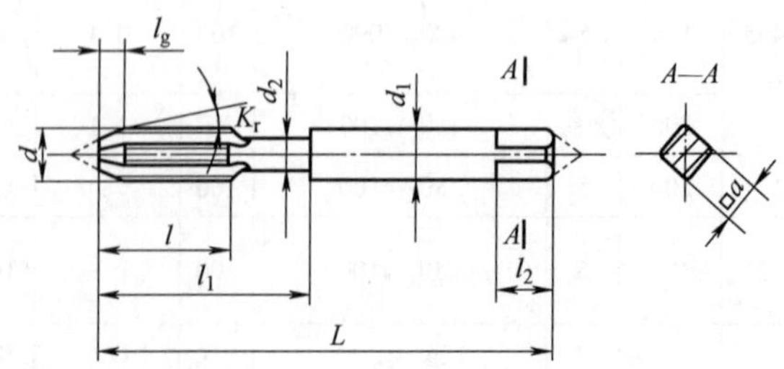

（续）

代号	公称直径 d	螺距 P	d_1	l	L	d_2 min	l_1	方头 a	方头 l_2
M3	3.0	0.50	3.15	11.0	48.0	2.12	18.0	2.50	5
M3.5	3.5	(0.60)	3.55	13.0	50.0	2.50	20.0	2.80	
M4	4.0	0.70	4.00		53.0	2.80	21.0	3.15	6
M4.5	4.5	(0.75)	4.50			3.15		3.55	
M5	5.0	0.80	5.00	16.0	58.0	3.55	25.0	4.00	7
M6	6.0	1.00	6.30	19.0	66.0	4.50	30.0	5.00	8
M7	7.0		7.10			5.30		5.60	
M8	8.0	1.25	8.00	22.0	72.0	6.00	35.0	6.30	9
M9	9.0		9.00			7.10	36.0	7.10	10
M10	10.0	1.50	10.00	24.0	80.0	7.50	39.0	8.0	11
M3×0.35	3.0	0.35	3.15	11.0	48.0	2.12	18.0	2.50	5
M3.5×0.35	3.5		3.55	13.0	50.0	2.50	20.0	2.80	
M4×0.5	4.0	0.50	4.00		53.0	2.80	21.0	3.15	6
M4.5×0.5	4.5		4.50			3.15		3.55	
M5×0.5	5.0		5.00	16.0	58.0	3.55	25.0	4.00	7
M5.5×0.5	5.5		5.60	17.0	62.0	4.00	26.0	4.50	
M6×0.5	6.0		6.30	19.0	66.0	4.50	30.0	5.00	8
M6×0.75		0.75							
M7×0.75	7.0		7.10			5.30		5.60	
M8×0.5	8.0	0.50	8.00			6.00	32.0	6.30	9
M8×0.75		0.75							
M8×1		1.00		22.0	72.0		35.0		
M9×0.75	9.0	0.75	9.00	19.0	66.0	7.10	33.0	7.10	10
M9×1		1.00		22.0	72.0		36.0		
M10×0.75	10.0	0.75	10.00	20.0	73.0	7.50	35.0	8.00	11
M10×1		1.00		24.0	80.0		39.0		
M10×1.25		1.25							

表7.2-4 细柄机用和手用丝锥（GB/T 3464.1—2007） （mm）

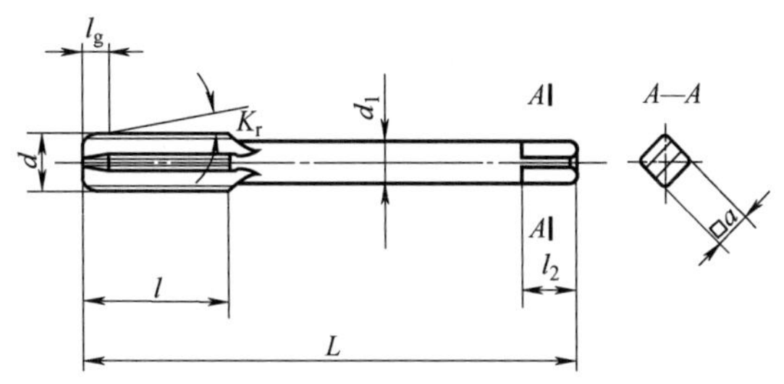

（续）

<table>
<tr><th rowspan="2">代号</th><th rowspan="2">公称直径
d</th><th rowspan="2">螺距
P</th><th rowspan="2">d_1</th><th rowspan="2">l</th><th rowspan="2">L</th><th colspan="2">方头</th></tr>
<tr><th>a</th><th>l_2</th></tr>
<tr><td>M3</td><td>3.0</td><td>0.50</td><td>2.24</td><td>11.0</td><td>48</td><td>1.80</td><td rowspan="2">4</td></tr>
<tr><td>M3.5</td><td>3.5</td><td>(0.60)</td><td>2.50</td><td rowspan="3">13.0</td><td>50</td><td>2.00</td></tr>
<tr><td>M4</td><td>4.0</td><td>0.70</td><td>3.15</td><td rowspan="2">53</td><td>2.50</td><td rowspan="2">5</td></tr>
<tr><td>M4.5</td><td>4.5</td><td>(0.75)</td><td>3.55</td><td>2.80</td></tr>
<tr><td>M5</td><td>5.0</td><td>0.80</td><td>4.00</td><td>16.0</td><td>58</td><td>3.15</td><td>6</td></tr>
<tr><td>M6</td><td>6.0</td><td rowspan="2">1.00</td><td>4.50</td><td rowspan="2">19.0</td><td rowspan="2">66</td><td>3.55</td><td>6</td></tr>
<tr><td>M7</td><td>(7.0)</td><td>5.60</td><td>4.50</td><td>7</td></tr>
<tr><td>M8</td><td>8.0</td><td rowspan="2">1.25</td><td>6.30</td><td rowspan="2">22.0</td><td rowspan="2">72</td><td>5.00</td><td rowspan="2">8</td></tr>
<tr><td>M9</td><td>(9.0)</td><td>7.10</td><td>5.60</td></tr>
<tr><td>M10</td><td>10.0</td><td rowspan="2">1.50</td><td rowspan="2">8.00</td><td>24.0</td><td>80</td><td rowspan="2">6.30</td><td rowspan="2">9</td></tr>
<tr><td>M11</td><td>(11.0)</td><td>25.0</td><td>85</td></tr>
<tr><td>M12</td><td>12.0</td><td>1.75</td><td>9.00</td><td>29.0</td><td>89</td><td>7.10</td><td>10</td></tr>
<tr><td>M14</td><td>14.0</td><td rowspan="2">2.00</td><td>11.20</td><td>30.0</td><td>95</td><td>9.00</td><td>12</td></tr>
<tr><td>M16</td><td>16.0</td><td>12.50</td><td>32.0</td><td>102</td><td>10.00</td><td>13</td></tr>
<tr><td>M18</td><td>18.0</td><td rowspan="3">2.50</td><td rowspan="2">14.00</td><td rowspan="2">37.0</td><td rowspan="2">112</td><td rowspan="2">11.20</td><td rowspan="2">14</td></tr>
<tr><td>M20</td><td>20.0</td></tr>
<tr><td>M22</td><td>22.0</td><td>16.00</td><td>38.0</td><td>118</td><td>12.50</td><td>16</td></tr>
<tr><td>M24</td><td>24.0</td><td rowspan="2">3.00</td><td>18.00</td><td rowspan="2">45.0</td><td>130</td><td>14.00</td><td>18</td></tr>
<tr><td>M27</td><td>27.0</td><td rowspan="2">20.00</td><td>135</td><td rowspan="2">16.00</td><td rowspan="2">20</td></tr>
<tr><td>M30</td><td>30.0</td><td>3.50</td><td>48.0</td><td>138</td></tr>
<tr><td>M3×0.35</td><td>3.0</td><td rowspan="2">0.35</td><td>2.24</td><td>11.0</td><td>48</td><td>1.80</td><td rowspan="2">4</td></tr>
<tr><td>M3.5×0.35</td><td>3.5</td><td>2.50</td><td rowspan="3">13.0</td><td>50</td><td>2.00</td></tr>
<tr><td>M4×0.5</td><td>4.0</td><td rowspan="4">0.50</td><td>3.15</td><td rowspan="2">53</td><td>2.50</td><td rowspan="2">5</td></tr>
<tr><td>M4.5×0.5</td><td>4.5</td><td>3.55</td><td>2.80</td></tr>
<tr><td>M5×0.5</td><td>5.0</td><td rowspan="2">4.00</td><td>16.0</td><td>58</td><td rowspan="2">3.15</td><td rowspan="3">6</td></tr>
<tr><td>M5.5×0.5</td><td>(5.5)</td><td>17.0</td><td>62</td></tr>
<tr><td>M6×0.75</td><td>6.0</td><td rowspan="3">0.75</td><td>4.50</td><td rowspan="3">19.0</td><td rowspan="3">66</td><td>3.55</td></tr>
<tr><td>M7×0.75</td><td>(7.0)</td><td>5.60</td><td>4.50</td><td>7</td></tr>
<tr><td>M8×0.75</td><td rowspan="2">8.0</td><td rowspan="2">6.30</td><td rowspan="2">5.00</td><td rowspan="4">8</td></tr>
<tr><td>M8×1</td><td>1.00</td><td>22</td><td>72</td></tr>
<tr><td>M9×0.75</td><td rowspan="2">(9.0)</td><td>0.75</td><td rowspan="2">7.10</td><td>19</td><td>66</td><td rowspan="2">5.60</td></tr>
<tr><td>M9×1</td><td>1.00</td><td>22</td><td>72</td></tr>
<tr><td>M10×0.75</td><td rowspan="3">10.0</td><td>0.75</td><td rowspan="5">8.00</td><td>20.0</td><td>73</td><td rowspan="5">6.30</td><td rowspan="5">9</td></tr>
<tr><td>M10×1</td><td>1.00</td><td rowspan="2">24</td><td rowspan="4">80</td></tr>
<tr><td>M10×1.25</td><td>1.25</td></tr>
<tr><td>M11×0.75</td><td rowspan="2">(11.0)</td><td>0.75</td><td rowspan="2">22.0</td></tr>
<tr><td>M11×1</td><td>1.00</td></tr>
</table>

（续）

代号	公称直径 d	螺距 P	d_1	l	L	方头	
						a	l_2
M12×1	12.0	1.00	9.00	22.0	80	7.10	10
M12×1.25	12.0	1.25	9.00	29.0	89		
M12×1.5		1.50					
M14×1	14.0	1.00	11.20	22.0	87	9.00	12
M14×1.25①		1.25		30.0	95		
M14×1.5		1.50		30.0			
M15×1.5	(15.0)						
M16×1	16.0	1.00	12.50	22.0	92	10.00	13
M16×1.5		1.50		32.0	102		
M17×1.5	(17.0)						
M18×1	18.0	1.00	14.00	22.0	97	11.20	14
M18×1.5		1.50		37.0	112		
M18×2		2.00					
M20×1	20.0	1.00		22.0	102		
M20×1.5		1.50		37.0	112		
M20×2		2.00					
M22×1	22.0	1.0	16.0	24.0	109	12.5	16
M22×1.5		1.5		38.0	118		
M22×2		2.0					
M24×1	24.0	1.0	18.0	24.0	114	14.0	18
M24×1.5		1.5		45.0	130		
M24×2		2.0					
M25×1.5	25.0	1.5					
M25×2		2.0					
M26×1.5	26	1.5		35.0	120		
M27×1	27	1.0	20.0	25.0		16.0	20
M27×1.5		1.5		37.0	127		
M27×2		2.0					
M28×1	(28)	1.0		25.0	120		
M28×1.5		1.5		37.0	127		
M28×2		2.0					
M30×1	30	1.0		25.0	120		
M30×1.5		1.5		37.0	127		
M30×2		2.0					
M30×3		3.0		48.0	138		

注：括号内的尺寸尽可能不用。

① 仅用于火花塞。

表 7.2-5　细长柄机用丝锥（GB/T 3464.2—2003）　　（mm）

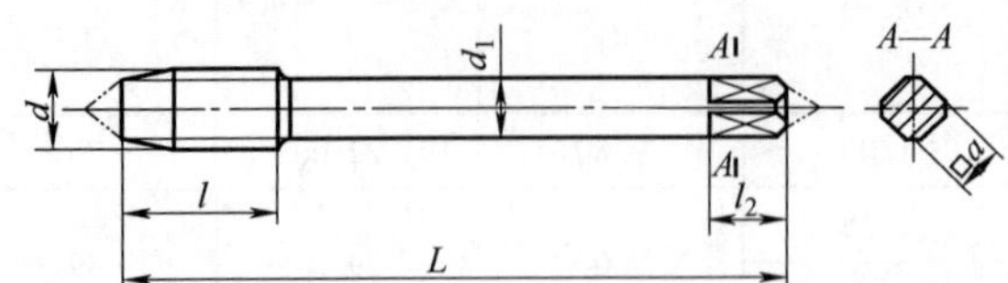

<table>
<tr><th colspan="2">代号</th><th rowspan="2">公称直径
d</th><th colspan="2">螺距
P</th><th rowspan="2">d_1
h9①</th><th rowspan="2">l
max</th><th rowspan="2">L
h16</th><th colspan="2">方头</th></tr>
<tr><th>粗牙</th><th>细牙</th><th>粗牙</th><th>细牙</th><th>a
h11②</th><th>l_2
±0.8</th></tr>
<tr><td>M3</td><td>M3×0.35</td><td>3.0</td><td>0.5</td><td>0.35</td><td>2.24</td><td>11</td><td>66</td><td>1.80</td><td rowspan="2">4</td></tr>
<tr><td>M3.5</td><td>M3.5×0.35</td><td>3.5</td><td>0.60</td><td>0.35</td><td>2.50</td><td rowspan="3">13</td><td>68</td><td>2.00</td></tr>
<tr><td>M4</td><td>M4×0.5</td><td>4.0</td><td>0.70</td><td rowspan="4">0.5</td><td>3.15</td><td rowspan="2">73</td><td>2.50</td><td rowspan="2">5</td></tr>
<tr><td>M4.5</td><td>M4.5×0.5</td><td>4.5</td><td>0.75</td><td>3.55</td><td>2.80</td></tr>
<tr><td>M5</td><td>M5×0.5</td><td>5.0</td><td>0.80</td><td rowspan="2">4.00</td><td>16</td><td>79</td><td rowspan="2">3.15</td><td rowspan="3">6</td></tr>
<tr><td>—</td><td>M5.5×0.5</td><td>5.5</td><td>—</td><td>17</td><td>84</td></tr>
<tr><td>M6</td><td>M6×0.75</td><td>6.0</td><td rowspan="2">1.00</td><td rowspan="2">0.75</td><td>4.50</td><td rowspan="2">19</td><td rowspan="2">89</td><td>3.55</td></tr>
<tr><td>M7</td><td>M7×0.75</td><td>7.0</td><td>5.60</td><td>4.50</td><td>7</td></tr>
<tr><td>M8</td><td>M8×1</td><td>8.0</td><td rowspan="2">1.25</td><td rowspan="3">1</td><td>6.30</td><td rowspan="2">22</td><td rowspan="2">97</td><td>5.00</td><td rowspan="2">8</td></tr>
<tr><td>M9</td><td>M9×1</td><td>9.0</td><td>7.10</td><td>5.60</td></tr>
<tr><td rowspan="2">M10</td><td>M10×1</td><td rowspan="2">10.0</td><td rowspan="3">1.50</td><td rowspan="3">8.0</td><td rowspan="2">24</td><td rowspan="2">108</td><td rowspan="3">6.30</td><td rowspan="3">9</td></tr>
<tr><td>M10×1.25</td><td>1.25</td></tr>
<tr><td>M11</td><td>—</td><td>11.0</td><td>—</td><td>25</td><td>115</td></tr>
<tr><td rowspan="2">M12</td><td>M12×1.25</td><td rowspan="2">12.0</td><td rowspan="2">1.75</td><td>1.25</td><td rowspan="2">9.0</td><td rowspan="2">29</td><td rowspan="2">119</td><td rowspan="2">7.10</td><td rowspan="2">10</td></tr>
<tr><td>M12×1.5</td><td>1.5</td></tr>
<tr><td rowspan="2">M14</td><td>M14×1.25</td><td rowspan="2">14.0</td><td rowspan="2">2.00</td><td>1.25</td><td rowspan="3">11.20</td><td rowspan="3">30</td><td rowspan="3">127</td><td rowspan="3">9.00</td><td rowspan="3">12</td></tr>
<tr><td>M14×1.5</td><td rowspan="5">1.5</td></tr>
<tr><td>—</td><td>M15×1.5</td><td>15.0</td><td>—</td></tr>
<tr><td>M16</td><td>M16×1.5</td><td>16.0</td><td>2</td><td rowspan="2">12.50</td><td rowspan="2">32</td><td rowspan="2">137</td><td rowspan="2">10.00</td><td rowspan="2">13</td></tr>
<tr><td>—</td><td>M17×1.5</td><td>17.0</td><td>—</td></tr>
<tr><td rowspan="2">M18</td><td>M18×1.5</td><td rowspan="2">18.0</td><td rowspan="6">2.50</td><td rowspan="4">14.00</td><td rowspan="4">37</td><td rowspan="4">149</td><td rowspan="4">11.20</td><td rowspan="4">14</td></tr>
<tr><td>M18×2</td><td>2</td></tr>
<tr><td rowspan="2">M20</td><td>M20×1.5</td><td rowspan="2">20.0</td><td>1.5</td></tr>
<tr><td>M20×2</td><td>2</td></tr>
<tr><td rowspan="2">M22</td><td>M22×1.5</td><td rowspan="2">22.0</td><td>1.5</td><td rowspan="2">16.00</td><td rowspan="2">38</td><td rowspan="2">158</td><td rowspan="2">12.50</td><td rowspan="2">16</td></tr>
<tr><td>M22×2</td><td>2</td></tr>
<tr><td rowspan="2">M24</td><td>M24×1.5</td><td rowspan="2">24.0</td><td rowspan="2">3.00</td><td>1.5</td><td rowspan="2">18.00</td><td rowspan="2">45</td><td rowspan="2">172</td><td rowspan="2">14.00</td><td rowspan="2">18</td></tr>
<tr><td>M24×2</td><td>2</td></tr>
</table>

① 根据 ISO 237 的规定，公差 h9 应用于精密柄；非精密柄的公差为 h11。

② 根据 ISO 237 的规定，当方头的形状误差和方头对柄部的位置误差考虑在内时，为 h12。

(3) 普通螺纹丝锥几何参数的选择

普通螺纹丝锥的主要几何参数有前角 γ_p、后角 α_p、主偏角（或称切削锥角）κ_r（图 7.2-1），推荐采用的数值见表 7.2-6、表 7.2-7。在具体选择时应考虑下列原则：

1）对于标准丝锥，因要满足使用上的广泛性，一般取 $\gamma_p=8°\sim10°$，$\alpha_p=4°\sim6°$。

2）对于批量或大量生产中使用的丝锥，其前角、后角应根据所加工工件的材料类别和硬度选择适宜值。

3）主偏角应根据螺纹的加工精度、表面粗糙度和丝锥类别综合选择。加工精度高的丝锥，其主偏角应取小值；对不通孔螺纹，螺纹收尾尺寸不能大于规定值。

4）当加工通孔螺纹时，为保证攻螺纹时切屑顺利排出，对标准直槽丝锥切削部分可磨出刃倾角 λ_s，一般取 5°~15°，这部分的前角为 12°~15°。

表 7.2-6 丝锥的几何参数

工件材料	前角 γ_p	后角 α_p	工件材料	前角 γ_p	后角 α_p
低碳钢	10°~13°	8°~12°	铝	16°~20°	8°~12°
中碳钢	8°~10°	6°~8°	铝合金	12°~14°	8°~12°
高碳钢	5°~7°	4°~6°	铜	14°~16°	8°~12°
铬、锰钢	10°~13°	8°~12°	黄铜	3°~5°	4°~6°
铸铁	2°~4°	4°~6°	青铜	1°~3°	4°~6°

表 7.2-7 主偏角与切削厚度

主偏角 κ_r	切削锥牙数	每齿切削厚度/mm			
		齿槽 $N=2$	齿槽 $N=3$	齿槽 $N=4$	齿槽 $N=5$
45°	0.7	0.353	0.236	0.177	0.118
36°	1.0	0.294	0.196	0.147	0.098
31°	1.2	0.258	0.172	0.129	0.086
26°	1.5	0.219	0.146	0.109	0.073
21°	2.0	0.171	0.114	0.086	0.057
16°	2.5	0.138	0.092	0.067	0.046
13°13′	3.0	0.116	0.087	0.058	0.039
10°	4.0	0.087	0.058	0.044	0.029
8°	5.0	0.069	0.046	0.035	0.023
6°13′	6.0	0.056	0.038	0.028	0.019
5°	8.0	0.048	0.029	0.022	0.013
4°	10.0	0.035	0.023	0.018	0.012
3°30′	12.0	0.030	0.020	0.015	0.010

注：1. 每齿切削厚度适宜值，钢件取 0.02~0.05mm；铸铁取 0.04~0.07mm。

2. 当加工螺距 $P\neq1$mm 时，表列值应乘螺距 P。

（4）被加工的内螺纹公差与丝锥制造公差的关系

根据 GB/T 968—2007，丝锥中径公差带与所能加工的内螺纹公差代号见表 7.2-8。

表 7.2-8　不同公差带丝锥加工内螺纹的相应公差带代号

GB/T 968—2007 丝锥公差带代号	加工内螺纹的公差带代号
H1	4H、5H
H2	5G、6H
H3	6G、7H、7G
H4	6H、7H

注：影响攻螺纹精度的因素很多，如工件材料性质、机床条件、丝锥装夹方式、切削速度及切削液等，因此，准确选用丝锥制造公差还必须根据材料特性、机床条件、丝锥装夹方式等，此表只能作为选择丝锥时的参考。

（5）丝锥的磨钝标准

丝锥的磨损主要发生在切削锥刀刃的后刀面。通常根据平均磨损量确定磨钝标准，加工 6H 级内螺纹时丝锥的磨钝标准见表 7.2-9。

表 7.2-9　普通螺纹丝锥的磨钝标准　（mm）

螺距	1	1.25	1.5	1.75	2	2.5
磨钝标准	0.25	0.35	0.5	0.6	0.6	0.6

2. 丝锥辅具的特点与选择

采用普通螺纹丝锥攻螺纹时，须配套选用相应辅具。各种不同丝锥辅具的特点与应用范围见表 7.2-10。

3. 攻螺纹工艺参数的确定和机动时间的计算

（1）攻螺纹前钻孔直径的确定

普通螺纹攻螺纹前钻孔用麻花钻直径按表 7.2-11 选取。表中所列麻花钻直径，适用于一般生产条件下的钻孔，随生产条件的不同，可按实际需要在麻花钻标准系列中选用相近的尺寸。在螺纹孔小径公差范围内，建议尽可能选用较大尺寸的麻花钻，以减轻攻螺纹工序的负荷，提高丝锥寿命。

表 7.2-10　普通螺纹丝锥攻螺纹辅具选用

辅具名称	辅具简图	特点与应用范围
快换卡头		无补偿作用，主要用于单轴钻床手动攻螺纹，尤其适用于在同一工序中顺序完成钻孔、倒角、攻螺纹等工序
保险卡头		利用摩擦力传递力矩，可防止丝锥过载而折断，主要用于单轴钻床手动攻螺纹
攻丝靠模卡头		攻螺纹时，主要靠攻丝靠模进刀，主要用于组合机床

（续）

辅具名称	辅 具 简 图	特点与应用范围
浮动卡头	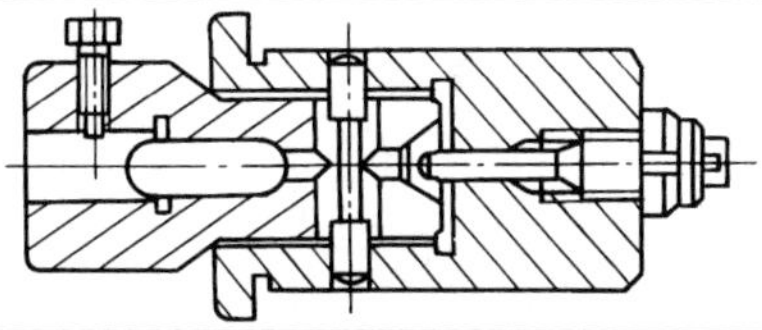	攻螺纹时，有浮动定心作用，主要用于多轴自动车床攻一般精度的螺纹
	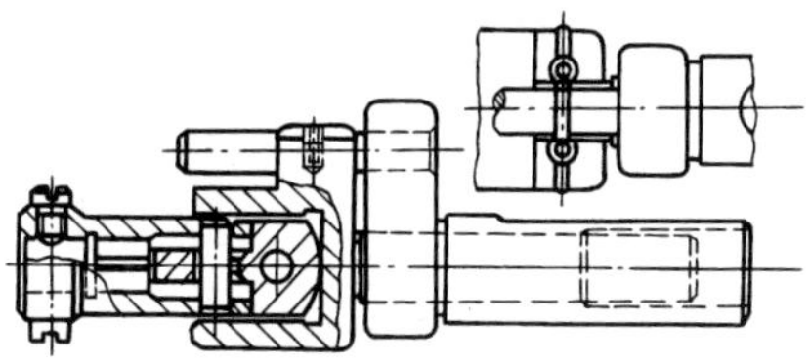	攻螺纹时，卡头有浮动定心作用，主要用于转塔车床
攻丝卡头	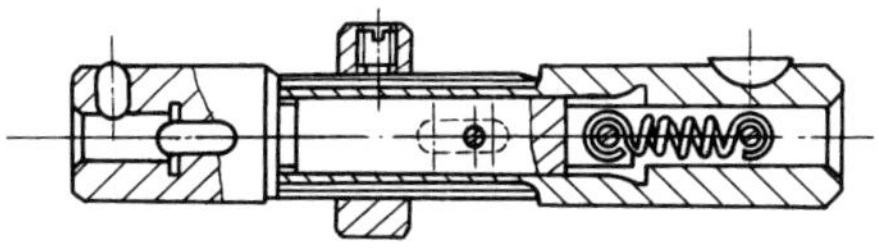	攻螺纹时，当进给量小于螺距时，有补偿作用，主要用于组合机床
	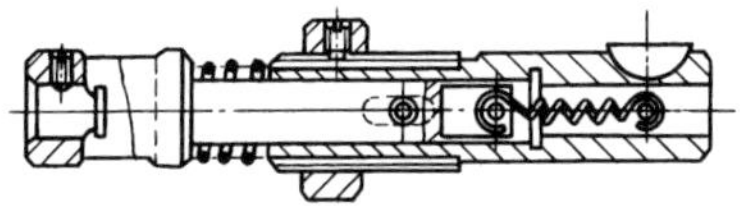	攻螺纹时，当进给量大于或小于螺距时，均有补偿作用，主要用于组合机床

表 7.2-11　攻螺纹前钻孔用麻花钻直径（GB/T 20330—2006）　　（mm）

粗牙普通螺纹攻螺纹前钻孔用麻花钻直径								
普通螺纹		麻花钻直径 *d*	普通螺纹		麻花钻直径 *d*	普通螺纹		麻花钻直径 *d*
公称直径 *D*	螺距 *P*		公称直径 *D*	螺距 *P*		公称直径 *D*	螺距 *P*	
1	0.25	0.75	5	0.8	4.2	24	3	21
1.1		0.85	6	1	5	27		24
1.2		0.95	7		6	30	3.5	26.5
1.4	0.3	1.1	8	1.25	6.8	33		29.5
1.6	0.35	1.25	9		7.8	36	4	32
1.8		1.45	10	1.5	8.5	39		35
2	0.4	1.6	11		9.5	42	4.5	37.5
2.2	0.45	1.75	12	1.75	10.2	45		40.5
2.5		2.05	14	2	12	48	5	43
3	0.5	2.5	16		14	52		47
3.5	0.6	2.9	18	2.5	15.5	56	5.5	50.5
4	0.7	3.3	20		17.5			
4.5	0.75	3.7	22		19.5			

（续）

细牙普通螺纹攻螺纹前钻孔用麻花钻直径								
普通螺纹		麻花钻直径 d	普通螺纹		麻花钻直径 d	普通螺纹		麻花钻直径 d
公称直径 D	螺距 P		公称直径 D	螺距 P		公称直径 D	螺距 P	
2. 5	0. 35	2. 15	12	1. 25	10. 8	24	2	22
3		2. 65	14		12. 8	25		23
3. 5		3. 15	12	1. 5	10. 5	27		25
4	0. 5	3. 5	14		12. 5	28		26
4. 5		4	15		13. 5	30		28
5		4. 5	16		14. 5	32		30
5. 5		5	17		15. 5	33		31
6	0. 75	5. 2	18		16. 5	36		34
7		6. 2	20		18. 5	39		37
8		7. 2	22		20. 5	40		38
9		8. 2	24		22. 5	42		40
10		9. 2	25		23. 5	45		43
11		10. 2	26		24. 5	48		46
8	1	7	27		25. 5	50		48
9		8	28		26. 5	52		50
10		9	30		28. 5	30	3	27
11		10	32		30. 5	33		30
12		11	33		31. 5	36		33
14		13	35		33. 5	39		36
15		14	36		34. 5	40		37
16		15	38		36. 5	42		39
17		16	39		37. 5	45		42
18		17	40		38. 5	48		45
20		19	42		40. 5	50		47
22		21	45		43. 5	52		49
24		23	48		46. 5	42	4	38
25		24	50		48. 5	45		41
27		26	52		50. 5	48		44
28		27	18	2	16	52		48
30		29	20		18			
10	1. 25	8. 8	22		20			

（2）切削速度的计算和选择

攻螺纹的切削速度、转矩可按表 7. 2-12 所列公式计算。

在单轴普通钻床上攻螺纹时，切削速度也可以按表 7. 2-13 选取，该表的使用条件为：机用高速钢丝锥，螺纹精度 6H 级，丝锥寿命加工钢件为 120min，加工铸件为240min。当采用组合机床攻螺纹时，若机动时间不受生产节奏限制，可适当降低标准使用该表。

表7.2-12 丝锥、板牙、螺纹切头及螺纹铣刀的切削速度、转矩及功率的计算公式

计算公式			
丝锥、板牙或螺纹切头			梳形螺纹铣刀
$v=\dfrac{c_v d_0^{z_v}}{T^m P^{y_v}}k_v$ (m/min)	$M=c_M d_0^{z_M} P^{y_M} k_M$ (N·m)	$P_m=\dfrac{Mv}{30d_0}$ (kW)	$v=\dfrac{c_v}{T^m a_f^{x_v} P^{y_v}}k_v$ (m/min)

公式中的系数和指数

工件材料	刀具类型		刀具材料	切削液	刀具寿命 T/min	公式中的系数和指数							
						切削速度					转矩		
						c_v	z_v	x_v	y_v	m	c_M	z_M	y_M
碳素结构钢 $R_m=750$MPa	丝锥	机用丝锥	高速钢	硫化油	90	64.8	1.2	—	0.5	0.9	0.264	1.4	1.5
		螺母丝锥				53					0.04	1.7	
		自动机用螺母丝锥				41					0.024	2.0	
	板牙		9SiCr、T12A	乳化液	90	2.7	1.2	—	1.2	0.5	0.441	1.1	1.5
	带圆梳刀和切向梳刀的螺纹切头		高速钢	硫化油	120	7.4	1.2	—	1.2	0.5	0.451	1.1	1.5
	梳形螺纹铣刀		高速钢	硫化油	150~180	198	—	0.4	0.3	0.5	—	—	—
灰铸铁 190HBW	梳形螺纹铣刀		高速钢	不用	240~270	140	—	0.4	0.3	0.33	—	—	—
可锻铸铁 150HBW				乳化液		245	—	0.5	2.0	1.0			
硬铝	螺母丝锥		高速钢	煤油	150	20	1.2	—	0.5	0.9	0.021	1.8	1.5

丝锥、板牙及螺纹切头切削速度和转矩的修正系数

工件材料		切削速度的修正系数						转矩的修正系数 k_M
		工件材料系数 k_{M_v}	刀具材料系数 k_{T_v}		螺纹精度等级系数 k_{q_v}			
			W18Cr4V W6Mo5Cr4V2	9SiCr、T12A、T10A	5	6	7	
碳钢 R_m/MPa	<500	0.7	1.0	0.7	0.8	1.0	1.25	1.3
	500~800	1.0						1.0
合金钢 R_m/MPa	<700	0.9						1.0
	700~800	0.8						0.85
灰铸铁 HBW	<140	1.0						1.0
	140~180	0.7						1.2
	>180	0.5						1.5
可锻铸铁		1.7						0.8
青铜及黄铜		2.0						—

注：1. 表中计算出的转矩是新刃磨刀具的数据，在刀具使用的后期，当磨损量达到极限值时，转矩要增大1.5~2倍（丝锥）或0.5~1倍（板牙）。

2. 公式中的修正系数 $k_v=k_{M_v}k_{T_v}k_{q_v}$。

表 7.2-13　在单轴普通钻床上攻螺纹的切削速度

螺纹代号	工件材料								
	10	20	35	45	Y12	40Cr	40Cr 调质	灰铸铁 169~229HBW	可锻铸铁
	切削速度 v/(m/min)								
M6×1	6~7	9~10	9~10	9~10	11~12	7~8	6~7	10~11	12~13
M8×1	7~8	10~11	10~11	10~11	12~13	7~8	6~7	11~12	13~14
M8×1.25	7~8	10~11	10~11	10~11	13~14	8~9	7~8	11~12	14~15
M10×1	7~8	10~11	10~11	10~11	12~13	8~9	7~8	11~12	13~14
M10×1.5	8~9	11~12	11~12	11~12	14~15	9~10	8~9	13~14	15~16
M12×1.25	8~9	12~13	12~13	12~13	14~15	9~10	8~9	13~14	16~17
M12×1.75	7~8	11~12	11~12	11~12	13~14	9~10	7~8	12~13	15~16
M14×1.5	8~9	12~13	12~13	12~13	15~16	9~10	8~9	13~14	16~17
M14×2	7~8	10~11	10~11	10~11	12~13	8~9	7~8	11~12	13~14
M16×1.5	9~10	13~14	13~14	13~14	16~17	10~11	9~10	14~15	17~18
M16×2	7~8	11~12	11~12	11~12	13~14	8~9	7~8	12~13	15~16
M18×1.5	9~10	13~14	13~14	13~14	16~17	10~11	9~10	14~15	17~18
M18×2.5	7~8	10~11	10~11	10~11	13~14	8~9	7~8	12~13	14~15
M20×1.5	9~10	13~14	13~14	13~14	16~17	10~11	9~10	14~15	17~18
M20×2.5	7~8	10~11	10~11	10~11	13~14	8~9	7~8	12~13	14~15
M22×1.5	9~10	13~14	13~14	13~14	16~17	10~11	9~10	14~15	17~18
M22×2.5	7~8	10~11	10~11	10~11	13~14	8~9	7~8	12~13	14~15
M24×1.5	9~10	13~14	13~14	13~14	16~17	10~11	9~10	14~15	17~18
M24×2	8~9	12~13	12~13	12~13	15~16	10~11	8~9	13~14	16~17

(3) 攻螺纹转矩的计算

攻螺纹转矩按表 7.2-12 所列公式计算，也可以按表 7.2-14 查出。

表 7.2-14　丝锥与螺纹切头加工螺纹时的转矩

螺纹螺距 P/mm		0.5	0.75	1	1.25	1.5	2	3
转矩 M /N·m	丝锥	2.2	4.0	6.3	9.0	12	18	34
	螺纹切头	2.0	4.0	6.0	8.0	10	16	30

加工条件改变时转矩应乘下列修正系数

加工条件	锐刀	钝刀	刀具切削锥长度小于两圈螺纹					
k_{M1}	1.0	1.5~2.0	0.8					
加工材料	30、40、45 钢正火	30、40、45 钢调质	Y12、Y20 钢	15、20 钢	合金钢 正火	合金钢 调质	灰铸铁	青铜
k_{M2}	1.0	1.2	0.85	1.0	1.1	1.3	0.65	0.65

螺纹直径/mm		6	8	10	12	14	16	18	20	24	30	36	42	52	64
k_{M3}	丝锥	0.5	0.7	1.0	1.3	1.7	2.0	2.3	2.7	3.5	4.7	6	7.4	10	13
	螺纹切头	0.55	0.77	1.0	1.2	1.5	1.7	1.9	2.2	2.7	3.4	4	4.8	6.2	7

（4）攻螺纹机动时间的计算

采用机用丝锥攻螺纹的机动时间 t_m（min）可按下列公式计算：

攻通孔螺纹

$$t_m=\frac{l+l_1+\Delta}{P}\left(\frac{1}{n}+\frac{1}{n_1}\right)$$

攻不通孔螺纹

$$t_m=\frac{l+l_1}{P}\left(\frac{1}{n}+\frac{1}{n_1}\right)$$

式中 l——工件螺纹长度（mm）；

l_1——丝锥切削锥长度（mm）；

Δ——攻螺纹时的超切量，取 $\Delta=(2\sim3)P$；

n——攻螺纹时的转速（r/min）；

n_1——丝锥退出时的转速（r/min）；

P——工件螺纹螺距（mm）。

4. 机用丝锥攻螺纹切削液的选择（表7.2-15）

表7.2-15 攻螺纹切削液选择

工件材料	切削液
结构钢、合金钢	硫化油，乳化液
耐热钢	60%硫化油+25%煤油+15%脂肪酸，30%硫化油+13%煤油+8%脂肪酸+1%氯化钡+45%水，硫化油+15%~20%四氯化碳
灰铸铁	75%煤油+25%植物油，乳化液；煤油
铜合金	煤油+矿物油，机械油，硫化油
铝及合金	85%煤油+15%亚麻油，50%煤油+50%机械油，煤油，松节油，极压乳化液

注：切削液的配比均为质量分数。

7.2.4 螺母丝锥攻螺母螺纹

1. 螺母丝锥

（1）螺母丝锥的形式

螺母丝锥根据使用的机床和结构不同，主要有四种形式：

1）螺母丝锥。可按需要焊接直柄或弯柄。在普通钻床上使用，攻完螺纹后，丝锥须反转退出。

2）长柄螺母丝锥。在普通钻床上使用。

3）长柄快换螺母丝锥。在普通钻床、半自动螺母攻丝机上使用，丝锥不需要反转，螺母套于丝锥颈部，积累到一定数量后，连同丝锥一同取下。

4）弯柄螺母丝锥。在自动螺母攻丝机上使用。

（2）螺母丝锥的规格尺寸

螺母丝锥（GB/T 967—2008）的规格尺寸见表7.2-16。长柄螺母丝锥（GB/T 28257—2012）见表7.2-17。长柄快换螺母丝锥的规格尺寸见表7.2-18。弯柄螺母丝锥的规格尺寸见表7.2-19。

表7.2-16 螺母丝锥（GB/T 967—2008）　　（mm）

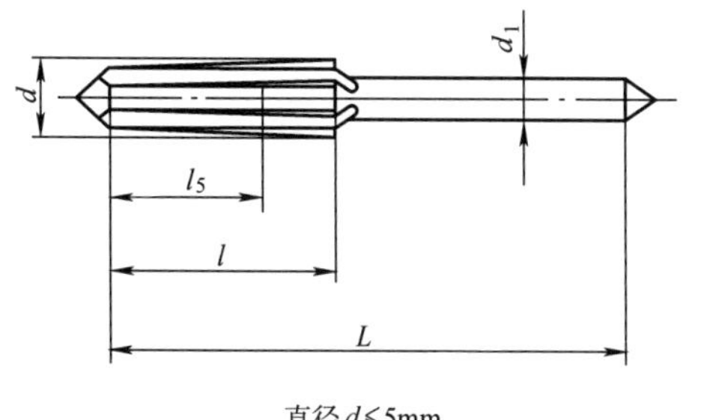

直径d≤5mm

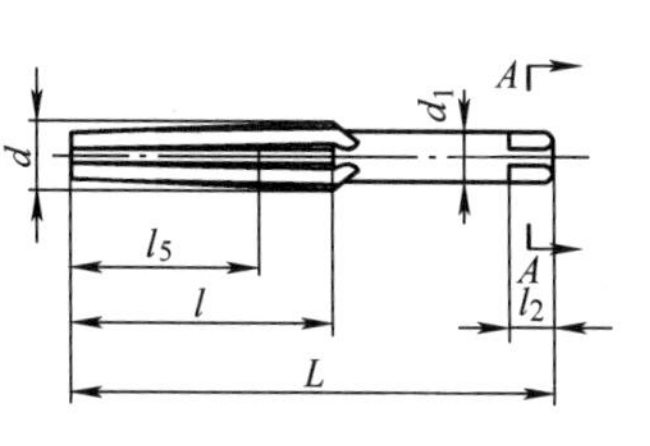

直径d>5mm

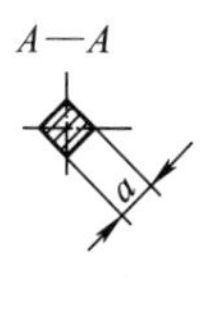

（续）

<table>
<tr><th rowspan="2">代号</th><th rowspan="2">公称直径
d</th><th rowspan="2">螺距
P</th><th rowspan="2">L</th><th rowspan="2">l</th><th rowspan="2">l_5</th><th rowspan="2">d_1</th><th colspan="2">方头</th></tr>
<tr><th>a</th><th>l_2</th></tr>
<tr><td>M2</td><td>2</td><td>0.4</td><td rowspan="3">36</td><td>12</td><td>8</td><td>1.4</td><td rowspan="7">—</td><td rowspan="7">—</td></tr>
<tr><td>M2.2</td><td>2.2</td><td rowspan="2">0.45</td><td rowspan="2">14</td><td rowspan="2">10</td><td>1.6</td></tr>
<tr><td>M2.5</td><td>2.5</td><td>1.8</td></tr>
<tr><td>M3</td><td>3</td><td>0.5</td><td>40</td><td>15</td><td>12</td><td>2.24</td></tr>
<tr><td>M3.5</td><td>3.5</td><td>0.6</td><td>45</td><td>18</td><td>14</td><td>2.5</td></tr>
<tr><td>M4</td><td>4</td><td>0.7</td><td>50</td><td>21</td><td>16</td><td>3.15</td></tr>
<tr><td>M5</td><td>5</td><td>0.8</td><td>55</td><td>24</td><td>19</td><td>4</td></tr>
<tr><td>M6</td><td>6</td><td>1</td><td>60</td><td>30</td><td>24</td><td>4.5</td><td>3.55</td><td>6</td></tr>
<tr><td>M8</td><td>8</td><td>1.25</td><td>65</td><td>36</td><td>31</td><td>6.3</td><td>5</td><td>8</td></tr>
<tr><td>M10</td><td>10</td><td>1.5</td><td>70</td><td>40</td><td>34</td><td>8.</td><td>6.3</td><td>9</td></tr>
<tr><td>M12</td><td>12</td><td>1.75</td><td>80</td><td>47</td><td>40</td><td>9</td><td>7.1</td><td>10</td></tr>
<tr><td>M14</td><td>14</td><td rowspan="2">2</td><td>90</td><td>54</td><td>46</td><td>11</td><td>9</td><td>12</td></tr>
<tr><td>M16</td><td>16</td><td>95</td><td>58</td><td>50</td><td>12.5</td><td>10</td><td>13</td></tr>
<tr><td>M18</td><td>18</td><td rowspan="3">2.5</td><td rowspan="3">110</td><td rowspan="3">62</td><td rowspan="3">52</td><td>14</td><td>11.2</td><td>14</td></tr>
<tr><td>M20</td><td>20</td><td>16</td><td>12.5</td><td>16</td></tr>
<tr><td>M22</td><td>22</td><td rowspan="2">18</td><td rowspan="2">14</td><td rowspan="2">18</td></tr>
<tr><td>M24</td><td>24</td><td rowspan="2">3</td><td rowspan="2">130</td><td rowspan="2">72</td><td rowspan="2">60</td></tr>
<tr><td>M27</td><td>27</td><td>22.4</td><td>18</td><td>22</td></tr>
<tr><td>M30</td><td>30</td><td rowspan="2">3.5</td><td rowspan="2">150</td><td rowspan="2">84</td><td rowspan="2">70</td><td rowspan="2">25</td><td rowspan="2">20</td><td rowspan="2">24</td></tr>
<tr><td>M33</td><td>33</td></tr>
<tr><td>M36</td><td>36</td><td rowspan="2">4</td><td rowspan="2">175</td><td rowspan="2">96</td><td rowspan="2">80</td><td>28</td><td>22.4</td><td>26</td></tr>
<tr><td>M39</td><td>39</td><td rowspan="2">31.5</td><td rowspan="2">25</td><td rowspan="2">28</td></tr>
<tr><td>M42</td><td>42</td><td rowspan="2">4.5</td><td rowspan="2">195</td><td rowspan="2">108</td><td rowspan="2">90</td></tr>
<tr><td>M45</td><td>45</td><td rowspan="2">35.5</td><td rowspan="2">28</td><td rowspan="2">31</td></tr>
<tr><td>M48</td><td>48</td><td rowspan="2">5</td><td rowspan="2">220</td><td rowspan="2">120</td><td rowspan="2">100</td></tr>
<tr><td>M52</td><td>52</td><td>40</td><td>31.5</td><td>34</td></tr>
<tr><td>M3×0.35</td><td>3</td><td rowspan="2">0.35</td><td>40</td><td rowspan="2">11</td><td rowspan="2">8</td><td>2.24</td><td rowspan="2">—</td><td rowspan="2">—</td></tr>
<tr><td>M3.5×0.35</td><td>3.5</td><td>45</td><td>2.5</td></tr>
<tr><td>M4×0.5</td><td>4</td><td rowspan="2">0.5</td><td>50</td><td rowspan="2">15</td><td rowspan="2">11</td><td>3.15</td><td rowspan="2">—</td><td rowspan="2">—</td></tr>
<tr><td>M5×0.5</td><td>5</td><td rowspan="2">55</td><td>4</td></tr>
<tr><td>M6×0.75</td><td>6</td><td>0.75</td><td>22</td><td>17</td><td>4.5</td><td>3.55</td><td>6</td></tr>
<tr><td>M8×1</td><td rowspan="2">8</td><td>1</td><td>60</td><td>30</td><td>25</td><td rowspan="2">6.3</td><td rowspan="2">5</td><td rowspan="2">8</td></tr>
<tr><td>M8×0.75</td><td>0.75</td><td>55</td><td>22</td><td>17</td></tr>
<tr><td>M10×1.25</td><td rowspan="3">10</td><td>1.25</td><td>65</td><td>36</td><td>30</td><td rowspan="3">8</td><td rowspan="3">6.3</td><td rowspan="3">9</td></tr>
<tr><td>M10×1</td><td>1</td><td>60</td><td>30</td><td>25</td></tr>
<tr><td>M10×0.75</td><td>0.75</td><td>55</td><td>22</td><td>17</td></tr>
</table>

（续）

代号	公称直径 d	螺距 P	L	l	l_5	d_1	方头	
							a	l_2
M12×1.5	12	1.5	80	45	37	9	7.1	10
M12×1.25		1.25	70	36	30			
M12×1		1	65	30	25			
M14×1.5	14	1.5	80	45	37	11.2	9	12
M14×1		1	70	30	25			
M16×1.5	16	1.5	85	45	37	12.5	10	13
M16×1		1	70	30	25			
M18×2	18	2	100	54	44	14	11.2	14
M18×1.5		1.5	90	45	37			
M18×1		1	80	30	25			
M20×2	20	2	100	54	44	16	12.5	16
M20×1.5		1.5	90	45	37			
M20×1		1	80	30	25			
M22×2	22	2	100	54	44	18	14	18
M22×1.5		1.5	90	45	37			
M22×1		1	80	30	25			
M24×2	24	2	110	54	44	18	14	18
M24×1.5		1.5	100	45	37			
M24×1		1	90	30	25			
M27×2	27	2	110	54	44	22.4	18	22
M27×1.5		1.5	100	45	37			
M27×1		1	90	30	25			
M30×2	30	2	120	54	44	25	20	24
M30×1.5		1.5	110	45	37			
M30×1		1	100	30	25			
M33×2	33	2	120	55	44			
M33×1.5		1.5	110	45	37			
M36×3	36	3	160	80	68	28	22.4	26
M36×2		2	135	55	46			
M36×1.5		1.5	125	45	37			
M39×3	39	3	160	80	68	31.5	25	28
M39×2		2	135	55	46			
M39×1.5		1.5	125	45	37			
M42×3	42	3	170	80	68			
M42×2		2	145	55	46			
M42×1.5		1.5	135	45	37			

（续）

代号	公称直径 d	螺距 P	L	l	l_5	d_1	方头	
							a	l_2
M45×3	45	3	170	80	68	35.5	28	31
M45×2		2	145	55	46			
M45×1.5		1.5	135	45	37			
M48×3	48	3	180	80	68			
M48×2		2	155	55	46			
M48×1.5		1.5	145	45	37			
M52×3	52	3	180	80	68	40	31.5	34
M52×2		2	155	55	46			
M52×1.5		1.5	145	45	37			

表 7.2-17　长柄螺母丝锥（GB/T 28257—2012）　（mm）

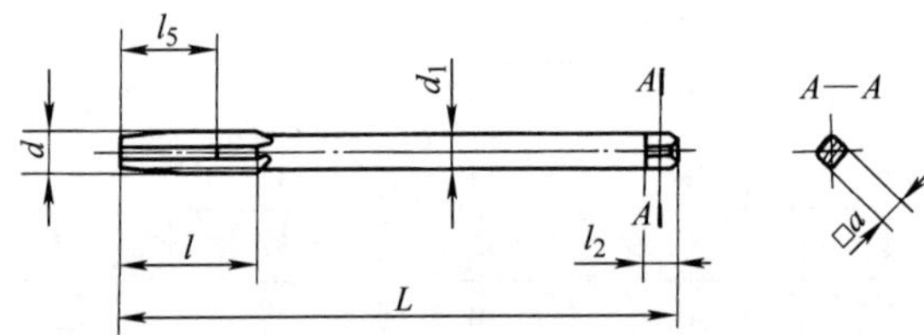

粗牙普通螺纹用丝锥

代号	公称直径 d	螺距 P	L		l		l_5		d_1	方头	
			Ⅰ型	Ⅱ型	Ⅰ型	Ⅱ型	Ⅰ型	Ⅱ型		a	l_2
M3	3	0.5	80	120	10	15	6	10	2.24	1.8	4
M3.5	3.5	0.6			12	18	7	12	2.5	2	
M4	4	0.7	100	140	14	21	8	14	3.15	2.5	5
M4.5	4.5	0.75		160	15	22	9	15	3.55	2.8	
M5	5	0.8	115	180	16	24	10	16	4	3.15	6
M6	6	1			20	30	12	20	4.5	3.55	
M7	7								5.6	4.5	7
M8	8	1.25	130	200	25	38	15	25	6.3	5	8
M9	9								7.1	5.6	
M10	10	1.5	150	220	30	45	18	28	8	6.3	9
M11	11										
M12	12	1.75	170	250	35	53	21	35	9	7.1	10
M14	14	2	190		40	60	24	40	11.2	9	12
M16	16		200	280					12.5	10	13
M18	18	2.5			50	75	30	50	14	11.2	14
M20	20		220	320							
M22	22								16	12.5	16

（续）

粗牙普通螺纹用丝锥

代号	公称直径 d	螺距 P	L		l		l_5		d_1	方头	
			Ⅰ型	Ⅱ型	Ⅰ型	Ⅱ型	Ⅰ型	Ⅱ型		a	l_2
M24	24	3	250	340	60	90	36	60	18	14	18
M27	27								20	16	20
M30	30	3.5	280		70	105	42	70			
M33	33								22.4	18	22

细牙普通螺纹用丝锥

代号	公称直径 d	螺距 P	L		l		l_5		d_1	方头	
			Ⅰ型	Ⅱ型	Ⅰ型	Ⅱ型	Ⅰ型	Ⅱ型		a	l_2
M3×0.35	3	0.35	75	115	7	10.5	4	7	2.24	1.8	4
M3.5×0.35	3.5								2.5	2	
M4×0.5	4	0.5	95	130	10	15	6	10	3.15	2.5	5
M4.5×0.5	4.5			150					3.55	2.8	
M5×0.5	5		105	170					4	3.15	6
M5.5×0.5	5.5										
M6×0.75	6	0.75	110		15	22	9	15	4.5	3.55	
M7×0.75	7								5.6	4.5	7
M8×1	8	1	120	190	20	30	12	20	6.3	5	8
M8×0.75		0.75			15	22	9	15			
M9×1	9	1			20	30	12	20	7.1	5.6	
M9×0.75		0.75			15	22	9	15			
M10×1.25	10	1.25	140	210	25	38	15	25	8	6.3	9
M10×1		1			20	30	12	20			
M10×0.75		0.75			15	22	9	15			
M11×1	11	1			20	30	12	20			
M11×0.75		0.75			15	22	9	15			
M12×1.5	12	1.5	160	240	30	45	18	30	9	7.1	10
M12×1.25		1.25			25	38	15	25			
M12×1		1			20	30	12	20			
M14×1.5	14	1.5	180	240	30	45	18	30	11.2	9	12
M14×1.25		1.25			25	38	15	25			
M14×1		1			20	30	12	20			
M15×1.5	15	1.5			30	45	18	30			
M16×1.5	16	1.5	190	260	30	45	18	30	12.5	10	13
M16×1		1			20	30	12	20			
M17×1.5	17	1.5			30	45	18	30			

（续）

细牙普通螺纹用丝锥

代号	公称直径 d	螺距 P	L		l		l_5		d_1	方头	
			Ⅰ型	Ⅱ型	Ⅰ型	Ⅱ型	Ⅰ型	Ⅱ型		a	l_2
M18×1		1			20	30	12	20			
M18×1.5	18	1.5	190	260	30	45	18	30	14	11.2	14
M18×2		2			40	60	24	40			
M20×1		1			20	30	18	30			
M20×1.5	20	1.5	210	300	30	45	18	30	16	12.5	16
M20×2		2			40	60	24	40			
M24×1		1			20	30	12	20			
M24×1.5	18	1.5	230	310	30	45	18	30			
M24×2		2			40	60	24	40	18	14	18
M25×1.5	25	1.5			30	45	18	30			
M25×2		2	230	310	40	60	24	40			
M26×1.5	26	1.5			30	45	18	30			
M27×1		1			20	30	12	20			
M27×1.5	27	1.5			30	45	18	30			
M27×2		2	230	310	40	60	24	40			
M28×1		1			20	30	12	20			
M28×1.5	28	1.5			30	45	18	30	20	16	20
M28×2		2			40	60	24	40			
M30×1		1			20	30	12	20			
M30×1.5	30	1.5			30	45	18	30			
M30×2		2			40	60	24	40			
M30×3		3			60	90	36	60			
M32×1.5	32	1.5	270	320	30	45	18	30			
M32×2		2			40	60	24	40			
M33×1.5		1.5			30	45	18	30	22.4	18	22
M33×2	33	2			40	60	24	40			
M33×3		3			60	90	36	60			
M35×1.5	35	1.5			30	45	18	30			
M36×1.5									25	20	24
M36×2	36	2			40	60	24	40			
M36×3		3	280	340	60	90	36	60			
M38×1.5	38	1.5			30	45	18	30			
M39×1.5									28	22.4	26
M39×2	39	2			40	60	24	40			
M39×3		3			60	90	36	60			

（续）

细牙普通螺纹用丝锥											
代号	公称直径 d	螺距 P	L		l		l_5		d_1	方头	
			Ⅰ型	Ⅱ型	Ⅰ型	Ⅱ型	Ⅰ型	Ⅱ型		a	l_2
M40×1.5	40	1.5	280	340	30	45	18	30	28	22.4	26
M40×2		2			40	60	24	40			
M40×3		3			60	90	36	60			
M42×1.5	42	1.5			30	45	18	30			
M42×2		2			40	60	24	40			
M42×3		3			60	90	36	60			
M42×4		4			80	120	48	80			
M45×1.5	45	1.5			30	45	18	30	31.5	25	28
M45×2		2			40	60	24	40			
M45×3		3			60	90	36	60			
M45×4		4			80	120	48	80			
M48×1.5	48	1.5			30	45	18	30			
M48×2		2			40	60	24	40			
M48×3		3			60	90	36	60			
M48×4		4			80	120	48	80			
M50×1.5	50	1.5			30	45	18	30			
M50×2		2			40	60	24	40			
M50×3		3			60	90	36	60			
M52×1.5	52	1.5			30	45	18	30	35.5	28	31
M52×2		2			40	60	24	40			
M52×3		3			60	90	36	60			
M52×4		4			80	120	48	80			

注：1. Ⅰ型为短刃型丝锥，Ⅱ型为长刃型丝锥。

2. 表中切削锥长度 l_5 为推荐尺寸。

表 7.2-18 长柄快换螺母丝锥的外形尺寸 （mm）

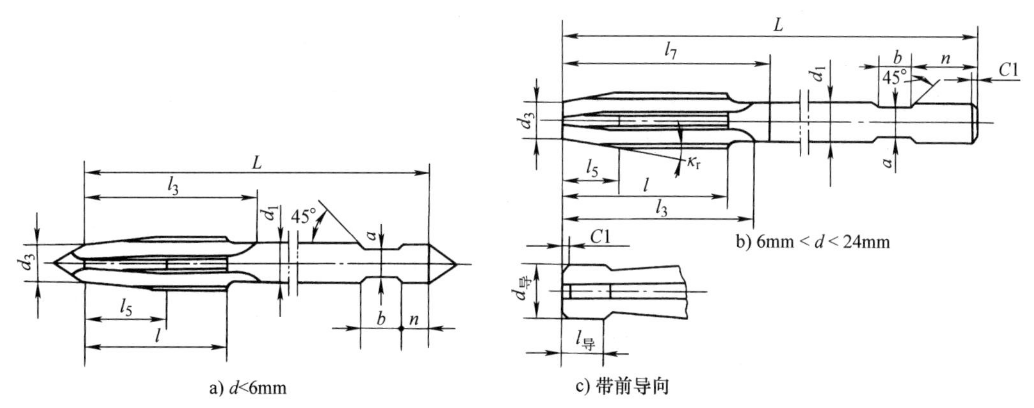

$l=20P$　$l_5=12P$　$l_3=l+15\text{mm}$　$d_3=d-1.4P$　$l_7=l+20\text{mm}$　$d_{导}=D_1-0.1\text{mm}$　$l_{导}=0.8D$

P—螺距　D_1—螺纹公称小径　D—螺纹公称大径

（续）

丝锥直径	L	d_1	A	n	b
3	120	2.2	1.8	5	13
3.5		2.5	2		
4	160	3	2.4		
4.5		3.5	2.7		
5	180	4	3		
6	200	4.5	3.4		
7		5.5	4.3		
8	220	6	4.9		
9		7	5.5		
10、11	250	8	6.2	7	
12	280	9	7		
14		11	9		
16		12	10	9	
18	300	14	11		
20		16	12		
22		18	14.5		
24		20	16		

表 7.2-19　弯柄螺母丝锥的外形尺寸　（mm）

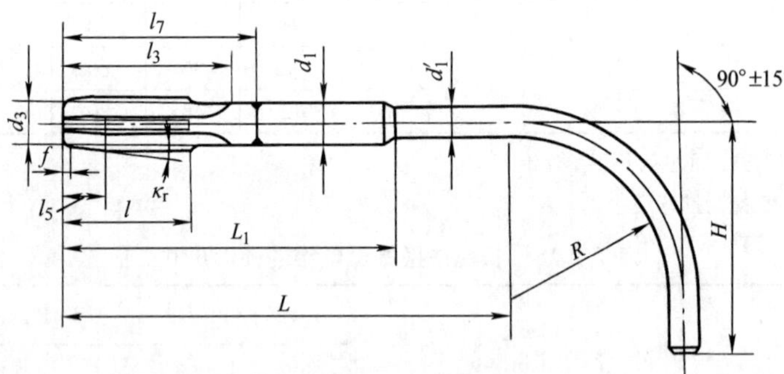

$l=20\sim30P$　$l_3=l+(15\sim20)\text{mm}$　$l_7=l+20\text{mm}$　$l_5=(15\sim20)P$　$f=1\sim1.5\text{mm}$　$d_1=D_1-(0.1\sim0.2)\text{mm}$

$d_1'=D_1-(0.4\sim1.4)\text{mm}$　$d_3=d-1.4P$

P—螺距　D_1—螺纹公称小径

螺纹尺寸		丝锥外形尺寸					使用机床
min	max	L	L_1	H	R	L_2	
M4	M6	100	95	55	32	176	SZ-8004
M8	M10	122	107	80	43	227	SZ-8010
M12	M16	190	175	100	60	325	SZ-8016
M18	M24	245	225	130	95	430	5087

注：1. L_2——展开长度。

2. 丝锥直径小于 18mm 做成整体式，大于 18mm 采用 1~3 号莫氏短锥套装结构。

2. 螺母丝锥攻螺纹辅具的选择

螺母丝锥攻螺纹辅具的选择见表7.2-20。

表7.2-20　螺母丝锥攻螺纹辅具

丝锥类型	长柄快换螺母丝锥攻螺纹用的辅具	弯柄螺母丝锥攻螺纹用的辅具
辅具简图	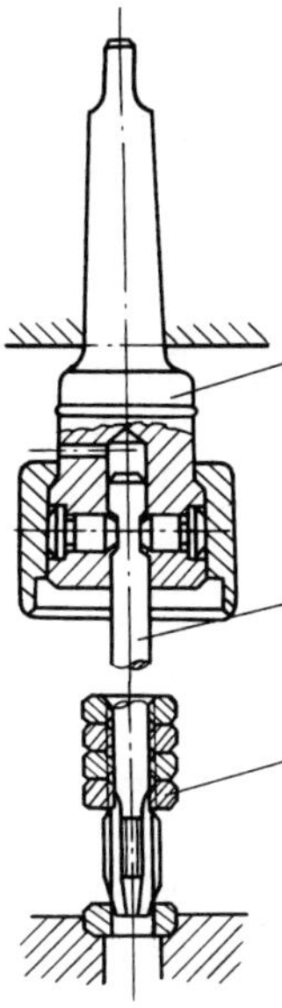 卡头 丝锥 工件	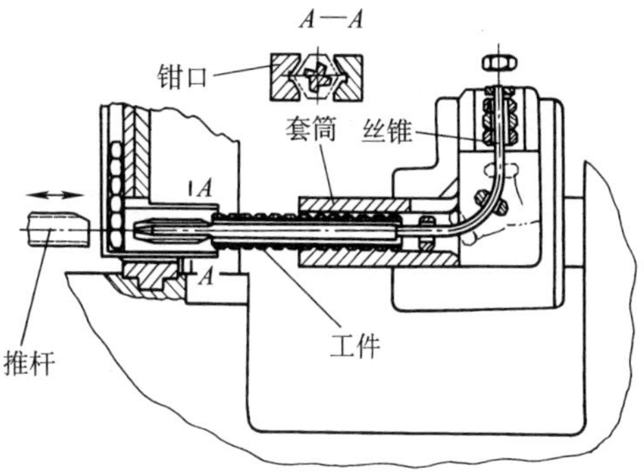 A—A 钳口 套筒　丝锥 A A 推杆 工件

3. 攻螺母螺纹工艺参数的选择与生产率计算

(1) 攻螺纹前对底孔的要求

攻螺纹前的钻孔直径可按表7.2-11选取。在自动螺母攻丝机上攻螺纹时，工件须保证下列技术要求：

1）攻螺纹前底孔与六面体外接圆的同轴度要求，4H级螺母不大于0.1mm，6H级螺母不大于0.15mm。

2）孔与端面的垂直度误差不大于0.1mm。

3）沿六面体不允许有毛刺、刻痕，外接圆直径偏差不大于规定值（表7.2-21）。

4）孔端必须有倒角。

(2) 攻螺母螺纹切削速度的选择

采用弯柄螺母丝锥攻螺纹的切削速度可按表7.2-22选取。

表7.2-21　外接圆直径偏差值　（mm）

外接圆直径	5	6~10	11~17	19~30	32~50	55~80
允许偏差	0.08	0.1	0.12	0.14	0.17	0.2

表7.2-22　弯柄螺母丝锥攻螺纹的切削速度

螺纹代号	工件材料						
	10	20	35	45	Y12	40Cr	40Cr调质
	切削速度 v/(m/min)						
M6	5~6	7~8	7~8	7~8	8~9	6~7	5~6
M8×1	7~8	10~11	10~11	10~11	12~13	8~9	7~8
M8	7~8	11~12	11~12	11~12	13~14	8~9	7~8
M10×1	7~8	10~11	10~11	10~11	12~13	8~9	7~8
M10	8~9	12~13	12~13	12~13	14~15	9~10	8~9
M12×1.25	9~10	13~14	13~14	13~14	16~17	10~11	9~10
M12	8~9	12~13	12~13	12~13	15~16	9~10	8~9

（续）

螺纹代号	工件材料						
	10	20	35	45	Y12	40Cr	40Cr 调质
	切削速度 v/(m/min)						
M14×1.5	9~10	13~14	13~14	13~14	16~17	10~11	9~10
M14	7~8	11~12	11~12	11~12	13~14	9~10	8~9
M16×1.5	9~10	13~14	13~14	13~14	16~17	11~12	9~10
M16	8~9	12~13	12~13	12~13	14~15	8~9	7~8
M18×1.5	9~10	13~14	13~14	13~14	16~17	11~12	9~10
M18	7~8	11~12	11~12	11~12	14~15	9~10	8~9
M20×1.5	9~10	13~14	13~14	13~14	16~17	11~12	9~10
M20	7~8	11~12	11~12	11~12	13~14	8~9	7~8
M22×1.5	9~10	13~14	13~14	13~14	16~17	11~12	9~10
M22	7~8	11~12	11~12	11~12	13~14	8~9	7~8
M24×1.5	9~10	13~14	13~14	13~14	16~17	11~12	9~10
M24×2	8~9	13~14	13~14	13~14	15~16	10~11	8~9

注：刀具材料为高速钢，寿命为120min。

（3）自动螺母攻丝机生产率的计算

在自动螺母攻丝机上，攻螺母螺纹的生产率按下式计算：

$$Q=\frac{nP}{H+K}\times 60$$

式中 Q——每小时产量（件/h）；

n——主轴转速（r/min）；

P——螺纹螺距（mm）；

H——螺母高度（mm）；

K——螺母之间的距离（mm），见表7.2-23。

表7.2-23　K值

螺纹尺寸	~M8	M10~M24	M24以上
螺母间距离	H	$0.67H$	$0.4H$~$0.5H$

注：1. 工件材料：20钢、35钢、Y12。

2. H为螺母高度。

7.2.5　锥形丝锥攻圆锥螺纹

1. 锥形丝锥

国标GB/T 1415—2008中规定了米制圆锥螺纹的基本系列。用于加工米制圆锥螺纹的丝锥结构和尺寸见表7.2-24。

用于加工60°密封管螺纹的丝锥（JB/T 8364.2—2010）见表7.2-25。

表7.2-24　米制锥形丝锥的结构和尺寸　（mm）

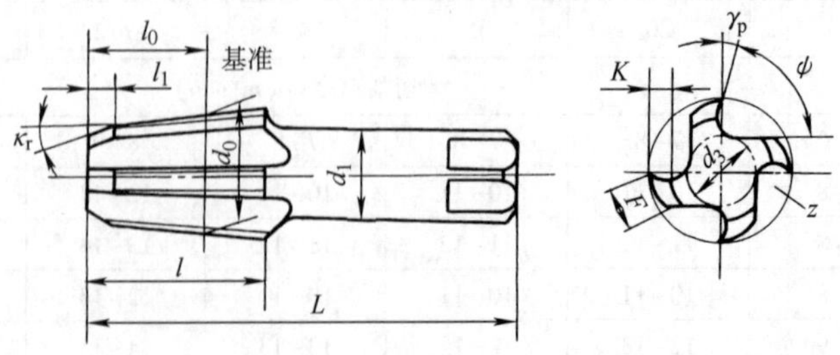

$\gamma_p=10°\sim13°$　$\kappa_r=13°\sim15°$　$K=\frac{\pi d_0}{z}\tan\alpha$　$F=(0.3\sim0.5)d_0$　$d_3=0.63d_0$

（续）

圆锥螺纹代号	P	L	l	l_0	l_1	d_1	d_0
ZM6	1	45	17	12	3	5	6
ZM8	1	50	17	12	3	6	8
ZM10	1	55	17	12	3	9	10
ZM14	1.5	60	26	17.5	4.5	11	14
ZM18	1.5	70	26	17.5	4.5	14	18
ZM22	1.5	75	26	17.5	4.5	18	22
ZM27	2	80	34	23	6	22	27
ZM33	2	95	34	23	6	26	33
ZM42	2	105	35	24	6	34	42
ZM43	2	110	35	24	6	38	48
ZM60	2	120	37	26	6	52	60

表 7.2-25 60°密封管螺纹丝锥（JB/T 8364.2—2010） （mm）

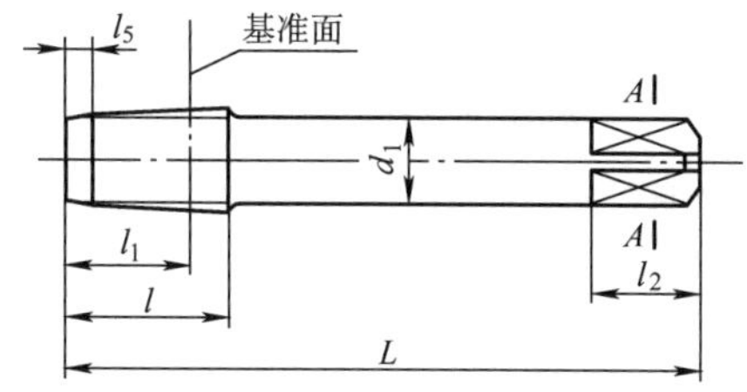

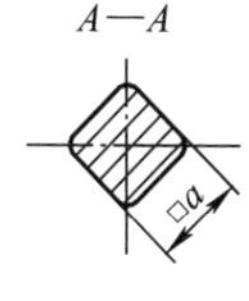

代号 NPT	每 25.4mm 内的牙数	螺距 P	l_1	l	L	d_1	a	l_2	(l_5)
1/16	27	0.941	11	17	54	8.0	6.3	9	2.8
1/8				19					
1/4	18	1.411	16	27	62	11.2	9	12	4.3
3/8					65	14	11.2	14	
1/2	14	1.814	21	35	79	18	14	18	5.5
3/4					83	22.4	18	22	
1	11.5	2.209	26	44	95	28	22.4	26	6.7
1¼			27		102	35.5	28	31	
1½					108	40	31.5	34	
2			28		114	50	40	42	

2. 攻圆锥螺纹工艺参数的选择

（1）攻圆锥螺纹前底孔的加工

对于一般用途的圆锥螺纹，底孔可用钻头一次钻出，对要求较高的圆锥螺纹，钻孔后还必须铰锥孔。钻孔及铰锥孔尺寸见表 7.2-26。

（2）攻圆锥螺纹切削速度的选择（表 7.2-27）

表 7. 2-26　圆锥螺纹底孔尺寸

（mm）

螺纹代号		钻圆柱孔尺寸 d_e		铰锥孔尺寸 d_1		倒角直径 D	钻孔深度 e
		铸件	钢件	钻孔	铰孔		
寸制（NPT）	1/16	6. 2	6. 3	6	6. 33	8	13. 5
	1/8	8. 6	8. 8	8. 3	8. 7	10. 5	14. 5
	1/4	11	11. 2	10. 7	11. 23	13. 5	20
	3/8	14. 6	14. 8	14. 3	14. 71	17	21
	1/2	18	18. 2	17. 5	18. 21	21. 5	27. 5
	3/4	23. 3	23. 5	22. 8	23. 56	26. 5	27. 5
	1	29. 2	29. 4	28. 7	29. 56	33. 5	34
	1¼	38	37. 2	37. 4	38. 31	42	35
	1½	44	44. 3	43. 5	44. 39	48	35
	2	56	56. 3	55. 5	56. 42	60	36
米制	ZM6	4. 5	4. 6	4. 2	4. 6	6	—
	ZM8	6. 5	6. 6	6. 2	6. 6	8	—
	ZM10	8. 5	8. 6	8. 2	8. 6	10	—
	ZM14	11. 8	11. 9	11. 5	11. 9	13. 5	—
	ZM18	15. 8	15. 9	15. 5	15. 9	18	—
	ZM22	19. 8	19. 9	19. 5	19. 9	22	—
	ZM27	24. 2	24. 3	23. 8	24. 3	27	—
	ZM33	30. 2	30. 3	29. 8	30. 3	33. 5	—
	ZM42	39. 2	39. 3	38. 8	39. 3	43	—
	ZM48	45. 2	45. 3	44. 8	45. 3	49	—
	ZM60	57. 2	57. 3	56. 8	57. 3	61	—
	ZM76	73. 2	73. 3	72. 8	73. 3	77	—

表 7. 2-27　攻圆锥螺纹的切削速度

螺 纹 代 号		工 件 材 料						
		10	20、35、45	Y12	40Cr	40Cr 调质	灰铸铁	可锻铸铁
米制	寸制	切削速度 v/(m/min)						
ZM6、ZM8	1/16	6~	9~10	11~12	7~8	6~7	10~11	12~13
ZM10	1/8	7~8	10~11	12~13	8~9	7~8	11~12	13~14
ZM14	1/4	8~9	12~13	15~16	9~10	8~9	13~14	16~17
ZM18	3/8	9~10	13~14	16~17	10~11	9~10	14~15	17~18
ZM22	1/2	9~10	13~14	16~17	10~11	9~10	14~15	17~18
ZM27	3/4	8~9	12~13	15~16	10~11	8~9	13~14	16~17
ZM33	1	8~9	12~13	15~16	10~11	8~9	13~14	16~17
ZM42	1¼	8~9	12~13	15~16	10~11	8~9	13~14	16~17
ZM48	1½	8~9	12~13	15~16	10~11	8~9	13~14	16~17
ZM60、ZM76	2	8~9	12~13	15~16	10~11	8~9	13~14	16~17

注：1. 丝锥材料为高速钢。

2. 寿命：加工钢件时 T=120min；加工铸件时 T=240min。

7.2.6　挤压丝锥挤压螺纹

1. 挤压丝锥的特点和种类

挤压丝锥主要用于加工延伸性较好的材料，特别适合于加工强度和精度要求较高、表面粗糙度值较小、螺纹直径较小（M6以下）的螺纹。挤压丝锥挤压螺纹的主要特点如下：

1）螺纹精度高，可达到4H级精度。

2）螺纹表面粗糙度 $Ra \leqslant 0.32\mu m$。

3）挤压丝锥寿命高，加工钢件时比普通丝锥高5~10倍，加工有色金属时比普通丝锥高40倍。

4）挤压丝锥强度高，特别是M6以下的挤压丝锥，能承受较大的转矩而不易折断。

5）挤压螺纹速度比普通丝锥攻螺纹高。

挤压丝锥的结构日趋完善，使用范围不断扩大。挤压丝锥常用的种类与使用范围见表7.2-28。

表7.2-28　挤压丝锥常用的种类与使用范围

种　类	简　图	使用范围
三棱边挤压丝锥	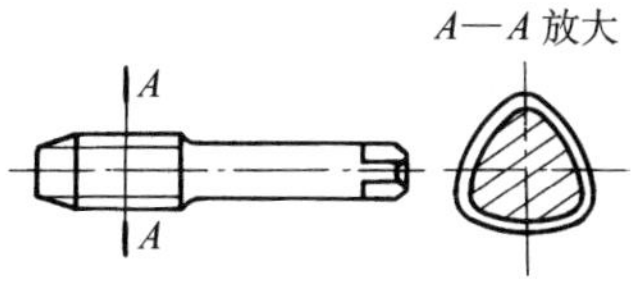 A—A放大	适用于M6以下的挤压丝锥
四棱边挤压丝锥	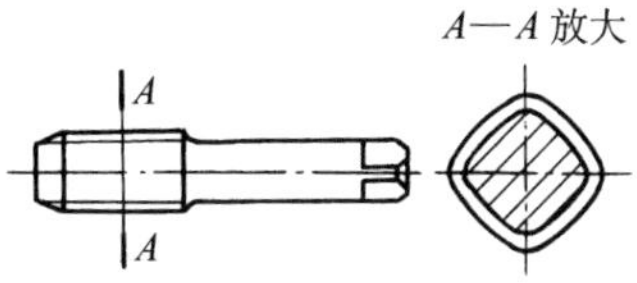 A—A放大	多用于M6左右的挤压丝锥
六棱边挤压丝锥	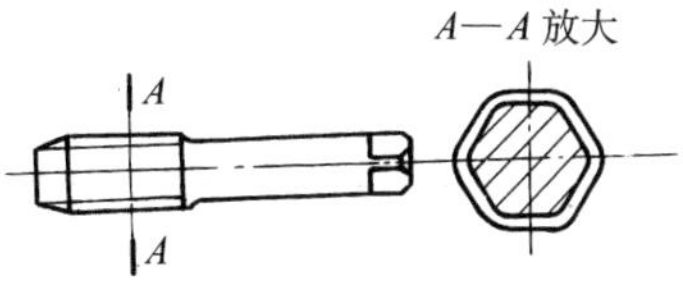 A—A放大	适用于M6以上的挤压丝锥
八棱边挤压丝锥	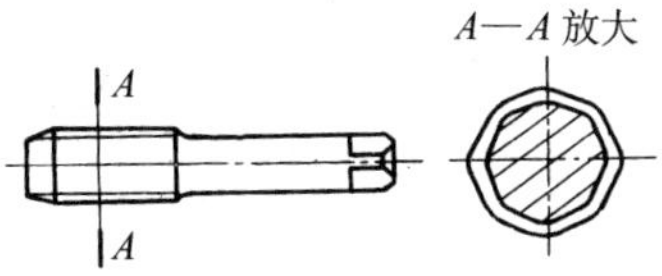 A—A放大	适用于M6以上的挤压丝锥

2. 挤压螺纹工艺参数的选择与计算

（1）挤压螺纹前底孔的确定

为了获得较高精度的螺纹，挤压螺纹前的底孔要经过铰孔工序。加工公差要控制在内螺纹小径偏差的一半以下。底孔直径可根据下列经验公式计算：

$$d=D-0.6\sqrt{P}$$

式中　d——挤压螺纹前底孔直径（mm）；

D——内螺纹大径（mm）；

P——螺纹螺距（mm）。

按上述公式计算得到的孔径为粗选值，底孔的最后采用值必须经过生产实践来确定。

表7.2-29所列为挤压铝合金和冷轧钢板螺纹孔的底孔直径，对于一般要求的螺纹，牙型高度取70%~80%。

表 7.2-29　挤压螺纹前螺纹底孔尺寸　（mm）

螺纹代号	牙型高度（%）							
	100	95	90	85	80	75	70	65
	底孔直径							
M2	1.77	1.78	1.8	1.81	1.82	1.83	1.84	1.85
M2.5	2.25	2.26	2.27	2.28	2.30	2.31	2.32	2.33
M3×0.35	2.8	2.81	2.82	2.83	2.84	2.85	2.86	2.87
M3	2.72	2.73	2.75	2.76	2.77	2.79	2.80	2.82
M4×0.5	3.72	3.73	3.75	3.76	3.77	3.79	3.80	3.82
M4	3.60	3.62	3.64	3.66	3.68	3.70	3.72	3.74
M5×0.5	4.72	4.73	4.75	4.78	4.77	4.79	4.80	4.82
M5	4.55	4.57	4.59	4.61	4.64	4.66	4.68	4.70
M6×0.75	5.57	5.59	5.62	5.64	5.66	5.68	5.70	5.72
M6	5.43	5.46	5.49	5.52	5.55	5.57	5.60	5.63
M8×1	7.43	7.46	7.49	7.52	7.55	7.57	7.60	7.63
M8	7.29	7.33	7.36	7.49	7.43	7.47	7.50	7.54
M10×0.75	9.57	9.59	9.62	9.64	9.66	9.68	9.70	9.72
M10×1	9.43	9.46	9.49	9.52	9.55	7.57	9.60	9.63
M10×1.25	9.29	9.3	9.36	9.40	9.43	7.47	9.50	9.54
M10	9.15	9.19	9.23	9.28	9.32	9.36	9.40	9.45
M12×1	11.43	11.46	11.49	11.52	11.55	11.57	11.60	11.63
M12×1.25	11.29	11.33	11.36	11.40	11.43	11.47	11.50	11.54
M12×1.5	11.15	11.19	11.23	11.28	11.32	11.36	11.40	11.45
M12	11.01	11.06	11.11	11.16	11.20	11.25	11.30	11.35

（2）挤压螺纹速度的选择

挤压螺纹速度主要根据工件材料进行选择，挤压不同材料的速度推荐值见表 7.2-30。

（3）挤压螺纹转矩的计算

挤压螺纹的转矩可根据表 7.2-31 所列公式计算。

表 7.2-30　挤压螺纹速度

工 件 材 料	有色金属	低碳钢	不锈钢
挤压螺纹速度/(m/min)	24~30	5~6	3~5

表 7.2-31　挤压螺纹转矩计算公式　（N·m）

工件材料	转矩计算公式	工件材料	转矩计算公式
40Cr	$M=1.765D^{0.94}P^{1.7}$	一般硬铝	$M=1.274D^{0.76}P^{1.53}$
20 钢	$M=1.373D^{0.78}P^{1.67}$	黄铜	$M=0.98D^{0.78}P^{1.43}$
35 钢	$M=1.176D^{0.74}P^{1.47}$	纯铜	$M=0.882D^{0.71}P^{1.2}$
45 钢	$M=1.569D^{0.87}P^{1.7}$	铝合金	$M=0.784D^{0.69}P^{1.02}$

注：D——内螺纹大径；P——螺纹螺距。

7.2.7 特种丝锥的应用

特种丝锥的结构特点及其使用范围参见表 7.2-32。

表 7.2-32 特种丝锥的结构特点及其使用范围

名称	简 图	结构特点	使用范围
螺尖丝锥		丝锥工作部分一般不做纵向槽，前端开有向前倾斜的短槽，保持较大的前角和刃倾角，切屑向前排出顺畅	适用于通孔螺纹的加工，特别适用于难加工材料如不锈钢、钛合金工件的螺纹加工
螺旋槽丝锥		丝锥工作部分开有螺旋槽，实际工作前角增大，切屑易于向上排出。螺旋角对碳钢工件取 30°~35°，对不锈钢、轻金属工件取 40°~45°	适用于深孔与不通孔螺纹的加工，特别适用于低碳钢、合金钢、不锈钢、耐热合金及有色金属工件螺纹的加工
跳齿丝锥		在一般机用丝锥或螺旋槽丝锥工作部分，每隔一个刀齿去掉一个。这种丝锥摩擦减少，转矩下降，可改善螺纹加工质量	适用于低碳合金钢、不锈钢等韧性材料工件螺纹的加工
复合丝锥		采用钻头和丝锥复合，钻头长度为钻孔直径的 2~2.5 倍，丝锥切削锥长度为 3~4 个螺距	主要适用于薄壁工件 M3~M16 螺纹的加工，特别适用于铸件螺纹的加工
拉铰丝锥		实际上是加工螺纹的拉刀，一般由柄部、前导部、切削锥、校准部和后导部组成。加工钢件前角 $\gamma_p=20°\sim25°$，加工铸件 $\gamma_p=10°\sim12°$，每牙齿升量 $a_f=0.01\sim0.03$mm/齿	主要适用于大螺距普通螺纹、梯形螺纹、方牙螺纹和滚珠螺纹的加工
硬质合金丝锥		小于 M10 的做成整体式，大于 M10 的做成焊接式。加工铸铁时，γ_p 取 $-3°\sim+3°$，加工高强度钢时，γ_p 取 $-5°\sim-7°$	主要适用于灰铸铁、可锻铸铁、冷硬铸铁、铝合金、硬青铜、耐热合金材料工件 M6~M10 螺纹的加工

7.3 板牙套螺纹

7.3.1 板牙

1. 板牙的种类和应用范围（表7.3-1）

表7.3-1 板牙的种类和应用范围

名称	简图	应用范围	名称	简图	应用范围
固定式圆板牙		用于加工普通螺纹和圆锥螺纹。手动或在机床上套螺纹	管形板牙		在转塔车床和自动车床上套螺纹
方板牙		用扳手手动套螺纹	钳工板牙		用钳工板牙架手动套螺纹
六角板牙		用扳手手动套螺纹	可调式圆板牙		手动，也可以在机床上套螺纹

2. 各种圆板牙的尺寸规格

用于加工普通螺纹、60°密封管螺纹、55°非密封管螺纹、55°密封管螺纹的圆板牙见表7.3-2～表7.3-5。

表7.3-2 圆板牙的形式和尺寸（GB/T 970.1—2008） （mm）

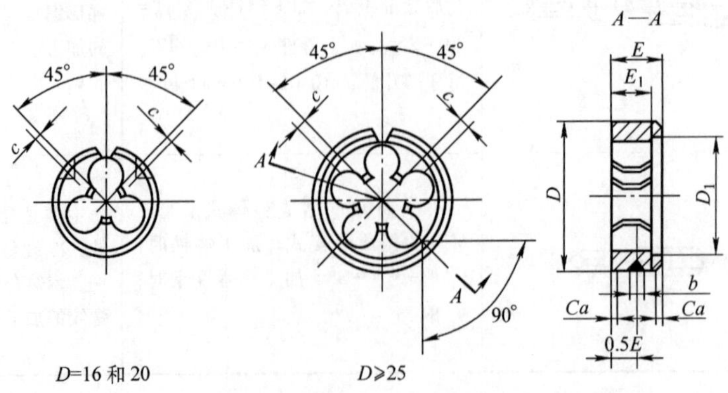

（续）

<table>
<tr><th colspan="10">粗牙普通螺纹用圆板牙</th></tr>
<tr><th>代号</th><th>公称直径
d</th><th>螺距
P</th><th>D</th><th>E</th><th>D_1</th><th>E_1</th><th>c</th><th>b</th><th>a</th></tr>
<tr><td>M1</td><td>1</td><td rowspan="3">0.25</td><td rowspan="9">16</td><td rowspan="12">5</td><td rowspan="9">11</td><td rowspan="3">2</td><td rowspan="12">0.5</td><td rowspan="9">3</td><td rowspan="12">0.2</td></tr>
<tr><td>M1.1</td><td>1.1</td></tr>
<tr><td>M1.2</td><td>1.2</td></tr>
<tr><td>M1.4</td><td>1.4</td><td>0.3</td><td rowspan="3">2.5</td></tr>
<tr><td>M1.6</td><td>1.6</td><td rowspan="2">0.35</td></tr>
<tr><td>M1.8</td><td>1.8</td></tr>
<tr><td>M2</td><td>2</td><td>0.4</td><td rowspan="3">3</td></tr>
<tr><td>M2.2</td><td>2.2</td><td rowspan="2">0.45</td></tr>
<tr><td>M2.5</td><td>2.5</td></tr>
<tr><td>M3</td><td>3</td><td>0.5</td><td rowspan="7">20</td><td rowspan="24">—</td><td rowspan="24">—</td><td rowspan="7">4</td></tr>
<tr><td>M3.5</td><td>3.5</td><td>0.6</td></tr>
<tr><td>M4</td><td>4</td><td>0.7</td></tr>
<tr><td>M4.5</td><td>4.5</td><td>(0.75)</td><td rowspan="4">7</td><td rowspan="4">0.6</td><td rowspan="6">0.5</td></tr>
<tr><td>M5</td><td>5</td><td>0.8</td></tr>
<tr><td>M6</td><td>6</td><td rowspan="2">1</td></tr>
<tr><td>M7</td><td>7</td></tr>
<tr><td>M8</td><td>8</td><td>1.25</td><td rowspan="2">25</td><td rowspan="2">9</td><td rowspan="2">0.8</td><td rowspan="4">5</td></tr>
<tr><td>M9</td><td>9</td><td>(1.25)</td></tr>
<tr><td>M10</td><td>10</td><td>1.5</td><td rowspan="2">30</td><td rowspan="2">11</td><td rowspan="2">1.0</td><td rowspan="7">1</td></tr>
<tr><td>M11</td><td>11</td><td>(1.5)</td></tr>
<tr><td>M12</td><td>12</td><td>1.75</td><td rowspan="2">38</td><td rowspan="2">14</td><td rowspan="5">1.2</td><td rowspan="5">6</td></tr>
<tr><td>M14</td><td>14</td><td rowspan="2">2</td></tr>
<tr><td>M16</td><td>16</td><td rowspan="3">45</td><td rowspan="3">18</td></tr>
<tr><td>M18</td><td>18</td><td rowspan="3">2.5</td></tr>
<tr><td>M20</td><td>20</td></tr>
<tr><td>M22</td><td>22</td><td rowspan="2">55</td><td rowspan="2">22</td><td rowspan="2">1.5</td><td rowspan="2">8</td><td rowspan="2">2</td></tr>
<tr><td>M24</td><td>24</td><td>3</td></tr>
<tr><td>M27</td><td>27</td><td>3</td><td rowspan="4">65</td><td rowspan="4">25</td><td rowspan="6">1.8</td><td rowspan="6">8</td><td rowspan="6">2</td></tr>
<tr><td>M30</td><td>30</td><td rowspan="2">3.5</td></tr>
<tr><td>M33</td><td>33</td></tr>
<tr><td>M36</td><td>36</td><td rowspan="2">4</td></tr>
<tr><td>M39</td><td>39</td><td rowspan="2">75</td><td rowspan="2">30</td></tr>
<tr><td>M42</td><td>42</td><td>4.5</td></tr>
</table>

（续）

<table>
<tr><th colspan="10">粗牙普通螺纹用圆板牙</th></tr>
<tr><th>代号</th><th>公称直径
d</th><th>螺距
P</th><th>D</th><th>E</th><th>D_1</th><th>E_1</th><th>c</th><th>b</th><th>a</th></tr>
<tr><td>M45</td><td>45</td><td>4.5</td><td rowspan="3">90</td><td rowspan="7">36</td><td rowspan="7">—</td><td rowspan="7">—</td><td rowspan="3">2</td><td rowspan="3">8</td><td rowspan="7">2</td></tr>
<tr><td>M48</td><td>48</td><td rowspan="2">5</td></tr>
<tr><td>M52</td><td>52</td></tr>
<tr><td>M56</td><td>56</td><td>5.5</td><td rowspan="2">105</td><td rowspan="4">2.5</td><td rowspan="4">10</td></tr>
<tr><td>M60</td><td>60</td><td>(5.5)</td></tr>
<tr><td>M64</td><td>64</td><td rowspan="2">6</td><td rowspan="2">120</td></tr>
<tr><td>M68</td><td>68</td></tr>
<tr><th colspan="10">细牙普通螺纹用圆板牙（部分）</th></tr>
<tr><th>代号</th><th>公称直径
d</th><th>螺距
P</th><th>D</th><th>E</th><th>D_1</th><th>E_1</th><th>c</th><th>b</th><th>a</th></tr>
<tr><td>M1×0.2</td><td>1</td><td rowspan="6">0.2</td><td rowspan="9">16</td><td rowspan="15">5</td><td rowspan="9">11</td><td rowspan="8">2</td><td rowspan="11">0.5</td><td rowspan="9">3</td><td rowspan="15">0.2</td></tr>
<tr><td>M1.1×0.2</td><td>1.1</td></tr>
<tr><td>M1.2×0.2</td><td>1.2</td></tr>
<tr><td>M1.4×0.2</td><td>1.4</td></tr>
<tr><td>M1.6×0.2</td><td>1.6</td></tr>
<tr><td>M1.8×0.2</td><td>1.8</td></tr>
<tr><td>M2×0.25</td><td>2</td><td rowspan="2">0.25</td></tr>
<tr><td>M2.2×0.25</td><td>2.2</td></tr>
<tr><td>M2.5×0.35</td><td>2.5</td><td rowspan="3">0.35</td><td>2.5</td></tr>
<tr><td>M3×0.35</td><td>3</td><td rowspan="7">20</td><td rowspan="2">15</td><td rowspan="2">3</td><td rowspan="7">4</td></tr>
<tr><td>M3.5×0.35</td><td>3.5</td></tr>
<tr><td>M4×0.5</td><td>4</td><td rowspan="4">0.5</td><td rowspan="10">—</td><td rowspan="10">—</td><td rowspan="4">0.5</td></tr>
<tr><td>M4.5×0.5</td><td>4.5</td></tr>
<tr><td>M5×0.5</td><td>5</td></tr>
<tr><td>M5.5×0.5</td><td>5.5</td></tr>
<tr><td>M6×0.75</td><td>6</td><td rowspan="3">0.75</td><td>7</td><td>0.6</td><td rowspan="6">0.5</td></tr>
<tr><td>M7×0.75</td><td>7</td><td rowspan="5">25</td><td rowspan="5">9</td><td rowspan="5">0.8</td><td rowspan="8">5</td></tr>
<tr><td>M8×0.75</td><td rowspan="2">8</td></tr>
<tr><td>M8×1</td><td>1</td></tr>
<tr><td>M9×0.75</td><td rowspan="2">9</td><td>0.75</td></tr>
<tr><td>M9×1</td><td>1</td></tr>
<tr><td>M10×0.75</td><td rowspan="3">10</td><td>0.75</td><td rowspan="3">30</td><td rowspan="3">11</td><td>24</td><td>8</td><td rowspan="3">1</td><td rowspan="3">1</td></tr>
<tr><td>M10×1</td><td>1</td><td rowspan="2">—</td><td rowspan="2">—</td></tr>
<tr><td>M10×1.25</td><td>1.25</td></tr>
</table>

注：括号内的尺寸尽可能不采用。

表 7.3-3　60°密封管螺纹圆板牙（JB/T 8364.1—2010）　（mm）

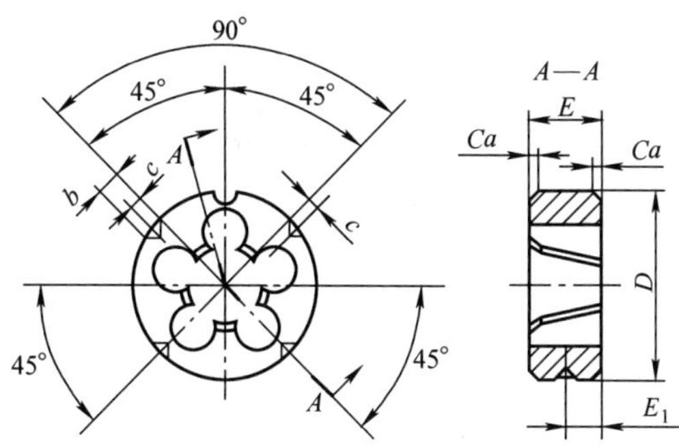

代号 NPT	每25.4mm内的牙数	螺距 P	D	E	E_1	c	b	a
1/16	27	0.941	30	11	5.5	1.0	5	1.0
1/8								
1/4	18	1.411	38	16	7.0	1.2	6	
3/8			45	18	9.0			
1/2	14	1.814	55	22	11.0	1.5	8	2.0
3/4								
1	11.5	2.209	65	26	12.5	1.8		
1¼			75	28	15			
1½			90		18	2		
2			105	30		2.5	10	

表 7.3-4　55°非密封管螺纹圆板牙（GB/T 20324—2006）　（mm）

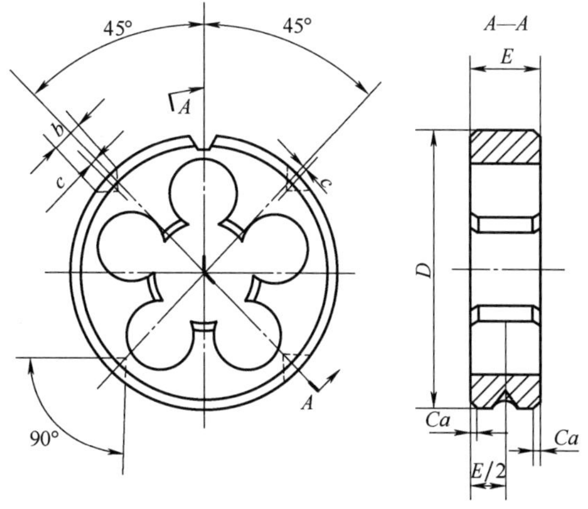

（续）

<table>
<tr><th>代号</th><th>公称直径 d</th><th>近似螺距</th><th>D
f10</th><th>E
js12</th><th>c</th><th>b</th><th>a</th></tr>
<tr><td>1/16</td><td>7.723</td><td rowspan="2">0.907</td><td>25</td><td>7</td><td>0.8</td><td rowspan="2">5</td><td>0.5</td></tr>
<tr><td>1/8</td><td>9.728</td><td>30</td><td>8</td><td>1</td><td rowspan="9">1</td></tr>
<tr><td>1/4</td><td>13.157</td><td rowspan="2">1.337</td><td>38</td><td rowspan="2">10</td><td rowspan="3">1.2</td><td rowspan="3">6</td></tr>
<tr><td>3/8</td><td>16.662</td><td>45(38)</td></tr>
<tr><td>1/2</td><td>20.955</td><td rowspan="4">1.814</td><td>45</td><td>14</td></tr>
<tr><td>5/8</td><td>22.911</td><td>55(45)</td><td>16(14)</td><td rowspan="2">1.5</td><td rowspan="6">8</td></tr>
<tr><td>3/4</td><td>26.441</td><td>55</td><td rowspan="2">16</td></tr>
<tr><td>7/8</td><td>30.201</td><td rowspan="2">65</td><td rowspan="3">1.8</td></tr>
<tr><td>1</td><td>33.249</td><td rowspan="6">2.309</td><td>18</td></tr>
<tr><td>1 1/4</td><td>41.910</td><td>75</td><td>20</td></tr>
<tr><td>1 1/2</td><td>47.803</td><td>90</td><td rowspan="4">22</td><td>2</td><td rowspan="4">2</td></tr>
<tr><td>1 3/4</td><td>53.746</td><td rowspan="2">105</td><td rowspan="3">2.5</td><td rowspan="3">10</td></tr>
<tr><td>2</td><td>59.614</td></tr>
<tr><td>2 1/4</td><td>65.710</td><td>120</td></tr>
</table>

注：括号内尺寸尽量不采用，如果采用，应做标识。

表 7.3-5　55°密封管螺纹圆板牙（GB/T 20328—2006）　（mm）

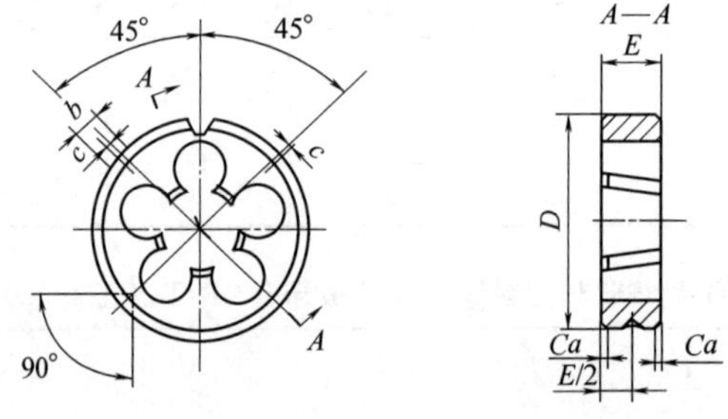

<table>
<tr><th>代号</th><th>公称直径</th><th>近似螺距</th><th>D
f10</th><th>E
js12</th><th>c</th><th>b</th><th>a</th><th>最少完整螺纹牙数</th><th>最小完整牙的长度</th><th>基面距</th></tr>
<tr><td>1/16</td><td>7.723</td><td rowspan="2">0.907</td><td>25</td><td rowspan="2">11</td><td rowspan="2">1</td><td rowspan="2">5</td><td rowspan="4">1</td><td rowspan="2">6 1/8</td><td rowspan="2">5.6</td><td rowspan="2">4</td></tr>
<tr><td>1/8</td><td>9.728</td><td>30</td></tr>
<tr><td>1/4</td><td>13.157</td><td rowspan="2">1.337</td><td>38</td><td>14</td><td rowspan="2">1.2</td><td rowspan="2">6</td><td>6 1/4</td><td>8.4</td><td>6</td></tr>
<tr><td>3/8</td><td>16.662</td><td rowspan="2">45</td><td>18</td><td>6 1/2</td><td>8.8</td><td>6.4</td></tr>
<tr><td>1/2</td><td>20.955</td><td rowspan="2">1.814</td><td rowspan="2">22</td><td rowspan="2">1.5</td><td rowspan="5">8</td><td rowspan="6">2</td><td>6 1/4</td><td>11.4</td><td>8.2</td></tr>
<tr><td>3/4</td><td>26.441</td><td>55</td><td>7</td><td>12.7</td><td>9.5</td></tr>
<tr><td>1</td><td>33.249</td><td rowspan="4">2.309</td><td>65</td><td>25</td><td rowspan="2">1.8</td><td>6 1/4</td><td>14.5</td><td>10.4</td></tr>
<tr><td>1 1/4</td><td>41.910</td><td>75</td><td rowspan="2">30</td><td rowspan="2">7 1/4</td><td rowspan="2">16.8</td><td rowspan="2">12.7</td></tr>
<tr><td>1 1/2</td><td>47.803</td><td>90</td><td>2</td></tr>
<tr><td>2</td><td>50.614</td><td>105</td><td>36</td><td>2.5</td><td>10</td><td>9 1/8</td><td>21.1</td><td>15.9</td></tr>
</table>

注：最少完整螺纹牙数、最小完整牙的长度、基面距均为螺纹尺寸，仅供板牙设计时参考。

3. 圆板牙的几何参数（表 7.3-6）

表 7.3-6　圆板牙的几何参数

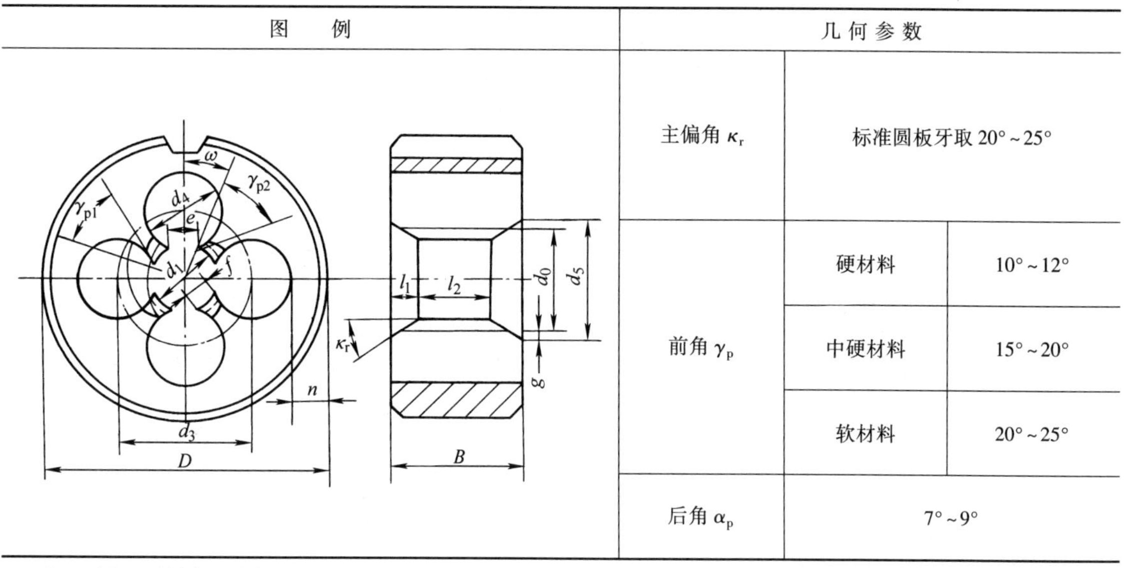

图例	几何参数		
	主偏角 κ_r	标准圆板牙取 20°~25°	
	前角 γ_p	硬材料	10°~12°
		中硬材料	15°~20°
		软材料	20°~25°
	后角 α_p	7°~9°	

注：后角经过铲磨后形成。

7.3.2　圆板牙套螺纹切削用量的选择

采用圆板牙在机床上机动套螺纹时，可按表 7.3-7 选择切削速度。

表 7.3-7　用板牙加工碳钢（R_m=750MPa）工件螺纹的切削速度

板牙的型式、材料和几何参数	磨钝标准	寿命/min	螺纹直径 d/mm										
			3	4	5	6	8		10		12	16	20
			螺距 P/mm										
			0.5	0.7	0.8	1.0	1.0	1.25	1.0	1.5	1.5	1.5	1.5
			切削速度 v/(m/min)										
圆板牙 9CrSi 钢 γ_p=20°~25°　α_p=7°~10°	$0.1d^{0.5}$	90	2.4	2.3	2.6	2.5	3.5	2.7	4.5	—	—	—	—

有关工件材料及板牙型式的切削速度修正系数

工件材料	抗拉强度 R_m/MPa	切削速度修正系数 k_{M_v}
碳钢	450 550 600~800	0.5 0.6 1.0
铬钢及镍铬钢	650 750	0.9 0.8
硅铬锰钢	750	0.4
硬铝及镁基合金	—	4.5
黄铜	—	3.3

7.4 螺纹切头加工螺纹

7.4.1 螺纹切头加工螺纹的方法、特点及应用

在大批量流水线生产中广泛应用螺纹切头切削螺纹。这种螺纹加工方法既适用于立式钻床、卧式车床、转塔车床及自动车床等通用机床，也适用于如螺纹套丝机、组合机床等专用机床。

加工外螺纹的螺纹切头主要有三种类型：装有圆梳刀的外螺纹切头、装有径向平梳刀的外螺纹切头、装有切向平梳刀的外螺纹切头。

加工内螺纹的螺纹切头主要有两种类型：装有平梳刀的内螺纹切头、装有圆梳刀的内螺纹切头。

按照运动方式，螺纹切头还可分为旋转式和不旋转式两种。

使用螺纹切头加工螺纹方法的特点如下：

1）使用范围广。既适于加工外螺纹，也适于加工内螺纹。经过更换梳刀，还可加工管螺纹、圆锥螺纹、梯形螺纹及其他特殊牙型的螺纹。

2）加工质量好。一般情况下，加工普通螺纹可达 6 级精度，表面粗糙度达 *Ra*6.3～1.6μm。经过仔细调整，圆梳刀螺纹切头的加工精度可达 4 级。

3）生产率高。一般情况下，切削螺纹可在一次走刀中完成。由于切削完成后切头能自动打开，工件可快速退回（或切头快速退回），因而可大大缩短辅助时间。

此外，对于一些形状复杂不便旋转的工件，材料硬度较高不适于滚压法加工的工件，若采用螺纹切头加工，更显示出其独有的特点。

7.4.2 圆梳刀外螺纹切头加工螺纹

1. 螺纹切头的规格与选用

圆梳刀外螺纹切头已列入工具专业标准和汽车行业标准。不旋转式圆梳刀外螺纹切头的外形尺寸及其选用见表 7.4-1，旋转式圆梳刀外螺纹切头的外形尺寸及其选用见表 7.4-2。

在具体选用螺纹切头时，还要考虑下列因素：

1）当工件的外形复杂、不便旋转或固定安装时，一般要选用旋转式外螺纹切头。

2）在转塔车床、普通车床和自动机床上一般采用不旋转式外螺纹切头。在钻床和螺纹套丝机上则采用旋转式外螺纹切头。

3）根据工件螺纹的公称直径选择螺纹切头型号。当一台机床加工多种工件时，应注意选择适宜的卡爪，尽可能选用同一螺纹切头。

4）在同一工序要完成多种工作内容时（包括车外圆、端面、倒角和切螺纹等），或螺纹的轴线对其他表面有较高位置要求，又必须在一次装夹内完成切螺纹工序时，应选用不旋转式螺纹切头。

表 7.4-1 不旋转式圆梳刀外螺纹切头外形尺寸及其选用 (mm)

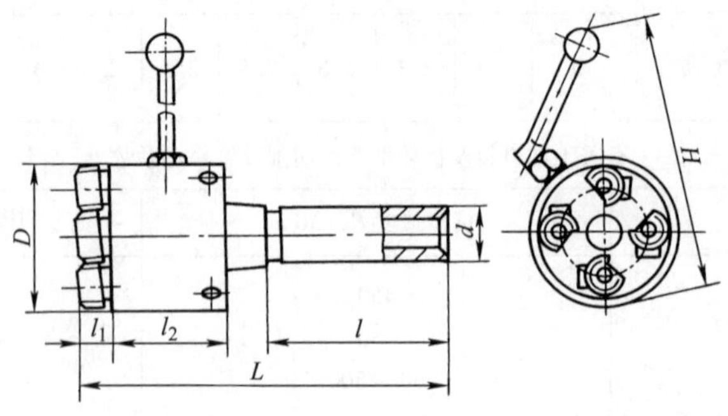

切头型号	被切螺纹		D	d	l_1	调整量		L max	l min	l_2	H max
	直径	螺距 max				+	−				
10-20	4～10	1.5	68	20	18	0.5	0.7	190	80	72	195
10-25				25							

（续）

切头型号	被切螺纹		D	d	l_1	调整量		L max	l min	l_2	H max
	直径	螺距 max				+	−				
20-25	6~14	2	75	25	20	0.6	0.8	210	100	72	220
20-30				30							
30-30	9~24	3	105	30	22	0.7	0.9	260	120	85	260
30-38				38							
40-45	12~42	3	125	45	31	0.8	1.0	315	120	100	315
40-70				70							
50-45	24~60	4	155	45	32	0.9	1.2	315	150	100	315
50-70				70							

表7.4-2　旋转式圆梳刀外螺纹切头外形尺寸及其选用　（mm）

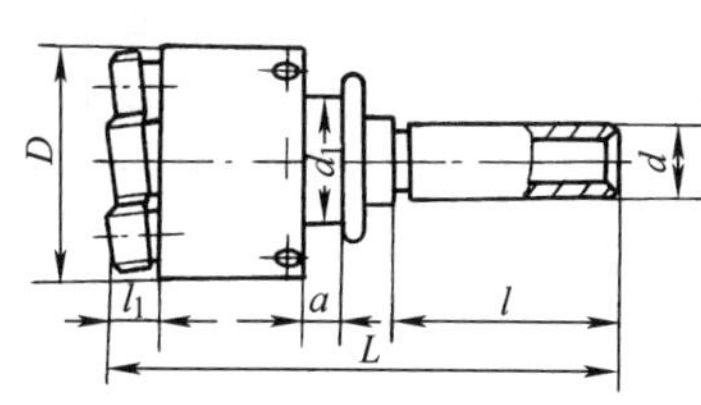

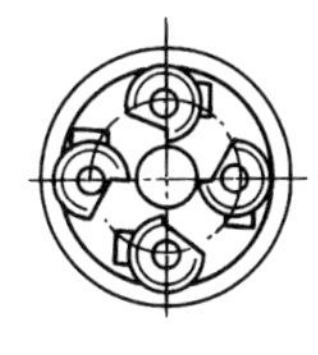

切头型号	被切螺纹		D	d	l_1	调整量		L max	l min	d_1	a
	直径	螺距 max				+	−				
100-25	4~10	1.5	68	25	18	0.5	0.7	175	80	35	9
200-30	6~14	2	75	30	20	0.6	0.8	210	100	50	13
300-30	9~24	3	105	30	22	0.7	0.9	225	100	55	15
400-45	12~42	3	125	45	31	0.8	1.0	241	110	90	20
400-70				70							
500-45	24~60	4	155	45	32	0.9	1.2	258	110	105	20
500-70				70							

2. 螺纹切头的安装

为了将螺纹切头装在机床上，须采用相应的连接辅具。对于旋转式螺纹切头，还须配套安装控制螺纹切头开合的装置。不旋转式外螺纹切头和旋转式外螺纹切头在机床上的安装方法见表7.4-3。

表 7.4-3　在机床上安装外螺纹切头的方法

说　明	安装示意图
不旋转式外螺纹切头在转塔车床上的安装	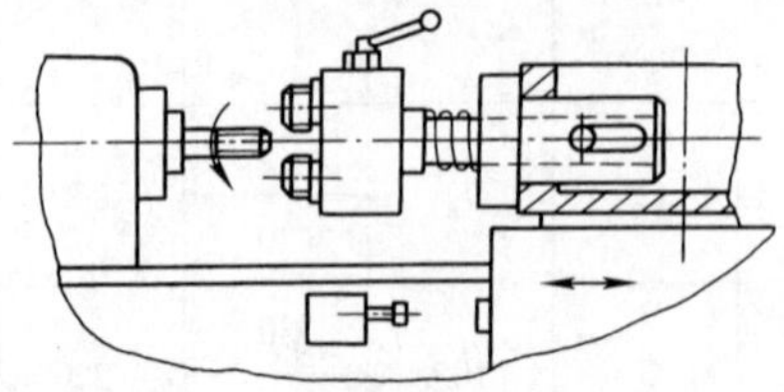
旋转式外螺纹切头在钻床上的安装	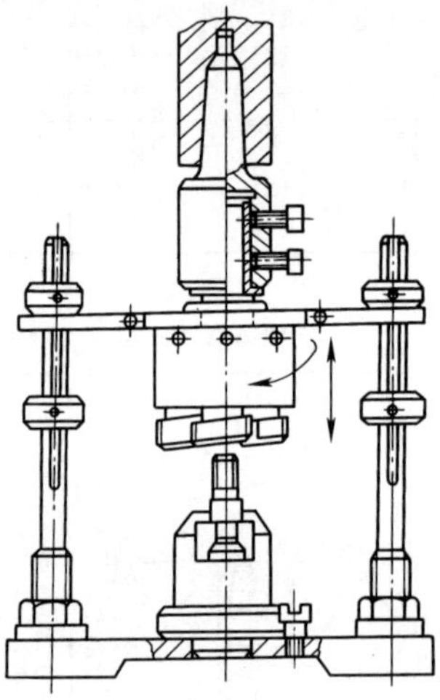
旋转式外螺纹切头在组合机床上的安装	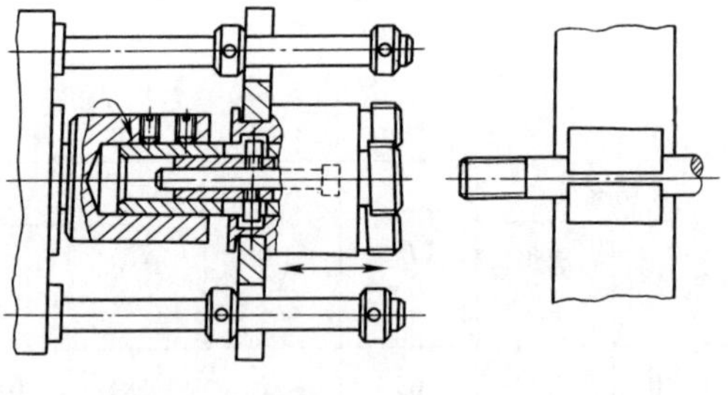

3. 圆梳刀几何参数的选择

圆梳刀切削部分的几何参数（图 7.4-1）是梳刀安装在螺纹切头上相对于工件来测量的。

梳刀安装在螺纹切头上形成的前角为 $\gamma_p(\gamma_p=\gamma_2+\gamma_3)$。$\gamma_2$ 为梳刀刃磨前角；γ_3 是安装形成的附加前角，由于此数值较小，梳刀前角近似为梳刀的刃磨前角。梳刀前角的数值按表 7.4-4 选择。

梳刀切削部分的后角为 3°～5°，校正部分的后角为 2°～3°。

主偏角 κ_r 的数值根据螺距和不完整螺纹长度选定（表 7.4-5），当螺尾长度不受限制时，尽量选用较小的主偏角。

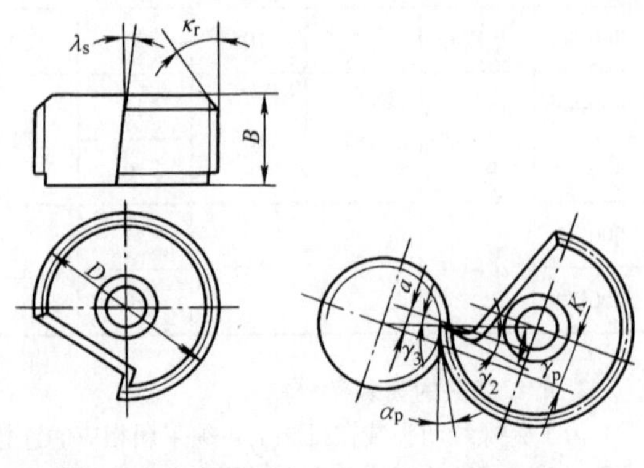

图 7.4-1　圆梳刀切削部分的几何参数

表 7.4-4　梳刀的前角

加工材料	前角 γ_p	加工材料	前角 γ_p
结构钢	20°~25°	灰铸铁	0°~5°
合金钢	15°~20°	硬铜	20°~25°
可锻铸铁	5°~10°	铝	25°~30°

表 7.4-5　根据螺距和不完整螺纹长度选择主偏角

螺距/mm	主偏角 κ_r		
	20°	30°	45°
	不完整螺纹长度/mm		
0.5	2.5	2.0	1.5
0.75	3.0	2.3	1.7
0.8	3.2	2.4	1.8
1.0	3.6	2.6	1.9
1.25	4.0	2.9	2.1
1.5	4.5	3.2	2.3
1.75	5.0	3.5	2.5
2.0	5.5	3.8	2.6
2.5	6.5	4.5	3.0
3.0	7.5	5.0	3.4
3.5	8.4	5.6	3.7
4.0	9.2	6.2	4.0

刃倾角 λ_s 为梳刀装在卡爪上梳刀切削刃与工件轴线形成的角度。切削长螺纹时，λ_s 为 6°30′~7°；切削普通螺纹时，长度不超过 12mm 时，λ_s 为 30′~1°30′。

梳刀切削刃提升量 a 是指从切削部分开始点到工件轴线的距离（图 7.4-1），高于轴线者为正，低于轴线者为负。a 值可以从表 7.4-6 查取。查表取得的 a 值仅为一个初步值，一般要经过生产实践修正。当梳刀张开不灵活、导向送进不良时，适当加大 a 值；当梳刀切入困难、工件发热时，适当减小 a 值。

表 7.4-6　梳刀切削刃提升量 a 值　（mm）

螺纹直径	$\lambda_s=7°$	$2°<\lambda_s<7°$	$\lambda_s\leqslant 2°$	
			$\kappa_r<45°$	$\kappa_r=45°$
6	-0.07	0.14	0.31	0.23
8	-0.09	0.18	0.36	0.27
10	-0.10	0.20	0.40	0.30
12	-0.11	0.22	0.43	0.32
14	-0.11	0.23	0.45	0.34
16	-0.12	0.24	0.48	0.36
18	-0.13	0.25	0.50	0.37
20	-0.13	0.26	0.52	0.39
22	-0.13	0.27	0.53	0.40
24	-0.14	0.28	0.55	0.11
26	-0.14	0.28	0.56	0.42
27	-0.14	0.28	0.58	0.43
28	-0.14	0.29	0.59	0.43
30	-0.15	0.29	0.60	0.44
33	-0.15	0.30	0.61	0.45
36	-0.15	0.30	0.62	0.46
39	-0.16	0.31	0.63	0.48
42	-0.16	0.32	0.64	0.49
45	-0.16	0.32	0.66	0.50
48	-0.17	0.34	0.67	0.50
52	-0.17	0.34	0.69	0.51
56	-0.17	0.34	0.70	0.52
60	-0.18	0.36	0.71	0.53

4. 工艺参数的选择与机动时间的计算

(1) 毛坯尺寸与公差的确定

切螺纹前毛坯的直径取决于螺纹尺寸、螺纹精度、工件材料和加工方法。以外螺纹为例，加工后螺纹大径会增大，加工后螺纹的大径大于毛坯直径。用圆梳刀螺纹切头加工外螺纹时，螺纹大径增大量（经验值）见表 7.4-7。

螺纹切头切外螺纹前的毛坯（钢件）尺寸可直接根据表 7.4-8 查取。

表 7.4-7　圆梳刀螺纹切头加工外螺纹时大径的增大量

工 件 材 料	外螺纹大径增大量/mm
钢	0.05
铸铁	0.03
青铜	0.07

表 7.4-8　螺纹切头切外螺纹前毛坯尺寸和公差（钢件）

螺纹代号	毛坯直径/mm			螺纹代号	毛坯直径/mm		
	最大	最小	公差		最大	最小	公差
M4×0.7	3.95	3.83	0.12	M20×2.5	19.95	19.70	0.25
M4×0.5	3.96	3.86	0.10	M20×1.5	19.95	19.75	0.20
M5×0.8	4.95	4.82	0.13	M22×2.5	21.95	21.70	0.25
M5×0.5	4.96	4.86	0.10	M22×1.5	21.95	21.75	0.20
M6×1	5.95	5.80	0.15	M24×3	23.95	23.65	0.30
M6×0.75	5.95	5.82	0.13	M24×1.5	23.95	23.75	0.20
M8×1.25	7.95	7.75	0.20	M27×3	26.95	26.65	0.30
M8×1	7.95	7.80	0.15	M27×1.5	26.95	26.75	0.20
M10×1.5	9.95	9.75	0.20	M30×3.5	29.95	29.60	0.35
M10×1	9.95	9.80	0.15	M30×1.5	29.95	29.75	0.20
M12×1.75	11.95	11.75	0.20	M33×3.5	32.95	32.60	0.35
M12×1.5	11.95	11.75	0.20	M33×1.5	32.95	32.75	0.20
M14×2	13.95	13.70	0.25	M36×4	35.95	35.60	0.35
M14×1.5	13.95	13.75	0.20	M36×1.5	35.95	35.75	0.20
M16×2	15.95	15.70	0.25	M39×4	38.95	38.60	0.35
M16×1.5	15.95	15.75	0.20	M39×1.5	38.95	38.75	0.20
M18×2.5	17.95	17.70	0.25	M42×4.5	41.95	41.55	0.40
M18×1.5	17.95	17.75	0.20	M42×1.5	41.95	41.75	0.20

注：普通螺纹公差带按 6h。

（2）切削速度的计算与选择

螺纹切头切外螺纹的切削速度可按表 7.2-12 所列公式计算，也可根据表 7.4-9 选取。

表 7.4-9　圆梳刀切削外螺纹的切削速度

螺纹代号	工件材料								
	10	20	35	45	40Cr	40Cr 调质	Y15	可锻铸铁	青铜
	切削速度 v/(m/min)								
M6×1	4~5	6~7	6~7	6~7	5~6	4~5	7~8	10~11	12~13
M8×1	6~7	7~8	7~8	7~8	7~8	6~7	9~10	10~11	12~13
M8×1.25	6~7	8~9	8~9	8~9	7~8	6~7	10~11	11~12	13~14
M10×1	7~8	9~10	9~10	9~10	8~9	7~8	11~12	12~13	14~15
M10×1.5	7~8	10~11	10~11	10~11	8~9	7~8	12~13	13~14	15~16
M12×1.25	8~9	11~12	11~12	11~12	9~10	8~9	13~14	15~16	17~18
M12×1.75	7~8	9~10	9~10	9~10	8~9	7~8	12~13	13~14	15~16
M14×1.5	8~9	11~12	11~12	11~12	9~10	8~9	13~14	15~16	17~18
M14×2	7~8	9~10	9~10	9~10	8~9	7~8	12~13	13~14	15~16
M16×1.5	9~10	11~12	11~12	11~12	10~11	9~10	14~15	17~18	19~20
M16×2	7~8	9~10	9~10	9~10	8~9	7~8	12~13	13~14	15~16
M18×1.5	9~10	11~12	11~12	11~12	10~11	9~10	14~15	19~20	21~22
M18×2.5	7~8	9~10	9~10	9~10	8~9	7~8	12~13	14~15	15~16
M20×1.5	9~10	11~12	11~12	11~12	10~11	9~10	14~15	21~22	23~24
M20×2.5	7~8	9~10	9~10	9~10	8~9	7~8	12~13	14~15	16~17

（续）

螺纹代号	工件材料								
	10	20	35	45	40Cr	40Cr 调质	Y15	可锻铸铁	青铜
	切削速度 v/(m/min)								
M22×1.5	9~10	11~12	11~12	11~12	10~11	9~10	14~15	23~24	25~26
M22×2.5	7~8	9~10	9~10	9~10	8~9	7~8	12~13	15~16	17~18
M24×1.5	9~10	12~13	12~13	12~13	10~11	9~10	15~16	25~26	27~28
M24×3	7~8	10~11	10~11	10~11	8~9	7~8	13~14	15~16	18~19
M27×1.5	9~10	12~13	12~13	12~13	10~11	9~10	15~16	26~27	28~29
M27×3	7~8	10~11	10~11	10~11	8~9	7~8	13~14	15~16	18~19
M30×1.5	9~10	12~13	12~13	12~13	10~11	9~10	15~16	27~28	30~31
M30×3.5	7~8	10~11	10~11	10~11	8~9	7~8	13~14	15~16	18~19
M33×1.5	9~10	12~13	12~13	12~13	10~11	9~10	15~16	28~29	31~32
M33×3.5	7~8	10~11	10~11	10~11	8~9	7~8	13~14	15~16	18~19
M36×1.5	9~10	12~13	12~13	12~13	10~11	9~10	15~16	28~29	32~33
M36×4	7~8	10~11	10~11	10~11	8~9	7~8	13~14	16~17	18~19
M39×1.5	9~10	12~13	12~13	12~13	10~11	9~10	15~16	29~30	33~34
M39×4	7~8	10~11	10~11	10~11	8~9	7~8	13~14	16~17	19~20
M42×1.5	9~10	12~13	12~13	12~13	10~11	9~10	15~16	29~30	33~34
M42×4.5	7~8	10~11	10~11	10~11	8~9	7~8	13~14	16~17	19~20

注：1. 圆梳刀材料为高速钢，主偏角为20°。
2. 刀具寿命 T=120min。
3. 切削液为硫化切削油。

(3) 转矩、切削功率的计算

螺纹切头切外螺纹的转矩与切削功率可按表7.2-12所列公式计算。

(4) 切削螺纹机动时间的计算

圆梳刀螺纹切头切削螺纹的机动时间按下列公式计算：

$$T_m=\frac{L+e}{nP}$$

式中 L——螺纹切削长度（mm）；
e——不完整螺纹长度，按表7.4-10选取；
n——工件或螺纹切头转速（r/min）；
P——工件螺纹螺距（mm）。

5. 切削液的选择（表7.4-11）

表7.4-10 不完整螺纹长度 e

梳刀主偏角	20°	30°	45°
e	$3P$	$2P$	P

注：P——工件螺纹螺距（mm）。

表7.4-11 切削液选用

被加工材料	切 削 液	被加工材料	切 削 液
碳钢	碱化切削油	铝合金	50%煤油+50%机械油
合金钢	硫化切削油	可锻铸铁	乳化液
灰铸铁	乳化液	铜合金	硫化切削油，机械油

7.4.3 径向平梳刀外螺纹切头加工螺纹

径向平梳刀外螺纹切头主要用在转塔车床和单轴自动车床上，普通车床也可采用。

1. 螺纹切头的规格与选用

不旋转式径向平梳刀外螺纹切头广泛应用于汽车行业的生产中，其尺寸规格及加工范围见表7.4-12。

表7.4-12 径向平梳刀外螺纹切头尺寸规格及加工范围 (mm)

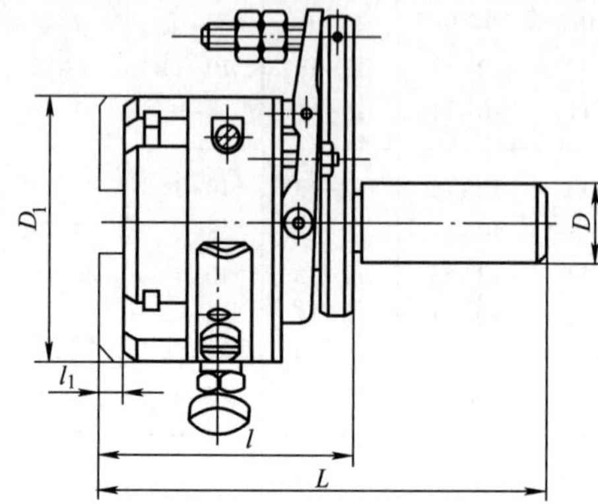

加工螺纹的公称直径		D	D_1	L	l	l_1
普通螺纹	60°圆锥螺纹/in					
M3～M12 细牙	ZM6 1/16～1/4	20	62	113	60	7.5
M12～M24 细牙	3/8～1/2	25	81	147	83	8

2. 径向平梳刀几何参数的选择

径向平梳刀切削部分的几何参数可按表7.4-13选择。切削刃提升量 a 值参见表7.4-14。

表7.4-13 径向平梳刀切削部分的几何参数的选择

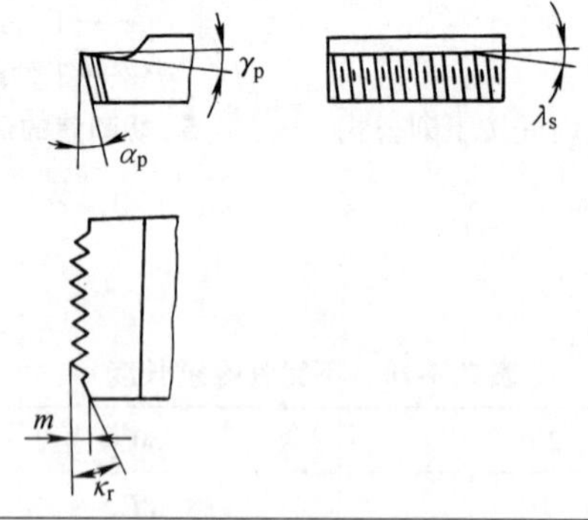

几何参数	合理数值	
前角 γ_p	钢、可锻铸铁	7°
	一般铸铁	0°
	轻合金	10°～12°
后角 α_p	10°30′	
刃倾角 λ_s	加工纯铜、不锈钢取3°～5°	
主偏角 κ_r	不完整螺纹长度有严格要求时按表7.4-5选取，一般为30°	
	不完整螺纹长度无严格要求时取为10°	

表 7.4-14 径向平梳刀切削刃提升量 a 值

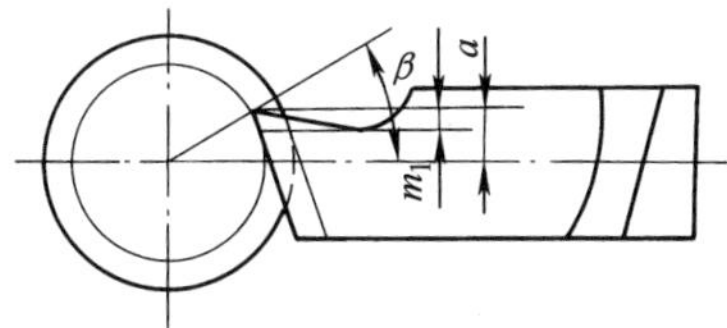

螺纹直径/mm	β	m_1/mm	a/mm
3~6	16°30′	0.23	0.64
>6~9	16°	0.35	1.04
>9~12	15°30′	0.45	1.41
>12~14	15°	0.50	1.69
>14~19	14°30′	0.56	2.07
>19~25	14°	0.66	2.67

3. 工艺参数的选择

（1）毛坯外径尺寸与公差的选择

平梳刀螺纹切头切螺纹前毛坯外径尺寸与公差的选择基本与圆梳刀螺纹切头相同，在切削普通螺纹时（公差按6h），可根据表7.4-8查取。

（2）切削速度的选择

平梳刀螺纹切头切削外螺纹时，切削速度可根据表7.4-15选用。

表 7.4-15 平梳刀切外螺纹时的切削速度

螺纹代号	工件材料								
	10	20	35	45	40Cr	40Cr调质	Y15	可锻铸铁	青铜
	切削速度 v/(m/min)								
M6×1	4~4.5	5.5~6.5	5.5~6.5	5.5~6.5	4.5~5.5	4~4.5	6.5~7.5	9~10	11~12
M8×1	5~6	6~7	6~7	6~7	6~7	5~6	7~8	9~10	11~12
M8×1.25	5~6	6.5~7.5	6.5~7.5	6.5~7.5	6~7	5~6	8~9	10~11	12~13
M10×1	6~7	7~8	7~8	7~8	6.5~7.5	6~7	9~10	11~12	13~14
M10×1.5	6~7	8~9	8~9	8~9	6.5~7.5	6~7	10~11	12~13	14~15
M12×1.25	6~7	8~9	8~9	8~9	6.5~7.5	6~7	10~11	13~14	15~16
M12×1.75	5~6	6.5~7.5	6.5~7.5	6.5~7.5	6~7	5~6	8~9	10~11	12~13
M14×1.5	6~7	8~9	8~9	8~9	6.5~7.5	6~7	9~10	12~13	14~15
M14×2	5~6	7~8	7~8	7~8	6~7	5~6	8.5~9.5	10~11	12~13
M16×1.5	6.5~7.5	8~9	8~9	8~9	7~8	6.5~7.5	10~11	13~14	15~16
M16×2	5~6	7~8	7~8	7~8	6~7	5~6	8.5~9.5	10~11	12~13
M18×1.5	6.5~7.5	8~9	8~9	8~9	7~8	6.5~7.5	10~11	13~14	15~16
M18×2.5	5~6	6.5~7.5	6.5~7.5	6.5~7.5	6~7	5~6	8.5~9.5	10~11	12~13
M20×1.5	6.5~7.5	8~9	8~9	8~9	7~8	6.5~7.5	10~11	13~14	15~16
M20×2.5	5~6	6.5~7.5	6.5~7.5	6.5~7.5	6~7	5~6	8.5~9.5	10~11	12~13
M22×1.5	6.5~7.5	8~9	8~9	8~9	7~8	6.5~7.5	10~11	13~14	15~16
M22×2.5	5~6	6.5~7.5	6.5~7.5	6.5~7.5	6~7	5~6	8.5~9.5	10~11	12~13
M24×1.5	6.5~7.5	8.5~9.5	8.5~9.5	8.5~9.5	7~8	6.5~7.5	10.5~11.5	14~15	16~17
M24×2	5~6	7~8	7~8	7~8	6~7	5~6	9~10	12~13	14~15
M27×1.5	6.5~7.5	8.5~9.5	8.5~9.5	8.5~9.5	7~8	6.5~7.5	10.5~11.5	14~15	16~17
M27×2	5~6	7~8	7~8	7~8	6~7	5~6	9~10	12~13	14~15
M30×1.5	6.5~7.5	8.5~9.5	8.5~9.5	8.5~9.5	7~8	6.5~7.5	10.5~11.5	14~15	16~17

7.4.4 径向平梳刀内螺纹切头加工螺纹

1. 螺纹切头的规格与选用

径向平梳刀内螺纹切头一般用于加工 M36~M100 的内螺纹。切头分为旋转式和不旋转式。旋转式平梳刀内螺纹切头主要用于立式钻床、组合机床和多轴车床，而不旋转式平梳刀内螺纹切头主要用于转塔车床。

径向平梳刀不旋转式内螺纹切头的外形尺寸如图 7.4-2 所示。汽车行业使用的平梳刀内螺纹切头规格见表 7.4-16。工具行业设计的平梳刀内螺纹切头规格见表 7.4-17。

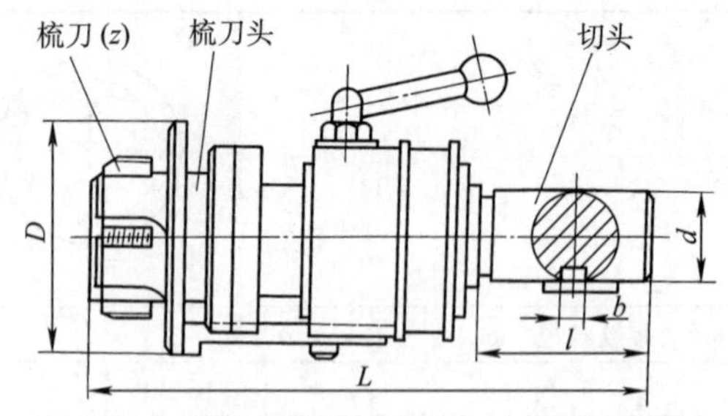

图 7.4-2　径向平梳刀内螺纹切头的外形尺寸

表 7.4-16　汽车行业使用的平梳刀内螺纹切头规格　(mm)

切头规格	加工螺纹范围	外形尺寸			梳刀头号	梳刀号
		D	d	L	BD25-62	BD22-21
BD25-45	M39~M56	96	30	~269	序号 1	M39×1.5 M42×1.5 M45×1.5
					序号 2	M48×1.5 M52×1.5 M56×1.5
BD25-46	M60~M95	112	38	~269	序号 3	M60×1.5 M64×1.5 M68×1.5
					序号 4	M72×1.5 M76×1.5 M80×1.5
					序号 5	M85×1.5 M90×1.5 M95×1.5

表 7.4-17　工具行业设计的平梳刀内螺纹切头规格　(mm)

切头型号	加工范围	切头外形尺寸					
		D	D_1	L	d	l	b
J-01	M36~M39	76	31	245	40	70	8
J-02	M42~M48	76	37	245	40	75	8
J-03	M52~M60	88	46	290	45	80	10
J-04	M64~M76	110	56	300	45	90	10
J-05	M80~M95	120	72	345	60	110	14

2. 平梳刀的规格与几何参数

内螺纹切头采用的平梳刀尺寸见表 7.4-18，平梳刀的几何参数见表 7.4-19。每套梳刀由四把组成，使用时按顺序排列并错开 1/4 螺距。为了改善梳刀切削条件，梳刀在梳刀头上呈不等分配置，一般相邻圆周齿距相差 4°，这样梳刀工作时是单侧刃参与切削，有利于减小切削力和排屑。

表 7.4-18　内螺纹切头采用的平梳刀尺寸

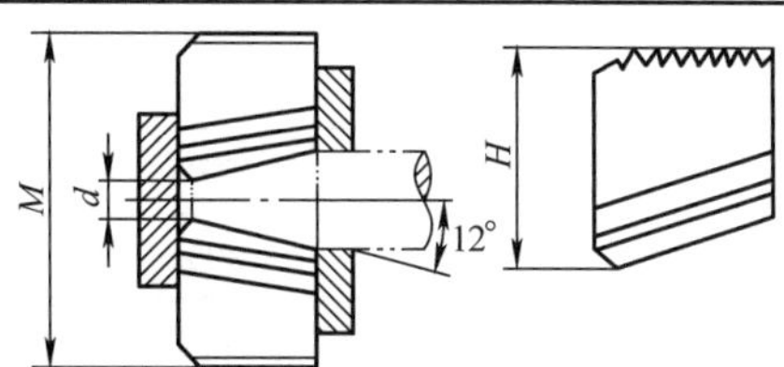

梳刀标记	梳刀主要尺寸/mm			使用的切头号	使用的梳刀头号
	M	*H*	*d*		
M39×1.5	39.325	17.4	5.22	BD25-45	序号 1 BD25-62
M42×1.5	42.325	18.9			
M45×1.5	45.325	20.4			
M48×1.5	48.325	21.9			序号 2 BD25-62
M52×1.5	52.325	23.9			
M56×1.5	56.325	25.9			
M60×1.5	60.325	25.4	10.22	BD25-46	序号 3 BD25-62
M64×1.5	64.325	27.4			
M68×1.5	68.325	29.4			
M72×1.5	72.325	31.4			序号 4 BD25-62
M76×1.5	76.325	33.4			
M80×1.5	80.325	35.4			
M85×1.5	85.325	37.9			序号 5 BD25-62
M90×1.5	90.325	40.4			
M95×1.5	95.325	42.9			

注：梳刀头 BD25-62 有 5 种序号，用于加工不同规格的螺纹，如序号 1 加工 M39~M45 的螺纹。

表 7.4-19　内螺纹切头平梳刀的几何参数

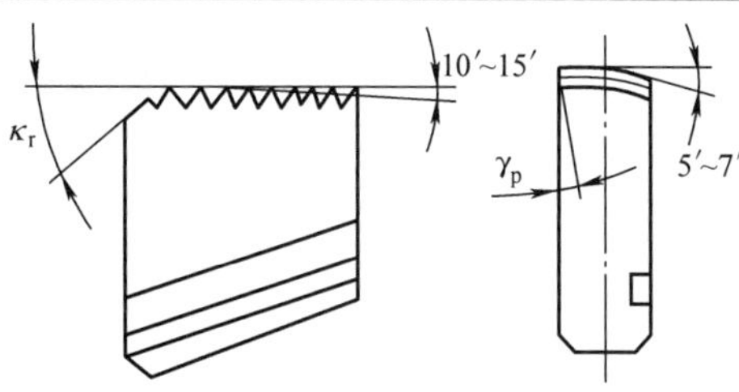

几何参数		合理数值	
主偏角 κ_r		10°~20°	
切削锥部	前角 γ_p	加工钢件	8°~10°
		加工铸铁件	2°~4°
	后角 α_p	4°~6°	
刃倾角 λ_s		3°~5°	
校准部后角 α_p		5′~7′	

3. 工艺参数的选择

(1) 加工前的螺纹底孔尺寸与公差的选择

用内螺纹切头加工螺纹前，工件螺纹底孔一般要进行扩孔或镗孔，其尺寸与公差见表 7. 4-20。

表 7. 4-20 加工普通螺纹的底孔尺寸与公差

螺纹代号	底孔尺寸/mm		
	最大	最小	公差
M39×1. 5	37. 60	37. 30	0. 3
M42×1. 5	40. 60	40. 30	0. 3
M45×1. 5	43. 60	43. 30	0. 3
M48×1. 5	46. 60	46. 30	0. 3
M52×1. 5	50. 60	50. 30	0. 3
M56×1. 5	54. 60	54. 30	0. 3
M60×1. 5	58. 60	58. 30	0. 3
M64×1. 5	62. 60	62. 30	0. 3
M68×1. 5	66. 60	66. 30	0. 3
M72×1. 5	70. 60	70. 30	0. 3
M76×1. 5	74. 60	74. 30	0. 3
M80×1. 5	78. 60	78. 30	0. 3
M85×1. 5	83. 60	83. 30	0. 3
M90×1. 5	88. 60	88. 30	0. 3
M95×1. 5	93. 60	93. 30	0. 3

注：普通螺纹公差带 6H。

(2) 切削速度的选择（表 7. 4-21）

表 7. 4-21 平梳刀内螺纹切头加工螺纹的切削速度 (m/min)

螺纹代号	工 件 材 料			
	低碳钢	中碳钢	调质钢	铸铁
M39×1. 5~M60×1. 5	9~10	12~13	9~10	13~14
M64×1. 5~M95×1. 5	10~11	13~14	10~11	14~15

7. 4. 5 圆梳刀内螺纹切头加工螺纹

圆梳刀内螺纹切头主要用于加工 M100 以上的内螺纹，一般根据工件专门设计。汽车行业为加工减速器壳上的内螺纹，设计制造了用于组合机床的专用圆梳刀内螺纹切头，其结构如图 7. 4-3 所示。

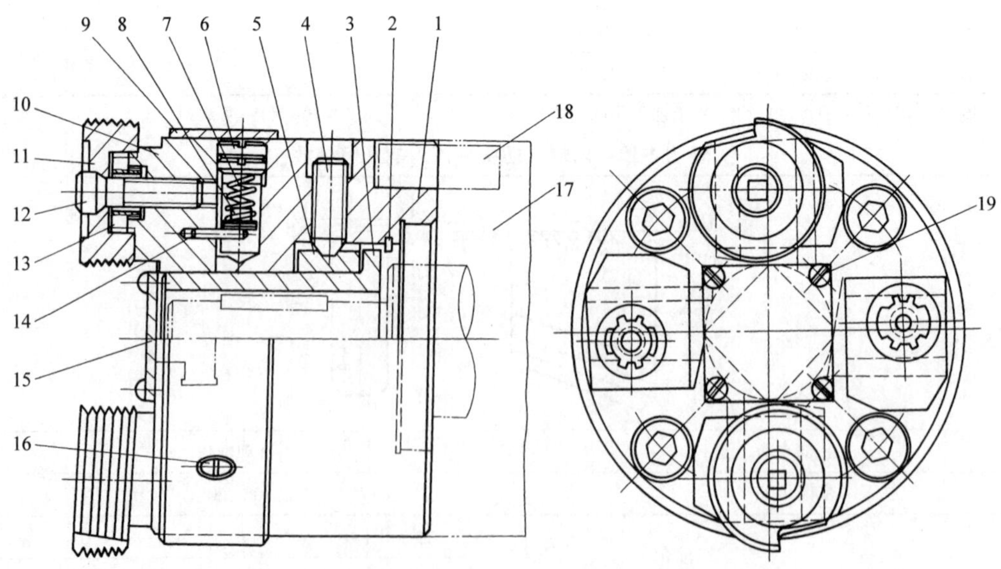

图 7. 4-3 圆梳刀内螺纹切头的结构

1—本体 2—卡环 3—内套 4、12、16、19—螺钉 5—外环 6—螺塞 7—弹簧 8—平头销 9—外圈 10—卡爪 11—梳刀 13—小齿轮 14—销子 15—盖板 17—机床主轴 18—键

7.5　铣螺纹

7.5.1　铣螺纹的方法、特点及应用

1. 铣螺纹的方法与应用范围（表7.5-1）

2. 铣螺纹的特点

铣螺纹广泛应用于成批和大量生产中，螺纹铣削法主要用来加工精度为5H~7H的普通内螺纹和精度为6h~8h、6g的普通外螺纹，也可加工中等精度的特形螺纹。当制造精密螺纹时，螺纹的铣削可作为预加工。其主要特点如下：

1）适应性较广，可用于加工大直径或大螺距的螺纹工件。

2）对螺纹上有键槽或平台的工件，可先铣出平台或键槽，解决了后铣键槽或平台而清除困难的毛刺问题。

3）适于加工退刀距短且有轴肩的螺纹。

4）加工出的螺纹表面粗糙度值较大。

表7.5-1　铣螺纹的方法与应用范围

铣螺纹方法		加工简图	应用范围
盘形铣刀铣外螺纹		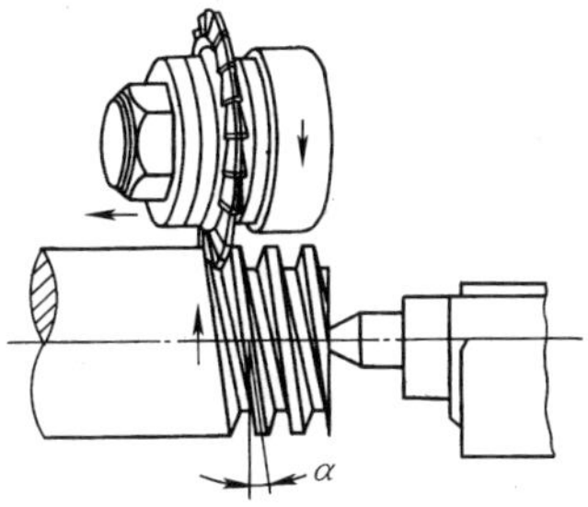 α	主要用于铣削各种大螺距的梯形螺纹
梳形铣刀	铣外螺纹	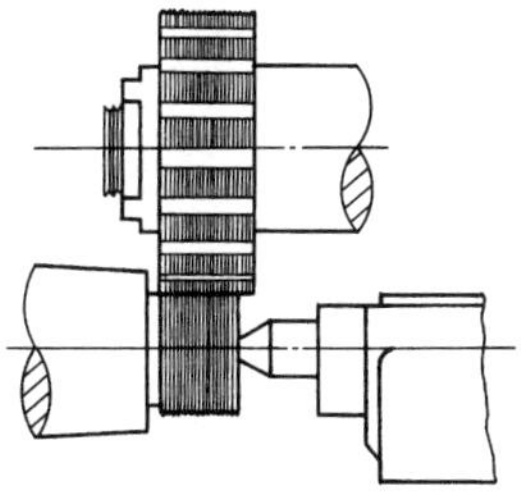	主要用于铣螺纹大径不大于150mm、长度不大于80mm的普通外螺纹
	铣内螺纹	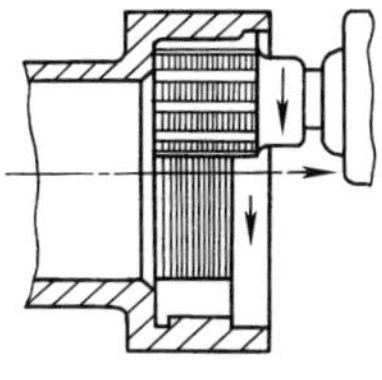	主要用于铣螺纹大径为14~200mm、长度不大于50mm的普通内螺纹

7.5.2　螺纹铣床

螺纹铣床的型号与主要技术参数见表7.5-2。

表 7.5-2　螺纹铣床的型号与主要技术参数

型号	中心高/mm	中心距/mm	加工范围/mm 外螺纹（直径×长度）	加工范围/mm 内螺纹（直径×长度）	加工范围/mm 螺距	工作精度 中径公差/mm	工作精度 螺距公差/mm	工作精度 表面粗糙度 Ra/μm	功率（总容量）/kW	重量/t	外形尺寸/mm（长×宽×高）
SB6110A	240	850	100×80	120×50	0.75~6	0.06		5	4.525	3	2910×1163×1290
SB6120A	240		150×50	200×50	0~3		0.073/120	5	3.825	2.5	2397×1123×1260
S6125	240	1500	最大直径250				0.03/100	5	5.5	3.5	3185×1294×1230
SZ6212A	240			100×50	0~4	0.075		5	3.825	3	2910×1138×1260
SK6220	370	500	150×80	200×50	0~6				5.92	5	3350×1835×2100

7.5.3　螺纹铣刀

1. 螺纹铣刀的结构和尺寸

螺纹铣刀主要有盘形螺纹铣刀和梳形螺纹铣刀两种。带柄梳形螺纹铣刀和装配式梳形螺纹铣刀的结构和尺寸见表 7.5-3。

表 7.5-3　梳形螺纹铣刀结构和尺寸　（mm）

带柄梳形螺纹铣刀

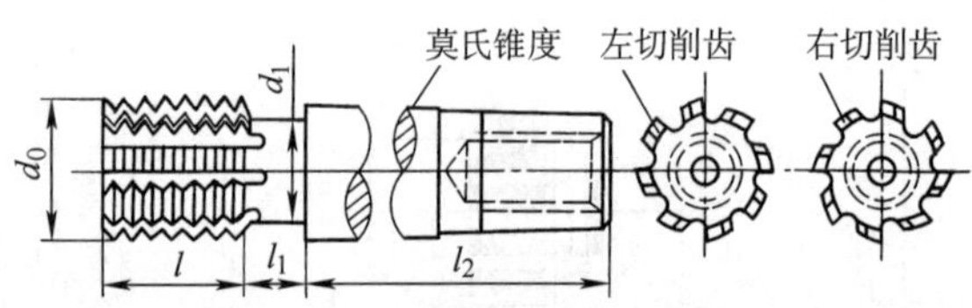

铣刀直径 d_0	2号莫氏锥度 l max	2号莫氏锥度 l_1	2号莫氏锥度 l_2	2号莫氏锥度 d_1	3号莫氏锥度 l max	3号莫氏锥度 l_1	3号莫氏锥度 l_2	3号莫氏锥度 d_1	4号莫氏锥度 l max	4号莫氏锥度 l_1	4号莫氏锥度 l_2	4号莫氏锥度 d_1
10	15			10								
12	20			12	—	—	—	—				
15	20	12	68	15								
18	25			15	25			15	—	—	—	—
20	25			16.5	30			16.5				
25					35	14.5	85	20				
30					35			23	40			25
35	—	—	—	—	40			23	50	16.5	108	28
40					40			23	55			30.5

（续）

装配式梳形螺纹铣刀				
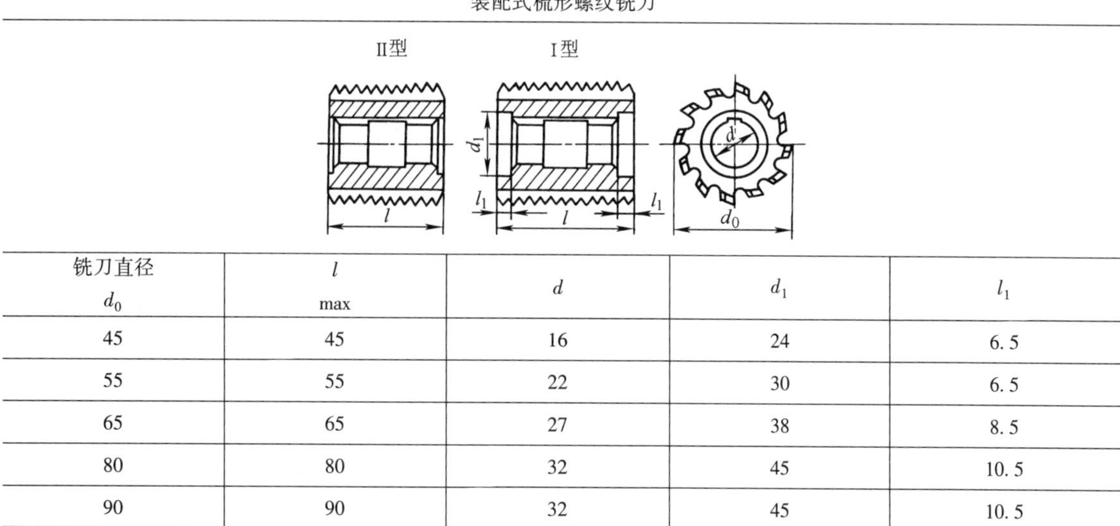				
铣刀直径 d_0	l max	d	d_1	l_1
45	45	16	24	6.5
55	55	22	30	6.5
65	65	27	38	8.5
80	80	32	45	10.5
90	90	32	45	10.5

2. 螺纹铣刀的几何参数（表 7.5-4）

表 7.5-4　螺纹铣刀的几何参数

工件材料	硬钢	中、软钢及黄铜	铝及轻合金
前角 γ_p	0°~4°	8°	22°
齿顶后角 α_p	8°~12°		

7.5.4　铣削用量的选择与机动时间的计算

1. 切削速度的选择

1）根据工件螺纹直径、螺距和工件材料选择每齿进给量（表 7.5-5）。

2）根据工件螺距、材料和选定的每齿进给量，按表 7.5-6 选用切削速度。

3）根据工件材料修正选用的切削速度。

4）根据选定的铣刀实际转速，最后确定采用的切削速度。

表 7.5-5　螺纹铣刀的每齿进给量

加工材料	硬度 HBW	螺纹直径/mm								
		≤20			20~50			50~100		
		螺距 P/mm								
		1	2	3	1	2	3	1	2	3
		每齿进给量 f_z/(mm/齿)								
碳钢	≤156	0.03	0.04	0.045	0.038	0.051	0.06	0.048	0.065	0.075
	156~217	0.028	0.035	0.042	0.035	0.048	0.056	0.045	0.06	0.07
	228~302	0.022	0.028	0.032	0.029	0.038	0.045	0.035	0.048	0.055
合金钢	156~217	0.022	0.028	0.030	0.029	0.037	0.045	0.035	0.048	0.055
	228~321	0.015	0.022	0.025	0.021	0.028	0.032	0.025	0.035	0.04
灰铸铁	156~229	0.045	0.06	0.07	0.06	0.08	0.095	0.075	0.10	0.12
可锻铸铁	150	0.032	0.045	0.05	0.042	0.058	0.065	0.055	0.07	0.085

注：1. 加工 5 级精度螺纹时，表中的数据应乘以 0.75。

2. 用盘形螺纹铣刀加工梯形螺纹时，每齿进给量选择如下：钢（R_m=500~700MPa）及铝合金，f_z=0.05~0.06mm/齿；钢（R_m=700~900MPa），f_z=0.04~0.05mm/齿；钢（R_m=900~1000MPa），f_z=0.03~0.04mm/齿。

表 7.5-6　高速钢梳形螺纹铣刀铣削螺纹的切削速度

螺纹螺距 P /mm	钢					灰铸铁					可锻铸铁				
	每齿进给量 f_z/(mm/z)														
	0.02	0.03	0.04	0.06	0.08	0.03	0.04	0.06	0.08	0.10	0.03	0.04	0.05	0.06	0.08
	切削速度 v/(m/min)														
0.8	43	34	31	26	23	35	30	25	23	21	36	32	30	26	25
1	38	31	29	24	22	32	28	24	22	20	34	30	28	25	23
1.5	34	29	26	22	20	29	25	22	19	18	30	26	25	23	20
2	31	26	24	21	18	26	23	20	18	16	28	25	23	21	18
3	29	24	22	18	15	23	20	18	15	14	25	21	20	18	16

刀具寿命改变时切削速度的修正系数 k_{T_v}

刀具寿命 T/min		90	150	180	210	240	270	330
k_{T_v}	钢	1.4	1.1	1.0	0.9	0.85	0.8	0.75
	铸铁	1.45	1.2	1.15	1.1	1.05	1.0	0.95

加工材料改变时切削速度的修正系数 k_{M_v}

加工材料	20、30、35、40、45 钢				20CrMo、30CrMoA、20CrNiMo	50CrMn	40CrNiMo	20Cr、30Cr、40Cr			灰铸铁	可锻铸铁
硬度 HBW	≤156	156~207	207~255	255~302	156~217	179~255	197~269	156~257	241~269	269~321	156~229	150~179
k_{M_v}	1.2	1.0	0.8	0.65	0.75	0.5	0.5	0.85	0.6	0.5	1.0	1.0

2. 铣螺纹机动时间的计算

在螺纹铣床上采用梳形螺纹铣刀铣螺纹时，机动时间按下式计算：

$$t_m = \frac{\pi d m}{f_z z n_0}$$

式中　t_m——铣一个工件的机动时间（min）；

d——螺纹直径（mm）；

m——工件一转的超切系数，取 1.17；

f_z——铣刀每齿进给量（mm/齿）；

z——铣刀齿数；

n_0——铣刀转速（r/min）。

7.5.5　旋风铣削螺纹

在普通车床上安装旋风铣削装置后就可实现旋风铣削加工。

旋风铣削可以加工直径 20~200mm 的外螺纹及直径大于 32mm 的内螺纹。此法加工螺距 P≤2mm 的螺纹可达 5~6 级精度，加工 P>2mm 的螺纹可达 6~7 级精度，加工丝杠可达 7~8 级精度。螺纹表面粗糙度可达 Ra1.6~3.2μm。旋风铣削特别适于铣削梯形螺纹和蜗杆螺纹，生产率比车削高得多。

1. 旋风铣削螺纹的方法（表 7.5-7）

表 7.5-7　旋风铣削螺纹的方法

切削方法		加 工 简 图	特　　点	适 用 范 围
旋风铣削外螺纹	内铣法		1. 切削较平稳 2. 螺纹表面粗糙度值较小 3. 刀具寿命较长 4. 排屑较困难 5. 工件直径受机床和旋风铣削装置结构限制	1. 适于铣削螺纹升角≤5°的螺纹 2. 螺纹直径小于 100mm

（续）

切削方法		加工简图	特点	适用范围
旋风铣削外螺纹	外铣法		1. 切削振动较内铣法大 2. 螺纹表面粗糙度值较内铣法大 3. 刀具寿命低	1. 螺纹直径大于100mm 2. 螺纹升角>5°的螺纹
旋风铣削内螺纹			1. 切削平稳 2. 旋径比为0.6~0.7	直径≥32mm的内螺纹

注：图中实线箭头所示的工件旋转方向为顺铣，虚线箭头所示方向为逆铣。要求尽量采用顺铣，但应设法消除传动间隙。

2. 刀头的几何参数、材料及刀头数

刀头的几何参数见表7.5-8。刀头切削部分材料见表7.5-9。

旋风铣削内螺纹一般安装1把刀头；内铣外螺纹时刀头数≤4；外铣外螺纹时刀头数可以>4。无论内铣还是外铣外螺纹都不允许有2把刀头同时参与切削，因为2把刀头同时切削将导致振动增大，使硬质合金刀尖产生崩刃。这是决定刀头数的基本原则。

表7.5-8 刀头的几何参数

工件材料	前角	顶刃后角	侧刃后角	备注
中硬钢	8°	10°~12°	5°~8°	铣内螺纹时，后角加大1°~2°
合金钢、高硬钢	4°	8°~10°	5°~8°	

表7.5-9 刀头切削部分材料

被加工材料	钢件	灰铸铁	球墨铸铁
刀头切削部分材料	YT15 YT798	YG6 YG6X	YW2

3. 切削用量及切削功率的计算

（1）每齿进给量的选择

旋风铣削螺纹一般在一个行程中切出合格螺纹。若工件刚性太差时，也可分两次行程切出螺纹。切头的每齿进给量按表7.5-10选择，工件刚性差时取表中小值，工件刚性好时取大值。切内螺纹时f_z取0.6~0.7mm/z。

（2）刀头寿命的选择（表7.5-11）

（3）旋风铣削螺纹切削速度（表7.5-12）

表7.5-10 YT15刀头旋风铣钢件每齿进给量

工件材料的物理力学性能	R_m/MPa	550	650	750	850
	硬度 HBW	153~161	179~192	210~220	235~250
每齿进给量f_z/(mm/齿)		1~1.2	0.8~1	0.6~0.8	0.4~0.6

表7.5-11 刀头寿命

刀头数（不含倒角刀）	1	2	3	4
寿命 T/min	20	40	60	80

表 7.5-12　YT15 硬质合金旋风切头铣削钢件螺纹的切削速度

螺纹螺距 P /mm	每齿进给量 f_z /(mm/齿)	钢材的物理力学性能			
		153~161HBW	179~192HBW	210~220HBW	235~250HBW
		R_m=550MPa	R_m=650MPa	R_m=750MPa	R_m=850MPa
		切削速度 v/(m/min)			
3	0.4	—	—	—	144
	0.6	—	—	134	118
	0.8	—	133	116	—
	1.0	140	119	—	—
	1.2	127	—	—	—
3.5	0.4	—	—	—	133
	0.6	—	—	124	109
	0.8	—	123	107	—
	1.0	129	110	—	—
	1.2	118	—	—	—
4	0.4	—	—	—	125
	0.6	—	—	116	102
	0.8	—	115	100	—
	1.0	121	103	—	—
	1.2	111	—	—	—
4.5	0.4	—	—	—	118
	0.6	—	—	109	97
	0.8	—	109	95	—
	1.0	114	98	—	—
	1.2	104	—	—	—
5	0.4	—	—	—	111
	0.6	—	—	103	91
	0.8	—	103	90	—
	1.0	108	92	—	—
	1.2	99	—	—	—
6	0.4	—	—	—	102
	0.6	—	—	95	83
	0.8	—	95	82	—
	1.0	99	85	—	—
	1.2	91	—	—	—
8	0.4	—	—	—	89
	0.6	—	—	82	72
	0.8	—	82	71	—
	1.0	86	73	—	—
	1.2	79	—	—	—
10	0.4	—	—	—	79
	0.6	—	—	74	65
	0.8	—	73	64	—
	1.0	77	65	—	—
	1.2	70	—	—	—

注：1. 不用切削液。

2. 在 170~230HBW 的铸铁上切削螺纹时，切削速度与加工 179~192HBW 的钢相同。

3. 刀具寿命 T=60min；当 T=30min 时，$k_{T_v}=1.4$；当 T=90min 时，$k_{T_v}=0.8$。

(4) 切头转速与工件转速

切头转速 n_t(r/min) 按下式计算：

$$n_t=\frac{1000v}{\pi D}$$

工件转速 n_w(r/min) 按下式计算：

$$n_w=\frac{f_z n_t z}{\pi d}\quad（切外螺纹时）$$

$$n_w=\frac{f_z n_t z}{\pi d_1}\quad（切内螺纹时）$$

式中　D——切头刀尖旋转直径（mm）；

z——刀头数（不含倒角刀）；

d、d_1——螺纹的大径与小径（mm）。

(5) 旋风铣削螺纹切削功率

旋风铣削螺纹切削功率计算公式列于表 7.5-13 中。

表 7.5-13　一次行程旋风铣削螺纹切削功率计算公式

螺纹类型	计 算 公 式
普通螺纹	$P_m=\dfrac{0.1P^{0.5}f_z^{0.4}z^{0.5}v^{0.8}}{d^{0.7}}$　(kW)
梯形螺纹	$P_m=\dfrac{0.028P^{1.2}f_z^{0.6}z^{0.5}v^{0.8}}{d^{0.7}}$　(kW)

注：P——螺距（mm）；z——刀头数（不含倒角齿）；f_z——每齿进给量（mm/齿），见表 7.5-10；v——切削速度（m/min）；d——螺纹公称大径（mm）。

7.5.6　数控铣削螺纹

在三轴联动加工中心上，可以进行螺纹的数控铣削，铣刀相对于工件的螺旋运动由机床的插补运动实现。数控铣削螺纹具有如下特点：

1）加工精度和加工效率高。

2）加工时不受螺纹尺寸和螺纹旋向的限制，一把螺纹铣刀可加工不同直径、不同旋向的内、外螺纹。

3）对于不允许有过渡扣或退刀槽结构的螺纹，采用数控铣削十分容易加工。

4）对于机夹螺纹铣刀，通过更换不同的刀片，一把铣刀可以加工不同螺距的螺纹。

螺纹数控铣削由于其诸多优点，正在得到越来越广泛的应用。

在数控螺纹铣削中，常用的螺纹铣刀有整体硬质合金圆柱螺纹铣刀和机夹螺纹铣刀，如图 7.5-1 所示。

圆柱螺纹铣刀适用于钢、铸铁和有色金属材料的中小直径螺纹铣削，切削平稳，寿命高。其缺点是刀具制造成本较高，结构复杂，价格昂贵。

机夹螺纹铣刀适用于直径大于 25mm 的螺纹加工。其特点是刀片易于制造，价格较低，有的螺纹刀片可双面使用，但抗冲击性能较整体螺纹铣刀稍差。因此，机夹螺纹铣刀更适合于加工铝合金材料。

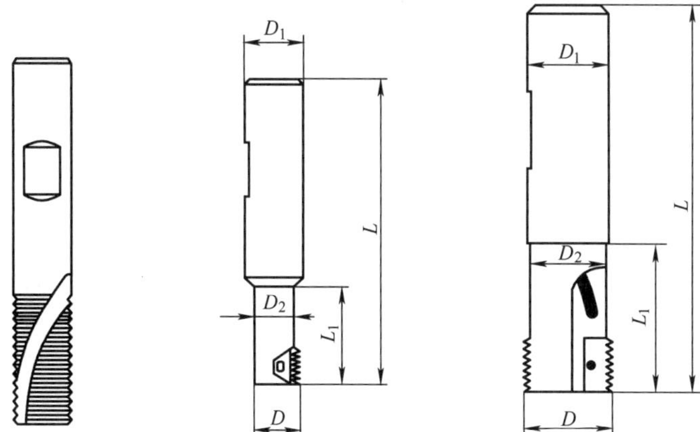

图 7.5-1　整体硬质合金圆柱螺纹铣刀和机夹螺纹铣刀

7.6　滚压螺纹

7.6.1　滚压螺纹的方法、特点与应用

滚压螺纹是使金属在滚压工具的作用下产生塑性变形而形成螺纹，是一种无屑加工方法。滚压螺纹可以滚压圆柱形螺纹和圆锥形螺纹，在机械加工中已被广泛应用。滚压螺纹的特点如下：

1）生产率高，适合于大批量生产。

2）加工出来的螺纹表面粗糙度小，滚压螺纹与其他方法加工螺纹的表面粗糙度比较见表 7.6-1。

3）滚压螺纹，材料纤维未被切断，螺纹表面还产生了冷作硬化层，所以滚压螺纹的强度和耐磨性有较大提高，疲劳强度可提高 20%~40%，抗拉强度提高 20%~30%，抗剪强度提高 5%。

4）无切屑，材料利用率高。滚压 GB/T 196—2003 普通螺纹时，可节省原材料 10%~25%；滚压木螺钉可节约原材料 40%；滚压牙型角为 60°的寸制螺纹可节约原材料 15%~27%。

5）滚压加工工艺容易实现自动化，滚压工具寿命长。

各种滚压方法的应用范围见表 7.6-2。

表 7.6-1 各种螺纹加工方法能达到的表面粗糙度

螺纹加工方法	表面粗糙度 $Ra/\mu m$							
	10	5	2.5	1.25	0.63	0.32	0.16	0.08
铣削螺纹	■	■	■	■	■			
车削或套切螺纹		■	■	■	■			
磨削螺纹					■	■	■	
滚压螺纹						■	■	■

注：■ 表示表中灰色阴影部分。

表 7.6-2 各种滚压方法的应用范围

滚压方法	工作简图	适合加工的工件	螺纹尺寸/mm			适用机床	工件材料性能要求	能达到的精度和表面粗糙度	生产率/(件/min)
			d	P	L				
搓丝板搓螺纹		螺钉、双头螺栓、木螺钉、自攻螺钉等	3~24	≤3	~120	搓丝机床	R_m≤600MPa δ≥8%	6~8 级 Ra0.32~1.25μm	手动上料 30~60 自动上料 40~130
普通圆柱滚丝轮滚螺纹		双头螺栓、螺钉、锥形螺纹、蜗杆、丝锥等	3~80	≤5	~120	滚丝机床	R_m≤1200MPa HRC≤35	4~7 级 Ra0.16~0.63μm	手动上料 3~20 自动上料 10~40
铲形滚丝轮滚螺纹	固定距离	螺钉、丝锥、中空螺纹工件	3~30	≤2	~100	滚丝机床	R_m=800~1000MPa δ≥10%	6~8 级 Ra0.32~1.25μm	20~80
多头铲形滚丝轮滚螺纹	固定距离	螺钉	3~16	≤2	~50	自动滚丝机床	R_m≤1000MPa δ≥12%	6~8 级 Ra0.32~1.25μm	50~240
不同直径、相同角速度滚丝轮滚螺纹	$n_1=n_2$ $D_1>D_2$ n_1 n_2 D_1 D_2 固定距离	螺钉、双头螺栓	≤16	≤2	~100	滚丝机床	R_m≤1200MPa δ≥12%	6~8 级 Ra0.16~0.63μm	80~500

（续）

滚压方法	工 作 简 图	适合加工的工件	螺纹尺寸/mm			适用机床	工件材料性能要求	能达到的精度和表面粗糙度	生产率/(件/min)
			d	P	L				
相同直径、不同角速度滚丝轮滚螺纹	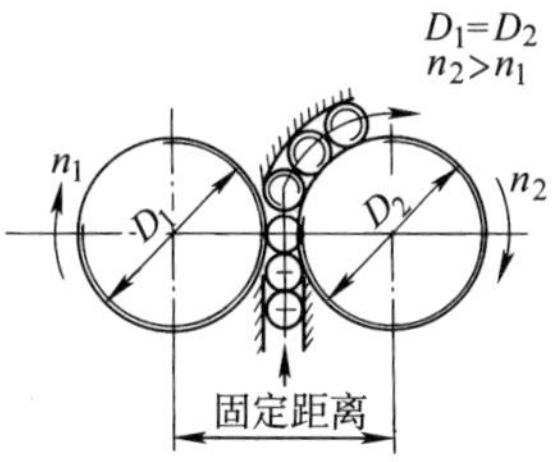 $D_1=D_2$ $n_2>n_1$ n_1 n_2 D_1 D_2 固定距离	螺钉、双头螺栓	≤16	≤2	~100	滚丝机床	R_m≤1200MPa δ≥12%	6~8级 Ra0.16~0.63μm	80~500
行星滚丝轮滚螺纹	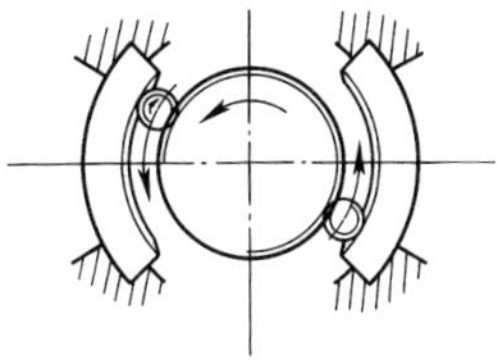	螺钉、螺栓	≤12	≤1.75	~70	专用机床	R_m≤600MPa δ≥8%	7~8级 Ra0.32~1.25μm	150~350
多头行星滚丝轮滚螺纹	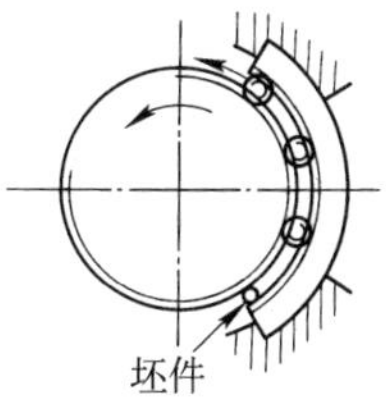 坯件	螺钉、螺栓	≤12	≤1.75	~70	专用机床	R_m≤600MPa δ≥8%	7~8级 Ra0.32~1.25μm	300~1200
双轮螺纹滚压头滚螺纹	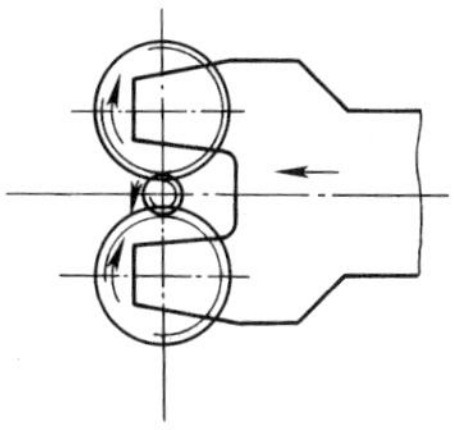	螺钉、螺栓及其他螺纹工件	6~30	≤2	≤2d	转塔车床、自动和半自动车床、普通车床	HRC≤20	6~8级 Ra0.32~1.25μm	20~40
三轮螺纹滚压头滚螺纹	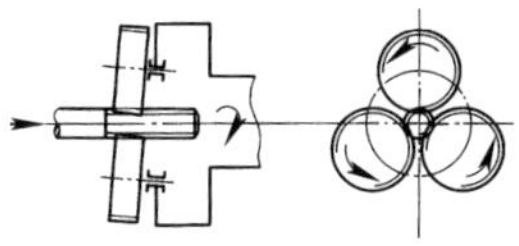	U形螺栓、长杆螺栓及旋转不便的螺纹工件等	≤52	≤3	不限	套丝机、钻床、普通车床、转塔车床、自动和半自动车床	R_m≤1400MPa δ≥15%	6~8级 Ra0.16~0.63μm	20~50

（续）

滚压方法	工 作 简 图	适合加工的工件	螺纹尺寸/mm			适用机床	工件材料性能要求	能达到的精度和表面粗糙度	生产率/(件/min)
			d	P	L				
用两个或三个带环形齿纹的滚丝轮滚螺纹	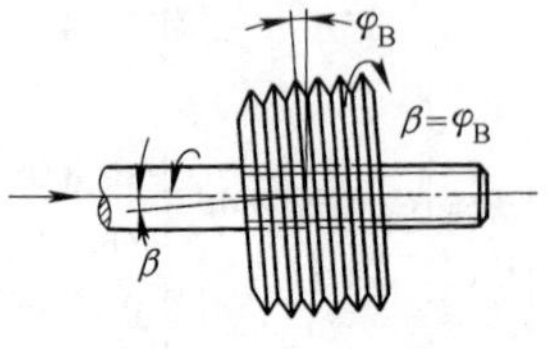	用于滚压长螺纹的工件	16~100	≤6	不限	专用机床或普通车床	R_m≤1200MPa δ≥12%	6~8级 Ra0.32~1.25μm	
用两个或三个带螺旋齿纹的滚丝轮滚螺纹	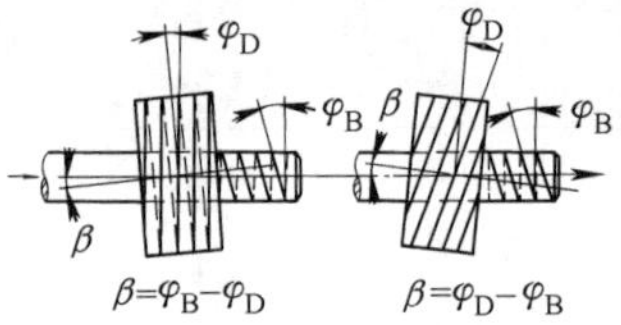	用于滚压梯形螺纹丝杠和其他牙深较大的螺纹工件	6~150	≤8	不限	专用机床或普通车床	R_m≤1000MPa δ≥10%	6~8级 Ra0.32~1.25μm	
三个滚轮径向滚压螺纹	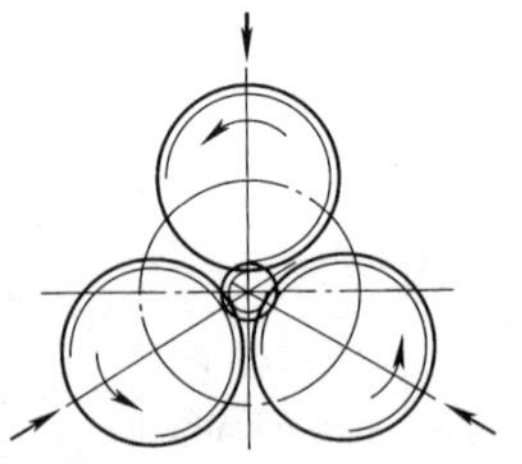	螺钉、螺栓、丝锥等工件	6~30	≤3	~100	专用机床	R_m≤1200MPa δ≥10%	5~7级 Ra0.16~0.63μm	10~40

7.6.2 滚压螺纹的坯件制备

1. 滚压螺纹对材料性能的要求

工件材料的滚压性能主要取决于它的屈服极限 σ_s、伸长率 A、抗拉强度 R_m 和弹性模量 E 等参数。

1）材料伸长率 A 不应小于 8%，A<8%时不能采用滚压螺纹加工工艺，否则螺纹表面将出现皱纹、折痕、裂纹等现象，并使滚压工具寿命降低。8%<A<12%时，在选择合适的滚压条件下可滚压普通螺纹。A>12%时，可滚压出高质量的普通螺纹和梯形螺纹。

2）材料硬度不要超过 35HRC，否则会使工具寿命急剧下降，并且工件会因应力集中而造成过早疲劳损坏。当硬度超过 45HRC 时，不能采用滚压方法。

3）材料抗拉强度 R_m 不能大于 1400MPa。

2. 滚压螺纹的坯件直径与公差的确定

坯件直径可按表 7.6-3~表 7.6-6 选用，也可查找相关资料计算确定，但都须通过生产调试最后确定。

表 7.6-3　粗牙螺纹坯件直径与公差　（mm）

<table>
<tr><th rowspan="2">螺纹公称直径</th><th rowspan="2">螺距
P</th><th rowspan="2">坯件直径
d_s</th><th colspan="3">公　差</th><th rowspan="2">螺纹公称直径</th><th rowspan="2">螺距
P</th><th rowspan="2">坯件直径
d_s</th><th colspan="3">公　差</th></tr>
<tr><th>4、5级</th><th>6、7级</th><th>8级</th><th>4、5级</th><th>6、7级</th><th>8级</th></tr>
<tr><td>3</td><td>0.5</td><td>2.66</td><td rowspan="7">-0.03</td><td>-0.04</td><td>-0.08</td><td>12</td><td>1.75</td><td>10.84</td><td>-0.04</td><td>-0.08</td><td>-0.13</td></tr>
<tr><td>3.5</td><td>0.6</td><td>3.09</td><td>-0.05</td><td>-0.09</td><td>14</td><td>2</td><td>12.68</td><td rowspan="10">-0.05</td><td rowspan="2">-0.09</td><td rowspan="2">-0.14</td></tr>
<tr><td>4</td><td>0.7</td><td>3.53</td><td rowspan="5">-0.06</td><td rowspan="5">-0.10</td><td>16</td><td>2</td><td>14.68</td></tr>
<tr><td>4.5</td><td>0.75</td><td>3.99</td><td>18</td><td>2.5</td><td>16.35</td><td rowspan="5">-0.10</td><td rowspan="3">-0.15</td></tr>
<tr><td>5</td><td>0.8</td><td>4.46</td><td>20</td><td>2.5</td><td>18.35</td></tr>
<tr><td>6</td><td>1</td><td>5.33</td><td>22</td><td>2.5</td><td>20.35</td></tr>
<tr><td>7</td><td>1</td><td>6.33</td><td>24</td><td>3</td><td>22.02</td><td rowspan="2">-0.17</td></tr>
<tr><td>8</td><td>1.25</td><td>7.17</td><td rowspan="4">-0.04</td><td rowspan="4">-0.07</td><td rowspan="4">-0.11</td><td>27</td><td>3</td><td>25.02</td></tr>
<tr><td>9</td><td>1.25</td><td>8.17</td><td>30</td><td>3.5</td><td>27.70</td><td rowspan="2">-0.11</td><td rowspan="2">-0.19</td></tr>
<tr><td>10</td><td>1.5</td><td>9.0</td><td>33</td><td>3.5</td><td>30.70</td></tr>
<tr><td>11</td><td>1.5</td><td>10.0</td><td>36</td><td>4</td><td>33.38</td><td>-0.12</td><td>-0.20</td></tr>
</table>

表 7.6-4　细牙螺纹坯件直径与公差　（mm）

螺纹公称直径	螺距 P	坯件直径 d_s	公差 4、5 级	公差 6 级	公差 7 级	公差 8 级
3	0.35	2.76	—	-0.04	-0.05	-0.07
3.5		3.26			-0.06	-0.08
4	0.5	3.66		-0.05	-0.07	-0.09
4.5		4.16				
5		4.66				
5.5		5.16				
6	0.5	5.66	-0.03	-0.06	-0.08	-0.10
	0.75	5.49				-0.11
7	0.5	6.66				-0.10
	0.75	6.49				-0.11
8	0.75	7.49				
	1	7.33			-0.09	-0.10
9	0.75	8.49			-0.08	-0.11
	1	8.33			-0.09	-0.10
10	0.75	9.49	-0.04	-0.07		-0.12
	1	9.33			-0.10	-0.11
	1.25	9.17				
11	0.75	10.49				
	1	10.33				
12	1	11.33				
	1.25	11.17				
	1.5	11.00				
14	1	13.33				
	1.25	13.17				
	1.5	13.00				
15	1	14.33				
	1.5	14.00				
16	1	15.33				
	1.5	15.00				
17	1	16.33				

螺纹公称直径	螺距 P	坯件直径 d_s	公差 4、5 级	公差 6 级	公差 7 级	公差 8 级
17	1.5	16.00	-0.04	-0.07	-0.10	-0.11
18	1.5	17.00	-0.05	-0.08	-0.11	-0.11
	2	16.68	-0.06	-0.10	-0.14	-0.15
20	1.5	19.00	-0.05	-0.08	-0.11	-0.12
	2	18.68	-0.06	-0.10	-0.14	-0.15
22	1.5	21.00	-0.05	-0.08	-0.11	-0.12
	2	20.68	-0.06	-0.10	-0.14	-0.15
24	1.5	23.00	-0.05	-0.08	-0.11	-0.12
	2	22.68	-0.06	-0.10	-0.14	-0.15
25	1.5	24.00	-0.05	-0.08	-0.11	-0.12
	2	23.68	-0.06	-0.10	-0.14	-0.15
26	1.5	25.00	-0.05	-0.08	-0.11	-0.12
27	1.5	26.00				
	2	25.68	-0.06	-0.10	-0.14	-0.15
28	1.5	27.00	-0.05	-0.08	-0.11	-0.12
	2	26.68	-0.06	-0.10	-0.14	-0.15
30	1.5	29.00	-0.06	-0.09	-0.13	-0.14
	2	28.68	-0.07	-0.11	-0.15	-0.17
32	1.5	31.00	-0.06	-0.09	-0.13	-0.14
	2	30.68	-0.07	-0.11	-0.15	-0.17
33	1.5	32.00	-0.06	-0.09	-0.13	-0.14
	2	31.68				
35	1.5	34.00				
36	1.5	35.00	-0.07	-0.11	-0.15	-0.17
	2	34.68				
39	2	37.68				
40		38.68				
42		40.68				
45		43.68				

表 7.6-5　滚压难加工工件的坯件直径与公差　(mm)

螺纹公称直径	螺距 P	不锈钢				钛合金			
		d_s		公差		d_s		公差	
		6 h、6 g	8 h	6 h、6 g	8 h	6 h、6 g	8 h	6 h、6 g	8 h
3	0.5	2.67	2.67	−0.03	−0.01	2.67	2.67	−0.03	−0.04
4	0.5	3.67	3.67			3.67	3.67		
	0.7	3.55	3.54			3.54	3.53		
5	0.5	4.68	4.68			4.67	4.67		
	0.8	4.49	4.47	−0.04	−0.05	4.47	4.45	−0.03	−0.04
6	0.75	5.52	5.50			5.50	5.49		
	1	5.36	5.34			5.34	5.32		
8	1	7.36	7.34			7.34	7.32		
	1.25	7.20	7.18			7.18	7.16		
10	1	9.36	9.34			9.34	9.32		
	1.5	9.05	9.02			9.02	8.99		
12	1.25	11.20	11.18	−0.05	−0.06	11.18	11.16	−0.04	−0.05
	1.5	11.50	11.02			11.02	10.99		
	1.75	10.96	10.86			10.86	10.83		
14	1.5	13.05	13.02			13.02	12.99		
	2	12.75	12.70			12.70	12.67		
16	1.5	15.05	15.02			15.02	14.99		
	2	14.75	14.70			14.70	14.67		
18	1.5	17.05	17.02	−0.06	−0.08	17.02	16.99	−0.05	−0.06
	2	16.75	16.70			16.70	16.67		
20	1.5	19.05	19.02			19.02	18.99		
	2	18.75	18.70			18.70	18.67		
22	1.5	21.05	21.02			21.02	20.99		
	2	20.75	20.70			20.70	20.67		
24	1.5	23.05	23.02	−0.06	−0.08	23.02	22.99	−0.05	−0.06
	2	22.75	22.70			22.70	22.67		
27	1.5	26.05	26.02			26.02	25.99		
	2	25.75	25.70			25.70	25.67		
30	1.5	29.05	29.02			29.02	28.99		
	2	28.75	28.70			28.70	28.67		

表 7.6-6　木螺钉坯料直径　(mm)

木螺钉直径	3	3.5	4	4.5	5	6
坯件直径	$2.45_{-0.03}^{0}$	$2.72_{-0.03}^{0}$	$3.18_{-0.04}^{0}$	$3.5_{-0.04}^{0}$	$4.05_{-0.05}^{0}$	$5_{-0.07}^{0}$

3. 滚压前坯件倒角要求

滚压前坯件必须进行倒角（图7.6-1），以提高滚压工具的寿命。坯件的端头倒角为20°~30°，坯料硬度高时取小值。端头倒角后的直径按下式确定：

$$d_e = d_s - [0.433P + (0.15 \sim 0.3)\text{mm}]$$

式中 P——螺纹螺距（mm）。

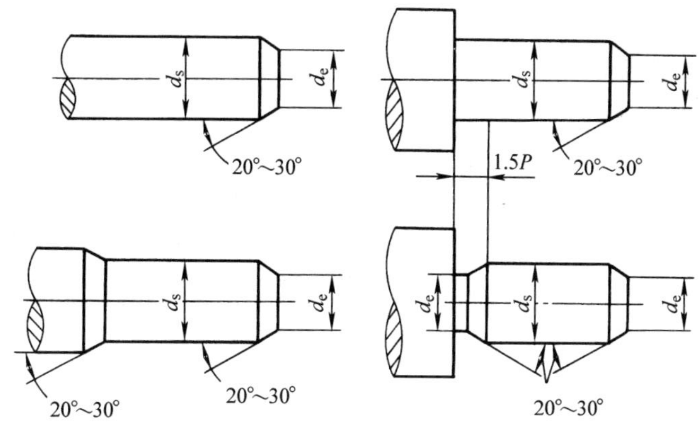

图7.6-1 坯件倒角形式

7.6.3 滚丝轮滚压螺纹

滚丝轮是一个多线螺纹的滚子，装在专用的滚丝机上使用，一般以两个为一副，将工件夹在两轮中间挤压形成螺纹。滚丝轮的螺纹方向与被滚压的螺纹方向相反，但螺纹升角相同。滚丝轮分三种精度等级：1级、2级和3级。1级适用于加工公差等级为4级、5级的外螺纹；2级适用于加工公差等级为5级、6级的外螺纹；3级适用于加工公差等级为6级、7级的外螺纹。

1. 滚丝机床的主要技术参数

滚丝机的型号与技术参数见表7.6-7。

表7.6-7 滚丝机的型号与技术参数

型号	最大滚压力/kN	技术参数				工作精度	电动机功率/kW		重量/t	外形尺寸/mm（长×宽×高）
		最大滚压直径/mm	最大螺距/mm	主轴转速			主电动机	总容量		
				级数	范围/(r/min)					
Z28-6.3	63	40	2.5	4	25~100	h4	3	4.5	1.585	1316×1180×1185
Z28-12.5	125	60	5	4	25~100	h4	4	6	1.615	1316×1180×1185
Z28-20	200	80	8	6	25~80	h4	7.5	10	2.9	1756×1535×1360
Z28-50	500	120	16	6	22~71	h4	22	27	8.480	2600×2337×1480
H24SN	240	75	8	6	16~83	h4	7.5	11	2.7	1650×1185×1398
R17NC-Ⅱ	170	75		无级	95		3.0	6.0	3.2	1986×1370×1838

2. 普通螺纹滚丝轮的形式及规格尺寸

普通螺纹滚丝轮内孔尺寸与公差、中径、线数及宽度见表7.6-8。

表 7.6-8　普通螺纹滚丝轮的形式及规格尺寸（GB/T 971—2008）　（mm）

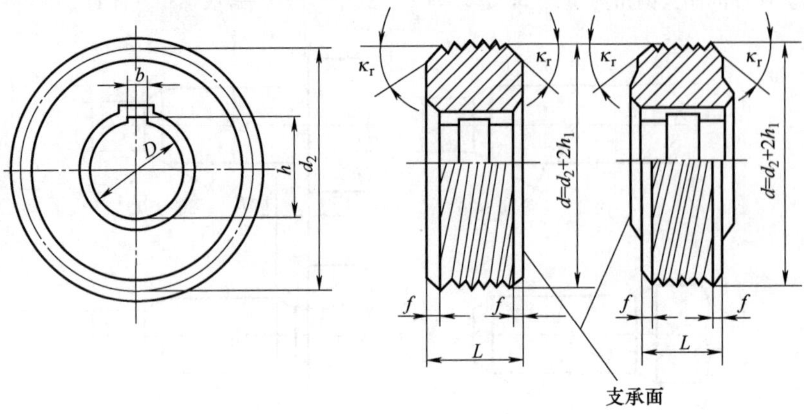

（图中滚丝轮分为带凸台的和不带凸台的两种，由制造厂按工艺需要选用）

形　式	内　孔 d	键　槽	
		b	h
45 型	$45^{+0.025}_{0}$	$12^{+0.36}_{+0.12}$	$47.9^{+0.62}_{0}$
54 型	$54^{+0.030}_{0}$	$12^{+0.36}_{+0.12}$	$57.5^{+0.74}_{0}$
75 型	$75^{+0.030}_{0}$	$20^{+0.42}_{+0.1}$	$79.3^{+0.74}_{0}$

（1）45 型粗牙普通螺纹用滚丝轮基本尺寸

<table>
<tr><th colspan="2">公称直径 d</th><th rowspan="2">螺距 P</th><th rowspan="2">滚轮螺纹线数 Z</th><th rowspan="2">中径 d_2</th><th rowspan="2">宽度 L</th><th colspan="2">倒角（推荐尺寸）</th></tr>
<tr><th>第一系列</th><th>第二系列</th><th>κ_r</th><th>f</th></tr>
<tr><td>3</td><td></td><td>0.5</td><td>54</td><td>144.450</td><td rowspan="5">30</td><td rowspan="5">45°</td><td>0.5</td></tr>
<tr><td></td><td>3.5</td><td>0.6</td><td>46</td><td>143.060</td><td>0.6</td></tr>
<tr><td>4</td><td></td><td>0.7</td><td>40</td><td>141.800</td><td>0.7</td></tr>
<tr><td></td><td>4.5</td><td>0.75</td><td>35</td><td>140.455</td><td>0.75</td></tr>
<tr><td>5</td><td></td><td>0.8</td><td>32</td><td>143.360</td><td>0.8</td></tr>
<tr><td>6</td><td></td><td>1</td><td>27</td><td>144.450</td><td rowspan="2">30、40</td><td rowspan="9">25°</td><td>1.5</td></tr>
<tr><td>8</td><td></td><td>1.25</td><td>20</td><td>143.760</td><td>2.0</td></tr>
<tr><td>10</td><td></td><td>1.5</td><td>16</td><td>144.416</td><td rowspan="2">40、50</td><td rowspan="2">2.5</td></tr>
<tr><td>12</td><td></td><td>1.75</td><td>13</td><td>141.219</td></tr>
<tr><td></td><td>14</td><td rowspan="2">2</td><td>11</td><td>139.711</td><td rowspan="5">40、60</td><td rowspan="2">3.0</td></tr>
<tr><td>16</td><td></td><td>10</td><td>147.010</td></tr>
<tr><td></td><td>18</td><td rowspan="3">2.5</td><td>9</td><td>147.384</td><td rowspan="3">4.0</td></tr>
<tr><td>20</td><td></td><td>8</td><td>147.008</td></tr>
<tr><td></td><td>22</td><td>7</td><td>142.632</td></tr>
</table>

（续）

（2）45型细牙普通螺纹用滚丝轮基本尺寸

公称直径 d 第一系列	公称直径 d 第二系列	螺距 P	滚轮螺纹线数 Z	中径 d_2	宽度 L	倒角（推荐尺寸）κ_r	倒角（推荐尺寸）f
8		1	20	147.000	30、40	25°	1.5
10			16	149.600	40、50		
12			13	147.550			
	14		11	146.850	50、70		
16			9	138.150			
10		1.25	16	147.008	40、50		2.0
12			13	145.444			
	14		11	145.068	50、70		
12		1.5	13	143.338	40、50		2.5
	14		11	143.286	50、70		
16			10	150.260			
	18		8	136.208			
20			7	133.182			
	22			147.182			
24			6	138.156			

公称直径 d 第一系列	公称直径 d 第二系列	螺距 P	滚轮螺纹线数 Z	中径 d_2	宽度 L	倒角（推荐尺寸）κ_r	倒角（推荐尺寸）f
	27	1.5	5	130.130	50、70	25°	2.5
30				145.130			
	33		4	128.104			
36				140.104			
	39		3	114.078			
	18	2	9	150.309	40、60		3.0
20			8	149.608			
	22		7	144.907			
24			6	136.206			
	27		5	128.505			
30				143.505			
	33		4	126.804			
36				138.804			
	39		3	113.103			

（3）54型粗牙普通螺纹用滚丝轮基本尺寸

公称直径 d 第一系列	公称直径 d 第二系列	螺距 P	滚轮螺纹线数 Z	中径 d_2	宽度 L	倒角（推荐尺寸）κ_r	倒角（推荐尺寸）f
3		0.5	54	144.450	30	45°	0.5
	3.5	0.6	46	143.060			0.6
4		0.7	40	141.800			0.7
	4.5	0.75	35	140.455			0.75
5		0.8	32	143.360			0.8
6		1	27	144.450	30、40	25°	1.5
8		1.25	20	143.760			2.0
10		1.5	16	144.416	40、50		2.5
12		1.75	13	141.219			
	14	2	12	152.412	50、70		3.0

公称直径 d 第一系列	公称直径 d 第二系列	螺距 P	滚轮螺纹线数 Z	中径 d_2	宽度 L	倒角（推荐尺寸）κ_r	倒角（推荐尺寸）f
16		2	10	147.010	50、70	25°	3.0
	18	2.5	9	147.384	60、80		4.0
20			8	147.008			
	22		7	142.632			
24		3		154.364	70、90		4.5
	27		6	150.312			
30		3.5	5	138.635	80、100		5.5
	33			153.635			
36		4	4	133.608			6.0
	39			145.608			

（续）

（4）54 型细牙普通螺纹用滚丝轮基本尺寸							
公称直径 d		螺距 P	滚轮螺纹线数 Z	中径 d_2	宽度 L	倒角（推荐尺寸）	
第一系列	第二系列					κ_r	f
8		1	20	147.000	30、40	25°	1.5
10			16	149.600	40、50		
12			13	147.550			
	14		11	146.850	50、70		
16			10	153.500			
10		1.25	16	147.008	40、50		2
12			13	145.444			
	14		11	145.068	50、70		
12		1.5	13	143.338	40、50		2.5
	14		11	143.286	50、70		
16			10	150.260			
	18		8	136.208	60、80		
20				152.208			
	22		7	147.182			
24			6	138.156	70、90		
	27		5	130.130			
30				145.130	80、100		
	33		4	128.104			
36				140.104			
	39		4	152.104			
42			3	123.078			3
	45			132.078			
	18	2	9	150.309	60、80		
20			8	149.608			
	22		7	144.907			
24			6	136.206	70、90		
	27		5	128.505			
30				143.505	80、100		
	33		4	126.804			
36				138.804			
	39			150.804			
42			3	122.103			
	45			131.103			4.5
36		3	4	136.208			
	39			148.208			
42			3	120.153			
	45			129.153			

（续）

（5）75 型粗牙普通螺纹用滚丝轮基本尺寸

公称直径 d 第一系列	公称直径 d 第二系列	螺距 P	滚轮螺纹线数 Z	中径 d_2	宽度 L	倒角（推荐尺寸）κ_r	倒角（推荐尺寸）f
6		1.0	33	176.550	45		1.5
8		1.25	23	165.324			2.0
10		1.5	19	171.494			2.5
12		1.75	16	173.808	60、70		
	14	2.0	14	177.814			3.5
16			12	176.412			
	18		11	180.136			
20		2.5	10	183.760			4.0
	22		9	183.384		25°	
24		3.0	8	176.408			4.5
	27		7	175.357			
30		3.5		194.089	70、80		5.5
	33		6	184.362			
36		4.0		167.010			6.0
	39		5	182.010			
42		4.5		193.385			6.5

（6）75 型细牙普通螺纹用滚丝轮基本尺寸

公称直径 d 第一系列	公称直径 d 第二系列	螺距 P	滚轮螺纹线数 Z	中径 d_2	宽度 L	倒角（推荐尺寸）κ_r	倒角（推荐尺寸）f
8			23	169.050			
10			18	168.300			
12		1.0	15	170.250	50、60		1.5
	14		13	173.550			
16			11	168.850			
10			19	174.572			
12		1.25	16	179.005		25°	2.0
	14		13	171.444	45、50		
12			16	176.416			
	14		14	182.364			
16		1.5	12	180.312			2.5
	18		10	170.260	60、70		
20			9	171.234			

（续）

<table>
<tr><th colspan="8">(6) 75 型细牙普通螺纹用滚丝轮基本尺寸</th></tr>
<tr><th colspan="2">公称直径
d</th><th rowspan="2">螺距
P</th><th rowspan="2">滚轮螺纹线数
Z</th><th rowspan="2">中径
d_2</th><th rowspan="2">宽度
L</th><th colspan="2">倒角
（推荐尺寸）</th></tr>
<tr><th>第一系列</th><th>第二系列</th><th>κ_r</th><th>f</th></tr>
<tr><td></td><td>22</td><td rowspan="9">1.5</td><td>9</td><td>189.234</td><td rowspan="4">60、70</td><td rowspan="24">25°</td><td rowspan="8">2.5</td></tr>
<tr><td>24</td><td></td><td>8</td><td>184.208</td></tr>
<tr><td></td><td>27</td><td>7</td><td>182.182</td></tr>
<tr><td>30</td><td></td><td rowspan="2">6</td><td>174.156</td></tr>
<tr><td></td><td>33</td><td>192.156</td><td rowspan="5">70、80</td></tr>
<tr><td>36</td><td></td><td rowspan="2">5</td><td>175.130</td></tr>
<tr><td></td><td>39</td><td>190.130</td></tr>
<tr><td>42</td><td></td><td rowspan="2">4</td><td>164.104</td></tr>
<tr><td></td><td>45</td><td>176.104</td><td rowspan="12">3.0</td></tr>
<tr><td></td><td>18</td><td rowspan="11">2.0</td><td>11</td><td>183.711</td><td rowspan="5">50、60</td></tr>
<tr><td>20</td><td></td><td>10</td><td>187.010</td></tr>
<tr><td></td><td>22</td><td>9</td><td>186.309</td></tr>
<tr><td>24</td><td></td><td>8</td><td>181.608</td></tr>
<tr><td></td><td>27</td><td>7</td><td>179.907</td></tr>
<tr><td>30</td><td></td><td rowspan="2">6</td><td>172.206</td><td rowspan="4">60、70</td></tr>
<tr><td></td><td>33</td><td>190.206</td></tr>
<tr><td>36</td><td></td><td rowspan="2">5</td><td>173.505</td></tr>
<tr><td></td><td>39</td><td>188.505</td></tr>
<tr><td>42</td><td></td><td rowspan="2">4</td><td>162.804</td><td rowspan="2">70、80</td></tr>
<tr><td></td><td>45</td><td>174.804</td></tr>
<tr><td>36</td><td></td><td rowspan="4">3.0</td><td rowspan="3">5</td><td>170.255</td><td rowspan="4">90、100</td><td rowspan="4">4.5</td></tr>
<tr><td></td><td>39</td><td>185.255</td></tr>
<tr><td>42</td><td></td><td>200.255</td></tr>
<tr><td></td><td>45</td><td>4</td><td>172.204</td></tr>
</table>

注：因特殊需要，不能采用表中宽度时，可按下列系列另行选取：30，40，50，60，70，80，90，100。

3. 工艺参数的选择与计算

(1) 滚压速度的选择

滚压速度根据工件材料及其强度等参数的不同按表 7.6-9～表 7.6-12 选取。

表 7.6-9 滚压碳素结构钢时螺纹的滚压速度

工件材料强度 R_m/MPa	滚丝轮速度/(m/min)
≤400	80～105
400～500	60～85
>500	40～70

表 7.6-10 滚压 4、5 级螺纹的滚压速度

<table>
<tr><th colspan="2">工 件 材 料</th><th>滚轮转速/(r/min)</th></tr>
<tr><td rowspan="3">钢</td><td>R_m≤600MPa</td><td>3～3.5 d</td></tr>
<tr><td>R_m=600～900MPa</td><td>2.5～3 d</td></tr>
<tr><td>R_m≤1200MPa</td><td>2d</td></tr>
<tr><td colspan="2">调质钢</td><td>1.8 d</td></tr>
<tr><td colspan="2">铜、青铜</td><td>2.5～3 d</td></tr>
<tr><td colspan="2">硅铝合金、锌</td><td>3～3.5 d</td></tr>
</table>

注：d——螺纹公称直径（mm）。

表 7.6-11 滚压丝锥（T10A、T12A）的滚压速度

螺纹规格	滚轮转速 /(r/min)	适宜的径向压力 /(N/mm²)
M8×1.25	25	13750
M10×1.5	30	14700
M12×1.75	35	19500
M14×2	40	—
M16×2	45	24850
M18×2.5	50	—
M20×2.5	55	33200
M22×2.5	60	—
M24×3	65	—
M27×3	75	42750

表 7.6-12 滚压难加工材料螺纹的滚压速度

难加工材料	伸长率 (%)	滚轮转速 /(m/min)
不锈钢	35~20	12~20
钛合金	20~10	7~12

(2) 滚丝轮进给速度的选择

工件每转的径向进给量见表 7.6-13。当滚压伸长率大的材料、精度高的螺纹及空心零件时，进给速度可减慢些。

(3) 滚压时间的确定

根据工件的螺距和材料力学性能确定滚压时间。如果滚压时间过长，会使生产率降低，工件螺纹表面也可能产生剥落的鳞片；滚压时间太短会影响螺纹精度。滚压螺纹时工件持续转数可按照表 7.6-14 选择。

表 7.6-13 滚压螺纹时进给量选用

螺距 P /mm	工件每转的径向进给量/(mm/r)						
	铝合金	青铜、黄铜	钢的强度 R_m/MPa				
			400	500	700	900	1000
1~1.25	0.085	0.06~0.17	0.06~0.15	0.06~0.1	0.035~0.09	0.025	0.018
1.5~1.75	0.1	0.08~0.2	0.08~0.17	0.08~0.15	0.05~0.12	0.035	0.02
2		0.1~0.2	0.1~0.25	0.1~0.2	0.05~0.17	0.045	
2.5		0.07~0.27		0.1~0.22	0.06~0.2		0.025
3	0.13	0.1~0.3		0.1~0.25			

表 7.6-14 滚压螺纹时工件持续转数 (r/min)

螺距 P /mm	铝合金	青铜、黄铜	钢 R_m/MPa			
			≤500	500~700	700~900	900~1200
1~1.5	4~6	6~8	6~8	10~12	14~18	20~30
1.75~3	6~8	8~10	8~10	14~18	20~30	30~40

(4) 滚压力的计算

滚压力是选用滚压机床与装置的依据，滚压力的大小对滚压螺纹的精度、生产率、滚丝轮的寿命以及形成螺纹的持续时间都有影响。滚压力的数值可根据表 7.6-15 和表 7.6-16 查得，或者根据下面的公式计算求得。在滚压螺纹时，还须根据滚压实际情况，调节滚压力，直至获得满意的螺纹为止。

径向滚压力为

$$F_r = K_1\sqrt{\frac{\sigma_s^3}{E}\frac{D_2}{D_2-D_1}}\left(b+\frac{d_s-d_1}{\cos\alpha/2}\right)z_w$$

切向滚压力为

$$F_t = K_2 F_r$$

式中 σ_s——工件材料屈服强度（N/mm²）；

E——工件材料弹性模量（N/mm²）；

D_2——滚丝轮中径（mm）；

D_1——滚丝轮小径（mm）；

z_w——工件螺纹线数；

α——工件螺纹牙型角；

b——工件螺纹牙顶或牙底宽度（mm）；

d_s——坯件直径（mm）；

d_1——螺纹小径（mm）；

K_1、K_2——系数（表 7.6-17）。

表 7.6-15　滚压难加工材料的滚压力　（N）

螺纹公称直径/mm	螺距 P/mm	在 10mm 螺纹长度上的径向滚压力	
		不锈钢	钛合金
3~3.5	0.5~0.6	8000~9000	10000~11000
4~5	0.7~0.8	10000~11000	12000~13000
6~7	1	12000~13000	14000~15000
8~9	1.25	14500~15000	16000~17000
10~11	1.5	16000~18000	19000~22000
12	1.75	20000~22000	23000~25000
14~16	2	24000~26000	27000~30000
18~22	2.5	27000~30000	30000~35000

表 7.6-16　滚压各种材料的径向滚压力　（N）

工件材料	螺纹直径/mm						
	6	8	10	12	16	18	24
钢 $R_m \leqslant 700$MPa	9500	11000	11500	13000	14000	16500	19000
$R_m \leqslant 50$MPa	7500	9000	9500	10500	11500	13000	15500
硬铝	4500	5500	6000	6500	7000	8250	9500
铜	3000	4000	4250	4500	5000	6000	7000

注：当 $R_m>700$MPa，滚压力可按表内数值乘以系数 K：HBW = 100，K = 0.54；HBW = 150，K = 0.8；HBW = 200，K = 1；HBW = 300，K = 1.45。

表 7.6-17　K_1、K_2 系数

螺纹形式	K_1	K_2
普通螺纹	3.5	0.08
梯形螺纹	6	0.15

4. 滚丝轮的寿命

滚压工具寿命受多方面因素的影响，主要有材料化学成分和晶粒结构的均匀性、热处理质量、滚压坯料的晶粒组织和硬度、坯件直径尺寸和几何形状误差、机床调整、滚压工具安装、滚压用量和切削液的选用以及坯件与工具的倒角状态等。

当滚压 15、20、30 钢及 Y12 钢，螺纹精度为 6、7 级时，滚丝轮与搓丝板的寿命见表 7.6-18。

表 7.6-18　滚丝轮与搓丝板的寿命

螺纹直径/mm	3~6	8~12	14~20	20~25
滚压件数/万件	8~12	7~9	4~6	2~3

5. 锥形滚丝轮

锥形滚丝轮用于滚压牙型角 60°、55°和米制密封螺纹（GB/T 1415—2008），其基本尺寸见表 7.6-19~表 7.6-21。

表 7.6-19　60°密封管螺纹滚丝轮（JB/T 8364.5—2010）　（mm）

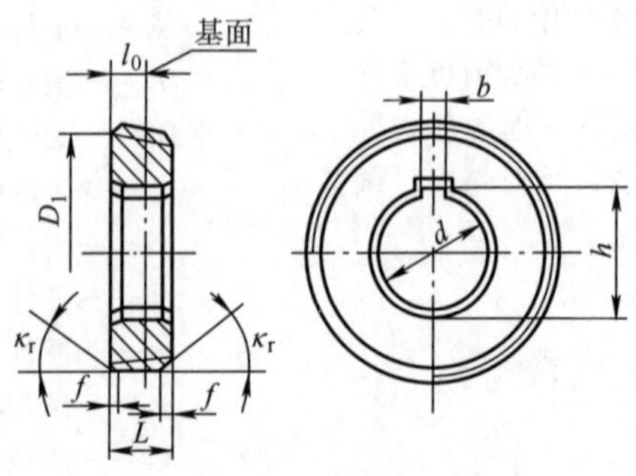

（续）

代号 NPT	每 25.4mm 内的牙数	螺距 P	滚丝轮螺纹线数 n	测量平面		L	(f)	(κ_r)	d		b		h	
				中径 D_2	距离 l_0				公称尺寸	极限偏差	公称尺寸	极限偏差	公称尺寸	极限偏差
1/16	27	0.941	20	142.840	10	20	1.5	25°	54	+0.03 0	12	+0.36 +0.12	57.5	+0.74 0
1/8			16	151.824										
1/4	18	1.411	12	149.844	15	30	2.0							
3/8			9	143.334										
1/2	14	1.814	7	138.304	15	35	2.5							
3/4			6	150.702										

注：根据工艺需要，滚丝轮两端允许有凸台。

表 7.6-20　55°密封管螺纹滚丝轮（JB/T 10000—2013）　（mm）

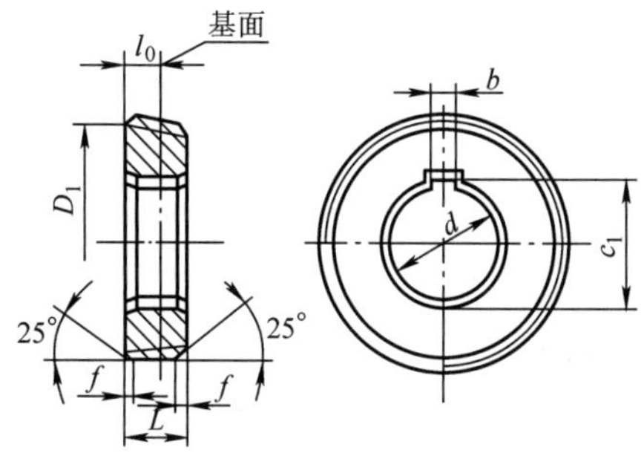

型式	d	b	c_1
45 型	$45^{+0.025}_{0}$	$12^{+0.36}_{+0.12}$	$47.9^{+0.62}_{0}$
54 型	$54^{+0.030}_{0}$		$57.5^{+0.74}_{0}$
75 型	$75^{+0.030}_{0}$	$20^{+0.42}_{+0.14}$	$79.3^{+0.74}_{0}$

注：45 型适用于滚压直径 ϕ40 以下，54 型适用于滚压直径 ϕ60 以下，75 型适用于滚压直径 ϕ80 以下。

代号	每 25.4mm 内的牙数	螺距 P	滚丝轮螺纹线数 n	基面上螺纹中径 D_2	L	l_0	f
R1⁄16	28	0.907	20	142.840	20	14	1.2
R1⁄8			15	137.205			
R1⁄4	19	1.337	11	135.311	25	16	2.0
R3⁄8			9	142.254			
R1⁄2	14	1.814	7	138.551	30	18	2.5
R3⁄4			6	151.676			
R1	11	2.309	5	158.850	35	20	3.5
R1¼			4	161.724			
R1½				165.296	40	25	
R2			3	174.405	45	29	

注：根据工艺需要，滚丝轮两端允许带凸台。

表 7.6-21　米制密封螺纹滚丝轮基本尺寸　(mm)

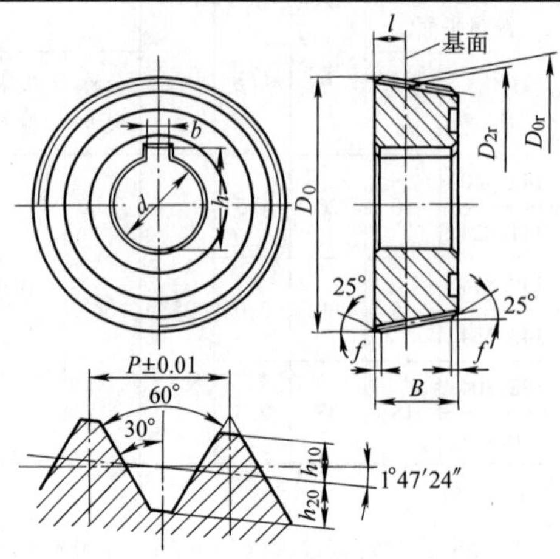

螺纹代号	螺距 P	B	D_0	基面上直径		线数 z	f	t	$h_{10}=h_{20}$			斜角偏差	半角偏差 $\pm\Delta\alpha/2$	螺距偏差（在10mm长度上）
				D_{0r}	D_{2r}				公称尺寸	偏差				
										Δh_{10}	Δh_{20}			
ZM6	1	20	146.034	145.10	144.45	27	2	1.5	0.325	−0.04	−0.045	+3′ −6′	±30′	±0.01
ZM8			148.578	147.65	147.00	20								
ZM10			151.179	150.249	149.60	16								
ZM14	1.5	24	145.287	144.260	143.286	11	3	16.5	0.487	−0.05	−0.065		±25′	
ZM18			138.209	137.182	136.208	8								
ZM22			149.183	148.156	147.182	7								
ZM27	2	27	130.862	129.804	128.505	5	4	17	0.650	−0.06	−0.085			
ZM33			129.161	128.103	126.804	4								
ZM42		28	124.523	123.402	122.103	3		18						
ZM48			142.523	141.402	140.103	3								
ZM60		30	119.946	118.701	117.402	2		20						

7.6.4　搓丝板滚压螺纹

搓丝板的齿面是展开的螺纹。在滚压螺纹时，搓丝板成对使用，由动板和静板组成一副，动板做往复运动，工件在两搓丝板之间滚动压出螺纹。搓丝板分平搓板和弧形搓板两种，可搓制普通螺纹、自攻螺钉、木螺钉和滚花钉等零件。搓丝板分为 1 级、2 级和 3 级三种精度等级。1 级适用于加工公差等级为 4 级、5 级的外螺纹；2 级适用于加工公差等级为 5 级、6 级的外螺纹；3 级适用于加工公差等级为 6 级、7 级的外螺纹。

1. 搓丝机的型号与技术参数（表 7.6-22）

表 7.6-22　搓丝机的型号与技术参数

型号	技术参数				主电动机功率/kW	外形尺寸/mm（长×宽×高）
	螺纹直径/mm	螺纹长度/mm	滑块行程/mm	生产率/(件/min)		
Z25-2	1.6~2	10	88	120	0.6	645×431×1150
Z25-6	4~6	40	250	130	3	1460×1100×1450
ZG25-6	5~6	10~35	250	260	5.5	1750×1450×1585
Z25-10	8~10	10~50	350	100~150	7.5	2150×1300×1700
DZ25-30	24~30	100		45	4.5	5105×2715×2400

2. 普通螺纹用搓丝板形式及规格尺寸

普通螺纹用搓丝板形式及规格尺寸见表 7.6-23。

60°和 55°密封管螺纹搓丝板（JB/T 8364.4—2010、JB/T 9999—2013）见表 7.6-24。

表 7.6-23　普通螺纹用搓丝板形式及规格尺寸（GB/T 972—2008）　（mm）

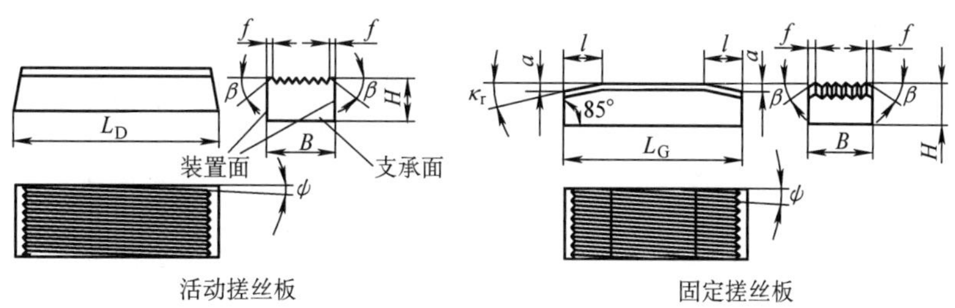

<table>
<tr><th colspan="12">（1）用于粗牙普通螺纹</th></tr>
<tr><th>公称直径
d</th><th>螺距
P</th><th>L_D</th><th>L_G</th><th>B</th><th>H
（推荐）</th><th>l</th><th>a</th><th>ψ</th><th>κ_r</th><th>f</th><th>β</th></tr>
<tr><td>1</td><td rowspan="3">0.25</td><td rowspan="3">50</td><td rowspan="3">45</td><td>15</td><td rowspan="2">20</td><td rowspan="3">6.1</td><td rowspan="3">0.16</td><td>5°44′</td><td rowspan="24">1°30′</td><td rowspan="3">0.11</td><td rowspan="24">25°</td></tr>
<tr><td>1.1</td><td>20</td><td>5°5′</td></tr>
<tr><td>1.2</td><td>22</td><td>22</td><td>4°35′</td></tr>
<tr><td>1.4</td><td>0.30</td><td rowspan="3">60</td><td rowspan="3">55</td><td>20</td><td rowspan="2">25</td><td>7.3</td><td>0.19</td><td>4°43′</td><td rowspan="3">0.5</td></tr>
<tr><td>1.6</td><td rowspan="2">0.35</td><td>25</td><td rowspan="2">8.8</td><td rowspan="2">0.23</td><td>4°49′</td></tr>
<tr><td>1.8</td><td>30</td><td>28</td><td>4°11′</td></tr>
<tr><td>2</td><td>0.40</td><td rowspan="4">70</td><td rowspan="4">65</td><td>20</td><td rowspan="4">25</td><td>9.9</td><td>0.26</td><td>4°19′</td><td>0.6</td></tr>
<tr><td>2.2</td><td rowspan="2">0.45</td><td>25</td><td rowspan="2">11</td><td rowspan="2">0.29</td><td>4°25′</td><td rowspan="2">0.7</td></tr>
<tr><td>2.5</td><td>30</td><td>3°48′</td></tr>
<tr><td>3</td><td>0.5</td><td>40</td><td>12.2</td><td>0.32</td><td>3°29′</td><td>0.8</td></tr>
<tr><td>3.5</td><td>0.6</td><td>80</td><td>70</td><td>30</td><td>28</td><td>16.0</td><td>0.42</td><td>3°35′</td><td>0.9</td></tr>
<tr><td>4</td><td>0.7</td><td rowspan="5">85</td><td rowspan="5">78</td><td>20</td><td rowspan="8">25</td><td>18.7</td><td>0.49</td><td>3°40′</td><td rowspan="2">1</td></tr>
<tr><td>4.5</td><td>0.75</td><td>25</td><td>20.2</td><td>0.53</td><td>3°28′</td></tr>
<tr><td>5</td><td>0.8</td><td>30</td><td>21.4</td><td>0.56</td><td>3°18′</td><td>1.2</td></tr>
<tr><td>6</td><td>1</td><td>40</td><td>26.7</td><td>0.7</td><td>3°27′</td><td>1.5</td></tr>
<tr><td>8</td><td>1.25</td><td>50</td><td>33.6</td><td>0.88</td><td>3°12′</td><td>2</td></tr>
<tr><td>10</td><td>1.5</td><td rowspan="3">125</td><td rowspan="3">110</td><td>40</td><td>40.1</td><td>1.05</td><td>3°4′</td><td rowspan="2">2.5</td></tr>
<tr><td>12</td><td>1.75</td><td>50</td><td>47</td><td>1.23</td><td>2°58′</td></tr>
<tr><td>14</td><td rowspan="2">2</td><td>60</td><td rowspan="2">53.5</td><td rowspan="2">1.4</td><td>2°54′</td><td rowspan="2">3</td></tr>
<tr><td>16</td><td rowspan="4">170</td><td rowspan="4">150</td><td>50</td><td rowspan="3">30</td><td>2°30′</td></tr>
<tr><td>18</td><td rowspan="3">2.5</td><td>60</td><td rowspan="3">76.4</td><td rowspan="3">2</td><td>2°48′</td><td rowspan="3">4</td></tr>
<tr><td>20</td><td>70</td><td>2°30′</td></tr>
<tr><td>22</td><td>80</td><td rowspan="2">40</td><td>2°15′</td></tr>
<tr><td>24</td><td>3</td><td>210</td><td>190</td><td>55</td><td>91.7</td><td>2.40</td><td>2°30′</td><td>4.5</td></tr>
</table>

（续）

（2）用于细牙普通螺纹

公称直径 d	螺距 P	L_D	L_G	B	H	l	a	ψ	κ_r	f	β
1	0.2	50	45	15、20	20	5.0	0.13	4°23′	1°30′	0.3	45°
1.1								3°55′			
1.2								3°32′			
1.4		60	55	20、25	25			2°58′			
1.6								2°33′			
1.8								2°14′			
2	0.25	70	65	25、30、40	25	6.1	0.16	2°33′		0.4	
2.2								2°17′			
2.5	0.35					8.4	0.23	2°52′		0.5	
3		85	78					2°21′			
3.5				30、40			0.25	1°59′			
4	0.5	85	78	30、40	25	20.1	0.35	2°31′		0.8	45°
5		125	110	40、50				1°58′			
6	0.75			40、50、60		30.4	0.53	2°31′		1.2	
8	1	170	150	50、60、70	30	40.1	0.7	2°30′		1.5	
10								1°58′			
12	1.25	220	200		40	50.4	0.88	2°3′		2	25°
	1.5					60.2	1.05	2°30′		2.5	
14		250	230	60、70、80	45			2°7′			
16								1°50′			
18		310	285	70、80	50			1°37′			
20								1°27′			
22		400	375	80、100				1°18′			
24	2					80.2	1.4	1°37′		3	

注：尺寸 l、κ_r、f 及 β 为推荐尺寸。

表 7.6-24　60°和 55°密封管螺纹搓丝板（JB/T 8364.4—2010、JB/T 9999—2013）　（mm）

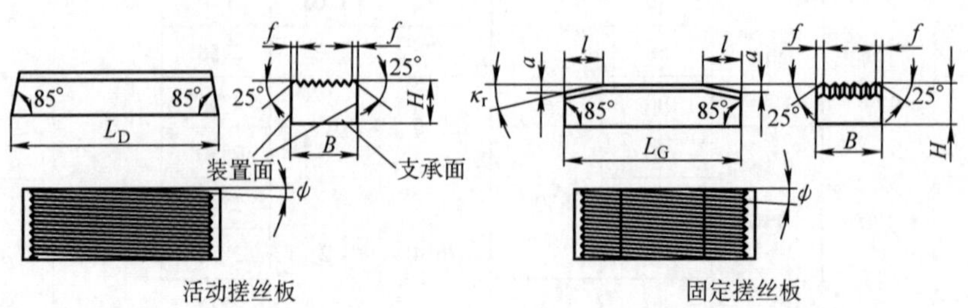

（续）

60°密封管螺纹搓丝板（JB/T 8364.4—2010）

代号 NPT	每25.4mm内的牙数	螺距 P	L_D 公称尺寸	L_D 极限偏差	L_G 公称尺寸	L_G 极限偏差	B 公称尺寸	B 极限偏差	H 公称尺寸	H 极限偏差	参考值 ψ	参考值 f	参考值 l	参考值 a	参考值 κ_r
1/16	27	0.941	170	0 −1.00	150	0 −1.00	50	0 −0.62	30	0 −0.52	2°24′5″	1.5	25.2	0.66	1°33′
1/8			210		190		55				1°48′29″				
1/4	18	1.411	220	0 −1.15	200	0 −1.15	60	0 −0.74	40	0 −0.62	2°3′30″	2.0	37.8	0.99	
3/8			250		230						1°55′5″				
1/2	14	1.814	310	0 −1.30	285	0 −1.30	70		45		1°40′37″	2.5	48.5	1.27	
3/4			400		375		80				1°19′1″				

55°密封管螺纹搓丝板（JB/T 9999—2013）

代号 NPT	每25.4mm内的牙数	螺距 P	L_D 公称尺寸	L_D 极限偏差	L_G 公称尺寸	L_G 极限偏差	B 公称尺寸	B 极限偏差	H 参考尺寸	参考值 ψ	参考值 f	参考值 l	参考值 a	参考值 κ_r
R1/16	28	0.907	170	0 −1.00	150	0 −1.00	50 55 60 70	0 −0.62	30	2°18′	1.5	24.4	0.64	1°~ 1°30′
R1/8										1°18′		31.6		
R1/4	19	1.337	210	0 −1.15	190	0 −1.15		0 −0.74	40	1°58′	2	42.5	0.94	
R3/8			220		200					1°32′		53.8		
R1/2	14	1.814	250		230		60 70 80		45	1°40′	2.5	68.0	1.45	
R3/4			310	0 −1.30	285	0 −1.30				1°18′		83.0		
R1	11	2.309	400	0 −1.40	375	0 −1.40	80		50	1°19′	3	110.0	2.24	
R1¼			420	0 −1.55	400		100	0 −0.87		1°2′		128.0		

3. 工艺参数的选择

（1）滚压速度的选择（表 7.6-25）

表 7.6-25　搓丝板滚压速度

工件材料的抗拉强度	速度 v/(m/min)
$R_m \leqslant 500$MPa	50~70
$R_m = 500 \sim 700$MPa	25~45
$R_m = 700 \sim 900$MPa	15~25

（2）滚压力的计算

搓丝板在滚压螺纹过程中产生的径向力和切向力，可由表 7.6-26 查出，也可按下面公式计算。

径向力 F_r(N) 为

$$F_r = 0.72\frac{l_w h\sqrt{h(d_2-h)}}{P\cos\phi\cos\alpha/2}(\text{HBW}+22)$$

式中　HBW——工件材料的布氏硬度；

P——螺距（mm）；

l_w——工件螺纹长度（mm）；

α——螺纹牙型角；

h——螺纹牙型高度（mm）；

d_2——螺纹中径（mm）；

ϕ——螺纹升角。

切向力为

$$F_t = (0.15 \sim 0.18)F_r$$

表 7.6-26　搓丝板滚压径向力（在 $l_w = 20$mm 时）　（N）

工件材料		螺纹直径/mm						
		6	8	10	12	16	18	24
钢	$R_m = 600$MPa	26000	35000	44000	52500	70000	79000	105000
	$R_m = 500$MPa	22000	29500	37000	44250	59000	67000	88500
	$R_m = 350$MPa	18000	22000	25000	30000	40000	45000	60000
硬铝		13000	17500	22000	26500	35000	39000	42500
铜		9750	13000	16000	19500	26000	295000	29000

7.6.5　螺纹滚压头滚压螺纹

1. 螺纹滚压头的结构与规格

使用螺纹滚压头可在多种机床上滚压螺纹，使用方便，生产率较高。常用的螺纹滚压头有三个滚轮，滚压时采用轴向进给方式，其结构有旋转式和非旋转式两种。

旋转式螺纹滚压头可用在钻床、套丝机、组合机床和多轴自动或半自动车床上，能滚压 6～8 级精度的螺纹。螺纹滚压头的规格型号和加工范围见表 7.6-27。非旋转式滚压头可用在普通车床及转塔车床上，其规格型号和加工范围与旋转式滚压头相同。

滚压头结构分成工作部分、合拢与张开机构、调整机构三部分，相互协调连接以保证滚压头的功能。工作部分由三个均匀分布的滚轮和支承滚轮的三个偏心轴以及本体等组成，它起着形成螺纹的作用。合拢与张开机构实现滚压头的自动合拢和张开动作。调整机构通过改变调整环与本体的相对位置，保证被加工螺纹达到合适的尺寸。

表 7.6-27　旋转式螺纹滚压头主要尺寸和加工范围　（mm）

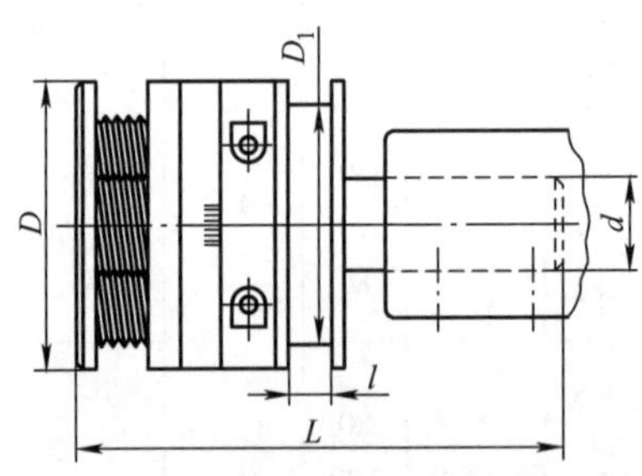

加工范围	D	L	d	D_1	l
M3～M6	46	115	20	35	9
M8～M10	62	135	25	50	13
M12～M22	112	190	38	55	15
M24～M39	168	235	55	90	20

2. 滚压头速度和切削液的选择

滚压头速度选择过低，坯件不易进入滚压头，且会在坯件端部产生毛刺；滚压头速度选择过高，滚压头部件受力较大，不利于滚轮张开，甚至会产生失灵现象。

滚压头的速度可按照表 7.6-28 选择，当材料硬度较高时，速度取下限。适宜的滚压头速度应经过调试最终确定。

选择切削液时，要顾及冷却和润滑两方面的作用。一般采用锭子油和硫化切削油等。使用水基切削液的冷却效果较好，但滚压头各部件动作不灵活，不推荐采用。切削液的流量每分钟不少于 10L。

表 7.6-28　滚压头速度选择

滚压材料	碳素结构钢	合金钢	铜及铝合金
v/(m/min)	30～60	20～50	60～90

3. 滚压螺纹时滚轮寿命

用螺纹滚压头滚压螺纹时滚轮寿命见表7.6-29。

表7.6-29 滚轮的寿命

工件材料硬度 HRC	工件材料伸长率(%)	滚压性能	滚轮寿命(以螺旋线展开长度计)/km
<25		最好	40
25~27	12	良好	20~40
27~32	10	良好	10

4. 螺纹滚压头加工的典型工件和滚压头在机床上的安装示例

螺纹滚压头加工的典型工件如图7.6-2所示。对于非旋转体、长杆等不适宜旋转的工件上的螺纹，采用旋转式滚压头加工较为合适。

在机床上安装滚压头时，滚压头柄部装入机床主轴孔或法兰盘中，滚压头应与主轴轴线保持同轴，在滚压头最大外径处测量径向圆跳动值应不大于0.05mm。滚压头在各种机床上安装加工示例见表7.6-30。

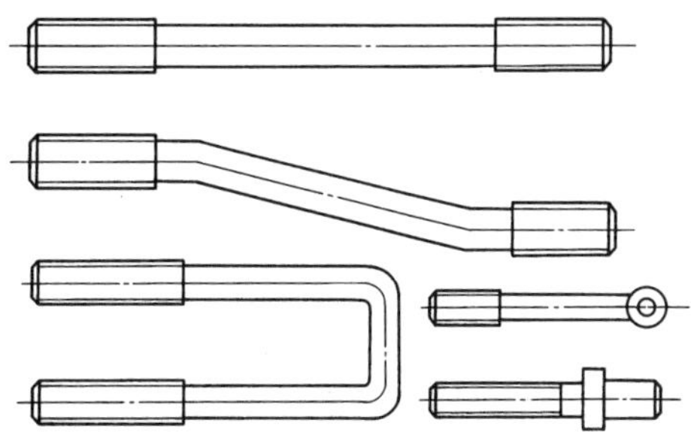

图7.6-2 螺纹滚压头加工的典型工件

表7.6-30 滚压头安装加工示例

加工方法	示　　例
立式钻床上滚压螺纹	1—定位环 2—支柱 3—机床主轴 4—中间套筒 5—拨叉 6—滚压头 7—滚轮 8—工件 9—夹具
套丝机上滚压螺纹	1—主轴 2—拨叉 3—定位环 4—支柱 5—坯件 6—夹具 7—拖板 8—滚轮 9—滚压头

（续）

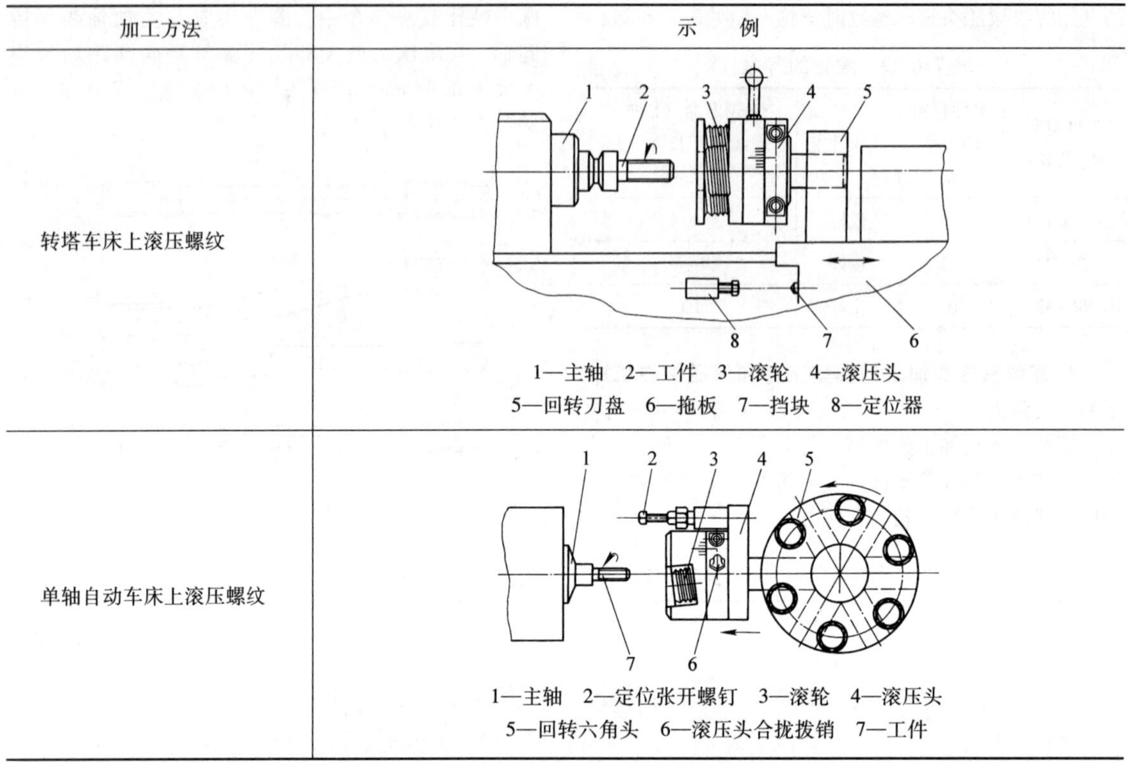

加工方法	示　例
转塔车床上滚压螺纹	1—主轴　2—工件　3—滚轮　4—滚压头 5—回转刀盘　6—拖板　7—挡块　8—定位器
单轴自动车床上滚压螺纹	1—主轴　2—定位张开螺钉　3—滚轮　4—滚压头 5—回转六角头　6—滚压头合拢拨销　7—工件

5. 叉式滚压头

具有两个滚轮的叉式滚压头（图 7.6-3）是一种经济方便的滚压工具，不需要特殊设备，可安装在普通车床、转塔车床或自动车床的刀架上，做切向进给，滚压各种圆柱螺纹和圆锥螺纹。叉式滚压头的两个滚轮间距离可以微调，滚轮表面是多线螺纹，其螺纹方向与被滚压工件螺纹方向相反，但螺纹升角相同。滚压螺纹时，工件坯件旋转带动两个滚轮做同步旋转，待滚压头逐渐进给至工件中心线使螺纹完全形成后，滚压头迅速退回。

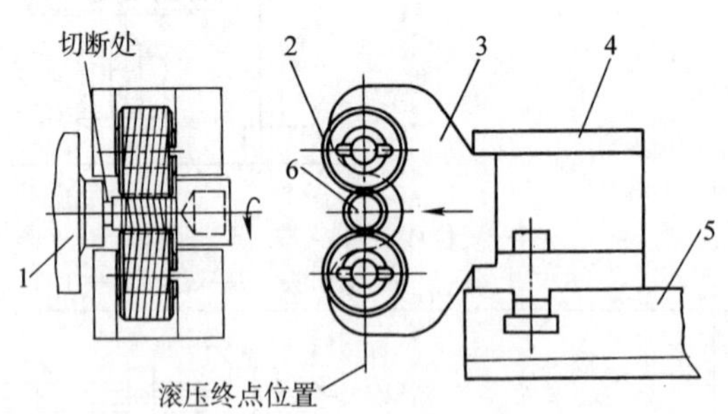

图 7.6-3　叉式滚压头示意图

1—机床主轴　2—滚轮　3—滚压头　4—滚压头夹持器　5—拖板　6—工件

7.7　磨削螺纹

7.7.1　磨削螺纹的方法、特点及应用

磨削螺纹是精密螺纹加工的主要方法，用于高精度螺纹表面加工和淬火后的高硬度螺纹表面加工。丝杠、蜗杆、螺纹量规、丝锥、螺纹铣刀和螺纹梳刀的制造都采用螺纹磨削工艺。使用单线砂轮磨削螺纹可

达到的精度：螺距误差为0.003mm（在25mm长度内）；圆度误差为0.003mm；半角误差为±5′；表面粗糙度为*Ra*0.8~0.1μm。

磨削螺纹根据使用砂轮的形式和进给方式的不同，常用三种加工方法：①单线砂轮纵向进给；②多线砂轮纵向进给；③多线砂轮切入进给。各种加工方法的特点和应用见表7.7-1。多线砂轮纵向进给磨削时，砂轮修整的截形见表7.7-2。

表7.7-1　磨螺纹的方法

加工方法	简　图	特点和应用
单线砂轮纵向进给	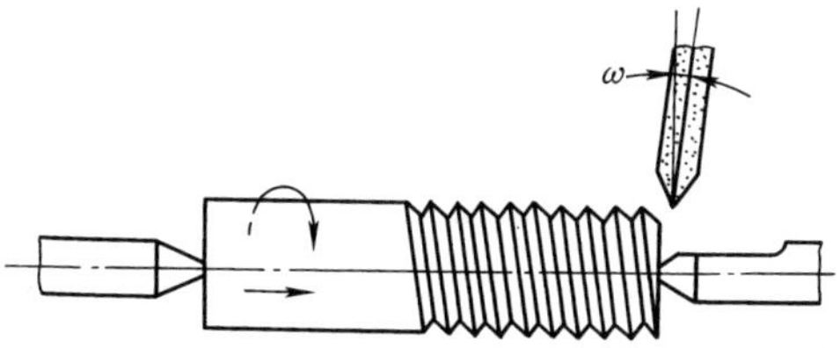 ω	1. 砂轮修整和机床调整比较方便，但磨削效率低，常用于单件、小批加工 2. 为提高磨削效率，对螺距小于3mm的三角形螺纹，降低工件转速至0.3~6r/min，采用深切式磨削方法，一次进给将螺纹磨削成形
多线砂轮纵向进给	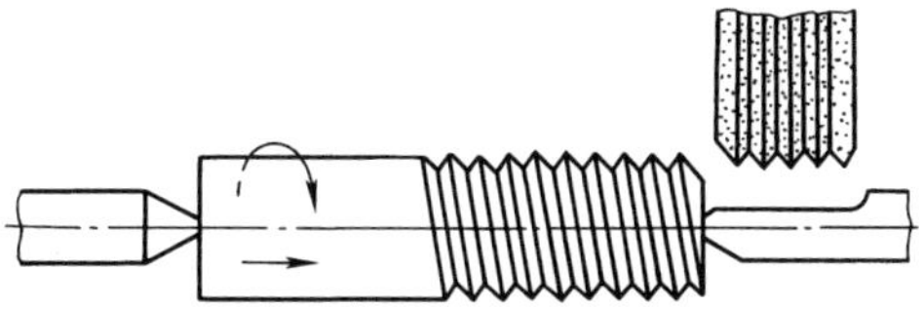	1. 砂轮宽度一般为20~80mm，砂轮牙距与工件螺距相同或是工件螺距的整数倍 2. 工件螺纹长度大于砂轮宽度时采用 3. 可采用较高的工件转速 4. 磨削效率高，适用于大量生产。因砂轮修整较困难，在单件和小批生产中很少使用
多线砂轮切入进给	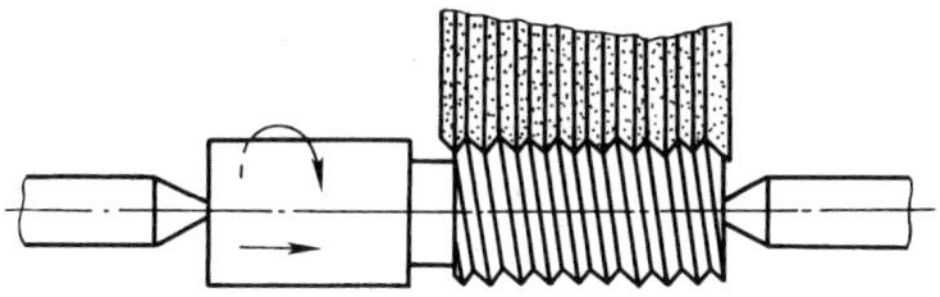	1. 砂轮宽度一般为20~80mm，砂轮牙距等于工件螺距 2. 工件螺纹长度应小于砂轮宽度 3. 要求机床具有切入磨削机构 4. 磨削时工件旋转和轴向移动应同步 5. 砂轮切深至要求数值后，工件须再旋转一周半左右，砂轮才能退出 6. 磨削效率高，适用于大量生产，在单件和小批生产中很少使用

表7.7-2　多线砂轮修整的截形

砂轮形式	简　图	特　点
带主偏角砂轮	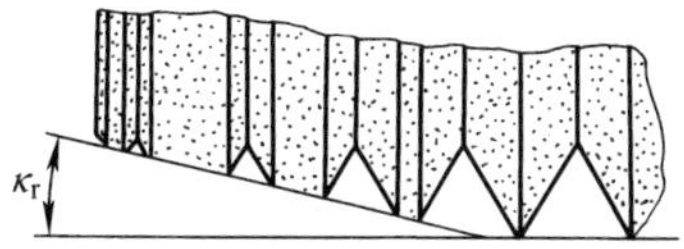 κ_r	分层磨削，磨削量逐渐减少，修正齿多。主偏角修成7°30′，当螺距$P\geqslant1.75$mm或发生烧伤时，主偏角修成5°15′
间隔去齿砂轮	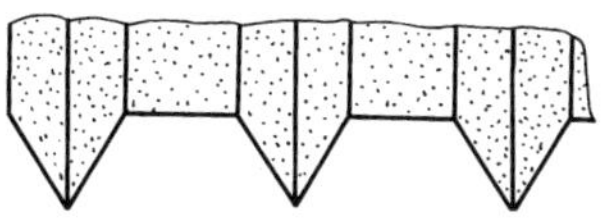	磨削效率高，切削液容易进入磨削区，散热快，磨屑冲出及时
三线砂轮	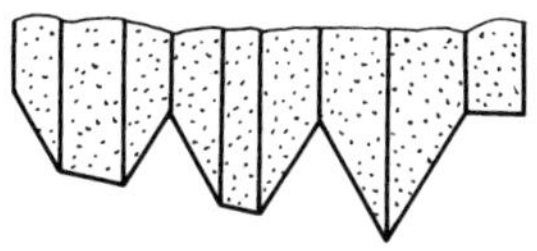	磨削量主要分布在第一粗切牙上，最后一个是修正牙。砂轮轴线倾斜一个螺纹升角，以免与被磨螺旋面干涉

7.7.2　螺纹磨床

螺纹磨床的型号与技术参数见表7.7-3。

表 7.7-3　螺纹磨床的型号与技术参数

型号	主要规格/mm	技术参数								工作精度		电动机功率/kW		重量/t	外形尺寸/mm（长×宽×高）
	最大安装直径×最大安装长度	中心高/mm	加工螺纹		螺距			加工		等级	螺距误差/mm	主电动机	总容量		
			直径/mm	长度/mm	模制/mm	米制/mm	寸制/(牙/in)	螺纹线数	铲磨槽数						
SB722A	20×150		20	110		0.25~2.5	1/8~3/4		2~6	1~3	±0.015/25	2.2	4.51	2	1661×1670×1100
SB722C															
SB725	175×300		50	100		1~2.5			3，4，5，6		±0.015/25	4	8	5.5	2050×1750×2100
SB725E	50×150		8~52	150		1~2.5			3，4，5	1~2		3	5.66	3	1320×1480×1760
S7332	320×1000	170	6~320	1000	1~16	1~40	1~14	12			±0.003	4	8.71	5.5	3380×2010×1800
	320×1500	170		1500							±0.003			6.5	4350×2010×1800
	320×2000	170		2000							±0.003			7.5	5350×2010×1800
SG7303	30×130	98	6~9	90		0.5					±0.002	1.5	3.15	1	1400×1198×1511
S7432	320×1000	180	20~2000	850	1~18	1.5~48	2~18	12		6		5.5	9.5	7.5	3410×2215×2020
	320×1500	180	20~2000	1360	1~12	1.5~36	2~18	12		6		5.5	9.5	8.5	4495×2270×2020
	320×2000	180	20~2000	1800	1~18	1.5~48	2~18	12		6		5.5	9.5	10.5	5415×2275×2910
	320×3000	180	20~2500	2940	1~18	1.5~48	2~18	12		6		4	10.6		7646×2275×2045
	320×1000	170	6~320	1000	1~16	1~40	1~14	12		6	±0.003	4	8.71	6.35	3380×2010×1800
	320×1500	170	6~320	1500	1~16	1~40	1~14	12		6	±0.003	4	8.71	6.9	4350×2010×1800
	320×2000	170	6~320	1850	1~16	1~40	1~14	12		6	±0.003	5.5	9.5	8.7	5350×2010×1800
S7450	500×5000	250	50~400	5000	1~18	1~48	2~18	12		6	±0.003	4	25.7	22	8270×2227×2500
S7512	125×300	100	内 25~80 外 2~80	170		0.25~6			2~18			1.5	3.05	2	1580×1550×1400
SA7520	200×750	120	2~200	500	0.3~20	0.25~24	2~28	60		6	±0.003	5.5	11.61	7.5	2500×1945×2000
Y7520W	200×500	105	2~150	400	0.3~14	0.25~24	3~28	1~30 1~48	12，14， 16，18	6	±0.003	4	9.348	4.45	2385×2025×1480

（续）

型号	主要规格/mm	技术参数								工作精度		电动机功率/kW		重量/t	外形尺寸/mm（长×宽×高）
	最大安装直径×最大安装长度	中心高/mm	加工螺纹		螺距			加工		等级	螺距误差/mm	主电动机	总容量		
			直径/mm	长度/mm	模制/mm	米制/mm	寸制/(牙/in)	螺纹线数	铲磨槽数						
S7520A	200×750	200	20~200	500	0.3~32	0.25~24	2~28	1~32 1~42 1~48	2，3，4，6，8，9，10，12，14，16，18	6	±0.003	4	6.5	4	2000×1800×1800
S7525-1	250×800		100	500		0.4~80				D			4.87	3.85	2200×1650×1670
CNC SK7612			120	120		4~20					±0.004	3		4.5	2100×1720×1770
S7620A	240×200	200	25~200	125		1~24	3~20	1~4		6		1.5	4.11	3.8	2100×1300×1700
S7632A	500（卡盘）	300	60~350	150		1~24	3~20	1~4		6		2	5.96	5	2120×1280×1780
S7712	125×500	180	125	350	1~10			1~4		6		1.5	2.65	1.75	1930×1300×1400
S7720	200×750	120	200	500	1.2~24	1~24	1~6	12		4 6		4	6.31	8	2500×2110×1800
S7732	320×1500	180	10~200	1000	1.5~20	3~24	2~6	1~12		5 6		4	8.78	9.5	4130×2227×1750
S7732	320×2500	180	40~300	1500	4~26	3~24	2~6	1~12				4	8.78	14	5700×2370×1770
S7810	100×250	105	100	200	0.3~4			1~8	4~30	AA	0.005/25	2.2	3.35	2	1907×870×1630
SG7825A	250×710		250	400	1~10			1~8	6~16	AAA	0.005/25 0.006/100	2.2	6.1	3	2765×1450×1530
S788	80×250	105	80	200	0.1~4			1~8	4~30	AA	0.005/25	2.2	3.35	2	1907×870×1630

7.7.3 砂轮

磨削螺纹多采用刚玉砂轮。磨削不锈钢、高钒高速钢选用单晶刚玉砂轮，磨削硬质合金、半导体材料采用金刚石砂轮。

砂轮粒度过粗不利于保持砂轮的形状和获得较小的工件表面粗糙度，粗粒度砂轮适合于粗磨以及磨削韧性或伸长率大的材料。细粒度砂轮适合于精磨以及磨削高硬脆而组织紧密的材料或螺纹牙底形状要求严的螺纹工件。磨削大螺距螺纹或滚珠螺纹时，因工件和砂轮接触面积大，为了减少工件发热和烧伤，应选用粗粒度砂轮。磨削小螺距螺纹或丝锥时，为了提高螺纹的质量，应选用细粒度砂轮。

砂轮硬度过高容易烧伤工件，生产率低；硬度过低不利于保持砂轮形状。磨削小螺距工件时，选用硬度高些的砂轮。磨削合金钢、梯形螺纹时，选用硬度低些的砂轮。

磨削螺纹的砂轮多用陶瓷结合剂。磨削小螺距用的砂轮，可在陶瓷结合剂中加入适量硼、铅元素，以改善砂轮的尖角保持性。

可根据螺距选择砂轮的粒度和硬度（表 7.7-4），具体选择时，还要结合工件材料、螺纹表面粗糙度要求等因素综合考虑。用多、单线砂轮磨丝锥时，砂轮的选用见表 7.7-5 和表 7.7-6。

表 7.7-4 螺纹磨削砂轮粒度和硬度的选择

螺距/mm	砂轮粒度	砂轮硬度
≤0.5	W20~W28	N~K
0.5~1.0	W40~180#	R~L
1.25~3.0	180#~120#	M~K
3.0~4.5	150#~80#	K~J

表 7.7-5 多线砂轮选用

<table>
<tr><th>螺距 P /mm</th><th>材料</th><th>结合剂</th><th>粒度</th><th>硬度</th><th>砂轮宽度 /mm</th></tr>
<tr><td>1</td><td rowspan="4">WA</td><td rowspan="4">V</td><td>W40</td><td>P~Q</td><td>16</td></tr>
<tr><td>1.25</td><td>W50</td><td>N~M</td><td>16</td></tr>
<tr><td>1.5~1.75</td><td>240#</td><td>N~M</td><td>20</td></tr>
<tr><td>2~2.5</td><td>180#</td><td>M~G</td><td>25</td></tr>
</table>

表 7.7-6 单线砂轮选用

<table>
<tr><td>螺距 P /mm</td><td>0.25</td><td>0.1</td><td>0.5</td><td>0.7~0.8</td><td>1</td><td>1.25</td><td>1.5~1.75</td><td>2</td><td>2.5</td><td>3~5</td></tr>
<tr><td>粒度</td><td>W10</td><td>W14</td><td>W20</td><td>W28</td><td>W40</td><td>280#</td><td>240#</td><td>180#</td><td>150#</td><td>120#</td></tr>
<tr><td>结合剂</td><td colspan="10">V</td></tr>
<tr><td>磨料</td><td colspan="10">WA、PA</td></tr>
<tr><td>硬度</td><td colspan="3">P~N</td><td colspan="2">N~M</td><td>N~M</td><td>M~J</td><td>M~L</td><td colspan="2">M~L</td></tr>
<tr><td>金刚笔粒度</td><td colspan="3">F150</td><td colspan="2">F100</td><td colspan="2">F 80</td><td colspan="2">F 60</td><td>金刚石</td></tr>
</table>

7.7.4 磨削用量的选择与机动时间的计算

1. 磨削用量的选择

磨削普通螺纹、梯形螺纹、滚珠螺纹的磨削用量按表 7.7-7 选用。

磨高速钢丝锥时，工件转速见表 7.7-8 和表 7.7-9。

表 7.7-7 磨削用量

螺纹种类	螺距/mm	磨削工件			砂轮选择	磨削用量					
		材料	直径/mm	长度/mm		粗磨		半精磨		精磨	
						n_w	a_p	n_w	a_p	n_w	a_p
梯形螺纹	3~6 3~6 6~8	9Mn2V 56~58HRC	40 40 70	≤400 500~1000 2000	WA80~120J	4~6	2~3 1~1.5 1~1.5	3~4	0.5~1 0.4~0.7 0.4~0.7	3~4	0.04~0.08
滚珠螺纹	2~5 6~8 10~12	GCr15 50CrMo	≤50 ≤80 ≤100	≤1000 ≤4000 ≤4000	WA80~120J	7~12	0.3~2	7~12	0.2~0.8	5~10	0.03~0.08
普通螺纹	≤3	钢≤60HRC	≤50		WA150~180K	一刀磨出 $n_w=1\sim3$					

注：1. n_w——工件转速（r/min）；a_p——背吃刀量（mm/往复行程）。

2. 工件硬度大于60HRC时，采用粗、精磨，精磨背吃刀量为0.01~0.08mm。

表 7.7-8 单线磨螺纹转速

工件直径/mm	3~4	5~6	8~10	12~14	16~18	20~24	27~30	33~39	42~48
粗磨工件转速/(r/min)	40	40	40	30	24	18	15	12	10
精磨工件转速/(r/min)	35	35	30	20	16	12	9	7	6

表 7.7-9 多线磨螺纹转速

工件直径/mm	10~12	14~16	18~20	22~24	27~30	32~36	36~40	42~45
工件转速/(r/min)	160	160	100	100	63	63	52	40

2. 机动时间的计算

1）用多线砂轮磨螺纹：

$$T_m=\frac{\pi d}{1000v_w}n$$

式中 T_m——机动时间（min）；

v_w——工件表面线速度（m/min）；

n——在磨削螺纹时工件需要转动的转数；

d——螺纹直径（mm）。

2）用单线砂轮磨螺纹：

$$T_m=\frac{L+L_1}{Pn_w}i=\frac{L+L_1}{Pn_w}\left(\frac{h}{f_r}+m\right)$$

式中 P——螺距（mm）；

L——磨螺纹长度（mm）；

L_1——2~5螺距（mm）；

n_w——工件转速（r/min）；

i——走刀次数，$i=h/f_r+m$；

h——螺纹中径的磨削余量（mm）；

f_r——每个行程径向进给量（mm）；

m——停止横向进给后的行程次数，粗磨时$m=0$，精磨时$m=1\sim2$。

7.7.5 切削液的选择

磨螺纹时使用的切削液可按表7.7-10选用。

表 7.7-10 磨螺纹切削液选用

名　称	成　分	特点和使用范围
硫化切削油	75%~80%N15或N32号机械油和20%~25%的硫化切削油	用于一般螺纹磨床

（续）

名　　称	成　　分	特点和使用范围
混合切削油	由 N15 机械油和专用锭子油，按黏度要求混合使用	切削性能略差，但对降低工件表面粗糙度值有利
轻柴油		黏度小，冷却性能好，润滑性差，产生油雾大，适用于非金属材料
硫化鲸鱼油	夏季用 N46 机械油+3%～5%硫化鲸鱼油 冬季用 N32 机械油+3%～5%硫化鲸鱼油	润滑性能好，适于磨高速钢丝锥螺纹

注：表中百分数为质量分数。

7.8　螺纹加工常见问题和解决方法

7.8.1　车削螺纹常见问题、产生原因与解决方法（表 7.8-1）

表 7.8-1　车削螺纹常见问题、产生原因与解决方法

常见问题	产 生 原 因	解 决 方 法
螺纹牙型角超差	1. 刀具刃形刃磨不准确 2. 车刀安装不正确 3. 车刀磨损严重	1. 重新刃磨车刀 2. 车刀刀尖应对准工件轴线，车刀刃形角平分线应与工件轴线垂直，正确选用法向或轴向安装车刀 3. 及时换刀，提高刃磨质量，降低切削用量
螺距超差	1. 机床调整手柄扳错 2. 交换齿轮挂错或计算错误	逐项检查，改正错误
螺距周期性误差超差	1. 机床主轴或丝杠轴向窜动 2. 交换齿轮间隙不当 3. 交换齿轮磨损，齿面有毛刺 4. 主轴、丝杠或交换齿轮轴轴颈径向跳动太大 5. 中心孔圆度误差超差、孔深太浅或与顶尖接触不良 6. 工件弯曲变形	1. 调整机床主轴和丝杠，消除轴向窜动 2. 调整交换齿轮啮合间隙，其值在 0.1～0.15mm 范围内 3. 妥善保管交换齿轮，用前检查、清洗、去毛刺 4. 按技术要求调整主轴、丝杠和交换齿轮轴轴颈跳动 5. 中心孔锥面和标准顶尖接触面不少于 85%；两端中心孔要研磨，使其同轴 6. 合理安排工艺路线，降低背吃刀量
螺距积累误差超差	1. 机床导轨对工件轴线的平行度误差超差或导轨的直线度误差超差 2. 工件轴线对机床丝杠轴线的平行度误差超差 3. 丝杠副磨损过大 4. 环境温度变化太大 5. 切削热、摩擦热使工件伸长 6. 刀具磨损太严重 7. 顶尖顶力太大，使工件变形	1. 调整尾座使工件轴线和导轨平行。刮研机床导轨，提高导轨直线度 2. 调整丝杠或机床尾座使工件和丝杠平行 3. 更换新的丝杠副 4. 工作地要保持温度在规定范围内变化 5. 合理选择切削用量和切削液，切削时加大切削液流量和压力 6. 选用耐磨性强的刀具材料，提高刃磨质量 7. 车削过程中经常调整顶尖压力

（续）

常见问题	产生原因	解决方法
螺纹中径几何形状超差	1. 中心孔质量低 2. 机床主轴圆柱度误差超差 3. 工件外圆圆柱度误差超差，与跟刀架孔配合太松 4. 刀具磨损大	1. 研磨或磨削中心孔，保证圆度和接触精度，两端中心孔要同轴 2. 修理主轴，使其符合要求 3. 提高工件外圆精度，减小配合间隙 4. 提高刀具耐磨性，降低切削用量，充分冷却
螺纹表面粗糙度参数值大	1. 刀具刃口质量差 2. 精车时进给太小产生刮挤现象 3. 切削速度选择不当 4. 切削液的润滑性不佳 5. 机床振动大 6. 刀具前、后角太小 7. 工件可加工性能差	1. 减小前、后刀面的表面粗糙度，减小刀刃钝圆半径，刃口不得有缺陷 2. 使切屑厚度大于刀刃的钝圆半径 3. 合理选择切削速度，避免产生积屑瘤 4. 选用有极性添加剂的切削液，或采用极化处理过的动（植）物油，以提高油膜的强度 5. 提高机床加工系统刚度，增加阻尼，合理选用切削参数，加设消振器等 6. 适当增大前、后角 7. 车螺纹前增加调质工序
扎刀和打刀	1. 刀杆刚性差 2. 车刀安装高度不当 3. 背吃刀量太大 4. 进刀方式不当 5. 刀刃和工件接触太长 6. 机床零部件间的间隙太大 7. 车刀前角太大 8. 工件刚性差	1. 刀头伸出刀架的长度应不大于1.5倍的刀杆高度，采用弹性刀杆，内螺纹车刀刀杆选较硬的材料，并淬火至35~45HRC 2. 车刀刀尖应对准工件轴线，硬质合金车刀高速车削螺纹时，刀尖应略高于轴线，高速钢车刀低速车削螺纹时，刀尖应略低于工件轴线 3. 减小背吃刀量 4. 改径向进刀为斜向或轴向进刀 5. 改变切削图形，缩短刀刃工作长度 6. 调整车床零部件间的间隙，注意减小车床主轴和拖板的间隙 7. 减小车刀前角 8. 采用跟刀架支承工件，采用轴向进刀切削，降低背吃刀量
螺纹乱扣	机床丝杠螺距值不是工件螺距值的整倍数时，返回行程提起了开合螺母	当机床丝杠螺距不是工件螺距整倍数时，返回行程应打反车，不得提起开合螺母
多线螺纹有大小牙	分线不准	提高分线精度

7.8.2 机用丝锥攻螺纹常见问题、产生原因与解决方法（表 7.8-2）

表 7.8-2 机用丝锥攻螺纹常见问题、产生原因与解决方法

常见的问题	产生原因	解决方法
丝锥折断	1. 螺纹底孔选择偏小 2. 排屑不好，切屑堵塞 3. 攻不通孔螺纹，钻孔深度不够 4. 切削速度太高 5. 丝锥与底孔不同轴 6. 丝锥几何参数选择不合适 7. 工件硬度不稳定 8. 丝锥过度磨损	1. 尽可能加大底孔直径 2. 刃磨刃倾角或选用螺旋槽丝锥 3. 加大钻孔深度 4. 适当降低切削速度 5. 校正夹具，选用浮动攻丝卡头 6. 增大丝锥前角，缩短切削锥长度 7. 控制工件硬度，选用保险卡头 8. 及时更换丝锥
丝锥崩齿	1. 丝锥前角选择过大 2. 丝锥每齿切削厚度太大 3. 丝锥硬度过高 4. 丝锥磨损	1. 适当减小前角 2. 适当增加切削锥长度 3. 适当降低硬度 4. 及时更换丝锥
丝锥磨损太快	1. 切削速度太高 2. 丝锥刃磨参数选择不合适 3. 切削液选择不合适 4. 工件材料硬度太高 5. 丝锥刃磨时烧伤	1. 适当降低切削速度 2. 适当减小前角，加长切削锥长度 3. 选用润滑性好的切削液 4. 工件进行适当热处理 5. 正确刃磨丝锥
螺纹中径过大	1. 丝锥精度选择不当 2. 切削液选择不当 3. 切削速度太高 4. 丝锥与工件螺纹底孔不同轴 5. 丝锥刃磨参数选择不合适 6. 刃磨丝锥中产生毛刺 7. 丝锥切削锥长度太短	1. 选择适宜精度的丝锥 2. 选择适宜的切削液 3. 适当降低切削速度 4. 校正夹具，选用浮动攻丝卡头 5. 适当减小前角与切削锥后角 6. 消除刃磨丝锥产生的毛刺 7. 适当增加切削锥长度
螺纹中径过小	1. 丝锥精度选择不当 2. 丝锥刃磨参数选择不合适 3. 切削液选择不合适	1. 选择适宜精度的丝锥 2. 适当加大丝锥前角与切削锥角 3. 选用润滑性好的切削液
螺纹表面不光滑，有波纹	1. 丝锥刃磨参数选择不合适 2. 工件材料太软 3. 丝锥刃磨不良 4. 切削液选择不合适 5. 切削速度太高 6. 丝锥磨损	1. 适当加大前角，减小切削锥角 2. 进行热处理，适当提高工件硬度 3. 保证丝锥前刀面的表面粗糙度值小 4. 选择润滑性好的切削液 5. 适当降低切削速度 6. 更换已磨损的丝锥

7.8.3 弯柄螺母丝锥攻螺纹常见问题、产生原因与解决方法（表 7.8-3）

表 7.8-3 弯柄螺母丝锥攻螺纹常见问题、产生原因与解决方法

常见的问题	产生原因	解决方法
螺纹中径尺寸过大、中径有锥度	1. 丝锥中径尺寸超差 2. 丝锥刃磨圆跳动超差 3. 螺母送进方向与丝锥中心线倾斜 4. 推杆送进量与螺距不符 5. 螺母底孔与六面体外接圆的同轴度误差超差 6. 螺母端面与内孔轴线的垂直度误差超差	1. 检查并更换丝锥 2. 正确刃磨丝锥 3. 正确调整机床 4. 检查凸轮，保证送进量与螺距相同 5. 控制同轴度误差在允许范围内 6. 控制垂直度误差，使其不大于 0.1mm

（续）

常见的问题	产 生 原 因	解 决 方 法
螺纹攻偏	丝锥旋转轴线与螺母轴线不同轴	校正机床，保证同轴度不大于 0.15mm
丝锥损坏	1. 螺母内孔尺寸太小 2. 攻螺纹时螺母之间距离太小 3. 丝锥槽内切屑积累太多 4. 推杆送进量大于螺母的螺距 5. 螺母孔轴线与端面的垂直度误差超差 6. 丝锥磨损未及时更换 7. 推杆送进螺母的轴线与丝锥的轴线倾斜	1. 保证螺母内孔尺寸在规定公差之内 2. 增加螺母间的距离 3. 增加切削液供应量 4. 正确设计、制造凸轮 5. 控制垂直度误差，使其不大于 0.1mm 6. 按时强制更换丝锥 7. 检查、修磨推杆的端面

7.8.4　梳刀螺纹切头加工螺纹常见问题、产生原因与解决方法（表 7.8-4 和表 7.8-5）

表 7.8-4　圆梳刀螺纹切头加工螺纹中常见问题、产生原因与解决方法

常见的问题	产 生 原 因	解 决 方 法
螺纹牙顶单面较宽	1. 工件与切头不同轴 2. 工件弯曲 3. 拖板调整过紧，没有浮动量	1. 调整工件与切头的同轴度 2. 校直工件 3. 增大浮动量，适当调整拖板松紧度
螺纹牙顶在全长上不一样	1. 工件弯曲 2. 工件轴线倾斜	1. 校直工件 2. 调整工件轴线
螺纹牙型在全长上过切	1. 拖板调整太紧 2. 一套梳刀内 1/4 螺距偏移超差 3. 梳刀在卡爪上安装不正确，有间隙	1. 适当调松拖板 2. 检查调换梳刀 3. 擦净支承面，正确安装、紧固梳刀
螺纹前端被切小，螺纹呈锥形	1. 轴向进给力不适宜 2. 工件轴线倾斜	1. 进给力要适当 2. 调整工件轴线，并正确夹紧
螺纹升角有变化	四个梳刀或卡爪不是一套	调换全套梳刀
螺纹乱扣	1. 梳刀顺序装错 2. 初始切入过程中进给力不合适 3. 梳刀前刀面产生积屑瘤 4. 梳刀崩齿	1. 按梳刀编号正确安装梳刀 2. 保持适当的进给力 3. 消除积屑瘤的产生 4. 调换梳刀
螺纹表面粗糙，有撕裂现象	1. 前角选择太小 2. a 值与 λ_s 角选用过大 3. 梳刀磨损 4. 梳刀前刀面的表面粗糙度值较大 5. 切削速度太高 6. 冷却不够，切削液质量不好 7. 毛坯直径选择过大	1. 适当加大前角 2. 适当减小 a 值与 λ_s 角 3. 及时更换梳刀 4. 梳刀前刀面增加精磨或抛光工序 5. 降低切削速度 6. 充分冷却，选择适当的切削液 7. 适当减小毛坯直径
螺纹表面有波纹	1. a 值太小 2. 梳刀与星形齿轮有间隙，切削时振动 3. 切头跳动，梳刀切削负载不均匀	1. 增大 a 值 2. 消除间隙，将梳刀紧固好 3. 调整切头，保证圆跳动不大于 0.05mm
螺纹表面粗糙度不稳定	1. 切削速度选择不当 2. 梳刀前刀面产生积屑瘤 3. 梳刀严重磨损	1. 正确选择切削速度 2. 降低梳刀前刀面表面粗糙度值 3. 及时更换梳刀
螺纹中径有锥度	卡爪与切头 T 形槽配合间隙太大	更换切头和卡爪

（续）

常见的问题	产生原因	解决方法
螺距伸长	1. a 值与 λ_s 角太小 2. 拖板调整太紧	1. 适当增大 a 值与 λ_s 角 2. 适当调整拖板松紧
螺纹中径呈椭圆形	1. 工件不圆，切削余量不均匀 2. 切头跳动	1. 切螺纹前加工工件外圆 2. 正确安装切头，消除跳动
螺纹中径尺寸不稳定	1. 梳刀磨损 2. 工件硬度不一致 3. 卡爪磨损 4. 梳刀在卡爪上紧固不好	1. 及时更换梳刀 2. 提高热处理质量，同批工件硬度应相差不大 3. 更换卡爪 4. 将梳刀正确紧固
梳刀切削困难，工件发热严重	a 值太大	减小 a 值，重新刃磨梳刀
螺纹切头张开不灵活，梳刀卡住工件	1. a 值太小 2. 梳刀刃磨后，刀齿间有毛刺 3. 工件装夹不正 4. 卡爪与切头配合不良 5. 切头安装跳动量大	1. 增大 a 值 2. 梳刀刃磨后清除毛刺 3. 调整台虎钳中心 4. 更换切头、卡爪 5. 重新安装螺纹切头
梳刀寿命低	1. 梳刀材料或热处理不好 2. 前角小，切削部分短 3. 切削速度太高 4. 梳刀前刀面表面粗糙度值较大 5. 切削螺纹时冷却不良 6. 梳刀刃磨退火	1. 选用好材料，正确热处理 2. 增大前角，尽可能采用小的主偏角 3. 适当降低切削速度 4. 增加精磨或抛光工序 5. 充分供应切削液 6. 用湿磨代替干磨
梳刀切削时崩齿	1. 切头安装紧固不良，有跳动 2. a 值小，切头张开不灵活 3. 毛坯直径过大，弯曲严重 4. 梳刀磨损过度 5. 进刀过猛，加工中有振动产生 6. 梳刀前角选用过大 7. 梳刀在卡爪上紧固不良 8. 梳刀热处理不良，碳氮共渗层过深 9. 工件韧性太大	1. 正确装夹切头，使圆跳动不大于0.05mm 2. 增大 a 值与刃倾角 3. 校正毛坯，减小外径 4. 及时更换、刃磨梳刀 5. 平稳引进，消除振动 6. 适当减小前角 7. 正确紧固梳刀 8. 正确进行热处理，碳氮共渗层不大于0.03mm 9. 将工件进行正火或调质处理

表7.8-5　平梳刀螺纹切头加工外螺纹常见的问题、产生原因与解决方法

常见的问题	产生原因	解决方法
梳刀不张开	1. 梳刀与螺纹切头配合处不清洁 2. 弹簧力量不足 3. 梳刀切削刃提升量 a 值小	1. 清洗螺纹切头配合处，涂润滑油 2. 更换弹簧 3. 加大梳刀切削刃提升量
梳刀崩齿	1. 螺纹切头张开不灵活 2. 切螺纹前工件直径过大 3. 梳刀前角选用过大 4. 梳刀磨损过度	1. 清洗螺纹切头 2. 工件直径误差控制在公差以内 3. 适当减小前角 4. 及时更换梳刀

（续）

常见的问题	产生原因	解决方法
螺纹乱扣	1. 梳刀顺序号装错 2. 梳刀前刀面产生积屑瘤 3. 梳刀崩齿	1. 按编号顺序正确安装梳刀 2. 消除积屑瘤产生的因素 3. 调换梳刀
梳刀寿命低	1. 切削速度选择太高 2. 切削部分短 3. 切削液选择不适当	1. 选择合理的切削速度 2. 尽可能采用小的主偏角 3. 正确选用切削液

7.8.5 滚压螺纹常见问题、产生原因与解决方法

1. 滚丝轮滚压螺纹常见问题、产生原因与解决方法（表7.8-6）

表7.8-6 滚压螺纹时常见问题、产生原因与解决方法

问题	产生原因	解决方法
毛刺，细屑	1. 两滚丝轮错开 $P/2$ 不准 2. 坯件过大 3. 材料不适于冷压加工 4. 原材料裂纹 5. 工件支承板太低	1. 调准滚轮位置 2. 控制坯件直径，检查滚轮牙型 3. 用料须符合滚压要求 4. 控制原材料质量 5. 调整支承板
螺纹乱扣	1. 两滚丝轮错开 $P/2$ 不准 2. 滚丝轮设计、制造不正确	1. 准确错开 $P/2$ 2. 检查滚丝轮
螺纹尺寸超差 1. 中径、大径都大 2. 中径大，大径对 3. 中径大，大径小 4. 中径对，大径大 5. 中径对，大径小 6. 中径小，大径大 7. 中径小，大径对 8. 中径、大径均小	1. 坯件直径大 2. 滚丝轮牙顶不够高 3. 滚丝轮压入不够或牙底高太小 4. 滚丝轮牙底高太大 5. 坯件直径小或牙顶高不够 6. 挤压力太大或牙底高太大 7. 坯件直径小或牙底高太大 8. 坯件直径小	1. 采用合适的坯料直径 2. 检查滚丝轮 3. 正确调整并检查滚丝轮 4. 检查滚丝轮 5. 检查坯件和滚丝轮 6. 正确调整并检查滚丝轮 7. 检查坯件和滚丝轮 8. 检查坯件
螺纹大径不圆	1. 坯件不圆 2. 工件在滚轮间持续转数不够或放松太快 3. 材料延展性不好	1. 控制坯件质量 2. 延长持续时间和减慢滚丝轮退出速度 3. 改善材料性能
螺纹出现锥度 1. 中径直、大径有锥度和螺纹前端不充满 2. 中径和大径均有锥度	1. 坯件有锥度 2. 坯件有锥度或两个滚丝轮心轴不平行	1. 控制坯料质量 2. 检修机床
螺距不对	1. 滚丝轮螺距不对 2. 材料硬度过高，热胀冷缩太大	1. 检查滚丝轮 2. 控制材料硬度
螺纹牙型变瘦	1. 滚丝轮牙型不正确 2. 两滚丝轮错开 $P/2$ 不准	1. 检查滚丝轮牙型 2. 准确错开 $P/2$
在螺纹长度上产生鼓形或凹形	1. 滚丝轮长度上直径不一致 2. 坯料直径有鼓形或凹形 3. 工件轴线与滚丝轮轴线不在同一平面内	1. 检查滚丝轮直径 2. 控制坯件质量 3. 调整好支承板

（续）

问　　题	产 生 原 因	解 决 方 法
螺纹开裂	1. 坯件有裂纹 2. 滚压力太大	1. 控制坯件质量 2. 选择适当的滚压力
螺纹表面粗糙度值太大	1. 滚丝轮牙型表面粗糙度值太大 2. 滚丝轮崩齿严重 3. 两滚丝轮错开 $P/2$ 不准 4. 材料延展性不够	1. 减小滚丝轮牙型表面粗糙度值 2. 调换滚丝轮 3. 准确错开 $P/2$ 4. 改善材料性能
螺纹牙顶擦伤	1. 支承片太粗糙 2. 支承片太软 3. 支承片安装过低 4. 切削液太脏	1. 减小支承片表面粗糙度值 2. 提高支承片硬度 3. 调整支承片合适高度 4. 调换和过滤切削液
空心工件孔压扁	1. 未用心棒支承 2. 滚压速度和进给太快 3. 工件孔壁太薄，不宜滚压	1. 采用心棒支承 2. 降低速度和减小进给量 3. 不采用滚压法
空心工件孔扩大	1. 心棒配合太紧 2. 滚压速度太快 3. 坯件直径太大 4. 孔壁太薄，不宜滚压	1. 改善心棒配合 2. 降低滚压速度 3. 减小坯料直径 4. 不采用滚压法
空心工件螺纹产生锥度	1. 心棒有锥度 2. 滚压速度太快 3. 滚丝轮有锥度 4. 两滚丝轮轴线不平行	1. 改善心棒配合 2. 降低滚压速度 3. 调换合格滚丝轮 4. 检修机床
工件产生轴向移动	1. 滚丝轮中径与工件中径比不对 2. 坯料直径过大或过小	1. 核对滚丝轮设计和制造 2. 控制坯件直径精度
工件向上抬起	支承片装得过高	调整好支承片
滚压过程中工件过热	1. 转速过高，进给太快，压力过大 2. 切削液不充分	1. 调整转速、进给量和压力 2. 加大切削液流量
滚丝轮螺纹在工件倒角处损坏	1. 工件倒角过陡 2. 倒角的最小直径过大	改善工件倒角尺寸
滚丝轮螺纹崩牙	1. 滚压进给深度超过螺纹深度 2. 坯件直径太大 3. 工件卡住不转 4. 工件台肩与滚丝轮端面相碰 5. 滚丝轮材料与热处理质量不好	1. 控制进给深度 2. 控制坯件直径 3. 调整好支承片高度 4. 采用弹性定位器 5. 改善滚丝轮材质与热处理质量

2. 搓丝板搓螺纹常见问题、产生原因与解决方法（表 7.8-7）

表 7.8-7　搓丝板搓螺纹常见问题、产生原因与解决方法

常 见 问 题	产 生 原 因	解 决 方 法
产生毛刺及细切屑	1. 两搓丝板错开 $P/2$ 不准 2. 搓丝板安装倾斜 3. 进料打滑 4. 搓丝板螺纹升角不对 5. 搓丝过满	1. 调准 $P/2$ 2. 正确安装 3. 改善压入部分 4. 修理或重新调整搓丝板 5. 减小坯件直径

（续）

常见问题	产生原因	解决方法
螺纹乱扣	1. 两搓丝板错开 $P/2$ 不准 2. 进料时打滑或不垂直 3. 搓丝板安装倾斜 4. 搓丝板螺纹升角不对 5. 搓丝板丝条弯曲	1. 调准 $P/2$ 2. 改善压入部分，调好进料机构 3. 重新调整 4. 修理或重新调整搓丝板 5. 调换搓丝板
螺纹尺寸超差 1. 中径、大径都大 2. 中径大，大径对 3. 中径大，大径小 4. 中径对，大径大 5. 中径对，大径小 6. 中径小，大径大 7. 中径小，大径对 8. 中径、大径都小	1. 坯件直径过大 2. 坯件直径大，搓丝板牙顶高不够 3. 搓丝板挤入不够，牙底高太浅 4. 坯件直径大，牙底高太深 5. 坯件直径小，牙顶高不够 6. 挤压力太大，牙底高太深 7. 坯件直径小，牙底高太深 8. 坯件直径小	1. 选用合适的坯件直径 2. 检查搓丝板牙型的设计和制造是否正确 3. 正确调整、检查搓丝板 4. 检查坯件直径、搓丝板 5. 检查坯件直径、搓丝板 6. 正确调整、检查搓丝板 7. 检查坯件直径、搓丝板 8. 检查坯件直径
螺纹不圆	1. 坯件不圆或直径过大 2. 工件出口时滚压力太大 3. 搓丝板压入部分太短 4. 搓丝板长度太短 5. 坯料延展性不好	1. 控制坯件质量 2. 调整好搓丝板 3. 改善压入部分形式 4. 改进搓丝板设计 5. 改善坯件滚压性能
螺纹出现锥度 1. 中径直，大径有锥度或前端螺纹不充满 2. 中径和大径均有锥度	1. 坯件有锥度 2. 两块搓丝板不平行	1. 控制坯件质量 2. 调整好搓丝板
螺纹牙型变瘦	1. 搓丝板牙型不正确 2. 两搓丝板错开 $P/2$ 不准 3. 搓丝板牙纹扭曲	1. 修理或调换搓丝板 2. 调准 $P/2$ 3. 调换搓丝板
螺纹在长度上成鼓形或凹形	1. 坯件有鼓形或凹形 2. 搓丝板牙纹表面不平直	1. 控制坯件质量 2. 控制搓丝板质量
螺纹搓裂	1. 原材料有裂纹 2. 坯件可塑性太差 3. 滚压力过大（通常在结束时） 4. 搓丝板太长，使滚压圈数过多而产生金属疲劳	1. 控制原材料质量 2. 提高坯件退火质量 3. 调整好搓丝板或改善压入部分 4. 改进搓丝板设计
牙尖宽窄不匀	1. 搓丝速度过快 2. 坯件外圆呈椭圆、棱圆状 3. 坯件硬度不均匀	1. 改用相应速度的搓丝机 2. 改善坯件质量 3. 提高坯件退火质量
坯料不易进入或有打滑现象	1. 压入部分过长 2. 压入部分斜角选择不当	1. 可开制横向槽纹 2. 选用合适斜角
搓丝板崩齿	1. 工件倒角过陡 2. 坯件直径过大 3. 搓丝板材料与热处理质量不高	1. 改善工件倒角 2. 控制坯件直径 3. 改善搓丝板材质与热处理质量

3. 螺纹滚压头滚压螺纹常见问题、产生原因与解决方法（表 7.8-8）

表 7.8-8 螺纹滚压头（三轮）滚压螺纹常见问题、产生原因与解决方法

常见的问题	产生原因	解决方法
螺纹乱扣，多线	1. 滚轮安装顺序不对 2. 滚轮基面错开 $P/3$ 不准	1. 检查滚轮套号、顺序号及安装方向 2. 更换合格滚轮
滚轮张开不灵活	1. 拉簧拉力不足 2. 拉簧卡在环槽中 3. 端盖压住滚轮或偏心轴 4. 拨销卡在偏心轴槽内 5. 拨环转动不灵活 6. 坯件与滚压头中心偏斜 7. 坯件直径过大 8. 坯件弯曲 9. 滚压速度过高	1. 更换拉簧，增加拉力 2. 检查拉簧装配或更换拉簧 3. 调整端盖并正确安装 4. 检查滚压头有关部件的磨损情况、配合状态、是否有毛刺等 5. 检查滚压头有关部件的磨损情况、配合状态、是否有毛刺等 6. 调整好坯件装夹状态 7. 控制坯件直径精度 8. 控制坯件质量或校直 9. 降低速度
滚轮张开量不够，工件退不出	1. 定位插销退出量不够 2. 滚轮外径设计不对	1. 在张开位置时，使插销留在定位套中的长度不大于 2mm 2. 核对滚轮设计
坯件不易进入滚压头和端部，产生飞边或毛刺	1. 坯件送进力不够 2. 坯件与滚压头中心未对正 3. 坯件端部未倒角 4. 滚轮压入锥部形式不合适 5. 滚压速度过低	1. 加大送进力 2. 调整好坯件装夹 3. 端面倒角 4. 选择合适形式 5. 提高速度
螺纹中径尺寸不稳定	1. 滚压头各部件磨损，间隙过大 2. 坯件直径超差 3. 坯件硬度不均匀 4. 坯件未夹紧	1. 更换滚压头或更换部件 2. 控制坯件直径精度 3. 控制坯件硬度 4. 夹紧坯件
螺纹中径尺寸不能调小	1. 坯件直径大 2. 滚轮牙顶高过大 3. 三个滚轮相碰	1. 控制坯件直径 2. 检查和修磨滚轮牙顶 3. 修改滚轮设计
中径尺寸已小于下限，过通端环规仍通不过	1. 滚压时螺纹产生热胀冷缩，螺距变形过大 2. 滚轮错开 $P/3$ 超差 3. 牙型角畸变 4. 螺旋线扭曲	1. 充分浇注切削液，当螺距变形有规律时可修正滚轮牙距 2. 修正滚轮 $P/3$ 的误差 3. 修正滚轮牙型角 4. 调整坯件与滚压头保持同轴，检查和调整滚轮轴向间隙及滚轮孔径与偏心轴的配合间隙不大于 0.015mm
螺纹中径出现锥度	1. 滚轮孔径与偏心轴配合间隙过大 2. 滚轮倒锥不够 3. 坯件直径有锥度 4. 坯件中心与滚压头中心偏斜 5. 滚压头圆跳动过大	1. 检查调整配合间隙，使其不大于 0.015mm 2. 修磨滚轮倒锥 3. 控制坯件直径精度 4. 调整坯件装夹位置 5. 使滚压头的圆跳动不大于 0.05mm
螺纹不圆，有三棱形或一边牙尖、一边牙平	1. 坯件与滚压头轴线未对正 2. 坯件夹持偏斜 3. 坯件不圆或弯曲	1. 对正轴线 2. 夹正工件 3. 控制坯件精度

（续）

常见的问题	产生原因	解决方法
滚轮粘屑	1. 切削液不充分 2. 坯件滑动 3. 坯件材质不好 4. 滚轮牙型的表面粗糙度值太大	1. 加大切削液流量 2. 夹紧坯件 3. 改善坯件材质的滚压性能 4. 减小滚轮牙型的表面粗糙度值
螺纹表面粗糙度值太大	1. 细小铁屑挤入坯件与滚轮中间 2. 坯件与滚轮之间产生滑动 3. 滚轮粘屑 4. 滚轮压入锥部严重崩牙 5. 滚轮牙型的表面粗糙度值太大 6. 螺纹两侧面有台阶 7. 切削液太脏	1. 加大切削液流量 2. 检查滚轮转动是否阻滞并有夹紧坯件现象 3. 防止粘屑 4. 更换滚轮 5. 减小滚轮牙型的表面粗糙度值 6. 滚轮准确错开 $P/3$ 7. 过滤切削液
螺纹裂纹	1. 坯件有裂纹 2. 滚压速度过高	1. 控制坯件质量 2. 选用合适的速度
螺纹牙顶、牙侧产生毛刺、碎屑	1. 滚轮间尺寸调整得过小 2. 坯件直径过大，滚轮牙底参加挤压 3. 滚轮牙底高度不够 4. 滚轮牙顶高过大	1. 调整到合适的尺寸 2. 控制坯件直径精度 3. 修磨滚轮牙底 4. 修磨滚轮牙顶
滚轮寿命低	1. 坯件硬度太高 2. 滚轮硬度太低 3. 滚轮表面脱碳、烧伤 4. 切削液不充分 5. 滚压速度过高	1. 降低坯件硬度 2. 提高滚轮硬度，采用优质材料 3. 正确热处理和防止磨削烧伤 4. 加大切削液流量 5. 选择合适的速度
滚轮崩齿、碎裂	1. 坯件直径过大或混入大尺寸坯件 2. 滚轮间尺寸调整过小 3. 滚压头自动张开失灵 4. 切削液脏 5. 滚轮孔壁厚度太小	1. 控制坯件直径及严格管理坯件 2. 滚轮尺寸调整合适 3. 检查滚压头各部件的配合 4. 过滤切削液 5. 改进滚轮设计

7.8.6　磨螺纹常见问题、产生原因与解决方法（表7.8-9）

表7.8-9　磨螺纹常见问题、产生原因与解决方法

常见问题	产生原因	解决方法
螺距误差	工作台爬行	清除导轨槽中的脏物，避免因钢带受阻而影响工作台移动 在导轨上涂防爬油
	工件冷却不良	加大切削液流量，均匀喷在磨削区 在工件的全长上装上淋浴式冷却管，使工件全长温度均匀
	螺距校正尺调整不当	使校正尺两个调整螺钉顶住校正尺，用力要适当
	机床丝杠磨损或变形	更换为合格丝杠 丧失原始精度的丝杠可利用研磨或修磨纠正
	床头顶尖跳动量过大	调整床头顶尖跳动量，使其不超过规定范围
	工件热变形弯曲	适当调整顶尖弹簧压力，以补偿工件热伸长

（续）

常见问题	产生原因	解决方法
螺距误差	机床丝杠精度不高	丝杠精度应比螺纹工件精度高一级。丝杠保证轴向跳动小于0.001mm，径向跳动小于0.005mm
	机床丝杠热变形伸长	保证丝杠副润滑油充足，减少热变形 开机后1h，机床达到热平衡后，用校正尺校正螺距后再磨螺纹
	室温变化过大	精密螺纹磨床应在恒温条件下（20℃±1℃）使用
	机床交换齿轮比值误差大	交换齿轮的实际比值与理论值之间的恒定差值应尽量小
	工件的加工基面不良	与机床顶尖相配的中心孔接触面积应在80%以上，中心孔锥孔大头端与顶尖接触面积要大一些
牙型误差	金刚笔未固定紧，修整时产生微量移动	金刚笔与笔夹配合牢固 金刚笔伸出不宜过长
	金刚笔钝化或粒度太细	金刚笔应更换或转个安装角度 金刚笔颗粒尺寸至少应为砂轮颗粒尺寸的两倍
	修整砂轮时，金刚笔行程不均匀	精磨修整时进给量要小，速度要慢而均匀
	修整器磨损或调整不当	检修修整器，使其精度达到设计要求 防止脏物进入回转轴及各活动接触面 调整尺寸、位置、角度应准确，并紧固各部件
	砂轮磨损	选择较高的砂轮硬度 提高砂轮转速 重新修整和更换砂轮 粗磨、精磨分开
	修整器每次进给后重复修整砂轮的次数不一致	每次进给后，要保持相同的砂轮修整次数
	测量基准误差	正确修磨工件的基面，如中心孔、工件侧素线等
	砂轮含杂质或组织不均匀	更换新砂轮，选择质地较好的砂轮
	磨削$P=1$mm以下的螺纹，牙型角容易出现不稳定	用粉状金刚笔修正
	工件螺纹升角引起砂轮的干涉	螺纹升角大于5°时，应对砂轮截形进行修正
中径精度误差	头架顶尖跳动过大	重磨顶尖，使其全跳动不大于0.002mm
	头、尾架顶尖松动	装顶尖前擦净结合面上的润滑油，使锥面贴合牢靠 不许往锥孔内注大量润滑油
	中心孔受力变形	夹头螺钉不可拧得过紧，防止夹紧后中心孔变形
	砂轮架快速进给重复定位精度差	保证重复定位精度在0.005mm以内
	横进给手轮的刻度值与实际进给量不符，手轮重复定位精度不稳定	检修横进给部件，提高重复定位精度
	砂轮磨损快，使中径增大	选择较硬砂轮或经常修整砂轮

（续）

常见问题	产生原因	解决方法
中径精度误差	磨削高精度螺纹，由于热胀冷缩引起中径变化	掌握热变形的规律 用比较法测量中径
	量具操作方法不当或量具本身误差未修正	掌握正确的中径测量方法 根据量具、量棒误差值进行修正
	头、尾架的侧素线与工作台运动方向有偏差	用标准试棒校正侧素线
	床身导轨安装不当会水平走动或局部磨损严重	重新进行床身水平调整 修复导轨精度
	液压导轨因润滑浮力过大或过小，使工作台在运动时产生摆动	调整导轨润滑油压力
	磨削长丝杠中心架未调整好或头、尾架顶尖轴线与工作台运动方向不平行	正确调整中心架 将头、尾架顶尖轴线与工作台运动方向调整平行
	磨削热使工件伸长	磨削时要经常扳动尾架压力手柄，保持尾架压力均匀
	磨细长丝杠时，丝杠支承在中心架处的外圆不圆或弯曲	修磨丝杠外圆，圆度误差应在公差范围之内
	精磨时，砂轮磨削工件的小径引起工件弯曲	精磨时须将砂轮牙顶打宽，使砂轮磨不到工件小径
	中心孔不良，顶尖接触不好，尾架压力过紧	修磨中心孔，顶尖保持良好接触 经常调节尾架压力
	头架拨盘旋转偏心超差，通过夹头脚传给工件	拨盘上的螺钉与夹头脚间应有少量间隙，不可紧死
牙侧表面粗糙度值大	机床刚性不足	选择刚性好的机床和夹具，用多线砂轮磨螺纹时应特别注意
	磨床未预运转	工作前应先空转1h
	外界振动传入	安装时远离振源，并设防振沟
	砂轮不平衡	新砂轮应分粗、精修整，并进行两次平衡 使用中，砂轮不应积聚切削液，下班前应空转10min，甩去砂轮间隙中的切削液
	磨削用量不当，背吃刀量大，工件转速快	适当减小背吃刀量，降低工件转速，提高砂轮转速
	砂轮法兰盘内孔锥度与主轴锥度有误差	磨法兰盘锥孔时应与机床配磨，锥孔接触面应达90%以上
	切削液黏度小，润滑性能差	选择黏度较大的硫化油作为切削液，并可加入少量鲸鱼油
	工件过细，刚性差	多线砂轮磨削螺纹时，工件直径应大于M8
	平衡架安装不良	平衡架基础应坚实，使用前用精密水平仪校平

（续）

常见问题	产 生 原 因	解 决 方 法
牙侧表面粗糙度值大	砂轮传动带传动不良	传动带不得过松或过紧 用多条带传动时，传动带长度应一致 保证传动带截面形状均匀、无扭曲变形
	变速传动带传动不平衡	正确紧牢传动带，清除带轮端面上凹坑里堵塞的泥沙与脏物
	砂轮修整粗糙	粗修后应精修，选择锋利的金刚石修整砂轮，修整时速度要慢，进给量要小
	砂轮粒度粗、硬度过小	选择粒度较细、较硬的砂轮，并精确平衡与修整
	丝杠轴向窜动	消除间隙，调整螺母松紧适当
	切削液太脏	定期更换切削液，并清洗油池
	电动机振动大	电动机不应超过平衡标准
表面烧伤	对刀不准使砂轮单边磨削量大	涂色检查对准位置，宜用铬刚玉砂轮
	砂轮偏心	平衡好砂轮，使周边切削量均匀
	砂轮粒度细、硬度高	选粒度粗一级、硬度低一级的砂轮
	砂轮进给量过大、转速过高	减小进给量和转速或增加走刀次数
	砂轮磨钝	及时正确修整砂轮
	切削液不足	加大切削液流量，并喷注在磨削区
	多线砂轮主偏角过大	主偏角可降到 5°15′
牙底形状误差	砂轮直径已磨小	更换新砂轮，提高砂轮转速
	砂轮选择不当	选较细、较硬的砂轮 提高砂轮转速，降低工件转速与背吃刀量
	砂轮磨损	在精磨工件前，应精修砂轮
	砂轮牙尖崩裂	用金刚笔由里向外、慢速均匀修整砂轮
	磨削梯形螺纹，由于砂轮宽度不正确，造成小径呈台阶形	正确计算砂轮宽度，并保持磨削过程中砂轮宽度不变
	砂轮架螺旋角未扳正确，造成干涉，底径不尖	按计算公式正确扳准螺旋角，并注意左、右旋方向
	砂轮未平衡好或机床振动大	精确平衡砂轮，减少机床的振动
	砂轮主轴间隙过大，轴向窜动严重	调整或修复砂轮主轴的几何精度
表面波纹	砂轮的传动带松动	传动带松紧程度调整适当 用多条带传动时，传动带长度应一致
	砂轮架电动机振动	电动机底座的紧固螺钉应紧牢 电动机的转子、风扇叶、带轮和滚珠轴承等零件应严格平衡
	砂轮架主轴与滑动轴承间隙过大	砂轮架主轴与滑动轴承磨损后应调整好间隙
	砂轮主轴两端轴承同轴度不好	对轴承进行修研，校正其同轴度
	砂轮主轴的轴颈部位圆度不好，或已烧伤	将主轴修复至原来要求的精度

（续）

常见问题	产 生 原 因	解 决 方 法
表面波纹	砂轮法兰盘或带轮内孔与主轴锥面接触不良	修复后涂色检查，接触面应在80%以上
	轴承与箱体内的锥孔配合接触不良	修复后涂色检查，接触面应在80%以上
	砂轮硬度偏高、粒度偏细	选择硬度低一级、粒度粗一级的砂轮
	砂轮平衡两次，但仍不精确	再次平衡砂轮，平衡架水平位置应精确
	切削液渗透在砂轮气孔内，造成砂轮失去平衡	磨完工件后，先关闭切削液，使砂轮空转5min，甩掉切削液
	工件中心孔锥面有多角形或与顶尖接触不良	中心孔重新研磨修整，锥孔大头端接触面积要多一些
	采用中心架支承磨螺纹时，工件支承部分外圆上有波纹	用外圆磨床磨削支承部分外圆，不许有明显波纹
	螺纹磨床附近有振源	在螺纹磨床周围，不准安装产生大振动的设备，安装机床的地面基础应设有防振沟将机床与周围隔开

7.9　螺纹测量

普通螺纹的基本牙型和主要参数定义见表7.9-1。

表7.9-1　普通螺纹的基本牙型和主要参数定义（GB/T 192—2003、GB/T 14791—2013）

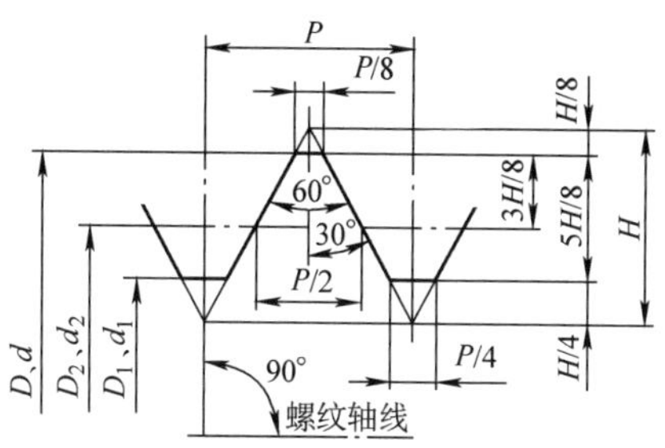

术　语	代　号	定　义
中径	D_2、d_2	一个假想圆柱的直径，该圆柱的素线通过牙型上沟槽和凸起宽度相等的地方，该假想圆柱称为中径圆柱。D_2 用于内螺纹，d_2 用于外螺纹
单一中径		一个假想圆柱的直径，该圆柱的素线通过牙型上沟槽宽度等于$\frac{1}{2}$基本螺距的地方
螺距	P	相邻两牙在中径线上对应两点间的轴向距离
大径	D、d	与外螺纹牙顶或内螺纹牙底相切的假想圆柱的直径。D 用于内螺纹，d 用于外螺纹
小径	D_1、d_1	与外螺纹牙底或内螺纹牙顶相切的假想圆柱的直径。D_1 用于内螺纹，d_1 用于外螺纹
导程	P_h	同一条螺旋线上的相邻两牙在中径线上对应两点间的轴向距离
牙型角	α	在螺纹牙型上，两相邻牙侧间的夹角
牙型半角	$\alpha/2$	牙型角的一半
螺纹升角	ϕ	在中径圆柱上，螺旋线的切线与垂直于螺纹轴线的平面的夹角

7.9.1 螺纹的综合测量

普通螺纹量规是用于对内、外螺纹进行综合测量的工具，用它来控制外螺纹作用中径最大值、单一中径最小值及内螺纹作用中径最小值、单一中径最大值。

螺纹量规基本上体现了中径合格性的判断原则。由于螺纹量规检验属于模拟装配式的验收方法，不但方便、可靠，而且与普通螺纹的精度要求相当，因此已成为目前实际生产中使用最普遍的验收方式。

螺纹量规根据使用性能分为工作螺纹量规、校对螺纹量规和验收螺纹量规。工作量规和部分校对量规的名称、代号、功能、特征及使用规则见表 7.9-2。

表 7.9-2 螺纹量规的名称、代号、功能、特征及使用规则（GB/T 3934—2003）

螺纹量规名称	代号	功 能	特 征	使 用 规 则
通端螺纹塞规	T	检查工件内螺纹的作用中径和大径	完整的外螺纹牙型	应与工件内螺纹旋合通过
止端螺纹塞规	Z	检查工件内螺纹的单一中径	截短的外螺纹牙型	允许与工件内螺纹两端的螺纹部分旋合，旋合量应不超过两个螺距（退出量规时测定）；若工件内螺纹的螺距少于或等于三个，不应完全旋合通过
通端螺纹环规	T	检查工件外螺纹的作用中径和小径	完整的内螺纹牙型	应与工件外螺纹旋合通过
止端螺纹环规	Z	检查工件外螺纹的单一中径	截短的内螺纹牙型	允许与工件外螺纹两端的螺纹部分旋合，旋合量应不超过两个螺距（退出量规时测定）；若工件外螺纹的螺距少于或等于三个，不应完全旋合通过
校通-通螺纹塞规	TT	检查新的通端螺纹环规的作用中径	完整的外螺纹牙型	应与通端螺纹环规旋合通过
校通-止螺纹塞规	TZ	检查新的通端螺纹环规的单一中径	截短的外螺纹牙型	允许与通端螺纹环规两端的螺纹部分旋合，旋合量应不超过一个螺距（退出量规时测定）
校通-损螺纹塞规	TS	检查使用中通端螺纹环规的单一中径	截短的外螺纹牙型	允许与通端螺纹环规两端的螺纹部分旋合，旋合量应不超过一个螺距（退出量规时测定）
校止-通螺纹塞规	ZT	检查新的止端螺纹环规的单一中径	完整的外螺纹牙型	应与止端螺纹环规旋合通过
校止-止螺纹塞规	ZZ	检查新的止端螺纹环规的单一中径	完整的外螺纹牙型	允许与止端螺纹环规两端的螺纹部分旋合，旋合量应不超过一个螺距（退出量规时测定）
校止-损螺纹塞规	ZS	检查使用中止端螺纹环规的单一中径	完整的外螺纹牙型	允许与止端螺纹环规两端的螺纹部分旋合，旋合量应不超过一个螺距（退出量规时测定）

7.9.2 外螺纹单项参数测量

对精度要求较高的螺纹需要对其主要参数进行单项测量。测量外螺纹单项参数的常用测量方法和测量误差见表 7.9-3。

表 7.9-3　外螺纹单项测量方法及测量误差　　(μm)

测量参数	测量方法及工具			测量误差		
				中径 d_2/mm		
				1~18	>18~50	>50~100
中径 d_2	螺纹千分尺			测量误差较大，一般为 0.1mm		
	量针测量			用各种测微仪和光学计测量中径 1~100mm，用 0 级量针、1 级量块，测量误差为 1.4~2.0μm；用 1 级量针、2 级量块，测量误差为 2.6~3.8μm		
	万能工具显微镜	影像法	$\alpha=60°$	8.5	9.5	10
			$\alpha=30°$	12	13	14
		轴切法		2.5	3.5	4.5
	大型工具显微镜	轴切法		4.0	5.0	6.0
螺距 P	万能工具显微镜	影像法		3.0	4.0	5.0
		轴切法		1.5	2.5	3.0
		干涉法		1.5	2.0	3.0
		光学灵敏杠杆		2.0	2.5	3.0
	大型工具显微镜	影像法		4.0	5.0	6.0
		轴切法		2.5	3.5	4.0
牙型半角 $\alpha/2$	大型与万能工具显微镜	影像法	$l\leq0.5$mm	$\pm(3+5/l)'$		
			$l>0.5$mm	$\pm(3+3/l)'$		

注：l——被测牙廓长度。

1. 用量针法测量单一中径

用量针法测量单一中径是一种精度较高的测量方法，有三针、双针和单针测量方法，一般多用三针法测量，双针法适于测量扣数少的止端螺纹塞规，单针法适于测量直径大于 50mm 的大尺寸螺纹。量针法测量螺纹中径的计算公式列于表 7.9-4 中。

表 7.9-4　量针法测量螺纹中径的计算公式　　(mm)

测量方法	三针法	双针法	单针法
简图			
通用公式	$d_2=M-d_0\left(1+\dfrac{1}{\sin\dfrac{\alpha}{2}}\right)+\dfrac{P}{2}\cot\dfrac{\alpha}{2}$	$d_2=M-d_0\left(1+\dfrac{1}{\sin\dfrac{\alpha}{2}}\right)-\dfrac{P^2}{8(M_2-d_0)}+\dfrac{P}{2}\cot\dfrac{\alpha}{2}$	$d_2=2M_1-d-d_0\left(1+\dfrac{1}{\sin\dfrac{\alpha}{2}}\right)+\dfrac{P}{2}\cot\dfrac{\alpha}{2}$
$\alpha=60°$	$d_2=M-A_1$	$d_2=M-A_1-\dfrac{P^2}{8(M_2-d_0)}$	$d_2=2M_1-A_1-d$
$\alpha=55°$	$d_2=M-A_2$	$d_2=M-A_2-\dfrac{P^2}{8(M_2-d_0)}$	$d_2=2M_1-A_2-d$

（续）

测量方法	三针法	双针法	单针法
$\alpha=30°$	$d_2=M-A_3$	$d_2=M-A_3-\dfrac{P^2}{8(M_2-d_0)}$	$d_2=2M_1-A_3-d$
$\alpha=29°$	$d_2=M-A_4$	$d_2=M-A_4-\dfrac{P^2}{8(M_2-d_0)}$	$d_2=2M_1-A_4-d$

注：P——螺距；$\alpha/2$——牙型半角（°）；d_0——量针直径；M、M_2——量针外圆柱素线的测量值，M_2 取在数值最大方向的值；M_1——在螺纹横截面内互相垂直方向上两次测量值的平均值；d——螺纹大径的实际尺寸；$A_1=3d_0-0.8660P$；$A_2=3.1657d_0-0.9605P$；$A_3=4.8637d_0-1.8660P$；$A_4=4.9939d_0-1.9334P$。

用三针法测量时，将三根相同的量针分别放在螺纹两侧的牙槽中，用量具或量仪测量出 M 值，由测得 M 值计算出中径 d_2。用三针法测量多线螺纹单一中径时，量针应安置在同一条螺旋线上的牙槽内，如图 7.9-1 所示。

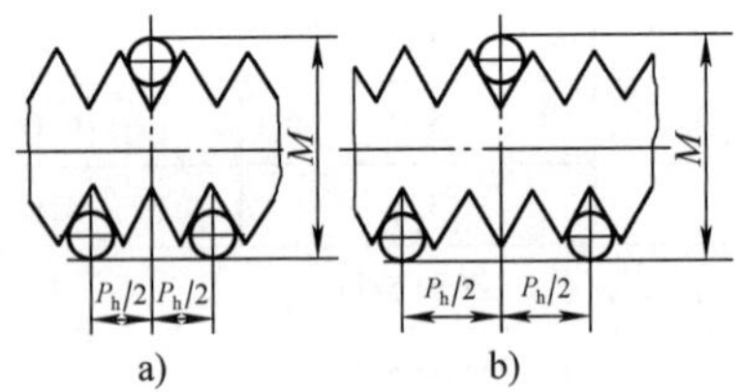

图 7.9-1　用三针法测量多线螺纹单一中径

a）双线螺纹　b）三线螺纹

为了减少牙型半角误差对测量中径的影响，测量前应按下式选择量针直径：

$$d_0=\frac{P}{2\cos\dfrac{\alpha}{2}}$$

上式计算出的直径为量针最佳直径。测量时，选择的量针直径应尽量接近最佳直径。

用表 7.9-4 中的三针法公式计算中径没有考虑量针直径偏差、螺纹升角、测量力对测量结果造成的影响，为提高中径的测量精度，需要进行修正，修正值的计算公式列于表 7.9-5 中。

测量大直径精密螺纹时，因工件本身重量较大，为了减小重量的影响，以立式安置为宜。

表 7.9-5　用量针测量螺纹中径的修正值计算公式

总修正量 $f=f_{\Delta d_k}+f_\phi+f_F$					
项目名称	代号	通用计算公式	不同牙型角的具体计算公式		
			$\alpha=60°$	$\alpha=55°$	$\alpha=30°$
量针直径偏差	$f_{\Delta d_k}$	$-\left(1+\dfrac{1}{\sin\dfrac{\alpha}{2}}\right)\Delta d_k$	$-3\Delta d_k$	$-3.166\Delta d_k$	$-4.864\Delta d_k$
螺纹升角	f_ϕ	$-\dfrac{d_0}{2}\left(\dfrac{nP}{\pi d_2}\right)^2\cos\dfrac{\alpha}{2}\cot\dfrac{\alpha}{2}$	$-0.076d_0\left(\dfrac{nP}{d_2}\right)^2$	$-0.0863d_0\left(\dfrac{nP}{d_2}\right)^2$	$-0.183d_0\left(\dfrac{nP}{d_2}\right)^2$
测量力	f_F	$f_P\sqrt[3]{F^2}$	—	—	—

注：$\Delta d_k=\dfrac{1}{2}\left(\Delta d_{01}+\dfrac{\Delta d_{02}+\Delta d_{03}}{3}\right)$，$\Delta d_{01}$、$\Delta d_{02}$和$\Delta d_{03}$带正、负号；$\Delta d_{01}$——单针直径偏差（μm）；$\Delta d_{02}$、$\Delta d_{03}$——在同侧的量针直径偏差（μm）；$d_0$——量针直径（mm）；$n$——螺纹线数；$f_P$——系数，由表 7.9-6 查出；$F$——测量力（N）。

表 7.9-6　测量力为 1N 时的变形量 f_P　(μm)

螺距 P/mm	0.25~0.30	0.35~0.70	0.75~2.5	2.5~6.0
f_P	0.88	0.66	0.44	0.22

2. 在工具显微镜上测量外螺纹参数

(1) 测量方法

用工具显微镜测量外螺纹有影像法、轴切法和干涉法。

1) 影像法。影像法也称投影法。测量时，工具显微镜的立柱须倾斜一个被测螺纹的螺纹升角，瞄准螺纹牙型，沿着螺旋线的方向投射，得到牙廓的清晰影像。

用影像法测量中径和牙型半角时，测量误差较大，为了减小测量误差，应选用适当的光阑（通称光圈）直径 D（mm），它的最佳值可由仪器附带的光圈表查得。若无此表时，可由下述经验公式计算：

$$D=0.18F\sqrt[3]{\frac{\sin\dfrac{\alpha}{2}}{d_2}}$$

式中　F——照明光源准直透镜焦距（mm）；

α——螺纹牙型角（°）；

d_2——螺纹中径（mm）。

2) 轴切法。轴切法是测量轴切面内的参数，测量时用测量刀的刀刃与被测螺纹的牙廓密合，不直接瞄准牙廓，而是瞄准量刀的刻线，从而提高瞄准精度。

测量刀有两种规格，测量不同螺距的螺纹时，应选用不同的量刀，见表 7.9-7。

表 7.9-7　量刀的选用　(mm)

量刀刻线距离 b	适用螺距
0.3	0.5~1.5
0.9	>1.5~6.0

用量刀测量须选用 3×物镜，以便刻线距离 b 与目镜米字线的线间距离相对应。

3) 干涉法。干涉法是将显微镜照明光路中的光阑调到最小，或在照明光路中加一小孔光阑，用小孔径照明，这样在目镜视场中的牙廓外缘处，可观察到一组干涉条纹。测量时通常瞄准靠近牙廓的第一个条纹。测量方法与轴切法相同，如图 7.9-2 所示。此法的瞄准精度约为±0.5μm。这种直光照射的干涉法只适用于测量螺纹的螺距和牙型半角，如果用来测量中径，很难保证中径的测量精度。若用斜光束照明，在仪器原来的可变光阑处装置一特殊光阑可克服上述缺点。

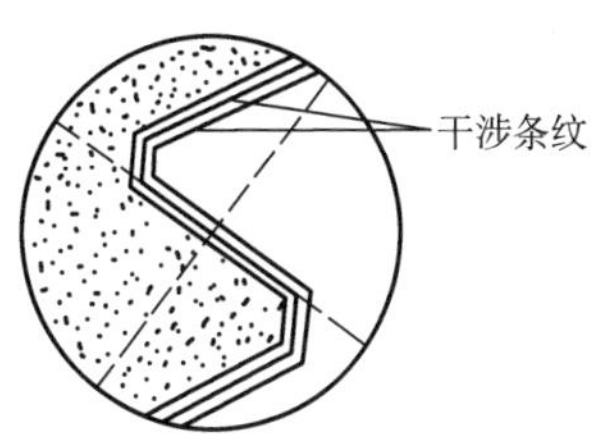

图 7.9-2　干涉法瞄准

(2) 测量外螺纹中径

用影像法和轴切法测量中径如图 7.9-3a 所示。以影像法为例，先使目镜中米字线的中心虚线和螺纹牙型轮廓边缘相压，记下横向读数，再移动横向导板，使米字线的中心虚线和螺纹另一侧牙型轮廓边缘相压，记下第二个读数，两个读数之差就是螺纹中径。

为了消除螺纹轴线与仪器纵向移动方向不平行所引起的中径误差，如图 7.9-3b 所示，分别在左右两侧牙型测出中径后取平均值作为测量结果：

$$d_2=\frac{d_{2r}+d_{2l}}{2}$$

测量时应注意，测单线螺纹，由一侧移到另一侧时，螺纹不能有轴向移动，否则会有较大的操作误差。而在测量多线螺纹，由一侧移到另一侧时，螺纹沿轴向必须有适当位移，这样才能测得同一个螺旋槽内的中径值，如图 7.9-4 所示。

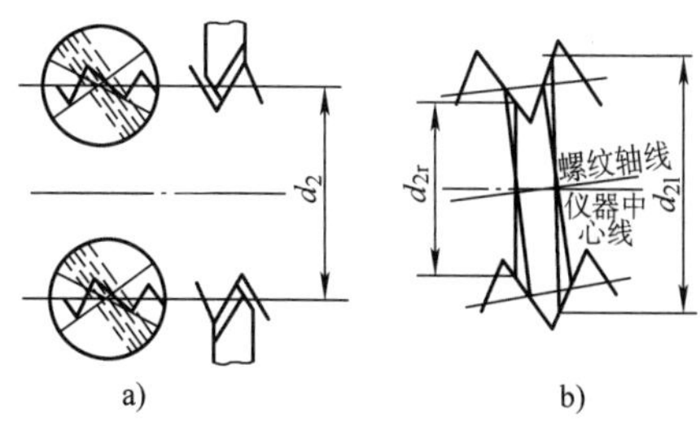

图 7.9-3　测量中径的示意图

(3) 外螺纹螺距测量

螺距测量原理如图 7.9-5 所示，为了消除螺纹安

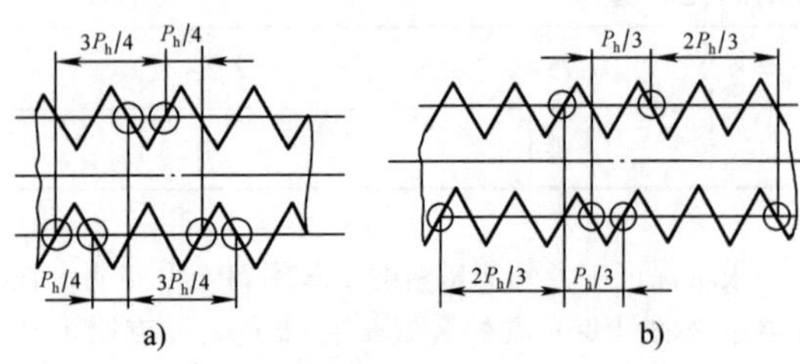

图 7.9-4　多线螺纹测量的轴向位移

a）测量双线螺纹　b）测量三线螺纹

装误差引入的系统误差，在左右两侧牙型上测量出螺距后，取其平均值作为测得结果：

$$P=\frac{P_{r1}+P_{l1}}{2}$$

若被测螺纹直径较小，为了消除因螺纹弯曲而引起的螺距测量误差，须在轴线另一侧再进行测量，如图 7.9-5 所示，然后取平均值作为测得结果：

$$P=\frac{P_{r1}+P_{l1}+P_{r2}+P_{l2}}{2}$$

螺距这个参数，不止是控制单扣螺距偏差，而且还需要控制在一定长度上。任意两牙间的实际轴向距离与公称距离之差的最大值，习惯上称为螺距累积误差，由测得螺距偏差算出。

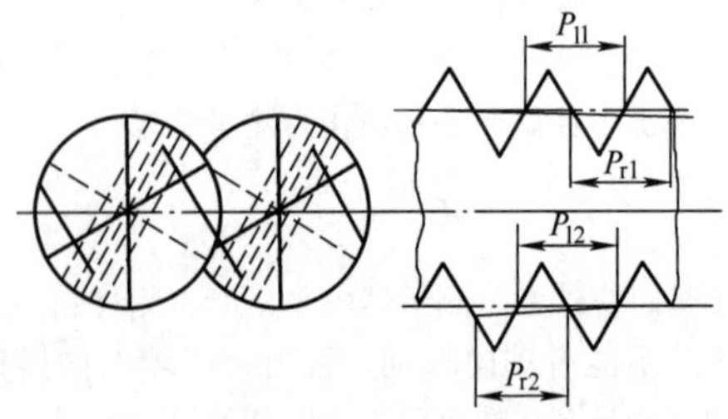

图 7.9-5　螺距测量

（4）外螺纹牙型半角的测量

用影像法测量牙型半角时，沿螺旋线方向投影，观察到的牙型是法截面内的牙型，因而测得的牙型半角是法截面内的参数，而不是轴截面内的参数。若螺纹升角不大时（<3°），可以用法截面内的参数近似代替轴截面的参数。若螺纹升角大时，应进行修正，法截面内的牙型半角与轴截面内的牙型半角间的关系为

$$\tan\frac{\alpha_n}{2}=\tan\frac{\alpha}{2}\cos\phi$$

式中　$\frac{\alpha_n}{2}$——法截面内的牙型半角；

$\frac{\alpha}{2}$——轴截面内的牙型半角；

ϕ——螺纹升角。

牙型半角测量的瞄准方法与测螺距时相同，角度值由角度目镜中读出。为了消除安装误差所导致的测量误差，如图 7.9-6 所示，须测量出四个半角值，而后取相应两半角的均值，即可得左、右半角值：

$$\frac{\alpha_l}{2}=\frac{1}{2}\left(\frac{\alpha_1}{2}+\frac{\alpha_3}{2}\right)$$

$$\frac{\alpha_r}{2}=\frac{1}{2}\left(\frac{\alpha_2}{2}+\frac{\alpha_4}{2}\right)$$

以往习惯上取左右侧牙型半角偏差绝对值的平均值作为半角偏差的测量结果，这对一个螺扣来说是正确的，但考虑到在旋合长度上同时有多个螺牙结合，故宜取右侧牙型半角偏差（$\Delta\alpha_r/2$）和左侧牙型半角偏差（$\Delta\alpha_l/2$）中的绝对值大者作为测量结果。

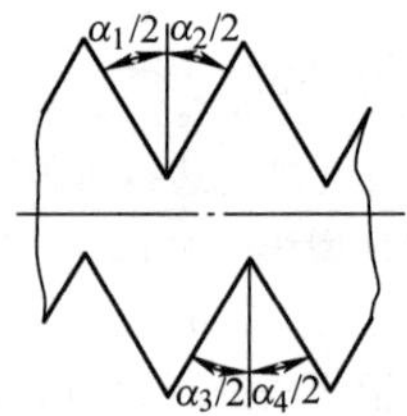

图 7.9-6　测量牙型半角

7.9.3　内螺纹单项参数测量

内螺纹单项参数测量方法目前还不够完善，尤其是牙型半角更缺乏有效的测量方法，中径和螺距虽能测量，但与外螺纹单项参数测量方法相比，测量精度较低。

在卧式光学计和万能测长仪上均附有测量内螺纹中径的附件。用卧式光学计、万能测长仪和类似量仪测量内螺纹中径的原理如图 7.9-7 所示。校对仪器的标准尺寸的计算见表 7.9-8。

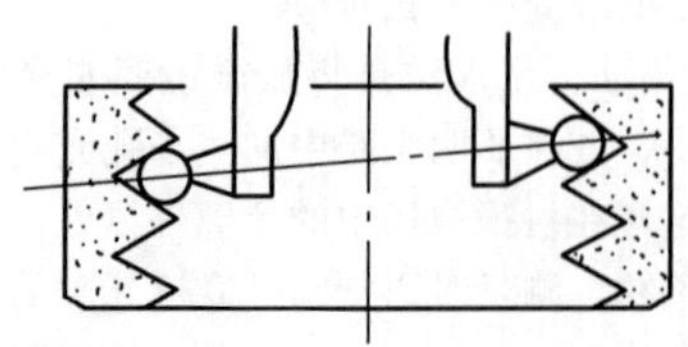

图 7.9-7　万能测长仪测量内螺纹中径

表 7.9-8 校对仪器的标准尺寸的计算

<table>
<tr><th>计算公式</th><th>简图</th></tr>
<tr><td>用与被测件公称牙型相同的样块校对
垫 $P/2$ 的量块
$$L=D_2+\frac{P}{2}\cot\frac{\alpha}{2}-(a+b)$$
不垫 $P/2$ 的量块
$$L=D_2+\frac{P}{2}\cot\frac{\alpha}{2}+\frac{P^2}{8\left(D_2-\frac{d_0}{\sin\frac{\alpha}{2}}+\frac{P}{2}\cot\frac{\alpha}{2}\right)}-(a+b)$$
式中 d_0——测球直径
$$d_0=\frac{P}{2\cos\frac{\alpha}{2}}$$
D_2、P、α——被测螺纹中径、螺距、牙型角的公称值</td><td>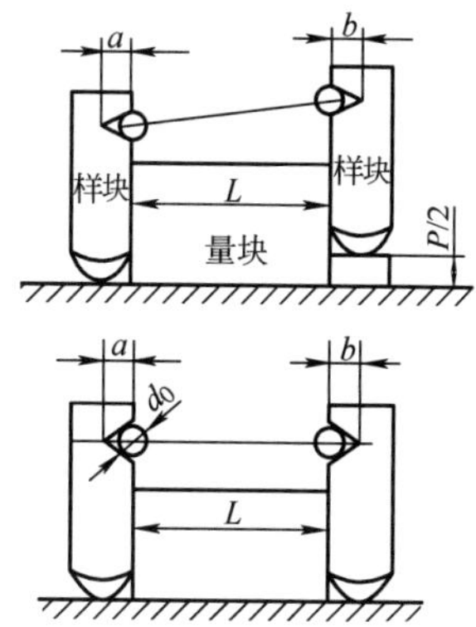
</td></tr>
<tr><td>样块的牙型角与被测件牙型角不等时
$$L'=L-\Delta$$
$$\Delta=d_0\left(\frac{1}{\sin\frac{\alpha}{2}}-\frac{1}{\sin\frac{\alpha'}{2}}\right)$$
式中 $\alpha/2$——被测件的牙型半角
$\alpha'/2$——样块的牙型半角</td><td>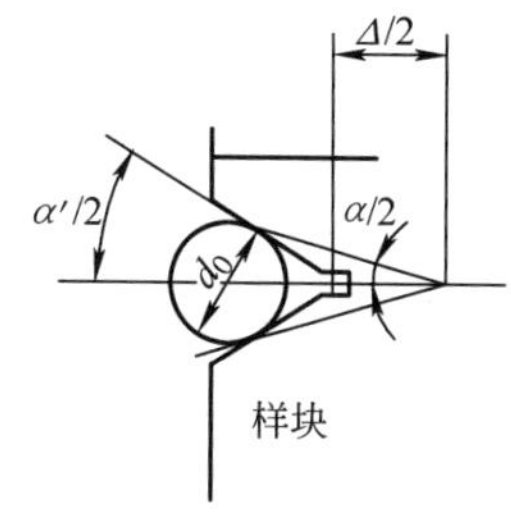
</td></tr>
<tr><td>用光滑环规或量块附件校对仪器
$$D_2=M_i-\frac{P^2}{8M_i}+\frac{d_0}{\sin\frac{\alpha}{2}}-\frac{P}{2}\cot\frac{\alpha}{2}$$
$$M_i=L-d_0-(x_1-x_2)$$
式中 x_1——用光滑环规校对仪器时的读数
x_2——测螺纹时的读数
L——环规直径或组合量块尺寸</td><td>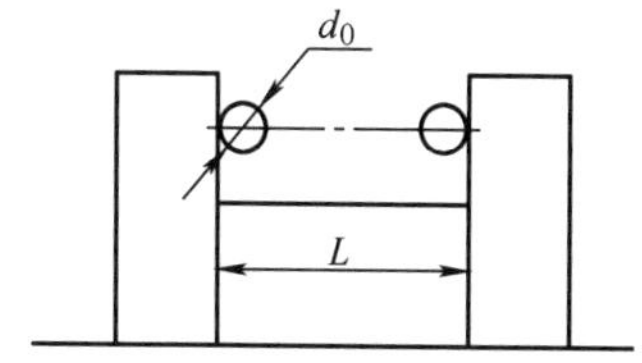
</td></tr>
</table>

内螺纹中径还可以在三坐标测量机上测量（图 7.9-8），中径计算公式为

$$D_2=M_i+l_1+l_2-\frac{P}{2}\cot\frac{\alpha}{2}$$

式中 P——螺距；

l_1、l_2——测量的常数，它们的计算公式和测量方法见表 7.9-9。

在万能测长仪上使用内螺纹螺距测量附件可以进行内螺纹螺距的测量。

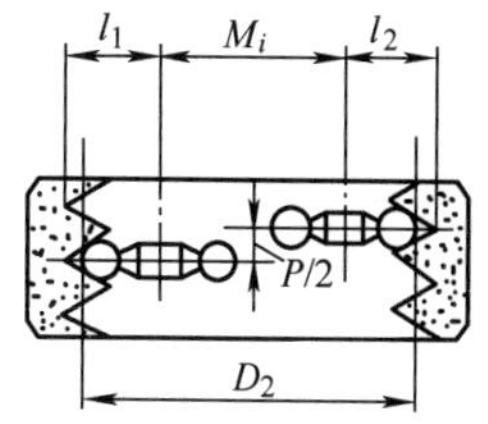

图 7.9-8 三坐标测量机测量内螺纹中径

表 7.9-9 l_1 和 l_2 的计算公式和测量方法

计算公式	简图
用万能测长仪样块测量 l_1，l_2 $l_1+l_2=L+(a+b)-d_i$ 样块的牙型角与被测螺纹牙型角相同	
用专用环形座确定 l_1，l_2 $l_1+l_2=m-d_i$ $d_i=m_l-d_0\left(1+\dfrac{1}{\sin\dfrac{\alpha}{2}}\right)$ 式中　d_i——环形槽底径 d_0——检定环形槽的量针直径 α——环形槽的牙型角，它与被测螺纹牙型角相同	

参 考 文 献

［1］ 孟少农，等. 机械加工工艺手册：第 2 卷［M］. 北京：机械工业出版社，1991.

［2］ 陈宏钧，等. 实用机械加工工艺手册［M］. 4 版. 北京：机械工业出版社，2016.

［3］ 杨叔子，等. 机械加工工艺师手册［M］. 2 版. 北京：机械工业出版社，2011.

［4］ 艾兴，肖诗纲. 切削用量简明手册［M］. 3 版. 北京：机械工业出版社，1994.

［5］ 许祥泰，刘艳芳. 数控加工编程实用技术［M］. 北京：机械工业出版社，2001.

［6］ 张基岚. 机夹可转位刀具手册［M］. 北京：机械工业出版社，1994.

第8章 金属材料的冷塑性加工

主　编　朱伟成（中国第一汽车股份有限公司）
副主编　王新华（中国第一汽车股份有限公司）
参　编　于骏一（吉林大学）
徐成林（一汽解放汽车有限公司）
付成林（一汽解放汽车有限公司）
王学双（一汽解放汽车有限公司）

8.1　金属材料冷精密锻造技术

8.1.1　概述

1. 精密锻造的现状和发展

我国加工行业将室温下正挤、反挤加工称作冷挤压，将室温下镦粗加工称作冷镦。国际上将冷挤压、冷镦统称作冷锻，将钢材在室温和再结晶温度之间的温镦和温挤压加工称作温锻。由于冷锻和温锻的变形机理完全相同，只是加工温度不同，所以这几年又把冷锻和温锻统称为精密锻造。

精密锻造和普通锻造的最大差别在于精密锻造件没有飞边，而普通锻造件有飞边。精密锻造工艺的材料利用率高，尺寸精度高，所以这几年发展很快。日本丰田汽车厂在1996年中日第五届精锻学术交流会上发表资料表明，该厂在1987年，精锻件质量占全部锻件质量的11.6%，到1991年发展到19.5%。这里不包括螺母、螺钉件。该厂已投产精锻十字头轴、外花键、圆柱齿轮、锥齿轮、等速传动轴、内花键齿套等汽车零件，如图8.1-1所示。特别是这几年发展温锻技术后，一些变形程度大的复杂件和变形抗力大的合金材料零件的精锻也成为可能。由于精锻技术的发展，日本有关论文表明，近几年日本锻件成本下降了20%~30%。

精密锻造技术是值得我们重视的一门发展中技术，它无论是在质量还是在经济上都有很多的优点。

1）材料利用率高。精密锻造件没有飞边，材料按照设定的工艺，从毛坯塑性变形成所需产品形状。有些件精锻后只需少量加工，有些件不用加工可直接投入使用。图8.1-2所示是5t货车传动十字轴，普通锻造工艺每件用料1.69kg，精密锻造工艺每件用料只有0.9kg。

2）生产率高。切削加工受机床、工具和切削用量的制约，生产率不可能很高。图8.1-3所示是5t货车的后制动凸轮轴的花键，切削加工花键部分每件需3min，挤压花键每件只需0.4min，提高劳动生产率6倍以上。

3）可加工形状复杂的零件。图8.1-4所示是奥迪轿车座椅上一个螺纹座的零件，本体横截面为桃子形，端面上有四个凸焊点，用切削工艺根本无法加工。用精锻工艺成功地加工出了此件。

4）产品尺寸的一致性好，精度高。冷锻的凹模和冲头一般用高速钢制造，正常情况下加工2000件直径方向只磨损0.01mm左右。如果使用硬质合金凹模，正常寿命可达100万件以上，加工10多万件才磨损0.01mm左右，所以产品的尺寸一致性十分理想。产品的尺寸精度基本上由模具决定，不像切削加工，精度受机床精度、受力变形、受热变形等诸多因素的影响。所以精密锻造件的尺寸精度高。图8.1-5所示是图8.1-3中制动凸轮轴花键部分花键齿厚误差比较，挤压件的尺寸精度要比切削件高得多。

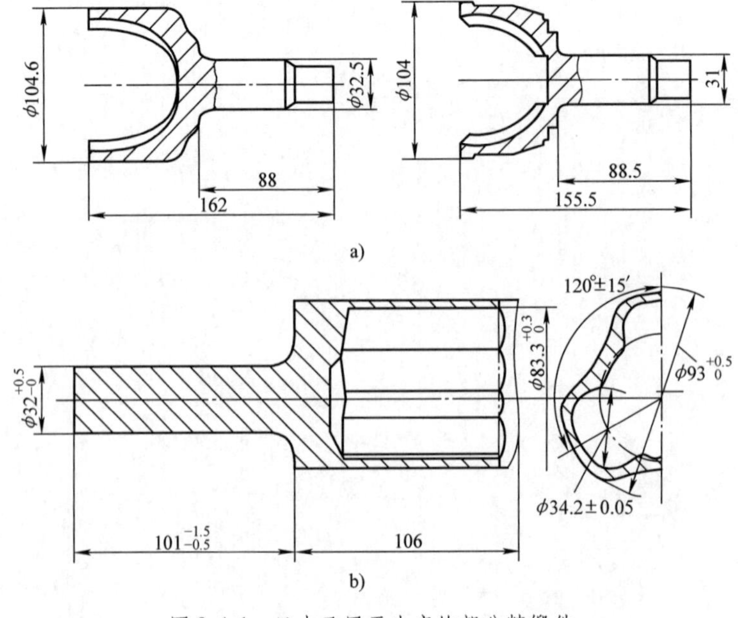

图8.1-1　日本已用于生产的部分精锻件

a)、b) 球笼

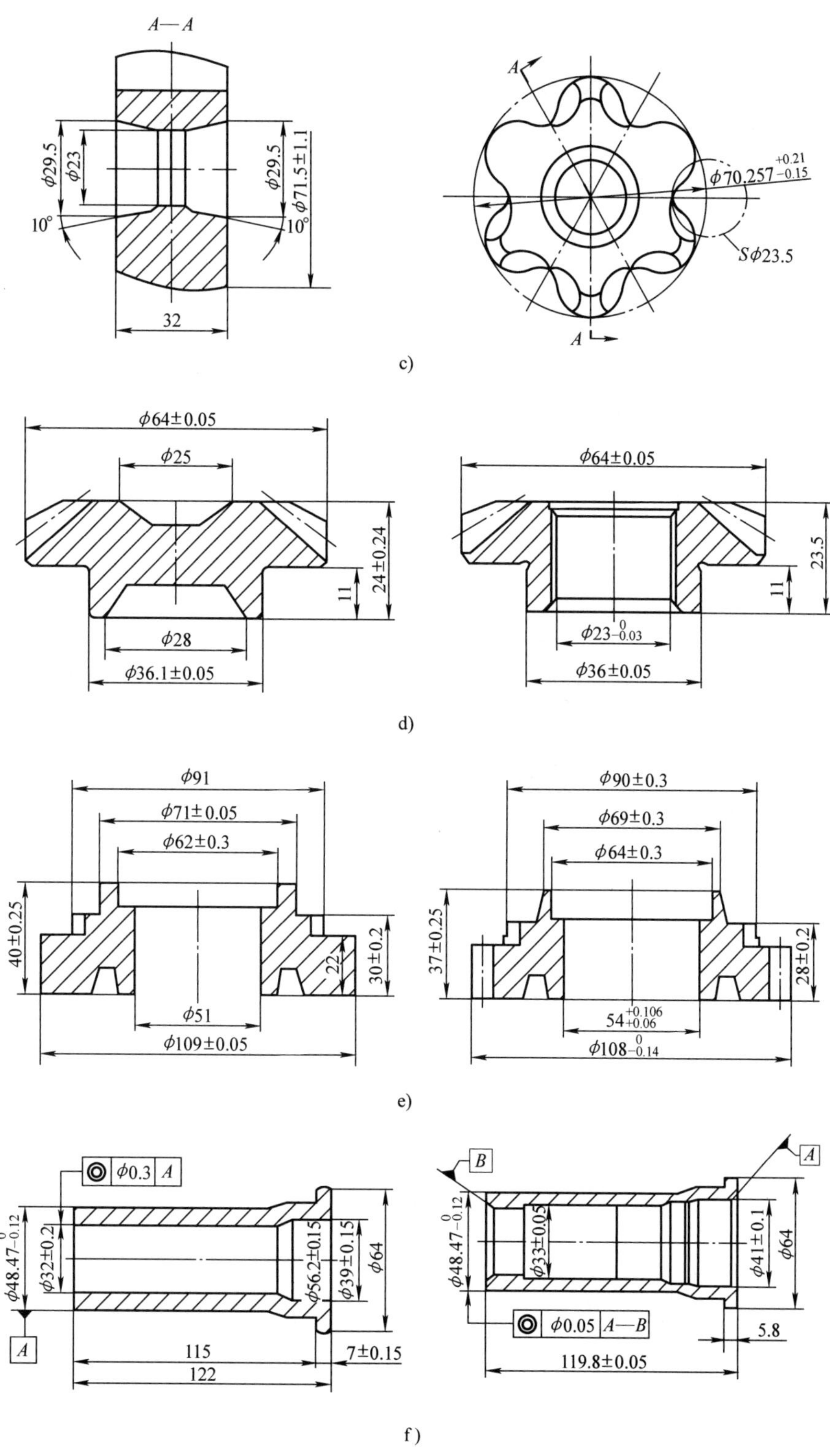

图 8.1-1　日本已用于生产的部分精锻件（续）
c）星形套　d）半轴齿轮　e）双联齿轮　f）轴管

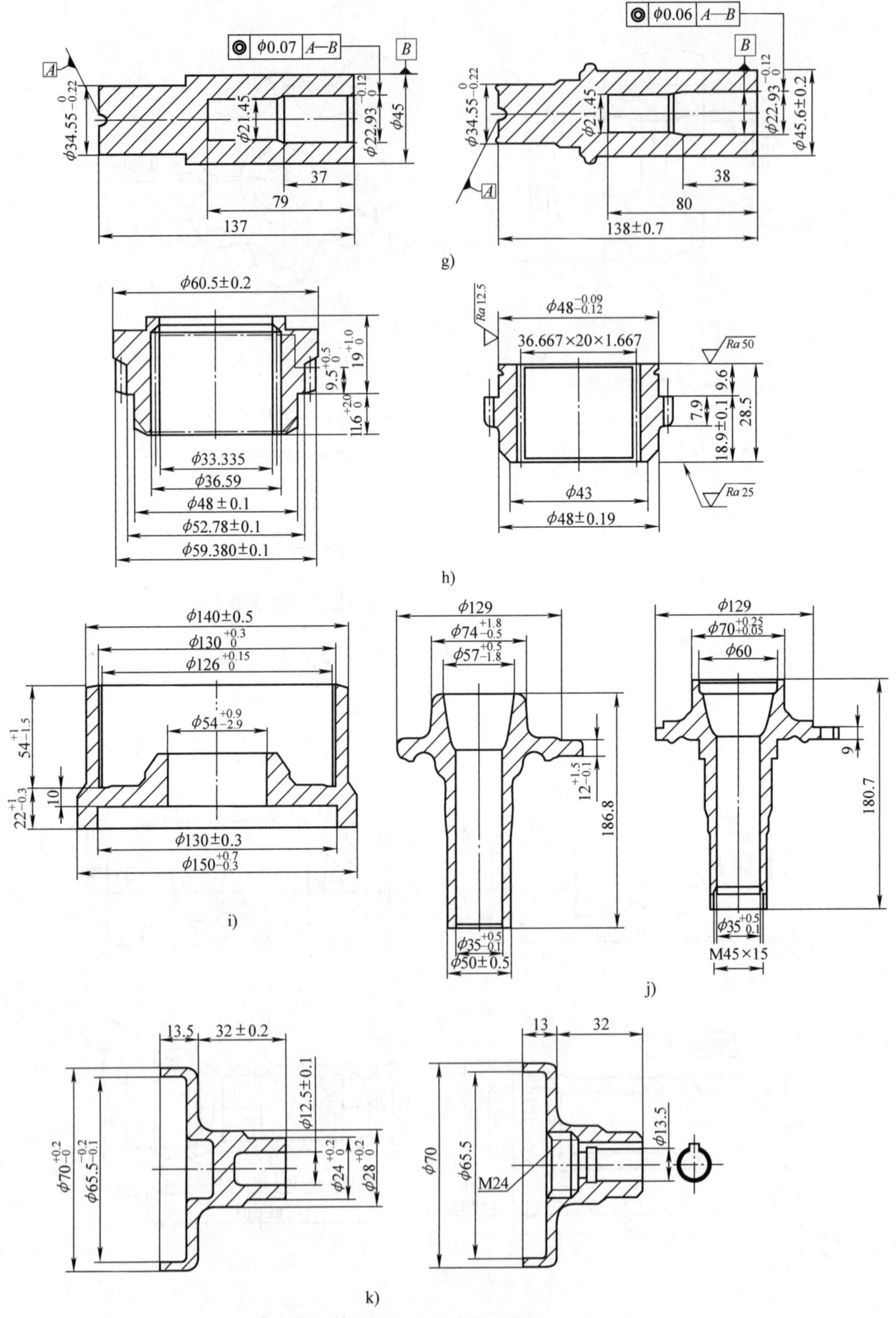

图 8.1-1 日本已用于生产的部分精锻件（续）

g）转向轴 h）齿套 i）齿圈 j）半轴套管 k）端盖

图 8.1-2　十字轴的精锻件和普通锻件
a）精锻件　b）普通锻件

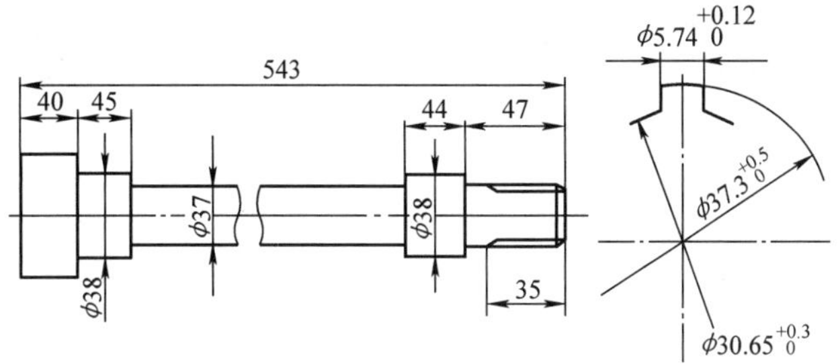

图 8.1-3　挤压加工得到的 CA1092 制动凸轮轴花键

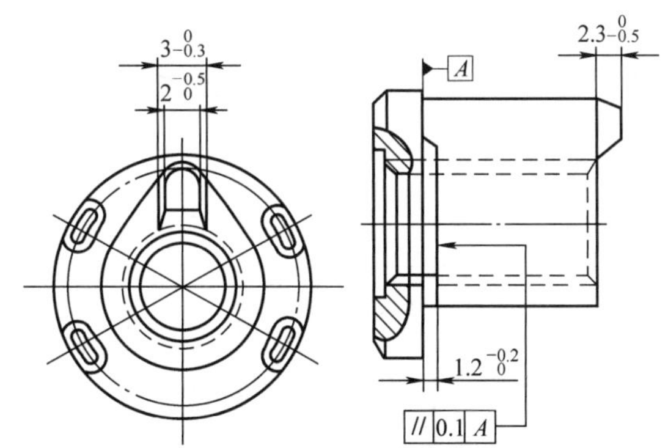

图 8.1-4　冷挤压加工得到的奥迪轿车上的复杂件

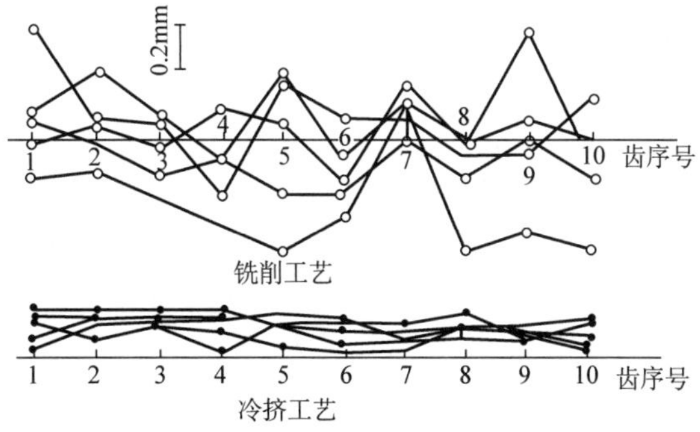

图 8.1-5　挤压和切削工艺中花键齿厚误差比较

图 8.1-6 所示是日本工藤英明教授于 1997 年 7 月在中国第一汽车集团公司精锻技术交流会上发表的资料。他系统地归纳总结了日本轿车采用精锻件的发展过程。图上部的横轴是年份，曲线表示每车采用精锻件的质量，实线是精锻件的每车质量，虚线是将精锻件加工成成品后每车质量。图下部所示是每隔 5 年新投产的精密锻造汽车零件。1965 年每车精锻件的质量只有 6kg 左右，到 1995 年已增加到 45kg 左右。

图 8.1-7 所示是日本阪村机械制作所用多工位冷挤压机生产的一根轴。这根轴重 7kg，每分钟生产 45 件，是用 ϕ45mm、重 3t 的大盘料，经过校直、切断、缩细、镦粗、精整等工序加工成的。

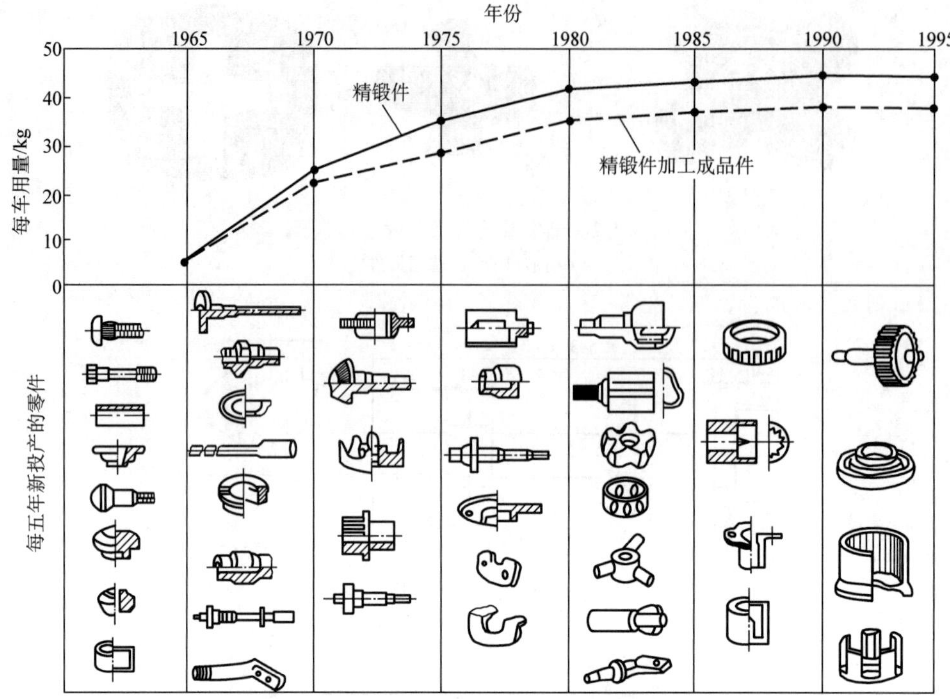

图 8.1-6　某厂轿车精密锻造零件每车用量和投产年份

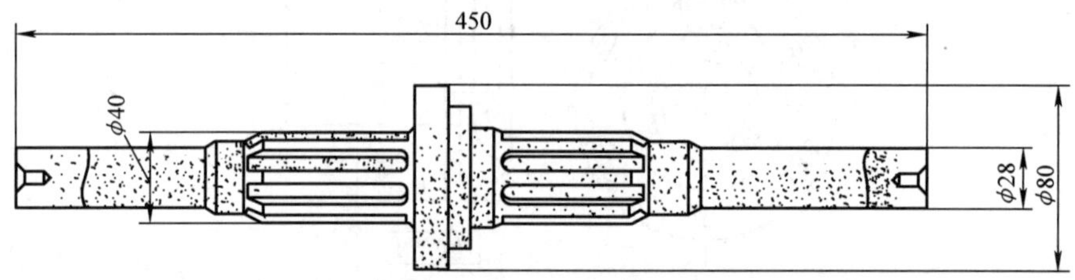

图 8.1-7　用多工位冷挤压机生产的台阶花键轴

这根轴最大直径为 ϕ80mm，最小直径为 ϕ28mm，长 450mm，还有花键，要求径向圆跳动误差小于 0.05mm，所以有相当大的技术难度。能用如此高的效率大批量生产这种轴，说明整体精密锻造技术已发展到了相当高的水平。

2. 精密锻造工序成本的计算

精密锻造件的成本受生产批量、模具寿命的影响极大。如果批量很小，模具寿命很低，精密锻造件的成本比切削工艺生产的件还高，这时就不能采用精锻工艺生产。为此每种零件在准备采用精锻工艺之前，必须先做经济成本分析，之后再决定是否采用精锻工艺。产品的成本很复杂，为了提高可比性，可算出各种工艺的工序成本。工序成本是该工序生产过程中的成本，不包括管理费用、财会费用、税金等其他费用。

工序成本一般包括下列内容：设备折旧费、能源费、材料软化处理费、润滑费、工模具费、人工费、厂房折旧费、辅助材料费。

单件工序成本费可以用下列各式计算：

设备折旧费=设备价（元）×0.0104/月产量

0.0104 是按 8 年设备折旧完时的月折旧率。

动能费=班耗能源费/班产量

压缩空气：×××元/m^3；天然气：×××元/m^3；水：×××元/m^3；电：×××元/(kW·h)；热：×××元/GJ；保护气：×××元/m^3。

材料软化处理工序成本：×××元/kg。

磷化皂化润滑处理工序成本：×××元/kg。

工模具费=工模具单价/工模具平均寿命（以生产零件数计）

人工费=×××元×人数/班定额。

厂房折旧费=厂房每平方米造价×本工序所占面积×月折旧率/月产量。

辅助材料费=每月辅助材料费/月产量。

将设备折旧费、动能费、工模具费、人工费、厂房折旧费、辅助材料费相加，得该工序的成本。将各道工序成本相加，得该零件的工序成本。

如果某零件原来用切削加工制造，现准备改为精锻工艺，为了论证工艺更改的经济性，可以用上述方法分别算出切削工艺和精锻工艺的工序成本。如果切削工艺工序成本加上材料费大于精锻工艺工序成本加上材料费，说明将该零件从切削工艺改为精锻工艺是合理的。因为两种工艺的材料消耗不同，材料费应该分别计算。

但是在做以上比较时，必须考虑零件的年产量，如果该零件的年产量很少，购入设备后只能加工这种零件，没有别的产品在此设备上生产，那么在计算上述各项费用时，月产量不能用该设备的生产能力来计算，月产量只能用每月实际生产数量来计算。工模具费应该加上银行利息。因为工模具价格较高，寿命很长，如果每年批量很少，那么几年也用不完，所以计算时加上银行利息比较合理。

表 8.1-1 是单件工序成本统计表。

表 8.1-1　单件工序成本统计表

零件名称　　零件号　　材料名称　　材料单价　　材料定额　　材料费

序号	工序名称	班定额/件	设备名称型号	设备价格	电动机功率其他动能	厂房面积/m^2	人工费	工模具费	厂房折旧费	设备折旧费	动能费	辅助材料费	工序成本小计

说明：改进前后相同的工序可以不填

8.1.2　精密锻造用黑色金属材料和下料

1. 精密锻造用钢材

用于冷挤压的钢材应具备以下特点：

1）尽可能低的材料屈服强度 σ_s。屈服强度 σ_s 是评价钢材抵抗塑性变形能力的主要力学性能指标。钢材的屈服强度越低，就越容易发生塑性变形。钢材的化学成分、热处理工艺及成形温度等是影响屈服强度的主要因素。同时，钢材低的屈服强度会使其在成形过程中冷挤压力下降，这有利于设备及模具寿命的提高。

2）较低的材料形变强化指数 n。钢材在塑性变形过程中真实应力 σ、真实应变 ε 及形变强化指数 n 的关系如下：

$$\sigma = k\varepsilon^n \tag{8.1-1}$$

式中　k——材料常数；

n——材料形变强化指数。

材料形变强化指数 n 表示在均匀变形阶段金属形变强化的能力。n 值越大，则钢材的冷作硬化敏感性就越高。钢材的化学成分是影响 n 值的主要因素。

图 8.1-8 显示了 20 钢及 12Cr18Ni9 的真实应力—应变曲线。20 钢的 n 值为 0.195；而 12Cr18Ni9 的 n 值为 0.235。因此可看出不锈钢的变形抗力增幅要大于普通碳素钢。

3）较高的材料伸长率 A 及断面收缩率 Z。在冷挤压过程中，钢材发生剧烈的塑性变形。材料的塑性指标（A、Z）越高，能够参与变形的塑性储备就越大，零件在成形过程中就越不易开裂。采用适当的退火工序是提高其塑性指标的有效途径。

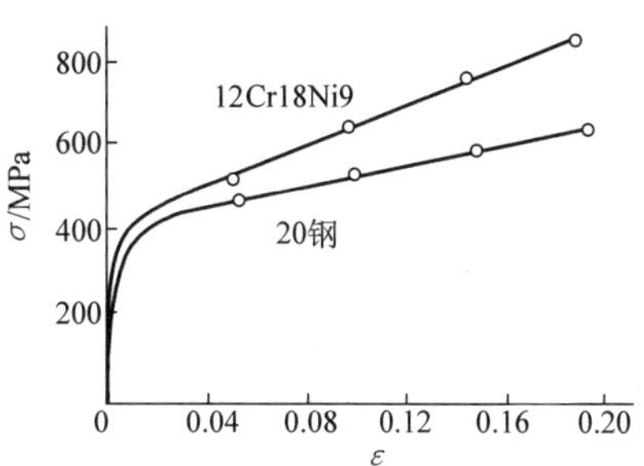

图 8.1-8　碳素钢及不锈钢的真实应力—应变曲线

4）钢坯应具有良好的表面质量。钢材冷挤压成形时，其表面同模具表面发生摩擦，钢材表面发生塑性变形，有时处于一拉一压的平面应力状态。这时如果钢材表面存在裂纹、缩孔、气泡等缺陷，就极容易在这些缺陷处发生开裂。因此，用于冷挤压钢材的表面粗糙度要符合要求，且挤压时表面应润滑。钢材中的夹杂物含量也要符合要求。

表 8.1-2、表 8.1-3 分别列出了常用冷挤压钢材的化学成分及热轧态力学性能。

（1）影响钢材冷挤压性能的因素

1）钢材化学成分的影响。

① 碳的影响。随着钢中碳含量的增加，钢材的强度（R_m、σ_s）增加，塑性（Z、A）和冲击韧度（a_K）降低。一般说来钢材的碳含量越低，其冷成形性会越好。但一些冷挤压零件有强度要求或冷挤压后还需热处理的零件，必须选择合金钢或中高碳钢。

② 锰的影响。锰是钢在冶炼过程中作为一种脱氧剂或为提高钢材强度、淬透性而加入的。锰对钢材有明显的强化效果，使塑性降低。锰钢有明显的过热倾向，加热时间长时易产生晶界氧化且晶粒粗大。

③ 硅的影响。硅是钢材冶炼时脱氧剂的残留物。硅在提高材料强度的同时，会降低塑性和韧性。

表 8.1-2　常用冷挤压钢材的化学成分

名称	牌号	化学成分的质量分数（%）						
		C	Si	Mn	P、S	Cr	Ni	其他
优质碳素结构钢	08	0.05~0.12	0.17~0.37	0.35~0.65	≤0.035			
	08Al	0.05~0.12	0.17~0.37	0.35~0.65	≤0.035			Al 0.02~0.07
	10	0.07~0.14	0.17~0.37	0.35~0.65	≤0.035			
	15	0.12~0.19	0.17~0.37	0.35~0.65	≤0.035			
	20	0.17~0.24	0.17~0.37	0.35~0.65	≤0.035			
	25	0.22~0.30	0.17~0.37	0.50~0.80	≤0.035			
	35	0.32~0.40	0.17~0.37	0.50~0.80	≤0.035			
	40	0.37~0.45	0.17~0.37	0.50~0.80	≤0.035			
	45	0.42~0.50	0.17~0.37	0.50~0.80	≤0.035			
	50	0.47~0.55	0.17~0.37	0.50~0.80	≤0.035			
	15Mn	0.12~0.19	0.17~0.37	0.50~0.80	≤0.035			
	40Mn	0.37~0.45	0.17~0.37	0.50~0.80	≤0.035			
低合金高强度结构钢	Q345（16Mn、	0.12~0.20	0.20~0.55	1.20~1.60	≤0.045			
	16MnRE）	0.12~0.20	0.20~0.55	1.20~1.60	≤0.045			RE 0.02~0.20
合金结构钢	20Mn2	0.17~0.24	0.17~0.37	1.40~1.80	≤0.035			
	15Cr	0.12~0.18	0.17~0.37	0.40~0.70	≤0.035	0.70~1.00		
	20Cr	0.18~0.24	0.17~0.37	0.50~0.80	≤0.035	0.70~1.00		
	35CrMo	0.32~0.40	0.17~0.37	0.40~0.70	≤0.035	0.80~1.10		Mo 0.15~0.25
	20CrNiMo	0.17~0.23	0.17~0.37	0.60~0.95	≤0.035	0.40~0.70	0.35~0.75	Mo 0.20~0.30
	20CrMnTi	0.17~0.23	0.17~0.37	0.80~1.10	≤0.035	1.00~1.30		Ti 0.40~0.10
不锈钢	12Cr18Ni9	≤0.15	≤1.00	≤2.00	≤0.035	17.00~19.00	8.00~10.00	
	06Cr13Al	≤0.08	≤1.00	≤1.00	≤0.035	11.50~14.50		Al 0.10~0.30
	20Cr13	0.16~0.25	≤1.00	≤1.00	≤0.035	12.00~14.00		

表 8.1-3　常用冷挤压材料热轧态力学性能

名称	牌号	屈服强度 R_{eL}/MPa	抗拉强度 R_m/MPa	伸长率 A(%)	断面收缩率 Z(%)	硬度 HBW
优质碳素结构钢	08	≥195	≥325	≥33	≥60	≤131
	10	≥205	≥335	≥31	≥55	≤137
	15	≥225	≥375	≥27	≥55	≤143
	20	≥245	≥410	≥25	≥55	≤156
	25	≥275	≥450	≥23	≥50	≤170
	30	≥295	≥490	≥21	≥50	≤179
	40	≥335	≥570	≥19	≥45	≤217
	50	≥375	≥630	≥14	≥40	≤241
	15Mn	≥245	≥410	≥26	≥55	≤163
	40Mn	≥355	≥590	≥17	≥45	≤229
低合金高强度结构钢	Q345（16Mn、	≥345	510~660	≥22		
	16MnRE）	≥345	510~660	≥22		

（续）

名称	牌号	屈服强度 R_{eL}/MPa	抗拉强度 R_m/MPa	伸长率 A(%)	断面收缩率 Z（%）	硬度 HBW
合金结构钢	20Mn2					≤187
	15Cr					≤179
	20Cr					≤179
	35CrMo					≤229
	20CrNiMo					≤197
	20CrMnTi					≤217
不锈钢	12Cr18Ni9	≥206	≥520	≥40	≥60	≤187
	06Cr13Al	≥180	≥410	≥20	≥60	≤183

④ 硫的影响。硫含量偏高时会在晶界处与锰、铁等元素形成低熔点化合物，使钢材在加热时出现红脆。同时硫化物的存在会在较大程度上影响钢材的组织结构，促使带状组织的产生，从而降低了钢材横向（与纤维垂直）机械强度与冷成形性能。所以硫是有害杂质，含量越少越好。

⑤ 磷的影响。磷元素会显著降低钢材塑性，提高强度，同时显著提高钢材的形变强化指数，并增加时效敏感性。磷含量偏高时还会引起钢材严重的偏析，降低冷成形性能。所以冷挤压用钢的磷含量应越少越好。但近年来冲压用薄钢板利用磷元素来提高钢板的强度，取得良好效果。

⑥ 其他合金元素的影响。为改善钢材的综合性能，在钢中常加入钼、镍、钒、钨、铬等元素。这些元素会大大提高钢材的淬透性，改善其塑性。对冷挤压零件来说，如果零件成形后需热处理且尺寸较大或有耐蚀要求时才选用合金钢。

各种元素对钢材成形性能的影响中以碳元素影响为主，其他合金元素可以用碳当量来评价：

$$C_{eq}=w(\mathrm{C})+\frac{w(\mathrm{Mn})}{6}+\frac{w(\mathrm{Cr})}{5}+\frac{w(\mathrm{Mo})}{4}+\frac{w(\mathrm{Ni})}{15}+\frac{w(\mathrm{Si})}{4}+\frac{w(\mathrm{P})}{2} \tag{8.1-2}$$

钢材的碳当量越低，其冷成形性就越好。

2）钢材金相组织的影响。钢材的金相组织对其冷挤压变形抗力以及冷挤压变形能力都有很大的影响。无论对第一道挤压工序还是中间挤压工序来说，球状珠光体是最理想的金相组织。同时钢材的晶粒尺寸、夹杂物分布及位错密度等对其冷挤压性能都有影响。

钢厂提供的钢材原始组织多为热轧态片状珠光体。珠光体团由渗碳体片同片状铁素体组成，这种组织的塑性变形能力不如球状珠光体（铁素体软相基体上分布着球状硬相渗碳体）。片状珠光体可通过球化退火来得到球状珠光体组织。晶粒尺寸同样对钢材冷挤压性能有一定影响，用于冷挤压钢材的本质晶粒度应为 5~9 级。冷挤压钢材适宜的金相组织应该是晶粒尺寸恰当、分布均匀的球状珠光体。

（2）冷挤压钢材的退火处理

在冷挤压生产中，初始的与工序间的两种退火处理是经常采用的。钢材经过退火处理可以明显改善冷成形性，因为钢材的变形强化容量是有一定限度的，一次变形量过大会导致钢材开裂，因此有些件成形需几次冷挤压，在每次挤压工序之间同样需要退火。

汽车生产用钢材常用的退火工艺见表 8.1-4。

（3）汽车常用钢材的处理方式和用途

把钢材加热到一定温度（Ac_1 以下），此时它的成形性会大大改善，这种成形技术一般称为温挤。汽车常用钢材的成形方式及用途见表 8.1-5。

表 8.1-4　汽车生产用钢材常用退火工艺规范

序号	牌号	退火工艺规范	退火后硬度　HBW	备　注
1	10、15 20、Q345 （16Mn）	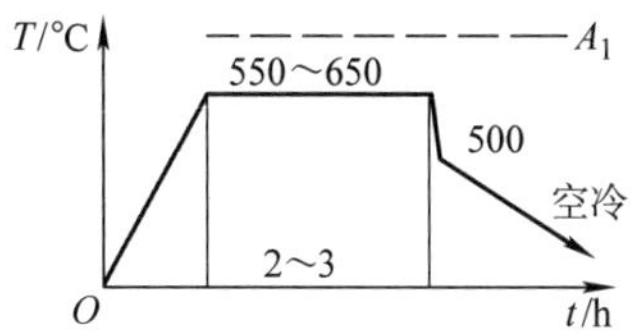 T/°C　A_1　550～650　500　空冷　2～3　O　t/h	128~176	低温退火 常用于工序间消除内应力

（续）

序号	牌号	退火工艺规范	退火后硬度 HBW	备　注
2	08、10 15	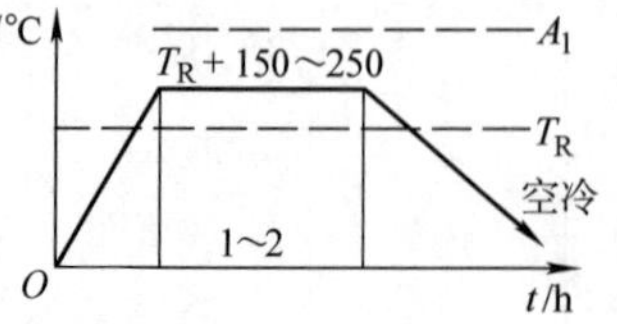 T/°C　A_1　$T_R+150\sim250$　T_R　空冷　1~2　O　t/h	107~162	再结晶退火 常用于铆钉等零件
3	10	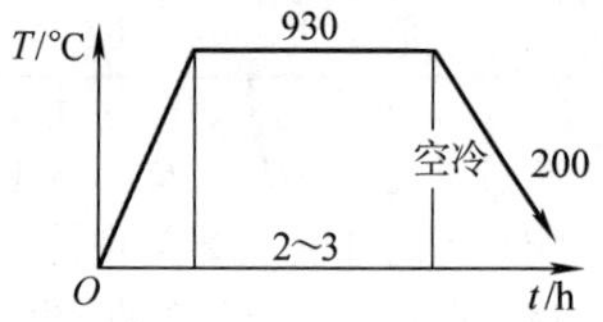 T/°C　930　空冷　200　2~3　O　t/h	80~90	完全退火 常用于变形量较大工件原材料处理
4	20	 T/°C　A_{cm}　Ac_1　空冷　1　1　1　1　1　O　t/h	120~140	循环球化退火 常用于精密冷挤压件
5	35	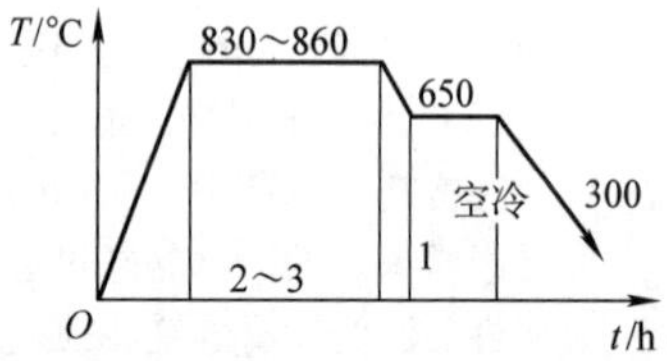 T/°C　830~860　650　空冷　300　1　2~3　O　t/h	125~145	等温退火 冷挤压原材料处理
6	15Cr 20Cr	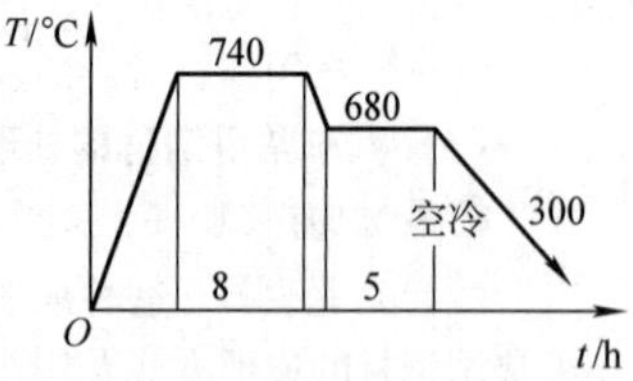 T/°C　740　680　空冷　300　8　5　O　t/h	113~120 （15Cr） 120~130 （20Cr）	等温球化退火 冷挤压件原材料处理

表 8.1-5　汽车常用钢材的成形方式及用途

材料名称	材料牌号	退火方式	精锻方式	强化方式	汽车上的用途
碳素钢	08、10 15、20 25、30 35、45 50、55	再结晶退火 球化退火	冷镦 冷挤压 温挤	冷作强化 调质处理	铆钉 普通螺栓 强度不高的精锻件 带有小模数花键件 连杆盖

（续）

材料名称	材料牌号	退火方式	精锻方式	强化方式	汽车上的用途
合金钢	20Mn2、30Mn2 15Cr、20Cr 40Cr 20MnVB 20CrNiMo 35CrMo 42CrMo	循环球化退火 等温球化退火	冷镦 冷挤压 热镦	冷作强化 调质处理 渗碳处理	高强度螺栓 齿轮、齿毂 轮毂轴 变速器中转动轴 驱动半轴

2. 精密锻造用材的切断下料

毛坯准备是精密锻造的第一道工序。毛坯的质量对精锻件的质量影响很大。如果毛坯的体积均一，形状准确，锻件的精度也会相应提高。

在生产中一般严格控制毛坯重量精度来保证体积精度。为了保证毛坯的体积精度，只控制长度精度是不够的，外径精度必须提高。一般应用冷拔料，不用热轧料，因为冷拔料的外径精度大大高于热轧料。

（1）套筒切断模和刀片切断模

目前用得最多的是在机械压力机上用切断模下料来制造毛坯。切断模分为套筒切断模和刀片切断模两种，下面先介绍套筒切断模。

图 8.1-9 是套筒切断模的简图。材料穿过固定凹模 1，进入活动凹模 3，碰上挡料销 6，挡料销可以前后调整，使切料长短符合产品要求。活动凹模必须和固定凹模对准，否则料送不进去，这是套筒切断模的一个难点。滑块 4 下行，活动凹模 3 将料切断。在下止点，切断的料被推出销推出。推出可以是机械的，也可以用气缸推出。推出销返回后，活动凹模 3 被装在下面的复位弹簧 12 或气缸顶起到上位，等待送料。

在我国，上述套筒切断模用得不普遍，大量采用的还是图 8.1-10 所示的刀片切断模。

开式刀片切断模使用调整都比较方便，刀片的半圆形刃口容易和固定凹模对准，使用中故障少。但有剪裁毛坯的端面比较粗糙、端面和中心轴的垂直度误差大、压扁带比较大，因此在开式刀片下料后，一般要经过整形工序后再冷挤压。

切断凹模和刀片一般用模具高速钢制造，淬火硬度为 59~61HRC，切断凹模可以做成双层组合模，外套用 5CrNiMo，淬火硬度为 45~46HRC，模芯用模具高速钢，硬度为 59~61HRC，过盈量设计成结合处直径的 0.5%为好。

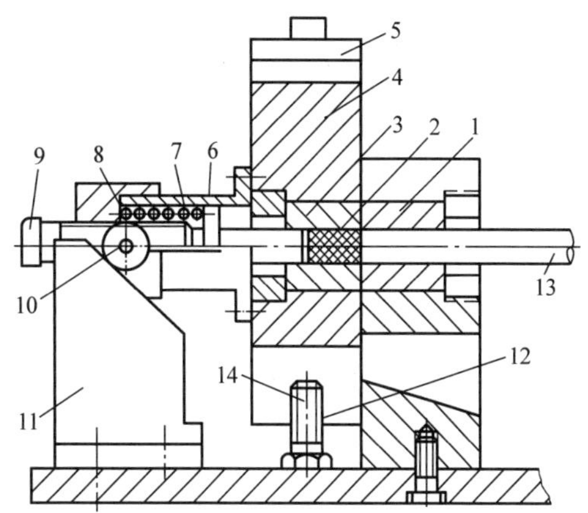

图 8.1-9　套筒切断模简图
1—固定凹模　2—已剪断的毛坯　3—活动凹模　4—滑块　5—上压头　6—挡料销　7—推料弹簧　8—推簧阀　9—定位螺钉　10—滑轮　11—斜块　12—复位弹簧　13—棒料　14—限位螺钉

（2）解决切断面平面度问题的凹模改进设计

为了得到变形小、切断面和轴中心垂直度较好的毛坯，可以在活动和固定的切断凹模上磨出图 8.1-11 所示的斜面。

试验结果表明，ϕ22.3mm 的 20Mn2 冷拔料，硬度为 90HRB，刀具间隙取为 0.127mm，棒料和凹模间隙取为 0.127mm，E 取为 1°，G 取为 0.5°，H 取为 1.52mm 时，切出的毛坯料端面平面度误差为 0.38mm。棒料和切断凹模孔之间的间隙，建议取为棒料制造公差的 1.5 倍。

（3）减少压扁带的凹模改进设计

为减少图 8.1-12 所示毛坯上的压扁带，可以在凹模口部修出一个小角度，小角度要参考毛坯上压扁带的 L 值和 H 值来修整，如图 8.1-13 所示。这样切出的毛坯压扁带较小。

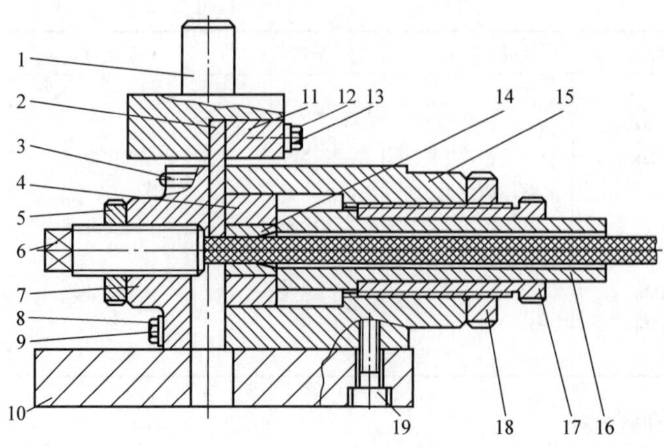

图 8.1-10 开式刀片切断模简图

1—模柄 2—上剪口（半圆形刃口） 3—柱销 4—刃口座 5、18—螺母 6—挡块 7—挡块座 8、12、19—螺钉 9、13—垫片 10—下模底板 11—上剪口固定块 14—封闭式圆剪口 15—下模支筒 16—承料筒 17—螺杆

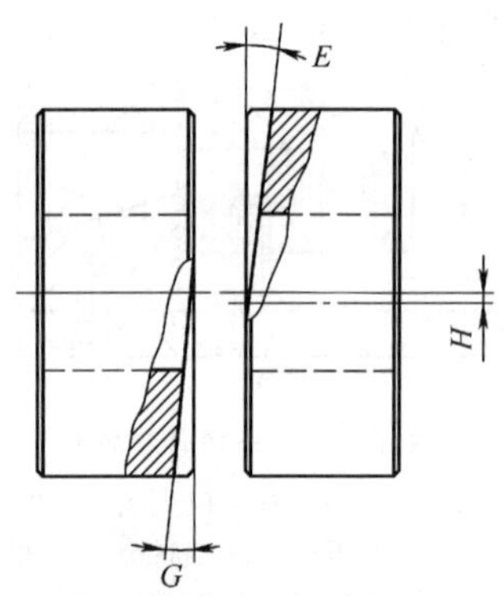

图 8.1-11 解决切断面平面度的凹模改进设计

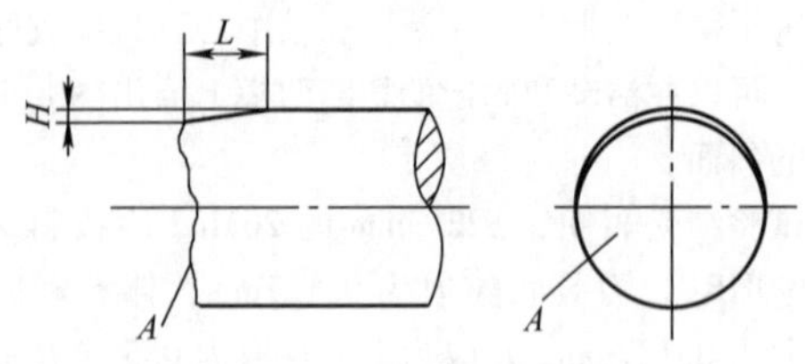

图 8.1-12 毛坯上的压扁带

开式刀片切断时，可以比照上述方式改进设计刀具形状。

(4) 提高切断面和轴线垂直度的模具改进设计

一般切断面与刃口运动方向呈一定角度。为使断面垂直于轴线，可采用预先倾斜剪切法，如图 8.1-14 所示。预先倾斜的角度补偿了断面和轴线的垂直度误差，因而可以得到与轴线垂直的断面。预先倾斜角 α 和材料的抗拉强度有关，在 1°~6°之间选择，材料的抗拉强度越低，α 角选择应越大。

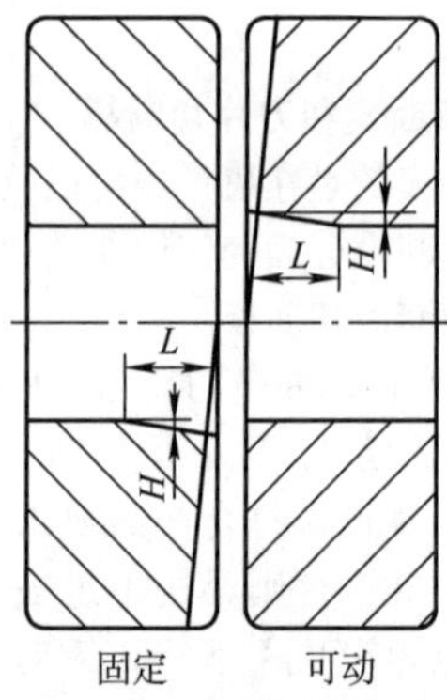

图 8.1-13 减少压扁带的凹模改进设计

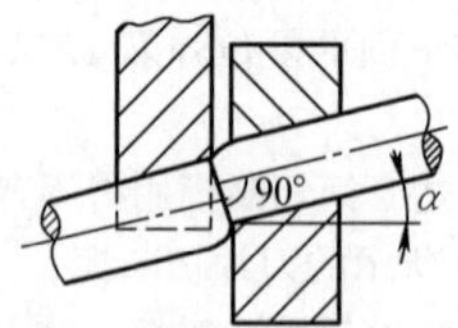

图 8.1-14 提高切断面和轴线垂直度的模具改进设计

(5) 断裂力学切断法

西安交通大学的陈金德教授等提出了断裂力学切断法。其基本原理是在切断面外径处先加工出一个尖槽，如图 8.1-15 所示，然后再用切断凹模切断。用此法切断得到的毛坯切断面的平面度、切断面和轴线的垂直度、压扁带这几个要素的质量都很高，如图 8.1-16 所示。

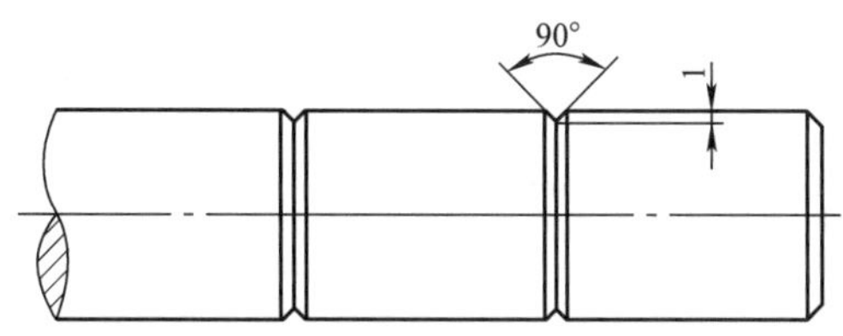

图 8.1-15　断裂力学切断法

当毛坯直径比高度大很多时，也可以采用板材落料法准备毛坯。落料下来的毛坯四周粗糙，有时要增加喷丸或滚光工序，使四周光整。板材落料法准备毛坯的另一缺点是因为落料时在四周产生加工硬化，挤压时在四周易产生裂纹。这个问题可以在挤压之前退一次火来解决。还有一个缺点是由于板材压延时造成的各向异性，产品热处理时会产生变形。

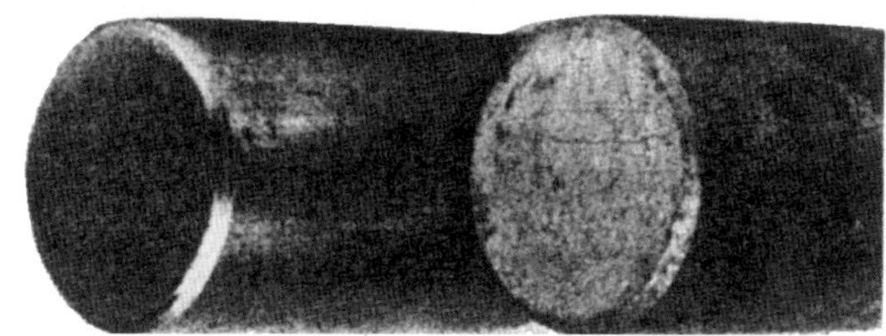

图 8.1-16　断裂力学切断法得到的毛坯

（6）切削法准备毛坯

对于长径比大的毛坯，可以从棒料用带锯、圆盘锯、车床或砂轮片切断等方法来下料。长径比小的毛坯用切削法下料，材料损失太大。切削法制得的毛坯有尖角，一般还得倒角。带锯的设备价格比较高，但带锯比较薄，材料损失比较少，为了减少毛刺，要选择比较合理的刀具和切削用量。在生产批量不太大时，也可用普通车床或多轴数控车床来准备毛坯。

有色金属的毛坯有时也用铸造法来准备。比如变速器中同步器齿环的毛坯，用连铸或离心浇注成铜管，切成环后再精锻成形。也有用粉末冶金方法来制造毛坯的工艺，它的优点是重量均一，材料利用率高。

（7）切断力的计算

切断所需的力 p 可用下式来计算：

$$p=K\tau A \qquad (8.1\text{-}3)$$

式中　K——系数，开式刀片切断时取 1，套筒凹模切断时取 2；

τ——材料的切断强度（kN/mm^2）；

A——被切材料的横截面积（mm^2）。

8.1.3　精密锻造的润滑

1. 润滑油润滑

在冷精密锻造中，润滑油有两个作用。一个作用是降低材料和工具之间的摩擦系数。在压扁、正挤和反挤时，如果摩擦系数大，挤压力就大，工具单位面积上的压力高，工具损坏快，所要压力机吨位高。另一个作用是隔开工具和材料，防止材料和工具之间的烧伤。发生烧伤后，工具寿命急剧下降，产品表面被划伤，生产无法正常进行。

在温精密锻造生产中，润滑油除了起到上述两个作用外，由于润滑油大量喷向工具和工件表面，所以还起到冷却工模具的作用。

当工具和材料接触时，由于工具表面有 0.2μm 左右的凹凸不平，材料表面有 10μm 甚至 100μm 左右的凹凸不平，所以工具和材料不是一下子全面接触的，首先凸起的部位接触，由于润滑油和金属表面氧化膜的存在，凸起处的工具和材料母体也不能直接碰上，随着压力的增加，被不断压薄，这层薄膜称为边界润滑膜，见图 8.1-17。

如果边界润滑膜的强度很高，和母体结合得很牢，在高压下也未破坏，精锻就能顺利进行。

如果边界润滑膜的强度很低，和母材的结合力较差，在高压和较高温度下被破坏，封闭润滑油被挤走，工具和被加工材料就会直接接触，温度急剧升高，出现烧伤现象，生产无法正常进行。所以寻找油膜强度高、和被加工材料结合力强、摩擦系数小、在高温下不易分解的润滑剂一直是精锻工作者的研究课题。

菜籽油、豆油、猪油、牛油是比较好的润滑油。因为它们含有脂肪酸，和金属反应生成金属皂化物，附着在金属表面，结合力强，加工过程中形成很强的边界润滑膜。

矿物油中没有脂肪酸，为了提高矿物油的润滑性能，可加入脂肪酸来提高其性能。

在加工程度和单位压力不大时，也用矿物油做润滑油。矿物油的特点是温度从室温上升到 250℃，摩擦系数变化不大，所以常用矿物油做基础油来配制冷挤压油。

动植物油的油膜强度一般比矿物油的油膜强度高，摩擦系数也较低。温度升高时，动植物油和金属材料的附着力迅速下降，所以不能作为高速高单位压力加工的冷挤压油。

表 8.1-6 列举了动植物油的一些基本性能。

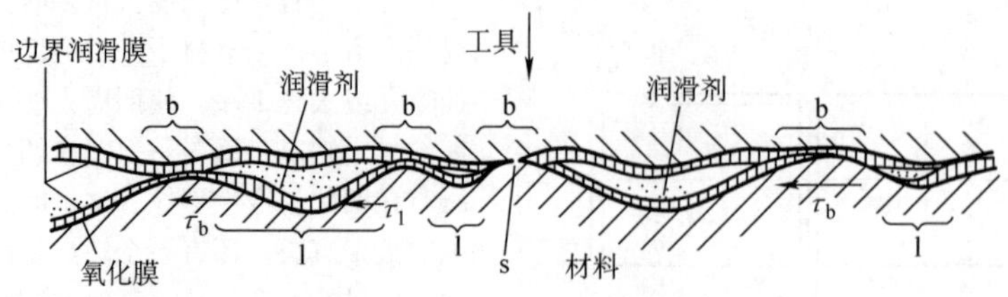

图 8.1-17　润滑机构断面图
s—擦伤部位　b—边界润滑膜　l—润滑剂

表 8.1-6　动植物油性能表

名称	密度/(g/cm³)	引火点/℃	4 球试验		摩擦系数（振子式试验机）					
			单球耐压度/kN	摩擦系数	25℃	50℃	100℃	150℃	200℃	250℃
菜籽油	0.916	326	1.50~1.80	0.08~0.12	0.13	0.13	0.10	0.09	0.13	0.18
大豆油	0.915	325	1.50~1.80	0.08~0.12	0.13	0.135	0.118	0.13	0.14	0.16
蓖麻油	0.90~0.91	275	1.20~2.20	0.06~0.10	0.12	0.11	0.101	0.09	0.125	0.18
牛油	0.89~0.90	265	1.00~2.20	0.08~0.12	0.13	0.12	0.115	0.13	0.132	0.17
猪油	0.89~0.91	270	1.00~2.20	0.08~0.12	0.125	0.122	0.12	0.13	0.14	0.16
鲸鱼油	0.86~0.90	235	1.00~2.20	0.08~0.12	0.13	0.125	0.108	0.122	0.135	0.16

2. 磷化皂化润滑

1935 年德国发明了钢材表面进行磷化皂化处理技术后，钢材的冷精锻技术得到了飞速发展和普及。但是磷化皂化处理工序多，处理时间长，要有一套专用设备或槽子。因为不能在压力机生产线旁做磷化皂化处理，往往还要搬运到其他地方进行磷化皂化处理后再运回来生产，这给组织生产带来一定不便。所以人们进行了很多努力，力求寻找一种能替代磷化皂化的润滑油来进行钢材的冷精锻生产。但到目前为止，还在研究开发阶段。

磷化皂化处理为什么有如此优秀的润滑效果呢？这是因为被清洗净的钢材在磷酸盐溶液中反应生成一层薄膜，由于它是在毛坯表面上由金属置换作用而形成的，因此和金属基体有很强的结合力。磷酸盐薄膜是结晶生成的，晶粒之间有一定的空隙，这空隙正好成了储存润滑油的小仓库。磷化后的毛坯经过清洗后进行皂化处理。皂化物不仅浸入晶粒之间的空隙，附着在毛坯表面，还和磷酸盐起反应，生成一层厚度只有 0.5~2.4μm 的不溶于水的硬脂酸锌金属皂化膜，夹在皂化膜和磷酸盐膜之间。

图 8.1-18 所示为钢材表面的三层组织。这三层组织在冷精锻时起到了极好的润滑作用。工具碰到工件后，多余的皂化膜被挤走了，凸起部分形成边界润滑膜，凹处的皂化膜被封在凹坑中，这和润滑油的润滑机理相似。不同的是，随着挤压的进行，材料的表面积被扩大并和材料母体一起沿着工具表面流动。在有润滑油的情况下，由于润滑油和材料的结合力有限，在高压高温并流动的情况下，润滑膜很容易被破坏造成材料和工具直接接触，出现烧伤工具现象。在磷化皂化的情况下，由于磷酸盐膜、金属皂化膜和母材的结合力极强，在高压和高温（300℃）的情况下也不易被切断，它随着母体一起流动，摩擦系数又比较小，保证了冷挤压正常运行。还有一个特点是磷酸盐晶粒之间有很多空隙，里面储满了润滑性能极好的皂体，形成了很多微观的边界润滑膜和被封闭润滑材料单元体，在高压高温并流动的情况下，也不易被破坏，起到极好的润滑作用。这两个特点是润滑油不具备的。

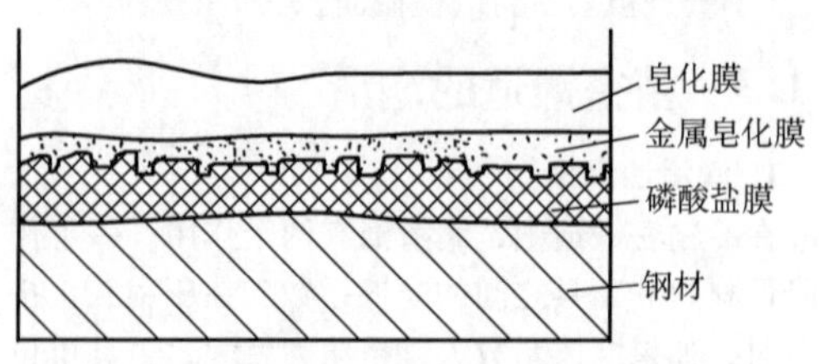

图 8.1-18　磷化皂化膜模型

(1) 磷化皂化工艺

我国 20 世纪 80 年代之前，磷化液需要工厂购入氧化锌、磷酸、硝酸等化学药品后自己配制。现在磷化液和皂化粉已商品化，购入后只要按供应厂家说明，控制好处理液的浓度、温度和 pH 值即可。

钢材的磷化皂化工艺流程如表8.1-7所列。

表8.1-7 钢材磷化皂化工艺流程

工序	处理液	时间/min	温度/℃
脱脂	碱洗 pH13～14	5～10	60～80
水洗	清水洗净		
酸洗	硫酸10%～15%（质量分数）	5～10	40～50
水洗	清水洗净，温水洗净		
磷化	磷化液 pH2～3	5～10	40～80
水洗	清水洗净		
中和	碱洗 pH8～10	1～2	60～80
皂化	皂化液	3～5	60～80
干燥	充分干燥		

（2）磷化皂化处理的设备

磷化皂化设备最简单的是一排槽。将零件装入吊篮内，按工艺要求，将吊篮在各个槽中过一遍。条件差的用人工移动吊篮；条件好的、处理量大的用起重机移动吊篮。这种加工方法的缺点是工艺参数很难保证。零件在吊篮内不做相对运动，磷化皂化膜厚薄不均，零件和零件紧挨着的地方处理不到。

大量生产用的磷化皂化设备如图8.1-19所示。滚筒以很慢的速度自转，让零件既不会相互碰伤，又能使零件表面得到充分处理。滚筒按工艺规定的时间在各个槽中停留，槽液按工艺规定的浓度、温度、pH值等自动控制。

滚筒应该用不锈钢制作，槽可以用低碳钢加表面防腐处理来制作。加热时可以让蒸汽通过不锈钢蛇形管间接加热槽液。

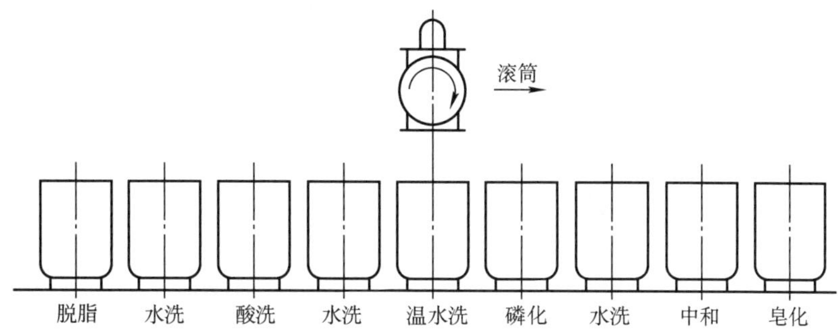

图8.1-19 磷化皂化生产线示意图

（3）其他常用材料的润滑工艺

对于冷挤压不锈钢，可以用草酸处理后再做皂化处理来得到润滑膜。可以用碱洗10min→水洗→酸洗（质量分数为10%的HNO_3+2%的HF）10min→水洗→碱洗5min→水洗→酸洗（质量分数10%的HNO_3+2%的HF）5min的工艺清除冷挤压之后的零件表面，防止退火时出现增碳现象。

对于铜，可以先将铜表面处理成氧化亚铜后，再做皂化处理来得到润滑膜。可以用碱水洗去冷挤后表面的润滑剂，用质量分数为5%的硝酸溶液洗去氧化铜皮膜。

对于铝，可以用硅酸盐处理后再做皂化处理来得到润滑膜。可以用弱碱洗来清理冷挤压之后的润滑膜。碱洗脱脂后，可以用质量分数为5%的硝酸溶液洗去氧化膜。如果脱脂时在铝件表面形成了黑斑，可以在质量分数为20%的硝酸溶液中浸洗数秒，最多1min来洗去黑斑。

表8.1-8列举了铜和铜合金的润滑处理工艺，表8.1-9列举了铝和铝合金的润滑处理工艺。

表8.1-8 铜和铜合金的润滑处理工艺

工序	处理液	时间/min	温度/℃
脱脂	碱洗	5～10	60～70
水洗	清水洗净		
酸洗	（无水铬酸60g+浓硫酸30g）/L	1～2	室温
水洗	清水洗净		
皮膜处理	氧化亚铜（红铜色结晶）	1～5	90～100
水洗	清水洗净		
皂化	硬脂酸钠	3～5	60～80

表8.1-9 铝和铝合金的润滑处理工艺

工序	处理液	时间/min	温度/℃
脱脂	碱洗	1～3	60～70
水洗	清水洗净		
酸洗	质量分数为20%的硝酸	1～3	室温
水洗	清水洗净		
皮膜处理	磷酸锌	5～10	50～60
水洗	清水洗净		
皂化	硬脂酸钠	3～5	60～80

(4) 润滑方式的选用

现生产要根据成形的需要、批量的大小和经济性来选择润滑方式。

多工位冷镦机一般采用冷拔料，喷冷挤压油来润滑和冷却零件。缩细程度大、变形量大的零件，应该采用磷化皂化后的冷拔盘料或棒料，再喷冷挤压油来生产。反挤孔较深的零件应选择优秀的冷挤压油来润滑。因为磷化皂化后的盘料或棒料切断后，在切断面上是新露出的金属，没有磷化皂化膜。反挤时切断面的变形最剧烈，所以必须喷上优秀的冷挤压油，才能正常生产。

对于分序冷挤压件，通常在切断制得毛坯后进行磷化皂化处理，再进行分序冷挤压加工。变形量大、复杂的汽车零件，有时在工序中间插入退火软化处理和磷化皂化处理后再继续进行冷挤压加工。变形量小的冷挤压件，可以不做磷化皂化处理，在挤压时涂覆冷挤压油进行生产，这样更经济也更便于组织生产。

8.1.4 精密锻造的几种基本形式

有些精密锻造的产品很复杂，但是再复杂的产品也是由压缩、正挤、反挤这三种基本变形形式制成的。

1. 压缩工艺

压缩工艺在书本上一般称为压缩，在工厂里称为镦粗。镦粗是将毛坯直径由细镦粗、毛坯高度由高镦矮的工艺过程，一般作为挤压前的毛坯整形工序。因为材料切断后，两端不平整，外形也被压扁，直接挤压会影响产品精度。镦粗在工厂里有开式镦粗、在凹模中镦粗和分别含在两个凹模中镦粗几种。

(1) 开式镦粗

开式镦粗是将毛坯放在两个平行的平面模具之间压缩，如图 8.1-20 所示。

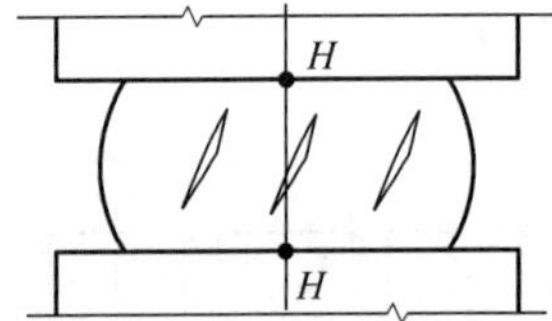

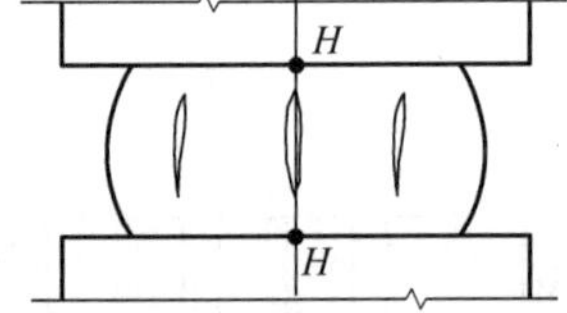

图 8.1-20 开式镦粗

如果模具和毛坯之间的摩擦系数比较小，毛坯便会被均匀地镦粗。如果摩擦系数比较大，毛坯就会被镦成腰鼓形。毛坯的高度一般不能超过毛坯直径的 2.5 倍。高径比太大，毛坯会被压弯，镦粗变形不能正常进行。

如果毛坯表面原来就有轴向微裂纹，镦粗时产品上会出现轴向裂纹。如果产品上出现的裂纹和轴向成 45°交角，说明材料的可塑性差，应将毛坯做退火处理，或减少压缩量。

毛坯所受压应力如图 8.1-21 所示形状分布。和模具接触的最外圈，压应力正好等于材料的屈服强度 σ_s。和模具接触的毛坯两端中心部分应力最高，当被压得很扁，高径比很小时，中心部分的应力会升得很高，可以达到材料屈服强度的 3~4 倍。作为钢材来说这已是极限状态，若再往下压减小高径比，模具会被损坏。最大压缩量一般为：压缩后高度不宜小于原高度的 1/4。在图 8.1-20 中，H 点处压应力最高，压缩平面凹模总是在中心部位先损坏。

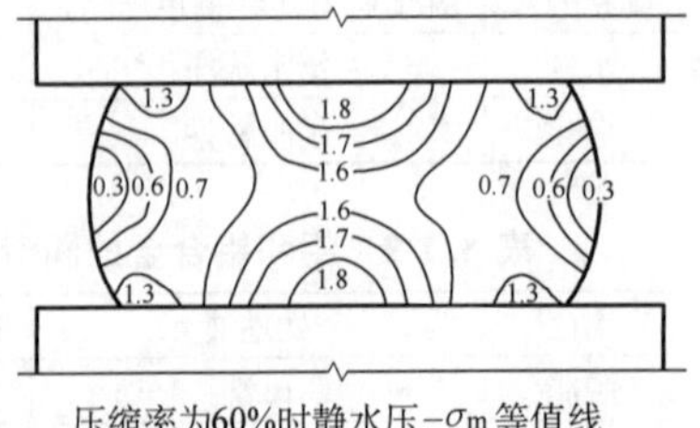

压缩率为60%时静水压 $-\sigma_m$ 等值线

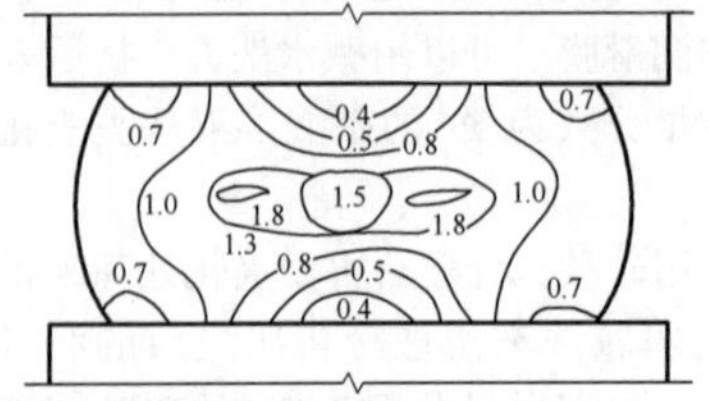

压缩率为60%时相当应变 ε 等值线

图 8.1-21 压缩时应力分布

开式镦粗时模具表面所受平均应力 $\bar{p}$ 可用下式计算：

$$\bar{p}=\sigma_s\left(1+\frac{1}{3}\mu\frac{d}{h}\right) \tag{8.1-4}$$

式中 σ_s——材料的屈服强度；

μ——材料摩擦表面的摩擦系数；

d——被压缩件和工具接触处直径；

h——被压缩后的高度。

当摩擦条件很差，材料和模具发生黏结没有滑动时，用$\mu=\frac{1}{\sqrt{3}}$代入，可以得到压缩时的最大平均应力$\bar{p}_{max}$：

$$\bar{p}_{max}=\sigma_s\left(1+\frac{1}{3\sqrt{3}}\frac{d}{h}\right) \tag{8.1-5}$$

（2）在凹模中镦粗

开式镦粗在工厂中用得并不太多。用得较多的是在凹模中镦粗，如图 8.1-22 所示。

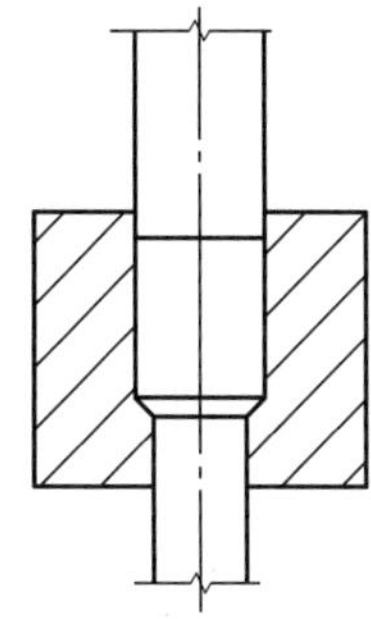

图 8.1-22　凹模中镦粗简图

在凹模中镦粗的变形量一般不大，主要为了整形。在一端挤出一个倒角，是为了下工序放料方便，也为了下工序挤压后不出尖角。在凹模中镦粗时的挤压力大小和冲头前进程度有关，挤得很死时挤压力会急剧上升，直至损坏工具。所以调整冲头位置一定要适当，逐渐往前调达到整形要求即可。

冷镦螺钉头部的工艺属于分别含在两个凹模中的镦粗工艺，如图 8.1-23 所示。

让镦粗部分分别含在两个凹模中，可以保证头部成形和杆部的同心度。一般在杆部一侧的凹模中含 1/4 头部高度左右，另一侧含得稍多些。两个凹模之间留一些间隙，让多余的料从间隙处溢出，溢得越少越好。

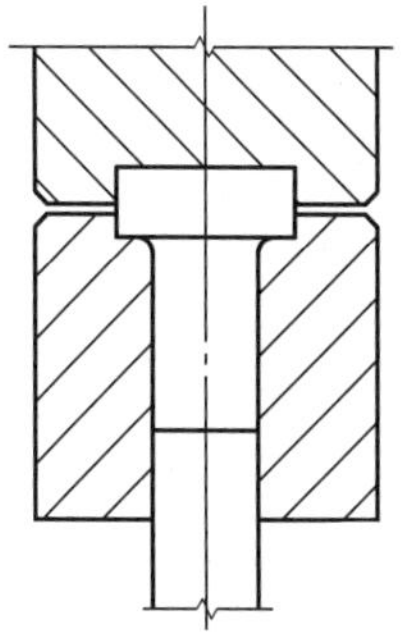

图 8.1-23　含在两个凹模中的镦粗工艺

（3）镦粗变形材料流动规律

如果在圆柱轴剖面上印上方格（图 8.1-24a），再进行压缩，在没有摩擦的条件下，可以得到图 8.1-24b 所示变形，材料沿箭头方向流动。在和工具接触的两端面，外周流得快，中心部流得慢；在轴剖面上，两端面流得慢，中间层流得快。假设两端没有摩擦，轴剖面上的直线压缩后仍是直线。

如果材料两端和工具表面有摩擦，压缩后轴剖面上的网格变成图 8.1-24c 所示形状，竖线和横线都弯曲。两端面中心处（如图示 D 区域），材料没有流动变形，D 区域称为死金属区。为什么会出现死金属区？这是因为和工具接触的材料被摩擦力拉住，流动阻力大，越往中心流得越慢，直至不流动而造成的。在死金属区和变形区的过渡处，如图示的虚线上，剪切变形剧烈，如果材料塑性差，此处会产生内部裂纹。

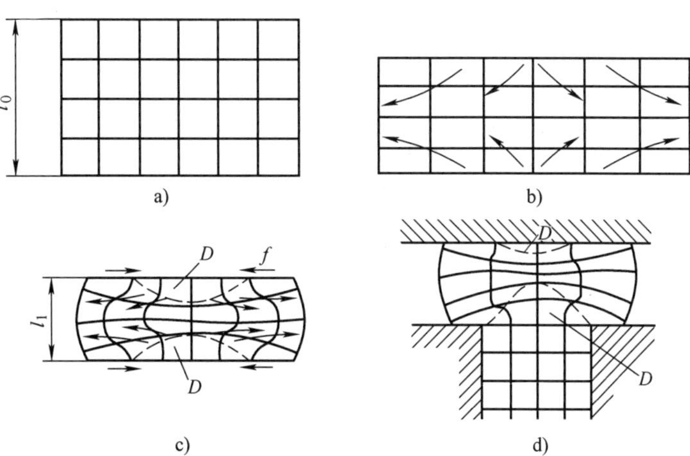

图 8.1-24　镦粗时材料内部流动规律

图 8. 1-24d 所示杆部在凹模中镦头变形（螺钉制造属于这种变形），因为杆部被限制在凹模中，所以产生死金属区（D 区域为死金属区域），如果材料塑性差，在虚线处易出现裂纹，造成螺钉头部断裂。

用压缩率来衡量压缩变形的大小，压缩率越大，变形也就越大。压缩率用下式来表示：

$$压缩率=\frac{l_0-l_1}{l_0}\times100\% \tag{8.1-6}$$

式中　l_0——材料原长度；

l_1——材料压缩后长度。

2. 正挤压工艺

正挤压工艺也称为缩细工艺。棒料经过正挤之后，直径变小，长度伸长，这和镦粗工艺正好相反。因为在变形过程中材料的运动方向和冲头的运动方向一致，所以取名为正挤。它的变形原理如图 8. 1-25 所示。

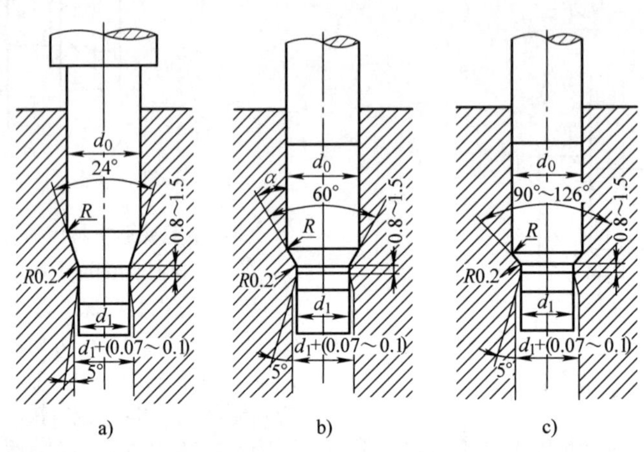

图 8. 1-25　正挤工艺原理图

（1）正挤压许可断面收缩率

在编制正挤工艺时，技术人员最关心的是材料一次最多能挤多少，用断面收缩率 ε_F 来表示：

$$\varepsilon_F=(d_0^2-d_1^2)/d_0^2\times100\% \tag{8.1-7}$$

式中　d_0——挤之前毛坯直径；

d_1——挤出杆部的直径。

图 8. 1-25a 所示为开式正挤，ε_F 不大于 28%。如果换算成直径，也就是一次正挤缩细直径最多能减小 15%左右。

图 8. 1-25b、c 所示为在凹模中缩细，ε_F 不大于 60%。如果换算成直径，一次正挤缩细直径最多能减小 37%左右。以上数据随入口角大小、润滑状态、材料碳当量多少有较大变化。如果是碳含量（质量分数）0. 1%以下的低碳钢，模具入口角合理，润滑条件好，ε_F 可以达到 75%，也就是直径一次缩细可以减小 50%。如果是 45 钢，ε_F 只能达到 50%左右，直径只能减小 30%左右。

（2）平均挤压力的计算

正挤压的平均挤压力可以用式（8. 1-8）来计算：

$$\bar{p}=\sigma_s[(1+\mu\cot\alpha)\ln(d_0^2/d_1^2)+4\alpha/3\sqrt{3}] \tag{8.1-8}$$

式中　$\bar{p}$——冲头所受平均挤压力（kN/mm^2）；

μ——摩擦系数；

α——挤压模入口半角（rad）；

d_0——挤之前毛坯直径（mm）；

d_1——挤出杆部的直径（mm）；

σ_s——材料挤之前和挤之后的平均屈服强度（kN/mm^2）。

（3）凹模入口半角的选择

用式（8. 1-8）计算发现，不是凹模入口半角 α 越小平均挤压力 $\bar{p}$ 越小，而是有一个最佳入口半角，如图 8. 1-26 所示。

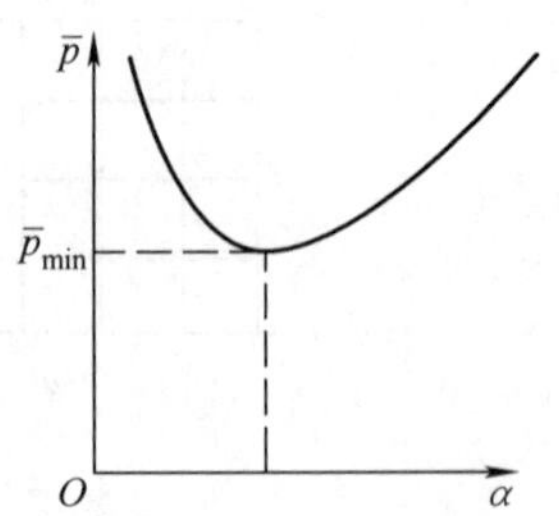

图 8. 1-26　凹模入口半角和平均挤压力的关系

因为半角 α 小，材料变形流畅，切应变小，但是材料和凹模的接触面积增加，摩擦力增加。在不同的断面收缩率时，有不同的最佳 α 角。当润滑良好，$\varepsilon_F=25\%$时 α 取 20°左右，$\varepsilon_F=50\%$时 α 取 45°左右，$\varepsilon_F=75\%$时 α 取 60°左右最佳。

(4) 正挤压的变形区域和应力状态

正挤压时，材料内部参加塑性变形的区域呈什么状态，模膛内哪一点的应力最高，是工厂技术人员比较关心的问题。

为了弄清正挤压时材料内部变形区域状态，可以在轴剖面上印上小方格，正挤后将变形的格子和原来格子比较，就可以看出变形区的形状，如图 8.1-27 所示。

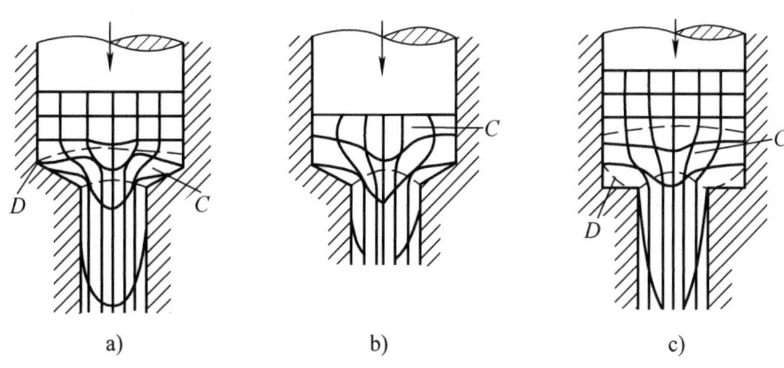

图 8.1-27　正挤压材料内部变形区

正挤压时，图 8.1-28 中 A 点和 B 点的应力相等，其大小正好等于材料的屈服强度 σ_s，C 点的应力最高，是 A 点和 B 点的 2~3 倍，挤压比越大，凹模入口角越大，C 点的应力也就越高。正挤凹模最易损坏的部位不在 A 点，而是在 C 点，经常在 C 点处轴向拉断。

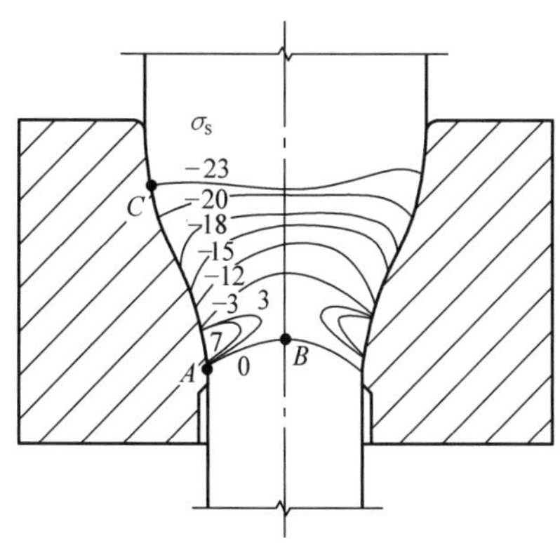

图 8.1-28　正挤压时应力状态

为了防止在 C 点轴向拉断，有时将模芯在 C 点做成二体。做成二体时，必须使模芯在轴向有足够压力，接缝要密闭。否则，在高压下，材料极易往接缝里钻，使生产无法进行。

(5) 正挤压常见废品分析

1）正挤压有时在产品心部出现图 8.1-29a 所示箭头状裂纹，这是因为材料中心部流得慢，外周部流得快，在挤压比小时，中心部的静压小，在材料中心部产生拉应力造成的。一般在正挤压断面收缩率小、摩擦系数大、凹模入口半角大时容易在心部出现箭头状裂纹。为了避免在杆心部出现箭头状裂纹，一个方法是避开以上工艺参数，另一个方法是在挤出杆部加背压，如图 8.1-29c 所示。

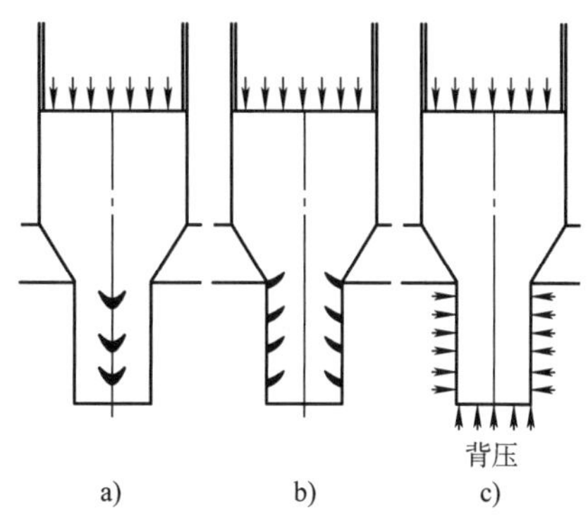

图 8.1-29　正挤压的裂纹和防止

2）如果在正挤时，杆中心部材料流动比四周快，造成外周部的应变过大，在凹模出口处出现拉应力，那么挤出杆部外周会出现图 8.1-29b 所示形状裂纹。在挤出杆部加上图 8.1-29c 所示背压，能阻止裂纹产生。

3）材料堵在凹模口，缩不进去，如图 8.1-30a 所示。造成这种现象的原因是缩细力太大，杆部产生塑性变形。为什么先在凹模口产生塑性变形呢？这是因为在凹模口缩细时，产生大量热，热量传到杆部，屈服强度下降，所以靠近缩细口的杆部首先塑性变形，造成材料堵在凹模口缩不进去。

解决材料堵在凹模口缩不进去的办法是，减小缩细力，将凹模入口角设计得更合理些，模口研得更光些，韧带宽度 L 做窄些。L 越窄挤压力越小，但太窄会缩短模具寿命。如果工艺允许，应尽量减小缩细量。另一个办法是将凹模设计成图 8.1-30b 所示结构，让缩细之前杆部进入凹模一部分，将受热易被镦粗的杆部用凹模保护起来，不让它镦粗。还有一种比较简单且有效的办法，那就是将毛坯先缩细变形 $\varepsilon=0.2$ 左右，再进行正挤缩细。

4）开式正挤杆部弯曲。正挤时，凹模外自由状态的杆部太长，杆部失稳弯曲，正挤压无法进行。在工艺设计时应先估算出允许自由状态杆部长度 l_0。

减小挤压力，将自由端夹紧后往下挤，在杆部中间加辅助支承等办法都能有效防止杆部弯曲。要根据产品、工装设备的具体情况采用相应办法。图 8.1-31 所示是汽车常用钢材应力应变曲线，横坐标是对数应变，纵坐标是屈服应力。

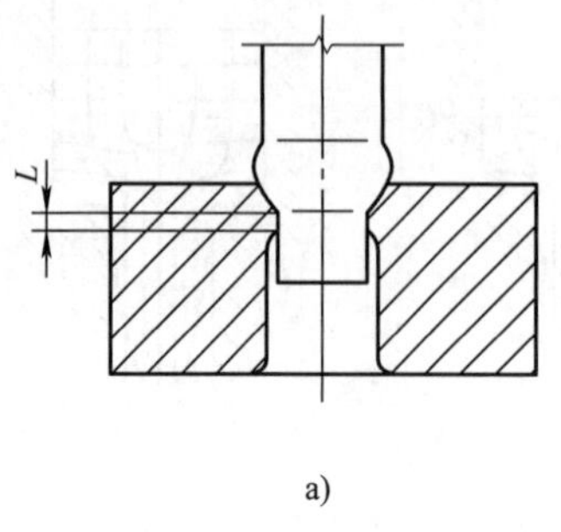

a)

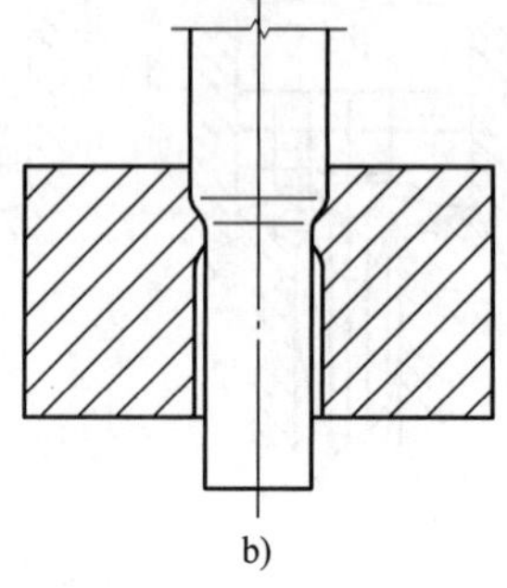
b)

图 8.1-30　材料堵在凹模口

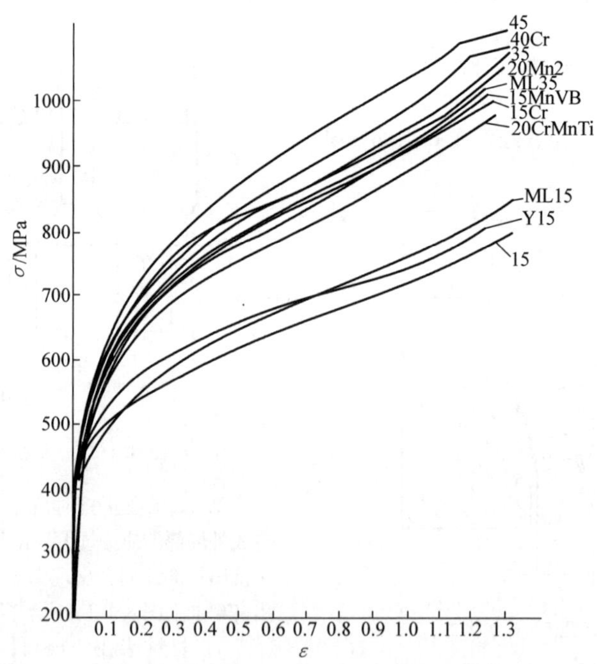

图 8.1-31　汽车常用钢材应力应变曲线

3. 反挤压工艺

因为材料流出方向和冲头的运动方向相反，所以人们称它为反挤压。反挤压是三种基本变形中条件最苛刻的一种。变形时，和冲头顶部接触的材料不断流出，其表面积几十倍上百倍地扩大。因为接触处压力很高，润滑油很难补充进去，只能靠原有的润滑油发挥作用，这就给反挤压带来了很大的困难。

（1）反挤压许用断面收缩率

反挤压的变形程度可用断面收缩率 ε_F 来衡量：

$$\varepsilon_F=(d_1^2/d_0^2)\times100\% \qquad (8.1\text{-}9)$$

式中　d_0——毛坯直径；

d_1——冲头直径。

图 8.1-32 所示为断面收缩率和冲头压应力之间的关系，纵坐标为冲头压应力 σ_p 和被挤压材料在挤压过程中平均屈服强度 σ_s 之间的倍数。只要知道了冲头能承受的压应力，知道了被挤材料的平均屈服强度 σ_s，就可从图上查出许用断面收缩率。如冲头选用 $W_6Mo_5Cr_4V_2$ 材料，硬度为62HRC，此时冲头能承受的压应力在 2.4GPa 左右，如被挤材料的平均屈服强度为 0.6GPa，则 $\sigma_p/\sigma_s=2.4/0.6=4$。这说明在纵

轴坐标值为 4 以下的曲线所对应的断面收缩率都能正常进行反挤压。从曲线上可以查出，断面收缩率在 30%~78%之间反挤压可以正常进行。

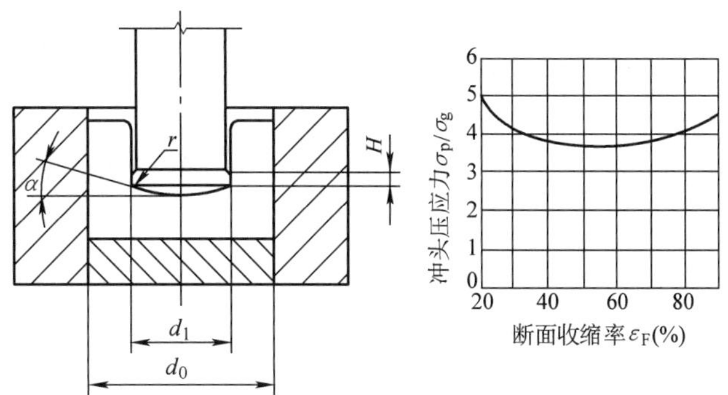

图 8.1-32　冲头压应力 σ_p 和断面收缩率 ε_F 的关系

一般低碳钢的反挤压许用断面收缩率为 25%~85%，中碳钢的反挤压许用断面收缩率为 35%~75%。

(2) 反挤压力的估算

这里所说的反挤压力，是指反挤压时冲头上的压力，冲头压力和冲头行程的关系如图 8.1-33 所示。曲线可以分为三个阶段。*A* 段为压力上升阶段，冲头逐步进入材料，进入的头部轴向投影面积越大，压力也就越大。头部全部进入材料后，挤压力开始稳定，*B* 段称为定常反挤压阶段。从图中看出，从 *A* 段进入 *B* 段后挤压力略有下降，这是由于材料变形发热后材料的屈服强度略有下降造成的。当冲头距毛坯底面很近时，也就是冲头距下垫块很近时，挤压力急剧上升，*C* 段称为非定常挤压阶段，再往下挤冲头会损坏。常说的反挤压力估算是指定常状态 *B* 段反挤压力的估算。

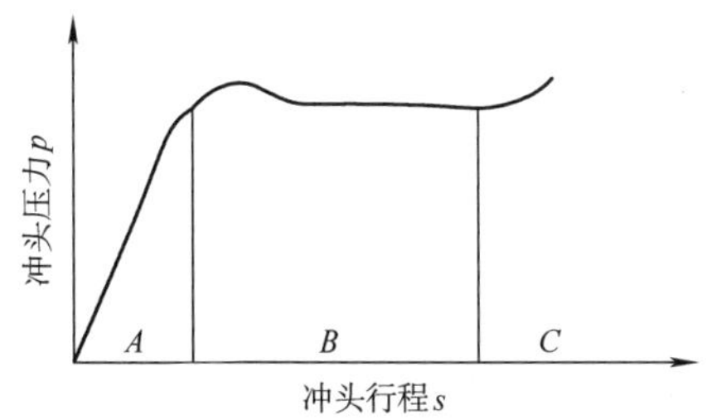

图 8.1-33　冲头压力与冲头行程的关系曲线

日本工藤英明教授用上界法推出了反挤压的近似计算公式：

$$\bar{p}=\sigma_s\cdot\frac{2}{\sqrt{3}}\left[\frac{2\sqrt{R-1}}{R}+\frac{7}{8}\cdot\frac{(R-1)\sqrt{R-1}}{R}\right]\frac{R}{R-1} \tag{8.1-10}$$

式中　$\bar{p}$——冲头平均压力（kN/mm²）；

$$R=\frac{d_0^2}{d_0^2-d_1^2}$$

d_0——毛坯直径（mm）；

d_1——冲头直径（mm）；

σ_s——毛坯材料的屈服强度（kN/mm²）。

公式没有考虑冲头圆角、冲头头部斜角的影响。

求冲头压力时，应该将冲头平均压力 $\bar{p}$ 乘上冲头截面积。

(3) 反挤压的变形区域

如果在毛坯的轴剖面上印上小方格子，挤压后的小方格子变成图 8.1-34 所示形状。

图 8.1-34b 所示是定常变形时材料流动情况。冲头下部的格子被压扁，也就是材料被压缩，被压缩的材料从凹模和冲头之间的空隙中流出。图中虚线围住部分是变形区，在定常反挤压阶段，变形区的形状基本保持不变，只是随着冲头一起往下移动。图中所指 *D* 区是死金属区，在定常反挤压过程中，这部分金属虽说是死金属区，但还是在变形，与冲头接触的表面积在不断扩大，但变形程度要比变形区域缓慢得多，这种缓慢变形规律对保护冲头顶部、防止擦伤是有利的。冲头继续往下移动，当变形区碰到下垫块时，挤压进入非定常变形状态（参见图 8.1-34c），定常变形状态时的死金属区也参加变形，这时与冲头头部接触的金属迅速滑移流出，表面积迅速扩大，冲头的磨损加剧，在下部材料尖角处又出现了新的死金属区 *D*，严重时，零件从凹模中推出后，这块尖角处金属会掉下来，所以反挤时，杯子底不能挤得太薄。

变形区域的形状和大小随冲头的形状改变而改变，也随材料的退火状态、材料的加工硬化指数 *n* 值的改变而改变，一般来说，冲头的头部圆角半径 *r* 和冲头头部斜角 *α* 较大时，由于材料流出通畅，变形区域较浅；反之，变形区域较深。

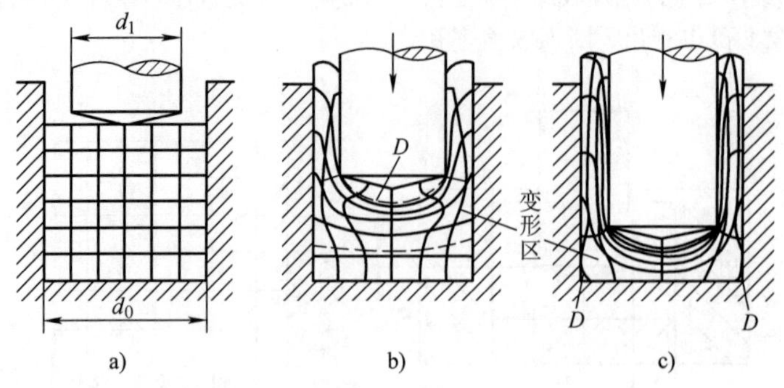

图 8.1-34　反挤压时内部材料流动规律

同样一种材料，退火状态的比非退火状态的 n 值大，变形区域深，变形均匀，挤压力小。

（4）冲头头部形状的选择

1）冲头头部形状对润滑条件的影响。反挤压是三种基本变形中润滑条件最恶劣的一种，因为冲头头部的表面压力在 2GPa 以上，原有的润滑材料很容易被挤走，外部的润滑材料根本无法进入工作部分。和冲头端部接触的被挤材料的表面积被几十倍上百倍地扩大，如图 8.1-35 所示。材料表面的润滑剂变得很薄，如果润滑剂变得太薄而破裂，就会出现新生金属面。新生金属面和冲头表面直接摩擦，产生高温，会发生烧伤冲头现象，使生产无法正常进行。

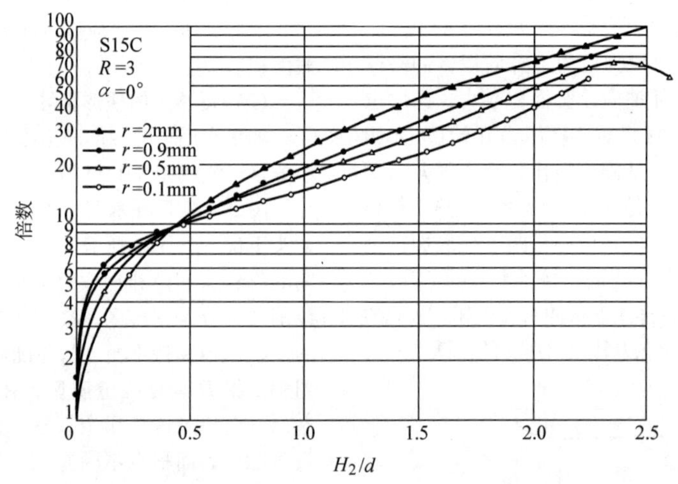

图 8.1-35　不同冲头圆角时表面积扩大情况

图 8.1-35 中的表面积扩大倍数是这样求得的：先在圆柱毛坯端面画上间隔 0.5mm 的同心圆，反挤完毕后，将杯形件从轴对称面剖开，测量变形后的线与线之间距离，换算成面积，用原对应面积来除，所得倍数作为扩大倍数，标在图 8.1-35 的纵坐标轴上。图 8.1-35 的横坐标轴是测量点到杯形件口部的距离除冲头直径的倍数，数字越大说明测量点距杯形件口部越远，越是后挤出的表面。试验材料是 15 钢，退火后做磷化皂化处理。图中 $R=3$ 表示的是挤压比，$R=d_0^2/(d_0^2-d_1^2)$，式中 d_0 是毛坯直径，取为 15.59mm，式中 d_1 是冲头直径，取为 12.728mm。冲头头部圆角半径 r 分别取为 2mm、0.9mm、0.5mm、0.1mm。冲头头部斜角 α 为 0°，即为平头冲头。测得结果如图 8.1-35 中各条曲线所示。

从曲线可知，当孔深小于 1/2 冲头直径时，冲头头部圆角越大，表面积扩大得越慢；当孔深超过 1/2 冲头直径之后，冲头头部圆角越大，表面积扩大得越快。表面积扩大得慢对润滑是有利的，如果孔深比较浅，将冲头圆角设计得大些对润滑有利；如果孔深比较深，冲头的圆角应设计得小些比较合理。从图上可以看出，冲头圆角半径为 0.1mm 时，当孔挤到 2 倍冲头直径深度时，面积扩大不到 40 倍；而冲头圆角半径为 2mm 时，当孔挤到 2 倍冲头直径深度时，面积扩大近 70 倍。两者的差距是比较大的，对润滑条件有较大影响。但是冲头圆角半径也不能太小，太小会划伤润滑层，使润滑层不连续，露出新生金属面，会烧伤冲头。

图 8. 1-36 所示是不同冲头头部斜角 α 的挤压后表面积扩大情况。

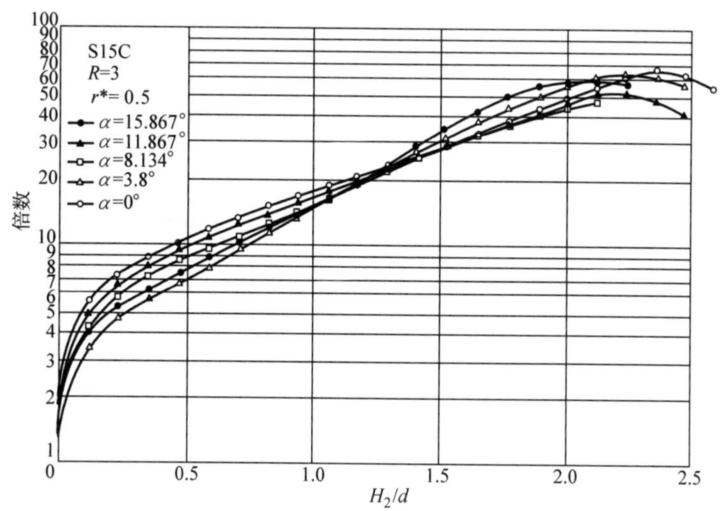

图 8. 1-36　不同冲头头部斜角 α 时表面积扩大情况

试验材料也是 15 钢，退火后做磷化皂化处理，挤压比也是 $R=3$，冲头头部圆角半径 r 为 0. 5mm。冲头头部斜角 α 分别取为 0°、3. 8°、8. 134°、11. 867°、15. 867°五种。从图上可以看出，在孔深小于 1. 25 倍冲头直径，斜角 α 大的表面积扩大得很慢，冲头斜角 α 设计得稍大些为好；当孔深超过冲头直径 1. 25 倍之后，冲头斜角 α 小的表面积扩大得较慢，斜角 α 应设计得小些更为合理，可以让表面积慢慢扩大。

2）冲头头部形状对挤压力的影响。冲头头部圆角半径 r 较大，冲头头部斜角 α 较大时，因为材料流出比较畅通，所以挤压力有所下降。

3）冲头头部形状对壁厚差的影响。冲头头部圆角半径 r 越小，冲头头部斜角 α 越小，对减小产品壁厚差越有利。

4）冲头的头部形状对材料流动的均匀性的影响。当冲头头部圆角半径 r 和冲头头部斜角 α 较大时，挤压过程中材料内部的应变分布比较均匀，变形区域也比较浅，这是材料流出比较畅通的原因，也是挤压力比较小的原因。

如果材料不经过磷化皂化处理，反挤压时用润滑油来润滑，会得出一些相反的结果。

当冲头头部圆角半径 r 比较大，冲头头部斜角 α 比较大时，挤压力不是降低，而是有所升高。特别是断面收缩率比较大时，挤压力升高得非常明显。这是因为 r 和 α 比较大时，冲头一碰上原材料，原材料表面的润滑油被大量挤走，断面收缩率大时，挤压面上的压强也大，润滑油被挤走得更严重。润滑油被挤走后，摩擦系数急剧上升，挤压力急剧上升。

5）头部的韧带宽度 H（参见图 8. 1-32）对挤压力的影响。韧带宽因为阻力大，挤压力也大；韧带太窄，磨损快，冲头寿命低。一般韧带宽度取为 0. 5～1. 5mm。冲头形状对挤压力、壁厚差、表面积扩大、应变均匀性在不同断面收缩率、不同润滑状态下有不同的影响。表 8. 1-10 供设计冲头时参考。

表 8. 1-10　冲头形状选择

参数			r(3～0. 5mm)		α(16°～0°)	
			大	小	大	小
润滑油	断面收缩率 >65%	加工力	大	小	大	小
		应变均匀性	良	不良	不良	良
		表面积扩大比	大	小	大	小
		壁厚差	不良	良	不良	良

（续）

参数			r(3~0.5mm)		α(16°~0°)	
			大	小	大	小
润滑油	断面收缩率<65%	加工力	影响小	影响小	稍大	稍小
		应变均匀性	良	不良	良	不良
		表面积扩大比	大	小	大	小
		壁厚差	不良	良	不良	良
磷化皂化		表面润滑剂分布	良	不良	不良	良
		加工力	小	大	小	大
		应变均匀性	良	不良	良	不良
		表面积扩大比	大	小	大	小
		壁厚差	不良	良	不良	良

注：表面积扩大比是指反挤较深孔，挤到较深时的表面积扩大情况。

8.1.5 精密锻造的模具

1. 精密锻造用模具材料

1）模具的受力状况和对模具的要求。模具所受的应力是非常复杂的，模具上不同部位受的应力是不同的，同一部位不止受到一个方向的应力，而是受到多个方向的应力。这些应力反复变化着作用到模具上，最大时可达2500MPa左右。这就要求模具应有能承受这些负荷的足够的强度和韧性，对模具的结构和材料提出了更高的要求。

精锻时金属塑性变形产生的热量将大量传给模具，据测量，模具表面温度可达到300℃左右，温精锻时，可以达到500℃以上，要求模具材料在这种温度下不软化，强度不降低。

因为模具表面和被加工材料直接接触，在高压下相互滑动，要求模具具有良好的耐磨损性能。

2）对模具材料的要求。模具材料应该具备如下性能：足够的强度，高的韧性，高的疲劳强度，淬透性好，热处理变形小，抗回火软化能力强，高温抗氧化性能好，耐疲劳性能好，耐磨性好，另外应该偏析小，可加工性能好，价格较低。

3）常用模具材料及选用。常用模具材料有碳素工具钢、高合金工具钢、高速工具钢、硬质合金、合金结构钢和温精锻用模具钢。

① 碳素工具钢。碳素工具钢中T8A和T10A用得较多。它的优点是便于加工和热处理，具有较好的耐磨性能。它的缺点是淬透性差，热处理变形大，抗热软化能力差，使用寿命短。它主要用在制件形状简单、负载不太大的模具零件，如垫块、顶料杆、套类零件，有时也用它做生产批量不大的制件的凹模。表8.1-11列出了碳素工具钢的热处理规范和用途。

② 高合金工具钢。Cr12、Cr12Mo、Cr12MoV是冷精锻常用的三种高合金工具钢。这类钢热处理变形小，淬透性好，耐磨性高，韧性优良，但其抗压、抗弯强度和弹性极限以及耐磨性比高速工具钢要低。这是由于材料内部残留奥氏体含量高、碳化物不均匀造成的。如果对模具毛坯进行改锻，使纤维方向打乱，使共晶碳化物和碳化物颗粒细化，材料的性能会有所提高。表8.1-12列出了高合金工具钢的热处理规范和用途。

③ 高速工具钢。高速工具钢含有0.6%（质量分数）以上的碳及W、Cr、Mo、V等合金元素。常用的有W6Mo5Cr4V4、6W6Mo5Cr4V、W6Mo5Cr4V2等。

高速工具钢具有很高的强度、良好的耐磨性和韧性，热硬性好。但是高速工具钢的碳化物分布不均匀，也要靠锻造来细化它的碳化物。在锻造过程中，镦粗拔长的次数越多，碳化物偏析改善越明显。一般镦粗拔长一次能降低碳化物偏析一到二级，碳化物偏析在三级以下才能使用。图8.1-37所示是双十字镦拔法的操作过程，用这种镦拔工艺能使坯料各处的金属晶粒都有很大变形，效果较好。表8.1-13列出了高速工具钢的热处理规范和用途。

表 8.1-11　碳素工具钢的热处理规范和用途

牌号	热处理/℃			使用硬度 HRC	用途
	退火	淬火	回火		
T8A	740~760	780~800	160~180	58~62	垫块、推出销
T10A	760~780	760~780	160~180	58~62	垫块、套、凹模

表 8.1-12　高合金工具钢的热处理规范和用途

牌号	热处理/℃			使用硬度 HRC	用途
	退火	淬火	回火		
Cr12	850~870	970~990	160~180	60~62	冲头、凹模、垫块
Cr12Mo	840~860	980~1030	180~200	61~63	冲头、凹模、垫块
Cr12MoV	850~870	1000~1050（油）	180~200	61~63	冲头、凹模、垫块

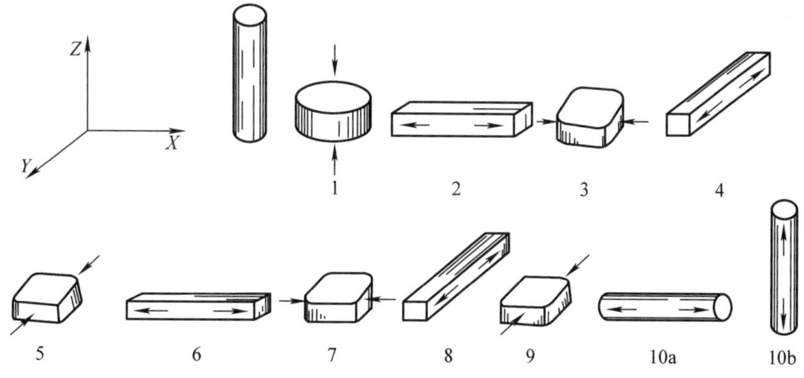

图 8.1-37　双十字镦拔锻造方法示意图

表 8.1-13　高速工具钢的热处理规范和用途

牌号	热处理/℃			使用硬度 HRC	用途
	退火	淬火	回火		
W6Mo5Cr4V4	860~870	1200~1250	540~570	63~65	冲头、凹模
W6Mo5Cr4V2	860~870	1200~1250	540~570	62~64	冲头、凹模
6W6Mo5Cr4V	850~860	1180~1200	560~580	60~63	冲头

④ 硬质合金。硬质合金以碳化钨为基础，以钴为黏合剂，混合压制成形后烧结而成。因为它硬度高，耐磨性好，常做冷精锻凹模，寿命可以达到几十万件甚至上百万件。但是硬质合金的韧性比工具钢差得多，基本上不能承受拉应力，因此在做凹模时，给硬质合金模芯加上预应力圈，让硬质合金模芯内表面处于压应力状态，这样在工作时可以抵消拉应力。表 8.1-14 列出了模具用硬质合金牌号及性能。

⑤ 合金结构钢。为了加强凹模的承载能力，经常在高速工具钢或硬质合金模芯外加上应力圈。应力圈一般选用韧性高、有较高弹性极限和屈服强度的材料，常用的有 5CrNiMo、4Cr5MoSiV、40Cr 等。表 8.1-15 列出了常用应力圈材料的性能。

⑥ 温精锻用模具钢。温精锻用模具在较高温度下承受较大的交变载荷，因此要求所选用的模具材料应具有足够的强度和韧性、耐磨损、抗疲劳性。常用的温精锻模具钢有：3Cr2W8，5CrNiMo，4Cr5MoSiV，5Cr4W5Mo2V，3Cr2WMoVNi 等。表 8.1-16 列出了温精锻模具钢的热处理规范和用途。

为了提高温挤冲头的寿命，可在冲头的头部喷焊 CoCrW 材料，可以提高冲头的耐磨性。

随着科技进步，新的模具材料不断出现，模具的强度、抗冲击性在不断提高。如日本日立公司1989年推向市场的YXR33温锻模具钢，具有更高的高温强度、抗粘合力，促进了温锻技术进步。我国也出现了牌号为LD等冷锻模具钢，性能有较大提高。

表 8.1-14　模具用硬质合金牌号及性能

牌号	硬度　HRA	抗弯强度/MPa	抗压强度/MPa	弹性模量/MPa	用途
YG15	86~88	1800~2200	3900	540000	凹模
YG20	83~86	2000~2600	3400	500000	凹模
YG25	82~84	1800~2300	3200	470000	凹模、冲头

表 8.1-15　常用应力圈材料的性能

牌号	热处理/℃			使用硬度 HRC	许用拉应力 /MPa
	退火	淬火	回火		
40Cr	825~845	830~860	400~430	40~43	<1250
5CrNiMo	850~870	830~860	510~540	42~45	<1385
4Cr5MoSiV	840~900	1000~1025	610~630	47~50	<1635

表 8.1-16　温精锻模具钢的热处理规范和用途

牌号	热处理/℃			使用硬度 HRC	用途
	退火	淬火	回火		
3Cr2W8	860~880	1080~1100	550~570	54~56	凹模、冲头
5CrNiMo	850~870	830~860	450~470	54~56	凹模、冲头
4Cr5MoSiV	820~850	1000~1020	600~620	52~54	凹模、冲头
5Cr4W5Mo2V	720~880	1100~1140	600~630	56~58	凹模、冲头
3Cr2WMoVNi	720~880	1100~1140	600~630	52~54	凹模、冲头

2. 精密锻造用模架

在进行模架结构设计时，应注意下列事项。为了防止冲头和凹模将力直接作用到上下垫板或机床台面上，造成变形，压出凹坑，一般在冲头或凹模后垫上一块面积较大、较厚的垫块，使单位面积作用力降到400MPa以下。模架的上下底板适当设计得大些、厚些，能提高模具的刚性。模具的压力中心应和压力机工作台中心重合，可以防止偏心负荷引起机架单边伸长，影响产品精度、模具寿命和破坏压力机精度。

凸模、凹模、顶出器的安装尺寸在同规格机床上应一致，有利互换，可以减少工具种类。

(1) 无导柱衬套的模架

图8.1-38所示是无导柱衬套的模架。这种模架一般用在刚性好、精度高的压力机上。

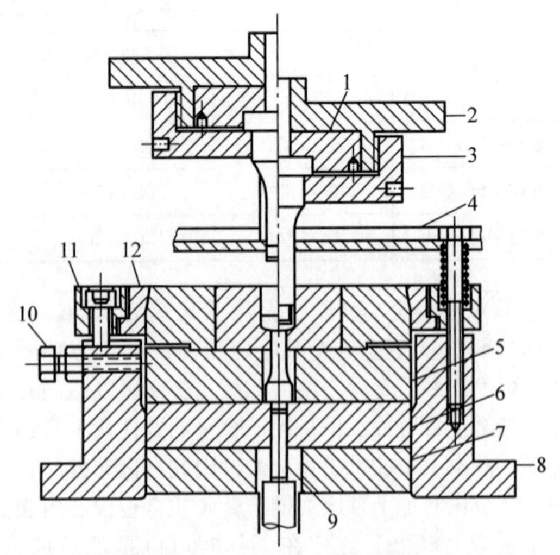

图 8.1-38　无导柱衬套的模架

图中件2是冲头底板，为了防止窜动，在冲头底板上加工了一个模柄，模柄和压力机滑块孔用H7-h6精度配合。件1是冲头座，它和件2的配合、和冲头的配合都要采用H7-h6精度，这样可以防止横向窜动。件3是压紧螺母。件8是凹模座，为了防止它在压力机下台面上窜动，设计了一个既含在凹模座又含在压力机台面里的对中心垫块，也用H7-h6的配合精度，将凹模座和压力机台面固定住。件6是垫块，它和凹模座 8 之间的配合是 H7-h6。件 5 是凹模垫，它和凹模之间的配合也是 H7-h6。如果凹模和冲头的中心没有对准，可以用件 10 调整螺钉进行微调对中。件 11、件 12 是凹模压紧环。件 4 是卸料板，用其脱下留在冲头上的零件。件 9 是推出销。当产品改变时，只要改变冲头和凹模的内孔尺寸即可。如果冲头和凹模的外形尺寸也改变时，件 1、3、12 也应随之改变。表 8. 1-17 列出了模架中各零件的名称、用材、硬度，可供设计人员参考。

表 8. 1-17　模架零件用材和硬度

件号	零件名称	材料	硬度　HRC
1	冲头座	Cr12，Cr12MoV	60~62
2	冲头底板	45	35~40
3	压紧螺母	45	35~40
4	卸料板	45	35~40
5	凹模垫	55	40~45
6	垫块	Cr12，Cr12MoV	60~62
7	凹模垫	Cr12，Cr12MoV	60~62
8	凹模座	45	35~40
9	推出销	Cr12MoV	50~55
10	调整螺钉	45	30~35
11	凹模压紧环	45	35~40
12	凹模压紧环	45	35~40

（2）有导柱衬套的模架

如果压力机的精度和刚性不是太理想，或者制件的精度要求比较高，可以将模架设计成有上下底板，再配上导柱衬套。图 8. 1-39 所示是有导柱衬套的模架。

图中件 3 是冲头固定套，为了防止横向窜动，加工了一个凹台，用 H7-h6 的配合精度，压合在上底板 1 中。件 2 是冲头垫，件 4 是冲头压紧套。冲头和件 3、件 4 的配合精度都应该是 H7-h6。件 4 压紧套的上部是螺纹，拧入件 3 中，件 4 的下部是外圆，定心用，它和件 3 的配合也应该是 H7-h6。件 9 是凹模座，为了防止它和下底板 10 之间的窜动，设计了一个凸台，压入下底板孔中，配合精度为 H7-h6。件 8 是垫块，它和凹模座 9 的配合是 H7-h6。件 7 是凹模垫，它和凹模之间的配合也是 H7-h6。如果冲头和凹模的中心没有对准，可以用件 6 调整螺钉进行微调整，使之中心对准。件 5 是凹模压紧环，件 11 是推出销，件 10 是下底板，件 12 是导柱，件 13 是衬套。

件 1、件 10 上下底板的材料一般用 45 钢，调质热处理。件 12、件 13 导柱、衬套一般采用 20 钢，渗

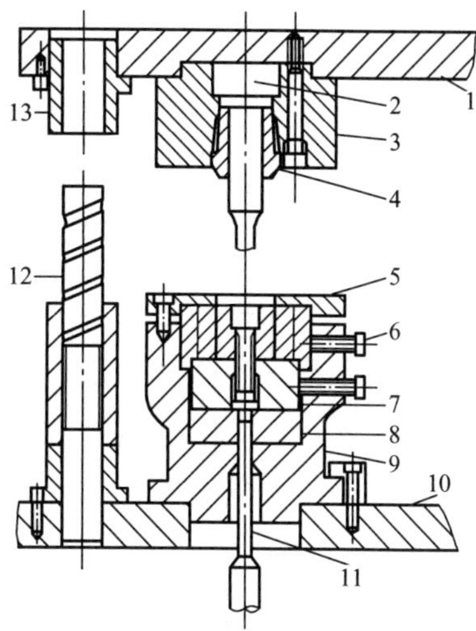

图 8. 1-39　有导柱衬套的模架

碳淬火处理，渗碳层深 1. 2mm 左右，淬火硬度 62HRC 左右。

其他件材料的选用和硬度参见表 8. 1-17。

（3）有环形顶出器的模架

有时制件抱在下冲头上，下冲头推出凹模也不能把制件取下来，在这种场合，索性让下冲头不动，用一个环形顶出器将制件从下冲头上脱下来。模具的结构如图 8. 1-40 所示。

图中件 10 用 W6Mo5Cr4V2 材料，硬度为 61 ~ 62HRC。件 14 用 T10 材料，硬度为 59 ~ 60HRC。其他件的结构类同图 8. 1-38 和图 8. 1-39 中的相应件，材料和硬度的选用可参考表 8. 1-17。

（4）温精锻用模架

温精锻用模架基本上和冷精锻用模架无多大区别，只是由于制件温度较高，应该充分考虑工具的冷却和清理。一般从上方，从冲头的四周往下喷冷却液，再从下方往上，从凹模膛中喷出冷却液，既起到冷却作用，又可将凹模中残留物冲走，如图 8. 1-41 所示。冷却液目前用得较多的是水溶性石墨或纯水。冷却液喷出的压力和流量应设计成可调。从上方冲头四周喷出的冷却液的压力应低些，量应少些。从凹模中喷出的冷却液的压力应高些，量应大些。

3. 冲头的设计

冲头是精密锻造中的关键工具。有时加工几十件几百件就断，使生产无法进行。

冲头主要用在反挤压和正挤压以及冲孔工艺中。在设计冲头时应让冲头尽可能短，不能有大的截面积变化，截面过渡部分应有大的圆角，冲头承载平面必须和冲头轴线垂直。如果产品需要，冲头的截面必须有大的变化时，可把冲头做成装配式结构。

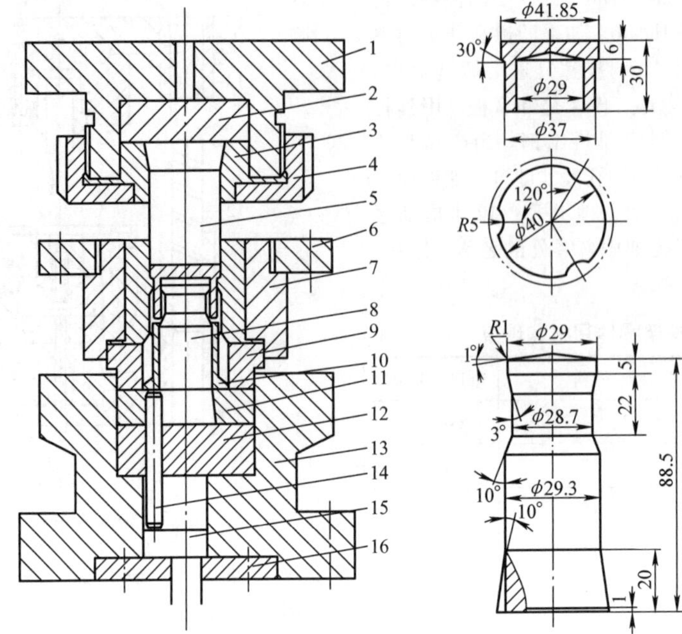

图 8.1-40 有环形顶出器的模架

1—模板 2、12—垫块 3、11—固定套 4—特形螺帽 5—上凸模 6—压板 7—凹模 8—下凸模 9—支撑 10—环形顶出器 13—模座 14—圆柱销 15—顶杆 16—压盖

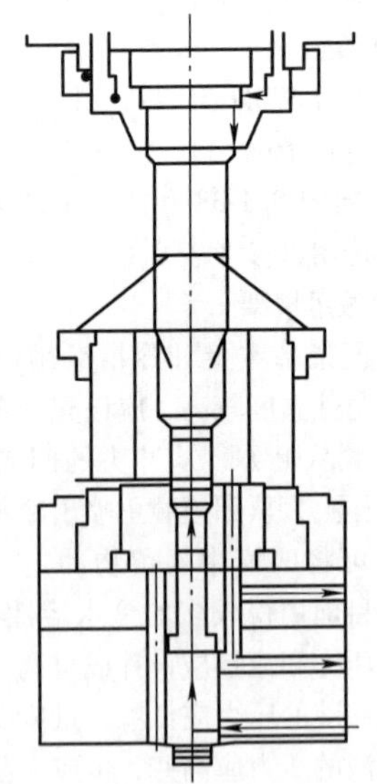

图 8.1-41 温精锻用模架示意图

(1) 反挤压冲头

图 8.1-42 所示是反挤发动机零件活塞销用冲头，是一种比较典型的反挤压冲头。

冲头的材质和硬度可比照图中所示要求选用。冲头的头部形状对反挤压力、润滑状态影响很大，在进行冲头设计时，冲头头部形状要素可参照表 8.1-10 判断给定。冲头头部设计了一个 ϕ6mm 小平台，它对减小制件壁厚差有好处。

冲头其他部分尺寸对冲头的寿命影响也很大。图 8.1-42 中冲头工作部分的长度 h 为 42.5mm，h 应尽可能设计得短些。如果冲头最细部分的单位挤压力达 2500MPa，h/d 应小于 2.5；单位挤压力达 1500MPa，h/d 应小于 4.5；单位挤压力达 1000MPa，h/d 应小于 5.5。

冲头的尾部有锥形和圆柱形两种。锥形的安装定中心性能好，应力分布均匀些，加工难度大些。图 8.1-43 给出了冲头结构尺寸的经验参数，可供设计者参考。

(2) 正挤压冲头

正挤压冲头比反挤压冲头工作条件好得多，一是和被加工金属之间没有相对滑移，二是承压面积大，单位压力小。须注意的是它和凹模之间的间隙，间隙大了金属会被反挤成毛刺，间隙小了冲头和凹模口不易对准从而造成啃凹模口。另外，如果间隙太小，冲头受力后弹性胀大，会擦伤凹模膛。一般冲头和凹模的单边间隙取 0.02~0.05mm。冲头直径大时，间隙取大些。为了防止冲头啃凹模边，可把凹模孔入口加工成圆角。

图 8.1-44 是正挤压冲头图例。

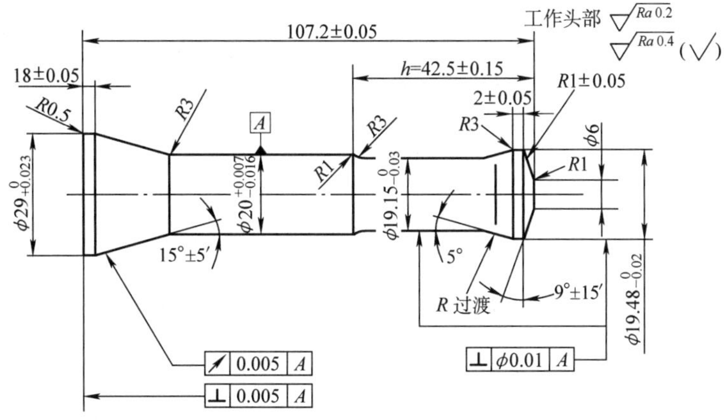

图 8.1-42　反挤活塞销冲头

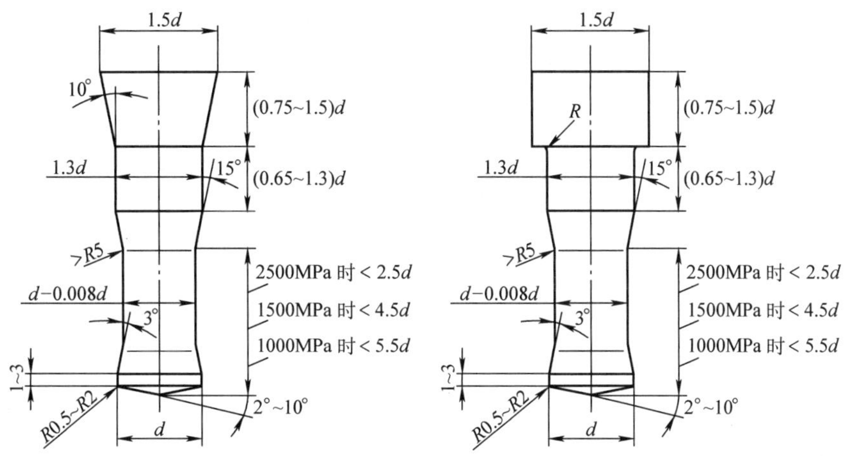

图 8.1-43　冲头结构尺寸

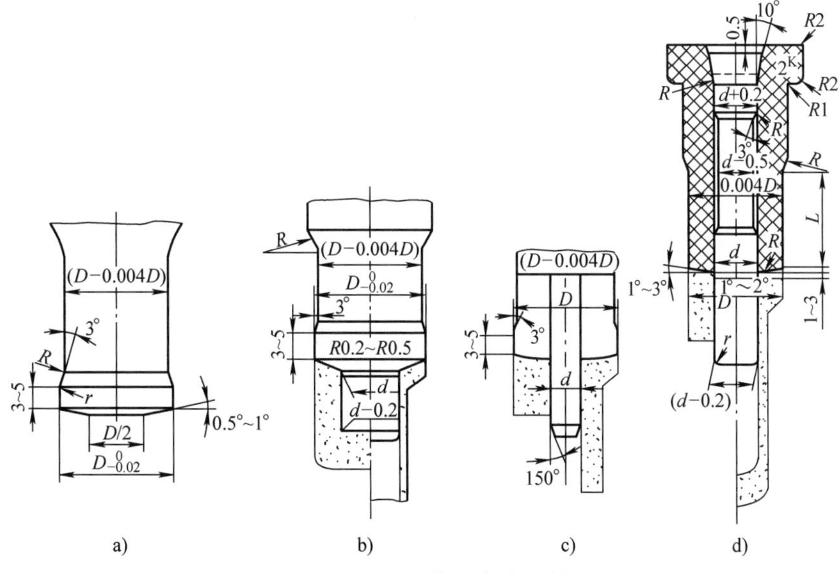

图 8.1-44　正挤压冲头图例

a）轴件挤压用凸模的成形部分　b）薄壁容器用凸模的成形部分

c）挤管用凸模的成形部分　d）薄壁容器用剖分凸模

（3）镦挤用冲头

图 8.1-45 所示是比较典型的镦挤冲头，用于加工六角螺母。此类冲头的受力状态和调整工的操作关系密切。如果操作者把螺母打得棱线非常清晰，冲头的受力就大。操作者应把螺母棱线和两端倒角调到符合产品图，但又不要太过头为最好。冲头的顶部凸台是挤压螺母内孔用的，螺母两端都预先挤出这样的凹坑，螺母中间的连皮再用冲孔冲头冲掉。所以凸台的设计比较关键。太高了，螺母粘在冲头上掉不下来，也无法装脱料机构；太矮了，中间连皮太厚，冲孔有困难，冲出来的孔质量也不好。为了将孔挤得深些，又不粘料，可将六方冲头前端凸台设计一个 10°左右的小斜度。镦挤一般在凹模中进行，镦挤冲头和凹模的单边间隙为 0.02～0.05mm，冲头直径大时，间隙相应也大些。

（4）穿孔冲头

图 8.1-46 是穿孔冲头图例。穿孔冲头一般细长，头部有一个锐利的刀刃，不像反挤压冲头，做成过渡圆角。穿孔冲头的工作部分直径，也就是韧带处直径，应该等于被冲孔的上限。在凹模中冲孔时还应加上回弹量。韧带宽度一般取 2～3mm。为了避开材料，韧带后冲头直径做得比韧带处直径小 0.2～0.3mm，并用 3°锥角光滑过渡，以免冲头从制件中退出时刮伤已冲完孔的表面。冲头安装部分的尺寸在同一台机床上应该尽可能一样，这样可以大大减少辅助工具，提高换件速度。冲头支承压力的面必须平整，必须和冲头中心线垂直，垂直度误差不应超过 0.005mm。

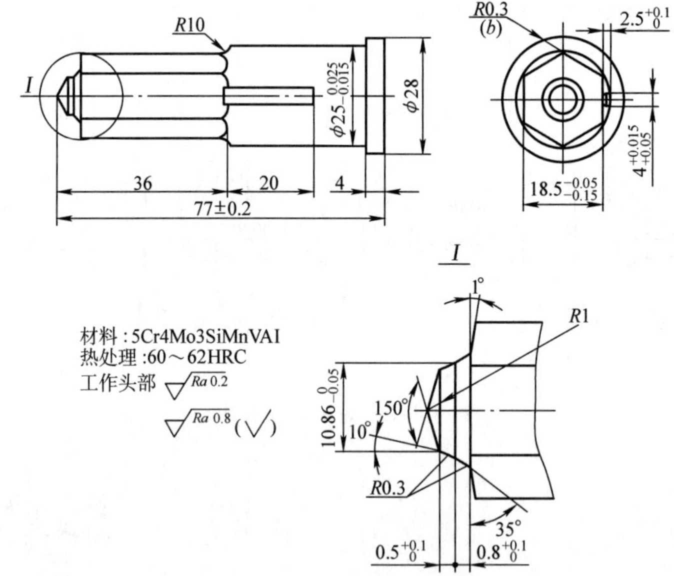

图 8.1-45　镦挤冲头图例

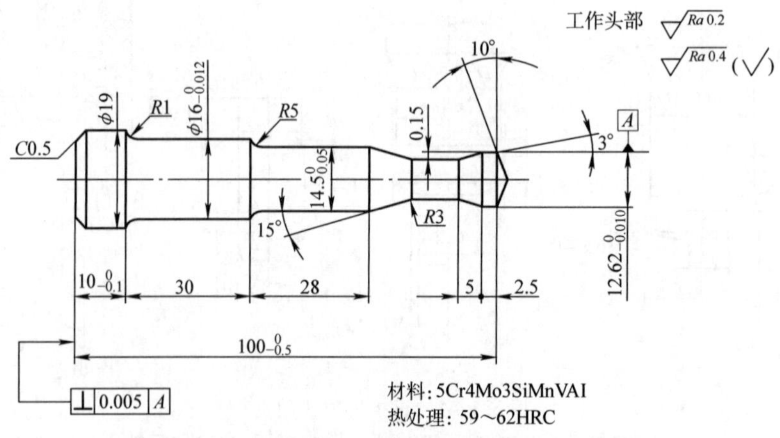

图 8.1-46　穿孔冲头图例

（5）带活动心轴的冲头

为了加工图 8.1-47 中所示零件，冲头须带活动心轴。毛坯有孔，活动心轴先插入毛坯孔中，上冲头再往下挤压，挤出图示有法兰带孔零件。活动心轴的直径比毛坯孔 d_0 小 0.2mm 左右。活动心轴和上冲头内孔之间的配合采用 H7-h7。如果凹模有齿形，就可以挤出如图 8.1-48 所示零件。

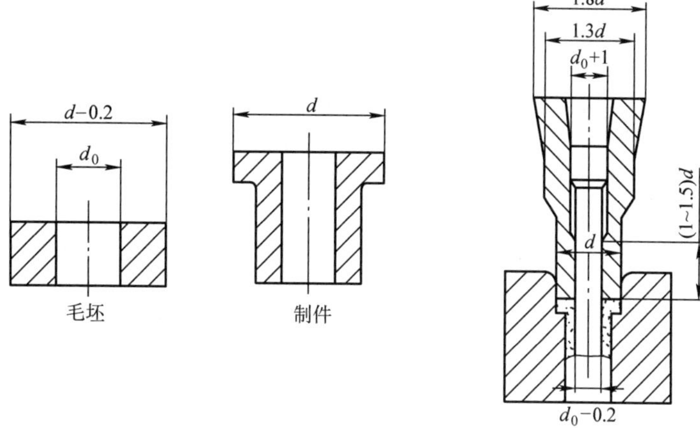

图 8.1-47 带活动心轴的冲头

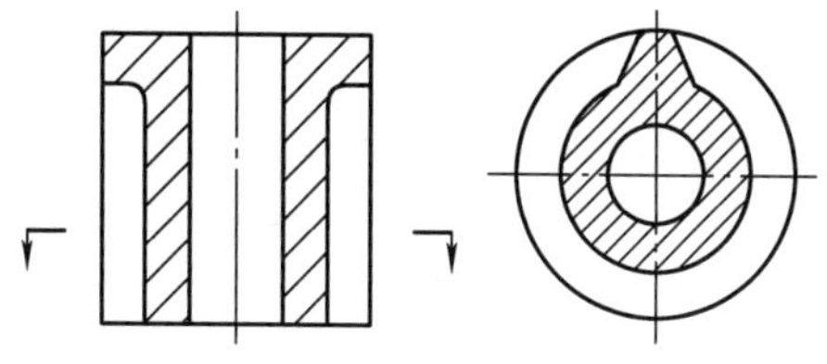

图 8.1-48 有齿形有法兰正挤压件

（6）带孔的冲头

为了挤压图 8.1-49 中所示零件，冲头应做成中间带孔。

冲头的外形可以参照普通反挤压冲头的结构来设计。冲头内孔类似正挤凹模形状，如果冲头内孔口部直径是 d，那么韧带宽度应设计成 3mm，空开处内孔直径设计成 $d+0.008d$，空开处宽度设计成 $0.8d$。为了防止正挤出来的轴弯曲，应设计多道防弯韧带。从第二个韧带起，韧带内孔直径设计成 $d+0.004d$。

若上冲头、凹模、下冲头进行组合，可以挤出多种形状的零件。不管零件形状怎么变化，凸模和凹模的韧带形状、过渡圆角、让料区的设计原理是类似的。材料的变形形式也总是正挤、反挤和镦粗这三种。

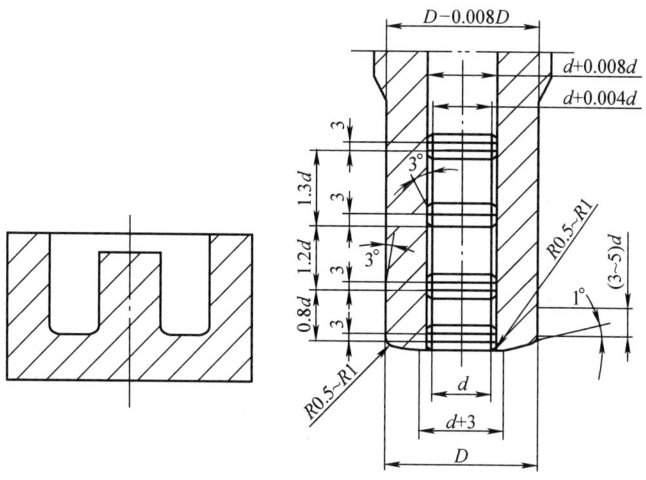

图 8.1-49 带孔的冲头

4. 凹模的设计

(1) 凹模图形实例

图 8.1-50 所示是在生产中使用的冷挤中型货车轮毂螺母的凹模。

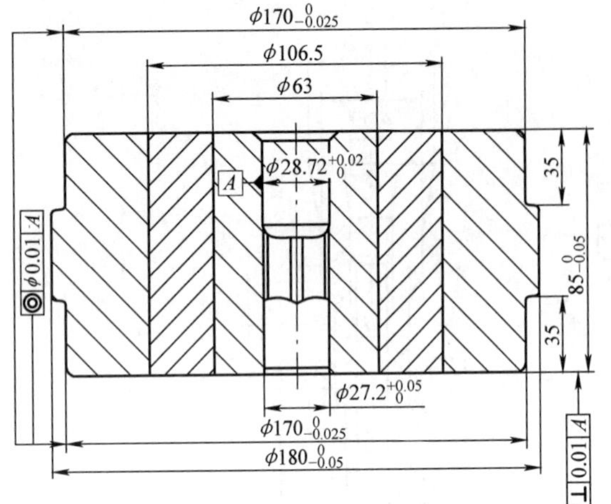

图 8.1-50　冷挤轮毂螺母凹模

图中下部外圆 $\phi170_{-0.025}^{0}$mm 是与模架孔的安装尺寸，一般采用 H7-h6 配合。模膛内孔应和此外圆同轴，同轴度在 ϕ0.02mm 之内，若有条件应做到 ϕ0.01mm 之内。模膛内孔中心线应和凹模下底面垂直，垂直度应在 0.01mm 之内，若有条件应做到 0.005mm 之内。

此凹模由三层组成。模芯是高速工具钢，材料为 W6Mo5Cr4V2，硬度为 62～64HRC。第二层预应力外套材料选用 5CrNiMo，硬度为 42～45HRC。为了加强模膛承载能力，将模芯过盈压入外套中。先压第二层套，过盈量为 0.50mm；再将模芯压入组合后的第二层外套中，过盈量为 0.42mm。凹模外径是 ϕ170mm，受力最大处内孔直径是 ϕ28.72mm，外径是内径的 6 倍左右，一般凹模外径应该是受力最大处内孔直径的 4～6 倍。为什么第一层套的内孔取 ϕ106.5mm，第二层套的内孔取 ϕ63mm？为什么过盈量取 0.50mm、0.42mm？这个问题将在组合凹模过盈量优化设计这一节中介绍。

为了保证压合时的过盈量，必须控制压合面的制造精度，过盈量太大会压坏外套，过盈量太小会造成预加压应力不足而影响模具寿命。压合面处的制造精度应保证该处的过盈量误差不超过 5%。

(2) 凹模的分割

凹模和冲头一样，也是直接和被加工材料接触的工具。冲头主要承受压应力，当受偏载时也有拉应力的作用。凹模主要承受圆周方向的拉应力，内孔有台阶的凹模，台阶上受到较大压应力，同时使凹模在轴向受到拉应力，在内孔和台阶的过渡圆角处有较大的应力集中。凹模的受力状态是相当复杂的，计算机的发展使凹模应力状态的解析成为可能。从解析结果看，对于内孔有台阶的凹模，如果将整体模芯合理分解成装配式模芯，可以大幅度降低应力，如图 8.1-51 所示。

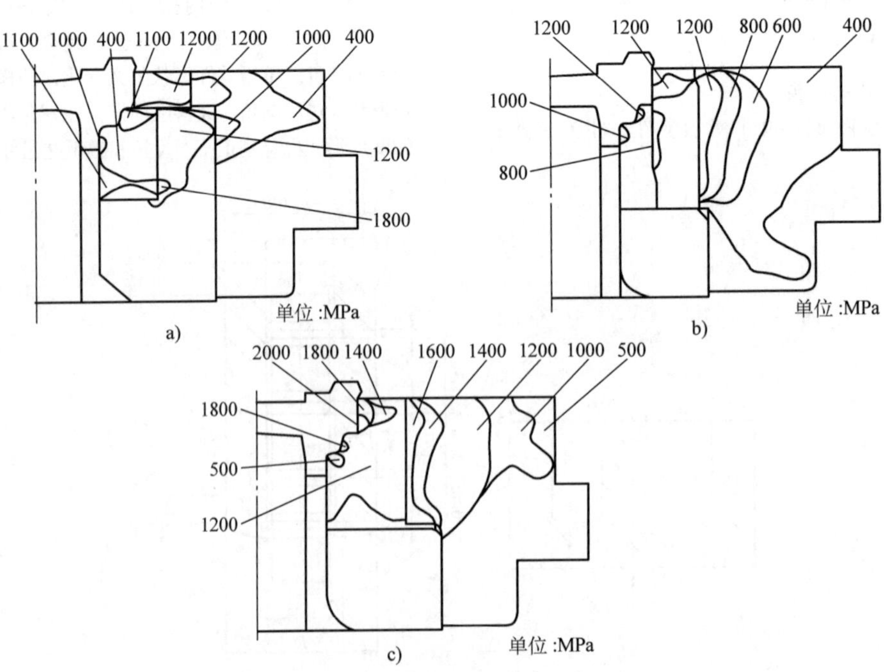

图 8.1-51　将模芯分解后应力状态示意图

a）模芯结构 1 应力状态　b）模芯结构 2 应力状态　c）模芯结构 3 应力状态

凹模主要有纵向分割和横向分割两种，图 8.1-52 所示为凹模的几种主要分割方法。图 8.1-52a 所示是将模芯横向分割的例子，图 8.1-52b 所示是将模芯纵向分割的例子，图 8.1-52c 所示是将模芯既纵向又横向分割的例子，图 8.1-52d 所示是将凹模整体横向分割的例子。

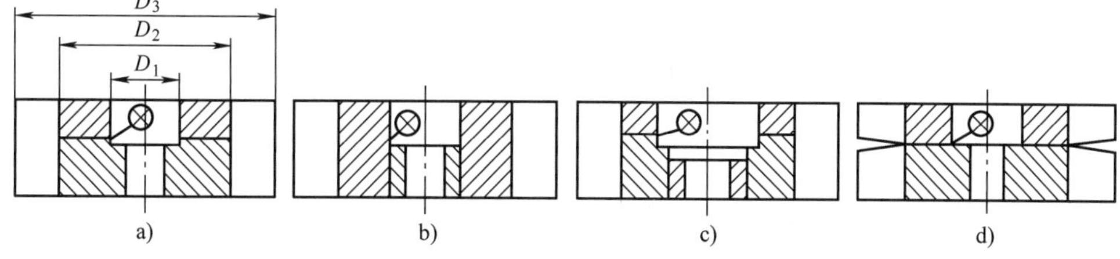

图 8.1-52　凹模的几种分割形式

将凹模分割后能大幅度降低模具的应力，但这会增加模具的制造难度。特别应该指出的是，如果分割面处理得不好，加工精度不够或者压合力不够，在精锻过程中，材料会挤入分模面，将分模面挤开，使生产无法进行。

图 8.1-53 所示为分模面的处理方法。分模面应设在转角部位的上方 1～2mm 处，不能让整个分割面接触，应以圆环接触为好，圆环宽度以 2～3mm 为好，非接触侧做成 1°～3°斜面，或做成 0.2～0.5mm 空隙。为了使接合面完全紧贴，应采用强有力的压板，用螺栓将凹模牢牢紧固在模座上。

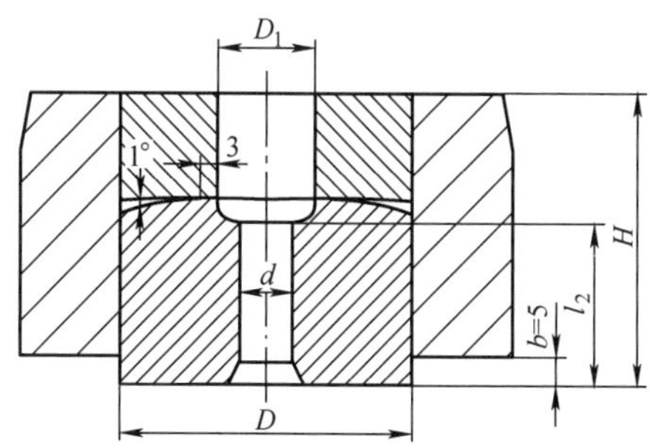

图 8.1-53　凹模分割面处理方法

(3) 预应力组合凹模的计算流程和程序

国内外已有许多学者研究了预应力组合模的计算问题，并已发表了不少用有限元法来求解模膛受局部载荷时模具应力应变分布规律的文章。工厂用得比较多的是用厚壁圆筒理论来求组合模直径的最优分配和过盈量，并分别给出 2 层、3 层、4 层组合模和高速钢模芯、硬质合金模芯的计算公式。在计算硬质合金模芯组合凹模时，只要假设硬质合金模芯的屈服强度等于模膛内压力，这样对硬质合金和高速钢的计算公式就通用了。此处给出了任意层、不同模芯组合模的统一计算模型，只用一个程序，就可计算各种型式的组合模。本计算方法采用最佳直径分配法，不仅给出了过盈量，而且给出了每装一层时内孔的收缩量和外径的胀大量。如果事前磨掉这个变形量，就可改变目前装一层修配一次尺寸的落后工艺。对要经过氮碳共渗（软氮化）等表面处理的模芯，知道每装一层时内孔收缩量和外径胀大量很重要，因为软氮化处理后硬化层深度只有 0.02mm 左右，装配后再修磨就失去表面处理的意义。

工厂的同志很难有时间用公式一步一步地计算各层套的优化直径和优化过盈量。为便于使用，这里给出了微机用预应力凹模的优化设计 BASIC 语言计算程序“WCSKH-N”。“WC”表示硬质合金，“SKH”表示高速钢，“N”表示任意层。此程序是任意层硬质合金和高速钢预应力凹模的通用计算程序。只要输入几个原始数据，几分钟之内就可求得最佳直径分配、过盈量、内孔收缩量、外圆胀大量、各层接触应力等数据。

图 8.1-54 所示为预应力模计算流程。

任意层高速钢、硬质合金预应力凹模计算程序“WCSKH-N”如下：

```
10’ ***** WCSHK-N *****
20 B￥="Y—104":SKH=0:WC=1
30 D(0)=50:D=250:P0=160:N=4
40 Y(1)=230:Y(2)=160:E(2)=22000:V(2)=.35
50 IF SKH=1 THEN E(1)=22000:V(1)=.35:GAN￥="SKH"
60 IF WC=1 THEN E(1)=54000!:V(1)=.2:GAN￥="WC"
70 N0=N
80 FOR I=2 TO N+1
90 Y(I)=Y(2)
100 E(I)=E(2)
110 V(I)=V(2)
120 NEXT I
```

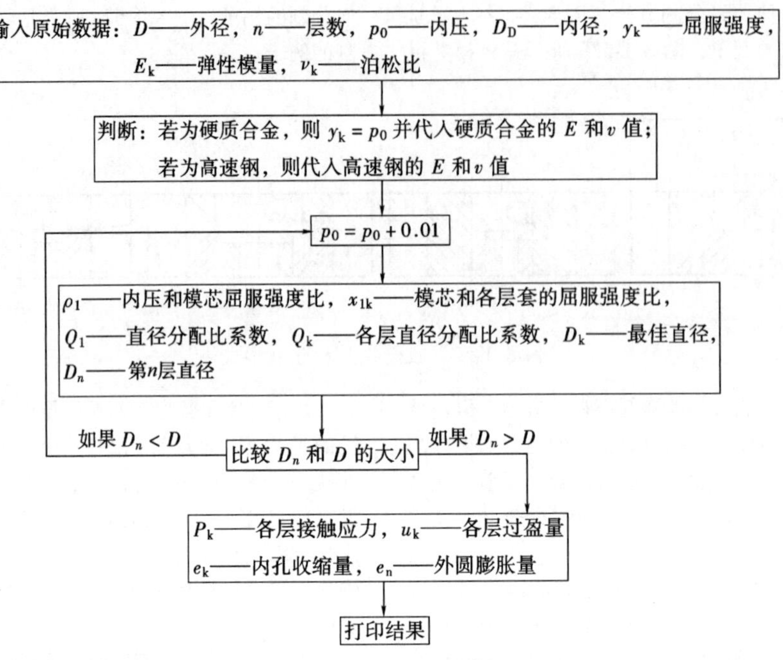

图 8.1-54　预应力模计算流程

```
130 IF WC=1 THEN Y(1)=P0
140 PRINT "Y(1)="; Y(1), "P0="; P0, "D(N)="; D(N), "D="; D
150 PS=P0/Y(1)
160 XN1=0
170 FOR I=2 TO N
180 X(I)=Y(1)/Y(I)
190 XN=1/X(I)
200 XN1=XN1+XN
210 NEXT I
220'
230 Q(1)=SQR(ABS((1+XN1-2*PS)/N))
240 D(1)=D(0)/Q(1)
250 FOR I=2 TO N
260 Q(I)=Q(1)*SQR(X(I))
270 D(I)=D(I-1)/Q(I)
280 NEXT I
290 IF D(N)〉D
        THEN P0=P0-2.053;GOTO 130
300 IF ABS(D(N)-D)〉.1 THEN P0=P0+.1:GOTO 130
310'
320 ROR K=1 TO N
330 QN(K)=D(K-1)/D(N)
340 QN1(K)=D(K)/D(N)
350 QY(K)=Y(K+1)*(1-Q(K+1)*Q(K+1))
360 FOR I=K+1 TO N-1
370 QY(K)=Y(I+1)*(1-Q(I+1)*Q(I+1))+QY(K)
380 NEXT I
390 A1=(1-Q(K)*Q(K)):A2=(1-QN(K)*QN(K))
400 A3=QY(K):A4=Y(K)*Q(K)*Q(K)*(1-QN1(K)*QN1(K))
410 P(K)=A1/A2*(A3-A4)/2
420 B1=1/E(K):B2=1-V(K)+(1+V(K))*Q(K)*Q(K):B3=1-Q(K)*Q(K)
430 B4=1/E(K+1):B5=(1+V(K+1))+(1-V(K+1))*QN1(K)*QN1(K):B6=1-QN1(K)*QN1(K)
440 IF K=NO THEN GOTO 460
450 U(K)=(B1*B2/B3+B4*B5/B6)*P(K)*D(K)
460 P(NO)=0
470 DU(K)=D(K-1)/E(K)*P(K)*2/(1-Q(K)*Q(K))
480 DDU(K)=D(K)/E(K)*P(K-1)*2*Q(K)*Q(K)
490 B(K)=U(K)/D(K)*1000
500 NEXT K
```

```
510 PRINT
520 PRINT "P0=";P0,"D=";D(N)
530 PRINT
540 LPRINT " ***** ";B¥;" ***** ";" ***** ";GAN¥;" ***** "
550 LPRINT
560 FOR I=1 TO N-1:LPRINT"Y";I;"=";USING;###.##";Y(I);:NEXT I:LPRINT"Y";N;"=";USING"###.##";Y(N)
570 FOR I=1 TO N-1:LPRINT" D";I;"=";USING"###.##"' D(I);:NEXT I:LPRINT"D";N;"=";USING"###.##";D(N)
580 FOR I=1 TO N-1:LPRINT" DU";I;" =";USING"###.##";DU(I);:NEXT I:LPRINT"DU";N;"=" USING"###.##";DDU(N)
590 FOR I=1 TO N-1:LPRINT"U";I;"=";USING"###.##";U(I);:NEXT I:LPRINT"U";N;"=";USING"###.##";U(N)
600 FOR I=1 TO N-1:LPRINT"P";I;"=";USING"###.##";P(I);:NEXT I:LPRINT"P0 =";USING"###.##";P0
610 FOR I=1 TO N-1:LPRINT"0%B";I;"=";USING"###";B(I);:NEXT I:LPRINT"DO =";USING"###.##";D(0)
620 LPRINT
630 LPRINT
640 LPRINT
650 END
```

"WCSKH-N" 程序使用说明：

① 输入原始数据。

B¥：输入凹模图号；

SKH：硬质合金模芯时输入 0，高速钢模芯时输入 1。

WC：硬质合金模芯时输入 1，高速钢模芯时输入 0。

D(0)：凹模内孔直径。如果是台阶孔，应输入最大内孔直径。如果将凹模横向分割，应分别计算，分别输入内孔直径。

N：模具层数，包括模芯在内，有几层就输入几。

D：凹模外径，一般已标准化，根据机床规格或模架凹模孔尺寸输入。

P0：希望本凹模能够承受的内孔模膛压力，可取冲头平均压力的 70% 输入。正挤和反挤时冲头平均压力和计算请参阅 8.1.4 节。

Y(1)：模芯抗拉强度。高速工具钢为 2.30～2.50GPa，输入 230～250。

Y(2)：预应力弹性外套的抗拉强度。如果选用 5CrNiMo 这样的合金钢材料，硬度为 42～46HRC，那么 Y(2)=1.46～1.50GPa，输入 146～150。

E(2)：预应力弹性外套的弹性模量。

V(2)：预应力弹性外套的泊松比。

② 有了以上这些原始数据，就可以计算。

③ 计算结果说明见表 8.1-18。

表 8.1-18　计算结果

***** Y-104 *****　　***** WC *****

Y(1)=183.700	Y(2)=160.00	Y(3)=160.00	Y(4)=160.00
D(1)=78.74	D(2)=115.72	D(3)=170.08	D(4)=249.96
DU(1)=0.18	DU(2)=0.45	DU(3)=0.31	DU(4)=0.17
U(1)=0.52	U(2)=0.76	U(3)=0.66	U(4)=0.00
P(1)=59	P(2)=34	P(3)=16	P(0)=183.70
0%B(1)=7	0%B(2)=7	0%B(3)=4	D(0)=50.00

Y-104：被计算凹模的图号；

WC：凹模的模芯是硬质合金；

Y(1)=183.7：模芯的屈服强度是 1.837GPa，当凹模内腔受到 1.837GPa 内压时，模芯不会受到圆周切向拉应力；

Y(2)=Y(3)=Y(4)=160。这是输入的数据，表示第二、第三、第四层外套的屈服强度是 1.60GPa；

D(1)=78.74：模芯的外径、第二层套内径；

D(2)=115.72：第二层套外径、第三层套内径；

D(3)=170.08：第三层套外径、第四层套内径；

D(4)=249.96：第四层套外径，图面应标 250mm；

DU(1)=0.18：全部压装后凹模内孔 ϕ50mm 的收缩量；

DU(2)=0.45：装完第四、第三、第二层预应力套后，第二层套的内孔收缩量；

DU(3)=0.31：装完第四、第三层外套后，第三层外套的内孔收缩量；

DU(4)=0.17：全部压装后凹模外径 ϕ250mm 的胀量；

（续）

U(1)=0.52：直径 D1=78.74 处的过盈量；
U(2)=0.76：直径 D2=115.72 处的过盈量；
U(3)=0.66：直径 D3=170.08 处的过盈量；
P(1)=59：直径 D1=78.74 处的接触压应力；
P(2)=34：直径 D2=115.72 处的接触压应力；
P(3)=16：直径 D3=170.08 处的接触压应力；
P(0)=183.70：本凹模能承受的最大模膛压力。

应该特别指出的是，如果这个 P0 小于计算之前输入的希望凹模能够承受的内孔模膛压力 P0，这时必须调整凹模材质或结构，重新计算。调整的办法有如下几种：

① 使用更好的模芯和预应力套材料，也就是提高 Y(1)、Y(2)、Y(3)、Y(4) 的输入数据。但是 Y(1) 最多用到 2.50GPa，Y(2)、Y(3)、Y(4) 最多用到 1.67GPa。目前最好的材料只能到这个水平。对于硬质合金模芯，在计算中让 Y(1)=P0，所以提高 Y(1) 是没有用的。

② 增加模具层数。从两层增加到三层，从三层增加到四层。层数增多后能提高凹模承受模膛压力的能力，但是四层以上的凹模不太使用，因为制造成本会提高。

③ 加大凹模外径。输入更大的 D 值。一般机床模架的模膛尺寸已标准化，D 加大后必须改变机床或模架的模膛尺寸或安装形式，如果不行，应该换到更大型号的机床或模架上加工。

0%B(1)=7：直径 D(1)=78.74 处的过盈量为 D(1) 的 0.7%左右；

0%B(2)=7：直径 D(2)=115.72 处的过盈量为 D(2) 的 0.7%左右；

0%B(3)=4：直径 D(3)=170.08 处的过盈量为 D(3) 的 0.4%左右；

本计算的推导过程是先装最外面两层套，逐步往里装，最后装模芯。在实际生产中，也应按此顺序从外往里装配。

8.1.6 精密锻造实例

1. 半轴生产工艺

在后轴驱动的汽车上都有半轴。半轴是从后桥差动齿轮将转矩传给车轮的轴。一般每车有 2 件，形状如图 8.1-55 所示。

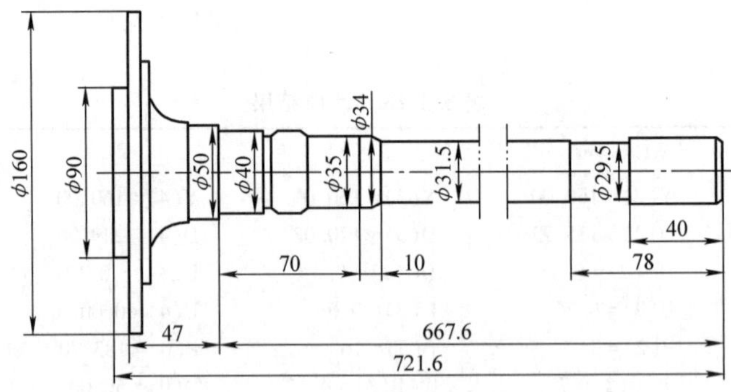

图 8.1-55 半轴产品简图

我国半轴大多采用 40Cr 材料，将杆部进行感应热处理，得到心部韧、外部硬的轴类零件。由于法兰盘的直径远远大于杆部直径，所以一般半轴都采用镦粗法兰盘、缩细杆部的工艺进行生产。下面介绍轻型货车半轴国内、国外两种不同的生产工艺。

(1) 平锻机生产轻型货车半轴

我国轻型货车的半轴锻件毛坯如图 8.1-56 所示。平锻完法兰盘后再用碾细工艺将杆部碾细碾长。

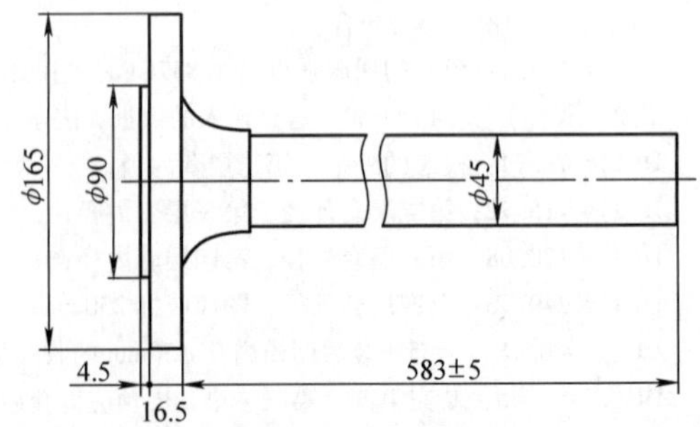

图 8.1-56 轻型货车半轴锻件毛坯图

生产轻型货车半轴锻件的工艺流程如下：

1) 切断工序。将 40Cr 热轧料切成 φ45mm ×

861mm 棒料，重 10.75kg。

2）加热工序。加热温度为 1200～1260℃，加热长度为 360mm，用煤气转炉加热。

3）平锻法兰盘工序。在 1200kN 平锻机上生产，平锻后保证锻件符合毛坯图尺寸。

4）碾细工艺。将杆部碾细碾长，加工到图 8.1-57 所示尺寸。

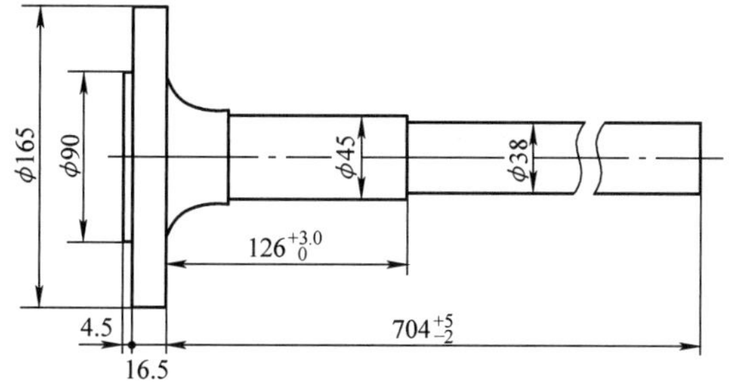

图 8.1-57　轻型货车半轴碾细后毛坯图

从轻型货车半轴碾细后的毛坯到机加工成品，有较大的加工余量，杆部单边切削余量 3mm 以上。所以本工艺的材料利用率不是太高。

（2）轻型货车半轴缩细工艺

生产使用长 8m、直径为 φ42mm 的热轧棒料，棒料平放在料架上，由送料机构自动送进。其工艺流程如图 8.1-58 所示。

① 喷丸去氧化皮工序。为了去除热轧料上的氧化皮，一般采用酸洗工艺，污染严重，工业先进国家用喷丸代替。去锈后立即进行润滑处理。

② 冷拔工序。经过去锈润滑的棒材进入冷拔工序，尺寸从 φ42mm 冷拔到 φ40mm。冷拔采用无尖推拔工艺，棒料不用制尖，直接推入凹模。

③ 切断工序。将棒料切成长 565mm 的毛坯。

④ 热镦头部工序。切断后的毛坯由机械手送给电镦机，边旋转边加热边镦头，热镦成图 8.1-59 所示形状。

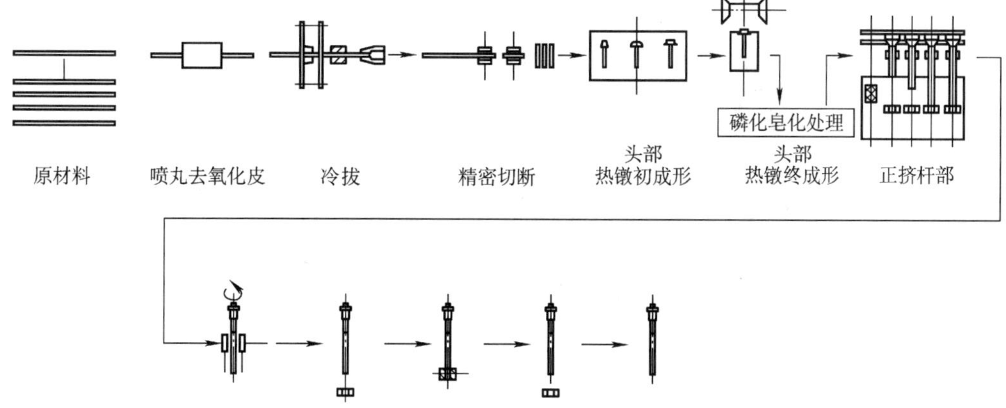

图 8.1-58　轻型货车半轴工艺流程图

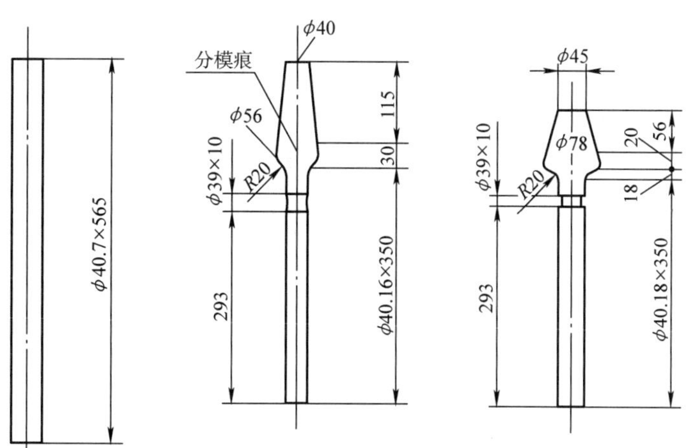

图 8.1-59　热镦工序制件图

⑤ 热锻法兰盘。在 1000 t 螺旋压力机上进行，采用横向夹紧后热锻方式，上下件比较方便，热锻后的制件如图 8. 1-60 所示。

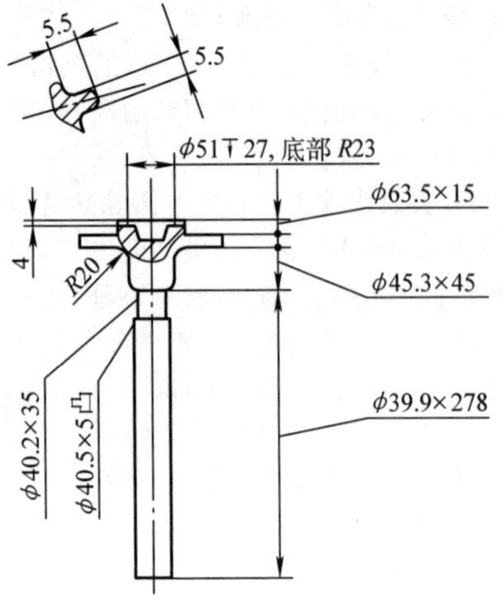

图 8. 1-60　热锻法兰盘后制件图

⑥ 润滑处理。热锻后局部又出现了氧化皮，所以要再次喷丸去氧化皮并进行磷化皂化处理。

⑦ 正挤杆部工序。这是关键工序，要将 ϕ40. 1mm 的棒料挤到 ϕ25. 9mm，断面收缩率很大。该工序是在美国 ERIE 公司的 300t 水平冷挤压机上进行的，机床外形如图 8. 1-61 所示。

该机床四工位水平排列，将法兰盘固定在槽中，凹模装在滑块上，滑块往前缩细，滑块往后退出零件，这就解决了细长杆推出困难的问题。缩细量是这样分配的：第一序从 ϕ40. 1mm 缩到 ϕ35. 24mm 断面收缩率为 22. 8%；第二序从 ϕ35. 24mm 缩到 ϕ30. 83mm，断面收缩率为 23. 46%；第三序从 ϕ30. 83mm 缩到 ϕ27. 92mm，断面收缩率为 18%；第四序从 ϕ27. 92mm 缩细到 ϕ25. 885mm，断面收缩率为 14%。制件的工序尺寸如图 8. 1-62 所示。制件在机床中排列情况如图 8. 1-63 所示。

图 8. 1-61　300t 水平冷挤压机

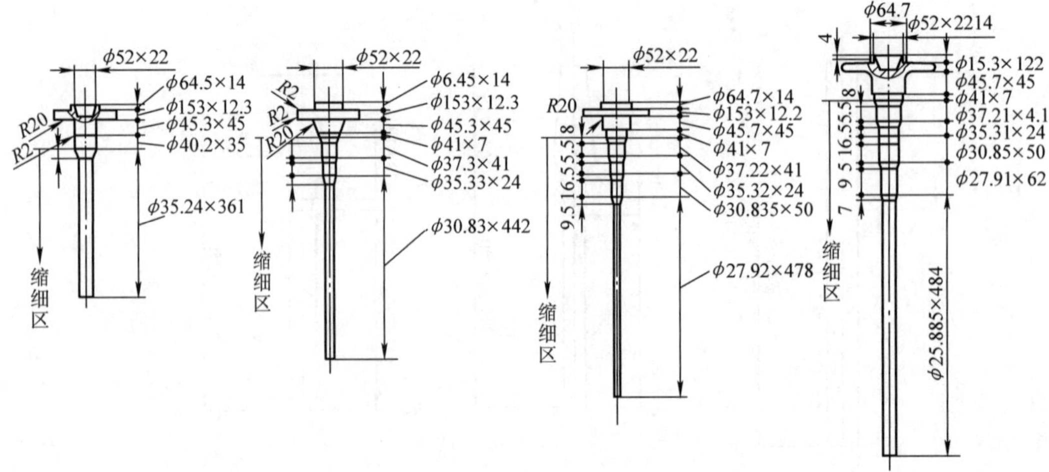

图 8. 1-62　轻型货车半轴缩细工序尺寸

图 8.1-63　轻型货车半轴在机床中排列图

为了顺利地将杆部导入凹模，凹模口部的圆角必须做得十分讲究，表面粗糙度应在 $Ra0.13\mu m$ 以下。模芯可用硬质合金做成，模具寿命平均为 5 万件以上。磨损后可改制成大一号的凹模。

为了防止挤出的细长杆弯曲，必须将凹模的入口圆角和韧带做得均匀，让四周的阻力一致。另外，在凹模的出口一侧装上防弯护套，防止挤出的杆弯曲。防弯护套的结构如图 8.1-64 所示。

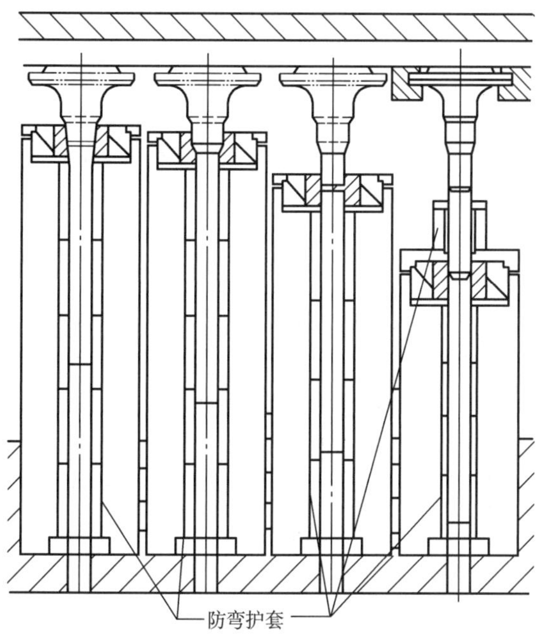

图 8.1-64　防弯护套结构

⑧ 校直工序。因为半轴杆部最细处长径比达 18.7，虽采取了防弯措施，但还达不到产品要求，所以正挤后须增设校直工序。

⑨ 超声波探伤。正挤容易在杆心部出现人字状裂纹，需安排超声波探伤工序。

⑩ 切断尾部工序。正挤后尾部凹凸不平，采用切断机切齐尾部。

⑪ 尾部退火工序。冷挤后杆部硬度提高，材料可塑性降低，为了加工尾部花键，增加了退火工序。

⑫ 切削尾部花键工序。

2. 直齿锥齿轮的精密锻造

直齿锥齿轮的精密锻造获得了广泛的应用，很多文献指出精锻齿轮有沿齿廓合理分布而连续的金属流线和致密组织，齿轮的强度、齿面的耐磨能力、热处理变形量和啮合噪声等都比切削加工的齿轮优越，并且认为，生产批量在 300 件以上，经济上就是合理的。

20 世纪 80 年代初，日本又开发了闭塞挤压直齿锥齿轮新工艺，实现了无飞边锻造，进一步提高了齿轮精度，降低了成本。

（1）热锻冷精整生产直齿锥齿轮工艺

图 8.1-65 是中型货车用的行星齿轮零件图，材料为 18CrMnTi。

齿轮参数：齿数为 12；模数为 4.3mm；齿形角为 20°；分度圆直径为 51.6mm；齿高系数为 1.0；径向移距系数为 0.5；切向移距系数为 0.05；齿顶高为 6.162mm；齿高为 9.39mm；分度圆上理论弧齿厚为 8.534mm；精度等级 8-DC。

技术条件如下：

1）渗碳层深度为 0.8~1.2mm，淬火硬度为 58~64HRC，心部硬度为 34~37HRC。

2）A 端面对 $\phi20^{+0.05}_{+0.02}$ mm 孔中心线的跳动公差为 0.03mm。

3）$\phi20^{+0.05}_{+0.02}$mm 孔的圆度和锥度公差在直径公差的 1/2 范围内。

4）齿轮和半轴齿轮成对检验要求：

① 安装距：小齿轮（52±0.05）mm，大齿轮（38±0.5）mm。

② 侧隙 0.1~0.2mm，侧隙变动量不大于 0.05mm。

③ 接触斑痕，高度不小于齿高的 50%，长度不小于齿宽的 50%，分布在齿宽中部的节锥上略靠近小端。

5）去毛刺和锐角。

生产工艺如下：

1）工艺流程。精锻直齿锥齿轮的工艺流程一般为：下料→加热→预锻→终锻→热切边（部分工艺终锻后冷切边）→正火→喷砂清理→钻孔→磷化、皂化→冷精整→镗孔→车背锥球面→渗碳淬火→喷丸→磨内孔和背锥球面（或精车内孔和背锥球面）。

2）锻件图制订。图 8.1-66 是行星齿轮锻件图，制订锻件图时应注意下列问题：

① 分模面位置。把分模面安置在锻件最大直径处，能锻出全部齿形和顺利脱模。

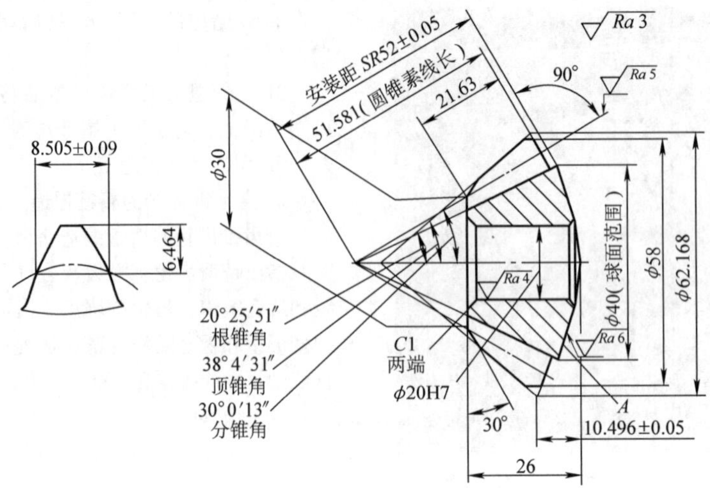

图 8.1-65　中型货车用行星齿轮零件图

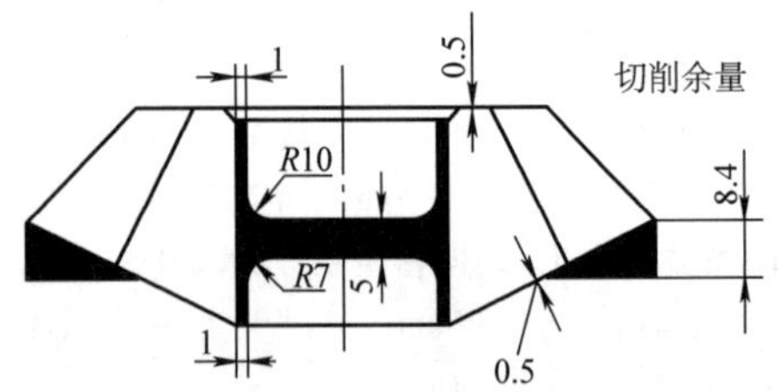

图 8.1-66　行星齿轮锻件图

② 加工余量。齿形不再机械加工，小端面留 0.5mm 加工余量。背锥面是安装基准面，精锻时达不到精度要求，预留 1mm 加工余量。

③ 当锻件中心孔的直径小于 25mm 时，一般不锻出，但可以在小端压出 45°倒角凹坑，省去机械加工的倒角工序。当孔的直径大于 25mm 时，应锻出带拔模斜度和连皮的孔。拔模斜度为单边 7°左右。连皮厚度不小于 6mm。

3）毛坯的确定。毛坯的重量应该等于成品重量加上飞边和切削加工余量的重量再加上加热烧损及形成氧化皮的重量。

可以采用圆柱形毛坯，让毛坯的直径略小于小端齿根圆直径。采用此种毛坯的缺点是材料流动距离较长，凹模齿形容易磨损。毛坯采用圆柱加锥台更为合理，可以减少模具磨损，只是需要增加一道预备成形工序。毛坯锥角应该等于凹模齿形内锥角。

4）精锻行星齿轮的变形力。精锻行星齿轮时的变形力可用式（8.1-11）估算，P 的单位为 N：

$$P=a\left(2+0.1\frac{F_n\sqrt{F_n}}{V_n}\right)R_mF_n \qquad (8.1\text{-}11)$$

式中　a——系数。开式模锻时取 $a=4$，闭式模锻时取 $a=5$，不形成纵向毛刺时取 $a=3$；

F_n——锻件水平投影面积（mm^2）；

V_n——锻件体积（mm^3）；

R_m——终锻温度时锻件材料的抗拉强度（N/mm^2）。

也可以根据行星齿轮重量，并根据经验选用摩擦压力机。齿轮重量为 1kg 以内，选用 400t 以下压力机；1～4.5kg，选用 500t 压力机；4.5～7kg，选用 800t 压力机。

5）精锻行星齿轮模具。图 8.1-67 所示为精锻行星齿轮用模具。一般来说齿形模膛应设置在上模，这样有利于成形和提高模具寿命，但为了安放坯料方便和便于顶出锻件考虑，凹模 9 也可放在下模板 13 上。这样设置的缺点是清除齿形模膛中的氧化皮或润滑剂残渣比较困难。

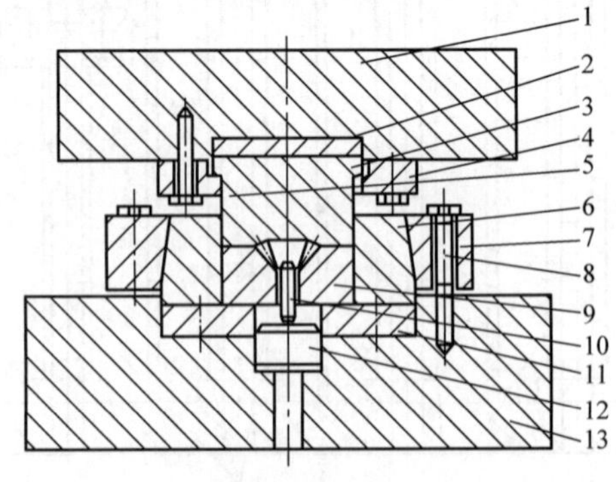

图 8.1-67　行星齿轮精锻模

1—上模板　2—上模垫板　3—上模　4—压板　5、8—螺栓　6—预应力圈　7—凹模压圈　9—凹模　10—顶杆　11—凹模垫板　12—垫板　13—下模板

凹模采用单层或双层组合模，凹模 9 用预应力圈 6 加强。件 7 为凹模压圈。模锻后由顶杆 10 把锻件

从凹模中顶出。

图 8. 1-68 所示是精锻行星齿轮用凹模和上模。

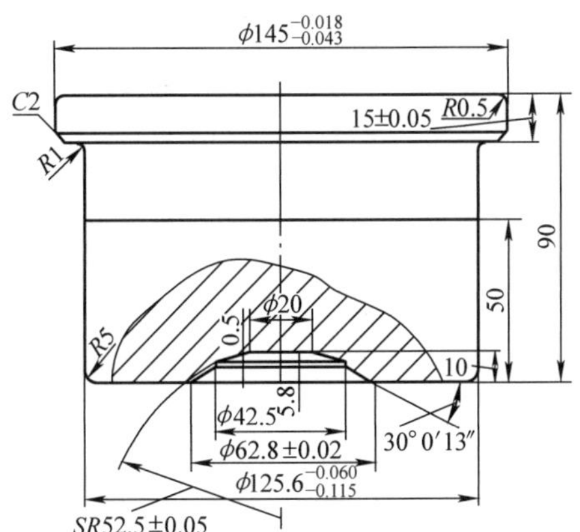

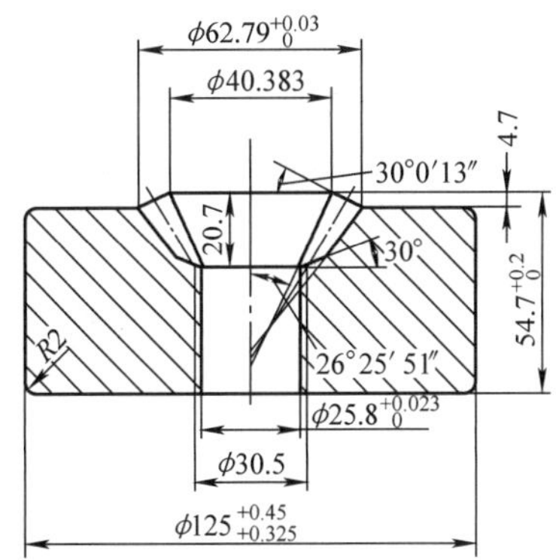

图 8. 1-68　精锻行星齿轮用凹模和上模

常用锻造模具材料及热处理硬度见表 8. 1-19。

表 8. 1-19　常用锻造模具材料及热处理硬度

模　　具	材　　料	热处理硬度
热锻凹模	H13、3Cr2W8V	48～52HRC
冷精整凹模	W6Mo5Cr4V2	58～62HRC
应力圈	40Cr、5CrNiMo	40～43HRC

凹模模膛在完成初加工、热处理和磨削加工后，用电火花机床或加工中心加工齿形。模膛加工完后，可将收缩率极小的低熔点合金浇注到模膛中获得铸件，测量铸件的精度来衡量齿形模膛的制造精度。目前已有齿轮测量中心可以检测模具的齿形精度，生产中须根据模具实际使用情况定期抽检锻件精度来检验模膛磨损情况。

当用电火花加工凹模模膛时，模膛的设计实际上就是齿轮电极的设计。

设计齿轮电极时，应在产品图的基础上加以修正。应考虑下列修正量：锻件冷却收缩量、电火花放电间隙、模具弹性变形量和模具的磨损。现将电极设计的有关注意问题阐述如下：

① 精度。电极的制造精度应比产品的精度高两级。因为在模具制造、精锻过程中，精度在降低，精度的提高包括齿圈径向跳动、安装距等都要相应提高。接触区，产品齿轮要求载形齿接触区略偏向小头。这是因为电加工电极小头损耗略大，电极齿面的表面精糙度也应比产品高两级。

② 电极的齿根高可以比产品图放大模数的 1/10，这样可以延长精锻模的使用寿命。因为在锻造过程中，模膛齿顶和棱角处容易磨损和压塌，反映到锻件上是齿根有较大的圆角，使齿根变浅。电极齿根做高后，把凹模齿根加深，就不会影响精锻齿轮的正确啮合和引起齿根干涉。

③ 分度圆压力角的修正。锻造过程中，因为凹模齿顶磨损快，反映到锻件上是齿根逐渐变厚，压力角逐渐增大。

电加工时，齿轮电极的小端和齿顶部分加工时间较长，其损耗较齿根和大端大，使齿顶厚度相对变薄，引起齿形渐开线的畸变，反映为压力角增大和从小端到大端的齿长方向上齿面间的夹角即收缩角增大。对电极损耗造成压力角和收缩角增大的对策是选用放电损耗小的铬锆、铜钨合金等材料做电极，采用电极损耗小的电火花加工工艺。目前先进的电火花加工机床可以做到电极损耗很小。

由于模具温度较锻件温度低，锻件出模时，齿顶部分的温度比齿根部分的温度低，锻件冷却时，齿顶收缩小些，这就相当于齿顶变厚，齿根变薄，引起齿形渐开线的畸变，反映为压力角减小。

锻件从模膛中取出后，如果锻件温度均匀，是均匀的线性收缩，相当于齿轮安装时靠近了一个距离。所以对于尺寸较小的齿轮，设计电极时，可以不考虑锻件的冷收缩，只是在精锻齿轮后续机械加工时采用标准齿形夹具，来保证精锻齿轮的安装距离，让它符合产品图的要求。

对于尺寸较大的齿轮，由于冷收缩的距离较大，需要在设计电极时考虑锻件的冷收缩量。实际上仍是修正齿轮电极的安装距，使锻件冷收缩后的分度圆锥与齿轮零件图的分度圆锥一致，也就是让齿轮电极增加一个安装距离修正量。具体计算时，只要将大端模数放大，其他参数以放大后的大端模数为依据进行计算即可：

大端模数=产品图大端模数×$(1+a\Delta t)$

式中　a——齿轮材料的线膨胀系数，参见表8.1-20；

Δt——终锻时锻件温度与模具温度差（℃）。

加工行星齿轮凹模的电极在考虑了以上各项影响因素后，再确定尺寸。精锻时的弹性变形计算更为困难，因为有预应力套，变形量不是太大，设计计算时可以不考虑。对于常用的热作模具钢或高速工具钢凹模材料，一般采用2~3个电极加工。加工硬质合金凹模需要4~5个电极才能完成，通常用铜钨合金作为电极材料。齿轮凹模电极数控铣削和齿模电火花加工过程中，使用3R或EROWA夹具以提高齿模的加工精度和加工效率。

大批量生产中为了保证产品质量的稳定，目前采用得更多的是精锻后再对齿形进行冷精整。

冷精整行星齿轮凹模的尺寸应该做到产品图的下极限偏差尺寸，将产品图的偏差量作为凹模的磨损量和弹性胀大量。

表8.1-20　材料的线膨胀系数　（10^{-6}/℃）

材料	温度范围/℃							
	20~100	20~200	20~300	20~400	20~600	20~700	20~900	20~1000
黄铜	17.8	18.8	20.9	—	—	—	—	—
碳钢（平均值）	10.6~12.2	11.3~13	12.1~13.5	12.6~13.9	13.5~14.3	14.7~15	—	—
铬钢（平均值）	11.2	11.8	12.4	13	13.6	—	—	—
20钢	11.1	12.1	—	13.4	14.4	—	—	—
30钢	12.6	13.6	—	15.0	15.6	—	—	—
40钢	12.4	12.6	—	14.5	14.6	—	—	—
50钢	12.0	12.4	—	13.3	14.1	—	—	—
65钢	11.8	12.6	—	13.3	14.0	—	—	—
35CrMoV	11.3	11.7	—	13.9	14.3	—	—	—
40Cr 50CrNi	11.8	12.3	—	13.4	14.0	—	—	—
GCr15	14	15.1	—	15.6	15.8	—	—	—
GCr9	13	13.9	—	15	15.2	—	—	—
12Cr13	11.2	12.6	—	14.1	14.3	—	—	—
20Cr13	9.6	10.4	10.9	—	11.3	—	—	—
30Cr13	10.2	11.1	11.6	11.9	12.3	12.8	—	—
40CrSi	11.7	—	—	—	—	—	—	—
30CrMnSiA	11	—	—	—	—	—	—	—
6Cr4MoNi2WV	11.1	11.2	11.9	12.5	13.1	13.3	—	—
镍铬合金	14.5	—	—	—	—	—	—	17.6

（2）闭塞挤压生产直齿锥齿轮工艺

20世纪80年代初，日本小松制作所首先提出用闭塞挤压生产行星齿轮工艺。图8.1-69所示是中型载货汽车用行星齿轮零件，现用该件为例，介绍闭塞挤压生产行星齿轮的工艺流程。

用闭塞挤压生产行星齿轮的工艺流程如下：

1）切断。采用20CrMnTi冷拔料，外径$\phi 46_{-0.062}^{0}$mm，用锯床切断，切断长度为（49±0.15）mm，切断面必须平直，切断面和轴线的垂直度公差为0.5°，毛坯不得有毛刺。

2）保护气体退火。

3）磷化皂化处理。

4）预备成形。采用800t金属挤压机，将毛坯压成图8.1-70b所示形状。

图8.1-69　CA1092中型货车用行星齿轮零件

5）涂覆石墨。将毛坯加热到150~200℃，放入水溶性石墨液中，立即拿出，因为毛坯有 200℃左右的温度，从石墨溶液中拿出后，很快就干燥，石墨比较牢固地涂覆在毛坯表面。这层石墨有两个作用，一是温挤前加热时可以防止毛坯氧化，二是温挤时起润滑作用。

6）加热。将毛坯加热到 850℃，最好用中频炉加热，效率高、氧化少。

7）模具润滑。喷水溶性石墨溶液到模具和毛坯上，喷涂应均匀、适量。

8）闭塞温挤成形。用 800t 金属挤压机将毛坯挤成图 8.1-70c 所示形状。齿形不再加工，中间孔及球面还须机械加工。

9）喷砂。清除零件表面润滑剂和氧化皮等杂物。

10）冷精整。冷精整时，喷涂适量的润滑油，采用 400t 金属挤压机。

由于采用了冷精整工艺，产品的精度比较高，可以达到 GB/T 11365—2019 中的 8 级精度。

图 8.1-71 是闭塞挤压生产行星齿轮的模具图。在凹模下方设置了一个液压缸，用气顶油装置让液压缸中充满保证一定压力的油。毛坯放入下凹模之后，压力机滑块往下运动，上凹模与下凹模合严，滑块往下运动，下冲头挤入材料，上冲头也挤入材料，使齿形成形。在下凹模往下运动时，圆柱压迫液压缸活塞，将油挤出。在油被挤出的过程中，由于溢流阀的作用，使液压缸保持一个稳定较高的油压，保证上下凹模紧紧合严，使产品不出现飞边，达到无飞边精密锻造的目的。上滑块返回时，靠气顶油的压力，使下凹模往上复位，同时也使冲头从产品中脱出。取下制件完成一个循环。

凹模的设计制造工艺和热锻冷精整工艺中的凹模大致相同。随着加工技术和设备的进步，这几年齿轮电极的加工技术有了很大进步，越来越多的厂家采用加工中心来加工电极，不再用刨齿机加工电极。

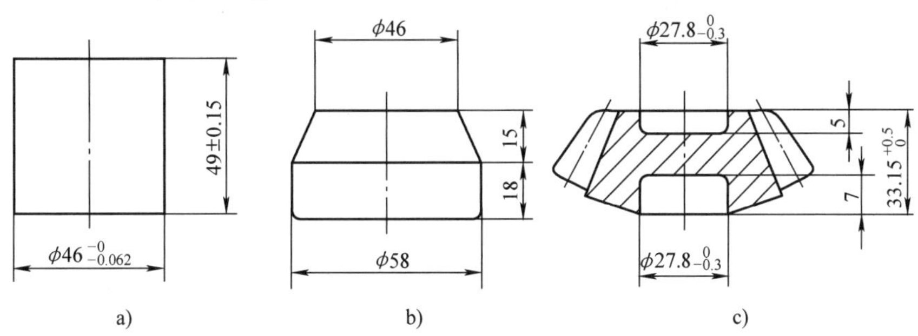

图 8.1-70　行星齿轮预备成形图

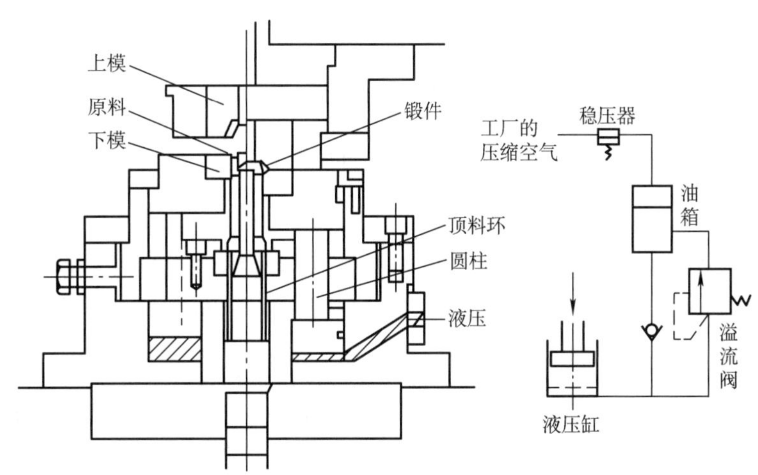

图 8.1-71　闭塞挤压行星齿轮模具图

3. 花键的精密锻造技术

目前精锻无屑加工汽车零件上的花键有以下四种工艺方法：① 多辊凹模正挤花键工艺；② 整体凹模正挤花键工艺；③ 平板齿条搓挤花键工艺；④ 成形法冷打花键工艺。

（1）多辊凹模正挤花键工艺

多辊凹模正挤花键工艺是一汽底盘厂开发的无屑挤压花键技术，模具结构如图 8.1-72 所示。

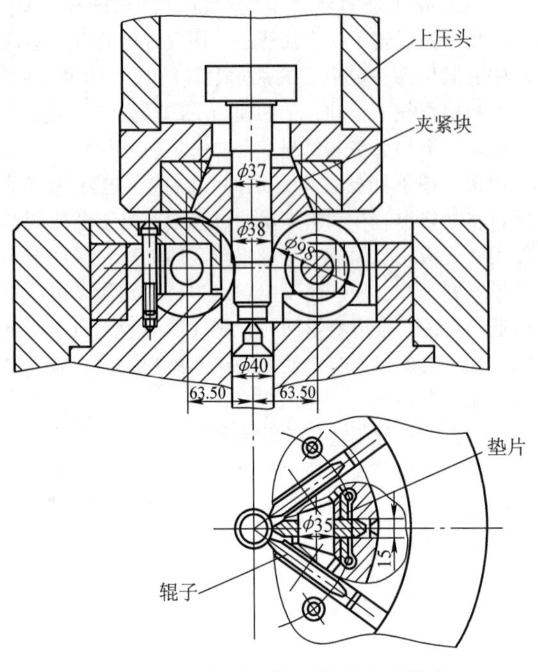

图 8.1-72　多辊凹模正挤花键用模具

该模具用于生产 CA1092 型中型货车前制动凸轮轴一端的方花键，零件结构如图 8.1-73 所示。

方花键有 10 个齿，所以模具设计了 10 个辊子，辊子的厚度等于花键槽宽。将 10 个辊子排成一周，组成一个凹模。虽说是正挤，但是材料的流动规律和正挤有差异。正挤时挤出部分是被凹模包住的；但多辊正挤花键时，和辊子接触的材料挤出时，齿顶部分是自由的，此部分的材料有径向镦粗的变形。这对降低变形力有利，但是外径的尺寸控制困难，要靠毛坯直径来决定。毛坯的硬度波动时，花键的大径也波动，硬度高处大径有变小的趋势。

生产在 Y32-160 型油压机上进行。毛坯被夹持在上部的三爪夹具中，三爪夹具夹持毛坯的中部，这可以防止毛坯弯曲。三爪夹具的背面是锥面，所以它能自动定中心，这对保证挤压力和凹模同心有好处，只要将夹具中心和凹模中心调对中后，即使夹持部分毛坯直径有变化，也能保证挤压中心和凹模中心一致。10 个辊子组成的凹模装在油压机下台面上，凹模中装有顶尖，顶尖有两个作用，一个作用是推出挤完后的零件，能保证中心孔完好无损，另一个作用是在挤之前给零件定中心。

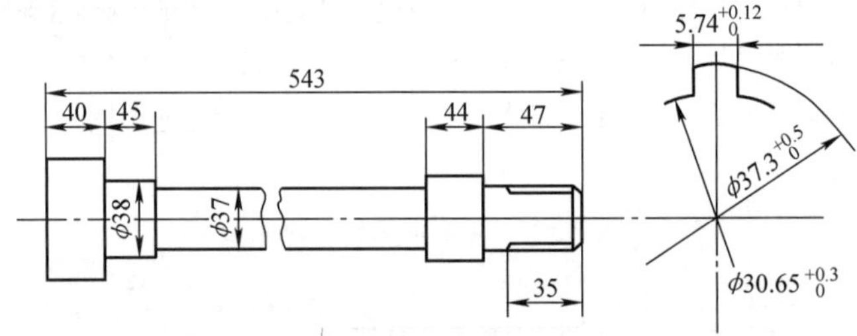

图 8.1-73　CA1092 型中型载货汽车制动凸轮轴产品图

辊子的外直径设计成 φ100mm，挤入工件部分的尺寸按花键槽形设计，辊子材料选用冷挤压模具钢。10 个辊子全部做成前后可调整，用来调整花键齿厚，挤之前毛坯直径经过试验决定，毛坯直径控制在 φ35.35~φ35.55mm 范围内都能挤出合格产品。

此工艺的特点如下：

1）使用的设备油压机价格便宜，十分普通。

2）用旋转的辊子挤压材料，能使润滑油不断补充到挤压面之间，大大改善了润滑条件。提高了工具寿命，一套辊子的寿命在 10 万件以上。

3）花键齿厚可通过调整辊子位置进行调整，但此项调整不易掌握，是推广这一技术的障碍。

4）花键齿数较多时，此工艺不适用，因为辊子太多，安排不开。

（2）整体凹模正挤花键工艺

整体凹模正挤花键工艺是日本 20 世纪 70 年代发展起来的花键加工技术。我国在 20 世纪 80 年代后期开始用于汽车零件生产。它在很多地方同上述介绍的多辊凹模正挤花键工艺相似，主要区别就是凹模是整体的。

图 8.1-74 所示是挤 CA141 型汽车后制动凸轮方花键的模具，除整体凹模外，其他模具结构和图 8.1-72 所示完全相同。

用整体凹模挤压花键的润滑条件不如多辊挤花键，在挤压过程中，润滑油无法补充到挤压面上，所以毛坯一般要进行磷化皂化处理。模数 0.5mm 以下的小模数花键可以不做磷化皂化处理，用冷挤压油即可。

1）正挤花键能否正常进行的两个条件如下：

① 挤花键的过程中杆部不失稳、不弯曲。

② 挤花键的过程中杆部不屈服不镦粗。

2）提高正挤花键能力的途径如下：

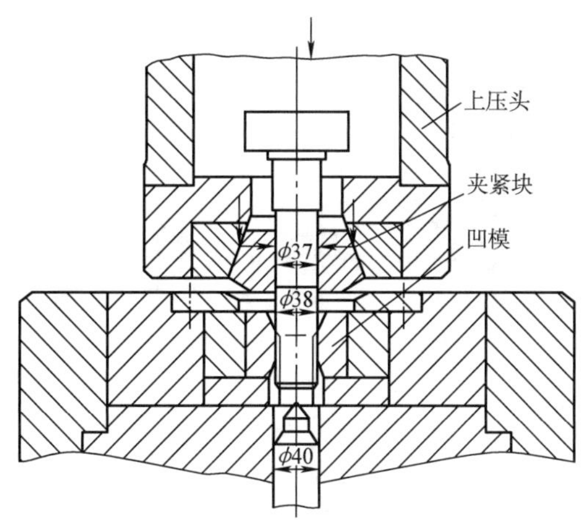

图 8.1-74　整体凹模正挤花键的模具

① 从产品设计着手，尽可能采用小模数大压力角花键，齿高矮的方形花键。

② 从工艺设计着手，采用最优工艺参数，降低挤压力。

a. 采用磷化皂化润滑，减小摩擦系数。在挤模数小于 0.5mm 的花键时可以用冷挤压油代替。

b. 选择合理的毛坯硬度，降低花键挤压力。毛坯硬度和花键挤压力成正比例关系，硬度越低挤压力越小。为了降低花键挤压力，应该尽可能地降低毛坯硬度。但是硬度太低时，杆部抗镦粗能力也降低，材料会堵在凹模口缩不进去。图 8.1-75 所示是用不同硬度的毛坯挤后制动凸轮轴花键时测得的压力行程曲线。润滑采用磷化皂化处理。挤之前毛坯直径取为 ϕ36.3mm，材质为 40Cr 的条件下，当毛坯硬度为 280HBW 时，挤压力为 650kN 左右；当毛坯硬度为 160HBW 时，挤压力为 350kN 左右，比 280HBW 时降低 46%左右，这对保证正常生产、提高模具寿命十分有利。实践证明，毛坯硬度控制在 160～190HBW 较为合理。

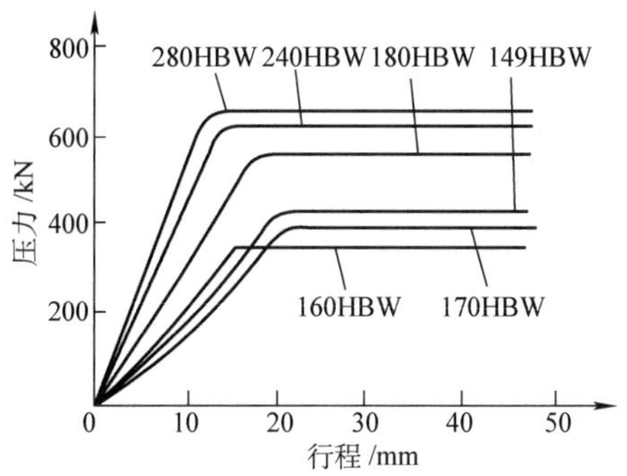

图 8.1-75　毛坯硬度对挤压力的影响

c. 选择合理的毛坯直径，降低花键挤压力。试验证明，毛坯直径和花键挤压力基本上成线性正比例关系。毛坯直径越小，挤压力也越小。但是挤花键之前毛坯直径太小了，挤出的花键大径会不合格。

d. 选择合理的凹模入口半角 α，降低花键挤压力。一般说，凹模入口半角小一些，挤花键力也小一些。但是入口半角如果太小，材料和模具的接触面积会增大，摩擦力增大，挤压力随之增大。凹模入口半角一般取 30°左右。正挤花键凹模的模膛结构如图 8.1-76 所示。

凹模入口部分的棱线一定要修成圆弧，光滑过渡，这可以减小摩擦，防止划破润滑膜。出口半角可以做成 15°～20°。出口部分的棱线也应修成圆弧，否则，推出时会划伤齿面。修棱线是一个关键技术，一定要四周均匀，否则，阻力不同，挤出的花键会不同心。

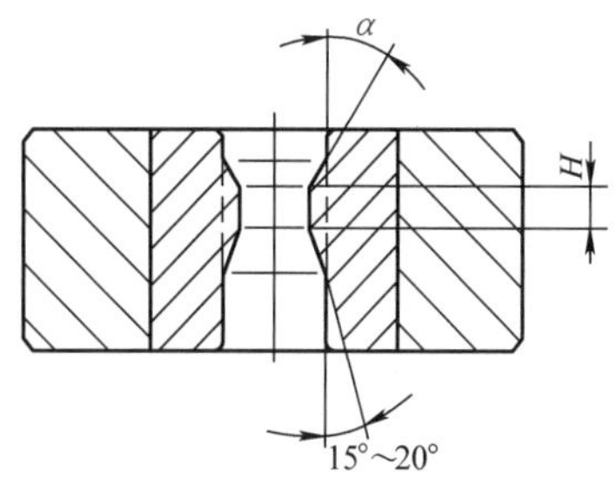

图 8.1-76　正挤花键凹模的模膛形状

e. 选择合理的韧带宽度 H，降低花键挤压力。韧带宽度 H 如图 8.1-76 中所示。在此长度上，是完整的花键齿形，它起到校正花键齿形的作用。韧带宽度 H 大了，对校正齿形有好处，但挤压力会增加。

3）正挤花键用凹模的加工方法。模膛的加工方法目前有两种。一种是将模膛加工到图 8.1-76 所示形状，齿形部分用线切割机床加工。线切割时齿表面留 0.01mm 左右研磨量。线切割后钳工修磨入口和出口模齿棱线成圆弧状，并研磨齿表面，抛光整个型腔，表面粗糙度达 Ra0.2μm 以内。钳工修磨入口和出口凹模上棱线时，一定要保证均匀，如果有的齿修得多，有的齿修得少，会造成挤花键时阻力不均，阻力小的地方材料进得快，阻力大的地方材料进得慢，挤出来的花键往阻力大的一侧弯，造成花键齿向和径向跳动精度下降。线切割不能一次切到尺寸，最好切三遍。第二次切 0.5mm 左右加工量，第三次切 0.1mm 左右加工量或空走一遍。这一方面是为了减小表面粗糙度值，更主要的是预应力套给模芯很大的抱紧力，芯部材料被切下后，尺寸往里收缩，先切下的先收缩，后切下的后收缩，造成内腔不均匀。如果一次切割完，所得尺寸会比输入尺寸小，形状也不准。切三遍后，就能消除应力造成的形状和尺寸误差。

第二种方法是用电火花机床加工齿形。电极的精度直接影响凹模的精度。电极的精度应比凹模的精度高一级，比产品的精度高两级。电极的尺寸应比凹模的设计尺寸单边小 0.05mm，作为放电间隙和研磨留量。

凹模的尺寸应为产品的下极限尺寸再减去一个回弹量。齿顶圆、齿根圆、跨齿距的回弹量是不同的，一般要经试挤才能确定。

凹模入口和出口处的修磨方法同线切割后的修磨方法。也可以用电火花机床来修磨入口和出口处棱线圆角。用电火花机床修理能保证每次修出的模具入口和出口形状均一。

4）整体凹模正挤花键的特点。整体凹模正挤花键技术是一种投资少、效率高、精度高的技术，很适合我国国情。所用设备是普通油压机，价格便宜。齿形精度基本上由凹模决定，凹模的寿命又比较高，高速工具钢模芯的凹模寿命可以达到10000件以上，硬质合金模芯的凹模寿命可以达到几十万件，所以产品质量稳定。

此项技术的适用范围也比较广。只要挤花键的力不会造成杆部的弯曲和镦粗的轴类零件，都可以用此项工艺生产。它特别适用于小模数多齿数类型外花键的挤压，这是因为它挤压力小，且不用磷化皂化处理毛坯。

（3）平板齿条搓挤花键工艺

我国发展轿车生产后，各轿车生产厂开始引进平板齿条搓挤花键技术，它能够同时搓挤一根轴上的多段花键和螺纹，其生产率很高，3~5s 就能加工一个零件。

平板齿条搓挤花键时，材料从齿根被挤向齿顶，所以压力角大的花键更适合于搓挤加工。压力角大的渐开线花键齿短，齿根部较厚，强度更高些。

平板齿条搓挤花键的原理如图 8.1-77 所示。齿条模由两部分构成，前边是成形部分，让齿由浅入深、由瘦变肥逐渐挤入金属，成形终了后由校正部分再滚挤零件一周以上，校正齿形精度。从开始变形到校正完毕，一般零件要被搓挤 6~8 周。搓挤时，工件由两个顶尖支承住，以保证精度。搓挤设备原理也不复杂，只需两只液压缸，带着齿条相对运动，如图 8.1-78 所示。

平板齿条搓挤花键机床的原理虽然简单，但是精度要求高。模具的精度也很高，特别是成形部分，要求每个齿逐渐变高变肥，加工起来也比较麻烦。我国试制的齿条模具，采用的是线切割加工后研光齿表面的工艺。

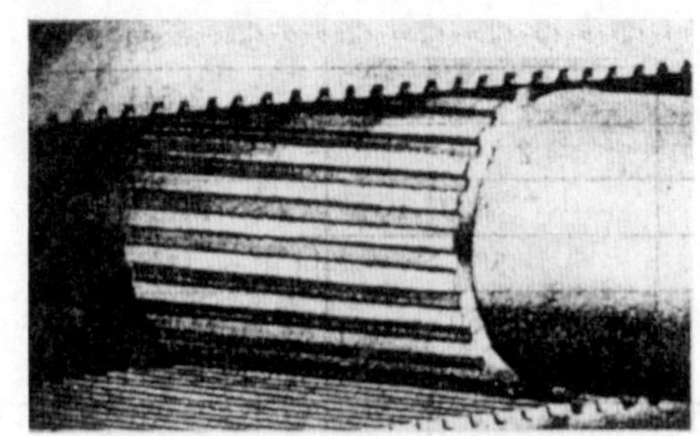

图 8.1-77　平板齿条搓挤花键原理图

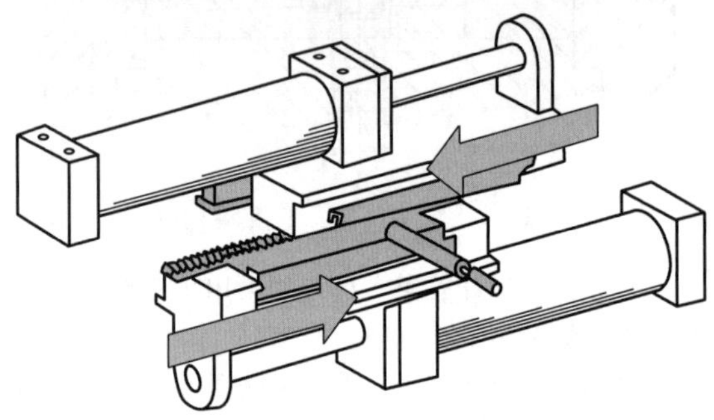

图 8.1-78　平板齿条搓挤花键机床原理图

国际上生产平板齿条搓挤花键机床的厂家主要有美国安德森·库克公司（Anderson-Cook）、日本 NACHI 公司、德国 EX-CELL-O 公司等。这些公司的机床规格参见表 8.1-21~表 8.1-23。

表 8.1-21　机床规格（美国安德森·库克）

型号	330-s	340-s	350-s	350-200-s
机床长度/mm	2159	2667	3434	3454
机床宽度/mm	940	940	1016	1016
机床高度/mm	1778	1778	1905	1905
机床质量/kg	8619	11340	13381	13744
齿条行程/mm	787	1067	1422	1422
齿条长度/mm	610	914	1219	1219
齿条宽度/mm	92	92	120	根据订货
主功率/kW	25	25	40	125

表 8.1-22　机床规格（日本 NACHI）

型号	PEL-610	PEL-915	PEL-1200
最大加工直径/mm	40	40	50
最大加工宽度/mm	90	90	110
最大加工模数/mm	1.25	1.25	1.25
齿条尺寸/mm（长×宽）	610×100	915×100	1220×120

（续）

型号	PEL-610	PEL-915	PEL-1200
齿条行程/mm	800	1200	1600
主功率/kW	15	22	30
机床高度/mm	1800	1950	2050
机床尺寸/mm（长×宽）	2600×2500	3300×3000	4000×3700
机床质量/kg	8500	12000	18000

表 8.1-23　机床规格（德国 EX-CELL-O）

规格	XK225	XK237	XK251	XK275
机床长度/mm	2360	3100	3860	4860
机床宽度/mm	2541	2541	2541	2541
机床高度/mm	2100	2100	2100	2100
机床质量/kg	9800	12000	13800	14500
主功率/kW	15	15	30	30
齿条行程/mm	810	1130	1560	1950
齿条长度/mm	610	915	1220	1400
最大加工直径/mm	50	50	60	60
最大加工长度/mm	125	125	175	175
加工模数/mm	0.3~1.25	0.3~1.25	0.3~2.0	0.3~2.0

平板齿条搓挤花键适于在大批大量生产中加工细长轴上小模数大压力角花键，加工精度高，花键的径跳精度可控制在 0.03mm 以内。它还能加工螺旋齿花键、花键轴一周中有几个不全长的花键和螺纹等，但不能加工大模数花键，目前只能加工模数 2.5 以下花键。

（4）成形法冷打花键工艺

成形法冷打花键工艺是瑞士格劳伯（GROB）公司发明的，它的工作原理如图 8.1-79 所示。工件 3 的一端夹紧在机床床头卡盘内，另一端用顶尖支承。在工件两侧对称位置上各有一个轧头 2，轧头上各装一个或两个轧轮 1。工作时，两轧头以 800~3500r/min 速度同步旋转，轧轮依靠摩擦力绕本身轴线自转，轧轮做行星运动。工作时，一对轧轮在极短的时间内同时打击工件，工件发生局部变形，形成与轧轮截形相同的沟槽，如图 8.1-80 所示。

如果轧头上只有一个轧轮，那么轧头每转一周工件应转过一个齿。如果轧头上有两个轧轮，那么轧头每转过一周工件应转过两个齿。

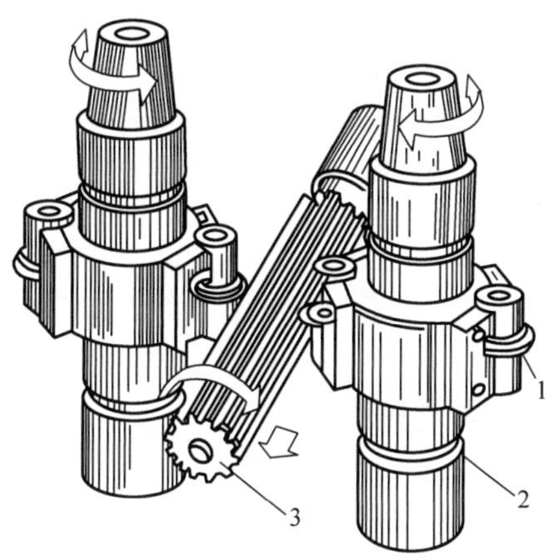

图 8.1-79　成形法冷打花键原理图

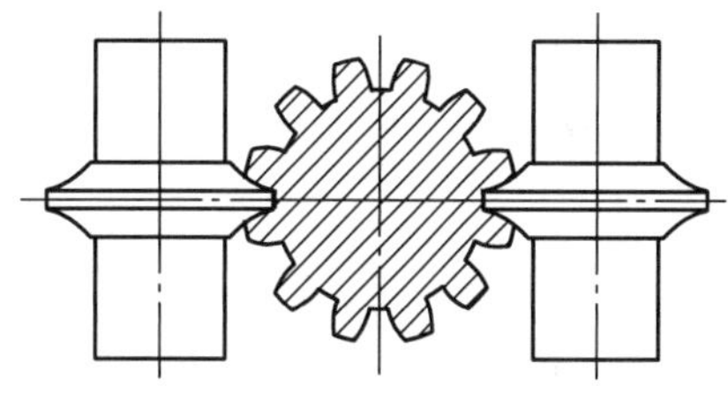

图 8.1-80　齿形成形原理图

冷打花键的分度运动有间歇分度和连续分度两种。

间歇分度冷打花键时，在工件停止转动的瞬间，轧轮以很高的速度打击一次被加工表面，轧轮在空转时，工件进行分度，转过一个齿。所以用间歇分度加工时，工件是停停转转的。被加工花键不受横向力作用，齿形、齿向精度较高。但是由于高速瞬时打击工件，所以振动大，噪声大，影响加工精度。

连续分度冷打花键时，轧头和被加工花键是以一定传动比连续旋转的。传动比如下：

$$\frac{N_1}{N_2}=\frac{Z_2}{Z_1} \tag{8.1-12}$$

式中　N_1——轧头每分转数；

N_2——工件每分转数；

Z_1——轧头上轧轮数；

Z_2——工件的花键齿数。

连续分度冷打花键的轧轮的截形和工件齿槽的形状相同。为了减少轧轮与被加工齿槽的干涉，轧轮轴线与工件轴线须安装成一定的倾斜角度。连续分度法加工振动较小，但在冷打时工件受到扭曲力作用，易使齿形扭曲，影响齿向精度。

成形法冷打花键工艺的特点如下：

1）冷打齿形是按成形法工作的，因此被加工齿槽精度主要取决于轧轮精度和轧轮安装精度及传动链精度。轧轮截形的制造偏差一般不超出±0.014mm。冷打时塑性变形是沿着齿向进行的，金属材料流动性好，轧轮受力较小，冷打出来的花键精度较高，其齿形精度接近花键磨削精度，表面粗糙度可达 $Ra0.8\mu m$。

2）冷打花键热处理后变形较小。

3）冷打花键生产率较高，1～2min 就能加工一件。

目前我国中型货车和轻型货车上的传动轴花键有用此工艺生产。

8.1.7 挤光和滚压加工

1. 孔的挤光

挤光加工是小孔精加工中高效率的工艺方法之一，它可得到 IT5～IT6 级精度、表面粗糙度 Ra 达 0.025～0.4μm 的孔，所使用的工具简单、制造容易，对设备除要求刚性较好外，无其他特殊要求。但挤压加工时径向力较大，对形状不对称、壁厚不均匀的工件，挤压时易产生畸变。挤光工艺适用于加工孔径为 2～30mm（最大不超过 50mm）、壁厚较大的孔。

凡在常温下可产生塑性变形的金属，如碳钢、合金钢、铜合金、铝合金和铸铁等金属的工件，都可采用挤光加工，并可获得良好的效果。

挤光加工分为推挤和拉挤两种方式，一般加工短孔时采用推挤，加工较长的孔$\left(深径比\dfrac{L}{D}>8\right)$时采用拉挤。各种挤光方式如图 8.1-81 所示。

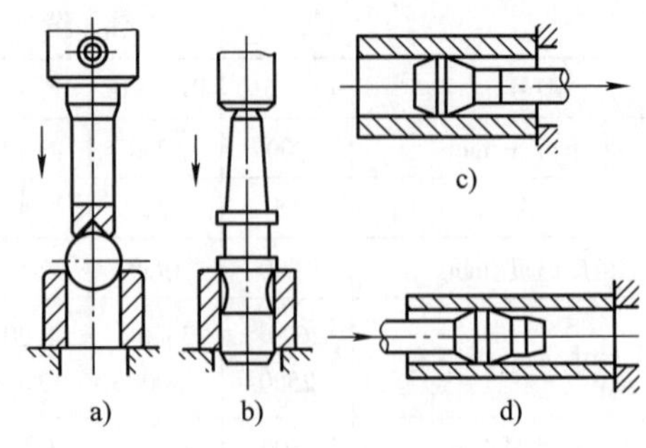

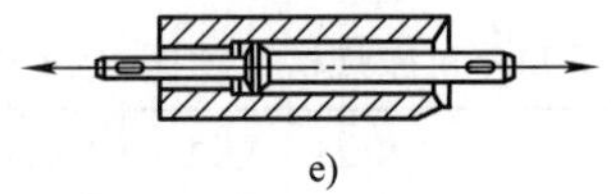

图 8.1-81 孔的挤光加工

挤光工具可采用滚珠（淬硬钢球或硬质合金球）、挤压刀（单环或多环）等，以达到工件的精整（尺寸）、挤光（表面）和强化（表层）等目的。挤光工具中，滚珠可采用轴承用的标准滚珠，便宜易得，但它在孔内的导向性不好，只适用于工件长度较短、材料强度较低（如低碳钢和有色金属）的挤光。挤压刀的挤压环有圆弧面和锥形挤压（有双锥、单锥）等几种，如图 8.1-82 所示。应用较广的是有前、后锥面（双锥）的圆柱棱带挤压刀（简称锥面挤压刀）。

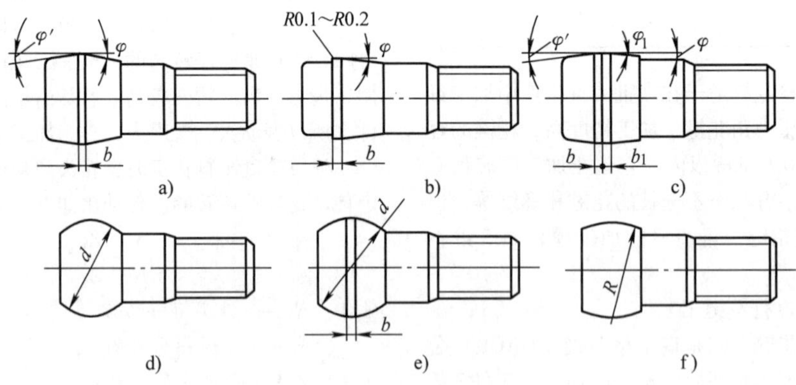

图 8.1-82 挤压刀型式

a）前、后锥面 b）单前锥面 c）双重前锥面 d）球面
e）球面连圆柱棱带 f）曲线面

（1）挤压刀的几何参数

1）前锥角 φ。当采用一般挤压过盈量，且润滑良好时，加工中、高碳钢，取 $\varphi=4°\sim5°$；对低碳钢和合金钢，取 $\varphi=3°30'\sim4°$；对铸铁，取 $\varphi=2°\sim5°$。

当过盈量加大时，可适当加大前锥角 φ。

2）后锥角 φ'。对于一般金属材料，推荐 $\varphi'=4°\sim5°$。

3）棱带宽度 b。3mm 以下的挤压力，b 可按以下经验公式选取：

$$b=0.35d^{0.6}$$

式中 d——孔径（mm）。

4）φ_1、b_1 与 R 值。对于中等塑性的碳钢、合金

钢和铸铁，采用双重前锥面挤压刀，可降低挤压力与表面粗糙度值，一般选用 $\varphi=4°\sim5°$，$\varphi_1=1°$，$b_1=9.8\times$过盈量（mm）。对于塑性较大的材料，要适当加大 φ 和减小 b 值，改善挤压条件。

挤压刀各表面的连接处应研出小圆弧 $R=0.1\sim0.2$mm，保证圆滑过渡。

（2）挤光工具尺寸的确定

挤光时零件内表面发生变形：弹性变形部分为 K_1，塑性变形部分为 K_2，如图 8.1-83 所示。K_2 的大小随着挤光工具的过盈尺寸、零件塑性和零件结构情况（如孔壁厚度）等因素而变化。下列计算公式和经验数据可供工艺设计参考：

$$K_2=mi-b$$

式中 m、b 的数据见表 8.1-24，挤光工具工作部分的适宜过盈数值 i 见表 8.1-25。

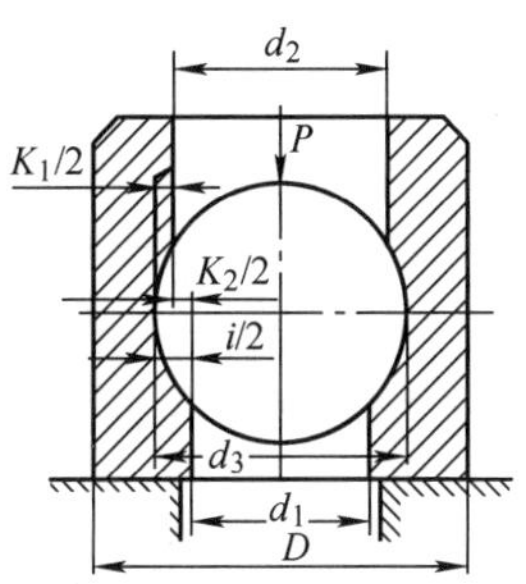

图 8.1-83　挤压时孔的变形情况
d_1—挤光前的孔径　d_2—挤光后的孔径　d_3—钢球或挤压杆工作部分的直径　i—挤光工具过盈尺寸（$i=d_3-d_1$）　K_1—弹性变形（$K_1=d_3-d_2$）　K_2—塑性变形（$K_2=d_2-d_1$）

表 8.1-24　m、b 值

材料	m	b/mm
钢	0.85～0.90	0.001～0.015
铸铁	0.55～0.60	0.0005～0.001
青铜	0.85	0.0008

表 8.1-25　i 值　（mm）

零件材料	孔的直径		
	10～18	>18～30	>30～50
钢	0.07～0.10	0.08～0.12	0.12～0.15
铸铁	0.05～0.08	0.06～0.10	0.10～0.12
青铜	0.06～0.08	0.07～0.09	0.09～0.12

由上述资料可计算挤光工具工作部分的尺寸：由式 $K_2=mi-b$ 可算出 K_2；由式 $K_2=d_2-d_1$（d_2 已知）可算出 d_1；由式 $i=d_3-d_1$ 可算出 d_3。

挤光加工时必须根据所要求的孔径尺寸，考虑到钢球和孔的作用因素选用钢球。二者间的关系如图 8.1-84 所示。

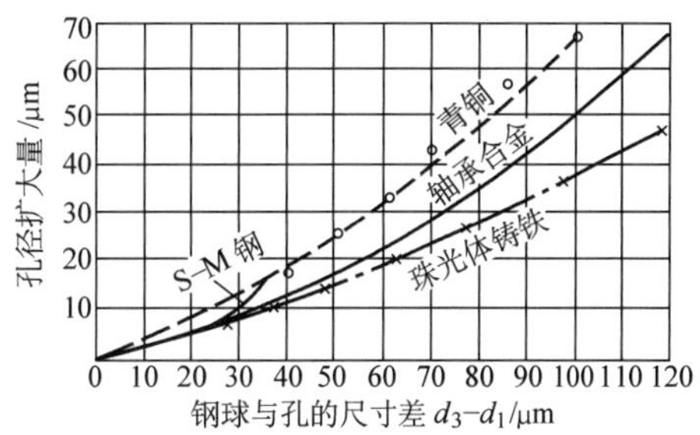

图 8.1-84　钢球与孔的尺寸差和孔径扩大量的关系（孔径为 20mm）

（3）挤光加工精度与表面粗糙度

一般情况下，经过精镗或铰等预加工，精度为 IT8～IT10 级的孔，经挤光后可达 IT6～IT8 级精度。经预加工表面粗糙度为 $Ra>1.6\sim6.3\mu m$ 的孔，经挤光后铸铁零件可达 $Ra>0.4\sim1.6\mu m$，钢制零件可达 $Ra>0.2\sim0.8\mu m$，青铜零件可达 $Ra>0.1\sim0.4\mu m$。

对具有一定公差范围的铰削孔，用大小不同的钢球挤光加工时所取得的孔有一定的误差范围（图 8.1-85 和图 8.1-86）。钢球直径对应于待挤光孔有一最合适的尺寸，否则难于获得符合公差要求的孔。待挤光孔的公差大，成品的公差也必然大，故待挤光孔应有一定的精度要求。

挤光加工中在孔末端要产生喇叭口。试验表明，试件壁薄时（工件 A）几乎没有喇叭口，随着壁厚增大（工件 B）喇叭口也增大（图 8.1-87）。钢球与孔径的尺寸差也会影响喇叭口，尺寸差小几乎没有喇叭口，尺寸差大喇叭口大。挤光工具从 1～20 号尺寸逐渐增大（级差 0.02mm），工件 A 外径与内径比为 1.15，而 B 为 1.5。对挤光孔轴向测定 11 个点。

（4）挤光压力

挤光时使用压力的大小，与工具和零件的接触面积 A、工具对零件孔壁的单位压力以及摩擦系数 μ 有关。面积 A 可根据图 8.1-88 计算出来。然后计算过盈系数 $\varepsilon=\dfrac{v}{d_3}$，最后可利用图 8.1-89 中的曲线得出挤光压力 F。

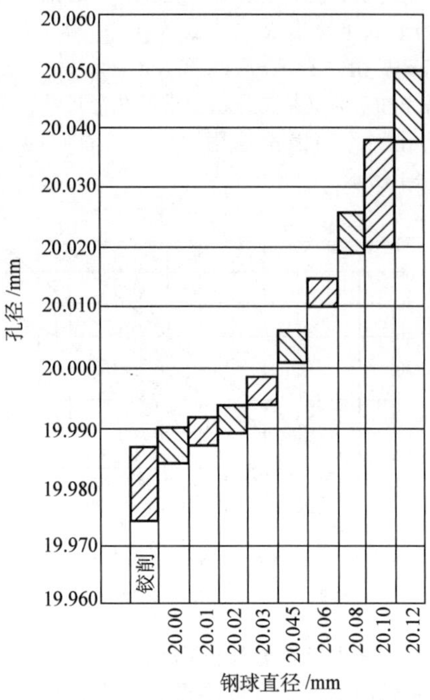

图 8.1-85 钢球直径与孔径尺寸关系（珠光体铸铁，壁厚 2mm）

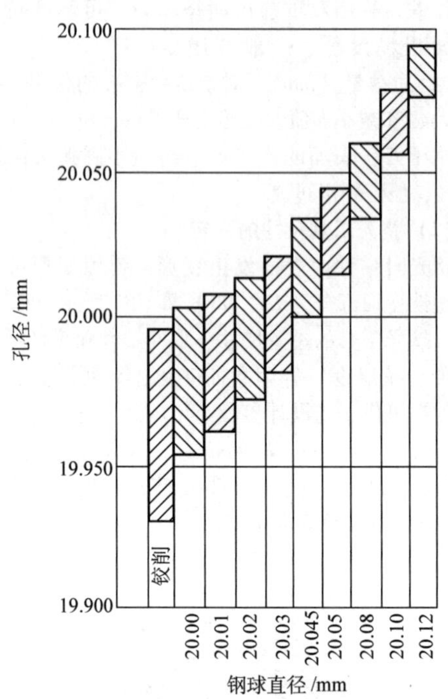

图 8.1-86 钢球直径与孔径尺寸关系（青铜，壁厚 5mm）

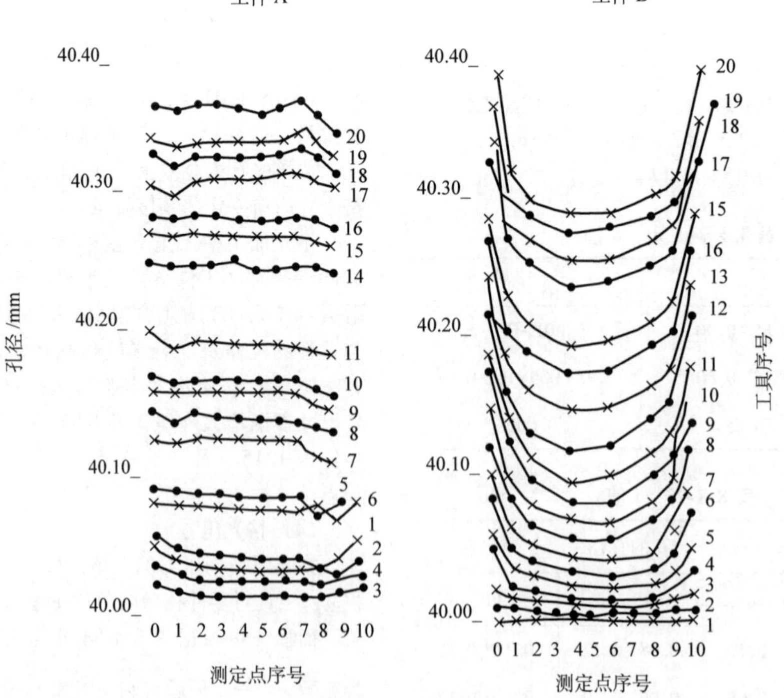

图 8.1-87 影响喇叭口的因素

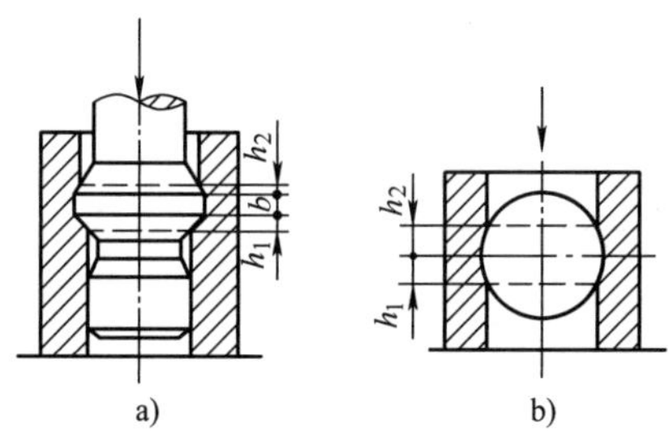

图 8.1-88　计算工具与零件接触面的方法
a）用挤压杆　b）用钢球

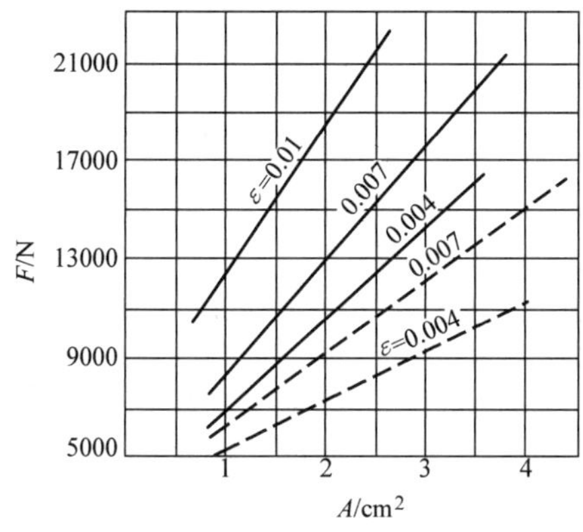

图 8.1-89　挤光压力 F 与 A、ε 的关系
（实线—适用于钢件；虚线—适用于铸铁件）

（5）挤压速度

经验表明，挤压速度对挤压力和变形影响较小，提高挤压速度可以提高生产率。因此，只要机床—工件—夹具的系统刚性允许，在不会引起振动的情况下，应尽可能地采用较高的速度。一般对塑性材料挤孔可取 $v=2\sim5$m/min，对脆性材料或塑性较小的材料可取 $v=5\sim7$m/min。

（6）切削液

经验表明，机油润滑性好，但黏度大；锭子油除润滑性较好外，传热能力也较强；煤油洗涤能力较强，在滚压过程中能洗净工件表面的油污和粉尘。因此，一般采用上述油料的混合剂作为挤压用切削液。滚压钢件时，采用 40%的全损耗系统用油加 60%的锭子油；滚压铜、铝及其合金和铸铁时，采用 50%的全损耗系统用油加 50%的煤油。

（7）挤光工具

1）淬硬钢球或硬质合金球。淬硬钢球可采用轴承用的标准滚珠。硬质合金球为专用工具，硬质合金采用 YG 类。

2）单环专用挤压刀。采用 T10A、T12A 工具钢或 YG8 硬质合金制成，见图 8.1-82 所示几种型式的挤压刀。

3）无刃铰刀。参看本章有关章节。

4）挤压推刀。

5）推挤刀。图 8.1-90 所示的推挤刀适用于加工直径 0.5~2mm，精度 IT4 级以下，表面粗糙度 $Ra\leqslant0.2\mu m$，深径比（L/D）为 3~5 的精密微小孔。化油器节油量孔（$\phi0.85\sim\phi1.83$mm）采用此种推挤刀加工获得了较好的效果。经切削试验证实，推挤加工可适用于碳钢和铸铁，也可适用于某些含镉塑料，尤以加工有色金属为好。挤光余量 = 被加工孔径×2.5%。

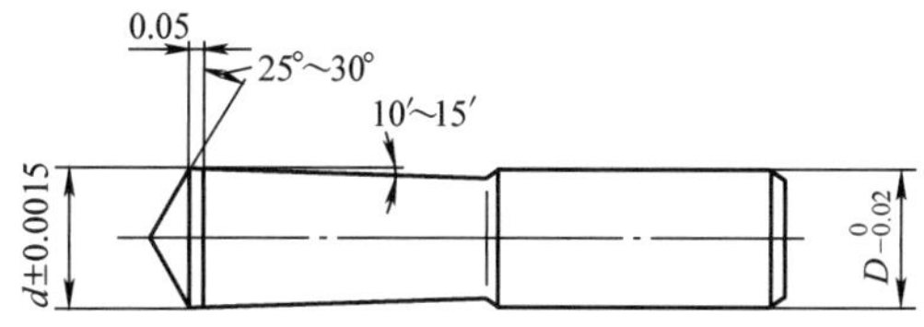

图 8.1-90　化油器量孔推挤刀
工件材料：黄铜　$v=0.5\sim0.6$m/min

2. 孔的滚压

孔的滚压加工可应用于直径 6~500mm，长 3~5m 的钢、铸铁和有色金属的工件。内孔滚压加工原理与外圆滚压相同。

内孔滚压工具可分为可调和不可调的、刚性和弹性的、滚柱（圆柱和圆锥）式的和滚珠式的等等。根据工件的尺寸和结构、具体用途和对孔要求的精度和表面粗糙度的不同，可采用不同的滚压方式和不同结构的内孔滚压工具来滚压。内孔各种滚压方法的特点见表 8.1-26。

（1）滚柱式滚压工具形式

1）圆锥滚柱式。圆锥滚柱工作接触面积较大，能承受较大的滚压力，可选用较大的进给量，以提高生产率。

当圆锥滚柱的锥角大于心轴的斜角时（图 8.1-91），滚柱沿进给方向宽头在前（见图中滚柱截面图），接触宽度逐渐向后减窄，这种情况下能防止材料向后流动，有利于改善表面质量，降低表面粗糙度值，这是圆锥滚柱式的一个重要优点。此外，滚柱轴线与工件孔的轴线沿旋转速度 v 方向有一偏转角 η，可形成滚压头“自行”进给的趋势，即为“自旋性”，可减小滚柱在加工表面上的滑移和摩擦力，大大降低滚压转矩和轴向力。

2）圆柱滚柱式。圆柱滚柱式制造简单、便宜，但由于没有滚压后角 α，金属层塑性变形的条件较恶劣。它一般用于不可调式滚压头。

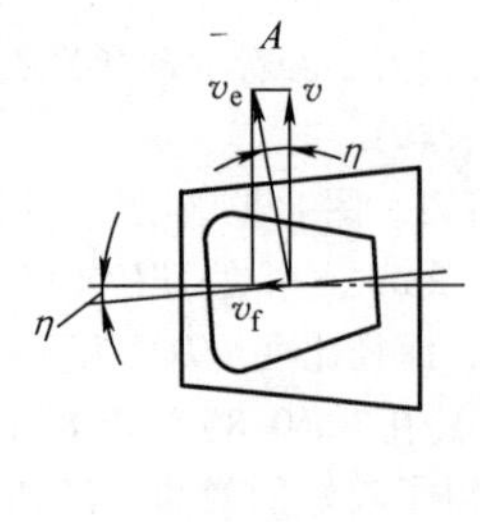

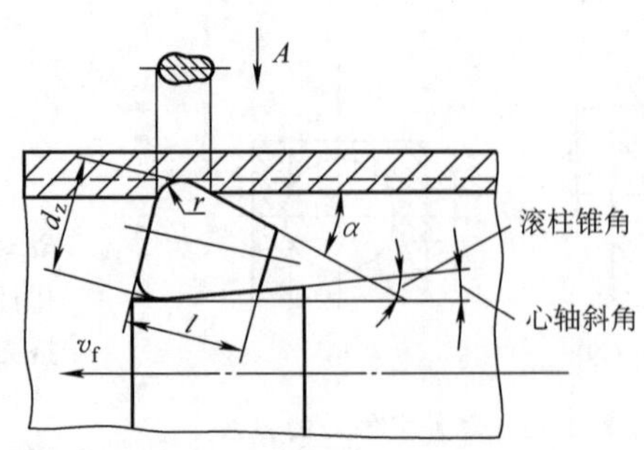

图 8.1-91　圆锥滚柱的滚压示意图

表 8.1-26　各种孔滚压方法的特点

序号	滚压方式	主要功用	加工工件和尺寸范围/mm	生产特点	简图	达到要求		
						精度 IT	表面粗糙度 $Ra/\mu m$	冷硬深度/mm
1	多圆滚柱、刚性、不可调式	精整尺寸、压光表面	通孔和盲孔 $d>6\sim8$ $l<30$	小批 成批		7~6	0.1~0.05	~5
2	多锥滚柱、刚性、可调式		通孔和盲孔，刚性好 $d>20$ l 不限	成批		9~7	0.2~0.05	~15
3	多圆滚柱、刚性、不可调冲击式		通孔和盲孔 $d>20$ l 不限	成批		9~7	0.2~0.05	~5
4	多滚珠、刚性、可调式		通孔 $d>20$ l 不限	成批		9~7	0.2~0.05	~5
5	单滚珠、弹性式	压光表面、强化表层	通孔 $d>20$	单件 小批		—	0.2~0.05	~2
6	多圆滚柱、弹性式		通孔，中等刚性 $d>60$ l 不限	成批		—	0.2~0.05	~5
7	多滚珠、弹性式		通孔，刚性差 $d>60$ l 不限	小批 成批		—	0.2~0.05	~2
8	多滚珠、弹性振动式		通孔，刚性差 $d>20$ l 不限	成批		—	0.2~0.05	~2

3）滚珠式。在较小负荷下，能对工件产生较大的单位压力，且结构简单，可利用轴承上的标准滚珠，适宜于用在以压光表面、强化表层为主的弹性滚压头中和滚压刚性弱的工件，但承受滚压力较小，效率较低。

（2）滚柱式滚压工具几何参数

1）滚柱直径 d_z 和圆角半径 r。有关试验表明，内孔滚压工具的滚柱数量相同和滚压过盈量相同时，加大滚柱直径，则塑性变形增大，滚压力和转矩有所增加（滚珠所需的滚压力较小）。滚柱直径较小时，可得较低的表面粗糙度。

在一定范围内，减小滚柱的圆角半径 r，相应地增加了单位压力，能降低滚压表面粗糙度。圆角半径 r 一般由试验来确定。

2）滚柱长度 l。应考虑与孔壁的接触弹性变形区和滚压后角 α 的大小。对薄壁、刚性弱的工件，应选用直径较小而长度较长的滚柱。

3）滚柱数量 z。z 增多，可降低滚压表面粗糙度，但所需滚压力增大。根据孔径大小，z 取 5~10。

4）滚压后角 α。加大 α 可降低表面粗糙度，但 α 过大则使表面粗糙度变高，以致形成过冷硬状态，破坏表层，一般取 $\alpha \leqslant 1°$。

（3）滚压用量

1）采用滚柱式滚压工具时的过盈量、转速及进给量。在保证机床、滚压工具正常使用情况下，光整加工宜采用较高的滚压速度，以利提高滚压质量和生产率，强化加工时采用较低的滚压速度。一般情况，对于多滚柱刚性滚压头，可取 v = 20~80m/min。

进给量 f 主要影响表面粗糙度，应根据工件形状、滚压头型式和表面粗糙度的要求来选取。f 过大，表面粗糙度大；f 过小，工件表面因重复滚压易产生疲劳裂纹。一般取 f = 0.10~1mm/r。直径较大的工件，根据工件与机床条件，f 可取更大一些。滚压用量见表 8.1-27。

2）滚珠滚压的滚压用量与滚压效果见表 8.1-28。

表 8.1-27　滚柱式滚压工具滚压用量

加工的孔径 /mm	直径的过盈量/mm	转速 /(r/min)	进给量 /(mm/r)
5.5~12.7	0.02	500~700	0.13
13.5~24.6	0.025	400~500	0.23~0.38
25.4~44.4	0.037	325~400	0.38~0.71
45.2~63.5	0.05	200~325	0.71~0.91
64.3 以上	0.076~0.15	100~200	0.91~3.3

表 8.1-28　滚珠滚压碳素钢工件的滚压用量与滚压效果

钢号	滚压前性质		滚压用量				滚压效果		
	表面粗糙度 Ra/μm	硬度 HBW	F/N	f/(mm/r)	$d_{滚珠}$ /mm	v /(m/min)	硬度增长 (%)	表面粗糙度 Ra/μm	强化层深度 /mm
20	>5~10	140	1470	0.15	30	120	80	>0.125~0.16	2
45	>1.25~2.5	190	1764	0.06	10	60	65	>0.25~0.32	2.5
77	>1.25~2.5	180	2450	0.12	10	60	50	>0.20~0.25	2

（4）滚压次数

滚压次数直接影响生产率，在能保证工件质量的情况下，应采用最少的滚压次数。一般情况，光整加工滚压次数为 1~2 次，以 1 次为佳；强化加工最好不超过 5 次。

（5）滚压力 *F*

滚压力 F 与过盈量近似成正比。

一般来说，加工材料的塑性越小，原始的表面粗糙度和波纹度越大，要求的表面粗糙度越小，滚柱直径越大，滚压速度与进给量越大，滚压次数越少，则应选取大一些的滚压力。一般采取行程试验法确定合理的滚压力，利用工件的一小段或专门的试件，逐渐加大滚压力进行 3~5 次试验而定，须随时检查滚压质量。

（6）切削液

参阅本节挤光加工。

（7）滚压头

1）多滚柱（珠）刚性可调式滚压头。锥滚柱（或滚珠）支承在滚道（或大滚珠）上，承受径向滚压力，保证转动灵活，轴向滚压力通过支承销（或大滚珠）作用于推力轴承上（图 8.1-92、图 8.1-93）。滚柱（滚珠）、滚道和支承销均采用 GCr15 制造，硬度为 63~66HRC。利用调整套或调整螺钉来调整滚压头工作直径。滚压头与机床主轴采用浮动连接，滚压头端面有支承柱，承受全部轴向力，球形接触点能自动调心。

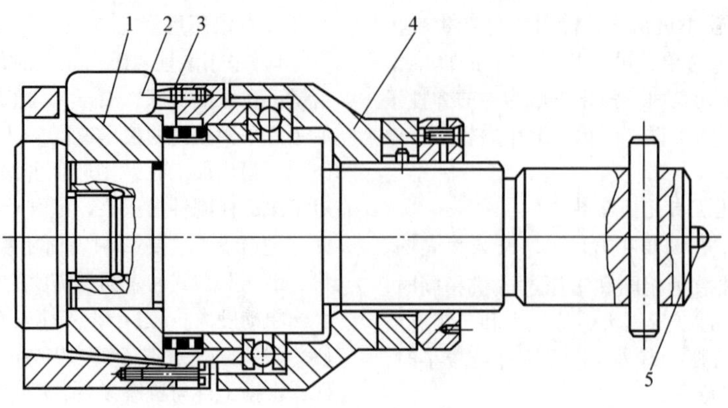

图 8.1-92　多滚柱刚性可调式滚压头

1—滚道　2—滚柱　3—支承销　4—调整套　5—支承柱

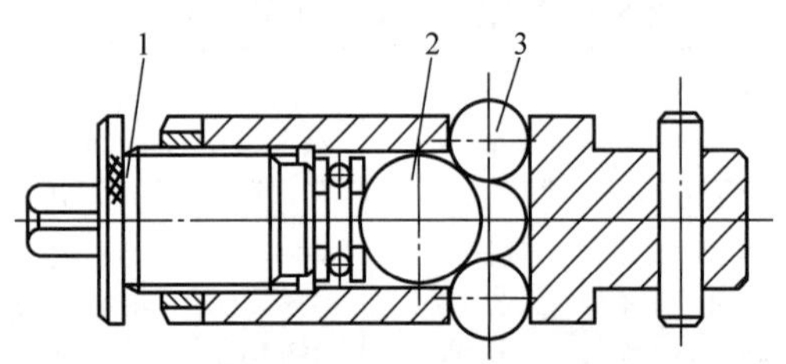

图 8.1-93　多滚珠刚性可调式滚压头

1—调整螺钉　2—大滚珠　3—小滚珠

2）多滚柱（针）刚性不可调脉冲式滚压头。主要用于小直径孔（$\phi6\sim\phi30$mm）的滚压。这种滚压头由刀杆、滚针、保持器等组成（图 8.1-94）。刀杆、滚针用轴承钢 GCr15 制造，硬度为 60～65HRC，刀杆与滚针接触的工作部分截面为圆弧与弦相间隔而形成的多边形，保持器的圆周上开有六条轴向等分小槽，各槽内装入六根高精度滚针。保持器连同滚针与刀杆做相对转动。刀杆旋转时，使滚针依次与刀杆工作部分的圆弧及平面循环接触，于是发生短促冲击，形成脉冲式滚压，对工件内孔表面进行挤压，使内孔达到较小的表面粗糙度，强化了工件表层。滚压时，滚针对孔表面的径向压力很小，压力在表面层扩展的深度也不深，不会引起工件宏观变形，因此它可加工强度低、刚性差的薄壁工件。由于滚针与加工表面的接触时间短，因此可提高滚压速度（根据滚压材料的不同 $v\geqslant130$m/min）和进给量 f，具有较高的效率和寿命，广泛用于钢、铸铁、铜和铝合金等工件的精整孔形和压光表面。这种滚压头广泛用于滚压铝合金的活塞销孔（$\phi22\sim28$mm），采用滚压过盈量 $i=0.04\sim0.05$mm，进给量 $f=0.25\sim0.5$mm/r，表面粗糙度为 $Ra0.4\sim0.2\mu$m，圆柱度小于 0.005mm。

汽车传动轴上各种叉子（45 钢）的耳孔 $\phi39^{-0.007}_{-0.035}$mm 采用滚挤孔作为最后加工，$v=51$m/min，

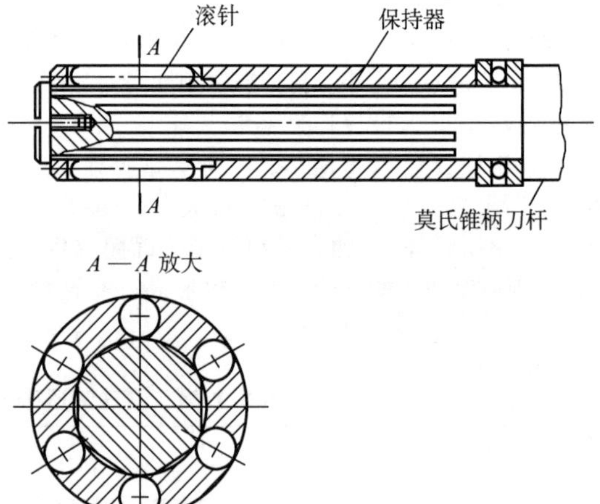

图 8.1-94　多滚针刚性不可调脉冲式滚压头

进给量 $f\approx1.4$mm/r，滚压过盈量 $i=0.02\sim0.045$mm，表面粗糙度达 $Ra1.6\mu$m。使用这种滚压头加工时与机床主轴为浮动连接。

3）单滚珠弹性滚压头。这种滚压头结构简单，操作方便，主要用于小批量生产中，可滚压内圆表面或平面。图 8.1-95a 所示结构的滚珠支承在 4 个小滚珠上，转动灵活，摩擦阻力小，滚压力通过调节弹簧来控制。图 8.1-95b 所示结构的滚珠支承在液性塑料上，能减小摩擦力，大大提高滚压速度。

4）双滚轮浮动滚压头。双滚轮浮动滚压头结构（图 8.1-96）与浮动铰刀相似，可以自动定心，但要求本体有较高精度，保证在刀杆中活动自如，间隙不宜过大，直线度要好；滚轮座对本体可有适当的偏转角 η，以利于工作平稳和降低表面粗糙度。

滚轮用硬质合金 YG 类，由于圆弧半径大，接触面大，因此滚压过盈量不可过大。

3. 轴和孔的滚压工具

常用轴和孔的滚压工具见表 8.1-29。

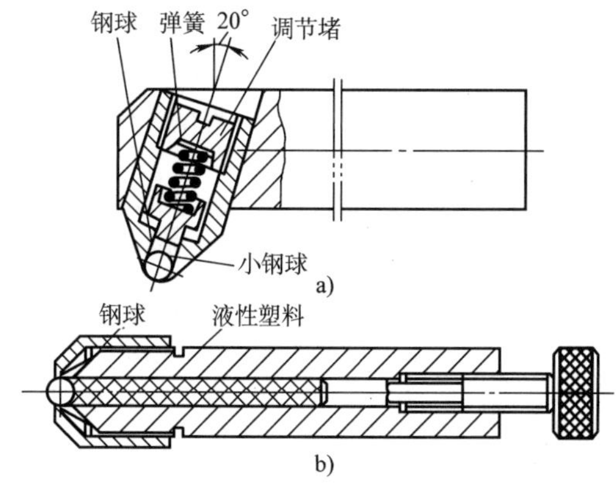

图 8. 1-95　单滚珠弹性滚压头

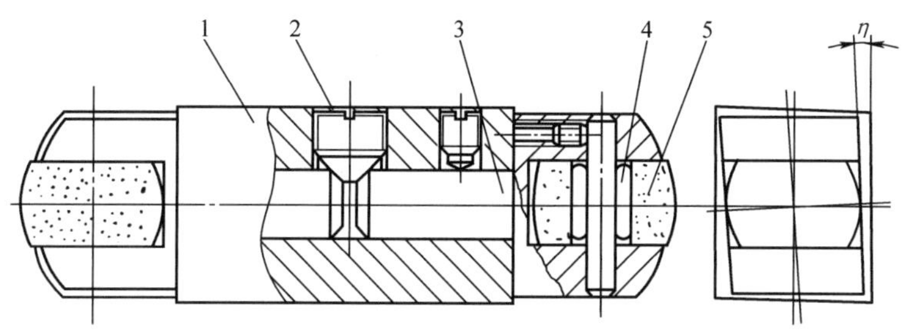

图 8. 1-96　双滚轮浮动滚压头

1—本体　2—调节螺钉　3—滚轮座　4—滚针　5—滚轮

表 8. 1-29　轴和孔的滚压工具

形式		结构示意图	特　　点	注意事项
硬质合金滚轮式内、外圆滚压工具	滚压小尺寸外圆		1. 具有滚碾和滚研压两种效应，滚压效果较好 2. 滚轮外径较大，减小了滚轮的转速，使滚轮寿命增加，且可采用较高的滚压速度 3. 滚压时，无须加油润滑、冷却 4. 能滚压塑性材料工件的台阶轴、短孔、盲孔等	1. 工具的滚轮轴线应相对工件轴线在垂直平面内顺时针方向倾斜 $\lambda=1°$ 左右，使其具有楔入及滚研压效应 2. 安装工具时，应使滚轮轴线相对工件轴线在水平面内顺时针方向倾斜 1° 左右（目测时，滚轮型面与工件的实际接触宽度约 3～4mm），以使工件表面的弹性变形区逐渐复原、挤光 3. 滚轮的滚碾压角 $\gamma=10°\sim14°$ 以保证顺利楔入工件进行滚碾 4. 滚压前，工件表面和滚轮型面应保持清洁无油污。工件表面不应有局部缩孔或硬化现象
	滚压大尺寸外圆			
	滚压内孔			

（续）

形式		结构示意图	特点	注意事项
滚柱式内、外圆滚压工具	滚压外圆	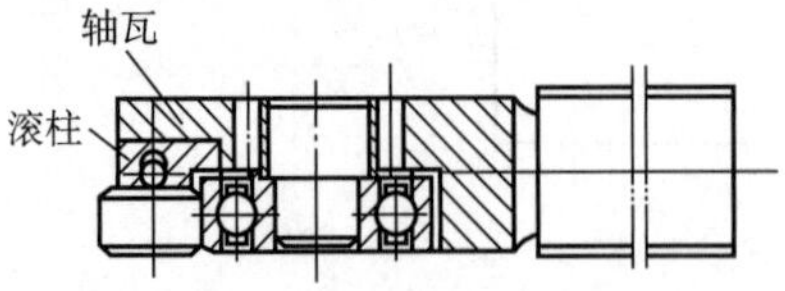 轴瓦 滚柱	1. 具有较大的滚研压效应 2. 滚柱与工件的接触面小，滚压时，无须施加很大的压力 3. 不宜滚压经调质处理的硬度高的工件，对盲孔和有台阶的内孔，不能滚压到底	1. 安装工具时，滚柱对准工件中心，并使滚柱轴线相对工件轴线在垂直平面上顺时针方向倾斜一个 λ 角度 外圆滚压 $\lambda=15°\sim30°$ 内孔滚压 $\lambda=5°\sim25°$ 中小孔滚压 $\lambda=10°$ 2. 滚柱与弹夹的配合间隙不宜过大，一般在 0.1mm 左右，否则，工件表面会产生振动痕迹
	滚压大孔	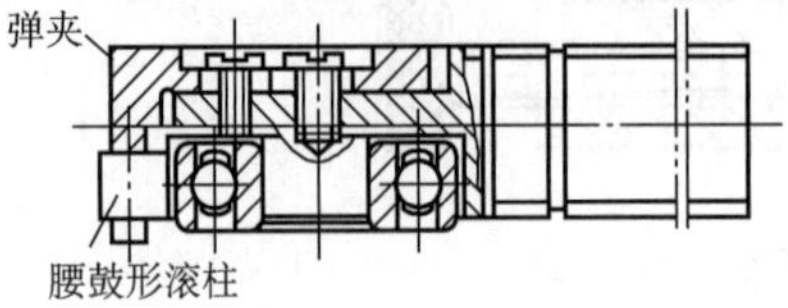 弹夹 腰鼓形滚柱		
	滚压小孔	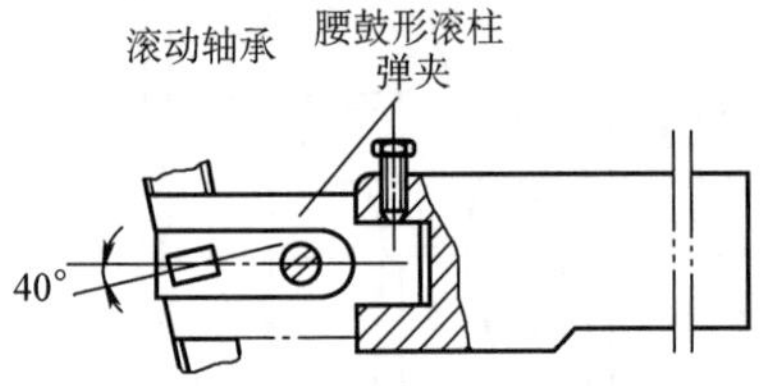 滚动轴承 腰鼓形滚柱 弹夹 40°		
硬质合金 YZ 型深孔滚压工具	滚压深孔	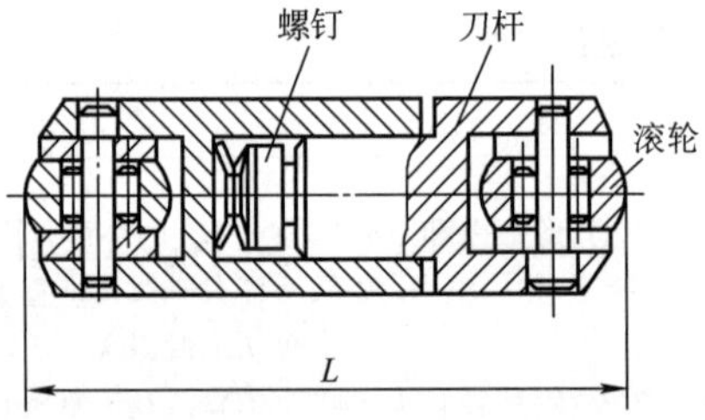 螺钉 刀杆 滚轮 L	1. 为加工不同尺寸范围的孔径，滚压工具可调节或改组成不同长度的规格（$L=80\sim95$mm，$95\sim110$mm，$110\sim230$mm） 2. 采用弹性方式滚压，压力均匀，调整方便 3. 在滚轮进给方向前面装有滚压导向部分，能保持滚压后的表面粗糙度	1. 成组碟形弹簧应采取面对面“《》”或背对背“》《”的装法 2. 滚轮材料为 YG6X，其型面可在工具磨床上用碗形砂轮磨出，然后用海绵蘸研磨膏研磨
圆锥滚柱深孔滚压工具	滚压深孔	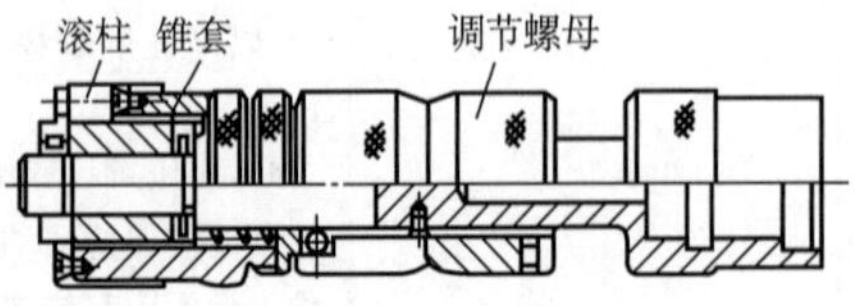 滚柱 锥套 调节螺母	1. 采用圆锥形滚柱型面，滚压时，滚柱与工件具有 $30'\sim1°$ 的斜角，使工件的弹性变形区逐渐复原以降低孔壁的表面粗糙度 2. 与钢珠型面相比，它同工件的接触面增大，从而可加大进给量	1. 滚压时，应采用切削液，它可由质量分数为 50%硫化切削液+质量分数为 50%柴油或全损耗系统用油、煤油配制而成 2. 滚柱的压入深度可由调节螺母调整，调节螺母旋转一圈，滚压头直径方向的增减量 x 为 $x=2\times1.5\times\tan30'\text{mm}$ $=0.0262\text{mm}$ 式中 调节螺母的螺距 = 1.5mm 心轴锥套圆锥体斜角 = 30′

8.2　板材冲压技术

8.2.1　概述

1. 板材冲压生产特点

板材冲压是靠压力机和模具的往复运动，将板材加工成各种形状零件的过程。它具有许多十分明显的特点，因而在机械工程领域里得到广泛的应用。

冲压生产的主要特点如下：

1）在压力机作用下，可完成复杂的工序，获得形状复杂的零件。越是复杂的零件，其优越性越突出。

2）生产率高。一般情况下，冲压加工的生产率为每分钟数十件，有的可达数百件，甚至超过一千件。

3）产品质量稳定。由于冲压件的形状和尺寸是由模具保证的，基本上不受操作人员和其他偶然因素的影响。

4）加工成本低。由于原材料采购容易、材料消耗少，加上生产率高、操作简单，因此，加工成本较低。大批量生产时，尤为突出。

2. 冲压工艺分类

板材冲压按其变形性质可分为使材料分离和使材料塑性变形两大类，每一类中又包括许多不同的工序，如图 8.2-1 所示。

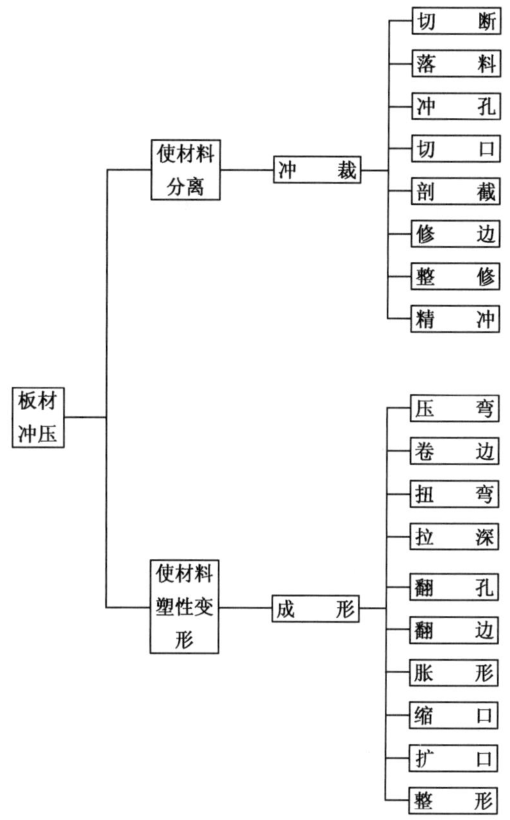

图 8.2-1　板材冲压工艺分类

3. 术语

板材冲压的基本工序术语见表 8.2-1。

表 8.2-1　冲压工序术语

工序名称	工　序　简　图	工　作　性　质
切断		将材料以敞开的轮廓分离开，得到平整的零件
落料		将材料以封闭的轮廓分离开，得到平整的零件
冲孔		将零件内的材料以封闭的轮廓分离开，使零件得到孔
切口		将材料以敞开的轮廓部分地分离开，而不将两部分完全分离

（续）

工序名称	工 序 简 图	工 作 性 质
剖截	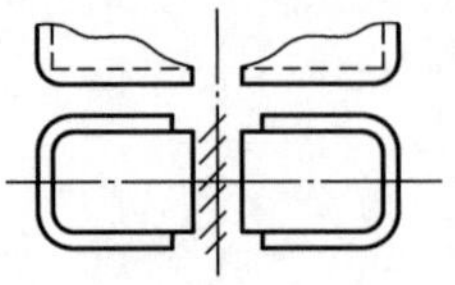	将平的、弯的或空心的毛坯分成两部分或几部分
修边	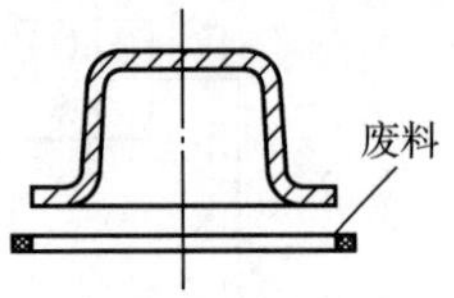 废料	将平件、空心件或立体实心件多余的外边修掉
整修	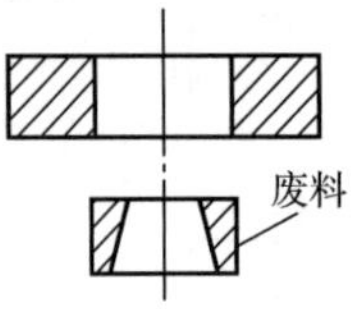 废料	将平件边缘预留的加工余量去掉，求得准确的尺寸、尖的边缘和光滑垂直的剪裂面
精冲	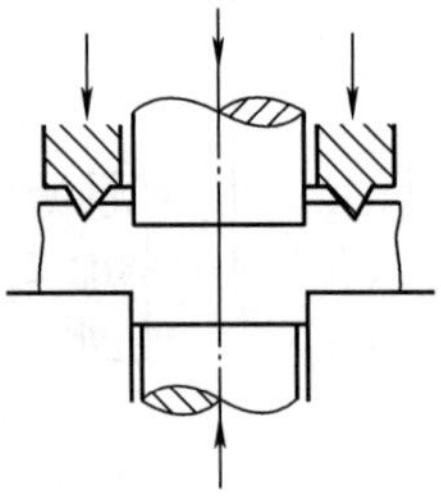	将板料压紧，使其处于三向压应力状态下进行冲裁，以获得光滑、垂直的剪切断面和准确尺寸的零件
压弯	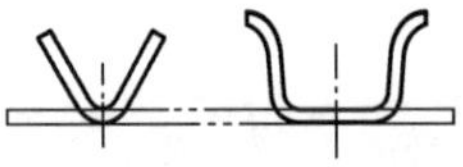	由平的毛坯压成弯曲件
卷边	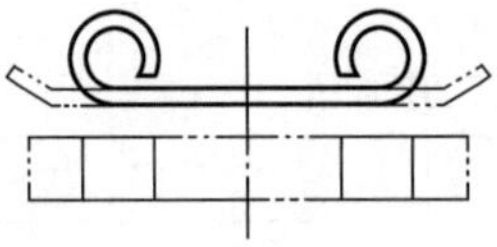	将毛坯的边根据一定半径弯成平顺的圆弧形
扭弯	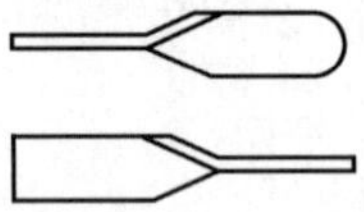	将平毛坯的一部分与另一部分相对转个角度，变成曲线形的零件
拉深	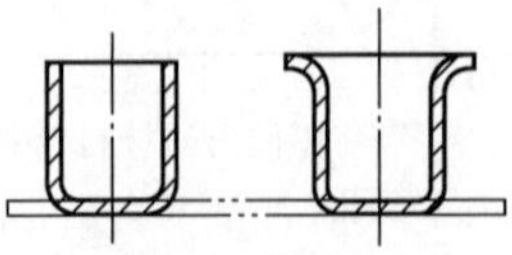	由毛坯得到任意形状的空心零件
变薄拉深	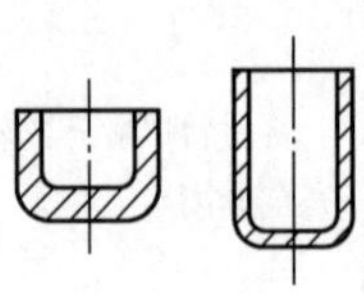	减小直径及壁厚而改变空心毛坯的尺寸

（续）

工序名称	工 序 简 图	工 作 性 质
双动拉延		将平毛坯在双动压力机上进行拉延，得到曲面板件，例如汽车覆盖件
起伏成形		采用材料局部成形的办法，形成局部凸起和凹进
翻边		在原先冲好的平面或曲面上沿一定的曲线翻成一定角度的边缘
胀形		在双向拉应力作用下毛坯或工序零件的局部成形
缩口		将空心件或管状毛坯的端部直径缩小的工艺方法
校平	表面有平面度要求	将零件或毛坯不平的表面压平
整形		将预成形的零件做进一步的修正

8.2.2　冲裁

1. 冲裁过程

板材的冲裁过程如图 8.2-2 所示。板材置于凹模上面，当凸模在压力机的作用下以一定的压力下降时，不断切入材料，使材料发生变形：经由弹性变形（第一阶段）、塑性变形（第二阶段）和断裂分离（第三阶段），使材料分离成工件和废料。

2. 冲裁时的压力

（1）冲裁力

冲裁力是使材料产生分离所需的力。对于平刃口模具的冲裁力可按下式计算：

$$F = Lt\tau \tag{8.2-1}$$

式中　F——冲裁力（N）；

L——冲裁刃口周长（mm）；

t——材料厚度（mm）；

τ——材料抗剪强度（MPa）。

实际生产中，考虑到模具刃口变钝、间隙不均、材料性能波动和厚度的偏差等因素，通常按下式近似计算：

$$F \doteq 1.3Lt\tau \approx LtR_m \tag{8.2-2}$$

式中　R_m——材料抗拉强度。

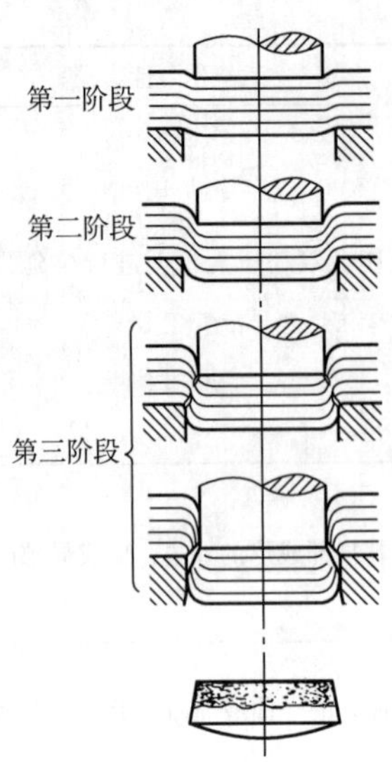

图 8.2-2 冲裁过程

(2) 卸料力、推件力和顶件力

当冲裁工作完成后，冲下的工件（或废料）由于弹性扩张而梗塞在凹模内，而废料（或工件）上的孔则由于弹性收缩而箍紧在凸模上。从凸模上将工件（或废料）卸下来的力称为卸料力。从凹模内顺着冲裁方向将工件（或废料）推出的力称为推件力。逆冲裁方向将工件（或废料）从凹模内顶出的力称为顶件力。

生产中，常用下列经验公式计算：

卸料力 $$F_x=K_xF \quad (8.2\text{-}3)$$

推件力 $$F_t=K_tFn \quad (8.2\text{-}4)$$

顶件力 $$F_d=K_dF \quad (8.2\text{-}5)$$

式中 F——冲裁力（N）；

K_x、K_t、K_d——系数，参见表 8.2-2；

n——同时梗塞在凹模内的工件数。

表 8.2-2 系数 K_x、K_t、K_d 的数值

材料及厚度/mm		K_x	K_t	K_d
钢	≤0.1	0.065~0.075	0.1	0.14
	>0.1~0.5	0.045~0.055	0.065	0.08
	>0.5~2.5	0.04~0.05	0.055	0.06
	>2.5~6.5	0.03~0.04	0.045	0.05
	>6.5	0.02~0.03	0.025	0.03
铝、铝合金		0.025~0.08	0.03~0.07	
纯铜、黄铜		0.02~0.06	0.03~0.09	

注：K_x 在冲多孔、大搭边和轮廓复杂时取上限值。

(3) 压料力

为了提高工件的断面质量和获得平整的工件，在凸、凹模开始冲裁之前，常需对板料平面施加一定的压料力。通常用经验公式计算：

$$F_y=(0.10\sim0.20)F \quad (8.2\text{-}6)$$

式中 F_y——压料力（N）；

F——冲裁力（N）。

(4) 侧向力

由于凸、凹模之间有间隙，冲裁时，凸模与凹模作用到板料上的垂直作用力不在一直线上，构成一力偶，使板料在分离的同时产生微小的弯曲；同时，板料对凸模和凹模则除了有垂直方向的反作用力之外，还产生水平方向的分力——侧向力。

侧向力一方面会引起凸、凹模侧面磨损，另一方面，当冲裁线不封闭（如单面冲裁或侧刃冲裁）时，会使凸（凹）模因受侧向力作用而发生变形、位移，甚至断裂，因此要在模具结构上采取措施来防止它的不利影响。

侧向力一般可按下式近似计算：

$$F_c=(0.30\sim0.38)F \quad (8.2\text{-}7)$$

式中 F_c——侧向力（N）；

F——冲裁力（N）。

(5) 降低冲裁力的方法

在冲裁高强度材料或厚料、大尺寸工件时，所需冲裁力如果超过车间现有压力机吨位，就必须采取措施降低冲裁力。常用方法如下：

1）加热冲裁。材料在加热状态下抗剪强度明显下降，所以能有效降低冲裁力。这种方法的缺点是：材料加热后产生氧化皮，同时因加热，劳动条件差。

2）阶梯布置凸模。在多凸模的冲裁中，将凸模做成不同高度，采用阶梯布置，使各凸模不同时接触材料，避免各凸模最大冲裁力同时出现，从而降低了冲裁力。

3）斜刃口冲裁。将凸模（或凹模）的刃口做成斜刃，冲裁时，不是整个刃口同时切入材料，而是逐步地冲切材料，因此冲裁力有显著降低，且可减轻冲裁时的振动和噪声。采用斜刃口冲裁时，为了获得平整的工件，落料时凸模应为平刃，把斜刃做在凹模上；冲孔时凹模应为平刃，把斜刃做在凸模上。

3. 冲裁间隙

冲裁间隙是指凸模与凹模刃口之间的间隙。由于它的大小对工件的断面质量、尺寸精度、模具寿命和力能消耗后都有很大影响，所以它是冲裁工艺和模具设计中一个极其重要的参数。

冲裁间隙的大小与被冲材料的性质和厚度有关，同时还与工件的技术要求、使用特点和生产条件有关。

表 8. 2-3 列出了汽车拖拉机行业通常采用的冲裁间隙。

表 8. 2-4 列出了电器仪表行业采用的冲裁间隙。

表 8. 2-5 列出了机电行业通常采用的冲裁间隙。

表 8. 2-3　汽车拖拉机行业的冲裁模初始双面间隙 Z　(mm)

材料厚度	08、10、35 09Mn、A3、B3		16Mn		40、50		65Mn	
	Z_{min}	Z_{max}	Z_{min}	Z_{max}	Z_{min}	Z_{max}	Z_{min}	Z_{max}
小于 0. 5	极小间隙							
0. 5	0. 040	0. 060	0. 040	0. 060	0. 040	0. 060	0. 040	0. 060
0. 6	0. 048	0. 072	0. 048	0. 072	0. 048	0. 072	0. 048	0. 072
0. 7	0. 064	0. 092	0. 064	0. 092	0. 064	0. 092	0. 064	0. 092
0. 8	0. 072	0. 104	0. 072	0. 104	0. 072	0. 104	0. 064	0. 092
0. 9	0. 090	0. 126	0. 090	0. 126	0. 090	0. 126	0. 090	0. 126
1. 0	0. 100	0. 140	0. 100	0. 140	0. 100	0. 140	0. 090	0. 126
1. 2	0. 126	0. 180	0. 132	0. 180	0. 132	0. 180		
1. 5	0. 132	0. 240	0. 170	0. 240	0. 170	0. 230		
1. 75	0. 220	0. 320	0. 220	0. 320	0. 220	0. 320		
2. 0	0. 246	0. 360	0. 260	0. 380	0. 260	0. 380		
2. 1	0. 260	0. 380	0. 280	0. 400	0. 280	0. 400		
2. 5	0. 360	0. 500	0. 380	0. 540	0. 380	0. 540		
2. 75	0. 400	0. 560	0. 420	0. 600	0. 420	0. 600		
3. 0	0. 460	0. 640	0. 480	0. 660	0. 480	0. 660		
3. 5	0. 540	0. 740	0. 580	0. 780	0. 580	0. 780		
4. 0	0. 640	0. 880	0. 680	0. 920	0. 680	0. 920		
4. 5	0. 720	1. 000	0. 680	0. 960	0. 780	1. 040		
5. 5	0. 940	1. 280	0. 780	1. 100	0. 980	1. 320		
6. 0	1. 080	1. 440	0. 840	1. 200	1. 140	1. 500		
6. 5			0. 940	1. 300				
8. 0			1. 200	1. 680				

注：冲裁皮革、石棉和纸板时，间隙取 08 钢的 25%。

表 8. 2-4　电器仪表行业的冲裁模初始双面间隙 Z　(mm)

材料厚度	软　铝		纯铜、黄铜、软钢 (w(C)0. 08%~0. 2%)		杜拉铝、中等硬钢 (w(C)0. 3%~0. 4%)		硬　钢 (w(C)0. 5%~0. 6%)	
	Z_{min}	Z_{max}	Z_{min}	Z_{max}	Z_{min}	Z_{max}	Z_{min}	Z_{max}
0. 2	0. 008	0. 012	0. 010	0. 014	0. 012	0. 016	0. 014	0. 018
0. 3	0. 012	0. 018	0. 015	0. 021	0. 018	0. 024	0. 021	0. 027
0. 4	0. 016	0. 024	0. 020	0. 028	0. 024	0. 032	0. 028	0. 036
0. 5	0. 020	0. 030	0. 025	0. 035	0. 030	0. 040	0. 035	0. 045
0. 6	0. 024	0. 036	0. 030	0. 042	0. 036	0. 048	0. 042	0. 054
0. 7	0. 028	0. 042	0. 035	0. 049	0. 042	0. 056	0. 049	0. 063
0. 8	0. 032	0. 048	0. 040	0. 056	0. 048	0. 064	0. 056	0. 072
0. 9	0. 036	0. 054	0. 045	0. 063	0. 054	0. 072	0. 063	0. 081
1. 0	0. 040	0. 060	0. 050	0. 070	0. 060	0. 080	0. 070	0. 090
1. 2	0. 060	0. 084	0. 072	0. 096	0. 084	0. 108	0. 096	0. 120
1. 5	0. 075	0. 105	0. 090	0. 120	0. 105	0. 135	0. 120	0. 150
1. 8	0. 090	0. 126	0. 108	0. 144	0. 126	0. 162	0. 144	0. 180
2. 0	0. 100	0. 140	0. 120	0. 160	0. 140	0. 180	0. 160	0. 200

（续）

材料厚度	软铝		纯铜、黄铜、软钢（w(C)0.08%~0.2%）		杜拉铝、中等硬钢（w(C)0.3%~0.4%）		硬钢（w(C)0.5%~0.6%）	
	Z_{min}	Z_{max}	Z_{min}	Z_{max}	Z_{min}	Z_{max}	Z_{min}	Z_{max}
2.2	0.132	0.176	0.154	0.198	0.176	0.220	0.198	0.242
2.5	0.150	0.200	0.175	0.225	0.200	0.250	0.225	0.275
2.8	0.168	0.224	0.196	0.252	0.224	0.280	0.252	0.308
3.0	0.180	0.240	0.210	0.270	0.240	0.300	0.270	0.330
3.5	0.245	0.315	0.280	0.350	0.315	0.385	0.350	0.420
4.0	0.280	0.360	0.320	0.400	0.360	0.440	0.400	0.480
4.5	0.315	0.405	0.360	0.450	0.405	0.495	0.450	0.540
5.0	0.350	0.450	0.400	0.500	0.450	0.550	0.500	0.600
6.0	0.480	0.600	0.540	0.660	0.600	0.720	0.660	0.780
7.0	0.560	0.700	0.630	0.770	0.700	0.840	0.770	0.910
8.0	0.720	0.880	0.800	0.960	0.880	1.040	0.960	1.120
9.0	0.810	0.990	0.900	1.080	0.990	1.170	1.080	1.260
10.0	0.900	1.100	1.000	1.200	1.100	1.300	1.200	1.400

表 8.2-5　机电行业的冲裁模刃口双面间隙 Z　（mm）

材料厚度	T8、45 12Cr18Ni9		Q215B、Q235 35CrMo QSnP10-1、D41、D44		08、10、15 H62、T1、T2、T3		1060、1050、1030、1100	
	Z_{min}	Z_{max}	Z_{min}	Z_{max}	Z_{min}	Z_{max}	Z_{min}	Z_{max}
0.35	0.03	0.05	0.02	0.05	0.01	0.03	—	—
0.5	0.04	0.08	0.03	0.07	0.02	0.04	0.02	0.03
0.8	0.09	0.12	0.06	0.10	0.04	0.07	0.025	0.045
1.0	0.11	0.15	0.08	0.12	0.05	0.08	0.04	0.06
1.2	0.14	0.18	0.10	0.14	0.07	0.10	0.05	0.07
1.5	0.19	0.23	0.13	0.17	0.08	0.12	0.06	0.10
1.8	0.23	0.27	0.17	0.22	0.12	0.16	0.07	0.11
2.0	0.28	0.32	0.20	0.24	0.13	0.18	0.08	0.12
2.5	0.37	0.43	0.25	0.31	0.16	0.22	0.11	0.17
3.0	0.48	0.54	0.33	0.39	0.21	0.27	0.14	0.20
3.5	0.58	0.65	0.42	0.49	0.25	0.33	0.18	0.26
4.0	0.68	0.76	0.52	0.60	0.32	0.40	0.21	0.29
4.5	0.79	0.88	0.64	0.72	0.38	0.46	0.26	0.34
5.0	0.90	1.0	0.75	0.85	0.45	0.55	0.30	0.40
6.0	1.16	1.26	0.97	1.07	0.60	0.70	0.40	0.50
8.0	1.75	1.87	1.46	1.58	0.85	0.97	0.60	0.72
10	2.44	2.56	2.04	2.16	1.14	1.26	0.80	0.92

4. 凸、凹模的刃口尺寸

在确定冲模凸模和凹模工作部分尺寸时，必须遵循以下几项原则：

1）根据落料和冲孔的特点，落料件的尺寸取决于凹模尺寸，因此落料模应先决定凹模尺寸，用减小凸模尺寸来保证合理间隙；冲孔件的尺寸取决于凸模尺寸，故冲孔模应先决定凸模尺寸，用增大凹模尺寸来保证合理间隙。

2）根据刃口的磨损规律，凹模刃口磨损后尺寸变大，其刃口的基本尺寸应取接近或等于工件的下极限尺寸；凸模刃口磨损后尺寸减小，应取接近或等于工件的上极限尺寸。

3）考虑工件精度与模具精度间的关系，在选择模具刃口制造公差时，既要保证工件的精度要求，又能保证有合理的间隙数值。一般冲模精度较工件精度高 2~3 级。

表 8.2-6 列出了凸、凹模刃口尺寸计算公式。

5. 排样

在板料或带料上冲裁，可有不同的排样方式，例如直排、斜排、对排、交错排、多行排和少（无）

废料排样等。不同的排样方式，不仅影响材料利用率、生产率和模具结构等，有时还会影响工件质量（强度和弯曲性能）。因此，设计排样时，首先要看工件是否对材料的纤维方向（轧制方向）有特殊要求（对于弯曲件，通常纤维方向应与弯曲线垂直或成一定角度；对于强度有严格要求的工件，常常也规定一定的纤维方向），其次才考虑如何提高材料利用率和生产率。

板料冲裁时，通常在工件周围需有搭边，搭边的大小见表 8.2-7。

表 8.2-6　凸、凹模刃口尺寸计算公式

工序性质	工件尺寸	凸模尺寸	凹模尺寸
落料	$D_{-\Delta}^{\ 0}$	$D_p=(D-x\Delta-Z_{min})_{-\delta_p}^{\ 0}$	$D_d=(D-x\Delta)_0^{+\delta_d}$
冲孔	$d_0^{+\Delta}$	$d_p=(d+x\Delta)_{-\delta_p}^{\ 0}$	$d_d=(d+x\Delta+Z_{min})_0^{+\delta_d}$

注：D_p、D_d——落料凸模与凹模的刃口尺寸（mm）；
d_p、d_d——冲孔凸模与凹模的刃口尺寸（mm）；
D、d——落料件外径和冲孔件孔径的公称尺寸（mm）；
δ_p、δ_d——凸模与凹模的制造公差（mm）；
Δ——工件的公差（mm）；
Z_{min}——最小合理双面间隙（mm）；
x——系数，为了避免多数冲裁件尺寸都偏向极限尺寸（落料时偏向最小尺寸，冲孔时偏向最大尺寸），可取系数值 $x=0.5\sim1$。

表 8.2-7　冲裁金属材料的搭边值　（mm）

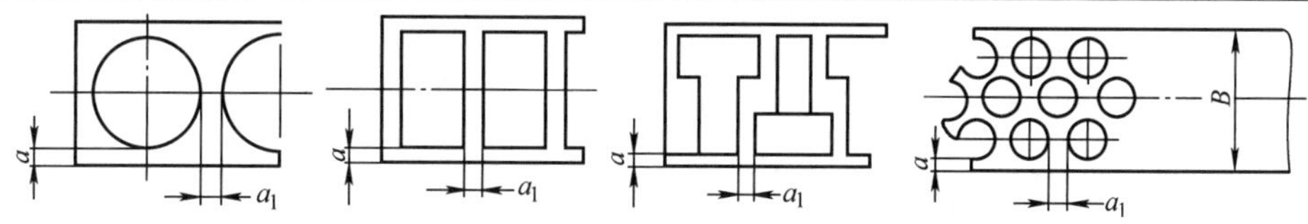

材料厚度 t	手工送料						自动送料	
	圆形		非圆形		往复送料			
	a	a_1	a	a_1	a	a_1	a	a_1
~1	1.5	1.5	2	1.5	3	2	3	2
>1~2	2	1.5	2.5	2	3.5	2.5		
>2~3	2.5	2	3	2.5	4	3.5		
>3~4	3	2.5	3.5	3	5	4	4	3
>4~5	4	3	5	4	6	5	5	4
>5~6	5	4	6	5	7	6	6	5
>6~8	6	5	7	6	8	7	7	6
>8	7	6	8	7	9	8	8	7

注：1. 冲非金属材料（皮革、纸板、石棉板等）时，搭边值应乘 1.5~2。
2. 有侧刃的搭边 $a'=0.75a$。

计算材料利用率和单件材料消耗的公式见表 8.2-8。

6. 精密冲裁

精冲是在普通冲压技术基础上发展起来的一种精密冲裁方法。它能在一次冲压行程中获得比普通冲裁尺寸精度高、断面光洁的零件（图 8.2-3）。

（1）精冲的工作原理

目前应用较普遍的强力压边精冲，是在专用压力机上借助特殊结构的模具来进行的。

精冲的冲裁过程如图 8.2-4 所示。

冲裁前，压料板先将坯料压紧在凹模上，接着凸模开始下降，与反压板一起将坯料压紧。此时，坯料处于压紧状态，剪切区的金属在 V 形齿圈、反压板和凸模的共同作用下，处于三向压应力状态，从而提高了塑性。

凸模继续下降，即开始冲裁。凸模与凹模之间的间隙很小，加上剪切区的金属处于三向压应力状态，使冲裁过程呈纯剪切的形式，从而获得良好的剪切断面和尺寸精度。

表 8.2-8 计算材料利用率和单件材料消耗的公式

计算范围	材料利用率（%）	单件材料消耗（kg/件）
一次送料的	$\eta_1=\dfrac{n_1A}{bh}\times100$	$W_1=\dfrac{bh\gamma}{n_1\times10^6}$
一条料的	$\eta_2=\dfrac{n_2A}{Lb}\times100$	$W_2=\dfrac{Lb\gamma}{n_2\times10^6}$
一张钢板的	$\eta_3=\dfrac{n_3A}{L_0b_0}\times100$	$W_3=\dfrac{L_0b_0\gamma}{n_3\times10^6}$

注：A——冲裁件面积（mm^2）；

b——条（带）料宽度（mm）；

h——送料进距（mm）；

n_1、n_2、n_3——分别是一个进距、一条料、一张钢板内的冲件数；

L——条（带）料长度（mm）；

L_0——钢板的长度（mm）；

b_0——钢板的宽度（mm）；

γ——材料的比重，对于钢板 $\gamma=7.85$。

（2）精冲模结构

典型的精冲模结构有：固定凸模式复合冲裁精冲模（图 8.2-5）、活动凸模式复合冲裁精冲模（图 8.2-6）和连续式复合精冲模（图 8.2-7）。

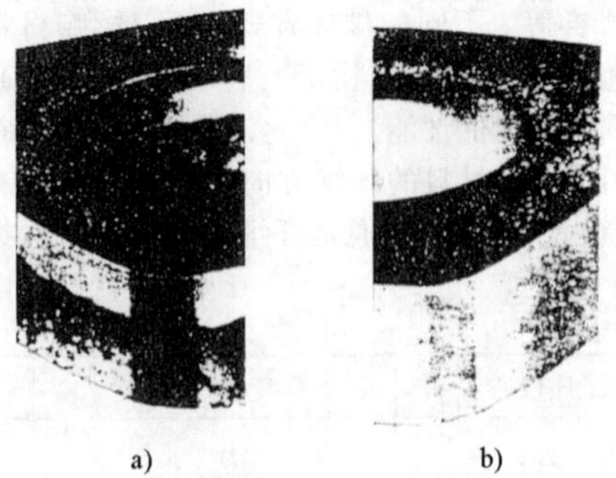

图 8.2-3 普通冲裁与精冲断面质量对比
a）普通冲裁 b）精冲

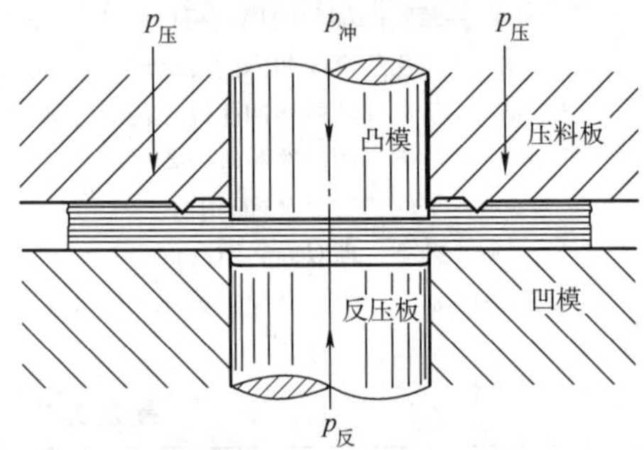

图 8.2-4 精冲时的作用力
$p_压$—压料力 $p_反$—反压力 $p_冲$—冲裁力

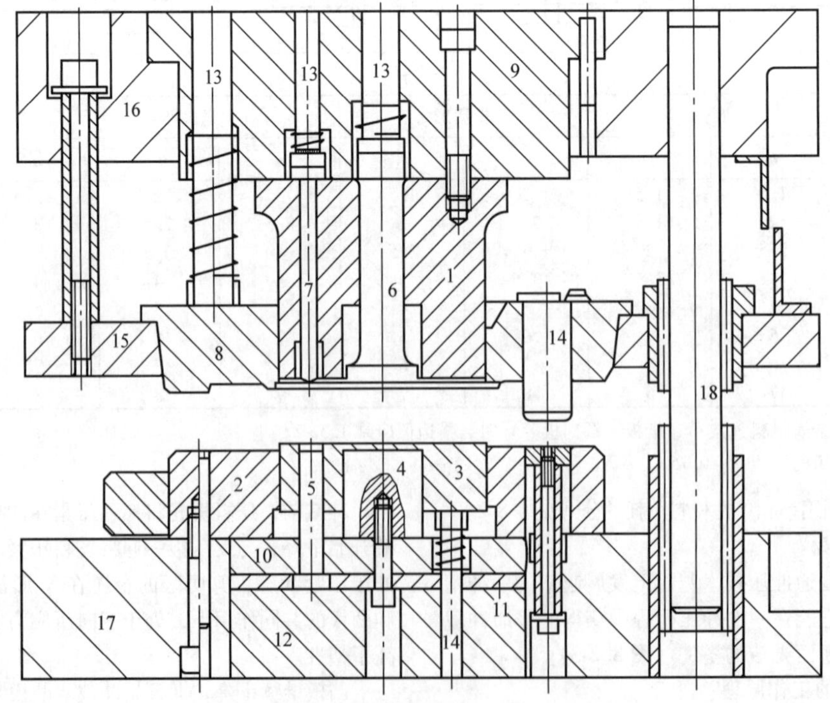

图 8.2-5 固定凸模式复合冲裁精冲模
1—凸凹模 2—凹模 3—反压板 4、5—凸模 6、7—顶料器 8—齿圈压料板 9—垫板 10—凸模固定板 11—中间垫件 12—下垫板 13—顶杆 14—闭锁销 15—导板 16—上模座 17—下模座 18—导柱

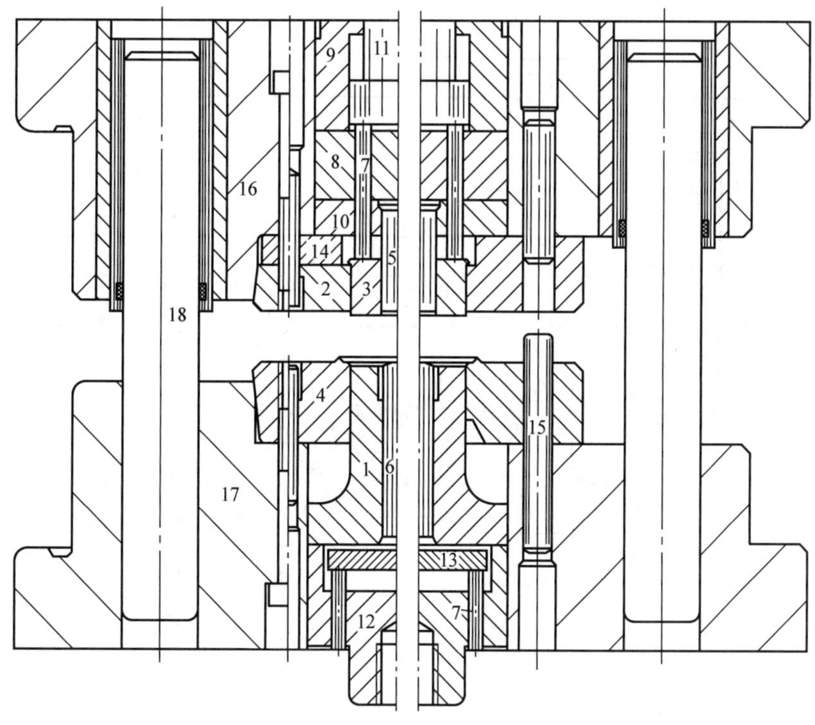

图 8.2-6　活动凸模式复合冲裁精冲模

1—凸凹模　2—凹模　3—反压板　4—压料板　5—凸模　6—顶料器　7—顶杆　8—垫板　9—夹紧环垫　10—凸模固定板　11—传力杆　12—凸模头（模柄）　13—桥板　14—中间垫板　15—闭锁销　16—上模座　17—下模座　18—导柱

（3）精冲工艺参数

1）搭边最小值见表 8.2-9。

2）凸模和凹模的单面间隙见表 8.2-10。

3）V 形齿环尺寸见表 8.2-11。

表 8.2-9　搭边最小值　（mm）

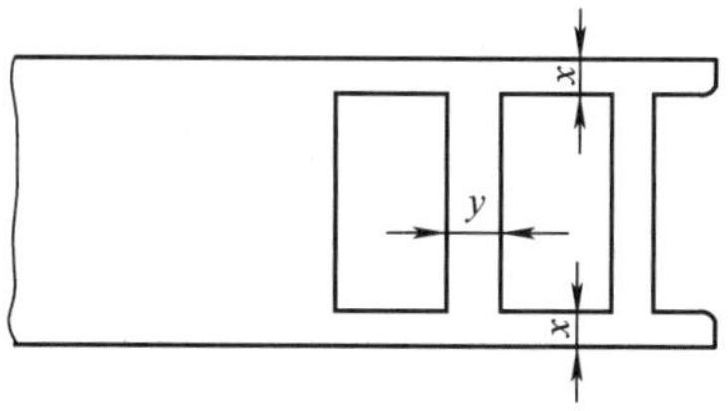

料厚 t	x	y
0.5	1.5	2
1	2	3
1.5	2.5	4
2	3	4.5
2.5	4	5
3	4.5	5.5
3.5	5	6
4	5.5	6.5
5	6	7
6	7	8
8	8	10
10	10	12
12	12	15
15	15	18

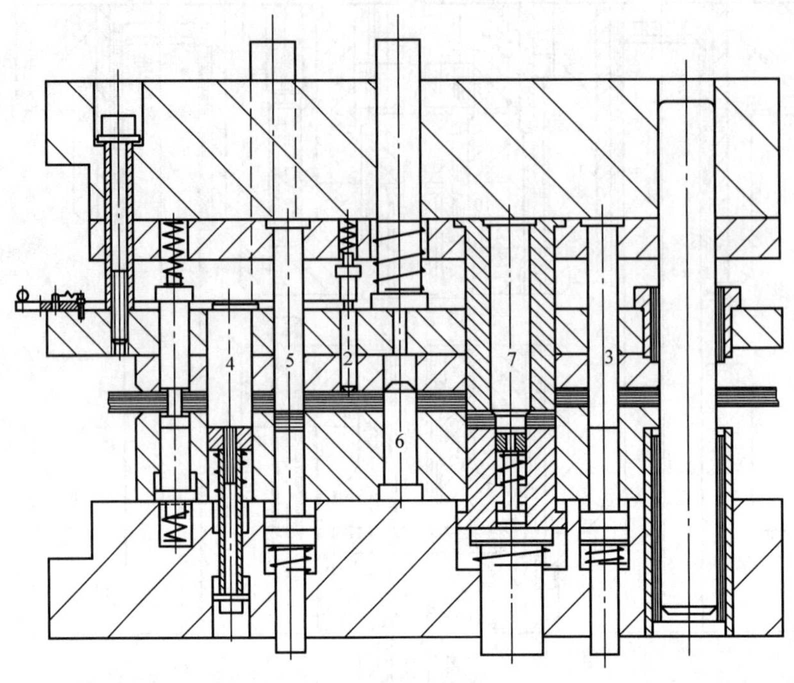

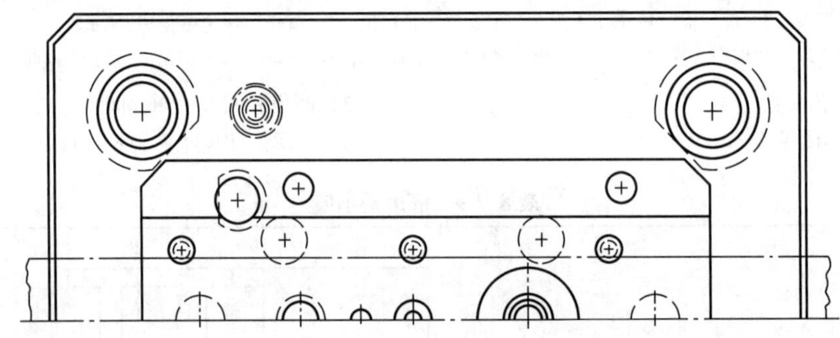

图 8.2-7 连续式复合精冲模

1—带料导向销 2—定位块 3—压销 4—闭锁销 5—凸模
6—导正销 7—带导正头的压印凸模

表 8.2-10 精冲碳钢时凸模和凹模的单面间隙 (mm)

料厚 t	外形	内形（孔、直径 d）			料厚 t	外形	内形（孔、直径 d）		
		$d<t$	$d=(1\sim5)t$	$d>5t$			$d<t$	$d=(1\sim5)t$	$d>5t$
0.5	0.0025	0.006	0.005	0.0025	6	0.020	0.050	0.015	0.015
1	0.005	0.012	0.010	0.005	8	0.020	0.060	0.020	0.020
2	0.01	0.020	0.010	0.005	10	0.025	0.060	0.025	0.025
3	0.015	0.025	0.015	0.008	15	0.035	0.070	0.035	0.035
4	0.015	0.030	0.015	0.010					

表 8.2-11 V 形齿环尺寸 (mm)

料厚 t	单面 V 形环		双面 V 形环		
	a	h	a	h	H
0.5~1	1.0	0.3			
1~1.5	1.3	0.4			
1.5~2	1.6	0.5			
2~2.5	2.0	0.6			
2.5~3	2.4	0.7			
3~3.5	2.8	0.8			
3.5~4	3.2	0.9			
4~5			2.5	0.6	0.9
5~6			3.0	0.8	1.1
6~8			3.5	1.1	1.4
8~10			4.5	1.2	1.6
10~12			5.5	1.6	2.0
12~15			7	2.2	2.6

(4) 精冲力的计算

生产上常采用下列经验公式计算：

冲裁力 $F_1 = 0.9LtR_m$ (8.2-8)

压料力 $F_2 \approx 4lhR_m$ (8.2-9)

反压力 $F_3 \approx 0.2F_1$ (8.2-10)

式中 F_1、F_2、F_3——分别为精冲的冲裁力、压料力和反压力（N）；

L——冲裁刃口（内、外）总长(mm)；

l——工件外周边长（mm）；

t——材料厚度（mm）；

h——V 形环高（mm）；

R_m——材料的抗拉强度（MPa）。

7. 高速冲裁

在大量生产中，冲压技术不断向高速化和自动化发展。采用高速压力机进行高速、自动、连续冲压，取消后续设备和二次送料是提高冲压生产率的一个重要途径。过去冲压速度一般为 45~80 次/min；现在冲压速度在 200 次/min 以下者称为低速冲压，200~600 次/min 称为中速冲压，600 次/min 以上称为高速冲压。

目前，高速冲压主要用于薄料和小件的冲裁，如料厚 0.35~0.50mm 的硅钢片定、转子铁心的高速冲裁等。高速压力机的压力多为 400~1100kN。

冲压速度的提高，对压力机、模具和送料装置提出了更高的要求。

(1) 高速压力机

高速压力机与普通压力机相比，有如下几个特性：

1）高刚度。

2）高精度。

3）提高预防热变形和耐疲劳的能力。

4）消除运动部分的不平衡现象，控制振动和噪声。

5）配备适合高速工作的高精度送料装置。

(2) 高速精密送料装置

对于普通的辊式和钳式送料装置，当行程次数达 200 次/min 时，送料进距误差大于 0.1mm；若行程次数再提高，送料误差将更大，不能满足中、高速冲压的要求。

为了满足高速冲压生产的要求，送料装置必须达到送料精确和可靠。目前应用较广泛的高速精密送料装置有：

1）带有异形辊超越离合器的辊式送料装置。这种送料装置的送料进距精度可达±0.05mm。

2）蜗杆凸轮滚子齿轮分度机构的辊式送料装置。这种送料装置的送料进距精度可达±(0.02~0.05)mm。

3）摆辊-夹钳式送料装置。送料精度为±0.025mm。

4）小型气动送料装置。送料精度为±0.025mm。

（3）高速冲裁模

高速冲裁模应满足高效率、高精度、高寿命的要求，通常都做成多工位级进（连续）模。其主要特点有：

1）采用刚性好和精度高的模架。

2）采用浮动导料装置。

3）凸模、凹模采用优质模具钢。

4）合理布置导正销。

5）有防止工件和废料回升的措施。

6）采用工件导出管，防止工件与废料混在一起。

7）装有灵敏、可靠的自动监测装置，用于保护模具和控制冲件质量。

8. 冲裁件的工艺性

冲裁件的工艺性是指冲裁件对冲压工艺的适应性。它对冲裁件质量、材料利用率以及模具的加工和使用寿命等都有很大影响。因此，在设计冲裁件的结构形状和尺寸精度时，应在满足产品使用性能和寿命的前提下，尽量兼顾冲压工艺的可行性和经济性。

（1）冲裁件的形状和尺寸

1）冲裁件的形状尽可能设计成简单、对称的，使排样时废料最少。

2）冲裁件的外形或内孔，应避免尖锐的角，除属于无废料冲裁或采用镶拼模结构外，宜有适当的圆角。圆角最小值与零件形状和材料有关，对于钢制零件，一般取 $R_{\min}=(0.2\sim0.8)t$（t 为材料厚度）。

3）冲裁件的凸出悬臂和凹槽不宜太窄，一般不小于 $1.5t$。

4）冲孔时，孔径 d 不宜过小，一般不小于 t；特殊情况采用凸模护套时，$d \not< 0.4t$。

5）冲裁件的孔与孔之间、孔与边缘之间的距离不应过小，一般不小于 $1.5t$，且不小于 3mm。

6）在弯曲件或拉深件上冲孔时，其孔壁与工件直壁之间的距离一般不小于 $2t$。

（2）冲裁件的精度和断面的表面粗糙度

1）冲裁件内外形的经济精度：

对于一般冲裁　IT9~IT11(GB1800.2—2020)

对于精密冲裁　IT7~IT10(GB1800.2—2020)

2）冲裁件断面的表面粗糙度：

对于一般冲裁　$Ra3.2\sim6.3\mu m$

对于精密冲裁　$Ra1.6\sim3.2\mu m$

8.2.3 弯曲

1. 弯曲过程

金属板的弯曲是在被弯毛坯两面进行不同的弹塑性变形的过程。

在弯角内层（在凸模一边）的金属层，纵向被压缩并缩短，而在横向则伸长。外层（在凹模一边）在纵向被拉伸和延长，而在横向则缩短。在延长的及缩短的各层之间，存在着一个中性层，其长度等于毛坯原来的长度。窄条在弯曲时，其横剖面发生了很大的畸变，在弯曲处的厚度减小，内边变宽，外边变窄，内外边均呈曲状（图 8.2-8）。

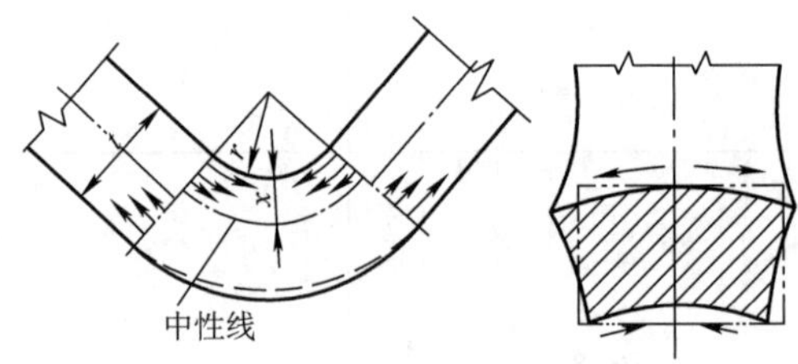

图 8.2-8　弯曲过程的图形

由于材料的变薄及横剖面形状的畸变，结果使得中性层离开了剖面的中间，而向小半径的方向移动。宽条及板料在弯曲中，材料也会变薄，但横剖面几乎没有畸变，因为横向的变形被宽度大的材料抵抗力所阻止了。

2. 弯曲力

计算弯曲所需的力时，通常根据不同的弯曲方式（自由弯曲、带压料的弯曲和带校正的弯曲）用表 8.2-12 所列的经验公式进行计算。不同材料的单位校正压力见表 8.2-13。

3. 弯曲件毛坯长度计算

计算弯曲件毛坯长度，是按照“弯曲前、后中性层长度不变”的原则进行的。

1）弯曲半径 $r\geqslant0.5t$ 的弯曲件。一般的弯曲件，内弯曲半径 $r\geqslant0.5t$（t 为材料厚度），其计算步骤如下（见图 8.2-9）：

① 算出直线段 a、b、c……的长度。

② 根据 r/t，由表 8.2-14 中查出中性层位移系数 x 值。

③ 计算中性层弯曲半径（见图 8.2-10）

$$\rho=r+xt$$

表 8.2-12　计算弯曲力的经验公式

弯曲方式	简　　图	经验公式	备　　注
自由弯曲	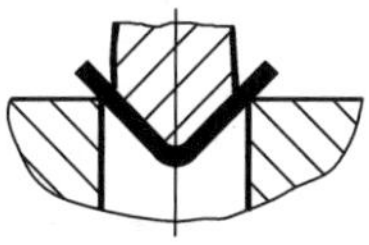	$F=\dfrac{0.8bt^2R_m}{r+t}$	式中　F——总弯曲力（N） b——弯曲件宽度（mm） t——料厚（mm） R_m——抗拉强度（MPa） r——内弯曲半径（mm） A——校正部分投影面积（mm^2） q——单位校正压力（MPa），其值见表 8.2-13
	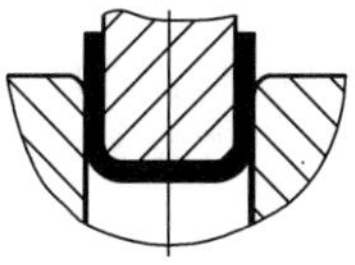	$F=\dfrac{0.9bt^2R_m}{r+t}$	
带压料的弯曲		$F=\dfrac{1.4bt^2R_m}{r+t}$	
	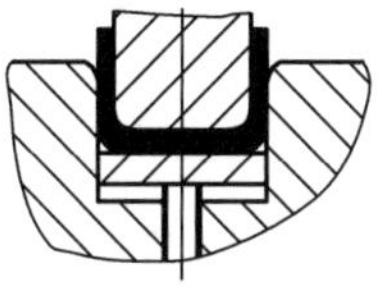	$F=\dfrac{1.6bt^2R_m}{r+t}$	
带校正的弯曲	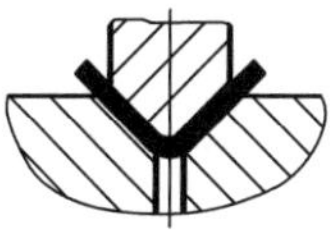	$F=\dfrac{1.4bt^2R_m}{r+t}+Aq$	
	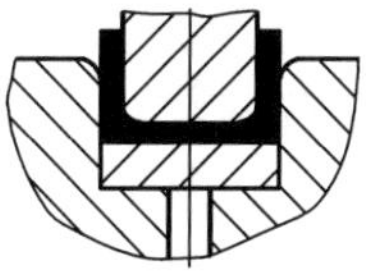	$F=\dfrac{1.6bt^2R_m}{r+t}+Aq$	

表 8.2-13　单位校正压力 q 值　（MPa）

材料	材料厚度/mm			
	<1	1~3	3~6	6~10
铝	15~20	20~30	30~40	40~50
黄铜	20~30	30~40	40~60	60~80
10~20 钢	30~40	40~60	60~80	80~100
25~30 钢	40~50	50~70	70~100	100~120

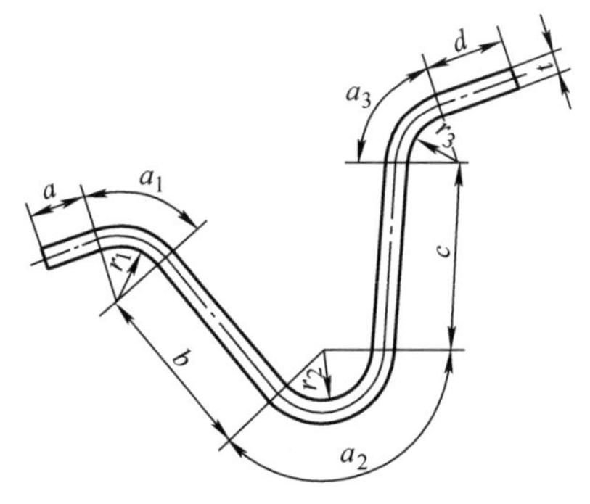

图 8.2-9　毛坯长度计算

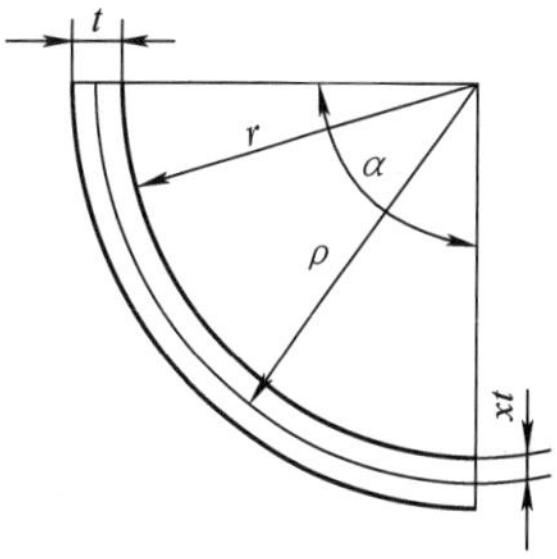

图 8.2-10　中性层弯曲半径

表 8.2-14　V 形弯曲 90°角时中性层位移系数 x 值

r/t	0.3	0.4	0.5	0.6	0.7	0.8	0.9	1.0	1.1	1.2
x	0.18	0.22	0.24	0.25	0.26	0.28	0.29	0.30	0.32	0.33
r/t	1.3	1.4	1.5	1.6	1.8	2.0	2.5	3.0	4.0	≥5.0
x	0.34	0.35	0.36	0.37	0.39	0.40	0.43	0.46	0.48	0.50

注：表中数值适用于低碳钢 90°角 V 形校正弯曲。

④ 根据 ρ_1、ρ_2……与 a_1、a_2……计算 l_1、l_2……弧的展开长度：

$$l=\frac{\pi\rho\alpha}{180°}$$

⑤ 计算毛坯总长：$L=a+b+c+\cdots+l_1+l_2+\cdots+l_n$

表 8.2-15 列出了常见弯曲件毛坯长度的公式。

2）弯曲半径 $r<0.5t$ 的弯曲件。当内弯曲半径很小（$r<0.5t$）时，通常按表 8.2-16 所列公式计算毛坯长度。

3）板料卷圆部分的展开长度。板料卷圆时，其受力状态与一般压弯不同。计算展开长度的公式见表 8.2-17，中性层位移系数见表 8.2-18。

表 8.2-15　在 $r\geqslant0.5t$ 的弯曲中，求毛坯展开长度的公式　（mm）

弯曲形式	简　图	计　算　公　式
单角弯曲（切点尺寸）	l_1, α, r, t, l_2	$L=l_1+l_2+\frac{\pi(180°-\alpha)}{180°}(r+at)-2(r+t)$
单角弯曲（交点尺寸）	l_1, α, r, t, l_2	$L=l_1+l_2+\frac{\pi(180°-\alpha)}{180°}(r+xt)-2\cot\frac{\alpha}{2}(r+t)$
单角弯曲（中心尺寸）	l_1, α, r, t, l_2	$L=l_1+l_2+\frac{\pi(180°-\alpha)}{180°}(r+xt)$
双直角弯曲	t, l_1, r, l_2, l_3	$L=l_1+l_2+l_3+\pi(r+xt)$
圆直角弯曲	l_1, l_5, t, r_2, r_3, l_2, r_1, r_4, l_4, l_3	$L=l_1+l_2+l_3+l_4+l_5+\frac{\pi}{2}(r_1+r_2+r_3+r_4)+\frac{\pi}{2}(x_1+x_2+x_3+x_4)t$

（续）

弯曲形式	简　　图	计　算　公　式
半圆弯曲	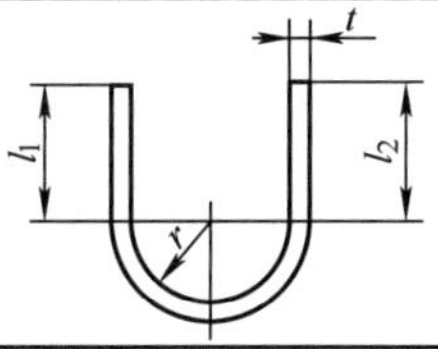	$L=l_1+l_2+\pi(r+xt)$

表 8.2-16　在 $r<0.5t$ 的弯曲中，求毛坯展开长度的公式　（mm）

弯曲形式	简　　图	计　算　公　式
单角弯曲	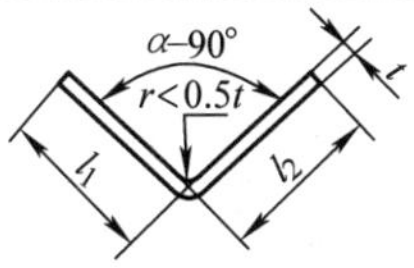	$L=l_1+l_2+0.5t$
	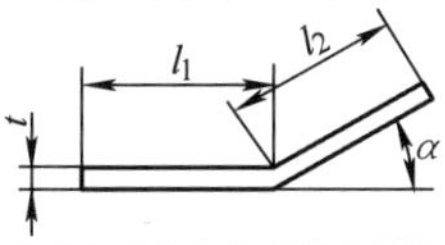	$L=l_1+l_2+\frac{\alpha}{90°}\times 0.5t$
	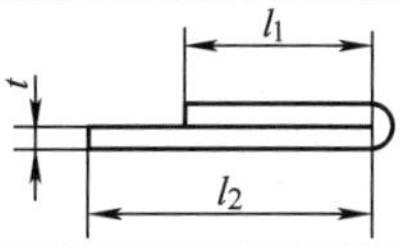	$L=l_1+l_2+t$
双角弯曲	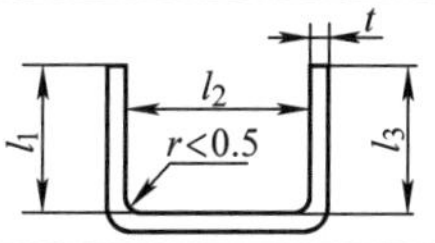	$L=l_1+l_2+l_3+0.5t$
三角弯曲	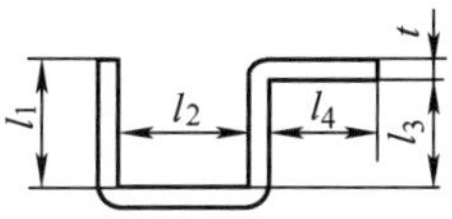	同时弯三个角时： $L=l_1+l_2+l_3+l_4+0.75t$ 先弯两个角后弯另一角时： $L=l_1+l_2+l_3+l_4+t$
四角弯曲	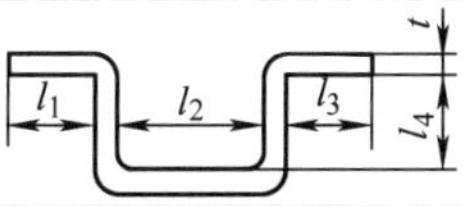	$L=l_1+l_2+l_3+2l_4+t$

表 8.2-17　卷圆部分展开长度计算公式　（mm）

类　　别	简　　图	展开长度计算公式
铰链卷圆	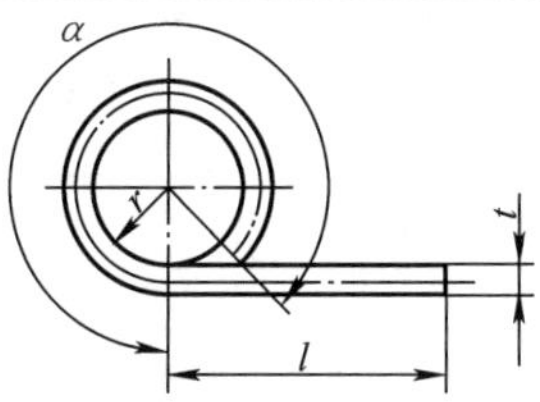	$L=l+\frac{\pi\alpha}{180°}(r+xt)$
吊环卷圆	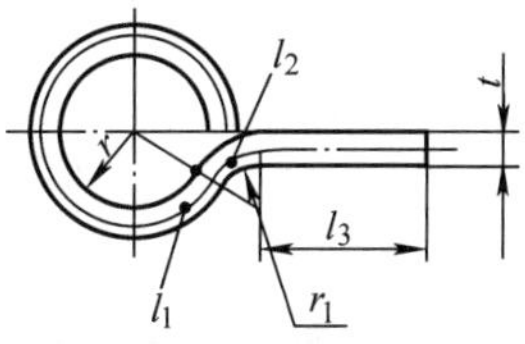	$L=1.5\pi(r+xt)+l_1+l_2+l_3$

表 8.2-18　卷圆时中性层位移系数 x 值

r/t	0.5	0.6	0.7	0.8	0.9	1.0	1.1	1.2
x	0.72	0.70	0.69	0.67	0.65	0.63	0.61	0.59
r/t	1.3	1.4	1.5	1.6	1.8	2.0	2.5	≥3.0
x	0.57	0.56	0.55	0.54	0.53	0.52	0.51	0.50

注：表中数值适用于低碳钢。

4. 弯曲模工作部分尺寸

1）凸模、凹模工作部分尺寸计算见表 8.2-19。

2）凸模与凹模之间的间隙：

当 $t \leqslant 1.5$ 时，　$Z=t$

当 $t>1.5$ 时，　$Z=t+\delta_t$

式中　t——材料厚度（mm）；

Z——单边间隙（mm）；

δ_t——料厚上极限偏差（mm）。

3）凹模圆角半径与凹模深度见表 8.2-20。

表 8.2-19　凸、凹模工作部分尺寸计算　（mm）

工件尺寸标注方式	工件简图	凹模尺寸	凸模尺寸
用外形尺寸标注	$L\pm\Delta$	$L_{\text{凹}}=\left(L-\frac{1}{2}\Delta\right)^{\delta_{\text{凹}}}_{0}$	$L_{\text{凸}}$ 按凹模尺寸配制，保证双面间隙为 $2z$ 或 $L_{\text{凸}}=(L_{\text{凹}}-2z)^{0}_{-\delta_{\text{凸}}}$
	$L-\Delta$	$L_{\text{凹}}=\left(L-\frac{3}{4}\Delta\right)^{\delta_{\text{凹}}}_{0}$	
用内形尺寸标注	$L\pm\Delta$	$L_{\text{凹}}$ 按凸模尺寸配制，保证双面间隙为 $2z$ 或 $L_{\text{凹}}=(L_{\text{凸}}+2z)^{+\delta_{\text{凹}}}_{0}$	$L_{\text{凸}}=\left(L+\frac{1}{2}\Delta\right)^{0}_{-\delta_{\text{凸}}}$
	$L+\Delta$		$L_{\text{凸}}=\left(L+\frac{3}{4}\Delta\right)^{0}_{-\delta_{\text{凸}}}$

注：$L_{\text{凸}}$、$L_{\text{凹}}$——弯曲凸、凹模宽度尺寸（mm）；

z——弯曲凸、凹模单边间隙（mm）；

L——弯曲件外形或内形的公称尺寸（mm）；

Δ——弯曲件的尺寸偏差（mm）；

$\delta_{\text{凸}}$、$\delta_{\text{凹}}$——弯曲凸、凹模制造公差，采用 IT7~IT9 级。

表 8.2-20　凹模圆角半径与凹模深度　（mm）

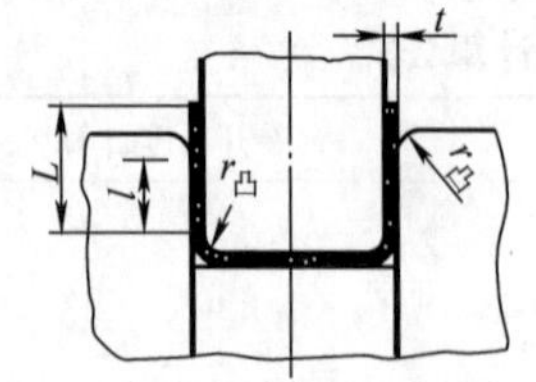

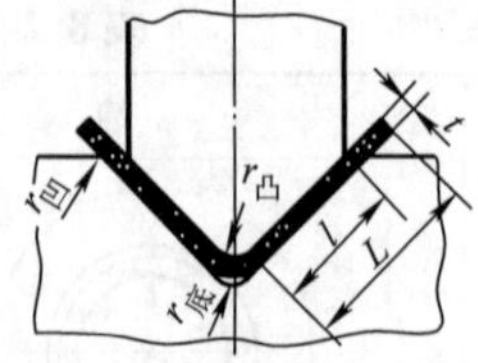

边长 L	料厚 t							
	~0.5		0.5~2.0		2.0~4.0		4.0~7.0	
	l	$r_{\text{凹}}$	l	$r_{\text{凹}}$	l	$r_{\text{凹}}$	l	$r_{\text{凹}}$
10	6	3	10	3	10	4		
20	8	3	12	4	15	5	20	8
35	12	4	15	5	20	6	25	8
50	15	5	20	6	25	8	30	10
75	20	6	25	8	30	10	35	12
100			30	10	35	12	40	15
150			35	12	40	15	50	20
200			45	15	55	20	65	25

V 形凹模底部可开退刀槽或取圆角半径 $r_{底}$ 为

$$r_{底}=(0.6\sim0.8)(r_{凸}+t)$$

4）板料卷圆模。

① 铰链卷圆模如图 8.2-11 所示。

② 吊环卷圆模。当卷圆精度要求不高时，采用图 8.2-12 所示两道工序完成；当卷圆精度要求较高时，采用图 8.2-13 所示三道工序完成；当 $R\geqslant4t$ 或对卷圆精度要求高时，可采用心棒卷圆。

③ 预弯及卷圆模工作部分尺寸。图 8.2-11 ~ 图 8.2-13 中的工作部分尺寸如图 8.2-14 所示。

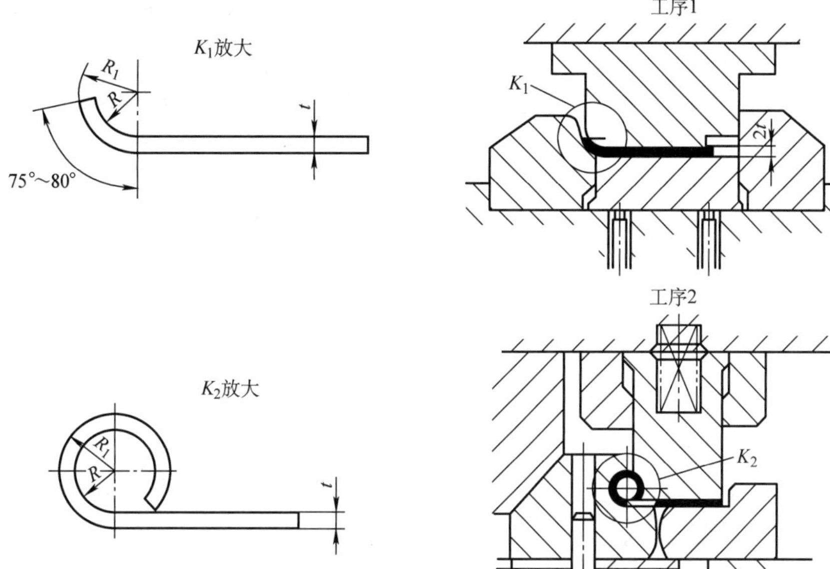

图 8.2-11　铰链卷圆的模具

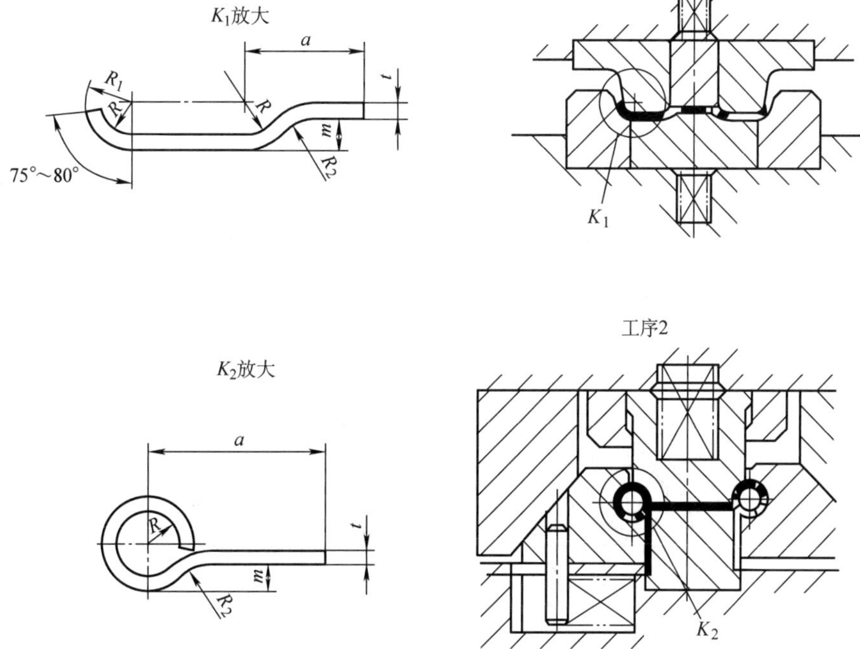

图 8.2-12　吊环卷圆的模具（一）

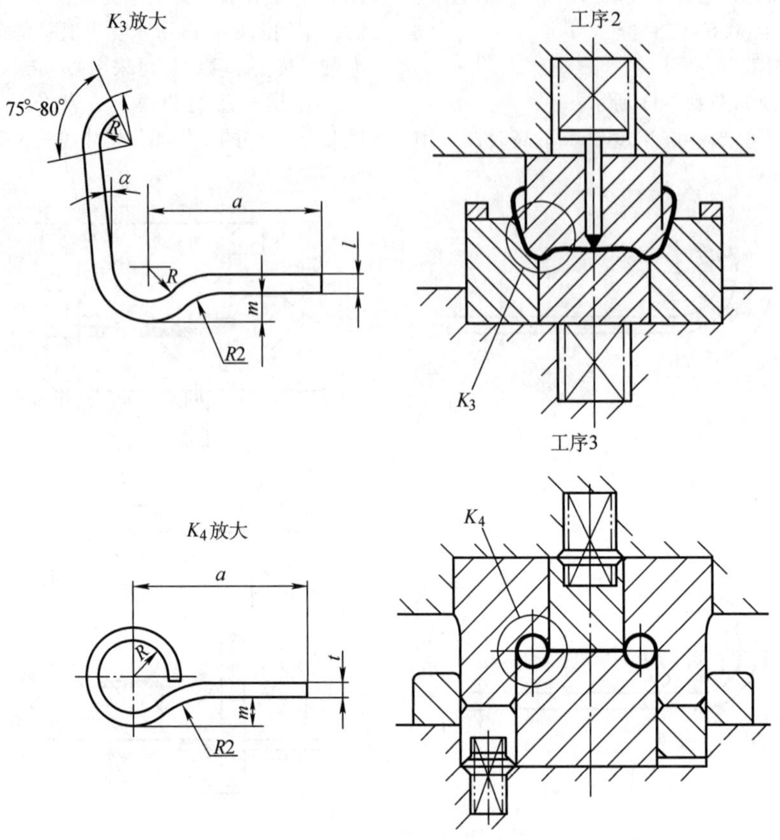

图 8.2-13 吊环卷圆的模具（二）

注：工序 1 与图 8.2-12 中工序 1 相同

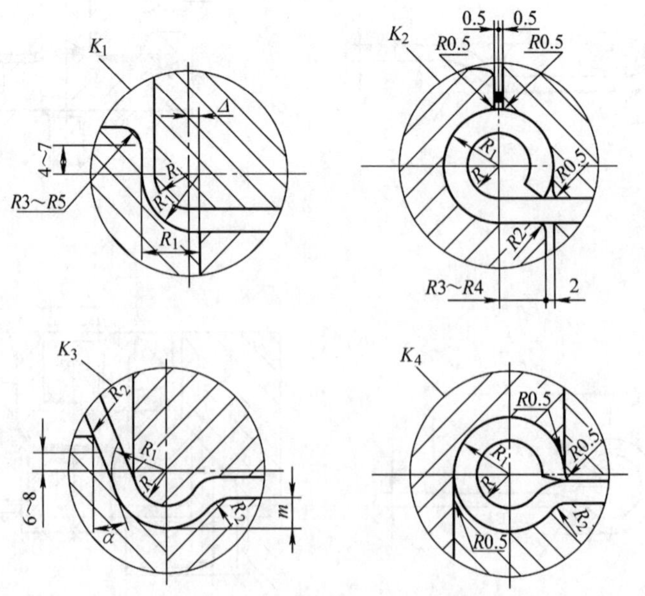

图 8.2-14 预弯及卷圆模的工作部分

5. 回弹

金属板材弯曲时，弹性变形和塑性变形同时存在。当外载荷去除后，即产生弹性回复，使工件尺寸与模具尺寸不一致，这种现象称为回弹。

影响回弹值大小的因素很多，主要有材料的力学性能、料厚、弯曲半径、弯曲角、模具结构以及弯曲时的校正力等。

通常在模具设计时，根据经验初步确定是否预先考虑回弹值（Δα），但最终是在模具调试过程中，根据工件的实际回弹情况给予修正的。

弯曲模减少回弹的几种形式如图 8. 2-15 所示。

偏移量见表 8. 2-21。

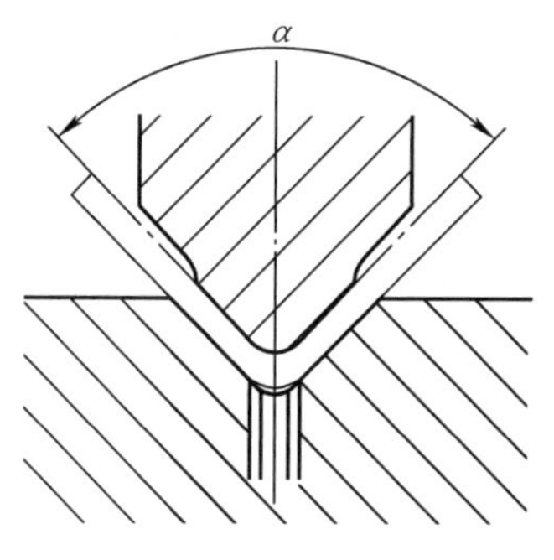

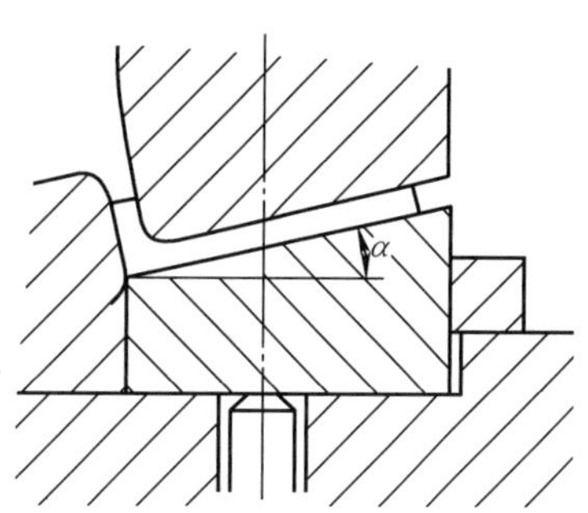

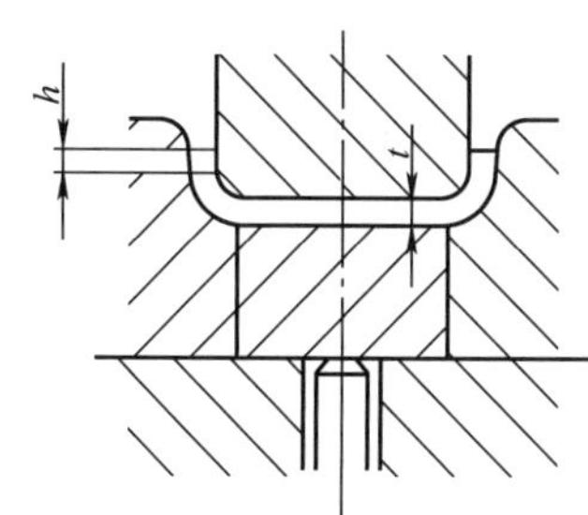

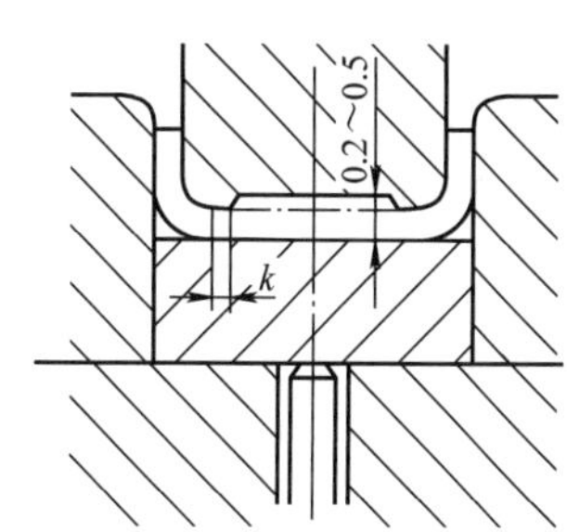

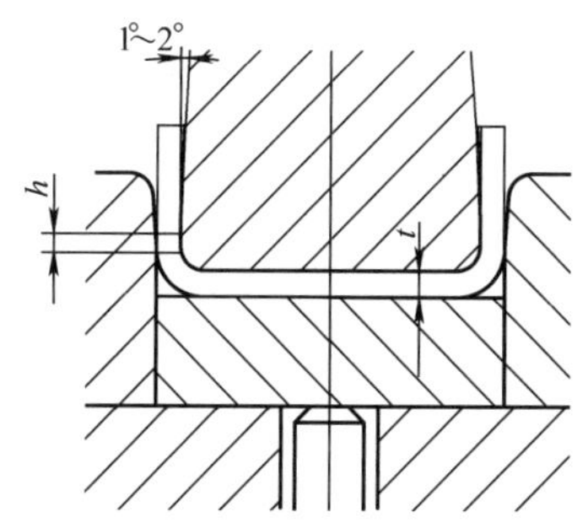

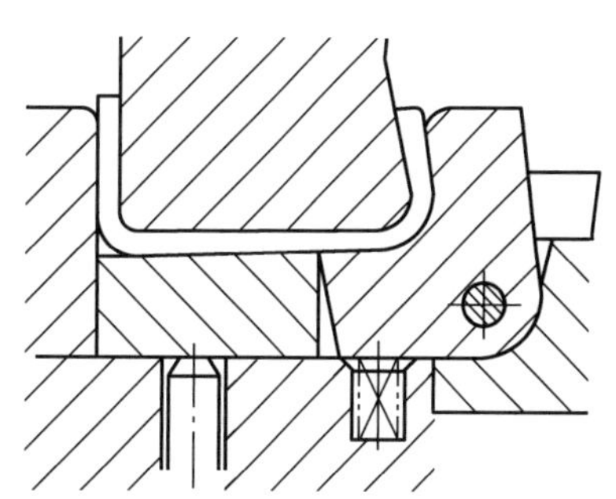

图 8. 2-15　弯曲模减少回弹的几种形式

表 8. 2-21　偏移量 Δ　（mm）

料厚 t	1	1. 5	2	2. 5	3	3. 5	4	4. 5	5	5. 5	6
偏移量 Δ	0. 3	0. 35	0. 4	0. 45	0. 48	0. 50	0. 52	0. 60	0. 60	0. 65	0. 65

6. 弯曲件的工艺性

具有良好工艺性的弯曲件，不仅可简化工艺过程和模具设计，而且能提高弯曲件的质量和节省原材料。

弯曲件的工艺性主要反映在如下几个方面：

1）弯曲件的圆角半径。弯曲件的圆角半径不宜过大和过小，过大时因受到弹性回复的影响，弯曲件的精度不易保证；过小时弯曲容易产生裂纹。弯曲件的最小弯曲半径应不小于表 8.2-22 中的数值。

2）弯曲件直边高度。通常，弯曲件的直边高度 $H \geqslant 2t$（t 为材料厚度）。

3）弯曲件的孔边距。当弯曲件有孔时，若孔位于弯曲变形区附近，则弯曲时孔会发生变形。为了避免这种缺陷的出现，通常取孔边到弯曲半径 r 中心的距离 $L \geqslant 2t$。

4）弯曲件的形状和尺寸的对称性。弯曲件的形状和尺寸，尤其是弯曲半径，尽量设计成对称的，以保证弯曲时毛坯受力平衡而不致窜动。

5）弯曲件的精度。弯曲件的精度与材料厚度公差有密切关系，精度要求较高的弯曲件必须减小材料厚度公差。一般弯曲件未注公差的长度尺寸的极限偏差见表 8.2-23，弯曲件角度的自由公差见表 8.2-24。

表 8.2-22　最小弯曲半径数值

材　　料	退火状态		冷作硬化状态	
	弯曲线的位置			
	垂直纤维	平行纤维	垂直纤维	平行纤维
铝	$0.1t$	$0.35t$	$0.5t$	$1.0t$
纯铜	$0.1t$	$0.35t$	$1.0t$	$2.0t$
软黄铜	$0.1t$	$0.35t$	$0.35t$	$0.8t$
半硬黄铜	$0.1t$	$0.35t$	$0.5t$	$1.2t$
磷铜	—	—	$1.0t$	$3.0t$
08,10,Q195,Q215B	$0.1t$	$0.4t$	$0.4t$	$0.8t$
15,20,Q235	$0.1t$	$0.5t$	$0.5t$	$1.0t$
25,30,Q255	$0.2t$	$0.6t$	$0.6t$	$1.2t$
35,40,Q275	$0.3t$	$0.8t$	$0.8t$	$1.5t$
45,50	$0.5t$	$1.0t$	$1.0t$	$1.7t$
55,60	$0.7t$	$1.3t$	$1.3t$	$2.0t$

注：1. 当弯曲线与纤维方向成一定角度时，可采用垂直和平行纤维方向二者的中间值。

2. 在冲裁或剪切后没有退火的毛坯弯曲时，应作为硬化的金属选用。

3. 弯曲时应使有毛刺的一边处于弯角的内侧。

4. 表中 t 为板料厚度。

表 8.2-23　弯曲件未注公差的长度尺寸的极限偏差　（mm）

长度尺寸		3~6	>6~18	>18~50	>50~120	>120~260	>260~500
材料厚度	≤2	±0.3	±0.4	±0.6	±0.8	±1.0	±1.5
	>2~4	±0.4	±0.6	±0.8	±1.2	±1.5	±2.0
	>4	—	±0.8	±1.0	±1.5	±2.0	±2.5

表 8.2-24　弯曲件角度的自由公差

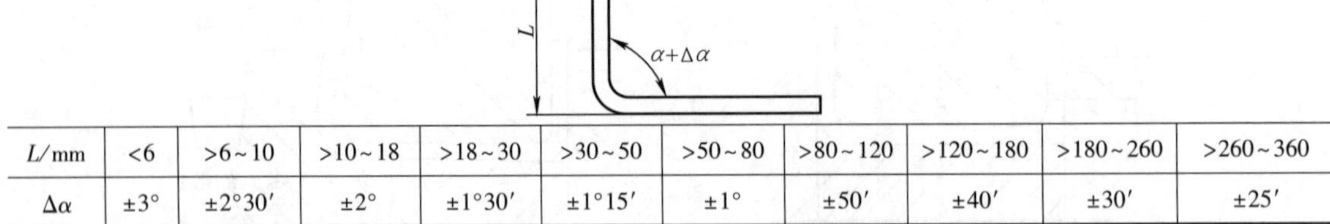

L/mm	<6	>6~10	>10~18	>18~30	>30~50	>50~80	>80~120	>120~180	>180~260	>260~360
Δα	±3°	±2°30′	±2°	±1°30′	±1°15′	±1°	±50′	±40′	±30′	±25′

8.2.4　拉深

1. 拉深过程

拉深是指将平板毛坯转变为空心零件（或将空心零件进一步改变尺寸）的过程。图 8.2-16a 所示为平板毛坯经模具拉深成空心零件，图 8.2-16c 所示为较大直径的空心零件经模具再拉深成直径较小的空心零件。图 8.2-16b 所示是平板毛坯在拉深过程中，各部分金属转移的情况。

拉深过程中，毛坯各部分的应力—应变状态如图 8.2-17 所示。

2. 拉深件毛坯展开尺寸

计算拉深件毛坯展开尺寸的基本法则是：毛坯的体积等于成品零件的体积。

对于一般的拉深件，材料厚度的变化可忽略不计，故毛坯的面积等于拉深件（成品零件加上修边余量）的面积。

1）杯形件毛坯直径计算。杯形拉深件如图 8.2-18 所示。计算毛坯直径时，工件高度 h 应包含修边余量（见表 8.2-25），毛坯直径计算公式为

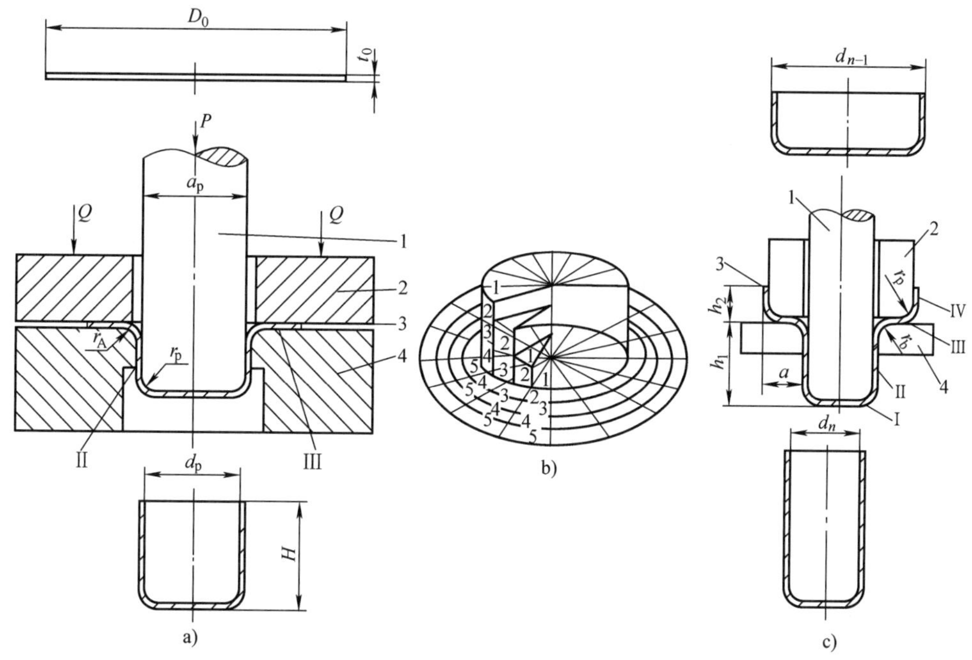

图 8.2-16　拉深过程

1—凸模　2—压边圈　3—毛坯　4—凹模

Ⅰ—小变形区　Ⅱ—侧壁传力区（已变形区）　Ⅲ—变形区　Ⅳ—待变形区

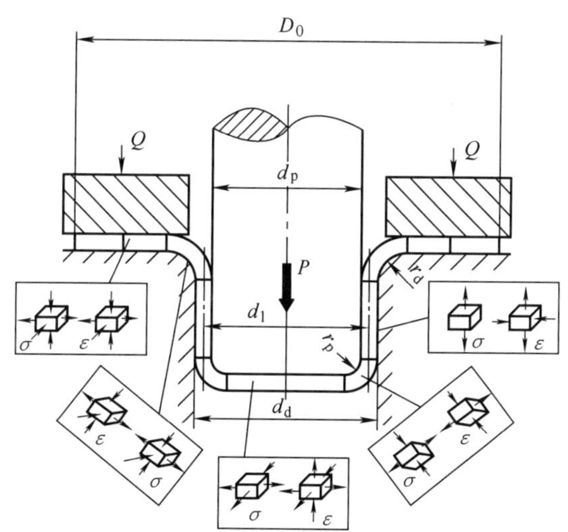

图 8.2-17　毛坯各部位应力—应变状态

$$D=\sqrt{d^2-1.72dr-0.56r^2+4dh} \quad (8.2\text{-}11)$$

式中　D——毛坯直径（mm）；

d——工件直径（mm）；

r——工件圆角半径（mm）；

h——工件高度（加上修边余量）（mm）。

2）帽形件毛坯直径计算。帽形拉深件如图 8.2-19 所示。计算毛坯直径时，d_F 应包含修边余量（见表 8.2-26），毛坯直径为

$$D=\sqrt{d_F^2-1.72d(r_1+r_2)-0.56(r_1^2-r_2^2)+4dh} \quad (8.2\text{-}12)$$

式中　D——毛坯直径（mm）；

d_F——凸缘直径（包括修边余量）（mm）；

d——拉深直径（mm）；

r_1、r_2——圆角半径（mm）；

h——拉深高度（mm）。

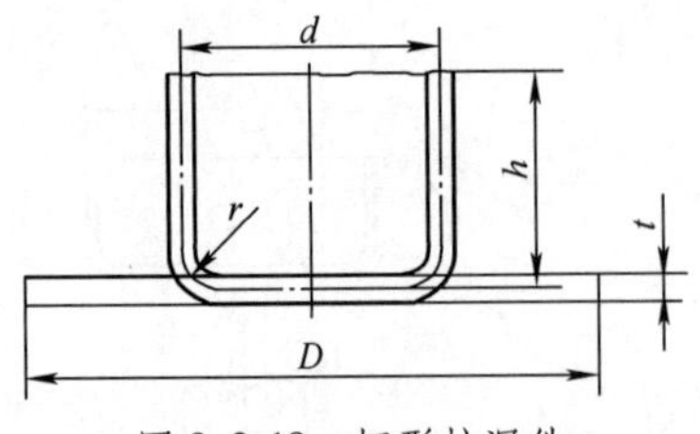

图 8.2-18　杯形拉深件

图 8.2-19　帽形拉深件

表 8.2-25　杯形拉深件的修边余量 δ　（mm）

工件高度 h	工件的相对高度 h/d				附　图
	>0.5~0.8	>0.8~1.6	>1.6~2.5	>2.5~4	
≤10	1.0	1.2	1.5	2	
>10~20	1.2	1.6	2	2.5	
>20~50	2	2.5	3.3	4	
>50~100	3	3.8	5	6	
>100~150	4	5	6.5	8	
>150~200	5	6.3	8	10	
>200~250	6	7.5	9	11	
>250	7	8.5	10	12	

表 8.2-26　帽形拉深件的修边余量 δ

凸缘直径 d_F/mm	凸缘的相对直径 d_F/d				附　图
	≤1.5	>1.5~2	>2~2.5	>2.5	
≤25	1.8	1.6	1.4	1.2	
>25~50	2.5	2.0	1.8	1.6	
>50~100	3.5	3.0	2.5	2.2	
>100~150	4.3	3.6	3.0	2.5	
>150~200	5.0	4.2	3.5	2.7	
>200~250	5.5	4.6	3.8	2.8	
>250	6	5	4	3	

3）复杂形状拉深件的毛坯计算。对于形状复杂的拉深件，其毛坯形状和尺寸的计算原则上仍然按照体积不变的法则，即毛坯的体积等于拉深件的体积。具体的计算方法，由于篇幅所限，请参阅冲压专业有关文献，也可用有限元计算出毛坯形状。

3. 拉深次数及工序尺寸

（1）杯形件的拉深次数及工序尺寸计算

1）拉深次数。根据拉深件的相对高度和毛坯相对厚度$\frac{t}{D}\times100$，由表 8.2-27 查出拉深次数。

表 8.2-27　杯形拉深件的最大相对高度$\frac{h}{d}$

拉深次数	毛坯相对厚度$\frac{t}{D}\times100$					
	2~1.5	<1.5~1	<1~0.6	<0.6~0.3	<0.3~0.15	<0.15~0.08
1	0.94~0.77	0.84~0.65	0.70~0.57	0.62~0.5	0.52~0.45	0.46~0.38
2	1.88~1.54	1.60~1.32	1.36~1.1	1.13~0.94	0.96~0.83	0.9~0.7
3	3.5~2.7	2.8~2.2	2.3~1.8	1.9~1.5	1.6~1.3	1.3~1.1
4	5.6~4.3	4.3~3.5	3.6~2.9	2.9~2.4	2.4~2.0	2.0~1.5
5	8.9~6.6	6.6~5.1	5.2~4.1	4.1~3.3	3.3~2.7	2.7~2.0

注：1. 大的$\frac{h}{d}$比值适用于在第一道工序内大的凹模圆角半径$\left(由\frac{t}{D}\times100=2\sim1.5时的 r_{凹}=8t 到\frac{t}{D}\times100=0.15\sim0.08时的 r_{凹}=15t\right)$；小的比值适用于小的凹模圆角半径（$r_{凹}=4\sim8t$）。

2. 表中拉深次数适用于 08 及 10 钢的拉深件。

2）确定各次拉深直径。先由表 8. 2-28、表 8. 2-29、表 8. 2-30 中查得各次拉深的极限拉深系数 m_1、m_2、m_3……，算出各次拉深直径：

$$d_1 = m_1 D$$
$$d_2 = m_2 d_1$$
$$\cdots$$
$$d_n = m_n d_{n-1}$$

若 d_n 小于工件直径 d，说明变形程度分配不均，应适当调整各次拉深系数，使它们均大于相应的极限拉深系数。

根据调整后的拉深系数，最后确定各次拉深直径。

3）计算拉深件高度。按表 8. 2-31 所列公式计算各工序的拉深高度。

表 8. 2-28　杯形件用压边圈拉深时的拉深系数

拉深系数	毛坯相对厚度 $\frac{t}{D}\times100$					
	2～1. 5	<1. 5～1. 0	<1. 0～0. 6	<0. 6～0. 3	<0. 3～0. 15	<0. 15～0. 08
m_1	0. 48～0. 50	0. 50～0. 53	0. 53～0. 55	0. 55～0. 58	0. 58～0. 60	0. 60～0. 63
m_2	0. 73～0. 75	0. 75～0. 76	0. 76～0. 78	0. 78～0. 79	0. 79～0. 80	0. 80～0. 82
m_3	0. 76～0. 78	0. 78～0. 79	0. 79～0. 80	0. 80～0. 81	0. 81～0. 82	0. 82～0. 84
m_4	0. 78～0. 80	0. 80～0. 81	0. 81～0. 82	0. 82～0. 83	0. 83～0. 85	0. 85～0. 86
m_5	0. 80～0. 82	0. 82～0. 84	0. 84～0. 85	0. 85～0. 87	0. 86～0. 87	0. 87～0. 88

注：1. 凹模圆角半径大时（$r_{凹}=8\sim15t$），拉深系数取小值，凹模圆角半径小时（$r_{凹}=4\sim8t$），拉深系数取大值。

2. 表中拉深系数适用于 08、10S、15S 钢与软黄铜 H62、H68。当拉深塑性更大的金属时（05、08Z 及 10Z 钢、铝等），应比表中数值减小 1. 5%～2%。而当拉深塑性较小的金属时（20、25、A2、A3、酸洗钢、硬铝、硬黄铜等），应比表中数值增大 1. 5%～2%（符号 S 为深拉深钢，Z 为最深拉深钢）。

表 8. 2-29　杯形件不用压边圈拉深时的拉深系数

材料相对厚度 $\frac{t}{D}\times100$	各次拉深系数					
	m_1	m_2	m_3	m_4	m_5	m_6
0. 4	0. 90	0. 92	—	—	—	—
0. 6	0. 85	0. 90	—	—	—	—
0. 8	0. 80	0. 88	—	—	—	—
1. 0	0. 75	0. 85	0. 90	—	—	—
1. 5	0. 65	0. 80	0. 84	0. 87	0. 90	—
2. 0	0. 60	0. 75	0. 80	0. 84	0. 87	0. 90
2. 5	0. 55	0. 75	0. 80	0. 84	0. 87	0. 90
3. 0	0. 53	0. 75	0. 80	0. 84	0. 87	0. 90
3 以上	0. 50	0. 70	0. 75	0. 78	0. 82	0. 85

注：此表适用于 08、10 及 15Mn 等材料。

表 8. 2-30　其他金属材料的拉深系数

材料名称	牌　　号	第一次拉深 m_1	以后各次拉深 m_n
铝和铝合金	L6M、L4M、LF21M	0. 52～0. 55	0. 70～0. 75
杜拉铝	LY12M、LY11M	0. 56～0. 58	0. 75～0. 80
黄铜	H62	0. 52～0. 54	0. 70～0. 72
	H68	0. 50～0. 52	0. 68～0. 72
纯铜	T2、T3、T4	0. 50～0. 55	0. 72～0. 80
无氧铜		0. 50～0. 58	0. 75～0. 82
镍、镁镍、硅镍		0. 48～0. 53	0. 70～0. 75
康铜（铜镍合金）		0. 50～0. 56	0. 74～0. 84
白铁皮		0. 58～0. 65	0. 80～0. 85
酸洗钢板		0. 54～0. 58	0. 75～0. 78

（续）

材料名称	牌　号	第一次拉深 m_1	以后各次拉深 m_n
不锈钢		0.52~0.56	0.75~0.78
	12Cr13	0.50~0.52	0.70~0.75
	Cr18Ni	0.52~0.55	0.78~0.81
	Cr18Ni11Nb、Cr23Ni18	0.52~0.55	0.78~0.80
镍铬合金	Cr20Ni80Ti	0.54~0.59	0.78~0.84
合金结构钢	30CrMnSi	0.62~0.70	0.80~0.84
可伐合金		0.65~0.67	0.85~0.90
钼铱合金		0.72~0.82	0.91~0.97
钽		0.65~0.67	0.84~0.87
铌		0.65~0.67	0.84~0.87
钛及钛合金	TA2、TA3	0.58~0.60	0.80~0.85
	TA5	0.60~0.65	0.80~0.85
锌		0.65~0.70	0.85~0.90

注：1. 凹模圆角半径 $r_{凹}<6t$ 时拉深系数取大值；凹模圆角半径 $r_{凹}\geqslant 7t$ 时拉深系数取小值。

2. 材料相对厚度 $\frac{t}{D}\times 100\geqslant 0.62$ 时拉深系数取小值；材料相对厚度 $\frac{t}{D}\times 100<0.62$ 时拉深系数取大值。

表 8.2-31　杯形拉深件的拉深高度计算公式

工件形状	拉深工序	计　算　公　式
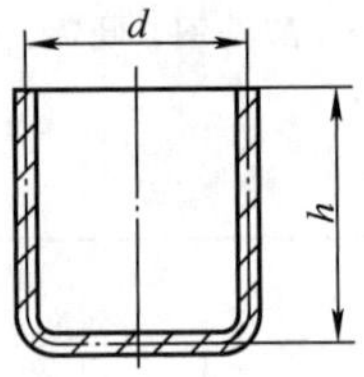	1	$h_1=0.25(D_0k_1-d_1)$
	2	$h_2=h_1k_2+0.25(d_1k_2-d_2)$
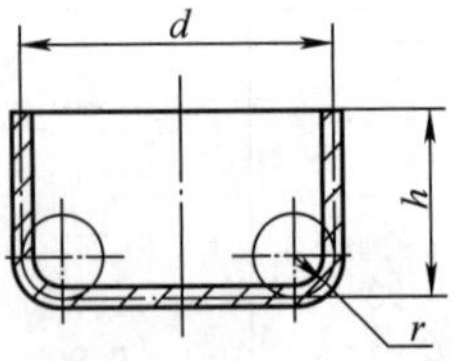	1	$h_1=0.25(D_0k_1-d_1)+0.43\frac{r_1}{d_1}(d_1+0.32r_1)$
	2	$h_2=0.25(D_0k_1k_2-d_2)+0.43\frac{r_2}{d_2}(d_2+0.32r_2)$ $r_1=r_2=r$ 时 $h_2=h_1k_2+0.25(d_1k_2-d_2)-0.43\frac{r}{d_2}(d_1-d_2)$
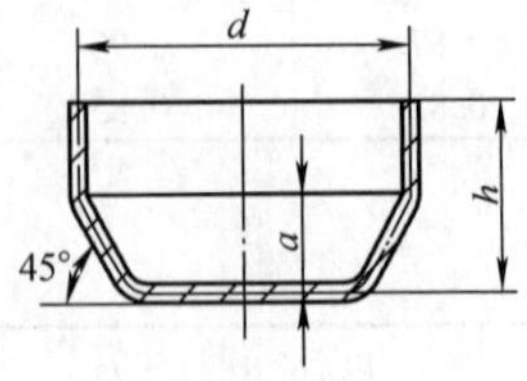	1	$h_1=0.25(D_0k_1-d_1)+0.57\frac{a_1}{d_1}(d_1+0.86a_1)$
	2	$h_2=0.25(D_0k_1k_2-d_2)+0.57\frac{a_2}{d_2}(d_2+0.86a_2)$ $a_1=a_2=a$ 时 $h_2=h_1k_1+0.25(d_1k_2-d_2)-0.57\frac{a}{d_2}(d_1-d_2)$
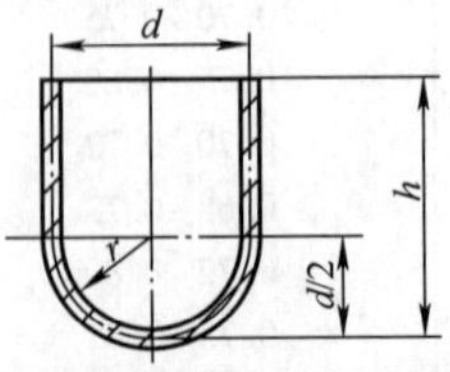	1	$h_1=0.25D_0k_1$
	2	$h_2=0.25D_0k_1k_2=h_1k_2$

注：D_0——毛坯直径（mm）；d_1、d_2——第 1、2 工序拉深的工件直径（mm）；k_1、k_2——第 1、2 工序拉深的拉深比 $\left(k_1=\frac{1}{m_1},\ k_2=\frac{1}{m_2}\right)$；$r_1$、$r_2$——第 1、2 工序拉深件底部圆角半径(mm)；$h_1$、$h_2$——第 1、2 工序拉深的拉深高度(mm)。

（2）帽形件的拉深次数及工序尺寸计算

1）工序设计原则。

① 对于窄法兰（d_F/d=1.1~1.4）圆筒形件，可在前几次拉深中不留法兰，先拉成圆筒形，而在以后的拉深中形成锥形的法兰，最后将其校平。或者在缩小直径的过程中，留下连接法兰的圆角部分，在整形的前一工序先把法兰压成圆锥形，在整形工序中再压成平的法兰。

② 对于宽法兰（d_F/d>1.4）圆筒形件，应在第一次拉深时就拉成工件所要求的法兰直径，而在以后各次拉深中，法兰直径保持不变。当材料较薄时，用缩小圆筒直径来达到增加高度，这时，圆角半径基本不变；当材料较厚时，高度保持不变，用减小圆角半径来逐渐减小圆筒直径；当法兰大而圆角半径过小时，先以适当的圆角半径拉深，然后按图样尺寸整形；当法兰过大时，也可采用胀形来成形。

③ 为了保证在以后拉深时法兰不产生变形，宽法兰拉深件首次拉入凹槽的材料，应比工件最后拉深部分实际所需材料多3%~10%（按面积计算，拉深次数多时取上限值，拉深次数少时取下限值）。这些多余材料在以后各次拉深中，逐次将1.5%~3%的材料挤回到法兰部分，使法兰增厚，从而避免拉裂。

2）工序设计程序。

① 选定修边余量。

② 预算毛坯直径。

③ 从表8.2-32和表8.2-34查出各工序的拉深系数 m_1、m_2、m_3…，并预算各工序的拉深直径：$d_1=m_1D$，$d_2=m_2d_1$，$d_3=m_3d_2$，…，通过计算，即可知道所需的拉深次数。

表 8.2-32　帽形件第一次拉深时的拉深系数 $[m_1]$

法兰相对直径 $\dfrac{d_F}{d_1}$	毛坯相对厚度 $\dfrac{t}{D}\times100$				
	>0.06~0.2	>0.2~0.5	>0.5~1.0	>1.0~1.5	>1.5
≤1.1	0.59	0.57	0.55	0.53	0.50
>1.1~1.3	0.55	0.54	0.53	0.51	0.49
>1.3~1.5	0.52	0.51	0.50	0.49	0.47
>1.5~1.8	0.48	0.48	0.47	0.46	0.45
>1.8~2.0	0.45	0.45	0.44	0.43	0.42
>2.0~2.2	0.42	0.42	0.42	0.41	0.40
>2.2~2.5	0.38	0.38	0.38	0.38	0.37
>2.5~2.8	0.35	0.35	0.34	0.34	0.33
>2.8~3.0	0.33	0.33	0.32	0.32	0.31

注：适用于08、10钢。

④ 确定拉深次数，并调整各工序的拉深系数，使各工序变形程度的分配更合理。

⑤ 根据工序设计原则中的③，重新计算毛坯直径 D。

⑥ 根据调整后的拉深系数，再计算各工序的拉深直径。

⑦ 选定各工序的圆角半径。

⑧ 计算第一工序拉深高度，并校核第一次拉深的相对高度应不大于表8.2-33的值。

⑨ 计算以后各工序的拉深高度。

3）拉深高度计算。

$$h_n=\frac{0.25}{d_n}(D^2-d_F^2)+0.43(r_{1n}+r_{2n})+\frac{0.14}{d_n}(r_{1n}^2-r_{2n})^2 \tag{8.2-13}$$

式中　h_n——第 n 次拉深的拉深高度（mm）；

d_n——第 n 次拉深的拉深直径（mm）；

D——毛坯直径（mm）；

d_F——法兰直径（mm）；

r_{1n}、r_{2n}——第 n 次拉深工序的圆角半径（mm）。

4. 拉深力和压边力

（1）拉深力

拉深力计算公式为

$$F=LtR_mk \tag{8.2-14}$$

式中　F——拉深力（N）；

L——凸模周边长度（mm）；

t——料厚（mm）；

R_m——抗拉强度（MPa）；

k——系数，由表8.2-35~表8.2-38查得。

表 8.2-33　帽形件第一次拉深的最大相对高度 $\left[\frac{h_1}{d_1}\right]$

法兰相对直径 $\frac{d_F}{d_1}$	毛坯相对厚度 $\frac{t}{D}\times100$				
	>0.06~0.2	>0.2~0.5	>0.5~1	>1~1.5	>1.5
≤1.1	0.45~0.52	0.50~0.62	0.57~0.70	0.60~0.80	0.75~0.90
>1.1~1.3	0.40~0.47	0.45~0.53	0.50~0.60	0.56~0.72	0.65~0.80
>1.3~1.5	0.35~0.42	0.40~0.48	0.45~0.53	0.50~0.63	0.58~0.70
>1.5~1.8	0.29~0.35	0.34~0.39	0.37~0.44	0.42~0.53	0.48~0.58
>1.8~2.0	0.25~0.30	0.29~0.34	0.32~0.38	0.36~0.46	0.42~0.51
>2.0~2.2	0.22~0.26	0.25~0.29	0.27~0.33	0.31~0.40	0.35~0.45
>2.2~2.5	0.17~0.21	0.20~0.23	0.22~0.27	0.25~0.32	0.28~0.35
>2.5~2.8	0.13~0.16	0.15~0.18	0.17~0.21	0.19~0.24	0.22~0.27
>2.8~3.0	0.10~0.13	0.12~0.15	0.14~0.17	0.16~0.20	0.18~0.22

注：1. 适用于 08、10 钢。

2. 较大值对应于零件圆角半径较大的情况，即 r_d、r_p 为（10~20）t，较小值对应于零件圆角半径较小的情况，即 r_d、r_p 为（4~8）t。

表 8.2-34　帽形件以后各次的拉深系数

拉深系数 $[m_n]$	材料相对厚度 $t/D\times100$				
	2~1.5	<1.5~1.0	<1.0~0.6	<0.6~0.3	<0.3~0.15
$[m_2]$	0.73	0.75	0.76	0.78	0.80
$[m_3]$	0.75	0.78	0.79	0.80	0.82
$[m_4]$	0.78	0.80	0.82	0.83	0.84
$[m_5]$	0.80	0.82	0.84	0.85	0.86

注：在应用中间退火的情况下，可以将以后各次的拉深系数减小 5%~8%。

表 8.2-35　杯形件第一次拉深时的系数 k 值（08~15 钢）

相对厚度 $t/D\times100$	第一次拉深系数 m_1									
	0.45	0.48	0.50	0.52	0.55	0.60	0.65	0.70	0.75	0.80
5.0	0.95	0.85	0.75	0.65	0.60	0.50	0.43	0.35	0.28	0.20
2.0	1.10	1.00	0.90	0.80	0.75	0.60	0.50	0.42	0.35	0.25
1.2		1.10	1.00	0.90	0.80	0.68	0.56	0.47	0.37	0.30
0.8			1.10	1.00	0.90	0.75	0.60	0.50	0.40	0.33
0.5				1.10	1.00	0.82	0.67	0.55	0.45	0.36
0.2					1.10	0.09	0.75	0.60	0.50	0.40
0.1						1.10	0.90	0.75	0.60	0.50

注:1. 当凸模圆角半径 $r_p=(4\sim6)t$ 时,系数 k 应按表中数值增加 5%。

2. 对于其他材料,根据材料塑性的变化,对查得值作修正(随塑性降低而增加)。

表 8.2-36　杯形件第二次拉深时的系数 k 值(08~15 钢)

相对厚度 $t/D\times100$	第二次拉深系数 m_2									
	0.7	0.72	0.75	0.78	0.80	0.82	0.85	0.88	0.90	0.92
5.0	0.85	0.70	0.60	0.50	0.42	0.32	0.28	0.20	0.15	0.12
2.0	1.10	0.90	0.75	0.60	0.52	0.42	0.32	0.25	0.20	0.14
1.2		1.10	0.90	0.75	0.62	0.52	0.42	0.30	0.25	0.16
0.8			1.00	0.82	0.70	0.57	0.46	0.35	0.27	0.18
0.5			1.10	0.90	0.76	0.63	0.50	0.40	0.30	0.20
0.2				1.00	0.85	0.70	0.56	0.44	0.33	0.23
0.1				1.10	1.00	0.82	0.68	0.55	0.40	0.30

注:1. 当凸模圆角半径 $r_p=(4\sim6)t$,表中 k 值应加大 5%。

2. 对于第 3、4、5 次拉深的系数 k,由同一表格查出其相应的 m_n 及 $t/D\times100$ 的数值,但需根据是否有中间退火工序而取表中较大或较小数值;无中间退火时,k 取较大值(靠近下面的一个数值);有中间退火时,k 取较小值(靠近上面的一个数值)。

3. 对于其他材料,根据材料的塑性变化,对查得值进行修正(随塑性降低而增大)。

表 8.2-37　帽形件第一次拉深时系数 *k* 值（08~15 钢）

d_F/d_p	拉深系数 d_p/D										
	0.35	0.38	0.40	0.42	0.45	0.50	0.55	0.60	0.65	0.70	0.75
3.0	1.0	0.9	0.83	0.75	0.68	0.56	0.45	0.37	0.30	0.23	0.18
2.8	1.1	1.0	0.90	0.83	0.75	0.62	0.50	0.42	0.34	0.26	0.20
2.5		1.1	1.0	0.90	0.82	0.70	0.56	0.46	0.37	0.30	0.22
2.2			1.1	1.0	0.90	0.77	0.64	0.52	0.42	0.33	0.25
2.0				1.1	1.0	0.85	0.70	0.58	0.47	0.37	0.28
1.8					1.1	0.95	0.80	0.65	0.53	0.43	0.33
1.5						1.1	0.90	0.75	0.62	0.50	0.40
1.3							1.0	0.85	0.70	0.56	0.45

注：对法兰进行压边时，*k* 值增大 10%~20%。

表 8.2-38　复杂形状拉深件的系数 *k* 值

制件复杂程度	难加工件	普通加工件	易加工件
k 值	0.9	0.8	0.7

（2）压边条件

拉深是否采用压边圈，可按表 8.2-39 条件判断。

表 8.2-39　是否采用压边圈的条件

拉深方法	第一次拉深		以后各次拉深	
	$t/D\times100$	m_1	$t/d_{n-1}\times100$	m_n
用压边圈	<1.5	<0.6	<1	<0.8
可用可不用压边圈	1.5~2.0	0.6	1~1.5	0.8
不用压边圈	>2.0	>0.6	>1.5	>0.8

（3）压边力

按表 8.2-40 所列公式计算压边力。

表 8.2-40　压边力的计算公式

拉深情况	公　式
拉深任何形状的工件	$F=Aq$
筒形件第一次拉深（用平毛坯）	$F=\frac{\pi}{4}[D^2-(d_1+2r_凹)^2]p$
筒形件以后各次拉深（用筒形毛坯）	$F=\frac{\pi}{4}[d_{n-1}^2-d_n+2r_凹)^2]p$

注：A——压边圈的面积；p——单位压边力；D——平毛坯直径；d_1，…，d_n——拉深件直径；$r_凹$——凹模圆角半径。

5. 拉深模结构尺寸

1）拉深模间隙见表 8.2-41、表 8.2-42。

表 8.2-41　拉深模间隙（单面）

材　料	间隙 Z		
	第一次拉深	中间各次拉深	最后拉深
软　钢	$(1.3\sim1.5)t$	$(1.2\sim1.3)t$	$1.1t$
黄铜、铝	$(1.3\sim1.4)t$	$(1.15\sim1.2)t$	$1.1t$

表 8.2-42　有压料圈拉深时的间隙值

总拉深次数	拉深工序	单面间隙 Z
1	一次拉深	$(1\sim1.1)t$
2	第一次拉深 第二次拉深	$1.1t$ $(1\sim1.05)t$
3	第一次拉深 第二次拉深 第三次拉深	$1.2t$ $1.1t$ $(1\sim1.05)t$
4	第一、二次拉深 第三次拉深 第四次拉深	$1.2t$ $1.1t$ $(1\sim1.05)t$
5	第一、二、三次拉深 第四次拉深 第五次拉深	$1.2t$ $1.1t$ $(1\sim1.05)t$

2）拉深模工作部分尺寸计算公式见表 8.2-43。

表 8.2-43　拉深模工作部分尺寸计算公式

尺寸标注方式	凹模尺寸 D_d	凸模尺寸 d_p
标注外形尺寸 Z d_p $D-\Delta$ D_d	$D_d=(D-0.75\Delta)^{+\delta_d}_{0}$	$d_p=(D-0.75\Delta-2Z)^{0}_{-\delta_p}$

（续）

尺寸标注方式	凹模尺寸 D_d	凸模尺寸 d_p
标注内形尺寸	$D_d=(d+0.4\Delta+2Z)^{+\delta_d}_{0}$	$d_p=(d+0.4\Delta)^{0}_{-\delta_p}$

注：D_d——凹模尺寸；d_p——凸模尺寸；D——拉深件外形公称尺寸；d——拉深件内形公称尺寸；Z——凸、凹模的单面间隙；δ_d——凹模制造公差；δ_p——凸模制造公差；Δ——拉深件公差。

3）凸模、凹模圆角半径。凹模圆角半径 r_d 按表 8.2-44 或表 8.2-45 选取。

凸模圆角半径 r_p 选取原则如下：

① 一般情况取 $r_p=r_d$。

② 最后拉深工序的 r_p 应等于拉深件的内圆角半径。

6. 带料连续拉深

1）分类及应用范围见表 8.2-46。

表 8.2-44　拉深凹模圆角半径 r_d 值（一）　（mm）

$D-d$	材料厚度					
	~1	>1~1.5	>1.5~2	>2~3	>3~4	>4~5
~10	2.5	3.5	4	4.5	5.5	6.5
>10~20	4	4.5	5.5	6.5	7.5	9
>20~30	4.5	5.5	6.5	8	9	11
>30~40	5.5	6.5	7.5	9	10.5	12
>40~50	6	7	8	10	11.5	14
>50~60	6.5	8	9	11	12.5	15.5
>60~70	7	8.5	10	12	13.5	16.5
>70~80	7.5	9	10.5	12.5	14.5	18
>80~90	8	9.5	11	13.5	15.5	19
>90~100	8	10	11.5	14	16	20
>100~110	8.5	10.5	12	14.5	17	20.5
>110~120	9	11	12.5	15.5	18	21.5
>120~130	9.5	11.5	13	16	18.5	22.5
>130~140	9.5	11.5	13.5	16.5	19	23.5
>140~150	10	12	14	17	20	24
>150~160	10	12.5	14.5	17.5	20.5	25

表 8.2-45　拉深凹模圆角半径 r_d 值（二）

材料	厚度 t/mm	r_d	材料	厚度 t/mm	r_d
钢	<3	$(10\sim6)t$	铝、黄铜、纯铜	<3	$(8\sim5)t$
	3~6	$(6\sim4)t$		3~6	$(5\sim3)t$
	>6	$(4\sim2)t$		>6	$(3\sim1.5)t$

注：1. 对于第一次拉深和较薄的材料应取表中上限值。

2. 对于以后各次拉深和较厚的材料，应取表中下限值。

表 8.2-46　带料连续拉深的分类及应用范围

分类	图示	应用范围	特　点
无工艺切口	见图 8.2-20a	$\frac{t}{D}\times100>1$ $\frac{d_F}{d}=1.1\sim1.5$ $\frac{h}{d}<1$	1. 采用这种方法拉深时，相邻两个拉深件之间互相影响，使得材料在纵向流动困难，主要靠材料的伸长 2. 拉深系数比单工序大，拉深工序数需增加 3. 节省材料

（续）

分类	图示	应用范围	特　　点
有工艺切口	见图 8.2-20b	$\frac{t}{D}\times100<1$ $\frac{d_F}{d}=1.3\sim1.8$ $\frac{h}{d}>1$	1. 有了工艺切口，相似于有凸缘零件的拉深，但由于相邻两个拉深件间仍有部分材料相连，因此变形比单工序凸缘零件稍困难些 2. 拉深系数略大于单工序拉深 3. 费料

注：t——材料厚度；D——包括修边余量的毛坯直径；d_F——凸缘直径；d——工件内径；h——工件高度。

2）料宽和进距计算。带料连续拉深时（图 8.2-20），料宽和进距的计算公式见表 8.2-47，修边余量见表 8.2-48，搭边和工艺切口参数见表 8.2-49。

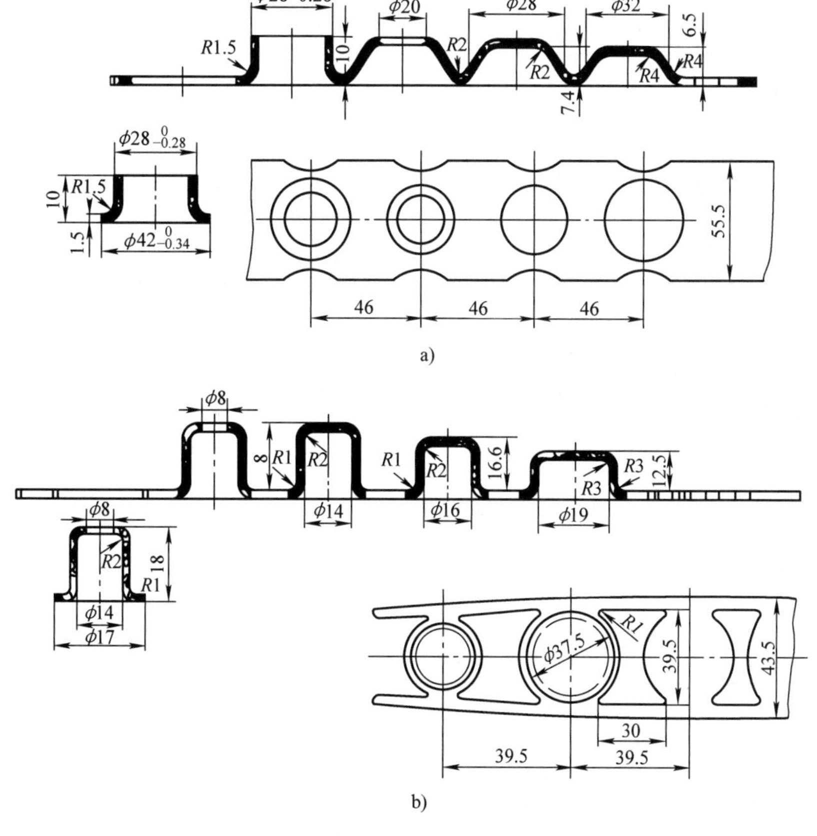

图 8.2-20　带料连续拉深
a）无工艺切口　b）有工艺切口

3）拉深系数。若拉深系数

$$m_{总}=d/D=m_1m_2\cdots m_n \qquad (8.2\text{-}15)$$

式中　　d——工件直径；

m_1，m_2，…，m_n——各次拉深系数。

总拉深系数可按表 8.2-50 选用。各次拉深系数见表 8.2-51～表 8.2-55。

4）计算拉深次数。由表 8.2-51～表 8.2-55 查出拉深系数 m_1、m_2、m_3……，初步算出 $d_1=m_1D$，$d_2=m_2d_1$，$d_3=m_3d_2$……，从而可知所需的拉深次数。

确定拉深次数后，调整各工序的拉深系数，使各工序的变形程度分配更合理些。然后根据调整以后的拉深系数，确定各工序的拉深直径。

5）计算各次拉深凸模和凹模的圆角半径（查表 8.2-56）。

表 8.2-47　带料连续拉深的料宽和进距计算公式

拉深方法	图　示	料宽计算公式	进距计算公式
无工艺切口的连续拉深	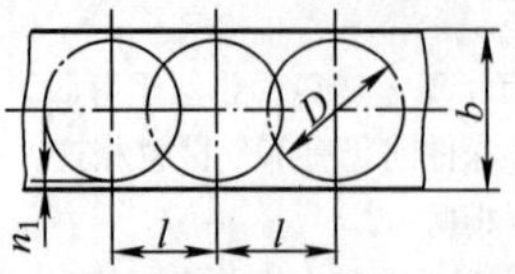	$b=D_1+\delta+2n_1$ $=D+2n_1$	$l=(0.85\sim0.9)D$ （但不小于包括修边余量的凸缘直径）
有工艺切口的连续拉深	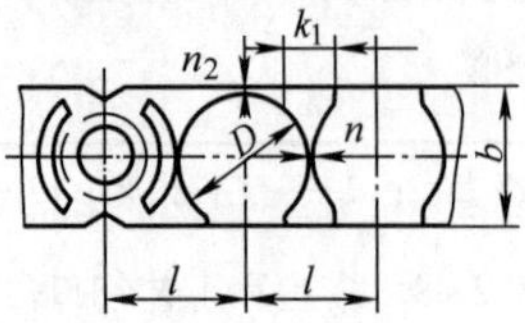	$b=D_1+\delta+2n_2$ $=D+2n_2$	$l=D+n$
	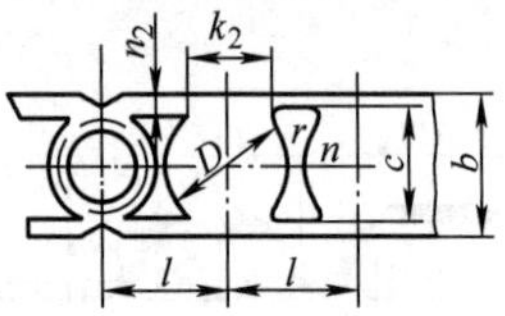	$b=(1.02\sim1.05)D+$ $2n_2=c+2n_2$	$l=D+n$
	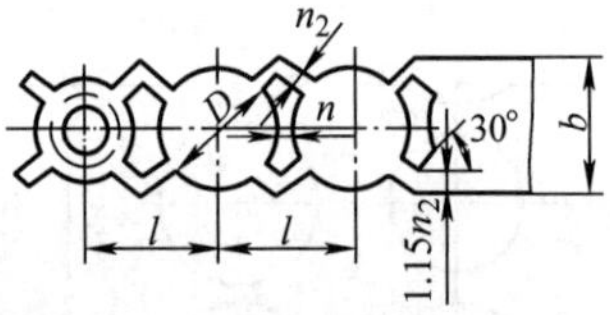	$b=D_1+\delta=D$	$l=D+n$

注：l——带料送进进距（mm）；

b——带料宽度（mm）；

D_1——毛坯的计算直径（mm）（与一般帽形件毛坯计算相同）；

δ——修边余量（mm）（见表 8.2-48）；

D——包括修边余量的毛坯直径（mm）；

n_1，n_2——侧搭边宽度（mm）（见表 8.2-49）；

n——相邻切口间搭边宽度或冲槽最小宽度（mm）（见表 8.2-49）；

c——工艺切口宽度（mm）（见表 8.2-49）；

k_1，k_2——切口间跨度（mm）（见表 8.2-49）；

r——切口圆角半径（mm）（见表 8.2-49）。

表 8.2-48　修边余量　（mm）

毛坯计算直径 D_1	材料厚度 t								
	0.2	0.3	0.5	0.6	0.8	1.0	1.2	1.5	2
<10	1.0	1.0	1.2	1.5	1.8	2.0	—	—	—
>10~30	1.2	1.2	1.5	1.8	2.0	2.2	2.5	3.0	—
>30~60	1.2	1.5	1.8	2.0	2.2	2.5	2.8	3.0	3.5
>60	—	—	2.0	2.2	2.5	3.0	3.5	4.0	4.5

表 8.2-49　带料连续拉深搭边及切口参数推荐数值　（mm）

参数符号	材料厚度 t		
	≤0.5	>0.5~1.5	>1.5
n_1	1.5	1.75	2
n_2	1.5	2	2.5
n	1.5	1.8	3
r	0.8	1	1.2

（续）

参数符号	材料厚度 t		
	≤0.5	>0.5~1.5	>1.5
k_1	$k_1 \approx (0.5 \sim 0.7) D$		
k_2	$k_2 \approx (0.25 \sim 0.35) D$		
c	$(1.02 \sim 1.05) D$		

表 8.2-50　总拉深系数 $m_{总}$ 的数值

材　料	抗拉强度 R_m/MPa	相对伸长率 δ(%)	总拉深系数 $m_{总}$		
			不带推件装置		带推件装置
			材料厚度 t<1.2	材料厚度 t=1.2~2	
钢 08	294~392	28~40	0.40	0.32	0.16
黄铜 H62、H68	294~392	28~40	0.35	0.29	0.24~0.2
软铝	78~108	22~25	0.38	0.30	0.18

表 8.2-51　无工艺切口的第一次拉深系数 m_1（材料：08、10 钢）

凸缘相对直径 d_F/d_1	毛坯相对厚度 $\frac{t}{D}\times100$			
	>0.2~0.5	>0.5~1.0	>1.0~1.5	>1.5
≤1.1	0.71	0.69	0.66	0.63
>1.1~1.3	0.68	0.66	0.64	0.61
>1.3~1.5	0.64	0.63	0.61	0.59
>1.5~1.8	0.54	0.53	0.52	0.51
>1.8~2.0	0.48	0.47	0.46	0.45

表 8.2-52　无工艺切口的以后各次拉深系数 m_n（材料：08、10 钢）

拉深系数 m_n	毛坯相对厚度 $\frac{t}{D}\times100$			
	>0.2~0.5	>0.5~1.0	>1.0~1.5	>1.5
m_2	0.86	0.84	0.82	0.80
m_3	0.88	0.86	0.84	0.82
m_4	0.89	0.87	0.86	0.85
m_5	0.90	0.89	0.88	0.87

表 8.2-53　有工艺切口的第一次拉深系数 m_1（材料：08、10 钢）

凸缘相对直径 d_F/d_1	毛坯相对厚度 $\frac{t}{D}\times100$				
	>0.06~0.2	>0.2~0.5	>0.5~1.0	>1.0~1.5	>1.5
≤1.1	0.64	0.62	0.60	0.58	0.55
>1.1~1.3	0.60	0.59	0.58	0.56	0.53
>1.3~1.5	0.57	0.56	0.55	0.53	0.51
>1.5~1.8	0.53	0.52	0.51	0.50	0.49
>1.8~2.0	0.47	0.46	0.45	0.44	0.43
>2.0~2.2	0.43	0.43	0.42	0.42	0.41
>2.2~2.5	0.38	0.38	0.38	0.38	0.37
>2.5~2.8	0.35	0.35	0.35	0.35	0.34
>2.8~3.0	0.33	0.33	0.33	0.33	0.33

表 8.2-54　有工艺切口的以后各次拉深系数 m_n（材料：08、10 钢）

拉深系数 m_n	毛坯相对厚度 $\frac{t}{D}\times100$				
	>0.06~0.2	>0.2~0.5	>0.5~1.0	>1.0~1.5	>1.5
m_2	0.80	0.79	0.78	0.76	0.75
m_3	0.82	0.81	0.80	0.79	0.78
m_4	0.85	0.83	0.82	0.81	0.80
m_5	0.87	0.86	0.85	0.84	0.82

表 8.2-55　有工艺切口的各次拉深系数

材　料	拉深次数					
	1	2	3	4	5	6
	拉深系数 m					
黄　铜	0.63	0.76	0.78	0.80	0.82	0.85
软钢、铝	0.67	0.78	0.80	0.82	0.85	0.90

表 8.2-56　带料连续拉深时第一道工序的圆角半径

$\frac{t}{D}\times100$	$r_凹$	$r_凸$	备　注
0.1~0.3	$6t$	$7t$	1. 以后各道工序的冲模工作部分圆角半径为前道工序圆角半径的 0.6~0.8，其中较大值系最初工序所用 2. 在整形或带凸缘拉深时，$r_凹$ 与 $r_凸$ 按零件产品图给定 3. $r_凹$ 与 $r_凸$ 的值须在试模中予以修正 4. 在整形时，$r_凹$ 与 $r_凸$ 的值可取等于前道工序所用值的若干分之一，但不得小于 0.5t（t 为料厚）
0.3~0.8	$5t$	$6t$	
0.8~2.0	$4t$	$5t$	
2.0~4.0	$3t$	$4t$	
4.0~6.0	$2t$	$3t$	
6.0 以上	t	$2t$	

若工件圆角半径 $r<t$、$R<2t$，即 $r_{凹n}<t$、$r_{凸n}<2t$ 时，应在不改变拉深直径的情况下，通过整形工序逐渐减小圆角半径，最后达到工件圆角半径（每次整形工序允许减小圆角半径 50%）。

设计拉深模时，凸、凹模圆角半径应采用小的容许值，以便在调整拉深模时按需要加大。

6）计算各次拉深的工件高度。对于无工艺切口的带料连续拉深，第一工步拉入凹模的材料应比工件成品所需材料多 8%~10%（按面积计），而在有工艺切口时，则多拉入 4%~6%（工序次数多时取上限值，工序次数少时取下限值），并在以后各次拉深工步中逐步移动到凸缘上。

7）校核第一次拉深的相对高度 h_1/d_1，使它小于表 8.2-57 所规定的最大相对高度。

7. 拉深件的工艺性

1）拉深件的形状应尽量简单、对称。轴对称拉深件在圆周方向上的变形是均匀的，模具加工也容易，其工艺性最好。其他形状的拉深件，应尽量避免急剧的轮廓变化。

表 8.2-57　无工艺切口的第一次拉深的最大相对高度 h_1/d_1（材料：08、10 钢）

凸缘相对直径 d_F/d_1	毛坯相对厚度 $\frac{t}{D}\times100$			
	>0.2~0.5	>0.5~1.0	>1.0~1.5	>1.5
≤1.1	0.36	0.39	0.42	0.45
>1.1~1.3	0.34	0.36	0.38	0.40
>1.3~1.5	0.32	0.34	0.36	0.38
>1.5~1.8	0.30	0.32	0.34	0.36
>1.8~2.0	0.28	0.30	0.32	0.35

2）过高或过深的空心零件需要多次拉深工序来完成，因此应尽量减小其高度。

3）拉深件的圆角半径要合适。拉深件的圆角半径应尽量大些，以利于成形和减少拉深次数。

拉深件底与壁、凸缘与壁、矩形件的四壁间圆角半径（图 8.2-21）应满足 $r_1 \geqslant t$，$r_2 \geqslant 2t$，$r_3 \geqslant 3t$，否则，应增加整形工序。

如增加一次整形工序，其圆角半径可取 $r_1 \geqslant 0.1t$；$r_2 \geqslant 0.1t$。

4）拉深件的精度要求不宜过高。

① 拉深件直径方向上的精度不应高于表 8.2-58 所列数值。

② 带凸缘拉深件高度方向上的精度不应高于表 8.2-59 所列数值。

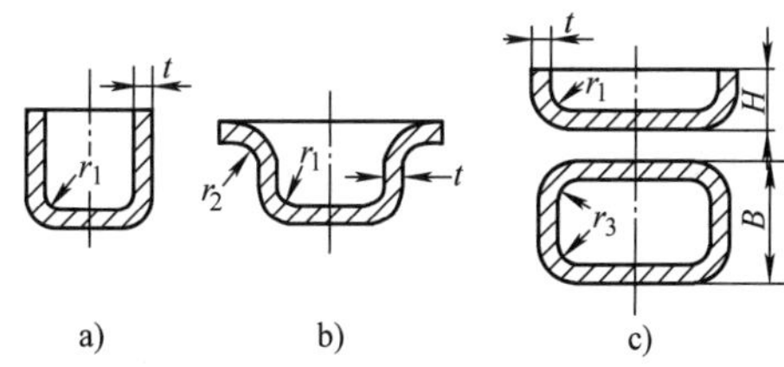

图 8.2-21　拉深件的圆角半径

表 8.2-58　拉深件直径的极限偏差　（mm）

材料厚度	拉深件直径的公称尺寸 d			材料厚度	拉深件直径的公称尺寸 d			附　　图
	≤50	>50~100	>100~300		≤50	>50~100	>100~300	
0.5	±0.12	—	—	2.0	±0.40	±0.50	±0.70	
0.6	±0.15	±0.20	—	2.5	±0.45	±0.60	±0.80	
0.8	±0.20	±0.25	±0.30	3.0	±0.50	±0.70	±0.90	
1.0	±0.25	±0.30	±0.40	4.0	±0.60	±0.80	±1.00	
1.2	±0.30	±0.35	±0.50	5.0	±0.70	±0.90	±1.10	
1.5	±0.35	±0.40	±0.60	6.0	±0.80	±1.00	±1.20	

注：拉深件外形要求取正偏差，内形要求取负偏差。

表 8.2-59　带凸缘拉深件高度的极限偏差　（mm）

材料厚度	拉深件高度的公称尺寸 H					附　　图
	≤18	>18~30	>30~50	>50~80	>80~120	
≤1	±0.3	±0.4	±0.5	±0.6	±0.7	
>1~2	±0.4	±0.5	±0.6	±0.7	±0.8	
>2~3	±0.5	±0.6	±0.7	±0.8	±0.9	
>3~4	±0.6	±0.7	±0.8	±0.9	±1.0	
>4~5	—	—	±0.9	±1.0	±1.1	
>5~6	—	—	—	±1.1	±1.2	

注：本表为未经整形所达到的数值。

③ 由于拉深时各处变形不均匀，拉深件的厚度可达 $1.2t \sim 0.75t$（t 为板材厚度），因此，设计拉深件时，应明确注明必须保证外形尺寸或内形尺寸，不能同时标注内、外形尺寸。

8.2.5　成形

1. 起伏成形

1）变形条件。起伏成形主要依靠材料的局部伸长作用。材料一次变形的条件为

$$\frac{L_1-L}{L}\times 100 \leqslant 0.75\delta \qquad (8.2\text{-}16)$$

式中　L_1——成形后变形区材料的中线长度（mm）；

L——成形前变形区材料的长度（mm）；

δ——材料的伸长率（%）。

2）成形力。

$$F = LtR_m k \qquad (8.2\text{-}17)$$

式中　L——凹模口周长（mm）；

t——料厚（mm）；

R_m——抗拉强度（MPa）；

k——系数，取 0.5~0.8。

2. 翻边

1）在平毛坯上圆孔翻边（图 8.2-22）。

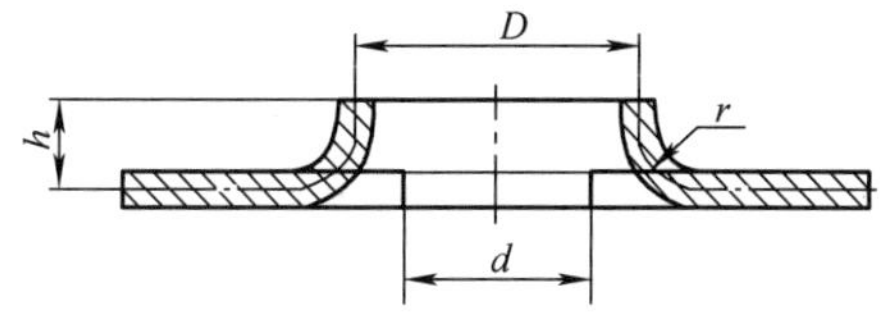

图 8.2-22　平板翻圆孔

预制孔直径：

$$d=D+0.86r-2h \quad (8.2\text{-}18)$$

最大翻边高度：

$$h_{max}=D\left(\frac{1-k}{2}\right)+0.43r \quad (8.2\text{-}19)$$

式中 k——翻边系数，见表 8.2-60 或表 8.2-61。

表 8.2-60 低碳钢的极限翻边系数 k

翻边方法	孔的加工方法	比值 d/t										
		100	50	35	20	15	10	8	6.5	5	3	1
球形凸模	钻后去毛刺	0.70	0.60	0.52	0.45	0.40	0.36	0.33	0.31	0.30	0.25	0.20
	用冲孔模冲孔	0.75	0.65	0.57	0.52	0.48	0.45	0.44	0.43	0.42	0.42	—
圆柱形凸模	钻后去毛刺	0.80	0.70	0.60	0.50	0.45	0.42	0.40	0.37	0.35	0.30	0.25
	用冲孔模冲孔	0.85	0.75	0.65	0.60	0.55	0.52	0.50	0.50	0.48	0.47	—

表 8.2-61 其他一些材料的翻边系数

退火的材料	翻边系数	
	k	k_{min}
白铁皮	0.70	0.55
黄铜 H62（t=0.5~6mm）	0.68	0.62
铝（t=0.5~5mm）	0.70	0.64
硬铝	0.89	0.80

2）在平毛坯上外圆翻边（图 8.2-23）。

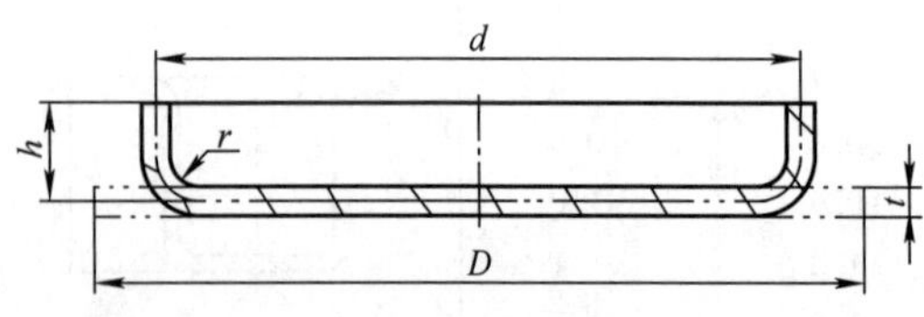

图 8.2-23 外圆翻边

翻边前的毛坯直径：

$$D=\sqrt{d^2-1.72dr-0.5br^2+4dh}-\Delta \quad (8.2\text{-}20)$$

式中 Δ——修正值，一般取 0.3~0.7。

3）在平毛坯上非圆孔翻边（图 8.2-24）。形孔一般由圆弧和直线所组成，各部分翻边变形各不相同。

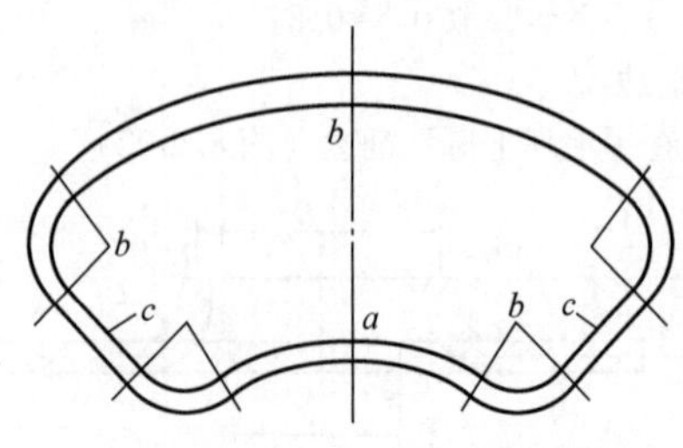

图 8.2-24 非圆孔翻边

圆弧 a 是拉深变形，按拉深计算；圆弧 b 是翻边变形，按圆孔翻边计算；直线 c 是弯曲变形，按弯曲计算。

各部分展开的形状应加以修正，使其均匀过渡。

翻边系数 k_1 应满足圆弧 b 的最小半径处的翻边要求：

$$k_1=(0.85\sim0.90)k \quad (8.2\text{-}21)$$

4）在拉深件底部翻圆孔（图 8.2-25）。

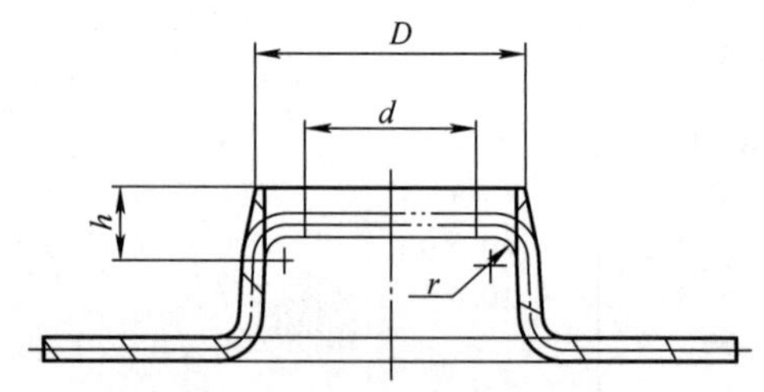

图 8.2-25 在拉深件底部翻圆孔

预制孔直径：

$$d=D+1.14r-2h \quad (8.2\text{-}22)$$

最大翻边高度：

$$h_{max}=D\left(\frac{1-k}{2}\right)+0.57r \quad (8.2\text{-}23)$$

5）翻边力。用圆柱形凸模翻边时有

$$F=1.1\pi tR_m(D-d) \quad (8.2\text{-}24)$$

式中 F——翻边力（N）；

t——料厚（mm）；

R_m——抗拉强度（MPa）；

D——翻边后竖边直径（mm）；

d——预制孔直径（mm）。

6）凸、凹模间隙（表 8.2-62）。

7）变薄翻边。常用于平板件上冲制 M5 以下的螺纹底孔，如图 8.2-26 所示，有关尺寸见表 8.2-63。

表 8.2-62　翻边凸、凹模单面间隙　(mm)

料　厚	平坯料翻边	拉深后翻边
0.3	0.25	—
0.5	0.45	—
0.7	0.60	—
0.8	0.70	0.60
1.0	0.85	0.75
1.2	1.00	0.90
1.5	1.30	1.10
2.0	1.70	1.50

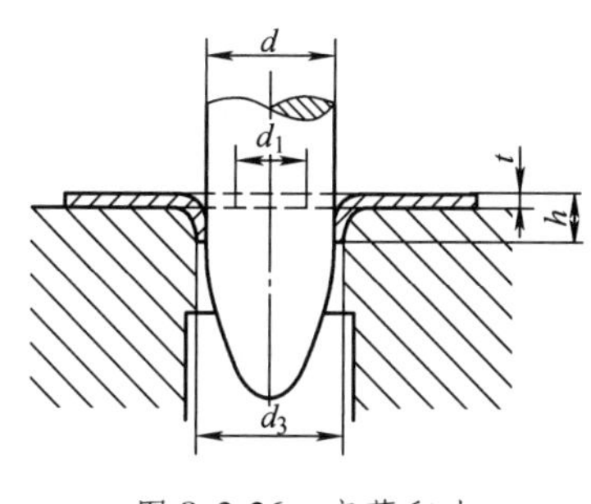

图 8.2-26　变薄翻边

表 8.2-63　普通螺纹底孔 d_1 翻边有关尺寸

(mm)

螺纹直径	t	d	d_1	h	d_3	r
M2	0.8	0.8	1.6	1.6	2.64	0.2
	1.0			2.0	2.9	0.4
M2.5	0.8	1	2.1	1.7	3.15	0.2
	1.0			2.1	3.4	0.4
M3	0.8	1.2	2.5	1.8	3.54	0.2
	1.0			2.2	3.8	0.4
	1.2			2.4	4.06	
	1.5			3.0	4.45	
M4	1.0	1.6	3.3	2.4	4.6	0.4
	1.2			2.8	4.86	
	1.5			3.3	5.25	
	2.0			4.2	5.9	0.6

3. 校平

校平力　$F=Ap$　(8.2-25)

式中　A——校平面积 (mm^2)；

p——单位校平力 (MPa)，见表 8.2-64。

表 8.2-64　常见的校平方法

类型	简　图	用　途	单位校平力 p/MPa
光面模校平		用于薄料(t<3mm)零件,或表面不允许有压痕的较厚料零件	50~100
细齿模校平	$L\approx12t$　60°~90°	用于较厚料(t = 3 ~ 15mm)零件,在表面上允许有细痕的零件	100~200
宽齿模校平	$L\approx12t$　>0.5　60°	用于较厚料(t = 3 ~ 15mm)零件,在表面上不允许有深痕的零件	200~300

8.2.6 冲压用模具

1. 冲模分类

冲模按冲压工艺性质分类，如图8.2-27所示。

按模具的导向方式分有导柱模、导板模、导筒模和无导向模等。

按机械化程度分有手工操作模、半自动模、自动化模等。

按冲模材料分有钢模、硬质合金模、铸铁模、低熔点合金模、聚氨酯橡胶模等。

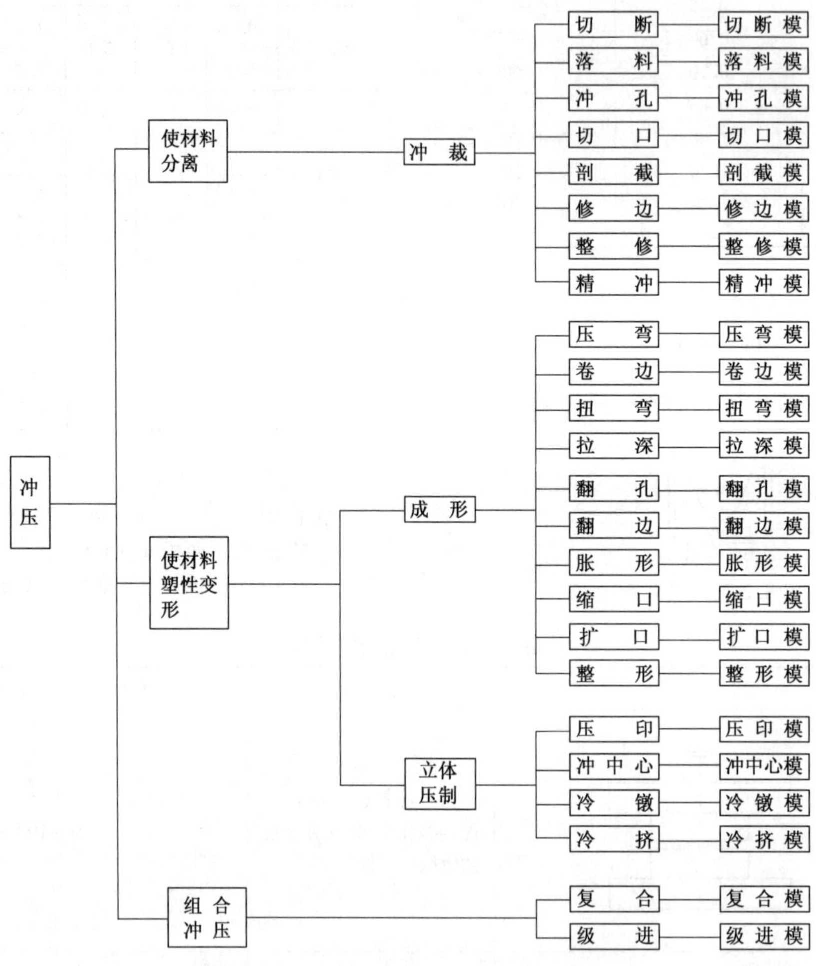

图8.2-27 冲模按冲压工艺性质的分类

2. 冲模基本结构组成

冲模基本结构由图8.2-28所示零件组成。

各类冲模以及各种零部件的典型结构，请参阅有关参考文献。

3. 冲模的材料

冲模工作零件（凸模、凹模、凸凹模及其镶件）的材料和热处理硬度见表8.2-65，其他零件的材料和热处理要求见表8.2-66。

4. 冲模的试冲和调整

冲模制造完毕后，必须经过试冲和调整后才能交生产使用。这是因为冲压件从设计到生产需要经过下面几个过程：

1）产品（冲压件）设计，包括冲压件的结构、形状和尺寸设计以及材料的选择。

2）冲压工艺设计，包括冲压件的工艺过程（工序）设计和压力机的选择。

3）冲模设计。

4）冲模制造。

在上述过程中，任何一项工作中的疏忽，都能造成冲模冲不出合格的冲压件。冲模按照图样加工和装配完毕后，必须把它安装在压力机上进行试冲，并根据试冲中发现的缺陷，分析其产生的原因，设法加以解决，使冲模不仅能冲出合格的冲压件，而且能安全

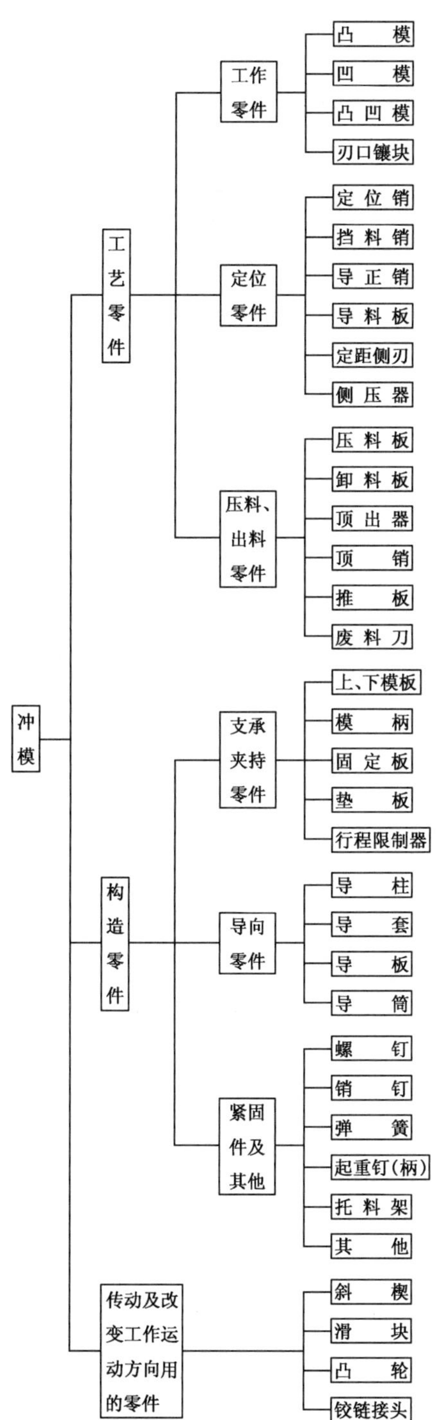

图 8.2-28　冲模基本结构组成

而稳定地投入生产使用，这就是试冲和调整的目的和任务。

此外，有些弯曲、拉深、翻边等使板料变形的冲压，当冲压件形状复杂或精度较高时，很难精确计算出变形前的毛坯尺寸和形状。对于这一类的冲压件，虽然在一般冲压参考书中都有计算毛坯的方法和公式，但由于影响这种塑性变形的因素非常多，计算出来的尺寸和实际需要的尺寸是有差别的。在实际生产中，为了得到较准确的尺寸，往往通过试验来确定，即在试冲调整中确定毛坯尺寸。

（1）冲模的安装与试冲

1）安装冲模前，必须先熟悉冲压工艺和冲模图样，检查所要安装的冲模和压力机等是否完好和正常。若发现压力机或冲模不正常时，则不应该进行安装。

2）准备好安装该冲模需要的紧固螺栓、螺母、压板、垫块、垫板及冲模上的附件（顶杆、推杆等）。

3）测量冲模的闭合高度，并根据所测量的尺寸调整压力机滑块的高度，使滑块在下死点时，滑块底面与工作台面之间的距离大于冲模的闭合高度。

4）在冲模放入压力机前，应先清除黏附在冲模上下表面、压力机滑块及工作台面上的废料和杂物等，并应擦洗干净。

5）把冲模放在压力机台面规定的位置上，将压力机滑块停在下死点，然后调节压力机滑块的高度，使其与冲模的上模板接触。

6）紧固冲模的上模部分。下模用压板紧固，但是不要把螺钉全部上紧。

若在闭式压力机上安装带顶出杆的冲模时，在紧固上模的安装螺钉前，应将压力机的气垫充气，使顶出杆上升并进入冲模顶出杆孔内，然后才能紧固上模的安装螺钉。

7）将压力机滑块上调 3~5mm，开动压力机，使滑块停在上死点。擦净导柱、导套及各滑块部位，加润滑油。再开动压力机空行程 1~2 次，将滑块停于下死点，使冲模在下模的压板螺钉还没有全部紧固时，依靠导柱和导套把上、下模导正，然后将下模的压板螺钉紧固。

8）进行试冲并逐步调整滑块的高度。滑块的高度调整好（取得了合格的冲压件）以后，锁紧调整装置。

9）上模有顶杆（打料杆）时，则应将压力机上的卸料螺栓调整到需要的高度。

10）如果冲模需要使用气垫，则应将压缩空气调整到适当的压力。

（2）冲裁模的调整

冲裁模在试冲时常出现的问题及调整方法见表 8.2-67。

表 8.2-65 凸模、凹模、凸凹模及其镶件材料和热处理硬度

冲模种类	冲模的工作条件	材料	热处理硬度 HRC	
			凸模	凹模
冲裁模	薄材(δ<3) 简单形状	T8A、T10A	58~62	60~64
	厚材(δ>3) 复杂形状	CrWMn、Cr12MoV、DC53、9Mn2V、Cr6WV Cr4W2MoV、GCr15、Cr2Mn2SiWMoV、YG15、YE65	(56~60)① 58~62	(56~60)① 60~64
	高度耐磨 大批量生产	Cr12MoV、GCr15、DC53 YG15、YE65	58~62	60~64
弯曲模	一般要求	T8A、T10A	56~60	
	高度耐磨 大批量生产	CrWMn、Cr12MoV、9Mn2V、Cr6WV Cr4W2MoV、GCr15、Cr2Mn2SiWMoV	60~64	
	加热弯曲	5CrNiMo、5CrNiTi、4Cr5MoSiV、4Cr5Mo2SiV	50~60	
拉深模	一般要求	T8A、T10A	58~62	60~64
	高度耐磨 大批量生产	Cr12MoV、Cr4W2MoV、Cr2Mn2SiWMoV、GCr15	58~62	
		YG15、YG20、YE65		
	加热拉深	5CrNiMo、5CrNiTi、4Cr5MoSiV、4Cr5Mo2SiV	56~60	

① 当 Cr12MoV 采用二次硬化工艺时，硬度取 56~60HRC。

表 8.2-66 冲模一般零件的材料及热处理

零件名称	材料	热处理硬度 HRC	
上模板、下模板	HT200、ZG35、Q235、Q275、45		
导柱	20、T8A、T10A、GCr15	20 钢渗碳 深度 0.8~1.2	60~64
导套			58~62
固定板、中垫板、承料板、侧导板、模柄	Q235、Q275、Q295		
卸料板、推板、顶板	45	43~48	
	T10A、T8A、CrWMn	56~60	
顶杆、打杆、打板、挡料销、挡块	45	43~48	
侧刃、废料切刀、导头、导销	T8A、T10A、CrWMn	56~60	
斜楔、滑块、导向块	T8A、T10A	58~62	
压边圈	T8A	54~58	
弹簧、簧片	65Mo、60Si2Mn	43~48	
销钉、螺钉、螺栓	Q235、45	(45)43~48	
螺母、垫圈	Q235		

(3) 弯曲模的调整

弯曲模在试冲时常出现的问题及调整方法，见表 8.2-68。

(4) 拉深模的调整

拉深模在试冲中常出现的问题及调整方法参见表 8.2-69。

(5) 翻边模的调整

冲压件的翻边可分为内孔翻边（翻口）和外缘翻边两大类，其在试冲中常出现的问题和调整方法见表 8.2-70 及表 8.2-71。

表 8.2-67　冲裁模试冲时出现的问题及调整方法

存在问题	产生原因	调整方法
冲裁件的形状和尺寸不正确	凸模与凹模的形状及尺寸不正确	先将凸模和凹模的形状及尺寸修准，然后调整冲模的合理间隙
冲裁件的剪切断面的光亮带太宽，甚至出现双亮带及毛刺	冲裁间隙太小	适当放大冲裁间隙，放大的办法是用油石仔细修磨凹模及凸模刃口
冲裁件的剪切断面的圆角太大，甚至出现拉长的毛刺	冲裁间隙太大	适当减小冲裁间隙，减小的办法是重新更换加大了尺寸的凸模或将凹模加热至 800℃ 左右，用淬硬压柱压住刃口后再将其进行正常化处理，以消除热压后材料内部产生的组织应力和热应力，然后再重新精加工凹模孔
冲裁件剪切断面的光亮带宽窄不均	冲裁间隙不均匀	修磨或重装凸模与凹模，使冲裁间隙均匀。冲模重新装配后仍有局部不均的地方，对于间隙小的部位应用油石进行修磨，使间隙加大；对于间隙大的部位应采用加补镶块法或局部热压法使其间隙变小
凹模被胀裂	凹模孔有倒锥度现象（上口大下口小）	用风动砂轮机修磨凹模孔，消除倒锥现象
卸料不正常，退不下料来	1. 装配不正确，卸料机构不动作。如卸料板与凸模配合过紧，或因卸料板倾斜而卡紧 2. 弹簧或橡皮的弹力小，即卸料力不足 3. 凹模和下模座的漏料孔没有对正，或退料板行程不够 4. 凹模有倒锥度，造成工件堵塞 5. 顶出器过短	1. 重新修整卸料板、顶板等零件，或重新装配 2. 更换新的弹簧及橡皮 3. 修整漏料孔或加深退料板螺钉沉孔的深度 4. 修整凹模 5. 将顶出器的顶出部分加长
刃口相咬	1. 凸模、凹模装偏，不同心 2. 导柱与导套的间隙太大 3. 凸模、导柱等零件安装不垂直于安装面 4. 上、下模板不平行 5. 卸料板的孔位不正确或歪斜，使冲孔凸模位移 6. 导柱长度不够 7. 压力机台面与导轨的垂直度差	1. 重新装凸模或凹模，使之同心 2. 更换新的导柱、导套，使之间隙合适 3. 重磨安装面或重新装配凸模及导柱，使之垂直于安装面 4. 以下模板底面为基准，修磨上模板的上平面 5. 重新修整、更换新的卸料板 6. 加长导柱长度 7. 检修压力机
冲压件不平	1. 落料凹模有倒锥度，冲压件从孔中通过时被压弯 2. 冲模结构不当，落料时没有压料装置 3. 在连续模中，导正钉与预冲孔配合过紧，将工件压出凹陷；或导正钉与挡料销之间的距离过小，导正钉使条料前移，被挡料销挡住	1. 修磨凹模孔，去除倒锥度现象 2. 加装压料装置 3. 修小挡料销

（续）

存在问题	产生原因	调整方法
落料外形和顶孔位置不正，出现偏位现象	1. 挡料钉位置不正 2. 落料凸模上导正钉尺寸过小 3. 在连续模中，导料板和凹模送料中心线不平行，使孔位偏斜 4. 连续模中的侧刃不准，侧刃的尺寸大于或小于步距	1. 修正挡料钉 2. 更换导正钉 3. 修整导料板 4. 修磨或更换侧刃。当侧刃尺寸大于步距时，可将侧刃的边磨去一些，并改装侧刃挡板。磨去的尺寸应等于零件的偏差除以跳步的步数
冲裁件的毛刺较大	1. 刃口不锋利或淬火硬度低 2. 配合间隙过大或过小，且不均匀	1. 修磨工作部分刃口，使其变锋利 2. 重新调整凸、凹模间隙，使其均匀
凸模折断	1. 冲裁时产生的侧向力未抵消 2. 卸料板倾斜	1. 采用反侧压块来抵消侧向力 2. 修整卸料板或给凸模加导向装置
送料不通畅或料被卡死	1. 连续模中两导料板之间的尺寸过小或有斜度 2. 凸模与卸料板之间的间隙过大，使搭边翻转 3. 用侧刃定距的连续模，导料板的工作面与侧刃不平行，或侧刃与侧刃挡块不密合，使条料形成毛刺	1. 根据情况重修导料板，其方法是锉修及重装 2. 减小凸模与卸料板之间的间隙 3. 修整侧刃与侧刃挡块，消除间隙

表 8.2-68　弯曲模在试冲中常出现的问题及调整方法

存在问题	产生原因	调整方法
冲压件产生回弹	弹性变形的存在	1. 改变凸模的角度或形状 2. 增加凹模型槽的深度 3. 减小凸模与凹模之间的间隙 4. 增加校正力或使校正力集中在变形部分
冲压件底面不平	1. 卸料杆着力点分布不均匀，卸料时将冲压件顶弯 2. 压料力不足	1. 增加卸料杆并重新分布其位置 2. 增加压料力 3. 增加校正力（使镦死）
冲压件偏移	1. 弯曲力不平衡 2. 定位不稳定 3. 压料不牢	1. 分析产生弯曲力不平衡的原因，加以克服或减少 2. 增加定位销、定位板或导正销 3. 增加压料块
冲压件弯曲部位产生裂纹	1. 板料的塑性差 2. 弯曲线与板料的纤维方向平行 3. 剪切断面的毛边在弯曲的外侧	1. 改用塑性好的板料 2. 将板料退火后再弯曲 3. 改变落料排样，使弯曲线与板料纤维成一定的角度 4. 使毛边在弯曲的内侧，亮带在外侧
冲压件表面擦伤	1. 凹模圆角及内壁的光洁度低 2. 板料黏附在凹模上	1. 提高凹模圆角及内壁光洁度 2. 在凸模和凹模的工作表面镀硬铬，厚度为0.01~0.03mm 3. 将凹模进行表面化学热处理，如渗氮处理、氮化钛涂层等

（续）

存在问题	产生原因	调整方法
冲压件尺寸过长或不足	1. 间隙过小，将材料挤长 2. 压料装置的压力过大，将材料挤长 3. 设计计算错误或不准确	1. 加大间隙值 2. 减小压料装置的压力 3. 落料尺寸应在弯曲模试模后确定

表 8.2-69　拉深模在试冲中常见的问题及调整方法

存在问题	产生原因	调整方法
拉深件拉深高度不够	1. 毛坯尺寸太小 2. 拉深间隙过大 3. 凸模圆角半径太小	1. 放大毛坯尺寸 2. 更换凸模与凹模，使之间隙调整合适 3. 加大凸模圆角半径
拉深件拉深高度太大	1. 毛坯尺寸太大 2. 拉深间隙太小 3. 凸模圆角半径太大	1. 减小毛坯尺寸 2. 整修凸、凹模，加大间隙 3. 减小凸模圆角半径
冲压件壁厚和高度不均	1. 凸模与凹模不同心，间隙向一边偏斜 2. 定位板或挡料销位置不正确 3. 凸模不垂直 4. 压料力不均 5. 凹模的几何形状不正确	1. 重装凸模与凹模，使间隙均匀一致 2. 重新调整定位板及挡料销位置，使之正确 3. 修整凸模后重装 4. 调整托杆长度或弹簧位置 5. 重新修整凹模
冲压件起皱	1. 压边力太小或不均 2. 拉深间隙太大 3. 凹模圆角半径太大 4. 板料太薄或塑性差	1. 增加压边力或调整顶杆长度、弹簧位置 2. 减小拉深间隙 3. 减小凹模圆角半径 4. 更换材料
冲压件破裂或有裂纹	1. 压料力太大 2. 压料力不够 3. 毛坯尺寸太大或形状不当 4. 拉深间隙太小 5. 凹模圆角半径太小 6. 凹模圆角光洁度不好 7. 凸模圆角半径太小 8. 冲压工艺不当 9. 凸模与凹模不同心或不垂直 10. 板料质量不好	1. 调整压料力 2. 调整顶杆长度或弹簧位置 3. 调整毛坯形状和尺寸 4. 加大拉深间隙 5. 加大凹模圆角半径 6. 修光凹模圆角 7. 加大凸模圆角半径 8. 增加工序或调换工序 9. 重装凸、凹模 10. 更换材料或增加退火工序，改善润滑条件
冲压件表面拉毛	1. 拉深间隙太小或不均匀 2. 凹模圆角不光洁 3. 模具或板料不清洁 4. 凹模硬度太低，板料有黏附现象 5. 润滑油质量太差	1. 修整拉深间隙 2. 修光凹模圆角 3. 清理模具及板料 4. 提高凹模硬度或光洁度，进行镀铬及渗氮处理 5. 更换润滑油
冲压件底面不平	1. 凸模或凹模（顶出器）无出气孔 2. 顶出器或压料板未镦死 3. 材料本身存在弹性	1. 钻出气孔 2. 调整冲模结构，使冲模达到闭合高度时，顶出器和压料板将冲压件镦死 3. 改变凸模、凹模和压料板形状

表 8.2-70　内孔翻边常出现的问题及其调整方法

存在问题	产生原因	调整方法
孔壁与平面不垂直	1. 凸模与凹模之间的间隙太大 2. 凸模与凹模装偏，间隙不均匀	1. 加大凸模或缩小凹模，使之间隙变小 2. 重新调整凸、凹模，使间隙均匀
翻边不齐，孔端不平	1. 凸模与凹模之间的间隙太小 2. 凸模与凹模之间的间隙不均 3. 凹模圆角大小不均	1. 放大间隙值，即减小凸模或加大凹模 2. 重装凸、凹模，使之间隙均匀 3. 修整凹模圆角半径
裂口	1. 凸模与凹模之间的间隙太小 2. 坯料太硬 3. 冲孔断面有毛刺 4. 翻边高度太高	1. 放大凸、凹模间隙值 2. 更换材料或退火处理 3. 调整冲孔模的间隙或改变坯料方向，使有毛刺的面在翻边内缘 4. 降低翻边高度，或预拉深后再翻边

表 8.2-71　外缘翻边常出现的问题及其调整办法

存在问题	产生原因	调整方法
边壁与平面不垂直	1. 凸模与凹模之间的间隙太大 2. 坯料太硬	1. 减小凸、凹模间隙 2. 更换材料或将坯料进行退火处理
翻边不齐,边缘不平	1. 间隙太小 2. 间隙不均 3. 坯料放偏 4. 凹模圆角半径大小不均	1. 放大间隙 2. 重装凸、凹模,使间隙均匀 3. 修整定位板 4. 修整圆角半径
侧边有较平坦的大波浪	1. 凸、凹模间隙太大或间隙不均匀 2. 凹(凸)模没有调到足够的深度 3. 翻边高度太高	1. 修整间隙 2. 调整凹(凸)模的深度 3. 修改冲压件设计,减小翻边高度
皱纹	1. 凸模与凹模之间的间隙太大 2. 坯料外轮廓有突变的形状 3. 产品的工艺性差 4. 翻边高度太高	1. 减小凸、凹模之间的间隙 2. 坯料外轮廓改为均匀过渡 3. 改变凸模或凹模口的形状,使翻边时该处先翻边,让多余的材料经两边散开 4. 降低翻边高度
破裂	1. 凸模与凹模之间的间隙太小 2. 凸模或凹模的圆角半径太小 3. 坯料太硬 4. 产品的工艺性差	1. 放大间隙 2. 加大凸、凹模的圆角半径 3. 更换材料或进行热处理 4. 改变凹模口的形状或高度,使该处略迟翻边,让两旁的材料在翻边过程中向该处集中 5. 改善产品的工艺性

(6) 试验决定毛坯尺寸

冲压件成形前的毛坯形状和尺寸，一般可用计算或图解的方法求得。但是，这样从理论计算求得的毛坯形状和尺寸，往往不完全符合实际情况。这是因为理论的计算方法是假定板料在变形过程中料厚保持不变的条件下进行的，而实际上无论拉深、弯曲还是翻边，板料的厚度都会有变化（变厚或变薄）。因此，在许多情况下，计算出来的数据要在试冲调整中经过校验和修整。特别是形状复杂的拉深件，毛坯的形状和尺寸更难精确计算，更需要在试冲中根据变形的实际情况来修整，这就是通常说的试验决定毛坯尺寸。

试验决定毛坯尺寸的工作是在理论计算的基础上进行的。其步骤大致如下：

1）按图样规定的材料牌号、料厚和计算所得的毛坯形状和尺寸，做出毛坯。

2）将毛坯放在变形工序（拉深、弯曲或翻边等）冲模上进行试冲（试冲前，变形工序冲模应先制造并调整好）。

3）测量试冲出来的冲压件尺寸。

4）根据冲压件的实际尺寸与图样要求尺寸之间的偏差，修改毛坯的形状和尺寸，再做出修整的毛坯。

5）重复上述第2）、3）、4）的内容，直至冲压件完全符合图样要求为止。最后所确定的毛坯形状和尺寸，即可作为落料（冲孔或修边）模的依据。

对于形状复杂的毛坯，在制作试验决定尺寸用的毛坯时，每次最好制作相同的两块：一块供试冲用；另一块保留，以作为下次修改毛坯的依据。到最后试验成功时，剩下的那块就可以作为制造落料（冲孔或修边）模的样板。

为了加速试验决定毛坯尺寸的工作，制作试冲毛坯时，可制出三种不同尺寸的毛坯：一种按图样尺寸，一种略大于及另一种略小于图样尺寸。这样可以同时试验三种规格的毛坯，以便迅速确定毛坯的修改数据。

8.2.7　压力机技术参数

1. 曲柄压力机

1）开式压力机（表 8.2-72）。表中所列是国内在实际使用中的压力机型号，因其制造来源不同，其型号代号也只能沿用。

2）闭式单点压力机（表 8.2-73）。

3）闭式宽台面压力机（表 8.2-74）。

4）双动拉深压力机（表 8.2-75）。

表 8.2-72　常用开式压力机主要技术参数

压力机型号			J23-16	J23-25	J23-40	J23-63	JB23-80	J23-100	J23-100B
公称压力/kN			160	250	400	630	800	1000	1000
滑块行程	长度/mm		55	65	80	120	115	130	140
	次数/(次/min)		120	60	45	40	45	38	45
闭合高度	有垫板	最大/mm	185	205	235	300	322	380	285
		最小/mm	140	150	170	245	242	280	190
	无垫板	最大/mm	220	270	330	380	417	480	395
		最小/mm	175	215	265	325	337	380	300
模柄孔	直径/mm		$\phi 40$	$\phi 40$	$\phi 50$	$\phi 50$	$\phi 60$	$\phi 60$	$\phi 60$
	深度/mm		60	60	70	70	60	75	82
打杆孔	打杆直径/mm		$<\phi 13$	$<\phi 16$	$<\phi 16$	$<\phi 20$	$<\phi 20$	$<\phi 20$	$<\phi 20$
	深度/mm		—	60	70	70	—	—	80
	打杆行程/mm		—	25	40	55	—	—	30
上滑块	台面尺寸	前后/mm	180	220	260	280	220	360	350
		左右/mm	200	250	300	320	240	430	540
	是否进入导轨		—	否	否	$H>275$mm 时进入导轨	否	—	否
滑块中心至机身距离/mm			160	200	250	260	260	380	320
工作台	台面尺寸	前后/mm	300	370	460	540	480	710	600
		左右/mm	450	560	720	840	720	1080	900
	漏料孔/mm		—	$\phi 120$	$\phi 150$	$\phi 180$	$\phi 150$	—	$\phi 200$
气垫	最大压力/kN		—	—	—	—	—	—	100
	行程/mm		—	—	—	—	—	—	70
	压料范围/mm		—	—	—	—	—	—	$\phi 200$

表 8.2-73　常用闭式单点压力机主要技术参数

压力机型号			JA31-160A	J31-250B	JA31-315	DC 400/1000	JD31-630	JS31-800	DC-1250/1600	JA31-/1600	S_1-2000
公称压力/kN			1600	2500	3150	4000	6300	8000	12500	16000	20000
滑块行程	长度/mm		160	315	460	315	400	500	500	500	500
	次数/(次/min)		32	20	13	18	12	10	8	10	9
闭合高度	有垫板	最大/mm	375	350	480	400	500	550	625	—	450
		最小/mm	255	150	330	270	200	250	415	—	—
	无垫板	最大/mm	480	490	600	520	700	750	825	780	750
		最小/mm	360	290	450	390	400	450	615	480	—
上滑块	底面尺寸	前后/mm	560	980	800	1060	1400	1500	1400	1850	1800
		左右/mm	510	850	1100	810	1500	1600	1300	1700	1800
	T形槽尺寸	槽数/根	2	—	3	—	—	—	6	—	—
		槽距/mm	2×45°	—	240	—	—	—	200	—	—
		槽宽/mm	28	—	36	—	—	—	32	—	—
工作台	台面尺寸	前后/mm	790	1000	980	1320	1700	1500	1800	1900	1800
		左右/mm	710	950	1100	1000	1500	1600	1550	1750	1800
	T形槽尺寸	槽数/根	2	—	5	—	—	—	8	—	—
		槽距/mm	2×45°	—	200	—	—	—	200	—	—
		槽宽/mm	28	—	36	—	—	—	32	—	—
气垫	最大压力/kN		—	400	—	630	1000	1500	2000	—	500
	行程/mm		90	150	—	125	—	250	200	—	—
	下沉量/mm		7	—	—	35	—	—	50	—	—
托杆孔	孔径/mm		φ26	—	φ36	φ26	—	—	φ60	—	—
	位置/mm		φ120 中孔 φ180 4 等分 φ250 4 等分 φ350 6 等分	—	φ36 中孔 φ150 4 等分 φ300 6 等分	φ26 中孔 φ150 6 等分 φ250 6 等分 φ350 6 等分	—	—	x=200 5 排 y=200 5 排	—	—

表 8.2-74　常用闭式宽台面压力机主要技术参数

压力机型号			JA36-160	J36-250	J36-400B	JD36-400	E4S-630	PE4-HH-600-TS	PE4-HH-1000-2TS	Зил 4193	E2S-4000. MB
公称压力/kN			1600	2500	4000	4000	6300	6000	10000	35000	40000
滑块行程	长度/mm		315	400	400	500	815	750	900	500	558
	次数/(次/min)		20	17	16	14	10~20	8~20	8~15	8	8/5
闭合高度	有垫板	最大/mm	670	—	—	—	—	—	—	850	1200
		最小/mm	420	—	—	—	—	—	—	550	750
	无垫板	最大/mm	800	600	730	1000	1475	1200	1300	1150	—
		最小/mm	550	350	415	600	875	950	950	850	—

（续）

压力机型号			JA36-160	J36-250	J36-400B	JD36-400	E4S-630	PE4-HH-600-TS	PE4-HH-1000-2TS	3ил 4193	E2S-4000. MB
上滑块	底面尺寸	前后/mm	1000	1250	1250	1400	2200	1900	2200	1520	1800
		左右/mm	1985	2560	2450	3500	4000	3100	4500	9140	10000
	T形槽尺寸	槽数/根	6	10	12	23	—	11	17	—	28
		槽距/mm	315	250	210	150	—	250	250	—	—
		槽宽/mm	26	28	26	32	—	32	32	—	36
工作台	台面尺寸	前后/mm	1250	1250	1600	1400	2200	2000	2200	2000	1800
		左右/mm	1990	2770	2780	3500	4000	3400	4500	11444	10000
	T形槽尺寸	槽数/根	7	12	10	16	—	8	14	—	28
		槽距/mm	315	215	180/270	200	—	300	300	—	355. 6
		槽宽/mm	26	28	26	32	36	32	32	—	36
气垫	最大压力/kN		2×25	3×65	4×40	3×160	3×40	1500	1500	9000	1000×8
	行程/mm		200	—	400	—	260	170	170	250	200
	下沉量/mm		5	—	—	—	—	15	15	—	—
托杆孔	孔径/mm		$\phi30$	$\phi30$	$\phi30$	$\phi30$	$\phi42$	$\phi52$	$\phi52$	—	60×610
	位置/mm		$x=200$ 8 排 $y=160$ 5 排	$x=107.5$ 18 排 $y=150$ 5 排	$x=180$ 12 排 $y=120$ 7 排	$x=200$ 15 排 $y=150$ 5 排	—	$x=150$ 排 $y=150$ 排	$x=150$ 排 $y=150$ 排	—	$x=254$ 36 排

表 8. 2-75　常用双动拉深压力机

压力机型号			JA45-200A	J45-315A	DL 630/1600	DN 1000/4000	E_2D-800/500A	PD4-HH-800+600	PD4-HH 1200+800	J47-1250/750
公称压力	内滑块/kN		2000	3150	3750	5000	8000	8000	12000	12500
	外滑块/kN		1250	3150	2550	5000	5000	6000	8000	7500
滑块行程	内滑块/mm		670	850	850	950	1204	900	1100	1000
	外滑块/mm		425	530	530	600	868	700	900	700
滑块行程次数/(次/min)			8	6~9	5. 5	5	12~18	8~20	8~15	14
闭合高度	内滑块	最大/mm	770	900	927	1575	1700	1650	2100	2000
		最小/mm	605	600	605	905	1192	1500	1900	1400
	外滑块	最大/mm	665	850	730	1485	1500	1500	1850	1700
		最小/mm	500	550	390	535	992	1350	1650	1100
最大拉深深度/mm			315	400	400	450	280	250	—	300
滑块底面尺寸	内滑块	前后/mm	900	1000	1000	2000	1980	1500	1650	1900
		左右/mm	900	1000	1000	3350	3660	2000	3600	4000
	外滑块	前后/mm	1350	1550	1400	2830	2540	2000	2200	2500
		左右/mm	1420	1600	1550	3950	4200	3100	4500	4600

（续）

压力机型号			JA45-200A	J45-315A	DL 630/1600	DN 1000/4000	E_2D-800/500A	PD4-HH-800+600	PD4-HH 1200+800	J47-1250/750
滑块T形槽尺寸	槽宽/mm		—	—	32	—	36	32	32	—
	槽数/根		—	—	5	—	—	10	16	—
	中心距/mm		—	—	200	—	—	250	250	—
工作台	台面尺寸	前后/mm	1400	1600	1600	2800	2540	2000	2200	2500
		左右/mm	1540	1800	1600	4000	4000	3100	4500	4600
	T形槽	槽宽/mm	—	—	32	32	36	32	—	—
		槽数/根	—	—	0	19	—	10	—	—
		中心距/mm	—	—	200	200	—	300	—	—
气垫	最大压力/kN		—	—	1000	1600	—	1500	1500	2000
	行程/mm		—	—	400	450	—	170	170	300
	下沉量/mm		—	—	55	30	—	15	15	—

2. 液压机

1）单动液压机（表 8.2-76）。

2）双动液压机（表 8.2-77）。

3. 精冲压力机（表 8.2-78）

表 8.2-76　常用单动液压机

压力机型号			YA/TD 32-200	YA/TD 32-315	YT32-500	HD-043	YS90-630	XZD-LD -1000	HD-028	XZD-LD -3500	HYD-ZL -4000
公称压力/kN			2000	3150	5000	5000	6300	10000	20000	350000	40000
滑块	行程/mm		700	800	900	300	600	900	900	900	700
	工作速度/mm·s^{-1}		10	8	10	10	30~60	5	5	4	4
	至台面最大距离/mm		1100	1250	1500	600	—	1500	1500	1500	1500
工作台	台面尺寸	前后/mm	875	1120	1400	250	1600	1420	1400	1400	1000
		左右/mm	900	1260	1400	350	1400	5200	6500	11900	8000
液压垫	顶出力/kN		350	350	1000	—	1000	2000	—	7000	—

表 8.2-77　常用双动液压机

压力机型号			HJY28-200/300	Y28-350	Y28-400/630	YX28-630/1030
公称压力	内滑块/kN		2000	3500	4000	6300
	外滑块/kN		1000	2800	2300	4000
滑块	行程	内滑块/mm	710	1100	1100	1400
		外滑块/mm	350	500	1000	1300
	底面尺寸	内滑块/mm(长×宽)	—	1050×1950	1000×1600	1500×2500
		外滑块/mm(长×宽)	—	1600×2500	1800×2600	2400×3600
	至台面最大距离/mm		1500	1425	2100	2200/2300
	最大拉深深度/mm		280	450	450	600
	T形槽	槽宽/mm	—	30	—	—
		槽数/根	—	8	—	—
		中心距/mm	—	300	—	—

（续）

压力机型号			HJY28-200/300	Y28-350	Y28-400/630	YX28-630/1030
工作台	台面尺寸	前后/mm	900	1600	1800	2200
		左右/mm	900	2500	2600	3500
	T形槽	槽宽/mm	—	30	—	—
		槽数/根	—	8	—	—
		中心距/mm	—	300	—	—
液压垫	顶出力/kN		300	1000	1000	4000
	行程/mm		—	—	300	400

表 8.2-78　常用精冲机主要技术参数

精冲机型号			GKP-F160	GKP-F250	HFA250	HFA400	HFA630	HFA800
力	总压力/kN		1600	2500	100~2500	2500~4000	4000~6300	5000~8000
	压料力/kN		120~500	20~750	50~1250	200~2000	320~3200	400~4000
	反顶力/kN		10~400	20~750	50~1250	100~1000	160~1600	200~2000
	顶件力(最大)/kN		40~80	180	400	600	1000	1300
	卸料力(最大)/kN		60~120	250	400	300	510	630
	剪料器剪切力/kN		75	100	400	310	310	640
行程	滑块行程/mm		61	61	30~70	30~80	30~150	30~200
	齿圈行程(最大)/mm		10	15	25	40	40	40
	顶件器行程(最大)/mm		14	13	25	40	40	40
	探测行程/mm		5	6	—	—	—	—
速度	行程/次·min^{-1}		18~72	15~60	15~60	15~50	15~45	15~40
	冲裁速度/mm·s^{-1}		5~15	5~15	3~40	5~50	5~50	5~50
闭合高度	活动凸模式/mm		184~264	160~305	—	—	—	—
	固定凸模式/mm		194~274	175~320	300~380	330~410	330~410	355~460
上工作台	台面尺寸/mm(长×宽)		520×480	540×540	600×600	800×800	900×900	1000×1000
	承力环尺寸/mm(D×H)		ϕ200×44	ϕ250×60	ϕ400×80	ϕ400×80	ϕ400×80	ϕ500×120
	压力缸尺寸	直径/mm	ϕ90	ϕ140	ϕ300	ϕ300	ϕ300	ϕ380
		至台面最小深度/mm	30	65	100	100	100	140
	T形槽尺寸	槽宽/mm	18	18	28	28	28	28
		至台面中心距/mm	75	110	75,225	75,226	75,226,375	75,226,375
下工作台	台面尺寸/mm(长×宽)		520×480	540×540	600×600	1050×800	1350×910	1600×1010
	承力环尺寸/mm(D×H)		ϕ320×40	ϕ320×60	ϕ400×80	ϕ400×80	ϕ400×80	ϕ500×120
	压力缸尺寸	直径/mm	ϕ180	ϕ250	ϕ300	ϕ300	ϕ300	ϕ380
		至台面最小深度/mm	54	79	100	100	100	140

（续）

精冲机型号			GKP-F160	GKP-F250	HFA250	HFA400	HFA630	HFA800
下工作台	T形槽尺寸	槽宽/mm	18	18	28	28	28	28
		至台面中心距/mm	75	110	75,225	75,226	75,226,375	75,226,375
送料装置	最大允许带料厚度/mm		6	10	15	16	16	16
	最大允许带料宽度/mm		210	250	250	350	450	450
	最小带料长度/mm		1540	1500	2500	2700	3170	3300
	最大进给步距/mm		999.9	999.9	999.9	999.9	999.9	999.9

8.2.8 冲压用材料标准

1. 黑色金属

冲压用钢板的品种及常用规格见表 8.2-79，钢带的品种和常用规格见表 8.2-80。

冲压常用黑色金属的力学性能见表 8.2-81，在加热状态的抗剪强度见表 8.2-82。

表 8.2-79 冲压用钢板品种及常用规格

类别	品种	钢板名称	厚度/mm	类别	品种	钢板名称	厚度/mm
普通钢板（包括普通钢和低合金钢钢板）	热轧普通厚钢板(厚度>4mm) 热轧普通薄钢板(厚度≤4mm) 冷轧普通薄钢板(厚度≤4mm)	桥梁用钢板	4.5~50	优质钢板	热轧优质钢厚钢板(厚度>4mm) 热轧优质钢薄钢板(厚度≤4mm) 冷轧优质钢薄钢板(厚度≤4mm)	碳素结构钢钢板	0.5~120
		造船用钢板	1.0~120			合金结构钢钢板	1.0~50
		汽车大梁用钢板	2.5~10			碳素和合金工具钢钢板	0.8~20
		锅炉钢板	4.5~120			高速工具钢钢板	1.0~8
		压力容器用钢板	4.5~120			弹簧钢钢板	1.0~20
		普通碳素钢钢板	0.3~120			滚动轴承钢钢板	1.0~8
		低合金钢钢板	1.0~120			不锈钢钢板	0.5~20
		花纹钢板	3.0~7			耐热钢钢板	4.5~8
		镀锌薄钢板	0.3~2.0	复合钢板		不锈复合厚钢板	6~30
		镀锡薄钢板	0.21~0.50			塑料复合薄钢板	0.35~2.0
		镀铅薄钢板	0.9~1.2			犁铧用三层钢板	7~9

表 8.2-80 钢带品种及常用规格

类别	品种	常用产品及规格举例		
		钢带名称	厚度/mm	宽度/mm
普通钢带	热轧普通钢钢带 冷轧普通钢钢带	普通碳素钢钢带	2.5~6(热轧)	41~520
		镀锡钢带	0.05~4(冷轧)	10~1000
		软管用钢带	0.08~0.6(冷轧)	
			0.25~0.7(冷轧)	4~25
优质钢带	热轧优质钢钢带 冷轧优质钢钢带	碳素结构钢钢带	2.5~7(热轧)	60~520
		合金结构钢钢带	0.05~3(冷轧)	5~300
		碳素和合金工具钢钢带	0.25~3(冷轧)	10~120
		高速工具钢钢带	2.75~7(热轧)	15~300
		弹簧钢钢带	0.05~3(冷轧)	5~300

（续）

类别	品　　种	常用产品及规格举例		
		钢带名称	厚度/mm	宽度/mm
优质钢带	冷轧优质钢钢带	热处理弹簧钢钢带 不锈钢钢带	1~1.5(冷轧) 2.5~6(热轧) 0.05~3(冷轧) 0.1~1.5(冷轧) 2.5~9(热轧) 0.05~2.5(冷轧)	50~100 60~160 10~200 5~105 15~300 10~400

表 8.2-81　冲压常用黑色金属的力学性能

材料名称	牌　　号	材料的状态	力　学　性　能				
			抗剪强度 τ_b/MPa	抗拉强度 R_m/MPa	屈服强度 σ_s/MPa	伸长率 A(%)	弹性模量 E /10^3MPa
电工用工业纯铁 w(C)<0.025	DT1,DT2,DT3	已退火的	177	225	—	26	—
电工硅钢	D11, D12, D21, D31, D32, D310~340, D370, D41~48	已退火的	186	225	—	26	—
普通碳素钢	Q195	未经退火的	255~314	314~392	—	28~33	—
	Q215		265~333	333~412	216	26~31	—
	Q235		304~373	432~461	253	21~25	—
	Q275		333~412	481~511	255	19~23	—
碳素结构钢	05	已退火的	196	225	—	28	—
	08		255~353	324~441	196	32	186
	10		255~333	294~432	206	29	194
	15		265~373	333~471	225	26	198
	20		275~392	353~500	245	25	206
	25		314~432	392~539	275	24	198
	30		353~471	441~588	294	22	197
	35		392~511	490~637	314	20	197
	40		412~530	511~657	333	18	209
	45		432~549	539~686	353	16	200
	50		432~569	539~716	373	14	216
	55	已正火的	539	≥657	383	14	—
	60		539	≥686	402	13	204
	65		588	≥716	412	12	—
	70		588	≥745	422	11	206
碳素工具钢	T7~T12 T7A~T12A	已退火的	588	736	—	—	—
	T13,T13A		706	883	—	—	—
	T8A,T9A	冷作硬化的	588~932	736~1177	—	—	—
优质碳素钢	10Mn2	已退火的	314~451	392~569	225	22	207
	65Mn		588	736	392	12	207

（续）

材料名称	牌　号	材料的状态	力学性能				
			抗剪强度 τ_b/MPa	抗拉强度 R_m/MPa	屈服强度 σ_s/MPa	伸长率 A(%)	弹性模量 E /10^3MPa
合金结构钢	25CrMnSiA 25CrMnSi	已低温退火的	392~549	490~686	—	18	—
	30CrMnSiA 30CrMnSi		432~588	539~736	—	16	—
优质弹簧钢	60Si2Mn 60Si2MnA 65Si2WA	已低温退火的	706	883	—	10	196
		冷作硬化的	628~941	785~1177	—	10	—
不锈钢	12Cr13	已退火的	314~373	392~461	412	21	206
	20Cr13		314~392	392~490	441	20	206
	30Cr13		392~471	490~588	471	18	206
	40Cr13		392~471	490~588	490	15	206
低碳软钢	DC01	已退火的	—	270~410	140~260	28	—
	DC03		—	270~370	140~240	34	—
	DC04		—	270~350	130~210	38	—
	DC06		—	270~330	120~190	41	—
	DC07		—	250~310	110~180	44	—
无间隙原子钢	CR180IF	已退火的	—	≥340	180~240	34	—
	CR220IF		—	≥360	220~280	32	—
	CR260IF		—	≥380	260~320	28	—
烘烤硬化钢	CR140BH	已退火的	—	≥270	140~200	36	—
	CR180BH		—	≥300	180~240	32	—
	CR220BH		—	≥320	220~280	30	—
双相钢	CR260/450DP	已退火的	—	≥450	260~340	27	—
	CR300/500DP		—	≥500	300~400	24	—
	CR340/590DP		—	≥590	340~460	18	—
	CR420/780DP		—	≥780	420~560	13	—
	CR550/980DP		—	≥980	550~730	9	—

表 8.2-82　钢在加热状态的抗剪强度　　(MPa)

钢的牌号	加热到以下温度时的抗剪强度					
	20℃	500℃	600℃	700℃	800℃	900℃
A1,A2,10,15	353	314	196	108	59	29
A3,A4,20,25	441	441	235	127	88	59
A5,30,35	520	511	324	157	88	69
A6,40,45,50	588	569	373	186	88	69

注：1. 在用厚板料冲裁的实际工作中，如因压力机力量不足而需要将材料加热时，才采用本表数据。

2. 在计算所需要的力量时，应用材料正在冲压时的温度。

3. 钢在冲压时的温度最好在700~900℃之间。

4. 钢在蓝脆范围（100~400℃）内，由于脆性增加得快，不做任何加工。

2. 有色金属

冲压常用有色金属的力学性能见表 8.2-83，铝板和铜板的厚度、宽度公差见表 8.2-84 和表 8.2-85。

3. 非金属材料

非金属材料的抗剪强度见表 8.2-86 和表 8.2-87。

表 8.2-83　冲压常用有色金属的力学性能

材料名称	牌　号	材料的状态	力学性能				
			抗剪强度 τ_b/MPa	抗拉强度 R_m/MPa	屈服强度 σ_s/MPa	伸长率 $A(\%)$	弹性模量 E /10^3MPa
铝	1060、1050、1100	已退火的	78	74～108	49～78	25	71
		冷作硬化	98	118～147	—	4	
铝锰合金	LF21	已退火的	69～98	108～142	49	19	70
		半冷作硬化的	98～137	152～196	127	13	
铝镁合金 铝铜镁合金	LF2	已退火的	127～158	177～225	98	—	69
		半冷作硬化的	158～196	225～275	206	—	
高强度的 铝镁铜合金	LC4	已退火的	167	245	—	—	—
		淬硬并经人工时效	343	490	451	—	69
镁锰合金	MB1	已退火的	118～235	167～186	96	3～5	43
	MB8	已退火的	167～186	216～225	137	12～14	39
		冷作硬化的	186～196	235～245	157	8～10	
硬铝(杜拉铝)	LY12	已退火的	103～147	147～211	—	12	71
		淬硬并经自然时效	275～304	392～432	361	15	
		淬硬后冷作硬化	275～314	392～451	333	10	
纯铜	T1,T2,T3	软的	157	196	69	30	106
		硬的	235	294	—	3	127
黄铜	H62	软的	255	294	—	35	98
		半硬的	294	373	196	20	—
		硬的	412	412	—	10	—
	H68	软的	235	294	98	40	108
		半硬的	275	343	—	25	
		硬的	392	392	245	15	113
铅黄铜	HPb59-1	软的	294	343	142	25	91
		硬的	392	441	412	5	103
锰黄铜	HMn58-2	软的	333	383	167	25	98
		半硬的	392	441	—	15	
		硬的	511	588	—	5	
锡磷青铜	QSn4-4-2.5	软的	255	294	137	38	98
		硬的	471	539	—	3～5	
锡锌青铜	QSn4-3	特硬的	490	637	535	1～2	122
铝青铜	QA17	退火的	511	588	182	10	—
		不退火的	549	637	245	5	113～127
铝锰青铜	QA19-2	软的	353	441	294	18	90
		硬的	471	588	490	5	—

（续）

材料名称	牌　　号	材料的状态	力　学　性　能				
			抗剪强度 τ_b/MPa	抗拉强度 R_m/MPa	屈服强度 σ_s/MPa	伸长率 A(%)	弹性模量 E /10^3MPa
硅锰青铜	QSi3-1	软的	275~294	343~373	234	40~45	118
		硬的	471~511	588~637	530	3~5	—
		特硬的	549~588	686~736	—	1~2	—
铍青铜	QBe2	软的	235~471	294~588	245~343	30	115
		硬的	511	647	—	2	129~138
钛合金	TA2	退火的	353~471	441~588	—	25~30	—
	TA3		432~588	539~736	—	20~25	—
	TA5		628~667	785~834	—	15	102
镁锰合金	MB1	冷态	118~137	167~186	118	3~5	39
	MB8		147~177	225~235	216	14~15	40
	MB1	预热 300℃	29~49	29~49	—	50~52	39
	MB8		49~69	49~69	—	58~62	40

表 8.2-84　铝及合金板的厚度、宽度公差　（mm）

板料厚度	板　料　宽　度								宽度公差
	400 500	600	800	1000	1200	1400	1500	2000	
	厚　度　公　差								
0.3	-0.05								宽度≤1000者为 $^{+5}_{-3}$ 宽度>1000者为 $^{+10}_{-5}$
0.4	-0.05								
0.5	-0.05	-0.05	-0.08	-0.10	-0.12				
0.6	-0.05	-0.06	-0.10	-0.12	-0.12				
0.8	-0.08	-0.08	-0.12	-0.12	-0.13	-0.14	-0.14		
1.0	-0.10	-0.10	-0.15	-0.15	-0.16	-0.17	-0.17		
1.2	-0.10	-0.10	-0.10	-0.15	-0.16	-0.17	-0.17		
1.5	-0.15	-0.15	-0.20	-0.20	-0.22	-0.25	-0.25	-0.27	
1.8	-0.15	-0.15	-0.20	-0.20	-0.22	-0.25	-0.25	-0.27	
2.0	-0.15	-0.15	-0.20	-0.20	-0.24	-0.26	-0.26	-0.28	
2.5	-0.20	-0.20	-0.25	-0.25	-0.28	-0.29	-0.29	-0.30	
3.0	-0.25	-0.25	-0.30	-0.30	-0.33	-0.34	-0.34	-0.35	

表 8.2-85　铜板厚度尺寸公差　（mm）

板料厚度	黄铜板		宽度和长度					
	宽 200~500		700×1430		800×1500		1000×2000	
	厚度公差							
	普通级	较高级	纯铜	黄铜	纯铜	黄铜	纯铜	黄铜
0.4	-0.07	—	-0.09	—	—		—	
0.45								
0.5				-0.09				

（续）

<table>
<tr><th rowspan="4">板料厚度</th><th colspan="2">黄铜板</th><th colspan="6">宽度和长度</th></tr>
<tr><th colspan="2">宽 200~500</th><th colspan="2">700×1430</th><th colspan="2">800×1500</th><th colspan="2">1000×2000</th></tr>
<tr><th colspan="8">厚度公差</th></tr>
<tr><th>普通级</th><th>较高级</th><th>纯铜</th><th>黄铜</th><th>纯铜</th><th>黄铜</th><th>纯铜</th><th>黄铜</th></tr>
<tr><td>0.6</td><td>-0.07</td><td rowspan="4">—</td><td colspan="2" rowspan="3">-0.10</td><td colspan="2" rowspan="2">—</td><td rowspan="2"></td><td rowspan="4">—</td></tr>
<tr><td>0.7</td><td rowspan="2">-0.08</td></tr>
<tr><td>0.8</td><td colspan="2">-0.12</td><td>-0.15</td></tr>
<tr><td>0.9</td><td rowspan="2">-0.09</td><td colspan="2" rowspan="3">-0.12</td><td rowspan="3">-0.14</td><td>-0.12</td><td>-0.17</td></tr>
<tr><td>1.0</td><td>-0.08</td><td>-0.14</td><td>-0.17</td><td rowspan="4">-0.18</td></tr>
<tr><td>1.1</td><td rowspan="4">-0.10</td><td rowspan="4">-0.09</td><td>-0.14</td><td rowspan="3">-0.18</td></tr>
<tr><td>1.2</td><td colspan="2">-0.14</td><td colspan="2" rowspan="2">-0.16</td></tr>
<tr><td>1.35</td><td>-0.14</td><td rowspan="4">-0.16</td></tr>
<tr><td>1.5</td><td rowspan="3">-0.16</td><td colspan="2" rowspan="3">-0.18</td><td colspan="2" rowspan="4">-0.21</td></tr>
<tr><td>1.65</td><td rowspan="4">-0.12</td><td rowspan="4">-0.10</td></tr>
<tr><td>1.8</td></tr>
<tr><td>2.0</td><td colspan="2" rowspan="2">-0.18</td><td colspan="2" rowspan="2">-0.20</td></tr>
<tr><td>2.25</td><td colspan="2" rowspan="4">-0.24</td></tr>
<tr><td>2.5</td><td colspan="2" rowspan="3">-0.21</td><td>-0.22</td><td>-0.22</td></tr>
<tr><td>2.75</td><td rowspan="2">-0.14</td><td rowspan="4">-0.12</td><td colspan="2" rowspan="2">-0.24</td></tr>
<tr><td>3.0</td></tr>
<tr><td>3.5</td><td>-0.16</td><td colspan="2" rowspan="2">-0.24</td><td colspan="2" rowspan="2">-0.27</td><td colspan="2" rowspan="2">-0.30</td></tr>
<tr><td>4.0</td><td>-0.18</td></tr>
</table>

表 8.2-86　非金属材料的抗剪强度

材料名称	抗剪强度 τ_b/MPa		材料名称	抗剪强度 τ_b/MPa	
	用管状凸模冲裁时	用普通凸模冲裁时		用管状凸模冲裁时	用普通凸模冲裁时
纸胶板	98~127	137~196	未硝过的皮革		78~98
布胶板	88~98	118~177	云母(厚 0.5mm)	78	59~98
玻璃布胶板	118~137	157~181	云母(厚 0.2mm)	49	59~98
金属箔的玻璃布胶板	127~147	157~216	人造云母	118~147	137~177
金属箔的纸胶板	108~127	137~196	桦木胶合板	20	
玻璃纤维丝胶板	98~108	137~157	松木胶合板	10	
石棉纤维塑料	78~88	118~177	其他木板的胶合板	16~20	
有机玻璃	69~78	88~98	马粪纸	20~34	29~59
聚氯乙烯塑料、透明橡胶	59~78	98~127	硬马粪纸	69	59~98
赛璐珞	39~59	78~98	厚纸板	29~39	39~78
氯乙烯	29~39	49	绝缘纸板	39~69	59~98
石棉橡胶	39		红纸板		137~196
石棉板	39~49		纸(普通的)	20~39	20~29
橡皮	1~6	20~78	纸(硬的)	29~49	25~39
人造橡胶、硬橡胶	39~69		漆布、绝缘漆布	29~59	
柔软的皮革	6~8	29~49	绝缘板	147~157	177~235
硝过的及铬化的皮革		44~54			

表 8. 2-87　非金属材料加热时的抗剪强度　　(MPa)

材　料	温度/℃	孔的直径/mm			
		1~3	3~5	5~10	>10 和外形
纸胶板	22	147~177	118~147	108~118	98~108
	70~100	118~137	98~118	88~98	93
	105~130	108~127	98~108	88~98	88
布胶板	22	127~147	118~127	103~118	88~98
	80~100	98~118	78~108	88~98	69~78
玻璃布胶板	22	157~181	147~152	147	39~127
	80~100	119~137	113~118	108	88~98
玻璃纤维丝胶板	22	137~157	127~137	118~127	69
	80~100	98~118	88~108	88	39
有机玻璃	22	88~98	78~88	69~78	69
	70~80	59~78	69	49	39
聚氯乙烯塑料	22	118~127	98~108	49~88	59~78
	100	59~78	49~59	39~49	39
赛璐珞	22	78~98	69~78	59~64	59
	70	49	39	34	29

注：抗剪强度为用普通凸模冲裁时的计算值。

参 考 文 献

[1] 日本塑性加工学会. 压力加工手册 [M]. 江国屏，等译. 北京：机械工业出版社，1984.

[2] Verson Allsteel Press Compang. インパクトマシニング [M]. 东京：日本コロナ社，1973.

[3] 工藤英明，等. 冷间锻造ハンドブック [M]. 东京：アグネ株式会社，1973.

[4] 日本塑性加工学会. 锻造 [M]. 东京：日本コロナ社，1995.

[5] 大矢根守哉，等. 塑性加工学 [M]. 3 版. 东京：日本コロナ社，1974.

[6] 肖景容，等. 精密模锻 [M]. 北京：机械工业出版社，1985.

[7] 陈宏钧. 实用机械加工工艺手册 [M]. 北京：机械工业出版社，1996.

[8] 俞新陆，何德誉. 锻压手册：第 2 卷　冲压 [M]. 北京：机械工业出版社，2002.

[9] 王孝培. 冲压设计资料 [M]. 北京：机械工业出版社，1983.

[10] 彭建声，王新华，张敬国. 冷冲模制造与修理 [M]. 北京：机械工业出版社，1985.

[11] 王新华. 汽车冲压技术 [M]. 北京：北京理工大学出版社，1999.

[12] 王新华，袁联富. 冲模结构图册 [M]. 北京：机械工业出版社，2003.

[13] 朱伟成. 汽车零件精密锻造技术 [M]. 北京：北京理工大学出版社，1999.

《机械加工工艺手册》（第3版）总目录